RE
ELLE

ENCYCLOPÉDIE

METHODIQUE,

OU

PAR ORDRE DE MATIERES;

PAR UNE SOCIÉTÉ DE GENS DE LETTRES, DE SAVANS ET D'ARTISTES;

Précédée d'un Vocabulaire universel, *servant de Table pour tout l'Ouvrage, ornée des Portraits de MM.* DIDEROT & D'ALEMBERT, *premiers Éditeurs de l'*Encyclopédie.

ENCYCLOPÉDIE MÉTHODIQUE.

HISTOIRE NATURELLE.

ENTOMOLOGIE, ou HISTOIRE NATURELLE DES CRUSTACÉS, DES ARACHNIDES ET DES INSECTES,

Par M. LATREILLE,
MEMBRE DE L'INSTITUT, ACADÉMIE ROYALE DES SCIENCES, etc.

TOME NEUVIÈME.

Par M. Latreille, de l'Académie des Sciences, et M. Godart, ancien Proviseur du Lycée de Bonn, etc.

A PARIS,
Chez Mme. veuve Agasse, Imprimeur-Libraire, rue des Poitevins, n°. 6.
M. DCCCXIX.

AVERTISSEMENT.

La mort ayant enlevé aux sciences naturelles, qu'il avoit tant illustrées, M. Olivier, rédacteur de la partie des Insectes de l'*Encyclopédie méthodique*, à laquelle j'avois déjà coopéré pour un grand nombre d'articles (tome VIII, 2e. partie), j'ai été chargé par l'Éditeur, Mme. Agasse, de sa continuation. Lorsque cette proposition m'a été faite, d'autres entreprises littéraires absorboient presque tout mon temps, et ne me permettoient point de me livrer, du moins entièrement, à celle-ci. Voulant néanmoins répondre aux sollicitations et aux vœux de l'Éditeur, qui, malgré les circonstances difficiles du commerce, fait tous les sacrifices nécessaires pour terminer ce grand ouvrage, j'ai invité un de mes amis, M. Godart, ancien proviseur du Lycée de Bonn, à m'aider momentanément dans ce nouveau travail. Accoutumés à voir des noms célèbres ou très-connus à la tête des différentes parties de l'*Encyclopédie méthodique*, mes lecteurs concevront peut-être des inquiétudes sur le succès de l'exécution. Il m'est facile de justifier le choix que j'ai fait. Le premier des articles dont la rédaction m'est confiée est celui de Papillon. M. Godart a étudié depuis longtemps et d'une manière approfondie ces insectes, ainsi que les autres du même Ordre. Il possédoit même en Lépidoptères européens une des plus belles collections de Paris. Celle du Jardin du Roi, la plus nombreuse peut-être de toutes, celles de MM. Dufresne et Valenciennes et la mienne ont été à sa disposition ; son travail a été fait sous mes yeux, et M. Godart a toujours demandé mes conseils dans toutes les difficultés qu'il a rencontrées. Il s'y est abandonné avec tout le zèle d'un véritable ami de la nature. J'ai vu avec plaisir qu'il avoit éclairci la synonymie trop embrouillée d'un grand nombre d'espèces; qu'il en avoit réformé plusieurs, dont les caractères reposoient sur de simples différences sexuelles, et qu'il en avoit décrit, dans ce demi-volume, plus de quatre-vingt qui avoient échappé aux recherches de Fabricius, de Cramer, etc. A l'exception des généralités préliminaires, que je m'étois réservées, cet article PAPILLON lui est absolument propre; et si la justice ne me commandoit point cet aveu, je ne craindrois point d'y mettre mon nom.

P. A. LATREILLE,
de l'Académie Royale des Sciences.

PAPILLON. *Papilio.* Linn. Geoff. de Géer, Oliv. Genre d'insectes de l'Ordre des Lépidoptères, & qui, considéré dans son étendue primitive, ou celle que lui ont donnée les naturalistes précités, a pour caractères : les quatre ailes, ou quelquefois les supérieures seulement, élevées dans le repos; point de crochet écailleux & en forme de crin au bord antérieur des inférieures pour retenir les deux autres; antennes plus grosses vers leur extrémité.

Olivier présenta, dans le quatrième volume de sa partie de l'histoire naturelle de ce grand ouvrage, le tableau de sa division méthodique des insectes. Ce volume parut en 1789; &, si l'on en excepte Scopoli, qui, dans son *Introduction à l'Histoire naturelle*, publiée à Prague en 1777, avoit formé avec les Papillons *plébéïens ruraux* de Linnæus, quelques nouveaux genres, mais établis sur une fausse base, les naturalistes, à cette époque, n'avoient rien changé aux limites que le Pline suédois avoit assignées à son genre *Papilio*. Fabricius même, quoique le nombre des espèces décrites se fût singulièrement accru, avoit jusque-là suivi, à cet égard, son maître. Olivier les imita, &, sans avoir égard aux grandes modifications que ce genre avoit éprouvées depuis, il a toujours renvoyé au mot PAPILLON l'exposé de ces coupes nouvelles.

Il nous a laissé une dette énorme & qu'il est difficile d'acquitter; car il s'agit de remplir un cadre d'une étendue sans exemple; de rassembler dans un même article les descriptions de plus de quinze cents espèces, & de faire en sorte que nos lecteurs puissent cependant arriver sans peine à la connoissance de celles qu'ils ont sous les yeux & dont ils cherchent les noms. Ils sentiront, j'espère, combien notre tâche est pénible.

Si l'on envisage les Papillons sous le rapport de la facilité du vol & sous celui de leurs ornemens, l'on sera tenté de croire que l'auteur de la nature a voulu leur accorder, à cet égard, une sorte de suprématie sur les autres insectes. Une telle idée n'a sans doute pas dirigé de Géer & Olivier dans leurs distributions méthodiques de ces animaux; mais il n'en est pas moins vrai qu'ils ont mis les Papillons à la tête de la classe des insectes. Il semble que la nature ait eu l'intention de reproduire ici ces *colibris* & ces *oiseaux-mouches*, qui, par la richesse & la variété de leurs couleurs, surpassent les autres animaux de la classe dont ils font partie, celle des oiseaux. L'imitation se retrouve jusque dans les organes qui leur servent à prendre leur nourriture; là, comme ici, ces organes sont en forme de trompe, & destinés à pomper le suc des fleurs. Dans la plupart des autres insectes, les ailes n'ont rigoureusement que l'étendue nécessaire à l'exécution de leurs mouvemens. Celles qui sont membraneuses, ou semblables à du talc, sont peu & rarement colorées dans les insectes à étuis, ou les *Coléoptères*; les teintes de ces écailles sont produites par une espèce de tissu muqueux & intérieur qui fait l'office de vernis. Mais à l'égard des Lépidoptères, & des Papillons surtout, la nature a modifié son plan; elle s'est plue à augmenter la surface des ailes & à les façonner de mille manières différentes. Comme si elle se fût proposé de jouer ici le rôle de peintre, elle a donné plus d'étendue aux corps sur lesquels elle devoit exercer son pinceau; &, pour rendre ses tableaux plus agréables, elle a même voulu en varier les formes. Elle a employé pour les insectes un nouveau genre de peinture, celui que l'on désigne sous le nom de *mosaïque*. Des écailles en nombre infini, diversement colorées, implantées sur les deux surfaces de leurs ailes & disposées par imbrication, comme les tuiles d'un toit, & avec une harmonie admirable, composent par leur réunion ces dessins si élégans & si diversifiés qui surprennent & charment nos regards. Il étoit inutile que les parties cachées, ou qui sont habituellement recouvertes par d'autres, fussent parées. C'est ainsi, par exemple, que, dans les Coléoptères, le dessous des élytres, lors même qu'elles sont très-ornées en dessus, est ordinairement d'une teinte uniforme & souvent même obscure. Mais comme, dans les Papillons, les ailes forment en volume la portion la plus considérable de leur corps, & que, par leur position naturelle, elles présentent leurs deux surfaces, ces organes, plus ou moins colorés de part & d'autre, peuvent nous offrir, dans la même espèce, quatre tableaux différens; quelquefois même ceux de la face inférieure sont plus distingués & plus riches que ceux de la face opposée. Enfin la nature, à l'égard des Papillons, a été si prodigue, en quelque sorte, de ce genre d'ornemens, que, contre son habitude, elle a voulu que ces animaux les eussent jusque dans leur enfance, ou sous la forme de chenilles, & souvent encore sous celle de chrysalides.

Le genre Papillon de Linnæus & d'Olivier forme aujourd'hui notre première famille de l'Ordre des Lépidoptères, celle des *Diurnes*, ou des espèces que les amateurs ont coutume d'appeler *Papillons de jour*. Celles avec lesquelles Linnæus a composé sa division des *Chevaliers* (*equites*), la première du genre, ont seules retenu la dénomination générale de *Papillons*.

Par leur organisation générale les Lépidoptères diurnes ne s'éloignent point des autres insectes du même Ordre, & il seroit superflu de reproduire ici des caractères qui leur sont communs & qui ont été exposés à l'article LÉPIDOPTÈRES. Il n'est qu'un seul point, & sur lequel des observations nouvelles & importantes, recueillies par M. Savigny, depuis l'impression de cet article, nous obligent à revenir; c'est la composition de la bouche de ces insectes; elle ne diffère pas organiquement, comme on l'avoit cru, de celle des insectes broyeurs, ou pourvus de mâchoires. Déjà, dans mon Histoire générale de ces animaux, ainsi que dans mon *Genera Crustaceorum & Insectorum*, j'avois assimilé les deux lames ou filets de la trompe des Lépidoptères aux deux mâchoires des insectes broyeurs; mais je n'avois pas poussé plus loin cette analogie. M. Savigny nous a fait voir que la base du dos de ces parties offroit, dans toutes le espèces, un palpe ordinairement très-petit & à peine sensible, de deux ou trois articles; que les deux palpes apparens & tri-articulés, ceux que l'on aperçoit au premier coup d'œil, & qui, placés sur les côtés de la trompe & recourbés, lui forment, pour le temps d'inaction, une sorte de gaîne, étoient des palpes labiaux; qu'ils étoient même insérés sur une pièce qu'on pouvoit considérer comme une lèvre inférieure, celle qui, en manière de plaque triangulaire, ferme la cavité orale, immédiatement au-dessous de la trompe. Il est enfin parvenu à compléter cette similitude de rapports par la découverte d'un labre ou lèvre supérieure & de deux autres petites pièces situées, une de chaque côté, au bord antérieur du chaperon, & qui paroissent être des vestiges de mandibules. Je les avois observées depuis long-temps; mais, comme elles sont cachées & inutiles à la fonction de la déglutition, je n'avois pas cru devoir en parler. Puisque les Lépidoptères ont tous quatre palpes, il est nécessaire de les désigner par des dénominations particulières. J'appellerai donc les plus grands, ou ceux qui se présentent d'abord à la vue, *labiaux* ou *inférieurs*; dès-lors il est naturel de nommer les deux autres palpes *maxillaires* ou *supérieurs*. Ces derniers sont constamment très-petits, nus, à peine sensibles & de deux articles dans les Lépidoptères diurnes. Les précédens ou les inférieurs sont très-fournis d'écailles ou de poils, coniques ou cylindriques, toujours relevés ou ascendans, souvent comprimés, & présentent dans les longueurs respectives de leurs articles, dans la forme & les proportions du dernier, notamment, enfin, dans leur écart ou leur rapprochement, des différences appréciables & qui fournissent de bons caractères pour la distinction des coupes. Il est même probable qu'un examen attentif & scrupuleux des autres parties de la bouche nous donnera le moyen de fortifier les précédens, si même on n'y découvre pas des caractères particuliers. En rendant hommage à la justesse de ces observations délicates, nous nous garderons cependant bien d'approuver les conséquences qu'on pourroit en déduire pour étayer le système de la transformation générale & graduelle des êtres vivans & des modifications insensibles de leurs organes. Dans l'état actuel de la science nous ne connoissons point d'insectes dont les organes masticateurs nous conduisent, par des transitions nuancées de formes, aux Lépidoptères. On y arrive brusquement, & la trompe des Lépidoptères nous présente un mode de structure qui lui est exclusivement propre. (Voyez *Bouche des Insectes*, seconde édition du *Nouveau Dictionnaire d'Histoire naturelle*.) Plusieurs Lépidoptères, tant crépusculaires (*Sphinx* Linn.) que nocturnes (*Phalæna* Linn.), sont privés de trompe ou de langue, ou n'en offrent que les rudimens. Mais tous les diurnes connus en ont une très-distincte & même généralement longue. Ils sont les seuls du même Ordre qui aient les ailes toujours libres; dans les autres, les ailes inférieures ont au bord antérieur, tout près de leur naissance, un crin roide, écailleux, finissant en pointe acérée, & qui, lorsque l'animal est en repos, passe dans une coulisse ou un anneau d'une partie correspondante du dessous des ailes supérieures, les assujettit & les tient fixes. L'absence de cette espèce de frein ou de bride forme dans les Diurnes un caractère négatif plus certain & plus constant que celui que l'on tire de l'epaississement terminal de leurs antennes; car celles de plusieurs *Hespéries* & des *Uranies* surtout sont presqu'en forme de soie, & des espèces de ce dernier genre avoient été rangées, pour ce motif, parmi les Lépidoptères nocturnes. Déjà aussi dans les Hespéries, ou les Papillons estropiés de Geoffroy, qui avoisinent les Crépusculaires, le port d'ailes est différent; les inférieures sont presque parallèles au plan de position, tandis que les supérieures sont relevées, sans être absolument perpendiculaires & sans se toucher.

Voilà ce qui distingue les Diurnes des autres Lépidoptères; examinés en particulier, ils nous offrent les caractères suivans:

Les Diurnes ont le corps alongé, toujours velu ou couvert d'écailles; la tête arrondie, comprimée en devant, moins longue que large, plus étroite que le corselet, portant deux antennes ordinairement plus courtes que le corps, composées d'un grand nombre d'articles peu distincts, filiformes jusque près du bout, & terminées par un bouton ou un renflement plus ou moins alongé; les deux palpes extérieurs, ou les inférieurs, cylindriques ou coniques, couverts d'écailles ou très-velus, de trois articles, dont le dernier très-petit ou presque nul dans plusieurs; une langue filiforme, roulée en spirale & entre les palpes dans l'inaction, de deux pièces s'engrenant l'une dans l'autre & formant un tuyau où passe la liqueur mielleuse des fleurs, qui y monte & parvient jusqu'à l'œsophage au moyen du rapprochement partiel & successif de la trompe entière; deux yeux ovales, à réseau, grands; le corselet ovale, de trois segmens bien unis & dont l'antérieur très-court, transversal, en forme de collier; l'abdomen ovale-alongé ou presque cylindrique, souvent comprimé latéralement, toujours mou; quatre grandes ailes farineuses, ou couvertes de petites écailles disposées sur le fond membraneux de l'aile; ces ailes sont triangulaires dans les uns, oblongues ou ovales dans les autres; l'insecte, lorsqu'il est en repos, les élève presque toujours dans une situation perpendiculaire; leur bord postérieur, dans ceux qui les ont en triangle curviligne, présente souvent beaucoup d'inégalités, comme des dentelures de diverses formes, des espèces de queues; les ailes supérieures se couchent sur une bonne partie des inférieures; celles-ci ont le côté interne concave ou plissé longitudinalement, formant même par ses plis, dans quelques espèces exotiques de notre genre *Papillon* proprement dit, une poche très-veloutée à l'intérieur; l'abdomen du mâle est profondément divisé à son extrémité postérieure en deux lobes ou valvules presqu'ovales, en forme de pinces ou de cuillers, ayant à leur face interne & concave un appendice écailleux & denté. Au point supérieur de réunion de ces deux lobes, & dans leur entre-deux, est une autre pièce de la même consistance, avancée, linéaire, arrondie & un peu courbée au bout; le *pénis*, ou l'organe sexuel proprement dit, est intérieur & renfermé entre deux autres parties pareillement cornées, comprimées, anguleuses ou un peu dentées à leur bord supérieur, & faisant, à ce qu'il paroît, l'office de pinces; elles occupent, avec le *pénis*, le milieu de la cavité intérieure, comprise entre les valvules terminales.

Il est essentiel de connoître les sexes de ces insectes, les ailes du mâle & de la femelle n'étant pas toujours colorées de même. Les pattes sont au nombre de six; les jambes n'ont souvent que deux éperons ou deux épines plus longues & situées à leur extrémité; mais dans les Hespérides, les deux jambes postérieures en ont encore deux, placées vers le milieu du côté interne. Les tarses ont cinq articles; le dernier est terminé par deux crochets dont la forme varie. Les pattes antérieures sont, dans un très-grand nombre, inutiles à l'action de marcher; tantôt elles ressemblent essentiellement aux quatre autres, mais elles sont très-petites & cachées; tantôt, quoique toujours plus courtes, elles sont sans crochets, plus apparentes, beaucoup plus velues que les autres, presque repliées sur elles-mêmes de chaque côté du cou, en manière de cordon ou de pendant de palatine; ce qui les a fait nommer *pattes en palatine*. Si les six pattes sont semblables & à peu près également propres à la marche, le Papillon est *hexapode*; si les deux antérieures sont ou très-petites ou en palatine, il est *tétrapode*; c'est-à-dire que l'insecte a six pieds ambulatoires dans le premier cas, & quatre dans le second.

Les Lépidoptères *diurnes*, ainsi que l'indique cette désignation, ne volent que pendant le jour; encore faut-il que l'astre qui y préside soit depuis quelque temps sur l'horizon & qu'il les ait invités, par un accroissement de chaleur, à quitter leur retraite. Il en est presque de leur manière de voler comme de celle des oiseaux; elle varie selon les races, & les naturalistes, faits à ces sortes d'observations, distinguent souvent les espèces au moyen de ces habitudes.

Bien plus frêles que la plupart des autres insectes, les Lépidoptères *diurnes* doivent redouter les temps pluvieux. La gaze de leurs ailes seroit bientôt froissée ou altérée, &, incapables de faire usage de ces organes, ils périroient sans avoir rempli le but de la nature. Destinés à se nourrir du suc des fleurs, la saison de l'hiver ne pouvoit leur convenir. Ceux qui existent alors, soit sous la forme de chenilles ou de chrysalides, soit, mais rarement, sous celle d'insectes parfaits, sont dans un état léthargique & n'ont pas besoin d'alimens pendant ce long sommeil. Certaines espèces de *Piérides*, de *Coliades* & de *Thaïs*, ou de celles que l'on désigne sous le nom de *Papillons brassicaires*, & quelques-unes de leurs analogues, paroissent dès les derniers beaux jours de l'hiver ou au commencement du printemps; plusieurs d'entr'elles néanmoins ne produisent qu'une seule génération par année, les plantes printanières, dont leurs chenilles se nourrissent exclusivement, ayant disparu. Mais c'est aux mois de juin & de juillet que les Diurnes, dans nos climats, se montrent en plus grande abondance; quelques espèces, du genre des Satyres, sont plus tardives. La postérité de plusieurs Diurnes précoces se développe promptement & se renouvelle dans l'arrière-saison. Les bois & les forêts sont les lieux les plus favorables à la multiplication de ces insectes; c'est là aussi qu'il faut les chercher & épier, pour ainsi dire, les premiers instans de leur apparition, afin de pouvoir saisir des individus d'une grande fraîcheur. L'éducation de leurs chenilles, ainsi que celle des autres Lépidoptères, quoique exigeant plus de soins, est plus avantageuse sous ce rapport & plus profitable à la science, puisque elle procure des documens certains sur les mœurs & les habitudes de ces animaux. Quelques Diurnes, du genre des Satyres, se tiennent de préférence dans les endroits rocailleux ou pierreux. D'autres espèces aiment les ruisseaux ou les lieux humides. En général, les localités où ces insectes se trouvent le plus habituellement sont déterminées par la présence des végétaux qui doivent servir de nourriture à leur race, & sur lesquels ou auprès desquels les femelles déposent leurs œufs. Certaines espèces n'habitent que les montagnes, & quelques-unes même s'y tiennent à une élévation considérable, parce que là seulement croissent les plantes qui alimenteront leur famille. La réunion des deux sexes s'opère en plein jour, & souvent le mâle entraîne dans les airs la compagne de ses plaisirs. Celui-ci périt bientôt après : la femelle a une autre tâche à remplir, celle de faire sa ponte. Dès qu'elle est terminée & qu'elle a ainsi satisfait au vœu de la nature, elle devient inutile pour elle & la même destinée l'attend.

Les chenilles des Lépidoptères diurnes ont constamment seize pieds, vivent toutes de feuilles & à découvert. Leur peau est le plus souvent colorée de vert ou de jaunâtre. Les unes sont rases ou n'ont qu'un simple duvet; d'autres sont chargées, soit d'épines plus ou moins nombreuses, tantôt simples & tantôt dentées ou même rameuses, soit de tubercules charnus, quelquefois couronnés par de petites aigrettes de poils; telles sont la plupart des chenilles des *Danaïdes*, des *Héliconiens*, des *Argynnes*, des *Vanesses* & des *Nymphales*. La plupart de celles du dernier genre, ainsi que celles des *Satyres*, ont l'extrémité postérieure du corps bifide, ou terminée par deux pointes en manière de fourche. Celles des *Papillons* proprement dits & des Parnassiens font sortir de la partie supérieure du cou, lorsqu'on les inquiète ou qu'elles sont menacées de quelque danger, un tentacule charnu, très-mou, ordinairement rougeâtre, divisé en deux branches à son extrémité & répandant une odeur désagréable.

Les chrysalides des Lépidoptères diurnes sont presque toujours nues ou sans coque, attachées par la queue avec de la soie, & souvent, en outre, au milieu du corps, à l'aide d'un lien de la même matière & disposé transversalement en forme de boucle ou de demi-anneau. Les premières, ou celles qui sont simplement fixées par l'extrémité postérieure du corps, ont une direction perpendiculaire à l'horizon, avec la tête en bas. La plupart de ces chrysalides ont des pointes ou des éminences angulaires. L'extrémité antérieure est souvent avancée en manière de bec ou de pointe, quelquefois même fourchue. Plusieurs ont des taches dorées ou argentées; c'est de-là qu'est venu le nom de *chrysalide*, qu'on a ensuite appliqué à toutes les nymphes de cet Ordre. Les Papillons *plébéïens* de Linnæus sont presque les seuls dont les chrysalides soient arrondies & unies. Les chenilles de ceux qu'il distingue sous le nom de *ruraux*, s'éloignent aussi par leur forme ovale, raccourcie & semblable à celle des cloportes, des chenilles des autres Lépidoptères qui ont le corps alongé & plus ou moins cylindrique.

Enfin les chrysalides d'une partie de ces Papillons *plébéïens*, les *urbicoles* ou les derniers de la famille, sont renfermées dans une coque ébauchée. Les *Parnassiens* sont, de tous les autres Lépidoptères diurnes, les seuls qui nous montrent une pareille anomalie.

Les métamorphoses des diurnes, qui ne donnent qu'une génération par année, s'accomplissent dans l'espace de neuf à douze mois. La durée des autres est beaucoup plus courte & varie selon l'époque de la première apparition de ces insectes & les vicissitudes de la température.

Nous allons rendre compte des différentes distributions méthodiques des Lépidoptères diurnes; nous exposerons ensuite celle que nous suivrons dans cet ouvrage.

Linnæus, dans les premières éditions de son *Systema naturæ*, & dans la première de sa *Faune suédoise*, ne divise l'Ordre des Lépidoptères qu'en deux genres, celui de *Papillon* & celui de *Phalène*; il partage le premier de la manière suivante : 1°. quatre pieds; 2°. six pieds, ailes élevées, anguleuses; 3°. six pieds, ailes élevées, arrondies; 4°. six pieds, ailes étendues; 5°. six pieds, ailes réfléchies. Il ne distinguoit pas alors les *Sphinx* des *Phalènes*. Plus tard, ou dans les dernières éditions de son même *Systema*, le genre Papillon, qu'il n'avoit jusqu'ici caractérisé que par le renflement terminal des antennes, acquit un signalement nouveau & tiré de la position des ailes; elles sont élevées & conniventes supérieurement, le vol est diurne. Les espèces furent distribuées en six phalanges :

a. Les Chevaliers, *Equites*. Les ailes supérieures sont plus longues de l'angle postérieur à leur extrémité que de cet angle à la base, ou, ce qui est plus simple, le côté postérieur est plus long que l'interne; les antennes sont souvent filiformes.

Parmi les *Equites*, ceux qui ont des taches couleur de sang à la poitrine, & qui le plus souvent sont noirs, forment une première subdivision, celle des Troyens (*Troes*).

Ceux dont la poitrine n'offre point de taches semblables, mais qui en ont une en forme d'œil à l'angle anal, ou l'interne du bord postérieur des inférieures, composent la seconde subdivision, celle des Grecs (*Achivi*).

La plupart des espèces de ces deux subdivisions portent effectivement des noms de héros grecs & troyens. Plusieurs d'entr'elles ne sont pas pour nous des *Papillons* proprement dits.

b. Les Héliconiens, *Heliconii*. Les ailes sont étroites, très-entières ou un peu dentées, souvent nues & sans écailles; les supérieures sont oblongues & les inférieures très-courtes.

c. Les Danaïdes, *Danai*. Les ailes sont presqu'entières. Il les distingue en Danaïdes blanches (*candidi*) & en Danaïdes bigarrées (*festivi*), selon que les ailes sont tout-à-fait ou presqu'entièrement blanches, ou de diverses couleurs. Les noms d'un certain nombre d'espèces de cette phalange, surtout parmi les *candidi*, sembleroient annoncer que Linnæus a eu plutôt en vue les filles de Danaüs que les Argiens & les Grecs en général, & qu'il n'a employé le mot *Danai* que comme adjectif de *Papilio*.

d. Les Nymphales, *Nymphales*. Les ailes sont ordinairement dentelées. Les unes, *gemmati*, ont des taches oculaires sur ces ailes : ce sont les *nymphes à yeux* de plusieurs auteurs. Les autres, *phalerati*, n'en ont point : ce sont les *nymphes aveugles*.

e. Les Plébéïens, *Plebeii*. La chenille a une forme courte ou contractée.

Les Ruraux (*rurales*) ont des taches plus obſcures que le fond.

Les Urbicoles (*urbicolæ*). Ils ont le plus ſouvent des taches tranſparentes.

On voit que Linnæus avoit abandonné ſon ancienne méthode, du moins quant aux diviſions premières, celles qui ſont fondées ſur le nombre des pieds : quatre *tetrapi*, ſix *hexapi*. Elle étoit cependant très-naturelle & bien plus ſûre que celle-ci.

Geoffroy, *Hiſt. abrégée des Inſectes*, tom. II, pag. 32, ſuivit & perfectionna la première. Son genre Papillon ſe compoſe de deux familles, ſelon que les individus n'ont que quatre pieds propres à la marche, les deux antérieurs étant repliés, ou qu'ils en ont ſix, tous ſemblables, & dont l'animal ſe ſert pareillement, ſoit pour marcher, ſoit pour ſe ſoutenir. Les premiers, qui ont été appelés *maçons* ou *grimpans*, ſont diſtribués en trois paragraphes. Dans le premier les Papillons viennent de chenilles épineuſes; leurs antennes ſont terminées par un bouton preſque rond; les pattes de devant ſont courtes, velues, ramaſſées près du cou; les ailes ſont anguleuſes & ſouvent très-découpées à leurs bords. Les eſpèces du ſecond paragraphe offrent les mêmes caractères, à cette ſeule différence près que les bords de leurs ailes ſont arrondis et nullement découpés. Dans le troiſième paragraphe les chenilles ne ſont point épineuſes; les deux pattes antérieures de l'inſecte parfait ſont très-courtes, mais nullement velues. Les chryſalides des Papillons de cette famille ſont toutes poſées perpendiculairement & ſuſpendues par la queue, la tête en bas. Celles de la ſeconde famille, ou des Papillons à ſix pattes ambulatoires, ſont poſées tranſverſalement & attachées par la queue & par le milieu du corps, au moyen d'un anneau ou d'une anſe de fils. Aucun de ces Papillons ne vient de chenille épineuſe, & pluſieurs ont le bouton, qui termine chaque antenne, alongé comme un fuſeau. Cette famille eſt ſubdiviſée de la manière ſuivante : les *grands porte-queue*, les *petits porte-queue*, les *argus*, les *eſtropiés* & les *Papillons du chou* ou *braſſicaires*. Les ſeconde, troiſième & quatrième ſections embraſſent les *Papillons plébéïens* de Linnæus, ceux avec leſquels Fabricius compoſe le genre *Heſperia* de ſon *Entomologie ſyſtématique*. Ces améliorations de la méthode ne ſont qu'une application des principes établis par Réaumur, dans ſes excellens Mémoires ſur les inſectes.

Un de ſes autres diſciples, qui écrivit après Geoffroy, de Géer, profita habilement des lumières de l'un & de l'autre, & fit faire, par ſes propres obſervations, de grands pas à la ſcience. Il diviſe les Papillons en cinq familles, dont les caractères ſont les mêmes, de ſon propre aveu, que ceux des claſſes de Papillons diurnes établies par Réaumur.

Famille 1re. Six pattes égales; bord inférieur (ou plutôt intérieur) des ſecondes ailes embraſſant le deſſous du ventre.

Famille 2e. Six pattes égales; bord inférieur des ailes ſe recourbant pour venir embraſſer & couvrir le deſſus du ventre.

Famille 3e. Six pattes égales; ailes ſupérieures, lorſqu'elles ſont redreſſées, n'étant jamais perpendiculaires au corps, mais dans une ſituation inclinée en arrière par rapport à la ligne du corps : ce ſont les *Papillons eſtropiés* de Geoffroy, ou les *Plébéïens urbicoles*.

Famille 4e. Quatre pattes; les deux antérieures repliées & appliquées contre la poitrine; elles ſont comme fauſſes & terminées par des eſpèces de cordons, ſemblables aux pendans de palatines de peau.

Famille 5e. Quatre pattes; les deux antérieures appliquées contre la poitrine, mais d'ailleurs faites comme les autres, & ſimplement très-petites.

De Géer, à l'égard des trois premières familles, s'eſt ſervi d'un caractère dont Geoffroy n'avoit pas fait uſage, celui de la direction du bord interne des ſecondes ailes; mais, d'autre part, il n'a pas employé, pour ſignaler ſes coupes, un caractère important, dont le naturaliſte français avoit tiré avantage, celui que fournit la conſidération des Chenilles & des Chryſalides. Sa quatrième famille ſe compoſe de genres de Diurnes très-différens ſous ces rapports, comme de *Vaneſſes*, d'*Argynnes* & de *Satyres*.

Il eſt évident que les *Plébéïens* de Linnæus conduiſent, par ceux qu'il appelle *Urbicoles*, à la famille des Crépuſculaires, ou au genre *Sphinx* de cet auteur. Il avoit très-bien ſenti ces rapports; mais, dans les deux méthodes que nous venons d'expoſer, ces *Plébéïens* ſont réellement déplacés ou hors de leur rang naturel.

Scopoli (*Faune de la Carniole*) avoit d'abord diviſé les eſpèces du genre Papillon en *tétrapes* (quatre pieds) & en *hexapes* (ſix pieds). Ce même genre, dans ſon *Introduction à l'Hiſtoire naturelle*, imprimée en 1777, & à une époque où la méthode de MM. Denis & Schiffermuller (*Catal. Syſt. des Lépidop. de Vienne*) étoit connue, forme la 3e. race ou peuplade (*gens*) de ſa tribu ſixième du règne animal, celle de Roëſel ou des Lépidoptères. Il ſépare des Papillons proprement dits les *Plébéïens ruricoles* de Linnæus & en compoſe les genres *Argyrus*, *Argus*, *Pterourus*, *Battus*, *Graphium* & *Aſcia*. Mais je ne puis concevoir comment un naturaliſte auſſi inſtruit a pu les établir ſur des caractères tirés de l'abſence ou de la préſence des taches des ailes, de leur diſpoſition, & de la forme des ailes inférieures (avec une queue ou ſans queue). On pourroit tout au plus le pardonner aux naturalistes antérieurs à Aristote.

Fabricius, dans ses premiers ouvrages sur l'Entomologie, ne fit aucun changement à la distribution du genre *Papilio* de Linnæus; mais, dans son *Entomologie systématique*, il en a détaché les Plébéïens sous le nom générique d'*Hespérie*, & aux autres divisions du genre Papillon, il en ajoute deux, celle des *Parnassiens*, précédant immédiatement les *Danaïdes blanches*, & celle des *Satyres*, qui vient après ces Danaïdes & termine le genre Papillon.

Le groupe des *Satyres* est une sorte de magasin où cet auteur a réuni les espèces dont il n'avoit su que faire, ou qu'il ne pouvoit rapporter aux coupes précédentes. Il paroît, en le composant, avoir pris pour type la quatrième famille des Papillons de de Géer.

Le nombre des espèces nouvelles, découvertes en Europe ou dans les pays étrangers, étant fort considérable, l'étude du genre Papillon, quoique restreint par la séparation de celui d'Hespérie, devenoit très-difficile, & il étoit nécessaire d'en diminuer l'étendue par la formation de plusieurs nouvelles coupes génériques. J'en avois indiqué quelques-unes dans mon *Histoire générale des Insectes*. Fabricius a établi dans son dernier ouvrage, *le Système des Glossates*, quarante genres de plus. L'exposition de leurs caractères nous mèneroit trop loin; nous nous bornerons donc à donner la correspondance de ses coupes avec les nôtres.

Celles de ce célèbre naturaliste sont fondées sur les variétés de forme & de composition que présentent les palpes inférieurs & les antennes de ces insectes. On sait que leurs antennes sont composées d'un grand nombre de petits articles, toujours simples; qu'elles sont plus courtes que le corps, & qu'en général elles s'alongent progressivement avec lui & avec les ailes; que, dans les uns, elles se terminent par un renflement brusque, semblable à une petite massue, soit en forme de cône renversé, soit plus ou moins ovoïde; qu'elles sont, dans les autres, presque filiformes, ou qu'elles ne grossissent qu'insensiblement vers leur extrémité. Des coupes, parfaitement naturelles par la généralité de leurs rapports, offrent néanmoins dans la forme de ces organes quelques différences; ce qui nous indique combien nous devons être réservés dans l'emploi des caractères qu'ils nous fournissent; c'est une des raisons qui nous ont déterminé à ne pas adopter encore tous les genres établis par Fabricius dans son *Système des Glossates* ou *des Lépidoptères*, ouvrage qu'il rédigeoit lorsque la mort l'a enlevé à la science qu'il avoit illustrée, ouvrage dont Illiger, que nous avons eu le malheur de perdre peu de temps après, a donné un extrait (*Magasin des Insectes* 1807).

Nous n'avons qu'un petit nombre d'observations sur les métamorphoses des Diurnes exotiques, & cette pénurie de documens arrêtera toujours le naturaliste qui s'occupera d'une distribution naturelle de ces insectes. Les auteurs du *Catalogue systématique des Lépidoptères des environs de Vienne* ont tiré un parti avantageux des connoissances qu'ils avoient recueillies à cet égard; mais, outre que plusieurs de leurs coupes, surtout parmi les nocturnes, ne sont pas toujours naturelles & que leurs signalemens sont souvent très-vagues, combien est bornée l'application de leur méthode, si on la compare avec un système général, ou qui doit embrasser toutes les espèces connues! L'analogie peut sans doute éclairer notre marche incertaine; mais que d'espèces exotiques se refusent à cette subordination & nous déroutent! Enfin, parmi les Lépidoptères diurnes étrangers des collections les plus nombreuses & les plus riches, il en est beaucoup dont les antennes ont été mutilées, souvent même remplacées par d'autres qui appartiennent à des espèces très-différentes; il devient donc presqu'impossible, du moins dans bien des cas, de déterminer d'une manière positive quelle est la place naturelle de ces insectes, puisque l'on n'a point les données nécessaires à la solution de ce problème.

Il ne nous reste plus qu'à dire un mot de la méthode qu'ont suivie les auteurs du *Catalogue systématique des Lépidoptères des environs de Vienne*, méthode que M. Ochsenheimer a étendue à toutes les espèces d'Europe.

Le genre Papillon de Linnæus est partagé en quinze familles, mais dont il faut retrancher la dernière, parce qu'elle est composée d'*Ascalaphes* de Fabricius, genre d'insectes de l'Ordre des Névroptères. Scopoli étoit déjà tombé dans une pareille erreur en plaçant une de ces espèces avec les Papillons. Les caractères de ces coupes ont pour base la forme, la couleur & les habitudes des chenilles, leur manière de se métamorphoser, la figure & la disposition de leurs chrysalides, enfin l'insecte parfait, considéré sous le rapport du nombre de ses pieds, de la position de ses ailes, de la figure de leur contour, du dessin & des couleurs de leurs surfaces.

Les cinq premières familles comprennent les Lépidoptères diurnes *hexapodes*, ou à six pieds, & répondent aux genres suivans de notre méthode :

1er. *Hespérie*.
2e. *Parnassien*.
3e. *Thaïs* & *Papillon*.
4e. *Piéride*.
5e. *Coliade*.

Les neuf autres familles sont composées des Lépidoptères diurnes *tétrapodes*, ou à quatre pieds.

6e. *Satyre*.
7e. & 8e. *Nymphale*.
9e. *Vanesse*.

10e. Première

10e. Première division des *Argynnes*.
11e. La seconde
12e., 13e. & 14e. *Polyommate*.

Mettant à profit ces travaux & mes propres observations, j'ai essayé moi-même, dans mes divers ouvrages sur les insectes, de faciliter l'étude du genre *Papilio* de Linnæus. Je l'avois d'abord partagé en huit genres : NYMPHALE, HÉLICONIEN, DANAÏDE, PAPILLON, PARNASSIEN, PIÉRIDE, POLYOMMATE & HESPÉRIE. (*Nouv. Diction. d'Hist. nat.*, tome XXIV, tableaux, pag. 124 & 125.)

Le premier offroit trois coupes : les *Nymphales propres*, les *Nymphales-nacrés*, les *Nymphales-satyres*. J'ai adopté depuis quelques-uns des nouveaux genres introduits par Fabricius, ceux dont les caractères m'ont paru les plus tranchés & les plus constans. La méthode que je vais présenter est cependant, je le confesse, très-imparfaite encore. Espérons que M. Steven, naturaliste anglais, qui s'occupe depuis plusieurs années d'un système général sur cet Ordre d'insectes, applanira enfin les difficultés qui entravent cette partie de la science.

Mais disons auparavant un mot de la méthode de M. Duméril & de celle de M. le chevalier de Lamarck.

Notre famille des Diurnes est la même que celle que M. Duméril (*Zool. anal.*) a nommée GLOBULICORNES ou *Ropalocères*. Il la compose de trois genres : *Papillon*, *Hétéroptère*, *Hespérie*. Le second comprend les *Plébéïens urbicoles* ou les Estropiés de Geoffroy, & le dernier les *Plébéïens ruraux*, ou nos Polyommates & nos Erycines.

Cette même famille forme, dans l'Histoire naturelle des animaux sans vertèbres de M. Lamarck, la seconde section des Lépidoptères, celle des *Papilionides*. Il y établit deux divisions qui embrassent la tribu que je nomme ainsi & celle des Hespérides. Sa seconde division renferme les genres *Uranie* & *Hespérie* ; l'autre, les genres *Argus*, *Nymphale*, *Danaïde*, *Libythée*, *Piéride*, *Parnassien*, *Thaïs* & *Papillon*. Les trois derniers ne diffèrent aucunement de ceux que j'ai désignés de la même manière ; mais il réunit les Coliades aux Piérides ; les Héliconiens, les Acrées, les Idéa aux Danaïdes ; les Vanesses, les Argynnes, les Biblis & nos Nymphales aux Libythées ; ses Nymphales sont nos Satyres ; enfin son genre Argus est un composé des genres Polyommate & Erycine.

TABLEAU DE NOTRE MÉTHODE.

FAMILLE PREMIÈRE.

DIURNES. *Diurna*. (*Papilio*. Linn. Geoff.)

Les quatre ailes, ou les supérieures au moins, élevées dans le repos ; point de crochet ou frein au bord antérieur des inférieures pour retenir les précédentes ; antennes plus grosses à leur extrémité.

TRIBU PREMIÈRE.

PAPILLONIDES. *Papilionides*.

Jambes postérieures n'ayant qu'une paire d'épines ou d'ergots, savoir, celles du bout ; extrémité des antennes droite ou simplement un peu arquée au bout, et jamais fort crochue ; les quatre ailes toujours élevées perpendiculairement dans le repos.

I. *Chenilles alongées, presque cylindriques ; chrysalides alongées, anguleuses, ou unies, & renfermées alors dans une coque grossière ; dernier article des palpes inférieurs, ou le troisième, lorsqu'il est distinct, aussi couvert d'écailles que le précédent ; crochets des tarses très-apparens, grands, ou du moins de grandeur moyenne.*

1. *Chrysalides fixées par la queue & attachées en outre par un cordon transversal, en forme d'anse, ou sans attaches semblables, mais renfermées dans des espèces de coques ; les deux premiers articles des palpes inférieurs presque de la même longueur ; toutes les pattes semblables dans les deux sexes. (Ailes inférieures de plusieurs concaves, ou comme échancrées au bord interne.)*

A. *Bord interne des ailes inférieures concave, ou comme échancré ; crochets des tarses simples.*

Genre PAPILLON. *Papilio* (1).

Palpes inférieurs très-courts, atteignant à peine le chaperon, obtus à leur extrémité supérieure ; le troisième article, ou le dernier, point ou très-peu distinct.

1. *Bouton des antennes alongé.*

Le genre *Papilio* de Fabricius.

2. *Bouton des antennes court, presqu'ovoïde.*

Le genre *Zelima* du même.

G. PARNASSIEN. *Parnassius*. (*Doritis*, Fab.)

Palpes inférieurs s'élevant sensiblement au-delà du chaperon, cylindrico-coniques, à trois articles très-distincts ; bouton des antennes court, presque ovoïde & droit. (Une poche cornée, & renfermant les œufs, à l'extrémité du ventre de la femelle.)

Nota. Les chenilles de ce genre & celles du précédent ont sur le cou un tentacule rétractile, mou & divisé en deux branches, en manière de cornes. (*Voyez* les généralités historiques.)

G. THAÏS. *Thais*. Fab.

Palpes s'élevant sensiblement au-delà du cha-

---

(1) Quelques espèces de ce genre avoient primitivement des noms féminins ; on leur en a substitué de masculins, afin qu'il n'y ait point de disparate sous ce rapport.

peron, à trois articles très-distincts; bouton des antennes alongé, obconico-ovale, courbe.

B. *Ailes inférieures sans concavité ni apparence d'échancrure au bord interne, & s'étendant sous le ventre; crochets des tarses unidentés ou bifides.*

G. Coliade. *Colias.* Fab.

Palpes très-comprimés, le dernier article beaucoup plus court que le précédent.

G. Piéride. *Pieris.* Schr. *Pontia*, Fab.

Palpes presque cylindriques, point fortement comprimés; le dernier article presqu'aussi long au moins que le précédent.

2. *Chrysalides suspendues seulement par leur extrémité postérieure (dans une direction perpendiculaire, la tête en bas), & jamais renfermées dans des coques; second article des palpes évidemment plus long que le premier; pattes antérieures, du moins dans l'un des sexes, beaucoup plus courtes que les quatre autres, & ne servant point à marcher. (Ailes inférieures embrassant presque toujours le dessous de l'abdomen & formant une gouttière où il se loge; jamais concaves, ou comme échancrées en arc au bord interne.)*

A. *Toutes les pattes semblables & ambulatoires dans les femelles; les deux antérieures très-courtes & en cordon de palatine dans les mâles.*

G. Libythée. *Libythea.* Fab.

Nota. Palpes inférieurs formant une forte de bec très-avancé & pointu.

B. *Les deux pattes antérieures très-courtes dans les deux sexes.*

a. *Crochets des tarses simples; palpes inférieurs séparés entr'eux par un intervalle notable.*

* *Palpes ne s'élevant pas au-delà du chaperon; le second article à peine une fois plus long que le premier.*

G. Danaïde (1). *Danais.* (*Euploea*, Fab.)

Bouton des antennes épais & courbe, ailes triangulaires. (Une poche discoïdale aux inférieures du plus grand nombre, & dans l'un des sexes seulement.)

G. Idéa. *Idea.* Fab.

Antennes presque filiformes, ailes alongées, presqu'ovales.

** *Palpes s'élevant manifestement au-delà du chaperon; le second article beaucoup plus long que le premier. (Ailes supérieures & abdomen ordinairement alongés.)*

G. Acrée. *Acræa.* Fab.

Bord interne des ailes inférieures n'embrassant presque pas le dessous de l'abdomen; palpes inférieurs grêles & presque cylindriques; antennes peu alongées & terminées brusquement en bouton.

G. Héliconien (1). *Heliconius.* (*Mechanitis*, Fab.)

Bord interne des ailes inférieures n'embrassant presque pas le dessous de l'abdomen; palpes inférieurs grêles & presque cylindriques; antennes une fois plus longues que la tête & le tronc, grossissant insensiblement vers leur extrémité.

b. *Crochets des tarses fortement bifides & paroissant doubles.*

Palpes inférieurs très-rapprochés l'un de l'autre ou en partie contigus.

* *Palpes inférieurs peu comprimés; la face antérieure de leurs deux premiers articles presque aussi large ou plus large que leurs côtés; cellule discoïdale & centrale des ailes inférieures ouverte postérieurement. (Chenilles plus ou moins épineuses ou tuberculées.)*

G. Argynne. *Argynnis.* Fab. (Ejusd. *Melitœa.*)

Antennes finissant brusquement par un bouton court, en forme de toupie ou ovoïde; palpes inférieurs terminés brusquement par un article grêle & aciculaire ou en pointe d'aiguilles, & paroissant ainsi écartés entr'eux à leur extrémité. (Ailes postérieures souvent rondes.)

1. *Palpes inférieurs n'étant pas très-hérissés de poils; le dernier article très-court; chenilles chargées d'épines, dont deux sur le cou.*

Les *Argynnis* de Fabricius.

2. *Palpes inférieurs très-poilus; le dernier article n'étant au plus que d'une demi-fois plus court que le précédent; chenilles garnies de tubercules charnus & pubescens.*

Les *Melitœa* du même.

G. Vanesse. *Vanessa.* Fab. (Ejusd. *Cynthia.*)

Antennes finissant brusquement par un bouton court, en forme de toupie ou ovoïde; palpes inférieurs terminés insensiblement en pointe & contigus.

G. Biblis. *Biblis.* Fab. (Ejusd. *Melanitis.*)

Antennes terminées en une petite massue alongée; palpes inférieurs manifestement plus longs que la tête.

G. Nymphale. *Nymphalis.*

Antennes terminées en une petite masse alongée; longueur des palpes inférieurs ne surpassant pas notablement celle de la tête; chenilles n'ayant que quelques épines ou quelques tubercules, avec l'extrémité postérieure du corps fourchue.

(1) Le mot français *danaïde* ne pouvoit se rendre exactement en latin que de la manière dont nous l'avons fait ici.

(1) Les espèces de ce genre portant ou des noms de muses ou d'autres noms féminins, nous avons changé le mot d'*héliconien* en celui d'*héliconie*.

1. *Maſſue des antennes formée preſqu'inſenſiblement, grêle, cylindrico-obconique.*

A. *Ailes ſupérieures alongées; les inférieures larges.*

Le genre *Neptis* de Fabricius.

B. *Ailes guère plus longues que larges.*

Le genre *Limenitis* du même.

2. *Maſſue des antennes formée bruſquement, épaiſſe, en forme de cône renverſé ou alongé.*

Les genres *Apatura* & *Paphia* du même; le genre *Charaxes* d'Ochſenheimer.

** *Palpes inférieurs très-comprimés, avec la tranche antérieure étroite ou aiguë; cellule diſcoïdale & centrale des ailes inférieures fermée poſtérieurement. (Chenilles nues ou preſque raſes, terminées poſtérieurement en une pointe bifide.)*

G. Morpho. *Morpho*. Fab. (Ejuſd. *Amathuſia*.)

Antennes preſque filiformes, légèrement & inſenſiblement plus groſſes vers leur extrémité.

1. *Ailes plus ou moins triangulaires & peu alongées.*

A. *Angle anal des ailes inférieures prolongé en pointe.*

Le genre *Amathuſia* de Fabricius.

B. *Point de prolongement remarquable à l'angle anal des ailes inférieures.*

Le genre *Morpho* du même.

2. *Ailes ovales et alongées.*

Le genre *Hætera* du même.

G. Brassolide. *Braſſolis*. Fab.

Palpes inférieurs courts, ne s'élevant pas au-delà du chaperon, point barbus; antennes terminées en une maſſue épaiſſe & en forme de cône renverſé.

G. Satyre. *Satyrus*. (*Hipparchia*, Fab. *Maniola*, Schrank.)

Palpes inférieurs s'élevant notablement au-delà du chaperon, très-hériſſés de poils ou barbus; antennes terminées en forme de bouton court, ou en une petite maſſue grêle & preſqu'en fuſeau.

II. *Chenilles ovales ou en forme de cloporte; chryſalides courtes, contractées, obtuſes au bout; dernier article des palpes inférieurs, ou le troiſième, preſque nu, ou peu fourni d'écailles; crochets du bout des tarſes très-petits, à peine ſaillans.*

1. *Les deux pattes antérieures très-courtes & point propres au mouvement, du moins dans l'un des ſexes.*

G. Erycine. *Erycina*.

1. *Ailes inférieures longues, prolongées en forme de queue.*

Le genre *Erycine* de Fabricius.

2. *Ailes inférieures preſqu'auſſi larges ou plus larges que longues, & dont les queues, lorſqu'elles exiſtent, ne ſont formées que par les ſimples prolongemens des dents du bord poſtérieur.*

A. *Ailes médiocrement étendues dans le ſens de la largeur du corps, ou tranſverſalement.*

Le genre *Helicopis* & pluſieurs *Heſperia* & *Lycœna* du même.

B. *Ailes s'etendant notablement dans le ſens de la largeur du corps ou tranſverſalement.*

Les genres *Nymphidium* & *Emeſis* du même.

2. *Toutes les pattes ambulatoires & de forme ſemblable.*

G. Myrine. *Myrina*. Fab.

Palpes inférieurs très-alongés.

Nota. Ailes inférieures en queue.

G. Polyommate. *Polyommatus*.

Palpes inférieurs de longueur moyenne ou courts.

1. *Bord poſtérieur des ailes inférieures offrant des dents ou des prolongemens en forme de queue.*

A. *Bouton terminal des antennes alongé, cylindrico-ovalaire.*

Le genre *Thecla* de Fabricius.

B. *Bouton terminal des antennes court ou peu alongé, preſqu'ovoïde.*

Des *Heſperia* & des *Lycœna* du même.

B. *Bord poſtérieur des ailes inférieures ſans dents, ni prolongemens en forme de queue.*

Les autres *Lycœna* du même.

TRIBU II.

Hespérides. *Hesperides*.

Jambes postérieures ayant deux paires d'épines ou d'ergots, l'une au bout et l'autre près du milieu; extrémité des antennes presque toujours très-crochue ou fort recourbée. (Ailes supérieures relevées, mais écartées; les inférieures souvent presque horizontales, dans le repos; chenilles rases, sans épines; chrysalides sans éminences et renfermées dans une toile légère entre des feuilles.)

G. Uranie. *Urania*. Fab.

Antennes d'abord filiformes, enſuite grêles & ſétacées; palpes inférieurs alongés, grêles; le ſecond article très-comprimé; le dernier beaucoup plus menu, preſque cylindrique & nu.

G. Hespérie. *Heſperia*. (Les genres *Thymale*, *Helias* & *Pamphila* de Fabricius.)

Antennes terminées diſtinctement en bouton

ou en maſſue ; palpes inférieurs courts, larges & très-garnis d'écailles.

Nota. Le dernier article des palpes inférieurs & le bouton terminal des antennes ont des formes aſſez variées & qui permettent de diviſer le genre en pluſieurs autres. Mais il nous a été impoſſible d'étendre ces obſervations à toutes les eſpèces citées ; pluſieurs de celles qui ſont étrangères n'étant connues que par des figures.

FAMILLE SECONDE.

Crépusculaires. *Crepuscularia.*

Les quatre ailes horizontales ou en toit dans le repos ; un crochet ou frein au bord antérieur des inférieures pour retenir celles de dessus ; antennes en massue alongée, ou en fuseau.

TRIBU PREMIÈRE.

Sphingides. *Sphingides.*

Palpes inférieurs larges, vus en devant, couverts d'écailles très-nombreuses ; le troisième article ordinairement peu distinct ; antennes en massue prismatique, toujours terminées par une petite houppe.

G. Castnie. *Caſtnia.* Fab.

Palpes écartés entr'eux & à trois articles diſtincts ; maſſue des antennes ne commençant que vers leur extrémité.

Nota. Linnæus & Fabricius avoient placé les eſpèces de ce genre dans le genre *Papillon ;* elles ſont le paſſage des *Heſpéries* aux *Sphinx.*

Nous préſenterons ſucceſſivement & dans le même ordre les genres de cette tribu, ainſi que ceux de la famille des Diurnes.

Les deſcriptions des eſpèces qu'ils contiennent ſeront précédées du tableau expoſant leurs caractères eſſentiels & diſtinctifs.

L'étendue de cet article ne permettoit pas de donner un tableau général, comme on l'a fait juſqu'ici.

GENRE PAPILLON (1).

1. PAPILLON Priam.

Ailes veloutées, vertes en dessus, avec le limbe noir : les supérieures avec une bande longitudinale très-large ; les inférieures avec des taches presque marginales, noires : ces dernières dentées.

2. PAPILLON Panthoüs.

Ailes d'un noir-brun : les supérieures tachetées de blanchâtre de part et d'autre ; les inférieures dentées : le dessous de celles-ci avec six taches d'un blanc-jaunâtre et chargées chacune d'une tache noire.

3. PAPILLON Rémus.

Ailes dentées, noires : le dessous des inférieures blanc : celles-ci ayant de part part et d'autre des taches marginales d'un jaune d'or.

4. PAPILLON Amphimédon.

Ailes dentées, presque semblables de part et d'autre, d'un brun-noirâtre : les supérieures avec des raies grisâtres ; les inférieures avec une tache discoïdale palmée et des lunules, jaunâtres.

5. PAPILLON Pandare.

Ailes noires, semblables de part et d'autre : les supérieures avec des taches d'un jaune-pâle ; les inférieures légèrement dentées, avec le milieu d'un jaune d'or et des taches bleues, marginales.

6. PAPILLON Hellen.

Ailes dentées, semblables de part et d'autre, noires ; les inférieures ayant le milieu d'un jaune d'or, coupé par des nervures noires et échancré extérieurement.

7. PAPILLON Amphrisius.

Ailes dentées, semblables de part et d'autre, noires : les supérieures avec des raies blanchâtres ; les inférieures avec le milieu d'un jaune d'or et tacheté de noir.

8. PAPILLON Antimaque.

Ailes noires, presque semblables de part et d'autre : les supérieures avec des taches, les inférieures avec le milieu et des lunules marginales, fauves ; celles-ci arrondies, dentées ; celles-là alongées, étroites, sinuées.

9. PAPILLON Agénor.

Ailes noires : les supérieures ayant la base d'un rouge-sanguin ; les inférieures dentées, avec le milieu blanc et des taches marginales d'un noir-foncé.

10. PAPILLON Memnon.

Ailes d'un noir-verdâtre : les inférieures dentées : le dessous de celles-ci cendré vers le bout, avec deux rangs de taches d'un noir-foncé.

11. PAPILLON Polymnestor.

Ailes dentées, noires : les inférieures d'un bleu-blanchâtre depuis le milieu jusqu'au bout, avec des taches d'un noir-foncé, disposées par séries.

12. PAPILLON Proténor.

Ailes noires : les inférieures dentées, un peu étroites ; le dessous de ces dernières offrant à l'angle de l'anus une double tache ocellée et sur le bord des lunules, rouges.

(1) Les caractères des genres, étant tracés dans le Discours préliminaire, nous ne les reproduisons pas dans les tableaux des espèces, pour éviter les redites.

PAPILLON. (Insecte.)

13. Papillon Amphitryon.

Ailes noires : les supérieures avec quatre taches vers le sommet, les inférieures avec une bande très-anguleuse, jaunes ; ces dernières dentées : leur dessous avec un rang de points jaunes et un rang de lunules bleues.

14. Papillon Gambrisius.

Ailes dentées, noires : les supérieures avec quatre taches vers le sommet; les inférieures avec une bande sinuée, d'un blanc-jaunâtre; le dessous de celles-ci avec un point ferrugineux à l'angle de l'anus.

15. Papillon Érecthée.

Ailes dentées, noires : les supérieures avec une raie transverse près du sommet; les inférieures avec une bande sur le milieu, d'un blanc-grisâtre : le dessous de celles-ci avec un rang de lunules bleues et un rang de lunules d'un rouge-sanguin.

16. Papillon Drimaque.

Ailes dentées, presque semblables de part et d'autre, noires : les supérieures ayant la moitié postérieure cendrée ; les inférieures ayant une bande jaunâtre sur le milieu et un œil roussâtre à l'angle anal.

17. Papillon Égée.

Ailes dentées, semblables de part et d'autre, noires : les supérieures ayant la moitié postérieure cendrée ; les inférieures ayant le milieu blanchâtre, un rang de lunules bleues et un rang de lunules d'un rouge-sanguin.

18. Papillon Évandre.

Ailes dentées, noires : le dessus des inférieures avec cinq taches d'un rouge-carmin violet ; le dessous des supérieures offrant sur le milieu une bande blanchâtre, transverse.

19. Papillon Archélaüs.

Ailes dentées, noires : les supérieures ayant de part et d'autre une double tache blanchâtre ; le dessus des inférieures avec quatre taches d'un rouge-carmin violet.

20. Papillon Idéus.

Ailes noires : les supérieures ayant, près de la côte, une bande jaune, courte; les inférieures dentées, ayant trois taches et des points d'un rouge-vermillon.

21. Papillon Ilus.

Ailes noires : les supérieures avec une tache d'un blanc-jaunâtre ; les inférieures dentées ; le dessous de celles-ci tacheté de rouge-sanguin à la base et vers l'extrémité.

22. Papillon Opléus.

Ailes noires : les supérieures avec une tache d'un vert-jaunâtre, orbiculaire ; les inférieures dentées, ayant une tache d'un rouge-carmin, divisée en quatre, ombrée de brun en dessous.

23. Papillon Triopas.

Ailes étroites, semblables de part et d'autre, noires : les supérieures avec deux taches, les inférieures avec le milieu, jaunes : celles-ci dentées, avec les échancrures blanches.

24. Papillon Énée.

Ailes d'un noir-foncé : le dessus des supérieures avec une tache verte ; les inférieures dentées : leur dessus avec une tache palmée d'un rouge-carmin, leur dessous avec cinq taches plus pâles.

25. Papillon Zacynthe.

Ailes dentées, noires : les supérieures avec une tache partie verte, partie blanche ; les inférieures avec une tache palmée d'un rouge-sanguin.

PAPILLON. (Insecte.)

26. Papillon Eurimède.

Ailes d'un noir-foncé : le dessus des supérieures avec une bande verte, courte; leur dessous avec un point blanc : les inférieures dentées, ayant de part et d'autre une tache palmée d'un rouge-sanguin.

27. Papillon Eurimas.

Ailes d'un noir-foncé : les supérieures avec une bande d'un vert-bleuâtre, courte; les inferieures dentées : leur dessus avec quatre taches oblongues d'un rouge-carmin, leur dessous avec cinq plus pâles.

28. Papillon Polymétus.

Ailes d'un noir-foncé : les supérieures (mâle) *avec une bande courte, blanche à sa partie antérieure, azurée à sa partie postérieure; les inférieures dentées, ayant une tache d'un rouge-carmin, divisée en quatre.*

29. Papillon Amosis.

Ailes d'un noir-foncé : les inférieures dentées, ayant sept taches marginales, dont les deux extérieures blanchâtres et en forme de points, les autres d'un rouge-carmin violet, inégales.

30. Papillon Hippason.

Ailes d'un noir-foncé : les supérieures avec une bande d'un blanc-obscur, courte; les inférieures dentées, ayant six taches d'un rouge-carmin violet, inégales, formant une bande.

31. Papillon Anchise.

Ailes noires, semblables de part et d'autre : les inférieures dentées, ayant un point et six taches d'un rouge-carmin, disposés en une bande.

32. Papillon Pompée.

Dessus des ailes d'un noir-bleuâtre : les inférieures dentées : leur dessus avec cinq taches d'un rouge-vermillon, ovales; leur dessous avec une bande de six taches plus pâles.

33. Papillon Dimas.

Ailes noires, semblables de part et d'autre : les supérieures ayant sur le milieu une tache blanche, divisée par les nervures; les inférieures dentées, ayant vers le milieu une bande d'une rouge-carmin, transverse, maculaire.

34. Papillon Iphidamas.

Ailes dentées, noires, semblables de part et d'autre : les supérieures avec une bande blanche, courte : les inférieures avec une bande rouge, large.

35. Papillon Arcas.

Ailes noires, semblables de part et d'autre : les supérieures ayant sur le milieu une tache d'un blanc-jaunâtre; les inférieures dentées, ayant une tache d'un rouge-sanguin, palmée, large : côtés de l'abdomen rouges.

36. Papillon Néphalion.

Ailes dentées, semblables de part et d'autre, noires : les supérieures ayant sur le milieu une tache bleuâtre, coupée par les nervures; les inférieures y ayant une tache d'un rouge-vermillon, divisée en six.

37. Papillon Tullus.

Ailes dentées, semblables de part et d'autre, noires : les supérieures avec une double tache d'un blanc-jaunâtre; les inférieures avec une tache anale trifide et des points au sommet, d'un rouge-carmin, disposés en une bande.

PAPILLON. (Insecte.)

38. PAPILLON Vertumne.

Ailes dentées, d'un noir-foncé : les supérieures avec une tache d'un vert-obscur; les inférieures avec une tache d'un rouge-carmin, très-chatoyante, divisée en trois.

39. PAPILLON Téréas.

Ailes arrondies, entières, noires : les supérieures avec une tache blanche sur le milieu; les inférieures ayant de part et d'autre une tache rose, divisée en quatre : le dessous de celles-ci avec des points marginaux d'un vert-jaunâtre.

40. PAPILLON Sésostris.

Ailes d'un noir-foncé : le dessous des supérieures avec une tache verte, luisante, coupée par deux nervures; les inférieures dentées : le dessous de celles-ci avec cinq taches d'un rouge-sanguin.

41. PAPILLON Lacédémon.

Ailes dentées, noires, avec des lunules marginales blanchâtres : le dessous des inférieures brun, avec des lunules noires.

42. PAPILLON Bélus.

Ailes dentées, d'un vert-noirâtre en dessus : le dessous des supérieures avec une bande blanchâtre, longitudinale; le dessous des inférieures avec des lunules marginales rousses.

43. PAPILLON Bitias.

Ailes dentées, noires, avec le limbe postérieur ponctué de jaune : les inférieures dentées : le dessous de celles-ci avec une raie transverse, en forme de collier, et un rang de lunules rouges, marginales.

44. PAPILLON Polydamas.

Ailes dentées, d'un brun-verdâtre en dessus; avec une bande jaune, maculaire : le dessous des inférieures avec des taches marginales rouges, accompagnées de trois taches argentées.

45. PAPILLON Protodamas.

Dessus des ailes d'un noir-verdâtre, avec une bande maculaire et des lunules marginales, jaunes : les inférieures dentées; le dessous de celles-ci avec des taches rouges à la base et sur le bord postérieur.

46. PAPILLON Dolicaon.

Dessus des ailes d'un jaune-pâle, avec l'extrémité noire : les inférieures avec une queue; celles-ci ayant de part et d'autre des points marginaux d'un blanc-vif.

47. PAPILLON Philénor.

Ailes dentées, noires : les inférieures en queue, glacées de vert; le dessous de celles-ci avec un rang de taches fauves, marquées de blanc.

48. PAPILLON Polycaon.

(Mâle.) *Dessus des ailes d'un noir-foncé, avec une bande jaune, large : les inférieures ayant des dents en forme de queues; le dessous de celles-ci avec des lunules rousses, bleuâtres, jaunâtres, disposées par rangs à l'extrémité.*

49. PAPILLON Androgée.

(Femelle.) *Dessus des ailes d'un noir-bronzé : les inférieures ayant des dents en forme de queues; le dessous de celles-ci avec des lunules rousses, bleuâtres, jaunâtres, disposées par rangs à l'extrémité.*

50. PAPILLON Acamas.

Ailes ayant des dents en forme de queues, semblables de part et d'autre, d'un brun-noirâtre : les supérieures avec une bande jaune; les inférieures avec des lunules rouges, bleues et jaunes.

PAPILLON. (Insecte.)

51. PAPILLON Ephestion.

Ailes légèrement dentées, d'un brun-noirâtre, glacées de bleuâtre de part et d'autre : le dessus des inférieures avec une bande postérieure et deux lignes marginales, noires: le dessous des unes et des autres offrant à la base et vers l'extrémité des taches fauves, environnées de noir.

52. PAPILLON Demoleus.

Ailes noires, tachetées de jaune : les inférieures dentées, avec une bande jaune, presque droite; un œil anal ayant une moitié bleue et l'autre moitié rousse.

53. PAPILLON Épius.

Ailes noires, tachetées de jaune : les inférieures dentées, avec une bande jaune, accompagnée de taches de cette couleur; un œil anal roux, surmonté d'une lunule bleue.

54. PAPILLON Pylade.

Ailes blanches, avec le limbe extérieur d'un noir-foncé, tacheté de blanc : les inférieures dentées, avec un point anal roux : le dessous des supérieures avec la côte rouge près de la base.

55. PAPILLON Hippocoon.

Ailes dentées, noires, tachetées de blanc, et ayant en commun le milieu blanc.

56. PAPILLON Léonidas.

Ailes sinuées, noires, avec un grand nombre de taches et le milieu des inférieures d'un vert-blanchâtre: le dessous des unes et des autres rougeâtre à la base..

57. PAPILLON Latreille.

Ailes sinuées, ayant le dessus d'un brun-noirâtre luisant, avec une bande interrompue et des taches d'un jaune-verdâtre : le dessous des inférieures avec deux bandes rougeâtres, ponctuées de noir; l'une à la base, l'autre sur le milieu; cette dernière avec des chevrons d'un beau blanc.

58. PAPILLON Nausinoüs.

Dessus des ailes d'un brun-noirâtre, avec une bande interrompue et des taches d'un jaune-vert : les inférieures dentées : le dessous de celles-ci avec deux bandes violâtres, ponctuées de noir; l'une à la base, l'autre sur le milieu; cette dernière avec des chevrons blanchâtres.

59. PAPILLON Tyndare.

Ailes dentées, noires, tachetées de vert : le dessous des inférieures varié de brun-noirâtre, de vert, de rouge, et ponctué de noir à la base.

60. PAPILLON Antée.

Ailes dentées, noires, avec des bandes et des taches vertes : le dessous des inférieures panaché, avec trois lunules rousses.

61. PAPILLON Eurypile.

Ailes noires, avec une bande interrompue et des taches d'un vert-pâle en dessus, d'une teinte nacrée en dessous : les inférieures dentées : le dessous de celles-ci avec une ligne et des taches d'un rouge-carmin.

62. PAPILLON Sarpédon.

Ailes noires, avec une bande verte, commune: les inférieures dentées: le dessous de celles-ci offrant à la base une ligne, et, sur le milieu, des croissans d'un rouge-carmin.

63. PAPILLON Agamemnon.

Dessus des ailes noir, tacheté de vert-jaunâtre : les inférieures ayant une queue courte : le dessous de celles-ci avec un demi-œil entier, vers la base.

64. PAPILLON Égiste.

Ailes dentées, noires en dessus, avec des taches et une bande maculaire sur les supérieures, d'un vert-pâle : le dessous des inférieures avec un demi-œil divisé en deux, vers la base.

PAPILLON. (Insecte.)

65. Papillon Macleay.

Ailes d'un vert-blanchâtre, avec l'extrémité largement bordée de noir et ponctuée de blanc : les supérieures avec trois taches vertes ; les inférieures avec une queue courte : le dessous de celles-ci avec l'origine de la côte d'un rouge-vermillon.

66. Papillon Phorbanta.

Ailes dentées, d'un noir-foncé, avec des taches bleues ou vertes : les inférieures avec une queue courte : le dessous de celles-ci avec une bande blanchâtre, marginale, coupée par les nervures.

67. Papillon Nirée.

Ailes dentées, noires, avec une bande commune et des taches vertes : les inférieures avec une queue courte : le dessous de celles-ci avec une bande légèrement argentée, marginale, coupée par les nervures.

68. Papillon Codrus.

Dessus des ailes d'un noir-foncé, d'un vert-blanchâtre vers le bord interne : les supérieures ayant de part et d'autre une bande blanchâtre, maculaire ; les inférieures ayant une queue.

69. Papillon Oreste.

Ailes un peu en queue, blanches en dessus, d'un jaune-pâle en dessous : le milieu des unes et des autres d'un beau blanc, avec deux bandes.

70. Papillon Pompilius.

Ailes blanches, avec des bandes noires : les deux surfaces des supérieures, le dessous des inférieures verdâtres à la base ; celles-ci avec une queue : leur dessous avec des taches roussâtres et des taches noires, alignées.

71. Papillon Antiphate.

Ailes en queue, blanches, avec le bord d'un brun-noirâtre, coupé par des bandes blanches : le dessous des inférieures jaunâtre à la base, avec des bandes noires.

72. Papillon Alcibiade.

Ailes en queue, blanches, avec des bandes noires sur le bord : le dessous des inférieures ferrugineux à l'extrémité, avec des points noirs.

73. Papillon Protésilas.

Ailes blanches, presque transparentes, avec la base verdâtre, des bandes noires : les inférieures en queue, avec une tache anale d'un rouge-vermillon : le dessous de celles-ci avec une des bandes bordée de rouge-carmin.

74. Papillon Podalire.

Ailes d'un jaune-pâle, avec des bandes noires : les inférieures en queue, ayant l'extrémité noire, avec des lunules bleues : le dessous de celles-ci avec une raie roussâtre, transverse.

75. Papillon Niamus.

Ailes d'un blanc-jaunâtre, avec des bandes noires : les inférieures en queue, ayant l'extrémité noire, avec des lunules blanchâtres : le dessous de celles-ci avec une raie rouge, maculaire, transverse.

76. Papillon Aristée.

Ailes noires, avec une bande quadrifide et des raies transverses, d'un blanc-verdâtre : les inférieures en queue, avec des lunules blanchâtres : le dessous de celles-ci avec une raie transverse et maculaire d'un rouge-vermillon, bordée de blanc intérieurement.

PAPILLON. (Insecte.)

77. PAPILLON Polixénus.

Ailes noires, avec une bande maculaire et des raies transverses, d'un vert-pâle en dessus, d'un blanc-luisant en dessous : les inférieures en queue : le dessous de celles-ci avec une raie rose, transverse, flexueuse.

78. PAPILLON Antharis.

Ailes noires, avec une bande maculaire et des raies transversales vertes : les inférieures en queue : le dessous de celles-ci avec deux taches ocellées, près de la base.

79. PAPILLON Ajax.

Ailes noires, avec des bandes blanches : les inférieures en queue, avec six lunules marginales, dont les quatre extérieures blanchâtres, les autres bleuâtres : l'angle anal avec une tache d'un rouge-vermillon, bilobée.

80. PAPILLON Sinon.

Ailes noires, avec une bande bifide et des raies transverses d'un blanc teinté de verdâtre : les inférieures en queue, avec six lunules blanchâtres : l'angle anal avec une tache d'un rouge-vermillon, bilobée.

81. PAPILLON Agapénor.

Ailes en queue, noires, avec des bandes vertes, maculaires : le dessous des inférieures avec une ligne d'un rouge-sanguin.

82. PAPILLON Antinoüs.

Ailes noires, avec des bandes d'un jaune-pâle : les inférieures en queue : le dessous de celles-ci offrant à l'extrémité un double rang de lunules, dont les intérieures bleuâtres, les extérieures d'un jaune-pâle avec le milieu fauve.

83. PAPILLON Thyaste.

Ailes noires, avec une bande large, bifide et des taches, jaunes : les inférieures en queue : le dessous de celles-ci avec une ligne rouge, marginale, interrompue.

84. PAPILLON Asius.

Ailes noires, avec une bande commune d'un blanc-jaunâtre : les inférieures en queue : le dessous de celles-ci avec la base et l'angle anal tachetés de rouge-carmin.

85. PAPILLON Leucaspis.

Ailes semblables de part et d'autre, jaunes, avec un large encadrement d'un brun-noirâtre : les inférieures en queue, avec une tache rouge près de l'angle de l'anus et des lunules bleues, marginales.

86. PAPILLON Antiloque.

Ailes jaunes, avec le bord noir : les supérieures avec quatre bandes, les inférieures avec une seule, noires : celles-ci avec une queue blanche, très-longue.

87. PAPILLON Turnus.

Ailes dentées, jaunes, avec le bord noir : les supérieures avec quatre bandes, les inférieures avec une seule, noires : celles-ci en queue, avec l'échancrure anale fauve.

88. PAPILLON Alexanor.

Ailes presque semblables de part et d'autre, jaunes, avec le bord noir : les supérieures avec quatre bandes, les inférieures avec une seule : celles-ci en queue, avec une bande d'atômes bleus et un demi-œil roussâtre à l'angle de l'anus.

89. PAPILLON Machaon.

Ailes dentées, jaunes, avec le bord noir : les supérieures avec quatre taches, les inférieures avec un arc discoïdal, noirs : celles-ci en queue, avec un rang de taches bleues et un œil ferrugineux à l'angle de l'anus.

PAPILLON. (Insecte.)

90. Papillon Xuthus.

Ailes noires, avec des raies et des taches jaunes : les inférieures en queue : le dessous de celles-ci ayant l'angle anal fauve avec un point noir.

91. Papillon Astérias.

Ailes dentées, noires, avec une bande maculaire et des taches marginales, jaunes : les inférieures en queue, avec l'angle anal fauve et marqué d'un point très-noir.

92. Papillon Calchas.

Ailes dentées, noires, avec une bande maculaire et des taches marginales, jaunes : les inférieures en queue : le dessous de celles-ci offrant vers la base une bandelette blanchâtre, transverse, droite.

93. Papillon Ménesthée.

Ailes dentées, noires, avec une bande maculaire et des taches marginales, jaunes : les inférieures en queue : le dessous des unes et des autres rayé de blanchâtre à la base.

94. Papillon Thersandre.

Ailes en queue obtuse, d'un brun-noirâtre, avec une bande et des raies maculaires, jaunes : le dessous des inférieures ayant le milieu brun avec des lignes noires.

95. Papillon Aristor.

Ailes dentées, noires, avec des taches jaunes, presque marginales : les supérieures avec une bande jaune, maculaire, arquée ; les inférieures en queue, avec une lunule fauve à l'angle de l'anus.

96. Papillon Glaucus.

Ailes dentées, d'un brun-noirâtre, nébuleux, avec des taches jaunes, marginales : les inférieures en queue : le dessous de celles-ci grisâtre antérieurement, avec une bandelette noirâtre, transverse, crochue.

97. Papillon Troïlus.

Ailes dentées, noires, avec des taches marginales d'un jaune-pâle ou d'un gris-verdâtre : les inférieures en queue, avec une lunule fauve à l'angle de l'anus.

98. Papillon Cresphonte.

Ailes d'un noir-foncé, avec une bande d'un jaune-verdâtre : les inférieures en queue : le dessous de celles-ci offrant à l'angle anal un œil jaunâtre à prunelle noire.

99. Papillon Pélaüs.

Ailes en queue, d'un noir-foncé : les supérieures avec une bande, les inférieures avec des lunules marginales, blanches : ces dernières avec deux points rouges.

100. Papillon Torquatus.

Ailes d'un noir-foncé : les supérieures avec deux bandes, les inférieures avec le milieu et des lunules marginales, jaunes : ces dernières en queue, avec une rangée intermédiaire de points rouges.

101. Papillon Pandrosus.

Ailes d'un noir-foncé, avec une bande commune et des lunules marginales aux inférieures, jaunes : ces dernières en queue, avec une rangée intermédiaire de points rouges.

102. Papillon Astyale.

Ailes d'un noir-foncé, avec une bande commune, large, et des lunules marginales aux inférieures, jaunes : ces dernières en queue, ayant à l'angle anal une lunule rouge, surmontée d'atômes bleuâtres.

103. Papillon Thoas.

Dessus des ailes noir, avec une bande commune et des lunules marginales, jaunes : les inférieures en queue : le dessous de celles-ci avec une tache ferrugineuse sur le milieu.

PAPILLON. (Insecte.)

104. PAPILLON Témène.

Dessus des ailes d'un brun-noirâtre, avec deux bandes jaunes, maculaires, disposées en sautoir sur les supérieures : les inférieures en queue : le dessous de celles-ci jaunâtre, avec une bande bleue, flexueuse, sur le milieu.

105. PAPILLON Lycoræus.

Dessus des ailes d'un brun-noirâtre : les supérieures avec deux bandes, dont une plus courte, les inférieures avec une seule, jaunes : ces dernières en queue, avec des lunules roussâtres et un œil anal accompagné d'atômes bleuâtres.

106. PAPILLON Déiphobe.

Ailes en queue, noires : leur dessous tacheté de rouge à la base ; les inférieures avec sept taches rouges, presqu'en forme d'anneaux.

107. PAPILLON Achate.

Ailes presque semblables de part et d'autre, noires : les supérieures ayant à la base une tache rouge ou jaune ; les inférieures en queue, avec une tache blanche, palmée, sur le milieu.

108. PAPILLON Hypénor.

Ailes étroites, semblables de part et d'autre : les supérieures elliptiques, d'un brun-noirâtre ; les inférieures en queue, d'un noir-foncé, avec une tache palmée à la base, et des lunules marginales d'un blanc-luisant.

109. PAPILLON Coon.

Ailes en queue, semblables de part et d'autre : les supérieures d'un brun-noirâtre ; les inférieures noires, avec des taches blanches à la base et une double tache jaune à l'angle de l'anus.

110. PAPILLON Ulysse.

Ailes en queue, noires, avec le milieu d'un bleu-brillant, en rayons : le dessous des inférieures avec sept taches oculaires.

111. PAPILLON Péranthus.

Ailes dentées, noires, avec le dessus d'un vert-bleuâtre à la base : les inférieures en queue : le dessous de celles-ci avec un cordon de lunules roussâtres.

112. PAPILLON Palinure.

Ailes en queue, noires, sablées de vert-doré, avec une bande d'un vert-bleu.

113. PAPILLON Crino.

Ailes d'un brun-noirâtre, sablées de vert, avec une bande postérieure d'un vert-bleu : les inférieures en queue : le dessous de celles-ci avec des lunules cendrées, bleuâtres, fauves et vertes.

114. PAPILLON Phorcas.

Ailes dentées, noires en dessus, avec une bande verte sur le milieu : les inférieures en queue : le dessous de celles-ci avec des points blanchâtres, marginaux.

115. PAPILLON Lavinius.

Ailes en queue, noires, avec des bandes vertes : leur dessous argenté, avec des raies fauves, transverses.

116. PAPILLON Pâris.

Ailes noires, sablées de vert-doré : les inférieures en queue, avec une tache bleue (mâle)*: le dessous de celles-ci avec sept taches oculaires, marginales.*

117. PAPILLON Hélénus.

Ailes noires : les inférieures en queue, avec une tache blanche, vers le sommet: le dessous de celles-ci avec des lunules marginales ferrugineuses et une double tache oculaire.

PAPILLON. (Insecte.)

118. Papillon Sévère.

Ailes noires : les inférieures en queue, avec une bande ou une tache blanchâtre : le dessous de celles-ci avec un rang de lunules bleues et un rang de lunules jaunes.

119. Papillon Ilionée.

Ailes noires : les supérieures avec une bande vers le sommet, les inférieures avec le milieu, jaunes : ces dernières en queue, et ayant en dessous des lunules marginales jaunâtres avec le milieu rouge.

120. Papillon Lysandre.

Ailes en queue, d'un noir-foncé : les supérieures avec une raie blanche, transverse ; les inférieures avec une tache blanche, discoïdale, et des lunules rouges.

121. Papillon Imérius.

Ailes dentées, d'un noir-foncé : les supérieures avec une bande, les inférieures avec les échancrures, blanchâtres : ces dernières en queue, ayant en dessus trois lunules ferrugineuses, six en dessous.

122. Papillon Brutus.

Ailes d'un blanc-jaunâtre : le dessus des supérieures avec l'extrémité, le dessus des inférieures avec des taches, noires : ces dernières en queue : leur dessous offrant sur le milieu une bande brunâtre, transverse.

123. Papillon Anténor.

Ailes dentées, semblables de part et d'autre, d'un noir-foncé, tachetées de blanc : les inférieures en queue, avec des atômes verts sur le milieu et des lunules rouges sur le limbe.

124. Papillon Hector.

Ailes dentées, semblables de part et d'autre, d'un noir-foncé : les supérieures avec deux bandes blanches, dont une plus courte ; les inférieures en queue, avec deux rangs de taches écarlates.

125. Papillon Mutius.

Ailes dentées, semblables de part et d'autre, noires : les supérieures avec une bande et une tache blanchâtres ; les inférieures en queue, avec une tache palmée, discoïdale, et des lunules marginales, rouges, accompagnées d'atômes bleuâtres.

126. Papillon Polite.

Ailes dentées, semblables de part et d'autre, noires : les inférieures en queue, ayant sur le milieu une tache blanche, coupée par les nervures, et sur le bord des lunules rouges, accompagnées d'atômes bleuâtres.

127. Papillon Thésé.

Ailes dentées, semblables de part et d'autre, d'un brun-noirâtre : les inférieures en queue, avec des lunules rouges, piquées de blanc et disposées sur deux rangées, dont l'antérieure plus courte.

128. Papillon Démétrius.

Ailes noires : les inférieures en queue : le dessous de celles-ci avec sept lunules marginales et un œil anal, rouges.

129. Papillon Antiphus.

Ailes noires, semblables de part et d'autre : les inférieures en queue, avec sept lunules marginales d'un rouge-sanguin : abdomen rouge.

PAPILLON. (Insecte.)

130. Papillon Polydore.

Ailes d'un noir-foncé : les inférieures en queue (mâle); *ces dernières ayant sur le milieu une tache blanche, coupée par les nervures, et sur le bord sept taches, obscures en dessus, d'un rouge-carmin en dessous.*

131. Papillon Astianax.

Ailes noires, semblables de part et d'autre : les supérieures avec deux bandes blanches, striées, dont une plus courte; les inférieures dentées, avec une tache palmée, discoïdale, et six lunules marginales, d'un rouge-sanguin.

132. Papillon Liris.

Ailes noires, avec une bande jaunâtre, commune, striée : les supérieures étroites, les inférieures en queue : ces dernières avec cinq lunules marginales, obscures en dessus, d'un rouge-carmin en dessous.

133. Papillon Œnomaüs.

Ailes d'un noir-foncé : les supérieures un peu concaves, ayant une bande jaune, maculaire; les inférieures en queue : le dessous de celles-ci tacheté de rouge à la base et sur le limbe postérieur.

134. Papillon Dardanus.

Ailes en queue, noires : les supérieures avec une tache verte, discoïdale, orbiculaire; sans tache en dessous : les inférieures avec une tache d'un rouge-sanguin, palmée.

135. Papillon Tros.

Ailes noires, presque semblables de part et d'autre : les supérieures avec une tache blanchâtre, discoïdale; les inférieures avec des dents alongées et une queue; une bande d'un rouge-vermillon, postérieure, sexifide.

136. Papillon Lysithoüs.

Ailes d'un noir-foncé, semblables de part et d'autre : les supérieures avec une bande, les inférieures avec le milieu, blanchâtres : ces dernières avec des dents alongées et une queue; des lunules marginales et des taches intermédiaires rouges.

137. Papillon Agavus.

Ailes d'un noir-foncé, semblables de part et d'autre : les supérieures avec une bande, les inférieures avec le milieu, blanchâtres : ces dernières en queue, avec des lunules marginales d'un rouge-carmin.

138. Papillon Ascagne.

Ailes noires, semblables de part et d'autre, avec une bande blanchâtre, commune, lavée de rouge aux inférieures : ces dernières en queue, avec des taches marginales d'un rouge-carmin.

139. Papillon Pammon.

Ailes noires, avec des taches blanches sur le bord postérieur : les inférieures en queue, avec une bande blanche, maculaire : le dessous de celles-ci avec des lunules tantôt blanches, tantôt fauves.

140. Papillon Zénobius.

Ailes légèrement dentées, noires, avec une bande commune et des taches marginales, blanchâtres : le dessous des inférieures roussâtre à la base, avec des veines d'un noir-foncé.

141. Papillon Cynortas.

Ailes légèrement dentées, d'un brun-noirâtre, avec une bande blanchâtre, plus courte et interrompue sur les supérieures : le dessous des inférieures roussâtre à la base, avec des veines et des points d'un noir-foncé.

PAPILLON. (Insecte.)

142. Papillon Panope.

Ailes d'un brun-noirâtre, avec des taches sur le limbe postérieur : les inférieures dentées : le dessous de celles-ci avec des taches marginales fauves et réniformes.

143. Papillon dissemblable.

Ailes presque semblables de part et d'autre, noires, avec des veines dilatées et des taches, blanchâtres : les inférieures dentées : le dessous de celles-ci avec des lunules marginales d'un jaune-foncé.

144. Papillon Macarée.

Ailes noires en dessus, d'un brun-noirâtre pâle en dessous, avec des lignes d'un blanc-verdâtre sur les deux surfaces : les supérieures avec une rangée de points, les inférieures avec une rangée de lunules sur le bord postérieur : celles-ci sinuées, celles-là très-entières.

145. Papillon Cressida.

Ailes oblongues : les supérieures transparentes, avec la base et deux taches près de la côte, noires ; les inférieures dentées, noires, avec une tache blanche, discoïdale.

146. Papillon Harmonide.

Ailes oblongues, semblables de part et d'autre, blanchâtres, avec l'extrémité d'un brun-noirâtre : les supérieures avec une tache noire vers le milieu ; les inférieures sinuées, avec des points marginaux d'un blanc-jaunâtre.

1. Papillon Priam.

Papilio Priamus.

Pap. alis holosericeis, suprà viridibus, limbo nigro: anticis fasciâ longitudinali latissimâ, posticis maculis submarginalibus, nigris: his dentatis.

Papilio E. T. Priamus, *alis denticulatis, tomentosis, suprà viridibus, instillis atris: posticis maculis sex nigris.* Linn. *Syst. Nat.* 2. *p.* 744. *n°.* 1. — *Amœn. Academ.* 5. *tab.* 3. *fig.* 203. — *Mus. Lud. Ulr. p.* 182.

Papilio E. T. Priamus, *alis denticulatis, holosericeis: anticis suprà viridibus, maculâ atrâ; posticis maculis sex nigris.* Fab. *Syst. Entom. p.* 446. *n°.* 16. — *Spec. Ins. tom.* 2. *p.* 6. *n°.* 21. — *Mant. Ins. tom.* 2. *p.* 3. *n°.* 22. — *Ent. Syst. em. tom.* 3. *pars* 1. *p.* 11. *n°.* 32.

Clerk, *Icon. Ins. tab.* 17.

Vincent, *Mus.* 10.

Cram. *Pap.* 2. *p.* 35. *pl.* 23. *fig.* A. B.

Herbst, *Pap. tab.* 1. *fig.* 1. 2.

Donow. *Gen. Illust. of Entom. an Epitome of the Nat. Hist. Ins. of India, n°.* 5. *pl.* 3.

Le Frangi-vert. Daubenton, *Pl. enlum.* 45.

Ce Papillon, à qui Linnæus donne l'épithète d'*Auguste*, tient par sa beauté un des premiers rangs parmi ceux du genre dont il fait partie. Il est très-grand (1). Ses premières ailes sont ovales-oblongues, entières, d'un noir-mat & velouté en dessus, avec deux bandes d'un vert-doré, longitudinales, courbes, étroites, rétrécies à chaque bout : la bande antérieure longe la côte ou bord d'en haut ; l'autre longe tout le bord opposé & la plus grande partie du bord postérieur ; non loin du côté interne de cette dernière, & à égale distance de la base & de l'extrémité, on voit en outre une tache brunâtre, grande, disposée longitudinalement. Les secondes ailes sont arrondies, dentées d'une manière obtuse, d'un vert-doré en dessus, avec le bord postérieur d'un noir velouté & précédé d'un rang de quatre taches orbiculaires de cette couleur ; indépendamment de celles-ci il y a plus en dehors trois taches d'un jaune-orangé luisant, dont une plus grande située vers la base, les deux autres rapprochées & peu distantes du sommet ou angle externe. Le dessous des premières ailes est noir ; avec des taches d'un vert plus doré qu'en dessus ; ces taches sont au nombre de sept, savoir : une irrégulière sur le milieu de la surface, & six, beaucoup plus grandes, disposées parallèlement au bord postérieur en une bande que divise une raie noire, transverse, interrompue ; près du sommet sont deux raies vertes, longitudinales, dont la supérieure plus alongée. Le dessous des secondes ailes ne diffère du dessus que parce que les taches noires orbiculaires y sont plus grandes & au nombre de sept ; le bord interne de ces mêmes ailes est noirâtre de part & d'autre, & garni en dessous de poils bruns soyeux. Le corselet est d'un noir-mat & velouté avec des taches vertes ; les deux surfaces de l'abdomen sont d'un beau jaune ; la poitrine est noire, avec des taches d'un rouge-cinabre sur les côtés ; la tête, les antennes & les pattes sont noires.

Nous avons vu beaucoup de mâles de ce Papillon, mais nous n'avons pu parvenir à rencontrer une seule femelle.

Il se trouve dans l'île d'Amboine.

2. Papillon Panthoüs.

Papilio Panthous.

Pap. alis fusco-nigris: anticis utrinquè albido maculatis; posticis dentatis: his subtùs maculis sex flavo-albidis nigrâque fœtis.

Papilio E. T. Panthous, *alis dentatis, nigris, concoloribus: primoribus albo maculatis; posticis maculis albis nigrâ fœtis.* Linn. *Syst. Nat.* 2. *p.* 748. *n°.* 17. — *Mus. Lud. Ulr. p.* 195. *n°.* 14.

Papilio Panthous. Fab. *Syst. Entom. p.* 448. *n°.* 25. — *Spec. Ins. tom.* 2. *p.* 5. *n°.* 39. — *Entom. Syst. em. tom.* 3. *pars* 1. *p.* 18. *n°.* 56.

Papilio Panthous, fem. Clerk, *Icon. Ins. tab.* 19.

Seba, *Mus.* 4. *tab.* 43. *fig.* 17-20.

Cram. *Pap.* 11. *p.* 39. *pl.* 123. *fig.* A.

Cram. *Pap.* 11. *p.* 40. *pl.* 124. *fig.* A.

Herbst, *Pap. tab.* 5. *fig.* 1. 2.

Donow. *Gen. Illust. of Entom. an Epitome of the Nat. Hist. Ins. of India, n°.* 1. *pl.* 2.

Il est d'environ un pouce plus grand que le *Priam*, auquel il ressemble par la forme des ailes, par la couleur de l'abdomen, des taches de la poitrine & des antennes. Ses ailes, dont le dessous est plus distingué que le dessus, sont d'un noir-brun, mais plus intense vers l'extrémité. Les premières ont de part & d'autre, entre le milieu & le bord postérieur, une bande transverse de taches blanchâtres, inégales, interrompues ou échancrées, excepté les trois supé-

(1) Sous le rapport de la taille nous divisons les Lépidoptères en :

Très-grands, ou ayant de 6 à 8 pouces d'envergure.
Grands . . . . de 4 1/2 à 6 *idem.*
Moyens . . . . de 3 à 4 1/2 *idem.*
Petits . . . . de 1 1/2 à 3 *idem.*
Très-petits . . . . . . au-dessous de 1 1/2 *idem.*

rieures qui font lancéolées. Les secondes ailes ont, fur la partie correfpondante, une bande également tranfverfe, compofée de fix taches blanchâtres, très-grandes, en forme de coin, ayant la bafe jaunâtre, piquée de noirâtre & tournée en dehors; le milieu de chacune de ces taches eft marqué d'une tache noire, affez grande, arrondie ou ovale, dont l'empreinte s'aperçoit en deffus ainfi que celle des taches blanchâtres; les échancrures de ces ailes font bordées de blanc-jaunâtre, & les ailes de devant ont un liferé interrompu de cette couleur.

Nous avons vu beaucoup de femelles & pas un feul mâle de ce Papillon. Comme le contraire a lieu pour le *Priam*, & que celui-ci & le *Panthoüs* ne diffèrent effentiellement l'un de l'autre que par la couleur du fond des ailes, nous penchons fortement à croire qu'ils forment les deux fexes d'une même efpèce. Leur patrie eft d'ailleurs la même.

3. Papillon Rémus.

Papilio Remus.

Pap. alis dentatis, nigris: pofticis fubtùs albis: his utrinquè maculis marginalibus auratis.

Papilio E. T. Remus, *alis dentatis, fubconcoloribus, nigris: pofticis utrinquè maculis flavis marginalibus.* Fab. *Gen. Inf. Mant.* 250. — *Spec. Inf. tom.* 2. *p.* 6. *n°.* 22. — *Mant. Inf. tom.* 2. *p.* 3. *n°.* 24. — *Entom. Syft. em. tom.* 3. *pars* 1. *p.* 11. *n°.* 34.

Papilio Hippolythus. Cram. *Pap.* 1. *p.* 14. *pl.* 10. *fig.* A. B, & *pl.* 11. *fig.* A. B.

Papilio Remus. Cram. 12. *p.* 60. *pl.* 135. *fig.* A, & *pl.* 136. *fig.* A.

Papilio Remus. Cram. 33. *p.* 197. *pl.* 386. *fig.* A. B.

Papilio Remus. Herbst, *Pap. tab.* 3. *fig.* 1.

Seba, *Muf.* 4. *tab.* 46. *fig.* 11. 12. 19. 20.

Papilio Antenor. Jacquin, *Mifcel. Auftr.* 2. *tab.* 23. *fig.* 4.

Papilio Panthous, mas. Clerk, *Icon. tab.* 18.

Il eft approchant de la grandeur du *Priam.* Ses premières ailes font de part & d'autre d'un noir-verdâtre, & leurs nervures, à partir à peu près du milieu de la furface jufqu'au limbe poftérieur, font bordées par des raies grifâtres, plus claires en deffous. Les fecondes ailes font dentées; le mâle les a d'un noir-verdâtre en deffus, d'un blanc fatiné en deffous & bordées des deux côtés par une bande d'un noir-velouté, large, finuée, s'étendant de la bafe à l'angle anal, offrant une rangée de fept taches d'un jaune d'or, irrégulières & diminuant de grandeur à mefure qu'elles approchent du bord interne. La femelle a ces mêmes ailes noires depuis leur origine jufque vers le milieu, enfuite blanchâtres en tirant vers le corps; on y voit les taches jaunes dont nous venons de parler, mais elles font plus grandes & marquées chacune d'une tache noire, ovale, à l'exception cependant de celle qui avoifine la bafe. Ces caractères font les mêmes fur la furface oppofée, & la cellule difcoïdale renferme en outre un efpace blanchâtre, affez grand & prefque rond. Le corfelet & la poitrine font d'un noir-foncé; le deffous de l'abdomen eft d'un jaune-pâle, le deffus d'un jaune-orangé, avec des taches noires, latérales, moins grandes dans la femelle où elles manquent quelquefois; les antennes & les pattes font très-noires.

Cramer a donné, fous le nom d'*Hippolytus*, deux variétés, l'une mâle, l'autre femelle. La première a le deffous des ailes inférieures d'un blanc moins pur que les individus ordinaires; la feconde fe rapproche beaucoup des mâles par les deux furfaces de ces mêmes ailes.

Clerk a pris la femelle de cette efpèce pour le mâle du *Panthoüs*, & Linnæus, d'après lui, eft tombé dans la même erreur.

On le trouve dans l'île d'Amboine & dans quelques-unes des Moluques.

4. Papillon Amphimédon.

Papilio Amphimedon.

Pap. alis dentatis, fubconcoloribus, fufcis: anticis grifefcenti-radiatis; pofticis maculâ difcoidali palmatâ lunulifque flavidis.

Papilio E. T. Amphimedon, *alis dentatis, concoloribus, fufcis: anticis albido radiatis; pofticis maculâ quinquefidâ rubrâ lunulifque albis.* Fab. *Spec. Inf. tom.* 2. *p.* 5. *n°.* 34. — *Entom. Syft. em. tom.* 3. *pars* 1. *p.* 15. *n°.* 45.

Papilio Amphimedon. Cram. *Pap.* 17. *p.* 2. *pl.* 194. *fig.* A.

Seba, *Muf.* 4. *tab.* 16. *fig.* 6. 7.

Herbst, *Pap. tab.* 4. *fig.* 1.

Il eft très-grand. Ses quatre ailes font dentées, d'un brun-noirâtre, avec les échancrures jaunâtres. Les fupérieures ont le long des nervures des raies grifâtres, affez larges & s'étendant du milieu jufqu'au limbe poftérieur. Les fecondes ailes ont fur le difque une tache d'un jaune fale, grande, palmée, échancrée en dehors; parallèlement au bord d'en bas, & à égale diftance de ce même bord & de la tache difcoïdale, il y a une rangée de lunules du même jaune, inégales & coupées, à l'exception des deux du fommet, par une nervure de la couleur du fond. Le deffous de chaque aile ne diffère du deffus que parce qu'il eft plus pâle. Le corselet est d'un noir enfumé, & bordé près de la tête par une double ligne d'un rouge-cinabre; l'abdomen est d'un brun-noirâtre en dessus, d'un jaune-pâle en dessous, avec une petite bande noirâtre, longitudinale, sur la partie antérieure du ventre, & plusieurs points de cette nuance vers l'anus; la poitrine est du même noir que le corselet, avec des taches d'un rouge-cinabre près de l'origine des secondes ailes.

Il se trouve dans l'île d'Amboine.

5. Papillon Pandare.

Papilio Pandarus.

Pap. alis nigris, concoloribus: anticis maculis flavescentibus; posticis subdentatis, disco aurato ocellisque marginalibus cæruleis.

Papilio E. T. Pandarus, *alis subdentatis, nigricantibus, albo maculatis, concoloribus: posticis flavis, ocellis septem nigris.* Linn. *Syst. Nat.* 2. *p.* 748. *n°.* 18. — *Mus. Lud. Ulr. p.* 198.

Papilio Pandarus. Fab. *Syst. Entom. p.* 448. *n°.* 26. — *Spec. Inf. tom.* 2. *p.* 10. *n°.* 37. — *Mant. Inf. tom.* 2. *p.* 5. *n°.* 39. — *Entom. Syst. em. tom.* 3. *pars* 1. *p.* 19. *n°.* 57.

Herbst, *Pap. tab.* 6. *fig.* 1.

Il est grand. Les premières ailes sont noires, avec une vingtaine de taches jaunes, pâles, dont les antérieures grandes & ovales, les postérieures petites & disposées par couples. Les secondes ailes ont la base noirâtre, le milieu d'un jaune d'or, l'extrémité noire, avec une rangée arquée de six ou sept taches bleues, bordées de noir-foncé, presque rondes, imitant des yeux; le bord postérieur de ces ailes est légèrement denté. Le dessous de ce Papillon ressemble au dessus, mais il est plus pâle. Le corps est noirâtre, avec une ligne blanche entre les palpes.

Il se trouve dans l'Inde.

6. Papillon Hellen.

Papilio Hellen.

Pap. alis dentatis, concoloribus, nigris: posticis disco aurato, nervis nigris diviso extrorsumque emarginato.

Papilio E. T. Helena, *alis dentatis, atris, concoloribus: posticis disco communi aurato.* Linn. *Syst. Nat.* 2. *p.* 748. *n°.* 19. — *Mus. Lud. Ulr. p.* 199.

Papilio Helena. Fab. *Syst. Entom. p.* 449. *n°.* 28. — *Spec. Inf. tom.* 2. *p.* 10. *n°.* 39. — *Mant. Inf. tom.* 2. *p.* 5. *n°.* 42. — *Entom. Syst. em. tom.* 3. *pars* 1. *n°.* 59.

Clerk, *Icon. Inf. tab.* 22. *fig.* 1.

Seba, *Mus.* 4. *tab.* 45. *fig.* 9-12.

Papilio Helena. Cram. *Pap.* 12. *p.* 66. *pl.* 140. *fig.* A. B.

Herbst, *Pap. tab.* 3. *fig.* 2.

Il est très-grand. Ses premières ailes sont d'un noir enfumé de part & d'autre, avec le bord postérieur légèrement denté & liseré de blanchâtre aux sinus. Les secondes ailes sont d'un noir-foncé & velouté, avec une tache discoïdale d'un jaune d'or, très-grande, palmée, coupée par des nervures noires & échancrée en dehors; leur bord postérieur est denté d'une manière obtuse & inégale, & il a les échancrures blanchâtres, mais en dessous seulement. Le corselet est noir & bordé transversalement, près de la tête, par une double ligne d'un rouge-carmin; l'abdomen est jaune, avec une bande partie brunâtre, partie noirâtre, le long du dos; la poitrine est d'un noir-foncé, avec des taches rouges contre la base des secondes ailes; les antennes & les pattes sont noires.

Il se trouve dans l'île d'Amboine.

7. Papillon Amphrisius.

Papilio Amphrisius.

Pap. alis dentatis, concoloribus, nigris: anticis albido radiatis; posticis disco aurato maculisque nigris.

Papilio E. T. Amphrisius, *alis dentatis, concoloribus, nigris: anticis maculis, posticis disco flavis.* Fab. *Mant. Insect. tom.* 2. *p.* 3. *n°.* 23. — *Entom. Syst. em. tom.* 3. *pars* 1. *pag.* 11. *n°.* 33. (Variété mâle.)

Papilio Amphrysus. Cram. *Pap.* 19. *p.* 43. *pl.* 219. *fig.* A. (Variété mâle.)

Herbst, *Pap. tab.* 1. *fig.* 3.

Papilio. E. T. Heliacon, *alis dentatis, concoloribus, nigris: posticis disco flavo, nigro punctato.* Fab. *Entom. Syst. em. tom.* 3. *pars* 1. *p.* 19. *n°.* 6. (Le mâle.)

Jon. *Fig. pict.* 1. *tab.* 42.

Merian. *Surin. pl.* 72. *fig. supérieure à gauche.* (Le mâle.)

Donow. *Gen. Illust. of Entom. an Epitome of the Nat. Hist. Inf. of India, n°.* 7. *pl.* 4.

Papilio E. T. Astenous, *alis dentatis, concoloribus, nigris: anticis maculâ radiatâ albâ; posticis disco flavo.* Fab. *Syst. Entom. pag.* 448. *n°.* 27. — *Spec. Insect. tom.* 2. *p.* 10. *n°.* 38. — *Mant. Insect. tom.* 2. *pag.* 5. *n°.* 41. — *Entom. Syst. em. tom.* 3. *pars* 1. *p.* 19. *n°.* 58. (La femelle.)

Papilio Pompeus. Cram. *Pap.* 3. *p.* 39. *pl.* 25. *fig.* A. (La femelle.)

Papilio Minos. Cram. *Pap.* 17. *p.* 4. *pl.* 195. *fig.* A. (Variété femelle.)

Herbst, *Pap. tab.* 2. *fig.* 3.

Sous le nom d'*Amphrifius* nous donnons une espèce que Fabricius & Cramer ont divifée en trois. Nous nous croyons d'autant mieux fondés à en agir ainfi, qu'il nous eft bien démontré par la comparaifon d'un grand nombre d'individus que l'*Amphrifius* & l'*Heliacon* font conftamment des mâles, l'*Aftenous*, le *Pompeus* & le *Minos*, conftamment des femelles. Ce qui achève de nous confirmer dans cette opinion, c'eft qu'on les prend toujours enfemble.

Le mâle a ordinairement quatre pouces & demi de largeur, & la femelle environ fix. Leurs quatre ailes font dentées, noires, avec les échancrures blanches. La moitié poftérieure des premières ailes eft occupée de part & d'autre par des rayons blanchâtres, longitudinaux, mais tantôt plus, tantôt moins prononcés en deffus, fans égard au fexe. Les fecondes ailes ont, fur le milieu des deux furfaces, un efpace d'un jaune d'or, très-grand, divifé par des nervures noires, échancré en dehors, offrant dans la femelle, parallèlement au bord poftérieur, un rang de cinq taches d'un noir-foncé, à peu près en fer de pique, plus grandes & plus rapprochées dans certains individus que dans d'autres; ces taches font remplacées dans les mâles, foit par un pareil nombre de points noirs, mais dont les deux extrêmes plus gros, foit par ces deux-ci feulement, comme dans l'*Heliacon* de Fabricius; il arrive quelquefois que le point placé près de l'angle anal eft accompagné extérieurement d'un autre très-petit & moins foncé. Le corfelet eft noir & bordé près de la tête par une ligne d'un rouge-cinabre; la poitrine eft également noire & tachetée de rougeâtre vis-à-vis la bafe des fecondes ailes; l'abdomen eft jaune avec une bande brunâtre, longitudinale, fur le dos, & des points noirs fur le ventre; les pattes & les antennes font d'un noir luifant.

Le *Minos* de Cramer n'eft qu'une variété femelle, dont l'abdomen eft entièrement jaune en deffus.

Son *Amphryfus* ou l'*Amphrifius* de Fabricius eft une variété mâle, qui a les rayons des ailes fupérieures jaunes, au lieu de les avoir blanchâtres; fon abdomen eft auffi tout jaune.

C'eft à l'*Heliacon* de ce dernier auteur & non à l'*Helena* qu'il faut rapporter le Papillon que mademoifelle Merian a figuré *planche* 72 *de fon ouvrage fur les Infectes de Surinam.*

La véritable patrie de ce Papillon eft l'île de Java : s'il s'eft trouvé à la Guyane, ainfi que le dit mademoifelle Merian, ce ne peut être que par l'effet du hafard, comme lorfqu'on trouve chez nous des infectes dont les œufs ou la larve ont été apportés avec des plantes exotiques.

Fabricius s'eft trompé en difant que l'*Afténoüs* étoit du Cap de Bonne-Efpérance.

8. Papillon Antimaque.

Papilio Antimachus.

Pap. alis nigris, fubconcoloribus : anticis maculis, pofticis difco lunulifque marginalibus fulvis : his rotundatis, dentatis; illis elongato-anguftatis, repandis.

Papilio E. T. Antimachus, *alis dentatis, elongatis, nigris : anticis maculis, pofticis difco radiato rufo, nigro punctato.* Fab. *Entom. fyft. em. tom.* 3. *pars* 1. *p.* 11. *n°.* 31.

Drury, *Inf.* 3. *pl.* 1.

Jon. *Fig. pict.* 1. *tab.* 41.

Il a environ huit pouces d'envergure. Ses premières ailes font très-alongées, étroites, finuées, noires depuis leur origine jufqu'aux deux tiers de leur longueur, enfuite plus claires; leur partie noire offre un grand nombre de taches fauves, dont une à la bafe, triangulaire & plus grande; les poftérieures fortement échancrées. Les fecondes ailes font arrondies, dentées, d'un noir-brun à la bafe, fauves au milieu, terminées par une bande très-noire, rayonnée antérieurement, coupée en dehors par une fuite de lunules rouffâtres; fur le fauve du milieu font huit taches noires, arrondies, dont fept rangées en demi-cercle & embraffant la huitième. Le deffous de chaque aile eft prefque femblable au deffus. Le corps eft brun, avec les côtes de l'abdomen plus pâles, & des points jaunâtres fur la tête & fur le corfelet.

Il fe trouve à Sierra-Leone.

9. Papillon Agénor.

Papilio Agenor.

Pap. alis nigris : anticis bafi fanguineâ; pofticis dentatis, difco albo maculifque marginalibus atris.

Papilio E. T. Agenor, *alis dentatis, nigris, bafi fanguineis : pofticis difco albo maculis nigris.* Linn. *Syft. Nat.* 2. *p.* 747. *n°.* 14. — *Muf. Lud. Ulr. p.* 194.

Papilio Agenor. Fab. *Syft. Entom. p.* 446. *n°.* 18. — *Spec. Inf. tom.* 2. *p.* 7. *n°.* 25. — *Mant. Inf. tom.* 2. *p.* 4. *n°.* 27. — *Entom. Syft. em. tom.* 3. *pars* 1. *p.* 13. *n°.* 38.

Clerk, *Icon. Inf. tab.* 15.

Cram. *Pap.* 3. *p.* 52. *pl.* 32. *fig.* A. B.

Seba, *Muf.* 4. *tab.* 46. *fig.* 11. 12. 15. 16.

Herbst, *Pap. tab.* 8. *fig.* 3.

Il eft grand. Ses ailes font noires. Les fupérieures, dont les deux furfaces fe reffemblent, font divifées, excepté près de la bafe, par des raies longitudinales brunâtres ou cendrées, suivant le sexe, & leur origine offre une tache d'un rouge-sanguin, tantôt triangulaire, tantôt coupée inégalement en deux par une nervure de la couleur du fond. Les secondes ailes sont dentées d'une manière obtuse & finement liserées de blanc aux échancrures ; leur milieu est traversé par une bande blanche, très-large, divisée par des nervures noires ; le limbe postérieur est d'un cendré-noirâtre, avec un rang de taches très-noires, presque rondes, dont l'anale plus petite & environnée d'une couleur fauve qui descend jusqu'à l'extrémité du bord interne. Le dessous de ces ailes ne diffère du dessus que parce que la base est tachetée de rouge-sanguin. Le corps est noirâtre, avec des points blanchâtres sur le devant du corselet. Il y a, dans la collection du Muséum d'Histoire naturelle de Paris, une variété femelle qui a la bande blanche des ailes inférieures lavée de jaunâtre.

Il habite la Chine, la côte de Coromandel & l'île de Java.

10. Papillon Memnon.

Papilio Memnon.

Pap. alis virescenti-nigris : posticis dentatis : his subtùs ad apicem cinereis, maculis atris serie duplici digestis.

Papilio E. T. Memnon, *alis dentatis, nigris : omnibus basi subtùs rubro notatis.* Linn. *Syst. Nat.* 2. *p.* 747. *n°.* 13. — *Mus. Lud. Ulr. p.* 193.

Fab. *Syst. Entom. p.* 446. *n°.* 17 — *Spec. Ins. tom.* 2. *p.* 7. *n°.* 23. — *Mant. Ins. tom.* 2. *p.* 4. *n°.* 25. — *Entom. Syst. em. tom.* 3. *pars* 1. *p.* 12. *n°.* 36.

Petiv. *Gazoph. tab.* 11. *fig.* 8.

Rai, *Ins.* 135.

Seba, *Mus.* 4. *tab.* 5. *fig.* 6.

Seba, *Mus.* 4. *tab.* 16. *fig.* 10. 11.

Papilio Memnon. Cram. *Pap.* 8. *pag.* 142. *pl.* 91. *fig.* C. (Le mâle.)

Papilio Androgeos. Cram. *Pap.* 8. *pl.* 91. *fig.* A. B. (Var. mâle.)

Papilio Laomedon. Cram. *Pap.* 5. *pag.* 78. *pl.* 50. *fig.* A. B. (La femelle.)

Papilio Anceus. Cram. *Pap.* 19. *p.* 49. *pl.* 222. *fig.* A. B. (Var. femelle.)

Papilio Memnon. Herbst, *Pap. tab.* 6. *fig.* 2. 3.

Papilio Anceus. Herbst, *Pap. tab.* 8. *fig.* 1. 2.

Il est grand. Ses ailes sont noires, un peu teintées de vert, & divisées longitudinalement par des raies d'un cendré-verdâtre dans le mâle, d'un brun-noirâtre clair dans la femelle. Les raies du mâle sont formées par des atômes, & moins prolongées antérieurement que celles de la femelle. Le dessous des premières ailes ressemble au dessus dans chaque sexe, mais la base est marquée d'une tache rouge, triangulaire, qui, dans la femelle, se reproduit constamment du côté opposé. Le dessous des secondes ailes a les deux tiers antérieurs d'un noir-velouté, avec des taches rouges à la base, des nervures luisantes ; le tiers postérieur est cendré, piqué de noirâtre, & traversé par deux rangs de taches très-noires, arrondies, à peu près égales, visibles en dessus ; celle de l'angle anal est environnée de jaunâtre, surtout dans la femelle, où cette couleur perce en dessus ainsi que le fond cendré ; le bord postérieur est denté & liseré de blanc aux échancrures. Le corps est d'un noir plus ou moins foncé, avec des points blanchâtres sur le devant du corselet.

Cramer a donné, sous le nom d'*Androgeos*, un individu mâle, qui se distingue des autres en ce que les taches noires de la rangée supérieure du dessous des secondes ailes sont parsemées d'atômes bleus, & en ce que celles qui avoisinent la tache anale sont aussi entourées de jaunâtre.

L'*Anceus* de cet auteur n'est qu'une variété femelle dont la tache triangulaire des premières ailes est blanche de part & d'autre, au lieu d'être rouge ; la base de ses secondes ailes est en outre garnie de poils noirâtres.

Cette espèce se trouve en Chine, au Bengale, dans les îles de Java & de Sumatra.

11. Papillon Polymnestor.

Papilio Polymnestor.

Pap. alis dentatis, nigris : posticis à medio ad extimum albido-cœrulescentibus, maculis atris ordinatim digestis.

Papilio E. T. Polymnestor, *alis dentatis, nigris : posticis apice cœrulescentibus, nigro maculatis.* Fab. *Spec. Ins. tom.* 2. *p.* 9. *n°.* 35. — *Mant. Ins. tom.* 2. *p.* 5. *n°.* 38. — *Entom. Syst. em. tom.* 3. *pars* 1. *p.* 18. *n°.* 55.

Cram. *Pap.* 5. *p.* 83. *pl.* 53. *fig.* A. B.

Herbst, *Pap. tab.* 7. *fig.* 3. 4.

Donow. *Gen. Illust. of Entom. an Epitome of the Nat. Hist. Ins. of India*, *n°.* 5. *pl.* 2. *fig.* 2.

Il est grand & noir en dessus. Les secondes ailes sont dentées d'une manière obtuse, & leur moitié postérieure est d'un bleu-nacré, avec trois rangées de taches très-noires, dont les antérieures oblongues & plus grandes, les intermédiaires presque rondes, les extérieures couvrant les dents du bord ; la tache anale est divisée en deux dans le sens de sa largeur. Les premières ailes ont le bord postérieur légèrement denté & un peu sinué ; entre leur milieu & leur extrémité est une bande d'un bleu également nacré, transversale, coupée par les nervures, commençant au bord interne & expirant en face du sommet. Le dessous de ce Papillon offre à peu près le même dessin que le dessus, mais le noir en est moins foncé, les nervures sont brunes & luisantes, & la partie bleue de chaque aile est d'un gris-cendré ; la base des inférieures a plusieurs taches rouges ; celle des supérieures en a une qu'on aperçoit plus ou moins du côté opposé ; les échancrures des quatres ailes sont liserées de blanc de part & d'autre. Le corps est d'un noir-brun, avec les côtés de l'abdomen grisâtres & des points blanchâtres sur le devant du corselet ; les antennes sont noires.

Il se trouve dans plusieurs parties des Indes orientales.

12. Papillon Proténor.

Papilio Protenor.

Pap. alis nigris : posticis dentatis, subangustatis : his subtùs ocello anali gemino lunulisque marginalibus rubris.

Papilio E. T. Protenor, *alis dentatis, nigris : posticis subtùs maculâ difformi rubrâ anguli ani.* Fab. *Spec. Inf. tom.* 2. *p.* 7. *n°.* 24. — *Mant. Inf. tom.* 2. *p.* 4. *n°.* 26. — *Entom. Syst. em. tom.* 3. *pars* 1. *p.* 13. *n°.* 38.

Papilio Memnon. Fab. *Syst. Entom. p.* 446. *n°.* 17.

Papilio Protenor. Cram. *Pap.* 5. *p.* 77. *pl.* 49. *fig.* A. B. (Le mâle.)

Herbst, *Pap. tab.* 7. *fig.* 1. 2.

Papilio E. T. Laomedon, *alis dentatis : anticis fuscis ; posticis nigris, maculâ duplici rufâ anguli ani.* Fab. *Entom. Syst. em. tom.* 3. *pars* 1. *p.* 12. *n°.* 35.

Papilio Laomedon. Jon. *Fig. pict.* 1. *tab.* 10. (La femelle.)

Fabricius, trompé sans doute par de faux renseignemens, a fait du mâle de ce Papillon une espèce américaine sous le nom de *Protenor*, & de la femelle une espèce chinoise sous celui de *Laomedon.*

Il est de la même taille que l'*Agénor*, auquel il ressembleroit par les premières ailes, s'il avoit une tache rouge à leur base. Les secondes ailes sont plus étroites que dans les espèces analogues ; elles ont aussi les dents plus obtuses, & les échancrures sont liserées de blanc-sale. Le dessus de ces ailes est d'un noir-foncé, sablé de jaunâtre vers le corps, de bleuâtre vers l'extrémité ; l'angle de l'anus offre, dans le mâle, un double point rouge, & dans la femelle une tache oculaire dont le milieu est noir, la partie interne roussâtre, les parties antérieure & extérieure rouges & saupoudrées d'atômes bleuâtres, formant un arc alongé ; un peu plus bas que cette tache il y a en outre un croissant rouge dont la concavité est tournée en dehors. Le dessous de ces ailes diffère du dessus en ce que la tache oculaire est double & entièrement sablée de blanc-bleuâtre ; en ce que l'on y voit cinq croissans rouges, dont trois alignés près du sommet, les deux autres près du bord interne, mais de manière que le plus grand se confond dans la femelle avec la tache anale.

Il se trouve en Chine.

13. Papillon Amphitrion.

Papilio Amphitrion.

Pap. alis nigris : anticis maculis quatuor apicalibus, posticis fasciâ valdè angulatâ flavis : his dentatis, subtùs punctis flavis lunulisque cyaneis ordinatìm digestis.

Papilio E. T. Amphitrion, *alis dentatis, nigris, fasciâ inæquali flavâ : posticis subtùs strigâ è punctis flavis lunulisque cyaneis.* Fabr. *Gen. Inf. Mant.* 253. — *Spec. Inf. tom.* 2. *pag.* 24. *n°.* 96. — *Mant. Inf. tom.* 2 *pag.* 12. *n°.* 112. — *Entom. Syst. em. tom.* 3. *pars* 1. *p.* 37. *n°.* 111.

Seba, *Mus.* 4. *tab.* 8. *fig.* 7. 8.

Papilio Amphitrion. Cram. *Pap.* 10. *pl.* 17. *fig.* A. B.

Herbst, *Pap. tab.* 34. *fig.* 1.

N'ayant vu que la figure de ce Papillon nous ne pouvons dire si les deux sexes sont semblables.

Il est grand, noir de part & d'autre, avec quatre grandes taches jaunes, ovales, disposées sur une ligne transverse & arquée en face du sommet des premières ailes ; ces taches sont à peu près égales entr'elles, & coupées chacune par une nervure noire, très-fine ; le bord postérieur est bien entier. Le dessus des secondes ailes est traversé dans son milieu par une bande jaune, très-pâle & très-anguleuse, commençant carrément près de la côte où elle est fort large, & se terminant presqu'en pointe vers l'extrémité du bord interne ; ce bord est arrondi à l'angle anal ; le bord postérieur a des dents courtes, obtuses, égales, & ses échancrures sont jaunâtres. Le dessous de ces mêmes ailes diffère du dessus en ce que la bande dont nous venons de parler est remplacée par deux rangées courbes & transverses de taches, dont les antérieures jaunes & en forme de points, les postérieures bleues & en forme de lunules ; la rangée que composent ces dernières est terminée au bord interne par un point jaune. Les antennes & le corps sont de la couleur des ailes.

Il se trouve dans l'île d'Amboine.

14. Papillon Gambrisius.

Papilio Gambrisius.

Pap. alis dentatis, nigris : anticis maculis quatuor apicalibus, posticis fasciâ sinuatâ flavescenti-albidis : his subtùs puncto anali ferrugineo.

Papilio Gambrisius. Cram. *Pap.* 14. *p.* 95. *pl.* 157. *fig.* A. B.

Herbst, *Pap. tab.* 33. *fig.* 2. 3.

Fabricius le réunit à l'*Amphitrion*; mais il en diffère sous plusieurs rapports. Premièrement les ailes supérieures sont légèrement dentées & bordées de blanc-jaunâtre aux sinus; les quatre taches de leur sommet sont plus pâles; les deux qui avoisinent la côte sont beaucoup plus petites, & toutes sont précédées en dehors par des raies longitudinales d'atômes grisâtres. Secondement, la bande transverse du dessus des ailes inférieures n'est point anguleuse, mais simplement sinuée sur le côté externe, &, au lieu de descendre jusqu'à l'extrémité du bord interne, elle l'atteint vers le niveau de l'anus; entre cette bande & le bord d'en bas il y a en outre plusieurs groupes d'atômes grisâtres. Les taches qui remplacent cette bande en dessous, sont irrégulières, mal alignées, surtout les blanchâtres dont la rangée est fortement interrompue au milieu; la rangée de taches bleues est terminée au bord interne par un point ferrugineux; les dents du bord postérieur sont moins égales & l'échancrure de l'angle de l'anus est très-prononcée.

Il se trouve aussi dans l'île d'Amboine.

15. Papillon Erecthée.

Papilio Erectheus.

Pap. alis dentatis, nigris : anticis strigâ apicali, posticis fasciâ mediâ griseo-albidis : his subtùs lunulis cyaneis sanguineisque ordinatim digestis.

Papilio E. T. Erectheus, *alis dentatis, nigris : anticis fasciâ maculari posticisque disco albido-flavescentibus : angulo ani rufo.* Donow. *Gen. Illust. of Entom. an Epitome of the Nat. Hist. Ins. of New Holl. part.* 1. *pl.* 15.

Il est un peu moins grand que le *Gambrisius*. Ses quatres ailes sont dentées, noires, avec les échancrures blanchâtres. Les supérieures ont en face du sommet une raie blanchâtre, maculaire, échancrée en dehors, séparée du bord par des lignes longitudinales d'atômes d'un gris-jaunâtre. Les ailes inférieures font traversées dans leur milieu par une bande d'un blanc-grisâtre, large, sinuée sur le côté externe, terminée à l'angle anal par une lunule d'un rouge-sanguin & saupoudrée de bleuâtre à sa partie antérieure; entre cette lunule & l'extrémité il y a un point rouge, plus ou moins apparent & environné d'atômes tantôt bleuâtres, tantôt grisâtres. Le dessous des premières ailes diffère très-peu du dessus. Le dessous des secondes ailes est traversé dans son milieu par une bande cendrée, étroite, arquée, accompagnée extérieurement de deux rangées de lunules, dont les antérieures bleues & composées d'atômes, les postérieures d'un rouge-sanguin ainsi que celle de l'angle de l'anus. Le corps est noir, avec des points d'un gris-jaunâtre sur le devant du corselet & vers le bout de l'abdomen.

Il se trouve dans la Nouvelle-Hollande.

16. Papillon Drimaque.

Papilio Drimachus.

Pap. alis dentatis, subconcoloribus, nigris : anticis ad apicem dimidiatim cinerescentibus; posticis fasciâ mediâ flavidâ ocelloque anali rufescente.

Papilio Drusius. Cram. *Pap.* 20. *p.* 63. & 64. *pl.* 229. *fig.* A. — *Pl.* 230. *fig.* A.

Seba, *Mus.* 4. *tab.* 44. *fig.* 19. 20.

Herbst, *Pap. tab.* 33. *fig.* 1.

Il est grand. Ses quatre ailes sont dentées, d'un noir-brun, avec les échancrures blanchâtres. Les premières ont la moitié postérieure cendrée & coupée par des nervures noires; ce qui forme extérieurement des raies longitudinales très-larges, &, près du milieu de la côte, une tache orbiculaire assez grande. Les secondes ailes sont traversées obliquement, entre le milieu & la base, par une bande jaunâtre dont le côté externe est sinué; au-dessous de cette bande est une rangée transverse de lunules bleues, terminée à l'angle anal par une tache oculaire roussâtre, petite & piquée de noir; dans l'un des sexes il y a en outre le long du bord d'en bas une suite de croissans formés par des atômes ferrugineux, obscurs; les dents de ce même bord sont plus prononcées qu'aux ailes de devant, & la quatrième, à partir du sommet, est un peu plus saillante que les autres. Le dessous de chaque aile diffère du dessus, 1°. en ce qu'il est plus pâle; 2°. en ce que les inférieures ont la bande transverse très-élargie dans son milieu & la tache oculaire d'un ton plus gai. Les deux surfaces du corps sont à peu près du même noir que les ailes.

Il se trouve dans l'île d'Amboine.

17. Papillon Égée.

Papilio Ægeus.

Pap. alis dentatis, concoloribus, nigris: anticis ad apicem dimidiatìm cinerescentibus; posticis disco albido, lunulis cyaneis sanguineisque ordinatìm digestis.

Papilio E. T. Ægeus, *alis subcaudatis, nigris: anticis dimidio cinerescentibus; posticis fasciâ inæquali flavescenti, lunulis cyaneis rubrisque.* Donow. *Gen. Illust. of Entom. an Epitome of the Nat. Hist. Inf. of New. Holl. part.* 1. *pl.* 14.

Il est moins grand que le *Drimaque*, auquel il ressemble par la couleur & le dessin des premières ailes tant en dessus qu'en dessous. Ses ailes inférieures sont de part & d'autre d'un noir-brun à la base, d'un noir-foncé & velouté vers l'extrémité; leur milieu est traversé obliquement par une bande blanchâtre, un peu teintée de jaune, rétrécie près de la côte, très-large près du disque & sinuée en dehors; au-dessous de cette bande sont deux rangées de lunules, dont les antérieures formées par des atômes bleus, les postérieures d'un rouge-sanguin ainsi que celle de l'angle anal; les dents de ces ailes sont aussi plus prononcées qu'aux ailes supérieures, & la quatrième, à partir du sommet, est également un peu plus saillante que les autres. Le corps est d'un noir-brun de part & d'autre, avec l'anus roussâtre; les antennes sont noires.

Il se trouve dans la Nouvelle-Hollande.

18. Papillon Évandre.

Papilio Evander.

Pap. alis dentatis, nigris: posticis suprà maculis quinque violaceo-chermesinis; anticis subtùs fasciâ albidâ, transversâ, mediâ.

Il est de moyenne taille. Le dessus des premières ailes est noir depuis la base jusqu'au milieu, ensuite cendré jusqu'auprès du bord postérieur, lequel est légèrement denté & liseré de blanc aux sinus: le dessous de ces mêmes ailes est à peu près de la couleur du dessus, mais le milieu offre une bande blanchâtre, maculaire, partant de la côte & aboutissant à l'angle interne. Les secondes ailes sont dentées en scie, noires, avec les deux échancrures extérieures blanchâtres, les autres finement liserées de blanc; un peu au-delà du milieu de la surface, & en tirant vers le bord interne, sont cinq taches d'un rouge-carmin, changeant en violet, groupées longitudinalement, dont les trois intermédiaires ovales-oblongues & plus grandes, l'intérieure coupée en deux & l'extérieure en forme de point: à ces taches correspondent en dessous deux rangées transverses de taches inégales; les taches de la rangée supérieure sont d'un rouge-carmin, petites, arrondies, au nombre de quatre, & situées vers le bord interne; celles de la seconde rangée sont au nombre de sept, dont les trois extérieures d'un rouge-carmin & bordées de blanc en dehors, les autres d'un blanc-rougeâtre & plus grandes, notamment les deux intermédiaires; l'échancrure anale est en outre marquée d'un point rouge de part & d'autre. Le corps est noir, avec des points roussâtres sur le devant du corselet & sur les côtés de la poitrine.

Il y a des femelles dont le dessus des secondes ailes offre deux points rouges en sus des taches dont nous avons parlé; l'un de ces points est placé au-dessous de la plus extérieure d'entre les taches, l'autre vis-à-vis du sommet.

Il se trouve au Brésil.

19. Papillon Archélaüs.

Papilio Archelaus.

Pap. alis dentatis, nigris: anticis utrinquè maculâ geminâ albidâ; posticis suprà maculis quatuor violaceo-chermesinis.

Merian, *Surin. pl.* 17.

Papilio Anchises, Cram. *Pap.* 27. *p.* 59. *pl.* 318. *fig.* A, B, C, D.

Stoll, *Suppl. à* Cram. 1 *pl.* 1. *fig.* 2. (La Chenille.)

Papilio Anchises. Herbst, *Pap. tab.* 9. *fig.* 1-3.

Il ressemble à l'*Evandre*; mais au lieu d'avoir, comme lui, une bande transverse blanchâtre sur le milieu de la surface inférieure des premières ailes, il a de part & d'autre, vers l'angle interne de ces mêmes ailes, deux taches blanchâtres, arrondies & séparées seulement par une nervure noire. Le dessus des secondes ailes n'a que quatre taches rouges, dont l'intérieure & l'extérieure tantôt échancrées dans leur milieu, tantôt coupées en deux. Tous les autres caractères sont les mêmes que dans l'*Evandre*. Il y a des femelles dont le dessus des secondes ailes offre une cinquième tache rouge, partagée en deux.

La chenille, suivant Stoll, vit en société sur les citroniers de la Guyane. Elle est noirâtre, avec des anneaux & de petits traits blanchâtres sur les côtés du corps; des épines jaunâtres, courtes, le long du dos; un tentacule fauve & fourchu sur le col: ses six pattes antérieures sont jaunâtres, les autres cendrées.

La chrysalide est brune.

Il se trouve à la Guyane & au Brésil.

20. Papillon Idéus.

Papilio Idæus.

Pap. alis nigris: anticis fasciâ flavâ, costali, abbreviatâ; posticis dentatis, maculis tribus punctisque sanguineis.

Papilio E. T. Idæus, *alis dentatis, nigris: anticis*

anticis fasciâ abbreviatâ flavâ ; posticis maculâ palmatâ , trifidâ , punctisque sanguineis. Fab. *Entom. Syst. em. tom.* 3. *pars* 1. *p.* 16. *n°.* 48.

Jon. *Fig. pict.* 1. *tab.* 25.

Donow. *Gen. Illust. of. Entom. an Epitome of the Nat. Hist. Inf. of India, n°.* 7. *pl.* 4.

Il est de moyenne taille, d'un noir-brun. Ses premières ailes sont entières, & leur milieu offre une bande jaune, transverse, courte, étroite, partant de la côte ou bord d'en haut. Les secondes ailes ont des dents obtuses, avec les échancrures blanchâtres; vers leur extrémité sont trois taches d'un rouge-vermillon, oblongues, disposées longitudinalement, accompagnées de six points de leur couleur; ces points sont placés ainsi qu'il suit: deux l'un au-dessus de l'autre contre le bord interne, deux également l'un au-dessus de l'autre près de la tache extérieure, les deux suivans alignés parallèlement au sommet. Le dessous de ce Papillon diffère peu du dessus.

Il se trouve à Madras, selon Fabricius & Donowan.

21. Papillon Ilus.

Papilio Ilus.

Pap. alis nigris : anticis maculâ flavo-albidâ ; posticis dentatis : his subtùs basi extimumque versùs sanguineo maculatis.

Papilio E. T. Ilus, *alis dentatis, nigris ; anticis maculâ albâ ; posticis subtùs punctis baseos angulique ani rubris.* Fab. *Entom. Syst. em. tom.* 3. *pars* 1. *p.* 17. *n°.* 51.

Papilio Ilus. Jon. *Fig. pict.* 1. *tab.* 29.

Il est de moyenne taille. Ses premières ailes sont entières, noires, mais un peu plus claires vers le sommet ; non loin du milieu de leur bord interne est une tache d'un blanc-jaunâtre, plus ou moins grande, coupée par une nervure noire, & un peu rétrécie à sa partie antérieure : on la voit assez ordinairement sur la surface opposée. Les secondes ailes sont dentées inégalement, noires & liserées de blanc aux échancrures; vers leur extrémité, & en tirant du côté du bord interne, est une rangée transverse de quatre, cinq, & même six taches d'un rouge-sanguin, les unes arrondies, les autres ovales : ces taches se reproduisent en dessous, mais elles y sont plus pâles, & la base de chaque aile est marquée en outre de deux points d'un rouge-carminé.

Il se trouve en Amérique.

22. Papillon Opléus.

Papilio Opleus.

Pap. alis nigris : anticis maculâ flavido-viridi, orbiculatâ ; posticis dentatis, maculâ chermesinâ, quadripartitâ subtùsque brunneo adumbratâ.

Nous n'avons vu qu'un seul individu de cette espèce ; nous ne pouvons dire par conséquent si les deux sexes sont tout-à-fait semblables. Elle est de la taille des précédentes, d'un noir-violet en dessus, d'un noir-verdâtre en dessous. Ses premières ailes ont le bord postérieur droit & entier, & non loin du milieu de leur bord interne il y a une tache d'un vert-jaunâtre, assez grande, arrondie, divisée par deux nervures noires, parallèles ; cette tache ne s'aperçoit pas sur la surface opposée. Les secondes ailes ont six dents obtuses, dont les trois intérieures plus saillantes & égales entr'elles ; les échancrures sont très-finement liserées de blanchâtre ; entre le milieu & le bord postérieur de ces ailes est une tache d'un rouge-carmin, plus foncée à sa partie antérieure, grande, disposée longitudinalement, divisée en quatre par des nervures noires, peu prononcées : à cette tache correspondent en dessous quatre taches plus pâles, oblongues, dont les trois extérieures presqu'égales, ombrées de brun antérieurement & un peu aussi à leur partie postérieure, la quatrième plus courte ; le pli du bord interne est garni d'un duvet brun & l'angle anal est surmonté d'un point rouge. Il y en a de semblables sur chaque côté de la poitrine.

Il se trouve en Amérique.

23. Papillon Triopas.

Papilio Triopas.

Pap. alis angustatis, concoloribus, nigris : anticis maculis duabus, posticis disco, flavis ; his dentatis, emarginaturis albis.

Il est de moyenne taille & d'un noir-brun. Ses quatre ailes sont étroites. Les premières, dont le bord postérieur est entier, ont de part & d'autre deux taches d'un jaune d'ocre, l'une sur le milieu, divisée en trois, l'autre près du sommet, divisée en deux. Les secondes ailes ont vers le milieu de chaque surface une tache également d'un jaune d'ocre, presqu'orbiculaire, divisée en six par des nervures noires, très-fines ; ces ailes ont des dents obtuses, inégales, & leurs échancrures sont bordées de blanc. Le corps est noir, avec des points d'un rouge-carmin sur le devant du corselet & sur les côtés de la poitrine.

Nous ne connoissons point la patrie de ce Papillon. Nous l'avons décrit sur un individu appartenant à M. Dufresne, aide-naturaliste au Muséum de Paris.

24. Papillon Énée.

Papilio Æneas.

Pap. alis atris : anticis suprà maculâ viridi ;

posticis dentatis, suprà maculâ palmatâ chermesinâ, subtùs quinque pallidioribus.

Papilio E. T. Æneas, *alis dentatis, atris: primoribus suprà maculâ viridi; posticis maculâ palmatâ sanguineâ.* Linn. *Syst. Nat.* 2. *p.* 747. *n°.* 16. — *Muf. Lud. Ulr. p.* 197.

Papilio Æneas. Fab. *Syst. Entom. p.* 448. *n°.* 23. — *Spec. Inf. tom.* 2. *p.* 8. *n°.* 32. — *Mant. Inf. tom.* 2. *p.* 5. *n°.* 35. — *Entom. Syst. em. tom.* 3. *pars* 1. *p.* 17. *n°.* 50.

Papilio Æneas. Cram. *Pap.* 24. *pag.* 135. *pl.* 279. *fig.* A. B. C. D.

Roes. *Inf.* 4. *tab.* 2. *fig.* 2.

Seba, *Muf.* 4. *tab.* 7. *fig.* 25. 26.

Seba, *Muf.* 4. *tab.* 20. *fig.* 17. 18.

Herbst, *Pap. tab.* 9. *fig.* 5. 6.

Il eſt de moyenne taille; d'un noir-velouté en deſſus. Ses premières ailes ſont de part & d'autre plus claires vers le ſommet, & leur bord poſtérieur eſt entier, preſque droit; ſur le milieu de leur bord interne eſt une tache d'un vert-de-gris pâle, diviſée inégalement par une nervure noire. Dans les mâles cette tache eſt en outre ſurmontée de trois points blanchâtres, aſſez gros, diſpoſés tranſverſalement & ſe reproduiſant ſur la ſurface oppoſée. Les ſecondes ailes ont des dents obtuſes, inégales, avec les échancrures un peu rougeâtres; leur milieu offre une tache d'un rouge-vineux à ſa partie antérieure, d'un rouge-carmin à ſa partie poſtérieure, longitudinale, grande, repréſentant une palme à quatre ſegmens: le deſſous de ces ailes a cinq taches roſes, ovales, mal alignées entre le milieu & le bord d'en bas; il y a en outre un point roſe à l'extrémité du bord interne. Le corps eſt noir, avec des points d'un rouge-carmin ſur les côtés de la poitrine.

Il ſe trouve à la Guyane.

25. Papillon Zacynthe.

Papilio Zacynthus.

Pap. alis dentatis, nigris: anticis maculâ viridi-albâ; posticis palmatâ sanguineâ. Fab.

Papilio Zacynthus. Fab. *Ent. Syst. em. tom.* 3. *pars* 1. *p.* 15, *n°.* 46.

Papilio Zacynthus. Jon. *Fig. pict.* 1. *tab.* 22.

Suivant Fabricius il a beaucoup de rapport avec l'*Enée*. Ses ailes ſupérieures ſont noires; leur deſſus offre ſur le milieu une tache blanche à ſa partie antérieure, verte à ſa partie poſtérieure: leur deſſous n'a qu'une tache blanche. Les ſecondes ailes ſont dentées, noires; leur deſſus a une tache d'un rouge-ſanguin, palmée, diviſée en cinq; leur deſſous en a une blanche, ponctuée de rougeâtre. Le corps eſt noir, avec une tache rouge contre la baſe des ailes en deſſous.

Il ſe trouve au Bréſil.

26. Papillon Eurimède.

Papilio Eurimedes.

Pap. alis atris: anticis suprà fasciâ abbreviatâ viridi, subtùs puncto albo; posticis dentatis, utrinquè maculâ sanguineâ, palmatâ.

Papilio Eurimedes. Cram. *Pap.* 33. *p.* 199. *pl.* 386. *fig.* E. F.

Il eſt de moyenne taille. Ses ailes ſont entièrement d'un noir-velouté eu deſſus, d'un noir-brun en deſſous. Les premières ont le bord poſtérieur droit & entier, & le milieu de leur bord interne offre une bande d'un vert tendre, tranſverſe, courte, formée de quatre taches dont la ſupérieure & l'inférieure beaucoup plus petites. Les ſecondes ailes ont des dents courtes & obtuſes, avec les échancrures rougeâtres en deſſus, blanches en deſſous; ſur leur milieu eſt une tache d'un rouge-ſanguin vif, palmée, diſpoſée longitudinalement, mais plus pâle & moins longue du côté oppoſé. Le deſſous des ailes ſupérieures n'a qu'un point blanc ſur le milieu. Le corps eſt de la couleur des ailes, avec des points d'un rouge-carmin ſur le devant du corſelet & ſur les côtés de la poitrine.

Il ſe trouve à la Guyane.

27. Papillon Eurymas.

Papilio Eurymas.

Pap. alis atris: anticis fasciâ abbreviatâ cœruleo-viridi; posticis dentatis, suprà maculis quatuor chermesinis, oblongis, subtùs quinque pallidioribus.

Papilio Lysander. Cram. *Pap.* 3. *p.* 46. *pl.* 29. *fig.* C. D.

Il eſt de moyenne taille, d'un noir-velouté en deſſus, mais plus clair vers le bout des ailes ſupérieures. Ces ailes ont le bord poſtérieur droit & entier, & le milieu de leur bord interne offre en deſſus une bande d'un vert-de-gris, tranſverſe, courte, maculaire, étroite à ſa partie ſupérieure, crochue à ſa partie inférieure du côté qui regarde la baſe. Les ſecondes ailes ont des dents obtuſes, dont une plus fine & un peu plus ſaillante; leurs échancrures ſont rougeâtres; vers le milieu de la ſurface ſont quatre taches d'un rouge-carmin, plus foncées antérieurement, oblongues, diſpoſées longitudinalement, ſéparées par des nervures noires: ces taches ſont remplacées en deſſous par cinq autres plus pâles, plus courtes, mal alignées; il y a en outre un point de leur couleur à l'extrémité du bord interne dont le pli eſt garni d'un duvet blanchâtre, cotonneux. Le corps eſt noir, avec des points d'un rouge-carmin ſur le devant du corſelet & ſur les côtés de la poitrine; on en voit auſſi deux ſemblables à l'extrémité de l'abdomen.

Il eſt très-commun à la Guyane.

28. Papillon Polymétus.

Papilio Polymetus.

Pap. alis atris : superis (mas) *fasciâ abbreviatâ anticè albâ, posticè cyaneâ; inferis dentatis, maculâ chermesinâ, quadripartitâ.*

Il est de la taille des précédens, d'un noir-foncé en dessus, d'un noir-brun en dessous. Ses premières ailes ont le bord postérieur droit & entier, & sur le milieu de leur bord interne est une bande transverse, montant un peu au-delà du milieu de la surface, composée de cinq taches inégales, dont les trois supérieures blanches, les deux inférieures d'un bleu d'azur. Les secondes ailes ont des dents obtuses, courtes, à peu près égales, avec les échancrures rougeâtres; sur leur milieu est une tache d'un rouge-carmin, plus foncée antérieurement, disposée transversalement & divisée en quatre par des nervures noires, très-fines : à cette tache correspond en dessous une rangée de cinq taches d'un rouge très-pâle, légèrement saupoudrées de noirâtre, oblongues, dont les trois intermédiaires plus grandes & plus rapprochées entr'elles; il y a en outre un point rouge vers l'extrémité du bord interne dont le pli est garni d'un duvet brunâtre. Le corps est noir, avec des points d'un rouge-carmin vif sur le devant du corselet, sur les côtés de la poitrine & du ventre.

Il se trouve au Brésil & au Pérou.

29. Papillon Amosis.

Papilio Amosis.

Pap. alis atris : posticis dentatis, maculis septem marginalibus : externis duabus albidis punctiformibusque; cæteris violaceo-chermesinis, inæqualibus.

Papilio Amosis. Cram. *Pap.* 23. *pag.* 139. *pl.* 269. *fig.* A. B. (Var. mâle.)

Stoll, *Suppl. à* Cram. 1. *p.* 1. *pl.* 1. *fig.* 1. A. la chenille. — *Fig.* 1. B. la chrysalide.

Il est de moyenne taille, d'un noir-velouté en-dessus, d'un noir-brun en dessous. Ses premières ailes ont le bord postérieur entier & arrondi au sommet; leur milieu offre de part & d'autre dans le mâle une bande jaunâtre, plus ou moins prononcée, transverse, courte, maculaire, & dans la femelle deux taches plus pâles, placées près du disque & séparées seulement par une nervure noire. Les secondes ailes ont des dents obtuses, dont la plus intérieure & l'une des intermédiaires un peu plus saillantes que les autres; les échancrures sont légèrement liserées de blanc; parallèlement au bord postérieur est une rangée de sept taches, dont les deux extérieures blanchâtres & en forme de points, les cinq autres d'un rouge-carmin jetant un reflet violet assez vif; les deux qui suivent les points blanchâtres sont arrondies, les trois restantes sont oblongues & plus grandes de moitié : toutes ces taches se reproduisent en dessous, mais elles y sont plus pâles, & il arrive même que les deux blanchâtres sont peu distinctes; l'origine du bord interne offre ici une tache d'un rouge-carmin : caractère qui, joint aux deux taches blanchâtres dont nous venons de parler, empêche de confondre cette espèce avec ses analogues. Le corps est de la couleur des ailes, mais sans points rouges sur la poitrine; il y en a seulement quatre sur le devant du corselet.

La chenille, selon Stoll, est noirâtre, avec le bas du ventre & les huit pattes membraneuses d'un jaune-verdâtre pâle; sur chacun de ses côtés est une bande du même jaune, longitudinale, très-étroite à sa partie antérieure, large dans son milieu, puis rétrécie vers l'extrémité où elle est interrompue; la tête est d'un jaune sale & le col est armé d'un tentacule fauve, fourchu, recourbé en arrière. Elle vit sur les *citronniers.*

La chrysalide est grisâtre, avec des taches verdâtres vers l'enveloppe des ailes. Le Papillon en sort au bout de quinze jours.

Il se trouve à la Guyane.

30. Papillon Hippason.

Papilio Hippason.

Pap. alis atris : anticis fasciâ abbreviatâ obscurè albidâ; posticis dentatis, maculis sex violaceo-chermesinis, inæqualibus, per fasciam digestis.

Papilio Hippason. Cram. *Pap.* 3. *pag.* 46. *pl.* 29. *fig.* E.

Papilio Euristeus. Cram. *Pap.* 3. *pag.* 46. *pl.* 29. *fig.* F.

Il est à peu près de la couleur de l'*Amosis*, mais pour l'ordinaire moins grand que lui. Ses premières ailes ont le bord postérieur presque droit & entier; sur le milieu de leur bord interne est une bande transverse, courte, formée de quatre à cinq taches, dont les deux inférieures blanchâtres & piquées de noir, les autres plus obscures & plus petites. Les secondes ailes ont des dents obtuses, avec les échancrures rougeâtres; entre leur milieu & leur bord postérieur est une bande transverse de six taches d'un rouge-carmin, jetant un reflet violet, ovales, à l'exception des deux latérales qui sont rondes & plus petites. Le dessous des quatre ailes ressemble au dessus, mais les taches en sont plus pâles. Le corps est noir, avec quatre points rouges seulement sur la partie antérieure du corselet.

La femelle, selon Cramer, ne diffère point du mâle.

L'*Euristeus* de cet auteur ne se distingue de l'*Hippason* que parce qu'il n'a que trois taches rouges sur les deux surfaces des secondes ailes,

& parce que les échancrures de ces mêmes ailes font blanches au lieu d'être rougeâtres.

L'un & l'autre se trouvent à la Guyane.

31. Papillon Anchise.

Papilio Anchises.

Pap. alis nigris, concoloribus : posticis dentatis, puncto maculisque sex chermesinis perfasciam digestis.

Papilio E. T. Anchises, *alis dentatis, nigris, concoloribus : posticis maculis septem coccineis, ovatis.* Linn. *Syst. Nat.* 2. *p.* 746. *n°.* 11. — *Mus. Lud. Ulr. p.* 191.

Papilio Anchises. Fab. *Syst. Entom. p.* 446. *n°.* 19. — *Spec. Inf. tom.* 2. *p.* 7. *n°.* 26. — *Mant. Inf. tom.* 2. *p.* 4. *n°.* 28. — *Entom. Syst. em. tom.* 3. *pars* 1. *p.* 13. *n°.* 40.

Papilio Anchises. Clerk, *Icon. Inf. tab.* 29. *fig.* 1.

Papilio Arbates. Cram. *Pap.* 33. *pag.* 198. *pl.* 386. *fig.* C. D.

Herbst, *Pap. tab.* 9. *fig.* 4.

Il est de moyenne taille, d'un noir assez foncé en dessus, mais plus clair vers l'extrémité des premières ailes dont le bord postérieur est droit & entier. Ces ailes sont tantôt sans taches, tantôt marquées dans leur milieu d'une tache blanchâtre, arrondie, plus vive en dessous. Les secondes ailes ont vers l'extrémité une rangée courbe & transverse de sept taches d'un rouge-carmin, chatoyantes, dont la plus extérieure en forme de point & isolée, la suivante arrondie, les cinq autres ovales & séparées seulement par des nervures noires : toutes ces taches ont la même forme en dessous, mais elles y sont plus pâles ; le bord postérieur a des dents courtes & obtuses, avec les échancrures d'un rouge-carmin tendre ; Linnæus les dit blanches, & c'est ainsi que Clerk les a représentées ; ce qui prouveroit que leur couleur est variable & que l'on ne doit pas s'en servir comme d'un caractère distinctif. Le corps corps est noir, ponctué de rouge-carmin sur le devant du corselet & sur les côtés de la poitrine.

Il se trouve à la Guyane.

32. Papillon Pompée.

Papilio Pompeius.

Pap. alis suprà cœrulescenti-nigris : posticis dentatis, suprà maculis quinque sanguineis, ovatis, subtùs sex pallidioribus, per fasciam digestis.

Papilio E. T. Pompeius, *alis dentatis, concoloribus, nigris : posticis maculis sex sanguineis.* Fab. *Mant. Inf. tom.* 2. *p.* 5. *n°.* 37. — *Entom. Syst. em. tom.* 3. *pars* 1. *p.* 18. *n°.* 54.

Papilio Panthonus. Cram. *Pap.* 24. *p.* 154. *pl.* 278. *fig.* C. D.

Il ressemble beaucoup au précédent, mais le dessus de ses ailes à un reflet bleuâtre qui n'est point dans l'*Anchise*. Les supérieures sont constamment sans taches de part & d'autre. Les taches de l'extrémité des secondes ailes sont toutes ovales & de même dimension ; leur couleur approche plutôt du rouge-vermillon que du rouge-carmin, & elles ne sont pas chatoyantes ; il n'y en a que cinq en dessus, & en dessous, où leur nombre est de six, elles sont non-seulement plus pâles, mais encore plus petites ; les échancrures du bord postérieur sont blanches, du moins dans beaucoup d'individus ; indépendamment des points rouges placés sur le devant du corselet & sur les côtés de la poitrine, il y en a deux semblables vers le bas du ventre.

Il se trouve aussi à la Guyane.

33. Papillon Dimas.

Papilio Dimas.

Pap. alis nigris, concoloribus : anticis disco maculâ albâ, venis divisâ ; posticis dentatis, fasciâ chermesinâ, maculari, transversâ, submediâ.

Papilio E. T. Dimas, *alis dentatis, concoloribus, nigris : anticis maculâ albâ, venis divisâ ; posticis palmatâ sanguineâ.* Fab. *Entom. Syst. em. tom.* 3. *pars* 1. *p.* 16. *n°.* 47.

Papilio Dimas. Jon. *Fig. pict.* 1. *tab.* 23.

Fabricius réunit celui-ci à l'*Hippason* & à l'*Euristeus*, mais il forme une espèce séparée, comme on peut s'en convaincre en comparant les deux descriptions.

Il est de moyenne taille, d'un noir assez foncé. Ses premières ailes ont le bord postérieur entier & arrondi ; leur milieu offre de part & d'autre une tache blanche, divisée tantôt en trois, tantôt en quatre par des nervures noires. Les secondes ailes ont des dents courtes & obtuses, avec les échancrures d'un rouge-pâle ; vers leur milieu est une bande d'un rouge-carmin tendre, légèrement chatoyante, transverse, atteignant le bord interne, formée de six taches oblongues, presqu'égales & séparée seulement par des nervures de la couleur du fond : cette bande est de la même forme en dessous, mais elle y est plus pâle ainsi que la surface de chaque aile. Le corps est noirâtre, avec l'anus d'un rouge-carmin vif & des points de cette couleur sur les côtés de la poitrine & du ventre.

Dans certains individus il y a un point d'un cendré-bleuâtre au bas de la tache blanche discoïdale des ailes supérieures ; mais il ne se reproduit point en dessous.

On le trouve au Brésil.

34. Papillon Iphidamas.

Papilio Iphidamas.

Pap. alis dentatis, nigris, concoloribus: anticis fasciâ abbreviatâ albâ; posticis latâ rubrâ. Fab.

Papilio Iphidamas. Fab. *Entom. Syst. em. tom.* 3. *pars* 1. *p.* 17. *n°.* 52.

Papilio Iphidamas. Jon. *Fig. pict.* 1. *tab.* 31.

N'ayant point vu cette espèce, nous traduisons la description que Fabricius en a donnée. Ses ailes sont dentées, noires. Les supérieures ont de part & d'autre une bande blanche, courte, divisée par des nervures de la couleur du fond; leur bord postérieur est ponctué de blanc. Les secondes ailes ont une bande d'un rouge-sanguin, large, à peine maculaire, se reproduisant sur la surface opposée. Le corps est ponctué de rouge en dessus & en dessous.

Il habite......

35. Papillon Arcas.

Papilio Arcas.

Pap. alis nigris, concoloribus: anticis disco maculâ flavo-albidâ; posticis dentatis, maculâ sanguineâ, subpalmatâ, latâ: abdominis lateribus sanguineis.

Papilio Arcas. Cram. *Pap.* 32. *p.* 174. *pl.* 378. *fig.* C.

Herbst, *Pap. tab.* 10. *fig.* 3.

Il est noir & de la taille des précédens. Ses premières ailes ont le bord postérieur entier & arrondi; sur leur milieu est une tache d'un blanc-jaunâtre, oblongue, disposée transversalement, échancrée sur le côté interne, divisée par une nervure noire bifurquée. Les secondes ailes ont des dents courtes & obtuses, avec les échancrures blanches; leur milieu offre une tache d'un rouge-sanguin, mais plus foncée à sa partie postérieure; cette tache est très-large & presque palmée. Le dessous des quatre ailes ressemble au dessus, mais il est plus pâle. Le corps est noir, avec les côtés de l'abdomen d'un rouge-sanguin.

Il se trouve au Brésil.

36. Papillon Néphalion.

Papilio Nephalion.

Pap. alis dentatis, concoloribus, nigris: anticis disco maculâ albidâ, venis divisâ; posticis maculâ sanguineâ, sexfidâ, mediâ.

Il est de la même taille que le *Dimas.* Ses quatre ailes sont dentées, d'un noir assez foncé, avec les échancrures blanches. Les supérieures ont de part & d'autre sur le milieu une tache d'un blanc teinté de jaunâtre, divisée en trois & quelquefois en quatre par les rameaux de la principale nervure. Les secondes ailes ont sur le milieu une tache d'un rouge-vermillon, légèrement chatoyante, moins vive à sa partie antérieure, grande, disposée transversalement, atteignant le bord interne, échancrée en dehors; dans certains individus il y a en outre près du sommet un point rouge, très-brillant. Le dessous de ces ailes ressemble au dessus, mais la tache du milieu est en majeure partie blanche, & entièrement divisée en six par des nervures noires, très-fines. Le corps est de la couleur des ailes, avec des points d'un rouge-carmin le long du ventre; l'anus est aussi du même rouge.

Il se trouve au Brésil.

37. Papillon Tullus.

Papilio Tullus.

Pap. alis dentatis, concoloribus, nigris: anticis maculâ geminâ flavo-albidâ; posticis maculâ anali trifidâ punctisque apicalibus chermesinis, per fasciam digestis.

Papilio Tullus. Cramer. *Pap.* 24. *pag.* 153. *pl.* 277. *fig.* C. D.

Il est de moyenne taille, d'un noir assez foncé, mais plus clair vers l'extrémité des ailes supérieures. Ces ailes ont le bord postérieur arrondi, légèrement denté, avec les échancrures blanchâtres; non loin du milieu de leur bord interne sont deux taches d'un blanc-jaunâtre, séparées par une simple nervure noire. Les secondes ailes ont des dents obtuses & arrondies, avec les échancrures blanchâtres; près de l'angle anal est une tache d'un rouge-carmin, grande, divisée en trois, s'alignant avec trois points de sa couleur, placés vers le sommet. Le dessous de chaque aile ne diffère du dessus que parce que les taches dont nous venons de parler sont plus pâles, & parce que celle de l'angle de l'anus est divisée en quatre. Le corps est noirâtre, avec le bas du ventre d'un rouge-carmin, & des points du même rouge sur le devant du corselet & sur les côtés de la poitrine.

Il se trouve à la Guyane.

38. Papillon Vertumne.

Papilio Vertumnus.

Pap. alis dentatis, atris: anticis maculâ obscurè viridi; posticis maculâ tripartitâ chermesinâ fulgoreque mutabili spectatissimâ.

Papilio E. T. Vertumnus, *alis dentatis, nigris: anticis maculâ mediâ, orbiculatâ, viridi; posticis maculâ palmatâ sanguineâ.* Fab. *Entom. Syst. em. tom.* 3. *pars* 1. *p.* 16. *n°.* 49.

Papilio Vertumnus. Cram. *Pap.* 18. *p.* 32. *pl.* 211. *fig.* A. B. C.

Jon. *Fig. pict.* 1. *tab.* 27.

Il est de la taille des précédens, d'un noir-velouté en dessus, avec le bord postérieur des quatre ailes arrondi, denté & liseré de blanc aux échancrures. Les ailes supérieures ont le sommet un peu moins foncé que le reste de la surface, & le milieu de leur bord interne offre une tache d'un vert obscur, assezgrande, coupée par deux nervures noires, parallèles; dans l'un des sexes, cette tache est surmontée d'une, deux & même trois taches d'un blanc-jaunâtre, d'une grandeur variable, & s'apercevant du côté opposé, quoique la tache verte ne s'y reproduise pas. Les secondes ailes ont, en tirant vers l'angle de l'anus, une tache d'un rouge-carmin vif, ayant à certains aspects tout le brillant d'une belle opale, divisée ordinairement en trois en dessus, toujours en quatre en dessous où elle est beaucoup moins colorée, notamment dans sa partie extérieure; le pli du bord interne est garni en dessus d'un duvet blanc, cotonneux; les dents du bord postérieur sont inégales & obtuses. Le corps est noir, avec des points d'un rouge-carmin sur les côtés de la poitrine; les palpes & le dernier anneau de l'abdomen sont aussi du même rouge.

Il se trouve à la Guyane & au Brésil.

39. Papillon Téréas.

Papilio Tereas.

Pap. alis rotundatis, integerrimis, nigris: anticis disco maculâ albâ; posticis utrinquè maculâ roseâ, quadripartitâ: his subtùs punctis marginalibus flavo-viridibus.

Il est plus petit que tous les précédens, dont il se distingue d'ailleurs en ce qu'il a les quatre ailes entières & arrondies. Leur fond est d'un noir-brun. Les supérieures ont de part & d'autre sur le milieu une tache blanche, presque ronde, divisée inégalement par une nervure noire, bifurquée. Les ailes inférieures ont sur les deux surfaces, un peu au-delà du milieu & vers le bord interne, une tache d'un rose tendre, disposée trasversalement & divisée en quatre par de fines nervures noires. Le dessous de ces mêmes ailes offre en outre à la base trois ou quatre taches d'un rouge-carmin, placées entre deux taches oblongues d'un vert-pomme; il y a aussi tout le long du bord postérieur une rangée de points du même vert. Les antennes sont noires, avec le dessous de la massue blanc.

Rapporté du Brésil par M. de Lalande fils.

40. Papillon Sésostris.

Papilio Sesostris.

Pap. alis atris: anticis suprà maculâ viridi, nitidâ, nervis duobus divisâ; posticis dentatis: his subtùs maculis quinque sanguineis.

Papilio Sesostris. Cram. *Pap.* 18. *p.* 34. *pl.* 211. *fig.* F. G.

Herbst, *Pap. tab.* 10. *fig.* 1.

Il est de la taille des précédens, d'un noir-foncé & velouté en dessus, d'un noir-brun en dessous. Les ailes supérieures ont le bord postérieur droit, entier & ponctué de blanc-jaunâtre en dehors; sur le milieu de leur bord interne est une tache d'un vert-pré, luisante, grande, disposée transversalement, coupée par deux nervures noires, & ayant trois dents au côté externe; cette tache ne se voit pas en dessous. Les secondes ailes ont des dents courtes, obtuses, avec les échancrures d'un blanc-jaunâtre: leur dessus est sans taches; leur dessous en a cinq d'un rouge-sanguin pâle, savoir: une plus petite & arrondie près du sommet, les quatre autres oblongues & alignées transversalement vers l'angle anal; le pli du bord interne de ces ailes est garni en dessus d'un duvet blanchâtre, cotonneux. Le corps est noir, avec des points d'un rouge-carmin sur le devant du corselet & sur chaque côté de la poitrine; il y a en outre une ligne arquée de cette couleur vers le bas du ventre.

Il se trouve à la Guyane.

41. Papillon Lacédémon.

Papilio Lacedemon.

Pap. alis dentatis, nigris, lunulis marginalibus albidis: posticis subtùs brunneis, lunulis nigris. Fab.

Papilio Lacedemon. Fab. *Entom. Syst. em. tom.* 3. *pars* 1. *p.* 36. *n°.* 107.

Jon. *Fig. pict.* 1. *tab.* 63.

Donow. *Gen. Illust. of Entom. an Epitome of the Nat. Hist. Ins. of India, n°..... pl.* 2.

Il est de moyenne taille, d'un noir-brun, avec le bord postérieur des quatre ailes denté & précédé d'un rang de lunules blanchâtres. Le dessous des premières ailes diffère du dessus en ce que l'extrémité est plus claire, & en ce que les lunules y sont remplacées par des groupes d'atômes d'un blanc-jaunâtre. Le dessous des secondes ailes est mordoré ou d'un brun mêlé de rouge, avec une rangée marginale de six ou sept lunules noires, piquées de blanc à leur partie antérieure, & de vert à leur partie postérieure. Le corps est noirâtre, avec des points blancs sur chaque côté, depuis la tête jusqu'à l'anus.

Il se trouve au Malabar.

42. Papillon Bélus.

Papilio Belus.

Pap. alis dentatis, suprà nigricanti-virescentibus: subtùs anticis fasciâ albidâ, longitudinali; posticis lunulis marginalibus rufis.

Papilio E. T. Belus, *alis dentatis, virescentibus:*

posticis margine interiori pallido ; subtùs fuscis, lunulis rubris. Fab. *Spec. Inf. tom.* 2. *p.* 9. *n°.* 34. — *Mant. Inf. tom.* 2. *p.* 5. *n°.* 36. — *Entom. Syst. em. tom.* 3. *pars* 1. *p.* 17. *n°.* 53.

Papilio Belus. Cram. *Pap.* 10. *p.* 23. *pl.* 112. *fig.* A. B.

α. *Papilio Craſſus.* Cram. *Pap.* 10. *pag.* 23. *pl.* 112. *fig.* C.

β. *Papilio Lycidas.* Cram. *Pap.* 10. *pag.* 25. *pl.* 113. *fig.* A.

γ. *Papilio Numitor.* Cram. *Pap.* 10. *p.* 25. *pl.* 113. *fig.* B.

δ. *Papilio Erymanthus.* Cram. *Pap.* 10. *p.* 25. *pl.* 113. *fig.* C.

Papilio Belus. Herbst, *Pap. tab.* 11. *fig.* 1.

Il eſt de moyenne taille. Le deſſus de ſes ailes eſt d'un vert-velouté & tirant ſur le noir. Les ſupérieures ſont oblongues & entières. Les inférieures ſont arrondies, dentées en ſcie, avec les échancrures finement liſerées de blanc ; leur bord antérieur eſt d'un jaune-pâle, & leur extrémité un peu glacée de violet. Le deſſous des premières ailes eſt d'un brun-noirâtre pâle, avec une bande d'un blanc-jaunâtre, maculaire, partant de la baſe où elle eſt fort étroite, & ſe dirigeant vers l'extrémité du bord poſtérieur. Le deſſous des ſecondes ailes eſt d'un brun-noirâtre luiſant, avec les nervures & le bord interne plus foncés ; parallèlement au bord poſtérieur eſt une rangée de ſix lunules d'un rouge-jaunâtre, changeant en violet à certains aſpects & bordées de noir. Le corps eſt jaunâtre en deſſus, avec le corſelet & la baſe de l'abdomen noirs ; brun en deſſous, avec une ligne de points jaunes ſur chaque côté ; les antennes ſont noires, avec le bout de la maſſue blanchâtre.

A l'exemple de Fabricius nous rapportons ici comme variétés les Papillons *Craſſus*, *Lycidas*, *Numitor*, *Erymanthus* de Cramer.

Le premier a de part & d'autre, aux ailes ſupérieures, la bande maculaire dont nous avons parlé, mais elle eſt d'un jaune-ſale en deſſus.

Le ſecond a le deſſus de l'abdomen d'un vert-noirâtre ; ſes ailes inférieures ont le pli du bord interne d'un jaune-pâle, & l'on voit près de leur ſommet deux points de cette couleur.

Le troiſième a le deſſus de l'abdomen jaunâtre, avec l'anus noir ; ſes ſecondes ailes offrent, entre le milieu & le bord, une ſuite de taches ferrugineuſes, obſcures.

Le dernier a tout l'abdomen jaunâtre, & le pli du bord interne des ſecondes ailes d'un jaune-pâle. Le deſſous de toutes ces variétés eſt abſolument le même que dans le *Bélus*.

On les trouve à la Guyane & au Bréſil.

43. Papillon Bitias.

Papilio Bitias.

Pap. alis dentatis, nigris, limbo poſtico punctis flavidis : inferis dentatis : his ſubtùs ſtrigâ moniliformi lunularumque rubrarum ſerie marginali.

α. *Papilio Ariſteus.* Cram. *Pap.* 31. *p.* 139. *pl.* 361. *fig.* A. B.

Il eſt de moyenne taille. Ses ailes ſont d'un noir-brun, avec deux rangées de points jaunâtres à l'extrémité des inférieures, & une rangée de points ſemblables à l'extrémité des ſupérieures. Celles-ci ont d'ordinaire ſur le milieu, & parallèlement au bord interne, une bande d'un jaune d'ocre, large, coupée par les rameaux de la principale nervure : leur deſſous reſſemble au deſſus, mais la rangée de points marginaux eſt plus courte. Le deſſous des ſecondes ailes eſt traverſé obliquement au-delà du milieu par une bande formée de huit taches ovales, dont les deux extrêmes jaunes, les ſix intermédiaires rouges avec la partie antérieure blanchâtre ; indépendamment de ces taches on voit le long du bord poſtérieur une ſuite de ſept lunules d'un rouge tirant ſur le brun ; celle de l'angle anal eſt en outre ſurmontée d'atômes blanchâtres ; ces ailes ont ſix dents dont les trois extérieures & la plus intérieure obtuſes, les deux autres aiguës & un peu plus longues ; les échancrures ſont liſerées de jaune-pâle d'un côté comme de l'autre. Le corps eſt noir, avec quelques points jaunâtres ſur le devant du corſelet.

L'*Ariſteus* de Cramer paroît ne différer de celui-ci que parce que les points marginaux du deſſus de ſes ailes ont une teinte bleuâtre, & parce que la bande jaune des ſupérieures n'eſt viſible qu'en deſſous.

Ils ſe trouvent dans l'Amérique méridionale.

44. Papillon Polydamas.

Papilio Polydamas.

Pap. alis dentatis, ſuprà vireſcenti-fuſcis, faſciâ flavâ, maculari : poſticis ſubtùs maculis marginalibus rubris, tribus argenteis adjectis.

Papilio E. T. Polydamas, *alis dentatis, nigris, faſciâ interruptâ flavâ : poſticis ſubtùs maculis linearibus, flexuoſis, rubris.* Linn. *Syſt. Nat.* 2. *p.* 747. *n°.* 12. — *Muſ. Lud. Ulr. p.* 192.

Papilio Polydamas. Fab. *Syſt. Entom. p.* 447. *n°.* 21. — *Spec. Inſ. tom.* 2. *p.* 8. *n°.* 29. — *Mant. Inſ. tom.* 2. *p.* 4. *n°.* 31. — *Entom. Syſt. em. tom.* 3. *pars* 1. *p.* 14. *n°.* 42.

Drury, *Inſ.* 1. *pl.* 17. *fig.* 1. 2.

Merian, *Surin. pl.* 31.

Seba, *Muſ.* 4. *tab.* 39. *fig.* 2. 3.

Cram. *Pap.* 18. *p.* 33. *pl.* 211. *fig.* D. E.

Herbst, *Pap. tab.* 10. *fig.* 6. 7.

Il est de moyenne taille. Le dessus des ailes est d'un brun-verdâtre, & traversé vers l'extrémité par une bande d'un jaune plus ou moins foncé, maculaire, de médiocre largeur. Les premières ailes sont sinuées & légèrement dentées; les secondes ont des dents obtuses & inégales; les échancrures des unes & des autres sont de la couleur de la bande transverse. Le dessous des ailes supérieures offre à peu près le même dessin que le dessus, mais le fond est d'un brun-noirâtre, plus clair vers le bout. Le dessous des ailes inférieures est d'un brun-noirâtre depuis la base jusqu'au-delà du milieu, ensuite plus foncé, avec une rangée marginale de sept taches d'un rouge-fauve, linéaires, flexueuses, dont trois des extérieures précédées chacune en dehors d'une tache argentée, ovale, les deux intérieures suivantes un peu blanchâtres aux extrémités, l'anale surmontée d'un trait jaune; il y a en outre à la base de ces dernières ailes un point rougeâtre, assez gros. On en voit de semblables, mais plus petits, sur le devant du corselet, sur la poitrine & sur les côtés du ventre.

Il se trouve à la Guyane & au Brésil, *sur l'aristoloche serpentaire.*

La chenille est lisse, brune, avec des tentacules de cette couleur; son corps est rayé de rouge, & sur chaque anneau sont quatre taches oculaires jaunâtres, ayant la partie antérieure purpurine.

45. Papillon Protodamas.

Papilio Protodamas.

Pap. alis suprà viridi-nigris, fasciâ maculari lunulisque marginalibus flavis: inferis dentatis: his subtùs basi margineque postico chermesino maculatis.

Il a de très-grands rapports avec le précédent; mais le dessus des ailes jette un reflet vert beaucoup plus vif; les supérieures sont entières, les inférieures finement dentées & légèrement liserées de blanc aux échancrures; la bande jaune maculaire est plus pâle & précédée extérieurement par une rangée de lunules de sa couleur; les sept taches marginales du dessous des secondes ailes sont d'un rouge-carmin, en forme de chevrons, & embrassent des lunules blanchâtres, correspondantes à celles de la surface opposée; le point de la base de ces ailes est aussi d'un rouge-carmin & accompagné en outre de deux taches de cette couleur; les points du corselet, de la poitrine & du ventre sont au contraire jaunâtres.

Nous avons actuellement à parler d'un individu qui pourroit bien être le mâle de celui-ci: la bande maculaire du dessus de ses premières ailes n'est point précédée en dehors par des lunules jaunes; les chevrons marginaux du dessous des secondes ailes sont d'un rouge tirant sur le fauve & n'embrassent aucune lunule; la base de ces mêmes ailes est tout-à-fait sans taches rouges; le dos est entièrement d'un jaune-pâle.

L'un & l'autre ont été rapportés du Brésil par M. Delalande fils.

46. Papillon Dolicaon.

Papilio Dolicaon.

Pap. alis suprà pallidè flavis, extimo nigro: posticis caudatis: his utrinquè punctis marginalibus niveis.

Papilio E. A. Dolicaon, *alis caudatis, albis, limbo communi nigro: posticis utrinquè punctis marginalibus albis.* Fab. *Spec. Inf. tom.* 2. *p.* 13. *n°.* 51. — *Mant. Inf. tom.* 2. *pag.* 7. *n°.* 57. — *Entom. Syst. em. tom.* 3. *pars* 1. *p.* 23. *n°.* 66.

Papilio Dolicaon. Cram. *Pap.* 2. *pag.* 25. *pl.* 17. *fig.* C. D.

Herbst, *Pap. tab.* 42. *fig.* 3. 4.

Il est de moyenne taille. Le dessus des ailes est d'un jaune d'ocre pâle, avec une bordure noire, commune, coupée sur les inférieures par une rangée de points d'un blanc vif, très-élargie au sommet des supérieures, vis-à-vis duquel elle offre une bande jaune transverse, formée de quatre ou cinq taches ovales. Ces dernières ailes ont en outre une bande noire, partant du milieu de la côte dont la couleur est également noire. Les secondes ailes ont quelques dents fines & à peine saillantes, avec une queue noire, linéaire, ayant l'extrémité d'un jaune-foncé. Le dessous des ailes a de grands rapports avec le dessus, mais il est d'une teinte gris de perle; la bande jaune située en face du sommet des supérieures est plus longue & beaucoup plus large; la bordure des inférieures a, indépendamment de la rangée de points blancs, une rangée intérieure de taches jaunâtres, lunulées; les nervures de ces mêmes ailes sont noires, & l'on voit sur le milieu de la surface une raie également noire, droite, atteignant le bord interne & la bordure. Le corps est noir, avec des points blancs sur le devant du corselet & sur la poitrine, deux raies jaunes, longitudinales & parallèles sur les côtés de l'abdomen; les antennes sont noires, avec la massue jaunâtre.

Il se trouve dans l'Amérique méridionale.

47. Papillon Philénor.

Papilio Philenor.

Pap. alis dentatis, nigris: posticis caudatis, virescenti-nitidis: his subtùs maculis fulvis, albo notatis serieque digestis.

Papilio E. T. Philenor, *alis caudatis, nigris: posticis subtùs nitenti-cyaneis, ocellis septem concatenatis.* Linn. *Mant. p.* 535.

Papilio Philenor. Fab. *Syst. Entom. p.* 445. *n°.* 12.

n°. 12. — *Spec. Inf. tom.* 2. *p.* 4. *n°.* 15. — *Mant. Inf. tom.* 2. *p.* 2: *n°.* 15. — *Entom. Syft. em. tom.* 3. *pars* 1. *p.* 6. *n°.* 18.

Drury, *Inf.* 1. *tab.* 11. *fig.* 1-4.

Herbst, *Pap. tab.* 19. *fig.* 2. 3.

Smith-Abbot, *The Nat. Hift. of the rarer Lepidopt. Inf. of Georgia, vol.* 1. *p.* 5. *tab.* 3.

Papilio Aftinous. Cram. *Pap.* 18. *pag.* 26. *pl.* 208. *fig.* A. B.

C'eft un des petits de la troifième taille. Ses ailes font légèrement dentées, noires, avec les échancrures blanchâtres. Les ailes fupérieures font tantôt fans taches, tantôt coupées parallèlement au bord poftérieur par un rang de points blanchâtres, n'atteignant pas le fommet : leur deffous reffemble au deffus. Les fecondes ailes font glacées de vert, excepté près de la bafe, & leur extrémité offre une ligne arquée & tranfverfe de lunules blanches; ces ailes font terminées par une queue verte, linéaire, de médiocre longueur : leur deffous diffère du deffus en ce que le vert dont elles font glacées eft plus brillant & plus clair; en ce que les lunules blanches font remplacées par une fuite de fept taches fauves, rondes, environnées de noir-foncé, & bordées de blanc en dehors. Il eft des individus qui ont en outre une rangée courbe de points blancs au-deffus de ces taches fauves. Le corps eft noirâtre, avec une ligne longitudinale de points blanchâtres fur les côtés de la poitrine & du ventre.

La femelle a les ailes inférieures moins glacées de vert que le mâle.

La chenille, fuivant Abbot, eft d'un brun-rougeâtre, avec des points jaunes, tuberculeux, & une douzaine d'épines de la couleur du fond, favoir : fix placées deux à deux fur la partie poftérieure du dos & trois fur chaque côté de la poitrine; elle a en outre fur le col un tentacule rougeâtre, fourchu, rétractile & très-long. Elle vit fur la *ferpentaire noire* (*ariftolochia ferpentaria*).

La chryfalide eft rougeâtre, avec deux taches jaunâtres, l'une très-grande fur le milieu du ventre, l'autre moyenne fur la poitrine.

Il fe trouve dans l'Amérique feptentrionale & particulièrement dans la Virginie.

48. Papillon Polycaon.

Papilio Polycaon.

Pap. (mas) *alis fuprà atris, fasciâ flavâ, latâ : pofticis dentato-caudatis : his fubtùs extimo lunulis rufis, cyaneis flavefcentibufque ordinatìm digeftis.*

Papilio E. A. Polycaon, *alis dentato-caudatis, nigris, fafciâ flavâ : pofticis fubtùs lunulis fulvis, cœruleis flavifque.* Fab. *Spec. Inf. tom.* 2. *p.* 19. *n°.* 78. — *Mant. Inf. tom.* 2. *p.* 10. *n°.* 89. — *Entom. Syft. em. tom.* 3. *pars* 1. *p.* 33. *n°.* 96.

Papilio Polycaon. Cram. *Pap.* 17. *p.* 17. *pl.* 203. *fig.* A. B.

Klemann, *Inf.* 1. *tab.* 7. *fig.* 1. 2.

Seba, *Muf.* 4. *tab.* 39. *fig.* 2. 3.

Merian, *Surin. Inf. tab.* 31.

Herbst, *Pap. tab.* 41. *fig.* 1. 2.

Selon mademoifelle Merian, ce Papillon & celui que nous donnons plus bas fous le nom d'*Androgée* proviendroient d'une même chenille, blanche, tachetée de rouge-ponceau, & vivant fur la *Ketmie-rofe de la Chine*. Ils ne formeroient par conféquent qu'une même efpèce. Cramer prétend qu'ils en forment deux diftinctes, dans chacune defquelles le mâle reffemble à la femelle. Nous ne déciderons pas la queftion; nous nous bornerons fimplement à dire que plus de vingt *Polycaons*, que nous avons vus, ne nous ont offert que des mâles, & que, un nombre prefqu'égal d'*Androgées*, ne nous a préfenté au contraire que des femelles.

Il eft grand. Le deffus de fes ailes eft d'un noir-foncé, avec une bande d'un jaune d'ocre, tranfverfe, large, coupée par des nervures noires vers le fommet des fupérieures, arrondie en dehors fur les inférieures & atteignant prefque leur bafe. Ces dernières ailes ont des dents noires, alongées & étroites, dont une formant une queue linéaire; les échancrures du bord poftérieur font liferées de blanc plus ou moins jaunâtre, & le limbe offre un double rang de lunules compofées d'atômes d'un jaune obfcur; l'angle anal a en outre d'ordinaire un croiffant d'un rouge-fauve, que furmonte un groupe d'atômes bleuâtres. Le deffous des ailes fupérieures ne diffère du deffus que parce que la bafe eft rayée de jaune-pâle & parce que le bord de derrière eft en grande partie longé par une ligne de cette couleur. Le deffous des fecondes ailes eft d'un jaune-pâle, non-feulement à l'endroit de la bande tranfverfe, mais encore à la bafe, & le noir de l'extrémité eft entre-coupé par trois rangs de lunules, dont les antérieures rouffes, les intermédiaires bleuâtres & formées par des atômes, les poftérieures d'un jaune-pâle & plus grandes que toutes les autres; au croiffant de l'angle anal correfpond une lunule rouffe. Le corps eft jaune, avec le corfelet noir & ponctué de jaune. Beaucoup d'individus ont fur le dos une bande noire, longitudinale.

On le trouve communément à la Guyane & au Bréfil fur les *Malvacées*.

49. Papillon Androgée.

Papilio Androgeus.

Pap. (fem.) *alis fuprà æneo-nigris : pofticis dentato-caudatis : his fubtùs extimo lunulis rufis, cyaneis flavefcentibufque ordinatìm digeftis.*

Papilio Androgeus, *alis dentatis, nigro-æneis : posticis subtùs lunulis rubris, cyaneis flavisque.* Fab. *Gen. Inf. Mant. p.* 251. — *Spec. Inf. tom.* 2. *p.* 8. *n°.* 30. — *Entom. Syst. em. tom.* 3. *pars* 1. *p.* 15. *n°.* 43.

Cram. *Pap.* 2. *p.* 24. *pl.* 16. *fig.* C. D.

Cram. *Pap.* 30. *p.* 117. *pl.* 350. *fig.* A. B.

Herbst, *Pap. tab.* 11. *fig.* 2. 3. — *Tab.* 12. *fig.* 1.

Papilio Laodocus, *alis dentato-caudatis, nigris : anticis fasciâ abbreviatâ flavâ ; posticis subtùs lunulis rufis, cæruleis albisque.* Fab. *Ent. Syst. em. tom.* 3. *pars* 1. *p.* 8. *n°.* 23.

Papilio Glaucus. Fab. *Mant. Inf. tom.* 2. *p.* 3. *n°.* 18.

Papilio Laodocus. Jon. *Fig. pict.* 1. *tab.* 66.

Klemann, *Inf.* 1. *tab.* 8. *fig.* 1. 2.

Merian, *Surin. Inf. tab.* 31.

Seba, *Muf.* 4. *tab.* 38. *fig.* 13. 14.

Papilio Pyranthus. Cram. *Pap.* 17. *p.* 18. *pl.* 204. *fig.* A. B.

Papilio Peranthus. Herbst, *Pap. tab.* 12. *fig.* 2.

L'*Androgeus* & le *Laodocus* de Fabricius, ou l'*Androgeus* & le *Pyranthus* de Cramer appartiennent indubitablement à la même espèce ; c'est pourquoi nous les avons réunis sous le nom le plus anciennement usité.

Le dessus des ailes est d'un noir plus ou moins bronzé. Les supérieures sont tantôt sans taches, tantôt coupées obliquement dans leur milieu par une bande d'un jaune d'ocre, assez large ; leur bord postérieur est légèrement denté, liseré de blanc aux sinus, & longé quelquefois vers l'angle interne par une suite de croissans jaunâtres, qu'on retrouve constamment du côté opposé. Les secondes ailes ont sur le limbe postérieur une double rangée de lunules soit d'un vert-bleuâtre, soit d'un vert-jaunâtre, formées par des atômes, & précédées d'une espèce de bande également verte, transverse, plus ou moins large, composée elle-même d'atômes ; à l'angle anal est une lunule d'un fauve vif, surmontée d'un groupe d'atômes d'un blanc-bleuâtre. Ces ailes sont dentées absolument comme dans le *Polycaon*, & leur dessous, dont le fond est entièrement d'un noir-brun, offre à l'extrémité trois rangs de lunules conformes à celles qu'on voit dans ce même Papillon. Le dessous des ailes supérieures est aussi d'un noir-brun, avec une bande jaunâtre, transverse, peu distincte dans certains individus. Le corps est noir, avec des points blanchâtres sur le devant du corselet & une double ligne jaunâtre, longitudinale, sur chaque côté du ventre.

Même patrie & mêmes mœurs que le précédent.

50. Papillon Acamas.

Papilio Acamas.

Pap. alis dentato-caudatis, concoloribus, fuscis : anticis fasciâ flavâ ; posticis lunulis rubris, cæruleis flavisque. Fab.

Papilio Acamas. Fab. *Ent. Syst. em. tom.* 3. *pars* 1. *p.* 8. *n°.* 22.

Jon. *Fig. pict.* 1. *tab.* 72.

D'après Fabricius, ce Papillon a tout-à-fait le port & la taille de l'*Androgée*. Ses premières ailes sont d'un brun-noirâtre de part & d'autre, avec une bande & des points marginaux jaunes. Les secondes ailes, dont les deux surfaces se ressemblent, sont du même brun que les précédentes, mais leur extrémité est noire, avec des lunules rouges, bleues & jaunes, disposées sur trois rangs parallèles au bord postérieur, lequel a des dents alongées & étroites, dont une en forme de queue. Le corps est noirâtre en dessus, pâle en dessous.

Il se trouve à la Jamaïque.

51. Papillon Ephestion.

Papilio Ephestion.

Pap. alis subdentatis, fuscis, utrinquè cærulescenti-micantibus : inferis suprà fasciâ posticâ lineisque duabus marginalibus nigris : singulis subtùs basi apicemque versùs maculis fulvis nigro inductis.

Papilio Ephestion. Stoll, *Suppl. à* Cram. 4. *p.* 121. *pl.* 25. *fig.* 1.

Il est de moyenne taille. Ses quatre ailes sont légèrement dentées, d'un brun-noirâtre en dessus & glacées d'une teinte bleuâtre, mais beaucoup plus vive vers l'extrémité des inférieures. Celles-ci ont, parallèlement à leur bord de derrière, une bande noire, transverse, arquée, précédée en dehors d'une double ligne noire, en feston ; ce qui forme une double rangée de lunules bleuâtres, dont les intérieures un peu plus larges. Les premières ailes ont, en face du sommet, un espace brun sur lequel sont alignés transversalement trois ou quatre points fauves ; leur bord postérieur offre aussi deux rangées de lunules bleuâtres, mais celles de la rangée extérieure sont ardoisées ; les échancrures des quatre ailes sont en outre liserées de blanc de part & d'autre. Le dessous de ce Papillon est glacé d'une légère teinte bleue-violâtre, depuis l'origine des ailes jusqu'aux lunules marginales, lesquelles sont du même ton qu'en dessus, & de plus précédées intérieurement d'une rangée de taches fauves, arrondies, environnées de noir ; il y en a trois ou quatre semblables à la base de chaque aile, & l'espace brun du sommet des supérieures se reproduit ici, mais il est plus pâle. Le corps est noirâtre, avec quelques taches blanchâtres sur la poitrine.

Cette espèce se trouve sur la côte de Guinée. Nous l'avons décrite d'après un individu appartenant à M. Dufresne, qui a eu l'extrême complaisance non-seulement de nous confier tous les objets rares & uniques de sa riche & intéressante collection, mais encore de nous fournir des renseignemens très-précieux sur les *habitat*.

52. Papillon Demoleus.

Papilio Demoleus.

Pap. alis nigris, flavo maculatis : posticis dentatis, fasciâ flavâ, subrectâ : ocello anali dimidiatim cœruleo rufoque.

Papilio E. A. Demoleus, *alis dentatis, fuscis, maculis fasciâque maculosâ flavis : posticis ocellis binis.* Linn. *Syst. Nat.* 2. *pag.* 753. *n°.* 47. — *Mus. Lud. Ulr. p.* 214.

Papilio E. A. Demoleus, *alis dentatis, nigris, maculis fasciâque flavis : posticis ocello cœruleo rufoque.* Fab. *Syst. entom. pag.* 455. *n°.* 53. — *Spec. Insect. tom.* 2. *pag.* 21. *n°.* 87. — *Mant. Insect. tom.* 2. *pag.* 11. *n°.* 100. — *Entom. Syst. em. tom.* 3. *pars* 1. *p.* 34. *n°.* 101.

Papilio Demoleus. Cram. *Pap.* 20. *p.* 65. *pl.* 231. *fig.* A. B.

Herbst, *Pap. tab.* 36. *fig.* 3. 4.

Seba, *Mus.* 4. *tab.* 44. *fig.* 67.

Il est de moyenne taille, noir en dessus & finement saupoudré de jaunâtre. Les ailes supérieures ont sur le milieu un assez grand nombre de taches jaunes, éparses, irrégulières, inégales, & le long du bord de derrière une double rangée de points pareillement jaunes, dont les extérieurs plus petits & tout-à-fait en dehors; la base de ces ailes est en outre pointillée de jaune, surtout près de la côte. Les ailes inférieures sont traversées, entre leur origine & le milieu, par une bande jaune, presque droite, offrant sur son côté externe deux taches oculaires, dont l'antérieure légèrement roussâtre, entourée d'un iris bleu & placée contre le bord d'en haut; la postérieure ayant la moitié supérieure bleue, l'autre moitié rousse ou d'un rouge-brun, & occupant l'angle anal; le bord postérieur de ces ailes est denté d'une manière obtuse, & l'on y voit deux rangs de lunules jaunes, dont les extérieures moins grandes & disposées sur les échancrures. Le dessous des quatre ailes a tous les caractères du dessus, mais il est plus pâle & rayé de jaune à la base; les secondes ailes ont en outre, sur un fond plus noir que le reste de la surface, six taches un peu roussâtres & bordées de bleuâtre intérieurement : il y en a une semi-lunaire sur le côté externe de la bande transverse; les cinq autres sont alignées parallèlement au côté interne des lunules qui précèdent le bord postérieur. Le corps est noir en dessus, avec une ligne jaune, longitudinale, sur chaque côté de la tête & du corselet; jaunâtre en dessous, avec des raies noirâtres, longitudinales. Les antennes sont noires & tiquetées de roussâtre vers la massue.

Il se trouve au Cap de Bonne-Espérance.

53. Papillon Epius.

Papilio Epius.

Pap. alis nigris, flavo maculatis : posticis dentatis, fasciâ maculisque adjectis flavis : ocello anali rufo lunelæ cœruleæ submisso.

Papilio E. A. Epius, *alis dentatis, fuscis, flavo maculatis : posticis maculâ anguli ani rufâ.* Fab. *Entom. Syst. em. tom.* 3. *pars* 1. *pag.* 35. *n°.* 102.

Papilio Epius. Jon. *Fig. pict.* 1. *tab.* 61.

Papilio Erithonius. Cram. *Pap.* 20. *pag.* 67. *pl.* 232. *fig.* A. B.

Herbst, *Pap. tab.* 36. *fig.* 5. 6.

Klemann, *Inf.* 1. *tab.* 1. *fig.* 2. 3.

Seba, *Mus.* 4. *tab.* 37. *fig.* 17. 18.

Seba, *Mus.* 4. *tab.* 44. *fig.* 8. 9.

Il a de très-grands rapports avec le *Demoleus*, dont il n'est peut-être qu'une variété, produite par la différence de climat. Les caractères qui l'en distinguent consistent en ce que les secondes ailes ont la bande transverse plus large & accompagnée extérieurement de taches de sa couleur; en ce que l'œil de l'angle de l'anus est tout roux & surmonté seulement d'une lunule bleue, tantôt plus, tantôt moins prononcée; en ce que la base de ces mêmes ailes est plus fortement rayée de jaune en dessous; enfin, en ce que les six taches roussâtres que l'on voit de ce côté sont plus vives, plus grandes & bordées parfois de bleuâtre en dehors.

La chenille vit solitaire sur le *citronnier*. Elle est lisse, d'un vert-jaunâtre, avec la tête d'un rouge-briqueté, deux tentacules sur le col & deux cornes à l'extrémité.

Il est très-commun en Chine, au Coromandel & dans l'île de Java.

54. Papillon Pylade (1).

Papilio Pylades.

Pap. alis albis, limbo exteriori atro, albo maculato : posticis dentatis, puncto anali rufo : anticarum subtùs costâ baseos rubrâ.

(1) Cette espèce est le type du genre *Zelima* de Fabricius, genre fondé seulement sur la forme presqu'ovoïde du bouton des antennes. (Voyez *les Généralités historiques*.)

Papilio E. A. Pylades, *alis dentatis, niveis, limbo atro, albo punctato : ocello anguli ani rufo*. Fab. *Entom. Syst. em. tom.* 3. *pars* 1. *pag.* 34. *n°.* 100.

Il est de moyenne taille, d'un blanc satiné en dessus, avec la côte, l'extrémité des ailes supérieures & l'extrémité des inférieures largement bordées de noir-foncé & tachetées de blanc. Les ailes inférieures ont à l'angle anal un point roux, & au bord d'en bas des dents fines, plus ou moins aiguës, avec les échancrures blanches. Le dessous diffère du dessus en ce que le noir est en majeure partie remplacé par du jaunâtre; en ce que les ailes supérieures ont le plus souvent une bande d'un rouge-brun, s'étendant de la base au milieu de la côte, & les inférieures une raie jaunâtre, bordée de noir en dehors, & longeant le bord interne depuis son origine jusqu'à l'angle de l'anus. Le corps est blanc, avec une ligne noire le long du dos; la tête est noire, avec des points blancs.

Il se trouve en Afrique.

55. Papillon Hippocoon.

Papilio Hippocoon.

Pap. alis dentatis, nigris, albo maculatis disooque communi albo. Fab.

Papilio Hippocoon. Fab. *Entom. Syst. em. tom.* 3. *pars* 1. *p.* 38, *n°.* 112.

Jon. *Fig. pict.* 1. *tab.* 88.

Ce Papillon est du nombre de ceux que nous n'avons point vus. Il a la tête & le corselet noirs, avec des points blancs; l'abdomen blanc, avec deux rangées de points noirs. Les ailes supérieures sont noires, avec des taches blanches, dont une discoïdale, s'étendant jusqu'au bord interne : leur dessous ressemble au dessus, mais l'extrémité est brune. Le dessus des secondes ailes est d'un brun-noirâtre, avec le milieu blanc jusqu'au bord d'en haut, & trois points de cette couleur sur le bord de derrière. Ces ailes sont dentées, & leur dessous est brun à la base, avec une rangée transversale de points blancs.

Il se trouve à Sierra-Léone.

56. Papillon Léonidas.

Papilio Leonidas.

Pap. alis repandis, nigris, maculis permultis posticarumque disco glaucis : singulis subtùs basi rubescentibus.

Papilio E. A. Leonidas, *alis dentatis, subconcoloribus, nigris, viridi maculatis : posticis disco viridi*. Fab. *Entom. Syst. em. tom.* 3. *pars* 1. *p.* 35. *n°.* 103.

Papilio Leonidas. Jon. *Fig. pict.* 1. *tab.* 62.

Papilio similis. Cram. *Pap.* 1. *pag.* 14. *pl.* 9. *fig.* B. C.

Il est de la taille des précédens, & il a les ailes un peu sinuées, noires en dessus. Les premières sont parsemées de taches d'un vert-blanchâtre, les unes oblongues, les autres en forme de points. Les secondes ailes ont, parallèlement au bord d'en bas, deux rangées de points du même vert, & dont les extérieurs plus gros, plus nombreux; le milieu de ces ailes est aussi d'un vert-blanchâtre, coupé par des nervures noires, très-fines, & le bord interne est garni de poils soyeux roussâtres. Le dessous des quatre ailes offre le même dessin que le dessus, mais il est plus pâle & rougeâtre à la base. Le corps est noir, avec des lignes latérales grisâtres sur l'abdomen, des points blancs sur le devant du corselet & sur la poitrine. On voit aussi des points semblables, très-petits, aux sinus du bord postérieur des secondes ailes.

Il se trouve en Chine suivant Cramer; en Afrique suivant Fabricius.

57. Papillon Latreille.

Papilio Latreillianus.

Pap. alis repandis, suprà nitenti-fuscis, fasciâ interruptâ maculisque virescenti-flavis : posticis infrà fasciis duabus rubescentibus nigro punctatis, alterâ basilari, alterâ discoidali; hâc pallidiore arcubusque niveis distinctâ.

Cette belle espèce étant encore inédite, nous nous empressons de la dédier à M. Latreille, moins pour lui rendre l'hommage qu'il mérite, que pour avoir l'occasion de le remercier ici publiquement de nous avoir si obligeamment dirigé dans notre travail, & surtout de nous avoir témoigné tant d'intérêt dans des circonstances bien difficiles.

Elle est de moyenne taille. Le dessus des ailes est d'un brun-noirâtre luisant & traversé, vers le milieu, par une bande d'un jaune-verdâtre, maculaire sur les supérieures, un peu échancrée en dehors sur les inférieures; parallèlement au bord de derrière, qui est légèrement sinué, il y a une seconde bande du même jaune, mais formée par des taches linéaires & moins large que la précédente, surtout aux ailes supérieures où elle est parfois peu prononcée. Ces dernières ont en outre, près du milieu de la côte, une tache de la même couleur que les bandes, assez large & coupée inégalement par les nervures. Les ailes inférieures ont le pli du bord interne garni de poils blanchâtres, soyeux. Le dessous des quatre ailes est d'un brun plus clair que le dessus, & les parties jaunes y sont extrêmement pâles; à la base des supérieures est une tache rougeâtre d'où partent quatre ou cinq veines plus colorées que le fond & divergentes; sur les ailes inférieures sont deux bandes rougeâtres, ponctuées de noir & disposées transversalement; l'une occupe la base, l'autre le milieu; celle-ci est d'une teinte plus foible & l'on y voit quatre ou cinq arcs ou chevrons d'un beau blanc, petits, placés sur une ligne transverse près du bord interne, dont la partie supérieure est ici garnie de poils roussâtres. Le corps est noirâtre, avec la bouche jaune, des points grisâtres sur les côtés du corselet & de l'abdomen; les antennes sont noires.

De l'Afrique.

58. Papillon Nausinoüs.

Papilio Nausinous.

Pap. alis suprà fuscis, fasciâ interruptâ maculisque viridi-flavis : posticis dentatis : his infrà fasciis duabus subviolaceis nigro punctatis, alterâ basilari, alterâ discoidali; hâc arcubus albidis notatâ.

Il se rapproche beaucoup du précédent; néanmoins il s'en distingue par un assez grand nombre de caractères. Le dessus de ses ailes est d'un brun plus noir & presque sans éclat; les parties jaunes sont toutes d'un ton plus verdâtre; la bande transverse du milieu est plus large près du bord interne des ailes supérieures, & plus échancrée en dehors sur les inférieures; la bande marginale des premières est entièrement formée par des points; la bande correspondante des secondes se compose de taches oblongues, dont les deux intérieures plus grandes & bifides à leur extrémité inférieure; les ailes de devant sont assez fortement sinuées, & l'espace compris entre leur bord d'en haut & la bande du milieu offre trois taches jaunes, dont l'intermédiaire non divisée; les ailes de derrière ont des dents obtuses, arrondies & inégales. Les taches jaunes du dessous de ce Papillon sont, à peu de chose près, aussi prononcées qu'en dessus; la base des ailes supérieures n'a point de tache rougeâtre, & l'on y voit seulement des veines plus colorées que le fond; la bande transverse de la base & celle du milieu des ailes inférieures sont légèrement violettes, & les petits arcs ou chevrons qui distinguent la dernière sont d'un blanc beaucoup moins vif; les poils de la partie antérieure du bord interne de ces ailes sont verdâtres; enfin, la bouche est d'un incarnat mat.

Il se trouve aussi en Afrique.

59. Papillon Tyndare.

Papilio Tyndaræus (1).

Pap. alis dentatis, nigris, viridi maculatis : posticis subtùs fusco, viridi rubroque variis, basi nigro punctatis. Fab.

Papilio Tydaræus. Fab. *Ent. Syst. em. tom.* 3. *pars* 1. *p.* 35. *n°.* 104.

Papilio Tyndaræus. Jon. *Fig. pict.* 1. *tab.* 57.

Fabricius le décrit ainsi : il a le corps de moyenne grandeur, noir, avec des raies cendrées sur le corselet, & le dessous de l'abdomen vert. Le dessus des quatre ailes est noir, avec des taches & un grand nombre de points verts. Le dessous des ailes supérieures est d'un brun-obscur avec des taches vertes, plus des taches marginales rousses. Le dessous des ailes inférieures est d'un brun-obscur à la base, avec des points noirs; vient ensuite une bande verte, large, suivie en dehors de deux taches rousses, marquées de noir vers le bord interne; l'extrémité offre, sur un fond noirâtre, une bande verte, maculaire, accompagnée de quelques points rouges.

Il habite. . . . .

60. Papillon Antée.

Papilio Antæus.

Pap. alis dentatis, nigris, viridi fasciatis maculatisque : posticis subtùs variegatis, lunulis tribus rufis. Fab.

Papilio Antæus. Fab. *Entom. Syst. em. tom.* 3. *p.* 56. *n°.* 105.

Jon. *Fig. pict.* 1. *tab.* 56.

Nous ne connoissons point cette espèce. Voici la description qu'en donne Fabricius : elle a tout-à-fait le port de l'*Agapénor*, mais elle est sans queue. Le dessus de ses quatre ailes est noir, avec des bandes formées par des taches & des points verts. Les secondes ailes sont dentées & ont l'angle de l'anus roux. Le dessous des quatre ailes est brun sur le limbe, avec des bandes pâles & une raie transverse & postérieure de points blancs, marqués de noir. Le disque de chaque aile est blanchâtre, & celui des inférieures offre deux lunules très-noires, dont une moitié plus petite; l'angle anal en a aussi une de cette couleur; on voit en outre sur ces ailes trois lunules rousses, à en juger du moins par la phrase spécifique de l'auteur.

Il se trouve. . . . .

61. Papillon Eurypile.

Papilio Eurypilus.

Pap. alis nigris, fasciâ interruptâ maculisque suprà virescentibus, infrà subargenteis : posticis dentatis : his subtùs lineâ maculisque chermesinis.

Papilio E. A. Eurypilus, *alis dentatis, nigris, concoloribus, fasciâ interruptâ viridi : posticis subtùs rubro maculatis.* Linn. *Syst. Nat.* 2. *pag.* 754. *n°.* 49. — *Mus. Lud. Ulr. p.* 216.

Papilio Eurypilus. Fab. *Spec. Insect. tom.* 2. *pag.* 26. *n°.* 106. — *Mant. Insect. tom.* 2. *p.* 13. *n°.* 124. — *Entom. Syst. em. tom.* 3. *pars* 1. *pag.* 20. *n°.* 61.

Clerk, *Icon. tab.* 28. *fig.* 2.

Seba, *Mus.* 4. *tab.* 26. *fig.* 17-20.

Cram. *Pap.* 11. *pl.* 122. *fig.* C, D.

Herbst, *Pap. tab.* 37. *fig.* 5. 6.

(1) *Tyndaræus* est plus usité en poésie que *Tyndarus.*

Il est de moyenne taille. Le dessus des ailes est noir & traversé, vers le milieu, par une bande d'un vert-pâle, assez large, rétrécie à ses extrémités & de plus divisée en taches inégales sur les ailes supérieures. Ces ailes ont la côte tachetée de vert-pâle, & l'on voit un rang de points de cette couleur sur le bord de derrière & sur le bord correspondant des secondes ailes. Ces dernières sont dentées d'une manière obtuse & liserées de blanc aux échancrures; le pli de leur bord interne est garni d'un duvet partie blanchâtre, partie roussâtre. Le dessous des quatre ailes offre le même dessin que le dessus, mais il est beaucoup plus pâle; la bande transverse & les taches ont la couleur & le reflet de la nacre de perle; les secondes ailes ont en outre, sur un fond très-noir, quatre taches d'un rouge-carmin, lunulées, dont une près de l'origine du bord d'en haut, les trois autres alignées transversalement vers l'angle de l'anus, entre la bande & les points marginaux; indépendamment de ces caractères, il y a le long du bord interne une ligne du même rouge. Le corps est noirâtre en dessus, blanchâtre en dessous ainsi que sur les côtés de l'abdomen.

Il habite les îles de Java & d'Amboine.

62. Papillon Sarpédon.

Papilio Sarpedon.

Pap. alis nigris, fasciâ communi viridi: posticis dentatis; his subtùs lineâ baseos arcubusque mediis chermesinis.

Papilio E. T. Sarpedon, *alis dentatis, nigricantibus, fasciâ viridi: posticis subtùs lineâ baseos maculisque quinque rubris.* Linn. *Syst. Nat.* 2. *p.* 747. *n°.* 15. — *Mus. Lud. Ulr. p.* 196.

Papilio Sarpedon. Fab. *Syst. Entom. p.* 447. *n°.* 21. — *Spec. Insect. tom.* 2. *p.* 8. *n°.* 28. — *Mant. Insect.* 2. *p.* 4. *n°.* 30. — *Entom. Syst. em. tom.* 3. *pars* 1. *p.* 14. *n°.* 41.

Cram. *Pap.* 11. *p.* 39. *pl.* 122. *fig.* D. E.

Herbst, *Pap. tab.* 10. *fig.* 4. 5.

Roes. *Insect.* 4. *tab.* 6. *fig.* 1.

Seba, *Mus.* 4. *tab.* 37. *fig.* 3. 4. 15. 16.

Il est de la taille du précédent. Le dessus des ailes est noir, avec une bande d'un vert-céladon, transverse, assez large, mais rétrécie à ses extrémités & de plus divisée en taches arrondies vis-à-vis du sommet des premières ailes. Les secondes ailes ont le bord postérieur denté d'une manière obtuse, & précédé d'un rang de quatre ou cinq lunules du même vert que la bande transverse; le pli de leur bord interne est garni d'un duvet blanchâtre, cotonneux. Le dessous des quatre ailes diffère du dessus en ce qu'il est plus pâle, & en ce que les inférieures ont, sur un fond très-noir, six taches d'un rouge-carmin; dont une linéaire & transversale à la base, les cinq autres en forme de croissans & rangées parallèlement au côté extérieur de la bande du milieu. Le corps est noir en dessus, cendré en dessous; les antennes sont entièrement noires.

Il se trouve en Chine, dans les îles de Java & d'Amboine.

63. Papillon Agamemnon.

Papilio Agamemnon.

Pap. alis suprà nigris, luteo-viridi maculatis: posticis breviter caudatis: his subtùs ad basin ocello lunato, integro.

Papilio E. A. Agamemnon, *alis caudatis, nigris, viridi maculatis: posticis subtùs ocello lunato maculisque rubris.* Linn. *Syst. Nat.* 2. *p.* 748. *n°.* 22. — *Mus. Lud. Ulr. p.* 202.

Papilio E. A. Agamemnon, *alis caudatis, nigris, viridi maculatis: posticis subtùs lunulis tribus rufis.* Fab. *Syst. Entom. p.* 455. *n°.* 51. — *Spec. Insect. tom.* 2. *p.* 20. *n°.* 81. — *Mant. Ins. tom.* 2. *pag.* 10. *n°* 92. — *Ent. Syst. em. tom.* 3. *pars* 1. *p.* 33. *n°.* 98.

Papilio Ægistus. Cram. *Pap.* 9. *p.* 15. *pl.* 106. *fig.* C. D.

Papilio Agamemnon. Herbst, *Pap. tab.* 48. *fig.* 1. 2.

Il est de moyenne taille, & il a le dessus des ailes noir, avec un grand nombre de taches d'un vert-jaunâtre, ovales ou en forme de points, à l'exception des antérieures qui sont linéaires & disposées dans le sens du corps; les autres taches forment à peu près des rangées transversales. Les premières ailes ont le bord postérieur sinué; les secondes l'ont denté d'une manière obtuse, & terminé par une queue très-courte, obtuse, rétrécie à son extrémité & liserée de blanc ainsi que les échancrures. Le dessous des quatre ailes diffère du dessus, 1°. en ce que le fond & la majeure partie des taches vertes sont beaucoup plus pâles; 2°. en ce que l'origine de la côte, le milieu, le sommet des ailes supérieures & la base des inférieures sont glacés d'une teinte rose, tirant sur le violet; 3°. en ce que ces dernières ont près du bord d'en haut, sur la partie rose, une tache semi-ocellée, entière, ayant la prunelle très-noire & l'iris d'un rouge-carmin; 4°. en ce qu'au-dessous de cette même tache il y en a une à peu près semblable, précédée en dehors d'un point d'un vert-blanchâtre.

Dans la femelle, il y a de plus, sur la surface inférieure des secondes ailes, deux taches rouges, placées contre le bord interne, l'une au niveau de l'anus, l'autre vers l'angle de ce nom. Le corps est noir en dessus, avec les côtés verdâtres; grisâtre en dessous, avec les pattes blanches.

Il habite la Chine, le Bengale, les îles de Java & d'Amboine.

64. Papillon Égifte.

Papilio Ægiſtus.

Pap. alis dentatis, ſuprà nigris, maculis anticarumque faſciâ maculari vireſcentibus: poſticis ſubtùs ad baſin ocello lunato, bipartito.

Papilio E. T. Ægiſtus, *alis dentatis, fuſcis, vireſcenti-maculatis: ſubtùs ſubincarnatis, maculis vireſcentibus rarioribus.* Linn. *Syſt. Nat.* 2. *p.* 754. *n°.* 48. — *Amœn. Academ. tom.* 6. *p.* 401. *n°.* 49.

Pipilio Ægiſtus (bis). Cram. *Pap.* 21. *p.* 81. *pl.* 241. *fig.* C. D.

Herbst, *Pap. tab.* 36. *fig.* 1. 2.

Il a de très-grands rapports avec le précédent; peut-être même n'en eſt-il qu'une variété. Voici les caractères qui l'en diſtinguent: il n'a point de queue; les taches du deſſus de ſes ailes ſont ordinairement plus pâles; celles du milieu des ailes ſupérieures ſont plus grandes vers le bord interne & y forment une bande preſque continue; la teinte roſe du deſſous eſt plus foible & tire moins ſur le violet; la tache ſemi-ocellée du bord antérieur des ſecondes ailes eſt diviſée en deux; celle qui vient enſuite eſt plus largement bordée de rouge; enfin les échancrures de ces mêmes ailes ſont de part & d'autre de la couleur du fond.

Il ſe trouve dans les îles de Java & d'Amboine.

65. Papillon Macleay.

Papilio Macleayanus.

Pap. alis glaucis, extimo latè nigro alboque punctato: anticis maculis tribus viridibus; poſticis breviter caudatis: his ſubtùs coſtâ baſeos ſanguineâ.

Papilio Macleayanus. Leach, *The Zoologic. Miſcell. pl.* 5.

Ce Papillon a été dédié par M. le docteur William Leach à M. Alexandre Macleay, ſecrétaire de la Société Linnéenne de Londres, entomologiſte très-célèbre, & poſſeſſeur d'une des plus riches collections que l'on connoiſſe.

Il eſt de quatrième taille. Le deſſus de ſes ailes eſt d'un vert-blanchâtre depuis la baſe juſqu'au milieu, enſuite d'un noir-brun, avec une rangée de points blancs le long du limbe poſtérieur; entre ces points & la limite des deux couleurs les premières ailes ont en outre trois taches vertes, inégales, dont deux alignées tranſverſalement près de la côte, la troiſième placée plus bas & diviſée en deux par une nervure noire. Ces mêmes ailes ſont ſinuées. Les inférieures ſont dentées d'une manière inégale, liſerées de blanchâtre aux échancrures & terminées par une queue noire, courte & obtuſe. Le deſſous des quatre ailes diffère du deſſus en ce que la rangée de points du limbe poſtérieur eſt remplacée par une bande d'un gris de perle; en ce que le vert des ſecondes ailes eſt moins blanchâtre, & en ce que leur bord antérieur eſt liſeré de rouge-vermillon à ſon origine & vers le ſommet; le bord interne de ces mêmes ailes eſt garni de poils, verdâtres en deſſus, d'un gris-rouſſâtre en deſſous.

Il eſt de la Nouvelle-Hollande.

66. Papillon Phorbanta (1).

Papilio Phorbanta.

Pap. alis dentatis, atris, cœruleo ſeu viridi maculatis: poſticis breviter caudatis: his ſubtùs faſciâ albidâ, marginali, nervis diviſâ.

Papilio E. T. Phorbanta, *alis caudatis, nigris, cœruleo maculatis: poſticarum faſciâ interruptâ, ſubtùs albâ.* Linn. *Mant. p.* 535. (Le mâle.)

Papilio Phorbanta. Fab. *Syſt. Entom. p.* 445. *n°.* 11. — *Spec. Inſect. tom.* 2. *p.* 4. *n°.* 14. — *Mant. Inſ. tom.* 2. *p.* 2. *n°.* 14. — *Entom. Syſt. em. tom.* 3. *pars* 1. *p.* 6. *n°.* 17. (Le mâle.)

Herbst, *Pap. tab.* 12. *fig.* 3.

Le Chapelet bleu de Cayenne. Daubent. *Pl. enlum.* 43. *fig.* 1. 2.

Papilio E. T. Manlius, *alis dentatis, caudatis, atris, viridi maculatis: poſticis ſubtùs ſtrigâ macularum albarum.* Fab. *Suppl. Entom. Syſt. em. tom.* 5. *p.* 422. *n°.* 30. (Le mâle.)

Papilio E. T. Gracchus, *alis dentato-caudatis, atris, viridi maculatis: poſticis ſubtùs faſciâ ſeſqui alterâ glaucâ.* Fab. *Suppl. Ent. Syſt. em. tom.* 5. *p.* 422. (La femelle.)

Linnæus n'a connu, à ce qu'il paroît, que le mâle de ce Papillon. Fabricius en a connu les deux ſexes; mais, trompé ſans doute par une fauſſe indication d'*habitat*, il a fait deux eſpèces du mâle; &, comme la femelle éprouve quelques modifications dans la couleur, la forme & le nombre des taches, il l'a regardée comme formant encore une eſpèce à part.

C'eſt un des grands de la troiſième taille. Ses quatre ailes ſont dentées, d'un noir-foncé en deſſus, avec les échancrures d'un blanc-jaunâtre. Le mâle a, vers le milieu des premières ailes & non loin de la côte, une tache d'un bleu-cendré, grande, diſpoſée tranſverſalement, coupée par les nervures; au ſommet de ces ailes ſont deux

(1) Nous avons conſervé le nom primitif que Linnæus a donné à cette eſpèce; mais il nous ſemble qu'il auroit dû l'appeler Phorbas, car Phorbanta eſt l'accuſatif grec de *phorbas, antis.*

taches du même bleu, petites, lunulées, placées l'une au-dessus de l'autre. Les secondes ailes ont une des dents de leur bord postérieur un peu prolongée en queue; leur milieu offre une tache d'un bleu-cendré, coupée par les nervures, sinuée, atteignant presque le bord d'en haut; parallèlement à leur bord de derrière est une rangée de points de cette nuance, & dont les inférieurs groupés deux à deux. Le dessous des quatre ailes est d'un brun-noirâtre, ordinairement sans taches aux supérieures, avec une douzaine de points d'un blanc-jaunâtre luisant aux inférieures; ces points composent par leur réunion une rangée marginale, correspondante à celle du dessus; il y a en outre une lunule blanchâtre sur le bord interne, près de l'angle de l'anus.

La femelle se distingue du mâle en ce que toutes les taches du dessus de ses quatre ailes sont d'un vert-de-gris luisant; en ce que celles du sommet des ailes supérieures sont suivies de trois points de leur couleur, & que celles du limbe des secondes ailes sont lunulées ou flexueuses. Les différences du dessous consistent en ce que chaque aile a le long du bord postérieur une bande d'un gris de perle, peu prononcée; en ce qu'il y en a une semblable, mais plus courte, sur le milieu des inférieures. Le corps est noir dans les deux sexes, avec des points d'un blanc-jaunâtre sur la tête & sur le devant du corselet; les antennes sont entièrement noires.

On le trouve à l'Ile-de-France, & non à Cayenne, comme l'indique la planche ci-dessus mentionnée de Daubenton neveu.

67. Papillon Nirée.

Papilio Nireus.

Pap. alis dentatis, nigris, fasciâ communi maculisque viridibus: posticis breviter caudatis: his subtùs fasciâ subargenteâ, marginali, nervis divisâ.

Papilio E. A. Nireus, *alis subcaudatis, nigris, fasciâ inaurato-viridi: subtùs nigricantibus.* Linn. *Syst. Nat.* 2. *pag.* 750, *n*°. 28. — *Mus. Lud. Ulr. p.* 217.

Papilio Nireus. Fab. *Syst. Entom. pag.* 457. *n*°. 58. — *Spec. Insect. tom.* 2. *p.* 23. *n*°. 93. — *Mant. Insect. tom.* 2. *p.* 12. *n*°. 109. — *Entom. Syst. em. tom.* 3. *pars* 1. *p.* 36. *n*°. 106.

Clerk, *Icon. tab.* 30. *fig.* 1.

Drury, *Inf.* 2. *pl.* 4. *fig.* 1. 2.

Seba, *Mus.* 4. *tab.* 6. *fig.* 21. 22.

Seba, *Mus.* 4. *tab.* 9. *fig.* 21. 22.

Cram. *Pap.* 16. *p.* 137. *pl.* 187. *fig.* A, B.

Cram. *Pap. pl.* 378. *fig.* F. G.

Herbst, *Pap. tab.* 37. *fig.* 1. 2.

Il diffère du précédent en ce qu'il est d'un noir moins foncé en dessus; en ce que la tache du milieu de chaque aile est remplacée par une bande transverse d'un vert-doré dans le mâle, d'un vert-de-gris luisant dans la femelle; enfin, en ce que les bandes marginales du dessous des deux sexes sont d'un blanc un peu argenté. La dent caudale des ailes inférieures est en outre plus large & plus obtuse que dans le *Phorbanta.*

Cramer a pris le mâle pour la femelle, & réciproquement.

On le trouve sur la côte de Guinée. Linnæus & Fabricius le disent des Indes orientales.

68. Papillon Codrus.

Papilio Codrus.

Pap. alis suprà atris, ad marginem internum glaucis; subtùs fuscis: anticis utrinquè fasciâ maculari albidâ; posticis caudatis.

Papilio E. A. Codrus, *alis caudatis, suprà atris, subtùs fuscis: anticis utrinquè fasciâ maculari albâ.* Fab. *Spec. Inf. tom.* 2. *p.* 18. *n*°. 69. — *Mant. Inf. tom.* 2. *p.* 9. *n*°. 79. — *Entom. Syst. em. tom.* 3. *pars* 1. *p.* 31. *n*°. 89.

Papilio Codrus. Cram. *Pap.* 15. *pl.* 179. *fig.* A. B.

Herbst, *Pap. tab.* 46. *fig.* 3. 4.

Il est grand. Le dessus des ailes est d'un-noir-foncé vers l'extrémité, d'un vert-blanchâtre & parsemé d'atômes ferrugineux vers le bord interne. Les premières ailes, dont le bord postérieur est un peu sinué, sont traversées de part & d'autre dans leur milieu par une bande blanchâtre, formée de huit ou neuf taches orbiculaires, dont la grandeur va toujours en diminuant jusqu'au sommet. Les secondes ailes ont des dents arrondies, avec une queue obtuse, de moyenne longueur, rétrécie vers le bout, finement liserée de blanc ainsi que les échancrures. Le dessous des quatre ailes est d'un brun-noirâtre, avec quelques atômes blancs près de l'angle anal & du milieu de la côte des inférieures; les supérieures ont la bande maculaire dont nous avons parlé. Le corps est d'un vert-blanchâtre en dessus, d'un brun-noirâtre en dessous.

Il se trouve dans l'île d'Amboine.

69. Papillon ? Oreste.

Papilio Orestes.

Pap. alis subcaudatis, suprà albis, subtùs flavescentibus: omnibus disco niveo, fasciis duabus. Fab.

Papilio Orestes. Fab. *Entom. Syst. em. tom.* 3. *pars* 1. *p.* 34. *n*°. 99.

Nous ignorons si cette espèce fait réellement partie du genre Papillon, ou, ce qui revient au au même, si elle appartient à la division des *Chevaliers*. Nous traduisons de notre mieux la description vague que Fabricius en a donnée.

Elle est de moyenne taille. Ses quatre ailes sont blanches en dessus, avec le limbe & deux bandes noires; le bord antérieur à six bandes blanches, & les secondes ailes, dont l'extrémité est un peu en queue, ont une rangée de points noirs. Le dessous de chaque aile ressemble au dessus, mais le fond est d'un jaune-pâle, & le noir n'y est presque point sensible.

Elle se trouve en Afrique.

70. Papillon Pompilius.

Papilio Pompilius.

Pap. alis albis, fasciis nigris: anticis utrinquè, posticis infrà, basi virescentibus: his caudatis, subtùs maculis rufescentibus nigrisque ordine digestis.

Papilio E. A., *alis caudatis, albis, limbo nigro, albo fasciato: posticis subtùs maculis ferrugineis, nigro notatis.* Fab. *Mant. Inf. tom.* 2. *p.* 8. *n°.* 66. — *Entom. Syst. em. tom.* 3. *pars* 1. *p.* 25. *n°.* 74.

Papilio Antiphates. Cram. *Pap.* 6. *p.* 113. *pl.* 72. *fig.* A. B.

Herbst, *Pap. tab.* 43. *fig.* 1. 2.

Jon. *Fig. pict.* 1. *tab.* 84.

Ce Papillon, que Fabricius a décrit sous le nom de *Pompilius*, est, à n'en point douter, le même que celui que Cramer & Herbst ont figuré sous le nom d'*Antiphates*.

Il est de moyenne taille. Le dessus de ses ailes est blanc, avec une teinte verdâtre, très-légère, mais sensiblement renforcée à la base & au sommet des supérieures. Ces ailes ont, le long de la côte, sept bandes noires, transverses, dont les trois antérieures presqu'égales, les deux suivantes courtes, les deux postérieures plus longues, plus larges que toutes les autres, terminées en pointe & se réunissant près de l'angle interne. Les secondes ailes ont le bord d'en bas entre-coupé par des lunules noires, placées pour la plupart sur un fond cendré; il y a en outre une tache noire au-dessus de l'angle anal. Ces ailes ont des dents plus ou moins saillantes, avec une queue noire, très-longue, un peu renflée dans son milieu, bordée de jaunâtre en dehors, blanche à son extrémité. Le dessous des premières ailes se distingue du dessus en ce que les bandes transverses sont généralement plus pâles, & en ce que les deux extérieures ne se réunissent pas comme du côté opposé. Le dessous des secondes ailes a la moitié antérieure verdâtre, avec deux lignes noires, transverses, partant du bord d'en haut & formant le prolongement des deux bandes de la base des ailes précédentes; la plus intérieure de ces lignes se courbe au niveau de l'anus & remonte ensuite jusqu'à la naissance du bord interne; la dernière moitié de ces mêmes ailes est blanche, avec une bande roussâtre, transverse, arquée, maculaire, bordée sur chaque côté par un rang de points noirs; les lunules marginales & la queue sont ici de la même couleur qu'en dessus, mais le fond qui environne les premières n'est pas cendré. Le corps est blanchâtre, avec les épaules fauves, une raie noire le long du dos & des points noirâtres sur les côtés de l'abdomen.

Il se trouve en Chine & dans l'île de Java.

71. Papillon Antiphate.

Papilio Antiphates.

Pap. alis caudatis, albis, margine fusco, albo fasciato: posticis subtùs basi flavescentibus, nigro fasciatis. Fab.

Papilio Antiphates. Fab. *Entom. Syst. em. tom.* 3. *pars* 1. *p.* 24. *n°.* 72.

Nous n'avons point vu ce Papillon que Fabricius dit se trouver en Amérique.

Suivant la description de cet auteur, il ne doit différer du précédent que parce que le dessous des secondes ailes a la partie postérieure entièrement blanchâtre, avec quelques points noirs seulement. Ne seroit-ce pas une variété du *Pompilius* qu'on auroit prise pour une espèce d'Amérique?

72. Papillon Alcibiade.

Papilio Alcibiades.

Pap. alis caudatis, albis: anticis margine nigro fasciato; posticis subtùs apice ferrugineis, nigro punctatis. Fab.

Papilio Alcibiades. Fab. *Mant. Inf. tom.* 2. *p.* 8. *n°.* 65. — *Entom. Syst. em. tom.* 3. *pars* 1. *p.* 25. *n°.* 73.

Nous ne connoissons point ce Papillon. Suivant Fabricius il ressemble au *Podalire*, mais il est plus petit. Ses antennes sont noires; sa tête est fauve, avec une raie d'un noir-foncé sur le milieu; le corselet est d'un cendré-velouté, avec deux taches fauves à la partie antérieure; l'abdomen est blanchâtre, avec une rangée de taches très-noires sur chacun des côtés. Les premières ailes sont blanches, avec la base un peu verdâtre, & des bandes noires sur le bord postérieur. Les secondes ailes sont également blanches, avec une tache d'un noir-foncé à l'angle de l'anus, & une rangée de lunules de cette couleur le long du bord de derrière; ces ailes ont une queue noire, très-longue, avec le bout blanc. Le dessous des ailes supérieures ressemble au dessus; le dessous des inférieures est verdâtre à la base, avec des raies noires, transverses; fauve à l'extrémité, avec des points de la couleur de ces raies.

Il nous paroît bien voisin du *Pompilius*. N'en seroit-il point par hasard une variété, dont les ailes supérieures auroient moins de bandes noires,

& dont le fauve du dessous des inférieures seroit plus intense & s'étendroit jusqu'au bord ?

Il se trouve à Tranquebar.

73. Papillon Protésilas.

Papilio Protesilaus.

Pap. alis subhyalino-albis, basi virescentibus, fasciis nigris : posticis caudatis, maculâ anali sanguineâ : harum subtùs unâ è fasciis chermesino marginatâ.

Papilio E. A. Protesilaus, *alis caudatis, subconcoloribus, albidis, fasciis fuscis : unicâ subtùs sanguineâ : angulo ani rubro.* Linn. *Syst. Nat.* 2. *p.* 752. *n°.* 39. — *Mus. Lud. Ulr. p.* 209.

Fab. *Syst. Entom. p.* 450. *n°.* 36. — *Spec. Ins. tom.* 2. *p.* 14. *n°.* 56. — *Mant. Ins. tom.* 2. *p.* 7. *n°.* 62. — *Entom. Syst. em. tom.* 3. *pars* 1. *p.* 23. *n°.* 69.

Clerk, *Icon. tab.* 27. *fig.* 2.

Cram. *Pap.* 17. *p.* 16. *pl.* 202. *fig.* A. B.

Sulzer, *Inf. edit.* Rœm. *tab.* 14. *fig.* 5.

Sloan. *Jam.* 2. *p.* 218. *tab.* 239. *fig.* 17. 18.

Seba, *Mus.* 4. *tab.* 36. *fig.* 11. 12.

Merian, *Surin. pl.* 43.

Herbst, *Pap. tab.* 43. *fig.* 3. 4.

Le Flambé du Pérou. Daubenton, *Pl. enlum.* 44. *fig.* 1.

Il est de troisième taille, mais néanmoins plus grand que la majeure partie de ceux de cette division. Le dessus des ailes est d'un blanc-pâle, un peu transparent, avec une teinte verdâtre à la base des supérieures. Celles-ci ont sept bandes noires, étroites, partant de la côte & se dirigeant vers le bord interne ; les cinq bandes intérieures sont beaucoup plus courtes & presque parallèles ; la suivante descend jusqu'à l'angle interne, où elle se réunit à la septième qui est tout-à-fait marginale. Les secondes ailes ont l'extrémité noire & divisée par des lunules blanches, disposées sur deux rangs, excepté près du sommet ; l'angle anal offre une tache d'un rouge-carmin ou vermillon, bilobée. Ces ailes ont des dents inégales, aiguës, avec une queue noire, linéaire, extrêmement longue, bordée de blanc ainsi que les échancrures, précédée à son origine de trois croissans d'atômes bleuâtres. Le dessous des quatre ailes ressemble au dessus, mais les deux bandes antérieures des premières ailes se prolongent jusqu'à l'angle anal des secondes où elles se réunissent, & l'extérieure est en outre bordée de rouge-carmin sur l'un de ses côtés. Le corps est blanchâtre, avec le dos, les parties latérales de la poitrine & du ventre noirs ; les antennes sont brunâtres.

Dans certains individus, les trois lunules supérieures, placées en face de la queue, sont jaunâtres de part & d'autre.

La chenille est noire & épineuse.

Il se trouve depuis le Brésil jusqu'à la Caroline inclusivement.

74. Papillon Podalire.

Papilio Podalirius.

Pap. alis flavescentibus, fasciis nigris : posticis caudatis, apice nigro lunulis marginalibus cœruleis : his subtùs strigâ rufescente.

Papilio E. A. Podalirius, *alis caudatis, subconcoloribus, flavescentibus, fasciis nigricantibus geminatis : posticis subtùs lineâ sanguineâ.* Linn. *Syst. Nat.* 2. *p.* 751. *n°.* 36. — *Mus. Lud. Ulr. p.* 208. *n°.* 27.

Papilio Podalirius. Fab. *Syst. entom. p.* 451. *n°.* 38. — *Spec. Insect. tom.* 2. *p.* 15. *n°.* 58. — *Mant. Insect. tom.* 2. *p.* 8. *n°.* 64. — *Entom. Syst. em. tom.* 3. *pars* 1. *p.* 24. *n°.* 71.

Rai, *Inf. p.* 111. *n°.* 3.

Papilio Sinon. Poda, *Mus. græc. p.* 62. *tab.* 2. *fig.* 1.

β. *Papilio Podalirius.* Cram. *Pap.* 13. *p.* 88. *pl.* 152. *fig.* B.

Esper, *Pap. part.* 1. *tab.* 1. *fig.* 2.

Rœsel, *Inf. part.* 1. *tab.* 2. *fig.* 1-4.

Merian, *Europe.* 2. *p.* 163. *pl.* 44. *fig. super.*

Herbst, *Pap. tab.* 45. *fig.* 3. 4.

Réaumur, *Inf.* 1. *p.* 284. *pl.* 11. *fig.* 3. 4.

Schœffer, *Icon. tab.* 94. *fig.* 4.

Le Flambé. Geoffroy, *Hist. Inf. tom.* 2. *p.* 56. *n°.* 24.

Le Flambé. Engramelle, *Pap. d'Eur. tom.* 1. *p.* 150. *pl.* 34. *fig.* 69. a. b. c. d.

Le Flambé. Engramelle, *Pap. d'Eur. tom.* 1. *p.* 273. *pl.* 70. *Suppl.* 16. *fig.* 69. e.

Papilio Podalyrius. Hubner, *Pap. tab.* 77. *fig.* 388. 389.

Wien. Verz. *p.* 160. *fam.* C. *n°.* 3.

Illiger, *N. Augs. dess. tom.* 2. *p.* 155. *n°.* 3.

Illiger, *Magaz. tom.* 3. *p.* 201.

Borkhausen, *Pap. Europ. part.* 1. *p.* 112 *et* 247. *n°.* 2.

Rossi, *Faun. Etrus. tom.* 2. *p.* 141. *n°.* 987.

Panzer, *Faun. Germ.* 30. 24.

Fuessly, *Inf. Helv. p.* 28. *n°.* 544.

Lewin, *Inf. tab.* 35. *fig.* 1-4.

Donow. *Nat. Hist. vol.* 4. *pl.* 109.

Pieris Podalirius. Schranck, *Faun. Boic. tom.* 2. *p.* 163. *n°.* 1286.

Muller, *Faun. Siles.*

Ochsenheimer, *Pap. Eur. tom.* 1. *part.* 2. *p.* 118.

Sa taille eſt à peu près la même que celle des précédens. Il a le deſſus des ailes d'un jaune-pâle, avec des bandes noires tranſverſes, aſſez ſemblables à des flammes. Les premières ailes en ont ſept, dont les trois antérieures, la cinquième & la ſeptième allant juſqu'au bord interne, les deux autres ne deſcendant pas juſqu'au milieu de la ſurface; la ſeptième eſt tout-à-fait marginale, beaucoup plus large, & diviſée dans le ſens de ſa longueur par une ligne jaune, tantôt plus, tantôt moins prolongée; la cinquième eſt auſſi diviſée par une ligne jaune, mais très-courte; celle de la baſe eſt extrêmement étroite. Les ſecondes ailes ont trois bandes noires, faiſant ſuite aux trois bandes antérieures des premières ailes; celle de la baſe longe le bord interne juſqu'à l'extrémité du corps; les deux ſuivantes aboutiſſent au même niveau que celle-ci, & forment aſſez ſouvent un angle en ſe réuniſſant; la partie poſtérieure de ces ailes eſt noire, avec une rangée de ſix lunules marginales; dont les deux extérieures d'un jaune-obſcur et très-étroites, les quatre autres bleues, un peu plus grandes, & précédées antérieurement d'une pouſſière d'un gris-jaunâtre; l'angle anal offre en outre une tache ocellée, très-noire, marquée d'une lunule bleue, & bordée, du côté de la baſe, par une tache rouſſe, ſemi-lunaire; le bord poſtérieur a des dents obtuſes, avec une queue noire, aſſez longue, étroite, terminée en pointe & bordée de jaune à ſon origine; les échancrures extérieures & celle de l'angle de l'anus ſont également jaunes. Le deſſous des ailes reſſemble au deſſus, avec cette différence que la bande noire terminale des premières eſt diviſée par deux raies jaunes, dont l'extérieure fort large; que les ſecondes ailes ſont moins noires à leur extrémité; qu'elles ont ſur le côté externe de la bande du milieu une ligne tranſverſe légèrement rouſſâtre, bordée de noir en dehors; &, vis-à-vis du ſommet, deux traits noirâtres, également tranſverſes, quelquefois peu prononcés. Le corps eſt d'un jaune-pâle, comme les ailes, avec une bande noire le long du dos, & un rang de points de cette couleur ſur chaque côté du ventre; les antennes ſont entièrement noires.

La deſcription que nous donnons ici s'applique ſurtout aux individus qui habitent les régions tempérées de l'Europe. Ceux qui ſe trouvent dans les contrées méridionales de cette partie du Monde, & dans l'Aſie mineure, ceux-là, diſons-nous, ont la côte des premières ailes & les échancrures des ſecondes d'un jaune beaucoup plus intenſe, & la tache rouſſe ſemi-lunaire de l'angle anal de celles-ci eſt plus vive, plus étroite, & ſurmontée en outre d'un arc très-noir, que n'atteignent pas les bandes.

Le *Podalire* paroît dans les mêmes mois que le *Machaon*. Il fréquente les prairies, & particulièrement les bois où il y a beaucoup de *pruniers ſauvages*. Si l'on parvient à ſaiſir une femelle, on eſt ſûr de prendre bientôt un grand nombre de mâles.

La chenille eſt liſſe, renflée ſur le devant, atténuée ſur le derrière. Son corps eſt d'un vert-gai, avec une ligne blanchâtre le long du dos, & deux autres de cette couleur au-deſſus des pattes; il y a en outre, ſur chaque côté, des lignes obliques moins apparentes, commençant au ſecond anneau, ponctuées de rouge, à l'exception de celle de chaque extrémité; la tête eſt orbiculaire, preſque cachée, & le col a un tentacule fourchu, d'un rouge tirant ſur le jaune. Elle vit ſolitaire ſur l'*épine-vinette*, les *pruniers ſauvage* & *domeſtique*, ſur le *pommier*, le *pêcher* & l'*amandier*.

75. Papillon Niamus.

Papilio Niamus.

Pap. alis flavo-albidis, faſciis nigris: poſticis caudatis, apice nigro lunulis albidis: his ſubtùs ſtrigâ maculari rubrâ.

Il eſt de moyenne taille. Le deſſus des ailes eſt d'un blanc-jaunâtre, avec une bordure noire, large, ſinuée intérieurement, diviſée ſur les ſupérieures par un rang de points, & ſur les inférieures par un rang de lunules blanchâtres. Les premières ailes ont en outre cinq bandes noires, partant de la côte & parallèles entr'elles; les trois bandes extérieures ſont courtes & preſqu'égales; les deux de la baſe ſe prolongent ſur les ſecondes ailes & vont ſe réunir près de l'angle anal au-deſſus d'une raie noire, tranſverſe, courbée en dehors & formée de trois taches. Ces dernières ailes ont des dents inégales & un peu aiguës, avec une queue noire, longue, étroite, blanchâtre à ſon extrémité; les échancrures ſont auſſi blanchâtres, & les trois lunules qui précèdent l'origine de la queue ſont ſurmontées d'une pouſſière griſâtre, très-denſe. Le deſſous des quatre ailes reſſemble au deſſus, avec cette différence que les parties noires y ſont beaucoup plus pâles, excepté la bande du milieu des ſecondes ailes, ſur le côté extérieur de laquelle il y a une raie rouge, tranſverſe, maculaire, anguleuſe, formant un coude au-deſſus de l'angle anal pour gagner le bord interne. Le corps eſt blanchâtre, avec une raie noire le long du dos; les antennes ſont brunâtres.

Il ſe trouve en Amérique.

76. Papillon Ariſtée.

Papilio Ariſtæus.

Pap. alis nigris, faſciâ quadrifidâ ſtrigiſque vireſcenti-albidis: poſticis caudatis, lunulis marginalibus albidis: his ſubtùs ſtrigâ maculari ſanguineâ, intùs albo marginatâ.

Papilio Aristæus. CRAM. *Pap*. 27. *p*. 60. *pl*. 318. *fig*. E. F.

HERBST, *Pap. tab*. 44. *fig*. 3. 4.

Il est de moyenne taille. Le dessus des ailes est noir & traversé dans son milieu par une bande d'un blanc-verdâtre, sinuée, & quadrifide près de la côte des supérieures. Ces dernières ont en outre trois raies d'un blanc verdâtre, l'une parallèle au bord postérieur, les deux autres placées vers la base & descendant sur les secondes ailes, où elles se perdent dans une poussière grisâtre; l'angle anal de celles-ci est marqué d'une tache très-noire; leur bord postérieur, que précède une suite de croissans blanchâtres, est denté d'une manière très-obtuse, & terminé par une queue noire, longue, étroite, liserée de blanc ainsi que toutes les échancrures. Le dessous des premières ailes ressemble au dessus, mais le fond en est plus pâle. Le dessous des secondes ailes est aussi plus pâle près de la base & au sommet, & l'on y voit, indépendamment des caractères dont nous avons fait mention, une raie d'un rouge-vermillon, bordée de blanc intérieurement, maculaire, partant du milieu de la côte & se courbant vers le niveau de l'anus pour gagner le bord interne; la poussière grisâtre de la surface opposée forme ici des espèces de taches, au lieu d'être éparse, & les croissans marginaux sont plus larges; le pli du bord interne est garni en dessus de poils roussâtres, assez longs. Le corps est noir, avec les épaules fauves, les côtés du corselet verdâtres, la poitrine & le ventre grisâtres.

Il se trouve dans les îles de Java & d'Amboine.

77. PAPILLON Polixénus.

PAPILIO Polixenus.

Pap. alis nigris, fasciâ maculari strigisque, suprà virescentibus, infrà nitenti-albis : posticis caudatis : his subtùs strigâ roseâ, flexuosâ.

Papilio Policenes. CRAM. *Pap*. 4. *pag*. 61. *pl*. 37. *fig*. A. B.

Il est de moyenne taille. Le dessus des ailes est noir, avec une bande maculaire, quatre raies transverses & un rang de taches marginales d'un vert-pâle. La bande se courbe en dedans & traverse le milieu des quatre ailes dans toute son étendue; les raies sont droites & parallèles entr'elles; celle qui précède la bande du côté du corps se prolonge sur les secondes ailes jusqu'au-dessus de l'angle anal, où elle est terminée par un point d'un rouge-carmin, tantôt plus, tantôt moins prononcé; les trois autres raies sont courtes, égales, séparées seulement de la bande par la principale nervure, & teintées de jaunâtre, ainsi que l'origine des ailes. Les taches marginales des premières ailes sont en forme de points, celles des secondes à peu près en forme de croissans. Ces dernieres ailes ont des dents inégales & aigües, avec une queue noire, très-longue, renflée à son origine, blanchâtre à son extrémité & sur le bord interne; les trois échancrures intérieures sont également blanchâtres. Le dessous des ailes se distingue du dessus, 1°. en ce que le fond est beaucoup plus pâle; 2°. en ce que toutes les parties vertes sont d'un blanc-luisant; 3°. en ce que les points marginaux des ailes supérieures forment une ligne continue & ondulée, très-rapprochée de la bande; 4°. en ce que cette même bande se confond sur les secondes ailes avec les croissans du bord, & s'y trouve divisée transversalement par un rang de taches noires, dont les deux extérieures rondes, les autres linéaires; enfin, en ce que le milieu de ces ailes est traversé par une ligne d'un rose-carminé, flexueuse, partant du bord d'en haut, se courbant près de l'angle anal & atteignant le bord interne. Le corps est noir en dessus, grisâtre en dessous.

Dans quelques individus l'origine de la queue est précédée de part & d'autre par trois lunules d'atômes cendrés.

Il se trouve dans l'Amérique septentrionale.

78. PAPILLON Antharis.

PAPILIO Antharis.

Pap. alis nigris, fasciâ maculari strigisque viridibus : posticis caudatis : his subtùs ad basin ocellis duobus.

Papilio Antheus. CRAM. *Pap*. 20. *pag*. 71. *pl*. 234. *fig*. A. B.

Papilio Antheus. HERBST, *Pap. tab*. 48. *f*. 3. 4.

Le dessus de ce Papillon ressemble beaucoup à celui du *Polixénus*, mais les parties vertes en sont plus foncées; la bande maculaire du milieu est plus large; la raie qui la précède du côté du corps est terminée à l'angle anal par deux points d'un rouge-carmin, & les trois autres raies sont flexueuses au lieu d'être droites, sans cesser cependant d'être parallèles & égales entr'elles; la queue des ailes inférieures est moins longue & n'a point l'extrémité blanchâtre. Le dessous des quatre ailes ne diffère du dessus que parce que le fond est plus pâle, & parce que les inférieures ont vers la base, sur le vert de la bande, deux taches très-noires, arrondies & bordées antérieurement par un arc d'un rouge-carmin.

Il se trouve aussi dans l'Amérique septentrionale.

79. PAPILLON Ajax.

PAPILIO Ajax.

Pap. alis nigris, albido fasciatis : posticis caudatis, lunulis sex marginalibus, quatuor externis albidis, cæteris cærulescentibus : maculâ anali sanguineâ, lobatâ.

Papilio E. A: Ajax, *alis obtusè caudatis, concoloribus, fuscis, fasciis flavescentibus anguloque ani fulvo*. Linn. *Syst. Nat.* 2. *p.* 750. *n°.* 32.

Papilio E. A. Ajax, *alis caudatis, concoloribus, fuscis, fasciis flavescentibus : posticis subtùs strigis sanguineis anguloque ani fulvo.* Fab. *Syst. Entom. p.* 455. *n°.* 49. — *Spec. Inf. tom.* 2. *p.* 20. *n°.* 79. — *Mant. Inf. tom.* 2. *p.* 10. *n°.* 90. — *Entom. Syst. em. tom.* 3. *pars* 1. *p.* 33. *n°.* 97.

Papilio caudatus, fuscus, striis pallescentibus : lineâ & maculis sanguineis subtùs notatus. Petiv. *Muf.* 50. *n°.* 502.

Rai, *Inf. p.* 111. *n°.* 2.

Edw. *Av. p.* 34. *tab.* 34.

Esp *Pap. Eur. part.* 1. *tab.* 51. *cont.* 1. *fig.* 1.

Borkh. *Pap. Eur. part.* 1. *p.* 112 & 249. *n°.* 3.

Herbst, *Pap. tab.* 42. *fig.* 5. 6.

Catesbi, *The Nat. Hist. of Carolina, Florida, vol.* 2. *p.* 100. *tab.* 100.

Papilio Marcellus. Cram. *Pap.* 9. *p.* 4. *pl.* 98. *fig.* F. G.

Smith-Abbot, *The Nat. Hist. of the rarer lepid. Inf. of Georgia, vol.* 1. *tab.* 4.

Ochsenheimer, *Pap. Eur. part.* 2. *p.* 117.

Il est de la taille des précédens, & il a le dessus des ailes d'un noir-foncé, avec des bandes blanchâtres. Ces bandes sont au nombre de cinq, dont deux, l'antérieure & l'intermédiaire, beaucoup plus larges, & descendant sur les secondes ailes jusqu'au-delà du disque; la bande postérieure est marginale & se termine en pointe à l'angle interne; les deux autres sont courtes & linéaires; il y a en outre à la base & dans la direction du corps un trait blanchâtre, obscur, &, entre la bande marginale & celle qui la précède intérieurement, un point blanchâtre, situé en face du sommet; la bande intermédiaire est bifide à son origine. Les secondes ailes ont, indépendamment des deux bandes dont nous venons de parler, une rangée marginale de six lunules, dont les quatre extérieures blanchâtres, les deux autres bleues & formées par des atômes de cette couleur; l'angle anal est surmonté en outre d'une tache d'un rouge-vermillon vif, bilobée & précédée antérieurement d'une poussière grisâtre dans laquelle se perd l'extrémité des deux bandes & celle du trait obscur qui longe le corps. Ces dernières ailes ont des dents assez égales, un peu aiguës, avec une queue noire, étroite, longue, ayant les côtés & le bout blanchâtres; les échancrures du bord postérieur & celle de l'angle de l'anus sont également blanchâtres. Le dessous de ce Papillon diffère du dessus en ce qu'il est un peu plus pâle; en ce que les ailes supérieures ont une ligne transverse d'un blanc-brunâtre sur le côté interne de la bande postérieure; en ce que les quatre lunules blanchâtres des secondes ailes sont précédées en dedans par autant de traits brunâtres, & les deux lunules bleues par un pareil nombre de croissans grisâtres; en ce que les deux bandes blanchâtres de ces mêmes ailes sont séparées transversalement par une ligne d'un rouge-vermillon, légèrement flexueuse, & bordée de blanc intérieurement, ainsi que la tache bilobée de l'angle anal; enfin, en ce qu'il y a un croissant bleuâtre au bas de cette tache. Le corps est noirâtre, avec les côtés de la poitrine & du ventre grisâtres; les antennes sont brunes, avec le dessous du bouton noirâtre.

La chenille, suivant Abbot, est d'un vert-pâle, avec une rangée de points jaunâtres le long des côtés; son dos offre, sur le troisième anneau, une tache noire, transverse, bordée de bleu à sa partie postérieure; son col est armé d'un tentacule jaune, fourchu, rétractile. Elle vit sur le *corossolier des marais* (*annona palustris*).

La chrysalide est aussi d'un vert-pâle.

Il paroît que Linnæus & Fabricius n'ont vu que des individus altérés, car les caractères indiqués dans leur phrase spécifique diffèrent par la couleur de ceux que nous venons de tracer.

Ce Papillon habite l'Amérique septentrionale. Quelques auteurs ont dit, & d'autres ont répété qu'il se trouvoit dans certaines contrées de l'Europe méridionale. S'il est vrai qu'il y ait été pris, ce ne peut être que par l'effet du hasard, & nous ne l'en regardons pas moins comme une espèce propre à l'Amérique du Nord.

80. Papillon Sinon.

Papilio Sinon.

Pap. alis nigris, fasciâ bifidâ strigisque subvirescenti-albidis : posticis caudatis, lunulis sex marginalibus albidis : maculâ anali sanguineâ, lobatâ.

Papilio E. A. Sinon, *alis caudatis, nigris, fasciâ integrâ, strigis punctisque viridibus : posticis subtùs lineâ sanguineâ.* Fab. *Syst. Entom. p.* 452. *n°.* 39. — *Spec. Inf. tom.* 2. *p.* 15. *n°.* 59. — *Mant. Inf. tom.* 2. *p.* 8. *n°.* 67. — *Entom. Syst. em. tom.* 3. *pars* 1. *p.* 26. *n°.* 75.

Cram. *Pap.* 27. *p.* 57. *pl.* 317. *fig.* C. D. E. F.

Herbst, *Pap. tab.* 44. *fig.* 5. 6.

Papilio Protesilaus. Drury, *Inf.* 1. *pl.* 22. *fig.* 3. 4.

Daubenton, *Pl. enlum.* 18. *fig.* 12. ?

Il a une très-grande affinité avec l'*Ajax*; néanmoins il s'en distingue par les caractères suivans :

Les bandes blanchâtres ont d'abord une teinte verdâtre, mais beaucoup plus foible que ne l'indique la figure de Cramer; la bande antérieure est linéaire dans toute son étendue; l'intermédiaire est plus étroite & plus largement bifide; la postérieure est formée par des points; la ligne blanchâtre, située à la base, dans la direction du corps, est au contraire plus prononcée & moins obscure; l'extrémité inférieure de cette ligne & celle des deux bandes ne se perdent pas dans une poussière grisâtre, comme cela a lieu dans l'*Ajax*; les six lunules du dessus des secondes ailes sont toutes blanchâtres sans exception, & la queue est un peu renflée dans son milieu; les premières ailes ont le bord postérieur moins droit & sans liseré; le dessus de l'abdomen est finement annelé de blanchâtre & les antennes sont entièrement noires. Les différences du dessous des ailes se réduisent à ce que le fond est plus brun que dans l'*Ajax*; à ce que les bandes blanchâtres sont moins larges comme en dessus, & à ce que la ligne rouge transverse & les trois lunules bleues sont plus pâles.

Il se trouve dans l'Amérique septentrionale & à la Jamaïque.

81. Papillon Agapénor.

Papilio Agapenor.

Pap. alis caudatis, nigris, fasciis maculari-bus viridibus: posticis subtùs lineâ sanguineâ. Fab.

Papilio Agapenor. Fab. *Entom. Syst. em. tom.* 3. *pars* 1. *p.* 26. *n°.* 76.

Papilio Agapenor. Jon. *Fig. pict.* 1. *tab.* 51.

D'après la phrase *spécifique* de Fabricius, ce Papillon devroit avoir plusieurs bandes vertes maculaires; cependant la *description* du même auteur n'en indique qu'une seule, placée sur les ailes supérieures. Dans l'impossibilité où nous nous trouvons de résoudre la difficulté, nous ne pouvons mieux faire que de traduire littéralement le texte.

Il a de l'affinité avec le *Sinon*, mais il est plus grand. Le corps est noir en dessus, avec des lignes blanches; blanchâtre en dessous. Ses ailes sont noires. Les premières ont une bande formée par une tache & par des points verts; les secondes ont une queue noire, longue, blanche à son extrémité. Le dessous des quatre ailes est varié de blanc & de noir; le dessous des inférieures offre, sur le blanc du milieu, une ligne d'un rouge-sanguin, bordée de noir.

Il se trouve en Afrique.

82. Papillon Antinoüs.

Papilio Antinous.

Pap. alis nigris, flavescenti-fasciatis: posticis caudatis: his subtùs extimo lunularum serie duplici, internis cœrulescentibus, externis flavescentibus medio fulvo.

Papilio E. A. Antinous, *alis caudatis, concoloribus, nigris, flavo fasciatis, margine lineolis transversis flavis: posticis maculâ ocellari.* Donow. *Gen. Illust. of Entom. an Epitome of the Nat. Hist. Ins. of New Holl. part.* 1. *pl.*....

Il est de la taille des précédens, noir en dessus, avec deux bandes transverses d'un jaune-pâle. La bande postérieure est très-large, trifide à son origine, & marquée d'une tache jaune, également transverse, dans la fissure qui se rapproche le plus de la base; la bande antérieure se termine en pointe sur les secondes ailes. Les ailes de devant ont en outre sur le limbe postérieur une rangée de points jaunes, oblongs; le limbe correspondant des ailes de derrière offre une ligne arquée de sept lunules, dont les quatre extérieures d'un jaune-gai, l'anale & les deux autres fauves & de plus surmontées chacune d'un croissant d'atômes bleuâtres; il y a encore une lunule jaune à la pointe de la bande antérieure. Ces mêmes ailes ont des dents courtes & une queue noire, alongée, étroite. Le dessous de ce Papillon diffère du dessus, 1°. en ce que les points du limbe des ailes supérieures forment une ligne continue; 2°. en ce que les sept lunules marginales des inférieures sont toutes d'un jaune-pâle, avec le milieu fauve; 3°. en ce que chacune d'elles, sans exception, est surmontée d'un croissant d'atômes bleuâtres. Le corps est grisâtre en dessous; noir en dessus, avec une raie jaune, longitudinale, sur chaque côté du corselet & de l'abdomen.

Il se trouve dans la Nouvelle-Hollande.

83. Papillon Thyaste.

Papilio Thyastes.

Pap. alis nigris, fasciâ latâ, bifidâ maculisque, flavis: posticis caudatis: his subtùs lineâ rubrâ, marginali, interruptâ.

Papilio Thyastes, *alis caudatis, nigris, fasciâ maculisque flavis anguloque ani sanguineo: posticis subtùs lineâ sanguineâ.* Fab. *Entom. Syst. em. tom.* 3. *pars* 1. *p.* 26. *n°.* 77.

Papilio Thyastes. Drury, *Ins.* 3. *tab.* 35. *fig.* 1.

Jon. *Fig. pict.* 1. *tab.* 92.

Il est de moyenne taille. Le dessus de ses ailes est noir, & traversé par une bande jaune, bifide près de la côte des supérieures, s'élargissant vers leur bord interne, & gagnant ensuite les ailes inférieures, dont elle occupe toute la surface, à l'exception de la base & de l'extrémité. Les premières ailes ont en outre, vis-à-vis du sommet, une ligne courbe de points jaunes; &, sur le milieu de la côte, deux taches également jaunes, dont l'extérieure plus grande & comme bilobée. Les secondes ailes ont, sur le noir de l'extrémité, des lunules jaunes, marginales; &, à l'angle de l'anus, deux points d'un rouge-carmin. Ces mêmes ailes ont des dents peu prononcées, avec une queue noire, très-longue, obtuse, jaune au bout & sur le côté interne, précédée à son origine de trois croissans bleus; l'échancrure anale & celles qui l'avoisinent immédiatement sont jaunes; celles qui sont placées entre le sommet & la queue sont noires. Le dessous des quatre ailes ressemble au dessus, mais les couleurs y sont moins vives, & il y a de plus, le long du bord postérieur, une suite de petits traits d'un rouge-carmin. Le corps est noir en dessus, avec quelques lignes jaunes sur le corselet; jaunâtre en dessous.

Il se trouve au Brésil.

84. Papillon Asius.

Papilio Asius.

Pap. alis nigris, fasciâ communi flavescenti-albâ: posticis caudatis: his subtùs basi angulo que ani chermesino maculatis.

Papilio E. T. Asius, *alis caudatis, nigris, fasciâ communi albâ: posticis subtùs basi apice que rubro maculatis.* Fab. *Spec. Inf. tom.* 2. *p.* 5. *n°.* 17. — *Mant. Inf. tom.* 2. *p.* 3. *n°.* 17. — *Entom. Syst. em. tom.* 3. *pars* 1. *p.* 8. *n°.* 21.

Papilio Astyagas. Drury, *Inf.* 3. *pl.* 35. *fig.* 4.

Il est de moyenne taille. Ses ailes sont d'un noir un peu luisant, avec une bande d'un blanc-jaunâtre, droite, partant de la côte des supérieures, & allant toujours, en s'élargissant, aboutir près du bord interne des inférieures. Ces dernières sont inégalement dentées, liserées de blanc aux trois échancrures intérieures, & terminées par une queue linéaire, très-longue; leur limbe postérieur offre une rangée de cinq ou six lunules d'un blanc-jaunâtre, petites; & l'on voit près de l'angle anal une ligne arquée de trois lunules d'un rouge-carmin tendre & de la même dimension que les précédentes. Le dessous des ailes diffère du dessus en ce qu'il est plus pâle; en ce que les inférieures ont, indépendamment des caractères dont nous venons de parler, des taches rouges à la base & une ligne de cette couleur le long du bord interne. Le corps est noir, avec une ligne cendrée sur les côtés du corselet & de l'abdomen; il y a aussi un point cendré sur chaque côté de la poitrine; les antennes sont noires, courtes, avec la masse très-renflée.

Il se trouve au Brésil.

85. Papillon Leucaspis.

Papilio Leucaspis.

Pap. alis concoloribus, flavis, margine omni latè fusco: posticis caudatis, maculâ subanali rubrâ lunulisque marginalibus cyaneis.

Il tient un des premiers rangs parmi ceux de la troisième taille. Ses ailes sont d'un jaune-pâle de part & d'autre, avec un encadrement d'un brun-noirâtre, assez large. Celui des premières ailes est divisé, selon sa longueur, par des raies plus claires, & en outre tacheté de jaune le long de la côte; celui des secondes ailes est divisé près du bord par un double rang de lunules également plus claires; l'angle de l'anus est jaune à sa partie inférieure, noirâtre à sa partie supérieure & surmonté d'une tache d'un rouge-vermillon, presqu'en forme de croissant. Ces ailes ont des dents inégales, avec une queue longue, rétrécie vers son extrémité, précédée à son origine de quatre ou cinq lunules d'atômes bleuâtres.

Sa patrie nous est inconnue. M. Dufresne, à qui nous en devons la connoissance, le croit du Pérou.

86. Papillon Antiloque.

Papilio Antilochus.

Pap. alis flavis, margine nigro: anticis fasciis quatuor, posticis unicâ, nigris: his caudâ albâ, longissimâ.

Papilio E. A. Antilochus, *alis caudatis, concoloribus, flavis, fasciis margineque nigris: caudis albis, longitudine alœ.* Linn. *Syst. Nat.* 2. *p.* 751. *n°.* 35. — *Muf. Lud. Ulr. p.* 207.

Fab. *Syst. Entom. p.* 451. *n°.* 37. — *Spec. Inf. tom.* 2. *p.* 15. *n°.* 57. — *Mant. Inf. tom.* 2. *p.* 8. *n°.* 63. — *Entom. Syst. em. tom.* 3. *pars* 1. *p.* 24. *n°.* 70.

Papilio caudatus, luteus, maximus, virginianus, limbis striisque nigris. Petiv. *Muf. p.* 50. *n°.* 505.

Catesbi, *The Nat. Hist. of Carolina, Florida, &c., vol.* 2. *p.* 83. *tab.* 83.

D'après la figure de Catesbi & la description de Linnæus, cette espèce paroît ne différer de la suivante que parce qu'elle a les queues blanches & extrêmement longues, & parce que la bordure noire de ses secondes ailes est dépourvue de lunules.

Elle se trouve dans l'Amérique septentrionale, particulièrement dans la Caroline & dans la Virginie.

87. Papillon Turnus.

Papilio Turnus.

Pap. alis dentatis, flavis, margine nigro: anticis fasciis quatuor, posticis unicâ, nigris: his caudatis, incisurâ anali fulvâ.

Papilio E. A. Turnus, *alis caudatis, concoloribus, flavis: prioribus fasciis quinque dimidiatis posticèque nigris.* Linn. *Mant. Alt. p.* 536.

Papilio E. A. Turnus, *alis caudatis, concoloribus, flavis, margine fasciisque nigris: angulo ani fulvo.* Fab. *Syst. Entom. p.* 452. *n°.* 41.

— *Spec. Inf. tom. 2. p.* 16. *n°.* 66. — *Mant. Inf. tom.* 2. *p.* 9. *n°.* 76. — *Entom. Syst. em. tom.* 3. *pars* 1. *p.* 29. *n°.* 86.

Papilio diurna, prima omnium, maxima. Mouff. *Inf. Theat. p.* 98.

Rai, *Hist. Inf. p.* 111.

Catesbi, *The Nat. Hist. of Carolina, Florida, &c., vol.* 2. *p.* 97. *tab.* 97.

Herbst, *Pap. tab.* 41. *fig.* 3. 4.

Papilio Alcidamas. Cram. *Pap. p.* 62. *pl.* 38. *fig.* A. B.

Il est grand, d'un jaune d'ocre en dessus, avec l'extrémité des quatre ailes largement bordée de noir, & divisée par un rang de taches jaunes, marginales. Ces taches sont en forme de points sur les ailes supérieures, en forme de lunules & plus grandes sur les inférieures. La côte des premières ailes est bordée par une raie noire, arquée & un peu élargie à la base; de cette raie partent quatre bandes transverses, également noires, dont les deux postérieures courtes & coupées par des veines longitudinales de leur couleur, l'intermédiaire descendant jusqu'au disque, l'antérieure se rétrécissant peu à peu depuis la côte jusqu'au bord opposé, puis se prolongeant en forme de ligne jusqu'au-dessus de l'angle anal des secondes ailes, où elle fait un coude pour remonter ensuite le long de leur bord interne. Les premières ailes sont légèrement dentées; les secondes ont des dents larges & obtuses, & sont terminées par une queue noire, de médiocre longueur, arrondie & un peu renflée à son extrémité, ayant le côté interne en majeure partie bordé de jaune. Les échancrures des quatre ailes sont blanchâtres; celle de l'angle anal des inférieures est fauve & surmontée d'un ou deux groupes d'atômes bleuâtres. Le dessous des ailes supérieures ne diffère du dessus que parce qu'il est plus pâle; le dessous des inférieures offre les différences suivantes: 1°. il est plus pâle; 2°. les lunules jaunes, marginales, ont le milieu fauve; 3°. il y a sur le côté interne de la bordure une rangée de lunules bleuâtres, séparées des précédentes par une poussière d'un gris-jaunâtre; 4°. le disque est marqué d'un arc noir, courbé en dehors & adhérent à la bande du milieu par chacune de ses extrémités; 5°. les nervures sont noires, excepté près de la base. Le corps est noirâtre en dessus, avec les épaulettes rousses; jaunâtre en dessous.

Il se trouve dans l'Amérique septentrionale & à la Jamaïque.

N. B. La figure que Catesbi a donnée de ce Papillon est très-mauvaise & copiée sur celle de Mouffet.

88. Papillon Alexanor.

Papilio Alexanor.

Pap. alis subconcoloribus, flavis, margine nigro: anticis fasciis quatuor, posticis unicâ, nigris: his caudatis, atomis cæruleis fasciatìm digestis semiocelloque anali rufescente.

Papilio E. A. Alexanor, *alis caudatis, subconcoloribus, flavis: superioribus fasciis quinque transversis, intermediis duabus abbreviatis, nigris; inferioribus fasciâ intermediâ nigrâ, posticâ latiore atomis cærulescentibus adspersâ.* Esper, *Pap. tom.* 1. *part.* 2. *p.* 89. *tab.* 110. *cont.* 65. *fig.* 1.

Ochsenh. *Pap. Eur. tom.* 1. *part.* 2. *p.* 120. (*Observ.*)

Papilio Polydamas. De Prunner, *Lepidop. Pedem. Suppl. p.* 69. *n°.* 134.

Il a de grands rapports avec le *Turnus*, mais, par la taille & par la masse des caractères, il se rapproche davantage du *Machaon*.

Voici les différences qui l'en séparent: il est d'un jaune plus pâle; les quatre taches noires de la côte des premières ailes sont remplacées par autant de bandes transverses, également noires, dont les deux postérieures courtes & saupoudrées de bleuâtre, l'intermédiaire & celle de la base atteignant le bord interne & légèrement saupoudrées de jaunâtre; la bande intermédiaire descend, comme dans le *Turnus*, jusqu'au-dessus de l'angle anal des secondes ailes, où elle fait un coude pour remonter jusqu'à l'origine du bord interne; les lunules jaunes, alignées sur la bordure noire de l'extrémité de chaque aile, sont plus grandes & semblent former une bande continue de leur couleur; les atômes bleus des secondes ailes forment aussi une bande continue, assez large, & le côté interne de la bordure est plus sinué; le milieu des ailes supérieures n'est point divisé par des nervures noires; la tache anale des inférieures est d'un fauve moins foncé, semi-oculaire & surmontée d'une tache noire que coupe par le milieu une ligne bleue, transversale; les dents extérieures de ces dernières ailes sont plus prononcées, aiguës, & les queues sont plus longues, un peu plus larges, mieux arrondies par le bout; les antennes ont l'extrémité du bouton blanchâtre; enfin, le dessous des quatre ailes ne diffère du dessus que parce que le fond en est plus pâle, & parce que l'arc noir du milieu des inférieures est converti en une tache triangulaire, pareillement noire.

Le mâle, figuré par Esper, ne paroît point différer de la femelle que nous donnons ici, d'après un individu unique, pris récemment aux bouches du Cattaro par M. le maréchal-de-camp baron Dejean, & envoyé par lui à M. Latreille.

Cette espèce se trouve aussi, mais très-rarement, dans les environs de Nice.

89. Papillon

89. Papillon Machaon.

Papilio Machaon.

Pap. alis dentatis, flavis, margine nigro: anticis maculis quatuor, posticis arcu medio, nigris; his caudatis, maculis cœruleis serie digestis ocelloque anali ferrugineo.

Papilio E. A. Machaon, *alis caudatis, concoloribus, flavis, limbo fusco lunulis flavis anguloque ani fulvo.* Linn. *Syst. Nat.* 2. *pag.* 750. *n°.* 33. — *Fauna Suecica, n°.* 1031.

Fab. *Syst. Entom. p.* 452. *n°.* 42. — *Spec. Inf. tom.* 2. *p.* 17. *n°.* 67. — *Mant. Inf. tom.* 2. *p.* 9. *n°.* 77. — *Entom. Syst. em. tom.* 3. *pars* 1. *p.* 30. *n°.* 87.

Rai, *Inf. p.* 110. *n°.* 1.

Columnæ *Ecphrasis. p.* 85. *tab.* 86.

Frisch, *Inf.* 2. *p.* 41. *tab.* 10.

Papillon baffe-la-reine. Merian, *Eur.* 1. *p.* 13. *pl.* 38.

Réaumur, *Inf.* 1. *pl.* 29. *fig.* 9, & *pl.* 30 *entière.*

Seba, *Muf.* 4. *tab.* 31. *fig.* 9. 10.

Seba, *Muf.* 4. *tab.* 59. *fig.* 12. 13.

Esper, *Pap. part.* 1. *tab.* 1. *fig.* 1.

Lewin, *Inf. tab.* 34. *fig.* 1-4.

Sulzer, *Inf. edit.* Roem. *tab.* 13. *fig.* 82.

Herbst, *Pap. tab.* 45. *fig.* 1. 2.

De Géer, *Hift. Inf. tom.* 2. *p.* 185. *pl.* 1. *fig.* 2.

Rœsel, *Inf. part.* 1. *tab.* 1. *fig.* 1-5.

Schœffer, *Icon. tab.* 45. *fig.* 1. 2.

Le grand Papillon à queue de fenouil. Geoff. *Hift. Inf. tom.* 2. *p.* 54. *n°.* 23.

Le grand Porte-queue. Engramelle, *Pap. d'Eur. tom.* 1. *p.* 146. *pl.* 34. *fig.* 68. a, b. c.

α. Le grand Porte-queue. Engramelle, *Pap. d'Eur. tom.* 1. *p.* 273. *pl.* 70. *Suppl.* 16. *fig.* 68. f.

β. Le grand Porte-queue. Engramelle, *Pap. d'Eur. tom.* 1. *p.* 326. *pl.* 6. *Suppl.* 3. *fig.* 68. g.

Borkhausen, *Pap. Eur. part.* 1. *p.* 111. & 246. — *Part.* 2. *p.* 212. *n°.* 1.

Hubner, *Pap. tab.* 77. *fig.* 390. 391.

Wien Verz. *p.* 162. *fam.* C. *n°.* 2.

Illiger, *N. Augf. deff. tom.* 2. *p.* 154. *n°.* 2.

Illiger, *Magaz. tom.* 3. *p.* 198.

Scopoli, *Entom. Carniol. p.* 166. *n°.* 444.

Rossi, *Faun. Etruf. tom.* 2. *p.* 141. *n°.* 988.

Panzer, *Faun. Germ.* 30. 23.

Pieris Machaon. Schrank, *Faun. Boic. tom.* 2. *p.* 163. *n°.* 1285.

Muller, *Zool. Dan. p.* 111. *n°.* 1289.

Ochsenheimer, *Pap. Eur. tom.* 1. *part.* 2. *p.* 121.

Il eft de moyenne taille. Le deffus de fes ailes eft jaune, avec une bande marginale ou bordure noire, très-large, finuée intérieurement, divifée fur les fupérieures par un rang de huit taches jaunes, petites, la plupart lunulées, & fur les inférieures par un rang de fix lunules également jaunes, dont les quatre intermédiaires plus grandes. Les premières ailes ont le long de la côte quatre taches noires, dont l'extérieure plus petite & prefque ronde, les deux fuivantes tranfverfes & parallèles entr'elles, la quatrième très-large & occupant toute la bafe d'un bord à l'autre; des nervures noires coupent en outre inégalement le milieu de la furface; la grande tache de la bafe eft chargée d'une pouffière jaunâtre ainfi que la partie de la bordure comprife entre le fond & les lunules jaunes, marginales; le bord poftérieur eft de plus très-légèrement denté & liferé de jaune. Les fecondes ailes ont le bord interne noir & faupoudré de jaunâtre depuis fon origine jufqu'au niveau de l'anus; leur milieu offre un arc très-noir, & la portion de la bordure, fituée entre cet arc & les lunules jaunes, eft divifée dans toute fa longueur par une rangée de taches bleues, orbiculaires, compofées d'atômes & féparées les unes des autres par une pouffière jaunâtre; à l'angle anal eft une tache ferrugineufe ou d'un fauve-rouge, entièrement oculaire, furmontée d'un croiffant d'un bleu-blanchâtre, & prefque tout-à-fait bordée de noir. Ces ailes ont des dents courtes, arrondies, avec une queue noire, linéaire, obtufe, de moyenne longueur, bordée de jaune fur le côté interne; les échancrures & la partie inférieure de l'angle anal font pareillement jaunes. Le deffous des quatre ailes fe rapproche beaucoup du deffus, mais le jaune, quoiqu'un peu plus pâle, y domine davantage, attendu que les lunules marginales de cette couleur forment une bande continue; que les taches bleues des fecondes ailes font plus étroites, lunulées, & que la pouffière jaunâtre qui les fépare s'étend plus loin en dehors; il y a en outre fur ces dernières ailes trois taches rouffâtres, plus ou moins prononcées, dont une à l'extrémité du bord antérieur, les deux autres entre les lunules bleues & l'arc noir difcoïdal, qui eft ici plus grand & accompagné de nervures de fa couleur. La tache rouffâtre extérieure fe reproduit quelquefois en deffus, particulièrement dans les individus de nos provinces méridionales. Le corps eft jaune, avec une bande noire tout le long du dos; les antennes font noires.

La variété α a le deffus des ailes d'un jaune très-foncé, avec la tache noire de la bafe des fupérieures peu marquée, & l'œil de l'angle anal des inférieures jaune comme le fond.

La variété β a les échancrures & les lunules marginales des secondes ailes d'un jaune-terne, & les taches bleues très-petites de part & d'autre.

Ce Papillon est fort commun en Europe. Il paroît depuis le commencement de mai jusque vers le milieu de juin, & ensuite depuis la fin de juillet jusqu'en septembre. Il fréquente les bois, les jardins, & surtout les champs de luzerne; son vol est assez rapide. Pour le prendre sans peine il faut attendre le coucher du soleil; c'est le moment où il se place sur les fleurs pour y passer la nuit. On le trouve aussi fréquemment en Egypte & en Syrie.

Sa chenille est lisse, verte, avec des anneaux d'un noir-velouté, alternativement ponctués de fauve; elle a sur le col un tentacule roussâtre, fourchu, rétractile; lorsqu'on l'irrite, elle lance une liqueur un peu caustique & d'une odeur forte. Elle vit solitairement sur les *ombellifères*, mais plus volontiers sur le *fenouil* & sur la *carotte*, dont elle préfère la graine aux feuilles.

La chrysalide est verdâtre, avec une bande jaunâtre, longitudinale, sur chaque côté.

90. Papillon Xuthus.

Papilio Xuthus.

Pap. alis nigris, flavo striato-maculatis : posticis caudatis : his subtùs angulo ani fulvo puncto nigro.

Papilio E. A. Xuthus, *alis caudatis, nigris, albido striato-maculatis : posticis subtùs cœruleo fulvoque subocellatis.* Linn. *Syst. Nat.* 2. *p.* 751. *n°.* 34.

Papilio E. A. Xuthus, *alis caudatis, nigris, albo striato-maculatis : posticis subtùs ocellis cœruleis fulvisque subfasciatis.* Fab. *Syst. Entom. p.* 454. *n°.* 47. — *Spec. Insect. tom.* 2. *pag.* 19. *n°.* 75. — *Mant. Insect. tom.* 2. *p.* 10. *n°.* 86. — *Entom. Syst. em. tom.* 3. *pars* 1. *p.* 32. *n°.* 92.

Cram. *Pap.* 7. *p.* 115. *pl.* 73. *fig.* A. B.

Herbst, *Pap. tab.* 49. *fig.* 3. 4.

Il est de la taille du précédent. Le dessus des ailes est noir, avec des taches jaunes, plus ou moins foncées suivant le sexe. Les taches des ailes supérieures ont différentes formes : celles de la base sont linéaires & longitudinales; celles du milieu triangulaires & disposées en une espèce de bande transverse; celles du bout lunulées, petites, & alignées parallèlement au bord postérieur; vers le milieu de la côte il y en a trois ou quatre autres en croissans. Les taches des ailes inférieures sont ovales & lunulées; les premières sont groupées autour de la base de manière que la plus grande d'entr'elles se trouve enfermée par les autres; les secondes sont rangées le long du bord postérieur; ce bord a des dents obtuses, avec une queue noire, linéaire & liserée de jaune ainsi que les échancrures; l'angle anal est partie jaune, partie fauve, & marqué d'un point noir. Le dessous de chaque aile diffère du dessus en ce qu'il est généralement plus pâle, & que le jaune y domine davantage; en ce que les supérieures ont, entre la rangée de taches triangulaires & la rangée de taches marginales, une ligne jaune, pâle, transverse, légèrement ondulée; en ce que les ailes de derrière ont, sur l'espace noir qui sépare les taches de la base d'avec celles de l'extrémité, une rangée transversale de lunules bleuâtres, précédées intérieurement dans l'un des sexes, soit par autant de taches roussâtres, soit par deux seulement; enfin, en ce que le jaune de l'angle anal est remplacé par du fauve. Quelquefois les lunules bleuâtres, dont nous venons de parler, s'aperçoivent en dessus. Le corps est jaune, avec une raie noire, longitudinale, sur le corselet & sur le dos.

Il se trouve en Chine.

91. Papillon Astérias.

Papilio Asterias.

Pap. alis dentatis, nigris, fasciâ maculari maculisque marginalibus flavis : posticis caudatis, angulo ani fulvo puncto atro.

Papilio E. A. *alis caudatis, atris, fasciis duabus macularibus flavis : angulo ani fulvo punctoque atro.* Fab. *Mant. Insect. tom.* 2. *p.* 2. *n°.* 13. — *Entom. Syst. em. tom.* 3. *pars* 1. *p.* 6. *n°.* 16.

Clerk, *Icon. tab.* 33. *fig.* 3. 4.

Drury, *Insect.* 1. *tab.* 11. *fig.* 2.

Papilio Asterius. Cram. *Pap.* 33. *pag.* 194. *pl.* 385. *fig.* C. D.

Papilio Troilus. Smith-Abbot, *The Nat. Hist. of the rarer Lepidop. Insects of Georgia, vol.* 1. *p.* 1. *tab.* 1.

Il est de la taille du précédent, d'un noir-brun, avec une bande jaune, transverse, composée de taches triangulaires sur les ailes supérieures, & divisée sur les inférieures par des nervures noires. Les premières ailes ont le bord postérieur légèrement denté & précédé d'un rang de points jaunes; le bord correspondant des secondes ailes est précédé d'un rang de lunules de cette couleur. Ces ailes ont des dents courtes & obtuses, avec une queue noire, linéaire, de moyenne longueur; l'angle anal est fauve, marqué d'un point très-noir dans son milieu, & surmonté d'une lunule d'atômes bleus. Le dessous des ailes supérieures a, indépendamment des caractères du dessus, deux points jaunes, placés transversalement près du milieu de la côte. Le dessous des secondes ailes a la bande & les lunules marginales d'un jaune-orangé, & l'espace qui les sépare est ici d'un noir-foncé & traversé dans toute sa longueur par une suite de lunules bleues, que précède en dehors une poussière grisâtre; ces dernières lunules s'aperçoivent plus ou moins sur la surface opposée. Le corps est noir, avec des points rougeâtres sur le devant du corselet, & un rang de points grisâtres sur chaque côté de l'abdomen.

La chenille, d'après la figure d'Abbot, paroît ressembler beaucoup à celle du *Machaon*. Elle vit aussi sur les ombellifères, particulièrement sur le *fenouil* & sur la *rue*. La chrysalide est verte, avec deux bandes maculaires & longitudinales, dont la supérieure jaunâtre, l'inférieure blanchâtre.

Il se trouve dans l'Amérique septentrionale.

92. Papillon Calchas.

Papilio Calchas.

Pap. alis dentatis, nigris, fasciâ maculari maculisque marginalibus flavis : posticis caudatis: his subtùs ad basin vittâ albâ, transversâ, rectâ.

Papilio E. A. Calchas, *alis caudatis, nigris, fasciis duabus macularibus flavis : posticis subtùs vittâ flavâ lunulisque rufis*. Fab. *Syst. Entom. p.* 453. *n°.* 44. — *Spec. Insect. tom.* 2. *pag.* 18. *n°.* 70. — *Mant. Insect. tom.* 2. *p.* 9. *n°.* 80. — *Entom. Syst. em. tom.* 3. *pars* 1. p. 30. *n°.* 90.

Papilio Calchas. Herbst, *Pap. tab.* 42. *f.* 1. 2.

Papilio Palamedes. Cram. *Pap.* 8. *pag.* 146. *pl.* 93. *fig.* A. B.

Papilio Palamedes. Drury, *Insect.* 1. *tab.* 19. *fig.* 1. 2.

Il tient un des premiers rangs parmi ceux de la troisième taille. Le dessus des ailes est d'un noir-brun, & traversé vers le milieu par une bande jaune, continue sur les inférieures, divisée en taches inégales & triangulaires sur les supérieures, dont le milieu de la côte est marqué en outre d'un croissant jaune. L'extrémité de chaque aile est plus noire que le reste de la surface, & l'on y voit une rangée marginale de taches jaunes, arrondies sur les premières, lunulées & un peu plus grandes sur les secondes. Les ailes supérieures sont légèrement dentées; les inférieures ont des dents courtes & obtuses, avec une queue noire, linéaire, sur le milieu de laquelle est une raie jaune, longitudinale; les échancrures du bord postérieur des unes & des autres sont également jaunes; l'angle anal des ailes inférieures offre, sur un fond roussâtre, une tache oculaire noire, à prunelle bleue, environnée d'une poussière jaunâtre. Le dessous des premières ailes ressemble au dessus, mais il est généralement plus pâle, & il y a à la base deux lignes blanchâtres, l'une longitudinale, l'autre transverse & obscure; cette dernière descend directement sur les secondes ailes jusqu'au niveau de l'anus; la bande transverse de ces mêmes ailes n'est point continue comme en dessus, mais maculaire, blanchâtre intérieurement, fauve extérieurement; les lunules marginales n'ont pas non plus la même couleur; elles sont blanchâtres, avec le milieu fauve, & l'intervalle qui les sépare de la bande est parsemé d'une poussière jaunâtre que surmonte un des croissans bleus. Le corps est noirâtre, avec une ligne jaune, longitudinale, sur chaque côté du corselet & de l'abdomen.

Il se trouve dans l'Amérique septentrionale.

93. Papillon Ménesthée.

Papilio Menestheus.

Pap. alis dentatis, nigris, fasciâ maculari maculisque marginalibus flavis : posticis caudatis : singulis subtùs basi albido striatis.

Papilio E. A. Menestheus, *alis caudatis, nigris, subtùs albido striato-maculatis : posticis lunulis rufis cœrulescentibusque*. Fab. *Syst. Entom. pag.* 454. *n°.* 46. — *Spec. Insect. tom.* 2. *pag.* 18. *n°.* 74. — *Mant. Insect. tom.* 2. *p.* 10. *n°.* 85. — *Entom. Syst. em. tom.* 3. *pars* 1. *p.* 31. *n°.* 91.

Drury, *Insect.* 2. *tab.* 9. *fig.* 1. 2.

Cram. *Pap.* 12. *p.* 72. *pl.* 142. *fig.* A. B.

Herbst, *Pap. tab.* 40. *fig.* 1. 2.

Il est de la grandeur du *Calchas*. Le dessus des ailes est noir, & traversé vers le milieu par une bande jaune, divisée en taches ovales sur les supérieures, continue & sinuée en dehors sur les inférieures. Les premières ailes ont en outre, sur le disque, un espace rougeâtre, assez grand; &, le long du bord postérieur, une rangée de points jaunes; le bord correspondant des secondes ailes offre une suite de sept taches, dont les cinq intermédiaires jaunes & lunulées, celle du bord antérieur & l'anale ocellées, très-noires, avec l'iris bleuâtre du côté de la base, rouge du côté opposé. Ces dernières ailes ont des dents obtuses & arrondies, avec une queue noire, assez longue, un peu en massue, & marquée vers son extrémité de deux croissans jaunes, opposés par la courbure. Les ailes de devant sont légèrement dentées, & les échancrures des unes & des autres sont bordées de jaune. Le dessous de ce Papillon diffère du dessus en ce que les parties jaunes sont beaucoup plus pâles; en ce que la base de chaque aile a une tache blanchâtre, rayonnée, s'étendant jusqu'à la bande; enfin, en ce que les ailes inférieures ont, entre cette même bande & les lunules marginales, une rangée transverse & arquée de taches oculaires d'un noir-velouté, ayant la moitié antérieure de l'iris bleuâtre, & l'autre moitié roussâtre. Le corps est noir.

Il se trouve sur une assez grande étendue de la côte occidentale de l'Afrique. Fabricius dit, mais sans fondement, qu'il habite les Indes orientales.

94. Papillon Thersandre.

Papilio Thersander.

Pap. alis obtusè caudatis, fuſcis, fuſciâ ſtrigiſque macularibus flavis : poſticis ſubtùs diſco brunneo, nigro lineato. Fab.

Papilio E. A. *Terſander.* Fab. *Ent. Syſt. em. tom.* 3. *pars* 1. *p.* 32. *n°.* 93.

Papilio Therſander. Jon. *Fig. pict.* 1. *tab.* 71.

Fabricius en donne la deſcription que voici :

Il eſt plus petit que le *Méneſthée.* Le deſſus des quatre ailes eſt d'un brun-noirâtre, avec une bande jaune, maculaire, ſur le milieu, & une raie également jaune & maculaire vers l'extrémité. Les ſecondes ailes ont une queue obtuſe, ou plutôt en maſſue. Le deſſous des ſupérieures eſt d'un brun-noirâtre, avec une bande blanche, formée par des taches. Le deſſous des inférieures eſt d'un brun-noirâtre à la baſe, puis traverſé par une raie blanche ; la partie qui vient enſuite eſt brune, avec des raies noires & une tache blanche, diſcoïdale ; l'extrémité offre une rangée de ſept lunules blanches.

Il ſe trouve à Sierra-Léone.

95. Papillon Ariſtor.

Papilio Ariſtor.

Pap. alis dentatis, nigris, maculis ſubmarginalibus flavis : anticis fuſciâ flavâ, maculari, incurvâ ; poſticis caudatis, lunulâ anali fulvâ.

Il eſt de moyenne taille & d'un noir-brun. Ses premières ailes ſont légèrement dentées, & traverſées, entre le milieu & le bout, par deux bandes jaunes, maculaires, dont l'antérieure courbée en dehors, la poſtérieure preſque droite. Les ſecondes ailes ont des dents obtuſes, avec une queue noire, de moyenne longueur & un peu en maſſue ; vers leur extrémité eſt une rangée tranſverſe & arquée de lunules jaunes, faiſant ſuite à la bande poſtérieure des premières ailes ; l'angle de l'anus offre une lunule fauve, ſurmontée d'un croiſſant d'atômes bleuâtres, peu prononcés. Le deſſous des ailes ſupérieures reſſemble au deſſus. Le deſſous des inférieures en diffère en ce que les lunules jaunes ſont plus grandes, plus pâles, ſurtout en dehors, & en ce qu'elles ſont précédées du côté de la baſe d'une rangée de croiſſans d'atômes bleuâtres ; en ce qu'il y a ſur le côté interne de ces mêmes croiſſans une ligne tranſverſe & arquée de cinq taches, dont les trois ſupérieures jaunes & en forme de points, les deux inférieures fauves, lunulées & plus grandes.

Il ſe trouve.....

96. Papillon Glaucus.

Papilio Glaucus.

Pap. alis dentatis, nebuloſo-fuſcis, maculis marginalibus flavis : poſticis caudatis : his ſubtùs anticè griſeis, vittâ fuſcâ, tranſverſâ, uncinatâ.

Papilio E. T. Glaucus, *alis ſubcaudatis, nebuloſis, concoloribus : primoribus maculâ flavâ; poſticis maculâ ani fulvâ.* Linn. *Syſt. Nat.* 2. *p.* 746. *n°.* 9. — *Muſ. Lud. Ulr. p.* 190.

Papilio E. T. Glaucus, *alis caudatis, fuſcis : poſticis cœruleo-nigris, angulo ani fulvo : ſubtùs lunulis flavis.* Fab. *Syſt. Entom. p.* 445. *n°.* 14. — *Spec. Inſect. tom.* 2. *pag.* 5. *n°.* 18. — *Mant. Inſect. tom.* 2. *p.* 3. *n°.* 18. — *Entom. Syſt. em. tom.* 3. *pars* 1. *p.* 4. *n°.* 11.

Clerk, *Icon. tab.* 24. *fig.* 1.

Cram. *Pap.* 12. *p.* 64. *pl.* 139. *fig.* A. B.

Herbst, *Pap. tab.* 17. *fig.* 1. 2.

Jon. *Fig. pict.* 1. *tab.* 45.

Sa taille eſt à peu près la même que celle du *Calchas*. Il a les ailes noirâtres, & ſaupoudrées de jaunâtre-obſcur, excepté près de la baſe & à l'extrémité. Les ſupérieures ont en outre, contre le milieu de la côte, une ou deux taches jaunâtres, en croiſſant. Ces ailes ſont légèrement dentées, liſerées de jaune aux échancrures, & coupées parallèlement au bord de derrière par une rangée de points de cette couleur. Les ſecondes ailes ſont dentées d'une manière obtuſe, bordées de jaune aux échancrures, & terminées par une queue noire, linéaire, aſſez longue ; leur limbe poſtérieur offre une rangée arquée de ſept lunules, dont les quatre intermédiaires jaunes, l'extérieure, l'anale & celle qui la précède immédiatement fauves ; entre ces lunules & le milieu eſt une bande maculaire d'atômes bleuâtres, s'étendant ſur l'angle interne des ailes ſupérieures. Le deſſous de celles-ci reſſemble au deſſus, mais il eſt plus pâle. Le deſſous des ſecondes ailes eſt griſâtre depuis la baſe juſqu'au-delà du milieu, avec une bandelette noirâtre, partant du bord d'en haut, jetant extérieurement un rameau arqué, & ſe terminant au bord interne par un petit crochet. A l'extrémité de ces ailes ſe reproduiſent, ſur un fond noir, les caractères du deſſus ; mais les lunules jaunes ont ici le milieu fauve ; la bande d'atômes bleuâtres eſt plus pâle, très-étroite, & précédée vers le bord interne d'un rang de quatre taches rouſſâtres, triangulaires ; l'eſpace qui ſépare les lunules marginales des atômes bleuâtres eſt finement ſablé de griſâtre. Le corps eſt noir, avec le ventre jaunâtre, & un chevron rouſſâtre ſur le devant du corſelet.

Il ſe trouve dans l'Amérique ſeptentrionale & à la Jamaïque.

97. Papillon Troilus.

Papilio Troilus.

Pap. alis dentatis, nigris, maculis marginalibus pallidè flavis ſeu vireſcenti-griſeis : poſticis caudatis, lunulâ anali fulvâ.

Papilio E. A. Troilus, *alis caudatis, nigris :*

anticis punctis marginalibus pallidis; posticis suprà pallido, subtùs fulvo maculatis. LINN. *Syst. Nat.* 2. *p.* 746. *n°.* 6. — *Mus. Lud. Ulr. p.* 187. *n°.* 6.

Papilio Troilus. FAB. *Syst. Entom. p.* 444. *n°.* 7. — *Spec. Inf. tom.* 2. *p.* 3. *n°.* 9. — *Mant. Inf. tom.* 2. *p.* 2. *n°.* 9. — *Ent. Syst. em. tom.* 3. *pars* 1. *p.* 4. *n°.* 10.

PETIV. *Mus.* 51. 523.

CRAM. *Pap.* 18. *p.* 25. *pl.* 207. *fig.* A. B. C.

DRURY, *Inf.* 1. *tab.* 11. *fig.* 2. 3. 5.

HERBST, *Pap. tab.* 17. *fig* 3. 4. (Le mâle.)

HERBST, *Pap. tab.* 20. *fig.* 2. (La femelle.)

Papilio Ilioneus. SMITH-ABBOT, *The Nat. Hist. of the rarer Lepidopt. Insects of Georgia, vol.* 1. *p.* 3. *tab.* 2.

Il est de moyenne taille. Ses quatre ailes sont légèrement dentées, noires, avec les échancrures jaunâtres. Les supérieures ont, le long du bord de derrière, une rangée de points d'un jaune-pâle; les inférieures ont, parallèlement à ce même bord, une suite de lunules du même jaune, ou d'un gris-verdâtre, suivant le sexe; entre ces lunules & le milieu de la surface est une bande transverse d'atômes bleuâtres, terminée au bord d'en haut par une tache fauve, arrondie, & à l'angle anal par une lunule de cette même couleur. Ces dernières ailes ont une queue noire, de moyenne longueur, tantôt linéaire, tantôt un peu élargie à son extrémité. Le dessous des ailes supérieures offre deux rangées marginales de taches jaunes. Le dessous des inférieures est brun depuis la base jusqu'au milieu, ensuite noir, avec deux rangées de lunules fauves, séparées par une bande d'atômes bleuâtres, correspondante à celle de la surface opposée, mais plus étroite; les lunules de la rangée supérieure sont plus grandes que les autres, & en outre bordées de jaune-pâle du côté qui regarde la base. Le corps est noir, avec des points roussâtres sur le devant du corselet, & une ligne longitudinale de points jaunes sur chaque côté de l'abdomen.

Il est des individus dont les ailes supérieures ont deux rangées de points jaunes en dessus.

La chenille, suivant Abbot, est lisse, d'un vert tendre, avec une ligne jaune, longitudinale, sur chaque côté, & le bas du ventre roussâtre; sa tête est jaune; sur le devant du dos sont quatre taches légèrement incarnates, dont les deux antérieures offrant chacune un œil noir à iris bleu; la partie postérieure du dos est ponctuée de noir. Elle vit sur le *laurier sassafras.* La chrysalide est grisâtre.

Il se trouve dans l'Amérique septentrionale & à la Jamaïque.

98. PAPILLON Cresphonte.

PAPILIO Cresphontes.

Pap. alis atris, fasciâ virescenti-flavâ: posticis caudatis: his subtùs ocello anali flavido pupillâ nigrâ.

Pap. E. A. Cresphontes, *alis caudatis, atris, fasciâ viridi: posticis subtùs fasciâ cœruleâ.* FAB. *Spec. Inf. tom.* 2. *p.* 10. *n°.* 88. — *Entom. Syst. em. tom.* 3. *pars* 1. *p.* 33. *n°.* 95.

Papilio Demolion. CRAM. *pap.* 8. *pag.* 140. *pl.* 89. *fig.* A. B.

HERBST, *Pap. tab.* 49. *fig.* 1. 2.

Il est de moyenne taille. Le dessus de ses ailes est d'un noir-foncé, & traversé vers le milieu par une bande d'un jaune-verdâtre, rétrécie & divisée en taches orbiculaires près du sommet des ailes supérieures. Les secondes ailes ont, parallèlement au bord de derrière, un rang de lunules de la couleur de la bande. Ces ailes sont dentées d'une manière très-obtuse, liserées de blanc aux échancrures, & terminées par une queue noire, de moyenne longueur & un peu en spatule. Le dessous de ce Papillon diffère du dessus, 1°. en ce qu'il est beaucoup plus pâle; 2°. en ce que la base des ailes supérieures offre des lignes longitudinales, & la base des inférieures des atômes d'un jaune-blanchâtre; 3°. en ce que les lunules marginales de ces dernières sont plus grandes, plus rapprochées & précédées antérieurement d'une raie maculaire bleuâtre, terminée au bord antérieur par une lunule jaunâtre, & à l'angle anal par un œil jaunâtre, à prunelle noire; cet œil s'aperçoit en dessus, mais il y est plus pâle & moins large. Le corps est noir en dessus, grisâtre en dessous.

Il se trouve dans l'île de Java.

99. PAPILLON Pélaüs.

PAPILIO Pelaus.

Pap. alis caudatis, atris: anticis fasciâ, posticis lunulis marginalibus albis punctisque duobus rubris. FAB.

Papilio Pelaus. FAB. *Syst. Entom. pag.* 444. *n°.* 9. — *Spec. Inf. tom.* 2. *p.* 4. *n°.* 12. — *Mant. Inf. tom.* 2. *p.* 2. *n°.* 12. — *Entom. Syst. em. tom.* 3. *pars* 1. *p.* 5. *n°.* 15.

N'ayant point vu cette espèce, nous traduisons la description que Fabricius en a donnée. Elle est petite. Ses antennes sont noires & obtuses; sa poitrine est pareillement noire, avec une tache d'un rouge-sanguin sur chaque côté. Les premières ailes sont dentées, semblables de part & d'autre, d'un noir-brun, avec une bande blanche, presque maculaire sur le milieu, & des lunules de cette couleur, très-petites, le long du bord de derrière. Le dessus des secondes ailes est d'un noir-foncé, avec des lunules blanches, plus grandes, & deux points rouges. Leur dessous offre, au-delà du milieu, une rangée de six points rouges, &, près du bord postérieur, une rangée de lunules blanches; ce bord est denté & terminé par une queue.

Il ſe trouve dans l'Inde.

100. Papillon Torquatus.

Papilio Torquatus.

Pap. alis atris : anticis faſciis duabus, poſticis diſco lunuliſque marginalibus, flavis : his caudatis, punctorum rubrorum ſtrigâ intermediâ.

Papilio Torquatus. Cram. *Pap.* 15. *p.* 123. *pl.* 177. *fig.* A. B.

Herbst, *Pap. tab.* 45. *fig.* 5. 6.

Il eſt à peu près de la grandeur du *Creſphonte*, & d'un noir-foncé en deſſus. Ses premières ailes ont deux bandes d'un jaune d'ocre pâle : l'une diſpoſée obliquement en face du ſommet; l'autre placée ſur le milieu du bord interne parallèlement au bord poſtérieur, mais n'atteignant pas la précédente. Les ſecondes ailes ſont traverſées, entre le milieu & la baſe, par une bande d'un jaune d'ocre pâle, aſſez large, arrondie en dehors; à l'extrémité de ces ailes eſt une rangée de lunules également jaunes, ſéparée de la bande par une ſuite de cinq ou ſix points d'un rouge-carmin obſcur; l'angle anal eſt en outre ſurmonté d'une lunule du même rouge; le bord poſtérieur a des dents obtuſes & très-courtes, avec les échancrures d'un jaune-pâle & une queue noire, aſſez longue, un peu en ſpatule. Le deſſous des quatre ailes offre tous les caractères du deſſus, mais il eſt plus pâle; les ailes ſupérieures ont de plus, à la baſe, une tache blanchâtre, finement rayonnée, &, ſur la partie inférieure du bord de derrière, une ligne ponctuée, également blanchâtre; les points rouges des ſecondes ailes ſont remplacés ici par des lunules d'un rouge-fauve; &, entre celles-ci & les lunules jaunes marginales, il y a une rangée de croiſſans bleuâtres, très-petits. Le corps eſt noir en deſſus, jaunâtre en deſſous; le corſelet eſt ponctué de blanchâtre à ſa partie antérieure.

Il ſe trouve à la Guyane & au Bréſil.

101. Papillon Pandroſus.

Papilio Pandroſus.

Pap. alis atris, faſciâ communi poſticarumque lunulis marginalibus, flavis : his caudatis, punctorum rubrorum ſtrigâ intermediâ.

Il ſe diſtingue du *Torquatus*, 1°. en ce qu'il eſt toujours un peu plus grand; 2°. en ce que les ailes ſupérieures n'ont qu'une bande jaune, placée ſur le milieu du bord interne, & allant toujours en diminuant de largeur juſqu'au ſommet; 3°. en ce que la bande des ailes inférieures eſt moins large, droite en dehors; en ce que leurs lunules marginales ſont plus grandes, les dents de leur bord poſtérieur plus prononcées, preſqu'aiguës; en ce que les échancrures ſont à peine liſerées de jaune-pâle, tandis qu'au contraire la queue a une légère bordure de cette couleur; 4°. en ce que les lunules rouges du deſſous de ces mêmes ailes ſont plus vives, & les croiſſans bleus plus obſcurs.

Il ſe trouve auſſi à la Guyane & au Bréſil.

102. Papillon Aſtyale.

Papilio Aſtyalus.

Pap. alis atris, faſciâ communi latâ poſticarumque lunulis marginalibus, flavis : his caudatis, lunulâ anali rubrâ, atomis cœruleſcentibus ſubmiſſâ.

C'eſt un des grands de la troiſième taille. Le deſſus de ſes ailes eſt d'un noir-foncé, & traverſé dans ſon milieu par une large bande d'un jaune d'ocre. Cette bande eſt coupée ſur les ailes ſupérieures par de fines nervures noires, & précédée intérieurement, près de la côte, par deux taches jaunes, placées l'une au-deſſus de l'autre. Les ſecondes ailes ont, parallèlement au bord poſtérieur, un rang de lunules jaunes, dont les quatre inférieures plus grandes; il y a en outre à l'angle anal une lunule d'un rouge-fauve, ſurmontée d'un groupe d'atômes bleuâtres. Ces ailes ont des dents arrondies, avec une queue noire, aſſez large & un peu en ſpatule; les échancrures ſont jaunes de part & d'autre. Le deſſous des ailes ſupérieures reſſemble au deſſus, mais il a la baſe rayée de jaune-pâle, & le limbe de derrière entre-coupé de gros points de cette couleur. Le deſſous des ſecondes ailes eſt jaune depuis la baſe juſqu'au-delà du milieu, enſuite noir, avec trois rangs de lunules, dont les antérieures rouſſâtres, les intermédiaires bleuâtres, les poſtérieures jaunes & extrêmement grandes; la tache anale eſt ici de la même forme & de la même couleur que du côté oppoſé. Le corps eſt noir en deſſus, jaunâtre en deſſous; le devant du corſelet a des points de cette dernière couleur.

Il ſe trouve au Bréſil.

103. Papillon Thoas.

Papilio Thoas.

Pap. alis ſuprà nigris, faſciâ communi lunuliſque ſubmarginalibus flavis : poſticis caudatis : his ſubtùs maculâ diſcoidali ferrugineâ.

Papilio E. A. Thoas, *alis caudatis, ſuprà nigris, faſciis duabus flavis, interruptis : ſubtùs flavis faſciâ cœruleâ.* Linn. *Mant. Alt. p.* 536.

Papilio E. A. Thoas, *alis caudatis, nigris, flavo-faſciatis; poſticis ſubtùs flavis, faſciâ nigrâ lunuliſque cyaneis.* Fab. *Syſt. Entom. p.* 454. *n°.* 48. — *Spec. Inſ. tom.* 2. *p.* 19. *n°.* 76. — *Mant. Inſ. tom.* 2. *p.* 10. *n°.* 87. — *Entom. Syſt. em. tom.* 3. *pars* 1. *p.* 32. *n°.* 94.

Drury, *Inſ.* 1. *tab.* 22. *fig.* 1. 2.

Seba, *Muſ.* 4. *tab.* 38. *fig.* 6. 7.

Papilio Thoas. CRAM. *Pap.* 14. *p.* 108. *pl.* 167. *fig.* A. B.

α. *Papilio Cresphontes.* CRAM. *Pap.* 14. *p.* 106. *pl.* 165. *fig.* A.

Papilio Thoas. HERBST, *Pap. tab.* 40. *fig.* 3. 4.

Papilio Cresphontes. HERBST, *Pap. tab.* 39. *fig.* 1-3.

Le Feftonné. DAUBENTON, *Pl. enlum.* 69.

Il eft de feconde taille. Le deffus de fes ailes eft noir, & traverfé vers le milieu par une bande d'un jaune d'ocre vif. Cette bande eft divifée fur les premières ailes en taches oblongues, dont la troifième, à partir de la côte, plus prolongée vers la bafe & profondément échancrée à fa partie antérieure. Les premières ailes ont en outre, près de l'angle interne, une rangée tranfverfe de quatre lunules jaunes, atteignant la bande. Les fecondes ailes ont, entre le milieu & l'extrémité, une rangée courbe de fix lunules femblables, mais plus grandes; il y a en outre à l'angle de l'anus un croiffant d'un rouge-fauve, furmonté d'un groupe d'atômes bleuâtres; le bord poftérieur de ces ailes a des dents courtes & arrondies, avec une queue noire, affez longue, en fpatule, & marquée de part & d'autre, près du bout, d'une tache jaune, ovale, difpofée longitudinalement; les échancrures font également jaunes. Le deffous des ailes fupérieures diffère du deffus, en ce que la bafe offre une tache jaunâtre, rayonnée, & en ce que les lunules de l'angle interne s'étendent jufqu'au fommet. Le deffous des ailes inférieures eft jaune depuis la bafe jufqu'au milieu, enfuite noir, avec une tache difcoïdale ferrugineufe, & deux rangées de lunules, dont les antérieures bleuâtres & étroites, les poftérieures jaunâtres & extrêmement grandes; la tache anale eft ici à peu près de la même forme & de la même couleur que du côté oppofé. Le corps eft noir en deffus, jaunâtre en deffous; le corfelet a des points & deux lignes longitudinales de cette dernière couleur.

Le *Crefphontes* de Cramer reffemble tellement au *Thoas* qu'à peine mérite-t-il d'en être diftingué comme variété.

Il fe trouve au Bréfil, aux Antilles & dans plufieurs contrées des Etats-Unis.

104. PAPILLON Témène.

PAPILIO Temenes.

Pap. alis fuprà fufcis, fafciis duabus macularibus flavis; anticarum decuffatis : pofticis caudatis : his fubtùs flavidis, fafciâ cyaneâ, flexuofâ, mediâ.

Il eft de moyenne taille, d'un brun-noirâtre en deffus, avec deux bandes tranfverfes d'un jaune d'ocre pâle. Les deux bandes des premières ailes font étroites, maculaires, & difpofées en fautoir entre le milieu de la furface & l'extrémité. La bande antérieure des fecondes ailes eft continue, affez large & peu diftante de la bafe; la poftérieure, compofée de lunules, eft fituée entre le milieu & le bord d'en bas. Ce bord a des dents arrondies & une queue noire, obtufe, étroite, de médiocre longueur & liferée de jaune; cette couleur eft auffi celle des échancrures; l'angle anal offre en outre une lunule fauve que furmonte un groupe d'atômes bleuâtres. Le deffous des quatre ailes eft d'un jaune-terne, avec un grand arc & une raie tranfverfe noirâtres fur les fupérieures; des lunules marginales, également noirâtres, fur les inférieures, dont le milieu eft traverfé par une ligne flexueufe d'un bleu-pâle, bordée de noir intérieurement, & auffi extérieurement près de l'angle de l'anus; la queue eft ici tout-à-fait jaune, & la lunule fauve de l'angle anal eft moins vive que du côté oppofé. Le corps eft noir en deffus, jaunâtre en deffous.

Il fe trouve aux Antilles & dans l'Amérique feptentrionale.

105. PAPILLON Lycoræus.

PAPILIO Lycoræus.

Pap. alis fuprà fufcis : anticis fafciâ fefquialterâ, pofticis unicâ, flavis; his caudatis, lunulis rufefcentibus ocelloque anali, atomis cœrulefcentibus adjectis.

C'eft un des grands de la troifième taille. Il a le deffus des ailes d'un brun tirant fur le noirâtre. Les fupérieures ont deux bandes jaunes, tranfverfes : l'une fur le milieu, atteignant la côte & le bord interne; l'autre en face du fommet, beaucoup plus courte; il y a en outre le long du bord poftérieur une ligne jaune, un peu flexueufe; ce bord eft très-légèrement denté & liferé de blanchâtre aux finus. Les fecondes ailes font traverfées dans leur milieu par une bande jaune, large, partant du bord antérieur, arrondie fur le côté externe, droite fur le côté interne, mais terminée près de l'angle anal par un crochet tortueux, audeffous duquel eft une tache oculaire d'un noir-foncé, ayant l'iris d'un rouge-fauve & furmonté d'un croiffant d'atômes bleuâtres, qu'accompagnent en dehors deux ou trois autres croiffans femblables; indépendamment de ces caractères, il y a fur le limbe poftérieur une rangée de lunules d'un jaune-rouffâtre, plus ou moins foncé. Ces ailes font fortement dentées, blanchâtres aux échancrures, & terminées par une queue noirâtre, affez longue, large, en fpatule, marquée à fon extrémité d'une tache jaune, ovale & difpofée longitudinalement; la dent qui précède cette queue, du côté du corps, eft plus étroite & plus prolongée que les autres. Le deffous des ailes fupérieures eft d'un jaune-pâle, avec deux bandes tranfverfes noirâtres; le bord eft également noirâtre & précédé vis-à-vis du fommet d'une ligne courbe de cette couleur. Le dessous des secondes ailes est aussi d'un jaune-pâle, avec une bordure noire, très-large, sur laquelle sont deux rangs de taches, dont les antérieures bleuâtres & formées par des atômes, les marginales roussâtres & lunulées; l'œil de l'angle de l'anus & la queue ont ici les mêmes couleurs que du côté opposé. Le corps est jaunâtre, avec une bande noirâtre, longitudinale, sur le dos.

Il se trouve en Amérique.

106. PAPILLON Déiphobe.

PAPILIO Deiphobus.

Pap. alis caudatis, nigris : subtùs basi rubro maculatis; posticis maculis septem rubris, subannularibus. LINN.

Papilio Deiphobus. LINN. *Syst. Nat.* 2. *p.* 746. *n°.* 7. — *Mus. Lud. Ulr. p.* 188. *n°.* 7. (Le mâle.)

FAB. *Syst. Entom. p.* 444. *n°.* 8. — *Spec. Inf. tom.* 2. *p.* 3. *n°.* 10. — *Mant. Inf. tom.* 2. *p.* 2. *n°.* 11. — *Entom. Syst. em. tom.* 3. *pars* 1. *p.* 5. *n°.* 14.

PETIV. *Gazoph. tab.* 11. *fig.* 8.

EDW. *Av. tab.* 346.

CLERK, *Icon. tab.* 25. *fig.* 1. 2.

SEBA, *Mus.* 4. *tab.* 47. *fig.* 5. 6.

Papilio Deiphobus. HERBST, *Pap. tab.* 18. *fig.* 2. 3. (Le mâle.)

Papilio Alcandor. HERBST, *Pap. tab.* 16. *fig.* 2. (La femelle.)

Papilio Deiphobus. CRAM. *Pap.* 16. *p.* 129. *pl.* 181. *fig.* A. B. (Le mâle.)

Papilio Alcandor. CRAM. *Pap.* 4. *p.* 64. *pl.* 40. *fig.* A. B. (La femelle.)

DONOW. *Gen. Illust. of Entom. Suppl. pl.* 2. *fig.* 2. (Le mâle.)

Il est grand. Le mâle est d'un noir assez foncé, avec des raies cendrées, courtes, disposées longitudinalement vers l'extrémité des quatre ailes en dessus & des ailes supérieures en dessous. La femelle, que Cramer & Herbst ont figurée sous le nom d'*Alcandor*, est d'un noir-brun, avec des raies blanchâtres, très-alongées, sur les deux surfaces des premières ailes. Les secondes ailes ont de part & d'autre, sur le milieu, une tache d'un blanc-jaunâtre, palmée, assez grande; &, le long du bord postérieur en dessus, six taches jaunes lunulées, y compris celle de l'angle anal. Dans l'un & l'autre sexe, ce même bord offre en dessous un rang de sept taches rouges, & quelquefois jaunes, dont les quatre extérieures en forme de croissans irréguliers, & plus ou moins saupoudrées de blanc, les trois autres à peu près en forme d'anneaux; celle qui avoisine la tache de l'angle de l'anus est assez ordinairement surmontée, dans le mâle, d'un quadrilatère de sa couleur; indépendamment de ces taches, il y en a une rouge, oblongue, à la base des ailes supérieures, & trois ou quatre semblables, mais plus petites, à la base des inférieures. Ces dernières ailes sont dentées d'une manière obtuse, liserées de blanc aux échancrures, & terminées par une queue noire, de moyenne longueur, large, en spatule.

Il se trouve aux Moluques.

107. PAPILLON Achate.

PAPILIO Achates.

Pap. alis subconcoloribus, nigris : anticis basi maculâ rubrâ aut flavâ; posticis caudatis, disco maculâ albâ, palmatâ.

Papilio E. T. Achates, *alis caudatis, subconcoloribus, nigris, basi rufis : posticis maculâ octuplici albâ.* FAB. *Spec. Inf. tom.* 2. *p.* 5. *n°.* 19. — *Mant. Inf. tom.* 2. *p.* 3. *n°.* 19. — *Ent. Syst. em. tom.* 3. *pars* 1. *p.* 9. *n°.* 24.

CRAM. *Pap.* 16. *p.* 130. *pl.* 182. *fig.* A. B. (La femelle.)

CRAM. *Pap.* 21. *p.* 84. *pl.* 243. *fig.* A. (Le mâle.)

SULZER, *Inf. edit.* RŒM. *tab.* 12. *fig.* 2.

HERBST, *Pap. tab.* 15. *fig.* 1.

β. *Pap.* E. T. Alphenor, *alis caudatis, concoloribus, fuscis, basi atris : maculâ anticarum rufâ, posticarum albâ.* FAB. *Spec. Inf. tom.* 2. *p.* 4. *n°.* 11.

Papilio Alphenor. HERBST, *Pap. tab.* 16. *fig.* 1.

β'. *Papilio Alcanor.* CRAM. *Pap.* 14. *p.* 107. *pl.* 166. *fig.* A.

Il a le port du *Déiphobe*, mais il est un peu moins grand. Ses premières ailes sont d'un noir-brun de part & d'autre, avec des raies plus claires le long des nervures; à leur base est une tache triangulaire, d'un jaune d'ocre dans le mâle, d'un rouge-vermillon dans la femelle. Les secondes ailes sont d'un noir-velouté, avec une tache blanche, très-grande, disposée longitudinalement sur le milieu, & divisée en huit par de larges veines d'un noir-brun; leur bord postérieur est denté comme dans le *Déiphobe*, mais les échancrures ont la partie antérieure jaune ou rouge, suivant le sexe, & la queue est un peu plus longue & plus large à son extrémité; l'angle de l'anus est aussi de la couleur des échancrures, avec une tache plus ou moins grande. Le dessous de ces dernières ailes ne diffère du dessus que parce que la base offre trois à quatre taches jaunes ou rougeâtres, & parce que les échancrures, comprises entre le sommet & la queue, sont blanchâtres. Le corps est noir, avec les côtés de l'abdomen jaunes ou roussâtres, des points blancs

blancs ſur le devant du corſelet & ſur les parties latérales de la poitrine.

Le Papillon que Fabricius a donné ſous le nom d'*Alphenor*, & Cramer ſous celui d'*Alcanor*, n'eſt qu'une variété dans laquelle la tache triangulaire des premières ailes eſt d'un rouge plus pâle, tandis que le fond qui l'entoure eſt d'un noir plus décidé; dans laquelle enfin la tache blanche palmée du milieu des ſecondes ailes eſt beaucoup moins grande.

On le trouve en Chine, ſur la côte de Coromandel & dans l'île de Java.

108. PAPILLON Hypénor.

PAPILIO Hypenor.

Pap. alis anguſtatis, concoloribus : anticis ovatis, fuſcis ; poſticis caudatis, atris, maculâ baſeos palmatâ lunuliſque marginalibus nitenti-albis.

Il ſe diſtingue de l'*Achate* en ce qu'il a les quatre ailes beaucoup plus étroites; en ce que les ſupérieures ſont elliptiques, plus pâles & ſans tache à la baſe; en ce que les inférieures ſont d'un noir plus intenſe; en ce que leur tache blanche palmée eſt luiſante & placée à la baſe; en ce que leur extrémité offre en outre une rangée courbe de cinq lunules d'un blanc-luiſant; en ce que les trois dents extérieures du bord ſont plus aiguës, les deux intérieures plus rondes & d'un jaune-foncé; en ce que la queue eſt plus étranglée à ſon origine; enfin, en ce que le deſſous des ſecondes ailes n'a ni rouge, ni jaune à la baſe, & en ce que les côtés du ventre ſont ponctués de noir.

Il ſe trouve dans l'île de Java.

109. PAPILLON Coon.

PAPILIO Coon.

Pap. alis caudatis, concoloribus : anticis fuſcis ; poſticis nigris, baſi albo maculatis maculâque duplici anguli ani flavâ. FAB.

Papilio Coon. FAB. *Entom. Syſt. em. tom.* 3. *pars* 1. *pag.* 10. *n°.* 27.

Papilio Coon. JON. *Fig. pict.* 1. *tab.* 36.

Fabricius le décrit ainſi : il eſt grand. Ses premières ailes ſont d'un brun-noirâtre & ſans taches de part & d'autre. Les inférieures ſont noires, dentées, terminées en queue; à leur baſe ſont des taches blanches, mais plus petites vers le bord antérieur; l'angle de l'anus offre deux taches d'un jaune gai & dont la ſupérieure en forme de croiſſant. Le deſſous des ailes reſſemble au deſſus.

Il ſe trouve en Chine.

110. PAPILLON Ulyſſe.

PAPILIO Ulyſſes.

Pap. alis caudatis, nigris, diſco cæruleo radiante : poſticis ſubtùs ocellis ſeptem. LINN.

Papilio Ulyſſes. LINN. *Syſt. Nat.* 2. *p.* 748. *n°.* 21. — *Muſ. Lud. Ulr. p.* 201. *n°.* 20. (Le mâle.)

FAB. *Syſt. Entom. p.* 450. *n°.* 33. — *Spec. Inſ. tom.* 2. *p.* 18. *n°.* 52. — *Mant. Inſ. tom.* 2. *p.* 7. *n°.* 58. — *Entom. Syſt. em. tom.* 3. *pars* 1. *p.* 23. *n°.* 67.

CLERK, *Icon. tab.* 23. *fig.* 1.

SEBA, *Muſ.* 4. *tab.* 46. *fig.* 9. 10.

CRAM. *Pap.* 11. *p.* 37. *pl.* 121. *fig.* A. B.

HERBST, *Pap. tab.* 51. *fig.* 1. 2.

Papilio E. A. Diomedes, *alis caudatis, nigris, ſuprà introrſum viridibus : poſticis lunulis cyaneis.* LINN. *Syſt. Nat.* 2. *p.* 749. *n°.* 23. — *Muſ. Lud. Ulr. p.* 203. *n°.* 22. (La femelle.)

FAB. *Syſt. Entom. p.* 450. *n°.* 35. — *Spec. Inſ. tom.* 2. *p.* 14. *n°.* 54. — *Mant. Inſ. tom.* 2. *p.* 7. *n°.* 60. — *Entom. Syſt. em. tom.* 3. *pars* 1. *p.* 23. *n°.* 68.

SEBA, *Muſ.* 4. *tab.* 47. *fig.* 11. 12.

CRAM. *Pap.* 11. *p.* 38. *pl.* 122. *fig.* A.

HERBST, *Pap. tab.* 50. *fig.* 1.

DONOW. *Gen. Illuſt. of Entom. an Epitome of the Nat. Hiſt. Inſ. of India*, *n°.* 4. *pl.* 3.

L'*Ulyſſe* & le *Diomède* ont été juſqu'ici ſéparés l'un de l'autre. Nous les réuniſſons parce que nous avons été bien à même de nous convaincre qu'ils ne forment qu'une ſeule & même eſpèce, dont le premier eſt le mâle & le ſecond la femelle.

La taille de cette eſpèce eſt auſſi un peu moins grande que celle du *Déiphobe*. Le deſſus de ſes ailes eſt d'un noir-velouté, avec une tache d'un bleu d'azur, devenant violette ou verte, ſelon la poſition dans laquelle on l'examine. Cette tache s'étend de la baſe des quatre ailes juſqu'au-delà du milieu, & ſon côté poſtérieur eſt échancré, mais d'une manière uniforme ſur les premières ailes du mâle, où chaque échancrure eſt en outre occupée par une tache d'un noir-brun, luiſante, lancéolée, pointue à ſes deux extrémités; il y a encore près du bord antérieur de ces mêmes ailes un point noir, aſſez gros; on le voit auſſi dans la femelle. Celle-ci a la tache bleue des ſecondes ailes moins grande, mais en revanche le bord d'en bas offre un rang de lunules de cette couleur. Ce bord eſt denté, liſeré de blanc aux échancrures, & terminé par une queue noire, en ſpatule, aſſez longue. Le deſſous des deux ſexes eſt d'un brun-foncé dans la partie qui correſpond à la tache bleue du deſſus, & d'un brun plus clair vers le bout, avec une bande tranſverſe d'un gris de perle ſur les ailes ſupérieures. Les ailes inférieures ont le milieu traverſé par une bande d'atômes du même gris, & parallèlement à leur bord poſtérieur il y a une ſuite de ſept taches plus ou moins arrondies dont les six extérieures d'un brun-verdâtre, & celle de l'angle anal roussâtre; toutes ces taches sont bordées de noir en dehors, & en dedans par un arc d'un bleu-violet, pointillé de blanc. Le corps est noir, & couvert en dessus d'atômes d'un vert-doré.

Il y a des femelles dont la partie bleue des premières ailes a le milieu interrompu par un espace noir, arrondi & très-grand.

On voit, dans la collection du Muséum d'histoire naturelle de Paris, un individu qui a les ailes du côté gauche semblables à celles du mâle, & les ailes du côté droit semblables à celles de la femelle. Nous avons la certitude qu'il n'est point factice. Ce phénomène n'est pas nouveau pour nous : nous avons trouvé deux fois, aux environs de la capitale, un *Sphinx du peuplier* qui avoit, du moins extérieurement, les caractères d'un hermaphrodite.

Elle habite l'île d'Amboine.

111. PAPILLON Péranthus.

PAPILIO Peranthus.

Pap. alis dentatis, nigris, basi suprà cœrulescenti-viridibus : posticis caudatis; his infrà lunulis rufescentibus serie digestis.

Papilio E. T. Peranthus, *alis dentato-caudatis, nigris, suprà basi viridibus, subtùs apice pallidis : posticis lunulis septem fulvis.* FAB. *Entom. Syst. em. tom.* 3. *pars* 1. *p.* 15. *n°.* 44.

Il est de troisième taille. Le dessus de ses quatre ailes est d'un vert-bleu brillant depuis la base jusqu'au milieu, ensuite noir, avec trois lunules d'atômes verts près de l'angle anal des inférieures, & une bande transverse d'atômes semblables, vis-à-vis du sommet des supérieures. Celles-ci ont en outre, vers l'extrémité du bord interne, trois taches d'un noir-brun, luisantes, longitudinales & lancéolées, absolument comme celles qu'on voit dans le mâle de l'*Ulysse*. Les premières ailes sont légèrement dentées; les secondes ont des dents arrondies & obtuses, avec une queue noire, en spatule, de moyenne longueur; les échancrures des unes & des autres sont liserées de blanc de part & d'autre. Le dessous des quatre ailes est brun, avec des atômes jaunâtres, & l'extrémité d'un cendré-grisâtre; près du milieu de la côte des supérieures il y a une espèce de croissant grisâtre, plus ou moins grand, & parallèlement au bord des inférieures un cordon de sept lunules roussâtres, très-petites, dont la plus extérieure divisée par une ligne blanche, transversale; toutes ces lunules sont précédées en dehors par un petit croissant d'atômes bleuâtres, & l'angle de l'anus offre en outre une tache ocellée jaunâtre, à prunelle noirâtre. Le corps est noir, avec des atômes d'un vert-doré en dessus, & des atômes grisâtres en dessous; les antennes sont noires; la bouche est blanche.

Nous ignorons si la femelle a les mêmes caractères que le mâle.

Il se trouve dans l'île de Java & à la Cochinchine.

N. B. La description que nous venons de donner convient parfaitement au *Peranthus* de Fabricius; cependant la phrase spécifique de cet auteur semble annoncer que les dents des ailes inférieures sont alongées & linéaires : s'est-il trompé ou a-t-il décrit un individu défectueux ?

112. PAPILLON Palinure.

PAPILIO Palinurus.

Pap. alis caudatis, nigris, atomis viridi-aureis fasciâque communi cœruleo-viridi. FAB.

Papilio Palinurus. FAB. *Mant. Ins. tom.* 2. *p.* 2. *n°.* 10. — *Ent. Syst. em. tom.* 3. *pars* 1. *p.* 5. *n°.* 12.

Fabricius le décrit ainsi : il est de moyenne taille & d'un noir-foncé en dessus. Son corps est ponctué de vert-doré; ses ailes sont parsemées d'une multitude d'atômes verts & traversées dans toute leur étendue par une bande d'un vert-bleu, assez large; les inférieures ont des dents & une queue en spatule. Le dessous des quatre ailes est noir & pointillé de blanc; les premières ont l'extrémité cendrée; les secondes ont des taches fauves marginales, presqu'en forme d'yeux.

Il se trouve à Tranquebar.

113. PAPILLON Crino.

PAPILIO Crino.

Pap. alis fuscis, viridi-pulverulentis fasciâque posticâ cœruleo-virescenti : posticis caudatis : his subtùs lunulis cinereis, cœrulescentibus, fulvis viridibusque.

Papilio E. T. Crino, *alis caudatis, nigris, atomis viridi-aureis, fasciâ communi cœruleo-viridi : posticis subtùs lunulis viridibus, cœruleis cinereisque.* FAB. *Entom. Syst. em. tom.* 3. *pars* 1. *p.* 5. *n°.* 13.

JON. *Fig. Pict.* 1. *tab.* 53.

Papilio Regulus. STOLL, *Pap. Suppl. à* CRAM. 5. *p.* 175. *pl.* 41. *fig.* 1.

Il est de la taille du *Palinure*, avec lequel il a de très-grands rapports; mais la bande verte qui le traverse près de l'extrémité est étroite, notamment sur les ailes supérieures, & elle jette sur les inférieures un reflet bleu, très-vif; l'angle anal de ces dernières offre en outre une tache oculaire rougeâtre, dont la prunelle est noire & le devant de l'iris bordé par un arc d'un bleu-lilas. Le dessous des quatre ailes est brun, au lieu d'être noir, & les atômes dont il est parsemé sont jaunâtres ; enfin, le bord postérieur des secondes ailes est divisé par trois rangs de lunules, dont les supérieures cendrées ; les intermédiaires d'un bleu-lilas, les suivantes fauves & précédées en dehors par une suite de croissans d'atômes verts, se détachant sur du noir. La tache oculaire de l'angle de l'anus est absolument ici comme du côté opposé.

Il se trouve en Afrique.

114. Papillon Phorcas.

Papilio Phorcas.

Pap. alis dentatis, suprà nigris, fasciâ viridi, mediâ : posticis caudatis : his subtùs punctis marginalibus albidis.

Papilio Phorcas. Cram. *Pap.* 1. *pl.* 1. *fig.* B. C.

Herbst, *Pap. tab.* 48. *fig.* 5. 6.

Il est de moyenne taille, noir en dessus, & traversé dans son milieu par une bande verte, un peu pâle, large, sinuée en dehors, terminée en pointe sur les ailes inférieures, interrompue près de la côte des supérieures, & de plus précédée en face de leur sommet par un point vert oblong. Ces ailes ont le bord postérieur légèrement denté ; les secondes ont des dents obtuses & arrondies, avec une queue noire, assez longue & en spatule. Le dessous de ce Papillon diffère du dessus, en ce que le fond est d'un brun-noirâtre, & la bande transverse d'un blanc-verdâtre luisant ; en ce que le bord postérieur de chaque aile est précédé d'un rang de points blanchâtres, qu'on aperçoit plus ou moins sur la surface opposée ; enfin, en ce que le disque des secondes ailes offre trois points de la couleur de la bande, & la spatule de la queue deux taches blanchâtres. Le corps est noir, avec la tête & le devant du corselet ponctués de grisâtre ; les antennes sont tout-à-fait noires.

Il se trouve en Afrique, particulièrement à la côte de Guinée & à la Côte-d'Or.

115. Papillon ? Lavinius.

Papilio Lavinius.

Pap. alis caudatis, nigris, viridi fasciatis : subtùs argentatis, strigis fulvis. Fab.

Papilio E. A. Lavinia. Fab. *Syst. Entom. p.* 450. *n°.* 32. — *Sp. Inf. tom.* 2. *p.* 13. *n°.* 49. — *Mant. Inf. tom.* 2. *p.* 7. *n°.* 55. — *Entom. Syst. em. tom.* 3. *pars* 1. *p.* 22. *n°.* 64.

N'ayant point vu cette espèce, nous ne la laissons que conditionnellement dans le genre *Papillon*, où Fabricius l'a placée.

Elle a le corps noir, avec les palpes blancs. Ses premières ailes sont dentées, noires, avec une bande verte, formée par cinq taches oblongues, & trois taches également vertes, plus petites, placées entre cette bande & la côte. Le dessous de ces ailes, mélangé de fauve, de blanc & d'argenté, offre, près du bord antérieur, une petite bande noire sur laquelle sont deux petites lignes, l'une blanche & bifide, l'autre bleue & en zig-zag. Les secondes ailes sont en queue, noires, avec deux bandes vertes, dont une entière, placée à la base, l'autre composée de sept taches, placée à l'extrémité ; l'angle de l'anus est fauve. Le dessous de ces mêmes ailes est argenté, avec trois raies fauves, transverses, une bande blanche sur le milieu, le bord postérieur fauve & terminé par une raie blanche, très-étroite.

Il est d'Amérique.

116. Papillon Pâris.

Papilio Paris.

Pap. alis nigris, aureo-viridi pulverulentis : posticis caudatis, maculâ cyaneâ (mas) : *his infrà maculis septem marginalibus ocellatis.*

Papilio E. T. Paris, *alis caudatis, nigris : posticis maculâ cyaneâ ocelloque purpureo ; subtùs ocellis septem.* Linn. *Syst. Nat.* 2. *p.* 745. *n°.* 3. — *Mus. Lud. Ulr. p.* 184. *n°.* 3. (Le mâle.)

Fab. *Syst. Entom. p.* 442. *n°.* 1. — *Spec. Inf. tom.* 2. *p.* 1. *n°.* 1. — *Mant. Inf. tom.* 2. *p.* 1. *n°.* 1. — *Entom. Syst. em. tom.* 3. *pars* 1. *p.* 1. *n°.* 1.

Clerk, *Icon. tab.* 13. *fig.* 1.

Knorr, *Del. tab.* 63. *fig.* 1.

Drury, *Inf. tab.* 12. *fig.* 1.

Cram. *Pap.* 9. *p.* 9. *pl.* 103. *fig.* A. B.

Herbst, *Pap. tab.* 14. *fig.* 1. 2.

Papilio E. T. Bianor, *alis caudatis, subconcoloribus, nigris : posticis lunulis quinque rufis.* Fab. *Sp. Inf. tom.* 2. *p.* 1. *n°.* 2. — *Mant. Inf. tom.* 2. *p.* 1. *n°.* 2. — *Entom. Syst. em. tom.* 3. *pars* 1. *p.* 1. *n°.* 2. (La femelle.)

Papilio Bianor. Cram. *Pap.* 9. *p.* 10. *pl.* 103. *fig.* C.

Le *Paris* & le *Bianor* ne forment qu'une seule & même espèce, dont l'envergure est d'environ quatre pouces & demi. Le dessus de ses ailes est d'un noir-brun, sablé de vert-doré ; les inférieures ont des dents arrondies & obtuses, avec une queue noire, large, en spatule, & couverte d'atômes comme le reste de la surface. Le mâle, ou le *Paris* des auteurs a, près du sommet de ces dernières ailes, une tache d'un bleu d'azur, chatoyante, assez grande, arrondie du côté de la base, sinuée en dehors, liée au bord interne par deux bandes transverses & parallèles d'atômes plus clairs & plus brillans que les autres. La femelle, ou le *Bianor*, n'a qu'un reflet bleu vers le sommet des secondes ailes : dans l'un & l'autre sexe l'angle anal est marqué d'une tache oculaire dont la prunelle est noire, l'iris d'un rouge-fauve & saupoudré antérieurement de violâtre. Le dessous des ailes est brun, & parsemé d'atômes cendrés depuis la base jusqu'au milieu; vers l'extrémité des supérieures est une bande transverse, plus ou moins large, formée par des raies grisâtres, longitudinales ; l'extrémité des secondes ailes offre une rangée de sept taches semblables à celles de l'angle de l'anus, mais les cinq extérieures ne sont que demi-oculaires, & il arrive assez souvent qu'on les aperçoit en dessus dans la femelle; les échancrures du bord postérieur sont blanches de part & d'autre. Le corps est noir, & sablé de vert-doré en dessus.

Elle se trouve en Chine.

117. Papillon Hélénus.

Papilio Helenus.

Pap. alis nigris : posticis caudatis, maculâ albâ, apicali : his subtùs lunulis marginalibus ferrugineis ocelloque gemino.

Papilio E. T. Helenus, *alis caudatis, nigris : posticis maculâ albâ, subtùs tribus albidis lunulisque septem ferrugineis.* Linn. *Syst. Nat.* 2. *p.* 745. *n°.* 4. — *Mus. Lud. Ulr. p.* 185. *n°.* 4.

Papilio E. T. Helenus, *alis caudatis, nigris : posticis maculâ albâ lunulâque duplici purpureâ.* Fab. *Syst. Entom. p.* 443. *n°.* 5. — *Sp. Ins. tom.* 2. *p.* 3. *n°.* 7. — *Mant. Ins. tom.* 2. *p.* 1. *n°.* 3. — *Entom. Syst. em. tom.* 3. *pars* 1. *p.* 2. *n°.* 3.

Clerk, *Icon. tab.* 13. *fig.* 2.

Ehret. *Pict. tab.* 10.

Edw. *Av. tab.* 342.

Cram. *Pap.* 13. *p.* 90. *pl.* 153. *fig.* A. B.

Herbst, *Pap. tab.* 14. *fig.* 4.

Il est de la taille du *Pâris.* Ses ailes sont d'un noir-brun de part & d'autre, avec des raies longitudinales un peu plus claires à l'extrémité & à l'origine des supérieures. Les secondes ailes ont, près du sommet, une tache d'un blanc-jaunâtre, grande, arrondie du côté de la base, sinuée en dehors, plus pâle en dessous, où elle est divisée par deux nervures de la couleur du fond. Ces ailes sont dentées d'une manière obtuse, liserées de blanc aux échancrures, & terminées par une queue noire, large, en spatule. Leur dessous offre, indépendamment de la tache dont nous avons parlé, une rangée marginale de sept taches ferrugineuses, dont les cinq extérieures lunulées, la sixième & l'anale en forme d'yeux; cette dernière est saupoudrée de blanc à sa partie antérieure & accolée en dehors à une lunule de sa couleur : on l'aperçoit plus ou moins en dessus dans les deux sexes; & dans la femelle la suivante se reproduit aussi de ce côté. Le corps est noir, avec des points blanchâtres sur le devant du corselet, sur les parties latérales de la poitrine & sur celles du ventre.

Il se trouve en Chine.

118. Papillon Sévère.

Papilio Severus.

Pap. alis nigris : posticis caudatis, fasciâ seu maculâ albidâ : his subtùs lunulis cæruleis flavidisque ordinatìm digestis.

Papilio Severus. Cram. *Pap.* 24. *p.* 153 & 154. *pl.* 277. *fig.* A. B. (La femelle.) — *Pl.* 278. (Le mâle.)

Seba, *Mus.* 4. *tab.* 45. *fig.* 7. 8.

Seba, *Mus.* 4. *tab.* 46. *fig.* 17. 18.

Fabricius l'a confondu avec l'*Hélénus*; cependant il en diffère, 1°. en ce que la tache blanche des secondes ailes est remplacée de part & d'autre dans le mâle par une bande blanchâtre, transverse, dont la largeur va toujours en diminuant jusqu'au milieu du bord interne, où elle finit en pointe; 2°. en ce que les taches marginales du dessous de ces mêmes ailes sont dans les deux sexes d'un jaune-orangé pâle, & toutes en forme de lunules; 3°. en ce que ces taches sont précédées du côté de la base par un rang de croissans d'atômes bleuâtres, qu'on aperçoit plus ou moins en dessus.

Il se trouve dans l'île d'Amboine.

119. Papillon Ilionée.

Papilio Ilioneus.

Pap. alis nigris : anticis fasciâ subapicali, posticis disco, flavis; his caudatis subtùsque lunulis marginalibus flavidis medio rubro.

Papilio Ilioneus. Donow, *Gen. Illust. of Entom. an Epitome of the Nat. Hist. part.* 1. *pl.* 14.

Il est de la taille des précédens & d'un noir-brun. Ses premières ailes sont traversées obliquement, vis-à-vis du sommet, par une bande jaune, sinuée, partant de la côte & finissant en pointe près du bord postérieur, le long duquel il y a une rangée de points blancs. Les secondes ailes ont des dents obtuses, avec une queue noire, assez longue, en spatule; leurs échancrures sont jaunes, & leur milieu offre une bande de cette couleur, transversale & se prolongeant un peu sur les ailes de devant. Le dessous de ces ailes a sept lunules marginales jaunâtres, avec le milieu rouge; les trois intérieures se reproduisent en dessus.

Il se trouve sur les côtes orientales de la Nouvelle-Hollande.

120. Papillon Lysandre.

Papilio Lysander.

Pap. alis caudatis, atris : anticis strigâ albâ ; posticis maculâ mediâ albâ lunulisque rubris. Fab.

Papilio Lysander. Fab. *Gen. Ins. Mant. p.* 251. — *Sp. Ins. tom.* 2. *p.* 9. *n°.* 33. — *Mant. Ins. tom.* 2. *p.* 3. *n°.* 20. — *Entom. Syst. em. tom.* 3. *pars* 1. *p.* 9. *n°.* 25.

Nous ne connoissons pas cette espèce. D'après Fabricius, elle a le port & la taille de l'*Achate*. Ses ailes sont d'un noir-foncé. Les supérieures ont vers le milieu une raie blanche, transverse. Les inférieures sont dentées & terminées par une queue ; leur milieu offre une tache blanche, grande, & leur bord postérieur quatre taches rouges, dont trois lunulées, l'autre occupant l'angle anal.

Elle se trouve dans l'Inde.

121. Papillon Imérius.

Papilio Imerius.

Pap. alis dentatis, atris : anticis fasciâ, posticis emarginaturis, albidis; his caudatis, lunulis ferrugineis, suprà tribus, subtùs sex.

Il est de moyenne taille. Ses ailes sont d'un noir-foncé en dessus, d'un noir-brun en dessous. Les premières ont de part & d'autre une bande d'un blanc-jaunâtre, transverse, plus ou moins étroite, interrompue par les nervures, allant directement de la côte à l'angle interne ; leur bord postérieur est légèrement denté & liseré de blanc aux sinus. Les secondes ailes ont des dents obtuses, avec une queue noire, assez longue, en spatule, bordée de blanc à son origine ; l'angle anal & les échancrures sont bordées de chaque côté par une lunule d'un blanc-jaunâtre, & le dessous de ces ailes offre une rangée de six lunules ferrugineuses, dont les trois plus inférieures reparoissent en dessus, mais avec du blanc au pourtour. Le corps est noir, avec des points blanchâtres sur le devant du corselet.

Il se trouve dans les Indes orientales.

122. Papillon Brutus.

Papilio Brutus.

Pap. alis flavescenti-albis : anticis suprà extimo, posticis maculis, nigris; his caudatis, subtùsque fasciâ fuscâ, mediâ, transversâ.

Papilio E. A. Brutus, *alis caudatis, albis, limbo nigro : posticis subtùs fasciâ fuscâ.* Fab. *Spec. Ins. tom.* 2. *p.* 13. *n°.* 50. — *Mant. Ins. tom.* 2. *p.* 7. *n°.* 56. — *Ent. Syst. em. tom.* 3. *pars* 1. *p.* 22. *n°.* 65.

Papilio Merope. Cram. *Pap.* 13. *p.* 87. *pl.* 151. *fig.* A. B.

Papilio Merope. Cram. *Pap.* 32. *p.* 174. *pl.* 378. *fig.* D. E.

Papilio Brutus. Herbst, *Pap. tab.* 46. *fig.* 1. 2.

Il est de moyenne taille & d'un blanc soufré de part & d'autre. Ses premières ailes ont l'extrémité bordée en dessus par une bande noire, arquée, légèrement sinuée sur le côté interne, très-élargie au sommet, où elle offre un point de la couleur du fond ; la côte de ces ailes est également noire, & leur bord postérieur est un peu denté & liseré de blanc aux sinus. Les secondes ailes ont des dents très-obtuses, avec une queue blanche, assez longue, en spatule ; vers le milieu de la surface sont trois taches noires, dont une plus grande à l'angle de l'anus, les deux autres placées entre celle-ci & le bord d'en haut ; le bord postérieur est aussi précédé par des taches noires, mais elles forment tantôt une suite de points, tantôt une ligne en feston. Le dessous des premières ailes ressemble au dessus, seulement la bordure est plus pâle vers le sommet. Le dessous des secondes ailes est finement divisé par des veines d'un brun-noirâtre, & traversé dans son milieu par une bande interrompue de cette couleur ; aux taches marginales correspondent des taches semblables, mais du même ton que la bande. Le corps est noir en dessus, avec des points blanchâtres sur le corselet ; jaunâtre en dessous, avec une rangée latérale de points noirs.

Il est des variétés dans lesquelles les trois taches noires du milieu des secondes ailes sont remplacées en dessus par une bande de cette couleur.

Cramer a figuré un individu sans queue : ce qui feroit présumer que ce caractère n'est point constant.

On trouve ce Papillon dans plusieurs parties de la côte occidentale d'Afrique & au Cap de Bonne-Espérance.

123. Papillon Anténor.

Papilio Antenor.

Pap. alis dentatis, concoloribus, atris, albo maculatis : posticis caudatis, disco atomis viridibus limboque lunulis rubris.

Papilio E. T. Antenor, *alis caudatis, concoloribus, atris, albo maculatis : posticis lunulis marginalibus rubris.* Fab. *Syst. Entom. p.* 443. *n°.* 6. — *Spec. Ins. tom.* 2. *p.* 3. *n°.* 8. — *Mant. Ins. tom.* 2. *p.* 2. *n°.* 8. — *Ent. Syst. em. tom.* 3. *pars* 1. *p.* 4. *n°.* 9.

Drury, *Ins.* 2. *pl.* 3. *fig.* 1.

Herbst, *Pap. tab.* 13. *fig.* 1.

Donow. *Gen. Illust. of Entom. an Epitome of the Nat. Hist. Ins. of India, n°.* 3. *pl.* 3. *fig.* 1.

Il est grand, d'un noir-foncé en dessus. Ses premières ailes sont légèrement dentées & parsemées de taches blanches, inégales, plus ou moins arrondies. Les secondes ailes ont des dents obtuses, avec une queue noire, longue & en spatule; à leur base sont des taches blanches, semblables à celles des ailes supérieures; leur milieu est saupoudré de vert-doré, & leur extrémité offre un rang de cinq lunules, dont les quatre extérieures rouges, l'intérieure blanchâtre, avec le milieu rouge. Le dessous des quatre ailes ressemble au dessus, mais les taches blanches y sont plus vives. Les antennes sont brunes; la tête est rouge; le corselet & la partie antérieure de l'abdomen sont d'un noir-velouté; le reste du corps est blanchâtre, avec des taches rouges, triangulaires, le long du dos; il y a aussi quelques traits rouges sur le devant du corselet.

Sa patrie n'est point connue : suivant Fabricius & Donowan, il se trouveroit dans les Indes orientales.

124. PAPILLON Hector.

PAPILIO Hector.

Pap. alis dentatis, concoloribus, atris : anticis fasciâ sesquialterâ albâ; posticis caudatis, maculis coccineis serie duplici digestis.

Papilio E. T. Hector, *alis caudatis, concoloribus, nigris : primoribus fasciâ albâ; posticis maculis rubris.* LINN. *Syst. Nat.* 2. *p.* 745. *n°.* 2. — *Mus. Lud. Ulr. p.* 183. *n°.* 2.

FAB. *Syst. Entom. p.* 443. *n°.* 4. — *Spec. Inf. tom.* 2. *p.* 2. *n°.* 5. — *Mant. Inf. tom.* 2. *p.* 1. *n°.* 6. — *Entom. Syst. em. tom.* 3. *pars* 1. *p.* 3. *n°.* 7.

CLERK, *Icon. tab.* 33. *fig.* 1. 2.

SEBA, *Mus.* 4. *tab.* 28. *fig.* 23. 24.

Papilio indica, maxima, nigra. RAI, *Inf.* 134 & 137.

CRAM. *Pap.* 12. *p.* 67. *pl.* 141. *fig.* A.

SULZ. *Inf. edit.* ROEM. *pl.* 12. *fig.* 1.

HERBST, *Pap. tab.* 13. *fig.* 2.

Il est de moyenne taille & d'un noir-bleuâtre, velouté. Ses premières ailes ont le bord postérieur légèrement sinué & liseré de blanc; sur leur milieu est une bande blanche, transverse, formée par une suite de taches bifides en dehors; il y en a une semblable, mais beaucoup plus courte, vis-à-vis du sommet. Les secondes ailes ont des dents obtuses, avec une queue noire, de médiocre largeur, un peu en spatule, bordée de blanc ainsi que les échancrures; entre leur milieu & leur extrémité sont deux rangées courbes & parallèles de six taches écarlates, dont les postérieures lunulées, les antérieures presque rondes, à l'exception de l'anale qui est double. Le dessous des quatre ailes ressemble au dessus. Le corselet, la base de l'abdomen & le milieu de la poitrine sont noirs; tout le reste du corps est d'un rouge-écarlate.

Nous ignorons si la femelle diffère du mâle.

Il se trouve au Bengale, au Coromandel & dans l'île d'Amboine.

125. PAPILLON Mutius.

PAPILIO Mutius.

Pap. alis dentatis, concoloribus, nigris : anticis fasciâ maculâque albidis; posticis caudatis, maculâ discoidali palmatâ lunulisque marginalibus rubris, atomis cærulescentibus adjectis.

Papilio E. T. Mutius, *alis caudatis, nigris : anticis fasciâ albâ; posticis maculâ quintuplici lunulisque rubris.* FAB. *Spec. Inf. tom.* 2. *p.* 2. Hector variet. — *Ent. Syst. em. tom.* 3. *pars* 1. *p.* 3. *n°.* 6.

Papilio Romulus. CRAM. *Pap.* 4. *p.* 67. *pl.* 43. *fig.* A.

Il est de moyenne taille & d'un noir-brun. Ses premières ailes ont le bord postérieur légèrement denté & liseré de blanc aux sinus; sur leur milieu est une bande blanchâtre, transverse, formée par des raies longitudinales dont la couleur va en s'affoiblissant sur le côté externe; il y a en outre vis-à-vis du sommet une tache blanchâtre, multifide. Les secondes ailes ont des dents obtuses, avec une queue noire, courte, en spatule; leurs deux échancrures extérieures sont entièrement blanchâtres, les autres fauves & liserées de blanc en dehors ainsi que les côtés de la queue près de son origine; le milieu de ces ailes offre une tache palmée d'un rouge-brun, & leur extrémité une rangée de six lunules de cette couleur; il y a en outre à l'angle anal une tache rouge, marquée d'un point noir, & se confondant avec la tache discoïdale; cette tache & les lunules sont finement saupoudrées de bleu; il en est de même de l'intervalle qui les sépare. Le dessous des quatre ailes est semblable au dessus. Le corps est noirâtre, avec des points blancs sur la tête & sur le devant du corselet.

Il se trouve au Coromandel & dans l'île de Ceylan.

126. PAPILLON Polite.

PAPILIO Polites.

Pap. alis dentatis, concoloribus, nigris : posticis caudatis, disco maculâ albâ, suturis divisâ, lunulisque marginalibus rubris, atomis cærulescentibus adjectis.

Papilio E. T. Polytes, *alis caudatis, concoloribus, nigris : posticis fasciâ è maculis quinque albis lunulisque rubris.* LINN. *Syst. Nat.* 2. *p.* 746. *n°.* 5. — *Mus. Lud. Ulr. pag.* 186. *n°.* 5.

FAB. *Syst. Entom. p.* 443. *n°.* 2. — *Spec. Inf. tom.* 2. *p.* 2. *n°.* 4. — *Mant. Inf. tom.* 2. *pag.* 1.

n°. 5. — *Ent. Syst. em. tom.* 3. *pars* 1. *pag.* 2. n°. 5.

Clerk, *Icon. tab.* 14. *fig.* 1.

Seba, *Mus.* 4. *tab.* 27. *fig.* 23. 24.

Sulz. *Inf. edit.* Roem. *pl.* 12. *fig.* 3.

Cram. *Pap.* 23. *p.* 129. *pl.* 265. *fig.* A. B. C.

a. Papilio Alphenor. Cram. *Pap.* 8. *p.* 141. *pl.* 90. *fig.* B.

Herbst, *Pap. tab.* 15. *fig.* 2. — *Tab.* 20. *fig.* 3. 4.

a. Papilio Alphenor. Herbst, *Pap. tab.* 16. *fig.* 1.

Il se distingue du *Mutius* en ce que la bande & la tache blanchâtres des premières ailes font remplacées par des raies un peu plus claires que le fond; en ce que la tache du milieu des secondes ailes est blanche, & presque toujours en forme de bande maculaire.

Il se trouve en Chine, au Coromandel & dans l'île de Java.

Fabricius rapporte ici, comme variété, un Papillon d'Amboine, figuré par Cramer & par Herbst sous le nom d'*Alphénor*. Les raies de la moitié postérieure de ses premières ailes font presque blanchâtres; la tache blanche du milieu des secondes ailes est moins alongée & à peine coupée par les nervures; les lunules marginales font fauves & sans atômes bleus; les échancrures font toutes blanchâtres sans exception.

127. Papillon Thésé.

Papilio Theseus.

Pap. alis dentatis, concoloribus, fuscis: posticis caudatis, lunulis rubris albo punctatis serieque duplici digestis: anteriore abbreviatâ.

Papilio E. T. Theseus, *alis caudatis, concoloribus, fuscis: posticis lunulis novem rubris albo punctatis.* Fab. *Spec. Inf. tom.* 2. *p.* 2. n°. 3. — *Mant. Inf. tom.* 2. *p.* 1. n°. 4. — *Ent. Syst. em. tom.* 3. *pars* 1. *p.* 2. n°. 4.

Papilio Theseus. Cram. *Pap.* 15. *pag.* 128. *pl.* 180. *fig.* B.

Herbst, *Pap. tab.* 14. *fig.* 3.

Il est de moyenne taille, d'un brun-noirâtre de part & d'autre. Ses premières ailes ont la moitié postérieure plus claire, & le bord légèrement denté & liseré de blanc aux sinus. Les secondes ailes ont des dents arrondies, avec une queue noirâtre, courte, en spatule; leurs échancrures extérieures font blanches, & les trois intérieures rougeâtres; parallèlement au bord de derrière l'on voit, sur un fond plus noir, des lunules rouges, saupoudrées de blanc & disposées sur deux rangs dont le postérieur formé de six, l'antérieur de trois: ces dernières font situées près du bord interne. Le dessous des quatre ailes ressemble au dessus. Le corps est de la couleur des ailes, avec des points blancs sur la tête & sur le devant du corselet.

Il se trouve dans l'île de Sumatra.

128. Papillon Démétrius.

Papilio Demetrius.

Pap. alis nigris: posticis caudatis: his subtùs lunulis septem marginalibus ocelloque anali rubris.

Papilio Demetrius. Cram. *Pap.* 33. *pag.* 196. *pl.* 385. *fig.* E. F.

Herbst, *Pap. tab.* 20. *fig.* 1.

Il est de moyenne taille. Ses ailes font noires. Les premières ont en dessus des raies longitudinales d'atômes jaunâtres, & en dessous des raies grisâtres, qui ne couvrent ni la côte, ni le bord postérieur. Les secondes ailes ont des dents très-obtuses, avec une queue noire, large, courte & arrondie à son extrémité; leur angle anal est marqué d'une tache oculaire rouge, à prunelle noire; cette tache se reproduit en dessous, & elle y est accompagnée d'un rang de sept lunules marginales de sa couleur.

Il se trouve au Japon.

129. Papillon Antiphus.

Papilio Antiphus.

Pap. alis nigris, concoloribus: posticis caudatis, lunulis septem marginalibus sanguineis: abdomine rubro.

Papilio E. T. Antiphus, *alis caudatis, nigris: posticis lunulis septem rubris.* Fab. *Entom. Syst. em. tom.* 3. *pars* 1. *p.* 10. n°. 28.

Jon. *Fig. pict.* 1. *tab.* 14.

Donow, *Gen. Illust. of Entom. an Epitome of the Nat. Hist. Insects of India*, n°. 3. *pl.* 3. *fig.* 2.

Il est de moyenne taille, d'un noir-brun de part & d'autre, avec des raies longitudinales, plus claires sur les ailes supérieures. Les secondes ailes ont des dents obtuses, avec une queue noire, courte, à peine en spatule; leurs deux surfaces offrent, parallèlement au bord postérieur, une rangée de sept lunules d'un rouge-sanguin. Le corps est noir, avec le ventre rouge.

Il se trouve dans les Indes orientales.

130. Papillon Polydore.

Papilio Polydorus.

Pap. alis atris; posticis caudatis (mas); *his disco maculâ albâ suturis divisâ, lunulis septem marginalibus suprà obscuris, subtùs chermesinis.*

Papilio E. T. Polydorus, *alis subcaudatis, nigris, concoloribus: posticis maculâ albâ suturis sexfidâ lunulisque septem rubris.* Linn. *Syst. Nat.* 2. *p.* 746. *n°.* 10. — *Amœn. Acad.* 6. *pag.* 401. *n°.* 40. (La femelle.)

Fab. *Syst. Entom. p.* 446. *n°.* 15. — *Spec. Inf. tom.* 2. *p.* 6. *n°.* 20. — *Mant. Insect. tom.* 2. *p.* 3. *n°.* 21. — *Entom. Syst. em. tom.* 3. *pars* 1. *p.* 9. *n°.* 26.

Clerk, *Icon. tab.* 33. *fig.* 2. (La femelle.)

Cram. *Pap.* 11. *p.* 45. *pl.* 128. *fig.* A. B. (Le mâle.)

Seba, *Mus.* 4. *tab.* 28. *fig.* 21. 22.

Klem. *Insect.* 1. *tab.* 8. *fig.* 1. 2.

Herbst, *Pap. tab.* 15. *fig.* 3.

Il est de la taille des précédens, d'un noir-foncé. Ses premières ailes sont entières, & leur moitié postérieure a, de part & d'autre, des raies grisâtres, longitudinales. Les secondes ailes ont des dents obtuses, dont une un peu plus saillante dans la femelle, & remplacée dans le mâle par une queue noire, assez longue, en spatule; sur leur milieu est une tache d'un blanc-jaunâtre, palmée dans la femelle, en forme de bande maculaire dans le mâle; à leur extrémité est une rangée courbe de lunules d'un rouge-obscur en dessus, d'un rouge-carmin tendre en dessous: les quatre extérieures ont assez souvent le contour blanchâtre, & la plus intérieure se fond dans la tache discoïdale. Le corps est noir, avec le front, les côtés de la poitrine & du ventre d'un rouge-carmin vif.

Linnæus n'a connu que la femelle, figurée par Clerk.

Il se trouve sur les *Aristoloches* au Bengale, au Coromandel, dans les îles de Java & d'Amboine.

131. Papillon Astyanax.

Papilio Astyanax.

Pap. alis nigris, concoloribus: anticis fasciâ sesquialterâ albâ, striatâ; posticis dentatis, maculâ discoidali palmatâ lunulisque sex marginalibus, sanguineis.

Papilio E. T. Astyanax, *alis dentatis, concoloribus, nigris: anticis fasciâ sesquialterâ striatâ albâ; posticis rubro maculatis.* Fab. *Entom. Syst. em. tom.* 3. *pars* 1. *p.* 13. *n°.* 37.

Papilio Astyanax. Jon. *Fig. pict.* 1. *tab.* 20.

Donow. *Gen. Illust. of Entom. an Epitome of the Nat. Hist. Insects of India, n°.* 5. *pl.* 2. *fig.* 1.

Quoique l'*Astyanax*, décrit par Fabricius & figuré par Donowan, soit sans queue, nous le plaçons parmi ceux qui en ont une, attendu qu'il a tout-à-fait la forme du *Polydore* femelle, qui est aussi dépourvu de queue.

Il est de moyenne taille. Ses quatre ailes sont noires. Les premières ont de part & d'autre, vers l'extrémité, une bande blanche, transverse, coupée extérieurement par des raies noires, longitudinales; il y a une autre bande semblable, mais beaucoup plus courte, sur le milieu de la côte. Les secondes ailes ont des dents obtuses, dont une un peu plus saillante; les deux surfaces offrent, sur le disque, une tache palmée d'un rouge-sanguin, &, à l'extrémité, une rangée courbe de six lunules de cette couleur, égales entr'elles; les échancrures du bord postérieur sont rougeâtres. Il est bien voisin du *Mutius*.

On le trouve dans les Indes orientales.

N. B. L'*Astyanax*, dont il est parlé dans les premiers ouvrages de Fabricius, est tout-à-fait différent de celui-ci.

132. Papillon Liris.

Papilio Liris.

Pap. alis nigris, fasciâ communi flavidâ, striatâ: anticis angustatis; posticis caudatis: his lunulis quinque marginalibus suprà obscuris, subtùs chermesinis.

Il est de moyenne taille, & d'un noir assez foncé. Ses premières ailes sont étroites, & traversées dans leur milieu par une bande jaunâtre, un peu transparente, large, divisée extérieurement par des raies noires, longitudinales. Les secondes ailes ont des dents obtuses, avec une queue noire, assez longue, en spatule; leur milieu offre une bande jaunâtre, transverse, coupée par des nervures noires, très-fines, & lavée de rouge à son extrémité inférieure; parallèlement au bord d'en bas est une rangée de cinq lunules d'un rouge-obscur en dessus, d'un rouge-carmin teinté de jaune en dessous. Le corps est noir, avec les côtés & le bout de l'abdomen d'un rouge-carmin tendre; la poitrine a des points de cette couleur, & le front est roussâtre.

Il se trouve dans les Indes orientales.

133. Papilio Œnomaüs.

Papilio Œnomaus.

Pap. alis atris: anticis subfalcatis, fasciâ flavâ, maculari; posticis caudatis: his subtùs basi limboque postico rubro maculatis.

Il est grand, d'un noir-foncé. Ses premières ailes ont le bord postérieur un peu concave, & précédé, à une certaine distance, d'une bande jaune, transverse, assez large, divisée inégalement par des nervures noires. Les secondes ailes ont des dents courtes & très-obtuses, avec une queue noire, large, droite, arrondie par le bout; leur dessus est sans taches; leur dessous a sept taches marginales

marginales d'un rouge-brun; celle de l'angle anal est oculaire, les autres lunulées; il y a en outre à la base trois ou quatre taches inégales de cette couleur; les échancrures sont roussâtres & liserées de blanchâtre en dehors. Le dessous des premières ailes diffère du dessus en ce qu'il est plus pâle & marqué d'une tache rouge à la base. Le corps est noir, avec une ligne grisâtre sur chaque côté du corselet.

Il se trouve dans les Indes orientales.

134. Papillon Dardanus.

Papilio Dardanus.

Pap. alis caudatis, nigris : anticis maculâ viridi, mediâ, orbiculatâ ; subtùs immaculatis : posticis maculâ palmatâ sanguineâ. Fab.

Papilio Dardanus. Fab. *Ent. Syst. em. tom.* 3. *pars* 1. *p.* 10. *n°.* 29.

Papilio Dardanus. Jon. *Fig. pict.* 1. *tab.* 26.

Suivant Fabricius il ressemble au Papillon *Enée*, mais il a les ailes inférieures terminées par une queue. Le corps est noir, avec les épaules & l'anus roux. Les ailes sont noires. Les supérieures ont vers le milieu une tache d'un vert-gai; leur dessous est sans taches. Les secondes ailes ont une tache d'un rouge-sanguin, palmée, divisée en quatre en-dessus, en trois en dessous; l'angle anal offre un point de cette couleur.

Il se trouve au Brésil.

135. Papillon Tros.

Papilio Tros.

Pap. alis nigris, subconcoloribus : anticis disco maculâ albidâ ; inferis dentato-caudatis, fasciâ sanguineâ, sexfidâ.

Papilio E. T. Tros, *alis dentato-caudatis, nigris : anticis fasciâ abbreviatâ albâ ; posticis fasciâ maculari sanguineâ.* Fab. *Ent. Syst. em. tom.* 3. *pars* 1. *p.* 10. *n°.* 30.

Jon. *Fig. pict.* 1. *tab.* 28.

C'est un des grands de la troisième taille. Ses ailes sont noires. Les supérieures ont de part & d'autre, sur le milieu, une tache d'un blanc-jaunâtre, oblongue, disposée transversalement & coupée par une nervure noire, bifurquée. Les ailes inférieures ont, vers l'extrémité & contre le bord interne, une bande d'un rouge-vermillon, transverse, composée de six taches inégales & à peine séparées; le bord postérieur a des dents très-prononcées & une queue noire, assez longue, étroite, en spatule; les échancrures sont liserées de blanc ainsi que le bord des premières ailes. Le dessous des secondes ailes ne diffère du dessus que parce que la bande rouge a les trois taches intermédiaires beaucoup plus pâles que les autres. Le corps est noir, avec des points d'un rouge-carmin sur les côtés de la poitrine & au bas du ventre.

Il se trouve au Brésil.

136. Papillon Lysithoüs.

Papilio Lysithous.

Pap. alis atris, concoloribus : anticis fasciâ, posticis disco, albidis; his dentato-caudatis, lunulis marginalibus maculisque intermediis rubris.

Il est de moyenne taille & d'un noir-foncé. Ses ailes supérieures ont de part & d'autre, sur le milieu, une bande blanchâtre, transverse, étroite, un peu courbe, coupée par des nervures noires. Les secondes ailes ont des dents très-prononcées, presqu'aiguës, avec une queue noire, très-longue, un peu en spatule; entre le milieu & la base est une tache blanche, oblongue, arrondie intérieurement, sinuée en dehors, atteignant le bord d'en haut; parallèlement au bord postérieur on voit une rangée de lunules d'un rouge-brun; il y a en outre quatre ou cinq taches de cette couleur, placées transversalement près du milieu du bord interne, au bas de la tache blanche. Le dessous des quatre ailes ressemble au dessus, mais les échancrures y sont liserées de blanc. Le corps est noir, avec des points blanchâtres sur le corselet & sur la poitrine, & une ligne longitudinale, également blanchâtre, sur chaque côté de l'abdomen.

Il se trouve au Brésil.

137. Papillon Agavus.

Papilio Agavus.

Pap. alis atris, concoloribus : anticis fasciâ, posticis disco, albidis; his caudatis, lunulis marginalibus chermesinis.

Papilio Agavus. Stoll, *Pap. Suppl. à* Cram. 4. *p.* 144. *pl.* 32. *fig.* 1 & 1. A.

Drury, *Ins.* 3. *pl.* 9. *fig.* 4.

Il se distingue du *Lysithoüs* en ce qu'il est un peu plus petit; en ce que la queue & les dents de ses ailes inférieures sont moins alongées; en ce que ces mêmes ailes n'ont pas de taches rouges au bas de la tache blanche discoïdale; en ce que les lunules de leur limbe postérieur sont d'un beau rouge-carmin, ainsi que les points du corselet & de la poitrine; enfin, en ce que les côtés de l'abdomen n'ont point de ligne blanchâtre.

Le pli du bord interne des secondes ailes est garni, dans les mâles, d'un duvet blanc, cotonneux.

Il se trouve aussi au Brésil.

138. Papillon Ascagne.

Papilio Ascanius.

Pap. alis nigris, concoloribus, fasciâ communi albâ : posticarum rubro inquinatâ ; his caudatis, maculis marginalibus chermesinis.

Papilio E. T. Afcanius, *alis caudatis, concoloribus, atris, fafciâ communi albâ : pofticarum rubro nebulofâ.* Fab. *Sp. Inf. tom.* 2. *p.* 2. *n°.* 6. — *Mant. Inf. tom.* 2. *p.* 2. *n°.* 7. — *Ent. Syft. em. tom.* 3. *pars* 1. *p.* 3. *n°.* 8.

Cram. *Pap.* 2. *p.* 20. *pl.* 14. *fig.* A.

Drury, *Inf.* 3. *pl.* 9. *fig.* 1.

Herbst, *Pap. tab.* 13. *fig.* 3.

Il eft de moyenne taille, d'un noir-foncé en deffus, d'un noir-verdâtre en deffous. Ses premières ailes ont le milieu traverfé de part & d'autre par une bande blanche, plus ou moins large, & coupée par de fines nervures noires. Les fecondes ailes font dentées d'une manière obtufe, bordées de blanc aux échancrures, & terminées par une queue noire, courte, en fpatule ; du milieu du bord d'en haut à l'angle anal s'étend une bande blanche, large, ayant au moins toute la moitié extérieure lavée de rouge & multifide ; il y a en outre, fur le limbe poftérieur, une rangée courbe de fix taches lunulées d'un rouge-carmin vif, fe reproduifant en deffous, ainfi que la bande dont nous venons de parler. Le pli du bord interne eft garni, dans les mâles, d'un duvet blanc, cotonneux. Le corps eft noir, avec des points d'un rouge-carmin fur les côtés de la poitrine, du ventre & de l'anus.

Il fe trouve au Bréfil.

139. Papillon Pammon.

Papilio Pammon.

Pap. alis nigris, margine poftico albo maculatis : inferis caudatis, fafciâ maculari albâ : his fubtùs lunulis modò albis, modò fulvis.

Papilio E. T. Pammon, *alis caudatis, concoloribus, nigris : omnibus margine maculatis; pofticis fafciâ è maculis feptem albis.* Linn. *Syft. Nat.* 2. *p.* 746. *n°.* 8. — *Muf. Lud. Ulr. p.* 189.

Papilio Pammon. Fab. *Syft. Entom. p.* 445. *n°.* 13. — *Spec. Inf. tom.* 2. *p.* 4. *n°.* 16. — *Mant. Inf. tom.* 2. *p.* 3. *n°.* 16. — *Entom. Syft. em. tom.* 3. *pars* 1. *p.* 7. *n°.* 20.

Clerk, *Icon. tab.* 14. *fig.* 2.

Seba, *Muf.* 4. *tab.* 27. *fig.* 21. 22.

Seba, *Muf.* 4. *tab.* 34. *fig.* 23. 24.

Seba, *Muf.* 4. *tab.* 41. *fig.* 11. 12.

Klem. *Inf.* 1. *tab.* 2. *fig.* 2. 3.

Herbst, *Pap. tab.* 19. *fig.* 4.

L'Écharpe de la Guadeloupe. Daubent. *Pl. enlum.* 43. *fig.* 3.

Papilio Pammon. Cram. *Pap.* 12. *p.* 69. *pl.* 141. *fig.* B.

Papilio E. T. Cyrus, *alis caudatis, nigris, margine maculatis : pofticis fafciâ maculari albâ ; fubtùs lunulis rubris.* Fab. *Entom. Syft. em. tom.* 3. *pars* 1. *p.* 7. *n°.* 19.

Papilio Pammon. Variet. Stoll, *Suppl. à* Cram. 5. *p.* 147. *pl.* 33. *fig.* 1 & 1. A.

Le *Pammon* & le *Cyrus* ne forment qu'une feule & même efpèce, dans laquelle les lunules du deffous des ailes inférieures varient du blanc au fauve-foncé.

Elle eft de moyenne taille, d'un noir-mat, finement faupoudré de jaunâtre. Ses premières ailes ont l'extrémité bordée en dehors par une rangée de points blancs, dont la groffeur diminue peu à peu depuis l'angle interne jufqu'au fommet. Les fecondes ailes font traverfées dans leur milieu par une bande blanche, arquée, & compofée de fept taches ovales, à l'exception de la plus intérieure, qui eft parfois jaunâtre : ces ailes ont des dents arrondies, & une queue noire, en fpatule, plus ou moins courte, & même nulle dans certaines femelles ; les échancrures & les parties latérales de l'origine de la queue font bordées de blanc. Le deffous des premières ailes reffemble à peu près au deffus. Le deffous des fecondes ailes a, indépendamment des caractères que nous avons indiqués, une fuite de fept lunules marginales, tantôt entièrement blanches, tantôt d'un blanc-rouffâtre, tantôt d'un fauve-foncé; celle de l'angle de l'anus eft un peu plus grande que les autres, & furmontée en outre d'un croiffant d'atômes bleuâtres ; elle fe reproduit affez fouvent du côté oppofé.

Il eft des variétés dont les ailes fupérieures ne font pas bordées par des points blancs, mais par un liferé continu de cette couleur. Il en eft d'autres dont le deffous des ailes inférieures eft parfemé d'atômes bleus entre la bande du milieu & les lunules marginales.

Elle fe trouve en Chine, au Bengale.

C'eft par erreur que Daubenton, neveu, la dit de la Guadeloupe.

140. Papillon Zénobius.

Papilio Zenobius.

Pap. alis fubdentatis, nigris, fafciâ communi maculifque marginalibus albidis : pofticis infrà bafi rufefcentibus, venis atris.

Papilio E. A. Zenobia, *alis dentatis, nigris, fafciâ communi maculifque marginalibus albis : pofticis fubtùs bafi flavis, nigro ftriatis.* Fab. *Mant. Inf. tom.* 2. *p.* 48. *n°.* 475. — *Entom. Syft. em. tom.* 3. *pars* 1. *p.* 37. *n°* 108.

Papilio Zenobia. Jon. *Fig. pict.* 1. *tab.* 68.

C'eft un des grands de la troifième taille. Il a les quatre ailes légèrement dentées, d'un noir-brun en dessus, & traversées dans leur milieu par une bande blanchâtre, assez large, un peu laciniée en dehors sur les inférieures, dentée & coupée par de fines nervures noires sur les supérieures, dont elle atteint la côte. Les petites échancrures de ces dernières sont bordées par des points blanchâtres; celles des secondes ailes le sont par des taches oblongues de cette couleur. Le dessous des premières ailes ressemble au dessus, mais il est plus pâle; la bande transverse y est plus fortement dentée en dehors, & précédée intérieurement d'une tache de sa couleur, placée vers la côte. Le dessous des secondes ailes est d'un brun-roussâtre à la base, avec des veines d'un noir-luisant; la bande blanchâtre qui le traverse est ici moins large qu'en dessus, & l'extrémité est brune, avec des veines noires, mais moins prononcées qu'à la base; les taches blanchâtres, marginales, ont en outre une légère échancrure à leur partie antérieure. Le corps est noirâtre, avec des points blancs sur le devant du corselet & sur la poitrine.

Il se trouve sur la côte occidentale de l'Afrique, particulièrement à Sierra-Léone.

141. Papillon Cynortas.

Papilio Cynortas.

Pap. alis subdentatis, fuscis, fasciâ communi albidâ : anticarum interruptâ abbreviatâque ; posticis infrà basi rufescentibus, venis punctisque atris.

Papilio E. A. Cynorta, *alis dentatis, nigris, fasciâ communi niveâ : posticis subtùs basi flavis, nigro punctatis striatisque.* Fab. *Entom. Syst. em. tom.* 3. *pars* 1. *p.* 37. *n°.* 109.

Papilio Cynorta. Jon. *Fig. pict.* 1. *tab.* 87.

Papilio Messalina. Stoll, *Pap.-Suppl. à* Cram. 4. *p.* 125. *pl.* 26. *fig.* 2.

Il ressemble beaucoup au Papillon *Zénobius*, mais il est un peu moins grand & moins foncé en couleur; la bande blanchâtre qui le traverse est au contraire plus large, plus finement & plus profondément laciniée sur les ailes inférieures; elle est d'ordinaire fortement interrompue sur les supérieures & n'en atteint point la côte; les échancrures de chaque aile n'ont qu'un simple liseré blanc de part & d'autre, & le dessous des inférieures offre, parmi les veines noires de la base, trois points également noirs, dont deux oblongs, l'autre arrondi & moins apparent. La femelle ne diffère point du mâle.

Il habite la Cafrerie & le pays des Hottentots. M. le Vaillant est le premier qui l'ait fait connoître en Europe.

Il paroit que Fabricius n'a eu sous les yeux que des individus passés ou des figures altérées, puisqu'il dit que le dessous des ailes inférieures est jaune à la base, tandis qu'il est constamment d'un brun-roussâtre dans cette espèce-ci & dans la précédente.

142. Papillon Panope.

Papilio Panopes.

Pap. alis fuscis, limbo posteriori albo maculatis : inferis dentatis : his subtùs maculis marginalibus fulvis, reniformibus.

Papilio N. Panope, *alis dentatis, fuscis, concoloribus, limbo exteriore albo maculatis : posticis margine luteo maculatis.* Linn. *Syst. Nat.* 2. *p.* 782. *n°.* 196.

Papilio F. Panope. Fab. *Entom. Syst. em. tom.* 3. *pars* 1. *p.* 5. *n°.* 186.

Cram. *Pap.* 25. *p.* 13. *pl.* 295. *fig.* E. F.

Seba, *Mus.* 4. *tab.* 41. *fig.* 21. 22.

Papilio N. Clytia, *alis dentatis, nigris, margine exteriori primoribus albo maculatis, posticis albo luteoque triplici ordine.* Linn. *Syst. Nat.* 2. *p.* 781. *n°.* 189. — *Mus. Lud. Ulr. p.* 296. *n°.* 114.

Papilio N. Clytia. Fab. *Syst. Entom. p.* 507. *n°.* 270. — *Spec. Ins. tom.* 2. *p.* 95. *n°.* 415. — *Mant. Ins. tom.* 2. *p.* 50. *n°.* 500. — *Entom. Syst. em. tom.* 3. *pars* 1. *p.* 127. *n°.* 387.

Il est à peu près de la taille du *Zénobius*. Ses ailes sont d'un brun-noirâtre de part & d'autre, avec deux rangées de taches blanches le long du limbe postérieur. Les taches de la rangée inférieure du dessus des secondes ailes sont en forme de lunules, celles de la rangée supérieure en fer de flèche & plus grandes; l'angle de l'anus est en outre fauve & marqué d'une tache noire. Le dessous des ailes de devant ressemble au dessus. Le dessous de celles de derrière s'en distingue en ce qu'il offre, indépendamment des deux séries de taches blanches, une rangée extérieure de taches fauves, réniformes. Ces ailes sont légèrement dentées & bordées de blanc aux échancrures. Le corps est noirâtre, avec des points blancs sur le corselet & sur la poitrine, & des lignes jaunâtres le long du ventre.

Il se trouve en Chine & dans les Indes orientales.

Linnæus a fait une espèce distincte de son Papillon *Clytia*; mais M. Latreille, qui l'a vu au Musée britannique, penche à ne le regarder que comme une variété du *Panope*. Il paroit effectivement n'en différer qu'en ce que le fond des ailes est plus noir. Sa patrie est d'ailleurs la même.

143. Papillon dissemblable.

Papilio dissimilis.

Pap. alis subconcoloribus, nigris, venis dilatatis maculisque albidis : posticis dentatis : his subtùs lunulis marginalibus luteis.

Papilio N. dissimilis, *alis dentatis, dilatato-venosis, nigris, subconcoloribus, maculis sagittatis albis : postremis subtùs luteis.* Linn. *Syst. Nat.* 2. *p.* 782. *n°.* 195. — *Mus. Lud. Ulr. p.* 301.

Papilio E. A. dissimilis. Fab. *Entom. Syst. em. tom.* 3. *pars* 1. *p.* 38. *n°.* 113.

Clerk, *Icon. Inf. tab.* 16. *fig.* 2.

Ehret. *Pict. tab.* 17.

Cram. *Pap.* 7. *p.* 129. *pl.* 82. *fig.* C. D.

Sulz. *Inf. edit.* Rœm. *tab.* 18. *fig.* 6.

Herbst, *Pap. tab.* 126, *fig.* 2. 3.

Il est aussi de la taille du *Zénobius*. Ses quatre ailes sont d'un noir légèrement chatoyant, avec un grand nombre de taches blanchâtres, dont les antérieures en forme de veines longitudinales, larges & plus ou moins longues; les postérieures lunulées & beaucoup plus petites. Les premières ailes sont entières & ponctuées de blanchâtre le long du bord opposé à la base. Les secondes ailes sont dentées, bordées de jaune-foncé aux échancrures, & marquées à l'angle anal d'une lunule de cette couleur. Le dessous de ce Papillon ressemble au dessus, mais le jaune des échancrures des ailes inférieures forme ici des lunules assez larges & lisérées de blanc en dehors. Le corps est noirâtre, avec des points blancs sur le corselet & sur la poitrine, avec des raies grisâtres, longitudinales, sur le ventre.

Il se trouve en Chine.

144. Papillon Macarée.

Papilio Macareus.

Pap. alis suprà nigris, infrà fucescentibus, utrinquè virescenti-albo lineatis : anticis punctorum, posticis lunularum serie marginali ; his repandis, illis integerrimis.

Il est un peu moins grand que les deux précédens. Ses ailes sont noires en dessus, d'un brun-pâle & noirâtre en dessous. Les premières, dont le bord postérieur est bien entier, sont divisées obliquement par des lignes d'un blanc-mat & un peu verdâtre; ces lignes sont au nombre de sept : il y en a trois entre le bord d'en haut & la principale nervure, qui est assez saillante; les quatre autres partent de cette nervure & aboutissent également près du bord postérieur, le long duquel règne une série arquée de points d'un blanc-verdâtre. Ces dernières lignes, à l'exception de la plus intérieure, sont larges, & la seconde d'entr'elles, à partir du bord d'en bas, est bifide inférieurement, & encore plus large que les deux extérieures; vis-à-vis du sommet, entre les points du bord & les trois lignes de la côte, sont une douzaine de points blancs, teintés de verdâtre, disposés transversalement par quatre & de manière à ne pas dépasser l'extrémité des lignes inférieures; il y a en outre deux points de cette couleur à la base. Les secondes ailes ont aussi sept raies longitudinales d'un blanc-verdâtre, savoir : trois plus longues à la base, les quatre autres au-dessous de celles-ci; indépendamment de ces raies, il y a deux points du même blanc, l'un oblong sur le disque, l'autre arrondi près du bord interne; le bord postérieur est sinué & coupé par une rangée courbe de lunules d'un blanc également verdâtre. Le dessous de chaque aile offre tous les caractères dont il vient d'être fait mention, mais, comme nous l'avons dit plus haut, sur un fond d'un brun-noirâtre pâle. Le corps est noir, avec une ligne longitudinale d'un cendré-bleuâtre sur chacun des côtés, & deux lignes grisâtres, également longitudinales, sur le ventre; la tête & la poitrine sont ponctuées de blanc; les antennes sont noires. Le bord interne des secondes ailes est garni de part & d'autre de poils soyeux d'un gris-roussâtre.

Il se trouve dans l'île de Java.

145. Papillon Cressida.

Papilio Cressida.

Pap. alis oblongis : anticis hyalinis, basi maculisque duabus costalibus nigris ; posticis dentatis, nigris, maculâ discoidali albâ.

Papilio E. T. Cressida, *alis dentatis : anticis hyalinis, maculis duabus nigris ; posticis nigris, maculâ albâ.* Fab. *Syst. Entom. p.* 448. *n°.* 24. — *Entom. Syst. em. tom.* 3. *pars* 1. *p.* 20. *n°.* 62.

Donow. *Gen. Illust. of Entom. an Epitome of the Nat. Hist. part.* 1. *pl.* 12. *fig.* 2.

C'est un des petits de la troisième taille. Il a les ailes oblongues. Les supérieures sont entières, transparentes, avec la base noire, & deux taches de cette couleur, disposées parallèlement sur le milieu de la côte. Les ailes inférieures sont dentées, noires, avec le milieu blanc & coupé par un point central & des nervures noirs; l'angle anal offre une tache roussâtre. Le dessous des ailes supérieures ressemble au dessus, attendu la transparence. Le dessous des inférieures a, indépendamment des caractères dont nous venons de parler, une rangée marginale de cinq taches rouges, arrondies, & visibles en dessus dans l'un des sexes. Le corps est noir, avec l'anus rouge & marqué d'une tache noire; les côtés de la poitrine sont également rouges & le front est blanc.

Il se trouve dans la Nouvelle-Hollande.

146. Papillon Harmonide.

Papilio Harmonides.

Pap. alis oblongis, concoloribus, albidis, extimo fuscis : anticis maculâ nigrâ, submediâ ; posticis repandis, punctis marginalibus flavescenti-albis.

Papilio E. T. Harmonia, *alis repandis, albis, concoloribus : anticis maculâ nigrâ ; posticis margine fusco punctis quinque albis.* FAB. *Ent. Syst. em. tom.* 3. *pars* 1. *p.* 20. *n°.* 63.

DONOW. *Gen. Illust. of Entom. an Epitome of the Nat. Hist. part.* 1. *pl.* 12. *fig.* 1.

Il est un peu plus petit que le précédent, avec lequel il a de grands rapports. Ses ailes sont oblongues, d'un blanc-obscur, avec l'extrémité d'un brun-noirâtre. Les supérieures ont, sur le milieu, une tache encore plus obscure que le fond, marquée d'un trait noir, & précédée extérieurement d'une tache de cette couleur. Les secondes ailes sont sinuées ; leur milieu offre une raie noirâtre, transverse, courte, à peine distincte, & leur limbe postérieur est coupé par une suite de cinq ou six points d'un blanc-jaunâtre. Le dessous des quatre ailes ressemble au dessus. Le corps est noir, avec l'anus rouge & divisé par deux taches noires ; le corselet est ponctué de blanc.

Il est aussi de la Nouvelle-Hollande.

GENRE PARNASSIEN.

1. Parnassien Apollon.

Ailes un peu oblongues, bien entières, blanchâtres : les inférieures ayant deux yeux, et en dessous à la base des taches, rouges; les supérieures avec des taches entièrement noires.

2. Parnassien Phœbus.

Ailes un peu oblongues, bien entières, blanchâtres : les inférieures ayant deux yeux, et en dessous à la base des taches, rouges; les supérieures avec des taches noires, dont l'extérieure, près de la côte, ayant le milieu rouge.

3. Parnassien Mnémosyne.

Ailes un peu oblongues, bien entières, semblables de part et d'autre, blanchâtres, avec les nervures noires : les supérieures avec deux taches près de la côte, les inférieures avec le bord interne, noirs.

1. PARNASSIEN Apollon.

PARNASSIUS Apollo.

Parn. *alis suboblongis, integerrimis, albidis : posticis ocellis duobus infràque basi maculis, rubris ; anticis maculis penitus nigris.*

Papilio H. Apollo, *alis oblongis, integerrimis, albis : posticis ocellis suprà quatuor, subtùs sex rubris.* LINN. *Syst. Nat.* 2. *pag.* 754. *n°.* 50. — *Faun. Suec. edit.* 2. *n°.* 1032.

Papilio Apollo. FAB. *Syst. Entom. pag.* 465. *n°.* 99. — *Spec. Ins. tom.* 2. *p.* 35. *n°.* 147. — *Mant. Ins. tom.* 2. *p.* 17. *n°.* 169. — *Entom. Syst. em. tom.* 3. *pars* 1. *p.* 181. *n°.* 560.

Papilio Alpina major, *alis albicantibus : exterioribus maculis nigris notatis ; interioribus maculis ophtalmoidibus iride rubrâ.* RAI, *Ins. p.* 139. *n°.* 2.

PETIV. *Gazoph. tab.* 23. *fig.* 8.

Papillon des Alpes. DE GÉER, *Inf.* 1. *pl.* 18. *fig.* 8-13.

ROES. *Inf. part.* 3. *tab.* 45. *fig.* 1. 2.

ROES. *Inf. part.* 4. *tab.* 4. *fig.* 1-3. (La chenille & la chryfalide.)

HERBST, *Pap. tab.* 85. *fig.* 1-4.

SULZ. *Inf. edit.* ROEM. *tab.* 13. *fig.* 83.

SCHOEFF. *Icon. tab.* 36. *fig.* 4. 5.

SCHOEFF. *Elem. tab.* 94. *fig.* 6.

ESP. *Pap. part.* 1. *tab.* 2. *fig.* 1.

ESP. *Pap. part.* 1. *tab.* 44. *cont.* 14. *fig.* 1. 2.

L'Alpicola. DAUBENT. *Pl. enlum.* 68. *fig.* 1. 2.

SCOP. *Entom. Carn. p.* 168. *n°.* 447.

PANZ. *Faun. Germ.* 9. 15.

MULLER, *Zool. Dan. p.* 113. *n°.* 1310.

P. Rhea. PODA, *Muf. Græc. p.* 66. *n°.* 11.

Pieris Apollo. SCHRANK, *Faun. Boic. tom.* 2. *p.* 161. *n°.* 1283.

ILLIG. *N. Aug. Deff. tom.* 2. *p.* 150. *n°.* 1.

ILLIG. *Magaz. tom.* 3. *p.* 186.

FUESS. *Inf. Suiff. p.* 28. *n°.* 545.

BORKH. *Pap. Eur. part.* 1. *p.* 115 & 250. *n°.* 2.

HUBN. *Pap. tab.* 79. *fig.* 396. 397. *fem.*

HUBN. *Pap. tab.* 145. *fig.* 730. 731.

WIEN VERZ. *p.* 161. *fam.* B. *n°.* 1.

OCHSENH. *Pap. Eur. tom.* 1. *part.* 2. *p.* 133.

L'Apollon. ENGRAM. *Pap. d'Europe, tom.* 1. *p.* 199. *pl.* 47. *fig.* 99. a-h.

Le grand Apollon de Ruffie. ENGRAM. *Pap. d'Europe, tom.* 1. *pag.* 289. *pl.* 75. *Suppl.* 21. *fig.* 99. a. b. *bis.*

L'Apollon hongrois. ENGRAM. *Pap. d'Europe, tom.* 1. *p.* 289. *pl.* 76. *Suppl.* 22. *fig.* 99. a-d. *tert.*

Il eſt de moyenne taille. Ses ailes ſont blanchâtres, un peu oblongues, avec le bord poſtérieur arrondi & bien entier. Les premières ont de part & d'autre cinq taches noires, orbiculaires & inégales, dont trois rangées longitudinalement vers le milieu de la côte, une placée un peu audeſſous de la plus extérieure d'entre celles-ci, la cinquième ſituée près du milieu du bord interne ; la baſe & le bord antérieur de ces ailes ſont parſemés d'atômes noirs, & vers l'extrémité, qui eſt tranſparente, il y a une bande tranſverſe & ondulée d'atômes ſemblables. Les ſecondes ailes ont deux taches oculaires d'un rouge-vermillon, bordées de noir & ayant le centre blanc : l'antérieure occupe à peu près le milieu du bord d'en haut, & l'autre le diſque ; à l'angle anal ſont deux taches noires, petites, aſſez ſouvent réunies, dont l'inférieure a quelquefois le milieu rougeâtre ; le bord interne eſt largement pointillé de noirâtre depuis ſon origine juſqu'au niveau de l'anus, & couvert en outre de poils griſâtres ; le bord poſtérieur eſt précédé auſſi d'une bande noirâtre, ondulée, mais moins prononcée qu'aux ailes ſupérieures, ſurtout dans les mâles. Le deſſous des premières ailes reſſemble au deſſus, mais il eſt luiſant, & il eſt des individus dont la tache noire du bord interne eſt marquée d'un point rouge ; d'autres où cela a lieu non-ſeulement pour cette tache, mais encore pour celle qui ſe trouve au-deſſous de la plus extérieure d'entre les trois taches de la côte. Le deſſous des ſecondes ailes eſt auſſi luiſant ; indépendamment des deux taches oculaires dont nous avons parlé, on y voit quatre taches rouges, diſpoſées tranſverſalement à la baſe, & plus ou moins piquées de noir ; les deux taches noires de l'angle anal ont quelquefois le milieu rouge, & il arrive même que l'antérieure a de plus une prunelle blanche. Le corps eſt noir & garni de poils verdâtres ſur le corſelet, de poils blanchâtres ſur l'abdomen ; les antennes ſont blanches, annelées de noir, avec toute la maſſue de cette dernière couleur. La femelle a ſous le ventre, près de l'anus, une poche brune, cornée, dans laquelle nous avons trouvé des œufs.

Le grand Apollon de Ruſſie & l'Apollon hongrois, décrits par Engramelle, ſont un peu plus grands que celui-ci ; du reſte ils lui reſſemblent en tout ; le ſecond paroît ſeulement avoir un eſpace noirâtre de plus vers le milieu de chaque aile.

Cette eſpèce ſe trouve en été dans les Alpes, dans les Cevennes & ſur d'autres montagnes. De Géer la dit commune en Suède. Elle eſt facile à prendre, parce qu'elle a le vol peſant.

La chenille eſt d'un beau noir-velouté, avec des poils courts & roides, également noirs. Elle a près du col un tentacule fauve, fourchu, rétractile, & ſur les anneaux des taches d'un orangé-foncé, alternativement grandes & petites, & formant de chaque côté du corps deux rangées longitudinales, dont l'une près du dos, l'autre vers le bas du ventre ; les incisions sont d'un noir-luisant, tirant sur le bleu ; la tête est petite en proportion du corps. Elle vit solitairement sur l'*orpin* & sur la *saxifrage pyramidale*.

La chrysalide est saupoudrée de bleuâtre sur un fond noir, ce qui lui donne une teinte gris de perle ; elle est grosse, courte, ovale, avec des points rouges sur chaque côté de sa partie antérieure. La dépouille de la chenille y reste ordinairement attachée. Le Papillon en sort au bout de quinze ou vingt jours, suivant que la chaleur est plus ou moins forte.

2. PARNASSIEN Phœbus.

PARNASSIUS Phœbus.

Parn. alis suboblongis, integerrimis, albidis : posticis ocellis duobus infràque basi maculis, rubris ; anticis maculis nigris, extimâ costali medio rubro.

Papilio Phœbus. HUBN. *Pap. tab.* 110. *fig.* 567. 568. *mas.*

a. Papilio Phœbus. HUBN. *Pap. tab.* 135. *fig.* 684. 685.

DE PRUNNER, *Lepid. Pedem. p.* 69. *n°.* 135.

ILLIG. *Magaz. tom.* 3. *p.* 201.

FUESSL. *Nouv. Magaz. tom.* 1. *p.* 184.

Papilio H. Delius. ESP. *Pap. part.* 1. *tab.* 115. *cont.* 70. *fig.* 5. *mas.*

Papilio Apollo var. fem. ESP. *Pap. part.* 1. *tab.* 112. *cont.* 67. *fig.* 5.

Papilio Delius. OCHSENH. *Pap. Eur. tom.* 1. *part.* 2. *p.* 136.

a. Papilio P. Phœbus, *alis rotundatis, integerrimis, concoloribus, albis, nigro maculatis : posticis maculis tribus rubris.* FAB. *Entom. Syst. em. tom.* 3. *pars* 1. *p.* 181. *n°.* 561.

JON. *Fig. pict.* 2. *tab.* 2. *fig.* 2.

Le *Phœbus* ne se distingue de l'*Apollon* que parce qu'il est constamment plus petit, & parce que la tache noire extérieure de la côte des premières ailes a le milieu rouge en dessus & en dessous ; tous les autres caractères sont les mêmes que dans l'*Apollon* & éprouvent des modifications analogues, c'est-à-dire que certaines taches sont tantôt entièrement noires, tantôt plus ou moins marquées de rouge. La femelle a aussi à la partie postérieure du ventre une poche brune, cornée.

On le trouve dans les prairies marécageuses des Hautes-Alpes & sur la croupe du Mont-Blanc. Ses mœurs sont, dit-on, différentes de celles de l'espèce ci-dessus. On prétend aussi que leurs chenilles ne se ressemblent point.

Le *Phœbus* de Sibérie, décrit par Fabricius & figuré par Jon, paroît n'être qu'une variété de celui-ci. Ses secondes ailes ont, en place des deux taches oculaires, trois taches carrées rouges & bordées de noir.

3. PARNASSIEN Mnémosyne.

PARNASSIUS Mnemosyne.

Parn. alis suboblongis, integerrimis, concoloribus, albidis, nigro nervosis : anticis maculis duabus costalibus, posticis margine interno, nigris.

Papilio H. Mnemosyne, *alis oblongis, integerrimis, albis, nigro nervosis : primoribus maculis duabus nigris marginalibus.* LINN. *Syst. Nat.* 2. *p.* 754. *n°.* 51. — *Faun. Suec. edit.* 2. *p.* 269. *n°.* 1032.

Papilio Mnemosyne. FAB. *Syst. Entom. p.* 466. *n°.* 100. — *Spec. Ins. tom.* 2. *p.* 35. *n°.* 148. — *Mant. Ins. tom.* 2. *p.* 17. *n°.* 170. — *Ent. Syst. em. tom.* 3. *pars* 1. *p.* 182. *n°.* 562.

SCHŒFF. *Icon. tab.* 34. *fig.* 6. 7.

ESP. *Pap. part.* 1. *tab.* 2. *fig.* 2.

ESP. *Pap. part.* 1. *tab.* 58. *cont.* 8. *fig.* 5.

HERBST, *Pap. tab.* 85. *fig.* 5. 6.

BORKH. *Pap. Eur. part.* 1. *p.* 116 & 252. *n°.* 3.

DEVILLERS, *Entom. Linn. tom.* 2. *p.* 6. *n°.* 5. *tab.* 4. *fig.* 2.

SCOP. *Ent. Carn. p.* 170. *n°.* 449.

PANZ. *Faun. Germ.* 34. 21.

MULLER, *Zool. Dan. p.* 1311.

V. MULLER, *Faun. Siles.*

ILLIG. *N. Augs. Dess. tom.* 2. *p.* 151. *n°.* 2.

ILLIG. *Magaz. tom.* 3. *p.* 199.

HUBN. *Pap. tab.* 79. *fig.* 398.

WIEN VERZ. *p.* 161. *fam.* B. *n°.* 2.

OCHSENH. *Pap Eur. tom.* 1. *part.* 2. *p.* 139.

Le Semi-Apollon. ENGRAM. *Pap. d'Eur. tom.* 1. *p.* 202. *pl.* 48. *fig.* 100. a. b. c.

Il a le port & la taille du *Phœbus*. Le dessus de ses ailes est blanchâtre & coupé par des nervures noires, très-fines. Les premières ont deux taches noires, presque rondes & parallèles, disposées longitudinalement vers le milieu de la côte ; leur sommet est transparent ainsi qu'une partie du bord postérieur. Les secondes ailes ont le bord interne pointillé de noir & garni de poils grisâtres, comme dans les deux espèces précédentes ; leur milieu offre assez souvent une tache noirâtre, plus ou moins arrondie. Le dessous des quatre ailes ressemble au dessus, mais le fond en est luisant. Le corps est noir, avec des poils verdâtres sur le corselet, des poils grisâtres sur l'abdomen ; les antennes sont entièrement noires. La femelle a également près de l'anus une poche cornée, mais jaunâtre & plus grande que dans l'*Apollon*.

Il se trouve au mois de juin, dans les contrées montagneuses de l'Allemagne & sur le Mont-Cenis. Sa chenille n'est point connue.

GENRE

GENRE THAÏS.

1. THAÏS Apolline.

Ailes un peu oblongues, presque transparentes : les supérieures blanchâtres, avec deux taches noires près de la côte ; les inférieures jaunâtres, avec une rangée presque marginale de taches oculaires.

2. THAÏS Hypsipyle.

Ailes jaunes, tachetées de noir, ayant le limbe noir, avec une ligne jaune, flexueuse : les inférieures dentées, avec le disque rayonné, des taches d'un rouge-sanguin, alignées, et placées sur des taches bleuâtres.

3. THAÏS Rumina.

Ailes jaunes, tachetées de noir et ponctuées de rouge-sanguin : les inférieures dentées, ayant le limbe noir, avec une ligne jaune, ondulée.

4. THAÏS Médésicaste.

Ailes jaunes, tachetées de noir et ponctuées de rouge-sanguin : les inférieures dentées, avec deux lignes noires, marginales, ondulées : les points rouges de ces dernières bordés de noir intérieurement.

1. Thaïs Apolline.

Thais Apollina.

Th. alis suboblongis, subhyalinis : anticis albidis, maculis duabus costalibus nigris ; posticis flavescentibus, ocellis submarginalibus serie digestis.

Papilio Apollinus, *alis rotundatis, integerrimis, concoloribus : anticis albidis, atomis, fasciâ maculari posticâ maculisque duabus mediis nigris ; posticis flavis fasciâ coccineâ serieque macularum nigrarum pupillis cæruleis.* Ochsenh. *Pap. Eur. tom.* 1. *part.* 2. *p.* 132.

Herbst, *Pap. tab.* 250. *fig.* 5-8. (Le mâle & la femelle.)

Papilio H. Pythius. Esper, *Pap. part.* 1. *tab.* 117. *cont.* 72. *fig.* 1-4.

Papilio Thia. Hubn. *Pap. tab.* 124. *fig.* 635. 636. *mas.*

Papilio Thia. Hubn. *Pap. tab.* 145. *fig.* 730. 731.

Bergstr. *Nomencl. tab.* 130. *fig.* 1-4.

Le petit Apollon. Engram. *Pap. d'Eur. tom.* 1. *p.* 290. *pl.* 76. *Suppl.* 22. *fig.* 99. a. b. c. d. *quart.*

Elle a environ deux pouces d'envergure. Ses ailes font presque transparentes. Le dessus des supérieures est blanchâtre, finement saupoudré de noir, & fouetté ou presque rayé transversalement, depuis la base jusqu'au limbe postérieur, de jaune d'ocre pâle & de noir ; la côte est plus particulièrement entrecoupée de traits de ces deux couleurs, & non loin de son milieu sont deux taches noires, bordées de jaunâtre, assez grandes, presqu'ovales, disposées longitudinalement : ces mêmes ailes sont traversées vers l'extrémité par une bande noire, droite, composée d'environ neuf taches contiguës, mal terminées intérieurement, mais bien arrondies en dehors, où elles sont bordées de jaunâtre ; cette bande est fermée du côté de la base par une raie également jaunâtre, transverse, légèrement ondulée, sur laquelle s'appuient cinq taches rouges, dont quatre, plus petites, alignées transversalement vers le bord antérieur, l'autre alongée, étroite, en S, placé vers le bord interne & en outre bordée de noir ; le limbe postérieur est d'un noirâtre clair & sans taches, ce qui forme une espèce de bande terminale, se rétrécissant peu à peu du sommet à l'angle opposé. Les secondes ailes ont les trois quarts antérieurs d'un jaune-pâle & fouettés de quelques légers traits noirâtres ; mais le jaune de la base est moins pur & teinté de rouge près de la côte ; le bord interne est très-concave, noir depuis son origine jusqu'au milieu, & garni de poils également noirs ; le disque offre une tache noirâtre presque ronde ; le jaune qui vient ensuite, étant plus vif, forme une bande transverse, grande & fouettée de noirâtre dans le sens de sa longueur ; le limbe est d'un noirâtre clair, avec une rangée courbe de sept taches d'un rouge-cinabre, plus ou moins semi-lunaires, inégales, rapprochées, adossées chacune en dehors, excepté celle du sommet, à une tache noire, presque ronde & marquée d'un point bleuâtre dans son milieu. Le dessous des quatre ailes est presque tout-à-fait dépourvu d'écailles, luisant & comme vernissé : les petits traits & les deux taches noirs de la côte des supérieures sont ici bien distincts, mais la bande noire maculaire de l'extrémité & les deux raies jaunes qui en bordent les côtés ne sont visibles qu'en raison de la transparence : le fond des ailes inférieures ne paroît jaune qu'en vertu de la même cause ; leur bord interne est entrecoupé transversalement de taches & leur bord antérieur de petites raies noires ; la tache noirâtre discoïdale & la bande d'un jaune plus vif sont à peu près du même ton qu'en dessus ; mais les sept taches rouges sémi-lunaires sont plus foncées, plus étroites, liserées de noir intérieurement & doublées de jaune en dehors ; les taches noires qui les précèdent du côté du bord sont triangulaires au lieu d'être rondes, & le bord lui-même est jaunâtre & légèrement denté. Le corps est noir & garni de poils de cette couleur ; les antennes sont grisâtres, avec la massue noire.

Elle se trouve en Sicile, en Grèce, en Syrie. Feu M. Olivier l'a prise au mois de janvier dans les environs d'Alep.

2. Thaïs Hypsipyle.

Thais Hypsipyle.

Th. alis flavis, nigro maculatis, limbo nigro lineâ flavâ flexuosâ : posticis dentatis, disco radiato, maculis sanguineis serie digestis maculisque cærulescentibus impositis.

Papilio S. Hypsipyle, *alis dentatis, flavis, nigro variis, apice radiatis : posticis punctis septem rubris.* Fab. *Gen. Inf. Mant. p.* 265. — *Spec. Inf. tom.* 2. *p.* 95. *n°.* 417. — *Mant. Inf. tom.* 2. *p.* 51. *n°.* 504. — *Ent. Syst. em. tom.* 3. *pars* 1. *p.* 214. *n°.* 668.

Schœff. *Icon. tab.* 120. *fig.* 1. 2.

Panz. *Faun. Germ.* 34. 22.

Roes. *Inf. part.* 4. *tab.* 7. *fig.* 1. 2.

Rossi, *Faun. Etr. tom.* 2. *p.* 152. *n°.* 1022.

Papilio Rumina. Esp. *Pap. part.* 1. *tab.* 15. *fig.* 1.

Papilio Rumina. Esp. *Pap. part.* 1. *tab.* 53. *cont.* 3. *fig.* 2.

Papilio Rumina alba. Esper, *Pap. part.* 1. *tab.* 105. *cont.* 60. *fig.* 1. 2.

Fuess. *Inf. Suiss. p.* 30. *n°.* 579.

Papilio Hypermnestra. Scop. *Entom. Carn. p.* 149. *n°.* 425.

Papilio Aristolochiæ. Borkh. *Pap. Eur. part.* 1. *p.* 113 & 250. *n°.* 1. — *Part.* 2. *p.* 212.

Papilio Polixena. Herbst, *Pap. tab.* 250. *fig.* 1. 2.

Bergst. *Nomencl. tab.* 98. *fig.* 2. 3.

Illig. *N. Ausg. Dess. tom.* 2. *p.* 153. *n°.* 1.

Illig. *Magaz. tom.* 3. *p.* 202.

Schrank, *Faun. Boic. tom.* 2. *p.* 162. *n°.* 1284.

Fuess. *Nouv. Magaz. tom.* 2. *p.* 383.

Hubn. *Pap. tab.* 78. *fig.* 392. 393. *fem.*

Wien Verz. *p.* 162. *fam.* C. *n°.* 1.

Ochsenh. *Pap. Eur. tom.* 1. *part.* 2. *p.* 124.

La Diane. Engram. *Pap. d'Eur. tom.* 1. *p.* 221. *pl.* 52. *fig.* 109. a. b.

La Diane. Engram. *Pap. d'Eur. tom.* 1. *p.* 294. *pl.* 77. *Suppl.* 23. *fig.* 109. c. d. (La chenille & la chrysalide.)

Elle est à peu près de la taille de la précédente. Le dessus des ailes est d'un jaune d'ocre plus ou moins foncé, avec une bande noire, marginale, large, divisée dans toute sa longueur par une ligne jaune en feston, dont les creux extérieurs sont remplis chacun par une tache triangulaire, également jaune. Les premières ailes ont sept taches noires, dont cinq, en forme de bandes transverses, rangées le long de la côte, les deux autres placées transversalement vers le milieu du bord interne; la base & les nervures sont pareillement noires. Les secondes ailes ont les nervures, la base & le milieu du bord interne noirs; leur disque offre une cellule ovale, formée par les nervures, renfermant trois ou quatre traits noirs, longitudinaux, & précédée en dehors d'une ligne arquée de points de cette couleur; le côté interne de la bande noire marginale est denté & coupé par une suite de points rouges carminés, dont le second, à partir du bord antérieur, plus petit & remplacé quelquefois par un point noir; entre ces points & la ligne jaune en feston est une rangée de taches bleuâtres, petites, arrondies, composées d'atômes, ne montant point jusqu'au sommet; le bord postérieur est échancré & garni de cils jaunes; le bord interne a des poils d'un gris-verdâtre. Le dessous des quatre ailes diffère peu du dessus quant au dessin, mais le fond des supérieures est d'un jaune très-pâle, & le fond des inférieures d'un blanc-mat; la ligne en feston, placée sur la bande noire marginale des unes & des autres, est d'un jaune-orangé; cette couleur est aussi celle des nervures des secondes ailes; les taches bleuâtres de ces dernières sont nulles, ou du moins peu sensibles, mais en revanche il y a à leur base une ligne transverse de trois points rouges; les premières ailes ont également des points rouges, disposés ainsi qu'il suit sur les bandes ou taches noires de la côte: trois sur la bande extérieure, un sur la troisième, en allant vers la base, & un sur la cinquième. Le corps est noir, avec des poils verdâtres, des points fauves sur les côtés de l'abdomen & du ventre; les antennes sont brunes, avec la massue entièrement noire; le haut de la tête est un peu roussâtre.

Cette espèce habite la Russie méridionale, la Hongrie & le Piémont. Elle paroît au mois de juin. Son vol paresseux la rend très-facile à saisir.

La chenille est d'un jaune-citron, avec deux lignes fauves, latérales, longitudinales & entrecoupées de points noirs; son dos est armé d'un rang d'épines rougeâtres, charnues, ayant l'extrémité noire & garnie de poils grisâtres. Elle vit sur l'*Aristoloche clématite.*

La chrysalide est d'un blanc-jaunâtre, & obtuse à sa partie antérieure.

Le *Rumina alba* d'Esper est le même que celui que nous venons de décrire; ses couleurs sont seulement plus pâles.

3. Thaïs Rumina.

Thais Rumina.

Th. alis flavis, nigro maculatis sanguineoque punctatis: posticis dentatis, limbo nigro lineâ flavâ undulatâ.

Papilio N. Rumina, *alis dentatis, variegatis: suprà primoribus punctis sex, posticis quatuor, rubris.* Linn. *Syst. Nat.* 2. *p.* 783. *n°.* 200.

Papilio Ulyssiponensis, *ex nigro luteoque mixtus, maculis sanguineis aspersus.* Petiv. *Gazoph. tab.* 1. *fig.* 88.

Papilio Gaditanus, *medius, ex nigro & sulphureo varius, maculis coccineis notatus.* Catesbi, *The Nat. Hist. of Carolina, Florida, &c. vol.* 2. *p.* 59. *tab.* 59.

Papilio Rumina. Fab. *Syst. Entom. p.* 513. *n°.* 29. — *Spec. Insect. tom.* 2. *pag.* 96. *n°.* 418. — *Mant. Insect. tom.* 2. *pag.* 51. *n°.* 505. — *Ent. Syst. em. tom.* 3. *pars* 1. *p.* 244. *n°.* 759.

Illig. *Magaz. tom.* 2. *p.* 181.

Hubn. *Pap. tab.* 124. *fig.* 633. 634. *mas.*

Ochsenh. *Pap. Eur. tom.* 1. *part.* 2. *p.* 129.

Papilio Medesicaste. Borkh. *Pap. Eur. part.* 1. *p.* 209. *n°.* 18.

Comme cette espèce a de très-grands rapports avec l'*Hypsypile*, nous ne pouvons mieux la faire connoître qu'en indiquant les caractères qui l'en distinguent; les voici: la ligne jaune qui divise la bande noire marginale des quatre ailes est moins anguleuse, & précédée en face du sommet des supérieures par deux taches blanchâtres, un peu transparentes, séparées par une simple nervure; les bandes noires de la côte de ces dernières ailes ont des points rouges plus gros, & ils se reproduisent en dessus; on en voit un semblable de part & d'autre sur la tache noire extérieure du bord interne; la bande marginale des secondes ailes est sinuée du côté de la base, au lieu d'être dentée; les atômes bleuâtres, placés sur cette même bande, entre la rangée de points rouges & la ligne jaune ondulée, sont épars & non groupés de manière à former des taches; la cellule ovale du disque de ces ailes ne renferme point de traits longitudinaux, mais une tache noire presqu'en forme de cœur; il y a en outre sur le noir de la base un point rouge que surmonte un croissant jaune dont la convexité est tournée en dehors. Le dessous des ailes supérieures ressemble au dessus, à une légère nuance près dans la couleur du fond. Le dessous des inférieures a la base, le milieu, la ligne ondulée du limbe jaunes, & le reste d'un blanc un peu nacré, divisé en taches; les atômes bleuâtres sont remplacés par une poussière jaune très-serrée; la ligne ondulée a le côté externe doublé de rouge; les points rouges ont la partie antérieure légèrement blanchâtre; les points de l'abdomen sont d'un jaune moins foncé, & les antennes sont entièrement noires.

La chenille se rapproche beaucoup de celle de l'*Hypsypile*. Elle vit sur l'*Aristoloche rouge*.

On la trouve en Espagne & en Portugal.

4. Thaïs Médésicaste.

Thais Medesicaste.

Th. alis flavis, nigro maculatis sanguineoque punctatis : posticis dentatis, lineâ duplici nigrâ, marginali, undulatâ; harum punctis rubris intùs nigro marginatis.

Pap. Medésicaste, *alis subdentatis, flavis, nigro rubroque maculatis : anticis apice maculis duabus pellucidis; posticis subtùs maculis albo nitentibus.* Ochsenh. *Pap. Eur. tom.* 1. *part.* 2. *p.* 127.

Hubner, *Pap. tab.* 124. *fig.* 632. *mas.*

Papilio Rumina. Hubner, *Pap. tab.* 78. *fig.* 394. 395. *mas.*

Herbst, *Pap. tab.* 250. *fig.* 3. 4.

Illig. *Magaz. tom.* 2. *p.* 181.

P. Rumina australis. Esp. *Pap. part.* 1. *p.* 115. *tab.* 72. *cont.* 22. *fig.* 4.

Borkhausen, *Pap. Eur. part.* 1. *p.* 22. *n°.* 19.

Borkhausen, *Pap. Eur. part.* 2. *p.* 212. *n°s.* 1. 2.

Devillers, *Ent. Linn. tom.* 2. *p.* 48. *n°.* 79. *tab.* 4. *fig.* 10.

Bergstr. *Nomencl. tab.* 115. *fig.* 3. 4.

La Proserpine. Engram. *Pap. d'Eur. tom.* 1. *p.* 295. *pl.* 78. *Suppl.* 24. *fig.* 109. a-d. *bis.*

La Médésicaste pourroit bien n'être qu'une variété de la Th. *Rumina*, car le principal caractère qui l'en sépare consiste en ce que la bande noire marginale des secondes ailes est remplacée par deux lignes anguleuses de cette couleur, & en ce que les points rouges sont seulement bordés de noir du côté de la base. Le reste n'offre point de différence essentielle.

On la trouve dans le midi de la France.

GENRE COLIADE.

1. Coliade Mærula.

Ailes anguleuses, jaunes : le dessus des supérieures avec un point très-noir sur le milieu : le dessous des unes et des autres avec une tache discoïdale, ocellée, oblongue.

2. Coliade du Nerprun.

Ailes anguleuses, jaunes ou d'un blanc-verdâtre, ayant chacune sur le milieu un point fauve en dessus, ocellé en dessous.

3. Coliade Cléopâtre.

Ailes anguleuses, jaunes ou d'un blanc-verdâtre, ayant chacune en dessous un point discoïdal ocellé : le dessus des supérieures (mâle) *avec le milieu orangé.*

4. Coliade ? Ecclipse.

Ailes entières, anguleuses, jaunes : les supérieures avec deux points et une tache noirs ; les inférieures avec un œil bleu.

5. Coliade Proterpia.

Ailes un peu anguleuses, fauves : le dessus des supérieures avec le contour extérieur noir : le dessous des unes et des autres plus pâle ; celui des inférieures avec des taches noirâtres, peu prononcées.

6. Coliade Cipris.

Ailes entières, jaunes : le dessous des inférieures avec des atômes ferrugineux et un double point argenté ; ces mêmes ailes ayant l'angle anal un peu prolongé en queue.

7. Coliade Leach.

Ailes presque rondes, entières, d'un blanc-verdâtre : le dessus des supérieures avec le sommet fauve, le bord et un point central noirs : le dessous des quatre avec une tache ferrugineuse sur le milieu.

8. Coliade Philéa.

Ailes presque rondes, jaunes : les supérieures avec le milieu, les inférieures avec l'extrémité orangés : le dessous de ces dernières avec un double point argenté.

9. Coliade Marcelline.

Ailes entières, presque rondes, jaunes : le dessous des inférieures avec un double point argenté.

10. Coliade Dryá.

Ailes arrondies, jaunes : le dessous des supérieures avec un point ferrugineux, le dessous des inférieures avec un point argenté.

11. Coliade Argante.

Ailes entières, presque rondes, orangées : le dessous des inférieures avec un double point argenté et des atômes ferrugineux.

12. Coliade Eubule.

Ailes entières, presque rondes, jaunes, ayant sur le bord des points, ou une ligne crénelée, noirs : le dessus des supérieures avec un point ocellé sur le milieu : le dessous des unes et des autres avec un double point argenté.

COLIADE. (Insecte.)

13. Coliade Pomone.

Ailes entières, presque rondes, jaunes : les supérieures ayant de part et d'autre le bord et un point discoïdal noirs : le dessous des inférieures jaune, avec un double point argenté.

14. Coliade Cnidia.

Ailes entières, presque rondes, d'un jaune-roussâtre : le dessus des supérieures avec le sommet et un point discoïdal d'un noir-foncé : le dessous des inférieures avec un double point argenté et des atômes ferrugineux.

15. Coliade Lollia.

Ailes entières, presque rondes, d'un rouge-briqueté clair : le dessus des supérieures jaunâtre, avec un point central et des points marginaux noirs : le dessous des unes et des autres avec un double point argenté.

16. Coliade Aricie.

Ailes entières, presque rondes, d'un jaune-foncé, avec des taches noires sur le bord : le dessus des inférieures fauve à l'extrémité : le dessous des unes et des autres avec un double point argenté.

17. Coliade Larra.

Ailes entières, presque rondes, fauves en dessus, avec des taches noires sur le bord : le dessous des unes et des autres jaune ; celui des inférieures avec un double point argenté.

18. Coliade Lesbie.

Ailes entières, fauves : les supérieures avec un point noirâtre : le dessous des unes et des autres pâle, avec un point d'un beau blanc.

19. Coliade Scylla.

Ailes entières, presque rondes : le dessus des supérieures blanc, avec le limbe noir ; le dessus des inférieures orangé : le dessous des unes et des autres jaune, avec deux couples de points ocellés sur celles-ci, une couple sur celles-là.

20. Coliade Catilla.

Ailes presque rondes, d'un jaune-soufre : le dessus des supérieures avec un point discoïdal et le bord postérieur noirs : leur dessous avec un seul point, celui des inférieures avec deux, argentés.

21. Coliade Jugurthina.

Ailes presque rondes, d'un jaune-soufre, plus pâles vers l'extrémité, avec le contour extérieur noir : le dessous des supérieures avec un seul point, celui des inférieures avec deux, foiblement argentés.

22. Coliade Philippine.

Ailes presque rondes, blanches ou d'un jaune-pâle : le dessus des supérieures avec le contour extérieur et un point discoïdal noirs : le dessous des inférieures avec des ondes cendrées et trois points argentés.

23. Coliade Florella.

Ailes un peu anguleuses, blanches : les supérieures avec un point noirâtre : le dessous des inférieures avec trois points argentés.

24. Coliade Pyranthe.

Ailes presque rondes, blanches : le dessus des supérieures avec un point discoïdal et le bord noirs : le dessous des unes et des autres avec des ondes cendrées et un point ocellé.

COLIADE. (Insecte.)

25. COLIADE Hilaria.

Ailes entières, presque rondes, blanches en dessus, jaunes vers la base : leur dessous verdâtre; celui des inférieures avec deux points argentés, entourés d'un double anneau rouge.

26. COLIADE Titania.

Ailes entières, presque rondes, jaunes en dessus, blanches vers l'extrémité : leur dessous d'un gris-luisant; celui des inférieures avec deux points d'un blanc-vif, bordés de noir en dehors.

27. COLIADE Alcméoné.

Ailes entières, presque rondes, blanches en dessus, jaunes vers la base : les supérieures avec une bordure noire, étroite : le dessous des unes et des autres d'un jaune-pâle et sans taches.

28. COLIADE Évadné.

Ailes entières, presque rondes, jaunes en dessus, d'un blanc-luisant vers le bout : les supérieures avec une bordure noire, étroite : le dessous des unes et des autres verdâtre et sans taches.

29. COLIADE Trite.

Ailes entières, presque rondes, jaunes en dessus : leur dessous grisâtre ou verdâtre, avec une ligne ferrugineuse, transverse.

30. COLIADE Lyside.

Ailes entières, semblables de part et d'autre, d'un blanc-jaunâtre : les supérieures ayant le sommet un peu aigu, la base d'un jaune-foncé.

31. COLIADE Cæsonia.

Ailes jaunes, avec le limbe postérieur noir en dessus : les supérieures avec le sommet un peu aigu : le dessous de celles-ci avec un seul point, le dessous des inférieures avec deux, dont un plus petit, argentés.

32. COLIADE Philippa.

Ailes entières, jaunes : les supérieures un peu aiguës, variées de noir, avec un point d'un noir-foncé; les inférieures avec un point d'un rouge-sanguin : le dessous des unes et des autres avec un point argenté.

33. COLIADE Hyale.

Ailes entières, arrondies, d'un jaune-soufre en dessus, avec le limbe postérieur noir : les supérieures ayant de part et d'autre un point très-noir sur le milieu : le dessous des inférieures d'un jaune-foncé, avec deux points argentés, dont un plus petit.

34. COLIADE Phicomoné.

Ailes entières, arrondies, d'un jaune ou d'un blanc-verdâtre en dessus, avec des atômes et le limbe postérieur noirâtres : le dessous des supérieures avec un point ocellé, le dessous des inférieures avec un point argenté; ces dernières d'un jaune-verdâtre, avec le limbe plus clair.

35. COLIADE Philodice.

Ailes entières, arrondies, jaunes, avec le limbe postérieur noir en dessus : le dessous des supérieures avec un point ocellé, le dessous des inférieures avec deux points argentés, dont un plus petit; ces dernières un peu roussâtres : le limbe des supérieures en dessus (femelle) *tacheté de jaune.*

36. COLIADE Dorippe.

Ailes entières, arrondies, jaunes en dessus, avec le limbe postérieur noir : le dessous des supérieures avec un point ocellé, le dessous des inférieures avec deux points argentés, dont un plus petit; ces dernières roussâtres, avec des atômes noirs. (Male.)

COLIADE. (Insecte.)

37. Coliade Paléno.

Ailes entières, arrondies, d'un jaune un peu verdâtre ou plus pâles en dessus, avec le limbe postérieur noir : le dessous des supérieures avec un point ocellé, le dessous des inférieures avec un point argenté et des atômes noirâtres.

38. Coliade Édusa.

Ailes entières, arrondies, d'un jaune-fauve en dessus, avec le limbe postérieur noir : les supérieures ayant de part et d'autre un point très-noir sur le milieu ; le dessous des inférieures d'un jaune-verdâtre, avec deux points argentés, dont un plus petit : le limbe de ces dernières en dessus (femelle), *avec une bande jaune, maculaire, courte.*

39. Coliade Électre.

Ailes entières, arrondies, fauves en dessus, glacées de rouge, avec le limbe postérieur noir : les supérieures ayant de part et d'autre un point très-noir sur le milieu ; le dessous des inférieures verdâtre, avec deux points argentés, dont un plus petit : le limbe de ces dernières en dessus (femelle), *avec une bande jaune, maculaire, courte.*

40. Coliade Aurore.

Ailes entières, arrondies, fauves en dessus, avec le limbe postérieur noir : le dessous des supérieures avec un seul point, le dessous des inférieures avec deux, dont un plus petit, argentés. (Mâle.)

41. Coliade Myrmidone.

Ailes entières, arrondies, d'un fauve-gai en dessus, avec le limbe postérieur noir : le dessous des supérieures avec un point ocellé, le dessous des inférieures avec deux points argentés, dont un plus petit : le limbe de ces dernières en dessus (femelle), *avec une bande jaune, maculaire, entière.*

42. Coliade Chrysothème.

Ailes entières, arrondies, d'un jaune un peu fauve en dessus, avec le limbe postérieur noir : le dessous des supérieures avec un point ocellé, le dessous des inférieures avec deux points argentés, dont un plus petit : le limbe de ces dernières en dessus (femelle), *avec une bande jaune, maculaire, entière.* Plus petite.

43. Coliade Nicippe.

Ailes entières, arrondies, fauves en dessus, avec le limbe postérieur noir : les supérieures ayant de part et d'autre une lunule noire sur le milieu ; le dessous des inférieures jaune, avec des taches et des atômes ferrugineux.

1. Coliade Mærula.

Colias Mœrula (1).

Col. alis angulatis, flavis : anticis suprà puncto medio atro : singulis subtùs disco maculâ ocellari, oblongâ.

Papilio D. C. Mærula, *alis integris, angulatis, flavis : anticis suprà maculâ atrâ, reliquis ferrugineâ.* Fab. *Syst. Ent. p.* 479. *n°.* 157. — *Spec. Insect. tom.* 2. *p.* 51. *n°.* 222. — *Mant. Inf. tom.* 2. *p.* 24. *n°.* 255. — *Ent. Syst. em. tom.* 3. *pars* 1. *p.* 212. *n°.* 664.

Papilio Mœrula. Donow. *Gen. Illust. of Ent. an Epitome of the Nat. Hist. Insect. n°.* 8. *pl.* 2. *fig.* 1.

Papilio Ecclipsis. Cram. *Pap.* 11. *p.* 47. *pl.* 129. *fig.* A. B.

Papilio Ecclipsis. Herbst, *Pap. tab.* 103. *fig.* 5. 6.

Elle est de moyenne taille, d'un jaune-citron en dessus, avec un point très-noir vers le milieu des ailes supérieures, & un point orangé, pâle & piqué de noirâtre sur le disque des inférieures. Ces dernières ont le bord interne anguleux dans son milieu, & un peu denté du côté du corps; les premières ailes ont le sommet aigu & prolongé. L'extrémité des unes & des autres est bordée en dehors par une suite de points ferrugineux, très-petits. Le dessous de cette Coliade diffère du dessus en ce qu'il est plus pâle & légèrement ondé de brun-clair; en ce que la tache discoïdale de chaque aile est oblongue, ferrugineuse & marquée d'un point blanchâtre. Le corps est de la couleur des ailes; les antennes sont rougeâtres ainsi que la tête.

Nous n'avons vu qu'un seul individu mâle, de sorte que nous ne pouvons dire si la femelle offre des différences.

Elle se trouve à la Jamaïque & dans l'Etat de New-York.

2. Coliade du Nerprun.

Colias Rhamni.

Col. alis angulatis, flavis seu virescenti-albidis : singulis puncto medio suprà fulvo, subtùs ocellari.

Papilio D. C. Rhamni, *alis integerrimis, angulatis, flavis : singulis puncto fulvo, subtùs ferrugineo.* Linn. *Syst. Nat.* 2. *p.* 765. *n°.* 106. — *Faun. Suec. edit.* 2. *p.* 272. *n°.* 1042.

Fab. *Syst. Entom. p.* 478. *n°.* 155. — *Spec. Inf. tom.* 2. *p.* 5. *n°.* 220. — *Mant. Insect. tom.* 2. *p.* 24. *n°.* 253. — *Ent. Syst. em. tom.* 3. *pars* 1. *p.* 211. *n°.* 661.

Papilio præcox, sulphurea, seu flavo-viridis, singulis alis maculâ ferrugineâ notatis. Rai, *Inf.* 112. *n°.* 4.

Papilio sulphureus (mas). Petiv. *Mus. p.* 1. *n°.* 1.

Papilio sulphureus, pallidus (fem.). Petiv. *Mus. p.* 1. *n°.* 2.

Papilio diurnus, medius, primus. Mouff. *Inf. p.* 103. *fig.* 1.

Robert, *Icon. tab.* 13.

Albin, *Inf. tab.* 2. *fig.* 3.

Sulz. *Inf. tab.* 13. *fig.* 84.

Schœff. *Icon. tab.* 35. *fig.* 1-3.

De Geer, *Mem. Inf.* 1. *tab.* 15. *fig.* 1-10.

Esp. *Pap.* 1. *tab.* 4. *fig.* 4.

Herbst, *Pap. tab.* 103. *fig.* 1-3.

Roes. *Inf.* 3. *Suppl. tab.* 46. *class.* 2. *Pap. diurn. fig.* 1-3.

Roes. *Inf.* 4. *tab.* 26. *fig.* 1-5. (La chenille & la chrysalide.)

Scop. *Ent. Carn. p.* 174. *n°.* 456.

Panz. *Faun. Germ.* 28. 23.

Muller, *Zool. Dan. p.* 111. *n°.* 1290.

Rossi, *Faun. Etr. tom.* 2. *p.* 145. *n°.* 998.

Lewin, *Inf. tab.* 31. *fig.* 1-3.

Fuessl. *Suiss. Inf. p.* 29. *n°.* 555.

Borkh. *Pap. Europ. part.* 1. *p.* 117 & 252. *n°.* 1.

Schneid. *Syst. Beschr. p.* 61. *n°.* 8.

Schrank, *Faun. Boic. tom.* 2. *p.* 168. *n°.* 1294.

Hubn. *Pap. tab.* 88. *fig.* 442-444.

Wien Verz. *p.* 164. *fam.* E. *n°.* 1.

Illig. *Magaz. tom.* 3. *p.* 263.

Ochsenh. *Pap. Europ. tom.* 1. *part.* 2. *p.* 186.

Le Citron. Geoff. *Hist. Inf. tom.* 2. *p.* 74. *n°.* 47.

Le Citron. Engram. *Pap. d'Europe, tom.* 1. *p.* 223. *pl.* 53. *fig.* 110. a-e.

Elle a tout-à-fait le port de la précédente, mais elle est de quatrième taille. Le dessus du mâle est d'un jaune-citron; le dessus de la femelle d'un blanc-verdâtre, avec un point orangé vers le milieu de chaque aile, & des points ferrugineux,

(1) Cette espèce & les deux suivantes sont du genre *Gonopteryce*, établi par M. le docteur Leach; genre dont on trouvera les caractères dans les Mémoires de la Société d'Edimbourg.

très-petits, sur leur bord postérieur. Le dessous du mâle est un peu moins jaune que le dessus, &, dans les deux sexes, le point discoïdal des quatre ailes est ferrugineux, avec le centre blanchâtre. Le corps est noir en dessus, jaune en dessous, avec des poils blancs soyeux sur le corselet & sur la base de l'abdomen; les antennes sont rougeâtres.

Cette Coliade est très-commune dans toute l'Europe. Elle fréquente les bois, les prairies, les jardins. Comme elle paroît dès les premiers beaux jours de février, on soupçonne qu'elle passe l'hiver dans des endroits abrités. En juillet & en août elle paroît de nouveau & plus abondamment encore que la première fois. Son vol est assez rapide.

La chenille est verte, avec une ligne plus pâle sur chaque côté du ventre, & des pointes noires, très-petites, écailleuses, sur le dos; ce qui la fait paroître bleuâtre. Le devant de son corps est gros & arrondi, le derrière comprimé. Lorsqu'elle veut se métamorphoser, elle tapisse de soie une feuille, s'y cramponne, & élève toute sa partie antérieure. Le lien, avec lequel elle s'attache, est peu tendu, & ses deux extrémités aboutissent au même point; elle y reste suspendue pendant deux ou trois jours avant de se débarrasser de sa peau. Les feuilles du *nerprun purgatif (rhamnus catharticus)* & de la *bourdaine* ou *bourgène (rhamnus frangula)* sont ce qu'elle mange le plus habituellement.

La chrysalide a le milieu très-renflé. D'abord verte, puis jaunâtre, elle a sur chaque côté une raie plus claire & une tache rougeâtre. En été le Papillon en sort au bout de quinze jours.

3. Coliade Cléopâtre.

Colias Cleopatra.

Col. alis angulatis, flavis seu virescenti-albidis: singulis subtùs puncto medio ocellari: anticis suprà (mas) *disco aurantiaco.*

Papilio D. C. Cleopatra, *alis integerrimis, angulatis, flavis: primoribus suprà disco fulvo; reliquis puncto ferrugineo.* Linn. *Syst. Nat.* 2. *p.* 765. *n*°. 105.

Fab. *Syst. Entom. p.* 479. *n*°. 160. — *Spec. Insect. tom.* 2. *p.* 52. *n*°. 225. — *Mant. Insect. tom.* 2. *p.* 24. *n*°. 258. — *Ent. Syst. em. tom.* 3. *pars* 1. *p.* 213. *n*°. 667.

Seba, *Mus.* 4. *tab.* 26. *fig.* 7. 8.

Cram. *Pap.* 11. *p.* 53. *pl.* 131. *fig.* E.

Cyrill. *Ent. Neap.* 1. *tab.* 3. *fig.* 2.

Esp. *Pap.* 1. *tab.* 48. *Suppl.* 24. *fig.* 1. (mas.)

Esp. *Pap.* 1. *tab.* 111. *cont.* 66. *fig.* 1. (fem.)

Herbst, *Pap. tab.* 103. *fig.* 4.

Borkh. *Pap. Europ. part.* 1. *p.* 118 & 253. *n*°. 2.

Schneid. *Syst. Beschr. p.* 62. *n*°. 9.

Rossi, *Faun. Etr. tom.* 2. *p.* 145. *n*°. 999.

Panz. *Faun. Germ.* 74. 23. (mas) 74. 24. (fem.)

Illig. *Magaz. tom.* 3. *p.* 190.

De Villers, *Ent. Linn. tom.* 2. *p.* 15. *n*°. 17. *tab.* 4. *fig.* 2.

Hubn. *Pap. tab.* 88. *fig.* 445. (mas.) 446. (fem.)

Ochsenh. *Pap. Europ. tom.* 1. *part.* 2. *p.* 189.

Var. du Citron. Engram. *Pap. d'Europe, tom.* 1. *p.* 224. *pl.* 53. *fig.* 110. f. g. (Le mâle.)

Elle ne diffère de la précédente que par la tache orangée qui couvre en majeure partie le dessus des premières ailes du mâle.

On la trouve communément dans le midi de la France & de l'Italie, dans l'Asie mineure, &c. Elle paroît pour la première fois en février & en mars, & pour la seconde, dans le courant de l'été.

Sa chenille ressemble à celle de la *Coliade du Nerprun;* seulement elle a le dos plus bleuâtre, & la ligne longitudinale de chaque côté du ventre plus blanche. Elle vit, dit-on, sur le *rhamnus alpinus.* Elle ne doit pas borner sa nourriture à ce seul arbrisseau, car il n'existe pas dans certaines parties de la France habitées par le Papillon.

La chrysalide est entièrement verdâtre.

Engramelle n'a fait de cette espèce qu'une variété de la précédente, parce qu'il s'est imaginé que de Geer l'avoit obtenue de chenilles trouvées en Suède. Il n'y a cependant rien dans le texte du baron suédois qui ait pu donner lieu à une telle méprise.

4. Coliade ? Ecclipse.

Colias Ecclipsis.

Col. alis integerrimis, angulatis, flavis: primoribus punctis duobus maculâque nigris; posticis ocello cæruleo.

Pap. D. C. Ecclipsis. Linn. *Syst. Nat.* 2. *p.* 765. *n*°. 107. — *Amœn. Acad.* 6. *p.* 406. *n*°. 67.

Petiv. *Gazoph.* 6. *tab.* 10. *fig.* 6.

Comme nous n'avons vu que la figure de cette espèce, nous ne garantissons point qu'elle appartienne aux *Danaïdes blanches*, dans la famille desquelles Linnæus l'a placée. Nous nous bornons même, pour plus d'exactitude, à traduire la description que ce naturaliste en a faite d'après un individu du cabinet de de Geer.

Elle est de la taille du P. du *Nerprun*, auquel elle ressemble parfaitement sous le rapport de la forme & de la couleur; mais ses premières ailes ont, sur le milieu, une tache noirâtre, ovale, disposée longitudinalement, &, entre cette même tache & la côte, deux points noirs. Les secondes ailes ont sur le disque un point de cette couleur, &, près du sommet, un grand œil bleu.

Elle est de l'Amérique septentrionale.

5. Coliade Proterpia.

Colias Proterpia.

Col. alis subangulatis, fulvis : anticis suprà margine exteriori nigro : omnium paginâ inferiori pallidiore, posticarum maculis fuscis, obsoletis.

Papilio D. C. Proterpia, *alis integerrimis, angulatis, fulvis : anticis margine exteriori nigro.* Fab. *Syst. Entom. p.* 478. *n°.* 152. — *Spec. Inf. tom.* 2. *p.* 50. *n°.* 216. — *Mant. Insect. tom.* 2. *p.* 24. *n°.* 249. — *Entom. Syst. em. tom.* 3 *pars* 1. *p.* 210. *n°.* 657.

Elle est plus petite que la C. du *Nerprun.* Le dessus de ses ailes est tantôt d'un jaune-orangé vif, tantôt d'un jaune d'ocre roussâtre, avec les nervures noires, mais vers l'extrémité seulement. Les premières ailes sont entourées en dehors d'une bordure noirâtre, plus ou moins large; leur sommet est arrondi ou un peu aigu, suivant le sexe. Les secondes ailes ont le bord postérieur un peu anguleux dans son milieu. Le dessous des unes & des autres est plus pâle que le dessus; celui des supérieures n'a ni bordure ni taches; celui des inférieures est parsemé, sur le disque, de taches brunâtres, peu prononcées.
Elle se trouve à la Jamaïque.

6. Coliade Cipris.

Colias Cipris.

Col. alis integerrimis, flavis : posticis subtùs atomis ferrugineis punctoque gemino argenteo; his angulo ani subcaudato.

Papilio D. C. Cipris, *alis subcaudatis, flavis, margine punctato.* Fab. *Entom. Syst. em. tom.* 3. *pars* 1. *p.* 212. *n°.* 663. (Le mâle.)

Papilio Cipris. Jon. *Fig. pict.* 3. *tab.* 39. *fig.* 1.

Elle est de moyenne taille, d'un jaune-citron foncé, mais mat vers le bout; la femelle a en outre le milieu des ailes supérieures & toute l'extrémité des inférieures roussâtres : dans l'un & l'autre sexe le bord postérieur est entrecoupé de points noirs, très-petits, & les secondes ailes ont l'angle anal un peu prolongé en queue. Le dessous des quatre ailes est d'un jaune d'ocre, avec une multitude d'atômes ferrugineux, & deux points discoïdaux argentés, bordés de brun, & ordinairement moins vifs aux ailes supérieures. Le corps est jaune, avec des poils verdâtres, soyeux, sur le corselet; les antennes sont rougeâtres.
Elle se trouve au Brésil & à la Guyane.

7. Coliade Leach.

Colias Leachiana.

Col. alis subrotundatis, integris, virescenti-albidis : anticis suprà apice fulvo, margine punctoque medio nigris : singulis subtùs maculâ centrali ferrugineâ.

Elle est de troisième taille. Ses ailes sont entières & d'un blanc-verdâtre. Le dessus des supérieures offre au sommet, qui est un peu aigu, une tache aurore, triangulaire, s'étendant du milieu de la côte au milieu du bord postérieur; cette tache est bordée en dehors par une ligne noire, & marquée, sur le milieu de son côté interne, d'un gros point de cette couleur. Le dessus des secondes ailes est sans taches. Le dessous des quatre est aussi d'un blanc-verdâtre, avec une tache ferrugineuse, un peu purpurine, vers le centre de la surface, & une rangée postérieure & transverse de points noirâtres, peu prononcés; il y a en outre près de la base des ailes inférieures un espace jaunâtre. Le corps est blanchâtre, avec la tête & le corselet noirâtres; les antennes sont noires, annelées de blanc, avec l'extrémité roussâtre.
Elle habite le Brésil.
Dédiée à M. le docteur William Leach, un des plus savans zoologistes de l'Angleterre.

8. Coliade Philéa.

Colias Philea.

Col. alis subrotundatis, flavis : anticis disco, posticis extimo aurantiacis : his subtùs puncto gemino argenteo.

Papilio D. C. Philea, *alis integerrimis, angulatis, flavis : primoribus maculâ, posticis limbo luteis.* Linn. *Syst. Nat.* 2. *p.* 764. *n°.* 104. — *Amœn. Acad.* 6. *p.* 404. *n°.* 59.

Fab. *Syst. Entom. p.* 478. *n°.* 156. — *Spec. Insect. tom.* 2. *p.* 51. *n°.* 221. — *Mant. Insect. tom.* 2. *p.* 24. *n°.* 254. — *Ent. Syst. em. tom.* 3. *pars* 1. *p.* 212. *n°* 662.

Roes. *Inf.* 4. *tab.* 3. *fig.* 5.

Cram. *Pap.* 15. *p.* 117. *pl.* 173. *fig.* E. F.

Herbst, *Pap. tab.* 110. *fig.* 6. 7.

Elle est approchant de la grandeur de la précédente, d'un jaune-citron vif, mais mat vers le bout. La forme de ses ailes est presqu'arrondie. Les supérieures ont vers le milieu une tache orangée, plus ou moins grande, disposée transversalement. Les inférieures sont orangées, tantôt depuis le milieu jusqu'à l'extrémité, tantôt à l'extrémité seulement; le bord postérieur des unes & des autres est entrecoupé de points noirs, très-petits; dans beaucoup d'individus il y a en outre un point noir, assez gros, sur le côté extérieur de la tache orangée des premières ailes. Le dessous des quatre ailes est d'un jaune d'ocre foncé, avec deux points ferrugineux sur le milieu des supérieures, & deux points argentés, bordés de brun, sur le milieu des inférieures; indépendamment de ces caractères on y voit plusieurs groupes d'atômes noirâtres, tantôt plus, tantôt moins rapprochés. Le corps est jaune, avec la tête roussâtre; les antennes sont ferrugineuses.

Elle se trouve à la Guyane & au Brésil.

9. Coliade Marcelline.

Colias Marcellina.

Col. alis integerrimis, subrotundatis, flavis: posticis subtùs puncto gemino argenteo.

Papilio D. C. Marcellina, *alis integris, rotundatis, flavis: singulis subtùs puncto gemino argenteo.* Fab. *Spec. Insect. tom.* 2. *p.* 49. *n°.* 214. — *Mant. Insect. tom.* 2. *p.* 24. *n°.* 247. — *Entom. Syst. em. tom.* 3. *pars* 1. *p.* 209. *n°.* 654.

Papilio Marcellina. Cram. *Pap.* 14. *p.* 103 *pl.* 163. *fig.* A. B. C.

Stoll, *Suppl. à* Cram. 1. *p.* 13. *pl.* 3. *fig.* 1. A. B. C. (La chenille & la chrysalide.)

Herbst, *Pap. tab.* 110. *fig.* 1-3.

Papilio D. C. Sennæ, *alis rotundatis, flavis: singulis subtùs puncto gemino ferrugineo.* Fab. *Syst. Entom. p.* 477. *n°* 150. — *Spec. Insect. tom.* 2. *p.* 49. *n°.* 213. — *Mant. Insect. tom.* 2. *p.* 24. *n°.* 246. — *Ent. Syst. em. tom.* 3. *pars* 1. *p.* 208. *n°.* 653. Var.?

Elle a le port de la précédente, mais elle est de quatrième taille. Le dessus de ses ailes est d'un jaune-citron, avec des atômes noirs le long du bord postérieur, lequel est d'un ton plus mat que le reste de la surface. Le dessous des quatre ailes est un peu plus foncé que le dessus, avec deux points ferrugineux sur le milieu des supérieures, & deux points argentés, vifs, sur le milieu des inférieures: ces points sont assez souvent accompagnés de lignes rougeâtres, transverses & tortueuses. Le corps est de la couleur des ailes, avec la tête roussâtre; les antennes sont rougeâtres.

Nous ignorons si la femelle diffère du mâle dont nous venons de donner la description.

Le *Sennæ* de Fabricius nous paroît être plutôt une variété de cette espèce que de l'*Eubule.*

La chenille, suivant Stoll, est verte, avec de petits tubercules noirs, charnus. Tout le long de son corps, au-dessus des pattes, règne une raie jaune, surmontée immédiatement d'une raie bleuâtre, également longitudinale. Elle vit sur la *cassé* & sur le *citronier.* La chrysalide est verte, très-renflée dans son milieu, fusiforme à ses extrémités.

Elle se trouve dans l'Amérique équinoxiale.

10. Coliade Drya.

Colias Drya.

Col. alis rotundatis, flavis: subtùs anticis puncto ferrugineo, posticis argenteo. Fab.

Papilio D. C. Drya. Fab. *Syst. Entom. p.* 748. *n°.* 153. — *Spec. Ins. tom.* 2. *p.* 50. *n°.* 218. — *Mant. Ins. tom.* 2. *p.* 24. *n°.* 251. — *Entom. Syst. em. tom.* 3. *pars* 1. *p.* 210. *n°.* 659.

Fabricius la décrit ainsi: elle est de la taille & de la couleur du P. du *Nerprun*, mais elle n'a point les ailes anguleuses. Le dessous de ses ailes supérieures offre, vers le milieu, un point ferrugineux; le dessous des inférieures un point argenté, très-brillant & entouré d'un cercle rougeâtre.

Elle se trouve à la Guadeloupe.

Ne seroit-ce point une variété de la précédente? Fabricius y rapporte, mais à tort, le *Statira* de Cramer.

11. Coliade Argante.

Colias Argante.

Col. alis integerrimis, subrotundatis, aurantiacis: posticis subtùs puncto gemino argenteo atomisque ferrugineis.

Papilio D. C. Argante, *alis integerrimis, rotundatis, fulvis: subtùs ferrugineo irroratis.* Fab. *Syst. Entom. p.* 470. *n°.* 116. — *Spec. Ins. tom.* 2. *p.* 40. *n°.* 167. — *Mant. Ins. tom.* 2. *p.* 19. *n°.* 190. — *Entom. Syst. em. tom.* 3. *pars* 1. *pag.* 189. *n°.* 584.

Papilio Hersilia. Cram. *Pap.* 15. *pag.* 117. *pl.* 173. *fig.* C. D.

Herbst, *Pap. tab.* 110. *fig.* 4. 5.

Elle a tout-à-fait le port & la taille de la Coliade *Marcelline*; mais elle en diffère en ce que le dessus de ses ailes est d'un jaune-orangé, un peu chatoyant; en ce que leur dessous est d'un jaune d'ocre foncé, & en ce que les points discoïdaux & les lignes flexueuses y sont accompagnés d'une multitude d'atômes ferrugineux. Il est des individus où les points argentés des secondes ailes ont peu d'éclat.

Elle se trouve à la Guyane & au Brésil.

12. Coliade Eubule.

Colias Eubule.

Col. alis integerrimis, subrotundatis, flavis, margine punctis seu lineâ crenatâ nigris: anticis suprà puncto medio ocellari: singulis subtùs puncto gemino argenteo.

Papilio D. C. Eubule, *alis integerrimis, rotundatis, luteis, margine punctis nigris: subtùs puncto gemino ferrugineo-argenteo.* Linn. *Syst. Nat.* 2. *p.* 764. *n°.* 102.

Edw. *Av. tab.* 304.

Papilio Eubule. Fab. *Syst. Entom. pag.* 477. *n°.* 151. — *Spec. Ins. tom.* 2. *p.* 50. *n°.* 215. — *Mant. Ins. tom.* 2. *p.* 24. *n°.* 248. — *Ent. Syst. em. tom.* 3. *pars* 1. *p.* 209. *n°.* 655.

Papilio D. C. Sennæ, *alis integerrimis, rotundatis, flavis, apice nigris : singulis subtùs puncto ferrugineo-argenteo.* Linn. *Syst. Nat.* 2. *p.* 764. *n°.* 103.

Merian, *Surin. Inf. p.* 58. *tab.* 58.

Seba, *Mus.* 4. *tab.* 10. *fig.* 13. 14.

Seba, *Mus.* 4. *tab.* 23. *fig.* 19. 20.

Seba, *Mus.* 4. *tab.* 38. *fig.* 17. 18.

Papilio Eubule. Cram. *Pap.* 10. *p.* 36. *pl.* 120. *fig.* E. F.

Herbst, *Pap. tab.* 112. *fig.* 3. 4.

Smith-Abbot, *The Nat. Hist. of the rar. Lepid. Insects of Georgia, vol.* 1. *pl.* 1.

L'*Eubule* & le *Sennæ* de Linnæus ne forment qu'une seule & même espèce. Il suffit, pour s'en convaincre, de rapprocher les planches ci-dessus mentionnées d'Edwards & de Merian.

Elle a le port & la taille de la Coliade *Marcelline.* Le dessus de ses ailes est d'un jaune-citron, plus ou moins foncé. Les supérieures ont, vers le milieu, un point noir, assez gros & coupé transversalement par un arc orangé ou rougeâtre; leur extrémité est bordée soit par une suite de points d'un noir-brun, comme dans la figure d'Edwards, soit par une ligne noire, droite & crénelée intérieurement, comme dans les figures de Merian & de Cramer; vis-à-vis du sommet de ces mêmes ailes il y a en outre assez souvent une ligne transverse & tortueuse de points noirâtres. Les secondes ailes ont sur le bord postérieur des points ou une ligne interrompue, noirs. Le dessous des quatre ailes est d'un jaune d'ocre, plus ou moins foncé, avec des points argentés, discoïdaux; ces points sont bordés de brun-rougeâtre ou de brun-noirâtre, & ceux des ailes supérieures sont presque toujours plus vifs que ceux des inférieures; la bordure, ou les points qui en tiennent lieu, sont ici d'un brun-rougeâtre clair & ont les mêmes dimensions que du côté opposé; à la ligne tortueuse du sommet des premières ailes correspond une ligne semblable, mais de la couleur de la bordure; cette ligne se prolonge sur les secondes ailes jusqu'au milieu du bord interne, où elle se courbe pour aller joindre le milieu du bord antérieur. Le corps est à peu près du même jaune que les ailes, avec des poils verdâtres, soyeux, sur le corselet, & des points noirs le long du dos; la tête est d'un brun-rougeâtre; les antennes sont d'un rouge-pâle, avec le bout de la massue jaunâtre.

La chenille, suivant Abbot, est d'un jaune-foncé, avec une raie longitudinale plus claire, placée au bas du ventre & surmontée immédiatement d'une rangée de taches d'un bleu presque noir : son corps est pointillé de brun; sa tête est d'un jaune-pâle, avec deux points bruns. Elle vit particulièrement sur la *Casse cretelle* (*Cassia chamæcristata*).

La chrysalide est verdâtre, avec une raie jaune, longitudinale, sur chaque côté : elle a, comme la plupart de ses analogues, le milieu très-renflé & les extrémités en fuseaux.

On la trouve dans la Guyane, dans la Caroline & dans la Georgie.

13. Coliade Pomone.

Colias Pomona.

Col. alis integerrimis, subrotundatis, flavis : anticis utrinquè puncto medio margineque nigris : posticis subtùs flavis, puncto gemino argenteo.

Papilio D. C. Pomona, *alis subangulatis, flavis : anticis puncto nigro, subtùs flavis : posticis punctis duobus argenteis.* Donow. *Gen. Illust. of Entom. an Epitome of the Nat. Hist. part.* 1. *pl.* 17. *fig.* 3.

Papilio D. C. Pomona, *alis subangulatis, albis : anticis puncto nigro, subtùs flavis : posticis punctis duobus argenteis.* Fab. *Syst. Ent. p.* 479. *n°.* 158. — *Spec. Inf. tom.* 2. *p.* 51. *n°.* 223. — *Mant. Inf. tom.* 2. *p.* 24. *n°.* 256. — *Entom. Syst. em. tom.* 3. *pars* 1. *p.* 213. *n°.* 665.

Elle a le port de la Coliade *Eubule*, dont elle se rapproche beaucoup. Les ailes sont d'un jaune-citron. Les supérieures ont à l'extrémité une bordure noire, assez large, échancrée intérieurement & précédée vis-à-vis du sommet d'une ligne droite & transverse de quatre croissans roussâtres dont la concavité regarde la base; le milieu de la surface offre un gros point noir. Les secondes ailes ont le bord postérieur entrecoupé par une suite de points noirs, très-petits. Le dessous des ailes supérieures ressemble au dessus, mais on n'y voit pas les croissans roussâtres dont nous avons parlé. Le dessous des ailes inférieures est du même jaune que du côté opposé, avec deux points discoïdaux argentés & bordés d'un cercle ferrugineux qu'entoure un peu de noir.

Elle est de la Nouvelle-Hollande.

14. Coliade Cnidia.

Colias Cnidia.

Col. alis integerrimis, subrotundatis, rufo-flavidis : anticis suprà apice punctoque medio atris : posticis subtùs puncto gemino argenteo atomisque ferrugineis.

Papilio Cipris. Cram. *Pap.* 9. *p.* 5. *pl.* 99. *fig.* E. F.

Herbst, *Pap. tab.* 111. *fig.* 3. 4.

Elle a le port & la taille des précédentes. Le dessus de ses ailes est d'un jaune-roussâtre, plus ou moins intense. Les premiers ont le sommet d'un noir-foncé, avec une ligne ou des points de cette couleur le long du bord de derrière; leur milieu offre un point noir, & l'on en voit trois ou quatre semblables vis-à-vis du sommet. Les secondes ailes ont le bord postérieur entrecoupé par une suite de points noirs, plus ou moins gros. Le dessous des quatre ailes est d'un jaune d'ocre foncé, avec une multitude d'atômes ferrugineux : le sommet, la bordure & les points des supérieures sont ici également ferrugineux, & le milieu des secondes ailes offre, sur une tache de cette couleur, deux points argentés. Le corps est jaune, avec le dos noir; les antennes sont d'un rouge-brun.

Elle se trouve au Brésil & à la Guyane.

15. Coliade Lollia.

Colias Lollia.

Col. alis integerrimis, subrotundatis, dilutè testaceis : anticis suprà flavidis, puncto centrali marginalibusque nigris : singulis subtùs puncto gemino argenteo.

Elle a le port des précédentes, mais elle est un peu plus petite. Le dessus de ses premières ailes est d'un jaune tirant sur le fauve, avec un point noir sur le milieu, & deux rangées de points semblables, dont les extérieurs tout-à-fait marginaux, les intérieurs disposés transversalement sur une ligne un peu flexueuse. Le dessus des secondes ailes est d'un rouge-briqueté clair, & sans taches. Le dessous des quatre ailes est de cette dernière couleur, avec deux points discoïdaux argentés & bordés de brun.

Elle se trouve.....

16. Coliade Aricie.

Colias Aricia.

Col. alis integerrimis, subrotundatis, luteis, margine nigro maculato : posticis suprà extimo fulvis : singulis subtùs puncto gemino argenteo.

Papilio Aricie. Cram. *Pap.* 8. *p.* 147. *pl.* 94. *fig.* A. B.

Papilio Mélanippe. Cram. *Pap.* 31. *p.* 139. *pl.* 341. *fig.* E. F.

Seba, *Muf.* 4. *tab.* 26. *fig.* 7. 8.

Herbst, *Pap. tab.* 111. *fig.* 7. 8.

Herbst, *Pap. tab.* 113. *fig.* 5. 6.

Nous avons réuni sous le même nom l'*Aricie* & le *Mélanippe* de Cramer, parce qu'ils nous ont paru ne former qu'une seule & même espèce.

Elle est de la taille de la Coliade *Philéa*, dont elle a aussi le port. Le dessus de ses ailes est d'un jaune-foncé, avec des taches noires, plus ou moins rapprochées, sur le limbe postérieur. Les premières ailes ont en outre plusieurs points noirs, dont deux sur le milieu de la surface, les autres formant vers l'extrémité une ligne transverse & tortueuse. Les secondes ailes ont à peu près le tiers postérieur d'un fauve-rougeâtre. Le dessous des unes & des autres est d'un jaune encore plus foncé que le dessus, avec deux points discoïdaux argentés & environnés de brun-rougeâtre : ces points paroissent quelquefois plus nombreux sur les premières ailes, attendu qu'il y sont divisés par les rameaux de la principale nervure; les points marginaux de chaque aile sont ici d'un brun-rougeâtre légèrement argenté; la ligne tortueuse & transverse de l'extrémité des supérieures est aussi d'un brun-rougeâtre, & elle se continue sur les inférieures. Le corps est jaunâtre, avec le dos noir; les antennes sont d'un brun-rougeâtre.

Elle se trouve à la Guyane & au Brésil.

17. Coliade Larra.

Colias Larra.

Col. alis integerrimis, subrotundatis, suprà fulvis, margine nigro maculato : subtùs singulis flavis; posticis puncto gemino argenteo.

Papilio D. C. Larra, *alis rotundatis, integerrimis, margine nigro : subtùs pallidioribus, punctis duobus argenteis.* Fab. *Suppl. Ent. Syst. em. tom.* 5. *p.* 428. *n°.* 653-4.

Elle a le port & à peu près la taille de la précédente. Le dessus des ailes est tantôt jaune & sablé de ferrugineux, tantôt d'un fauve-rougeâtre clair; leur limbe postérieur a des taches noires, arrondies, dont les extérieures bien alignées, les intérieures placées sans ordre; le milieu des premières ailes offre en outre une tache semblable. Le dessous des quatre ailes diffère du dessus en ce qu'il est constamment jaune; en ce que les taches du limbe sont d'un brun-rougeâtre légèrement argenté; en ce que la tache discoïdale des supérieures est remplacée par une tache brune & plus grande, sur laquelle il y a un ou deux points blanchâtres; en ce que le milieu des secondes ailes offre, sur une tache ou sur une bande transverse également brune, deux points argentés.

Elle se trouve à la Guyane.

18. Coliade Lesbie.

Colias Lesbia.

Col. alis integerrimis, fulvis : anticis puncto fusco : subtùs omnibus pallidis puncto niveo. Fab.

Papilio D. C. Lesbia. Fab. *Syst. Ent. p.* 477. *n°.* 149. — *Spec. Inf. tom.* 2. *p.* 49. *n°.* 212. — *Mant. Inf. tom.* 2. *p.* 24. *n°.* 245. — *Ent. Syst. em. tom.* 3. *pars* 1. *p.* 208. *n°.* 652.

N'ayant point vu cette espèce, nous traduisons la description que Fabricius en a faite.

Elle est de moyenne taille, & elle a le corps gris. Le dessus de ses ailes est fauve, avec un point & le bord postérieur des premières d'un noir-brun. Le dessous des quatre ailes est blanchâtre, avec un point discoïdal très-blanc & entouré d'un anneau noirâtre.

Elle se trouve sur les côtes de la Patagonie.

19. Coliade Scylla.

Colias Scylla.

Col. alis integerrimis, subrotundatis : suprà anticis albis limbo nigro ; posticis aurantiacis : subtùs omnibus flavis; his punctis quatuor ocellaribus geminatis, illis duobus.

Papilio D. C. Scylla, *alis subintegerrimis, rotundatis, fulvis : primoribus suprà albis, limbo nigro ; subtùs omnibus nebulosis.* Linn. *Syst. Nat.* 2. *p.* 763. *n°.* 95. — *Mus. Lud. Ulr. p.* 242. — *Amœn. Acad.* 6. *p.* 404. *n°.* 57.

Papilio D. C. Scylla, *alis integerrimis, rotundatis, flavis : anticis suprà albis, limbo nigro : subtùs omnibus nebulosis.* Fab. *Syst. Ent. p.* 475. *n°.* 142. — *Spec. Inf. tom.* 2. *p.* 47. *n°.* 203. — *Mant. Inf. tom.* 2. *p.* 21. *n°.* 228. — *Entom. Syst. em. tom.* 3. *pars* 1. *p.* 201. *n°.* 630. (La femelle.)

Papilio D. C. Cornelia, *alis rotundatis, integerrimis, fulvis : anticis suprà albis, margine nigro.* Fab. *Mant. Inf. tom.* 2. *p.* 21. *n°.* 229. (Le mâle.)

Papilio Scylla. Cram. *Pap.* 1. *pag.* 17. *pl.* 12. *fig.* C. D. (Le mâle.)

Sulz. *Inf. edit.* Roem. *tab.* 15. *fig.* 6. (Le mâle.)

Seba, *Mus.* 4. *tab.* 28. *fig.* 19. 20.

Herbst, *Pap. tab.* 111. *fig.* 5. 6.

Donow. *Gen. Illust. of Entom. an Epitome of the Nat. Hist. Inf. of India*, *n°.* 10. *pl.* 1. *fig.* 3. (Le mâle.)

Elle est de quatrième taille, & elle a le port des précédentes. Le dessus de ses premières ailes est blanc, avec une bordure noire, liserée de jaune en dehors, dentée intérieurement, un peu élargie au sommet & finissant en pointe vers le milieu de la côte. Le dessus des secondes ailes est d'un jaune-orangé vif dans le mâle, moins foncé dans la femelle, avec un rang de points noirs sur le limbe postérieur. La femelle a en outre sur chaque aile une rangée intérieure & flexueuse de points noirs. Le dessous des quatre ailes est d'un jaune d'ocre, assez foncé, avec deux points discoïdaux blanchâtres ou un peu argentés & bordés de noir; les secondes ailes en ont encore deux semblables, mais un peu plus petits, vers le bord interne; dans la femelle les points du bord & ceux qui les précèdent intérieurement sont ici remplacés par des points rougeâtres, légèrement argentés; ces caractères existent également dans le mâle, mais ils sont noirâtres. Le corps est blanc, avec le dos noirâtre & la poitrine jaune; la tête est brune; les antennes sont rougeâtres.

Elle se trouve en Chine, au Bengale & dans l'île de Java.

Fabricius avoit d'abord fait du mâle une espèce séparée sous le nom de *Cornelia*; il l'a donné ensuite comme variété.

20. Coliade Catilla.

Colias Catilla.

Col. alis subrotundatis, sulphureis : anticis suprà puncto medio margineque postico nigris ; his subtùs puncto unico, posticis duobus argenteis.

Papilio D. C. Catilla, *alis rotundatis, flavis : anticis puncto medio margineque atris ; subtùs omnibus maculâ brunneâ : posticarum puncto gemino argenteo.* Fab. *Entom. Syst. em. tom.* 3. *pars* 1. *p.* 209. *n°.* 656.

Papilio Catilla. Cram. *Pap.* 20. *p.* 63. *pl.* 229. *fig.* D. E.

Seba, *Mus.* 4. *tab.* 38. *fig.* 15. 16.

Herbst, *Pap. tab.* 111. *fig.* 1. 2.

Elle a le port & à peu près la taille de la précédente. Le dessus de ses ailes est d'un jaune-soufre, quelquefois un peu plus pâle vers le milieu de la surface. Les premières ailes ont à l'extrémité une bordure noire, de médiocre largeur, allant en diminuant du sommet à l'angle opposé, & ayant le côté interne irrégulièrement denté ; non loin de cette bordure est une ligne noirâtre, maculaire, tortueuse, partant de la côte, s'avançant plus ou moins vers le bord interne; il y a en outre sur le milieu de ces ailes un point noir, assez gros. Les secondes ailes ont le bord postérieur entrecoupé par des taches noires, un peu lunulées ou en forme de points. Le dessous des quatre ailes est d'un jaune plus foncé que le dessus, avec un point argenté, bordé de brun, sur le milieu des supérieures, & deux points semblables, mais plus vifs, sur le milieu des inférieures : les parties noires de chaque aile sont ici d'un brun-rougeâtre, & la ligne tortueuse des supérieures se continue sur les inférieures. Le corps est d'un jaune-pâle, avec des poils verdâtres sur le corselet; la tête est brune; les antennes sont roses, avec le bout de la massue ferrugineux.

Il est des individus femelles, tels que celui qu'a décrit Fabricius, où les points argentés du dessous des ailes sont placés sur une tache d'un brun-rougeâtre, très-grande aux ailes inférieures.

Elle se trouve au Bengale & sur la côte de Coromandel.

21. Coliade Jugurthina.

Colias Jugurthina.

Col. alis subrotundatis, sulphureis, ad apicem dilutioribus, margine exteriori nigro : subtùs anticis puncto unico, posticis duobus, pallidè argenteis.

Papilio Jugurtha. Cram. *Pap.* 16. *pag.* 138. *pl.* 187. *fig.* E. F.

Papilio Statira. Cram. *Pap.* 10. *p.* 35. *pl.* 120. *fig.* C. D.

Papilio Crocale. Cram. *Pap.* 5. *p.* 87. *pl.* 55. *fig.* C. D.

Papilio Jugurtha. Herbst, *Pap. tab.* 112. *fig.* 5. 6.

Papilio Statira. Herbst, *Pap. tab.* 112. *fig.* 1. 2.

Papilio Crocale. Herbst, *Pap. tab.* 104. *fig.* 6-8.

Elle eſt tantôt de la taille de la précédente, tantôt d'un cinquième environ plus petite. Le deſſus de ſes ailes eſt d'un jaune-ſoufre, beaucoup plus pâle vers l'extrémité, avec une bordure noire, embraſſant tout le contour extérieur. Cette bordure eſt étroite ou de médiocre largeur, liſerée de jaune en dehors, un peu ſinuée intérieurement, & dans la femelle elle eſt diviſée au ſommet des ailes ſupérieures par une ſuite de quatre ou cinq taches jaunes, ou bien précédée d'une ligne tortueuſe de points noirs; vers le milieu de la côte de ces mêmes ailes il y a un point noir, iſolé dans certains individus, & dans d'autres au contraire lié à la bordure, ſuivant qu'elle ſe dilate plus ou moins en cet endroit. Le deſſous des quatre ailes eſt d'un jaune-pâle un peu luiſant, avec un point argenté peu brillant & bordé de rougeâtre ſur le milieu des ſupérieures, & deux points ſemblables ſur le milieu des inférieures; la bordure des unes & des autres eſt ici d'une teinte purpurine légèrement argentée, & il arrive aſſez ſouvent qu'elle eſt précédée d'une ligne tortueuſe de cette couleur. Le corps eſt d'un jaune-pâle, avec des poils verdâtres ſur le corſelet; les antennes ſont noirâtres, avec le bout & le deſſous de la maſſue ferrugineux.

Le deſſous des ſecondes ailes n'a quelqueſois qu'un ſeul point argenté.

Le *Statira* & le *Crocale* de Cramer ne nous paroiſſent être que des variétés de l'eſpèce que nous venons de décrire. Le premier eſt ſeulement un peu plus petit que le commun des individus. Le ſecond a la bordure du deſſus des quatre ailes précédée intérieurement d'une rangée de taches noires, & le deſſous de ſes ailes inférieures eſt dépourvu quelquefois de points argentés.

Elle ſe trouve au Bengale & ſur la côte de Coromandel.

22. Coliade Philippine.

Colias Philippina.

Col. alis ſubrotundatis, albis ſeu flaveſcentibus : anticis ſuprà margine exteriori punctoque medio nigris : poſticis ſubtùs cinereo-undulatis, punctis tribus argenteis.

Papilio Philippina. Cram. *Pap.* 31. *p.* 139. *pl.* 361. *fig.* C. D.

Herbst, *Pap. tab.* 113. *fig.* 3. 4.

Fabricius a confondu cette eſpèce avec ſon *Gnoma*, ou, ce qui revient au même, avec celle que nous donnons ci-après ſous le nom de *Pyranthe.*

Elle a le port & à peu près la taille de celles qui précèdent. Le deſſus de ſes ailes eſt tantôt blanc, tantôt d'un jaune très-pâle. Les ſupérieures ſont entourées en dehors d'une bordure noire, étroite dans l'un des ſexes, plus large dans l'autre, ſurtout au ſommet, où elle eſt diviſée tranſverſalement par pluſieurs taches de la couleur du fond; il y a en outre un point très-noir non loin du milieu de la côte. Les ſecondes ailes de la femelle ont auſſi une bordure noire. Le deſſous des quatre ailes eſt jaunâtre, excepté vers le bord interne des ſupérieures, avec des ondes cendrées, très-fines; au point noir des premières ailes correſpondent deux points argentés, bordés de rougeâtre; le milieu des ſecondes en offre trois ſemblables, mais dont les deux extérieurs plus petits; entre ceux-ci & le bord poſtérieur de chaque aile on voit une ſuite de points entièrement rougeâtres, & le bord lui-même eſt de cette couleur. Le corps eſt blanc, avec la tête brune; les antennes ſont d'un rouge-pâle, avec le bout de la maſſue jaunâtre.

Elle ſe trouve dans les Indes orientales.

23. Coliade Florella.

Colias Florella.

Col. alis ſubangulatis, albis : anticis puncto fuſco : poſticis ſubtùs punctis tribus argenteis. Fab.

Papilio D. C. Florella. Fab. *Syſt. Entom. p.* 479. *n°.* 159. — *Spec. Inſ. tom.* 2. *p.* 51. *n°.* 224. — *Mant. Inſ. tom.* 2. *p.* 24. *n°.* 258. — *Entom. Syſt. em. tom.* 3. *pars* 1. *p.* 213. *n°.* 666.

Fabricius la décrit ainſi : elle a tout-à-fait le port du P. du *Nerprun.* Ses ailes ſont blanches. Les ſupérieures ont ſur le milieu un point noir, gros, & à l'extrémité quelques taches d'un brun-noirâtre : leur deſſous eſt jaunâtre, avec des atômes brunâtres, & une tache diſcoïdale fauve, bordée de noirâtre. Les ſecondes ailes ſont un peu anguleuſes : leur deſſous eſt auſſi jaunâtre, avec des atômes brunâtres & trois points argentés, dont l'antérieur plus gros; ces points ont le milieu entouré d'un cercle ferrugineux.

Elle

Elle se trouve à Sierra-Leone.

N. B. Nous lui trouvons bien du rapport avec la C. *Philippine.*

24. Coliade Pyranthe.

Colias Pyranthe.

Col. alis subrotundatis, albis: anticis suprà puncto medio margineque nigris: singulis subtùs cinereo undulatis, puncto ocellari.

Papilio D. C. Pyranthe, *alis integerrimis, rotundatis, albis, puncto apiceque nigris: subtùs cinereo undulatis, puncto fulvo.* Linn. *Syst. Nat.* 2. *p.* 763. *n°.* 98. — *Mus. Lud. Ulr. p.* 245.

Papilio Pyranthe. Fab. *Syst. Entom. p.* 473. *n°.* 132. — *Spec. Ins. tom.* 2. *p.* 44. *n°.* 188. — *Mant. Ins. tom.* 2. *p.* 20. *n°.* 213. — *Entom. Syst. em. tom.* 3. *pars* 1. *p.* 198. *n°.* 616.

Papilio D. C. Nepthe, *alis repandis, albis: anticis suprà puncto nigro: subtùs omnibus fusco.* Fab. *Entom. Syst. em. tom.* 3. *pars* 1. *p.* 190. *n°.* 588.

Papilio Chryseis. Drury, *Ins.* 1. *pl.* 12. *fig.* 3. 4.

Papilio Alcyone. Cram. *Pap.* 5. *p.* 89. *pl.* 58. *fig.* A. B. C.

Papilio Alcyone. Herbst, *Pap. tab.* 88. *fig.* 7-9.

Papilio D. C. Gnoma, *alis rotundatis, albis: anticis puncto atro: subtùs omnibus puncto argenteo.* Fab. *Syst. Ent. Append. p.* 828. *n°.* 152-53. — *Spec. Ins. tom.* 2. *p.* 50. *n°.* 217. — *Ent. Syst. em. tom.* 3. *pars* 1. *p.* 210. *n°.* 658.

Nous avons rapporté au *Pyranthe* de Linnæus le *Nepthe* & le *Gnoma* de Fabricius, parce qu'ils nous ont paru offrir des différences trop légères pour en être séparés.

Cette espèce se distingue essentiellement de la précédente en ce qu'elle a toujours le dessus des quatre ailes d'un blanc un peu bleuâtre; en ce que le dessous des unes & des autres est plutôt verdâtre que jaunâtre, & n'a qu'un seul point sur le milieu. Ce point est petit, blanc ou argenté, avec le contour rougeâtre; il est quelquefois peu prononcé, quelquefois même nul, comme dans l'*Alcyone* de Cramer.

Elle se trouve aussi dans les Indes orientales.

25. Coliade Hilaria.

Colias Hilaria.

Col. alis integerrimis, subrotundatis, suprà albis, basi flavis: subtùs virescentibus; posticis punctis duobus argenteis annulo rubro duplicique cinctis.

Papilio Hilaria. Cram. *Pap.* 29. *p.* 95. *pl.* 339. *fig.* A. B.

Herbst, *Pap. tab.* 113. *fig.* 1. 2.

Elle a le port & à peu près la taille des précédentes. Le dessus de ses ailes est d'un jaune-citron vers la base, ensuite d'un blanc-mat & tirant un peu sur le verdâtre. Les supérieures ont le bord du sommet noirâtre; les inférieures sont sans tache. Le dessous des quatre ailes est verdâtre, avec deux points argentés, bordés d'un double cercle rougeâtre, sur le milieu des inférieures, & un point semblable, mais entouré d'un seul cercle, sur le milieu des supérieures: il y a en outre vers l'extrémité de chaque aile une ligne rougeâtre, transverse, tortueuse, plus ou moins prononcée, & le bord du sommet des premières ailes est aussi de cette couleur. Les antennes sont rougeâtres, avec le bout de la masse brun; le corps est jaune, avec le corselet noir & garni de poils verdâtres, soyeux.

Le dessous des secondes ailes n'offre parfois qu'un seul point argenté.

Elle est des Indes orientales.

26. Coliade Titania.

Colias Titania.

Col. alis integerrimis, subrotundatis, suprà flavis, apice albis: subtùs singulis nitenti-grisescentibus; posticis puncto gemino niveo, extùs nigro marginato.

Papilio D. C. Titania, *alis intergerrimis, rotundatis, basi flavis, apice albis: subtùs griseis; posticis puncto gemino argenteo.* Fab. *Suppl. Entom. Syst. em. tom.* 5. *p.* 428. *n°.* 655-6.

Elle a le port & la taille des précédentes. Le dessus de ses premières ailes est d'un jaune-citron depuis la base jusqu'au-delà du milieu, ensuite d'un blanc-mat, teinté de gris. Le dessus des secondes ailes est tantôt d'un jaune-grisâtre, tantôt d'un jaune-citron, avec le limbe postérieur d'un blanc-mat depuis le sommet jusqu'auprès de l'angle anal. Le dessous des quatre ailes est d'un gris-jaunâtre luisant, avec un point blanc sur le milieu des supérieures, & deux semblables, dont un plus petit, sur le milieu des inférieures: ces points sont bordés de noir en dehors; il y a en outre une ligne obscure, transverse & tortueuse vers le bout de chaque aile. Les antennes sont rougeâtres, avec le tiers antérieur de la masse jaunâtre; le corps est d'un jaune-pâle, avec la tête brune.

Il est des individus dont l'extrémité des premières ailes est liserée de noir en dessus, & dans lesquels les points blancs manquent tout-à-fait en dessous.

Elle est des Indes orientales.

27. Coliade Alcméoné.

Colias Alcmeone.

Col. alis integerrimis, subrotundatis, suprà

albis, basi flavis : anticis margine tenuiter nigro : subtùs singulis flavescentibus, immaculatis.

Papilio D. C. Alcmeone, *alis rotundatis, concoloribus, basi flavis, apice nigris.* Fab. *Spec. Inf. tom.* 2. *p.* 44. *n°.* 186. — *Mant. Inf. tom.* 2. *p.* 20. *n°.* 211. — *Entom. Syst. em. tom.* 3. *pars* 1. *p.* 196. *n°.* 611.

Elle est tantôt de la taille des précédentes, tantôt un tiers environ plus petite. Le dessus de ses ailes est d'un blanc-mat soufré ou verdâtre, selon le sexe, avec à peu près la moitié antérieure des secondes ailes & la base des premières d'un jaune-citron. Cette dernière couleur s'étend sur une grande partie de la côte des ailes de devant, lesquelles sont en outre légèrement bordées de noir depuis leur origine jusqu'auprès de l'angle interne. Le dessous des quatre ailes est d'un jaune-pâle, & sans tache. Les antennes sont grisâtres, avec le bout de la massue ferrugineux.

Elle est des Indes orientales.

28. Coliade Evadné.

Colias Evadne.

Col. alis integerrimis, subrotundatis, suprà flavis, apice nitenti-albis : anticis margine tenuiter nigro : subtùs singulis virescentibus, immaculatis.

Papilio Alcmeone. Cram. *Pap.* 12. *p.* 71. *pl.* 141. *fig.* E.

Herbst, *Pap. tab.* 104. *fig.* 3.

Fabricius a confondu cette espèce du Brésil avec la précédente. Elles ont en effet de très-grands rapports entr'elles ; mais dans celle dont il s'agit ici, le jaune-citron du dessus des ailes s'étend jusqu'au milieu des supérieures, & jusqu'au limbe des inférieures ; le reste est d'un blanc-luisant verdâtre. Les ailes supérieures sont en outre plus légèrement bordées de noir. Le dessous des quatre ailes est d'ailleurs verdâtre, & les antennes ont le tiers antérieur de la massue blanchâtre.

29. Coliade Trite.

Colias Trite.

Col. alis integerrimis, subrotundatis, suprà flavis : subtùs singulis grisescentibus seu virescentibus, lineâ transversâ ferrugineâ.

Papilio D. C. Trite, *alis integerrimis, flavis : primoribus suprà margine nigris : singulis subtùs lineâ transversâ ferrugineâ.* Linn. *Syst. Nat.* 2. *p.* 763. *n°.* 97. — *Mus. Lud. Ulr. p.* 248.

Papilio Trite. Fab. *Syst. Ent. p.* 476. *n°.* 146. — *Spec. Inf. tom.* 2. *p.* 48. *n°.* 209. — *Mant. Inf. tom.* 2. *p.* 23. *n°.* 239. — *Entom. Syst. em. tom.* 3. *pars* 1. *p.* 205. *n°.* 642.

Seba, *Mus.* 4. *tab.* 23. *fig.* 17. 18.

Papilio Trite. Cram. *Pap.* 12. *p.* 71. *pl.* 141. *fig.* C. D.

Herbst, *Pap. tab.* 104. *fig.* 1. 2.

Elle a le port & à peu près la taille des précédentes. Le dessus de ses ailes est d'un beau jaune-citron, un peu mat vers l'extrémité. Leur dessous est grisâtre ou verdâtre, & luisant, avec une ligne ferrugineuse partant du sommet des supérieures & se dirigeant vers le milieu du bord interne des inférieures. Les antennes sont grisâtres, avec le bout de la massue jaunâtre.

Le bord postérieur des premières ailes est quelquefois liseré de noir en dessus.

Elle se trouve à la Guyane & au Brésil. Fabricius dit, mais sans fondement, qu'elle habite l'Afrique & le midi de l'Europe.

30. Coliade Lyside.

Colias Lyside.

Col. alis integerrimis, concoloribus, flavescenti-albidis : anticis subacuminatis, basi luteâ.

Elle est de quatrième taille, d'un blanc-jaunâtre, notamment vers l'extrémité. Ses premières ailes ont le sommet un peu aigu & la base d'un jaune-foncé. Les secondes ailes sont arrondies. Le dessous des unes & des autres ne diffère du dessus que parce qu'il est un peu luisant, & parce que les inférieures ont le milieu marqué d'une nervure très-saillante. Les antennes sont courtes, grisâtres, avec le bout de la massue ferrugineux.

Elle habite.....

31. Coliade Cæsonia.

Colias Cæsonia.

Col. alis flavis, limbo postico suprà nigro : anticis subacuminatis : his subtùs puncto unico, posticis sesquialtero, argenteis.

Papilio Cæsonia. Stoll, *Pap. Suppl. à* Cram. 5. *p.* 176. *pl.* 41. *fig.* 2 & 2 B. (La femelle.)

Elle est de quatrième taille, d'un beau jaune en dessus. Ses premières ailes, dont le sommet est un peu aigu, ont la moitié antérieure de la côte obscure : leur milieu offre un point noir, assez gros ; &, leur extrémité une bordure également noire, très-large, ayant le côté interne sinueux & fortement échancré dans son milieu, le côté externe finement entrecoupé de jaune & de rouge-brun. Les secondes ailes sont arrondies & marquées sur le milieu de deux points orangés, dont un plus petit ; leur extrémité a aussi une bordure noire, mais beaucoup moins large, ne descendant guère au-delà du milieu du limbe, crénelée intérieurement & presque tout-à-fait liserée de jaune en dehors. Le dessous des quatre ailes est d'un jaune moins gai que le dessus & sans bordure : aux deux points discoïdaux des secondes ailes correspondent deux points de même dimension, argentés & bordés de ferrugineux; le point des premières ailes est noir comme en dessus, mais il a le milieu argenté; le bord postérieur de chaque aile est tacheté de rougeâtre & précédé intérieurement d'un rang de points de cette couleur. Le corps est jaune, avec le dos noirâtre; les antennes sont roses, avec le bout de la massue jaunâtre.

La femelle se distingue du mâle en ce qu'elle a la bordure noire du dessus des secondes ailes doublée intérieurement par une bande orangée, tantôt continue, tantôt maculaire.

Elle se trouve dans l'Amérique septentrionale, particulièrement en Géorgie.

32. COLIADE Philippa.

COLIAS Philippa.

Col. alis integerrimis, flavis : anticis acuminatis, nigro variis punctoque atro; posticis sanguineo, omnibus subtùs argenteo. FAB.

Pap. D. C. Philippa. FAB. *Entom. Syst. em. tom.* 3. *pars* 1. *p.* 211. *n°.* 660.

Papilio Philippa. JON. *Fig. pict.* 2. *tab.* 32. *fig.* 1.

Fabricius la décrit ainsi : elle a les ailes supérieures très-aiguës, noires à la base, jaunes au milieu, avec un point très-noir; puis noires au sommet, avec des taches jaunes : leur dessous est pâle, avec un point argenté, entouré d'un iris noir. Les ailes inférieures sont jaunes, avec un point d'un rouge-sanguin, discoïdal, & des points noirs, marginaux : leur dessous est un peu pâle, avec un point argenté sur le milieu.

Elle habite.....

33. COLIADE Hyale.

COLIAS Hyale.

Col. alis integerrimis, rotundatis, suprà sulphureis, limbo communi nigro : anticis utrinquè puncto medio atro : posticis subtùs luteis, puncto sesquialtero argenteo.

Papilio D. C. Hyale, *alis integerrimis, rotundatis, flavis : posticis maculâ fulvâ, subtùs puncto sesquialtero argenteo.* LINN. *Syst. Nat.* 2. *p.* 764. *n°.* 100. — *Faun. Suec. edit.* 2. *p.* 272. *n°.* 1040.

Papilio Hyale. FAB. *Syst. Entom. p.* 477. *n°.* 148. — *Spec. Ins. tom.* 2. *p.* 48. *n°.* 211. — *Mant. Ins. tom.* 2. *p.* 23. *n°.* 243. — *Ent. Syst. em. tom.* 3. *pars* 1. *p.* 207. *n°.* 649.

HUFN. *Tab. im. Berl. Mag. tom.* 2. *p.* 76. *n°.* 37.

PANZER, *Faun. Germ.* 50. 15.

LEWIN, *Ins. tab.* 33. *fig.* 1-4.

BORKHAUSEN, *Rhein Magaz. tom.* 1. *p.* 232. *n°.* 5.

BRAHM, *Ins. p.* 307. *n°.* 195.

Papilio Palæno. WIEN VERZ. *p.* 165. *fam.* E. *n°.* 2.

ILLIGER, *Magaz. tom.* 3. *p.* 200.

SCHŒFFER, *Icon. tab.* 149. *fig.* 4. 5.

ESPER, *Pap.* 1. *tab.* 4. *fig.* 2.

HERBST, *Pap. tab.* 114. *fig.* 7. 8.

BERGST. *Nomencl. tab.* 16. *fig.* 5. 6.

FUESSL. *Suiss. Ins. p.* 29. *n°.* 553.

BORKHAUSEN, *Pap. Eur. part.* 1. *p.* 120 & 255. *n°.* 4. — *Part.* 2. *p.* 213.

SCHNEID. *Syst. Beschr. p.* 67. *n°.* 14.

ROSSI, *Faun. Etr. tom.* 2. *p.* 144. *n°.* 996.

SCHRANK, *Faun. Boic. tom.* 2. *p.* 169. *n°.* 1295.

LANG. *Verz.* 2. *p.* 13. *n°.* 64-68.

HUBNER, *Pap. tab.* 87. *fig.* 438. 439.

OCHSENHEIMER, *Pap. Eur. tom.* 1. *part.* 2. *p.* 181.

Le Souci, var. C. GEOFFR. *Hist. Ins. tom.* 2. *p.* 75. *n°.* 48.

Le Soufre. ENGRAM. *Pap. d'Europe*, *tom.* 1. *p.* 228. *pl.* 54. *fig.* 112. a. b.

Le Soufre. ENGRAM. *Pap. d'Europe*, *tom.* 1. *p.* 297. *pl.* 79. *Suppl.* 25. *fig.* 112. d. f. variet.?

Elle est de quatrième taille, d'un jaune-soufre ou blanchâtre en dessus, avec un point très-noir vers le milieu de la côte des ailes supérieures, & une tache orangée, pâle, sur le disque des inférieures. Les premières ont à l'extrémité une bordure noire, élargie au sommet, & coupée dans toute sa longueur par une suite de taches jaunes ou blanchâtres, dont les deux intermédiaires moins prononcées. Cette bordure se continue sur les secondes ailes de la femelle, mais elle y est plus étroite, & dans le mâle elle est tantôt nulle, tantôt remplacée par des points de sa couleur. Le dessous des ailes supérieures diffère du dessus en ce qu'il est sans bordure; en ce que le sommet est d'un jaune-roussâtre & précédé d'une rangée transverse de points noirâtres qui descendent presque jusqu'au bord interne. Le dessous des ailes inférieures est entièrement d'un jaune-roussâtre, avec deux points argentés, dont l'extérieur plus petit : ces points sont bordés de rougeâtre & correspondent à la tache fauve de la surface opposée; entre ceux-ci & l'extrémité on voit une ligne transverse & arquée de points rougeâtres, faisant suite aux points noirâtres des ailes précédentes; les quatre ailes ont en outre de part & d'autre une frange extérieure d'un rouge-pâle. Le corps est jaune, avec la tête ferrugineuse & le dos noirâtre; les antennes sont rougeâtres, avec le bout de la massue jaunâtre.

On la trouve communément au mois de mai dans les prairies de l'Europe. Elle paroît pour la seconde fois depuis la fin de juillet jusqu'en septembre.

Geoffroy l'a prise pour une variété de l'*Édusa*.

Sa chenille est d'un vert-velouté, avec deux lignes jaunes latérales, & des points noirs aux anneaux. Elle vit sur la *Coronille bigarée* (*Coronilla varia*).

Engramelle donne, *pl.* 79, *fig.* d, f, comme variétés de cette espèce, deux individus que nous soupçonnons exotiques. Le premier, *fig.* d, a le fond des ailes d'un jaune-clair, la bordure noire des supérieures très-large, divisée extérieurement par une suite de traits jaunes, & intérieurement par deux points, entre lesquels sont deux petits croissans, les uns & les autres pareillement jaunes: le croissant supérieur a la partie convexe tournée en dehors, l'inférieure l'a au contraire tournée en dedans. Les secondes ailes ont la tache discoïdale d'une couleur terne, & le limbe postérieur coupé, depuis son origine jusque vers son milieu, par des taches noires, triangulaires.

Le second, *fig.* f, offre à peu près le même dessin que l'*Hyale*, mais sur un fond plus jaune, pointillé de noir aux ailes inférieures & à la base des supérieures. Dans l'un & l'autre individu le dessous de ces dernières ailes diffère peu de celui des ailes correspondantes de l'*Hyale*, mais le dessous des inférieures est d'un jaune plus roussâtre, & le bord postérieur est entièrement coupé par des traits rougeâtres, assez larges, & s'avançant presque jusqu'à la ligne arquée de points de cette couleur.

34. Coliade Phicomoné.

Colias Phicomone.

Col. alis integerrimis, rotundatis, suprà virescenti-flavescentibus aut albidis, atomis limboque communi nigricantibus : subtùs anticis puncto ocellari, posticis argenteo; his virescenti-flavis, limbo dilutiore.

Papilio Phicomone, *alis integerrimis, rotundatis, flavescentibus atomisque nigris : omnibus rubro fimbriatis; superioribus fasciâ maculari in limbo nigro : inferioribus nigricantibus, limbo flavescenti fusco marginato, suprà maculâ pallidâ, subtùs puncto argenteo.* Esper, *Pap. part.* 1. *p.* 32. *tab.* 56. *cont.* 6. *fig.* 1. 2.

Herbst, *Pap. tab.* 115. *fig.* 5-8.

Borkhausen, *Pap. Eur. part.* 1. *p.* 128 & 262. *n°.* 16.

Schneid. *Syst. Beschr. p.* 68. *n°.* 15.

Rossi, *Mant. tom.* 2. *p.* 9. *n°.* 343.

Illiger, *Magaz. tom.* 3. *p.* 201.

Hubner, *Pap. tab.* 87. *fig.* 436. 437. (Mas.)

Ochsenheimer, *Pap. Eur. tom.* 1. *part.* 2. *p.* 180.

Le Candide. Engram. *Pap. d'Europe, tom.* 1. *p.* 298. *pl.* 79. *Suppl.* 25. *fig.* 112. a. b. c. *bis.*

Elle a le port & la taille de la précédente. Le dessus de ses ailes est d'un jaune-verdâtre dans le mâle, d'un blanc-verdâtre dans la femelle, & couvert dans les deux sexes d'une poussière noirâtre, plus clair-semée sur le milieu des ailes supérieures, où l'on voit un point d'un noir-foncé : à l'extrémité de ces mêmes ailes est une bordure noirâtre, large & divisée dans le sens de sa longueur par une bande de taches jaunes ou blanchâtres, dont l'intermédiaire quelquefois moins prononcée. Cette bande se continue sur les secondes ailes, & forme entièrement ou presqu'entièrement bordure dans la femelle, tandis que dans le mâle elle est toujours limitée en dehors par du noir; sur le milieu de ces ailes il y a une tache jaune ou blanchâtre, orbiculaire & légèrement teintée de roussâtre. Le dessous des ailes supérieures est d'un blanc plus ou moins verdâtre, avec le sommet d'un jaune-roussâtre, & un point noir comme en dessus, mais ayant le milieu blanchâtre ou un peu rougeâtre. Le dessous des ailes inférieures est d'un jaune-roussâtre sur le limbe, puis d'un jaune-verdâtre jusqu'à la base, avec un point discoïdal argenté & bordé de rougeâtre; ce point est parfois accompagné d'un autre plus petit : les quatre ailes ont en outre une frange extérieure, tout-à-fait rose dans la femelle, jaune & entrecoupée de rougeâtre dans le mâle. Le corps & les antennes sont, à peu de chose près, comme dans l'*Hyale*.

Elle se trouve en Allemagne, en Suisse, en Italie, sur des montagnes qui n'ont pas moins de huit cents toises d'élévation. Elle se tient toujours à mi-côte.

35. Coliade Philodice.

Colias Philodice.

Col. alis integerrimis, rotundatis, flavis, limbo communi suprà nigro : subtùs anticis puncto ocellari, posticis sesquialtero argenteo; his subrufescentibus : anticarum limbo suprà (fem.) *flavo maculato.*

Elle a le port & à peu près la taille de la précédente. Le dessus de ses ailes est d'un jaune-serin, avec une bordure noire, assez large, & divisée sur les premières ailes de la femelle par une bande jaune, maculaire, fortement interrompue dans son milieu. Ces dernières ailes ont, vers le milieu de la côte, un point noir, oblong; les inférieures ont sur le disque une tache orangée, pâle & arrondie. Le dessous de celles-ci est d'un jaune un peu roussâtre, avec deux points argentés, dont l'extérieur plus petit; le dessous des premières ailes est de la même couleur que le dessus, avec le sommet un peu roussâtre, & un point noir ocellé; parallèlement au bord postérieur des unes & des autres il y a aussi, comme dans les espèces analogues, une suite de points ferrugineux, à l'exception de trois, qui sont noirs & placés près de l'angle interne des ailes supérieures. Les antennes sont brunâtres, avec la majeure partie de la massue noirâtre.

Elle se trouve dans l'Amérique septentrionale, particulièrement dans la Virginie.

36. Coliade Doripe.

Colias Doripe.

Col. alis integerrimis, rotundatis, suprà flavis, limbo communi nigro: subtùs anticis puncto ocellari, posticis sesquialtero argenteo; his rufescentibus, atomis nigris. (Mas.)

Papilio Palæno. Mas. Cram. *Pap.* 2. *p.* 22. *pl.* 14. *fig.* F. G.

Nous n'avons vu que le mâle de cette espèce. Il diffère de celui de la précédente en ce que le dessous de ses secondes ailes est plus roussâtre & piqué de noir depuis son origine jusqu'à la ligne de points qui précèdent le bord postérieur.

Il est du Cap de Bonne-Espérance.

37. Coliade Paléno.

Colias Palæno.

Col. alis integerrimis, rotundatis, suprà subvirescenti-flavis seu pallidioribus, limbo communi nigro: subtùs anticis puncto ocellari, posticis argenteo atomisque nigricantibus.

Papilio D. C. Palæno, *alis integerrimis, rotundatis, flavis, apice nigris margineque fulvis: posticis subtùs puncto argenteo.* Linn. *Syst. Nat.* 2. *p.* 764. — *Faun. Suec. edit.* 2. *p.* 272. *n°.* 1041.

Papilio Hexapus, alis rotundatis, albis, ocello parvo, fusco, oblongo: apicibus fuscis. Udd. *Diss.* 56.

Papilio Palæno. Fab. *Syst. Entom. p.* 476. *n°.* 147. — *Spec. Ins. tom.* 2. *p.* 48. *n°.* 210. — *Mant. Ins. tom.* 2. *p.* 23. *n°.* 242. — *Entom. Syst. em. tom.* 3. *pars* 1. *p.* 207. *n°.* 648.

Panzer, *Faun. Germ.* 50. 16.

Illiger, *Magaz. tom.* 5. *p.* 183.

Papilio Europome. Esp. *Pap.* 1. *tab.* 42. *Suppl.* 18. *fig.* 1. 2.

a. Papilio Europome. Esp. *Pap.* 1. *tab.* 100. *cont.* 55. *fig.* 5.

Borkh. *Pap. Eur. part.* 1. *p.* 120 & 255. — *Part.* 2. *p.* 214.

Schneid. *Syst. Beschr. p.* 69. *n°.* 16.

Herbst, *Pap. tab.* 115. *fig.* 1-4.

Bergstr. *Nomencl. tab.* 113.

Lang. *Verz. p.* 14. *n°.* 76. 77.

De Prunner. *Lepid. Pedem. p.* 12. *n°.* 19.

Hubn. *Pap. tab.* 86. *fig.* 434. 435. (Mas.)

Papilio Philomene. Hubn. *Pap. tab.* 117. *fig.* 602. 603.

Ochsenh. *Pap. Eur. tom.* 1. *part.* 2. *p.* 184.

Le Solitaire. Engram. *Pap. d'Europe, tom.* 1. *p.* 328. *pl.* 6. 3e. *Suppl. fig.* 111. a. b. *quart.*

Elle a le port & la taille des précédentes. Le dessus de ses ailes est d'un jaune tirant un peu sur le verdâtre, avec une bordure noire, postérieure & légèrement sinuée sur le côté interne. Cette bordure est moins large aux secondes ailes, & ne descend guère au-delà du milieu du limbe. Les ailes supérieures ont, vers la côte, un point noir, oblong. Leur dessous diffère du dessus en ce que ce même point a le milieu blanchâtre, & en ce que la bordure est remplacée par une teinte verdâtre ou d'un jaune-roussâtre, suivant le sexe. Le dessous des ailes inférieures est entièrement verdâtre ou d'un jaune-roussâtre, avec une multitude d'atômes noirâtres, & un point discoïdal foiblement argenté, dont l'empreinte paroît en dessus: les quatre ailes ont en outre, de part & d'autre, une frange rose, extérieure.

Le dessus de la femelle est assez ordinairement plus pâle, & dans quelques individus de ce sexe la bordure noire des premières ailes est entrecoupée de taches blanchâtres, peu prononcées.

Cette espèce se trouve, dans le courant de juillet, en Piémont, en Suisse, en Suède, &c.

Le *Philomene* de Hubner n'en est qu'une variété, dont le dessus des ailes supérieures est sans point noir. Elle est commune en Laponie.

38. Coliade Édusa.

Colias Edusa.

Col. alis integerrimis, rotundatis, suprà fulvoluteis, limbo communi nigro: anticis utrinquè puncto medio atro; posticis subtùs virescenti-flavis, puncto sesquialtero argenteo: posticarum limbo suprà (fem.) *fasciâ flavâ, maculari, abbreviatâ.*

Papilio D. C. Edusa, *alis integerrimis, fulvis, puncto margineque nigris: subtùs virescentibus, anticis puncto nigro, posticis argenteo.* Fab. *Mant. Ins. tom.* 2. *p.* 23. *n°.* 240. — *Entom.*

Syst. em. tom. 3. *pars* 1. *pag.* 206. *n°.* 643.

Papilio Edusa. PANZ. *Faun. Germ.* 50. 17.

BORKH. *Rhein Magaz. tom.* 1. *p.* 231. *n°.* 4.

Papilio Electra. LEWIN, *Inf. tab.* 32. *fig.* 1-3.

Papilio Helice. ILLIG. *Magaz. tom.* 3. *p.* 194.

SCOP. *Entom. Carn. p.* 173. *n°.* 455.

ROES. *Inf. tab.* 46. *fig.* 4. 5. (Femelle.)

Papilio Hyale. SCHŒFF. *Icon. tab.* 149. *fig.* 1-3.

ESP. *Pap.* 1. *tab.* 4. *fig.* 3.

ESP. *Pap.* 1. *tab.* 26. *Suppl.* 2. *fig.* 3.

α. ESP. *Pap.* 1. *tab.* 66. *cont.* 16. *fig.* 1.

LANG. *Verz.* 2. *p.* 13. *n°.* 69-72. *p.* 14. *n°.* 74. var. ?

HERBST, *Pap. tab.* 114. *fig.* 1-4.

BORKH. *Pap. Eur. part.* 1. *p.* 119 & 254. *n°.* 3. *part.* 2. *p.* 213.

FUESSL. *Suiff. Inf. p.* 29. *n°.* 554.

SCHNEID. *Syst. Beschr. p.* 64. *n°.* 11.

ROSSI, *Faun. Etr. tom.* 2. *p.* 144. *n°.* 997.

SCHRANK, *Faun. Boic. tom.* 2. *pag.* 169. *n°.* 1296.

CRAM. *Pap.* 30. *p.* 119. *pl.* 350. *fig.* E. H.

HUBN. *Pap. tab.* 85. *fig.* 429. 430. (Mas.) 431. (Fem.)

β. *Papilio Helice.* HUBN. *Pap. tab.* 87. *fig.* 440. 441.

WIEN VERZ. *p.* 165. *fam.* E. *n°.* 3.

OCHSENH. *Pap. Eur. tom.* 1. *part.* 2. *p.* 173.

Le Souci, variét. A & B. GEOFFROY, *Hist. Inf. tom.* 2. *p.* 75. *n°.* 48.

Le Souci. ENGRAM. *Pap. d'Europe*, *tom.* 1. *p.* 226. *pl.* 54. *fig.* 111. a-e.

β'. Le Souci. ENGRAM. *Pap. d'Europe*, *tom.* 1. *p.* 297. *pl.* 79. *Suppl.* 25. *fig.* 111. f. g.

Elle a le port & la taille des précédentes. Le dessus de ses ailes est d'un jaune tirant sur le fauve, & plus ou moins mêlé de vert aux inférieures. Ces dernières ailes ont sur le disque une tache orangée, de forme arrondie; les supérieures ont, vers le milieu de la côte, un point d'un noir-foncé. A l'extrémité des unes & des autres est une bordure noire, sinuée sur le côté interne, plus large aux ailes supérieures qu'aux inférieures. Cette bordure est divisée dans la femelle par une bande jaune, maculaire, fortement interrompue sur les ailes supérieures, ne montant pas jusqu'au sommet des inférieures. Le dessous des premières ailes diffère du dessus en ce qu'il est un peu plus pâle; en ce que toute la partie correspondante à la bordure est d'un jaune-verdâtre, & séparée du fond par une ligne transverse de points dont les trois inférieurs noirs, les autres ferrugineux & plus petits. Le dessous des secondes ailes est entièrement d'un jaune-verdâtre, avec deux points discoïdaux argentés, dont l'extérieur moins gros : indépendamment de ceux-ci il y en a d'autres d'une couleur ferrugineuse pâle, disposés sur une ligne arquée & transverse à égale distance du milieu & du bord d'en bas; chaque aile a en outre une frange extérieure rose en dessous, jaune & entrecoupée de rouge-brun en dessus. Le corps est d'un jaune-verdâtre, avec le dos noirâtre; les antennes sont rougeâtres, avec le bout de la masse d'un jaune-roussâtre.

Elle se trouve communément dans les prairies de l'Europe, vers la fin de l'été.

Sa chenille est d'un vert-foncé, & a, de chaque côté du ventre, une raie longitudinale blanche, tachetée de fauve & ponctuée de bleu. Elle vit sur le *Trèfle de chèvre* (*Cytisus austriacus*). La chrysalide est verte, avec une raie jaune sur chaque côté, & des points noirs sur l'enveloppe des ailes.

L'*Helice* de Hubner n'est qu'une variété femelle de l'espèce dont il est ici question. Il a le fond des ailes blanchâtre, ainsi que la bande maculaire qui en divise la bordure, mais ses autres caractères ne varient point.

39. COLIADE Electre.

COLIAS Electra.

Col. alis integerrimis, rotundatis, suprà fulvis, rubescenti-micantibus, limbo communi nigro : anticis utrinquè puncto medio atro ; posticis infrà virescentibus, puncto sesquialtero argenteo : posticarum limbo suprà (fem.) *fasciâ flavâ, maculari, abbreviatâ.*

Papilio D. C. Electra, *alis integerrimis, rotundatis, fulvis, margine nigris : posticis subtùs ocello sesquialtero albo.* LINN. *Syst. Nat.* 2. *p.* 764. *n°.* 101.—*Amœn. Acad.* 6. *p.* 405. *n°.* 61.

PETIV. *Gazoph. tab.* 9. *fig.* 11.

α. *Papilio Palæno. Fem.* CRAM. *Pap.* 29. *p.* 96. *pl.* 340. *fig.* A.-B.

Elle se distingue de l'*Edusa* en ce que le dessus de ses quatre ailes est d'un jaune-fauve plus intense, & en outre glacé de rouge, surtout dans le mâle; en ce qu'en dessous le limbe des supérieures, la surface ou la plus grande partie de la surface des inférieures sont plus verdâtres ; enfin, en ce que les points argentés de ces dernières sont plus petits & un peu moins vifs.

Le *Palæno* femelle de Cramer est à l'égard de cette espèce-ci ce que l'*Helice* de Hubner est à l'égard de la précédente, c'est-à-dire, une variété dont le fond des ailes est blanchâtre.

Elle est du Cap de Bonne-Espérance.

40. Coliade Aurore.

Colias Aurora.

Col. alis integerrimis, rotundatis, suprà fulvis, limbo communi nigro : subtùs anticis puncto unico, posticis sesquialtero, argenteis. (Mas.)

Papilio D. C. Aurora, *alis integerrimis, fulvis : anticis subtùs puncto ocellari, posticis sesquialtero, argenteis.* Fab. *Mant. Inf. tom.* 2. *p.* 23. *n°.* 244. — *Entom. Syst. em. tom.* 3. *pars* 1. *p.* 208. *n°.* 650.

Esp. *Pap. part.* 1. *tab.* 83. *cont.* 33. *fig.* 3.

Borkh. *Pap. Eur. part.* 1. *p.* 130. *n°.* 19. — *Part.* 2. *p.* 215.

Schneid. *Syst. Beschr. p.* 63. *n°.* 10.

Illig. *Magaz. tom.* 3. *p.* 187.

Hubn. *Pap. tab.* 106. *fig.* 544. 545.

Ochsenh. *Pap. Eur. tom.* 1. *part.* 2. *p.* 176.

Papilio Heos. Herbst, *Pap. tab.* 114. *fig.* 5. 6.

Le Vertumne. Engram. *Pap. d'Europe, tom.* 1. *p.* 334. *pl.* 8. 3ᵉ. *Suppl. fig.* 3. *quint.*

On ne connoît que le mâle de cette Coliade. Il ressemble à celui de l'espèce précédente, mais il est plus grand, & le point noir du dessous de ses premières ailes a le milieu argenté.

On le trouve en Sibérie & dans le nord de la Russie. — Très-rare.

41. Coliade Myrmidone.

Colias Myrmidone.

Col. alis integerrimis, rotundatis, suprà lætè fulvis, limbo communi nigro : subtùs anticis puncto ocellari, posticis sesquialtero argenteo : posticarum limbo suprà (fem.) *fasciâ flavâ, maculari, integrâ.*

Papilio D. C. Myrmidone, *alis integerrimis, rotundatis, fulvis, cærulescenti-micantibus, limbo tenuiori fusco : subtùs puncto sesquialtero argenteo.* Esp. *Pap. part.* 1. *p.* 88. *tab.* 65. *cont.* 15. *fig.* 1. 2.

Lang. *Verz.* 2. *p.* 14. *n°.* 75.

Herbst, *Pap. tab.* 116. *fig.* 1-4.

Bergstr. *Nomencl. tab.* 134. *fig.* 1-4.

Schneid. *Syst. Beschr. p.* 65. *n°.* 12.

Borkh. *Pap. Eur. part.* 1. *p.* 128. *n°.* 17.

Hubn. *Pap. tab.* 86. *fig.* 432. 433.

Ochsenh. *Pap. Eur. tom.* 1. *part.* 2. *p.* 177.

Le Safrané. Engram. *Pap. d'Europe, tom.* 1. *p.* 296. *pl.* 78. *Suppl.* 24. *fig.* 111. a. b. *bis.*

Elle diffère de l'*Edusa* en ce que le dessus de ses quatre ailes est d'un jaune-fauve plus vif ; en ce que la bande jaune maculaire du limbe des inférieures est plus gaie, & s'étend du bord interne au bord antérieur ; en ce que le point noir du dessous des premières ailes a le milieu blanchâtre ou verdâtre.

Elle se trouve dans la Styrie & dans la Hongrie.

42. Coliade Chrysothème.

Colias Chrysotheme.

Col. alis integerrimis, rotundatis, suprà fulvo-lutescentibus, limbo communi nigro : subtùs anticis puncto ocellari, posticis sesquialtero argenteo : posticarum limbo suprà (fem.) *fasciâ flavâ, maculari, integrâ.* Minor.

Papilio Chrysotheme, *alis integerrimis, rotundatis, flavis, margine latiore fusco, in mare venis, in feminâ maculis flavis interrupto : subtùs maculis marginalibus sex.* Schneider, *Syst. Beschr. p.* 66. *n°.* 13.

Borkh. *Pap. Eur. part.* 1. *p.* 129. *n°.* 18.

Bergstr. *Nomencl. tab.* 135. *fig.* 3-6.

Illig. *Magaz. tom.* 3. *p.* 189.

Hubn. *Pap. tab.* 85. *fig.* 426-428.

Ochsenh. *Pap. Eur. tom.* 1. *part.* 2. *p.* 179.

L'Orangé. Engram. *Pap. d'Europe, tom.* 1. *p.* 296. *pl.* 78. *Suppl.* 24. *fig.* 111. a. b. *tert.*

Elle ressemble aussi à l'*Edusa*, mais elle est un peu plus pâle & d'environ un sixième plus petite ; la bande jaune maculaire du limbe postérieur de ses secondes ailes s'étend en outre du bord interne au bord antérieur, & le point noir du dessous des premières ailes a le milieu blanchâtre.

Elle se trouve dans la Styrie & dans la Hongrie.

43. Coliade Nicippe.

Colias Nicippe.

Col. alis integerrimis, rotundatis, suprà fulvis, limbo communi nigro : anticis utrinquè lunulâ mediâ nigrâ : posticis subtùs flavis, atomis maculisque ferrugineis.

Papilio D. C. Nicippe, *alis integerrimis, fulvis, apicibus fuscis : anticis utrinquè lunulâ nigrâ : posticis subtùs ferrugineo irroratis.* Fab. *Entom. Syst. em. tom.* 3. *pars* 1. *p.* 208. *n°.* 651.

Papilio Nicippe. Cram. *Pap.* 18. *p.* 31. *pl.* 210. *fig.* C. D.

Herbst, *Pap. tab.* 107. *fig.* 3. 4.

Jon. *Fig. pict.* 3. *tab.* 39. *fig.* 2.

Elle a le port & la taille des précédentes. Le dessus de ses ailes est d'un jaune-fauve vif, avec une bordure noire, assez large, sinuée intérieurement, rétrécie dans son milieu sur les ailes supérieures, élargie au contraire sur les inférieures. Les premières ailes ont en outre, sur le milieu, un croissant noir. Leur dessous ne diffère du dessus que parce qu'il est un peu plus pâle, & parce que la bordure est remplacée par des atômes noirâtres, plus ou moins prononcés. Le dessous des secondes ailes est jaune, avec plusieurs taches ferrugineuses, dont une vers le milieu du bord antérieur, les autres réunies en une espèce de bande transverse; le reste de la surface est parsemé d'atômes de cette couleur.

Suivant Cramer, le mâle ne doit pas avoir de bordure aux ailes inférieures en dessous : nous en avons cependant vu un qui en avoit une absolument semblable à celle de la femelle.

Elle se trouve dans la Virginie.

GENRE

GENRE PIÉRIDE.

1. Piéride Leucippe.

Ailes arrondies, entières : le dessus des supérieures d'un fauve-vif, avec les nervures et le contour extérieur noirs; le dessus des inférieures jaune, leur dessous plus foncé, avec des atômes noirâtres.

2. Piéride Glaucippe.

Ailes arrondies, entières, blanches en dessus : les supérieures ayant le sommet noir et d'un fauve-vif dans son milieu : le dessous des inférieures d'un gris-cendré.

3. Piéride Callirrhoé.

Ailes arrondies, blanches : les supérieures avec le sommet, les inférieures avec six taches et le bord, noirs.

4. Piéride Marianne.

Ailes arrondies, presqu'entières, d'un blanc-bleuâtre ou jaunâtre en dessus : les supérieures ayant le sommet noir et fauve dans son milieu : le dessous des unes et des autres jaunâtre, avec un point ocellé sur le milieu, et une bande transverse, en forme de collier, vers l'extrémité.

5. Piéride Pirène.

Ailes arrondies, entières, jaunes : le dessus des supérieures ayant le sommet noir et fauve dans son milieu : le dessous des unes et des autres avec un point central noirâtre.

6. Piéride Ænippe.

Ailes arrondies, entières, jaunes : les supérieures ayant le sommet largement noir, avec une bande jaune ou fauve : le dessous des unes et des autres avec une rangée transverse de points ocellés vers le bord postérieur.

7. Piéride Vénilie.

Ailes arrondies, presqu'entières, jaunes : le dessus des supérieures avec le milieu fauve et le bord noir : le dessous des unes et des autres avec un point central non ocellé, et une raie transverse, en forme de collier, vers le bord postérieur.

8. Piéride Judith.

Ailes arrondies, entières, presque semblables de part et d'autre : les supérieures blanches, avec les nervures et le limbe noirs; les inférieures jaunes, avec le limbe noir : le dessus de ces dernières orangé vers l'angle de l'anus.

9. Piéride Flippanthe.

Ailes arrondies, entières : les supérieures blanches, avec une tache et le sommet noirs; les inférieures jaunes, avec le sommet brun en dessous.

10. Piéride Évippe.

Ailes arrondies, entières, blanches : les supérieures ayant le sommet noir et d'un fauve-vif dans son milieu : le dessous des inférieures d'un gris-pâle et luisant.

11. Piéride Charmione.

Ailes arrondies, entières, semblables de part et d'autre, blanches, avec le limbe noir, et marqué de deux taches jaunes sur les supérieures, d'une seule sur les inférieures.

12. Piéride Omphale.

Ailes arrondies, entières, blanches : les supérieures ayant le sommet noir et d'un fauve-vif dans son milieu : le dessus des unes et des autres avec une bande noire.

PIÉRIDE. (Insecte.)

13. Piéride Achiné.

Ailes arrondies, entières, blanches, avec la base et l'extrémité noirs en dessus : les supérieures ayant au sommet une tache fauve bifide ; les inférieures ayant sur le bord une rangée de points blancs.

14. Piéride Amytis.

Ailes arrondies, entières, blanches : le dessus des supérieures avec le sommet et une tache, celui des inférieures avec une raie transverse courbe et des points marginaux, noirs : le dessous des supérieures fauve au sommet.

15. Piéride Doxo.

Ailes arrondies, entières, d'un grisluisant : le dessus des supérieures avec le sommet et deux points noirs : le dessous des inférieures avec une double rangée de points brunâtres.

16. Piéride Dorothée.

Ailes arrondies, entières, blanches : les supérieures d'un noir-foncé au sommet : le dessous des inférieures avec des bandes d'un jaune-pâle, parsemées de noir.

17. Piéride Sylvie.

Ailes arrondies, entières, blanches : les supérieures avec le sommet d'un brunnoirâtre : leur dessous avec une tache fauve à la base.

18. Piéride Eloréa.

Ailes arrondies, entières, blanches : les supérieures avec le sommet, les inférieures avec une tache et des points marginaux, noirs.

19. Piéride Eucharis.

Ailes arrondies, entières, presque semblables de part et d'autre, d'un blancjaunâtre : les supérieures avec l'extrémité d'un fauve-clair ; les inférieures sans taches ou avec des points marginaux noirs.

20. Piéride Danaé.

Ailes arrondies, entières, blanches : les supérieures ayant le sommet noir et d'un rouge-carmin dans son milieu : le dessous des unes et des autres (fem.) *avec une raie transverse, en forme de collier, vers l'extrémité.*

21. Piéride Titéa.

Ailes arrondies, entières, blanches : le dessus des supérieures fauve au sommet, avec le bord noir : le dessous des inférieures grisâtre, avec une tache ferrugineuse sur la côte.

22. Piéride du Cresson.

Ailes arrondies, entières, blanches : le dessous des inférieures marbré de vertjaunâtre ; les supérieures ayant de part et d'autre une lunule noire sur le milieu : ces dernières (mâle) *fauves vers le sommet.*

23. Piéride Euphéno.

Ailes arrondies, entières, jaunes ou tirant sur le blanchâtre : le dessus des supérieures avec le sommet noir et fauve dans son milieu : le dessous des inférieures avec deux raies vertes, transversales, et une bande blanche postérieure.

24. Piéride Bélia.

Ailes arrondies, entières, blanches : le dessus des supérieures avec une bande courte sur la côte et le sommet noirs : le dessous des inférieures d'un vert-jaunâtre, avec des taches argentées.

25. Piéride Ausonia.

Ailes arrondies, entières, blanches : le dessus des supérieures avec une bande courte sur la côte et le sommet noirs : le dessous des inférieures d'un vert mêlé de jaune-foncé, avec des taches blanches.

PIÉRIDE. (Insecte.)

26. Piéride Bélémia.

Ailes arrondies, entières, blanches: le dessus des supérieures avec une tache sur le milieu et le sommet noirs: le dessous des inférieures avec des raies argentées, transversales.

27. Piéride Glaucé.

Ailes arrondies, entières, blanches: le dessus des supérieures avec une tache sur le milieu et le sommet noirs: le dessous des inférieures avec des raies transversales partie blanches, partie jaunâtres.

28. Piéride Tagis.

Ailes arrondies, entières, blanches: le dessus des supérieures avec une lunule sur le milieu et le sommet noirs: le dessous des inférieures d'un vert-grisâtre, avec des points blancs.

29. Piéride Daplidice.

Ailes arrondies, entières, blanches: les supérieures avec une tache sur le milieu et le sommet noirs: le dessous des inférieures d'un vert-jaunâtre, avec des taches et une raie transverse, anguleuse, blanches: la tache du milieu des supérieures divisée par une nervure blanche.

30. Piéride Hellica.

Ailes arrondies, entières, blanches: les supérieures avec une tache sur le milieu et le sommet noirs: le dessous des inférieures d'un cendré-verdâtre, avec des taches blanches, ovales, et des veines jaunes.

31. Piéride du Radis.

Ailes arrondies, entières, blanches, avec le sommet noir et tacheté de blanc: le dessous des inférieures veiné de noir et saupoudré de jaune.

32. Piéride Callidice.

Ailes arrondies, entières, blanches: les supérieures ayant de part et d'autre sur la côte une bande noire, courte: le dessous des inférieures d'un vert-noirâtre, avec des taches sagittées d'un jaune-pâle: le limbe des quatre en dessus (fem.) *noir et tacheté de blanc.*

33. Piéride Calypso.

Ailes arrondies, presqu'entières, blanches; avec l'extrémité noire: le dessous des inférieures jaune ou d'un gris de perle, avec des points noirs sur le limbe, disposés sur deux rangs et séparés par des taches jaunes.

34. Piéride Mésentina.

Ailes arrondies, entières, blanches, avec le limbe noir et tacheté de blanc: les supérieures ayant de part et d'autre sur la côte une bande noire, courbe: le dessous des inférieures jaune, avec des veines noirâtres.

35. Piéride Augusta.

Ailes arrondies, entières, d'un blanc-jaunâtre, avec le limbe noirâtre: les supérieures ayant de part et d'autre sur la côte une bande noirâtre, courbe: le dessous des inférieures jaune, avec des veines noirâtres.

36. Piéride Sévérina.

Ailes arrondies, entières, jaunes, avec le limbe largement noir et tacheté de jaune en dessous: les supérieures ayant de part et d'autre sur la côte une raie noire, transversale.

37. Piéride Gidica.

Ailes arrondies, entières, blanches, avec le limbe noir et tacheté de blanc de part et d'autre: le dessus des supérieures, le dessous des quatre avec un point noir sur le milieu.

PIÉRIDE. (Insecte.)

38. Piéride Créone.

Ailes arrondies, entières, d'un beau blanc ou d'un blanc un peu violâtre, avec le limbe noir, et tacheté en dessous de vert-pâle ou de jaune : les deux surfaces des supérieures avec un point noir sur le milieu.

39. Piéride Amate.

Ailes arrondies, entières, d'un rouge-briqueté clair en dessus, avec une bordure noire, offrant deux rangées de points : leur dessous d'un vert-pâle, avec un point ocellé sur le milieu.

40. Piéride Phisadia.

Ailes arrondies, entières, avec le limbe postérieur noir : le dessus des supérieurs incarnat, celui des inférieures blanc : le dessous des unes et des autres d'un jaune-verdâtre, avec un point ocellé sur le milieu.

41. Piéride Fausta.

Ailes arrondies, entières, d'un fauve-clair, avec une rangée de points noirs sur le bord postérieur : les supérieures avec une raie transverse, maculaire, et un point central noirs : le dessous des inférieures d'un jaune-pâle, avec une raie noirâtre, transverse.

42. Piéride Mélanie.

Ailes arrondies, entières, blanchâtres, avec l'extrémité noire : les deux surfaces des supérieures avec une raie blanche, transverse et anguleuse au sommet : le dessous des inférieures d'un vert-blanchâtre, obscur.

43. Piéride Coronis.

Ailes arrondies, entières, blanches en dessus, avec le bord noir : le dessous des quatre avec des veines et une bande postérieure noirâtres ; les inférieures avec toute la surface, les supérieures avec la côte et le sommet, jaunes.

44. Piéride Libitine.

Ailes arrondies, entières, semblables de part et d'autre, blanches : les supérieures avec l'origine de la côte et le sommet, les inférieures avec des points marginaux, noirâtres.

45. Piéride Higinia.

Ailes arrondies, entières, noires en dessus, avec une bande blanche, commune, sinuée : le dessous des supérieures avec une tache blanchâtre au sommet, celui des inférieures avec une tache jaune, rayonnée, à la base.

46. Piéride Saba.

Ailes arrondies, entières, noires, avec une bande blanche, commune.

47. Piéride Cnéora.

Ailes arrondies, blanches : les supérieures noirâtres, avec une bande blanche, large.

48. Piéride Pitys.

Ailes arrondies, entières, blanches en dessus, jaunes en dessous, avec le limbe postérieur noir de part et d'autre : les supérieures avec des taches au sommet.

49. Piéride Licinia.

Ailes entières, blanches, avec le bord noir : le dessous des inférieures sans taches.

50. Piéride Candide.

Ailes arrondies, entières, presque semblables de part et d'autre, d'un jaune-foncé, avec tout le contour noir.

51. Piéride Hécabé.

Ailes arrondies, entières, jaunes, avec l'extrémité noire en dessus : le dessous des quatre offrant sur le milieu une double tache noirâtre, annulaire.

PIÉRIDE. (Insecte.)

52. Piéride Agavé.

Ailes arrondies, entières, jaunes : le dessus des supérieures avec l'extrémité noire : le dessous des quatre avec le sommet ferrugineux.

53. Piéride Brigitte.

Ailes arrondies, entières, d'un jaune-soufre : le dessus des supérieures avec le sommet noir : le dessous des inférieures lie de vin clair, avec quelques raies transverses plus foncées.

54. Piéride Néda.

Ailes arrondies, entières, jaunes, avec le bord noir en dessus : le dessous des inférieures avec deux points noirs sur le disque.

55. Piéride Rahel.

Ailes arrondies, entières, jaunes, avec le bord noir en dessus : leur dessous sans taches.

56. Piéride Smilax.

Ailes arrondies, entières, jaunes ou plus pâles, avec l'extrémité noire : le dessous des supérieures avec un point noir sur le milieu ; celui des inférieures avec une tache ferrugineuse au sommet, et des atômes noirâtres, épars.

57. Piéride Messaline.

Ailes arrondies, entières, blanches, avec le sommet noir : leur dessous jaune, avec une tache brune, marginale.

58. Piéride Élathée.

Ailes arrondies, entières, avec le bord noir en dessus : les supérieures jaunes, les inférieures blanches : le dessous de ces dernières avec deux points noirs sur le milieu : le dessus des supérieures (mâle) *avec le bord interne orangé.*

59. Piéride Daïra.

Ailes arrondies, entières, jaunes : le dessus des supérieures avec le bord, celui des inférieures avec une tache au sommet, noirs ; le dessous de ces dernières avec deux points d'un noir-foncé sur le milieu : le dessus des supérieures avec le bord interne orangé.

60. Piéride Pyro.

Ailes arrondies, entières, orangées en dessus : les supérieures avec l'extrémité noirâtre : le dessous des inférieures avec une tache fauve sur le milieu, et le sommet d'un ferrugineux mêlé de blanc.

61. Piéride Phialé.

Ailes arrondies, entières, blanches : le dessus des supérieures avec l'origine de la côte obscure et le sommet noir : le dessous des quatre avec le contour extérieur d'un jaune-pâle; les inférieures avec deux points noirs.

62. Piéride Muse.

Ailes arrondies, entières, blanches : le dessus des supérieures avec le sommet noirâtre : le dessous des inférieures d'un jaune-pâle, avec deux points noirs sur le milieu.

63. Piéride Egnatia.

Ailes arrondies, entières, presque semblables de part et d'autre, d'un blanc-luisant : les supérieures avec le contour extérieur largement noir.

64. Piéride Vallona.

Ailes arrondies, entières, blanches : les supérieures avec la côte et un point noirs : le dessus des inférieures rayé de noirâtre, leur dessous de jaunâtre.

PIÉRIDE. (Insecte.)

65. PIÉRIDE Albula.

Ailes arrondies, entières, blanches : le dessus des supérieures avec l'extrémité noire : le dessous des inférieures avec deux ou un seul points noirâtres.

66. PIÉRIDE Sinoé.

Ailes arrondies, entières, blanches : le dessus des supérieures avec l'extrémité noire : le dessous des inférieures d'un blanc-grisâtre ou d'un jaune-pâle et sans taches.

67. PIÉRIDE Elvina.

Ailes arrondies, entières, blanches ou d'un blanc un peu verdâtre : le dessus des supérieures avec l'extrémité noire : le dessous des inférieures sans taches ou d'un jaune d'ocre, avec des points noirs.

68. PIÉRIDE Poppée.

Ailes arrondies, entières, blanches, avec des taches noires le long du bord postérieur : le dessous des inférieures orangé à la base.

69. PIÉRIDE Agathine.

Ailes arrondies, entières, blanches en dessus, avec des taches noires le long du bord postérieur : le dessous des supérieures fauve à la base, celui des inférieures entièrement d'un jaune d'ocre.

70. PIÉRIDE Périgone.

Ailes arrondies, entières, presque semblables de part et d'autre, blanches, avec la base des quatre et l'extrémité des inférieures roussâtres.

71. PIÉRIDE Empéda.

Ailes arrondies, entières, blanches : les supérieures avec le limbe postérieur et un point central noirs : le dessous des inférieures avec trois raies verdâtres, transverses.

72. PIÉRIDE Eudoxie.

Ailes arrondies, presqu'entières : les supérieures d'un fauve-clair, les inférieures blanches : le limbe postérieur des unes et des autres avec des taches noires.

73. PIÉRIDE Rhodope.

Ailes arrondies, entières, presque semblables de part et d'autre : les supérieures jaunes, les inférieures blanches.

74. PIÉRIDE Iode.

Ailes arrondies, entières, blanches : le dessus des supérieures avec le sommet noir et violet dans son milieu : le dessous des inférieures avec l'origine de la côte fauve.

75. PIÉRIDE Fabia.

Ailes entières, blanches : les supérieures avec un point et le sommet noirs ; les inférieures cendrées, sans taches.

76. PIÉRIDE Iléa.

Ailes entières, blanches : les superieures avec un point et le sommet noirs : le dessous des quatre cendré, avec un point ferrugineux, très-petit.

77. PIÉRIDE Argie.

Ailes presque rondes, entières, blanches : le dessus des supérieures avec l'extrémité d'un noir-foncé, leur dessous avec une tache d'un brun-marron sur la côte : le dessous des inférieures d'un jaune d'ocre luisant. (Mâle.)

78. PIÉRIDE Orséis.

Ailes presque rondes, entières, blanches en dessus, avec l'extrémité noire : le dessous des supérieures avec le sommet, celui des inférieures avec toute la surface, lavés de brun.

PIÉRIDE. (Insecte.)

79. Piéride Monuste.

Ailes presque rondes, entières, à peu près semblables de part et d'autre, blanches : les supérieures avec le limbe, les inférieures avec des taches marginales, noirâtres.

80. Piéride Amaryllis.

Ailes presque rondes, entières, semblables de part et d'autre, d'un blanc-obscur : les supérieures avec une lunule noire sur le milieu.

81. Piéride Virginie.

Ailes presque rondes, entières, blanches : le dessus des supérieures avec le bord noir : le dessous de celles-ci avec le sommet, celui des inférieures avec toute la surface, d'un jaune d'ocre.

82. Piéride Philète.

Ailes presque rondes, entières, grises : le dessus des supérieures blanc, avec le sommet noirâtre.

83. Piéride Ilaïre.

Ailes presque rondes, entières, d'un blanc-luisant : le dessus des supérieures avec le sommet noirâtre : le dessous des inférieures d'un gris-pâle, avec l'origine de la côte d'un jaune-foncé.

84. Piéride Nérissa.

Ailes presque rondes, entières, blanches, avec le bord noir en dessus : le dessous des inférieures teinté de jaune, avec des veines cendrées.

85. Piéride Cœnis.

Ailes presque rondes, blanches, avec le bord postérieur, et devant ce bord une ligne anguleuse et des taches, noirs : le dessous des quatre avec une raie brune, transverse, commune.

86. Piéride Pauline.

Ailes presque rondes, entières, blanches, avec le contour extérieur noir en dessus : les supérieures tachetées de blanc au sommet : leur dessus jaune à la base ; le dessous des inférieures d'un gris de perle et sans taches.

87. Piéride Mysia.

Ailes presque rondes, entières, blanchâtres, avec l'extrémité des quatre et l'origine de la côte des supérieures, noires en dessus : le dessous de celles-ci jaune à la base ; le dessous des inférieures d'un gris de perle et sans taches.

88. Piéride [illegible]u et des

Ailes presque rondes, entières, blanchâtres, avec le limbe des quatre et une tache échancrée à la base des supérieures, noirs : le dessous des inférieures offrant sur le milieu une raie noirâtre, transverse, courbe.

89. Piéride Hippo.

Ailes presque rondes, entières, semblables de part et d'autre : les supérieures noires, avec une bande blanchâtre, maculaire ; les inférieures jaunes, avec le limbe noir.

90. Piéride Euboté.

Ailes presque rondes, entières, blanches, avec le contour extérieur noir de part et d'autre : le dessous des inférieures d'un jaune d'ocre.

91. Piéride Salacia.

Ailes presque rondes, entières, blanches ou d'un jaune-pâle : les supérieures avec le sommet noir : le dessous de celles-ci d'un jaune-foncé à sa base ; le dessous des inférieures d'un jaune d'ocre, avec une raie transverse et le bord noirâtres.

PIÉRIDE. (Insecte.)

92. PIÉRIDE Lycimnia.

Ailes presque rondes, entières : le dessus des quatre et le dessous des supérieures blancs : le dessous des inférieures jaune : les unes et les autres avec le limbe postérieur de part et d'autre, les supérieures avec une tache sur la côte en dessous, noirs.

93. PIÉRIDE Limnorie.

Ailes presque rondes, entières, à peu près semblables de part et d'autre : les supérieures blanches, les inférieures jaunes et plus foncées vers le bout : les unes et les autres avec le limbe postérieur de chaque côté, les supérieures avec une tache sur la côte en d[illegible] noirs.

xtrémité :

94. PIÉRIDE Ada.

Ailes presque rondes, entières : le dessus des quatre et le dessous des supérieures blancs; les unes et les autres avec le limbe extérieur noir de part et d'autre : le dessous des inférieures avec la moitié antérieure jaune et une bande souci, flexueuse, sur le milieu.

95. PIÉRIDE Helvie.

Ailes presque rondes, entières : les supérieures blanches, avec le sommet noir et divisé en dessous par une bande jaune : le dessus des inférieures blanc, avec une bordure noire; leur dessous noir, avec trois bandes transverses, dont les deux supérieures souci, l'inférieure jaune.

96. PIÉRIDE Hirlanda.

Ailes presque rondes, entières, avec le limbe des quatre et une raie transverse sur la côte des supérieures, noirs : ces dernières blanches, semblables de part et d'autre : le dessus des supérieures d'un jaune-pâle; leur dessous noir, avec deux bandes jaunes, transverses, et une ligne rousse embrassant tout le contour extérieur.

97. PIÉRIDE Hédyle.

Ailes presque rondes, entières, d'un jaune-pâle, avec le limbe postérieur noir de part et d'autre : le dessous des supérieures avec une tache jaune au sommet; le dessous des inférieures avec deux points noirâtres, dont l'un près de la côte, l'autre à l'angle de l'anus.

98. PIÉRIDE Drusille.

Ailes presque rondes, entières, semblables de part et d'autre, blanchâtres, avec l'extrémité noire : les inférieures un peu ferrugineuses à la base.

99. PIÉRIDE Lyncida.

Ailes presque rondes, entières, blanches, avec le contour extérieur noir de part et d'autre : les supérieures ayant au sommet une tache blanche, divisée en dessus par une nervure noire, entière et plus petite en dessous.

100. PIÉRIDE Anguitia.

Ailes presque rondes, entières, blanches : le dessous des inférieures d'un gris-pâle, avec les nervures et une raie transverse, flexueuse, cendrées.

101. PIÉRIDE Thyria.

Ailes entières, presque semblables de part et d'autre, d'un rouge-clair, avec les nervures noirâtres : les supérieures formant un triangle alongé; les inférieures arrondies.

102. PIÉRIDE Panda.

Ailes entières, jaunes : les inférieures arrondies; les supérieures formant un triangle alongé : le dessus de ces dernières avec le contour extérieur légèrement bordé de noir.

PIÉRIDE. (Insecte.)

103. Piéride Agéléis.

Ailes un peu oblongues, entières : les deux surfaces des supérieures noires ; le dessus des inférieures blanc, leur dessous d'un jaune d'ocre : l'extrémité des quatre en dessous avec une rangée de taches.

104. Piéride Bélisama.

Ailes un peu oblongues, entières, blanches ou d'un jaune-pâle en dessus : les supérieures noires vers l'extrémité, les inférieures sur le limbe : le dessous de ces dernières d'un jaune d'ocre, avec une raie rouge, transverse, à la base et des taches jaunes sur le bord.

105. Piéride Pasithoé.

Ailes un peu oblongues, entières, noires, avec des taches d'un blanc-bleuâtre en dessus : le dessous des inférieures jaune sur le milieu et veiné de noir, avec une bande courbe d'un rouge-vermillon à la base.

106. Piéride Acalis.

Ailes un peu oblongues, entières, semblables de part et d'autre, noires : les supérieures avec des taches, les inférieures avec une bande maculaire et un point central, blanchâtres : la base de ces dernières d'un rouge-carmin.

107. Piéride Erycinia.

Ailes oblongues, très-entières, semblables de part et d'autre, noires : les supérieures avec deux bandes jaunes, maculaires et formant un arc renversé : les inférieures avec le disque rouge, échancré en dehors.

108. Piéride Nigrina.

Ailes un peu oblongues, entières, blanches en dessus, avec le sommet d'un noir-foncé : le dessous des quatre noir, saupoudré de blanc ; les supérieures avec une bande d'un jaune-foncé au sommet, les inférieures avec une ligne d'un rouge-vermillon, transverse et flexueuse.

109. Piéride Harpalyce.

Ailes un peu oblongues, entières ; blanches en dessus, avec le limbe noir : le dessous des quatre d'un noir-velouté ; les supérieures avec une bande jaune au sommet, les inférieures avec une bande d'un rouge-vermillon, maculaire et flexueuse, une lunule centrale et des veines marginales blanchâtres.

110. Piéride Plexaris.

Ailes un peu oblongues, entières, blanches en dessus, avec l'extrémité noire : le dessous des quatre moitié jaune, moitié noir ; les inférieures avec un trait sur le milieu et des taches sur le bord, d'un rouge-vermillon.

111. Piéride Mysis.

Ailes un peu oblongues, entières, blanches en dessus, avec l'extrémité noire : le dessous des inférieures jaune vers le bord interne, et d'un noir-foncé sur le limbe postérieur, avec une bande d'un rouge-vermillon.

112. Piéride Argenthona.

Ailes un peu oblongues, entières, blanchâtres en dessus, avec le limbe postérieur d'un noir-foncé et tacheté de jaune : le dessous des inférieures moitié jaune, moitié noir, avec une bande rousse, maculaire, vers l'extrémité.

113. Piéride Philyre.

Ailes un peu oblongues, entières, blanches en dessus, avec le sommet noir : le dessous des quatre noir, avec la base jaune ; les supérieures avec un point blanchâtre sur le milieu, les inférieures avec des taches d'un rouge-sanguin, disposées longitudinalement.

PIÉRIDE. (Insecte.)

114. Piéride Issé.

Ailes un peu oblongues, entières, blanches en dessus, avec le sommet noir : le dessous des inférieures moitié d'un jaune-nébuleux, moitié noir, avec six taches marginales souci, dont les trois internes en forme de cœur, les autres presque rondes.

115. Piéride Coronée.

Ailes un peu oblongues, entières, blanches en dessus, avec l'extrémité largement noire : leur dessous noir, avec des taches orangées à la base des quatre et sur le limbe des inférieures.

116. Piéride Clytie.

Ailes un peu oblongues, entières, jaunes en dessus, avec l'extrémité largement noire : le dessous des inférieures d'un brun-noirâtre, avec un grand nombre de taches jaunes.

117. Piéride Périmale.

Ailes un peu oblongues, entières, jaunes, avec le limbe postérieur largement noir et tacheté de jaune : le dessous des inférieures d'un rouge-brique, avec une bande noire, transverse, flexueuse.

118. Piéride Endora.

Ailes un peu oblongues : les deux surfaces des supérieures blanchâtres, avec le sommet noir et tacheté de blanc; le dessus des inférieures cendré : leur dessous d'un brun-noirâtre, avec une rangée postérieure de points fauves.

119. Piéride Nysa.

Ailes un peu oblongues, entières, blanches : le dessus des supérieures avec des taches et le bout noirs : le dessous des inférieures d'un brun-noirâtre, avec un point blanc sur le milieu et des lunules jaunes sur le bord.

120. Piéride Teutonia.

Ailes un peu oblongues, blanches, avec le limbe largement noir et tacheté de blanc en dessus : le dessous des inférieures veiné de noir, avec les taches du limbe marquées de jaune-foncé.

121. Piéride Aganippe.

Ailes un peu oblongues, blanches en dessus, avec le limbe largement noir et tacheté de blanc : le dessous des inférieures ayant sur le milieu une bande blanche, marquée de jaune, et, sur le bord, des taches écarlates, bordées de blanc intérieurement.

122. Piéride Épicharis.

Ailes un peu oblongues, entières, blanches en dessus : les deux surfaces des quatre avec les nervures et le limbe noirs : le dessous des inférieures jaune, avec des taches marginales écarlates et bordées de blanc.

123. Piéride Hyparète.

Ailes un peu oblongues, entières, blanches, avec le sommet de part et d'autre et les nervures en dessous, noirs : le dessous des inférieures jaune vers le bord interne, avec une rangée de taches d'un rouge-vermillon sur le bord postérieur.

124. Piéride Péribée.

Ailes un peu oblongues, entières, blanches, avec le sommet de part et d'autre, et des veines vers l'extrémité en dessous, noirs : le dessous des inférieures d'un jaune-pâle depuis la base jusqu'au milieu, avec un point discoïdal rougeâtre et des taches marginales d'un rouge-vermillon, bordées de blanchâtre.

125. Piéride Astérope.

Ailes un peu oblongues, entières : les supérieures blanches, avec des veines noires; les inférieures fauves, avec le bord noir et marqué en dessous d'une lunule fauve.

PIÉRIDE. (Insecte.)

126. Piéride Valérie.

Ailes un peu oblongues, entières, d'un blanc-verdâtre en dessus, avec des veines et le bord postérieur noirs : le dessous des inférieures d'un gris de perle.

127. Piéride de l'Aube-épine.

Ailes un peu oblongues, entières, semblables de part et d'autre, blanches, avec les nervures noires.

128. Piéride Pyrrha.

Ailes un peu oblongues, entières, blanches en dessus : les deux surfaces des supérieures avec le sommet noir : le dessous des inférieures noir, avec une raie souci, transverse, intermédiaire, et deux bandes d'un jaune-pâle, transverses, dont la postérieure digitée en dehors.

129. Piéride Iphigénie.

Ailes entières, blanches, avec le sommet d'un noir-foncé : le dessous des inférieures d'un jaune-pâle, avec une bande sur le milieu d'un noir-foncé, une raie fauve, courte et transverse.

130. Piéride Paméla.

Ailes un peu oblongues, entières, noires, ayant en dessus des bandes fauves à la base : les deux surfaces des supérieures avec une bande jaune, transverse, anguleuse : le dessous des inférieures avec une raie souci, transverse, intermédiaire et deux bandes d'un jaune-roussâtre, transverses, dont la postérieure dentée en dehors.

131. Piéride Phaloé.

Ailes un peu oblongues, entières, blanches : les supérieures avec le sommet noir de part et d'autre : le dessous des inférieures avec deux bandes noirâtres, transverses, l'une à la base, divisée par une raie blanche, transverse ; l'autre sur le milieu, plus courte.

132. Piéride Amathonte.

Ailes un peu oblongues, entières, blanches : les supérieures avec le sommet noir et divisé en dessous par une bande blanche : le dessous des inférieures avec une bordure brunâtre, sinuée.

133. Piéride Démophile.

Ailes un peu oblongues, entières, d'un brun-noirâtre : les supérieures avec deux bandes, les inférieures avec le milieu blancs : le dessous de ces dernières avec un reflet violet.

134. Piéride Eriphia.

Ailes un peu oblongues, entières, noires, avec deux bandes blanches, longitudinales sur les supérieures, transverses sur les inférieures : le dessous de ces dernières avec l'origine de la côte safranée.

135. Piéride Endéis.

Ailes un peu oblongues, entières, blanches : les supérieures avec le sommet et un point discoïdal d'un noir-foncé : le dessous des inférieures d'un gris-pâle, avec deux points noirâtres, dont un plus petit.

136. Piéride Joséphine.

Ailes un peu oblongues, entières : le dessus des quatre et le dessous des supérieures blancs : la surface inférieure de ces dernières avec quatre points noirs, la surface correspondante des postérieures entièrement d'un brun-clair.

137. Piéride Pylotis.

Ailes un peu oblongues, entières, blanches en dessus : les deux surfaces des supérieures avec un point et le bout noirs : le dessous des inférieures d'un jaune-pâle, avec un point noirâtre sur le milieu et une tache safranée à la base.

PIÉRIDE. (Insecte.)

138. Piéride du Chou.

Ailes un peu oblongues, entières, blanches : le dessus des supérieures avec le sommet noirâtre, leur dessous avec deux points noirs : le dessous des inférieures d'un jaune-pâle, nébuleux.

139. Piéride de la Giroflée.

Ailes un peu oblongues, entières, blanches : le dessus des supérieures avec le sommet noirâtre, leur dessous avec une bande noire, courte : le dessous des inférieures d'un jaune-nébuleux.

140. Piéride Glaphyre.

Ailes un peu oblongues, entières, blanches en dessus : les supérieures avec le sommet et deux taches, les inférieures avec des points marginaux, noirs : le dessous de ces dernières jaunâtre.

141. Piéride Acaste.

Ailes un peu oblongues, entières, blanches en dessus : les supérieures avec le sommet et six taches noirâtres : le dessous des inférieures d'un jaune-pâle.

142. Piéride Castalie.

Ailes un peu oblongues, entières, blanches, sans taches en dessus, avec la base d'un jaune-pâle en dessous.

143. Piéride Chloris.

Ailes un peu oblongues, entières, minces, blanches, avec le sommet noir : le dessous des supérieures avec la base souci, celui des inférieures avec la base rayonnée de jaune-foncé : le limbe de ces dernières largement noir.

144. Piéride de la Rave.

Ailes un peu oblongues, entières, blanches : le dessus des supérieures avec l'extrémité du sommet légèrement noirâtre, leur dessous avec deux taches noires : le dessous des inférieures d'un jaune-pâle nébuleux.

145. Piéride du Navet.

Ailes un peu oblongues, entières, blanches en dessus : le dessous des quatre avec des veines noirâtres, le sommet des supérieures, la surface entière des inférieures d'un jaune-pâle.

146. Piéride de la Bryonne.

Ailes un peu oblongues, entières, blanchâtres en dessus, veinées de noirâtre de part et d'autre : le dessous des supérieures d'un jaune-pâle au sommet, celui des inférieures sur toute la surface.

147. Piéride Nina.

Ailes un peu oblongues, entières, d'un beau blanc : les supérieures avec le sommet et une tache noirs : le dessous des inférieures avec des ondes cendrées.

148. Piéride de la Moutarde.

Ailes un peu oblongues, entières : le dessus des supérieures avec le sommet noirâtre : le dessous des inférieures d'un nébuleux tirant sur le cendré.

149. Piéride Narica.

Ailes un peu oblongues, entières, blanches : les supérieures avec une tache noirâtre, un peu transparente, vis-à-vis du sommet : le dessous des quatre légèrement aspergé de vert à la base.

150. Piéride Ammonia.

Ailes un peu oblongues, entières, semblables de part et d'autre : les supérieures d'un noir-foncé, avec deux taches jaunes; les inférieures jaunes, avec le limbe d'un noir-foncé.

151. Piéride Cassida.

Ailes entières, blanches : les supérieures avec la côte veinée de noir, et le bord postérieur noir, avec des points jaunes.

PIÉRIDE. (Insecte.)

152. Piéride Phronime.

Ailes un peu oblongues, entières, blanches en dessus, avec le sommet noir : le dessous des inférieures d'un jaune-pâle, avec deux raies noirâtres, transverses.

153. Piéride Psamathé.

Ailes un peu oblongues, entières, blanches : le dessus des supérieures avec le sommet noir et tacheté de blanc : le dessous des inférieures d'un vert-pâle, avec deux bandes obscures, dont l'antérieure courbe.

154. Piéride Thermesie.

Ailes un peu oblongues, entières, blanches : le dessus des supérieures avec une bande longitudinale à la base et le sommet noirs ; le dessus des inférieures avec une tache d'un brun-olivâtre sur la côte.

155. Piéride Mélite.

Ailes oblongues, entières : le dessus des supérieures noir, avec deux taches à la base et une bande transverse sur le milieu, jaunes : les deux surfaces des inférieures jaunes ; leur dessous avec deux raies noirâtres, transverses.

156. Piéride Amphione.

Ailes oblongues, entières, noires en dessus : les supérieures avec une tache fauve, rayonnée, à la base, et une bande jaune, transverse, sur le milieu ; les inférieures avec une bande blanchâtre, longitudinale et digitée en dehors.

157. Piéride Laia.

Ailes oblongues, entières, noires : le dessus des supérieures avec trois taches fauves et une bande au sommet, jaune : le dessous des inférieures avec une rangée de points jaunes sur le bord.

158. Piéride Vocula.

Ailes oblongues, entières : les supérieures d'un noir-obscur, avec le bord interne et trois taches d'un jaune-soufre pâle : le dessous des inférieures avec une ligne rousse, marginale, précédée en dehors d'une série de points blancs.

159. Piéride Méthymna.

Ailes oblongues, entières, d'un jaune-soufre, avec l'extrémité largement noirâtre : le dessous des inférieures avec une ligne rousse, marginale, précédée en dehors d'une série de points blancs.

160. Piéride Enodia.

Ailes oblongues, entières, semblables de part et d'autre, d'un cendré-noirâtre : les supérieures avec trois bandes, les inférieures avec une seule, d'un jaune-pâle.

161. Piéride Némésis.

Ailes supérieures presqu'elliptiques, terminées en pointe, noires et tachetées de jaune en dessus ; les inférieures presqu'ovales, d'un brun-noirâtre, avec l'extrémité jaune.

162. Piéride Crisia.

Ailes oblongues : les supérieures concaves, prolongées au sommet, d'un brun-noirâtre, avec une bande d'un jaune-pâle vis-à-vis du sommet ; les inférieures entières, d'un jaune-pâle, avec le limbe d'un brun-noirâtre.

163. Piéride Spio.

Ailes oblongues : les supérieures avec trois bandes, les inférieures avec une seule, fauves ; celles-ci entières, celles-là avec le bord postérieur concave et le sommet en pointe aiguë.

PIÉRIDE. (Insecte.)

164. PIÉRIDE l'Herminier.

Dessus des ailes blanc, avec le contour extérieur tacheté de noir : les supérieures un peu concaves, prolongées au sommet, avec une tache noire de part et d'autre sur leur milieu ; les inférieures entières, un peu jaunâtres en dessous, avec des atômes cendrés.

165. PIÉRIDE Génutia.

Dessus des ailes blanc : les supérieures avec le bord postérieur concave et le sommet d'une couleur aurore-pâle ; les inférieures entières, avec le dessous marbré de vert.

1. Piéride Leucippe.

Pieris *Leucippe.*

Pier. alis rotundatis, integerrimis : anticis suprà vividè fulvis, nervis margineque exteriori nigris ; posticis suprà flavis, subtùs saturatioribus, atomis fuscis.

Papilio D. C. Leucippe, *alis integerrimis : anticis rubris, margine nigro ; posticis flavis.* Fab. *Gen. Inf. Mant.* 256. — *Spec. Inf. tom.* 2. *p.* 44. *n°.* 189. — *Mant. Inf. tom.* 2. *p.* 20. *n°.* 214. — *Entom. Syst. em. tom.* 3. *pars* 1. *p.* 198. *n°.* 617.

Papilio Leucippe. Cramer, *Pap.* 3. *p.* 57. *pl.* 36. *fig.* A. B. C.

Herbst, *Pap. tab.* 109. *fig.* 5-7.

Donow. *Gen. Illust. of Entom. an Epitome of the Inf. of India, n°.* 4. *pl.* 1. *fig.* 1.

Seba, *Mus.* 4. *tab.* 24. *fig.* 24. 25.

Seba, *Mus.* 4. *tab.* 45. *fig.* 15. 16.

Elle tient un des premiers rangs parmi les espèces de la troisième taille. Le dessus de ses premières ailes est d'un fauve-vif, légèrement glacé de rouge, avec la base d'un jaune-verdâtre nébuleux, les nervures & tout le contour extérieur noirs ; il y a en outre, parallèlement à leur bord postérieur, une rangée de taches noires, triangulaires, dont la pointe est tournée du côté de la base ; ces taches sont plus grandes & plus rapprochées dans la femelle, ce qui fait que le noir y domine davantage. Le dessus des secondes ailes est d'un beau jaune-citron, bordé dans la femelle par une bande noire, dentée intérieurement & précédée d'une ligne arquée de points de sa couleur : dans le mâle, on ne voit pas de bordure, mais seulement deux ou trois points noirâtres, placés au sommet. Le dessous des ailes supérieures est d'un jaune-verdâtre, depuis la base jusqu'au milieu, ensuite d'un jaune-foncé plus ou moins saupoudré de noir. Le dessous des secondes ailes est entièrement d'un jaune-foncé, avec peu d'atômes noirs dans le mâle, & beaucoup au contraire dans la femelle. La tête & le corselet sont brunâtres ; l'abdomen est d'un jaune-citron & garni à sa base de poils soyeux de cette couleur ; les antennes sont noires, avec le bout de la massue roussâtre.

Elle se trouve dans l'île d'Amboine.

2. Piéride Glaucippe.

Pieris *Glaucippe.*

Pier. alis rotundatis, integerrimis, suprà albis : anticis apice (medio vividè fulvo) nigris : posticis subtùs cinereo-griseis.

Papilio D. C. Glaucippe, *alis integerrimis, rotundatis, albis : primoribus apice (medio fulvo) nigris : posticis subtùs cinereis.* Linn. *Syst. Nat.* 2. *p.* 762. *n°.* 89. — *Mus. Lud. Ulr. p.* 240.

Papilio Glaucippe. Fab. *Syst. Entom. p.* 474. *n°.* 134. — *Spec. Insect. tom.* 2. *p.* 45. *n°.* 192. — *Mant. Inf. tom.* 2. *p.* 21. *n°.* 216. — *Entom. Syst. em. tom.* 3. *pars* 1. *p.* 198. *n°.* 618.

Clerk, *Icon. tab.* 35. *fig.* 1.

Drury, *Inf.* 1. *tab.* 10. *fig.* 3. 4.

Edw. *Av.* 128. *tab.* 128.

Seligm. *Av. tab.* 5. *fig.* 23.

Seba, *Mus.* 4. *tab.* 45. *fig.* 5. 6. 13. 14.

Cram. *Pap.* 14. *p.* 104. *pl.* 164. *fig.* A. B. (Le mâle.) *Fig.* C. (La femelle.)

Herbst, *Pap. tab.* 96. *fig.* 1-3.

Elle est un peu moins grande que la précédente. Le dessus de ses ailes est blanc, ou d'un blanc-jaunâtre, suivant le sexe. Les supérieures ont à l'extrémité un espace noir, triangulaire & très-grand, sur lequel est une tache d'un fauve-vif, chatoyante, également triangulaire, coupée par des nervures & par une rangée transverse de taches lancéolées, noires ; la côte est noirâtre depuis son origine jusqu'à la tache fauve. Les secondes ailes de la femelle ont une bordure noire, dentée intérieurement & précédée d'une ligne arquée de points de sa couleur ; les ailes correspondantes du mâle sont sans taches & sans bordure, ou n'ont qu'une bordure étroite & descendant à peine jusqu'au milieu du limbe. Le dessous des ailes supérieures diffère du dessus en ce que l'espace triangulaire de l'extrémité est grisâtre ; en ce que la tache fauve qui le couvre est très-pâle & parsemée d'atômes cendrés. Le dessous des ailes inférieures est entièrement grisâtre, avec une multitude d'atômes cendrés. Le corps est blanc, avec la tête & le devant du corselet brunâtres ; les antennes sont noires, avec le bout de la massue roussâtre.

Elle se trouve en Chine & dans l'île de Java.

3. Piéride Callirrhoé.

Pieris *Callirrhoe.*

Pier. alis rotundatis, albis : anticis apice, posticis maculis sex margineque, nigris. Fab.

Pap. D. C. Callirrhoe. Fab. *Syst. Entom. p.* 473. *n°.* 133. — *Spec. Inf. tom.* 2. *p.* 45. *n°.* 190. — *Mant. Inf. tom.* 2. *p.* 20. *n°.* 215. — *Entom. Syst. em. Suppl. tom.* 5. *p.* 427. *n°.* 617-18.

Linnæus l'a prise sans fondement pour un des sèxes du *Leucippe.* On pourroit, avec plus de raison, la regarder comme un variété femelle du *Glaucippe* ; mais ne l'ayant point vue, nous

nous bornons à traduire Fabricius, qui en a fait une espèce séparée.

Le dessus de ses ailes est d'un blanc-sale. Les supérieures ont le sommet noir, avec une tache fauve, très-grande. Les inférieures ont le bord de derrière également noir & précédé d'un rang de six taches de cette couleur. Le dessous des ailes supérieures est blanchâtre, avec le sommet marbré; le dessous des inférieures est entièrement marbré.

Elle se trouve dans l'Inde.

4. Piéride Marianne.

Pieris Marianne.

Pier. alis rotundatis, subintegris, suprà cœrulescenti seu flavescenti-albis : anticis apice (medio fulvo) nigris : singulis subtùs flavidis, puncto ocellari medio strigâque moniliformi posticâ.

Papilio Marianne. Cram. *Pap.* 19. *p.* 41. *pl.* 217. *fig.* C. D. E.

Herbst, *Pap. tab.* 96. *fig.* 4-6.

Fabricius l'a confondue, sous le nom de *Sesia*, avec la suivante.

Elle est de quatrième taille. Le dessus du mâle est d'un blanc-bleuâtre, le dessus de la femelle d'un blanc-jaunâtre. Dans l'un & l'autre sexe les ailes supérieures ont à l'extrémité un espace noir, triangulaire & très-grand, sur lequel on voit une tache aurore, transverse, large, arquée extérieurement, un peu sinuée du côté de la base, rétrécie à sa partie inférieure : cette bande est un peu plus pâle dans la femelle & coupée en outre par une ligne transverse de points noirs; la côte & la base sont plus ou moins obscures. Les secondes ailes ont le limbe postérieur noir dans le mâle, comme dans la femelle, & le bord légèrement sinueux. Le dessous des quatre ailes est d'un jaune-verdâtre, piqué de noirâtre, avec un point discoïdal très-noir, ayant le milieu blanc; ce point est plus gros sur les ailes supérieures, où l'empreinte de la tache aurore est assez sensible; il y a en outre vis-à-vis du bord postérieur de chaque aile une rangée transverse de taches brunâtres, dont le milieu est ordinairement blanc sur les secondes ailes. Les antennes sont noirâtres, annelées de blanc, avec la massue ferrugineuse.

Elle se trouve au Bengale & sur la côte de Coromandel.

5. Piéride Pirène.

Pieris Pirene.

Pier. alis rotundatis, integerrimis, flavis : anticis suprà apice (medio fulvo) nigris : singulis subtùs puncto medio fusco.

Papilio D. C. Pyrene, *alis integerrimis, rotundatis, flavis : primoribus apice (medio fulvo) nigris : subtùs nebuloso maculatis.* Linn. *Syst. Nat.* 2. *p.* 762. *n°.* 86. — *Mus. Lud. Ulr. p.* 241.

Papilio Pyrene. Cram. *Pap.* 11. *p.* 41. *pl.* 125. *fig.* A. B. C.

Herbst, *Pap. tab.* 109. *fig.* 1-4.

Papilio Evippe. Variet. Drury, *Inf.* 1. *pl.* 5. *fig.* 2.

Papilio D. C. Sesia, *alis rotundatis, flavis apice (medio fulvo) nigris: posticis subtùs maculis septem ocellaribus albis.* Fab. *Gen. Inf. Mant.* 257. — *Spec. Inf. tom.* 2. *p.* 47. *n°.* 206. — *Mant. Inf. tom.* 2. *p.* 22. *n°.* 234. — *Entom. Syst. em. tom.* 3. *pars* 1. *p.* 203. *n°.* 636.

Elle diffère de la précédente en ce que le dessus des deux sexes est d'un jaune-citron; en ce que la bande aurore des ailes supérieures est sans points noirs, & à peine sensible du côté opposé; en ce que le dessous des mâles n'offre ordinairement qu'un point noirâtre, très-petit, & placé sur le milieu de chaque aile.

Elle habite la Chine, le Bengale, la côte de Coromandel, & non les îles de l'Amérique, comme le dit Fabricius.

6. Piéride Ænippe.

Pieris Ænippe.

Pier. alis rotundatis, integerrimis, flavis : anticis suprà apice latè nigro fasciâ flavâ seu fulvâ : singulis subtùs punctis ocellaribus serie posticâ digestis.

Papilio D. C. Ænippe, *alis rotundatis, flavis : omnibus subtùs punctis ocellaribus, anticis sex, posticis septem.* Fab. *Spec. Inf. tom.* 2. *p.* 48. *n°.* 207. — *Mant. Inf. tom.* 2. *p.* 22. *n°.* 237. — *Entom. Syst. em. tom.* 3. *pars* 1. *p.* 204. *n°.* 639.

Papilio Ænippe. Cram. *Pap.* 9. *p.* 13. *pl.* 105. *fig.* C. D.

Papilio Ænippe. Cram. *Pap.* 14. *pag.* 95. *pl.* 157. *fig.* C. D.

Papilio Ænippe. Cram. *Pap.* 20. *pag.* 63. *pl.* 229. *fig.* B. C.

Herbst, *Pap. tab.* 107. *fig.* 7. 8.

Herbst, *Pap. tab.* 108. *fig.* 1. 2.

Elle a le port & la taille des deux précédentes. Le dessus des ailes est d'un jaune-citron, avec le limbe des inférieures & environ la moitié postérieure des supérieures, noirs. Ces dernières ont en outre, vis-à-vis du sommet, une bande transverse jaune ou aurore-pâle, suivant le sexe; cette bande est oblique, sinuée de chaque côté & marquée d'un point noir vers son extrémité inférieure. Le dessous de chaque aile est un peu plus foncé

que

que le deſſus, avec un point noirâtre ſur le milieu, & une rangée tranſverſe de taches ocellées brunâtres, à prunelle blanche, vers le bord poſtérieur.

L'individu que Cramer donne pour le mâle de cette eſpèce a la bande du ſommet des premières ailes aurore-pâle, & bifide antérieurement.

Celui qu'il donne pour la femelle n'a point le limbe des ſecondes ailes noir, mais ſeulement entrecoupé de traits longitudinaux de cette couleur. Nous les regardons l'un & l'autre comme variétés, attendu que tous ceux que nous avons vus ont les caractères que nous avons indiqués.

Le même auteur a figuré une variété plus grande, dont le deſſus des quatre ailes & la bande tranſverſe du ſommet des ſupérieures ſont blanchâtres. Cette bande eſt d'ailleurs plus large, plus prolongée vers l'angle interne, & marquée de deux points noirs. Les taches brunâtres du deſſous de chaque aile ſont ſi peu prononcées qu'à peine en diſtingue-t-on la prunelle.

Elle ſe trouve en Chine, au Bengale & dans l'île de Java.

7. Piéride Vénilie.

Pieris Venilia.

Pier. alis rotundatis, ſubintegris, flavis : anticis ſuprà diſco fulvo marginæque nigro : ſingulis ſubtùs puncto cœco centrali ſtrigâque moniliformi poſticâ.

Elle a le port & à peu près la taille de l'*Ænippe*. Le deſſus de ſes premières ailes eſt légèrement cendré à la baſe, d'un jaune-citron au bord interne, noir ſur le reſte de la ſurface, avec une tache aurore, très-grande, arrondie extérieurement, marquée d'un point noir dans ſon milieu, & diviſée par des nervures de cette couleur. Dans l'un des ſexes cette tache a le côté extérieur jaune & précédé vis-à-vis du ſommet d'une ſuite de quatre taches pareillement jaunes, & preſque lancéolées. Le deſſus des ſecondes ailes eſt d'un jaune-citron, avec une bordure noire, tantôt très-étroite, tantôt aſſez large, dentée ſur le côté interne, & liſerée de jaune ſur le côté externe. Le deſſous des ailes ſupérieures eſt d'un jaune-verdâtre, avec un point noir ſur le milieu. Le deſſous des ailes inférieures eſt d'un jaune-verdâtre ou griſâtre, ſuivant le ſexe, avec un point noirâtre ou brunâtre ſur le diſque; il y a en outre, ſur les unes & ſur les autres, une rangée poſtérieure de taches brunâtres dont le milieu eſt blanc. Le corps eſt d'un jaune-pâle, avec la tête & le devant du corſelet bruns; les antennes ſont noires, annelées de blanc, avec le bout de la maſſue d'un jaune d'ocre.

Il eſt des mâles dans leſquels la couleur aurore du deſſus des premières ailes s'étend ſur preſque tout le bord interne. Il en eſt d'autres dont les taches ocellées du deſſous des quatre ailes ſont à peine diſtinctes.

Elle ſe trouve dans l'île de Java.

8. Piéride Judith.

Pieris Judith.

Pier. alis rotundatis, integerrimis, ſubconcoloribus : anticis albis, venis limboque nigris; poſticis flavis, limbo nigro : his ſuprà ad angulum ani aurantiacis.

Papilio D. C. Judith, *alis integerrimis, ſubconcoloribus : anticis albis, venis margineque nigris; poſticis fulvis, margine nigris.* Fab. *Mant. Inſ. tom.* 2. *p.* 22. *n°.* 230. — *Entom. Syſt. em. tom.* 3. *pars* 1. *p.* 202. *n°.* 632.

Donow. *Gen. Illuſt. of Entom. an Epitome of the nat. Hiſt. Inſects of India, n°.* 8. *pl.* 2. *fig.* 2.

Papilio D. C. Licea, *alis rotundatis, integerrimis, concoloribus, extimo nigris : anticis albis, poſticis flavis.* Fab. *Mant. Inſ. tom.* 2. *p.* 20. *n°.* 210. (An eadem ?)

Elle a le port & la taille de la précédente. Ses premières ailes ſont blanches, avec la baſe & la majeure partie de la côte cendrées, les nervures noires, & celle du milieu très-dilatée : à leur extrémité eſt une bordure noire, aſſez large, ſur laquelle ſont alignées tranſverſalement quatre ou cinq taches blanches, oblongues & petites. Les ſecondes ailes ſont d'un beau jaune, mais orangées vers l'angle anal, avec tout le limbe poſtérieur noir. Le deſſous des ailes ſupérieures ne diffère du deſſus que parce que les trois taches placées en face du ſommet ſont jaunes & preſque rondes. Le deſſous des ſecondes ailes eſt entièrement jaune depuis la baſe juſqu'à la bordure, avec une ou deux taches de cette couleur près de l'angle externe. Le corps eſt cendré, avec des poils verdâtres ſur la tête & ſur le devant du corſelet; les antennes ſont noires, annelées de blanc, avec le bout de la maſſue rouſſâtre.

Elle ſe trouve dans la preſqu'île en deçà du Gange & dans l'île de Java.

Fabricius rapporte à cette eſpèce un individu de l'Afrique équinoxiale, qu'il avoit d'abord donné ſéparément ſous le nom de *Licea*, & qu'il auroit peut-être dû diſtinguer encore dans ſon dernier ouvrage. Il a les premières ailes blanches de part & d'autre, avec le ſommet noir; les ſecondes ailes jaunes, mais un peu fauves vers l'extrémité, avec une bordure noire, très-étroite en deſſus, large en deſſous. Son corps eſt garni de poils noirs.

9. Piéride Flippantha.

Pieris Flippantha.

Pier. alis rotundatis, integris : anticis albis, maculâ apiceque nigris; poſticis flavis, apice ſubtùs brunneis. Fab.

Papilio D. C. Flippantha. Fab. *Entom. Syst. em. tom.* 3. *pars* 1. *p.* 202. *n°.* 631.

Papilio Flippantha. Jon. *Fig. pict.* 3. *tab.* 8. *fig.* 2.

Fabricius la décrit ainsi : elle a le port de la P. *Judith*, dont elle est très-voisine. Son corps est noir, avec un duvet cendré. Ses premières ailes sont blanches, avec une grande tache, transversale & le sommet, d'un noir-foncé. Leur dessous est semblable au dessus, mais la tache & le sommet sont bruns. Les secondes ailes sont jaunes de part & d'autre, avec des taches noires le long du bord postérieur en dessus & une bordure brune, large, en dessous.

Elle habite.....

10. Piéride Evippe.

Pieris Evippe.

Pier. alis rotundatis, integerrimis, albis : anticis apice (medio vividè fulvo) nigris : posticis infrà nitenti-grisescentibus, puncto centrali nigro, maculæ fulvæ submisso.

Papilio D. C. Evippe, *alis integerrimis, rotundatis, flavescentibus : primoribus apice (medio fulvo) nigris : posticis subtùs albis.* Linn. *Syst. Nat.* 2. *p.* 762. *n°.* 87. — *Mus. Lud. Ulr. p.* 239.

Papilio D. C. Rhexia, *alis rotundatis, integerrimis, albis, apice (medio fulvo) nigris : singulis subtùs puncto medio atro.* Fab. *Syst. Ent. p.* 476. *n°.* 145. — *Spec. Inf. tom.* 2. *p.* 23. *n°.* 238. — *Entom. Syst. em. tom.* 3. *pars* 1. *p.* 205. *n°.* 640.

Papilio albus, angolensis, apicibus miniaceis. Petiv. *Gazoph.* 758.

Papilio Evippe. Clerk, *Icon. tab.* 40. *fig.* 5.

Papilio Evippe. Cram. *Pap.* 8. *p.* 143. *pl.* 91. *fig.* D. E. F. G.

Seba, *Mus.* 4. *tab.* 26. *fig.* 1. 2.

Seba, *Mus.* 4. *tab.* 44. *fig.* 15. 16.

Herbst, *Pap. tab.* 95. *fig.* 1-4.

Le Soleil couchant de Surinam. Daubenton, *Pl. enlum.* 92. *fig.* 1. 2.

Elle est au dernier rang de la quatrième taille. Le dessus de ses ailes est blanc, avec la base un peu obscure. Les supérieures ont au sommet un espace noir, triangulaire, assez grand, sur lequel est une tache d'un fauve-vif, arrondie en dehors, sinuée en dedans & un peu rétrécie à son extrémité inférieure ; leur milieu offre un point noir, très-petit. Les secondes ailes ont sur le limbe postérieur un rang de taches noires, presque rondes, tantôt plus, tantôt moins rapprochées. Le dessous des ailes supérieures differe du dessus en ce que la tache fauve est plus pâle ; en ce que le fond sur lequel elle se trouve est jaune, ainsi que la base. Le dessous des ailes inférieures est d'un blanc-grisâtre, un peu luisant, avec un point discoïdal noir, surmonté d'une tache orangée, triangulaire.

La femelle, suivant Cramer, a deux points noirs sur le dessus de chaque aile; mais ceux des ailes supérieures sont très-distans l'un de l'autre ; sa tache aurore est plus longue, dentée en dehors, & divisée de part & d'autre, dans le sens de sa longueur, par une ligne arquée de points noirs. Le dessous des secondes ailes est traversé, au-delà du milieu, par une ligne semblable, mais les points qui la composent ont le milieu brun, ainsi que celui du disque.

Elle se trouve sur la côte d'Angole & à Sierra-Leone.

N. B. L'*Evippe* de Fabricius paroît être une espèce asiatique, dont le dessus des ailes est d'un jaune-pâle, avec le sommet des supérieures noir, & le dessous des inférieures blanc.

11. Piéride Charmione.

Pieris Charmione.

Pier. alis rotundatis, integerrimis, concoloribus, albis limbo nigro : anticarum maculis duabus flavis, posticarum unicâ. Fab.

Papilio D. C. Charmione. Fab. *Entom. Syst. em. tom.* 3. *pars* 1. *p.* 205. *n°.* 651.

Fabricius en donne la description suivante : elle est petite & elle a le corps noir. Ses premières ailes sont noires, avec le milieu blanc, & deux taches d'un jaune-gai au sommet. Les secondes ailes sont blanches, avec le bord postérieur noir & une seule tache jaune. Le dessous de chaque aile ressemble au dessus.

Trouvée dans l'ile de Johanna près de Madagascar.

12. Piéride Omphale.

Pieris Omphale.

Pier. alis rotundatis, integerrimis, albis : anticis apice (medio vividè fulvo) nigris ; singulis suprà fasciâ nigrâ.

Elle ressemble de part & d'autre au mâle de l'*Evippe*, mais elle a de plus, en dessus, deux bandes noires, dont l'une, plus large, occupant environ les trois quarts antérieurs du bord interne des premières ailes; l'autre placée en ligne droite au-delà du milieu des secondes ailes, & atteignant presque les deux bords.

Elle habite.....

13. Piéride Achiné.

Pieris Achine.

Pier. alis rotundatis, integerrimis, albis, basi suprà extimoque nigris : anticis maculâ apicali fulvâ, bifidâ; posticis punctis marginalibus albis.

Papilio Achine. Cram. *Pap*. 29. *p*. 94. *pl*. 338. *fig*. E. F.

Herbst, *Pap. tab*. 95. *fig*. 9. 10.

Elle a le port & à peu près la taille des deux précédentes. Le dessus de ses ailes est blanc, avec la base noire. Les premières ont le sommet de cette couleur, avec une tache d'un fauve-pâle, arrondie en dehors, profondément bifide; leur milieu offre en outre un point noir, plus ou moins distinct. Les secondes ailes ont l'extrémité largement bordée de noir, avec une rangée interrompue de points blancs, assez gros. Le dessous des quatre ailes ressemble au dessus, mais il est beaucoup plus pâle, & le milieu des inférieures offre un point noir, surmonté d'une tache orangée, triangulaire; l'origine du bord antérieur de ces mêmes ailes est aussi orangée, du moins dans la femelle.

Il est des individus dont le fond des ailes est d'un blanc-jaunâtre.

Elle se trouve au Cap de Bonne-Espérance.

14. Piéride Amytis.

Pieris Amytis.

Pier. alis rotundatis, integerrimis, albis : suprà anticis apice maculâque, posticis strigâ incurvâ punctisque marginalibus, nigris : anticarum subtùs apice fulvo.

Papilio Arethusa. Cram. *Pap*. 18. *pag*. 31. *pl*. 210. *fig*. E. F.

Drury, *Inf*. 2. *pl*. 19. *fig*. 5. 6.

Elle a le port & la taille des précédentes. Le dessus de ses ailes est blanc, avec la base obscure. Les supérieures ont au sommet un espace noir, triangulaire, assez grand, &, près de l'extrémité du bord interne, une tache arrondie de cette couleur; il y a en outre sur leur milieu un point d'un noir-foncé, très-petit. Les secondes ailes ont le long du bord postérieur une rangée de points noirs, & entre ces points & le milieu une raie également noire, en forme de chevron & descendant du bord antérieur vers le bord interne. Le dessous des ailes supérieures diffère du dessus en ce que l'espace triangulaire du sommet est d'un fauve-rougeâtre; & la base d'un jaune-pâle. Le dessous des inférieures est grisâtre, avec un point noir, discoïdal, surmonté d'une tache orangée, triangulaire; la raie en chevron de la surface opposée est ici roussâtre, & les points marginaux forment une ligne continue de cette couleur.

Cette Piéride n'est peut-être qu'une variété de l'*Achine* ou de l'*Omphale*.

Elle se trouve sur la côte d'Angole & à Sierra-Leone.

15. Piéride Doxo.

Pieris Doxo.

Pier. alis rotundatis, integerrimis, nitenti-grisescentibus : anticis suprà apice punctisque duobus nigris : posticis subtùs punctis fuscis, serie duplici digestis.

Elle a le port & la taille des précédentes. Le dessus de ses ailes est d'un gris de perle, avec un léger reflet violet. Les premières ont le sommet d'un noir-brun, avec deux points, dont l'un du même noir, placé non loin du milieu du bord postérieur, l'autre, plus foncé & plus petit, placé vers le milieu de la côte. Les secondes ailes ont une rangée de points noirs sur le limbe postérieur. Le dessous des ailes supérieures diffère du dessus en ce que le sommet & la base sont un peu jaunâtres. Le dessous des ailes inférieures est foiblement teinté de jaune, avec l'origine de la côte safranée, un point noir, discoïdal, & deux rangées de points brunâtres, dont les extérieurs marginaux, les intérieurs moins prononcés.

Nous l'avons décrite d'après un individu de la collection de M. Dufresne.

Elle se trouve.....

16. Piéride Dorothée.

Pieris Dorothea.

Pier. alis rotundatis, integerrimis, albis : anticis apice atris : posticis subtùs fasciis flavescentibus nigro irroratis. Fab.

Papilio D. C. Dorothea. Fab. *Entom. Syst. em. tom*. 3. *pars* 1. *p*. 194. *n°*. 602.

Jon. *Fig. pict*. 3. *tab*. 3. *fig*. 2.

Fabricius la décrit ainsi : elle a les ailes d'un beau blanc. Les premières ont le sommet d'un noir-foncé & précédé intérieurement d'un point de cette couleur. Leur dessous est parsemé de noir, & il a la base & le sommet d'un jaune-pâle. Les secondes ailes sont sans taches en dessus, mais leur dessous offre des bandes d'un jaune-pâle, saupoudrées de noir. Le corps est noirâtre.

Elle se trouve dans l'Inde.

17. Piéride Sylvie.

Pieris Sylvia.

Pier. alis rotundatis, integerrimis, albis : anticis apice fuscis; subtùs maculâ baseos fulvâ. Fab.

Papilio D. C. Sylvia. Fab. *Syst. Ent. p*. 470. *n°*. 115. — *Spec. Inf. tom*. 2. *p*. 40. *n°*. 166. — *Mant. Inf. tom*. 2. *p*. 18. *n°*. 189. — *Ent. Syst. em. tom*. 3. *pars* 1. *p*. 188. *n°*. 582.

Elle est petite, blanche. Ses premières ailes ont le sommet d'un brun-noirâtre en dessus, & la base fauve en dessous. Les secondes ailes ont de part & d'autre cinq points marginaux noirâtres.

Elle se trouve à Sierra-Leone.

(*Traduction du texte de Fabricius.*)

18. Piéride Eloréa.

Pieris Elorea.

Pier. alis rotundatis, integerrimis, albis : anticis apice, posticis maculâ punctisque marginalibus, nigris. Fab.

Papilio D. C. Elorea. Fab. *Entom. Syst. em. tom.* 3. *pars* 1. *p.* 194. *n°.* 603.

Papilio Elorea. Jon. *Fig. pict.* 3. *tab.* 25. *fig.* 1.

Elle est de la taille de la Piéride du *Cresson*. Son corps est noir. Ses quatre ailes sont d'un beau blanc. Les premières ont le sommet noir, ainsi que la partie antérieure de la côte. Les secondes ont une tache & des points marginaux également noirs. Le dessous de chaque aile ressemble au dessus, mais les inférieures n'ont que trois points sur le bord.

Elle habite......

(*Traduction du texte de Fabricius.*)

19. Piéride Eucharis.

Pieris Eucharis.

Pier. alis rotundatis, integerrimis, subconcoloribus, flavescenti-albis : anticis extimo dilutè fulvis, margine nigro ; posticis immaculatis seu punctis marginalibus nigris.

Papilio D. C. Eucharis, *alis rotundatis, integerrimis, albis : anticis apice fulvis, margine nigro ; posticis immaculatis.* Fab. *Syst. Entom. p.* 472. *n°.* 127. — *Spec. Inf. tom.* 2. *pag.* 43. *n°.* 182. — *Mant. Inf. tom.* 2. *p.* 20. *n°.* 205. — *Entom. Syst. em. tom.* 3. *pars* 1. *p.* 195. *n°.* 605.

Papilio Eucharis. Donow. *Gen. Illust. of Ent. an Epitome of the Nat. Hist. Inf. of India, n°.* 8. *pl.* 2. *fig.* 4.

Elle a le port & la taille des précédentes. Le dessus de ses ailes est d'un blanc tirant sur le jaune. Les supérieures ont l'extrémité d'un fauve-clair, avec le bord postérieur noir. Les inférieures sont tantôt sans taches, tantôt ponctuées de noir le long de ce même bord. Le dessous de chaque aile est à peu près semblable au dessus.

Elle est des Indes orientales.

20. Piéride Danaé.

Pieris Danae.

Pier. alis rotundatis, integerrimis, albis : anticis apice (medio chermesino) nigris : singulis subtùs (fem.) *strigâ moniliformi, posticâ.*

Papilio D. C. Danae, *alis rotundatis, albis : anticis apice croceis, margine fasciâque nigris : omnibus subtùs strigâ moniliformi abbreviatâ.* Fab. *Syst. Entôm. p.* 476. *n°.* 144. — *Spec. Inf. tom.* 2. *pag.* 47. *n°.* 205. — *Mant. Inf. tom.* 2. *p.* 22. *n°.* 233. — *Entom. Syst. em. tom.* 3. *pars* 1. *p,* 203. *n°.* 635.

Papilio Danae. Donow. *Gen. Illust. of Ent. an Epitome of the Nat. Hist. Inf. of India, n°.* 4. *pl.* 1. *fig.* 2.

Papilio Eborea. Cram. *Pap.* 30. *pag.* 120. *pl.* 352. *fig.* C. D. E. F.

Elle a le port & la taille des précédentes. Le dessus de ses ailes est d'un beau blanc. Les supérieures ont à l'extrémité un espace noir, triangulaire, presqu'entièrement occupé par une tache d'un beau rouge-carmin, que divise quelquefois dans la femelle une ligne transverse de points noirs : celle-ci a en outre près du milieu de la côte un trait également noir & transverse. Les secondes ailes ont le long du bord postérieur une suite de taches noires, triangulaires, plus ou moins rapprochées. Le dessous des ailes supérieures diffère du dessus en ce que le sommet est blanchâtre, avec une bande rougeâtre, étroite, coupée dans le sens de sa longueur par une ligne de points noirs. Le dessous des ailes inférieures est blanc, avec une ligne arquée de points roussâtres, environnés d'atômes noirs, & une tache rouge, discoïdale, placée entre deux points noirs. Ces caractères du dessous des ailes sont peu distincts dans les mâles : il en est même, comme celui qu'a figuré Cramer, où l'on ne voit absolument que la bande rougeâtre du sommet des premières ailes.

Fabricius n'a vu, à ce qu'il paroît, qu'une variété ou un individu altéré, puisqu'il dit que le sommet des ailes supérieures est d'un jaune-safran, tandis qu'il est toujours d'un beau rouge-carmin dans les deux sexes. Peut-être aussi y a-t-il une faute dans son texte, & devroit-on lire *coccineis* au lieu de *croceis*.

Elle est des Indes orientales.

21. Piéride Titéa.

Pieris Titea.

Pier. alis rotundatis, integerrimis, albis : anticis suprà apice fulvis, margine nigro : posticis infrà grisescentibus, maculâ costali ferrugineâ.

Papilio Aurora. Cram. *Pap.* 25. *p.* 18. *pl.* 299. *fig.* A. B. C. D.

Herbst, *Pap. tab.* 94. *fig.* 5. 6.

Le mâle de cette espèce ressemble, par le dessus des ailes, au mâle de la P. du *Cresson* ; mais la partie aurore occupe moins d'efpace; la tache noire de fon côté interne eft ronde & placée beaucoup plus bas; fon côté externe eft bordé par une ligne noire continue & crénelée en dedans.

La femelle a la partie aurore très-étroite & bordée de noir intérieurement; le milieu de fes premières ailes offre en outre, de-part & d'autre, un point noir, très-petit; les points marginaux de fes fecondes ailes font très-prononcés. Le deffous des ailes fupérieures eft blanc dans les deux fexes, avec la bafe foufrée, le fommet jaunâtre & précédé d'une raie maculaire ferrugineufe ou noirâtre, partant de la côte. Le deffous des fecondes ailes eft grifâtre, avec une tache ferrugineufe fur le milieu du bord d'en haut; dans la femelle il y a en fus une raie tranfverfe & de légères ondes de cette couleur.

Elle fe trouve fur la côte de Coromandel.

22. Piéride du Creffon.

Pieris Cardamines.

Pier. alis rotundatis, integerrimis, albis: pofticis fubtùs luteo-viridi marmoratis; anticis utrinquè lunulâ mediâ nigrâ: his (mas) *ad apicem fulvis.*

Papilio D. C. Cardamines, *alis integerrimis, rotundatis, albis: primoribus medio fulvis: pofticis fubtùs viridi nebulofis.* Linn. *Syft. Nat.* 2. *p.* 761. *n°.* 85. — *Faun. Suec. edit.* 2. *n°.* 1039.

Papilio Cardamines. Fab. *Syft. Entom. p.* 472. *n°.* 126. — *Spec. Infect. tom.* 2. *p.* 43. *n°.* 179. — *Mant. Infect. tom.* 2. *p.* 20. *n°.* 203. — *Ent. Syft. em. tom.* 3. *pars* 1. *p.* 193. *n°.* 600.

Edw. *Av. tab.* 125.

Mouff. *Inf. p.* 106. *n°.* 5. *fig.* 2-4.

Papilio minor alba, alis exterioribus albis, maculâ infigni croceâ fplendentibus: inferioribus supernè albis, fubtùs viridi colore variegatis. (Mas.) Rai, *Inf.* 115. *n°.* 6.

Papilio minor alba, alis exterioribus ad imum marginem nigris aut fufcis, maculâ in medio nigrâ. (Fem.) Rai, *Inf.* 115. *n°.* 7.

Petiv. *Muf. p.* 33. *n°.* 305. 306.

Robert, *Icon. tab.* 21.

Merian, *Europ. tab.* 181.

Roes. *Inf. Pap.* 2. *tab.* 8.

Esp. *Pap.* 1. *tab.* 4. *fig.* 1.

Esp. *Pap.* 1. *tab.* 27. *Suppl.* 3. *fig.* 2.

Hubn. *Pap. tab.* 83. *fig.* 419. 420.

Hubn. *Pap. tab.* 84. *fig.* 424. 425.

Wien Verz. *p.* 163. *fam.* D. *n°.* 7.

Illig. *Magaz. tom.* 3. *p.* 189.

Muller, *Zool. Dan. p.* 114. *n°.* 1317.

Scop. *Ent. Carn. p.* 172. *n°.* 454.

Schœff. *Icon. tab.* 91. *fig.* 1-3.

Herbst, *Pap. tab.* 94. *fig.* 1-4.

Lewin, *Inf. tab.* 30. *fig.* 1-5.

Panz. *Faun. Germ.* 75. 22.

Fuessl. *Suiff. Inf. p.* 28. *n°.* 552.

Bork. *Pap. Eur. part.* 1. *p.* 122 & 256.

Rossi, *Faun. Etr. tom.* 2. *p.* 144. *n°.* 995.

Schrank, *Faun. Boic. tom.* 2. *p.* 167. *n°.* 1293.

Ochsenh. *Pap. Eur. tom.* 1. *part.* 2. *p.* 165.

L'Aurore. Geoffr. *Hift. Inf. tom.* 2. *p.* 71. *n°.* 44.

L'Aurore. Engram. *Pap. d'Europe, tom.* 1. *p.* 218. *pl.* 51. *fig.* 107. a-k.

Elle eft de cinquième taille. Le mâle a la moitié antérieure & l'angle interne des premières ailes blancs, avec la bafe noirâtre, le refte aurore, avec le fommet d'un noir-brun, & tout le bord poftérieur entrecoupé de noir & de blanc-jaunâtre; fur le côté interne de la partie aurore, & en tirant vers le bord antérieur, il y a en outre une lunule noire, très-petite. Les fecondes ailes font blanches, avec la bafe & des points marginaux noirâtres; &, comme les marbrures de la furface oppofée percent à travers du fond, on les croiroit panachées. Le deffous des ailes fupérieures reffemble au deffus, mais la bafe eft légèrement foufrée, la partie aurore eft moins large & bordée extérieurement par une bande verdâtre, entrecoupée de blanc, & un peu élargie au fommet. Le deffous des ailes inférieures eft blanc, avec des marbrures vertes finement piquées de jaune, & tellement difpofées, qu'elles laiffent entre le milieu & le bord poftérieur un efpace continu formant à peu près une bande tranfverfe, finuée. La femelle n'a point de tache aurore au fommet des premières ailes, mais elle y a un peu plus de noir: du refte elle reffemble au mâle. Les antennes font blanchâtres & annelées de noir.

On rencontre quelquefois des individus moitié moins grands que les individus ordinaires, ou n'ayant pas plus de dix lignes d'envergure.

Cette efpèce paroît en avril & en mai. Elle fréquente les bois de l'Europe, où on la trouve en abondance. On la voit voltiger auffi, mais moins fouvent, dans les prairies & dans les jardins.

Sa chenille vit fur le *creffon ftipulé* (*cardamine impatiens*); fur la *tourette glabre* (*turritis glabra*); fur le *chou fauvage* (*braffica campeftris*); fur la *julienne*, dont elle mange très-volontiers la graine. Elle eft verte, avec une raie blanche, longitudinale, au-deffus des pattes.

La chryfalide, d'abord verte ou brune, prend

une teinte d'un jaune-pâle, qu'elle conserve jusqu'à la sortie de l'insecte parfait. Elle a le milieu renflé & les extrémités en fuseaux.

23. Piéride Eupheno.

Pieris Eupheno.

Pier. alis rotundatis, integerrimis, flavis aut albicantibus : anticis suprà apice (medio fulvo) nigris : posticis subtùs strigis duabus viridibus fasciâque albâ posticâ.

Papilio D. C. Eupheno, *alis integerrimis, rotundatis, flavis : primoribus apice (medio fulvo) nigris : posticis subtùs lituris fuscis.* Linn. *Syst. Nat.* 2. *p.* 762. *n°.* 88.

Papilio D. C. Belia, *alis rotundatis : subtùs flavis, grisescente subfasciatis.* Linn. *Syst. Nat.* 2. *p.* 761. *n°.* 84. (La femelle.)

Papilio Eupheno. Fab. *Mant. Insect. tom.* 2. *p.* 23. *n°.* 241. — *Entom. Syst. em. tom.* 3. *pars* 1. *p.* 206. *n°.* 644.

Esp. *Pap. tab.* 28. *Suppl.* 4. *fig.* 1. a. b.

Esp. *Pap. tab.* 63. *cont.* 13. *fig.* 2. 3.

a. Papilio Eupheme. Esp. *tab.* 113. *cont.* 68. *fig.* 2. 3.

Hubn. *Pap. tab.* 84. *fig.* 421-423.

Hubn. *Pap. tab.* 123. *fig.* 630. 631.

Illig. *Magaz. tom.* 3. *p.* 193.

Herbst, *Pap. tab.* 93. *fig.* 8-11. *fig.* 12. (Variet.)

De Villers, *Entom. Linn. tom.* 4. *fig.* 3-5.

Panz. *Faun. Germ.* 75. 23. (Mas.) 75. 24. (Fem.)

Borkh. *Pap. Eur. part.* 1. *p.* 121 & 255. *n°.* 6.

Schneid. *Syst. Beschr. p.* 78. *n°.* 24.

Ochsenh. *Pap. Eur. tom.* 1. *part.* 2. *p.* 167.

L'Aurore de Provence. Engram. *Pap. d'Europe, tom.* 1. *p.* 220. *pl.* 52. *fig.* 108. a. b. (Le mâle.) e. f. Variété du même.

L'Aurore de Provence. Engram. *Pap. d'Europe, tom.* 1. *p.* 293. *pl.* 77. *Suppl.* 23. *fig.* 108. g. h. (La femelle.)

Le mâle de cette espèce a une très-grande analogie avec celui de la précédente, mais le fond de ses quatre ailes est d'un beau jaune de part & d'autre ; la partie aurore des supérieures est plus vive, un peu moins large, & bordée en dessus, du côté de la base, par une ligne noire, avec laquelle se confond le petit croissant de cette couleur. Les secondes ailes n'ont pas de points noirâtres le long du bord postérieur : leur dessous offre, au lieu de marbrures, deux raies vertes, transversales, dont l'antérieure presque droite & un peu bifide à son origine ; l'autre fortement en zig-zag & plus longue ; cette dernière est précédée en dehors d'un espace blanc en forme de bande transverse, sinuée.

La femelle, que Linnæus a donnée sous le nom de *Belia*, a le dessus des quatre ailes & le dessous des supérieures d'un blanc-jaunâtre. Le milieu de celles-ci est marqué de part & d'autre d'une lunule noire ; leur sommet est en dessus d'une couleur aurore pâle, avec de petites taches brunâtres, & en dessous d'un beau jaune. La surface inférieure des secondes ailes est, à une légère nuance près, comme dans le mâle.

Cette espèce habite les départemens les plus méridionaux de la France. On la trouve aussi, mais rarement, en Portugal. Sa chenille nous est inconnue. Elle vit, selon de Villers, sur la *biscutella didyma.*

Esper a décrit & figuré, sous le nom d'*Eupheme*, une variété femelle des environs de Sébastopol en Crimée. Le sommet de ses premières ailes est verdâtre en dessus, avec une tache aurore, ovale & oblique, précédée en dehors de quelques points blancs, dont un isolé & plus gros. Le dessous de ses secondes ailes est comme dans les individus ordinaires, excepté que la raie verte, en zig-zag, s'approche davantage de la base & du bord postérieur.

24. Piéride Bélia.

Pieris Belia.

Pier. alis rotundatis, integerrimis, albis : anticis suprà fasciâ costali abbreviatâ apiceque nigris : posticis infrà flavo-viridibus, argenteo maculatis.

Papilio Belia. Esp. *Pap.* 1. *p.* 182. *tab.* 92. *cont.* 42. *fig.* 1. (Fem.)

Fab. *Entom. Syst. em. tom.* 3. *pars* 1. *p.* 206. *n°.* 645.

Hubn. *Pap. tab.* 83. *fig.* 417. 418.

Cram. *Pap.* 34. *p.* 225. *pl.* 397. *fig.* A. B.

Herbst, *Pap. tab.* 93. *fig.* 6. 7.

Borkh. *Pap. Eur. part.* 1. *p.* 127 & 262. *n°.* 15.

Illig. *Magaz. tom.* 3. *p.* 187.

Ochsenh. *Pap. Eur. tom.* 1. *part.* 2. *p.* 163.

Jon. *Fig. pict.* 4. *tab.* 27. *fig.* 2.

Elle a le port & la taille des précédentes. Le dessus de ses ailes est blanc. Les premières ont le sommet noir, avec une rangée de trois ou quatre taches blanches, inégales ; la côte est parsemée d'atômes noirâtres, & de son milieu part une bande noire, courte, presque droite. Les secondes ailes sont sans taches. Le dessous des ailes supérieures diffère du dessus en ce que le noir du sommet est remplacé par du vert-jaunâtre, & la bande de la côte par une tache noire dont le milieu est blanc. Le dessous des ailes inférieures est vert, piqué de jaune, avec un grand nombre de taches & de points argentés.

Elle se trouve dans le midi de la France, sur les côtes de Barbarie & dans les environs de Smyrne.

Fabricius paroît avoir connu cette espèce, mais il l'a confondue avec la femelle de l'*Eupheno* ou *Belia* de Linnæus.

25. Piéride Ausonia.

Pieris Ausonia.

Pier. alis integerrimis, rotundatis, albis : anticis suprà fasciâ costali abbreviatâ apiceque nigris : posticis infrà luteo-viridibus, albo maculatis.

Papilio D. C. Belia (mas), *alis integerrimis, rotundatis, albis : primoribus maculâ apiceque fusco ; inferioribus subtùs viridibus, maculis & punctis albo flavoque variis, saturatiùs inductis.* Esp. *Pap. tom.* 1. *Suppl. p.* 1. *tab.* 94. *cont.* 49. *fig.* 1.

Papilio Ausonia. Hubn. *Pap. tab.* 113. *fig.* 582. 583. (Fem.)

Papilio Belia. Hubn. *Pap. tab.* 83. *fig.* 416. (Mas.)

Papilio Ausonia. Illig. *Magaz. tom.* 3. *p.* 187. — *tom.* 5. *p.* 176.

Ochsenh. *Pap. Eur. tom.* 1. *part.* 2. *p.* 164.

Elle se distingue de la P. *Bélia* en ce que la côte des ailes supérieures est plus noirâtre en dessus; en ce que le dessous des inférieures est piqué de jaune plus foncé, & en ce que les taches & les points de ces mêmes ailes sont d'un blanc sans éclat.

Elle habite l'Italie & le midi de la Suisse.

Esper & Hubner ont pris un des sexes de cette espèce pour le mâle de la P. *Bélia*.

26. Piéride Bélémia.

Pieris Belemia.

Pier. alis rotundatis, integerrimis, albis : anticis suprà maculâ mediâ apiceque nigris : posticis infrà viridibus, argenteo striatis.

Papilio D. C. Belemia, *alis integerrimis, rotundatis, albis : primoribus suprà maculâ apiceque subfasciato nigris ; inferioribus subtùs viridi fasciatis.* Esp. *Pap.* 1. *p.* 92. *tab.* 90. *cont.* 65. *fig.* 1.

Hubn. *Pap. tab.* 82. *fig.* 412. 413. (Fem.)

Illig. *Magaz. tom.* 3. *p.* 187.

Ochsenh. *Pap. Eur. tom.* 1. *part.* 2. *p.* 161.

Elle a le port & la taille des précédentes. Le dessus de ses ailes est blanc. Les premières ont le sommet noir, avec une espèce de bande blanche, maculaire; vers le milieu de la côte est une tache noire, presque carrée, saupoudrée de blanchâtre & disposée transversalement. Les secondes ailes n'ont aucune tache en dessus, mais leur dessous est d'un vert assez foncé, avec six ou sept raies argentées, transverses et inégales. Le dessous des ailes supérieures offre au sommet deux ou trois raies semblables, placées sur un fond verdâtre.

Elle se trouve en Espagne.

27. Piéride Glaucé.

Pieris Glauce.

Pier. alis rotundatis, integerrimis, albis : anticis suprà maculâ mediâ apiceque nigris : posticis infrà viridibus, strigis partìm albis, partìm flavidis.

Papilio Glauce. Hubn. *Pap. tab.* 107. *fig.* 546. 547. (Mas.)

Illig. *Magaz. tom.* 3. *p.* 194. — *tom.* 5. *p.* 178.

Ochsenh. *Pap. Eur. tom.* 1. *part.* 2. *p.* 160.

Cette Piéride pourroit bien n'être qu'une variété de la précédente, car elle n'en diffère essentiellement que par la couleur des raies transverses du dessous des secondes ailes. Celles de ces raies, qui sont placées vers le bord interne, ont la partie postérieure jaunâtre; les autres sont presqu'entièrement jaunâtres. Les raies du sommet des premières ailes en dessous sont d'un blanc sans éclat.

Elle se trouve en Portugal.

28. Piéride Tagis.

Pieris Tagis.

Pier. alis rotundatis, integerrimis, albis : anticis suprà lunulâ mediâ apiceque nigris : posticis infrà griseo-virescentibus, albo punctatis.

Papilio Tagis. Hubn. *Pap. tab.* 110. *fig.* 565. 566. (Mas.)

Esp. *Pap.* 1. *tab.* 117. *cont.* 72. *fig.* 5. (Mas.) *fig.* 6. (Fem.)

Illig. *Magaz. tom.* 3. *p.* 204.

Ochsenh. *Pap. Eur. tom.* 1. *part.* 2. *p.* 162.

Elle a le port & la taille des précédentes. Le dessus de ses ailes est blanc. Les premières ont le sommet noir, avec des taches blanches, inégales; la côte est entrecoupée de noir, &, non loin de son milieu, on voit une lunule de cette couleur. Les secondes ailes sont sans taches. Le dessous des supérieures ressemble au dessus, avec cette différence que la lunule est marquée d'un petit croissant blanc, & que le sommet est verdâtre. Le dessous des ailes inférieures est d'un vert pâle & grisâtre, avec des points blancs, dont les extérieurs & les deux du milieu de la surface plus gros.

Elle se trouve en Portugal, depuis février jusqu'en avril.

29. Piéride Daplidice.

Pieris Daplidice.

Pier. alis rotundatis, integerrimis, albis : anticis maculâ mediâ apiceque nigris : posticis subtùs lutescente-viridibus, maculis strigâque angulatâ albis; anticarum maculâ mediâ nervo albo divisâ.

Papilio D. C. Daplidice, *alis integris, rotundatis, albis, margine fuscis : subtùs luteo-griseis.* Linn. *Syst. Nat.* 2. *p.* 760. *n°.* 81.

Fab. *Syst. Entom. p.* 471. *n°.* 122. — *Spec. Insect. tom.* 2. *p.* 41. *n°.* 174. — *Mant. Insect. tom.* 2. *p.* 19. *n°.* 197. — *Entom. Syst. em. tom.* 3. *pars* 1. *p.* 191. *n°.* 593.

Esp. *Pap. tab.* 3. *fig.* 5.

Esp. *Pap. tab.* 90. *cont.* 40. *fig.* 1. (*Var. Russiæ.*)

Esp. *Pap. tab.* 118. *cont.* 73. *fig.* 1.

Hubn. *Pap. tab.* 82. *fig.* 414. 415. (La femelle.)

α. *Papilio Chloridice.* Hubn. *Pap. tab.* 141. *fig.* 712-715.

α. Hubn. *Beitr. tom.* 2. *part.* 2. *tab.* 2. *fig.* K. 1. 2. (La chenille.)

Wien Verz. *p.* 163. *fam.* D. *n°.* 6.

Illig. *Magaz. tom.* 3. *p.* 191. — *tom.* 4. *p.* 26.

β. *Papilio Bellidice.* Brahm, 1. c. *p.* 362.

Scop. *Entom. Carn. p.* 173. (Var. P. Cardamines fem.) 2-4.

Schœff. *Icon. tab.* 79. *fig.* 2. 3.

Herbst, *Pap. tab.* 93. *fig.* 1-3.

Herbst, *Pap. tab.* 93. *fig.* 4. 5. (Variété de Russie.)

Panz. *Faun. Germ.* 74. 22.

Lewin, *Ins. tab.* 29. *fig.* 1-3.

Borkh, *Pap. Eur. part.* 1. *p.* 123 & 257. *n°.* 8. — *Part.* 2. *p.* 215.

Papilio Edusa. Var. Borkh. *part.* 1. *p.* 131. *n°.* 20.

Papilio Edusa. Fab. *Gen. Insect. Mant.* 255.

Fuessl. *Suiss. Ins. p.* 28. *n°.* 551.

Rossi, *Faun. Etr. tom.* 2. *p.* 144. *n°.* 994.

Schrank, *Faun. Boic. tom.* 2. *p.* 167. *n°.* 1292.

Ochsenh. *Pap. Europ. tom.* 1. *part.* 2. *p.* 156.

Le Papillon blanc marbré de vert. Engram. *Pap. d'Eur. tom.* 1. *p.* 216. *pl.* 50. *fig.* 106. a-c.

Geoffr. *Hist. Ins. tom.* 2. *p.* 72. (Var. de l'Aurore.)

Elle est à peu près de la taille & de la forme des précédentes, blanche en dessus. Ses premières ailes ont le sommet noir, avec une rangée de quatre points de la couleur du fond; vers leur milieu est une tache noire, presque quadrangulaire, coupée transversalement par une veine blanchâtre, très-fine : dans la femelle il y a une autre tache noire, mais moins grande & arrondie, située vers l'extrémité du bord interne. Les secondes ailes sont sans taches dans le mâle; dans la femelle, au contraire, elles ont une bordure noire, sinuée intérieurement & divisée par un rang de taches blanches. Le dessous des ailes supérieures offre le même dessin que le dessus, mais la tache du milieu & le sommet sont en grande partie verdâtres, & la tache noire du bord interne existe ici dans les deux sexes. Le dessous des ailes inférieures est d'un vert un peu jaunâtre, finement piqué de noir, avec neuf taches blanches, dont trois vers la base, les autres alignées le long du bord postérieur, & séparées des premières par une raie également blanche, anguleuse & transverse. Les antennes sont blanchâtres & annelées de noir.

Engramelle a pris le mâle pour la femelle, & réciproquement. Geoffroy a regardé cette espèce comme une variété de l'*Aurore* ou de la P. du *Cresson.*

Elle est fort commune en Europe. Elle habite les bois & surtout les prairies. On la voit paroître pour la première fois en avril & en mai, & pour la seconde au mois d'août. Sa chenille vit sur plusieurs espèces de *chou;* sur la *gaude* (*reseda lutea*); &, d'après Hubner, sur le *thlaspi sauvage*, dont elle mange la graine. Son corps est d'un bleu-obscur, liseré de jaune & ponctué de noir; sa tête est d'un vert-clair, avec des taches jaunes & des points noirs.

La chrysalide est verdâtre ou cendrée, suivant l'âge.

Hubner a donné, sous le nom de *Chloridice,* une Piéride de la Sibérie & de la Russie méridionale, absolument semblable à celle-ci, mais constamment plus petite. Cette différence de taille, produite sans doute par l'influence du climat, ne suffit point pour constituer une espèce distincte; c'est pourquoi nous la plaçons ici comme variété.

Une autre variété, le *Bellidice* de Brahm, se distingue du commun des individus en ce qu'elle est plus petite; en ce que le noir du sommet des ailes supérieures descend jusqu'au bord interne, & se prolonge ensuite jusqu'au milieu du limbe des inférieures, mais en s'affoiblissant graduellement; en ce que le dessous de ces dernières ailes est plus fortement piqué de noir, & que la raie blanche anguleuse y est maculaire, au lieu d'être continue.

Cette

Cette variété n'est point très-rare : nous l'avons prise plusieurs fois dans le voisinage de Paris & ailleurs.

Madame Dupierry en a peint une plus remarquable que les deux précédentes, trouvée par elle à Luzarche, département de Seine & Oise. Les ailes inférieures ne diffèrent aucunement de celles des individus ordinaires; mais les supérieures ont, entre la base & la tache noire discoïdale, une tache rouge, presque ronde & marquée d'un point noir sur son milieu.

30. Piéride Hellica.

Pieris Hellica.

Pier. alis rotundatis, integerrimis, albis : anticis maculâ mediâ apiceque nigris : posticis subtùs virescenti-cinereis, maculis albis, ovatis venisque flavis.

Papilio D. C. Hellica, *alis albis : primoribus maculâ apiceque albo punctato nigris : posticis subtùs cinereo venosis.* Linn. *Syst. Nat.* 2. *p.* 760. *n°.* 78. — *Muss. Lud. Ulr. p.* 243. (Le mâle.)

Papilio Daplidice. Cram. *Pap.* 15. *p.* 114. *pl.* 171. *fig.* C. D. (La femelle.)

Elle ressemble à la précédente par le dessus des quatre ailes & par le dessous des supérieures; mais la tache noire du milieu de ces dernières n'est point divisée par une veine blanchâtre; le dessous des ailes inférieures est d'un cendré un peu verdâtre, avec treize taches blanches, ovales, dont trois vers la base, quatre disposées en une bande transverse sur le milieu, les six autres alignées le long du bord postérieur : toutes ces taches sont accompagnées d'une couleur jaune, plus ou moins foncée, qui s'étend sur les principales nervures.

Elle se trouve au Cap de Bonne-Espérance.

31. Piéride du Radis.

Pieris Raphani.

Pier. alis rotundatis, integerrimis, albis, apice nigris alboque maculatis : posticis subtùs nigro venosis, flavo pulverulentis.

Pap. D. C. Raphani. Fab. *Mant. Insect. tom.* 2. *p.* 18. *n°.* 187. — *Entom. Syst. em. tom.* 3. *pars* 1. *p.* 188. *n°.* 579.

Papilio D. C. Raphani, *alis integris, rotundatis, albis, apice fusco maculatis : inferioribus subtùs maculis flavis.* Esp. *Pap.* 1. *p.* 163. *tab.* 84. *cont.* 34. *fig.* 3. (Mas.)

Papilio D. C. Raphani. Esp. *Pap.* 1. *tab.* 123. *cont.* 78. *fig.* 3. (Mas.) *fig.* 4. (Fem.)

Herbst, *Pap. tab.* 88. *fig.* 4. 5.

Borkh. *Pap. Eur. part.* 1. *p.* 127. *n°.* 14. — *Part.* 2. *p.* 215. *n°.* 14.

Schneid. *Syst. Beschr. p.* 76. *n°.* 22.

Ochsenh. *Pap. Eur. tom.* 1. *part.* 2. *p.* 154.

Fabricius la décrit ainsi : elle a le port de la P. *de la Moutarde.* Les antennes sont noires & annelées de blanc; la tête & le corselet sont noirâtres; l'abdomen est blanc, avec le dos noirâtre. Les ailes supérieures, dont les deux surfaces se ressemblent, sont blanches, avec une tache vers le milieu & le bord postérieur noirs : ce bord est marqué de trois taches blanches. Les secondes ailes sont blanches en dessus, avec des points marginaux noirâtres, à peine distincts. Leur dessous est veiné de noir & saupoudré de jaune-pâle.

Elle se trouve dans les parties les plus méridionales de l'Europe.

Nous lui trouvons de très-grands rapports avec la précédente; mais, à en juger par la figure d'Esper, les veines noires du dessous des ailes inférieures sont moins prononcées près de la côte. Hubner la place parmi les exotiques, & la nomme *Mancipium vorax Hellica.*

32. Piéride Callidice.

Pieris Callidice.

Pier. alis rotundatis, integerrimis, albis : anticis utrinquè fasciâ nigrâ, costali, abbreviatâ : posticis infrà fusco-viridibus, maculis flavescentibus, sagittatis; omnium limbo suprà (fem.) *nigro alboque maculato.*

Papilio D. C. Callidice, *alis rotundatis, albis : superioribus strigis duabus terminalibus, venis dilatatis in seriem macularum albarum angularium transfectis fasciâque abbreviatâ nigris : inferioribus subtùs viridibus maculis sagittatis seriatim ordinatis flavis.* Esp. *Pap.* 1. *p.* 110. *tab.* 115. *cont.* 70. *fig.* 2. 3.

Papilio Callidice. Hubn. *Pap. tab.* 81. *fig.* 408. 409. (Mas.)

Papilio Callidice. Hubn. *Pap. tab.* 108. *fig.* 551. 552. (Fem.)

Illig. *Magaz. tom.* 3. *p.* 188.

Ochsenh. *Pap. Eur. tom.* 1. *part.* 2. *p.* 153.

Elle a le port & la taille des précédentes. Le dessus de ses ailes est blanc, avec la base noirâtre. Le mâle a le sommet des premières bordé par des points noirs & précédé intérieurement d'une raie obscure, transverse & maculaire; le milieu de la côte de ces mêmes ailes offre en outre une bande noire, courte & transverse. Les secondes ailes sont sans taches. Le dessous des supérieures ressemble au dessus, mais les parties noires sont ici saupoudrées de verdâtre. Le dessous des ailes inférieures est d'un vert-noirâtre, avec des taches d'un jaune-pâle, en fer de flèche, & disposées ainsi qu'il suit : deux près de la base, cinq sur le milieu, six le long du bord poſtérieur. Le deſſous de la femelle eſt à peu près le même que celui du mâle ; mais le deſſus eſt entièrement bordé par une bande noire, large, ſur laquelle ſont alignées des taches blanches, ovales aux ailes inférieures, triangulaires aux ſupérieures.

Cette eſpèce ſe trouve dans les hautes Alpes, à plus de douze cents toiſes d'élévation. Elle eſt aſſez difficile à prendre, attendu qu'elle a le vol rapide.

33. Piéride Calypſo.

Pieris Calypſo.

Pier. alis rotundatis, ſubintegris, albis, extimo nigro : poſticis ſubtùs flavis ſeu nitenti-griſeſcentibus, limbo punctorum nigrorum ſerie duplici, maculis flavis interjectis.

Papilio D. C. Calypſo, *alis integerrimis, rotundatis, albis : anticis puncto apiceque nigris : poſticis ſubtùs flaveſcentibus, margine nigro punctato.* Fab. *Syſt. Entom. p.* 471. *n°.* 121. — *Spec. Inſect. tom.* 2. *p.* 19. *n°.* 196. — *Entom. Syſt. em. tom.* 3. *pars* 1. *p.* 191. *n°.* 592.

Papilio Calypſo. Cram. *Pap.* 13. *p.* 91. *pl.* 154. *fig.* C. D. (Le mâle.)

Papilio Calypſo. Cram. *Pap.* 13. *p.* 92. *pl.* 154. *fig.* E. F. (La femelle.)

Drury, *Inſ.* 2. *pl.* 17. *fig.* 3. 4.

Herbst, *Pap. tab.* 97. *fig.* 5-8.

Seba, *Muſ.* 4. *tab.* 6. *fig.* 9. 10.

Seba, *Muſ.* 4. *tab.* 26. *fig.* 3. 4.

Elle eſt de quatrième taille. Le deſſus de ſes ailes eſt blanc, avec la baſe obſcure. Le mâle a au bout des ſupérieures une bordure noire, ſinuée intérieurement, plus large au ſommet, où elle offre une rangée tranſverſe de cinq ou ſix taches blanches, triangulaires, dont la pointe eſt tournée en dehors ; la côte de ces ailes eſt noire, & non loin de ſon milieu on voit un point de cette couleur. Les ſecondes ailes ſont bordées par une ſuite de taches noires, ovales & très-rapprochées. Le deſſous des ailes ſupérieures reſſemble au deſſus, mais les taches du ſommet ſont preſque toutes jaunâtres. Le deſſous des ailes inférieures eſt d'un jaune d'ocre, mat, avec des points noirs, dont un ſur le milieu de la ſurface, les autres formant ſur le limbe poſtérieur deux rangées parallèles entr'elles & ſéparées par une ſuite de taches du même jaune que le fond & à peu près en cœur.

La femelle ſe diſtingue du mâle en ce que la bordure des premières ailes eſt plus large, plus ſinuée, & ſans taches en deſſus ; en ce que le point du milieu de ces mêmes ailes eſt remplacé de part & d'autre par une bande noire, courte, oblique, partant de la côte ; en ce que le deſſus des ſecondes ailes offre un point noirâtre ſur le milieu, & d'autres ſemblables parallèlement à la bordure ; enfin en ce que le deſſous de ces ailes eſt d'un gris de perle, avec l'origine de la côte ferrugineuſe, & une raie jaune, longitudinale, ſituée vers le bord interne. Dans l'un & l'autre ſexe le bord poſtérieur des quatre ailes eſt légèrement ſinué.

Elle ſe trouve ſur la côte d'Angole.

34. Piéride Méſentina (1).

Pieris Meſentina.

Pier. alis rotundatis, integerrimis, albis, limbo nigro, albo maculato : anticis utrinquè faſciâ nigrâ, coſtali, incurvâ : poſticis ſubtùs flavis, fuſco venoſis.

Papilio D. C. Aurota, *alis integerrimis, albis, margine nigro, albo maculato : poſticis ſubtùs flavis.* Fab. *Entom. Syſt. em. tom.* 3. *pars* 1. *p.* 197. *n°.* 614.

Papilio Aurota. Jon. *Fig. pict.* 8. *tab.* 10. *fig.* 2.

Papilio Meſentina. Cram. *Pap.* 23. *p.* 140. *pl.* 270. *fig.* A. B. (Le mâle.)

Papilio Meſentina. Herbst, *Pap. tab.* 91. *fig.* 5. 6.

Elle eſt auſſi de quatrième taille, mais un peu moins grande que la précédente. Le deſſus du mâle eſt d'un beau blanc ; le deſſus de la femelle d'un blanc un peu jaunâtre. Dans l'un & l'autre ſexe les quatre ailes ont une bordure noire, ſinuée intérieurement, & diviſée par une ſuite de taches blanches ou jaunâtres, rondes ſur les ailes inférieures, preſque triangulaires ſur les ſupérieures, dont le milieu de la côte offre une bande noire, courte & arquée. Le deſſous de ces dernières ailes reſſemble au deſſus ; le deſſous des inférieures eſt d'un jaune plus ou moins foncé, avec des veines d'un brun-noirâtre ; les taches rondes du limbe ſont auſſi jaunes.

Nous avons vu une variété mâle qui avoit le deſſous des ſecondes ailes blanc, avec les veines plus claires.

Elle ſe trouve au Bengale & ſur la côte de Coromandel.

35. Piéride Auguſta.

Pieris Auguſta.

Pier. alis rotundatis, integerrimis, flaveſcenti-albis, limbo fuſco : anticis utrinquè faſciâ fuſcâ, coſtali, incurvâ : poſticis ſubtùs flavis, fuſco venoſis.

---

(1) Quoique nous adoptions ordinairement les noms de Fabricius, nous avons cru devoir prendre ici celui de Cramer, parce que *aurota* a trop de conformité avec *aurora*, employé plus haut.

Papilio D. C. Augusta. Olivier, *Voyage en Syrie, pl.* 33. *fig.* 3.

Elle diffère de la précédente en ce qu'elle est plus petite; en ce que le dessus de ses quatre ailes est teinté de jaune dans les deux sexes; en ce que la bordure de leur extrémité est beaucoup moins noire & sans taches; enfin en ce que la bande arquée de la côte des ailes supérieures est toujours plus fortement exprimée de part & d'autre, quoiqu'elle soit d'un ton plus pâle.

Elle se trouve en Syrie.

36. Piéride Sévérina.

Pieris Severina.

Pier. alis rotundatis, integerrimis, flavis, limbo latè nigro subtùsque flavo maculato: anticis utrinquè strigâ nigrâ, costali.

Papilio Severina. Cram. *Pap.* 29. *p.* 95. *pl.* 338. *fig.* G. H.

Herbst, *Pap. tab.* 105. *fig.* 1. 2.

Elle est de quatrième taille, d'un jaune-pâle en dessus, avec une bordure noire, très-large & marquée de trois points jaunes au sommet des ailes supérieures, dont le milieu de la côte offre de part & d'autre une raie noire transverse, courte & oblique. Le dessous des quatre ailes est plus foncé que le dessus, notamment vers la base, & la bordure y est entièrement divisée par un rang de taches jaunes, presque toutes arrondies. Nous n'avons vu qu'un seul individu, qui nous a paru être une femelle, de sorte que nous ne pouvons dire si les deux sexes sont tout-à-fait semblables.

Elle est du Cap de Bonne-Espérance.

37. Piéride Gidica.

Pieris Gidica.

Pier. alis rotundatis, integerrimis, albis, limbo nigro, utrinquè albo maculato: anticis suprà, singulis subtùs puncto medio nigro.

Elle est de quatrième taille, d'un beau blanc en dessus, avec le limbe postérieur noir & entrecoupé par une suite de points blancs. Vis-à-vis du sommet des ailes supérieures, où le noir s'étend davantage, il y a en outre une rangée transverse de quatre ou cinq autres points blancs, plus gros, & le milieu de ces mêmes ailes est marqué d'un point noir oblong. Le dessous des ailes inférieures est blanc, avec le limbe noir & deux rangs de taches blanches, dont les intérieures un peu confuses; le milieu de la surface offre un point noir, oblong, & la partie antérieure de la côte est safranée. Le dessous des ailes supérieures ne diffère point du dessus.

Elle habite.....

38. Piéride Créone.

Pieris Creona.

Pier. alis rotundatis, integerrimis, niveis seu subviolaceo-albis, limbo nigro subtùsque virescenti aut flavo maculato: anticis utrinquè puncto medio nigro.

Papilio D. C. Creona, *alis integris, rotundatis, albis, margine nigro strigâque punctorum.* Fab. *Spec. Insect. tom.* 2. *p.* 42. *n°.* 175. — *Mant. Insect. tom.* 2. *p.* 19. *n°.* 198. — *Entom. Syst. em. tom.* 3. *pars* 1. *p.* 191. *n°.* 594.

Papilio Creona. Cram. *Pap.* 8. *p.* 148. *pl.* 95. *fig.* C. D. E. F.

Herbst, *Pap. tab.* 98. *fig.* 2-5.

Elle a le port & la taille de la précédente. Le dessus du mâle est d'un beau blanc; le dessus de la femelle d'un blanc un peu teinté de violet. L'un & l'autre ont à l'extrémité une bordure noire, plus ou moins foncée, plus ou moins large, & très-légèrement sinuée sur le côté interne. Cette bordure offre au sommet de chaque aile un ou deux points blancs; mais il est des individus qui en ont tout le long du limbe des ailes supérieures. Ces ailes ont en outre un point noir vers le milieu de la surface. Le dessous du mâle diffère du dessus en ce que la bordure des quatre ailes est entièrement divisée par des points jaunes ou un peu verdâtres; en ce que leur base est d'un jaune-safran; en ce que le fond des inférieures est d'un vert ou d'un jaune très-pâle. Le dessous de la femelle présente les mêmes différences; mais le fond de ses quatre ailes est d'un blanc-violâtre comme du côté opposé.

Elle est des Indes orientales.

39. Piéride Amate.

Pieris Amata.

Pier. alis rotundatis, integerrimis, suprà dilutè testaceis, limbo nigro punctorum duplici serie: subtùs virescentibus, puncto ocellari medio.

Papilio D. C. Amata, *alis rotundatis, fulvis, limbo nigro: subtùs virescentibus.* Fab. *Syst. Entom. p.* 476. *n°.* 143. — *Spec. Inf. tom.* 2. *p.* 47. *n°.* 204. — *Mant. Inf. tom.* 2. *p.* 22. *n°.* 231. — *Entom. Syst. em. tom.* 3. *pars* 1. *p.* 202. *n°.* 633. (Le mâle.)

Papilio D. C. Cipræa, *alis integerrimis, fulvis, margine nigro fulvo maculato: subtùs virescentibus, puncto strigâque moniliformi.* Fab. *Mant. Inf. tom.* 2. *p.* 22. *n°.* 232. — *Entom. Syst. em. tom.* 3. *pars* 1. *p.* 203. *n°.* 634. (La femelle.)

Papilio Calaïs. Cram. *Pap.* 5. *p.* 84. *pl.* 53. *fig.* C. D.

Papilio Calaïs. CRAM. *Pap.* 30. *p.* 118. *pl.* 351. *fig.* A. B.

Papilio Calaïs. CRAM. *Pap.* 30. *p.* 118. *pl.* 351. *fig.* C. D. (Var. fem.)

HERBST., *Pap. tab.* 108. *fig.* 3-6. — *Fig.* 7-8. (Var. fem.)

Fabricius a donné le mâle de cette espèce sous le nom d'*Amata*, & la femelle sous celui de *Ciprœa*.

Le dessus de ses ailes est d'un rouge-briqueté clair, avec une bordure noire, large, sinuée intérieurement & divisée par deux rangs de points, dont les extérieurs beaucoup plus petits. Ces points sont briquetés dans le mâle, jaunes dans la femelle. Celle-ci a la partie adjacente au côté interne de la bordure également jaune. Les premières ailes ont en outre la côte noire, & de son milieu descend une tache oblongue de cette couleur. Le dessous des quatre ailes est d'un vert-jaunâtre, avec un point discoïdal brun, bordé de noir, entouré de jaune-foncé sur les supérieures, & quelquefois aussi sur les inférieures. Entre ce point & le bord postérieur on voit dans la femelle une raie brune, transverse, maculaire & un peu flexueuse; dans le mâle il n'y a ordinairement que deux points noirs, situés près de l'angle interne des premières ailes.

Cramer a figuré une variété dont le dessus des ailes est blanchâtre, mais dont le dessous est comme dans les individus ordinaires.

Elle se trouve sur la côte de Coromandel.

40. PIÉRIDE Phisadia.

PIERIS Phisadia.

Pier. alis rotundatis, integerrimis, limbo communi nigro: suprà anticis incarnatis, posticis albis: subtùs omnibus virescenti-flavis, puncto medio ocellari.

Elle a le port & la taille de la précédente. Le dessus de ses premières ailes est d'un incarnat mat, avec la base & la moitié antérieure de la côte cendrées; non loin du milieu de cette dernière on voit un point noir, assez gros; à l'extrémité est une bordure pareillement noire, sinuée en dedans, entrecoupée de blanc en dehors, offrant vis-à-vis du sommet une ligne transverse & un peu arquée de cinq points blanchâtres, inégaux. Le dessus des secondes ailes est d'un blanc un peu grisâtre, avec une bordure noire, très-large, à peine sinuée sur le côté interne, liserée de blanc sur le côté externe. Le dessous de chaque aile est d'un jaune-verdâtre, pâle, avec un point discoïdal noir, ayant le milieu verdâtre; il y a en outre, près de l'angle interne des supérieures, trois points noirs, disposés sur une ligne courbe & transverse. Le corps est noirâtre en dessus, grisâtre en dessous. Les antennes sont noires & annelées de blanc. Nous l'avons décrite sur un individu de la collection de M. Dufresne.

Elle se trouve.....

41. PIÉRIDE Fausta.

PIERIS Fausta.

Pier. alis rotundatis, integerrimis, dilutè fulvis, limbo communi nigro punctato: anticis strigâ maculari punctoque centrali nigris: posticis subtùs flavescentibus, strigâ fuscâ.

Papilio D. C. Fausta. OLIVIER, *Voyage en Syrie, pl.* 33. *fig.* 4.

Elle a le port & la taille de la précédente. Le dessus de ses quatre ailes est d'un fauve-clair, avec une rangée de points noirs le long du bord postérieur. Les premières ailes ont sur le milieu un point noir, & entre celui-ci & les points marginaux, une raie noire, transverse, courbe, maculaire, n'atteignant pas le bord interne. Le dessous de ces ailes diffère du dessus en ce qu'il est plus pâle & sans points sur le bord. Le dessous des secondes ailes est d'un jaune très-pâle, avec une raie noirâtre, transverse & ondulée, faisant suite à la raie maculaire des ailes supérieures. Le corps est noirâtre & garni de poils jaunâtres; les antennes sont annelées de blanc & de noir, avec le dessous de la massue roussâtre.

Elle se trouve en Syrie.

42. PIÉRIDE Mélanie.

PIERIS Melania.

Pier. alis rotundatis, integerrimis, albidis, extimo nigro: anticis utrinquè strigâ apicali albâ, angulatâ: posticis subtùs obscurè glaucis.

Papilio D. C. Melania, *alis rotundatis, integerrimis, albidis, apice nigris: posticis subtùs obscurè glaucis.* FAB. *Syst. Entom.* p. 475. n°. 140. — *Spec. Inf. tom.* 2. *p.* 21. *n°.* 227. — *Entom. Syst. em. tom.* 3. *pars* 1. *p.* 201. *n°.* 629.

Papilio Melania. DONOW. *Gen. Illust. of Entom. an Epitome of the Nat. Hist. Inf. of New Holl. part.* 1. *pl.* 17. *fig.* 2.

Elle est à peu près de la grandeur de la précédente. Le dessus de ses premières ailes est blanc, avec la base obscure, la partie postérieure noire & coupée transversalement par une raie blanche, anguleuse. Le dessus des secondes ailes est d'un blanc un peu bleuâtre, avec une bordure noirâtre, très-large. Le dessous des ailes supérieures est semblable au dessus, mais la base a une tache fauve. Le dessous des inférieures est d'un vert-blanchâtre obscur.

Elle est de la Nouvelle-Hollande.

43. PIÉRIDE Coronis.

PIERIS Coronis.

Pier. alis rotundatis, integerrimis, suprà albis margine nigro : subtùs omnibus venis fasciâque posticâ fuscis ; inferioribus paginâ omni, superioribus costâ apiceque, flavis.

Papilio D. C. Phryne, *alis integerrimis, albis, margine nigro : posticis subtùs flavis.* Fab. *Syst. Entom. p.* 473. *n°.* 131. — *Spec. Insect. tom.* 2. *p.* 44. *n°.* 187.—*Mant. Inf. tom.* 2. *p.* 20. *n°.* 212. — *Entom. Syst. em. tom.* 3. *pars* 1. *p.* 196. *n°.* 612.

Papilio Evagete. Cram. *Pap.* 19. *pag.* 47. *pl.* 221. *fig.* F. G.

Papilio Zeuxippe. Cram. *Pap.* 31. *p.* 141. *pl.* 362. *fig.* E. F.

Papilio Evagete. Herbst, *Pap. tab.* 91. *fig.* 7. 8.

Papilio D. C. Coronis, *alis integerrimis, nigro venosis, suprà albis, subtùs virescentibus.* Fab. *Gen. Inf. Mant. n°.* 256. — *Spec. Inf. tom.* 2. *p.* 45. *n°.* 193. — *Mant. Inf. tom.* 2. *p.* 21. *n°.* 218.—*Entom. Syst. em. tom.* 3. *pars* 1. *p.* 198. *n°.* 619.

Papilio Coronis. Cram. *Pap.* 4. *p.* 69. *pl.* 44. *fig.* B. C.

Papilio Coronis. Herbst, *Pap. tab.* 91. *fig.* 9. 10.

Le *Phryné* & le *Coronis* de Fabricius paroissent ne former qu'une seule & même espèce. Elle est de quatrième taille, blanche en dessus, avec le contour extérieur des quatre ailes noir. Les premières ont au sommet trois à quatre taches blanches ou jaunâtres, petites & alignées transversalement. Dans l'un des sexes (l'*Evagete* de Cramer) le noir du limbe postérieur est sans taches, dans l'autre au contraire (le *Coronis* du même auteur) il est entièrement divisé par une suite de taches blanchâtres, presqu'en forme de cœur, & le dessus de chaque aile a en outre des veines noires. Ces veines sont constantes en dessous dans le mâle, ainsi que dans la femelle, mais elles y sont un peu moins foncées, & l'on voit parallèlement au bord d'en bas une bande de leur couleur, continue sur les premières ailes, maculaire sur les secondes. Celles-ci ont la côte & le sommet, celles-là toute la surface d'un jaune-verdâtre, plus ou moins gai.

Il est des individus, comme le *Zeuxippe* de Cramer, où le jaune & les veines du dessous des quatre ailes sont très-pâles. Il en est d'autres où les veines sont extrêmement dilatées en dessous & à peu près nulles en dessus; d'autres enfin dont le blanc des ailes jette de part & d'autre un léger reflet violâtre.

Elle se trouve en Chine, au Bengale & dans l'île de Java : Fabricius a dit par erreur que le *Phryné* étoit d'Amérique.

44. Piéride Libitine (1).

Pieris Libitina.

Pier. alis rotundatis, integerrimis, concoloribus, albis : anticis costâ baseos apiceque, posticis punctis marginalibus, fuscis.

Papilio D. C. Libythea, *alis rotundatis, integerrimis, albis : anticis costâ baseos apiceque fuscis.* Fab. *Syst. Entom. p.* 471. *n°.* 120. — *Spec. Inf. tom.* 2. *p.* 41. *n°.* 172. — *Mant. Inf. tom.* 2. *p.* 19. *n°.* 195. — *Entom. Syst. em. tom.* 3. *pars* 1. *p.* 190. *n°.* 591.

Papilio Libythea. Donow. *Gen. Illust. of Entom. an Epitome of the nat. Hist. Insects of India, n°.* 8. *pl.* 2. *fig.* 3.

Elle a le port & la taille des précédentes. Ses ailes sont blanches de part & d'autre, avec la moitié antérieure de la côte & le sommet des premières d'un brun-noirâtre. Les secondes ailes ont le long du bord d'en bas cinq points de cette couleur se reproduisant sur la surface opposée.

Elle se trouve dans les Indes-orientales.

45. Piéride Higinia.

Pieris Higinia.

Pier. alis rotundatis, integerrimis, suprà nigris, fasciâ albâ, communi, sinuatâ : subtùs anticis maculâ apicali albidâ; posticis basi fulvo radiatis.

Papilio Hypathia. Drury, *Inf.* 3. *pl.* 32. *fig.* 5. 6.

Papilio Epaphia. Cram. *Pap.* 18. *p.* 26. *pl.* 207. *fig.* D. E.

Papilio Epaphia. Herbst, *Pap. tab.* 99. *fig.* 5. 6.

Elle est de quatrième taille, d'un noir-brun en dessus. Ses ailes sont traversées dans leur milieu par une bande blanche, très-large sur les inférieures, dentée en dehors sur les supérieures, vers la côte desquelles elle se rétrécit presque de moitié. Ces dernières ailes ont, près du sommet, une rangée transverse de trois points blanchâtres, remplacés en dessous par une tache blanche, ovale; dont le côté extérieur est piqué de jaune. Le dessous des quatre ailes diffère du dessus en ce que la base des supérieures a une tache fauve, triangulaire, & la base des inférieures une tache roussâtre, rayonnée.

Drury l'a donnée avec doute comme variété de l'espèce précédente.

Elle se trouve à Sierra-Leone.

(1) Le nom de *libythea* étant devenu celui d'un genre, nous avons dû en donner un autre à cette espèce.

46. Piéride Saba.

Pieris Saba.

Pier. alis rotundatis, integerrimis, nigris, fasciâ communi albâ. Fab.

Papilio D. C. Saba. Fab. *Spec. Inf. tom.* 2. *pag.* 46. *n°.* 199. — *Mant. Inf. tom.* 2. *pag.* 21. *n°.* 224. — *Ent. Syst. em. tom.* 3. *pars* 1. *p.* 201. *n°.* 627.

Elle paroît se rapprocher beaucoup de la précédente; peut-être même n'en est-elle qu'une variété. Voici la description qu'en donne Fabricius: le dessus de ses quatre ailes est noir, avec une bande blanche, large, sur le milieu; les supérieures ont en outre quelques points blancs vers le sommet. Le dessous de chaque aile ressemble au dessus, mais il y a une petite raie jaune vers la base, & les inférieures ont plus de blanc.

Elle se trouve aussi à Sierra-Leone.

47. Piéride Cnéora.

Pieris Cneora.

Pier. alis rotundatis, albis: anticis fuscis; fasciâ latâ albâ. Fab.

Papilio D. C. Cneora. Fab. *Entom. Syst. em. tom.* 3. *pars* 1. *p.* 200. *n°.* 626.

N'ayant point vu cette espèce, nous traduisons Fabricius. Elle est de moyenne grandeur, & elle a le corps noir. Le dessus des premières ailes est d'un brun-noirâtre, entièrement traversé dans son milieu par une bande blanche, fort large. Le dessus des secondes ailes est blanc, avec le bord postérieur d'un brun-noirâtre. Le dessous des quatre ailes ne diffère du dessus que parce que le blanc des supérieures s'étend davantage vers l'extrémité, & parce que les inférieures ont à la base une petite raie jaune.

Elle est des Indes orientales.

48. Piéride Pitys.

Pieris Pitys.

Pier. alis rotundatis, integerrimis, suprà albis, subtùs flavis, limbo communi utrinquè nigro: anticis apice maculato.

Elle est à peu près de la taille de la précédente. Le dessus de ses ailes est blanc, avec une bordure noire, large, un peu sinuée sur le côté interne & marquée au sommet des supérieures tantôt d'un seul point blanc, tantôt de quatre ou cinq points semblables, alignés transversalement. Ces dernières ailes ont en outre la côte noire de part & d'autre. Leur dessous offre le même dessin que le dessus, mais le fond est jaune en majeure partie; cette couleur est aussi celle du point ou des points du sommet. Le dessous des secondes ailes est d'un beau jaune, avec une bordure semblable à celle de la surface opposée, mais encore plus large.

Il est des individus dont le dessus des ailes est d'un blanc-jaunâtre.

Elle se trouve dans l'île de Java.

49. Piéride Licinia.

Pieris Licinia.

Pier. alis integerrimis, albis, margine nigro: posticis subtùs immaculatis. Fab.

Papilio D. C. Licinia. Fab. *Entom. Syst. em. tom.* 3. *pars* 1. *p.* 197. *n°.* 613.

Jon. *Fig. pict.* 3. *tab.* 17. *fig.* 2.

Selon Fabricius, cette espèce a tout-à-fait le port de la P. *Coronis.* Son corps est noir. Ses premières ailes, dont le fond est blanchâtre, ont à l'extrémité une bordure noire, sinuée; leur dessous est semblable au dessus, mais le bord du sommet est jaunâtre. Le dessus des secondes ailes est également blanchâtre; leur dessous est jaune & sans aucune tache.

Elle se trouve dans l'Inde.

50. Piéride Candide (1).

Pieris Candida.

Pier. alis rotundatis, integerrimis, subconcoloribus, luteis, ambitu omni nigro.

Papilio Candida. Cram. *Pap.* 28. *pag.* 82. *pl.* 331. *fig.* A.

Herbst, *Pap. tab.* 105 *fig.* 6.

Elle est de la taille des précédentes, mais elle a les ailes encore plus arrondies. Sa couleur est d'un jaune-foncé, avec une bordure noire, embrassant tout le contour des quatre ailes, cependant beaucoup moins large sur la côte des supérieures. Le dessous diffère du dessus en ce que le bord interne n'est pas noir.

Nous ignorons si les deux sexes se ressemblent. Nous avons vu dans la collection du Muséum d'Histoire naturelle, à Paris, une variété dont le dessus des ailes est blanc & le dessous d'un jaune-soufre.

Elle se trouve dans l'île d'Amboine.

51. Piéride Hécabé.

Pieris Hecabe.

Pier. alis rotundatis, integerrimis, flavis, extimo suprà nigro: singulis subtùs disco maculâ fuscâ, annulari, geminâ.

(1) Nous avons conservé le nom des auteurs cités ici, quoiqu'il ne convienne guère à cette espèce.

Papilio D. C. Hecabe, *alis integerrimis, rotundatis, flavis, extimo nigris : singulis subtùs punctis pallidis, numerosissimis.* Linn. *Syst. Nat.* 2. *p.* 763. *n°.* 96. — *Mus. Lud. Ulr. p.* 249.

Papilio D. C. Hecabe. Fab. *Syst. Ent. p.* 472. *n°.* 125. — *Spec. Ins. tom.* 2. *p.* 42. *n°.* 178. — *Mant. Ins. tom.* 2. *p.* 19. *n°.* 201. — *Entom. Syst. em. tom.* 3. *pars* 1. *p.* 192. *n°.* 598.

Papilio Luzonicus, luteus, marginibus atris. Petiv. *Gazoph. tab.* 28. *fig.* 9.

Edw. *Av. tab.* 253. *fig.* 2.

Papilio Hecabe. Cram. *Pap.* 11. *p.* 40. *pl.* 124. *fig.* B. C.

Herbst, *Pap. tab.* 106. *fig.* 3-5.

Sulz. *Inf. edit.* Roem. *tab.* 15. *fig.* 7.

Elle est de quatrième taille, d'un très-beau jaune en dessus. Ses premières ailes ont à l'extrémité une bordure noire, légèrement liserée de jaune en dehors, très-sinuée en dedans, commençant en pointe vers le milieu de la côte, & se terminant carrément à l'angle interne par un crochet très-large. Les secondes ailes ont aussi une bordure noire, liserée de jaune, mais plus étroite, arquée & finement crénelée du côté qui regarde la base. Le dessous des quatre ailes est un peu moins foncé que le dessus, sans bordure; on y voit des taches brunâtres, éparses, tantôt plus, tantôt moins nombreuses; & celle qui occupe le milieu de chaque surface est toujours double & en forme d'anneau alongé. Les antennes sont noires & annelées de blanc.

Elle se trouve dans les Indes orientales, sur la *Nélitte* ou *Agaty naine (Æschynomene pumila).*

Nous avons vu une variété dont le dessous des premières ailes offroit au sommet une tache d'un noir-brun, grande & presque quadrangulaire: une autre qui avoit, au lieu de cette tache, une raie brunâtre courte & transverse.

52. Piéride Agavé.

Pieris Agave.

Pier. alis rotundatis, integerrimis, flavis : anticis suprà extimo nigris : singulis subtùs apice ferrugineis.

Papilio D. C. Agave, *alis integerrimis, rotundatis, flavis : anticis apice suprà nigris, subtùs brunneis.* Fab. *Mant. Inf. tom.* 2. *p.* 19. *n°.* 202. — *Ent. Syst. em. tom.* 3. *pars* 1. *p.* 193. *n°.* 599.

Elle a beaucoup d'analogie avec la précédente, mais elle est d'un jaune un peu moins vif. Le dessus des premières ailes a tantôt le sommet noir seulement, tantôt la totalité ou la plus grande partie du bord postérieur. Le bord correspondant des secondes ailes est quelquefois noir, mais plus souvent jaune comme le reste de la surface. Le dessous des quatre ailes a le sommet ferrugineux, mais plus ou moins, suivant le sexe. Dans l'un des deux le fond des secondes ailes est d'un jaune-roussâtre, avec un grand nombre d'atômes de la couleur du sommet; dans l'autre, au contraire, il est d'un jaune un peu pâle, avec quelques groupes d'atômes obscurs, ou des taches ferrugineuses, dont une sur le milieu du bord antérieur. Les antennes sont comme dans l'*Hécabé.*

Elle se trouve au Brésil.

53. Piéride Brigitte.

Pieris Brigitta.

Pier. alis rotundatis, integerrimis, sulphureis : anticis suprà apice nigro : posticis subtùs dilutè infæcatis, strigis aliquot saturatioribus.

Papilio Brigitta. Cram. *Pap.* 28. *pag.* 82. *pl.* 331. *fig.* B. C.

Herbst, *Pap. tab.* 106. *fig.* 6. 7.

Elle a le port & la taille de l'*Hécabé.* Ses ailes sont d'un jaune-soufre en dessus, avec une bordure noire, large & arquée à l'extrémité des premières; cette bordure a le côté externe un peu blanchâtre dans sa partie antérieure. Les secondes ailes sont tantôt sans taches, tantôt marquées au sommet d'une tache noire, arrondie. Le dessous des supérieures est jaune, avec l'extrémité d'un gris-rougeâtre pâle, & une tache noire, petite & annulaire, sur le milieu. Le dessous des ailes inférieures est lie de vin clair, mélangé de blanchâtre, avec deux ou trois raies plus foncées, courtes & disposées transversalement. Le corps est jaunâtre, avec le corselet & le dos noirâtre; les antennes sont grisâtres, avec le bout de la massue ferrugineux.

Elle se trouve sur la côte de Guinée.

54. Piéride Néda.

Pieris Neda.

Pier. alis rotundatis, integerrimis, flavis, margine suprà nigro : posticis subtùs disco punctis duobus nigris.

Papilio Nise. Cram. *Pap.* 2. *pag.* 31. *pl.* 20. *fig.* K. L.

Papilio Nise. Herbst, *Pap. tab.* 106. *fig.* 8. 9.

Elle est de cinquième taille, d'un beau jaune en dessus, avec une bordure noire, arquée, un peu élargie au sommet des ailes supérieures, étroite sur les inférieures. Le dessous des quatre ailes est presque du même jaune que le dessus, mais sans bordure : celui des ailes supérieures n'a aucune tache; celui des inférieures est marqué sur le milieu de deux points noirs, environnés de plusieurs groupes d'atômes plus ou moins obscurs.

Les antennes sont noires & annelées de blanc.

Elle se trouve depuis le Brésil jusqu'à la Jamaïque.

Fabricius (*Suppl. Entom. Syst. em. tom.* 5) rapporte à cette espèce, sous le nom de *Libythea*, nom qu'il a déjà employé, une Piéride des Indes orientales, & dont le dessous des secondes ailes est tout-à-fait sans taches.

55. Piéride Rahel.

Pieris Rahel.

Pier. alis rotundatis, integerrimis, flavis, suprà margine nigris; subtùs immaculatis. Fab.

Papilio D. C. Rahel. Fab. *Mant. Inf. tom.* 2. *p.* 22. *n°.* 235. — *Ent. Syst. em. tom.* 3. *pars* 1. *p.* 204. *n°.* 637.

Fabricius la décrit ainsi : c'est une des petites de cette famille. Le corps est blanc, avec le corselet & le dos noirâtres. Les ailes sont d'un jaune-foncé, avec une bordure noire, large, s'étendant de la base des supérieures à l'angle anal des inférieures. Le dessous est entièrement sans taches.

Elle se trouve dans l'Inde.

56. Piéride Smilax.

Pieris Smilax.

Pier. alis rotundatis, integerrimis, flavis, seu pallidioribus, extimo nigris : subtùs anticis puncto medio nigro; posticis maculâ apicis ferrugineâ atomisque passìm fuscis.

Papilio D. C. Smilax. Donow. *Gen. Illust. of Entom. an. Epitome of the Nat. Hist. Insects of India, part.* 1. *pl.* 20. *fig.* 3.

Elle est un peu plus petite que la P. *Nise*. Le dessus du mâle est d'un beau jaune, le dessus de la femelle d'un jaune-soufre pâle, avec une bordure d'un noir-brun, liserée de rougeâtre en dehors, sinuée en dedans, très-étroite sur les ailes inférieures du mâle, formée sur les ailes correspondantes de la femelle par une suite de taches dont l'antérieure beaucoup plus grande. Le dessous des ailes supérieures est jaune, avec un point noir sur le milieu & le bord interne blanchâtre. Le dessous des ailes inférieures est d'un jaune-clair dans le mâle, d'un jaune-roussâtre dans la femelle, avec une tache ferrugineuse, arrondie, sur le sommet, & des groupes d'atômes noirâtres, plus ou moins prononcés, sur le reste de la surface : indépendamment de ces caractères il y a le long du bord postérieur de chaque aile, & en deçà de la frange ou liseré rougeâtre, deux lignes dont l'extérieure d'un beau blanc, l'intérieure d'un fauve vif & entrecoupée par des points noirs, très-petits. Le corps est d'un jaune-pâle ou blanchâtre, avec le corselet & le dos noirâtres; les antennes sont noires, annelées de blanc, avec le bout de la massue légèrement ferrugineux.

Elle se trouve dans les Indes orientales.

57. Piéride Messaline.

Pieris Messalina.

Pier. alis rotundatis, integerrimis, albis, apice nigris : subtùs flavis, maculâ marginali brunneâ. Fab.

Papilio D. C. Messalina. Fab. *Mant. Inf. tom.* 2. *p.* 22. *n°.* 236. — *Ent. Syst. em. tom.* 3. *pars* 1. *p.* 204. *n°.* 638.

Elle a le port & la taille de la P. *Rahel.* Ses ailes sont blanches en dessus, avec le sommet des supérieures & une tache marginale sur les inférieures, noirs. Leur dessous est jaune, avec une tache brune au sommet des premières, une tache marginale & des atômes de cette couleur sur les secondes.

Elle se trouve dans l'Inde.

(*Traduction du texte de Fabricius.*)

58. Piéride Elathée.

Pieris Elathea.

Pier. alis rotundatis, integerrimis, margine suprà nigro : anticis flavis, posticis albis : his subtùs disco punctis duobus nigris; anticarum suprà (mas) *margine interiori aurantiaco.*

Papilio D. C. Elathea, *alis rotundatis, integerrimis, extimo nigris : anticis flavis, posticis albis : subtùs cinereis.* Fab. *Spec. Inf. tom.* 2. *pag.* 44. *n°.* 185. — *Mant. Inf. tom.* 2. *pag.* 20. *n°.* 209. — *Ent. Syst. em. tom.* 3. *pars* 1. *p.* 196. *n°.* 610.

Papilio Elathea. Cram. *Pap.* 9. *p.* 5. *pl.* 99. *fig.* C. D. (Le mâle.)

Roes. *Inf.* 4. *tab.* 3. *fig.* 4.

Herbst, *Pap. tab.* 117. *fig.* 5. 6.

Elle est à peu près de la taille de la précédente. Ses premières ailes sont d'un jaune-serin, avec une bordure noire, frangée de blanchâtre en dehors, légèrement sinuée en dedans, finissant en pointe à l'angle interne : dans le mâle la côte est en outre largement bordée de noir, & de la base part une ligne de cette couleur, droite, longeant presque tout le bord d'en bas, qui est orangé. Les secondes ailes sont blanches en dessus, avec une bordure noire, frangée de blanc en dehors, finement & irrégulièrement dentée du côté de la base, tantôt plus, tantôt moins large dans un sexe comme

comme dans l'autre. Le dessous des ailes supérieures est à peu près du même jaune que le dessus, avec le bord interne blanc & le sommet cendré ou roussâtre. Le dessous des ailes inférieures est d'un blanc-luisant ou d'un jaune-blanchâtre dans le mâle, d'un roux plus ou moins foncé dans la femelle, avec deux points noirs, discoïdaux, & une raie brunâtre ou noirâtre, ondulée, parallèle au bord postérieur. Les points noirs, discoïdaux, sont parfois peu prononcés dans le mâle; de-là vient sans doute que Cramer ne les a point indiqués. Le corps est blanc, avec le corselet & le dos noirâtres; les antennes sont noires & annelées de blanc.

Elle se trouve depuis le Brésil jusque dans la Virginie.

59. Piéride Daïra.

Pieris Daira.

Pier. alis rotundatis, integerrimis, flavis: anticis suprà margine, posticis maculâ apicali, nigris: his subtùs disco punctis duobus atris: anticarum suprà margine interiori aurantiaco.

Papilio Delia. Cram. *Pap.* 23. *p.* 144. *pl.* 273. *fig.* A.

Herbst, *Pap. tab.* 117. *fig.* 7.

Nous ignorons si les deux sexes se ressemblent. Celui que nous avons vu a les premières ailes comme le mâle de l'*Elathée*, avec cette différence que la côte est piquée de noir, au lieu d'être tout-à-fait de cette couleur, & que la raie noire qui longe le bord interne est beaucoup plus large & arrondie antérieurement. Les secondes ailes sont jaunes en dessus, avec une tache noire, presque ronde, au sommet. Le dessous des quatre ailes est comme dans le mâle de l'*Elathée*.

Elle se trouve dans l'Amérique septentrionale, particulièrement dans l'Etat de New-York.

60. Piéride Pyro.

Pieris Pyro.

Pier. alis rotundatis, integerrimis, suprà aurantiacis: primoribus extimo fuscis: posterioribus subtùs maculâ mediâ fulvâ, apice albo-ferrugineo.

Elle est approchant de la taille des précédentes, d'un jaune-orangé en dessus, avec la base des ailes finement pointillée de noirâtre. Les supérieures ont une bordure d'un noir-brun, sinuée intérieurement & un peu élargie au sommet. Les ailes inférieures ont l'extrémité légèrement saupoudrée de noirâtre. Le dessous des premières est plus pâle que le dessus, avec un point noir, très-petit, vers le milieu de la côte, & une tache obscure en face du sommet. Le dessous des secondes ailes est d'un jaune un peu pâle, avec une tache orangée sur le milieu, quelques atômes brunâtres, épars, & une tache ferrugineuse, couverte de blanc-mat, ronde, très-grande, sur le sommet. Il y a en outre le long du bord postérieur des quatre ailes une suite de points noirs, très-petits. Le corps est d'un jaune-pâle, avec le corselet & le dos noirâtres; les antennes sont brunes, finement annelées de blanc, avec le bout de la massue grisâtre.

Elle habite.....

Nous en devons la connoissance à M. Dufresne, dans la collection duquel elle se trouve.

61. Piéride Phialé.

Pieris Phiale.

Pier. alis rotundatis, integerrimis, albis: anticis suprà costâ baseos fuscâ apiceque nigro: singulis subtùs ambitu exteriori flavescente; posticis punctis duobus nigris.

Papilio Phiale. Cram. *Pap.* 3. *p.* 43. *pl.* 27. *fig.* F.

Papilio Phiale. Herbst, *Pap. tab.* 90. *fig.* 6.

Papilio Agave. Cram. *Pap.* 2. *p.* 31. *pl.* 20. *fig.* H. I.

Papilio Agave. Herbst, *Pap. tab.* 90. *fig.* 7. 8.

Le *Phiale* & l'*Agave* de Cramer & de Herbst nous paroissent ne former qu'une seule & même espèce. Elle est approchant de la taille de la précédente, blanche en dessus, avec la moitié antérieure de la côte des premières ailes obscure. Ces ailes ont à l'extrémité une bordure noire, arquée, élargie au sommet & terminée en pointe à l'angle opposé. Les secondes ailes ont le limbe postérieur tantôt jaune, avec des traits noirs, comme dans le *Phiale* de Cramer, tantôt entièrement noir, comme dans l'*Agave* du même auteur. Le dessous des quatre ailes est blanc, avec tout le contour extérieur d'un jaune-pâle, un point noir sur le milieu des supérieures, & deux semblables sur le milieu des inférieures.

Elle se trouve à la Guyane, ainsi que celle que nous y avons rapportée.

62. Piéride Muse.

Pieris Musa.

Pier. alis rotundatis, integerrimis, albis: anticis suprà apice fusco: posticis subtùs flavescentibus, disco punctis duobus nigris.

Papilio D. C. Musa, *alis integerrimis, albis: posticis puncto medio nigro, subtùs flavescentibus punctis duobus.* Fab. *Ent. Syst. em. tom.* 3. *pars* 1. *p.* 195. *n°.* 607.

Papilio Musa. Jon. *Fig. pict.* 3. *tab.* 25. *fig.* 4.

Elle est de cinquième taille, blanche en dessus, avec le sommet des ailes supérieures noirâtre, & un point d'un noir-foncé sur le milieu des inférieures. Ces dernières sont d'un jaune-pâle à l'extrémité. Le dessous des premières ailes est blanc, avec le bord antérieur jaune. Le dessous des secondes ailes est d'un jaune-pâle, avec deux points noirs sur le milieu.

Elle se trouve dans les Indes orientales.

63. Piéride Egnatia.

Pieris Egnatia.

Pier. alis rotundatis, integerrimis, subconcoloribus, nitenti-albis : anticis limbo exteriori latè nigro.

Nous n'avons vu qu'un des sexes de cette espèce.

Elle est de quatrième taille & d'un blanc-luisant. Le dessus des premières ailes est largement bordé de noir-brun depuis la base jusqu'à l'angle interne. Le dessus des secondes ailes est sans taches. Le dessous des quatre ailes ressemble au dessus, mais le bord du sommet des supérieures est blanc, avec une légère frange jaunâtre, & le bord interne des inférieures est entièrement d'un jaune-pâle.

Elle habite.....

64. Piéride Vallona (1).

Pieris Vallona.

Pier. alis rotundatis, integerrimis, albis : anticis costâ punctoque nigris ; posticis suprà fusco, subtùs flavido strigosis.

Papilio D. C. Vanessa, *alis integerrimis, albis : anticis margine exteriori* (antico) *fusco punctoque atro; posticis fusco strigosis.* Fab. *Ent. Syst. em. tom.* 3. *pars* 1. *p.* 192. *n°.* 597.

Papilio Vanessa. Jon. *Fig. pict.* 6. *tab.* 35. *fig.* 4.

Elle a le port & la taille de la précédente. Ses ailes sont blanches de part & d'autre. Les premières ont, le long de la côte, une bordure d'un noir-brun, & près de cette même bordure un point d'un noir-foncé, très-petit : leur dessous offre quelques arcs noirâtres. Les secondes ailes ont des raies d'un noir-brun en dessus, jaunâtres en dessous.

Elle est de l'Amérique.

65. Piéride Albula.

Pieris Albula.

Pier. alis rotundatis, integerrimis, albis : anticis suprà extimo nigro : posticis subtùs punctis duobus seu unico fuscis.

Papilio Albula. Cram. *Pap.* 3. *p.* 43. *pl.* 27. *fig.* E.

Herbst, *Pap. tab.* 90. *fig.* 5.

Elle est presque de la taille des deux précédentes. Ses ailes sont blanches & assez minces. Le dessus des supérieures est bordé à l'extrémité par une bande noire, arquée, & un peu élargie au sommet. Le dessus des inférieures est sans taches. Le dessous des premières ailes est blanc comme le dessus, avec la base légèrement soufrée. Le dessous des secondes ailes est tantôt d'un blanc-luisant, avec un seul point noirâtre, tantôt d'un blanc-jaunâtre, avec deux points également noirâtres.

Elle se trouve à la Guyane & au Brésil.

66. Piéride Sinoé.

Pieris Sinoe.

Pier. alis rotundatis, integerrimis, albis : anticis suprà extimo nigro : posticis subtùs grisescenti-albis, seu flavescentibus, immaculatis.

Elle est de cinquième taille, blanche en dessus, avec une bordure noire, arquée, à l'extrémité des premières ailes. Les secondes ailes ont le bord postérieur tantôt légèrement noir, tantôt blanc comme le reste de la surface. Le dessous de ces mêmes ailes est d'un blanc-grisâtre ou d'un jaune-pâle, sans taches. Le dessous des supérieures est blanc, avec la base soufrée ; leur sommet est aussi quelquefois de cette couleur.

Elle se trouve au Brésil.

67. Piéride Elvina.

Pieris Elvina.

Pier. alis rotundatis, integerrimis, albis seu subvirescenti-albidis : anticis suprà extimo nigro: posticis subtùs immaculatis aut ochraceis fuscoque punctatis.

Elle est très-petite. L'un des sexes est blanc en dessus, avec une bordure noire, arquée, à l'extrémité des ailes supérieures. Le dessous de ces mêmes ailes est également blanc, avec la côte & le sommet d'un jaune d'ocre. Le dessous des secondes ailes est d'un jaune d'ocre, avec plusieurs points noirâtres, épars. L'autre sexe est d'un jaune-soufre pâle de part & d'autre, sans taches en dessous, bordé de noir en dessus, à l'extrémité des ailes de devant.

Elle se trouve au Brésil.

68. Piéride Poppée.

Pieris Poppea.

Pier. alis rotundatis, integerrimis, albis, mar-

(1) Le nom primitif de cette espèce est devenu depuis celui d'un genre de lépidoptères. (Voyez *les Gén. hist.*)

gine postico nigro maculato : primoribus utrinquè, posterioribus subtùs, basi aurantiacâ.

Papilio D. C. Poppea, *alis rotundatis, integerrimis, albis, margine nigro maculato : anticis maculâ baseos ferrugineâ.* Fab. *Spec. Inf. tom.* 2. *p.* 40. *n°.* 165. — *Mant. Inf. tom.* 2. *p.* 18. *n°.* 188. — *Entom. Syst. em. tom.* 3. *pars* 1. *p.* 18. *n°.* 581.

Papilio Poppea. Cram. *Pap.* 10. *p.* 21. *pl.* 110. *fig.* D.

Herbst, *Pap. tab.* 89. *fig.* 5.

Elle est de quatrième taille, blanche, avec des taches noires le long du bord postérieur de chaque aile. Les taches des ailes inférieures sont constamment arrondies; celles des supérieures sont tantôt elliptiques, tantôt réunies en une bande continue, arquée & élargie au sommet : ces dernières ailes ont la base orangée & la côte légèrement bordée de noir. Le dessous des quatre ailes diffère du dessus en ce que le sommet des supérieures est plus pâle, & parfois verdâtre; en ce que la base des inférieures est aussi orangée.

Nous avons vu une variété mâle dont la base des ailes supérieures est blanche de part & d'autre, & dont l'origine de la côte des inférieures est seulement orangée en dessous.

Elle se trouve en Guinée.

69. Piéride Agathine.

Pieris Agathina.

Pier. alis rotundatis, integerrimis, suprà albis, margine postico nigro maculato : subtùs anticis basi fulvâ; posticis paginâ omni ochreaceâ.

Papilio Agathina. Cram. *Pap.* 20. *p.* 76. *pl.* 237. *fig.* D. E.

Herbst, *Pap. tab.* 104. *fig.* 4. 5.

Elle a le port & la taille de la précédente. Le dessus de ses ailes est blanc, avec des points d'un noir-foncé le long du bord postérieur. Les premières ailes ont en outre le sommet & la côte noirs. Leur dessous est blanc, avec la base d'un jaune-souci vif, le sommet d'un jaune d'ocre, & le bord ponctué de noir comme sur la surface opposée. Le dessous des secondes ailes est d'un jaune d'ocre, avec des points noirs, marginaux.

Elle se trouve dans l'île de Java.

70. Piéride Périgone.

Pieris Perigone.

Pier. alis rotundatis, integerrimis, subconcoloribus, albis, omnium basi posticarumque extimo rufescentibus : anticis limbo posteriori latè nigro.

Papilio Pasiphae. Cram. *Pap.* 7. *p.* 127. *pl.* 80. *fig.* E.

Papilio Pasiphae. Herbst, *Pap. tab.* 90. *fig.* 4.

Elle a le port & la taille des précédentes. Ses ailes sont blanches en dessus, avec la base un peu roussâtre. Les premières sont bordées à l'extrémité par une bande noire, arquée, & presqu'aussi large à l'angle interne qu'au sommet. Les secondes ailes ont le limbe postérieur roussâtre comme la base. Le dessous des quatre ailes ressemble au dessus, mais la bordure des supérieures est plus pâle.

Elle se trouve à la Guyane.

71. Piéride Empéda.

Pieris Empeda.

Pier. alis rotundatis, integerrimis, albis : anticis limbo posteriori punctoque medio nigris : posticis infrà strigis tribus virescentibus.

Papilio Medusa. Cram. *Pap.* 13. *p.* 86. *pl.* 150. *fig.* F.

Elle a le port & la taille de la précédente. Ses ailes sont blanches en dessus. Les premières ont le limbe postérieur noir, & leur milieu offre un point de cette couleur. Les secondes ailes sont sans taches. Le dessous des unes & des autres est également blanc, mais les supérieures ont la base & l'extrémité verdâtres; les inférieures sont traversées par trois raies d'un vert-obscur, presque parallèles entr'elles, & le bord interne est approchant de la teinte de ces raies.

Elle se trouve au Bengale.

72. Piéride Eudoxie.

Pieris Eudoxia.

Pier. alis rotundatis, subintegris : anticis dilutè fulvis; posticis albis : omnium limbo communi nigro maculato.

Papilio D. C. Eudoxia, *alis rotundatis, integerrimis, albis, margine nigro : subtùs basi fulvis margineque nigro maculato.* Fab. *Entom. Syst. em. tom.* 3. *pars* 1. *p.* 199. *n°.* 620.

Papilio Eudoxia. Drury, *Inf.* 3. *pl.* 32. *fig.* 1. 2.

Cram. *Pap.* 18. *p.* 35. *pl.* 213. *fig.* C.

Herbst, *Pap. tab.* 107. *fig.* 1. 2.

Jon. *Fig. pict.* 3. *tab.* 20. *fig.* 2.

Elle est de quatrième taille, mais un peu moins grande que les précédentes. Le mâle, ou du moins celui que nous regardons comme tel, a les premières ailes d'un fauve-clair de part & d'autre, avec le limbe postérieur divisé en dessus par des raies noires, longitudinales, & en dessous par une suite de sept points de cette couleur. Les ailes correspondantes de la femelle sont plus pâles & bordées en dessus par une bande noire, arquée, sur laquelle sont alignées des taches fauves, triangulaires. Leur dessous est à peu près le même que dans le mâle. Les secondes ailes des deux sexes sont d'un blanc un peu luisant, avec le bord postérieur légèrement sinué & entrecoupé par des points noirs, très-gros, au nombre de six dans le mâle, de huit dans la femelle. Ces ailes ont en outre la base fauve en dessous.

Elle se trouve à Sierra-Leone.

Cramer n'a figuré que l'individu que nous prenons pour la femelle.

73. Piéride Rhodope.

Pieris Rhodope.

Pier. alis rotundatis, integerrimis, subconcoloribus, extimo nigris : anticis flavis, posticis albis. Fab.

Papilio D. C. Rhodope. Fab. *Syst. Entom. p.* 473. *n°.* 130. — *Spec. Inf. tom.* 2. *p.* 44. *n°.* 184. — *Mant. Insect. tom.* 2. *p.* 20. *n°.* 208. — *Entom. Syst. em. tom.* 3. *pars* 1. *p.* 196. *n°.* 609.

Suivant Fabricius cette espèce a les premières ailes jaunes, avec la côte & le bord postérieur noirs; ce dernier est en outre rayé de jaune. Le dessous de ces mêmes ailes est de la couleur du dessus, avec sept taches noires au sommet. Les secondes ailes sont blanches de part & d'autre, avec une rangée de huit points noirs sur le bord postérieur. — Ne seroit-ce pas une variété de la précédente?

Elle est de Sierra-Leone.

74. Piéride Ione.

Pieris Ione.

Pier. alis rotundatis, integerrimis, albis : anticis suprà apice (medio violaceo) nigris : posticis subtùs costâ baseos fulvâ.

C'est une des grandes espèces de la quatrième taille. Le dessus de ses ailes est blanc, avec la base piquée de noirâtre. Les premières ont à l'extrémité une bordure noire, arquée, étroite vers l'angle interne, large vis-à-vis du sommet, où elle est divisée transversalement & obliquement par une bande violette, très-brillante, arrondie en dehors; ces mêmes ailes ont en outre, vers le milieu, un point très-noir, qui se reproduit sur la surface opposée. Les secondes ailes ont sur le limbe postérieur une suite de taches noires, auxquelles aboutissent de fines nervures de cette couleur. Le dessous des quatre ailes est blanc, avec des points noirâtres, marginaux, & la côte des inférieures fauve à son origine. Le corps est blanc, avec le corselet & le dos noirâtres; les antennes sont d'un noir-foncé, avec le bout de la massue ferrugineux.

Elle habite.....

75. Piéride Fabia.

Pieris Fabia.

Pier. alis integerrimis, albis : anticis punctlo apiceque nigris; posticis cinereis, immaculatis. Fab.

Papilio D. C. Fabia. Fab. *Suppl. Entom. Syst. em. tom.* 5. *p.* 426. *n°.* 587-8.

Fabricius en donne la description suivante : elle est de moyenne grandeur. Le dessus de ses premières ailes est blanc, avec le bord du sommet noir, & un petit point de cette couleur vers le milieu de la surface. Le dessus des secondes ailes est cendré, sans taches. Le dessous des unes & des autres est également cendré. Cette couleur est aussi celle du corps.

Elle se trouve dans les îles de l'Amérique.

76. Piéride Iléa.

Pieris Ilea.

Pier. alis integerrimis, albis : anticis punctlo apiceque nigris : subtùs omnibus cinereis, punctlo minuto ferrugineo. Fab.

Papilio D. C. Ilea. Fab. *Suppl. Entom. Syst. em. tom.* 5. *p.* 426. *n°.* 587-8.

Elle diffère, dit Fabricius, de la Piéride *Fabia* en ce qu'elle est moitié moins grande; qu'elle a le dessus des quatre ailes blanc, avec tout le sommet des supérieures noir; en ce que le dessous de celles-ci & celui des inférieures offrent sur le milieu un point ferrugineux, très-petit.

Elle habite les Indes orientales.

77. Piéride Argie.

Pieris Argia.

Pier. alis subrotundatis, integerrimis, albis : anticis suprà extimo atris, subtùs maculâ apicali castaneâ : posticarum paginâ inferiori ochreaceâ, nitidâ. (Mas.)

Papilio D. C. Argia, *alis integerrimis, rotundatis, albis : anticis apice nigris.* Fab. *Syst. Ent. p.* 470. *n°.* 118. — *Spec. Inf. tom.* 2. *p.* 41. *n°.* 169. — *Mant. Inf. tom.* 2. *p.* 19. *n°.* 192. — *Entom. Syst. em. tom.* 3. *pars* 1. *p.* 190. *n°.* 587.

Papilio Cassiopea. Cram. *Pap.* 17. *pag.* 14. *pl.* 210. *fig.* A.

Elle est un peu plus grande que l'*Ione*, & elle a les ailes moins arrondies. Leur dessus est d'un blanc un tant soit peu verdâtre. Les premières sont bordées à l'extrémité par une bande très-noire, de médiocre largeur, formant un triangle alongé dont la pointe est en en-bas & dont le côté interne est sinué & coupé par une suite de cinq ou six petits traits noirs, longitudinaux; le bord antérieur est piqué de noirâtre, surtout vers la base. Les secondes ailes sont sans taches. Le dessous des supérieures diffère du dessus en ce que le fond est luisant ; en ce que le noir de la côte & de l'extrémité est remplacé par du jaune d'ocre pâle, & en ce que le sommet est marqué à sa partie antérieure d'une tache d'un brun-marron, assez grande & orbiculaire. Le dessous des ailes inférieures est d'un jaune d'ocre pâle & luisant, avec l'origine de la côte légèrement safranée. Le corps est blanc, avec le corselet noirâtre & garni d'un duvet verdâtre ; les antennes sont noires, finement annelées de blanc, avec le bout de la massue un peu jaunâtre.

Nous n'avons vu que le mâle de cette espèce. Elle habite la côte de Guinée.

78. Piéride Orséis.

Pieris Orseis.

Pier. alis subrotundatis, integerrimis, suprà albis, extimo nigro : subtùs anticis apice, posticis paginâ omni, infuscatis.

Elle a le port de la précédente, mais elle est d'environ un sixième moins grande. Le dessus de ses ailes est blanc ou d'un blanc teinté de jaune, avec une bordure noire, dentée intérieurement, étroite sur les ailes inférieures, élargie au sommet des supérieures, où elle offre ordinairement trois ou quatre taches blanches, elliptiques & disposées longitudinalement. La côte de ces dernières ailes est pareillement noire, & de son milieu part quelquefois un trait arqué de cette couleur. Le dessous des premières ailes ne diffère du dessus que parce que la bordure est d'un brun-noirâtre clair. Le dessous des secondes ailes est lavé de brun, particulièrement le long des nervures & à l'extrémité. Le corps est blanc, avec le corselet obscur, & les épaules d'un gris-roussâtre ; les antennes sont noires, annelées de blanc, avec le bout de la massue jaunâtre.

Elle se trouve au Brésil.

79. Piéride Monuste.

Pieris Monuste.

Pier. alis subrotundatis, integerrimis, subconcoloribus, albis : anticis limbo, posticis maculis marginalibus, fuscis.

Papilio D. C. Monuste, *alis rotundatis, integerrimis, albis margine fusco.* Linn. *Syst. Nat.* 2. *p.* 760. *n°.* 80. — *Mus. Lud. Ulr. p.* 237.

Seligm. *Av.* 6. *tab.* 79.

Papilio Monusta. Cram. *Pap.* 12. *pag.* 71. *pl.* 141. *fig.* F.

Herbst, *Pap. tab.* 88. *fig.* 6.

Klemann, *Inf. tab.* 3. *fig.* 3.

Elle a le port & la taille de la précédente. Ses ailes sont blanches. Les premières ont la côte obscure, & leur extrémité est bordée par une bande d'un noir-brun, de moyenne largeur, allant toujours en diminuant depuis le sommet jusqu'à l'angle opposé, & ayant le côté interne inégalement denté. Les secondes ailes ont le long du bord postérieur quatre ou cinq taches noirâtres, à peu près triangulaires. Le dessous des quatre ailes ne diffère du dessus que parce que la bordure des supérieures & les taches marginales des inférieures sont plus pâles ou d'une couleur cendrée. Le corps est blanc, avec le corselet noirâtre; les antennes sont noires.

Elle se trouve en Chine.

Fabricius l'a confondue non-seulement avec l'*Alcyone* de Cramer, mais encore avec une autre espèce qu'il dit d'Amérique, & dont le dessous des secondes ailes est jaune.

80. Piéride Amaryllis.

Pieris Amaryllis.

Pier. alis subrotundatis, integerrimis, concoloribus, obscurè albidis : anticis lunulâ mediâ nigrâ.

Papilio D. C. Amaryllis. Fab. *Entom. Syst. em. tom.* 3. *pars* 1. *p.* 189. *n°.* 586.

Donow. *Gen. Illust. of Entom. an Epitome of the Nat. Hist. Insects of India, n°.* 10. *pl.* 11. *fig.* 1.

Jon. *Fig. pict.* 3. *tab.* 35. *fig.* 1.

D'après la figure de Donowan & la description de Fabricius, cette espèce a le port & la taille de la précédente. Ses ailes sont d'un blanc-obscur, ou plutôt cendré de part & d'autre, avec une lunule noire vers le milieu des supérieures.

Elle se trouve dans les Indes orientales.

81. Piéride Virginie.

Pieris Virginia.

Pier. alis subrotundatis, integerrimis, albis : anticis suprà margine nigro : his subtùs apice, posticis paginâ omni, ochreaceis.

Elle a le port & à peu près la taille des précédentes. Le dessus de ses ailes est blanc. Les supérieures ont la côte d'un brun-noirâtre, & leur extrémité offre une bordure noire, tantôt étroite, tantôt de moyenne largeur & dentée sur le côté interne. Les secondes ailes sont sans taches. Leur dessous est d'un jaune d'ocre, assez foncé ; cette couleur est aussi celle du sommet des premières ailes, dont la surface est d'ailleurs blanche comme en dessus. Le corps & les antennes sont comme dans l'*Orséis*.

Elle se trouve.....

82. Piéride Philète.

Pieris Philete.

Pier. alis subrotundatis, integerrimis, griseis: anticis suprà albis, apice fuscis.

Papilio D. C. Philete. Fab. *Syst. Ent. p.* 471. *n°.* 119. — *Spec. Ins. tom.* 2. *p.* 41. *n°.* 171. — *Mant. Ins. tom.* 2. *p.* 19. *n°.* 194. — *Ent. Syst. em. tom.* 3. *pars* 1. *p.* 190. *n°.* 590.

N'ayant point vu cette espèce, nous la donnons d'après Fabricius, dont nous traduisons le texte.

Elle est voisine de la P. *Monuste.* Ses ailes sont grises, mais les supérieures ont le dessus blanc, avec le sommet noir & marqué dans son milieu d'un point brunâtre. Les antennes ont l'extrémité ferrugineuse.

Elle est d'Amérique.

83. Piéride Ilaïre.

Pieris Ilaire.

Pier. alis subrotundatis, integerrimis, nitenti-albis: anticis suprà apice nigricanti: posticis infrà grisescentibus, costâ baseos luteâ.

Elle a le port & à peu près la taille des précédentes. Le dessus de ses ailes est d'un blanc-luisant, avec la côte & le sommet des premières noirâtres. Les secondes ailes sont sans taches, mais leur bord postérieur a une petite frange blanche, séparée du fond par un filet noir, plus ou moins prononcé. Le dessous des ailes supérieures ne diffère du dessus que parce que le sommet est grisâtre, & que cette teinte s'étend plus loin que le noir de la surface opposée. Le dessous des ailes inférieures est grisâtre, un peu luisant, avec l'origine de la côte safranée ou d'un jaune-foncé. Le corps est blanc, avec la tête cendrée, le corselet noirâtre & garni de poils blanchâtres, soyeux; les antennes sont noires, annelées de blanc, avec le bout de la massue un peu roussâtre.

Dans le nombre des individus qui nous ont passé sous les yeux, nous avons trouvé un individu mâle, qui avoit la base des premières ailes d'un jaune-pâle en dessous.

Elle habite le Brésil.

84. Piéride Nérissa.

Pieris Nerissa.

Pier. alis subrotundatis, integerrimis, albis, margine suprà nigro: posticis subtùs flavicantibus cinereoque venosis.

Papilio D. C. Nerissa, *alis integerrimis, rotundatis, albis, margine nigro: subtùs nigro venosis.* Fab. *Syst. Entom. p.* 471. *n°.* 123. — *Spec. Ins. tom.* 2. *p.* 42. *n°.* 176. — *Mant. Ins. tom.* 2. *p.* 19. *n°.* 199. — *Ent. Syst. em. tom.* 3. *pars* 1. *p.* 192. *n°.* 595.

Papilio Amasene. Cram. *Pap.* 4. *p.* 68. *pl.* 44. *fig.* A. (Variété.)

Herbst, *Pap. tab.* 91. *fig.* 3. 4.

Elle a le port & la taille des précédentes. Le dessus de ses ailes est d'un beau blanc, avec la base un peu cendrée. Les premières ont le sommet & le bord postérieur noirs, avec une suite de quatre ou cinq taches blanches, inégales, elliptiques, tantôt bien distinctes, tantôt un peu confuses. Les secondes ailes ont à l'extrémité un rang de cinq ou six taches noires, triangulaires, appuyées en dehors sur un liseré noir, bordé par des cils blancs. Le dessous des ailes supérieures ne diffère du dessus que parce que les taches du sommet sont plus rapprochées & un peu teintées de jaunâtre. Le dessous des ailes inférieures est aussi teinté de jaunâtre, avec des veines cendrées, dont les trois antérieures transverses & assez larges, les autres longitudinales & très-fines.

Cramer a figuré une variété dont les deux surfaces des premières ailes offrent une tache noire, arrondie, placée à peu de distance du milieu du limbe postérieur, & dont le dessous des secondes ailes est d'un jaune d'ocre très-pâle & sans aucune veine.

Elle se trouve sur la côte de Coromandel.

85. Piéride Caenis.

Pieris Caenis.

Pier. alis subrotundatis, albis, margine posticè & antè hunc marginem lineâ angulatâ maculisque nigris: subtùs omnibus strigâ communi brunneâ.

Papilio Caenis. Drury, *Ins.* 2. *pl.* 19. *fig.* 1. 2.

Elle a le port & la taille de la précédente. Le dessus de ses quatre ailes est blanc, avec le limbe postérieur noir & précédé intérieurement d'une ligne anguleuse de cette couleur. Non loin de cette ligne les ailes supérieures ont une rangée transverse & entière de points noirâtres, & les inférieures une suite de trois ou quatre chevrons plus foncés, vers le bord interne. Le dessous des quatre ailes est blanc & traversé un peu au-delà du milieu par une raie brune, s'étendant de la côte des supérieures à l'angle anal des inférieures; la portion de surface comprise entre cette même raie & la base est d'une teinte bleuâtre, avec des ondes noirâtres; l'autre portion au contraire est d'une teinte sale, avec une ligne noirâtre, anguleuse, correspondante à celle du dessus, mais plus fine. Le bord postérieur des secondes ailes est légèrement sinué. Le corps est noirâtre, avec le corselet verdâtre; les antennes sont noires.

Elle se trouve en Guinée, & particulièrement dans le nouveau Calabar.

86. Piéride Pauline.

Pieris Paulina.

Pier. alis subrotundatis, integerrimis, albis,

margine exteriori suprà nigro : anticis apice albo maculatis : his subtùs basi flavis ; posticis subviolaceo grisescentibus, immaculatis.

Papilio D. C. Paulina, *alis rotundatis, integerrimis, albis, margine nigro : subtùs anticis maculâ baseos flavâ ; posticis immaculatis.* Fab. *Entom. Syst. em. tom.* 3. *pars* 1. *p.* 189. *n°.* 583.

Papilio Paulina. Cram. *Pap.* 10. *pag.* 21. *pl.* 110. *fig.* E. F.

Herbst, *Pap. tab.* 91. *fig.* 1. 2.

Elle a le port & à peu près la taille des précédentes. Le dessus de ses ailes est d'un blanc-bleuâtre, avec la base obscure. Les premières ont toute la côte noire, & à leur extrémité est une bordure de cette couleur, sinuée en dedans, élargie au sommet, où elle est divisée transversalement soit par une bande maculaire, soit seulement par deux taches, blanches. Les secondes ailes ont une bordure noire, dentée intérieurement. Le dessous des supérieures est blanc, avec la base d'un jaune-roussâtre, le sommet d'un gris de perle & précédé d'une bande noire, en forme de 3 ou d'accolade, descendant obliquement du milieu de la côte à l'angle interne. Le dessous des ailes inférieures est entièrement d'un gris de perle, avec un léger reflet violâtre. Chaque aile est en outre liserée de jaune, excepté au bord interne des supérieures. Le corps est blanc, avec le corselet & le dos noirâtres ; la poitrine est d'un jaune-soufre pâle ; les antennes sont noires, annelées de blanc, avec le bout de la massue ferrugineux.

Elle habite la côte de Coromandel & l'île de Java.

87. Piéride Mysia.

Pieris Mysia.

Pier. alis subrotundatis, integerrimis, albidis, omnium extimo anticarumque costâ baseos suprà nigris : his subtùs basi flavis ; posticis subviolaceo-grisescentibus, immaculatis.

Elle se distingue de la P. *Pauline* par les caractères ci-après : le dessus de ses ailes, au lieu d'être entièrement d'un blanc-bleuâtre, est d'un blanc-violâtre aux supérieures, d'un blanc-jaunâtre aux inférieures ; la bordure noire de la côte des premières est fortement interrompue vers le milieu de sa longueur, & le sommet de ces mêmes ailes n'offre aucune tache blanche ; la bordure des secondes ailes est sinuée intérieurement, au lieu d'être dentée. Le dessous des ailes supérieures n'est pas traversé vers le bout par une bande noire en forme d'accolade ; on y voit seulement une bande noirâtre, courte & presque droite, disposée transversalement près de l'angle interne. Le contour des quatre ailes n'est point liseré de jaune ; la poitrine est blanche ; les antennes n'ont pas d'annelets de cette dernière couleur, & le dessous de leur massue est tout-à-fait roussâtre.

Elle se trouve au Brésil.

88. Piéride Zelmire.

Pieris Zelmira.

Pier. alis subrotundatis, integerrimis, albidis, limbo omnium anticarumque maculâ basilari, emarginatâ, nigris : posticis subtùs strigâ fuscâ, incurvâ, mediâ.

Papilio D. C. Zelmira, *alis rotundatis, albis, limbo communi fusco : anticis fasciâ costali albâ : posticis subtùs strigâ fuscâ.* Fab. *Entom. Syst. em. tom.* 3. *pars* 1. *p.* 197. *n°.* 615.

Papilio Zelmire. Cram. *Pap.* 27. *pag.* 64. *pl.* 320. *fig.* C. D. E. F.

Herbst, *Pap. tab.* 97. *fig.* 1-4.

Elle a le port & la taille des précédentes. Le dessus de ses ailes est d'un blanc un peu violâtre, avec une bordure d'un noir-brun. Cette bordure est sinuée intérieurement sur les premières ailes des deux sexes ; elle est étroite & dentée sur les secondes ailes du mâle ; très-large, arquée sur les ailes correspondantes de la femelle, & divisée en outre par un rang de quatre taches blanchâtres, ovales & disposées longitudinalement. Dans l'un comme dans l'autre la moitié antérieure des premières ailes est occupée par une tache noire, très-grande & profondément échancrée dans son milieu. Le dessous des premières ailes diffère du dessus en ce qu'il est plus pâle ; en ce que la bordure est divisée extérieurement par des taches blanchâtres ou jaunâtres, alongées. Le dessous des secondes ailes est à peu près du même blanc que le dessus, avec l'origine de la côte roussâtre, & une raie noirâtre, courbe, placée transversalement sur le milieu de la surface.

Elle se trouve au Bengale.

89. Piéride Hippo.

Pieris Hippo.

Pier. alis subrotundatis, integerrimis, concoloribus : anticis nigris fasciâ maculari albidâ ; posticis flavis limbo nigro.

Papilio Hippo. Cram. *Pap.* 17. *p.* 4. *pl.* 195. *fig.* B. C.

Herbst, *Pap. tab.* 102. *fig.* 4. 5.

Elle a le port & à peu près la taille des précédentes. Ses premières ailes sont d'un noir-brun, avec une bande blanchâtre, transverse & formée de cinq taches elliptiques dont les trois supérieures moyennes, les deux autres grandes, surtout la plus inférieure qui est en outre bifide en dehors. Les secondes ailes sont d'un jaune-soufre, avec une bordure d'un noir-brun, large & ayant le côté interne fortement denté en scie. Le dessous de chaque aile est de la même couleur que le dessus, mais les supérieures ont la base blanchâtre, & leur bande transverse est moins divisée près du bord interne; la bordure des secondes ailes est très-légèrement sinuée, ce qui la fait paroître plus large.

Elle habite la côte occidentale de l'île de Sumatra.

90. Piéride Euboté.

Pieris Eubotea.

Pier. alis subrotundatis, integerrimis, albis, margine exteriori utrinquè nigro : posticis subtùs ochreaceis.

Elle a le port des précédentes, mais elle est un peu moins grande. Les premières ailes sont blanches de part & d'autre, avec une bordure d'un noir-brun, s'étendant de leur origine à l'angle interne, & ayant le côté qui regarde la base denté d'une manière inégale. Le dessus des secondes ailes est d'un blanc un peu soufré, avec une bordure noire, étroite & crénelée intérieurement. Leur dessous est d'un jaune d'ocre, avec une bordure semblable à celle de la surface opposée, mais plus large.

Elle habite.....

91. Piéride Salacia.

Pieris Salacia.

Pier. alis subrotundatis, integerrimis, albis seu flavescentibus : anticis apice nigro : his subtùs basi luteâ; posticis ochreaceis, strigâ margineque fuscis.

Elle a le port & la taille de l'*Euboté*. Le dessus du mâle est blanc, avec le sommet des ailes supérieures noir : le dessus de la femelle est d'un jaune-soufre pâle, avec une bordure noire, arquée, étroite sur les secondes ailes, élargie sur les premières, au sommet desquelles on voit une suite de trois points jaunes, dont l'intermédiaire plus gros; ces dernières ont en outre, sur le milieu de la côte, une raie noire, transverse, courte & oblique. Leur dessous est, dans chaque sexe, de la même couleur que le dessus, avec la base d'un jaune-foncé, le sommet noir & tacheté de jaune-pâle, une raie noire, courte & transverse, sur le milieu de la côte. Le dessous des ailes inférieures du mâle comme de la femelle est d'un jaune d'ocre teinté de grisâtre, avec le limbe de derrière noirâtre, une raie de cette couleur, placée au-delà du milieu & allant directement de la côte à l'angle anal, & deux taches d'un jaune-foncé à la base.

Elle se trouve.....

92. Piéride Lycimnia.

Pieris Lycimnia.

Pier. alis subrotundatis, integerrimis : omnibus suprà anticisque infrà albis; posticis subtùs flavis : singularum utrinquè limbo posteriori anticarumque subtùs maculâ costali, nigris.

Piéride Lycimnia. Recueil d'obs. de zool. & d'anat. comp., par Alex. de Humboldt *& A.* Bonpland, *vol.* 1. *p.... pl.... fig....*

Papilio Lycimnia. Herbst, *Pap. tab.* 105. *fig.* 3. 4. (Fem.) *Fig.* 5. (Mas.)

Cram., *Pap.* 9. *p.* 13. *pl.* 105. *fig.* E. F.

Seba, *Mus.* 4. *tab.* 6. *fig.* 13. 14.

Seba, *Mus.* 4. *tab.* 7. *fig.* 9. 10.

Elle est du nombre des grandes espèces de la quatrième taille, & son port est le même que celui des précédentes. Le dessus des quatre ailes & le dessous des supérieures sont blancs. Les unes & les autres ont les deux surfaces terminées par une bordure noire, assez large, un peu sinuée en dedans, courbe sur les inférieures, formant sur les supérieures un triangle alongé, dont la pointe est à l'angle interne. Les premières ailes ont la côte liserée de noir de part & d'autre, & accompagnée en dessous d'une teinte jaune qui va en s'affoiblissant depuis la bordure jusqu'à la base; non loin de cette même bordure il y a en outre une tache noire, appuyée sur la côte, terminée presqu'en pointe à sa partie inférieure, perçant un tant soit peu au travers du fond. Le dessous des secondes ailes est d'un jaune-jonquille, pâle, avec l'origine du bord antérieur plus vif & tirant sur l'orangé. Le corps est blanc, avec le corselet noirâtre & deux petites lignes orangées sur le devant de la poitrine.

L'individu que Cramer a figuré, & qu'il regarde comme la femelle de cette espèce, offre de part & d'autre, au-delà du milieu de la côte des premières ailes, la tache noire dont nous avons parlé. La bordure de ses secondes ailes est un peu plus large, & divisée en dessus par une suite de cinq taches jaunâtres, arrondies. Le dessous de ces dernières ailes n'a point l'origine du bord antérieur orangé; la poitrine n'est pas non plus marquée de deux lignes de cette couleur.

Elle se trouve dans la Nouvelle-Espagne & à Surinam.

93. Piéride Limnorie.

Pieris Limnoria.

Pier. alis subrotundatis, integerrimis, subconcoloribus : anticis albis; posticis flavis extimumque versùs saturatioribus : omnium utrinquè limbo posteriori anticarumque subtùs maculâ costali, nigris.

Elle a le port & la taille de la précédente, dont elle se rapproche beaucoup. Ses premières ailes sont de part & d'autre d'un beau blanc dans le mâle,

mâle, d'un blanc un peu jaunâtre dans la femelle; leur bord antérieur est liseré de noir, & leur extrémité est bordée par une bande pareillement noire, formant un triangle alongé dont la pointe aboutit à l'angle interne; à peu de distance de cette bande, part de la côte une tache noire, terminée en pointe à sa partie inférieure, visible des deux côtés dans la femelle, & seulement en dessous dans le mâle; l'espace qui la sépare de la bordure est lavé de jaune-roussâtre sur la surface inférieure. Le dessus des secondes ailes est d'un jaune-jonquille pâle, mais orangé vers le bout, avec le bord légèrement noir, & de plus entrecoupé dans la femelle par quatre ou cinq traits longitudinaux de cette couleur. Le dessous de ces ailes diffère du dessus en ce que l'origine du bord antérieur est orangée; en ce que le noir du bord postérieur s'étend davantage en largeur, notamment dans la femelle.

Elle se trouve au Brésil.

94. Piéride Ada.

Pieris Ada.

Pier. alis subrotundatis, integerrimis: omnibus suprà anticisque infrà albis; omnium utrinque limbo exteriori nigro: posticis subtùs dimidiatìm flavis, fasciâ calthaceâ, intermediâ, flexuosâ.

Papilio Ada. Cram. *Pap.* 31. *p.* 142. *pl.* 363. *fig.* C. D.

Herbst, *Pap. tab.* 100. *fig.* 5. 6.

Elle a le port & la taille de la précédente. Le dessus des quatre ailes est d'un blanc-bleuâtre, avec le limbe postérieur, l'extrémité des nervures & la côte des premières ailes, noirs. Le dessous de ces dernières est de la couleur du dessus, mais le noir des deux bords gagne davantage sur le fond, & le sommet offre une tache jaune, ovale, disposée longitudinalement. Le dessous des secondes ailes est d'un jaune-jonquille depuis la base jusqu'au milieu, ensuite noir: ces deux couleurs sont séparées l'une de l'autre par une bande souci-clair, transverse, étroite, flexueuse, crochue près du sommet, dilatée contre le bord interne.

Elle se trouve dans l'île d'Amboine.

95. Piéride Helvie.

Pieris Helvia.

Pier. alis subrotundatis, integerrimis: anticis albis, apice nigro subtùsque fasciâ flavâ diviso: posticis suprà albis, nigro terminatis; subtùs nigris fasciis tribus transversis, duabus superis calthaceis, inferâ flavâ.

Piéride Helvie. Recueil d'observ. de zool. & d'anat. comp., par Alex. Humboldt *& A.* Bonpland, *vol.* 1. *p.* 121. *pl.* 41. *fig.* 1. 2.

Elle a le port & à peu près la taille de la précédente. Le dessus des quatre ailes est blanc, avec une bordure noire, embrassant tout le contour extérieur, & sinuée en dedans. Cette bordure s'élargit sur les premières ailes, près du sommet desquelles est une tache également noire, courte, oblique & appuyée sur la côte. Le dessous de ces mêmes ailes diffère du dessus en ce que la petite tache dont nous venons de parler se confond avec le noir de l'extrémité; en ce que cette partie est traversée obliquement, du bord antérieur au bord postérieur, par une bande d'un jaune-pâle, formée de quatre taches oblongues & contiguës. Le dessous des secondes ailes est noir, avec l'origine du bord d'en haut, la portion supérieure du bord interne & deux bandes transverses d'un jaune-souci: ces deux bandes sont suivies d'une troisième, également transverse, mais d'un jaune-pâle; celle-ci & celles-là se dirigent obliquement vers le bord externe, près duquel elles se terminent; la bande supérieure est plus étroite, un peu plus longue que les autres, entière & pointue à son extrémité; la suivante se compose de quatre taches, dont trois plus petites, formant une espèce de digitation au bout de l'autre: deux de ces petites taches, celle du milieu & l'inférieure, cette dernière surtout, ont une teinte jaune; la troisième bande, ou la plus basse, consiste en quatre taches, dont les deux extérieures séparées & plus arrondies.

Elle se trouve dans la Nouvelle-Espagne.

96. Piéride Hirlanda.

Pieris Hirlanda.

Pier. alis subrotundatis, integerrimis: omnium limbo postico anticarumque strigâ costali, nigris: his albis, concoloribus; posticis suprà flavescentibus, infrà nigris, fasciis duabus flavis, transversis lineâque rufâ extrinsecùs ambiente.

Papilio Hirlanda. Stoll, *Pap. Suppl. à* Cram. 5. *p.* 156. *pl.* 35. *fig.* 1 & 1. A.

Elle a le port & la taille de la précédente. Ses premières ailes sont blanches & terminées par une bande noire, sinuée intérieurement, large, surtout au sommet, vis-à-vis duquel elle est précédée d'une raie noire, oblique, partant de la côte qui est noire elle-même & de plus accompagnée d'une teinte jaunâtre à sa face intérieure. Le dessous de ces ailes ressemble au dessus, mais la raie oblique, dont il vient d'être question, atteint la bande marginale par son extrémité inférieure. Le dessus des secondes ailes est d'un jaune-soufre pâle, avec une bordure noire, large & également sinuée sur le côté interne. Leur dessous est noir, avec deux bandes jaunes, transverses & obliques, dont la supérieure triangulaire & ayant son sommet près de la base de l'aile, l'inférieure oblongue & un peu courbée en dehors; ces deux bandes sont enveloppées par une ligne rouffâtre, fortement arquée, longeant tout le contour extérieur depuis la bafe jufqu'à l'angle de l'anus; l'origine du bord d'en haut & la portion fupérieure du bord interne font auffi rouffâtres.

Elle fe trouve dans l'île d'Amboine.

97. Piéride Hédyle.

Pieris Hedyle.

Pier. alis fubrotundatis, integerrimis, flavefcentibus, limbo pofleriori utrinquè nigro: fubtùs anticis maculâ apicali flavâ; pofticis punctis duobus fufcis, altero coftali, altero anali.

Papilio Hedyle. Cram. *Pap.* 16. *p.* 137. *pl.* 186. *fig.* C. D.

Herbst, *Pap. tab.* 105. *fig.* 7. 8.

Elle a le port & la taille de la précédente. Ses ailes font d'un jaune-pâle, avec une bordure noire, affez large, dentée intérieurement fur les fecondes ailes, formant fur les premières un triangle alongé, dont le côté interne eft foiblement finué, & dont la pointe eft en en-bas; la côte de ces dernières eft pareillement noire. Leur deffous ne diffère du deffus que parce que le fommet eft marqué d'une tache jaune, ovale, difpofée tranfverfalement & obliquement. Le deffous des fecondes ailes eft à peu près du même jaune que le deffus, mais on y voit en fus deux points noirâtres, dont l'un vers l'extrémité du bord d'en haut, l'autre près de l'angle anal; les dents de la bordure poftérieure font d'ailleurs moins prononcées & moins arrondies qu'en deffus.

Elle fe trouve dans les îles de Java & d'Amboine.

98. Piéride Drufille.

Pieris Drufilla.

Pier. alis fubrotundatis, integerrimis, concoloribus, albidis, extimo nigris: pofticis bafi fubferrugineâ.

Papilio Drufilla. Cram. *Pap.* 10. *p.* 21. *pl.* 110. *fig.* C.

Herbst, *Pap. tab.* 89. *fig.* 6.

Elle a le port des précédentes, mais elle eft un peu moins grande. Ses ailes font blanches, avec une très-légère teinte brunâtre. Les premières ont l'extrémité bordée par une bande noire, fortement finuée fur le côté interne, commençant au tiers poftérieur de la côte & allant toujours en diminuant de largeur jufqu'au bord oppofé; les deux autres tiers de la côte font piqués de noirâtre. Les fecondes ailes ont la bafe un peu ferrugineufe, & leur extrémité offre une bordure noire, de médiocre largeur & dentée en dedans. Le deffous de chaque aile eft à peu de chofe près femblable au deffus.

Elle fe trouve dans l'île de Java.

99. Piéride Lyncida.

Pieris Lyncida.

Pier. alis fubrotundatis, integerrimis, albis, margine exteriori utrinquè nigro: primoribus maculâ apicis albâ, fuprà nervo nigro divifâ, fubtùs integrâ minoreque.

Papilio Lyncida. Cram. *Pap.* 11. *pag....* *pl.* 131. *fig.* B.

Stoll, *Pap. Suppl. à* Cram. *pl.* 4. *fig.* 2. A. B. C. (La chenille & la chryfalide.)

Elle a à peu près le port & la taille des précédentes. Le deffus de fes ailes eft d'un blanc un peu bleuâtre, avec la côte des premières noirâtre. A l'extrémité de celles-ci eft une bordure noire, de médiocre largeur, dentée en fcie fur le côté interne depuis fon extrémité inférieure jufqu'au fommet, où l'on voit une tache blanche, longitudinale, finement divifée par une nervure noire, tantôt droite, tantôt bifurquée. Les fecondes ailes ont auffi une bordure noire de moyenne largeur, mais fimplement crénelée en dedans. Le deffous des quatre ailes ne diffère du deffus que parce que la bordure eft généralement plus pâle, un peu plus large aux inférieures, & parce que la tache blanche du fommet des fupérieures eft ordinairement plus petite, entière & de forme ovale. Le corps eft blanc, avec le corfelet & le dos noirâtres; les antennes font noires, annelées de blanc, avec le bout de la maffue ferrugineux.

La chenille, fuivant Stoll, eft d'un vert-noirâtre, avec trois raies jaunâtres, longitudinales, dont une fur le dos, & une au bas du corps: elle a des poils noirs, inégaux; fes ftigmates & fes fix pattes antérieures font pareillement noirs; les autres pattes font jaunâtres. Elle fe nourrit des feuilles de l'*arbre à coton.*

La chryfalide eft jaune ou d'un brun-rougeâtre clair, avec deux épines noires, courbées en avant & placées de front fur le milieu du dos; elle a en outre des points & des taches de cette couleur fur les côtés.

Cette efpèce fe trouve à Surinam. On l'avoit d'abord crue particulière à l'île de Java, mais nous nous fommes affurés qu'il y avoit erreur à cet égard.

100. Piéride Anguitia.

Pieris Anguitia.

Pier. alis fubrotundatis, integerrimis, albis: pofticis fubtùs grifefcentibus, venis ftrigâque flexuofâ cinereis.

Elle eft du nombre des petites efpèces de la quatrième taille. Son port la rapproche beaucoup des précédentes, mais elle a le bord interne des ailes inférieures plus droit. Le deffus de fes quatre ailes & le deffous des fupérieures font d'un blanc un peu fale & fans taches. Le deffous des fecondes ailes eſt d'un gris-jaunâtre, avec de fines nervures, quelques petites taches & une ligne anguleuſe d'un cendré-noirâtre : cette dernière eſt ſituée à peu de diſtance du bord poſtérieur, auquel elle eſt parallèle. Le corps eſt blanchâtre en deſſous, noirâtre en deſſus, avec un collier rouſſâtre; les antennes ſont noires, avec le bout de la maſſue blanchâtre.

Rapportée du Bréſil par M. de la Lande, fils, aide-naturaliſte au Muſéum d'Hiſtoire naturelle.

101. Piéride Thyria.

Pieris Thyria.

Pier. alis integerrimis, ſubconcoloribus, dilutè rubris, nervis fuſcis : anticis elongato-trigonis; poſticis rotundatis.

C'eſt une des grandes eſpèces de la quatrième taille. Ses premières ailes forment un triangle alongé, les ſecondes ſont arrondies. Le deſſus des unes & des autres eſt d'un rouge-vermillon mat dans le mâle; d'une couleur capucine foncée dans la femelle, avec les nervures d'un brun-noirâtre, mais un peu plus prononcées aux ailes ſupérieures. Le deſſous des deux ſexes diffère du deſſus en ce qu'il eſt plus pâle; en ce que la partie antérieure de la côte des premières ailes eſt d'un jaune-ſoufre. Le corps eſt griſâtre en deſſous, avec la poitrine jaunâtre; noirâtre en deſſus, avec des poils verdâtres ſur le corſelet. Le mâle a en outre l'extrémité de l'abdomen garni d'un bouquet de poils cendrés. Les antennes ſont noires, annelées de blanc, avec le bout de la maſſue rouſſâtre.

Elle eſt de l'île de Java.

102. Piéride Panda.

Pieris Panda.

Pier. alis integerrimis, flavis : poſticis rotundatis; anticis elongato-trigonis : his ſuprà margine exteriori tenuiter nigro.

Elle a le port de la précédente, mais elle eſt un peu moins grande, & le bord poſtérieur de ſes premières ailes eſt plus droit. Le deſſus de ces mêmes ailes eſt d'un jaune-ſoufre, avec une bordure noire, linéaire, s'étendant de la baſe à l'angle interne. Le deſſus des ſecondes ailes eſt également d'un jaune-ſoufre. Le deſſous des unes & des autres eſt d'un jaune d'ocre clair, & ſans aucune tache.

Elle ſe trouve dans l'île de Java.

103. Piéride Agéléis.

Pieris Ageleis.

Pier. alis ſuboblongis, integerrimis : anticis utrinquè nigris; poſticis ſuprà albis, ſubtùs ochreaceis : omnium apice ſubtùs macularum ſerie.

Papillon Dorimene. Cram. *Pap.* 33. *p.* 201. *pl.* 387. *fig.* C. D.

Herbst, *Pap. tab.* 102. *fig.* 6. 7.

Elle eſt du nombre des grandes eſpèces de la quatrième taille, & elle a les ailes un peu oblongues. Le deſſus des ſupérieures eſt noir & en outre couvert dans le mâle d'une pouſſière blanche, farineuſe. Leur deſſous eſt d'un noir-brun, un peu luiſant, & offre au ſommet une ſuite de cinq ou ſix taches triangulaires, dont les trois antérieures jaunâtres & plus grandes, les autres blanches. Le deſſus des ſecondes ailes eſt blanc, avec une bordure noire, arquée, très-large dans la femelle, de médiocre largeur dans le mâle. Leur deſſous eſt d'un jaune d'ocre aſſez vif, avec une bordure noire comme du côté oppoſé, & diviſée dans les deux ſexes par un rang de taches orbiculaires de la couleur du fond.

Nous avons vu une variété dont le deſſous des ſecondes ailes eſt couleur d'ocre rouge.

Elle ſe trouve dans l'île d'Amboine.

104. Piéride Béliſama.

Pieris Beliſama.

Pier. alis ſuboblongis, integerrimis, ſuprà albis ſeu flaveſcentibus : anticis apicem versùs, poſticis limbo, nigris : his ſubtùs ochreaceis, ſtrigâ baſeos rubrâ maculiſquè marginalibus flavis.

Papilio Beliſama. Cram. *Pap.* 22. *pag.* 114. *pl.* 258. *fig.* A. B. C. D.

Herbst, *Pap. tab.* 117. *fig.* 1-4.

Elle a le port de la précédente, mais elle eſt ordinairement un peu plus grande. Le deſſus du mâle eſt blanc, avec le limbe poſtérieur des ſecondes ailes & les deux tiers antérieurs de la côte des premières, noirs : celles-ci ont de plus à l'extrémité un eſpace noir, triangulaire & très-grand, dont le côté interne eſt anguleux & dont la baſe eſt en enbas. Le deſſous des ailes ſupérieures eſt noir, avec un croiſſant blanchâtre ſur le milieu & une rangée de quatre ou cinq taches de cette couleur, elliptiques & inégales, au ſommet. Le deſſous des ailes inférieures eſt d'un jaune d'ocre, plus foncé dans certains individus que dans d'autres, avec une bordure noire, aſſez large, dentée en ſcie ſur le côté interne, diviſée par un rang de taches du même jaune que le fond, & approchant toutes de la forme orbiculaire; il y a en outre à la baſe une raie d'un rouge-coquelicot pâle, diſpoſée tranſverſalement & terminée en pointe aux deux bouts. La femelle reſſemble au mâle par le deſſous des quatre ailes, mais elle en diffère par le deſſus, 1°. en ce que le fond eſt d'un jaune d'ocre pâle; 2°. en ce que le noir occupe environ les deux tiers poſtérieurs des premières, & le quart correſpondant des ſecondes. Le corps eſt blanchâtre ou jaunâtre, ſuivant le fexe, avec le corfelet & le dos noirâtres; les antennes font tout-à-fait noires.

Cramer a pris la femelle pour le mâle & réciproquement.

Elle fe trouve dans les îles de Java & d'Amboine.

105. Piéride Pafithoé.

Pieris Pafithoe.

Pier. alis fuboblongis, integerrimis, nigris, fuprà cærulefcenti-albo maculatis: pofticis fubtùs difco flavo, nigro venofo, fafciâque bafeos fanguineâ, incurvâ.

Papilio H. Pafithoe, *alis nigris, albo fubradiatis, puncto centrali albo: pofticis fubtùs luteis, bafi cruentatis.* Linn. *Syft. Nat.* 2. *p.* 755. *n°.* 53.

Papilio Pafithoe. Fab. *Syft. Entom. p.* 467. *n°.* 104. — *Spec. Inf. tom.* 2. *p.* 37. *n°.* 154. — *Mant. Inf. tom.* 2. *p.* 17. *n°.* 176. — *Entom. Syft. em. tom.* 3. *pars* 1. *p.* 179. *n°.* 555.

Papilio Porfenna. Cram. *Pap.* 4. *p.* 68. *pl.* 43. *fig.* D. E.

Papilio Porfenna. Cram. *Pap.* 30. *pag.* 120. *pl.* 352. *fig.* A. B.

Papilio H. Egialeus, *alis integris, nigris, albo maculatis: pofticis fubtùs difco flavo fafciâque bafeos fanguineâ.* Fab. *Mant. Inf. tom.* 2. *p.* 25. *n°.* 267. — *Ent. Syft. em. tom.* 3. *pars* 1. *p.* 19. *n°.* 555. β.

Papilio Egialea. Cram. *Pap.* 16. *pag.* 141. *pl.* 189. *fig.* D. E.

Papilio Egialea. Cram. *Pap.* 22. *pag.* 115. *pl.* 253. *fig.* E. F.

Herbst, *Pap. tab.* 122. *fig.* 3.

Papilio Dione. Drury, *Inf.* 2. *pl.* 8. *fig.* 3.

C'eft une des plus grandes efpèces de la troifième taille. Le mâle a environ la moitié antérieure du deffus des premières ailes d'un blanc-bleuâtre & coupée par des nervures noires, plus ou moins dilatées; l'autre moitié noire, avec un point blanc, peu éloigné du milieu de la côte, & des taches bleuâtres, ovales, difpofées fur une ligne tranfverfe & arquée vers le bord poftérieur. La moitié antérieure du deffus de fes fecondes ailes eft de deux couleurs: d'un blanc-bleuâtre contre la bafe, d'un jaune-foncé vers le bord interne; l'autre moitié eft noire, avec une rangée poftérieure de taches femblables à celle des ailes précédentes, & un point blanc fur le milieu de la furface. Le deffus de la femelle offre fur chaque aile le point & la rangée de taches ovales dont nous venons de parler, mais la bafe eft noire, & entre celle-ci & le milieu il y a une bande tranfverfe de trois ou quatre taches d'un blanc-jaunâtre. Le deffous des ailes fupérieures eft noir dans les deux fexes, avec deux bandes blanches, maculaires, dont une fur le milieu, l'autre vers le bord poftérieur; ces deux bandes fe réuniffent à l'angle interne & renferment entr'elles un point blanc, correfpondant à celui du deffus. Le deffous des fecondes ailes eft d'un beau jaune-orpin, furtout dans le mâle, avec les nervures & le limbe poftérieur noirs; à la bafe eft un efpace noir, affez grand, fur lequel on voit une bande d'un rouge-vermillon, arquée, tranfverfe, coupée par de fines nervures de la couleur du fond.

L'*Egialea* mâle & femelle de Cramer nous paroiffent, comme à Fabricius, n'être que des variétés de cette efpèce. Le deffus du premier n'offre pas de taches ovales vers le bord poftérieur des ailes. Le deffus de la feconde eft également dépourvu de ces taches, & la bande tranfverfe du milieu de chaque aile eft plus large, moins divifée & d'un jaune-fale. Le deffous de l'un & de l'autre eft comme dans les individus ordinaires.

On la trouve, ainfi que les deux variétés dont il vient d'être queftion, en Chine, au Bengale & dans l'île de Java.

106. Piéride Acalis.

Pieris Acalis.

Pier. alis fuboblongis, integerrimis, concoloribus, nigris: anticis maculis, pofticis fafciâ maculari punctoque medio, albidis; his bafi chermefinâ.

Papilio Thisbe. Cram. *Pap.* 20. *p.* 70. *pl.* 233. *fig.* C.

Herbst, *Pap. tab.* 102. *fig.* 3.

Elle eft un peu plus grande que la précédente, dont elle a le port & la couleur. Ses premières ailes ont environ une douzaine de taches blanchâtres, dont une fur le milieu, très-grande, difpofée tranfverfalement, coupée par les nervures, & comme déchiquetée à la partie antérieure de fon côté interne; les autres taches, à peu près ovales & de médiocre grandeur, forment, entre la première & le fommet, deux rangées tranfverfes, dont l'intérieure arquée, l'extérieure droite & plus courte. Les fecondes ailes ont la bafe d'un rouge-carmin violâtre, & leur moitié poftérieure eft traverfée par une bande blanchâtre, large, compofée de taches elliptiques, difpofée longitudinalement & embraffant un point de leur couleur, placé fur le difque. Le deffous des quatre ailes eft, à très-peu de chofe près, femblable au deffus.

Elle fe trouve en Chine.

107. Piéride Erycinia.

Pieris Erycinia.

Pier. alis suboblongis, integerrimis, concoloribus, nigris: superioribus fasciis duabus flavis, macularibus posticèque in arcum conjunctis; inferioribus disco rubro, extrorsùm emarginato.

Papilio Erycinia. Cram. *Pap.* 15. *pag.* 124. *pl.* 177. *fig.* E.

Papilio H. Myrti, *alis oblongis, integerrimis, atris: anticis fasciis duabus flavis; posticis disco rufo.* Fab. *Entom. Syst. em. tom.* 3. *pars* 1. *p.* 169. *n°.* 522. ?

Elle a le port de la P. *Pasithoé*, mais elle est d'environ un cinquième plus petite. Ses quatre ailes sont noires. Les supérieures ont deux bandes jaunes, transverses & maculaires, formant par leur réunion au dessus de l'angle interne un arc ou fer à cheval renversé. Les ailes inférieures ont la base un peu jaunâtre, & leur milieu offre une tache d'un rouge-fauve, grande, triangulaire, coupée par de fines nervures noires, & inégalement échancrée en dehors. Le dessous des quatre ailes est à peu près semblable au dessus. Le corps & les antennes sont noirs.

Elle se trouve à Surinam.

N. B. Fabricius l'a mise parmi ses Héliconiens, & y a rapporté, mais avec doute, son *Papilio Myrti.*

108. Piéride Nigrina.

Pieris Nigrina.

Pier. alis suboblongis, integerrimis, suprà albis, apice atro: subtùs omnibus nigris, albido-pulverulentis; anticis fasciâ apicali luteâ, posticis strigâ flexuosâ sanguineâ.

Papilio D. C. Nigrina, *alis integerrimis, rotundatis, albis, apice nigris: subtùs nigris; posticis strigâ flexuosâ sanguineâ.* Fab. *Syst. Ent. pag.* 475. *n°.* 139. — *Spec. Ins. tom.* 2. *pag.* 46. *n°.* 198. — *Mant. Ins. tom.* 2. *p.* 21. *n°.* 223. — *Entom. Syst. em. tom.* 3. *pars* 1. *p.* 20. *n°.* 625.

Donow. *Gen. Illust. of Entom. an Epitome of the Nat. Hist. Insects of New Holl. part.* 1. *pl.* 19. *fig.* 1.

Elle est d'environ un quart moins grande que la P. *Pasithoé*, dont elle a le port. Le dessus de ses ailes est d'un blanc-bleuâtre, surtout dans le mâle. Les premières ont la côte légèrement bordée de noir, & à leur extrémité est un espace d'un noir-foncé, grand, triangulaire, arqué & foiblement sinué sur le côté interne, divisé à sa base ou vis-à-vis du sommet par une ligne transverse de trois ou quatre petites taches blanches. Les secondes ailes ont une bordure postérieure d'un noir-foncé, étroite dans le mâle, large dans la femelle. Le dessous des deux sexes est d'un noir-brun, saupoudré de blanc, notamment sur le milieu de chaque aile: au sommet des supérieures est une bande d'un jaune-foncé, transverse, oblique & composée de quatre taches contiguës; les ailes inférieures sont traversées entre le milieu & l'extrémité, & du bord antérieur au bord interne, par une ligne d'un rouge-vermillon, flexueuse & continue; il y a en outre à leur base une tache elliptique & transverse de cette couleur. Le corps est blanchâtre, avec la poitrine noire & garnie de poils d'un jaune-roussâtre; les antennes sont entièrement noires.

Elle est de la Nouvelle-Hollande.

109. Piéride Harpalyce.

Pieris Harpalyce.

Pier. alis suboblongis, integerrimis, suprà albis, limbo nigro: subtùs omnibus holosericeo-nigris; anticis fasciâ apicali flavâ, posticis fasciâ maculari, flexuosâ, sanguineâ, lunulâ mediâ venisque marginalibus albidis.

Papilio D. C. Harpalyce, *alis integerrimis, albis, limbo nigris: anticis apice albo maculatis: subtùs nigris, posticis fasciâ maculari sanguineâ.* Donow. *Gen. Illust. of Ent. an Epitome of the Nat. Hist. Insects of New Holl. part.* 1. *pl.* 18. *fig.* 1.

Elle est à peu près de la taille de la précédente, avec laquelle elle a de très-grands rapports. Le dessus de ses ailes est d'un blanc-bleuâtre, avec l'extrémité largement bordée de noir. Les supérieures ont au sommet une bande blanche, maculaire & arquée. Les inférieures sont sans taches. Le dessous des unes & des autres est d'un noir-velouté, avec une lunule blanchâtre sur le milieu & des atômes de cette couleur vers la base: à la bande du sommet des premières correspond une bande jaune & plus longue, formée par des taches ovales, dont les deux intermédiaires plus petites: les secondes ailes sont traversées entre le milieu & le bout, & du bord antérieur au bord interne, par une bande d'un rouge-vermillon, maculaire, flexueuse, & leur base offre une tache de cette couleur; entre le côté externe de la bande transverse & le bord postérieur de l'aile il y a en outre des atômes blanchâtres, placés sur les nervures. Les différentes parties du corps & les antennes sont comme dans l'espèce précédente.

Elle est de la Nouvelle-Hollande.

110. Piéride Plexaris.

Pieris Plexaris.

Pier. alis suboblongis, integerrimis, suprà albis, extimo nigro: subtùs singulis dimidiatìm flavis nigrisque; inferioribus liturâ mediâ maculisque marginalibus sanguineis.

Papilio D. C. Plexaris, *alis integerrimis, albis,*

margine nigris : subtùs nigris, basi flavis ; posticis liturâ centrali fasciâque maculari, marginali, sanguineis. Donow. *Gen. Illust. of Entom. an Epitome of the Nat. Hist. Insects of New Holl. part.* 1. *pl.* 18. *fig.* 2.

Elle a le port & à peu près la taille de la précédente. Le dessus de ses ailes est blanc, largement bordé de noir à l'extrémité, avec une rangée transverse de points jaunes au sommet des supérieures. Le dessous de chaque aile est jaune depuis la base jusqu'au milieu, ensuite noir jusqu'au bout, avec une rangée de points jaunes le long du bord postérieur des premières, & une rangée de taches d'un rouge-vermillon sur le bord correspondant des secondes : ces taches sont pour la plupart triangulaires, & celles qui avoisinent le bord interne sont plus grandes que les autres ; il y a en outre un trait rouge sur le milieu de ces dernières ailes, & le côté extérieur de leur partie jaune est échancré d'une manière inégale.

Elle est aussi de la Nouvelle-Hollande.

Nous n'avons vu qu'un seul sexe, en sorte que nous ne pouvons dire si l'autre offre des différences.

111. Piéride Mysis.

Pieris Mysis.

Pier. alis suboblongis, integerrimis, suprà albis, extimo nigro : secundariis subtùs ad marginem internum flavis, limbo postico atro fasciâque sanguineâ.

Papilio D. C. Mysis, *alis integerrimis, rotundatis, albis : posticis subtùs margine atro fasciâ sanguineâ.* Fab. *Syst. Entom. p.* 475. *n°.* 138. — *Spec. Ins. tom.* 2. *p.* 46. *n°.* 197. — *Mant. Ins. tom.* 2. *pag.* 21. *n°.* 222. — *Entom. Syst. em. tom.* 3. *pars* 1. *p.* 200. *n°.* 623.

Donow. *Gen. Illust. of Entom. an Epitome of the Nat. Hist. Insects of New Holl. part.* 1. *pl.* 21. *fig.* 1.

Elle a le port & à peu près la taille des précédentes. Le dessus de ses ailes est blanc, avec le limbe postérieur noir. Les premières ont au sommet une rangée transverse de taches blanches, ovales. Leur dessous est semblable au dessus. Le dessous des secondes ailes en diffère en ce que la bordure postérieure est plus foncée, plus large & entièrement divisée par une bande transverse d'un rouge-vermillon ; en ce que le bord interne est d'une couleur jaune qui s'étend presque jusqu'au milieu de la surface.

Elle est de la Nouvelle-Hollande.

112. Piéride Argenthona.

Pieris Argenthona.

Pier. alis suboblongis, integerrimis, suprà albidis, limbo communi atro flavoque maculato : secundariis subtùs dimidiatim flavis nigrisque, fasciâ rufâ, maculari, posticâ.

Papilio D. C. Argenthona, *alis rotundatis, integerrimis, albis, limbo atro flavo maculato : posticis flavis, apice atris fasciâ maculari rufâ.* Fab. *Entom. Syst. em. tom.* 3. *pars* 1. *pag.* 200. *n°.* 624.

Papilio Argenthona. Jon. *Fig. pict.* 3. *tab.* 12. *fig.* 2.

Elle a le port & à peu près la taille de la précédente. Le dessus de ses ailes est blanchâtre, avec le limbe postérieur d'un noir-foncé & divisé par un rang de taches jaunes, oblongues. Le dessous des premières ailes ressemble au dessus. Le dessous des secondes a la moitié antérieure jaune, l'autre moitié d'un noir-foncé & traversée du bord antérieur au bord interne par une bande roussâtre, composée de huit taches oblongues.

Elle habite.....

113. Piéride Philyre.

Pieris Philyra.

Pier. alis suboblongis, integerrimis, suprà albis, apice nigro : subtùs omnibus nigris, basi flavâ ; anticis puncto medio albido, posticis maculis sanguineis longitudinaliter digestis.

Papilio Hyparete. Variet. an fem.? Linn. *Mus. Lud. Ulr. p.* 247.

Papilio Hyparete. Cram. *Pap.* 18. *p.* 30. *pl.* 210. *fig.* A. B. (Le mâle.)

Papilio Hyparete. Cram. *Pap.* 29. *p.* 95. *pl.* 339. *fig.* E. F. (La femelle.)

Papilio Hyparete. Herbst, *Pap. tab.* 101. *fig.* 3-5.

Elle a le port des précédentes, mais elle est un peu plus grande. Le dessus du mâle est d'un blanc-bleuâtre, avec le sommet noir & divisé transversalement par une bande arquée de quatre ou cinq taches blanches, ovales, à l'exception de la plus inférieure qui est en forme de point. Les secondes ailes ont une bordure noire, étroite. Le dessus de la femelle est d'un blanc-obscur, avec l'extrémité de chaque aile largement bordée de noir & tachetée, comme dans le mâle, au sommet des supérieures. Le dessous des deux sexes est noir, avec environ le tiers antérieur des quatre ailes jaune & piqué de noirâtre : les premières ont, vers le milieu, un point blanchâtre, & leur sommet offre, comme en dessus, une bande arquée, mais jaune & composée de six taches, dont les trois inférieures rondes, les trois autres ovales & un peu plus grandes : les secondes ailes ont, parallèlement au bord de derrière, une rangée de sept taches rouges, longitudinales & atteignant la partie jaune ; l'extérieure & les deux plus intérieures font entières, les autres fortement interrompues dans leur milieu. La femelle, figurée par Cramer, les a toutes continues.

Elle fe trouve dans l'île d'Amboine.

Linnæus paroît avoir connu cette efpèce, mais il l'a prife pour la femelle ou pour une variété de fon *Hyparete*.

114. Piéride Iffé.

Pieris Iffe.

Pier. alis fuboblongis, integerrimis, suprà albis, apice nigro : pofticis fubtùs dimidiatim nebulofo-flavis nigrifque, maculis fex marginalibus calthaceis, tribus internis cordatis, cœteris fubrotundis.

Papilio Iffe. Cram. *Pap.* 5. *p.* 87. *pl.* 55. *fig.* E. F. (Le mâle.)

Papilio Iffe. Cram. *Pap.* 29. *p.* 95. *pl.* 339. *fig.* C. D. (La femelle.)

Herbst, *Pap. tab.* 99. *fig.* 7-10.

Le deffus des deux fexes eft le même que dans l'efpèce précédente, excepté que la bande blanche maculaire du fommet des premières ailes du mâle eft moins détachée du fond; que la bordure poftérieure des fecondes ailes eft moins étroite, & entrecoupée quelquefois par une fuite de points blanchâtres. Le deffous de ces dernières eft, dans le mâle comme dans la femelle, d'un jaune-nébuleux depuis la bafe jufqu'au milieu, enfuite noir jufqu'au bout, avec une rangée marginale de fix taches couleur de fouci : les trois taches placées vers le bord interne font en forme de cœur, les trois autres prefque rondes. Le deffous des ailes fupérieures de la femelle reffemble au deffous des inférieures, mais la bande arquée du bord eft compofée de fept taches jaunes, dont les trois antérieures ovales & plus grandes, les autres arrondies. Le deffous des premières ailes du mâle eft blanc, avec la bafe jaunâtre; à la bande maculaire du fommet correfpond une bande femblable & pareillement blanche, mais le noir fur lequel elle eft placée s'étend au moins une fois plus loin.

Elle fe trouve auffi dans l'île d'Amboine.

115. Piéride Coronée.

Pieris Coronea.

Pier. alis fuboblongis, integerrimis, suprà albis, extimo latè nigro : fubtùs nigris, omnium bafi pofticarumque limbo, aurantiaco maculatis.

Papilio D. C. Coronea, *alis integerrimis, albis, margine nigris : fubtùs atris, bafi fulvo radiatis*. Fab. *Spec. Infect. tom.* 2. *p.* 47. *n°.* 201. — *Mant. Infect. tom.* 2. *p.* 21. *n°.* 226. — *Ent. Syft. em. tom.* 3. *pars* 1. *p.* 201. *n°.* 628.

Papilio Coronea. Cram. *Pap.* 6. *p.* 106. *pl.* 68. *fig.* B. C. (Le mâle.)

Papilio Coronea. Cram. *Pap.* 31. *p.* 141. *pl.* 360. *fig.* G. H. (La femelle.)

Herbst, *Pap. tab.* 98. *fig.* 7-9.

Papilio Dejopea. Donow. *Gen. Illuft. of Ent. an Epitome of the Nat. Hift. Infects of India, part.* 1. *pl.* 21. *fig.* 2. (La femelle.)

Elle eft auffi de quatrième taille, mais un peu moins grande que les précédentes. Le deffus de fes ailes eft d'un blanc-bleuâtre dans le mâle, d'un blanc teinté de jaune dans la femelle, avec une bordure noire, poftérieure, finuée fur le côté interne. Cette bordure eft très-large dans la femelle; dans le mâle elle l'eft un peu moins, & elle forme en outre, fur fes premières ailes, un triangle alongé, dont la pointe eft en en-bas. Le deffous des deux fexes eft noir, avec une tache orangée, très-grande, à la bafe des premières ailes, & une rangée tranfverfe de quatre ou cinq taches verdâtres, ovales, fur leur limbe poftérieur. Les fecondes ailes ont auffi à la bafe une tache orangée, très-grande, mais elle eft rayonnée; leur bord poftérieur offre une fuite de fix ou fept taches orbiculaires, tantôt entièrement orangées, tantôt blanches, avec le milieu feulement orangé. Les quatre ailes ont en fus, de part & d'autre, une petite frange blanche, interrompue. Le corps eft blanchâtre; les antennes font noires, avec le bout de la maffue jaunâtre.

Il eft des individus qui ont un point blanchâtre, oblong, au fommet des ailes fupérieures en deffus.

Donowan a donné la femelle de cette efpèce fous le nom de *Dejopea*.

Elle habite les îles de Java, de Bornéo & plufieurs parties des Indes orientales : c'eft par erreur que Fabricius la dit de Surinam.

116. Piéride Clytie.

Pieris Clytie.

Pier. alis fuboblongis, integerrimis, suprà flavis, extimo latè nigro : pofticis fubtùs fufcis, maculis flavis, permultis.

Papilio D. C. Clytie, *alis integerrimis, flavis, limbo nigris : pofticis fubtùs fufcis, flavo maculatis*. Donow. *Gen. Illuft. of Entom. an Epitome of the Nat. Hift. Infects of New Holl. part.* 1. *pl.* 19. *fig.* 2.

Elle a le port & à peu près la taille de la précédente. Le deffus de fes quatre ailes eft jaune, avec environ le tiers poftérieur noir, & deux points jaunes au fommet de chacune d'elles. Le deffous des fupérieures ne diffère du deffus que parce que la partie noire eft plus pâle, & que l'on y voit dix points jaunes difpofés fur deux rangées tranfverfes, dont l'extérieure compofée de fept, l'intérieure de trois. Le dessous des secondes ailes est entièrement d'un brun-noirâtre, avec un grand nombre de taches jaunes, les unes ovales & beaucoup plus grandes, placées autour de la base, les autres arrondies, & formant trois rangées parallèles au bord postérieur.

Elle est de la Nouvelle-Hollande.

117. Piéride Périmale.

Pieris Perimale.

Pier. alis suboblongis, integerrimis, flavis, limbo communi latè nigro flavoque maculato : posticis subtùs testaceis, fasciâ nigrâ, transversâ, flexuosâ.

Papilio Perimale. Donow. *Gen. Illust. of Ent. an Epitome of the Nat. Hist. Insects of New Holl. part.* 1. *pl.* 20. *fig.* 1.

Cette espèce, que nous décrivons d'après la figure de Donowan, nous paroît appartenir plutôt aux *Piérides* qu'aux *Coliades;* c'est pourquoi nous la plaçons ici.

Elle est de quatrième taille. Le dessus de ses ailes est jaune, avec une bordure noire, postérieure, large, sinuée du côté qui regarde la base, & divisée dans toute sa longueur par un rang de taches jaunes, orbiculaires. Le dessous des premières ailes ressemble au dessus, excepté que les taches placées en face du sommet sont plus pâles & oblongues. Le dessous des secondes ailes est d'un rouge-briqueté, avec une bande noire, un peu flexueuse, disposée transversalement entre le milieu & l'extrémité, & atteignant le bord antérieur & le bord interne.

Elle est de la Nouvelle-Hollande.

118. Piéride Endora.

Pieris Endora.

Pier. alis suboblongis : superis utrinquè albidis, apice nigro alboque maculato; inferis suprà cinereis limbo nigro, subtùs fuscis punctorum fulvorum serie posticâ.

Papilio D. C. Endora, *alis anticis albidis, apice nigris, albo maculatis : posticis cinereis limbo nigris, subtùs fuscis serie punctorum flavorum.* Donow. *Gen. Illust. of Entom. an Epitome of the Nat. Hist. Insects of India, part.* 1. *pl.* 20. *fig.* 2.

Elle a le port & la taille de la précédente. Ses premières ailes sont blanchâtres de part & d'autre, avec une bordure noire, postérieure, formant un triangle alongé dont la pointe est en en-bas; cette bordure offre au sommet six points blancs, dont quatre alignés transversalement près du bord, les deux autres en deçà de ceux-ci. Le dessus des secondes ailes est cendré, avec l'extrémité largement bordée de noir. Leur dessous est d'un brun-noirâtre, avec une rangée de points fauves, parallèle au bord postérieur.

Elle se trouve en Asie.

119. Piéride Nysa.

Pieris Nysa.

Pier. alis suboblongis, integerrimis, albis : anticis suprà maculis apiceque nigris : posticis subtùs fuscis, puncto medio albo lunulisque marginalibus flavis.

Papilio D. C. Nysa, *alis rotundatis, integerrimis, albis : posticis subtùs fuscis puncto albo lunulisque sex flavis.* Fab. *Syst. Entom. p.* 473. *n°.* 128. — *Spec. Insect. tom.* 2. *p.* 43. *n°.* 182. — *Mant. Insect. tom.* 2. *p.* 20. *n°.* 206. — *Entom. Syst. em. tom.* 3. *pars* 1. *p.* 195. *n°.* 606.

Elle a le port & à peu près la taille des précédentes. Ses ailes sont blanches en dessus, avec des taches noires aux supérieures, dont le bout est pareillement noir. Le dessous de ces ailes ressemble au dessus, mais la base est fauve. Le dessous des ailes inférieures est d'un brun-noirâtre, avec un point blanc sur le milieu, & une rangée de six lunules fauves sur le bord postérieur.

Elle est de la Nouvelle-Hollande.

120. Piéride Teutonia.

Pieris Teutonia.

Pier. alis suboblongis, albis, limbo latè nigro supràque albo maculato : posticis subtùs nigro venosis, limbi maculis luteo-notatis.

Papilio D. C. Teutonia, *alis integerrimis, rotundatis; albis : posticis subtùs nigro venosis flavoque maculatis.* Fab. *Syst. Entom. p.* 474. *n°.* 137. — *Spec. Insect. tom.* 2. *p.* 46. *n°.* 196. — *Mant. Insect. tom.* 2. *p.* 21. *n°.* 221. — *Entom. Syst. em. tom.* 3. *pars* 1. *p.* 199. *n°.* 622.

Papilio Teutonia. Donow. *Gen. Illust. of Ent. an Epitome of the Nat. Hist. Insects of New Holl. part.* 1. *pl.* 17. *fig.* 1.

Elle a le port & à peu près la taille des précédentes. Le dessus de ses ailes est blanc, avec une bordure noire, postérieure, large, entièrement divisée par une suite de taches blanches, dont les antérieures ovales, les autres rondes & plus petites. Les premières ailes ont en outre, vers le milieu de la côte, une bande noire, transverse, courte, un peu arquée & plus large dans la femelle que dans le mâle. Le dessous de ces mêmes ailes ressemble au dessus, mais les taches rondes de la bordure sont ici presqu'en forme de cœur. Le dessous des secondes ailes est fortement veiné de noir, avec l'origine de la côte, la majeure partie du bord interne & le milieu des taches du limbe postérieur d'un jaune-foncé. Les quatre ailes ont de de part & d'autre, un liseré blanc, interrompu par les légères sinuosités du bord.

Elle se trouve dans l'île de Timor.

121. Piéride Aganippe.

Pieris Aganippe.

Pier. alis suboblongis, suprà albis, limbo latè nigro alboque maculato : posticis subtùs fasciâ mediâ albâ, flavo notatâ, maculisque marginalibus coccineis intùs albo cinctis.

Papilio D. C. Aganippe, *alis dentatis, albis, limbo nigris albo maculatis : posticis subtùs fasciâ maculari rubrâ lunulis albis.* Donow. *Gen. Illust. of Entom. an Epitome of the Nat. Hist. Insects of New Holl. part.* 1. *pl.* 30.

C'est une des grandes espèces de la quatrième taille. Le dessus de ses ailes est d'un blanc-bleuâtre, avec une bordure noire, postérieure, très-large, sur laquelle sont alignées des taches orbiculaires à peu près de la couleur du fond. Sous la côte des premières ailes, & non loin de cette bordure, le mâle a un espace noir, divisé transversalement par une lunule blanche : dans la femelle cet espace se confond avec la bordure, & l'on y voit, indépendamment de la lunule dont nous venons de parler, une bande blanche, extérieure, anguleuse, faisant face au sommet; un peu plus bas sont en outre deux taches noires, dont l'intérieure presque ronde, l'autre ovale & disposée longitudinalement. Le dessous des premières ailes ressemble dans les deux sexes au dessus de la femelle, avec cette différence que les trois taches contiguës au sommet & la partie qui avoisine le milieu de la côte sont jaunes. Le dessous des secondes ailes est noir, & traversé dans son milieu par une bande blanche, tachetée de jaune, anguleuse, interrompue près du disque ; la base offre une tache écarlate, ovale, & l'on en voit une rangée de semblables sur le limbe de derrière, mais bordées chacune antérieurement par une lunule blanche, étroite. Les quatre ailes ont, de part & d'autre, un liseré blanc, interrompu par les petites sinuosités du bord.

Elle habite la Nouvelle-Hollande & l'île des Kangourous.

122. Piéride Épicharis.

Pieris Epicharis.

Pier. alis suboblongis, integerrimis, suprà albis : omnibus utrinquè venis limboque nigris : posticis subtùs flavis, maculis marginalibus coccineis alboque cinctis.

Papilio D. C. Hyparete, *alis oblongis, integerrimis, albis, nigro venosis : posticis subtùs flavis, margine rubro maculato.* Fab. *Syst. Ent. p.* 474. *n°.* 136. — *Spec. Insect. tom.* 2. *p.* 45. *n°.* 194. — *Mant. Inf. tom.* 2. *p.* 21. *n°.* 219. — *Entom. Syst. em. tom.* 3. *pars* 1. *p.* 178. *n°.* 554.

Papilio Eucharis. Drury, *Inf.* 2. *tab.* 10. *fig.* 5. 6.

Papilio Eucharis. Cram. *Pap.* 17. *pag.* 14. *pl.* 201. *fig.* B. C. (Le mâle.)

Papilio Eucharis. Cram. *Pap.* 17. *pag.* 16. *pl.* 202. *fig.* C. (La femelle.)

Papilio Eucharis. Herbst, *Pap. tab.* 95. *fig.* 5-8.

Elle a le port des précédentes, mais elle est au premier rang de la quatrième taille. Le mâle est d'un blanc un peu bleuâtre en dessus, avec les nervures des ailes noires, & plus prononcées aux supérieures qu'aux inférieures. A l'extrémité des unes & des autres est une bordure noire, large, légèrement frangée de blanchâtre en dehors, arquée & foiblement sinuée en dedans : cette bordure est divisée dans toute sa longueur par un rang de taches ovales, assez grandes, du même blanc que le fond sur les ailes supérieures, d'un blanc un peu incarnat sur les inférieures. Le dessous des premières ailes ne diffère du dessus que parce que les nervures y sont plus dilatées, & parce que les trois taches marginales placées en face du sommet sont jaunâtres. Le dessous des secondes ailes est d'un beau jaune, avec des veines noires ; à la bordure du dessus correspond une bordure semblable, sur laquelle sont alignées huit taches écarlates, bordées de blanc tout autour, ovales comme du côté opposé, mais dont l'extérieure & l'anale moitié plus petites.

La femelle est d'un blanc-jaunâtre en dessus, avec les nervures des quatre ailes beaucoup plus larges ; les taches de la bordure de ses premières ailes sont pareillement jaunâtres. Tous ses autres caractères sont d'ailleurs les mêmes que dans le mâle.

Elle se trouve sur la côte de Coromandel.

123. Piéride Hyparète.

Pieris Hyparete.

Pier. alis suboblongis, integerrimis, albis, utrinquè apice, infrà venis, nigris : posterioribus subtùs ad marginem internum flavis, maculis sanguineis limbo postico digestis.

Papilio D. C. Hyparete, *alis integerrimis, rotundatis, albis : posticis subtùs venis nigris maculisque sanguineis.* Linn. *Syst. Nat.* 2. *p.* 763. *n°.* 92. — *Mus. Lud. Ulr. p.* 247.

Clerk, *Icon. tab.* 38. *fig.* 2. 3.

Sulz. *Inf. edit.* Roem. *tab.* 15. *n°.* 8.

Papilio Autonoë. Cram. *Pap.* 16. *pag.* 138. *pl.* 187. *fig.* C. D. (Le mâle.)

Papilio Autonoë. Cram. *Pap.* 27. *p.* 62. *pl.* 320. *fig.* A. B. (La femelle.)

a. Papilio Autonoë. Stoll, *Pap. Suppl. à* Cram. 5. *p.* 147. *pl.* 33. *fig.* 2 & 2. B.

Papilio Autonoë. Herbst, *Pap. tab.* 100. *fig.* 1-4.

Elle a le port, &, à peu de chose près, la taille de l'*Epicharis*. Le mâle est d'un blanc un peu bleuâtre en dessus, avec le limbe postérieur des secondes ailes noir. Les premières sont bordées à leur extrémité par une bande également noire, formant un triangle alongé, dont le côté interne est sinué, & dont la pointe aboutit à une médiocre distance du bord inférieur de l'aile; cette bande est coupée dans le sens de sa longueur par une suite de six taches blanchâtres, dont les cinq antérieures elliptiques & plus grandes, la sixième arrondie. Le dessous des quatre ailes est entièrement veiné de noir: celui des supérieures offre du reste les mêmes caractères que le dessus: celui des inférieures est d'un beau jaune à la base & vers le bord interne; le noir du limbe a plus de largeur qu'en dessus, & l'on y voit en outre une rangée de sept taches d'un rouge-vermillon foncé, presqu'ovales, dont les trois extérieures disposées transversalement, les quatres autres longitudinalement & un peu plus grandes. La femelle diffère du mâle en ce qu'elle a le dessus des ailes d'un blanc-jaunâtre & veiné de noir; en ce que la bordure de leur extrémité est plus large; enfin, en ce que la partie blanche du dessous des inférieures & les taches marginales du dessous des supérieures sont lavées de jaune.

Linnæus a décrit dans son *Museum Lud. Ulr.* une variété mâle, dont le dessus des secondes ailes est jaune vers le bord interne.

Stoll a figuré une autre variété plus grande, dont la base des secondes ailes est garnie en dessus de longs poils blancs, & dont les taches rouges du dessous de ces mêmes ailes sont bordées de jaunâtre en dehors.

Elle se trouve en Chine & dans l'île de Java.

124. Piéride Péribée.

Pieris Peribœa.

Pier. alis suboblongis, integerrimis, albis, utrinquè apice, infrà extimum versùs venis nigris: posticis subtùs à basi ad medium flavescentibus, puncto centrali rubido maculisque marginalibus sanguineis albido cinctis.

Cette espèce se distingue de la précédente, 1°. en ce que le dessous des deux sexes n'est veiné de noir que vers l'extrémité; 2°. en ce que le jaune du dessous des secondes ailes est plus pâle, qu'il s'étend de la base jusqu'au milieu de la surface, & que l'on y voit un point rougeâtre discoïdal; 3°. en ce que les taches du limbe postérieur de ces mêmes ailes sont d'un rouge-vermillon moins foncé, & bordées en outre d'un blanc plus ou moins teinté de jaune; enfin, en ce que la femelle a en dessus des taches blanches qui correspondent à celles-ci.

Elle se trouve dans l'île de Java.

125. Piéride Astérope.

Pieris Asterope.

Pier. alis suboblongis, integerrimis: anticis albis, nigro venosis; posticis fulvis, margine nigro subtùsque lunulâ fulvâ notato.

Papilio Aspasia. Stoll, *Pap. Suppl. à* Cram. 5. *p.* 148. *pl.* 33. *fig.* 3 & 3. C.

Elle a le port des précédentes, mais elle est un peu moins grande. Ses premières ailes sont blanches & veinées de noir. Les secondes sont fauves & légèrement bordées de noir à l'extrémité. Le dessous des unes & des autres est de la même couleur que le dessus, mais le noir domine davantage sur les supérieures, & les inférieures ont la bordure un peu plus large & marquée dans son milieu d'une lunule fauve.

Elle se trouve dans l'île d'Amboine.

126. Piéride Valérie.

Pieris Valeria.

Pier. alis suboblongis, integerrimis, suprà virescenti-albidis, venis limboque postico nigris: secundariis subtùs nitenti-grisescentibus.

Papilio Valeria. Cram. *Pap.* 8. *p.* 133. *pl.* 85. *fig.* A. (Variété mâle.)

Elle a le port & la taille de l'*Épicharis*. Le dessus du mâle est d'un blanc-verdâtre, avec les nervures & le limbe postérieur noirs. La côte des premières ailes est pareillement noire, & leur extrémité offre une rangée marginale de points blanchâtres. Ces points existent sur les quatre ailes de la femelle, dont le fond est moins verdâtre, & dont les nervures sont plus dilatées. Le dessous des deux sexes diffère du dessus en ce que la couleur du limbe postérieur & celle des points marginaux sont beaucoup plus pâles; en ce que le fond des secondes ailes est d'une teinte gris de perle, avec un léger reflet violâtre.

Cramer a figuré une variété mâle dans laquelle les points blanchâtres du limbe manquent absolument en dessus.

Elle se trouve dans l'île de Java.

127. Piéride de l'aube-épine.

Pieris Cratœgi.

Pier. alis suboblongis, integerrimis, concoloribus, albis, nervis nigris.

Papilio H. Cratægi, *alis integerrimis, rotun-*

datis, albis, venis nigris. LINN. *Syst. Nat.* 2. *p.* 758. *n°.* 72. — *Faun. Suec. edit.* 2. *pag.* 269. *n°.* 1034.

Papilio H. Cratœgi. FAB. *Syst. Entom. p.* 466. — *Pap. P. Cratœgi. Spec. Inf. tom.* 2. *pag.* 35. *n°.* 149. — *Mant. Inf. tom.* 2. *p.* 17. *n°.* 171. — *Entom. Syst. em. tom.* 3. *pars* 1. *p.* 182. *n°.* 563.

Papilio alba, nervis alarum nigris, brassicariœ majoris figurâ & magnitudine. RAI, *Inf.* 115. *n°.* 5.

Papilio alba, venis nigris. PETIV. *Muf. p.* 33. *n°.* 301.

Eruca hiemalis, luteo alboque striata. FRISCH, *Inf.* 5. *p.* 16. *tab.* 5. (La chenille.)

MERIAN, *Eur.* 2. *p.* 38. *tab.* 35. *fig. supér.*

ALBIN. *Inf. tab.* 2. *fig.* 2.

WILKS. *Pap.* 49. *tab.* 2. a. 1.

RÉAUM. *Inf.* 2. *p.* 73. *pl.* 2. *fig.* 5-9.

DE GEER, *Mem. Inf. p.* 235. *pl.* 14. *fig.* 13-20.

BIBLIOT. *Reg. Parisi. p.* 30. OMNES.

ROES. *Inf. tom.* 1. *tab.* 3. *class.* 2. *Pap. diurn.*

ESP. *Pap.* 1. *tab.* 2. *fig.* 3.

MULLER, *Zool. Dan. p.* 113. *n°.* 1312.

SCOP. *Ent. Carn. p.* 169. *n°.* 448.

SCHŒFF. *Icon. tab.* 140. *fig.* 2. 3.

HERBST, *Pap. tab.* 85. *fig.* 7. 8.

LEWIN, *Inf. tab.* 24. *fig.* 1-4.

BORKH. *Pap. Eur. part.* 1. *p.* 131 & 262. *n°.* 21.

ROSSI, *Faun. Etr. tom.* 2. *p.* 142. *n°.* 989.

PANZ. *Faun. Germ.* 76. 22.

FUESSL. *Suiff. Inf. p.* 28. *n°.* 546.

SCHRANK, *Faun. Boïc. tom.* 2. *pag.* 164. *n°.* 1287.

SCHNEID. *Syst. Beschr. p.* 71. *n°.* 17.

HUBN. *Pap. tab.* 79. *fig.* 399. 400.

WIEN VERZ. *p.* 163. *fam.* D. *n°.* 1.

ILLIG. *Magaz. tom.* 3. *p.* 191.

OCHSENH. *Pap. Eur. tom.* 1. *part.* 2. *p.* 142.

Le Gazé. GEOFFR. *Hist. Inf. tom.* 2. *pag.* 71. *n°.* 43.

Le Gazé. ENGRAMELLE, *Pap. d'Eur. tom.* 1. *p.* 203. *pl.* 48. *fig.* 101. a-f.

Elle est blanche de part & d'autre, avec des nervures noires qui s'élargissent un peu à l'extrémité des premières ailes. La couleur de ces nervures sur un fond blanc & un peu transparent ont fait donner à cette espèce le nom français de *Gazé*. Elle paroît en juillet dans les plaines & dans les jardins de l'Europe. Pallas rapporte, dans le premier volume de ses ouvrages, qu'elle est tellement commune aux environs de Winoska, dans les endroits abrités du vent, que, lorsqu'elle vole, on croiroit voir en l'air des flocons de neige. Vers le coucher du soleil elle se fixe sur les fleurs & sur les épis où on peut la prendre avec la main; pendant le jour, au contraire, elle est assez difficile à saisir. La femelle pond environ deux cents œufs, de forme conique, très-serrés les uns contre les autres, & les dépose ordinairement sur des feuilles.

La chenille vit en société sous une toile soyeuse qu'elle file, & dans laquelle elle pratique de petites cases pour s'y mettre à l'abri de l'humidité & des rigueurs de l'hiver, saison durant laquelle elle ne prend pas d'accroissement. Aux approches du printemps elle rompt cette toile, pour aller chercher sa nourriture; &, comme elle ne rencontre guère alors que des bourgeons, elle endommage beaucoup les arbres : aussi Linnæus l'a-t-il appelée le *fléau des jardins* (*hortorum pestis*). Chaque soir elle revient à sa demeure, & ne la quitte même point pendant les jours pluvieux. On peut alors la détruire très-aisément. Elle se nourrit des feuilles de l'*Aube-épine* (*Cratœgus oxyocantha*); de celles du *Prunier sauvage* (*Prunus spinosa*); elle mange aussi très-volontiers celles du *Cerisier odorant* & de plusieurs arbres fruitiers. Noire dans le premier âge, elle se garnit ensuite de poils jaunes & blancs, courts & implantés directement sur la peau. Entre ces poils on voit trois lignes noires, longitudinales : une de chaque côté du ventre, au-dessus des pattes; l'autre sur le dos. Les poils du ventre sont grisâtres & plus longs que ceux du corps.

La chrysalide est jaune ou blanche, & quelquefois de ces deux couleurs, avec de petites raies & des points noirs. L'insecte parfait en sort au bout de trois semaines.

128. PIÉRIDE Pyrrha.

PIERIS *Pyrrha*.

Pier. alis suboblongis, integerrimis, suprà albis : anticis utrinquè apice nigro : posticis subtùs nigris, strigâ calthaceâ, intermediâ, fasciisque duabus flavescentibus, transversis, posteriore extrorsùm digitatâ.

Papilio D. C. Pyrrha, alis integerrimis, albis : posticis subtùs atris, strigâ flavâ rubrâque fasciâque albâ. FAB. *Spec. Inf. tom.* 2. *p.* 46. *n°.* 200. — *Mant. Inf. tom.* 2. *p.* 21. *n°.* 226.

β. *Papilio Iphigenia.* FAB. *Entom. Syst. em. tom.* 3. *pars* 1. *p.* 199. *n°.* 621.

Papilio Pyrrha. CRAM. *Pap.* 6. *p.* 97. *pl.* 63. *fig.* A. B.

Papilio Pyrrha. HERBST, *Pap. tab.* 102. *fig.* 1. 2.

C'est une des grandes espèces de la quatrième

taille. Le dessus de ses quatre ailes est blanc, avec une légère bordure noire à l'extrémité des inférieures & le long de la côte des supérieures. Ces dernières ont au sommet un espace noir, triangulaire, dont le côté interne est sinué, & dont la pointe repose sur le milieu du bord postérieur. Leur dessous ressemble au dessus, mais la base est un peu soufrée. Le dessous des secondes ailes est d'un noir-brun, avec deux bandes transverses, dont l'antérieure d'un jaune-soufre pâle, la postérieure blanche, lavée de jaune, large, courbe, digitée en dehors près du sommet; ces deux bandes sont séparées transversalement par une raie d'un rouge-souci, bordée de blanchâtre antérieurement, & allant du bord interne au disque de l'aile. Le corps est blanc, avec le corselet & le dos noirâtres; la tête est noire, avec des points blanchâtres; les antennes sont obscures, avec toute la massue d'un blanc-jaunâtre.

Elle se trouve à la Guyane & au Brésil.

N. B. Fabricius l'avoit d'abord donnée séparément; mais, en dernier lieu, il en a fait une variété de son *Papilio Iphigenia*. Nous sommes cependant bien certains, d'après le grand nombre d'individus que nous avons examinés, qu'elle forme une espèce constante.

129. Piéride Iphigénie.

Pieris Iphigenia.

Pier. alis integerrimis, albis, apice atris : posticis subtùs flavescentibus, fasciâ mediâ atrâ, strigâ abbreviatâ fulvâ. Fab.

Papilio Iphigenia. Fab. *Ent. Syst. em. tom.* 3. *pars* 1. *p.* 199. *n°.* 621.

Naturforscher, 9. *tab.* 2. *fig.* C.

Nous n'avons pu voir ni cette *Piéride*, ni la figure citée dans la synonymie.

Suivant Fabricius elle ne doit différer de la précédente que parce que le dessous des secondes ailes est d'un jaune-pâle, au lieu d'être noir, & parce que la bande placée sur son milieu est noire, au lieu d'être blanche; il y a aussi sur la surface inférieure de ces mêmes ailes une raie souci, mais il paroît qu'elle est encore plus courte que dans le *Pyrrha*.

Elle se trouve également en Amérique.

N. B. Est-ce bien une espèce distincte?

130. Piéride Paméla.

Pieris Pamela.

Pier. alis suboblongis, integerrimis, nigris, basi suprà fulvo fasciatis : anticis utrinquè fasciâ flavâ, transversâ, angulatâ : posticis subtùs strigâ calthaceâ, intermediâ, fasciisque duabus rufescenti-flavidis, transversis, posteriori extrorsùm dentatâ.

Papilio H. Pamela. Cram. *Pap.* 27. *pag.* 61. *pl.* 319. *fig.* A.

Papilio H. Pamela. Herbst, *Pap. tab.* 70. *fig.* 3.

Quoique cette espèce soit bien évidemment une *Piéride*, on l'a rangée jusqu'ici parmi les *Héliconiens*, sans doute à cause de sa couleur.

Elle a le port & la taille de la P. *Pyrrha*. Ses quatre ailes sont noires & entières. Celles de devant ont sur la moitié antérieure deux bandes fauves, longitudinales & convergentes à la base; immédiatement au bout de la supérieure est une bande jaune, transverse, oblique, anguleuse, ayant parfois le milieu marqué d'un point obscur; le bord postérieur offre en outre, vers le sommet, une petite tache jaune, disposée longitudinalement. Le dessous de ces ailes ressemble au dessus, mais les deux bandes de la base y sont plus larges & assez souvent réunies en une seule. Le dessus des secondes ailes est traversé par deux bandes fauves, dont la supérieure étroite & placée sur la côte, l'inférieure très-large, occupant le milieu de la surface, inégalement dentée vis-à-vis du sommet & coupée dans le sens de sa longueur par une ligne noire, plus ou moins large, qui n'atteint ni le bord interne ni l'extrémité de la couleur fauve. Ces ailes ressemblent en dessous aux ailes correspondantes de la P. *Pyrrha*; toute la différence qu'on y trouve, c'est que les deux bandes jaunes sont teintées de roussâtre & que la postérieure est dentée, comme en dessus, au lieu d'être digitée en dehors. Le corps est cendré en dessus, grisâtre en dessous, avec un duvet jaunâtre sur le corselet & quelques points blanchâtres sur la tête; les antennes sont de cette dernière couleur, avec la base noirâtre.

Elle se trouve à la Guyane & au Brésil.

131. Piéride Phaloé.

Pieris Phaloe.

Pier. alis suboblongis, integerrimis, albis : anticis utrinquè apice nigro : posticis subtùs fasciis duabus fuscis, transversis, alterâ basilari strigâque albâ divisâ, alterâ mediâ abbreviatâque.

Elle a le port & la taille de la précédente. Le dessus du mâle est d'un beau blanc; le dessus de la femelle d'un blanc un peu sale. Leurs premières ailes ont l'extrémité bordée par une bande noire, triangulaire, large, sinuée intérieurement : la femelle a en outre une raie noire, courte, oblique, partant du milieu de la côte, qui est elle-même noire : dans le mâle il n'y a qu'un point de cette couleur. Les secondes ailes ont le bord postérieur plus ou moins entrecoupé de noir. Le dessous des premières ailes ressemble au dessus, mais dans le mâle le point noir est lié à la côte par une ligne un peu plus pâle. Le dessous des secondes ailes est blanc dans le mâle, lavé de brun dans la femelle : dans l'un comme dans l'autre, le fond offre deux bandes noirâtres, transverses & parallèles, dont une à la base, l'autre sur le milieu; cette dernière est étroite & n'atteint aucun bord; l'autre, beaucoup plus large, couvre toute la côte & se trouve partagée dans le sens de sa longueur par une raie blanche. Les deux bandes de la femelle percent un peu au travers du fond. Le corps est blanc, avec le corselet noirâtre; la poitrine a des taches orangées sur chaque côté.

Elle est du Brésil.

132. Piéride Amathonte.

Pieris Amathonte.

Pier. alis suboblongis, integerrimis, albis: anticis apice nigro subtùsque fasciâ albâ diviso: posticarum paginâ inferiori limbo sinuosè fusco.

Papilio D. C. Amathonte, *alis rotundatis, albis, apice nigris: posticis subtùs margine brunneo.* Fab. *Spec. Inf. tom.* 2. *pag.* 19. *n°.* 193. — *Entom. Syst. em. tom.* 3. *pars* 1. *p.* 190. *n°.* 589.

Papilio Amathonte. Cram. *Pap.* 10. *p.* 29. *pl.* 116. *fig.* A. B.

Herbst, *Pap. tab.* 97. *fig.* 9. 10.

Ses ailes sont d'un beau blanc de part & d'autre. Les premières ont au sommet un espace noir, grand, triangulaire, sinué sur le côté interne, & traversé obliquement, du bord antérieur au bord postérieur, par une bande blanche, légèrement anguleuse, séparée du fond en dessous, mais s'y réunissant en dessus par son extrémité supérieure; la côte est en outre noirâtre. Les secondes ailes sont terminées en dessus par un liseré noir, & en dessous par une bande brunâtre, large, très-sinuée en dedans, & montant jusque vers le milieu du bord d'en haut dont l'origine est safranée. Le corps est blanc, avec le corselet noir & des anneaux de cette couleur sur les deux surfaces de l'abdomen.

Cette description est faite d'après des individus mâles.

Elle habite la Guyane.

133. Piéride Démophile.

Pieris Demophile.

Pier. alis suboblongis, integerrimis, fuscis: anticis fasciis duabus, posticis disco, albis: his infrà subviolaceo micantibus.

Papilio D. C. Demophile, *alis rotundatis, albidis, fasciis duabus margineque fuscis: posticis subtùs subincarnatis.* Linn. *Syst. Nat.* 2. *p.* 761. *n°.* 82. — *Amœn. Acad.* 6. *p.* 406. *n°.* 66.

Papilio Demophile. Fab. *Syst. Entom. p.* 472. *n°.* 124. — *Spec. Inf. tom.* 2. *p.* 42. *n°.* 177. — *Mant. Inf. tom.* 2. *p.* 19. *n°.* 200. — *Ent. Syst. em. tom.* 3. *pars* 1. *p.* 192. *n°.* 596.

Clerk, *Icon. tab.* 28. *fig.* 4.

Papilio Molphea. Cram. *Pap.* 10. *pag.* 29. *pl.* 116. *fig.* C.

Papilio Molphea. Herbst, *Pap. tab.* 98. *fig.* 1.

Le dessus de ses ailes est d'un brun-noirâtre. Les premières ont deux bandes d'un blanc un peu verdâtre: l'une, plus large, occupant presque tout le milieu de la surface dans le sens de sa longueur; l'autre, foiblement sinuée, traversant obliquement l'extrémité du bord antérieur au bord postérieur. Les secondes ailes ont sur le disque un espace transverse, elliptique, assez large, de la couleur de ces bandes. Le dessous des ailes supérieures ressemble au dessus, mais la base & les deux bouts de la bande du sommet sont d'un jaune-soufre pâle. Le dessous des ailes inférieures est d'un gris un peu violâtre, avec l'origine de la côte safranée & une bande brunâtre, marginale, large & fortement sinuée sur le côté interne. Les deux surfaces du corps sont à peu près de la même couleur que celles des ailes.

Elle se trouve aussi à la Guyane.

Nous avons dit que nous n'avions vu que des mâles de la précédente: nous annonçons actuellement que nous n'avons pu voir que des femelles de celle-ci. Comme ces deux Piérides ont plusieurs caractères communs, nous ne serions point surpris qu'elles formassent les deux sexes d'une seule & même espèce.

La figure de Clerk, sur laquelle Linnæus paroît avoir fait sa description, pèche en ce que le dessous des secondes ailes est trop rougeâtre & en ce que leur bord postérieur est sinué.

134. Piéride Ériphia.

Pieris Eriphia.

Pier. alis suboblongis, integerrimis, nigris, fasciis duabus albis: anticarum longitudinalibus, posticarum transversis: his subtùs costâ baseos luteâ.

Elle a le port de l'*Amathonte*, mais elle est un peu moins grande. Le dessus de ses ailes est d'un noir-brun, avec une légère frange blanchâtre. Les premières ont deux bandes blanches, longitudinales, dont une, en forme de raie, occupant environ la moitié antérieure de la côte & se terminant par un crochet assez long, plus large qu'elle & presqu'arrondi par le bout; l'autre, de moyenne largeur, anguleuse, atteignant le bord interne non loin de son origine & finissant au niveau de la précédente: ces ailes ont en outre, le long du bord postérieur, cinq points blancs, inégalement rapprochés & dont deux plus gros, notamment celui du milieu de la rangée. Les secondes ailes sont traversées par deux bandes blanches, parallèles & presque droites, dont l'antérieure moins large; le limbe postérieur de ces ailes est marqué de quatre points également blancs; il y en a deux vers le sommet & deux vers l'angle de l'anus, mais ces derniers sont plus petits & manquent parfois. Le dessous des quatre ailes diffère du dessus en ce que le noir est beaucoup plus pâle; en ce que les inférieures ont l'origine de la côte safranée; en ce que les supérieures ont de plus à la base une tache blanche, triangulaire & longitudinale, à laquelle correspond sur la surface opposée un trait blanchâtre, obscur, pareillement longitudinal.

Elle habite.....

135. Piéride Endéis.

Pieris Endeis.

Pier. alis suboblongis, integerrimis, albis: anticis apice punctoque medio atris: posticis infrà subgrisescentibus, puncto sesquialtero fusco.

C'est une des plus grandes espèces de la quatrième taille. Le dessus du mâle est d'un beau blanc; le dessus de la femelle d'un blanc un peu jaunâtre, surtout vers la base des secondes ailes. Dans l'un comme dans l'autre les premières ailes sont bordées à l'extrémité par une bande d'un noir-foncé, formant un triangle alongé dont la pointe est en en-bas & dont le côté interne est fortement sinué; le bord antérieur de ces ailes est liseré de noir, & non loin de son milieu l'on voit un point de cette couleur. Les secondes ailes n'ont aucune tache en dessus. Leur dessous est d'un gris-pâle, légérement teinté de jaune, avec le tiers antérieur de la côte safrané, & deux points noirâtres, dont l'extérieur plus gros, placés entre le disque & l'extrémité. Le dessous des ailes supérieures ne diffère du dessus que parce que le noir du bout est plus pâle. Le corps est blanchâtre, avec le corselet & le dos cendrés, & quelques taches d'un jaune-safran sur la poitrine; les antennes sont noires, avec environ le tiers de la massue roussâtre.

Elle habite le Brésil.

136. Piéride Joséphine.

Pieris Josephina.

Pier. alis suboblongis, integerrimis: omnibus suprà, anticisque infrà, albis: his subtùs maculis quatuor nigris; posticis paginâ omni dilutè brunneâ.

Elle a le port & à peu près la taille de la précédente. Ses ailes sont blanches en dessus, avec une tache noire, arrondie, sur le milieu des supérieures: la femelle offre en outre, vers l'extrémité de ces mêmes ailes, trois taches d'un noir-brun, disposées transversalement, mais de manière que les deux antérieures se touchent & se trouvent presqu'à la hauteur de celle du milieu. Les secondes ailes ont, entre le disque & le bout, un point noirâtre, à peine distinct dans le mâle. Leur dessous est entièrement d'une couleur café au lait, pâle. Le dessous des ailes supérieures du mâle a, ainsi que celui des ailes correspondantes de la femelle, les quatre taches noires dont il a été question, & le sommet & la côte sont en outre lavés de brun. Le corps est blanc, avec la tête brune, le corselet & le dos cendrés; les antennes sont grisâtres, avec le bout de la massue d'un jaune d'ocre.

Elle habite.....

Nous l'avons décrite d'après des individus appartenant à M. Dufresne.

137. Piéride Pylotis.

Pieris Pylotis.

Pier. alis suboblongis, integerrimis, suprà albis: anticis utrinquè extimo punctoque nigris: posticis subtùs flavescentibus, puncto medio fusco maculâque baseos croceâ.

Elle est un peu moins grande que les deux précédentes dont elle a le port. Le dessus du mâle est d'un blanc-bleuâtre, le dessus de la femelle d'un blanc-sale, avec la base des ailes un peu obscure. Les premières ont l'extrémité bordée dans les deux sexes par une bande noire, large, triangulaire, dont le côté interne est fort anguleux & précédé à sa partie antérieure d'un point également noir. Les secondes ailes ont le limbe postérieur noirâtre ou entrecoupé par des traits longitudinaux de cette couleur. Le dessous des premières ailes ne diffère du dessus que parce que la base est légèrement soufrée, & parce que le bord du sommet est un peu grisâtre. Le dessous des secondes ailes est lavé de jaune d'ocre, avec un point noirâtre vers le milieu, & une petite tache d'un jaune-safran près de la base. Le corps est blanc, avec le corselet & le dos noirâtres; les antennes sont noires, avec le bout de la massue grisâtre.

Elle se trouve au Brésil.

138. Piéride du Chou.

Pieris Brassicæ.

Pier. alis suboblongis, integerrimis, albis: anticis suprà apice fusco, subtùs maculis duabus nigris: posticarum paginâ inferiori nebuloso-flavescente.

Papilio D. C. Brassicæ, *alis integerrimis, rotundatis, albis: primoribus maculis duabus apicibusque nigris.* Major. Linn. *Syst. Nat.* 2. *p.* 759. *n°.* 75. — *Faun. Suec. edit.* 2. *p.* 269. *n°.* 1035.

Papilio Brassicæ. Fab. *Syst. Entom. p.* 468. *n°.* 110. — *Spec. Inf. tom.* 2. *p.* 38. *n°.* 161. — *Mant. Inf. tom.* 2. *p.* 18. *n°.* 183. — *Entom. Syst. em. tom.* 3. *pars* 1. *pag.* 186. *n°.* 574.

Papilio Brassicaria alba, major, vulgatissima. Rai, *Inf. p.* 113. *n°.* 1.

Eruca Brassicaria, vulgatissima, nigro, luteo & cœruleo coloribus varia. Rai, *Inf. p.* 348. *n°.* 19. (La chenille.)

Papilio albus, vulgaris, major. Petiv. *Muf. p.* 85. *n°.* 825.

Papilio alba, major, apicibus nigris. Petiv. *Gazoph. tab.* 62. *fig.* 3.

Merian, *Europ.* 1. *p.* 16. *tab.* 45.

Albin, *Inf. p.* 1. *tab.* 1.

Mouff. *Inf. p.* 189. *fig.* 1.

Goed. *Belg.* 1. *p.* 59. *fig.* 11.

List. Goed. *p.* 16. *fig.* 7.

Svamm. *Bibl. Nat. tab.* 37. *fig.* 6.

Blank. *Inf. tab.* 4. *fig.* A-D.

Vallisn. *Nat.* 1. *tab.* 1.

Wilk. *Pap.* 49. *tab.* 2. a. 2.

Sepp. *Inf.* 2. *tab.* 4. *fig.* 1-8.

Reaum. *Inf.* 1. *pl.* 29. *fig.* 1.

Roes. *Inf. tom.* 1. *class.* 2. *Pap. diurn. tab.* 4.

Esp. *Pap.* 1. *tab.* 3. *fig.* 1.

Hubn. *Pap. tab.* 80. *fig.* 401-403.

Wien Verz. *p.* 163. *fam.* D. *n°.* 2.

Illig. *Magaz. tom.* 3. *p.* 188.

Muller, *Zool. Dan. p.* 113. *n°.* 1313.

Scop. *Entom. Carn. p.* 170. *n°.* 450.

Schœff. *Icon. tab.* 40. *fig.* 3. 4.

Herbst, *Pap. tab.* 87. *fig.* 1-3.

Lewin, *Inf. tab.* 25. *fig.* 1-5.

Borkh. *Pap. Eur. part.* 1. *p.* 126 & 261. *n°.* 12.

Rossi, *Faun. Etr. tom.* 2. *p.* 142. *n°.* 990.

Schrank, *Faun. Boïc. tom.* 2. *p.* 165. *n°.* 1288.

Ochsenh. *Pap. Eur. tom.* 1. *part.* 2. *p.* 144.

Le grand Papillon blanc du Chou. Geoff. *Hist. Inf. tom.* 2. *p.* 68. *n°.* 40.

Le grand Papillon du Chou. Engram. *Pap. d'Eur. tom.* 1. *p.* 207. *pl.* 49. *fig.* 102. a-e.

C'est une des moyennes espèces de la quatrième taille. Les deux sexes sont blancs en dessus, avec le sommet & une partie du bord postérieur des premières ailes noirâtres : la femelle a en outre, sur ces mêmes ailes, trois taches noires, dont deux, presque rondes, disposées sur une ligne transverse entre le milieu de la surface & le bord postérieur; la troisième, en forme de raie, placée longitudinalement sur le bord interne, au bas des deux précédentes. Les secondes ailes du mâle & de la femelle offrent, sur le milieu du bord antérieur, une tache plus ou moins prononcée. Le dessous des ailes supérieures est blanc comme le dessus, avec le sommet d'un jaune d'ocre pâle, & les deux taches noires arrondies, dont nous avons parlé : ces taches sont constantes dans chaque sexe. Le dessous des ailes inférieures est d'un jaune d'ocre pâle, pointillé de noirâtre, avec l'origine de la côte un peu safranée. Le corps & les antennes sont noirs; celles-ci sont finement annelées de blanc, & jaunâtres au bout de la massue.

Geoffroy a pris la femelle pour le mâle, & réciproquement. Cette erreur peut provenir de ce que l'on rencontre parfois des mâles qui sont tachetés de noir en dessus, de même qu'en dessous.

Cette espèce est très-commune dans toute l'Europe. Elle paroît pour la première fois en mai & en juin, & pour la seconde, dans le courant de l'automne. Sa chenille vit en société sur le *Chou cultivé* (*Brassica oleracea*), & sur plusieurs autres *crucifères*. Elle est d'un cendré-bleuâtre, avec trois raies jaunes, longitudinales; savoir : une sur le dos, & une sur chaque côté du ventre. Entre ces raies sont des points noirs, tuberculeux, du centre de chacun desquels sort un poil. Cette chenille est si vorace, qu'elle consomme, dit-on, par jour plus du double de son poids; &, comme elle n'est malheureusement que trop multipliée, elle cause de très-grands dégâts dans les potagers. Elle a la démarche lente, & va à une assez grande distance de l'endroit où elle a vécu se transformer en chrysalide. Elle procède à cette opération en tapissant de soie la place où elle veut se fixer, puis elle s'y attache avec un lien. Elle a pour ennemis plusieurs espèces d'*ichneumons*, notamment l'*ichneumon à coton jaune* de Geoffroy. Lorsqu'elle n'a pu subir sa métamorphose avant l'hiver, elle s'abrite pour passer cette saison, & se met en chrysalide le printemps suivant. Dans ce cas-là, l'insecte parfait en sort au bout de trois semaines, comme lorsqu'il éclot pour la seconde fois. La chrysalide est verdâtre, avec des points noirs.

La femelle pond une quantité considérable d'œufs obtus, rassemblés par tas, & élevés verticalement.

139. Piéride de la Giroflée.

Pieris Cheiranthi.

Pier. alis suboblongis, integerrimis, albis : anticis suprà apice fusco, subtùs fasciâ nigrâ, abbreviatâ : posticarum paginâ inferiori nebuloso-flavâ.

Papilio Cheiranthi. Hubn. *Pap. tab.* 127. *fig.* 647. 648. (La femelle.)

Elle diffère de la précédente en ce que les deux surfaces des premières ailes de la femelle, & la surface inférieure des ailes correspondantes du mâle offrent, en place des deux taches noires, une bande courte & tranſverſe de cette couleur; en ce que le deſſous des ſecondes ailes eſt d'un jaune d'ocre moins pâle, ſurtout dans la femelle.

Elle ſe trouve dans l'île de Ténériffe.

140. Piéride Glaphyre.

Pieris Glaphyra.

Pier. alis ſuboblongis, integerrimis, ſuprà albis: anticis apice maculiſque duabus, poſticis punctis marginalibus, nigris: harum paginâ inferiori flavidâ.

Papilio Gliciria. Cram. *Pap.* 15. *pag.* 115. *pl.* 171. *fig.* E. F.

Papilio Gliciria. Herbst, *Pap. tab.* 87. *fig.* 4. 5.

Elle a le port & la taille des précédentes. Le deſſus de ſes ailes eſt d'un blanc un peu ſale. Les premières ont le ſommet bordé par une bande noire, de médiocre largeur, & dentée intérieurement; entre leur milieu & le bout ſont diſpoſées ſur une ligne tranſverſe deux taches également noires, dont la ſupérieure ronde, l'inférieure crochue du côté de la baſe & repoſant ſur le bord interne. Les ſecondes ailes ont, vers le milieu du bord d'en haut, une tache noire, oblongue, placée longitudinalement, & le long du bord d'en bas une rangée de cinq points de cette couleur. Le deſſous des ailes ſupérieures diffère du deſſus en ce qu'il eſt d'un plus beau blanc; en ce qu'il a la côte & le ſommet jaunâtres, & en ce que la ligne tranſverſe du bout eſt compoſée de trois taches preſqu'arrondies. Le deſſous des ailes inférieures eſt jaunâtre, avec l'origine de la côte plus foncée.

Elle ſe trouve en Chine.

141. Piéride Acaſte.

Pieris Acaſte.

Pier. alis ſuboblongis, integerrimis, ſuprà albis: anticis apice maculiſque ſex fuſcis: poſticis ſubtùs flaveſcentibus.

Papilio D. C. Acaſte, *alis rotundatis, albis, maculis quinque tranſverſis apicibuſque fuſcis: ſubtùs flaveſcentibus.* Linn. *Syſt. Nat.* 2. *p.* 761. *n°.* 83. — *Muſ. Lud. Ulr. p.* 250.

Elle a le port & à peu près la taille de la précédente. Le deſſus des premières ailes eſt blanc, avec l'extrémité noirâtre & précédée intérieurement de cinq taches de cette couleur, ovales & diſpoſées tranſverſalement; outre celles-ci il y a une autre tache noirâtre, grande, ſe dirigeant de la côte vers la baſe. Le deſſous de ces mêmes ailes eſt d'un blanc-pâle, avec la baſe jaune & une bande noirâtre, tranſverſe, peu prononcée. Le deſſus des ſecondes ailes eſt blanc, avec l'extrémité noirâtre. Leur deſſous eſt d'un jaune-pâle.

Elle ſe trouve dans les Indes.

142. Piéride Caſtalie.

Pieris Caſtalia.

Pier. alis ſuboblongis, integerrimis, albis, ſuprà immaculatis, ſubtùs baſi flaveſcentibus.

Papilio D. C. *Caſtalia.* Fab. *Entom. Syſt. em. tom.* 3. *pars* 1. *p.* 188. *n°.* 580.

Donow. *Gen. Illuſt. of Entom. an Epitome of the Nat. Hiſt. Inſ. of India, n°.* 10. *pl.* 1. *fig.* 2.

Jon. *Fig. pict.* 3. *tab.* 49. *fig.* 1.

Elle a le port & preſque la taille de la Piéride du *Chou*. Ses ailes ſont minces, blanches de part & d'autre: leur deſſus eſt ſans taches, leur deſſous d'un jaune-pâle à la baſe.

Elle habite les Indes orientales.

143. Piéride Chloris.

Pieris Chloris.

Pier. alis ſuboblongis, integerrimis, teneris, albis, apice nigro: ſubtùs anticis baſi calthaceâ; poſticis luteo radiatâ: his limbo latè nigro.

Papilio D. C. Chloris, *alis rotundatis, integerrimis, albis, apice nigris: poſticis ſubtùs fulvis, margine latè nigro.* Fab. *Syſt. Entom. p.* 473. *n°.* 129. — *Spec. Inſ. tom.* 2. *pag.* 44. *n°.* 183. — *Mant. Inſ. tom.* 2. *p.* 20. *n°.* 207. — *Entom. Syſt. em. tom.* 3. *pars* 1. *p.* 195. *n°.* 608.

Papilio Chloris. Drury, *Inſ.* 3. *pl.* 32. *fig.* 3. 4.

Papilio Chloris. Herbst, *Pap. tab.* 99. *fig.* 1. 4.

Papilio Thermopyle. Cram. *Pap.* 18. *p.* 26. *pl.* 207. *fig.* F. G.

Elle a le port & la taille de la P. du *Chou*. Ses ailes ſont minces, blanches en deſſus, avec un eſpace noir, triangulaire, au ſommet des ſupérieures: ces ailes ont auſſi la côte noire. Les inférieures ſont bordées à l'extrémité par une bande également noire, arquée, foiblement ſinuée en dedans, occupant de part & d'autre, dans la femelle, environ la moitié poſtérieure de la ſurface. Cette bande eſt étroite en deſſus dans le mâle; mais en deſſous elle eſt au moins une fois plus large. Le deſſous des quatre ailes diffère en outre du deſſus en ce que la baſe des premières eſt couleur de fouci, & la baſe des ſecondes rayonnée de jaune-rouſſâtre, avec l'origine de la côte plus foncée. Le corps eſt blanc, avec le corſelet cendré; les antennes ſont noires & annelées de blanc, avec le bout de la maſſue ferrugineux.

Elle ſe trouve à Sierra-Leone.

Suivant Cramer & Fabricius, le deſſous des ſecondes ailes eſt fauve ou rouſſâtre depuis la baſe juſqu'à jusqu'à la bordure. Il est probable qu'ils ont eu en vue une variété; car tous les individus mâles & femelles que nous avons examinés sont, à cet égard, tels que nous l'avons dit.

144. Piéride de la Rave.

Pieris Rapæ.

Pier. alis suboblongis, integerrimis, albis : anticis suprà apicis extimo fucescente, subtùs maculis duabus nigris ; posticarum paginâ inferiori nebuloso-flavescente.

Papilio D. C. Rapæ, *alis integerrimis, rotundatis : primoribus maculis duabus apicibusque nigris*. Minor. Linn. *Syst. Nat.* 2. *p.* 759. *n°.* 76. — *Faun. Suec. edit.* 2. *p.* 1036.

Papilio Rapæ. Fab. *Syst. Entom. p.* 469. *n°.* 111. — *Spec. Ins. tom.* 2. *p.* 39. *n°.* 162. — *Mant. Ins. tom.* 2. *p.* 18. *n°.* 184. — *Entom. Syst. em. tom.* 3. *pars* 1. *p.* 186. *n°.* 575.

Papilio alba, media, alis omnibus albis cum maculâ (seu punctum mavis dicere) leviter nigricante in exterioribus. Rai, *Ins.* 114. *n°.* 3. (Mâle.)

Papilio alba, media, alis exterioribus albis, duabus maculis nigris infrà medium longitudinem, versùs interiorem marginem notatis ; interioribus subtùs flavicantibus. Rai, *Ins.* 114. *n°.* 2. (Fem.)

Eruca Brassicam depascens, viridis, mediocris, lineâ in utroque latere è luteo albente. Rai, *Ins.* 349. *n°.* 20. (La chenille.)

Papilio vulgaris albus, minor. Petiv. *Mus. p.* 85. *n°.* 826.

Merian, *Europ.* 2. *p.* 40. *tab.* 39. — *Edit. gall. tab.* 89.

Albin, *Ins. tab.* 51. *fig.* C. D. E. F.

Mouff. *Ins. p.* 971. *fig.* 9. 10.

Goed. *Belg.* 1. *p.* 97. *fig.* 27.

List. Goed. *p.* 22. *fig.* 8.

Merr. *Pin.* 198. *n°.* 5.

Blank. *Ins. tab.* 5. *fig.* A-D.

Jac. l'Amiral, *Ins. tab.* 16.

Robert, *Icon. tab.* 6.

Sepp. *Ins.* 2. *p.* 1. *tab.* 1.

Reaum. *Ins.* 1. *pl.* 29. *fig.* 7. 8, & *pl.* 2. *fig.* 3.

Roes. *Ins. tom.* 1. *class.* 2. *Pap. diurn. tab.* 5.

Esp. *Pap.* 1. *tab.* 3. *fig.* 2.

Hubn. *Pap. tab.* 80. *fig.* 404. 405.

Wien Verz. *p.* 163. *fam.* D. *n°.* 3.

Illig. *Magaz. tom.* 3. *p.* 203.

Muller, *Zool. Dan. p.* 113. *n°.* 1314.

Scop. *Entom. Carn. p.* 170. *n°.* 451.

Herbst, *Pap. tab.* 87. *fig.* 7. 8.

Pap. Nelo. Var. Herbst, *Pap. tab.* 87. *fig.* 9.

Lewin, *Ins. tab.* 26. *fig.* 1-5.

Borkh. *Pap. Eur. part.* 1. *p.* 125 & 260. *n°* 11.

— *Pap. Nelo.* Var. Borkh. *Pap. Eur. part.* 1. *p.* 127. *n°.* 13.

Rossi, *Faun. Etr. tom.* 2. *p.* 143. *n°.* 991.

Schrank, *Faun. Boïc. tom.* 2. *p.* 165. *n°.* 1289.

Ochsenh. *Pap. Eur. tom.* 1. *part.* 2. *p.* 146.

Le petit Papillon blanc du Chou. Geoff. *Hist. Ins. tom.* 2. *p.* 69. *n°.* 41.

Le petit Papillon du Chou. Engram. *Pap. d'Eur. tom.* 1. *p.* 210. *pl.* 49. *fig.* 103. a-d.

Elle a les plus grands rapports avec la P. du *Chou ;* mais elle est d'un tiers environ moins grande. Le dessus de ses premières ailes a le sommet moins noirâtre, & cette couleur ne s'étend pas sur le bord de derrière ; le mâle a d'ailleurs plus souvent un ou deux points noirs sur la surface supérieure de ces mêmes ailes.

Cette espèce est aussi très-commune en Europe. Elle paroît également deux fois ; mais elle devance son analogue. Sa chenille vit presque solitaire sur la *grosse rave* ou variété du *navet* (*brassica rapa*), & sur plusieurs autres plantes de cette famille ; elle n'y fait pas beaucoup de dégât, en comparaison de celle du *Chou :* elle s'introduit dans leur intérieur ; ce qui l'a fait appeler *ver du cœur.* Elle est rase, verte, avec une ligne plus pâle sur le dos, & une raie blanchâtre, souvent ponctuée de jaune, sur chaque côté du ventre. La chrysalide est verdâtre, avec des points noirâtres.

145. Piéride du Navet.

Pieris Napi.

Pier. alis suboblongis, integerrimis, suprà albis : subtùs omnibus fusco venosis ; anticis apice, posticis paginâ omni, flavescentibus.

Papilio D. C. Napi, *alis integerrimis, rotundatis, albis : subtùs venis dilututo-virescentibus.* Linn. *Syst. Nat.* 2. *pag.* 760. *n°.* 77. — *Faun. Suec. edit.* 2. *p.* 271. *n°.* 1037.

Papilio Napi. Fab. *Syst. Ent. p.* 469. *n°.* 112. — *Spec. Ins. tom.* 2. *p.* 39. *n°.* 163. — *Mant. Ins. tom.* 2. *p.* 18. *n°.* 185. — *Entom. Syst. em. tom.* 3. *pars* 1. *p.* 187. *n°.* 576.

Papilio Brassicaria, media, alis albis secundùm nervos lineis è viridi nigricantibus subtùs striatis. Rai, *Ins.* 114. *n°.* 4.

Papilio albus, medius, venis latis subtùs nigricantibus. Petiv. *Mus.* p. 33. n°. 302.

Petiv. *Gazoph. tab.* 62. *fig.* 4.

Merian, *Eur. edit.* 1. *tom.* 2. *p.* 77. *tab.* 39.

Albin, *Inf. tab.* 52. *fig.* F. G.

Wilk. *Pap.* 50. *tab.* 2. a. 4.

Sepp. *Inf. tom.* 2. *tab.* 1. *fig.* 1-6.

Esp. *Pap.* 1. *tab.* 3. *fig.* 3.

α. *Papilio Napææ.* Esp. *Pap.* 1. *tab.* 116. *cont.* 71. *fig.* 5.

Hubn. *Pap. tab.* 81. *fig.* 406. 407.

Wien Verz. *p.* 163. *fam.* D. n°. 4.

Illig. *Magaz. tom.* 3. *p.* 199. — *tom.* 5. *p.* 180.

Muller, *Zool. Dan. p.* 113. n°. 1315.

Scop. *Entom. Carn. p.* 171. n°. 453.

Herbst, *Pap. tab.* 92. *fig.* 1-9.

Lewin, *Inf. tab.* 27. *fig.* 1-5.

Borkh. *Pap. Eur. part.* 1. *pag.* 124 & 259. n°. 10.

Rossi, *Faun. Etr. tom.* 2. *p.* 143. n°. 992.

Schrank, *Faun. Boïc. tom.* 2. *pag.* 166. n°. 1290.

Ochsenh. *Pap. Eur. tom.* 1. *part.* 2. *p.* 149.

Le Papillon blanc veiné de vert. Geoff. *Hist. Inf. tom.* 2. *p.* 70. n°. 42.

Le Papillon blanc veiné de vert. Engramelle, *Pap. d'Europe, tom.* 1. *p.* 214. *pl.* 50. *fig.* 104. a. b.

β. Le Papillon blanc veiné de vert. Engram. *Pap. d'Europe, tom.* 1. *p.* 291. *pl.* 77. *Suppl.* 23. *fig.* 104. c. d.

Le dessus des quatre ailes est blanc, avec le sommet des supérieures noirâtre. Le dessous de ces dernières est de la même couleur que le dessus, mais les nervures y sont noirâtres & le sommet y est d'un jaune-pâle. Le dessous des ailes inférieures est entièrement d'un jaune-pâle, avec des veines d'un noir-verdâtre, assez larges.

La femelle a ordinairement de part & d'autre un point noir entre le milieu & le bord postérieur des premières ailes. On rencontre quelquefois des individus de son sexe, qui ont deux points noirs sur ces mêmes ailes; telle est, par exemple, la variété β décrite par Engramelle.

Le *Napææ* d'Esper est une autre variété plus grande, dont le dessous des secondes ailes est marqué seulement de trois veines noirâtres, placées près du bord d'en haut.

Cette espèce se trouve dans toute l'Europe: d'abord en avril, puis en juillet. Elle habite les prairies, surtout celles qui sont à la proximité des bois.

Sa chenille est d'un vert-brunâtre, mais plus clair sur les côtés, avec les stigmates fauves, de petites éminences blanches, en forme de verrues, des points noirs & des poils très-fins. Elle vit sur le *navet* (*brassica napus*); sur plusieurs espèces de *réséda*; sur l'*arabette perfoliée* ou *tourette glabre* (*turritis glabra*), &c. La chrysalide est d'un vert-jaunâtre, avec des pointes sur la tête & sur le dos. Elle est plus épaisse que celle de la P. de la *Rave*.

146. Piéride de la Bryone.

Pieris Bryoniæ.

Pier. alis suboblongis, integerrimis, suprà albidis, utrinquè fusco venosis: subtùs anticis apice, posticis paginâ omni, flavescentibus.

Papilio Napi. Var. Esp. *Pap.* 1. *tab.* 64. *cont.* 14. *fig.* 3-5.

Papilio Napi. Hubn. *Pap. tab.* 81. *fig.* 407*.

Le Papillon blanc veiné de noir. Engramelle, *Pap. d'Europe, tom.* 1. *p.* 292. *pl.* 77. *Suppl.* 23. *fig.* 104. a. b. c. *bis*.

Plusieurs auteurs la regardent comme une variété de la précédente: ils peuvent avoir raison. Cependant, comme elle est toujours la même, & qu'elle n'habite d'ailleurs que les parties élevées des Alpes & de la Styrie, nous croyons devoir la donner séparément.

Le dessus de ses ailes est d'un blanc-jaunâtre obscur, avec des veines noirâtres, assez larges. Les premières ailes ont en outre, parallèlement au bord de derrière, deux taches également noirâtres, dont une près du bord interne. Les secondes ailes ont une tache de cette couleur vers le milieu du bord d'en haut. Le dessous des quatre ailes est, à une très-légère nuance près, le même que dans l'espèce ci-dessus.

Nous ne connoissons point sa chenille: nous ignorons même si elle vit sur la *Bryone*. C'est aux Viennois, suivant M. Walner de Genève, que cette Piéride est redevable du nom qu'elle porte.

147. Piéride Nina.

Pieris Nina.

Pier. alis suboblongis, integerrimis, niveis: anticis apice maculâque nigris: posticis subtùs cinereo undulatis.

Papilio D. C. Nina, *alis rotundatis, integerrimis, albis: anticis maculâ apiceque nigris: posticis subtùs viridi irroratis.* Fab. *Entom. Syst. em. tom.* 3. *pars* 1. *p.* 194. n°. 604.

Papilio Xiphia. FAB. *Mant. Inf. tom.* 2. *p.* 20. *n°.* 204.

Elle eft de cinquième taille. Ses ailes font un peu oblongues, minces, d'un beau blanc en deffus. Les premières ont le fommet noir & précédé d'une tache arrondie de cette couleur. Les fecondes ailes font fans taches. Le deffous des fupérieures diffère du deffus en ce que la côte & le fommet font couverts d'atômes d'un cendré un peu verdâtre. Le deffous des ailes inférieures eft blanc, avec des ondes cendrées, très-fines, & un rang de points noirs, très-petits, fur le bord poftérieur : le bord correfpondant des premières ailes offre auffi des points femblables.

Elle fe trouve dans les Indes orientales.

148. PIÉRIDE de la Moutarde.

PIERIS Sinapis.

Pier. alis fuboblongis, integerrimis, albis : anticis fuprà apice nigricanti : pofticis fubtùs cinerefcente-nebulofis.

Papilio D. C. Sinapis, *alis integerrimis, rotundatis, albis, immaculatis, apicibus fufcis.* LINN. *Syft. Nat.* 2. *p.* 760. *n°.* 79. — *Faun. Suec. edit.* 2. *p.* 271. *n°.* 1038.

Papilio D. C. Sinapis. FAB. *Syft. Ent. p.* 470. *n°.* 114. — *Spec. Inf. tom.* 2. *p.* 40. *n°.* 164. — *Mant. Inf. tom.* 2. *p.* 18. *n°.* 186. — *Ent. Syft. em. tom.* 3. *pars* 1. *p.* 187. *n°.* 577.

Papilio alba, minor. RAI, *Inf. p.* 116. *n°.* 8.

SCHŒFF. *Icon. tab.* 97. *fig.* 8-11.

DE GEER, *Inf. tom.* 2. *p.* 183. *n°.* 4. *pl.* 1. *fig.* 1.

ESP. *Pap.* 1. *tab.* 3. *fig.* 4.

SCOP. *Entom. Carn. p.* 171. *n°.* 452.

ROSSI, *Faun. Etr. tom.* 2. *p.* 143. *n°.* 993.

PANZ. *Faun. Germ.* 74. 21.

LEWIN, *Inf. tab.* 29. *fig.* 4. 5.

MULLER, *Zool. Dan. p.* 113. *n°.* 1316.

BORKH. *Pap. Eur. part.* 1. *pag.* 124 & 258. *n°.* 9.

α. Papilio Eryfimi. BORKH. *Pap. Eur. part.* 1. *p.* 132. *n°.* 22.

Papilio Sinapis. HERBST, *Pap. tab.* 88. *fig.* 1-3.

SCHNEID. *Syft. Befchr. p.* 76. *n°.* 21.

FUESSL. *Suiff. Inf. p.* 28. *n°.* 550.

SCHRANK, *Faun. Boïc. tom.* 2. *p.* 166. *n°.* 1291.

HUBN. *Pap. tab.* 82. *fig.* 410. 411.

WIEN VERZ. *p.* 163. *fam.* D. *n°.* 5.

ILLIG. *Magaz. tom.* 3. *p.* 204.

OCHSENH. *Pap. Eur. tom.* 1. *part.* 2. *p.* 169.

Le Papillon blanc de lait. ENGRAM. *Pap. d'Eur. tom.* 1. *p.* 215. *pl.* 50. *fig.* 105. a. b. c.

Elle a le port & à peu près la taille de la précédente. Le deffus de fes ailes eft d'un blanc de lait, avec une tache noirâtre, arrondie, au fommet des fupérieures. Le deffous de ces dernières eft de la couleur du deffus, mais le fommet & la bafe font d'un jaune-verdâtre pâle, & la portion de la côte comprife entre les parties jaunes eft couverte d'atômes cendrés. Le deffous des fecondes ailes eft légèrement teinté de jaune-verdâtre, avec des atômes cendrés, tantôt épars, tantôt difpofés fur deux lignes tranfverfes, dont l'antérieure moins prononcée.

Cette efpèce eft commune dans toute l'Europe. Elle paroît pour la première fois en mai, & pour la feconde vers la fin de juillet. La femelle pond des œufs coniques. La chenille eft verte, avec une ligne d'un jaune-foncé le long de chaque côté du corps. Elle vit fur le *lotier corniculé* (*lotus corniculatus*), & fur la *geffe* des prés (*lathyrus pratenfis*).

La chryfalide eft à peu près de la forme & de la couleur de celle de la P. du *Creffon*, avec un trait fauve fur les côtés, & d'autres femblables fur l'enveloppe des ailes. Les ftigmates femblent repréfenter des points blancs.

Borkhaufen a donné, fous le nom de *Pap. Eryfimi*, une variété dont le deffus des ailes eft entièrement blanc.

149. PIÉRIDE Narica.

PIERIS Narica.

Pier. alis fuboblongis, integerrimis, albis : anticis antè apicem maculâ fubhyalino-fufcâ : fingulis fubtùs bafi virefcenti irroratis.

Papilio D. C. Narica, *alis rotundatis, niveis : anticis maculâ antè apicem fufcâ.* FAB. *Entom. Syft. em. tom.* 3. *pars* 1. *p.* 187. *n°.* 578.

Papilio Alcefta. CRAM. *Pap.* 32. *pag.* 175. *pl.* 379. *fig.* A.

Elle a le port & la taille de la précédente. Ses ailes font minces, d'un affez beau blanc en deffus, avec une tache noirâtre, arrondie & un peu tranfparente, prefqu'en face du fommet des fupérieures. Leur deffous ne diffère du deffus que parce qu'il eft un peu ondé de vert à la bafe.

Elle fe trouve fur la côte de Guinée.

150. PIÉRIDE Ammonia.

PIERIS Ammonia.

Pier. alis suboblongis, integerrimis, concoloribus : anticis atris, maculis duabus flavis ; posticis flavis, limbo atro.

Papilio Ammon. Cram. *Pap.* 13. *pag.* 79. *pl.* 146. *fig.* B.

Elle a le port & la taille de la précédente. Ses premières ailes sont d'un noir-foncé, avec des taches d'un beau jaune, l'une grande & ovale, disposée transversalement & obliquement en face du sommet, dont le bout est un peu blanchâtre ; l'autre hémisphérique, occupant plus de la moitié du bord interne, à partir de la base. Les secondes ailes sont d'un beau jaune, avec une bordure d'un noir-foncé, assez large & arquée. Le dessous des quatre ailes est à peu près le même que le dessus.

Elle se trouve à la Guyane.

Le manque d'antennes pourroit faire confondre cette espèce avec une phalène presque semblable du même pays, décrite par Linnæus sous le nom de *Jatropharia*, & figurée par Cramer sous celui d'*Osiris*.

151. Piéride Cassida.

Pieris Cassida.

Pier. alis integerrimis, albis : anticis margine exteriori (antico) *nigro venoso, postico nigro, flavo punctato.* Fab.

Papilio D. C. Cassida. Fab. *Suppl. Entom. Syst. em. tom.* 5. *p.* 427. *n°.* 595-6.

Cette espèce est du nombre de celles que nous n'avons point vues, & que nous donnons d'après Fabricius.

Elle est de la taille de la P. de la *Moutarde*. Ses premières ailes ont sous la côte deux raies noires qui se réunissent dans leur milieu, puis s'écartent de nouveau pour rejoindre la côte, dont l'extrémité est noire ; le bord postérieur de ces mêmes ailes est pareillement noir, avec trois points d'un jaune-pâle. Le bord correspondant des secondes ailes est brunâtre. Le dessous des supérieures est blanc, avec une raie très-noire, terminée par un point de cette couleur vis-à-vis du sommet, lequel est ici d'un jaune-pâle. Le dessous des ailes inférieures est aussi d'un jaune-pâle, aves des veines noirâtres, peu prononcées.

Elle est des Indes orientales.

152. Piéride Phronime.

Pieris Phronima.

Pier. alis suboblongis, integerrimis, suprà albis, apice nigro : posticis subtùs flavescentibus, strigis duabus fuscis.

Papilio D. C. Phronima, *alis rotundatis, integerrimis, albis, costâ baseos apiceque fuscis : posticis subtùs flavescentibus, strigis duabus.* Fab. *Entom. Syst. em. tom.* 3. *pars* 1. *p.* 206. *n°.* 646.

Papilio Phronima. Jon. *Fig pict.* 3. *tab.* 14. *fig.* 2.

Papilio Licinia. Cram. *Pap.* 13. *p.* 90. *pl.* 150. *fig.* E. F.

Elle a le port de la Piéride de la *Moutarde*, mais elle est un peu plus grande. Le dessus de ses ailes est d'un blanc-sale. Les premières sont bordées à l'extrémité par une bande noire, large, sinuée en dedans & marquée au sommet, dans le mâle, d'un trait blanchâtre, disposé longitudinalement. La femelle n'a aucune tache sur cette bordure ; mais en revanche elle a la moitié antérieure de la côte un peu jaunâtre & pointillée de noir. Ses secondes ailes sont bordées par une bande noire, large & arquée ; les ailes correspondantes du mâle ont seulement le sommet de cette couleur. Le dessous des ailes supérieures est d'un blanc-bleuâtre dans les deux sexes, avec tout le contour extérieur d'un jaune-pâle, & une bande noire, transverse, parallèle au bord de derrière. Le dessous des ailes inférieures est d'un jaune-pâle, avec deux raies noirâtres, transverses, parallèles & un peu obliques, dont l'antérieure partant de la base, l'autre du milieu du bord interne. Le corps est blanc, avec les bords du corselet noirâtres & la poitrine jaunâtre.

Elle se trouve à la Guyane.

Fabricius n'a connu que la femelle.

153. Piéride Psamathé.

Pieris Psamathe.

Pier. alis suboblongis, integerrimis, albis : anticis suprà apice nigro alboque maculato : posticis subtùs virescentibus, fasciis duabus obscurioribus, anteriore incurvâ.

Papilio D. C. Psamathe. Fab. *Entom. Syst. em. tom.* 3. *pars* 1. *p.* 207. *n°.* 647.

Jon. *Fig. pict.* 3. *tab.* 14. *fig.* 1.

Elle diffère de la précédente en ce qu'elle a une suite de points blancs sur la bande noire marginale du dessus des premières ailes ; en ce que le dessous de ces mêmes ailes est verdâtre, au lieu d'être blanc, & n'offre point de bande noire transverse parallèlement au bord de derrière ; enfin, en ce que le dessous des secondes ailes est aussi verdâtre, & que la raie antérieure est courbe.

Elle se trouve en Amérique.

154. Piéride Thermesie.

Pieris Thermesia.

Pier. alis suboblongis, integerrimis, albis : suprà anticis fasciâ baseos longitudinali apiceque nigris ; posticis maculâ costali olivaceo-fuscâ.

Elle est un plus grande que la Piéride de la *Moutarde*; d'un blanc-bleuâtre de part & d'autre. Ses premières ailes sont étroites & elliptiques : leur dessus offre, sur le milieu de sa partie antérieure, une bande noire, longitudinale, lancéolée, plus pâle près de la base; à l'extrémité est une bordure également noire, large, marquée d'un point blanc vers le sommet, & ayant le côté interne en forme de 3 ou d'accolade. Les secondes ailes sont oblongues & plus larges que les premières : leur dessus est légèrement bordé de noir vers le sommet, & l'on voit sur le milieu du bord antérieur une tache olivâtre, ovale, disposée longitudinalement. Le dessous des quatre ailes est sans taches; mais celui des inférieures est un peu verdâtre dans la partie qui correspond à la tache olivâtre dont nous avons parlé. Le corps est noirâtre en dessus, blanc en dessous.

Elle se trouve au Brésil, d'où elle a été rapportée par M. de Lalande fils.

155. Piéride Mélite.

Pieris Melite.

Pier. alis oblongis, integerrimis : anticis suprà nigris, maculis baseos duabus fasciâque mediâ, transversâ, flavis; posticis utrinquè flavis, subtùs strigis duabus fuscis.

Papilio H. Melite, *alis oblongis, integerrimis, flavis : primoribus suprà nigris, lineis duabus fasciâque flavis.* Linn. *Syst. Nat.* 2. *p.* 755. *n°.* 57. — *Amœn. Acad.* 6. *p.* 403. *n°.* 56.

Papilio H. Melite. Fab. *Syst. Etom. p.* 460. *n°.* 71. — *Spec. Insect. tom.* 2. *p.* 27. *n°.* 108. — *Mant. Insect. tom.* 2. *p.* 13. *n°.* 126. — *Entom. Syst. em. tom.* 3. *pars* 1. *p.* 160. *n°.* 494.

Clerk, *Icon. tab.* 44. *fig.* 5.

Seba, *Mus.* 4. *tab.* 17. *fig.* 8. 9.

Seba, *Mus.* 4. *tab.* 20. *fig.* 8. 9.

Seba, *Mus.* 4. *tab.* 30. *fig.* 5. 6.

Papilio Melite. Cram. *Pap.* 13. *p.* 90. *pl.* 153. *fig.* C. D.

Herbst, *Pap. tab.* 76. *fig.* 3. 4.

C'est une des moyennes espèces de la quatrième taille. Ses premières ailes sont étroites, elliptiques, noires en dessus, avec deux taches longitudinales & une bande transverse jaunes : les deux taches sont placées vers la base, l'une près de la côte, l'autre sur le bord interne; la bande est située entre l'extrémité de ces taches & le bout de l'aile, mais plus près de celles-ci, & se dirige obliquement de la côte vers le bord postérieur. Les secondes ailes sont oblongues, plus larges que les premières, jaunes de part & d'autre : leur dessus est bordé, depuis le sommet jusqu'au-delà du milieu du limbe, par une bande noire, de médiocre largeur; leur dessous offre deux raies brunâtres, transverses, un peu courbes, presque parallèles, dont l'antérieure partant de la base, la postérieure plus courte & occupant le milieu de la surface. Le dessous des premières ailes est blanc, avec tout le bord antérieur jaune. Le corps est jaunâtre, avec le corselet & le dos noirs.

Elle se trouve à la Guyane.

156. Piéride Amphione.

Pieris Amphione.

Pier. alis oblongis, integerrimis, suprà nigris : anticis basi fulvo radiatis, fasciâ flavâ, mediâ, transversâ; posticis fasciâ albidâ, longitudinali extrorsùmque digitatâ.

Papilio Amphione. Cram. *Pap.* 20. *p.* 68. *pl.* 232. *fig.* E. F.

Herbst, *Pap. tab.* 71. *fig.* 5. 6.

Elle a le port & la taille de la précédente. Le dessus de ses ailes est noir. Les premières ont environ la moitié antérieure occupée par une tache fauve, rayonnée, que précède immédiatement en dehors une bande jaune, transverse, sinuée sur les deux côtés & marquée d'un point noir vers son milieu; cette bande part de la côte & se dirige obliquement vers le bord postérieur; l'on voit en outre, vis-à-vis du sommet, une ligne transverse de quatre points jaunes, dont les deux inférieurs un peu plus gros. Les secondes ailes ont, entre la côte & le milieu, une bande blanchâtre, large, digitée à son extrémité postérieure, & s'étendant obliquement de la base à l'angle externe : un peu plus bas est une ligne fauve, longitudinale, oblique, formée de trois taches contiguës; l'angle anal est de plus un peu roussâtre. Le dessous des quatre ailes offre à peu près le même dessin que le dessus; mais les supérieures sont blanchâtres vers le bord interne, & les inférieures ont, de chaque côté de la base, deux points d'un rouge presque sanguin.

Nous avons vu une variété qui avoit la bande digitée du dessus des secondes ailes fauve, comme la ligne maculaire sur laquelle elle s'appuie.

La chenille, suivant Stoll, est d'une couleur nankin sale, avec la tête bleuâtre & marquée de deux chevrons noirs. Son col est armé d'un tentacule noir, fourchu, & tout son corps est entrecoupé transversalement par des bandes d'un brun-rougeâtre, composées de petits anneaux ronds. Elle vit sur le *cacaoyer* & ne reste guère plus de dix jours en chrysalide.

Elle se trouve à la Guyane & aux Antilles.

157. Piéride Laia.

Pieris Laia.

Pier. alis oblongis, integerrimis, nigris : anticis suprà maculis tribus fulvis fasciâque apicali flavâ; posticis subtùs punctis marginalibus flavis.

Papilio Laia. CRAM. *Pap.* 20. *p.* 68. *pl.* 232. *fig.* C. D.

HERBST, *Pap. tab.* 71. *fig.* 3. 4.

Elle a le port & la taille de la précédente. Le deſſus de ſes premières ailes eſt noir, avec trois taches fauves, dont deux longitudinales & lancéolées à la baſe, la troiſième orbiculaire & placée vers le diſque; entre ces taches & le ſommet eſt une bande jaune, tranſverſe, maculaire, un peu ſinuée, n'atteignant ni la côte, ni le bord poſtérieur. Le deſſus des ſecondes ailes eſt blanc vers le bord interne, fauve au milieu, noir à l'extrémité : ces trois couleurs forment trois zônes ou bandes longitudinales, dont les deux antérieures obliques, la poſtérieure courbe, dentée ſur le côté interne & ſenſiblement rétrécie près de l'angle externe. Le deſſous des ailes ſupérieures diffère du deſſus en ce qu'il eſt blanchâtre vers le bord d'en bas, & en ce que la bande jaune du ſommet eſt beaucoup plus large. Le deſſous des ſecondes ailes eſt d'un brun-noirâtre, avec la moitié antérieure de la côte fauve, & une rangée de points jaunes, aſſez gros, le long du bord poſtérieur; il y a en outre deux autres points ſemblables vers l'extrémité du bord antérieur.

Même patrie que l'*Amphione.*

158. PIÉRIDE Vocula.

PIERIS Vocula.

Pier. alis oblongis, integerrimis : anticis fuſco-nigris, margine interno maculiſque tribus pallidè ſulphureis : poſticis ſubtùs lineâ marginali rufâ, punctis albis extrorsùm adjectis.

Papilio Vocula. CRAM. *Pap.* 30. *p.* 121. *pl.* 353. *fig.* C. D.

HERBST, *Pap. tab.* 76. *fig.* 5. 6.

Elle a le port des précédentes, mais elle eſt un peu plus petite. Le deſſus des premières ailes eſt d'un noir-obſcur, avec la majeure partie du bord interne & des taches d'un jaune-ſoufre pâle; ces taches ſont au nombre de trois, ſavoir : une triangulaire & longitudinale à la baſe; une ovale, tranſverſe & oblique au-delà du milieu; la troiſième, preſqu'en forme de cœur & beaucoup moins grande, diſpoſée tranſverſalement près du ſommet. Le deſſus des ſecondes ailes eſt diviſé longitudinalement en trois grandes bandes, dont la ſupérieure blanchâtre & cachée par les ailes de devant, l'intermédiaire d'un jaune-ſoufre pâle & n'atteignant point le ſommet, l'inférieure d'un noir-brun, marginale & arquée. Le deſſous des premières ailes diffère du deſſus en ce qu'il eſt blanchâtre vers le bord d'en bas; en ce que la tache jaune du ſommet eſt plus longue & ſemi-lunaire. Le deſſous des ſecondes ailes eſt noirâtre, avec une bande jaune, correſpondante à celle de la ſurface oppoſée, & enveloppée extérieurement par une ligne courbe, qui eſt jaunâtre ſur la côte, enſuite d'un fauve-vif depuis l'angle externe juſqu'à l'angle anal; il y a en outre le long du bord poſtérieur de ces ailes & de celui des ſupérieures une rangée de points blancs. Le corps eſt cendré en deſſus, jaunâtre en deſſous; les antennes ſont noires.

Elle ſe trouve à Surinam.

159. PIÉRIDE Méthymna.

PIERIS Methymna.

Pier. alis oblongis, integerrimis, ſulphureis, extimo latè fuſco : poſticis ſubtùs lineâ marginali rufâ, punctis albis extrorsùm adjectis.

Elle a le port & la taille de la précédente. Le deſſus de ſes quatre ailes eſt d'un jaune-ſoufre, avec l'extrémité bordée de noir-obſcur, mais moins largement aux ailes inférieures qu'aux ſupérieures. Ces dernières ont auſſi la côte d'un noir-obſcur, & leur ſommet offre une tache blanchâtre, tranſverſe, elliptique, plus claire ſur la ſurface oppoſée, où l'on retrouve d'ailleurs les caractères que nous venons d'indiquer. Le deſſous des ſecondes ailes, le corps & les antennes ſont comme dans l'eſpèce ci-deſſus.

Elle habite le Bréſil.

160. PIÉRIDE Enodia.

PIERIS Enodia.

Pier. alis oblongis, integerrimis, concoloribus, nigro-cinereis : anticis faſciis tribus, poſticis unicâ, flaveſcentibus.

Papilio Eumelia. CRAM. *Pap.* 24. *p.* 157. *pl.* 280. *fig.* D.

Papilio Eumelia. HERBST, *Pap. tab.* 76. *fig.* 7.

Elle a le port & approchant la taille de la précédente. Ses quatre ailes, dont les deux ſurfaces ſe reſſemblent à peu près, ſont d'un cendré-noirâtre. Les premières ont trois bandes d'un jaune-pâle, ſavoir : une longitudinale & linéaire à la baſe; enſuite deux tranſverſes, dont l'extérieure plus courte & plus étroite. Les ſecondes ailes ont ſur le milieu, à partir du bord interne, une bande jaune, pâle & précédée en dehors d'une ligne arquée d'un brun-obſcur. Le corps eſt de la couleur des ailes, avec des taches blanches ſur le devant du corſelet; les antennes ſont noires.

Elle ſe trouve à Surinam.

161. PIÉRIDE Néméſis.

PIERIS Nemeſis.

Pier. alis ſuperis ſubellipticis, ad apicem anguſtato-acuminatis, ſuprà nigris, flavo maculatis : poſticis ſubovalibus, fuſco-brunneis, ad ex-

timum flavis. Recueil d'obʃ. de Zool. & d'Anat. comp. par Alex. de Humboldt *& A.* Bonpland, *vol.* 2. *p.* 78. *pl.* 35. *fig.* 7. 8.

Elle eſt approchant de la grandeur de la P. *Mélite.* Ses ailes ſupérieures ſont oblongues, étroites, preſqu'elliptiques, rétrécies & pointues au ſommet. Leur deſſus eſt noir, avec de petites taches jaunes, ſemblables à des points oblongs & inégaux : il y en a ſix plus apparentes, diſpoſées trois par trois ſur deux lignes tranſverſes, parallèles & dirigées obliquement du milieu au bout de la ſurface. Le deſſous de ces ailes eſt d'un brun-noirâtre clair, avec deux petites taches jaunâtres ſur la côte. Les ailes inférieures ſont preſqu'ovales. La moitié antérieure de leur ſurface eſt recouverte par les autres; ſon deſſus eſt dépourvu d'écailles, cendré, très-luiſant & comme verniſſé ; une ligne noire & tranſverſe, partant de la baſe & aboutiſſant vers le milieu, indique l'endroit où finit le recouvrement ; tout le reſte du deſſus de ces ailes eſt d'un jaune preſque jonquille, plus foncé vers le haut du bord interne, & coupé, vers l'extrémité du bord extérieur, par une nervure ; ce qui forme ſur cette partie une tache iſolée. Le deſſous des mêmes ailes eſt d'un brun-noirâtre, avec quelques légères marbrures jaunâtres, plus une bande jaune, tranſverſale, aſſez large, placée ſur le bord poſtérieur. Le corps eſt noirâtre, avec le deſſous de l'abdomen jaune.

De l'Amérique méridionale.

162. Piéride Criſia.

Pieris Criſia.

Pier. alis oblongis : anticis falcato-acuminatis, fuſcis, faſciâ antè apicem flaveſcente ; poſticis integerrimis, flaveſcentibus, limbo fuſco.

Papilio H. Criſia, *alis oblongis, integerrimis, atris : anticis acuminatis, faſciâ, poſticis diſco, flavis.* Fab. *Ent. Syſt. em. tom.* 3. *pars* 1. *p.* 166. *n°.* 515.

Papilio Criſia. Drury, *Inſ.* 3. *pl.* 37. *fig.* 1. 2.

Jon. *Fig. pict.* 3. *tab.* 17. *fig.* 1.

Elle eſt de la taille des trois précédentes, & elle a auſſi les ailes oblongues. Les premières ont le bord poſtérieur concave, avec le ſommet prolongé en pointe aiguë. Leur deſſus eſt d'un brun tirant ſur le noir, avec une bande d'un jaune-pâle, placée vers l'extrémité & ſe dirigeant obliquement de la côte vers le bord poſtérieur; cette bande eſt marquée d'une petite tache noire à ſa partie antérieure; le bord interne eſt en outre preſqu'entièrement blanchâtre. Le deſſus des ſecondes ailes eſt d'un jaune-pâle, avec de fines nervures & une large bande marginale d'un brun-noirâtre. Le deſſous des ailes ſupérieures diffère du deſſus en ce qu'il eſt un peu plus pâle & en outre blanchâtre au ſommet. Le deſſous des ailes inférieures eſt d'un jaune-pâle, avec deux taches plus foncées près de la poitrine, des eſpaces noirâtres ſur le milieu de la ſurface & le long du limbe poſtérieur.

Elle ſe trouve au Bréſil, dans les environs de Rio-Janeiro.

163. Piéride Spio.

Pieris Spio.

Pier. alis oblongis, fuſcis : anticis faſciis tribus, poſticis unicâ, fulvis : his integerrimis, illis falcato-acuminatis.

Elle eſt de la taille & de la forme de la précédente, à laquelle elle reſſemble auſſi par la couleur du fond. Ses premières ailes ont de part & d'autre trois bandes fauves, dont une, longitudinale & un peu arquée, s'étendant de la baſe à l'angle interne ; les deux autres, maculaires, tranſverſes & obliques, diſpoſées parallèlement vis-à-vis du ſommet & ayant la partie antérieure jaune ou plus pâle. Les ſecondes ailes ont, ſur le milieu, une bande fauve, large, foiblement ſinuée ſur le côté poſtérieur & ſe dirigeant obliquement de la baſe à l'angle externe. Le deſſous de ces mêmes ailes eſt beaucoup plus pâle que le deſſus, avec trois taches verdâtres, arrondies, le long du bord d'en haut : ce bord eſt blanc en deſſus dans l'un des ſexes, ou du moins dans certains individus.

Elle ſe trouve aux Antilles.

164. Piéride l'Herminier.

Pieris Lherminieri.

Pier. alis ſuprà albis, margine exteriori nigro maculato : anticis ſubfalcato-acuminatis, utrinquè maculâ nigrâ, mediâ ; poſticis integerrimis, ſubtùs flavicantibus cinereoque irroratis.

Elle eſt à peu près de la taille de la P. du *Creſſon.* Ses premières ailes ſont blanches en deſſus, avec des traits noirs, tranſverſes, le long de la côte, & des taches de cette couleur le long du bord poſtérieur; ce bord eſt un peu concave & prolongé au ſommet, où il eſt légèrement ſaupoudré de jaune; il y a en outre, vers le milieu de la ſurface, une petite tache noire, oblongue, diſpoſée tranſverſalement. Le deſſus des ſecondes ailes eſt blanc, avec le bord poſtérieur entrecoupé de noir en dehors. Leur deſſous eſt un peu jaunâtre, avec une multitude d'atômes cendrés. Le deſſous des ailes de devant reſſemble au deſſus; mais tout le contour extérieur eſt lavé de jaune. Le corps eſt blanchâtre; les antennes ſont annelées de noir & de blanc, avec la ſommité du bouton rouſſâtre.

Envoyée de Charles-Town à M. Latreille, par

M. l'Herminier, chimiste & naturaliste français, à qui nous l'avons dédiée.

165. Piéride Génutia.

Pieris Genutia.

Pier. alis suprà albis : anticis falcatis, apice pallidè fulvo ; posticis integerrimis, subtùs viridi marmoratis.

Papilio D. C. Genutia. Fab. *Entom. Syst. em. tom.* 3. *pars* 1. *p.* 193. *n°.* 601.

Donow. *Gen. Illust. of Entom. an Epitome of the Nat. Hist. Insects of India, n°.* 8. *pl.* 2. *fig.* 5.

Jon. *Fig. pict.* 3. *tab.* 26. *fig.* 2.

Cette espèce, par la longueur de ses palpes & la forme de ses ailes supérieures, sembleroit devoir appartenir au genre *Libythée.* Peut-être en fait-elle réellement partie ? mais, comme nous ne l'avons vue qu'en figure, nous ne pouvons rien décider à cet égard : nous la laisserons donc provisoirement dans la division où Fabricius & Donowan l'ont placée.

Sa taille est approchant la même que celle de la précédente. Le dessous de ses quatre ailes est blanc. Les premières ont le bord postérieur concave & le sommet d'une couleur aurore-pâle ; les secondes sont bordées par une suite de points noirs, très-petits. Le dessous des ailes supérieures est blanc, avec le sommet verdâtre, & un point noir sur le milieu de la surface. Le dessous des inférieures est marbré de vert. Les palpes sont, comme nous l'avons dit, très-prolongés.

Elle se trouve dans les Indes orientales.

GENRE

GENRE LIBYTHÉE.

1. Libythée du Micocoulier.

Ailes d'un brun-noirâtre : les deux surfaces des supérieures avec des taches, le dessus des inférieures avec une raie au sommet transverse et flexueuse, fauves; celles-ci légèrement dentées, celles-là anguleuses.

2. Libythée Téréna.

Dessus des ailes fauve, avec le bord d'un brun-noirâtre : les supérieures anguleuses, avec le sommet noir et marqué de trois taches d'un blanc-jaunâtre; les inférieures légèrement dentées.

3. Libythée Carinenta.

Dessus des ailes d'un brun-noirâtre : les supérieures avec deux taches oblongues, les inférieures avec une seule, d'un fauve-clair; celles-ci légèrement dentées, celles-là anguleuses : le sommet des supérieures d'un noir-foncé, avec quatre points blancs.

4. Libythée Myrrha.

Ailes d'un noir-brun : les deux surfaces des supérieures avec une ligne longitudinale et deux taches, le dessus des inférieures avec une raie transverse, centrale, fauves; celles-ci légèrement dentées, celles-là avec le bord postérieur concave.

5. Libythée Narina.

Ailes d'un brun-noirâtre : les deux surfaces des supérieures avec cinq points, le dessus des inférieures avec une raie transverse, maculaire, sur le milieu, et une tache sur la côte, blancs; celles-ci légèrement dentées, celles-là avec le bord postérieur concave.

6. Libythée Cuvier.

Ailes d'un brun-noirâtre, avec un reflet violet : les supérieures ponctuées de blanc; les inférieures sans taches : celles-ci ayant l'angle anal, celles-là le sommet, un peu prolongés en pointe aiguë.

1. Libythée du Micocoulier.

Libythea Celtis.

Libyt. alis fuscis : anticis utrinquè maculis, posticis suprà strigâ apicali, flexuosâ, fulvis; his denticulatis, illis angulatis.

Papilio N. Celtis, *alis angulato-dentatis, fuscis, maculis fulvis unicâque albâ : posticis subtùs griseis.* Fab. *Mant. Inf. tom.* 2. *pag.* 56. *n°.* 556. — *Entom. Syst. em. tom.* 3. *pars* 1. *p.* 140. *n°.* 430.

Esp. *Pap. part.* 1. *p.* 168. *tab.* 87. *cont.* 37. *fig.* 2. 3.

Esp. *Pap. part.* 1. *p.* 85. *tab.* 109. *cont.* 64. *fig.* 2-8. (La chenille & la chrysalide.)

Fuessl. *Arch. trad. franç. tom.* 2. *p.* 25. *tab.* 8. *fig.* 1-3.

Fuessl. *Arch. trad. franç. tom.* 2. *pag.* 27. *tab.* 14. a. b. c. (La chenille & la chrysalide.)

Hubn. *Pap. tab.* 89. *fig.* 447. 448. (Mas.) 449. (Fem.)

Herbst, *Pap. tab.* 165. *fig.* 3-5.

Borkh. *Pap. Eur. part.* 1. *pag.* 20. *n°.* 16. *p.* 205. *n°.* 15. — *Part.* 2. *p.* 188. *n°.* 16.

De Villers, *Ent. Linn. tom.* 2. *p.* 61. *n°.* 113. *tab.* 4. *fig.* 11.

Cyrill. *Ent. Neap. sp.* 1. *tab.* 5. *fig.* 9.

Bergstr. *Nomencl. tab.* 124. *fig.* 1-3.

Schneid. *Syst. Beschr. p.* 168. *n°.* 93.

Illig. *Magaz. tom.* 3. *p.* 189.

Lang. *Verz.* 2. *p.* 36. *n°.* 271-274.

Ochsenh. *Pap. Eur. tom.* 1. *part.* 2. *p.* 192.

L'Échancré. Engram. *Pap. d'Europe, tom.* 1. *p.* 313. *pl.* 1. 3e *Suppl. fig.* 5. a-f. *bis.*

C'est une des petites espèces de la quatrième taille. Le dessus de ses ailes est d'un brun-noirâtre un peu luisant. Les premières sont très-anguleuses, & l'on y voit cinq taches fauves, inégales, savoir : une triangulaire & bifide antérieurement, placée à la base ; trois carrées, dont l'intermédiaire beaucoup plus grande & touchant celle de la base ; une presque ronde, un peu plus pâle, disposée vers le bout de la côte. Cette dernière est quelquefois blanche. Les secondes ailes ont le bord antérieur anguleux, le bord postérieur arrondi & légèrement denté. Leur dessus offre, vis-à-vis du sommet, une raie fauve, assez large, transverse, courte & flexueuse. Leur dessous est un peu grisâtre, pointillé de noir, lavé de brun par places & coupé dans son milieu par une petite veine blanchâtre. Le dessous des ailes supérieures diffère du dessus en ce que le fond est un peu plus pâle ; en ce que la tache orbiculaire de la côte est constamment blanche, & en ce que l'extrémité est grisâtre. Les deux surfaces du corps & les palpes sont de la couleur du fond des ailes ; les antennes sont entièrement noires; les pattes sont d'un gris-blanchâtre.

La chenille, après les premières mues, est verte, avec le dos plus coloré & marqué d'une ligne blanche, longitudinale, sur les côtés de laquelle sont de petites taches noires, distribuées par couple sur les anneaux ; chaque côté du ventre a en outre une ligne semblable, surmontée parfois d'une raie incarnate, également longitudinale ; la tête est jaunâtre ; les pattes antérieures & membraneuses sont noires ; le corps est légèrement velu. Cette chenille est sujette à être piquée par l'ichneumon *compunctor.* Elle vit sur le *Micocoulier commun* (*Celtis australis*), &, à son défaut, sur le *Cerisier.*

La chrysalide est ovale, obtuse, presque sans éminences angulaires, verte, avec quelques traits blancs. Elle est suspendue perpendiculairement & par la queue au bord des feuilles.

Elle habite le Tyrol, l'Italie & le midi de la France.

2. Libythée Téréna.

Libythea Terena.

Libyt. alis suprà fulvis, margine fusco : anticis angulatis, apice nigro maculis tribus flavescenti-albidis ; posticis denticulatis.

Elle est un peu plus grande que la L. du *Micocoulier.* Ses premières ailes sont anguleuses, fauves depuis la base jusque vers le milieu, ensuite noires, avec trois taches d'un blanc-jaunâtre, quadrangulaires : les deux taches intérieures sont plus grandes, surtout celle de la côte, & forment une bande interrompue, disposée obliquement & transversalement ; l'autre tache est placée à peu de distance du sommet : ces ailes ont en outre tout le contour d'un brun-noirâtre. Les secondes ailes sont arrondies & légèrement dentées. Leur dessus est fauve, avec le bord antérieur & le bord postérieur noirâtres. Leur dessous est d'un gris-luisant, piqué de noir, notamment sur la nervure du milieu, laquelle est surmontée d'une ligne plus claire que le reste du fond. Le dessous des premières ailes offre les mêmes caractères que le dessus, mais le sommet est grisâtre. Le corps & les palpes sont brunâtres, avec un mélange de gris sur ces derniers ; les antennes sont noires & finement annelées de blanc de part & d'autre.

Elle se trouve aux Antilles, où elle a été prise par feu M. Maugé.

3. Libythée Carinenta.

Libythea Carinenta.

Libyt. alis suprà fuscis : anticis maculis duabus oblongis, posticis unicâ, dilutè fulvis; his denticulatis, illis angulatis : anticarum apice atro punctis quatuor albis.

Papilio N. Carinenta, *alis falcato-dentatis,*

fuscis, flavo maculatis: anticis apice atris maculis quatuor albis. Fab. *Spec. Inf. tom.* 2. *p.* 104. *n°.* 455. — *Mant. Inf. tom.* 2. *p.* 56. *n°.* 554. — *Entom. Syst. em. tom.* 3. *pars* 1. *p.* 139. *n°.* 428.

Cram. *Pap.* 9. *p.* 18. *pl.* 108. *fig.* E. F.

Fuessl. *Arch. trad. franç. tom.* 2. *tab.* 8. *fig.* A. B.

Herbst, *Pap. tab.* 165. *fig.* 8. 9.

Elle a le port & la taille de la précédente, dont elle n'est peut-être qu'une variété. Le dessus de ses quatre ailes est d'un brun un peu olivâtre, avec trois taches d'un fauve-clair, oblongues & longitudinales: les secondes ailes n'en ont qu'une, placée près de l'angle externe; les deux autres sont disposées parallèlement sur le milieu des premières ailes; mais l'antérieure est plus droite & se rapproche davantage de la base. Ces dernières ailes ont environ la moitié postérieure d'un noir-foncé, avec quatre points blancs, dont trois disposés sur une ligne courbe & transverse près de l'extrémité des deux taches fauves, le quatrième placé vers le bout de la côte. Ces points se reproduisent sur la surface opposée; mais cette surface éprouve des modifications qui consistent en ce que le sommet est bleuâtre, avec des atômes noirs; en ce que l'angle interne est beaucoup plus pâle; en ce que la partie antérieure n'offre qu'une seule tache: cette tache est d'un fauve-foncé, grande, triangulaire, longitudinale & contiguë à la base. La surface inférieure des secondes ailes est bleuâtre, piquée de noir, avec une raie blanchâtre, transverse, sur le milieu, & un espace de cette couleur près du bord d'en haut. Le corps est noirâtre de part & d'autre.

Elle se trouve à Surinam.

4. Libythée Myrrha.

Libythea Myrrha.

Libyt. alis fusco-nigris: anticis utrinquè lineâ longitudinali maculisque duabus, posticis suprà strigâ centrali, fulvis; his denticulatis, illis falcatis.

Elle est à peu près de la taille des précédentes. Le dessus de ses ailes est d'un noir-brun mat. Les premières, dont le bord postérieur est en grande partie concave, ont, en face du sommet, deux taches fauves, disposées sur une ligne transverse & oblique; leur milieu offre une raie de cette couleur, lancéolée, & se dirigeant directement de la base vers l'extrémité. Les secondes ailes sont arrondies & légèrement dentées. Leur dessus a, vers le milieu, une raie fauve, transverse, droite, n'atteignant ni le bord interne ni le bord postérieur. Leur dessous est d'un gris-rougeâtre, avec deux raies plus claires, dont une correspondante à celle de la surface opposée; l'autre presqu'en forme de chevron & placée vers le milieu du bord d'en haut. Le dessous des ailes supérieures ressemble au dessus quant au dessin, mais il est généralement plus pâle, & le sommet est grisâtre. Les deux surfaces du corps & les palpes sont de la couleur des ailes; les antennes sont noires, & annelées de blanc en dessous.

Elle se trouve dans l'île de Java.

5. Libythée Narina.

Libythea Narina.

Libyt. alis fuscis: anticis utrinquè punctis quinque, posticis suprà strigâ maculari mediâ maculâque costali, albis; his denticulatis, illis falcatis.

Elle a absolument le port & la taille de la précédente. Le dessus de ses quatre ailes est d'un brun-noirâtre un peu chatoyant. Les premières ont cinq points blancs, dont deux plus gros sur le disque, les trois autres disposés sur une ligne courbe & transverse vis-à-vis du sommet. Les secondes ailes ont, sur le milieu de la côte, une tache blanche, arrondie, &, sur le milieu de la surface, une raie également blanche, transverse, maculaire, presque droite, n'atteignant ni le bord interne, ni le sommet dont le bord extérieur est blanchâtre. Le dessous des ailes supérieures diffère du dessus en ce que la base offre une raie olivâtre, courte & longitudinale, & en ce que l'angle externe est grisâtre. Le dessous des ailes inférieures est, à une légère nuance près, comme dans l'espèce ci-dessus. Les antennes sont pareillement noires, & annelées de blanc en dessous.

Elle se trouve aussi dans l'île de Java.

6. Libythée Cuvier.

Libythea Cuvierii.

Libyt. alis fuscis, violaceo micantibus: anticis albo punctatis; posticis immaculatis: his ad angulum ani, illis ad apicem, subacutè productis.

Elle est de la taille des précédentes. Ses quatre ailes sont d'un brun-noirâtre, avec un reflet violet, s'étendant de la base jusqu'au-delà du disque. Les supérieures ont sept à huit points blancs, dont un, coupé en deux, près du milieu de la côte, les autres disposés sur deux lignes parallèlement au bord postérieur. Les secondes ailes sont sans taches de part & d'autre; mais leur dessous, qui est entièrement glacé de violet, offre deux lignes obscures, transverses & ondulées. Le dessous des premières ailes ressemble au dessus. Celles-ci ont le sommet, celles-là l'angle anal, un peu prolongés en pointe aiguë. Le corps & les antennes sont approchant de la couleur des ailes.

Dédiée à M. le conseiller d'état Cuvier, secrétaire perpétuel de l'Académie des sciences, membre de l'Académie française, professeur au Muséum d'histoire naturelle, &c.

Elle habite l'Amérique méridionale.

GENRE DANAÏDE.

1. Danaïde Prothoé.

Ailes entières, d'un brun-noirâtre, avec un reflet violet : les deux surfaces des supérieures, le dessous des inférieures tachetés de blanchâtre vers l'extrémité.

2. Danaïde Eunice.

Ailes entières, d'un brun-noirâtre : le dessus des quatre avec une rangée de points, marginale, plus courte sur les inférieures ; les supérieures ayant vers le milieu une tache violâtre.

3. Danaïde Éleusine.

Ailes entières, d'un brun-noirâtre : le dessus des quatre avec une rangée de points, marginale, plus courte sur les inférieures.

4. Danaïde Alopia.

Ailes entières, d'un brun-noirâtre : le dessus des supérieures avec un reflet violet et des taches vers le bout ; les deux surfaces des inférieures avec une double rangée de points blancs sur le bord.

N. B. Il s'est glissé, *page* 10, à partir de la division *a* jusqu'à la division *b*, une transposition et des omissions qui nous obligent à rectifier le texte de la manière suivante :

a. *Crochets des tarses simples.* (*Ailes souvent oblongues.*)

* *Palpes inférieurs très-écartés l'un de l'autre dans toute leur longueur, grêles, presque cylindriques.* (*Ailes inférieures n'embrassant pas ou presque pas le dessous de l'abdomen.*)

† *Palpes inférieurs ne s'élevant pas ou presque pas au-delà du chaperon ; le second article à peine une fois plus long que le premier.*

G. Danaïde. *Danais.* (Euploea, Fab.)

Bouton des antennes épais et courbe ; ailes triangulaires. (Une poche discoïdale aux inférieures du plus grand nombre, et dans l'un des sexes seulement.)

G. Idéa. *Idea.* Fab.

Antennes presque filiformes ; ailes alongées, presqu'ovales.

†† *Palpes inférieurs s'élevant manifestement au-delà du chaperon ; le second article beaucoup plus long que le premier.* (*Ailes supérieures et abdomen ordinairement alongés.*)

G. Héliconie. *Heliconia* (*Mechanitis*, Fab.)

Bord interne des ailes inférieures n'embrassant presque pas le dessous de l'abdomen ; palpes inférieurs grêles et presque cylindriques ; antennes une fois plus longues que la tête et le tronc, grossissant insensiblement vers leur extrémité.

G. Acrée. *Acrea.* Fab.

Bord interne des ailes inférieures n'embrassant presque pas le dessous de l'abdomen ; palpes inférieurs grêles et presque cylindriques ; antennes peu alongées et terminées brusquement en bouton.

** *Palpes inférieurs rapprochés et contigus inférieurement, écartés simplement à leur extrémité, épais et terminés brusquement par un article aciculaire.* (*Ailes inférieures embrassant le dessous de l'abdomen.*)

G. Céthosie. *Cethosia.* Fab.

DANAÏDE. (Insecte.)

5. Danaïde Alcathoé.

Ailes entières, d'un brun-noirâtre : les deux surfaces des inférieures avec une double rangée de points blancs, marginaux : le dessous des quatre avec des taches violâtres sur le milieu.

6. Danaïde Coréta.

Ailes entières, d'un brun-noirâtre : les deux surfaces des quatre avec une double rangée de points blancs, marginaux : leur dessous avec des points violâtres sur le milieu.

7. Danaïde Cora.

Ailes entières, noires : les quatre avec une double rangée de points blancs.

8. Danaïde Algéa.

Ailes entières, d'un brun-noirâtre : les deux surfaces des inférieures plus claires sur le limbe : le dessous de celles-ci offrant vers le bout, et le dessous des quatre sur le milieu, des points d'un blanc-bleuâtre.

9. Danaïde Mélina.

Ailes entières, d'un brun-noirâtre : les deux surfaces des inférieures plus claires sur le limbe : le dessous des quatre avec des taches d'un blanc-bleuâtre sur le milieu.

10. Danaïde Dryasis.

Ailes entières, d'un brun-noirâtre : les supérieures avec deux points, le dessous des quatre avec plusieurs, blancs.

11. Danaïde Amymone.

Ailes entières, d'un brun-noirâtre : le dessus des supérieures avec un reflet violet, tacheté de blanc vers le bout : le dessous des quatre avec des taches violâtres sur le milieu.

12. Danaïde Midama.

Ailes entières, noires : le dessus des supérieures avec un reflet bleu-changeant ; les deux surfaces de celles-ci, le dessous des inférieures avec un grand nombre de taches violâtres vers le bout.

13. Danaïde Alcidice.

Ailes entières, noires, avec un reflet bleu en dessus : les supérieures avec une bande courte sur la côte, les inférieures avec des lignes longitudinales au nombre de quatre en dessus, de huit en dessous, blanches.

14. Danaïde Rhadamie.

Ailes entières, noires, avec un reflet bleu : les supérieures avec une tache marginale, les inférieures avec une tache et quatre lignes, blanches.

15. Danaïde Claudia.

Ailes entières, d'un brun-noirâtre : le dessus des supérieures avec un reflet violet au sommet ; les deux surfaces de celles-ci avec des taches, celles des inférieures avec des lignes, blanches : le limbe postérieur des quatre avec une seule rangée de points.

16. Danaïde Dioclétie.

Ailes entières, noires : les supérieures avec une bande blanche, interrompue ; les inférieures avec des lignes blanches à la base, et une double rangée de points de cette couleur à l'extrémité.

17. Danaïde Baudin.

Ailes entières, d'un brun-noirâtre : les supérieures avec une raie transverse, maculaire et postérieure, les inférieures avec une bande et des points marginaux, blancs : le dessous des quatre avec des points bleuâtres sur le milieu.

DANAÏDE. (Insecte.)

18. Danaïde Euphone.

Ailes entières, noires : les supérieures ponctuées de blanc ; les inférieures blanches devant l'extrémité.

19. Danaïde Tulliola.

Ailes entières : les supérieures très-noires, avec une bande blanche, maculaire ; les inférieures d'un brun-obscur, sans taches en dessus, ponctuées de blanc en dessous.

20. Danaïde Sylvestre.

Ailes entières, d'un brun-obscur, avec une bande blanche, maculaire.

21. Danaïde Analogue.

Ailes dentées, noires, tachetées de blanc : le dessous des inférieures avec le limbe noir, tacheté de jaune et de blanc.

22. Danaïde Niavia.

Ailes entières, noires en dessus : les supérieures avec une bande transverse et quelques points, blancs ; les inférieures ayant à la base une tache blanche, commune : le dessous de celles-ci luisant, un peu bleuâtre.

23. Danaïde Damoclée.

Ailes entières, semblables de part et d'autre : les supérieures très-noires, avec des taches blanches ; les inférieures d'un brun-obscur, avec le milieu d'un blanc-jaunâtre.

24. Danaïde Réchila.

Ailes dentées, noires en dessus, avec le disque jaunâtre, l'extrémité tachetée de blanc : le bout des supérieures en dessous et la surface entière des inférieures d'un brun-clair.

25. Danaïde Levaillant.

Ailes un peu sinuées, d'un noir-brun : les supérieures avec des taches, les inférieures avec une bande antérieure, jaunâtres : le dessous de celles-ci avec une double rangée de points blancs, marginaux.

26. Danaïde Phædone.

Ailes entières, presque semblables de part et d'autre, d'un noir-brun : les supérieures avec des taches, les inférieures avec une bande presque postérieure et une double rangée de points marginaux, jaunâtres.

27. Danaïde Dirté.

Ailes dentées, semblables de part et d'autre, noires, avec des points jaunes.

28. Danaïde Archippe.

Ailes un peu sinuées, fauves, avec des veines et le limbe postérieur noirs ; ce dernier ponctué de blanchâtre : les supérieures ayant le sommet noir, avec des taches fauves.

29. Danaïde Plexaure.

Ailes un peu sinuées, ferrugineuses, avec le limbe postérieur noir et offrant deux rangées de points blancs : le disque des quatre en dessus avec un point blanc : le disque des inférieures en dessous avec plusieurs.

30. Danaïde Érésime.

Ailes un peu sinuées, fauves, plus foncées vers la base : le dessus des quatre avec le limbe postérieur noir et offrant deux rangées de points blancs sur les supérieures, une seule sur les inférieures : le dessous de celles-ci avec une bande blanchâtre, maculaire, peu prononcée.

DANAÏDE. (Insecte.)

31. DANAÏDE Cléothère.

Ailes un peu sinuées, fauves, ayant le limbe postérieur noir, avec une double rangée de points blancs : les deux surfaces des supérieures plus foncées vers la côte : le dessous des inférieures avec des veines noires, dilatées.

32. DANAÏDE Cléobule.

Ailes un peu sinuées, fauves : le limbe des quatre et le sommet des supérieures noirs, avec des points jaunes : le dessous des inférieures avec des veines noires, dilatées et largement bordées de blanc.

33. DANAÏDE Erippe.

Ailes d'un brun-marron clair, avec le contour extérieur noir : les deux surfaces des supérieures ponctuées de blanc vers le sommet : le dessous des inférieures veiné de noir, avec des points blancs sur le disque et sur le limbe.

34. DANAÏDE Gilippe.

Ailes entières, fauves, ayant le limbe postérieur très-noir, avec une triple rangée de points blancs : les supérieures ponctuées de blanc vers l'extrémité, les inférieures sur le disque.

35. DANAÏDE Plexippe.

Ailes un peu sinuées, d'un fauve-gai, ayant de part et d'autre des veines et le limbe postérieur noirs; celui-ci ponctué de blanc : les supérieures noires au sommet, avec une bande maculaire très-blanche : le dessous des inférieures plus pâle, avec le bord des nervures blanc.

36. DANAÏDE Artémice.

Ailes un peu sinuées, d'un fauve-foncé, ayant de part et d'autre des veines et le limbe postérieur d'un brun-obscur ; celui-ci ponctué de blanc : les supérieures noirâtres au sommet, avec une bande maculaire très-blanche : le dessous des inférieures plus pâle, avec le bord des nervures grisâtre.

37. DANAÏDE Philène.

Ailes un peu sinuées, d'un ferrugineux-obscur, ayant de part et d'autre des veines et le limbe postérieur d'un brun-noirâtre ; celui-ci ponctué de blanc : les supérieures noirâtres au sommet, avec une bande maculaire très-blanche : le dessous des inférieures offrant sur le disque des taches blanches, bifides.

38. DANAÏDE Chrysippe.

Ailes un peu sinuées, fauves, avec le limbe noir et ponctué de blanc : les supérieures ayant le sommet d'un noir-obscur, avec une bande maculaire très-blanche ; les inférieures avec quelques points noirs sur le milieu.

39. DANAÏDE Alcippe.

Ailes un peu sinuées, fauves, avec le limbe noir et ponctué de blanc : les supérieures ayant le sommet d'un noir-obscur, avec une bande maculaire très-blanche ; les inférieures ayant le milieu blanc, avec quelques points noirs.

40. DANAÏDE Misippe.

Ailes presqu'entières, fauves, avec le bord noir et divisé par des lignes blanches : les inférieures avec une tache noire.

41. DANAÏDE Pétilie.

Ailes entières, d'un fauve-clair : les supérieures ayant le sommet d'un noir-obscur, avec une bande maculaire et des points très-blancs ; les inférieures avec le limbe et une lunule discoïdale d'un noir-obscur : celles-ci et celles-là avec une rangée marginale de petits traits blancs.

42. DANAÏDE Hégésippe.

Ailes un peu sinuées, presque semblables de part et d'autre, noires, tachetées de blanc vers l'extrémité : les supérieures ayant à la base une tache fauve, divisée en trois ; les inférieures avec des lignes longitudinales blanches.

DANAÏDE. (Insecte.)

43. Danaïde Mélanippe.

Ailes un peu sinuées, presque semblables de part et d'autre, tachetées de blanc vers l'extrémité : les supérieures noires, ayant à la base une tache fauve divisée en trois ; les inférieures d'une couleur olivâtre obscure, avec des lignes longitudinales d'un blanc-brunâtre.

44. Danaïde Lotis.

Ailes un peu sinuées, presque semblables de part et d'autre, noires, avec des lignes longitudinales roussâtres sur les supérieures, blanches sur les inférieures : celles-ci avec une double rangée de points blancs sur le limbe.

45. Danaïde Ismare.

Ailes un peu sinuées, presque semblables de part et d'autre, d'un brun-noirâtre : les supérieures avec des taches, les inférieures avec des lignes, blanches : le limbe des quatre avec une double rangée de points blancs.

46. Danaïde semblable.

Ailes presqu'entières, noires en dessus, d'un brun-obscur en dessous : les deux surfaces des quatre avec des points vers l'extrémité, avec des lignes bifides vers la base, blancs : le dessous des inférieures (mâle) *avec un espace très-noir vers l'angle de l'anus.*

47. Danaïde Cléone.

Ailes presqu'entières, noires en dessus, d'un brun-obscur en dessous : les deux surfaces des quatre d'un jaune-verdâtre luisant vers la base, ponctuées de blanc vers l'extrémité : le dessous des inférieures (mâle) *avec un espace très-noir vers l'angle de l'anus.*

48. Danaïde Aventina.

Ailes très-entières, noires en dessus : les deux surfaces des quatre avec des taches vers le bout, avec des lignes vers la base, d'un blanc-verdâtre : dessous des supérieures avec le sommet, dessous des inférieures tout entier, plus pâles.

49. Danaïde Limniace.

Ailes sinuées, très-noires en dessus : les deux surfaces des quatre avec des points vers le bout, avec des lignes bifides vers la base, d'un blanc-verdâtre : dessous des supérieures avec le sommet, dessous des inférieures tout entier, d'un brun-pâle olivâtre.

50. Danaïde Mélisse.

Ailes denticulées, très-noires en dessus : les deux surfaces des quatre avec des points vers le bout, avec des taches entières vers la base, d'un blanc-verdâtre : dessous des inférieures d'un brun-obscur, avec le disque noirâtre.

51. Danaïde Méganire.

Ailes un peu sinuées, semblables de part et d'autre, noires : les quatre avec des points vers le sommet, avec des taches longitudinales vers la base, d'un blanc un peu verdâtre.

52. Danaïde Érix.

Ailes entières, semblables de part et d'autre, noires, avec des raies à la base, des points au sommet, blancs.

53. Danaïde Mélané.

Ailes un peu sinuées, semblables de part et d'autre, noires, avec des lignes d'un blanc un peu verdâtre : le limbe des quatre avec deux rangées de points, dont l'antérieure plus courte.

54. Danaïde Juventa.

Ailes presqu'entières, semblables de part et d'autre, d'un blanc-verdâtre luisant, avec des veines noires : le limbe postérieur des quatre noir, avec une double rangée de points.

55. Danaïde Hippia.

Ailes sinuées, d'un blanc-verdâtre, avec des veines et le limbe noirs.

1. Danaïde Prothoé (1).

Danais Prothoe.

Dan. alis integris, fuscis, violaceo subnicantibus: anticis utrinquè, posticis subtùs ad extimum, albido maculatis.

Papilio Midamus. Cram. *Pap.* 23. *pag.* 131. *pl.* 266. *fig.* A. B. (La femelle.)

Papilio Midamus. Herbst, *Pap. tab.* 119. *fig.* 1. 2.

Cette espèce, une des plus grandes de la seconde taille, a été confondue par Fabricius, non-seulement avec la D. *Midama*, mais encore avec l'*Eleusine*.

Ses quatre ailes sont d'un brun-noirâtre, velouté, avec un léger reflet violet. Les supérieures, dont les deux surfaces se ressemblent, ont, entre le milieu & l'extrémité, de petites taches & des points blanchâtres, épars. Le dessus des secondes ailes est sans taches dans le mâle; dans la femelle, au contraire, il offre deux rangées de points blanchâtres, parallèles entr'elles & au bord postérieur. Ces points se retrouvent ordinairement en dessous dans les deux sexes; mais ils y sont un peu violâtres, & en outre précédés intérieurement d'une ligne arquée de six à sept points semblables, dont le plus inférieur oblong; dans la femelle il y en a un de plus, placé isolément sur le disque. Le corps est de la couleur des ailes, avec de petits points blancs sur la tête, sur le devant du corselet & à la naissance des ailes inférieures en dessous. Ces ailes ont, ainsi que les supérieures, un liseré blanc, étroit & interrompu, & leurs nervures, en dessous, sont d'un noir-luisant près de la base.

Elle se trouve dans l'île d'Amboine.

2. Danaïde Eunice.

Danais Eunice.

Dan. alis integris, fuscis: omnibus suprà punctorum serie marginali, posticis abbreviatâ; anticis medium versùs maculâ subviolaceâ.

C'est une des moyennes espèces de la troisième taille. Le dessus de ses quatre ailes est d'un brun-noirâtre, velouté, avec une ligne arquée, mais plus courte sur les inférieures, de points marginaux, violâtres dans le mâle, blancs dans la femelle. Entre le disque & le bord interne des premières ailes est une tache violâtre, oblongue & longitudinale dans le premier sexe, arrondie & bifide extérieurement dans l'autre, toujours ovale dans les deux en dessous. Le mâle jette un reflet violet, plus ou moins vif selon les aspects. Le dessous des quatre ailes est ordinairement un peu moins foncé que le dessus, avec deux rangées parallèles de points blancs ou violâtres sur le limbe postérieur: outre ces points il y en a trois ou quatre autres plus vifs, disposés sur une ligne courbe & transverse près du milieu de la côte de chaque aile ou des supérieures seulement. Le corps est de la couleur des ailes, & ponctué de blanc aux mêmes endroits que l'espèce ci-dessus; le ventre est en outre tacheté de grisâtre sur chaque côté & vers l'anus; les antennes sont noires, avec la sommité du bouton un peu ferrugineuse. Le bord postérieur des ailes est aussi liseré de blanc par intervalles.

Elle se trouve dans l'île de Java.

3. Danaïde Éleusine.

Danais Eleusine.

Dan. alis integris, fuscis: omnibus suprà punctorum serie marginali, posticis abbreviatâ.

Papilio Eleusina. Cram. *Pap.* 23. *pag.* 132. *pl.* 266. *fig.* D.

Herbst, *Pap. tab.* 121. *fig.* 1.

Elle ne diffère de la précédente que parce qu'elle est ordinairement d'un bon tiers plus petite, & parce que la tache violâtre, placée entre le disque & le bord interne des premières ailes, manque souvent en dessus, du moins dans les mâles.

Elle se trouve aussi dans l'île de Java.

4. Danaïde Alopia.

Danais Alopia.

Dan. alis integris, fuscis: anticis suprà violaceo micantibus extimùmque versùs maculatis; posticis utrinquè punctis marginalibus albis serie duplici digestis.

Elle est approchant de la taille & de la couleur de l'*Eunice*. Ses premières ailes, dont le dessus jette un reflet violet assez vif, ont, entre le milieu & le sommet, sept à huit petites taches bleuâtres, éparses, &, sur le limbe postérieur, des points blancs, formant deux lignes transverses, dont l'intérieure un peu arquée & montant jusqu'à la côte, l'extérieure droite & n'atteignant pas le sommet. Le dessus des secondes ailes offre, parallèlement au bord postérieur, deux rangées de points blancs: les points de la rangée intérieure sont plus gros & oblongs pour la plupart; ceux de l'autre rangée sont tous arrondis. Le dessous des quatre ailes est moins foncé que le dessus, avec les deux rangées de points blancs dont nous venons de parler: il y a en outre sur le milieu des premières ailes quatre taches bleuâtres, dont les trois supérieures

(1) Cette Danaïde & les douze suivantes ont le bord interne des ailes supérieures droit dans la femelle, assez fortement arqué dans le mâle, & la partie des ailes inférieures sur laquelle il repose est ou blanchâtre ou moins colorée que le fond.

éparses & en forme de points ; l'inférieure ovale, plus grande & disposée longitudinalement : dans le mâle cette dernière est séparée du bord interne par une ligne également bleuâtre & longitudinale, perçant un peu au travers du fond ; le milieu des secondes ailes a ordinairement sept petits points bleuâtres, dont un isolé sur le disque, les six autres rangés extérieurement en demi-cercle autour de celui-ci. Les quatre ailes ont un petit liseré blanc interrompu, & le corps est absolument ponctué comme dans les espèces précédentes.

Elle se trouve dans l'île d'Amboine.

5. Danaïde Alcathoé.

Danais Alcathoe.

Dan. alis integris, fuscis : posticis utrinquè punctis marginalibus albis serie duplici digestis : omnibus infrà disco maculis subviolaceis.

Elle est à peu près de la taille & de la couleur de la précédente, mais son reflet violet est très-peu sensible. Les premières ailes sont sans taches en dessus dans le mâle, & marquées, dans la femelle, de deux petits points blanchâtres, placés assez loin l'un de l'autre en ligne droite & transverse près du milieu de la partie supérieure de la surface. Les secondes ailes ont de part & d'autre, sur le limbe de derrière, deux rangées de points blancs dont les extérieurs arrondis, les intérieurs un peu plus gros & en grande partie oblongs. Le dessous des quatre ailes offre huit points légèrement violâtres, dont un isolé sur le disque, les sept autres formant un demi-cercle qui embrasse celui-ci en dehors : ces mêmes points sont plus gros aux ailes supérieures & séparés du bord interne par une raie longitudinale de leur couleur ; ces ailes ont en outre des points blancs, très-petits, alignés transversalement près de l'angle interne & quelquefois aussi en face du sommet. Le corps est ponctué de blanc de la même manière que dans les espèces ci-dessus.

Elle se trouve dans l'île d'Amboine.

N. B. Nous avons vu une variété femelle dont le dessus des premières ailes offroit une ligne transverse & postérieure de points blancs.

6. Danaïde Coréta.

Danais Coreta.

Dan. alis integris, fuscis : omnibus utrinquè punctis marginalibus albis serie duplici digestis : subtùs punctis discoidalibus subviolaceis.

Papilio Core. Cram. *Pap.* 23. *p.* 133. *pl.* 266. *fig.* E. F.

Papilio Core. Herbst, *Pap. tab.* 120. *fig.* 3. 4.

Elle a le port & la taille de la précédente. Le dessus de ses quatre ailes est d'un brun-noirâtre sans reflet, avec l'extrémité plus claire & divisée parallèlement au bord postérieur par deux rangées de points blancs. Les points de la rangée intérieure de chaque aile sont plus gros ; mais ceux des secondes ailes sont oblongs & longitudinaux, à l'exception des trois qui avoisinent le sommet. Tous ces points se retrouvent sur la surface opposée des quatre ailes, & l'on y voit en outre d'autres points d'un blanc un peu violâtre : il y en a ordinairement six sur le milieu de chaque aile dans le mâle ; la femelle en a tantôt cinq, tantôt six aux ailes supérieures, & deux seulement aux inférieures. Le dessus des premières ailes du mâle offre, entre le disque & le bord interne, deux petites raies brunâtres, longitudinales, qu'on n'aperçoit pas en dessous. Le corps est ponctué de blanc comme dans les espèces analogues, & le bord postérieur des ailes a aussi un petit liseré de cette couleur.

Elle se trouve dans les Indes orientales.

7. Danaïde Cora.

Danais Cora.

Dan. alis integerrimis, nigris : omnibus serie duplici punctorum alborum.

Papilio F. Corus. Fab. *Entom. Syst. em. tom.* 3. *pars* 1. *p.* 41. *n°.* 122.

D'après la description de Fabricius, cette Danaïde paroît ne différer de la précédente que parce qu'elle a en dessus quatre points blancs sur le milieu des ailes supérieures, & deux semblables sur celui des inférieures.

Elle se trouve aussi dans les Indes orientales.

8. Danaïde Algéa.

Danais Algea.

Dan. alis integerrimis, fuscis : posticis utrinquè limbo dilutioribus : his infrà extimum versùs omnibusque disco maculis cœrulescenti-albis.

Papilio Climena. Cram. *Pap.* 33. *pag.* 207. *pl.* 389. *fig.* E. F.

Papilio Climena. Herbst, *Pap. tab.* 121. *fig.* 2. 3.

Elle a le port & la taille des précédentes. Ses ailes sont d'un brun-noirâtre de part & d'autre, mais plus clair vers l'extrémité des inférieures. Leur dessus est sans taches. Le dessous des premières offre sur le milieu quatre ou cinq points d'un blanc-bleuâtre, séparés du bord interne par deux raies longitudinales, dont la supérieure d'un blanc moins vif, l'inférieure très-pâle, plus longue & s'apercevant en dessus dans le mâle. Le dessous des secondes ailes a sur le milieu huit points d'un blanc-bleuâtre, disposés comme dans les espèces analogues, &, entre ceux-ci & le bord postérieur, une ligne transverse & arquée de points femblables, précédée en dehors & vers le fommet de quelques autres points blancs plus petits. On voit auffi de ces derniers fur la tête & fur la poitrine.

Elle fe trouve dans l'île d'Amboine.

9. Danaïde Mélina.

Danais Melina.

Dan. alis integerrimis, fufcis : pofticis utrinquè limbo dilutioribus : fingulis infrà difco maculis cœrulefcenti-albis.

La feule différence qu'il y ait entre cette efpèce & la précédente, c'eft que le deffous des fecondes ailes n'a d'autres taches d'un blanc-bleuâtre que les huit du milieu de la furface : l'extrémité en eft tout-à-fait dépourvue dans un fexe comme dans l'autre.

Nous avons vu une variété mâle qui n'avoit que trois taches fur le milieu des ailes fupérieures en deffous, & cinq fur la partie correfpondante des inférieures.

Elle eft auffi de l'île d'Amboine.

10. Danaïde Dryafis.

Danais Dryafis.

Dan. alis integerrimis, fufcis : anticis punctis duobus, fubtùs omnibus plurimis, albis. Fab.

Papilio F. Dryafis. Fab. *Entom. Syft. em. tom.* 3. *pars* 1. *p.* 39. *n°.* 117.

Papilio Dryafis. Jon. *Fig. pict.* 3. *tab.* 85. *fig.* 1.

Elle a le port de la D. *Midama*, mais elle eft un peu plus petite. Le corps eft d'un brun-noirâtre & fans taches. Les quatre ailes font également d'un brun-noirâtre, avec deux points blancs fur les fupérieures. Le deffous de ces dernières a neuf points blancs fur le milieu; le deffous des inférieures en a cinq femblables fur la partie correfpondante.

Elle habite.....

(*Traduction du texte de Fabricius.*)

11. Danaïde Amymone.

Danais Amymone.

Dan. alis integris, fufcis : anticis fuprà violaceo micantibus extimumque versùs albo maculatis : fingulis infrà maculis difcoidalibus fubviolaceis.

Elle a le port & la taille des précédentes. Ses ailes font d'un brun-noirâtre de part & d'autre. Le deffus des premières jette un reflet violet affez vif, & l'on y voit des points blancs, dont trois ou quatre épars fur le milieu, les autres difpofés fur deux lignes parallèles au bord poftérieur. Le deffus des fecondes ailes eft fans taches. Le deffous des fupérieures offre le même deffin que le deffus; mais les points du milieu font un peu plus gros, teintés de violâtre & féparés du bord interne par deux raies longitudinales moins foncées, furtout l'inférieure qui eft plus alongée & dont l'empreinte eft vifible en deffus dans le mâle. Le deffous des ailes inférieures a fur le milieu cinq points violâtres, dont un plus prononcé, entouré extérieurement par les cinq autres. Les quatres ailes font en outre finement liferées de blanc par intervalle, & le corps a des petits points de cette couleur fur le devant du corfelet & fur la poitrine.

Elle fe trouve dans l'île d'Amboine.

12. Danaïde Midama.

Danais Midama.

Dan. alis integris, nigris : anticis fuprà cœruleo mutabili micantibus; his utrinquè, pofticis fubtùs ad extimum maculis plurimis, fubviolaceo-albis.

Papilio D. F. Midamus, *alis integerrimis, nigris, albido punctatis : primoribus fuprà cœrulefcentibus; pofticis punctorum alborum lineâ.* Linn. *Syft. Nat.* 2. *p.* 765. *n°.* 108. — *Muf. Lud. Ulr. p.* 251.

Papilio F. Midamus. Fab. *Syft. Entom. p.* 479. *n°.* 161. — *Spec. Inf. tom.* 2. *p.* 52. *n°.* 227. — *Mant. Inf. tom.* 2. *p.* 25. *n°.* 260. — *Entom. Syft. em. tom.* 3. *pars* 1. *p.* 39. *n°.* 116.

Act. Holm. 1748. *tab.* 6. *fig.* 1. 2.

Sulz. *Inf. edit.* Roem. *tab.* 16. *fig.* 4.

Papilio Mulciber. Cram. *Pap.* 11. *pag.* 45. *pl.* 127. *fig.* C. D.

Papilio Mulciber. Herbst, *Pap. tab.* 122. *fig.* 1. 2.

Elle a le port & prefque la taille des précédentes. Ses premières ailes font d'un noir-velouté en deffus, avec un reflet changeant du bleu-violet au bleu d'azur felon les afpects : leur moitié antérieure eft fans taches; l'autre moitié offre un grand nombre de points blancs, dont les extérieurs plus petits & alignés le long du bord. Le deffus des fecondes ailes eft d'un noir-brun, mais d'un cendré-mat vers le fommet, avec le bord antérieur encore plus pâle. Le deffous des quatre ailes eft d'un brun-noirâtre un peu luifant : celui des fupérieures eft abfolument tacheté comme en deffus; celui des inférieures a, entre le milieu & le fommet, une douzaine de petites taches violâtres, dont les extérieures arrondies, les autres en forme de traits longitudinaux; il y a de plus une rangée de petits points de cette couleur le long du bord, lequel eft finement liferé de blanc de diftance en diftance, ainfi que le bord correfpondant des premières ailes. Le corps eft d'un noir affez foncé, avec de petits points d'un beau blanc fur la tête

& sur la poitrine, & des anneaux grisâtres sur le ventre; les antennes sont noires, avec la sommité de la massue ferrugineuse.

Elle se trouve en Chine, au Bengale & dans l'île de Java.

13. Danaïde Alcidice.

Danais Alcidice.

Dan. alis integris, nigris, suprà cœruleo micantibus: anticis fasciâ costali abbreviatâ, posticis lineis longitudinalibus suprà quatuor subtùs octo, albis.

Elle a le port des précédentes, mais elle est d'environ un sixième moins grande. Le dessus de ses quatre ailes est noir, avec un reflet d'un bleu tirant sur le violet. Les supérieures ont sur le milieu de la côte une bande blanche, courte & transverse que divise antérieurement une nervure noire, bifurquée; entre cette bande & le bord interne est une tache violâtre, ovale, moyenne, disposée longitudinalement. Le dessus des secondes ailes offre sur le milieu du bord interne quatre lignes blanches, longitudinales & pointues à chaque extrémité; entre ces lignes & le bord sont des points bleuâtres, épars: il y en a aussi de semblables aux ailes de devant, mais ils sont un peu plus gros & alignés sur le limbe postérieur. Le dessous des quatre ailes diffère du dessus en ce qu'il est plus pâle; en ce que les lignes blanches des inférieures sont au nombre de huit, dont les quatre extérieures plus courtes & accompagnées d'autant de points blancs; enfin, en ce que le limbe postérieur de chaque aile a deux rangées de points bleuâtres, précédés en dehors d'un petit liseré blanc, interrompu. Le corps est noir, avec des points blancs sur la tête & sur la poitrine, & des anneaux grisâtres sur le ventre; les antennes sont noires, avec la sommité de la massue ferrugineuse.

Elle se trouve dans l'île de Java.

14. Danaïde Rhadamie.

Danais Rhadamia.

Dan. alis integerrimis, nigris, cœruleo micantibus: anticis maculâ marginali, posticis maculâ lineolisque quatuor, albis. Fab.

Papilio F. Rhadamanthus. Fab. *Entom. Syst. em. tom.* 3. *pars* 1. *p.* 42. *n°.* 127.

Papilio Rhadamanthus. Jon. *Fig. pict.* 2. *tab.* 45. *fig.* 2.

Quoique cette Danaïde paroisse se rapprocher beaucoup de la précédente, nous croyons devoir donner séparément la description que Fabricius en a faite, afin de ne rien laisser à desirer à nos lecteurs.

Elle est de moyenne taille. Ses antennes sont noires, renflées en dehors. La tête & le corselet sont d'un brun-noirâtre, avec des points blancs. Les quatre ailes sont noires, avec un reflet bleu. Les supérieures ont une tache blanche, grande, transversale, contre laquelle sont deux points blancs & quelques taches bleues, éparses. Leur dessous ressemble au dessus, mais il est plus pâle. Les secondes ailes ont quelques points bleus, avec une grande tache blanche, vers le bord extérieur, & quatre lignes blanches, pointues, vers le bord interne. Leur dessous ne diffère du dessus que parce que l'on n'y retrouve pas la tache blanche extérieure.

Elle habite l'Asie.

15. Danaïde Claudia.

Danais Claudia.

Dan. alis integris, fuscis: anticis apice suprà violaceo micantibus; his utrinquè albo maculatis, posticis lineatis: omnium limbo posteriori punctorum serie unicâ.

Papilio F. Claudius, *alis integerrimis, nigris: anticis cœruleo micantibus, albo punctatis, posticis lineatis.* Fab. *Mant. Inf. tom.* 2. *pag.* 25. *n°.* 261. — *Entom. Syst. em. tom.* 3. *pars* 1. *p.* 40. *n°.* 119.

Klemann, *Inf.* 1. *tab.* 9. *fig.* 1. 2.

Papilio Claudius. Sulz. *Inf. edit.* Roem. *tab.* 16. *fig.* 5.

Papilio Claudius. Herbst, *Pap. tab.* 120. *fig.* 5.

Papilio Basilissa. Cram. *Pap.* 23. *pag.* 132. *pl.* 266. *fig.* C.

Le mâle a environ trois pouces d'envergure; la femelle est au moins d'un quart plus grande. Leurs ailes sont d'un brun légèrement noirâtre en dessus, avec un reflet violet au sommet des supérieures. Ces dernières ont à la base deux raies blanchâtres, obscures, longitudinales, dont l'inférieure plus longue & courbée antérieurement; le reste de la surface offre un grand nombre de taches blanches, la plupart orbiculaires. Les secondes ailes ont, depuis leur origine jusqu'au limbe postérieur, une multitude de raies blanches, longitudinales, dont plusieurs bifides; on voit en outre sur le limbe, ainsi que sur celui des ailes de devant, une rangée courbe de points blancs, précédés en dehors d'un petit liseré interrompu de cette couleur. Le dessous des quatre ailes ne se distingue du dessus que parce qu'il est plus pâle, & sans reflet aux supérieures. La tête, le corselet, la poitrine sont d'un noir-foncé, avec des points blancs; l'abdomen est d'un cendré-bleuâtre, avec une ligne noire le long du dos & une semblable de chaque côté; le ventre est coupé transversalement par des bandes noires, inégalement distantes ; les antennes sont noires, avec la sommité ferrugineuse.

Elle se trouve en Chine, au Bengale & dans l'île de Java.

Le Muséum de Paris possède une variété femelle qui ressemble aux individus ordinaires par les ailes inférieures ; mais qui en diffère par les supérieures en ce que les taches blanches orbiculaires sont plus petites & moins nombreuses ; en ce que la base n'a point de raies blanchâtres en dessus ; enfin, en ce que le reflet violet de ces mêmes ailes est sur la moitié antérieure de la surface, au lieu d'être au sommet.

16. DANAÏDE Dioclétie.

DANAIS Diocletia.

Dan. alis integerrimis, nigris : anticis fasciâ interruptâ albâ ; posticis basi albo lineatis, apice punctatis serie duplici. FAB.

Papilio F. Diocletianus. FAB. *Entom. Syst. em. tom. 3. pars* 1. *p.* 40. *n°.* 118.

Elle a le port de la D. *Claudia*, avec laquelle elle a une très-grande affinité. Le dessous de ses quatre ailes ressemble au dessus. Les premières sont noires, avec une bande blanche formée de quatre grandes taches, une ligne transverse de quatre points de cette couleur, & des points également blancs le long du bord. Les secondes ailes sont d'un brun-noirâtre, avec des lignes blanches longitudinales vers la base, & deux rangées de points blancs à l'extrémité. La tête & le corselet sont d'un noir-foncé, avec des points blancs ; le dessus de l'abdomen est noirâtre, le dessous cendré, avec des bandes très-noires.

Elle se trouve dans les Indes orientales.

(*Traduction du texte de Fabricius.*)

17. DANAÏDE Baudin.

DANAIS Baudiniana.

Dan. alis integris, fuscis : superioribus strigâ maculari posticâ, inferioribus fasciâ punctisque marginalibus, albis : singulis infrà disco punctis cœrulescentibus.

Elle est à peu près de la grandeur des précédentes. Ses ailes sont d'un brun-noirâtre un peu chatoyant. Les premières ont sur le limbe postérieur une raie blanche, transverse, maculaire, courbe, & vers le milieu deux points blancs, dont un sur la côte, l'autre beaucoup plus bas. Les secondes ailes sont traversées à leur extrémité par une bande d'un blanc-sale, assez large & précédée en dehors d'un rang de points de sa couleur ; cette bande est finement coupée par des nervures noirâtres, écartées l'une de l'autre. Le dessous de chaque aile diffère du dessus en ce que le disque des inférieures offre cinq points bleuâtres, & le milieu des supérieures six ou sept points semblables, mais un peu plus gros & rapprochés de la côte. Le corps est d'un brun-obscur, avec des points blancs sur le corselet, sur la poitrine & sur le ventre ; les antennes sont noires, avec la sommité ferrugineuse.

Dans certains individus les points discoïdaux du dessous des ailes supérieures reparoissent tous en dessus ; dans d'autres, la raie maculaire du limbe de ces mêmes ailes est précédée extérieurement, en dessous, d'une ligne de petits points blanchâtres.

Rapportée de l'île de Timor par feu le capitaine Baudin, à qui nous l'avons dédiée.

18. DANAÏDE Euphone.

DANAIS Euphone.

Dan. alis integerrimis, nigris : anticis albo punctatis ; posticis antè apicem albis. FAB.

Papilio F. Euphon. FAB. *Entom. Syst. em. tom.* 5. *Suppl. p.* 423. *n°.* 184-5.

Elle est de moyenne taille. La tête & le corselet sont noirs, avec des points blancs. Les ailes supérieures, dont les deux surfaces se ressemblent, sont noires, & ponctuées de blanc vers le sommet. Le dessus des ailes inférieures est noir, avec une bande blanche, large, vis-à-vis de l'extrémité, & une rangée transverse de points de cette couleur à l'extrémité même. Leur dessous est d'un brun-noirâtre, & diffère du dessus en ce que la base est ponctuée de blanc ; en ce que le milieu offre cinq points semblables, mais très-petits & légèrement bordés de noir.

Elle se trouve à l'île de France.

(*Traduction du texte de Fabricius.*)

19. DANAÏDE Tulliola.

DANAIS Tulliola.

Dan. alis integerrimis : anticis atris fasciâ maculari albâ ; posticis fuscis, suprà immaculatis, subtùs albo punctatis. FAB.

Papilio F. Tulliolus. FAB. *Entom. Syst. em. tom.* 3. *pars* 1. *p.* 4. *n°.* 122.

Papilio Tulliolus. JON. *Fig. pict.* 3. *tab.* 69. *fig.* 1.

Elle a le port de la D. *Midama*, mais elle est plus petite. Son corps est noir, avec les côtés de l'abdomen fauves. Les premières ailes sont d'un noir-foncé, avec un point blanc sur le milieu de la côte ; à leur extrémité est une bande blanche, formée par des taches à sa partie antérieure & par quatre points à sa partie postérieure. Le dessus des secondes ailes est d'un brun-noirâtre, sans taches. Le dessous des unes & des autres est également d'un brun-noirâtre, avec des points blancs.

Elle se trouve dans l'Inde.
(*Traduction du texte de Fabricius.*)

20. Danaïde Sylvestre.

Danais Sylvestris.

Dan. alis integerrimis, fuscis, fasciâ maculari albâ. Fab.

Papilio F. Sylvester. Fab. *Entom. Syst. em. tom.* 3. *pars* 1. *p.* 41. *n°.* 124.

Papilio Sylvester. Jon. *Fig. pict.* 3. *tab.* 67. *fig.* 2.

Elle a tout-à-fait le port de la D. *Midama ;* mais elle est plus petite. Ses quatre ailes sont d'un brun-obscur, avec une bande blanche, maculaire. Les supérieures ont vers la côte quelques taches de cette couleur. Le dessous de chaque aile ressemble au dessus ; mais on y voit en outre une ou deux raies blanches, transverses. Le corps est du même brun que le fond des ailes, avec des points blancs sur la tête & sur le corselet.
Elle habite.....
(*Traduction du texte de Fabricius.*)

21. Danaïde analogue.

Danais affinis.

Dan. alis dentatis, nigris, albo maculatis : posticis subtùs limbo nigro flavo alboque maculato. Fab.

Papilio D. F. affinis. Fab. *Syst. Ent. p.* 511. *n°.* 291. — *Spec. Ins. tom.* 2. *p.* 102. *n°.* 447. — *Mant. Ins. tom.* 2. *p.* 55. *n°.* 542. — *Entom. Syst. em. tom.* 3. *pars* 1. *p.* 58. *n°.* 181.

Elle a la tête, le corselet, la poitrine d'un noir-foncé, avec des points blancs. Ses ailes sont dentées, noires. Les supérieures ont sur le milieu une tache blanche, grande, oblongue, & vis-à-vis du sommet beaucoup de points de cette couleur. Les inférieures ont le milieu blanc ; parallèlement à leur bord d'en bas est une rangée de points également blancs. Le dessous des premières ailes est à peu près semblable au dessus. Le dessous des secondes offre, sur une large bordure noirâtre, une rangée de points jaunes, puis deux rangées de points blancs. L'abdomen est noir en dessus, jaune en dessous.
Elle est de la Nouvelle-Hollande.
(*Traduction du texte de Fabricius.*)

22. Danaïde Niavia.

Danais Niavia.

Dan. alis integris, suprà nigris : anticis fasciâ transversâ punctisque aliquot albis ; posticis maculâ baseos communi albâ : his infrà nitidis, subcœrulescentibus.

Papilio D. F. Niavius, *alis integerrimis, nigris : primoribus fasciâ albâ ; posticis maculâ baseos communi albâ.* Linn. *Syst. Nat.* 2. *p.* 766. *n°.* 109. — *Mus. Lud. Ulr. p.* 253.

Papilio F. Niavius. Fab. *Syst. Entom. p.* 480. *n°.* 162. — *Spec. Ins. tom.* 2. *p.* 52. *n°.* 228. — *Mant. Ins. tom.* 2. *p.* 25. *n°.* 262. — *Ent. Syst. em. tom.* 3. *pars* 1. *p.* 4. *n°.* 120.

Clerk, *Icon. tab.* 32. *fig.* 2.

Papilio Niavius. Cram. *Pap.* 1. *p.* 4. *pl.* 2. *fig.* F. G. (Le mâle.)

Papilio Niavius. Cram. *Pap.* 20. *pag.* 71. *pl.* 234. *fig.* A. (La femelle.)

Herbst, *Pap. tab.* 122. *fig.* 4-6.

C'est une des grandes espèces de la troisième taille. Ses premières ailes sont noires de part & d'autre & traversées entre le milieu & le bout par une bande blanche, assez large, sinuée sur les côtés & coupée par de fines nervures de la couleur du fond ; cette bande est précédée en dehors d'un ou deux points blancs, & intérieurement de quatre ou cinq points semblables, dont deux sur la côte, les autres sur le bord opposé. Le dessus des secondes ailes est d'un noir-brun, avec une tache blanche, disposée transversalement à la base & s'étendant presque jusqu'au disque des ailes supérieures. Le dessous de ces dernières est, comme nous l'avons dit, semblable au dessus. La surface inférieure des secondes ailes est luisante, blanche antérieurement, puis un peu bleuâtre, avec les nervures & le bord noirâtres. Le corps est brunâtre, avec des points blancs sur la poitrine & sur le devant du corselet ; les antennes sont noires.

La femelle se distingue du mâle en ce qu'elle a les secondes ailes légèrement dentées, un peu plus claires en dessus, avec une rangée transverse de quatre ou cinq points blancs près du sommet ; en ce que la tache de la base de ces ailes a le côté externe multifide & un peu obscur.

Elle se trouve sur la côte de Guinée, & non dans les Indes, comme le dit Linnæus.

23. Danaïde Damoclée.

Danais Damoclea.

Dan. alis integerrimis, concoloribus : anticis atris albo maculatis ; posticis fuscis disco flavescenti-albido.

Papilio F. Damocles, *alis integerrimis : anticis atris ; posticis fuscis disco albido.* Fab. *Entom. Syst. em. tom.* 3. *pars* 1. *p.* 41. *n°.* 121.

Papilio Egialea. Fab. *Spec. Ins. tom.* 2. *p.* 102. *n°.* 449.

Papilio Egialea. Cram. *Pap.* 16. *pag.* 146. *pl.* 192. *fig.* C. D.

Papilio Egialea. Herbst, *Pap. tab.* 122. *fig.* 3.

Elle eſt approchant de la troiſième taille. Ses premières ailes ſont d'un noir-foncé, avec une douzaine de taches blanches, dont les dix extérieures en forme de points plus ou moins gros, les deux intérieures grandes, preſqu'ovales, diſpoſées ſur une ligne tranſverſe & oblique entre le milieu & la baſe. Les ſecondes ailes ſont d'un brun-noirâtre pâle, avec un eſpace d'un blanc-jaunâtre, grand, arrondi en dehors, s'étendant juſqu'auprès de la baſe. Le deſſous de chaque aile offre à peu-près le même deſſin que le deſſus. Le corps eſt d'un brun-obſcur, avec des points blancs ſur la tête & ſur le devant du corſelet. Les antennes ſont noires.

Elle ſe trouve, ſuivant Cramer & Fabricius, dans l'île d'Amboine & à Sierra-Leone. Nous la croyons plutôt de ce dernier pays.

24. Danaïde Réchila.

Danais Rechila.

Dan. alis dentatis, ſuprà nigris, diſco flavido, apice albo maculato : ſubtùs anticis extimo, poſticis paginâ omni, dilutè brunneis.

Papilio Cenea. Stoll, *Pap. Suppl. à* Cram. 4. *p.* 134. *pl.* 29. *fig.* 1 & 1. A.

C'eſt une des plus grandes eſpèces de la troiſième taille. Ses ailes ſont dentées, notamment les inférieures, noires en deſſus, avec une tache jaunâtre, orbiculaire ſur le milieu des premières, & un eſpace très-grand & preſque rond de cette couleur vers la baſe des ſecondes. Chaque aile a en outre des taches blanches vers l'extrémité; celles des ſupérieures ſont éparſes, tandis que celles des inférieures ſont placées deux à deux entre les nervures & forment une ligne courbe & tranſverſe, parallèle au bord poſtérieur. Le deſſous des quatre ailes offre les mêmes taches que le deſſus; mais le fond des inférieures & le bout des ſupérieures ſont d'un brun-jaunâtre. Le corps eſt d'un noir violet, avec des points blancs ſur la partie antérieure du corſelet ſeulement; les antennes ſont noires.

Elle habite la Cafrerie, d'où elle a été rapportée par M. Levaillant.

25. Danaïde Levaillant.

Danais Vaillantiana.

Dan. alis ſubrepandis, fuſco-nigris : ſuperioribus maculis, inferioribus faſciâ anticâ, flavidis : his infrà punctis marginalibus albis ſerie duplici digeſtis.

Papilio Echeria. Stoll, *Pap. Suppl. à* Cram. 4. *p.* 135. *pl.* 29. *fig.* 2 & 2. B.

Elle eſt de troiſième taille, d'un noir-brun en deſſus. Ses ailes ſont légèrement ſinuées & liſerées de blanc aux ſinus. Les premières ont une dixaine de taches d'un jaune-ſale, éparſes entre le milieu & le bout, plus quatre ou cinq points blancs très-petits, alignés ſur le bord poſtérieur près de l'angle interne. Les ſecondes ailes ſont traverſées, entre la baſe & le milieu, & du bord antérieur au bord interne, par une bande d'un jaune-ſale, large, courbe, ſinuée extérieurement, coupée par des nervures noires, très-fines & ramifiées; entre cette bande & l'extrémité eſt une rangée de trois points jaunâtres, placés vers le ſommet. Le deſſous des ailes eſt d'un brun-obſcur, avec les mêmes caractères qu'en deſſus, & en outre deux rangées marginales de points blancs. Le corps eſt d'un noir-violet, avec des points blancs ſur la tête, ſur la partie antérieure du corſelet & ſur toute la poitrine; il y en a auſſi quelques-uns à la baſe des ſecondes ailes.

Découverte dans la Cafrerie par M. Levaillant, à qui nous l'avons dédiée.

26. Danaïde Phaedone.

Danais Phaedone.

Dan. alis integris, ſubconcoloribus, fuſconigris : ſuperioribus maculis, inferioribus faſciâ ſubpoſticâ punctiſque marginalibus in ſerie duplici, flavidis.

Papilio F. Phaedon, *alis repandis, atris : anticis flavo punctatis; poſticis faſciâ ſtrigiſque duabus punctatis flavis.* Fab. *Entom. Syſt. em. tom.* 5. *Suppl. p.* 423. *n°.* 184-5.

Elle a de très-grands rapports avec la précédente; néanmoins elle s'en diſtingue par les caractères ſuivans : ſes quatres ailes ſont plus entières; les taches des ſupérieures ſont toutes d'un jaune-ſale, ſans exception; la bande tranſverſe des inférieures eſt moins large, ſinuée ſur chaque côté & placée entre le milieu & le bout; cette bande eſt précédée extérieurement, & en deſſus comme en deſſous, de deux lignes marginales de points jaunâtres, dont les antérieurs plus gros; le corſelet & la poitrine ſont d'un noir-foncé; l'abdomen eſt d'un brun-obſcur en deſſus, jaunâtre en deſſous; cette couleur eſt auſſi celle de l'origine de la côte & du bord interne des ſecondes ailes en deſſous.

Elle ſe trouve à l'île de France.

27. Danaïde Dirté.

Danais Dirtea.

Dan. alis dentatis, concoloribus, nigris, flavo punctatis. Fab.

Papilio D. F. Dirtea. Fab. *Entom. Syſt. em. tom.* 3. *pars* 1. *p.* 59. *n°.* 184.

Papilio Dirtea. Jon. *Fig. pict.* 4. *tab.* 65. *fig.* 1.

Elle a le port des précédentes. Son corps est d'un brun-obscur & sans taches. Ses ailes sont dentées, noires, avec un grand nombre de points jaunes. Leur dessous est semblable au dessus; mais un peu plus clair.

Elle est du Bengale.

(*Traduction du texte de Fabricius.*)

28. Danaïde Archippe (1).

Danais Archippe.

Dan. alis subrepandis, fulvis, venis limboque posteriori albido punctato nigris : anticis apice nigro maculis fulvis.

Papilio F. Archippus, *alis repandis, fulvis, venis margineque albo punctato nigris : anticis apice maculis fulvis.* Fab. *Ent. Syst. em. tom.* 3. *pars* 1. *p.* 49. *n°.* 150.

Papilio Plexippus. Cram. *Pap.* 18. *pag.* 24. *pl.* 206. *fig.* E. F.

Papilio Erippus. Cram. *Pap.* 1. *pag.* 4. *pl.* 3. *fig.* A. B.

Papilio Plexippus. Herbst, *Pap. tab.* 156. *fig.* 1. 2.

Papilio Erippus. Herbst, *Pap. tab.* 156. *fig.* 3. 4.

Papilio Archippus. Smith-Abbot, *The Nat. Hist. of the rarer lepid. Inf. of Georgia, vol.* 1. *p.* 11. *tab.* 6.

Papilio Archippus. Jon. *Fig. pict.* 3. *tab.* 26.

Elle a environ trois pouces & demi d'envergure. Ses quatres ailes sont un peu sinuées, fauves en dessus, avec un léger reflet bleuâtre & des veines noires dilatées; leur limbe postérieur est pareillement noir, avec deux rangées de points d'un blanc plus ou moins jaunâtre : les ailes inférieures ont même assez souvent plusieurs points roussâtres parmi ceux du milieu de la rangée antérieure. Les premières ailes offrent au sommet un espace noir, grand, sur lequel on voit pour l'ordinaire trois taches fauves, dont les deux supérieures oblongues, longitudinales & parallèles, la troisième plus courte; ces taches sont précédées intérieurement d'une dixaine d'autres plus petites, blanchâtres ou jaunâtres, s'étendant jusque sur le milieu de la côte qui est elle-même noire. Le dessous de chaque aile ressemble au dessus quant au dessin; mais les points du limbe postérieur sont plus gros & tous blanchâtres sans exception; le fond des secondes ailes est plus pâle & teinté de blanc le long des nervures. Le corps est noir, avec des points d'un blanc-jaunâtre sur le corselet & sur la poitrine; l'abdomen est garni en dessus, à la base, de poils de sa couleur, & marqué en dessous d'une raie grisâtre, longitudinale; les antennes sont d'un noir-foncé & les pattes d'un noir-bleuâtre. Le bord postérieur des quatre ailes est en outre finement liseré de blanc aux sinus.

Il est des individus, tels que l'*Erippus* de Cramer, dont le fond des ailes est d'un fauve plus gai, & dont les nervures, moins prononcées en dessus, ne sont pas ou presque pas bordées de blanc aux ailes inférieures en dessous.

M. Dufresne possède une variété dont le dessus des quatre ailes est d'un blanc-verdâtre sale : elle a du reste tous les caractères que nous venons d'indiquer. Cette espèce se trouve communément depuis le Brésil jusqu'à la Virginie.

La chenille est blanchâtre, avec des bandes jaunes & des raies noires, transverses. Elle a deux tentacules noirs, fourchus, l'un vers le col, l'autre vers l'anus; ses pattes sont également noires. Elle vit sur le *Dompte-venin de Curaçao* (*Asclepias curassavica*).

La chrysalide est obtuse, d'un vert-pâle, avec des taches dorées. Elle est suspendue perpendiculairement & par la queue au bord des feuilles. L'insecte parfait en sort au bout de quinze jours & paroît en mai.

29. Danaïde Plexaure.

Danais Plexaure.

Dan. alis subrepandis, ferrugineis, limbo communi nigro punctorum alborum serie duplici : omnium disco suprà puncto albo, posticarum subtùs plurimis.

Elle est un peu moins grande que la précédente, avec laquelle elle a beaucoup de rapport. Ses quatre ailes sont légèrement sinuées & d'une couleur ferrugineuse en dessus : leur limbe postérieur est noir, avec une double rangée de points blancs. Les premières ailes ont vers l'extrémité d'autres points blancs, un peu plus gros, disposés sur deux lignes transverses, dont l'extérieure oblique & sensiblement plus courte, l'intérieure courbée en dehors & s'étendant du bord interne à la côte qui est noire; il y a en outre sur le disque de ces mêmes ailes, un point blanc, isolé & oblong : le disque des secondes ailes en offre un semblable, mais ordinairement plus prononcé. Le dessous des ailes supérieures ne diffère du dessus que parce qu'il est un peu plus pâle vers le sommet. Le dessous des ailes inférieures est d'un brun-tanné clair, avec

(1) A partir de ce numéro jusqu'à la fin du genre, les espèces, qui ne sont point précédées du signe *, ont au dessous du disque des secondes ailes, en tirant vers le bord interne, une petite poche noire, un peu velue; mais, ainsi qu'on l'a dit dans les généralités historiques, ce caractère n'est propre qu'à l'un des sexes. Cramer l'attribue tantôt à la femelle, tantôt au mâle; nous pensons qu'il appartient à celui-ci, autant du moins qu'il nous a été possible d'en juger d'après des individus drogués à forte dose. Espérons que M. Ochsenheimer, qui visite actuellement le Brésil en entomologiste observateur, levera tout doute à cet égard, & nous fournira d'autres renseignemens précieux qu'il n'aura sans doute pas manqué de recueillir.

avec les nervures noires & une dixaine de points blancs difcoïdaux formant deux lignes arquées ; le limbe eft noir & tacheté comme en deffus ; il y a en outre un point blanc vers la bafe & un autre fur la petite poche. Le corfelet & la poitrine font noirs & ponctués de blanc ; l'abdomen eft grifâtre en deffous, fauve en deffus, avec le dos noirâtre ; les antennes font entièrement noires. Chaque aile eft liferée de blanc aux finus.

Trouvée au Bréfil par M. de Lanfdorf.

30. Danaïde Eréfime.

Danais Erefime.

Dan. alis fubrepandis, fulvis, ad bafin faturatioribus : fingulis fuprà limbo pofteriori nigro punctis albis, anticarum ferie duplici, pofticarum unicâ, digeftis : his fubtùs fafciâ maculari obfoletè albidâ.

Papilio F. Erefimus, *alis repandis, teftaceis, apice margineque nigris albo punctatis : pofticis fubtùs fafciâ maculari obfoletè albidâ.* Fab. *Ent. Syft. em. tom.* 3. *pars* 1. *p.* 51. *n*°. 157.

Seba, *Muf.* 4. *tab.* 36. *fig.* 17. 18.

Klemann, *Inf.* 1. *tab.* 1. *fig.* 1.

Papilio Erefimus. Cram. *Pap.* 15. *pag.* 121. *pl.* 175. *fig.* F. G.

Papilio Erefimus. Herbst, *Pap. tab.* 157. *fig.* 3. 4.

Elle eft auffi un peu moins grande que l'*Archippe.* Ses quatre ailes font légèrement finuées, fauves en deffus, mais plus foncées vers la bafe : leur limbe poftérieur eft noir, avec une feule rangée de points blancs fur les inférieures & deux rangées de points femblables fur les fupérieures. Ces dernières ont en outre, vis-à-vis du fommet, une dixaine de points blancs plus gros, difpofés fur deux lignes tranfverfes & obliques, dont l'intérieure courbée en dehors & atteignant le milieu de la côte, qui eft noirâtre ; la partie fur laquelle font ces points eft auffi un peu noirâtre dans les individus que Cramer regarde comme les femelles. Le deffous des ailes fupérieures reffemble au deffus ; le deffous des inférieures eft d'un bruntané clair, avec de fines nervures noires : le limbe eft auffi de cette couleur, mais on y voit deux rangées de points blancs ; &, entre ceux-ci & le milieu, il y a une bande blanchâtre, tranfverfe, maculaire, peu prononcée ; la petite poche eft noire de part & d'autre, & marquée en deffous d'un trait blanc, longitudinal. Le corfelet & la poitrine font noirs, avec des points blancs ; l'abdomen eft fauve, avec le dos noirâtre ; les antennes font très-noires, avec la fommité de la maffue ferrugineufe.

Elle fe trouve à la Guyane. Fabricius dit qu'elle habite la côte de Guinée.

La chenille eft d'un vert-pomme foncé, avec le ventre jaune & précédé d'une ligne longitudinale de points de cette couleur ; fa tête eft noire, avec quatre taches rougeâtres ; fon corps eft rayé de noir tranfverfalement, & fon dos eft armé d'épines dont les deux antérieures noires, les autres grifâtres. Elle vit fur le *Goyavier.* La chryfalide eft obtufe, verte, avec des taches & des lignes dorées.

31. Danaïde Cléothère.

Danais Cleothera.

Dan. alis fubrepandis, fulvis, limbo pofteriori nigro punctorum alborum ferie duplici : anticis utrinquè ad coftam faturatioribus : pofticis infrà venis dilatato-nigris.

Elle a de très-grands rapports avec la précédente ; mais elle s'en diftingue en ce qu'elle eft plus petite ; en ce que le limbe poftérieur des quatre ailes offre deux rangées de points blancs en deffus comme en deffous ; en ce que les ailes fupérieures feules font plus foncées & fimplement vers la côte ; enfin, en ce que le deffous des inférieures eft d'un fauve-jaunâtre, avec des veines noires dilatées & légèrement bordées de blanchâtre.

Elle habite l'île de Timor.

32. Danaïde Cléophile.

Danais Cleophile.

Dan. alis fubrepandis, fulvis : omnium limbo anticarumque apice nigris flavo punctatis : pofticis fubtùs venis nigris dilatatis albido latè marginatis.

Elle n'a guère plus de deux pouces & demi d'envergure. Ses ailes font légèrement finuées, d'un beau fauve en deffus, avec le limbe poftérieur noir & divifé par des points jaunes. Ces points forment deux rangées fur chaque aile, mais la rangée intérieure des fecondes ailes eft beaucoup plus courte & placée près de l'angle anal. Les premières ailes ont au fommet un efpace noir, triangulaire & très-grand, fur lequel font deux lignes tranfverfes & obliques de points jaunes, plus gros que ceux du limbe ; le refte de leur bord antérieur & tout leur bord interne font auffi noirs. Le deffous de ces ailes ne diffère du deffus que parce que le fommet offre deux taches fauves, difpofées parallèlement & longitudinalement entre les points du bord & ceux qui compofent les deux lignes obliques dont nous avons parlé. Le deffous des ailes inférieures a des veines noires dilatées & largement bordées de blanchâtre, & l'on voit fur le limbe deux rangées de points d'un jaune-pâle. Le corps eft noir, avec des points jaunâtres fur la poitrine & fur la tête, & une raie grifâtre, longitudinale, fur chaque côté de l'abdomen. Les antennes font noires.

Elle habite.....

33. Danaïde Erippe.

Danais Erippe.

Dan. alis dilutè castaneis, margine exteriori nigro : anticis utrinquè ad apicem albo punctatis : posticis subtùs nigro venosis, disco limboque punctis albis.

Papilio F. Erippus, *alis integerrimis, obscurè testaceis, margine nigro albo punctato ; posticarum disco immaculato : subtùs nigro venosis, punctis albis.* Fab. *Mant. Insect. tom.* 2. *p.* 27. *n°.* 282. — *Entom. Syst. em. tom.* 3. *pars* 1. *p.* 49. *n°.* 152.

Papilio Berenice. Cram. *Pap.* 18. *p.* 22. *pl.* 205. *fig.* E. F.

Papilio Berenice. Herbst, *Pap. tab.* 157. *fig.* 1. 2.

Elle est approchant de la grandeur de l'*Archippe.* Les deux surfaces de ses quatre ailes sont d'un brun-marron clair, avec une bordure noire, sinuée intérieurement, & s'étendant de la base des supérieures à l'angle anal des inférieures. Les premières ailes ont de part & d'autre, vers l'extrémité, un grand nombre de points blancs, dont les postérieurs un peu plus petits & formant deux rangées sur la bordure. Le dessous des secondes ailes est divisé par des veines noires, assez larges & bordées de blanchâtre : le disque & la bordure offrent des points d'un beau blanc ; ceux du disque sont au nombre de quatre ou cinq ; ceux de la bordure sont disposés sur deux rangs. Ces derniers se reproduisent quelquefois en dessus, mais ils manquent le plus souvent, ou si l'on en voit quelques-uns, ce n'est que près du bord antérieur & près du bord interne. Le corselet & la poitrine sont noirs, avec des points blancs ; l'abdomen est brunâtre en dessus, cendré en dessous ; les antennes sont noires, ainsi que les pattes.

Elle se trouve aux Antilles, & non en Chine, comme le dit Fabricius.

34. * Danaïde Gilippe.

Danais Gilippe.

Dan. alis integerrimis, fulvis, limbo communi atro punctorum alborum triplici serie : anticis ad apicem, posticis disco, albo punctatis.

Papilio F. Gillippus, *alis integerrimis, concoloribus, fulvis, albo maculatis, margine atro punctis albis.* Fab. *Spec. Insect. tom.* 2. *p.* 56. *n°.* 247. — *Mant. Insect. tom.* 2. *p.* 27. *n°.* 286. — *Entom. Syst. em. tom.* 3. *pars* 1. *p.* 52. *n°.* 159.

Papilio Gilippus. Cram. *Pap.* 3. *p.* 41. *pl.* 26. *fig.* C. D.

Papilio Gilippus. Herbst, *Pap. tab.* 158. *fig.* 1. 2.

Smith-Abbot, *The Nat. Hist. of the rarer lepid. Ins. of Georgia, vol.* 1. *p.* 13. *pl.* 7.

Catesby, *The Nat. Hist. of Carol. Florid. &c. tom.* 2. *tab.* 88.

Elle a environ deux pouces & demi d'envergure. Ses quatre ailes sont d'un beau fauve de part & d'autre, avec une bordure postérieure d'un noir-foncé, & sur laquelle sont trois rangées parallèles de petits points blancs. Les premières ailes ont la côte bordée par une ligne noire, dilatée dans son milieu, & leur moitié postérieure est parsemée de points blancs plus gros que ceux du limbe. Les secondes ailes ont des points semblables entre le milieu & le sommet : il y en a deux en dessus & six ou sept en dessous. La surface inférieure des premières ailes offre, sur le milieu, deux ou trois points de plus que la surface supérieure. Le corps est noir, avec le dessus de l'abdomen fauve ; la poitrine & le devant du corselet sont finement ponctués de blanc ; les antennes sont noires.

La chenille est d'un blanc-violâtre, avec des raies transverses d'un rouge-pourpre & divisées sur le dos par des taches jaunes : au-dessus des pattes est une ligne longitudinale également jaune. Elle a trois tentacules rougeâtres, fourchus, savoir : un sur le col, un un peu au-delà du milieu du dos, le troisième sur l'avant-dernier anneau. Elle vit sur l'*Asclépiade amplexicaule.*

La chrysalide est d'un vert-blanchâtre, avec quelques points dorés & une ligne de cette couleur, bordée de noir antérieurement. L'insecte parfait en sort au bout de huit jours.

Elle se trouve depuis le Brésil jusque dans la Géorgie.

35. Danaïde Plexippe.

Danais Plexippe.

Dan. alis subrepandis, lætè fulvis, utrinquè venis limboque albo punctato nigris : anticis apice nigro fasciâ maculari niveâ : posticis subtùs pallidioribus, nervis albo marginatis.

Papilio D. F. Plexippus, *alis integerrimis, fulvis, venis nigris dilatatis, margine nigro punctis albis.* Linn. *Syst. Nat.* 2. *p.* 767. *n°.* 117. — *Mus. Lud. Ulr. p.* 262.

Papilio F. Plexippus. Fab. *Syst. Entom. p.* 481. *n°.* 170. — *Spec. Insect. tom.* 2. *p.* 55. *n°.* 243. — *Mant. Insect. tom.* 2. *p.* 27. *n°.* 281. — *Entom. Syst. em. tom.* 3. *pars* 1. *p.* 49. *n°.* 151.

Seba, *Mus.* 4. *tab.* 41. *fig.* 9. 10.

Papilio Genutia. Cram. *Pap.* 18. *p.* 23. *pl.* 206. *fig.* C. D.

Papilio Genutius. Herbst, *Pap. tab.* 154. *fig.* 1. 2.

Linnæus l'a confondue avec l'*Archippe,* en déclarant toutefois qu'elle s'en diftinguoit par certains caractères, & qu'elle habitoit un pays tout-à-fait différent.

Elle a environ trois pouces d'envergure. Ses ailes font d'un fauve-gai en deffus, avec les nervures noires & dilatées : leur limbe poftérieur eft également noir, avec deux rangées de points blancs, inégaux, que précède en dehors un petit liferé interrompu de cette couleur. Les premières ailes ont en outre au fommet un efpace noir, grand, triangulaire, finué fur le côté interne, & traverfé obliquement du bord antérieur au limbe poftérieur par une bande d'un beau blanc, anguleufe, formée de cinq taches contiguës, dont les quatre antérieures inégales, oblongues & longitudinales, la cinquième prefqu'orbiculaire : la côte eft noire jufqu'à la bafe & marquée, dans fon milieu, d'un groupe de quatre ou cinq points blancs; le bord interne eft auffi noir, furtout vers fon extrémité. Le deffous de chaque aile reffemble au deffus, avec cette différence que le fommet des fupérieures eft d'un cendré-brunâtre dans la partie comprife entre la bande & le bord, & que le fond des inférieures eft d'un fauve-pâle, avec plus ou moins de blanc le long des nervures. La tête, le corfelet, la poitrine font noirs & ponctués de blanc; l'abdomen eft fauve, avec quelques taches grifâtres en deffous; les antennes font noires, avec la fommité ferrugineufe.

Elle fe trouve en Chine, dans plufieurs parties des Indes orientales, & non en Amérique, comme le dit Fabricius.

36. Danaïde Arténice.

Danais Artenice.

Dan. alis fubrepandis, intenfivè fulvis, utrinquè venis limboque albo punctato fufcis : anticis apice fufco fafciâ maculari niveâ : pofticis fubtùs pallidioribus, nervis grifefcenti marginatis.

Papilio Artenice. Cram. *Pap.* 32. *p.* 168. *pl.* 375. *fig.* C. D. (Variété.)

Herbst, *Pap. tab.* 154. *fig.* 5. 6.

Elle reffemble beaucoup à la précédente; mais elle eft d'un fixième environ plus petite; le fauve de fes ailes eft plus foncé, tandis que les parties noires le font moins; le limbe poftérieur des fecondes ailes n'a le plus fouvent qu'une feule rangée de points blancs en deffus, & les nervures du deffous de ces mêmes ailes font bordées de gris-bleuâtre, au lieu d'être bordées de blanc.

Elle fe trouve dans l'île de Java.

L'individu figuré par Cramer eft une variété dont les nervures des fecondes ailes font bordées de blanc en deffus, mais feulement près du difque.

37. Danaïde Philène.

Danais Philene.

Dan. alis fubrepandis, obfcurè ferrugineis, utrinquè venis limboque albo punctato fufcis : anticis apice fufco fafciâ maculari niveâ : pofticis fubtùs difco maculis albis bifidis.

Papilio Philene. Cram. *Pap.* 32. *p.* 168. *pl.* 375. *fig.* A. B.

Herbst, *Pap. tab.* 154. *fig.* 3. 4.

Elle eft de la grandeur de la D. *Plexippe.* Ses premières ailes, dont le fond eft d'un brun-noirâtre, ont à la bafe une tache d'un rouge-ferrugineux obfcur, grande, longitudinale & divifée par une nervure noirâtre, bifurquée : vis-à-vis du fommet eft une bande d'un beau blanc, tranfverfale, anguleufe, compofée de cinq taches, dont les quatre antérieures oblongues et contiguës, la cinquième prefque ronde & féparée des autres : cette bande eft précédée intérieurement d'un trait blanc, placé longitudinalement fur la côte, & le limbe poftérieur offre des points également blancs, difpofés fur deux lignes, dont l'intérieure plus courte. Les fecondes ailes font d'un ferrugineux-obfcur, avec des veines noirâtres : leur limbe poftérieur eft d'un brun enfumé, avec une double ou une fimple rangée de points blancs. Le deffous des ailes fupérieures eft, à une légère nuance près, le même que le deffus. Le deffous des inférieures en diffère en ce que le difque a cinq taches blanches, bifides; en ce que la poche eft marquée d'un petit trait longitudinal de cette couleur; enfin, en ce que les points du limbe font plus vifs, un peu plus gros, & forment conftamment deux rangées. Le corfelet & la poitrine font noirs & ponctués de blanc; l'abdomen eft brunâtre en deffus, jaunâtre en deffous; les antennes font noires.

Elle fe trouve dans l'île d'Amboine.

38. Danaïde Chryfippe.

Danais Chryfippe.

Dan. alis fubrepandis, fulvis, limbo nigro albo punctato : anticis apice fufco fafciâ maculari niveâ; pofticis difco punctis aliquot nigris.

Papilio D. F. Chryfippus, *alis integerrimis, fulvis, margine nigo albo punctato : pofticis difco punctis nigris.* Linn. *Syft. Nat.* 2. *pag.* 767. *n°.* 119. — *Muf. Lud. Ulr. p.* 263.

Papilio F. Chryfippus. Fab. *Syft. Entom. p.* 482. *n°.* 172. — *Spec. Infect. tom.* 2. *p.* 56. *n°.* 245. — *Mant. Infect. tom.* 2. *p.* 27. *n°.* 284. — *Ent. Syft. em. tom.* 3. *pars* 1 *p.* 50. *n°.* 154.

Edw. *Av.* 189. *tab.* 189.

Rai, *Inf.* 139. 1.

Seligm. *Av.* 6. *tab.* 84.

Seba, *Muf.* 4. *tab.* 6. *fig.* 9-12.

Seba, *Muf.* 4. *tab.* 13. *fig.* 13. 14.

Sulz. *Inf. edit.* Roem. *tab.* 16. *fig.* 3.

Klémann, *Inf.* 1. *tab.* 1. *fig.* 1.

Papilio Ægyptius. Schreb. *Inf.* 9. *fig.* 11. 12.

Papilio Chryfippus. Cram. *Pap.* 10. *p.* 32. *pl.* 118. *fig.* B. C.

Herbst, *Pap. tab.* 155. *fig.* 1. 2.

Hubn. *Pap. tab.* 133. *fig.* 678. 679.

Ochsenh. *Pap. d'Europe, tom.* 4. *p.* 120.

Elle a de deux pouces & demi à trois pouces d'envergure. Le deffus de fes premières ailes eft tantôt d'un fauve-brun, tantôt d'un fauve-clair, mais alors plus intenfe vers le bord antérieur : au fommet eft un efpace noirâtre, grand, triangulaire, finué du côté de la bafe, offrant une bande d'un beau-blanc, tranfverfale, compofée de quatre taches inégales & contiguës; cette bande eft précédée intérieurement de cinq à fix points de fa couleur, & extérieurement d'une ligne de points femblables, affez fouvent double au fommet. Le deffus des fecondes ailes eft ordinairement d'un fauve-clair, avec une bordure noire, poftérieure, finuée fur le côté interne & divifée en totalité ou en majeure partie par une fuite de petits points blancs : au milieu de la furface font quelques taches noires, difpofées en arc fur le côté extérieur de la cellule difcoïdale. Le deffous des ailes fupérieures reffemble au deffus, excepté que la portion du fommet, comprife entre la bande maculaire & les points marginaux, eft occupée par une tache d'un jaune d'ocre affez foncé, grande & femi-lunaire. Le deffous des ailes inférieures fe diftingue du deffus en ce que le fond eft d'un jaune d'ocre, mêlé de blanc, furtout près des nervures, des taches du difque & du côté interne de la bordure; en ce que la petite poche noire eft marquée d'un point blanc. Ces ailes font, ainfi que les fupérieures, bordées de blanc aux finus. La tête, le corfelet, la poitrine font noirs & parfemés de petits points blancs; chaque furface de l'abdomen eft à peu près de la couleur des ailes; les antennes font noires, avec la fommité de la maffue ferrugineufe.

Cette efpèce fe trouve communément dans plufieurs parties des Indes orientales, dans les îles de Java & de Timor, en Syrie, en Egypte & même dans le royaume de Naples. Ces différens pays produifent des variétés dont le fond des ailes eft entièrement d'un fauve-brun ou d'un brun-marron clair.

La chenille, d'un blanc-violâtre, eft annelée de jaune & de noir, avec fix épines de cette dernière couleur, favoir : deux fur le col, deux vers le milieu du dos, les deux autres vers l'anus; fa tête a trois raies noires, dont l'intermédiaire tachetée de jaune près du front. Elle vit fur plufieurs efpèces d'*Afclépiades*.

La chryfalide eft incarnate ou verdâtre, felon l'âge, avec une ligne noire & des points dorés. Elle refte fufpendue à la plante dont la chenille s'eft nourrie.

39. Danaïde Alcippe.

Danais Alcippe.

Dan. alis fubrepandis, fulvis, limbo nigro albo punctato : anticis apice fufco fafciâ maculari niveâ; pofticis difco albo punctis aliquot nigris.

Papilio F. Alcippus, *alis integerrimis, fulvis, margine nigro albo punctato; pofticis difco albo punctis nigris.* Fab. *Spec. Infect. tom.* 2. *p.* 56. *n°.* 246. — *Mant. Inf. tom.* 2. *p.* 27. *n°.* 285. — *Entom. Syft. em. tom.* 3. *pars* 1. *p.* 50. *n°.* 155.

Papilio Alcippus. Cram. *Pap.* 11. *p.* 45. *pl.* 127. *fig.* E. F.

Herbst, *Pap. tab.* 155. *fig.* 5. 6.

Ochsenh. *Pap. d'Europe, tom.* 4. *p.* 120.

Elle eft tellement voifine de la précédente, qu'il feroit bien poffible qu'elle n'en fût qu'une variété. La feule différence, qui les fépare, confifte en ce que les ailes inférieures de celle-ci font blanches de part & d'autre, excepté à la bafe & le long du côté interne de la bordure noire, où elles confervent la couleur fauve.

Elle fe trouve dans les mêmes pays.

40. Danaïde? Mifippe.

Danais Mifippe.

Dan. alis fubintegerrimis, fulvis, margine nigro alboque lineatis : pofticis maculâ nigrâ. Linn.

Papilio D. F. Mifippus. Linn. *Syft. Nat.* 2. *p.* 767. *n°.* 118. — *Muf. Lud. Ulr. p.* 264. *n°.* 83.

Elle eft de la taille de la précédente, avec laquelle elle a de très-grands rapports. Ses ailes, dont les deux furfaces font prefque femblables, font d'un jaune-ferrugineux, & entourées d'une bordure noire que divifent des lunules blanches, interrompues & difpofées fur deux ou trois rangs. Les ailes fupérieures ont le fommet largement noir, avec une bande blanche, formée de quatre taches & précédée en dehors de trois points ou taches de fa couleur. Leur deffous reffemble au deffus, mais le fommet eft moins noir. Les fecondes ailes n'ont en deffus qu'une feule tache noire, placée vers le bord intérieur; leur deffous en offre deux ou trois, dont la première fituée vers la bafe & à peine diftincte. La tête, le col, la poitrine font ponctués de blanc.

Linnæus, d'après lequel nous donnons cette defcription, la dit d'Amérique, mais nous la croyons des Indes orientales. — Eft-ce bien une Danaïde?

41. DANAÏDE Pétilie.

DANAIS Petilia.

Dan. alis integris, dilutè fulvis : anticis apice fuſco faſciâ maculari punctiſque niveis; poſticis limbo lunulâque diſcoidali fuſcis : his & illis lineolarum albarum ſerie marginali.

Papilio Petilia. STOLL, *Pap. Suppl. à* CRAM. 4. *p.* 132. *pl.* 28. *fig.* 3.

Elle eſt d'environ un tiers plus petite que la D. *Chryſippe*. Le deſſus de ſes ailes eſt d'un fauve-pâle, mais plus foncé vers la côte des ſupérieures. Au ſommet de celles-ci eſt un eſpace d'un brun-noirâtre, grand, triangulaire, offrant, vis-à-vis du ſommet, une bande d'un beau blanc, tranſverſe & formée de quatre taches contiguës, dont les deux intermédiaires oblongues, les deux extrêmes preſqu'arrondies : cette bande eſt précédée en dehors de deux lignes marginales de points blancs, & en dedans de trois points ſemblables, dont deux alignés ſur le bord antérieur qui eſt noirâtre, le troiſième plâcé à l'autre bout de la bande. Les ſecondes ailes ont ſur le milieu une petite lunule noirâtre : leur extrémité offre une large bordure pareillement noirâtre, ſur laquelle on voit, ainſi que ſur la partie correſpondante des ailes de devant, une ſuite de petits traits blancs, extérieurs. Le deſſous de chaque aile reſſemble au deſſus; la ſeule différence qu'on y trouve, c'eſt que les nervures des inférieures ſont un peu noires. Le corps eſt jaunâtre, avec des points blancs ſur le corſelet; les antennes ſont noires.

Elle ſe trouve en Chine, ſur la côte de Coromandel & dans l'île de Java.

42. DANAÏDE Hégéſippe.

DANAIS Hegeſippe.

Dan. alis ſubrepandis, ſubconcoloribus, nigris, ad extimum albo maculatis : anticis maculâ baſeos fulvâ, tripartitâ; poſticis lineis longitudinalibus albis.

Papilio F. Hegeſippus, *alis integerrimis, concoloribus, nigris, albo maculatis : anticis baſi fulvâ; poſticis albo lineatis.* FAB. *Spec. Inſ. tom.* 2. *p.* 56. *n°.* 248. — *Mant. Inſ. tom.* 2. *p.* 27. *n°.* 287. — *Ent. Syſt. em. tom.* 3. *pars* 1. *p.* 52. *n°.* 160.

Papilio Hegeſippus. CRAM. *Pap.* 15. *pag.* 128. *pl.* 180. *fig.* A.

HERBST, *Pap. tab.* 155. *fig.* 7. 8.

Elle eſt approchant de la grandeur de la Dan. *Plexippe*. Ses premières ailes, dont le fond eſt noir, ont à la baſe une tache fauve, grande, longitudinale, diviſée inégalement en trois par une nervure noire, bifurquée : vis-à-vis du ſommet eſt une bande blanche, tranſverſe & maculaire, que précèdent en dehors deux lignes marginales de points blancs, & du côté de la baſe une ligne tranſverſe & arquée de points ſemblables. Les ſecondes ailes ſont d'un noir-brun, avec deux rangées de points blancs ſur le limbe poſtérieur; le reſte de leur ſurface eſt enſuite diviſé juſqu'à la baſe par huit raies blanches, longitudinales, dont les quatre inférieures plus courtes. Ces raies ſont plus larges & plus nombreuſes en deſſous, & leur extrémité poſtérieure y eſt en outre lavée de brun. Le deſſous des premières ailes ne diffère du deſſus que parce qu'il eſt un peu plus pâle. Le corps eſt griſâtre, avec le corſelet & la poitrine noirs & ponctués de blanc; les antennes ſont noires.

Elle ſe trouve dans l'île de Sumatra.

43. DANAÏDE Mélanippe.

DANAIS Melanippe.

Dan. alis ſubrepandis, ſubconcoloribus, ad extimum albo maculatis : anticis nigris maculâ baſeos fulvâ, tripartitâ; poſticis obſcurè olivaceis, lineis longitudinalibus infuſcato-albidis.

Papilio Melanippus. CRAM. *Pap.* 11. *pag.* 44. *pl.* 127. *fig.* A. B.

Nous n'avons point vu cette Danaïde; mais, à en juger par la figure de Cramer, elle ne doit différer de la précédente que parce que le fond de ſes ſecondes ailes eſt d'une couleur olivâtre obſcure, & parce que les raies longitudinales qui le diviſent ſont entièrement lavées de brun de part & d'autre.

Elle ſe trouve ſur la côte de Coromandel.

44. DANAÏDE Lotis.

DANAIS Lotis.

Dan. alis ſubrepandis, ſubconcoloribus, nigris, lineis longitudinalibus anticarum ruféſcentibus poſticarum albis : his limbo punctorum alborum ſerie duplici.

Papilio Lotis. CRAM. *Pap.* 20. *p.* 65. *pl.* 230. *fig.* D. E.

HERBST, *Pap. tab.* 125. *fig.* 1. 2.

Elle a le port & la taille des deux précédentes. Ses ailes ſont légèrement ſinuées, d'un noir-brun. Les ſupérieures ont à la baſe deux raies rouſſâtres, longitudinales, divergentes, embraſſant une tache triangulaire de leur couleur, ſituée ſur le diſque : entre le bout de ces raies & le bord poſtérieur, on voit un grand nombre de points blancs au milieu deſquels il y en a deux beaucoup plus gros, oblongs & diſpoſés parallèlement entr'eux dans le ſens de la côte. Les ſecondes ailes ſont diviſées longitudinalement, & depuis la baſe juſqu'au limbe, par ſept raies blanches, inégales, dont une plus large & enfermée par les autres; viennent enſuite deux rangées parallèles de points blancs marginaux. Le deſſous des premières ailes reſſemble tout-à-fait au deſſus. Le deſſous des ſecondes n'en diffère que parce que les raies longitudinales dont nous venons de parler ſont un peu plus larges, au nombre de neuf, & parce que l'origine du bord antérieur eſt blanche. Le corps eſt noirâtre, avec la moitié poſtérieure de l'abdomen fauve de part & d'autre; la tête, le devant du corſelet & la poitrine ſont ponctués de blanc; les antennes ſont noires.

Elle ſe trouve dans l'île de Bornéo.

45. Danaïde Iſmare.

Danais Iſmare.

Dan. alis ſubrepandis, ſubconcoloribus, fuſcis: anticis albo maculatis, poſticis lineatis: omnium limbo punctis albis ſerie duplici digeſtis.

Papilio Iſmare. Cram. *Pap.* 24. *pag.* 156. *pl.* 279. *fig.* E. F.

Herbst, *Pap. tab.* 124. *fig.* 4. 5.

Cette eſpèce eſt une des grandes de la troiſième taille. Ses ailes ſont légèrement ſinuées, d'un brun-noirâtre, avec deux rangées parallèles de points blancs ſur le limbe poſtérieur. Les premières ailes ont à la baſe deux lignes blanchâtres, obſcures & longitudinales, dont la ſupérieure droite, l'inférieure un peu arquée & élargie dans ſon milieu: entre l'extrémité de ces lignes & les points du limbe il y a une dixaine de taches blanches, de médiocre grandeur, les unes arrondies, les autres preſque triangulaires. Les ſecondes ailes ſont diviſées longitudinalement, depuis la baſe juſqu'au-delà du milieu, par ſept raies blanches, dont trois ſupérieures, plus longues & plus larges; les deux plus intérieures d'entre ces dernières ſont bifides, & celle qui avoiſine la côte eſt trifide. Le deſſous des quatre ailes ne diffère du deſſus que parce que les deux raies longitudinales des ſupérieures ſont plus prononcées, & parce que les inférieures en ont neuf au lieu de ſept. Le corps eſt à peu près de la couleur des ailes, avec des points blancs ſur toute la poitrine & ſur le devant du corſelet; les antennes ſont noires.

Le mâle a les ailes ſupérieures un peu rétrécies vers le ſommet.

Elle ſe trouve dans l'île d'Amboine.

46. * Danaïde Semblable.

Danais Similis.

Dan. alis ſubintegerrimis, ſuprà nigris, infrà fuſcis: omnibus utrinquè ad extimum punctis, ad baſin lineis bifidis, vireſcenti-albis: poſticis ſubtùs (mas) areâ ſubanali atrâ.

Papilio N. P. Similis, *alis ſubrepandis, nigris, punctis cæruleſcenti-albis, baſin versùs lineatis.* Linn. *Syſt. Nat.* 2. *p.* 782. *n°.* 193. — *Muſ. Lud. Ulr. p.* 299. (Le mâle.)

Papilio Aglea. Cram. *Pap.* 32. *p.* 173. *pl.* 377. *fig.* E. (La femelle.)

Papilio Aglea. Herbst, *Pap. tab.* 125. *fig.* 5. (Idem.)

L'eſpèce dont il s'agit ici eſt le véritable *Similis* de Linnæus. Quelques auteurs, particulièrement Fabricius, l'ont confondue fort mal-à-propos avec l'*Aventina* & le *Limniace*; d'autres ont fait de la femelle une eſpèce à part ſous le nom d'*Aglea*.

Elle a entre deux pouces & demi & trois pouces d'envergure. Ses ailes ſont entières ou plutôt à peine ſinuées: leur deſſus eſt noir, leur deſſous d'un brun-obſcur. De la baſe des ſupérieures partent quatre lignes d'un blanc-verdâtre, divergentes, dont les deux intermédiaires plus larges & bifides juſqu'auprès de leur origine; le reſte de la ſurface de ces ailes eſt parſemé de points d'un blanc-verdâtre, plus ou moins gros, dont les trois antérieurs alignés ſur la côte & ſéparés des autres par deux traits longitudinaux & preſque parallèles de cette couleur. Les ſecondes ailes ont à leur extrémité un grand nombre de points ſemblables: viennent enſuite immédiatement des lignes d'un blanc-verdâtre, longitudinales, dont les trois ſupérieures plus grandes, très-profondément bifides & convergentes à la baſe. Le deſſous des quatre ailes offre les mêmes taches que le deſſus, mais ſur un fond d'un brun-obſcur. Le corſelet & la poitrine ſont noirs, avec des points blancs; l'abdomen eſt cendré en deſſous; les antennes ſont noires.

Le mâle a ſur la ſurface inférieure des ſecondes ailes un eſpace très-noir, ſitué près du bord poſtérieur & à une médiocre diſtance de l'angle anal.

Linnæus a connu la femelle, mais il ne ſavoit s'il devoit la regarder comme telle, ou la prendre pour une variété.

Elle ſe trouve dans l'île de Java.

47. * Danaïde Cléone.

Danais Cleona.

Dan. alis ſubintegerrimis, ſuprà nigris, infrà fuſcis: omnibus utrinquè ad baſin nitidè vireſcenti-flavis, ad extimum albo punctatis: poſticis ſubtùs (mas) areâ ſubanali atrâ.

Papilio Cleona. Cram. *Pap.* 32. *pag.* 173. *pl.* 377. *fig.* F.

Herbst, *Pap. tab.* 126. *fig.* 1.

Elle a le port & à peu près la taille de la précédente. Ses ailes ſont noires en deſſus, d'un brun-obſcur en deſſous. Les premières ont ſur la moitié antérieure trois taches d'un jaune-verdâtre luifant, longitudinales, dont deux convergentes à la bafe & embraffant la troifième qui eft beaucoup plus courte : à l'extrémité de cette dernière font trois taches d'un jaune-verdâtre, également luifantes, plus ou moins arrondies & de moyenne grandeur; vis-à-vis du fommet eft une bande tranfverfe, tranfparente, foiblement teintée de jaune, compofée de quatre ou cinq taches inégales, oblongues & contiguës : viennent enfuite des points blancs, difpofés fur deux lignes parallèles au bord poftérieur. Les fecondes ailes ont deux rangées marginales de points femblables; les deux tiers antérieurs de leur furface font d'un jaune-verdâtre luifant & divifés par des nervures noires. Le deffous de chaque aile eft, comme nous l'avons dit, moins foncé que le deffus, mais on y voit abfolument les mêmes taches. Le corfelet & la poitrine font noirs & ponctués de blanc; l'abdomen eft cendré en deffus, grifâtre en deffous; les antennes font noires.

Le mâle a auffi un efpace noir vers l'angle anal des ailes inférieures en deffous; le bout de fon corps offre en outre deux faifceaux de poils noirâtres, menus & affez longs.

Elle habite les îles de Java & d'Amboine.

48. * Danaïde Aventina.

Danais Aventina.

Dan. alis integerrimis, fuprà nigris : omnibus utrinquè ad extimum maculis, ad bafin lineis, virefcenti-albis : fubtùs anticarum apice, pofticarum paginâ omni, pallidioribus.

Papilio Similis. Clerk, *Icon. tab.* 16. *fig.* 3.

Petiv. *Gazoph. tab.* 3. *fig.* 4.

Papilio Aventina. Cram. *Pap.* 5. *pag.* 92. *pl.* 59. *fig.* F.

Papilio Aventina. Herbst, *Pap. tab.* 123. *fig.* 2.

Elle a près de quatre pouces d'envergure. Ses ailes font entières, d'un noir-rougeâtre en deffus, avec trois ou quatre lignes d'un blanc-verdâtre, longitudinales & convergentes à la bafe. Entre ces lignes & le bout de la furface, les premières ailes ont un grand nombre de taches du même blanc : celles du limbe poftérieur font en forme de points & difpofées en une ligne droite qui longe entièrement le bord; les autres, fenfiblement plus grandes & éparfes, font plus ou moins orbiculaires, à l'exception de deux fituées près du bord d'en haut : la première ou la plus antérieure eft quadrangulaire, un peu concave fur le côté interne, échancrée, ou comme déchirée fur le côté oppofé; la feconde ou la plus extérieure eft longitudinale & lancéolée. Les fecondes ailes ont auffi, vers l'extrémité, beaucoup de taches d'un blanc-verdâtre : les poftérieures font des points arrondis, les intermédiaires des points oblongs & plus gros; les antérieures, au nombre de cinq, forment des traits longitudinaux qui enveloppent extérieurement les lignes convergentes de la bafe. Le deffous des quatre ailes ne diffère du deffus que parce que le fommet des fupérieures & la furface entière des inférieures ont le fond plus pâle. Le corps eft noir, avec des points blancs fur le corfelet & fur la poitrine. — Le mâle, fuivant Cramer, n'a pas de poche aux fecondes ailes.

Elle fe trouve en Chine.

49. Danaïde Limniace.

Danais Limniace.

Dan. alis repandis; fuprà atris : omnibus utrinquè ad extimum punctis, ad bafin maculis bifidis virefcenti albis : fubtùs anticarum apice, pofticarum paginâ omni, olivaceo-fucefcentibus.

Papilio Similis. Fab. *Syft. Entom. pag.* 511. *n°.* 290. — *Spec. Infect. tom.* 2. *p.* 101. *n°.* 446. — *Mant. Infect. tom.* 2. *p.* 55. *n°.* 541. — *Entom. Syft. em. tom.* 3. *pars* 1. *p.* 58. *n°.* 180.

Papilio Limniace. Cram. *Pap.* 5. *p.* 92. *pl.* 59. *fig.* D. E.

Papilio Limniace. Herbst, *Pap. tab.* 123. *fig.* 3. 4.

Petiv. *Gazoph. tab.* 9. *fig.* 13.

Fabricius la réunit avec la précédente fous le nom de *Similis*; cependant il paroît qu'il a eu celle-ci plus particulièrement en vue, puifqu'il ajoute qu'elle a une poche aux fecondes ailes : c'eft en effet un des attributs du mâle.

Elle eft de la grandeur de l'*Aventina.* Ses ailes ont le bord poftérieur finué ou plutôt un peu anguleux. Leur deffus eft d'un noir-foncé & entièrement couvert de taches d'un blanc-verdâtre luifant. Les taches du bout de chaque aile font en forme de points, dont les plus extérieurs arrondis, les intérieurs oblongs & plus gros, furtout celui du difque des ailes fupérieures. Les autres taches de ces dernières ailes font de formes diverfes & au nombre de trois : celle de l'origine de la côte eft linéaire & longitudinale; celle de l'origine du bord interne pareillement longitudinale, mais plus large, & tantôt bifide, tantôt tout-à-fait divifée en deux; la troifième, fituée non loin de la première, eft réniforme ou bilobée. Les taches fupérieures de la bafe des fecondes ailes font bifides & longitudinales; celles qui viennent enfuite font auffi longitudinales, mais les deux extérieures font entières & les deux autres reffemblent à des chevrons dont l'intérieur plus alongé. Le deffous des quatre ailes eft conforme au deffus quant au deffin; mais la furface entière des inférieures & le fommet des fupérieures font d'un brun-pâle & olivâtre; il arrive même que le fond des fupérieures, à l'exception toutefois du fommet, eft d'un brun-marron clair, au lieu d'être noir. Chaque aile a en outre, de part & d'autre, une petite frange blanche aux finus. Le corfelet & la poitrine font d'un noir-foncé, avec des points blancs; l'abdomen eft cendré en deffus, jaunâtre en deffous; les antennes font noires.

Elle fe trouve en Chine, fur la côte de Coromandel, dans les îles de Java & de Ceylan.

50. Danaïde Méliffe.

Danais Meliffa.

Dan. alis denticulatis, fuprà atris : omnibus utrinquè ad extimum punctis, ad bafin maculis integris virefcenti-albis : pofticis fubtùs fufcis difco nigricante.

Papilio Meliffa. Cram. *Pap.* 32. *pag.* 172. *pl.* 377. *fig.* C. D.

Herbst. *Pap. tab.* 125. *fig.* 3. 4.

A la première vue on feroit tenté de la prendre pour la précédente; mais, en la regardant de près, on voit qu'elle s'en diftingue par les caractères fuivans : elle eft d'environ un quart moins grande; fes ailes font finement & légèrement dentées au lieu d'être anguleufes; les taches de leur bafe font toutes entières, à l'exception cependant des deux chevrons des ailes inférieures; ces ailes ont les points de l'extrémité obfcurs en deffus, bordés de noir en deffous; le milieu de la furface eft auffi un peu noir de ce côté.

Cramer dit qu'elle n'a pas de poche aux ailes inférieures: il feroit bien poffible qu'il n'eût connu que la femelle.

Elle fe trouve dans l'île de Java.

51. * Danaïde Méganire.

Danais Meganire.

Dan. alis fubrepandis, concoloribus, nigris: omnibus ad apicem punctis, ad bafin maculis longitudinalibus fubvirefcenti-albis.

Elle eft un peu moins grande que l'*Aventina* dont elle fe rapproche beaucoup. Ses ailes font foiblement finuées, noires, femblables de part & d'autre. Les premières ont à la bafe trois taches d'un blanc un peu verdâtre, longitudinales, non convergentes : vient enfuite, jufqu'à l'extrémité, une multitude de points du même blanc, mais dont les extérieurs plus petits & formant deux rangées parallèles au bord poftérieur. Les fecondes ailes ont auffi deux rangées de points femblables fur le bord correfpondant : à leur bafe font des taches d'un blanc-verdâtre, longitudinales, dont les fupérieures convergentes & plus alongées : la plus extérieure d'entre celles-ci eft très-large & bifide vers fon origine. Le corps eft de la couleur des ailes, avec des points blancs fur le corfelet & fur la poitrine; les antennes font noires.

Elle fe trouve dans l'île de Java.

52. * Danaïde Erix.

Danais Erix.

Dan. alis integerrimis, concoloribus, nigris, bafi albo ftriatis, apice punctatis. Fab.

Pap. F. Erix. Fab. *Entom. Syft. em. tom.* 5. *Suppl. p.* 423. *n°.* 180-1.

Fabricius, que nous traduifons, décrit ainfi cette efpèce. Elle a de très-grands rapports avec le *Similis* (Limniace), mais elle paroît former une efpèce diftincte, moitié plus petite. La tête & le corfelet font noirs, avec des points blancs. Les ailes font très-entières, femblables de part & d'autre, avec des raies blanches à la bafe, & des points de cette couleur à l'extrémité.

Elle fe trouve à Cayenne.

Eft-elle bien d'Amérique ?

53. * Danaïde Mélané.

Danais Melane.

Dan. alis fubrepandis, concoloribus, nigris, fubvirefcenti-albo lineatis : omnium limbo punctorum ferie duplici, anteriore abbreviatâ.

Papilio Melaneus. Cram. *Pap.* 3. *p.* 48. *pl.* 30. *fig.* D.

Papilio Melaneus. Herbst, *Pap. tab.* 123. *fig.* 5.

Elle eft auffi un peu moins grande que l'*Aventina*. Ses ailes font légèrement finuées, d'un noir-brun, avec des lignes longitudinales & des points marginaux d'un blanc-luifant & un peu verdâtre. Les premières ailes ont fur la moitié antérieure deux lignes larges & prefque convergentes à la bafe; ces deux lignes embraffent une tache rhomboïdale, à la fuite de laquelle viennent quatre taches plus petites, dont deux quadrangulaires & deux triangulaires; vis-à-vis du fommet font deux lignes étroites, obliques & parallèles, dont la fupérieure plus courte & précédée antérieurement de trois points oblongs, alignés fur la côte; les points marginaux font arrondis & forment deux rangées dont l'intérieure n'atteignant pas le fommet. Les lignes des fecondes ailes occupent environ les deux tiers antérieurs de la furface : elles font au nombre de fept, dont deux fupérieures & plus longues, parmi lefquelles l'intérieure bifide jufquà fon origine, l'extérieure lancéolée, entière & renfermée par les cinq autres : au bas de ces dernières eft une rangée tranfverfe de trois points arrondis; les points extérieurs font pareillement arrondis & compofent, avec deux petites taches triangulaires placées au fommet, une ligne courbe qui longe tout le bord. Le deffous des quatre ailes eft, à une légère nuance près, le même que le deffus. Le corfelet & la poitrine font noirs & ponctués de blanc; l'abdomen eft d'un brun-cendré; les antennes font noires.

Elle se trouve en Chine & sur la côte de Coromandel.

54. * DANAÏDE Juventa.

DANAIS Juventa.

Dan. alis subintegerrimis, concoloribus, nitidè virescenti-albis, venis nigris : omnium limbo posteriori nigro punctorum serie duplici.

Papilio Juventa. CRAM. *Pap.* 16. *pag.* 139. *pl.* 188. *fig.* B.

HERBST, *Pap. tab.* 124. *fig.* 3.

Elle est approchant de la grandeur des deux précédentes. Les quatre cinquièmes de ses ailes, à partir de la base, sont d'un blanc-verdâtre luisant, avec les nervures noires, mais très-fines sur les ailes inférieures, dilatées au contraire sur les supérieures. Le dernier cinquième des unes & des autres est noir, avec deux rangées de points marginaux d'un blanc un peu verdâtre. Parmi les points de la rangée intérieure des premières ailes, il y en a trois semi-lunaires : ce sont ceux qui avoisinent le bord interne. Le dessous de chaque aile ressemble au dessus, excepté qu'il est un peu plus pâle. Leur bord postérieur, presqu'entier, est très-finement liseré de blanc de part & d'autre. Le corselet & la poitrine sont noirs, avec des points blancs; l'abdomen est brunâtre en dessus, grisâtre en dessous; les antennes sont noires.

Cette espèce nous a offert une variété qui avoit les points extérieurs du limbe de chaque aile très-obscurs en dessus, & sur les ailes supérieures de laquelle le noir dominoit davantage de part & d'autre.

Elle habite les îles de Java, d'Amboine, & la côte de Coromandel.

55. * DANAÏDE Hippia.

DANAIS Hippia.

Dan. alis repandis, virescenti-albis, venis limboque nigris. FAB.

Pap. F. Hippia. FAB. *Mant. Insect. tom.* 2. *p.* 55. *n°.* 545. — *Ent. Syst. em. tom.* 3. *pars* 1. *p.* 59. *n°.* 185.

Papilio Hippia. JON. *Fig. pict.* 3. *tab.* 12. *fig.* 1.

Fabricius la décrit ainsi : elle a tout-à-fait le port des précédentes. Son corps & ses antennes sont noirs. Ses ailes sont d'un blanc-verdâtre, avec les nervures & tout le contour noirs. L'extrémité des supérieures est ponctuée de blanc, & plus rarement sans taches.

Elle a, ce nous semble, infiniment de ressemblance avec le mâle de la Piéride *Valérie*, du moins par le dessus des ailes. (*Voyez page* 154.) On la trouve à Pulicandor.

GENRE IDÉA.

1. Idéa Agélie.

Ailes ovales, bien entières, blanches, avec des veines et des taches noires : le limbe postérieur des quatre avec une rangée de points blancs.

2. Idéa Lyncéa.

Ailes alongées, étroites, entières, cendrées, avec des veines et une multitude de taches noires : les supérieures ayant le bord postérieur un peu concave.

1. Idéa Agélie (1).

Idea Agelia.

Id. alis ovatis, integerrimis, albis, venis maculisque nigris : omnium limbo posteriori nigro punctorum alborum serie.

Papilio D. Idea, *alis integerrimis, rotundatis, albis, venis maculisque nigris : primoribus nigro margine albo punctato.* Linn. *Syst. Nat.* 2. *p.* 758. *n°.* 73. — *Amœn. Acad.* 6. *p.* 405. *n°.* 63. — *Mus. Lud. Ulr. p.* 238.

Papilio D. F. Idea. Fab. *Syst. Entom. p.* 468. *n°.* 109. — *Spec. Insect. tom.* 2. *p.* 38. *n°.* 160. — *Mant. Insect. tom.* 2. *p.* 18. *n°.* 182. — *Entom. Syst. em. tom.* 3. *pars* 1. *p.* 185. *n°.* 573.

Clerk, *Icon. tab.* 38. *fig.* 1.

Seligm. *Av.* 6. *tab.* 79.

Cram. *Pap.* 17. *p.* 1. *pl.* 193. *fig.* A. B.

Cram. *Pap.* 31. *p.* 141. *pl.* 362. *fig.* D.

Herbst, *Pap. tab.* 86. *fig.* 1. 2. — *fig.* 3. (Var.)

Donow. *Gen. Illust. of Entom. an Epitome of the Nat. Hist. Ins. of India*, *n°.* 12. *pl.* 1.

Elle est très-grande. Ses quatre ailes sont elliptiques, entières, un peu transparentes. Leur dessus est d'un blanc-grisâtre, avec des veines & une bordure postérieure noires. Cette bordure est assez large, très-sinuée sur le côté interne, & divisée dans toute sa longueur, du moins aux premières ailes, par une suite de gros points blancs, les uns ronds, les autres ovales; entre chaque veine, & vers l'extrémité, il y a une tache noire, longitudinale & lancéolée, aboutissant à la bordure. Les premières ailes ont en outre quatre taches noires, irrégulières, dont l'extérieure placée près du milieu de la côte, les trois intérieures formant une bande transverse & arquée qui ne descend pas jusqu'au bord interne. Le dessous de ces mêmes ailes ressemble au dessus. Le dessous des inférieures a deux taches de plus, savoir : une très-grande dans la cellule du disque; l'autre, en forme de point, vers la base. Le corps est blanchâtre, avec une ligne noire le long du dos, deux longitudinales & deux transverses, également noires, sur le corselet; la poitrine est rayée de noir obliquement; les côtés de l'abdomen offrent chacun une rangée de points obscurs; les antennes sont entièrement noires.

Cramer a figuré une variété moins grande, dont les ailes supérieures paroissent d'un blanc-sale, & les inférieures d'un blanc-bleuâtre. Elle ne diffère d'ailleurs des individus ordinaires, ni par la couleur, ni par le nombre & la disposition des taches.

On la trouve, ainsi que l'espèce, dans les îles de Java & d'Amboine.

(1) Dans ce genre, comme dans le précédent, la cellule du milieu des ailes est entièrement fermée.

2. Idéa Lyncéa.

Idea Lyncea.

Id. alis elongato-angustatis, integerrimis, cinerescentibus, venis maculisque permultis nigris : anticis subfalcatis.

Papilio Lynceus. Drury, *Ins.* 2. *tab.* 7. *fig.* 1.

Papilio Idea. Stoll, *Pap. Suppl. à* Cram. 5. *p.* 180. *pl.* 42. *fig.* 1.

Si les figures de Drury & de Stoll sont aussi exactes qu'elles le paroissent, cette *Idéa* forme une espèce séparée, qui diffère de la précédente : 1°. en ce que les quatre ailes sont plus alongées & plus étroites; 2°. en ce que les premières ont le bord postérieur un peu concave; 3°. en ce que le fond des unes & des autres est cendré, particulièrement en dessus, avec des taches rondes & beaucoup plus nombreuses; 4°. en ce que la bordure & les points blancs sont remplacés par une série de taches noires, alongées & un peu en cœur, placées entre les nervures; 5°. en ce que le corselet est noir, avec une ligne blanche, longitudinale, qu'entourent des points de cette couleur; 6°. en ce que le corps & les antennes sont plus alongés; enfin, en ce que ces dernières ont l'extrémité jaunâtre.

Elle se trouve à Madagascar & dans les petites îles environnantes.

GENRE HÉLICONIE.

1. Héliconie Hécalé.

Ailes oblongues, un peu sinuées, noires : les supérieures avec une bande blanche, transverse, bifide et ponctuée de noir : le dessous des inférieures avec l'origine de la côte jaune, et une rangée de points blancs sur le bord postérieur.

2. Héliconie Sapho.

Ailes oblongues, très-entières, d'un bleu-noir en dessus, noires en dessous : les supérieures ayant de part et d'autre une bande transverse et bifide, les inférieures le bord de derrière, blancs : le dessous de celles-ci rayonné de rouge-sanguin à la base.

3. Héliconie Cyrbia.

Ailes oblongues, très-entières, noires, avec un reflet bleu en dessus : les deux surfaces des supérieures offrant sur le milieu une bande d'un rouge-minium, transverse, courte ; les inférieures ayant le bord postérieur très-blanc et strié : le dessous de celles-ci avec deux raies transverses d'un jaune-soufre et séparées, près de la base, par des points d'un rouge-sanguin.

4. Héliconie Antiocha.

Ailes oblongues, très-entières, noires, avec un reflet bleu en dessus : les supérieures offrant de part et d'autre deux bandes blanches, transverses : le dessous des inférieures ayant à la base deux petites lignes d'un rouge-minium ; les unes et les autres légèrement bordées de blanc à l'extrémité.

5. Héliconie Sara.

Ailes oblongues, très-entières, avec un reflet bleu en dessus vers la base : les supérieures offrant de part et d'autre deux bandes d'un jaune-soufre, transverses ; les inférieures légèrement dentées : le dessous de celles-ci avec des points d'un rouge-sanguin, les uns à la base, les autres disposés en une ligne courte et transverse sur le milieu.

6. Héliconie Doris.

Ailes oblongues, noires : les supérieures offrant de part et d'autre sur le milieu une tache divisée en trois, et vis-à-vis du sommet une petite bande maculaire, d'un jaune-soufre ; les inférieures légèrement dentées, rayonnées de bleu à la base en dessus : le dessous de celles-ci avec des lignes longitudinales, rouges vers la base, blanches vers l'extrémité.

7. Héliconie Érato.

Ailes oblongues, noires : les deux surfaces des inférieures, le dessus des supérieures à la base, avec des rayons d'un rouge-sanguin : celles-ci offrant sur le milieu une tache divisée en trois, et vis-à-vis du sommet une petite bande maculaire, d'un jaune-soufre ; celles-là légèrement dentées, ayant des points sur le bord postérieur.

8. Héliconie Cynisca.

Ailes oblongues, très-entières, noires : les inférieures avec des rayons, les supérieures avec la base, d'un rouge-fauve de part et d'autre ; ces dernières avec des taches d'un jaune-soufre, formant presqu'un anneau.

9. Héliconie Andrémone.

Ailes oblongues, très-entières, noires : les supérieures avec la base et un anneau ou une bande sur le milieu, les inférieures avec des rayons, d'un rouge-minium.

HÉLICONIE. (Insecte.)

10. Héliconie Erythrée.

Ailes oblongues, très-entières, noires: les supérieures avec la base et une bande transverse sur le milieu, les inférieures avec des rayons, d'un rouge-minium.

11. Héliconie Thalestris.

Ailes oblongues, noires: le dessus des quatre à la base, tout le dessous des inférieures, rayonnés de rouge-fauve; celles-ci presqu'entières, celles-là, ayant de part et d'autre sur le milieu des taches d'une couleur briquetée pâle.

12. Héliconie Ergatis.

Ailes oblongues, un peu sinuées, noires, avec la base d'un rouge-minium en dessus: les supérieures ayant de part et d'autre des taches jaunes sur le milieu: le dessous des inférieures entièrement rayonné de rouge-pâle.

13. Héliconie Braselis.

Ailes oblongues, d'un noir-brun: les supérieures ayant de part et d'autre le milieu et le sommet tachetés de jaune; les inférieures un peu dentées, sans taches en dessus, rayonnées de rouge-sanguin en dessous.

14. Héliconie Callicopis.

Ailes oblongues, très-entières, noires: les supérieures ayant sur le milieu une tache d'un rouge-minium, tantôt presque annulaire, tantôt irrégulière.

15. Héliconie Melpomène.

Ailes oblongues, très-entières, noires: les supérieures ayant de part et d'autre sur le milieu une bande d'un rouge-minium, transversale: le dessous des inférieures avec des points d'un rouge-sanguin à la base, et la moitié antérieure de la côte d'un jaune-pâle.

16. Héliconie Lucie.

Ailes oblongues, très-entières, noires: les supérieures avec une bande d'un rouge-minium, transverse, anguleuse, et en dedans de cette bande une tache jaune, rétrécie dans son milieu.

17. Héliconie Phyllis.

Ailes oblongues, très-entières, noires: les inférieures avec une bande, les supérieures avec une ligne longitudinale à la base, d'un jaune-soufre: celles-ci offrant de part et d'autre une bande d'un rouge-vermillon, transverse, unidentée en dehors: le dessous de celles-là avec des points d'un rouge-carmin vers le bord interne.

18. Héliconie Lansdorf.

Ailes oblongues, très-entières, noires: le dessus des supérieures offrant vers le bout un espace roux, plus foncé dans son milieu et arqué en dehors: le dessous des inférieures avec deux bandes d'un jaune-pâle et une ligne presque marginale ferrugineuse.

19. Héliconie Arane.

Ailes oblongues, d'un noir-foncé: les supérieures avec une ligne à la base et deux bandes jaunes: le dessous des inférieures avec une bande d'un rouge-sanguin.

20. Héliconie du Riciu.

Ailes oblongues, noires: les supérieures ayant de part et d'autre deux bandes d'un jaune-soufre, transverses, l'une sur le milieu, l'autre au sommet et plus étroite; le dessus des inférieures avec un espace rouge vers la base: le bord de ces dernières dentelé et ponctué de blanc en dessous.

HÉLICONIE. (Insecte.)

21. Héliconie Clysonyma.

Ailes oblongues, entières, noires : les supérieures ayant de part et d'autre une bande d'un jaune-soufre, discoïdale, transverse, dilatée dans son milieu ; les inférieures avec une bande transverse, rouge, plus pâle en dessous, arquée.

22. Héliconie Charitonia.

Ailes oblongues, noires : les supérieures avec trois bandes, les inférieures avec deux, d'un jaune-soufre ; ces dernières un peu sinuées et offrant en dessous, vers le bord interne, quatre points d'un rouge-sanguin, groupés deux à deux.

23. Héliconie ? Thallo.

Ailes oblongues, très-entières, semblables de part et d'autre, d'un noir-brun : les supérieures avec deux bandes transverses, les inférieures avec une seule, blanchâtres.

24. Héliconie Eurimédia.

Ailes oblongues, très-entières, d'un cendré-obscur : les supérieures avec deux bandes, les inférieures avec une seule, d'un jaune-soufre pâle.

25. Héliconie du Goyavier.

Ailes oblongues, très-entières, d'un noir-foncé : les supérieures avec trois taches, les inférieures avec deux, un peu jaunâtres et transparentes.

26. Héliconie Ilione.

Ailes oblongues : les supérieures très-entières, d'un noir-foncé, avec trois bandes un peu jaunâtres et transparentes ; les inférieures légèrement dentées, un peu jaunâtres et transparentes, avec les nervures et le bord postérieur d'un noir-foncé : le dessous des quatre avec une série marginale de points blancs.

27. Héliconie Hippodamie.

Ailes oblongues, très-entières : les supérieures noires, avec trois bandes transparentes ; les inférieures transparentes.

28. Héliconie ? Aspasie.

Ailes oblongues, très-entières, d'un noir-foncé, avec des raies et des taches transparentes : les inférieures jaunes à la base.

29. Héliconie Cyrène.

Ailes oblongues, très-entières : les supérieures et le dessus des inférieures noirs ; une grande bande longitudinale sur celles-ci, dix taches sur celles-là, transparentes : le dessous des ailes inférieures, la moitié postérieure de celui des supérieures, d'un brun-marron : le limbe postérieur des quatre en dessous noir, avec une rangée transverse de points blancs.

30. Héliconie Églé.

Ailes oblongues, très-entières : les supérieures noires, avec sept taches transparentes ; les inférieures transparentes, avec le bord noir : le dessous des quatre avec une ligne postérieure roussâtre, précédée en dehors par une série de points blancs.

31. Héliconie Flore.

Ailes oblongues, très-entières : les supérieures noires, avec deux bandes transparentes, courbes, dont l'extérieure transverse et maculaire ; les inférieures transparentes, avec le bord noir : le dessous des unes et des autres avec une ligne postérieure roussâtre, précédée en dehors par une série de points blancs.

32. Héliconie Diaphane.

Ailes oblongues, très-entières, transparentes, avec tous les bords et une bande transverse, courte, sur les supérieures, d'un brun-noirâtre : le dessous des inférieures avec l'origine de la côte d'un jaune-soufre.

HÉLICONIE. (Insecte.)

33. Héliconie Astrée.

Ailes oblongues, très-entières, d'un transparent un peu bleuâtre, avec tous les bords d'un brun-noirâtre : les supérieures avec deux bandes du même brun, transversales, dont l'antérieure courte et plus étroite.

34. Héliconie Eudéma.

Ailes oblongues, très-entières, d'un transparent jaunâtre, avec tous les bords et une bande transverse, courte, sur les supérieures, noirs : le dessous des inférieures avec l'origine de la côte d'un jaune-soufre.

35. Héliconie Gazoria.

Ailes oblongues, très-entières, moitié jaunes, moitié transparentes, avec le contour extérieur d'un brun-noirâtre : le dessous des inférieures (fem.), *avec une tache orangée à la base.*

36. Héliconie Hyaline.

Ailes arrondies, noires, semblables de part et d'autre : les supérieures transparentes, avec les bords et deux bandes noirs ; les inférieures d'un rouge-brique.

37. Héliconie obscure.

Ailes arrondies, d'un transparent-briqueté : les supérieures avec une bande jaune.

38. Héliconie Niséa.

Ailes oblongues, très-entières, d'une couleur roussâtre transparente, avec tous les bords d'un brun-noirâtre : les supérieures ayant vers le sommet une bande jaune, transverse ; les inférieures ayant sur le milieu une raie noire, également transverse.

39. Héliconie Mélanide.

Ailes oblongues, très-entières, d'un fauve transparent, avec tous les bords d'un brun-noirâtre : les supérieures ayant vers le sommet deux bandes d'une jaune-pâle, transverses ; les inférieures ayant sur le milieu une raie d'un brun-noirâtre, courte, également transverse.

40. Héliconie Sylvana.

Ailes oblongues, très-entières, noires, fauves vers la base : les supérieures avec trois bandes transverses, dont l'intérieure d'un jaune-soufre, les autres pâles et maculaires ; le dessus des inférieures avec deux points jaunes au sommet, leur dessous avec des traits blancs, marginaux.

41. Héliconie Égéna.

Ailes oblongues, très-entières, fauves : les supérieures noires depuis le milieu jusqu'au sommet, avec trois bandes d'un jaune-soufre, transversales, dont l'intermédiaire formée par des taches ; le limbe postérieur de ces mêmes ailes divisé de part et d'autre par des points blancs, alignés deux à deux.

42. Héliconie Ecquicole.

Ailes oblongues, très entières, avec le bout et des taches à la base noirs : les supérieures avec trois bandes d'un jaune-soufre, transversales, dont l'intermédiaire plus longue et en zig-zag ; les quatre avec une rangée de points marginaux.

43. Héliconie Clara.

Ailes oblongues, sinuées, noires, tachetées de jaune, avec la base des quatre d'une couleur briquetée.

44. Héliconie Numata.

Ailes oblongues, très-entières, noires : les supérieures avec la base et le bord interne fauves, une bande transverse sur le milieu et une raie maculaire devant le sommet jaunes ; les inférieures (fem.) *avec deux bandes fauves, transverses, dont l'antérieure terminée extérieurement en dessus par un point jaune : le dessous de celles-ci avec une rangée marginale de traits blancs, longitudinaux.*

HÉLICONIE. (Insecte.)

45. Héliconie Narcæa.

Ailes oblongues : les supérieures très-entières, noires, avec la base et le bord interne fauves, une bande d'un jaune-soufre sur le milieu, une tache blanche et arrondie devant le sommet : les inférieures un peu dentées, offrant en dessous une rangée marginale de traits blancs, longitudinaux.

46. Héliconie Lysimène.

Ailes oblongues, très-entières : les supérieures noires, avec la base et le bord interne fauves, une bande discoïdale d'un jaune-soufre, terminée postérieurement par un point roux; ces mêmes ailes ayant de part et d'autre, vis-à-vis du sommet, une tache ovale, les quatre ayant en dessous des points marginaux, blancs.

47. Héliconie Olympe.

Ailes oblongues, entières, d'un noir-foncé : les supérieures ayant à la base une tache fauve, oblongue, et au sommet une tache blanche ; les inférieures fauves à la base.

48. Héliconie Melphis.

Ailes oblongues, semblables de part et d'autre : les supérieures très-entières, noires, avec trois bandes et le bord interne d'un fauve-pâle ; les inférieures légèrement dentées, d'un fauve-pâle, avec deux raies transverses et le limbe extérieur noirs : ce dernier ponctué de blanc.

49. Héliconie Éthilla.

Ailes oblongues, très-entières, variées de noir et de jaune : les supérieures avec le bord interne fauve : le dessous des inférieures avec une rangée marginale de points blancs.

50. Héliconie Polymnie.

Ailes oblongues, très-entières, fauves : les supérieures avec une bande jaune, une ligne longitudinale, des taches sur le milieu et le sommet, noirs : le dessous des inférieures avec trois bandes noires, dont l'intermédiaire dentée en scie.

51. Héliconie Isabelle.

Ailes oblongues, très-entières, noires : les supérieures avec le bord interne et une ligne longitudinale, les inférieures avec le milieu, fauves ; celles-ci avec deux bandes noires, dont la postérieure maculaire en dessous ; celles-là ayant de part et d'autre une bande transverse et des taches au sommet d'un jaune-roussâtre.

52. Héliconie Rosalie.

Ailes oblongues, très-entières, semblables de part et d'autre, ferrugineuses, avec une bordure noire, très-étroite : les supérieures offrant vers le sommet une bande jaune, transverse, anguleuse, entourée de noir ; les inférieures avec deux raies d'un noir-foncé, maculaires et transversales.

53. Héliconie Eucléa.

Ailes oblongues, très-entières, fauves : les inférieures avec le bout et deux raies transverses, les supérieures avec le bord interne et le sommet, noirs ; celles-ci avec une bande jaune, transverse, en zig-zag : les quatre avec une rangée de points marginaux.

54. Héliconie Lycaste.

Ailes oblongues, très-entières, fauves, avec l'extrémité noire : les supérieures tachetées de jaune.

55. Héliconie Mnémé.

Ailes oblongues, très-entières : les supérieures fauves à la base, noires à l'extrémité

HÉLICONIE. (Insecte.)

trémité et au bord interne, offrant une bande transverse et des taches au sommet d'un jaune-soufre ; les inférieures noires, avec deux bandes fauves, arquées, dont la postérieure (mâle) *courte : le dessous des quatre avec une rangée marginale de points blancs.*

56. Héliconie Éthra.

Ailes oblongues, très-entières : les supérieures fauves à la base, noires à l'extrémité et au bord interne, offrant sur le milieu une bande transverse et devant le sommet une tache ovale d'un jaune-soufre : le dessous des quatre avec une rangée marginale de points blancs.

57. Héliconie Ève.

Ailes oblongues, semblables de part et d'autre, d'un noir-foncé : les supérieures très-entières, ayant à la base deux bandes fauves, longitudinales, sur le milieu une bande transverse et anguleuse, au sommet une raie maculaire, d'un jaune d'ocre ; les inférieures un peu dentées, avec une rangée marginale de points blancs.

58. Héliconie Cléobé.

Ailes oblongues, semblables de part et d'autre, d'un noir-foncé : les supérieures très-entières, ayant à la base deux bandes fauves, longitudinales, sur le milieu trois taches, au sommet une raie maculaire, d'un jaune d'ocre ; les inférieures un peu dentées, avec une rangée marginale de points blancs.

59. Héliconie Mégare.

Ailes un peu dentées, noires : les supérieures formant un triangle alongé, ayant à la base deux bandes longitudinales, au sommet autant de bandes transverses, d'un jaune-roussâtre; les inférieures ovales, ayant le milieu d'un jaune-roussâtre, avec une bande noire, transverse, discoïdale, crénelée en dehors : le dessous des quatre avec des points blancs, marginaux.

60. Héliconie ? Irène.

Ailes oblongues, très-légèrement dentées : les supérieures noires, rayonnées de ferrugineux à la base, tachetées de jaune depuis le milieu jusqu'à l'extrémité ; les inférieures fauves, avec le limbe extérieur, et des taches devant le sommet, noirs : le dessous des quatre avec des points blancs, marginaux.

61. Héliconie Isménie.

Ailes oblongues, entières : les supérieures d'un fauve-pâle à la base et au bord interne, puis noires, avec des taches blanches; les inférieures d'un fauve-pâle, avec le bord extérieur et une ligne y jointe, noirs : ce même bord ponctué de blanc en dessous.

62. Héliconie Lamyra.

Ailes oblongues, entières, d'un brun-noirâtre, avec des taches à l'extrémité et le milieu des inférieures, presque transparents : celles-ci un peu dentées, avec une bande transverse d'un brun-fauve, vers l'angle anal, et au-dessous une rangée marginale de points blancs.

63. Héliconie Belladona.

Ailes oblongues, très-entières, d'un noir-foncé : les supérieures avec des points transparents ; les inférieures avec des taches jaunes.

64. Héliconie Humboldt.

Ailes oblongues, un peu sinuées, très-noires, à taches d'un jaune-soufre : taches des inférieures formant une bande en dessus et deux en dessous ; une grande tache ferrugineuse comprise entre celles-ci : le limbe postérieur des quatre ailes offrant en dessous une rangée de taches blanches.

HÉLICONIE. (Insecte.)

65. Héliconie Calliope.

Ailes oblongues, très-entières, semblables de part et d'autre, fauves: les supérieures ayant à la base trois lignes longitudinales, sur le milieu une bande transverse et interrompue, noires; leur sommet noir, avec une ligne transverse de points blancs; les inférieures traversées par trois bandes noires, dont l'intermédiaire formée par des taches.

66. Héliconie Euterpe.

Ailes oblongues, très-entières, presque semblables de part et d'autre, noires, avec une bande fauve, transverse et postérieure: les quatre ayant en dedans de cette bande des taches d'un blanc-bleuâtre.

67. Héliconie Suzanne.

Ailes oblongues, très-entières, d'un noir-foncé, avec une tache à la base, et une bande transverse à l'extrémité, fauves: le milieu et le bord des quatre ponctués de blanc.

68. Héliconie Phlégia.

Ailes oblongues, très-entières, noires, avec une tache à la base, et en dessous une bande transverse à l'extrémité, d'un rouge-brique: les quatre ponctuées de blanc depuis leur origine jusqu'au bout.

1. Héliconie Hécalé.

Heliconia Hecale.

Hel. alis oblongis, subrepandis, nigris : anticis fasciâ albâ, transversâ, bifidâ nigroque punctatâ : posticis subtùs costâ baseos flavâ, margine exteriori punctorum alborum serie.

Papilio H. Hecale, *alis oblongis, integerrimis : anticis fasciâ, posticis subtùs punctis marginalibus, albis.* Fab. *Gen. Inf. Mant. pag.* 254. — *Spec. Inf. tom.* 2. *p.* 29. *n°.* 119. — *Mant. Inf. tom.* 2. *p.* 14. *n°.* 138. — *Entom. Syst. em. tom.* 3. *pars* 1. *p.* 167. *n°.* 516.

Papilio Hecale. Herbst, *Pap. tab.* 76. *fig.* 1.

Papilio Pasithoe. Cram. *Pap.* 2. *p.* 25. *pl.* 17. *fig.* A. B.

Elle a environ trois pouces & demi d'envergure. Les quatre ailes sont légèrement sinuées, noires. Le dessus des premières offre, un peu au-delà du disque, une bande blanche, transverse, oblique, large, bifide aux deux bouts, coupée par de fines nervures noires, & marquée dans son milieu de deux points de cette couleur; il y a en outre à l'extrémité quatre ou cinq points blancs, dont un placé au bas de la bande, les autres disposés en une ligne transverse contre le sommet. Le dessus des secondes ailes est sans taches; mais leur dessous a l'origine de la côte jaune, & le bord postérieur divisé par une série de points blancs, plus prononcés vers l'angle interne que vers l'angle externe. Le dessous des premières ailes ressemble au dessus, avec cette différence que la fissure antérieure de la bande est remplacée par un point noir. Le corps est de cette dernière couleur, avec le ventre jaunâtre, & des taches de cette nuance sur la poitrine & sur le devant du corselet; les antennes sont noires.

Elle se trouve à Surinam.

2. Héliconie Sapho.

Heliconia Sapho.

Hel. alis oblongis, integerrimis, suprà atro-cœruleis, infrà nigris : anticis utrinquè fasciâ transversâ bifidâque, posticis margine exteriori, albis : his subtùs basi sanguineo radiatis.

Papilio H. Sapho, *alis oblongis, integerrimis, atro-cœruleis : anticis fasciâ, posticis margine, albis.* Fab. *Ent. Syst. em. tom.* 3. *pars* 1. *p.* 165. *n°.* 511.

Papilio Sapho. Drury, *Inf.* 3. *tab.* 38. *fig.* 4.

Stoll, *Pap. Suppl. à* Cram. 4. *p.* 137. *pl.* 30. *fig.* 2 & 2 B.

Herbst, *Pap. tab.* 75. *fig.* 7.

Jon. *Fig. pict.* 2. *tab.* 4.

Elle a le port & à peu près la taille de la précédente. Le dessus des premières ailes est d'un bleu tirant sur le noir, depuis la base jusqu'au milieu; puis traversé, de la côte à l'angle anal, par une bande blanche, large, un peu sinuée, bifide antérieurement, divisée par des nervures noires; le reste de la surface est ensuite noir jusqu'au bout. Le dessus des secondes ailes est entièrement d'un bleu-noir, avec une bande blanche, marginale, postérieure, coupée uniformément par des nervures noires, & finement échancrée sur le côté interne. Le dessous des quatre ailes diffère du dessus en ce qu'il est d'un noir-mat, & en ce que les inférieures ont à la base une tache rayonnée d'un rouge-sanguin vif. Le corps est noir, avec de petits traits blancs sur la poitrine; les antennes sont noires.

Elle se trouve à la Jamaïque.

3. Héliconie Cyrbia.

Heliconia Cyrbia.

Hel. alis oblongis, integerrimis, nigris, suprà cœruleo micantibus : anticis utrinquè fasciâ miniaceâ, transversâ, abbreviatâ, discoidali; posticis margine exteriori niveo striatoque : his infrà strigis duabus sulphureis, punctis baseos sanguineis interjectis.

Elle a le port de la précédente; mais elle est moins grande. Le dessus des quatre ailes est noir, avec un reflet bleu qui s'étend de la base à l'extrémité. Les premières, dont le bord postérieur est finement liseré de blanc, ont, vers le milieu de la côte, une bande d'un rouge-minium, transverse, étroite, un peu courbée en dehors, dépassant à peine le niveau du disque. Les secondes ailes sont terminées par une bande d'un beau blanc, assez large, striée de noir. Le dessous des unes & des autres diffère du dessus en ce que le fond est d'un noir-brun; en ce que la bande des supérieures est plus pâle; en ce que les inférieures ont deux raies d'un jaune-soufre, transverses, droites, dont l'antérieure plus courte & occupant l'origine du bord d'en haut; enfin, en ce que ces deux raies sont séparées par trois ou quatre points d'un rouge-sanguin, & peu distans de la base. Le corps est noir en dessus, grisâtre en dessous.

Elle se trouve en Amérique. — Nous l'avons décrite d'après un individu du cabinet de M. Dufresne.

4. Héliconie Antiocha.

Heliconia Antiocha.

Hel. alis oblongis, integerrimis, nigris, suprà cœruleo micantibus : anticis utrinquè fasciis duabus albis, transversis : posticis subtùs basi lineolis duabus miniaceis; omnium margine posteriori tenuiter albo.

Papilio H. Antiochus, *alis oblongis, cœrulescenti-atris : primoribus fasciis duabus albis.* Linn. *Syst. Nat.* 2. *add. p.* 1068. *n°.* 12.

Papilio H. Antiochus, *alis oblongis, integerrimis : anticis fasciis duabus albis.* Fab. *Syst. Ent.* p. 464. n°. 92.

Papilio Antiocha. Fab. *Spec. Inf. tom.* 2. *p.* 32. *n°.* 134. — *Mant. Inf. tom.* 2. *p.* 16. *n°.* 156. — *Entom. Syst. em. tom.* 3. *pars* 1. *p.* 173. *n°.* 538.

Ehret. *Pict. tab.* 1.

Papilio Antiocha. Cram. *Pap.* 4. *p.* 62. *pl.* 38. *fig.* E. F.

Papilio Antiocha. Herbst, *Pap. tab.* 75. *fig.* 5. 6.

Elle a le port & presque la taille de l'*Hécalé.* Le dessus des quatre ailes est d'un noir-foncé, avec un reflet bleu qui s'étend de la base à l'extrémité. Les supérieures ont, de part & d'autre, deux bandes blanches, transverses & obliques, dont une sur le milieu, l'autre près du sommet : la première est coupée inégalement par une nervure noire, bifurquée ; la seconde, qui est plus étroite, est formée de quatre taches contiguës. Le dessus des ailes inférieures est sans taches. Le dessous des unes & des autres est d'un noir-brun, avec deux lignes longitudinales d'un jaune-soufre à la base des premières, & deux lignes d'un rouge minium sale, mais plus courtes, notamment l'antérieure, à la partie correspondante des secondes ; le bord postérieur de chaque aile a en outre un petit liséré blanc, continu. Le corps est noir, avec des points jaunâtres sur le corselet, & une raie longitudinale de cette couleur sur le ventre ; les antennes sont noires.

Elle se trouve à Surinam.

5. Héliconie Sara.

Heliconia Sara.

Hel. alis oblongis, nigris, ad basin suprà cæruleo micantibus : anticis utrinquè fasciis duabus sulphureis, transversis ; posticis denticulatis : his subtùs punctis baseos strigâque punctiformi, mediâ, abbreviatâ, sanguineis.

Papilio H. Sara, *alis repandis, atris, basi cæruleis : anticis fasciis duabus flavis : posticis subtùs sanguineo punctatis.* Fab. *Entom. Syst. em. tom.* 3. *pars* 1. *p.* 167. *n°.* 518.

Papilio Rhea. Cram. *Pap.* 5. *p.* 85. *pl.* 54. *fig.* C. D.

α. Papilio Clytia. Cram. *Pap.* 6. *p.* 103. *pl.* 66. *fig.* C. D.

Elle est un peu moins grande que la précédente. Le dessus des quatre ailes est d'un noir-foncé, avec un reflet bleu à la base. Les premières ont deux bandes d'un jaune-soufre, transverses & obliques, dont une sur le milieu, l'autre près du sommet : celle-ci est très-étroite & formée de quatre taches contiguës ; l'intérieure, que divise inégalement une nervure noire, bifurquée, est tantôt oblongue, tantôt ovale & plus courte. Les secondes ailes, dont le dessus est sans taches, ont le bord postérieur un peu dentelé & finement liséré de blanc aux échancrures. Le dessous des quatre ailes est d'un noir-brun : celui des supérieures offre deux bandes comme en dessus, mais plus pâles, & la plus intérieure est liée à la base par une ligne jaunâtre, longitudinale : celui des inférieures a deux lignes transverses & arquées de cinq points d'un rouge-sanguin plus ou moins vif, l'une à la base, l'autre vers le milieu du bord interne ; mais la dernière manque quelquefois. Le corps est noir, avec des points jaunâtres sur le corselet & sur la poitrine, & une ligne de cette couleur sous l'abdomen ; les antennes sont noires.

Elle se trouve à la Guyane & au Brésil.

N. B. Le Papillon *Clytia*, de Cramer, nous paroît n'être qu'une variété de cette espèce. Il n'en diffère effectivement que parce que les deux bandes transverses de ses premières ailes sont blanches de part & d'autre, au lieu d'être jaunes.

Il est de Surinam.

6. Héliconie Doris.

Heliconia Doris.

Hel. alis oblongis, nigris : anticis utrinquè maculâ discoidali, tripartitâ, fasciolâque maculari antè apicem, sulphureis ; posticis denticulatis, basi suprà cæruleo radiantibus : his infrà lineis longitudinalibus, ad basin rubris, ad extimum albis.

Papilio H. Doris, *alis oblongis, integerrimis, atris : primoribus flavo maculatis ; posticis suprà basi cæruleis.* Linn. *Mant. alt. p.* 536.

Papilio H. Doris. Fab. *Syst. Entom. p.* 461. *n°.* 80. — *Spec. Insect. tom.* 2. *p.* 29. *n°.* 118. — *Mant. Inf. tom.* 2. *p.* 14. *n°.* 137. — *Entom. Syst. em. tom.* 3. *pars* 1. *p.* 166. *n°.* 513.

Papilio H. Ricini. (Femina.) Fab. *Syst. Ent. p.* 461. *n°.* 81. — *Spec. Insect. tom.* 2. *p.* 29. *n°.* 120. — *Ent. Syst. em. tom.* 3. *pars* 1. *p.* 167. *n°.* 517.

Seba, *Mus.* 4. *tab.* 29. *fig.* 3. 4.

Papilio Quirina. Cram. *Pap.* 6. *p.* 101. *pl.* 65. *fig.* A. B.

α. Papilio Doris. Cram. *Pap.* 29. *p.* 92. *pl.* 337. *fig.* C.

Papilio Doris. Herbst, *Pap. tab.* 75. *fig.* 3. 4.

Le Parasol. Daubent. *Pl. enlum.* 72. *fig.* 1. 2.

Quoique Fabricius l'ait prise pour la femelle du *Pap. Ricini*, il ne l'en a pas moins donnée comme espèce distincte & séparée.

Elle a le port & la taille de la suivante, dont elle ne diffère que parce que les raies rouges du dessus des premières ailes sont remplacées par une simple ligne jaunâtre, & celles du dessus des secondes ailes par des lignes bleues, plus fines & atteignant à peine le milieu de la surface.

On la trouve à Surinam.

N. B. Cramer a signalé pour la femelle un individu dans lequel la tache du disque & la petite bande du sommet des ailes supérieures sont blanches, au lieu d'être d'un jaune-soufre; mais cette différence de couleur est purement accidentelle dans cette espèce ainsi que dans plusieurs de ses congénères.

7. HÉLICONIE Érato.

HELICONIA Erato.

Hel. alis oblongis, nigris : posticis utrinquè, anticis basi suprà, lineis radiantibus sanguineis : his maculâ discoidali, tripartitâ, fasciolâque maculari antè apicem, sulphureis ; illis denticulatis, margine exteriori punctato.

Papilio H. Erato, *alis oblongis, integerrimis, atris : primoribus flavo maculatis, basi rubris ; posticis rubro striatis.* LINN. *Syst. Nat.* 2. *p.* 757. *n°.* 70. — *Mus. Lud. Ulr. p.* 231.

Papilio Erato. CLERK, *Icon. tab.* 40. *fig.* 1.

Papilio Erato. HERBST, *Pap. tab.* 73. *fig.* 5.

Papilio Ricini. (Mas.) FAB. *Syst. Ent. p.* 461. *n°.* 81. — *Spec. Inf. tom.* 2. *p.* 29. *n°.* 120. — *Entom. Syst. em. tom.* 3. *pars* 1. *p.* 167. *n°.* 517.

α. Papilio Amathusia. CRAM. *Pap.* 15. *p.* 124. *pl.* 177. *fig.* F.

α. Papilio Amathusa. HERBST, *Pap. tab.* 74. *fig.* 4.

Cette espèce a été considérée par Fabricius, dans les trois ouvrages cités ci-dessus, comme le mâle du *Pap. Ricini.* (*Voyez n°.* 20.)

Elle n'a guère que trois pouces d'envergure. Le dessus des quatre ailes est d'un noir-foncé. Les premières ont à la base trois raies d'un rouge-sanguin plus ou moins vif, divergentes, dont l'inférieure plus longue & occupant le bord interne jusqu'au-delà de son milieu, la supérieure plus courte & placée à une certaine distance de la côte; non loin de l'extrémité de ces lignes est une tache d'un jaune-soufre, discoïdale, grande, divisée inégalement en trois par une nervure noire, bifurquée; il y a en outre vis-à-vis du sommet une bande du même jaune, transverse, courte, un peu oblique, formée de cinq petites taches contiguës. Les secondes ailes ont six lignes d'un rouge-sanguin, s'étendant en rayons depuis la base jusqu'au bord postérieur, lequel est légèrement denté & pour l'ordinaire précédé, de son milieu à l'angle anal, par une série arquée de points bleuâtres. Le dessous des quatre ailes est d'un noir-brun : celui des supérieures offre, aux mêmes places qu'en dessus, une triple tache & une petite bande jaune, mais il n'y a point de raies rouges à la base; l'origine de la côte est seulement de cette couleur : le dessous des secondes ailes a huit lignes rouges, pâles, divergentes, & l'on voit tout le long du bord postérieur un rang de points ou de petits traits longitudinaux blanchâtres. Le corps est noir, avec des points jaunâtres sur les côtés du corselet & de l'abdomen.

Elle se trouve à Surinam.

Le *Pap. Amathusia* de Cramer nous paroît n'être qu'une variété de cette espèce : il n'en diffère effectivement que parce que les lignes rouges du dessus des secondes ailes sont un peu moins longues, & bordées de bleu sur les côtés. — Il est aussi de Surinam.

8. HÉLICONIE Cynisca.

HELICONIA Cynisca.

Hel. alis oblongis, integerrimis, nigris : posticis lineis radiantibus, anticis basi, utrinquè rubris ; his maculis sulphureis annulum ferè efficientibus.

LINN. *Mus. Lud. Ulr. p.* 227. (Femina? Ricini.)

Papilio H. Erato. FAB. *Syst. Entom. p.* 465. *n°.* 97. — *Spec. Inf. tom.* 2. *p.* 34. *n°.* 146. — *Mant. Inf. tom.* 2. *p.* 17. *n°.* 168. — *Entom. Syst. em. tom.* 3. *pars* 1. *p.* 179. *n°.* 557.

Papilio Vesta. CRAM. *Pap.* 10. *pl.* 119. *fig.* A.

α. Papilio Cybele. CRAM. *Pap.* 16. *pl.* 188. *fig.* A.

Papilio Vesta. HERBST, *Pap. tab.* 73. *fig.* 6.

α. Papilio Cybele. HERBST, *Pap. tab.* 74. *fig.* 2.

Cette Héliconie est celle que Linnæus a donnée avec doute, dans son *Museum Ludovicæ Ulricæ*, pour la femelle du *Pap. Ricini.* C'est en même temps celle dont Fabricius a fait son *Erato*, à en juger du moins par l'indication du nombre des taches jaunes des ailes supérieures.

Elle est de la taille de la précédente. Le dessus des quatre ailes est d'un noir assez foncé. Les premières ont environ le tiers antérieur d'un rouge-fauve & coupé par trois nervures noires; ce qui forme, depuis la côte jusqu'au bord opposé, quatre lignes divergentes & inégales, dont les deux intermédiaires beaucoup plus larges; immédiatement après ces lignes viennent neuf à dix taches d'un jaune-soufre, la plupart elliptiques, disposées vers le bord d'en haut en un anneau transverse, grand, un peu oblique, ouvert en deux endroits à sa partie postérieure. Les secondes ailes ont, en dessus, de cinq à sept lignes d'un rouge-fauve, s'étendant en rayons de la base au limbe extérieur. Leur dessous, qui est d'un noir-brun, en a huit à neuf semblables, parmi lesquelles on voit une ligne jaune longitudinale, plus ou moins voisine de la base, à raison de sa longueur. Le dessous des premières ailes ne diffère du dessus que parce que le fond en est moins vif. Le corps est noir, avec une rangée de points jaunes sur chaque côté du corselet; la poitrine a des lignes transverses & le ventre une ligne longitudinale de cette couleur; les antennes sont noires.

Cette espèce nous a offert deux variétés appartenantes au Muséum d'histoire naturelle.

La première, ou le *Pap. Cybele* de Cramer, n'a de part & d'autre aux ailes inférieures qu'une seule raie rouge, placée à la base.

La seconde, qui est un mâle, a sur les ailes supérieures, indépendamment de l'anneau jaune, quatre points de cette couleur, savoir: trois alignés transversalement près du sommet, le quatrième situé à l'angle interne. Les lignes rouges des secondes ailes, au lieu de partir de la base, partent d'une raie transversale, également rouge, de manière qu'elles semblent représenter un rateau à longues dents.

De la Guyane.

9. Héliconie Andrémone.

Heliconia Andremona.

Hel. alis oblongis, integerrimis, nigris: anticis basi annuloque seu fasciâ discoidali, posticis lineis radiantibus, miniaceis.

Papilio Andremona. Cram. *Pap.* 25. *p.* 16. *pl.* 297. *fig.* A.

Papilio Andremona. Herbst, *Pap. tab.* 71. *fig.* 7.

α. *Papilio Udalrica.* Cram. *Pap.* 25. *pl.* 297. *fig.* B.

α. *Papilio Udalrica.* Herbst, *Pap. tab.* 71. *fig.* 8.

Les Papillons *Andremona* & *Udalrica*, des *auteurs cités* dans la synonymie, sont tellement voisins l'un de l'autre qu'il nous eût été difficile, pour ne pas dire presqu'impossible, de les distinguer par des caractères tranchés, surtout lorsqu'ils ont déjà tant de rapport avec l'espèce précédente. Nous les avons donc réunis sous le premier de ces deux noms, & avec d'autant plus de confiance qu'ils habitent le même pays.

Le dessus des quatre ailes est noir. Les supérieures ont à la base une tache d'un rouge-minium plus ou moins vif, grande, longitudinale, coupée par trois nervures noires, & en outre un peu multifide à son extrémité; sur le milieu de la surface est une tache du même rouge & également grande, mais très-variable quant à la forme: tantôt, comme dans l'*Andremona*, elle est divisée en quatre ou en trois, c'est-à-dire qu'elle se compose antérieurement de deux fers à cheval se regardant par la concavité, & postérieurement de deux taches ovales; ou bien de ces deux dernières & du fer à cheval le plus voisin de la base: tantôt, comme dans l'*Udalrica*, elle semble former une bande transverse, irrégulière, parce que les deux fers à cheval sont remplacés par deux taches que sépare simplement une nervure noire, bifurquée; il arrive même qu'elle est teintée de blanchâtre ou de jaune, quel que soit le sexe. Les secondes ailes ont de part & d'autre cinq ou six lignes d'un rouge-minium, s'étendant en rayons de la base au bord postérieur. Les antennes sont noires, ainsi que le corps, & le devant du corselet est ponctué de jaunâtre. Cette dernière couleur est aussi celle de l'origine de la côte des ailes inférieures en dessous.

De Surinam.

10. Héliconie Erythrée.

Heliconia Erythræa.

Hel. alis oblongis, integerrimis, nigris: anticis basi fasciâque transversâ, mediâ, posticis lineis radiantibus, miniaceis.

Papilio H. Erythræa, *alis oblongis, atris: anticis rubro fasciatis, posticis striatis.* Fab. *Spec. Inf. tom.* 2. *p.* 34. *n°.* 145. — *Mant. Inf. tom.* 2. *p.* 17. *n°.* 167. — *Entom. Syst. em. tom.* 3. *pars* 1. *p.* 179. *n°.* 556.

Papilio Erythræa. Cram. *Pap.* 16. *pag.* 140. *pl.* 189. *fig.* A.

Papilio Erythræa. Herbst, *Pap. tab.* 73. *fig.* 4.

Elle a le port & la taille de l'*Erato*. Le dessus des quatre ailes est d'un noir-foncé. Les premières ont à la base une tache longitudinale, & sur le milieu une bande transverse, d'un rouge minium; la tache est grande, coupée par trois nervures noires, & en outre multifide à son extrémité; la bande est large, oblique, sinuée sur les côtés, & terminée en pointe obtuse près de l'angle interne. Le dessous de ces ailes ne diffère du dessus que parce qu'il est généralement plus pâle. Les secondes ailes ressemblent par les deux surfaces aux ailes correspondantes de l'*Andrémone*; la seule différence qu'il y ait, c'est que leur base est ponctuée en dessous de rouge-carmin & que la côte est plus jaunâtre.

De Surinam.

11. Héliconie Thalestris.

Heliconia Thalestris.

Hel. alis oblongis, nigris: omnibus suprà basi, posticis infrà penitùs, rubro radiatis; his subin-

tegris, illis utrinquè maculis discoidalibus dilutè testaceis.

Papilio H. Thales, *alis oblongis, subintegris, subconcoloribus, atris, basi rubro radiatis: anticis flavo maculatis.* Fab. *Gen. Insect. Mant. p.* 255. — *Spec. Inf. tom.* 2. *p.* 30. *n°.* 122. — *Mant. Inf. tom.* 2. *p.* 14. *n°.* 141. — *Ent. Syst. em. tom.* 3. *pars* 1. *p.* 168. *n°.* 521.

Papilio Thales. Cram. *Pap.* 4. *p.* 62. *pl.* 38. *fig.* C. D.

Papilio Thales. Herbst, *Pap. tab.* 73. *fig.* 2. 3.

Le Guidon. Daubent. *Pl. enlum.* 72. *fig.* 3. 4.

Elle est approchant de la taille de la précédente. Le dessus de ses quatre ailes est noir, avec la base rayonnée de rouge-fauve. Les premières ont en outre des taches, jaunes suivant Fabricius, d'une couleur briquetée pâle suivant Cramer : ces taches sont au nombre de quatre, dont une plus large, placée à l'extrémité des rayons de la base; les trois autres, linéaires, formant une espèce de bande transverse au milieu de la surface. Le dessous de ces ailes ressemble au dessus. Le dessous des inférieures en diffère en ce que les rayons couvrent toute la surface, & aboutissent, sans cesser d'être divergents, à une ligne également rouge, arquée en dehors & parallèle au bord postérieur. Cette ligne terminale pourroit cependant bien n'être pas constante; car, dans l'espèce que nous donnons plus bas sous la dénomination de *Phyllis*, il est des individus où l'on en voit une semblable, & d'autres où elle n'existe point. Le corps & les antennes sont noirs.

On la trouve à Surinam.

12. Héliconie Ergatis.

Heliconia Ergatis.

Hel. alis oblongis, subrepandis, nigris, basi suprà miniaceis : anticis utrinquè disco flavo maculato : posticis infrà penitùs rubescenti radiatis.

Papilio Egeria. Cram. *Pap.* 3. *p.* 54. *pl.* 34. *fig.* B. C.

Papilio Egeria. Herbst, *Pap. tab.* 74. *fig.* 1.

Elle a près de trois pouces & demi d'envergure. Les quatre ailes sont légèrement sinuées. Leur dessus est d'un noir-foncé, & présente à la base une tache d'un rouge-minium, longitudinale, grande, triangulaire, plus large sur les secondes ailes, où elle est en outre un peu échancrée sur le côté postérieur. Indépendamment de ce caractère, les premières ailes ont sur le milieu, & en tirant vers le bord d'en haut, un groupe de six ou sept taches jaunes, inégales & la plupart elliptiques. Le dessous de ces ailes est d'un noir-brun, avec les taches jaunes dont il vient d'être question, mais plus pâles. Les ailes inférieures, dont le dessous est aussi d'un noir-brun, sont entièrement rayonnées de rouge-pâle, & leur bord antérieur est d'un jaune-soufre à son origine. Le corps est noir, avec le ventre jaune; la poitrine a des points, & le dos une rangée longitudinale de taches de cette couleur; les antennes sont noires.

De Surinam.

13. Héliconie Brasélis (1).

Heliconia Braselis.

Hel. alis oblongis, fusco-nigris : anticis utrinquè disco apiceque flavo maculatis : posticis subdentatis, suprà immaculatis, infrà sanguineo radiatis.

Papilio H. Brassolis, *alis oblongis, integris, fuscis : anticis flavo maculatis : posticis subtùs sanguineo radiatis.* Fab. *Gen. Inf. Mant. p.* 254. — *Spec. Inf. tom.* 2. *p.* 30. *n°.* 121. — *Mant. Inf. tom.* 2. *p.* 14. *n°.* 140. — *Entom. Syst. em. tom.* 3. *pars* 1. *p.* 168. *n°.* 520.

Papilio Bellona. Cram. *Pap.* 2. *pag.* 20. *pl.* 13. *fig.* E. F.

Papilio Bellona. Herbst, *Pap. tab.* 75. *fig.* 1. 2.

Elle a environ deux pouces & un quart d'envergure. Les deux surfaces des ailes sont d'un noir-brun. Les premières, dont le bord postérieur est bien entier, ont, de part & d'autre, cinq taches jaunes, savoir : trois, à peu près rondes, groupées sur le disque; les deux autres, triangulaires & moins vives, alignées vis-à-vis du sommet. Les secondes ailes sont légèrement dentées : leur dessus est sans taches : leur dessous a des raies d'un rouge-sanguin, longitudinales, dont les supérieures plus longues & convergentes à la base; les petites échancrures du bord de derrière sont jaunes, & il y a trois ou quatre raies de cette couleur sur le bord d'en haut. Le corps est noir, avec quelques lignes jaunâtres sur le ventre.

Elle se trouve à Surinam.

14. Héliconie Callicopis.

Heliconia Callicopis.

Hel. alis oblongis, integerrimis, nigris : anticis maculâ miniaceâ, mediâ, modò subannulari, modò difformi.

Papilio Callicopis. Cram. *Pap.* 16. *p.* 143. *pl.* 90. *fig.* E. F.

Papilio Callicopis. Herbst, *Pap. tab.* 72. *fig.* 1.

Elle est à peu près de la taille de l'*Erato*. Les

(1) Le nom que Fabricius avoit d'abord donné à cette espèce, a été appliqué depuis, comme on le verra plus bas, à un genre de Lépidoptères diurnes.

quatre ailes font d'un noir-foncé en deffus, d'un noir-brun en deffous. Les premières ont de part & d'autre, fur le milieu, une tache d'un rouge-minium fale, grande, éprouvant dans fa forme les mêmes variations que la tache correfpondante de l'*Andrémone*. La furface fupérieure des fecondes ailes eft fans taches; leur furface inférieure a la côte jaunâtre, vers fon origine, & la bafe ponctuée de rouge-carmin. Le corps eft noir, avec des points jaunes fur le corfelet & fur la poitrine; les antennes font de la couleur des ailes.

De Surinam.

15. Héliconie Melpomène.

Heliconia Melpomene.

Hel. alis oblongis, integerrimis, nigris : anticis utrinquè fafciâ miniaceâ, tranfverfâ, mediâ : pofticis fubtùs bafi fanguineo punctatâ coftâque antrorsùm flavefcente.

Papilio H. Melpomene, *alis nigris : primoribus fafciâ rubrâ : pofticis fubtùs bafi punctis fanguineis.* Linn. *Syft. Nat.* 2. *p.* 578. *n°.* 71. — *Muf. Lud. Ulr. p.* 232.

Papilio H. Melpomene. Fab. *Syft. Ent. p.* 462. *n°.* 85. — *Spec. Inf. tom.* 2. *p.* 31. *n°.* 127. — *Mant. Inf. tom.* 2. *p.* 15. *n°.* 148. — *Ent. Syft. em. tom.* 3. *pars* 1. *p.* 171. *n°.* 529.

Edw. *Av. tab.* 38.

Seligm. *Av.* 2. *tab.* 75.

Seba, *Muf.* 4. *tab.* 13. *fig.* 15. 16.

Seba, *Muf.* 4. *tab.* 29. *fig.* 13. 14.

Roes. *Inf.* 4. *tab.* 3. *fig.* 6.

Sloan. *Jam.* 2. *p.* 219. *tab.* 239. *fig.* 25. 26.

Papilio Melpomene. Cram. *Pap.* 16. *p.* 143. *pl.* 191. *fig.* C.

Papilio Melpomene. Herbst, *Pap. tab.* 72. *fig.* 3.

Elle a le port & la taille de la précédente. Le deffus des quatre ailes eft d'un noir affez foncé. Les premières ont, fur le milieu, une bande d'un rouge-minium fale, tranfverfe, large, un peu oblique, terminée prefqu'en pointe inférieurement, plus finuée dans la femelle que dans le mâle. Les fecondes ailes n'ont aucune tache. Le deffous des fupérieures reffemble au deffus, mais le fond & la bande font plus pâles. Le deffous des inférieures eft d'un noir-brun, avec la moitié antérieure de la côte d'un jaune-foufre terne, & quelques points d'un rouge-fanguin, rangés en demi-cercle contre la bafe; l'origine de la côte des premières ailes eft auffi du même rouge. Le corps eft noir, avec une ligne jaunâtre le long du ventre, & des points de cette couleur fur la poitrine & fur le corfelet; les antennes font noires.

Elle fe trouve à la Guyane.

N. B. Nous avons vu une femelle qui avoit la bande rouge des premières ailes interrompue à la partie fupérieure, & rétrécie extérieurement à la partie oppofée.

16. Héliconie Lucie.

Heliconia Lucia.

Hel. alis oblongis, integerrimis, nigris : anticis fafciâ miniaceâ, tranfverfâ, angulatâ, & intrà hanc fafciam maculâ flavâ, in medio coarctatâ.

Papilio Lucia. Cram. *Pap.* 30. *p.* 117. *pl.* 350. *fig.* E. F.

Papilio Lucia. Herbst, *Pap. tab.* 72. *fig.* 4. 5.

Elle a le port & la taille de l'efpèce n°. 1. Le deffus des ailes eft d'un noir affez foncé, leur deffous d'un noir-brun. Les premières font traverfées, de la côte à l'angle interne, par une bande d'un rouge-minium fale, affez large, courbée & finuée en dehors, anguleufe en dedans; près du côté intérieur de cette bande, & non loin du bord d'en haut, eft une tache jaune, tranfverfe, quadrangulaire, rétrécie dans fon milieu; on remarque en outre à la bafe deux points jaunâtres, très-rapprochés, & un autre femblable à l'extrémité fupérieure de la bande rouge. Cette bande fe reproduit en deffous ainfi que la tache quadrangulaire; mais elles y font plus pâles. Le deffus des fecondes ailes n'offre aucune tache; leur deffous a la côte jaunâtre vers fon origine, & la bafe tachetée de rouge-carmin. Le corps eft noir, avec des points jaunes fur le corfelet & fur la poitrine; les antennes font de la couleur des ailes.

Elle habite Surinam.

17. Héliconie Phyllis.

Heliconia Phyllis.

Hel. alis oblongis, integerrimis, nigris : pofticis fafciâ, anticis lineâ bafeos longitudinali, fulphureis; his utrinquè fafciâ fanguineâ, tranfverfâ, extrorsùm unidentatâ; illis fubtùs ad marginem internum punctis chermefinis.

Papilio H. Phyllis, *alis oblongis, integerrimis, atris : anticis fafciâ rubrâ, pofticis flavâ.* Fab. *Syft. Entom. p.* 463. *n°.* 86. — *Spec. Inf. tom.* 2. *p.* 31. *n°.* 128. — *Mant. Infect. tom.* 2. *pag.* 15. *n°.* 149. — *Entom. Syft. em. tom.* 3. *pars* 1. *p.* 171. *n°.* 530.

Papilio Mexicanus, nigricans, lineâ lutefcente, areâ miniaceâ notabili. Petiv. *Gazoph.* 7. *tab.* 4. *fig.* 2.

Papilio Roxane. Cram. *Pap.* 4. *p.* 74. *pl.* 45. *fig.* E. F.

Papilio Phyllis. Herbst. *Pap. tab.* 73. *fig.* 1.

Elle

Elle eſt de la couleur & preſque de la taille de la précédente. Ses premières ailes ont, entre le milieu & le ſommet, une bande d'un rouge-vermillon plus ou moins vif, tranſverſe, large, partant de la côte, unidentée en dehors près de ſon extrémité inférieure, n'atteignant pas le bord interne; il y a en outre, à la baſe, une ligne jaune, longitudinale, terminée par un point de ſa couleur ou par un point rougeâtre. Les ſecondes ailes ont, vers leur origine, & à partir du bord abdominal, une bande d'un jaune-ſoufre, droite, de médiocre largeur, n'allant pas tout-à-fait juſqu'à l'angle externe. Le deſſous des unes & des autres reſſemble au deſſus, mais il eſt généralement plus pâle; les inférieures ont près du bord interne des points d'un rouge-carmin, ſavoir: quatre au-deſſus de la bande jaune, & environ le même nombre au-deſſous; ces derniers forment une ligne tranſverſe, viſible quelquefois du côté oppoſé. Le corps eſt noir, avec des points jaunes ſur le corſelet & ſur la poitrine; les antennes ſont noires.

Dans certains individus le bord poſtérieur des ſecondes ailes eſt précédé en deſſous d'une ligne arquée rougeâtre, mais qui devient d'un jaune-pâle près du ſommet.

Elle ſe trouve à la Guyane & au Bréſil.

18. Héliconie Lanſdorf.

Heliconia Lanſdorfi.

Hel. alis oblongis, integerrimis, nigris: anticis ſuprà ad extimum areâ rufâ, in medio ſaturatiore, extrorsùm arcuatâ: poſticis ſubtùs faſciis duabus pallidè flavis lineâque ſubmarginali ferrugineâ.

Elle n'a pas plus de deux pouces d'envergure. Ses quatre ailes ſont noires. Les premières ont, en deſſus, un eſpace roux, plus foncé dans ſon milieu & fortement échancré en dedans, arqué en dehors, occupant à peu près la moitié poſtérieure de la ſurface, à l'exception du ſommet & du bout de la côte; ſur l'autre moitié, & à égale diſtance des deux bords, eſt une ligne jaunâtre, obſcure, allant de la baſe à l'eſpace roux dont on vient de parler. Le deſſus des ſecondes ailes offre, à partir du milieu du bord interne, une bande d'un jaune-ſoufre, droite, de médiocre largeur, ſe dirigeant obliquement vers le ſommet qu'elle n'atteint pas. Cette bande ſe reproduit en deſſous, mais elle y eſt plus longue, un peu plus large, & courbée avant d'arriver à l'angle externe; ſon côté ſupérieur eſt en outre précédé d'une bande d'un jaune-pâle, étroite, placée ſur le bord d'en haut, & ſon côté inférieur d'une ligne ferrugineuſe, parallèle au bord d'en bas. Le deſſous des premières ailes a tous les caractères du deſſus, avec cette différence que la ligne jaune de la baſe eſt plus large & mieux prononcée; tandis qu'au contraire l'eſpace de l'extrémité eſt blanchâtre, excepté près de ſa jonction avec cette même ligne. Le corps & les antennes ſont noirs; celles-ci ont le bout plus renflé & terminé plus bruſquement que dans la plupart des congénères.

Elle habite le Bréſil, d'où elle a été envoyée, avec d'autres eſpèces, au Muſéum d'hiſtoire naturelle, par M. Lanſdorf, naturaliſte & conſul ruſſe à Rio-Janeiro.

19. Héliconie Arane.

Heliconia Arane.

Hel. alis oblongis, atris: anticis ſtriâ baſeos faſciiſque duabus flavis: poſticis ſubtùs faſciâ ſanguineâ. Fab.

Papilio H. Aranea. Fab. *Entom. Syſt. em. tom.* 3. *pars* 1. *p.* 168. *n°.* 519.

Papilio Aranea. Jon. *Fig. pict.* 2. *tab.* 26. *fig.* 1.

Elle eſt un peu plus grande que la précédente. Le corps eſt très-noir, avec des points blancs ſur le corſelet. Les ailes ſupérieures, dont les deux ſurfaces ſe reſſemblent, ſont d'un noir-foncé; à leur baſe eſt une ligne jaune, large, coupée par une nervure; viennent enſuite deux bandes également jaunes. Les ailes inférieures ſont auſſi d'un noir-foncé. Leur deſſus eſt ſans tache. Leur deſſous offre une bande d'un rouge-ſanguin, n'allant pas juſqu'au bord extérieur; de chaque côté de cette bande, & près de ſon origine, il y a en outre une tache échancrée du même rouge.

Elle habite.....

(*Traduction du texte de Fabricius.*)

20. Héliconie du Ricin.

Heliconia Ricini.

Hel. alis oblongis, nigris: anticis utrinquè faſciis duabus ſulphureis, tranſverſis, alterâ mediâ, alterâ apicali anguſtioreque; poſticis ſuprà ad baſin areâ rubrâ: his margine denticulato, ſubtùs albo punctato.

Papilio H. Ricini, *alis oblongis, integerrimis, fuſcis: primoribus utrinquè faſciis duabus flavis.* Linn. *Syſt. Nat.* 2. *p.* 756. *n°.* 63. — *Muſ. Lud. Ulr. p.* 227.

Gronov. *Zoophylacium.* 740. 741.

Ehret. *Pict. tab.* 1.

Merian, *Surin. p.* 30. *tab.* 30.

Seba, *Muſ.* 4. *tab.* 29. *fig.* 11. 12.

Roes. *Inſ.* 4. *tab.* 5. *fig.* 1.

Papilio Ricini. Cram. *Pap.* 32. *pag.* 174. *pl.* 378. *fig.* A. B.

Papilio Ricini. Herbst, *Pap. tab.* 74. *fig.* 3.

Papilio H. Ricini, *alis oblongis, integerrimis, fuſcis: anticis utrinquè faſciis duabus flavis;*

posticis basi rufis. Fab. *Mant. Ins. tom.* 2. *p.* 14. *n°.* 139.

Fabricius n'a pas eu une idée bien précise de cette espèce, car, dans tous ses ouvrages, excepté dans le *Mantissa*, il la confond avec deux autres, le *Pap. Erato*, qu'il prend pour le mâle, & le *Pap. Doris*, qu'il regarde comme la femelle.

Elle a approchant deux pouces d'envergure. Le dessus des quatre ailes est noir. Les supérieures ont deux bandes d'un jaune-soufre, transverses, obliques, n'atteignant pas les bords : il y en a une sur le milieu de la surface, l'autre près du sommet ; la première, dont l'extrémité inférieure est en pointe aiguë, a le milieu dilaté, arrondi en dehors, & coupé par une nervure noire, tantôt simple, tantôt bifurquée ; on remarque en outre à la base une ligne jaunâtre, longitudinale, peu prononcée. Les ailes inférieures ont, vers leur origine, & à partir du bord interne jusqu'aux deux tiers environ de leur largeur, un espace d'un rouge-fauve, large, arrondi & un tant soit peu sinué sur le côté externe, finissant en pointe vis-à-vis du sommet. Le dessous des quatre ailes est d'un noir-brun : celui des supérieures a, indépendamment des deux bandes jaunes dont nous avons parlé, quelques lignes blanchâtres au sommet, & la naissance du bord d'en haut est rougeâtre : celui des inférieures a la moitié antérieure de ce même bord d'un jaune-soufre ; viennent ensuite cinq points écarlates, dont quatre à la base, le cinquième sur le bord interne, vers le niveau de l'anus ; sur le bord postérieur, qui est légèrement denté, sont alignés des points blanchâtres auxquels aboutissent des traits longitudinaux plus pâles. Le corps & les antennes sont noirs ; le corselet est ponctué de jaune.

On la trouve à Surinam, dans le courant de mai. Elle éclot au bout de quinze jours.

La chenille, suivant mademoiselle Merian, est verdâtre, avec des poils blanchâtres, très-longs. Elle vit sur le *Ricin*, appelé vulgairement *Palma christi*.

21. Héliconie Clysonyma.

Heliconia Clysonyma.

Hel. alis oblongis, integris, nigris : anticis utrinquè fasciâ sulphureâ, discoidali, transversâ, in medio dilatatâ ; posticis fasciâ transversâ rubrâ, subtùs pallidiore, arcuatâ.

Héliconien Clysonyme. *Rec. d'obs. de Zool. & d'Anat. comp., par Alex. de* Humboldt *& A.* Bonpland, *vol.* 2. *p.* 128. *pl.* 42. *fig.* 1. 2.

On la prendroit au premier abord pour une variété de la précédente ; mais, en l'examinant bien, on reconnoît qu'elle s'en distingue par les caractères ci-après : elle est un peu plus grande ; ses premières ailes n'ont pas de bande jaune près du sommet ; celle du milieu de la surface part de la côte & se prolonge davantage vers le bord postérieur ; l'espace rouge des secondes ailes est remplacé par une bande du même ton & de la même longueur, mais moins rapprochée de la base, moins arrondie en dehors, presqu'aussi large vis-à-vis du sommet qu'au bord interne. Cette bande se reproduit en dessous, où elle est d'un rose-pâle, courbe & très-divisée en arrière par les nervures ; le bord postérieur des mêmes ailes n'est pas dentelé, & n'offre ni points, ni lignes blanchâtres ; les antennes sont un peu plus courtes & plus renflées à leur extrémité.

De l'Amérique méridionale.

22. Héliconie Charitonia.

Heliconia Charitonia.

Hel. alis oblongis, nigris : anticis fasciis tribus, posticis duabus, sulphureis ; his subrepandis infràque ad marginem internum punctis quatuor sanguineis, geminatis.

Papilio H. Charitonia, *alis atris : primoribus fasciis flavis tribus, posticis duabus.* Linn. *Syst. Nat.* 2. *p.* 757. *n°.* 65.

Papilio H. Charitonia. Fab. *Syst. Entom. p.* 462. *n°.* 84. — *Spec. Insect. tom.* 2. *p.* 30. *n°.* 126. — *Mant. Insect. tom.* 2. *p.* 15. *n°.* 147. — *Entom. Syst. em. tom.* 3. *pars* 1. *p.* 170. *n°.* 528.

Edw. *Av. tab.* 80.

Seligm. *Av.* 4. *tab.* 55.

Sloan. *Jam.* 2. *p.* 217. *tab.* 239. *fig.* 15. 16.

Papilio Charitonia. Cram. *Pap.* 16. *p.* 145. *pl.* 191. *fig.* F.

Herbst, *Pap. tab.* 76. *fig.* 2.

Daubenton, *Pl. enlum.* 70. *fig.* 4.

Elle est approchant de la taille de l'*Hécalé*. Les quatre ailes sont noires, avec des bandes d'un jaune-soufre. Les premières en ont trois, dont les deux extérieures transverses & obliques, l'intérieure allant directement de la base au milieu de la surface, où elle fait un coude pour gagner le bord postérieur au-dessus de l'angle de ce nom. Les secondes ailes en ont deux, transverses, dont la supérieure plus large, droite & continue ; l'inférieure courbe, formée par des points plus gros du côté du bord interne que du côté du sommet ; le bord postérieur, qui est légèrement sinué, offre en outre, mais seulement vers l'angle de l'anus, une suite de six à sept points jaunes, très-petits, & il y a près de la base un ou deux points d'un rouge-carmin. Le dessous de cette espèce ressemble au-dessus, avec cette différence que les bandes jaunes y sont plus pâles ; que les ailes de devant ont la côte rougeâtre à son origine ; que celles de derrière ont quatre points d'un rouge-sanguin, disposés par deux près du bord abdominal, & séparés entr'eux par la bande supérieure; enfin, que les points marginaux de ces dernières ailes sont blanchâtres & s'étendent jusqu'au sommet. Le corps est noir, avec des points jaunes sur la tête & sur le corselet, des lignes de cette couleur sur les côtés de l'abdomen & de la poitrine; les antennes sont noires.

Elle se trouve dans les deux continens de l'Amérique.

23. HÉLICONIE? Thallo.

HELICONIA Thallo.

Hel. alis oblongis, integerrimis, concoloribus, fusco-nigris : anticis fasciis duabus transversis, posticis unicâ, albidis.

Papilio H. Thallo, *alis oblongis, integerrimis, nigris : primoribus fasciis duabus, posticis unicâ, flavis.* LINN. *Syst. Nat.* 2. *p.* 756. *n°.* 62.

Papilio H. Thallo. FAB. *Syst. Entom. p.* 463. *n°.* 91. — *Spec. Insect. tom.* 2. *p.* 32. *n°.* 133. — *Mant. Insect. tom.* 2. *p.* 16. *n°.* 155. — *Ent. Syst. em. tom.* 3. *pars* 1. *p.* 173. *n°.* 537.

EDW. *Av. tom.* 5. *p.* 35. *pl.* 226.

Nous ne connoissons cette espèce que par la figure d'Edwards & par un individu très-défectueux; c'est pourquoi nous ne la laissons qu'avec doute parmi les *Héliconies.*

Elle a environ un pouce trois quarts d'envergure. Les quatre ailes sont elliptiques, entières, d'un noir-brun. Les supérieures ont deux bandes d'un blanc-jaunâtre, transverses, parallèles, un peu courbées en dehors, dont l'une près du bord postérieur, l'autre vers le milieu de la surface. Les ailes inférieures ont une bande du même blanc, également transverse, mais presque droite & se dirigeant du milieu de la côte vers l'extrémité; leur bord interne est aussi un peu blanchâtre. Le dessous de chaque aile ressemble au dessus, avec cette différence qu'il est un peu moins vif. La tête & le devant du corselet sont d'un rouge-écarlate; le reste du corps est d'un beau bleu qui s'étend sur la base des ailes supérieures.

Elle se trouve en Chine.

24. HÉLICONIE Eurimédia.

HELICONIA Eurimedia.

Hel. alis oblongis, integerrimis, fusco-cinereis : anticis fasciis duabus, posticis unicâ, pallidè sulphureis.

Papilio Eurimedia. CRAM. *Pap.* 11. *p.* 43. *pl.* 126. *fig.* C. D.

Elle est un peu plus petite que la précédente. Ses quatre ailes sont entières & d'un cendré-obscur. Celles de devant ont deux bandes jaunes, pâles, un peu transparentes, dont l'intérieure presqu'en forme de coin & se dirigeant de la base vers l'angle interne; l'extérieure elliptique, disposée transversalement & obliquement entre la première & le sommet, sans atteindre tout-à-fait les bords. Les secondes ailes ont sur leur milieu une bande du même jaune, mais un peu plus large, droite, partant du bord abdominal & se terminant très-près du sommet. Le dessous de chaque aile ressemble au dessus; cependant il arrive que dans les femelles, ou du moins dans quelques-unes, le bord postérieur offre une série de points blancs, & les autres bords une ligne roussâtre, plus ou moins prononcée. Le corps est d'un gris-jaunâtre en dessous, cendré en dessus, avec un petit collier fauve; les antennes sont noires.

Elle se trouve à la Guyane & au Brésil.

25. HÉLICONIE du Goyavier.

HELICONIA Psidii.

Hel. alis oblongis, integerrimis, atris : anticis maculis tribus, posticis duabus, hyalino-subflavescentibus : singulis infrà punctorum alborum serie marginali.

Papilio H. Psidii, *alis oblongis, integerrimis, fuscis : primoribus fasciis tribus posticisque duabus hyalinis.* LINN. *Syst. Nat.* 2. *p.* 756. *n°.* 64. — *Mus. Lud. Ulr. p.* 228.

FAB. *Syst. Entom. p.* 462. *n°.* 83. — *Spec. Ins. tom.* 2. *p.* 15. *n°.* 144. — *Ent. Syst. em. tom.* 3. *pars* 1. *p.* 169. *n°.* 525.

ROES. *Ins.* 4. *tab.* 2. *fig.* 3.

MERIAN, *Surin. Ins. tab.* 19.

EDW. *Av. tab.* 80.

Papilio Psidii. CRAM. *Pap.* 22. *pag.* 113. *pl.* 257. *fig.* F.

HERBST, *Pap. tab.* 78. *fig.* 5.

Elle est de la taille de l'espèce n°. 1. Les quatre ailes sont oblongues, entières, d'un noir-foncé, avec des taches un peu jaunâtres & transparentes. Les ailes supérieures en ont trois, dont une à la base, une sur le milieu, l'autre vis-à-vis du sommet; la première ou celle de la base est longitudinale, triangulaire, beaucoup plus petite que les suivantes & placée sous la côte; la seconde forme sur le milieu une bande large & oblique, allant du bord antérieur à l'angle interne; la troisième, à peu près aussi large que la précédente, mais moins longue, est transverse, oblique, arrondie en dehors, un peu sinuée en dedans. Les ailes inférieures en ont deux, presqu'orbiculaires, dont l'une, très-grande, occupant le milieu à partir du bord abdominal; l'autre, moyenne, très-voisine de celle-ci & faisant face au sommet; toutes ces taches sont finement coupées par des nervures noires. Le dessous des ailes ne diffère du dessus que parce que la couleur du fond est un peu moins prononcée, & parce que le bord postérieur offre une série de points blancs. Le corps est d'un cendré-obscur, avec le corselet, la poitrine & le ventre, ponctués de blanc; les antennes sont noires, avec la massue d'un jaune-roussâtre.

La chenille, suivant Fabricius, est rase, verte, avec la tête noire. Elle vit sur le *Goyavier* ou *Gouyavier* (*Psidium*), vulgairement appelé *Poirier des Antilles*.

On la trouve à Surinam.

26. Héliconie Ilione.

Heliconia Ilione.

Hel. alis oblongis : anticis integerrimis, atris, fasciis tribus hyalino-subflavescentibus ; posticis subdentatis, hyalino-subflavescentibus, nervis margineque posteriori atris : singulis infrà punctorum alborum serie marginali.

Papilio Ilione. Cram. *Pap.* 3. *p.* 42. *pl.* 26. *fig.* G. H.

Herbst, *Pap. tab.* 78. *fig.* 6. 7.

Elle diffère de celle qui la précède en ce que la tache triangulaire & longitudinale de la base des premières ailes est plus grande, tandis qu'au contraire la bande transverse de leur milieu est moins large & partagée en cinq taches, dont les trois inférieures en forme de points; en ce que le fond des secondes ailes, au lieu d'être noir, est un peu jaunâtre & transparent, avec des nervures plus ou moins dilatées & une bordure postérieure, noires; en ce que ces mêmes ailes ont quatre à cinq dents courtes; en ce qu'en dessous les bandes des ailes supérieures & les nervures des inférieures sont bordées de blanc; enfin, en ce que les antennes & le corps sont moins longs.

On la trouve au Brésil.

27. Héliconie Hippodamie.

Heliconia Hippodamia.

Hel. alis oblongis, integerrimis : anticis nigris, fasciis tribus hyalinis ; posticis hyalinis. Fab.

Papilio P. Hippodamia. Fab. *Syst. Entom. pag.* 461. *n°.* 78. — *Spec. Inf. tom.* 2. *pag.* 29. *n°.* 116. — *Mant. Inf. tom.* 2. *p.* 14. *n°.* 135. — *Ent. Syst. em. tom.* 3. *pars* 1. *p.* 165. *n°.* 509.

Elle a le corps petit, noir, avec l'abdomen en massue. Les ailes supérieures sont noires, avec trois bandes transparentes, qui n'atteignent point les bords. Les ailes inférieures sont transparentes, avec le bord postérieur noirâtre.

Elle habite......

(*Traduction du texte de Fabricius.*)

28. Héliconie? Aspasie.

Heliconia Aspasia.

Hel. alis oblongis, integerrimis, atris, hyalino striato-maculatis : posticis basi flavis. Fab.

Papilio H. Aspasia. Fab. *Mant. Inf. tom.* 2. *p.* 15. *n°.* 145. — *Ent. Syst. em. tom.* 3. *pars* 1. *p.* 170. *n°.* 526.

Elle est de moyenne taile. La tête & le corselet sont d'un noir-foncé, avec des points blancs; le corps est d'un brun-obscur. Les ailes supérieures, dont le fond est très-noir, ont à la base des raies & à l'extrémité des taches, transparentes. Les ailes inférieures sont jaunes vers leur origine, & noires vers le bout, avec des points transparens.

Fabricius, que nous traduisons ici, la dit de Tranquebar : cette indication d'*habitat* suffiroit seule pour nous la faire mettre avec doute parmi les *Héliconies*.

29. Héliçonie Cyrène.

Heliconia Cyrene.

Hel. alis oblongis, integerrimis : anticis posticarumque paginâ superiori nigris ; his fasciâ magnâ & longitudinali, illis maculis decem, hyalinis : alarum posticarum paginâ inferâ, anticarum ejusdem paginæ dimidio apicali, castaneis : omnium limbo postico & infero nigro punctorum alborum serie transversâ.

Héliconien Cyrène. *Recueil d'obs. de Zool. & d'Anat. comp., par Alex. de* Humboldt *& A.* Bonpland, *vol.* 2. *p.* 249. *pl.* 25. *fig.* 5. 6.

Elle a environ deux pouces & un quart d'envergure. Le dessus des quatre ailes & le dessous des supérieures, à l'exception de leur extrémité, sont d'un noir-obscur. Celles-ci ont chacune dix taches transparentes, disposées ainsi : 1, 2, 4, 3; la première, ou celle de la base, est plus grande, longitudinale, & presque en forme de coin; les autres forment trois rangées transversales; celles des deux dernières rangées sont plus petites & arrondies. La moitié postérieure du dessous de ces ailes est d'un brun-marron, coupé de noir, avec six points blancs alignés sur le limbe postérieur qui est noir. Les ailes inférieures ont leur disque occupé, depuis le bord interne, par une bande transparente, mais ayant une teinte blanche, excepté vers l'extrémité, où elle se rétrécit & où elle est partagée en deux. Le dessous de ces ailes est d'un brun-marron; la bande dont on vient de parler y est bordée de noir; c'est aussi la couleur du limbe de derrière, sur lequel sont encore six points blancs, disposés en une ligne transverse. Les antennes sont noires; les pattes & les palpes sont partie noirs, partie blancs.

Trouvée au Pérou, à l'est de Truxillo.

30. Héliconie Eglé.

Heliconia Ægle.

Hel. alis oblongis, integerrimis : anticis nigris, maculis septem hyalinis; posticis hyalinis, margine nigro : singulis subtùs lineâ posticâ rufescente, punctis albis extrorsùm adjectis.

Papilio P. Ægle, *alis oblongis, integerrimis, atris : anticis maculis, posticis disco, hyalinis.* Fab. *Gen. Insect. Mant. p.* 255. — *Spec. Insect. tom.* 2. *pag.* 30. *n°.* 125. — *Mant. Ins. tom.* 2. *p.* 15. *n°.* 146. — *Ent. Syst. em. tom.* 3. *pars* 1. *p.* 170. *n°.* 527.

Merian, *Surin. tab.* 35. *fig. infér. à gauche.*

Papilio Clio. Cram. *Pap.* 22. *p.* 112. *pl.* 257. *fig.* D. E.

Papilio Clio. Herbst, *Pap. tab.* 77. *fig.* 7. 8.

Cette espèce nous paroît être le véritable *Papilio Clio* de Cramer, figuré d'abord par mademoiselle Merian : quant à celui de Linnæus, il n'appartient point au genre *Héliconie*, comme on le verra par la suite.

Elle est un peu plus petite que la précédente, avec laquelle elle a de grands rapports. Le dessus de ses ailes supérieures est d'un noir-obscur, avec sept taches transparentes, légèrement teintées de blanc-bleuâtre, & disposées ainsi : 1, 1, 2, 3; la première, ou celle de la base, est plus grande que les autres, longitudinale, & en forme de coin; la seconde est elliptique & située obliquement sous la côte à peu de distance de la précédente; les deux qui viennent ensuite sont de même forme, de même dimension que celle-ci, & placées sur une ligne transverse; les trois dernières, plus petites & arrondies, forment aussi une ligne transverse, mais moins longue & moins arquée en dehors. Les ailes inférieures sont transparentes, avec la côte & le bord postérieur noirs; celui-ci est en outre divisé dans le sens de sa longueur par une ligne roussâtre, qui se reproduit en dessous & se continue le long de la côte jusqu'à la base. Le dessous des premières ailes en offre une semblable sur le bord de derrière, lequel, ainsi que celui des secondes ailes, est coupé extérieurement tantôt par une série de huit points blancs, tantôt par une de quatre. Le corps & les antennes sont noirs.

La chenille, selon mademoiselle Merian, est brune & velue. Elle vit sur le *Sophora* & se trouve à Surinam.

31. Héliconie Flore.

Heliconia Flora.

Hel. alis oblongis, integerrimis : anticis nigris, fasciis duabus hyalinis, incurvis, exteriore transversâ, maculari; posticis hyalinis, margine nigro : singulis subtùs lineâ posticâ rufescente, punctis albis extrorsùm adjectis.

Papilio Flora. Cram. *Pap.* 22. *p.* 12. *pl.* 257. *fig.* B. C.

Herbst, *Pap. tab.* 77. *fig.* 5. 6.

Seba, *Mus.* 4. *tab.* 30. *fig.* 5. 6.

Nous ne connoissons cette espèce que par figures. Elle a environ deux pouces de largeur. Ses ailes de devant sont noires, avec deux bandes transparentes, dont l'extérieure transverse, maculaire, courbe, très-voisine du bord de derrière; l'intérieure parallèle à la côte depuis son origine jusqu'à son milieu, puis formant un coude pour descendre obliquement vers l'angle postérieur; cette dernière bande est coupée transversalement par une ligne & longitudinalement par une nervure de la couleur du fond; le bord interne des mêmes ailes est en outre roussâtre à sa naissance. Les secondes ailes sont transparentes, avec les bords antérieur & postérieur noirs; celui-ci est divisé vers l'angle anal par une ligne fauve, transverse & légèrement arquée. Le dessous de chaque aile ressemble au dessus, avec cette différence que tout le contour extérieur est longé par une ligne roussâtre, & qu'il y a sur le bord même du sommet une série de six à sept points blancs, très-petits. Le corps est cendré en dessus, grisâtre en dessous; les antennes sont noires.

Elle se trouve à Surinam.

32. Héliconie Diaphane.

Heliconia Diaphana.

Hel. alis oblongis, integerrimis, hyalinis, margine omni anticarumque fasciâ transversâ, abbreviatâ, fuscis : posticis subtùs costâ baseos sulphureâ.

Papilio P. Diaphanus, *alis rotundatis, integerrimis, hyalino-albis, marginibus fuscis.* Fab. *Syst. Ent. p.* 468. *n°.* 108. — *Spec. Ins. tom.* 2. *p.* 38. *n°.* 159. — *Mant. Ins. tom.* 2. *pag.* 18. *n°.* 181. — *Ent. Syst. em. tom.* 3. *pars* 1. *p.* 184. *n°.* 570.

Drury, *Ins.* 2. *tab.* 7. *fig.* 3.

Papilio Diaphana. Cram. *Pap.* 20. *pag.* 66. *pl.* 231. *fig.* C.

Papilio Diaphana. Cram. *Pap.* 27. *pag.* 53. *pl.* 315. *fig.* D. E.

Herbst, *Pap. tab.* 77. *fig.* 3. 4.

Elle a le port & la taille de la précédente. Ses quatre ailes sont entières, bien diaphanes, avec les bords & les nervures d'un brun-noirâtre. Les supérieures ont, en tirant vers le sommet, une bande de cette couleur, transverse, courte, un peu oblique, plus où moins étroite suivant le sexe, & précédée immédiatement en dehors d'une petite tache blanche, placée sur la côte. Le dessous de chaque aile ressemble au dessus, mais les bords y sont plus clairs, & le postérieur offre assez souvent une série de points blancs; l'origine du bord antérieur des secondes ailes est d'ailleurs d'un jaune-soufre. Le corps est noirâtre en dessus, grisâtre en dessous, avec des points blancs sur la tête; la femelle a en outre un collier fauve. Les antennes sont entièrement noires.

Cette espèce varie en ce que la bordure des secondes ailes est quelquefois divisée dans le sens de sa longueur par une raie ferrugineuse.

On la trouve depuis le Brésil jusque dans la Virginie.

33. Héliconie Astrée.

Heliconia Astrea.

Hel. alis oblongis, integerrimis, subcœrulescenti-hyalinis, margine omni fusco : anticis fasciis duabus fuscis, transversis, anteriore abbreviatâ angustioreque.

Papilio Astrea. Cram. *Pap.* 2. *p.* 33. *pl.* 22. *fig.* D.

Herbst, *Pap. tab.* 79. *fig.* 4.

Fabricius la rapporte à la précédente; mais elle nous paroît former une espèce distincte, autant du moins qu'il est possible d'en juger par une figure.

Les quatre ailes sont transparentes & d'une teinte bleuâtre, avec les bords & les nervures noirâtres. Les premières ont deux bandes transverses, également noirâtres, dont l'extérieure sinuée en dehors & allant obliquement de la côte à l'angle interne; l'intérieure beaucoup plus étroite & descendant à peine jusqu'au milieu de la surface. Le dessous de chaque aile ne diffère du dessus que parce que tout le contour extérieur est divisé dans le sens de sa longueur par une ligne ferrugineuse. Le corps & les antennes sont noirâtres.

Elle se trouve au Brésil.

34. Héliconie Eudéma.

Heliconia Eudema.

Hel. alis oblongis, integerrimis, flavescenti-hyalinis, margine omni anticarumque fasciâ transversâ, abbreviatâ, nigris : posticis subtùs costâ baseos sulphureâ.

Papilio Euritea. Cram. *Pap.* 24. *pag.* 157. *pl.* 280. *fig.* C.

Papilio Euritea. Herbst, *Pap. tab.* 79. *fig.* 3.

Elle se distingue de l'Héliconie *Diaphane* en ce que la moitié antérieure des quatre ailes est d'une teinte jaunâtre, qui s'étend même dans la femelle sur toute la partie transparente des secondes ailes, ainsi que sur leurs nervures; en ce que les bords de chaque aile & la bande transverse des supérieures sont d'un noir-foncé en dessus; enfin, en ce que la tache placée contre le côté extérieur de cette bande est jaune, au lieu d'être blanche.

Elle se trouve à la Guyane & au Brésil.

35. Héliconie Gazoria.

Heliconia Gazoria.

Hel. alis oblongis, integerrimis, dimidiatìm flavis hyalinisque, margine exteriori fusco : posticis subtùs (fem.) *maculâ baseos aurantiacâ.*

Papilio Euritea. Drury, *Inf.* 3. *pl.* 13. *fig.* 5. 6.

Elle a le port & la taille des quatre précédentes. Toutes ses ailes ont à peu près la moitié antérieure d'un jaune-soufre, l'autre moitié diaphane, avec les nervures noirâtres. Le contour extérieur de chaque aile & l'extrémité du bord interne des supérieures sont également noirâtres. Le dessous ne diffère du dessus que parce que la côte des secondes ailes est bordée par une ligne jaune, à la naissance de laquelle on voit, dans les individus qui nous paroissent être les femelles, une tache orangée en forme de gros point. Le corps est jaunâtre, avec une ligne cendrée le long du dos, & une ligne fauve, arquée, sur le cou; les antennes sont entièrement noires.

Elle se trouve au Brésil.

36. Héliconie Hyaline.

Heliconia Hyalina.

Hel. alis rotundatis, nigris, concoloribus : anticis hyalinis, margine fasciisque nigris; posticis testaceis. Fab.

Papilio P. Hyalinus. Fab. *Entom. Syst. em. tom.* 3. *pars* 1. *p.* 185. *n°.* 571.

Jon. *Fig. pict.* 2. *tab.* 33. *fig.* 1.

Elle a tout-à-fait le port du P. *Diaphane.* Le corps est petit, grêle, noir, avec les côtés cendrés. Les ailes supérieures sont transparentes, avec les bords noirs; leur sommet offre deux bandes également noires, dont l'antérieure plus courte. Les ailes inférieures sont d'un rouge-brique & sans taches.

Elle habite.....

(*Traduction du texte de Fabricius.*)

37. Héliconie Obscure.

Heliconia Obscurata.

cinis, strigis duabus limboque exteriori albo punctato nigris.

Elle a près de trois pouces d'envergure. Ses quatre ailes sont oblongues & semblables de part & d'autre. Les premières ont le bord postérieur arrondi & bien entier; leur fond est noir, avec trois bandes & le bord interne d'un fauve-pâle; la bande antérieure est longitudinale, un peu courbe, sinuée en dehors, & s'étend de la base à l'angle de l'anus; les deux autres, formées de taches contiguës, se dirigent obliquement de la côte vers le bord postérieur, mais l'intermédiaire est plus courte; l'extérieure a le côté interne anguleux, le côté externe à peine sinué & précédé de trois points blanchâtres, disposés transversalement contre le bord du sommet. Les secondes ailes sont légèrement dentelées, d'un fauve-pâle, avec deux raies noires, transverses, droites, parallèles, presqu'égales, dont la supérieure partant de la base, l'inférieure du milieu du bord interne; ces deux bandes n'atteignent point le bord postérieur, qui est pareillement noir, liseré de blanc aux échancrures & divisé en outre par une série de petits points de cette couleur.

Elle habite les Antilles.

49. Héliconie Ethilla.

Heliconia Ethilla.

Hel. alis oblongis, integerrimis, nigro flavoque variis: anticis intùs fulvis: posticis infrà punctorum alborum serie marginali.

Elle est approchant de la taille de la précédente. Ses quatre ailes sont noires & bien entières. Les supérieures ont le bord interne fauve; de leur base part une bande d'un jaune-roussâtre, longeant la côte jusqu'au tiers à peu près de sa longueur, puis se courbant pour aller gagner l'angle anal près duquel elle est plus colorée; cette bande est divisée à son origine par une raie noire, longitudinale, terminée en crochet; non loin de son côté externe, qui est sinué, est une bande jaune, transverse & oblique, formée de quatre taches oblongues, dont les trois supérieures contiguës, la quatrième isolée; l'on voit en outre vis-à-vis du sommet une ligne transverse de trois points jaunes. Les secondes ailes sont traversées, du bord interne au sommet, par deux bandes, dont l'antérieure d'un jaune-soufre & un peu sinuée inférieurement, la postérieure d'un jaune-roussâtre, courbe, crénelée antérieurement & moins large que la précédente. Le dessous des quatre ailes ressemble au dessus; mais les inférieures ont une rangée marginale de points blancs, oblongs, & les supérieures quelques points semblables, alignés sur le bord du sommet. Le corps est noirâtre, avec des taches jaunes sur le corselet, une ligne longitudinale de cette couleur sur chaque côté & une sur le ventre.

Elle habite les Antilles. Nous l'avons décrite d'après un individu unique, appartenant à la collection de M. Dufresne.

50. Héliconie Polymnie.

Heliconia Polymnia.

Hel. alis oblongis, integerrimis, fulvis: anticis fasciâ flavâ, lineâ longitudinali maculis discoidalibus apiceque nigris, posticis subtùs fasciis tribus nigris, intermediâ serratâ.

Papilio H. Polymnia, *alis oblongis, integerrimis, luteis: primoribus fasciâ flavâ, posticis fasciis tribus nigris.* Linn. *Syst. Nat.* 2. *p.* 755. *n°.* 58. — *Mus. Lud. Ulr. p.* 224.

Papilio H. Mopsa, *alis oblongis, integerrimis, concoloribus, luteis nigrisque: subtùs punctis octo marginalibus albis.* Linn. *Syst. Nat.* 2. *p.* 756. *n°.* 59. *β.* — *Mus. Lud. Ulr. p.* 235.

Papilio H. Polymnia, *alis oblongis, integerrimis: anticis maculis apiceque nigris, fasciâ flavâ: posticis fasciis tribus nigris, mediâ serratâ.* Fab. *Syst. Entom. p.* 461. *n°.* 77. — *Spec. Insect. tom.* 2. *p.* 28. *n°.* 115. — *Mant. Insect. tom.* 2. *p.* 14. *n°.* 134. — *Ent. Syst. em. tom.* 3. *pars* 1. *p.* 164. *n°.* 508.

Petiv. *Gazoph. tab.* 12. *fig.* 8.

Edw. *Av. p. & tab.* 175.

Roes. *Inf.* 4. *tab.* 5. *fig.* 2.

Cram. *Pap.* 16. *p.* 144. *pl.* 191. *fig.* E.

Herbst, *Pap. tab.* 69. *fig.* 3.

Elle a de deux pouces & demi à trois de largeur. Les quatre ailes sont très-entières. Celles de devant sont fauves, avec la côte, une ligne parallèle au bord interne, cinq taches discoïdales, le sommet & une bonne partie du bord postérieur noirs; leur milieu offre en outre une bande jaune, transverse, oblique, sinuée en dehors, large, mais rétrécie de moitié vers son extrémité inférieure; vis-à-vis du sommet est une tache jaune, plus ou moins prononcée, manquant même dans beaucoup d'individus. Les secondes ailes sont pareillement fauves, avec deux bandes noires, dont l'une postérieure, marginale & crénelée intérieurement, l'autre transverse, dentée en scie, se dirigeant du milieu du bord interne vers le sommet. Le dessous de chaque aile ne diffère du dessus que parce que leur bord postérieur est divisé par une série de huit points blancs, & parce que les inférieures ont sous la côte une bande noire, partant de la base & se réunissant à son extrémité opposée avec la bande du milieu de la surface. Le corps est cendré, avec des taches fauves sur le corselet & une ligne jaunâtre le long du ventre; les antennes sont roussâtres, avec la base obscure; la tête est ponctuée de jaune.

Elle se trouve à Surinam & au Brésil.

Le *Papilio Mopsa* de Linnæus a tous les caractères que nous venons d'indiquer, excepté la tache jaune du sommet des premières ailes, tache qui, comme nous l'avons dit, manque souvent; il doit donc être rapporté ici, & non à l'*Harmonia* de Cramer, ainsi que l'a fait Fabricius.

Le Muséum d'histoire naturelle possède une variété qui a les ailes inférieures noires de part & d'autre, avec deux bandes fauves, dont la postérieure plus courte.

51. Héliconie Isabelle.

Heliconia Isabella.

Hel. alis oblongis, integerrimis, nigris : anticis margine interno lineâque longitudinali, posticis disco, fulvis ; his fasciis duabus nigris, posteriore subtùs maculari ; illis utrinquè fasciâ transversâ maculisque apicalibus rufescenti-flavis.

Papilio Isabella. Cram. *Pap.* 30. *pag.* 117. *pl.* 350. *fig.* C. D.

Herbst, *Pap. tab.* 69. *fig.* 5. 6.

Seba, *Mus.* 4. *tab.* 29. *fig.* 17. 18.

Sa taille est d'environ trois pouces. Les quatre ailes sont noires & bien entières. Celles de devant ont à la base deux raies fauves, longitudinales, dont l'inférieure couvrant tout le bord interne, la supérieure arquée & un peu plus large; immédiatement au bout de celle-ci est une bande d'un jaune plus ou moins roussâtre, sinuée en dehors, se dirigeant obliquement de la côte vers l'extrémité du bord postérieur; vis-à-vis du sommet il y a en outre une ligne jaunâtre, transverse, formée de quatre points oblongs, dont les deux intermédiaires plus rapprochés. Les secondes ailes ont le disque fauve, à partir du bord interne, avec deux bandes noires, transverses, droites, dont la supérieure un peu plus courte, l'inférieure ou celle du milieu sinuée antérieurement. Le dessous des ailes se distingue du dessus, 1°. en ce qu'il est plus pâle; 2°. en ce que la bande du milieu des inférieures est maculaire, & en ce que leur bord postérieur offre une suite de points blancs, placés deux à deux entre les principales nervures; les premières ailes ont aussi quelques points semblables, alignés contre le bord du sommet. Le corps est noir, avec des taches jaunâtres sur la tête & sur le corselet, plus une ligne longitudinale de cette couleur sur chaque côté de l'abdomen, dont le dessous est pareillement jaunâtre.

Elle se trouve à Surinam.

Nous avons vu une variété dans laquelle tous les points blancs marginaux se reproduisent en dessus. Cette même variété a, au sommet des ailes supérieures, une tache jaune, transversale, au lieu de quatre points, & le disque de ses ailes inférieures est plus pâle antérieurement.

52. Héliconie Rosalie.

Heliconia Rosalia.

Hel. alis oblongis, integerrimis, concoloribus, ferrugineis, margine tenuissimè nigro : anticis ad apicem fasciâ flavâ, transversâ, angulatâ nigroque marginatâ ; posticis strigis duabus macularibus atris.

Papilio H. Rosalia, *alis oblongis, integerrimis, concoloribus, fulvis : anticis maculâ flavâ ; posticis strigis duabus nigris.* Fab. *Spec. Insect. App. p.* 505. — *Mant. Insect. tom.* 2. *p.* 15. *n°.* 152. — *Ent. Syst. em. tom.* 3. *pars* 1. *p.* 172. *n°.* 533.

Papilio Rosalia. Cram. *Pap.* 21. *p.* 89. *pl.* 246. *fig.* B.

Herbst, *Pap. tab.* 68. *fig.* 8.

Elle est d'un tiers environ plus petite que l'*Isabelle.* Les quatre ailes sont entières, ferrugineuses & entourées d'une bordure noire, très-étroite. Les supérieures ont, vers le sommet, une bande jaune, transverse, oblique, très-anguleuse, se détachant sur un fond noir; parallèlement au bord interne, il y a en outre une ligne de cette dernière couleur. Les secondes ailes ont deux raies très-noires, transverses & maculaires, dont l'antérieure oblique & plus courte, la postérieure arquée & très-voisine du bord de ce nom. Le dessous des ailes est à peu près le même que le dessus. Les deux surfaces du corps sont ferrugineuses; les antennes sont noires.

Elle se trouve à Surinam.

53. Héliconie Euclea.

Heliconia Euclea.

Hel. alis oblongis, integerrimis, fulvis : posticis extimo strigisque duabus, anticis margine interiori apiceque nigris ; his fasciâ flavâ, transversâ, angulatâ : omnibus punctorum serie marginali.

Elle n'a guère que deux pouces d'envergure. Ses quatre ailes sont entières. Les supérieures sont fauves depuis la base jusqu'à l'angle interne, avec tout le bord de ce nom, deux taches presque discoïdales & l'origine de la côte noirs; le reste de leur surface est pareillement noir, avec une bande jaune, transverse, en zig-zag, disposée obliquement entre une rangée marginale de points de sa couleur & la partie fauve, mais plus près de celle-ci. Les secondes ailes sont fauves, avec deux raies noires, transverses, dont l'inférieure droite, la supérieure arquée antérieurement & se réunissant à la précédente vis-à-vis du sommet; ces ailes ont en outre une bordure noire, crénelée en dedans & offrant parfois une série de points jaunâtres. Le dessous de cette espèce ne diffère du dessus que parce que les points marginaux sont blancs sur chaque aile, & constans sur les inférieures. Le corps est cendré, avec des taches fauves sur le corselet; les antennes sont roussâtres, avec la base obscure.

Elle se trouve aux Antilles.

54. Héliconie Lycaste.

Heliconia Lycaste.

Hel. alis oblongis, integerrimis, fulvis, apice nigris : anticis flavo maculatis. Fab.

Papilio H. Lycaste. Fab. *Entom. Syst. em. tom.* 3. *pars* 1. *p.* 161. *n°.* 497.

Papilio Lycaste. Jon. *Fig. pict.* 2. *tab.* 7. *fig.* 1.

Elle est petite. La tête est noire, avec des taches blanches; le corselet est fauve, l'abdomen cendré. Les ailes supérieures ont la base fauve, avec une tache noire dans son milieu; la partie qui vient ensuite est jaune, & le bout est noir, avec quelques points jaunes. Les secondes ailes sont fauves, avec l'extrémité noire.

Elle habite.....

(*Traduction du texte de Fabricius.*)

55. Héliconie Mnémé.

Heliconia Mneme.

Hel. alis oblongis, integerrimis : anticis basi fulvis, extimo intùsque nigris, fasciâ transversâ maculisque apicalibus sulphureis; posticis nigris, fasciis duabus fulvis, arcuatis, posteriore (mas) *abbreviatâ : omnibus subtùs punctorum alborum serie marginali.*

Papilio H. Mneme, *alis oblongis, integerrimis, nigris, basi fulvis : primoribus fasciâ maculisque tribus flavis.* Linn. *Syst. Nat.* 2. *p.* 756. *n°.* 59. — *Amœn. Acad.* 6. *p.* 403. *n°.* 54.

Papilio H. Mneme, *alis oblongis, integerrimis, fulvis, nigro maculatis : anticis apice atris, flavo maculatis; posticis fasciâ posticâ fulvâ.* Fab. *Spec. Insect. tom.* 2. *p.* 27. *n°.* 110. — *Mant. Ins. tom.* 2. *p.* 13. *n°.* 128. — *Entom. Syst. em. tom.* 3. *pars* 1. *p.* 160. *n°.* 496.

Seba, *Mus.* 4. *tab.* 27. *fig.* 15. 16.

Sulz. *Ins. edit.* Roem. *tab.* 15. *fig.* 3. 4.

Papilio Mneme. Cram. *Pap.* 16. *pag.* 142. *pl.* 190. *fig.* C.

Papilio Mneme. Herbst, *Pap. tab.* 69. *fig.* 7.

Papilio H. Mopsa, *alis oblongis, integerrimis, concoloribus, luteis nigrisque, margine albo punctato.* Fab. *Syst. Entom. p.* 460. *n°.* 72. — *Spec. Insect. tom.* 2. *p.* 27. *n°.* 109. — *Mant. Insect. tom.* 2. *pag.* 15. *n°.* 127. — *Entom. Syst. em. tom.* 3. *pars* 1. *p.* 160. *n°.* 495. (Variété.)

Seba, *Mus.* 4. *tab.* 30. *fig.* 23. 24.

Papilio Harmonia. Cram. *Pap.* 16. *p.* 142. *pl.* 190. *fig.* D.

Papilio Harmonia. Herbst, *Pap. tab.* 70. *fig.* 1. 2.

Elle a un peu plus de trois pouces d'envergure. Les quatre ailes ont le bord postérieur bien entier. Les premières sont fauves depuis la base jusqu'au-delà du milieu, avec l'origine de la côte, tout le bord interne, & des taches noirs; les taches, tantôt plus, tantôt moins rapprochées, forment deux lignes transversales & obliques, dont l'extérieure plus longue; immédiatement à la suite de celle-ci est une bande jaune, un peu diaphane, sinuée sur les côtés & se dirigeant obliquement du bord antérieur vers le bord postérieur; ce dernier bord offre cinq taches jaunes, orbiculaires, savoir : quatre disposées en un arc transverse vis-à-vis du sommet, la cinquième placée à l'angle interne & terminant la couleur fauve. Les secondes ailes sont noires, avec deux bandes fauves, transverses & arquées en sens contraire; ces bandes sont continues dans la femelle; mais dans le mâle l'inférieure est très-courte & se compose seulement de deux ou trois taches alignées près du sommet. Le dessous de chaque aile se distingue du dessus, dans les deux sexes, en ce que l'on y voit une rangée marginale de points blancs; en ce que la côte des inférieures est fauve & leur base un peu jaunâtre. Le corps est cendré en dessus, d'un jaune-pâle en dessous, avec des taches fauves sur le corselet; les antennes sont roussâtres, avec la base obscure.

Elle se trouve à Surinam.

Le Pap. *Mopsa* de Fabricius, ou son identique l'*Harmonia* de Cramer, nous paroît n'être qu'une variété de l'espèce dont il est ici question : il n'en diffère en effet que parce que le jaune de la bande transverse des ailes supérieures jette vers la base un rameau longitudinal; parce que le fauve de la bande de la base des inférieures descend assez loin le long des nervures; enfin, parce que les points blancs marginaux de celles-ci & de celles-là reparoissent en dessus.

Il est aussi de Surinam, quoique Fabricius le dise des Indes orientales.

56. Héliconie Ethra.

Heliconia Ethra.

Hel. alis oblongis, integerrimis : anticis basi fulvis, extimo intùsque nigris, fasciâ discoidali transversâ & antè apicem maculâ ovatâ sulphureis : omnibus subtùs punctorum alborum serie marginali.

Elle a le port & la taille de la précédente. Les quatre ailes sont bien entières. Celles de devant sont fauves depuis la base jusqu'à l'angle interne, avec tout le bord de ce nom, deux taches inégales sous la côte & l'origine de celles-ci noirs; le reste de la surface est pareillement noir, avec une tache jaune, ovale, vis-à-vis du sommet, & une bande transverse & oblique de cette couleur vers le milieu; cette bande se termine en pointe à une certaine diſtance du bord poſtérieur, & n'adhère à la partie fauve que par le milieu de ſon côté interne, lequel eſt plus ſinué que le côté externe. Les ſecondes ailes ſont fauves, avec le bord poſtérieur noir; entre leur milieu & leur bord d'en haut eſt une bande d'un jaune-ſoufre, un peu courbe, entièrement bordée de noir, & ſe dirigeant du bord interne vers le ſommet, en face duquel elle ſe rétrécit un tant ſoit peu. Le deſſous des quatre ailes reſſemble au deſſus, mais on y voit de plus une rangée marginale de points blancs, & les inférieures ont la côte jaunâtre à ſa naiſſance. Le corps eſt cendré en deſſus, d'un jaune plus ou moins griſâtre en deſſous, avec des taches fauves ſur le corſelet & des points blancs ſur la tête.

Elle ſe trouve au Bréſil, d'où M. Lauſdorf l'a envoyée au Muſéum d'hiſtoire naturelle.

57. Héliconie Ève.

Heliconia Eva.

Hel. alis oblongis, concoloribus, atris : anticis integerrimis, baſi faſciis duabus longitudinalibus fulvis, medio faſciâ tranſverſâ angulatâque, apice ſtrigâ maculari ochreaceis; poſticis denticulatis, punctorum alborum ſerie marginali.

Papilio H. Eva, *alis oblongis, integerrimis, concoloribus, atris : anticis baſi fulvo ſtriatis, apice maculatis; poſticis diſco fulvo faſciâ atrâ.* Fab. *Entom. Syſt. em. tom.* 3. *pars* 1. *p.* 162. *n*°. 501.

Papilio Eva. Jon. *Fig. pict.* 2. *tab.* 20. *fig.* 1.

Papilio Paſinuntia. Cram. *Pap.* 27. *p.* 55. *pl.* 316. *fig.* A. C. — *Fig.* B. (Variété.)

Papilio Ceres. Cram. *Pap.* 8. *p.* 141. *pl.* 90. *fig.* A. (Variété.)

Papilio Ceres. Herbst, *Pap. tab.* 69. *fig.* 1. 2.

Elle a près de quatre pouces d'envergure. Ses quatre ailes ſont oblongues. Les premières ont le bord poſtérieur arrondi & bien entier; les ſecondes l'on également arrondi, mais légèrement denté aux points où ſe terminent les principales nervures. Les unes & les autres ſont d'un noir-foncé & ſemblables de chaque côté. De la baſe des ſupérieures partent deux bandes fauves, jaunâtres à leur origine, longitudinales, divergentes, dont l'antérieure plus étroite & preſque de moitié plus courte; immédiatement au bout de celle-ci eſt une bande d'un jaune d'ocre, tranſverſe, oblique, très-anguleuſe, coupée par de fines nervures noires, ayant la partie qui regarde la côte tantôt rétrécie, tantôt large & profondément bifide; viennent enſuite quatre moyennes taches du même jaune, à peu près en forme de coin, diſpoſées en un arc tranſverſe vis-à-vis du ſommet. Les ſecondes ailes ont deux bandes fauves, tranſverſes, dont l'intérieure droite, foiblement ſinuée ſur le côté inférieur & placée un peu au-deſſus du milieu de la ſurface; l'extérieure courbe, ſinuée ſur les deux côtés, allant de la baſe au bord interne & enveloppant la précédente; le limbe de derrière eſt en outre diviſé par une ligne arquée de douze ou treize points blancs, un peu diaphanes. Le corps eſt d'un cendré-noirâtre, avec des taches jaunes ſur le corſelet & une ligne longitudinale de cette couleur ſur chaque côté de l'abdomen; la tête & la poitrine ſont ponctuées de blanc ainſi que le bas du ventre; les antennes ſont noires, avec le bout, & même parfois la moitié antérieure, jaunâtre.

Elle ſe trouve à Surinam.

L'individu de la figure B. de Cramer & le *Papilio Ceres* du même, ne nous ont paru être que des variétés de cette eſpèce. Dans la première, la bande fauve & poſtérieure des ſecondes ailes n'eſt viſible en deſſus que le long de la côte & près du ſommet; nous avons été à même de reconnoître que cet accident arrivoit au mâle comme à la femelle; ainſi Cramer s'eſt mépris en le regardant comme une marque diſtinctive de cette dernière.

La ſeconde variété, ou le *Papilio Ceres*, a la bande dont il vient d'être queſtion moins large & maculaire vers le bord interne; la bande qui la précède antérieurement paroît oblique, mais cela vient de ce que les ailes ne ſont point aſſez étendues.

Ces deux variétés ſont auſſi de Surinam.

58. Héliconie Cléobé.

Heliconia Cleobœa.

Hel. alis oblongis, concoloribus, atris : anticis integerrimis, baſi faſciis duabus longitudinalibus fulvis, medio maculis tribus, apice ſtrigâ maculari ochreaceis; poſticis denticulatis, punctorum alborum ſerie marginali.

Quoique nous ſoupçonnions qu'elle ne ſoit qu'une variété de la précédente, modifiée par le climat, nous la donnons ſéparément, 1°. parce que la bande intérieure des ſecondes ailes eſt ordinairement d'un jaune d'ocre pâle dans les deux ſexes; 2°. parce que la bande anguleuſe & tranſverſale des premières ailes eſt remplacée par trois taches, dont la ſupérieure grande, quadrangulaire, ſinuée ſur le côté interne, & diſpoſée tranſverſalement contre le bord d'en haut; l'intermédiaire moyenne, preſque ronde, iſolée en dehors; la troiſième ou l'inférieure, linéaire, longitudinale, oblique, un peu rétrécie dans ſon milieu.

Elle habite les Antilles. On la trouve auſſi au Bréſil, mais avec quelques légères modifications, à en juger du moins par quelques individus que nous avons eus ſous les yeux : ces modifications conſiſtent en ce qu'il n'y a que trois taches en forme de coin vis-à-vis du ſommet des premières ailes; en ce que les taches, qui compoſent la bande

de la base & s'étendant le long de la cellule discoïdale ; l'autre, presque carrée, au bout de la précédente & s'approchant un peu du bord d'en bas. Le dessous des ailes inférieures a, près de son origine, une ligne blanche, transverse & arquée; puis une bande d'un jaune-soufre, également transverse, en forme de triangle étroit & alongé, commençant un peu au-dessous du bord antérieur & gagnant le bord opposé, où elle s'élargit un peu; vient ensuite une seconde bande jaune, correspondante à celle du dessus; dans l'intervalle qui sépare ces deux bandes, entre le milieu de la surface & le bord d'en haut, est une tache couleur de tabac d'Espagne, grande, anguleuse, presqu'ovale; il y a en outre, le long du bord postérieur de toutes les ailes, une rangée de taches blanches, petites, plus ou moins arrondies, & souvent disposées par deux entre les nervures principales : ces taches montent sur les secondes ailes jusque vers le milieu du bord antérieur, lequel est garni en dessus, près de la base, de poils nombreux, longs & couchés parallèlement. Les antennes sont noires, grêles, presque filiformes, ou foiblement & insensiblement plus grosses vers leur pointe, qui est un peu arquée; les palpes sont plus velus & plus longs que dans les autres *Héliconies*, & les crochets des tarses sont plus courts; le corps est d'un noir-foncé, avec une bande jaune le long du ventre.

Commune sur les bords de la rivière des Amazones.

65. Héliconie Calliope (1).

Heliconia Calliope.

Hel. alis oblongis, integerrimis, concoloribus, fulvis : anticis basi lineis tribus longitudinalibus, disco fasciâ transversâ interruptâque nigris, apice nigro strigâ punctorum alborum ; posticis fasciis tribus nigris, transversis, intermediâ maculari.

Papilio H. Calliope, *alis oblongis, integerrimis, luteis : primoribus striis tribus, posticis fasciis tribus nigris.* Linn. *Syst. Nat.* 2. *p.* 755. *n°.* 56. — *Mus. Lud. Ulr. p.* 223.

Fab. *Syst. Entom. p.* 459. *n°.* 70. — *Spec. Ins. tom.* 2. *p.* 27. *n°.* 107. — *Mant. Ins. tom.* 2. *p.* 13. *n°.* 125. — *Ent. Syst. em. tom.* 3. *pars* 1. *p.* 160. *n°.* 493.

Clerk, *Icon. tab.* 41. *fig.* 4.

Seba, *Mus.* 4. *tab.* 7. *fig.* 5. 6.

Papilio Calliope. Cram. *Pap.* 21. *p.* 89. *pl.* 246. *fig.* C.

(1) Cette espèce & les trois suivantes formeront probablement un genre à part, lorsqu'on les aura étudiées sur des individus bien complets, ou qui ne seront point drogués comme tous ceux que nous avons examinés.

Papilio Eugenia. Cram. *Pap.* 12. *p.* 58. *pl.* 133. *fig.* F. (Variété.)

Stoll, *Pap. Suppl. à* Cram. 1. *p.* 4. *pl.* 1. *fig.* 3. A. la chenille. — *Fig.* 3. B. la chrysalide.

Papilio Calliope. Herbst, *Pap. tab.* 68. *fig.* 5.

Papilio Eugenia. Herbst, *Pap. tab.* 68. *fig.* 6. (Variété.)

Elle a environ deux pouces d'envergure. Les quatre ailes sont entières, fauves, semblables de part & d'autre. A la base des premières sont trois lignes noires, longitudinales & divergentes, dont la supérieure plus courte, l'intermédiaire crochue à son extrémité; viennent ensuite quatre taches également noires, disposées en une bande transverse & oblique qui se termine au bord postérieur; le sommet offre en outre un espace noir, triangulaire, sinué intérieurement & divisé dans le sens de sa longueur par une rangée courbe de quatre à cinq points blancs. Les secondes ailes ont trois bandes noires, transverses, dont l'antérieure droite; celle du milieu maculaire, plus large & arquée; la postérieure tout-à-fait marginale, large & arquée comme la précédente, un peu sinuée en dedans, entrecoupée de blanc en dehors. Le dessous des ailes est, ainsi que nous l'avons dit, conforme au dessus. Le corps est cendré, avec le corselet fauve, les côtés & le dessous de l'abdomen d'un blanc-grisâtre; la poitrine a des taches de cette dernière couleur; les antennes sont blanchâtres, avec la base obscure.

Le *Papilio Eugenia* de Cramer nous paroît n'être qu'une variété de cette espèce. Il n'en diffère effectivement que parce que la bande noire du milieu des secondes ailes est continue & se confond avec la bordure; encore en est-elle séparée par une légère ligne fauve, du moins dans l'individu que l'on voit au Muséum d'histoire naturelle.

La chenille, suivant Stoll, est d'un fauve-rougeâtre, avec la tête noire & marquée de deux petites lignes d'un brun-clair; prés du cou est une tache quadrangulaire d'un noir-velouté, & le long du dos une rangée de points de cette couleur; les côtés du corps sont hérissés de poils noirs, roides; les six pattes antérieures sont pareillement noires.

La chrysalide est blanche, ponctuée de noir & garnie de poils menus.

Elle se trouve à Surinam.

66. Héliconie Euterpe.

Heliconia Euterpe.

Hel. alis oblongis, integerrimis, subconcoloribus, nigris, fasciâ fulvâ, transversâ, posticâ : omnibus intrà hanc fasciam cœrulescenti-albo maculatis.

Papilio H. Euterpe, *alis oblongis, integerrimis, nigris, albo punctatis, fasciâ fulvâ.* Linn. *Syst. Nat.* 2. *p.* 756. *n°.* 61. — *Mus. Lud. Ulr. p.* 226.

FAB. *Syst. Entom. p.* 465. *n°.* 97. — *Spec. Inf. tom.* 2. *pag.* 34. *n°.* 144. — *Mant. Inf. tom.* 2. *p.* 16. *n°.* 165. — *Ent. Syst. em. tom.* 3. *pars* 1. *p.* 178. *n°.* 552.

SEBA, *Muf.* 4. *tab.* 7. *fig.* 17. 18.

CRAM. *Pap.* 21. *p.* 89. *pl.* 246. *fig.* D.

HERBST, *Pap. tab.* 68. *fig.* 9.

STOLL, *Pap. Suppl. à* CRAM. 1. *p.* 5. *pl.* 1. *fig.* 4. (La chenille.)

Elle a le port & la taille de la précédente. Les quatre ailes font oblongues, entières, noires, avec des taches d'un blanc-bleuâtre & une bande fauve, arquée. La bande des premières ailes defcend de la côte vers le milieu du bord poftérieur à l'extrémité inférieure crochue en dedans. La bande des fecondes ailes eft placée parallèlement à l'extrémité, mais elle ne monte point jufqu'au bord antérieur. Les taches blanches des unes & des autres font petites, linéaires pour la plupart & éparfes entre la bafe & la bande dont il vient d'être queftion. Le deffous de chaque aile ne diffère du deffus que parce qu'il eft un peu fauve à fon origine. Le corps eft noir, avec des taches blanches fur le corfelet & fur la poitrine, & le bas du ventre rouffâtre; les antennes font noires.

La chenille, fuivant Stoll, eft d'un vert-pâle, avec la tête fauve & les mandibules noires. Elle a le long du dos une ligne jaunâtre, & fur chaque côté huit appendices de cette couleur, charnus, en forme d'épines; les ftigmates font noirs ainfi que les fix pattes antérieures. Elle vit fur le *Pifang* ou *Bananier* (*Mufa*), & ne refte guère que dix jours en chryfalide.

On la trouve à Surinam.

67. HÉLICONIE Sufanne.

HELICONIA Sufanna.

Hel. alis oblongis, integerrimis, atris, maculâ bafeos fafciâque pofticâ, tranfverfâ, fulvis: omnium difco margineque albo punctatis.

Papilio H. *Sufanna, alis oblongis, integerrimis, nigris, albo punctatis: maculâ bafeos fafciâque pofticâ fulvis.* FAB. *Mant. Inf. tom.* 2. *p.* 16. *n°.* 166. — *Ent. Syft. em. tom.* 3. *pars* 1. *p.* 178. *n°.* 553.

Elle a le port & la taille de la précédente. Les quatre ailes font entières, d'un noir-foncé en deffus, avec le bord poftérieur entrecoupé de blanc en dehors. A la bafe des fupérieures eft une tache fauve, triangulaire & longitudinale, s'étendant à peu près jufqu'au difque, mais ne couvrant ni la côte, ni le bord oppofé; vis-à-vis du fommet de ces mêmes ailes eft une bande également fauve, tranfverfe, courte, arquée, finuée en dedans. Les ailes inférieures ont, vers leur extrémité, une bande femblable à celle-ci, &, à leur bafe, une tache fauve, de médiocre grandeur, bilobée du côté qui regarde le bord interne; ce bord eft parfemé de points blancs; il y en a auffi quatre ou cinq de cette couleur fur le milieu de chaque aile, entre la tache & la bande fauves. Le deffous des quatre ailes diffère du deffus en ce que les points blancs difcoïdaux y font plus nombreux; en ce que, indépendamment de ceux du bord poftérieur, l'on en voit encore d'autres, difpofés en une ligne courbe & tranfverfe fur le côté externe de la bande fauve. Le corps eft noir, avec des points blancs fur le dos, fur la poitrine & fur le ventre; les côtés de l'abdomen font fauves; les antennes font noires.

Elle habite le Bréfil. Fabricius dit, mais d'après des renfeignemens inexacts, qu'elle fe trouve en Afrique.

68. HÉLICONIE Phlégia.

HELICONIA Phlegia.

Hel. alis oblongis, integerrimis, nigris, maculâ bafeos fubtùfque fafciâ pofticâ, tranfverfâ, teftaceis: omnibus à bafi ad apicem albo punctatis.

Papilio P. R. Phlegeus, *alis integerrimis, atris, albo punctatis: maculâ bafeos oblongâ fulvâ.* FAB. *Spec. Inf. tom.* 2. *p.* 127. *n°.* 577. — *Mant. Inf. tom.* 2. *p.* 82. *n°.* 741.

Papilio Phlegia. CRAM. *Pap.* 17. *p.* 9. *pl.* 197. *fig.* F. (La femelle.)

Papilio Phlegia. CRAM. *Pap.* 20. *pag.* 73. *pl.* 236. *fig.* C. (Le mâle.)

SEBA, *Muf.* 4. *tab.* 33. *fig.* 23. 24.

SEBA, *Muf.* 4. *tab.* 34. *fig.* 7. 8.

Fabricius a rangé cette efpèce parmi fes *Plébéiens ruraux.*

Elle a le port & la taille de la précédente, avec laquelle elle a d'ailleurs une très-grande analogie. Ses ailes font noires, avec la moitié antérieure des premières & la bafe des fecondes d'un rouge-briqueté vif, fur lequel font trois ou quatre points blancs, un peu diaphanes & entourés d'un petit cercle noir; indépendamment de ces points on en voit une multitude d'autres, également blancs & diaphanes, dont les intérieurs plus gros & épars, les extérieurs difpofés fur deux lignes tranfverfes & arquées; entre ceux-ci & ceux-là chaque aile a toujours en deffous, parallèlement au bord poftérieur, une bande d'un rouge-briqueté, étroite, beaucoup plus courte fur les inférieures: cette bande fe reproduit parfois du côté oppofé, notamment fur les premières ailes. Les antennes & le corps font comme dans l'efpèce ci-deffus, mais l'anus eft garni de poils gris, foyeux, du moins dans la femelle.

Elle fe trouve à Surinam.

GENRE ACRÉE.

1. Acrée Horta.

Ailes oblongues, très-entières, fauves en dessus : les supérieures d'un cendré transparent vers le bout; les inférieures ponctuées de noir de part et d'autre, et blanchâtres en dessous.

2. Acrée Quirina.

Ailes oblongues, très-entières, semblables de part et d'autre : les supérieures d'un cendré transparent; les inférieures fauves, ponctuées de noir, ayant le bord postérieur largement transparent.

3. Acrée Entoria.

Ailes oblongues, très-entières, semblables de part et d'autre, tachetées de noir depuis la base jusqu'au milieu : les supérieures transparentes; les inférieures blanchâtres, ayant le limbe postérieur d'un noir-foncé, avec une série de points.

4. Acrée de la Violette.

Ailes oblongues, très-entières, fauves, avec des points et le bord postérieur noirs : les inférieures ayant ce même bord divisé de part et d'autre par des taches blanches.

5. Acrée Hypatie.

Ailes oblongues, très-entières, fauves, avec beaucoup de points et le bord postérieur noirs : les inférieures ayant ce même bord sans taches en dessus.

6. Acrée Zostérie.

Ailes oblongues, très-entières, fauves, avec le contour extérieur d'un brun-noirâtre : le milieu des supérieures, la base des inférieures, tachetés de noir : le dessous de ces dernières pâle, avec une bordure noire et divisée par un rang de points blanchâtres.

7. Acrée Séréna.

Ailes oblongues, très-entières, fauves, avec le bord extérieur d'un brun-noirâtre : le sommet des supérieures avec une tache fauve, transversale : le dessous des inférieures plus pâle, et ponctué de noir vers la base.

8. Acrée Terpsichore.

Ailes oblongues, très-entières, jaunes; les inférieures plus foncées : des taches noires, éparses.

9. Acrée Vesta.

Ailes oblongues, très-entières, d'un fauve-pâle de part et d'autre : le dessus des quatre avec le limbe postérieur d'un brun-noirâtre et coupé par une rangée de points.

10. Acrée Janisca.

Ailes oblongues, très-entières : le dessus des supérieures d'un brun-noirâtre, avec la base ferrugineuse, une bande blanche, transverse, au sommet; les inférieures fauves, ponctuées de noir : les quatre ayant de part et d'autre le limbe postérieur noir, avec une rangée de taches.

11. Acrée Jaléma.

Ailes oblongues, très-entières, d'un brun-noirâtre en dessus, avec le disque fauve et ponctué de noir : les supérieures ayant vers le sommet une tache blanchâtre, transversale : le bord des quatre offrant de part et d'autre une rangée de points.

12. Acrée Perséphone.

Ailes oblongues, très-entières, d'un brun-noirâtre en dessus, ponctuées de noir de part et d'autre : les supérieures

ACRÉE. (Insecte.)

ayant vers le sommet une bande blanche, transversale, courte; les inférieures avec le bord noir et sans taches en dessus : le dessous de ces dernières d'un jaune-verdâtre.

13. Acrée Cynthia.

Ailes oblongues, très-entières, d'un brun-noirâtre, avec une bande commune, et une tache au sommet des supérieures, blanchâtres : le dessous des inférieures avec une rangée de points fauves vers l'extrémité.

14. Acrée Camœna.

Ailes oblongues, d'un brun-noirâtre : les supérieures très-entières, sans taches; les inférieures un peu sinuées, ponctuées de noir à la base, offrant vers l'extrémité une bande d'un jaune-pâle, transverse.

15. Acrée Murcie.

Ailes oblongues, très-entières : les supérieures d'un brun-noirâtre, sans taches; les inférieures d'un jaune-pâle, ponctuées de noir.

16. Acrée Cécile.

Ailes oblongues, très-entières, d'un brun-noirâtre en dessus, avec une bande commune blanchâtre, tachetée de noir, large : le dessous des inférieures avec le limbe extérieur noir et divisé par une série de points blancs.

17. Acrée Éthoséa.

Ailes oblongues, d'un brun-noirâtre en dessus, avec le disque blanc : les supérieures très-entières, les inférieures un peu dentelées : le dessous de ces dernières avec des points noirs à la base, une rangée de taches blanches, triangulaires, sur le bord extérieur.

18. Acrée Pasiphaé.

Ailes oblongues, très-entières, d'un blanc un peu rembruni, avec des taches et le bord postérieur noirs : ce même bord divisé sur les quatre ailes en dessous par un rang de taches grisâtres.

19. Acrée ? Ædéa.

Ailes oblongues, très-entières : le dessus des supérieures d'un vert-noirâtre, avec trois bandes blanchâtres, maculaires; les deux surfaces des inférieures d'un bleu-noirâtre, avec une bande jaune, transverse, discoïdale, et des points blancs vers l'extrémité.

20. Acrée Ombre.

Ailes oblongues, très-entières, brunes, avec l'extrémité largement bordée de brun-noirâtre : le dessous des inférieures ponctué de noir vers la base.

21. Acrée Zéthéa.

Ailes oblongues, très-entières, d'un brun-noirâtre en dessus, avec des points noirs : les inférieures avec une bande fauve, large, transverse; les supérieures offrant vers la base une bande un peu blanchâtre, courte : le bord postérieur de ces dernières avec une rangée de taches fauves, tantôt de part et d'autre, tantôt en dessous.

22. Acrée Zidora.

Ailes oblongues, très-entières, d'un brun-noirâtre en dessus, avec des points noirs : les inférieures avec une bande fauve, large, transverse, commune aux ailes supérieures : le bord postérieur de ces dernières sans taches.

23. Acrée Macaria.

Ailes entières, d'un brun-noirâtre : les supérieures avec la base d'un noir-foncé et une bande rousse, large, sur le milieu.

1. Acrée Horta.

Acræa Horta.

Acr. alis oblongis, integerrimis, suprà fulvis : anticis ad extimum hyalino-cinerescentibus ; posticis utrinquè nigro punctatis subtusque albidis.

Papilio H. Horta, *alis oblongis, integerrimis, rubris : primoribus apice hyalinis ; posticis subtùs albidis, nigro punctatis.* Linn. *Syst. Nat.* 2. *p.* 755. *n°.* 54. — *Muf. Lud. Ulr. p.* 234.

Fab. *Syst. Entom. p.* 459. *n°.* 69. — *Entom. Syst. em. tom.* 3. *pars* 1. *p.* 159. *n°.* 491.

Seba, *Muf.* 4. *tab.* 39. *fig.* 4-9.

Cram. *Pap.* 25. *p.* 18. *pl.* 298. *fig.* F. G.

Drury, *Inf.* 3. *pl.* 28. *fig.* 1.

Herbst, *Pap. tab.* 83. *fig.* 1. 2.

Elle a approchant deux pouces & un quart d'envergure. Les premières ailes ont environ les deux tiers antérieurs d'un fauve-vif, l'autre tiers cendré & transparent; sur la partie fauve, & vers le milieu de la côte, est une raie noire, transverse, courte, un peu arquée, au-dessous de laquelle il y a parfois deux ou trois points noirâtres. Les secondes ailes font d'un fauve-vif en dessus & parsemées de points noirs depuis leur origine jusqu'au-delà du milieu; leur extrémité est en outre bordée par une ligne crénelée de cette couleur. Le dessous des ailes de devant ressemble au dessus, excepté que le fond en est plus pâle, luisant & comme vernissé. Le dessous des ailes de derrière est blanchâtre, avec des points noirs, correspondans à ceux de la surface opposée, & une série de points blanchâtres sur la bordure, laquelle est précédée intérieurement & immédiatement d'une bande fauve, arquée, dont la couleur s'étend plus ou moins le long du bord abdominal. Le corps est noir, avec des taches fauves sur les côtés de l'abdomen; les antennes font noires, les palpes jaunâtres.

Elle se trouve au Cap de Bonne-Espérance & dans d'autres parties de l'Afrique.

2. Acrée Quirina.

Acræa Quirina.

Acr. alis oblongis, integerrimis, concoloribus: anticis hyalino-cinerescentibus ; posticis fulvis, nigro punctatis, margine exteriori latè hyalino.

Papilio H. Quirina, *alis integerrimis, hyalinis : posticis disco fulvo, nigro punctato.* Fab. *Entom. Syst. em. tom.* 3. *pars* 1. *p.* 159. *n°.* 492.

Papilio Dice. Drury, *Inf.* 3. *tab.* 18. *fig.* 3. 4.

Papilio Dice. Herbst, *Pap. tab.* 83. *fig.* 3. 4.

Elle a le port & à peu près la taille de la précédente. Ses premières ailes font cendrées, transparentes, avec les nervures noirâtres & une légère teinte roussâtre sur le bord interne. Les secondes ailes font fauves, avec des points noirs, épars; leur extrémité est bordée par une bande cendrée, transparente, large, courbe, divisée par des veines noirâtres. Le dessous de chaque aile ressemble au dessus, seulement le fauve des inférieures est luisant & comme vernissé, ainsi que dans plusieurs espèces analogues. Le corps est noirâtre, avec une rangée de points blanchâtres sur chacun des côtés, & une raie roussâtre le long du ventre; les antennes font noires.

Elle se trouve à Sierra-Leone : Fabricius dit qu'elle est de Madras.

3. Acrée Entoria.

Acræa Entoria.

Acr. alis oblongis, integerrimis, concoloribus, à basi ad medium nigro maculatis : anticis hyalinis ; posticis albidis, limbo exteriori atro punctorum serie.

Elle a le port & la taille des précédentes. Ses premières ailes font diaphanes, avec les bords & les nervures noirâtres, & des taches plus foncées sur la moitié antérieure de la surface. Les secondes ailes font d'un blanc jaunâtre de part & d'autre, avec des taches noires, éparses entre le milieu & la base, & une bande terminale encore plus noire, sinuée intérieurement & divisée dans toute sa longueur par un cordon de sept points d'un blanc-jaunâtre. Ces points font un peu plus gros en dessous qu'en dessus. Le corps est cendré, avec des points d'un blanc-sale sur le corselet; les antennes font noires, les palpes jaunâtres ainsi que les cuisses.

Elle habite la côte occidentale de l'Afrique.

4. Acrée de la Violette.

Acræa Violæ.

Acr. alis oblongis, integerrimis, fulvis, punctis margineque posteriori nigris : posticarum eodem margine maculis albis utrinquè diviso.

Papilio H. Violæ, *alis oblongis, integerrimis, fulvis, nigro punctatis : posticis margine nigro punctis albis.* Fab. *Syst. Entom. p.* 460. *n°.* 74. — *Spec. Inf. tom.* 2. *p.* 28. *n°.* 112. — *Mant. Inf. tom.* 2. *p.* 14. *n°.* 131. — *Entom. Syst. em. tom.* 3. *pars* 1. *p.* 164. *n°.* 505.

Sulz. *Inf. edit.* Roem. *tab.* 15. *fig.* 2.

Papilio Violæ. Herbst, *Pap. tab.* 82. *fig.* 4. 5.

Papilio Cephea. Cram. *Pap.* 25. *p.* 18. *pl.* 298. *fig.* D. E.

Elle a le port & la taille de la précédente. Le dessus des quatre ailes est fauve, avec neuf ou dix points noirs, inégaux, épars sur le milieu de la furface. Les premières font terminées par une bordure noire, étroite, courbe, dentée intérieurement. Les fecondes ont une bordure femblable, mais plus large & divifée en outre par un cordon de fept points blancs. Le deffous de chaque aile ne diffère du deffus que parce que le fond des fupérieures eft luifant & entrecoupé de blanchâtre & de noir tout le long du bord poftérieur; que parce que les inférieures font plus pâles, avec les points de l'extrémité plus gros & mieux arrondis. Le corfelet & la poitrine font noirs & pouctués de blanc; l'abdomen eft fauve, avec le dos noir; les antennes font de cette dernière couleur, & les palpes jaunâtres.

Elle fe trouve aux Indes orientales, fuivant Cramer & Fabricius, & elle eft très-commune fur la *Violette* & fur la *Bourrache*.

5. Acrée Hypatie.

Acræa Hypatia.

Acr. alis oblongis, integerrimis, fulvis, punctis plurimis margineque pofteriori nigris: pofticarum eodem margine fuprà immaculato.

Papilio H. Hypatia, *alis oblongis, integerrimis, fulvis, nigro punctatis, margine nigro, immaculato.* Fab. *Entom. Syft. em. tom.* 3. *pars* 1. *p.* 163. *n°.* 504.

Drury, *Inf.* 3. *tab.* 13. *fig.* 1. 2.

Jon. *Fig. pict.* 2. *tab.* 42. *fig.* 1.

Elle a de très-grands rapports avec celle qui précède. Néanmoins elle s'en diftingue en ce que les premières ailes ont le bord poftérieur moins arrondi & fimplement liferé de noir; en ce que les unes & les autres ont quelques points noirs de plus; en ce que la bordure des inférieures eft un peu crénelée intérieurement, au lieu d'être dentée; enfin, en ce qu'elle eft moins large & ordinairement fans taches en deffus.

Elle fe trouve à Sierra-Leone & fur d'autres parties de la côte occidentale d'Afrique.

6. Acrée Zoftérie.

Acræa Zofteria.

Acr. alis oblongis, integerrimis, fulvis, ambitu exteriori fufco: anticarum medio, pofticarum bafi, nigro maculatis: his fubtùs pallidis, margine nigro punctorum albidorum ferie.

Papilio Cepheus. Clerk, *Icon. tab.* 43. *fig.* 4.

Elle a le port & la taille des précédentes. Le deffus de fes ailes eft d'un fauve-vif, avec la bafe d'un brun-noirâtre. Cette dernière couleur s'étend fur toute la côte des fupérieures, & forme à leur extrémité une bordure finuée intérieurement & beaucoup plus large au fommet qu'à l'angle interne; entre cette même bordure & la bafe font une dizaine de taches noires, éparfes. Les fecondes ailes ont, vers leur origine, une quinzaine de taches femblables, mais plus petites; à leur extrémité eft une bande d'un brun-noirâtre, courbe, de moyenne largeur, crénelée en dedans. Le deffous des ailes fupérieures ne diffère du deffus que parce que le fond eft d'une teinte briquetée, & parce que la bordure eft entrecoupée par une fuite de taches rouffâtres, peu prononcées. Le deffous des ailes inférieures eft d'un jaune d'ocre très-pâle, avec quelques taches briquetées parmi les points noirs de la bafe, & un cordon de taches fauves fur le côté interne de la bande terminale, laquelle eft ici plus foncée & divifée en outre par une fuite de fept points d'un blanc-verdâtre.

Elle habite la côte d'Angole.

N. B. Dans le *Syftema naturæ* de Linnæus, cette efpèce eft rapportée à l'*Horta* comme variété. Elle en diffère cependant bien vifiblement.

7. Acrée Séréna.

Acræa Serena.

Acr. alis oblongis, integerrimis, fulvis, margine exteriori fufco: anticarum apice maculâ fulvâ, tranfverfâ: pofticis fubtùs pallidioribus ad bafinque nigro punctatis.

Papilio H. Serena, *alis oblongis, integerrimis, fulvis: pofticis fubtùs bafi nigro punctatis.* Fab. *Syft. Ent. p.* 461. *n°.* 76. — *Spec. Infect. tom.* 2. *p.* 28. *n°.* 114. — *Mant. Inf. tom.* 2. *pag.* 14. *n°.* 133. — *Ent. Syft. em. tom.* 3. *pars* 1. *p.* 164. *n°.* 507. (La femelle.)

Papilio Serena. Herbst, *Pap. tab.* 82. *fig.* 6. 7. (Le mâle.) — *Fig.* 8. 9. (La femelle.)

Papilio Eponina. Cram. *Pap.* 23. *pag.* 138. *pl.* 268. *fig.* A. B. (La femelle.) — *Fig.* C. D. (Le mâle.)

Elle a près d'un demi-pouce de moins que les précédentes. Le deffus des ailes eft fauve, & bordé à l'extrémité par une bande d'un brun-noirâtre, finuée intérieurement. Les premières ont en outre la côte plus ou moins noirâtre, & leur fommet offre, fur un fond de cette nuance, une tache fauve, oblongue, difpofée tranfverfalement & obliquement. Dans la femelle, la bande terminale des quatre ailes eft divifée en deffus par un rang de fept points rouffâtres; dans le mâle, au contraire, elle eft fans taches & un peu plus large. Celui-ci a d'ailleurs un autre caractère diftinctif, c'eft que la bafe de fes fecondes ailes eft d'un brun-noirâtre en deffus, & que cette couleur s'étend, en forme de bande, jufqu'auprès du difque des premières. Le deffous de la femelle diffère du deffus en ce qu'il eft beaucoup plus pâle, furtout aux fecondes ailes, & en ce que celles-ci font parfemées, depuis la bafe jufque vers le milieu, de points noirs dont l'empreinte s'aperçoit du côté oppofé.

opposé. Le dessous du mâle ressemble à celui de la femelle; seulement les taches qui divisent la bordure postérieure sont triangulaires, & les points noirs de la base des ailes inférieures sont entremêlés de quelques points fauves. Le corps est d'un brun-obscur, avec le ventre grisâtre & une rangée de points jaunâtres sur chaque côté de l'abdomen; les antennes sont noires.

Elle habite la côte de Guinée.

Fabricius dit, mais à tort, qu'elle se trouve dans les Indes orientales.

N. B. Nous avons vu une variété femelle qui n'avoit aucun point sur la bordure postérieure des premières ailes, & dans laquelle la tache fauve, transversale, du sommet de ces mêmes ailes n'étoit pas inférieurement séparée du fond.

8. Acrée Terpsichore.

Acræa Terpsichore.

Acr. alis oblongis, integerrimis, flavis; posticis saturatioribus: maculis nigris, sparsis. Linn.

Papilio H. Terpsichore. Linn. *Syst. Nat.* 2. *p.* 755. *n°.* 55. — *Mus. Lud. Ulr. p.* 222.

Papilio Maderaspatanus, *croceus, nigris maculis adspersus.* Petiv. *Gazoph. tab.* 40. *fig.* 4.

Papilio H. Terpsichore, *alis integerrimis, fulvis: posticis nigro punctatis.* Fab. *Syst. Entom. p.* 460. *n°.* 75. — *Spec. Ins. tom.* 2. *p.* 28. *n°.* 113. — *Mant. Ins. tom.* 2. *p.* 14. *n°.* 132. — *Entom. Syst. em. tom.* 3. *pars* 1. *p.* 164. *n°.* 506.

Ce lépidoptère nous étant inconnu, nous traduisons, pour l'agrément de nos lecteurs, la description que Linnæus en a faite dans son *Musæum Ludovicæ Ulricæ reginæ.*

Sa taille est variable; néanmoins elle égale à peine celle du Papillon de l'*Ortie.* (*La petite tortue.* Geoff.) Le dessus des quatre ailes est d'un jaune-foncé, notamment aux inférieures, avec le sommet noirâtre & marqué d'une lunule sur le milieu; chaque aile a en outre une bordure noire, postérieure, large & coupée par un rang de points jaunes. Le dessous ressemble au dessus; mais le disque, (tantôt de toutes les ailes, tantôt des inférieures seulement), est parsemé de points très-noirs, nombreux, rapprochés.

Elle se trouve en Asie; probablement aux environs de Madras, comme l'indique la phrase de Petiver.

N. B. D'après l'observation de Fabricius, les ailes supérieures auroient le sommet un peu blanchâtre.

9. Acrée Vesta.

Acræa Vesta.

Acr. alis oblongis, integerrimis, utrinquè corticinis: omnium suprà limbo posteriori fusco serieque punctorum interrupto.

Papilio H. Vesta, *alis oblongis, integerrimis, flavescentibus, margine nigro, albo punctato.* Fab. *Mant. Ins. tom.* 2. *pag.* 14. *n°.* 134. — *Ent. Syst. em. tom.* 3. *pars* 1. *p.* 163. *n°.* 503. (La femelle.)

Papilio Vesta. Jon. *Fig. pict.* 2. *tab.* 39. *fig.* 2.

Papilio Terpsichore. Cram. *Pap.* 25. *pag.* 17. *pl.* 298. *fig.* A. B. C.

Papilio Terpsichore. Herbst, *Pap. tab.* 82. *fig.* 1-3.

Elle a environ deux pouces & demi d'envergure. Le dessus des quatre ailes est d'un fauve-pâle, avec les nervures & une bande marginale, postérieure, noirâtres. Cette bande est assez large, courbe, un peu dentée intérieurement, & divisée dans toute sa longueur par un rang de points du même fauve que le fond. La femelle a en outre les premières ailes noirâtres le long de la côte, & marquées, dans leur milieu, de trois ou quatre petites raies transversales de cette couleur. Le dessous des ailes diffère du dessus, 1°. en ce que la bande marginale des supérieures est à peine distincte; 2°. en ce que les inférieures sont plus pâles au-delà du milieu, & traversées immédiatement avant la bordure par une bande rousse, étroite, sinuée sur les côtés; enfin, en ce que les taches de cette bordure sont triangulaires & plus rapprochées. Le corps est d'un fauve-pâle, avec le corselet noir & bordé antérieurement par un arc roussâtre; la poitrine & les antennes sont de la couleur du corselet.

Elle se trouve en Chine.

N. B. Fabricius n'a décrit que la femelle.

10. Acrée Janisca.

Acræa Janisca.

Acr. alis oblongis, integerrimis: anticis suprà fuscis, basi ferrugineâ, ad apicem fasciâ albâ transversâ; posticis fulvis, nigro punctatis: omnium utrinquè limbo posteriori nigro macularum serie.

Elle a le port & la taille de l'*Horta.* Le dessus de ses premières ailes est d'un brun-obscur, avec la base ferrugineuse; vis-à-vis du sommet est une bande blanche, partant de la côte & se dirigeant obliquement vers le limbe postérieur, lequel est plus foncé que le milieu de la surface, & sur lequel on voit un cordon de petites taches roussâtres, la plupart oblongues. Le dessus des secondes ailes est fauve, avec des points noirs, épars depuis la base jusqu'au-delà du disque; son extrémité est bordée par une bande également noire, courbe, assez large, crénelée intérieurement, & divisée dans toute sa longueur par des points roussâtres qui forment un arc. Le dessous de ces ailes diffère du dessus en ce que le fond est d'un jaune d'ocre pâle, ainsi que la ligne de points marginaux; en ce que ceux-ci sont précédés en dedans de points du même jaune, mais beaucoup plus petits; enfin, en ce qu'il y a sur le disque, parmi les points noirs, deux ou trois petites taches fauves. Le dessous des premières ailes est fauve depuis son origine jusqu'à la bande blanche, ensuite d'un brun-obscur, avec une série terminale de taches d'un jaune-roussâtre, plus longues que celles de la surface opposée. Le corps est noir, avec des points jaunâtres sur les côtés; cette couleur est aussi celle des palpes; les antennes sont d'un noir-foncé.

Elle se trouve en Afrique. — Du cabinet de M. Dufresne.

11. ACRÉE Jaléma.

ACRÆA Jalema.

Acr. alis oblongis, integerrimis, suprà fuscis, disco fulvo nigroque punctato : anticis ad apicem maculâ albidâ, transversâ : omnibus utrinquè punctorum serie marginali.

Elle a le port & la taille de la précédente. Le dessus des quatre ailes est d'un brun-noirâtre, & traversé vers le milieu par une bande fauve, ponctuée de noir, large, courbe, un peu sinuée en dehors; le bord postérieur offre une rangée de points roussâtres, ronds & très-petits sur les secondes ailes, oblongs & plus gros sur les premières, qui ont en outre une tache blanchâtre, transverse, appuyée sur la côte entre la bande du milieu & les points marginaux. Le dessous de chaque aile diffère du dessus, 1°. en ce que la base est fauve, au lieu d'être noirâtre; 2°. en ce que les inférieures ont la bande du milieu & les points du bord blanchâtres.

Elle se trouve en Afrique.

12. ACRÉE Perséphone.

ACRÆA Persephone.

Acr. alis oblongis, integerrimis, suprà fuscis, utrinquè nigro punctatis : anticis ad apicem fasciâ albâ, transversâ, abbreviatâ; posticis margine nigro, suprà immaculato : his subtùs virescenti-flavis.

Papilio H. Persiphone, *alis integris, fuscis, nigro punctatis : anticis maculâ albâ; posticis margine nigro, immaculato.* FAB. *Entom. Syst. em. tom.* 3. *pars* 1. *p.* 174. *n°.* 542.

Papilio Persiphone. JON. *Fig. pict.* 2. *tab.* 16. *fig.* 1.

Elle a le port & la taille de la précédente. Ses quatre ailes sont d'un brun-noirâtre en dessus. Les premières ont, sur le milieu, de quatre à huit points noirs; &, vis-à-vis du sommet, une bande blanche, transverse, partant de la côte, mais n'atteignant pas le bord postérieur. Les secondes ailes sont parsemées de points noirs, depuis la base jusqu'au-delà du milieu, & leur extrémité est bordée par une bande également noire, courbe, sans taches en dessus, divisée en dessous par un rang de sept taches jaunes, un peu lunulées. La surface inférieure de ces mêmes ailes est d'un jaune un peu verdâtre, avec des points noirs comme du côté opposé. Le dessous des premières ailes offre le même dessin que le dessus, mais le fond en est plus clair. Le corps est noir, avec des taches jaunes, latérales; les antennes sont de la couleur du corps.

Elle se trouve en Afrique.

N. B. Le dessus des ailes inférieures est quelquefois un peu blanchâtre entre le disque & la bande marginale.

13. ACRÉE Cynthia.

ACRÆA Cynthia.

Acr. alis oblongis, integerrimis, fuscis, fasciâ communi anticarumque maculâ apicali, albidis : inferioribus suprà punctorum fulvorum serie posticâ.

Papilio Cynthius. DRURY, *Ins.* 3. *pl.* 37. *fig.* 5. 6.

Papilio Cynthia. HERBST, *Pap. tab.* 80. *fig.* 1. 2.

Sa taille est à peu près la même que celle de l'*Horta*. Elle est d'un brun-noirâtre en dessus, avec une bande d'un blanc-jaunâtre, transverse, commune aux quatre ailes, mais ne montant guère au-delà du milieu des supérieures. Celles-ci ont en ou re, vis-à-vis du sommet, une tache blanchâtre, ovale, oblique; &, sur la moitié antérieure de la côte, une ligne rougeâtre, longitudinale. Les secondes ailes ont, entre le milieu & le bord postérieur, une rang:e transversale de six points fauves, oblongs, qui ne se reproduisent pas du côté opposé. Le dessous de chaque aile diffère du dessus en ce que la bande susdite est plus pâle, plus longue & plus étroite sur les supérieures, plus large au contraire sur les inférieures; en ce que ces dernières ont une dixaine de points noirs vers la base, & les supérieures deux semblables sur le disque; enfin, en ce que les unes & les autres ont le bord postérieur divisé par un rang de taches grisâtres, triangulaires. Les deux surfaces du corps & les antennes sont noirâtres.

Elle se trouve à Sierra-Leone.

14. ACRÉE Camœna.

ACRÆA Camœna.

Acr. alis oblongis, fuscis : anticis integerrimis, immaculatis; posticis subrepandis, basi nigro punctatis, ad extimum fasciâ flavescente, transversâ.

Papilio H. Camœna, *alis subintegris, fuscis, nigro punctatis : posticis fasciâ rubrâ.* FAB. *Syst. Entom. p.* 464. *n°.* 93. — *Spec. Insect. tom.* 2.

Papilio Menippe. Drury, *Insect.* 3. *pl.* 13. *fig.* 3. 4.

Papilio Menippe. Stoll, *Pap. Suppl.* à Cram. 4. *pl.* 28. *fig.* 1.

Papilio Menippe. Herbst, *Pap. tab.* 81. *fig.* 4. 5.

Elle a environ trois pouces de largeur. Le dessus des premières ailes est d'un brun-obscur & un peu transparent, avec quelques taches noires sur le milieu de la surface; vis-à-vis du sommet est une bande blanchâtre, transverse, courte, partant de la côte; le bord postérieur est tantôt nu, tantôt divisé par un rang de cinq taches fauves, orbiculaires, que précèdent intérieurement & près de l'angle anal deux ou trois taches de cette couleur, mais de forme différente. Le dessus des secondes ailes est d'un brun-obscur depuis son origine jusqu'au tiers à peu près de sa longueur, puis traversé d'un bord à l'autre par une bande fauve, très-large, sur laquelle il y a huit à neuf points noirs, épars; vient ensuite une bordure noirâtre, courbe, crénelée en dedans, & coupée par un cordon de sept petits points fauves. Le dessous des ailes supérieures est plus pâle que le dessus, avec sept à huit points noirs, inégaux, & la bande blanchâtre dont nous avons parlé; mais elle est ici un peu plus longue, terminée en pointe, & largement bordée de noirâtre sur le côté interne; son côté externe est constamment précédé d'une série de taches roussâtres & ovales, dont l'antérieure partagée par une nervure, la suivante plus longue que toutes les autres. Le dessous des ailes inférieures est d'une teinte briquetée vers la base, avec un espace très-noir sur lequel sont six à sept points blancs; à la bande du dessus correspond une bande très-pâle, offrant aussi huit à neuf points noirs; la bordure a sept points blanchâtres, qui sont précédés intérieurement par un pareil nombre de taches fauves, arrondies. Le corps est noir, avec des points blancs sur le corselet & sur la poitrine, & avec environ les deux tiers inférieurs de l'abdomen d'un jaune-roussâtre; les antennes sont noires.

Elle habite une grande partie de la côte occidentale de l'Afrique. C'est donc d'après de faux renseignemens que Linnæus la dit des Indes.

22. Acrée Zidora.

Acræa Zidora.

Acr. alis oblongis, integerrimis, suprà fuscis, nigro punctatis: posticis fasciâ fulvâ, latâ, transversâ, alis superioribus communi: harum margine extimo immaculato.

Papilio H. Zetes, *alis oblongis, fuscis, nigro punctatis: posticis fasciâ fulvâ, nigro punctatâ; subtùs margine pallido punctato.* Fab. *Ent. Syst. em. tom.* 3. *pars* 1. *p.* 174. *n°.* 541.

Papilio Egina. Cram. *Pap.* 4. *p.* 64. *pl.* 39. *fig.* F. G.

Papilio Egina. Stoll, *Pap. Suppl.* à Cram. 4. *p.* 122. *pl.* 25. *fig.* 3 & 3. C.

Fabricius la réunit à la précédente. Néanmoins il paroît avoir eu des doutes sur l'identité, car il ne s'est point servi, comme il le fait ordinairement, de la phrase spécifique de Linnæus.

Le dessus des secondes ailes est d'un brun-obscur à la base ainsi qu'au bord postérieur, & traversé entre ces deux parties par une bande fauve ou d'un rouge-cerise, large, courbe & dentée en dehors, ayant le milieu marqué de quelques points noirs: cette bande s'étend un peu sur les premières ailes du mâle; dans la femelle, au contraire, elle monte beaucoup plus haut, & elle est divisée en cinq taches ovales, dont la supérieure plus petite. Le dessus de ces ailes est d'un brun-obscur & un peu transparent, avec quelques taches noires sur le disque. Leur dessous ressemble au dessus, excepté que le fond en est luisant. Le dessous des ailes inférieures est verdâtre depuis la base jusqu'au milieu, avec un grand nombre de points noirs, épars, & deux ou trois taches rougeâtres près du corps; la partie qui correspond à la bande fauve du dessus est ici très-pâle; la bordure noire est divisée par une suite de sept taches verdâtres, & elle a sur son côté interne une rangée d'autant de taches roussâtres. Le corps, les antennes & les palpes sont, à peu de chose près, comme dans l'espèce ci-dessus.

Elle se trouve à Sierra-Leone.

23. Acrée Macaria.

Acræa Macaria.

Acr. alis integris, fuscis: anticis basi atris fasciâque latâ, mediâ, rufâ; posticis basi nigro punctatis. Fab.

Papilio H. *Macaria*. Fab. *Entom. Syst. em. tom.* 3. *pars* 1. *p.* 174. *n°.* 540.

Papilio Macaria. Jon. *Fig. pict.* 2. *tab.* 13. *fig.* 1.

Elle a le port & la taille de l'*Horta*. Les premières ailes ont la base d'un noir-foncé, & l'extrémité d'un brun-noirâtre; entre ces deux couleurs est une bande d'un roux-vif, large, sans taches, jetant un rameau sur le noir de la base. Leur dessous est semblable au dessus, mais plus pâle. Les secondes ailes sont d'un brun-noirâtre, avec des points noirs vers leur origine, & une bande d'un roux-pâle sur le milieu. Leur dessous ne diffère point du dessus.

Elle habite.....

(*Traduction du texte de Fabricius.*)

24. Acrée Bonasie.

Acræa Bonasia.

Acr. alis oblongis, integerrimis, fuscis, fasciâ communi fulvâ : posticis basi nigro punctatis. Fab.

Papilio H. Bonasia. Fab. *Syst. Entom. p.* 464. *n°.* 96. — *Spec. Inf. tom.* 2. *p.* 34. *n°.* 143. — *Mant. Inf. tom.* 2. *p.* 16. *n°.* 164. — *Ent. Syst. em. tom.* 3. *pars* 1. *p.* 177. *n°.* 551.

Le corps est noir, avec des points jaunes sur les côtés de l'abdomen. Les premières ailes sont d'un brun-noirâtre, avec une bande fauve, courbe, allant de la base au milieu de la surface, & de-là au bord interne ; il y a en outre vis-à-vis de leur sommet une ligne fauve. Le dessus des secondes ailes, dont le fond est d'un brun-noirâtre, offre, sur le milieu, une bande fauve, large ; &, vers le bord postérieur, quelques stries très-courtes. Le dessous des ailes supérieures est à peu près semblable au dessus. Le dessous des inférieures est blanchâtre à la base, avec un grand nombre de points noirs, épars ; obscur à l'extrémité, avec des taches marginales blanches & aigues.

Elle se trouve à Sierra-Leone.

(*Traduction du texte de Fabricius.*)

25. Acrée Euryta.

Acræa Euryta.

Acr. alis oblongis, integerrimis : anticis fuscis, fasciâ albidâ, transversâ, mediâ, nervis divisâ ; posticis rufis seu rufescenti-albidis, striis extimoque fuscis : his subtùs basi ferrugineâ nigroque punctatâ.

Papilio H. Euryta, *alis oblongis, integerrimis, concoloribus, fuscis, nigro striatis, fasciâ albâ : posticis punctis decem atris.* Linn. *Syst. Nat.* 2. *p.* 757. *n°.* 69. — *Mus. Lud. Ulr. pag.* 221. (La femelle.)

Papilio H. Euryta. Fab. *Syst. Entom. p.* 463. *n°.* 89. — *Spec. Inf. tom.* 2. *pag.* 32. *n°.* 131. — *Mant. Inf. tom.* 2. *pag.* 16. *n°.* 153. — *Entom. Syst. em. tom.* 3. *pars* 1. *p.* 172. *n°.* 534.

Seba, *Mus.* 4. *tab.* 29. *fig.* 15. 16.

Papilio Eurytus. Clerk, *Icon. tab.* 31. *fig.* 4.

Papilio Euryta. Cram. *Pap.* 20. *p.* 69. *pl.* 233. *fig.* A. B. (Le mâle & la femelle.)

Papilio Euryta. Herbst, *Pap. tab.* 80. *fig.* 4. 5.

Papilio Timandra. Jon. *Fig. pict.* 2. *tab.* 25. *fig.* 2.

Elle a environ trois pouces & demi d'envergure. Ses premières ailes sont d'un brun-noirâtre, & traversées par une bande d'un blanc-roussâtre dans le mâle, très-blanche dans la femelle, plus large dans celle-ci que dans celui-là, sinuée sur les côtés & coupée par de fines nervures de la couleur du fond ; cette bande descend obliquement de la côte vers l'angle postérieur, au-dessus duquel elle se rétrécit beaucoup & se replie en dedans pour gagner le bord interne, qui dans certains individus est en outre roux ou blanchâtre, suivant le sexe. Les secondes ailes sont rousses dans le mâle, d'un blanc-roussâtre dans la femelle, avec des stries longitudinales & l'extrémité d'un brun-noirâtre. Le dessous des unes & des autres diffère du dessus en ce qu'il est plus pâle ; en ce que la base des inférieures offre, sur un fond ferrugineux, une quinzaine de points noirs qu'on aperçoit du côté opposé. Le corps est noirâtre, avec des points blancs sur le corselet, des taches & de petits anneaux jaunâtres sur l'abdomen ; les antennes sont noires.

Elle se trouve à Sierra-Leone, & non dans les Indes, comme le disent Linnæus & Fabricius.

26. Acrée Géa.

Acræa Gea.

Acr. alis oblongis, integerrimis : anticis utrinquè fuscis, fasciis duabus fulvis aut albidis, alterâ versùs apicem, alterâ connexâ disco posticarum : his subtùs rufescentibus, basi nigro punctatis, posteà striatis.

Papilio H. Gea, *alis oblongis, integerrimis, nigris : anticis maculis ; posticis disco fulvo nigro striato, subtùs basi nigro punctatis.* Fab. *Spec. Inf. tom.* 2. *p.* 32. *n°.* 136. — *Mant. Inf. tom.* 2. *p.* 16. *n°.* 158. — *Ent. Syst. em. tom.* 3. *pars* 1. *p.* 175. *n°.* 543. (Le mâle.)

Papilio Hirce. Drury, *Inf.* 3. *pl.* 28. *fig.* 3. 4.

Jon. *Fig. pict.* 2. *tab.* 15. *fig.* 2.

Papilio Epæa. Cram. *Pap.* 20. *p.* 64. *pl.* 230. *fig.* B. C.

Herbst, *Pap. tab.* 81. *fig.* 8. 9.

Papilio H. Jodutta, *alis oblongis, integris, nigris : anticis maculis duabus albis ; posticis disco albo nigro striato, subtùs basi nigro punctatis.* Fab. *Entom. Syst. em. tom.* 3. *pars* 1. *p.* 175. *n°.* 544. (La femelle.)

Papilio Thales. Jon. *Fig. pict.* 2. *tab.* 21. *fig.* 1.

Le *Gea* & le *Jodutta* de Fabricius nous ont paru, après les avoir attentivement confrontés, ne former qu'une seule & même espèce dont le premier est le mâle, & le second la femelle.

Elle est un peu moins grande que l'*Euryta*. Ses ailes supérieures sont d'un brun-noirâtre, avec deux bandes fauves dans le mâle, blanches ou d'un blanc-jaunâtre dans la femelle : la bande extérieure, que coupent les nervures, & dont le côté interne a une entaille assez profonde, descend obliquement du bord antérieur vers le milieu du bord postérieur ; la seconde, placée sur le milieu du bord interne, se dirige vers la précédente, & fait suite à une bande fauve ou blanche qui traverse les ailes inférieures entre leur milieu & leur origine. Ces ailes ont le dessus fauve ou roussâtre, avec des stries, la base & l'extrémité noirâtres. Leur dessous diffère du dessus en ce que la base est ferrugineuse, avec des points d'un noir-foncé ; en ce que la couleur roussâtre se prolonge jusqu'au bord postérieur. Le dessous des premières ailes ressemble tout-à-fait au dessus. La tête, le corselet & la poitrine sont noirs, avec des points blancs ; l'abdomen est obscur & entrecoupé de fauve ; les antennes sont noires.

Elle se trouve à Sierra-Leone.

27. Acrée Lycoa.

Acræa Lycoa.

Acr. alis oblongis, integerrimis, fuscis : anticis maculis duabus fasciâque apicali, posticis disco, albis : his ad extimum striatis basique subtùs ferrugineâ punctis aliquot nigris.

Elle n'a guère que deux pouces & demi d'envergure. Les premières ailes sont d'un brun-obscur, avec deux taches blanches contiguës, dont l'antérieure plus grande & occupant le disque, la postérieure orbiculaire & placée tout près de l'angle anal ; il y a en outre vis-à-vis du sommet une bande blanche, coupée par les nervures, un peu entaillée au milieu de son côté interne, & se dirigeant obliquement de la côte vers le bord postérieur. Les secondes ailes, dont le dessus est d'un brun-obscur, ont sur le milieu, & à partir du bord interne, un espace blanc, large, arrondi en dehors, atteignant presque la base ; vers l'extrémité sont des stries noirâtres. Le dessous des quatre ailes ressemble au dessus, mais la base des inférieures est ferrugineuse, avec quatre ou cinq points noirs ; & le bout des supérieures est plus pâle & strié. Le corps est noirâtre, avec des taches jaunâtres sur les côtés de l'abdomen ; les antennes sont noires.

Elle se trouve en Afrique.

Nous ignorons si les deux sexes se ressemblent.

28. Acrée Servona.

Acræa Servona.

Acr. alis oblongis, integerrimis, fuscis : anticis maculâ mediâ fasciâque maculari, incurvâ, albis ; posticis disco ochreaceo : his subtùs flavidis, basi nigro punctatis, extimo striatis.

Elle est un peu plus petite que la précédente. Ses premières ailes sont d'un brun-noirâtre, & traversées vers le bout par une bande blanche, maculaire, large, courbe, précédée intérieurement, & à peu de distance du milieu de la côte, d'une tache quadrangulaire de sa couleur. Les secondes ailes, dont le dessus est aussi d'un brun-noirâtre, ont sur le milieu, & à partir du bord interne, un espace d'un jaune d'ocre, grand, arrondi & légèrement denté en dehors, finissant en pointe près du bord antérieur. Le dessous de ces mêmes ailes est entièrement d'un jaune d'ocre, avec une quinzaine de points très-noirs à la base, & des stries moins foncées sur le bord postérieur. Le bord correspondant des premières ailes est pareillement jaunâtre en dessous & strié de même. Les antennes sont noires.

Décrite sur un individu unique, appartenant à M. Dufresne, & trouvé sur la côte d'Angole.

29. Acrée Mandane.

Acræa Mandane.

Acr. alis oblongis, integerrimis : anticis hyalinis, nervis margineque fuscis ; posticis fuscis, fasciâ flavescente, transversâ, mediâ : his subtùs basi cinereis nigroque punctatis.

Papilio P. Mandane, *alis oblongis, integerrimis : anticis hyalinis, nigro venosis ; posticis atris, fasciâ albâ.* Fab. *Entom. Syst. em. tom.* 3. *pars* 1. *p.* 183. *n°.* 565.

Papilio Mandane. Jon. *Fig. pict.* 2. *tab.* 36. *fig.* 2.

Papilio Circeis. Drury, *Inf.* 3. *pl.* 18. *fig.* 5. 6.

Papilio Circeis. Herbst, *Pap. tab.* 81. *fig.* 6. 7.

Elle a le port & à peu près la taille de l'*Horta*. Les premières ailes, dont les deux surfaces se ressemblent, sont transparentes, avec les bords & les nervures noirâtres. Les secondes ailes ont le dessus d'un brun-obscur, & traversé dans son milieu par une bande jaune, pâle, courbe, sinuée en dehors. Leur dessous diffère du dessus en ce que la base est cendrée, avec des points noirs ; en ce que la bande transverse du milieu est encore plus pâle ; enfin, en ce que l'extrémité est jaunâtre, avec des stries noirâtres. Le corps est noir, avec les palpes jaunes & des taches de cette couleur sur l'abdomen, dont le fond est blanchâtre ; les antennes sont noires.

Elle se trouve à Sierra-Leone.

30. Acrée Lycia.

Acræa Lycia.

Acr. alis integerrimis, concoloribus, fuscis, albo maculatis : posticis disco albo punctis nigris. Fab.

Papilio H. Lycia. Fab. *Syst. Entom. p.* 464. *n°.* 94. — *Spec. Inf. tom.* 2. *p.* 33. *n°.* 138. — *Mant. Inf. tom.* 2. *p.* 16. *n°.* 159. — *Ent. Syst. em. tom.* 3. *pars* 1. *p.* 176. *n°.* 546.

Elle eſt plus petite que la précédente. Le corſelet eſt noirâtre, avec des taches jaunes. Les ailes ſupérieures, dont le fond eſt d'un brun-noirâtre, ont, vers le bord interne, une tache blanchâtre, ponctuée de noir; &, vis-à-vis du ſommet, une bande également blanchâtre, tranſverſe & maculaire. Les ailes inférieures ont le milieu blanc, avec un grand nombre de points noirs, épars; leur bord poſtérieur eſt en outre diviſé par des ſtries noirâtres.

Elle ſe trouve à Sierra-Leone.

(*Traduction du texte de Fabricius.*)

31. Acrée Parrhaſia.

Acræa Parrhaſia.

Acr. alis oblongis, integerrimis, atris : anticis maculâ quadrifidâ fulvâ hyalinâque : poſticis faſciâ fulvâ, ſubtùs flavis, punctis lineiſque nigris. Fab.

Papilio Parrhaſia. Fab. *Ent. Syſt. em. tom.* 3. *pars* 1. *p.* 175. *n°.* 545.

Papilio Parrhaſia. Jon. *Fig. pict.* 2. *tab.* 27. *fig.* 2.

Elle eſt petite, avec le corps noir & tacheté de fauve. Les premières ailes, dont le fond eſt très-noir, ont à la baſe une tache fauve, grande, quadrifide; &, ſur le milieu, une tache tranſparente, trifide : leur deſſous eſt un peu plus pâle, avec le diſque tranſparent & coupé par les nervures. Les ſecondes ailes ſont d'un noir-foncé & traverſées au milieu par une bande fauve, large. Leur deſſous eſt d'un jaune-pâle, avec des points noirs à la baſe, & des lignes de cette couleur à l'extrémité.

Fabricius, que nous traduiſons ici, la dit des Indes.

32. Acrée Cépha.

Acræa Cepha.

Acr. alis oblongis, integerrimis, atris : anticis faſciâ abbreviatâ albâ ; poſticis baſi fulvis, ſubtùs radiatis. Fab.

Papilio H. Cepha. Fab. *Spec. Inſect. tom.* 2. *p.* 15. *n°.* 143. — *Ent. Syſt. em. tom.* 3. *pars* 1. *p.* 169. *n°.* 524.

Le corps eſt petit, d'un brun-noirâtre. Les ailes ſupérieures, dont le deſſus eſt très-noir, ont ſur leur milieu une bande blanchâtre, large, mais n'atteignant pas les bords; vers leur bord interne eſt une tache fauve, commune aux ailes inférieures. Le deſſus de celles-ci eſt fauve à la baſe, d'un noir-foncé à l'extrémité. Le deſſous des quatre ailes eſt d'un brun-obſcur : celui des ſupérieures a une tache fauve à la baſe, & ſur le milieu la bande blanchâtre dont nous avons parlé; celui des inférieures eſt rayé de fauve vers ſon origine, & l'on voit vers ſon extrémité quelques taches blanches, peu prononcées.

Elle ſe trouve à Cayenne.

(*Traduction du texte de Fabricius.*)

33. Acrée Thalie.

Acræa Thalia.

Acr. alis oblongis, integerrimis : anticis utrinquè fuſcis, maculis baſeos longitudinalibus faſciâque apicis tranſverſâ ochreaceis ; poſticis ſuprà ferrugineis, limbo exteriori lineiſque radiantibus fuſcis.

Papilio H. Thalia, *alis oblongis, integerrimis, fuſcis : primoribus flavo maculatis, poſticis ſtriatis.* Linn. *Syſt. Nat.* 2. *p.* 757. *n°.* 67. — *Muſ. Lud. Ulr. p.* 230.

Papilio H. Thalia. Fab. *Syſt. Entom. p.* 463. *n°.* 88. — *Spec. Inſ. tom.* 2. *p.* 31. *n°.* 130. — *Mant. Inſ. tom.* 2. *p.* 15. *n°.* 151. — *Entom. Syſt. em. tom.* 3. *pars* 1. *p.* 171. *n°.* 532.

Seba, *Muſ.* 4. *tab.* 7. *fig.* 1. 2.

Clerk, *Icon. tab.* 43. *fig.* 2.

Cram. *Pap.* 21. *p.* 88. *pl.* 246. *fig.* A.

Herbst, *Pap. tab.* 68. *fig.* 7.

Stoll, *Pap. Suppl. à* Cram. 1. *pl.* 1. *fig.* 6. A. (La chenille.) — *Fig.* 6. B. (La chryſalide.)

Papilio H. Pyrrha, *alis oblongis, integerrimis, concoloribus, fuſcis, flavo maculatis : poſticis diſco ferrugineo, nigro ſtriato.* Fab. *Syſt. Entom. p.* 464. *n°.* 95. — *Spec. Inſ. tom.* 2. *pag.* 33. *n°.* 139. — *Mant. Inſ. tom.* 2. *p.* 16. *n°.* 160. — *Entom. Syſt. em. tom.* 3. *pars* 1. *p.* 176. *n°.* 547.

Papilio Lacœna. Jon. *Fig. pict.* 2. *tab.* 21. *fig.* 2.

Fabricius, ne s'étant probablement pas rappelé qu'il avoit donné cette eſpèce ſous le nom de *Thalia*, l'a reproduite enſuite ſous celui de *Pyrrha*.

Elle a de deux pouces à deux pouces & demi de largeur. Les premières ailes ſont d'un brun-obſcur, avec des taches d'un jaune d'ocre, diſpoſées ainſi qu'il ſuit : deux longitudinales, dont l'antérieure plus courte, à la baſe; deux preſqu'orbiculaires & plus ou moins rapprochées, ſur le milieu; cinq, oblongues, inégales & contiguës, formant une bande tranſverſe vis-à-vis du ſommet. Le deſſus des ſecondes ailes eſt d'une couleur ferrugineuſe, avec des rayons ou ſtries & une bande marginale d'un brun-obſcur. Le deſſous de chaque aile offre le même deſſin que le deſſus, mais le fond des inférieures eſt beaucoup plus pâle. Le corps eſt noirâtre en deſſus, avec deux points jaunes ſur le

CÉTHOSIE. (Insecte.)

11. Céthosie Cyané.

Ailes presqu'arrondies, dentées, fauves et tachetées de noir, ayant l'extrémité d'un brun-noirâtre, avec une ligne anguleuse, plus une bande transverse sur les supérieures, blanches : le dessous des quatre varié de jaune et de noir vers la base.

12. Céthosie Biblina.

Ailes presqu'arrondies, dentées, fauves, ayant l'extrémité d'un brun-noirâtre, avec des lunules blanches, formant trois rangées sur les supérieures : les inférieures avec des taches noires devant la bordure : le dessous des quatre varié de jaune et de noir vers la base.

13. Céthosie Penthésilée.

Ailes presqu'arrondies, dentées, fauves, ayant l'extrémité d'un brun-noirâtre, avec un seul rang de lunules blanchâtres : les supérieures offrant vers le sommet une bande d'un beau blanc ; les inférieures avec des taches noires devant la bordure : le dessous des quatre varié de bleuâtre et de noir vers la base.

14. Céthosie Chrysonoé.

Ailes presqu'arrondies, dentées, fauves, avec l'extrémité largement noire : les supérieures ayant vers le sommet une bande d'un beau blanc : le dessous des inférieures d'un brun-obscur, avec deux bandes très-noires, transverses, maculaires, et la base variée de cendré et de noir.

15. Céthosie Marica.

Ailes dentées, d'une couleur briquetée, avec l'extrémité noire et offrant sur les supérieures une bande blanche, sur les inférieures des points bleuâtres.

16. Céthosie Lamarck.

Ailes presqu'arrondies, dentées, noires, avec un reflet bleu en dessus : les quatre ayant la base orangée en dessus, blanche et ondée de noir en dessous.

1. Céthosie Julie.

Cethosia Julia.

Ceth. alis oblongis, suprà fulvis : primoribus subfalcatis, apice nigro maculâ fulvâ, magnâ, posticè bifidâ ; inferioribus dentatis, limbo exteriori nigro lunulis pallidis : his subtùs lineâ baseos albâ punctoque sanguineo antrorsùm terminatâ.

Papilio N. Julia, *alis oblongis, dentatis, fulvis : anticis strigis duabus, posticis margine postico, nigris.* Fab. *Syst. Entom. p.* 509. *n°.* 281. — *Spec. Inf. tom.* 2. *p.* 99. *n°.* 435. — *Mant. Inf. tom.* 2. *p.* 54. *n°.* 529. — *Entom. Syst. em. tom.* 3. *pars* 1. *p.* 180. *n°.* 558.

Papilio Alcionea. Cram. *Pap.* 18. *pag.* 38. *pl.* 215. *fig.* A. F. G.

Papilio Alcyonea. Herbst, *Pap. tab.* 67. *fig.* 5-7.

Elle a de trois pouces à trois pouces & demi d'envergure. Le dessus du mâle est d'un fauve-vif; le dessus de la femelle d'un fauve-clair, mais un peu rembruni vers la base des premières ailes. Celles-ci ont le bord postérieur noir & un peu concave; leur sommet offre, à partir de ce même bord jusqu'au milieu de la côte, un espace noir, grand, triangulaire, occupé en majeure partie par une tache fauve, un peu oblique & bifide en arrière. Les secondes ailes sont dentées & terminées par une bordure noire, assez large, crénelée intérieurement, divisée dans toute sa longueur par un double rang de lunules fauves, obscures, dont les extérieures linéaires. Le dessous des quatre ailes est entièrement d'une couleur tuilée pâle, avec une bande encore plus pâle, transverse, postérieure, anguleuse, & trois ou quatre croissans blancs, alignés transversalement près de l'angle anal; les ailes inférieures ont en outre vers leur origine, & parallèlement à la côte, une ligne blanche, un peu courbe & terminée près de la base par un point d'un rouge-sanguin ; cette dernière couleur est, du moins dans les mâles, celle de la naissance de la côte des ailes supérieures. Le corps est de part & d'autre du même ton que les ailes; les antennes sont noires, avec le bout un peu roussâtre.

Très-commune à la Guyane & au Brésil.

2. Céthosie Délila.

Cethosia Delila.

Ceth. alis oblongis, suprà fulvis : primoribus subfalcatis, inferioribus dentatis ; his lunulis marginalibus, illis lunulâ costali, nigris : inferioribus subtùs lineâ baseos albâ punctoque sanguineo antrorsùm terminatâ.

Papilio N. Delila, *alis dentatis, oblongis, fulvis : anticis lunulâ nigrâ.* Fab. *Syst. Ent. p.* 510. *n°.* 284. — *Spec. Inf. tom.* 2. *pag.* 100. *n°.* 439. — *Mant. Inf. tom.* 2. *p.* 54. *n°.* 534. — *Ent. Syst. em. tom.* 3. *pars* 1. *p.* 57. *n°.* 176.

Papilio Cillene. Cram. *Pap.* 18. *pag.* 38. *pl.* 215. *fig.* D. E.

Papilio Cillene. Herbst, *Pap. tab.* 67. *fig.* 8. 9.

Elle est de la taille de la précédente, à laquelle elle ressemble en dessous, & dont elle diffère en dessus en ce que les premières ailes sont entièrement fauves, avec une lunule noire sur le milieu de la côte, & une ligne longitudinale de cette couleur à son extrémité; en ce que les secondes ailes ont, au lieu de bordure, une double rangée de croissans noirs, dont les intérieurs plus étroits & formés par des atômes.

Elle se trouve à Surinam.

3. Céthosie Junon.

Cethosia Juno.

Ceth. alis oblongis, dentatis, suprà fulvis, limbo communi anticarumque fasciis duabus, nigris ; his ad apicem angustato-productis : posticis subtùs fusco flavidoque marmoratis, maculis argenteis permultis.

Papilio N. Juno, *alis angulato-dentatis, oblongis, fulvis, limbo atro : posticis subtùs atris, maculis fulvis argenteisque.* Fab. *Spec. Inf. tom.* 2. *pag.* 112. *n°.* 487. — *Mant. Insect. tom.* 2. *p.* 64. *n°.* 605. — *Ent. Syst. em. tom.* 3. *pars* 1. *p.* 61. *n°.* 190.

Papilio Juno. Cram. *Pap.* 18. *p.* 38. *pl.* 215. *fig.* B. C.

Papilio Juno. Herbst, *Pap. tab.* 68. *fig.* 1. 2.

Elle a environ un demi-pouce de moins que les deux précédentes. Le dessus du mâle est d'un fauve-vif; le dessus de la femelle d'un fauve moins foncé. Les premières ailes ont le bord postérieur denté, rétréci & prolongé à l'angle du sommet, qui est arrondi ; ce même bord est noir, ainsi que la côte; de celle-ci partent deux bandes étroites, également noires, dont l'extérieure transverse, oblique, un peu sinuée & aboutissant vers le milieu du bord de derrière; l'intérieure occupant environ le tiers de la côte à partir de la base, se courbant ensuite, mais n'atteignant point le milieu de la surface. Les secondes ailes sont dentées & terminées par une bande noire, large, courbe, un tant soit peu crénelée intérieurement. Le dessous des supérieures est d'un fauve-clair, plus ou moins rougeâtre, avec les deux bandes noires dont nous avons parlé, & des taches argentées au sommet & le long du bord postérieur, lesquels sont ici marbrés de brun-obscur & de jaunâtre-pâle. Le dessous des ailes inférieures est entièrement marbré de la même manière, avec une multitude de taches argentées, les unes grandes & éparses depuis la base jusqu'au-delà du milieu, les autres petites & alignées tout le long du bord postérieur; parmi les premières il en est une plus grande encore que les autres, & dont le côté supérieur est bifide; les extérieures sont en forme de points, dont quelques-uns oblongs. Le corps est fauve en dessus, grisâtre en dessous, avec des points blancs sur la tête & sur le col; les antennes sont noires.

Elle se trouve à la Guyane & au Brésil.

4. Céthosie Bonpland.

Cethosia Bonplandi.

Ceth. alis elongatis, subdentatis, nigris, flavo maculatis, marginem posticum versùs albo punctatis: anticis ad apicem angustato-productis.

Céthosie Bonpland. *Recueil d'obs. de Zool. & d'Anat. comp., par Alex.* de Humboldt & *A.* Bonpland, *vol.* 2. *p.* 199. *pl.* 18. *fig.* 5. 6.

Elle a le port de la précédente, mais elle est un peu plus petite. Ses quatre ailes sont foiblement dentées, noires, avec des taches d'un jaune d'ocre; leur bord postérieur est entrecoupé de blanc, & l'on y voit en outre des points de cette couleur, formant en dessus une seule ligne & deux en dessous; mais ceux de la ligne extérieure du dessous des secondes ailes sont plus grands & jaunatres. Les taches jaunes des ailes de devant sont disposées ainsi sur chaque surface : 1, 2, 1; celle de la base & l'inférieure de la seconde rangée sont coupées en deux par une grosse nervure; la dernière est divisée en trois. Les ailes de derrière sont presqu'entièrement jaunes depuis leur naissance jusqu'au milieu; le jaune du dessus est à moitié coupé en deux par deux taches noires, inégales, formant une bande transverse à peu de distance de la base; le jaune du dessous est divisé en trois par le noir de l'aile, & forme deux taches inégales & une bande transverse. Le corps est noir; les palpes sont velus, noirs en devant & blancs de chaque côté; les pattes antérieures sont très-petites, avec les cuisses noires, les jambes & les tarses blancs; les deux pattes suivantes ont l'extrémité supérieure des cuisses, les jambes & les tarses d'un jaune d'ocre roussâtre, pâle.

Des environs de Cuença au Pérou.

5. Céthosie Lybie.

Cethosia Lybia.

Ceth. alis oblongis, integerrimis: anticis nigris, margine tenuiori fasciisque duabus, interiore incurvâ, fulvis; posticis fulvis, limbo exteriori latè nigro: his subtùs basi punctis duobus coccineis.

Papilio H. Lybia, *alis oblongis, integerrimis: anticis atris, fasciis duabus fulvis: posticis fulvis, fasciâ marginali atrâ.* Fab. *Syst. Entom. p.* 460. *n°.* 73. — *Spec. Ins. tom.* 2. *p.* 28. *n°.* 11. — *Mant. Ins. tom.* 2. *p.* 14. *n°.* 129. — *Entom. Syst. em. tom.* 3. *pars* 1. *p.* 163. *n°.* 502.

Papilio Lybia. Herbst, *Pap. tab.* 68. *fig.* 3. 4.

Papilio Hypsipyle. Cram. *Pap.* 15. *pag.* 124. *pl.* 177. *fig.* C. D.

Elle a approchant deux pouces & demi d'envergure. Ses premières ailes, dont le bord postérieur est arrondi, sont noires, avec le bord interne & deux bandes fauves : la bande intérieure s'étend de la base jusqu'au milieu de la surface, où elle se courbe pour descendre jusqu'auprès de l'angle anal; la bande extérieure est disposée transversalement & obliquement à égale distance du sommet & de la précédente, sans atteindre les bords. Les secondes ailes sont triangulaires, fauves, avec une bande noire, terminale, large, arquée intérieurement & sans taches. Le dessous des quatre ailes diffère du dessus en ce qu'il est beaucoup plus pâle; en ce que celui des inférieures offre à la base deux points & celui des supérieures une petite ligne, écarlates. Le corps est noir, avec les côtés de l'abdomen roussâtres, & des points blancs sur la poitrine; les antennes sont noires.

Elle se trouve à Surinam.

6. Céthosie Vibilie.

Cethosia Vibilia.

Ceth. alis oblongis, integerrimis: anticis nigris, margine tenuiori fasciisque duabus, interiore bifidâ incurvâque, fulvis; posticis fulvis, striis limboque exteriori nigris: his infrà punctis marginalibus niveis, geminatis.

Elle a le port & la taille de la précédente. Ses premières ailes ont le dessus noir, avec le bord interne & deux bandes fauves : la bande intérieure s'étend de la base jusque vers le milieu de la surface, où elle est profondément bifide, & descend ensuite, en se courbant & en s'élargissant, jusqu'auprès de l'angle anal; elle est en outre coupée, au bas de la fissure, par une nervure noire, plus ou moins dilatée; la bande extérieure est placée transversalement & obliquement vis-à-vis du sommet, sans atteindre les bords; ses deux côtés sont sinués, notamment celui qui regarde la base. Le dessus des secondes ailes est fauve, avec des stries & une bordure extérieure, noires; cette bordure est large, courbe & crénelée intérieurement. Le dessous des quatre ailes diffère du dessus en ce qu'il est beaucoup plus pâle, & qu'il offre, le long du bord postérieur, une rangée de points blancs, rapprochés deux à deux entre les principales nervures; enfin, en ce que le disque des secondes ailes est un peu blanchâtre, & qu'il y a près de leur origine un gros point de cette couleur. Le corps est noir, avec les côtés de l'abdomen roussâtres, & des points blancs sur le corselet & sur la poitrine; les antennes sont noires.

Elle habite le Brésil.

7. Céthosie Aliphéra.

Cethosia Aliphera.

Ceth. alis oblongis, integerrimis, fulvis, limbo communi anticarumque fasciis duabus longitudinalibus atris: singulis infrà pallidioribus, tenuissimè fusco striatis.

Elle a le port des deux précédentes, mais elle est un peu plus petite. Le dessus de ses quatre ailes est d'un fauve-vif. Les premières ont deux bandes très-noires & arquées, dont la supérieure longeant la côte depuis son origine jusqu'à son milieu, puis gagnant le milieu du bord de derrière; l'inférieure ayant la même direction, mais s'écartant peu du bord interne; la côte & le bord postérieur de ces ailes sont également très-noirs. Les secondes ailes sont finement striées de noir vers leur extrémité, qui est terminée par une bande de cette couleur, courbe, de médiocre largeur, crénelée intérieurement. Le dessous des quatre ailes est beaucoup plus pâle que le dessus, & entièrement divisé par des veines noirâtres, très-fines. Le corps est noir, avec les côtes de l'abdomen roussâtres, des points blancs sur le corselet & sur la poitrine; les antennes sont noires.

Elle habite le Brésil.

8. Céthosie Didon.

Cethosia Dido.

Ceth. alis oblongis, dentatis, suprà nigris, utrinquè fasciis duabus virescentibus, anteriore integrâ, posteriore maculari: singulis infrà lunulis marginalibus nitenti-albidis, bipartitis.

Papilio N. P. Dido, *alis dentatis, oblongis, viridi maculatis: posticis fasciâ maculisque septem transversis cœrulescentibus.* Linn. *Syst. Nat.* 2. *pag.* 782. *n°.* 192. — *Amœn. Acad.* 6. *pag.* 408. *n°.* 74.

Papilio Dido. Fab. *Syst. Ent. p.* 510. *n°.* 285. — *Spec. Ins. tom.* 2. *p.* 100. *n°.* 440. — *Mant. Ins. tom.* 2. *p.* 54. *n°.* 535. — *Entom. Syst. em. tom.* 3. *pars* 1. *p.* 57. *n°.* 177.

Clerk, *Icon. tab.* 30. *fig.* 2.

Seba, *Mus.* 4. *tab.* 4. *fig.* 13. 14.

Merian, *Surin. tab.* 3.

Papilio Dido. Cram. *Pap.* 17. *p.* 6. *pl.* 196. *fig.* E. F.

Elle a environ trois pouces & demi d'envergure. Ses quatre ailes sont dentées, noires en dessus. Les supérieures ont deux bandes d'un vert-céladon, l'une longitudinale, l'autre transverse: la première, ou celle de la base, est lancéolée & s'étend jusqu'au disque, mais en s'approchant plus du bord antérieur que du bord interne; la seconde, plus large & fortement interrompue, est composée de cinq taches inégales, oblongues & contiguës, dont les deux inférieures placées contre le bout de la bande précédente, les trois supérieures près de la côte; celle-ci offre en outre, depuis son milieu jusqu'au sommet, une ligne longitudinale de trois ou quatre petites taches d'un vert-blanchâtre; il arrive même que certains individus ont à l'angle interne un double point, & sur le bord de ce nom, au bas de la bande transverse, un trait de la couleur de ces taches. Les ailes inférieures ont deux bandes transverses, qui sont aussi d'un vert-céladon: l'antérieure, placée à peu de distance de la base, & coupée par de fines nervures noirâtres, se dirige obliquement du bord abdominal vers l'extrémité de la côte, où elle se termine presqu'en pointe; la postérieure, consistant en six ou sept taches orbiculaires, est moins large, courbée en dehors & parallèle au bord de derrière. Le dessous des quatre ailes diffère du dessus en ce qu'il est d'un noir-brun pâle; en ce que toutes les parties vertes sont entièrement bordées de blanc-nacré; en ce qu'il y a le long du bord postérieur un cordon de lunules du même blanc, & toutes coupées en deux par une nervure brunâtre; enfin, en ce que l'on voit près de la naissance des secondes ailes une petite ligne rougeâtre, longitudinale. Le corps est noir en dessus, grisâtre en dessous, avec quelques points roussâtres sur le corselet.

La chenille, selon Fabricius, est verte, avec une ligne rouge & blanche; son corps est armé d'épines, dont deux caudales alongées.

Elle se trouve à la Guyane & au Brésil.

9. Céthosie Phéruse.

Cethosia Pherusa.

Ceth. alis oblongis, denticulatis, fuscis: anticis fasciis tribus longitudinalibus, posticis duabus transversis, fulvis; his punctorum serie marginali.

Papilio N. P. Pherusa, *alis dentatis, fulvis, fasciis tribus fuscis: primorum longitudinalibus, posticarum transversis.* Linn. *Syst. Nat.* 2. *p.* 780. *n°.* 180. — *Mus. Lud. Ulr. p.* 293.

Papilio Pherusa. Fab. *Syst. Entom. pag.* 509. *n°.* 280. — *Spec. Insect. tom.* 2. *p.* 98. *n°.* 434. — *Mant. Ins. tom.* 2. *p.* 54. *n°.* 527. — *Ent. Syst. em. tom.* 3. *pars* 1. *p.* 134. *n°.* 413.

Roes. *Ins.* 4. *tab.* 2. *fig.* 1.

Papilio Pherusa. Cram. *Pap.* 11. *p.* 50. *pl.* 130. *fig.* B. C.

Elle a approchant trois pouces d'envergure. Ses

ailes font légèrement dentées, d'un brun-noirâtre, avec des bandes fauves. Les supérieures en ont trois, dont deux allant de la base au bord postérieur, la troisième atteignant ce même bord au-dessous du sommet & commençant vers le milieu de la côte; les deux premières sont courbes, & il arrive dans certains mâles qu'elles se réunissent à leur extrémité. Les bandes des secondes ailes sont au nombre de deux, & se dirigent du bord interne à l'angle du sommet; il y a en outre le long du bord postérieur de ces mêmes ailes une ligne arquée de points, qui sont fauves dans le mâle, d'un blanc-jaunâtre dans la femelle. Tous les caractères que nous venons d'indiquer pour chaque aile se reproduisent en dessous, mais les deux bandes des inférieures sont blanches, avec les côtés fauves, & elles se joignent au sommet; les points marginaux sont d'un blanc-jaunâtre dans l'un & l'autre sexe, & la côte est de cette couleur depuis sa naissance jusque vers son milieu. Le corps est fauve en dessus, grisâtre en dessous, avec des points blancs sur la tête; les antennes sont noires, avec la massue roussâtre.

Très-commune à Surinam.

10. Céthosie Cydippe.

Cethosia Cydippe.

Ceth. alis subrotundatis, dentatis, fulvis seu obscurè testaceis, extimo latè violaceo-fusco lunulis albis duplici serie digestis: anticis ad apicem fasciâ niveâ, transversâ, abbreviatâ: singulis subtùs ad basin cærulescente nigroque variis.

Papilio N. P. Cydippe, *alis dentatis, nigro-cærulescentibus, albo maculatis, areâ communi rubrâ: subtùs marmoratis.* Linn. *Syst. Nat.* 2. *pag.* 776. *n°.* 163. — *Amœn. Acad.* 6. *pag.* 409. *n°.* 76. (Le mâle.)

Papilio Cydippe. Fab. *Syst. Entom. pag.* 503. *n°.* 253.

Papilio N. Cydippe, *alis dentatis, nigris, albo maculatis, areâ communi rufâ: subtùs basi testaceis, nigro cæruleoque variis.* Fab. *Spec. Inf. tom.* 2. *p.* 88. *n°.* 588. — *Mant. Insect. tom.* 2. *p.* 47. *n°.* 468. — *Ent. Syst. em. tom.* 3. *pars* 1. *p.* 112. *n°.* 345.

Papilio Cydippe. Clerk, *Icon. tab.* 36. *fig.* 1. (Le mâle.)

Papilio Cydippe. Herbst, *Pap. tab.* 245. *fig.* 4. 5.

Papilio Ino. Cram. *Pap.* 6. *pag.* 96. *pl.* 62. *fig.* A. B. (Le mâle.)

Elle a près de quatre pouces d'envergure. Ses ailes, dont la longueur ne surpasse pas de beaucoup la largeur, sont dentées & liserées de blanchâtre aux échancrures. Leur dessus est d'un fauve-vif dans le mâle, d'un briqueté-obscur & un peu verdâtre dans la femelle, avec une bordure d'un brun-noirâtre, très-large & arquée intérieurement. Cette bordure jette un léger reflet violâtre, & elle est entièrement divisée par deux lignes courbes & parallèles de croissans blancs, qui se regardent par la convexité. Entre ces croissans & le côté interne de la bordure, les premières ailes ont une bande d'un beau blanc, transverse, courte, appuyée sur la côte, consistant en cinq taches contiguës, dont la supérieure & la plus inférieure beaucoup moins grandes; la côte des mêmes ailes est ensuite coupée par des points noirs jusqu'auprès de son origine. Les secondes ailes offrent deux points de cette couleur, entre le disque & le milieu de la côte. Le dessous des unes & des autres diffère du dessus, en ce que le fond est fauve dans les deux sexes; en ce que les points de la partie antérieure de la côte des premières sont remplacés par des bandelettes noires, bordées de bleu-ardoisé, courtes & transversales; en ce que les ailes inférieures sont traversées par quatre bandelettes semblables, dont trois placées près de la base, la quatrième isolée sur le milieu; enfin, en ce qu'aux croissans intérieurs de ces dernières ailes correspondent des taches oculaires violâtres, dont la prunelle est noire & s'aperçoit un peu sur la surface opposée. Le corps est noirâtre, avec les côtés de l'abdomen fauves & le ventre grisâtre; les antennes sont noires.

Elle se trouve en Chine.

N. B. Les auteurs cités dans la synonymie n'ont connu que le mâle de cette espèce.

11. Céthosie Cyané.

Cethosia Cyane.

Ceth. alis subrotundatis, dentatis, fulvis nigroque maculatis, extimo fusco lineâ angulatâ anticarumque fasciâ transversâ, albis: singulis subtùs ad basin flavo nigroque variis.

Papilio N. Cyane, *alis dentatis, nigris: anticis fasciâ, posticis disco nigro punctato, albis.* Fab. *Syst. Ent. p.* 503. *n°.* 254. — *Spec. Insect. tom.* 2. *p.* 89. *n°.* 392. — *Mant. Insect. tom.* 2. *p.* 48. *n°.* 473. — *Ent. Syst. em. tom.* 3. *pars* 1. *p.* 115. *n°.* 352.

Papilio Cyane. Cram. *Pap.* 25. *p.* 12. *pl.* 295. *fig.* C. D.

Papilio Cyane. Herbst, *Pap. tab.* 248. *fig.* 3. 4.

Papilio Cyane. Drury, *Inf.* 1. *tab.* 4. *fig.* 1. (Var. an fem.?)

Elle a le port & la taille de la précédente; mais ses ailes inférieures sont plus fortement dentées. Les supérieures, dont le dessus est fauve & parsemé de taches noires, un peu confuses, ont à l'extrémité une bordure d'un brun-noirâtre, sinuée en dedans, très-large en face du sommet, & allant expirer vers l'origine du bord d'en haut; cette bordure offre, près de son côté interne, une bande blanche, transverse, oblique, presqu'en forme de S, marquée inférieurement de deux points noirs, inégaux; viennent ensuite trois croissans blancs, dont deux au-dessus de la bande susdite, & un au-dessous; un peu plus loin est une ligne courbe & transversale de points blancs, lunulés; le bord postérieur est entièrement divisé par une ligne blanche en feston, & le bord interne est noirâtre. Le dessus des secondes ailes est d'un fauve-jaunâtre, avec des points noirs, dont les antérieurs épars, les intermédiaires disposés sur une ligne transverse & arquée, les postérieurs disposés de même, mais plus gros, bordés de blanc & appuyés, à l'exception de celui qui avoisine la côte, sur un rang de lunules noires, convexes en dehors, appuyées elles-mêmes sur une série de points blancs, oblongs; l'extrémité est bordée par une bande d'un brun-noirâtre, courbe, assez large, divisée par une ligne blanche en feston, faisant suite à celle des ailes précédentes. Le dessous de ces ailes diffère du dessus en ce qu'il est d'un fauve-rougeâtre antérieurement, avec des bandelettes jaunes, bordées de noir & placées transversalement sous la côte; en ce que la ligne blanche marginale est séparée des points de sa couleur par une bande d'un brun-clair. Le dessous des ailes inférieures est rougeâtre depuis la base jusque vers le milieu, & traversé par deux bandes jaunes, chargées de taches noires; le reste est comme sur la surface opposée, avec cette différence que la bordure n'est pas précédée intérieurement par des points blancs.

Elle se trouve au Malabar.

N. B. L'individu figuré par Drury, & d'après lequel Fabricius a fait sa phrase spécifique, n'est pas tout-à-fait conforme à ceux que nous venons de décrire. Il a le fond des ailes inférieures blanc de part & d'autre, avec les taches noires plus petites; les bandes placées à la partie antérieure du dessous de ces ailes sont un peu bleuâtres, au lieu d'être jaunes. Doit-on le regarder comme la femelle ou comme une simple variété? Il a été pris sur la côte du Malabar.

12. Céthosie Biblina (1).

Cethosia Biblina.

Ceth. alis subrotundatis, dentatis, fulvis, extimo fusco lunulis albis, anticarum serie triplici digestis: posticis antè marginem maculis nigris: singulis subtùs ad basin flavo nigroque variis.

(1) Nous n'avons pas conservé le nom de cette espèce, parce qu'il a été imposé ultérieurement à un genre de *Lépidoptères diurnes*.

Papilio N. Penthesilea, *alis dentatis, atris, albo maculatis, areâ communi rufâ : posticis subtùs fasciis flavis albâque nigro maculatis.* Fab. *Spec. Insect. tom.* 2. *p.* 88. *n°.* 390. — *Mant. Inf. tom.* 2. *p.* 48. *n°.* 470. — *Entom. Syst. em. tom.* 3. *pars* 1. *p.* 114. *n°.* 349.

Papilio Biblis. Cram. *Pap.* 15. *p.* 120. *pl.* 175. *fig.* A. B.

Papilio Biblis. Drury, *Inf.* 1. *tab.* 4. *fig.* 2.

Papilio Biblis. Herbst, *Pap. tab.* 248. *fig.* 1. 2.

La Robe de la reine. Houttuin. *Nat. Hist. p.* 313. *tab.* 89. *fig.* 4.

Elle a le port & presque la taille des deux précédentes. Le dessus de ses ailes est fauve, avec une bordure postérieure d'un brun-noirâtre, offrant sur les premières, au sommet desquelles elle est beaucoup plus large, des croissans blancs, concaves en dehors & disposés sur deux lignes transverses que sépare une ligne également tranverse de points lunulés de cette couleur. Cette bordure n'est divisée aux secondes ailes que par une ligne de croissans blancs; mais elle a le côté interne précédé de deux rangs de taches noires, dont les antérieures en forme de points oblongs, les postérieures en forme de lunules & regardant la base par leur convexité. Le dessous des quatre ailes est d'un fauve-gai, coupé de jaune & de noir vers la base, traversé dans son milieu par une bande jaune, ponctuée de noir sur les côtés, & plus bas, par une bande blanche, également ponctuée de noir, & en outre surmontée immédiatement de chevrons blancs, qui sont bordés de noirâtre & renferment chacun un point jaune, ovale; le long du bord postérieur règne une bande noire en feston, partagée dans le sens de sa longueur par une ligne jaune de même forme. Le corps & les antennes sont comme dans les deux espèces ci-dessus.

Elle se trouve en Chine.

13. Céthosie Penthésilée.

Cethosia Penthesilea.

Ceth. alis subrotundatis, dentatis, fulvis, extimo fusco lunulis albidis serie unicâ digestis: anticis ad apicem fasciâ niveâ; posticis antè marginem maculis nigris: singulis subtùs ad basin cœrulescente nigroque variis.

Papilio Penthesilea. Cram. *Pap.* 13. *p.* 78. *pl.* 145. *fig.* B. C.

Papilio Penthesilea. Herbst, *Pap. tab.* 159. *fig.* 5. 6.

Elle a le port des précédentes, mais elle n'a guère que deux pouces & demi d'envergure. Le dessus de ses ailes est fauve, avec une bande terminale

minale noirâtre que divise une suite de croissans blanchâtres, concaves en dehors. Vis-à-vis du sommet des premières ailes est un espace d'un noir-bleuâtre, grand, triangulaire, adhérent à la bordure, sur lequel est une bande très-blanche, transverse, oblique, sinueuse, séparée des croissans par un arc transversal de quatre ou cinq points de sa couleur. La bordure des secondes ailes est précédée intérieurement, comme dans l'espèce ci-dessus, de deux rangs de taches noires, dont les antérieures en forme de points, les autres lunulées; il y a aussi deux ou trois points obscurs sur le disque & autant sur le milieu de la côte. Le dessous des quatre ailes est fauve, coupé de bleuâtre & de noir vers la base, traversé au milieu par une bande jaunâtre, ponctuée de noir sur les côtés, ensuite par un cordon de taches blanches, en forme de coin, ayant chacune un gros point noir à leur sommet & deux plus petits à leur base; à la bande marginale du dessus correspond une bande noirâtre en feston, que partage dans le sens de sa longueur une ligne blanche de même forme, & dans les creux de laquelle il y a un petit trait blanc longitudinal; on voit en outre, vis-à-vis du sommet des ailes supérieures, la bande blanche de la surface opposée. Le corps est fauve en dessus, grisâtre en dessous, avec les antennes noires.

Elle se trouve dans l'île de Java.

Le Muséum d'histoire naturelle possède une variété un peu plus petite, qui a la bordure du dessus des quatre ailes plus large & sans lunules, & la bande blanche des supérieures remplacée par deux taches jaunâtres. Cette dernière couleur est aussi celle de la ligne en feston placée sur le bord postérieur en dessous.

Même patrie.

N. B. Cette espèce & les deux qui précèdent sont décrites d'après un seul sexe; il pourroit bien se faire que l'autre différât un peu dans la couleur du fond, comme cela a lieu pour la Céth. *Cydippe.*

14. Céthosie Chrysonoé.

Cethosia Chrysonoe.

Ceth. alis subrotundatis, dentatis, fulvis, extimo latè nigro : anticis ad apicem fasciâ niveâ : posticis subtùs fuscis, fasciis duabus macularibus atris, transversis, basi cinereo nigroque variâ.

Papilio N. Chrysippe, *alis dentatis, nigris, areâ communi rufâ : posticis subtùs fuscis, atro maculatis.* Fab. *Entom. Syst. em. tom.* 3. *pars* 1. *p.* 112. *n°.* 344.

Papilio Chrysippe. Donow. *Gen. Illust. of Ent. part.* 1. *an Epitome of the Nat. Hist. Ins. of New Holl. pl.* 24. *fig.* 1.

Elle a le port & la taille de la Céth. *Cydippe.* Le dessus des quatre ailes a un peu plus de la moitié antérieure fauve & sans taches, le reste noir, ainsi que toute la côte des supérieures. Celles-ci ont, vis-à-vis du sommet, une bande blanche, large, un peu courbe, se dirigeant obliquement vers le milieu du bord postérieur, le long duquel il y a parfois une ligne de quatre ou cinq points blancs. Le dessous des mêmes ailes diffère du dessus en ce qu'il est coupé de bleuâtre & de noir près de l'origine du bord d'en haut; en ce qu'il offre toujours à l'extrémité deux rangées transverses de taches blanches, dont les intérieures en forme de points, les extérieures en forme de croissans. Le dessous des secondes ailes est d'un brun-obscur, avec la base bleuâtre & divisée transversalement par des lignes noires, un peu interrompues; on y voit en outre deux bandes noires, maculaires & transversales, l'une sur le milieu, l'autre vers le bout, sans compter un cordon de croissans jaunâtres alignés sur le bord postérieur. Ce bord est denté; le bord correspondant des autres ailes l'est également.

Elle se trouve dans la Nouvelle-Hollande.

15. Céthosie Marica.

Cethosia Marica.

Ceth. alis dentatis, testaceïs, apice nigris : anticarum fasciâ albâ, posticarum punctis cyaneis. Fab.

Papilio N. Marica. Fab. *Ent. Syst. em. tom.* 3. *pars* 1. *p.* 113. *n°.* 346.

Papilio Marica. Jon. *Fig. pict.* 5. *tab.* 1.

Le corps est grand, d'un briqueté-obscur, avec quatre points blancs sur la tête. Les premières ailes, dont le fond est d'un briqueté-obscur, ont l'extrémité d'un noir-foncé, avec une bande & deux lunules blanches. Leur dessous est d'un blanc-verdâtre à la base, avec des taches transversales très-noires & bordées de blanc; le milieu offre une bande de cette dernière couleur, & le bout est grisâtre, avec deux lunules blanches. Le dessus des secondes ailes est d'un rouge-briqueté, avec l'extrémité noire & divisée par six points bleuâtres, sans compter des taches jaunâtres qui sont sur le bord même. Le dessous de ces ailes est gris, avec trois taches jaunes, entourées d'un double anneau, l'un blanc, l'autre noir; il y a en outre sur le milieu une bande blanche, transverse, étroite, interrompue, accolée à une bande noire; &, vers le bout, des taches verdâtres.

Elle se trouve en Afrique.

(*Traduction du texte de Fabricius.*)

16. Céthosie Lamarck.

Cethosia Lamarckii.

Ceth. alis subrotundatis, dentatis, nigris, suprà

cœruleo-micantibus : omnium basi suprà aurantiacâ, subtùs albâ undis atris.

Elle a le port & approchant la taille de la Céth. *Penthésilée.* Ses quatre ailes sont dentées, noires en dessus, avec un reflet d'un bleu-foncé & la base d'un jaune-orangé. Leur dessous a environ le tiers antérieur d'un blanc-sale & ondé de noir-vif, les deux autres tiers d'un noir-brun, avec deux bandes ferrugineuses, transverses, courbes, parallèles, dont l'intérieure maculaire, souvent peu prononcée aux premières ailes; il y a en outre, le long du bord postérieur des unes & des autres, une ligne blanchâtre en feston, renfermant un point de cette couleur dans chacun de ses creux. Le corps est fauve en dessus, grisâtre en dessous; les antennes sont entièrement noires.

Dédiée à M. le chevalier de Lamarck, membre de l'Académie des sciences & professeur au Muséum d'histoire naturelle à Paris.

Elle habite la Nouvelle-Hollande.

GENRE ARGYNNE.

1. ARGYNNE Diane.

Ailes presqu'arrondies, un peu dentées, d'un noir-brun, avec l'extrémité largement fauve et divisée en dessus par des points noirs, alignés : le dessous des inférieures avec sept lunules marginales d'un blanc-argenté.

2. ARGYNNE Thyélie.

Ailes presqu'arrondies, un peu dentées, fauves en dessus, avec des taches et le bout noirs : le dessous des inférieures d'un briqueté-pâle, avec une bande blanche, transverse, sur le milieu, et deux taches roses, bordées de noir, à la base.

3. ARGYNNE Méthéa.

Ailes presqu'arrondies, un peu dentées, fauves en dessus, avec la base plus foncée et tachetée de noir : les quatre ayant de part et d'autre l'extrémité d'un brun-noirâtre, avec une rangée de lunules : le dessous des inférieures blanchâtre, tacheté de noir à la base.

4. ARGYNNE Erymanthis.

Ailes presqu'arrondies, un peu dentées, fauves : les supérieures avec une bande jaunâtre, transverse, discoïdale, tachetée de noir, et le sommet noir ; les inférieures offrant vers le bout une rangée de points et deux rangées de lunules noirs.

5. ARGYNNE Lampétie.

Ailes presqu'arrondies, un peu dentées, d'un brun-obscur : les supérieures avec une bande fauve, transverse, discoïdale, sans tache ; les inférieures offrant vers le bout une rangée d'yeux et une rangée de lunules.

6. ARGYNNE Pandore.

Ailes dentées, fauves, tachetées de noir : le dessous des inferieures rougeâtre, sans tache.

7. ARGYNNE Hégémone.

Ailes presqu'arrondies, un peu dentées, fauves en dessus et tachetées de noir : les supérieures ayant de part et d'autre au sommet une rangée transverse de points blancs : le dessous des quatre jaunâtre, avec une bande commune d'une couleur ferrugineuse.

8. ARGYNNE Alciope.

Ailes presqu'arrondies, un peu dentées, fauves en dessus, avec plusieurs lignes et des points près du bord noirs : le dessous des quatre avec trois rangs de lunules d'un blanc-luisant, dont les deux premiers séparés par une ligne transverse de taches ocellées.

9. ARGYNNE Péria.

Ailes presqu'arrondies, un peu dentées, fauves, avec le bord postérieur et devant ce bord deux lignes, l'une entière, l'autre ponctuée, noirs : le dessous des quatre blanc vers le bout, avec quelques taches fauves, ocellées.

10. ARGYNNE Phalanta.

Ailes presqu'arrondies, un peu dentées, fauves, avec des taches noires : le dessous des inférieures d'une teinte purpurine-argentée, avec quelques taches fauves, ocellées.

11. ARGYNNE Iole.

Ailes presqu'arrondies, un peu dentées, fauves, avec deux lignes marginales ondées, et quelques points noirs : le dessous des inférieures avec une bande bleuâtre, discoïdale, précédée en dehors de cinq yeux, dont l'anal ayant la prunelle double.

ARGYNNE. (Insecte.)

12. Argynne Colombine.

Ailes presqu'arrondies, un peu dentées, fauves, avec des taches noires : le dessous des inférieures avec deux bandes grisâtres, transverses, l'une sur le milieu, l'autre sur le bord, et entre ces bandes une ligne transverse d'yeux noirâtres, à prunelle cendrée.

13. Argynne Théa.

Ailes dentées, fauves, avec le bord rayé de noir : leur dessous d'un blanc-violâtre ; celui des inférieures avec une bande argentée, discoïdale, et des points ocellés vers le bord.

14. Argynne Hégésia.

Ailes dentées, fauves, avec des taches d'un noir-foncé : le dessous des inférieures jaune, avec une rangée postérieure de points fauves, ocellés.

15. Argynne Égista.

Ailes fauves en dessus, avec des points vers le bord et le bord même noirs : les inférieures un peu en queue en dehors : le dessous des quatre d'un brun-ferrugineux, avec deux cordons de lunules d'un blanc-luisant, séparés par une ligne transverse de points ocellés.

16. Argynne Briaréa.

Ailes presqu'arrondies, dentées, fauves en dessus, et tachetées de noir vers le bout : le dessous des inférieures brun, avec des taches plus foncées et bordées de blanc.

17. Argynne Niphé.

Ailes presqu'arrondies, dentées, d'un jaune-foncé en dessus, avec des taches noires : les supérieures d'un noir-bleuâtre vers le sommet, avec une bande blanche, transverse : le dessous des inférieures varié de vert, de blanc-argenté et de noir, avec une ligne transverse de cinq taches oculaires ayant le milieu argenté.

18. Argynne Tephnie.

Ailes presqu'arrondies, dentées, d'un jaune-foncé en dessus, avec des taches noires : le dessous des inférieures varié de vert, de blanc-argenté et de noir, avec une ligne transverse de cinq taches oculaires ayant le milieu argenté.

19. Argynne de la Vanille.

Ailes presqu'arrondies, un peu dentées, fauves, avec des taches noires : le dessus des supérieures avec une tache oculaire près de la côte : le dessous des inférieures jaunâtre et lavé de brun, avec une multitude de taches argentées.

20. Argynne Idalie.

Ailes presqu'arrondies, légèrement dentées : les deux surfaces des supérieures fauves, avec des taches noires ; le dessus des supérieures d'un noir-bleuâtre, avec un double rang de points ; leur dessous d'un brun-obscur, avec l'origine de la côte et une multitude de taches argentées.

21. Argynne Cybèle.

Ailes presqu'arrondies, légèrement dentées, fauves, avec des taches noires et la base obscure : le dessous des inférieures brun, avec une multitude de taches argentées, et une bande pâle, postérieure, transverse.

22. Argynne Aphrodite.

Ailes dentées, fauves, tachetées de noir : le dessous des inférieures d'un brun-obscur, avec vingt-quatre taches argentées.

23. Argynne Aglaé.

Ailes presqu'arrondies, un peu dentées, fauves, avec des taches noires : le dessous des inférieures d'un jaune-verdâtre, avec l'origine de la côte et une multitude de taches argentées.

ARGYNNE. (Insecte.)

24. Argynne Adippé.

Ailes presqu'arrondies, légèrement dentées, fauves, avec des taches noires : le dessous des inférieures jaunâtre, avec l'origine de la côte et une multitude de taches argentées, plus une rangée postérieure et transverse de quelques taches ferrugineuses ayant le milieu argenté.

25. Argynne Niobé.

Ailes presqu'arrondies, légèrement dentées, fauves, avec des taches noires : le dessous des inférieures avec des taches tantôt argentées, tantôt pâles, et une rangée postérieure et transverse de quelques taches ferrugineuses, à prunelle argentée; la côte ayant l'origine verdâtre.

26. Argynne Latonia.

Ailes presqu'arrondies, légèrement dentées, fauves, avec des taches noires : le dessous des inférieures jaunâtre et mêlé de brun, avec un grand nombre de taches argentées, et une ligne transverse de sept taches oculaires noirâtres, ayant la prunelle argentée.

27. Argynne Myrina.

Ailes presqu'arrondies, entières, fauves, avec des taches noires : le dessous des inférieures avec une multitude de taches argentées, environnées de brun, plus une ligne transverse de taches oculaires fauves, ayant la prunelle noire.

28. Argynne Paphia.

Ailes presqu'arrondies, légèrement dentées, fauves, avec des taches noires : le dessous des inférieures glacé de vert, avec quatre bandes argentées, transverses, dont les deux antérieures courtes.

29. Argynne Cynara.

Ailes presqu'arrondies, légèrement dentées, d'un vert-jaunâtre, avec des taches noires : le dessous des supérieures d'un rouge-pourpre; celui des inférieures glacé de vert, avec l'origine de la côte, des taches et deux bandes argentées.

30. Argynne Laodice.

Ailes presqu'arrondies; légèrement dentées, d'un jaune-foncé, avec des taches noires : le dessous des inférieures d'un jaune-verdâtre vers la base, avec quelques raies brunes, transverses; d'une teinte purpurine vers le bout : le milieu offrant une bande argentée, interrompue.

31. Argynne Daphné.

Ailes presqu'arrondies, légèrement dentées, fauves, avec des taches noires : le dessous des inférieures jaune vers la base, avec un espace et les nervures roux; d'un ferrugineux-purpurin vers le bout, avec une rangée transverse de points ocellés.

32. Argynne Ino.

Ailes presqu'arrondies, légèrement dentées, fauves, avec des taches noires et la base obscure : le dessous des inférieures jaune et varié de roux, avec une bande purpurine blanchâtre, transverse, étroite, discoïdale, et une ligne extérieure de quelques points ocellés.

33. Argynne Bellone.

Ailes presqu'arrondies, entières, fauves, avec des taches noires : le dessous des inférieures d'un jaune-roussâtre vers la base, avec une tache bifide sur la côte; un peu violâtre vers le bout, avec un ligne transverse de points ocellés.

34. Argynne Frigga.

Ailes presqu'arrondies, entières, fauves, avec la base et des taches noires : le dessous des inférieures d'un ferrugineux-foncé vers son origine, avec une bande courbe, composée de taches très-blanches et de taches d'un blanc-sale; violâtre vers le bout, avec une ligne transverse de points ocellés.

ARGYNNE. (Insecte.)

35. Argynne Thoré.

Ailes presqu'arrondies, entières, fauves, avec la base et des taches noires : le dessous des inférieures ferrugineux vers son origine, avec des taches et une bande transverse jaunes ; plus clair et luisant vers le bout, avec une rangée de taches noirâtres.

36. Argynne Tritonia.

Ailes un peu dentées, fauves en dessus, tachetées de noir, avec un double rang de points et une large bordure noirs : le dessous des inférieures couleur de canelle, avec une bande discoïdale, maculaire, et une rangée de taches oblongues, presque marginales, chargées chacune de deux points noirs.

37. Argynne Freya.

Ailes presqu'arrondies, un peu dentelées, fauves, avec la base et des taches noires : le dessous des inférieures ferrugineux, avec beaucoup de taches et une bande transverse presque discoïdale blanches, plus deux taches ocellées postérieures et séparées par un espace jaunâtre.

38. Argynne Chariclea.

Ailes fauves, avec la base et des taches noires : le dessous des inférieures d'un brun-pourpre, avec une bande et deux rangs de taches d'un blanc-luisant.

39. Argynne Amathuse.

Ailes presqu'arrondies, un peu dentées, fauves, avec des taches noires : le dessous des inférieures ferrugineux, offrant vers la base des taches blanches et des taches jaunes, disposées autour d'un point noir, et sur le milieu une bande transverse purpurine.

40. Argynne Dia.

Ailes presqu'arrondies, un peu dentelées, fauves, avec des taches noires : le dessous des inférieures varié de fauve et de ferrugineux, offrant vers la base et à l'extrémité des taches nacrées, et sur le milieu une bande transverse purpurine-blanchâtre.

41. Argynne Palès.

Ailes presqu'arrondies, entières, fauves, avec la base et des taches noires : le dessous des inférieures ferrugineux et varié de jaune, avec l'origine de la côte et des taches d'un blanc-argentin.

42. Argynne Euphrosyne.

Ailes presqu'arrondies, un peu dentelées, fauves, avec des taches noires : le dessous des inférieures varié de roux et de jaune, avec une tache sur le milieu et sept sur le bord argentées ; la base offrant un point jaune ocellé, à prunelle noire.

43. Argynne Séléné.

Ailes presqu'arrondies, un peu dentelées, fauves, avec des taches noires : le dessous des inférieures varié de ferrugineux et de jaunâtre, avec des taches sur le milieu et six sur le bord argentées ; la base offrant un point noir ocellé, à prunelle rousse.

44. Argynne Aphirape.

Ailes presqu'arrondies, un peu dentelées, fauves, avec des taches noires : le dessous des inférieures avec quatre bandes maculaires d'un jaune d'ocre et une rangée postérieure de points noirs ocellés, à prunelle jaune.

45. Argynne Hécate.

Ailes presqu'arrondies, un peu dentelées, fauves, tachetées de noir : les deux surfaces des quatre offrant vers le bord postérieur une double rangée de points noirs.

ARGYNNE. (Insecte.)

46. ARGYNNE Desfontaines.

Ailes presqu'arrondies, entières, d'un fauve-vif de part et d'autre : le dessus des supérieures avec quatre bandes maculaires d'un jaune d'ocre, bordées de noir; celui des inférieures avec deux semblables et séparées par un rang de points noirs.

47. ARGYNNE Didyma.

Ailes presqu'arrondies, un peu dentées, fauves en dessus, avec des taches noires : le dessous des inférieures jaune ou blanchâtre, avec beaucoup de points et des lunules presque marginales noirs, plus deux bandes fauves.

48. ARGYNNE Arduinna.

Ailes presqu'arrondies, un peu dentées, fauves en dessus, tachetées de noir : le dessous des inférieures jaune, avec deux bandes fauves, dont la postérieure divisée par un rang de points noirs.

49. ARGYNNE Cinxia.

Ailes presqu'arrondies, un peu dentelées, fauves en dessus, maillées de noir : les inférieures ayant de part et d'autre, vers le bout, un rang de points noirs : leur dessous d'un jaune-blanchâtre, avec des taches noires et deux bandes fauves.

50. ARGYNNE Phœbé.

Ailes presqu'arrondies, un peu dentelées, variées de fauve et de noir en dessus : le dessous des inférieures d'un jaune-blanchâtre, avec des taches noires, et deux bandes fauves, dont la postérieure composée de taches orbiculaires.

51. ARGYNNE Athalie.

Ailes presqu'arrondies, un peu dentelées, variées de noir et de fauve en dessus : le dessous des inférieures jaunâtre, avec deux bandes fauves, dont la postérieure divisée vers l'angle anal par une ligne noire, ondée.

52. ARGYNNE Parthénie.

Ailes presqu'arrondies, un peu dentelées, fauves en dessus, légèrement maillées de noir : le dessous des inférieures jaunâtre, avec deux bandes fauves.

53. ARGYNNE Dictynna.

Ailes presqu'arrondies, un peu dentelées, noires en dessus, avec des taches fauves : le dessous des inférieures fauve, avec trois bandes maculaires jaunâtres, bordées de noir, et une rangée postérieure de points noirs.

54. ARGYNNE Artémis.

Ailes presqu'arrondies, un peu dentelées; d'un noir-brun en dessus, avec des taches fauves et des taches jaunes : le dessous des inférieures fauve, avec trois bandes d'un jaune d'ocre pâle, et une rangée de points ocellés.

55. ARGYNNE Cynthia.

Ailes presqu'arrondies, un peu dentelées, d'un noir-brun en dessus, avec des bandes de taches, blanches (mâle), *fauves* (fem.) *: le dessous des inférieures avec trois bandes d'un jaune-pâle, et une rangée postérieure de points noirs.*

56. ARGYNNE Maturne.

Ailes presqu'arrondies, un peu dentées, d'un noir-brun en dessus, avec des taches fauves et des taches jaunes, disposées par bandes : le dessous des inférieures fauve, avec trois bandes jaunes, dont l'antérieure interrompue.

57. ARGYNNE Lucine.

Ailes presqu'arrondies, un peu dentées, d'un brun-obscur en dessus, avec des taches fauves, dont les extérieures chargées chacune d'un point noir : le dessous des inférieures roussâtre, avec deux bandes blanches maculaires.

ARGYNNE. (Insecte.)

58. ARGYNNE Phaétontéa.

Ailes presqu'arrondies, entières, noires, avec des taches fauves et des taches jaunes vers l'extrémité en dessus, sur toute la surface en dessous.

59. ARGYNNE Liriope.

Ailes presqu'arrondies, entières, fauves en dessus, avec des lignes près de la base et le bord noirs; celui-ci tacheté de fauve : le dessous des inférieures jaunâtre, avec une rangée de points ocellés sur le milieu.

60. ARGYNNE Morphéa.

Ailes presqu'arrondies, entières, fauves en dessus, avec des lignes près de la base et le bord postérieur noirs : les inférieures ayant de part et d'autre, vers l'extrémité, une rangée de points noirs.

61. ARGYNNE Tharossa.

Ailes presqu'arrondies, entières, fauves en dessus, avec plusieurs lignes transverses et le bord postérieur noirs : les inférieures ayant de part et d'autre, vers l'extrémité, une rangée de points noirs.

62. ARGYNNE Pélopsa.

Ailes presqu'arrondies, entières, fauves en dessus, maillées de noir : le dessous des inférieures incarnat, avec des ondes noirâtres.

63. ARGYNNE Pygmæa.

Ailes presqu'arrondies, entières, variées de noir et de fauve en dessus : le dessous des inférieures d'un cendré-grisâtre, avec une rangée postérieure de points ocellés.

1. Argynne Diane.

Argynnis Diana.

Arg. alis subrotundatis, subdentatis, fusco-nigris, extimo latè fulvo supràque ordinatim nigro punctato : posticis subtùs lunulis septem marginalibus argenteis.

Papilio N. Diana, *alis dentatis, fulvis, disco communi nigro : posticis subtùs maculis* 9 *argenteis.* Fab. *Spec. Ins. tom.* 2. *p.* 110. *n°.* 479. — *Mant. Ins. tom.* 2. *p.* 63. *n°.* 594. — *Entom. Syst. em. tom.* 3. *pars* 1. *p.* 145. *n°.* 447.

Papilio Diana. Cram. *Pap.* 9. *p.* 4. *pl.* 98. *fig.* D. E.

Papilio Diana. Herbst, *Pap. tab.* 253. *fig.* 3. 4.

Elle a un peu plus de trois pouces de largeur. Ses quatre ailes sont légèrement dentées, d'un noir-brun depuis la base jusqu'au-delà du milieu, ensuite fauves jusqu'au bout : cette dernière couleur forme une large bande, crénelée sur le côté interne, offrant aux secondes ailes une rangée transverse de points noirs, & aux premières deux rangées semblables, mais dont l'extérieure plus courte. Le dessous des unes & des autres est plus pâle que le dessus : celui des supérieures a, sur le milieu de la partie noirâtre, deux taches argentées, précédées intérieurement de trois taches fauves, & extérieurement d'autant de taches jaunâtres ; les points noirs de la bande terminale ne se reproduisent ici qu'au nombre de deux : celui des secondes ailes a neuf taches argentées, dont deux, triangulaires, placées entre l'origine & le milieu du bord d'en haut ; les sept autres, en forme de croissans, alignées le long du bord postérieur, sur lequel on ne voit aucun des points noirs de la surface opposée.

Elle se trouve dans la Virginie.

2. Argynne Thyélie.

Argynnis Thyelia.

Arg. alis subrotundatis, subdentatis, suprà fulvis, extimo maculisque nigris : posticis subtùs pallidè testaceis, fasciâ albâ, transversâ, mediâ, punctis duobus baseos roseis nigroque cinctis.

Papilio N. Thyelia, *alis dentatis, fulvis, nigro maculatis : posticis subtùs fasciâ albâ punctisque duobus baseos coccineis.* Fab. *Entom. Syst. em. tom.* 3. *pars* 1. *p.* 142. *n°.* 437.

Papilio Thyelia. Jon. *Fig. pict.* 5. *tab.* 83. *fig.* 2.

Elle a environ deux pouces & demi de largeur. Ses quatre ailes sont légèrement dentées, fauves en dessus, avec une bordure noire, postérieure, crénelée en dedans, précédée sur les inférieures d'une ligne arquée de points, & sur les supérieures d'une ligne un peu tortueuse, noirs ; celles-ci ont en outre trois taches noires, dont l'extérieure transversale & plus grande ; celles-là n'en ont qu'une, placée sur le milieu du bord d'en haut. Le dessous des premières ailes est d'un jaune-roussâtre, avec trois taches noires, orbiculaires, dont une discoïdale, les deux autres situées vers l'origine de la côte, séparées par un point blanc & marquées chacune d'une double petite tache rosée ; entre le milieu & le bout est une bande noirâtre, transverse, courbe, élargie en face du sommet, où elle offre une suite de trois taches blanches, inégales. Le dessous des secondes ailes est d'un briqueté-pâle, traversé vers l'extrémité par un rang de points obscurs, & au milieu par une bande blanche, tantôt continue & atteignant les deux bords, tantôt maculaire & ne descendant point au-delà du disque ; vers la base sont deux points rosés qu'entoure un petit cercle noir. Les échancrures de chaque aile sont liserées de blanc de part & d'autre.

Elle se trouve dans les Indes.

3. Argynne Méthéa.

Argynnis Methea.

Arg. alis subrotundatis, subdentatis, suprà fulvis basi saturatiore nigroque maculatâ : omnium utrinquè extimo fusco lunularum serie : posticis subtùs albidis, basi nigro maculatâ.

Papilio Metea. Stoll, *Pap. Suppl. à* Cram. 4. *p.* 122. *pl.* 25. *fig.* 2 & 2. B.

Elle a le port & approchant la taille de la précédente. Ses ailes sont presque rondes & un peu dentées. Leur dessus est fauve, mais beaucoup plus foncé vers la base, où il est tacheté de noir ; à leur extrémité est une bordure noirâtre, dentée intérieurement, divisée sur les inférieures par un rang de sept lunules jaunâtres, & sur les supérieures par un rang de trois ou quatre lunules semblables, mais plus petites ; ces dernières ailes ont en outre les nervures noirâtres, ainsi que la côte & le sommet. Le dessous de chaque aile diffère du dessus en ce que les inférieures ont tout le fond jusqu'à la bordure, & les supérieures les lunules marginales, blanchâtres. Le corps est aussi blanchâtre en dessous, & jaunâtre en dessus, avec des lignes noires, longitudinales ; les antennes sont annelées de blanc & de noir, avec la sommité du bouton roussâtre.

Elle se trouve à Sierra-Leone.

4. Argynne Erymanthis.

Argynnis Erymanthis.

Arg. alis subrotundatis, subdentatis, fulvis : anticis fasciâ flavescente, transversâ, mediâ nigroque maculatâ ; apice nigris ; posticis ad extimum serie punctorum duabusque lunularum nigrorum.

Papilio N. Erymanthis, *alis dentatis, fulvis: anticis fasciâ flavâ, apice nigris; posticis suprà lunulis, subtùs strigâ punctorum ocellatorum.* Fab. *Mant. Inf. tom.* 2. *p.* 56. *n°.* 553. — *Entom. Syst. em. tom.* 3. *pars* 1. *p.* 139. *n°.* 427.

Papilio Erymanthis. Cram. *Pap.* 20. *p.* 77. *pl.* 238. *fig.* F. G.

Papilio Lampetia. Cram. *Pap.* 13. *pag.* 83. *pl.* 148. *fig.* E.

Papilio Erymanthis. Herbst, *Pap. tab.* 144. *fig.* 1-4.

Papilio Erymanthis. Drury, *Inf.* 1. *tab.* 15. *fig.* 3. 4.

Papilio Erymanthis. Sulz. *Inf. edit.* Roem. *tab.* 16. *fig.* 6.

Elle n'a guère que deux pouces de largeur. Le dessus des premières ailes est d'un fauve-obscur depuis la base jusque vers le milieu, ensuite d'un jaunâtre-pâle, avec l'extrémité noire : la couleur jaune forme une bande transverse, large, sinuée, dont le côté interne est noirâtre, & sur laquelle on voit une suite de trois points noirs, inégaux; la couleur noire se dilate vis-à-vis du sommet, où elle offre parfois quelques points jaunâtres. Le dessus des secondes ailes est d'un fauve un peu obscur, & traversé au-delà du milieu par trois lignes noires, dont l'intérieure composée de points, les deux extérieures formées par des lunules; on voit en outre au-dessus des points une double ligne noirâtre, transverse & ondulée. Le dessous des quatre ailes est entièrement jaunâtre : celui des supérieures diffère du reste fort peu du dessus; celui des inférieures a, devant la ligne de points noirs dont nous avons parlé, un cordon de lunules violâtres, & derrière un double rang de lunules blanchâtres, dont les extérieures moins larges & moins prononcées. Le corps est jaunâtre, avec le corselet garni d'un duvet verdâtre; les antennes sont noires en dessus, ferrugineuses en dessous.

Elle se trouve en Chine, sur la côte de Coromandel & dans l'île de Java.

N. B. Cramer a pris l'un des sexes de cette espèce pour le mâle de la suivante.

5. Argynne Lampétie.

Argynnis Lampetia.

Arg. alis subrotundatis, subdentatis, fuscis: anticis fasciâ fulvâ, transversâ, mediâ, immaculatâ : posticis ad extimum serie ocellorum serieque lunularum.

Papilio N. Lampetia, *alis dentatis, fuscis: anticis fasciâ fulvâ; posticis ocellis sex cæcis.* Linn. *Syst. Nat. tom.* 2. *p.* 775. *n°.* 160. — *Mus. Lud. Ulr. p.* 104.

Papilio Lampetia. Fab. *Mant. Inf. tom.* 2. *n°.* 378. — *Ent. Syst. em. tom.* 3. *pars* 1. *p.* 93. *n°.* 290.

Papilio Lampetia. Cram. *Pap.* 30. *p.* 115. *pl.* 349. *fig.* A. B.

Papilio Lampetia. Herbst, *Pap. tab.* 144. *fig.* 5-8.

Elle est de la taille de la précédente, avec laquelle elle a beaucoup de rapport. Le dessus de ses ailes est d'un brun-obscur, mais un peu plus foncé à l'extrémité. Les premières ont le milieu traversé par une bande fauve, large, un peu arquée, sans aucune tache. Les secondes offrent, non loin du bout, une rangée courbe & transverse de six taches noires, entourées d'un cercle roussâtre, & précédées en dehors d'une ligne de petits croissans grisâtres. Le dessous des quatre ailes est d'un jaunâtre-pâle, surtout à l'endroit de la bande des supérieures, avec une bordure d'un brun-noirâtre, très-large; cette bordure est divisée dans le sens de sa longueur par une suite de points noirs, lesquels sont précédés en avant par un cordon de lunules violâtres, & en arrière par des lunules blanchâtres, dont les extérieures plus petites & moins colorées.

Elle se trouve dans l'île d'Amboine.

6. Argynne Pandore.

Argynnis Pandora.

Arg. alis dentatis, fulvis, nigro maculatis: posticis subtùs coccineis, immaculatis. Fab.

Papilio Pandora. Fab. *Ent. Syst. em. tom.* 3. *pars* 1. *p.* 257. *n°.* 796.

Papilio Pandora. Jon. *Fig. pict.* 4. *tab.* 92. *fig.* 1.

Le corps est noir, avec un collier rouge. Les ailes sont fauves. Les supérieures sont tachetées de noir & leur milieu offre une tache rose, disposée transversalement. Les inférieures ont vers l'extrémité une rangée transverse de points noirs. Le dessous des premières ailes est fauve; celui des secondes rougeâtre & sans taches.

Elle habite.....

(*Traduction du texte de Fabricius.*)

7. Argynne Hégémone.

Argynnis Hegemone.

Arg. alis subrotundatis, subdentatis, suprà fulvis nigroque maculatis: anticis utrinquè punctorum alborum strigâ apicali : omnibus subtùs flavidis, fasciâ communi ferrugineâ.

Elle a le port & la taille des deux précédentes. Le dessus des ailes est fauve, avec une bordure noire, postérieure, que précèdent deux rangées de taches également noires, dont les extérieures lunulées & un peu plus grandes, les intérieures en forme de points ; vers la base sont des taches irrégulières de cette couleur, mais plus prononcées & plus nombreuses aux premières ailes, en face du sommet desquelles il y a en outre une ligne transverse de quatre petits points blancs, placés chacun sur le côté interne d'un des points noirs dont nous avons parlé. Le dessous des quatre ailes est d'un jaune-roussâtre, & traversé, du sommet des supérieures au bord abdominal des inférieures, par une bande d'un ferrugineux-luisant, entre laquelle & le bord sont deux lignes anguleuses à peu près du même ton ; aux taches de la base correspondent des taches pareillement ferrugineuses, & aux points blancs des ailes supérieures quatre points semblables. — Décrite sur un individu appartenant à M. Dufresne.

Elle se trouve.....

8. Argynne Alciope.

Argynnis Alciope.

Arg. alis subrotundatis, subdentatis, suprà fulvis, lineolis plurimis punctisque submarginalibus nigris : omnibus subtùs ad extimum lunulis nitenti-albis serie triplici, strigâ ocellorum interjectâ.

Papilio Alcippe. Cram. *Pap.* 33. *pag.* 207. *pl.* 389. *fig.* G. H.

Papilio Alcippe. Herbst, *Pap. tab.* 257. *fig.* 5. 6.

Elle a le port & la taille de la précédente. Le dessus des ailes est fauve & coupé transversalement depuis la base jusqu'au-delà du milieu par des lignes noires, sinuées, à la suite desquelles vient un rang de points également noirs ; l'extrémité est bordée par une bande de cette couleur, assez large, crénelée intérieurement & divisée par une suite de lunules d'un fauve-pâle. Le dessous des quatre ailes est jaunâtre, avec des lignes noirâtres, correspondantes à celles du dessus, & trois rangées postérieures & transverses de lunules d'un blanc-violâtre luisant ; la première & la seconde rangée sont séparées par six taches fauves ocellées, à prunelle noire, & le bord est jaunâtre comme le reste de la surface.

Elle se trouve dans l'île d'Amboine.

9. Argynne Péria.

Argynnis Peria.

Arg. alis subrotundatis, subdentatis, fulvis, margine postico & antè hunc marginem lineis duabus, alterâ integrâ, alterâ punctiformi, nigris : omnibus subtùs ad extimum albis ocellis aliquot fulvis.

Elle a le port & la taille de la précédente. Le dessus des quatre ailes est fauve, avec une bordure noire, sinuée & divisée par un cordon de lunules fauves, inégales : entre cette bordure & le milieu sont deux lignes noires, transversales, dont l'antérieure continue, la postérieure formée par des points ; il y a en outre quelques petits traits noirs, transversaux, à la base des ailes supérieures. Le dessous des unes & des autres est jaunâtre, avec quelques ondes obscures, & une bande blanche, postérieure, large, offrant d'abord une rangée de quatre taches ocellées fauves, à prunelle noire, puis une ligne noirâtre, anguleuse.

Elle habite.....

10. Argynne Phalanta.

Argynnis Phalanta.

Arg. alis subrotundatis, subdentatis, fulvis, nigro maculatis : posticis subtùs ad extimum argentato-purpurascentibus ocellis aliquot fulvis.

Papilio N. Phalanta, *alis dentatis, fulvis, nigro maculatis : posticis subtùs apice glaucis punctis ocellaribus fulvis tribus.* Fab. *Syst. Ent. p.* 518. *n°.* 318. — *Spec. Inf. tom.* 2. *p.* 111. *n°.* 485. — *Mant. Inf. tom.* 2. *p.* 64. *n°.* 603. — *Entom. Syst. em. tom.* 3. *pars* 1. *pag.* 149. *n°.* 455.

Papilio Phalanta. Drury, *Inf.* 1. *tab.* 21. *fig.* 1. 2.

Papilio Phalantus. Herbst, *Pap. tab.* 256. *fig.* 5. 6. (Mas.)

Papilio Phalantus. Herbst, *Pap. tab.* 257. *fig.* 1. 2. (Fem.)

Papilio Columbina. Cram. *Pap.* 29. *p.* 92. *pl.* 337. *fig.* D. E. (Mas.)

Papilio Columbina. Cram. *Pap.* 20. *p.* 76. *pl.* 238. *fig.* A. B. (Fem.)

Elle est de la taille de la précédente, mais les secondes ailes sont un peu plus alongées dans le sens du corps. Le dessus des quatre est fauve, avec une bordure noire, divisée par deux rangs de lunules fauves, dont les extérieures plus petites ; cette bordure a le côté interne denté & précédé d'une ligne transverse de points noirs ; il y a en outre quelques petites taches de cette couleur sur le disque & sous la côte des premières ailes. Le dessous des unes & des autres est d'un fauve-jaunâtre, traversé vers le milieu par une ligne brune, ondulée, &, vers le bout, par une bande purpurine, un peu argentée, sur laquelle on voit une suite de quatre ou cinq taches fauves, ocellées, dont la prunelle noire correspond aux points du dessus ; entre cette bande & le bord il y a un double cordon de lunules purpurines, mais elles sont moins distinctes aux premières ailes où la bande est d'ailleurs moins prononcée. Le corps est fauve en dessus, grisâtre en dessous ; les antennes sont noirâtres, avec la sommité du bouton d'un roux-vif.

Elle se trouve dans les Indes orientales.

N. B. Certains mâles, tels que celui qu'a représenté Cramer, ont aussi des taches noires sur le milieu des premières ailes en dessus.

11. Argynne Iole.

Argynnis Iole.

Arg. alis subrotundatis, subdentatis, fulvis, lineis duabus marginalibus undatis punctisque aliquot nigris : posticis subtùs fasciâ cœrulescente, mediâ, ocellis quinque extùs adjectis, anali bipupillato.

Papilio N. Iole, *alis dentatis, nigro punctatis : posticis subtùs ocellis quinque, ultimo bipupillato.* Fab. *Spec. Insect. tom.* 2. *p.* 78. *n°.* 348. — *Mant. Insect. tom.* 2. *p.* 42. *n°.* 420. — *Entom. Syst. em. tom.* 3. *pars.* 1. *p.* 99. *n°.* 307.

Papilio Iole. Herbst, *Pap. tab.* 191. *fig.* 5. 6.

Papilio Laodice. Cram. *Pap.* 14. *pl.* 157. *fig.* E. F.

Elle a le port des précédentes, mais elle est un peu plus grande. Le dessus des quatre ailes est fauve, avec une double ligne noire, ondée, le long du bord postérieur. Les premières ont parallèlement à ce même bord une rangée de cinq ou six points également noirs. Les secondes ailes ont deux points semblables vers l'angle de l'anus, & leur sommet offre un espace obscur, très-grand, garni de poils longs & couchés parallèlement. Le dessous des ailes supérieures a, indépendamment des caractères du dessus, quelques lignes noirâtres, transverses, tortueuses, placées entre le milieu & la base. Le dessous des ailes inférieures est d'un jaune-pâle, avec une bande bleuâtre, transverse, sinuée, étroite, précédée en dehors d'un rang de cinq taches ocellées, dont trois rapprochées de la côte, les deux autres du bord interne; toutes ces taches ont la prunelle violâtre, & celle de l'angle anal l'a double.

De la Guinée.

12. Argynne Colombine.

Argynnis Columbina.

Arg. alis subrotundatis, subdentatis, fulvis, nigro maculatis : posticis subtùs fasciis duabus grisescentibus, transversis, alterâ mediâ, alterâ marginali, & inter has fascias strigâ ocellorum fuscorum pupillâ cinereâ.

Papilio N. Columbina, *alis dentatis, fulvis, nigro maculatis : posticis subtùs strigis duabus argentatis.* Fab. *Ent. Syst. em. tom.* 3. *pars* 1. *p.* 148. *n°.* 453.

Papilio Columbina. Jon. *Fig. pict.* 5. *tab.* 7. *fig.* 2. (Mâle.)

Papilio Hegesia. Cram. *Pap.* 18. *p.* 30. *pl.* 209. *fig.* E. F.

Papilio Claudia. Cram. *Pap.* 6. *p.* 109. *pl.* 69. *fig.* E. F. (Var. fem. ?)

Papilio Hegesius. Herbst, *Pap. tab.* 259. *fig.* 1. 2.

Papilio Clausius. Herbst, *Pap. tab.* 257. *fig.* 3. 4. (Var. fem. ?)

Elle a le port de la précédente, mais elle est assez souvent un peu plus grande. Le dessus des ailes est fauve, avec une rangée transverse de points noirs près du bord postérieur, lequel est lui-même noir & divisé par un rang de lunules fauves. Les premières ailes ont en outre sur le milieu une ligne noire, transversale, en zig-zag, &, vers la base, deux taches annulaires de cette couleur. Le dessous des mêmes ailes ressemble au dessus, mais le bord postérieur est fauve, un peu entrecoupé de blanc, & il y a en face du sommet un espace grisâtre, plus ou moins prononcé, plus ou moins large, triangulaire, ayant la pointe en en-bas. Le dessous des secondes ailes est d'un fauve-pâle, piqué de noirâtre, avec deux bandes grisâtres, transverses, dont l'antérieure discoïdale, beaucoup plus large dans la femelle; l'autre terminale, dentée intérieurement, & séparée de la première par un cordon de cinq ou six points ocellés noirâtres, à prunelle cendrée; indépendamment de ces caractères, on voit près de la côte, en tirant vers la base, de une à trois taches blanches. Les deux surfaces du corps sont approchant du même ton que celles des ailes; les antennes sont brunâtres, annelées de gris, avec le bout de la massue blanchâtre.

Elle se trouve dans l'Amérique septentrionale & à la Jamaïque.

L'individu décrit par Fabricius nous paroît être le mâle.

Quant au Papillon *Claudia* de Cramer, nous penchons à ne le regarder que comme une variété femelle, dont les différences consistent en ce que la ligne noire en zig-zag du milieu des ailes supérieures traverse entièrement les inférieures, & en ce que la bande qui lui correspond en dessous sur ces dernières est blanche près de la côte.

Il est aussi de la Jamaïque.

13. Argynne Théa.

Argynnis Thea.

Arg. alis dentatis, fulvis, margine nigro strigoso : subtùs glaucis; posticis fasciâ argenteâ punctisque ocellaribus. Fab.

Papilio N. Thais. Fab. *Mant. Ins. tom.* 2. *p.* 64. *n°.* 601. — *Ent. Syst. em. tom.* 3. *pars.* 1. *p.* 149. *n°.* 456.

Elle a tout-à-fait le port de l'Arg. *Phalante.* Le corps est d'un brun-obscur. Les quatre ailes font fauves, avec un reflet purpurin, le bord rayé de noir & précédé intérieurement de points de cette couleur. Leur dessous est d'un blanc-violâtre : celui des inférieures offre, sur le milieu, une bande argentée, oblitérée en arrière, &, plus bas, une rangée transverse de points ocellés.

Elle se trouve dans l'Amérique septentrionale.

(*Traduction du texte de Fabricius.*)

14. Argynne Hégésia.

Argynnis Hegesia.

Arg. alis dentatis, fulvis, atro maculatis : posticis subtùs flavis, strigâ punctorum fulvorum ocellatorum. Fab.

Papilio N. Hegesia. Fab. *Entom. Syst. em. tom.* 5. *Suppl. p.* 425. *n°.* 454-5.

Elle a le port de la précédente, dont elle se rapproche beaucoup. Le dessus des ailes est fauve, avec des taches & des raies d'un noir-foncé. Le dessous des supérieures est jaune & tacheté de noir. Le dessous des inférieures est d'une couleur soufrée, avec des lunules noires sur du fauve, & une rangée postérieure de taches fauves, ocellées, dont quelques-unes d'un jaune-safran.

Elle habite.....

(*Traduction du texte de Fabricius.*)

15. Argynne Egista.

Argynnis Egista.

Arg. alis suprà fulvis, punctis submarginalibus margineque ipso nigris : posticis extùs subcaudatis : omnibus infrà fucescentibus lunulis nitenti-albis serie duplici, strigâ ocellorum interjectâ.

Papilio Egista. Cram. *Pap.* 24. *p.* 158. *pl.* 281. *fig.* C. D.

Papilio Egistus. Herbst, *Pap. tab.* 255. *fig.* 5. 6.

Elle est à peu près de la taille des précédentes; & elle a le milieu du bord postérieur des secondes ailes un peu prolongé en queue. Le dessus des quatre ailes est d'un fauve plus ou moins jaunâtre, avec une bordure noire, postérieure, divisée par une suite de croissans un peu obscurs, & précédée intérieurement d'une ligne de points de sa couleur. Dans le mâle, le sommet des premières ailes offre en outre un grand espace noir, sur lequel sont éparses quatre ou cinq taches fauves. Le dessous des quatre ailes est d'un brun-ferrugineux, nuancé de jaunâtre, avec deux cordons transverses & postérieurs de lunules d'un blanc-violâtre-luisant, entre lesquels on voit une série de points fauves ocellés, à prunelle noire; indépendamment de ces caractères, les ailes supérieures ont sous la côte trois taches violâtres.

Elle se trouve dans l'île d'Amboine.

16. Argynne Briaréa.

Argynnis Briarea.

Arg. alis subrotundatis, dentatis, suprà fulvis extimumque versùs nigro maculatis : posticis infrà brunneis, maculis saturatioribus albo marginatis.

Elle a de trois pouces & demi à quatre pouces d'envergure. Ses ailes sont dentées, d'un fauve un peu brun en dessus, avec des taches noires, orbiculaires, formant trois rangées transversales entre le milieu de la surface & le bord postérieur; ce bord est légèrement concave aux premières ailes, arrondi aux secondes, & occupé sur les unes comme sur les autres par une ligne noire en feston, dont les creux extérieurs sont remplis chacun par une lunule blanchâtre, coupée en deux par une nervure; la côte des premières ailes offre, vers le bout, quelques taches jaunâtres, qui, dans la femelle, descendent entre les taches noires sur deux lignes transverses, dont l'intérieure courte, l'extérieure aboutissant presqu'à l'angle anal. Le dessous de ces mêmes ailes ressemble au dessus, excepté que la base est ferrugineuse, avec deux petites lignes blanches en zig-zag, appuyées transversalement & parallèlement sur le bord d'en haut. Le dessous des ailes inférieures est d'un brun plus ou moins obscur, avec une multitude de taches plus foncées & bordées de blanc; celles de la base & du milieu sont irrégulières & éparses; les suivantes sont lunulées & disposées sur trois rangs. Les échancrures de chaque aile sont en outre liserées de blanc de part & d'autre. Le corps est de la couleur des ailes; les antennes sont noires.

Elle se trouve à Saint-Domingue.

17. Argynne Niphé.

Argynnis Niphe.

Arg. alis subrotundatis, dentatis, suprà luteis, nigro maculatis : anticis ad apicem cœrulescenti-nigris fasciâ albâ, transversâ : posticis subtùs viridi, argenteo nigroque variis, strigâ quinque ocellorum pupillâ argenteâ.

Papilio N. Niphe, alis dentatis, luteis : primoribus extimo nigris fasciâ albidâ : posticis subtùs argentatis, ocellis quinque. Linn. *Syst. Nat.* 2. *p.* 785. *n°.* 208.

Papilio Hyperbius. Linn. *Amœn. Acad.* 6. *p.* 408. *n°.* 75.

Papilio Niphe. Fab. *Syst. Entom. p.* 514. *n°.* 302. — *Spec. Insect. tom.* 2. *p.* 105. *n°.* 463. — *Mant. Insect. tom.* 2. *p.* 57. *n°.* 565. — *Ent. Syst. em. tom.* 3. *pars* 1. *p.* 142. *n°* 436.

Papilio Niphe. Fem. Cram. *Pap.* 2. *p.* 21. *pl.* 14. *fig.* B. C.

Papilio Niphe. DRURY, *Inſ*. 1. *tab*. 6. *fig*. 1.

Papilio Niphe. HERBST, *Pap*. *tab*. 254. *fig*. 3. 4.

Le Léopard de la Chine. DAUBENT. *Pl. enl*. 93. *fig*. 1. 2.

Elle a environ trois pouces & un quart d'envergure. Le deſſus des ailes eſt d'un fauve-jaunâtre parſemé de taches noires, & terminé par une bordure également noire, crénelée en dedans & offrant deux rangées de lunules bleuâtres, oppoſées par la courbure; il y a en outre vis-à-vis du ſommet des ſupérieures un eſpace d'un noir-bleuâtre, grand, triangulaire, ſur lequel on voit une bande blanche, tranſverſe, oblique, ſinuée, coupée par les nervures, accompagnée en dehors d'un arc de quatre points de ſa couleur, & marquée inférieurement de deux points noirs. Le deſſous de ces mêmes ailes reſſemble au deſſus quant au deſſin; mais la partie fauve a ici une teinte rougeâtre; le ſommet eſt verdâtre juſqu'à la bande blanche, & les quatre points qui la précèdent ſont argentés. Le deſſous des ailes inférieures eſt verdâtre, avec des taches argentées, la plupart en forme de croiſſans & bordées de noir ſur un de leurs côtés, indépendamment deſquelles il y a ſur un eſpace plus clair, entre le milieu & l'extrémité, une rangée courbe & tranſverſale de cinq taches verdâtres, oculaires, ayant la prunelle argentée. Les échancrures de chaque aile ſont blanchâtres, & ſurmontées en deſſous d'une légère ligne noire en feſton. Les antennes ſont brunâtres, avec le bouton noir & fauve à ſon extrémité.

Elle ſe trouve en Chine.

18. ARGYNNE Tephnie.

ARGYNNIS Tephnia.

Arg. alis ſubrotundatis, dentatis, ſuprà luteis, nigro maculatis: poſticis ſubtùs viridi, argenteo nigroque variis, ſtrigâ quinque ocellorum pupillâ argenteâ.

Papilio Niphe. Var. FAB. *Entom. Syſt. em. tom*. 3. *pars* 1. *p*. 142. *n°*. 436.

Papilio Niphe. (Mas.) CRAM. *Pap*. 2. *p*. 21. *pl*. 14. *fig*. D. E.

Papilio Niphe. ESP. *Pap*. *tab*. 58. *cont*. 8. *fig*. 3.

Papilio Argynnis. DRURY, *Inſ*. 1. *tab*. 6. *fig*. 2.

Papilio Argynnis. HERBST, *Pap*. *tab*. 254. *fig*. 5. 6.

Le Nacré découpé. ENGRAM. *Pap. d'Europe, tom*. 1. *p*. 54. *pl*. 14. *fig*. 18. a. b.

Quelques auteurs la prennent pour le mâle de la précédente, & Fabricius pour une variété; mais, comme les caractères qui la diſtinguent ſont conſtans & d'ailleurs pour le moins auſſi tranchés que ceux qui ſéparent certaines *Argynnes*, nous en avons fait une eſpèce.

Elle eſt moins grande que l'Arg. *Niphé*, & elle en diffère en ce que les premières ailes n'ont ni eſpace noir, ni bande blanche au ſommet; en ce que le bout de ces mêmes ailes eſt tacheté & coloré comme le reſte de la ſurface, au lieu d'être noir, avec un double rang de lunules bleuâtres.

Elle habite la Chine & les Indes orientales. C'eſt d'après de fauſſes indications qu'Engramelle a dit qu'on la trouvoit dans la forêt de Villers-Cotterets, & que d'autres l'ont crue du midi de l'Europe.

19. ARGYNNE de la Vanille.

ARGYNNIS Vanillæ.

Arg. alis ſubrotundatis, ſubdentatis, fulvis, nigro maculatis: anticis ſuprà ocello coſtali: poſticis ſubtùs infuſcato-flavidis, maculis argenteis permultis.

Papilio D. F. Paſſifloræ. FAB. *Entom. Syſt. em. tom*. 3. *pars* 1. *p*. 60. *n°*. 189.

Papilio N. Vanillæ, *alis dentatis, flavis, nigro maculatis*. LINN. *Syſt. Nat*. 2. *p*. 787. *n°*. 216. — *Muſ. Lud. Ulr. p*. 306.

Papilio Vanillæ. FAB. *Syſt. Entom. p*. 518. *n°*. 319. — *Spec. Inſ. tom*. 2. *p*. 111. *n°*. 486. — *Mant. Inſ. tom*. 2. *p*. 64. *n°*. 604.

CLERK, *Icon. tab*. 40. *fig*. 2.

MERIAN, *Surin. p*. 25. *tab*. 25.

SLOAN, *Jam*. 2. *tab*. 239. *fig*. 23. 24.

DAUBENT. *Pl. enlum*. 70. *fig*. 2. 3.

Papilio Vanillæ. CRAM. *Pap*. 18. *p*. 34. *pl*. 212. *fig*. A. B.

Papilio Vanillæ. HERBST, *Pap*. *tab*. 254. *fig*. 1. 2.

SULZ. *Inſ. edit*. ROEM. *tab*. 18. *fig*. 4. 5.

Elle eſt un peu moins grande que l'Arg. *Niphé*. Le deſſus des ailes eſt d'un fauve-vif, ſurtout dans le mâle. Les premières ont le bord poſtérieur un peu concave, diviſé au ſommet par des veines longitudinales, & plus bas par des points noirs; le diſque eſt parſemé de points ſemblables, &, vers l'origine du bord d'en haut, il y en a un autre dont le milieu eſt argenté. Les ſecondes ailes ſont bordées à leur extrémité par une bande noire, dont le côté interne eſt crénelé, & le long de laquelle règne un cordon de taches fauves, orbiculaires; on voit en outre, entre le milieu & le bord antérieur, deux ou trois points noirs. Le deſſous des ailes ſupérieures diffère du deſſus en ce que le ſommet eſt d'un jaune mêlé de brun, avec ſix ou ſept taches argentées; en ce que la côte offre deux & même trois points ocellés, au lieu d'un. Le dessous des ailes inférieures est jaunâtre & lavé de brun; avec environ vingt-une taches argentées, très-brillantes, oblongues, dont les marginales plus petites; le bord interne & la naissance de la côte sont aussi argentés; parmi les taches du milieu, il en est une qui est bifide antérieurement, comme dans la Céthosie *Junon*. Le corps est fauve en dessus, jaunâtre en dessous, avec des points blancs sur la tête & des lignes argentées sur la poitrine; les antennes sont noires, avec la sommité du bouton fauve.

Il est des individus dont la base des premières ailes est d'un rouge-carmin en dessous.

Elle se trouve dans l'Amérique méridionale sur la *Grenadille bleue* & sur celle à *feuilles de laurier*.

La chenille est rayée longitudinalement & alternativement de noir & de fauve, avec une rangée de points blancs sur chaque ligne noire; son corps est garni d'épines noirâtres, dont deux courbes & beaucoup plus grandes près de la tête.

La chrysalide est d'un gris-rougeâtre, parsemé d'atômes obscurs, avec les éminences de la tête obtuses.

20. Argynne Idalie.

Argynnis Idalia.

Arg. alis subrotundatis, denticulatis : anticis utrinquè fulvis, nigro maculatis : posticis suprà cærulescenti-nigris punctorum serie duplici, subtùs fuscis costâ baseos maculisque permultis argenteis.

Papilio N. Idalia, *alis dentatis, fulvis, nigro maculatis : subtùs maculis* 37 *argenteis; posticis suprà cæruleis, albo punctatis.* Fab. *Syst. Entom.* p. 516. n°. 312. — *Spec. Insect. tom.* 2. *p.* 109. n°. 478. — *Mant. Ins. tom.* 2. *p.* 63. n°. 593. — *Entom. Syst. em. tom.* 3. *pars* 1. *pag.* 145. n°. 446.

Papilio Idalia. Cram. *Pap.* 4. *p.* 69. *pl.* 44. *fig.* D. E. F. G. (Le mâle & la femelle.)

Papilio Idalia. Drury, *Insect.* 1. *tab.* 13. *fig.* 1. 2. 3.

Papilio Idalia. Herbst, *Pap. tab.* 252. *fig.* 3. 4. (Mas.)

Papilio Idalia. Herbst, *Pap. tab.* 253. *fig.* 1. 2. (Fem.)

Elle est presqu'aussi grande que l'A. *Briaréa.* Le dessus des premières ailes est fauve, avec une quinzaine de taches noires, dont les antérieures linéaires & appuyées transversalement sous la côte qui est elle même-noire, les suivantes formant sur le milieu une bande transverse & en zig-zag, les autres rondes, plus petites & disposées en une ligne parallèle au bord postérieur; ce bord est couvert par une bande noire, assez large, dentée intérieurement, divisée dans le mâle par une suite de lunules fauves, & dans la femelle par une suite de points blancs; celle-ci a encore quelques points semblables vis-à-vis du sommet, où la bordure se dilate intérieurement. Le dessus des secondes ailes est d'un noir-bleuâtre, garni de poils roussâtres à la base, & traversé entre le milieu & le bout par deux rangées de gros points blancs, mais dont les extérieurs fauves dans le mâle. Le dessous des ailes supérieures ressemble au dessus, avec cette différence que la bande terminale est moins foncée, & que les taches qui la divisent sont un peu argentées. Le dessous des ailes inférieures est d'un brun-obscur, avec environ vingt-deux taches nacrées, dont les sept marginales en forme de lunules, celle du disque en forme de coin, & partagée par un trait noir, les autres à peu près elliptiques; l'origine de la côte & le bord interne sont aussi nacrés, & les petites échancrures de chaque aile sont liserées de blanc. Le corps est noirâtre, avec des poils fauves sur le corselet; les antennes sont brunâtres, avec l'extrémité du bouton d'un fauve-jaunâtre.

Elle se trouve à la Jamaïque & dans l'Amérique septentrionale.

21. Argynne Cybèle.

Argynnis Cybele.

Arg. alis subrotundatis, denticulatis, fulvis nigroque maculatis; basi fuscâ : posticis subtùs brunneis, maculis argenteis, permultis, ad extimum fasciâ pallidâ, transversâ.

Papilio N. Cybele, *alis dentatis, fulvis, nigro maculatis : subtùs maculis* 34 *argenteis.* Fab. *Spec. Ins. tom.* 2. *p.* 109. n°. 477. — *Mant. Insect. tom.* 2. *p.* 62. n°. 592. — *Ent. Syst. em. tom.* 3. *pars* 1. *p.* 145. n°. 445.

Papilio Cybele. Herbst, *Pap. tab.* 255. *fig.* 1. 2.

Papilio Daphnis. Cram. *Pap.* 5. *p.* 89. *pl.* 57. *fig.* E. F.

Elle a plus de deux pouces & demi de largeur. Le dessus des quatre ailes est obscur depuis la base jusque vers le milieu; ensuite d'un fauve-jaunâtre, avec trois rangées transverses de taches noires, dont les intérieures formant une raie en zig-zag, les intermédiaires rondes, les extérieures lunulées; le bord postérieur est précédé d'une ligne noire, continue, & entrecoupé par des nervures de cette couleur : on voit en outre quelques chiffres noirs à la partie antérieure de la côte des premières ailes. Le dessous de ces ailes offre le même dessin que le dessus, mais la base est fauve comme le reste de la surface; & il y a, vis-à-vis du sommet, six à sept taches argentées, dont les quatre extérieures placées sur les lunules noires.

Le dessous des secondes ailes est brun, avec l'origine du bord antérieur & environ vingt-quatre taches nacrées; les taches de la base sont petites & en forme de points; celles du milieu ovales & plus grandes, celles du bout triangulaires & séparées des précédentes par une bande pâle, transverse, sinuée, large dans la femelle, très-étroite dans le mâle. Le bord postérieur de chaque aile est un peu denté & liseré de blanchâtre aux sinus. Le corps est noirâtre ainsi que les antennes, & celles-ci ont la sommité du bouton fauve.

On la trouve aussi à la Jamaïque & dans l'Amérique septentrionale.

22. Argynne Aphrodite.

Argynnis Aphrodite.

Arg. alis dentatis, fulvis, nigro-maculatis: posticis subtùs fuscis, maculis 24 argenteis. Fab.

Papilio N. Aphrodite. Fab. *Mant. Insect. tom.* 2. *p.* 62 *n°.* 590. — *Ent. Syst. em. tom.* 3. *pars* 1. *p.* 144. *n°.* 443.

Fabricius la décrit ainsi: elle est de moyenne taille. Ses antennes sont ferrugineuses, avec la massue noire & ferrugineuse à l'extrémité. Le dessus des ailes est fauve, avec des taches noires. Le dessous des supérieures, également fauve & tacheté de noir, offre au sommet quatre points argentés. Le dessous des inférieures est d'un brun-obscur, avec vingt-quatre taches argentées & une bande jaunâtre, postérieure.

Elle se trouve dans l'Amérique septentrionale.

N. B. Nous lui trouvons bien du rapport avec l'Arg. *Cybèle.*

23. Argynne Aglaé.

Argynnis Aglaia.

Arg. alis subrotundatis, subdentatis, fulvis, nigro maculatis: posticis subtùs virescenti-flavidis costâ baseos maculisque plurimis argenteis.

Papilio N. Aglaia, *alis dentatis, fulvis, nigro maculatis: subtùs maculis 21 argenteis.* Linn. *Syst. Nat.* 2. *p.* 785. *n°.* 211. — *Faun. Suec. edit.* 2. *n°.* 1065.

Papilio Aglaia. Fab. *Syst. Entom. p.* 516. *n°.* 310. — *Spec. Insect. tom.* 2. *p.* 109. *n°.* 475. — *Mant. Insect. tom.* 2. *p.* 62. *n°.* 589. — *Entom. Syst. em. tom.* 3. *pars* 1. *pag.* 144. *n°.* 442.

Rai, *Inf.* 119. 5.

Wilk. *pag.* 59. *tab.* 2. a. 12.

Roes. *Inf.* 4. *tab.* 25. *fig.* 1. 2. (La chenille.) *Fig.* 3. (La chrysalide.) *Fig.* 4. 5. (Le papillon.)

Papilio Aglaia. Esp. *Pap.* 1. *tab.* 17. *fig.* 3.

Papilio Aglaia. Esp. *Pap.* 1. *tab.* 60. *cont.* 10. *fig.* 2.

a. Papilio Aglaia. Esp. *Pap.* 1. *tab.* 93. *cont.* 43. *fig.* 4. (Anomalie.)

Schæff. *Icon. tab.* 7. *fig.* 1. 2.

Papilio Aglaia. Hubn. *Pap. tab.* 13. *fig.* 65. 66.

Papilio Aglaia. Wien. Verz. *p.* 177. *fam.* K. *n°.* 4.

Illig. *N. Ausg. Dess. tom.* 2. *p.* 229. *n°.* 4.

Borkh. *Pap. Eur. part.* 1. *p.* 31. *n°.* 5, & *p.* 214. *n°.* 4.

Borkh. *Rhein. Magaz. tom.* 1. *p.* 262. *n°.* 56.

Schneid. *Syst. Beschr. p.* 176. *n°.* 97.

Fuessl. *Suiss. Inf. p.* 30. *n°.* 587.

Muller, *Zool. Dan. p.* 112. *n°.* 1305.

Papilio Aglaia. Herbst, *Pap. tab.* 264. *fig.* 5-10.

Papilio Aglaia. Scop. *Ent. Carn. pag.* 161. *n°.* 439.

Rossi, *Faun. Etr. Mant. tom.* 2. *pag.* 10. *n°.* 439.

Papilio Aglaia. Ochsenh. *Pap. Eur. tom.* 1. *pag.* 91.

Papilio Æmilia. Acerbi, *Voy. au Cap Nord, tom.* 3. *p.* 175. *n°.* 1. 2.

Le grand Nacré. Geoff. *Hist. Inf. tom.* 2. *p.* 42. *n°.* 9. *pl.* 11. *fig.* 1. 2.

Le Nacré. Engram. *Pap. d'Europe, tom.* 1. *p.* 53. *pl.* 14. *fig.* 17. a-d.

Elle ressemble en dessus à la suivante. Les caractères qui l'en distinguent en dessous consistent en ce que le fond des secondes ailes est d'une teinte plus verdâtre; en ce qu'il n'a point de taches rougeâtres à prunelle argentée; en ce que les taches nacrées sont généralement plus petites & plus arrondies. Leur nombre est d'environ vingt-une, non compris l'origine de la côte & le bord interne qui sont aussi argentés. Il y a au contraire plus de taches de cette couleur au sommet des premières ailes.

Il est des femelles dont les lunules marginales du dessus des ailes sont jaunes, au lieu d'être fauves.

L'individu, que nous avons désigné par la lettre *a*, offre une anomalie singulière: toutes les taches du dessus & du dessous des quatre ailes sont d'un blanc-argenté.

On rencontre quelquefois une variété qui a les taches nacrées de la base des secondes ailes réunies

réunies en trois grandes taches, celles de la bande du milieu peu apparentes, celles du bord triangulaires & plus grandes que de coutume.

Cette espèce se trouve dans le même temps que l'*Adippé*. Elle a les mêmes habitudes & le même vol. Elle est commune dans les environs de Paris, surtout au bois de Boulogne.

La chenille est noirâtre, avec une rangée longitudinale de huit taches roussès, carrées, sur les côtés, & une ligne plus pâle le long du dos; ses trois premiers anneaux & les deux derniers portent chacun quatre épines, les autres chacun six. Elle vit solitairement sur la *Violette sauvage* (*Viola canina*).

La chrysalide est rousse, ondée de brun, avec les deux pointes de la tête arrondies, & les éminences du corps peu sensibles.

24. Argynne Adippé.

Argynnis Adippe.

Arg. alis subrotundatis, subdentatis, fulvis, nigro maculatis: posticis subtùs flavidis, costâ baseos maculisque plurimis argenteis, strigâ ocellorum aliquot ferrugineorum pupillâ, argenteâ.

Papilio N. Adippe, *alis dentatis, fulvis, nigro maculatis: subtùs maculis 28 argenteis*. Fab. *Syst. Entom. p.* 517. *n°.* 313. — *Spec. Insect. tom.* 2. *p.* 110. *n°.* 480. — *Mant. Insect. tom.* 2. *p.* 63. *n°.* 595. — *Entom. Syst. em. tom.* 3. *pars* 1. *pag.* 146. *n°.* 448.

Papilio Adippe. Esp. *Pap.* 1. *tab.* 18. *fig.* 1.

Papilio Adippe. Esp. *Pap.* 1. *tab.* 43. *Suppl.* 19. *fig.* 2.

α. *Papilio Adippe.* Esp. *Pap.* 1. *tab* 26. *Suppl.* 2. *fig.* 4. (Var.)

β. *Papilio Adippe.* Esp. *Pap.* 1. *tab.* 60. *cont.* 10. *fig.* 3. (Var.)

γ. *Papilio Adippe.* Esp. *Pap.* 1. *tab.* 74. *fig.* 1-4. (Var.)

δ. *Papilio Adippe.* Esp. *Pap.* 1. *tab.* 76. *cont.* 26. *fig.* 2. a. — ε. *Fig.* 2. b. (Variétés.)

Papilio Adippe. Hubn. *Pap. tab.* 12. *fig.* 63. 64.

Papilio Adippe. Wien. Verz. *p.* 177. *fam.* K. *n°.* 3.

Papilio Adippe. Ochsenh. *Pap. Eur. tom.* 1. *pag.* 88.

Papilio Berecynthia. Poda. *Mus. græc. p.* 75. *n°.* 38.

Le grand Nacré. Engram. *Pap. d'Europe, tom.* 1. *p.* 51. *pl.* 13. *fig.* 16. c. d. g. h.

α'. Le grand Nacré. Engram. *Pap. d'Europe, tom.* 1. *p.* 52. *pl.* 13. *fig.* 16. i. — β'. *Fig.* 16. e. f. (Variétés.)

δ'. Le grand Nacré. Engram. *Pap. d'Europe, tom.* 1. *p.* 238. *pl.* 58. *Suppl.* 4. *fig.* 16. m. — ε'. *Fig.* 16. *n.* o. — ζ. *Fig.* 16. k. l. (Variétés.)

η. Le grand Nacré. Engram. *Pap. d'Europe, tom.* 1. *p.* 317. *pl.* 2. 3e. *Suppl. fig.* 16. q. r. (Var.)

Sa largeur est d'un peu plus de deux pouces. Le dessus des ailes est d'un beau fauve & traversé dans son milieu par une raie noire, en zig-zag, que précède en dehors une rangée transverse de points de cette couleur; le long du bord de derrière est une bande noire, dentée intérieurement, divisée dans toute sa longueur par un double cordon de lunules fauves, dont les extérieures plus petites, & manquant quelquefois aux premières ailes; ces mêmes ailes ont en outre, près de l'origine de la côte, quatre taches noires, imitant grossièrement des chiffres, & les inférieures offrent, vers la base, une tache également noire, à peu près en fer à cheval. Le dessous des premières se distingue du dessus en ce que le fond est moins vif; en ce que la bande terminale est remplacée par une simple ligne, composée inférieurement de chevrons noirs, & vers la côte de points argentés. Le dessous des secondes ailes est jaunâtre, avec environ vingt-quatre taches nacrées, dont dix éparses vers la base, les autres formant deux bandes transversales, que sépare, dans le même sens, une suite de quatre taches oculaires ferrugineuses, ayant la prunelle argentée; l'origine du bord d'en haut & les deux tiers antérieurs du bord interne sont aussi argentés. Le corps est noirâtre en dessus, avec des poils roussâtres, & d'un blanc-jaunâtre en dessous; les antennes sont brunâtres, avec l'extrémité du bouton fauve.

Le mâle a sur les ailes de devant deux nervures noires, dilatées; ce qui le rend très-reconnoissable.

Cette espèce offre beaucoup de variétés. Dans celle qu'on rencontre le plus ordinairement, α, α', les taches nacrées du dessous des secondes ailes sont remplacées par des taches d'un blanc-jaunâtre, à l'exception de celles qui avoisinent le bord d'en bas, & des points qui forment la prunelle des taches ferrugineuses.

Il en est, telles que γ 1-4, qui ont de simples points rougeâtres au lieu de taches oculaires; d'autres ont des taches rougeâtres très-prononcées parmi les taches argentées de la base; quelques-unes ont le fond des secondes ailes presque blanc, avec des taches rougeâtres, entre-mêlées de taches verdâtres, & une large bande rougeâtre, tranverse, sur laquelle il y a trois ou quatre points argentés.

Les variétés mâles, β, β' & ζ ont le dessus des secondes ailes noirâtre, excepté vers les bords postérieur & interne : la première a de part & d'autre, sur les ailes de devant, un espace noir, très-large, offrant deux points fauves près de la côte, & deux lignes ou raies de cette couleur contre les nervures du milieu; la seconde a, sur le dessus de ces mêmes ailes, une bande noire, transverse, large & anguleuse.

Dans le mâle, δ, δ', les taches noires du milieu forment par leur réunion une bande transverse sur chaque aile, & les autres taches sont plus larges.

La femelle, ε, ε', a les taches noires des premières ailes plus grandes, & le dessous de ses secondes ailes n a pour toutes taches nacrées que les prunelles des taches rougeâtres.

La variété η a la majeure partie des premières ailes blanchâtre, avec des taches noirâtres; le reste est d'un fauve aussi vif que dans les individus ordinaires. Le dessous de ses secondes ailes présente des taches rougeâtres très-prononcées, tandis que les taches argentées sont ternes.

Cette espèce paroît en juillet & en août dans les grandes forêts. Elle se pose volontiers sur les fleurs de ronce. Les amateurs parisiens la trouveront abondamment à Saint-Germain-en-Laye.

La chenille est d'un rouge-brique ou d'un vert-olivâtre, suivant l'âge, avec une ligne dorsale blanche & bordée par des points noirs. Elle a six rangées d'épines, dont une paire sur le premier anneau. Elle vit sur la *Violette odorante* (*Viola odorata*), & sur la *Pensée* (*Viola tricolor*).

La chrysalide est roussâtre, avec des taches argentées. L'insecte parfait en sort au bout de quinze jours.

25. Argynne Niobé.

Argynnis Niobe.

Arg. alis subrotundatis, subdentatis, fulvis, nigro maculatis: posticis subtùs maculis seu argenteis, seu pallidis strigâque ocellorum aliquot ferrugineorum pupillâ argenteâ; costâ baseos virescente.

Papilio N. Adippe, *alis dentatis, luteis, nigro maculatis: subtùs maculis 23 argenteis.* Linn. *Syst. Nat.* 2. *p.* 786. *n°.* 212. — *Faun. Suec. edit.* 2. *n°.* 1066. (N. B. Dans la Faune lisez *Adippe* au lieu de *Cydippe.*)

Papilio N. Niobe, *alis dentatis, fulvis, nigro maculatis: subtùs maculis pallidis; punctis tribus argenteis ocellatis.* Linn. *Syst. Nat.* 2. *pag.* 786. *n°.* 215. — *Faun. Suec. edit.* 2. *n°.* 1067.

Papilio Niobe. Fab. *Syst. Entom. pag.* 517. *n°.* 316. — *Spec. Insect. tom.* 2. *p.* 111. *n°.* 483. — *Mant. Insect. tom. p.* 63. *n°.* 599. — *Entom. Syst. em. tom.* 3 *pars* 1. *p.* 174. *n°.* 452.

Papilio Niobe. Esp. *Pap.* 1. *tab.* 18. *fig.* 4.

Papilio Niobe. Esp. *Pap.* 1. *tab.* 75. *cont.* 25. *fig.* 1-3. (*Fig.* 2. Var. α.)

Papilio Cleodoxa. Esp. *Pap.* 1. *tab.* 94. *cont.* 49. *fig.* 3.

Papilio Niobe. Herbst, *Pap. tab.* 267. *fig.* 5-8.

Papilio Niobe. Herbst, *Pap. tab.* 268. *fig.* 1-10.

Papilio Cleodoxa. Herbst, *Pap. tab.* 269. *fig.* 1. 2.

Papilio Pelopia. Herbst, *Pap. tab.* 269. *fig.* 3. 4.

Papilio Niobe. Schæff. *Icon. tab.* 208. *fig.* 1. 2.

Papilio Adippe. Muller, *Zool. Dan. pag.* 113. *n°.* 1306.

Papilio Niobe. Muller, *Zool. Dan. n°.* 1308.

Papilio Cydippe. Scop. *Ent. Carn. p.* 162.

Papilio Niobe. Hubn. *Pap. tab.* 12 *fig.* 61. 62.

Papilio Niobe. Wien. Verz. *p.* 177. *fam.* K. *n°.* 5.

De Geer, *Inf. tom.* 2. *part.* 1. *tab.* 1. *fig.* 6-9.

Papilio Niobe. Ochsenh. *Pap. Eur. tom.* 1. *pag.* 83.

Le Chiffre. Engram. *Pap. d'Europe, tom.* 1. *p.* 55. *pl.* 15. *fig.* 19. a. b. c.

α'. Le Chiffre. Engram. *Pap. d'Europe, tom.* 1. *p.* 241. *pl.* 59. *Suppl.* 5. *fig.* 19. d. e. (Var.)

β. Le Chiffre. Engram. *Pap. d'Europe, tom.* 1. *p.* 241. *pl.* 59. *Suppl.* 5. *fig.* 19. f. (Var.)

Elle diffère de l'*Adippé* en ce qu'elle est un peu plus petite; en ce que le dessous des secondes ailes a l'origine de la côte verdâtre dans les individus où les taches sont nacrées, comme dans ceux où elles sont d'un blanc-jaunâtre.

Les uns se rencontrent presqu'aussi souvent que les autres. C'est sans doute pourquoi Linnæus, dans la patrie duquel ils sont communs, les a donnés séparément. Nous croyons du moins que les premiers ne peuvent être que son *Adippe*, & les seconds son *Niobe*; car, d'après le témoignage d'auteurs dignes de foi, l'espèce précédente ne se trouve pas en Suède. Nous ne l'avons même jamais vue à vingt lieues au-delà de Paris, en allant vers le Nord, quoique nous l'ayons recherchée avec beaucoup de soin.

L'espèce dont il s'agit ici habite les forêts & particulièrement les pays de montagnes. Elle paroît en juillet & en août. Engramelle lui a donné le nom de *Nacré-Chiffre*, parce que les taches noires placées sous la côte des ailes supérieures, semblent, dit-il, représenter le nombre

1376. On pourroit dire à peu près la même même chose de la plupart des *Argynnes*,

La chenille vit sur le *Plantain* & sur la *Violette*. Elle est grise, avec des rangées d'épines alternativement blanches & rougeâtres.

Le dessus des quatre ailes a assez fréquemment un léger reflet violet, & l'on remarque parfois un point noir sur l'une des taches argentées de la base des inférieures.

La variété que nous avons indiquée par les lettres α, α', offre de part & d'autre, vers le sommet de chaque aile, un espace blanc, assez large.

Celle que nous désignons par la lettre β a les taches noires du dessus plus grandes que le commun des individus.

M. Walner de Genève a découvert dans les Alpes, il y a quelques années, un *Nacré* dont il a fait une espèce sous le nom d'*Aglaope*. Nous le rapportons ici, attendu qu'il ne diffère essentiellement de notre *Niobé* qu'en ce qu'il a les taches marginales du dessous des secondes ailes plus fortement bordées de rougeâtre en dedans, & en ce que le dessus des quatre est un peu plus clair vers la base.

26. Argynne Latonia.

Argynnis Latonia.

Arg. alis subrotundatis, subdentatis, fulvis, nigro maculatis: posticis subtùs brunneo-flavidis, maculis plurimis argenteis strigâque ocellorum septem fuscorum pupillâ argenteâ.

Papilio N. Lathonia, *alis dentatis, luteis, nigro maculatis: subtùs maculis 37 argenteis.* Linn. *Syst. Nat.* 2. *pag.* 786. *n°.* 213. — *Faun. Suec. edit.* 2. *p.* 282. *n°.* 1068.

Papilio Principissa. Linn. *Faun. Suec. edit.* 1. *p.* 236. *n°.* 781.

Papilio Lathonia. Fab. *Syst. Entom. p.* 517. *n°.* 314. — *Spec. Ins. tom.* 2. *p.* 110. *n°.* 481. — *Mant. Insect. tom.* 2. *p.* 63. *n°.* 595. — *Entom. Syst. em. tom.* 3. *pars* 1. *p.* 146. *n°.* 449.

Robert, *Icon. tab.* 12.

Petiv. *Mus. p.* 51. *n°.* 520.

Rai, *Ins. p.* 120. *n°.* 6.

Merian, *Eur.* 2. *tab.* 157.

Schæff. *Icon. tom.* 1. *tab.* 143. *fig.* 1. 2.

Roes. *Ins.* 3. *Suppl.* 1. *tab.* 10. *class.* 1. *Pap. diurn. fig.* 1-4.

Sepp, *Pap. part.* 2. *tab.* 1. *fig.* 1-6.

Papilio Lathonia. Illig. *N. Ausg. Dess. tom.* 2. *p.* 232. *n°.* 6.

Papilio Lathona. Hubn. *Pap. tab.* 11. *fig.* 59. 60.

δ. *Papilio Lathona.* Hubn. *Pap. tab.* 120. *fig.* 613. (Var.)

Papilio Latonia. Wien. Verz. *pag.* 177. *fam.* K. *n°.* 6.

Papilio Lathonia. Herbst, *Pap. tab.* 263. *fig.* 3-8.

Papilio Lathonia. Herbst, *Pap. tab*, 264. *fig.* 1-4.

Esp. *Pap.* 1. *tab.* 18. *fig.* 2.

α. Esp. *Pap.* 1. *tab.* 91. *cont.* 41. *fig.* 4. (Var.)

β. Esp. *Pap.* 1. *tab.* 94. *cont.* 49. *fig.* 2. (Var.)

γ. *Papilio Athalia Valdensis.* Esp. *Pap.* 1. *tab.* 115. *cont.* 70. *fig.* 4. (Var.)

Papilio Lathonia. Borkh. *Pap. Eur. part.* 1. *p.* 40. *n°.* 12, & *pag.* 216. *n°.* 11.

Papilio Lathonia. Scop. *Ent. Carn. p.* 162. *n°.* 440.

Papilio Lathonia. Rossi, *Faun. Etr. tom.* 2. *p.* 154. *n°.* 1028.

Papilio Lathonia. Fuessl. *Suiss. Ins. p.* 31. *n°.* 589.

Muller, *Zool. Dan. p.* 113. *n°.* 1307.

Papilio Lathonia. Ochsenh. *Pap. Eur. tom.* 1. *pag.* 80.

Le petit Nacré. Geoff. *Hist. Ins. tom.* 2. *p.* 43. *n°.* 10.

Le petit Nacré. Engram. *Pap. d'Eur. tom.* 1. *p.* 60. *pl.* 16. *fig.* 24. a-d.

ε. Le petit Nacré. Engram. *Pap. d'Europe, tom.* 1. *p.* 332. *Suppl.* 3. *pl.* 8. *fig.* 24. e. (Var.)

Elle a d'un pouce & demi à deux pouces d'envergure. Ses ailes, dont le dessus est fauve, ont la base chargée d'une poussière verdâtre, & le reste tacheté de noir jusqu'au bord postérieur qui est lui-même noir & cilié de blanc-jaunâtre. Le dessous des supérieures offre à peu près le même dessin que le dessus, mais sur un fond plus pâle, & le sommet est brun, avec un groupe de sept à huit points argentés, plus ou moins vifs. Le dessous des secondes ailes est jaunâtre & varié de brun, avec environ vingt-deux taches nacrées, inégales, dont quinze éparses entre la base & le milieu, les sept autres alignées parallèlement au bord postérieur; entre celles-ci & les précédentes on voit en outre une ligne transversale de sept taches ocellées d'un brun-noirâtre, à prunelle argentée.

Cette espèce ne varie guère moins que l'*Adippé*.

Dans la variété α, les taches nacrées de la partie antérieure des secondes ailes sont remplacées par quatre ou cinq bandes longitudinales de cette couleur. La même chose a lieu à peu près pour l'*Athalia valdensis*, dont les taches noires du dessus sont d'ailleurs plus grandes.

La variété β est presqu'entièrement noirâtre en dessus; & le dessous de ses secondes ailes a, au lieu de taches nacrées, des bandes de cette couleur, & descendant de la base jusqu'à l'extrémité.

La variété ε est aussi presqu'entièrement noirâtre en dessus; mais le dessous de ses secondes ailes est comme dans les individus ordinaires.

L'Argynne que nous décrivons ici est commune dans toute l'Europe. Elle paroît en août & en septembre; on la trouve dans les bois, dans les prairies artificielles, dans les parterres & même le long des chemins. Parmi les individus qui éclosent dans l'arrière-saison, il en est, à ce que l'on prétend, qui passent l'hiver & qu'on voit reparoître au printemps suivant.

La chenille est d'un brun-grisâtre, avec une ligne blanche le long du dos. Elle a soixante-huit épines, dont quatre sur le premier & le dernier anneaux, & six sur chacun des autres: celles des deux premières sont les plus courtes; celles des anneaux du milieu les plus longues. Elle vit isolément sur la *Pensée* (*Viola tricolor*), sur le *Sainfoin cultivé* (*Hedysarum onobrychis*); &, d'après Braham, sur la *Buglosse officinale* (*Anchusa officinalis*).

La chrysalide est grisâtre à sa partie antérieure, verdâtre à sa partie postérieure, avec des taches dorées sur le corps & les pointes de la tête arrondies. Le papillon en sort au bout de quinze jours.

27. Argynne Myrina.

Argynnis Myrina.

Arg. alis subrotundatis, integris, fulvis, nigro maculatis: posticis subtùs maculis plurimis argenteis brunneo inductis, strigâ ocellorum fulvorum pupillâ nigrâ.

Papilio N. Myrina, *alis fulvis, nigro maculatis: subtùs maculis* 30 *argenteis*. Fab. *Spec. Insect. tom.* 2. *p.* 109. *n°.* 476. — *Mant. Insect. tom.* 2. *p.* 62. *n°.* 591. — *Ent. Syst. em. tom.* 3. *pars* 1. *p.* 145. *n°.* 444.

Papilio Myrina. Cram. *Pap.* 16. *pag.* 141. *pl.* 189. *fig.* B. C.

Papilio Myrinus. Herbst, *Pap. tab.* 255. *fig.* 3. 4.

Elle est de la même taille que la précédente. Ses quatre ailes sont entières, fauves, avec des taches noires, dont les unes placées confusément sur la moitié antérieure de la surface, les autres disposées en une ligne parallèle au bord de derrière; ce bord est couvert par une bande noire, ciliée de blanc en dehors, crénelée en dedans, & divisée dans toute sa longueur par une série de points fauves. Le dessous des premières ailes ressemble au dessus, avec cette différence que la bordure est plus pâle, surtout à l'angle interne; qu'elle offre, au lieu de points fauves, une suite de huit points argentés, & qu'il y en a encore un autre en tirant vers le milieu de la côte. Le dessous des secondes ailes est varié de brun & de fauve-jaunâtre, & a vingt-une taches nacrées, savoir: trois inégales rangées sur le haut de la côte, une isolée sur le disque, deux ensemble sur le bord abdominal, huit plus petites formant une bande transverse au-delà du milieu, & sept en losange le long du bord postérieur; ces dernières sont séparées des précédentes par une ligne arquée de petits yeux fauves, à prunelle noire; on en voit un semblable vers la base. Le corps est roussâtre; les antennes sont noires.

Elle habite l'Amérique septentrionale.

28. Argynne Paphia.

Argynnis Paphia.

Arg. alis subrotundatis, subdentatis, fulvis, nigro maculatis: posticis subtùs nitenti-virescentibus, fasciis quatuor argenteis, transversis, anterioribus abbreviatis.

Papilio N. Paphia, *alis dentatis, luteis, nigro maculatis: subtùs lineis argenteis, transversis.* Linn. *Syst. Nat.* 2. *p.* 785. *n°.* 209. — *Faun. Suec. edit.* 2. *p.* 281. *n°.* 1064.

Papilio Imperator. Linn. *Faun. Suec. edit.* 1. *n°.* 779.

Papilio Paphia. Fab. *Syst. Entom. pag.* 515. *n°.* 308. — *Spec. Insect. tom.* 2. *p.* 108. *n°.* 472. — *Mant. Insect. tom.* 2. *p.* 62. *n°.* 585. — *Ent. Syst. em. tom.* 3. *pars* 1. *p.* 142. *n°.* 438.

Rai, *Ins.* 1. *p.* 122. *n°.* 13.

Wilk. *Pap.* 57. *tab.* 2. a. 7.

Roes. *Ins.* 1. *tab.* 7.

Schœff. *Icon. tab.* 97. *fig.* 3. 4.

Muller, *Zool. Dan. p.* 112. *n°.* 1303.

Papilio Paphia. Herbst, *Pap. tab.* 261. *fig.* 5-8.

α. *Papilio Valesina.* Herbst, *Pap. tab.* 262. *fig.* 4-7. (Var.)

Esp. *Pap.* 1. *tab.* 17. *fig.* 1. 2.

β. Esp. *Pap.* 1. *tab.* 60. *cont.* 10. *fig.* 4. (Var.)

α'. *Papilio Valesina.* Esp. *Pap.* 1. *tab.* 107. *cont.* 62. *fig.* 1. 2. (Var.)

Papilio Paphia. Hubn. *Pap. tab.* 14. *fig.* 69. 70.

Papilio Paphia. Wien. Verz. *p.* 176. *fam.* K. *n°.* 2.

Illig. *N. Ausg. Dess. tom.* 2. *p.* 227. *n°.* 2.

Borkh. *Pap. Eur. part.* 1. *p.* 27 & 211. *n°.* 1. — *Part.* 2. *p.* 188.

Borkh. *Rhein. Magaz. tom.* 1. *p.* 261. *n°.* 55.

Schneid. *Syst. Beschr. p.* 173. *n°.* 95.

Fuessl. *Suiss. Inf. p.* 30. *n°.* 586.

Papilio Paphia. Scop. *Entom. Carn. p.* 160. *n°.* 438.

Papilio Paphia. Rossi, *Faun. Etr. pag.* 154. *n°.* 1027.

Papilio Paphia. Ochsenh. *Pap. Eur. tom.* 1. *p.* 96.

Le Tabac d'Espagne. Geoff. *Hist. Inf. tom.* 2. *p.* 42. *n°.* 8.

Le Tabac d'Espagne. Engram. *Pap. d'Europe, tom.* 1. *p.* 34. *pl.* 12. *fig.* 15. a-f.

γ. Le Tabac d'Espagne. Engram. *Pap. d'Eur. tom.* 1. *p.* 236. *pl.* 57. *Suppl.* 3. *fig.* 15. i. k. (Var.)

δ. Le Tabac d'Espagne. Engram. *Pap. d'Eur. tom.* 1. *p.* 236. *pl.* 57. *Suppl.* 3. *fig.* 15. l. (Var.)

α'. Le Valaisien. Engram. *Pap. d'Eur. tom.* 1. *p.* 316. *pl.* 2. 3e. *Suppl. fig.* 15. a. b. *tert.*

Elle a un peu plus de deux pouces & demi de largeur. Le dessus des ailes est d'un fauve-gai dans le mâle, d'un fauve un peu verdâtre dans la femelle, avec quatre lignes noires, transverses, dont une en zig-zag sur le milieu, les deux suivantes formées par des points, la plus extérieure marginale & crénelée sur le côté interne; sous la côte des premières ailes il y a quelques taches noires, irrégulières, & l'on voit en outre dans le mâle quatre nervures très-prononcées de cette couleur. Le dessous des mêmes ailes ressemble au dessus, mais il est moins foncé; le sommet est légèrement glacé de vert, & la ligne du bord est à peine distincte. Le dessous des secondes ailes est entièrement glacé de vert, avec quatre bandes argentées, transversales, dont deux plus courtes, disposées parallèlement près de la base, la troisième correspondant à la ligne en zig-zag de la surface opposée, la quatrième marginale & divisée par l'empreinte des points noirs. Le corps est fauve en dessus, grisâtre en dessous; les antennes sont brunâtres, avec le bouton noir & terminé par un peu de fauve.

Cette espèce offre plusieurs variétés. La première que nous citerons est le Pap. *Valesina* de Herbst & d'Esper, ou le *Valaisien* d'Engramelle. C'est une femelle qui a le dessus des ailes plus verdâtre que les autres, avec des taches blanches vis-à-vis du sommet des supérieures, & quelquefois aussi vers l'extrémité des inférieures. On lui a donné ce nom parce qu'on l'a d'abord remarquée dans le *Valais*. Nous l'avons prise plusieurs fois dans la forêt de Saint-Germain-en-Laye.

Le mâle γ a les taches noires du dessus des ailes grandes & alongées, & la bande argentée du bout des inférieures d'une teinte violâtre assez prononcée.

La femelle δ a le dessous des secondes ailes d'un violet-brunâtre, au lieu de l'avoir glacé de vert.

Cette Argynne est commune dans toute l'Europe. On la trouve aux mois de juillet & d'août dans les bois & les champs de luzerne qui en sont voisins. Elle se repose sur les fleurs de ronces & de chardons. Son vol est assez rapide.

La chenille est brune, avec des taches jaunâtres le long du dos; le premier anneau a deux épines, grandes, fortes & presque cylindriques; celles des autres anneaux sont coniques; le second en a également deux; les suivans en portent chacun six, & le dernier quatre. Elle vit solitairement sur la *Violette sauvage* (*Viola canina*); sur le *Framboisier* (*Rubus idæus*). Rœsel dit qu'elle mange de l'ortie, & Borkhausen ajoute qu'elle s'accommode de l'espèce de *Julienne* apelée *Hesperis tristis*.

La chrysalide est grisâtre, avec plusieurs éminences dorées; ses anneaux ont des tubercules arrondis, au lieu de pointes aiguës.

29. Argynne Cynara.

Argynnis Cynara.

Arg. alis subrotundatis, subdentatis, lutescenti-viridibus, nigro maculatis: subtùs anticis purpureis; posticis nitenti-virescentibus, costâ baseos, maculis fasciisque duabus argenteis.

Papilio N. Cynara, *alis dentatis, viridibus, nigro maculatis: posticis subtùs viridibus, maculis tribus fasciisque duabus argenteis.* Fab. *Gen. Insect. Mant. p.* 266. — *Spec. Inf. tom.* 2. *p.* 108. *n°.* 473. — *Mant. Insect. tom.* 2. *p.* 62. *n°.* 586. — *Ent. Syst. em. tom.* 3. *pars* 1. *p.* 143. *n°.* 439.

Papilio Cynara. Herbst, *Pap. tab.* 261. *fig.* 1-4.

Papilio Pandora. Esp. *Pap.* 1. *tab.* 58. *cont.* 8. *fig.* 1. 2.

Papilio Pandora. Esp. *Pap.* 1. *tab.* 73. *cont.* 23. *fig.* 3.

Papilio Pandora. Hubn. *Pap. tab.* 14. *fig.* 71. 72.

Papilio Pandora. Wien. Verz. *p.* 176. *fam.* K. *n°.* 1.

Papilio Pandora. Bergstr. *Nomencl. tab.* 85. *fig.* 1-4.

Borkh. *Pap. Eur. part.* 1. *p.* 28 & 212. *n°.* 2.

Schneid. *Syst. Beschr. p.* 171. *n°.* 94.

Lang. *Verz.* 2. *p.* 37. *n°.* 275. 276.

Papilio Pandora. Ochsenh. *Pap. Eur. tom.* 1. *p.* 99.

Papilio Maia. Cram. *Pap.* 3. *p.* 39. *pl.* 25. *fig.* B. C.

Le Cardinal. Engram. *Pap. d'Europe, tom.* 1. *p.* 35. *pl.* 12. *fig.* 15. g. h.

Le Cardinal. Engram. *Pap. d'Europe, tom.* 1. *p.* 237. *pl.* 58. *Suppl.* 4. *fig.* 15. a. b. c. *bis.*

Elle a la même forme, la même taille, les mêmes taches que la précédente; mais le dessus de ses ailes est d'un vert-jaunâtre dans les deux sexes; le fauve du dessous des supérieures est remplacé par un rouge-pourpre plus ou moins vif, suivant les localités; les ailes inférieures ont la surface correspondante d'un vert plus luisant; l'on voit vers leur base, au lieu de deux bandes transverses, trois lunules argentées, dont les deux antérieures parallèles; la côte est en outre argentée, & les deux bandes du bout sont séparées par une ligne de petits points de leur couleur.

Elle se trouve dans le midi de la France & de l'Europe.

30. Argynne Laodice.

Argynnis Laodice.

Arg. alis subrotundatis, subdentatis, luteis, nigro maculatis : posticis subtùs ad basin virescenti-flavis strigis aliquot brunneis, ad apicem purpurascentibus; fasciâ argenteâ, intermediâ, interruptâ.

Papilio N. Laodice, *alis dentatis, fulvis, nigro maculatis : posticis subtùs apice fuscis glauco nitentibus, fasciâ argenteâ interruptâ terminante.* Fab. *Mant. Insect. tom.* 2. *p.* 62. *n°.* 587.

Papilio Cethosia. Fab. *Ent. Syst. em. tom.* 3. *pars* 1. *p.* 143. *n°.* 440.

Papilio Cethosia. Herbst, *Pap. tab.* 263. *fig.* 1. 2.

Papilio Cethosia. Hubn. *Pap. tab.* 13. *fig.* 67. 68.

Papilio Laodice. Esp. *Pap.* 1. *tab.* 93. *cont.* 43. *fig.* 1. (Mas.)

Papilio Laodice. Esp. *Pap.* 1. *tab.* 102. *cont.* 57. *fig.* 4. (Fem.)

Papilio Laodice. Borkh. *Pap. Eur. part.* 1. *p.* 30 & 213. *n°.* 4. — *Part.* 2. *n°.* 189.

Papilio Laodice. Schneid. *Syst. Beschr. tab.* 1. *fig.* 1. 2.

Papilio Laodice. Pallas, *Voy.* 1. *App. p.* 470. *n°.* 61.

Papilio Laodice. Ochsenh. *Pap. Eur. tom.* 1. *p.* 95.

Elle est à peu près de la taille des deux précédentes; d'un fauve-jaunâtre en dessus, avec des taches noires. Les taches de la côte des ailes supérieures sont en forme de raies obliques, les autres arrondies pour la plupart; la base de chaque aile est en outre chargée d'une poussière verdâtre, & les inférieures ont le bord denté. Le dessous des supérieures est plus pâle & moins tacheté que le dessus, avec quelques points d'un blanc-argenté au sommet. Le dessous des ailes inférieures est d'un jaune-verdâtre depuis la base jusqu'aux deux tiers environ de sa longueur, avec deux ou trois raies brunes obliques, & une bande argentée, également oblique, interrompue, située à l'extrémité de la partie jaune; le reste de la surface est d'une couleur purpurine, mais plus claire près du bord postérieur.

La femelle a une tache blanche vers le bout de la côte des premières ailes.

Cette espèce habite la Prusse, la Russie, mais plus particulièrement la Valachie & la Crimée.

31. Argynne Daphné.

Argynnis Daphne.

Arg. alis subrotundatis, subdentatis, fulvis, nigro maculatis : posticis subtùs ad basin flavis areolâ nervisque rufis, ad extimum purpurascenti-ferrugineis strigâ punctorum ocellatorum.

Papilio S. Daphne, *alis dentatis, fulvis, nigro maculatis : posticis subtùs flavis rufo venosis, apice ferrugineo-argentatis.* Fab. *Mant. Inf. t.* 2. *p.* 64. *n°.* 602. — *Ent. Syst. em. tom.* 3. *pars* 1. *p.* 257. *n°.* 798.

Papilio Daphne. Illig. *N. Ausg. Dess. tom.* 2. *p.* 235. *n°.* 10.

Papilio Daphne. Herbst, *Pap. tab.* 273. *fig.* 7-10.

Naturfors. 14. *tab.* 4. *fig.* 1-5.

Papilio Daphne. Borkh. *Pap. Eur. part.* 1. *p.* 45 & 220. *n°.* 18.

Papilio Daphne. Rossi, *Faun. Etr. tom.* 2. *p.* 153. *n°.* 1025.

Papilio Daphne. Bergstr. *Nomencl. tab.* 79. *fig.* 3-7.

Papilio Daphne. Bergstr. *Nomencl. tab.* 86. *fig.* 1. 2.

Papilio Daphne. Lang. *Verz.* 2. *p.* 41. *n°.* 323. 324.

Papilio Daphne. Ochsenh. *Pap. Eur. tom.* 1. *p.* 72.

Papilio Daphne. Hubn. *Pap. tab.* 9. *fig.* 45. 46.

Papilio Daphne. Wien. Verz. *p.* 177. *fam.* K. *n°.* 10.

Papilio Daphne. Schneid. *Syst. Beschr. p.* 190. *n°.* 106.

Papilio Chloris. Schneid. *Syst. Beschr. p.* 191. *n°.* 108.

Papilio Chloris. Esp. *Pap. part.* 1. *tab.* 44. *Suppl.* 20. *fig.* 3.

La grande Violette. Engram. *Pap. d'Europe, tom.* 1. *p.* 56. *pl.* 15. *fig.* 20. a. b.

Elle a un peu plus d'un pouce & demi de largeur. Le dessus des ailes est fauve, avec des taches noires, disposées de la même manière que dans l'A. *Paphia.* Le dessous des ailes supérieures ressemble au dessus, excepté que la côte & le sommet sont jaunâtres. Le dessous des inférieures a environ la moitié antérieure d'un jaune d'ocre, avec les nervures & un espace roux; l'autre moitié est ferrugineuse, avec une teinte purpurine blanchâtre, plus une ligne transverse & arquée de cinq points obscurs qui ont le milieu jaunâtre. Les petites échancrures de chaque aile sont bordées par des cils de cette dernière couleur. Le corps & les antennes ressemblent aux parties correspondantes de la plupart des *Argynnes.*

Le mâle a quelquefois les taches noires du milieu des premières ailes très-larges en dessus.

Cette espèce se trouve dans plusieurs contrées de l'Allemagne, dans le département du Haut-Rhin, dans les montagnes élevées des environs de Toulon. Elle paroît en juin & en juillet.

La chenille est ncirâtre, avec des lignes blanchâtres, dont une dorsale, & six rangs d'épines d'un jaune-foncé, mais noires à leur extrémité.

La chrysalide est d'un gris-jaunâtre, avec plusieurs tubercules dorés sur le dos & vers l'anus.

32. Argynne Ino.

Argynnis Ino.

Arg. alis subrotundatis, subdentatis, fulvis, nigro maculatis, basi fuscâ: posticis subtùs flavis rufoque variegatis, fasciolâ albo-purpurascente, transversâ, mediâ, interruptâ, ocellis aliquot extrorsùm adjectis.

Papilio Ino. Herbst, *Pap. tab.* 274. *fig.* 1-4.

Papilio Ino. Borkh. *Pap. Eur. part.* 1. *p.* 46. *n°.* 19 & *p.* 220. — *Part.* 2. *p.* 191.

Papilio Ino. Schneid. *Syst. Beschr. pag.* 193. *n°.* 109.

Naturfors. 6. *tab.* 1. *fig.* 3. 4.

Papilio Ino. Ochsenh. *Pap. Eur. tom.* 1. *p.* 69.

L'Ino. Engram. *Pap. d'Europe, tom.* 1. *p.* 242. *pl.* 59. *Suppl.* 5. *fig.* a. b. c. *bis.*

La grande Violette. Engram. *Pap. d'Europe, tom.* 1. *pl.* 15. *fig.* 20. c.

Papilio Ino. Esp. *Pap. part.* 1. *tab.* 76. *cont.* 26. *fig.* 1. a. b.

Papilio Chloris mas. Esp. *Pap. part.* 1. *tab.* 75. *cont.* 25. *fig.* 4.

Papillon orangé à taches citron. De Geer, *Mem. Inf. tom.* 2. *part.* 1. *p.* 140. *pl.* 1. *fig.* 12.

Papilio Dyctinna. Schrank, *Faun. Boïc. tom* 2. *p.* 203. *n°.* 1351.

Papilio Dyctinna. Illig. *N. Ausg. Dess. tom.* 2. *p.* 243. *n°.* 5.

Papilio Dyctinna. Hubn. *Pap. tab.* 8. *fig.* 40. 41.

Papilio Dyctinna. Wien. Verz. *p.* 179. *fam.* L. *n°.* 5.

Elle se rapproche beaucoup de la précédente; mais elle est plus petite. Elle s'en distingue d'ailleurs en ce qu'elle a la base des quatre ailes plus obscure en dessus; en ce que le dessous des inférieures est traversé dans son milieu par une bande purpurine blanchâtre, étroite, interrompue, & en ce qu'il est ensuite jaunâtre jusqu'au bout, avec quelques nuances roussâtres près des points ocellés & du bord postérieur.

On la trouve dans le même temps & dans les mêmes contrées. Elle habite aussi la Suède.

N. B. Engramelle a confondu le mâle de cette espèce avec celui de l'Arg. *Daphné.* (Voyez *pl.* 15. *fig.* 20. c.)

33. Argynne Bellone.

Argynnis Bellona.

Arg. alis subrotundatis, integris, fulvis, nigro maculatis: posticis subtùs ad basin rufescenti-flavidis maculâ costali bifidâ, ad extimum subviolaceis ocellorum serie transversâ.

Papilio N. Bellona, *alis dentatis, fulvis, nigro maculatis: posticis subtùs apice argenteis maculis ocellaribus fulvis sex.* Fab. *Syst. Entom. p.* 517. *n°.* 317. — *Spec. Insect. tom.* 2. *p.* 111. *n°.* 484. — *Mant. Inf. tom.* 2. *p.* 64. *n°.* 600. — *Entom. Syst. em. tom.* 3. *pars* 1. *p.* 148. *n°.* 454.

Elle est approchant de la taille de l'A. *Daphné.* Le dessus de ses ailes est fauve, avec un grand nombre de taches noires, les unes placées confusément vers la base sur un fond plus rembruni, les autres formant deux rangées parallèles au bord postérieur, lequel est lui-même entrecoupé de noir. Le dessous des ailes supérieures est fauve & tacheté comme en dessus, avec le sommet lavé de brun & de jaune-pâle, & marqué d'une petite ligne violâtre, transverse. Le dessous des secondes ailes a environ la moitié antérieure d'un jaune-roussâtre, avec des ondes ferrugineuses; & en outre une tache violâtre, bifide, placée vers l'origine de la côte; l'autre moitié est légèrement violâtre, avec une rangée courbe & tranſverſe de ſix points jaunâtres, bordés de brun & précédés en dehors d'une ligne de petites taches obſcures. Les antennes ſont variées de noirâtre & de cendré, avec la maſſue fauve.

Elle habite l'Amérique ſeptentrionale.

N. B. Fabricius la rapporte, mais avec doute, à l'*Hegeſia* de Cramer.

34. Argynne Frigga.

Argynnis Frigga.

Arg. alis ſubrotundatis, integris, fulvis, baſi maculiſque nigris : poſticis ſubtùs ad baſin ſaturato-ferrugineis ſaſciâ incurvâ è maculis niveis albidiſque, ad extimum ſubviolaceis ocellorum ſerie tranſverſâ.

Papilio Frigga, *alis fulvis, nigro maculatis : poſticis ſubtùs baſi purpureis, faſciâ dentatâ, maculari, argenteâ ſerieque duplici punctorum.* Thunberg, *Diſſert. vol.* 3. *p.* 47.

Papilio Frigga, *alis dentatis, ſuprà fulvis, baſi maculiſque nigris : poſticis ſubtùs baſi brunneis faſciâ macularum fulvarum 7, albarum 2; poſticè ſubpurpuraſcentibus.* Schneid. *Entomol. Magaz. tom.* 1. *p.* 416 & 587.

Papilio Frigga. Illig. *Magaz. tom.* 3. *p.* 193.

Papilio Frigga. Herbst, *Pap. tab.* 273. *fig.* 1. 2.

Papilio Frigga. Hubn. *Pap. tab.* 9. *fig.* 49.

Papilio Frigga. Ochsenh. *Pap. Eur. tom.* 1. *p.* 47.

Elle reſſemble en deſſus à l'*Arg.* n°. 36 : toute la différence qu'on y trouve, c'eſt que la bordure noire du bout eſt à peine dentée intérieurement, & que les taches qui la diviſent ſont plus grandes & moins lunulées. Le deſſous des premières ailes eſt le même que le deſſus, excepté qu'il eſt plus pâle. Le deſſous des ſecondes ailes eſt d'un ferrugineux-foncé depuis la baſe juſqu'au-delà du milieu, avec une bande courbe & tranſverſe, compoſée de taches dont la ſeconde, à partir de la côte, & l'intermédiaire blanches, plus grandes & bifides, les autres d'un blanc-jaunâtre ſaupoudré de brun; le reſte de la ſurface eſt légèrement violâtre, avec une ligne tranſverſe & arquée de points ocellés obſcurs, à prunelle griſâtre, & précédés en dehors d'une ſuite de petites lunules également obſcures.

On la trouve au commencement de juillet dans la Laponie méridionale.

35. Argynne Thoré.

Argynnis Thore.

Arg. alis ſubrotundatis, integris, fulvis, baſi maculiſque nigris : poſticis ſubtùs ad baſin ferrugineis maculis ſaſciâque tranſverſâ flavis, ad extimum niteriti-pallidioribus macularum fuſcarum ſerie.

Arg. Thore, *alis ſubdentatis, fulvis baſi maculiſque nigris : poſticis ſubtùs purpuraſcentibus, faſciâ maculari flavâ ſtrigiſque duabus interruptis macularum albo-nitentium.* Ochsenh. *Pap. Eur. tom.* 4. *p.* 111. *n°.* 10.

Papilio Thore. Hubn. *Pap. tab.* 111. *fig.* 571-573.

Nous ne connoiſſons cette eſpèce que par la figure que Hubner en a donnée.

Elle eſt approchant de la taille de l'*Euphroſyne* (voyez *n°.* 42), & elle lui reſſemble en deſſus par le nombre & la diſpoſition des taches, mais ces taches ſont plus grandes, la baſe eſt plus obſcure, la bande noire terminale eſt à peine dentée intérieurement, & le fond eſt d'un fauve moins gai, ſurtout dans l'un des ſexes. Le deſſous des premières ailes eſt plus pâle & moins tacheté que le deſſus, avec le ſommet ferrugineux & panaché de jaune. Le deſſous des ſecondes ailes eſt ferrugineux depuis ſon origine juſqu'au-delà du diſque, enſuite plus clair; à la baſe ſont quelques taches d'un jaune-pâle, ſuivies d'un point iſolé de cette couleur; vers le milieu eſt une bande d'un jaune plus foncé, tranſverſe, large, anguleuſe, coupée par les nervures; au-delà de cette bande, ſur la partie plus claire, eſt une rangée, également tranſverſe, de ſix taches noirâtres, orbiculaires, entourées de jaunâtre, & compriſes entre deux lignes violâtres, dont l'antérieure fortement interrompue dans ſon milieu, la poſtérieure maculaire & longeant le bord qui eſt cilié de jaunâtre.

Elle habite, ſuivant M. Ochſenheimer, les montagnes de la Carinthie, & paroît au mois de juillet.

36. Argynne Tritonia.

Argynnis Tritonia.

Arg. alis ſubdentatis, ſuprà fulvis, nigro maculatis, ſerie duplici punctorum margineque lato nigris : poſticis ſubtùs cinnamomeis, faſciâ mediâ maculari ſerieque macularum oblongarum, ſubmarginalium punctis duobus nigris fœtarum. Bœber.

Papilio S. Tritonia. Bœber, *Mem. tom.* 3. *p.* 20. *pl.* 1. *fig.* 1. 2.

Elle a preſque le port de l'A. *Daphné*, & doit être rangée parmi les plus grandes de cette *diviſion*. Les quatre ailes ſont entourées d'une bordure noire, large, un peu ciliée de blanc. Les taches noires de leur deſſus ſont plus grandes que dans la plupart des eſpèces analogues; la rangée extérieure de points, placée près de la bordure, forme en quelque ſorte une raie interrompue; la rangée intérieure, qui lui eſt parallèle, ſe compoſe

pose de points triangulaires, un peu plus gros, mais elle ne descend pas jusqu'au bord interne des secondes ailes. Le dessous des premières ailes est presque semblable au dessus, avec des points blancs, très-petits, contigus à la rangée extérieure. Le dessous des secondes ailes est couleur de canelle, avec trois taches d'un vert-blanchâtre à la base même; le milieu offre une bande maculaire, difforme, blanche en avant, un peu verdâtre en arrière, & bordée de noir sur les côtés; il y a ensuite, vers l'extrémité, une série de taches oblongues, blanches intérieurement, fauves extérieurement, chargées chacune de deux points noirs, dont le postérieur plus petit; le bord lui-même est tacheté de blanc.

Elle se trouve en Sibérie.

(*Traduction des Mémoires de M. Bœber.*)

37. Argynne Freya.

Argynnis Freya.

Arg. alis subrotundatis, subdenticulatis, fulvis, basi maculisque nigris : posticis subtùs ferrugineis maculis plurimis fasciâque transversâ, submediâ, albis; ad extimum ocellis duobus, areâ flavidâ interjectâ.

Papilio Freija, *alis fulvis, nigro maculatis : posticis subtùs ferrugineis, fasciis duabus maculisque plurimis nigris albisque.* Thunb. *Dissert. vol.* 3. *p.* 49. *tab.* 5. *fig.* 14.

Papilio N. Ph. Freija, *alis dentatis suprà luteis, basi maculisque nigris : posticis subtùs fulvis fuscoque variis, maculis strigâque dentatâ albis.* Schneid. *Entomol. Magaz. tom.* 1. *p.* 420.

Papilio Freija. Herbst, *Pap. tab.* 272. *fig.* 7-10.

Papilio Freija. Hubn. *Pap. tab.* 10. *fig.* 55.

Papilio Ereija. Hubn. *Pap. tab.* 11. *fig.* 56.

Papilio Freija. Ochsenh. *Pap. Eur. tom.* 1. *p.* 78.

Papilio Dia Lapponica. Esp. *Pap. part.* 1. *tab.* 97. *cont.* 52. *fig.* 3.

Papilio Freija. Esp. *Pap. part.* 1. *tab.* 109. *cont.* 64.

Elle ressemble en dessus à l'Argynne *Sélénie* (n°. 42), mais elle a la base des quatre ailes plus obscure. Elle lui ressemble également par le dessous des supérieures. Le dessous des inférieures est ferrugineux, & présente les caractères que voici : vers la base sont six à sept taches blanches, dont les postérieures plus grandes, échancrées & bordées de noir sur le côté interne; immédiatement après ces dernières est une ligne transverse de chevrons noirs, inégaux, bordés de jaunâtre antérieurement, & appuyés extérieurement sur une bande blanche, étroite, anguleuse; viennent ensuite deux points noirs, environnés de jaunâtre & séparés l'un de l'autre par un espace de cette couleur; enfin, le bord d'en bas est divisé par un cordon de sept points blancs, surmontés chacun d'un chevron noirâtre.

Elle habite le nord de la Suède & le sud de la Laponie.

38. Argynne Chariclea.

Argynnis Chariclea.

Arg. alis fulvis, basi maculisque nigris : posticis subtùs purpureis, fasciâ maculisque albo-margaritaceis, triplici serie notatis. Ochsenh. *Pap. Europ. tom.* 4. *p.* 114. *n°.* 12.

Papilio Chariclea. Herbst, *Pap. tab.* 272. *fig.* 5. 6.

Papilio Chariclea. Schneid. *Entomol. Magaz.* 5. *p.* 588.

N'ayant point vu cette Argynne, nous n'en parlons que d'après M. Ochsenheimer.

Elle ressemble, dit-il, à l'*Amathuse*, & se place enntr'elle & l'A. *Freya* dont elle a la taille. Le mâle est d'un fauve-rougeâtre en dessus, la femelle d'un fauve-brun, avec la base chargée d'une poussière noire. Le dessin de cette couleur est le même que dans l'A. *Freya*, mais plus fin; le bord postérieur est d'un jaune-clair, entrecoupé de brun-noirâtre. Le dessous des premières ailes est plus pâle que le dessus, avec le sommet jaune & lavé de brun-rougeâtre; on y retrouve les taches noires de la surface opposée, seulement les points alignés vis-à-vis du bord postérieur sont moins gros. Le dessous des secondes ailes est d'un fauve-obscur, avec à peu près les mêmes caractères que dans l'*Amathuse* : à la base sont trois petites taches d'un blanc de perle, suivies d'un point de cette couleur; la bande transverse du milieu a la même forme que dans l'*Amathuse*, & elle est aussi moins large dans le mâle; sa couleur est d'un blanc de perle, saupoudré de brun; derrière cette même bande est une ligne transverse & ondulée d'un blanc-sale; le fond est ensuite plus clair & mélangé de jaune, avec une rangée de points d'un fauve-obscur, au-dessous desquels est une série marginale de sept taches d'un blanc de perle, surmontées chacune d'un chevron ferrugineux. — Ne seroit-ce pas une variété de la *Palès?*

Elle se trouve aux environs de Stralsund.

39. Argynne Amathuse.

Argynnis Amathusia.

Arg. alis subrotundatis, subdentatis, fulvis, nigro maculatis : posticis subtùs ferrugineis, ad basin maculis albis flavisque puncto nigro inter-

jecto: fasciâ subpurpurascente, transversâ, mediâ.

Papilio S. Amathusia, *alis dentatis, fulvis, maculis strigâque punctatâ nigris: posticis subtùs variegatis, basi puncto, apice strigâ punctorum.* Fab. *Mant. Insect. tom.* 2. *p.* 61. *n°.* 580. — *Entom. Syst. em. tom.* 3. *pars* 1. *pag.* 255. *n°.* 791.

Papilio Amathusia. Esp. *Pap. part.* 1. *tab.* 88. *cont.* 38. *fig.* 1. 2.

Papilio Dia major. Esp. *Pap. part.* 1. *tab.* 93. *cont.* 43. *fig.* 2. 3.

Papilio Amathusia. Herbst, *Pap. tab.* 271. *fig.* 5. 6.

Papilio Titania. Herbst, *Pap. tab.* 291. *fig.* 7-10.

α. Papilio Titania. Herbst, *Pap. tab.* 281. *fig.* 7. 8. (Var.)

Papilio Amathusia. Borkh. *Pap. Eur. part.* 1. *p.* 47. *n°.* 21. — *Part.* 2. *p.* 192.

Papilio Amathusia. Schneid. *Syst. Beschr. p.* 191. *n°.* 107.

Papilio Titania. Hubn. *Pap. tab.* 9. *fig.* 47. 48.

Papilio Diana. Hubn. *Pap. tab.* 10. *fig.* 51-54.

Papilio Amathusia. Ochsenh. *Pap. Europ. tom.* 1. *p.* 75.

Le Jason. Engram. *Pap. d'Europe, tom.* 1. *p.* 301. *pl.* 80, 2e. *Suppl. pl.* 1. *fig.* 21. a. b. *quart.*

L'Alezan. Engram. *Pap. d'Europe, tom.* 1. *p.* 318. 3e. *Suppl. fig.* 19. a. b. *bis.*

Elle est un peu plus grande que l'*Euphrosyne*, à laquelle elle ressemble en dessus par la forme, le nombre & la disposition des taches noires. Le dessous de ses premières ailes ne diffère de la surface opposée que parce que le bord postérieur est entrecoupé de jaune, & parce que le sommet est ferrugineux. Le dessous des secondes ailes est de cette dernière couleur, & présente vers la base, autour d'un point noir, six ou sept taches inégales, dont les trois antérieures d'un blanc-mat, les autres jaunâtres, & toutes bordées de noir, à l'exception d'une des blanches; le milieu est traversé par une bande purpurine blanchâtre, étroite, sinuée, s'appuyant en dehors sur un rang de six taches ocellées noirâtres & ayant la prunelle un peu verdâtre; le bord postérieur est divisé par une suite de petits traits longitudinaux qui sont tantôt blancs, tantôt jaunâtres; on voit en outre, contre le milieu de la ligne de taches ocellées, une tache jaunâtre, en fer de pique; la côte & les sinus du bord d'en bas sont aussi de cette nuance.

On la trouve au mois de juillet en Piémont, en Suisse, en Allemagne, en Russie. Les individus de ce dernier pays sont d'un fauve moins foncé.

La chenille, suivant Hubner, est d'un gris-cendré, avec des épines jaunes, une ligne dorsale, interrompue, & des lignes latérales noires. Elle vit sur la *Renouée bistorte.*

La chrysalide est d'un gris-brun, avec des taches & des points noirs.

40. Argynne Dia.

Argynnis Dia.

Arg. alis subrotundatis, subdenticulatis, fulvis, nigro maculatis: posticis subtùs ferrugineo flavidoque variegatis, ad basin extimoque maculis argenteis, fasciâ albo-purpurascente, transversâ, mediâ.

Papilio N. Dia, *alis dentatis, fuscis, testaceo maculatis: subtùs maculis quatuor ordinibusque punctorum duobus argenteis.* Linn. *Syst. Nat.* 2. *p.* 785. *n°.* 207.

Papilio S. Dia, *alis fulvis, nigro maculatis: posticis subtùs purpureis basi flavo argenteoque maculatis fasciâque mediâ argenteâ obsoletâ.* Fab. *Mant. Inf. tom.* 2. *p.* 61. *n°.* 581. — *Ent. Syst. em. tom.* 3. *pars* 1. *p.* 255. *n°.* 792.

Klemann, *Inf. tab.* 40. *fig.* A. B.

Papilio Dia. Herbst, *Pap. tab.* 273. *fig.* 3-6.

Papilio Dia minor. Borkh. *Pap. Eur. part.* 1. *p.* 41 & 218. *n°.* 13.

Papilio Dia. Illig. *Nov. edit. p.* 243. *n°.* 1026.

Papilio Dia. Bergstr. *Nomencl. tab.* 84. *fig.* 4. 5.

Schneid. *Syst. Beschr. p.* 188. *n°.* 105.

Papilio Dia. Fuessl. *Suiss. Inf. p.* 30. *n°.* 585.

Papilio Dia. Brahm. *Inf. Calend. part.* 1. *p.* 457. *n°.* 321.

Papilio Dia. Lang. *Verz.* 2. *p.* 40. *n°.* 315-318.

Papilio Dia. Rossi, *Faun. Etr. tom.* 2. *p.* 153. *n°.* 1026.

Papilio Dia. Esp. *Pap. part.* 1. *tab.* 16. *fig.* 4.

α. Papilio Dia. Esp. *Pap. part.* 1. *tab.* 61. *cont.* 11. *fig.* 2. (Var.)

Papilio Dia. Hubn. *Pap. tab.* 6. *fig.* 31.

Papilio Dia. Wien. Verz. *p.* 177. *fam.* K. *n°.* 9.

Papilio Dia. Ochsenh. *Pap. Eur. tom.* 1. *p.* 61.

La petite Violette. Engram. *Pap. d'Europe, tom.* 1. *p.* 57. *pl.* 15. *fig.* 21. a. b.

β. La petite Violette. ENGRAM. *Pap. d'Europe, tom.* 1. *p.* 244. *pl.* 60. *Suppl.* 6. *fig.* 21. c. (Var.)

Elle est plus petite que l'*Amathuse*, à laquelle elle ressemble par le dessus des quatre ailes & par le dessous des supérieures. Le dessous des inférieures, dont le fond est ferrugineux, offre, vers la base, six ou sept taches argentées, entremêlées de taches jaunâtres, plus petites, &, sur le milieu, une bande purpurine blanchâtre, transverse, étroite, que précède en dehors un rang de six taches ocellées noirâtres, ayant la prunelle verdâtre; il y a en outre le long du bord d'en bas une suite de sept taches presqu'orbiculaires, dont l'anale & la plus extérieure souvent jaunâtres, les autres argentées. Le corps est noirâtre en dessus, d'un brun-pourpre en dessous.

Dans la variété α, les taches noires du milieu de chaque aile sont réunies en dessus, & la bande transverse du milieu des inférieures est remplacée en dessous par une ligne de points argentés.

La variété β a sur le milieu des ailes supérieures un grand espace noir en forme de bande.

Cette espèce est très-commune dans les bois. Elle paroît deux fois, d'abord en mai, puis en juillet & en août.

La chenille est grise, avec des rangées d'épines alternativement blanches & rougeâtres. Elle vit sur la *Violette odorante*.

La chrysalide est jaunâtre & variée de noir.

41. ARGYNNE Palès.

ARGYNNIS Pales.

Arg. alis subrotundatis, integris, fulvis, basi maculisque nigris: posticis subtùs ferrugineis, flavido variis, costâ baseos maculisque nitescenti-albis.

Papilio S. Pales, alis subdentatis, fulvis, basi maculisque nigris: posticis subtùs brunneis, flavo argenteoque variis. FAB. *Mant. Insect. tom.* 2. *p.* 63. *n°.* 598. — *Ent. Syst. em. tom.* 3. *pars* 1. *p.* 257. *n°.* 797.

Papilio Pales. WIEN. VERZ. *p.* 177. *fam.* K. *n°.* 8.

Papilio Pales. ILLIG. *N. Ausg. Dess. tom.* 2. *p.* 234. *n°.* 8.

Papilio Pales. HERBST, *Pap. tab.* 272. *fig.* 1-4.

Papilio Pales. HUBN. *Pap. tab.* 7. *fig.* 34. 35.

α. *Papilio Pales.* HUBN. *Pap. tab.* 121. *fig.* 617. 618. (Var.)

Papilio Arsilache. HUBNER, *Papil. tab.* 7. *fig.* 36. 37.

Papilio Isis. HUBN. *Pap. tab.* 7. *fig.* 38. 39.

Papilio Isis. HUBN. *Pap. tab.* 110. *fig.* 563. 564.

Papilio Pales. OCHSENH. *Pap. Eur. tom.* 1. *p.* 63.

La Palès, grande & petite espèce. ENGRAM. *Pap. d'Europe, tom.* 1. *p.* 245. *pl.* 60. *Suppl.* 6. *fig.* 21. a. b. c. d. *bis.* & a. b. c. d. *tert.*

Papilio Arsilache. ESP. *Pap. part.* 1. *tab.* 56. *cont.* 6. *fig.* 4. 5.

Papilio Arsilache. BORKH. *Pap. Eur. part.* 1. *p.* 43 & 220. *n°.* 16.

Papilio Arsilache. SCHNEIDER, *Syst. Beschr. p.* 187. *n°.* 104.

Papilio Arsilache. KNOCK, *Beytr.* 1. *tab.* 5. *fig.* 3. 4.

Cette Argynne varie pour la taille & pour les nuances de couleurs; de-là vient qu'on en a fait trois espèces.

Sa largeur la plus ordinaire est d'un pouce & demi. Le dessus du mâle est communément d'un beau fauve, avec la base obscure, & des taches noires disposées absolument de la même manière que dans l'*Euphrosyne*. Le dessous des premières ailes est beaucoup moins vif que le dessus, tant sous le rapport du fond que sous celui des taches, avec le sommet ferrugineux & entrecoupé de jaune. Le dessous des secondes ailes est d'un ferrugineux-rougeâtre: à sa base est une rangée transverse de quatre taches dont les deux intermédiaires jaunâtres, l'inférieure & celle de l'origine de la côte d'un blanc un peu luisant; non loin de-là est un petit point blanc, isolé, qu'enveloppe extérieurement une bande jaunâtre, transverse, anguleuse, sur le côté interne de laquelle il y a tantôt deux, tantôt trois taches d'un blanc-argentin; immédiatement après cette bande on voit trois autres taches blanches, dont deux près du bord antérieur, la troisième placée sur du jaune vers l'angle anal; plus bas est une ligne de points d'un brun-noirâtre, interrompue dans son milieu par un espace jaunâtre, & disposée parallèlement au bord postérieur, lequel est divisé par un cordon de sept points du même blanc que les taches dont nous avons parlé.

Dans la femelle, le fauve du dessus des ailes a une teinte noirâtre, avec un léger reflet violet, & les parties jaunes du dessous sont un peu verdâtres.

L'*Isis* & l'*Arsilache* de Hubner sont des variétés peu remarquables, si même elles méritent d'être distinguées comme telles.

La variété α du même auteur a le dessus noirâtre, avec une bande de taches fauves vers le bord postérieur. Le dessous de ses premières ailes est tout-à-fait nu; les taches blanches, marginales, du dessous des secondes forment des raies longitudinales, assez grandes, & la bande jaune du milieu est confuse.

Tous ces individus se trouvent en Autriche, en Suisse, dans les Alpes, &c. Ils paroissent aux mois de juin & d'août.

N. B. Ce lépidoptère a les ailes inférieures moins bien arrondies que la plupart de ses analogues. Sa taille moyenne égale celle de l'Arg. *Séléné*.

42. ARGYNNE Euphrosyne.

ARGYNNIS Euphrosyne.

Arg. alis subrotundatis, subdenticulatis, fulvis, nigro maculatis : posticis subtùs rufo flavoque variegatis, maculâ discoidali septemque marginalibus argenteis ; ad basin ocello flavo pupillâ nigrâ.

Papilio N. Euphrosyne, *alis dentatis, fulvis, nigro maculatis : subtùs maculis* 9 *argenteis.* LINN. *Syst. Nat.* 2 *pag.* 786. *n°.* 214. — *Faun. Suec. edit.* 2. *p.* 282. *n°.* 1069.

Papilio Princeps. LINN. *Faun. Suec. edit.* 1. *p.* 237. *n°.* 782.

Papilio Euphrosyne. FAB. *Syst. Entom. p.* 517. *n°.* 315. — *Spec. Insect. tom.* 2. *p.* 111. *n°.* 482. — *Mant. Insect. tom.* 2. *p.* 63. *n°.* 597. — *Ent. Syst. em. tom.* 3. *pars* 1. *p.* 147. *n°.* 450.

PETIV. *Mus. pag.* 35. *n°.* 322.

RAI, *Ins.* 120. *n°.* 7.

Papilio Euphrosyne. DE GEER, *Ins. tom.* 2. *part.* 1. *p.* 139. *tab.* 1. *fig.* 10. 11.

Papilio Euphrosyne. HERBST, *Pap. tab.* 269. *fig.* 7-10.

Papilio Euphrosyne. ESP. *Pap. part.* 1. *tab.* 18. *fig.* 3.

β. *Papilio Euphrosyne.* ESP. *Pap. part.* 1. *tab.* 41. *Suppl.* 17. *fig.* 4. (Var.)

γ. *Papilio Euphrosyne.* ESP. *Pap. part.* 1. *tab.* 72. *cont.* 22. *fig.* 3. (Var.)

Papilio Euphrosyne. BORKH. *Pap. Europ. part.* 1. *p.* 42 & 218. *n°.* 14. — *Part.* 2. *p.* 191.

Papilio Euphrosyne. ILLIG. *N. Ausg. Dess. tom.* 2. *p.* 232. *n°.* 7.

Papilio Euphrosyne. BERGSTR. *Nomencl. tab.* 76. *fig.* 1. 2.

Papilio Euphrosyne. SCHNEID. *Syst. Beschr. p.* 184. *n°.* 102.

Papilio Euphrosyne. FUESSL. *Suiss. Ins. p.* 31. *n°.* 590.

Papilio Euphrosyne. BRAHM. *Ins. Calend. part.* 1. *p.* 455. *n°.* 319.

α. *Papilio Euphrosyne.* SCOP. *Entom. Carn. p.* 163. *n°.* 441. (Var.)

Papilio Euphrosyne. MULLER, *Zool. Dan. p.* 112. *n°.* 1304.

Papilio Euphrosyne. HUBN. *Pap. tab.* 6. *fig.* 28-30.

Papilio Euphrosyne. WIEN. VERZ. *pag.* 177. *fam.* K. *n°.* 7.

Papilio Euphrosyne. LANG. *Verz.* 2. *pag.* 40. *n°.* 307-310.

Papilio Euphrosyne. OCHSENH. *Pap. Eur. tom.* 1. *p.* 58.

Le Collier argenté. GEOFF. *Hist. Ins. tom.* 2. *p.* 44. *n°.* 11.

Le Collier argenté. ENGRAM. *Pap. d'Europe, tom.* 1. *p.* 58. *pl.* 16. *fig.* 22. a. b.

β'. Le Collier argenté. ENGRAM. *Pap. d'Europe, tom.* 1. *p.* 249. *pl.* 61. *Suppl.* 7. *fig.* 22. c. d. (Var.)

Sa largeur est d'environ un pouce trois quarts. Le dessus des ailes est fauve, avec des taches noires, les unes irrégulières & placées confusément vers la base, les autres en forme de points & disposées sur une seule ligne parallèle au bord postérieur : ce bord est occupé par une bande également noire, ciliée de blanchâtre en dehors, dentée en dedans, & divisée dans toute sa longueur par un cordon de lunules fauves ou jaunâtres. Le dessous des ailes supérieures offre les mêmes taches que le dessus, mais le fond est moins vif, tandis qu'il l'est davantage au sommet, où il y a des panachures jaunes. Le dessous des ailes inférieures est d'un brun-rougeâtre, avec deux bandes jaunes, transverses & maculaires, dont l'antérieure courbe & peu distante de la base ; la suivante très-anguleuse & presque discoïdale ; cette dernière a les côtés bordés de noir & le milieu marqué d'une tache argentée, longitudinale ; la précédente a l'extrémité inférieure argentée ; entre l'une & l'autre il y a une petite tache jaune ocellée, à prunelle noire ; le reste de la surface est plus ou moins panaché de jaune, & terminé par un rang de sept taches argentées, égales, presqu'orbiculaires, précédées intérieurement d'une ligne transversale de cinq ou six points obscurs. Le corps est noirâtre en dessus, grisâtre en dessous, avec des poils verdâtres sur le corselet & sur la poitrine ; les antennes sont noires & annelées de blanc, avec la sommité du bouton fauve.

La variété α n'a qu'une seule tache argentée, celle du disque.

La variété β, β', est remarquable en dessus par les grandes taches noires du milieu de ses ailes.

La variété γ a les taches argentées du bord postérieur triangulaires & plus grandes que dans le commun des individus.

Cette espèce, fort commune en Europe, paroît deux fois par an, en mai & vers la fin de juillet. Elle habite les bois.

La chenille est noire, épineuse, avec deux bandes orangées, dorsales & maculaires. Elle vit-

fur la *Violette des bois* & fur *celle des montagnes.*

43. Argynne Séléné.

Argynnis Selene.

Arg. alis fubrotundatis, fubdenticulatis; fulvis, nigro maculatis : pofticis fubtùs ferrugineo flavidoque variegatis, maculis mediis fexque marginalibus argenteis; ad bafin ocello nigro pupillâ rufâ.

Papilio N. Selene, *alis dentatis, fulvis, nigro maculatis : fubtùs pofticis maculis argenteis* 12 *punctoque diftincto bafeos ftrigâque pofticâ atris.* Fab. *Entom. Syft. em. tom.* 3. *pars* 1. *p.* 147. *n°.* 451.

Papilio Selene. Herbst, *Pap. tab.* 269. *fig.* 5. 6.

Papilio Selene. Borkh. *Pap. Eur. part.* 1. *p.* 42 & 220. *n°.* 15.

Papilio Selene. Panz. *Faun. Germ.* 76. 21.

Papilio Selene. Illig. *N. Aufg. Deff. tom.* 2. *p.* 233. *n°.* 78.

Papilio Selene. Schneid. *Syft. Befchr. p.* 186. *n°.* 103.

Papilio Selene. Brahm. *Inf. Calend. part.* 1. *p.* 456. *n°.* 520.

Papilio Selene. Lang. *Verz.* 2. *pag.* 40. *n°.* 311-314.

Papilio Euphrofyne. Var. 6. Scop. *Entom. carn. p.* 164. *n°.* 441.

Papilio Euphrofyne. Variet. Esp. *Pap. part.* 1. *tab.* 30. *Suppl.* 6. *fig.* 1.

α. *Papilio Thalia.* Esp. *Pap. part.* 1. *tab.* 97. *cont.* 52. *fig.* 2. (Var.)

Papilio Selene. Hubn. *Pap. tab.* 5. *fig.* 26. 27.

Hubn. *Pap. tab.* 146. *fig.* 732. 733.

Papilio Selene. Wien. Verz. *p.* 321. *fam.* K. *n°.* 11.

Papilio Selene. Ochsenh. *Pap. Eur. tom.* 1. *pag.* 55.

Le petit Collier argenté. Engram. *Pap. d'Europe, tom.* 1. *p.* 59. *pl.* 16. *fig.* 23. a. b.

β. Le petit Collier argenté. Engram. *Pap. d'Europe, tom.* 1. *p.* 318. *pl.* 3. 3ᵉ. *Suppl. fig.* 23. c. d. (Var.)

γ. Le petit Collier argenté. Engram. *Pap. d'Europe, tom.* 1. *p.* 319. *pl.* 3. 3ᵉ. *Suppl. fig.* 23. e. f. (Var.)

Elle eft un peu plus petite que l'*Euphrofyne*, à laquelle elle reffemble en deffus. Les caractères qui l'en diftinguent en deffous confiftent en ce que le fond des fecondes ailes eft ferrugineux ou d'un brun plus intenfe, tandis que la bande tranfverfe de la bafe & celle du milieu font d'un jaune moins vif ; en ce qu'il y a trois taches argentées fur la dernière, & cinq au-deffous, dont trois alignées tranfverfalement près du bord antérieur, les deux autres près du bord interne; en ce que les taches du bord d'en bas font triangulaires & que la plus intérieure d'entr'elles eft jaunâtre, au lieu d'être argentée; enfin, en ce que la petite tache oculaire, placée vers la bafe, eft noire, avec la prunelle rouffe.

La variété α, ou *Thalia* d'Efper, a les taches argentées du bord poftérieur des fecondes ailes en forme de lignes, dont la plus intermédiaire fe prolongeant jufqu'à la bafe; il en eft à peu près de même des taches noires du deffus de ces ailes.

La variété β n'a que deux taches noires fur le milieu des ailes fupérieures; la bordure ou bande marginale eft remplacée par deux rangs de taches triangulaires, dont les intérieures plus grandes : le milieu des fecondes ailes au contraire eft prefqu'entièrement noir, & le bord offre une fuite de grands chevrons de cette couleur; les deux tiers du deffous de ces mêmes ailes, à partir de la bafe, font grifâtres, avec quelques taches noires fur le milieu; l'autre tiers eft rougeâtre, avec fix ou fept taches blanches, triangulaires & alongées.

La variété γ a tout le deffus blanchâtre & le deffous jaunâtre, avec des taches bleuâtres à la place des taches argentées des fecondes ailes.

Cette efpèce n'eft pas moins commune que la précédente. Elle paroît aux mêmes époques & dans les mêmes lieux; cependant elle la devance de quelques jours.

44. Argynne Aphirape.

Argynnis Aphirape.

Arg. alis fubrotundatis, fubdenticulatis, fulvis, nigro maculatis : inferis fubtùs fafciis quatuor macularibus ochreaceis ferieque pofticâ ocellorum nigrorum pupillâ flavâ.

Papilio Aphirape. Hubn. *Pap. tab.* 5. *fig.* 23-25.

Papilio Aphirape. Hubn. *Pap. tab.* 146. *fig.* 734. 735.

Papilio Aphirape. Ochsenh. *Pap. Eur. tom.* 1. *p.* 52.

Papilio N. Ph. Eunomia, *alis fubdentatis, luteis, maculis raris nigris fuprà ferie marginali punctorum, inferioribus fubtùs flavis, ferie marginali punctorum ocellarium.* Esp. *Pap. part.* 1. *tab.* 110. *cont.* 65. *fig.* 5.

Papilio Tomyris. Herbst, *Pap. tab.* 270. *fig.* 6. 7.

Papilio Ossianus. Herbst, *Pap. tab.* 270. *fig.* 4. 5.

Papilio Ossianus. Illig. *Magaz. tom.* 2. *pag.* 296.

Papilio Ossianus. Illig. *Magaz. tom.* 3. *pag.* 186.

Papilio Ossianus. Illig. *Magaz. tom.* 4. *pag.* 48.

Elle est de la taille de la précédente, à laquelle elle ressemble en dessus; mais elle est ordinairement d'un fauve moins vif, & elle a le bord postérieur des ailes plus entier, la base plus obscure. Le dessous de ses ailes supérieures ne diffère du dessus que parce qu'il est un peu plus pâle. Le dessous des inférieures est roussâtre, avec quatre bandes d'un jaune d'ocre, transverses & maculaires : il y en a une contre la base, deux à la suite l'une de l'autre sur le milieu; la quatrième couvre le bord postérieur; les taches des deux premières sont inégales & bordées de noir; la suivante s'appuie en dehors sur une ligne de points noirs ocellés, ayant la prunelle jaunâtre, & s'unit par son milieu à la dernière, dont les taches sont bordées chacune d'un petit chevron noirâtre, intérieur.

Elle habite la Laponie, le nord & le sud de l'Allemagne. Elle se trouve aussi, dit-on, sur les bords de la Somme, dans les environs d'Amiens.

45. Argynne Hécate.

Argynnis Hecate.

Arg. alis subrotundatis, subdenticulatis, fulvis, nigro maculatis : omnibus utrinquè ad marginem posticum punctorum nigrorum serie duplici.

Papilio S. Hecate, *alis dentatis, fulvis, nigro maculatis : omnibus apice strigis duabus punctorum nigrorum.* Fab. *Mant. Insect. tom.* 2. *p.* 60. *n°.* 578. — *Entom. Syst. em. tom.* 3. *pars* 1. *p.* 254. *n°.* 789.

Papilio Hecate. Esp. *Pap. part.* 1. *tab.* 76. *cont.* 26. *fig.* 3. a. b.

Papilio Hecate. Herbst, *Pap. tab.* 274. *fig.* 5-8.

Papilio Hecate. Illig. *N. Ausg. Dess. tom.* 2. *p.* 242 *n°.* 4.

Papilio Hecate. Illig. *Magaz. tom.* 3. *p.* 194.

Papilio Hecate. Borkh. *Pap. Eur. part.* 1. *p.* 47 & 221. *n°.* 20. — *Part.* 2. *p.* 192.

Papilio Hecate. Schneid. *Syst. Beschr. p.* 198. *n°.* 113.

Papilio Hecate. Knoch, *Beytr.* 3. *tab.* 6. *fig.* 5. 6.

Papilio Hecate. Schrank, *Faun. Boïc. tom.* 2. *p.* 203. *n°.* 1350.

Papilio Hecate. Hubn. *Pap. tab.* 8. *fig.* 42-44.

Papilio Hecate. Wien. Verz. *p.* 179. *fam.* L. *n°.* 4.

Papilio Hecate. Ochsenh. *Pap. Eur. tom.* 1. *p.* 67.

L'Agavé. Engram. *Pap. d'Europe, tom.* 1. *p.* 243. *pl.* 59. *Suppl.* 5. *fig.* 20. a-d. *tert.*

Elle est de la taille & de la couleur des précédentes. Mais ce qui l'en distingue particulièrement, c'est qu'elle a de part & d'autre, vers le bout de chaque aile, une double rangée transverse de points noirs; la bordure est d'ailleurs sans taches aux ailes supérieures, du moins dans les mâles. Le dessous de ces ailes est un peu moins foncé que le dessus, avec le sommet & le limbe postérieur jaunes. Le dessous des secondes ailes a environ les trois quarts antérieurs fauves, avec des taches d'un jaune d'ocre verdâtre & disposées ainsi : quatre, bordées de noir, rangées contre la base; dix, également bordées de noir, formant, non loin des premières, une bande transverse, très-anguleuse; puis cinq, plus petites & orbiculaires, alignées entre le milieu de la côte & l'angle anal; viennent ensuite les deux rangées de points noirs dont nous avons parlé; le reste de la surface est du même jaune que les taches, avec de légères nuances roussâtres & les nervures noirâtres.

Elle se trouve en Autriche, dans le midi de l'Allemagne & de la Russie.

46. Argynne Desfontaines.

Argynnis Desfontainii.

Arg. alis subrotundatis, integris, utrinquè vivido-fulvis : suprà anticis fasciis quatuor macularibus ochreaceis nigro marginatis, posticis duabus; his punctorum nigrorum serie intermediâ.

Elle a un peu plus de deux pouces de largeur. Les deux surfaces des ailes sont d'un fauve-vif & rougeâtre. Les supérieures ont de part & d'autre quatre rangées transverses de taches d'un jaune d'ocre, savoir : deux rangées sur le milieu, une vers le bord, l'autre sur le bord même; les taches des deux rangées antérieures sont plus grandes, inégales & bordées de noir sur les côtés; les suivantes sont en forme de points & un peu saupoudrées de noir extérieurement; celles du bord sont lunulées, encadrées de noir & coupées transversalement par un trait de cette couleur. Les secondes ailes ont des lunules marginales tout-à-fait semblables, au-dessus desquelles est une ligne courbe de sept points noirs, dont l'anal plus petit; sur le milieu est une bande jaunâtre, bordée de noir, maculaire, transverse, un peu sinuée; &, entre cette bande & la base, il y a une tache noire, orbiculaire, dont le centre est fauve. Le dessous de ces ailes offre les mêmes caractères que dans l'Argynne *Cynthia*, mais les lunules du bout couvrent entièrement le bord, & les points qui la précèdent intérieurement sont environnés de jaune-pâle.

Elle se trouve en Barbarie, d'où elle a été rapportée par M. le chevalier Desfontaines, membre de l'Académie des sciences & professeur au Muséum d'histoire naturelle.

47. Argynne Didyma.

Argynnis Didyma.

Arg. alis subrotundatis, subdentatis, suprà fulvis, nigro maculatis : posticis subtùs ex albido flavis punctis plurimis lunulisque submarginalibus nigris, fasciis duabus fulvis.

Papilio S. Cinxia, *alis dentatis, fulvis, nigro maculatis : posticis subtùs fasciis tribus albidis, nigro maculatis.* Fab. *Syst. Ent. p.* 514. *n°.* 304. — *Spec. Insect. tom.* 2. *p.* 106. *n°.* 465. — *Mant. Insect. tom.* 2. *p.* 58. *n°.* 567. — *Entom. Syst. em. tom.* 3. *pars* 1. *p.* 250. *n°.* 779.

α. *Papilio* S. Didyma, *alis dentatis, fulvis* (cinereis), *nigro maculatis : posticis subtùs flavis, nigro punctatis, fasciis duabus fulvis, continuis.* Fab. *Mant. Insect. tom.* 2. *p.* 58. *n°.* 569. — *Entom. Syst. em. tom.* 3. *pars* 1. *p.* 252. *n°.* 781.

Papilio Cinxia. Esp. *Pap. part.* 1. *tab.* 16. *fig.* 3.

Papilio Cinxia. Esp. *Pap. part.* 1. *tab.* 46. *Suppl.* 22. *fig.* 2. a. b.

Papilio Didyma. Esp. *Pap. part.* 1. *tab.* 61. *cont.* 11. *fig.* 1.

Papilio Didyma. Ochsenh. *Pap. Eur. tom.* 1. *p.* 30.

Roes. *Inf. part.* 4. *tab.* 13. *fig.* 1-3. (La chenille & la chrysalide.) *Fig.* 6. 7. (Le Papillon.)

Papilio Cinxia. Schœff. *Icon. tom.* 3. *tab.* 204. *fig.* 1. 2. *Nomencl.* Panz. *p.* 177.

Papilio Cinxia. Borkh. *Pap. Eur. part.* 1. *p.* 49 & 222. *n°.* 2.

Papilio Cinxia. Schneid. *Syst. Beschr. p.* 202. *n°.* 116.

Papilio Cinxia. Lang. *Verz.* 2. *pag.* 42. *n°.* 329. 330.

Papilio Cinxia. Wien. Verz. *p.* 179. *fam.* L. *n°.* 7.

Papilio Cinxia. Illig. *N. Ausg. Dess. tom.* 2. *pag.* 245. *n°.* 7.

Papilio Cinxia. Hubn. *Pap. tab.* 2. *fig.* 9. 10.

Le Damier, variété A, *alis dentatis, fulvis, nigro maculatis : subtùs fasciis tribus flavis.* Geoffr. *Hist. Inf. tom.* 2. *p.* 45. *n°.* 12.

Le Damier, première espèce. Engram. *Pap. d'Europe, tom.* 1. *p.* 64. *pl.* 18. *fig.* 29. a-d.

β. Le Damier, première espèce. Engram. *Pap. d'Europe, tom.* 1. *pag.* 249. *pl.* 61. *Suppl.* 7. *fig.* 29. g. h.

γ. *Papilio* S. Athalia, *alis repandis, fulvis, nigro punctatis : posticis subtùs albis, nigro punctatis fasciisque duabus fulvis.* Fab. *Mant. Insect. tom.* 2. *p.* 59. *n°.* 571. — *Entom. Syst. em. tom.* 3. *pars* 1. *p.* 252. *n°.* 783.

δ. *Papilio* S. Fascelis, *alis dentatis, fusco fulvoque variis : posticis subtùs albis, nigro punctatis, fasciis duabus fulvis, posteriore lunulatâ.* Fab. *Mant. Insect. tom.* 2. *pag.* 58. *n°.* 570. — *Entom. Syst. em. tom.* 3. *pars* 1. *p.* 252. *n°.* 782.

Papilio Didyma. Esp. *Pap. part.* 1. *tab.* 41. *Suppl.* 17. *fig.* 3.

Papilio Iphigenia. Esp. *Pap. part.* 1. *tab.* 77. *cont.* 27. *fig.* 1. 2.

Papilio Phœbe. Esp. *Pap. part.* 1. *tab.* 88. *cont.* 38. *fig.* 5. 6.

Papilio Fascelis. Esp. *Pap. part.* 1. *tab.* 88. *cont.* 38. *fig.* 3. 4.

Papilio Cinxia. Variet. Herbst, *Pap. tab.* 277. *fig.* 5. 6.

Papilio Antigonus. Herbst, *Pap. tab.* 278. *fig.* 5-8.

Papilio Phœbe. Herbst, *Pap. tab.* 278. *fig.* 9. 10.

Papilio Iphigenia. Borkh. *Pap. Eur. part.* 1. *p.* 61. *n°.* 12.

Papilio Phœbe. Borkh. *Pap. Eur. part.* 1. *p.* 63. *n°.* 15. — *Part.* 2. *p.* 199. *n°.* 16.

Papilio Iphigenia. Schneid. *Syst. Beschr. p.* 214. *n°.* 124.

Papilio Phœbe. Schneid. *Syst. Beschr. pag.* 214. *n°.* 125.

Papilio Trivia. Illig. *N. Ausg. Dess. tom.* 2. *p.* 246. *n°.* 8.

Papilio Trivia. Wien. Verz. *pag.* 179. *fam.* L. *n°.* 8.

Papilio Trivia. Hubn. *Pap. tab.* 2. *fig.* 11. 12.

Papilio Trivia. Ochsenh. *Pap. Eur. tom.* 1. *pag.* 36.

Le Damier, cinquième eſpèce. Engram. *Pap. d'Europe, tom.* 1. *p.* 251. *pl.* 61. *Suppl.* 7. *fig.* 29. a-d. *bis.*

Sous le nom de *Didyma* nous donnons une Argynne dont preſque toutes les variétés ont été regardées comme eſpèces.

Sa taille varie depuis quinze juſqu'à vingt lignes. Le deſſus des ailes eſt le plus ordinairement d'un fauve-rouge, avec des taches noires, dont les intérieures éparſes entre la baſe & le milieu, les extérieures en forme de lunules & diſpoſées ſur une ligne tranſverſe près du bord poſtérieur; ce bord eſt cilié de blanc en dehors & couvert en dedans par une ligne noire, dentée. Le deſſous des ailes ſupérieures reſſemble au deſſus, mais le fond eſt un peu moins vif; le ſommet & le bord ſont d'un beau jaune d'ocre & ponctués de noir. Le deſſous des ailes inférieures eſt de la nuance de jaune dont nous venons de parler, avec deux bandes fauves dont l'antérieure tortueuſe & plus courte, la poſtérieure cambrée & ayant le côté externe bordé par une ſuite des lunules noires correſpondantes à celles du deſſus; la baſe, le bord interne, l'eſpace qui ſépare les deux bandes ſont parſemés de points noirs, plus ou moins oblongs; il y en a auſſi de ſemblables ſur le bord-poſtérieur. Le corps eſt jaunâtre en deſſous, noirâtre en deſſus, avec les anneaux inférieurs blanchâtres & l'anus rouſſâtre; les antennes ſont noires, annelées de blanc, avec le bout de la maſſue fauve.

La variété *α*, dont Fabricius a fait ſon *Didyma*, a le deſſus des ailes d'une teinte obſcure, avec les taches noires plus grandes & plus nombreuſes. Son envergure eſt de vingt lignes.

Une autre variété, de la même taille, a ſeulement le deſſus des premières ailes d'une teinte obſcure.

Engramelle en donne une dont le deſſus des ailes eſt d'un blanc-jaunâtre, avec la baſe noirâtre, & dont le deſſous eſt plus pâle.

Nous en avons vu une qui a des taches noires, longitudinales, à l'origine des ailes en deſſus; le deſſous de ſes ſecondes ailes eſt noir à la baſe, avec les nervures jaunes; la bande fauve poſtérieure eſt à peine indiquée, & l'eſpace qui la ſépare de la précédente eſt très-pâle, avec trois points noirs ſeulement.

Il en exiſte une plus remarquable que les précédentes. Elle a le deſſus des quatre ailes noir, avec quelques taches fauves à la baſe, & une bande d'un rouſſâtre-obſcur, marquée de cinq points noirs, près du bord poſtérieur des premières ailes. Le deſſous de ces mêmes ailes a des raies noires, au lieu de taches. La bande fauve antérieure du deſſous des ſecondes ailes eſt placée ſur un fond noir, coupé par des nervures jaunes qui ſe dilatent inférieurement, & l'on ne voit aucune trace ni de la bande poſtérieure, ni des lunules noires.

La chenille eſt d'un bleuâtre-pâle, avec les épines du dos & du bas du corps jaunâtres, les épines intermédiaires fauves; ſur chaque anneau il y a une bande noire, ponctuée de blanc, &, près des pattes, une ligne blanchâtre, longitudinale, ſur laquelle ſont alignés des tubercules jaunâtres; la tête eſt fauve, avec une ligne noire ſur le milieu. Elle vit ſur différentes eſpèces de *Plantain*, ſur la *Véronique*, ſur l'*Armoiſe-aurone* & ſur la *Linaire*. On la trouve depuis avril juſqu'au commencement de juin.

La chryſalide eſt obtuſe, épaiſſe, d'un gris-blanchâtre, avec des points fauves & quelques mouchetures noires. Le Papillon paroît entre la fin de juin & les premiers jours d'août. Il habite pluſieurs parties de l'Allemagne, de la France, le midi de la Suiſſe & la Crimée. Dans ce dernier pays les individus ſont un peu plus grands. — Nous l'avons pris pluſieurs fois ſur la côte d'*Aunay* près Paris.

Parlons actuellement de l'*Athulia* de Fabricius, ou *Trivia* de Hubner. Ce n'eſt qu'une variété plus petite, dont le deſſus des quatre ailes eſt d'un fauve moins vif; dont le deſſous des inférieures eſt plus pâle; avec les points noirs moins groſſiers & la bande fauve poſtérieure un tant ſoit peu plus large. Nous l'avons examinée avec le plus grand ſoin ſur un individu de la collection même de Hubner & étiqueté de la main de cet auteur.

On a tenu juſqu'ici à en faire une eſpèce, parce que la chenille ſemble différer de celle que nous avons décrite plus haut, en ce que le fond eſt un peu plus gris, & que toutes les épines ſont jaunâtres; en ce que le noir des anneaux, étant moins foncé par places, forme des lignes longitudinales; en ce que les points ſont bleus au lieu d'être blancs; en ce qu'il n'y a pas de ligne noire ſur la tête; enfin, en ce qu'elle vit ſur la *Molène officinale*. Ces différences nous paroiſſent bien minutieuſes. On en trouve d'analogues dans preſque toutes les chenilles d'une même eſpèce, & peut-être de plus frappantes dans celles du *Bombice petit-paon*, leſquelles mangent auſſi bien du *Chêne* que de l'*Epine* & de la *Ronce*, & produiſent des individus plus ou moins variés.

Le *Faſcelis* de Fabricius, le *Phœbe* & l'*Iphigenia* d'Eſper, l'*Antigonus* de Herbſt, ne ſont auſſi que des variétés plus petites & moins colorées, mais dont la diſpoſition des taches eſt toujours la même, ainſi que celle des bandes.

48. Argynne Arduinna.

Argynnis *Arduinna.*

Arg. alis ſubrotundatis, ſubdentatis, ſuprà fulvis,

fulvis, nigro maculatis : posticis subtùs flavis, fasciis duabus fulvis, posteriori punctorum nigrorum serie divisâ.

Papilio S. Arduinna, *alis dentatis, fulvis, nigro maculatis : posticis subtùs albis, fasciis duabus fulvis, posteriore nigro punctatâ.* Fab. *Mant. Inf. tom* 2. *p.* 60. *n°.* 577. — *Entom. Syst. em. tom.* 3. *pars* 1. *p.* 254. *n°.* 788.

Papilio N. Ph. Arduinna, *alis dentatis, fulvis, maculis sparsis nigris : inferioribus subtùs flavis, fasciâ ad marginem fulvâ nigro inductâ serie punctorum in medio nigrorum.* Esp. *Pap. part.* 1. *tom.* 2. *p.* 169. *tab.* 87. *cont.* 37. *fig.* 4.

Papilio Arduinna. Herbst, *Pap. tab.* 276. *fig.* 9. 10.

Papilio Arduinna. Borkh. *Pap. Eur. part.* 1. *p.* 61. *n°.* 13. *p.* 228. *n°.* 14. — *Part.* 2. *p.* 199. *n°.* 14.

Papilio Arduinna. Illig. *Magaz. tom.* 1. *p.* 456. — *Tom.* 4. *p.* 53.

Elle ne diffère essentiellement de l'A. *Didyma* que par une rangée transverse de points noirs, placée sur le milieu de la bande fauve postérieure du dessous des secondes ailes. Peut-être n'en est-elle qu'une variété; mais comme M. de Bœber soutient qu'elle forme une espèce constante, nous la donnons séparément, à l'exemple des auteurs mentionnés dans la synonymie.

Elle se trouve en Russie, dans quelques contrées riveraines du Volga.

49. Argynne Cinxia.

Argynnis Cinxia.

Arg. alis subrotundatis, subdenticulatis, suprà fulvis, nigro reticulatis : posticis utrinquè ad extimum strigâ punctorum nigrorum : his subtùs flavescentibus, nigro maculatis fasciisque duabus fulvis.

Papilio N. Cinxia, *alis dentatis, fulvis, nigro maculatis : subtùs fasciis tribus ex albido flavis.* Linn. *Syst. Nat.* 2. *p.* 784. *n°* 205. — *Faun. Suec. edit.* 2. *p.* 283. *n°.* 1063.

Schœff. *Elem. tab.* 1. *fig.* 9.

Papilio Delia, *alis dentatis, fulvis nigroque variis : posticis suprà punctis quatuor ocellaribus; subtùs albis, fasciis duabus fulvis, posteriore nigro punctatâ.* Fab. *Mant. Insect. tom.* 2. *p.* 60. *n°.* 576.

Papilio Cinxia, variet. β. Fab. *Entom. Syst. em. tom.* 3. *pars* 1. *p.* 251. *n°.* 779.

Papilio Cinxia. Rossi, *Faun. Etr. tom.* 2. *p.* 153. *n°.* 1024.

Papilio Cinxia. Fuessl. *Suiss. Inf. pag.* 30. *n°.* 584.

Papilio Cinxia. Hufnag. *Tabel. im Berl. Magaz. tom.* 2. *p.* 66. *n°.* 19.

Papilio Cinxia. Ochsenh. *Pap. Eur. tom.* 1. *p.* 27.

Papilio Cinxia major. Esp. *Pap. part.* 1. *tab.* 25. *Suppl.* 1. *fig.* 2. (La femelle.)

Papilio Pilosellæ. Esp. *Pap. part.* 1. *tab.* 47. *Suppl.* 23. *fig.* 3. (Le mâle.)

Papilio Pilosellæ. Esp. *Pap. part.* 1. *tab.* 100. *cont.* 55. *fig.* 4.

Papilio Pilosellæ. Schneid. *Syst. Beschr. p.* 201. *n°.* 115.

Papilio Delia. Wien. Verz. *p.* 179. *fam.* L. *n°.* 6.

Papilio Delia. Borkh. *Pap. Eur. part.* 1. *p.* 50 & 223. *n°.* 3. — *Part* 2. *p.* 193. *n°.* 3.

Papilio Delia. Borkh. *Rhein. Magaz. tom.* 1. *p.* 269. *n°.* 68.

Papilio Delia. Illig. *N. Ausg. Dess. tom.* 2. *p.* 243. *n°.* 6.

Papilio Delia. Herbst, *Pap. tab.* 276. *fig.* 5-8.

Papilio Delia. Bergstr. *Nomencl. tab.* 77. *fig.* 3. 4.

Papilio Delia. Brahm. *Inf. Calend. part.* 1. *p.* 208. *n°.* 107. — *P.* 499. *n°.* 359.

Papilio Delia. Schwarz, *Raup. Calend. p.* 36. *n°.* 181.

Papilio Delia. Hubn. *Pap. tab.* 2. *fig.* 7. 8.

Roes. *Inf. part.* 4. *tab.* 18. *fig.* 4. (Le papillon.)

Roes. *Inf. part.* 4. *tab.* 29. *fig.* A. B. C. D. (La chenille & la chrysalide.)

De Geer, *Mem. Inf. tom.* 2. *part.* 1. *p.* 199. *pl.* 1. *fig.* 13-18.

Le Damier, variété C. *Papilio alis dentatis, fulvis, nigro reticulatis & punctatis : subtùs fasciis tribus flavis.* Geoffr. *Hist. Inf. tom.* 2. *p.* 45. *n°.* 12.

Le Damier, quatrième espèce. Engram. *Pap. d'Europe, tom.* 1. *p.* 68. *pl.* 19. *fig.* 32. a-f.

Le lépidoptère que nous donnons ici est le véritable *Papilio Cinxia* de Linnæus, figuré par de Geer. Fabricius en avoit d'abord fait une espèce distincte; mais en dernier lieu il l'a rapporté comme variété à son *Cinxia.*

Sa largeur est d'environ un pouce & demi. Le dessus des ailes est d'un fauve-jaunâtre, tacheté de noir en manière de réseau, avec le bord postérieur cilié de blanc aux sinus. A quelque distance de ce bord, & en tirant vers l'angle anal, les secondes ailes ont une rangée transverse de quatre ou cinq points-noirs. Le dessous des supérieures est plus clair que le dessus, beaucoup moins tacheté, avec le sommet jaunâtre & coupé transversalement par deux lignes noires dont l'intérieure ondulée, l'extérieure maculaire. Le dessous des secondes ailes est d'un jaune-blanchâtre, avec deux bandes fauves, transverses, sinuées & bordées de noir sur les côtés; la bande postérieure est partagée par des nervures noires, ce qui forme des cases dans chacune desquelles il y a un point de cette couleur; on voit des points noirs plus gros & moins arrondis à la base, entre les deux bandes, & le long du bord postérieur, lequel est indépendamment de cela entrecoupé de noir comme en dessus. Le corps & les antennes ressemblent aux parties correspondantes de l'Arg. *Maturne*.

Cette espèce varie pour la taille. Dans les Alpes, elle est constamment d'un tiers moins grande qu'ailleurs. Elle varie aussi sous le rapport de la couleur. — On rencontre des mâles qui ont le fond des premières ailes noir, avec deux ou trois taches fauves vers la base, & une au milieu du bord postérieur; d'autres qui ont le milieu de ces mêmes ailes divisé seulement par les nervures, & dont les ailes inférieures au contraire sont noires, avec deux ou trois petites taches fauves sur le disque, & deux rangées de taches semblables vers le bord d'en bas. Il en est qui ont le fond des quatre ailes noir, avec le milieu des supérieures fauve, & un rang de taches fauves, offrant chacune un point noir, vers le bout des inférieures: le dessous de ces dernières ailes est d'un noir-foncé jusqu'auprès des points dont il vient d'être question, avec une bande d'un jaune-pâle, placée entre les deux bandes fauves.

Les femelles fournissent des variétés analogues.

La chenille passe l'hiver, en société, dans un abri soyeux, & n'acquiert sa grosseur qu'au printemps. Elle vit sur le *Plantain lancéolé*, sur l'*Epervière piloselle*, ou *Oreille de souris*, & sur la *Véronique*.

Elle est noire, avec des rangées de points blancs sur les incisions & le long des côtés, proche du ventre; la tête & les dix pattes membraneuses sont fauves; les pattes écailleuses sont noires ainsi que les épines. Elle est très-sujette à être piquée par une grosse *mouche* & par une petite espèce d'*ichneumon*.

La chrysalide est épaisse, noire, avec des mouchetures grises sur les anneaux du ventre, & plusieurs rangées de tubercules fauves le long du dos. Le Papillon en sort au bout d'environ un mois. Il paroît pour la première fois en juin, & pour la seconde en août, dans les bois secs, & quelquefois dans les jardins.

Il est très-commun aux environs de Paris. Les jeunes amateurs de cette ville le distinguent de ses congénères par le nom de *Damier du bois de Boulogne*.

50. ARGYNNE Phœbé.

ARGYNNIS Phœbe.

Arg. alis subrotundatis, subdenticulatis, suprà nigro fulvoque variis: posticis subtùs flavescentibus nigro maculatis, fasciis duabus fulvis, posteriori è maculis rotundis.

Papilio S. Phœbe, *alis dentatis, nigro fulvoque variis: posticis subtùs flavescentibus nigro undatis, basi quadripunctatis, fasciis duabus fulvis, posteriore maculari.* FAB. *Mant. Insect. tom.* 2. *p.* 58. *n°.* 568. — *Ent. Syst. em. tom.* 3. *pars* 1. *p.* 251. *n°.* 780.

Papilio Phœbe. WIEN. VERZ. *p.* 179. *fam.* L. *n°.* 1.

Papilio Phœbe. ILLIG. *N. Ausg. Dess. tom.* 2. *p.* 238. *n°.* 1.

Papilio Phœbe. KNOCH, *Beytr.* 3. *tab.* 6. *fig.* 3. 4.

Papilio Phœbe. HUBN. *Pap. tab.* 3. *fig.* 13. 14.

Papilio Phœbe. OCHSENH. *Pap. Eur. tom.* 1. *p.* 39.

Papilio Corythalia. ESP. *Pap. part.* 1. *tab.* 61. *cont.* 11. *fig.* 4. 5.

Papilio Corythalia. Variet. ESP. *Pap. part.* 1. *tab.* 72. *cont.* 22. *fig.* 2.

Papilio Corythalia. BORKH. *Pap. Eur. part.* 1. *p.* 55 & 225. *n°.* 8. — *Part.* 2. *p.* 196. *n°.* 8.

Papilio Paedotrophos. BORKH. *Pap. Eur. part.* 1. *p.* 55. *n°.* 7.

Papilio Corythalia. HERBST, *Pap. tab.* 279. *fig.* 1-6.

Papilio Corythalia. SCHNEID. *Syst. Beschr. p.* 211. *n°.* 122.

Papilio Paedotrophos. BERGSTR. *Nomencl. tab.* 75. *fig.* 5. 6.

Le Damier, variété B. *Papilio alis dentatis, fulvis, nigro reticulatis: subtùs fasciis tribus flavis.* GEOFFR. *Hist. Ins. tom.* 2. *p.* 45. *n°.* 12.

Le grand Damier. ENGRAM. *Pap. d'Europe, tom.* 1. *p.* 250. *pl.* 61. *Suppl.* 7. *fig.* 28. a. b. *bis.*

α. Le grand Damier. ENGRAM. *Pap. d'Europe, tom.* 1. *p.* 320. 3ᵉ. *Suppl. pl.* 4. *fig.* 28. c-e. *bis.* (Var.)

Elle a assez ordinairement un demi-pouce de plus que la précédente. Le dessus des ailes offre, sur un fond d'un noir-brun, un grand nombre de taches fauves, les unes pâles, les autres plus foncées, & toutes disposées par bandes transverses: les taches qui précèdent immédiatement le bord postérieur sont lunulées, & ce bord est cilié de blanc aux sinus. Le dessous des premières ailes est d'un fauve-pâle, avec quelques traits noirs vers l'origine de la côte, & une ligne transverse & tortueuse de points grossiers de cette couleur sur le milieu de la surface; le sommet est jaunâtre, avec trois lignes noires, ondées, dont les deux intérieures se prolongeant quelquefois jusqu'à l'angle opposé. Le dessous des secondes ailes est d'un jaune d'ocre pâle, avec deux bandes fauves transverses, dont l'antérieure très-anguleuse; la postérieure formée par des taches rondes, petites, entourées d'un jaune un peu plus prononcé que le fond, & renfermées chacune entre deux croissans noirs, concaves en dehors; entre les deux bandes sont deux ou trois lignes noires, ondulées, & contre la base quelques points de cette couleur; il y a encore une double ligne noire, ondée, le long du bord postérieur.

Dans les femelles le fauve domine davantage, parce que les nervures noires sont moins larges.

La chenille est noire, suivant Hubner, avec les côtés blancs & plusieurs rangées longitudinales de points de cette couleur; ses épines sont fauves. Elle vit sur la *Centaurée scabieuse*.

L'insecte parfait se trouve dans le midi de l'Allemagne, en Italie, en Portugal, en Barbarie, & dans plusieurs parties de la France. Nous l'avons pris dans le courant d'août, aux environs de Paris, sur la côte d'Aunay, près de l'endroit où l'auteur d'Atala a fait construire ces murs gothiques qu'on appelle vulgairement *les murs de Jérico*.

51. Argynne Athalie.

Argynnis Athalia.

Arg. alis subrotundatis, subdenticulatis, suprà nigro fulvoque variis : posticis subtùs flavidis fasciis duabus fulvis, posteriore ad angulum ani lineâ nigrâ undatâ.

Papilio S. Maturna, *alis dentatis, fulvo nigroque variis : posticis subtùs fasciis flavis, strigis undatis nigris, basi impunctatis.* Fab. *Mant. Insect. tom.* 2. *p.* 60. *n°.* 575. — *Entom. Syst. em. tom.* 3. *pars* 1. *p.* 254. *n°.* 787.

Papilio Athalia. Esp. *Pap. part.* 1. *tab.* 47. *Suppl.* 23. *fig.* 1. a. b.

β. *Papilio Athalia.* Esp. *Pap. part.* 1. *tab.* 61. *cont.* 11. *fig.* 6. (Var.)

γ. *Papilio Athalia.* Esp. *Pap. part.* 1. *tab.* 30. *Suppl.* 6. *fig.* 2. (Var.)

Papilio Athalia. Herbst, *Pap. tab.* 280. *fig.* 1-8.

Papilio Athalia. Brahm. *Inf. Calend. part.* 1. *p.* 209. *n°.* 108.

Papilio Athalia. Schwarz, *Raup. Calend. p.* 37. 188. 622.

Papilio Athalia. Ochsenh. *Pap. Eur. tom.* 1. *p.* 44.

Papilio Athalia. Borkh. *Rhein. Magaz. tom.* 1. *p.* 270. *n°.* 69.

Papilio Athalia. Borkh. *Pap. Eur. part.* 1. *p.* 52 & 225. *n°.* 4.

Papilio Leucippe. Borkh. *Pap. Eur. part.* 2. *p.* 197.

Papilio Athalia. Schneid. *Syst. Beschr. pag.* 206. *n°.* 119.

Papilio Leucippe. Schneid. *Syst. Beschr. p.* 209. *n°.* 121.

Papilio Trivia. Lang. *Verz.* 2. *pag.* 43. *n°.* 345-348.

Papilio Dictynna. Schœff. *Icon. tom.* 3. *tab.* 239. *fig.* 1. 2.

Papilio Maturna. Wien. Verz. *p.* 179. *fam.* L. *n°.* 2.

Papilio Maturna. Illig. *N. Ausg. Dess. tom.* 2. *p.* 239. *n°.* 2.

Papilio Maturna. Bergstr. *Nomencl. tab.* 78. *fig.* 1-5.

Papilio Maturna. Hubn. *Pap. tab.* 4. *fig.* 17. 18.

α. *Papilio Pyronia.* Hubn. *Pap. tab.* 114. *fig.* 585-588. (Var.)

Roes. *Inf. part.* 4. *tab.* 13. *fig.* 4. 5.

Le Damier, troisième espèce. Engram. *Pap. d'Europe, tom.* 1. *p.* 67. *pl.* 19. *fig.* 31. c. d.

δ. Le Damier, troisième espèce. Engram. *Pap. d'Europe, tom.* 1. *p.* 320. *Suppl.* 3. *pl.* 4. *fig.* 31. g. k. (Var.)

ε. Le Damier, troisième espèce. Engram. *Pap. d'Europe, tom.* 1. *p.* 251. *pl.* 62. *Suppl.* 8. *fig.* 31. e. f. (Var. ?)

Elle est à peu près de la taille de l'Arg. *Cinxia*. Les taches fauves du dessus de ses ailes sont ordinairement plus grandes que dans l'espèce précédente; ce qui fait que cette couleur y domine autant que le noir, excepté cependant près de la base. Les taches jaunâtres du dessous des secondes ailes sont souvent plus claires; celles de la partie antérieure tiennent à la base, du moins dans les femelles; celles qui se trouvent au-dessous de la ligne noire ondulée du milieu, sont tantôt du même ton que les autres, tantôt plus pâles, mais non d'un blanc-luisant, comme dans l'A. *Dictynne*; la bande fauve postérieure est plus vive, & la ligne noire en feston qui la divise vers l'angle interne ne renferme aucun point dans ses creux; enfin, les cils du bord sont jaunâtres, au lieu d'être tout-à-fait blancs. Telles sont les diffé-

-rences rigoureuſes qui frapperont en comparant un grand nombre d'individus.

Cette eſpèce offre beaucoup de variétés. Une des plus remarquables eſt le *Pap. Pyronia* de Hubner. Les aîles ſupérieures ont près de la baſe quelques petites taches fauves ſur un fond noirâtre, & le reſte de la ſurface eſt fauve juſqu'auprès du bord, avec des nervures noires ſeulement. Les ſecondes aîles ſont d'un noir-brun, avec une bande arquée de petites taches fauves vers le bout. Le mâle a en outre trois ou quatre taches ſemblables à la baſe. Le deſſous des aîles de devant eſt fauve à ſa naiſſance, avec quelques taches groſſières d'un noir-foncé; tout-à-fait noirâtre au milieu; fauve enſuite, avec le ſommet & le bord jaunâtres. Le deſſous des ſecondes ailes a la baſe noire, avec de petites taches fauves; l'eſpace jaunâtre & tranſverſe du milieu n'eſt pas diviſé par une ligne noire. Le reſte n'offre point de différence.

En donnant le *Pyronia* comme variété, nous nous conformons à l'opinion de M. Ochſenheimer, qui s'eſt aſſuré par ſes recherches que ce n'étoit point une eſpèce ſéparée.

La variété β ſe diſtingue par ſa grandeur & par la largeur des lignes noires qui bordent en deſſous l'eſpace jaunâtre du milieu.

La variété γ a le deſſus des ailes noir, avec trois rangées de taches fauves vers l'extrémité; ces taches ſont jaunâtres, mais celles de la rangée intermédiaire des ſecondes ailes ſont d'un fauve-vif.

La variété δ appartient à l'*Athalie*. On pourroit peut-être auſſi y rapporter la variété ϵ, attendu qu'elle n'a aucun point noir dans les creux de la ligne en feſton qui diviſe la bande fauve poſtérieure du deſſous des ſecondes ailes.

La chenille eſt noire, épineuſe, avec deux lignes de petits points blancs ſur chaque anneau, & des tubercules de cette couleur ſur les côtés. Elle vit ſur pluſieurs eſpèces de *Plantain*.

La chryſalide eſt d'un gris-brunâtre, avec des marques noires ſur l'enveloppe des ailes, des rangées de points noirs & de points rougeâtres à la partie poſtérieure du corps.

Le Papillon paroît dès la fin de mai. On le voit encore aux approches du mois d'août. — Mêmes localités que l'A. *Dictynne*.

52. Argynne Parthénie.

Argynnis Parthenie.

Arg. alis ſubrotundatis, ſubdenticulatis, ſuprà fulvis, nigro ſubreticulatis: poſticis ſubtùs flavidis, faſciis duabus fulvis.

Papilio Parthenie, *alis dentatis, fulvis; nigro ſubreticulatis; poſticis propè baſin lunatis: ſubtùs faſciis tribus flavidis nigro inductis, mediâ diviſâ.* Borkh. *Rhein. Magaz. tom.* 1. *p.* 272. *n°.* 72.

Papilio Parthenie. Borkh. *Pap. Eur. part.* 1. *p.* 53. *n°.* 5. — *Part.* 2. *p.* 194. *n°.* 5.

Papilio Parthenie. Herbst, *Pap. tab.* 283. *fig.* 1-4.

Papilio Parthenie. Ochsenh. *Pap. Eur. tom.* 1. *p.* 48.

Papilio Athalia minor. Esper, *Pap. tab.* 89. *cont.* 39.

Papilio Athalia. Hubn. *Pap. tab.* 4. *fig.* 19. 20.

Papilio S. Dictynna, *alis dentatis; nigris, fulvo maculatis: poſticis ſubtùs fulvis, maculis baſeos faſciâ mediâ maculari lunulíſque apicis flavis.* Fab. *Mant. Inſ. tom.* 2. *p.* 59. *n°.* 573. — *Ent. Syſt. em. tom.* 3. *pars* 1. *p.* 253. *n°.* 785.

Papilio Dictynna. Fuessl. *N. Magaz. tom.* 2. *p.* 332. *n°.* 137.

Elle ſe rapproche beaucoup de l'*Athalie*, mais elle eſt plus petite; les plus grandes femelles ont à peine la taille des moindres mâles de cette dernière; le fond des ailes eſt conſtamment fauve en deſſus, & le noir n'y forme que de légers réſeaux; la bande fauve poſtérieure du deſſous des ſecondes ailes eſt plus vive & n'eſt point coupée vers l'angle interne par une ligne noire, ondée; ou bien en d'autres termes elle eſt contiguë à l'eſpace jaunâtre qui la ſépare de la bande antérieure. Cette Argynne n'habite d'ailleurs que des coteaux ſecs & expoſés au ſud; l'*Athalie* au contraire ſe tient dans les bois couverts & un peu humides.

On rencontre une variété qui a, ſur le milieu des premières ailes, une raie noire, très-large.

La chenille, d'après la deſcription qu'en donne Borkhauſen, eſt noire, épineuſe, avec des points blancs, à peine diſtincts, & des poils fins de cette couleur: elle a ſur chaque côté une ſuite de taches jaunâtres, foiblement exprimées. Elle vit ſur le *Plantain*.

La chryſalide eſt obtuſe, petite, d'un gris-cendré, avec deux rangs de points ferrugineux ſur la partie poſtérieure du corps. Le Papillon en ſort au bout de quinze ou vingt jours. On le trouve dans pluſieurs contrées de l'Allemagne & de la France. Nous l'avons pris abondamment, deux années de ſuite & vers la fin d'août, dans les environs de Toucy & de Vermanton (Yonne). M. Bœber dit qu'il paroît en Ruſſie au mois d'avril & à la mi-ſeptembre. Ce qui prouveroit qu'il donne deux fois.

N. B. Comme Fabricius, en réuniſſant les *Pap. Dictynna* & *Athalia* d'Eſper, ne parle ni des points que l'on voit ſur la bande fauve poſtérieure du deſſous du premier, ni de la ligne ondée qui diviſe la bande correſpondante du ſecond, nous penſons que ſon *Dictynna* doit être rapporté ici.

53. ARGYNNE Dictynne.

ARGYNNIS Dictynna.

Arg. alis subrotundatis, subdenticulatis, suprà nigris, fulvo maculatis: posticis subtùs fulvis, fasciis tribus macularibus flavidis nigro marginatis serieque posticâ punctorum nigrorum.

Papilio Dictynna. ESP. *Pap. part.* 1. *tab.* 48. *Suppl.* 24. *fig.* 2. a. b.

α. *Papilio Dictynna.* ESP. *Pap. part.* 1. *tab.* 91. *cont.* 41. *fig.* 1.

Papilio Dictynna. HERBST, *Pap. tab.* 282. *fig.* 1-8.

Papilio Dictynna. SCHNEIDER, *Syst. Beschr. p.* 208. *n°.* 120.

Papilio Dictynna. LANG. *Verz.* 2. *pag.* 44. n°. 349-352.

Papilio Dictynna. SCHŒFF. *Icon. tom.* 2. *tab.* 184. *fig.* 2. 3. *Nomencl. Panz. p.* 162.

Papilio Dictynna. OCHSENH. *Pap. Eur. tom.* 1. *p.* 42.

Papilio Dictynna. BORKH. *Pap. Eur. part.* 1. *p.* 54 & 225. *n°.* 6.

Papilio Hebe, *alis dentatis, nigris, fulvo maculatis: posticis subtùs fulvis, maculis baseos, fasciâ mediâ maculari lunulisque apicis flavis.* BORKH. *Rhein. Magaz. tom.* 1. *p.* 270. *n°.* 70.

Papilio Maturna. BERGSTR. *Nomencl. tab.* 78. *fig.* 6. 7.

Papilio Corythalia. HUBNER, *Pap. tab.* 3. *fig.* 15. 16.

Le Damier, sixième espèce. ENGRAM. *Pap. d'Eur. tom.* 1. *p.* 252. *pl.* 62. *Suppl.* 8. *fig.* 31. a-d. *bis.*

Elle est approchant de la taille de l'A. *Cinxia.* Le dessus des quatre ailes est d'un noir-brun, avec de petites taches d'un fauve plus ou moins foncé, rondes pour la plupart & disposées en bandes transverses. Le dessous des ailes de devant est d'un fauve-pâle, avec quelques traits noirâtres en forme de chiffres vers l'origine de la côte, une ou deux raies transverses & anguleuses de cette nuance sur le milieu, & des lunules jaunâtres, bordées de noir, alignées parallèlement au bord postérieur. Le dessous des secondes ailes est fauve vers la base, avec cinq taches jaunâtres, bordées de noir; son milieu est traversé par une large bande composée de taches de deux couleurs & séparées par une ligne noire transverse & ondulée: les taches placées au-dessus de cette ligne, ou du côté de la naissance de l'aile, sont jaunâtres & ordinairement plus petites; les autres sont d'un blanc-luisant & de forme presqu'ovale; vers le bout est une rangée courbe & transverse de sept lunules jaunâtres, inégales; l'espace qui les sépare de la bande du milieu est d'un fauve-obscur & divisé, vers l'angle interne, par une ligne noire en feston, dans chacun des creux de laquelle il y a un point de cette couleur: caractère constant qui distingue particulièrement cette espèce de l'*Athalie*; le long du bord postérieur sont deux lignes noires ondulées, entre lesquelles le fond est d'un fauve-pâle ou d'un jaunâtre-foncé; ce bord est de part & d'autre cilié de blanc & entrecoupé de noir: il en est de même du bord correspondant des premières ailes.

Les variétés de cette Argynne paroissent peu nombreuses. Celles que l'on connoît se font remarquer en dessus par plus ou moins d'intensité dans la couleur du fond, par le nombre & la grandeur des taches fauves, lesquelles sont parfois jaunâtres, surtout aux secondes ailes.

Dans la variété α, figurée par Esper, les taches blanches & luisantes du milieu des ailes inférieures, en dessous, sont remplacées par une large raie noire.

Le Muséum possède un individu dont les parties fauves du dessous des secondes ailes sont fortement chargées d'atômes d'un gris-jaunâtre.

La chenille, suivant Hubner, est épineuse, violâtre, avec trois lignes noires, longitudinales & des points d'un bleu-clair; sa tête est noire, avec deux taches du même bleu que les points.

L'insecte parfait donne vers la fin de juin, trois semaines environ plus tard que l'*Athalie*; il habite les bois couverts.

On le trouve assez communément dans les environs de Paris, à Meudon, à Saint-Germain, à Bondy, &c.

54. ARGYNNE Artémis.

ARGYNNIS Artemis.

Arg. alis subrotundatis, subdenticulatis, suprà fusco-nigris, fulvo flavidoque maculatis: posticis subtùs fulvis, fasciis tribus pallidè ochreaceis serieque ocellorum.

Papilio S. Artemis, *alis dentatis, fulvis, nigro variis: posticis utrinquè strigâ punctorum nigrorum.* FAB. *Mant. Inf. tom.* 2. *p.* 61. *n°.* 579. — *Ent. Syst. em. tom.* 3. *pars* 1. *p.* 255. *n°.* 790.

Papilio Artemis. WIEN. VERZ. *p.* 322. *fam.* L. *n°.* 10.

Papilio Artemis. HUBN. *Pap. tab.* 1. *fig.* 4-6.

Papilio Artemis. ILLIG. *N. Ausg. Dess. tom.* 2. *p.* 245. *n°.* 6.

Papilio Artemis. OCHSENH. *Pap. Eur. tom.* 1. *p.* 24.

Papilio Maturna. SCHNEIDER, *Syst. Beschr. p.* 195. *n°.* 110.

Papilio Maturna. Esp. *Pap. part.* 1. *tab.* 16. *fig.* 2.

Papilio Maturna. Esp. *Pap. part.* 1. *tab.* 61. *cont.* 11. *fig.* 3.

Papilio Maturna. Esp. *Pap. part.* 1. *tab.* 97. *cont.* 52. *fig.* 4.

Papilio Maturna. Lang. *Verz.* 2. *pag.* 42. *n°.* 335-338.

Papilio Maturna, *alis fulvis, fasciis flavis nigrisque: posticis septem punctatis.* Thunb. *Dissert. Acad. vol.* 3. *p.* 45.

Papilio Lye. Herbst, *Pap. tab.* 275. *fig.* 5-8.

α. Papilio Lye. Herbst, *Pap. tab.* 271. *fig.* 3.

Papilio Lye. Borkh. *Pap. Eur. part.* 1. *p.* 57. *n°.* 8 & 225. *n°.* 9. — *Part.* 2. *p.* 198. *n°.* 9.

Papilio Lye. Bergstr. *Nomenclat. tab.* 82. *fig.* 4. 5.

Papilio Lye. Brahm. *Insect. Calend. part.* 1. *p.* 444. *n°.* 311.

Papilio Lye. Schwarz, *Raup. Calend. p.* 189. 625.

Papilio Aurinia. Naturfors. 15. *tab.* 3. *fig.* 1-4.

Papilio Merope. De Prunner, *Lepid. Pedem. p.* 73. *n°.* 151.

Le Damier, variét. D. *Papilio alis dentatis, fulvis, nigro reticulatis & punctatis, utrinquè fasciis tribus flavis.* Geoffr. *Hist. Inf. tom.* 2. *p.* 45. *n°.* 12.

Le petit Damier à taches fauves. Engram. *Pap. d'Europe, tom.* 1. *p.* 64. *pl.* 17. *fig.* 28. a. b.

β. Le petit Damier à taches fauves. Engram. *Pap. d'Europe, tom.* 1. *p.* 319. 3e *Suppl. pl.* 3. *fig.* 28. c. (Var.)

Elle est ordinairement de la taille de la précédente. Le dessus des ailes est d'un brun-noirâtre un peu chatoyant, avec des taches fauves & des taches jaunâtres, disposées par bandes transverses. Les secondes ailes n'ont que trois bandes, dont l'intermédiaire constamment fauve, plus large & divisée dans le sens de sa longueur par une rangée de six points noirs. Le dessous des ailes supérieures est luisant & comme vernissé, avec des taches semblables à celles du dessus, mais moins prononcées. Le dessous des inférieures est fauve, avec trois bandes transverses & maculaires d'un jaune d'ocre pâle, légèrement bordées de noir; on voit en outre un point jaunâtre entre la bande antérieure & celle du milieu, &, entre cette dernière & celle du bord, une ligne transverse de sept points noirs, entourés de jaune d'ocre plus pâle encore que celui des bandes. Le bord postérieur de chaque aile est entier, avec une frange blanchâtre, entrecoupée de noir aux supérieures. Le corps, les antennes & les palpes sont colorés comme dans les espèces précédentes.

La description que nous venons de donner convient particulièrement aux individus des pays tempérés de l'Europe. Ceux qu'on trouve en Espagne & en Portugal sont plus grands; ils ont les taches plus vives & les points noirs des secondes ailes plus fortement exprimés de part & d'autre.

Dans les Alpes piémontaises, au contraire, les individus sont généralement plus petits; la couleur noirâtre du fond de leurs ailes domine davantage, les taches du dessus & les bandes du dessous sont plus pâles. De Prunner a fait de ceux-ci une espèce distincte sous le nom de *Merope.*

On rencontre une variété qui a toutes les taches du dessus fauves, à l'exception des lunules marginales des secondes ailes; ces lunules sont jaunâtres, comme à l'ordinaire.

Engramelle en a donné une autre dont les taches des ailes supérieures sont presque toutes jaunâtres en dessus, tandis que celles des ailes inférieures sont pour la plupart d'un fauve-rougeâtre.

La chenille passe l'hiver dans une forte de toile ou de tissu. On la voit à la fin d'avril & au commencement de mai sur la *Scabieuse mors du diable,* & sur plusieurs espèces de *Plantain.* Elle a la partie supérieure du corps & des épines noire, la partie inférieure jaunâtre; son dos & chacun de ses côtés présentent une ligne longitudinale de points blancs, très-petits; sa tête est noire, ses pattes sont d'un rouge-brun.

La chrysalide est d'un blanc-verdâtre, avec des points noirs, & un grand nombre de petits tubercules jaunes vers l'extrémité du corps. — Le Papillon en sort au bout de quinze jours. Il paroît depuis la mi-mai jusqu'en juin, dans les bois, dans ceux surtout qui sont élevés & exposés au nord. Les amateurs de Paris le trouveront très-communément dans les bois de *Meudon* & de *Verrière.*

55. Argynne Cynthia.

Argynnis Cynthia.

Arg. alis subrotundatis, subdenticulatis, suprà fusco-nigris, albo (mas) *fulvo* (fem.) *fasciatim maculatis: posticis subtùs fulvis, fasciis tribus flavescentibus punctorumque nigrorum serie posticâ.*

Papilio S. Cynthia, *alis dentatis, nigris, fulvo flavoque fasciatis: posticis subtùs fulvis, flavo fasciatis.* Fab. *Mant. Inf. tom.* 2. *p.* 59. *n°.* 574. — *Ent. Syst. em. tom.* 3. *pars* 1. *p.* 253. *n°.* 786.

Papilio Cynthia. Wien. Verz. *p.* 179. *fam.* L. *n°.* 3.

Papilio Cynthia. Ochsenh. *Pap. Eur. tom.* 1. *p.* 21.

Papilio Trivia. ESPER, *Pap. part.* 1. *tab.* 37. *Suppl.* 13. *fig.* 3.

Papilio Trivia. ESP. *Pap. part.* 1. *tab.* 60. *cont.* 10. *fig.* 2.

Papilio Trivia. HERBST, *Pap. tab.* 276. *fig.* 1-4.

Papilio Trivia. BORKH. *Pap. Eur. part.* 1. *p.* 58. *n°.* 9, & *p.* 226. *n°.* 10.

Papilio Trivia. SCHNEID. *Syst. Beschr. p.* 197. *n°.* 112.

BERGS. *Nomencl. tab.* 80. *fig.* 5. 6. — *Tab.* 81. *fig.* 1-4.

Papilio Mysia. HUBN. *Pap. tab.* 1. *fig.* 1-3. (Le mâle.)

Papilio Cynthia. HUBN. *Pap. tab.* 111. *fig.* 569. 570. (La femelle.)

α. *Papilio Cynthia.* HUBN. *Pap. tab.* 119. *fig.* 608. 609. (Var.)

Le Damier à taches blanches. ENGRAM. *Pap. d'Europe*, *tom.* 1. *p.* 62. *pl.* 17. *fig.* 26. a-d.

Elle a le port & approchant la taille de la précedente. Le dessus de ses ailes est aussi d'un brun-noirâtre chatoyant, avec des taches blanches & une rangée postérieure de taches fauves dans le mâle. La femelle n'a que des taches fauves, mais elles sont plus nombreuses & un peu ternes. Le dessous des deux sexes ressemble au dessous de la *Maturne*, avec cette différence que le fond est d'un fauve moins vif; que les trois bandes des ailes inférieures sont d'un jaune beaucoup plus pâle, & qu'il y a, entre la bande du milieu & celle du bout, une ligne transverse de points noirâtres, dont quelques-uns visibles du côté opposé. Les deux surfaces du corps & les palpes sont comme dans la *Maturne*.

Cette espèce varie de même que plusieurs de ses congénères. Il est des mâles qui ont deux bandes de taches fauves vers le bout des premières ailes en dessus; d'autres qui n'en ont qu'une; d'autres, enfin, qui n'en ont pas du tout. On rencontre des femelles où les points noirâtres du dessous des secondes ailes sont à peine distincts.

Elle habite la Suisse, le Tyrol, le midi de l'Allemagne, &c.

La chenille, suivant la figure de Hubner, est jaune, avec des épines étroites & des lignes longitudinales noires; sa tête est d'un rouge-brun. Elle vit sur le *Plantain lancéolé*, dit vulgairement *Herbe à la coupure* (*Plantago lanceolata*).

La chrysalide n'est point figurée.

56. ARGYNNE Maturne.

ARGYNNIS Maturna.

Arg. alis subrotundatis, subdentatis, suprà fusco-nigris, fulvo flavoque fasciatim maculatis: posticis subtùs fulvis, fasciis tribus flavis, anteriore interruptâ.

Papilio N. Maturna, *alis dentatis, purpurascentibus, nigro maculatis: subtùs fasciis tribus flavis.* LINN. *Syst. Nat.* 2. *p.* 784. *n°.* 204.

Papilio Maturna, *alis subdentatis, purpurascentibus nigro alboque maculatis: subtùs fasciis tribus flavis, primâ interruptâ.* LINN. *Faun. Suec. edit.* 2. *p.* 280. *n°.* 1062.

Papilio Maturna. HERBST, *Pap. tab.* 275. *fig.* 1-4.

Papilio Maturna. FUESSL. *Suiss. Ins. p.* 30. *n°.* 583.

Papilio Maturna. OCHSENH. *Pap. Eur. tom.* 1. *pag.* 18.

Papilio Cynthia. ESP. *Pap. part.* 1. *tab.* 37. *Suppl.* 13. *fig.* 2. a.

Papilio Cynthia. HUBN. *Pap. tab.* 1. *fig.* 1. 2.

α. *Papilio Maturna.* HUBN. *Pap. tab.* 117. *fig.* 598. 599. 600. 601.

Papilio Cynthia. SCHNEID. *Syst. Beschr. p.* 196. *n°.* 111.

Papilio Cynthia. BORKH. *Pap. Eur. part.* 1. *p.* 59 & 226. *n°.* 10.

Papilio Agrotera. BORKH. *Pap. Eur. part.* 1. *p.* 59 & 226. *n°.* 11.

Papilio Agrotera. BERGSTR. *Nomencl. tab.* 75. *fig.* 1-4.

Papilio Cynthia. BERGSTR. *Nomencl. tab.* 80. *fig.* 1-4.

Papilio Cynthia. LANG. *Verz.* 2. *pag.* 43. *n°.* 339-342.

Le Damier à taches fauves. ENGRAM. *Pap. d'Europe*, *tom.* 1. *p.* 63. *pl.* 17. *fig.* 27. a. b.

Elle est un peu plus grande que l'A. *Cinxia*. Le dessus des ailes est d'un brun-noirâtre un peu chatoyant, & traversé vers le bout par une bande maculaire d'un fauve-rougeâtre; près de la base sont d'autres taches de cette couleur, & au milieu des taches jaunes, plus petites, disposées en une ligne courbe & transverse sur les secondes ailes, dont le limbe postérieur est quelquefois divisé par un rang de taches semblables; le limbe correspondant des premières ailes est tantôt nu, tantôt tacheté de fauve-obscur. Le dessous des unes & des autres est d'un fauve-rougeâtre, avec des taches jaunes, qui forment sur les inférieures, où elles sont plus vives, trois bandes transverses, dont une vers la base, une sur le milieu, la troisième près du bord; cette dernière se compose de sept lunules inégales & bordées de noir intérieurement; la précédente est un peu anguleuse & divisée dans toute sa longueur par une ligne noire, sinuée; l'antérieure est interrompue & précédée en dehors d'un point jaune, cerclé de noir, qu'on aperçoit du côté opposé. Les petits sinus du bord sont ciliés de blanchâtre. Le corps est noir en dessus, jaunâtre en dessous; les antennes sont annelées de blanc & de noir, avec l'extrémité du bouton roussâtre; les palpes sont fauves.

On la trouve, au mois de juin, dans plusieurs contrées de l'Allemagne, dans la Carniole, en Suède, en Laponie. Elle habite les bois touffus.

Hubner a fait d'une de ses variétés une espèce distincte sous le nom de *Maturna*.

La chenille est noire, épineuse, avec trois lignes jaunes, maculaires & longitudinales, dont une sur chaque côté, & une sur le dos; celle-ci est divisée par une ligne noire. Le *Tremble* (*Populus tremula*), le *Saule marceau* (*Salix caprœa*), le *Hêtre commun* (*Fagus sylvatica*), la *Scabieuse mors du diable*, ou *Herbe de Saint-Joseph* (*Scabiosa succisa*), sont les végétaux qu'elle affectionne le plus. Elle vit aussi sur quelques espèces de *Plantain*, & passe l'hiver.

La chrysalide est obtuse, d'un blanc-verdâtre, avec des taches jaunes & des taches noires. Le Papillon en sort au bout d'une quinzaine de jours.

57. Argynne Lucine.

Argynnis Lucina.

Arg. alis subrotundatis, subdentatis, suprà fuscis, maculis fulvis, exterioribus puncto nigro fœtis: posticis subtùs rufescentibus, fasciis duabus macularibus albis.

Papilio Lucina, *alis dentatis, fuscis, testaceo maculatis: subtùs fasciis duabus macularum albidarum.* Linn. *Syst. Nat.* 2. *pag.* 784. *n°.* 203. — *Faun. Suec. edit.* 2. *p.* 280. *n°.* 1061.

Papilio S. Lucina. Fab. *Syst. Entom. p.* 514. *n°.* 303. — *Spec. Inf. tom.* 2. *p.* 106. *n°.* 464. — *Mant. Inf. tom.* 2. *p.* 58. *n°.* 566. — *Entom. Syst. em. tom.* 3. *pars* 1. *p.* 250. *n°.* 778.

Papilio Lucina. Esp. *Pap. part.* 1. *tab.* 16. *fig.* 1.

Papilio Lucina. Herbst, *Pap. tab.* 283. *fig.* 5-8.

Papilio Lucina. Borkh. *Pap. Eur. part.* 1. *p.* 48 & 221. *n°.* 1.

Papilio Lucina. Schœff. *Icon. tom.* 2. *tab.* 172. *fig.* 1-2.

Papilio Lucina. Fuessl. *Suiss. Inf. pag.* 30. *n°.* 582.

Papilio Lucina. Bergstr. *Nomencl. tab.* 84. *fig.* 1-3.

Papilio Lucina. Schneid. *Syst. Beschr. p.* 215. *n°.* 126.

Papilio Lucina. Lang. *Verz.* 2. *pag.* 40. *n°.* 331-334.

Papilio Lucina. Illig. *N. Ausg. Dess. tom.* 2. *p.* 246. *n°.* 9.

Papilio Lucina. Wien. Verz. *p.* 179. *fam.* L. *n°.* 9.

Papilio Lucina. Hubn. *Pap. tab.* 4. *fig.* 21. 22.

Papilio Lucina. Ochsenh. *Pap. Eur. tom.* 1. *p.* 50.

Le Fauve à taches blanches. Engram. *Pap. d'Europe, tom.* 1. *p.* 61. *pl.* 16. *fig.* 25. a. b.

Elle n'a guère que treize à quatorze lignes de largeur. Le dessus de ses ailes est d'un brun-obscur, avec des taches d'un fauve plus ou moins pâle, disposées par bandes transverses entre le milieu & le bout. Les premières ailes ont trois de ces bandes, les secondes n'en ont que deux, dont l'intérieure plus courte: sur les unes comme sur les autres, les taches de la bande marginale sont chargées chacune d'un point noir. Le dessous des ailes supérieures ressemble au dessus, mais il est plus pâle, excepté entre les rangées de taches. Le dessous des ailes inférieures est roussâtre, avec deux bandes blanches, transverses & maculaires, l'une vers la base, l'autre un peu au-dessous du milieu; aux taches du bord correspondent ici des taches semblables, surmontées immédiatement d'une suite de chevrons noirâtres. Le dessus du corps, les antennes & les palpes sont de cette dernière couleur.

Elle se trouve dans les mêmes endroits & à la même époque que l'*Artémis*. — Sa chenille n'est point connue.

58. Argynne Phaétontéa.

Argynnis Phaetontea.

Arg. alis subrotundatis, integerrimis, nigris: singularum extimo suprà, paginâ omni subtùs, fulvo flavoque maculatis.

Papilio Phaeton, *alis integerrimis, nigris, albo rufoque maculatis.* Fab. *Syst. Ent. p.* 54. *n°.* 237. — *Mant. Infect. tom.* 2. *p.* 26. *n°.* 275. — *Ent. Syst. em. tom.* 3. *pars* 1. *p.* 46. *n°.* 140.

Papilio Phaeton. Cram. *Pap.* 17. *p.* 2. *pl.* 193. *fig.* C. D.

Papilio Phaeton. Drury, *Inf.* 1. *tab.* 21, *fig.* 3. 4.

Papilio Phaeton. Herbst, *Pap. tab.* 142. *fig.* 3. 4.

Elle a au moins deux pouces & demi d'envergure. Ses quatre ailes sont entières, d'un noir-obscur, avec une rangée postérieure & marginale de taches rousses, orbiculaires, que précèdent intérieurement deux rangées transverses & parallèles de points jaunes: il y a en outre, sur le milieu des ailes supérieures, une dizaine d'autres points jaunes, parmi lesquels est une tache rousse, peu distante

diſtante de la côte. Le deſſous de chaque aile diſfère du deſſus, en ce que toute la partie antérieure eſt parſemée de taches rouſſes, entremêlées de points jaunes. Le corps & les antennes ſont noirâtres.

Elle ſe trouve en juin, puis en ſeptembre, dans l'Amérique ſeptentrionale, & principalement dans l'Etat de New-York.

59. ARGYNNE Liriope.

ARGYNNIS Liriope.

Arg. alis ſubrotundatis, integerrimis, ſuprà fulvis, lineolis baſeos limboque ſulvo maculato nigris : poſticis ſubtùs flaveſcentibus, ſtrigâ mediâ ocellorum.

Papilio Liriope, *alis integerrimis, fulvis, limbo fuſco, fulvo maculato : poſticis ſubtùs flaveſcentibus, fulvo undatis.* FAB. *Entom. Syſt. em. tom.* 3. *pars* 1. *p.* 155. *n°.* 477.

Papilio Liriope. CRAM. *Pap.* 1. *p.* 2. *pl.* 1. *fig.* C. D.

Papilio Liriope. STOLL, *Pap. Suppl. à* CRAM. 1. *p.* 17. *pl.* 4. *fig.* 1. C.

Papilio Liriope. HERBST, *tab.* 260. *fig.* 6. 7.

Elle a environ un pouce & demi d'envergure. Le deſſus des quatre ailes eſt fauve, avec la baſe rayée de noir tranſverſalement; l'extrémité eſt bordée par une bande également noire, large, diviſée ſur les ſecondes ailes par une ſuite de petits croiſſans fauves, & ſur les premières par deux taches de cette couleur, ſéparées dans le mâle, réunies dans la femelle. Le deſſous de chaque aile eſt entièrement jaunâtre, avec des ondes près de la baſe, & une ligne devant le bord, rouſſes; il y a en outre ſur le milieu des inférieures une rangée tranſverſe de points roux autour deſquels le fond eſt plus clair.

La chenille, ſuivant Stoll, eſt d'un violet-pâle, avec des poils noirs, épineux, le ventre & les pattes d'un vert-ſale; ſa tête eſt jaune, avec des raies noires, & chacun de ſes côtés offre une ligne blanche, longitudinale.

La chryſalide eſt anguleuſe, d'un violet plus ou moins foncé, avec de petites taches argentées.

Elle ſe trouve à la Guyane.

60. ARGYNNE Morphéa.

ARGYNNIS Morphea.

Arg. alis ſubrotundatis, integerrimis, ſuprà fulvis, lineolis baſeos limboque communi nigris : poſticis utrinquè ad extimum ſtrigâ punctorum nigrorum.

Papilio Morpheus, *alis integerrimis, fulvis, nigro maculatis : poſticis utrinquè ſtrigâ punctorum nigrorum.* FAB. *Syſt. entom. p.* 530. *n°.* 370. — *Spec. Inſect. tom.* 2. *p.* 62. *n°.* 278. — *Mant. Inſect. tom.* 2. *p.* 30. *n°.* 321. — *Entom. Syſt. em. tom.* 3. *pars* 1. *p.* 155. *n°.* 479.

Papilio Morpheus. HERBST, *Pap. tab.* 260. *fig.* 1-3.

Papilio Cocyta. CRAM. *Pap.* 9. *p.* 7. *pl.* 101. *fig.* A. B. C.

Elle a le port & la taille de la précédente. Le deſſus de ſes ailes eſt fauve, avec des lignes noires, tranſverſes, à la baſe, & une bordure de cette couleur à l'extrémité. Cette bordure eſt diviſée aux ſecondes ailes par une ligne fauve, ondulée, & précédée intérieurement d'un cordon de ſix points noirs. Le deſſous des ailes ſupérieures eſt plus clair & moins rayé de noir que le deſſus, avec des nuances jaunâtres & noirâtres le long du bord oppoſé à la baſe. Le deſſous des ailes inférieures eſt jaunâtre, un peu rayé de roux à ſon origine, taché de noirâtre ſur le milieu ainſi que vers le bord, près duquel il y a une rangée de points noirs comme en deſſus.

L'individu, que Cramer prend pour la femelle, a le deſſous des ſecondes ailes d'un jaunâtre plus foncé, traverſé au milieu par une bande blanchâtre, & marqué à l'extrémité de trois taches blanches, dont deux à l'angle externe, l'autre vers le milieu du bord poſtérieur : le deſſous des premières ailes a auſſi deux ou trois taches blanches au ſommet.

On les trouve à Surinam.

61. ARGYNNE Tharoſſa.

ARGYNNIS Tharoſſa.

Arg. alis ſubrotundatis, integerrimis, ſuprà fulvis, lineis plurimis tranſverſis limboque communi nigris : poſticis utrinquè ad extimum ſtrigâ punctorum nigrorum.

Papilio Tharos. CRAM. *Pap.* 15. *p.* 112. *pl.* 169. *fig.* E. F.

Papilio Tharos. DRURY, *Inſ.* 1. *pl.* 21. *fig.* 5. 6.

Papilio Tharos. HERBST, *Pap. tab.* 260. *fig.* 4. 5.

Le Damier, deuxième eſpèce. ENGRAM. *Pap. d'Europe, tom.* 1. *p.* 66. *pl.* 18. *fig.* 30. a. b.

Engramelle l'a donnée comme eſpèce indigène d'Europe, parce qu'il l'a crue de l'Angleterre, d'où elle avoit été envoyée à feu M. Gigot d'Orcy.

Elle ſe diſtingue de la précédente en ce que le deſſus des ailes eſt traverſé par des lignes noires depuis la baſe juſqu'auprès de la bordure; en ce que les ailes ſupérieures ont un ou deux points noirs près de l'angle interne, & quelquefois auſſi près de la côte; en ce que la ligne ondulée, qui diviſe le limbe poſtérieur des ſecondes ailes, eſt d'un gris-bleuâtre, & ſouvent plus courte.

Le deſſous de la femelle offre deux petis points blancs vers le bout de la côte des premières ailes, & une lunule de cette couleur vers le milieu du limbe poſtérieur des ſecondes ; mais le milieu de ces dernières n'eſt point traverſé par une bande blanchâtre, du moins dans les deux individus que nous avons examinés. Le corps eſt noirâtre en deſſus, jaunâtre en deſſous; les antennes ſont brunâtres, annelées de blanc, avec l'extrémité de la maſſue fauve.

Elle ſe trouve dans l'Amérique ſeptentrionale, & particulièrement dans l'Etat de New-York.

62. ARGYNNE Pélopſa.

ARGYNNIS Pelopſa.

Arg. alis ſubrotundatis, integerrimis, ſuprà fulvis, nigro reticulatis : poſticis ſubtùs carneis, fuſco undatis.

Papilio Pelops. DRURY, *Inſ.* 1. *pl.* 19. *fig.* 3. 4.

Sa largeur eſt d'environ un pouce. Le deſſus des ailes eſt fauve, avec les nervures & des lignes tranſverſes noires. Le deſſous des ailes ſupérieures eſt plus pâle & moins tacheté que le deſſus, avec le ſommet incarnat. Le deſſous des ſecondes ailes eſt de cette couleur, avec de légères ondes noirâtres; on y voit encore, mais à l'aide de la loupe, cinq petites taches d'un blanc-luiſant, alignées parallèlement au bord poſtérieur. Le corps eſt noirâtre en deſſus, griſâtre en deſſous, avec de petites taches fauves ſur le corſelet; les antennes ſont brunâtres.

De l'île Saint-Chriſtophe.

63. ARGYNNE Pygmæa.

ARGYNNIS Pygmæa.

Arg. alis ſubrotundatis, integerrimis, ſuprà nigro fulvoque variis : poſticis ſubtùs griſeſcenti-cinereis, punctorum ocellatorum ſerie poſticâ.

Elle n'a guère que neuf lignes de largeur. Le deſſus de ſes ailes eſt d'un noir-brun, avec une multitude de taches fauves, dont les marginales lunulées. Le deſſous des ailes ſupérieures diffère du deſſus en ce que le fauve y domine davantage, & en ce que le bord poſtérieur eſt d'un brun-obſcur. Le deſſous des ailes inférieures eſt cendré, avec des ondes griſâtres vers la baſe, & une rangée tranſverſe de points noirâtres, à prunelle blanchâtre, entre le milieu & l'extrémité. Le corps & les antennes ſont noirâtres; celles-ci ont la maſſue fauve en majeure partie.

Elle ſe trouve en Amérique.

GENRE VANESSE.

1. VANESSE Arsinoé.

Ailes dentées, fauves, avec des lignes marginales ondulées et une sur le milieu noires : les supérieures un peu concaves, les inférieures un peu en queue en dehors : celles-ci ayant de part et d'autre, vers le bout, deux taches oculaires.

2. VANESSE Julienne.

Ailes dentées, d'un brun-obscur en dessus, ayant vers le bout une bande d'un blanc-verdâtre, maculaire sur les supérieures, offrant sur les inférieures deux taches ocellées : celles-ci un peu en queue en dehors, celles-là un peu concaves.

3. VANESSE du Médicinier.

Ailes dentées, pâles, avec des lignes brunâtres, transverses, ondulées : les supérieures ayant de part et d'autre, vers le bout, une seule tache oculaire; les inférieures en ayant deux : celles-ci un peu en queue en dehors, celles-là un peu concaves.

4. VANESSE Amathéa.

Ailes dentées, d'un brun-noirâtre en dessus, avec une bande bifide d'un rouge-sanguin sur le milieu, et des taches blanches à l'extrémité : les inférieures un peu en queue en dehors.

5. VANESSE Hyppocla.

Ailes supérieures un peu concaves, les inférieures un peu en queue en dehors : le dessus des quatre avec des bandes noires et des bandes fauves : leur dessous panaché.

6. VANESSE Hyglæa.

Ailes un peu sinuées : le dessus des supérieures fauve, celui des inférieures d'un brun-noirâtre; les quatre avec deux bandes d'un jaune-pâle, l'une sur le milieu, l'autre sur le bord et formée par des taches.

7. VANESSE Lytræa.

Ailes dentées, semblables de part et d'autre, d'un brun-noirâtre : les unes et les autres avec une bande blanche discoïdale, terminée au bord interne par une tache oculaire : les inférieures un peu en queue en dehors.

8. VANESSE Aglatonice.

Ailes un peu dentées, couleur de nacre de perle en dessus et ponctuées de noir vers le bout : les supérieures concaves; les inférieures un peu en queue en dehors et marquées d'un œil à l'angle de l'anus.

9. VANESSE Sabine.

Ailes dentées, d'un brun-noirâtre en dessus, avec une bande fauve, commune et discoïdale : grises en dessous, avec une bande plus pâle et une rangée postérieure de points ocellés : les supérieures concaves, les inférieures un peu en queue en dehors.

10. VANESSE Épaphéa.

Ailes dentées : les supérieures un peu concaves, les inférieures en queue en dehors; tout le dessus de celles-ci, celui de celles-là vers la base, noirâtres, avec une bande blanche, se reproduisant en dessous : la moitié postérieure du dessus des supérieures d'un fauve-jaunâtre clair.

11. VANESSE Corinne.

Ailes inférieures ayant deux queues vers l'angle anal : le dessus des quatre d'un brun-noirâtre, avec une bande d'un jaune-fauve sur les supérieures,

VANESSE. (Insecte.)

une tache discoïdale d'un bleu-violet sur les inférieures : leur dessous d'un gris-fauve clair, avec des raies transverses d'un fauve-pâle et des raies blanches.

12. Vanesse Dioné.

Ailes supérieures concaves, les inférieures en queue en dehors : le dessus des quatre d'un brun-obscur, avec des raies transverses plus foncées : leur dessous couleur de noix, avec des points, des taches, de petites lignes bruns, et une raie noirâtre entrecoupée de points bleuâtres.

13. Vanesse Zabuline.

Ailes dentées : les supérieures concaves, noires en dessus, ayant vers la base deux bandes fauves, transverses, et vers le sommet des points blancs ; les inférieures en queue en dehors, fauves, ayant l'extrémité noire, avec trois rangs de lunules fauves.

14. Vanesse Démonica.

Ailes dentées, fauves en dessus, avec la base et l'extrémité d'un brun-noirâtre : les supérieures ayant au sommet une rangée de points blancs ; les inférieures ayant vers le disque une tache oblongue, et vers l'angle de l'anus deux petits yeux, noirs : celles-ci en queue en dehors, celles-là concaves.

15. Vanesse P. d'interrogation.

Ailes supérieures concaves, fauves en dessus, avec des taches noires ; les inférieures un peu en queue en dehors, d'un noir-bleuâtre, avec la base ferrugineuse : le dessous de ces dernières avec un ? argenté.

16. Vanesse F-blanche.

Ailes dentées, d'un fauve-pâle en dessus : les supérieures avec trois taches, les inférieures avec une seule, noirâtres, grandes : ces dernières un peu en queue en dehors, et marquées en dessous d'une F-blanche ; les supérieures concaves.

17. Vanesse C-blanc.

Ailes dentées, fauves ou ferrugineuses en dessus, avec des taches noires : les supérieures concaves, les inférieures un peu en queue en dehors : ces dernières marquées en dessous d'un C-blanc.

18. Vanesse L-blanche.

Ailes dentées, fauves en dessus, avec le limbe postérieur d'un brun-obscur : les supérieures avec plusieurs points, les inférieures avec deux, noirs : celles-ci un peu en queue en dehors et marquées en dessous d'une L-blanche ; celles-là concaves.

19. Vanesse Progné.

Ailes dentées, fauves en dessus : les supérieures avec plusieurs points, les inférieures avec deux et la moitié postérieure, noirs : celles-ci un peu en queue en dehors; celles-là concaves.

20. Vanesse C-doré.

Ailes dentées, fauves en dessus, avec des taches noires : les supérieures concaves, les inférieures un peu en queue en dehors : dessous de ces dernières marqué d'un C-doré.

21. Vanesse Polychlore.

Ailes dentées, fauves en dessus, avec le limbe postérieur noir et divisé par un rang de lunules bleuâtres : les supérieures avec quatre points sur le milieu, les inférieures avec un près de la côte, noirs : celles-ci un peu en queue en dehors, celles-là concaves.

22. Vanesse V-blanc.

Ailes dentées, fauves en dessus, avec le limbe postérieur d'un brun-obscur : les supérieures avec quatre points, les inférieures avec un seul, noirs, et une tache blanche sur la côte des quatre : les supérieures concaves ; les inférieures un peu en queue en dehors et marquées en dessous d'un V-blanc.

VANESSE. (Insecte.)

23. Vanesse de l'Ortie.

Ailes dentées, d'un fauve-briqueté en dessus, avec le bord postérieur noir et divisé par un rang de lunules bleues : les supérieures avec trois points sur le milieu, les inférieures avec la base, noirs : celles-ci un peu en queue en dehors ; celles-là concaves et marquées au sommet d'une tache très-blanche.

24. Vanesse Xanthomélas.

Ailes dentées, d'un fauve-briqueté en dessus, avec le limbe postérieur noir, et divisé aux inférieures par des lunules bleues : celles-ci un peu en queue en dehors, noires à la base; les supérieures concaves, avec quatre points noirs sur le milieu et une tache très-blanche au sommet.

25. Vanesse Milbert.

Ailes dentées : les supérieures concaves, les inférieures un peu en queue en dehors: le dessus des quatre avec une bande fauve, commune, postérieure, et des lunules marginales bleues.

26. Vanesse Polynissa.

Ailes dentées : les supérieures concaves, les inférieures un peu en queue en dehors : le dessus des quatre fauve, avec l'extrémité noire : leur dessous d'un brun-noirâtre, avec des lignes bleues, transverses, et une rangée postérieure de taches oculaires.

27. Vanesse Charonia.

Ailes dentées, noires en dessus, avec une bande commune bleuâtre, et divisée aux inférieures par un rang de points noirs : celles-ci un peu en queue en dehors, celles-là prolongées au sommet.

28. Vanesse Antiope.

Ailes supérieures prolongées au sommet, inférieures un peu en queue en dehors : le dessus des quatre velouté, noir, avec le limbe postérieur blanc ou jaunâtre et précédé en dedans d'une rangée de points bleus.

29. Vanesse ? Cacta.

Ailes dentées, anguleuses : les supérieures noires, avec la base d'un rouge-pourpre et marquée d'une tache fauve.

30. Vanesse Io.

Ailes supérieures prolongées au sommet, inférieures un peu en queue en dehors : le dessus des quatre d'un rouge-brun, avec un œil bleu sur chacune.

31. Vanesse Lemonias.

Ailes dentées, d'un brun-obscur en dessus, avec un seul œil sur chacune d'elles : les supérieures ponctuées de jaune-pâle : celles-ci un peu concaves, les inférieures à peine en queue en dehors.

32. Vanesse Aonide.

Ailes dentées, d'un brun-obscur en dessus : les supérieures avec deux yeux dont un plus petit, les inférieures avec cinq : celles-ci à peine en queue en dehors ; celles-là un peu concaves et tachetées de jaune-pâle ou de fauve.

33. Vanesse Erigone.

Ailes dentées, d'un brun-obscur en dessus, avec une rangée postérieure d'yeux : ceux des supérieures entre deux bandes blanches maculaires : celles-ci un peu concaves ; les inférieures à peine en queue en dehors et ayant le dessous un peu glacé de violet vers la base.

VANESSE. (Insecte.)

34. VANESSE Prorsa.

Ailes dentelées, d'un brun-noirâtre en dessus, avec un bande blanche commune, interrompue sur les supérieures : ferrugineuses en dessous, avec des réseaux blanchâtres : les supérieures un peu prolongées au sommet ; les inférieures à peine en queue en dehors.

35. VANESSE Lévana.

Ailes dentelées, fauves en dessus, avec la base et des points noirs : ferrugineuses en dessous, avec des réseaux jaunâtres, et une tache violette, postérieure, sur chacune d'elles : les supérieures un peu prolongées au sommet ; les inférieures à peine en queue en dehors.

36. VANESSE Almana.

Ailes supérieures concaves, inférieures un peu en queue à l'angle anal : dessus des quatre fauve, avec deux yeux dont un plus petit : leur dessous brunâtre ; celui des inférieures avec une ligne jaunâtre, transverse, discoïdale.

37. VANESSE Pélarga.

Ailes supérieures concaves, inférieures un peu en queue à l'angle anal : le dessus des quatre d'un brun-noirâtre, avec une bande d'un blanc-bleuâtre, divisée par des points noirs et bordée de fauve en dehors : leur dessous d'une couleur feuille-morte pâle, avec une ligne noirâtre commune, sur le milieu.

38. VANESSE Laodora.

Ailes dentelées : les supérieures concaves, les inférieures un peu prolongées à l'angle anal : dessus des quatre d'un brun-noirâtre, avec une bande commune roussâtre ou verdâtre, divisée par une ligne de points noirs ; le bord offrant un double cordon de lunules cendrées.

39. VANESSE Téréa.

Ailes dentées, d'un brun-obscur en dessus, avec une bande commune fauve et divisée par une ligne noire : les supérieures un peu concaves et ponctuées de blanc au sommet ; les inférieures un peu prolongées à l'angle de l'anus, et y ayant un œil double.

40. VANESSE Iphita.

Ailes dentées : les supérieures concaves, les inférieures à peine prolongées à l'angle anal : les quatre d'un brun-obscur, offrant en dessus deux bandes et une ligne marginale plus claires, en dessous une rangée postérieure d'yeux peu prononcés.

41. VANESSE Idamène.

Ailes dentées, ferrugineuses ou d'un brun-obscur en dessus : les deux surfaces des inférieures ayant vers le bout une rangée transverse d'yeux peu prononcés : celles-ci à peine prolongées à l'angle anal ; les supérieures concaves.

42. VANESSE Enothréa.

Ailes dentelées, les supérieures un peu concaves, les inférieures arrondies : le dessus des quatre noir, avec le milieu verdâtre : leur dessous d'un brun-enfumé, avec un point blanc sur la côte des supérieures.

43. VANESSE Emma.

Ailes dentées : les supérieures concaves, les inférieures arrondies : le dessus des quatre d'un brun-noirâtre, offrant vers le bout trois bandes maculaires transverses, dont l'intermédiaire ferrugineuse, les autres d'un violet tendre : dessous marbré de gris-cendré.

VANESSE. (Insecte.)

44. Vanesse Micalia.

Ailes dentées, noires en dessus, avec des lunules terminales et une tache sur le disque des supérieures jaunes : milieu des inférieures largement fauve, avec une rangée transverse de points noirs : celles-ci arrondies, celles-là concaves.

45. Vanesse Hédonia.

Ailes dentées, d'un brun-obscur, plus claires de part et d'autre vers le bout, avec une rangée transverse d'yeux ferrugineux : les supérieures un peu concaves, les inférieures arrondies : dessous de celles-ci marqué vers la côte de deux taches blanches.

46. Vanesse Zélima.

Dessus des ailes jaune, avec une rangée postérieure d'yeux et des lignes marginales noirâtres : les supérieures concaves; les inférieures arrondies et offrant en dessous une raie blanche transverse, discoïdale, maculaire près de la côte.

47. Vanesse Archésia.

Ailes dentées, d'un brun-obscur en dessus, avec une bande fauve, discoïdale, commune, divisée par des yeux : celle des supérieures bleue vers la côte : celles-ci concaves, les inférieures arrondies.

48. Vanesse Orithye.

Ailes dentelées, noires ou d'un brun-noirâtre en dessus, avec deux yeux à iris fauve sur chacune d'elles : les supérieures avec la côte et des raies transverses au sommet blanches : celles-ci un peu concaves, les inférieures arrondies.

49. Vanesse Calybé.

Ailes dentelées, d'un brun-obscur en dessus : les quatre ayant chacune deux yeux sur une bande fauve, contractée intérieurement dans son milieu : le dessous des inférieures gris, avec des ondes et quelques points noirâtres : celles-ci arrondies, les supérieures un peu concaves.

50. Vanesse Clélie.

Ailes dentelées, noires en dessus : les supérieures ayant vis-à-vis du sommet une bande interrompue et deux taches blanches; les inférieures avec une tache discoïdale d'un bleu-barbeau : celles-ci arrondies, celles-là un peu concaves.

51. Vanesse Ænone.

Ailes dentelées, d'un jaune-fauve en dessus, avec tous les bords noirs : les inférieures largement noires à la base, avec une tache d'un bleu-barbeau : celles-ci arrondies, celles-là un peu concaves.

52. Vanesse Hierta.

Ailes dentelées, d'un jaune-fauve en dessus, avec la bordure d'un brun-noirâtre : les quatre ayant chacune deux yeux; les inférieures noirâtres et sans tache à la base : celles-ci arrondies, les supérieures un peu concaves.

53. Vanesse Larinia.

Ailes dentées, d'un brun-obscur en dessus, ayant chacune deux yeux à iris d'un gris-jaunâtre et précédés en dehors d'une ligne rousse, transversale : les supérieures un peu concaves, les inférieures arrondies.

54. Vanesse Atalante.

Ailes un peu dentées, noires en dessus, avec une bande transverse couleur de feu : celle des supérieures discoïdale, courbe, interrompue dans son milieu; celle des inférieures marginale : celles-ci arrondies, celles-là un peu concaves.

VANESSE. (Insecte.)

55. VANESSE Vulcania.

Ailes un peu dentées, d'un brun-noirâtre en dessus, avec une bande transverse couleur de feu : celle des supérieures discoïdale, anguleuse en dehors, marquée de trois taches noires en dedans; celle des inférieures marginale : celles-ci arrondies, celles-là un peu concaves.

56. VANESSE Gonérilla.

Ailes dentelées, noires en dessus, avec une bande ferrugineuse, transverse : celle des supérieures discoïdale et sinuée, celle des inférieures presque marginale et offrant une rangée de quatre yeux : celles-ci arrondies, celles-là un peu concaves.

57. VANESSE Itéa.

Ailes dentelées, noires en dessus, avec la base des supérieures et le milieu des inférieures ferrugineux : celles-ci arrondies, offrant une suite de quatre yeux; celles-là un peu concaves, ayant sur le disque une bande d'un jaune d'ocre, transverse et dilatée dans son milieu.

58. VANESSE Astérie.

Ailes un peu dentées, fauves : les quatre ayant de part et d'autre deux yeux dont un plus petit : dessous des inférieures avec deux bandes transverses et trois yeux : celles-ci arrondies, celles-là à peine concaves.

59. VANESSE Laomédia.

Ailes dentées, cendrées, avec des lignes noirâtres, transverses, ondulées et une rangée postérieure d'yeux (quelques-uns sans prunelle) : ceux des supérieures au nombre de six, ceux des inférieures au nombre de cinq : celles-ci arrondies, celles-là un peu prolongées vers le sommet.

60. VANESSE Octavie.

Ailes dentées, fauves en dessus, ayant de part et d'autre la base, le limbe postérieur et une ligne ponctuée, intermédiaire, noirs : le dessous des quatre plus pâle et luisant, avec des taches jaunâtres à la base, et un double rang de lunules blanches sur le bord : les supérieures un peu prolongées au sommet, les inférieures arrondies.

61. VANESSE Cloantha.

Ailes dentées, fauves en dessus, avec la base obscure et une rangée postérieure de points violets : les supérieures ayant sous la côte trois raies noires transverses : celles-ci un peu prolongées au sommet, celles-là arrondies.

62. VANESSE du Chardon.

Ailes dentées, fauves et variées de noir en dessus : les supérieures un peu prolongées et tachetées de blanc au sommet : les inférieures presqu'arrondies, ayant le dessous marbré, avec une rangée de quatre yeux vers le bout.

63. VANESSE Huntéra.

Ailes dentées, d'un fauve-briqueté et variées de noir en dessus : les supérieures prolongées et tachetées de blanc au sommet : les inférieures presqu'arrondies, ayant en dessous des réseaux vers la base, et deux yeux vers le bout.

64. VANESSE Callithéa.

Ailes arrondies, entières, veloutées, d'un bleu-brillant en dessus, avec le milieu d'un noir-foncé : dessous des inférieures d'un vert-doré, avec un grand nombre de points noirs, alignés, et la base orangée.

1. Vanesse Arſinoé.

Vanessa Arſinoe.

Van. alis dentatis, fulvis, lineis marginalibus undulatis diſcoidalique nigris : anticis ſubfalcatis, poſticis extùs ſubcaudatis ; his utrinquè ad extimum ocellis duobus.

Papilio N. Arſinoé, *alis dentato-caudatis, fulvis, nigro maculatis : poſticis ocellis utrinquè duobus.* Fab. *Entom. Syſt. em. tom.* 3. *pars* 1. *p.* 74. *n°.* 233.

Papilio Arſinoe. Cram. *Pap.* 14. *pl.* 160. *fig.* A. B.

Seba, *Muſ.* 4. *tab.* 19. *fig.* 7. 8.

Elle a entre trois & quatre pouces d'envergure. Ses ailes ſont fauves en deſſus, avec le bord poſtérieur légèrement noir & précédé intérieurement d'une double ligne ondée de cette couleur ; ce bord eſt denté, un peu prolongé en queue aux ſecondes ailes, un peu concave aux premières : celles-ci ont entre le milieu & la double ligne ondée une férie tranſverſe de points noirs ; celles-là ont deux taches oculaires, également noires, dont une vers le ſommet, l'autre vers l'angle anal ; indépendamment de cela chaque aile a ſur le milieu une ligne noirâtre, ondulée, allant de la côte au bord interne. Le deſſous diffère du deſſus en ce qu'il eſt un peu rembruni ou rougeâtre ; en ce que l'extrémité des ſecondes ailes eſt légèrement glacée de violet ; en ce que leurs deux taches oculaires ont le milieu bleuâtre ; en ce que les ſupérieures ont, vis-à-vis du ſommet, une tache blanche, ſurmontant un petit œil peu diſtinct, & en ce qu'elles ſont dépourvues de la rangée de points noirs dont nous avons parlé. Le corps eſt fauve en deſſus, avec le corſelet un peu verdâtre ; jaunâtre en deſſous ; les antennes ſont noirâtres, avec le bout de la maſſue ferrugineux ; les palpes ſont rougeâtres.

La femelle reſſemble au mâle ; mais elle a le milieu des taches oculaires bleuâtre de part & d'autre, ainſi que l'angle de l'anus.

Des îles de Java & d'Amboine.

2. Vanesse Julienne.

Vanessa Juliana.

Van. alis dentatis, ſuprà fuſcis, ad extimum faſciâ vireſcenti-albâ, anticarum maculari, poſticarum ocellis duobus utrinquè notatâ : his extùs ſubcaudatis, illis ſubfalcatis.

Papilio N. Juliana, *alis dentatis, fuſcis, albo maculatis : poſticis utrinquè ocellis duobus.* Fab. *Ent. Syſt. em. tom.* 3. *pars* 1. *p.* 108. *n°.* 322.

Papilio Juliana. Cram. *Pap.* 24. *pl.* 280. *fig.* A. B.

Papilio Juliana. Herbst, *Pap. tab.* 220. *fig.* 1. 2.

Elle a le port & la taille de l'*Arſinoé.* Le deſſus de ſes ailes eſt d'un brun-obſcur, avec une bande d'un blanc-verdâtre, tranſverſe, large, placée entre le milieu & le limbe poſtérieur. La bande des premières eſt compoſée d'un double rang de taches, dont les intérieures plus petites & en croiſſans, les extérieures ovales & chargées chacune d'un gros point noir. La bande des ſecondes ailes eſt continue, précédée en dehors d'un cordon de lunules de ſa couleur, & l'on y voit deux taches oculaires noires, ayant la prunelle bleuâtre & l'iris jaune ; ces taches ſont diſpoſées abſolument de la même manière que dans l'eſpèce précédente. Le deſſous ne diffère du deſſus que parce qu'il eſt plus pâle, & parce que la bande des ailes ſupérieures eſt entière comme celle des inférieures.

Elle ſe trouve dans l'île d'Amboine.

N. B. L'individu figuré par Cramer, & celui d'après lequel nous avons fait cette deſcription paroiſſent être des femelles ; ainſi nous ne pouvons dire ſi le mâle offre quelques différences.

3. Vanesse du Médicinier.

Vanessa Jatrophœ.

Van. alis dentatis, pallidis, lineis fuſcis, tranſverſis, undulatis : anticis ad extimum ocello unico, poſticis duobus ; his extùs ſubcaudatis, illis ſubfalcatis.

Papilio N. Jatrophæ, *alis angulatis, pallidis, lineis undulatis : primoribus punćto unico, poſticis duobus.* Linn. *Syſt. Nat.* 2. *p.* 779. *n°.* 172. — *Muſ. Lud. Ulr. p.* 289. — *Amœn. Acad.* 6. *p.* 408. *n°.* 73.

Papilio N. Jatrophæ, *alis angulatis, pallidis, ſtrigis undatis fuſcis : anticis ocello unico, poſticis duobus.* Fab. *Syſt. Entom. p.* 493. *n°.* 218. — *Spec. Inſ. tom.* 2. *p.* 75. *n°.* 332. — *Mant. Inſ. tom.* 2. *p.* 37. *n°.* 389. — *Entom. Syſt. em. tom.* 3. *pars* 1. *p.* 98. *n°.* 301.

Gronow. *Zooph. p.* 197. *n°.* 790.

Merian, *Surin. Inſ. tab.* 4.

Papilio Jatrophœ. Cram. *Pap.* 17. *pl.* 202. *fig.* E. F.

Papilio Jatrophœ. Herbst, *Pap. tab.* 172. *fig.* 5. 6.

Elle a le port des précédentes, mais elle n'a tout au plus que deux pouces & demi d'envergure. Le deſſus de ſes ailes eſt d'une teinte plus ou moins livide, avec des lignes brunâtres, tranſverſes, ondulées, & trois taches noires, oculaires, dont une vers l'angle interne des premières ailes, les deux autres diſpoſées ſur les ſecondes de la même manière que dans l'*Arſinoé.* Certains individus ont l'extrémité des ailes rouſſâtre, en forte que la ligne qui la diviſe forme parallèlement au bord une double rangée de lunules de cette couleur. Le dessous ne diffère du dessus que parce qu'il est encore plus pâle & parce que les taches oculaires ont une petite prunelle bleuâtre. Les antennes sont noires, avec le bout de la massue ferrugineux; le corps est obscur en dessus, blanchâtre en dessous.

Très-commune au Brésil & à la Guyane sur le *Médicinier* (*Jatropha*).

4. VANESSE Amathéa.

VANESSA Amathea.

Van. alis dentatis, suprà fuscis, disco fasciâ communi sanguineâ, bifidâ, ad extimum albo maculatis : posticis extùs subcaudatis.

Papilio N. Amathea, *alis angulato-dentatis, suprà fuscis, albo punctatis, fasciâ rubrâ lineâ undatâ nigrâ.* LINN. *Syst. Nat.* 2. *p.* 779. *n°.* 174.

Papilio N. Amathea. FAB. *Syst. Ent. p.* 507. *n°.* 271. — *Spec. Ins. tom.* 2. *p.* 95. *n°.* 416. — *Mant. Ins. tom.* 2. *p.* 51. *n°.* 503. — *Ent. Syst. em. tom.* 3. *pars* 1. *p.* 128. *n°.* 392.

CLERK, *Icon. tab.* 40. *fig.* 3.

Papilio Amalthea. CRAM. *Pap.* 18. *pl.* 209. *fig.* A. B.

Elle a le port & presque la taille de la précédente. Le dessus des ailes est d'un brun-noirâtre, avec une bande d'un rouge-sanguin, transverse, discoïdale, large, bifide à chaque bout, n'atteignant point l'extrémité des secondes ailes. Cette bande est précédée extérieurement sur les premières d'une bande blanche, transverse, moins large, & composée de cinq taches contiguës; il y a en outre près du bord postérieur de chaque aile une ligne de points blancs, plus ou moins prononcés, & les échancrures sont de cette couleur. Le dessous offre les mêmes caractères que le dessus, mais le fond & la bande rouge sont beaucoup plus pâles. Le dessus du corps & les antennes sont d'un noir-obscur; celles-ci ont le bout de la massue roussâtre.

Du Brésil & de la Guyane.

5. VANESSE Hyppocla.

VANESSA Hyppocla.

Van. alis anticis subfalcatis, posticis extùs subcaudatis : omnibus suprà nigro fulvoque fasciatis : subtùs variegatis.

Papilio Hippoclus. CRAM. *Pap. pl.* 220. *fig.* C. D.

Papilio Lucina. CRAM. *Pap. pl.* 366. *fig.* E. F.

Les Papillons *Hippoclus* & *Lucina* de Cramer ne forment bien certainement qu'une même espèce, dont le premier paroît être le mâle & le second la femelle.

Son port est le même que celui de la précédente, mais elle est tantôt de la même taille, tantôt plus petite d'un demi-pouce. Le dessus des ailes est noir, avec des bandes fauves. Les supérieures en ont deux, dont une, lancéolée, s'étendant longitudinalement de la base au-delà du disque; l'autre, plus courte & souvent interrompue, disposée transversalement & obliquement près du bout de la précédente. Les secondes ailes en ont deux, transverses, dont l'antérieure se prolongeant sur les autres ailes; l'extérieure précédée en dehors d'une ligne marginale également fauve. Le dessous est entièrement d'un fauve-jaunâtre, avec des lignes brunes, transverses & ondulées, dont une, plus large & plus distincte, marquée sur les ailes supérieures de deux points d'un blanc-violâtre plus ou moins vif : les secondes ailes ont quatre ou cinq taches de cette nuance, alignées transversalement vers le bord interne, entre le milieu & le bord postérieur; celui-ci offre en outre, à l'origine de la petite queue, une lunule d'un cendré-bleuâtre. Le dessus du corps est fauve, avec des anneaux noirs sur l'abdomen & des poils verdâtres sur le corselet; le ventre & la poitrine sont jaunâtres; les antennes sont noires, annelées de blanc en dessous, avec l'extrémité de la massue ferrugineuse.

Elle se trouve dans les îles de Java & d'Amboine. Elle habite aussi la Chine.

Il y a, dans la collection du Muséum de Paris, une variété dont le dessous des quatre ailes, d'un blanc-luisant vers la base, d'un jaune-orangé pâle vers l'extrémité, est moucheté de noir comme la peau d'une panthère; aux taches violâtres des secondes ailes correspondent ici cinq taches d'un vert-doré, piquées de noir, bordées de jaune, en forme de coin, surmontées d'une ligne blanche, transverse & tortueuse.

Elle vient de l'île de Java.

6. VANESSE Hyglæa.

VANESSA Hyglœa.

Van. alis subrepandis : suprà anticis fulvis, posticis fuscis ; omnibus fasciis duabus flavescentibus, alterâ mediâ, alterâ marginali maculari que.

Elle a environ deux pouces & demi de largeur. Le dessus des ailes supérieures est fauve, avec la base & le sommet un peu obscurs; le dessus des inférieures est d'un brun-noirâtre : celles-ci & celles-là ont chacune deux bandes d'un jaune d'ocre pâle; l'une, large & continue, traversant entièrement le milieu; l'autre, maculaire & plus étroite, longeant le bord postérieur. Le dessous des quatre ailes a la moitié antérieure & le bout d'un grisâtre; le milieu traversé par une bande brunâtre, bordée en dedans par une ligne droite plus foncée, & sinuée en dehors; il y a en outre, parallèlement au bord, une ligne en feston d'une teinte également brunâtre.

Du voyage du capitaine Baudin.

N. B. Les espèces, recueillies durant l'expédition, venant de la Nouvelle-Hollande, de Timor, de l'Isle-de-France, du cap de Bonne-Espérance, &c., nous ne pouvons indiquer précisément leur *habitat*, parce qu'on n'a pas eu soin de les séparer.

7. VANESSE Lytréa.

VANESSA Lytrea.

Van. alis dentatis, concoloribus, fuscis : omnibus fasciâ albâ, mediâ, ad marginem internum ocello terminatâ : posticis extùs subcaudatis.

Elle est à peu près de la taille de la précédente. Le dessus des quatre ailes est d'un brun-noirâtre plus ou moins intense, avec une bande blanche, transverse, discoïdale, un peu courbe en arrière, & terminée au bord interne de chacune par un œil fauve, à prunelle noire : entre cette bande & le bord postérieur il y a une ligne noire, arquée, suivie de six ou sept lunules fauves, alignées transversalement; la base est en outre coupée par plusieurs petits traits noirs, disposés dans le même sens. Le dessous ne diffère du dessus que parce qu'il est un peu plus pâle, & parce que la bande blanche des secondes ailes atteint les deux bords. Le corps est de la couleur des ailes; les antennes sont noires.

De l'expédition du capitaine Baudin.

8. VANESSE Aglatonice.

VANESSA Aglatonice.

Van. alis subdentatis, suprà margaritaceis extimùmque versùs nigro punctatis : anticis falcatis; posticis extùs caudatis ocelloque ad angulum ani notatis.

Elle a environ trois pouces & demi d'envergure. Ses ailes sont légèrement dentées, couleur de nacre de perle en dessus, avec des points noirs dont les extérieurs plus petits & formant une rangée parallèle au bord postérieur; les autres plus gros, alignés transversalement au nombre de trois vis-à-vis du sommet des secondes ailes, & au nombre de deux vers l'angle interne des premières. Celles-ci ont le bord postérieur noir & très-concave; celles-là sont terminées par une queue obtuse, de médiocre longueur, & il y a vers leur angle anal une tache oculaire ayant la moitié antérieure fauve, l'autre moitié noire, avec la prunelle bleue, l'iris jaune & entouré d'un anneau noir. Le dessous des quatre ailes diffère du dessus en ce qu'il est moins brillant, piqué de noirâtre, & traversé dans son milieu par une ligne noire, un peu sinuée; en ce que celui des supérieures a trois taches oculaires semblables à celles dont nous avons parlé, mais plus petites, & celui des inférieures deux. Le corps est grisâtre en dessous, noirâtre en dessus; cette dernière couleur est aussi celle des antennes; les pattes & la surface inférieure des palpes sont blanches.

De l'expédition du capitaine Baudin.

9. VANESSE Sabine.

VANESSA Sabina.

Van. alis dentatis, suprà fuscis, fasciâ communi fulvâ, mediâ : subtùs griseis, fasciâ pallidiore strigâque posticâ punctorum ocellatorum; anticis falcatis, posticis extùs subcaudatis.

Papilio N. Sabinus, *alis caudatis, fuscis, fasciâ fulvâ : subtùs griseis fasciâ albâ punctisque ocellaribus.* FAB. *Entom. Syst. em. tom.* 3. *pars* 1. *p.* 68. *n°.* 211.

Papilio Sabina. CRAM. *Pap.* 25. *pl.* 289. *fig.* A. B. C. D.

Papilio Sabina. HERBST, *Pap. tab.* 170. *fig.* 1-4.

Elle a le port & approchant la taille de la précédente, mais la queue des secondes ailes est plus courte. Le dessus des unes & des autres est d'un brun-noirâtre, avec une bande d'un fauve-jaunâtre, large, foiblement sinuée, partant du milieu de la côte des supérieures & expirant à l'angle anal des inférieures. La femelle a en outre, parallèlement au bord postérieur de chaque aile, une double rangée de lunules blanchâtres, obscures : dans le mâle il y a seulement deux taches fauves, placées vis-à-vis du sommet des ailes de devant. Le dessous est d'un gris-cendré, avec une bande plus pâle, correspondante à celle de la surface opposée, & une ligne transverse & postérieure de points noirs, bordés de jaunâtre. Le corps est de part & d'autre de la même couleur que les ailes; les antennes sont noirâtres, avec la sommité de la massue fauve.

Des îles de Java & d'Amboine.

10. VANESSE Epaphéa.

VANESSA Epaphea.

Van. alis dentatis : anticis subfalcatis, posticis extùs caudatis; his penitùs, illis ad basin suprà nigricantibus, fasciâ albâ, paginis inferis communi : anticarum dimidio supero & extimo dilutè flavescenti-ruso.

Vanesse Epaphus. *Recueil d'observ. de Zool. & d'Anat. comp., par Alex. de* HUMBOLDT & A. BONPLAND, *vol.* 2. *p.* 74. *pl.* 35. *fig.* 3. 4.

Elle a environ deux pouces & demi d'envergure. Les premières ailes sont un peu concaves; les secondes dentées & terminées extérieurement par une petite queue. Le dessus de ces dernières tout entier & la moitié antérieure de celui des supérieures sont noirâtres : du milieu de la côte de celles-ci part une bande blanche qui descend en ligne droite jusqu'au milieu du bord terminal des inférieures, où elle se rétrécit : derrière cette bande les ailes supérieures sont d'un fauve-jaunâtre clair jusqu'au bout; les inférieures ont près de l'angle de l'anus une petite tache blanche, coupée en deux. Le dessous des quatre ailes est d'un brun-fauve tirant sur le marron, plus foncé vers la base, & traversé au milieu par la bande blanche dont nous avons parlé; près du côté interne de cette même bande les ailes supérieures ont une petite ligne blanche, bordée de noir, & les inférieures une ligne parallèle rougeâtre que précède intérieurement une raie blanche, assez large, commençant au milieu du bord d'en haut, disparoissant ensuite jusqu'au niveau du disque, puis se dirigeant obliquement vers l'extrémité du bord abdominal où elle finit; cette raie & la bande blanche semblent se réunir par le moyen d'une petite ligne également blanche, bordée de noir & interrompue; le bord postérieur des mêmes ailes a une teinte rougeâtre. Le corps & les antennes sont noirâtres.

De l'Amérique méridionale.

11. Vanesse Corinne.

Vanessa Corinna.

Van. alis posticis ad angulum ani bicaudato-productis : omnibus suprà fuscis, anticis fasciâ lutescente, posticis maculâ discoiduli cyaneâ : subtùs dilutè fulvo-griseis, strigis pallido-fulvis & albis.

Vanesse Corinne. *Recueil d'obs. de Zool. & d'Anat. comp., par Alex.* de Humboldt & A. Bonpland, *vol.* 2. *p.* 84. *pl.* 36. *fig.* 5. 6.

Elle a le port & la taille de la précédente. Ses ailes sont presqu'entières ou à peine dentées. Les supérieures forment à peu près un triangle rectangle; les inférieures sont terminées vers l'angle de l'anus par deux queues dont l'extérieure une fois plus longue que l'autre & divergente. Le dessus des quatre est d'un brun-noirâtre : celui des supérieures offre une bande d'un jaune un peu fauve, droite, d'une largeur uniforme, allant de la côte à l'angle interne où elle finit; cette bande est marquée dans le sens de sa longeur d'une ligne de trois points noirs, & elle est précédée intérieurement de deux raies également noires & parallèles qui se prolongent jusqu'auprès du disque des secondes ailes. Le milieu de celles-ci est occupé par une tache d'un bleu-violet & très-étendue; près de la continuation des deux raies noires, mentionnées ci-dessus, on voit, en dehors, une autre raie plus large & formée par une teinte d'un blanc plus clair que le fond; la marge du bord postérieur est coupée longitudinalement & alternativement par cinq lignes ondulées, dont deux noirâtres & trois jaunâtres; les dernières deviennent grisâtres vers l'angle anal; la supérieure des deux lignes noires se divise, au-dessus des queues, en trois taches noires, lunulées, surmontant chacune une lunule grisâtre; celles-ci sont aussi formées par des parties détachées de la seconde ligne jaunâtre; il en est de même de la première ligne de cette couleur; elle se partage également en de petits traits arqués, au-dessus des taches noires; le bord postérieur du prolongement de l'aile présente en outre une ligne noire & une ligne terminale roussâtre; les queues, l'intérieure surtout, sont de cette couleur. Le dessous des quatre ailes est d'un gris-fauve & très-clair, avec des raies transverses, les unes d'un fauve très-pâle, les autres blanches; celles-ci sont au nombre de quatre, dont la plus voisine du bord postérieur maculaire; les trois lunules noires de la surface opposée sont ici plus petites & recouvrent pareillement autant de taches blanches en croissant; au bas des deux extérieures est une petite ligne blanche & transverse; on remarque à l'origine de la queue intérieure un point noir; & il y a tout le long du bord postérieur de ces ailes une ligne roussâtre, très-pâle, peu distincte & interrompue.

De l'Amérique méridionale.

12. Vanesse Dioné.

Vanessa Dione.

Van. alis anticis falcatis, posticis extùs caudatis : omnibus suprà fusco-brunneis, strigis obscurioribus : infrà subnuceis, punctis, maculis lineolisque brunneis, strigâque fuscâ, punctis cœrulescentibus notatâ.

Vanesse Dioné. *Recueil d'observ. de Zool. & d'Anat. comp., par Alex.* de Humboldt & A. Bonpland, *vol.* 2. *p.* 87. *pl.* 37. *fig.* 1. 2.

Elle est presque de la taille des deux précédentes. Ses ailes supérieures ont le sommet avancé & largement tronqué, ce qui fait que le bord terminal est concave. Les inférieures sont entières, alongées, & finissent vers l'angle anal par une queue assez longue, se rétrécissant peu à peu jusqu'au bout. Le dessus des unes & des autres est d'un brun-noirâtre, ou presque couleur de terre d'ombre, avec des raies transverses plus foncées : ces raies sont au nombre de quatre à cinq sur les ailes supérieures; les premières, à prendre du haut de l'aile, sont plus apparentes; celles qui avoisinent la base sont courtes, mais la plus extérieure d'entr'elles se prolonge sur les secondes ailes & se termine à leur bord interne, après avoir décrit un coude sur leur milieu; le limbe postérieur de ces mêmes ailes offre deux autres raies noirâtres, interrompues & marquées de quelques points bleuâtres; l'espace compris entre ces raies & la base n'est point tacheté. Le dessous des quatre ailes est couleur de noix, & mêlé d'une teinte olivâtre : celui des supérieures a, depuis la base jusqu'au milieu, trois à quatre taches alongées, en forme de bandes & d'un brun-rougeâtre; la côte est pareillement d'un brun-rougeâtre, avec quelques petites taches blanchâtres : le dessous des ailes inférieures a, près de son origine, de petites taches rondes, évidées, d'un brun-ferrugineux; &, au milieu, une ligne de cette couleur, interrompue, coudée inférieurement, transversale, commençant aux ailes supérieures & répondant à la plus longue de celles que nous y avons remarquées; cette ligne est accompagnée en dehors d'une raie noirâtre, droite, descendant jusqu'à la naissance de la queue, & entrecoupée de quelques points bleuâtres; on distingue en outre, près de l'angle de l'anus, un ou deux autres petits points colorés de même & entourés d'un cercle brun.

De l'Amérique méridionale.

13. Vanesse Zabuline.

Vanessa Zabulina.

Van. alis dentatis : anticis falcatis, suprà nigris, ad basin fasciis duabus fulvis, transversis, ad apicem maculis albis; posticis extùs caudatis, fulvis, extimo nigro lunularum serie triplici.

Elle a entre un pouce & demi & deux pouces d'envergure. Le dessus des premières ailes est noir, avec deux bandes fauves, transverses & obliques, dont l'extérieure un peu courbe & légèrement interrompue par la principale nervure; la base est d'un brun-obscur, & le sommet a trois taches blanches, dont l'intérieure plus longue & appuyée transversalement sur la côte. Le dessus des secondes ailes est fauve, avec une bande noire, terminale, large, divisée intérieurement par deux rangées de lunules fauves, & extérieurement par une suite de trois lunules grisâtres, placées entre l'angle anal & la queue; celle-ci a le bout blanchâtre, & ses côtés sont bordés par une ligne fauve qui couvre, de droite & de gauche, toutes les échancrures du bord. Le dessous des ailes supérieures offre le même dessin que le dessus, mais il est généralement plus pâle; le sommet est d'une teinte grisâtre, & il y a vis-à-vis de la concavité du bord une ligne bleuâtre, doublée de blanc en dehors. Le dessous des ailes inférieures est d'un gris-brun, plus foncé vers la base où il y a de légères marbrures blanches, plus foncé également sur le milieu & coupé parallèlement au bord de derrière par deux rangs de taches bleuâtres, dont les intérieures en forme de points, les extérieures en forme de lunules. Le corps est brun en dessus, grisâtre en dessous; les antennes sont noires, avec le bout de la massue roussâtre.

Elle est du Brésil.

14. Vanesse Démonica.

Vanessa Demonica.

Van. alis dentatis, suprà fulvis, basi extimoque fuscis : anticis apice strigâ punctorum alborum; posticis maculâ discoidali oblongâ ocellisque duobus analibus nigris : his extùs caudatis, illis falcatis.

Elle a le port de la précédente, mais elle est un peu plus grande. Le dessus des premières ailes est d'un brun-noirâtre, avec une bande fauve, discoïdale, large, courbe en dehors, s'étendant de la côte au bord interne; il y a en outre vis-à-vis du sommet une ligne transverse & arquée de quatre ou cinq points blancs. Le dessus des secondes ailes est fauve, avec la base obscure, & une tache noire, peu foncée, oblongue, disposée obliquement près du disque; l'extrémité est bordée par une bande pareillement noire, sinuée en dedans, divisée en dehors, entre l'angle externe & la queue, par une double ligne fauve, &, entre la queue & l'angle de l'anus, par une suite de trois lunules pâles, surmontées chacune d'une tache oculaire peu prononcée; les dents placées au bas de ces lunules sont plus longues que les autres, surtout les deux intérieures. Le dessous des quatre ailes est également marbré de brun & de jaunâtre, & marqué à la base de deux ou trois taches noires, inégales; à la bande fauve du dessus des supérieures correspond ici une bande jaune, très-pâle, & le long du bord des unes & des autres règne une ligne en feston d'un blanc-purpurin, au-dessus de laquelle on voit aux inférieures les trois taches oculaires dont nous avons parlé. Le corps est grisâtre en dessous, d'un brun-obscur en dessus; les antennes sont noires, avec le bout de la massue un peu roussâtre.

Nous la soupçonnons d'Amérique.

15. Vanesse P. d'interrogation.

Vanessa P. interrogationis.

Van. alis anticis falcatis, suprà fulvis, nigro maculatis; posticis extùs subcaudatis, cœrulescenti-nigris, basi ferrugineâ : his subtùs? argenteo notatis.

Papilio N. C-aureum, *alis dentato-caudatis, fulvis, nigro maculatis : posticis subtùs C-aureo notatis.* Fab. *Syst. Entom. p.* 506. *n°.* 266. — *Spec. Insect. tom.* 2. *p.* 94. *n°.* 410. — *Mant. Ins. tom.* 2. *p.* 50. *n°.* 495. — *Ent. Syst. em. tom.* 3. *pars* 1. *p.* 78. *n°.* 243. (Le mâle.)

Papilio N. interrogationis, *alis caudatis, fulvis, nigro maculatis : subtùs glaucis, C-aureo notatis.* Fab. *Ent. Syst. em. tom.* 5. *Suppl. p.* 224. *n°.* 243-4. (La femelle.)

Papilio C-aureum. Cram. *Pap.* 2. *pl.* 19. *fig.* E. F.

Papilio C-aureum. HERBST, *Pap. tab.* 162. *fig.* 1. 2.

Papilio C-aureum. SMITH-ABBOT, *The Nat. Hist. of the rarer Lepid. Inf. of Georgia, vol.* 1. *p.* 21. *tab.* 11.

Fabricius a pris le mâle de cette Vaneffe pour le *C-aureum* de Linnæus, & il a fait de la femelle une efpèce féparée fous le nom de *Pap. interrogationis.* — Elle a entre deux pouces & deux pouces & demi de largeur. Le deffus des premières ailes eft fauve, avec fept à huit taches noires, inégales, & le bord poftérieur d'un brun-obfcur. Le deffus des fecondes ailes eft d'un noir-bleuâtre, avec la bafe ferrugineufe. Le deffous du mâle eft d'un gris-bois, ondé & varié de brun; le deffous de la femelle eft brun & légèrement glacé de vert-blanchâtre, furtout aux fecondes ailes dont le difque offre dans l'un & l'autre fexe une tache argentée en forme de point d'interrogation ou de C interrompu. Il y a en outre, vers le bout de chaque aile, une rangée de points noirs. Le corps eft noir en deffus, avec des poils verdâtres fur le corfelet; les antennes font brunes, avec le tiers antérieur de la maffue blanchâtre & le refte noir.

La chenille, fuivant Abbot, eft noire, rayée de jaune longitudinalement, avec la tête, les épines, le bas des pattes rougeâtres. Elle vit fur le *Tilleul blanc* & fur l'*Orme* d'Amérique.

La chryfalide eft anguleufe, obfcure, avec des points dorés. Le Papillon en fort, en été, au bout de huit à dix jours. On prétend que les individus printanniers ont paffé l'hiver dans des lieux abrités.

De la Virginie & des Etats voifins.

16. VANESSE F-blanche.

VANESSA F-album.

Van. alis dentatis, suprà corticinis: anticis maculis tribus, pofticis unicâ fufcis, magnis: his extùs fubcaudatis infràque F-albo notatis; illis falcatis.

Papilio N. F-album, *alis angulato-dentatis, fulvis, fufco maculatis: pofticis fubtùs lineâ niveâ.* FAB. *Entom. Syft. em. tom.* 3. *pars* 1. *p.* 140. *n°.* 431.

Papilio F-album. ESP. *Pap. part.* 1. *tab.* 87. *cont.* 37. *fig.* 1.

HERBST, *Pap. tab.* 163. *fig.* 1. 2.

BORKH. *Pap. Eur. part.* 1. *p.* 16. *n°.* 10. — *Part.* 2. *p.* 187. *n°.* 10.

SCHNEID. *Syft. Befchr. p.* 167. *n°.* 92.

Papilio C-album. ILLIG. *nov. edit. Faun. Etr.* ROSSII, *tom.* 2. *p.* 240.

Papilio F-album. OCHSENH. *Pap. Eur. tom.* 1. *p.* 127.

Elle a le port des précédentes, mais elle n'a guère que deux pouces de largeur. Le deffus de fes ailes eft d'un fauve-pâle, avec trois grandes taches noirâtres fur le milieu des fupérieures, & une femblable fur celui des inférieures: celles-ci ont au fommet un petit trait noir; celles-là ont le bord poftérieur d'un brun-obfcur. Le deffous de ces dernières eft à peu près femblable au deffus. Le deffous des inférieures eft noirâtre vers fon origine, jaunâtre vers le bout, & marqué dans fon milieu d'une petite ligne blanche, à peu près en forme d'*f* & furchargée antérieurement d'un point nébuleux.

Elle habite les parties les plus méridionales de la Ruffie.

17. VANESSE C-blanc.

VANESSA C-album.

Van. alis dentatis, suprà fulvis aut ferrugineis, nigro maculatis: anticis falcatis, pofticis extùs fubcaudatis: his fubtùs C-albo notatis.

Papilio N. C-album, *alis angulatis, fulvis, nigro maculatis: pofticis fubtùs C-albo notatis.* LINN. *Syft. Nat.* 2. *p.* 778. *n°.* 168. — *Faun. Suec. edit.* 2. *p.* 279. *n°.* 1059.

Papilio N. C-album. FAB. *Syft. Entom. p.* 506. *n°.* 265. — *Spec. Inf. tom.* 2. *p.* 93. *n°.* 409. — *Mant. Infect. tom.* 2. *p.* 50. *n°.* 494. — *Entom. Syft. em. tom.* 3. *pars* 1. *p.* 124. *n°.* 380.

Papilio ulmariæ fimilis, fed minor, alis laciniatis, interioribus lineâ albâ incurvâ notatis. RAI, *Inf. p.* 118. *n°.* 3.

Papilio diurna, media, fecunda. MOUFF. *Inf. p.* 103. *n°.* 2. *fig.* 2.

ROBERT, *Icon. tab.* 23.

MERIAN, *Eur. tab.* 14. *fig.* 1.

ROES. *Inf. part.* 1. *tab.* 5. *claff.* 1. *Pap. diurn.*

REAUM. *Inf.* 1. *tab.* 27. *fig.* 1. (La chenille.) *Fig.* 9. 10. (Le papillon.)

DE GEER, *Mem. Inf. part.* 1. *p.* 694. *pl.* 20. *fig.* 1-10.

LEWIN. *Inf. tab.* 5. *fig.* 1-5.

FRISCH. *Befchr. d. Inf. part.* 4. *tab.* 4. *fig.* 1-6.

SCHŒFF. *Icon. tom.* 2. *tab.* 147. *fig.* 3. 4.

Papilio C-album. SCOP. *Entom. Carn. p.* 146. *n°.* 422.

Papilio C-album. HERBST, *Pap. tab.* 161. *fig.* 3-6.

Papilio C-album. Esp. *Pap. part.* 1. *tab.* 13. *fig.*3.

Papilio C-album. Esp. *Pap. part.* 1. *tab.* 59. *cont.* 9. *fig.* 3. (Var.)

Muller, *Zool. Dan. p.* 112. *n°.* 1298.

Borkh. *Pap. Eur. part.* 1. *p.* 15 & 203. *n°.* 9. — *Part.* 2. *p.* 186.

Borkh. *Rhein. Magaz. tom.* 1. *p.* 260. *n°.* 52.

Schneid. *Syſt. Beſchr. p.* 164. *n°.* 90.

Fuessl. *Suiſſ. Inſ. p.* 30. *n°.* 575.

Rossi, *Faun. Etr. tom.* 2. *p.* 152. *n°.* 1021.

Schrank, *Faun. Boïc. tom.* 2. *p.* 196. *n°.* 1336.

Lang. *Verz.* 2. *p.* 36. *n°.* 267-270.

Brahm. *Inſ. Calend. p.* 140. *n°.* 72.

Illig. N. *Auſg. Deſſ. tom.* 2. *p.* 222. *n°.* 9.

Illig. *Magaz. tom.* 3. *p.* 188.

Papilio C-album. Wien. Verz. *p.* 176. *fam.* J. *n°.* 9.

Papilio C-album. Hubner, *Papil. tab.* 19. *fig.* 92. 93.

Papilio C-album. Ochsenh. *Pap. Eur. tom.* 1. *p.* 125.

Le Gamma, ou Robert le Diable. Geoffr. *Hiſt. Inſ. tom.* 2. *p.* 38. *n°.* 5.

Le Gamma. Engram. *Pap. d'Europe, tom.* 1. *p.* 14. *pl.* 5. *fig.* a-f.

Le Gamma. Engram. *Pap. d'Europe, tom.* 1. *p.* 233. *pl.* 55. *Suppl.* 1. *fig.* 5. i. k. (Var.)

α. Le Gamma. Engram. *Pap. d'Europe, tom.* 1. *p.* 300. *pl.* 80. 2e. *Suppl. pl.* 1. *fig.* 5. l. m.

Elle a le port & approchant la taille de la précédente. Le deſſus des ailes eſt fauve ou ferrugineux, avec pluſieurs taches noires, éparſes, & le bord poſtérieur plus ou moins obſcur. Leur deſſous eſt tantôt d'un brun-noirâtre, tantôt d'un brun-jaunâtre, avec des groupes d'atômes verts ſur la moitié poſtérieure, qui, à l'exception du limbe, eſt toujours plus claire. Le deſſous des ailes inférieures a en outre, ſur le milieu, un C ou un G blanc. Ce caractère a fait donner à cette eſpèce le nom de *Gamma;* mais elle eſt encore plus connue ſous celui de *Robert le Diable*. Le corps eſt noirâtre, avec des poils verdâtres ſur le corſelet; les antennes ſont noires en deſſus, brunes & annelées de blanc en deſſous, avec l'extrémité de la maſſue jaunâtre.

La variété α a les taches noires des premières ailes un peu différentes de celles des individus ordinaires, & tout le milieu des inférieures eſt noirâtre.

La chenille eſt épineuſe, d'un brun-rougeâtre, avec une bande blanche, dorſale, ne couvrant pas les quatre anneaux antérieurs, leſquels ſont parfois d'une teinte jaunâtre. Sa tête eſt preſqu'en forme de cœur & ſurmontée de deux tubercules poilus, aſſez ſemblables à des oreilles de chat. Réaumur lui a donné le nom de *Bédaude*, probablement à cauſe de ſon habillement bigarré. Elle vit ſur l'*Orme des champs* (*Ulmus campeſtris*); ſur le *Houblon;* ſur l'*Ortie piquante* (*Urtica urens*); ſur le *Groſeiller commun* (*Ribes rubrum*); ſur le *Chèvrefeuille des buiſſons* (*Lonicera xiloſteum*), & ſur le *Noiſetier commun* (*Corylus avellana*). On ne la rencontre pas fréquemment, quoique le Papillon ſoit très-commun.

La chryſalide eſt comprimée dans ſon milieu, ordinairement incarnate, avec des points dorés. L'inſecte parfait donne aux mêmes époques que la Vaneſſe de l'*Ortie* ou *petite Tortue*, & il eſt pour le moins auſſi commun. Les individus de l'arrière-ſaiſon ſont beaucoup plus foncés que ceux du printemps.

18. Vanesse L-blanche (1).

Vanessa L-album.

Van. alis dentatis, ſuprà fulvis, limbo communi fuſco: anticis punctis plurimis, poſticis duobus, nigris: his extùs ſubcaudatis ſubtùſque L-albo notatis; illis falcatis.

Papilio N. Triangulum, *alis angulatis, fulvis, diſco nigro punctato: poſticis ſubtùs cinereis, angulo medio albo.* Fab. *Entom. Syſt. em. tom.* 3. *pars* 1. *p.* 125. *n°.* 381.

Papilio Triangulum. Ochsenh. *Pap. Eur. tom.* 1. *p.* 123.

Papilio Vau-album. Esp. *Pap. part.* 1. *tab.* 52. *cont.* 2. *fig.* 1.

Papilio J-album. Esp. *Pap. part.* 1. *tab.* 95. *cont.* 50. *fig.* 4. (Var.)

Papilio Vau-album. Borkh. *Pap. Eur. part.* 1. *p.* 17. *n°.* 13 & *p.* 204.

Papilio Vau-album. Schneid. *Syſt. Beſchr. p.* 166. *n°.* 91.

Papilio Vau-album. Herbst, *Pap. tab.* 161. *fig.* 1. 2.

Papilio Egea. Herbst, *Pap. tab.* 160. *fig.* 5. 6.

Papilio Egea. Cram. *Pap.* 7. *pl.* 78. *fig.* C. D.

Rossi, *Faun. Etr. tom.* 2. *p.* 151. *n°.* 1019.

Papilio C-album. Illig. N. *Auſg. Deſſ. tom.* 2. *p.* 222.

(1) Nous avons adopté le nom employé par Hubner, parce qu'il nous a paru plus caractériſtique que celui dont Fabricius a fait uſage.

Illig. *Magaz. tom.* 3. *p.* 196.

Papilio L-album. Hubn. *Pap. tab.* 19. *fig.* 90. 91.

Le Gamma. Engram. *Pap. d'Europe, tom.* 1. *p.* 14. *pl.* 5. *fig.* 5. g. h.

Elle a beaucoup de rapport avec la précédente, dont elle diffère en ce que les taches noires du dessus des ailes sont plus petites & en forme de points; en ce que les inférieures n'en ont ordinairement que deux vers le milieu; en ce que le dessous des quatre est finement ondé de gris & moins marqué d'atômes verdâtres à l'extrémité; enfin, en ce que le C discoïdal est remplacé par un chevron blanc, assez semblable à une L, si on le considère dans le sens de la longueur du corps.

Engramelle l'a prise pour une variété de son *gamma.*

Très-commune en Provence, aux environs de Smyrne & de Constantinople.

On la trouve aussi dans l'Amérique septentrionale; mais il paroît qu'elle y a l'extrémité des secondes ailes plus largement noirâtre en dessus.

19. Vanesse Progné.

Vanessa Progne.

Van. alis dentatis, suprà fulvis : anticis punctis plurimis, posticis duobus dimidioque apicali, nigris; his extùs subcaudatis, illis falcatis.

Papilio N. Progne, *alis dentatis, fulvis, punctis margineque albo punctato nigris : subtùs griseis.* Fab. *Gen. Ins. Mant.* 264. — *Spec. Ins. tom.* 2. *p.* 93. *n°.* 408. — *Mant. Ins. tom.* 2. *p.* 50. *n°.* 493. — *Ent. Syst. em. tom.* 3. *pars* 1. *p.* 124. *n°.* 379.

Pap. Progne. Cram. *Pap.* 1. *pl.* 5. *fig.* E. F.

Pap. Progne. Herbst, *Pap. tab.* 163. *fig.* 3. 4.

Elle a le port & la taille des trois précédentes. Le dessus de ses ailes est fauve, avec sept à huit points noirs sur les supérieures, & deux vers le milieu des inférieures; les unes & les autres ont l'extrémité noirâtre, avec une rangée marginale de points d'un blanc-jaunâtre. Leur dessous est obscur, ondé de grisâtre, & sans aucune tache sur le disque des inférieures.

De la Jamaïque & de l'Amérique septentrionale.

20. Vanesse C-doré.

Vanessa C-aureum.

Van. alis dentatis, suprà fulvis, nigro maculatis : anticis falcatis, posticis extùs subcaudatis : his infrà C-aureo notatis.

Papilio N. C-aureum, *alis angulatis, fulvis, nigro maculatis : posticis subtùs C-aureo notatis.* Linn. *Syst. Nat.* 2. *p.* 778. *n°.* 161.

Papilio Angelica. Cram. *Papil. pl.* 388. *fig.* G. H.

Papilio Angelica. Herbst, *Pap. tab.* 160. *fig.* 3. 4.

Fabricius a confondu cette espèce chinoise avec le mâle de l'espèce américaine que nous avons donnée plus haut (n°. 15) sous le nom de *Point d'interrogation.* Il eût sans doute évité cette méprise, s'il eût connu, ou plutôt mieux examiné, l'*Angelica* de Cramer.

Elle a le port & à peu près la taille de la *Polychlore*, à laquelle elle ressemble beaucoup en dessus. Le dessous de ses ailes est obscur vers la base, jaunâtre vers l'extrémité, avec un C-doré, ou plutôt argenté, sur le disque des inférieures.

N. B. Le dessus des femelles, ou du moins de la plupart d'entr'elles, offre, entre le milieu & le bord postérieur, cinq taches bleuâtres, dont trois sur les ailes de devant & deux sur celles de derrière.

21. Vanesse Polychlore.

Vanessa Polychloros.

Van. alis dentatis, suprà fulvis, limbo communi nigro lunularum cœrulescentium serie : anticis punctis quatuor mediis, posticis maculâ costali, nigris : his extùs subcaudatis, illis falcatis.

Papilio N. Polychloros, *alis angulatis, fulvis, nigro maculatis : primoribus suprà punctis quatuor nigris.* Linn. *Syst. Nat* 2. *p.* 777. *n°.* 166. — *Faun. Suec. edit.* 2. *p.* 278. *n°.* 1057.

Papilio N. Polychloros. Fab. *Syst. Entom. p.* 505. *n°.* 262. — *Spec. Insect. tom.* 2. *p.* 92. *n°.* 404. — *Mant. Ins. tom.* 2. *p.* 49. *n°.* 488. — *Entom. Syst. em. tom.* 3. *pars* 1. *pag.* 121. *n°.* 372.

Papilio urticariam referens major, alis amplioribus, quam ulmariam vocitare soliti sumus. Rai, *Ins.* 118. *n°.* 2. (Le Papillon.)

Eruca mediæ magnitudinis, corpore è cinereo nigricante, spinulis raris in quolibet annulo ramosis fulvis. Rai, *Ins.* 306. *n°.* 14. (La chenille.)

Papilio Testudinarius major. Petiv. *Mus.* 34. *n°.* 315.

Albin, *Ins.* 55.

Reaumur, *Ins.* 1. *tab.* 23. *fig.* 1. 2.

Frisch, *Beschr. tab.* 3. *fig.* 1-5.

Roes. *Ins. tom.* 1. *tab.* 2. *class.* 1. *Pap. diurn.*

Merian, *Eur. Ins.* 2. *tab.* 2.

Jac. l'Amir. *Inf. tab.* 15.

Papilio Polychloros. Schœff. *Icon. tab.* 146. *fig.* 1. 2.

Sepp. *Need. Inf. tom.* 1. *tab.* 8. *fig.* 1-7.

Papilio Polychloros. Esp. *Pap. part.* 1. *tab.* 13. *fig.* 1.

α. *Papilio Teftudo.* Esp. *Pap. part.* 1. *tab.* 73. *cont.* 23. *fig.* 1. 2. (Var.)

Papilio Polychloros. Cram. *Pap.* 33. *p.* 205. *pl.* 389. *fig.* C. D. (*Teftudo* d'Efper.)

Papilio Polychloros. Herbst, *Pap. tab.* 163. *fig.* 5. 6.

Papilio Teftudo. Herbst, *Pap. tab.* 164. *fig.* 1. 2. (Var.)

Papilio Polychloros. Borkh. *Pap. Eur. part.* 1. *p.* 14 & 200. *n°.* 7.

Papilio Teftudo. Borkh. *Pap. Eur. part.* 1. *p.* 19. *n°.* 15, & *p.* 205. *n°.* 14. — *Part.* 2. *p.* 188. *n°.* 15. (Var.)

Papilio Polychloros. Borkh. *Rhein. Magaz. tom.* 1. *p.* 258. *n°.* 49.

Papilio Polychloros. Lewin, *Infect. tab.* 2. *fig.* 1-4.

Papilio Polychloros. Schneid. *Syft. Befchr. p.* 161. *n°.* 87.

Papilio Teftudo. Schneid. *Syft. Befchr. p.* 159. *n°.* 85. (Var.)

Fuessl. *Suiff. Inf. p.* 30. *n°.* 573.

Rossi, *Faun. Etr. tom.* 2. *p.* 151. *n°.* 1018.

Schrank, *Faun. Boïc. tom.* 2. *p.* 195. *n°.* 1334.

Papilio Polychloros. Bergstr. *Nomenclat. tab.* 30. *fig.* 1-5.

Muller, *Zool. Dan. p.* 112. *n°.* 1296.

Papilio Polychloros. Scop. *Ent. Carn. p.* 144. *n°.* 420.

Papilio Polychloros. Wien. Verz. *pag.* 175. *fam.* J. *n°.* 5.

Papilio Polychloros. Illig. *Magaz. tom.* 1. *p.* 450. — *Tom.* 2. *p.* 290. — *Tom.* 3. *p.* 201.

Illig. *N. Aufg. Deff. tom.* 2. *p.* 219. *n°.* 5.

Papilio Polychloros. Hubn. *Pap. tab.* 17. *fig.* 81. 82.

Papilio Polychloros. Ochsenh. *Pap. Europ. tom.* 1. *p.* 114.

La grande Tortue. Geoffr. *Hift. Inf. tom.* 2. *p.* 37. *n°.* 3.

La grande Tortue. Engram. *Pap. d'Europe, tom.* 1. *p.* 8. *pl.* 3. *fig.* 3. a-i.

β. La grande Tortue. Engram. *Pap. d'Europe, tom.* 1. *p.* 231. *pl.* 65. *Suppl.* 1. *fig.* 3. k. l. (Var.)

γ. La grande Tortue. Engram. *Pap. d'Europe, tom.* 1. *p.* 299. *pl.* 80. 2°. *Suppl. pl.* 1. *fig.* 3. m. n. (Var.)

Elle a près de deux pouces & demi de largeur. Le deffus des ailes eft d'un fauve-foncé, avec des poils verdâtres à la bafe. Les premières ont fur le milieu quatre points noirs dont les deux inférieurs plus gros, & fur la côte trois bandes également noires, tranfverfes, courtes, féparées par du jaune d'ocre. Les fecondes ailes ont fur le milieu du bord d'en haut une tache noire, affez grande & environnée de jaunâtre extérieurement. Les unes & les autres font terminées par une bande noire, dentée intérieurement, & divifée dans toute fa longueur par un double cordon de petits croiffans d'un jaune-obfcur, que furmonte immédiatement une fuite de lunules bleuâtres, plus prononcées aux ailes inférieures qu'aux fupérieures, où elles manquent même quelquefois. Le deffous des quatre eft d'un noir-obfcur depuis la bafe jufqu'au-delà du milieu, enfuite d'un gris-bois fortement ondé de brun, avec une ligne finueufe & prefque marginale d'atômes cendrés, un peu bleuâtres; il y a en outre, fur le difque des ailes inférieures, un point d'un blanc-fale. Le corps eft noirâtre, & garni en deffus de poils femblables à ceux de l'origine des ailes; les antennes font noires, avec le bout de la maffue jaunâtre.

La variété α, ou *Teftudo* d'Efper, a les taches noires du deffus des premières ailes très-grandes & en forme de bandes longitudinales. Nous l'avons obtenue plufieurs fois en élevant un grand nombre de chenilles.

La variété β eft d'un fauve plus brun que les individus ordinaires, & elle s'en diftingue en ce qu'elle n'a aucune lunule fur la bordure; en ce que fes premières ailes n'offrent que deux taches noires, mais très-grandes; en ce que le deffous des quatre eft tacheté de gris à la bafe.

La variété γ reffemble prefqu'à la précédente par le deffus des ailes fupérieures. Le deffus des inférieures eft entièrement noirâtre, avec une rangée marginale de taches fauves, un peu lunulées & affez grandes.

La chenille eft bleuâtre ou brunâtre, avec une ligne latérale orangée; fes épines font un peu branchues & jaunâtres. Dans le premier âge elle vit en famille fous un abri foyeux qu'elle fe file; mais elle fe difperfe après la première mue. Elle vit fur le *Saule*, fur l'*Orme*, fur quelques arbres fruitiers & particulièrement fur le *Cerifier*. Elle eft auffi fujette à être piquée par plufieurs mouches.

La chryfalide eft d'une teinte incarnate, avec des taches dorées près du col.

Ce Papillon eft commun dans toute l'Europe.

Il paroît au printemps, en juillet, & souvent plus tard.

N. B. M. de Serville a reçu récemment d'Allemagne un individu dont on fait une espèce nouvelle sous le nom de *Punctum album*; mais il paroît que ce n'est qu'une variété de la *Polychlore*.

22. Vanesse V-blanc.

Vanessa V-album.

Van. alis dentatis, suprà fulvis, limbo communi fusco : anticis punctis quatuor, posticis unico, nigris, singularumque maculâ costali albâ : anticis falcatis; posticis extùs subcaudatis infràque V-albo notatis.

Papilio N. V-album, *alis angulatis, fulvis, nigro maculatis : omnibus suprà maculâ albâ : posticis subtùs lunulâ albâ.* Fab. *Mant. Inf. tom.* 2. *p.* 50. *n°.* 489. — *Ent. Syst. em. tom.* 3. *pars* 1. *p.* 122. *n°.* 373.

Papilio Vau-album. Wien. Verz. *pag.* 176. *fam.* J. *n°.* 7.

Papilio Vau-album. Lang. *Verz.* 2. *p.* 35. *n°.* 262-264.

Papilio V-album. Hubn. *Pap. tab.* 17. *fig.* 83. 84.

Papilio V-album. Ochsenh. *Pap. Eur. tom.* 1. *p.* 112.

Illig. *Magaz. tom.* 3. *p.* 206.

Illig. *N. Ausg. Dess. tom.* 2. *p.* 221. *n°.* 7.

Papilio Vau-album. Borkh. *Rhein. Magaz. tom.* 1. *p.* 260. *n°.* 51.

Papilio L-album. Borkh. *Pap. Eur. part.* 1. *p.* 17 & 204. *n°.* 11. — *Part.* 2. *p.* 188.

Papilio L-album. Esp. *Pap. part.* 1. *tab.* 62. *cont.* 12. *fig.* 3. a. b.

Papilio L-album. Herbst, *Pap. tab.* 162. *fig.* 3-6.

Papilio L-album. Schneid. *Syst. pag.* 163. *n°.* 89.

Papilio Polychloros. Cram. *Pap.* 28. *pl.* 330. *fig.* C. D.

Le V-blanc. Engram. *Pap. d'Europe, tom.* 1. *p.* 233. *pl.* 56. *Suppl.* 2. *fig.* 5. a-d. *bis.*

Elle diffère essentiellement de la précédente par la présence d'une tache blanche vers le bout de la côte des ailes supérieures & vers le milieu de celle des inférieures; par le manque de lunules bleues sur la bordure des unes & des autres; enfin, par la substitution d'un chevron ou V-blanc au point discoïdal du dessous des ailes de derrière.

Dans les femelles la partie postérieure du dessous de chaque aile est en outre d'un gris plus pâle.

On la trouve en Russie, en Autriche & en Hongrie; mais elle paroît être plus rare dans les deux derniers de ces pays.

23. Vanesse de l'Ortie.

Vanessa Urticæ.

Van. alis dentatis, suprà testaceo-fulvis, limbo communi nigro lunulatum cærulearum serie : anticis punctis tribus mediis, posticis basi, nigris : his extùs subcaudatis; illis falcatis maculâque apicali niveâ notatis.

Papilio N. Urticæ, *alis angulatis, fulvis, nigro maculatis : primoribus suprà punctis nigris tribus.* Linn. *Syst. Nat.* 2. *p.* 777. *n°.* 167. — *Faun. Suec. edit.* 2. *p.* 278. *n°.* 1058.

Papilio N. Urticæ. Fab. *Syst. Entom. p.* 505. *n°.* 263. — *Spec. Inf. tom.* 2. *p.* 92. *n°.* 405. — *Mant. Inf. tom.* 2. *p.* 50. *n°.* 490. — *Ent. Syst. em. tom.* 3. *pars* 1. *p.* 122. *n°.* 374.

Papilio Testudinarius minor. Petiv. *Mus.* 316.

Papilio Urticaria vulgatissima, rufo, nigro, cæruleo & albo coloribus varia. Rai, *Inf.* 117. *n°.* 1. (Le Papillon.)

Eruca nigra, seu pulla setigera urticaria. Rai, *Inf.* 118. (La chenille.)

Albin. *Inf.* 4. *fig.* 6.

Frisch. *Beschr. D. Inf. tab.* 2. *fig.* 1-6.

Swamerd. *Bib. Nat. tab.* 35. *fig.* 12.

Robert, *Icon. tab.* 5.

Mouff. *Lat. p.* 101. *n°.* 11. *fig.* 5. 6.

Goed. *Inf.* 1. *p.* 90. *fig.* 21, & *gall. tom.* 2. *tab.* 21.

List. Goed. 1. 3. *fig.* 2.

Merian, *Eur.* 1. *p.* 15. *tab.* 44.

Reaum. *Inf.* 1. *tab.* 26. *fig.* 6. 7.

Roes. *Inf. part.* 1, *tab.* 4. *class.* 1. *Pap. diurn.*

Schœff. *Icon. tom.* 2. *tab.* 142. *fig.* 1. 2.

Sepp. *Need. tom.* 1. *tab.* 2. *fig.* 1-8.

Scop. *Entom. Carn. p.* 145. *n°.* 421.

Rossi, *Faun. Etr. tom.* 2. *p.* 152. *n°.* 1020.

Fuessl. *Suiss. Inf. p.* 30. *n°.* 574.

Papilio Urticæ. Esp. *Pap. part.* 1. *tab.* 13. *fig.* 2.

Herbst, *Pap. tab.* 165. *fig.* 1. 2.

Bergstr. *Nomencl. tab.* 29.

Borkh. *Rhein. Magaz. tom.* 1. *p.* 261. *n°.* 54.

Borkh. *Pap. Eur. part.* 1. *p.* 15 & 201. *n°.* 8.

Schneid. *Syst. Beschr. p.* 160. *n°.* 86.

Lang. *Verz.* 2. *p.* 35. *n°.* 259-261.

Papilio Urticæ. Wien. Verz. *p.* 176. *fam.* J. *n°.* 8.

Illig. *N. Ausg. Dess. tom.* 2. *p.* 221. *n°.* 8.

Papilio Urticæ. Hubn. *Pap. tab.* 18. *fig.* 87. 88.

Papilio Urticæ. Ochsenh. *Pap. Eur. tom.* 1. *pag.* 120.

La petite Tortue. Geoff. *Hist. Inf. tom.* 2. *p.* 37. *n°.* 4.

La petite Tortue. Engram. *Pap. d'Eur. tom.* 1. *p.* 11. *pl.* 4. *fig.* 4. a-h.

Elle a le port des précédentes, mais elle est un peu plus petite. Le dessus des ailes est d'un fauve-briqueté, avec une bordure noire, dentée, divisée en dehors par une double ligne de petits croissans d'un jaune-obscur, & en dedans par un cordon de lunules bleues, assez vives : les premières ailes ont sur la côte trois bandes noires, courtes & transverses, dont l'intermédiaire séparée des autres par du jaune d'ocre, & l'extérieure séparée de la bordure par une tache très-blanche ; sur le milieu des mêmes ailes sont trois points noirs, dont l'inférieur plus gros & environné de jaunâtre extérieurement : les secondes ailes ont la base largement noire, avec des poils d'un brun-verdâtre ; il y a aussi des poils semblables sur celle des supérieures. Le dessous des ailes inférieures est comme dans la Vanesse *Polychlore*, mais sans point sur le disque. Le dessous des supérieures est d'un brun-noirâtre à son origine ainsi qu'à son extrémité, & son milieu est traversé par une bande d'un jaune-sale, large, bifide antérieurement ; parallèlement au bord postérieur il y a une ligne tortueuse d'atômes cendrés, faisant suite à celle des premières ailes. Le corps est noirâtre, avec des poils verdâtres ; les antennes sont annelées de blanc & de noir, avec le bout de la masse d'un jaune d'ocre pâle.

La chenille est épineuse, noirâtre, avec quatre lignes jaunâtres, dont deux le long du dos & une sur chacun des côtés. Elle vit en famille sur les *Orties*. Souvent elle se disperse après la première mue.

La chrysalide est grisâtre, avec des taches dorées près du col.

Le Papillon est très-commun au printemps & en automne.

24. Vanesse Xanthomélas.

Vanessa Xanthomelas.

Van. alis dentatis, suprà testaceo-fulvis, limbo communi nigro, posticarum lunulis cæruleis : his extùs subcaudatis, basi nigris ; anticis falcatis, punctis quatuor nigris mediis maculâque apicali niveâ.

Papilio Xanthomelas, *alis angulatis, fulvis, nigro maculatis : subtùs fusco-nebulosis, fasciâ mediâ pallidiore.* Esp. *Pap. part.* 1. *tab.* 63. *cont.* 13. *fig.* 4.

Papilio Xanthomelas. Wien. Verz. *p.* 175. *fam.* J. *n°.* 6.

Illig. *Magaz. tom.* 3. *p.* 206. — *Tom.* 4. *p.* 39.

Illig. *N. Ausg. Dess. tom.* 2. *p.* 219. *n°.* 6.

Papilio Xanthomelas. Herbst, *Pap. tab.* 164. *fig.* 5. 6.

Bergstr. *Nomencl. tab.* 129. *fig.* 4.

Papilio Xanthomelas. Borkh. *Rhein. Magaz. tom.* 1. *p.* 259. *n°.* 50.

Papilio Xanthomelas. Borkh. *Pap. Eur. part.* 1. *p.* 18. *n°.* 14, & *p.* 204.

Schneid. *Syst. Beschr. p.* 162. *n°.* 88.

Schwarz, *Raup. Calend. p.* 187. 347. 490.

Naturf. 1. *p.* 245. — 3. *p.* 18.

Papilio Xanthomelas. Hubn. *Pap. tab.* 18. *fig.* 85. 86.

Papilio Xanthomelas. Ochsenh. *Pap. Eur. tom.* 1. *p.* 117.

La Tortue moyenne. Engram. *Pap. d'Europe, tom.* 1. *p.* 232. *pl.* 55. *Suppl.* 1. *fig.* 3. a. b. *bis.*

Par les figures, ce lépidoptère paroît n'être qu'une variété de la Vanesse de l'*Ortie*, ou *petite Tortue ;* mais comme Esper assure que sa chenille est différente, & comme plusieurs auteurs, dont le nom fait autorité, l'ont donné séparément, nous suivons leur exemple, en témoignant toutefois notre surprise de ne le voir dans aucune de nos grandes collections.

Il se distingue de l'espèce précitée en ce que la bordure des premières ailes est sans lunules bleues ; en ce que ces mêmes ailes ont sur le milieu quatre points noirs, au lieu de trois.

Des environs de Francfort & de quelques parties centrales de l'Allemagne.

25. Vanesse Milbert.

Vanessa Milberti.

Van. alis dentatis : anticis subfalcatis, posticis extùs subcaudatis : omnibus suprà nigris, fasciâ fulvâ, communi, posticâ, lunulisque marginalibus cæruleis.

Elle a le port & la taille de l'espèce n°. 23, dont elle se rapproche beaucoup. Le dessus des quatre ailes eſt noir, & traverſé, entre le milieu & le bout, par une bande fauve, large, un peu ſinuée en dedans, précédée en dehors d'une rangée marginale de lunules bleuâtres. Les ailes ſupérieures ont en outre, vers la naiſſance du bord d'en haut, deux taches fauves, & vers l'extrémité de ce même bord une tache blanche. Le deſſous des quatre ailes eſt comme dans la *Polychlore*, mais ſans point blanc aux inférieures. Le corps eſt d'un noir-brun, avec des poils rouſſâtres ſur le corſelet.

Elle ſe trouve aux Etats-Unis d'Amérique, d'où M. le peintre Milbert, à qui nous la dédions, vient de l'envoyer au Muſéum d'hiſtoire naturelle.

26. Vanesse Polyniſſa.

Vanessa Polyniſſa.

Van. alis dentatis : anticis falcatis, poſticis extùs ſubcaudatis : omnibus ſuprà fulvis, extimo nigro : ſubtùs fuſcis, lineis cœruleis, tranſverſis, ocellorumque ſerie poſticâ.

Papilio N. Polynice, *alis angulato-dentatis, fulvis, apice nigris : ſubtùs fuſcis, ſtrigis cœruleis ocelliſque anticarum ſex, poſticarum quinque.* Fab. *Spec. Inſ. tom.* 2. *p.* 69. *n°.* 610. — *Mant. Inſ. tom.* 2. *p.* 34. *n°.* 361. — *Entom. Syſt. em. tom.* 3. *pars* 1. *p.* 89. *n°.* 277.

Papilio Polinice. Cram. *Pap.* 17. *pl.* 195. *fig.* D. E.

Papilio Polynice. Herbst, *Pap. tab.* 171. *fig.* 8. 9.

Elle eſt un peu plus grande que la *Polychlore*. Le deſſus des ailes eſt fauve, avec une bande noire, terminale, beaucoup plus large aux ſupérieures qu'aux inférieures. La bande de ces dernières eſt diviſée, entre la petite queue & le bord interne, par des taches dont l'anale bleue, les autres fauves; elle eſt en outre précédée intérieurement de trois gros points noirs. Le deſſous des quatre ailes eſt d'un brun-noirâtre, avec des lignes ondées d'un bleu-luiſant, diſpoſées tranſverſalement à la baſe, ſur le milieu & le long du bord poſtérieur : celles du milieu ſont réunies en une bande aſſez large; celles du bord ſont ſurmontées ſur les premières ailes d'un cordon de ſix taches jaunâtres, ocellées, & ſur les ſecondes d'un cordon de cinq taches ſemblables.

Elle habite l'île de Sumatra.

27. Vanesse Charonia.

Vanessa Charonia.

Van. alis dentatis, ſuprà nigris, faſciâ communi cœruleſcente, in poſticis punctorum nigrorum ſerie diviſâ : his extùs ſubcaudatis, anticis apice productis.

Papilio N. Charonia, *alis dentatis, nigris, faſciâ cœruleſcente.* Fab. *Syſt. Entom. p.* 504. *n°.* 259. — *Spec. Inſ. tom.* 2. *pag.* 90. *n°.* 398. — *Mant. Inſ. tom.* 2. *p.* 49. *n°.* 481. — *Entom. Syſt. em. tom.* 3. *pars* 1. *p.* 119. *n°.* 364.

Papilio Charonia. Drury, *Inſ.* 1. *tab.* 15. *fig.* 1. 2.

Papilio Charonia. Cram. *Pap.* 4. *pl.* 47. *fig.* A. B. C.

Papilio Charonia. Herbst, *Pap. tab.* 160. *fig.* 1. 2.

Elle eſt à peu près de la taille de la précédente. Le deſſus des ailes eſt d'un noir-verdâtre, un peu chatoyant, & traverſé, entre le milieu & le bout, par une bande bleue, pâle, arquée, & diviſée aux inférieures par une ligne de points noirs. Le deſſous du mâle reſſemble au deſſous de la Vaneſſe *Polychore*. (*Voyez* n°. 21.) Le deſſous de la femelle a la moitié poſtérieure jaunâtre, avec une rangée preſque terminale de quatre ou cinq croiſſans blancs aux ailes inférieures.

Elle habite la Chine.

28. Vanesse Antiope.

Vanessa Antiopa.

Van. alis anticis apice productis, poſticis extùs ſubcaudatis : omnibus ſuprà holoſericeis, nigris, limbo poſteriori albo ſeu flavido & antè hunc punctorum cœruleorum ſerie tranſverſâ.

Papilio N. Antiopa, *alis angulatis, nigris, limbo albido.* Linn. *Syſt. Nat.* 2. *p.* 776. *n°.* 165.

Papilio Morio. Linn. *Faun. Suec. edit.* 1. *p.* 232. *n°.* 772. — *Edit.* 2. *p.* 277. *n°.* 1056.

Papilio N. Antiopa. Fab. *Syſt. Ent. p.* 503. *n°.* 256. — *Spec. Inſ. tom.* 2. *p.* 89. *n°.* 394. — *Mant. Inſ. tom.* 2. *p.* 48. *n°.* 476. — *Ent. Syſt. em. tom.* 3. *pars* 1. *p.* 115. *n°.* 355.

Papilio maxima nigra, alis utriſque tam exterioribus quàm interioribus limbo lato albo cinctis. Rai, *Inſ.* 135. 136.

Biblioth. Reg. Parisiens. *pag.* 20. *fig. omnes.*

De Geer, *Mem. Inſ. p.* 694. *pl.* 21. *fig.* 1-9.

Roes. *Inſ. part.* 1. *tab.* 1. *claſſ.* 1. *Pap. diurn.*

Schœff. *Icon. tab.* 70. *fig.* 1. 2.

Papilio Antiopa. Scop. *Ent. Carn. p.* 142. *n°.* 419.

Rossi, *Faun. Etr. tom.* 2. *p.* 150. *n°.* 1016.

Fuessl. *Suiſſ. Inſ. p.* 30. *n°.* 572.

Papilio Antiopa. Esp. *Pap. part.* 1. *tab.* 12. *fig.* 2.

Papilio Antiopa. Esp. *Pap. part.* 1. *tab.* 29. *cont.* 5. *Suppl.* 1. *fig.* 1. i. k. (Var.)

Papilio Antiopa. HERBST, *Pap. tab.* 167. *fig.* 5. 6.

Papilio Antiopa. HERBST, *Pap. tab.* 168. *fig.* 1. 2. (Var.)

BORKH. *Pap. Eur. part.* 1. *p.* 11 & 195. *n°.* 3.

BERGSTR. *Nomencl. tab.* 39.

BRAHM. *Inſ. Calend. p.* 17. *n°.* 8.

LANG. *Verz.* 2. *p.* 34. *n°.* 252-256.

SCHWARZ, *Raup. Calend. p.* 162. 342. 486. 619.

SCHNEID. *Syſt. Beſchr. p.* 156. *n°.* 83.—*Tab.* 1. *fig.* 4-6. (La chenille & la chryſalide.)

Papilio Antiopa. WIEN. VERZ. *p.* 175. *fam.* J. *n°.* 4.

ILLIG. *N. Auſg. Deſſ. tom.* 2. *p.* 218. *n°.* 4.

Papilio Antiopa. HUBN. *Pap. tab.* 16. *fig.* 79. 80.

Papilio Antiopa. OCHSENH. *Pap. Eur. tom.* 1. *p.* 110.

Le Morio. GEOFFR. *Hiſt. Inſ. tom.* 2. *pag.* 35. *n°.* 1.

Le Morio. ENGRAM. *Pap. d'Europe, tom.* 1. *p.* 1. *pl.* 1. *fig.* 1. a-h. (*Fig.* f. var.)

Le Morio. ENGRAM. *Pap. d'Europe, tom.* 1. *pl.* 55. *Suppl.* 1. *fig.* 1. i. k. (Var.)

Elle a environ trois pouces de largeur. Le deſſus des ailes eſt d'un noir-rougeâtre & velouté, avec une bande terminale blanche ou jaunâtre, large d'environ deux lignes, ayant le côté interne un peu ſinué & précédé d'un cordon de ſept à huit points d'un bleu-violet, aſſez gros & oblongs pour la plupart. Les premières ailes ont en outre toute la côte finement entrecoupée de blanc-jaunâtre, & marquée, entre ſon milieu & les points bleus, de deux taches tranſverſes & parallèles de la même couleur que la bordure. Ces taches & la bordure ſe reproduiſent en deſſous, mais elles y ſont conſtamment d'un blanc-ſale; le fond y eſt d'un noir-obſcur, avec des ondes plus foncées & un petit point griſâtre vers le diſque de chaque aile. Le corps & les antennes ſont noirs; celles-ci ont le bout de la maſſue ferrugineux.

Engramelle donne deux variétés. La première n'a pas de points bleus aux ailes ſupérieures, & les deux taches blanches de la côte des mêmes ailes ſont réunies.

La ſeconde a la bande marginale preſque couleur de café au lait, & diviſée aux ailes ſupérieures par une ſuite de trois ou quatre taches noirâtres, irrégulières : ces ailes ſont ſans points bleus, & les inférieures n'en ont que trois.

La chenille eſt noire, chargée d'épines ſimples, avec des taches dorſales & les huit pattes intermédiaires rouges. Elle vit en ſociété ſur le *Bouleau commun*, ſur les *Saules triandrique* & *pentandrique*, ſur l'*Oſier*, ſur le *Tremble*, ſur le *Peuplier d'Italie* & ſur l'*Orme*. Elle ſe tient à la cime de ces arbres juſqu'au moment de ſa métamorphoſe.

La chryſalide eſt noirâtre, ſaupoudrée de bleuâtre, avec des points ferrugineux.

Le Papillon paroît dès la fin de février, & pour la ſeconde fois en juillet & en août. Il eſt difficile à prendre, attendu la rapidité de ſon vol. C'eſt dans les bois & les prairies qu'il faut le chercher. On le trouve dans toute l'Europe, dans l'Aſie mineure, &c. Il habite auſſi l'Amérique ſeptentrionale, d'où M. Latreille & le Muſéum d'hiſtoire naturelle l'ont reçu cette année. Au printemps la bordure des ailes eſt blanche; en été elle eſt jaune, & le Papillon éclot au bout de quinze jours.

29. VANESSE ? Cacta.

VANESSA Cacta.

Van. alis angulato-dentatis : anticis nigris, baſi purpureis maculâ fulvâ. FAB.

Papilio N. Cacta. FAB. *Ent. Syſt. em. tom.* 3. *pars* 1. *p.* 116. *n°.* 356.

Papilio Cacta. JON. *Fig. pict.* 5. *tab.* 34. *fig.* 1.

Elle eſt de la taille de l'*Antiope*. Le corps eſt d'un brun-obſcur. Les ailes ſupérieures ſont noires, & d'un rouge-pourpre à la baſe, avec une large tache fauve. Les inférieures ſont d'un brun-noirâtre, avec une ou deux raies plus obſcures ſur le bord de derrière. Le deſſous des quatre ailes eſt d'un brun-obſcur à la baſe, d'une couleur ferrugineuſe à l'extrémité.

Elle ſe trouve dans l'Inde.

(*Traduction du texte de Fabricius.*)

30. VANESSE Io.

VANESSA Io.

Van. alis anticis apice productis, poſticis extùs ſubcaudatis : omnibus ſuprà brunneo-rubris, ocello apicali cæruleo.

Papilio N. Io, alis angulato-dentatis, fulvis, nigro maculatis : ſingulis ocello cæruleo. LINN. *Syſt. Nat.* 2. *pag.* 769. *n°.* 131. — *Faun. Suec. edit.* 2. *p.* 274. *n°.* 1048.

Papilio Oculus Pavonis. LINN. *Faun. Suec. edit.* 1. *p.* 234. *n°.* 776.

Papilio N. Io. FAB. *Syſt. Ent. p.* 489. *n°.* 203. — *Spec. Inſ. tom.* 2. *p.* 68. *n°.* 309. — *Mant. Inſ. tom.* 2. *p.* 34. *n°.* 360. — *Entom. Syſt. em. tom.* 3. *pars* 1. *p.* 88. *n°.* 276.

Papilio Oculus Pavonis dictus. PETIV. *Muſ. p.* 34. *n°.* 314.

Papilio elegantiſſima ad urticariam accedens,

singulis alis maculis oculos imitantibus. Rai, *Inf.* 122. *n*°. 13.

Biblioth. Reg. Parisiens. *p.* 17. *fig.* 5. *p.* 18. *fig. omnes.*

Mouff. *Lat. p.* 99. *fig. infima.*

Merian, *Eur.* 1. *p.* 10. *tab.* 26.

Goed. *Lat.* 1. *pag.* 23. *fig.* 1, & *gall. tom.* 2. *tab.* 1.

List. Goed. *p.* 1. *fig.* 1.

Albin. *Inf.* 1. *tab.* 4. *fig.* 5.

Reaum. *Inf.* 1. *tab.* 25. *fig.* 1. 2.

Roes. *Infect. part.* 1. *tab.* 3. *class.* 1. *Pap. dium.*

Schœff. *Icon. tab.* 94. *fig.* 1. 2.

Sepp. *Need. tom.* 1. *tab.* 7. *fig.* 1-7.

Scop. *Ent. Carn. p.* 147. *n*°. 423.

Petagna, *Instit. Ent. tom.* 2. *tab.* 7. *fig.* 5.

Fuessl. *Suiss. Inf. p.* 29. *n*°. 557.

Papilio Io. Esp. *Pap. part.* 1. *tab.* 5. *fig.* 2.

Papilio Io. Herbst, *Pap. tab.* 179. *fig.* 3. 4.

Borkh. *Pap. Eur. part.* 1. *pag.* 13 & 198. *n*°. 5.

Bergstr. *Nomencl. tab.* 21.

Schneid. *Syst. Beschr. p.* 157. *n*°. 84.

Lang. *Verz.* 2. *p.* 34. *n*°. 247-250.

Papilio Io. Wien. Verz. *p.* 175. *fam.* J. *n*°. 3.

Illig. *N. Ausg. Dess. tom.* 2. *p.* 217. *n*°. 3.

Papilio Io. Hubn. *Pap. tab.* 16. *fig.* 77. 78.

Papilio Io. Ochsenh. *Pap. Eur. tom.* 1. *p.* 107.

Le Paon de jour, ou l'Œil de paon. Geoffr. *Hist. Inf. tom.* 2. *p.* 36. *n*°. 2.

Le Paon de jour. Engram. *Pap. d'Europe, tom.* 1. *p.* 5. *pl.* 2. *fig.* 2. a-f.

Elle a environ deux pouces & demi de largeur. Le dessus des ailes est d'un rouge-brun vif, avec la base & le bord postérieur d'un cendré-noirâtre, & un grand œil au sommet. L'œil des secondes ailes est noir, avec l'iris gris, la prunelle bleue & partagée inégalement. Celui des premières ailes est de la couleur du fond, avec la prunelle noire, la moitié antérieure de l'iris d'un jaune-roussâtre, l'autre moitié d'un bleu-violâtre; celle-ci est plus large que la précédente & l'on y voit trois points blancs, qui forment, avec deux points semblables placés au-dessous, une ligne transverse & tortueuse; la côte des mêmes ailes est finement entrecoupée de jaune à son origine, & il y a sur son milieu deux bandes noires, séparées par du jaune, transverses, courtes, dont l'extérieure plus large & touchant l'œil immédiatement. Le dessous des quatre ailes est d'un noir-luisant, avec des ondes plus foncées; aux points blancs des supérieures correspondent ici cinq points grisâtres, & le disque des inférieures en présente un semblable. Le corps est noirâtre, avec des poils ferrugineux sur le corselet & sur l'abdomen; les antennes sont noires en dessus, brunes en dessous, avec le bout de la massue jaunâtre.

La chenille est d'un noir-luisant, avec des épines simples, également noires, & des points blancs. Ses pattes postérieures sont ferrugineuses. On la nomme *Chenille à bandes de perles* parce que les points sont d'un blanc-vif & disposés par lignes transverses. Elle vit en société sur plusieurs espèces d'*Ortie* & sur le *Houblon*. Elle est très-sujette à être piquée par des mouches de différente grosseur.

La chrysalide est d'abord verdâtre, puis brunâtre, avec des taches dorées. Le Papillon en sort au bout de douze ou quinze jours. Il paroît au printemps, en juillet & en automne. On le trouve communément dans les bois, dans les champs de luzerne & dans les parterres. Il se laisse facilement approcher.

31. Vanesse Lemonias.

Vanessa Lemonias.

Van. alis dentatis; suprà fuscis, singularum ocello unico : anticis flavescenti-punctatis : his subfalcatis, posticis vix extùs caudatis.

Papilio N. Lemonias, *alis dentatis, griseis, punctis flavescentibus : omnibus ocello unico.* Linn. *Syst. Nat.* 2. *p.* 770. *n*°. 136. — *Mus. Lud. Ulr. p.* 277.

Papilio N. Lemonias, *alis dentatis, fuscis, flavo punctatis : omnibus ocello unico.* Fab. *Syst. Entom. p.* 490. *n*°. 207. — *Spec. Infect. tom.* 2. *p.* 73. *n*°. 314. — *Mant. Infect. tom.* 2. *p.* 34 *n*°. 365. — *Ent. Syst. em. tom.* 3. *pars* 1. *p.* 90. *n*°. 282.

Papilio Lemonias. Herbst, *Pap. tab.* 177. *fig.* 3. 4.

Papilio Aonis. Cram. *Pap. pl.* 35. *fig.* D. E. F.

Sulz. *Inf. edit.* Roem. *tab.* 16. *fig.* 7.

Elle est approchant de la largeur de la précédente. Le dessus des ailes est d'un brun-obscur, avec un œil près de l'angle interne des supérieures, & un semblable vis-à-vis du sommet des inférieures; cet œil est noir, avec la prunelle bleuâtre & l'iris fauve : celui des premières ailes est entouré d'une multitude de taches d'un jaune-pâle & sale; celui des secondes ailes est précédé en dehors d'une double ligne du même ton, finueuse & se prolongeant jusqu'à l'angle de l'anus. Le dessous des quatre ailes est d'un gris plus ou moins cendré, marqueté de blanchâtre dans la femelle, sans autres taches dans le mâle que l'œil des ailes supérieures, & une rangée transverse de quelques points noirs, peu distincts, sur les inférieures. Le corps & les antennes sont à peu près de la couleur des ailes.

Elle habite la Chine, le Bengale, les îles de Java & de Ceylan.

N. B. Il est des individus qui ont une seconde tache oculaire, mais plus petite & moins prononcée; d'autres dont l'œil des ailes inférieures est double; d'autres enfin, tels que la variété dont parle Linnæus, qui ont le dessous des quatre ailes légèrement rougeâtre.

32. Vanesse Aonide.

Vanessa Aonis.

Van. alis dentatis, suprà fuscis : anticis ocello sesquialtero, posticis quinque : his vix extùs caudatis; illis subfalcatis flavescentique seu fulvo maculatis.

Papilio N. Aonis, *alis angulatis, griseis : primoribus flavescenti nebulosis, suprà ocellis sesquialteris.* Linn. *Syst. Nat.* 2. *p.* 769. *n°.* 134.

Fabricius la réunit à la précédente; mais elle s'en distingue par plusieurs caractères : d'abord les secondes ailes ont constamment une rangée de cinq yeux de même dimension; l'œil des premières en surmonte un autre plus petit, & les taches nombreuses qui l'environnent sont fauves dans le mâle ainsi que les deux lignes du bord des secondes ailes. En dessous le fond est plus brun dans les femelles & moins marqueté de blanc.

Rapportée par le capitaine Baudin.

33. Vanesse Erigone.

Vanessa Erigone.

Van. alis dentatis, suprà fuscis, ocellorum serie posticâ : anticarum intrà duas fascias albas maculares : his subfalcatis; posticis vix extùs caudatis subtùsque ad basin nitenti-purpurascentibus.

Papilio Erigone. Cram. *Pap. pl.* 52. *fig.* E. F.

Papilio Erigone. Herbst, *Pap. tab.* 176. *fig.* 5. 6.

Elle a le port & la taille des précédentes. Le dessus de ses ailes est d'un brun-obscur, avec une rangée transverse & postérieure d'yeux noirs, à prunelle bleuâtre & à iris ferrugineux : les yeux des premières ailes sont renfermés entre deux lignes blanches, maculaires, dont l'intérieure tortueuse; ceux des secondes ailes sont précédés en dehors d'une double ligne marginale cendrée; l'origine de la côte des supérieures est de plus entrecoupée transversalement de fauve & de blanchâtre. Le dessous des quatre ailes offre à peu près le même dessin que le dessus, mais il est plus pâle; les premières ont le bout de la côte & les secondes les deux tiers antérieurs légèrement glacés de violet.

Elle habite les Indes orientales.

34. Vanesse Prorsa.

Vanessa Prorsa.

Van. alis denticulatis, suprà fuscis, fasciâ communi albâ; anticarum interruptâ : subtùs ferrugineis, albido reticulatis : primoribus apice prominulis, posticis vix extùs caudatis.

Papilio N. Prorsa, *alis dentatis, fuscis, fasciâ utrinquè albâ; anticarum interruptâ : subtùs albo reticulatis.* Linn. *Syst. Nat.* 2. *p.* 783. *n°.* 202.

Papilio N. *Prorsa.* Fab. *Syst. Entom. p.* 515. *n°.* 307. — *Spec. Insect. tom.* 2. *p.* 108. *n°.* 471. — *Mant. Insect. tom.* 2. *p.* 61. *n°.* 584.

Papilio S. Prorsa. Fab. *Ent. Syst. em. tom.* 3. *pars* 1. *p.* 256. *n°.* 795.

Roes. *Ins.* 1. *tab.* 8. *class.* 1. *Pap. diurn.*

Papilio Prorsa. Schœff. *Icon. tom.* 2. *tab.* 132. *fig.* 1. 2.

Papilio Prorsa. Esp. *Pap. part.* 1. *tab.* 15. *fig.* 3.

Papilio Prorsa. Esp. *Pap. part.* 1. *tab.* 59. *cont.* 9. *fig.* 4.

Papilio Prorsa. Herbst, *Pap. tab.* 236. *fig.* 1. 2. — *Pap. Levana, var. fig.* 5. 6.

Papilio Prorsa. Bergstr. *Nomencl. tab.* 35. *fig.* 5. 6.

Papilio Prorsa. Bergstr. *Nomencl. tab.* 63. *fig.* 5-7.

Papilio Prorsa. Borkh. *Pap. Eur. part.* 1. *p.* 20. *n°.* 17, & *p.* 208.

Papilio Prorsa. Borkh. *Rhein. Magaz. tom.* 1. *p.* 256. *n°.* 46.

Schneid. *Syst. Beschr. p.* 149. *n°.* 79.

Fuessl. *Suiss. Ins. p.* 30. *n°.* 581.

Lang. *Verz.* 2. *p.* 32. *n°.* 231-234.

Brahm. *Ins. Calend. p.* 381. *n°.* 257.

Schrank, *Faun. Boïc. tom.* 2. *p.* 196. *n°.* 1357.

Papilio Prorsa. Scop. *Ent. Carn. pag.* 164. *n°.* 442.

Illig. *N. Ausg. Dess. tom.* 2. *p.* 223. *n°.* 10.

Illig. *Magaz. tom.* 3. *pag.* 202. — *Tom.* 4. *p.* 40.

Papilio Prorsa. Wien. Verz. *p.* 176. *fam.* J. *n°.* 10.

Papilio Prorsa. Hubn. *Pap. tab.* 20. *fig.* 94. (mas) 95. 96. (fem.)

Papilio Prorsa. Ochsenh. *Pap. Eur. tom.* 1. *p.* 129.

La Carte géographique brune. Engram. *Pap. d'Europe, tom.* 1. *p.* 22. *pl.* 8. *fig.* 8. a-e.

La Carte géographique rouge. Engram. *Pap. d'Europe, tom.* 1. *pag.* 234. *pl.* 56. *Suppl.* 2. *fig.* 8. c. d. *bis.* (Var.)

Elle a de quinze à dix-huit lignes de largeur. Le dessus des ailes est d'un brun-noirâtre, avec une bande blanche, transverse, discoïdale, finement coupée par les nervures. Cette bande est fortement interrompue aux premières ailes, & précédée en dehors, à partir de la côte, d'une ligne courbe & également transverse de quatre ou cinq points de sa couleur. Il y a en outre, parallèlement au bord postérieur de chaque aile, une ligne fauve, un peu ondulée, assez souvent double aux inférieures, surtout dans les femelles; ce bord a des échancrures peu profondes & ciliées de blanc de part & d'autre. Le dessous des quatre ailes est d'un brun-ferrugineux, avec la bande blanche dont nous avons parlé, & une infinité de petites lignes jaunâtres qui s'entre-croisent non-seulement près de la base, mais encore au-delà de la bande; vient ensuite une rangée transverse de quatre ou cinq points inégaux, blancs aux premières ailes, d'un bleu-violâtre aux secondes; enfin le bord offre, sur un fond noirâtre, une double ligne jaunâtre, terminée à l'angle anal des inférieures par une tache bleue. Le corps est blanchâtre en dessous, d'un brun-obscur en dessus; avec des anneaux gris sur l'abdomen; les antennes sont annelées de blanc & de noir, avec le bout de la massue ferrugineux.

La chenille est variée de noirâtre & de fauve, & garnie d'épines dont deux plus grandes sur le col. Elle vit en société de dix à douze sur l'*Ortie dioïque*; mais toujours dans les parties humides des bois ou dans des lieux très-ombragés.

La chrysalide est dentée, noirâtre en dessus, plus pâle en dessous.

Le Papillon paroît en juillet. Il habite plusieurs parties de l'Allemagne, les bords du Rhin, ceux de la Somme & de l'Oise. Il est assez commun à Erménonville, dans la forêt de Senlis & près de Juilly. On en a trouvé, cette année, un individu dans le bois de Meudon, près du carrefour de la garenne. M. Dufresne en a aussi pris un, il y a environ trente ans, sur les hauteurs de Sèvres; ce qui prouve que, s'il est encore rare aux environs de Paris, il n'y est pas dû moins étranger.

N. B. La Carte géographique rouge, *fig.* 8. c. d. *pl.* 56, d'Engramelle, n'est qu'une variété fort ordinaire, dans laquelle la bande blanche est peu prononcée, tandis que les deux lignes fauves le sont davantage. Elle nous a été envoyée plusieurs fois de Saint-Quentin, par M. Carpentier-Bougié, amateur très-zèlé, possédant éminemment la manière de préparer les insectes, & surtout les lépidoptères dont il a une très-belle collection.

35. Vanesse Lévana.

Vanessa Levana.

Van. alis denticulatis, suprà fulvis, basi punctisque nigris: subtùs ferrugineis, flavido reticulatis singularumque extimum versùs maculâ violaceâ: primoribus apice prominulis, posticis vix extùs caudatis.

Papilio N. Levana, *alis denticulatis, variegatis: subtùs reticulatis; primoribus suprà maculis aliquot albis.* Linn. *Syst. Nat.* 2. *pag.* 783. *n°.* 201.

Papilio N. Levana. Fab. *Syst. Entom. p.* 515. *n°.* 306. — *Spec. Inf. tom.* 2. *p.* 107. *n°.* 470. — *Mant. Inf. tom.* 2. *p.* 61. *n°.* 583.

Papilio S. Levana. Fab. *Entom. Syst. em. tom.* 3. *pars* 1. *p.* 256. *n°.* 794.

Roes. *Inf.* 1. *tab.* 9. *class.* 1. *Pap. diurn.*

Papilio Levana. Esp. *Pap. part.* 1. *tab.* 15. *fig.* 2.

Papilio Levana. Var. Esp. *Pap. part.* 1. *tab.* 59. *cont.* 9. *fig.* 5.

Papilio Levana. Herbst, *Papil. tab.* 236. *fig.* 3. 4. — *Fig.* 7. 8. (Var.)

Papilio Levana. Bergstr. *Nomencl. tab.* 35. *fig.* 9. 10.

Papilio Levana. Borkh. *Pap. Eur. part.* 1. *p.* 21. *n°.* 18, & *p.* 209. *n°.* 17.

Papilio Levana. Borkh. *Rhein. Magaz. tom.* 1. *p.* 256. *n°.* 47.

Schneid. *Syst. Beschr. p.* 151. *n°.* 80.

Brahm. *Inf. Calend. p.* 380. *n°.* 256.

Fuessl. *Suiss. Inf. p.* 30. *n°.* 580.

Lang. *Verz.* 2. *p.* 32. *n°.* 227-230.

Schrank, *Faun. Boïc. tom.* 2. *p.* 197. *n°.* 1338.

Illig. *N. Ausg. Dess. tom.* 2. *p.* 223. *n°.* 11.

Illig. *Magaz. tom.* 3. *p.* 197. — *Tom.* 4. *p.* 40.

Papilio Levana. Wien. Verz. *pag.* 176. *fam.* J. *n°.* 11.

Papilio Levana. Hubn. *Pap. tab.* 26. *fig.* 97. 98. (Mas.)

Papilio Levana. Hubn. *Pap. tab.* 145. *fig.* 728. 729.

Papilio Levana. Ochsenh. *Pap. Eur. tom.* 1. *p.* 132.

La Carte géographique fauve. Engram. *Pap. d'Europe, tom.* 1. *p.* 24. *pl.* 8. *fig.* 9. a-f.

La Carte géographique rouge. Engram. *Pap. d'Europe, tom.* 1. *p.* 234. *pl.* 56. *Suppl.* 2. *fig.* 8. a. b. *bis.*

Elle a le port & presque la taille de la précédente. Le dessus des ailes est d'un brun-obscur à la base, avec de légers réseaux d'un jaune-pâle; ensuite fauve jusqu'au bout, avec des taches noires, éparses sur les premières, formant sur les secondes trois bandes transverses & parallèles, dont l'extérieure marginale & divisée dans le sens de sa longueur par un cordon de sept petits croissans bleuâtres : les premières ailes ont en outre trois taches jaunes sur la côte, &, vers le bord postérieur, deux points blancs, disposés transversalement à une assez grande distance l'un de l'autre. Le dessous des ailes est le même que dans la Van. *Prorsa*, avec cette différence que la bande transverse du milieu est moins blanche & saupoudrée de noirâtre; que les supérieures ont près du sommet, & les inférieures vis-à-vis de l'appendice du bord, une tache d'un violet-tendre, assez grande & presqu'orbiculaire. Les antennes & le corps sont aussi comme dans l'espèce que nous venons de citer.

La chenille est d'un noir-foncé, avec les pattes rougeâtres, & des épines dont deux plus grandes sur le col. Ses mœurs sont les mêmes que celles de son analogue, avec laquelle on la trouve souvent.

La chrysalide est dentée, noirâtre, avec la poitrine d'un jaune-pâle.

Le Papillon paroît vers la mi-avril. On le trouve dans la plupart des lieux indiqués plus haut; mais nous ignorons s'il a été pris autour de Paris.

N. B. La Carte géographique rouge, *fig.* 8. a. b. *pl.* 56, d'Engramelle, doit être rapportée ici. Ce n'est qu'un individu d'un fauve plus vif en dessus.

M. Carpentier, déjà cité, a obtenu une variété, qui tient autant de l'espèce précédente que de celle-ci; c'est probablement celle à laquelle quelques auteurs ont donné le nom de *Porima*.

36. Vanesse Almana.

Vanessa Almana.

Van. alis anticis falcatis, posticis intùs subcaudatis : omnibus suprà fulvis, ocello sesquialtero : subtùs fucescentibus; posticis lineâ flavidâ, transversâ, mediâ.

Papilio N. Almana, *alis angulatis, luteis : singulis suprà ocellis sesquialteris, anteriore pupillâ geminâ.* Linn. *Syst. Nat.* 2. *pag.* 769. *n°.* 132. — *Mus. Lud. Ulr. p.* 272.

Papilio N. Almana, *alis angulatis, fulvis, nigro maculatis : posticis ocello majori pupillâ geminâ : omnibus subtùs brunneis.* Fab. *Syst. Entom. p.* 490. *n°.* 204. — *Spec. Insect. tom.* 2. *p.* 69. *n°.* 311. — *Mant. Insect. tom.* 2. *p.* 34. *n°.* 362. — *Entom. Syst. em. tom.* 3. *pars* 1. *p.* 89. *n°.* 278.

Edw. *Av. tab.* 84.

Seligm. *Av.* 3. *tab.* 36.

Daubent. *Pl. enlum.* 94. *fig.* 3. 4.

Papilio Almana. Cram. *Pap.* 5. *pl.* 58. *fig.* F. G.

Papilio Almana. Herbst, *Pap. tab.* 172. *fig.* 1. 2.

Elle est approchant de la taille de l'*Io*. Ses premières ailes ont le bord postérieur très-concave; les secondes l'ont foiblement dilaté dans son milieu & prolongé à l'angle anal. Le dessus des unes & des autres est fauve, avec le bord, que nous venons de nommer, d'un brun-obscur, & deux taches oculaires dont l'antérieure des premières ailes & la postérieure des secondes plus petites & quelquefois moins distinctes. Ces taches ont toutes l'iris jaune & bordé de noir, la prunelle blanche; mais leur fond est entièrement d'un bleu-noirâtre aux premières ailes, tandis qu'il est moitié violâtre, moitié noir aux secondes, lesquelles ont d'ailleurs une double prunelle à la tache antérieure qui est très-grande. Indépendamment de ces caractères, les premières ailes ont sous la côte quatre bandes noires, courtes, transverses, parallèles & un peu sinuées. Le dessous de chaque aile est d'un-brun un peu obscur dans la femelle, peu foncé dans le mâle, avec une ligne jaunâtre & transverse sur le milieu des inférieures. Le corps est obscur en dessus, pâle en dessous; les antennes sont noires, avec la sommité du bouton fauve.

De la Chine, du Bengale, de l'île de Java.

37. Vanesse Pélarga.

Vanessa Pelarga.

Van. alis anticis falcatis, posticis intùs subcaudatis : omnibus suprà fuscis, fasciâ cœrulescenti-albâ, nigro punctatâ extrorsùmque fulvo inductâ : subtùs xerampelinis, lineâ fuscâ, communi, mediâ.

Papilio Pelarga. Drury, *Inf.* 3. *pl.* 27. *fig.* 1. 2.

Papilio Pelarga. Stoll, *Pap. Suppl. à* Cram. *pl.* 27. *fig.* 2 & 2. A.

Papilio N. Pelarga, *alis dentatis, nigris, fasciâ communi flavâ, nigro punctatâ.* Fab. *Syst. Entom. p.* 513. *n°.* 296? — *Spec. Insect. tom.* 2. *p.* 104. *n°.* 457? — *Mant. Insect. tom.* 2. *p.* 57. *n°.* 559?

Elle est approchant de la taille de la précédente. Le dessus des quatre ailes est d'un brun-noirâtre, & traversé au milieu par une bande d'un blanc-bleuâtre, large, courbe en arrière, un peu sinuée en avant, divisée dans le sens de sa longueur par une ligne de points noirs & bordée de fauve sur le côté externe; entre cette bande & le bord terminal il y a une ligne transverse de points bleuâtres, peu prononcés, excepté cependant à l'angle anal des secondes ailes, où ils forment un petit groupe; la côte des premières ailes est coupée antérieurement & transversalement par quelques lignes fauves bordées de bleuâtre. Le dessous des quatre ailes est d'une couleur feuille-morte pâle, avec une ligne noirâtre, transverse, discoïdale, précédée en dehors d'une ligne tortueuse de petits points noirs, dont quelques-uns ont le milieu blanc.

Elle se trouve sur la côte occidentale d'Afrique, & particulièrement à Sierra-Leone.

N. B. Nous avons rapporté ici avec doute le Pap. *Pelarga* de Fabricius, non parce qu'il le dit du Brésil, ce qui est une erreur, mais parce que la description qu'il en donne nous paroît plus applicable à une variété de l'espèce suivante qu'au *Pelarga* de Drury, auquel il renvoie.

38. VANESSE Laodora.

VANESSA Laodora.

Van. alis denticulatis : anticis falcatis, posticis intùs subcaudatis : omnibus suprà fuscis, fasciâ communi rufescente seu virescente, lineâ punctorum nigrorum divisâ ; lunulis marginalibus cinereis duplici serie digestis.

Papilio N. Laodice, *alis angulatis, suprà nigris, fasciâ utrinquè virescente strigâ punctorum ocellatorum.* FAB. *Spec. Insect. tom.* 2. *p.* 73. *n°.* 323. — *Mant. Insect. tom.* 2. *p.* 36. *n°.* 377. — *Entom. Syst. em. tom.* 3. *pars* 1. *p.* 93. *n°.* 289.

Papilio Laodice. CRAM. *Pap.* 12. *pl.* 138. *fig.* G. H. (Var.)

Papilio Laodice. HERBST, *Pap. tab.* 171. *fig.* 6. 7.

Elle est un peu plus petite que la *Pélarga.* Le dessus des ailes est d'un brun-noirâtre & entièrement traversé au milieu par une bande tantôt roussâtre, tantôt d'un blanc-verdâtre, large, courbe, sinuée sur le côté interne, & ayant le côté externe, qui est toujours fauve, divisé par une série de points noirs; le long du bord postérieur sont deux rangées parallèles de petits croissans d'un cendré-bleuâtre; les premières ailes ont en outre près de la base deux taches fauves, transverses, & au sommet deux ou trois points de cette couleur, séparés de la bande par une ligne arquée de quatre ou cinq points blancs. Le dessous diffère du dessus en ce qu'il est d'un brun-clair jusqu'au limbe postérieur, & en ce que les points noirs de la bande des premières ailes ont le milieu blanc. Les deux surfaces du corps sont à peu près de la couleur de celles des ailes; les antennes sont noires, avec l'extrémité de la masse grisâtre.

L'individu figuré par Cramer n'a point de lunules marginales en dessous.

Elle habite les côtes de Guinée & d'Angole.

39. VANESSE Téréa.

VANESSA Terea.

Van. alis dentatis, suprà fuscis, fasciâ communi fulvâ lineâque nigrâ divisâ : anticis subfalcatis punctis apicalibus albis ; posticis intùs subcaudatis, ocello anali gemino.

Papilio N. Terea, *alis angulato-dentatis, suprà fuscis, fasciâ fulvâ anticisque strigâ punctorum alborum, posticis ocellorum.* FAB. *Spec. Insect. tom.* 2. *p.* 72. *n°.* 322. — *Mant. Insect. tom.* 2. *p.* 36. *n°.* 376. — *Ent. Syst. em. tom.* 3. *pars* 1. *p.* 92. *n°.* 288.

Papilio Terea. DRURY. *Ins.* 2. *tab.* 18. *fig.* 3. 4.

Papilio Terea. CRAM. *Pap.* 12. *pl.* 138. *fig.* E. F.

Papilio Terea. HERBST, *Pap. tab.* 171. *fig.* 3-5.

Elle est aussi un peu plus petite que la *Pélarga.* Le dessus des ailes est d'un brun-obscur & entièrement traversé au milieu par une bande fauve, courbe, large, divisée dans toute sa longueur par une ligne noirâtre continue. Les supérieures ont au sommet une ligne de points blancs, transversale & descendant quelquefois jusqu'à l'angle interne; les inférieures ont près de l'angle anal deux yeux roux à prunelle blanche. Le dessous est très-pâle, avec des bandes brunâtres, transverses, ondulées sur les premières ailes, une ligne également brunâtre & transverse sur le milieu des secondes, & une rangée postérieure de petites taches oculaires sur les quatre. Le dessus du corps & les antennes sont d'un brun-noirâtre.

Elle se trouve sur la côte d'Angole & à Sierra-Leone.

40. VANESSE Iphita.

VANESSA Iphita.

Van. alis dentatis : anticis falcatis, posticis vix intùs caudatis ; omnibus fuscis, suprà fasciis duabus transversis lineâque marginali dilutioribus, subtùs ocellis obsoletis, serie posticâ digestis.

Papilio N. Iphita, *alis angulato-dentatis, fuscis, obscurius fasciatis : omnibus subtùs ocellis quinque.* FAB. *Spec. Insect. tom.* 2. *pag.* 86. *n°.* 379. — *Mant. Insect. tom.* 2. *p.* 46. *n°.* 457. — *Ent. Syst. em. tom.* 3. *pars* 1. *pag.* 109. *n°.* 337.

Papilio Iphita. CRAM. *Pap.* 18. *pl.* 209. *fig.* C. D.

Papilio Iphita. HERBST, *Pap. tab.* 176. *fig.* 1. 2.

Elle a près de trois pouces de largeur. Le deſſus des quatre ailes eſt d'un brun-obſcur, & traverſé entre le milieu & le bord par trois bandes plus claires, dont l'intérieure aſſez large, l'extérieure très-étroite; il y a en outre un petit point blanc près du ſommet des premières ailes. Le deſſous des quatre eſt plus ou moins glacé de bleuâtre par places, & diviſé vers le bord par un cordon de quatre ou cinq petits yeux, peu diſtincts, ſurtout aux ailes de devant. Le corps & les antennes ſont de la couleur des ailes.

Elle ſe trouve en Chine & dans l'île de Java.

41. Vanesse Idamène.

Vanessa Idamene.

Van. alis dentatis, ſuprà ferrugineis, ſeu fuſcis: poſticis utrinquè extimum verſùs ſtrigâ ocellorum obſoletorum: his intùs vix caudatis, anticis falcatis.

Papilio Ida. Cram. *Pap. pl.* 42. *fig.* C. D.

Papilio Ida. Cram. *Pap. pl.* 374. *fig.* C. D.

Papilio Ida. Herbst, *Pap. tab.* 175. *fig.* 1-4.

Elle a le port & preſque la taille de la précédente. Le deſſus des quatre ailes eſt d'un brun-ferrugineux dans l'un des ſexes, d'un brun-obſcur dans l'autre, avec la baſe un peu plus foncée, & une rangée poſtérieure d'yeux, à peine diſtincts aux premières ailes: ces yeux ſont de la couleur du fond, avec l'iris & la prunelle noirs, & ils ſont précédés en dehors d'une double ligne noirâtre, ondulée, marginale; on remarque en outre, vers le bout de la côte des ailes ſupérieures, un petit point blanc. Le deſſous de chaque aile eſt d'un brun-noirâtre, plus ou moins intenſe, avec des bandes violâtres très-peu marquées, & des yeux rouſſâtres à prunelle blanche, correſpondans à ceux du deſſus; il y a, indépendamment de cela, une ou deux tâches blanchâtres entre le milieu & l'extrémité de la côte des ailes inférieures. Les deux ſurfaces du corps ſont de la couleur des ailes; les antennes ſont noires.

Elle ſe trouve au Bengale & dans l'île de Java.

42. Vanesse Enothréa.

Vanessa Enothrea.

Van. alis denticulatis; anticis ſubfalcatis, poſticis rotundatis: omnibus ſuprà nigris; diſco vireſcente: ſubtùs fuliginoſis, anticarum puncto coſtali albo.

Papilio F. Enothrea, *alis dentatis, nigris, diſco viridi: ſubtùs atris, puncto coſtali albo.* Fab. *Entom. Syſt. em. tom.* 3. *pars* 1. *pag.* 59. *n°*. 183.

Papilio Enothrea. Cram. *Pap. pl.* 236. *fig.* A. B.

Papilio Enothrea. Herbst, *Pap. tab.* 168. *fig.* 3. 4.

Papilio Enothrea. Jon. *Fig. pict.* 5. *tab.* 98. *fig.* 1.

Elle a le port & la taille de la précédente. Le deſſus des quatre ailes eſt noir, avec le milieu verdâtre: cette couleur forme ſur les premières une bande tranſverſe qui n'atteint point le bord d'en haut, & ſur les ſecondes un eſpace triangulaire, très-grand, arrondi en dehors; il y a en outre ſur le limbe terminal de chaque aile un double cordon de lunules brunâtres, peu prononcées. Le deſſous eſt d'un noir-enfumé, avec des lignes moins obſcures, tranſverſes & ondulées ſur les ailes inférieures, longitudinales ſur les ſupérieures: ces dernières ont indépendamment de cela un point blanc, placé vers le bout de la côte.

Elle ſe trouve à Sierra-Leone.

43. Vanesse Emma.

Vanessa Emma.

Van. alis dentatis: anticis falcatis, poſticis rotundatis; omnibus ſuprà fuſcis, ad extimum faſciis tribus macularibus tranſverſis, intermediâ ferrugineâ, cœteris pallidè violaceis: ſubtùs cinereo marmoratis.

Elle a environ deux pouces & demi de largeur. Le deſſus des quatre ailes eſt d'un brun-noirâtre, & traverſé, entre le milieu & le bout, par trois bandes maculaires dont l'intermédiaire d'un rouge-fauve & offrant ſur le côté interne une ſuite de points noirs, les deux autres d'un violet-pâle: les ſecondes ailes ont en outre des lunules de cette dernière couleur, alignées ſur le bord; les premières ont l'origine de la côte coupée tranſverſalement par des lignes fauves & par des lignes violettes, & leur ſommet offre deux points blancs dont l'inférieur plus gros. Le deſſous eſt à peu près du même brun que le deſſus, avec des marbrures cendrées, formant des bandes entre leſquelles ſe reproduiſent les taches fauves des premières ailes, ainſi que les deux points blancs de leur ſommet. Le corps eſt de la couleur des ailes; les antennes ſont noires & annelées de blanc.

Du voyage du capitaine Baudin.

44. Vanesse Micalia.

Vanessa Micalia.

Van. alis dentatis, ſuprà nigris, lunulis terminalibus anticarumque maculâ mediâ flavis: poſticis diſco latè fulvo punctorum nigrorum ſerie tranſverſâ: his rotundatis, illis falcatis.

Papilio N. Micalia, *alis dentatis, atris, flavo maculatis: poſticis medio fulvo nigroque maculato.* Fab. *Spec. Inſect. tom.* 2. *p.* 103. *n°*. 453. — *Mant. Inſect. tom.* 2. *p.* 56. *n°*. 551.

Papilio Micalia. CRAM. *Pap. pl.* 108. *fig*. C. D.

Papilio Micalia. HERBST, *Pap. tab*. 166. *fig*. 1. 2.

Elle est à peu près de la taille de la précédente. Le dessus des ailes est noir, avec une rangée marginale de petits croissans jaunes : les supérieures ont à la base une ligne longitudinale, & sur le milieu une grande tache irrégulière, également jaunes : les secondes ailes ont tout le milieu occupé par un espace d'un fauve-rougeâtre, très-grand, arrondi & un peu denté en arrière, offrant parallèlement à son côté externe une rangée de cinq gros points noirs. Le dessous des ailes supérieures est presque semblable au dessus. Le dessous des inférieures est noir, avec la base plus deux bandes postérieures & arquées d'une teinte violâtre luisante.

Elle habite les Indes occidentales. — Rare dans les collections.

45. VANESSE Hédonia.

VANESSA Hedonia.

Van. alis dentatis, fuscis, ad extimum utrinquè dilutioribus ocellorum ferrugineorum serie transversâ : anticis subfalcatis, posticis rotundatis : his infrà costam versùs maculis duabus albis.

Papilio N. Hedonia, *alis dentatis, concoloribus, griseis : singulis ocellis ferrugineis*. LINN. *Syst. Nat*. 2. *p*. 774. *n°*. 153. — *Mus. Lud. Ulr. p*. 279.

Papilio N. Hedonia. FAB. *Syst. Ent. p*. 494. *n°*. 221. — *Spec. Insect. tom*. 2. *p*. 75. *n°*. 335. — *Mant. Insect. tom*. 2. *p*. 37. *n°*. 392. — *Entom. Syst. em. tom*. 3. *pars* 1. *p*. 98. *n°*. 304.

PETIV. *Gazoph. tab*. 39. *fig*. 4.

SEBA, *Mus*. 4. *tab*. 14. *fig*. 5. 6.

Papilio Hedonia. CRAM. *Pap*. 6. *pl*. 69. *fig*. C. D. (Le mâle.)

Papilio Hedonia. CRAM. *Pap*. 32. *pl*. 374. *fig*. E. F. (La femelle.)

Papilio Hedonia. HERBST, *Pap. tab*. 174. *fig*. 3-6.

Elle a de deux pouces & demi à trois pouces de largeur. Le dessus des quatre ailes est d'un brun-obscur, avec une rangée postérieure & transverse de taches oculaires ferrugineuses dont la prunelle est noire & marquée antérieurement d'un petit point blanc ; au-dessous de ces taches le fond est plus clair jusqu'au bord, avec deux lignes obscures dont l'extérieure en feston. Le dessous diffère du dessus en ce que la moitié antérieure de chaque aile est traversée par deux ou trois bandes bleuâtres, ondées & peu distinctes ; en ce que les inférieures ont, entre le milieu de la côte & le sommet, une double tache blanche, placée sur une bande très-obscure qui descend jusqu'à l'angle de l'anus. Le corps & les antennes sont de la couleur des ailes.

Elle habite les Indes orientales.

46. VANESSE Zélime.

VANESSA Zelima.

Van. alis suprà flavis, ocellorum serie posticâ lineisque marginalibus fuscis : anticis falcatis ; posticis rotundatis subtùsque strigâ albâ, mediâ, ad costam maculari.

Papilio N. Zelima, *alis angulatis, flavis, fusco subfasciatis : posticis utrinquè ocellis sex, subtùs strigâ*. FAB. *Entom. Syst. em. tom*. 3. *pars* 1. *p*. 92. *n°*. 287.

Papilio Zelima. DONOW. *Gen. Illust. of Entom. part*. 1. *an Epitome of the Ins. Asia*, *pl*. 23.

Elle a le port & approchant la taille de la précédente. Le dessus des quatre ailes est jaune, avec une rangée transverse & postérieure de six yeux ferrugineux, à prunelle bleuâtre, & précédés en dehors de quelques lignes noirâtres, marginales : les premières ailes ont en outre, vers la base, deux taches annulaires également noirâtres. Le dessous des quatre ailes est d'un brun-obscur, avec la rangée d'yeux dont nous venons de parler : celui des supérieures offre plusieurs lignes foncées, celui des inférieures une raie blanche, transverse, discoïdale, maculaire près du bord d'en haut, peu prononcée vers le bord interne. Le bord postérieur de ces dernières ailes est légèrement denté.

Elle se trouve à la Nouvelle-Hollande.

47. VANESSE Archésia.

VANESSA Archesia.

Van. alis dentatis, suprà fuscis, fasciâ communi fulvâ, mediâ, ocellis divisâ, anticarum ad costam cæruleâ : his falcatis, posticis rotundatis.

Papilio N. Archesia, *alis dentatis, fuscis, fasciâ communi fulvâ, anticarum dimidiato-cæruleâ*. FAB. *Spec. Insect. Append. p*. 504. — *Mant. Insect. tom*. 2. *p*. 49. *n°*. 480. — *Entom. Syst. em. tom*. 3. *pars* 1. *p*. 119. *n°*. 363.

Papilio Archesia. CRAM. *Pap*. 19. *pl*. 219. *fig*. D. E.

Papilio Archesia. HERBST, *Pap. tab*. 175. *fig*. 5. 6.

Elle a le port & à peu près la taille des deux précédentes. Le dessus des quatre ailes est d'un brun-obscur & traversé vers le milieu par une bande courbe, entièrement fauve fur les inférieures, où elle eft divifée par un rang de fix points bleus, bordés de noir; d'un bleu-clair vers la côte des fupérieures, puis fauve jufqu'à leur bord interne, avec trois petits yeux à prunelle blanche. Ces dernières ailes ont en outre, vers la bafe, trois lignes bleues, appuyées tranfverfalement fur le bord d'en haut, &, vis-à-vis du fommet, une ligne arquée de trois points blancs. Le deffous de chaque aile diffère du deffus en ce que la bande du milieu eft beaucoup plus pâle, & en ce que le fommet eft grifatre, ainfi que l'angle anal des inférieures.

De l'île de Java.

48. Vanesse Orithye.

Vanessa Orithya.

Van. alis denticulatis, fuprà nigris aut fufcis, fingularum ocellis duobus iride fulvâ : anticis coftâ ftrigifque apicalibus albis : his fubfalcatis, pofticis rotundatis.

Papilio N. Orithya, *alis dentatis, fufcis : omnibus fuprà ocellis duobus, anticis fubtùs unico.* Linn. *Syft. Nat.* 2. *p.* 770. *n°.* 137. — *Muf. Lud. Ulr. p.* 278.

Papilio N. Orithya. Fab. *Syft. Entom. p.* 490. *n°.* 208. — *Spec. Inf. tom.* 2. *p.* 70. *n°.* 315. — *Mant. Infect. tom.* 2. *p.* 35. *n°.* 367. — *Entom. Syft. em. tom.* 3. *pars* 1. *p.* 91. *n°.* 284.

Seligm. *Av.* 2. *tab.* 51.

Sulz. *Inf. edit.* Roem. *tab.* 17. *fig.* 1. 2.

Roes. *Inf.* 4. *tab.* 6. *fig.* 2.

Seba, *Muf.* 4. *tab.* 5. *fig.* 13. 14.

Papilio Orithya. Cram. *Pap. pl.* 19. *fig.* C. D.

Papilio Orithya. Cram. *Pap. pl.* 32. *fig.* E. F.

Papilio Orithya. Cram. *Pap. pl.* 281. *fig.* E. F.

Papilio Orithya. Cram. *Pap. pl.* 290. *fig.* A. B. C. D.

Papilio Orithya. Herbst, *Pap. tab.* 177. *fig.* 5. 6. *fig.* 7. (Var.)

Elle eft à peu près de la largeur de l'*Io*. Le deffus de chaque aile eft d'un noir-foncé & velouté dans le mâle, d'un brun-noirâtre dans la femelle, avec deux yeux très-noirs, ayant la prunelle d'un bleu-violet, & l'iris d'un rouge-fauve. Les premières, dont la côte eft blanchâtre, ont, vers la bafe, quatre petites raies tranfverfes alternativement bleuâtres & fauves; &, vers l'extrémité, trois bandes blanches, dont l'intérieure plus large, plus courte, échancrée dans fon milieu; l'intermédiaire interrompue par l'œil fupérieur & defcendant jufqu'au bas de l'œil inférieur; la troifième maculaire, très-étroite, longeant tout le bord terminal, lequel a les finus blancs. Les fecondes ailes ont le long du même bord une bande blanche, entièrement divifée par une double ligne noire, ondulée : dans les mâles l'efpace, compris entre cette bande & le milieu de l'aile, eft d'un bleu-verdâtre qui fe prolonge très-fouvent jufqu'à l'œil inférieur des premières ailes : les femelles n'ont pas de bleu ou n'en ont qu'à peine; mais en revanche la prunelle des deux taches oculaires eft plus vive & plus grande. Le deffous des ailes fupérieures diffère du deffus en ce qu'il eft beaucoup plus pâle; en ce que les raies tranfverfes de la bafe font plus larges, plus longues, finuées, au nombre de fix, dont trois fauves & trois bleuâtres. Le deffous des ailes inférieures eft d'un gris-brun dans le mâle, d'un gris-blanchâtre dans la femelle, avec quelques ondes obfcures vers la bafe; il y a auffi vers le bout une bande tranfverfe de cette dernière nuance, fur laquelle font alignés quatre à cinq yeux inégaux, très-peu apparens dans les mâles, ayant la prunelle bleuâtre dans les femelles. Le corps eft noir en deffus, grifâtre en deffous; les antennes font blanchâtres, avec la maffue noire.

Elle habite la Chine & l'île de Java.

49. Vanesse Calybé.

Vanessa Calybe.

Van. alis denticulatis, fuprà fufcis : fingulis ocellis duobus in fafciâ fulvâ intùfque medio coarctatâ : pofticis fubtùs grifeis, undis punctifque aliquot nigricantibus : his rotundatis, anticis fubfalcatis.

Elle a le port & la taille de l'*Orithye*. Le deffus de chacune de fes ailes eft d'un brun-obfcur, avec une bande fauve, poftérieure & tranfverfe, fur laquelle font deux yeux noirs à prunelle bleue : cette bande eft contractée intérieurement dans fon milieu, & précédée en dehors d'une double ligne cendrée, marginale. Les premières ailes ont en outre fous la côte quatre raies courtes & tranfverfales, dont les deux intérieures fauves, les deux autres blanchâtres. Le deffous de ces ailes reffemble au deffus, mais le fommet & le bord poftérieur font gris. Le deffous des fecondes ailes eft entièrement gris, avec des ondes noirâtres, très-fines, & une rangée de quelques points du même ton, correfpondans à la bande fauve de la furface oppofée.

De la Nouvelle-Hollande.

50. Vanesse Clélie.

Vanessa Clelia.

Van. alis denticulatis, fuprà nigris : primoribus antè apicem fafciâ interruptâ maculifque duabus albis; pofticis maculâ difcoidali cyaneâ : his rotundatis, illis fubfalcatis.

Papilio N. Clelia, *alis dentatis, nigris : anticis fafciâ interruptâ maculâque apicis albis; pofticis maculâ disci cyaneâ*. Fab. *Ent. Syst. em. tom.* 3. *pars* 1. *p*. 91. *n*°. 285.

Papilio Clelia. Cram. *Pap. pl.* 21. *fig*. E. F.

Elle est un peu plus petite que la précédente. Le dessus de chaque aile est d'un noir-velouté plus ou moins intense, avec deux yeux dont la prunelle est d'un bleu-violet, & l'iris d'un rouge-fauve. Les premières ont près de l'origine de la côte deux petites raies transverses du même rouge, & vers le bout une bande blanche, sinuée, oblique, interrompue dans son milieu, se dirigeant du bord antérieur au bord postérieur, en passant entre les yeux; cette bande est précédée en dehors de deux taches de sa couleur. Les secondes ailes ont, entre la côte & le milieu, une grande tache orbiculaire d'un bleu-lapis ou violet, suivant les incidences de lumière; leur extrémité est bordée par une bande blanche que divise dans toute sa longueur une double ligne noire, ondulée. Le dessous des ailes, les deux surfaces du corps & les antennes sont à peu près comme dans l'*Orithye*; seulement la bande obscure des secondes ailes est plus prononcée, moins sinuée en dedans, & les petits yeux qui la divisent ont la prunelle noirâtre dans le mâle comme dans la femelle.

Elle se trouve sur plusieurs parties de la côte occidentale d'Afrique.

51. Vanesse Œnone.

Vanessa Œnone.

Van. alis denticulatis, suprà luteis, margine omni nigro : posticis basi latè nigris, maculâ cyaneâ : his rotundatis, anticis subfalcatis.

Papilio N. Œnone, *alis denticulatis : primoribus albido maculatis, subocellatis; posticis basi cyaneis, ocellis duobus*. Linn. *Syst. Nat.* 2. *p*. 770. *n*°. 135. — *Mus. Lud. Ulr. p*. 274. *n*°. 275.

Papilio N. Œnone, *alis denticulatis, luteis, margine nigris : posticis basi cyaneis*. Fab. *Syst. Entom. p*. 490. *n*°. 206. — *Spec. Ins. tom*. 2. *pag*. 70. *n*°. 313. — *Mant. Ins. tom*. 2. *pag*. 34. *n*°. 364. — *Ent. Syst. em. tom*. 3. *pars* 1. *p*. 90. *n*°. 280.

Petiv. *Gazoph. tab*. 4. *fig*. 3.

Edw. *Av. tab*. 37.

Seligm. *tab*. 73.

Seba, *Mus*. 4. *tab*. 14. *fig*. 15. 16.

Klemann, *Ins*. 1. *tab*. 3. *fig*. 1. 2.

Papilio Œnone. Cram. *Pap. pl*. 35. *fig*. A. B. C.

Papilio Œnone. Herbst, *Pap. tab*. 178. *fig*. 1-4.

Elle est tantôt plus petite, tantôt plus grande que l'*Io*. Le dessus des ailes est d'un jaune tirant sur le fauve, avec tous les bords noirs. Cette couleur s'étend largement à la base des inférieures, & fait ressortir une tache d'un bleu-violet ou lapis, à peu près de la même forme & de la même dimension que celle qui se voit dans l'espèce précédente. Les premières ailes ont au sommet, où le noir se dilate sensiblement, deux raies jaunâtres, transverses, dont l'intérieure plus courte. La femelle offre encore d'autres caractères : d'abord chacune de ses ailes a deux yeux noirs, à prunelle violâtre; ensuite les supérieures ont sous la côte deux petites bandes noires, transverses & parallèles, & le bord terminal des inférieures est entièrement divisé par un double rang de lunules jaunâtres. Le dessous de ces dernières est d'un gris plus ou moins jaunâtre, avec des ondes vers la base, une bande sur le milieu, des points vers le bout d'un brun-obscur. Le dessous des ailes supérieures est d'un jaune-sale dans les deux sexes, avec le sommet grisâtre, deux taches oculaires & deux petites bandes noires, comme dans la femelle en dessus. Les antennes & le dessus du corps sont d'un brun-noirâtre.

Elle se trouve au Cap de Bonne-Espérance.

52. Vanesse Hierta.

Vanessa Hierta.

Van. alis denticulatis, suprà luteis, margine fusco : omnibus ocellis duobus; posticis basi fuscâ immaculatâ : his rotundatis, anticis subfalcatis.

Papilio N. Hierta, *alis denticulatis, luteis, margine nigris : omnibus ocellis duobus; posticis basi fuscis*. Fab. *Entom. Syst. em. tom*. 5. *Suppl. p*. 424. *n*°. 281-2.

Elle diffère de l'*Œnone* en ce que le mâle a, comme la femelle, deux yeux sur le dessus de chaque aile, & deux petites bandes noires sous l'origine de la côte des supérieures; en ce que le noir de la base des inférieures est moins foncé & sans tache bleue dans l'un & l'autre sexe.

Elle habite les Indes orientales. — Peut-être est-ce la même que l'*Œnone*, mais modifiée par le climat.

53. Vanesse Larinia.

Vanessa Larinia.

Van. alis dentatis, suprà fuscis, singularum ocellis duobus iride lutescenti-griseâ, lineâ rufâ transversâ extùs adjectâ : anticis subfalcatis, posticis rotundatis.

Papilio N. Larinia, *alis dentatis, variegatis : omnibus suprà ocellis duobus : anticis subtùs unico; posticis griseis*. Fab. *Entom. Syst. em. tom*. 5. *Suppl. p*. 424. *n*°. 284-5. (Le mâle.)

Papilio N. Esra, *alis dentatis, fuscis rufo flavoque variis : omnibus suprà ocello sesquialtero : anticis subtùs unico; posticis obscuris, cæcis.*

FAB. *Entom. Syst. em. tom.* 5. *p.* 425. *n°.* 284-5. (La femelle.)

Papilio Lavinia. CRAM. *Pap. pl.* 21. *fig.* C. D. (Le mâle.)

Papilio Evarete. CRAM. *Pap. pl.* 203. *fig.* C. D. (Fem. Var.)

Papilio Genoveva. CRAM. *Pap. pl.* 290. *fig.* E. F. (Fem. var.)

Papilio Orithya. SMITH-ABBOT, *The Nat. Hist. of the rarer Lepid. Inf. of Georgia*, *vol.* 1. *p.* 16. *tab.* 8.

On a souvent confondu cette espèce avec l'*Orithye*, à laquelle en effet elle ressemble un peu au premier abord. Le dessus de chacune de ses ailes est d'un brun-obscur, avec deux yeux noirs, dont la prunelle est bleuâtre & l'iris d'un gris-jaunâtre. Ces yeux sont immédiatement précédés en dehors d'une ligne fauve, plus ou moins foncée, laquelle est à son tour précédée d'une double ligne ondulée & marginale du même gris que l'iris des yeux. Les premières ailes ont, vers l'origine de la côte, deux petites raies fauves, bordées de noir, &, entre les deux taches oculaires, une bande tantôt blanche, tantôt roussâtre, se dirigeant obliquement du bord d'en haut au bord terminal; il y a en outre une petite tache de sa couleur au-dessus de l'œil supérieur qui est constamment plus petit que l'autre. Les secondes ailes sont glacées de verdâtre dans beaucoup de mâles. Leur dessous est d'un gris-jaunâtre ou d'un gris-cendré, avec des ondes plus obscures, & une bande d'un brun-marron, transverse, discoïdale, offrant sur son côté externe trois yeux comme ceux du dessus, mais pas toujours aussi prononcés. Le dessous des ailes supérieures est roussâtre vers la base, avec quelques raies grisâtres, bordées de noir & transversales; pâle vers le bout, surtout au sommet, avec deux yeux & une bande de séparation, blanche ou roussâtre, suivant la couleur qu'elle a en dessus. Le corps est à peu près de la nuance des ailes; les antennes sont blanchâtres dans les femelles, noirâtres en dessus dans les mâles. Ceux-ci ont une des dents du bord postérieur des secondes ailes un peu plus saillante que les autres.

La chenille, suivant Abbot, est noirâtre, avec une double ligne jaune, latérale, coupée par un rang de points fauves; son dos est armé d'épines de la couleur du fond; sa tête est rougeâtre. Elle vit sur la *Linaire du Canada* (*Anthirrinum canadense*).

La chrysalide est obscure, avec l'enveloppe des ailes & des points dorsaux, incarnats. Le Papillon en sort au bout de quinze à vingt jours, & paroît pendant presque toute la belle saison. On le trouve depuis le Brésil jusque dans la Géorgie.

L'*Evarete* & le *Genoveva* de Cramer ne sont que des variétés femelles dont le dessous des ailes inférieures est plus ou moins ondé, plus clair ou plus obscur.

Nous en avons vu une dont ce même dessous étoit d'un gris-verdâtre un peu luisant, avec des taches oculaires peu distinctes.

Nous n'en finirions pas s'il falloit citer toutes les différences minutieuses que nous avons remarquées dans les individus qui nous ont passé sous les yeux. Nous rebuterions l'amateur le plus intrépide en voulant lui faire connoître des modifications que les meilleures figures rendent à peine sensibles. Fabricius ne nous auroit sans doute point donné deux espèces pour une, & Cramer trois, s'ils avoient pu comparer plusieurs échantillons des deux sexes.

54. VANESSE Atalante.

VANESSA Atalanta.

Van. alis subdentatis, suprà nigris, fasciâ igneâ, transversâ; anticarum discoidali, incurvâ, in medio interruptâ, posticarum marginali: his rotundatis, illis subfalcatis.

Papilio N. Atalanta, *alis dentatis, nigris, albo maculatis, fasciâ communi purpureâ: primoribus utrinquè, posterioribus marginali.* LINN. *Syst. Nat.* 2. *p.* 779. *n°.* 175. — *Faun. Suec. edit.* 2. *p.* 279. *n°.* 1060.

Papilio Ammiralis. LINN. *Faun. Suec. edit.* 1. *p.* 235. *n°.* 777.

Papilio N. Atalanta. FAB. *Syst. Ent. p.* 504. *n°.* 258. — *Spec. Inf. tom.* 2. *p.* 90. *n°.* 397. — *Mant. Inf. tom.* 2. *p.* 49. *n°.* 479. — *Entom. Syst. em. tom.* 3. *pars* 1. *p.* 118. *n°.* 362.

Papilio major nigrescens, tricolor, circulo ferè sanguineo ornatus. PETIV. *Mus. p.* 35. *n°.* 327.

Papilio major nigrescens, alis maculis rubris & albis pulchrè illustratis. RAI, *Inf. p.* 126. *n°.* 1.

BIBLIOTH. REG. PARISIENS. *p.* 4. *n°.* 6, & *p.* 12. *n°.* 1. — 8 & *p.* 16. *fig.* 3. 4.

ALBIN. *Inf. t.* 3.

MERIAN, *Eur.* 2. *p.* 41. *tab.* 41.

GOED. *Lat.* 1. *p.* 96. *fig.* 26, & *gall. tom.* 2. *tab.* 26, & *tom.* 3. *tab.* 39. *infernè.*

LIST. GOED. *p.* 10. *fig.* 4.

MOUFF. *Lat. p.* 100. *fig.* 3. 4.

REAUM. *Inf.* 1. *tab.* 10. *fig.* 8. 9.

DE GEER, *Mem. Inf. p.* 694. *pl.* 22. *fig.* 1-5.

ROES. *Inf. part.* 1. *tab.* 6. *class.* 1. *Pap. diurn.*

JAC. L'AMIR. *Inf. tab.* 23.

SCHŒFF. *Icon. tab.* 148. *fig.* 1. 2.

SEPP. *Need. tom.* 1. *tab.* 1. *fig.* 1-11.

PANZ. *Faun. Germ.* 22. 20.

SCOP. *Ent. Carn. p.* 148. *n°.* 424.

FUESSL. *Suiss. Inf. p.* 30. *n°.* 576.

PETAGNA, *Instit. Ent. t.* 2. *tab.* 7. *fig.* 6.

ROSSI, *Faun. Etr. tom.* 2. *p.* 151. *n°.* 1017.

BERGSTR. *Nomencl. tab.* 20. *fig.* 1-11.

Papilio Atalanta. ESP. *Pap. part.* 1. *tab.* 14. *fig.* 1.

α. Papilio Atalanta. ESP. *Pap. part.* 1. *cont.* 36. *fig.* 4. (Var.)

Papilio Atalanta. HERBST, *Pap. tab.* 180. *fig.* 3. 4. — *Fig.* 5. 6. (Var.)

Papilio Atalanta. BORKH. *Pap. Eur. part.* 1. *p.* 12 & 196. *n°.* 4.

SCHNEID. *Syst. Beschr. p.* 154. *n°.* 82.

LANG. *Verz.* 2. *p.* 33. *n°.* 243-246.

Papilio Atalanta. WIEN. VERZ. *p.* 174. *fam.* J. *n°.* 1.

ILLIG. *N. Ausg. Dess. tom.* 2. *p.* 215. *n°.* 1.

Papilio Atalanta. HUBN. *Pap. tab.* 15. *fig.* 75. 76.

Papilio Atalanta. OCHSENH. *Pap. Eur. tom.* 1. *p.* 104.

Le Vulcain. GEOFF. *Hist. tom.* 2. *Inf. p.* 40. *n°.* 6.

Le Vulcain. ENGRAM. *Pap. d'Europe, tom.* 1. *p.* 17. *pl.* 6. *fig.* 6. a-i.

α'. Le Vulcain. ENGRAM. *Pap. d'Europe, tom.* 1. *p.* 315. *pl.* 1. 3e. *Suppl. fig.* 6. k. l. (Var.)

Sa largeur ordinaire eſt d'environ deux pouces & demi. Le deſſus des ailes eſt noir, avec une bande couleur de feu. La bande des inférieures eſt marginale, diviſée dans le ſens de ſa longueur par une ligne de quatre points noirs, & terminée à l'angle de l'anus par une double tache bleuâtre. La bande des ſupérieures, arquée, moins large, un peu interrompue dans ſon milieu, part du tiers antérieur de la côte & aboutit au-deſſus de l'angle interne; le ſommet des mêmes ailes eſt légèrement bleuâtre, avec ſix taches blanches dont l'intérieure, en forme de bande tranſverſe, appuyée ſur le bord d'en haut; les cinq autres, inégales & en forme de points, diſpoſées en une ligne courbe, également tranſverſe. Ces caractères ſe reproduiſent ſur la ſurface oppoſée, mais le ſommet eſt d'un brun mêlé de gris; la bande rouge eſt beaucoup plus pâle à chaque extrémité, & ſéparée des taches blanches par un anneau bleuâtre; la naiſſance de la côte eſt en outre coupée tranſverſalement par de petits traits de cette couleur. Le deſſous des ſecondes ailes eſt brun & légèrement marbré de gris, avec une tache jaunâtre ſur le milieu de la côte & des atômes bleuâtres ſur le bord poſtérieur qui eſt plus ou moins griſâtre. Ce bord a les échancrures blanches de part & d'autre, ainſi que le bord correſpondant des premières ailes. Le corps eſt de la couleur des ailes en deſſus comme en deſſous; les antennes ſont annelées de blanc & de noir, avec le bout de la maſſue jaunâtre.

La variété *α*, *α'*, n'a aucun point noir ſur la bande rouge des ailes inférieures, & le ſommet des ſupérieures offre moins de taches blanches.

La chenille eſt épineuſe, tantôt verdâtre, tantôt noirâtre, avec une ligne maculaire d'un jaune-citron ſur chacun des côtés. Elle vit iſolément ſur l'*Ortie piquante* & ſur l'*Ortie dioïque*. Elle eſt auſſi très-ſujette à être piquée par des mouches & par des ichneumons.

La chryſalide eſt griſâtre ou noirâtre, avec des points dorés.

Le Papillon eſt très-commun dans toute l'Europe, particulièrement à la fin de l'été. Il habite auſſi la Barbarie, l'Egypte & l'Aſie mineure. Suivant Fabricius on le trouveroit encore en Amérique. Il eſt très-aiſé à prendre. Si on l'a manqué, il revient l'inſtant d'après ſe poſer en quelque ſorte ſous la main du chaſſeur. Le nom de *Vulcain* lui a ſans doute été donné à cauſe de ſa bande couleur de feu. Linnæus l'avoit d'abord appelé l'*Amiral*.

55. VANESSE Vulcania.

VANESSA Vulcania.

Van. alis ſubdentatis, ſuprà fuſcis, faſciâ igneâ, tranſverſâ : anticarum diſcoidali, extùs angulatâ, intùs nigro trimaculatâ ; poſticarum marginali : his rotundatis, illis ſubfalcatis.

Papilio Atalanta. CRAM. *Pap. pl.* 84. *fig.* E. F.

Papilio Atalanta indica. HERBST, *Pap. tab.* 180. *fig.* 1. 2.

Elle diffère de l'*Atalante* en ce que le deſſus des quatre ailes eſt ordinairement d'un brun-noirâtre; en ce que la bande rouge des ſupérieures eſt plus large, anguleuſe en dehors, & marquée ſur le côté interne de trois taches noires, orbiculaires, dont l'inférieure plus grande; en ce que le ſommet de ces mêmes ailes a moins de points blancs; enfin, en ce que le deſſous des inférieures eſt réticulé ou maillé de gris vers la baſe, & en ce qu'il a la tache jaunâtre du milieu de la côte moins grande & moins colorée.

Elle ſe trouve aſſez communément à Téneriffe, où elle remplace notre *Atalante*. C'eſt de cette île que feu M. Maugé l'a rapportée il y a environ vingt ans; c'eſt de-là auſſi que M. Pougens l'a l'a envoyée dernièrement à M. Latreille, avec plusieurs autres espèces communes en Europe.

Cramer dit qu'elle habite la Chine, mais cela mérite confirmation. Il paroît que Herbst la croyoit des Indes, puisqu'il la nomme *Atalanta indica*.

56. VANESSE Gonérilla.

VANESSA Gonerilla.

Van. alis denticulatis, suprà nigris, fasciâ ferrugineâ, transversâ: anticarum discoidali sinuatâque, posticarum submarginali ocellorum quatuor serie: his rotundatis, illis subfalcatis.

Papilio N. Gonerilla, *alis dentatis, nigris, albo maculatis, fasciâ communi rufâ, posticis ocellis quatuor.* FAB. *Entom. Syst. em. tom.* 3. *pars* 1. *p.* 103. *n°.* 317.

Papilio Gonerilla. DONOW. *Gen. Illust. of Ent. part.* 1. *an Epitome of the Ins. Asia*, *pl.* 25.

Elle a le port & approchant la taille des deux précédentes. Le dessus des quatre ailes est noir, avec une bande ferrugineuse: la bande des premières ailes est sinuée & descend du milieu du bord antérieur au bord interne; celle des secondes ailes est parallèle au bord postérieur & divisée par un rang de quatre petits yeux noirs, à prunelle bleuâtre: les premières ailes ont en outre, vis-à-vis du sommet, quatre ou cinq taches blanches, dont l'intérieure courbe & appuyée transversalement sur la côte, les extérieures en forme de points & disposées en une ligne transversale, arquée en dehors. Le dessous des mêmes ailes se distingue du dessus en ce qu'il est moins noir; en ce que l'origine de la côte est finement entrecoupée de blanc; en ce qu'il y a une tache bleue, annulaire, entre la bande ferrugineuse & la tache blanche arquée; enfin, en ce que le sommet & le bord postérieur ont des nuances cendrées. Le dessous des secondes ailes est d'un brun-obscur, avec des ondes plus intenses, une bande marginale cendrée, une tache de cette couleur sur le milieu de la côte, & deux ou trois taches oculaires, peu marquées, devant la bordure. Le corps est brun en dessus, grisâtre en dessous; les antennes sont noires, avec la sommité de la masse roussâtre.

Elle se trouve dans la Nouvelle-Zélande.

57. VANESSE Itéa.

VANESSA Itea.

Van. alis denticulatis, suprà nigris, anticarum basi, posticarum disco, ferrugineis: his rotundatis, serie quatuor ocellorum; illis subfalcatis, fasciâ ochreaceâ, transversâ, discoidali, in medio dilatatâ.

Papilio N. Itea, *alis dentatis, nigris: anticis fasciâ punctisque flavis; posticis disco rufo ocellis quatuor.* FAB. *Ent. Syst. em. tom.* 3. *pars* 1. *p.* 103. *n°.* 318.

Papilio Itea. DONOW. *Gen. Illust. of Entom. part.* 1. *an Epitome of the Ins. of Asia*, *pl.* 26.

Elle a le port & la taille de la précédente. Le dessus des ailes est noir, avec la base des supérieures & tout le milieu des inférieures d'un ferrugineux-luisant: celles-ci ont sur la partie ferrugineuse, parallèlement au bord postérieur, une rangée de quatre petits yeux noirs, à prunelle bleuâtre; celles-là ont sur le disque une bande d'un jaune d'ocre, large, transverse, dilatée dans son milieu, n'atteignant point le bord interne; il y a en outre vis-à-vis de leur sommet trois taches, dont l'intérieure jaune comme la bande & un peu courbe, les deux extérieures blanches & en forme de points. Le dessous de ces ailes ne diffère du dessus que parce qu'il y a un anneau bleu entre la bande & la tache jaune, & parce que le sommet & le bord postérieur sont bruns, avec des nuances cendrées. Le dessous des secondes ailes, les deux surfaces du corps & les antennes sont comme dans la *Gonérilla*.

Elle se trouve dans la Nouvelle-Hollande & dans la Nouvelle-Zélande.

58. VANESSE Astérie.

VANESSA Asterie.

Van. alis subdentatis, fulvis: singulis utrinquè ocello sesquialtero: posticis subtùs fasciis duabus transversis ocellisque tribus: his rotundatis, illis vix falcatis.

Papilio N. Asterie, *alis dentatis, luteo variis: singulis utrinquè ocellis sesquialteris, anteriore pupillâ geminâ.* LINN. *Syst. Nat.* 2. *pag.* 769. *n°.* 133.

Papilio N. Asterie, *alis dentatis, luteo variis: posticis ocello majori pupillâ geminâ; subtùs pallidis ocellis subtribus.* FAB. *Syst. Ent. p.* 490. *n°.* 205. — *Spec. Ins. tom.* 2. *p.* 69. *n°.* 312. — *Mant. Ins. tom.* 2. *p.* 34. *n°.* 363. — *Ent. Syst. em. tom.* 3. *pars* 1. *p.* 89. *n°.* 279.

KLEMANN, *Ins. tab.* 5. *fig.* 3. 4.

DAUBENT. *Pl. enlum.* 94. *fig.* 1. 2.

Papilio Asteria. CRAM. *Pap.* 5. *pl.* 58. *fig.* D. E.

Papilio Asterie. HERBST, *Pap. tab.* 172. *fig.* 3. 4.

A la première vue on pourroit la confondre avec l'*Almana*; mais en l'examinant un peu on reconnoît qu'elle a les ailes presque rondes & foiblement dentées, au lieu de les avoir anguleuses; que leur limbe postérieur est plus noir en dessus

& divifé par un double rang de lunules fauves ; que le deffous des quatre ailes eft jaunâtre, avec les mêmes taches oculaires que du côté oppofé ; enfin, qu'il y a fur celui des inférieures deux bandes blanchâtres, tranfverfes, dont l'antérieure plus courte & placée près de la bafe, l'extérieure allant du milieu de la côte à l'angle anal.

De l'île de Java.

59. Vanesse Laomédia.

Vanessa Laomedia.

Van. alis dentatis, cinerefcentibus, lineis fufcis, tranfverfis, undulatis, ocellifque (quibufdam cœcis) ferie pofticâ digeftis: anticarum fex, pofticarum quinque : his rotundatis, illis ad apicem prominulis.

Papilio N. Laomedia, *alis dentatis, cinerefcentibus : fuprà anticis ocellis fex, pofticis quinque; quibufdam cœcis.* Linn. *Syft. Nat.* 2. *p.* 772. *n°.* 144.

Papilio Atlites. Linn. *Amœn. Acad.* 6. *p.* 407. *n°.* 72.

Papilio N. Laomedia. Fab. *Syft. Ent. p.* 494. *n°.* 219. — *Spec. Inf. tom.* 2. *p.* 75. *n°.* 333. — *Mant. Inf. tom.* 2. *p.* 37. *n°.* 390. — *Ent. Syft. em. tom.* 3. *pars* 1. *p.* 98. *n°.* 302.

Drury, *Inf.* 1. *tab.* 5. *fig.* 3.

Sulz. *Inf. edit.* Roem. *tab.* 16. *fig.* 10.

Papilio Laomedia. Cram. *Pl.* 8. *fig.* F. G.

Papilio Laomedia. Herbst, *Pap. tab.* 174. *fig.* 1. 2.

Elle a près de deux pouces & demi de largeur. Le deffus des ailes eft d'une couleur cendrée (un peu rougeâtre dans le mâle), avec trois lignes noirâtres, tranfverfes, poftérieures & ondulées, entre lefquelles eft une rangée également tranfverfe de taches oculaires : ces taches font au nombre de fix fur les premières ailes, & de cinq fur les fecondes ; & elles ont, à l'exception des deux plus intermédiaires qui font moins grandes, tout le côté interne de la prunelle fauve ; il y a en outre quelques ondes noirâtres près de l'origine du bord antérieur des premières ailes, & le milieu des inférieures eft marqué d'un petit trait de cette nuance. Le deffous ne diffère du deffus que parce que les caractères dont nous venons de parler font moins prononcés. Les deux furfaces du corps font de la couleur de celles des ailes ; les antennes font noirâtres, avec le bout de la maffue ferrugineux.

Elle habite la Chine & l'île de Java.

60. Vanesse Octavie.

Vanessa Octavia.

Van. alis dentatis, fuprà fulvis, bafi, limbo pofteriori lineâque punctatâ, intermediâ, utrinquè nigris : fingulis fubtùs nitenti-pallidioribus, bafi maculis flavefcentibus, margine lunularum albarum ferie duplici : anticis apice prominulis, pofticis rotundatis.

Papilio N. Octavia, *alis dentatis, fufcis, difco angulato fulvo nigro punctato : fubtùs maculis bafeos flavis.* Fab. *Spec. Inf. tom.* 2. *pag.* 91. *n°.* 402. — *Mant. Inf. tom.* 2. *p.* 49. *n°.* 485. — *Entom. Syft. em. tom.* 3. *pars* 1. *pag.* 120. *n°.* 369.

Papilio Octavia. Cram. *Pap.* 12. *pl.* 135. *fig.* B. C.

Papilio Octavia. Herbst, *Pap. tab.* 166. *fig.* 3. 4.

Elle eft un peu plus petite que la précédente. Le deffus des ailes eft fauve, avec une bordure noire, poftérieure, affez large, finuée en dedans & précédée d'une ligne tortueufe de points de fa couleur ; la bafe eft d'un brun-noirâtre, avec deux taches fauves, tranfverfales, fur les ailes fupérieures, & une femblable fur les inférieures. Le deffous diffère du deffus en ce que le fond eft plus pâle, excepté près de la bordure, & en outre d'une teinte incarnate luifante ; en ce que les taches de la bafe font jaunâtres & au nombre de cinq fur les fecondes ailes ; enfin, en ce qu'il y a tout le long de la bande noire marginale deux rangs de petites lunules d'un blanc-bleuâtre, ou trois, fi l'on compte celles qui bordent les échancrures. Le corps eft jaunâtre en deffous, obfcur en deffus ; les antennes font noires.

Elle fe trouve fur la côte d'Angole & à Sierra-Leone.

61. Vanesse Cloantha.

Vanessa Cloantha.

Van. alis dentatis, fuprà fulvis, bafi fufcâ ferieque pofticâ punctorum violaceorum : anticis ftrigis tribus coftalibus nigris : his apice prominulis, inferioribus rotundatis.

Papilio Cloantha. Cram. *Pap. pl.* 338. *fig.* A. B.

Elle a environ deux pouces & demi de largeur. Le deffus des ailes eft fauve, avec la bafe obfcure & une rangée tranfverfe, courbe & poftérieure de fix points violets, bordés de noir : ces points font beaucoup plus gros aux ailes inférieures, dont le milieu offre une petite tache noire ; les fupérieures ont fous la côte trois bandes de cette couleur, tranfverfes, courtes, parallèles & un peu arquées. Le deffous ne diffère du deffus que parce qu'il eft généralement plus pâle & un peu piqué de noirâtre.

Du Cap de Bonne-Efpérance.

62. Vanesse du Chardon.

Vanessa Cardui.

Van. alis dentatis, suprà fulvis nigroque variis: anticis apice prominulis, albo maculatis: posticis subrotundatis, infrà marmoratis, ad extimum strigâ quatuor ocellorum.

Papilio N. Cardui, *alis dentatis, fulvis, albo nigroque variegatis: posterioribus subtùs ocellis quatuor.* Linn. *Syst. Nat.* 2. *p.* 774. *n°.* 157. — *Faun. Suec. edit.* 2. *p.* 276. *n°.* 1054.

Papilio Belladona. Linn. *Faun. Suec. edit.* 1. *p.* 235. *n°.* 778.

Papilio N. Cardui. Fab. *Syst. Entom. p.* 499. *n°.* 239. — *Spec. Insect. tom.* 2. *p.* 82. *n°.* 364. — *Mant. Insect. tom.* 2. *p.* 45. *n°.* 440. — *Ent. Syst. em. tom.* 3. *pars* 1. *p.* 104. *n°.* 320.

Papilio major, pulchra, nigro, rufo, albo coloribus varia. Rai, *Inf. p.* 122. *n°.* 13.

Papilio eleganter variegatus, agilis, belladona dictus. Petiv. *Muf. p.* 35. *n°.* 326.

Mouff. *Theat. Inf. p.* 101. *n°.* 8. 9. *fig.* 1. 2.

Goed. *Lat.* 3. *p.* 1. *fig.* 1, & *gall. tom.* 1. *tab.* 1.

Merian, *Eur.* 3. *p.* 52. *fig.* 15. *edit. ult.* 88.

Albin. *Inf.* 56.

Reaum. *Inf.* 1. *tab.* 26. *fig.* 11. 12.

Roes. *Inf. part.* 1. *tab.* 10. *class.* 1. *Pap. diurn.*

Schœff. *Icon. tab.* 97. *fig.* 5. 6.

Panz. *Faun. Germ.* 22. 19.

Rossi, *Faun. Etr. tom.* 2. *p.* 149. *n°.* 1013.

Fuessl. *Suiss. Inf. p.* 29. *n°.* 569.

Papilio Cardui. Scop. *Entom. Carn. p.* 150. *n°.* 426.

Papilio Cardui. Esp. *Pap. part.* 1. *tab.* 10. *fig.* 3.

Borkh. *Pap. Eur. part.* 1. *p.* 13 & 199. *n°.* 6.

Borkh. *Rhein. Magaz. tom.* 1. *p.* 255. *n°.* 44.

Schneid. *Syst. Beschr. p.* 153. *n°.* 81.

Lang. *Verz.* 2. *p.* 33. *n°.* 237-239.

Bergstr. *Nomencl. tab.* 62. *fig.* 1-6.

Papilio Cardui. Wien. Verz. *p.* 175. *fam.* J. *n°.* 2.

Illig. *N. Ausg. Dess. tom.* 2. *p.* 216. *n°.* 2.

Papilio Cardui. Hubn. *Pap. tab.* 15. *fig.* 73. 74.

Papilio Cardui. Ochsenh. *Pap. Eur. tom.* 1. *p.* 102.

Papilio Carduelis. Cram. *Pap..... pl.....*

La Belle-Dame. Geoffr. *Hist. Inf. tom.* 2. *p.* 41. *n°.* 7.

La Belle-Dame. Engr. *Pap. d'Europe, tom.* 1. *p.* 20. *pl.* 7. *fig.* 7. a-g.

Elle a environ deux pouces & demi de largeur. Le dessus des ailes supérieures a la base & le bord interne d'un brun-roussâtre; le milieu d'un fauve tirant sur le rouge-cerise, avec une bande noire transverse & anguleuse; le sommet largement noir, avec cinq taches blanches, dont l'intérieure plus grande & appuyée transversalement sur la côte, les quatre autres en forme de points inégaux & rangées en arc parallèlement au bord postérieur: ce bord est entièrement noir, avec les échancrures blanches. Le dessus des secondes ailes est d'un fauve plus ou moins rougeâtre, avec la base, le bord interne & le disque d'un brun-roussâtre, & trois rangées postérieures & parallèles de points noirs, dont les intermédiaires oblongs & plus petits, les extérieurs tout-à-fait marginaux, les intérieurs au nombre de quatre seulement & parfois un peu ocellés; ces ailes ont la côte noirâtre & les échancrures blanches. Leur dessous est marbré de brun, de blanc & de jaunâtre, avec un cordon de quatre taches oculaires, correspondant aux points intérieurs du dessus & séparées du bord par une ligne grisâtre, transverse, le long de laquelle il y a une série de petites lunules bleuâtres, formées par des atômes. Le dessous des ailes supérieures offre le même dessin que le dessus, mais le fauve du milieu tire encore davantage sur le rouge-cerise, la bande noire qui le divise est marquée de blanc près de la côte, & le sommet est d'un brun-verdâtre. Le corps est blanchâtre en dessous, d'un brun-roussâtre en dessus, avec des anneaux noirs sur l'abdomen; les antennes sont noires, annelées de blanc, avec le bout de la massue d'un jaune d'ocre pâle.

La chenille est épineuse, brunâtre ou grise, avec des lignes jaunes, latérales & interrompues. Elle vit isolément sur plusieurs espèces de *Chardons*, particulièrement sur le *lancéolé*, le *bénit* & celui à *feuilles d'Acanthe*; sur l'*Artichaut*, la *Mille-Feuille*, l'*Ortie* & la *petite Mauve*. Elle se fait un tissu assez semblable à un nid d'araignée, & s'y enferme.

La chrysalide est grisâtre, avec des points dorés, quelquefois si nombreux qu'on la croiroit de cette couleur.

Le Papillon paroît presque sans interruption depuis le printemps jusqu'à l'automne. Il a le vol très-rapide; néanmoins on le prend assez facilement lorsqu'il est posé sur les fleurs de *Chardons*. Il est extrêmement répandu. Nous avons comparé avec le plus grand soin des échantillons de l'Europe, des Etats-Unis d'Amérique, des deux extrémités de l'Afrique, de l'île de Java, sans pouvoir trouver entr'eux la plus légère différence caractérillique ; mais à la Nouvelle-Hollande les individus sont d'un tiers environ plus petits, & ils ont les points de la rangée intérieure du dessus des secondes ailes constamment ocellés, à l'exception de celui qui avoisine le sommet ; & le dessous de ces mêmes ailes est plus foncé.

63. Vanesse Huntéra.

Vanessa Huntera.

Van. alis dentatis, suprà testaceo-fulvis nigroque variis : anticis apice productis, albo maculatis : posticis subrotundatis, infrà ad basin reticulatis, ad extimum ocellis duobus notatis.

Papilio N. Huntera, *alis subangulatis, fulvis, albo nigroque variis : posticis subtùs albo reticulatis ocellisque duobus.* Fab. *Syst. Entom. p.* 499. *n°.* 240. — *Spec. Insect. tom.* 2. *p.* 83. *n°.* 365. — *Mant. Insect. tom.* 2. *p.* 45. *n°.* 441. — *Ent. Syst. em. tom.* 3. *pars* 1. *p.* 104. *n°* 321.

Petiv. *Gazoph. dec.* 4. *tab.* 33. *fig.* 5.

Papilio Cardui virginiensis. Drury, *Inf.* 1. *tab.* 5. *fig.* 1.

Papilio Jole. Cram. *Pap.* 1. *pl.* 12. *fig.* E. F.

Papilio Huntera. Herbst, *Pap. tab.* 178. *fig.* 5. 6.

Papilio Huntera. Herbst, *Pap. tab.* 179. *fig.* 1. 2. (La femelle.)

Papilio Huntera. Smith-Abbot, *the Nat. Hist. of the rarer Lepid. Inf. of Georgia, vol.* 1. *p.* 17. *tab.* 9.

Ses ailes supérieures ressemblent beaucoup aux ailes correspondantes de la *Belle-Dame*, ou Vanesse du *Chardon* ; mais elles sont plus concaves ; leur sommet a un léger reflet bleu en dessus, & il est plus brun en dessous ; la petite bande ou tache blanche intérieure est plus étroite & courbée en dehors ; il y a d'ailleurs un point blanc entre l'extrémité de cette bande & l'angle interne. Le dessus des secondes ailes est presqu'aussi comme dans l'espèce que nous venons de citer ; la seule différence caractérisée qu'on y trouve, c'est que dans la femelle les points noirs intérieurs sont réunis en une bande continue. Le dessous des mêmes ailes est d'un brun légèrement obscur, avec les nervures jaunâtres & croisées près de la base par deux lignes de cette couleur ; le milieu offre une bande transverse d'un blanc-rosé & suivie extérieurement de deux taches oculaires ; devant le bord il y a une autre bande à peu près du même ton & divisée dans toute sa longueur par une ligne violâtre ondulée ; ce bord est jaunâtre, avec les échancrures blanches. Les antennes sont brunes, avec le bout de la masse blanchâtre.

Le fauve du dessus des femelles est tantôt briqueté, tantôt un peu carminé, & la bande du milieu des ailes inférieures, en dessous, est unidentée extérieurement dans les mâles.

La chenille, suivant Abbot, est brunâtre, avec les incisions & une ligne latérale jaunes ; elle a en outre le long du dos deux lignes formées par des points alternativement blancs & rouges ; sa tête est noire ; ses épines sont de la couleur du fond. Elle vit sur l'*Immortelle à feuilles obtuses* (*Gnaphalum obtusifolium*). Fabricius dit qu'elle est verte, annelée de noir, & qu'elle se trouve sur la *Balsamine.*

La chrysalide est jaunâtre, avec des mouchetures noirâtres. Le Papillon en sort au bout de quinze jours. Il paroît pendant toute la belle saison, & il est très-commun depuis le Brésil jusque dans la Géorgie & même au-delà.

64. Vanesse Callithéa.

Vanessa Callithea.

Van. alis rotundatis, integris, holosericeis, suprà nitenti-cœruleis, disco atro : posticis subtùs inaurato-viridibus, punctis nigris, permultis, ordinatis, basique aurantiacâ.

Ce magnifique lépidoptère forme une division à part dans le genre *Vanesse*, non-seulement parce qu'il a la masse des antennes plus courte & très-renflée, mais encore parce que ses ailes sont arrondies & entières.

Il a environ deux pouces & demi d'envergure. Le dessus du mâle est velouté, d'un bleu-violet très-brillant, avec un espace d'un noir-foncé, large, s'étendant en longueur depuis le disque des premières ailes jusqu'au bord interne des secondes. Le dessus de la femelle diffère de celui du mâle, en ce que les ailes supérieures sont traversées, du milieu de la côte à l'angle postérieur, par une bande orangée, très-large & arquée en dehors ; en ce que le bleu de l'extrémité des inférieures est d'un ton un peu verdâtre. Le dessous de ces dernières est d'un vert-doré dans les deux sexes, avec la base orangée, & vingt-quatre points très-noirs, gros, oblongs, dont un discoïdal, les autres disposés sur trois lignes courbes & transverses entre le milieu & le limbe postérieur. Le dessous des premières ailes du mâle est d'un vert un peu doré, excepté vers le bord interne, où il est d'un noir-brun. Dans la femelle, la bande orangée dont nous avons fait mention s'étend ici jusqu'à la base, de sorte qu'il n'y a que la côte & l'extrémité qui soient vertes ; en face du sommet est une ligne transverse de trois points noirs : on la voit également dans le mâle. Les deux surfaces du corps sont de la couleur des ailes ; les antennes sont d'un noir-foncé.

De l'intérieur de l'Amérique méridionale.

GENRE BIBLIS.

1. Biblis Thadana.

Ailes dentées, noires : l'extrémité des supérieures d'un brun-obscur de part et d'autre ; celle des inférieures offrant une bande maculaire, d'un rouge-vermillon en dessus, d'un blanc-rosé en dessous.

2. Biblis Ondulée.

Ailes dentées, noires ou d'un brun-obscur : dessus des supérieures offrant au sommet une bande d'un bleu-violet : dessous des quatre avec des ondes ferrugineuses, plus un point blanc sur la côte des inférieures.

3. Biblis Leucocyme.

Ailes dentées, d'un brun-noirâtre : les supérieures offrant au sommet une bande d'un bleu-violet : dessous des quatre avec des ondes grisâtres.

4. Biblis Laïs.

Ailes dentées, d'un brun-noirâtre en dessus, avec des rayons d'un jaune-verdâtre : dessous des unes et des autres avec des ondes grisâtres.

5. Biblis Protogénie.

Ailes dentées, fauves en dessus, ayant l'extrémité largement noirâtre, avec une bande maculaire d'un beau blanc : le dessous des quatre avec des ondes grisâtres, plus un point blanc sur la côte des inférieures.

6. Biblis Ariadne.

Ailes dentelées, d'un fauve-brun en dessus, avec des lignes noires, transverses et ondulées : d'un brun-marron en dessous et traversées par des bandes cendrées : les supérieures un peu tronquées au sommet, et ayant un point blanc sur la côte.

7. Biblis Ilithyie.

Ailes arrondies, dentelées, fauves, avec une bande près de la base et le bord noirs ; celui-ci tacheté de fauve : dessous des inférieures avec deux bandes blanches, transverses, ponctuées de noir.

1. Biblis Thadana.

Biblis Thadana.

Bib. alis dentatis, nigris : anticarum utrinquè extimo fuſco, poſticarum faſciâ maculari ſuprà ſanguineâ, ſubtùs roſeo-albicante.

Papilio N. Biblis, *alis dentatis, concoloribus, atris : poſticis faſciâ maculari ſanguineâ.* Fab. *Syſt. Entom. pag.* 505. *n°.* 261. — *Spec. Inſect. tom.* 2. *p.* 90. *n°.* 401. — *Mant. Inſect. tom.* 2. *p.* 49. *n°.* 482. — *Ent. Syſt. em. tom.* 3. *pars* 1. *p.* 119. *n°.* 365.

Papilio Biblis. Herbst, *Papil. tab.* 248. *fig.* 1. 2.

Papilio Hyperia. Cram. *Pap. pl.* 236. *fig.* E. F.

Elle a environ deux pouces & demi d'envergure. Ses quatre ailes ſont d'un brun-noir de part & d'autre, avec le bord terminal des ſupérieures moins foncé. Les ailes inférieures ont parallèlement à ce même bord une bande d'un rouge-vermillon vif, large, courbe, maculaire, finement échancrée ſur les côtés. On la voit auſſi en deſſous, mais elle y eſt d'un blanc-roſé, un peu moins large, & plus coupée par les nervures; elle y eſt d'ailleurs accompagnée de quatre points rouges, dont trois près de la baſe, l'autre vers le milieu de la côte au bord d'en haut. Le bord poſtérieur de ces dernières ailes eſt denté en ſcie & liſeré de blanc aux ſinus; les ailes ſupérieures ſont preſqu'entières. Les deux ſurfaces du corps, les antennes & les palpes ſont noirs.
On la trouve au Bréſil & dans l'île Saint-Thomas.

2. Biblis Ondulée.

Biblis Undularis.

Bib. alis dentatis, nigris aut fuſcis : anticis ſuprà faſciâ apicali cyaneâ : omnibus ſubtùs ferrugineo undulatis poſticarumque puncto coſtali albo.

Papilio N. Undularis, *alis dentatis, ſuprà fuſcis : poſticis apice ferrugineis, ſubtùs puncto albo.* Fab. *Spec. Inſ. Append.* 504. — *Mant. Inſ. tom.* 2. *pag.* 51. *n°.* 501. — *Ent. Syſt. em. tom.* 3. *pars* 1. *p.* 127. *n°.* 389.

Papilio Undularis. Cram. *Pap. pag.* 256. *fig.* A. B.

Papilio Undularis. Drury, *Inſ.* 2. *tab.* 10. *fig.* 1. 2.

Papilio Undularis. Herbst, *Pap. tab.* 246. *fig.* 1. 2.

Elle eſt de la même taille que la précédente. Ses quatre ailes ſont échancrées, & les inférieures ont la troiſième dent, à partir de l'angle externe, plus aiguë & plus ſaillante que les autres. Le deſſus du mâle eſt d'un noir-brun velouté & un peu chatoyant, avec environ le tiers poſtérieur des ſecondes ailes ferrugineux, & une bande d'un bleu-violet, tranſverſe, courbe, maculaire à l'extrémité des ſupérieures. La femelle a tout le deſſus d'un brun-obſcur, avec une bande poſtérieure moins foncée, laquelle devient violâtre vis-à-vis du ſommet des premières ailes. Le deſſous des deux ſexes offre, ſur un fond brun, une multitude de petites ondes ferrugineuſes, avec un eſpace griſâtre, triangulaire, au bout de la côte des ailes ſupérieures, & un point blanc près du milieu de la côte des inférieures : ce point eſt ſuivi dans la femelle, de ſix petits yeux noirs à prunelle blanche, formant un arc parallèle au bord poſtérieur. Le corps eſt de la couleur des ailes; les antennes ſont brunâtres, annelées de gris, avec le bout de la maſſue jaunâtre.

Elle habite la côte de Coromandel & l'île de Java.

N. B. Fabricius & Cramer n'ont connu que le mâle de cette eſpèce.

3. Biblis Leucocyme.

Biblis Leucocyma.

Bib. alis dentatis, fuſcis : anticis faſciâ apicali cyaneâ : omnibus ſubtùs griſeo undulatis.

Elle a abſolument le port & la taille de la précédente. Le deſſus des quatre ailes eſt d'un brun-noirâtre, avec une bande de taches d'un bleu-violet pâle devant le bord poſtérieur des premières, & une ligne de points cendrés devant le bord correſpondant des ſecondes. Le deſſous offre, ſur un fond brun, une multitude de petites ondes griſâtres, plus prononcées aux ailes inférieures qu'aux ſupérieures. Le corps & les antennes ſont comme dans l'eſpèce ci-deſſus.
Elle ſe trouve dans l'île de Java.
N. B. Nous n'avons vu que des individus mâles.

4. Biblis Laïs.

Biblis Lais.

Bib. alis dentatis, ſuprà fuſcis, lineis radiantibus vireſcenti-flavidis : ſubtùs omnibus griſeo undulatis.

Papilio N. Lais, *alis dentatis, nigris, cæruleſcenti ſtriatis : ſubtùs fuſcis.* Fab. *Spec. Inſ. tom.* 2. *p.* 102. *n°.* 448. — *Mant. Inſect. tom.* 2. *p.* 55. *n°.* 543. — *Ent. Syſt. em. tom.* 3. *pars* 1. *p.* 58. *n°.* 182.

Seba, *Muſ.* 4. *tab.* 7. *fig.* 23. 24.

Papilio Lais. Cram. *Pap. pl.* 110. *fig.* A. B.

Papilio Lais. Herbst, *Pap. tab.* 247. *fig.* 4. 5.

Elle a tout-à-fait le port des deux précédentes, mais elle eſt un peu plus grande. Le deſſus de chaque aile eſt d'un brun-noirâtre, avec ſix lignes d'un jaune verdâtre, larges, s'étendant en rayons de la base au limbe postérieur : celles des secondes ailes sont interrompues vers leur extrémité, & les premières ailes ont la côte entrecoupée par des traits & par des points de la couleur de ces lignes. Le dessous des quatre ailes est brun, avec une multitude de petites ondes grisâtres. Cette dernière couleur est aussi celle du corps; les antennes sont brunes.

Elle habite les Indes orientales & l'île de Java.

N. B. Le mâle ressemble à la femelle.

5. Biblis Protogénie.

Biblis Protogenia.

Bib. alis dentatis, suprà fulvis, extimo latè fusco fasciâ maculari niveâ : omnibus subtùs griseo undulatis posticarumque puncto costali albo.

Papilio N. Protogenia, *alis dentatis, fulvis, limbo nigro, albo maculato.* Fab. *Entom. Syst. em. tom.* 3. *pars* 1. *p.* 117. *n°.* 359.

Papilio Protogenia. Cram. *Pap. pl.* 189. *fig.* F. G.

Elle est un peu plus grande que la précédente dont elle a le port. Le dessus des deux sexes est d'un fauve plus ou moins foncé, avec une bordure d'un brun-noirâtre, large, divisée aux secondes ailes par une suite de quatre gros points blancs, & aux premières par une bande d'un blanc-violâtre, continue vis-à-vis de l'angle extérieur, maculaire & plus étroite vers l'angle opposé : celles-ci ont en outre la côte & le bord interne d'un brun-noirâtre. Le dessous des quatre ailes est tantôt d'un brun-ferrugineux, tantôt d'un brun-jaunâtre, avec des ondes grisâtres plus serrées au sommet des supérieures, où elles forment un grand espace triangulaire dont la pointe est en bas; les secondes ailes ont un point blanc près du milieu de la côte. Les échancrures de leur bord postérieur sont blanches, ainsi que celles du bord correspondant des premières ailes. Le corps est jaunâtre en dessus, cendré en dessous; les antennes sont noirâtres.

Elle se trouve dans l'île de Java.

6. Biblis Ariadne.

Biblis Ariadne.

Bib. alis denticulatis, suprà brunneo-fulvis, strigis nigris undulatis : subtùs castaneis transversimque cinereo fasciatis : anticis apice subtruncatis, puncto costali albo.

Papilio N. Ariadne, *alis angulatis, fulvis, strigis nigris undulatis : anticis puncto marginali albo.* Linn. *Syst. Nat.* 2. *p.* 778. *n°.* 170. — *Amœn. Acad.* 6. *p.* 407. *n°.* 71.

Papilio Ariadne. Fab. *Syst. Entom. p.* 507. *n°.* 267. — *Spec. Insect. tom.* 2. *p.* 94. *n°.* 412. — *Mant. Insect. tom.* 2. *p.* 50. *n°.* 497.

Papilio Coryta. Cram. *Pap. pl.* 86. *fig.* E. F.

Papilio Merione. Cram. *Pap. pl.* 144. *fig.* G. H.

Elle n'a guère que deux pouces d'envergure. Ses ailes sont dentelées. Les premières ont le sommet un peu tronqué; les secondes ont le bord postérieur arrondi. Les unes & les autres sont d'un fauve-brun en dessus, & traversées, depuis leur origine jusqu'à leur extrémité, par des lignes noires, ondulées. En dessous le fond des quatre ailes est d'un brun-marron, avec quatre ou cinq bandes transverses & sinueuses, d'un gris-cendré : indépendamment de cela les ailes supérieures ont vers le bout de la côte un point blanc que l'on voit aussi sur la surface opposée. Les caractères que nous venons de tracer sont applicables à la plupart des individus : nous disons à la plupart, parce qu'il s'en trouve dont le dessus des ailes est d'un fauve-jaunâtre, avec des bandes obscures entre les lignes ondulées.

Elle habite la côte de Coromandel & l'île de Java.

7. Biblis Ilithyie.

Biblis Ilithyia.

Bib. alis rotundatis, denticulatis, fulvis, fasciâ baseos margineque fulvo maculato nigris : posticis subtùs fasciis duabus albis, transversis, nigro punctatis.

Papilio N. Ilithuia, *alis dentatis, fulvis, nigro fasciatis : subtùs fasciis albis nigro maculatis.* Fab. *Spec. Inf. tom.* 2. *p.* 97. *n°.* 426. — *Mant. Inf. tom.* 2. *p.* 53. *n°.* 519. — *Entom. Syst. em. tom.* 3. *pars.* 1. *p.* 131. *n°.* 403.

Papilio Ilithya. Cram. *Pap. pl.* 213. *fig.* A. B. (Le mâle.)

Papilio Ilithya. Cram. *Pap. pl.* 214. *fig.* C. D. (La femelle.)

Papilio Polinice. Cram. *Pap. pl.* 375. *fig.* G. H. (Var.)

Papilio Ilithya. Drury, *Inf.* 2. *tab.* 17. *fig.* 1. 2.

Elle est de la taille de la précédente. Ses ailes sont arrondies, dentelées, fauves en dessus, avec une bordure noire, terminale, large & divisée dans toute sa longueur par un cordon de taches fauves, tantôt orbiculaires, tantôt presqu'en forme de coin. De la base des secondes ailes part une bande noire, sinuée, traversant le milieu des premières ailes & allant aboutir à leur bord antérieur qui est lui-même noir, & contre lequel s'appuient quelques petites lignes transverses de cette couleur. Le dessous des mêmes ailes ne diffère du dessus que parce que la côte est fauve, & parce que les petites lignes noires qui l'entrecoupent sont légèrement bordées de blanc. Le dessous des secondes ailes est d'un fauve-jaunâtre, avec deux bandes blanches, transverses, obliques & parallèles, dont la supérieure bordée sur chaque côté par une ligne noire ponctuée, l'inférieure, ou celle du milieu, bordée en dedans par une ligne semblable, & en dehors par une ligne brune continue; vient ensuite une large bordure noire, sur laquelle on voit une série transverse de petits traits longitudinaux d'un blanc-bleuâtre, puis une rangée de taches pareilles à celles de la surface opposée, mais ayant à peu près la moitié antérieure d'un blanc-jaunâtre; sur le côté postérieur de ces taches est une rangée de petits croissans blancs : indépendamment de cela les échancrures des quatre ailes sont blanches de part & d'autre. Le corps est fauve en dessus, moins foncé en dessous; les antennes sont noires.

Elle se trouve à Sierra-Leone. — Il paroît qu'elle habite aussi la côte de Coromandel, car l'individu que Cramer a figuré sous le nom de *Polinice*, est cité comme venant de ce pays.

N. B. Le dessus des secondes ailes offre parfois, entre la base & la bordure, une ligne transverse de points noirs. Elle existe aussi dans le *Polinice* dont il vient d'être question.

GENRE

GENRE NYMPHALE.

CARACTÈRES DU GENRE.

ANTENNES terminées en une petite massue alongée; longueur des palpes inférieurs ne surpassant pas notablement celle de la tête; cellule discoïdale ou centrale des secondes ailes ouverte en arrière, mais se rétrécissant vers son milieu. Chenilles n'ayant que quelques épines ou quelques tubercules, avec l'extrémité postérieure du corps plus ou moins fourchue.

1. *Massue des antennes formée presqu'insensiblement, grêle, cylindrico-obconique.*

A. *Ailes supérieures alongées, les inférieures larges.*

Le genre NEPTIS de Fabricius. (Pap. *Aceris*, *lucilla*, etc.)

2. *Massue des antennes formée brusquement, épaisse, en forme de cône renversé ou alongé.*

Le genre APATURA de Fabricius. (Pap. *Iris*, *ilia*, *Bolina*, etc.)

Le genre PAPHIA du même. (Pap. *Jasius*, *Stelenes*, *Chiron*, etc.)

ESPÈCES.

A. Bord postérieur des premières ailes plus ou moins concave. Bord correspondant des secondes avec deux queues extérieures, linéaires et aiguës.

1. NYMPHALE Jasius.

Ailes supérieures ayant de part et d'autre une raie maculaire, et le bord postérieur, fauves : dessous des quatre ferrugineux vers la base, avec des anneaux, et une bande, blancs.

2. NYMPHALE Pélias.

Dessus des quatre ailes avec une bande sur le milieu, et des points à l'extrémité, fauves : dessous ferrugineux vers la base, avec des anneaux, et une bande, blancs.

3. NYMPHALE Brutius.

Dessus des ailes avec une bande blanche sur le milieu : dessous ferrugineux vers la base, avec des anneaux, et une bande, blancs.

4. NYMPHALE Castor.

Dessus des ailes fauve, avec le limbe postérieur largement noir : dessous ferrugineux vers la base, avec des anneaux, et une bande, blancs.

5. NYMPHALE Pollux.

Dessus des ailes avec une bande fauve sur le milieu : dessous noir, avec des anneaux, et une bande, d'un blanc-verdâtre.

6. NYMPHALE Eudoxe.

Dessus des ailes avec une bande sur le milieu, et des taches à l'extrémité, fauves : dessous ferrugineux vers la base, avec des anneaux argentés ; ailes inférieures seulement avec une bande blanche.

NYMPHALE. (Insecte.)

7. Nymphale Lucrétius.

Dessus des ailes avec deux bandes fauves, maculaires : dessous ferrugineux, avec quelques anneaux bleuâtres vers la base ; inférieures avec une raie grise, postérieure et transversale.

8. Nymphale Fabius.

Dessus des ailes avec une bande sur le milieu, et des points à l'extrémité, jaunes : dessous d'un cendré-luisant, avec des ondes noires à la base.

9. Nymphale Anticlée.

Dessus des ailes avec une bande fauve, terminale : bande des supérieures maculaire et plus courte, bande des inférieures offrant quatre petits yeux.

10. Nymphale Candiope.

Dessus des ailes d'un jaune-roussâtre, avec l'extrémité tachetée de noir et de fauve : dessous avec l'origine de la côte d'un vert-pomme-luisant.

11. Nymphale Athamas.

Ailes avec une bande discoïdale d'un vert-blanchâtre, presque transparente, et bordée extérieurement en dessous par des lunules ferrugineuses.

12. Nymphale Sempronius.

Ailes avec deux queues, blanches, ayant le bord noir et ponctué de blanc. Fab.

13. Nymphale Horatius.

Ailes dentées, ayant deux queues, noires : extrémité des inférieures d'un rouge-sanguin, avec des points oculaires noirs. Fab.

14. Nymphale Tiridate.

Dessus des ailes d'un bleu-noir, avec des lunules d'un jaune d'ocre sur la tranche du bord terminal : moitié postérieure des quatre ponctuée de bleuâtre.

15. Nymphale Thurius.

Dessus des ailes d'un bleu-noir, avec des lunules d'un jaune d'ocre sur la tranche du bord terminal : milieu des supérieures avec des points, celui des inférieures avec une large bande, bleuâtres.

16. Nymphale Œclus.

Dessus des ailes d'un bleu-noir : dessous d'un bleu-cendré et ondé de noir, avec une tache fauve à l'angle de l'anus.

17. Nymphale Éthéocle.

Dessus des ailes d'un vert-noir ; dessous brunâtre : leurs deux surfaces avec une bande blanche, discoïdale.

18. Nymphale Éphyra.

Dessus des ailes d'un noir-brun, avec des points verdâtres sur le bord postérieur des premières, et des lunules blanches sur le bord correspondant des secondes.

19. Nymphale Étésipe.

Dessus des ailes d'un bleu-noir ; dessous marbré de blanc, de noir et de ferrugineux : leurs deux surfaces avec une bande blanche discoïdale.

20. Nymphale Éthéta.

Dessus des ailes d'un noir-bleu, avec des taches d'un bleu-pâle sur la moitié postérieure : dessous marbré de blanc, de noir et de ferrugineux.

21. Nymphale Bérénice.

Dessus des ailes noir, avec une bande rousse, commune : dessous des inférieures tacheté de blanc, de jaune et de ferrugineux.

22. Nymphale Pyrrhus.

Dessus des ailes d'un noir-brun, avec la base d'un jaune d'ocre pâle : les inférieures avec une double rangée de lunules bleuâtres.

NYMPHALE. (Insecte.)

23. Nymphale Nisus.

Dessus des ailes d'un noir-brun : les inférieures d'un bleu-pâle avant le bord, avec des points oculaires et une bande blanche.

24. Nymphale Solon.

Ailes en queue, noires, avec une bande jaunâtre, et la base obscure. Fab.

25. Nymphale Xipharès.

Dessus des ailes noir : milieu des supérieures avec des taches blanches, milieu des inférieures avec une bande jaune, dentée en dehors.

26. Nymphale Miltiade.

Ailes en queue, d'un brun-obscur ; les inférieures avec une tache blanche : dessous des quatre avec une bande blanche, commune, et un seul œil. Fab.

B. Bord postérieur des premières ailes plus ou moins concave. Bord correspondant des secondes avec une queue extérieure, linéaire, aiguë, et la dent qui précède l'angle anal obtuse et un peu plus prononcée que les autres.

27. Nymphale Achéronta.

Dessus des ailes supérieures roux à la base, noir et tacheté de blanc à l'extrémité : inférieures d'un ferrugineux-obscur, avec un point noir.

C. Bord postérieur des premières ailes concave, et plus ou moins tronqué au sommet. Bord correspondant des secondes avec deux queues linéaires, dont l'une anale et courbée du côté du corps ; l'autre extérieure, oblique, beaucoup plus longue, et obtuse à son extrémité.

28. Nymphale Thétis.

Dessus des ailes fauve, avec trois raies noires, transverses, communes, droites : dessous glacé de blanc-verdâtre, avec une ligne transverse et discoïdale, puis une rangée de points oculaires.

29. Nymphale Pellénis.

Dessus des ailes fauve, avec deux lignes noires, transverses, communes ; la postérieure des supérieures anguleuse : dessous glacé de blanc-verdâtre, avec une ligne transverse et discoïdale, puis une rangée de points oculaires.

30. Nymphale Astina.

Ailes en queue, d'un brun-obscur, avec un espace fauve, discoïdal et commun : les supérieures avec une lunule noire. Fab.

31. Nymphale Corésie.

Dessus des ailes d'un noir-brun, avec la base et une double bande postérieure d'un ferrugineux-purpurin : dessous avec la moitié antérieure très-blanche et bordée en dehors par une ligne ferrugineuse, dentée.

32. Nymphale Chiron.

Dessus des ailes d'un noir-brun, avec quatre bandes communes d'un brun-tanné : dessous avec la moitié antérieure d'un gris de perle et bordée en dehors par une bande blanche.

33. Nymphale Thémistocle.

Dessus des ailes d'un noir-brun, avec quatre bandes communes d'un brun-tanné : dessous d'un brun-violet, avec une rangée postérieure de points noirâtres.

34. Nymphale Dioné.
(*Voyez pag.* 292, n°. 12.)

35. Nymphale Corinne.
(*Voyez page* 291, n°. 11.)

36. Nymphale Furcula.

Dessus des ailes fauve à la base, ensuite noir et glacé de bleu : dessous d'un ferrugineux-luisant, avec deux lignes noires, transverses et ondulées.

NYMPHALE. (Insecte.)

D. Bord postérieur des premières ailes concave. Bord correspondant des secondes avec deux queues, dont l'une anale, très-courte et arrondie; l'autre extérieure, oblique, dilatée en angle vers l'origine de son côté interne, un peu courbe et rétrécie à son extrémité.

37. Nymphale Orsiloque.

Dessus des ailes d'un brun-noirâtre, avec deux bandes transverses d'un gris de perle : dessous d'un gris de perle, avec des bandes fauves.

38. Nymphale Crithon.

Ailes en queue, d'un brun-noirâtre en dessus, d'un gris-violâtre en dessous : une bande blanche sur chaque surface. Fab.

E. Bord postérieur des premières ailes peu concave ou presque droit. Bord correspondant des secondes avec deux queues, dont l'une anale, très-courte et arrondie; l'autre extérieure, oblique, linéaire et aiguë.

39. Nymphale Camillus.

Ailes blanches de part et d'autre, avec des bandes transverses roussâtres et bordées de brun.

40. Nymphale Thyoné.

Ailes fauves de part et d'autre, avec plusieurs lignes transverses d'un brun-noirâtre : les 4e., 6e. et 8e. lignes des secondes ailes légèrement bordées de blanc.

41. Nymphale Hylas.

Ailes fauves ou blanches de part et d'autre, avec des lignes transverses et le bord d'un brun-noirâtre : deux points à l'angle interne.

42. Nymphale Périandre.

Ailes blanches de part et d'autre, avec six lignes transverses roussâtres, le bord postérieur brun et rayé de blanc.

43. Nymphale Coclès.

Ailes un peu en queue (avec deux queues), rayées de blanc et de jaunâtre, et ayant une bande blanche sur le milieu : dessous des inférieures avec une rangée de points oculaires: Fab.

F. Bord postérieur des premières ailes dilaté en angle vers son milieu. Bord correspondant des secondes tronqué presque carrément vers l'angle de l'anus, et ayant une queue extérieure, oblique, assez longue, arrondie à son extrémité.

44. Nymphale Hippona.

Dessus des ailes noir : supérieures variées de fauve et de jaune; inférieures avec une rangée de points blancs vers l'angle de l'anus.

G. Bord postérieur des premières ailes plus ou moins concave. Bord correspondant des secondes tronqué presque carrément vers l'angle de l'anus, et ayant une queue extérieure, oblique, obtuse ou arrondie à son extrémité.

a. Bord interne des premières ailes sans échancrure.

45. Nymphale Clytemnestre.

Ailes d'un noir-brun : les deux surfaces des supérieures avec une bande d'un jaune d'ocre sur le milieu : dessous des quatre ayant des taches argentées vers la base.

46. Nymphale Décius.

Dessus des ailes d'un brun-noirâtre, avec une bande blanche, commune, sur le milieu : inférieures rousses vers l'angle anal, avec des yeux et deux points violets.

47. Nymphale Érota.

Ailes un peu en queue, d'un brun-noirâtre, avec des ondes plus foncées et une bande blanche commune sur le milieu : inférieures avec deux yeux en dessus et en dessous. Fab.

NYMPHALE. (Insecte.)

48. Nymphale Véranès.

Dessus des ailes blanc et sans taches à la base; ferrugineux à l'extrémité, avec des points fauves et des points noirâtres.

49. Nymphale Lycurgue.

Dessus des ailes d'un bleu-noir, avec une rangée de lunules d'un bleu-pâle sur le limbe postérieur : dessous des inférieures avec des points blancs, marginaux.

50. Nymphale Portia.

Ailes dentelées, fauves en dessus, avec une ligne anguleuse et le limbe postérieur d'un brun-noirâtre : dessous gris, avec des points noirs vers la queue des inférieures.

51. Nymphale troglodyte.

Ailes dentées et en queue, rousses, avec une ligne transverse et le bord postérieur d'un brun-noirâtre. Fab.

52. Nymphale Ryphea.

Ailes entières, d'un brun-noirâtre, à reflet violet en dessus, avec deux bandes souci sur les premières, et une tache presque discoïdale de cette couleur sur les secondes.

53. Nymphale Nésée.

Ailes entières, d'un brun-noirâtre en dessus : supérieures avec un reflet violet et deux bandes souci, inférieures sans taches.

β. Bord interne des premières ailes avec une échancrure plus ou moins profonde, au moins dans les mâles.

54. Nymphale Hélié.

Ailes dentées, d'un brun-tanné en dessus : extrémité des supérieures noirâtre, avec des taches d'un jaune d'ocre et disposées en une bande anguleuse.

55. Nymphale Halice.

Ailes entières, rousses en dessus : moitié postérieure des supérieures d'un noir-bleu, avec une bande très-blanche, anguleuse, interrompue dans son milieu.

56. Nymphale Pléione.

Ailes dentées, fauves en dessus, avec le sommet des supérieures noir : dessous réticulé de ferrugineux, et offrant sur le milieu une raie brune transversale.

57. Nymphale Éribote.

Ailes entières, fauves ou ferrugineuses en dessus, avec un reflet violet à la base : inférieures ayant de part et d'autre des points marginaux presqu'ocellés.

58. Nymphale Polycarme.

Ailes entières, noires en dessus, brunes en dessous, sans taches. Fab.

59. Nymphale Laertia.

Ailes entières, d'un brun-noirâtre en dessus, avec la base glacée de violet : dessous des supérieures avec des points blancs, marginaux.

60. Nymphale Morvus.

Ailes entières, noires en dessus, avec la base glacée de bleu-verdâtre : dessous des supérieures sans taches au bord terminal.

61. Nymphale Octavius.

Ailes en queue, noires, avec une bande verte, courte : dessous gris, avec une ligne brune, transversale. Fab.

H. Bord postérieur des premières ailes plus ou moins concave. Angle anal des secondes prolongé et replié en dessous.

γ. Bord interne des premières ailes sans échancrure.

NYMPHALE. (Insecte.)

62. Nymphale Orion.

Ailes entières, d'un noir-brun en dessus : supérieures avec une bande longitudinale, inférieures avec la base, fauves; bord postérieur des quatre blanchâtre de part et d'autre.

63. Nymphale? Cocyte.

Ailes en faulx, noires en dessus, avec le bord postérieur cendré. Fab.

64. Nymphale Odin.

Ailes entières, unianguleuses, obscures: inférieures offrant de part et d'autre une couple de points noirs presqu'ocellés. Fab.

65. Nymphale Mycérine.

Dessus des ailes d'un noir-violet, avec une bande commune d'un bleu-ardoisé : dessous des supérieures avec deux points ocellés à la base.

66. Nymphale posthume.

Ailes en faulx, entières, d'un brun-noirâtre, avec le disque bleu : dessous des inférieures gris et sans taches. Fab.

67. Nymphale Cymodoce.

Dessus des ailes d'un brun-obscur, avec un reflet bleu à la base : angle anal des inférieures offrant de part et d'autre un seul œil.

68. Nymphale Égeste.

Ailes entières, fauves en dessus, avec le bord postérieur des quatre et le milieu des inférieures d'un brun-obscur : dessous d'un brun-incarnat, avec une ligne ferrugineuse, commune.

69. Nymphale Bisaltide.

Dessus des ailes fauve, avec l'extrémité des supérieures noire et ponctuée de blanc de part et d'autre : dessous des supérieures avec deux yeux peu prononcés, dessous des inférieures avec trois.

δ. Bord interne des premières ailes avec une échancrure, du moins dans les mâles.

70. Nymphale Itys.

Dessus des ailes fauve : supérieures avec une bande blanchâtre, anguleuse, vers l'extrémité : dessous des inférieures d'un bleu-pâle à la base.

71. Nymphale Isidora.

Dessus des ailes fauve, avec une tache sur la côte, et le sommet des supérieures, noirâtres : dessous des inférieures avec des points oculaires sur le bord terminal.

72. Nymphale Marthésius.

Ailes entières, noires en dessus, avec une rangée postérieure de points blancs : base des supérieures largement fauve.

73. Nymphale Roger.

Ailes entières, noires en dessus, avec deux bandes sur les supérieures, et une tache sur le milieu des inférieures, d'un rouge-vermillon : dessous varié de grisâtre et de ferrugineux.

I. Bord postérieur des premières ailes droit, ou à peine convexe. Angle anal des secondes prolongé et obtus.

74. Nymphale Dircé.

Ailes d'un brun-obscur : supérieures offrant de part et d'autre une bande jaune : dessous des quatre rayé de blanchâtre.

75. Nymphale Phorcis.

Ailes dentées, d'un brun-obscur, sans taches en dessus : dessous avec quelques lignes noires, transverses, et en outre deux points gris aux inférieures.

K. Bord terminal des ailes supérieures droit, ou à peine concave. Ailes inférieures alongées dans le sens de la longueur du corps.

NYMPHALE. (Insecte.)

76. Nymphale Mésentéria.

Ailes dentelées, d'un brun-noirâtre : dessus des supérieures avec une bande fauve, transverse, bifide; leur dessous jaunâtre à la base, avec des points d'un bleu-luisant.

77. Nymphale Cocala.

Ailes dentelées, d'un brun-noirâtre en dessus, avec une bande transverse sur le milieu : bande des supérieures fauve, bifide; bande des inférieures blanche.

78. Nymphale Phliassa.

Ailes dentelées, d'un brun-noirâtre en dessus, avec une bande blanche sur le milieu : bande des supérieures courte, se perdant dans une bande fauve échancrée en un seul endroit de son côté interne; bande des inférieures terminée en pointe à l'angle de l'anus.

79. Nymphale Cythéréa.

Ailes dentelées, d'un brun-noirâtre en dessus, avec une bande blanche, discoïdale, pointue à ses extrémités : bande des supérieures courte, s'alignant immédiatement à une bande fauve dont le côté interne est entier.

80. Nymphale Iphicla.

Ailes dentelées, d'un brun-noirâtre en dessus, avec une bande blanche, discoïdale, arrondie à son extrémité antérieure, pointue à l'extrémité opposée : sommet des supérieures avec une tache fauve, solitaire.

81. Nymphale Mythra.

Dessus des ailes d'un brun-noirâtre, avec une bande blanche, discoïdale, pointue à chaque extrémité : sommet des supérieures avec une tache orangée : dessous des quatre d'un jaune-fauve, avec une bande et des lignes blanches, transversales.

L. Bord postérieur des premières ailes plus ou moins concave, ou tronqué au sommet. Bord correspondant des secondes ayant, au moins dans les mâles, l'une des trois dents postérieures plus prononcée que les autres.

α. Dernière dent des secondes ailes plus prononcée que les autres.

82. Nymphale Syma.

Ailes dentées, d'un brun-noirâtre en dessus, avec une bande blanche, commune : sommet des supérieures avec une tache orangée : dessous des quatre ferrugineux, avec plusieurs raies blanches, transversales.

83. Nymphale Fatime.

Ailes un peu en queue, d'un noir enfumé, avec une bande jaune (fauve), commune, mais plus courte aux inférieures : milieu de ces dernières avec des taches rousses. Fab.

84. Nymphale Libérie.

Ailes dentées, fauves en dessus, avec le sommet des supérieures brunâtre : dessous des inférieures avec une rangée discoïdale de quatre points oculaires.

85. Nymphale Bella.

Dessus des ailes fauve, avec le sommet des supérieures noir et tacheté de blanc : dessous des inférieures réticulé de gris, et offrant quatre yeux.

86. Nymphale Laurence.

Dessus des ailes noir, avec une bande commune d'un bleu-verdâtre-luisant : dessous des inférieures d'un gris-argenté, avec un point obscur à la base.

87. Nymphale Laure.

Dessus des ailes noir, avec une bande sur le milieu : bande des supérieures fauve, interrompue; bande des inférieures blanche et environnée d'un reflet bleu.

NYMPHALE. (Insecte.)

88. Nymphale Thoé.

Ailes ayant de part et d'autre une bande blanche, commune, et un œil sans prunelle : dessous des inférieures d'un gris-argenté.

89. Nymphale Pavon.

Dessus des ailes d'un brun-noirâtre, avec deux bandes plus claires : sommet des supérieures avec une tache fauve : dessous des inférieures avec trois points bleuâtres, oculaires.

90. Nymphale Vacuna.

Ailes dentelées, d'un brun-noirâtre en dessus (avec un reflet violet dans le mâle) : supérieures offrant de part et d'autre une bande souci : dessous des inférieures avec un point bleu oculaire.

91. Nymphale Agathis.

Ailes dentelées, d'un brun-noirâtre en dessus (avec un reflet violet dans le mâle) : supérieures ayant de part et d'autre au sommet deux raies blanches, transverses, maculaires : dessous des inférieures sans yeux.

92. Nymphale Zunilda.

Ailes dentelées, d'un brun-noirâtre en dessus (avec un reflet violet dans le mâle) : supérieures ayant de part et d'autre au sommet deux raies blanches, transverses, maculaires : dessous des inférieures avec deux points bleus, oculaires.

β. Avant-dernière dent des secondes ailes plus prononcée que les autres.

93. Nymphale Gélanie.

Ailes dentées, d'un brun-noirâtre, ayant de part et d'autre une bande blanche, commune : dessous offrant à la base des taches ferrugineuses entourées de blanc.

δ. Anté-pénultième dent des secondes ailes plus prononcée que les autres.

94. Nymphale Acilia.

Ailes dentées, d'un brun-noirâtre, avec des lignes grises, transverses, une bande blanche, commune, et une rangée postérieure d'yeux sans prunelle.

95. Nymphale Stélénès.

Ailes offrant de part et d'autre deux bandes vertes, pâles, dont l'antérieure des inférieures entière : dessous des supérieures marqué au milieu de la côte d'un Z bleuâtre.

96. Nymphale Épaphéa.

Ailes d'un brun-tanné de part et d'autre, avec une bande blanche, commune : moitié postérieure des supérieures fauve en dessus.

97. Nymphale Symachia.

Ailes d'un brun-noirâtre, ayant en dessus une bande blanche, commune, et en dessous quatre bandes rousses, avec autant de bandes blanches.

98. Nymphale Typha.

Ailes dentées, d'un noir-brun, avec une bande commune en dessus, le disque de la base en dessous, blancs : disque des supérieures divisé par une raie.

99. Nymphale Nééréa.

Ailes dentées, d'un noir-brun, avec une bande commune en-dessus, le disque de la base en dessous, d'un vert-pâle : disque des supérieures non divisé.

100. Nymphale Lamina.

Ailes dentées, d'un noir-brun, ayant de part et d'autre une bande blanche, commune, et deux rangées transverses de lunules bleues : dessous tacheté de roux.

NYMPHALE. (Insecte.)

101. NYMPHALE Ursule.

(*Voyez* Pap. ÉPHESTION, *pag.* 42, *n°.* 51 de la première partie.)

102. NYMPHALE Oisis.

Ailes dentées, noires en dessus (glacées de bleu dans le mâle), avec trois raies blanches, maculaires, transversales, dont l'antérieure et la suivante coupant l'abdomen.

103. NYMPHALE Sylvina.

Dessus des ailes varié de noir et de jaunâtre, dessous verdâtre : supérieures ayant de part et d'autre une bande blanche, transverse, maculaire.

104. NYMPHALE Opis.

Dessus des ailes d'un brun-obscur, avec une bande commune, et des caractères, d'un jaune d'ocre : supérieures avec une rangée transverse de points blancs.

105. NYMPHALE Cupavius.

Ailes d'un noir-brun : dessus et dessous des supérieures avec deux bandes blanches, maculaires; surfaces correspondantes des inférieures avec le milieu d'un jaune d'ocre.

106. NYMPHALE Iapis.

Ailes sinuées, d'un noir-brun en dessus, d'un brun-tanné-clair en dessous, avec une bande postérieure d'un blanc-bleuâtre sur chaque surface.

107. NYMPHALE ? Cocyta.

Ailes inégalement dentées, d'un brun-noirâtre : extrémité des inférieures bleuâtre. FAB.

108. NYMPHALE ? Monime.

Ailes dentées, noirâtres : inférieures brunes, avec l'angle anal bleuâtre et divisé transversalement par une ligne noire. FAB.

M. Bord postérieur des premières ailes plus ou moins concave, ou tronqué au sommet. Bord correspondant des secondes arrondi.

109. NYMPHALE Acouthéa.

Dessus des ailes d'un brun-obscur, dessous d'un gris de perle à l'extrémité : leurs deux surfaces offrant une bande blanche, commune et très-anguleuse.

110. NYMPHALE Péléa.

Ailes dentées, d'un brun-obscur : supérieures avec des taches blanches et des taches noires en fer de flèche : dessous des quatre cendré, avec des lunules noires.

111. NYMPHALE Althéa.

Ailes dentées, d'un brun-obscur en dessus, avec une bande crénelée, et une ligne anguleuse, blanches : dessous avec une ligne ferrugineuse, commune et discoïdale.

112. NYMPHALE Alciméda.

Ailes dentées, d'un noir-brun en dessus, avec une bande crénelée, et une ligne ponctuée, blanches : des taches fauves sur le bord terminal des inférieures.

113. NYMPHALE Amphicéda.

Ailes blanches, avec le bord postérieur ondé de noir en dessus : leur dessous offrant à la base des caractères, et sur le milieu une ligne commune, d'un brun-obscur.

114. NYMPHALE Sangaris.

Dessus des ailes d'un rouge-vermillon, avec des points noirs sur le limbe postérieur : dessous d'un brun-tanné-clair, avec une ligne ferrugineuse, commune et discoïdale.

NYMPHALE (Insecte.)

115. Nymphale Discouthéa.

Dessus des ailes d'un bronzé-pâle, avec la base, et une ligne transverse et maculaire à l'extrémité, obscures : supérieures ayant vers la côte une ligne transverse de taches blanches.

116. Nymphale Alphéda.

Dessus des ailes d'un vert-bronzé, dessous d'un vert-blanchâtre : chaque surface offrant à la base des caractères, et à l'extrémité deux lignes flexueuses, obscures.

117. Nymphale Arcadius.

Ailes entières : supérieures noires, tachetées de bleu et de blanc; inférieures d'un brun-obscur : dessous (des quatre) brun. Fab.

118. Nymphale Véronique.

Dessus des ailes d'un vert-violâtre, avec des raies transverses, et le bord postérieur, obscurs : dessous avec une ligne commune de points blancs.

119. Nymphale Æthiopa.

Dessus des ailes d'un bleu-violet, avec le bord postérieur noir : sommet des supérieures offrant de part et d'autre une ligne trasverse de points blancs.

120. Nymphale Honorius.

Ailes entières, bleues : supérieures ayant le sommet noir, avec la côte brune; inférieures ponctuées de noir à la base, rayées à l'extrémité. Fab.

121. Nymphale Cyrna.

Dessus des ailes d'un bleu-verdâtre : dessous jaunâtre, avec deux lignes transverses, dont l'une maculaire, l'autre ondulée, noirâtres.

122. Nymphale Atlita.

Ailes dentées, d'un brun-noirâtre, avec un reflet bleu : dessous fauve, avec des raies violâtres, ondulées; cinq yeux sans prunelle aux inférieures. Fab.

123. Nymphale Gnidie.

Ailes d'un brun-tanné : les deux surfaces des supérieures avec une bande, et des points au sommet, blancs; dessus des inférieures avec une bande fauve, tachetée de noir.

124. Nymphale Doriclée.

Ailes d'un brun-jaunâtre, et ayant en dessus deux lignes transverses de points noirs : dessous des inférieures avec un point noir à la base.

125. Nymphale Lysandra.

Ailes entières, d'un brun-jaunâtre, ayant en dessus deux lignes de points noirs, et en dessous une seule ligne de points blancs.

126. Nymphale Augé.

Dessus des ailes d'un brun-jaunâtre : supérieures avec trois raies vertes, transversales; inférieures avec une rangée de points noirs.

127. Nympale Hespérus.

Ailes sinuées, obscures, ondées de noir : supérieures avec quatre points blancs. Fab.

128. Nymphale Chrémès.

Ailes entières, obscures : inférieures rousses, avec des bandes noires en dessus, un point blanc central en dessous. Fab.

NYMPHALE. (Insecte.)

129. NYMPHALE Mirus.

Ailes sinuées, obscures, avec de légères bandes d'un brun-tanné : dessous des inférieures obscur à la base, varié à l'extrémité. FAB.

130. NYMPHALE Méléagris.

Dessus des ailes d'un brun-obscur, dessous d'un jaune-fauve : leurs deux surfaces avec une multitude de points blancs.

131. NYMPHALE Dédale.

Ailes entières : leur dessus d'un brun-obscur, avec une multitude de points blancs : leur dessous d'un brun-pâle et sans taches.

132. NYMPHALE Mélantha.

Ailes dentées, d'un brun-obscur en dessus, avec des points blancs : leur dessous brun. FAB.

133. NYMPHALE Marthe.

Ailes dentées, variées de brun et de fauve : supérieures avec trois rangées de lunules, inférieures avec une bande, blanches. FAB.

134. NYMPHALE Absalon.

Ailes entières, fauves, fasciées de brun : leur dessous orangé, avec des ondes obscures. FAB.

135. NYMPHALE Amulia.

Dessus des ailes d'un brun-noirâtre, sans taches : dessous d'un jaune-fauve, avec trois raies transverses, plus une rangée de points, bleues et marquées de noir.

136. NYMPHALE Haquinus.

Ailes presqu'entières, d'un brun-noirâtre : leur dessous orangé, avec des taches d'un bleu-argentin, et marquées de noir. FAB.

137. NYMPHALE Amasia.

Dessus des ailes d'un vert-argentin, avec l'extrémité plus foncée : dessous d'un vert-pré, avec des points noirs oculaires le long du bord postérieur.

138. NYMPHALE Démétra.

Ailes entières, d'un brun-obscur en dessus, avec des bandes plus obscures, mais peu prononcées : dessous d'un vert-blanchâtre, avec le bord du sommet des supérieures blanc.

139. NYMPHALE Argénissa.

Ailes entières, d'un bleu-bronzé en dessus, d'un vert-obscur en dessous, et ayant de part et d'autre cinq lignes noires, transverses, ondulées.

140. NYMPHALE Médon.

Ailes dentées, d'un noir-bronzé en dessus : supérieures avec une bande oblique, inférieures avec le milieu, d'un vert-doré ou bleuâtre.

141. NYMPHALE Francine.

Ailes dentées, d'un noir-bronzé en dessus : supérieures avec une bande jaunâtre et oblique ; inférieures avec le milieu, et des taches marginales, d'un vert-bleuâtre.

142. NYMPHALE Erithonius.

Ailes dentées, d'un brun-noirâtre en dessus : inférieures offrant une bande d'un bleu-violâtre, et dilatée vers l'angle de l'anus.

143. NYMPHALE Narva.

Ailes dentées, noires, avec une rangée postérieure de points blancs : supérieures avec des taches, inférieures avec le milieu, jaunes.

NYMPHALE. (Insecte.)

144. Nymphale Perséa.

Ailes dentées, noires de part et d'autre, avec un espace discoïdal et commun d'un fauve-briqueté : supérieures avec deux taches et une bande, inférieures avec des points marginaux, d'un jaune d'ocre.

145. Nymphale Eléus.

Ailes dentées, d'un fauve-briqueté de part et d'autre, avec l'extrémité d'un noir-bronzé : supérieures avec une bande, inférieures avec un simple cordon de points, blancs.

146. Nymphale Janaïs.

Ailes un peu dentées, noires : supérieures ponctuées de blanc de part et d'autre : dessus des inférieures avec le milieu rouge ; leur dessous jaune à la base, avec des points noirs.

147. Nymphale Sémire.

Ailes un peu dentées, d'un brun-obscur, et ayant de part et d'autre une bande verte, interrompue : inférieures tachetées de ferrugineux vers l'angle de l'anus : dessous des quatre jaune à la base, avec des points noirs.

148. Nymphale Lucrétia.

Ailes un peu dentées, d'un brun-obscur, et ayant de part et d'autre une bande blanche, interrompue : dessous jaune à la base, avec des points noirs.

149. Nymphale Sulpitia.

Ailes dentées, noires, avec une bande blanche, commune : dessous des inférieures jaunâtre, avec des points noirs à la base, une bande sur le milieu, et des points à l'extrémité, blancs. Fab.

150. Nymphale Hostilia.

Ailes dentées, presque semblables de part et d'autre, fauves, avec des taches noires à la base : extrémité des supérieures d'un brun-noirâtre, avec des points d'un jaune-pâle.

151. Nymphale assimilée.

Ailes presqu'entières, semblables de part et d'autre, noires, avec des lignes d'un vert-blanchâtre : inférieures offrant vers l'extrémité une suite de taches écarlates.

152. Nymphale Disippe.

Ailes dentelées, fauves, avec les nervures, et le bord postérieur tacheté de blanc, noirs : inférieures avec une raie noire, transverse, courbée en arrière.

153. Nymphale Misippe.

(*Voyez pag.* 188, *n°.* 40 de la première partie.)

154. Nymphale Callisto.

Ailes dentées, d'un noir-brun : inférieures ayant de part et d'autre une bande fauve, chargée de sept taches très-noires, ovales, à prunelle blanche.

155. Nymphale Lasinassa.

Ailes dentées, d'un brun-noirâtre en dessous, et ayant à l'extrémité des points, des taches sagittées, et des lunules, blanchâtres : dessus des quatre ailes (mâle) *avec une tache d'un violet-blanchâtre sur le milieu.*

156. Nymphale Liria.

Ailes dentées, d'un brun-noirâtre en dessous, et ayant à l'extrémité des points, une bande crénelée intérieurement, et des lunules, blanchâtres : dessus des quatre ailes (mâle) *avec une tache d'un violet-blanchâtre sur le milieu.*

NYMPHALE. (Insecte.)

157. NYMPHALE Bolina.

Ailes dentées, d'un brun-tanné en dessous, avec une bande blanche; bande des inférieures marquée à chaque bout d'une liture noire : dessus des quatre ailes (mâle) *avec une tache d'un blanc-violâtre sur le milieu.*

158. NYMPHALE Aliména.

Ailes dentées, presque semblables de part et d'autre, noires, avec une bande commune sur le milieu, et une triple rangée de taches sur le bord, bleues.

159. NYMPHALE Salmasis.

Ailes dentées, noires en dessus, avec le milieu rayonné de bleu : dessous d'un brun obscur, avec une bande transverse, et une raie maculaire, blanchâtres. (Fem.)

160. NYMPHALE Antilope.

Ailes dentelées, d'un brun-noirâtre, offrant de part et d'autre sur le limbe postérieur trois cordons de points blancs : dessus des supérieures (mâle) *glacé de violet à l'extrémité.*

161. NYMPHALE Vitellia.

Ailes dentelées, d'un brun-obscur : dessous avec des points discoïdaux, et des traits marginaux, d'un blanc-bleuâtre.

162. NYMPHALE Eurinome.

Ailes un peu dentées, semblables de part et d'autre, noires, avec une multitude de taches, et le milieu des inférieures, à partir de la base, blancs.

163. NYMPHALE ? Philomèle.

Ailes sinuées, noires, tachetées de blanc : inférieures avec des rayons jaunes à la base. FAB.

164. NYMPHALE ? Pinthæus.

Ailes entières, semblables de part et d'autre, d'un brun-obscur : supérieures avec trois taches jaunes; inférieures avec le milieu, à partir de la base, blanc. LINN.

165. NYMPHALE ? Zoïle.

Ailes entières, d'un noir-brun : supérieures avec trois taches, inférieures avec le milieu, blancs. FAB.

166. NYMPHALE Siva.

Ailes entières : dessus des supérieures d'un brun-noirâtre-chatoyant, avec une multitude de taches d'un vert-bleuâtre; leur dessous avec l'origine de la côte, et trois taches, argentées.

167. NYMPHALE Sophus.

Ailes entières : supérieures noires, avec le milieu fauve et tacheté de noir; inférieures d'un brun-obscur, avec des points, et une ligne transverse, noirs. FAB.

168. NYMPHALE ? Sisamnus.

Ailes entières, d'un noir-brun, avec une bande commune, et des points, blancs : bande des supérieures courte. FAB.

169. NYMPHALE Polyxo.

Ailes presque dentées, d'un fauve-briqueté en dessus, avec le milieu d'un jaune d'ocre : supérieures avec l'extrémité, inférieures avec six taches oculaires, noires.

170. NYMPHALE Æropus.

Ailes presque dentées, d'un brun-noirâtre, offrant de part et d'autre une bande commune, jaune ou blanche : dessous des supérieures avec un œil d'un bleu-pâle à la base.

NYMPHALE. (Insecte.)

171. Nymphale Tulbagh.

Ailes presque dentées, brunâtres : supérieures avec deux bandes fauves, inférieures avec une seule et une rangée d'yeux, de part et d'autre.

172. Nymphale Lubentina.

Ailes presque dentées, d'un vert-obscur : supérieures ayant de part et d'autre une bande blanche maculaire ; extrémité des inférieures avec un double cordon de points cramoisis.

173. Nymphale Adonia.

Ailes presque dentées, d'un vert-obscur, offrant toutes les quatre de part et d'autre une bande blanche commune : extrémité des inférieures avec un seul cordon de points cramoisis.

174. Nymphale Evélina.

Ailes entières, d'un vert-bronzé en dessus, avec une bande plus foncée sur le milieu : les deux surfaces des supérieures avec une tache incarnate à la base, dessous des inférieures avec deux.

175. Nymphale du peuplier.

Ailes légèrement dentées, d'un brun-noirâtre en dessus, avec une bande blanche maculaire, un cordon de lunules fauves, et une double ligne marginale d'un bleu-ardoisé.

176. Nymphale Sibylla.

Ailes légèrement dentées, d'un brun-noirâtre en dessus, avec une bande blanche maculaire : dessous des inférieures d'un bleu-cendré à la base, avec des points noirs.

177. Nymphale Camilla.

Ailes légèrement dentées, d'un bleu-foncé, avec une bande blanche maculaire : dessous des inférieures d'un bleu-cendré sans taches à la base.

178. Nymphale Procris.

Ailes dentées, rousses, avec une bande blanche commune sur le milieu : dessous d'un vert-cendré à la base, avec des lignes noires transversales.

179. Nymphale Épione.

Ailes entières, d'un brun-obscur : les deux surfaces des supérieures avec une bande blanche sur le milieu : dessous des inférieures avec cinq lignes rousses transversales, et deux taches blanches à la base.

180. Nymphale Lycorias.

Ailes sinuées, d'un brun-noirâtre en dessus : supérieures avec une bande oblique d'un rouge-vermillon ; inférieures avec une double ligne blanchâtre avant le bord terminal.

181. Nymphale Eumée.

Ailes entières, d'un brun-obscur, avec une bande blanche : bande des inférieures terminée à chaque bout par une tache fauve. Fab.

182. Nymphale Cocalia.

Ailes dentées, d'un brun-obscur : supérieures tachetées de noir et de jaune : dessous des quatre gris, avec une rangée transverse de points blancs. Fab.

183. Nymphale ? Phégéa.

Ailes dentées, d'un brun-obscur : supérieures avec une bande, inférieures avec le milieu ferrugineux ou blanc : dessous plus pâle et ondé de noir. Fab.

184. Nymphale Marguerite.

Ailes presque dentées, d'un blanc-argenté en dessus, avec l'extrémité noire et tachetée de blanc : dessous des inférieures aspergé de brun, avec une rangée de points oculaires.

NYMPHALE. (Insecte.)

185. Nymphale Flavilla.

Ailes presque dentées, d'un jaune-fauve, avec le sommet brunâtre en dessus: dessous avec trois lignes ferrugineuses transversales, et deux points oculaires très-blancs sur les ailes supérieures, cinq sur les inférieures.

186. Nymphale Lirissa.

Ailes sinuées, d'un cendré-obscur en dessus, avec des ondes noires: les deux surfaces des supérieures avec une bande, celles des inférieures avec des points oculaires, blancs.

187. Nymphale Lassus.

Ailes entières, d'un brun-obscur, avec des lignes noires transversales: supérieures avec une tache blanche sur la côte: dessous (des quatre) pâle, avec des lignes obscures et transverses. Fab.

188. Nymphale ? Dyndima.

Ailes entières, couleur d'acier en dessus, jaunâtres en dessous, avec des ondes noires de part et d'autre: sommet des supérieures offrant deux taches blanches.

189. Nymphale Démophon.

Dessus des ailes noir, avec une bande commune d'un bleu-verdâtre-luisant: dessous varié de gris, avec un seul point à la base, puis une ligne ondulée, noirs.

190. Nymphale Amphitoé.

Dessus des ailes noir, avec une bande commune d'un bleu-verdâtre-luisant: dessous varié de gris, avec deux points à la base, puis une ligne très-anguleuse, noirs.

191. Nymphale Lycomède.

Dessus des ailes noir, avec une bande commune d'un bleu-verdâtre-luisant: dessous jaunâtre, avec deux points à la base, puis deux lignes anguleuses, noirs.

192. Nymphale Amphimaque.

Dessus des ailes noir, avec une bande commune d'un bleu-verdâtre-luisant: dessous ayant la moitié antérieure, et un point, d'un blanc-grisâtre.

193. Nymphale Démodice.

Dessus des ailes noir, avec une bande commune d'un bleu-verdâtre-luisant: dessous des supérieures avec des lignes transverses, et des anneaux, noirs; dessous des inférieures avec deux yeux éloignés l'un de l'autre.

194. Nymphale Déiphile.

Dessus des ailes noir, avec le milieu violet, et une bande commune de taches fauves à l'extrémité: dessous d'un gris de perle à la base, avec des taches ferrugineuses.

195. Nymphale Ancæa.

Dessus des ailes d'un noir-foncé ou d'un brun-noirâtre, avec une bande oblique d'un bleu-verdâtre aux supérieures: dessous vert, avec trois lignes ferrugineuses aux inférieures.

196. Nymphale Antiochus.

Ailes entières, d'un noir-velouté en dessus, avec une bande commune orangée et luisante, mais plus courte aux supérieures.

197. Nymphale Antinoé.

Ailes presque dentées, d'un noir-velouté en dessus, avec une bande orangée et luisante: bande des supérieures atténuée vers le bord interne.

198. Nymphale Numilius.

Ailes sinuées, d'un noir-velouté en dessus, avec le milieu des inférieures, et deux taches aux supérieures, orangés et luisans: sommet des inférieures bleuâtre.

NYMPHALE. (Insecte.)

199. Nymphale Erminia.

Ailes presque dentées : dessus des supérieures noir, avec la base d'un vert-doré, et une bande blanche maculaire à l'extrémité ; inférieures avec deux yeux, dont un moitié plus petit.

200. Nymphale Iris.

Ailes dentées, d'un brun-noirâtre (un reflet violet dans le mâle), avec des taches aux supérieures, et une bande unidentée aux inférieures, blanches : dessus des supérieures sans tache oculaire.

201. Nymphale Ilia.

Ailes dentées, d'un brun-noirâtre (un reflet violet dans le mâle), avec des taches aux supérieures, une bande sinuée aux inférieures, blanches ou orangées : supérieures offrant de part et d'autre une tache oculaire.

202. Nymphale Cyanippe.

Ailes dentées, d'un brun-obscur en dessus, avec deux raies maculaires plus obscures à l'extrémité : milieu des inférieures d'un bleu-argenté-brillant.

203. Nymphale Leucophthalme.

Ailes dentées, noirâtres en dessus : les deux surfaces des supérieures avec une bande d'un jaune d'ocre, celles des inférieures avec une tache orbiculaire très-blanche sur le milieu.

204. Nymphale Médée.

Ailes presque dentées, noires en dessus, avec trois bandes de taches jaunes : première et seconde bandes traversant l'abdomen.

205. Nymphale Micalia.

Ailes presque dentées, noires en dessus, avec des lunules à l'extrémité des quatre, et une bande sur le milieu des supérieures, jaunes : dessous des inférieures avec une tache d'un brun-marron.

206. Nymphale Volumna.

Ailes presque dentées, d'un noir-bleu en dessus : dessous des supérieures avec des anneaux et une bande d'un vert-pâle-luisant ; dessous des inférieures avec trois yeux, dont l'antérieur bipupillé.

207. Nymphale Sydonia.

Ailes presque dentées, d'un noir-brun sans taches, mais avec un reflet violet à la base : dessous plus pâle, avec quatre points verdâtres.

208. Nymphale Mygdonia.

Ailes un peu dentées, d'un noir-brun en dessus : dessous des inférieures avec des taches d'un brun-marron, plus quatre yeux presqu'effacés et groupés deux à deux.

209. Nymphale Alpaïs.

Ailes preque dentées, brunes : sommet des supérieures d'un noir-bleu et tacheté de blanc : dessous des inférieures avec trois yeux, dont l'antérieur bipupillé.

210. Nymphale Maia.

Ailes presque dentées, brunes en dessus (un reflet violet dans le mâle) : dessous des supérieures avec un point noirâtre à la base ; dessous des inférieures avec quatre points verdâtres, rapprochés deux à deux, et dont le second plus gros.

211. Nymphale Orphise.

Ailes entières, brunes en dessus (un reflet violet dans le mâle) : dessous des supérieures avec un point noirâtre à la base ; dessous des inférieures avec quatre points verdâtres, rapprochés deux à deux, et dont l'antérieur plus gros.

212. Nymphale

NYMPHALE. (Insecte.)

212. NYMPHALE Macris.

Ailes presque dentées, brunes en dessus (un reflet violet dans le mâle) : dessous des supérieures avec trois yeux peu prononcés, dessous des inférieures avec sept.

213. NYMPHALE Myrto.

Ailes entières, brunes en dessus : dessous des supérieures sans taches à la base, dessous des inférieures avec cinq yeux peu prononcés.

N. Bord postérieur des quatre ailes arrondi.

214. NYMPHALE Marsolia.

Ailes entières, brunes en dessus (un reflet violet dans le mâle) : dessous des supérieures avec des points noirs à la base, dessous des inférieures avec sept yeux peu prononcés.

215. NYMPHALE Amélie.

Ailes entières, d'un brun-tanné obscur en dessus : extrémité des supérieures avec une bande, et des points, blancs : dessous des inférieures avec des taches oculaires d'un brun-marron.

216. NYMPHALE Euphémie.

Ailes entières, d'un bleu-luisant en dessus, avec le milieu noir : dessous brun, avec deux paires d'yeux sur les inférieures.

217. NYMPHALE Irénéa.

Ailes entières, d'un brun-noirâtre, ayant en dessus une bande blanche discoïdale, et en dessous trois bandes blanches, dont l'antérieure entourée de roux.

218. NYMPHALE Postverta.

Ailes presque dentées : dessus du mâle d'un vert-bronzé-luisant ; dessus de la femelle d'un brun-noirâtre, avec des bandes blanches : dessous des ailes inférieures (dans les deux sexes) d'un blanc-violâtre, avec six raies transverses ferrugineuses et deux yeux.

219. NYMPHALE Sérina.

Ailes presque dentées : dessus du mâle d'un vert-bronzé-luisant ; dessus de la femelle d'un brun-noirâtre, avec des taches blanches : dessous des ailes inférieures (dans les deux sexes) blanc, avec quatre raies jaunes bordées de brun et deux yeux.

220. NYMPHALE Artémisia.

Ailes dentées, noires : supérieures avec des taches, inférieures avec une bande, blanches : dessous des inférieures avec deux yeux argentés. FAB.

221. NYMPHALE Johanna.

Ailes presque dentées, d'un vert-bronzé en dessus, avec l'extrémité des supérieures d'un brun-noirâtre et chargée de six taches blanches : inférieures ocellées de part et d'autre.

222. NYMPHALE Irma.

Ailes presque dentées, d'un vert-bronzé en dessus, avec l'extrémité des supérieures d'un brun-noirâtre et chargée de taches tirant sur le cendré : dessous des inférieures gris, avec trois lignes ferrugineuses, transversales, et dont l'antérieure bifide.

223. NYMPHALE Inès.

Ailes presque dentées, d'un vert-bronzé en dessus : sommet des supérieures d'un brun-noirâtre de part et d'autre, avec des taches blanches : dessous des inférieures blanc, avec cinq lignes brunes, transversales.

NYMPHALE. (Insecte.)

224. NYMPHALE Cadma.

Ailes dentelées, d'un jaune-fauve : supérieures ayant de part et d'autre au sommet un espace noir, avec deux taches d'un jaune-pâle : dessous des inférieures avec deux yeux bleus.

225. NYMPHALE Isis.

Ailes d'un noir-brun : supérieures entières, ayant de part et d'autre une tache cramoisie sur le milieu ; inférieures dentées, offrant en dessus une ligne marginale blanchâtre.

226. NYMPHALE Claudine.

Ailes presque dentées, noires, ayant chacune en dessus un espace cramoisi sémi-lunaire : dessous des inférieures marbré, avec sept yeux à l'extrémité.

227. NYMPHALE Pyrame.

Ailes presque dentées, noires (dessus du mâle avec un reflet violet) : supérieures offrant de part et d'autre une bande coquelicot : dessous des inférieures sablé, et ayant des points oculaires, plus une ligne marginale, bleuâtres.

228. NYMPHALE Galanthis.

Ailes entières, noires : supérieures avec deux bandes, inférieures avec une seule, cramoisies en dessus, plus pâles en dessous.

229. NYMPHALE Sorana.

Ailes presque dentées, noires, glacées de violet : supérieures ayant de part et d'autre deux bandes cramoisies, dont l'antérieure commune au dessus des secondes ailes : dessous de ces dernières ailes avec deux yeux, et une ligne très-anguleuse, bleus.

230. NYMPHALE Pithéas.

Ailes entières, noires : supérieures ayant de part et d'autre deux bandes cramoisies, dont l'antérieure commune au dessus des secondes ailes : dessous de ces dernières ailes d'un rose-pâle au milieu, avec deux yeux à prunelle bleuâtre.

231. NYMPHALE Condomanus.

Ailes entières, d'un noir-violet : supérieures ayant de part et d'autre deux bandes cramoisies, dont l'antérieure commune au dessus des secondes ailes : dessous de ces dernières ailes avec deux anneaux, et une liture centrale, jaunes.

232. NYMPHALE Pygas.

Ailes presque dentées, noires : supérieures ayant de part et d'autre un espace cramoisi sémi-lunaire : dessous des inférieures avec trois anneaux, et une ligne transverse à la base, jaunes.

233. NYMPHALE Pyracmon.

Ailes presque dentées, noires (glacées de bleu dans le mâle) : supérieures ayant de part et d'autre une bande cramoisie, bifide : dessous des inférieures avec trois anneaux, et une ligne transverse à la base, jaunes.

234. NYMPHALE Hydaspe.

Ailes presque dentées, noires, avec la base glacée de bleu en dessus : supérieures ayant de part et d'autre une bande cramoisie, courte : dessous des inférieures avec deux anneaux jaunes, et quatre points oculaires.

235. NYMPHALE Hydarnis.

Ailes entières, noires en dessus, avec la base glacée de bleu : supérieures avec une bande cramoisie, courte : dessous des inférieures avec cinq anneaux, et deux taches biponctuées, noirs.

NYMPHALE. (Insecte.)

236. Nymphale Clyménus.

Ailes entières, noires en dessus (un reflet violet changeant dans le mâle), avec une bande d'un vert-doré sur le milieu des supérieures, et une semblable sur le bord terminal des inférieures : dessous de ces dernières ailes gris, avec cinq anneaux, et quatre points, noirs.

237. Nymphale Euclide.

Ailes entières, noires en dessus (un reflet violet changeant dans le mâle), avec une bande d'un vert-doré vers le milieu des quatre : dessous des inférieures gris, avec cinq anneaux, et trois points, noirs.

238. Nymphale Candréna.

Ailes entières, noires en dessus (base glacée de violet dans le mâle), avec un chevron à l'extrémité des supérieures, une bande à l'extrémité des inférieures, d'un vert-doré : dessous des inférieures gris, avec six anneaux noirs.

239. Nymphale Oppel.

Ailes entières, noires en dessus, avec une bande sur le milieu des supérieures, une ligne à l'extrémité des inférieures, d'un vert-doré : dessous des inférieures d'un jaune d'ocre pâle, avec deux lignes noires transverses et parallèles.

240. Nymphale Tytius.

Ailes entières, d'un brun-obscur, avec une bande blanche : bande des supérieures interrompue : dessous des quatre offrant à la base des points noirs oculaires.

241. Nymphale Soronus.

Ailes entières, d'un brun-obscur, avec un grand nombre de taches noires oculaires : supérieures ayant de part et d'autre une bande jaunâtre sur leur milieu.

242. Nymphale ? Phylacis.

Ailes entières : supérieures d'un brun-obscur, avec des taches briquetées : inférieures briquetées en dessus, blanches en dessous à la base, et ayant de part et d'autre des points noirs à l'extrémité.

243. Nymphale Epigia.

Ailes entières, semblables de part et d'autre, noires : supérieures avec une bande blanche, courte ; inférieures avec le milieu d'une couleur rousse qui s'étend sur les ailes de devant.

244. Nymphale Laphria.

Ailes entières, d'un brun-obscur et sans taches en dessus : dessous d'un fauve-pâle, avec des points, et une ligne commune, noirâtres.

245. Nymphale Aréthusus.

Ailes entières, d'un noir-chatoyant en dessus, avec une multitude de taches d'un bleu-verdâtre : dessous des inférieures avec des points rouges à la base et à l'angle de l'anus. (Une bande blanche non sinuée aux ailes supérieures de la femelle.)

246. Nymphale Amphinome.

Ailes presque dentées, noires en dessus, avec des hiéroglyphes d'un vert-bleuâtre : supérieures offrant de part et d'autre une bande blanche : dessous des inférieures rayonné de rouge.

247. Nymphale Féronia.

Ailes presque dentées, d'un brun-noirâtre en dessus, avec des hiéroglyphes bleuâtres et une rangée d'yeux à iris simple.

NYMPHALE. (Insecte.)

248. Nymphale Férentina.

Ailes presque dentées, d'un brun-noirâtre en dessus, avec des hiéroglyphes bleuâtres, peu prononcés, et une rangée d'yeux à iris double. (4e et 5e *yeux des ailes inférieures marqués dans le mâle d'une lunule rousse.*)

249. Nymphale Chloé.

Ailes inégalement dentées, d'un bleu-verdâtre en dessus, avec une multitude de taches noires : base des quatre offrant de part et d'autre des marques ferrugineuses.

O. Ailes oblongues ou alongées dans le sens du diamètre du corps.

250. Nymphale Eulimène.

Ailes dentées, d'un brun-noirâtre, offrant en dessus trois bandes fauves : dessous des inférieures avec six bandes, et le bord terminal, d'un blanc-incarnat.

251. Nymphale Nefté.

Ailes dentées, d'un brun-noirâtre en dessus, verdâtre en dessous : leurs deux surfaces offrant de part et d'autre trois bandes, jaunes dans le mâle, blanchâtres dans la femelle.

252. Nymphale Héliodore.

Ailes presqu'entières, semblables de part et d'autre, d'un brun-noirâtre, avec trois bandes d'une jaune-fauve.

253. Nymphale Hordonia.

Ailes presqu'entières, d'un brun-noirâtre en dessus, avec trois bandes d'un jaune-fauve : dessous jaunâtre et aspergé de ferrugineux.

254. Nymphale Frobénia.

Ailes un peu dentées, semblables de part et d'autre, d'un brun-noirâtre, avec une bande fauve, postérieure : bande des premières ailes formée de trois taches.

255. Nymphale de l'Érable.

Ailes dentées, d'un noir-brun en dessus, fauves en dessous, avec trois bandes blanches maculaires : bande de la base des supérieures longitudinale et lancéolée.

256. Nymphale Leucothoé.

Ailes dentées, d'un noir-brun en dessus, fauves en dessous, offrant de part et d'autre trois bandes blanches maculaires : bande du milieu des inférieures chargée antérieurement de points noirs.

257. Nymphale Strophia.

Ailes dentées, d'un noir-brun de part et d'autre, avec trois bandes blanches maculaires : dessous des inférieures ponctué de noir à la base et au milieu.

258. Nymphale Hélicopis.

Ailes dentées, d'un noir-brun de part et d'autre, avec deux bandes blanches maculaires en dessus, et quatre en dessous : base des supérieures marquée de deux points blancs.

259. Nymphale Lucille.

Ailes un peu dentées, d'un noir-brun en dessus, ferrugineuses en dessous, ayant le milieu traversé de part et d'autre par une bande blanche maculaire : base des supérieures avec une ligne longitudinale de points blancs.

260. Nymphale Mélicerta.

Ailes dentelées, d'un noir-brun de part et d'autre, avec une large bande, et des lignes transverses, blanches : base des supérieures avec plusieurs points blancs, épars.

NYMPHALE. (Insecte.)

261. Nymphale Mélinoé.

Ailes dentelées, d'un noir-brun de part et d'autre, avec une large bande, et des lignes transverses, blanches : base des supérieures avec une tache en forme de coin, et un point, blancs.

262. Nymphale Ophione.

Ailes dentelées, d'un brun-noirâtre de part et d'autre, avec une large bande, et des lignes transverses, blanches : dessous avec des taches oculaires très-noires.

263. Nymphale Vénilia.

Ailes un peu dentées, noires, ayant de part et d'autre une bande discoïdale, et des points, blancs : dessous avec des rayons d'un blanc-verdâtre à la base.

264. Nymphale Nauplia.

Ailes entières, d'un noir-brun : les deux surfaces des supérieures avec des taches, celles des inférieures avec une bande, blanches : bande des inférieures entourée en dessous de jaune et de roux.

265. Nymphale Émilie.

Ailes entières, noires : les deux surfaces des supérieures avec des taches, celles des inférieures avec deux bandes, d'un blanc-luisant : bande de la base des inférieures commune aux ailes supérieures, l'autre entourée de roux en dessous.

266. Nymphale Cœnobite.

Ailes dentées, noires : supérieures avec une ligne longitudinale et des taches : dessus des inférieures avec une bande blanche ; leur dessous blanc, avec quatre bandes, et des taches marginales, d'un brun-obscur. Fab.

267. Nymphale Hersilie.

Ailes dentées, d'un blanc-cendré en dessus, avec le limbe postérieur d'un brun-obscur : dessous des inférieures d'un fauve-pâle, avec deux bandes, et des lunules marginales, blanches.

A. Bord postérieur des premières ailes plus ou moins concave. Bord correspondant des secondes avec deux queues extérieures, linéaires & aiguës.

1. NYMPHALE Jasius (1).

NYMPHALIS Jasius.

Nym. alis anticis utrinquè strigâ maculari limboque postico fulvis : subtùs omnibus ad basin ferrugineis, annulis fasciâque albis.

Papilio E. A. Jason, *alis bicaudatis, fuscis, posticè lutescentibus : subtùs caracteribus fasciâque albis.* LINN. *Syst. Nat.* 2. *p.* 749. *n°.* 26.

Papilio N. *Jasius.* FAB. *Syst. Ent. p.* 449. *n°.* 29. —*Spec. Ins. tom.* 2. *p.* 10. *n°.* 40.—*Mant. Ins. tom.* 2. *p.* 6. *n°.* 44. — *Ent. Syst. em. tom.* 3. *pars* 1. *p.* 61. *n°.* 191.

Papilio Jasius. ESP. *Pap. part.* 1. *tab.* 99. *cont.* 54. *fig.* 1.

ESP. *Pap. part.* 1. *tab.* 104. *cont.* 59. *fig.* 2-8. (La chenille & la chrysalide.)

Papilio Jasius. DE PRUNNER, *Lepid. Pedem. p.* 2. *n°.* 2.

Papilio Jasius. PETAGNA. *Ins. Ent. tom.* 2. *p.* 443. *n°.* 1.

Papilio Jasius. CYRILL. *Ent. Neap. specim.* 1. *tab.* 11. *fig.* 1.

Papilio Jasius. DRURY, *Ins. tom.* 1. *pl.* 1. *fig.* 1.

Papilio Jasius. OCHSEN. *Pap. Eur. tom.* 1. *p.* 151. *n°.* 1.

Papilio Jason. HERBST, *tab.* 64. *fig.* 3. 4. 5.

Papilio Jason. CRAM. *pl.* 339. *fig.* A. B.

Papilio Rhea. HUBN. *Pap. tab.* 113. *fig.* 580. 581.

ILLIG. *Magaz. tom.* 3. *pag.* 203.

SEBA, *Mus.* 4. *tab.* 46. *fig.* 21.

Elle a de trois à quatre pouces d'envergure, & elle est d'un brun-chatoyant en dessus. Ses premières ailes ont le bord postérieur couvert par une bande fauve, plus ou moins sinuée en dedans, finement lisérée de noir en dehors, & divisée par huit nervures brunes, dont les quatre antérieures plus fortes. En avant de cette bande, & à partir du bord d'en haut, il y a une rangée transverse, & quelquefois double, de cinq ou six gros points fauves. Les secondes ailes ont six dents, dont la quatrième & la postérieure prolongées en queues linéaires, toutes deux externes & d'un noir-foncé. Cette couleur est aussi celle du bord terminal, parallèlement auquel règne un cordon de sept taches d'un fauve plus ou moins verdâtre, grandes, la plupart en forme de coin, & précédées du côté du corps par une ligne de cinq à sept points d'un bleu-verdâtre. Les échancrures sont en outre ciliées de blanc, ainsi que l'angle anal, lequel est arrondi sans être saillant.

Le dessous des quatre ailes a la partie antérieure ferrugineuse, chargée de taches & de bandelettes transversales d'un brun-olivâtre & encadrées de blanc. Vient ensuite une bande commune & discoïdale d'un blanc-satiné, ayant le côté externe bordé par des points noirs aux ailes supérieures. Ces dernières ailes sont après cela fauves jusqu'au bout, & coupées transversalement par une bande d'un gris-ardoisé, bande dont le côté interne a des échancrures dans chacune desquelles il y a une tache noire à peu près triangulaire. Les nervures sont aussi d'un bleu-ardoisé depuis la bande blanche jusqu'au bord. Les secondes ailes ont, sur le côté externe de la bande blanche susdite, une série de taches ferrugineuses, derrière lesquelles est un espace olivâtre, où l'on voit une rangée de points d'un bleu-violet, séparés les uns des autres, & adossés à des taches marginales de la couleur & presque de la forme de celles qui leur correspondent en dessus. La tête, le corselet, & l'origine de la côte des premières ailes, sont ferrugineux. L'abdomen est d'un brun-obscur, avec des poils grisâtres, pareils à ceux qui garnissent la gouttière des secondes ailes. Les antennes sont noires, & les palpes ont la tranche extérieure blanche, avec la sommité fauve. La trompe est d'un ferrugineux-luisant.

La femelle ressemble au mâle, mais elle a le milieu des ailes inférieures finement pointillé de bleu en dessus.

Ce lépidoptère plane comme les oiseaux de proie, c'est-à-dire, qu'il agite peu ses ailes en volant. On le voit assez souvent se reposer sur des troncs d'arbres exposés au soleil. Il habite la Barbarie, l'Espagne, le Portugal, l'Asie mineure, les rives du Bosphore ou canal de Constantinople, la Sicile, le pays de Naples, la Dalmatie, le comté de Nice, la Corse, les îles d'Hières (particulièrement celle de Porte-Cros), & les environs de Toulon. On le trouve aussi, mais moins communément, près de Montpellier. Il donne deux fois dans l'année : en juin, puis en septembre. M. Devilliers, officier d'infanterie, assure qu'il répand une odeur de musc.

M. Lefebure de Cérisy, ingénieur des constructions maritimes à Toulon, nous a envoyé sur les métamorphoses de cet insecte un mémoire fort intéressant, auquel étoit joint un dessin qui ne laisse absolument rien à desirer.

La chenille provient d'un œuf verdâtre. Elle est

(1) Nous avons adopté la dénomination de *Jasius*, parce qu'elle est beaucoup plus usitée que celle de *Jason*; parce que d'ailleurs Linnæus a deux papillons *Jason* : celui dont il s'agit ici, & un autre dont nous parlons dans le *Supplément* placé à la fin de ce volume.

extrêmement lente dans tous ses mouvemens, & semble ne changer de place qu'à regret. Après avoir tapissé de soie le dessus d'une feuille d'*arbousier*, elle s'y tient attachée par les pattes membraneuses, ayant les six pattes écailleuses & la tête élevées en l'air. La nuit, elle quitte pour aller manger les feuilles voisines, & revient au bout d'un quart d'heure reprendre son poste ordinaire. Dans le premier âge, elle est toute verte; mais, lorsqu'elle a subi les premières mues, elle devient d'un vert-jaunâtre qui se rapproche tellement de la couleur de la feuille dont elle se nourrit, qu'on a de la peine à l'apercevoir. Sa peau est comme chagrinée, & plissée transversalement. Une ligne jaune, placée près des stigmates, longe chaque côté du corps, & il y a sur le dos quatre points orangés, peu apparens. Les pattes écailleuses sont noires, les autres sont vertes. La tête est armée de quatre cornes verticales, dont les deux intermédiaires plus longues. Ces cornes ont la sommité rougeâtre, & la base jaunâtre. Au moment de sa transformation, cette chenille choisit une branche à laquelle elle se suspend par les pattes de derrière au moyen d'un amas de soie. Après être restée trois jours dans cette attitude, elle se débarrasse de sa peau.

La chrysalide est lisse, grosse, un peu carénée, d'un vert-pâle. Son extrémité postérieure est munie de deux pointes entre lesquelles il y a un pédicule adhérant à l'amas de soie dont nous venons de parler.

Les chenilles écloses à la fin de septembre passent l'hiver & ne se métamorphosent qu'au mois de mai suivant. Celles qui naissent dans le mois de juin accomplissent toutes leurs métamorphoses dans l'espace de trois mois. Le papillon n'est guère que quinze jours en chrysalide.

2. NYMPHALE Pélias.

NYMPHALIS Pelias.

Nym. alis omnibus suprà fasciâ mediâ punctisque marginalibus fulvis : subtùs ad basin ferrugineis, annulis fasciâque albis.

Papilio Pelias. CRAM. *Pap. pl.* 3. *fig.* C. D.

Papilio Pelias. HERBST, *Pap. tab.* 63. *fig.* 5. 6.

Elle a environ trois pouces & demi d'envergure. Le dessus des ailes est ferrugineux à la base; traversé au milieu par une bande fauve, oblique; noir à l'extrémité, avec un rang de points fauves, lunulés. La bande des premières ailes est bifide antérieurement, & marquée au dessous de la fissure d'une ligne de quatre points noirs. La bande des secondes ailes descend jusqu'à la gouttière du bord interne, & elle est suivie en dehors de trois à quatre points bleus, alignés transversalement près de l'angle anal.

En dessous on retrouve les mêmes caractères que dans le *Jasius*, seulement le fauve des ailes supérieures est divisé en taches séparées, & la bande blanche de leur milieu est plus large.

Du Cap de Bonne-Espérance.

3. NYMPHALE Brutius.

NYMPHALIS Brutius.

Nym. alis suprà fasciâ mediâ albâ : subtùs ad basin ferrugineis, annulis fasciâque albis.

Papilio Brutus. CRAM. *Pap. pl.* 241. *fig.* E. F.

Elle est à peu près de la taille de la précédente. Le dessus des ailes est d'un noir-brun, avec une bande blanche, commune, discoïdale, maculaire aux supérieures, plus large & entière aux inférieures dont elle atteint le bord interne. Ces dernières ailes ont à l'angle anal un groupe de deux à trois points bleus.

Le dessous des quatre ailes est comme dans le *Jasius*, avec cette différence qu'ici la bande blanche des inférieures a le côté externe bordé par une raie fauve, continue, au lieu de l'avoir bordé par une série de taches ferrugineuses; & que l'espace qui la suit en dehors, au lieu d'être verdâtre, est noir & chargé confusément de points ferrugineux dont le contour est d'un bleu-pâle.

De la côte de Guinée.

4. NYMPHALE Castor.

NYMPHALIS Castor.

Nym. alis suprà fulvis, limbo postico latè nigro : subtùs ad basin ferrugineis, annulis fasciâque albis.

Papilio N. Castor, *alis dentato-bicaudatis, fulvis, margine nigris : subtùs fasciâ maculisque albis nigrâ fœtis.* FAB. *Gen. Inf. Mant. p.* 251. — *Spec. Inf. tom.* 2. *p.* 11. *n°.* 44. — *Mant. Inf. tom.* 2. *p.* 6. *n°.* 48. — *Ent. Syst. em. tom.* 3. *pars* 1. *p.* 63. *n°.* 196.

Papilio Pollux. CRAM. *Pap. pl.* 37. *fig.* C. D.

Papilio Pollux. HERBST, *Pap. tab.* 63. *fig.* 3. 4.

Papilio Camulus. DRURY, *Inf. tom.* 3. *pl.* 30. *fig.* 1. 2.

Fabricius a donné le nom de *Castor* au Pollux de Cramer, & *vice versâ.*

Elle a environ trois pouces & demi d'envergure. Le dessus des ailes est d'un fauve-brun à la base; d'un fauve-jaunâtre au milieu; noir à l'extrémité, avec de petits croissans roussâtres, marginaux. Le disque des premières ailes offre en outre quelques taches noires, éparses; & il y a un point bleu à l'angle anal des secondes.

Le dessous des quatre ailes ressemble à peu près

au dessous du *Jasius*, depuis la base jusqu'à la bande blanche inclusivement; ensuite le fond est fauve jusqu'au bord, avec une rangée transverse de taches noires. Ces taches ont différentes formes. Aux premières ailes, elles sont, pour la plupart, triangulaires & finement bordées de bleuâtre en dehors. Aux secondes ailes, les six antérieures sont ovales, piquées de bleuâtre, & chargées chacune d'un point ferrugineux; la postérieure est ronde, plus grande, saupoudrée de gris & marquée dans son milieu d'un petit œil violâtre. Le corselet est ferrugineux, l'abdomen jaunâtre. Les antennes sont noires.

De la côte de Guinée.

5. NYMPHALE Pollux.

NYMPHALIS Pollux.

Nym. alis suprà fasciâ mediâ fulvâ : subtùs ad basin nigris, annulis fasciâque virescenti-albis.

Papilio N. Pollux, *alis dentato-bicaudatis, fuscis, fasciâ flavâ : subtùs fasciâ maculisque albis nigro fœtis.* FAB. *Gen. Inf. Mant. p.* 251. — *Spec. Inf. tom.* 2. *p.* 11. *n°.* 45. — *Mant. Inf. tom.* 2. *p.* 6. *n°.* 49. — *Ent. Syst. em. tom.* 3. *pars* 1. *p.* 63. *n°.* 197.

Papilio Castor. CRAM. *Pap. pl.* 37. *fig.* E. F.

Papilio Castor. HERBST, *Pap. tab.* 63. *fig.* 1. 2.

Elle est approchant de la taille de la précédente. Le dessus des ailes est d'un noir-brun, avec une bande fauve, commune, oblique & discoïdale. La bande des premières ailes est maculaire, bifide antérieurement, & marquée au dessous de la fissure d'une ligne de trois points noirs. La bande des secondes ailes ne descend pas au-delà du disque. Celles-ci ont au sommet un point roussâtre, & le long du bord terminal un double rang de points inégaux d'un bleu-violet.

Le dessous des quatre ailes se rapproche beaucoup du dessous du *Jasius*; mais ici le fond de la partie antérieure est noir, au lieu d'être ferrugineux; les taches qu'on y voit sont pareillement noires, & leur encadrement est d'un blanc-verdâtre; le bord terminal des ailes supérieures est d'un gris-ardoisé, comme la bande dentée qui le précède intérieurement; le bord analogue des inférieures a, derrière la rangée de points violets, des taches fauves bien plus étroites. Le corps est d'un brun-obscur en dessus, d'un gris-sale en dessous. Les antennes sont noires.

De la côte de Guinée.

N. B. Cramer représente le dessous de son Castor ferrugineux vers la base. C'est sans doute une méprise de l'enlumineur; car les individus que nous avons vus en nature, & nous en avons vu plusieurs, ont le fond noir dans cette partie. On a omis aussi les petites taches fauves situées à l'extrémité de la surface inférieure des secondes ailes.

6. NYMPHALE Eudoxe.

NYMPHALIS Eudoxus.

Nym. alis suprà fasciâ mediâ maculisque marginalibus fulvis : subtùs ad basin ferrugineis, annulis argenteis; posticis tantùm fasciâ albâ.

Papilio N. Eudoxus, *alis caudatis, nigris, fasciâ communi rubrâ : subtùs maculis argenteis nigrâ fœtis.* FAB. *Ent. Syst. em. tom.* 3. *pars* 1. *p.* 65. *n°.* 203.

Papilio Eudoxus. DRURY, *Inf. tom.* 3. *pl.* 33. *fig.* 1. 4.

Papilio Eudoxus. JON. *Fig. pict.* 5. *tab.* 53.

Elle a environ trois pouces & demi d'envergure. Le dessus des ailes est brun à la base; puis noir jusqu'au bout avec une bande fauve, commune, oblique, discoïdale, se rétrécissant à mesure qu'elle approche de la côte des supérieures. Celles-ci ont, le long du bord terminal, une rangée de points, & les inférieures une rangée de lunules, fauves. Il y a en outre deux points bleus près de l'angle anal des ailes inférieures.

Le dessous des quatre ailes est ferrugineux, & présente, sur les trois quarts antérieurs des premières, & à la base des secondes, des taches noires, entourées de blanc-argenté. Les ailes supérieures ont ensuite deux rangées transverses de taches fauves, séparées par une raie noire, ponctuée de bleu. Les ailes inférieures sont traversées dans leur milieu par une bande blanche, mouchetée de brun; en avant du bord postérieur, par deux lignes ondulées bleuâtres, liserées de noir; & près du bord même par un cordon de lunules fauves.

De Sierra-Leone.

7. NYMPHALE Lucrétius.

NYMPHALIS Lucretius.

Nym. alis suprà fasciis duabus macularibus fulvis : subtùs ferrugineis, ad basin annulis aliquot cœrulescentibus; posticis strigâ posticâ grisescente.

Papilio N. Lucretius, *alis dentatis, atris, fulvo fasciatis : subtùs maculis atris lineâ cœruleâ cinctis.* FAB. *Spec. Inf. tom.* 2. *p.* 22. *n°.* 91. — *Mant. Inf. tom.* 2. *p.* 12. *n°.* 107. — *Ent. Syst. em. tom.* 3. *pars* 1. *p.* 84. *n°.* 261.

Papilio Lucretius. CRAM. *Pap. pl.* 82. *fig.* E. F.

Papilio Lucretius. HERBST, *Pap. tab.* 66. *fig.* 1. 2.

Elle est à peu près de la taille de la précédente. Le dessus des ailes est d'un noir-brun, avec deux bandes fauves, maculaires, dont une terminale & moins

moins large, l'autre disposée obliquement entre celle-ci & le milieu de la surface.

Le dessous des quatre ailes est ferrugineux & présente, vers la base, diverses taches noires, bordées de bleuâtre; il y a en outre à l'extrémité des inférieures, sur un fond plus intense, une raie grise, transversale, courbée en arrière, & à laquelle correspond sur les ailes supérieures une bande d'un ferrugineux plus clair que le reste de la surface.

De la côte de Guinée.

8. Nymphale Fabius.

Nymphalis Fabius.

Nym. alis suprà fasciâ mediâ punctisque marginalibus flavis : subtùs nitidè-cinereis, undis baseos nigris.

Papilio N. Fabius, *alis dentato-bicaudatis, fuscis, flavo fasciatis : subtùs basi nigro undatis, apice punctis fulvis.* Fab. *Spec. Inf. tom.* 2. *p.* 12. *n°.* 47. — *Mant. Inf. tom.* 2. *p.* 7. *n°.* 52. — *Ent. Syst. em. tom.* 3. *pars* 1. *p.* 64. *n°.* 201.

Papilio E. A. Euphanes, *alis bicaudatis, fuscis : superioribus maculis transversalibus punctisque marginalibus luteis; inferioribus fasciâ unitâ : subtùs omnibus cinereis, maculis albis, luteis nigrisque variis.* Esp. *Pap. Exot. tom.* 1. *p.* 238. *tab.* 59. *fig.* 1.

Elle a environ deux pouces & demi d'envergure. Le dessus des ailes est d'un brun-noirâtre, avec une bande jaune, commune, oblique, discoïdale. La bande des premières ailes est maculaire & précédée intérieurement, près de la côte, de deux taches de sa couleur. Il y a en outre, le long du bord terminal des mêmes ailes, une rangée de points, &, sur le limbe correspondant des inférieures, deux rangées de lunules d'un jaune un peu verdâtre.

Le dessous des quatre ailes est d'un cendré luisant, coupé transversalement à la base par trois lignes noires en zig-zag, au milieu par une bande blanche, vers l'extrémité par un rang de points d'un jaune-fauve & entourés de verdâtre. Après ces points, les secondes ailes en ont de bleuâtres, que précède immédiatement en dehors un cordon de lunules jaunes.

Des îles Nicobar, mer des Indes.

9. Nymphale Anticlée.

Nymphalis Anticlea.

Nym. alis suprà fasciâ terminali fulvâ : anticarum maculari abbreviatâque, posticarum ocellis quatuor.

Papilio Anticlea. Drury, *Inf. tom.* 3. *pl.* 27. *fig.* 5. 6.

Elle est beaucoup plus petite que les précédentes, & ses queues sont plus courtes. Le dessus des ailes est d'un noir enfumé, avec une bande fauve, terminale. La bande des ailes supérieures est maculaire & ne monte pas jusqu'au sommet. Celle des inférieures est continue, plus large, & marquée vers l'angle anal de quatre petits yeux noirs à prunelle blanche.

Le dessous des quatre ailes est roussâtre, avec des parties plus claires & d'autres plus foncées, bordées par des lignes noires transversales. Indépendamment de ces caractères, il y a à la base des premières ailes trois points noirs, ocellés; &, sur le bord postérieur des secondes, plusieurs petits yeux correspondant à ceux de la surface opposée.

De Sierra-Leone.

10. Nymphale Candiope.

Nymphalis Candiope.

Nym. alis suprà lutescentibus, apice nigro fulvoque maculato : subtùs costâ baseos nitidè viridi.

Elle a près de quatre pouces d'envergure. Le dessus des ailes a environ la moitié antérieure d'un jaune-roussâtre & terminée par du fauve vif; l'autre moitié d'un noir-brun, avec deux rangées transverses de taches fauves, dont les intérieures orbiculaires, les extérieures lunulées & tout-à-fait marginales.

Le dessous des premières ailes est d'un jaune-pâle vers la base, avec la côte d'un vert-pomme & finement entrecoupée de blanc; plus, quelques traits noirs transversaux, derrière lesquels il y a une bande obscure, commune aux ailes inférieures. Après cette bande, le fond est d'un brun-clair, avec des points noirâtres formant une ligne parallèle au bord postérieur.

Le dessous des secondes ailes est d'un brun-grisâtre, avec une tache d'un vert-pomme-luisant à l'origine de la côte, deux bandes tortueuses de taches blanchâtres sur le milieu, une rangée de points d'une teinte incarnate en avant du bord postérieur, &, sur ce même bord, une série de lunules verdâtres, marquées chacune d'un point qui est noir en dehors, violet en dedans. Le corps est roussâtre en dessus, cendré en dessous.

Sa patrie nous est inconnue.

11. Nymphale Athamas.

Nymphalis Athamas.

Nym. alis fasciâ mediâ glaucâ, subhyalinâ, subtùsque lunulis ferrugineis extùs marginatâ.

Papilio Athamas. Cram. *Pap. pl.* 89. *fig.* C. D.

Papilio Athamas. Drury, *Inf. tom.* 1. *pl.* 2. *fig.* 3. 4.

Papilio Pyrrhus. Donow. *Of an Epitome of*

the Nat. Hist. Inf. of India, *cah.* 2. *pl.* 4. *fig.* 3.

Elle a approchant deux pouces & demi d'envergure. Le dessus des ailes est d'un noir-violet, avec une bande d'un vert-blanchâtre, commune, oblique, discoïdale, un peu transparente, beaucoup plus large dans la femelle que dans le mâle. Cette bande ne monte pas jusqu'à la côte des premières ailes, mais elle en est séparée par un gros point de sa couleur, & quelquefois par deux, dont l'extérieur très-petit. Les secondes ont parallèlement au bord terminal une rangée de sept points blancs, oblongs.

Le dessous des quatre ailes diffère du dessus, en ce que le fond est plus pâle; en ce que le côté externe de la bande verte est longé par une suite de lunules ferrugineuses, bordées de blanc en dedans & de noir en dehors; enfin, en ce qu'aux points marginaux des secondes ailes correspond ici un rang de points noirs, entourés de blanc-violâtre-luisant. Le corps est d'un brun-cendré, avec quatre points blanchâtres sur la tête. Les antennes sont noires, avec la sommité ferrugineuse.

De la Chine & de l'île de Java.

N. B. Donowan a confondu cette espèce avec le *Pyrrhus*.

12. Nymphale Sempronius.

Nymphalis Sempronius.

Nym. alis bicaudatis, albis, margine atro, albo punctato. Fab.

Papilio N. *Sempronius.* Fab. *Ent. Syst. em. tom.* 3. *pars* 1. *p.* 62. *n°.* 194.

Papilio Sempronius. Jon. *Fig. pict.* 5. *tab.*

Le corps est grand, blanc, avec les antennes noires. Le dessus des ailes est blanc, avec tous les bords noirs, & le postérieur ponctué de blanc.

Le dessous est varié de blanc, de vert, de noir, & coupé transversalement par une raie bleue; il y a en outre, à l'angle anal des ailes inférieures, trois taches fauves marquées de noir; & le bord terminal des mêmes ailes est noir, avec des lunules jaunes.

Elle habite.....

(*Traduction du texte de Fabricius.*)

13. Nymphale Horatius.

Nymphalis Horatius.

Nym. alis dentato-bicaudatis, atris: posticis apice sanguineis, punctis ocellaribus atris. Fab.

Papilio N. *Horatius.* Fab. *Ent. Syst. em. tom.* 3. *pars* 1. *p.* 64. *n°.* 202.

Papilio Horatius. Jon. *Fig. pict.* 5. *tab.* 16. *fig.* 2.

Elle a tout-à-fait le port des précédentes. Le corps est noir, avec quatre points blancs sur la tête. Les ailes supérieures sont noires, avec une bande marginale, courte, commune aux secondes ailes, & un point d'un rouge-sanguin. Leur dessous est cendré & présente à la base trois points noirs; au milieu, une bande plus obscure que le fond & bordée de noir.

Les ailes inférieures ont deux queues. Leur dessus est noir, avec une large bordure terminale d'un rouge-sanguin, bordure sur laquelle il y a cinq points noirs ocellés, dont la prunelle est blanche. Le dessous des mêmes ailes est cendré, avec une bande plus foncée sur le milieu; une raie jaune, des lunules noires & bleues vers le bout.

Elle habite.....

(*Traduction du texte de Fabricius.*)

14. Nymphale Tiridate.

Nymphalis Tiridates.

Nym. alis suprà atro-cœruleis, margine postico lunulis ochreaceis: omnium dimidio apicali punctis cœrulescentibus.

Papilio N. Tiridates, *alis dentato-bicaudatis, suprà nigris, cæruleo maculatis margineque albo punctato.* Fab. *Spec. Inf. tom.* 2. *p.* 11. *n°.* 43. — *Mant. Inf. tom.* 2. *p.* 6. *n°.* 47. — *Ent. Syst. em. tom.* 3. *pars* 1. *p.* 62. *n°.* 195.

Papilio Tiridates. Cram. *Pap. pl.* 162. *fig.* A. B.

Papilio Tiridates. Drury, *Inf. tom.* 3. *pl.* 23. *fig.* 1. 2.

Papilio Tiridates. Herbst, *Pap. tab.* 62. *fig.* 3. 4.

Papilio Tiridates. Donow. *Of an Epit. of the Nat. Hist. Inf. of India, cah.* 3. *pl.* 2. *fig.* 3.

Elle a près de quatre pouces d'envergure. Le dessus des ailes est d'un bleu-noir, avec deux rangées transverses & postérieures de points d'un bleu clair, & une rangée tout-à-fait terminale de lunules d'un jaune-terreux.

En dessous, le fond des quatre ailes est d'un brun-grisâtre un peu luisant. Vers la base sont des traits noirs, ondulés, transversaux, légèrement bordés de bleuâtre; vient après cela une série transverse & tortueuse de points jaunâtres. Cette ligne est suivie aux secondes ailes d'un rang de points violâtres, adossés à des lunules jaunâtres. Les premières ailes ont à leur angle interne une double tache noire, bordée en dehors par une accolade bleuâtre. Le dessus du corps est d'un brun-noirâtre, avec quatre points blanchâtres sur la tête. Les antennes sont noires, & les palpes jaunâtres en dessous.

Des îles de Java & d'Amboine.

15. Nymphale Thurius.

Nymphalis Thurius.

Nym. alis suprà atro-cœruleis, margine postico lunulis ochreaceis : disco anticarum punctis, posticarum fasciâ latâ, cœrulescentibus.

Papilio Thicste. STOLL, *Pap. Suppl. à* CRAM. *pl.* 32. *fig.* 2 & 2. B.

Elle a beaucoup de rapport avec la nymphale *Tiridate*; mais, ce qui l'en distingue particulièrement, c'est que le dessus des secondes ailes est traversé au milieu par une bande d'un bleu encore plus pâle que les points, & le dessous des quatre, par une bande grisâtre tortueuse. La bande bleue du dessus des secondes ailes est large & dentée en dehors.

Prise dans le pays des Caffres par M. Levaillant.

16. NYMPHALE Œclus.

NYMPHALIS Œclus.

Nym. alis suprà atro-cœruleis : subtùs cinereo-cœrulescentibus nigroque undatis, maculâ anguli ani fulvâ.

Papilio N. Œclus, *alis dentato-bicaudatis, suprà nigris : subtùs cinereis; nigro undatis, maculâ ocellari fulvâ.* FAB. *Mant. Inf. tom.* 2. *p.* 6. *n°.* 50. — *Ent. Syst. em. tom.* 3. *pars* 1. *p.* 63. *n°.* 198.

Papilio Œclus. HERBST, *Pap. tab.* 65. *fig.* 3. 4.

Papilio Aeilus. CRAM. *Pap. pl.* 317. *fig.* A. B.

Elle a près de trois pouces & demi d'envergure. Le dessus des ailes est d'un bleu-noir, sans taches aux inférieures, avec quatre ou cinq points blancs épars vers le sommet des supérieures.

En dessous, le fond des quatre ailes est d'un bleu-ardoisé pâle, avec une multitude de lignes noires, ondulées & transversales. Il y a en outre, à l'angle interne de chaque aile, une tache jaune orbiculaire. Celle des inférieures a le milieu marqué d'un point noir. Les deux surfaces du corps sont colorées comme celles des ailes, & la tête offre deux points blancs. Les antennes sont noires.

De l'île d'Amboine.

17. NYMPHALE Ethéocle.

NYMPHALIS Etheocles.

Nym. alis suprà atro-viridibus, subtùs fuscescentibus : utrinquè fasciâ albâ, mediâ.

Papilio N. Etheocles, *alis bicaudatis, cœruleo-fuscis, utrinquè fasciâ albâ : posticis margine viridi.* FAB. *Spec. Inf. tom.* 2. *p.* 6. *n°.* 51. — *Ent. Syst. em. tom.* 3. *pars* 1. *p.* 64. *n°.* 200.

Papilio Etheocles. CRAM. *Pap. pl.* 119. *fig.* D. E.

Papilio Etheocles. HERBST, *Pap. tab.* 65. *fig.* 3. 4. 5.

Elle est de la même taille que l'*Œclus*. Le dessus des ailes est d'un vert-noir, avec une bande blanche, commune, oblique, discoïdale. La bande des premières ailes est maculaire, rétrécie antérieurement, & précédée, vers l'origine de son côté interne, d'un groupe de trois à quatre points de sa couleur. Les secondes ailes ont, parallèlement à leur bord postérieur, une rangée de croissans blanchâtres, &, sur le bord même qui est d'un vert plus clair que le reste de la surface, quelques croissans ferrugineux.

Le dessous des quatre ailes est d'un brun-pâle, un peu luisant, avec une bande blanche, correspondante à celle du dessus. A la base des supérieures sont trois points ocellés, à celle des inférieures trois lignes transverses, noirs & bordés de bleuâtre. On voit en outre à l'angle interne des premières ailes une double tache noire, & en avant du bord postérieur des secondes, un cordon de lunules violâtres. Ce bord est vert, depuis la queue extérieure jusqu'à l'angle anal inclusivement, avec une suite de points noirs.

De la côte de Guinée.

18. NYMPHALE Ephyra.

NYMPHALIS Ephyra.

Nym. alis suprà fusco nigris, anticarum margine postico punctis virescentibus, posticarum lunulis albidis.

Elle diffère de l'*Ethéocle* en ce qu'elle est d'environ neuf lignes plus petite, & sans bande blanche de part & d'autre; en ce que le dessus de ses ailes est d'un noir-brun, peu ou pas chatoyant; en ce que celui des supérieures a trois points verdâtres le long de la côte, & huit ou neuf semblables le long du bord terminal.

De la côte occidentale d'Afrique.

N. B. Nous n'avons vu que des mâles. Parmi eux il s'en trouvoit un dont le dessus des secondes ailes offroit, avant les croissans blanchâtres, une rangée de lunules d'un vert-obscur.

19. NYMPHALE Etésipe.

NYMPHALIS Etesipe.

Nym. alis suprà atro-cœruleis, subtùs albo, nigro ferrugineoque marmoratis : utrinquè fasciâ albâ, mediâ.

Papilio Etheocles. DRURY, *Inf. tom.* 3. *pl.* 10.

Fabricius l'a confondue avec l'*Ethéocle*, quoiqu'elle en diffère essentiellement.

Elle a environ trois pouces & demi d'envergure.

Le dessus des ailes est d'un noir-bleu, avec une bande blanche, commune, oblique, discoïdale. Cette bande est continue & dentelée extérieurement aux secondes ailes. Aux premières, elle se compose de taches dont les postérieures très-grandes, les antérieures très-petites, & formant par leur disposition une fissure assez profonde. Les secondes ailes ont au milieu de leur bord terminal un croissant roussâtre, plus ou moins distinct; &, en avant de l'angle anal qui est verdâtre, un groupe de deux ou trois points blancs.

Le dessous des quatre ailes est cendré, avec une multitude de taches blanches, entremêlées de taches noires dont toutes les antérieures ayant le milieu ferrugineux; plus une bande blanche, correspondant à celle de dessus. Indépendamment de cela, les secondes ailes ont le bord antérieur d'un blanc-satiné. Leur bord postérieur est verdâtre à l'angle de l'anus, avec deux taches violâtres; jaune entre les deux queues; puis noir; enfin, chargé au sommet d'un rang de trois lunules ferrugineuses. Le dessus du corps est d'un noir-brun, avec quatre points blancs sur la tête, & deux autres sur le milieu du corselet. Les antennes sont tout-à-fait noires.

De Sierra-Leone.

20. Nymphale Ethéta.

Nymphalis Etheta.

Nym. alis suprà atro-cœruleis, dimidio apicali cœrulescenti-maculatis : subtùs albo, nigro ferrugineoque marmoratis.

Elle diffère de l'*Etésipe* en ce qu'elle est moins grande; en ce que le dessus de ses ailes offre à l'extrémité deux rangées transverses de taches d'un bleu-pâle, surtout les extérieures; en ce que la bande blanche, discoïdale, manque de part & d'autre. La surface supérieure des premières ailes est seulement marquée de quelques points blancs entre le disque & le milieu du bord d'en haut.

De la côte occidentale d'Afrique.

N. B. Ne seroit-ce point le mâle de l'*Etésipe?*

21. Nymphale Bérénice.

Nymphalis Berenice.

Nym. alis suprà nigris, fasciâ communi rufâ : posticis subtùs albo, flavo ferrugineoque maculatis.

Papilio N. Berenice, *alis dentatis, nigris, fasciâ communi rubrâ : posticis subtùs nigro, albo, ferrugineo flavoque maculatis.* Fab. *Mant. Ins. tom.* 2. *p.* 48. *n°.* 471. — *Ent. Syst. em. tom.* 3. *pars* 1. *p.* 114. *n°.* 350.

Papilio Berenice. Drury, *Ins. tom.* 3. *pl.* 11. *fig.* 1. 2.

Papilio Zingha. Cram. *pl.* 315. *fig.* B. C.

Papilio Zinghus. Herbst, *tab.* 151. *fig.* 3. 4.

Elle est de la taille de la précédente. Le dessus des ailes est noir, avec une bande rousse, traversant obliquement le milieu des supérieures, & couvrant toute la base des inférieures. Ces dernières sont ponctuées de blanc vers l'angle de l'anus, & de roux vers le sommet.

Le dessous des premières est grisâtre le long de la côte, avec des points & des veines noirs; roux le long du bord interne, avec du noir près de l'angle de ce nom.

Le dessous des secondes ailes est blanchâtre à la base, avec des points noirs; puis noir jusqu'au bout, avec des taches grisâtres, entremêlées de points ferrugineux. Il y a en outre, vers l'angle de l'anus, quelques taches jaunes, entre lesquelles sont des hiéroglyphes blancs.

De la côte occidentale d'Afrique, & particulièrement de Sierra-Leone.

22. Nymphale Pyrrhus.

Nymphalis Pyrrhus.

Nym. alis suprà fusco-nigris, basi pallidè ochreaceâ : posticis lunularum cœrulescentium serie duplici.

Papilio E. A. Pyrrhus, *alis bicaudatis, fuscis, fasciâ communi albâ : primorum dimidiatâ.* Linn. *Syst. Nat.* 2. *p.* 749. *n°.* 25. — *Mus. Lud. Ulr. p.* 205.

Papilio Pyrrhus. Clerck, *Icon. tab.* 25. *fig.* 2.

Papilio N. *Pyrrhus.* Fab. *Syst. em. p.* 449. *n°.* 30. — *Spec. Ins. tom.* 2. *p.* 10. *n°.* 41. — *Mant. Ins. tom.* 2. *p.* 6. *n°.* 45. — *Ent. Syst. em. tom.* 3. *pars* 1. *p.* 61. *n°.* 192.

Papilio Pyrrhus. Cram. *Pap. pl.* 220. *fig.* A. B.

Papilio Pyrrhus. Herbst, *Pap. tab.* 62. *fig.* 1. 2.

Seba, *Mus.* 4. *tab.* 47. *fig.* 2. 3.

Elle a environ quatre pouces & demi d'envergure. Le dessus des ailes est d'un noir-brun, avec la moitié antérieure des inférieures, & un grand espace triangulaire à l'origine du bord interne des supérieures, d'un jaune livide. Les ailes supérieures ont neuf taches orbiculaires du même jaune, savoir : deux un peu au-delà du milieu de la côte, & sept alignées parallèlement au bord de derrière. Les secondes ailes ont deux rangées de lunules bleues : l'une bordant le côté externe de la partie jaune; l'autre marginale, terminée à l'angle de l'anus par un croissant fauve, & séparée de la précédente par une ligne transverse de points blancs ou bleuâtres.

Le dessous des quatre ailes est d'un brun-jannâtre, coupé transversalement près de la base par deux raies noires, communes, dont la postérieure décrivant un coude & remontant jusqu'à la poitrine. Immédiatement après cette dernière raie, c'est-à-dire, au milieu de la surface, il y a une bande blanche, terminée en pointe sur les secondes ailes, & suivie sur toutes les quatre d'une ligne noire, ondulée, bordée de blanc extérieurement, & entre laquelle & le bord, mais plus près de celui-ci, on voit un cordon de taches blanches. Indépendamment de ces caractères, le dessous des secondes ailes offre trois lunules d'un rouge-ferrugineux, disposées obliquement entre le disque & le bord interne; plus une rangée terminale de lunules jaunes. Le corps est d'un jaune-pâle; la tête & le devant du corselet sont noirs, avec des points blancs.

De l'île d'Amboine.

N. B. Fabricius rapporte ici la fig. 3, *pl.* 2, *tom.* 1 de Drury; mais cette figure représente l'*Athamas*. Drury n'a point donné le *Pyrrhus*.

23. Nymphale Nisus.

Nymphalis Nisus.

Nym. alis suprà fusco-nigris : posticis antè marginem posticum cœrulescentibus, punctis ocellaribus fasciâque albâ.

Papilio N. Euryalus, *alis caudatis, nigris : posticis antè marginem cœruleis, maculis nigris pupillâ albâ.* Fab. *Spec. Inf. tom.* 2. *p.* 20. *n°.* 83. — *Mant. Inf. tom.* 2. *p.* 11. *n°.* 95. — *Ent. Syst. em. tom.* 3. *pars* 1. *p.* 70. *n°.* 218. (Le mâle.)

Papilio Euryalus. Cram. *Pap. pl.* 74. *fig.* A. B.

Papilio Euryales. Herbst, *Pap. tab.* 61. *fig.* 1. 2.

Papilio N. Nisus, *alis caudatis, nigris : anticis fasciâ fulvâ ; posticis albâ submarginali.* Fab. *Spec. Inf. tom.* 2. *p.* 21. *n°.* 84. — *Mant. Inf. tom.* 2. *p.* 11. *n°.* 96. — *Ent. Syst. em. tom.* 3. *pars* 1. *p.* 70. *n°.* 219. (La femelle.)

Papilio Nisus. Cram. *Pap. pl.* 150. *fig.* A. B.

Papilio Nissus. Herbst, *Pap. tab.* 61. *fig.* 3. 4.

Les auteurs ont donné le mâle de ce lépidoptère sous le nom d'*Euryalus*, & la femelle sous celui de *Nisus*. Nous adoptons le dernier de ces deux noms, parce qu'il y a un satyre qui porte celui d'*Euryale*.

Notre *Nisus* a le port & la taille du *Pyrrhus*; mais sa queue postérieure est sensiblement plus courte que celle qui la précède en dehors. Le dessus des ailes est d'un noir-brun, avec une bande fauve ou jaunâtre vers l'extrémité des supérieures, & une bande blanche sur le bord terminal des inférieures. La bande des premières ailes descend de la côte à l'angle interne. Elle se compose ordinairement de points fauves dans le mâle, de taches jaunâtres, grandes & en forme de coin dans la femelle; nous disons ordinairement, parce qu'il arrive qu'elle s'oblitère plus ou moins, n'importe le sexe. La bande marginale des secondes ailes est précédée antérieurement d'une bande d'un bleu-cendré, sur laquelle il y a une rangée courbe de huit yeux noirs à prunelle bleuâtre, yeux beaucoup plus grands dans la femelle que dans le mâle.

Le dessous des quatre ailes est brun, un peu teinté de gris-luisant, avec deux bandes jaunes, communes, dont l'antérieure bordée de noir, plus courte & moins vive; la postérieure ayant des points bleuâtres à son côté externe sur les ailes de devant, & à son côté interne sur celles de derrière. On voit en outre au milieu de chaque aile une ligne noire, transverse & tortueuse, laquelle est doublée de jaunâtre en dehors, mais seulement dans la femelle. Le corps est noir en dessus, brun en dessous. Les antennes sont noires.

De l'île d'Amboine.

24. Nymphale Solon.

Nymphalis Solon.

Nym. alis caudatis, nigris, fasciâ flavescente, basi fuscis. Fab.

Papilio N. *Solon.* Fab. *Ent. Syst. em. tom.* 3. *pars* 1. *p.* 69. *n°.* 216.

Papilio Solon. Jon. *Fig. pict.* 5. *tab.* 63. *fig.* 2.

Comme nous n'avons pas vu ce lépidoptère, nous ignorons quelle peut être sa véritable place.

Le corps est brun. Le dessus des ailes est obscur à la base; ensuite noir, avec une bande jaunâtre, commune, mais interrompue sur les supérieures. Indépendamment de cela, le bord terminal est ponctué de jaune.

Le dessous des ailes est cendré, avec quelques ondes noires à la base; une bande d'un jaune-pâle sur le milieu; des taches jaunes peu prononcées à l'extrémité.

Il habite......

(*Traduction de Fabricius.*)

25. Nymphale Xipharès.

Nymphalis Xiphares.

Nym. alis suprà nigris : anticarum disco maculis albis, posticarum fasciâ flavâ extùsque dentatâ.

Papilio N. Xiphares, *alis dentato-caudatis, nigris : anticis albo maculatis, posticis fasciâ flavâ.* Fab. *Mant. Inf. tom.* 2. *p.* 11. *n°.* 98. — *Ent. Syst. em. tom.* 3. *pars* 1. *p.* 71. *n°.* 221.

Papilio Xiphares. Cram. *Pap. pl.* 377. *fig.* A. B.

Papilio Xiphares. Herbst, *Pap. tab.* 60. *fig.* 5. 6.

Cette nymphale, dont l'envergure est d'environ quatre pouces, a la même forme que toutes celles de cette division; mais sa queue postérieure est arquée, & beaucoup plus longue que celle qui la précède en dehors.

Le dessus des premières ailes est d'un noir-brun, avec quatre ou cinq taches blanches, discoïdales,

& huit points jaunâtres, dont cinq disposés transversalement en arc entre les taches précédentes & le sommet, les trois autres groupés à l'angle interne. Le dessus des secondes ailes est d'un noir-brun, & traversé au milieu par une bande jaune, oblique, large, dentée en dehors. On y voit en outre deux séries marginales de lunules, dont les intérieures d'un bleu pâle & luisant, les extérieures jaunâtres.

Le dessous des quatre ailes est d'un brun-olivâtre vers la base, avec quelques raies noires, transversales & bordées de bleuâtre; puis grisâtre jusqu'au bout, avec un bande blanche, commune, discoïdale, tortueuse, & précédée extérieurement d'une ligne jaunâtre, ondulée. Aux lunules du dessus des secondes ailes correspondent ici des lunules à peu près semblables.

Du Cap de Bonne-Espérance.

26. Nymphale Miltiade.

Nymphalis Miltiades.

Nym. alis caudatis, fuscis: posticis maculâ albâ: subtùs omnibus fasciâ communi albâ ocelloque unico. Fab.

Papilio N. *Miltiades.* Fab. *Ent. Syst. em. tom.* 3. *pars* 1. *p.* 66. *n°.* 205.

Papilio Miltiades. Jon. *Fig. pict.* 5. *tab.* 80. *fig.* 2.

Cette espèce n'est mise ici que conditionnellement. Le corps est grand, brun. Les ailes supérieures sont d'un brun-obscur, avec une tache ferrugineuse sur leur milieu, & deux points blancs vis-à-vis de leur sommet. Leur dessous est plus pâle que le dessus, avec deux raies noires, transverses, à la base; une bande blanche derrière le milieu; un œil noir à iris jaune & sans prunelle vers le bord postérieur.

Les secondes ailes sont en queue. Leur dessus est d'un brun-obscur, avec une grande tache blanche, plus une raie jaune, transverse & marginale. Leur dessous est comme celui des premières ailes, mais la bande blanche a le milieu dilaté & marqué d'un œil noir.

Elle habite.....

(*Traduction du texte de Fabricius.*)

B. Bord postérieur des premières ailes plus ou moins concave. Bord correspondant des secondes avec une queue extérieure, linéaire, aiguë, & la dent qui précède l'angle anal, obtuse & un peu plus prononcée que les autres.

27. Nymphale Achéronta.

Nymphalis Acheronta.

Nym. alis anticis suprà basi rufis, apice nigris albo maculatis: posticis fusco ferrugineis puncto nigro.

Papilio N. Acheronta, *alis dentato-caudatis: anticis basi rubris, apice nigris albo maculatis.* Fab. *Mant. Inf. tom.* 2. *p.* 47. *n°.* 463. — *Ent. Syst. em. tom.* 3. *pars* 1. *p.* 76. *n°.* 239.

Papilio Cadmus. Cram. *Pap. pl.* 22. *fig.* A. B.

Papilio Pherecides. Cram. *Pap. pl.* 330. *fig.* A. B.

Papilio Cadmus. Herbst, *Pap. tab.* 57. *fig.* 1. 2.

Papilio Pherecides. Herbst, *Pap. tab.* 57. *fig.* 3. 4.

Elle a environ trois pouces & demi d'envergure. Le dessus des premières ailes est d'un fauve-foncé depuis la base jusque vers le milieu, avec les nervures plus ou moins noirâtres; ensuite noir jusqu'au bout, avec six points blancs, dont quatre formant une ligne oblique derrière la couleur fauve, les deux autres disposés transversalement vis-à-vis du sommet. Le dessus des secondes ailes est d'un ferrugineux obscur, avec un point noir, plus ou moins distinct, vers l'angle de l'anus.

Le dessous des quatre ailes est d'un brun légèrement glacé de gris, avec quelques taches noires, annulaires, près de la base; une ligne flexueuse & transverse de cette couleur sur le milieu; une bande obscure & pareillement transverse entre la ligne susdite & le bord postérieur. Cette bande est terminée au bord antérieur des premières ailes par une tache d'un blanc-luisant, & au bord interne des secondes par deux points noirs ocellés. Les secondes ailes ont en outre un point blanchâtre dans une des taches annulaires de la base. Le corps est d'un brun-roussâtre en dessus, d'un brun-pâle en dessous. Les antennes sont ferrugineuses, avec la masse noire.

Elle se trouve depuis le Brésil jusqu'à l'état de New-York inclusivement.

C. Bord postérieur des premières ailes concave, & plus ou moins tronqué au sommet. Bord correspondant des secondes avec deux queues linéaires, dont l'une anale & courbée du côté du corps; l'autre extérieure, oblique, beaucoup plus longue, & obtuse à son extrémité.

28. Nymphale Thétis.

Nymphalis Thetis.

Nym. alis suprà fulvis, strigis tribus nigris, communibus, rectis: subtùs glauco-nitidis, strigâ mediâ serieque punctorum ocellatorum.

Papilio N. Thetis, *alis dentato-caudatis, fulvis, strigis nigris: posticis subtùs glaucis:* Fab. *Spec. Inf. tom.* 2. *p.* 87. *n°.* 385. — *Mant. Inf. tom.* 2. *p.* 47. *n°.* 465. — *Ent. Syst. em. tom.* 3. *pars* 1. *p.* 77. *n°.* 241.

Papilio Petreus. Cram. *Pap. pl.* 87. *fig.* D. E.

Stoll, *Pap. Suppl. à* Cram. *pl.* 2. *fig.* 2. A. (La chenille.) *Fig.* 2. B. (La chrysalide.)

Papilio Petreus. Herbst, *Pap. tab.* 67. *fig.* 1. 2.

Papilio Petreus. Esp. *Pap. Exot. tab.* 58. *fig.* 1. 4.

Papilio Peleus. Sulz. *Inf. p.* 142. *tab.* 13. *fig.* 4.

Elle a entre trois pouces & trois pouces & demi d'envergure. Le deſſus des premières ailes eſt d'un fauve plus ou moins vif, ſuivant le ſexe, avec trois lignes noires, communes, obliques, non ſinuées. Il y a en outre deux ou trois petites lignes tranſverſes, de cette couleur, vers la baſe des premières ailes, leſquelles ont l'extrémité de la côte & une partie du bord terminal noirâtres. Ce dernier bord & les queues ſont obſcurs aux ſecondes ailes, dont l'angle anal offre trois croiſſans blanchâtres, croiſſans que ſurmontent deux points noirs entourés chacun d'un cercle blanc, tantôt ſimple, tantôt double. La queue extérieure a l'extrémité un peu blanche.

Le deſſous des quatre ailes eſt d'un brun ferrugineux, glacé de violâtre ou de blanc-verdâtre, avec une ligne obſcure, commune, diſcoïdale, oblique, derrière laquelle il y a une rangée tranſverſe de points noirs, ocellés. Les ailes ſupérieures ont de plus quelques légères taches brunes le long de la côte.

La femelle a les queues bordées de fauve.

La chenille, d'après Stoll, eſt ferrugineuſe, tachetée de noir, avec la tête fauve & armée de deux épines noirâtres, longues, légèrement rameuſes. Sur ſon dos, entre la cinquième & la onzième inciſions, eſt une bande jaune, aſſez large, ſinuée, d'où s'élève un rang de quatre épines noires, aiguës, & dont la poſtérieure un peu courbée en avant. Les pattes écailleuſes ſont noires; les pattes membraneuſes jaunes, ainſi que le ventre. Elle vit ſur l'*acajou des Indes occidentales* (*anacardium occidentale*).

La chryſalide eſt jaune, mouchetée de noir, avec des épines brunes, dont les deux antérieures & les ſuivantes longues, les poſtérieures courtes & dorſales.

De la Guyane & du Bréſil.

29. Nymphale Pellénis.

Nymphalis Pellenis.

Nym. alis ſuprà fulvis, ſtrigis duabus nigris, communibus; anticarum poſticâ angulatâ: ſubtùs glauco-nitidis, ſtrigâ mediâ ſerieque punctorum ocellatorum.

Elle diffère de la précédente, en ce qu'elle a environ un demi-pouce de moins; en ce que la ſeconde ligne noire eſt fortement briſée aux premières ailes, & que la troiſième y manque totalement; en ce que le mâle a la queue extérieure moins longue, un peu plus large & bordée de fauve comme dans la femelle.

Nous la ſoupçonnons des Antilles.

30. Nymphale Aſtina.

Nymphalis Aſtina.

Nym. alis caudatis, fuſcis, diſco communi fulvo: anticis lunulâ atrâ. Fab.

Papilio N. *Aſtina.* Fab. *Ent. Syſt. em. tom.* 3. *pars* 1. *p.* 81. *n°.* 251.

Papilio Aſtina. Jon. *Fig. pict.* 5. *tab.* 80. *fig.* 1.

Voici ce qu'en dit Fabricius: le deſſus des ailes eſt d'un brun-obſcur, avec un eſpace fauve, diſcoïdal & commun. Les ſupérieures ont en outre une lunule noire.

Le deſſous de toutes les ailes eſt ondé de brun, & la queue des inférieures eſt longue.

De l'île Saint-Thomas.

31. Nymphale Coréſie.

Nymphalis Coreſia.

Nym. alis ſuprà fuſco-nigris, baſi faſciâque geminâ purpuraſcenti-ferrugineis: ſubtùs dimidio baſilari niveo, ſtrigâ ſerratâ ferrugineâ extùs marginato.

Elle a environ deux pouces & demi d'envergure. Le deſſus des ailes eſt d'un noir-brun, avec la baſe, & deux bandes poſtérieures, d'un ferrugineux-purpurin. Les ſecondes ailes ont le bout de la queue extérieure blanc, la queue anale ferrugineuſe de part & d'autre & ſurmontée d'un groupe d'atomes blanchâtres.

Le deſſous des quatre ailes a la moitié antérieure d'un blanc-ſatiné, & bordée en dehors par une bande ferrugineuſe dont le côté externe eſt en ſcie & terminé de noir. L'autre moitié eſt d'un brun-griſâtre-luiſant, ſurtout au ſommet, avec le bord poſtérieur ferrugineux. Sur la partie blanche de la baſe ſont trois lignes rouſſâtres, tranſverſes, très fines & légèrement flexueuſes. Le corps a le deſſus d'un noir-brun, le deſſous blanc. Les antennes ſont noires en deſſus, ferrugineuſes & annelées de blanc en deſſous.

Du Bréſil.

32. Nymphale Chiron.

Nymphalis Chiron.

Nym. alis ſuprà nigro-fuſcis, faſciis quatuor communibus corticinis: ſubtùs dimidio baſilari margaritaceo, faſciâ albâ extùs marginato.

Papilio E. A. Chiron, *alis caudatis, nigris, fuſco faſciatis: anticè albis, ſtrigis ferrugineis.* Fab. *Syſt. Ent. p.* 452. *n°.* 40. — *Spec. Inſ. tom.* 2. *p.* 16. *n°.* 60. — *Mant. Inſ. tom.* 2. *p.* 8. *n°.* 68. — *Ent. Syſt. em. tom.* 3. *pars* 1. *p.* 26. *n°.* 78.

Papilio Marius. Cram. *pl.* 200. *fig.* D. E.

Papilio Marius. Stoll, *Suppl. à* Cram.

Papilio Marius. Esp. *Pap. Exot. tom.* 1. *tab.* 52. *fig.* 4.

Daubenton, *Pl. enlum.* 71. *fig.* 2. 3.

Papilio Chiron. Herbst, *tab.* 52. *fig.* 1. 2.

Elle eſt de la même taille que la précédente. Le deſſus des quatre ailes eſt d'un brun-noirâtre, avec quatre raies ou bandes communes d'un brun-tanné-pâle. Il y a en outre vers l'extrémité des premières ailes une rangée tranſverſe de trois points blancs, & à l'angle anal des ſecondes deux taches noires oculaires, dont la plus intérieure ſaupoudrée de blanchâtre. La queue interne de ces dernières ailes a le milieu d'un roux-vif, & la queue externe a le bout blanc.

Le deſſous de toutes les ailes eſt d'un gris de perle à la baſe, avec quatre lignes rouſſes, tranſverſales, dont l'extérieure bordée par une bande blanche étroite. De cette bande au bord terminal, le fond eſt brun, avec trois raies violâtres, communes, plus quelques points blancs au ſommet des ailes ſupérieures, & deux points noirs ocellés à l'angle anal des inférieures.

De l'Amérique méridionale.

33. Nymphale Thémiſtocle.

Nymphalis Themiſtocles.

Nym. alis ſuprà nigro-fuſcis, faſciis quatuor communibus corticinis : ſubtùs violaceo-brunneis, punctorum nigricantium ſerie poſticâ.

Papilio N. Themiſtocles, *alis caudatis, brunneis, fuſco-faſciatis : poſticis punctis duobus atris.* Fab. *Ent. Syſt. em. tom.* 3. *pars* 1. *p.* 66. *n°.* 207.

Papilio Themiſtocles. Jon. *Fig. pict.* 5. *tab.* 70. *fig.* 2.

Elle reſſemble beaucoup au *Chiron*; mais elle n'a qu'une ſeule queue, celle de l'angle de l'anus manque; les bandes brunes du deſſus des ailes ſont plus vives; le deſſous eſt entièrement brun & légèrement glacé de violet, avec deux lignes obſcures & ondulées ſur le milieu, & une ſérie de points noirâtres ocellés en avant du bord poſtérieur. Outre cela le mâle n'a pas de points blancs vis-à-vis du ſommet des premières ailes.

Du Bréſil.

34. Nymphale Dioné.

Nymphalis Dioné.

Nous l'avons décrite comme Vaneſſe (p. 300, n°. 12); mais elle doit être rapportée ici.

35. Nymphale Corinne.

Nymphalis Corinna.

Elle a été miſe parmi les Vaneſſes (p. 300, n°. 11); mais elle doit être rapportée ici.

36. Nymphale Furculá.

Nymphalis Furcula.

Nym. alis ſuprà baſi fulvis, tunc nigris cœruleoque micantibus : ſubtùs nitenti-ferrugineis, ſtrigis duabus nigris, undulatis.

Papilio N. Furcula, *alis caudatis, fuſcis, baſi fulvis : anticis faſciâ cœruleâ.* Fab. *Ent. Syſt. em. tom.* 3. *pars* 1. *p.* 79. *n°.* 246.

Papilio Furcula. Jon. *Fig. pict.* 5. *tab.* 79. *fig.* 1.

Papilio Iole. Drury, *Inſ. tom.* 3. *pl.* 38. *fig.* 2.

Papilio Iole. Stoll, *Pap. Suppl. à* Cram. *pl.* 29. *fig.* 4 & 4. D.

Elle eſt à peu près de la taille des deux précédentes. Le deſſus des quatre ailes eſt fauve à la baſe; enſuite noir juſqu'au bout, avec un reflet d'un bleu-violet, reflet qui ſe fait principalement ſentir contre la couleur fauve des ſupérieures. Les ſecondes ailes ont, près de l'angle anal, un point d'un noir-foncé & entouré d'un anneau roux.

Le deſſous des quatre ailes eſt d'un ferrugineux légèrement glacé de violâtre, avec deux lignes tranſverſes & ondulées, puis une rangée de points oculaires, noirs. Le deſſus du corps eſt fauve.

De la Jamaïque.

D. Bord poſtérieur des premières ailes concave. Bord correſpondant des ſecondes avec deux queues, dont l'une anale, très-courte & arrondie; l'autre extérieure, oblique, longue, dilatée en angle vers l'origine de ſon côté interne, un peu courbe & rétrécie à ſon extrémité.

37. Nymphale Orſiloque.

Nymphalis Orſilochus.

Nym. alis ſuprà fuſcis, faſciis duabus margaritaceis, tranſverſis : ſubtùs margaritaceis, faſciis fulvis.

Papilio E. A. Orſilochus, *alis caudatis : anticis faſciis duabus, poſticis unicâ, albis : ſubtùs baſi albis faſciâ fulvâ.* Fab. *Gen. Inſ. Mant. p.* 252. — *Spec. Inſ. tom.* 2. *p.* 16. *n°.* 62. — *Mant. Inſ. tom.* 2. *p.* 8. *n°.* 70. — *Ent. Syſt. em. tom.* 3. *pars* 1. *p.* 27. *n°.* 80.

Papilio Cinna. Cram. *Pap. pl.* 200. *fig.* F. G.

Papilio Orſilochus. Herbst, *Pap. tab.* 52. *fig.* 3. 4.

Elle a environ deux pouces d'envergure. Le deſſus de ſes ailes eſt d'un brun-noirâtre, avec deux bandes communes, couleur de nacre de perle, & dont l'antérieure diſcoïdale, droite, aſſez large; la poſtérieure linéaire, & en outre oblitérée aux ſecondes ailes. Celles-ci ont la queue

queue anale fauve & marquée d'un point noir ; la queue extérieure brune, bordée de blanc & précédée de quelques traits de cette couleur.

Le dessous des quatre ailes est nacre de perle, avec trois bandes fauves, communes. Il y en a une quatrième, très-courte, vis-à-vis du sommet des ailes supérieures, ailes dont le bord terminal est également fauve. Le bord correspondant des ailes inférieures est longé par une double ligne noire, ondée, & les queues sont colorées comme en dessus. Le corps est brun en dessus, blanc en dessous. Les antennes sont ferrugineuses.

De la Guyane.

38. Nymphale Chriton.

Nymphalis Chriton.

Nym. alis caudatis, suprà fuscis ; subtùs glaucis : fasciâ utrinquè albâ. Fab.

Papilio E. A. *Chriton.* Fab. *Gen. Inf. Mant. p.* 252. — *Spec. Inf. tom.* 2. *p.* 16. *n°.* 61. — *Mant. Inf. tom.* 2. *p.* 8. *n°.* 69. — *Ent. Syst. em. tom.* 3. *pars* 1. *p.* 27. *n°.* 79.

Papilio Chriton. Herbst, *Pap. tab.* 52. *fig.* 5. 6.

Elle a de l'affinité avec la précédente. Les ailes supérieures ont la base d'un brun-obscur, avec quelques lignes transverses encore plus obscures ; le milieu traversé par une bande blanche, large ; l'extrémité noire, avec six ou sept points blancs. Les ailes inférieures sont d'un brun-obscur, avec une raie blanche, s'alignant à la bande des premières ailes, mais ne descendant pas jusqu'à l'angle de l'anus. Leur bord postérieur est rayé, & l'on y voit trois taches noires entourées d'un iris blanc. L'angle anal offre une petite tache rousse, & la queue est longue, noire, bordée de blanc.

Le dessous des quatre ailes est d'un gris-violâtre-luisant, avec une large bande blanche & des lignes fauves, transversales. Aux trois taches noires, & à la tache rousse des secondes ailes correspondent ici des taches semblables.

De Surinam.

(*Traduction du texte de Fabricius.*)

E. Bord postérieur des premières ailes peu concave ou presque droit. Bord correspondant des secondes avec deux queues, dont l'une anale, très-courte & arrondie ; l'autre extérieure, oblique, linéaire & aiguë.

39. Nymphale Camillus.

Nymphalis Camillus.

Nym. alis utrinquè albis, fasciis transversis rufescentibus fuscoque marginatis.

Papilio N. *Camillus, alis bicaudatis, albis, fasciis fulvis nigro marginatis : posticis maculâ caudali atrâ.* Fab. *Spec. Inf. tom.* 2. *p.* 11. *n°.* 42. — *Mant. Inf. tom.* 2. *p.* 6. *n°.* 46. — *Ent. Syst. em. tom.* 3. *pars* 1. *p.* 62. *n°.* 193.

Papilio Pantheus. Drury, *Inf. tom.* 3. *pl.* 6. *fig.* 4.

Elle a approchant deux pouces & demi d'envergure. Ses ailes sont blanches de part & d'autre, avec sept bandes communes, dont les quatre antérieures roussâtres & bordées de brun, les trois postérieures entièrement brunes & linéaires. Outre cela, les premières ailes ont l'extrémité des nervures brune, & le milieu de leur bord d'en haut offre deux petites bandes colorées comme les quatre bandes antérieures. L'angle anal & la queue interne des secondes ailes sont fauves, avec une tache noire, mais saupoudrée de bleu en dessus. Le corps est blanc, avec une ligne noire le long du dos, & une semblable le long de chaque côté. Les antennes sont noires. Les palpes ont le dessus roussâtre, le dessous blanc.

De l'Afrique équinoxiale.

40. Nymphale Thyoné.

Nymphalis Thyone.

Nym. alis utrinquè fulvis, strigis plurimis fuscis : posticarum 4ª, 6ª, 8ª, *tenuiter albo marginatis.*

Papilio Thyonneus. Cram. *Pap. pl.* 220. *fig.* E. F.

Elle est à peu près de la taille de la précédente. Le dessus de toutes les ailes est d'un fauve-foncé, avec neuf lignes transverses d'un brun-noirâtre. Les quatrième, sixième & huitième lignes des ailes inférieures ont un des côtés finement bordé de blanc.

Le dessous ne diffère du dessus que parce qu'il est plus pâle, & parce que les premières ailes ont près du sommet un petit espace blanc. Le corps est fauve en dessus, avec trois lignes noires le long du corselet, & une seule le long du dos.

Nous n'avons vu que le mâle, en sorte que nous ne pouvons dire si la femelle offre des différences.

De l'île d'Amboine.

41. Nymphale Hylas.

Nymphalis Hylas.

Nym. alis utrinquè fulvis aut albis, strigis margineque fuscis anguloque ani bipunctato.

Papilio Hylas. Clerck, *Icon. tab.* 40. *fig.* 4. (Fem. var.)

Elle a entre un pouce & demi & deux pouces d'envergure. Le mâle est fauve de part & d'autre. La femelle est blanche, avec l'angle anal de chaque aile fauve & marqué de deux points noirs. Ces points existent pareillement dans le mâle. Celui-ci comme celle-là ont plusieurs lignes communes, & tout le contour des ailes, d'un brun-noirâtre. On voit en outre, vers l'extrémité des secondes ailes, une série transverse de points noirs, oblongs, dont quelques-uns, surtout dans la femelle, bordés de bleuâtre. Le corps est fauve ou blanc, selon le sexe, avec des lignes obscures & longitudinales. Les antennes sont noires & annelées de blanc.

De l'île de Java.

N. B. La figure de Clerck représente une femelle qui forme variété, en ce que les lignes brunes des ailes sont plus larges.

42. Nymphale Périandre.

Nymphalis Periander.

Nym. alis utrinquè albis, strigis sex rufescentibus margineque postico fusco, albo strigoso.

Papilio N. Periander, *alis caudatis, concoloribus, albis flavo fasciatis, apice fuscis albo strigosis.* Fab. *Mant. Inf. tom.* 2. *p.* 9. *n°.* 74. — *Ent. Syst. em. tom.* 3. *pars* 1. *p.* 67. *n°.* 208.

Papilio Periander. Donow. *Of an Epit. of the Nat. Hist. of the Inf. of India, cah.* 3. *pl.* 5. *fig.* 1.

Elle est à peu près de la taille de l'*Hylas*. Les quatre ailes sont blanches de part & d'autre, avec six raies roussâtres, transverses, plus ou moins longues, & une bande terminale d'un brun-obscur. Cette bande est entièrement divisée par trois ou quatre lignes blanches, flexueuses, dont l'antérieure précédée d'un rang de points noirs, lesquels sont ronds aux premières ailes, triangulaires & plus gros aux secondes. Le corps est blanc, avec des lignes brunes, longitudinales. Les antennes sont noires, annelées de blanc, avec le bout de la massue fauve.

De l'île de Java.

N. B. Décrite sur des individus mâles.

43. Nymphale Coclès.

Nymphalis Cocles.

Nym. alis subcaudatis (bicaudatis), albo flavescentique strigosis, fasciâ mediâ albâ: posticis subtùs strigâ punctorum ocellatorum. Fab.

Papilio N. *Cocles.* Fab. *Mant. Inf. tom.* 2. *p.* 7. *n°.* 53. — *Ent. Syst. em. tom.* 3. *pars* 1. *p.* 65. *n°.* 204.

Papilio Cocles. Donow. *Of an Epitome of the Nat. Hist. of the Inf. of India, cah.* 3. *pl.* 2. *fig.* 2.

Elle a le port & la taille de l'*Hylas*. Ses ailes sont très-minces, rayées transversalement de blanc, de jaunâtre & de brun. Sur leur milieu, il y a une bande blanche, large, commune; & vers leur bord postérieur, une raie noire transversale.

En dessous, le fond des quatre ailes est blanchâtre, avec des lignes jaunâtres, transverses, & une ligne noire, marginale. Les ailes supérieures présentent en outre, vers l'extrémité de leur bord interne, un seul point noir oculaire. Les ailes inférieures ont une rangée transverse de six points blancs à iris jaunâtre & à prunelle blanche. La prunelle des cinq yeux antérieurs est oblongue, celle de l'œil postérieur arrondie. Les mêmes ailes ont deux queues courtes, dont l'extérieure aiguë; l'intérieure encore plus courte, ronde, offrant en dessus des lunules bleues, & en dessous une tache noire. Les antennes sont noires & annelées de blanc.

De Siam.

N. B. Nous avons mieux aimé traduire Fabricius que de nous servir de la figure de Donowan, attendu qu'elle rend mal les couleurs & la queue de l'angle de l'anus.

F. Bord postérieur des premières ailes dilaté en angle vers son milieu. Bord correspondant des secondes tronqué presque carrément vers l'angle de l'anus, & ayant une queue extérieure, oblique, assez longue, arrondie à son extrémité.

44. Nymphale Hippona.

Nymphalis Hippona.

Nym. alis suprà nigris: anticis fulvo flavoque variis, posticis strigâ anali punctorum alborum.

Papilio N. Hippona, *alis dentato-caudatis, flavo nigroque variis: posticis punctis quatuor albis.* Fab. *Gen. Inf. Mant. p.* 256. *n°.* 280-81. — *Spec. Inf. tom.* 2. *p.* 54. *n°.* 258.

Papilio H. *Hippona.* Fab. *Ent. Syst. em. tom.* 3. *pars* 1. *p.* 180. *n°.* 559.

Papilio Hippona. Donow. *Of. an Epit. of the Nat. Hist. of the Inf. of India, cah.* 3. *pl.* 16. *fig.* 4.

Papilio Fabius. Drury, *Inf. tom.* 3. *pl.* 16. *fig.* 1. 2.

Papilio Fabius. Cram. *Pap. pl.* 90. *fig.* C. D.

Papilio Fabius. Stoll, *Pap. Suppl. à* Cram. *pl.* 2. *fig.* 1. (Pap.) *fig.* 1. A. B. C. (chen. & chrys.)

Papilio Fabius. Herbst, *Pap. tab.* 67. *fig.* 3. 4.

Papilio Fabius. Esp. *Pap. exot. tom.* 1. *tab.* 54. *fig.* 3. 4.

Fabricius avoit d'abord rangé cette espèce parmi les *Nymphales*; mais, en dernier lieu, il en a fait un *Héliconien*, sans doute à cause des couleurs.

Elle a environ trois pouces & demi d'envergure. Les premières ailes ont le dessus noir, avec deux larges bandes, dont l'antérieure fauve, arquée, allant de la base à l'angle interne; la postérieure jaune, sinuée, oblique, atteignant la côte & le bord terminal. L'angle externe ou ſommet offre en outre deux ou trois taches jaunes. Les ſecondes ailes ont le deſſus noir, avec une bande fauve, parallèle au bord d'en haut, & quatre points blancs, linéaires, alignés ſur le bord poſtérieur entre la queue & l'angle de l'anus.

Le deſſous des quatre ailes eſt d'une teinte ferrugineuſe, avec des bandes pâles & tranſverſes ſur les ſupérieures, avec des nuances violâtres ſur les inférieures. Le corps eſt rouſſâtre en deſſus, brun en deſſous.

La chenille, ſelon Stoll, eſt d'un vert-obſcur, avec une raie noire le long du dos, & des taches de cette couleur ſur les côtés. Ses pattes ſont d'un vert-pâle. Sa tête eſt noire, marquée de deux points jaunâtres, & munie de deux épines courtes & obtuſes. Elle vit ſur une plante appelée *poivrier*. Elle ne mange que la nuit. Durant le jour, elle reſte cachée dans une eſpèce d'étui ou de fourreau qu'elle pratique en roulant une feuille.

La chryſalide eſt courte, épaiſſe, ſans éminences angulaires, griſâtre, avec des mouchetures brunes. Elle s'attache, par la queue, à la tige de la plante ſus-mentionnée.

Des Antilles, de la Guyane & du Bréſil.

G. Bord poſtérieur des premières ailes plus ou moins concave. Bord correſpondant des ſecondes tronqué preſque carrément vers l'angle de l'anus, & ayant une queue extérieure, oblique, obtuſe ou arrondie à ſon extrémité.

α. Bord interne des premières ailes ſans échancrure.

45. Nymphale Clytemneſtre.

Nymphalis Clytemneſtra.

Nym. alis fuſco-nigris : anticis utrinquè faſciâ mediâ ochreaceâ : omnibus ſubtùs ad baſin argenteo maculatis.

Papilio N. Clytemneſtra, *alis angulatis, nigris, ſubtùs albo maculatis : anticis utrinquè faſciâ flavâ.* Fab. *Spec. Inſ. tom.* 2. *p.* 93. *n°.* 406. — *Mant. Inſ. tom.* 2. *p.* 50. *n°.* 491. — *Ent. Syſt. em. tom.* 3. *pars* 1. *p.* 123. *n°.* 375.

Papilio Clytemneſtra. Cram. *pl.* 137. *fig.* A. B.

Papilio Clytemneſtra. Cram. *pl.* 366. *fig.* A. B.

Papilio Clytemneſtra. Herbst, *tab.* 59. *fig.* 1. 2. 3.

Cette nymphale a environ trois pouces & demi d'envergure. La dent qui précède l'angle anal de ſes ailes inférieures eſt plus ſaillante que les autres, & dans la femelle le bout de la queue reſſemble pour ainſi dire à un pied.

Le deſſus des ailes eſt d'un noir-brun à reflet verdâtre, avec une bande d'un jaune d'ocre-pâle, large, ſinuée, deſcendant du milieu de la côte à l'angle interne des ſupérieures, leſquelles ont au ſommet un ou pluſieurs points du même jaune. Les ſecondes ailes offrent des points ſemblables, tantôt au ſommet ſeulement, tantôt tout le long du bord poſtérieur.

Le deſſous des quatre ailes eſt d'un brun-noirâtre, nuancé de gris-violâtre & de ferrugineux, avec des taches argentées, inégales, & éparſes depuis la baſe juſqu'au milieu de la ſurface. Outre cela, les premières ailes ont une bande comme en deſſus; mais ici, la partie antérieure eſt argentée, & le ſommet a un ou deux points également argentés. Le corps eſt de la couleur du fond des ailes. Les antennes ſont noires, avec la sommité de la maſſue ferrugineuſe.

De la Guyane & du Bréſil.

46. Nymphale Décius.

Nymphalis Decius.

Nym. alis ſuprà fuſcis, faſciâ communi albâ, mediâ : poſticis ad angulum ani rufis, ocellis punctiſque duobus violaceis.

Papilio N. Decius, *alis caudatis, faſciâ communi albâ : poſticis apice rufis, ocellis punctiſque duobus albis.* Fab. *Spec. Inſ. tom.* 2. *p.* 10. *n°.* 82. — *Ent. Syſt. em. tom.* 3. *pars* 1. *p.* 67. *n°.* 210.

Papilio Decius. Cram. *Pap. pl.* 114. *fig.* A. B.

Papilio Decius. Herbst, *Pap. tab.* 56. *fig.* 1. 2.

Papilio Decius. Drury, *Inſ. tom.* 3. *pl.* 6. *fig.* 1. 2. (Var. an mas?)

Elle eſt approchant de la taille de la précédente. Le deſſus des ailes eſt d'un brun-noirâtre, & traverſé obliquement au milieu par une bande d'un blanc-violâtre, moins large aux ſupérieures qu'aux inférieures. Ces dernières ailes ont le bord d'en bas fauve, à partir de l'angle anal juſqu'à la queue incluſivement, avec cinq points violâtres, dont les trois extérieurs bordés de noir, & s'alignant, ainſi que les deux autres, avec des taches jaunâtres qui deſcendent de la côte des premières ailes.

Le deſſous de toutes les ailes eſt d'un brun-ferrugineux, & préſente à la baſe quelques lignes noires, tranſverſes, courtes, bordées de bleuâtre; au milieu une bande blanche comme en deſſus; à l'extrémité une multitude d'ondes noirâtres qui oblitèrent en partie la bande blanche ſuſdite. Les ſecondes ailes ont en outre le bord interne ondé de noirâtre juſqu'auprès de ſon origine. Leur bord poſtérieur eſt entièrement ferrugineux, avec une ligne bleuâtre, flexueuſe, derrière laquelle il y a une ſérie de ſept points blancs, dont les cinq extérieurs entourés de noir. Les deux ſurfaces du corps ſont de la même couleur que celles des ailes.

De la Guinée.

N. B. La figure de Drury représente un individu qui diffère en dessus des autres, en ce que les taches jaunâtres manquent aux quatre ailes; en ce que le fauve du bout des inférieures monte jusqu'à la côte, & laisse à peine apercevoir la bande blanche. Cet individu, qu'on voit dans la collection du Muséum, est le mâle ou une variété du mâle.

47. NYMPHALE Erota.

NYMPHALIS Erota.

Nym. alis subcaudatis, fuscis, nigro undatis fasciâque communi mediâ albâ: posticis utrinquè ocellis duobus. FAB.

Papilio N. *Erota.* FAB. *Ent. Syst. em. tom.* 3. *pars* 1. *p.* 76. *n°.* 237.

Papilio Erota. JON. *Fig. pict.* 4. *tab.* 39. *fig.* 1.

Le corps est grand, brun. Les ailes sont d'un brun-noirâtre, avec des ondes plus foncées. Sur le milieu est une bande blanche, commune, large. La bande des ailes supérieures est ondée de noirâtre; celle des inférieures peu prononcée. Ces dernières ont deux yeux & une petite queue.

Le dessous des quatre ailes est jaunâtre à la base, avec des lignes ferrugineuses, transversales; blanchâtre à l'extrémité, avec des lignes également ferrugineuses. Les secondes ailes ont en outre deux yeux comme en dessus.

De l'Afrique.

(*Traduction du texte de Fabricius.*)

48. NYMPHALE Véranès.

NYMPHALIS Veranes.

Nym. alis suprà basi albis, immaculatis, apice ferrugineis fulvoque & fusco punctatis.

Papilio N. Veranes, *alis caudatis, suprà fuscis, fulvo nigroque maculatis, basi albis.* FAB. *Spec. Inf. tom.* 2. *p.* 14. *n°.* 55. — *Mant. Inf. tom.* 2. *p.* 7. *n°.* 61. — *Ent. Syst. em. tom.* 3. *pars* 1. *p.* 66. *n°.* 206.

Papilio Veranes. CRAM. *pl.* 160. *fig.* D. E. (Mas.)

Papilio Veranes. CRAM. *pl.* 388. *fig.* A. B. (Fem.)

Papilio Veranes. DRURY, *Inf. tom.* 3. *pl.* 31. *fig.* 1. 2.

Papilio Veranes. HERBST, *Pap. tab.* 56. *fig.* 3. 4. 5.

Elle a près de trois pouces & demi d'envergure. Le dessus des ailes a la moitié antérieure d'un beau blanc, mais qui passe au jaunâtre vers la côte des supérieures; l'autre moitié ferrugineuse, avec deux rangées transverses de gros points fauves & une rangée intermédiaire de points noirâtres sur les premières ailes, &, au contraire, deux rangées de points noirâtres & une rangée intermédiaire de points fauves sur les secondes.

Le dessous des quatre ailes est d'un jaune-feuille-morte & présente vers la base quelques lignes brunes, transverses, ondulées, piquées de bleuâtre; sur le milieu une raie obscure, oblique & commune; vers l'extrémité, qui est légèrement glacée de violâtre, des points noirâtres, correspondant à ceux du dessus. On voit en outre, derrière la raie discoïdale des ailes inférieures, trois taches oculaires, dont une contre la côte, & deux près de l'angle de l'anus. Le dessus du corps est blanc, avec la tête & les palpes jaunâtres. Les antennes sont ferrugineuses.

Prise dans les grands bois de la Cafrerie par M. de Lalande.

D'après Drury, elle se trouve aussi sur la côte de Guinée.

49. NYMPHALE Lycurgue.

NYMPHALIS Lycurgus.

Nym. alis suprà atro-cœruleis, limbo postico lunularum cœrulescentium serie: posticis subtùs punctis marginalibus albis.

Papilio N. Lycurgus, *alis caudatis, nigris, lunulis marginalibus cœruleis posticisque punctis albis.* FAB. *Ent. Syst. em. tom.* 3. *pars* 1. *p.* 67. *n°.* 209.

Papilio Lycurgus. JON. *Fig. pict.* 5. *tab.* 69. *fig.* 1.

Papilio Laodice. DRURY, *Inf. tom.* 3. *pl.* 26. *fig.* 1. 2.

Elle a environ trois pouces & demi d'envergure. Le dessus des ailes est d'un bleu-noir, avec le bord postérieur obscur & longé par un rang de lunules d'un bleu-pâle.

Le dessous est d'un brun-violâtre, avec deux bandes communes d'un brun-foncé. Outre cela, les ailes inférieures ont parallèlement au bord terminal une suite de cinq ou six points blancs, lesquels se reproduisent en dessus dans l'un des sexes.

De Sierra-Leone.

50. NYMPHALE Portia.

NYMPHALIS Portia.

Nym. alis denticulatis, suprà fulvis, strigâ angulatâ limboque postico fuscis: subtùs griseis, posticis ad caudam punctis nigris.

Papilio N. Portia, *alis dentato-caudatis: subtùs griseis, nigro irroratis.* FAB. *Syst. ent. p.* 507. *n°.* 268. — *Spec. Inf. tom.* 2. *p.* 95. *n°.* 413. — *Mant. Inf. tom.* 2. *p.* 50. *n°.* 498. — *Ent. Syst. em. tom.* 3. *pars* 1. *p.* 78. *n°.* 242.

Papilio Astianax. CRAM. *Pap. pl.* 337. *fig.* A. B.

Papilio Astianax. HERBST, *Pap. tab.* 57. *fig.* 5. 6.

Elle a environ trois pouces d'envergure. Le dessus des ailes est fauve, avec une ligne transverse, anguleuse, & le bord terminal, d'un brun-noirâtre. La ligne des premières ailes est précédée intérieurement d'un gros point noir, voisin du milieu de la côte. La ligne des secondes ailes descend à peine jusqu'au niveau du disque.

En dessous, la majeure partie des ailes de devant & la totalité de celles de derrière sont d'un gris-cendré, avec des atomes bruns. Indépendamment de cela, les secondes ailes ont, entre l'angle de l'anus & la queue, un rang de deux à trois points noirs, bien distincts. Le corps est fauve en dessus, grisâtre en dessous. Les antennes sont noires.

Des Antilles.

N. B. Le dessus du mâle jette un reflet rouge.

51. NYMPHALE Troglodyte.

NYMPHALIS Troglodyta.

Nym. alis dentato-caudatis, rufis, strigâ margineque postico-fuscis. FAB.

Papilio N. Troglodyta. FAB. *Mant. Inf. tom.* 2. *p.* 47. *n°.* 464. — *Ent. Syst. em. tom.* 3. *pars* 1. *p.* 77. *n°.* 240.

D'après la description de Fabricius, ce lépidoptère ne se distingue du *Portia* que parce que le point noir du dessus des premières ailes est remplacé par une tache discoïdale de sa couleur; & parce que le dessous des secondes n'offre aucun point noir entre la queue & l'angle de l'anus.

De l'Amérique.

N. B. Est-ce bien une espèce distincte?

52. NYMPHALE Ryphéa.

NYMPHALIS Ryphea.

Nym. alis integerrimis, suprà fuscis, violaceo micantibus, anticarum fasciis duabus, posticarum maculâ subdiscoidali, calthaceis.

Papilio Ryphea. CRAM. *pl.* 48. *fig.* G. H.

Son envergure est d'environ deux pouces & demi.

Le mâle a le dessus des premières ailes d'un brun-noirâtre à reflet violet vif, avec deux bandes souci-ponceau, se dirigeant obliquement de la côte au bord terminal qu'elles n'atteignent pas. La bande antérieure est très-large, & sinuée à son côté externe. La bande postérieure est étroite, & comprimée vers son extrémité inférieure qui est arrondie. Le dessus des secondes ailes est brun, avec le milieu glacé de violet-pourpre, & précédé au dehors d'une tache souci qu'entoure du noirâtre : il y a en outre vers l'angle anal une rangée de trois à quatre petits points d'un blanc-bleuâtre.

Le dessus de la femelle ressemble à celui du mâle quant au dessin, mais le fond des ailes ne jette qu'un léger reflet violet; les deux bandes des supérieures & la tache des inférieures sont d'un fauve-jaunâtre, au lieu d'être souci-ponceau.

Le dessous des deux sexes est d'un brun-ferrugineux, avec une multitude de petits traits grisâtres ou cendrés, lesquels forment sur les premières ailes une ligne plus claire allant du sommet au milieu du bord interne, & sur les secondes une bande sinuée & presque discoïdale, également plus claire. Ces dernières ailes offrent, vers le milieu de la côte, un gros point blanchâtre ou jaunâtre, &, entre la queue & l'angle de l'anus, une suite de trois à quatre petits points noirs presque oculaires.

De la Guyane & du Brésil.

Nota. On trouve, mais plus rarement, des individus qui n'ont point de queue; d'autres qui l'ont extrêmement courte, comme celui qu'a figuré Cramer.

53. NYMPHALE Nésée.

NYMPHALIS Nesea.

Nym. alis integerrimis, suprà fuscis : anticis violaceo micantibus, fasciis duabus calthaceis; posticis immaculatis.

Nymphalis Nessus, *alis integerrimis; posticis subpentagonis, unicaudatis; his & superis fuscis: anticis maculis duabus elongatis, fascias æmulantibus, phœniceis, violaceo nitentibus : alis omnibus infrà brunneis, argutissimè maximèque strigatis; posticis fasciâ transversâ dilutiore punctoque nigro originem caudæ versùs.* Recueil d'observations de zool. & d'anat. comp. par Alex. de HUMBOLDT & A. BONPLAND, *vol.* 2. *p.* 76. *pl.* 35. *fig.* 5. 6.

Elle diffère de la précédente en ce que le dessus de ses secondes ailes est entièrement brun, sans taches & sans reflet; en ce que la bande plus claire, qui les traverse en dessous au-delà du milieu, est droite; enfin, en ce que ces ailes n'ont qu'un seul point oculaire, lequel est placé vers l'origine de la queue.

Du Pérou.

Nota. Ne seroit-ce pas plutôt une variété de climat qu'une espèce distincte?

β. Bord interne des premières ailes avec une échancrure plus ou moins profonde, au moins dans les mâles.

54. NYMPHALE Hélié.

NYMPHALIS Helie.

Nym. alis dentatis, suprà corticinis : anticis apice fusco, maculis ochreaceis fasciam transversam angulatamque efformantibus.

Papilio Helie. Clerck, *Icon. tab.* 34. *fig.* 3. (Var.)

Elle a environ deux pouces & demi d'envergure. Le dessus des ailes est d'un brun-tanné, avec l'extrémité noirâtre, & offrant aux supérieures, où cette couleur occupe presque le tiers de la surface, cinq taches d'un jaune d'ocre-pâle, disposées en une bande transverse & flexueuse qui atteint les deux bords. Les ailes inférieures ont, entre l'angle de l'anus & la queue, deux points noirs, surmontés chacun d'un point blanc plus petit.

Le dessous des quatre ailes est d'un gris finement entrecoupé de brun-obscur, avec une bande commune & discoïdale d'atomes argentés, plus vifs dans certains individus que dans d'autres. On voit en outre aux ailes inférieures deux points noirs correspondant à ceux de dessus. Le corps est de part & d'autre du même ton que les ailes, & celles-ci ont assez souvent les échancrures du bord postérieur blanches.

L'individu figuré par Clerck diffère de ceux que nous décrivons, en ce que la bande jaune du dessus des premières ailes est continue, & qu'elle ne descend pas au-delà du niveau du disque.

De l'Amérique.

55. Nymphale Halice.

Nymphalis Halice.

Nym. alis integerrimis, suprà rufis : anticis dimidio apicali cœrulescenti-nigro, fasciâ niveâ, angulatâ, in medio interruptâ.

Nous n'avons vu que des femelles de ce lépidoptère. Elles ont beaucoup de rapport avec celles de l'espèce précédente, mais leurs ailes sont entières, & le bord interne des supérieures n'a point d'échancrure. Outre cela, la bande anguleuse du dessus de ces mêmes ailes est très-blanche, & interrompue seulement vers son milieu; les secondes ailes offrent plus de points noirs entre l'angle anal & la queue.

Le dessous des quatre ailes est verdâtre, avec une bande blanchâtre vers le milieu.

Du Brésil.

56. Nymphale Pléione.

Nymphalis Pleione.

Nym. alis denticulatis, suprà fulvis, anticarum apice nigro : subtùs ferrugineo reticulatis, strigâ mediâ fuscâ.

Elle a entre deux pouces & deux pouces & demi d'envergure. Le dessus des ailes est d'un fauve-foncé, avec le sommet des supérieures d'un noir-brun & marqué de deux taches fauves, plus ou moins apparentes. Le bord postérieur des secondes ailes est longé par une ligne noirâtre, flexueuse, & double vis-à-vis de l'angle externe.

Le dessous des quatre ailes est jaunâtre, maillé de ferrugineux, & traversé au milieu par une raie brune, le long du côté interne de laquelle il y a une teinte légèrement nacrée, teinte que l'on voit aussi à l'origine du bord antérieur des premières ailes. Le corps est fauve en dessus, jaunâtre en dessous, avec quatre points blancs sur la tête. Les antennes sont ferrugineuses.

Nous soupçonnons qu'elle habite les Antilles.

Nota. La queue des secondes ailes est très-courte, du moins dans les individus que nous avons vus.

57. Nymphale Eribote.

Nymphalis Eribotes.

Nym. alis integerrimis, suprà fulvis aut ferrugineis, basi violaceo micantibus : posticis utrinquè punctis marginalibus subocellatis.

Papilio N. Eribotes, *alis subcaudatis, fulvis, basi cœrulescentibus : subtùs griseis.* Fab. *Syst. Ent. p.* 484. *n°.* 183. — *Spec. Inf. tom.* 2. *p.* 29. *n°.* 308. — *Ent. Syst. em. tom.* 3. *pars* 1. *p.* 73. *n°.* 229.

Papilio Eribotes. Donow. *Of an Epit. of the Nat. Hist. Inf. of India, cah.* 9. *pl.* 1. *fig.* 3.

Papilio Leonida. Cram. *pl.* 338. *fig.* C. D.

Stoll, *Suppl. à* Cram. *pl.* 6. *fig.* 2. A. (La chenille.) *fig.* 2. B. (La chrysalide.)

Elle a un peu plus de deux pouces d'envergure. Le dessus des ailes est tantôt ferrugineux, tantôt d'un fauve-brun, avec un reflet violet à la base. Le milieu de la côte & le sommet des ailes supérieures sont en outre plus ou moins noirs, selon la couleur du fond, & les inférieures ont, vers l'angle anal, un rang de quatre à cinq points noirs, surmontés chacun d'un point blanc très-petit.

Le dessous des quatre ailes est ferrugineux, avec des atomes gris ou violâtres : aux points noirs des inférieures correspondent ici des points semblables, & les supérieures ont le long du bord terminal une série de points blancs, plus ou moins distincts. Les antennes sont noires, annelées de blanchâtre, avec la sommité ferrugineuse.

La chenille, suivant Stoll, est noire, avec de petits poils & une multitude de points blancs. Elle vit sur une espèce de *prunier sauvage*.

La chrysalide est courte, ramassée, sans éminences angulaires, grise, avec des mouchetures rougeâtres. On la trouve, suspendue par la queue, sur la tige de l'arbrisseau dont les feuilles ont servi de nourriture à la chenille.

De la Guyane.

58. Nymphale Polycarme.

Nymphalis Polycarmes.

Nym. alis integris, suprà nigris, subtùs brunneis, immaculatis. Fab.

Papilio N. Polycarmes. Fab. *Ent. Syst. em. tom.* 3. *pars* 1. *p.* 158. *n°.* 472.

Papilio Odilla. Cram. *pl.* 329. *fig.* C. D.

Papilio Odilia. Stoll, *Suppl. à* Cram. *pl.* 6. *fig.* 4 & 4. D. (La chenille & la chrysalide.)

Nous ne connoissons cette nymphale que par l'individu qu'a figuré Cramer, & quoiqu'il soit sans queue, nous la plaçons ici à cause de sa grande analogie avec l'espèce suivante.

Elle a environ deux pouces & demi d'envergure. Ses ailes supérieures sont dentelées, à peine concaves, & paroissent avoir le bord interne échancré. Les inférieures sont entières. Le dessus des unes & des autres est d'un noir-violet, sans taches. Leur dessous est ferrugineux, avec des hachures bleuâtres le long du bord interne & du bord terminal des inférieures.

La chenille est d'un violet-purpurin, avec deux lignes latérales & en même temps longitudinales, dont la supérieure blanche & maculaire, l'inférieure jaunâtre & continue. Sur les second, cinquième & onzième anneaux s'élèvent deux épines noires, assez longues, légèrement ciliées, courbes en arrière. La tête est noire, avec deux lunules d'un blanc-luisant. Cette chenille vit sur le *goyavier*.

La chrysalide est ovoïde, courte, ramassée, avec des taches dorées.

De Cayenne.

Nota. Stoll donne la chenille de la danaïde *Erésime* pour celle de la nymphale *Odilla*, & réciproquement la chenille de l'*Odilla* pour celle de l'*Erésime*.

59. Nymphale Laertia.

Nymphalis Laertia.

Nym. alis integerrimis, suprà fuscis, basi violaceo-nitidè-cæruleis : subtùs anticis punctis marginalibus albis.

Papilio N. Laertes, *alis caudatis, fuscis, basi cæruleis : posticis suprà punctis quinque albis, subtùs quatuor ocellaribus.* Fab. *Spec. Ins. tom.* 2. *p.* 29. *n°.* 310. — *Ent. Syst. em. tom.* 3. *pars* 1. *p.* 73. *n°.* 226.

Papilio Laertes. Cram. *pl.* 73. *fig.* C. D. (La femelle.)

Elle a entre deux pouces & deux pouces & demi d'envergure. Le dessus des ailes est d'un brun-noirâtre, avec environ la moitié antérieure glacée de bleu-violet. On voit en outre, vers l'extrémité des supérieures, des taches du même bleu, formant dans la femelle un groupe de trois, & dans le mâle un groupe semblable, puis un groupe de deux. Les ailes inférieures ont la queue saupoudrée de gris, & il y a vers leur angle anal un rang de cinq points noirs, surmontés chacun d'un point blanc plus petit.

Le dessous des ailes est ferrugineux dans le mâle, cendré dans la femelle, avec des atomes gris vers la base, une bande violâtre & luisante entre le milieu & le bord postérieur. Ce bord offre aux premières ailes une série transverse de six à sept petits points blancs, & aux secondes, une suite de cinq points noirs, dont les trois intermédiaires environnés de verdâtre en dehors. La bande violâtre susdite est bordée intérieurement par une raie plus intense que le fond de l'aile, & représentant en quelque sorte un V oblique. A ces caractères il faut ajouter une tache blanchâtre ou jaunâtre, placée au milieu de la côte des ailes inférieures.

De la Guyane & du Brésil.

N. B. Nous avons vu, dans la collection de M. le chevalier de Langsdorff, un individu qui, par le dessus des ailes, sembleroit appartenir à l'espèce suivante, mais qui, en raison de leur dessous & de la forme du bord terminal des supérieures, doit être rapporté ici.

60. Nymphale Morvus.

Nymphalis Morvus.

Nym. alis integerrimis, suprà nigris, basi viridi-nitidè-cæruleis : subtùs anticis margine postico immaculato.

Papilio N. Morvus ? *alis caudatis, suprà fuscis, basi cæruleis : subtùs griseo-virescentibus.* Fab. *Spec. Ins. tom.* 2. *p.* 61. *n°.* 270. — *Mant. Ins. tom.* 2. *p.* 29. *n°.* 311. — *Ent. Syst. em. tom.* 3. *pars* 1. *p.* 73. *n°.* 277.

Papilio D. F. Morvus ? *alis integris, subcaudatis, suprà fuscis, cæruleo nitentibus : subtùs griseis.* Fab. *Syst. Ent. p.* 484. *n°.* 184.

Papilio Arachne ? Cram. *pl.* 48. *fig.* A. B.

Papilio Basilea ? Cram. *pl.* 329. *fig.* C. D.

Nymphalis Iphis, *alis integerrimis : superis subfalcatis, margine interno profundè emarginato ; inferis unicaudatis : utrisque suprà nigris basi maculisque nonnullis cæruleis : infrà brunneis, nitidis, maculis griseis ; superis margine postico strigâque ab angulo apicali marginis postici medium versus rectà currente pariter coloratis ; inferarum margine postico maculis duabus parvis subocelliformibus.* Recueil d'observ. de zoöl. & d'anat. comp. par Alex. de Humboldt & A Bonpland, *vol.* 2. *p.* 80. *pl.* 36. *fig.* 1. 2.

Nous n'avons vu que des mâles de cette espèce. Ils ont à peu près la même taille que ceux de l'espèce précédente, mais le bord terminal de leurs ailes supérieures est concave, au lieu d'être presque droit comme dans le *Laertia*.

Le dessus de toutes les ailes est noir, avec environ la moitié antérieure glacée de bleu-verdâtre. Il y a en outre, vers l'extrémité des supérieures, quatre taches du même bleu ou d'un blanc-bleuâtre, séparées les unes des autres & formant une ligne courbe & transverse. Les ailes inférieures ont, parallèlement à leur bord de derrière, de deux à cinq points blancs, appuyés parfois sur un cordon de taches bleues.

Le dessous des ailes est d'un brun-cendré-luisant, nuancé de gris-violâtre, avec une raie blanchâtre allant du sommet des supérieures au milieu de leur bord interne, & un croissant entier ou interrompu, également blanchâtre, au milieu de la côte des inférieures. Ces dernières ont, en correspondance des points du dessus, des points noirs, dont deux ou trois, selon le nombre, environnés de verdâtre en dehors. Les premières ailes n'ont pas de points sur le bord postérieur, & ce bord est teinté de verdâtre jusqu'à la raie blanchâtre dont nous avons parlé.

Le *Morvus* de Fabricius, ou *Arachne* de Cramer, ne paroît différer du nôtre que parce que le dessus de ses premières ailes n'offre qu'une seule tache bleue à l'extrémité.

Quant au *Basilea* de Cramer, c'est, autant que nous pouvons le soupçonner, le même que notre *Morvus*, mais il n'a point de queue.

Du Brésil.

61. NYMPHALE Octavius.

NYMPHALIS Octavius.

Nym. alis caudatis, nigris, fasciâ abbreviatâ viridi : subtùs griseis, strigâ fuscâ. FAB.

Papilio N. *Octavius.* FAB. *Ent. Syst. em. tom.* 3. *pars* 1. *p.* 73. *n°.* 228.

Papilio Octavius. JON. *Fig. pict.* 5. *tab.* 101. *fig.* 1.

Papilio Octavius. DONOW. *Of an Epit. of the Nat. Hist. Ins. of India, cah.* 2. *pl.* 4. *fig.* 2.

Ne seroit-ce pas la femelle ou une variété du *Morvus*?

Voici ce qu'en dit Fabricius : le dessus des ailes est noir, avec une bande verte, transverse, discoïdale, courbe en arrière. La bande des ailes inférieures est très-large; celle des supérieures est séparée de la côte par une tache de sa couleur.

Le dessous des quatre ailes est gris, avec une ou deux lignes brunes, transversales.

De l'Amérique équinoxiale.

H. Bord postérieur des premières ailes plus ou moins concave. Angle anal des secondes prolongé & replié en dessous.

γ. Bord interne des premières ailes sans échancrure.

62. NYMPHALE Orion.

NYMPHALIS Orion.

Nym. alis integris, suprà fusco-nigris : anticis fasciâ longitudinali; posticis basi, fulvis; omnium margine postico utrinquè albicante.

Papilio F. Orion, *alis repandis : anticis falcatis, rufis, apice nigris maculâ marginali albâ.* FAB. *Ent. Syst. em. tom.* 3. *pars* 1. *p.* 55. *n°.* 170.

Papilio E. A. Odius, *alis falcatis, subdentatis, fuscis : anticis disco flavo.* FAB. *Syst. Ent. p.* 457. *n°.* 60. — *Spec. Ins. tom.* 2. *p.* 23. *n°.* 95. — *Mant. Ins. tom.* 2. *p.* 12. *n°.* 11.

Papilio Odius. SULZ. *Ins. edit.* RŒM. *tab.* 13. *fig.* 2.

Papilio Odius. HERBST, *Pap. tab.* 35. *fig.* 1. 2.

Papilio Danae. CRAM. *pl.* 84. *fig.* A. B.

Elle a de quatre pouces & demi à cinq pouces d'envergure. Le dessus des premières ailes est d'un noir-brun, avec une bande fauve, longitudinale, qui couvre environ tout le tiers antérieur de la surface, puis va, en se rétrécissant, aboutir à peu de distance du bord postérieur. Vers l'extrémité du bord antérieur des mêmes ailes, il y a une tache blanche, ovale, disposée longitudinalement. Le dessus des secondes ailes est d'un noir-brun, avec la base d'un fauve un peu obscur.

Le dessous des quatre ailes est d'un brun nuancé de grisâtre, avec deux bandes transverses plus foncées près de la base : viennent ensuite deux lignes noires, également transverses, qui se réunissent vers le bord interne des ailes inférieures. A la tache blanche de la côte des premières ailes, correspond ici une tache semblable. Outre cela, le bord terminal des quatre ailes est blanchâtre de part & d'autre. Le corps a le dessus roussâtre, avec le bout de l'abdomen noirâtre. Les antennes sont ferrugineuses.

De la Guyane & du Brésil.

63. NYMPHALE? Cocyte.

NYMPHALIS Cocytus.

Nym. alis falcatis, suprà nigris, margine postico cinereo. FAB.

Papilio F. *Cocytus.* FAB. *Mant. Ins. tom.* 2. *p.* 29. *n°.* 316. — *Ent. Syst. em. tom.* 3. *pars* 1. *p.* 55. *n°.* 171.

Elle est de moyenne taille, noire en dessus, avec le bord postérieur cendré. Les premières ailes, qui sont concaves, ont en outre, vers le bout de la côte, un large point de cette dernière couleur.

Le dessous des quatre ailes est d'un cendré-pâle, avec

avec une ligne obſcure & tranſverſe à l'extrémité des ſupérieures.

Du royaume de Siam.

(*Traduction de Fabricius.*)

64. Nymphale ? Odin.

Nymphalis Odin.

Nym. alis integerrimis, uniangulatis, obſcuris: poſticis utrinquè pari punctorum atrorum ſubocellatorum. Fab.

Papilio F. *Odin.* Fab. *Ent. Syſt. em. tom.* 3. *pars* 1. *p.* 56. *n°.* 175.

Le corps eſt petit, brun. Les ailes ſupérieures ſont obſcures vers la baſe, avec une petite ligne tranſverſe plus obſcure ſur le milieu; elles ſont pâles à l'extrémité. Leur deſſous reſſemble au deſſus.

Les ailes inférieures ſont uniangleuſes, ou plutôt échancrées au bas du bord interne. Leur deſſus eſt obſcur, avec des lignes cendrées, tranſverſales. Leur deſſous eſt pareillement obſcur, avec une petite ligne plus foncée à la baſe & des lignes pâles à l'extrémité. Indépendamment de cela, elles ont de part & d'autre un couple de points noirs preſqu'ocellés, & l'on voit un autre point plus petit vers la côte.

De la Chine.

(*Traduction de Fabricius.*)

65. Nymphale Mycérine.

Nymphalis Mycerina.

Nym. alis ſuprà violaceo-nigris, faſciâ communi cyaneâ: ſubtùs anticis punctis baſeos duobus ocellatis.

Elle a près de trois pouces d'envergure. Le deſſus des ailes eſt d'un noir-violet, avec une bande commune, une tache longitudinale à l'origine de la côte des ſupérieures, & un rang de points ſur le bord terminal des inférieures, d'un bleu-ardoiſé-pâle. La bande ſuſdite eſt courbe & maculaire aux premières ailes; elle eſt preſque continue aux ſecondes.

Le deſſous des quatre ailes eſt d'un brun plus ou moins foncé & nuancé de gris-luiſant, avec deux lignes tranſverſes, flexueuſes, blanches, & bordées de noirâtre ſur un de leurs côtés. Outre cela, on voit à la baſe des premières ailes deux points noirs, cerclés de blanc, & ſur le bord poſtérieur des ſecondes, une ſuite de points blancs peu-diſtincts. Le corps eſt noirâtre en deſſus, griſâtre en deſſous, avec quatre points blancs ſur la tête. Les antennes ſont ferrugineuſes. Les palpes ont le deſſus obſcur, le deſſous blanc.

Elle habite.....

N. B. Nous avons vu un individu dont le deſſus des premières ailes eſt ſans tache bleue à l'origine de la côte.

66. Nymphale Poſthume.

Nymphalis Poſthumus.

Nym. alis falcatis, integerrimis, fuſcis, diſco cœruleo: poſticis ſubtùs griſeis, immaculatis. Fab.

Papilio N. *Poſthumus.* Fab. *Ent. Syſt. em. tom.* 3. *pars* 1. *p.* 149. *n°.* 458.

Papilio Saturnus. Jon. *Fig. pict.* 5. *tab.* 77. *fig.* 2.

Elle eſt de moyenne taille, & elle a les ailes concaves. Le deſſus des quatre eſt d'un brun-noirâtre, avec le diſque largement bleu. Le deſſous des ſupérieures eſt brun à la baſe, avec des taches blanches; gris à l'extrémité. Le deſſous des inférieures eſt gris, ſans aucune tache.

Elle habite.....

(*Décrite d'après Fabricius.*)

67. Nymphale Cymodoce.

Nymphalis Cymodoce.

Nym. alis ſuprà fuſcis, baſi cœruleo micantibus: poſticis utrinquè ocello anali unico.

Papilio N. Cymodoce, *alis ſubcaudatis, fuſcis, baſi cœruleo nitidis: poſticis ocello utrinquè unico.* Fab. *Spec. Inſ. tom.* 2. *p.* 29. *n°.* 313. — *Ent. Syſt. em. tom.* 3. *pars* 1. *p.* 74. *n°.* 231.

Papilio Cymodoce. Cram. *Pap. pl.* 99. *fig.* G. H.

Papilio Cymodoce. Herbst, *Pap. tab.* 152. *fig.* 1. 2.

Elle a environ deux pouces & demi d'envergure. Le deſſus des ailes eſt d'un brun-obſcur, avec un reflet d'un bleu-violet à la baſe, & une ligne noire le long du bord terminal. Il y a en outre, vis-à-vis du ſommet des ſupérieures, une petite ligne tranſverſe, puis un petit point, blanchâtres; &, vers l'angle anal des inférieures, un œil noir à prunelle blanche & à iris ferrugineux.

Le deſſous des quatre ailes eſt d'un brun un peu plus clair que le deſſus, avec l'extrémité légèrement glacée de violet, & diviſée tranſverſalement par deux lignes noires, dont l'intérieure oblique & bordée de bleu du côté de la baſe; l'extérieure courbe, ondulée. Entre ces lignes, les ſecondes ailes ont quatre à cinq points noirs, s'alignant avec un œil ſemblable à celui de la ſurface oppoſée; & les premières ailes offrent, en face du ſommet, une tache blanchâtre.

Fabricius la dit de Surinam, & Cramer des Indes orientales.

68. Nymphale Egeſte.

Nymphalis Egeſta.

Nym. alis integris, suprà fulvis, singularum margine postico posticarumque disco fuscis : subtùs carneo-fuscescentibus, strigâ communi ferrugineâ.

Papilio Egesta. Cram. *pl.* 46. *fig.* B. C.

Papilio Egestus. Herbst, *Pap. tab.* 151. *n°.* 5. 6.

Elle a environ trois pouces & demi d'envergure. Le dessus des ailes est fauve, avec le bord terminal des quatre & le milieu des inférieures d'un brun-obscur. Ces dernières ont parfois l'espace brun du milieu divisé par une bandelette jaune, transversale, & il y a toujours avant leur bord postérieur une ligne de points noirs. Les premières ailes ont aussi des points semblables, mais ils n'existent pas dans tous les individus.

Le dessous de toutes les ailes est d'un brun-violâtre-luisant, avec quelques hiéroglyphes noirâtres vers la base; une ligne ferrugineuse, oblique & un peu ondulée, sur le milieu. On aperçoit en outre l'empreinte des points noirs de la surface opposée. Le corps est de la couleur des ailes en dessus & en dessous. Les antennes sont noires.

De la Guyane.

69. Nymphale Bisaltide.

Nymphalis Bisaltide.

Nym. alis suprà fulvis, anticarum apice nigro alboque punctato : subtùs anticis ocellis duobus obsoletis, posticis tribus.

Papilio N. Bisaltide, *alis subcaudatis, fulvis, apice nigris : subtùs punctis ocellaribus, anticis duobus, posticis tribus.* Fab. *Spec. Ins. tom.* 2. *p.* 61. *n°.* 273. — *Mant. Ins. tom.* 2. *p.* 29. *n°.* 314. — *Ent. Syst. em. tom.* 3. *pars* 1. *p.* 74. *n°.* 232.

Papilio Bisaltide. Cram. *pl.* 102. *fig.* C. D.

Papilio Polibete. Cram. *pl.* 234. *fig.* D. E.

Papilio Polibete. Cram. *pl.* 235. *fig.* C. D.

Papilio Bisaltides. Herbst, *tab.* 150. *fig.* 5. 6.

Papilio Polibetes. Herbst, *tab.* 149. *fig.* 5-8.

Seba, *Mus.* 4. *tab.* 35. *fig.* 15. 16.

Elle a de deux pouces & demi à trois pouces d'envergure. Le dessus des ailes supérieures est d'un fauve plus ou moins jaunâtre, suivant le sexe, avec l'extrémité noire, & offrant vis-à-vis du sommet, où cette couleur s'étend davantage, une tache oblique, fauve ou jaune, derrière laquelle il y a un arc transversal de trois à cinq points, dont l'inférieur jaunâtre, les autres blancs. Le dessus des secondes ailes est d'un fauve-brun, avec une double ligne noire, terminale, que précèdent, du côté du corps, trois points noirs, inégalement éloignés l'un de l'autre.

Le dessous des quatre ailes est d'un ferrugineux nuancé de verdâtre ou de violâtre, avec une ligne noire, commune, discoïdale, oblique, suivie en dehors de trois yeux aux ailes inférieures & de deux aux supérieures. Ces yeux ont la prunelle partie noire, partie bleuâtre, & l'iris noirâtre. Indépendamment de cela, les premières ailes ont en face du sommet des points correspondans à ceux de dessus. Les deux surfaces du corps sont de la couleur de celles des ailes. Les antennes sont brunes, avec la sommité fauve ou d'un jaune-paille. Les palpes ont le dessus ferrugineux, le dessous blanc.

Cette espèce varie, 1°. en ce que la double ligne noire qui termine le dessus des secondes ailes est remplacée par une large bande de cette couleur; 2°. en ce que le dessous de certains mâles offre à la base des quatre ailes quelques taches d'un blanc-argenté.

Elle se trouve à Surinam.

N. B. Cramer en a fait deux espèces : l'une sous le nom de *Bisaltide*, & l'autre sous celui de *Polibète.* La première, selon lui, est de Surinam, la seconde d'Amboine. Il faut qu'il y ait erreur à ce sujet, car en les comparant bien, on ne trouve entr'elles aucune différence caractéristique.

∂. Bord interne des premières ailes avec une échancrure, du moins dans les mâles.

70. Nymphale Itys.

Nymphalis Itys.

Nym. alis suprà fulvis : anticis apice nigro fasciâ albidâ, angulatâ : posticis subtùs basi cærulescentibus.

Papilio N. Itys, *alis subcaudatis, fulvis, apice flavo nigris : subtùs basi variegatis, posticis basi cæruleis.* Fab. *Spec. Ins. tom.* 2. *p.* 60. *n°.* 268. — *Mant. Ins. tom.* 2. *p.* 29. *n°.* 309. — *Ent. Syst. em. tom.* 3. *pars* 1. *p.* 73. *n°.* 230.

Papilio Itys. Cram. *pl.* 119. *fig.* F. G.

Papilio Itys. Herbst, *Pap. tab.* 151. *fig.* 1. 2.

Elle a près de trois pouces d'envergure. Le dessus des premières ailes a environ la moitié antérieure d'un fauve-vif & sans taches; l'autre moitié noire, avec une bande blanchâtre ou jaunâtre, transverse, anguleuse, très-large, & coupée dans le sens de sa longueur par une ligne ferrugineuse en zig-zag. Le dessus des secondes ailes est d'un fauve-tanné, avec l'extrémité rembrunie.

Le dessous des ailes supérieures diffère du dessus en ce que tout le fond & la bande blanchâtre sont finement mouchetés de noirâtre; en ce que la côte est pointillée de bleu, & le sommet marqué de deux petits points blancs. Le dessous des ailes inférieures est d'un bleu-pâle depuis la base jusqu'au milieu, avec des atomes cendrés; ensuite d'un brun-obscur jusqu'au bout, avec deux bandes blanchâtres, dont l'intérieure oblique, sinuée, & contiguë à la partie bleue, l'extérieure chargée d'un rang de points noirs, oculaires.

De Surinam.

71. Nymphale Isidora.

Nymphalis Isidora.

Nym. alis suprà fulvis, anticarum maculâ costali apiceque fuscis: posticis subtùs punctis marginalibus ocellatis.

Papilio N. Isidora, *alis falcato-caudatis, fulvis: anticis punctis duobus mediis pallidis apiceque nigris.* Fab. *Ent. Syst. em. tom.* 3. *pars* 1. *p.* 78. *n°.* 244. (La femelle.)

Papilio Isidora. Cram. *Pap. pl.* 235. *fig.* A. B. E. F.

Papilio Isidora. Herbst, *Pap. tab.* 150. *fig.* 1. 2.

Papilio Isidora. Jon. *Fig. pict.* 5. *tab.* 7. *fig.* 1.

Papilio Isidora. Donow. *Of an Epit. of the Nat. Hist. of the Insects of India*, cah. 9. *pl.* 1. *fig.* 4.

Quoique Fabricius rapporte son *Isidora* à celui de Cramer, nous avons d'abord eu des doutes sur l'identité, à cause du mot *magnus* dont il se sert pour désigner la taille; mais la description qu'il en donne les a fait disparoître.

Son envergure est d'environ deux pouces & demi. Le dessus des ailes est d'un fauve-brun dans le mâle, d'un fauve-clair ou jaunâtre dans la femelle, avec le sommet ainsi que le bord terminal des premières noirâtres, & une ligne brune, transverse & flexueuse, sur les secondes. Les ailes de devant ont en outre, près du milieu de la côte, une tache noire lunulée, au dessous de laquelle il y a, mais seulement dans les femelles, deux points diaphanes & luisans comme du talc.

Le dessous du mâle est d'un brun-ferrugineux, le dessous de la femelle d'un brun-jaunâtre, avec des nuances d'un gris-luisant. Indépendamment de cela, les secondes ailes des deux sexes offrent, sur le milieu, une ligne obscure allant obliquement du bord antérieur à l'angle anal, &, le long de leur bord postérieur, une rangée de six à sept points noirs, bordés de blanchâtre. Ces points paroissent quelquefois en dessus.

De la Guyane & du Brésil.

72. Nymphale Marthésius.

Nymphalis Mathesius.

Nym. alis integerrimis, suprà nigris, strigâ posticâ punctorum alborum: anticis basi latè fulvis.

Papilio N. Marthesius, *alis integris, atris: anticis disco fulvo, posticis strigâ punctorum alborum.* Fab. *Ent. Syst. em. tom.* 3. *pars* 1. *p.* 153. *n°.* 469.

Papilio Marthesius. Herbst, *Pap. tab.* 132. *fig.* 1. 2.

Papilio Marthesia. Cram. *pl.* 191. *fig.* A. B.

Elle a environ trois pouces & demi d'envergure. Le dessus des ailes est noir, avec une rangée postérieure de points blancs, oblongs sur les secondes ailes, arrondis sur les premières. Celles-ci ont à la base un large espace fauve, & dont la couleur s'affoiblit en arrière. Leur dessous est d'un gris-jaunâtre avec le sommet d'un brun-obscur & ponctué de bleuâtre. Le dessous des secondes ailes est nuancé de brun & de verdâtre.

De la Guyane.

73. Nymphale Roger.

Nymphalis Rogerii.

Nym. alis integerrimis, suprà nigris, anticarum fasciis duabus, posticarum maculâ mediâ, sanguineis: subtùs grisescenti ferrugineoque variis.

Nous avons dédié cette nymphale à M. Théodore Roger, amateur distingué de la ville de Bordeaux.

Elle a environ trois pouces d'envergure. Le dessus des premières ailes est noir, avec deux bandes obliques d'un rouge-vermillon vif, & dont l'antérieure plus large: le bord du sommet est en outre ferrugineux & précédé d'un double point blanc. Le dessus des secondes ailes est de la couleur de celui des premières, avec une tache rouge vers le milieu de la surface, des points & des atomes bleuâtres sur la moitié postérieure du bord terminal.

Le dessous des quatre ailes est nuancé de gris-violâtre & de ferrugineux, & il y a sur le milieu des inférieures une ligne oblique d'atomes bleuâtres. Le corps est noir, avec la tête, le dessus des palpes & les antennes, ferrugineux.

La femelle ressemble au mâle.

De l'île de Cuba.

I. Bord postérieur des premières ailes droit ou à peine convexe. Angle anal des secondes prolongé & obtus.

74. Nymphale Dircé.

Nymphalis Dirce.

Nym. alis fuscis: anticis utrinquè fasciâ flavâ: subtùs omnibus albido striatis.

Papilio N. Dirce, *alis angulatis, fuscis: primoribus fasciâ flavâ: subtùs nigro undulatis.* Linn. *Syst. Nat.* 2. *edit.* 12. *p.* 778. *n°.* 177. — *Mus. Lud. Ulr. p.* 287. *n°.* 105.

β. *Papilio* Butes, *alis subcaudatis, fuscis : primoribus fasciâ flavescenti-albidâ : omnibus subtùs albidis, nigro striatis.* LINN. *Syst. Nat. edit.* 10. *p.* 485.

Papilio Butes. CLERCK, *Icon. tab.* 36. *fig.* 3.

Papilio N. Dirce, *alis angulatis, fuscis, fasciâ anticarum flavescente : subtùs nigro undulatis.* FAB. *Syst. Ent. p.* 506. *n°.* 264. — *Spec. Inf. tom.* 2. *p.* 93. *n°.* 407. — *Mant. Inf. tom.* 2. *p.* 50. *n°.* 492. — *Ent. Syst. em. tom.* 3. *pars* 1. *p.* 123. *n°.* 376.

Papilio Dirce. CRAM. *pl.* 212. *fig.* C. D.

STOLL, *Suppl. à* CRAM. *pl.* 2. *fig.* 3. A. 3. B. *fig.* 4. A. 4. B. (La chen. & la chryf.)

Papilio Dirce. HERBST, *tab.* 153. *fig.* 1. 2.

Papilio Dirce. SULZ. *Inf. tab.* 17. *fig.* 11. 12.

SEBA, *Muf.* 4. *tab.* 10. *fig.* 1. 2. 7. 8.

SEBA, *Muf.* 4. *tab.* 13. *fig.* 9. 10.

Elle a de deux à trois pouces d'envergure. Le deffus des ailes eft d'un brun-obfcur, avec une bande d'un jaune-foufre, large & oblique, fur le milieu des fupérieures, & deux points bleus à l'extrémité du prolongement anal des inférieures.

Le deffous diffère du deffus en ce que l'on y voit une multitude de lignes blanchâtres ou jaunâtres qui s'entre-croifent; en ce que la bande des ailes fupérieures eft beaucoup plus pâle; en ce que les inférieures ont vers l'angle de l'anus un petit efpace fauve, & vers l'extrémité de la côte, une ligne tranfverfe de quelques points bleus oculaires, plus diftincts dans la femelle que dans le mâle.

La chenille, fuivant Stoll, eft noire, fouvent annelée de jaune, avec un grand nombre d'épines fauves & branchues, dont les deux antérieures plus grandes & parfois blanches. L'anus eft bifide. Elle vit fur la *caffe.*

La chryfalide eft alongée, épineufe, brune, ponctuée de blanc.

De la Guyane & du Bréfil.

75. NYMPHALE Phorcys.

NYMPHALIS Phorcys.

Nym. alis dentatis, fuscis, suprà immaculatis : subtùs strigis aliquot nigris, posticis punctis duobus griseis.

Papilio N. Phorcys, *alis dentato-subcaudatis, fuscis : subtùs obscuriùs strigosis, posticis punctis duobus cinereis.* FAB. *Ent. Syst. em. tom.* 3. *pars* 1. *p.* 80. *n°.* 248.

Papilio Phorcys. JON. *Fig. pict.* 3. *tab.* 78. *fig.* 1.

Papilio Phorcys. DONOW. *Of an Epitome of the Nat. Hist. of Insects of India, cah.* 9. *pl.* 1. *fig.* 2.

Si la figure de Donowan eft exacte, ce lépidoptère doit être mis parmi les *Nymphales*, attendu que fes fecondes ailes ont la cellule du difque ouverte poftérieurement.

Il a près de trois pouces d'envergure. Les quatre ailes font dentées, d'un brun-obfcur de part & d'autre. Leur deffus eft fans taches. Leur deffous a quelques lignes noires, tranfverfes, ondulées, indépendamment defquelles les fecondes ailes ont deux points gris, bien diftincts, & rapprochés de l'angle anal. Cet angle eft à peine prolongé. Le corps eft gros & de la couleur des ailes.

Des Indes.

K. Bord terminal des ailes fupérieures droit ou à peine concave. Ailes inférieures alongées dans le fens de la longueur du corps.

76. NYMPHALE Méfentéria.

NYMPHALIS Mefenteria.

Nym. alis denticulatis, fuscis : anticis suprà fasciâ fulvâ, transversâ, bifidâ; subtùs basi flavescente, punctis nitido-cœrulescentibus.

Papilio N. Mefenteria, *alis dentatis, fuscis : anticis suprà fasciâ fulvâ; subtùs maculis centralibus cœruleis.* FAB. *Spec. Inf. tom.* 2. *p.* 105. *n°.* 462. — *Mant. Inf. tom.* 2. *p.* 57. *n°.* 564. — *Ent. Syst. em. tom.* 3. *pars* 1. *p.* 141. *n°.* 435.

Papilio Mefentina. CRAM. *pl.* 162. *fig.* B. C.

Papilio Mefenteria. HERBST, *Pap. tab.* 147. *fig.* 1. 2.

Elle a de deux pouces & demi à trois pouces d'envergure. Le deffus des ailes eft d'un brun-noirâtre, avec des lignes tranfverfes plus foncées. Indépendamment de cela, les fupérieures ont, en tirant vers l'extrémité, une bande fauve, tranfverfe, large, bifide près de la côte, un peu rétrécie vers le bord oppofé.

Le deffous des quatre ailes eft jaunâtre à la bafe, avec cinq ou fix points bleuâtres, luifans & cerclés de noir, fur les fupérieures; avec trois lignes noires, tranfverfes, fur les inférieures. Ces dernières font enfuite brunes jufqu'au bout, avec une multitude de lignes grifâtres, longitudinales, que coupent tranfverfalement trois raies obfcures. Les premières ailes offrent une bande correfpondante à celle du deffus, mais elle eft ici d'une teinte incarnate, & précédée en dehors d'un double rang de taches grifâtres que fait reffortir la couleur brune du bord terminal.

De Surinam.

77. NYMPHALE Cocala.

NYMPHALIS Cocala.

Nym. alis denticulatis, suprà fuscis, fasciâ

transversâ, mediâ : anticarum fulvâ, bifidâ; posticarum albâ.

Papilio Cocala. Cram. *pl.* 242. *fig.* F. G.

Papilio Cocala. Herbst, *tab.* 147. *fig.* 5. 6.

Fabricius la rapporte à la nymphale *Cythéréa*, mais elle paroît former une espèce distincte.

Elle a environ deux pouces d'envergure. Le dessus des ailes est d'un brun-noirâtre, avec le milieu des supérieures entièrement traversé par une bande orangée, & celui des inférieures par une bande blanche. La bande des ailes supérieures est plus large, bifide à son origine, sinuée sur le côté externe, droite ou presque droite sur le côté opposé. La bande des ailes inférieures est terminée en pointe aiguë à l'angle anal, lequel est sans tache dans le mâle, & marqué d'une petite tache orangée dans la femelle.

Le dessous des deux sexes est ferrugineux, avec une bande blanche, allant du milieu de la côte des premières ailes à l'angle interne des secondes. Les unes & les autres ont à la base trois lignes obliques, & le long du bord postérieur deux rangs de lunules bleuâtres, luisantes. On aperçoit en outre l'empreinte de la bande fauve du dessus des ailes de devant. Le corps est noirâtre en dessus, grisâtre en dessous. Les antennes sont noires.

De la Guyane & du Brésil.

78. Nymphale Phliassa.

Nymphalis Phliassa.

Nym. alis dentatis, suprà fuscis, fasciâ albâ, mediâ : anticarum abbreviatâ, faciei fulvæ & intùs uniemarginatæ innatâ; posticarum ad angulum ani mucronatâ.

Elle est un peu plus grande que la précédente. Le dessus des ailes est d'un brun-noirâtre, avec une bande blanche, discoïdale, terminée en pointe aiguë à l'angle anal des inférieures par un point fauve; se perdant, vers le bord interne des supérieures, dans une bande orangée, transverse & plus large, dont le côté externe est sinueux, le côté interne profondément échancré vers son origine.

Le dessous des quatre ailes est comme dans l'*Iphicla* (*voyez* n°. 80); mais la bande blanche est moins vive, & elle se prolonge jusqu'à la côte des ailes supérieures, au lieu de finir en pointe arrondie vers leur milieu.

De la Guyane & du Brésil.

N. B. Nous avons vu une femelle ayant la bande fauve du dessus des premières ailes bifide à sa naissance; ou, si l'on veut, précédée extérieurement d'une ligne transverse de trois points de sa couleur.

79. Nymphale Cythéréa.

Nymphalis Cytherea.

Nym. alis denticulatis, suprà fuscis, fasciâ albâ, mediâ, apicibus mucronatâ : anticarum abbreviatâ, faciei fulvæ & intùs integræ innatâ.

Papilio N. Cytherea, *alis crenatis, flavis, fasciâ communi argenteâ : subtùs fasciâ lanceolatâ argenteâ.* Linn. *Syst. Nat.* 2. *p.* 785. *n°.* 210. — *Mus. Lud. Ulr. p.* 305. *n°.* 123. (Mâle.)

Papilio Cytherea. Clerck, *Icon. tab.* 39. *fig.* 3.

Papilio N. Elea, *alis dentatis, fusco-nebulosis, concoloribus : fasciâ primoribus flavâ, posticis albâ.* Linn. *Syst. Nat.* 2. *p.* 781. *n°.* 183. (Fem. Var.)

Papilio N. *Eleus.* Linn. *Mus. Lud. Ulr. p.* 312. *n°.* 130.

Papilio N. Cytherea, *alis crenatis, fuscis : anticis fasciâ fulvâ, posticis communi argenteâ : subtùs fasciâ argenteâ, lanceolatâ.* Fab. *Syst. Ent. p.* 516. *n°.* 309. — *Spec. Ins. tom.* 2. *p.* 109. *n°.* 474. — *Mant. Ins. tom.* 2. *p.* 62. *n°.* 588. — *Ent. Syst. em. tom.* 3. *pars* 1. *p.* 144. *n°.* 441.

Papilio N. Elea, *alis dentatis, fuscis : anticis fasciâ fulvâ, posticis albâ.* Fab. *Syst. Ent. p.* 513. *n°.* 300. — *Spec. Ins. tom.* 2. *p.* 105. *n°.* 460. — *Mant. Ins. tom.* 2. *p.* 57. *n°.* 562. — *Ent. Syst. em. tom.* 3. *pars* 1. *p.* 141. *n°.* 434.

Papilio Elea. Cram. *pl.* 242. *fig.* D. E.

Papilio Eleus. Herbst, *Pap. tab.* 147. *fig.* 3. 4.

Après avoir bien médité la description du *Cytherea* de Linnæus, & celle de son *Elea*, nous sommes restés convaincus que ces deux lépidoptères ne sont qu'une seule & même espèce, dont le premier paroît être le mâle; le second la femelle, ou du moins une variété femelle.

Fabricius a connu l'un & l'autre; mais il a sans fondement confondu le *Cytherea* de Cramer avec celui de Linnæus.

L'envergure des ailes est la même que dans le *Cocala*. Leur dessus est d'un brun-noirâtre, avec une bande blanche, commune, discoïdale, oblique, aiguë à chaque bout. Cette bande commence au milieu des premières ailes & s'y aligne immédiatement au côté interne & très-entier d'une large bande orangée, également oblique : elle finit sur les secondes ailes à une petite tache fauve, anale & marquée de deux points noirs.

Le dessous des quatre ailes est d'un fauve-jaunâtre, avec une bande blanche, correspondante & conforme à celle du dessus. Indépendamment de cela, il y a près de la base trois lignes obliques, &, parallèlement au bord terminal, deux rangs de lunules d'un blanc-bleuâtre-luisant. Les lunules des secondes ailes sont séparées de la bande par une ligne ferrugineuse, transverse, maculaire, plus ou moins prononcée. Le corps est comme dans le *Cocala*. Les antennes sont noires, avec le dessous de la massue ferrugineux.

De la Guyane & du Bréfil.

N. B. Nous avons vu une femelle dont le deffus a du fauve à l'origine des ailes fupérieures & vers l'extrémité des inférieures, comme l'individu que Linnæus donne fous le nom d'*Elea*.

80. NYMPHALE Iphicla.

NYMPHALIS Iphicla.

Nym. alis denticulatis, suprà fufcis, fafciâ albâ, mediâ, antrorsùm rotundatâ, retrorsùm mucronatâ : anticis maculâ apicis fulvâ, folitariâ.

Papilio N. Iphicla, *alis dentatis, suprà fufcis, fafciâ communi albâ maculâque ferrugineâ anguli ani.* LINN. *Syft. Nat.* 2. *p.* 780. *n°.* 181.

Papilio N. *Iphiclus.* LINN. *Muf. Lud. Ulr. p.* 311. *n°.* 129.

Papilio Iphiclus. CLERCK, *Icon. tab.* 41. *fig.* 3.

Papilio N. *Iphicla.* FAB. *Syft. Ent. p.* 510. *n°.* 283. — *Spec. Inf. tom.* 2. *p.* 99. *n°.* 438. — *Mant. Inf. tom.* 2. *p.* 54. *n°.* 533. — *Ent. Syft. em. tom.* 3. *pars* 1. *p.* 135. *n°.* 417.

Papilio Bafilea. CRAM. *pl.* 188. *fig.* D. (Le mâle.)

Papilio Cytherea. CRAM. *pl.* 376. *fig.* C. D. (La femelle.)

Papilio Iphicla. CRAM. *pl.* 188. *fig.* E. F. (Var.?)

Papilio Iphicla. DRURY, *Inf. tom.* 1. *pl.* 14. *fig.* 3. 4.

Papilio Cythereus. HERBST, *Pap. tab.* 148. *fig.* 1. 2.

Papilio Iphiclus. HERBST, *Pap. tab.* 148. *fig.* 3. 4.

Sa taille eft approchant la même que celle du *Cocala*. Le deffus des ailes eft d'un brun-noirâtre, avec une bande blanche, commune, difcoïdale, oblique, arrondie à fon extrémité antérieure, aiguë ou prefqu'aiguë à l'extrémité oppofée. Le deffus des premières ailes a en outre, vis-à-vis du fommet, une tache orangée plus ou moins orbiculaire dans le mâle ; formant dans la femelle un triangle renverfé, mais toujours ifolée de la bande blanche qui monte un peu au-delà du difque. Le deffus des fecondes ailes eft marqué, à l'angle de l'anus, d'une petite tache fauve fur laquelle il y a deux points noirs.

Le deffous de toutes les ailes eft d'un brun-ferrugineux, avec une bande blanche de la même forme & de la même longueur qu'en deffus; plus des raies tranfverfes d'un blanc-violâtre-luifant. Les raies font au nombre de fept, favoir : trois à la bafe; quatre, dont l'extérieure ondulée & maculaire, en avant du bord terminal. La bande finit aux fecondes ailes par une tache fauve & ponctuée de noir comme en deffus : elle eft furmontée aux premières de quatre traits blanchâtres, longitudinaux, derrière lefquels on voit une tache également blanchâtre, partagée par trois nervures rouffes, & fuivie de deux points noirâtres, oblongs.

De la Guyane & du Bréfil.

N. B. Si l'on peut s'en fier à une figure, l'*Iphicla* de Cramer paroît devoir être rapporté ici comme variété. En effet, il a feulement le deffous plus obfcur; ce qui abforbe la ligne la plus voifine de chacun des côtés de la bande difcoïdale, & les deux points noirs de l'angle interne des ailes inférieures.

81. NYMPHALE Mythra.

NYMPHALIS Mythra.

Nym. alis suprà fufcis, fafciâ albâ, mediâ, apicibus mucronatâ : anticis maculâ apicis fulvâ : fubtùs omnibus luteis, fafciâ ftrigifque duabus albis.

Nous n'avons vu qu'un feul échantillon de cette efpèce. C'eft un mâle. Voici ce qui le diftingue du *Cythéréa* : le deffus des premières ailes offre, à la place de la bande orangée, une tache triangulaire, également orangée, qui, quoiqu'affez grande, ne touche aucunement la bande blanche difcoïdale. En deffous, cette même bande monte tout-à-fait jufqu'en haut, & n'eft accompagnée que de deux lignes blanches, dont l'antérieure double fur les premières ailes, la poftérieure bordée de brun-cendré fur les quatre. L'angle anal des fecondes ailes a d'ailleurs deux points noirs comme du côté oppofé, tandis qu'ils n'exiftent qu'en deffus dans le *Cytherea*.

Du Bréfil.

L. Bord poftérieur des premières ailes plus ou moins concave, ou tronqué au fommet. Bord correfpondant des fecondes ayant, au moins dans les mâles, l'une des trois dents poftérieures plus prononcée que les autres.

α Dernière dent des fecondes ailes plus prononcée que les autres.

82. NYMPHALE Syma.

NYMPHALIS Syma.

Nym. alis dentatis, suprà fufcis, fafciâ communi albâ : anticis maculâ apicis aurantiacâ : fubtùs omnibus ferrugineis, ftrigis plurimis albis.

Elle a environ deux pouces d'envergure. Le deffus des ailes eft d'un brun-noirâtre, avec une bande blanche, commune, difcoïdale, étroite, aiguë à chaque bout. Cette bande commence au milieu des premières ailes, où elle s'unit prefqu'au côté interne d'une tache orangée, très-grande & à peu près orbiculaire.

Le dessous de toutes les ailes est ferrugineux, avec des raies ou bandes blanches, transverses, bordées de noirâtre : il y en a six aux ailes supérieures, & cinq aux inférieures.

Du Brésil.

83. NYMPHALE Fatime.

NYMPHALIS Fatima.

Nym. alis subcaudatis, atris, fasciâ communi flavâ, posticarum abbreviatâ maculisque rubris. FAB.

Papilio N. *Fatima*. FAB. *Ent. Syst. em. tom.* 3. *pars* 1. *p.* 81. *n°.* 252.

Papilio Fatima. JON. *Fig. pict.* 5. *tab.* 12. *fig.* 1.

Elle a le port de l'*Iphicla*. Le dessus de ses ailes est d'un noir-enfumé, avec une bande fauve, commune, mais plus courte sur les inférieures, dont le milieu offre quatre taches rousses. Les ailes supérieures ont au sommet pareil nombre de points jaunes.

Le dessous de toutes les ailes est brun, avec une bande jaune, continue. Cette bande est suivie extérieurement aux premières ailes d'une ligne jaune, transversale, & précédée intérieurement aux secondes d'une bande rousse, interrompue. Le corps est noir.

Des Indes.

(*Traduction du texte de Fabricius.*)

84. NYMPHALE Libéria.

NYMPHALIS Liberia.

Nym. alis dentatis, suprà fulvis, anticarum apice fuscescente : posticis subtùs strigâ mediâ è punctis quatuor ocellaribus.

Papilio N. Liberia, *alis dentatis, fulvis : anticis arcu apicis; posticis suprà puncto, subtùs tribus ocellaribus.* FAB. *Ent. Syst. em. tom.* 3. *pars* 1. *p.* 135. *n°.* 418.

Papilio Liberia. DONOW. *Of an Epitome of the Nat. Hist. Ins. of India*, *cah.* 2. *pl.* 1. *fig.* 4.

Papilio Liberia. JON. *Fig. pict.* 5. *tab.* 15. *fig.* 1.

Papilio N. Agatha, *alis dentatis, suprà fulvis, subtùs glaucis : posticis puncto nigro, suprà unico, subtùs tribus.* FAB. *Ent. Syst. em. tom.* 3. *pars* 1. *p.* 134. *n°.* 414.

Papilio N. Merione, *alis dentatis, fulvis, margine fusco : posticis subtùs fuscis, maculis strigisque albis cæruleisque.* FAB. *Ent. Syst. em. tom* 3. *pars* 1. *p.* 125. *n°.* 382.

Papilio Merione. HERBST, *tab.* 171. *fig.* 1. 2.

Papilio Laothoe. HERBST, *tab.* 170. *fig.* 5. 6.

Papilio Ariadne. CRAM. *pl.* 180. *fig.* E. F.

Papilio Laothoe. CRAM. *pl.* 132. *fig.* A. B.

STOLL, *Suppl. à* CRAM. *pl.* 4. *fig.* 4. A. (La chen.) *fig.* 4. B. (La chrys.)

Les papillons *Liberia*, *Agatha*, *Merione* de Fabricius appartiennent à cette espèce.

Elle a environ deux pouces d'envergure. Le dessus du mâle est d'un fauve à reflet purpurin, le dessus de la femelle d'un fauve-jaunâtre & sans reflet. Dans l'un & dans l'autre, les premières ailes ont le sommet brunâtre, avec une tache fauve; & les secondes ailes offrent vers l'angle de l'anus un point noir très-petit, indépendamment duquel il y a le long du bord postérieur une ligne brune plus ou moins prononcée.

Le dessous des ailes de devant est d'un fauve-pâle, avec le milieu coupé transversalement par deux lignes rousses, courtes; le sommet obscur & marqué d'un point oculaire que précède en dehors une raie violâtre, transverse & flexueuse.

Le dessous des ailes de derrière est d'un ferrugineux nuancé de bleuâtre, avec trois taches blanches vers l'origine de la côte, une rangée oblique de quatre points oculaires sur le milieu, une ligne violâtre en zig-zag en avant du bord postérieur.

La femelle a quelquefois tous le dessus des ailes inférieures d'un noir-brun, comme l'individu que Cramer a figuré sous le nom de *Laothoe*.

La chenille, d'après Stoll, est d'un vert-obscur, avec la tête bleuâtre, les pattes & la petite fourche de l'anus jaunes. Son corps est chargé d'épines noirâtres, branchues, dont les deux antérieures beaucoup plus grandes. Elle vit sur le *citronier*.

La chrysalide est alongée, bifide antérieurement, verte, avec des mouchetures ferrugineuses.

De la Guyane & du Brésil.

85. NYMPHALE Bella.

NYMPHALIS Bella.

Nym. alis suprà fulvis, anticarum apice nigro, albo maculato : posticis subtùs griseo reticulatis, ocellis quatuor.

Papilio N. Bella, *alis subcaudatis, testaceis : anticis apice atris fasciâ flavâ maculisque albis; posticis margine flavo, nigro strigoso.* FAB. *Ent. Syst. em. tom.* 3. *pars* 1. *p.* 79. *n°.* 245.

Papilio Bella. JON. *Fig. pict.* 5. *tab.* 83. *fig.* 1.

Elle a environ trois pouces & demi d'envergure. Le dessus des premières ailes est d'un fauve-foncé à la base, traversé au milieu par une bande jaune qui se fond quelquefois dans le fauve; noir à l'extrémité, avec une rangée oblique de trois taches blanches faisant face au sommet.

Le dessus des secondes ailes est d'un fauve-foncé, avec le limbe postérieur plus clair, & longé par une ligne noire, un peu flexueuse, & terminée à l'angle anal par un point blanc.

Le dessous des premières ailes est noir, avec la base & le sommet variés de gris; le milieu coupé obliquement par une bande jaunâtre, large & bifide antérieurement.

Le dessous des secondes ailes est d'un brun-noirâtre, réticulé de gris, avec une rangée postérieure de quatre yeux très-rapprochés, dont les deux intermédiaires sans prunelle & sablés de verdâtre; l'extérieur noir, avec l'iris jaune & la prunelle blanche; l'intérieur d'un brun-jaunâtre, avec la prunelle bleuâtre, l'iris noir & entouré d'un double cercle grisâtre. Le dessus du corps est de la couleur des ailes, avec des points blanchâtres sur la tête. Les antennes sont brunes, avec le bout de la masse jaunâtre.

De l'Amérique méridionale.

86. Nymphale Laurence.

Nymphalis Laurentia.

Nym. alis suprà nigris, fasciâ communi cyaneâ, nitidâ : posticis subtùs argenteo-griseis, puncto baseos fusco.

Elle a près de deux pouces & demi d'envergure. Le dessus des ailes est d'un noir-brun, avec une bande commune & discoïdale, qui est d'un bleu-verdâtre-luisant lorsqu'on la voit de face, & d'un vert-doré qu'accompagne un reflet bleu d'outre-mer lorsqu'on la regarde de côté. Les premières ailes, dont la bande susdite n'atteint point la côte, ont vis-à-vis du sommet une ligne arquée de trois points blancs, diaphanes.

Le dessous des premières ailes est d'un fauve-jaunâtre vers la base, avec trois lignes noires, transverses, dont la postérieure flexueuse & bordée en arrière par une suite de taches blanchâtres; d'un gris-luisant à l'extrémité, avec une rangée transverse de trois gros points noirs près de l'angle interne.

Le dessous des secondes ailes est d'un gris-luisant, avec deux bandes un peu plus claires, entre lesquelles il y a une suite de points bleuâtres, peu distincts : outre cela, on voit, vers la base, un point d'un brun-noirâtre. Le corps a le dessus de cette dernière couleur, & le dessous blanchâtre. Les antennes sont brunes en dessus, ferrugineuses en dessous.

Du Brésil.

Nota. Nous n'avons vu que des mâles.

87. Nymphale Laure.

Nymphalis Laura.

Nym. alis suprà nigris, fasciâ mediâ : anticarum fulvâ, interruptâ; posticarum albâ & à latere cœruleo nitidâ.

Papilio N. Laura, *alis angulato-dentatis, fuscis, fasciâ communi dimidiato-fulvâ : posticis subtùs argenteis, fasciâ niveâ.* Fab. *Ent. Syst. em. tom.* 3. *pars* 1. *p.* 134. *n°.* 415.

Papilio Laure. Drury, *Inf. tom.* 2. *pl.* 17. *fig.* 5. 6.

Ne seroit-ce pas la femelle de la précédente? Elle en a le port & la taille, & elle lui ressemble en dessous.

Le dessus de ses ailes est d'un noir-brun, avec une bande transverse sur le milieu. La bande des secondes ailes est blanche & environnée d'un beau reflet bleu. Celle des premières ailes est fauve & interrompue en deux endroits. Il y a en outre une tache de cette couleur au sommet des mêmes ailes.

Des Indes occidentales.

N. B. Fabricius dit que la bande des ailes est fauve antérieurement, blanche postérieurement. Cette manière de s'exprimer pourroit faire croire qu'elle est fauve du côté de la base, & blanche du côté du bord terminal.

88. Nymphale Thoé.

Nymphalis Thoe.

Nym. alis utrinquè fasciâ communi albâ & ocello cœco : posticis subtùs argenteo-griseis.

Elle a le port & la taille de la nymphale *Laurence.* Le dessus du mâle est d'un brun-noirâtre à reflet violet, avec une bande blanche, commune, oblique & maculaire sur le milieu; avec deux lignes noires, ondulées, en avant du bord postérieur. On voit en outre, vers l'angle anal des quatre ailes, une tache fauve chargée d'un point noir; &, sur la dernière dent des inférieures, une ligne bleuâtre en forme de V, & surmontée d'une poussière verdâtre.

Le dessous de toutes les ailes est comme dans la nymphale *Laure,* mais il n'y a que deux points noirs près de l'angle interne des supérieures. Le corps est de part & d'autre de la même couleur que les ailes inférieures. Les antennes sont noires, avec la masse ferrugineuse.

Nous n'avons vu que deux femelles. Elles ne diffèrent point du mâle quant au dessin; mais elles sont sans reflet, & leur dessus est d'un fauve un peu obscur. Cette couleur est-elle constante dans toutes les femelles; ou bien les deux sexes sont-ils tantôt plus ou moins fauves, tantôt d'un brun-noirâtre en dessus, comme cela a lieu dans l'*Ilia* ou *petit Mars?*

De l'Amérique.

89. Nymphale Pavon.

Nymphalis Pavon.

Nym. alis suprà fuscis, fasciis duabus dilutioribus : anticis maculâ apicis fulvâ : posticis subtùs punctis tribus cœrulescentibus ocellatis.

Nymphalis

Nymphalis Pavon, *alis dentatis; superiorum margine postico concavo, ad apicem producto, truncato : alis quatuor suprà fusco-brunneis, fasciis duabus dilutioribus, maculâque rubescenti superiorum apicem versùs : infrà rubescenti-brunneis, fasciis rubescenti-griseis; superiorum basi fulvâ litteris duabus nigris; inferioribus puncto cærulescenti, nigro marginato, fasciæ brunneæ imposito.* Recueil d'observ. de zool. & d'anat. comp. par Alex. de HUMBOLDT & A. BONPLAND, *vol.* 1. *p.* 197. *pl.* 18. *fig.* 3. 4.

Elle a le port & la taille de la nymphale *Laurence.* Le dessus des quatre ailes est d'un brun-noirâtre à reflet violet, avec deux bandes plus claires, transverses & parallèles, dont l'une discoïdale, l'autre plus étroite, maculaire & voisine du bord postérieur. Les premières ailes ont en outre, près du sommet, une tache fauve, ovale, assez grande, coupée par les nervures.

Le dessous de toutes les ailes a la moitié postérieure d'un brun-rougeâtre, avec deux bandes d'un gris de perle, correspondant à celles de la surface opposée, plus une série de taches marginales, colorées comme ces bandes. La base des premières ailes est d'un fauve-jaunâtre, mais un peu plus pâle près de la côte, avec deux caractères noirs, dont l'un en forme d'S, l'autre en forme d'I. Il y a encore trois taches noirâtres, triangulaires, & alignées transversalement près de l'angle anal des mêmes ailes. Les secondes ailes ont, entre les deux bandes, un rang de trois points bleuâtres, bordés de noir; &, à la base, qui est d'un gris-rougeâtre, un point & un petit trait bruns. Le corps est noirâtre en dessus, grisâtre en dessous.

Prise dans les bois de Loxa, & dédiée à M. Pavon, naturaliste espagnol, célèbre par ses travaux sur les plantes du Pérou.

90. NYMPHALE Vacuna.

NYMPHALIS Vacuna.

Nym. alis denticulatis, suprà fuscis (in mare violaceo micantibus) : anticis utrinquè fasciâ calthaceâ : posticis subtùs puncto ocellari cæruleo.

Elle a un peu plus de deux pouces d'envergure. Le dessus du mâle est d'un brun-noirâtre à reflet violet, avec une bande oblique & maculaire d'un jaune-souci au-delà du milieu, un arc de trois points blancs vis-à-vis du sommet, une ligne d'un gris-obscur en avant du bord postérieur. Cette ligne se prolonge jusqu'à l'angle anal des secondes ailes.

Le dessus de la femelle ressemble à celui du mâle, mais il est sans reflet; la bande souci des premières ailes est continue, beaucoup plus large, & suivie seulement de deux points blancs. Les dents des secondes ailes sont en outre uniformes, tandis que dans le mâle la dernière est plus saillante que les autres.

Le dessous des ailes supérieures des deux sexes est fauve à la base, avec trois raies noires, courtes & transversales; ensuite noirâtre, avec une bande & des points comme en dessus, plus une teinte d'un gris-violâtre au sommet. Le dessous des ailes inférieures, dans le mâle & dans la femelle, est d'un gris-violâtre-luisant, avec des espaces maculaires d'un brun-marron peu prononcé, sans compter un point noir à prunelle bleue, placé vers l'angle de l'anus. La tranche du bord postérieur des quatre ailes est ferrugineuse de part & d'autre. Cette couleur est aussi celle du devant du corselet & du dessous des antennes.

Du Brésil.

91. NYMPHALE Agathis.

NYMPHALIS Agathis.

Nym. alis denticulatis, suprà fuscis (in mare violaceo micantibus) : anticis utrinquè ad apicem strigis duabus macularibus albis : posticis subtùs cæcis.

Papilio Agathina. CRAM. *pl.* 167. *fig.* E. F. (Le mâle.)

Elle est de la taille de la précédente. Le dessus du mâle est d'un brun-noirâtre à reflet violet, avec point solitaire, puis deux rangées obliques de points blancs, vers l'extrémité des ailes supérieures, & une ligne obscure le long du bord terminal des quatre.

La femelle est plus pâle, sans reflet, & ses ailes inférieures, dont toutes les dents sont égales, offrent à l'angle de l'anus un croissant lilas.

Le dessous des ailes supérieures, dans les deux sexes, est jaunâtre à la base, avec trois points & une petite raie transverse noirs; enfuite noirâtre, avec le même nombre de points blancs qu'en dessus, & le sommet d'un ferrugineux teinté de violâtre. Le dessous des secondes ailes du mâle & de la femelle a environ tout le tiers antérieur d'un gris-lilas, le reste de la surface d'un ferrugineux légèrement teinté de violâtre & sans aucune tache oculaire. La tranche du bord postérieur des quatre ailes, le devant du corselet & le dessous des antennes, sont ferrugineux.

Du Brésil.

92. NYMPHALE Zunilda.

NYMPHALIS Zunilda.

Nym. alis denticulatis, suprà fuscis (in mare violaceo micantibus) : anticis utrinquè ad apicem strigis duabus macularibus albis : posticis subtùs punctis duobus ocellaribus cæruleis.

Nous n'avons vu que le mâle de cette espèce. Il est plus petit que celui de la précédente, & il lui ressemble en dessus.

Le dessous des premières ailes a la moitié antérieure fauve, avec deux taches, dont l'une ferrugineuse, l'autre noire; la moitié postérieure d'un gris de lin, avec des points blancs comme en dessus, & dont les plus intérieurs environnés de noir.

Le dessous des secondes ailes est d'un gris de lin, avec deux petites taches à la base, & une ligne flexueuse sur le milieu, d'un ferrugineux-pâle, & deux points noirs à prunelle bleue vers l'angle de l'anus. La tranche du bord postérieur est entrecoupée de blanc & de ferrugineux.

Du Brésil.

β. Avant-dernière dent des secondes ailes plus prononcée que les autres.

93. Nymphale Gélanie.

Nymphalis Gelania.

Nym. alis dentatis, fuscis, utrinquè fasciâ communi albâ : subtùs maculis baseos ferrugineis alboque cinctis.

Son envergure est d'environ deux pouces & demi. Le dessus des ailes est d'un brun-noirâtre, avec une bande blanche, commune, oblique, discoïdale, moins divisée aux inférieures qu'aux supérieures. Ces dernières ont vers l'origine de la côte trois taches d'un rouge-ferrugineux, transversales, encadrées de noir, & séparées l'une de l'autre par du cendré-bleuâtre. Les ailes inférieures ont à l'angle de l'anus une tache fauve, marquée de deux points noirs.

Le dessous des quatre ailes diffère du dessus en ce qu'il est moins foncé, & qu'il présente parallèlement au bord terminal deux lignes ferrugineuses, entre lesquelles règne une ligne blanche; en ce que les nervures sont bordées de ferrugineux depuis la bande du milieu jusqu'à la ligne intérieure de l'extrémité; en ce que les taches rouges de la base des ailes supérieures ont l'encadrement entouré de blanc; enfin, en ce qu'il y a deux taches semblables à la base des ailes inférieures.

Elle habite l'Amérique équinoxiale.

δ. Antépénultième dent des secondes ailes plus prononcée que les autres.

94. Nymphale Acilia.

Nymphalis Acilia.

Nym. alis dentatis, fuscis, strigis griseis, fasciâ communi albâ serieque posticâ ocellorum cæcorum.

Elle a environ deux pouces & demi d'envergure. Le dessus des ailes est d'un brun-noirâtre, avec une bande blanche, commune, large, oblique, discoïdale, précédée & suivie de plusieurs lignes grisâtres, transverses. Entre les lignes de l'extrémité, il y a une série d'yeux noirs, sans prunelle, & ayant pour la plupart un iris roussâtre. Indépendamment de cela, l'angle anal des ailes inférieures offre un espace fauve, dans lequel se perd la bande blanche susdite.

Le dessous ne diffère du dessus que parce que les lignes transverses sont blanchâtres, au lieu d'être grises.

Décrite d'après un individu unique, pris à la terre des Papous par M. le capitaine Freycinet.

95. Nymphale Stélénès.

Nymphalis Stelenes.

Nym. alis utrinquè fasciis duabus virescentibus, posticarum priori integrâ : subtùs anticis Z costali cœrulescente.

Papilio D. F. Stenelus, *alis subcaudatis, suprà fuscis, fasciâ virescente, obtusâ, interruptâ.* Linn. *Syst. Nat.* 2. *p.* 750. *n°.* 30.

Papilio E. A. *Stelenes.* Linn. *Mus. Lud. Ulr. p.* 219. *n°.* 37.

Papilio N. Stelenes, *alis dentatis, fuscis, fasciis duabus viridibus, alterâ posticarum integrâ.* Fab. *Ent. Syst. em. tom.* 3. *pars* 1. *p.* 84. *n°.* 263.

Papilio E. A. *Stelenes.* Fab. *Syst. Ent. p.* 456. *n°.* 57. — *Spec. Ins. tom.* 2. *p.* 23. *n°.* 92. — *Mant. Ins. tom.* 2. *p.* 12. *n°.* 108.

Papilio Stelenes. Clerck, *Icon. tab.* 35. *fig.* 2.

Merian, *Surin. Ins. tab.* 11.

Petiv. Gazoph. *tab.* 134. *fig.* 1.

Hottuin, *Nat. Hist.* 1. D. 11. *stuk. plaat.* 87. *fig.* 4. 5.

Sloan. *Hist. Jam. tom.* 2. *p.* 219. *tab.* 239. *fig.* 9. 10.

Papilio Stelenes. Cram. *pl.* 79. *fig.* A. B.

Papilio Stelenes. Herbst, *tab.* 47. *fig.* 3. 4.

Le Verd-d'eau. Daubenton, *pl. enlum.* 95. *fig.* 1. 2.

Elle a entre trois pouces & demi & quatre pouces d'envergure. Le dessus des ailes est d'un noir-brun, avec deux bandes d'un vert-céladon, communes, obliques. La bande antérieure, qui est beaucoup plus large, est fortement interrompue aux premières ailes. La bande postérieure est maculaire aux quatre, & terminée au bord interne des secondes par une tache fauve plus ou moins alongée.

Le dessous de toutes les ailes est ferrugineux, avec des bandes vertes, semblables à celles du dessus, mais plus pâles, & séparées l'une de l'autre, du moins dans les femelles, par une raie blanche. Les premières ailes ont, vers l'origine de la côte, une raie également blanche, coupée par une ligne bleuâtre, tranſverſale & en forme de Z. Le corps eſt noir en deſſus, avec les côtés de l'abdomen rouſſâtres. Les antennes ſont noires, avec la ſommité ferrugineuſe.

De la Guyane.

96. Nymphale Epaphéa.

Nymphalis Epaphea.

Nym. alis utrinquè corticinis, faſciâ communi albâ: anticis ſuprà dimidio apicali fulvo.

Quoique nous ayons déjà donné la deſcription de cette eſpèce à la *page* 299, *n°.* 10, nous croyons devoir la reproduire ici, avec les modifications qui nous ont paru néceſſaires.

Elle a le port & la taille du *Stélénès*. Le deſſus des premières ailes a la moitié antérieure d'un brun-tanné, l'autre moitié tabac d'Eſpagne. Ces deux couleurs ſont ſéparées par une bande blanche, tranſverſe, près de l'origine du côté interne de laquelle il y a une ligne également tranſverſe de quatre ou cinq points bleuâtres. Le deſſus des ſecondes ailes eſt entièrement d'un brun-tanné, avec une bande blanche, poſtérieure, courbe, maculaire, faiſant ſuite à celle des ailes de devant.

Le deſſous des quatre ailes reſſemble beaucoup au deſſus, mais l'extrémité des ſupérieures eſt à peu près du même ton que la baſe, & les inférieures ont deux bandes blanches, dont l'une diſcoïdale & fortement interrompue dans ſon milieu, l'autre correſpondant à celle de la ſurface oppoſée, & renfermée entre deux ſéries de taches rouſſes. Le corps eſt fauve, avec des points blancs ſur la tête & ſur le devant du corſelet; plus, des lignes longitudinales de cette couleur ſur le ventre. La poitrine eſt rayée de blanc & de rouge. Les antennes ſont noires, annelées de blanchâtre, avec le bout de la maſſue ferrugineux.

Du Pérou.

97. Nymphale Symachia.

Nymphalis Symachia.

Nym. alis fuſcis, ſuprà faſciâ communi albâ, ſubtùs quatuor rufis totidemque albis alternantibus.

Papilio Sulpitia. Cram. *pl.* 328. *fig.* A. B.

Elle a environ deux pouces & demi d'envergure. Le deſſus de ſes ailes eſt d'un brun-noirâtre, avec une bande blanche, commune, oblique, diſcoïdale, continue aux inférieures, maculaire aux ſupérieures.

Le deſſous eſt à peu près du même brun que le deſſus, avec huit bandes alternativement rouſſes & blanches. Les bandes des ailes de devant ſont interrompues, à l'exception de celle qui avoiſine le bord terminal. Le corps & les antennes ſont d'un brun-noirâtre.

De la Guyane.

N. B. Le deſſus des ſecondes ailes offre parfois, derrière la bande blanche, une ligne rouſſâtre, ondulée & tranſverſale.

98. Nymphale Typha.

Nymphalis Typha.

Nym. alis dentatis, fuſco-nigris, ſuprà faſciâ communi, ſubtùs diſco baſeos, albis: anticarum diſco bipartito.

Papilio N. Tipha, *alis ſubcaudatis, nigris: primoribus maculis duabus, poſticis diſco rubro emarginato, albis.* Linn. *Syſt. Nat.* 2. *p.* 776. *n°.* 164. — *Muſ. Lud. Ulr. p.* 308. *n°.* 126.

Papilio Tiphus. Clerck, *Icon. tab.* 32. *fig.* 3.

Papilio N. Neærea, *alis dentatis, ſuprà fuſcis, albo maculatis: ſubtùs maculis albis lineâ rubrâ cinctis.* Linn. *Syſt. Nat.* 2. *p.* 782. *n°.* 190. — *Muſ. Lud. Ulr. p.* 297. *n°.* 115.

Edwards, *Av. tab.* 3.

β. *Papilio Tipha.* Fab. *Ent. Syſt. em. tom.* 3. *pars* 1. *p.* 138. *n°.* 424.

Papilio Tipha. Cram. *Pap. pl.* 8. *fig.* D. E.

Papilio Tiphus. Herbst, *Pap. tab.* 237. *fig.* 5. 6.

Papilio Tiphus. Houttuin, *Nat. Hiſt.* 1. *p.* 382.

Seba, *Muſ.* 4. *tab.* 12. *fig.* 19. 20.

Seba, *Muſ.* 4. *tab.* 19. *fig.* 1. 2.

Quoiqu'il y ait beaucoup de vague dans la deſcription du *Neœrea* de Linnæus, on ne peut pas douter, quand on a comparé cette deſcription avec la figure d'Edwards, à laquelle il renvoie, que ledit *Neœrea* n'appartienne à la même eſpèce que le *Typha*.

L'envergure des ailes eſt de deux pouces & demi. Leur deſſus eſt d'un noir-brun, avec une bande blanche, commune, large & diſcoïdale. La bande des ailes inférieures eſt terminée à l'angle de l'anus par un point d'un rouge-écarlate. Celle des ſupérieures eſt interrompue vers ſon milieu, & ſouvent ſéparée du bord terminal par une ligne tranſverſe de quatre à cinq points blancs. Le deſſous de ces premières ailes offre à la baſe un large eſpace blanc que diviſe une raie brune, longitudinale, à l'extrémité de laquelle aboutit une ligne rouge, crochue & longeant la côte juſqu'à ſon origine; immédiatement après cette ligne vient une tache blanche, grande & orbiculaire, derrière laquelle on voit une ligne rouge, arquée, puis une rangée tranſverſe de ſix points blancs.

Le deſſous des ſecondes ailes a le diſque blanc, à partir de la baſe, & bordé dans tout ſon contour extérieur par une ligne rouge, qui eſt continue ſur la côte; maculaire & adoſſée à une ſérie de points noirs, piqués de bleu, en face du bord postérieur. Ce bord est brun & chargé d'un rang de points blancs qui font suite à ceux des ailes supérieures. Les antennes sont noires & annelées de blanc. Le corps est brun en dessus, blanchâtre en dessous.

De la Guyane & du Brésil.

N. B. Nous avons vu une variété ayant la bande du dessus des ailes étroite, particulièrement aux supérieures.

99. NYMPHALE Nééréa.

NYMPHALIS Neœrea.

Nym. alis dentatis, fusco-nigris, suprà fasciâ communi, subtùs disco baseos, glaucis: anticarum disco integro.

Papilio N. *Neœrea.* FAB. *Syst. Ent. p.* 510. *n°.* 286. — *Spec. Ins. tom.* 2. *p.* 100. *n°.* 441. — *Mant. Ins. tom.* 2. *p.* 54. *n°.* 536. — *Ent. Syst. em. tom.* 3. *pars* 1. *p.* 137. *n°.* 424.

Papilio Neœrea. CRAM. *Pap. pl.* 75. *fig.* C. D.

STOLL, *Pap. Suppl. à* CRAM. *pl.* 4. *fig.* 3. A. (La chenille.) *fig.* 3. B. (La chrysalide.)

Papilio Neœreus. HERBST, *Pap. tab.* 237. *fig.* 3. 4.

Fabricius a connu cette espèce, du moins par la figure de Cramer, mais il l'a confondue avec le *Typha*.

Elle en diffère cependant par les caractères que voici : en dessus la bande des quatre ailes est d'un vert-pâle & beaucoup plus large; les inférieures n'ont pas de point rouge à l'angle de l'anus : en dessous l'espace blanc, ou plutôt verdâtre, de la base des premières ailes, n'est pas divisé par une ligne brune, longitudinale; le disque des secondes ailes n'est pas bordé de rouge sur la côte, mais seulement dans la partie qui fait face au bord postérieur; les points de ce bord, ainsi que ceux du bord correspondant des ailes supérieures, forment une ligne presque continue & d'un ton violâtre.

Même patrie.

La chenille, suivant Stoll, est d'une couleur ferrugineuse, avec la tête, le devant du corps, le dos & les six pattes antérieures, d'un jaune-clair; les autres pattes & les trois derniers anneaux d'un jaune-obscur. Elle a des épines noires, branchues, dont deux plus longues sur le col. On la trouve sur le *cafier*.

La chrysalide est perpendiculaire, verte, mouchetée de fauve, avec une éminence obtuse sur la partie antérieure du dos. L'insecte parfait en sort au bout de neuf à dix jours.

100. NYMPHALE Lamina.

NYMPHALIS Lamina.

Nym. alis dentatis, fuscis, utrinquè fasciâ communi albâ strigisque duabus lunularum cœrulescentium : subtùs rufo maculatis.

Papilio N. Lamina? *alis angulatis, nigris, fasciâ utrinquè communi albâ : subtùs rufo maculatis.* FAB. *Ent. Syst. em. tom.* 3. *pars* 1. *p.* 118. *n°.* 361.

Papilio Lamina? JON. *Fig. pict.* 5. *tab.* 32. *fig.* 1.

Papilio Arthemis. DRURY, *Ins.* 2. *pl.* 10. *fig.* 3. 4.

Elle a entre deux pouces & demi & trois pouces d'envergure. Le dessus des ailes est d'un noir-brun, avec une bande blanche, commune, sur le milieu, & un double cordon de lunules d'un vert-bleuâtre le long du bord terminal. Indépendamment de cela, les ailes supérieures ont parallèlement au sommet une ligne transverse de deux à trois petites taches blanches, & les inférieures offrent entre la bande & les lunules une rangée courbe & transverse de sept points roux.

Le dessous diffère du dessus en ce que le fond est d'un brun-pâle, excepté sur le bord postérieur qui reste noir; en ce qu'il y a à la base de chaque aile quelques taches bleuâtres, accompagnées de quelques gros points roux; enfin, en ce que les premières ailes ont une série de points de cette dernière couleur avant les lunules bleues de l'extrémité. Les échancrures de toutes les ailes sont blanches de part & d'autre. Le corps est noir, avec trois lignes blanches le long du ventre. Les antennes sont noires.

De l'Amérique septentrionale, & principalement de l'état de New-Yorck.

Nota. Fabricius ne dit pas si le dessus des secondes ailes a une rangée de points roux. C'est la seule différence qu'il y ait entre son *Lamina* & le nôtre.

101. NYMPHALE Ursule.

NYMPHALIS Ursula.

(*Voyez* Pap. Ephestion, *p.* 42. *n°.* 51.)

Papilio N. Ursula, *alis dentatis, nigris : posticis limbo cœrulescente fasciâ nigrâ : subtùs fulvo maculatis.* FAB. *Ent. Syst. em. tom.* 3. *pars* 1. *p.* 82. *n°.* 257.

Papilio E. A. *Astyanax.* FAB. *Mant. Ins. tom.* 2. *p.* 4. *n°.* 29.

Papilio N. *Ursula.* SMITH-ABBOT, *the Nat. Hist. of the rarer Lepid. Ins. of Georgia, &c.*, *tom.* 1. *p.* 19. *tab.* 10.

Papilio Ephestion. STOLL, *Pap. Suppl. à* CRAM. *p.* 121. *pl.* 25. *fig.* 1.

Nous avons, mais à tort, placé cette espèce dans le genre PAPILLON. C'est une véritable *Nym-*

phale, qui habite plusieurs parties de l'Amérique septentrionale, & non la côte de Guinée, comme nous l'avons dit, sur la foi de Stoll.

Sa chenille est ferrugineuse, avec des nuances blanchâtres. Elle a, près du col, deux épines noires, un peu branchues, & presque convergentes à leur base. On la trouve sur l'*airelle à écorce verte* (*vaccinium stamineum*); sur le *saule* & sur le *cerisier sauvage*.

La chrysalide, dont les couleurs sont absolument les mêmes que celles de la chenille, a sur le dos une bosse ronde, assez prononcée. L'insecte parfait paroît en avril & en juin.

102. Nymphale Oisis.

Nymphalis Oisis.

Nym. alis dentatis, suprà nigris (in mare cœruleo micantibus), strigis tribus macularibus albis, primâ & secundâ abdomen secantibus.

Papilio N. Oisis, *alis angulatis, cœruleis, margine anticarumque maculâ atris : subtùs obscuris.* Fab. *Ent. Syst. em. tom.* 3. *pars* 1. *p.* 124. *n°.* 378. (Le mâle.)

Papilio Oisis. Jon. *Fig. pict.* 5. *tab.* 101. *fig.* 2.

Papilio Orsis. Drury, *Ins.* 3. *pl.* 16. *fig.* 3.

Papilio N. Blandina, *alis dentatis, atris, albo maculatis : anticis striâ baseos, posticis strigâ marginali, cœruleis.* Fab. *Ent. Syst. em. tom.* 3. *pars* 1. *p.* 129. *n°.* 397. (La femelle.)

Papilio Blandina. Jon. *Fig. pict.* 5. *tab.* 10. *fig.* 1.

Papilio Blandina. Donow. *Of an Epit. of the Nat. Hist. of the Ins. of India, cah.* 2. *pl.* 1. *fig.* 3.

Fabricius & d'autres auteurs ont donné le mâle de cette espèce sous le nom d'*Oisis*, & la femelle sous celui de *Blandina*.

Elle a environ deux pouces d'envergure. Le dessus des ailes est noir, avec trois bandes blanches, maculaires, dont les deux antérieures traversant le dessus du corps. Ces bandes sont moins apparentes dans le mâle, parce qu'elles y sont absorbées par un reflet d'un bleu-violet vif. L'un & l'autre sexe ont au sommet des premières ailes une tache ferrugineuse, & la femelle offre parallèlement au bord terminal des secondes une ligne bleuâtre, sinuée.

Le dessous des premières ailes est brunâtre vers la base, ferrugineux vers l'extrémité, avec des bandes maculaires comme en dessus.

Le dessous des secondes ailes est d'un ferrugineux tirant au gris ou au violâtre, avec des bandes plus ou moins distinctes, correspondant à celles de la surface oppposée. Les échancrures des ailes sont blanches dans la femelle. Le corps est de part & d'autre du même ton que les ailes. Les antennes sont noires, avec des anneaux blancs.

Du Brésil.

103. Nymphale Sylvina.

Nymphalis Sylvina.

Nym. alis suprà nigro flavidoque variis, subtùs virescentibus : anticis utrinquè fasciâ albâ, transversâ, maculari.

Papilio Sylvia. Cram. *pl.* 43. *fig.* F. G.

Papilio Sylvia. Herbst, *Pap. tab.* 247. *fig.* 2. 3.

Elle a de trois à quatre pouces d'envergure. Le dessus des premières ailes est noir, varié de jaune-obscur dans tous les sens, & coupé transversalement au-delà du milieu par une bande blanche, maculaire, partant de la côte, mais n'atteignant pas le bord interne. Le dessus des secondes est pareillement noir, avec du jaune-obscur qui y forme six bandes étroites & transversales, dont les trois antérieures se réunissant près de la côte; la quatrième rayonnée en dehors; les deux autres, la cinquième surtout, composées de lunules.

Le dessous des quatre ailes est d'un brun, tantôt très-pâle, tantôt verdâtre, & présente, vers l'extrémité, trois séries transverses de taches noires, dont les antérieures bifides & un peu plus grandes. Indépendamment de cela, les secondes ailes ont sur le milieu une ligne noire, flexueuse; & les premières une bande blanche comme en dessus, sans compter deux anneaux & un trait noirs qui avoisinent la base. Les échancrures du bord postérieur de toutes les ailes sont liserées de blanc. Le corps a le dessus noir & annelé de jaune depuis la tête jusqu'à l'anus. Les antennes sont noires, avec la sommité roussâtre.

Des îles de Java & d'Amboine.

104. Nymphale Opis.

Nymphalis Opis.

Nym. alis suprà fuscis, fasciâ communi caracteribusque ochreaceis : anticis strigâ punctorum alborum.

Papilio N. Opis, *alis dentatis, fuscis : anticis flavo reticulatis, posticis fasciatis.* Fab. *Spec. Ins. tom.* 2. *p.* 97. *n°.* 428. — *Mant. Ins. tom.* 2. *p.* 53. *n°.* 521. — *Ent. Syst. em. tom.* 3. *pars* 1. *p.* 131. *n°.* 405.

Papilio Opis. Cram. *pl.* 138. *fig.* A. B.

Papilio Opis. Drury, *Ins. tom.* 2. *pl.* 18. *fig.* 5. 6.

Papilio Opis. Herbst, *Pap. tab.* 143. *fig.* 3. 4.

Papilio N. Crithea, *alis dentatis, fuscis, maculis ocellaribus : posticis subtùs cinereis, punctis duobus strigâque posticâ fuscis*. Fab. *Spec. Inf. tom.* 2. *p.* 98. *n°.* 429. — *Mant. Inf. tom.* 2. *p.* 53. *n°.* 522. — *Ent. Syst. em. tom.* 3. *pars* 1. *p.* 132. *n°.* 406.

Papilio Crithea. Cram. *pl.* 138. *fig.* C. D.

Papilio Crithea. Drury, *Inf. tom.* 2. *pl.* 16. *fig.* 5. 6.

Papilio Crithea. Herbst, *Pap. tab.* 143. *fig.* 1. 2.

L'*Opis* & le *Crithea* des auteurs diffèrent si peu l'un de l'autre que Fabricius les auroit sans doute réunis, s'il en avoit donné la description d'après nature, au lieu de la donner, ce qu'on reconnoît très-aisément, d'après les figures de Cramer. On objectera peut-être que le *Crithea* a le bord postérieur des ailes moins sinué que l'*Opis*; mais cela prouveroit seulement une différence de sexe. Nous avons dit plus d'une fois que, lorsque les ailes sont dentées, elles le sont plus fortement dans les individus femelles que dans les individus mâles.

L'envergure des ailes est d'environ deux pouces & demi. Leur dessus est d'un brun-obscur, avec des anneaux, une ligne basilaire & une bande discoïdale, d'un jaune d'ocre. La bande traverse tout-à-fait les ailes inférieures; elle monte plus ou moins sur les supérieures, vers l'extrémité desquelles il y a une série transverse de six à sept points blancs. Le dessous de ces premières ailes ne diffère du dessus que parce qu'il est plus pâle, & un peu glacé de violâtre aux taches annulaires.

Le dessous des secondes ailes a la base d'un brun mêlé de gris & marqué de quelques caractères noirâtres; tout le reste de la surface jaunâtre, avec trois lignes obscures & transversales, dont les deux postérieures maculaires.

De Sierra-Leone en Afrique.

105. Nymphale Cupavius.

Nymphalis Cupavius.

Nym. alis fusco-nigris: anticis utrinquè fasciis duabus macularibus albidis, posticis disco ochreaceo.

Papilio F. Cupavius, *alis integris, atris, albo maculatis: posticis subtùs griseis, fasciâ utrinquè albâ*. Fab. *Spec. Inf. tom.* 2. *p.* 60. *n°.* 263. — *Mant. Inf. tom.* 2. *p.* 28. *n°.* 302. — *Ent. Syst. em. tom.* 3. *pars* 1. *p.* 152. *n°.* 467.

Papilio Cupavia. Cram. *pl.* 193. *fig.* E. F.

Papilio Cupavia. Herbst, *tab.* 137. *fig.* 3. 4.

Elle a de deux pouces à deux pouces & demi d'envergure. Le dessus des ailes est d'un noir-brun, avec deux rangées obliques de taches blanches ou d'un blanc-jaunâtre vers le bout des supérieures, & une tache d'un jaune d'ocre, plus ou moins grande & plus ou moins foncée, sur le disque des inférieures. Celles-ci ont en outre, parallèlement au bord postérieur, un double rang de taches cendrées, petites & peu apparentes.

Le dessous des premières ailes ne diffère du dessus que parce que le fond est un peu plus pâle, & le sommet d'une teinte ferrugineuse.

Le dessous des secondes ailes est lavé de brun-jaunâtre, avec un espace discoïdal plus clair & surmonté immédiatement de deux points noirs, tantôt séparés, tantôt réunis.

La femelle a le milieu des secondes ailes d'un jaune plus foncé en dessus.

De la côte de Guinée.

106. Nymphale Iapis.

Nymphalis Iapis.

Nym. alis repandis, suprà nigro-fuscis, subtùs dilutè corticinis: utrinquè fasciâ posticâ cærulescenti-albâ.

Papilio Laocoon. Vélins du Muséum. (Le mâle.)

Papilio Ganimède. Vélins du Muséum. (La femelle.)

Elle a de deux pouces & demi à trois pouces d'envergure. Le dessus du mâle est d'un noir-brun, avec une bande blanche, largement bordée de bleu-cendré, commençant en pointe aiguë au sommet des ailes supérieures, & allant toujours en s'élargissant aboutir à l'angle anal des inférieures.

Le dessus de la femelle est d'un brun-obscur, avec deux bandes blanches, transverses & rapprochées, dont l'intérieure maculaire, beaucoup moins large aux secondes ailes qu'aux premières; l'extérieure semblable à celle du mâle, mais quelquefois sans bordure bleue.

Le dessous des deux sexes est d'un brun-tanné pâle, avec une bande d'un blanc-violâtre, double ou simple suivant le sexe, & correspondant à celle du dessus. Il y a en outre, à la base des ailes supérieures, quatre ou cinq traits noirâtres, transversaux. Le bord postérieur de toutes les ailes est liséré de blanc de part & d'autre. Les deux surfaces du corps sont de la couleur de celles des ailes. Les antennes sont noires.

De Java.

N. B. Nous avons vu une variété mâle, dont la bande du dessus des ailes est entièrement d'un bleu-cendré, & s'étend jusqu'au liséré du bord. Cette variété vient aussi de l'île de Java.

107. Nymphale? Cocyta.

Nymphalis Cocyta.

Nym. alis repando-dentatis, fuscis: posticis apice cærulescentibus. Fab.

Papilio N. *Cocyta*. Fab. *Ent. Syst. em. tom.* 3. *pars* 1. *p.* 127. *n°.* 388.

Papilio Cocyta. Jon. *Fig. pict.* 4. *tab.* 64. *fig.* 2.

Fabricius ſignale ainſi ce lépidoptère : il a beaucoup d'affinité avec le *Bella* (n°. 85) ; cependant il s'en diſtingue en ce que ſes ailes ne ſont ni concaves, ni en queue, mais ſimplement dentées.

Il vaudroit mieux ne rien dire que de s'exprimer ainſi. Ce n'eſt pas le moyen de faire reconnoître une eſpèce que de la comparer à une autre qui ne lui reſſemble ni par la forme, ni par les couleurs. Ceux qui verront les deſſins de Jones reconnoîtront peut-être quelle doit être la place de celle-ci. En attendant nous la mettrons à côté de l'eſpèce dont elle nous paroît le plus ſe rapprocher.

Des Indes orientales.

108. Nymphale ? Monime.

Nymphalis Monima.

Nym. alis dentatis, fuſcis : poſticis brunneis, angulo ani cœruleſcente ſtrigâ nigrâ. Fab.

Papilio N. *Monima.* Fab. *Mant. Inſ. tom.* 2. *p.* 51. *n°.* 502. — *Ent. Syſt. em. tom.* 3. *pars* 1. *p.* 127. *n°.* 390.

Fabricius la décrit ainſi : elle eſt de moitié plus petite que l'*Ondulée*, c'eſt-à-dire qu'elle n'a guère plus de quinze lignes d'envergure. Ses premières ailes ſont noirâtres, avec des taches ferrugineuſes peu prononcées à la baſe, & une liture ou petite raie bleuâtre à l'angle interne. Les ſecondes ailes ont la baſe noirâtre ; l'extrémité brune, & offrant, vers l'angle de l'anus, un large eſpace bleuâtre ſur lequel il y a une ligne noire, ondulée.

Le deſſous de toutes les ailes eſt cendré, avec des lunules noires à la baſe, & une ligne tranſverſe de cette couleur vers l'extrémité.

Des Indes orientales.

M. Bord poſtérieur des premières ailes plus ou moins concave, ou tronqué au ſommet. Bord correſpondant des ſecondes arrondi.

109. Nymphale Aconthéa.

Nymphalis Aconthea.

Nym. alis ſuprà fuſcis, ſubtùs apice margaritaceis : utrinquè faſciâ communi albâ, valdè angulatâ.

Papilio Aconthea. Fem. Cram. *pl.* 134. *fig.* F. G.

Elle a environ deux pouces & demi d'envergure. Le deſſus des ailes eſt d'un brun-obſcur, annelé de noirâtre à la baſe, & traverſé, au-delà du milieu, par une bande blanche, commune, très-anguleuſe, coupée par les nervures. Cette bande eſt toujours oblitérée ou comme bifide près de la côte des premières ailes : elle eſt parfois diviſée ſur les quatre par un rang de taches noires & preſqu'en forme de cœur.

Le deſſous de toutes les ailes offre le même deſſin que le deſſus, mais la baſe eſt tantôt d'une teinte verdâtre, tantôt d'une teinte jaunâtre, & l'extrémité conſtamment d'un gris de perle. Le corps eſt de la couleur des ailes en deſſus & en deſſous. Les antennes ſont noires.

De Java.

110. Nymphale Péléa.

Nymphalis Pelea.

Nym. alis dentatis, fuſcis : anticis maculis ſagittatis albis nigriſque : ſubtùs omnibus cinereis, lunulis nigris. Fab.

Papilio N. *Pelea.* Fab. *Ent. Syſt. em. tom.* 3. *pars* 1. *p.* 133. *n°.* 409.

Ce lépidoptère n'eſt peut-être qu'une variété de l'*Aconthea*. Voici ce qu'en dit Fabricius : il eſt de moyenne taille. Les premières ailes ont le deſſus d'un brun-obſcur, avec quelques lunules noires près de la baſe ; avec une large bande, compoſée de taches blanches & de taches noires en fer de flèche, vers l'extrémité. Les ſecondes ailes ſont d'un brun-obſcur, avec des lunules noires, plus une liture blanche faiſant ſuite à la bande des ailes ſupérieures.

Le deſſous des quatre ailes eſt cendré, avec un grand nombre de lunules noires, ſurtout aux inférieures : la bande blanche des ſupérieures eſt ici moins apparente que du côté oppoſé. Le corps eſt de la couleur des ailes.

Des Indes orientales.

111. Nymphale Althéa.

Nymphalis Althea.

Nym. alis dentatis, ſuprà fuſcis, faſciâ crenatâ ſtrigâque angulatâ albis : ſubtùs ſtrigâ communi ferrugineâ.

Papilio N. Althea, *alis dentatis, fuſcis, faſciâ ſtrigâque angulato dentatis albis.* Fab. *Spec. Inſ. tom.* 2. *p.* 88. *n°.* 389. — *Mant. Inſ. tom.* 2. *p.* 47. *n°.* 469. — *Ent. Syſt. em. tom.* 3. *pars* 1. *p.* 113. *n°.* 347.

Papilio Althea. Cram. *pl.* 89. *fig.* E. F.

Papilio Althea. Herbst, *Pap. tab.* 249. *fig.* 1. 2.

Papilio Althea. Drury, *Inſ. tom* 3. *pl.* 20. *fig.* 1. 2.

Elle eſt à peu près de la taille de l'*Aconthea*. Le deſſus des ailes eſt d'un brun-obſcur, avec la baſe marquée de quelques zig-zags noirs, & parfois lavée de ferrugineux. Sur le milieu de la ſurface, il y a une bande blanche, commune, oblique, fortement dentée en arrière, & suivie d'une ligne blanche en feston, dans chacun des creux de laquelle est une tache noire en fer de flèche.

Le dessous ressemble au dessus, mais il est beaucoup plus pâle, & la bande blanche est bordée à son côté interne par une ligne d'un ferrugineux-obscur.

De la côte de Guinée.

N. B. Nous avons vu une variété dont la bande du dessus des ailes inférieures est absorbée par la teinte ferrugineuse de la base.

112. Nymphale Alciméda.

Nymphalis Alcimeda.

Nym. alis dentatis, suprà nigro-fuscis, fasciâ crenatâ strigâque punctiformi albis : posticis maculis marginalibus fulvis.

Elle a environ deux pouces d'envergure. Le dessus des ailes est d'un brun-noirâtre, avec une bande d'un blanc-jaunâtre, commune, oblique, discoïdale, dentée en arrière, & suivie d'une rangée de points blancs. Il y a en outre, près du milieu de la côte des premières ailes, deux taches blanches, transversales; &, sur le bord postérieur des secondes, un cordon de lunules blanchâtres, puis une série de taches fauves.

Le dessous offre les mêmes caractères que le dessus; mais le fond des quatre ailes est d'un gris-perlé, & l'on remarque à leur base quelques anneaux ferrugineux. Le corps est brun en dessus, grisâtre en dessous. Les antennes sont brunes, avec la massue fauve.

De la Cafrerie.

113. Nymphale Amphicéda.

Nymphalis Amphiceda.

Nym. alis albis, suprà marginis postici undis nigris, subtùs caracteribus baseos strigâque communi fuscis.

Papilio N. Amphiceda, *alis dentatis, fuscis, disco communi cinereo, fusco undato : subtùs apice griseis, lunulis nigris.* Fab. *Ent. Syst. em. tom.* 3. *pars* 1. *p.* 113. *n°.* 348. (La femelle.)

Papilio Amphiceda. Cram. *pl.* 146. *fig.* D. E. (La femelle.)

Papilio Cœnis. Drury, *Inf. tom.* 2. *pl.* 19. *fig.* 1. 2. (Le mâle.)

Nous avons, mais à tort, placé cette espèce parmi les Piérides. (*Voyez la description du mâle, p.* 142. *n°.* 85.)

La femelle s'en distingue en ce que le dessus de toutes ses ailes offre, avant la ligne anguleuse de l'extrémité, une ligne semblable, mais plus large, au lieu d'offrir sur les supérieures une rangée de points, & sur les inférieures une suite de quelques chevrons, noirâtres. La base des unes & des autres est en outre plus obscure que dans le mâle, lequel n'a été connu ni de Fabricius, ni de Cramer.

Elle se trouve, comme nous l'avons dit, sur la côte de Guinée.

114. Nymphale Sangaris.

Nymphalis Sangaris.

Nym. alis suprà sanguineis, limbo postico punctis nigris : subtùs dilutè corticinis, strigâ communi ferrugineâ.

Elle a environ deux pouces & demi d'envergure. Le dessus des ailes est d'un rouge-vermillon un peu chatoyant, avec une rangée presque terminale de points noirs, peu prononcés aux supérieures, & liés aux inférieures par une ligne anguleuse également noire.

Le dessous des quatre ailes est d'un brun-tanné-clair, avec des hiéroglyphes noirs à la base; une ligne ferrugineuse, commune & oblique, sur le milieu; des chevrons obscurs, surmontés de points violâtres, à l'extrémité. Le corps est brun en dessus, jaunâtre en dessous. Les antennes manquent.

Décrite d'après un individu mâle & unique que nous soupçonnons avoir été pris sur la côte occidentale d'Afrique.

115. Nymphale Disconthéa.

Nymphalis Disconthea.

Nym. alis suprà pallido-œneis, basi strigâque maculari posticâ fuscis : anticis costam versùs strigâ è maculis albis.

Papilio Aconthea. Mas. Cram. *pl.* 134. *fig.* D. E.

Cramer donne, avec doute il est vrai, le mâle de cette espèce pour celui de l'*Aconthea.*

Elle a environ deux pouces & demi d'envergure. Le dessus des ailes est obscur à la base, avec quelques taches annulaires plus foncées; ensuite d'un bronzé-pâle jusqu'au bout, avec une rangée postérieure de points obscurs, moins gros aux ailes inférieures qu'aux supérieures. Ces dernières ont, un peu au-delà du milieu, une raie blanche, transverse, courte, maculaire, appuyée sur la côte, & suivie de deux points blancs faisant face au sommet.

Le dessous de toutes les ailes offre le même dessin que le dessus, mais le fond en est généralement très-pâle, & le bord postérieur est un peu lavé de violet. Le corps est de la couleur des ailes. Les antennes sont ferrugineuses.

De Java.

116. Nymphale Alphéda.

Nymphalis Alpheda.

Nym.

Nym. alis suprà æneis, subtùs glaucis : utrinquè basi caracteribus, apice strigis duabus undulatis, fuscis.

Nous ne connoissons ce lépidoptère que par un seul individu, dont nous n'avons pu déterminer le sexe.

Il a environ deux pouces d'envergure. Le dessus des quatre ailes est d'un vert-bronzé, leur dessous d'un vert-blanchâtre. Chaque surface offre à la base des hiéroglyphes noirs, & vers l'extrémité deux lignes obscures, transverses & flexueuses.

Du Bengale.

117. NYMPHALE Arcadius.

NYMPHALIS Arcadius.

Nym. alis integerrimis : anticis nigris, cæruleo alboque maculatis; posticis fuscis : subtùs (singulis) *brunneis.* FAB.

Papilio N. *Arcadius.* FAB. *Ent. Syst. em. tom.* 3. *pars* 1. *p.* 151. *n°.* 463.

Papilio Arcadius. JON. *Fig. pict.* 5. *tab.* 38. *fig.* 1.

Le corps est de moyenne grandeur, d'un brun-obscur. Les ailes supérieures sont noires, avec la base bleue & coupée de brun, l'extrémité tachetée de blanc. Les ailes inférieures sont d'un brun-obscur, avec des taches bleues, marginales.

Le dessous des quatre ailes est brun.

De l'Afrique.

(*Traduction de Fabricius.*)

118. NYMPHALE Véronique.

NYMPHALIS Veronica.

Nym. alis suprà violaceo-virescentibus, strigis margineque postico fuscescentibus : subtùs strigâ punctorum alborum.

Papilio N. Veronica, *alis dentatis, suprà virescentibus : subtùs ferrugineis, strigâ punctorum alborum.* FAB. *Ent. Syst. em. tom.* 3. *pars* 1. *p.* 136. *n°.* 421.

Papilio Veronica. CRAM. *pl.* 325. *fig.* C. D.

Papilio Veronica. HERBST, *tab.* 142. *fig.* 1. 2.

Papilio Veronica. JON. *Fig. pict.* 5. *tab.* 36. *fig.* 2.

Elle a environ deux pouces d'envergure. Le dessus des ailes est d'un verdâtre-luisant & prenant à certains aspects une teinte violette, avec des raies transverses, & particulièrement le bord terminal, obscurs.

Le dessous est ferrugineux, avec deux bandes légèrement grisâtres, courbes & transverses, sur la postérieure desquelles il y a une série de points blancs. Ces points se reproduisent en dessus, tantôt aux quatre ailes, tantôt aux inférieures seulement. Le corps est de la couleur des ailes. Les antennes sont noirâtres en dessus, roussâtres en dessous.

De la côte de Guinée.

119. NYMPHALE Æthiopa.

NYMPHALIS Æthiopa.

Nym. alis suprà violaceo-cœruleis, margine postico nigro : anticis utrinquè strigâ apicali punctorum alborum.

Papilio N. Æthiopa, *alis dentatis, cœruleis : anticis apice atris, albo punctatis.* FAB. *Ent. Syst. em. tom.* 3. *pars* 1. *p.* 136. *n°.* 420.

Papilio Æthiopa. JON. *Fig. pict.* 5. *tab.* 36. *fig.* 1.

Papilio Afer. DRURY, *Ins. tom.* 3. *pl.* 36. *fig.* 1. 2.

Papilio Afer. STOLL, *Suppl. à* CRAM. *pl.* 27. *fig.* 3 & 3. B.

Ce lépidoptère pourroit bien être la femelle ou une variété du précédent. Nous n'osons point l'y réunir, parce que nous ne l'avons vu qu'en mauvais état.

Le dessus des ailes est d'un bleu-luisant, qui paroît azuré ou violâtre selon les aspects, avec le bord postérieur d'un noir-brun. Vis-à-vis du sommet des supérieures, il y a une ligne transverse & tortueuse de six points blancs, dont les deux inférieurs plus gros. Ces points reparoissent en dessous, où le fond des quatre ailes est d'un brun-obscur, avec des taches violâtres, annulaires.

De Sierra-Leone.

120. NYMPHALE Honorius.

NYMPHALIS Honorius.

Nym. alis integerrimis, cœruleis : anticis apice atris costâque fuscâ; posticis basi nigro punctatis, apice striatis. FAB.

Papilio N. *Honorius.* FAB. *Ent. Syst. em. tom.* 3. *pars* 1. *p.* 151. *n°.* 464.

Papilio Honorius. JON. *Fig. pict.* 6. *tab.* 67. *fig.* 1.

Le dessus des quatre ailes est bleu. Les supérieures ont le sommet très-noir, avec la côte d'un brun-obscur & terminée vis-à-vis du sommet par une rangée de taches bleues. Les ailes inférieures ont le bord terminal noir.

Le dessous des quatre ailes est obscur, avec des points bleus à la base & à l'extrémité des premières; avec des points noirs à la base des secondes, & des raies de cette couleur à leur extrémité.

Elle habite.....

(*Traduction de Fabricius.*)

121. NYMPHALE Cyrna.

NYMPHALIS Cyrna.

Nym. alis suprà virescenti-cœruleis : subtùs flavidis, strigis duabus marginalibus, alterâ punctiformi, alterâ undulatâ, fuscis.

Elle n'est peut-être aussi qu'une variété de la nymphale *Véronique.*

Le dessus des ailes est d'un bleu-ardoisé-luisant, avec tout le bord terminal des supérieures, & le sommet des inférieures, d'un brun-obscur.

Le dessous des quatre ailes est d'un brun-jaunâtre, avec quelques taches lie-de-vin-foncé vers la base; & une rangée transverse de points noirâtres, puis une ligne ondulée de cette couleur, à l'extrémité.

De la côte occidentale d'Afrique.

122. NYMPHALE Atlita.

NYMPHALIS Atlita.

Nym. alis dentatis, fuscis, cœruleo micantibus : subtùs fulvis, strigis undatis glaucis, posticis ocellis quinque cœcis. FAB.

Papilio N. *Atlita.* FAB. *Mant. Inf. tom.* 2. *p.* 37. *n°.* 388. — *Ent. Syst. em. tom.* 3. *pars* 1. *p.* 97. *n°.* 300.

Elle est de moyenne taille. Le dessus de ses ailes est d'un brun-noirâtre à reflet violet, avec trois taches fauves, presque marginales, aux inférieures.

Le dessous des quatre ailes est d'un fauve-obscur, avec des raies violâtres, transverses & ondulées. Indépendamment de cela, les ailes supérieures ont vers le sommet un point violâtre, distinct; & les inférieures cinq yeux sans prunelle, yeux qui prennent une teinte violâtre du côté du bord postérieur.

Des Indes orientales.

(*Traduction de Fabricius.*)

123. NYMPHALE Gnidie.

NYMPHALIS Gnidia.

Nym. alis corticinis : anticis utrinquè fasciâ punctisque apicis albis; posticis suprà fasciâ fulvâ nigro maculatâ.

Papilio N. Gnidia? *alis dentatis, testaceis : anticis apice fuscis fasciâ albâ; posticis strigâ fulvâ lunulis nigris.* FAB. *Ent. Syst. em. tom.* 3. *pars* 1. *p.* 137. *n°.* 422.

Papilio Gnidia? JON. *Fig. pict.* 5. *tab.* 37. *fig.* 2.

Papilio Gnidia? DONOW. *Of an Epitome of the Nat. Hist. Inf. of India, cah.* 9. *pl.* 3. *fig.* 2.

Nous n'avons vu qu'un seul échantillon de cette espèce, encore étoit-il en mauvais état.

Son envergure est d'environ deux pouces & demi. Le dessus des premières ailes est d'un brun-tanné vers la base, avec deux anneaux noirâtres; d'un brun-noirâtre vers l'extrémité, avec une bande blanche se dirigeant du milieu de la côte à l'angle interne, & une rangée transverse de quatre points blancs faisant face au sommet.

Le dessus des secondes ailes est d'un brun-tanné, avec une bande fauve, transverse, postérieure, courbe, dentée à son côté interne, & chargée dans toute sa longueur d'une double série de taches noires, dont les antérieures triangulaires, les postérieures lunulées.

Le dessous des premières ailes ne diffère du dessus que parce que l'origine du bord d'en haut est marquetée de blanc.

Le dessous des secondes ailes est un peu plus pâle que le dessus, avec un point noir à la base, puis quatre raies violâtres, transversales, dont les deux antérieures sinuées, les deux autres, notamment l'avant-dernière, formées par des points.

Prise dans l'expédition du capitaine Baudin.

N. B. L'individu décrit par Fabricius & figuré par Donowan diffère du nôtre en ce que le dessous des secondes ailes n'offre qu'une seule rangée de points blancs, & en ce que ces points sont appuyés chacun sur un point noir.

124. NYMPHALE Doriclée.

NYMPHALIS Doriclea.

Nym. alis lutescenti-fuscis, suprà strigis duabus punctorum nigrorum : posticis subtùs puncto baseos atro.

Papilio S. Doriclea, *alis repandis, fuscis : posticis fasciâ fulvâ nigro punctatâ, subtùs puncto atro.* FAB. *Ent. Syst. em. tom.* 3. *pars* 1. *p.* 248. *n°.* 772.

Papilio Doriclea. DRURY, *Inf. tom.* 3. *pl.* 36. *fig.* 5. 6.

Papilio Doriclea. JON. *Fig. pict.* 4. *tab.* 71. *fig.* 1.

Elle a environ deux pouces d'envergure. Le dessus des ailes est d'un brun-jaunâtre, avec deux rangs de points noirâtres, placés parallèlement au bord postérieur sur un fond plus clair. Les premières ailes ont en outre, vers l'origine de la côte, quelques petites lignes transverses, également noirâtres.

Le dessous des quatre ailes est à peu près du même brun que le dessus, avec quelques lignes noirâtres, transverses, à la base des supérieures; & une semblable, mais plus longue, à la base des inférieures. Ces dernières ont un gros point noir vers l'origine de leur bord interne.

Des Indes, selon Fabricius.

De Sierra-Leone, selon Drury.

125. Nymphale Lyſandra.

Nymphalis Lyſandra.

Nym. alis integris, luteſcenti-fuſcis, ſuprà ſtrigis duabus punctorum nigrorum, ſubtùs unicâ alborum.

Papilio Lyſandra. Stoll, *Pap. Suppl. à* Cram. *pl.* 29. *fig.* 3 & 3. C.

Elle ſe diſtingue du *Doriclée* en ce qu'elle a les ailes plus arrondies & traverſées en deſſous par une rangée poſtérieure de points blancs; en ce que de ce même côté les lignes noires de la baſe des ſupérieures & le point de la baſe des inférieures ſont encadrés de blanc.

De Sierra-Leone en Afrique.

126. Nymphale Augé.

Nymphalis Auge.

Nym. alis ſuprà luteſcenti-fuſcis : anticis ſtrigis tribus viridibus, poſticis ſerie punctorum nigrorum.

Papilio S. Auge, *alis dentatis, fuſcis : anticis faſciis viridibus; poſticis fulvâ nigro maculatâ, ſubtùs puncto baſeos atro.* Fab. *Ent. Syſt. em. tom.* 3. *pars* 1. *p.* 248. *n°.* 773.

Papilio Auge. Jon. *Fig. pict.* 4. *tab.* 71. *fig.* 2.

Papilio Auge. Donow. *Of an Epitome of the Nat. Hiſt. Inſ. of India, cah.* 2. *pl.* 2. *fig.* 4.

Elle a le port & la taille du *Doriclée*. Le deſſus de ſes ailes eſt auſſi d'un brun-jaunâtre. Les premières ont trois raies vertes, tranſverſales; les ſecondes ont parallèlement au bord poſtérieur, qui eſt un peu plus clair que le reſte de la ſurface, une rangée de points noirs.

Le deſſous de toutes les ailes eſt nuancé de ferrugineux & de violâtre, & la baſe des inférieures offre un point d'un noir-foncé.

Des Indes, ſelon les auteurs cités da la ſynonymie.

127. Nymphale Heſpérus.

Nymphalis Heſperus.

Nym. alis repandis, fuſcis, nigro undatis : anticis punctis quatuor albis. Fab.

Papilio F. *Heſperus.* Fab. *Ent. Syſt. em. tom.* 3. *pars* 1. *p.* 47. *n°.* 143.

Papilio Heſperus. Jon. *Fig. pict.* 4. *tab.* 73. *fig.* 1.

Le corps eſt obſcur. Les quatre ailes ſont brunâtres, avec des ondes plus foncées. Les ailes ſupérieures ont, vers le bord, quatre points blancs, appuyés ſur des points noirs; & le long du bord même une raie noire, ondée, plus diſtincte.

Le deſſous eſt plus pâle que le deſſus.

Elle habite.....

(*Traduction de Fabricius.*)

128. Nymphale Chrémès.

Nymphalis Chremes.

Nym. alis integerrimis, obſcuris : poſticis rubris, ſuprà faſciis atris, ſubtùs puncto medio niveo. Fab.

Papilio F. *Chremes.* Fab. *Ent. Syſt. em. tom.* 3. *pars* 1. *p.* 47. *n°.* 144.

Papilio Chremes. Jon. *Fig. pict.* 3. *tab.* 72. *fig.* 2.

Le corps eſt de moyenne grandeur, brun, avec les antennes jaunâtres. Les premières ailes ſont d'un brun-foncé, avec deux bandes près de la baſe, & l'extrémité, noirâtres. Leur deſſous eſt preſque comme le deſſus, mais plus clair.

Le deſſus des ſecondes ailes eſt d'un rouge-obſcur, avec deux bandes noires, dont l'une courte derrière le milieu, l'autre arquée & ſe liant par des veines noires au bord terminal qui eſt auſſi de cette couleur. En deſſous les mêmes ailes ſont rouſſâtres, avec un petit point blanc, diſcoïdal.

De l'Afrique.

(*Décrite d'après Fabricius.*)

129. Nymphale Mirus.

Nymphalis Mirus.

Nym. alis repandis, fuſcis, teſtaceo ſubfaſciatis : poſticis ſubtùs baſi fuſcis, apice variegatis. Fab.

Papilio F. *Mirus.* Fab. *Ent. Syſt. em. tom.* 3. *pars* 1. *p.* 48. *n°.* 146.

Fabricius la décrit ainſi : elle a le port de l'*Heſperus*. Le corps eſt obſcur. Les ailes ſont également obſcures, avec pluſieurs bandes d'une couleur tannée, & dont quelques-unes maculaires.

Le deſſous des ailes ſupérieures eſt brunâtre, avec des bandes jaunes, & la partie interne variée de cendré, de brun & de bleu.

Le deſſous des ailes inférieures eſt brun à la baſe, varié à l'extrémité.

Elle ſe trouve......

130. Nymphale Méléagris.

Nymphalis Meleagris.

Nym. alis ſuprà fuſcis, ſubtùs luteſcentibus, utrinquè albo multipunctatis.

Papilio N. Meleagris, *alis ſubdentatis, albo punctatis, ſuprà fuſcis, ſubtùs flaveſcentibus.* Fab. *Ent. Syſt. em. tom.* 3. *pars* 1. *p.* 128. *n°.* 393.

Papilio Meleagris. Cram. *pl.* 66. *fig.* A. B.

Papilio Meleagris. Drury, *Inf. tom.* 3. *pl.* 27. *fig.* 3. 4.

Papilio Meleagris. Herbst, *tab.* 145. *fig.* 1. 2.

Elle a environ deux pouces & demi d'envergure. Le deſſus des ailes eſt d'un brun-obſcur, avec une multitude de points blancs, dont les antérieurs épars, les autres formant trois rangées courbes, parallèles entr'elles & au bord poſtérieur. Il y a en outre quelques lignes blanches, tranſverſales, à la baſe des ailes ſupérieures.

Le deſſous des quatre ailes eſt d'un jaune-fauve, avec des points blancs comme en deſſus, mais ceux de la rangée intermédiaire ont le milieu, & tous les autres le pourtour, noirs.

Décrite ſur un individu pris à Sierra-Leone.

131. Nymphale Dédale.

Nymphalis Dœdalus.

Nym. alis integris, ſuprà fuſcis, albo multipunctatis : ſubtùs pallidè brunneis, immaculatis.

Papilio F. Dædalus, *alis integerrimis, fuſcis, albo maculatis : ſubtùs brunneis.* Fab. *Syſt. Ent.* p. 482. n°. 174. — *Spec. Inf. tom.* 2. *p.* 57. *n°.* 250. — *Mant. Inf. tom.* 2. *p.* 27. *n°.* 289. — *Ent. Syſt. em. tom.* 3. *pars* 1. *p.* 53. *n°.* 162.

Elle a le port & approchant la taille du *Méléagris*. Le deſſus de ſes ailes eſt d'un brun-obſcur. Les premières ont des taches blanches, dont les quatre antérieures lunulées & plus grandes, les autres en forme de points & diſpoſées ſur trois lignes tranſverſales. Les ſecondes ailes ont trois rangs de points bleuâtres, chargés chacun d'un point noir.

Le deſſous de toutes les ailes eſt d'un brun-pâle, ſans taches. Le corps eſt entièrement obſcur.

De la Guinée.

132. Nymphale Mélantha.

Nymphalis Melantha.

Nym. alis dentatis, ſuprà fuſcis, albo punctatis : ſubtùs brunneis. Fab.

Papilio N. *Melantha.* Fab. *Ent. Syſt. em. tom.* 3. *pars* 1. *p.* 128. *n°.* 394.

Le deſſus des quatre ailes eſt d'un brun-noirâtre, avec quelques lignes blanches à la baſe, & trois rangs de points de cette couleur vers l'extrémité.

Le deſſous eſt brun, avec une rangée poſtérieure de points plus obſcurs.

De la Guinée.

(*Traduction du texte de Fabricius.*)

133. Nymphale Marthe.

Nymphalis Martha.

Nym. alis dentatis, fuſco fulvoque variis : anticis lunulis ternatis, poſticis faſciâ, albis. Fab.

Papilio N. *Martha.* Fab. *Ent. Syſt. em. tom.* 3. *pars* 1. *p.* 139. *n°.* 429.

Elle eſt de moyenne taille. Les antennes ſont noires, avec la baſe de la maſſue blanche. Les ailes ſupérieures ſont tachetées de fauve & de brun, & elles ont, vers le bord terminal, des lunules blanches, diſpoſées ſur trois rangs, dont l'intérieur commun aux ſecondes ailes. Celles-ci ſont fauves, variées de brun, avec une bande (parfois une raie) blanche, tranſverſe, diſcoïdale : vers leur bord poſtérieur il y a une ligne noire, ondée, placée contre le rang de lunules blanches dont nous avons parlé.

Le deſſous de toutes les ailes eſt pâle, faſcié de blanc, avec la baſe & des litures noires.

Du royaume de Siam.

(*Décrite d'après Fabricius.*)

134. Nymphale Abſalon.

Nymphalis Abſalon.

Nym. alis integerrimis, fulvis, fuſco faſciatis : ſubtùs aurantiis, fuſco undatis. Fab.

Papilio F. *Abſalon.* Fab. *Ent. Syſt. em. tom.* 3. *pars* 1. *p.* 56. *n°.* 175.

Voici ce qu'en dit Fabricius : le corps eſt petit, brun. Le deſſus des quatre ailes eſt d'un fauve-obſcur, avec des bandes plus obſcures. Leur deſſous eſt d'un jaune-orangé, avec pluſieurs ondes noirâtres.

De la Guinée.

135. Nymphale Amulia.

Nymphalis Amulia.

Nym. alis ſuprà fuſcis, immaculatis : ſubtùs luteis, poſticis ſtrigis tribus punctiſque cœruleis, nigro notatis.

Papilio N. Amalia, *alis dentatis, ſuprà fuſcis, ſubtùs flavis : poſticis ſtrigis duabus punctiſque cœruleis, nigro notatis.* Fab. *Ent. Syſt. em. tom.* 3. *pars* 1. *p.* 129. *n°.* 398.

Papilio Amalia. Jon. *Fig. pict.* 5. *tab.* 11. *fig.* 1.

Papilio Amulia. Cram. *pl.* 180. *fig.* C. D.

Papilio Amulius. Herbst, *tab.* 140. *fig.* 3. 4.

Elle a environ deux pouces & demi d'envergure. Le deſſus des ailes eſt d'un brun légèrement chatoyant, & ſans taches. Leur deſſous eſt d'un jaune-fauve, avec le bord poſtérieur des quatre, deux raies tranſverſes & une rangée de points ſur les inférieures, d'un bleu-violet. Les raies & les points des ailes inférieures ſont marqués de noir,

& il y a deux taches de cette couleur vis-à-vis du sommet des supérieures.

Décrite d'après un seul individu pris à Sierra-Leone.

136. Nymphale Haquinus.

Nymphalis Haquinus.

Nym. alis subintegris, fuscis : subtùs aurantiis, maculis cœrulescenti-argenteis nigro notatis. Fab.

Papilio F. *Haquinus*. Fab. *Ent. Syst. em. tom.* 3. *pars* 1. *p.* 55. *n°.* 169.

Nous ne connoissons ce lépidoptère que par la description de Fabricius.

Il est de moyenne taille. Les antennes sont obscures, annelées de gris, avec la massue noire & terminée de fauve. Le corps est brun. Les ailes sont à peine sinuées, d'un brun-noirâtre en dessus, sans taches & sans reflet, mais avec une légère teinte jaunâtre aux supérieures.

Le dessous des quatre ailes est fauve, avec des taches d'un argenté-bleuâtre, nombreuses, éparses, marquées de noir. Il y a en outre, le long du bord postérieur, deux lignes blanchâtres, interrompues. Les pieds sont jaunâtres.

Trouvé à Tranquebar.

137. Nymphale Amasia.

Nymphalis Amasia.

Nym. alis suprà argenteo-virescentibus, apice saturatiore : subtùs gramineis, punctis marginalibus nigris, ocellatis.

Papilio N. Amasia, *alis dentatis, viridibus : posticis suprà punctis marginalibus nigris, subtùs ocellaribus*. Fab. *Ent. Syst. em. tom.* 3. *pars* 1. *p.* 136. *n°.* 419.

Papilio Amasia. Jon. *Fig. pict.* 5. *tab.* 15. *fig.* 2.

Papilio Eupale. Drury, *Inf. tom.* 3. *pl.* 6. *fig.* 3.

Elle a presque deux pouces & demi d'envergure. Le dessus des ailes est d'un vert-argentin-luisant, terminé aux supérieures par un grand espace triangulaire d'un vert-obscur, & aux inférieures par une bande nébuleuse sur laquelle il y a une rangée de points noirs.

Le dessous des quatre ailes est d'un vert-pré, avec quelques taches rouilleuses sur le milieu, de légères nuances argentées au bord interne & vers l'extrémité. Il y a en outre six à sept points noirs, ocellés, le long du bord postérieur des secondes ailes, & deux vis-à-vis du sommet des premières. Le corselet est d'un vert-olivâtre, l'abdomen d'un vert-blanchâtre. Les antennes sont verdâtres; les palpes bruns en dessus, blancs en dessous.

Décrite d'après un individu mâle & unique, pris sur la côte occidentale d'Afrique.

N. B. La figure de Drury est si mauvaise que, sans le texte qui l'accompagne, on ne sauroit pas qu'elle représente cette espèce.

138. Nymphale Démétra.

Nymphalis Demetra.

Nym. alis integris, suprà fuscis obsoletèque obscuriùs fasciatis, subtùs glaucis : anticis margine apicis albo.

Elle a près de deux pouces & demi d'envergure. Le dessus des ailes est d'un brun-obscur, chatoyant, avec quatre bandes transverses plus obscures, mais néanmoins peu prononcées.

Le dessous est d'un vert-argentin, avec une bande olivâtre, large, commençant au sommet des ailes supérieures, & allant se perdre vers l'extrémité du bord interne des inférieures. Celles-ci ont une tache blanchâtre sur le milieu du bord antérieur. Les premières ont l'origine de la côte blanche, & le bout de leur sommet est de cette couleur en dessus & en dessous.

De l'Afrique occidentale.

139. Nymphale Argénissa.

Nymphalis Argenissa.

Nym. alis integris, suprà æneo-cœrulescentibus, subtùs obscurè virescentibus, utrinquè strigis quinque undulatis nigris.

Papilio Argenissa. Stoll, *Suppl. à* Cram. *pl.* 27. *fig.* 4 & 4. C.

Elle a un peu plus d'un pouce & demi d'envergure. Le dessus des ailes est d'un bleu-bronzé, avec cinq lignes noires, transverses & ondulées, plus courtes sur les inférieures que sur les supérieures.

Le dessous est d'un vert-obscur, avec des lignes comme en dessus, mais il n'y en a que quatre aux ailes de devant, & celles des ailes de derrière traversent entièrement la surface.

De la Cafrerie.

140. Nymphale Médon.

Nymphalis Medon.

Nym. alis dentatis, suprà æneo-nigris : anticis fasciâ obliquâ, posticis disco, inaurato seu cœrulescenti-viridibus.

Papilio E. A. Medon, *alis suprà nigris : primoribus fasciâ luteâ apiceque albo ; posticis disco cœrulescentibus.* Linn. *Syst. Nat.* 2. *p.* 753. *n°.* 43. — *Amœn. Acad. tom.* 6. *p.* 402. *n°.* 53.

Papilio N. Janassa, *alis dentatis, suprà nigris, fasciâ flavâ discoque cœrulescente : singulis sub-*

tùs punctis tribus atris. Linn. *Syst. Nat.* 2. *p.* 781. — *Muf. Lud. Ulr. p.* 294. *n°.* 112.

Papilio N. *Medon.* Fab. *Syst. Ent. p.* 456. *n°.* 55.—*Spec. Inf. tom.* 2. *p.* 22. *n°.* 89.—*Mant. Inf. tom.* 2. *p.* 11. *n°.* 102. — *Ent. Syst. em. tom.* 3. *pars* 1. *p.* 81. *n°.* 254.

Papilio N. Janassa, *alis repandis, viridi-æneis : anticis punctis nigris : fubtùs flavefcentibus, punctis bafeos nigris.* Fab. *Mant. Inf. tom.* 2. *p.* 49. *n°.* 487. — *Ent. Syst. em. tom.* 3. *pars* 1. *p.* 121. *n°.* 371.

Papilio Medon. Clerck, *Icon. tab.* 28. *fig.* 1.

Papilio Medon. Cram. *pl.* 205. *fig.* B. C.

Papilio Medon. Herbst, *Pap. tab.* 130. *fig.* 4. 5.

Papilio N. Ceres, *alis dentatis, nigris : anticis fafciâ albâ, posticis difco cœrulefcente puncto atro.* Fab. *Spec. Inf. tom.* 2. *p.* 90. *n°.* 396. — *Mant. Inf. tom.* 2. *p.* 11. *n°.* 104. — *Ent. Syst. em. tom.* 3. *pars* 1. *p.* 82. *n°.* 256.

Papilio Lucille. Cram. *pl.* 156. *fig.* A. C.

Papilio N. Cato, *alis dentatis, nigris, difco communi virefcente : fubtùs nigro punctatis, posticis maculâ bafeos rufâ.* Fab. *Mant. Inf. tom.* 2. *p.* 11. *n°.* 105. — *Ent. Syst. em. tom.* 3. *pars* 1. *p.* 83. *n°.* 258.

Papilio Cypariffa. Cram. *pl.* 39. *fig.* D. E.

Papilio Cypariffa. Cram. *pl.* 156. *fig.* B.

Papilio Cypariffa. Herbst, *Pap. tab.* 139. *fig.* 1. 2. 3.

Cette nymphale varie beaucoup. Auffi Linnæus en a-t-il fait deux efpèces, & Fabricius quatre.

Son envergure eft de trois pouces à trois pouces & demi. Toutes fes ailes font plus ou moins dentées, felon le fexe, & finement bordées de blanc aux échancrures. Leur deffus eft d'un noir-verdâtre, avec le milieu des inférieures, à prendre de leur origine, & la majeure partie du bord interne des fupérieures, d'un vert-métallique, tirant tantôt fur le bleuâtre, tantôt fur le jaunâtre. Les premières ailes, dont le fommet a le bout blanc de part & d'autre, offrent, entre le milieu de la côte & le milieu du bord terminal, une bande oblique de l'une des nuances vertes que nous venons d'indiquer.

Le deffous des quatre ailes eft d'un cendré-verdâtre-luifant, avec des taches noires, dont fept à huit, tant rondes qu'alongées vers la bafe; les autres difpofées fur deux rangs le long du bord poftérieur, mais oblitérées ou manquant quelquefois, comme dans le *Janaffa* de Linnæus. Dans certains individus, tels que le *Medon* & le *Ceres* de Fabricius, on voit reparoître la bande oblique du deffus des premières ailes, & les fecondes ont les taches noires de leur bafe éclairées en dehors par de petits rayons blanchâtres. Dans d'autres individus, comme le *Cato* du même auteur, ou *Cypariffa* de Cramer, la bande des ailes de devant ne fe reproduit pas ou eft abforbée par le fond qui eft plus vert; & les ailes de derrière ont le milieu d'un jaune-fauve, avec la naiffance de la côte glacée de rouge-violet. Il eft des femelles où la bafe des quatre ailes eft rouge en deffous; & des mâles qui, de ce côté, n'ont pas de rouge aux premières ailes, tandis qu'ils en ont fur la plus grande partie du bord antérieur & du difque des fecondes. Enfin, quelques-uns des points noirs de la naiffance des ailes percent parfois en deffus : ou bien il y en a trois à la bafe des fupérieures, comme dans le *Janaffa* de Fabricius; ou bien un feul à la bafe des inférieures, comme dans le *Ceres* du même auteur. Le corps eft noir, avec les palpes & l'extrémité des antennes fauves. Celles-ci font noires.

D'après ce que nous venons de dire, on voit que la forme & le deffin des ailes font toujours les mêmes, & que les différences tiennent uniquement aux couleurs. Or, ces différences n'étant pas conftantes, on ne peut point, ce nous femble, les regarder comme caractériftiques.

De la côte de Guinée.

141. Nymphale Francine.

Nymphalis Francina.

Nym. alis dentatis, fuprà æneo-nigris : anticis fafciâ obliquâ lutefcente ; posticis difco maculifque marginalibus cœrulefcenti-viridibus.

Elle a bien du rapport avec le *Medon.* Mais ce qui l'en diftingue furtout, c'eft que le deffus des fecondes ailes a parallèlement au bord terminal une rangée de fix à fept taches rondes d'un vert-bleuâtre, & fur le milieu deux points noirs, dont le poftérieur très-gros : c'eft que le deffous de toutes les ailes eft d'un vert beaucoup plus fombre & fans éclat; que les taches noires y font moins nombreufes, puifqu'il n'y en a que deux ou au plus quatre vers la bafe, & que celles du bout ne forment qu'une feule rangée.

De la côte de Guinée.

142. Nymphale Erithonius.

Nymphalis Erithonius.

Nym. alis dentatis, fuprà fufcis : posticis fafciâ violaceo-cœrulefcente, ad angulum ani dilatatâ.

Papilio F. Eupalus, *alis integerrimis, fufcis; posticis fafciâ cœruleâ : fubtùs viridibus puncto atro.* Fab. *Spec. Inf. tom.* 2. *p.* 54. *n°.* 241. — *Mant. Inf. tom.* 2. *p.* 27. *n°.* 279. — *Ent. Syst. em. tom.* 3. *pars* 1. *p.* 48. *n°.* 148.

Papilio N. Erithonius, *alis dentatis, nigris; posticis fasciâ cœruleâ : subtùs viridibus strigâ punctorum alborum.* Fab. *Mant. Inf. tom.* 2. *p.* 11. *n°.* 103. — *Ent. Syst. em. tom.* 3. *pars* 1. *p.* 82. *n°.* 255.

Papilio Harpalyce. Cram. *pl.* 145. *fig.* D. E.

Papilio Medon. Drury, *Inf. tom.* 2. *pl.* 15. *fig.* 1. 2.

Fabricius a donné cette espèce comme *Danaïde bigarrée* sous le nom d'*Eupalus*, & comme *Nymphale* sous celui d'*Erithonius*.

Elle est un peu plus grande que les deux précédentes. Ses quatre ailes sont plus ou moins sinuées, selon le sexe. Leur dessus est d'un brun-noirâtre, jetant un léger reflet doré, avec une bande d'un bleu-violet-pâle aux inférieures. Cette bande est placée transversalement au-delà du milieu, & aboutit à l'angle anal, aux approches duquel elle s'élargit d'une manière sensible. Quelquefois même, elle anticipe un peu sur les premières ailes. Celles-ci ont la côte foiblement violâtre, & leur sommet, qui a toujours le bout blanc de part & d'autre, est précédé parfois d'une ligne ou d'une bande jaunâtre, oblique.

Le dessous des quatre ailes est d'un vert-pâle & luisant, avec un ou deux points noirs près de la base, & une rangée transverse de points blanchâtres sur le milieu. Le corps est brun. Les palpes sont fauves, avec la sommité obscure.

De la côte de Guinée.

N. B. C'est à cette espèce que doit être rapporté le *Medon* de Drury, & non pas au *Medon* de Linnæus, comme l'ont dit certains auteurs.

143. Nymphale Narva.

Nymphalis Narva.

Nym. alis dentatis, atris, strigâ posticâ punctorum alborum : anticis maculis, posticis disco, flavis. Fab.

Papilio S. *Narva.* Fab. *Ent. Syst. em. tom.* 3. *pars* 1. *p.* 249. *n°.* 775.

Papilio Narva. Jon. *Fig. pict.* 4. *tab.* 67. *fig.* 1.

Fabricius place cette espèce parmi les *Satyres*, tandis qu'il fait une *Nymphale* de la suivante qui en est très-voisine.

Le corps est noir, ponctué de blanc. Les premières ailes sont d'un noir-foncé, avec quatre taches jaunes, & une rangée postérieure de points blancs. Les secondes ailes, qui ont une semblable rangée de points, sont également d'un noir-foncé, avec le milieu jaune & marqué d'un ou deux points noirs.

Le dessous ressemble au dessus, mais derrière la rangée de points blancs, il y a une raie jaune, maculaire & transverse.

De l'Afrique.

(*Traduction de Fabricius.*)

144. Nymphale Perséa.

Nymphalis Persea.

Nym. alis dentatis, utrinquè nigris, disco communi testaceo : anticis maculis duabus fasciâque, posticis punctis marginalibus, ochreaceis.

Papilio N. Persea, *alis dentatis, oblongis, atris, flavo maculatis, disco communi rubro.* Fab. *Ent. Syst. em. tom.* 3. *pars* 1. *p.* 137. *n°.* 423.

Papilio Persea. Jon. *Fig. pict.* 5. *tab.* 90. *fig.* 2.

Papilio Perseis. Drury, *Inf. tom.* 2. *pl.* 21. *fig.* 3. 4.

Papilio Perseis. Herbst, *tab.* 137. *fig.* 5. 6.

Elle a environ trois pouces d'envergure. Les premières ailes sont noires, avec la majeure partie du bord interne d'un fauve-briqueté : on voit en outre sur leur milieu deux taches orbiculaires, & vis-à-vis de leur sommet une bande oblique, d'un jaune d'ocre. Les secondes ailes sont d'un fauve-briqueté, avec les bords antérieur & postérieur noirs : le bord postérieur est coupé par une série arquée de points jaunes, & les échancrures sont blanches, ainsi que celles du bord correspondant des ailes supérieures. Le dessous de ces premières ailes est tout-à-fait semblable au dessus.

Le dessous des secondes ailes ne diffère du dessus que parce qu'il a un point noir vers la base, & que la couleur briquetée passe au jaune d'ocre près de la côte. Le corps est noir en dessus & tacheté de jaune depuis la tête inclusivement jusqu'à l'anus. Les antennes sont noires; les palpes fauves, avec la sommité obscure.

De Sierra-Leone. — Fabricius la dit des Indes.

N. B. Nous n'avons vu que des mâles.

145. Nymphale Eléus.

Nymphalis Eleus.

Nym. alis dentatis, utrinquè testaceis, apice æneo, anticarum fasciâ, posticarum punctis in simplici serie, albis.

Papilio F. Eleus, *alis integerrimis, fulvis, margine atro, anticarum fasciâ, posticarum punctis, albis.* Fab. *Ent. Syst. em. tom.* 3. *pars* 1. *p.* 51. *n°.* 156.

Papilio Eleus. Drury, *Inf. tom.* 3. *pl.* 12. *fig.* 1. 2.

Papilio Eleus. Jon. *Fig. pict.* 5. *tab.* 22. *fig.* 2.

Il seroit difficile de dire pourquoi Fabricius a mis cette espèce parmi les *Danaïdes bigarrées*, lorsque le Perséa, qui s'en rapproche si fort, est pour lui une *Nymphale*.

Elle a le port & la taille de la précédente. Les quatre ailes sont foiblement dentées & bordées de blanc aux échancrures. Leur dessus est d'un fauve-foncé, avec tout le contour extérieur d'un noir-bronzé. Vis-à-vis du fommet des fupérieures, où cette couleur s'étend davantage, il y a une bande blanche, oblique, coupée par les nervures. Les fecondes ailes ont, fur le noir du bord poftérieur, une rangée courbe de gros points blancs.

En deffous, on retrouve les caractères du deffus, mais le noir y eft très-pâle, & les fecondes ailes offrent, parallèlement à la côte, une bande blanche, continue & un peu arquée. Le corps eft noir en deffus, avec des taches d'un blanc-bleuâtre fur la tête, fur le corfelet & fur les côtés de l'abdomen. Les antennes font noires; les palpes fauves, avec la fommité obfcure.

Fabricius dit qu'elle eft de l'Amérique, mais on la trouve à Sierra-Leone.

N. B. Nous n'avons vu que des mâles. Dans le nombre, il s'en eft rencontré un dont le deffous offroit trois points noirs à la bafe des ailes fupérieures, & un feul à celle des inférieures.

146. Nymphale Janaïs.

Nymphalis Janais.

Nym. alis fubdentatis, nigris: anticis utrinquè albo punctatis: pofticis fuprà difco rubro, fubtùs bafi flavâ, nigro punctatâ.

Papilio Janais. Drury, *Inf.* 3. *pl.* 17. *fig.* 5. 6.

Elle eft de la taille du *Sémire*. Les quatre ailes font noires de part & d'autre, & liferées de blanc aux échancrures. Les fupérieures, dont les deux furfaces fe reffemblent, ont une quinzaine de points blancs, épars.

Le deffus des inférieures a une tache rouge, grande, difcoïdale, orbiculaire. Leur deffous en a également une rouge, mais beaucoup plus petite, précédée immédiatement d'un efpace jaune fur lequel il y a des taches noires, & fuivie d'un rang de points blancs. Le corps & les antennes font noirs, & la tête eft ponctuée de blanc.

De Sierra-Leone en Afrique.

147. Nymphale Sémire.

Nymphalis Semire.

Nym. alis fubdentatis, fufcis, fafciâ utrinquè viridi, interruptâ: pofticis ad angulum ani ferrugineo maculatis: fubtùs omnibus bafi luteis, nigro punctatis.

Papilio N. Semire, *alis dentatis, fubconcoloribus, fafciâ viridi flavoque maculatis, bafi fulvis nigro punctatis.* Fab. *Spec. inf. tom.* 2. *p.* 88. *n°.* 391. — *Mant. Inf. tom.* 2. *p.* 48. *n°.* 472. — *Ent. Syft. em. tom.* 3. *pars* 1. *p.* 114. *n°.* 351.

Papilio Semire. Cram. *pl.* 194. *fig.* B. C.

Papilio Hyppolite. Drury, *Inf.* 3. *pl*, 14. *fig.* 3. 4.

Elle a environ deux pouces & demi d'envergure. Le deffus des ailes eft d'un brun-obfcur, avec des points noirs à la bafe, & une bande maculaire & tranfverfe d'un vert-céladon fur le milieu. La bande des premières ailes eft précédée & fuivie de points de fa couleur; celle des fecondes ailes s'appuie fur un rang de taches ferrugineufes.

Le deffous offre les mêmes caractères que le deffus, mais les points noirs de la bafe des quatre ailes fe détachent fur un fond d'un jaune-fauve, & il y a tout le long de leur bord poftérieur des points blanchâtres, oblongs, longitudinaux, rapprochés deux à deux contre chaque nervure.

De la côte de Guinée.

148. Nymphale Lucrétia.

Nymphalis Lucretia.

Nym. alis fubdentatis, fufcis, fafciâ utrinquè albâ, interruptâ: fubtùs bafi luteis, nigro punctatis.

Papilio Lucretia. Cram. *pl.* 45. *fig.* C. D.

Papilio Lucretia. Herbst, *tab.* 241. *fig.* 3. 4.

Elle a le port & la taille de la précédente. Le deffus des ailes eft d'un brun-obfcur, avec une bande blanche, commune, difcoïdale, & interrompue. Cette bande eft précédée intérieurement aux premières ailes de deux ou trois points de fa couleur.

Le deffous diffère du deffus en ce que la bande fufdite eft plus large & plus claire; en ce que le bord terminal offre une férie de petites taches blanches; en ce que la bafe de toutes les ailes eft d'un jaune-fauve, avec des points noirs, furtout aux inférieures. Le corps eft noirâtre, & entièrement ponctué de blanc en deffus.

De la côte de Guinée.

149. Nymphale Sulpitia.

Nymphalis Sulpitia.

Nym. alis dentatis, nigris, fafciâ communi albâ: pofticis fubtùs flavefcentibus, punctis bafeos nigris, fafciâ mediâ punctifque apicis albis. Fab.

Papilio S. *Sulpitia.* Fab. *Ent. Syft. em. tom.* 3. *pars* 1. *p.* 245. *n°.* 765.

Papilio Sulpitia. Jon. *Fig. pict.* 5. *tab.* 30. *fig.* 1.

Ce lépidoptère eft peut-être le même que le *Lucretia*, du moins il paroît s'en rapprocher infiniment.

Voici ce qu'en dit Fabricius: le deffus des quatre ailes eft d'un noir-luifant, avec une bande blanche, commune, mais interrompue fur les fupérieures. Le deffous de ces dernières ailes reffemble au deffus. Le deffous des inférieures eft jaune à la bafe, avec des points noirs; puis blanc; enfin, fauve, avec des veines noires, & une rangée tranfverfe de points blancs.

Fabricius le dit des Indes, mais il doit être de l'Afrique.

150. Nymphale Hoftilia.

Nymphalis Hoftilia.

Nym. alis dentatis, fubconcoloribus, fulvis, bafi nigro maculatis : anticarum apice fufco punctis flavefcentibus.

Papilio N. Hoftilia, *alis dentatis, fufcis, bafi fulvis nigro punctatis : anticis apice flavo maculatis.* Fab. *Ent. Syft. em. tom.* 3. *pars* 1. *p.* 130. *n°.* 399.

Papilio Hoftilia. Drury, *Inf. tom.* 3. *pl.* 28. *fig.* 5. 6.

Papilio Hoftilia. Jon. *Fig. pict.* 5. *tab.* 81. *fig.* 1.

Elle a environ deux pouces & demi d'envergure. Le deffus de fes ailes eft d'un fauve-brun, avec des taches à la bafe des fupérieures, & des litures tranfverfales à celle des inférieures, noires. Les premières ont à peu près la moitié poftérieure d'un brun-noirâtre & parfemée de points jaunâtres. Les fecondes ont une bordure noire, dentée, avec un rang de lunules fauves.

Le deffous des quatre ailes reffemble au deffus, mais il eft beaucoup plus pâle vers la bafe. Le corps eft noirâtre, avec deux croiffans roux fur le corfelet.

De Sierra-Leone en Afrique.

151. Nymphale Affimilée (1).

Nymphalis Affimilis.

Nym. alis fubintegris, concoloribus, nigris, lineis albo-virefcentibus : pofticis ad apicem strigâ macularum coccinearum.

Papilio N. Affimilis, *alis fubrepandis, nigris, concoloribus, punctis cœrulefcenti-albidis : pofticis punctis coccineis.* Linn. *Syft. Nat.* 2. *p.* 782. *n°.* 194. — *Muf. Lud. Ulr. p.* 300. *n°.* 118.

Papilio N. *Affimilis.* Fab. *Syft. ent. p.* 511. *n°.* 280. — *Spec. Inf. tom.* 2. *p.* 101. *n°.* 444. — *Mant. Inf. tom.* 2. *p.* 54. *n°.* 540.

Papilio E. A. *Affimilis.* Fab. *Ent. Syft. em. tom.* 3. *pars* 1. *p.* 39. *n°.* 114.

Papilio Affimilis. Clerck, *Icon. tab.* 16. *fig.* 1. 2.

Papilio Affimilis. Cram. *pl.* 154. *fig.* A.

Papilio Affimilis. Drury, *Inf. tom.* 1. *pl.* 17. *fig.* 3. 4.

Papilio Affimilis. Herbst, *Pap. tab.* 126. *fig.* 4. 5.

Papilio Affimilis. Esp. *Pap. exot. tab.* 57. *fig.* 1.

Fabricius avoit d'abord placé cette efpèce parmi les *Nymphales*, auxquelles elle appartient réellement; mais il l'a mife enfuite parmi les *Chevaliers*, dont fe compofe notre genre Papillon proprement dit.

Elle a environ trois pouces & demi d'envergure. Ses quatre ailes font noires de part & d'autre, avec des lignes d'un vert-blanchâtre, convergeant à la bafe, & des points du même vert alignés fur le bord poftérieur. Les lignes des premières ailes font interrompues; celles des fecondes font entières, & féparées des points marginaux par une férie tranfverfale de cinq taches écarlates, elliptiques, dont l'anale double, les deux fuivantes ayant le milieu noir, la cinquième ou l'extérieure plus petite que toutes les autres. Le corps eft noir, avec des lignes verdâtres le long du ventre, des points blancs fur la tête & fur la poitrine.

De la Chine.

152. Nymphale Difippe.

Nymphalis Difippe.

Nym. alis denticulatis, fulvis, venis limboque pofteriori albo maculato nigris : pofticis strigâ nigrâ, recurvâ.

Papilio F. Mifippus, *alis repandis, fulvis, margine nigro, albo punctato : pofticis arcu nigro.* Fab. *Syft. ent. p.* 481. *n°.* 171. — *Spec. Inf. tom.* 2. *p.* 55. *n°.* 244. — *Mant. Inf. tom.* 2. *p.* 27. *n°.* 283. — *Ent. Syft. em. tom.* 3. *pars* 1. *p.* 50. *n°.* 153.

Papilio Archippus. Cram. *pl.* 16. *fig.* A. B.

Fabricius l'a rapportée mal-à-propos à notre *Mifippe* ou *Mifippus* de Linnæus.

Elle a près de trois pouces d'envergure. Le deffus des ailes eft fauve, avec les nervures & les bords noirs. Le bord terminal eft chargé de deux rangs de points blancs, dont les extérieurs plus petits & placés fur les échancrures. Vis-à-vis du fommet des premières ailes, où la couleur noire fe dilate, il y a encore trois points blancs, fuivis d'une bande maculaire & tranfverfe de quatre taches fauves. Les fecondes ailes font traverfées au-delà du milieu, & de la côte à l'angle anal, par une ligne noire, courbée en arrière.

Le deffous des quatre ailes diffère du deffus en ce que tout le fond des inférieures & les taches fauves du fommet des fupérieures font plus pâles; en ce que les points intérieurs du bord terminal font remplacés par une double férie de lunules

(1) N'ayant pas d'adjectif pour rendre le mot *affimilis*, nous avons employé le participe.

blanches; enfin, en ce qu'il y a deux taches de cette dernière couleur à l'origine de la côte des ailes de devant. Les antennes font noires, ainsi que le corps : celui-ci est ponctué de blanc sur la tête, sur la poitrine & sur le ventre.

On la trouve à la Guyane & dans plusieurs parties de l'Amérique septentrionale.

Nous n'avons pas vu la femelle.

153. NYMPHALE Misippe.

NYMPHALIS Misippe.

(*Voyez* p. 188. n°. 40.)

Nym. alis dentatis, fulvis, margine posteriori nigro macularum albarum serie duplici : posticis suprà maculâ nigrâ, subtùs tribus.

Papilio D. F. *Misipus.* LINN. *Syst. Nat.* 2. *p.* 767. *n°.* 118. — *Muf. Lud. Ulr. p.* 264. *n°.* 83.

Papilio Diocippus. CRAM. *pl.* 28. *fig.* B. C.

Papilio Inaria. CRAM. *pl.* 214. *fig.* A. B. (Fem.?)

Papilio Diocippus. HERBST, *Pap. tab.* 155. *fig.* 3. 4.

Papilio Inaria. HERBST, *Pap. tab.* 157. *fig.* 5. 6.

Nous avions placé conditionnellement cette espèce parmi les *Danaïdes.* Nous l'en retirons aujourd'hui, parce que les palpes, & l'ouverture de la cellule discoïdale des secondes ailes, nous font voir que c'est une *Nymphale.*

Elle a pour identique le *Diocippus* de Cramer. L'*Inaria* du même iconographe en est peut-être la femelle; car il n'en diffère que par la grosseur du corps, par moins de noir & par le manque de bande blanche au sommet des ailes supérieures : encore aperçoit-on la trace de cette bande.

On la trouve, avec l'*Inaria*, dans les îles de Java & d'Amboine.

154. NYMPHALE Callisto.

NYMPHALIS Callisto.

Nym. alis dentatis, fusco-nigris : posticis utrinquè fasciâ fulvâ maculis septem ovatis, atris, cœruleo pupillatis.

Papilio N. Callisto, *alis dentatis, atris : posticis fasciâ sanguineâ ocellis suprà quinque, subtùs septem.* FAB. *Gen. Inf. Mant.* 263. — *Spec. Inf. tom.* 2. *p.* 86. *n°.* 381. — *Mant. Inf. tom.* 2. *p.* 46. *n°.* 459. — *Ent. Syst. em. tom.* 3. *pars* 1. *p.* 109. *n°.* 338. (Le mâle.)

Papilio Callisto. CRAM. *pl.* 24. *fig.* A. B.

Papilio Callisto. HERBST, *Pap. tab.* 219. *fig.* 3. 4.

SEBA, *Muf. tom.* 4. *tab.* 44. *fig.* 12. 13.

La Palatine. DAUBENTON, *pl. enlum.* 20. *fig.* 2. 3.

Papilio N. Pipleis, *alis crenatis, nigris, concoloribus : posticis disco fulvo ocellis septem.* LINN. *Syst. Nat.* 2. *p.* 775. *n°.* 159. — *Muf. Lud. Ulr. p.* 285. *n°.* 103. (La femelle.)

Papilio N. *Pipleis.* FAB. *Syst. ent. p.* 499. *n°.* 242. — *Spec. Inf. tom.* 2. *p.* 84. *n°.* 368. — *Mant. Inf. tom.* 2. *p.* 45. *n°.* 444. — *Ent. Syst. em. tom.* 3. *pars* 1. *p.* 105. *n°.* 324.

Papilio Pipleis. CLERCK, *Icon. tab.* 26. *fig.* 2. 3.

Papilio Pipleis. CRAM. *pl.* 60. *fig.* A. B.

Papilio Pipleis. HERBST, *Pap. tab.* 219. *fig.* 1. 2.

SEBA, *Muf. tom.* 4. *tab.* 46. *fig.* 13.

Papilio Pandarus. ESP. *Pap. exot. tab.* 40. *fig.* 1.

Le *Callisto* & le *Pipleis* des auteurs ne font bien certainement qu'une espèce, dont le premier est le mâle, le second la femelle.

Elle a de quatre pouces & demi à cinq pouces d'envergure. Le dessus des deux sexes est d'un noir-enfumé, & traversé, entre le milieu & le bord postérieur des secondes ailes, par une bande fauve que divise dans toute sa longueur une rangée courbe de sept taches très-noires, grandes, ovales, ayant toutes, même l'anale qui est double & plus petite, un point bleu sur leur milieu. Dans le mâle, la bande fauve dont il vient d'être question est moins large, & surmonté immédiatement d'une grande tache lilas, un peu luisante. Celui-ci a aux premières ailes, en alignement des taches oculaires des secondes, une rangée de sept à huit points violâtres. Ces points se retrouvent aux premières ailes de la femelle; mais, outre qu'ils y font plus gros, ils y font encore accompagnés d'une bande & de taches d'un blanc-jaunâtre. La bande est maculaire, courte, placée transversalement au milieu de la surface; les taches longent le bord postérieur sur deux rangs : celles du rang inférieur font réniformes, celles du rang extérieur lunulées.

Le dessous des deux sexes ne diffère du dessus de la femelle que parce qu'il est généralement plus pâle; parce que les premières ailes ont, vers l'origine de la côte, quelques points & des atomes blancs, & les secondes un cordon de lunules blanchâtres, terminales. Les échancrures du bord postérieur ont le milieu blanc. Le corps est de la couleur des ailes. Les antennes font noires.

Des îles de Java & d'Amboine.

N. B. Fabricius dit que les secondes ailes de son papillon *Callisto* ont une bande d'un *rouge-sanguin* (*fasciâ sanguineâ*). C'est sans doute une faute typographique dont il ne s'est pas aperçu, car toutes les figures auxquelles il renvoie rendent cette bande comme elle est dans la nature.

Esper appelle le mâle *Pandarus*, & il donne le nom de *Pseudo-Pandarus* au véritable *Pandarus* de Linnæus.

155. NYMPHALE Lasinassa.

NYMPHALIS Lasinassa.

Nym. alis dentatis, subtùs fuscis, apice punctis, maculis sagittatis lunulisque albidis : alis omnibus suprà (mas) *maculâ mediâ albo-violaceâ.*

Papilio N. Lasinassa, *alis dentatis, atris, maculâ cyaneâ, nitidâ : subtùs fuscis, lunulis albis.* FAB. *Ent. Syst. em. tom.* 3. *pars* 1. *p.* 127. *n°.* 386. (Le mâle.)

Papilio Lisianasse. CRAM. *pl.* 205. *fig.* A. B.

Papilio Auge. CRAM. *pl.* 190. *fig.* A. B.

Papilio Lisianasse. HERBST, *tab.* 243. *fig.* 1. 2.

Papilio Auge. HERBST, *tab.* 244. *fig.* 1. 2.

Papilio Auge. CLERCK, *Icon. tab.* 21. *fig.* 1. 2.

Papilio N. Nerina, *alis dentatis, atris, fasciâ albâ : anticarum terminatâ maculâ rufâ.* FAB. *Ent. Syst. em. tom.* 3. *pars* 1. *p.* 133. *n°.* 410. (La femelle.)

Papilio Nerina. DONOW. *Gen. Illust. of Entom. part.* 1. *an Epitome of the Inf. of Asia, pl.* 27. *fig.* 1.

Papilio Iphigenia. CRAM. *pl.* 67. *fig.* D. E. (Var. fem.)

Papilio Proserpina. CRAM. *pl.* 218. *fig.* C. D. (Var. fem.)

Papilio Alcmene. CRAM. *pl.* 67. *fig.* A. (Var. fem.)

Papilio Antigone. CRAM. *pl.* 67. *fig.* C. (Var. fem.)

Papilio Manilia. CRAM. *pl.* 255. *fig.* A. B. (Var. fem.)

Papilio Porphyria. CRAM. *pl.* 255. *fig.* C. D. (Var. fem.)

Papilio Eriphile. CRAM. *pl.* 376. *fig.* A. B. (Var. fem.)

Papilio Melita. CRAM. *pl.* 28. *fig.* D. E. (Var. fem.)

Papilio Iphigenia. HERBST, *tab.* 246. *fig.* 3. 4.

Papilio Alcmene. HERBST, *tab.* 246. *fig.* 5.

Papilio Antigone. HERBST, *tab.* 247. *fig.* 1.

Papilio Melita. HERBST, *tab.* 242. *fig.* 3. 4.

Papilio Porphyria. HERBST, *tab.* 159. *fig.* 1. 2.

Papilio Eriphile. HERBST. *tab.* 159. *fig.* 3. 4.

Papilio Manilia. HERBST, *tab.* 158. *fig.* 5. 6.

Papilio Proserpina. HERBST, *tab.* 158. *fig.* 7. 8.

Ce lépidoptère a depuis deux pouces & demi jusqu'à quatre pouces d'envergure ; mais sa taille la plus ordinaire est de trois pouces & un quart.

Le dessus du mâle est d'un brun-noir, & présente vers le milieu de chaque aile une tache blanche, entourée d'un reflet violet, & coupée par les nervures. La tache des ailes inférieures est arrondie, celle des supérieures oblongue & oblique. Il y a en outre, au sommet de celles-ci, une tache semblable, mais beaucoup plus petite ; &, à l'angle anal de celles-là, quelques atomes bleuâtres.

Le dessous des quatre ailes est d'un brun-noirâtre-chatoyant, avec une bande blanchâtre, discoïdale, oblique, derrière laquelle sont trois rangées courbes & parallèles de taches dont les intérieures bleuâtres & en forme de points, les intermédiaires blanchâtres & comme sagittées, les extérieures en croissans & de la couleur des précédentes. La base des premières ailes est plus ou moins ferrugineuse, avec la côte noire, ponctuée & saupoudrée de blanc. Les secondes ailes ont encore trois taches blanchâtres, savoir : une orbiculaire à l'extrémité supérieure de la bande discoïdale, & deux lunulées à son extrémité inférieure. Indépendamment de cela, les échancrures de toutes les ailes sont bordées de blanc.

La femelle, que Fabricius a donnée sous le nom de *Nerina*, & dont Cramer a fait huit espèces, comme on le voit dans la synonymie, la femelle, disons-nous, ressemble au mâle en dessous. Elle en diffère en dessus en ce qu'elle est d'un brun moins noir, & toujours traversée à l'extrémité par trois séries de taches correspondantes à celles du dessous ; en ce que la grande tache du milieu des ailes supérieures est remplacée par une bande maculaire, tantôt blanche, tantôt violâtre, tantôt roussâtre, & au bas de laquelle il y a le plus souvent un espace fauve ; en ce que les ailes inférieures ont sur le milieu une bande transverse qui est fauve dans certains individus, blanche & bordée de bleuâtre ou de roussâtre dans d'autres, toute bleue, mais à peine distincte dans quelques-uns. Cette bande, lorsqu'elle est fauve, communique parfois sa couleur aux taches de l'extrémité, sans néanmoins en altérer la forme. Le corps est d'un brun-noirâtre dans les deux sexes, avec des points blancs sur la tête, sur la poitrine & sur le ventre. Les antennes sont noires, avec la sommité d'un roux-vif.

De Java & de quelques-unes des Moluques.

156. NYMPHALE Liria.

NYMPHALIS Liria.

Nym. alis dentatis, subtùs fuscis, apice punctis, fasciâ intùs crenatâ lunulisque albidis : alis omnibus suprà (mas) *maculâ mediâ albo-violaceâ*.

Papilio N. Liria, *alis dentatis, atris, maculâ albo-cyaneâ omnibusque strigâ punctorum : subtùs fuscis, fasciâ albidâ*. Fab. *Ent. Syst. em. tom.* 3. *pars* 1. *p.* 126. *n°.* 385. (Le mâle.)

Papilio Alcithoe. Cram. *pl.* 80. *fig.* A. B.

Papilio Alcithoe. Herbst, *tab.* 243. *fig.* 3. 4.

Papilio F. Jacintha, *alis repando-dentatis, fuscis : anticis strigâ punctorum alborum; posticis apice albis*. Fab. *Ent. Syst. em. tom.* 3. *pars* 1. *p.* 60. *n°.* 187. (Fem. ?)

Papilio N. Avia, *alis dentatis, subconcoloribus, nigris, strigâ punctorum fasciâque maculari marginali pallidis*. Fab. *Ent. Syst. em. tom.* 3. *pars* 1. *p.* 111. *n°.* 342. (Fem. ?)

Papilio Jacintha. Drury, *tom.* 2. *pl.* 21. *fig.* 1. 2.

Papilio Perimale. Cram. *pl.* 65. *fig.* C. D.

Papilio Perimale. Cram. *pl.* 67. *fig.* B.

Papilio Velleda. Cram. *pl.* 349. *fig.* C. D. (Var. fem.)

Papilio Perimale. Herbst, *tab.* 241. *fig.* 5. 6. 7.

Papilio Velleda. Herbst, *tab.* 242. *fig.* 3. 4.

Seba, *Muf.* 4. *tab.* 41. *fig.* 21. 22.

Le mâle de cette espèce ressemble en dessus au mâle de la précédente, mais le milieu de ses ailes est marqué d'une tache plus grande, plus vivement glacée de violet, & leur extrémité offre trois séries de taches, dont les intermédiaires moins apparentes. Il y a en outre des atomes bleus vers l'origine de la côte des ailes supérieures.

Le *Jacintha* de Fabricius ou *Perimale* de Cramer, que nous soupçonnons être la femelle, a le dessous des ailes d'un brun-noirâtre, avec l'extrémité un peu plus claire, & divisée par trois rangs de taches d'un blanc-sale. Les taches du rang intérieur sont en forme de points, celles du rang extérieur en forme de lunules. Les taches intermédiaires composent par leur rapprochement une bande crénelée à son côté interne, & sensiblement plus large aux secondes ailes qu'aux premières. Celles-ci ont des atomes bleus vers la naissance de la côte, & une petite bande violette, plus ou moins distincte, au-delà du milieu.

Le dessous des deux sexes est comme dans le *Lasinassa*, avec cette différence que les taches qui précèdent immédiatement les lunules marginales sont plus longues & crénelées à leur côté interne; caractère constant qui empêchera de prendre une espèce pour l'autre.

Du Bengale & de l'île d'Amboine.

N. B. Le *Velleda* de Cramer ne paroît différer du *Jacintha* que parce que le dessous de ses premières ailes a des atomes bleus vers l'angle interne.

Quant au papillon *Avia*, c'est le même que le *Jacintha*. Il se trouve à Amboine, & non en Afrique, comme le dit Fabricius.

157. Nymphale Bolina.

Nymphalis Bolina.

Nym. alis dentatis, subtùs corticinis, fasciâ albâ; posticarum liturâ nigrâ apicibus notatâ : alis omnibus suprà (mas) *maculâ mediâ violaceo-albâ*.

Papilio N. Bolina, *alis dentatis, nigris : primoribus maculis duabus, posticis solitariâ albo-cœruleis*. Linn. *Syst. Nat.* 2. *p.* 781. *n°.* 188. — *Muf. Lud. Ulr. p.* 295. *n°.* 113.

Papilio N. *Bolina*. Fab. *Syst. Entom. p.* 507. *n°.* 269. — *Spec. Inf. tom.* 2. *p.* 95. *n°.* 414. — *Mant. Inf. tom.* 2. *p.* 50. *n°.* 499. — *Ent. Syst. em. tom.* 3. *pars* 1. *p.* 126. *n°.* 384.

Papilio Bolina. Clerck, *Icon. tab.* 21. *fig.* 3. 4.

Papilio Bolina. Cram. *pl.* 65. *fig.* E. F.

Papilio Bolina. Drury, *tom.* 1. *pl.* 14. *fig.* 1. 2.

Papilio Bolina. Herbst, *tab.* 244. *fig.* 3. 4.

Seba, *Muf.* 4. *tab.* 25. *fig.* 15. 16.

Nous ne connoissons que le mâle de cette espèce. Il ressemble beaucoup au mâle du *Lasinassa*. Mais ce qui l'en distingue principalement, c'est que la tache du dessus de ses quatre ailes est plus grande & moins glacée de violet; que la bande qui traverse en dessous leur milieu est plus large & plus continue; c'est qu'en outre celle des inférieures est marquée à chaque extrémité d'une liture noire.

De Cayenne.

158. Nymphale Aliména.

Nymphalis Alimena.

Nym. alis dentatis, subconcoloribus, nigris, fasciâ communi mediâ maculisque marginalibus in triplici serie cœruleis.

Papilio N. Alimena, *alis dentatis, atris, fasciâ cœruleâ interruptâ : singulis punctis septem albidis, marginalibus*. Linn. *Syst. Nat.* 2. *p.* 780. *n°.* 178. — *Muf. Lud. Ulr. p.* 291. *n°.* 109.

Papilio N. *Alimena*. Fab. *Syst. Ent. p.* 509. *n°.* 279. — *Spec. Inf. tom.* 2. *p.* 98. *n°.* 432. — *Mant. Inf. tom.* 2. *p.* 53. *n°.* 526. — *Ent. Syst. em. tom.* 3. *pars* 1. *p.* 134. *n°.* 412.

Papilio Alimena. Clerck, *Icon. tab.* 31. *fig.* 1. 2.

Papilio Alimena. Cram. *pl.* 221. *fig.* A. B. C.

Papilio Alimena. Herbst, *tab.* 245. *fig.* 1. 2.

Seba, *Muf.* 4. *tab.* 11. *fig.* 13. 14.

Elle a de trois pouces à trois pouces & demi d'envergure. Le deffus des ailes eft d'un noir-chatoyant, avec une bande bleue, commune, difcoïdale, arquée, derrière laquelle font trois cordons de taches également bleues, & dont les intérieures en forme de coins, les extérieures lunulées & placées vis-à-vis des échancrures, lefquelles font bordées de blanc de part & d'autre.

Le deffous offre le même deffin que le deffus; mais le fond eft brun, la bande & les taches font d'un blanc-bleuâtre, & la côte des ailes fupérieures eft ponctuée & faupoudrée de blanc vers fon origine. Le corps eft de la couleur des ailes, avec des points blancs fur la tête & fur la poitrine. Les antennes font noires avec la fommité rouffâtre.

La femelle ne diffère du mâle que parce que la bande du deffus de fes ailes eft d'un bleu-verdâtre, & que les taches de l'extrémité font prefque blanches.

De Java & d'Amboine.

159. Nymphale Salmafis.

Nymphalis Salmafis.

Nym. alis dentatis, fuprà nigris, difco cœruleo radiatis : fubtùs fufcis, fafciâ ftrigâque maculari albidis. (Fem.)

Papilio N. Salmafis, *alis dentatis, atris, cœruleo radiatis : fubtùs fufcis fafciâ albâ.* Fab. *Ent. Syft. em. tom.* 3. *pars* 1. *p.* 132. *n°.* 408.

Papilio Salmafis. Drury, *tom.* 2. *pl.* 8. *fig.* 1. 2.

Papilio Salmafis. Jon. *Fig. pict.* 5. *tab.* 63. *fig.* 1.

Papilio Salmacis. Herbst, *tab.* 166. *fig.* 5. 6.

Papilio Omphale. Stoll, *Suppl. à* Cram. *pl.* 26. *fig.* 1 & 1. A.

Nous n'avons vu que la femelle de cette efpèce. Elle a près de quatre pouces d'envergure. Le deffus de fes ailes eft noir, avec une bande commune & difcoïdale, ayant la majeure partie du côté interne blanc, & tout le côté externe d'un bleu-ardoifé qui s'étend en rayons jufqu'au bord poftérieur. Ce bord offre des points blancs, dont les intérieurs oblongs & difpofés en une ligne arquée, les extérieurs placés fur les échancrures.

Le deffous des quatre ailes eft d'un brun-obfcur, avec deux rangs de points marginaux comme en deffus, & une bande d'un blanc-violâtre. La bande des premières ailes defcend du milieu de la côte à l'angle poftérieur; celle des fecondes ailes atteint le milieu du bord interne & le bout du bord antérieur. Le corps eft de la couleur des ailes, avec des points blancs fur la tête & fur la poitrine.

De la Guinée, fuivant Drury.

D'Amboine, fuivant Stoll.

160. Nymphale Antilope.

Nymphalis Antilope.

Nym. alis denticulatis, fufcis, limbo poftico utrinquè ftrigis tribus punctorum alborum : anticis fuprà (mas) *apice violaceo micantibus.*

Papilio Antilope. Cram. *pl.* 183. *fig.* E. F.

Papilio Antilope. Herbst, *tab.* 242. *fig.* 5. 6.

Elle a de trois pouces à trois pouces & demi d'envergure. Le deffus des ailes eft d'un brun-noirâtre, avec trois rangées terminales de points blancs ou bleuâtres, dont les intérieurs ronds, les autres un peu en forme de lunules & plus rapprochés entr'eux.

Le deffous eft comme le deffus, excepté que la côte des premières ailes eft ponctuée & faupoudrée de blanc vers fon origine, & que le milieu de la côte des fecondes offre une tache blanchâtre, plus groffe que les points arrondis avec lefquels elle s'aligne. Le corps eft brun, avec des points blancs fur la tête & fur la poitrine. Les antennes font noirâtres, avec la fommité ferrugineufe.

Le deffus du mâle jette un reflet violet vers l'extrémité des premières ailes. Le deffus de la femelle eft plus pâle dans cette partie que vers la bafe.

Il eft des individus des deux fexes qui ont de part & d'autre une éclaircie blanchâtre entre le milieu & la première rangée de points des ailes inférieures.

De Java & des Moluques.

161. Nymphale Vitellia.

Nymphalis Vitellia.

Nym. alis denticulatis, fufcis : fubtùs punctis difcoidalibus lineolifque marginalibus cœrulefcenti-albis.

Papilio N. Vitellia, *alis dentatis, nigris : fubtùs albo maculatis.* Fab. *Mant. Inf. tom.* 2. *p.* 48. *n°.* 474. — *Ent. Syft. em. tom.* 3. *pars* 1. *p.* 115. *n°.* 353.

Papilio Vitellia. Cram. *pl.* 349. *fig.* E. F.

Elle a entre trois pouces & demi & quatre pouces d'envergure. Le deffus des ailes eft d'un brun-obfcur, tantôt abfolument fans taches, tantôt avec deux points arrondis & deux taches ovales d'un ton violâtre vers le fommet des fupérieures.

Le deffous eft également d'un brun-obfcur, avec une dixaine de gros points d'un blanc-bleuâtre épars ſur le milieu, & un aſſez grand nombre de petits traits de cette couleur à la baſe & ſur le bord terminal de chaque aile. Ce bord a les ſinus blancs. Le corps eſt brun, avec des points blancs ſur la tête. Les antennes ſont noires.

D'Amboine.

162. NYMPHALE Eurinome.

NYMPHALIS Eurinome.

Nym. alis ſubdentatis, concoloribus, nigris, maculis permultis poſticarumque diſco baſeos albis.

Papilio N. Eurinome, *alis dentatis, nigris, albo maculatis : poſticis baſi albis.* FAB. *Spec. Inſ. tom.* 2. *p.* 101. *n°.* 443. —*Mant. Inſ. tom. p.* 54. *n°.* 538.

Papilio F. *Eurinome.* FAB. *Ent. Syſt. em. tom.* 3. *pars* 1. *p.* 57. *n°.* 178.

Papilio Eurinome. CRAM. *pl.* 70. *fig.* A.

Papilio Eurinome. HERBST, *tab.* 123. *fig.* 1.

Son envergure eſt d'environ quatre pouces. Elle a le deſſus noir, avec des taches blanches de différentes formes, éparſes ſur toute la ſurface des ailes ſupérieures, diſpoſées ſur trois rangs à l'extrémité des inférieures. Celles-ci ont en outre tout le milieu blanc, à partir de la baſe.

Le deſſous ne diffère du deſſus que parce que l'origine des quatre ailes eſt d'un brun-rougeâtre. Le corps eſt jaunâtre, avec le corſelet noir.

Des Indes orientales.

163. NYMPHALE ? Philomèle.

NYMPHALIS Philomela.

Nym. alis repandis, nigris, albo maculatis : poſticis baſi flavo radiatis. FAB.

Papilio F. *Philomela.* FAB. *Ent. Syſt. em. tom.* 3. *pars* 1. *p.* 57. *n°.* 179.

Papilio Philomela. JON. *Fig. pict.* 3. *tab.* 46. *fig.* 1.

Fabricius la décrit de la manière ſuivante : elle a les plus grands rapports avec l'*Eurinome*, mais elle forme une eſpèce ſéparée & diſtincte. Les premières ailes, dont le deſſous reſſemble au deſſus, ſont noires, avec des points & des lignes blancs. Les ſecondes ailes ſont ſinuées, noires, avec des rayons jaunes à la baſe, & des points blancs à l'extrémité.

Des Indes.

164. NYMPHALE ? Pinthæus.

NYMPHALIS Pinthœus.

Nym. alis integerrimis, fuſcis, concoloribus : primoribus maculis tribus flavis ; poſticis dimidiato albis. LINN.

Papilio D. F. *Pinthœus.* LINN. *Syſt. Nat.* 2. *p.* 766. *n°.* 114. — *Muſ. Lud. Ulr. p.* 258. *n°.* 77.

Papilio F. *Pinthœus.* FAB. *Spec. Inſ. tom.* 2. *p.* 55. *n°.* 242. — *Mant. Inſ. tom.* 2. *p.* 27. *n°.* 280. — *Entom. Syſt. em. tom.* 3. *pars* 1. *p.* 48. *n°.* 149.

Linnæus place ce lépidoptère parmi ſes *Danaïdes bigarrées*, & le décrit de la manière ſuivante : il eſt de quatrième taille. Le corps eſt obſcur, les antennes ſont noirâtres. Les premières ailes ſont d'un brun-obſcur, avec trois taches jaunes, dont l'antérieure oblongue & contiguë à la baſe ; la ſuivante, grande, tranſverſe, oblique, diſcoïdale ; la troiſième, petite & avoiſinant le ſommet. Les ſecondes ailes ſont entières, & elles ont la moitié antérieure blanche, la moitié poſtérieure noirâtre. La couleur blanche prend une teinte jaunâtre en approchant de la couleur noire.

Linnæus le dit des Indes. C'eſt ainſi qu'il s'exprime ordinairement lorſqu'il ne connoît pas la véritable patrie d'une eſpèce exotique.

165. NYMPHALE ? Zoïle.

NYMPHALIS Zoïlus.

Nym. alis integerrimis, atris : anticis maculis tribus, poſticis diſco, albis. FAB.

Papilio F. *Zoilus.* FAB. *Syſt. Ent. p.* 480. *n°.* 163. — *Spec. Inſ. tom.* 2. *p.* 53. *n°.* 230. — *Mant. Inſ. tom.* 2. *p.* 25. *n°.* 265. — *Ent. Syſt. em. tom.* 3. *pars* 1. *p.* 42. *n°.* 128.

Les antennes ſont noires, le corſelet & l'abdomen bruns & tachetés de blanc. Les ailes ſupérieures ſont d'un noir-brun, avec trois taches, & un point vers le bord poſtérieur, blancs. Leur deſſous reſſemble au deſſus, mais la baſe offre une petite ligne, & l'extremité cinq points, blancs.

Les ailes inférieures ſont noires, avec le diſque blanc. Leur deſſous eſt comme le deſſus, excepté que le noir du limbe terminal eſt ponctué de blanc.

De la Nouvelle-Hollande.

(*Traduction de Fabricius.*)

166. NYMPHALE Siva.

NYMPHALIS Siva.

Nym. alis integris : anticis ſuprà nitidè fuſcis, vireſcenti multimaculatis ; ſubtùs coſtâ baſeos maculiſque tribus argenteis.

Nous ne connoiſſons cette eſpèce que par un individu unique & mutilé.

Il a environ trois pouces & demi d'envergure. Le deſſus de ſes premières ailes eſt d'un brun-noirâtre-chatoyant, avec la baſe ferrugineuſe, une vingtaine de taches d'un vert-bleuâtre, & le bout du sommet blanchâtre. Le dessous des secondes ailes est d'un ferrugineux à reflet-purpurin, avec une rangée de taches orbiculaires, & le bord postérieur, plus foncés.

Le dessous des quatre ailes est d'un brun-tanné, pâle & luisant, avec des taches obscures, dont les unes éparses vers la base, les autres formant un cordon en avant du bord terminal & suivies d'une ligne ondulée également obscure. Les ailes supérieures ont en outre des taches argentées, savoir : une linéaire & longitudinale à l'origine de la côte, & trois disposées en une petite bande transverse au-delà de son milieu.

Il habite.....

167. Nymphale ? Sophus.

Nymphalis Sophus.

Nym. alis integerrimis : anticis nigris, disco fulvo, nigro maculato; posticis fuscis, punctis strigâque nigris. Fab.

Papilio F. *Sophus.* Fab. *Ent. Syst. em. tom.* 3. *pars* 1. *p.* 46. *n°.* 141.

Papilio Sophus. Jon. *Fig. pict.* 4. *tab.* 72. *fig.* 1.

Elle est de moyenne taille. Ses premières ailes sont noires, avec le milieu fauve, & marqué de plusieurs taches, dont une jaune, les autres noires. Leur dessous est varié de cendré & de jaune à la base, vert à l'extrémité.

Les secondes ailes sont d'un brun-obscur, avec plusieurs points, & une ligne postérieure, noirs. Leur dessous est gris, avec une tache jaune à la base; une bande verte courte, plus trois points jaunes sur le milieu, & le bord terminal verdâtre.

Elle habite.....

(*Traduction de Fabricius.*)

168. Nymphale ? Sisamnus.

Nymphalis Sisamnus.

Nym. alis integerrimis, atris, albo punctatis, fasciâ communi albâ : anticarum abbreviatâ. Fab.

Papilio F. *Sisamnus.* Fab. *Ent. Syst. em. tom.* 3. *pars* 1. *p.* 44. *n°.* 132.

Papilio Sisamnus. Jon. *Fig. pict.* 2. *tab.* 44. *fig.* 1.

Le corps est noir. Le dessus des quatre ailes est d'un noir-brun, avec une bande blanche, transverse, discoïdale, veinée de noir, n'atteignant pas la côte. Derrière cette bande, il y a une ou deux lignes transverses de points blancs.

Le dessous est comme le dessus, excepté que les ailes inférieures sont ponctuées de roux à la base, & que la bande de leur milieu est jaune.

Elle habite.....

(*Décrite d'après Fabricius.*)

169. Nymphale Polyxo.

Nymphalis Polyxo.

Nym. alis subdentatis, suprà testaceis disco ochreaceo : anticis apice, posticis maculis sex ocellaribus, nigris.

Papilio Polixena. Cram. *pl.* 54. *fig.* A. B.

Elle a près de quatre pouces d'envergure. Le dessus des premières ailes est d'un fauve-briqueté à la base, avec quelques petites taches noirâtres; traversé au milieu par une bande d'un jaune d'ocre pâle; noir à l'extrémité, avec quelques points roussâtres faisant face au sommet. Le dessus des secondes ailes est d'un fauve-briqueté, avec un espace jaunâtre sur le milieu, & une rangée de six taches noires, orbiculaires & marquées chacune d'une lunule blanche, en avant du bord postérieur.

Le dessous des quatre ailes est nuancé de brun & de jaunâtre, & l'on voit sur les inférieures un cordon de six lunules blanches correspondant à celles du dessus.

De la Chine.

N. B. Décrite d'après un individu unique.

170. Nymphale Æropus.

Nymphalis Æropus.

Nym. alis subdentatis, fuscis, utrinquè fasciâ communi luteâ aut albâ : anticis subtùs ocello baseos cœrulescente.

Papilio D. F. Æropus, *alis integerrimis, fuscis, fasciâ luteâ : primoribus subtùs basi ocello unico.* Linn. *Syst. Nat.* 2. *p.* 768. *n°.* 128. — *Mus. Lud. Ulr. p.* 256. *n°.* 75. (Le mâle.)

Papilio Æropa. Clerck, *Icon. tab.* 39. *fig.* 1. 2.

Papilio D. F. *Æropus.* Fab. *Syst. Ent. p.* 486. *n°.* 190. — *Spec. Inf. tom.* 2. *p.* 64. *n°.* 287. — *Mant. Inf. tom.* 2. *p.* 31. *n°.* 332.

Papilio. N. *Æropus.* Fab. *Ent. Syst. em. tom.* 3. *pars* 1. *p.* 154. *n°.* 473. (Le mâle.)

Papilio Æropus. Herbst, *tab.* 132. *fig.* 3. 4. (Le mâle.)

Papilio Æropus. Herbst, *tab.* 133. *fig.* 1. 2. (La femelle.)

Papilio Æropa. Cram. *pl.* 111. *fig.* F. G. (Le mâle.)

Papilio Æropa. Cram. *pl.* 254. *fig.* A. B. (La femelle.)

Seba, *Mus.* 4. *tab.* 9. *fig.* 3. 4.

Linnæus & Fabricius n'ont connu que le mâle de cette espèce.

Elle a entre trois & quatre pouces d'envergure. Le dessus des ailes est d'un brun-noirâtre, avec une bande d'un jaune-orangé dans le mâle, blanche ou d'un blanc un peu jaunâtre dans la femelle. La bande des premières ailes est bifide antérieurement dans les deux sexes; elle est en outre maculaire dans la femelle.

Le dessous des premières ailes est d'un brun-pâle ou jaunâtre, avec une bande comme en dessus, & quelques taches bleuâtres, dont la plus antérieure oculaire.

Le dessous des secondes ailes est constamment d'un brun-jaunâtre, & traversé par une bande semblable à celle du dessus. La base offre en outre des taches noirâtres, entrecoupées de bleuâtre, & il y a parallèlement au bord postérieur une rangée de sept points noirs, plus ou moins gros.

D'Amboine.

171. NYMPHALE Tulbagh.

NYMPHALIS Tulbaghia.

Nym. alis subdentatis, fuscescentibus : anticis utrinquè fasciis duabus luteis, posticis unicâ serieque ocellorum.

Papilio N. Tulbaghia, *alis dentatis, subconcoloribus, fuscescentibus, fasciâ luteâ : posticis ocellis quinque.* LINN. *Syst. Nat.* 2. *p.* 775. *n°.* 158. — *Mus. Lud. Ulr. p.* 284. *n°.* 102. (Le male.)

Papilio N. *Tulbaghia.* FAB. *Syst. Ent. p.* 499. *n°.* 241. — *Spec. Ins. tom.* 2. *p.* 83. *n°.* 367. — *Mant. Ins. tom.* 2. *p.* 45. *n°.* 443. — *Ent. Syst. em. tom.* 3. *pars* 1. *p.* 105. *n°.* 323.

Papilio Tulbaghia. CRAM. *pl.* 3. *fig.* E. F. (Le mâle.)

Papilio Tulbachius. HERBST, *tab.* 214. *fig.* 5. 6.

Cette nymphale a été dédiée par Linnæus à son ami Tulbagh, gouverneur du Cap de Bonne-Espérance.

Elle est de la taille de la précédente. Le dessus des ailes est d'un brun-ferrugineux vers la base; d'un brun-noirâtre vers l'extrémité, avec deux bandes fauves & transversales sur les supérieures, avec une seule sur les inférieures. La bande postérieure des ailes de devant est composée de taches pour la plupart orbiculaires, & l'antérieure est fortement interrompue vers le bord d'en haut. La bande des secondes ailes s'aligne à la bande antérieure des premières, & elle a le côté externe précédé d'une suite de quatre yeux noirs, dont les deux intermédiaires rapprochés l'un de l'autre, l'anal plus petit & bipupillé. Ces yeux ont l'iris jaunâtre, la prunelle d'un bleu-violet avec le milieu blanc. Parallèlement au bord terminal, qui est blanchâtre & légèrement denté, il y a une double raie d'un brun-obscur.

Le dessous des quatre ailes diffère du dessus en ce que le fond & les bandes sont beaucoup plus pâles; en ce que les supérieures ont, en approchant de la base, une tache jaunâtre, transversale, tache qu'on voit de part & d'autre dans la femelle; enfin, en ce que les ailes inférieures ont vers leur origine quelques lignes noires, ondulées, & à leur extrémité cinq yeux colorés comme ceux du dessus, mais à double iris. Le corps & les antennes sont bruns.

De la Cafrerie.

172. NYMPHALE Lubentina.

NYMPHALIS Lubentina.

Nym. alis subdentatis, fusco-virescentibus : anticis utrinquè fasciâ albâ, maculari; posticis apice punctis chermesinis, serie duplici digestis.

Papilio N. Lubentina, *alis dentatis, obscurè virescentibus, albo, nigro rufoque maculatis.* FAB. *Spec. Ins. tom.* 2. *p.* 91. *n°.* 403. — *Mant. Ins. tom.* 2. *p.* 49. *n°.* 486. — *Ent. Syst. em. tom.* 3. *pars* 1. *p.* 121. *n°.* 370.

Papilio Lubentina. CRAM. *pl.* 155. *fig.* C. D.

Papilio Lubentina. HERBST, *tab.* 146. *fig.* 1. 2.

Elle a de deux pouces & demi à trois pouces d'envergure. Ses ailes sont foiblement dentées, d'un vert-obscur, particulièrement vers la base. Les premières, dont le dessous ressemble à peu près au dessus, ont entre le milieu & le bord postérieur une bande blanche, maculaire, transverse & très-étroite dans le mâle; oblique, large & bifide dans la femelle. Il y a en outre vis-à-vis de leur sommet une ligne transverse de trois à quatre points blancs; vers le milieu de leur bord antérieur deux taches rouges, bordées de noir; & à leur base deux points de cette dernière couleur.

Le dessus des secondes ailes offre à son origine un point & un anneau noirs; à son extrémité deux rangs parallèles de sept taches noires, lesquelles ont le milieu d'un rouge-carmin, à l'exception toutefois des quatrième, cinquième & sixième du second rang, à partir d'en haut. Le dessous des mêmes ailes diffère du dessus en ce que la naissance du bord antérieur & presque tout le bord interne sont d'un rouge-carmin, en ce qu'il y a près de la base quatre taches pareillement rouges & encadrées de noir.

De la Chine.

N. B. Cramer n'a figuré que la femelle; & Fabricius, à ce qu'il paroît, a décrit un individu altéré, puisqu'il dit, en parlant des ailes : *rufo maculatis.*

173. NYMPHALE Adonia.

NYMPHALIS Adonia.

Nym. alis subdentatis, fusco-virescentibus, utrinquè

utrinquè fasciâ communi albâ : posticis apice punctis chermesinis, serie unicâ digestis.

Papilio Adonia. CRAM. *pl.* 255. *fig.* C. D.

Papilio Adonius. HERBST, *tab.* 237. *fig.* 1. 2.

A en juger par l'individu que Cramer a figuré, & que nous croyons être une femelle, ce lépidoptère ne se distingue du précédent qu'en ce que la bande blanche des premières ailes se prolonge de part & d'autre jusqu'au bord interne des secondes, & remplace sur ces mêmes ailes la rangée intérieure de taches noires à centre rouge.

De Java, selon Cramer.

174. NYMPHALE Evélina.

NYMPHALIS Evelina.

Nym. alis integris, suprà æneis, fasciâ mediâ saturatiore : anticis utrinquè maculâ baseos carneâ, posticis subtùs duabus.

Papilio Evelina. STOLL, *Suppl. à* CRAM. *pl.* 28. *fig.* 2. *et* 2. B.

Elle est de la taille du *Lubentina.* Le dessus de ses ailes est d'un vert-bronzé, avec une bande plus foncée sur le milieu. Les supérieures ont en outre, vers l'origine de la côte, une tache d'un incarnat vif & encadrée de noir.

Le dessous des quatre ailes est d'un vert-blanchâtre, avec deux bandes olivâtres, dont une discoïdale; l'autre terminale, plus large, & chargée d'un rang de gros points blanchâtres. La tache incarnate des premières ailes reparoît ici, & les secondes en ont deux semblables à la base, sans compter quelques anneaux noirs dont l'empreinte est visible en dessus. Le corps est de la couleur des ailes. Les antennes sont noires.

Du Bengale.

N. B. Nous n'avons vu qu'un seul individu de cette espèce.

175. NYMPHALE du Peuplier.

NYMPHALIS Populi.

Nym. alis subdentatis, suprà fuscis, fasciâ maculari albâ, serie lunularum fulvarum strigâque geminâ cærulescente.

Papilio N. Populi, *alis dentatis, fuscis, albo fasciatis maculatisque : subtùs luteis, albo fasciatis, maculis cærulescentibus.* LINN. *Syst. Nat.* 2. *p.* 776. *n°.* 162. — *Faun. Suec. edit.* 2. *p.* 277. *n°.* 1055.

Papilio mediæ magnitudinis, elegantissima, alis supinis nigris cum areâ transversâ albâ : pronis variis coloribus depictis. RAI. *Inf.* 127. *n°.* 3.

UDDMAN, *Diss.* 54. *fig.* 15.

CLERCK, *Act. Holm.* 1752. *p.* 278. *tab.* 7.

Papilio N. *Populi.* FAB. *Syst. Ent. p.* 502. *n°.* 251. — *Spec. Inf. tom.* 2. *p.* 87. *n°.* 386. — *Mant. Inf. tom.* 2. *p.* 47. *n°.* 466. — *Ent. Syst. em. tom.* 3. *pars* 1. *p.* 111. *n°.* 343.

ROES. *Inf. part.* 1. *tab.* 31. *fig.* 1. 5. (La chenille & la chrysalide.)

ROES. *Inf. part.* 3. *tab.* 33. *fig.* 1. 2. (Le papillon.)

Papilio Populi. ESP. *part.* 1. *tab.* 12. *fig.* 1.

Papilio Populi. ESP. *part.* 1. *tab.* 31. *Suppl.* 7. *fig.* 1.

ESP. *Pap. tab.* 106. *cont.* 61. *fig.* 1-4. (La chenille & la chrysalide.)

ESP. *Pap. tab.* 114. *cont.* 69. *fig.* 1. 2. (Papilio Populi.) *fig.* 3. 4. *(Papilio Tremulæ.)*

Papilio Populi. BERGESTR. *Nomencl. tab.* 15. *fig.* 1-4. — *tab.* 19. *fig.* 1-4. — *tab.* 31. *fig.* 1-3.

Papilio Populi. HERBST, *tab.* 234. *fig.* 1. 2.

PANZ. *Faun. Germ.* 28. 22.

Papilio Populi. BORKH. *Pap. Eur. part.* 1. *p.* 3. *et* 193. *n°.* 1. — *part.* 2. *p.* 185.

BORKH. *Rhein. Magaz. tom.* 1. *p.* 254. *n°.* 42.

SCHNEID. *Syst. Beschr. p.* 141. *n°.* 74.

Papilio Semiramis. SCHRANK, *Faun. Boïc. tom.* 2. *part.* 1. *p.* 188. *n°.* 1325.

Papilio Populi. SCHRANK, *Faun. Boïc. tom.* 2. *p.* 189. *n°.* 1326.

Papilio Populi. FUESSL. *Suiss. Inf. p.* 29. *n°.* 571.

Papilio Populi. ROSSI, *Faun. Etrus. tom.* 2. *p.* 150. *n°.* 1015.

Papilio Populi. BRAHM, *Inf. Calend. p.* 429. *n°.* 300.

Papilio Populi. LANG. *Verz.* 2. *p.* 30. *n°.* 213-218.

Papilio Populi. SCHWARZ, *Raup. Calend. p.* 42.

Papilio Populi. WIEN. *Verz. p.* 172. *fam.* H. *n°.* 1.

Papilio Populi. ILLIG. N. *Ausg. Dess. tom.* 2. *p.* 207. *n°.* 1.

ILLIG. *Magaz. tom.* 3. *p.* 202. — *tom.* 4. *p.* 38.

Papilio Populi. HUBN. *tab.* 23. *fig.* 108. (Le mâle.) *fig.* 109. 110. (La femelle.)

Papilio Populi. OCHSENH. *Pap. Eur. tom.* 1. *p.* 145. *n°.* 5.

Le Sylvain. ENGRAM. *Pap. d'Europe, tom.* 1. *p.* 26. *pl.* 9. *fig.* 10. a-d. (Le mâle.)

Le grand Sylvain. Engram. *Pap. d'Europe, tom.* 1. *p.* 27. *pl.* 10. *fig.* 11. a-d. (La femelle.)

Engram. *Pap. d'Europe, tom.* 1. *p.* 235. *pl.* 57. *Suppl.* 3. *fig.* 11. e. f. (Var.)

Elle a de trois pouces à trois pouces & demi d'envergure. Ses ailes sont légèrement dentées. Leur dessus est d'un brun-noirâtre, avec une bande blanche, transverse, discoïdale, puis une rangée de lunules fauves, & ensuite deux lignes marginales d'un bleu-ardoisé. La bande des premières ailes est maculaire, tortueuse, accompagnée de quatre à cinq taches pareillement blanches, dont une intérieure, quadrangulaire, appuyée obliquement sur la côte entre deux taches rousses plus ou moins apparentes; les autres extérieures, plus petites, formant un arc transversal vis-à-vis du sommet. La bande des secondes ailes est oblique, coupée par les nervures, toujours plus large & plus claire dans les femelles que dans les mâles. Ceux-ci n'ont même assez souvent que la bande des ailes supérieures; encore manque-t-elle dans quelques individus, ainsi que la tache blanche qui la précède du côté de la base.

Le dessous diffère du dessus en ce qu'il est d'un fauve-gai, excepté vers le bord interne des ailes supérieures, où la couleur brune se reproduit; en ce que le bord correspondant des inférieures est d'un bleu-cendré; en ce qu'il y a près de la base des quatre une tache de cette nuance, & en avant de leur bord terminal une rangée de points noirs qui remplacent les lunules fauves de la surface opposée. Les échancrures des ailes sont blanches de part & d'autre. Le corps est brun en dessus, gris en dessous. Les antennes sont noires, avec le bout de la massue fauve.

Cette espèce est propre aux contrées septentrionales de l'Europe, & habite les grands bois, où il y a du *tremble* & du *peuplier-blanc*. Elle n'aime que les chemins battus, parce que, recherchant la fiente des bestiaux, & surtout celle des vaches, elle en trouve plus facilement là qu'ailleurs. Fabricius dit qu'elle est fort commune en Russie. Il paroît qu'elle ne l'est guère moins dans la forêt de *Mormale* (département du Nord); car elle y a été prise abondamment par MM. de Brecourt & de Villiers, officiers qui consacrent avec fruit leurs momens de loisir à l'étude de l'entomologie. Elle fréquente aussi les forêts de *Compiègne*, de *Senlis*, de *Fontainebleau*, d'*Armainvilliers*, de *Senart*; mais elle est rare aux environs de Paris. Elle n'a encore été trouvée qu'une seule fois à Saint-Germain, & c'est à M. Ménétriés, élève naturaliste au Jardin des Plantes, que l'on en doit la découverte. Pour l'avoir fraîche, il faut se la procurer entre le dix & le vingt juin, du moins dans nos climats. Elle plane plutôt qu'elle ne vole. On ne doit jamais la poursuivre, attendu qu'elle a l'habitude de revenir à l'endroit d'où elle est partie, & que, quand elle est posée, on peut l'attraper à la main, sans l'endommager.

La chenille est verte, nuancée de brun, avec la tête & l'anus fauves ou rougeâtres. L'anus est un peu fourchu. Le dos offre des éminences charnues & épineuses, dont les deux antérieures plus grandes, les deux postérieures un peu recourbées en arrière. Elle vit sur le *tremble* & sur les *peupliers noir* & *blanc*.

La chrysalide est ovoïde, obtuse antérieurement, jaunâtre, mouchetée de noir, avec une bosse arrondie vers le milieu du dos.

N. B. Quelquefois la femelle a l'extrémité des secondes ailes glacée de verdâtre en dessus.

176. Nymphale Sibylla.

Nymphalis Sibylla.

Nym. alis subdentatis, suprà fuscis, fasciâ maculari albâ: posticis subtùs basi cinereo-cœrulescente, nigro punctatâ.

Papilio N. Sibilla, *alis dentatis, fuscis, concoloribus, fasciâ albâ: subtùs lutescentibus.* Linn. *Syst. Nat.* 2. *edit.* 12. *p.* 781. *n°.* 186. (Le mâle.)

Papilio N. *Prorsa.* Linn. *Mus. Lud. Ulr. p.* 303. *n°.* 128. (Le mâle.)

Roes. *Ins. part.* 3. *tab.* 70. *fig.* 3.

Papilio N. Camilla, *alis dentatis, fuscis, subconcoloribus, albo fasciatis maculatisque, angulo ani rubro.* Linn. *Syst. Nat.* 2. *edit.* 12. *p.* 781. *n°.* 187. — *Mus. Lud. Ulr. p.* 304. *n°.* 122. (La femelle.)

β. *Papilio* Amphion, *alis dentatis, fuscis: primoribus maculis albis, tergeminis; posticis sex tranversis.* Linn. *Syst. Nat.* 2. *edit.* 10. *p.* 486. *n°.* 177.

Roes. *Ins. part.* 3. *tab.* 33. *fig.* 3. 4.

Papilio S. Sibilla, *alis dentatis, suprà fuscis, subtùs ferrugineis nigro maculatis: fasciâ utrinquè maculari albâ.* Fab. *Syst. Ent. p.* 512. *n°.* 294. — *Spec. Ins. tom.* 2. *p.* 102. *n°.* 451. — *Mant. Ins. tom.* 2. *p.* 55. *n°.* 547. — *Ent. Syst. em. tom.* 3. *pars* 1. *p.* 246. *n°.* 766.

Papilio Sibilla. Esp. *part.* 1. *tab.* 14. *fig.* 2. 3.

Esp. *part.* 1. *tab.* 106. *cont.* 61. *fig.* 6. (La chenille.)

Papilio Sibilla. Fuessl. *Suiss. Ins. p.* 30. *n°.* 577.

Papilio Camilla. Fuessl. *Ent. Magaz. tom.* 1. *p.* 254.

Papilio Sibilla. Schrank, *Faun. Boïc. tom.* 2. *part.* 1. *p.* 190. *n°.* 1327.

Papilio Sibylla. Herbst, *tab.* 234. *fig.* 3-6.

Papilio Sibylla. Panz. *Faun. Germ.* 87. 23.

Papilio Sibylla. Borkh. *Pap. Eur. part.* 1. *p.* 24. *n°.* 20. & *p.* 210.

Borkh. *Rhein. Magaz. tom.* 1. *p.* 255. *n°.* 43.

Papilio Sibylla. Schneid. *Syst. Beschr. p.* 143. *n°.* 75.

Papilio Sibylla. Schwarz, *Raup. Calend. p.* 171. *n°.* 343.

Schæff. *Icon. tab.* 153. *fig.* 1. 2.

Lang. *Verz.* 2. *p.* 30. *n°.* 219-221.

Papilio Sibylla. Bergstr. *Nomencl. tab.* 67. *fig.* 1-4.

Papilio Camilla. Bergstr. *Icon. Pap. diurn. dec.* 2. *tab.* 8. *fig.* 1-4.

Papilio Sibylla. Rossi, *Faun. Etrusf. tom.* 2. *p.* 153. *n°.* 1023.

Papilio Rivularis. Var. 3. Scop. *Ent. Carn. p.* 165. *n°.* 443.

Papilio Sibylla. Wien. *Verz. p.* 172. *fam.* H. *n°.* 2.

Papilio Sibylla. Illig. *N. Ausg. Deff. tom.* 2. *p.* 208. *n°.* 2.

Illig. *Magaz. tom.* 3. *p.* 204. — *tom.* 4. *p.* 39.

Papilio Sibylla. Hubn. *Pap. tab.* 22. *fig.* 103. (Mas.) *fig.* 104. 105. (Fem.)

Hubn. *Larv. Lepid.* 1. *Pap.* 1 *Nymph.* D. b. *fig.* 1. a. b.

Papilio Sibylla. Var. Hubn. *Beitr. tom.* 2. *part.* 3. *tab.* 1. *fig.* B. 1. 2.

Papilio Sibylla. Ochsenh. *Pap. Eur. tom.* 1. *p.* 139. *n°.* 3.

Le Deuil. Geoffr. *Hist. Inf. tom.* 2. *p.* 73. *n°.* 45.

Le petit Silvain. Engram. *Pap. d'Europe, tom.* 1. *p.* 29. *pl.* 11. *fig.* 13. a-f.

Engram. *Pap. d'Europe, tom.* 1. *p.* 236. *pl.* 57. *Suppl.* 3. *fig.* 13. g. h. (Var.)

Linnæus, d'après les figures susmentionnées de Roësel, a donné le mâle de cette espèce sous le nom de *Sibilla*, & la femelle sous celui de *Camilla*.

Elle a de deux pouces à deux pouces & un quart d'envergure. Les quatre ailes sont légèrement dentées & bordées de blanc aux échancrures. Leur dessus est d'un brun-noirâtre, avec une bande blanche, commune & discoïdale. Cette bande est divisée sur les ailes inférieures en sept taches; & sur les supérieures en huit, dont la cinquième, à partir d'en haut, beaucoup plus petite & précédée en dehors d'un point de sa couleur. Les premières ailes ont encore trois taches blanches, savoir : une plus ou moins distincte vers le milieu de la côte, les deux autres vers son extrémité, où elles s'alignent avec deux taches ferrugineuses. L'angle anal des secondes ailes a une tache également ferrugineuse, sur laquelle sont deux points noirs.

Le dessous de toutes les ailes, excepté cependant vers l'angle interne des supérieures, est ferrugineux, avec une bande & des taches blanches comme en dessus, plus une double rangée postérieure & transverse de points noirs dont l'empreinte paroît sur la surface opposée. Ces points sont suivis extérieurement de quelques taches blanches, & les secondes ailes ont tout le bord interne d'un bleu-cendré-luisant, avec la base tachetée de noir. Le corps a le dessus d'un brun-noirâtre, & le dessous d'un gris-cendré. Les antennes sont noires en dessus, avec la sommité ferrugineuse; & au contraire ferrugineuse en dessous, avec la base noirâtre.

Le dessus des femelles est un peu fouetté de roux vers l'origine des ailes supérieures.

Engramelle a représenté, *pl.* 11, *fig.* 13, e. f., une variété sans bande blanche.

Ce lépidoptère habite les bois d'une grande partie de l'Europe; mais on ne le trouve point dans le midi de la France. Il paroît depuis la mi-juillet jusqu'au commencement d'août, suivant les localités. Les amateurs parisiens se le procureront aisément à Vincennes & à Meudon. On le voit aussi quelquefois dans le parc de Boulogne, près de la porte d'Auteuil. Il se tient sur les bords des avenues, & se pose sur les fleurs de *ronces*, & sur la fiente des bestiaux.

La chenille, d'après Esper, est verte, avec la tête, des épines dorsales & le bas du corps, rougeâtres ou ferrugineux. Les épines sont ciliées de noir. Elle vit, au dire des auteurs, sur plusieurs espèces de *chèvrefeuilles*. Nous soupçonnons qu'elle vit aussi sur le *chêne*, car nous avons vu souvent des femelles déposer leurs œufs sur les feuilles de cet arbre.

La chrysalide est anguleuse, verdâtre, avec des taches dorées.

Nota. D'après quels caractères Fabricius met-il cette espèce dans les *Satyres*, lorsque la précédente est pour lui une *Nymphale* ?

177. Nymphale Camilla.

Nymphalis Camilla.

Nym. alis subdentatis, suprà atro-cæruleis, fasciâ albâ maculari : posticis subtùs basi cinereo-cærulescente, immaculatâ.

Papilio S. Camilla, *alis dentatis, atris, cæruleo micantibus, fasciâ utrinquè maculari albâ :*

posticis subtùs basi argenteâ, immaculatâ. Fab. *Mant. Inf. tom.* 2. *p.* 55. *n°.* 584. — *Ent. Syst. em. tom.* 3. *pars* 1. *p.* 246. *n°.* 767.

Papilio Camilla. Wien. *Verz. p.* 172. *fam.* H. *n°.* 2.

Papilio Camilla. Illig. *N. Ausg. Dess. tom.* 2. *p.* 210. *n°.* 3.

Illig. *Mag. tom.* 3. *p.* 188.

Papilio Camilla. Schrank, *Faun. Boïc. tom.* 2. *part.* 1. *p.* 191. *n°.* 1328.

Papilio Camilla. Lang. *Verz.* 2. *p.* 31. *p.* 222. 223.

Papilio Camilla. Herbst, *tab.* 235. *fig.* 1. 2.

Papilio Camilla. Hubn, *Pap. tab.* 22. *fig.* 106. 107. (Fem.)

Hubn. *Larv. Lepid.* 1. *Pap.* 1. *Nymph.* D. b. *fig.* 2. a. b.

Drury, *Inf. tom.* 2. *pl.* 16. *fig.* 1. 2.

Papilio Camilla. Ochsenh. *Pap. Eur. tom.* 1. *p.* 142. *n°.* 4.

Papilio Lucilla. Esp. *part.* 1. *tab.* 38. *Suppl.* 14. *fig.* 2.

Esp. *tab.* 106. *cont.* 61. *fig.* 5-7. (La chen. & la chryf.)

Papilio Lucilla. Schneid. *Syst. Beschr. p.* 145. *n°.* 76.

Papilio Lucilla. Borkh. *Pap. Eur. part.* 1. *p.* 25. *n°.* 21 & *p.* 211.

Papilio Lucilla. Schwarz, *Raup. Calend. p.* 190.

Papilio Sibylla. Fuessl. *Ent. Magaz. tom.* 1. *tab.* 2. *fig.* 4. 5. (La chen. & la chryf.) *fig.* 6. 7. (Le pap.)

Papilio Sibylla. Cram. *pl.* 114. *fig.* C. D.

Papilio Drusilla. Bergstr. *Nomencl. tab.* 67. *fig.* 5. 6.

Begstr. *Icon. Pap. diurn. dec.* 2. *tab.* 8. *fig.* 5. 6.

Papilio Rivularis. Scop. *Ent. Carn. p.* 165. *n°.* 443.

Le Silvain azuré. Engram. *Pap. d'Europe, tom.* 1. *p.* 32. *pl.* 11. *fig.* 14. a. b.

Engram. *Pap. d'Europe, tom.* 1. *p.* 300. *pl.* 80. 2e. *Suppl. pl.* 1. *fig.* 14. c. d. (La chen. & la chryf.)

Elle fe diftingue principalement du *Sibylla* en ce que le deffus des quatre ailes, au lieu d'être d'un brun-noirâtre, eft d'un bleu-foncé chatoyant & un peu verdâtre, avec une ligne tranfverfe & prefque terminale de points d'un bleu plus clair; en ce que leur deffous n'a qu'une rangée poftérieure de points noirs, lefquels font entourés de brun-cendré aux fecondes ailes; en ce que ces dernières ailes ont la bafe fans taches.

Il eft des femelles dont le deffus a quelques petites taches rouges.

Cette efpèce fe trouve en juillet & en août dans l'Afie mineure, l'Italie, l'Autriche, &c., & dans plufieurs départemens du midi & du centre de la France. Elle habite les bois & fe repofe fouvent fur les aulnes. Scopoli lui a donné le nom de *Rivularis.* Nous avons remarqué en effet qu'elle fe plaifoit le long des ruiffeaux & des petites rivières. On la prend affez facilement; mais il faut bien prendre garde de l'effaroucher.

La chenille reffemble beaucoup à celle du *Sibylla;* mais elle a de plus fur chaque côté du corps une férie longitudinale de points ferrugineux. Elle vit auffi, difent les auteurs, fur plufieurs efpèces de *chèvrefeuille.* Il pourroit bien fe faire qu'elle mangeât les feuilles de l'*aulne;* car, comme nous l'avons dit plus haut, elle fréquente de préférence les endroits peuplés de cet arbre.

La chryfalide eft anguleufe, brunâtre, avec une boffe arrondie fur le milieu du dos.

Le papillon ne donne qu'une fois par an.

178. Nymphale Procris.

Nymphalis Procris.

Nym. alis dentatis, rufis, fafciâ communi albâ; mediâ: fubtùs bafi cinero-virefcente, nigro ftrigofâ.

Papilio N. Procris, *alis dentatis, fulvis, nigro maculatis, fafciâ albâ: fubtùs variegatis.* Fab. *Spec. Inf. tom.* 2. *p.* 103. *n°.* 452. — *Mant. Inf. tom.* 2. *p.* 56. *n°.* 550. — *Ent. Syft. em. tom.* 3. *pars* 1. *p.* 138. *n°.* 425.

Edwards, *Av. tab.* 299.

Papilio Procris. Cram. *pl.* 106. *fig.* E. F.

Les mâles ont un peu plus de deux pouces d'envergure, & les femelles environ trois. Les quatre ailes font dentées. Leur deffus eft d'un roux-foncé, avec une bande blanche, commune, difcoïdale, légèrement teintée d'incarnat, & fe détachant fur un fond noirâtre. A la bafe, il y a de petites lignes tranfverfes, & vers l'extrémité deux rangées de points, noirs. Outre cela, le bord poftérieur eft longé par une double ligne blanchâtre & en fefton.

Le deffous fe diftingue du deffus en ce que la bande eft environnée de vert-grifâtre-luifant, qui en arrière forme une fimple ligne ondulée, tandis qu'en avant il fe prolonge jufqu'à la bafe des ailes, mais avec folution de continuité fur les fupérieures, & fans interruption fur les inférieures; en ce que de plus les points noirs de la rangée extérieure des unes & des autres sont cerclés de blanc. Le corps est roussâtre en dessus, blanc en dessous. Les antennes sont noires, avec la sommité fauve.

De la Chine & de l'île de Java.

N. B. La bande blanche est fortement bifide près de la côte des premières ailes.

179. Nymphale Epione.

Nymphalis Epione.

Nym. alis integris, fuscis : anticis utrinquè fasciâ mediâ albâ : posticis subtùs strigis quinque rufis, maculisque baseos duabus albis.

Nous ne connoissons cette espèce que par des individus mâles.

Leur envergure est d'environ deux pouces. Le dessus des premières ailes est d'un brun-obscur, avec quelques anneaux noirs à la base, & une bande blanche transverse sur le milieu.

Le dessus des secondes ailes est du même brun que celui des premières, avec trois lignes noirâtres transverses vers l'extrémité.

Le dessous des ailes supérieures est d'un brun-pâle, avec une bande semblable à celle de la surface opposée, plus des taches blanches à la base & au sommet. Les taches du sommet sont au nombre de six, dont deux extérieures; celles de la base au nombre de huit, dont une encadrée de roux. Il y a en outre du roux à l'origine de la côte, & contre les nervures à partir de la bande jusqu'au bord terminal.

Le dessous des ailes inférieures est d'un brun-pâle, avec cinq lignes rousses transverses, dont deux à la base, deux au milieu, & une le long du bord postérieur. Les lignes de la base sont accompagnées de deux taches blanches, inégales; celles du milieu sont séparées par un espace noirâtre, & elles se réunissent à leur extrémité inférieure; celle du bord est surmontée d'un rang de points blanchâtres, dont les deux antérieurs plus prononcés.

Du Brésil.

180. Nymphale Lycorias.

Nymphalis Lycorias.

Nym. alis repandis, suprà nigro-fuscis : anticis fasciâ sanguineâ, obliquâ ; posticis antè marginem strigâ geminâ albidâ.

Nous ne connoissons cette espèce que par un individu mâle & unique.

Il a environ deux pouces d'envergure. Le dessus des premières ailes est d'un brun-noirâtre, avec une bande oblique d'un rouge-vermillon sur le milieu, quatre taches inégales du même rouge vers l'origine de la côte, une petite raie blanchâtre & transverse vis-à-vis du sommet. Ces ailes ont le bord postérieur entier.

Le dessus des secondes ailes est d'un brun-noirâtre, avec deux lignes blanchâtres, maculaires, situées parallèlement au bord postérieur qui est sinueux & liseré de blanc.

Le dessous des premières ailes ressemble au dessus, mais il est généralement plus pâle, & l'origine de la côte est du même ton que la bande du milieu & les taches qui la précèdent intérieurement.

Le dessous des secondes ailes est d'un brun-grisâtre, avec une tache rose à la base, puis trois lignes obliques & quelques veines longitudinales d'un brun-foncé : aux lignes blanchâtres de la surface opposée correspondent ici deux lignes semblables, mais moins prononcées. Le corps & les antennes sont de la couleur des ailes.

Du Brésil.

181. Nymphale Eumée.

Nymphalis Eumeus.

Nym. alis integerrimis, fuscis, fasciâ albâ : posticarum utrinquè terminatâ maculâ fulvâ. Fab.

Papilio N. *Eumeus.* Fab. *Spec. Inf. tom.* 2. *p.* 53. *n°.* 280. — *Mant. Inf. tom.* 2. *p.* 30. *n°.* 323. — *Ent. Syst. em. tom.* 3. *pars* 1. *p.* 156. *n°.* 481.

Les quatre ailes, dont les deux surfaces se ressemblent, sont d'un brun-obscur, avec une bande blanche, qui est terminée au bord antérieur & au bord interne des inférieures par une tache fauve. Le sommet de l'aile est un peu blanchâtre.

De Cayenne.

(*Traduction de Fabricius.*)

182. Nymphale Cocalia.

Nymphalis Cocalia.

Nym. alis dentatis, fuscis : anticis nigro flavoque maculatis : subtùs omnibus griseis, strigâ punctorum alborum. Fab.

Papilio S. *Cocalia.* Fab. *Ent. Syst. em. tom.* 3. *pars* 1. *p.* 250. *n°.* 777.

Papilio Cocalia. Jon. *Fig. pict.* 4. *tab.* 70. *fig.* 2.

Papilio Cocalia. Donow. *Of an Epit. of the Nat. Hist. Inf. of India, cah.* 2. *pl.* 2. *fig.* 1.

Elle a de deux pouces & demi à trois pouces d'envergure. Ses ailes sont un peu dentées, d'un brun-obscur en dessus. Les premières ont à la base des taches noires; vers le milieu de la côte une bande jaunâtre, transverse, courte & sinuée; avant le bord terminal une rangée de taches oculaires, obscures & longées en dehors par une ligne noire. Les secondes ailes ont vis-à-vis du sommet une tache oculaire, & parallèlement au bord postérieur une ligne noire.

Le dessous de toutes les ailes est gris, avec une rangée de points blancs, contigus intérieurement à des points noirâtres, & suivis extérieurement d'une ligne obscure.

Des Indes.

Décrite d'après Fabricius & la figure de Donowan.

183. Nymphale? Phégéa.

Nymphalis Phegea.

Nym. alis dentatis, fuscis: anticis fasciâ, posticis disco ferrugineo aut albo: subtùs pallidioribus, nigro undatis. Fab.

Papilio N. *Phegea.* Fab. *Ent. Syst. em. tom.* 3. *pars* 1. *p.* 132. *n°.* 407.

Papilio Phegea. Jon. *Fig. pict.* 5. *tab.* 21.

Voici ce qu'en dit Fabricius : elle est grande, & elle a le corps noir, avec des points blancs & l'abdomen ferrugineux. Le dessus des quatre ailes est d'un brun-obscur, ondé de noir, avec une bande maculaire, blanche ou ferrugineuse, sur les supérieures.

Le dessous ressemble au dessus, mais il est plus pâle, ce qui fait ressortir davantage les ondes noires. D'après la phrase spécifique, les secondes ailes doivent avoir le milieu blanc ou ferrugineux.

De l'Inde.

Nota. Ne seroit-ce pas une Morpho à cellule discoïdale fermée?

184. Nymphale Marguerite.

Nymphalis Margarita.

Nym. alis subdentatis; suprà argenteis, apice nigro, albo maculato : posticis subtùs fusco irroratis, strigâ punctorum ocellatorum.

Elle a près de deux pouces d'envergure. Le dessus des premières ailes est d'un blanc-argenté-luisant à la base; traversé au milieu par une large bande d'un blanc un peu incarnat; noir à l'extrémité, avec trois ou quatre points blancs vis-à-vis du sommet.

Le dessus des secondes ailes est d'un blanc-argenté, avec le limbe postérieur noir & divisé dans toute sa longueur par une ligne blanche ondulée.

Le dessous des ailes supérieures est grisâtre à la base & au sommet; noir au milieu, avec une bande blanche correspondant à celle de la surface opposée.

Le dessous des secondes ailes est gris, aspergé de brun, avec une tache violette peu prononcée vers la base, & une rangée transverse de quatre points ocellés derrière le milieu. Les deux surfaces du corps sont de la couleur des ailes.

La femelle ressemble au mâle.

Du Brésil.

185. Nymphale Flavilla.

Nymphalis Flavilla.

Nym. alis subdentatis, luteis, apice suprà fuscescente : subtùs strigis tribus ferrugineis, punctisque ocellaribus niveis, anticarum duobus, posticarum quinque.

Elle a un peu plus d'un pouce & demi d'envergure. Le dessus des ailes est d'un jaune-fauve, avec le sommet des supérieures brunâtre, & précédé d'une tache de cette nuance.

Le dessous est plus pâle que le dessus, avec trois lignes ferrugineuses, transversales & communes, dont l'antérieure droite, discoïdale, les deux autres flexueuses. Entre la ligne discoïdale & la suivante, les premières ailes ont deux points oculaires très-blancs, & les secondes cinq, dont deux gros près du bord antérieur, & trois petits près de l'angle de l'anus. Le corps est jaunâtre. Les antennes sont noires, annelées de blanc, avec le bout de la massue roussâtre.

La femelle ne diffère du mâle que parce que le dessus de ses ailes offre sur le bord terminal une rangée de croissans noirâtres, concaves en dehors.

Du Brésil.

186. Nymphale Lirissa (1).

Nymphalis Lirissa.

Nym. alis repandis, suprà fusco-cinereis, undis nigris : anticis utrinquè fasciâ; posticis punctis ocellaribus, albis.

Papilio S. *Liria, alis subdentatis, cinereis, fusco undatis : anticis fasciâ albâ, posticis punctis quatuor albis.* Fab. *Ent. Syst. em. tom.* 3. *pars* 1. *p.* 239. *n°.* 747.

Papilio Liria. Jon. *Fig. pict.* 2. *tab.* 23. *fig.* 2.

Elle a environ deux pouces d'envergure. Le dessus des ailes est d'un cendré plus ou moins obscur, avec plusieurs lignes noires, maculaires, transverses & ondulées. Indépendamment de cela, les ailes de devant ont entre le milieu & l'extrémité une bande blanche, oblique, large, sinuée, marquée de deux petits anneaux noirâtres; & vis-à-vis du sommet un point blanc. Les secondes ailes offrent, parallèlement au bord postérieur, une rangée de quatre à cinq points blancs, oculaires.

Le dessous diffère du dessus en ce que la moitié antérieure des premières ailes & toute la surface des secondes sont d'un gris-verdâtre-sale. Le corps est de la couleur des ailes, avec les antennes noires & annelées de blanc.

La femelle ressemble au mâle.

Du Brésil.

187. Nymphale Lassus.

Nymphalis Lassus.

(1) Fabricius a deux papillons *Liria*; c'est pourquoi nous avons changé le nom de celui-ci.

Nym. alis integerrimis, fuscis, strigis nigris : anticis maculâ marginali albâ : subtùs (omnibus) pallidis, strigis fuscis. Fab.

Papilio F. *Lassus.* Fab. *Mant. Inf. tom.* 2. *p.* 26. *n°.* 269. — *Ent. Syst. em. tom.* 3. *pars* 1. *p.* 44. *n°.* 133.

Fabricius met cette espèce parmi ses *Danaïdes bigarrées*, tandis qu'il fait un *Satyre* de la précédente dont elle paroît être si voisine.

Elle est à peu près de la taille du *Lirissa*. Le dessus de toutes les ailes est d'un brun-obscur, avec plusieurs lignes transverses plus obscures. Outre cela, il y a une tache blanche vers la côte des ailes supérieures.

Le dessous des quatre ailes est pâle, avec des lignes transverses, & une bande postérieure, obscures. A la tache blanche des premières ailes correspond ici une tache semblable, mais accompagnée de quelques points de sa couleur.

Elle se trouve à Cayenne.

(*Décrite d'après Fabricius.*)

188. Nymphale? Dyndima.

Nymphalis Dyndima.

Nym. alis integerrimis, suprà chalybdineis, subtùs flavescentibus, utrinquè nigro undatis : anticarum apice maculis duabus albis.

Papilio Dyndima. Cram. *pl.* 271. *fig.* G. H.

Elle a environ deux pouces d'envergure. Le dessus des ailes est couleur d'acier, leur dessous jaunâtre, avec sept à huit lignes noires, ondulées & transversales. Il y a en outre au sommet des ailes supérieures deux taches blanches, dont l'extérieure beaucoup plus petite & en forme de point.

De Surinam.

189. Nymphale Démophon.

Nymphalis Demophon.

Nym. alis suprà nigris, fasciâ communi virescenti-cœruleâ, nitidâ, subtùs griseo variis, puncto baseos unico, tunc strigâ undulatâ, nigris.

Papilio E. A. Demophon, *alis dentatis, suprà nigris, fasciâ viridi : subtùs griseo marmoratis.* Linn. *Syst. Nat.* 2. *p.* 753. *n°.* 47.

Papilio Demophon. Mas. Linn. *Mus. Lud. Ulr. p.* 215. *n°.* 34.

Papilio Demophon. Clerck, *Icon. tab.* 29. *fig.* 3. 4.

Papilio N. *Demophon.* Fab. *Ent. Syst. em. tom.* 3. *pars* 1. *p.* 85. *n°.* 265.

Papilio E. A. *Demophon.* Fab. *Syst. Ent. p.* 457. *n°.* 61. — *Spec. Inf. tom.* 2. *p.* 24. *n°.* 97. — *Mant. Inf. tom.* 2. *p.* 12. *n°.* 114.

Papilio Demophon. Esp. *Pap. exot. tab.* 53. *fig.* 1.

Papilio Sisyphus. Cram. *pl.* 158. *fig.* C.

Papilio Pheridamas. Cram. *pl.* 158. *fig.* A. B. (Var.)

Papilio Sisyphus. Herbst, *tab.* 28. *fig.* 3.

Papilio Pheridamas. Herbst, *tab.* 28. *fig.* 2.

Seba, *Mus.* 4. *tab.* 26. *fig.* 11. 12.

Seba, *Mus.* 4. *tab.* 18. *fig.* 2. 3.

Elle a de quatre pouces à quatre pouces & demi d'envergure. Le dessus des ailes est noir, avec une bande d'un bleu-verdâtre-luisant, commune, oblique, discoïdale, cambrée & interrompue près de la côte des supérieures, terminée en pointe sur les inférieures.

Le dessous est brunâtre, avec trois bandes transverses d'un gris de perle; un point noir à la base de chaque aile, puis une ligne ondulée de cette couleur. La ligne ondulée des secondes ailes descend du quart antérieur de la côte à l'angle interne, en se courbant en arrière vers le milieu de sa longueur. On voit en outre, parallèlement au bord postérieur des mêmes ailes, une rangée de six points, dont l'anal double, points qui sont blancs & entourés de roussâtre. Sur le bord correspondant des premières ailes, il y a une ligne grisâtre, peu prononcée & fourchue vers son origine. Le corps & les antennes sont noirs.

De la Guyane.

N. B. Fabricius rapporte ici la *figure* 1, *tab.* 6 du *tom.* 4 de Roësel. Cette figure représente le *Sarpedon*, espèce tout-à-fait différente & appartenant au genre Papillon proprement dit.

190. Nymphale Amphitoé.

Nymphalis Amphitoe.

Nym. alis suprà nigris, fasciâ communi virescenti-cœruleâ, nitidâ : subtùs griseo variis, punctis baseos duobus, tunc strigâ valdè angulatâ, nigris.

Papilio Amphimacus. Sulz. *Inf. edit.* Roem. *tab.* 14. *fig.* 2. 3.

Papilio Amphimacus. Herbst, *Pap. tab.* 27. *fig.* 3.

Fabricius l'a confondue avec son papillon *Amphimacus.*

Elle est de la taille du *Démophon*, & elle lui ressemble en dessus.

Le dessous de ses ailes est diversement nuancé de gris, avec deux points à la base de chacune, puis une ligne très-anguleuse, noirs. La ligne des secondes ailes descend du milieu de la côte à l'angle anal, où aboutit une rangée courbe de sept points bleuâtres, entourés de ferrugineux. Les premières ailes sont noires à l'angle interne, avec un gros point d'un gris-roussâtre.

De l'Amérique méridionale.

N. B. La ligne noire qui traverse en dessous le milieu des secondes ailes forme par ses sinuosités une sorte de profil humain, ce qui n'a jamais lieu dans le *Démophon.*

191. Nymphale Lycomède.

Nymphalis Lycomedes.

Nym. alis suprà nigris, fasciâ communi virescenti-cœruleâ, nitidâ : subtùs flavidis, punctis baseos duobus, tunc strigis totidem angulatis, nigris.

Papilio Licomedes. Cram. *pl.* 158. *fig.* D.

Papilio Licomedes. Herbst, *Pap. tab.* 28. *fig.* 4.

Fabricius la réunit au *Démophon.* Elle lui ressemble beaucoup, il est vrai. Néanmoins elle en diffère en ce qu'elle a le dessous des ailes plutôt jaunâtre que gris; en ce que l'on y voit deux lignes noires anguleuses, dont l'antérieure discoïdale, la postérieure rapprochée des points marginaux des secondes ailes; en ce que l'angle interne des premières ailes est jaunâtre avec deux points noirâtres, au lieu d'être noir avec un point roussâtre.

De la Guyane.

192. Nymphale Amphimaque.

Nymphalis Amphimacus.

Nym. alis suprà nigris, fasciâ communi virescenti-cœruleâ, nitidâ : subtùs dimidio basilari punctoque griseo-albidis.

Papilio E. A. Amphimacus, *alis dentatis, atris, fasciâ cœruleâ, nitidâ : subtùs anticè albis, posticè cinereis.* Fab. *Syst. Ent. p.* 457. *n°.* 59. — *Spec. Ins. tom.* 2. *p.* 23. *n°.* 94. — *Mant. Ins. tom.* 2. *p.* 12. *n°.* 110. — *Ent. Syst. em. tom.* 3. *pars* 1. *p.* 37. *n°.* 110.

Papilio Meander. Cram. *pl.* 12. *fig.* A. B.

Papilio Meander. Herbst, *Pap. tab.* 28. *fig.* 5. 6.

Fabricius dit que ce lépidoptère a le port du *Machaon* (*statura Machaonis*). Une telle assertion est propre à dérouter, lorsqu'on a souvent bien de la peine à reconnoître des espèces dont la forme est bien déterminée.

Sa taille est la même que celle du *Démophon*, auquel il ressemble en dessus.

Le dessous des quatre ailes a la moitié antérieure d'un blanc-grisâtre; l'autre moitié brune, mais avec le bord postérieur plus clair. La partie blanche est foiblement tachetée de noir, & forme un triangle renversé dont le côté externe est droit. La partie brune offre un gros point blanc vers l'angle interne des premières ailes, & un semblable près de la côte des secondes. Ces dernières ont en outre, parallèlement à leur bord de derrière, une rangée courbe de huit points bleuâtres, entourés de brun.

De la Guyane & du Brésil.

193. Nymphale Démodice.

Nymphalis Demodice.

Nym. alis suprà nigris, fasciâ communi virescenti-cœruleâ, nitidâ : subtùs anticis strigis annulisque nigris, posticis ocellis duobus remotis.

Papilio Demophon. Femina. Linn. *Mus. Lud. Ulr. p.* 215. *n°.* 34.

Papilio Demophon. Cram. *pl.* 158. *fig.* E.

Papilio Demophon. Herbst, *tab.* 27. *fig.* 4.

Papilio Demophon. Herbst, *tab.* 28. *fig.* 1.

Seba, *Mus.* 4. *tab.* 26. *fig.* 15. 16.

Linnæus a pris cette espèce pour la femelle du *Démophon.*

Les deux sexes du *Démophon* ressemblent effectivement à la femelle de notre *Démodice* par le dessus des ailes; mais le mâle de ce dernier a la bande bleue environnée d'un large reflet violet, & elle finit en pointe un peu au-delà du disque des premières ailes, au lieu d'être interrompue & cambrée près de leur bord d'en haut.

Le dessous des quatre ailes a un peu plus de la moitié antérieure d'un blanc-grisâtre, & sinuée en dehors, avec quelques points à la base, puis une ligne anguleuse, noirs; le reste de la surface d'un gris-obscur, avec des lignes tortueuses & des anneaux noirâtres sur les ailes de devant, & deux yeux assez grands sur celles de derrière. Les yeux, dont l'un est situé près du sommet de l'aile, l'autre près de l'angle anal, sont partie noirs, partie violets, avec la prunelle blanche, l'iris roux & entouré d'un cercle blanc que borde antérieurement un arc noirâtre.

Dans la femelle, ces yeux s'alignent avec cinq points bleuâtres, dont trois intermédiaires; & l'œil postérieur se reproduit en dessus.

De la Guyane & du Brésil.

194. Nymphale Déiphile.

Nymphalis Deiphile.

Nym. alis suprà nigris, disco violaceo, apice fasciâ communi è maculis fulvis : subtùs basi margaritaceâ, ferrugineo maculatâ.

Nous ne connoissons ce lépidoptère que par un individu unique, appartenant à M. le chevalier de Langsdorff.

Il a le port & la taille du *Démophon*. Le deffus de fes ailes eft noir, avec une large bande violette fur le milieu, & une bande de taches fauves parallèlement au bord poftérieur. L'avant-dernière tache de la bande fauve des fecondes ailes eft marquée d'un gros point noir.

Le deffous des quatre ailes a environ le tiers antérieur d'un blanc-violâtre-luifant, avec des points & des traits ferrugineux; le refte de la furface nuancé de brun-tanné & de brun plus foncé, avec une ligne noire, poftérieure, commune, légèrement flexueufe, & immédiatement fuivie aux fecondes ailes de deux yeux très-écartés, noirs, ayant la prunelle bleuâtre & l'iris pâle. Le blanc-violâtre de la bafe forme un triangle renverfé dont le côté externe eft très-finueux.

De l'intérieur du Bréfil.

195. NYMPHALE Ancæa.

NYMPHALIS Ancœa.

Nym. alis fuprà atris aut fufcis, anticarum fafciâ cyaneâ, obliquâ: fubtùs viridibus, pofticarum ftrigis tribus ferrugineis.

Papilio N. Ancæa, *alis dentatis, atris: primoribus fafciâ cœruleâ, pofticis luteâ*. LINN. *Syft. Nat.* 2. *p.* 781. *n°.* 184. — *Muf. Lud. Ulr. p.* 307. (Le mâle.)

Papilio D. F. Obrinus, *alis integerrimis, fuprà nigris, fafciâ cyaneâ: fubtùs viridibus, fafciâ albâ*. LINN. *Syft. Nat.* 2. *p.* 766. *n°.* 113. — *Muf. Lud. Ulr. p.* 255. (La femelle.)

Papilio N. Ancæus, *alis integerrimis, atris, fafciâ anticarum cœruleâ, pofticarum ferrugineâ: fubtùs viridibus*. FAB. *Ent. Syft. em. tom.* 3. *pars.* 1. *p.* 154. *n°.* 474. (Le mâle.)

Papilio D. F. *Obrinus*. FAB. *Syft. Ent. p.* 485. *n°.* 186. — *Spec. Inf. tom.* 2. *p.* 62. *n°.* 275. — (*Mant. Inf. tom.* 2. *p.* 30. *n°.* 317.?)

Papilio N. Obrinus, *alis integerrimis, fuprà fufcis, fafciâ cœruleâ maculâque ferrugineâ: fubtùs viridibus, fafciâ albicante*. FAB. *Ent. Syft. em. tom.* 3. *pars* 1. *p.* 154. *n°.* 475. (La femelle.)

Papilio D. F. *Ancœus*. FAB. *Syft. Ent. p.* 485. *n°.* 187. — *Spec. Inf. tom.* 2. *p.* 62. *n°.* 276. — *Mant. Inf. tom.* 2. *p.* 30. *n°.* 318.

Papilio Ancœa. CRAM. *pl.* 338. *fig.* C. D.

Papilio Obrinus. CRAM. *pl.* 49. *fig.* E. F.

Papilio Obrinus. STOLL, *Suppl. à* CRAM. *pl.* 6. *fig.* 5. (La chenille.)

Papilio Ancœus. HERBST, *tab.* 138. *fig.* 3. 4.

Papilio Obrinus. HERBST, *tab.* 139. *fig.* 4. 5.

Papilio Obrinus. *Var.* SULZ. *p.* 143. *tab.* 16. *fig.* 1. 2.

Papilio Obrinus. CLERCK, *Icon. tab.* 31. *fig.* 2. (Mas.) *fig.* 3. (Femina.)

NATURF. 6. *p.* 128. *tab.* 6. *fig.* 1. 2.

L'*Ancœa* & l'*Obrinus* des auteurs appartiennent bien certainement à la même efpèce. Stoll l'avoit déjà dit, mais il s'eft mépris fur les fexes.

Le mâle, ou l'*Ancœa* de Linnæus, a environ deux pouces & demi d'envergure. Le deffus de fes ailes eft d'un noir-foncé, avec une bande d'un bleu-pâle & verdâtre fur les fupérieures, & une bande orangée fur les inférieures. La bande de celles-ci eft plus large, un peu courbe, & placée tranfverfalement fur le milieu de la furface. La bande de celles-là eft finuée & difpofée obliquement entre le milieu de la côte & l'extrémité du bord poftérieur.

La femelle, ou l'*Obrinus*, eft un peu plus grande, & elle a le deffus d'un brun-noirâtre. Ses premières ailes ont une bande bleue comme celles du mâle, plus une tache de cette couleur au fommet, & une lunule ferrugineufe vers la bafe. Les fecondes ailes ont le bord du fommet d'un bleu-pâle, & elles font entièrement traverfées par trois lignes & un rang de points plus obfcurs que le fond.

Le deffous des deux fexes préfente les caractères que voici: les premières ailes ont toute la partie poftérieure brunâtre; la partie antérieure d'un vert-pomme, avec une bande bleue correfpondante à celle du deffus, mais plus pâle, & quelques traits ferrugineux tranfverfaux vers l'origine de la côte. Les fecondes ailes font partout d'un vert-pomme, avec trois lignes ferrugineufes, parallèles & tranfverfes, dont l'antérieure foiblement éclairée de blanchâtre en dehors; la fuivante prefqu'adoffée à une fuite de quatre points, parmi lefquels les deux extrêmes font noirs, & les deux intermédiaires blancs avec le contour rouffâtre; il y a en outre à la bafe deux petites taches de cette dernière couleur. Chaque furface du corps eft du même ton que chaque furface des ailes. Les antennes font noires & annelées de blanc.

La chenille, felon Stoll, eft verte, avec une ligne briquetée le long de chaque côté du corps. Sa tête eft ferrugineufe & armée de deux épines branchues également ferrugineufes. Son dos en offre d'autres qui font vertes & beaucoup plus courtes. Elle vit fur le *citronier*, & fe transforme en une chryfalide grifâtre, fufpendue par la queue.

De la Guyane & du Bréfil.

N. B. La phrafe fpécifique de l'*Obrinus* du Mantiffa de Fabricius n'eft pas conforme à celle de fes autres ouvrages; c'eft pourquoi nous avons mis un point de doute.

196. NYMPHALE Antiochus.

NYMPHALIS Antiochus.

Nym. alis integris, fuprà holofericeo-nigris, fafciâ communi nitidè aurantiâ: anticarum abbreviatâ.

Papilio F. Antiochus, *alis integerrimis, rotun-*

datis, nigris, suprà fasciâ communi fulvâ. FAB. *Syst. Ent. p.* 480. *n°.* 164. — *Spec. Inf. tom.* 2. *p.* 53. *n°.* 233. — *Mant. Inf. tom.* 2. *p.* 26. *n°.* 270. — *Entom. Syst. em. tom.* 3. *pars* 1. *p.* 44. n°. 134.

Papilio Antiochus. DRURY, *Inf. tom.* 3. *pl.* 7. *fig.* 3. 4.

Papilio Antiochus. HERBST, *tab.* 133. *fig.* 3. 4.

Papilio Eupalemon. CRAM. *pl.* 143. *fig.* B. C.

STOLL, *Suppl. à* CRAM. *pl.....* *fig.....* (La chenille.)

Le Velouté. DAUBENTON, *pl. enlum.* 68. *fig.* 3. 4.

Son envergure est d'environ deux pouces & demi. Le dessus des ailes est d'un noir-velouté, avec une bande orangée, luisante, discoïdale, un peu courbe, ne montant guère au-delà du centre des supérieures.

Le dessous de ces dernières ailes est d'un brun-noirâtre-luisant, avec la moitié postérieure de la côte d'un gris-violâtre, le disque jaunâtre & garni de poils noirs couchés parallèlement.

Le dessous des secondes ailes est d'un brun légèrement nuancé de gris, avec une ligne transverse & arquée de quelques points noirâtres, non ocellés.

La chenille, suivant Stoll, est d'un vert-pré, avec le ventre & toutes les pattes fauves. Sa tête est noire, marquée de deux taches blanches, & armée de deux épines noires, branchues, très-longues. Il y a en outre sur tout son corps d'autres épines semblables, mais très-courtes. Elle vit sur le *tamarin* (*tamarindus*).

De la Guyane & du Brésil.

N. B. Nous n'avons vu que des mâles.

197. NYMPHALE Antinoé.

NYMPHALIS Antinoe.

Nym. alis subdentatis, suprà holosericeo-nigris, fasciâ nitidò aurantiâ : anticarum marginem internum versùs attenuatâ.

Nous n'avons vu que le mâle de ce lépidoptère. De prime abord, on seroit tenté de le prendre pour une variété de l'*Antiochus*; mais il s'en distingue par les caractères que voici : ses premières ailes ont le bord interne & le bord terminal à peu près droits; leur bande orangée est fortement rétrécie à sa partie inférieure, & surmontée à sa partie supérieure d'une tache orbiculaire également orangée; le dessous des mêmes ailes n'a point de poils sur le jaune du disque : le dessous des secondes ailes offre une bande blanchâtre, correspondant à la bande orangée du dessus, & les points qui la précèdent en dehors sont ocellés.

Du Brésil.

198. NYMPHALE Numilius.

NYMPHALIS Numilius.

Nym. alis repandis, suprà holosericeo-nigris, posticarum disco, anticarum maculis duabus, nitidè aurantiis : posticis apice cærulescente.

Papilio F. Numilius, *alis integerrimis, atris : anticis maculis duabus, posticis unicâ, fulvis.* FAB. *Spec. Inf. tom.* 2. *p.* 28. *n°.* 291. — *Ent. Syst. em. tom.* 3. *pars* 1. *p.* 53. *n°.* 164.

Papilio Numilia. CRAM. *pl.* 81. *fig.* E. F.

Elle est de la taille de l'*Antiochus*, d'un noir-velouté en dessus, avec trois taches orangées, luisantes, grandes & orbiculaires, dont deux sur les premières ailes, l'autre vers le milieu des secondes. Celles-ci sont un peu alongées dans le sens de la largeur du corps, & elles ont le sommet violâtre, & le limbe postérieur foiblement tacheté de bleu.

Le dessous des ailes supérieures est d'un jaune-fauve depuis la base jusqu'au-delà du milieu; ensuite noir, avec l'extrémité d'un brun-pâle & violâtre.

Le dessous des ailes inférieures est d'un gris-violâtre vers la base, avec deux lignes brunes, transverses & ondulées; d'un brun légèrement verdâtre vers l'extrémité, avec trois lignes transverses un peu plus claires, entre les deux antérieures desquelles on remarque une rangée de quatre à cinq points presqu'ocellés. Le corps est noir, avec les incisions du dos jaunâtres. Les antennes sont noirâtres en dessus, brunes en dessous.

De la Guyane & du Brésil.

N. B. Nous n'avons pas vu la femelle.

199. NYMPHALE Erminia.

NYMPHALIS Erminia.

Nym. alis subdentatis : anticis suprà nigris, basi inaurato-viridi, ad apicem fasciâ albâ maculari; posticis ocello sesquialtero.

Papilio Erminia. CRAM. *pl.* 196. *fig.* A. B. (Le mâle.)

Papilio Erminia. CRAM. *pl.* 241. *fig.* A. B. (La femelle.)

Papilio Erminius. HERBST, *tab.* 220. *fig.* 3. 4.

Papilio Erminius. HERBST, *tab.* 221. *fig.* 1. 2.

Elle a environ quatre pouces d'envergure. Le dessus des premières ailes est noir, avec la base d'un vert-doré, & une bande blanche, maculaire, qui descend du milieu de la côte à l'angle interne. Il y a en outre deux points blancs vis-à-vis du sommet.

Le dessus des secondes ailes est d'un bleu-verdâtre-luisant dans le mâle, d'un ferrugineux-mat dans la femelle, avec une double ligne noire, anguleuse, le long du bord terminal, & deux yeux, dont l'antérieur plus petit, vers l'angle de l'anus.

Ces yeux sont noirs, ainsi que leur iris, & leur prunelle est bleuâtre. La couleur du fond des secondes ailes s'étend sur le bord interne des premières, ou, ce qui revient au même, ce bord est ferrugineux ou d'un bleu-verdâtre.

Le dessous des deux sexes est parfaitement semblable, & présente les caractères ci-après : les ailes supérieures sont d'un brun-cendré, avec une bande maculaire & deux points-blancs comme en dessus; vers le bas du côté interne de la bande, il y a un œil noir à prunelle bleue & à iris roux, œil qui se reproduit quelquefois en dessus; le milieu offre un espace noir sablé de vert-doré, & surmonté de deux *sigmas* noirs, transversaux. Les ailes inférieures sont nuancées de brun & de cendré, marquées vers la base de deux points noirs, au-delà du milieu de quelques points blancs, près de l'angle anal d'un seul œil noir à prunelle bleue & à iris jaune.

Du Bengale & de l'île d'Amboine.

200. NYMPHALE Iris.

NYMPHALIS Iris.

Nym. alis dentatis, fuscis (in mare violaceo micantibus), anticarum maculis, posticarum fasciâ unidentatâ, albis : anticis suprà cœcis.

Papilio N. Iris, *alis subdentatis, subtùs griseis; fasciâ utrinquè albâ interruptâ : posticis suprà uniocellatis.* LINN. *Syst. Nat.* 2. *p.* 775. *n°.* 161.

Papilio N. Iris, *alis dentatis, fuscis, cæruleo micantibus, utrinquè fasciâ albidâ interruptâ ocelloque unico : anticis suprà cœcis.* FAB. *Mant. Inf. tom.* 2. *p.* 46. *n°.* 460. — *Ent. Syst. em. tom.* 3. *pars* 1. *p.* 110. *n°.* 339. (Le mâle.)

Papilio N. Beroe, *alis dentatis, fuscis, cæruleo micantibus : posticis ocello unico, subtùs brunneis margine rubente.* FAB. *Ent. Syst. em. tom.* 3. *pars* 1. *p.* 111. *n°.* 341. (Var. mâle.)

Papilio Iris vulgaris major. ESP. *part.* 1. *tab.* 11. *fig.* 1. (Le mâle.)

ESP. *part.* 1. *tab.* 71. *cont.* 21. *fig.* 4. (La femelle.)

Papilio Iole. ESP. *part.* 1. *tab.* 46. *Suppl.* 22. *fig.* 1.

Papilio Iris. Var. ESP. *part.* 1. *tab.* 71. *cont.* 21. *fig.* 1. — *tab.* 72. *cont.* 22. *fig.* 1.

ROES. *Inf. part.* 3. *tab.* 42. *fig.* 2.

Papilio Iris. PANZ. *Faun. Germ.* 79. 23.

SULZ. *Inf. tab.* 14. *fig.* 86.

LEWIN, *Inf. tab.* 16. *fig.* 1-5.

Papilio Iris. HUFNAG. *tab. imp. Berl. Mag. tom.* 2. *pag.* 62 & 87.

SCHNEID. *Syst. Beschr. p.* 133. *n°.* 69.

SCHNEID. *Syst. Beschr. p.* 140. *n°.* 73. (Var.)

Papilio Iris. Var. 1. SCOP. *Ent. Carn. p.* 15. *n°.* 430.

Papilio Iris. ROSSI, *Mant. tom.* 2. *p.* 9. *n°.* 344.

Papilio Iris. BERGSTR. *Nomencl. tab.* 70. *fig.* 1. 2.

BERGSTR. *Icon. Pap. diurn. dec.* 3. *tab.* 2. *fig.* 1. 2.

Papilio Iris. HERBST, *tab.* 226. *fig.* 6. — *tab.* 227. *fig.* 1. 2.

Papilio Beroe. HERBST, *tab.* 229. *fig.* 3-6. — *tab.* 230. *fig.* 1. 2.

Papilio Iris Junonia. BORKH. *Pap. Eur. part.* 1. *p.* 194. — *part.* 2. *p.* 185.

Papilio Iole. BORKH. *part.* 1. *p.* 195. — *part.* 2. *p.* 186.

BORKH. *Rhein. Magaz. tom.* 1. *p.* 253. *n°.* 41.

Papilio Iris. LANG. *Verz.* 2. *p.* 27. *n°.* 194-196. *p.* 28. *n°.* 197. 198.

LANG. *Verz.* 2. *p.* 28. *n°.* 199. (Var.)

Maniola Iris. SCHRANK, *Faun. Boïc. tom.* 2. *part.* 1. *p.* 187. *n°.* 1323.

Papilio Iris. ILLIG. *N. Ausg. Dess. tom.* 2. *p.* 201. *n°.* 1.

ILLIG. *Magaz. tom.* 3. *p.* 196. — *tom.* 4. *p.* 37.

Papilio Iole. ILLIG. *N. Ausg. Dess. tom.* 2. *p.* 205. *n°.* 3.

ILLIG. *Magaz. tom.* 4. *p.* 37.

Papilio Iris. WIEN. *Verz. p.* 171. *fam.* G. *n°.* 1.

Papilio Iole. WIEN. *Verz. p.* 172. *fam.* G. *n°.* 3.

Papilio Iris. HUBN. *Pap. tab.* 25. *fig.* 117. 118. (Mas.) — *tab.* 114. *fig.* 584. (Fem.)

Papilio Iole. HUBN. *Pap. tab.* 122. *fig.* 622. 623. (Var.)

Papilio Iris. OCHSENH. *Pap. Eur. tom.* 1. *p.* 154. *n°.* 2.

HARRIS, *Aurelian or Nat. Hist. of English Insects. pl.* 3.

Suspirans. PODA, *Mus. Græc. p.* 70. *n°.* 23.

Le grand Mars changeant. ENGRAM. *Pap. d'Europe, tom.* 1. *p.* 137. *pl.* 31. *fig.* 62. a. b. (Le mâle.)

Le grand Mars non changeant. ENGRAM. *tom.* 1 *p.* 143. *pl.* 33. *fig.* 65, a. b. (La femelle.)

Engram. *tom.* 1. *p.* 268. *pl.* 68. *Suppl.* 14. *fig.* 62. f. g. (Var. mâle.) *fig.* e. (La chryf.)

Engram. *tom.* 1. *p.* 271. *pl.* 69. *Suppl.* 15. *fig.* 62. h. i. (Var.) *fig.* 62. l. (Var.)

Engram. *tom.* 1. *pl.* 33. *fig.* 65. c. d. (Var.)

Le Mars bleu-foncé-changeant. Engram. *tom.* 1. *p.* 145. *pl.* 33. *fig.* 67. a. b. (Var. mâle.)

Engramelle fait de ce lépidoptère trois eſpèces diſtinctes, favoir : le *grand Mars changeant*, le *Mars bleu-foncé changeant*, & le *grand Mars non changeant*. Les deux premières ſe rapportent au mâle dont le deſſus a un reflet d'un bleu-violet, tantôt aux quatre ailes à la fois, tantôt aux deux antérieures ſeulement, tantôt enfin à celles de droite ou de gauche, ſelon le point d'où vient le jour. La troiſième eſt la femelle dont le deſſus eſt ſans reflet.

L'envergure du mâle eſt de deux pouces & demi; celle de la femelle d'environ trois pouces. Le deſſus des quatre ailes, qu'il y ait un reflet ou qu'il n'y en ait pas, eſt d'un brun-noirâtre, avec une bande blanche tranſverſe ſur le milieu, & une bande cendrée moins large & maculaire en avant du bord poſtérieur, lequel eſt liſeré de blanc aux échancrures. La bande du milieu des ailes ſupérieures eſt formée de ſix taches inégales qui ſe groupent ſéparément trois à trois; elle eſt en outre précédée en dehors d'une ligne tortueuſe & tranſverſe de quatre à ſix points de ſa couleur. La bande du milieu des ailes inférieures eſt oblique, finement coupée par les nervures, terminée en pointe près de la gouttière abdominale, & dilatée en angle aigu vers le milieu de ſon côté externe. Entre l'extrémité inférieure de cette dernière bande & celle du bord, il y a un œil noir à iris fauve & à prunelle bleuâtre, ſans compter deux petites taches rouſſes, dont l'une placée ſur l'angle anal, l'autre ſur la dent la plus voiſine de ce même angle. Les premières ailes n'ont point d'œil en deſſus.

Le deſſous de ces ailes eſt noirâtre, avec toute la côte ferrugineuſe, le bord terminal d'un gris de perle; une bande & des points blancs comme en deſſus. Indépendamment de cela, la baſe préſente un eſpace blanchâtre ſur lequel ſont quatre points noirs, rapprochés deux à deux; & il y a vers l'angle poſtérieur un grand œil à prunelle bleue & à iris fauve.

Le deſſous des ſecondes ailes eſt d'un cendré un peu verdâtre, avec le milieu ferrugineux & diviſé par une bande blanche, ſemblable à celle de la ſurface oppoſée, mais plus large, du moins antérieurement; on y voit auſſi un œil pareil à celui du deſſus, mais qui paroît plus petit parce que ſon iris ſe perd dans la couleur ferrugineuſe. A ces caractères du deſſous des ailes inférieures, il faut encore ajouter une ligne obſcure & ondulée, longeant tout le bord poſtérieur, lequel, ainſi que celui des ailes de devant, eſt d'une teinte violâtre ou gris de perle. Le corps a le deſſus d'un brun-noirâtre, & le deſſous d'un gris-bleuâtre. Les antennes ſont noires, avec la ſommité fauve. Les yeux ſont d'un ferrugineux-foncé.

Parlons actuellement des variétés. La plus remarquable & la plus rare eſt celle qui a été nommée *Beroe* par Fabricius, *Iole* par Hubner, *Mars bleu-foncé changeant* par Engramelle. C'eſt un mâle totalement dépourvu de bande blanche, & n'ayant que deux taches de cette couleur vers le ſommet des premières ailes. On ne l'auroit jamais rapportée à l'*Ilia*, ſi on avoit eu l'attention de remarquer que le ferrugineux du deſſous des ſecondes ailes ſubſiſte toujours malgré l'abſence de la bande blanche.

Les autres variétés ramènent plus ou moins de celle-ci aux individus ordinaires.

L'Iris habite toujours les parties baſſes des bois, & ſe tient ſur la cime des *chênes*. Mais il en deſcend entre onze & deux heures, & vient, en planant, ſe repoſer ſur de la *fiente*, ſur des *arbres qui ſuintent*, ou ſur des *corps en putréfaction*. C'eſt alors le véritable moment de le prendre. Si on le manque, on doit bien ſe garder de le pourſuivre, parce qu'on le perdroit bientôt de vue, tandis qu'en le laiſſant aller, on eſt preſque ſûr de le revoir l'inſtant d'après. Il reſte caché pour peu que le temps ſoit incertain. Il ne donne qu'une ſeule fois par an, & c'eſt du vingt juin à la mi-juillet. On le trouve dans beaucoup de parties de l'Europe & dans toute la France, excepté dans les départemens les plus méridionaux. Aux environs de Paris, on le voit à Meudon, à Bondi, à Saint-Germain.

La chenille, d'après les figures qu'on en a données, paroît différer très-peu de celle de l'eſpèce ſuivante. Elle vit au haut des *chênes*. On a prétendu qu'elle vivoit auſſi ſur le *peuplier*, le *ſaule* & le *marceau*. Pourquoi donc alors ſon papillon ne fréquente-t-il jamais les prairies, dans leſquelles l'*Ilia* eſt quelquefois ſi commun? Objectera-t-on que ces deux eſpèces ont de l'antipathie l'une pour l'autre? Mais elles ſympathiſent à merveille dans les bois, où l'*Ilia* ſe fixe volontiers quand il y trouve du *peuplier*, du *ſaule* & du *marceau*.

201. Nymphale Ilia.

Nymphalis Ilia.

Nym. alis dentatis, fuſcis (in mare violaceo micantibus), anticarum maculis, poſticarum faſciâ ſinuatâ, albidis aut luteis : anticis ocello utrinquè conſpicuo.

Papilio N. Iris, *alis dentatis, utrinquè faſciâ albidâ interruptâ ocelloque unico*. Fab. *Syſt. Ent. p.* 501. *n°.* 248.—*Spec. Inſ. tom.* 2. *p.* 86. *n°.* 382.

Papilio N. Ilia, *alis dentatis, cœruleo micantibus, utrinquè fasciâ albâ interruptâ.* Fab. *Mant. Inf. tom.* 2. *p.* 46. *n*°. 461. — *Ent. Syst. em tom.* 3 *pars* 1. *p.* 110. *n*°. 340.

Papilio Iris minor. Esp. *Pap. part.* 1. *tab.* 37. *Suppl.* 13. *fig.* 1. (Le mâle.)

Esp. *Pap. part.* 1. *tab.* 11. *fig.* 2. (La femelle.)

Esp. *Pap. part.* 1. *tab.* 25. *Suppl.* 1. *fig.* 4. (Var. mâle.)

Esp. *Pap. part.* 1. *tab.* 43. *Suppl.* 19. *fig.* 1.

Papilio Iris rubefcens, *alis denticulatis, rubefcentibus, suprà maculis magnis contiguis nigris, in mare cœruleo variantibus : posticis serie macularum nigrarum transversâ, subtùs testacearum pupillis partim albis.* Esp. *Pap. tab.* 71. *cont.* 21. *fig.* 2. 3.

Papilio Ilia. Panz. *Faun. Germ.* 79. 24.

Roes. *Inf. part.* 3. *tab.* 42. *fig.* 3. 4. — *part.* 4. *tab.* 31. *fig.* 6. (La chenille.)

Papilio Ilia. Herbst, *Pap. tab.* 226. *fig.* 5. (Le mâle.)

Herbst, *Pap. tab.* 228. *fig.* 5. 6. (Le mâle.)

Herbst, *Pap. tab.* 229. *fig.* 1. 2. (La femelle.)

Papilio Iris lutea. Herbst, *Pap. tab.* 227. *fig.* 3-6.

Papilio Iris rubefcens. Herbst, *Pap. tab.* 228. *fig.* 1-4.

Bergstr. *Nomencl. tab.* 33. *fig.* 3. 4. (Le mâle.)

Bergstr. *Nomencl. tab.* 69. *fig.* 1. 2.

Bergstr. *Icon. Pap. diurn. dec.* 3. *tab.* 1. *fig.* 1. 2.

Bergstr. *Nomencl. tab.* 34. *fig.* 1. 2. (Le mâle, var.)

Bergstr. *Nomencl. tab.* 64. *fig.* 1. (Le mâle, var.)

Bergstr. *Nomencl. tab.* 69. *fig.* 3. 4. (La femelle, var.)

Bergstr. *Icon. Pap. diurn. dec.* 3. *tab.* 1. *fig.* 3. 4. (Var.)

Donow. *Nat. Hist. vol.* 2. *pl.* 37.

P. Ilia. Lang. *Verz.* 2. *p.* 29. *n*°. 209-211.

P. Clythia. Lang. *Verz.* 2. *p.* 28. *n*°. 200-204.

P. Eos. Lang. *Verz.* 2. *p.* 29. *n*°. 205-208.

P. Ilia. Schneid. *Syst. Beschr. p.* 136. *n*°. 70.

P. Clythia. Schneid. *Syst. Beschr. p.* 137. *n*°. 71.

P. Eos. Schneid. *Syst. Beschr. p.* 138. *n*°. 72.

P. Iris ilia. Borkh. *Pap. Eur. part* 1. *p.* 8 *et* 195. b. — *part.* 2. *p.* 186.

P. Iris lutea. Borkh. *Pap. Eur. part.* 1. *p.* 9. 195. c. — *part.* 2. *p.* 186. c.

P. Iris rubefcens. Borkh. *Pap. Eur. part.* 1. *p.* 10 *et* 195. d. — *part.* 2. *p.* 186.

Man. Ilia. Schrank, *Faun. Boïc. tom.* 2. *part.* 1. *p.* 186. *n*°. 1322.

Man. Julia. Schrank, *Faun. Boïc. tom.* 2. *part.* 1. *p.* 186. *n*°. 1321.

Man. Clytie. Schrank, *Faun. Boïc. tom.* 2. *part.* 1. *p.* 187. *n*°. 1324.

Schæff. *Icon. tab.* 152. *fig.* 1. 2. (Le mâle.) *fig.* 3. (La femelle, var.)

P. Iris. Var. 2. Scop. *Ent. Carn. p.* 153. *n*°. 430.

P. Iris. Var. 3. Scop. *Ent. Carn. p.* 154.

P. Clythia. Rossi, *Faun. Etr. Mant. tom.* 2. *p.* 9. *n*°. 334. β.

P. Ilia. Illig. *N. Ausg. Deff. tom.* 2. *p.* 203. *n*°. 2.

Illig. *Magaz. tom.* 3. *p.* 195. — *tom.* 4. *p.* 37.

P. Clitie. Illig. *N. Ausg. Deff. tom.* 2. *p.* 204. *n*°. 2. 3.

Illig. *Magaz. tom.* 3. *p.* 190. — *tom.* 4. *p.* 37.

P. Ilia. Wien. *Verz. p.* 172. *fam.* G. *n*°. 2.

P. Clitie. Wien. *Verz. p.* 321. *fam.* G.

P. Ilia. Hubn. *Pap. tab.* 25. *fig.* 115. 116. (Le mâle.)

P. Clitie. Hubn. *Pap. tab.* 24. *fig.* 113. 114. (Le mâle.)

P. Ilia. Ochsenh. *Pap. Eur. tom.* 1. *p.* 160. *n*°. 3. — *p.* 161. var. A. — *p.* 162. var. B.

Le Mars. Geoffr. *Hist. Inf. tom.* 2. *p.* 61. *n*°. 29.

Le petit Mars changeant. Engram. *Pap. d'Europe, tom.* 1. *p.* 141. *pl.* 31. *fig.* 62. c. d. (La femelle.) — *pl.* 32. *fig.* 64. e. f. (Le mâle.)

Engram. *Pap. d'Europe, tom.* 1. *p.* 326. *pl.* 69. *Suppl.* 15. *fig.* 62. k. — *pl.* 5. 3ᵉ. *Suppl. fig.* 64. k.

Le petit Mars orangé. Engram. *Pap. d'Europe, tom.* 1. *p.* 143. *pl.* 32. *fig.* 64. c. d. g. — *p.* 144. *pl.* 33. *fig.* 66. a. b. — *p.* 272. *pl.* 70. *Suppl.* 16. *fig.* 63. e. — *p.* 273. *fig.* 64. h. i. — *pl.* 5. 3ᵉ. *Suppl. fig.* 64. l.

Le grand Mars orangé. Engram. *Pap. d'Eu-*

rope, tom. I. p. 140. pl. 31. fig. 63. a. b. — p. 271. pl. 69. Suppl. 15. fig. 63. c. d.

L'Ilia & le *Clytie* de plusieurs auteurs, ou, si l'on veut, le *petit Mars changeant* & le *petit Mars orangé* d'Engramelle sont variétés l'un de l'autre, & constituent principalement l'espèce que nous donnons ici sous le nom d'*Ilia*.

Cette espèce est un peu plus petite que l'*Iris*, & elle s'en distingue, quelle que soit la couleur des deux bandes du dessus de ses ailes, par les caractères ci-après : 1°. l'œil des premières ailes se reproduit en dessus, à la prunelle près ; 2°. la bande discoïdale des secondes ailes est rétrécie intérieurement vers son milieu, au lieu d'être dilatée extérieurement en angle aigu ; 3°. elle est toujours plus pâle en dessous, & placée, non sur du ferrugineux, mais sur le fond même de l'aile, entre deux lignes brunâtres, dont la postérieure plus large & plus longue ; 4°. cette dernière ligne offre un gros point violâtre qui surmonte la tache oculaire, & la ligne antérieure est précédée du côté de la base par un point noir dans le mâle, par deux ou trois dans la femelle.

Nous avons donné à entendre que les bandes du dessus des ailes n'étoient pas d'une couleur constante. En effet, celles de la première variété sont comme dans l'*Iris* ; c'est-à-dire que l'une est blanche & l'autre cendrée. Celles de la seconde variété au contraire sont toutes deux d'un jaune-fauve, ainsi que les alentours de la base.

Il existe une troisième variété, sous le nom de *Iris lutea* ou de *grand Mars orangé* ; mais elle se réduit à quelques femelles dont le dessus est entièrement fauve, avec la bande du milieu plus claire.

La chenille, qui produit ces différentes variétés, vit, dans les prairies & dans les bois, sur plusieurs espèces de *peupliers* & de *saules*. Elle est chagrinée, d'un vert-tendre. Sur chacun de ses côtés, à partir du milieu du corps jusqu'au bout, sont quatre lignes obliques, dont les trois postérieures blanchâtres ; l'antérieure jaunâtre, & terminée sur le dos par une petite verrue noirâtre. Son anus finit en une pointe aiguë, bordée de jaunâtre. Les deux angles supérieurs de sa tête se prolongent verticalement en manière de cornes longues, tronquées, légèrement bifides & rougeâtres à la troncature, marquées, dans le sens de leur longueur, d'une ligne jaune qui se continue jusqu'au troisième anneau du corps.

La chrysalide est carénée, d'un vert pâle & jaunâtre.

L'*Ilia* a les mêmes mœurs que l'*Iris*, & paroît aux mêmes époques que celui-ci. La variété à *bandes blanches* & celle à *bandes jaunes* sont aussi communes l'une que l'autre dans beaucoup de contrées de l'Europe ; mais, dans quelques départemens du midi de la France, on ne trouve que celle à *bandes jaunes*, encore y est-elle souvent plus petite.

Devillers reproche à Engramelle d'avoir trop multiplié les espèces de *Mars*. Nous ne le reprenons pas pour cela, puisqu'il nous est bien démontré qu'il n'y en a que deux ; mais nous soutenons hardiment qu'il s'est trompé en disant que *des œufs d'une même ponte* lui ont donné *des chenilles* dont il a obtenu l'*Iris* & la *variété jaune de l'Ilia*. Ce qui prouve encore qu'il s'est trompé, c'est que ces chenilles, ajoute-t-il, ne mangeoient que du *peuplier*, du *tremble* & du *saule*. La chenille de l'*Iris* n'en mange pas ; on ne l'a trouvée jusqu'à présent que sur le *chêne* & dans les bois d'une certaine étendue.

N. B. Le *Papilio Iris* du *Systema Entomologiæ* & du *Species* de Fabricius doit être rapporté ici, attendu que c'est une variété de l'*Ilia*.

202. NYMPHALE Cyanippe.

NYMPHALIS Cyanippe.

Nym. alis dentatis, suprà fuscis, apice strigis duabus obscurioribus, interruptis : posticis disco argenteo-cœrulescente.

Nymphalis Cyane, *alis dentatis, suprà fuscis, lineis duabus obscurioribus macularibus marginem posticum ponè, alarumque posticarum disco cœruleo : infrà pallidè achatino-griseis, ut suprà lineatis, primorum dimidio antico flavescenti, fusco maculato.* Recueil d'observ. de zool. & d'anat. comp. par Alex. de HUMBOLDT & A. BONPLAND, *vol.* 2. *p.* 82. *pl.* 36. *fig.* 3. 4.

Elle a le port & à peu près la taille de l'*Ilia*. Le dessus de ses ailes est d'un brun-obscur, avec deux raies presque noires, parallèles, maculaires, & situées le long du bord postérieur. Les ailes de devant ont sur leur milieu quelques taches également noirâtres, & à leur sommet deux ou trois points blancs. Le disque des ailes de derrière est d'un bleu-argenté-brillant, ce qui y forme une très-grande tache ovale.

Le dessous de ces dernières ailes & l'extrémité des supérieures sont d'un gris de perle, clair & luisant, avec deux raies marginales correspondant à celles du dessus, mais plus pâles & moins prononcées. Le milieu des ailes inférieures est encore coupé transversalement par une petite bande noirâtre, anguleuse. Le milieu des supérieures, à partir de la base, est jaunâtre, avec de petites taches noirâtres, dont les unes en forme d'S, les autres orbiculaires, & s'apercevant toutes en dessus.

Du Pérou.

203. NYMPHALE Leucophthalme.

NYMPHALIS Leucophthalma.

Nym. alis dentatis, suprà nigricantibus : anticis utrinquè fasciâ ochreaceâ, posticis disco maculâ orbiculari niveâ.

Nymphalis Leucophthalma, *antennis sensim elongato-capitatis; alis superioribus integris, inferioribus crenatis : his & illis suprà nigricantibus; primoribus utrinquè fasciâ diluto-ochreaceâ, latâ, transversâ; posteriorum disco maculâ candidâ, orbiculatâ, in medio ex utrâque parte notato : alis omnibus infrà diluto-castaneis, lineis pallidioribus maculisque cœrulescenti-griseis.* Recueil d'observat. de zool. & d'anat. comp. par Alex. de Humboldt & A. Bonpland, *vol.* 1. *p.* 247. *pl.* 25. *fig.* 3. 4.

Elle a un peu plus de deux pouces d'envergure. Le dessus des ailes est noirâtre, avec des lignes & des espaces maculaires plus pâles & tirant sur le jaunâtre. Les premières ailes sont entières, & traversées de part & d'autre par une bande d'un jaune d'ocre pâle, assez large, sinuée, allant du milieu de la côte à l'angle interne, vers lequel elle se termine en pointe. Les secondes ailes sont crénelées, & offrent sur leur milieu, tant en dessus qu'en dessous, une tache orbiculaire d'un beau blanc. Cette couleur est aussi celle des échancrures.

Le dessous des ailes est d'un brun-marron-clair. Celui des supérieures a, indépendamment de la bande jaune dont nous avons parlé, cinq taches d'un gris-bleuâtre, & bordées de brun-foncé : il y en a trois, triangulaires & inégales, près de la base; les deux autres, petites & arrondies, font face au sommet. Le dessous des ailes inférieures a également des taches d'un gris-bleuâtre, mais elles sont plus nombreuses; la base en présente cinq ou six de forme & de grandeur différentes, & le bord postérieur une rangée de cinq qui sont ovales; on voit en outre un point blanc sur le milieu de la côte, & derrière la tache blanche discoïdale, des lignes transverses, alternativement fauves & jaunâtres. Le corps est noir, avec des lignes blanches sur le ventre. Les antennes sont noirâtres.

Du Pérou.

204. Nymphale Médée.

Nymphalis Medea.

Nym. alis subdentatis, suprà nigris, fasciis tribus macularibus flavis, primâ & secundâ abdomen secantibus.

Papilio N. Medea, *alis dentatis, falcatis, fasciis tribus macularibus flavis, angulo ani rubro.* Fab. *Syst. Ent. p.* 508. *n°.* 273. — *Spec. Inf. tom.* 2. *p.* 96. *n°.* 422. — *Mant. Inf. tom.* 2. *p.* 52. *n°.* 512. — *Ent. Syst. em. tom.* 3. *pars* 1. *p.* 129. *n°.* 396.

Papilio Chione. Cram. *pl.* 96. *fig.* E. F.

Elle a près de trois pouces d'envergure. Le dessus des ailes est noir, avec trois bandes jaunes, maculaires, dont les deux antérieures traversant le dessus du corps, la postérieure très-étroite & presque terminale. Il y a en outre une tache ferrugineuse au sommet des premières ailes, & une semblable à l'angle anal des secondes.

Le dessous des premières ailes est noirâtre, avec toute la côte & le sommet d'un gris de perle, & des bandes maculaires correspondant à celles du dessus, mais plus pâles.

Le dessous des secondes ailes est d'un gris de perle, avec un croissant noirâtre à la base, puis deux bandes transverses d'un jaune très-pâle, & dont la supérieure bordée de noirâtre antérieurement, l'inférieure marquée de deux à quatre points noirs. Les deux surfaces du corps sont colorées comme celles des ailes, & le corselet a un collier ferrugineux. Les antennes sont noires & annelées de blanc.

De la Guyane & du Brésil.

205. Nymphale Micalia.

Nymphalis Micalia.

Nym. alis subdentatis, suprà nigris, omnium lunulis apicalibus anticarumque fasciâ mediâ flavis : posticis subtùs maculâ castaneâ.

Papilio N. Micalia, *alis dentatis, atris, flavo maculatis : posticis medio fulvo nigroque maculato.* Fab. *Spec. Inf. tom.* 2. *p.* 103. *n°.* 453. — *Mant. Inf. tom.* 2. *p.* 56. *n°.* 551.

Papilio Micalia. Cram. *pl.* 108. *fig.* C. D.

Papilio Micalia. Herbst, *tab.* 166. *fig.* 1. 2.

Nous avons, mais à tort, placé ce lépidoptère parmi les Vanesses (*pag.* 315. *n°.* 44.). Comme la description que nous en avons donnée n'est point suffisante, nous en offrons ici une nouvelle.

Son envergure est la même que celle de la nymphale *Médée*. Le dessus des ailes est noir, avec deux rangs de petites lunules jaunâtres à l'extrémité des inférieures, & un & demi à l'extrémité des supérieures. Ces dernières ailes ont au sommet deux taches ferrugineuses; sur le milieu une bande jaune, oblique, sinuée, & terminée inférieurement en pointe; à la base un trait jaunâtre, longitudinal.

Leur dessous est noirâtre, avec tout le pourtour d'un gris de perle, & une bande & un trait longitudinal jaunes comme en dessus.

Le dessous des secondes ailes est d'un gris de perle avec un croissant brun à la base, & une rangée courbe de cinq points noirs inégaux au-delà du milieu. Entre le croissant & les points susdits, est un espace brun, très-grand, profondément bifide à son côté externe, & marqué près de la côte d'une tache marron, sémilunaire. On voit en outre sur le limbe postérieur une ligne arquée d'un gris plus clair que le fond de l'aile. Le corps est noir en dessus, & présente derrière la tête quatre points, dont les deux intermédiaires blanchâtres, les deux autres ferrugineux. Les antennes sont comme dans l'espèce précédente.

Du Brésil.

Nota. L'individu figuré par Cramer & décrit par Fabricius est le mâle. Il diffère des femelles, en ce que la bande jaune des premières ailes est moins alongée de part & d'autre; en ce que le dessus des inférieures a tout le milieu ferrugineux & coupé transversalement en arrière par une ligne noire, tantôt maculaire, tantôt continue.

206. Nymphale Volumna.

Nymphalis Volumna.

Nym. alis subdentatis, suprà cœrulescenti-nigris : subtùs anticis annulis fasciàque nitidè virescentibus, posticis ocellis tribus, anteriori bipupillato.

Nous n'avons vu de cette espèce qu'un seul échantillon, dont nous n'avons pu déterminer le sexe.

Son envergure est d'environ trois pouces. Le dessus des ailes est noir, avec une teinte bleuâtre qui forme sur le limbe terminal des inférieures une ligne peu prononcée.

Le dessous des premières ailes est noirâtre, avec deux taches annulaires d'un vert-bleuâtre-luisant, & séparées par une bande tortueuse de leur couleur. Le bord postérieur est en outre d'un gris-violâtre.

Le dessous des secondes ailes est d'un gris-violâtre, avec des chevrons noirâtres à la base & à l'extrémité; une bande verdâtre, transverse & sinuée au-delà du milieu. La bande susdite est chargée de trois yeux, dont l'antérieur plus grand, solitaire & bipupillé. La prunelle de ces yeux est colorée comme la bande, & leur iris est d'un brun-roussâtre. Le corps est de part & d'autre du même ton que les ailes. Les antennes sont noires, avec le dessous de la massue jaunâtre.

Du Brésil.

207. Nymphale Sydonia.

Nymphalis Sydonia.

Nym. alis subdentatis, suprà fusco-nigris, immaculatis, basi violaceo micantibus : subtùs pallidioribus, punctis quatuor virescentibus.

Nous n'avons vu que des mâles de cette espèce. Leur envergure est d'environ deux pouces & demi. Le dessus des ailes est d'un noir-brun, avec un reflet violet à la base. Le reflet des secondes ailes a peu d'étendue; celui des premières au contraire longe au moins les deux tiers de la côte, & s'étend jusqu'au milieu de la surface.

Le dessous des ailes supérieures est d'un gris-obscur, avec un point, & deux bandes obliques, noirâtres. Il y a en outre vis-à-vis du sommet, qui est d'une teinte violâtre, une rangée courbe & transverse de quatre points verdâtres.

Le dessous des ailes inférieures est d'un brun-violâtre, avec quelques lignes obscures, flexueuses & peu prononcées, puis quatre points verdâtres, rapprochés deux à deux. Le bord postérieur des quatre ailes est foiblement entrecoupé de blanchâtre. Le corps est de la couleur des ailes. Les antennes sont brunes, annelées de gris, avec la sommité de la massue jaunâtre.

Du Brésil.

208. Nymphale Mygdonia.

Nymphalis Mygdonia.

Nym. alis subdentatis, suprà nigro-fuscis : posticis subtùs maculis castaneis ocellisque quatuor obsoletis, geminatis.

Nous n'avons vu que des femelles. Leur envergure est d'environ deux pouces & demi. Le dessus des ailes est d'un brun-noirâtre, foiblement teinté de violet, avec cinq taches blanchâtres peu distinctes à l'extrémité des supérieures, & une ligne ondulée obscure sur le limbe terminal des inférieures.

Le dessous des ailes de devant est d'un brun-cendré à la base & sans aucune tache; noirâtre au milieu, avec six taches blanchâtres dont l'antérieure solitaire, les cinq autres répondant à celles du dessus; violâtre au sommet, avec une poussière cendrée.

Le dessous des ailes de derrière est d'un brun-violâtre, avec deux taches marron vers l'origine de la côte, & deux lignes flexueuses noirâtres au-delà du milieu. Ces deux lignes renferment quatre yeux roussâtres, rapprochés deux à deux, & ayant chacun un iris noirâtre & une prunelle violâtre. Le corps est de la couleur des ailes. Les antennes sont brunes, annelées de blanchâtre en dessous, avec le bout de la massue jaunâtre.

Du Brésil.

Nota. Ne seroit-ce pas la femelle du *Sydonia*?

209. Nymphale Alpaïs.

Nymphalis Alpais.

Nym. alis subdentatis, fuscis : anticis apice cœrulescenti-nigro alboque maculato : posticis subtùs ocellis tribus, anteriori bipupillato.

Nous n'avons vu qu'un seul individu, dont il nous a été impossible de reconnoître le sexe, vu le mauvais état de l'abdomen.

Son envergure est presque de trois pouces. Le dessus des ailes est brun, avec le sommet des supérieures glacé de bleu-violet & marqué de cinq taches blanches, le bord terminal des inférieures précédé d'une ligne noirâtre ondulée.

Le dessous des premières ailes ressemble beaucoup

coup au dessus, mais il offre vers la base un croissant blanchâtre solitaire, & le sommet est d'un gris-violâtre, avec six points noirâtres, dont les quatre postérieurs disposés en une ligne courbe & transversale.

Le dessous des secondes ailes est d'un gris-violâtre, avec deux taches, puis deux lignes tortueuses, d'un brun-puce. Entre les deux lignes susdites, sont trois yeux noirs à prunelle blanche & à iris jaunâtre. L'œil antérieur est séparé des autres & bipupillé; le second est moitié moins gros que l'anal, auquel il est presque contigu.

Du Brésil.

210. NYMPHALE Maia.

NYMPHALIS Maia.

Nym. alis subdentatis, suprà fuscis (in mare violaceo micantibus): subtùs anticis puncto baseos nigricante, posticis quatuor virescentibus geminatis, secundo majore.

Papilio N. Maia, *alis dentatis, fuscis: anticis albo maculatis, posticis immaculatis.* FAB. *Syst. Ent. p.* 512. *n°.* 295. — *Spec. Inf. tom.* 2. *p.* 103. *n°.* 454. — *Mant. Inf. tom.* 2. *p.* 56. *n°.* 552. — *Ent. Syst. em. tom.* 3. *pars* 1. *p.* 138. *n°.* 426.

Papilio Anna. CRAM. *pl.* 281. *fig.* A. B. (Le mâle.)

Papilio Anna. HERBST, *tab.* 223. *fig.* 6.

Fabricius s'est trompé, non-seulement en prenant la femelle pour le mâle, mais encore en rapportant à cette espèce notre *Agathis mâle* ou *Agathina* de Cramer.

Elle a entre deux pouces & un quart & deux pouces & demi d'envergure. Le dessus du mâle est d'un brun-noirâtre, glacé de violet à la base des quatre ailes, & chargé vers l'extrémité des supérieures de six taches blanches peu prononcées.

Le dessus de la femelle est d'un brun plus clair & sans reflet, avec l'extrémité des premières ailes noirâtre & chargée de six taches blanches très-distinctes. Ces taches sont disposées ainsi : 1, 3, 2.

Le dessous des ailes supérieures, du mâle comme de la femelle, est d'un gris-cendré à la base, avec un seul point noirâtre; traversé au-delà du milieu par une bande sinuée, également noirâtre, & sur laquelle sont des taches blanches ou blanchâtres correspondant à celles du dessus; d'un gris-violâtre au sommet, avec une ligne transverse de quatre chevrons bruns dont la convexité est tournée en dedans.

Le dessous des secondes ailes, dans les deux sexes, est d'un gris légèrement glacé de violet, avec deux points noirâtres vers la base; deux lignes brunes, transverses & flexueuses, au-delà du milieu; quatre points noirs, sablés de vert, rapprochés deux à deux, & dont le second plus gros & plus brillant, entre les lignes brunes susdites. Le corps est de la couleur des ailes. Les antennes sont brunes, annelées de gris, avec le bout de la massue jaunâtre.

Du Brésil.

Nota. Quelquefois les points verts des ailes inférieures ont un iris jaunâtre, mais moins prononcé que dans la figure de Cramer.

211. NYMPHALE Orphise.

NYMPHALIS Orphise.

Nym. alis integerrimis, suprà fuscis (in mare violaceo micantibus): subtùs anticis puncto baseos nigricante, posticis quatuor virescentibus geminatis, anteriori majore.

Papilio Orphise. CRAM. *pl.* 42. *fig.* E. F. (Le mâle.)

Elle ressemble extrêmement à la nymphale *Maia*, mais elle est toujours plus petite; ses quatre ailes sont arrondies & entières; l'extrémité des supérieures n'offre que cinq taches blanches de part & d'autre, & elles sont ordinairement aussi distinctes dans le mâle que dans la femelle; les quatre petites taches brunes du sommet des ailes supérieures en dessous sont en croissans, & non en chevrons; la ligne brune antérieure du dessous des secondes ailes est bien moins flexueuse, ou plutôt en forme de V très-ouvert; le premier œil de ces mêmes ailes, à partir d'en haut, est plus gros & plus brillant que le second, tandis que c'est le contraire dans la nymphale *Maia*. Ces différences sont très-minutieuses, sans doute; mais puisqu'elles sont constantes, elles peuvent, ce nous semble, être regardées comme caractéristiques.

Nous avons vu un mâle dont le dessus des premières ailes est absolument sans taches, & dont le dessous en a cinq blanchâtres peu prononcées.

De l'Amérique équinoxiale. — Suivant Cramer, elle se trouveroit à Surinam & au Cap de Bonne-Espérance.

212. NYMPHALE Macris.

NYMPHALIS Macris.

Nym. alis subdentatis, suprà fuscis (in mare violaceo micantibus): subtùs anticis ocellis tribus obsoletis, posticis septem.

Elle a environ deux pouces d'envergure. Le dessus du mâle est d'un brun-foncé, avec un reflet violet; le dessus de la femelle d'un brun-cendré & sans reflet. Dans l'un & dans l'autre, l'extrémité des premières ailes est noirâtre, avec cinq points blancs; & le limbe terminal des secondes ailes offre deux lignes noirâtres, dont l'antérieure formée par des points, la postérieure ondulée.

Le dessous des premières ailes est gris à la base, avec trois petites taches noirâtres, rangées obliquement; noirâtre au-delà du milieu, avec cinq points blancs conformes à ceux du dessus; gris au sommet, avec trois points noirs à prunelle bleuâtre, puis une ligne de quatre chevrons bruns dont la convexité eſt tournée en dehors.

Le deſſous des ſecondes ailes eſt d'un gris légèrement nuancé de violet, avec trois lignes brunes, tranſverſes & très-flexueuſes, dont la première avoiſinant la baſe, les deux autres ſéparées par une ſérie de ſept yeux peu prononcés, & ayant, à l'exception du quatrième qui eſt plus petit, une prunelle bleuâtre ou verdâtre.

Cette eſpèce nous a fourni une variété mâle dont le deſſous des ſecondes ailes eſt d'un brun très-obſcur, excepté à l'angle externe où il y a un grand eſpace jaunâtre, ſemi-circulaire.

Du Bréſil.

213. Nymphale Myrto.

Nymphalis Myrto.

Nym. alis integris, ſuprà fuſcis : ſubtùs anticis baſi immaculatâ, poſticis ocellis quinque obſoletis.

Papilio Monima. Cram. *pl.* 387. *fig.* F. G.

Nous ne connoiſſons de cette eſpèce que l'individu figuré par Cramer ſous le nom de *Monima.*

Il reſſemble en deſſus à la femelle du *Maia,* mais il n'a que cinq taches blanches à l'extrémité des ailes ſupérieures. En deſſous, le fond de ces mêmes ailes eſt d'un gris-rouſſâtre, ſans aucune tache à la baſe, & l'on ne compte que quatre taches blanches au ſommet. Le deſſous des ailes inférieures eſt d'un gris-bleuâtre, avec deux traits, & une tache annulaire, bruns à la baſe, puis deux lignes brunes, flexueuſes, entre leſquelles il y a une rangée tranſverſe de cinq points noirs, cerclés de jaunâtre.

Cramer dit qu'elle habite la côte de Guinée. — Eſt-ce bien ſa patrie?

N. Bord poſtérieur des quatre ailes arrondi.

214. Nymphale Marſolia.

Nymphalis Marſolia.

Nym. alis integerrimis, ſuprà fuſcis (in mare violaceo micantibus) : ſubtùs anticis punctis baſeos nigricantibus, poſticis ocellis ſeptem obſoletis.

Elle a un peu plus d'un pouce & demi d'envergure. Les deſſus du mâle eſt d'un brun-foncé à reflet violet, ſans taches aux ailes ſupérieures (du moins dans l'individu que nous avons vu), avec une rangée de points & une ligne ondulée noirâtres ſur le bord terminal des inférieures.

Le deſſus de la femelle eſt d'un brun-cendré, avec cinq taches blanches à l'extrémité des premières ailes, un rang de points & une ligne noirâtre à l'extrémité des ſecondes.

Le deſſous des ailes ſupérieures eſt griſâtre à la baſe, avec deux points noirâtres dans le mâle, & trois dans la femelle; noirâtre au-delà du milieu, avec cinq taches blanches ou blanchâtres, ſuivies d'une ligne tranſverſe de quatre croiſſans bruns, placés ſur un fond griſâtre.

Le deſſous des ſecondes ailes eſt d'un gris plus ou moins clair & légèrement nuancé de violet, avec trois lignes ferrugineuſes très-ſinuées, & dont les deux poſtérieures ſéparées par une ſérie de ſept yeux de leur couleur, & ayant tous, à l'exception de l'anal, une prunelle violâtre.

Du Bréſil.

215. Nymphale Amélie.

Nymphalis Amelia.

Nym. alis integerrimis, ſuprà fuſco-corticinis : anticis apice nigro faſciâ punctiſque albis : poſticis ſubtùs maculis ocellaribus caſtaneis.

Papilio Amelia. Cram. *pl.* 136. *fig.* B. C.

Nous n'avons vu qu'un ſeul échantillon de cette eſpèce, & nous ſoupçonnons que c'eſt une femelle.

Il a près de deux pouces d'envergure. Le deſſus de ſes ailes eſt d'un brun-tanné-obſcur, avec environ la moitié poſtérieure des premières noire & offrant une bande tranſverſe, puis deux points, très-blancs. Le deſſous des ailes ſupérieures eſt griſâtre à la baſe, avec un point noirâtre; enſuite noir juſqu'au bout, avec une bande & deux points comme en deſſus.

Le deſſous des ailes inférieures eſt d'un brun-violâtre-chatoyant, avec des taches marron, dont les poſtérieures preſqu'oculaires. Outre cela, le bord terminal eſt jaunâtre & diviſé par une ligne obſcure, flexueuſe.

De Surinam.

216. Nymphale Euphémie.

Nymphalis Euphemia.

Nym. alis integris, ſuprà nitidè cyaneis diſco nigro : ſubtùs fuſcis, poſticis ocellis quatuor geminatis.

Papilio Eurota. Cram. *pl.* 24. *fig.* C. D.

Nous ne connoiſſons cette eſpèce que par un ſeul individu, qui paroît être un mâle. Il a près de deux pouces & demi d'envergure. Le deſſus des premières ailes eſt d'un bleu-luiſant, tirant un peu ſur le violet, avec tous les bords, & un grand eſpace ſur le milieu, noirs.

Le deſſus des ſecondes ailes eſt noir depuis la baſe juſqu'au-delà du milieu; enſuite d'un bleu-luiſant, avec le bord poſtérieur légèrement noir.

Le deſſous des premières ailes eſt d'un brun-pâle, avec le milieu tacheté de noirâtre.

Le deſſous des ailes inférieures eſt du même brun que celui des précédentes, avec trois lignes obſcures, tranſverſes & ondulées, dont l'antérieure plus courte, les deux autres renfermant quatre yeux noirâtres à prunelle bleuâtre, & rapprochés deux à deux. Le corps & les antennes ſont d'un brun-noirâtre.

Du Bréſil.

217. NYMPHALE Irénéa.

NYMPHALIS Irenea.

Nym. alis integerrimis, nigro-fuſcis, ſuprà faſciâ mediâ albâ : ſubtùs tribus albis, anteriori rufo cinctâ.

Papilio Irenea. CRAM. *pl.* 328. *fig.* C. D.

Elle a près de deux pouces d'envergure. Les quatre ailes ſont entières, d'un brun-noirâtre en deſſus, avec une bande blanche diſcoïdale, & deux lignes poſtérieures plus claires que le fond. La bande des ſecondes ailes eſt terminée à l'angle de l'anus par un groupe d'atomes bleuâtres. La bande des premières ailes ne monte pas juſqu'au bord antérieur, mais elle eſt précédée en dehors d'une tache blanche oblongue & faiſant face au ſommet.

Le deſſous offre trois bandes blanches, dont l'antérieure correſpondant à celle du deſſus, mais plus large & renfermée entre deux lignes rouſſes ; la poſtérieure maculaire & étroite. Il y a en outre à la baſe des premières ailes une ligne blanche longitudinale, ſurmontée d'une ligne rouſſe également longitudinale.

Nous ignorons ſi les deux ſexes ſe reſſemblent. Celui que nous avons vu paroît être le mâle.

De Surinam.

218. NYMPHALE Poſtverta.

NYMPHALIS Poſtverta.

Nym. alis ſubdentatis, maris ſuprà æneo-viridibus, fœminæ fuſcis alboque faſciatis : poſticis ſubtùs violaceo-albis, ſtrigis ſex ferrugineis ocelliſque duobus.

Papilio N. Poſtverta, *alis dentatis, viridibus, maculis margineque fuſcis : poſticis ſubtùs faſciis albis, ocellis duobus.* FAB. *Ent. Syſt. em. tom.* 3. *pars* 1. *p.* 100. *n*°. 311. (Le mâle.)

Papilio Poſtverta. CRAM. *pl.* 254. *fig.* C. D. (Le mâle.)

Papilio Poſtverta. HERBST, *tab.* 223. *fig.* 4. 5.

Papilio N. Mylitta, *alis dentatis, nigris, faſciis tribus macularibus albis : poſticis ocellis duobus.* FAB. *Ent. Syſt. em. tom.* 3. *pars* 1. *p.* 101. *n*°. 312. (La femelle.)

Papilio Mylitta. CRAM. *pl.* 253. *fig.* C. D. (La femelle.)

Papilio Mylitta. JON. *Fig. pict.* 6. *tab.* 31. *fig.* 3.

Les auteurs ont donné le mâle de cette eſpèce ſous le nom de *Poſtverta*, & la femelle ſous celui de *Mylitta.*

Le mâle, dont l'envergure eſt d'environ un pouce & demi, a le deſſus de toutes les ailes d'un vert-bronzé-luiſant, avec le bord poſtérieur noir. Il y a en outre quatre taches de cette dernière couleur entre le milieu & le ſommet des ailes de devant.

La femelle eſt de la taille du mâle, & elle a le deſſus des ailes d'un brun-noirâtre, avec trois bandes blanches, communes, maculaires aux ſupérieures, continues aux inférieures. Ces dernières ailes offrent contre le côté interne de leur bande poſtérieure, & aſſez loin l'un de l'autre, deux yeux très-noirs à prunelle d'un bleu-métallique.

Le deſſous des premières ailes, dans les deux ſexes, eſt d'un brun-noirâtre, avec huit taches blanches, dont deux obliques & alongées près de la baſe, les autres plus ou moins arrondies, & accompagnées vers la côte de petites litures d'un bleu-brillant.

Le deſſous des ailes inférieures, dans le mâle comme dans la femelle, eſt d'un blanc-violâtre, avec ſix raies ferrugineuſes, tranſverſales, dont la troiſième fourchue, la quatrième plus courte & appuyée ſur deux yeux, la cinquième & la ſixième arquées & parallèles au bord poſtérieur. Les deux yeux dont il vient d'être queſtion ſont noirs, avec l'iris d'un jaune-paille, la prunelle d'un bleu-métallique & de forme ſemi-lunaire. Le corps a le deſſus verdâtre ou noirâtre, ſelon le ſexe, & le deſſous griſâtre. Les antennes ſont noires, annelées de blanc, avec la ſommité de la maſſue jaunâtre.

De la Guyane & du Bréſil.

219. NYMPHALE Sérina.

NYMPHALIS Serina.

Nym. alis ſubdentatis, maris ſuprà æneo-viridibus, fœminæ fuſcis alboque maculatis : poſticis ſubtùs albis, faſciis quatuor luteis fuſco marginatis ocelliſque duobus.

Papilio N. Serina, *alis ſubdentatis, ſuprà viridibus : poſticis ſubtùs diſco albo ocellis duobus.* FAB. *Syſt. Ent. p.* 497. *n*°. 232. — *Spec. Inſ. tom.* 2. *p.* 80. *n*°. 352. — *Mant. Inſ. tom.* 2. *p.* 43. *n*°. 426. — *Ent. Syſt. em. tom.* 3. *pars* 1. *p.* 100. *n*°. 310. (Le mâle.)

Papilio N. Egæa, *alis dentatis, ſuprà nigris, faſciâ communi albâ : poſticis ſubtùs ocellis duobus.* FAB. *Syſt. Ent. p.* 496. *n*°. 231. — *Spec. Inſ. tom.* 2. *p.* 79. *n*°. 351. — *Mant. Inſ. tom.* 2. *p.* 43. *n*°. 424. — *Ent. Syſt. em. tom.* 3. *pars* 1. *p.* 100. *n*°. 309. (La femelle.)

Les papillons *Serina* & *Egæa* de Fabricius ne ſont qu'une ſeule eſpèce, dont le premier eſt le mâle, & le ſecond la femelle.

Elle a environ un pouce & demi d'envergure. Le

dessus du mâle est comme dans le *Postverta*, avec cette différence que les ailes supérieures n'ont que trois taches noires vers le sommet, & que le bord terminal des inférieures est entièrement divisé par une ligne courbe du même vert que le reste de la surface.

Le dessus de la femelle est d'un vert-bronzé à la base, puis d'un brun-noirâtre jusqu'au bout, avec cinq taches sur les supérieures, & deux bandes transverses sur les inférieures, blanches. Les taches des ailes de devant sont disposées ainsi : 1, 2, 2. La bande antérieure des ailes de derrière est droite & discoïdale, leur bande postérieure moins prononcée & un peu flexueuse.

Le dessous est le même dans le mâle & dans la femelle. Celui des premières ailes est d'un brun-noirâtre-pâle, avec cinq taches blanches, plus quatre litures & une ligne marginale d'un blanc-luisant. Il y a en outre à l'origine de la côte une tache jaune, longitudinale, & se courbant derrière la tache blanche antérieure. Le dessous des secondes ailes est blanc, avec quatre bandes jaunes, dont la deuxième marquée de plusieurs litures, & la postérieure d'une ligne, bleues; la troisième bilobée en arrière, plus courte que les autres, & offrant deux yeux noirs à prunelle orbiculaire d'un bleu-luisant. Toutes ces bandes sont bordées de brun-obscur. Le corps & les antennes sont comme dans l'espèce précédente.

Du Brésil.

Nota. M. le chevalier de Langsdorff possède un mâle & deux femelles plus petits, & qui se distinguent des individus ordinaires en ce que le jaune de la bande bilobée du dessous des secondes ailes ne forme pas iris autour des deux yeux. Les femelles ne paroissent pas avoir eu le dessus des ailes vert à la base. Ces légères différences suffisent-elles pour constituer une espèce séparée?

220. NYMPHALE Artémisia.

NYMPHALIS Artemisia.

Nym. alis dentatis, nigris : anticis maculis, posticis fasciâ, albis : posticis subtùs ocellis duobus argenteis. FAB.

Papilio N. *Artemisia*. FAB. *Ent. Syst. em. tom*. 3. *pars* 1. *p*. 101. *n°*. 313.

Papilio Artemisia. JON. *Fig. pict*. 6. *tab*. 32. *fig*. 1.

Si ce lépidoptère n'est point une variété femelle de l'espèce précédente, il doit être au moins la femelle d'une espèce extrêmement voisine.

Voici ce qu'en dit Fabricius : son port est le même que celui du *Serina*. Ses quatre ailes sont noires, avec une tache (des taches selon la phrase spécifique) blanche sur les premières, & une bande de cette couleur sur les secondes.

Le dessous des ailes de devant ressemble au dessus; mais il y a à la base une tache jaune, oblongue.

Le dessous des ailes de derrière est blanc, & présente à la base une raie jaune, transversale; au milieu une bande bleue, bordée de noir & ayant des litures argentées; plus bas une bande brune, courte, sur laquelle sont deux taches argentées qu'entoure un cercle noir. Le bord postérieur est jaune, & divisé par une ligne argentée.

De l'Amérique.

221. NYMPHALE Johanna.

NYMPHALIS Johanna.

Nym. alis subdentatis, suprà æneo-viridibus, anticarum apice fusco maculis sex albis : posticis utrinquè ocellatis.

Nous n'avons vu de cette espèce que deux individus qui nous paroissent être des femelles.

Ils ont le port & presque la taille du *Postverta*. Le dessus des premières ailes est d'un brun-noirâtre, avec la base d'un vert-bronzé; le milieu & l'extrémité chargés de six taches blanches, disposées ainsi : 1, 2, 3.

Le dessus des secondes ailes est d'un vert-bronzé, avec le bord postérieur entièrement noirâtre. Le milieu de la surface offre en outre une bande blanchâtre, derrière laquelle il y a une rangée transverse de quatre yeux noirâtres à prunelle verdâtre.

Le dessous des premières ailes ressemble au dessus, mais la base est jaune, avec des litures d'un blanc-luisant, & le bord postérieur est violâtre, avec une ligne obscure qui descend de la côte à l'angle interne.

Le dessous des secondes ailes est blanc, avec six lignes transverses, dont les trois antérieures d'un brun-roussâtre, les trois autres d'un gris-violâtre. La quatrième & la cinquième lignes embrassent six yeux noirs à prunelle d'un bleu-argenté & à iris jaune-paille. Les deux yeux extrêmes, & le troisième, à partir d'en haut, sont plus petits que les autres.

Du Brésil.

222. NYMPHALE Irma.

NYMPHALIS Irma.

Nym. alis subdentatis, suprà æneo-viridibus, anticarum apice fusco maculis cinerascentibus : posticis subtùs griseis, strigis tribus ferrugineis, anteriori bifidâ.

Elle est un peu plus petite que le *Postverta*. Le dessus des premières ailes est d'un vert-bronzé depuis la base jusque vers le milieu; ensuite d'un brun-noirâtre jusqu'au bout, avec cinq taches dont les trois antérieures cendrées & formant une ligne oblique, les deux postérieures blanchâtres & plus petites.

Le dessus des secondes ailes est d'un vert-bronzé, avec trois lignes noires, courbes, à l'extrémité.

Le dessous des ailes de devant est jaune à la base, avec des litures bleues, dont une longitudinale; d'un brun-noirâtre au milieu, avec quatre taches blanches; d'un gris-violâtre au sommet, avec une ligne transverse & le bord postérieur ferrugineux.

Le dessous des ailes de derrière est d'un gris-satiné & légèrement teinté de violet, avec trois lignes ferrugineuses, transverses, dont l'antérieure fortement bifide; les deux autres courbes, parallèles entr'elles & au bord postérieur, lequel est lui-même entrecoupé de ferrugineux.

Du Brésil.

Nota. La femelle ressemble au mâle, du moins autant que nous avons pu en juger par des individus desséchés.

223. Nymphale Inès.

Nymphalis Ines.

Nym. alis subdentatis, suprà æneo-viridibus: anticis utrinquè apice fusco, albo maculato: posticis subtùs albis, strigis quinque fuscis.

Nous ne connoissons ce lépidoptère que par un individu unique, sans corps & sans antennes.

Il a approchant la taille du *Postverta*. Le dessus des premières ailes est d'un vert-bronzé à la base; ensuite d'un brun-noirâtre, avec cinq taches blanches, disposées ainsi: 2, 2, 1.

Le dessus des secondes ailes est d'un vert-bronzé, avec deux taches blanches à l'angle externe, & trois lignes courbes d'un brun-noirâtre à l'extrémité.

Le dessous des ailes supérieures est d'un brun-obscur, avec six taches blanches, dont la plus antérieure longitudinale & bordée près de la côte par une ligne jaune que terminent deux litures d'un bleu-argenté.

Le dessous des secondes ailes est blanc, avec cinq lignes brunes, transverses, dont la seconde & la troisième, à partir d'en haut, se réunissant près du bord antérieur de l'aile.

Du Brésil.

224. Nymphale Cadma.

Nymphalis Cadma.

Nym. alis denticulatis, luteis: anticis utrinquè areâ apicis nigrâ maculis duabus flavescentibus: posticis subtùs ocellis duobus cæruleis.

Papilio N. Cadma, *alis dentatis, fulvis: posticis subtùs disco albo ocellis duobus pupillâ didymâ cæruleâ.* Fab. *Syst. Ent.* p. 497. n°. 234. — *Spec. Ins. tom.* 2. p. 80. n°. 356. — *Mant. Ins. tom.* 2. p. 44. n°. 431.

Papilio S. *Cadma.* Fab. *Ent. Syst. em. tom.* 3. *pars* 1. p. 241. n°. 751.

Papilio Cadmus. Drury, *Inf. tom.* 2. *pl.* 18. *fig.* 1. 2.

Fabricius avoit d'abord mis cette espèce parmi les *Nymphales*, mais il l'a reportée en dernier lieu dans sa famille des *Satyres*.

Elle a environ un pouce & demi d'envergure. Le dessus de ses ailes est d'un jaune-fauve. Les supérieures, dont les deux surfaces sont à peu près semblables, ont vers le bout de la côte un grand espace noir, sur lequel il y a deux taches d'un jaune-pâle; & à l'angle interne un point noir très-gros.

Les ailes inférieures sont sans taches en dessus, seulement leur sommet est un peu obscur. En dessous, ces mêmes ailes sont d'un brun-jaunâtre, avec une bande cendrée, transversale & offrant deux yeux bleus, dont l'antérieur à iris brun, le postérieur à iris jaune. Le corps est noirâtre en dessus, grisâtre en dessous. Les antennes sont noires.

De la Jamaïque, selon Drury.

De l'Amérique méridionale, selon Fabricius.

225. Nymphale Isis.

Nymphalis Isis.

Nym. alis fusco-nigris: anticis integris, utrinquè maculâ disci chermesinâ; posticis dentatis, suprà strigâ marginali albidâ.

Papilio N. Isis, *alis dentatis: anticis atris, maculâ disci sanguineâ: omnibus subtùs viridi lineatis.* Fab. *Ent. Syst. em. tom.* 3. *pars* 1. p. 124. n°. 377.

Papilio Isis. Jon. *Fig. pict.* 5. *tab.* 34. *fig.* 2.

Papilio Isis. Donow. *Of an Epit. of the Nat. Hist. Ins. of India, cah.* 9. *pl.* 1. *fig.* 1.

Papilio Isis. Drury, *Inf. tom.* 3. *pl.* 7. *fig.* 1. 2.

Nous n'avons vu qu'un seul individu de cette espèce. Il a environ deux pouces & demi d'envergure. Ses premières ailes sont entières, noires en dessus, avec une tache cramoisie, discoïdale, sinuée, se prolongeant en pointe jusqu'à la base. Les secondes ailes sont dentées, d'un brun-obscur, avec une ligne blanchâtre sur le bord postérieur.

Le dessous des quatre ailes est obscur, avec des lignes verdâtres, longitudinales & peu prononcées. A la tache rouge des premières ailes correspond une tache semblable, mais moins vive.

Du Brésil.

226. Nymphale Claudine.

Nymphalis Claudina.

Nym. alis subdentatis, nigris, singularum suprà areâ lunari chermesinâ: posticis subtùs basi marmoratis, apice septem ocellatis.

Papilio N. Claudia, *alis crenatis, nigris, areâ*

sanguineâ : posticis subtùs marmoratis, ocellis septem. Fab. *Ent. Syst. em. tom.* 3. *pars* 1. *p.* 105. *n°.* 325.

Papilio Claudia. Naturf. 9. *tab.* 2.

Elle a près de trois pouces & demi d'envergure. Le dessus des ailes est noir, avec une tache transversale & semi-lunaire d'un rouge-carmin-chatoyant. La tache des premières ailes est très-grande & elle s'étend de la base à l'angle interne. Celle des secondes ailes est placée entre le disque & le milieu du bord postérieur qu'elle n'atteint pas.

Le dessous des ailes supérieures diffère du dessus, en ce que la tache rouge est moins vive, qu'elle est marquée près de la côte de deux gros points noirs & d'une petite liture jaunâtre; en ce que l'extrémité a deux bandes courbes & obliques, dont l'antérieure cendrée & plus courte, la postérieure blanchâtre.

Le dessous des ailes inférieures est noir, & présente les caractères que voici : à la base est un espace cendré, ponctué de noir, & qu'entoure un anneau jaune, ouvert à sa partie supérieure & ayant le côté interne teinté de rouge; vient ensuite une ligne cendrée, transverse & flexueuse, laquelle est suivie d'une rangée marginale de sept yeux très-noirs à prunelle bleue & à iris jaune. L'œil anal est bipupillé. Le corps est noir, avec des points blanchâtres sur la tête, ainsi que sur le devant du corselet, & une ligne jaune longitudinale sur le milieu du ventre.

Du Brésil.

Nota. L'individu d'après lequel nous avons fait cette description, a vers le milieu de la gouttière des secondes ailes une touffe de poils jaunes.

227. Nymphale Pyrame.

Nymphalis Pyramus.

Nym. alis subdentatis, nigris (in mare suprà violaceo micantibus) : anticis utrinquè fasciâ miniatâ : posticis subtùs irroratis, punctis ocellaribus strigâque marginali cœrulescentibus.

Papilio Pyramus. Drury, *Ins. tom.* 3. *pl.* 23. *fig.* 3. 4. (Le mâle.)

Papilio Pyramus. Stoll, *Suppl. à* Cram. *pl.* 32. *fig.* 3 & 3. c.

Elle a un peu plus d'un pouce & demi d'envergure.

Le dessus du mâle est d'un noir-glacé de violet, avec une bande d'un rouge-coquelicot, descendant du milieu de la côte des premières ailes jusqu'au niveau du disque des secondes.

Le dessus de la femelle est sans reflet, & sa bande rouge, qui est d'ailleurs plus étroite, ne se prolonge pas sur les secondes ailes.

Le dessous des ailes supérieures, dans les deux sexes, est noir au milieu, avec une bande rouge correspondant à celle de la surface opposée; grisâtre à l'extrémité, avec deux points noirs & une ligne ondulée bleuâtre. La base est aussi grisâtre.

Le dessous des ailes inférieures est d'un brun-noirâtre, aspergé de gris, avec deux taches blanchâtres vers la base, une rangée de points oculaires & une ligne ondulée bleuâtres à l'extrémité. Vers le sommet ou angle externe, le fond prend une teinte roussâtre qui s'étend plus dans certains individus que dans d'autres. Le bord postérieur des quatre ailes est entrecoupé de blanc.

Du Brésil.

228. Nymphale Galanthis.

Nymphalis Galanthis.

Nym. alis integerrimis, nigris : fasciis anticarum duabus, posticarum unicâ, suprà chermesinis, subtùs pallidioribus.

Papilio F. Galanthis, *alis integerrimis, suprà atris, sanguineo fasciatis : anticis punctis duobus apicis albis.* Fab. *Gen. Ins. Mant.* 257. — *Spec. Ins. tom.* 2. *p.* 54. *n°.* 238. — *Mant. Ins. tom.* 2. *p.* 27. *n°.* 276. — *Ent. Syst. em. tom.* 3. *pars* 1. *p.* 46. *n°* 142.

Papilio Galanthis. Cram. *pl.* 25. *fig.* D. E.

Papilio Galanthis. Herbst, *pl.* 138. *fig.* 1. 2.

Cette nymphale ressemble beaucoup en dessus à celle que nous avons donnée sous le nom de *Rogerii* (*n°* 73), mais elle en diffère par la forme & par le dessous des ailes.

Elle a de deux pouces & demi à trois pouces d'envergure. Le dessus de ses ailes est d'un noir-foncé, avec deux bandes cramoisies sur les supérieures, & une sur les inférieures. La bande antérieure des premières ailes occupe tout l'espace compris entre la base & le milieu de la surface; la postérieure est courbe, & elle se dirige obliquement de la côte vers l'extrémité du bord terminal, lequel est marqué de deux points blancs vis à vis du sommet. La bande des secondes ailes les traverse presqu'entièrement par le milieu.

Le dessous des quatre ailes offre les mêmes caractères que le dessus, mais le fond est d'un brun ferrugineux, & les bandes rouges, qui sont beaucoup plus pâles, ont le côté externe largement bordé par une teinte verdâtre.

De Surinam. — Rare dans les collections.

229. Nymphale Sorana.

Nymphalis Sorana.

Nym. alis subdentatis, nigris, violaceo micantibus : anticis utrinquè fasciis duabus chermesinis, anteriore suprà communi : posticis subtùs ocellis duobus strigâque valdè angulatâ cœrulescentibus.

Elle a près de deux pouces & demi d'envergure.

Le dessus des premières ailes est d'un noir glacé de violet, avec deux bandes cramoisies, transversales, dont l'antérieure sinuée en dehors, la postérieure courbe & plus étroite. Il y a en outre au sommet une raie jaune, oblique.

Le dessus des secondes ailes est aussi d'un noir glacé de violet, avec une bande cramoisie, plus ou moins longue, & faisant suite à celle de la base des ailes supérieures.

Le dessous de ces dernières ailes ressemble au dessus, mais l'origine de la côte est jaune, & le bord postérieur est presqu'entièrement longé par une ligne bleue.

Le dessous des ailes inférieures est noir, avec un 8 jaune, discoïdal, ouvert à sa partie supérieure, & renfermant deux yeux noirs à prunelle & à iris bleus, mais dont le postérieur bipupillé. Après ces yeux vient une ligne bleue, très-anguleuse, & s'appuyant sur un arc jaune parallèle au bord postérieur. La base offre en outre un arc semblable qui se réunit inférieurement au 8 dont nous venons de parler. Les échancrures des quatre ailes sont blanches, & l'on voit des points de cette couleur sur la tête & sur la poitrine. Les antennes sont tout-à-fait noires.

La femelle est comme le mâle, excepté que le dessus des ailes supérieures a la bande rouge moins prononcée, & le reflet violet plus circonscrit.

Du Brésil.

230. Nymphale Pithéas.

Nymphalis Pitheas.

Nym. alis integerrimis, nigris : anticis utrinquè fasciis duabus chermesinis, anteriore suprà communi : posticis subtùs disco pallidè roseo ocellis duobus pupillâ cœrulescente.

Erycina Pitheas, *alis integerrimis, rotundatis : anticis penitùs posticisque suprà nigris ; anticis fasciis duabus miniatis, illarum unâ communi : alarum posticarum medio infero pallidè rosaceo, lineis tribus circularibus circumscripto, alterâ flavâ & intermediâ.* Recueil d'observ. de zool. & d'anat. comp. par Alex. de Humboldt & A. Bonpland, *vol.* 2. *p.* 90. *pl.* 37. *fig.* 5. 6.

Elle est de la taille de la précédente, à laquelle elle ressemble à peu près par le dessus des quatre ailes & par le dessous des supérieures.

Le dessous de ses ailes inférieures a le milieu d'un rose-pâle, avec deux taches noires, rondes, assez grandes, écartées l'une de l'autre, offrant chacune à leur centre un point bleuâtre. La couleur rose est entourée par du noir que divisent deux arcs jaunes, dont l'un longeant le bord interne de l'aile, l'autre le bord postérieur. Il y a en outre à l'angle de l'anus deux petits traits bleuâtres.

Du Pérou.

231. Nymphale Condomanus.

Nymphalis Condomanus.

Nym. alis integris, violaceo-nigris : anticis utrinquè fasciis duabus chermesinis, anteriore suprà communi : posticis subtùs annulis duobus liturâque mediâ flavis.

Papilio F. Condomanus, *alis integerrimis, atris, sanguineo fasciatis : posticis subtùs lineis annularibus flavis punctisque cœruleis.* Fab. *Ent. Syst. em. tom.* 3. *pars* 1. *p.* 53. *n°.* 165.

Papilio Astarte. Cram. *pl.* 256. *fig.* C. D.

Quoique Fabricius ne rapporte son *Condomanus* à aucune figure, il n'y a point de doute que ce ne soit le même que l'*Astarte* de Cramer.

Il est à peu près de la taille des deux précédens, auxquels il ressemble beaucoup par le dessus des quatre ailes & par le dessous des supérieures.

Le dessous de ses ailes inférieures est noir, avec un anneau jaune, discoïdal, ovalaire, renfermant trois points bleus, dont le postérieur séparé des deux autres par un trait jaune. Après l'anneau susdit vient une ligne bleue maculaire, puis une ligne jaune longeant tout le bord postérieur. Il y a une autre ligne jaune vers la base, mais elle ne se réunit pas à l'anneau du milieu comme dans la nymphale *Sorana.*

L'individu figuré par Cramer a deux points blancs près de l'angle anal des ailes inférieures en dessus. Ce caractère est peut-être propre à la femelle, que nous ne connoissons pas, car il n'existe dans aucun des mâles qui nous ont passé sous les yeux.

De Surinam & du Brésil.

232. Nymphale Pygas.

Nymphalis Pygas.

Nym. alis subdentatis, nigris : anticis utrinquè areâ lunari chermesinâ : posticis subtùs annulis tribus strigâque basilari flavis.

Elle a environ deux pouces d'envergure. Le dessus des ailes est d'un noir un peu chatoyant, avec un espace cramoisi, grand & semi-lunaire, sur le milieu des supérieures, lesquelles ont, outre cela, deux points blancs vis-à-vis du sommet. Les ailes inférieures ont près de l'angle de l'anus une rangée de trois à quatre points d'un bleu-pâle.

Le dessous des premières ailes ne diffère du dessus que parce que l'origine de la côte est jaune, & qu'il y a à l'extrémité une ligne transverse de cette couleur, puis une ligne bleue qui longe tout le bord.

Le dessous des secondes ailes est noir, avec trois cercles jaunes, dont les deux intermédiaires fermés & adhérant l'un à l'autre; l'extérieur très-ouvert près du bord interne de l'aile, & doublé près de la base. Le cercle intermédiaire supérieur renferme trois points bleus, & l'inférieur deux. Il y a en outre une ligne bleue, courbe & maculaire, avant le bord terminal. Ce bord est liseré de blanc aux échancrures, ainsi que le bord analogue des premières ailes. Les antennes sont noires, annelées de blanc en dessous, avec la sommité de la massue jaunâtre.

Du Brésil.

Nota. Tous les sujets que nous avons vus paroissoient être des mâles.

233. Nymphale Pyracmon.

Nymphalis Pyracmon.

Nym. alis subdentatis, nigris (in mare cyaneo nitidis): anticis utrinquè fasciâ chermesinâ, bifidâ: posticis subtùs annulis tribus strigâque basilari flavis.

Elle est un peu plus petite que la précédente. Ses ailes sont noires en dessus, avec le milieu des supérieures traversé par une bande cramoisie & bifide antérieurement; le milieu des inférieures glacé de bleu changeant. Les premières ont un point blanc vis-à-vis du sommet, & les secondes deux points d'un bleu-argentin à l'angle de l'anus.

Dans la femelle, la bande rouge des ailes supérieures est plus étroite, & le milieu des inférieures est tout-à-fait noir; mais en revanche ces dernières offrent vers l'angle anal une série de huit à neuf points d'un bleu-argentin.

Le dessous des ailes supérieures, dans les deux sexes, ressemble au dessus, excepté que l'origine de la côte est jaune, & qu'il y a à l'extrémité une ligne transverse de cette couleur, puis une ligne bleue plus longue.

Le dessous des secondes ailes est noir, avec trois cercles jaunes, dont les deux intermédiaires adhérant l'un à l'autre; l'extérieur ouvert près du bord interne de l'aile & doublé du côté de la base. Le cercle intermédiaire supérieur est aussi ouvert près du bord interne, & il ne renferme qu'un point bleu; l'inférieur en contient deux comme dans les espèces précédentes : il y a en outre une ligne bleue, courbe & maculaire, avant le bord postérieur. Ce bord est liseré de blanc aux échancrures, ainsi que le bord analogue des ailes supérieures. Les antennes ne diffèrent point de celles du *Pygas*.

Du Brésil.

234. Nymphale Hydaspe.

Nymphalis Hydaspes.

Nym. alis subdentatis, nigris, basi suprà nitidè cyaneâ : anticis utrinquè fasciâ chermesinâ, abbreviatâ : posticis subtùs annulis duobus flavis punctisque quatuor ocellaribus.

Papilio F. Hydaspes, *alis integerrimis, fuscis, cæruleo micantibus: posticis subtùs flavis, lineis annularibus nigris punctisque cæruleis.* Fab. *Ent. Syst. em. tom.* 3. *pars* 1. *p.* 54. *n°.* 167.

Papilio Hydaspes. Drury, *Ins. tom.* 3. *pl.* 15. *fig.* 2. 3.

Elle est aussi plus petite que le *Pygas*. Ses ailes sont noires, avec la base des quatre glacée de bleu en dessus, & le milieu des supérieures traversé par une bande cramoisie qui n'atteint ni la côte, ni le bord interne.

Le dessous de ces dernières ailes offre un point, & une bande correspondant à celle du dessus, rouges; plus deux lignes jaunes, dont l'une couvrant environ la moitié antérieure de la côte, l'autre placée transversalement vis-à-vis du sommet, & suivie parfois d'un point bleuâtre.

Le dessous des secondes ailes a deux cercles jaunes, ouverts, dont l'intérieur offrant trois points blancs & un point jaune entourés de bleu extérieurement. Il y a en outre à l'angle de l'anus trois ou quatre petites taches d'un bleu-métallique. Les échancrures de toutes les ailes sont blanches, & les antennes entièrement noires.

Nous ignorons en quoi la femelle diffère du mâle.

Du Brésil.

235. Nymphale Hydarnis.

Nymphalis Hydarnis.

Nym. alis integris, suprà nigris, basi cyaneo nitidis: anticis fasciâ chermesinâ, abbreviatâ : posticis subtùs annulis quinque maculisque duabus bipunctatis nigris.

Elle a près de deux pouces d'envergure. Le dessus des ailes est noir, avec la base des supérieures, & le milieu des inférieures à partir de leur origine, d'un bleu-luisant, qui devient violet ou verdâtre selon les aspects. Les ailes supérieures ont une bande cramoisie, un peu sinuée, & se dirigeant obliquement du milieu de la côte à l'angle interne. Il y a en outre un point blanc à leur angle externe. Les secondes ailes ont sur le limbe postérieur une ligne maculaire d'un bleu-métallique.

Le dessous des premières ailes est d'un rouge-carmin depuis la base jusqu'au-delà du milieu; ensuite noir jusqu'au bout, avec deux lignes courbes & transverses, dont l'antérieure plus courte & d'un blanc-jaunâtre, la postérieure moins large & d'un blanc-bleuâtre. La base offre outre cela deux traits jaunâtres, longitudinaux, dont l'antérieur placé sur la côte.

Le dessous des secondes ailes est gris, avec cinq anneaux noirs, dont deux excentriques, plus petits, & renfermant chacun une tache noire sur laquelle sont deux points tantôt gris, tantôt d'un blanc-bleuâtre. Le bord antérieur des mêmes ailes a du rouge vers son origine, & la tranche du du bord postérieur des quatre offre une frange blanche, finement entrecoupée de noir. Les antennes sont de cette dernière couleur, avec le bout de la masse jaunâtre.

Nous n'avons pas vu la femelle.

Du Brésil.

236. Nymphale Clyménus.

Nymphalis Clymenus.

Nym. alis integris, suprà nigris (in mare violaceo mutabili micantibus) : fasciâ, anticarum mediâ, posticarum marginali, inaurato-viridi : posticis subtùs griseis, annulis quinque punctisque quatuor nigris.

Papilio F. Clymenus, *alis integris, fasciâ cyaneâ : subtùs anticis sanguineis ; posticis albis, annulis punctisque atris.* Fab. *Spec. Inf. tom.* 2. *p.* 53. *n°.* 232. — *Mant. Inf. tom.* 2. *p.* 26. *n°.* 268. — *Entom. Syst. em. tom.* 3. *pars* 1. *p.* 43. *n°.* 131.

Papilio Clymena. Cram. *pl.* 24. *fig.* E. F.

Elle est à peu près de la taille de la précédente. Le dessus des ailes est noir, avec un reflet d'un bleu-violet changeant dans le mâle, sans reflet dans la femelle. Les premières ailes des deux sexes ont à la base une ligne longitudinale, au milieu une bande transverse, au sommet une liture oblique, d'un vert qui paroît plus ou moins doré selon le point d'où vient la lumière. Les secondes ailes ont le long du bord terminal une bande d'un vert-doré ou bleuâtre.

Le dessous des ailes supérieures est d'un rouge-carmin depuis son origine jusqu'au-delà du milieu; puis noir jusqu'à l'extrémité, avec quatre lignes grises, dont deux longitudinales à la base, & deux transverses, dont l'antérieure plus courte, au bord postérieur.

Le dessous des ailes inférieures est d'un gris-satiné, avec cinq anneaux noirs, dont trois concentriques & ouverts près de la côte qui est en majeure partie du même rouge que le fond des ailes de devant. Ces cercles renferment deux ovales noirs; séparés ou tangens, & dans chacun desquels il y a deux points également noirs. La tranche du bord terminal de toutes les ailes est blanche & entrecoupée de noir. Le corps est noir en dessus, gris en dessous. Les antennes sont noires, annelées de blanc, avec la sommité de la masse roussâtre.

De la Guyane & du Brésil.

237. Nymphale Euclide.

Nymphalis Euclides.

Nym. alis integris, suprà nigris (in mare violaceo mutabili micantibus) : fasciâ singularum submediâ inaurato-viridi : posticis subtùs griseis, annulis quinque punctisque tribus nigris.

Erycina Euclides, *alis integerrimis, suprà atris, fasciâ cœruleâ, radios aurato-virides reflectente ; alis anticis infrà basin versùs roseo miniatis, in medio nigris, ad apicem superum lucido-griseis lineâque nigrâ notatis ; posticis infrà lucido-griseis, ad costam superam miniatis ; alâ singulâ lineis fuscis, circulos duos magnos, subconcentricos figurasque totidem subovatas in medio, delineantibus : figurâ superâ punctum unicum, inferâ duo, includentibus.* Recueil d'observat. de zool. & d'anat. comp. par Alex. de Humboldt & A. Bonpland, *vol.* 1. *p.* 240. *pl.* 24. *fig.* 3. 4.

Erycina Euclides. Recueil d'observ. de zool., &c. *vol.* 2. *p.* 131. *pl.* 42. *fig.* 5. 6.

Elle diffère du *Clyménus*, en ce que la bande verte du dessus des secondes ailes est beaucoup plus rapprochée du milieu, en ce que l'ovale supérieur de leur dessous ne renferme qu'un seul point noir au lieu de deux.

Du Pérou.

238. Nymphale Candréna.

Nymphalis Candrena.

Nym. alis integris, suprà nigris (in mare basi violaceo micantibus) : apice anticarum arcu, posticarum fasciâ, inaurato-viridibus : posticis subtùs griseis, annulis sex nigris.

Elle est approchant de la taille des trois précédentes. Le dessus des ailes est noir, avec la base glacée de bleu-violet dans le mâle. Les ailes supérieures ont à leur origine un trait longitudinal, à leur extrémité un chevron transverse & maculaire, d'un vert-doré. Les secondes ailes ont sur le bord postérieur une bande du même vert, mais elle ne monte pas jusqu'à l'angle externe.

Le dessous des ailes de devant est comme dans le *Clyménus*, avec cette différence que les deux lignes grises du bout sont séparées par une liture bleuâtre.

Le dessous des ailes de derrière est d'un gris-satiné, avec six anneaux noirs, dont trois concentriques, & ouverts près de la côte qui est presqu'entièrement rouge; le quatrième ovale; les deux autres ronds, très-petits, adhérens, & placés au-dessous du précédent qu'ils touchent parfois. La tranche du bord postérieur de toutes les ailes, le corps & les antennes ressemblent à peu près aux parties analogues du *Clyménus*.

Du Brésil.

239. Nymphale Oppel.

Nymphalis Oppelii.

Nym. alis integris, suprà nigris : anticarum fasciâ mediâ, posticarum lineâ marginali, inaurato-viridibus : posticis subtùs pallidè ochraceis, strigis duabus nigris, parallelis.

Erycina Oppelii, *alis suprà atris ; anticarum*

medio fasciâ aurato-viridi, transversâ; posticis, margini postico proximè, lineâ cœrulescenti: prioribus infrà nigris; illarum basi & apice, posteriorum paginâ inferâ totâ, pallido-ochreaceis; harum singulâ strigis duabus nigris, parallelis. Recueil d'observat. de zool. & d'anat. comp. par Alex. de HUMBOLDT & A. BONPLAND, *vol.* 1. *p.* 237. *pl.* 24. *fig.* 1. 2.

Le dessus des ailes est comme dans le *Clyménus*, mais la bande marginale des inférieures est plus étroite.

Le dessous est d'un jaune d'ocre pâle, avec une bande noire, transverse & très-large, sur le milieu des ailes de devant; avec deux lignes transverses & parallèles de cette couleur sur le milieu des ailes de derrière. Les premières ailes ont en outre tout le bord postérieur noir.

Dédiée à M. Oppel, peintre-naturaliste de S. M. le roi de Bavière.

Bords de la rivière des Amazones.

240. NYMPHALE Tytius.

NYMPHALIS Tytius.

Nym. alis integerrimis, fuscis, fasciâ communi albâ: anticarum interruptâ: singulis subtùs punctis baseos ocellaribus nigris.

Papilio F. Tytius, *alis integerrimis, fuscis, albo maculatis: anticis punctis quatuor ocellaribus atris.* FAB. *Ent. Syst. em. tom.* 3. *pars* 1. *p.* 48. *n°.* 147.

Papilio Tytea. CRAM. *pl.* 121. *fig.* C. D.

Elle a deux pouces de largeur, & elle est d'un brun-obscur en dessus. Ses premières ailes ont à la base quatre taches noires, cerclées de blanc, & au-delà du milieu une bande blanche, transverse, courbe, interrompue. Ses secondes ailes offrent près de leur origine une tache noirâtre, & à l'extrémité une bande transverse, puis une série de points blancs.

Le dessous ressemble beaucoup au dessus, mais il est plus pâle, & les ailes inférieures ont vers la base plusieurs points noirs, épars, & un peu oculaires.

De Surinam.

241. NYMPHALE Soronus.

NYMPHALIS Soronus.

Nym. alis integerrimis, fuscis, maculis plurimis ocellaribus nigris: anticis utrinquè fasciâ lutescente, mediâ.

Papilio Soronus. CRAM. *pl.* 353. *fig.* A. B. (Le mâle?)

Papilio Orestes. CRAM. *pl.* 282. *fig.* A. B. (La femelle?)

Les papillons *Soronus* & *Orestes* de Cramer forment, ce nous semble, une seule espèce, dont le premier pourroit bien être le mâle, & le second la femelle.

Son envergure est d'environ deux pouces. Le mâle est d'un brun-obscur, avec un grand nombre de points noirs oculaires sur les deux surfaces des ailes inférieures, & vers la base des supérieures. Ces dernières offrent en outre de part & d'autre une bande jaunâtre, transverse, discoïdale, courbe en arrière.

La femelle, ou l'individu que nous prenons pour la femelle, ressemble au mâle, mais elle a le fond des ailes d'un brun-jaunâtre.

De Surinam.

242. NYMPHALE? Phylacis.

NYMPHALIS Phylacis.

Nym. alis integerrimis: anticis fuscis, testaceo maculatis: posticis suprà testaceis, subtùs basi albis, utrinquè apice nigro punctatis.

Papilio Phylleus. CRAM. *pl.* 63. *fig.* D. E.

Nous ne connoissons cette espèce que par la figure de Cramer.

Elle a environ deux pouces d'envergure. Le dessus des premières ailes est d'un brun-obscur, avec plusieurs lignes transverses, briquetées, dont six à la base, & une plus longue & plus large à l'extrémité. Il y a en outre deux grandes taches de cette couleur sur le milieu. Le dessus des secondes ailes est briqueté, avec la base obscure, & une rangée marginale de points noirs.

Le dessous des ailes supérieures ressemble au dessus, mais il est plus pâle.

Le dessous des ailes inférieures est blanc vers la base, avec trois points noirs; d'un brun-tanné-clair vers l'extrémité, avec une double rangée de gros points noirâtres.

De Surinam.

243. NYMPHALE Epigia.

NYMPHALIS Epigia.

Nym. alis integerrimis, concoloribus, nigris: anticis fasciâ abbreviatâ albâ, posticis disco communi rufo.

Papilio Epitus. CRAM. *pl.* 270. *fig.* C.

Nous n'avons vu ce lépidoptère qu'en figure.

Il a deux pouces de largeur. Ses quatre ailes sont d'un noir-brun, avec une bande blanche, courte & transverse, sur le milieu des supérieures, & un grand espace roux sur le milieu des inférieures. La couleur rousse dont il vient d'être question s'étend en forme de demi-lune sur le bord interne des premières ailes.

Le dessous ne diffère du dessus que parce qu'il est un peu plus pâle.

De Surinam.

244. Nymphale Laphria.

Nymphalis Laphria.

Nym. alis integerrimis, suprà fuscis, immaculatis : subtùs pallidè fulvis, punctis strigâque communi nigricantibus.

Papilio Lamis. Cram. *pl.* 238. *fig.* E. (La femelle.)

Elle a de un pouce & demi à deux pouces d'envergure. Le dessus des quatre ailes est d'un brun-obscur, sans aucune tache.

Le dessous est d'un fauve-pâle, avec une ligne noirâtre, droite & transverse, sur le milieu, & une ligne ondulée, légèrement ferrugineuse, en avant du bord postérieur. Ces deux lignes sont séparées dans le sens de leur longueur par une série de points noirâtres, & il y a trois points semblables à la base de chaque aile.

Le mâle a les ailes supérieures un peu moins arrondies que la femelle. C'est la seule différence qu'il y ait entre l'un & l'autre.

De la Guyane & du Brésil.

245. Nymphale Aréthusus.

Nymphalis Arethusus.

Nym. alis integris, suprà nitidè atris, virescenti-cœruleo multimaculatis : posticis subtùs punctis baseos angulique ani rubris. (Feminæ alis prioribus fasciâ albâ haud repandâ.)

Papilio F. Arethusus, *alis integerrimis, atris, cœruleo maculatis : posticis subtùs punctis sanguineis.* Fab. *Spec. Ins. tom.* 2. *p.* 53. *n°.* 231. — *Mant. Ins. tom.* 2. *p.* 25. *n°* 266. — *Ent. Syst. em. tom.* 3. *pars* 1. *p.* 42. *n°.* 130. (Le mâle.)

Papilio Arethusa. Cram. *pl.* 77. *fig.* E. F. (Le mâle.)

Papilio Laodamia. Cram. *pl.* 130. *fig.* A. (La femelle.)

Papilio Arethusa. Drury, *Ins. tom.* 3. *pl.* 8. *fig.* 1. 2.

Papilio Arethusus. Herbst, *Pap. tab.* 140. *fig.* 5. 6. (Le mâle.)

Papilio Laodamia. Herbst, *Pap. tab.* 141. *fig.* 3. (La femelle.)

Fabricius n'a décrit que le mâle de ce lépidoptère. Cramer & Herbst ont connu les deux sexes, mais ils ont fait de la femelle une espèce séparée sous le nom de *Laodamia.*

Il a environ trois pouces d'envergure. Le dessus des quatre ailes est d'un noir-foncé, chatoyant, avec une multitude de taches d'un bleu-verdâtre. La femelle, ou le *Laodamia* des auteurs mentionnés ci-dessus, a en outre sur les deux surfaces des ailes de devant une bande blanche, non sinuée, & se dirigeant du milieu de la côte à l'angle interne, près duquel elle finit en pointe.

Le dessous de toutes les ailes est d'un brun-verdâtre-luisant. Celui des inférieures offre dix taches rouges, dont trois à la base, deux sur le bord interne, & cinq sur le bord postérieur vers l'angle de l'anus. Dans le mâle, les ailes supérieures sont sans bande blanche, mais, en place de cette bande, on voit une ligne bleue, oblique & interrompue, qu'environne un reflet d'un bleu beaucoup plus intense. Le corps a le dessus noir & entièrement tacheté comme les ailes; le dessous brun, avec des marques rouges sur la poitrine.

Nota. Il est des mâles dont le dessous des secondes ailes est sans taches rouges au bord interne.

De l'Amérique méridionale.

246. Nymphale Amphinome.

Nymphalis Amphinome.

Nym. alis subdentatis, suprà nigris, caracteribus cœruleo-virescentibus : anticis utrinquè fasciâ albâ repandâ : posticis subtùs rubro radiatis.

Papilio N. Amphinome, *alis dentatis, nigris, cœruleo nebulosis : primoribus fasciâ utrinquè albâ ; posticis rubro radiatis.* Linn. *Syst. Nat.* 2. *p.* 779. *n°.* 176.

Papilio N. Amphinome. Fab. *Syst. ent. p.* 508. *n°.* 276. — *Spec. Ins. tom.* 2. *p.* 97. *n°.* 427. — *Mant. Ins. tom.* 2. *p.* 53. *n°.* 520. — *Ent. Syst. em. tom.* 3. *pars* 1. *p.* 131. *n°.* 404.

Roes. *Ins. tom.* 1. *tab.* 10. *fig.* 1. 2.

Merian, *Surin. Ins. tab.* 8.

Klem. *Ins. tom.* 1. *tab.* 10. *fig.* 1. 2.

Papilio Amphinome. Cram. *pl.* 54. *fig.* E. F.

Papilio Amphinomus. Herbst, *Pap. tab.* 141. *fig.* 1. 2.

Le Papier marbré de la Chine. Daubenton, *pl. enlum.* 92. *fig.* 7. 8.

Elle a de trois pouces à trois pouces & demi d'envergure. Le dessus des quatre ailes est d'un noir-chatoyant, avec une multitude de taches d'un vert-bleuâtre ou légèrement doré, en forme d'hiéroglyphes, mais dont les pénultièmes des secondes ailes représentant une suite d'yeux ovalaires. Les premières ailes des deux sexes ont une bande blanche, sinuée, large, coupée par les nervures, atteignant le milieu de la côte & l'angle interne. Il y a en outre un point blanc entre cette bande & le sommet.

Le dessous de ces ailes est brun à la base, avec une tache rouge, triangulaire & longitudinale; ensuite d'un noir-verdâtre jusqu'au bout, avec une bande blanche, semblable à celle du dessus, & suivie de deux rangées de points blanchâtres, dont les extérieurs marginaux.

Le dessous des secondes ailes est d'un noir-verdâtre, avec des rayons rouges sur la majeure partie de la surface, & des points d'un vert-blanchâtre à l'extrémité. Les échancrures des quatre ailes sont liserées de blanc de part & d'autre. Le corps est noir en dessus & entièrement tacheté de vert-bleuâtre; il est gris en dessous, avec la poitrine rougeâtre. Les antennes sont noires.

La chenille, d'après Merian, ressemble par la forme à celle de plusieurs MORPHOS. Son corps est d'un vert-tendre, avec des raies longitudinales, alternativement jaunes & bleues, & les six pattes antérieures noirâtres. Sa tête est d'un jaune-obscur, armée de huit épines inégales qui semblent former une couronne. Son anus se termine par une longue fourche. Elle vit sur le *jasminum indicum.*

La chrysalide est jaunâtre, alongée, bifide antérieurement, avec le dos épineux.

De l'Amérique méridionale.

Nota. Il est des individus mâles qui, au lieu d'avoir des rayons rouges sur le dessous des secondes ailes, n'ont que des taches de cette couleur à la base & vers l'angle anal desdites ailes. Les rayons se sont oblitérés en passant au brun-pâle.

247. NYMPHALE Féronia.

NYMPHALIS Feronia.

Nym. alis subdentatis, suprà fuscis, caracteribus cœrulescentibus strigâque ocellorum iride simplici.

Papilio N. Feronia, *alis dentatis, suprà cœruleo fuscoque undulatis : omnibus ocellis sex.* LINN. *Syst. Nat.* 2. *p.* 770. *n°.* 140. — *Mus. Lud. Ulr. p.* 283. *n°.* 101.

Papilio N. Feronia, *alis dentatis, suprà cœruleo, fusco alboque marmoratis : omnibus ocellis sex.* FAB. *Syst. Ent. p.* 491. *n°.* 210. — *Spec. Ins. tom.* 2. *p.* 71. *n°.* 318. — *Mant. Ins. tom.* 2. *p.* 36. *n°.* 372.

Papilio S. *Feronia.* FAB. *Ent. Syst. em. tom.* 3. *pars* 1. *p.* 226. *n°.* 710.

Papilio Feronia. CLERCK, *Icon. tab.* 31. *fig.* 1. 2.

Papilio Feronia. CRAM. *pl.* 192. *fig.* E. F.

Papilio Feronia. DRURY, *Ins. tom.* 1. *pl.* 10. *fig.* 1. 2.

Papilio Feronia. HERBST, *Pap. tab.* 225. *fig.* 1. 2.

SEBA, *Mus.* 4. *tab.* 38. *fig.* 10. 11.

Elle a le port & à peu près la taille de l'*Amphinome.* Le dessus de ses quatre ailes est d'un brun-noirâtre, avec une multitude d'hiéroglyphes bleuâtres, parmi lesquels il y a parallèlement au bord postérieur une rangée d'yeux ronds, entièrement bruns, avec la prunelle blanche, l'iris simple & d'un bleu pâle. Les ailes supérieures ont vers le milieu de la côte un *sigma* rougeâtre, & entre ce sigma & la rangée d'yeux, une douzaine de taches grisâtres, éparses & assez grandes.

Le dessous de ces ailes est d'un gris-luisant à son origine, avec un *sigma* pareil à celui du dessus; ensuite noir jusqu'au bout & parsemé de taches blanches, inégales.

Le dessous des secondes ailes est d'un gris-verdâtre-luisant, avec quelques traits noirs sur le milieu, & une rangée de gros points blancs cerclés de noir, en avant du bord terminal. Ce bord est noir, & marqué à chaque échancrure d'une lunule blanche. Le corps a le dessus coloré & tacheté comme les ailes, & le dessous gris. Les antennes sont noires.

La femelle ressemble au mâle.

Nous avons vu, dans la collection de M. le chevalier de Langsdorff, deux individus mâles chez lesquels toute la couleur grise du dessous des secondes ailes est remplacée par du jaune d'ocre foncé. Cette variété n'est pas commune.

De l'Amérique méridionale, & non des Indes orientales, comme le dit Fabricius.

Nota. Dans l'Entomologie systématique de Fabricius, l'*Arethusus* est placé parmi les DANAÏDES BIGARRÉES, l'*Amphinome* parmi les NYMPHALES, & le *Feronia* parmi les SATYRES; en sorte qu'il faut aller du n°. 130 au n°. 710 de cet ouvrage pour trouver trois espèces qui appartiennent certainement au même genre, & qui doivent se suivre en raison de l'analogie des couleurs.

248. NYMPHALE Férentina.

NYMPHALIS Ferentina.

Nym. alis subdentatis, suprà fuscis, caracteribus obsoletè cœrulescentibus strigâque ocellorum iride duplici. (Posticarum ocellis 4°. & 5°. in mare lunulâ rufâ notatis.)

Papilio Feronia, var. CRAM. *pl.* 362. *fig.* A. B.

Ce qui distingue surtout ce lépidoptère du précédent, c'est qu'il a le dessus d'un brun plus obscur, avec les hiéroglyphes moins prononcés & d'un bleu plus pâle; c'est que les yeux des secondes ailes ont tous un iris double, & que le quatrième & le cinquième d'entr'eux sont marqués dans les mâles d'une lunule rousse qui est visible de part & d'autre.

Dans la femelle, le dessous des mêmes ailes offre sur le limbe postérieur un cordon de taches ferrugineuses.

Cramer le dit des Indes orientales, mais sa patrie est la même que celle du *Feronia.*

249. NYMPHALE Chloé.

NYMPHALIS Chloe.

Nym. alis repando-dentatis, suprà virescenti-cœruleis nigroque multimaculatis : omnibus utrinquè maculis baseos ferrugineis.

Papilio Chloe. STOLL, *Suppl. à* CRAM. *pl.* 5. *fig.* 1. & 1. A.

Elle a environ deux pouces & demi d'envergure. Le dessus des ailes est d'un bleu-ardoisé, avec une multitude de taches noires, parmi lesquelles il y en a trois à la base des supérieures, & deux à celle des inférieures, dont le milieu est ferrugineux. On voit en outre, vers le bout de chaque aile, une rangée de quatre à cinq yeux ayant pour la plupart une petite prunelle blanche. Les yeux des ailes de devant sont accompagnés de taches grisâtres plus ou moins prononcées.

Le dessous de toutes les ailes est d'un brun-cendré-luisant, avec des taches ferrugineuses à la base, des yeux & des taches blanches à l'extrémité. Le corps a le dessus noirâtre & tacheté de bleu, le dessous tout gris. Les antennes sont noires, avec des anneaux blancs.

De l'Amérique méridionale.

O. Ailes oblongues ou alongées dans le sens du diamètre du corps.

250. NYMPHALE Eulimène.

NYMPHALIS Eulimene.

Nym. alis dentatis, nigro-fuscis, suprà fasciis tribus fulvis : posticis subtùs fasciis sex margineque carneo-albidis.

L'individu que nous décrivons est une femelle qui a près de quatre pouces d'envergure.

Le dessus de ses ailes est d'un brun-noirâtre, avec trois bandes fauves, communes, dont la postérieure moins large & moins vive. La base des premières ailes offre en outre une bande fauve, longitudinale, & marquée vers son milieu d'un O noir derrière lequel il y a une échancrure presqu'en forme d'Y.

Le dessous de ces mêmes ailes ressemble au dessus, mais les bandes y sont d'une teinte incarnate.

Le dessous des secondes ailes a sept bandes d'un blanc-incarnat, & dont la troisième plus la quatrième très-étroites, la postérieure marginale. Le corps est brun, avec des anneaux blanchâtres. Les antennes sont noirâtres en dessus, ferrugineuses en dessous.

Sa patrie nous est inconnue, mais nous soupçonnons qu'elle vient d'une des îles Molucques.

251. NYMPHALE Nesté.

NYMPHALIS Neste.

Nym. alis dentatis, suprà nigro-fuscis, subtùs virescentibus : utrinquè fasciis tribus maris luteis, fœminæ albidis.

Papilio Neste. CRAM. *pl.* 256. *fig.* E. F. (Le mâle.)

Elle a un peu plus de deux pouces d'envergure. Le dessus des ailes est d'un brun-noirâtre, avec trois bandes d'un jaune-fauve dans le mâle, d'un blanc-obscur dans la femelle. Deux de ces bandes sont communes aux quatre ailes, mais l'antérieure des premières ailes est longitudinale, lancéolée, & elle atteint d'une part la base de l'aile, de l'autre la bande suivante qui a le milieu interrompu.

Le dessous de toutes les ailes est d'un brun-verdâtre, avec des bandes comme en dessus, mais moins foncées. Les ailes inférieures ont de plus deux lignes transversales, dont l'antérieure blanche & voisine de la base; l'autre d'un ferrugineux-obscur & placée entre les deux bandes du milieu. Le corps est tout-à-fait gris en dessous; noirâtre en dessus, avec un duvet verdâtre sur le corselet, & un anneau jaune ou blanc à la base de l'abdomen. Les antennes sont noirâtres, avec tout le dessous ferrugineux.

De l'île de Java.

252. NYMPHALE Héliodore.

NYMPHALIS Heliodore.

Nym. alis subintegris, concoloribus, nigro-fuscis, fasciis tribus luteis.

Papilio N. Heliodore, *alis dentatis, fulvis, fasciis tribus nigris.* FAB. *Ent. Syst. em. tom.* 3. *pars* 1. *p.* 130. *n°.* 401.

Elle est un peu plus petite que le *Nesté*, au mâle duquel elle ressemble en dessus.

Le dessous de ses ailes offre le même dessin que le dessus., mais les inférieures ont l'origine de la côte jaunâtre.

De l'île de Java & du royaume de Siam.

253. NYMPHALE Hordonia.

NYMPHALIS Hordonia.

Nym. alis subintegris, suprà nigro-fuscis, fasciis tribus luteis : subtùs flavescentibus ferrugineoque irroratis.

Papilio Hordonia. STOLL, *Suppl. à* CRAM. *pl.* 33. *fig.* 4. & 4. D.

Elle est de la taille de la précédente, à laquelle elle ressemble en dessus, ainsi qu'au mâle du *Nesté*. Le dessous de ses ailes est jaunâtre, & plus ou moins parsemé d'atomes d'un ferrugineux-obscur.

Stoll dit, mais d'après des renseignemens inexacts, qu'elle se trouve en Guinée. Sa véritable patrie est le Bengale, où elle a été prise par Macé.

254. NYMPHALE Frobénia.

NYMPHALIS Frobenia.

Nym. alis ſubdentatis, concoloribus, nigro-fuſcis, faſciâ fulvâ poſticâ : anticarum è maculis tribus.

Papilio N. Frobenia, *alis repandis, fuſcis, faſciâ communi fulvâ : anticarum interruptâ.* FAB. *Suppl. Ent. Syſt. em. tom.* 5. *p.* 425. *n°.* 400-1.

Elle a près de deux pouces d'envergure. Le deſſus des ailes eſt d'un brun-noirâtre, avec une bande fauve, poſtérieure, tranſverſe, & ſuivie d'une ligne cendrée pareillement tranſverſe. La bande des ailes de devant ſe compoſe de trois taches. Celle des ailes de derrière eſt continue.

Le deſſous ne diffère du deſſus que parce qu'il eſt généralement plus pâle, & parce que la ligne cendrée qui avoiſine le bord poſtérieur eſt renfermée entre deux lignes flexueuſes de ſa couleur. Le corps eſt obſcur & ſans tache. Les antennes ſont noirâtres en deſſus, ferrugineuſes en deſſous.

Dans le mâle, le deſſous des premières ailes offre vers l'origine du bord interne un eſpace d'un blanc d'étain-luiſant.

De l'Ile-de-France.

255. NYMPHALE de l'Erable.

NYMPHALIS Aceris.

Nym. alis dentatis, ſuprà fuſco-nigris, ſubtùs fulvis, faſciis tribus macularibus albis : anticarum faſciâ baſeos longitudinali, lanceolatâ.

Papilio N. Aceris, *alis dentatis, albo faſciatis, ſuprà nigris, ſubtùs fulvis.* FAB. *Mant. Inſ. tom.* 2. *p.* 52. *n°.* 52. *n°.* 514.

Papilio S. *Aceris.* FAB. *Ent Syſt. em. tom.* 3. *pars* 1. *p.* 245. *n°.* 763.

Papilio Aceris. ESP. *Pap. part.* 1. *tab.* 81. *cont.* 31. *fig.* 3. 4.

Papilio Aceris. HERBST, *Pap. tab.* 235. *fig.* 5. 6.

Papilio Leucothoe. HERBST, *Pap. tab.* 239. *fig.* 5. 6.

Papilio Columella. HERBST, *Pap. tab.* 240. *fig.* 1. 2.

Papilio Aceris. BORKH. *Pap. Eur. part.* 1. *p.* 27. *n°.* 23. — *p.* 211. *n°.* 22.

Papilio Aceris. SCHNEID. *Syſt. Beſchr. p.* 148. *n°.* 78.

Papilio Aceris. LANG. *Verz.* 2. *p.* 31. *n°.* 224. 225.

Papilio Aceris. OCHSENH. *Pap. Eur. tom.* 1. *p.* 136. *n°.* 1.

Papilio Aceris tartarici. LEPCHIN, *Tageb.* 1. *p.* 203. *tab.* 17. *fig.* 5. 6.

Papilio Leucothoe. CRAM. *pl.* 296. *fig.* E. F.

Papilio Columella. CRAM. *pl.* 296. *fig.* A. B.

Papilio H. *Sapho.* PALLAS, *V. part.* 1. *n°.* 62.

Papilio Leucothoe. PILL. & MITTERB. *Iter, &c. p.* 41. *tab.* 5. *fig.* 3. 4.

Papilio Plautilla. HUBN. *Pap. tab.* 21. *fig.* 99. 100. (Mas.)

ILLIG. *Magaz. tom.* 3. *p.* 201.

Le Silvain à deux bandes blanches. ENGRAM. *Pap. d'Europe, tom.* 1. *p.* 315. *pl.* 2. 3ᵉ. *Suppl. fig.* 12. a-d. *tert.*

Son envergure eſt de deux pouces à deux pouces & demi. Le deſſus des ailes eſt d'un noir-brun, avec trois bandes blanches, maculaires, dont la poſtérieure très-étroite. La bande de l'origine des premières ailes eſt longitudinale, & elle conſiſte en deux taches triangulaires, oppoſées par leur baſe.

En deſſous, où le fond eſt d'un fauve-ferrugineux, on retrouve à chaque aile les caractères que nous venons d'indiquer. Indépendamment de cela, les inférieures ont trois lignes blanches, tranſverſes, ſavoir : deux très-courtes à la baſe même; la troiſième derrière la bande antérieure. Les échancrures du bord terminal de toutes les ailes ſont blanches de part & d'autre. Le corps eſt brun en deſſus, gris en deſſous. Les antennes ſont noires, avec le bout de la maſſue jaunâtre.

La femelle reſſemble au mâle, ſeulement elle eſt plus grande.

Elle ſe trouve depuis les îles de la Sonde juſqu'en Autriche incluſivement.

Les individus des Indes orientales ſont, comme le dit fort bien Fabricius, plus grands que ceux d'Europe.

256. NYMPHALE Leucothoé.

NYMPHALIS Leucothoe.

Nym. alis dentatis, ſuprà fuſco-nigris, ſubtùs fulvis, utrinquè faſciis tribus macularibus albis : poſticarum faſcia intermediâ punctis nigris antrorſum fœtâ.

Papilio N. Leucothoe, *alis dentatis, ſuprà fuſcis, ſubtùs luteis, faſciis tribus macularibus albis nigro notatis.* LINN. *Syſt. Nat.* 2. *edit.* 12. *p.* 780. *n°.* 179. — *Muſ. Lud. Ulr. p.* 292.

β. *Papilio* N. Hylas, *alis dentatis, ſuprà fuſcis, ſubtùs luteſcentibus : faſciis utrinquè tribus albis, interruptis.* LINN. *Syſt. Nat.* 2. *edit.* 10. *p.* 486. *n°.* 173.

Papilio N. Leucothoe, *alis dentatis, ſuprà fuſcis, faſciis tribus albis : ſubtùs luteis, faſciis tribus albo notatis.* Fab. *Ent. Syst. em. tom.* 3. *pars* 1. *p.* 129. *n°* 395.

Papilio Leucothoe. Sulz. *Inf. edit.* Roem. *tab.* 18. *fig.* 2. 3.

Papilio Erosine. Cram. *pl.* 203. *fig.* E. F.

Papilio Erosine. Herbst, *Pap. tab.* 240. *fig.* 5. 6.

Daubenton, *pl. enlum.* 91. *fig.* 3. 4.

Elle a un peu plus de deux pouces & demi d'envergure. Le dessus des ailes est d'un noir-brun, avec trois bandes blanches, maculaires, dont l'antérieure plus large; l'intermédiaire chargée sur le côté interne d'une série de points très-noirs; la postérieure marginale & composée de petits croissans. Il y a en outre, à la base des premières ailes, une bande longitudinale, consistant en une tache triangulaire & en trois gros points blancs.

Le dessous de toutes les ailes est fauve, ou d'un jaune-roussâtre, avec des bandes semblables à celles du dessus; mais la bande antérieure & celle de l'extrémité sont bordées de noir, la première sur chaque côté, l'autre en dehors seulement : les taches qui composent la bande longitudinale de la base des premières ailes sont aussi bordées de noir. Le corps est d'un brun-noirâtre, avec des taches blanches sur le corselet, & une à la base de l'addomen. Les antennes sont noires en dessus, ferrugineuses en dessous.

De la Chine, du Bengale & de l'île de Java.

Nota. Linnæus, dans la dixième édition de son *Systema naturæ,* rapporte cette espèce à notre *Hylé* ou *Hylas* de Clerck. Une telle erreur est vraiment inconcevable.

257. Nymphale Strophia.

Nymphalis Strophia.

Nym. alis dentatis, utrinquè fusco-nigris, fasciis tribus macularibus albis : posticis subtùs basi discoque punctis atris.

Papilio Sulpitia. Cram. *pl.* 214. *fig.* E. F.

Papilio Sulpitia. Herbst, *Pap. tab.* 240. *fig.* 3. 4.

Elle est un peu plus grande que la précédente. Le dessus des ailes est d'un noir-brun, avec trois bandes blanches, communes & maculaires, dont la postérieure très-étroite & moins distincte. Il y a en outre à l'origine des premières ailes une bande blanche, longitudinale, formée de deux taches dont l'antérieure plus grande & lancéolée.

Le dessous de ces ailes est à peu près comme le dessus.

Le dessous des secondes ailes est blanc à la base, avec des points d'un noir-foncé; ensuite d'un brun-noirâtre, avec trois bandes blanches, communes & transversales. Les deux bandes antérieures sont séparées par un rang de points très-noirs dont l'empreinte s'aperçoit sur la surface opposée.

De la Chine.

258. Nymphale Hélicopis.

Nymphalis Helicopis.

Nym. alis dentatis, utrinquè fusco-nigris, suprà fasciis duabus macularibus albis, subtùs quatuor : anticarum basi punctis duobus albis.

Papilio Heliodore. Cram. *pl.* 212. *fig.* E. F.

Papilio Heliodorus. Herbst, *Pap. tab.* 241. *fig.* 1. 2.

Seba, *Muf. tom.* 4. *tab.* 16. *fig.* 3. 4. 8. 9.

Elle est de la taille de la précédente. Le dessus de ses ailes est d'un noir-brun, avec deux bandes blanches, maculaires, dont l'antérieure large & discoïdale, la postérieure très-étroite & parfois moins-prononcée. Il y a en outre deux points blancs, alignés longitudinalement, entre la bande antérieure & la base des premières ailes.

Le dessous diffère du dessus, en ce que le bord terminal offre trois raies ou bandes blanches maculaires, au lieu d'une seule.

De l'île d'Amboine.

259. Nymphale Lucille.

Nymphalis Lucilla.

Nym. alis subdentatis, suprà fusco-nigris, subtùs ferrugineis, utrinquè fasciâ albâ, mediâ, maculari : anticarum basi lineâ longitudinali punctorum alborum.

Papilio N. Lucilla, *alis dentatis, suprà fuscis, subtùs brunneis : utrinquè fasciâ maculari albâ.* Fab. *Mant. Inf. tom.* 2. *p.* 55. *n°.* 549.

Papilio S. Lucilla. Fab. *Ent. Syst. em. tom.* 3. *pars* 1. *p.* 246. *n°.* 768.

Papilio Lucilla. Wien. *Verz. p.* 175. *fam.* H. *n°.* 4.

Papilio Lucilla. Hubn. *Pap. tab.* 21. *fig.* 101. 102. (Mas.)

Hubn. *Beitr. tom.* 2. *part.* 1. *tab.* 2. *fig.* F. 1. 2.

Papilio Lucilla. Illig. N. *Aufg. Deff. tom.* 2. *p.* 213. *n°.* 4.

Illig. *Magaz. tom.* 3. *p.* 197.

Papilio Lucilla. Herbst, *Pap. tab.* 235. *fig.* 3. 4.

Papilio Cœnobitus. Herbst, *Pap. tab.* 239. *fig.* 3. 4.

Papilio Lucilla. Schrank, *Faun. Boïc. tom.* 3. *p.* 191. *n°.* 1329.

Papilio Lucilla. Pill. & Mitterb. *Iter,* &c. *p.* 40. *tab.* 5. *fig.* 5. 6.

Papilio Lucilla. Ochsenh. *Pap. Eur. tom.* 1.

Papilio Camilla. Esp. *Pap. part.* 1. *tab.* 59. *cont.* 9. *fig.* 1.

Papilio Camilla. Borkh. *Pap. Eur. part.* 1. *p.* 26. *n°.* 22. — *p.* 211. *n°.* 21.

Papilio Camilla. Schneid. *Syst. Beschr. p.* 147. *n°.* 77.

Papilio Cœnobita. Cram. *pl.* 296. *fig.* C. D.

Le Silvain cœnobite. Engram. *Pap. d'Europe, tom.* 1. *p.* 29. *pl.* 10. *fig.* 12. a. b.

Elle a environ deux pouces d'envergure. Ses ailes sont foiblement dentées. Leur dessus est d'un brun-noirâtre; leur dessous est d'un ferrugineux foncé, avec une bande blanche, commune & maculaire sur le milieu de chaque surface. La base des premières ailes offre en outre une ligne longitudinale de points blancs. Cette couleur est aussi celle des petites échancrures du bord terminal. Le corps est brun en dessus, gris en dessous. Les antennes sont noires, avec le bout de la massue roux.

Sud de la Russie, Autriche, Hongrie, Styrie, Dalmatie.

N. B. Le dessous des ailes varie quelquefois, en ce que la ligne ponctuée de la base des supérieures est double; en ce que les inférieures ont un peu de blanc vers leur origine; enfin, en ce qu'il y a parallèlement au bord postérieur des quatre deux lignes blanchâtres, maculaires, plus ou moins prononcées.

260. Nymphale Mélicerta.

Nymphalis Melicerta.

Nym. alis denticulatis, utrinquè fusco-nigris, fasciâ latâ strigisque albis: anticarum basi punctis albis, sparsis.

Papilio N. Melicerta, *alis dentatis, concoloribus, atris, albo punctatis fasciâque communi albâ: anticarum interruptâ.* Fab. *Syst. Ent. p.* 508. *n°.* 274. — *Spec. Ins. tom.* 2. *p.* 96. *n°.* 423. — *Mant. Ins. tom.* 2. *p.* 52. *n°.* 513.

Papilio S. *Melicerta.* Fab. *Ent. Syst. em. tom.* 3. *pars* 1. *p.* 244. *n°.* 762.

Papilio Agatha. Cram. *pl.* 327. *fig.* A. B.

Papilio Agatha. Herbst, *Pap. tab.* 238. *fig.* 7. 8.

Elle a environ deux pouces d'envergure. Le dessus des ailes est d'un noir-brun, avec une large bande blanche sur le milieu, & quatre lignes blanchâtres sur le limbe postérieur. La bande est crénelée en dehors, & interrompue seulement vers le bord interne des premières ailes. Celles-ci ont à la base plusieurs points blancs, épars.

Le dessous ressemble au dessus, mais la naissance des ailes inférieures est rayonnée de blanc. Les petites échancrures des quatre ailes sont très-blanches de part & d'autre.

De Sierra-Leone en Afrique.

261. Nymphale Mélinoé.

Nymphalis Melinoe.

Nym. alis denticulatis, utrinquè fusco-nigris, fasciâ latâ strigisque albis: anticarum basi maculâ cuneiformi punctoque albis.

Papilio Melicerta. Drury, *Ins. tom.* 2. *pl.* 19. *fig.* 3. 4.

Papilio Melicertus. Herbst, *Pap. tab.* 238. *fig.* 5. 6.

Papilio Blandina. Cram. *pl.* 237. *fig.* E. F.

Elle diffère du *Melicerta* en ce que les premières ailes ont la bande beaucoup plus divisée, & les points blancs de la base remplacés par une tache cunéiforme & par un point de leur couleur.

De Sierra-Leone.

Nota. Ne seroit-ce pas plutôt une variété du *Melicerta* qu'une espèce distincte? On ne peut rien décider quand l'on n'a vu qu'un seul individu, à plus forte raison lorsqu'il est en mauvais état.

262. Nymphale Ophione.

Nymphalis Ophione.

Nym. alis denticulatis, utrinquè fuscis, fasciâ latâ strigisque albis: subtùs maculis ocellaribus atris.

Papilio N. Ophione, *alis dentatis, fuscis, albo maculatis: subtùs maculis ocellaribus atris, numerosis.* Fab. *Spec. Ins. tom.* 2. *p.* 97. *n°.* 425. — *Mant. Ins. tom.* 2. *p.* 53. *n°.* 518. — *Ent. Syst. em. tom.* 3. *pars* 1. *p.* 131. *n°.* 402.

Papilio Ophione. Cram. *pl.* 114. *fig.* E. F.

Papilio Valentina? Cram. *pl.* 237. *fig.* C. D.

Papilio Ophione. Herbst, *Pap. tab.* 238. *fig.* 1. 2.

Papilio Valentinus? Herbst, *Pap. tab.* 238. *fig.* 3-4.

Elle a aussi de grands rapports avec le *Melicerta.* Néanmoins elle s'en distingue en ce que la bande des premières ailes est plus divisée; en ce que leur base n'a pas de points blancs, ou n'en a qu'un seul en dessus; en ce que le dessus des quatre ailes offre avant les lignes du limbe postérieur une rangée & demie de taches très-noires, cerclées de blanc.

Les auteurs s'accordent à dire qu'elle habite la Guinée. S'il n'y a point d'erreur à cet égard, le papillon *Valentina* de Cramer ne doit pas être d'Amboine, d'Amboine, car il paroît trop voisin de l'Ophione pour en être séparé.

263. Nymphale Vénilia.

Nymphalis Venilia.

Nym. alis subdentatis, nigris, utrinquè fasciâ mediâ punctisque cœrulescenti-albis : subtùs basi glauco radiatis.

Papilio N. Venilia, *alis dentatis, fuscis, fasciâ communi arcuatâ albâ, marginibus cœrulescente.* Linn. *Syst. Nat.* 2. *p.* 780. *n°.* 177. — *Mus. Lud. Ulr. p.* 290. *n°.* 108.

Papilio N. *Venilia.* Fab. *Syst. Ent. p.* 509. *n°.* 278. — *Spec. Ins. tom.* 2. *p.* 98. *n°.* 431. — *Mant. Ins. tom.* 2. *p.* 53. *n°.* 525. — *Ent. Syst. em. tom.* 3. *pars* 1. *p.* 134. *n°.* 411.

Papilio Venilia. Clerck, *Icon. tab.* 32. *fig.* 4.

Papilio Venilia. Cram. *pl.* 219. *fig.* B. C.

Seba, *Mus.* 4. *tab.* 16. *fig.* 3. 4.

Elle a approchant deux pouces & demi d'envergure. Ses ailes sont à peine dentées. Leur dessus est noir, avec une bande blanche, commune, discoïdale, bordée de bleu; plus une rangée postérieure de points d'un blanc-bleuâtre. Les premières ailes, dont la bande est maculaire & rétrécie antérieurement, ont entre cette bande & la base quatre ou cinq petits points blancs.

Le dessous ne diffère du dessus que parce qu'il est un peu plus pâle, & parce que la base des quatre ailes est rayonnée de blanc-verdâtre.

De Java, selon Cramer; des Indes, selon Fabricius.

264. Nymphale Nauplia.

Nymphalis Nauplia.

Nym. alis integris, fusco-nigris : anticis utrinquè maculis, posticis fasciâ, albis : posticarum fasciâ subtùs flavo rufoque circumdatâ.

Papilio N. Nauplia, *alis subdentatis, fuscis, subconcoloribus : primoribus suprà maculis quatuor, posticis fasciâ, albidis.* Linn. *Syst. Nat.* 2. *p.* 783. *n°.* 197. — *Mus. Lud. Ulr. p.* 309.

Papilio N. *Nauplia.* Fab. *Syst. Ent. p.* 512. *n°.* 293. — *Mant. Ins. tom.* 2. *p.* 52. *n°.* 515. — *Ent. Syst. em. tom.* 3. *pars* 1. *p.* 130. *n°.* 400.

Papilio Nauplius. Clerck, *Icon. tab.* 46. *fig.* 1. 2.

Papilio Nauplia. Cram. *pl.* 316. *fig.* D. E. (La femelle.) *fig.* F. G. (Le mâle.)

Elle a environ deux pouces d'envergure. Les ailes sont d'un noir-brun en dessus, avec quatre ou cinq taches éparses sur le milieu des premières, & une bande transverse sur le milieu des secondes. Les taches & la bande sont très-blanches dans la femelle, d'un blanc-jaunâtre dans le mâle.

Ces caractères se retrouvent en dessous, où le fond est aussi d'un brun-noirâtre. Indépendamment de cela, les premières ailes ont à la base deux raies longitudinales, dont l'antérieure rousse, l'autre d'un jaune d'ocre-pâle. La bande des secondes ailes est enveloppée du côté de la base par une ligne jaune, & du côté du bord postérieur par une ligne rousse, derrière laquelle il y a une ligne jaunâtre, moins large.

De la Guyane.

Nota. Linnæus n'a connu que le mâle de cette espèce; à en juger du moins par la description qu'il en donne.

265. Nymphale Emilie.

Nymphalis Emilia.

Nym. alis integris, nigris : anticis utrinquè maculis, posticis fasciis duabus, nitidè albis : posticarum fasciâ baseos communi, alterâ subtùs rufo circumdatâ.

Papilio Emilia. Cram. *pl.* 223. *fig.* E. F.

Elle est un peu plus grande que la précédente. Le dessus des ailes est noir, avec des taches orbiculaires d'un blanc-luisant sur les supérieures, & deux bandelettes obliques du même blanc sur les inférieures. Les taches des ailes supérieures sont au nombre de trois, savoir : deux vis-à-vis du sommet; l'autre discoïdale, plus grande & coupée par une nervure fourchue. La bande postérieure des secondes ailes est maculaire; leur bande antérieure avoisine la base & monte jusqu'à la tache discoïdale des premières. Il y a en outre parallèlement au bord terminal des quatre ailes une ligne bleuâtre, très-fine.

Le dessous ressemble au dessus; mais la côte des premières ailes est longée, depuis son origine jusqu'aux taches du sommet, par une ligne rousse; les secondes ailes ont la bande postérieure plus large, continue, & renfermée dans un cercle roux & oblong. Le corps & les antennes sont de la couleur des ailes.

De la Guyane & du Brésil.

Nota. Le dessous des ailes supérieures offre près de son origine une convexité assez semblable à une petite vessie.

266. Nymphale Cœnobite.

Nymphalis Cœnobita.

Nym. alis dentatis, nigris : anticis striâ maculisque : posticis suprà fasciâ albâ; subtùs albis, fasciis quatuor maculisque marginalibus fuscis. Fab.

Papilio S. *Cœnobita*. Fab. *Ent. Syst. em. tom.* 3. *pars* 1. *p.* 247. *n°.* 769.

Papilio Cœnobita. Jon. *Fig. pict.* 5. *tab.* 27. *fig.* 2.

Papilio Cœnobita. Donow. *Of an Epit. of the Nat. Hist. Ins. of India, cah.* 3. *pl.* 4. *fig.* 3.

Elle est de la taille de la nymphale *Sybille*. Le corps est noir, avec la base de l'abdomen blanche. Le dessus des ailes supérieures est d'un noir-foncé, avec une raie longitudinale, courte, des taches & plusieurs petites lignes, blanches. Leur dessous ressemble à leur dessus, mais le fond en est brun. Les secondes ailes ont une raie transverse, droite, une bande discoïdale, & deux lignes courbes vers le bord, blanches. Leur dessous est blanc, avec quatre bandes, & des taches marginales, d'un brun-obscur.

Des Indes.

(*Traduction de Fabricius.*)

267. Nymphale Hersilie.

Nymphalis Hersilia.

Nym. alis dentatis, suprà cinerascenti-albis, limbo fusco : posticis subtùs pallidè fulvis, fasciis duabus lunulisque marginalibus albis.

Papilio S. Hersilia, *alis dentatis, albis, limbo fulvo : posticis subtùs fulvis, fasciis duabus punctoque medio albis.* Fab. *Ent. Syst em. tom.* 3. *pars* 1. *p.* 247. *n°.* 770.

Papilio Mardania. Cram. *pl.* 213. *fig.* F. G. (Variété.)

Elle a d'un pouce & demi à deux pouces d'envergure. Le dessus des quatre ailes est d'un blanc plus ou moins cendré, avec le limbe postérieur d'un brun-obscur & divisé par un cordon de lunules blanches. La base des ailes supérieures est en outre obscure, avec un trait noirâtre, transversal.

Le dessous de ces ailes est blanc, avec la base & l'extrémité fouettées de fauve-pâle.

Le dessous des secondes ailes est d'un fauve-pâle, avec une tache à la base, deux bandes transverses sur le milieu, une rangée de lunules sur le bord terminal, blanches. La bande postérieure est maculaire & surmontée d'une ligne blanchâtre peu prononcée. Les lunules sont bordées de noirâtre, particulièrement en arrière. Le corps est blanchâtre, avec le corselet cendré. Les antennes sont noires, annelées de blanc, avec le bout de la massue ferrugineux ou jaunâtre.

La femelle ressemble au mâle.

Quelquefois le dessus des ailes prend une teinte roussâtre vers le bout, mais moins prononcée que dans l'individu figuré par Cramer sous le nom de *Mardania*.

De la Guyane & du Brésil.

Nota. La base des premières ailes offre en dessous une petite vessie semblable à celle que l'on voit dans la nymphale *Emilie*.

GENRE MORPHO (1).

CARACTÈRES DU GENRE.

PALPES inférieurs très-comprimés, ayant la tranche antérieure étroite ou aiguë; antennes presque filiformes, légèrement et insensiblement plus grosses vers leur extrémité.

I. Cellule discoïdale ou centrale des secondes ailes ouverte en arrière.

II. Cellule discoïdale des secondes ailes fermée en arrière. (Chenilles, du moins pour la plupart, terminées postérieurement par une pointe fourchue.)

A. *Angle anal des secondes ailes prolongé en une petite queue.*

Le genre AMATHUSIA de Fabricius. (Pap. *Aurelius, Phidippus,* etc.)

B. *Angle anal des secondes ailes sans prolongement remarquable.*

Le genre MORPHO de Fabricius. (Pap. *Hecuba, Menelaus, Achilles,* etc.)

ESPÈCES.

I. Cellule discoïdale des secondes ailes ouverte en arrière, ou fermée quelquefois en dessous par un léger pli.

A. Ailes supérieures non concaves. Inférieures ayant l'angle de l'anus prolongé en une petite queue obtuse ou tronquée.

1. MORPHO Aurélius.

Dessus des ailes couleur de terre d'ombre, avec environ la moitié postérieure noire et tachetée de blanc : dessous des inférieures avec deux yeux écartés, et pareil nombre de lunules à l'angle de l'anus.

2. MORPHO Phidippe.

Dessus des ailes couleur de terre d'ombre, avec une ligne jaunâtre, transverse et presque terminale : inférieures ayant de part et d'autre deux moitiés d'yeux sur l'angle de l'anus.

3. MORPHO Adonis.

Dessus des ailes du bleu-azuré le plus brillant, avec le limbe postérieur noir (et tacheté de blanc dans la femelle) : dessous d'un gris lavé de brun, avec des bandes plus claires, et des yeux séparés.

B. Ailes supérieures plus ou moins concaves. Inférieures sans prolongement remarquable à l'angle de l'anus.

4. MORPHO Andromachus.

Ailes un peu dentées, d'un brun-noirâtre en dessus, avec un large espace commun, et des taches terminales, fauves : dessous avec des yeux sans prunelle.

5. MORPHO Hécube.

Ailes dentées, noires en dessus, avec le milieu des supérieures, et des taches

(1) Le genre MORPHO de M. Latreille renferme deux divisions. Dans la première, la cellule discoïdale des ailes inférieures est ouverte; dans la seconde, elle est fermée postérieurement.

MORPHO. (Insecte.)

sur leur bord terminal, fauves : dessous des inférieures ayant à la base des bandes argentées et des bandes rousses.

6. Morpho Métellus.

Ailes dentées, d'un noir-brun en dessus, avec le milieu des supérieures, et des taches sur leur bord terminal, fauves : dessous des inférieures avec des bandes pâles à la base.

7. Morpho Persée.

Ailes dentées, d'un noir-brun en dessus, avec la base verdâtre, et l'extrémité tachetée de fauve : dessous des inférieures avec des bandes d'un blanc-luisant, et dont une dentée sur le bord d'en haut.

8. Morpho Anaxibia.

Ailes dentées, d'un bleu-azuré-brillant en dessus, avec le limbe terminal noir (et tacheté de fauve dans la femelle) : dessous d'un brun-clair, avec une rangée transverse d'yeux roux à prunelle blanche et linéaire.

9. Morpho Ménélas.

Ailes dentées, d'un bleu-azuré-brillant en dessus, avec le limbe noir (et tacheté de blanc dans la femelle) : dessous couleur de terre d'ombre, avec des yeux noirs à iris rouge et à prunelle formée par des atomes bleus.

10. Morpho Hélénor.

Ailes dentées, noires en dessus, avec un espace à la base, ou une bande sur le milieu, d'un bleu-azuré-luisant : dessous offrant à la base une ligne verdâtre, transverse et ondulée.

11. Morpho Achille.

Ailes dentées, noires en dessus, avec un espace à la base, ou une bande sur le milieu, d'un bleu-azuré-luisant : dessous offrant à la base beaucoup de lignes verdâtres, transverses et ondulées.

12. Morpho Rhéténor.

Dessus des ailes d'un bleu-azuré très-brillant : dessous varié de brun et de gris, avec des yeux sans prunelle. (Le mâle.)

13. Morpho Cythéris.

Dessus des ailes d'un bleu-argenté-luisant : inférieures dentées, ayant en dessous beaucoup de bandes nacrées, et trois yeux séparés. (Le mâle.)

14. Morpho Laerte.

Ailes un peu dentées, d'un blanc-nacré de part et d'autre, avec une bande noire sur la côte des supérieures : dessous des inférieures avec une rangée transverse d'yeux.

15. Morpho Jaïrus.

Ailes entières, d'un brun-obscur : inférieures avec le milieu blanc à partir de la base, un œil très-grand en dessus, deux yeux séparés en dessous.

16. Morpho Odana.

Ailes un peu dentées, d'un brun-noirâtre : supérieures avec une bande d'un bleu-violet-luisant : dessous des inférieures avec un œil sans prunelle à l'angle de l'anus.

17. Morpho Ogina.

Ailes un peu dentées, d'un brun-violet en dessus, avec une bande postérieure d'un bleu-pâle : dessous des inférieures avec deux à quatre yeux.

MORPHO. (Insecte.)

18. Morpho Célinde.

Ailes un peu dentées, d'un brun-violet en dessus, avec une bande d'un bleu-pâle sur le milieu : supérieures ponctuées de fauve à l'extrémité : dessous des inférieures avec deux yeux écartés.

19. Morpho Tullia.

Ailes un peu dentées, d'un brun-violet en dessus, avec des taches jaunes à l'extrémité : dessous ponctué de brun à la base.

20. Morpho Ménéthon.

Ailes dentées, d'un brun-obscur, avec le bord tacheté de jaune : dessous des inférieures avec deux yeux. Fab.

II. Cellule discoïdale des secondes ailes fermée en arrière par une nervure en angle aigu et d'où part un rameau longitudinal qui s'étend jusqu'au bord postérieur.

A. Ailes supérieures non concaves. Inférieures ayant l'angle de l'anus plus ou moins prolongé.

21. Morpho Actorion.

Ailes entières, couleur de terre d'ombre en dessus : supérieures avec une bande rousse à l'extrémité, et un espace d'un violet-luisant vers l'angle interne.

B. Ailes supérieures concaves. Inférieures plus ou moins prolongées en dehors.

22. Morpho Aorsa.

Dessus des ailes d'un brun-noirâtre, avec une ligne fauve, transverse et presque terminale : dessous des inférieures avec des réseaux et deux yeux.

23. Morpho Automédon.

Dessus des ailes d'un brun-noir, avec un espace violet, commun et discoïdal : sommet des supérieures (femelle) *avec une ligne fauve, transversale : dessous des inférieures avec deux yeux, dont le postérieur réuni à un autre de moitié plus petit.*

C. Ailes supérieures peu ou point concaves. Inférieures sans prolongement.

24. Morpho Euryloque.

Ailes un peu dentées, d'un bleu-obscur en dessus : dessous des supérieures avec deux yeux, dessous des inférieures avec trois, et une ligne noire, anguleuse et discoïdale, sur celles-ci et sur celles-là.

25. Morpho Ilionée.

Ailes un peu dentées, d'un bleu-violet en dessus, avec le limbe terminal noir : limbe des supérieures avec deux lignes transverses, limbe des inférieures avec les sinus, jaunâtres.

26. Morpho Teucer.

Ailes un peu dentées : dessus des supérieures d'une teinte livide ; dessus des inférieures d'un bleu-ardoisé à la base, leur dessous avec trois yeux séparés, dont le postérieur très-grand.

27. Morpho Idoménée.

Ailes un peu dentées, d'un brun-noir en dessus, avec la base des quatre, et le limbe terminal des inférieures, d'un bleu-ardoisé : dessous des inférieures avec deux yeux, et une tache blanche, centrale.

28. Morpho Inachis.

Ailes un peu dentées, d'un bleu-violet en dessus, avec le limbe terminal des quatre noir, et le sommet des supérieures d'un jaune-fauve : dessous des inférieures avec deux yeux oblongs.

29. Morpho Martia.

Ailes un peu dentées : les deux surfaces des supérieures avec un espace blanc, central ; dessus des inférieures violet, leur dessous avec deux yeux.

30. Morpho Taraméla.

Ailes presqu'entières : dessus des supérieures d'un fauve-jaunâtre-obscur, avec le limbe terminal noir : dessous des

MORPHO. (Insecte.)

inférieures avec deux yeux, et une ligne bleuâtre, transverse, ondulée.

31. Morpho Saronia.

Ailes presqu'entières, d'un jaune-roussâtre en dessus, avec le limbe terminal noir : dessous des supérieures ayant sur le milieu une bande jaunâtre, bifide; dessous des inférieures avec deux yeux écartés.

32. Morpho Acadina.

Ailes un peu dentées, d'un brun-tanné-pâle en dessus, avec une ligne fauve, transverse, presque terminale, laquelle est double aux supérieures : dessous des inférieures avec deux bandes blanches, dont une plus courte, et deux yeux écartés.

33. Morpho Rusina.

Ailes un peu dentées, noires en dessus, avec un espace d'un bleu-brillant, puis une bande commune, qui est d'un jaune d'ocre aux supérieures, blanche aux inférieures : dessous de ces dernières avec deux yeux écartés.

34. Morpho Anaxandra.

Ailes un peu dentées, d'un noir-brun en dessus, avec une bande d'un jaune d'ocre-pâle sur les quatre : dessous des inférieures avec une rangée courbe de trois yeux.

35. Morpho Anaxarète.

Ailes entières, d'un noir-brun : extrémité des supérieures tachetée de blanc de part et d'autre : dessous des inférieures d'un roux-obscur, avec des points noirâtres à la base.

36. Morpho Anosia.

Ailes dentées, d'un brun-noirâtre : les deux surfaces des supérieures avec une bande blanche, maculaire : dessous des inférieures avec des lignes transversales et flexueuses, plus six yeux, dont le postérieur à double prunelle.

37. Morpho Darius.

Ailes entières, d'un brun-noirâtre : supérieures tachetées de blanc : dessous des inférieures avec un arc noir. Fab.

38. Morpho Œthon.

Ailes entières, d'un brun-obscur, avec une ligne fauve, transverse et marginale : dessous des inférieures avec de légères ondes et sept yeux. Fab.

39. Morpho Bérécynthus (1).

Ailes entières, d'un noir-brun en dessus, avec une bande fauve, terminale : bande des supérieures anguleuse : dessous des inférieures avec une rangée transverse de six yeux.

40. Morpho Xanthus.

Ailes presqu'entières, d'un noir-brun en dessus : supérieures avec une bande fauve, anguleuse : dessous des inférieures avec deux yeux écartés, dont l'antérieur réniforme.

41. Morpho Caryatis.

Ailes dentées, d'un noir-brun : dessus des supérieures avec une bande fauve, postérieure; leur dessous avec une bande blanche, centrale : dessous des inférieures avec deux yeux sémi-lunaires.

42. Morpho de la Casse.

Ailes dentées, d'un brun-noirâtre en dessus : les deux surfaces des supérieures avec une bande fauve : dessous des inférieures avec deux yeux séparés, dont l'antérieur plus grand et presque rond.

---

(1) Cette espèce et les suivantes font le passage des Morphos aux Brassolides, en raison de leurs antennes un peu plus renflées vers l'extrémité, et d'une fente longitudinale, couverte de poils, fente que l'on remarque, ainsi que dans les Brassolides, près du bord interne des ailes inférieures du mâle. Ce dernier caractère peut servir à distinguer ces espèces des Nymphales, avec lesquelles on seroit d'abord tenté de les confondre, si l'on n'avoit égard qu'aux palpes et aux antennes.

I. Cellule discoïdale des secondes ailes ouverte postérieurement, ou fermée quelquefois en dessous par un léger pli.

A. Ailes supérieures non concaves. Inférieures ayant l'angle de l'anus prolongé en une petite queue obtuse ou tronquée.

1. Morpho Aurélius.

Morpho Aurelius.

Mor. alis suprà umbrinis, dimidio circiter apicali nigro, albo maculato : posticis subtùs ocellis duobus dissitis lunulisque totidem anguli ani.

Papilio N. Aurelius, *alis subcaudatis, fuscis, apice atris albo maculatis : posticis subtùs ocellis duobus.* Fab. *Spec. Ins. tom.* 2. *p.* 11. *n°.* 99. — *Ent. Syst. em. tom.* 3. *pars* 1. *p.* 71. *n°.* 222.

Papilio Aurelius. Cram. *pl.* 168. *fig.* A. B.

Papilio Aurelius. Herbst, *Pap. tab.* 38. *fig.* 1. 2.

Nous ne connoissons cette espèce que par la figure de Cramer.

Elle a près de six pouces d'envergure. Ses premières ailes sont entières, couleur de terre d'ombre en dessus, avec environ la moitié postérieure noire & chargée d'une douzaine de taches blanches, longitudinales, dont les quatre antérieures beaucoup plus grandes & réunies en une bande oblique qui a les côtés anguleux. Les secondes ailes ont l'angle anal un peu prolongé en pointe obtuse. Leur dessus, qui est aussi couleur de terre d'ombre, offre, à l'angle externe ou sommet, un grand espace noir sur lequel il y a une dixaine de taches blanches, dont trois longitudinales & en forme de coin, les autres orbiculaires & plus petites.

Le dessous des quatre ailes est d'un blanc-satiné, avec des bandes brunes, transverses & inégales, dont deux, savoir, celle du milieu & celle de la base, plus foncées. La bande du milieu des premières ailes est précédée en dehors, près du bord interne, par une tache noirâtre, transversale & presqu'en forme de clochette. La bande correspondante des secondes ailes l'est par deux yeux violâtres ayant une prunelle blanche, & un iris jaune qu'entoure un cercle noir. L'un de ces yeux avoisine la côte, l'autre est situé vers la pointe anale ou petite queue. Celle-ci est brune comme en dessus, mais elle a ici les bords blancs, & son milieu offre deux arcs noirâtres se regardant par leur concavité.

De l'île de Sumatra.

2. Morpho Phidippe.

Morpho Phidippus.

Mor. alis suprà umbrinis, strigâ subterminali flavidâ : posticis utrinquè ocellis duobus dimidiatis anguli ani.

Papilio E. A. Phidippus, *alis subcaudatis, fuscis : subtùs fasciis albidis biocellatis caudæque ocellis geminis.* Linn. *Syst. Nat.* 2. *p.* 752. *n°.* 37. — *Amœn. Acad.* 6. *p.* 402. *n°.* 52.

Papilio N. *Phidippus.* Fab. *Syst. Ent. p.* 455. *n°.* 52. — *Spec. Ins. tom.* 2. *p.* 21. *n°.* 85. — *Mant. Ins. tom.* 2. *p.* 11. *n°.* 97. — *Ent. Syst. em. tom.* 3. *pars* 1. *p.* 71. *n°.* 220.

Papilio Phidippus. Cram. *pl.* 69. *fig.* A. B.

Papilio Phidippus. Herbst, *Pap. tab.* 35. *fig.* 3. 4.

Seba, *Mus.* 4. *tab.* 5. *fig.* 5.

Papilio Phidippus. Esp. *Pap. exot. tab.* 56. *fig.* 1.

Elle a environ quatre pouces d'envergure. Ses ailes supérieures sont entières. Les inférieures sont dentées, & terminées à l'angle anal par une queue courte, large & arrondie, sur laquelle il y a de part & d'autre deux demi-yeux sans prunelle, ou, si l'on veut, deux croissans blancs se regardant par leur concavité & embrassant chacun une tache noire, semi-lunaire & légèrement saupoudrée de bleuâtre.

Le dessus des quatre ailes est couleur de terre d'ombre, avec une ligne jaunâtre, transverse & presque terminale. Leur dessous est un peu plus clair que le dessus, avec six à sept bandes ou flammes blanchâtres, luisantes, transversales, de longueur inégale. Indépendamment de ces bandes, les secondes ailes ont deux yeux ronds, dont l'antérieur moins grand & voisin du bout de la côte, l'autre placé beaucoup plus bas vers l'origine de la queue. Ces yeux, qu'entoure un cercle noir étroit, sont d'un jaune-sale & piqués de brun-obscur, avec la prunelle d'un blanc-vif & ombrée de noirâtre en dehors. Le corps & les antennes sont de la couleur des ailes.

De l'île de Java.

Nota. Le dessus des ailes supérieures offre près du milieu de la côte, particulièrement dans la femelle, une éclaircie jaunâtre qui s'étend presque jusqu'à la raie marginale de cette couleur.

Le mâle a sous le milieu du ventre un faisceau de poils divergens.

3. Morpho Adonis.

Morpho Adonis.

Mor. alis suprà nitidissimè cyaneis, limbo nigro (feminæ albo maculato) : subtùs infuscato-griseis, fasciis dilutioribus ocellisque dissitis.

Papilio Adonis. Cram. *pl.* 61. *fig.* A. B. (Le mâle.)

Papilio Adonis. Herbst, *Pap. tab.* 26. *fig.* 3. 4.

Papilio Adonis. Esp. *Pap. exot. tab.* 55. *fig.* 2.

Elle a de trois pouces & demi à quatre pouces d'envergure.

Le mâle, surtout lorsqu'on le voit de face, a le dessus des ailes du bleu-azuré le plus brillant, avec tout le contour extérieur des premières, & le prolongement anal des secondes, noirs. Ses premières ailes offrent, vers le bout de la côte, deux petites taches blanches, dont l'antérieure longitudinale, la postérieure orbiculaire & placée un peu plus bas.

La femelle a le dessus d'un bleu moins vif que le mâle, avec le limbe postérieur largement noir & chargé de deux rangs de taches blanches aux ailes supérieures, d'un seul aux inférieures.

Le dessous des deux sexes est d'un gris lavé de brun, avec six bandes transverses plus claires, dont les deux extérieures sinuées, & séparées des précédentes par des yeux jaunâtres à prunelle blanche & à iris noir. Ces yeux sont un peu oblongs, écartés l'un de l'autre, au nombre de deux aux ailes de devant, & de trois ou de quatre à celles de derrière. Ces dernières ont à l'angle de l'anus deux petites lignes noires, tortueuses & transversales.

Nous avons vu, dans la collection de M. le chevalier de Langsdorff, un individu tout-à-fait semblable à la femelle quant aux caractères, mais dans lequel le bleu du dessus des ailes est remplacé par du fauve, & le blanc des taches de l'extrémité par du jaune d'ocre.

De l'Amérique méridionale, & particulièrement du Brésil & de la Guyane.

B. Ailes supérieures plus ou moins concaves. Inférieures sans prolongement remarquable à l'angle de l'anus.

4. Morpho Andromachus.

Morpho Andromachus.

Mor. alis subdentatis, suprà nigro-fuscis, areâ communi latâ maculisque terminalibus fulvis: subtùs ocellis cœcis.

Papilio Andromachus. Cram. *pl.* 56. *fig.* A. B.

Papilio Andromachus. Herbst, *Pap. tab.* 34. *fig.* 2. 3.

Nous ne connoissons cette espèce que par la figure de Cramer, & par un individu passé dont nous n'avons pu vérifier le sexe.

Elle a environ six pouces d'envergure. Ses premières ailes ont le sommet prolongé & arrondi. Leur dessus est d'un brun-noirâtre, avec deux bandes fauves, dont l'antérieure plus claire, sinuée & s'élargissant à mesure qu'elle approche du bord interne; la postérieure étroite, maculaire & tout-à-fait terminale. Les secondes ailes ont le bord postérieur foiblement denté. Leur dessus est fauve depuis sa naissance jusqu'au-delà du milieu; puis d'un brun-noirâtre, avec une rangée marginale de petites taches, & les échancrures, fauves.

Le dessous des premières ailes diffère du dessus, en ce que la bande fauve du milieu est divisée dans le sens de sa longueur par une ligne de points obscurs, & en ce qu'il y a vers la partie antérieure de la côte cinq taches d'un gris-luisant, savoir: deux linéaires & convergentes à la base, les trois autres obliques, surtout l'extérieure qui est plus grande & concave en dehors.

Le dessous des secondes ailes est couleur de terre d'ombre à la base, avec la côte d'un gris-luisant; jaunâtre au milieu, avec trois points obscurs, dont l'antérieur isolé & plus petit; d'une teinte violâtre-chatoyante à l'extrémité. Le corps est brun, avec le dessus de l'abdomen fauve.

De Surinam. — Très-rare jusqu'à présent.

N. B. L'*Andromacha* de Fabricius n'est point une Morpho: c'est une Acrée que nous avons donnée sous le nom d'*Entoria, p.* 231, *n°.* 3 de la première partie.

5. Morpho Hécube.

Morpho Hecuba.

Mor. alis dentatis, suprà nigris, anticarum disco maculisque terminalibus fulvis: posticis subtùs basi argenteo rufoque fasciatis.

Papilio E. A. Hecuba, *alis dentatis: anticis rubris, posticis nigris: subtùs omnibus ocellatis.* Linn. *Mant. Alt. p.* 534.

Papilio N. *Hecuba.* Fab. *Syst. Ent. p.* 459. *n°.* 67. — *Spec. Ins. tom.* 2. *p.* 26. *n°.* 104. — *Mant. Ins. tom.* 2. *p.* 13. *n°.* 121. — *Ent. Syst. em. tom.* 3. *pars* 1. *p.* 87. *n°.* 273.

Papilio Hecuba. Cram. *pl.* 217. *fig.* A. B.

Papilio Hecuba. Herbst, *Pap. tab.* 21. *fig.* 1. 2.

Daubenton, *pl. enlum.* 19.

Les deux individus d'après lesquels nous décrivons cette Morpho avoient le corps si défectueux que nous n'avons pu en déterminer le sexe. Cependant l'analogie feroit croire que ce sont des femelles.

Elle a de sept à huit pouces d'envergure. Le dessus des premières ailes est noir, avec la base verdâtre, & le milieu traversé par une bande fauve très-large. Le bord postérieur, qui a les échancrures blanchâtres, est en outre divisé dans toute sa longueur par trois rangs de lunules fauves, dont les postérieures adhérant l'une à l'autre. Le dessus des secondes ailes est noir, avec la base d'un gris-verdâtre terminé de jaune, & le bord postérieur longé par un double cordon de lunules fauves.

Le

Le dessous des premières ailes est brun, avec des lignes divergentes à la base, des taches triangulaires au milieu & avant le bord postérieur, d'un blanc-argenté. Derrière les taches du milieu, sont trois grands yeux noirs, ayant l'iris roux, la prunelle blanche & en croissant. Le bord postérieur offre en outre une double ligne ferrugineuse qui s'étend du sommet à l'angle interne.

Le dessous des secondes ailes est brun vers la base, grisâtre vers l'extrémité, avec quatre yeux discoïdaux, semblables à ceux des premières ailes, mais dont l'antérieur isolé & plus grand que les trois autres. Ces yeux sont précédés par trois bandes argentées, dont l'inférieure plus large, la supérieure linéaire & couvrant le bord d'en haut. Le bord terminal de ces ailes est entièrement divisé par trois lignes, dont l'intérieure argentée, les deux extérieures ferrugineuses, mais devenant argentées vers l'angle de l'anus.

De Cayenne. — Très-rare.

6. Morpho Métellus.

Morpho Metellus.

Mor. alis dentatis, suprà nigro-fuscis, anticarum disco maculisque terminalibus fulvis : posticis subtùs basi pallidè fasciatis.

Papilio N. Metellus, *alis dentatis, fulvis, posticè atris : subtùs anticis ocellis tribus, posticis quinque.* Fab. *Mant. Ins. tom.* 2. *p.* 13. *n°.* 122. — *Ent. Syst. em. tom.* 3. *pars* 1. *p.* 88. *n°.* 274.

Papilio Metellus. Cram. *pl.* 218. *fig.* A. B.

Papilio Metellus. Herbst, *Pap. tab.* 22. *fig.* 1. 2.

Nous n'avons vu que la femelle de ce lépidoptère.

Elle a un peu plus de six pouces d'envergure. Son dessus ressemble à celui de l'*Hécube*, mais les taches intérieures de l'extrémité des premières ailes sont moins grosses & descendent moins bas, & les extérieures ne sont pas adhérentes entr'elles.

Le dessous des premières ailes est brun. A sa base sont des lignes jaunâtres, divergentes, & suivies de deux taches blanchâtres, obliques. Vient ensuite, entre deux rangées de taches jaunâtres & triangulaires, une série de quatre yeux dont les deux supérieurs plus petits & moins prononcés. Ces yeux sont noirs, avec l'iris fauve & la prunelle formée par des atomes blancs. Le bord postérieur est en outre longé par une double ligne de petits croissans ferrugineux.

Le dessous des secondes ailes est d'un brun-violâtre, avec des bandes pâles & peu prononcées à la base, une rangée courbe de cinq yeux noirs à iris fauve & à prunelle blanche sur le milieu, une double ligne ferrugineuse sur le bord terminal. Le second œil, à partir d'en haut, est plus petit que les autres, & les trois suivans sont presque semi-lunaires.

De Surinam. — Rare.

7. Morpho Persée.

Morpho Perseus.

Mor. alis dentatis, suprà nigro-fuscis, basi virescente, apice fulvo maculato : posticis subtùs fasciis nitidè-albidis, costali dentatâ.

Papilio N. Perseus, *alis dentatis, pallidè cæruleis, apice atris ferrugineo maculatis : subtùs undatis, ocellis tribus quatuorve.* Fab. *Spec. Ins. tom.* 2. *p.* 24. *n°.* 98. — *Mant. Ins. tom.* 2. *p.* 13. *n°.* 116. — *Entom. Syst. em. tom.* 3. *pars* 1. *p.* 86. *n°.* 267.

Papilio Perseus. Cram. *pl.* 71. *fig.* A. B. (La femelle.)

Papilio Perseus. Herbst, *tab.* 22. *fig.* 3.

Papilio Perseus. Herbst, *tab.* 23. *fig.* 1.

Seba, *Mus.* 4. *tab.* 18. *fig.* 15. 16.

Elle a environ six pouces d'envergure. Le dessus de ses ailes est d'un brun-noirâtre, avec la base d'un vert-grisâtre, plus deux rangées terminales de petites taches & les échancrures fauves. Les premières ailes ont encore, au-delà du milieu de la côte, une bande jaunâtre, courte, oblique & sinuée.

Le dessous des premières ailes est comme dans le *Métellus*, mais les deux yeux supérieurs manquent quelquefois, & les deux autres sont plus grands.

Le dessous des secondes ailes est d'un brun plus ou moins violâtre, avec trois bandes blanchâtres, luisantes, dont l'antérieure dentée & couvrant la côte vers son origine ; la suivante plus courte ; la troisième flexueuse & précédant presqu'immédiatement quatre yeux dont le supérieur isolé & plus gros. Ces yeux sont noirs, avec l'iris roux & cerclé de noirâtre, la prunelle blanche & formée par des atomes. En avant du bord postérieur, il y a une bande grisâtre, & ce bord est longé par une double ligne ferrugineuse.

La femelle a sur le dessus des premières ailes trois rangs de taches fauves. Elle se distingue en outre du mâle, en ce que les yeux du dessous de ses quatres ailes sont moins grands & moins ronds, ce qui la rapproche à cet égard de la femelle du *Métellus*.

De Surinam & du Brésil.

8. Morpho Anaxibia.

Morpho Anaxibia.

Mor. alis dentatis, suprà nitidè cyaneis, limbo nigro (feminæ fulvo maculato) : subtùs dilutè umbrinis, strigâ ocellarum ruforum, pupillâ albâ lineari.

Papilio Anaxibia. Esp. *Pap. exot. tab.* 55. *fig.* 1. (Le mâle.)

Papilio E. A. Telemachus, *alis dentatis, suprà*

fuscis, immaculatis, areâ communi cœruleâ, radiatâ. LINN. *Syst. Nat.* 2. *p.* 752. *n°.* 41. (La femelle.)

MERIAN, *Surin. Inf. p.* 68. *tab.* 68. (La femelle.)

Papilio N. Telemachus, *alis dentatis, fuscis, areâ communi cœruleâ, radiatâ : singulis subtùs ocellis.* FAB. *Syst. Ent. p.* 458. *n°.* 64. — *Spec. Inf. tom.* 2. *p.* 25. *n°.* 100. — *Mant. Inf. tom.* 2. *p.* 13. *n°.* 117. — *Ent. Syst. em. tom.* 3. *pars* 1. *p.* 86. *n°.* 269. (La femelle.)

Papilio Telemachus. CRAM. *pl.* 373. *fig.* A. B. (La femelle.)

Papilio Telemachus. HERBST, *Pap. tab.* 23. *fig.* 2. 3. (La femelle.)

Le papillon *Telemachus* des auteurs est la femelle de celui qu'Esper a décrit & figuré sous le nom d'*Anaxibia.*

Le mâle a de cinq pouces & demi à six pouces d'envergure. Le dessus de ses ailes est d'un brun-azuré-brillant, avec tout le contour extérieur des premières, & seulement les dents du bord postérieur des secondes, noirs. Les premières ailes ont au-delà du milieu de la côte une petite tache blanche, plus ou moins prononcée.

Le dessus de la femelle est approchant du même bleu que celui du mâle, avec le limbe postérieur largement noir & chargé de deux rangs de taches fauves, dont les antérieures orbiculaires, les postérieures doubles & lunulées. On voit en outre aux premières ailes un cordon transversal de cinq gros points blancs contigus à la couleur bleue, plus une tache blanchâtre placée sur le noir de la côte derrière la cellule sous-marginale.

Le dessous des deux sexes est d'un brun-pâle & luisant, avec cinq bandes grisâtres, flexueuses & peu apparentes, dont trois vers la base, & deux vers l'extrémité. Les bandes de l'extrémité sont précédées d'une série d'yeux roux ayant la prunelle blanche & linéaire, l'iris noirâtre & cerclé de gris. Ces yeux sont au nombre de quatre aux ailes supérieures, de cinq à sept aux inférieures. Indépendamment de cela, les ailes de devant ont l'origine de la côte rouge, & leur base est vergetée de gris à sa partie supérieure. Le corps est bleu en dessus, d'un brun-jaunâtre en dessous.

La chenille, d'après Merian, est grande, épineuse, d'un rouge-cramoisi, avec des taches irrégulières d'un jaune-doré aux incisions. Sa nourriture est inconnue.

La chrysalide est courte, épaisse, carénée, d'un vert-pâle. L'insecte y séjourne environ un mois, & éclôt dans le courant d'octobre.

De la Guyane & du Brésil.

Nota. Dans la figure du *Telemachus* de mademoiselle Merian, le bleu du dessus des ailes se termine presqu'en rayons. C'est ce qui a fait dire à Linnæus que cet insecte ressembloit beaucoup à son père (l'*Ulysse*), mais qu'il étoit plus petit & sans queue. La même figure indique avec raison des taches fauves sur le limbe terminal des ailes; cependant Linnæus, qui y renvoie, dit dans sa phrase spécifique que les ailes sont sans taches en dessus, *suprà immaculatis.*

9. MORPHO Ménélas.

MORPHO Menelaus.

Mor. alis dentatis, suprà nitidè cyaneis, limbo nigro (feminæ albo maculato) : subtùs umbrinis, ocellis nigris iride rubrâ atomisque cœrulescentibus in pupillam congestis.

Papilio E. A. Menelaus, *alis dentatis, suprà cœruleis, nitidissimis : subtùs nebulosis, punctis fuscis.* LINN. *Syst. Nat.* 2. *p.* 748. *n°.* 20. — *Mus. Lud. Ulr. p.* 200. (Le mâle.)

Papilio N. *Menelaus.* FAB. *Syst. Ent. p.* 458. *n°.* 65. — *Spec. Inf. tom.* 2. *p.* 25. *n°.* 101. — *Mant. Inf. tom.* 2. *p.* 13. *n°.* 118. — *Ent. Syst. em. tom.* 3. *pars* 1. *p.* 86. *n°.* 270. (Le mâle.)

Papilio Menelaus. CLERCK, *Icon. tab.* 21. *fig.* 1.

GRONOW. *Zooph.* 722.

KNORR. *Del. tab.* c. 4. *fig.* 2.

MERIAN, *Surin. Inf. p.* 53. *tab.* 53.

SEBA, *Mus.* 4. *tab.* 31. *fig.* 1. 2.

Papilio Menelaus. CRAM. *pl.* 21. *fig.* A. B. (Le mâle.)

Papilio Menelaus. HERBST, *Pap. tab.* 24. *fig.* 3.

Papilio Menelaus. HERBST, *Pap. tab.* 25. *fig.* 1.

Papilio Menelaus. ESP. *Pap. exot. tab.* 41. *fig.* 1.

Papilio E. A. Nestor, *alis dentatis, suprà fuscis, maculis discoque cœruleis : subtùs ocellis tribus binisque.* LINN. *Syst. Nat.* 2. *p.* 752. *n°.* 40. (La femelle.)

GRONOW. *Zooph.* 718.

MERIAN, *Surin. Inf. p.* 9. *tab.* 9.

SEBA, *Mus.* 4. *tab.* 43. *fig.* 23. 24.

Papilio N. Nestor, *alis dentatis, suprà fuscis, albo maculatis discoque cœruleo : subtùs ocellis tribus quatuorve.* FAB. *Syst. Ent. p.* 458. *n°.* 63. — *Spec. Inf. tom.* 2. *p.* 24. *n°.* 98. — *Mant. Inf. tom.* 2. *p.* 13. *n°.* 115. — *Ent. Syst. em. tom.* 3. *pars* 1. *p.* 85. *n°.* 266. (La femelle.)

Papilio Nestor. CRAM. *pl.* 19. *fig.* A. B. (La femelle.)

Papilio Nestor. HERBST, *Pap. tab.* 24 *fig.* 1. 2.

Papilio Nestor. ESP. *Pap. exot. tab.* 41. *fig.* 2.

Les auteurs ont donné le mâle de cette espèce sous le nom de *Menelaus*, & la femelle sous celui de *Nestor*.

Le mâle, dont l'envergure est d'environ six pouces, a le dessus des ailes d'un bleu-azuré-brillant, avec tout le contour extérieur noir, & les échancrures du bord terminal d'un blanc-jaunâtre. Il y a en outre sur la côte des premières ailes trois petites taches blanches, savoir : une au-delà de son milieu, les deux autres près de son extrémité.

La femelle est d'un bleu un peu moins vif que le mâle, avec le limbe postérieur largement noir & chargé d'un rang de taches blanches aux ailes inférieures, de deux aux supérieures. Ces dernières ailes ont à l'extrémité de la cellule sous-marginale une tache blanche, assez grande & placée transversalement sur la côte.

Le dessous des deux sexes est couleur de terre d'ombre, & présente sur chaque aile quatre yeux noirs ayant l'iris d'un rouge-brique & la prunelle composée d'atomes bleuâtres. L'œil antérieur des secondes ailes est toujours isolé, & quelquefois appuyé sur un autre plus petit. Ces yeux, qu'entoure un cercle gris, sont précédés intérieurement & presqu'immédiatement d'une série de lunules d'un vert-argentin, devant lesquelles l'on voit sur les ailes supérieures un chevron transversal, & sur les inférieures une ligne interrompue, du même vert. Indépendamment de cela, toutes les ailes ont l'extrémité saupoudrée de gris, & leur bord postérieur est longé par une double ligne rougeâtre en feston. Le corps est noir.

La chenille, selon Merian, est jaunâtre, avec des ligne longitudinales, & les pattes, roses. Sa tête est d'un brun-obscur, & chaque anneau de son corps offre quatre épines noires, aiguës. Elle vit sur un arbre très-élevé, auquel cet auteur donne le nom de *Mespilus*.

La chrysalide est cylindrique, pâle, avec des pointes sur le dos. Le papillon en sort au bout de quinze jours & paroît en janvier.

De la Guyane & du Brésil.

Nota. La phrase spécifique de Linnæus feroit soupçonner que son papillon *Menelaus* n'est pas le même que celui de Cramer. Mais la description détaillée qu'il en donne dans le *Muséum Ludovicæ Ulricæ Reginæ*, & la figure de Clerck, à laquelle il renvoie, ne laissent aucun doute sur l'identité.

10. Morpho Hélénor.

Morpho Helenor.

Mor. alis dentatis, suprà nigris, areâ baseos seu fasciâ mediâ nitidè cyaneâ : subtùs basi strigâ undatâ virescente.

Papilio Helenor. Clerck, *Icon. tab.* 24. *fig.* 3. 4.

Papilio Helenor. Cram. *pl.* 86. *fig.* A. B.

Papilio Helenor. Cram. *pl.* 373. *fig.* C. (Variété.)

Papilio Helenor. Herbst, *Pap. tab.* 26. *fig.* 1. 2.

Papilio Helenor. Esp. *Pap. exot. tab.* 42. *fig.* 2.

Elle a de quatre pouces & demi à cinq pouces d'envergure. Le dessus de ses ailes est noir, avec une bande commune & discoïdale d'un bleu-argenté, ou d'un bleu-violet-luisant, n'importe le sexe. Cette bande n'a pas une largeur constante ; car, dans les individus comme celui que Cramer a représenté, elle n'est guère que d'un demi-pouce, tandis que dans beaucoup d'autres elle s'étend presque jusqu'à la naissance des ailes, en perdant toutefois de son éclat. Les premières ailes ont vers le milieu de la côte une tache blanche oblique, & vers l'extrémité des points de cette couleur, disposés sur un rang dans le mâle, sur deux dans la femelle; sans compter les petites lunules blanches qui bordent les échancrures. Les secondes ailes, dont les échancrures sont également blanches, ont le long du bord postérieur une série de points rouges, plus ou moins distincts.

Le dessous des quatre ailes est d'un brun-noirâtre, avec des yeux très-noirs, ayant la prunelle blanche & environnée d'atomes ferrugineux & d'atomes violets, l'iris jaune & renfermé dans un cercle verdâtre que borde intérieurement une lunule de sa couleur. Il y a en outre vers la base de chaque aile une ligne verdâtre, transverse, flexueuse & interrompue; & le long du bord terminal trois lignes plus ou moins grisâtres, dont l'intermédiaire entrecoupée de rouge aux ailes inférieures. Les yeux sont au nombre de trois aux premières ailes, de quatre aux secondes, & l'antérieur d'entr'eux est toujours isolé. Le corps est noir en dessus, brun en dessous.

Cramer donne une variété qui a les trois yeux postérieurs du dessous des secondes ailes alongés & terminés inférieurement en pointe.

De plusieurs contrées de l'Amérique méridionale.

Nota. Dans les individu du Pérou, la bande du dessus des ailes est le plus ordinairement d'un bleu-violet; dans ceux du Brésil & de Surinam, elle est d'un ton argenté.

11. Morpho Achille.

Morpho Achilles.

Mor. alis dentatis, suprà nigris, areâ baseos seu fasciâ mediâ nitidè cyaneâ : subtùs basi strigis plurimis virescentibus.

Papilio E. A. Achilles, *alis dentatis, suprà nigris, fasciâ cæruleâ : subtùs fuscis, ocellis tribus quinisque.* Linn. *Syst. Nat.* 2. *p.* 752. *n°.* 42. — *Mus. Lud. Ulr. p.* 211.

Papilio Achillès. Clerck, *Icon. tab.* 24. *fig.* 2.

Gronow, *Zooph.* 719.

Merian, *Surin. Inf. p.* 7. *tab.* 7.

Knorr. *Del. tab.* c. 2. *fig.* 1. 2.

Seba, *Muf.* 4. *tab.* 24. *fig.* 1. 2.

Papilio N. *Achilles.* Fab. *Syft. Ent. p.* 456. *n°.* 54. — *Spec. Inf. tom.* 2. *p.* 21. *n°.* 88. — *Mant. Inf. tom.* 2. *p.* 11. *n°.* 101. — *Ent. Syft. em. tom.* 3. *pars* 1. *p.* 81. *n°.* 253.

Papilio Achilles. Cram. *pl.* 27. *fig.* A. B.

Papilio Achilles. Cram. *pl.* 28. *fig.* A.

Papilio Achilles. Herbst, *Pap. tab.* 25. *fig.* 2. 3.

Nous n'avons pas vu ce lépidoptère ; mais, d'après les figures des auteurs, il ne nous a paru différer de l'*Hélénor* que par les caractères fuivans : 1°. le deffus des fecondes ailes eft fans points rouges fur le limbe, & l'extrémité des premières n'a qu'un ou deux points blancs ; 2°. le deffous des quatre ailes offre à la bafe plufieurs lignes verdâtres, & la prunelle des yeux n'eft point environnée d'atomes ferrugineux. Ces différences, en admettant qu'elles foient bien exactes, fuffifent-elles pour conftituer une efpèce à part?

La chenille, felon Merian, eft jaunâtre, avec des épines brunes, aiguës, médiocrement longues. Elle a en outre, fur le devant du corps, des bouquets de poils bruns en forme de broffes. On la trouve fur le *cerifier d'Amérique.*

La chryfalide eft courte, épaiffe, verte, & munie de pointes aiguës à fa partie antérieure. Le papillon éclôt au bout de cinq femaines, & donne dans le courant de mai.

12. Morpho Rhéténor.

Morpho Rhetenor.

Mor. alis fuprà nitidiffimè cyaneis : fubtùs umbrino grifeoque variis, ocellis cæcis. (Mas.)

Papilio Rhetenor. Cram. *pl.* 15. *fig.* A. B.

Papilio Rhetenor. Herbst, *Pap. tab.* 27. *fig.* 1. 2.

Papilio Rhetenor. Esp. *Pap. exot. tab.* 42. *fig.* 1.

Papilio Rhetenor. Sulz. *Inf. tab.* 13. *fig.* 1.

Nous ne connoiffons que le mâle de ce lépidoptère.

Il a environ cinq pouces & demi d'envergure. Le deffus des ailes eft d'un bleu-azuré très-brillant, avec la côte des fupérieures noire & leur fommet violet.

Le deffous eft couleur de terre d'ombre vers la bafe ; d'un brun-grifâtre vers l'extrémité ; & traverfé au milieu par une bande blanchâtre, finuée, derrière laquelle on voit à chaque aile deux à trois petits yeux noirâtres, fans prunelle, mais ayant aux inférieures un iris légèrement ferrugineux. Ces dernières ailes ont la côte bordée par une ligne blanchâtre, & les premières ont fur le milieu plufieurs taches inégales de cette couleur.

De Surinam.

13. Morpho Cythéris.

Morpho Cytheris.

Mor. alis fuprà argenteo-cyaneis, nitidis : pofticis dentatis, fubtùs fafciis plurimis argenteis ocellifque tribus diftitis. (Mas.)

Nous n'avons vu que des mâles de cette efpèce.

Leur envergure eft d'environ quatre pouces. Leur deffus eft d'un bleu-argenté-luifant, avec une ligne fur tout le contour extérieur des premières ailes, & une férie de points fur la tranche du bord terminal des fecondes, noirs. Les premières ailes offrent une tache blanchâtre vers le milieu de la côte, & les fecondes ont la région de l'angle anal divifée par une double ligne fauve, interrompue.

Le deffous des quatre ailes eft d'un brun-pâle, avec une multitude de bandes argentées, tranfverfes & flexueufes, dont les deux poftérieures féparées des autres par des yeux noirs ayant la prunelle argentée, l'iris roux & cerclé de gris. Ces yeux font écartés l'un de l'autre, & il y en a deux aux ailes de devant, trois à celles de derrière. Ces dernières ont l'angle de l'anus rayé de noir & de verdâtre. Le corps eft bleuâtre en deffus, grifâtre en deffous.

Du Bréfil. — Très-rare.

14. Morpho Laerte.

Morpho Laertes.

Mor. alis fubdentatis, utrinquè margaritaceo-albis, anticarum fafciâ coftali nigrâ : pofticis fubtùs ftrigâ ocellorum.

Papilio N. Laertes, *alis dentatis, cinereo-albis : anticis apice nigris : pofticis fubtùs ftrigâ ocellorum fulvorum.* Fab. *Ent. Syft. em. tom.* 3. *pars* 1. *p.* 84. *n°.* 262.

Papilio Laertes. Drury, *Inf.* 3. *tab.* 15.

Papilio Laertes. Jon. *Fig. pict.* 5. *tab.* 46. *fig.* 1.

Papilio Laerte. Esp. *Pap. exot. tab.* 43. *fig.* 2. (La femelle.)

Elle a environ cinq pouces d'envergure. Ses quatre ailes font légèrement dentées, d'un blanc-nacré de part & d'autre. Leur deffus offre, le long du bord poftérieur, un double cordon de taches noires, mais plus grandes dans la femelle où elles font d'ailleurs féparées par une ligne noire en fefton. Les premières ailes des deux sexes ont en outre la moitié antérieure de la côte couverte par une raie noire qui se dilate en forme de crochet derrière la cellule sous-marginale.

En dessous, on retrouve les caractères du dessus, mais ils sont moins prononcés, & il y a au milieu de la surface une rangée transverse d'yeux noirs ayant l'iris fauve, & la prunelle fermée par une ligne blanche. Ces yeux sont oblongs, au nombre de trois à quatre aux premières ailes; au nombre de sept, dont le postérieur semi-lunaire, aux secondes. Les premières ailes ont, vers le milieu de la cellule sous-marginale, deux petites taches brunes, plus ou moins alongées.

Nous avons vu, dans la collection de M. de Langsdorff, un individu femelle dont le dessous des ailes inférieures est varié de brun-pâle depuis la base jusqu'à l'extrémité.

Du Brésil.

15. MORPHO Jaïrus.

MORPHO *Jaïrus*.

Mor. alis integris, fuscis : posticis disco baseos albo, suprà oculo maximo, subtùs duobus disjitis.

Papilio F. Jairus, *alis integerrimis, fuscis : posticis disco albo, suprà ocello, subtùs duobus.* FAB. *Gen. Inf. Mant.* 258. — *Spec. Inf. tom.* 2. *p.* 30. *n°.* 325. — *Ent. Syst. em. tom.* 3. *pars* 1. *p.* 54. *n°.* 168.

Papilio Cassiœ. CLERCK, *Icon. tab.* 29. *fig.* 3.

Papilio Jaïrus. CRAM. *pl.* 6. *fig.* A. B.

Papilio Jairus. CRAM. *pl.* 185. *fig.* A. B. C.

Papilio Jairus. HERBST, *Pap. tab.* 218. *fig.* 1. 2. 3.

Elle a de quatre pouces à quatre pouces & demi d'envergure. Ses ailes sont entières, d'un brun-obscur de part & d'autre. Les supérieures sont ordinairement sans taches dans le mâle; mais, dans la femelle, elles offrent, entre le milieu et le sommet, un espace blanchâtre, plus prononcé en dessous qu'en dessus.

Les ailes inférieures ont le milieu blanc, à partir de la base. Leur dessus n'a qu'un seul œil, placé entre la couleur blanche & l'angle de l'anus. Leur dessous en a deux, dont un correspondant à celui de la surface opposée, l'autre appuyé sur la côte ou bord d'en haut. Ces yeux sont très-grands, noirs, avec la prunelle blanche & entourée d'atomes bleuâtres, l'iris d'un jaune-roussâtre. Le corselet est d'un brun-obscur, l'abdomen & les palpes sont fauves, & les antennes sont noires.

Dans certaines femelles, l'œil postérieur du dessous des secondes ailes est accolé à un autre œil beaucoup moins grand.

De l'île d'Amboine.

N. B. M. le capitaine Freycinet a rapporté des îles Rawack un individu mâle, remarquable par la petitesse de sa taille, ainsi que par la largeur de l'iris des ailes inférieures, & l'espace blanc qui longe de part & d'autre tout le bord interne des supérieures.

16. MORPHO Odana.

MORPHO *Odana*.

Mor. alis subdentatis, nigricanti-fuscis : anticis fasciâ violaceo-cœruleâ, nitidâ : posticis subtùs ocello anali cœco.

Nous ne connoissons cette espèce que par un individu unique qui nous a paru être un mâle.

Il a environ trois pouces & demi d'envergure. Le dessus de ses ailes est d'un brun-noirâtre, avec une bande courbe & oblique d'un bleu-violet vers le milieu des supérieures, lesquelles ont en face du sommet une tache blanchâtre peu prononcée. Les ailes inférieures n'ont pas de taches, seulement la cellule de leur base est plus noirâtre que le reste de la surface.

Le dessous des quatre ailes est d'un brun-enfumé & un peu chatoyant, avec des bandes violâtres, bordées de brun-marron. Les ailes supérieures en ont quatre, dont les trois antérieures plus courtes & appuyées transversalement près de l'origine de la côte, la quatrième se dirigeant obliquement vers le bord postérieur, qui est plus pâle que le reste de la surface. Les ailes inférieures n'en ont que trois, savoir : deux très-courtes à la base, & une plus longue sur le milieu. Cette dernière aboutit presqu'à un œil noirâtre, assez grand, sans prunelle, mais ayant un iris jaune qu'entoure un cercle noir. Indépendamment de cet œil, il y a vis-à-vis du sommet un point jaunâtre, & à l'angle anal une tache noire, semi-lunaire. Le bord postérieur des mêmes ailes est aussi plus pâle, & il est divisé dans le sens de sa longueur par une ligne blanchâtre, ondulée.

De Java.

17. MORPHO Ogina.

MORPHO *Ogina*.

Mor. alis subdentatis, suprà violaceo-fuscis, fasciâ postica cœrulescente : posticis subtùs ocellis 2-5.

Elle est à peu près de la taille de la précédente. Le dessus des ailes est d'un brun glacé de violet, avec une bande postérieure & transverse d'un bleu-pâle & chargée d'un rang de points bruns. Cette bande n'existe quelquefois qu'aux ailes supérieures. Les ailes inférieures ont vers le milieu une tache noire, veloutée, ronde & coupée par une nervure fourchue.

Le dessous des quatre ailes est d'un brun-verdâtre un peu glacé de violet, avec deux bandes très-brunes, dont l'antérieure sinuée & plus courte; l'autre discoïdale, & suivie aux secondes ailes d'une rangée de deux à cinq yeux qui ont la prunelle blanche & en croiſſant, l'iris jaune & entouré d'un cercle noir. Le corps eſt de la couleur des ailes, c'eſt-à-dire, d'un brun-violet en deſſus, d'un brun-jaunâtre en deſſous. Les antennes ſont fauves.

De Java.

Nota. Nous n'avons vu que des mâles.

18. Morpho Célinde.

Morpho Celinde.

Mor. alis ſubdentatis, ſuprà violaceo-fuſcis, faſciâ mediâ cœruleſcente : anticis apice fulvo-punctatis : poſticis ſubtùs ocellis duobus remotis.

Papilio Celinde. Stoll, *Pap. Suppl. à* Cram. *pl.* 37. *fig.* 1 & 1. A.

Il feroit bien poſſible que ce lépidoptère fût la femelle du précédent; car, d'après la figure de Stoll, il paroît n'en différer que parce que la bande bleue du deſſus des ailes eſt diſcoïdale & plus large, & parce que l'extrémité des ſupérieures offre une rangée tranſverſe de ſept points fauves. Le deſſous des ſecondes ailes n'a que deux yeux; mais, comme nous l'avons dit en parlant de l'*Ogina*, le nombre des taches oculaires varie de deux à cinq.

De Java.

19. Morpho Tullia.

Morpho Tullia.

Mor. alis ſubdentatis, ſuprà violaceo-fuſcis, apice flavo maculato : ſubtùs punctis baſeos fuſcis.

Papilio N. Tullia, *alis dentatis, fuſcis, maculis ocellaribus : ſubtùs faſciâ violaceâ, poſticarum ocellis duobus.* Fab. *Ent. Syſt. em. tom.* 3. *pars* 1. *p.* 98. *n°.* 305.

Papilio Tullia. Cram. *pl.* 81. *fig.* A. B.

Nous ne connoiſſons ce lépidoptère que par un échantillon ſans abdomen, & par la figure de Cramer.

Il eſt de la taille de l'*Odana*. Le deſſus des ailes eſt d'un brun légèrement glacé de violet, avec des taches jaunâtres, orbiculaires, diſpoſées, parallèlement au bord terminal, ſur trois rangs, dont les deux intérieurs plus courts. Les premières ailes ont en outre une bande jaunâtre, ſinuée, ſe dirigeant obliquement du milieu de la côte vers le ſommet.

Le deſſous des quatre ailes eſt d'un jaune-ſale, avec deux bandes brunâtres, tranſverſales, dont la troiſième, à partir de la baſe, plus large, & offrant, mais ſeulement aux ſecondes ailes, deux yeux à prunelle blanche, à iris jaune & cerclé de noir. Indépendamment de cela, il y a près de la baſe de toutes les ailes pluſieurs points bruns, rapprochés deux à deux.

De la Chine.

20. Morpho Ménéthon.

Morpho Menetho.

Mor. alis dentatis, fuſcis, margine flavo maculato : poſticis ſubtùs ocellis duobus. Fab.

Papilio N. *Menetho.* Fab. *Ent. Syſt. em. tom.* 3. *pars* 1. *p.* 83. *n°.* 260.

Papilio Menetho. Jon. *Fig. pict.* 5. *tab.* 61.

Papilio Menetho. Donow. *Of an Epitome of the Nat. Hiſt. of the Inſects of India, cah.* 2. *pl.* 1. *fig.* 1.

Ce lépidoptère paroît reſſembler beaucoup au précédent; peut-être même n'en eſt-il qu'une variété.

Voici ce qu'en dit Fabricius : les quatre ailes ſont dentées, d'un brun-obſcur en deſſus, avec deux rangées tranſverſes & preſque terminales de taches jaunes.

En deſſous le fond des ailes eſt jaunâtre, avec deux bandes obſcures & communes, entre leſquelles les ſecondes ailes ont deux yeux ſans prunelle.

De l'Inde.

N. B. D'après la figure de Donowan, il y a ſur le milieu de la côte des quatre ailes une tache jaune, tranſverſale, dont ne parle pas Fabricius. Cette tache appartient probablement à la femelle.

II. Cellule diſcoïdale des ſecondes ailes fermée en arrière par une nervure en angle aigu & d'où part un rameau longitudinal qui s'étend juſqu'au bord poſtérieur.

A. Ailes ſupérieures non concaves. Inférieures ayant l'angle de l'anus plus ou moins prolongé.

21. Morpho Actorion.

Morpho Actorion.

Mor. alis integris, ſuprà umbrinis : anticis faſciâ apicis rufâ areâque interiori nitidè violaceâ.

Papilio P. U. Actorion, *alis ſubcaudatis, fuſcis : primoribus faſciâ luteſcente exteriore maculâque cœruleâ poſticâ, ſubtùſque ocello.* Linn. *Syſt. Nat.* 2. *p.* 794. *n°.* 262. — *Amœn Acad. tom.* 6. *p.* 409. *n°.* 78.

Papilio Actorion. Clerck, *Icon. tab.* 36. *fig.* 2.

Seba, *Muſ.* 4. *tab.* 41. *fig.* 17. 18.

Papilio D. F. *Actorion.* Fab. *Syſt. Ent. p.* 535. *n°.* 386. — *Spec. Inſ. tom.* 2. *p.* 61. *n°.* 271. — *Mant. Inſ. tom.* 2. *p.* 29. *n°.* 312.

Papilio Actorion. CRAM. *pl.* 49. *fig.* C. D. (Le mâle.)

Papilio Actorion. HERBST, *Pap. tab.* 152. *fig.* 3. 4.

Linnæus a placé cette espèce dans sa division des *Plébéiens urbicoles*, division qui correspond en partie à notre genre POLYOMMATE.

Elle n'a guère plus de deux pouces d'envergure. Le dessus des premières ailes est couleur de terre d'ombre, avec une bande rousse, courbe en arrière, allant du milieu de la côte au milieu du bord terminal, & précédée en dehors de deux petits points blancs. Dans le mâle, ces mêmes ailes ont une tache postérieure, & dans la femelle une bande discoïdale, d'un violet-luisant. Les secondes ailes ont le bord interne largement échancré à sa partie inférieure. Leur dessus est aussi couleur de terre d'ombre, mais sans taches.

Le dessous des quatre ailes est ferrugineux & finement ondé ou réticulé de gris, avec deux points blancs & un œil noir à prunelle violette & à iris jaune au sommet des supérieures; avec deux yeux jaunâtres à prunelle brune vers le milieu du bord antérieur des inférieures. Celles-ci offrent en outre, sur le prolongement de l'angle de l'anus, un trait noir, longitudinal, & bordé intérieurement de blanc-violâtre. Le corps est brun en dessus, jaunâtre en dessous. Les antennes sont rousses.

De Surinam & du Brésil.

N. B. Le mâle a deux touffes de poils: l'une jaunâtre dans la gouttière du bord interne, l'autre brune à la base des secondes ailes.

B. Ailes supérieures concaves. Inférieures plus ou moins prolongées en dehors.

22. MORPHO Aorsa.

MORPHO Aorsa.

Mor. alis suprà nigricanti-fuscis, strigâ subterminali fulvâ: posticis subtùs reticulatis biocellatisque.

Par le port & par la couleur des ailes, cette espèce se rapproche du satyre *Europa* de Fabricius, ou *Beroe* de Cramer; mais, par les palpes & par les antennes, elle appartient aux *Morphos* qui ont la cellule discoïdale des secondes ailes fermée postérieurement.

Elle a de trois à quatre pouces d'envergure. Le dessus des ailes est d'un brun-noirâtre, un peu chatoyant, avec une ligne fauve, partant du tiers postérieur de la côte des premières, & se continuant sur la tranche du bord terminal des secondes. Celles-ci ont une queue extérieure, obtuse & assez longue; celles-là ont au sommet, derrière la ligne fauve dont il vient d'être question, une rangée de trois points blancs.

Le dessous des ailes supérieures est à peu près de la couleur du dessus, & présente les caractères suivans: vers la base est une bande rousse, transverse, courte, droite, & comprise entre deux lignes blanchâtres également droites & transverses. Viennent ensuite deux bandes d'un blanc-jaunâtre-luisant, en forme de chevron, & opposées par leur convexité. Près du sommet, qui est d'une teinte violâtre, sont deux yeux noirs, dont l'antérieur sans prunelle, l'autre en ayant une blanche avec un iris jaunâtre.

Le dessous des secondes ailes est d'un brun-noirâtre, ondé de jaunâtre, surtout vers le bord postérieur, ainsi qu'à la base où l'on voit deux taches obscures & orbiculaires. Indépendamment de ces taches, il y a, sur le milieu, deux yeux très-écartés, dont l'antérieur ferrugineux, marqué d'un croissant très-blanc, & pourvu d'un iris noir que borde un cercle jaunâtre; le postérieur noir, saupoudré de gris-verdâtre, ayant une prunelle très-blanche en croissant, & un iris ferrugineux. On remarque de plus entre ces yeux deux points roussâtres, peu prononcés.

Du Brésil. — Très-rare jusqu'à présent.

Nota. Le dessous des secondes ailes offre, au bas de la cellule discoïdale, un renflement elliptique très-prononcé.

23. MORPHO Automédon.

MORPHO Automedon.

Mor. alis suprà nigro-fuscis, disco communi violaceo: anticarum apice (fem.) *strigâ fulvâ: posticis subtùs ocellis duobus, postremo sesquialtero.*

Papilio N. Automedon, *alis angulato-repandis, fuscis: subtùs lividiusculis, ocello anguli ani.* FAB. *Gen. Inf. Mant.* 253. — *Spec. Inf. tom.* 2. *p.* 25. *n°.* 103. — *Mant. Inf. tom.* 2. *p.* 13. *n°.* 120. — *Ent. Syst. em. tom.* 3. *pars* 1. *p.* 87. *n°.* 272.

Papilio Automedon. CRAM. *pl.* 41. *fig.* A. B. (Le mâle.)

Papilio Automedon. CRAM. *pl.* 389. *fig.* A. B. (La femelle.)

Papilio Automedon. HERBST, *Pap. tab.* 31. *fig.* 3. (Le mâle.)

Papilio Automedon. HERBST, *Pap. tab.* 32. *fig.* 1. (Le mâle.) *fig.* 2. 3. (La femelle.)

Elle a de quatre pouces & demi à cinq pouces d'envergure. Le dessus des ailes est d'un brun-noir, avec le milieu violet, mais d'un ton plus vif dans le mâle que dans la femelle. Celle-ci a en outre la tranche du bord postérieur des secondes ailes jaunâtre, & l'extrémité de ses premières ailes est coupée par une raie fauve, transverse, flexueuse, tantôt interrompue, tantôt dilatée & marquée de deux taches noires près du sommet, lequel offre dans chaque sexe un double point blanc.

Le dessous des quatre ailes est d'un brun-grisâtre ou jaunâtre, ondé de noirâtre en deux endroits, savoir : à la base où il y a une bande blanche, commune & oblique; ensuite vers l'extrémité où sont trois lignes noirâtres, transverses & sinuées, mais plus apparentes aux ailes supérieures qu'aux inférieures. Sur le milieu, où l'on remarque quelques hiéroglyphes noirs, les secondes ailes ont deux yeux, dont l'antérieur presqu'ovale & appuyé obliquement sur la côte, le postérieur placé beaucoup plus bas & réuni extérieurement à un autre qui est beaucoup plus petit. Ces yeux sont jaunâtres, cerclés de noir, & marqués d'un croissant blanc. L'œil postérieur est en outre pointillé de gris-olivâtre. Aux deux points blancs du sommet des premières ailes correspondent deux points semblables, mais s'alignant ici avec deux taches noirâtres, réniformes, bordées de jaunâtre & aspergées de blanc.

De Surinam & du Brésil.

C. Ailes supérieures peu ou point concaves. Inférieures sans prolongement.

24. MORPHO Euryloque.

MORPHO Eurylochus.

Mor. alis subdentatis, suprà fusco-cœrulescentibus : subtùs anticis ocellis duobus, posticis tribus, omnibusque strigâ nigrâ, angulatâ, mediâ.

Papilio Eurilochus. CRAM. *pl.* 33. *fig.* A.

Papilio Eurilochus. CRAM. *pl.* 34. *fig.* A.

Papilio Eurilochus. ESP. *Pap. exot. tab.* 44. *fig.* 2.

Papilio Eurylochus. HERBST., *Pap. tab.* 29. *fig.* 1. 2.

Elle a de six pouces & demi à sept pouces d'envergure. Le dessus des ailes est d'un ton ardoisé-obscur, avec le limbe terminal largement noir, & divisé en outre aux supérieures par deux lignes brunâtres, transverses, sinuées, dont l'intérieure plus courte, & séparée de l'extérieure par une suite de trois petites lunules blanches qui font face au sommet.

Le dessous des quatre ailes est brun, finement ondé de blanchâtre & de noirâtre, avec trois lunules blanches & un petit œil noir au sommet des supérieures dont le bord de derrière est entièrement longé par une double ligne noirâtre en zigzag; avec un arc de trois yeux écartés, & dont le postérieur très-grand, sur le milieu des inférieures. Ce dernier œil est surmonté d'une ligne noire flexueuse, ligne que Cramer n'a pas indiquée, non plus qu'une autre, à peu près semblable, & non moins caractéristique, que l'on voit sur le milieu des ailes de devant. Le corps est d'un bleu-obscur en dessus, brun en dessous. Les antennes sont noirâtres.

La femelle ressemble au mâle, mais elle est plus grande.

De la Guyane & du Brésil.

25. MORPHO Ilionée.

MORPHO Ilioneus.

Mor. alis subdentatis, suprà violaceo-cœrulescentibus, limbo nigro, anticarum strigis duabus, posticarum sinubus, flavidis.

Papilio Ilioneus. CRAM. *pl.* 52. *fig.* A.

Papilio Ilioneus. HERBST., *Pap. tab.* 30. *fig.* 1.

SEBA, *Mus.* 4. *tab.* 31. *fig.* 3. 4.

Elle a environ cinq pouces d'envergure. Le dessus des ailes est d'un bleu-violet-pâle, avec le limbe terminal largement noir, bordé de jaunâtre aux inférieures, & divisé transversalement aux supérieures par deux lignes également jaunâtres, entre lesquelles il y a vis-à-vis du sommet un groupe de deux ou trois petites lunules blanches.

Le dessous des ailes supérieures est brun & ondé de noirâtre, avec cinq bandes blanchâtres, sinuées, transversales, dont les trois antérieures plus courtes; les deux postérieures renfermant trois petites lunules blanches correspondant à celles du dessus, plus deux yeux, dont l'un faisant suite à ces lunules, l'autre placé à égale distance du précédent & de l'angle interne. On voit en outre une tache blanchâtre, semi-lunaire, devant la première des deux bandes postérieures.

Le dessous des ailes inférieures est coloré & ondé comme celui des supérieures, avec trois bandes blanchâtres, peu prononcées, & un arc discoïdal de trois yeux, dont l'intermédiaire beaucoup plus petit, le postérieur médiocrement grand & surmonté d'un petit arc noir, au-dessus duquel il y a une tache blanchâtre, centrale. Le corps est bleuâtre en dessus, brun en dessous. Les antennes sont noirâtres.

La femelle ressemble au mâle, mais elle est un peu plus grande, & le sommet de ses ailes inférieures offre en dessus trois lunules blanches, tandis qu'il n'y en a que deux dans le mâle.

De la Guyane & du Brésil.

26. MORPHO Teucer.

MORPHO Teucer.

Mor. alis subdentatis : anticis suprà lividiusculis; posticis suprà basi cœrulescente, subtùs ocellis tribus dissitis, postremo maximo.

Papilio E. A. Teucer, *alis subrepandis, lividiusculis : subtùs nebulosis, posticis ocellis tribus, postremo maximo.* LINN. *Syst. Nat.* 2. *p.* 753. *n°.* 44. — *Mus. Lud. Ulr. p.* 212.

MERIAN,

MERIAN, *Surin. Inſ. p.* 23. *tab.* 23.

SLOAN. *Jamaic.* 2. *p.* 219. *nº.* 24.

Papilio N. *Teucer.* FAB. *Syſt. Ent. p.* 458. *nº.* 66. — *Spec. Inſ. tom.* 2. *p.* 25. *nº.* 102. — *Mant. Inſ. tom.* 2. *p.* 13. *nº.* 119. — *Ent. Syſt. em. tom.* 3. *pars* 1. *p.* 87. *nº.* 271.

Papilio Teucer. CRAM. *pl.* 51. *fig.* A. B.

Papilio Teucer. HERBST, *Pap. tab.* 31. *fig.* 1. 2.

Papilio Teucer. ESP. *Pap. exot. tab.* 44. *fig.* 1.

Elle a de cinq à ſix pouces d'envergure. Le deſſus des premières ailes eſt d'une teinte livide vers la baſe, d'un brun-noirâtre vers l'extrémité, & traverſé obliquement au milieu par une ligne jaunâtre un peu flexueuſe.

Le deſſus des ſecondes ailes a la moitié antérieure d'un bleu-ardoiſé; l'autre moitié noire, avec la tranche du bord terminal légèrement blanchâtre.

Le deſſous des quatre ailes reſſemble au deſſous de l'*Ilionée*, mais l'œil poſtérieur des inférieures eſt ſenſiblement plus grand.

Elle habite une grande partie de l'Amérique méridionale.

Nota. Nous n'avons pas vu la femelle.

27. MORPHO Idoménée.

MORPHO Idomeneus.

Mor. alis ſubdentatis, ſuprà nigro-fuſcis, omnium baſi poſticarumque limbo cæruleſcenti-violaceis: poſticis ſubtus ocellis duobus maculâque centrali albâ.

Papilio E. A. Idomeneus, *alis ſubcrenatis, fuſcis, cæruleſcenti-fuſceſcentibus: ſubtùs nebuloſis, ocellis duobus, poſtico magno, flaveſcente.* LINN. *Syſt. Nat.* 2. *p.* 753. *nº.* 45. — *Muſ. Lud. Ulr. p.* 213.

Papilio Idomeneus. CLERCK, *Icon. tab.* 20. *fig.* 1.

GRONOW. *Zooph.* 721.

MERIAN, *Surin. Inſ. p.* 60. *tab.* 60.

Papilio N. Idomeneus, *alis ſubcrenatis, fuſcis, baſi cyaneis: ſubtùs nebuloſis, poſticis ocello magno flaveſcente.* FAB. *Syſt. Ent. p.* 459. *nº.* 68. — *Spec. Inſ. tom.* 2. *p.* 26. *nº.* 105. — *Mant. Inſ. tom.* 2. *p.* 13. *nº.* 123. — *Ent. Syſt. em. tom.* 3. *pars* 1. *p.* 88. *nº.* 275.

Papilio Surinamenſis, maximus: ſubtùs perbellè oculatus & marmoratus. PETIV. *Gazoph.* 43. *tab.* 28. *fig.* 1.

Papilio Idomeneus. CRAM. *pl.* 52. *fig.* B.

Papilio Idomeneus. CRAM. *pl.* 390. *fig.* A. B.

Papilio Idomeneus. HERBST, *tab.* 30. *fig.* 2.

DAUBENTON, *pl. enlum.* 96. *fig.* 1. 2.

Elle a environ ſix pouces d'envergure. Le deſſus de ſes ailes eſt d'un brun-noir, avec la baſe des quatre, & le bord terminal des inférieures, d'un bleu-ardoiſé. Les premières ailes ont une raie jaunâtre, ſe dirigeant obliquement de la partie poſtérieure de la côte vers le milieu du bord interne où elle ſe perd dans la couleur bleue. Cette raie eſt moins apparente dans certaines femelles que dans le commun des mâles.

Le deſſous des ailes eſt d'un brun-rouſſâtre, ondé de noir, avec deux bandes blanches, communes & ondées comme le fond. Entre ces bandes, les ſecondes ailes ont, indépendamment d'une tache blanche centrale, deux yeux écartés, dont l'antérieur roux, ayant un large iris noir & une prunelle blanche en croiſſant; le poſtérieur beaucoup plus grand, noir, ſablé de verdâtre, ayant une prunelle ſemblable à celle que nous venons d'indiquer, & un très-large iris jaunâtre qu'entoure un cercle noir, mais plus étroit en arrière qu'en avant. Les premières ailes ont entre les deux bandes ſuſdites, deux raies blanches, ſinuées, dont la poſtérieure très-oblique, interrompue inférieurement; &, vis-à-vis du ſommet, deux yeux noirs, ſéparés l'un de l'autre par deux petites lunules blanches. Après ces yeux viennent deux lignes noirâtres, en zig-zag, & deſcendant de la côte à l'angle interne.

La chenille, ſelon Merian, eſt rougeâtre, avec trois tubercules bleus à tous les anneaux, tubercules de chacun deſquels part une aigrette noirâtre, longue. Sa nourriture n'eſt pas indiquée.

La chryſalide eſt verdâtre, dentée, & pourvue de deux éminences, dont l'antérieure placée ſur la tête & courbée en arrière; l'autre ſituée ſur le dos & courbée en avant. L'inſecte parfait n'y reſte guère que quinze jours, & paroît dans le courant de janvier.

De Surinam & du Bréſil.

28. MORPHO Inachis.

MORPHO Inachis.

Mor. alis ſubdentatis, ſuprà violaceo-cæruleis, omnium limbo nigro anticarumque apice luteo: poſticis ſubtùs ocellis duobus oblongis.

Elle a de ſix pouces à ſix pouces & demi d'envergure. Le deſſus des ailes eſt d'un bleu-violet, avec le limbe terminal largement noir. Outre cela, les premières ailes ont le ſommet d'un jaune-fauve, avec deux litures & trois petites lunules blanches, derrière leſquelles il y a une tache noire, tranſverſale.

Le dessous des quatre ailes ressemble beaucoup au dessous de l'*Idoménée*, mais le fond est d'un brun moins roussâtre; le limbe terminal des supérieures est presqu'entièrement ondé; les deux yeux des inférieures sont oblongs, & la tache centrale qui les sépare est jaunâtre & beaucoup plus petite.

La femelle ne diffère du mâle que parce qu'elle est un peu plus grande & qu'elle a l'abdomen plus gros.

Du Brésil & du Pérou.

29. MORPHO Martia.

MORPHO Martia.

Mor. alis subdentatis : anticis utrinquè areâ centrali albâ ; posticis suprà violaceis, subtùs biocellatis.

Elle a environ cinq pouces d'envergure. Le dessus des premières ailes est d'un brun-noirâtre, avec la partie inférieure de la base légèrement glacée de violet, & le milieu traversé par une bande blanche, large, mais n'atteignant pas l'angle interne. Le sommet offre en outre un groupe de deux petites taches blanches. En dessous, le fond de ces ailes est brun, avec des hiéroglyphes noirâtres à la base; une bande blanche, jaspée, sur le milieu; quatre yeux, puis deux lignes flexueuses, noirs, à l'extrémité. Les yeux sont alignés vis-à-vis du sommet, & l'inférieur d'entre eux a un iris roux.

Les secondes ailes ont le dessus d'un violet assez vif, avec le limbe postérieur noir & liseré de blanchâtre aux sinus. Leur dessous est brun, avec des ondes grisâtres à la base & à l'extrémité, des hiéroglyphes noirs & deux yeux écartés sur le milieu. L'œil antérieur est roussâtre, avec l'iris noir & la prunelle blanche. L'œil postérieur est beaucoup plus grand, noir, avec la prunelle très-blanche & lunulée, l'iris jaune, cerclé de noir & surmonté d'un arc de cette couleur.

Décrite d'après deux invividus mâles pris au Brésil par M. le chevalier de Langsdorff.

30. MORPHO Taramela.

MORPHO Taramela.

Mor. alis subintegris: anticis suprà fuscescenti-luteis, limbo nigro : posticis subtùs ocellis duobus strigâque undatâ cœrulescente.

Elle a de cinq pouces à cinq pouces & demi d'envergure. Le dessus des premières ailes est d'un fauve-jaunâtre un peu obscur depuis la base jusqu'au-delà du milieu; ensuite noir jusqu'au bout, avec une ligne brunâtre, transverse & flexueuse.

Le dessus des secondes ailes est d'un jaune très-obscur à la base; d'une teinte ardoisée au milieu ; noir à l'extrémité, avec la tranche du bord postérieur grisâtre dans le mâle, jaunâtre dans la femelle.

Le dessous des premières ailes est brun, avec des taches blanchâtres, irrégulières, à la base; une bande transverse également blanchâtre sur le milieu; deux lignes noires, flexueuses, à l'extrémité. Entre ces lignes & la bande susdite, sont des ondes blanches, derrière lesquelles on voit, en face du sommet, une suite de quatre petits yeux noirs, dont le postérieur cerclé de roux.

Le dessous des secondes ailes est brun, avec des ondes blanches à la base & derrière le milieu; des ondes noirâtres à l'extrémité. Sur le milieu sont deux yeux écartés, dont l'antérieur roussâtre, entouré de noir & marqué d'un croissant blanc; le postérieur beaucoup plus grand, noir, avec la prunelle blanche & en croissant, l'iris jaunâtre, environné de noir, & surmonté d'une liture flexueuse de cette couleur, puis d'un point jaunâtre. Entre ces yeux & le bord postérieur, il y a une ligne bleuâtre, sinuée, courbe, & allant de la côte au bord interne. Le corps est jaunâtre en dessus, brun en dessous.

Dans la femelle, le dessus des ailes supérieures offre, entre la partie jaune & la ligne brunâtre du limbe, une série transverse de sept petites taches blanches.

Du Brésil.

31. MORPHO Saronia.

MORPHO Saronia.

Mor. alis subintegris, suprà luteis, limbo nigro : subtùs anticarum disco fasciâ bifidâ flavescente, posticarum ocellis duobus remotis.

Elle a près de quatre pouces d'envergure. Ses premières ailes sont entières, les secondes sont un peu sinuées. Le dessus des quatre est d'un jaune plus ou moins roussâtre depuis la base jusqu'au-delà du milieu, ensuite d'un noir-brun jusqu'au bout. Il y a en outre, au sommet des ailes supérieures, un arc transversal de trois points d'un jaune d'ocre.

Le dessous des premières ailes a environ la moitié antérieure d'un brun-tanné-clair, avec deux bandes jaunâtres, dont l'intérieure étroite, bordée de noir, se prolongeant, mais en devenant plus pâle, jusqu'au centre des secondes ailes; l'extérieure très-large, & ayant la partie supérieure profondément bifide. Après cette dernière bande, le fond devient d'un brun presque marron, & présente près de la côte un espace grisâtre, ondé de blanc, en forme de triangle renversé, & suivi de trois points blancs, dont les deux postérieurs séparés par un œil noir à iris d'un jaune-paille & à prunelle semi-lunaire d'un beau blanc. Le long du bord terminal, qui est d'un gris-verdâtre, sont deux lignes noires, flexueuses, dont l'extérieure moins prononcée.

Le dessous des secondes ailes est d'un brun-noirâtre, avec des ondes très-fines, lesquelles sont roussâtres près de la base & avant le bord postérieur; d'un gris-sale sur ce même bord; blanchâtres sur le milieu où il y a deux yeux écartés, dont l'antérieur ferrugineux & à iris noir; le postérieur noir, avec l'iris jaune & bordé de ferrugineux ou de noir. Ces yeux ont l'un & l'autre une prunelle comme l'œil des ailes de devant, mais elle est moins étroite. Le corps est fauve en dessus, d'un gris-brun en dessous. Les antennes sont ferrugineuses.

La femelle ressemble au mâle.

Du Brésil.

32. Morpho Acadina.

Morpho Acadina.

Mor. alis subdentatis, suprà fuscescenti-corticinis, strigâ apicis fulvâ, anticarum geminâ: posticis subtùs fasciâ sesquialterâ albâ ocellisque duobus remotis.

Elle est à peu près de la taille de la précédente. Le dessus des premières ailes est d'un brun-tanné-pâle, avec l'extrémité noirâtre & chargée de deux lignes fauves, transverses, dont l'extérieure courbe & maculaire, l'intérieure anguleuse & plus courte. Ces deux lignes sont séparées près de la côte par un arc transversal de trois points d'un jaune d'ocre. Le dessus des secondes ailes est d'un brun plus ou moins obscur, avec le limbe terminal noirâtre & chargé d'un rang de lunules fauves, rapprochées deux à deux.

Le dessous des premières ailes est fauve, avec quatre bandes jaunes, bordées de noir, étroites & transversales, dont les deux intermédiaires renfermant deux petites taches de leur couleur; la postérieure n'atteignant pas le bord d'en haut, ayant sur son côté interne un petit œil noir à prunelle blanche, & sur son côté externe une double ligne noire, marginale, sinuée. On voit de plus, entre cette dernière bande & la précédente, quelques ondes noirâtres, ainsi que trois points correspondant à ceux de la surface opposée, mais blancs, au lieu d'être d'un jaune d'ocre.

Le dessous des secondes ailes est brun, finement ondé de blanchâtre au bord interne, & ensuite de roussâtre jusqu'au limbe postérieur, avec deux bandes blanches, transverses, discoïdales, ondées de même, dont l'intérieure moitié moins longue & séparée de la suivante par deux yeux à peu près semblables à ceux qu'on voit dans le *Saronia*. Le limbe postérieur est roux & divisé dans toute sa longueur par deux lignes jaunes, sinuées & bordées de noir à leur côté interne. Le corps est brun en dessus, jaunâtre en dessous. Les antennes sont d'un rouge-ferrugineux.

La femelle ressemble au mâle, mais elle a le dessus des ailes inférieures légèrement glacé de violet dans son milieu.

Du Brésil.

33. Morpho Rusina.

Morpho Rusina.

Mor. alis subdentatis, suprà nigris, areâ nitidè cæruleâ tuncque fasciâ communi, anticarum ochreaceâ, posticarum albâ: posticis subtùs ocellis duobus remotis.

Elle est à peu près de la taille du *Saronia*. Le dessus des ailes est d'un noir-brun, avec un espace d'un bleu-violet-luisant, suivi aux supérieures d'une bande oblique d'un jaune d'ocre, & aux inférieures d'une bande blanche également oblique. Dans la femelle, les ailes supérieures ont, près de la côte, une double liture jaunâtre.

Le dessous des ailes est brun & ondé de gris-jaunâtre, avec une bande correspondante à celle du dessus, mais fortement bifide aux supérieures, & renfermant dans sa fissure un petit œil noir à prunelle blanche. Cette bande est précédée immédiatement aux ailes inférieures de deux yeux roux à iris noir & à prunelle blanche. Le corps est de la couleur des ailes. Les antennes sont brunâtres & annelées de noir.

Du Brésil, collection de M. le chevalier de Langsdorff.

34. Morpho Anaxandra.

Morpho Anaxandra.

Mor. alis subdentatis, suprà fusco-nigris, fasciâ singularum pallidè ochreaceâ: posticis subtùs ocellis tribus in arcum digestis.

Elle a de quatre pouces à quatre pouces & demi d'envergure. Le dessus des ailes est d'un noir-brun-chatoyant, avec une bande d'un jaune d'ocre pâle sur chacune des quatre. La bande des secondes ailes est plus ou moins longue: dans certains individus des deux sexes, elle va de l'angle externe à la partie inférieure du bord abdominal; dans d'autres, au contraire, elle ne descend pas jusqu'au milieu de la surface. Sa largeur est également variable. La bande des premières ailes se dirige obliquement du sommet vers l'origine du bord interne, & elle a fort souvent le milieu dilaté. Ces mêmes ailes sont en outre vergetées de jaune-pâle sur la majeure partie de leur bord d'en haut.

En dessous, le fond de chaque aile est brun & finement ondé de gris ou de verdâtre, excepté aux endroits où reparoît la bande jaune du dessus. Indépendamment de cela, il y a, au sommet des ailes supérieures, un groupe de deux yeux noirs à prunelle blanche & à iris d'un jaune-obscur; &, sur le milieu des inférieures, un arc transversal de trois yeux séparés, d'un roux-foncé, ayant l'iris noir, la prunelle très-blanche & en croissant. Ces trois yeux sont assez grands, & le postérieur d'entr'eux, qui est encore un peu plus grand, a le milieu noir. Le corps est brun en dessus, plus pâle en dessous. Les antennes sont noirâtres.

Assez commune dans quelques parties du Brésil.

Nota. Le mâle a près de la base des ailes inférieures un petit bouquet de poils jaunâtres.

35. MORPHO Anaxarète.

MORPHO Anaxarete.

Mor. alis integris, fusco-nigris : anticis utrinquè ad apicem albo maculatis : posticis subtùs griseo-rufescentibus, punctis basèos nigricantibus.

Papilio Anaxarete. CRAM. *pl.* 95. *fig.* A. B. (Le mâle.)

Papilio Anaxarete. CRAM. *pl.* 374. *fig.* A. B. (La femelle.)

Papilio Anaxaretus. HERBST, *Pap. tab.* 131. *fig.* 1. 2. (Le mâle.) *fig.* 3. 4. (La femelle.)

Elle est à peu près de la taille de l'*Anaxandra*. Le dessus de ses ailes est d'un noir-brun-chatoyant. Les premières ont neuf taches blanches, dont quatre réunies en une bande oblique au-delà du milieu de la côte, trois groupées vers l'angle interne, & deux plus petites faisant face au sommet. Les secondes ailes ont, entre le disque & le bord terminal, une petite bande transverse & flexueuse, qui est blanche dans la femelle, d'un cendré-bleuâtre dans le mâle. Outre cela, la tranche du bord postérieur de toutes les ailes est blanchâtre ou plus claire que le fond.

Le dessous des premières ailes diffère du dessus en ce que la moitié antérieure de la côte est largement roussâtre, & le sommet grisâtre.

Le dessous des secondes ailes est d'un roux plus ou moins obscur, avec des mouchetures brunâtres, & un arc discoïdal de trois taches blanchâtres, dont les deux antérieures presqu'orbiculaires; la postérieure bilobée, & marquée par en haut d'un croissant blanc que surmonte un petit arc noir. Il y a en outre, vers la base, un groupe de points noirâtres. Le corps est de la couleur des ailes. Les antennes sont blanchâtres.

De Surinam & du Brésil.

36. MORPHO Anosia.

MORPHO Anosia.

Mor. alis dentatis, nigricanti-fuscis : anticis utrinquè fasciâ maculari albâ : posticis subtùs strigis flexuosis, ocellisque sex, postremo bipupillato.

Elle a le port & la taille de l'*Anaxandra.* Ses ailes sont dentées & d'un brun-noirâtre en dessus. Les premières ont une bande blanche, maculaire, un peu courbe, & allant du milieu de la côte à l'angle interne. Leur sommet offre en outre un point blanc, au-dessus duquel il y a deux litures jaunâtres. Les secondes ailes ont une lunule blanche sur chacune des deux échancrures antérieures.

Le dessous des ailes de devant ressemble au dessus, mais il est un peu plus pâle, & il y a au sommet, qui est nuancé de grisâtre, un œil noir à prunelle blanche & à iris jaunâtre, placé au bas du point blanc dont nous avons parlé en décrivant le dessus de ces ailes.

Le dessous des ailes de derrière est d'un brun-pâle, avec cinq lignes noires, transverses & flexueuses, dont trois vers la base, & deux vers le bord terminal. Entre ces deux dernières lignes & les trois précédentes, l'on voit une rangée courbe de six yeux à prunelle blanche, à iris jaunâtre & cerclé de noir. Les deux yeux antérieurs, & le postérieur, qui est bipupillé, sont noirs; les trois autres sont de la couleur du fond de l'aile, mais foiblement teintés de violet. Le corps est du même ton que les ailes. Les antennes sont noirâtres.

Dans les deux sexes, l'extrémité des ailes supérieures, à partir de la bande blanche, est d'un brun plus noir que le reste de la surface.

Du Pérou & du Brésil. — Très-rare.

37. MORPHO Darius.

MORPHO Darius.

Mor. alis integerrimis, fuscis : anticis albo maculatis : posticis subtùs arcu nigro. FAB.

Papilio F. Darius. FAB. *Syst. Ent. p.* 482. *n°.* 173. — *Spec. Ins. tom.* 2. *p.* 57. *n°.* 249. — *Mant. Ins. tom.* 2. *p.* 27. *n°.* 288. — *Ent. Syst. em. tom.* 3. *pars* 1. *p.* 52. *n°.* 161.

Ce lépidoptère pourroit bien être une variété mâle de l'*Anaxarète;* mais, dans le doute, nous traduisons la description que Fabricius en a donnée.

Il est grand, d'un brun-noirâtre en dessus. Les premières ailes ont cinq taches blanches, dont une oblongue vers le milieu de la côte, trois plus petites près de l'angle interne, & une en forme de liture vis-à-vis du sommet.

Les secondes ailes sont sans taches. Leur dessous est gris, avec un arc noir & une petite lunule blanchâtre sur le milieu.

Le dessous des ailes supérieures ressemble au dessus, mais il est plus pâle. Les antennes sont noirâtres.

Du Brésil.

38. MORPHO Œthon.

MORHPO Œthon.

Mor. alis integerrimis, fuscis, strigâ marginali

fulvâ : posticis subtùs subundatis, ocellis septem. FAB.

Papilio N. *Œthon.* FAB. *Spec. Inf. tom.* 2. *p.* 59. *n°.* 259. — *Mant. Inf. tom.* 2. *pag.* 28. *n°.* 299. — *Ent. Syst. em. tom.* 3. *pars* 1. *p.* 152. *n°.* 465.

Fabricius la décrit ainsi : elle a tout-à-fait le port de la *M.* de la *Casse.* Ses quatre ailes sont entières, d'un brun-obscur en dessus, avec une raie fauve, transverse, placée aux inférieures le long du bord terminal, & aux supérieures vers l'extrémité. Le sommet de ces dernières offre en dessus quelques points blancs, & en dessous un petit œil noir.

Le dessous des secondes ailes a des ondes blanches & brunes, peu prononcées, avec sept yeux.

De Surinam.

39. MORPHO Bérécynthus (1).

MORPHO Berecynthus.

Mor. alis integris, suprà fusco-nigris, fasciâ fulvâ, terminali : anticarum angulatâ : posticis subtùs strigâ sex ocellorum.

Papilio N. Berecynthus, *alis integerrimis, suprà atris, fasciâ marginali flavâ : subtùs posticis maculis sex ocellaribus.* FAB. *Spec. Inf. tom.* 2. *p.* 59. *n°.* 259. — *Mant. Inf. tom.* 2. *p.* 28. *n°.* 298. — *Ent. Syst. em. tom.* 3. *pars* 1. *p.* 151. *n°.* 462.

Papilio Berecynthia. CRAM. *pl.* 184. *fig.* B. C.

STOLL, *Pap. Suppl. à* CRAM. *pl.* 3. *fig.* 4. A. (La chenille jeune.) *fig.* 4. B. (La chenille adulte.) *fig.* 4. C. (La chrysalide.)

Papilio Berecynthius. HERBST, *Pap. tab.* 130. *fig.* 2. 3.

SEBA, *Mus.* 4. *tab.* 13. *fig.* 2. 3.

Elle a environ quatre pouces d'envergure. Ses ailes sont entières, & les supérieures ont le bord terminal un peu concave. Le dessus des quatre est d'un noir-brun, avec une bande fauve. La bande des premières ailes descend de la côte à l'angle interne, en faisant un coude en arrière vers le milieu de sa longueur. Elle est en outre précédée en dehors de trois points blancs, disposés en un arc transversal vis-à-vis du sommet. La bande des secondes ailes est tout-à-fait terminale, & un peu sinuée à son côté interne.

En dessous, le fond est d'un brun plus clair qu'en dessus, & finement ondé de grisâtre, avec deux taches ferrugineuses, bordées de noir, près de la base de chaque aile. Indépendamment de ces taches, les premières ailes ont, non loin du sommet, un œil noir à prunelle blanche & à iris jaunâtre. Les secondes ailes offrent, un peu au-delà du milieu, une rangée courbe & transverse de six yeux semblables, mais inégaux, saupoudrés de gris-cendré, & pourvus d'un iris ferrugineux.

Nous avons vu un mâle sans bande fauve, & la femelle nous est inconnue.

La chenille, selon Stoll, est d'un brun-clair, avec des lignes obscures & longitudinales. Entre la cinquième & la neuvième incisions, sont alignées cinq épines noirâtres, dorsales & aiguës. Il y en a six autres sur la tête; mais elles sont obtuses, velues & brunes. L'anus se termine par une fourche assez longue. Avant la quatrième mue, cette chenille a le dos vert, avec une seule épine, placée sur une tache noire. Elle vit sur le *cacaoyer* (*theobrana*).

La chrysalide est un peu anguleuse, brune & mouchetée de noir, avec des points argentés à l'enveloppe des ailes. Elle est suspendue par la queue, & la dépouille de la chenille y reste attachée.

De Surinam.

40. MORPHO Xanthus.

MORPHO Xanthus.

Mor. alis subintegris, suprà fusco-nigris : anticis fasciâ fulvâ, angulatâ : posticis subtùs ocellis duobus remotis, antico reniformi.

Papilio D. F. Xanthus, *alis integerrimis, suprà fuscis, fasciâ ferrugineâ : posticis subtùs ocellis duobus, altero lunari.* LINN. *Syst. Nat.* 2. *p.* 767. *n°.* 122. — *Mus. Lud. Ulr. p.* 267.

CLERCK, *Icon. tab.* 34. *fig.* 1. 2.

Papilio N. Xanthus, *alis integerrimis, fuscis, fasciâ ferrugineâ : posticis subtùs griseo marmoratis, ocellis duobus.* FAB. *Syst. Ent. p.* 483. *n°.* 177. — *Spec. Inf. tom.* 2. *p.* 58. *n°.* 257. — *Mant. Inf. tom.* 2. *p.* 28. *n°.* 296. — *Ent. Syst. em. tom.* 3. *pars* 1. *p.* 150. *n°.* 460.

Papilio Xanthus. CRAM. *pl.* 183. *fig.* A. B.

Papilio Xanthus. HERBST, *Pap. tab.* 127. *fig.* 1. 2.

Elle a le port & à peu près la taille du *Bérécynthus,* & elle n'en diffère en dessus que parce que la bande fauve de ses ailes supérieures est tantôt interrompue par le milieu, tantôt unidentée en dehors; parce que celle des inférieures est nulle ou

(1) Cette espèce & les suivantes font le passage des MORPHOS aux BRASSOLIDES, en raison de leurs antennes un peu plus renflées vers l'extrémité, & d'une fente longitudinale, couverte de poils, fente que l'on remarque, ainsi que dans les BRASSOLIDES, près du bord interne des ailes inférieures du mâle. Ce dernier caractère peut servir à distinguer ces espèces des NYMPHALES, avec lesquelles on seroit d'abord tenté de les confondre, si l'on n'avoit égard qu'aux palpes & aux antennes.

à peine indiquée au bord du sommet, du moins dans le commun des individus.

Le dessous des quatre ailes est à peu près de la couleur du dessus, avec des taches blanchâtres & des taches brunes en échiquier sur presque toute la surface des supérieures, & à la base des inférieures. Celles-ci sont ondées de blanc à la naissance de la côte, & de gris-roussâtre depuis le milieu jusqu'au bord terminal. Sur leur milieu sont deux yeux écartés, dont l'antérieur presque réniforme, brun & chargé d'un croissant blanc; le postérieur rond, noir, sablé de verdâtre, ayant la prunelle blanche & arquée, l'iris brun & très-large. Non loin du sommet des ailes de devant, il y a un moyen œil noir à prunelle blanche & à iris jaunâtre, œil que séparent de la côte quelques ondes, & trois points, blancs. Le corps est de la couleur des ailes. Les antennes sont ferrugineuses.

La femelle ressemble au mâle, excepté qu'elle n'a pas de fente près du bord interne des ailes inférieures, & que son abdomen est plus gros.

De Surinam & du Brésil.

Nota. Cramer a mal rendu les marbrures du dessous des ailes. Il n'a pas fait non plus sentir les sinuosités du bord terminal.

41. Morpho Caryatis.

Morpho Caryatis.

Mor. alis dentatis, fusco-nigris : anticis suprà fasciâ fulvâ posticâ, subtùs albâ mediâ : posticarum paginâ inferâ ocellis duobus dimidiatis.

Papilio Cassiope. Cram. *pl.* 57. *fig.* A. B.

Papilio Cassiopus. Herbst, *Pap. tab.* 128. *fig.* 3. 4.

Nous donnons cette Morpho d'après la figure de Cramer.

Elle a le port & la taille des trois précédentes. Ses ailes sont dentées, d'un noir-brun en dessus. Les inférieures n'ont pas de taches. Les supérieures offrent, indépendamment de trois points blancs placés au sommet, une bande fauve, un peu oblique, assez large, bidentée en dehors, unidentée en dedans, atteignant la côte & l'angle interne.

Le dessous des quatre ailes est d'un ton ferrugineux, avec des ondes grisâtres vers la base, & des ondes cendrées vers le bout. Sur le milieu des inférieures, sont deux yeux très-écartés, semi-lunaires, roux, avec l'iris blanc & bordé de noir. Le milieu des ailes supérieures est traversé par une bande blanche, un peu courbe en arrière, & leur sommet offre un œil noir à iris jaunâtre & à prunelle blanche.

De Surinam.

42. Morpho de la Casse.

Morpho Cassiæ.

Mor. alis dentatis, suprà nigricanti-fuscis : anticis utrinquè fasciâ fulvâ : posticis subtùs ocellis duobus dissitis, antico majore, subrotundato.

Papilio D. F. Cassiæ, *alis integerrimis, fuscis : primoribus posticarumque margine fasciâ ferrugineâ : omnibus subtùs ocellatis.* Linn. *Syst. Nat.* 2. *p.* 767. *n°.* 120. — *Mus. Lud. Ulr. p.* 265.

Clerck, *Icon. tab.* 34. *fig.* 3. 4.

Merian, *Surin. Inf. pag.* 3. *tab.* 32.

Papilio N. Cassiæ, *alis repandis, fuscis, fasciâ ferrugineâ, apice bifidâ : posticis subtùs cinereis, ocellis duobus.* Fab. *Syst. Ent. p.* 483. *n°.* 178. — *Spec. Inf. tom.* 2. *p.* 58. *n°.* 258. — *Mant. Inf. tom.* 2. *p.* 28. *n°* 297. — *Ent. Syst. em. tom.* 3. *pars* 1. *p.* 150. *n°.* 461.

Papilio N. Glycerie, *alis dentatis, fuscis : anticis fasciâ fulva : subtùs anticis ocello, posticis duobus cæcis.* Fab. *Ent. Syst. em. tom.* 3. *pars* 1. *p.* 94. *n°.* 291.

Papilio Cassiæ. Cram. *pl.* 105. *fig.* A. B.

Papilio Cassiæ. Cram. *pl.* 106. *fig.* A.

Papilio Quiteria. Cram. *pl.* 313. *fig.* 3. 4.

Stoll, *Suppl. à* Cram. *pl.* 3. *fig.* 3. A. (La chenille.) *fig.* 3. B. (La chrysalide.)

Papilio Cassiæ. Herbst, *Pap. tab.* 129. *fig.* 1. 2. *fig.* 3. (Mas.)

Papilio Quiterius. Herbst, *Pap. tab.* 127. *fig.* 3. 4.

Papilio Quiterius. Herbst, *Pap. tab.* 128. *fig.* 1. 2. (Mas.)

Fabricius fait de ce lépidoptère deux espèces, savoir : l'une sous le nom de *Cassiæ*, appartenant à l'Amérique; l'autre sous celui de *Glycerie*, appartenant aux Indes orientales.

Les ailes sont plus ou moins dentées, & varient pour l'envergure depuis trois pouces jusqu'à quatre & demi. Leur dessus est d'un brun-noirâtre. Celui des supérieures offre une bande fauve, sinuée, quelquefois bifide antérieurement, descendant du milieu de la côte à l'angle interne où elle se termine par un petit crochet aigu & dont la pointe est tournée du côté de la base de l'aile : derrière cette bande sont deux points blancs, placés vis-à-vis du sommet. Le dessus des secondes ailes est tantôt nud, tantôt coupé parallèlement au bord postérieur par une bande continue ou seulement par quelques taches d'un fauve-ferrugineux.

Le dessous des quatre ailes a beaucoup de rapport avec le dessous du *Xanthus*; mais ce qui l'en diſtingue, c'eſt que les ſupérieures ſont moins tachetées de brun & de blanchâtre, & que leur bande fauve ſe reproduit ici preſqu'en totalité; c'eſt qu'indépendamment de cela, l'œil poſtérieur des ſecondes aîles eſt moins grand que l'antérieur. Le corps & les antennes ſont comme dans le *Xanthus*.

La chenille, ſelon Stoll & Merian, eſt verte, avec des lignes roſées, longitudinales, & les ſtigmates ferrugineux. Elle a en outre, au deſſus des pattes, une raie jaunâtre ou blanchâtre. Sa tête eſt d'un brun-obſcur, & couronnée de quatre épines rougeâtres, velues. Le corps ſe termine par une fourche aſſez longue, dont les extrémités ſont jaunâtres. Elle vit ſur la *caſſe* (*caſſia*), & ſe transforme vers la fin de mai. Le papillon commence à paroître dans la première quinzaine de juin.

La chryſalide eſt preſqu'ovoïde, un peu arquée, biſide antérieurement, brune & mouchetée de noir, avec des taches argentées.

De Surinam & du Bréſil.

N. B. Linnæus rapporte cette eſpèce à la figure 29 de Clerck. C'eſt ſans doute par inadvertance, car ladite figure repréſente le *Jairus*.

Il y a auſſi une erreur dans l'*Entomologie ſyſtématique* de Fabricius, à l'occaſion de ſon papillon *Caſſiæ*. On y lit : *tab*. 43, &c., au lieu de *tab*. 34. *fig*. 3. 4.

GENRE BRASSOLIDE.

CARACTÈRES DU GENRE.

Palpes inférieurs courts, ne s'élevant pas au-delà du chaperon, point barbus; antennes terminées par une massue épaisse et en forme de cône renversé. Cellule discoïdale des secondes ailes fermée en arrière, comme dans les Morphos de la seconde division.

ESPÈCES.

Bord postérieur des quatre ailes arrondi et entier.

1. Brassolide du Sophora.

Dessus des ailes d'un brun-obscur : les deux surfaces des supérieures avec une bande fauve, sinuée : dessous des inférieures avec trois yeux séparés.

2. Brassolide Astyra.

Dessus des ailes d'un noir-brun : les deux surfaces des supérieures avec une bande jaunâtre large : dessous des inférieures avec trois yeux séparés : bout de l'abdomen, et des points sur la poitrine, ferrugineux.

Bord

Bord postérieur des quatre ailes arrondi & entier.

1. Brassolide du Sophora.

Brassolis Sophorœ.

Brass. alis suprà fuscis : anticis utrinquè fasciâ fulvâ, repandâ : posticis subtùs ocellis tribus distitis.

Papilio D. F. Sophoræ, *alis integerrimis, fuscis, fasciâ ferrugineâ : subtùs primoribus ocello unico, posticis tribus.* Linn. *Syst. Nat.* 2. *p.* 767. *n*°. 121. — *Muf. Lud. Ulr. p.* 266.

Papilio Sophorœ. Clerck, *Icon. tab.* 35. *fig.* 3.

Merian, *Surin. Inf. tab.* 35. *fig.* 1. 2.

Roes. *Inf.* 4. *tab.* 4. *fig.* 1. 2.

Papilio. N. Sophoræ, *alis integerrimis, fuscis, fasciâ ferrugineâ : posticis subtùs brunneis, ocellis tribus.* Fab. *Syst. Ent. p.* 483. *n*°. 176. — *Spec. Inf. tom.* 2. *p.* 58. *n*°. 256. — *Mant. Inf. tom.* 2. *p.* 28. *n*°. 295. — *Ent. Syst. em. tom.* 3. *pars* 1. *p.* 150. *n*°. 459.

Papilio Sophorœ. Cram. *Pap. pl.* 253. *fig.* A. B. C.

Stoll, *Pap. Suppl. à* Cram. *pl.* 3. *fig.* 2. A. (La chenille.) *fig.* 2. B. (La chrysalide.)

Papilio Sophorœ. Herbst, *Pap. tab.* 129. *fig.* 4. 5.

Papilio Sophorœ. Herbst, *Pap. tab.* 130. *fig.* 1.

Elle a de trois pouces & demi à quatre pouces d'envergure. Ses ailes sont très-entières & d'un brun-obscur en dessus. Les premières, dont le bord antérieur est très-arqué, sont traversées, à partir du milieu de ce même bord, par une bande fauve, courbe, un peu sinuée, aboutissant à l'angle interne, & se prolongeant quelquefois, mais en perdant de sa largeur, jusqu'à l'angle correspondant des secondes ailes. Cette bande est plus ou moins bifide à son origine.

Le dessous des quatre ailes est plus pâle que le dessus & finement pointillé de gris. Celui des supérieures offre, indépendamment de la bande fauve dont nous venons de parler, un petit œil noir à prunelle blanche & à iris-jaunâtre, œil peu distant du sommet & que précède en dehors une double ligne obscure, ondulée, presque marginale. Le dessous des ailes inférieures a une rangée courbe & discoïdale de trois yeux séparés, bruns, ayant l'iris noir, la prunelle blanche & en croissant. On voit de plus à la base de toutes les ailes une tache fauve, orbiculaire. Le corps est brun. Les antennes sont noires.

La chenille, selon Stoll & Merian, est pubescente, d'un brun-clair, avec des lignes noirâtres, longitudinales. Ses pattes antérieures sont noires, ainsi que sa tête, sur laquelle il y a une petite ligne jaunâtre, transversale. Elle vit en société très-nombreuse dans un tissu serré qu'elle fabrique, & d'où elle ne sort que pendant la nuit pour manger. La plupart des auteurs disent qu'elle se nourrit du *sophora*; d'après Stoll & Merian, elle vivroit aussi sur le *cocotier* & sur le *cacaoyer*. Sa métamorphose a lieu au commencement d'avril, & l'insecte parfait paroît quinze jours après.

La chrysalide est ovoïde, ramassée, un peu courbe, d'une couleur pâle, mouchetée de brun-ferrugineux & marquée de quatre points argentés. Elle est suspendue par la queue, & la dépouille de la chenille y reste attachée.

De Surinam & du Brésil.

2. Brassolide Astyra.

Brassolis Astyra.

Brass. alis suprà fusco-nigris : anticis utrinquè fasciâ lutescente, latâ : posticis subtùs ocellis tribus distitis : abdominis apice pectorisque punctis ferrugineis.

Elle diffère de la précédente, en ce qu'elle a le fond des ailes d'un brun plus noir, & la bande fauve au contraire plus pâle & plus large; en ce que la partie postérieure de l'abdomen est ferrugineuse, & en ce qu'il y a des points de cette couleur sur la poitrine & sur le devant du corselet.

La femelle ressemble au mâle, mais elle a le corps beaucoup plus gros.

Du Brésil.

GENRE EURYBIE (1).

CARACTÈRES DU GENRE.

Palpes inférieurs courts, dépassant à peine le chaperon; antennes en fuseau alongé et un peu courbe. Cellule discoïdale des secondes ailes fermée en arrière par une nervure en angle aigu, et d'où part un rameau longitudinal, qui se prolonge jusqu'au bord postérieur.

ESPÈCES.

A. Sommet des premières ailes aigu et un peu prolongé. Bord postérieur des secondes ayant le milieu dilaté en angle.

1. Eurybie Caroline.

Ailes d'un brun-noirâtre, ayant en dessus des taches ferrugineuses, et en dessous une rangée terminale de points oculaires.

B. Bord postérieur des quatre ailes arrondi et entier.

2. Eurybie Nicæus.

Dessus des ailes supérieures d'un brun-noirâtre, et offrant vers le milieu un œil sans prunelle; dessus des inférieures glacé de violet, avec deux rangs de taches rousses, ocellées, à l'extrémité.

3. Eurybie Dardus.

Dessus de toutes les ailes d'un brun-obscur, et offrant à l'extrémité deux cordons de taches ocellées : supérieures avec un œil presque central et sans prunelle.

(1) Nous donnons par addition ce genre d'Illiger. Il ne se compose jusqu'à présent que de quelques espèces, propres à l'Amérique méridionale.

A. Sommet des premières ailes aigu & un peu prolongé. Bord postérieur des secondes ayant le milieu dilaté en angle.

1. Eurybie Caroline.

Eurybia Carolina.

Eur. alis fuscis, suprà ferrugineo maculatis, subtùs striga terminali punctorum ocellarium.

Nous ne connoissons ce lépidoptère que par un individu mâle & unique, appartenant à M. le chevalier de Langsdorff.

Il a le port & la taille du *Citron* ou *Coliade du Nerprun*. (*Voyez p.* 89. *n°.* 2.) Le dessus de ses ailes est d'un brun-noirâtre-chatoyant, avec huit petites taches ferrugineuses sur le milieu des supérieures, & neuf semblables sur le milieu des inférieures. L'extrémité des ailes supérieures offre en outre deux points & un croissant blancs.

Le dessous diffère du dessus, en ce que le fond est plus pâle; en ce que les ailes supérieures sont sans taches ferrugineuses; enfin, en ce que l'on voit le long du bord terminal des quatre une rangée de points noirâtres, oculaires. Le corps est de la couleur des ailes, avec les palpes, & le tour des yeux, fauves. Les antennes sont annelées de noir & de gris, avec la sommité de la massue jaunâtre.

Du Brésil.

B. Bord postérieur des quatre ailes arrondi & entier.

2. Eurybie Nicæus.

Eurybia Nicœus.

Eur. alis anticis suprà nigricanti-fuscis, ocello centrali cœco; posticis violaceo nitentibus, apice strigis duabus ocellaribus rufis.

Papilio F. Nicæus, *alis integerrimis, fuscis: anticis ocello, posticis suprà fasciâ rubrâ marginali punctisque ocellaribus.* Fab. *Syst. Ent. p.* 482. *n°.* 175. — *Spec. Inf. tom.* 2. *p.* 57. *n°.* 251. — *Mant. Inf. tom.* 2. *p.* 28. *n°.* 290. — *Ent. Syst. em. tom.* 3. *pars* 1. *p.* 53. *n°.* 163.

Papilio Salome. Cram. *pl.* 12. *fig.* G. H.

Papilio Salome. Herbst, *tab.* 223. *fig.* 1. 2.

Elle a environ deux pouces d'envergure. Le dessus des ailes supérieures est d'un brun-noirâtre, avec une tache violette, presque centrale, cerclée de fauve, & suivie d'un groupe de deux points blancs. Il y a en outre, le long du limbe postérieur, un cordon de taches noires, entourées d'un iris plus pâle que le fond de l'aile.

Le dessus des secondes ailes est d'un brun plus ou moins glacé de violet, selon le sexe, avec une double rangée de taches oculaires à iris roux. Les taches de la rangée intérieure sont ordinairement moins apparentes que celles de la rangée extérieure.

Le dessous des quatre ailes est d'un gris-cendré, avec deux rangées transverses & presque terminales de petites taches blanchâtres, dont les extérieures orbiculaires & ayant le milieu noir. A la tache violette du milieu des premières ailes correspond ici une tache semblable, mais cerclée de jaune, & suivie de deux points de plus que du côté opposé. Il y a en outre, vers le milieu de la côte des secondes ailes, deux points blanchâtres, plus ou moins ombrés de noirâtre. Le corps est noirâtre en dessus, cendré en dessous, avec les palpes d'un jaune-orangé. Les antennes sont noirâtres, annelées de gris, avec la sommité jaunâtre.

De la Guyane & du Brésil.

Nota. Fabricius a fait sa description d'après la figure de Cramer. Nous en jugeons du moins par ces mots: *ailes inférieures avec une bande rousse, marginale, sur laquelle sont des points entourés d'un anneau jaune.*

3. Eurybie Dardus.

Eurybia Dardus.

Eur. alis omnibus suprà fuscis, apice strigis duabus ocellaribus: anticis ocello subcentrali cœco.

Papilio N. Dardus, *alis integerrimis, fuscis: anticis utrinquè ocello medio cyaneo: omnibus subtùs strigis duabus ocellaribus.* Fab. *Ent. Syst. em. tom.* 3. *pars* 1. *p.* 156. *n°.* 482.

Papilio Lamia? Cram. *pl.* 150. *fig.* C.

Papilio Lamia? Herbst, *tab.* 223. *fig.* 3.

Ce lépidoptère n'est peut-être qu'une variété du *Nicæus*. En effet, il n'en diffère que parce qu'il est un peu plus petit, & parce que le dessus des premières ailes offre, avant le cordon de taches oculaires de l'extrémité, une rangée transverse de points, tantôt blancs, tantôt roussâtres.

Le dessus des secondes ailes est sans reflet violet, du moins dans les femelles, car nous n'avons pas vu de mâles.

De Surinam.

GENRE SATYRE.

CARACTÈRES DU GENRE.

PALPES inférieurs s'élevant notablement au-delà du chaperon, plus ou moins hérissés de poils en avant; antennes finissant tantôt par un bouton court et un peu en cuilleron, tantôt par une massue grêle et presqu'en fuseau. Cellule discoïdale ou centrale des secondes ailes fermée en arrière par une nervure en angle plus ou moins aigu et d'où part une seule branche longitudinale. Chenilles nues ou presque rases, et ayant l'anus terminé par une pointe fourchue. Chrysalides, du moins pour la plupart, suspendues par la queue.

I. *Cellule discoïdale des secondes ailes fermée par un angle peu aigu.*

Partie du genre HÆTERA de Fabricius. (Pap. *Lena*, *Nereis*, *Piera*, etc.)

II. *Cellule discoïdale des secondes ailes fermée par une nervure en angle très-aigu.*

Le genre HIPPARCHIA de Fabricius, MANIOLA de Schrank. (Pap. *Circe*, *Hermione*, *Briseis*, *Galathea*, *Mœra*, *Janira*, *Tithonius*, etc.)

N. B. La massue des antennes ne peut pas être prise ici pour caractère; puisque, par exemple, elle est renflée et en cuilleron dans l'*Hermione*, tandis qu'elle est grêle et presqu'en fuseau dans le *Circé*, espèces d'ailleurs si voisines l'une de l'autre. Mais un caractère constant, et auquel on n'a peut-être pas fait assez d'attention, c'est que tous les SATYRES, tant exotiques qu'indigènes, ont les deux premières nervures des ailes supérieures très-renflées à leur origine.

ESPÈCES.

A. Sommet des premières ailes plus ou moins tronqué. Bord postérieur des secondes finissant extérieurement par une petite queue.

1. SATYRE Constantia.

Dessus des ailes d'un brun-obscur : sommet des supérieures avec une bande jaunâtre et deux points oculaires.

2. SATYRE ? Bernard.

Ailes en queue, fauves : extrémité des supérieures noire, avec une bande jaune; inférieures avec une rangée transverse de points oculaires. FAB.

3. SATYRE Banksia.

Dessus des ailes d'un brun-noirâtre : sommet des supérieures avec deux yeux, dont un moitié plus petit : dessous des quatre avec des bandes plus foncées, et une rangée transverse de points blanchâtres.

4. SATYRE Léda.

Dessus des ailes d'un brun-noirâtre ou d'un brun-tanné : sommet des supérieures avec deux yeux, dont un moitié plus petit : dessous des quatre réticulé de gris, et offrant une rangée transverse d'yeux.

SATYRE. (Insecte.)

5. Satyre Gerdrudtus.

Ailes en queue, d'un brun-obscur : sommet des supérieures avec une tache oculaire : dessous (des quatre) *ferrugineux, avec un point blanc aux supérieures, et deux aux inférieures.* Fab.

6. Satyre Europa.

Ailes d'un brun-obscur : les deux surfaces des supérieures avec une bande blanche, oblique : dessous des inférieures avec une série d'yeux, plus une ligne blanchâtre, basilaire, et commune aux ailes de devant.

7. Satyre Caumas.

Dessous des ailes d'un gris-roussâtre, avec trois lignes ferrugineuses, transverses : limbe terminal des inférieures avec six yeux à prunelle formée par des atomes dorés.

8. Satyre ? Rohria.

Ailes dentées et en queue, d'un brun-obscur : supérieures avec une bande blanche : dessous des inférieures avec sept yeux, dont plusieurs ponctués de blanc. Fab.

9. Satyre ? Panthéra.

Ailes dentées et en queue, d'un brun-noirâtre : leur dessous ondé ; celui des inférieures avec deux yeux bleuâtres sur le milieu, et cinq vers l'extrémité.

B. Bord postérieur des premières ailes en faulx. Bord correspondant des secondes un peu prolongé à l'angle de l'anus, et terminé en dehors par une queue obtuse et très-oblique.

10. Satyre Chorinée.

Dessus des ailes d'un brun-obscur : supérieures avec une bande fauve, transversale : dessous des inférieures avec une ligne allant obliquement de l'angle externe à l'angle de l'anus.

C. Ailes supérieures triangulaires. Inférieures terminées en dehors par une petite queue aiguë, et ayant entre cette queue et l'angle de l'anus une dent obtuse.

11. Satyre Philoctète (1).

Dessus des ailes d'un brun-violet : inférieures offrant, vers l'angle de l'anus, trois taches bleues, dont les deux extérieures chargées chacune d'un point noir.

12. Satyre Morna.

Ailes dentées, d'un brun-obscur : les deux surfaces des inférieures avec deux yeux et trois points blancs. Fab.

D. Ailes ovales. Inférieures terminées en dehors par un prolongement plus ou moins remarquable.

13. Satyre Léna.

Ailes un peu transparentes, d'un brun-obscur : dessus des secondes ayant la moitié postérieure d'un noir-foncé, avec des taches bleues, éparses, et chargées pour la plupart d'un point blanc.

14. Satyre Dindymène.

Ailes d'un brun-obscur et un peu transparentes : dessus des inférieures avec une série de points oculaires : dessous des quatre avec trois lignes transverses, et des points à la base, plus obscurs.

15. Satyre Luna.

Ailes dentées, d'un brun-obscur, avec des lignes transverses plus foncées : inférieures avec deux yeux : dessous des quatre avec quatre points. Fab.

---

(1) Dans cette espèce et dans les sept suivantes, la cellule discoïdale des secondes ailes est fermée par un angle moins aigu que chez les autres Satyres, et les antennes sont presque filiformes. Ces espèces se rapportent au genre *Hætera* de Fabricius.

SATYRE. (Insecte.)

16. Satyre Néréis.

Ailes d'un brun-obscur et un peu transparentes, avec une bande blanche, linéaire, commune : inférieures fauves vers l'extrémité, avec deux yeux très-noirs.

17. Satyre Piéra.

Ailes transparentes : supérieures sans taches ; inférieures ayant sur le milieu une ligne obscure, transversale, et à l'extrémité deux yeux séparés par deux points blancs.

18. Satyre Andromède.

Ailes transparentes : supérieures avec deux lignes brunâtres, transversales ; inférieures d'un rouge-cramoisi vers l'angle de l'anus, et offrant au sommet un seul œil.

E. Ailes supérieures triangulaires. Inférieures un peu tronquées vers l'angle de l'anus.

19. Satyre Cirondius.

Dessus des ailes d'un brun-obscur, et offrant à l'extrémité quatre yeux rapprochés deux à deux : dessous des inférieures avec un point noir à la base.

20. Satyre Bétro.

Ailes d'un brun-noirâtre : dessus des supérieures avec une bande roussâtre à l'extrémité : dessous des inférieures avec une rangée transverse de points jaunâtres.

F. Sommet des premières ailes plus ou moins aigu. Bord terminal des secondes offrant vers l'angle de l'anus trois dents, dont l'extérieure souvent plus prononcée.

21. Satyre Chélys.

Dessus des ailes d'un brun-obscur, et sans taches : dessous des inférieures d'un ferrugineux-sombre, ou d'un gris-verdâtre, avec une rangée transverse de points jaunâtres.

22. Satyre Rébecca.

Dessus des ailes d'un brun-obscur, et sans taches : dessous légèrement glacé de violet, avec deux lignes transverses, et un point central, d'un ferrugineux-obscur.

23. Satyre Merméria.

Dessus des ailes d'un brun-obscur, et sans taches : dessous d'un ferrugineux-sombre, avec une ligne cendrée, transverse, discoïdale, et six points blanchâtres, oculaires.

G. Sommet des premières ailes un peu tronqué. Bord postérieur des secondes inégalement denté.

24. Satyre Lachès.

Ailes d'un brun-obscur, sans tâches en dessus : dessous avec une bande postérieure d'un gris-violet et offrant aux supérieures cinq yeux peu prononcés, aux inférieures six.

25. Satyre Célia.

Ailes d'un brun-obscur, sans taches en dessus : dessous avec une bande postérieure d'un gris-violet et offrant aux supérieures quatre yeux peu prononcés, aux inférieures cinq.

H. Bord postérieur des quatre ailes arrondi.

26. Satyre Valentine.

Dessus des ailes d'un brun-obscur, et sans taches : dessous avec une bande d'un blanc-violâtre, chargée de cinq yeux à chaque aile ; milieu des inférieures d'un jaune-chamois.

27. Satyre Orchame.

Dessus des ailes d'un noir-enfumé, et sans taches : dessous avec une rangée transverse de points oculaires ; troisième point des ailes supérieures adhérant par son côté interne à une lunule d'un rouge-fauve.

SATYRE. (Insecte.)

28. Satyre Pénéléa.

Dessus des ailes d'un brun-obscur, et sans taches : dessous des inférieures cendré à la base, avec un espace longitudinal jaunâtre ; d'un brun-marron vers le sommet ; violâtre vers l'angle anal, avec deux à quatre yeux.

29. Satyre Péribas.

Ailes dentées, d'un brun-obscur en dessus, avec un seul œil : leur dessous gris, avec une ligne jaunâtre, transversale, et deux points blancs aux supérieures, cinq à six noirs aux inférieures.

30. Satyre Dénina.

Ailes sinuées, d'un brun-obscur en dessus : leur dessous cendré, avec une bande blanche, commune, discoïdale ; inférieures ayant six yeux rapprochés trois à trois, et dont le quatrième plus grand.

31. Satyre Quantius.

Ailes d'un brun-obscur, sans taches en dessus : dessous des inférieures avec une bande discoïdale et le limbe postérieur d'un cendré-violâtre, plus une rangée intermédiaire de points jaunâtres.

32. Satyre Halyma.

Ailes dentées, d'un brun-obscur et sans taches en dessus : leur dessous pâle, avec des bandes fauves, plus cinq yeux aux supérieures, sept aux inférieures. Fab.

33. Satyre Hermès.

Ailes entières, d'un brun-obscur, sans taches en dessus : leur dessous avec deux raies ferrugineuses, communes, et l'extrémité grisâtre ; inférieures offrant cinq yeux, dont le 3e., le 4e. et le 5e. à double prunelle.

34. Satyre Ocypète.

Dessus des ailes d'un brun-obscur, et sans taches : leur dessous d'un gris-violet, avec cinq lignes ferrugineuses, communes ; bord terminal des inférieures denté, et offrant six yeux bipupillés, dont le postérieur très-écarté des autres.

35. Satyre Argulus.

Ailes presqu'entières, d'un brun-obscur et sans taches en dessus : leur dessous plus pâle, avec trois lignes ferrugineuses, communes ; inférieures offrant cinq yeux bipupillés.

36. Satyre Myncéa.

Ailes entières, d'un brun-obscur en dessus : leur dessous gris, avec quatre lignes ferrugineuses, communes ; inférieures offrant cinq yeux bipupillés, dont l'anal visible en dessus.

37. Satyre Crantor.

Ailes entières, d'un brun-obscur : dessus des inférieures avec un seul œil bipupillé ; leur dessous avec cinq yeux, dont le premier (à partir d'en bas) *et le quatrième bipupillés.* Fab.

38. Satyre Celmis.

Ailes presqu'entières, d'un brun-noirâtre : leur dessous avec trois lignes transverses plus obscures ; inférieures ayant cinq yeux, dont le second et le troisième peu prononcés, le quatrième bipupillé et plus grand.

39. Satyre Pénélope.

Ailes entières, d'un brun-obscur en dessus, avec un seul œil : leur dessous grisâtre, avec deux lignes ferrugineuses, communes ; angle anal des supérieures jaunâtre, inférieures avec deux yeux bipupillés.

SATYRE. (Insecte.)

40. Satyre Lydius.

Ailes entières, blanches : leur dessous avec quatre bandes ferrugineuses ; inférieures offrant trois yeux, dont l'anal plus grand et bipupillé.

41. Satyre Ocirrhoé.

Ailes presqu'entières, d'un beau blanc en dessus, avec l'extrémité d'un brun-noirâtre : leur dessous d'un brun-obscur, avec trois bandes blanches ; inférieures offrant cinq yeux, dont le troisième, le quatrième et le cinquième bipupillés.

42. Satyre Brixius.

Ailes entières, minces, d'un bleu-cendré, offrant de part et d'autre six raies brunes, transversales : quatrième raie des ailes inférieures offrant en dessous cinq yeux bipupillés.

43. Satyre Pæon.

Toutes les ailes dentées, d'un brun-obscur en dessus : dessous des inférieures jaunâtre à la base et au sommet ; puis d'un brun-obscur, avec quatre yeux bipupillés et formant deux groupes écartés.

44. Satyre Grimon.

Ailes presqu'entières, d'un brun-obscur : leur dessous avec trois raies plus obscures, transverses et ondulées ; inférieures ayant deux yeux bipupillés, et un troisième séparé des autres par deux taches jaunâtres.

45. Satyre Mæpius.

Ailes entières, d'un brun-obscur : leur dessous avec trois raies ferrugineuses, et la moitié postérieure grisâtre ; inférieures ayant cinq yeux bipupillés, dont le troisième, le quatrième et le cinquième visibles en dessus.

46. Satyre Pagyris.

Dessus des ailes d'un brun-obscur : leur dessous avec deux raies ferrugineuses, transverses et ondulées ; inférieures grisâtres à la base, puis jaunâtres, avec des taches argentées, et une noire chargée de deux points.

47. Satyre Pharès.

Ailes entières, d'un brun-noirâtre en dessus : dessous des supérieures jaunâtre, dessous des inférieures grisâtre, avec trois raies ferrugineuses, communes : les deux surfaces des ailes inférieures, avec six yeux, dont le troisième double.

48. Satyre Tolumuia.

Ailes presqu'entières, minces, d'un brun glacé de bleu : leur dessous avec quatre raies ferrugineuses, transversales ; inférieures ayant cinq yeux, dont le quatrième alongé, les autres bipupillés.

49. Satyre Aranéa.

Dessus des ailes supérieures d'un brun-noirâtre, dessus des inférieures d'un bleu-luisant : dessous des quatre avec trois raies ferrugineuses, transversales ; inférieures ayant cinq yeux, dont le second et le cinquième plus grands.

50. Satyre Léa.

Ailes presqu'entières, bleues en dessus : leur dessous d'un brun-violâtre, avec trois raies ferrugineuses, transversales ; inférieures ayant six yeux, dont le cinquième plus grand.

51. Satyre Cluéria.

Ailes minces, d'un violet-cendré : inférieures dentées, ayant de part et d'autre cinq yeux, et en dessous trois lignes et une bande brunes partant de la côte des ailes supérieures.

SATYRE. (Insecte.)

52. Satyre Cornélius.

Ailes très-entières, d'un cendré-obscur : inférieures avec quatre yeux rapprochés. Fab.

53. Satyre Doritis.

Ailes presqu'entières, d'un brun-obscur en dessus : leur dessous d'un bleu-pâle, avec cinq raies brunes et transversales; troisième raie des ailes inférieures chargée de quatre yeux formant deux groupes écartés.

54. Satyre Doxès.

Ailes d'un brun-bleuâtre : leur dessous avec deux raies ferrugineuses, transversales; inférieures ayant cinq yeux ovales, et couverts intérieurement d'une poussière argentée.

55. Satyre Canthus.

Ailes très-entières, d'un brun-noirâtre : dessous des premières avec quatre yeux, dessous des secondes avec six. Linn.

56. Satyre Cauthéus.

Ailes entières, d'un brun-noirâtre et sans taches en dessus : dessous des inférieures avec six yeux. Fab.

57. Satyre Eurythris.

Ailes entières, d'un brun-obscur, ayant en dessus deux yeux bipupillés et écartés : dessous des quatre avec deux lignes ferrugineuses, transversales; inférieures offrant quatre yeux rapprochés deux à deux et séparés par autant de points.

58. Satyre Aréolé.

Ailes entières, d'un brun-noirâtre, sans taches en dessus : leur dessous avec deux lignes transverses, et un cercle, ferrugineux; inférieures ayant six yeux, dont le troisième, le quatrième et le cinquième très-alongés.

59. Satyre Phocion.

Ailes très-entières, d'un brun-obscur et sans taches en dessus : dessous des inférieures avec des lignes jaunes, transversales, et trois yeux oblongs.

60. Satyre Herséis.

Ailes entières, minces, d'un brun glacé de bleuâtre : dessous des inférieures avec trois lignes ferrugineuses, transverses et anguleuses, plus cinq yeux, dont le troisième et le quatrième alongés.

61. Satyre Pacarus.

Ailes entières, d'un brun-noirâtre, sans taches en dessus : dessous des supérieures avec deux lignes ondulées plus obscures, dessous des inférieures avec trois et cinq yeux ayant la prunelle formée par des atomes argentés.

62. Satyre Périphas.

Ailes très-entières, d'un brun-obscur, avec un seul œil en dessus : leur dessous avec une ligne ferrugineuse, transversale; inférieures ayant trois yeux, dont l'un séparé des autres par quatre points.

63. Satyre Sosybius.

Ailes très-entières, d'un brun-obscur, sans taches en dessus : leur dessous avec trois lignes transverses, et une liture centrale, plus obscures; inférieures ayant six yeux, dont le troisième et le quatrième peu prononcés.

64. Satyre Galésus.

Ailes entières, d'un brun-obscur, sans taches en dessus : leur dessous avec trois lignes transverses plus obscures; supérieures sans aucun point, inférieures avec cinq points noirâtres.

SATYRE. (Insecte.)

65. Satyre Phronius.

Ailes entières, d'un brun-noirâtre en dessus, avec le limbe terminal plus foncé : leur dessous avec des ondes et des lignes transverses d'un brun-obscur; supérieures avec un point, inférieures avec quatre, blancs.

66. Satyre Mélusine.

Dessus des ailes d'un brun-obscur, avec le milieu plus pâle : leur dessous blanchâtre; celui des supérieures avec deux yeux écartés, celui des inférieures avec sept rapprochés, dont le quatrième et le cinquième plus grands.

67. Satyre Bysès.

Ailes entières, minces, d'un brun-violâtre en dessus : leur dessous lilas et ondé de brun, celui des inférieures avec deux yeux séparés par quatre points blancs.

68. Satyre ? Polixenès.

Ailes entières, d'un brun-obscur : dessous des inférieures piqué de gris et de brun. Fab.

69. Satyre Écho.

Ailes dentées, d'un brun-obscur : les deux surfaces des supérieures ayant à l'extrémité un espace ferrugineux : dessous des quatre avec une rangée postérieure de points blancs.

70. Satyre Gripus.

Ailes entières, d'un brun-tanné : extrémité des supérieures jaunâtre de part et d'autre : dessous des quatre avec une rangée centrale de points blancs.

71. Satyre ? Arcésilaus.

Ailes très-entières, ferrugineuses et sans taches en dessus : leur dessous obscur, avec deux lignes transverses plus obscures et renfermant une série de points jaunâtres.

72. Satyre Abéona.

Ailes dentées, d'un noir-brun : supérieures ayant de part et d'autre deux bandes orangées, dont une plus courte, avec deux yeux : dessous des inférieures avec deux lignes jaunes renfermant deux yeux écartés.

73. Satyre Gélanor.

Dessus des ailes d'un brun-noirâtre et tacheté de fauve : supérieures avec un point blanc : dessous des inférieures d'un gris-violâtre, avec deux lignes brunes renfermant deux yeux écartés. (Femelle.)

74. Satyre Mardanie.

Ailes dentées, fauves : supérieures ayant le sommet noir, avec une bande blanche; inférieures avec quatre points jaunes, oculaires.

75. Satyre ? Blomfildia.

Ailes dentées, jaunes, avec l'extrémité noire : dessous des inférieures obscur et ondé de blanc, avec quatre yeux, dont les intermédiaires sans prunelle. Fab.

76. Satyre Lycaon.

Ailes dentées : supérieures d'un brun-obscur, tachetées de jaune et de blanc; inférieures ferrugineuses, avec six yeux; leur dessous varié, avec huit yeux. Fab.

77. Satyre Hersé.

Ailes dentées, d'un ferrugineux-obscur : supérieures ponctuées de blanc; inférieures ayant de part et d'autre sept yeux sans prunelle. Fab.

78. Satyre Minerve.

Ailes dentées, fauves, avec l'extrémité noire et tachetée de blanc : inférieures ayant en dessus cinq yeux sans prunelle, et en dessous sept avec une prunelle. Fab.

SATYRE. (Insecte.)

79. **Satyre** Proserpine.

Ailes dentées, fauves : extrémité des supérieures noire, avec des points jaunes : dessous des inférieures marbré, avec quatre yeux, dont les intermédiaires sans prunelle. Fab.

80. **Satyre** Mérope.

Ailes dentées, fauves en dessus, avec un seul œil : les deux surfaces des premières avec la moitié postérieure noire et tachetée de jaune : dessous des inférieures cendré et lavé de brun, avec deux yeux, et un troisième très-petit. (Femelle.)

81. **Satyre** Archémor.

Dessus des quatre ailes et dessous des supérieures fauves, variés de noir, avec un seul œil : dessous des inférieures d'un jaune-cendré, avec trois lignes brunes, ondulées ; deux yeux, et un troisième, petits. (Mâle.)

82. **Satyre** Achauta.

Dessus des quatre ailes et dessous des supérieures fauves, rayés de noir, avec un seul œil : dessous des inférieures varié de brun et de jaunâtre, avec deux yeux écartés.

83. **Satyre** Sirius.

Ailes très-entières, d'un roux-obscur : dessus des supérieures avec deux yeux, dessus des inférieures avec quatre. Fab.

84. **Satyre** Terminus.

Ailes entières, d'un brun-obscur, avec un espace fauve : dessus des supérieures avec un seul œil, dessus des inférieures avec quatre. Fab.

85. **Satyre** Rémulia.

Ailes entières, d'un brun-obscur en dessus, avec le milieu fauve : leur dessous roussâtre à la base, gris à l'extrémité ; celui des inférieures avec six yeux, dont le deuxième, le troisième, le sixième, petits.

86. **Satyre** Macra.

Ailes dentelées, d'un brun-obscur en dessus, avec une bande fauve : les deux surfaces des supérieures ayant un œil bipupillé, et un autre très-petit : dessous des inférieures gris, avec deux lignes brunes, ondulées, et six yeux à iris double.

87. **Satyre** Mégère.

Ailes dentelées, fauves en dessus, et rayées de noirâtre : les deux surfaces des supérieures ayant deux yeux, dont un moitié plus petit : dessous des inférieures cendré, avec deux lignes brunes, ondulées, éclairées de jaunâtre, et six yeux à iris double.

88. **Satyre** Roxelane.

Ailes dentées, d'un brun foiblement obscur en dessus : les deux surfaces des supérieures avec le milieu fauve et coupé par les nervures ; dessous des inférieures gris, avec cinq lignes brunes, et cinq yeux à iris simple.

89. **Satyre** Egérie.

Ailes dentelées, d'un brun-obscur : les deux surfaces des supérieures avec beaucoup de taches jaunes ou fauves, et un seul œil : dessous des inférieures d'un gris-verdâtre, avec deux lignes brunes, ondulées, et une série de points oculaires.

90. **Satyre** Xiphia.

Ailes dentelées, d'un brun-obscur : les deux surfaces des supérieures avec beaucoup de taches fauves, et un seul œil : dessous des inférieures d'un gris-roussâtre avec une bande blanche appuyée transversalement sur la côte, et une série de points oculaires.

SATYRE. (Insecte.)

91. Satyre Galathée.

Ailes dentelées, d'un blanc-jaunâtre, avec la base et l'extrémité noires en dessus et tachetées de blanc : tache de la base presqu'ovale; inférieures avec deux et trois yeux noirs, nuls ou peu distincts en dessus.

92. Satyre Lachésis.

Ailes dentelées, blanches, sans taches en dessus à la base, noires et tachetées de blanc à l'extrémité; inférieures avec deux et trois yeux noirs, visibles de part et d'autre.

93. Satyre Argé.

Ailes dentelées, d'un blanc-jaunâtre, avec la base noire en dessus et marquée d'une tache blanche presqu'ovale : les deux surfaces des inférieures offrant de part et d'autre vers l'extrémité deux et trois yeux, puis une ligne noire, anguleuse.

94. Satyre Amphitrite.

Ailes dentelées, blanches, sans taches en dessus à la base, noires et tachetées de blanc à l'extrémité; inférieures avec deux et trois yeux, noirs en dessus, roux en dessous.

95. Satyre Psyché.

Ailes dentelées, blanches, sans taches en dessus à la base; noires, avec des taches blanches et des yeux noirs à l'extrémité: dessous des inférieures avec des veines, et deux plus trois yeux, bruns.

96. Satyre Déjanire.

Ailes presque dentées, d'un brun-obscur : les deux surfaces des supérieures avec cinq yeux : dessous des inférieures avec une bande blanche, sinuée et offrant six yeux, dont le troisième très-petit, l'anal bipupillé.

97. Satyre Mincus.

Ailes d'un brun-obscur : leur dessous avec une ligne sur le milieu, et quatre à l'extrémité, blanches : inférieures avec sept yeux, dont le premier, le troisième, le quatrième et le cinquième, plus gros.

98. Satyre Hésione.

Ailes d'un brun-obscur et sans taches en dessus : leur dessous avec une raie blanche, commune, et des yeux entourés chacun d'un cercle couleur de plomb; yeux des ailes supérieures au nombre de deux, yeux des inférieures au nombre de trois, dont un plus petit.

99. Satyre Constantius.

Ailes entières, d'un cendré-obscur, avec une rangée marginale de points noirâtres. Fab.

100. Satyre Nécys.

Ailes très-entières, d'un brun-noirâtre et sans taches en dessus : leur dessous d'un cendré-obscur, avec trois lignes brunes, transversales, et une rangée de six points blanchâtres.

101. Satyre Polydecta.

Ailes d'un brun-obscur : dessus des supérieures avec un seul œil, ou deux, dont un plus petit : dessous des quatre avec deux lignes noirâtres; celui des inférieures offrant sept yeux ou sept points oculaires.

102. Satyre Martius.

Ailes très-entières, noires : leur dessous avec quatre points oculaires aux supérieures, sept aux inférieures. Fab.

103. Satyre Zachéus.

Ailes entières, d'un brun-obscur, avec deux yeux en dessus : dessous des supérieures avec quatre, dessous des inférieures avec six. Fab.

SATYRE. (Insecte.)

104. Satyre Tabitha.

Ailes dentées, noires : supérieures avec un seul œil : dessous des quatre obscur, avec une rangée de points oculaires. Fab.

105. Satyre Clérimon.

Ailes un peu sinuées, d'un brun-obscur : dessus des supérieures avec un œil très-noir : dessous des quatre avec quatre yeux très-petits. Fab.

106. Satyre Florimel.

Ailes très-entières, d'un brun-obscur : dessus des supérieures avec deux yeux, dessous des inférieures avec quatre. Fab.

107. Satyre Mergus.

Ailes très-entières, semblables de part et d'autre, d'un brun-obscur : supérieures avec quatre yeux, dont l'antérieur bipupillé ; inférieures avec cinq. Fab.

108. Satyre Circé.

Ailes dentées, d'un noir-brun, ayant en dessus une bande blanche, commune : dessous des inférieures avec deux, dont une plus courte : bande des supérieures maculaire de part et d'autre, et n'offrant le plus souvent qu'un seul œil.

109. Satyre Briséis.

Ailes dentées, d'un brun-noirâtre à reflet verdâtre, avec une bande blanche, commune : bande des supérieures maculaire et offrant deux yeux écartés.

110. Satyre Hermione.

Ailes dentées, d'un brun-noirâtre à reflet verdâtre, ayant de part et d'autre une bande blanche, commune : bande des supérieures avec deux yeux écartés, bande des inférieures avec un seul.

111. Satyre Sémélé.

Ailes dentées, d'un brun-obscur en dessus, avec une bande jaunâtre, sinuée, interrompue : bande des supérieures offrant deux yeux de part et d'autre : dessous des inférieures marbré de brun et de cendré, avec une bande blanchâtre, anguleuse.

112. Satyre Alcyone.

Ailes dentées, d'un brun-obscur en dessus, avec une bande jaune, bordée de noir : bande des supérieures non sinuée et offrant de part et d'autre deux yeux : dessous des inférieures marbré de brun et de cendré, sans bande.

113. Satyre Aréthuse.

Ailes dentées, d'un brun-obscur en dessus, avec une bande fauve, maculaire, et offrant un œil sans prunelle : dessous des inférieures marbré de brun et de cendré, avec une bande blanchâtre, courbe en arrière.

114. Satyre Autonoé.

Ailes dentées, d'un brun-obscur en dessus, avec une bande jaunâtre : bande des supérieures offrant deux yeux de part et d'autre : dessous des inférieures nébuleux, avec des veines et quelques lignes trasverses, blanchâtres.

115. Satyre Ællo.

Ailes dentées, d'un jaune-obscur en dessus, avec une bande plus claire : les deux surfaces des supérieures (femelle) *avec deux points ocellés, leur dessous* (mâle) *avec un seul : dessous des inférieures marbré de brun et de cendré, avec des veines blanchâtres.*

SATYRE. (Insecte.)

116. Satyre Norna.

Ailes dentées, d'un jaune-obscur en dessus, avec une bande plus claire : les deux surfaces des supérieures (mâle) *avec deux points ocellés,* (fem.) *avec trois : dessous des inférieures marbré de blanchâtre et de cendré, avec une bande obscure, flexueuse, discoïdale.*

117. Satyre Fortunatus.

Ailes minces, dentelées, d'un gris-jaunâtre, avec la tranche du bord postérieur ponctuée de noir : dessous des inférieures avec des atomes, et deux lignes transverses, ondulées, d'un brun-obscur.

118. Satyre Tarpéius.

Ailes entières, d'un fauve-obscur en dessus : leurs deux surfaces avec une rangée de quatre à cinq points noirs : dessous des inférieures nébuleux ; avec une bande plus obscure, sinuée, et des veines blanchâtres.

119. Satyre Phrynéus.

Ailes minces, entières, d'un blanc de lait et sans taches en dessus : leur dessous d'un brun-obscur, avec des veines d'un blanc-argenté, et une bande pâle chargée de cinq à six yeux.

120. Satyre Fidia.

Ailes dentées, d'un brun-obscur, glacé de verdâtre; supérieures avec deux yeux, pupillés de part et d'autre, et séparés par autant de points blancs : dessous des inférieures varié de brun et de blanc, avec deux lignes noires, flexueuses, dont une plus courte.

121. Satyre Fauna.

Ailes dentées, d'un brun-obscur, glacé de verdâtre : supérieures avec deux yeux, sans prunelle au-dessus, et séparés par autant de points blancs : dessous des inférieures cendré, avec deux lignes noirâtres, flexueuses, dont une plus courte, et une bande blanchâtre, discoïdale.

122. Satyre Cordula.

Ailes presque dentées, ayant le dessus d'un brun-noirâtre, avec une bande rousse, peu prononcée : supérieures offrant de part et d'autre deux yeux pupillés, et séparés par autant de points blancs : dessous des inférieures cendré, avec une bande et le bord postérieur blanchâtres, et deux points très-noirs intercalés vers l'angle de l'anus.

123. Satyre Bryce.

Ailes entières, d'un brun-noirâtre : supérieures ayant de part et d'autre deux yeux très-noirs, séparés par autant de points blancs : dessous des inférieures avec deux bandes grises, étroites.

124. Satyre Actæa.

Ailes entières, d'un brun-noirâtre : supérieures ayant de part et d'autre un seul œil dans le mâle, *deux dans la* femelle, *et deux points blancs intercalaires, mais visibles seulement en dessous dans le* mâle : *dessous des inférieures avec deux bandes blanches, crénelées, dont l'antérieure plus large et plus vive.*

125. Satyre Podarcé.

Ailes entières, d'un brun-noirâtre : supérieure ayant de part et d'autre un seul œil dans le mâle, *deux dans la* femelle, *et deux points blancs intercalaires, mais visibles seulement en dessous dans le* mâle : *dessous des inférieures avec deux bandes transverses, et des veines, blanches.*

126. Satyre Phædra (1).

Ailes dentées, d'un brun-noirâtre : supérieures ayant de part et d'autre deux yeux très-noirs à prunelle d'un bleu-violet.

(1) Cette espèce, et les suivantes jusqu'à l'*hypéranthus* inclusivement, sont connues sous le nom de *nègres.*

SATYRE. (Insecte.)

127. Satyre Alopé.

Ailes entières, d'un noir-brun : supérieures ayant de part et d'autre une bande d'un jaune d'ocre, avec deux yeux écartés : dessous des quatre ondé; celui des inférieures avec six yeux, dont quatre peu distincts.

128. Satyre Pégala.

Ailes dentées, d'un brun-obscur : supérieures avec une bande rousse et un seul œil; dessus des inférieures avec un œil, leur dessous avec six. Fab.

129. Satyre Zangis.

Ailes très-entières, d'un noir-brun en dessus : leur dessous ferrugineux, avec quatre lignes noires; celui des supérieures avec un œil bipupillé, celui des inférieures avec deux, dont l'anal sans prunelle.

130. Satyre Servatius.

Ailes entières, d'un noir-bleu et sans taches en dessus : leur dessous ferrugineux, avec quatre lignes violâtres; celui des supérieures avec deux yeux, celui des inférieures avec sept, dont le cinquième plus grand.

131. Satyre Hysius.

Ailes très-entières, d'un brun-obscur : dessus des inférieures et les deux surfaces des supérieures avec un espace ferrugineux, presque terminal : dessous des quatre avec une ligne grise, transverse, et un seul œil, lequel est bipupillé aux supérieures.

132. Satyre Clytus.

Ailes très-entières, d'un noir-brun : supérieures ayant de part et d'autre une bande jaune, bifide et renfermant deux yeux : dessous des inférieures avec deux et cinq yeux.

133. Satyre Cassus.

Ailes très-entières, d'un noir-brun : supérieures ayant de part et d'autre le milieu ferrugineux, et le sommet marqué d'un œil à double prunelle; dessus des inférieures avec quatre à cinq yeux, leur dessous avec sept peu prononcés.

134. Satyre Cassius.

Ailes très-entières, d'un brun-noirâtre : supérieures ayant de part et d'autre le milieu ferrugineux, et le sommet marqué d'un œil à double prunelle; dessus des inférieures avec deux yeux rapprochés, leur dessous avec trois très-petits.

135. Satyre Hyperbius.

Ailes très-entières, d'un brun-obscur, avec un espace roux : supérieures avec un œil à double prunelle : dessous des inférieures avec sept points. Linn.

136. Satyre Gorgé.

Ailes entières, d'un noir-brun en dessus, avec une bande ferrugineuse : les deux surfaces des supérieures avec un œil double, celles des inférieures avec un œil simple : dessous des inférieures cendré, avec trois lignes noirâtres, ondulées.

137. Satyre Manto.

Dessus des ailes d'un noir-brun : les deux surfaces des supérieures avec une bande ferrugineuse, chargée de quatre points très-noirs : dessous des inférieures gris, avec trois lignes noirâtres, transversales, dont les deux antérieures ondulées, la postérieure formée par des points.

138. Satyre Dromus.

Ailes entières, d'un noir-brun : supérieures ayant de part et d'autre deux yeux rapprochés : dessous des inférieures d'un gris-luisant avec deux lignes brunes, transverses et ondulées.

SATYRE. (Insecte.)

139. SATYRE Aretée.

Ailes entières, d'un noir-brun en dessus, avec une bande ferrugineuse : bande des supérieures avec un œil double, ou un autre écarté : dessous des inférieures d'un vert-grisâtre, avec une rangée transverse de points blancs.

140. SATYRE Arachné.

Ailes entières, d'un noir-brun à reflet violet : supérieures ayant de part et d'autre une bande ferrugineuse, avec deux yeux rapprochés, ou un autre écarté : dessous des inférieures cendré, avec une bande discoïdale, sinuée, et le bord postérieur, noirâtres.

141. SATYRE Goante.

Ailes entières, d'un noir-brun en dessus, avec une bande ferrugineuse : supérieures ayant de part et d'autre un œil double, et un autre écarté et très-petit : dessous des inferieures d'un gris-nébuleux, avec une bande discoïdale plus obscure et bordée de blanc.

142. SATYRE Stirius.

Ailes entières, d'un noir-brun en dessus, avec une bande ferrugineuse : les deux surfaces des supérieures avec un œil double, et un autre écarté; celles des inférieures avec quatre yeux: dessous des inférieures cendré, avec une bande postérieure plus claire. (Fem.)

143. SATYRE Dalmata.

Ailes entières, d'un noir-brun, ayant une rangée d'yeux de part et d'autre: sommet des premières avec un petit œil extérieur: dessous des secondes veiné de gris vers l'extrémité. (Fem.)

144. SATYRE Afra.

Ailes entières, d'un noir-brun : les deux surfaces des supérieures et dessus des inférieures avec une bande ferrugineuse, maculaire, chargée de cinq à six yeux : dessous des inférieures avec des veines blanchâtres et une série de six à sept yeux.

145. SATYRE Griéla.

Ailes un peu dentées, d'un noir-brun : supérieures ayant de part et d'autre quatre à cinq yeux foiblement pupillés : dessous des inférieures cendré, avec une bande noirâtre, discoïdale, sinuée : sinus du bord terminal des quatre ailes gris.

146. SATYRE Æthiops.

Ailes entières, d'un noir-brun, ayant en dessus une bande ferrugineuse chargée de trois à quatre yeux : supérieures semblables de part et d'autre : dessous des inférieures avec une bande sinuée d'un cendré-luisant et offrant des points oculaires.

147. SATYRE Ligéa.

Ailes un peu dentées, d'un noir-brun, offrant de part et d'autre une bande ferrugineuse chargée de trois à quatre yeux : dessous des inférieures avec une ligne blanche près du côté interne de la bande ferrugineuse : sinus du bord terminal des quatre ailes blancs.

148. SATYRE Euryale.

Ailes un peu dentées, d'un noir-brun, offrant en dessus une bande ferrugineuse chargée de trois à quatre yeux : dessous des inférieures avec une bande dentée, blanchâtre ou jaunâtre, et marquée de points oculaires : sinus du bord terminal des quatre ailes blancs.

SATYRE. (Insecte.)

149. Satyre Mnestra.

Ailes entières, d'un noir-brun, ayant en dessus une bande ferrugineuse : bande des supérieures large, chargée de deux points ou de deux yeux : dessous des inférieures cendré et sans taches à l'extrémité.

150. Satyre Stygné.

Ailes entières, d'un noir-brun, ayant en dessus une bande ferrugineuse : les deux surfaces des supérieures avec un œil double, et un autre très-petit écarté, celles des inférieures avec trois.

151. Satyre Mélas.

Ailes entières, d'un noir-brun : supérieures ayant de part et d'autre une bande ferrugineuse (oblitérée dans le mâle), *avec un œil double, ou un autre très-petit écarté ; inférieures avec trois yeux, mais sans bande en dessous.*

152. Satyre Alecton.

Ailes entières, d'un noir-brun : supérieures ayant de part et d'autre une bande ferrugineuse, oblitérée, sans yeux ou avec deux dans le mâle, *avec quatre dans la* femelle : *dessous des inférieures d'un noir-foncé et sans yeux.*

153. Satyre Machabée.

Ailes entières, d'un noir-brun : supérieures ayant de part et d'autre une bande ferrugineuse, avec deux points très-noirs et rapprochés : dessous des inférieures avec deux taches à la base et une bande vers l'extrémité, jaunâtres.

154. Satyre Cassiope.

Ailes entières, d'un noir-brun : supérieures ayant de part et d'autre une bande ferrugineuse, avec trois points d'un noir-foncé : dessus des inférieures avec deux à quatre taches ferrugineuses, pupillées de noir; leur dessous brun ou cendré, avec des points seulement.

155. Satyre Mélampus.

Ailes entières, semblables de part et d'autre, d'un noir-brun, avec une bande ferrugineuse, maculaire : bande des supérieures avec deux points très-noirs et rapprochés ; bande des inférieures avec trois, écartés.

156. Satyre Pharté.

Ailes entières, semblables de part et d'autre, d'un noir-brun, avec une bande ferrugineuse, maculaire et sans points.

157. Satyre Épiphron.

Ailes entières, d'un noir-brun à reflet verdâtre, avec une bande ferrugineuse, maculaire : bande des supérieures ayant de part et d'autre deux à quatre yeux ; bande des inférieures avec trois à cinq en dessous.

158. Satyre Œmé.

Ailes entières, d'un noir-brun : sommet des supérieures offrant de part et d'autre une tache ferrugineuse avec deux yeux très-petits : inférieures avec trois taches ferrugineuses en dessus, quatre à cinq en dessous.

159. Satyre Psodéa.

Ailes entières, semblables de part et d'autre, d'un noir-brun, avec une bande ferrugineuse, maculaire : bande des supérieures avec un double œil et d'autres plus petits : bande des inférieures avec quatre yeux dans le mâle, *six dans la* femelle.

160. Satyre Céto.

Ailes entières, semblables de part et d'autre, d'un noir-brun, avec une rangée de six taches ferrugineuses, chargées chacune d'un point oculaire.

SATYRE. (Insecte.)

161. Satyre Méduse.

Ailes entières, ou un peu dentées, d'un noir-brun, avec une bande maculaire, ferrugineuse ou jaunâtre : bande des supérieures ayant trois à cinq yeux de part et d'autre; bande des inférieures en ayant quatre à sept en dessous.

162. Satyre Hypéranthus.

Ailes entières, d'un noir-brun en dessus : leur dessous plus pâle; celui des inférieures avec deux ou trois yeux.

163. Satyre Janira.

Ailes dentées, d'un brun-obscur en dessus : sommet des supérieures offrant de part et d'autre un seul œil : dessous des inférieures d'un cendré-jaunâtre, avec une bande plus claire, marquée de un à trois points noirs.

164. Satyre Eudora.

Ailes dentées, d'un brun foiblement obscur en dessus : supérieures avec un point noir dans le mâle, *deux dans la* femelle, *et autant d'yeux en dessous : dessous des inférieures d'un cendré-grisâtre, avec une bande plus claire et sans taches.*

165. Satyre Clymène.

Ailes dentées, d'un brun-obscur : supérieures ayant de part et d'autre le milieu roux, et le sommet marqué d'un œil; inférieures avec une rangée de trois à quatre taches oculaires en dessus, de sept en dessous.

166. Satyre Tithonius.

Ailes dentelées, fauves en dessus, avec la base et les bords obscurs : supérieures ayant de part et d'autre un œil bipupillé : dessous des inférieures d'un jaune-nébuleux, avec deux bandes plus claires, dont une plus courte, et cinq points ocellés.

167. Satyre Ida.

Ailes dentelées, fauves en dessus, avec la base et les bords obscurs : supérieures ayant de part et d'autre un œil bipupillé : dessous des inférieures d'un gris-nébuleux, avec deux bandes plus claires, et pas de points ocellés.

168. Satyre Bathséba.

Ailes dentelées, fauves en dessus, avec la base et les bords obscurs : supérieures ayant de part et d'autre un œil bipupillé : dessous des inférieures noirâtre, avec une bande jaunâtre, discoïdale, unidentée en dehors, et bordée par cinq yeux.

169. Satyre Œdipe.

Ailes entières, d'un noir-brun en dessus : leur dessous d'un jaune-obscur; celui des inférieures avec une série de six yeux bordés par une ligne argentée, et dont l'antérieur solitaire.

170. Satyre Héro.

Ailes entières, d'un brun-noirâtre en dessus : leur dessous plus pâle; celui des inférieures avec une série de six yeux bordés en dedans par une bandelette blanche, anguleuse, et en dehors par une ligne argentée.

171. Satyre Iphis.

Ailes entières : supérieures roussâtres de part et d'autre : dessus des inférieures d'un brun-obscur; leur dessous d'un cendré-verdâtre, avec une série de six yeux bordés en dedans par une bande blanche, interrompue, et en dehors par une ligne mine de plomb.

172. Satyre Arcanius.

Ailes entières : supérieures fauves de part et d'autre, avec le bout obscur : dessus des inférieures d'un brun-noirâtre; leur dessous d'un roux-cendré, avec une

SATYRE. (Insecte.)

bande blanche anguleuse, chargée de cinq à six yeux, dont l'antérieur solitaire, les autres bordés en dehors par une ligne argentée.

173. Satyre Corinus.

Ailes entières, fauves : supérieures avec un œil sans prunelle en dessus : dessous des inférieures d'un roux-cendré, avec une bande blanche, interrompue, chargée de cinq yeux, dont l'antérieur isolé, les autres bordés en dehors par une ligne argentée.

174. Satyre Philéus.

Ailes entières, d'un brun-obscur en dessus : milieu des supérieures fauve de part et d'autre : dessous des inférieures d'un brun-verdâtre, avec une bande blanche, courbe en arrière, et chargée de six yeux bordés extérieurement par une ligne argentée.

175. Satyre Dorus.

Ailes entières : dessus des supérieures brunâtre dans le mâle, *d'un jaune-fauve dans la* femelle, *avec un œil sans prunelle : inférieures d'un jaune-fauve, offrant en dessous une bande blanchâtre, bordée en dehors par une ligne argentée, et chargée de six yeux, dont l'antérieur isolé.*

176. Satyre Léandre.

Ailes entières : supérieures fauves, avec le bout obscur ; inférieures d'un brun-noirâtre, avec une bande fauve, chargée en dessus d'une série de points noirs, en dessous d'une rangée d'yeux bordés extérieurement par une ligne argentée.

177. Satyre Irius.

Ailes entières, fauves en dessus, avec le contour extérieur d'un brun-obscur : dessous des inférieures cendré, avec une bande jaunâtre, terminale, chargée de deux yeux et d'un point intermédiaire bordés intérieurement par une ligne ferrugineuse, et extérieurement par une ligne argentée.

178. Satyre Lyllus.

Ailes entières, d'un fauve-pâle en dessus, avec le limbe postérieur obscur : dessous des supérieures avec un seul œil et une ligne argentée, courte, presque terminale ; dessous des inférieures d'un gris-jaunâtre, avec une bande blanchâtre, oblitérée, et trois à quatre points très-blancs à iris noir.

179. Satyre Pamphile.

Ailes entières, d'un fauve-pâle en dessus, avec le limbe postérieur foiblement obscur : dessous des supérieures avec un seul œil ; dessous des inférieures d'un gris-verdâtre, avec une bande blanchâtre, sinuée, et trois à quatre points très-blancs à iris ferrugineux.

180. Satyre Davus.

Ailes entières, d'un brun foiblement obscur : dessus des supérieures avec un ou deux points noirs, leur dessous avec autant d'yeux ; dessous des inférieures d'un roux-verdâtre, avec une bande blanche, interrompue, et six yeux noirs.

181. Satyre Narcisse.

Ailes entières, d'un brun-obscur en dessus, avec un espace fauve ; roussâtres en dessous, avec des ondes brunes : supérieures avec un seul œil de part et d'autre, inférieures avec deux très-petits.

182. Satyre Magus.

Ailes très-entières, d'un fauve-obscur : supérieures ayant de part et d'autre un œil à double prunelle ; dessus des inférieures avec deux yeux, leur dessous avec trois. Fab.

SATYRE. (Insecte.)

183. Satyre Aphnius.

Ailes entières : supérieures d'un brun-obscur, avec un œil très-grand et bipupillé : dessus des inférieures d'un brun-obscur, avec une bande fauve ; leur dessous ondé de blanc et de cendré, et offrant quatre petits yeux, visibles sur la surface opposée.

184. Satyre Baldus.

Ailes entières, d'un brun-obscur en dessus : supérieures ayant de part et d'autre un œil bipupillé : dessous des inférieures avec six yeux, rapprochés deux à deux.

185. Satyre Arctoüs.

Ailes entières, d'un brun-obscur en dessus, plus claires et ondées de gris-cendré en dessous : les quatre n'ayant de part et d'autre qu'un seul œil, mais bipupillé et plus grand aux supérieures.

A. Sommet des premières ailes plus ou moins tronqué. Bord postérieur des secondes finissant extérieurement par une petite queue.

1. SATYRE Constantia.

SATYRUS Constantia.

Sat. alis suprà fuscis : anticarum apice fasciâ lutescente punctisque duobus ocellatis.

Papilio Constantia. CRAM. *pl.* 133. *fig.* A. B.

Papilio Constantia. HERBST, *Pap. tab.* 173. *fig.* 6. 7.

Il a environ trois pouces & demi d'envergure. Le dessus de ses ailes est d'un brun-obscur, avec trois points blancs oculaires entre l'angle anal & la petite queue des inférieures, & deux points semblables, mais dont l'un plus gros, vis-à-vis du sommet des supérieures. Ces dernières ailes ont une bande jaune, courbe, sinuée, partant de la côte, & finissant presqu'en pointe à l'angle interne.

Le dessous des quatre ailes est grisâtre, avec une multitude d'atomes bruns, & une ou deux lignes transverses de cette couleur. Indépendamment de cela, les secondes ailes ont sur le limbe postérieur une rangée courbe & transversale de six yeux noirs, dont l'antérieur, le quatrième & le cinquième plus grands, le postérieur bipupillé, & tous pourvus d'une prunelle blanche & d'un iris jaune-paille. Le limbe analogue des secondes ailes offre, sur un fond plus pâle que le reste de la surface, une rangée de trois à quatre points blancs, oculaires.

La bande du dessus des ailes supérieures est plus étroite & plus foncée dans le mâle que dans la femelle.

Des Molucques.

2. SATYRE? Bernard.

SATYRUS Bernardus.

Sat. alis caudatis, fulvis : anticis apice atris, fasciâ flavâ ; posticis strigâ punctorum ocellatorum. FAB.

Papilio N. Bernardus. FAB. *Ent. Syst. em. tom.* 3. *pars* 1. *p.* 71. *n°.* 223.

Papilio Bernarda. JON. *Fig. pict.* 4. *tab.* 65. *fig.* 2.

Quoique nous n'ayons pas vu ce lépidoptère, nous soupçonnons qu'il doit plutôt appartenir aux SATYRES qu'aux NYMPHALES. Il paroît, il est vrai, se rapprocher beaucoup de notre nymphale *Polixo* ou *Polixena* de Cramer (*voyez* n°. 169); mais la *Polyxo* n'a point de queue, & elle présente d'ailleurs d'autres petites différences qui viennent encore à l'appui de notre opinion.

Le corps est grand, fauve, avec les antennes noires. Les quatre ailes sont fauves en dessus, & les supérieures ont l'extrémité noire, avec une large bande jaune derrière laquelle il y a un petit point pareillement jaune. Les ailes inférieures se terminent par une queue, & elles offrent une rangée transverse de sept points noirs à prunelle blanche, dont l'extérieur double & plus grand que les autres.

Le dessous des quatre ailes est panaché, & il y a aux inférieures une ligne peu prononcée de points blancs & de points noirs.

De la Chine.

(*Traduction de Fabricius.*)

3. SATYRE Banksia (1).

SATYRUS Banksia.

Sat. alis suprà fuscis : anticis ocello apicis sesquialtero : omnibus subtùs obscuriùs fasciatis, strigâ punctorum albidorum.

Papilio N. Banksia, *alis angulatis, suprà fuscis : anticis disco flavescente ocello atro pupillâ geminâ.* FAB. *Syst. Ent. p.* 499. *n°.* 243. — *Spec. Ins. tom.* 2. *p.* 84. *n°.* 371. — *Mant. Ins. tom.* 2. *p.* 45. *n°.* 448. — *Ent. Syst. em. tom.* 3. *pars* 1. *p.* 106. *n°.* 327.

Papilio Banksia. DONOW. *Gen. Illust. of Entom. part.* 1 : *an Epitome of the Ins. of New. Holl. pl.* 25. *fig.* 1.

Papilio Banksia. HERBST, *Pap. tab.* 173. *fig.* 1. 2.

Papilio Phedima. HERBST, *Pap. tab.* 173. *fig.* 4. (Variété.)

Papilio Arcensia. HERBST, *Pap. tab.* 173. *fig.* 5. (Variété.)

Papilio Ismene. CRAM. *pl.* 26. *fig.* A. B.

Papilio Mycena. CRAM. *pl.* 291. *fig.* F. (Variété.)

Papilio Phedima. CRAM. *pl.* 292. *fig.* B. (Variété.)

Papilio Arcensia. CRAM. *pl.* 292. *fig.* C. (Variété.)

Il a le port du *Constantia*, mais il est un peu moins grand. Le dessus de ses ailes est d'un brun plus ou moins noirâtre. Non loin du sommet des supérieures sont deux yeux noirs à prunelle blanche, & dont l'antérieur plus petit, oblong, disposé longitudinalement. Ces yeux sont bordés du côté de la base par un croissant fauve, plus vif dans les mâles que dans les femelles. Les secondes ailes ont, vers l'angle anal, de un à trois petits points blancs.

Le dessous des quatre ailes varie beaucoup.

(1) Si cette espèce fût restée parmi les NYMPHALES, il eût suffi d'en traduire le nom pour apprendre au lecteur qu'elle a été dédiée par Fabricius au Mécène des savans & des naturalistes européens, à M. Banks, président de la Société royale de Londres.

Tantôt il est d'un brun-jaunâtre, tantôt d'un brun presque marron, avec des bandes transverses plus foncées, lesquelles sont au nombre de deux ou de trois sur les ailes supérieures, d'une ou de deux sur les inférieures. Quelquefois ces bandes sont mouchetées de noir, & le fond est cendré & parsemé d'atomes bruns. Outre cela, il y a vers l'extrémité des ailes inférieures une rangée courbe de trois à six points d'un blanc-verdâtre, & vers l'extrémité des supérieures une rangée de deux à quatre points semblables. Ces différences ne constituent pas des espèces, comme l'a pensé Cramer. Aussi ses papillons *Phedima*, *Mycena*, *Arcensia* ne sont-ils pour nous que des variétés. La dernière n'a pas d'yeux aux ailes supérieures en dessus, mais simplement deux points blancs, dont l'antérieur plus gros. Le corps & les antennes sont d'un brun-obscur.

Du Bengale & de l'île de Java.

Nota. Linnæus a connu ce satyre, mais il l'a pris pour la femelle du *Léda*.

4. Satyre Léda.

Satyrus Leda.

Sat. alis suprà fuscis, seu corticino-fuscis : anticis ocello apicis sesquialtero : omnibus subtùs griseo reticulatis, strigâ ocellorum.

Papilio N. Leda, *alis angulatis, luridis : primoribus ocello geminato : posticis subtùs ocellatis.* Linn. *Syst. Nat.* 2. *p.* 773. *n°.* 150.

Edw. *Av.* 297.

Papilio N. Leda, *alis angulatis, fuscis : anticis suprà ocello geminato : subtùs griseo reticulatis ; posticis ocellis sex.* Fab. *Syst. Ent. p.* 500. *n°.* 246. — *Spec. Ins. tom.* 2. *p.* 85. *n°.* 370. — *Mant. Ins. tom.* 2. *p.* 46. *n°.* 454. — *Ent. Syst. em. tom.* 3. *pars* 1. *p.* 108. *n°.* 333.

Papilio Leda. Cram. *pl.* 196. *fig.* C. D.

Papilio Leda. Cram. *pl.* 292. *fig.* A.

Papilio Leda. Drury, *Ins.* 1. *tab.* 15. *fig.* 5. 6.

Papilio Leda. Herbst, *Pap. tab.* 173. *fig.* 3.

Seba, *Mus.* 4. *tab.* 42. *fig.* 5. 6.

Papilio N. Solandra, *alis angulatis, fuscis : anticis ocello sesquialtero ; posticis duobus, subtùs quatuor.* Fab. *Syst. Ent. p.* 500. *n°.* 244. — *Spec. Ins. tom.* 2. *p.* 84. *n°.* 372. — *Mant. Ins. tom.* 2. *p.* 45. *n°.* 449. — *Ent. Syst. em. tom.* 3. *pars* 1. *p.* 106. *n°.* 328.

Papilio Solandra. Donow. *Gen. Illust. of Entom. part.* 1. *an Epitome of the Ins. of New. Holl. pl.* 23. *fig.* 1.

Nous avons réuni sous le même nom le *Leda* & le *Solandra* de Fabricius, parce qu'il nous est suffisamment démontré que le second n'est qu'une variété du premier.

Il a le port & la taille du *Banksia.* Le dessus des ailes est tantôt d'un brun-noirâtre, tantôt d'un brun-tanné-obscur. Les premières ont, vis-à-vis du sommet, deux yeux noirs à prunelle blanche, & dont l'antérieur plus petit, oblong, disposé longitudinalement. Les secondes ailes ont, près de l'angle de l'anus, un œil noir à prunelle blanche & à iris roussâtre, lequel est parfois précédé en dehors d'un ou de deux autres plus petits.

En dessous les quatre ailes sont finement réticulées ou maillées de gris, depuis leur origine jusqu'à leur extrémité, & l'on voit sur les supérieures de deux à quatre yeux noirs, inégaux, ayant tous un iris jaunâtre & une prunelle blanche. Les ailes inférieures ont une rangée d'yeux semblables, dont l'antérieur beaucoup plus grand, l'anal pourvu d'une double prunelle. Ces yeux sont ordinairement au nombre de six : nous disons ordinairement, parce que parfois il n'y en a que cinq de bien apparens, & même quatre comme dans le *Solandra* de Fabricius. Le corps & les antennes sont d'un brun-obscur.

Cramer & Drury le disent de la Chine & du Bengale. Fabricius, qui en fait deux espèces, le *Leda* & le *Solandra*, indique le premier comme se trouvant à Sierra-Leone en Afrique, & le second à la Nouvelle-Hollande. Ce que nous pouvons dire de certain à cet égard, c'est qu'il est commun à l'île de France, & que c'est de cette colonie qu'il a été rapporté par M. Catoire, payeur militaire.

5. Satyre Gerdrudtus.

Satyrus Gerdrudtus.

Sat. alis caudatis, fuscis : anticis maculâ apicis ocellari : subtùs (omnibus) *ferrugineis, puncto anticarum albo, posticarum duobus.* Fab.

Papilio N. *Gerdrudtus.* Fab. *Ent. Syst. em. tom.* 3. *pars* 1. *p.* 72. *n°.* 224.

Papilio Gerdrudta. Jon. *Fig. pict.* 4. *tab.* 5. *fig.* 2.

Fabricius le décrit ainsi : il a presque le port du *Banksia.* Le dessus des ailes est d'un brun-obscur. Les supérieures ont vers l'extrémité une tache fauve, & au sommet une tache très-noire, ayant une prunelle blanche & un iris formé par un croissant fauve. Les ailes inférieures sont sans taches, & leur extrémité est tronquée & terminée en queue.

Le dessous de toutes les ailes est d'un ferrugineux-pâle, avec une ou deux lignes transverses plus obscures, un seul point blanc sur les supérieures, & deux sur les inférieures.

Il habite.....

6. Satyre Europa.

Satyrus Europa.

Sat. alis fuſcis : anticis utrinquè faſciâ albâ obliquâ : poſticis ſubtùs ſerie ocellorum, ſtrigâque baſeos albidâ, alis primoribus communi.

Papilio N. Europa, *alis ſubcaudatis, fuſcis : poſticis ſubtùs faſciâ ocellari albidâ.* Fab. *Syſt. Ent. p.* 500. *n°.* 247. — *Spec. Inſ. tom.* 2. *p.* 86. *n°.* 380. — *Mant. Inſ. tom.* 2. *p.* 46. *n°.* 380. — *Ent. Syſt. em. tom.* 3. *pars* 1. *p.* 76. *n°.* 238.

Papilio Beroe. Cram. *pl.* 79. *fig.* C. D.

Papilio Arete. Cram. *pl.* 313. *fig.* E. F. (Variété.)

Il a entre deux & trois pouces de largeur. Ses ailes ſont d'un brun-obſcur de part & d'autre. Les premières ont le bord poſtérieur droit & entier dans les mâles, dentelé & un peu concave dans les femelles. Du milieu du bord antérieur de ces ailes part une bande blanche qui va obliquement aboutir à leur angle interne. Il y a en outre, vis-à-vis de leur ſommet, deux ou trois points blancs, diſpoſés à peu près dans le même ſens que cette bande.

Les ſecondes ailes ſont légèrement dentées dans les deux ſexes & un peu prolongées en queue en dehors. Leur deſſus offre, le long du bord terminal, une double ligne ondulée, blanchâtre ou cendrée, & précédée intérieurement d'un cordon de quatre à cinq points noirâtres, plus apparens dans certains individus que dans d'autres.

Le deſſous des ailes ſupérieures préſente les caractères que voici : vers la baſe eſt une ligne tranſverſe plus ou moins blanche. Vient enſuite une bande ſemblable à celle du deſſus & colorée de même; puis une autre bande atteignant inférieurement la précédente & compoſée de quatre à ſix yeux griſâtres à prunelle noire.

Le deſſous des ſecondes ailes a, vers la baſe, une ligne blanche, faiſant ſuite à celle de la baſe des premières ailes; &, vers le bout, entre deux lignes ondulées griſâtres, une rangée courbe de ſix yeux adhérans entr'eux, & dont l'antérieur plus gros. Ces yeux ſont ronds dans les mâles, noirs, avec la prunelle blanche, l'iris jaunâtre & de plus entouré d'un cercle violâtre. Dans les femelles, au contraire, ils ſont oblongs, plus grands, d'un brun-jaunâtre, avec le milieu ſablé de blanc & de noir, & l'iris d'un gris de perle.

Des îles de Java & d'Amboine.

Nota. Le deſſus des premières ailes eſt quelquefois ſans bande blanche; &, dans la variété que Cramer donne ſous le nom d'*Arete*, cette bande n'exiſte ni en deſſus, ni en deſſous.

7. Satyre Caumas.

Satyrus Caumas.

Sat. alis ſubtùs rufo-griſeſcentibus, ſtrigis tribus ferrugineis : poſticarum limbo ocellis ſex pulvere inaurato pupillatis.

Papilio Arcadia. Cram. *pl.* 116. *fig.* D. E. (La femelle.)

Il a le port de l'*Europa*, mais il eſt un peu plus petit.

Le deſſous des deux ſexes eſt d'un gris-rouſſâtre, avec trois lignes ferrugineuſes & tranſverſes, dont la deuxième & la troiſième plus ondulées que l'antérieure, & embraſſant aux ſecondes ailes ſix yeux jaunâtres, contigus, ayant l'iris d'un gris de perle, la prunelle noire & parſemée d'atomes qui paroiſſent comme dorés. Ces mêmes lignes n'embraſſent aux premières ailes que quelques points ocellés, peu diſtincts.

Le deſſus du mâle, ſi toutefois celui que nous avons vu n'eſt pas une variété, le deſſus du mâle, diſons-nous, eſt d'un brun-obſcur, avec une petite touffe de poils noirs ſur le diſque des ailes inférieures; & une tache cendrée, elliptique, longitudinale, entourée de noir, vers le milieu du bord interne des ailes ſupérieures.

Le deſſus de la femelle eſt d'un fauve-obſcur, terminé aux premières ailes par un eſpace noirâtre triangulaire & très-grand, ſur lequel il y a une bande blanche, maculaire, tranſverſe, coudée en arrière, & ſuivie d'un point blanc qui fait face au ſommet. Les ſecondes ailes ont, parallèlement au bord d'en bas, une rangée de quatre gros points noirs, oculaires. On les aperçoit auſſi dans le mâle, quoiqu'il ſoit d'une couleur plus obſcure. Le corps eſt brun. Les antennes ſont rouſſâtres.

De l'île de Java.

Nota. Fabricius y rapporte, avec doute il eſt vrai, ſon papillon *Minerva* qui eſt différent.

8. Satyre? Rohria.

Satyrus Rohria.

Sat. alis dentato-caudatis, fuſcis : anticis faſciâ albâ : poſticis ſubtùs ocellis ſeptem, plurimis albo punctatis. Fab.

Papilio N. *Rohria.* Fab. *Mant. Inſ. tom.* 2. *p.* 45. *n°.* 446. — *Ent. Syſt. em. tom.* 3. *pars* 1. *p.* 75. *n°* 235.

Il eſt de moyenne taille, d'un brun-obſcur en deſſus. Ses premières ailes ont une bande blanche qui n'atteint pas le bord poſtérieur. Ce bord offre des taches blanches, indépendamment deſquelles il y en a deux autres vis-à-vis du ſommet.

Les ſecondes ailes ont une queue, & elles ſont liſerées de blanc en dehors.

En deſſous, toutes les ailes ſont brunes & ondées de violâtre. Les ſupérieures ont une bande blanche, & trois yeux noirs ſans prunelle. Les inférieures ont ſept yeux, dont l'antérieur plus gros, noir & à prunelle blanche; les trois ſuivans oblongs, offrant des points noirs chargés chacun d'un point blanc; le cinquième plus grand & dépourvu de prunelle; les deux poſtérieurs réunis &

sablés de blanc. Les antennes ont la masse noirâtre, avec la sommité ferrugineuse.

De l'Inde.

(*Traduction de Fabricius.*)

9. Satyre? Panthéra.

Satyrus Panthera.

Sat. alis dentato-caudatis, fuscis : subtùs undatis, posticis ocellis duobus disci, quinque marginalibus, cærulescentibus. Fab.

Papilio N. *Panthera.* Fab. *Mant. Inf. tom.* 2. *p.* 39. *nº.* 407. — *Ent. Syst. em. tom.* 3. *pars* 1. *p.* 75. *nº.* 234.

Il est de moyenne taille. Le dessus de ses ailes est noir, avec le bord obscur. Les inférieures ont des dents & une queue.

Le dessous de toutes les ailes est ondé. Celui des inférieures offre, sur le milieu, deux petits yeux à prunelle bleuâtre, & à l'extrémité, qui est d'un cendré-obscur, cinq yeux noirs, dont la prunelle est également bleuâtre. Le corps est d'un brun-noirâtre.

De Trinquebar.

(*Traduction de Fabricius.*)

B. Bord postérieur des premières ailes en faulx. Bord correspondant des secondes un peu prolongé à l'angle de l'anus, & terminé en dehors par une queue obtuse & très-oblique.

10. Satyre Chorinée.

Satyrus Chorinæus.

Sat. alis suprà fuscis : anticis fasciâ fulvâ, transversa : posticis subtùs strigâ ab angulo externo ad analem obliquè ductâ.

Papilio N. Chorineus, *alis integerrimis, fuscis : anticis falcatis, fasciâ fulvâ : posticis caudatis.* Fab. *Syst. Ent. p.* 484. *nº.* 182. — *Spec. Inf. tom.* 2. *p.* 60. *nº.* 266. *Mant. Inf. tom.* 2. *p.* 29. *nº.* 306. — *Ent. Syst. em. tom.* 3. *pars* 1. *p.* 72. *nº.* 225.

Papilio Arcesilaus. Sulz. *Inf. edit.* Roem. *p.* 142. *tab.* 14. *fig.* 4.

Papilio Arcesilaus. Cram. *pl.* 294. *fig.* A. B. (Le mâle.) *fig.* B. C. (La femelle.)

Stoll, *Pap. Suppl. à* Cram. *pl.* 6. *fig.* 1. (La chenille.) *fig.* 1. A. (La chrysalide.)

Papilio Arcesilaus. Esp. *Pap. exot. tab.* 54. *fig.* 5-7.

Seba, *Mus.* 4. *tab.* 41. *fig.* 15. 16.

Seba, *Mus.* 4. *tab.* 42. *fig.* 15. 16.

Il a de quatre pouces à quatre pouces & demi d'envergure. Le dessus des premières ailes est d'un brun-noirâtre, avec une bande fauve, large, sinuée, descendant du milieu de la côte à l'angle interne où elle finit en pointe arrondie. Il y a en outre un gros point blanc vis-à-vis du sommet.

Le dessus des secondes ailes est couleur de terre d'ombre, avec le limbe postérieur plus clair, & divisé par une ligne de trois à quatre points blanchâtres, points qui ne sont que l'empreinte plus ou moins visible de ceux de la surface opposée.

Le dessous des quatre ailes est cendré, finement ondé de noirâtre, avec quelques lignes brunâtres disposées transversalement, à l'exception toutefois de la postérieure des secondes ailes, laquelle va obliquement de l'angle externe à l'angle interne. Le corps est brun, avec un collier fauve.

La chenille, selon Stoll, est d'un rouge-ponceau, avec les côtés du ventre & les pattes fauves. Elle a tout le long du dos une bande jaune, formée par une suite de taches à peu près elliptiques, & coupées de noirâtre dans le sens de leur longueur. La tête est ferrugineuse, bordée & rayée de jaunâtre. L'anus se termine par une longue fourche grisâtre, ciliée de noir. Cette chenille vit sur la *canne à sucre.*

La chrysalide est courte, d'un brun-pâle, avec des mouchetures noires. Elle est suspendue par la queue.

De Surinam.

C. Ailes supérieures triangulaires. Inférieures terminées en dehors par une petite queue aiguë, & ayant entre cette queue & l'angle de l'anus une dent obtuse.

α. Bord interne des ailes supérieures fortement arqué dans les mâles.

11. Satyre Philoctète (1).

Satyrus Philoctetes.

Sat. alis suprà violaceo-fuscis : posticis ad angulum ani maculis tribus cæruleis, externis duabus puncto nigro fœtis.

Papilio E. A. Philoctetes, *alis subcaudatis, fuscis : posticis ocellis duobus cæruleis pupillâ nigrâ punctisque tribus albis* Linn. *Syst. Nat.* 2. *p.* 750. *nº.* 29. — *Mus. Lud. Ulr. p.* 219.

Papilio Philoctetes. Clerck, *Icon. tab.* 30. *fig.* 3.

Papilio E. A. *Philoctetes.* Fab. *Syst. Ent.*

---

(1) Dans cette espèce & dans les sept suivantes, la cellule discoïdale des secondes ailes est fermée par un angle moins aigu que chez les autres Satyres, & les antennes sont presque filiformes. Ces espèces répondent au genre Hætera de Fabricius.

p. 456.

p. 456. n°. 56. — *Spec. Inf. tom.* 2. *p.* 22. n°. 90. — *Mant. Inf. tom.* 2. *p.* 12. n°. 106.

Papilio N. *Philoctetes*. FAB. *Ent. Syft. em. tom.* 3. *pars* 1. *p.* 83. n°. 259.

Papilio Philoctetes. ESP. *Pap. exot. tab.* 46. *fig.* 4.

Papilio Philoctetes. CRAM. *pl.* 20. *fig.* A. (Le mâle.) *fig.* B. C. (La femelle.)

Papilio Philoctetes. DRURY, *Inf.* 2. *pl.* 1. *fig.* 1-3.

Papilio Philoctetes. HERBST, *Pap. tab.* 55. *fig.* 2. 3.

SULZ. *Inf. edit.* ROEM. *tab.* 13. *fig.* 5.

SEBA, *Muf.* 4. *tab.* 4. *fig.* 9. 10.

SEBA, *Muf.* 4. *tab.* 21. *fig.* 7. 8.

Il a environ trois pouces & demi d'envergure. Ses ailes fupérieures font entières, d'un brun enfumé en deffus, avec un léger reflet violet vers la bafe, & deux petits points blancs vis-à-vis du fommet.

Les ailes inférieures ont le deffus d'un noir-brun, glacé de violet, avec trois taches bleues, dont la plus intérieure difpofée tranfverfalement au deffus de l'angle anal, les deux autres chargées chacune d'un très-gros point noir & placées longitudinalement entre la précédente & l'origine de la petite queue. A la fuite de ces taches, en remontant vers l'angle extérieur, il y a une rangée de trois points blancs.

Le deffous des premières ailes eft couleur de café au lait pâle, avec deux lignes d'un noir-brun, tranfverfes & parallèles, dont la poftérieure difcoïdale, plus longue & doublée de blanc intérieurement; fans compter une bande violâtre, étroite, environnée de brun-marron, & defcendant directement de la côte à l'angle interne. Les mâles ont en outre, vers le milieu du bord intérieur, un faifceau de poils brunâtres & divergens, dont l'empreinte forme fur la furface oppofée une tache ovale d'un ton noirâtre.

Le deffous des fecondes ailes eft couleur de café au lait pâle vers fa naiffance, avec trois points, puis une ligne, d'un noir-brun. Sur le milieu de la furface eft une bande tranfverfe d'un brun-marron, immédiatement fuivie d'une bande violâtre fur laquelle reparoiffent les trois points blancs du deffus, ainfi que les deux gros points noirs qui occupent chacun le centre des deux taches bleues longitudinales dont nous avons parlé en décrivant le deffus.

Commun à Surinam.

Nota. Dans la figure de Drury, les ailes inférieures font fans queue.

12. SATYRE Morna.

SATYRUS Morna.

Sat. alis dentatis, fufcis: pofticis ocellis utrinquè duobus punctifque tribus albis. FAB.

Papilio N. *Morna*. FAB. *Syft. Ent. p.* 500. n°. 245. — *Spec. Inf. tom.* 2. *p.* 46. n°. 452. — *Ent. Syft. em. tom.* 3. *pars* 1. *p.* 107. n°. 331.

Fabricius le décrit ainfi: les ailes fupérieures font d'un brun-obfcur, avec un point blanc au fommet.

Les inférieures font dentées, d'un brun encore plus obfcur, avec trois points blancs près de l'extrémité, & deux yeux noirs, fans prunelle, mais ayant un large iris bleu. Il y a en outre une tache bleue près de l'angle de l'anus.

Le deffous des quatre ailes eft bleuâtre vers la bafe, avec des taches noires; d'un brun-obfcur vers le bout, avec une ligne cendrée, tranfverfale, laquelle offre aux fecondes ailes deux yeux comme en deffus, mais précédés ici de trois points blancs difcoïdaux.

Des Indes occidentales.

Nota. Ne feroit-ce pas une variété fans queue du fatyre *Philoctète*?

D. Ailes ovales. Inférieures terminées en dehors par un prolongement plus ou moins remarquable.

13. SATYRE Léna.

SATYRUS Lena.

Sat. alis fubhyalinis, fufcis: pofticis fuprà dimidio apicali atro maculis cæruleis, fparfis, plerifque puncto albo fœtis.

Papilio N. Lena, *alis fubdentatis, fufcis: pofticis pofticè atris, albo cæruleoque punctatis; fubtùs biocellatis.* LINN. *Syft. Nat.* 2. *p.* 784. n°. 206.

Papilio N. *Lena*. FAB. *Syft. Entom. p.* 514. n°. 301. — *Spec. Inf. tom.* 2. *p.* 85. n°. 377. — *Mant. Inf. tom.* 2. *p.* 46. n°. 455. — *Ent. Syft. em. tom.* 3. *pars. p.* 108. n°. 334.

Papilio Lena. CRAM. *pl.* 198. *fig.* D. E.

Papilio Lena. CRAM. *pl.* 291. *fig.* A. B.

Papilio Lena. HERBST, *Pap. pl.* 224. *fig.* 3-6.

KLEM. *Inf. tab.* 10. *fig.* 3. 4.

SEBA, *Muf.* 4. *tab.* 36. *fig.* 13. 14.

Il a prefqu'un pouce de moins que le *Philoctète*. Ses premières ailes font entières & un peu tranfparentes. Leur deffus eft d'un brun-obfcur, tantôt fans taches, tantôt coupé parallèlement au bord poftérieur par une fuite de quatre ou cinq points, dont le fecond, à partir de la côte, noir & entouré d'un cercle gris; les autres tout-à-fait bleuâtres.

Les secondes ailes sont un peu dentées, & terminées en dehors par une petite queue obtuse. Leur dessus a environ la moitié antérieure d'un brun glacé de violet; la moitié postérieure d'un noir-foncé, avec une vingtaine de taches bleues, chargées pour la plupart d'un point très-blanc. Le bout de la queue est pareillement blanc.

Le dessous des premières ailes est d'un brun légèrement glacé de violet, avec une bande blanche, linéaire, droite, descendant du bord antérieur au bord interne, près de l'angle de ce nom, & se prolongeant ensuite jusqu'au disque des ailes inférieures. Indépendamment de cette bande, on voit, vers la base, trois ou quatre points noirs, épars; &, vers l'extrémité, une suite de points blanchâtres, correspondant à ceux de la surface opposée.

Le dessous des secondes ailes est à peu près du même ton de couleur que le dessous des premières, avec sept à huit points d'un blanc-jaunâtre, disséminés entre le disque & le bord terminal; & deux yeux noirs à prunelle blanche & à iris jaune, placés vis-à-vis du sommet. Il y a en outre, près de la base, quatre ou cinq points noirs, foiblement ocellés, qu'enveloppe extérieurement une ligne brune, transverse, courbe & un peu ondulée. Le corps est gris en dessous; d'un brun-violâtre en dessus, avec un collier blanchâtre. Les antennes sont rousses & finement annelées de noir.

De la Guyane & du Brésil.

Nota. Le manque de queue est purement accidentel, & non particulier à l'un des sexes, comme l'ont cru Fabricius & Cramer.

14. Satyre Dindymène.

Satyrus Dindymene.

Sat. alis fuscis, subhyalinis: posticis suprà serie punctorum ocellatorum: subtùs omnibus strigis tribus punctisque baseos obscurioribus.

Papilio N. Dindymene, *alis dentatis, fuscis: posticis suprà violaceis, punctis quatuor albis.* Fab. *Spec. Inf. tom.* 2. *p.* 86. *n°.* 378. — *Mant. Inf. tom.* 2. *p.* 46. *n°.* 456. — *Ent. Syst. em. tom.* 3. *pars* 1. *p.* 108. *n°.* 335.

Papilio Dindymene. Cram. *pl.* 198. *fig.* F. G.

Papilio Dindymene. Herbst, *Pap. tab.* 224. *fig.* 1. 2.

Papilio Lamia. Sulz. *Inf. edit.* Roem. *tab.* 18. *fig.* 1.

Papilio Rhea, *alis rotundatis, fusco-hyalinis: posticis punctis quinque ocellaribus albis.* Fab. *Mant. Inf. tom.* 2. *p.* 18. *n°.* 179. — β. *Ent. Syst. em. tom.* 3. *pars* 1. *p.* 108. *n°.* 334.

Il a le port, la taille & la légère transparence du *Léna*, mais ses ailes inférieures n'ont pas de prolongement sensible. Le dessus de ces ailes est d'un brun un peu violâtre, avec une rangée courbe & postérieure de quatre ou cinq points noirs, plus ou moins gros, & ayant le milieu blanc. Dans les mâles, il y a en outre, près du bout de l'abdomen, une tache jaunâtre, oculaire.

Les ailes supérieures sont d'un brun-obscur dans la femelle, avec deux points blanchâtres, alignés transversalement vis-à-vis du sommet. Dans le mâle, le milieu de ces ailes est plus clair, & jette à certains aspects un reflet d'un vert d'émeraude.

Le dessous des deux sexes est d'un brun un peu teinté de violet, avec une multitude d'atomes cendrés, & trois lignes transverses d'un brun plus obscur que le fond. Aux points ocellés des ailes inférieures correspondent ici cinq points blanchâtres. Les ailes supérieures en ont trois semblables près de l'angle externe, & un noir près de la base. La base des secondes ailes en offre trois ou quatre de cette dernière couleur. Le corps est grisâtre en dessous; brun en dessus, avec un collier jaunâtre. Les antennes sont noires & finement annelées de blanc.

De la Guyane & du Brésil.

N. B. Le *Rhea*, mentionné dans la synonymie, se rapporte au *Dindymène* par l'ensemble des caractères. C'est donc à tort que Fabricius en a fait en dernier lieu une variété du *Léna*.

15. Satyre Luna.

Satyrus Luna.

Sat. alis dentatis, fuscis, obscuriùs strigosis: posticis ocellis duobus: subtùs omnibus punctis quatuor. Fab.

Papilio N. *Luna.* Fab. *Ent. Syst. em. tom.* 3. *pars* 1. *p.* 109. *n°.* 336.

Papilio Luna. Jon. *Fig. pict.* 4. *tab.* 9. *fig.* 1.

Suivant Fabricius, ce lépidoptère a le port du *Dindymène*, auquel il ressemble beaucoup. Les premières ailes sont d'un brun-obscur, avec trois lignes transverses plus foncées, & trois points blancs en dessus, quatre en dessous. Les secondes ailes sont aussi d'un brun-obscur, avec des lignes plus foncées. Leur extrémité, qui est plus obscure que le reste de la surface, offre deux yeux très-noirs, dont le postérieur sans prunelle. Ces yeux se reproduisent en dessous & ils y sont accompagnés de trois ou quatre points blancs. Le corps est brun en dessus avec les incisions de l'abdomen jaunes.

De Surinam.

N. B. Ne seroit-ce pas une variété du précédent?

16. Satyre Néréis.

Satyrus Nereis.

Sat. alis fuscis, subhyalinis, vittâ communi albâ : posticis ad apicem fulvis, ocellis duobus atris.

Papilio P. Nereis, *alis repandis, fuscis : posticis fasciâ niveâ discoque fulvo ocellis duobus atris.* Fab. *Ent. Syst. em. tom.* 3. *pars* 1. *p.* 184. *n°.* 568.

Papilio Nereis. Drury, *Inf.* 3. *pl.* 35. *fig.* 4.

Papilio Nereis. Herbst, *Pap. tab.* 84. *fig.* 1. 2.

Papilio Nereis. Stoll, *Suppl. à* Cram. *pl.* 26. *fig.* 3.

Papilio Nereis. Jon. *Fig. pict.* 2. *tab.* 35. *fig.* 2.

Il a près de trois pouces d'envergure. Les ailes supérieures sont un peu transparentes, d'un brun-obscur de part & d'autre, avec une bande blanchâtre, linéaire, descendant obliquement du bout de la côte au bout du bord interne.

Le dessus des secondes ailes a environ la moitié antérieure & le bord terminal d'un brun-obscur; & tout le reste fauve ou couleur de tabac d'Espagne, avec une bande très-blanche, bordée de noirâtre, fortement dilatée en dehors à sa partie inférieure, n'atteignant pas le bord interne, mais s'alignant avec la bande des ailes supérieures. Entre cette bande des secondes ailes & leur bord postérieur, il y a deux yeux très-noirs à prunelle bleuâtre, lesquels sont séparés l'un de l'autre par deux points blancs; sans compter un point semblable placé près de la côte au-dessus de l'œil antérieur.

Le dessous de ces ailes est généralement plus pâle que le dessus, & il n'a point le bord postérieur obscur; les deux yeux noirs y sont beaucoup plus petits & entourés d'un cercle grisâtre; la bande blanche s'y prolonge davantage, & l'on voit près de la base une ligne noirâtre, fine, oblique, un peu ondulée. Le corps est grisâtre en dessous; brun en dessus, avec un collier blanchâtre.

La femelle a de part & d'autre, vis-à-vis du sommet des premières ailes, une rangée transverse de trois points blancs.

De la Guyane & du Brésil.

17. Satyre Piéra.

Satyrus Piera.

Sat. alis hyalinis : anticis immaculatis ; posticis disco rufescentibus strigâ fuscâ, apice ocellis duobus punctisque totidem albis interjectis.

Papilio H. Piera, *alis oblongis, integerrimis, hyalino-diaphanis : posticis ocellis binis.* Linn. *Syst. Nat.* 2. *p.* 754. *n°.* 52. — *Mus. Lud. Ulr. p.* 220.

Papilio P. *Piera.* Fab. *Syst. Ent. p.* 467. *n°.* 103. — *Spec. Inf. tom.* 2. *p.* 37. *n°.* 153. — *Mant. Inf. tom.* 2. *p.* 17. *n°.* 175. — *Ent. Syst. em. tom.* 3. *pars* 1. *p.* 183. *n°.* 566.

Clerck, *Icon. tab.* 36. *fig.* 7. 8.

Mérian, *Surin. Inf. tab.* 16. *fig. super. à gauche.*

Klem. *Inf.* 1. *tab.* 6. *fig.* 1. 2.

Sulz. *Inf. edit.* Roem. *tab.* 15. *fig.* 5.

Seba, *Mus.* 4. *tab.* 8. *fig.* 9. 10.

Papilio Piera. Cram. *pl.* 291. *fig.* C. D. E.

Papilio Piera. Herbst, *Pap. tab.* 84. *fig.* 3. 5.

Il a de deux pouces & demi à trois pouces d'envergure. Ses quatre ailes sont entières, transparentes, avec les nervures & les bords brunâtres. Les ailes supérieures sont sans taches. Les inférieures ont le milieu d'une teinte roussâtre, avec une ligne obscure, transverse & tortueuse, derrière laquelle il y a deux yeux noirs à prunelle blanche & à iris jaunâtre, & séparés l'un de l'autre par deux points blancs. Le corps est cendré. Les antennes sont fauves.

La femelle ressemble au mâle.

La chenille, selon Merian, est garnie de poils blancs, très-touffus, longs & rabattus sur les côtés du corps. Elle se trouve à Surinam sur l'*acajou* (anacardium). Linnæus l'a prise pour celle de son *pap. Anacardii*, papillon qui est le même que notre vanesse Aglatonice. (*Voy.* le Supplément.)

18. Satyre Andromède.

Satyrus Andromeda.

Sat. alis hyalinis : anticis strigis duabus fuscescentibus ; posticis ad angulum ani chermesinis, apice ocello unico.

Papilio P. Andromeda, *alis rotundatis hyalino-albis : posticis apice rubris ocello utrinquè unico.* Fab. *Syst. Ent. p.* 467. *n°.* 107. — *Spec. Inf. tom.* 2. *p.* 37. *n°.* 158. — *Mant. Inf. tom.* 2. *p.* 18. *n°.* 180. — *Ent. Syst. em. tom.* 3. *pars* 1. *p.* 184. *n°.* 569.

Papilio Pireta. Cram. *pl.* 315. *fig.* A.

Papilio Philis. Cram. *pl.* 387. *fig.* E. (Var.)

Papilio Menander. Drury, *Inf.* 3. *pl.* 38. *fig.* 3.

Papilio Menander. Herbst, *Pap. tab.* 84. *fig.* 6.

Papilio Philis. Herbst, *Pap. tab.* 84. *fig.* 7. (Var.)

Il a le port du précédent, mais il est d'environ un tiers plus petit. Ses ailes sont aussi transparentes & entières. Les supérieures ont le milieu traversé, d'un bord à l'autre, par deux lignes brunâtres, obliques & parallèles, dont la postérieure se prolongeant sur les secondes ailes. Celles-ci sont d'un rouge-cramoisi vers l'angle de l'anus, & leur sommet ou angle postérieur offre de part & d'autre un œil noir à prunelle blanche & à iris jaunâtre, au bas duquel on distingue un petit point blanc. Le corps est cendré en dessus; plus pâle en dessous. Les antennes sont noirâtres.

Il se trouve à Surinam & à la Jamaïque.

Cramer a figuré, sous le nom de *Philis*, une variété dont les premières ailes n'ont qu'une ligne brunâtre, & dont l'angle anal des secondes ailes est d'un cramoisi plus foncé.

E. Ailes supérieures triangulaires. Inférieures un peu tronquées vers l'angle de l'anus.

19. Satyre Girondius.

Satyrus Girondius.

Sat. alis suprà fuscis, apice ocellis quatuor geminatis : posticis subtùs puncto baseos nigro.

Il a environ trois pouces d'envergure. Le dessus de toutes les ailes est d'un brun-obscur, avec quatre yeux noirs, rapprochés deux à deux, mais moins gros & moins prononcés aux ailes inférieures qu'aux supérieures. Ces yeux ont une prunelle d'un blanc-bleuâtre & un iris d'un roux-sale.

En dessous, où le fond est plus pâle, & quelquefois légèrement teinté de violet, les ailes de devant ont une rangée postérieure de quatre points blanchâtres, & celles de derrière une rangée de six points semblables. La base de ces dernières offre en outre un point noir.

La femelle ressemble au mâle.

Du Brésil.

20. Satyre Bétro.

Satyrus Betro.

Sat. alis nigricanti-fuscis : anticis suprà fasciâ apicis rufescente : posticis subtùs strigâ punctorum flavescentium.

Il est de la taille du *Girondius*. Le dessus de ses ailes est d'un brun-noirâtre, sans taches aux inférieures, avec une bande roussâtre, transversale, vers l'extrémité des supérieures.

Le dessous des quatre ailes est d'un brun-noirâtre, avec une légère teinte violâtre à l'angle externe des supérieures, & une rangée de six points jaunâtres près de l'extrémité des inférieures. On aperçoit en outre, mais d'une manière peu distincte, deux lignes d'un ferrugineux-obscur sur le milieu de chaque aile.

Décrit d'après un individu unique, envoyé du Brésil par M. le chevalier de Langsdorff.

Nota. Les premières ailes ont le bord antérieur très-arqué, & le bord posterieur entier.

F. Sommet des premières ailes plus ou moins aigu. Bord terminal des secondes offrant vers l'angle de l'anus trois dents, dont l'extérieure souvent plus prononcée.

21. Satyre Chélys.

Satyrus Chelys.

Sat. alis suprà fuscis, immaculatis : posticis subtùs nebulosè ferrugineis aut virescenti-griseis, strigâ punctorum flavescentium.

Papilio N. Chelys, *alis dentato-caudatis, fuscis : subtùs variegatis, strigâ punctorum flavescentium.* Fab. *Ent. Syst. em. tom.* 3. *pars* 1. *p.* 80. *n*°. 249.

Papilio Chelys. Jon. *Fig. pict.* 3. *tab.* 78. *fig.* 2.

Notre *Chélys* paroît bien être le même que celui de Fabricius.

Il a approchant deux pouces & demi d'envergure. Le dessus des ailes est d'un brun-obscur & sans taches.

Le dessous des supérieures est à peu près de la couleur du dessus, avec l'extrémité un peu glacée de violâtre, & divisée vis-à-vis du sommet, qui est ferrugineux ou grisâtre, par un rang de quatre petits points jaunâtres.

Le dessous des ailes inférieures est d'un ferrugineux-obscur dans le mâle, d'un gris plus ou moins verdâtre dans la femelle, avec une bande discoïdale plus foncée, & une rangée postérieure de cinq points jaunâtres, dont l'anal plus gros & oculaire. Le milieu de la bande discoïdale offre dans chaque sexe un point noir.

Du Brésil.

22. Satyre Rébecca.

Satyrus Rebecca.

Sat. alis suprà fuscis, immaculatis : subtùs nitenti-subviolaceis, strigis duabus punctoque centrali obscurè-ferrugineis.

Papilio N. Rebecca, *alis dentato-caudatis, fuscis, immaculatis : subtùs pallidioribus, strigis duabus brunneis punctisque subocellaribus albis.* Fab. *Entom. Syst. em. tom.* 3. *pars* 1. *p.* 75. *n*°. 236.

Papilio Virgilia. Cram. *pl.* 96. *fig.* C.

Papilio Virgilius. Herbst, *Pap. tab.* 193. *fig.* 6.

Fabricius ne rapporte son papillon *Rebecca* à aucune figure; mais la description qu'il en donne & la patrie qu'il lui assigne ne permettent pas de douter que ce ne soit le même que le *Virgilia* de Cramer.

Il a de trois pouces à trois pouces & demi d'envergure. Le deſſus des quatre ailes eſt d'un brun-obſcur & ſans taches.

Leur deſſous eſt d'un brun légèrement glacé de violet, avec deux lignes obliques d'un ferrugineux-obſcur, & renfermant entr'elles un point central de leur couleur. La ſeconde ligne, qui a le côté externe doublé de griſâtre, eſt ſuivie d'un cordon de points blancs oculaires, au nombre de cinq ſur les ailes ſupérieures, au nombre de ſix ſur les inférieures, & ſéparés du bord terminal des unes & des autres par une ligne brune, ondulée & très-fine. Le corps & les antennes ſont à peu près du même brun que les ailes.

De la Guyane & du Bréſil.

23. SATYRE Merméria.

SATYRUS Mermeria.

Sat. alis ſuprà fuſcis, immaculatis : ſubtùs obſcurè ferrugineis, ſtrigâ cinereâ, mediâ, punctiſque ſex ocellaribus albidis.

Papilio Mermeria. CRAM. *pl.* 96. *fig.* C.

Papilio Mermeria. CRAM. *pl.* 289. *fig.* E. F.

Papilio Mermerius. HERBST, *Pap. tab.* 192. *fig.* 1. 2. 3.

Sa taille eſt à peu près la même que celle du précédent. Le deſſus de toutes les ailes eſt d'un brun-obſcur & ſans taches.

Leur deſſous eſt d'un brun-ferrugineux, piqué de noirâtre, avec une ligne cendrée, oblique & diſcoïdale, près du côté extérieur de laquelle il y a une rangée de ſix points blanchâtres, oculaires, ſéparés du bord terminal par une ligne cendrée, flexueuſe & plus ou moins apparente. On voit parfois vers la baſe une ligne arquée de cette dernière couleur.

Dans certaines femelles, le deſſous des ailes eſt d'un gris-verdâtre ou violâtre, depuis le milieu juſqu'au bord poſtérieur ; mais cela n'empêche pas d'y retrouver les caractères que nous venons d'indiquer.

Dans d'autres, les points oculaires ont un léger iris jaunâtre.

De la Guyane & du Bréſil.

G. Sommet des premières ailes un peu tronqué. Bord poſtérieur des ſecondes inégalement denté.

24. SATYRE Lachès.

SATYRUS Laches.

Sat. alis fuſcis, ſuprà immaculatis : ſubtùs faſciâ poſticâ violaceo-griſeâ ocellis anticarum quinque, poſticarum ſex obſoletis.

Papilio S. Laches, *alis dentatis, fuſcis :* (ſubtùs) *faſciâ cæruleâ ocellis anticarum quinque, poſticarum ſex.* FAB. *Ent. Syſt. em. tom.* 3. *pars* 1. *p.* 229. *n°.* 719.

Papilio Laches. JON. *Fig. pict.* 3. *tab.* 81. *fig.* 2.

Papilio Adromeda. CRAM. *pl.* 96. *fig.* A.

Papilio Thamyra. CRAM. *pl.* 242. *fig.* B.

Papilio Andromedus. HERBST, *Pap. tab.* 192. *fig.* 7.

Papilio Thamyrus. HERBST, *Pap. tab.* 194. *fig.* 1.

Quoique Fabricius diſe que ſon ſatyre *Laches* a toutes les ailes très-dentées (*alæ omnes valdè dentatæ*), nous y rapportons ſans le moindre ſcrupule les papillons *Andromeda* & *Thamyra* de Cramer qui ne ſont qu'une ſeule & même eſpèce.

Il a environ trois pouces d'envergure. Le deſſus des ailes eſt d'un brun-obſcur & ſans taches.

Le deſſous eſt auſſi d'un brun-obſcur, & l'on voit à l'extrémité une large bande d'un gris-violet. Sur cette bande, les ailes ſupérieures ont une ſérie de cinq yeux peu prononcés, dont le deuxième un peu en arrière des autres ; & les ſecondes ailes une rangée courbe de ſix yeux, dont les deux extrêmes plus petits, l'avant-dernier plus ou moins noirâtre. Ces yeux ont tous une prunelle blanche ou jaunâtre. La baſe des quatre ailes eſt en outre d'un gris-violet, ſurtout dans les femelles, avec une ligne brune, tranſverſe & arquée. Le corps eſt brun en deſſus, un peu plus pâle en deſſous. Les antennes ſont rouſſâtres.

De la Guyane & du Bréſil.

25. SATYRE Célia.

SATYRUS Celia.

Sat. alis fuſcis, ſuprà immaculatis : ſubtùs faſciâ poſticâ violaceo-griſeâ ocellis anticarum quatuor, poſticarum quinque obſoletis.

Papilio Celia. CRAM. *pl.* 242. *fig.* C.

Papilio Celius. HERBST, *Pap. tab.* 194. *fig.* 2.

Si la figure de Cramer eſt exacte, ce ſatyre ne diffère en deſſous du précédent que parce que la ligne brune de la baſe des ailes eſt flexueuſe, au lieu d'être arquée ; & parce que les ſupérieures n'ont que quatre yeux placés ſur la même ligne, & les ſecondes cinq qui ſont tous égaux.

De la Guyane.

H. Bord poſtérieur des quatre ailes arrondi.

26. SATYRE Valentine.

SATYRUS Valentina.

Sat. alis fuſcis, ſuprà immaculatis, ſubtùs faſciâ violaceo-albidâ ocellis ſingularum quinque : poſticis diſco luteſcente.

Papilio Valentina. CRAM. *pl.* 242. *fig.* A.

Papilio Valentinus. HERBST, *Pap. tab.* 193. *fig.* 7.

Il eſt un peu moins grand que le *Lachès*. Le deſſus des ailes eſt d'un brun-obſcur & ſans taches.

Leur deſſous eſt un peu plus clair que le deſſus, avec une bande poſtérieure, violâtre en avant, blanche en arrière, & chargée ſur chaque aile d'une ſérie de cinq yeux à prunelle blanche & à iris jaunâtre. Entre cette bande & la baſe, il y a une ligne très-brune, flexueuſe & tranſverſe, derrière laquelle les premières ailes offrent une liture oblique, & les ſecondes une tache orbiculaire, d'un jaune-chamois.

De la Guyane.

Nota. Décrit d'après Cramer.

27. SATYRE Orchame (1).

SATYRUS Orchamus.

Sat. alis ſuprà fuſco-nigris, immaculatis, ſubtùs ſtrigâ punctorum ocellarium : puncto anticarum tertio lunulæ rubræ intùs adnato.

Satyre Orchus. *Recueil d'obſervations de zool. & d'anat. comp. par Alex. de* HUMBOLDT *& A.* BONPLAND, *tom.* 2. *p.* 72. *pl.* 35. *fig.* 1. 2.

Il a environ trois pouces d'envergure. Le deſſus des ailes eſt d'un noir-enfumé-mat, ſans aucune tache, mais avec le bord terminal des ſupérieures un peu plus clair.

Le deſſous de toutes les ailes eſt d'un brun-obſcur, avec une teinte plus foncée au milieu des premières & à la baſe des ſecondes. La teinte de ces dernières forme comme deux bandes tranſverſes, dont la poſtérieure beaucoup plus large & ſe dilatant en angle obtus au milieu de ſon côté externe. A la ſuite de ces bandes, les ailes de devant ont une rangée tranſverſe de quatre points noirs à prunelle bleuâtre, & dont le troiſième adhérant par ſon côté interne à une lunule d'un rouge-fauve. Les ailes de derrière offrent une ſuite de cinq à ſix points ſemblables, mais ils ſont plus petits, entourés d'un cercle un plus pâle que le fond de l'aile, & le dernier d'entr'eux ou l'anal eſt bipupillé. Le corps eſt d'un noir-brun, avec les côtés des palpes & une grande partie des pattes griſâtres. Les antennes ſont noires, finement annelées de gris, avec un peu de brun ſous l'extrémité de la maſſue.

Du Pérou.

Nota. Nous ignorons ſi les deux ſexes ſe reſſemblent. Celui que nous décrivons paroît être le mâle.

(1) Nous avons changé le nom de cette eſpèce, parce qu'il y en a une qui porte plus anciennement le nom d'*Orcus*.

28. SATYRE Pénéléa.

SATYRUS Penelea.

Sat. alis ſuprà fuſcis, immaculatis : poſticis ſubtùs baſi cinereis areâ longitudinali luteſcente, tunc ad angulum externum caſtaneis, ad internum ſubviolaceis ocellis 2-4.

Papilio N. Penelea, *alis dentatis, ſuprà fuſcis : ſubtùs omnibus ocellis duobus*. FAB. *Spec. Inſ. tom.* 2. *p.* 35. *n°.* 368. — *Ent. Syſt. em. tom.* 3. *pars* 1. *p.* 92. *n°.* 286.

Papilio Penelea. CRAM. *pl.* 101. *fig.* 6.

Papilio Peneleus. HERBST, *Pap. tab.* 194. *fig.* 3.

On a placé ce lépidoptère dans la diviſion des NYMPHALES, mais il a bien tous les caractères des SATYRES.

Son envergure eſt de deux pouces & un quart. Le deſſus des quatre ailes eſt d'un brun-obſcur & ſans taches.

Le deſſous des premières eſt à peu près de la couleur du deſſus, avec deux yeux noirs à prunelle blanche & à iris jaune, placés ſur un fond violâtre vis-à-vis du ſommet, entre deux lignes anguleuſes d'un brun-foncé & allant de la côte au bord oppoſé.

Le deſſous des ſecondes ailes eſt cendré vers ſon origine; d'un brun-marron vers le ſommet, avec un eſpace jaunâtre, longitudinal, ſe dirigeant de la baſe au tiers poſtérieur de la ſurface, où le fond devient violâtre, & préſente, en tirant du côté de l'angle anal, quatre yeux comme ceux des ailes ſupérieures, mais dont les deux extrêmes plus petits & manquant quelquefois. Ces yeux ſont ſéparés du bord terminal par deux lignes ondulées, dont l'extérieure jaunâtre, l'intérieure d'un brun-foncé. On en voit une, pareille à cette dernière, près de la baſe.

De la Guyane & du Bréſil.

29. SATYRE Péribas (1).

SATYRUS Peribas.

Sat. alis dentatis, ſuprà fuſcis, ocello unico : ſubtùs griſeis, ſtrigâ flaveſcente punctiſque, anticarum 2 albis, poſticarum 5-6 atris.

Papilio S. Peribæa, *alis dentatis, fuſcis : anticis ocello obſoleto, ſubtùs ſtrigâ flaveſcente, poſticis punctis ocellaribus atris*. FAB. *Ent. Syſt. em. tom.* 3. *pars* 1. *p.* 234. *n°.* 730.

Il eſt à peu près de la taille des deux précédens. Ses ailes ſont dentées, d'un brun-obſcur en deſſus, avec un grand œil noir à iris jaunâtre & à prunelle

(1) Nous avons changé le nom que Fabricius a donné à cette eſpèce, parce qu'il y a une piéride appelée *Peribæa*.

blanche fur les fupérieures, & un petit œil peu prononcé fur les inférieures. Celles-ci ont le bord terminal rayé.

Le deffous des quatre ailes eft gris, avec une ligne jaunâtre, tranfverfale, indépendamment de laquelle il y a fur les premières deux points blancs, très-petits, & fur les fecondes cinq à fix points oculaires d'un noir-foncé.

Il fe trouve à Surinam.

30. Satyre Dénina (1).

Satyrus Denina.

Sat. alis repandis, fuprà fufcis: fubtùs cinereis, fafciâ communi albidâ, mediâ; pofticis ocellis fex ternatis, quarto majori.

Papilio S. Delila, *alis repandis, fufcis: anticis ocello minuto: fubtùs anticis ocellis duobus, pofticis fex, quarto majori.* Fab. *Ent. Syft. em. tom.* 3. *pars* 1. *p.* 234. *n°.* 731.

Il eft de moyenne taille; d'un brun-obfcur en deffus, avec un œil très-petit au fommet des ailes fupérieures.

En deffous le fond des quatre ailes eft cendré, avec une bande blanchâtre, tranfverfe & difcoïdale, indépendamment de laquelle les premières ont deux yeux noirs, dont le poftérieur plus grand, & les fecondes fix, rapprochés trois à trois, petits, à l'exception du quatrième qui eft très-grand. Tous ces yeux ont une prunelle blanche. Les antennes font noirâtres, avec la bafe & le bout de la maffue ferrugineux.

Fabricius le dit de la Guinée. Mais eft-ce bien là qu'il fe trouve?

31. Satyre Quantius.

Satyrus Quantius.

Sat. alis fufcis, fuprà immaculatis: pofticis fubtùs fafciâ mediâ limboque pofteriori violaceo-cinereis, ftrigâ punctorum flavefcentium interpofitâ.

Il n'a guère que deux pouces d'envergure. Ses ailes font entières & d'un brun-obfcur. Leur deffus n'a aucune tache.

Le deffous des ailes inférieures offre deux bandes d'un cendré-violâtre, l'une difcoïdale, tranfverfe & bordée par deux lignes un peu plus obfcures que le fond; l'autre tout-à-fait terminale, dentée à fon côté interne, & féparée de la précédente par une rangée tranfverfe de fix points jaunâtres.

Le deffous des ailes fupérieures a le bord de derrière cendré & précédé de quatre points de la couleur de ceux des ailes inférieures, mais plus petits.

(1) Fabricius a employé deux fois le nom de *Delila*. D'abord pour la *Céthofie* que nous avons donnée fous le n°. 2, enfuite pour l'efpèce dont il eft ici queftion.

Décrit d'après un individu unique, envoyé du Bréfil à M. le chevalier Latreille.

32. Satyre Halyma.

Satyrus Halyma.

Sat. alis dentatis, fuprà fufcis, immaculatis: fubtùs pallidis, fulvo fafciatis; anticis ocellis quinque, pofticis feptem. Fab.

Papilio S. *Halyma.* Fab. *Ent. Syft. em. tom.* 3. *pars* 1. *p.* 243. *n°.* 758.

N'ayant pas vu ce lépidoptère, nous le donnons d'après la defcription que Fabricius en a faite.

Il a le port de l'*Eudora*, c'eft-à-dire, qu'il n'a guère que deux pouces d'envergure. Le deffus de fes ailes eft d'un brun-obfcur & fans taches.

Leur deffous eft blanchâtre, avec une bande difcoïdale, large, plus claire dans fon milieu, & quelques lignes tranfverfes, fauves. Les ailes fupérieures ont en outre cinq yeux, dont le fecond plus gros; & les inférieures fept, dont le troifième & le feptième également plus gros.

Des Indes occidentales.

33. Satyre Hermès.

Satyrus Hermes.

Sat. alis integerrimis, fufcis, fuprà immaculatis: fubtùs ftrigis duabus ferrugineis apiceque grifefcente; pofticis ocellis quinque, 3°., 4°., 5°. bipupillatis.

Papilio N. Hermes? *alis integerrimis, fuprà fufcis, immaculatis: pofticis ocellis fex, tribus cœcis.* Fab. *Syft. Ent. p.* 487. *n°.* 195. — *Spec. Inf. tom.* 2. *p.* 65. *n°.* 292. — *Mant. Inf. tom.* 2. *p.* 32. *n°.* 339. — *Ent. Syft. em. tom.* 3. *pars* 1. *p.* 158. *n°.* 486.

Papilio Hermes? Herbst, *Pap. tab.* 192. *fig.* 4.

Papilio Antonoe. Cram. *pl.* 60. *fig.* E. F.

Il a environ deux pouces & demi d'envergure. Ses quatre ailes font bien entières. Leur deffus eft d'un brun-obfcur & fans taches.

Leur deffous a environ la moitié antérieure du même brun, avec deux raies ferrugineufes, obliques & légèrement finuées. L'autre moitié eft d'un gris un peu violâtre, avec une rangée de trois yeux aux ailes fupérieures; avec une rangée de cinq, dont le fecond & l'anal très-noirs & plus grands, aux inférieures. Ces yeux ont tous un iris jaune & une prunelle blanche, mais la prunelle des trois poftérieurs des fecondes ailes eft double. Il y a en outre le long du bord terminal de chaque aile une double ligne obfcure.

De la Guyane & du Bréfil.

Nota. Fabricius dit que les ailes inférieures ont fix yeux, dont trois fans prunelle. Cependant la figure de Cramer, à laquelle il renvoie, n'en indique que cinq, ce qui est conforme à ce que nous avons vu.

34. Satyre Ocypète.

Satyrus Ocypete.

Sat. alis suprà fuscis, immaculatis : subtùs violaceo-griseis, strigis quinque ferrugineis; posticarum margine dentato ocellis sex bipupillatis, posteriori remotissimo.

Papilio N. Ocypete ? *alis dentatis, suprà fuscis, immaculatis : subtùs glaucis, strigis tribus obscuris; posticis ocellis quinque.* Fab. *Ent. Syst. em. tom.* 3. *pars* 1. *p.* 96. *n°.* 296.

Papilio Helle? Cram. *pl.* 194. *fig.* F. G.

Il a environ deux pouces d'envergure. Ses premières ailes sont très-entières, les secondes assez fortement dentées. Le dessus des unes & des autres est d'un brun-cendré, un peu chatoyant & sans taches.

Le dessous est d'un gris-violet-luisant, avec quatre raies communes d'un ferrugineux-obscur, mais plus particulièrement l'avant-dernière, sur laquelle les ailes supérieures ont deux à trois yeux peu apparens; & les inférieures cinq contigus, dont le second & le cinquième plus gros & ayant, ainsi que les trois autres, un iris jaune & une double prunelle argentée. Les ailes inférieures ont un sixième œil, très-petit & placé à leur bord interne sur la raie précédente. Elles offrent en outre, très-près de leur naissance, une petite raie ferrugineuse qui se prolonge rarement sur les ailes supérieures. A tous les caractères que nous venons d'indiquer, il faut ajouter encore pour le dessous de toutes les ailes une double ligne noirâtre, terminale.

De la Guyane & du Brésil.

N. B. L'*Ocypète* de Fabricius, ou *Helle* de Cramer, ressemble bien au lépidoptère dont il s'agit ici, mais il n'a que cinq yeux; celui du bord interne manque. Ce sixième œil est, il est vrai, fort petit, & par cette raison peu distinct.

35. Satyre Argulus.

Satyrus Argulus.

Sat. alis subintegris, suprà fuscis, immaculatis : subtùs pallidioribus, strigis tribus ferrugineis; posticis ocellis quinque bipupillatis.

Papilio Argante. Cram. *pl.* 204. *fig.* c. d.

Fabricius le rapporte au satyre que nous donnons sous le nom de *Canthéus* (*voyez* n°. 56); mais nous avons cru devoir l'en séparer, par la raison que les yeux des secondes ailes sont bipupillés, & seulement au nombre de cinq.

Il a environ un pouce & demi de largeur. Le dessus des ailes est d'un brun-obscur & sans taches.

Le dessous est d'un brun plus clair que le dessus, avec trois lignes d'un ferrugineux-sombre, entre la seconde & la postérieure desquelles les ailes supérieures ont une rangée de trois à quatre yeux plus ou moins distincts; & les ailes inférieures une rangée de cinq yeux presqu'égaux, noirs, avec un iris jaunâtre & une double prunelle argentée. Sur le bord terminal, qui est sinué aux secondes ailes, on voit, en dessus comme en dessous, une ligne blanchâtre que précède en dehors une ligne noirâtre.

De Surinam.

36 Satyre Myncéa.

Satyrus Myncea.

Sat. alis integris, suprà fuscis : subtùs griseis, strigis quatuor ferrugineis; posticis ocellis quinque bipupillatis, anali suprà conspicuo.

Papilio Myncea. Cram. *pl.* 293. *fig.* C.

Papilio Mynceus. Herbst, *Pap. tab.* 195. *fig.* 3.

On feroit tenté de le prendre pour notre *Ocypète*, sans les différences ci-après : il a environ un demi-pouce de moins; ses ailes inférieures sont entières ou à peine sinuées; leur dessus offre à l'angle anal, du moins dans les individus que nous avons pu voir, un œil noir à double prunelle argentée & à iris jaune; on aperçoit aussi, mais d'une manière moins distincte, un œil au sommet des ailes supérieures.

En dessous, où le fond est gris & sans reflet violâtre, les secondes ailes n'ont pas, comme dans l'*Ocypète*, la petite raie ferrugineuse qui avoisine la base, & le sixième œil placé près du bord interne.

De la Guyane & du Brésil.

37. Satyre Crantor.

Satyrus Crantor.

Sat. alis integerrimis, fuscis : posticis suprà ocello unico bipupillato; subtùs quinque, primo quartoque bipupillatis. Fab.

Papilio N. *Crantor.* Fab. *Ent. Syst. em. tom.* 3. *pars* 1. *p.* 158. *n°.* 489.

Papilio Crantor. Jon. *Fig. pict.* 4. *tab.* 18. *fig.* 1.

Papilio Crantor. Donow. *Of an Epitome of the Nat. Hist. Ins. of India, cah.* 3. *pl.* 5. *fig.* 4.

Fabricius le décrit ainsi : il a le port & la taille du *Minéus*. Ses quatre ailes sont entières, d'un brun-obscur en dessus, sans aucune tache aux supérieures, avec un œil noir à iris jaune & à double prunelle aux inférieures.

En

En dessous, le fond est plus pâle qu'en dessus, avec des raies transverses très-obscures, indépendamment desquelles les ailes de devant ont deux yeux, & celles de derrière cinq, dont le premier & le quatrième, à partir d'en bas, très-noirs & à double prunelle, le troisième & le cinquième sans prunelle.

Du Brésil.

38. SATYRE Celmis.

SATYRUS Celmis.

Sat. alis subintegris, fuscis : subtùs strigis tribus obscurioribus; posticis ocellis quinque, 2°. & 3°. obsoletis, 4°. bipupillato majoreque.

Nous n'avons vu que le mâle de ce satyre.

Il a près de deux pouces d'envergure. Le dessus des ailes est d'un brun-noirâtre, sans taches aux supérieures; avec un œil noir à iris jaune & à prunelle blanche vers l'angle anal des inférieures.

Le dessous est un peu plus clair que le dessus, avec trois lignes transverses très-obscures, entre l'extérieure & l'intermédiaire desquelles les ailes de devant ont un petit œil peu distinct, & les ailes de derrière une rangée de cinq yeux, dont le second & le troisième presqu'effacés, les trois autres noirs, ayant un iris jaune & une prunelle blanche, laquelle est double au quatrième œil qui est le plus grand de tous. Le bord terminal de chaque aile est en outre longé par une double ligne noirâtre, flexueuse, & un tant soit peu sensible en dessus.

Du Brésil.

39. SATYRE Pénélope.

SATYRUS Penelope.

Sat. alis integris, suprà fuscis, ocello unico : subtùs grisescentibus, strigis duabus ferrugineis; anticis angulo ani lutescente, posticis ocellis duobus bipupillatis.

Papilio N. Penelope, *alis subdentatis, fuscis, ocello unico : posticis subtùs duobus.* FAB. *Ent. Syst. em. tom.* 3. *pars* 1. *p.* 96. *n°.* 298.

Papilio Clarissa. CRAM. *pl.* 293. *fig.* D. E.

Papilio Clarissus. HERBST, *Pap. tab.* 195. *fig.* 6. 7.

Cette espèce paroît bien être la même que le *Clarissa* de Cramer.

Elle a environ un pouce & demi d'envergure. Le dessus des ailes est d'un brun-obscur, avec un œil noir à iris fauve & à prunelle argentée au sommet des supérieures; avec un œil semblable, mais un peu plus gros & bipupillé, près de l'angle anal des inférieures.

En dessous, où le fond est d'un gris légèrement violâtre, avec deux raies obliques d'un ferrugineux-obscur, les premières ailes ont vers l'angle postérieur un espace d'un jaune-fauve, & à l'angle du sommet trois taches argentées, entre la première & la seconde desquelles il y a un œil correspondant à celui du dessus, mais bipupillé. Les ailes inférieures ont également trois taches argentées, dont l'antérieure appuyée sur la côte, les deux autres groupées entre deux yeux noirs à iris jaune & à double prunelle argentée. Indépendamment de cela, on voit le long du bord terminal de chaque aile trois lignes noirâtres, dont la plus intérieure inégalement dentée & précédée d'atomes obscurs.

De la Guyane.

40. SATYRE Lydius.

SATYRUS Lydius.

Sat. alis integris, albis : subtùs fasciis quatuor ferrugineis; posticis ocellis tribus, anali majore bipupillatoque.

Papilio Lydia. CRAM. *pl.* 148 *fig.* C. D.

Nous ne connoissons ce satyre que par l'individu que Cramer a figuré, & cet individu paroît être une femelle.

Son envergure est de deux pouces & un quart. Le dessus des premières ailes est d'un brun-obscur, avec à peu près la moitié antérieure du bord interne d'un blanc-sale.

Le dessus des secondes ailes est d'un beau blanc, avec le limbe terminal chargé de deux yeux écartés, derrière lesquels il y a deux lignes noirâtres, flexueuses.

Le dessous des quatre ailes est d'un blanc un peu violâtre, avec quatre bandes ferrugineuses, communes & obliques, dont la postérieure plus large, offrant aux premières ailes deux yeux contigus, & aux secondes trois dont l'antérieur plus petit, l'anal plus gros & bipupillé. Ces yeux sont noirs, avec l'iris jaune, & la prunelle argentée. Il y a en outre trois points argentés entre le second œil & celui de l'angle de l'anus, & le bord postérieur de toutes les ailes est longé par deux lignes noirâtres, dont l'intérieure en feston.

De Surinam.

Nota. Fabricius rapporte son papillon *Lydia* à celui de Cramer, mais il y a bien de la différence entre l'un & l'autre.

41. SATYRE Ocyrrhoé.

SATYRUS Ocyrhoe.

Sat. alis integris, suprà niveis, apice fusco : subtùs fuscis, fasciis tribus albis; posticis ocellis quinque, 3°., 4°., 5°. bipupillatis.

Papilio N. Ocirrhoe, *alis dentatis, suprà albis, apice fuscis : subtùs fuscis, fasciis duabus albis; posticis ocellis quinque.* Fab. *Ent. Syst. em. tom.* 3. *pars* 1. *p.* 96. *n°.* 297.

Papilio Cissia. Cram. *pl.* 148. *fig.* C. D.

Sulz. *Inf. edit.* Roem. *tab.* 17. *fig.* 3. 4.

Seba, *Muf.* 4. *tab.* 38. *fig.* 3. 4.

Il a environ un pouce & demi d'envergure. Le dessus des ailes est d'un beau blanc-satiné, avec toute la côte, & à peu près le tiers postérieur des premières d'un brun-noirâtre; avec une double ligne ondulée de cette couleur sur le bord terminal des secondes.

Le dessous des quatre ailes est d'un brun-obscur, avec trois bandes blanches, communes & obliques, dont l'antérieure moins vive & moins large; plus une rangée d'yeux à iris jaune & à prunelle argentée sur le limbe postérieur, lequel est grisâtre & coupé dans toute sa longueur par deux lignes noirâtres dont l'intérieure flexueuse. Les yeux des ailes supérieures sont au nombre de trois ou de quatre; ceux des ailes inférieures au nombre de cinq, dont le deuxième & le cinquième très-noirs & plus gros; le troisième & le quatrième ayant, ainsi que l'anal, la prunelle double.

La femelle a la côte des premières ailes plus largement bordée de noirâtre, & les secondes ailes ont souvent en dessus un petit œil qui correspond à l'anal de la surface opposée.

De la Guyane & du Brésil.

Nota. Cramer dit que les mâles sont tout blancs en dessus. Cela peut être vrai à l'égard de quelques individus; mais en général ils ont du brun aux endroits que nous avons indiqués. Ils en ont même parfois, ainsi que certaines femelles, avant la double ligne marginale du dessus des secondes ailes.

42. Satyre Brixius.

Satyrus Brixius.

Sat. alis integris, teneris, cærulescentibus, strigis utrinquè sex fuscis: posticarum quartâ subtùs ocellis quinque bibupillatis.

Il n'a guère qu'un pouce & demi d'envergure. Le dessus de ses ailes est d'un bleu-cendré, avec six raies transverses, & une double ligne terminale, d'un brun-noirâtre.

En dessous, on retrouve le dessin du dessus, mais le fond est plus clair, & la quatrième raie des ailes inférieures offre cinq yeux dont le premier, le second & le dernier à iris blanchâtre, les deux autres sans iris. Tous ces yeux sont noirs avec une double prunelle argentée.

Décrit d'après un individu unique, envoyé du Brésil par M. le chevalier de Langsdorff.

43. Satyre Pæon.

Satyrus Pæon.

Sat. alis omnibus dentatis, suprà fuscis: posticis subtùs basi apiceque flavescentibus, tunc fuscis; ocellis quatuor bipupillatis per paria dissita approximatis.

Nous décrivons ce satyre d'après un individu unique.

Il a approchant un pouce & demi d'envergure. Ses quatre ailes sont dentées, surtout les inférieures. Leur dessus est d'un brun légèrement obscur avec une double ligne noirâtre, ondulée & terminale.

Le dessous des premières ailes est un peu plus pâle que le dessus, avec quatre lignes noirâtres, transverses, dont deux sur le milieu, & deux le long du bord postérieur. Il y a en outre un point blanc, oculaire, vis-à-vis du sommet.

Le dessous des secondes ailes a environ la moitié antérieure & l'angle externe jaunâtres & piqués de noirâtre; le reste de la surface d'un brun très-obscur, avec quatre yeux noirs à double prunelle blanche & à iris nébuleux. Ces yeux sont rapprochés deux à deux, les uns du bord d'en haut, les autres du bord interne. A la double ligne marginale du dessus répond une ligne semblable, & la moitié jaunâtre, qui a le côté postérieur très-sinué, offre dans son milieu une raie noirâtre, transverse & atteignant les deux bords.

Du Brésil.

44. Satyre Grimon.

Satyrus Grimon.

Sat. alis subintegris, fuscis: subtùs strigis tribus obscurioribus undatis; posticis ocelli duobus alteroque bipupillatis, maculis flavidis duabus interpositis.

Il a environ un pouce & demi d'envergure. Ses ailes, dont le bord terminal est entier ou à peine dentelé, sont d'un brun foiblement obscur de part & d'autre. Leur dessus est sans taches.

Leur dessous offre trois lignes plus obscures, transverses & ondulées, entre l'intermédiaire & l'extérieure desquelles les secondes ailes ont une rangée de cinq taches, dont l'antérieure, la suivante & la postérieure oculaires, noires, avec une double prunelle blanche & un iris d'un jaune-roussâtre; la troisième & la quatrième jaunâtres & un tant soit peu réniformes. Les premières ailes ont aussi deux taches jaunâtres, semblables, & surmontées d'un œil bipupillé. Il y a en outre, le long du bord postérieur des quatre ailes, une double ligne noirâtre, dont l'empreinte se fait sentir en dessus.

Décrit d'après un seul individu, envoyé du Brésil par M. le chevalier de Langsdorff.

45. Satyre Mœpius.

Satyrus Mœpius.

Sat. alis integris, fuscis : subtùs strigis tribus ferrugineis dimidioque apicali grisescente ; posticis ocellis quinque bipupillatis, 2°., 4°., 5°. suprà conspicuis.

Il a environ un pouce & demi de largeur. Le dessus des ailes est d'un brun-obscur.

Leur dessous est, à une légère nuance près, du même brun depuis la base jusqu'au milieu, avec deux lignes ferrugineuses & transversales; ensuite grisâtre jusqu'au bout, avec une rangée de quatre yeux aux ailes supérieures, & une rangée de cinq, dont le second, le quatrième & l'anal visibles en dessus, aux ailes inférieures. Ces yeux, que précèdent en dehors une ligne ferrugineuse & une double ligne noirâtre, ondulées, sont très-noirs, avec un iris jaunâtre & une double prunelle argentée. Parmi ceux des ailes supérieures, il en est deux, le premier & le dernier, dont l'empreinte se distingue en dessus.

De la Guyane.

46. Satyre Pagyris.

Satyrus Pagyris.

Sat. alis suprà fuscis : subtùs strigis duabus ferrugineis undatis ; posticis basi grisescentibus, tunc flavescentibus, maculis argenteis nigrâque bipunctatâ.

Nous décrivons ce satyre d'après le seul individu qu'il nous a été possible d'obtenir.

Sa largeur est d'environ un pouce & demi. Le dessus des ses ailes est d'un brun foiblement obscur. Les supérieures sont entières & sans taches. Les inférieures sont dentées, blanchâtres vers l'angle de l'anus, avec une suite de trois points noirs, dont l'intermédiaire plus gros.

Le dessous des premières ailes est de la couleur du dessus, avec deux lignes ferrugineuses, transverses & ondulées, indépendamment desquelles il y a, le long du bord postérieur, une série de neuf à dix points argentés, peu brillans.

Le dessous des secondes ailes est grisâtre vers la base, avec deux lignes ferrugineuses faisant suite à celles des ailes de devant; puis jaunâtre jusque vers le bout, avec sept taches argentées, dont cinq, à peu près orbiculaires, rangées parallèlement au bord terminal; les deux autres, & surtout celle qui avoisine le bord interne, alongées & atteignant la seconde ligne ferrugineuse. Entre la quatrième & la cinquième taches orbiculaires, on en voit une noire, qui est grande, ovale, disposée transversalement, & chargée de deux gros points argentés. Sur le bord postérieur, dont le fond est du même gris que la base, il y a une double ligne noirâtre, flexueuse.

Du Brésil.

47. Satyre Pharès.

Satyrus Phares.

Sat. alis integris, suprà fuscis : subtùs anticis flavescentibus, posticis grisescentibus, strigis tribus ferrugineis : posticarum utrâque paginâ ocellis sex, 3°. didymo.

Il a environ un pouce & demi d'envergure. Le dessus des ailes est d'un brun-noirâtre, sans taches aux supérieures; avec six yeux, dont le second & le quatrième plus gros, le troisième double, aux inférieures. Ces yeux sont noirs, avec une double prunelle argentée & un iris jaune.

Le dessous des premières ailes est d'un jaune-roussâtre, avec le sommet d'un gris-rougeâtre & marqué d'un ou de deux petits yeux.

Le dessous des secondes ailes est gris, aspergé de brun, avec les mêmes yeux que du côté opposé. Il y a en outre à chaque aile trois lignes d'un ferrugineux-obscur & légèrement ondulées, savoir : deux vers la base, la troisième vers le bord postérieur, lequel est longé par une ligne noirâtre en feston.

Du Brésil.

Nota. Dans le nombre des individus que nous avons observés, il s'est trouvé une variété dont le dessus des secondes ailes n'offroit distinctement que les deux yeux qui avoisinent l'angle de l'anus.

48. Satyre Tolumnia.

Satyrus Tolumnia.

Sat. alis subintegris, teneris, fusco-cœrulescentibus : subtùs strigis quatuor ferrugineis ; posticis ocellis quinque, 4°. elongato, cœteris bipupillatis.

Papilio N. Tolumnia, *alis dentatis, atris : posticis subtùs strigis ferrugineis cœruleisque, ocellis quinque, postico majori* Fab. *Spec. Ins. tom.* 2. *p.* 85. *n°.* 374. — *Mant. Ins. tom.* 2. *p.* 46. *n°.* 451. — *Ent. Syst. em. tom.* 3. *pars* 1. *p.* 107. *n°.* 330. (Le mâle.)

Papilio Tolumnia. Cram. *pl.* 130. *fig.* F. G. (Le mâle.)

Papilio Chloris Cram. *pl.* 293. *fig.* A. B. (La femelle.)

Papilio Tolumnia. Herbst, *Pap. tab.* 185. *fig.* 5. 6.

Papilio Chloris. Herbst, *Pap. tab.* 195. *fig.* 1. 2.

Il a environ deux pouces d'envergure. Le dessus du mâle est d'un brun-noirâtre, & glacé de bleu vers l'angle anal des secondes ailes.

Le dessus de la femelle est d'un brun entièrement glacé de bleu.

Le dessous des deux sexes est d'un violet pâle & luisant, avec quatre raies obliques d'un ferrugineux-obscur, sur la troisième desquelles les ailes de devant ont un petit œil plus ou moins distinct, & celles de derrière une rangée de cinq yeux, dont le quatrième, à partir d'en haut, oblong, argenté, bordé de fauve; le troisième brun, bordé comme celui que nous venons de citer, mais arrondi & bipupillé; les autres pareillement arrondis, noirs, avec un iris d'un jaune-paille & une double prunelle argentée. Le cinquième œil est très-grand, le second moyen, l'antérieur petit. Derrière les yeux, chaque aile a une double ligne noirâtre, terminale. Tous ces caractères s'aperçoivent en dessus, en raison de la ténuité des ailes.

Il habite la Guyane, le Brésil, l'île Saint-Thomas, &c. C'est par erreur que Fabricius dit que son *Tolumnia* est des Indes orientales. D'ailleurs, la description qu'il en donne prouve qu'il l'a décrit d'après la figure de Cramer.

49. Satyre Aranéa.

Satyrus Aranea.

Sat. alis anticis suprà fuscis, posticis nitidè-cyaneis: omnibus subtùs strigis tribus ferrugineis; posticis ocellis quinque 2°. & 4°. *majoribus.*

Papilio N. Aranea, *alis subdentatis, fuscis: posticis cœrulescentibus, subtùs ocellis quinque.* Fab. *Ent. Syst. em. tom.* 3. *pars* 1. *p.* 97. *n°.* 299.

Papilio Ebusa. Cram. *pl.* 292. *fig.* F. G.

La description que Fabricius donne de son papillon *Aranea* convient parfaitement à l'*Ebusa* de Cramer. Aussi ne balançons-nous pas à regarder l'un comme étant l'identique de l'autre.

Son envergure est d'environ un pouce & demi. Le dessus des premières ailes est d'un brun-noirâtre, un peu chatoyant.

Le dessus des secondes est d'un bleu-luisant, avec le bord antérieur largement brun.

Le dessous des quatre ailes est d'un brun légèrement glacé de bleu, avec trois raies communes d'un ferrugineux-obscur. La raie postérieure est précédée aux premières ailes de trois yeux, dont le supérieur bipupillé; & aux secondes de cinq, dont le deuxième & l'anal plus gros, noirs, ainsi que le premier, les deux intermédiaires bruns. Ces yeux ont un iris jaune & une prunelle blanche. Le bord postérieur de toutes les ailes est en outre longé par une ligne jaunâtre, bordée de noir.

Nous n'avons pas vu la femelle.

De la Guyane & du Brésil.

50. Satyre Léa.

Satyrus Lea.

Sat. alis subintegris, suprà cyaneis: subtùs violaceo-fuscis, strigis tribus, ferrugineis; posticis ocellis sex, 5°. *majore.*

Papilio Lea. Cram. *pl.* 151. *fig.* C. D.

Papilio Junia. Cram. *pl.* 292. *fig.* D. E.

Fabricius y rapporte, avec doute il est vrai, son papillon *Aranea.*

Il a environ deux pouces d'envergure. Le dessus des ailes est d'un bleu-luisant, tantôt sans taches, tantôt avec le sommet des supérieures noirâtre.

Le dessous est d'un brun glacé de violet, avec trois raies communes d'un ferrugineux-obscur, savoir: deux disposées obliquement entre la base & le milieu, l'autre parallèle au bord terminal, lequel est un peu sinué aux ailes inférieures. Ces ailes ont, dans l'espace qui sépare la raie postérieure de la précédente, six yeux dont le pénultième plus gros, noir, ainsi que les autres, & ayant comme eux une simple prunelle argentée & un iris jaunâtre. Les ailes supérieures offrent trois yeux, mais dont l'antérieur beaucoup plus distinct. Il y a en outre sur chaque aile une double ligne noirâtre, terminale.

De Surinam.

Nota. Nous avons réuni sous la même dénomination le *Lea* & le *Junia* de Cramer, parce que la seule différence qu'il y ait entr'eux, c'est que le second est tout bleu en dessus, tandis que le premier a le sommet des ailes supérieures noirâtre. L'un est probablement le mâle, & l'autre la femelle.

51. Satyre Cluéria.

Satyrus Clueria.

Sat. alis teneris, cinerascenti-violaceis: posticis dentatis, utrinquè ocellis quinis, subtùs lineis tribus fasciàque brunneis, anticarum à costâ deductis.

Papilio S. Clueria, *alis dentatis, fuscis: posticis fasciâ cœruleâ ocellis quinque atris, subtùs fasciâ fuscâ ocellis quinque.* Fab. *Ent. Syst. em. tom.* 3. *pars* 1. *p.* 229. *n°.* 716.

Papilio Clueria. Jon. *Fig. pict.* 4. *tab.* 9. *fig.* 2.

Papilio N. Ph. *Cluena.* Drury, *Inf. tom.* 3. *pl.* 7. *fig.* 5. 6.

Il a environ deux pouces d'envergure. Ses ailes sont minces, d'un violet cendré en dessus, sans aucune tache aux supérieures; avec cinq yeux adhérens, noirs, à prunelle & à iris lilas aux inférieures. Ces dernières ailes ont le bord terminal denté & coupé dans toute sa longueur par une ligne violâtre en feston.

Le dessous des quatre ailes est lilas, avec trois lignes brunes, dont la postérieure flexueuse, & séparée des autres par une bande brune, sur laquelle les ailes de devant ont deux ou trois yeux, celles de derrière cinq comme en dessus, mais plus petits, non adhérens, & ayant l'iris jaune, même le troisième & le quatrième qui sont bruns au lieu d'être noirs. Sur le bord postérieur, qui est brun, il

jaune ligne lilas, correſpondant à celle de deſſus. Les antennes ſont rouſſes, avec la maſſue noire. Du Bréſil.

52. Satyre Cornélius.

Satyrus Cornelius.

Sat. alis integerrimis, obſcurè cinereis : poſticis ocellis quatuor approximatis. Fab.

Papilio S. *Cornelius.* Fab. *Ent. Syſt. em. tom.* 3. *pars* 1. *p.* 220. *n°.* 689.

Papilio Cornelius. Jon. *Fig. pict.* 6. *tab.* 49. *fig.* 2.

Il eſt de moyenne taille. Le deſſus des ailes eſt d'un cendré-obſcur, ſans taches aux ſupérieures; avec quatre yeux bruns, contigus & marginaux, aux inférieures.

Le deſſous eſt un peu plus pâle que le deſſus, avec des ondes brunes. Aux yeux des ailes inférieures correſpondent quatre yeux très-noirs à prunelle argentée.

Il habite.....

(*Traduction de Fabricius.*)

53. Satyre Doritis (1).

Satyrus Doritis.

Sat. alis ſubintegris, ſuprà fuſcis : ſubtùs cœruleſcentibus, ſtrigis quinque fuſcis; poſticarum tertiâ ocellis quatuor per paria diſſita geminatis.

Papilio N. Doris, *alis dentatis, fuſcis : ſubtùs cœruleis, nigro faſciatis, ocellis trium parium.* Fab. *Ent. Syſt. em. tom.* 3. *pars* 1. *p.* 101. *n°.* 314.

Papilio Doris. Cram. *pl.* 8. *fig.* B. C.

Il a environ un pouce & demi de largeur. Le deſſus des ailes eſt d'un brun-obſcur, ſans taches aux ſupérieures, avec une ligne blanche, ondulée & terminale, aux inférieures.

En deſſous, le fond des ailes eſt d'un brun-violet, pâle, avec cinq raies tranſverſes, & une double ligne marginale, d'un brun-noirâtre. Sur la troiſième raie, les ailes ſupérieures ont, près du bord d'en haut, deux yeux à prunelle blanche & à iris fauve; & les ailes inférieures quatre yeux ſemblables, dont deux groupés contre la côte, les deux autres contre le bord interne.

De la Guyane & du Bréſil.

54. Satyre Doxès.

Satyrus Doxes.

Sat. alis cœruleſcenti-fuſcis : ſubtùs ſtrigis duabus ferrugineis; poſticis ocellis quinque ovatis & intùs argenteo pulverulentis.

Il a un peu plus d'un pouce & demi d'envergure. Ses ailes ſont d'un brun-bleuâtre de part & d'autre. Le deſſus des ſupérieures eſt ſans taches. Le deſſus des inférieures a, vers l'angle de l'anus, un gros point noirâtre, & le long du bord terminal, qui eſt plus ou moins denté, une double ligne ſinuée, également noirâtre.

En deſſous, chaque aile offre une ligne marginale ſemblable, & l'on y voit trois lignes ferrugineuſes, ondulées & tranſverſes, dont la poſtérieure ſéparée des autres, mais ſeulement aux ſecondes ailes, par une rangée de cinq yeux ovales, dont le ſecond, le troiſième & le quatrième plus gros. Ces yeux, qu'entoure un iris d'un jaune-rouſſâtre, ſont noirs du côté du bord poſtérieur de l'aile, bruns & couverts d'une pouſſière argentée du côté de la baſe. Le corps eſt de la couleur des ailes. Les antennes ſont annelées de brun & de blanchâtre, & elles ont la maſſue rouſſe, avec la ſommité noire.

Il eſt des individus qui ont un œil de plus près de la côte des ſecondes ailes, mais il eſt plus petit & moins apparent que tous les autres.

Du Bréſil.

55. Satyre Canthus.

Satyrus Canthus.

Sat. alis integerrimis, fuſcis : ſubtùs primoribus ocellis quatuor, poſticis ſenis. Linn.

Papilio D. F. *Canthus.* Linn. *Syſt. Nat.* 2. *p.* 768. *n°.* 129.

Papilio Euridice. Linn. *Amœn. Acad. tom.* 6. *p.* 406. *n°.* 65.

Fabricius a réuni ce lépidoptère au ſuivant; mais il nous paroît former une eſpèce différente, à en juger du moins par la deſcription que voici.

Il reſſemble à l'*Hyperanthus*. Ses ailes ſont très-entières, d'un brun-obſcur en deſſus, avec de foibles veſtiges d'yeux aux inférieures.

Le deſſous des ailes ſupérieures a, vers le bord terminal, quatre yeux noirs à prunelle blanche.

Le deſſous des inférieures a cinq yeux contigus, & un ſixième ſéparé des autres.

Des environs de Philadelphie.

(*Traduction de Linnœus,* Amœn. Acad.)

Nota. Nous n'avons pas voulu éloigner ce ſatyre de celui auquel Fabricius l'a réuni. Mais, s'il n'a que les caractères que nous venons de citer, ſa place eſt à côté de l'*Hyperanthus* qui n'a que des yeux aux ailes.

56. Satyre Canthéus.

Satyrus Cantheus.

Sat. alis integris, ſuprà fuſcis, immaculatis : poſticis ſubtùs ocellis ſex. Fab.

(1) Nous avons changé le nom de Fabricius, parce qu'il y a une héliconie qui porte le nom de *Doris*.

Papilio N. *Canthus*. Fab. *Syst. Ent. p.* 486. *n°.* 191. — *Spec. Inf. tom.* 2. *p.* 31. *n°.* 333. — *Ent. Syst. em. tom.* 3. *pars* 1. *p.* 157. *n°.* 488.

Sa taille est à peu près la même que celle du précédent.

Le dessus des ailes est d'un brun-noirâtre & sans taches.

Le dessous est un peu plus clair que le dessus, avec deux lignes ferrugineuses, obliques & communes. Les ailes supérieures ont trois petits yeux peu prononcés. Les inférieures ont le bord terminal rayé, avec six yeux, dont le cinquième très-grand, le sixième très-petit & placé à l'angle de l'anus.

De l'Amérique septentrionale.

(*Traduction de Fabricius.*)

57. Satyre Eurythris.

Satyrus Eurythris.

Sat. alis integerrimis, fuscis, suprà ocellis duobus bipupillatis remotisque: subtùs strigis duabus ferrugineis; posticis ocellis quatuor geminatis punctisque totidem interjectis.

Papilio F. Eurytus, *alis integerrimis, fuscis: anticis ocellis utrinquè duobus; posticis suprà unico, subtùs quatuor: omnibus pupillâ geminâ.* Fab. *Syst. Ent. p.* 487. *n°.* 194. — *Spec. Inf. tom.* 2. *p.* 65. *n°.* 291. — *Mant. Inf. tom.* 2. *p.* 32. *n°.* 337.

Papilio N. *Eurytris.* Fab. *Ent. Syst. em. tom.* 3. *pars* 1. *p.* 157. *n°.* 485.

Papilio Eurytris. Herbst, *Pap. tab.* 196. *fig.* 7. 8.

Papilio Cymela. Cram. *pl.* 132. *fig.* C. D.

Il a un peu plus d'un pouce & demi d'envergure. Ses quatre ailes sont entières, d'un brun foiblement obscur en dessus, surtout à leur extrémité où l'on voit deux yeux très-noirs à iris jaunâtre & à double prunelle argentée. Ces yeux sont très-éloignés l'un de l'autre, & séparés du bord terminal par une triple ligne noirâtre.

En dessous, le fond est encore plus pâle qu'en dessus, avec deux lignes brunes, transverses, ondulées, & placées vers le milieu de la surface. Aux yeux des premières ailes correspondent deux yeux semblables, mais entre lesquels il y a deux doubles points argentés. Les secondes ailes ont quatre yeux, savoir: deux, dont l'antérieur plus petit, près de la côte, & deux, dont le postérieur aussi plus petit, près de l'angle de l'anus; sans compter deux doubles points argentés, intermédiaires, & entourés quelquefois d'un iris jaunâtre. Après les yeux viennent trois lignes noirâtres, terminales. Le corps est de la couleur des ailes. Les antennes sont annelées de blanc & de noir, & leur massue est ferrugineuse.

Il se trouve dans l'Amérique septentrionale & à la Jamaïque. C'est donc d'après des renseignemens inexacts que Fabricius le dit du Cap de Bonne-Espérance.

Nota. Dans certains individus, le plus petit des deux yeux de l'angle anal des ailes inférieures paroît en dessus; ce qui fait de ce côté trois yeux, au lieu de deux.

58. Satyre Aréolé (1).

Satyrus Areolatus.

Sat. alis integerrimis, nigro-fuscis, suprà immaculatis: subtùs strigis duabus circuloque ferrugineis, posticis ocellis sex, 3°., 4°., 5°. *valdè elongatis.*

Papilio S. Areolatus, *alis integerrimis, suprà fuscis, immaculatis: subtùs strigâ communi margineque circulisque testaceis; primoribus ocellis quatuor, posticis sex, intermediis elongatis.* Smith-Abbot, *The Nat. Hist. of the rarer Lepid. Inf. of Georgia, vol.* 1. *p.* 25. *tab.* 13.

Il a entre un pouce & demi & deux pouces d'envergure. Ses quatre ailes sont bien entières & d'un brun-noirâtre. Leur dessus est sans taches.

Leur dessous est un peu plus clair que le dessus, avec deux lignes ferrugineuses & transversales, dont l'une vers la base, l'autre le long du bord postérieur. Entre ces lignes, il y a un cercle alongé, également ferrugineux, dans lequel les premières ailes ont trois à quatre yeux, ronds, noirs, avec la prunelle bleuâtre, l'iris jaune. Ce cercle renferme aux secondes ailes six yeux, dont le troisième, le quatrième & le cinquième très-oblongs & ayant la prunelle ovale, les autres arrondis comme ceux des ailes de devant.

La chenille, selon Abbot, est d'un vert-foncé, avec des raies longitudinales plus claires. Elle vit sur le *barbon penché* (*andropogon nutans*).

La chrysalide est verdâtre, & suspendue par la queue. Le papillon éclôt en juin. On le trouve communément en Georgie, le long des ruisseaux.

59. Satyre Phocion.

Satyrus Phocion.

Sat. alis integerrimis, suprà fuscis, immaculatis: posticis subtùs strigis flavis ocellisque tribus oblongis. Fab.

Papilio S. *Phocion.* Fab. *Ent. Syst. em. tom.* 3. *pars* 1. *p.* 218. *n°.* 683.

Fabricius le décrit ainsi: il est petit. Le dessus

(1) Abbot a appelé ce satyre *Areolatus*, pour indiquer qu'il a sous chaque aile une aire ou surface ovale, renfermant des yeux. Nous ne pouvions donc traduire ce nom que par le mot *aréolé*, mot que les botanistes emploient à peu près dans le même sens.

de ses quatre ailes & le dessous des supérieures sont d'un brun-obscur, & sans taches.

Le dessous des inférieures est également d'un brun-obscur, & l'on y voit quatre lignes jaunes, transversales, dont la seconde & la troisième se réunissant par leurs extrémités & embrassant trois yeux très-alongés, noirs, avec un iris jaune & une prunelle formée de plusieurs points argentés.

La patrie de ce satyre n'est pas indiquée; mais l'analogie nous fait soupçonner qu'il habite l'Amérique.

60. Satyre Herséis.

Satyrus Herseis.

Sat. alis integris, teneris, cœrulescentibus: posticis subtùs strigis tribus ferrugineis, angulatis, ocellisque quinque, 3°. & 4°. elongatis.

Papilio Herse. Cram. *pl.* 10. *fig.* C. D.

Son envergure est approchant de deux pouces. Ses ailes sont très-minces. Leur dessus est d'un brun glacé de bleuâtre.

Leur dessous est à peu près de la couleur du dessus, avec trois raies d'un ferrugineux-obscur, obliques aux ailes supérieures; anguleuses, surtout l'intermédiaire & la suivante, aux ailes inférieures. Sur la raie postérieure, les ailes de devant ont un petit œil faisant face au sommet; & celles de derrière une rangée de cinq yeux, dont le troisième & le quatrième, à partir d'en haut, oblongs, argentés & bordés de jaune. Les autres yeux sont ronds, noirs, avec un iris jaune & une prunelle argentée, laquelle est double à l'œil le plus voisin de l'angle anal. Il y a en outre, tout le long du bord postérieur de chaque aile, deux lignes noirâtres, parallèles, dont l'empreinte, ainsi que celle des raies ferrugineuses & des yeux, s'aperçoit en dessus.

De la Guyane & du Brésil.

Décrit d'après Cramer.

61. Satyre Pacarus.

Satyrus Pacarus.

Sat. alis integris, nigricanti-fuscis, suprà immaculatis: subtùs anticis strigis duabus obscurioribus undatis, posticis tribus ocellisque quinque atomis pupillaribus argenteis.

Il a environ deux pouces d'envergure. Ses ailes sont entières, & d'un brun-noirâtre de part & d'autre. Leur dessus est sans taches.

Leur dessous offre, vers l'extrémité, deux lignes plus obscures que le fond. Les secondes ailes ont une troisième ligne semblable, placée transversalement vers le milieu, & séparée des autres par une rangée de cinq yeux ronds, très-noirs, ayant une prunelle formée par des atomes argentés, & un iris brunâtre qu'entoure un cercle plus foncé. Les premières ailes n'ont pas d'yeux.

Décrit sur un individu unique, pris au Brésil.

62. Satyre Périphas.

Satyrus Periphas.

Sat. alis integerrimis, fuscis, suprà ocello unico: subtùs strigâ ferrugineâ; posticis ocellis tribus punctisque quatuor interjectis.

Il diffère de l'*Eurythris*, en ce qu'il est plus petit; en ce que le dessus des quatre ailes & le dessous des supérieures n'offrent qu'un seul œil; en ce que le dessous des inférieures n'a que trois yeux, savoir: un près de la côte, & deux, dont le postérieur plus petit, près de l'angle de l'anus; enfin, en ce qu'il n'y a qu'une ligne brune, au lieu de deux, sur le milieu de la surface inférieure de chaque aile.

Décrit d'après un individu unique, pris au Brésil.

63. Satyre Sosybius.

Satyrus Sosybius.

Sat. alis integerrimis, fuscis, suprà immaculatis: subtùs strigis tribus liturâque centrali obscurioribus; posticis ocellis sex, 3°. & 4°. obsoletis.

Papilio S. Sosybius, alis integerrimis, suprà fuscis, immaculatis: subtùs anticis ocellis quinque; posticis sex, intermediis cæcis. Fab., *Ent. Syst. em. tom.* 3. *pars* 1. *p.* 219. *n°.* 684.

Papilio Sosybius. Jon. *Fig. pict.* 6. *tab.* 52. *fig.* 2.

Papilio Camerta. Cram. *pl.* 293. *fig.* F.

Papilio Camertus. Herbst, *Pap. tab.* 195. *fig.* 8.

La description que Fabricius donne de ce satyre ne permet pas de douter que ce ne soit le même que le *Camerta* de Cramer.

Il est petit. Ses ailes sont entières & d'un brun-obscur. Leur dessus n'a pas de taches.

Leur dessous, qui est un peu plus clair que le dessus, offre trois lignes très-obscures, transverses & ondulées. Entre la ligne antérieure & la seconde, il y a une liture discoïdale, également très-obscure; &, entre la seconde & la troisième lignes, une rangée de quatre à cinq yeux aux ailes supérieures, & une rangée de six aux inférieures. Les yeux des ailes de devant sont plus ou moins distincts. Ceux des ailes de derrière sont noirs, avec une simple prunelle blanche & un iris jaunâtre; mais le premier, le second & le troisième sont parfois moins prononcés, & même presque nuls. Ce qui a fait dire à Fabricius qu'ils étoient sans prunelle. Indépendamment des trois lignes dont nous venons de parler, il en exifte une noirâtre, qui eft double & tout-à-fait terminale.

La femelle reffemble au mâle.

De la Guyane & du Bréfil.

64. SATYRE Galéfus.

SATYRUS Galefus.

Sat. alis integris, fufcis, fuprà immaculatis: fubtùs ftrigis tribus obfcurioribus; anticis punctis nullis, pofticis quinque nigricantibus.

Il a environ un pouce & demi de largeur. Ses quatre ailes font entières & d'un brun foiblement obfcur. Leur deffus eft fans taches.

Leur deffous offre trois lignes plus obfcures, dont l'intermédiaire éclairée de gris-violâtre en dehors, la poftérieure très-fine & en fefton. Cette dernière ligne eft féparée de la précédente, mais feulement aux fecondes ailes, par une rangée de cinq points noirâtres. Les premières ailes n'ont aucun point, du moins dans l'individu d'après lequel nous donnons cette defcription.

Du Bréfil.

65. SATYRE Phronius.

SATYRUS Phronius.

Sat. alis integris, fuprà fufcis, limbo faturatiore: fubtùs flavidis, undis ftrigifque tribus fufcis; anticis puncto, pofticis quatuor, albis.

Il a environ un pouce & demi de largeur. Le deffus de fes ailes eft d'un brun-noirâtre, avec le limbe poftérieur plus foncé.

Le deffous eft jaunâtre, avec une multitude d'ondes, & trois lignes tranfverfes, d'un brun-obfcur. La ligne poftérieure eft flexueufe, précédée aux premières ailes d'un feul point blanc, & aux fecondes de quatre, dont les deux extrêmes cerclés de noir.

Décrit d'après un individu fans corps & fans antennes, envoyé du Bréfil.

66. SATYRE Mélufine.

SATYRUS Melufina.

Sat. alis fuprà fufcis, difco pallidiore: fubtùs albidis; anticis ocellis duobus diffitis, pofticis feptem approximatis, 4°. & 5°. majoribus.

Papilio N. Melufina, *alis dentatis, fufcis, difco albo: fubtùs albidis, anticis ocellis duobus, pofticis feptem.* FAB. *Mant. Inf. tom.* 2. *p.* 43. *n°.* 430.

Papilio S. *Melufina.* FAB. *Ent. Syft. em. tom.* 3 *pars* 1. *p.* 240. *n°.* 750.

Papilio S. Miriam, *alis dentatis, fufcis: fubtùs cinereis, anticis ocellis duobus, pofticis feptem.* FAB. *Ent. Syft. em. tom.* 3. *pars* 1. *p.* 242. *n°.* 754.

Papilio Miriam. JON. *Fig. pict.* 6. *tab.* 32. *fig.* 2.

Papilio Miriam. HERBST, *Pap. tab.* 204 *fig.* 3. 4.

Papilio Dorothea. CRAM. *pl.* 204. *fig.* E. F.

Il fuffit de rapprocher la defcription du papillon *Melufina* de Fabricius, de celle de fon papillon *Miriam*, pour être convaincu fur-le-champ qu'ils ne forment qu'une feule & même efpèce.

Elle a environ un pouce & demi d'envergure. Le deffus des ailes eft d'un brun-obfcur, avec le milieu des fupérieures & la bafe des inférieures beaucoup plus pâles. Les ailes fupérieures font entières, les inférieures font légèrement dentées.

Le deffous des unes & des autres eft d'un blanc-fale, avec tout le pourtour extérieur largement couvert d'atomes obfcurs, & une ligne en zig-zag de cette couleur fur le milieu de la furface. Entre cette ligne & le bord terminal, les ailes de devant ont deux yeux très-écartés, dont le poftérieur plus grand. Les ailes de derrière en ont fept contigus, dont le quatrième & le cinquième auffi plus grands. Ces yeux font noirs, avec la prunelle blanche & l'iris jaune; & le bord qu'ils avoifinent eft divifé dans toute fa longueur par une double ligne noirâtre, flexueufe. Le corps eft brun en deffus, grifâtre en deffous. Les antennes font obfcures, avec la maffue ferrugineufe.

Ce fatyre n'eft ni des Indes, ni de Sierra-Leone, comme le difent Fabricius & Cramer; mais de l'île King (mer du Sud), d'où il a été rapporté par MM. Péron & le Sueur.

Nota. Le deffus des fecondes ailes eft garni près de la bafe d'un faifceau de poils grifâtres, divergens.

67. SATYRE Byfès.

SATYRUS Byfes.

Sat. alis integris, teneris, fuprà cœrulefcenti-fufcis: fubtùs cœrulefcentibus, fufco undatis; pofticis ocellis duobus punctifque totidem albis interjectis.

Il a environ un pouce & demi d'envergure. Ses ailes font entières, minces. Leur deffus eft d'un brun-violâtre, fans aucune tache.

Leur deffous eft lilas, finement ondé de brun, avec une rangée tranfverfe de trois à quatre petits points blancs vis-à-vis du fommet des ailes fupérieures; avec deux yeux noirs à prunelle blanche & à iris d'un jaune-paille près du bord terminal des inférieures. Ces yeux font très-éloignés l'un de l'autre, & il y a entr'eux deux points blancs ou jaunâtres. Le corps eft brun en deffus, plus clair

clair en dessous. Les antennes sont annelées de brun & de blanc, & leur massue est roussâtre, avec l'extrémité noire. Les pattes sont jaunâtres. Du Brésil.

68. Satyre Polixenès.

Satyrus Polixenes.

Sat. alis integris, fuscis : posticis subtùs fusco griseoque nebulosis. Fab.

Papilio N. *Polixenes.* Fab. *Ent. Syst. em. tom.* 3. *pars* 1. *p.* 152. *n°.* 466.

Le corps est velu, noir. Le dessus des quatre ailes & le dessous des supérieures sont d'un brun-obscur, sans taches.

Le dessous des inférieures est piqué de gris & de brun, avec une bande plus obscure sur le milieu.

De l'Amérique méridionale.

(*Décrit d'après Fabricius.*)

69. Satyre Echo.

Satyrus Echo.

Sat. alis dentatis, fuscis : anticis utrinquè areâ apicis ferrugineâ : singulis subtùs strigâ posticâ punctorum alborum.

Papilio N. Echo, *alis dentatis, fuscis : omnibus subtùs strigâ punctorum alborum.* Fab. *Spec. Inf. tom.* 2. *p.* 91. *n°.* 399. — *Mant. Inf. tom.* 2. *p.* 49. *n°.* 484. — *Ent. Syst. em. tom.* 3. *pars* 1. *p.* 180. *n°.* 368.

Papilio Echo. Cram. *pl.* 57. *fig.* C. D.

Il a près de trois pouces d'envergure. Ses ailes sont d'un brun-obscur. Les premières, dont le bord postérieur est entier, ont de part & d'autre, près de leur extrémité, un espace ferrugineux en forme de bande transverse. Les secondes ailes sont dentées, & sans aucune tache en dessus.

Le dessous des quatre ailes est traversé par une rangée postérieure de points blancs.

De Surinam.

70. Satyre Gripus.

Satyrus Gripus.

Sat. alis integris, corticino-fuscis : anticis utrinquè apice flavido : singulis subtùs strigâ mediâ punctorum alborum.

Papilio N. Gripus, *alis integris, subfuscis : subtùs strigâ punctorum alborum.* Fab. *Syst. Ent. append.* 829. — *Spec. Inf. tom.* 2. *p.* 58. *n°.* 255. — *Mant. Inf. tom.* 2. *p.* 28. *n°.* 294. — *Ent. Syst. em. tom.* 3. *pars* 1. *p.* 149. *n°.* 457.

Papilio Gripus. Herbst, *Pap. tab.* 135. *n°.* 3. 4.

Papilio Eumea. Cram. *pl.* 183. *fig.* C. D.

Papilio Eumeus. Drury, *Inf. tom.* 1. *pl.* 2. *fig.* 3.

Il a environ trois pouces d'envergure. Ses quatre ailes sont arrondies & entières. Le dessus des premières est d'un brun-tanné, avec une bande jaunâtre, large, courbe & presque terminale. Le dessus des secondes ailes est d'un brun-obscur, sans aucune tache.

Le dessous des quatre ailes est approchant de la couleur du dessus, avec une rangée transverse & presque centrale de gros points blancs, renfermée entre deux lignes noirâtres, dont l'antérieure plus distincte.

De l'Inde, selon Fabricius; de la Chine, selon Cramer & Drury.

71. Satyre? Arcésilaus.

Satyrus Arcesilaus.

Sat. alis integerrimis, suprà ferrugineis, immaculatis : subtùs fuscis, strigis duabus obscurioribus punctorum flavescentium seriem includentibus.

Papilio N. Arcesilaus? *alis integerrimis, suprà ferrugineis, immaculatis : subtùs fuscis, strigis duabus obscurioribus.* Fab. *Ent. Syst. em. tom.* 3. *pars* 1. *p.* 153. *n°.* 470.

Papilio Arcesilaus. Donow. *Of an Epit. of the Nat. Hist. Inf. of India, cah.* 2. *pl.* 1. *fig.* 2.

Comme nous n'avons vu ce lépidoptère qu'en figure, nous ne sommes pas bien certains qu'il appartienne au genre Satyre.

Il a environ deux pouces d'envergure. Ses ailes sont entières, ferrugineuses, & tout-à-fait sans taches en dessus.

Leur dessous est obscur, avec deux lignes transverses, encore plus obscures, & renfermant une rangée de points jaunâtres, très-petits. La base offre en outre, mais d'une manière moins distincte, une autre ligne obscure.

Du royaume de Siam.

Nota. Fabricius ne parle pas de la rangée de points jaunâtres du dessous des secondes ailes. Il est vrai que ces points sont peu apparens.

72. Satyre Abéona.

Satyrus Abeona.

Sat. alis dentatis, fusco-nigris : anticis utrinquè fasciâ sesquialterâ aurantiacâ ocellisque duobus : posticis subtùs strigis duabus flavis ocellos totidem dissitos includentibus.

Papilio Abeona, *alis dentatis, fuscis : anticis fasciâ testaceâ, ocellis duobus; posticis suprà ocello, subtùs duobus.* Donow. *Gen. Illust. of Entom. part.* 1. *an Epitome of the Inf. of New Holl. pl.* 22. *fig.* 1.

Il a de deux pouces & demi à trois pouces d'envergure. Ses ailes font d'un noir-brun en deffus. Les premières, dont le bord poftérieur eft entier, ont, fur leur milieu, une bande orangée, tranverfe, anguleufe, rétrécie antérieurement; &, vers leur extrémité, deux yeux, dont l'inférieur plus gros & adhérant au côté externe de la bande, le fupérieur féparé de cette même bande par une ligne ou par une liture orangée qui s'appuie obliquement fur la côte. Ces yeux font bleus, avec la prunelle blanche & l'iris d'un noir-foncé. Les fecondes ailes font dentées, & elles ont deux yeux noirs à prunelle bleue; mais l'œil du bord d'en haut eft fans iris; l'œil de l'angle anal au contraire en a un d'un rouge-fauve.

Le deffous des quatre ailes eft moins foncé que le deffus. Celui des fupérieures a, indépendamment des caractères que nous avons indiqués, deux points bleuâtres, placés entre les taches oculaires. Celui des ailes inférieures a deux yeux femblables à l'œil anal du deffus, & ils font renfermés entre deux lignes jaunes ondulées, dont l'extérieure double & fe prolongeant fur le bord terminal des premières ailes. Le corps & les antennes font d'un noir-brun.

Les femelles reffemblent aux mâles; cependant, chez quelques-unes, les taches oculaires du deffous des fecondes ailes font entourées d'un cercle blanchâtre.

De la Nouvelle-Hollande.

73. Satyre Gélanor.

Satyrus Gelanor.

Sat. alis fuprà fufcis, fulvo maculatis : anticis punčto albo : pofticis fubtùs violaceo-grifeis, ftrigis duabus fufcis ocellos totidem diffitos includentibus. (La femelle.)

Nous ne connoiffons que la femelle de ce fatyre.

Elle a environ trois pouces d'envergure. Le deffus de fes ailes eft d'un brun-noirâtre, avec des taches fauves. Les ailes fupérieures en ont fix, dont quatre, plus grandes, difpofées obliquement fur le difque; les deux autres placées près du fommet & féparées par un point blanc. Les ailes inférieures en ont cinq, dont une, très-large, occupant le milieu du bord antérieur; les quatre autres groupées vers le bord terminal qui eft dentelé. Il y a en outre près de l'angle de l'anus un œil noir à prunelle blanche & à iris fauve.

Le deffous des premières ailes reffemble beaucoup au deffus; mais il eft plus pâle, & le fommet offre, fur un fond cendré, un petit œil furmontant le point blanc de la furface oppofée.

Le deffous des fecondes ailes eft d'un gris-violâtre-luifant, avec deux petits yeux, dont un correfpondant à celui du deffus, l'autre touchant prefque le bord d'en haut. Ces yeux font noirs, avec la prunelle blanche & l'iris obfcur, & ils font renfermés entre deux lignes brunes, flexueufes, dont l'antérieure difcoïdale, la poftérieure longeant le bord qui eft brun. Le corps eft obfcur, avec un petit collier blanc & le haut du corfelet ferrugineux.

De la Nouvelle-Hollande.

74. Satyre Mardanie.

Satyrus Mardania.

Sat. alis dentatis, fulvis : anticis apice nigris fafciâ albâ, pofticis punčtis quatuor ocellaribus flavis. Fab.

Papilio S. Mardania. Fab. *Ent. Syft. em. tom.* 3. *pars* 1. *p.* 249. *n°.* 776.

Papilio Mardania. Jon. *Fig. pict.* 4. *tab.* 70. *fig.* 1.

Le corps eft obfcur. Les premières ailes, dont le deffus eft fauve & tacheté de brun-obfcur, ont le fommet noir, avec une bande blanche. Les fecondes ailes font fauves en deffus, avec quatre points jaunes, oblongs, à prunelle noire, & fuivis d'une ligne obfcure, peu prononcée.

Le deffous des quatre ailes eft verdâtre, nuancé de brun, avec une bande noirâtre fur le milieu, & une ligne de points également noirâtres vers le bord terminal. Les points fupérieurs des ailes de devant ont un iris jaune.

Des Indes.

(*Traduction de Fabricius.*)

75. Satyre? Blomfildia.

Satyrus Blomfildia.

Sat. alis dentatis, flavis, apice nigris : pofticis fubtùs fufcis, albo undatis, ocellis quatuor, intermediis cœcis. Fab.

Papilio N. Blomfildia. Fab. *Spec. Inf. tom.* 2. *p.* 84. *n°.* 370. — *Mant. Inf. tom.* 2. *p.* 45. *n°.* 447. — *Ent. Syft. em. tom.* 3. *pars* 1. *p.* 106. *n°.* 326.

Ce lépidoptère a été dédié par Fabricius à M. Blomfield, amateur anglais.

Il eft grand, fauve en deffus. Ses ailes fupérieures ont l'extrémité noire & glacée de bleu, avec trois taches blanches. Les ailes inférieures ont une ligne noire, marginale.

Le deffous des premières ailes eft à peu près femblable au deffus.

Le deffous des fecondes ailes eft obfcur, avec des traits finueux & des anneaux blancs. Outre cela, il y a vers le bord terminal quatre yeux, dont l'antérieur noir, avec la prunelle blanche & l'iris ferrugineux; les deux intermédiaires verdâches, sans prunelle, & ayant l'iris gris; le postérieur rougeâtre, avec la prunelle blanche & l'iris noir.

Du Brésil.

(*Traduction de Fabricius.*)

76. SATYRE Lycaon.

SATYRUS Lycaon.

Sat. alis dentatis : anticis fuscis, flavo alboque maculatis : posticis ferrugineis, ocellis sex cæcis; subtùs variegatis, ocellis octo. FAB.

Papilio S. *Lycaon.* FAB. *Ent. Syst. em. tom.* 3. *pars* 1. *p.* 228. *n°.* 714.

Papilio Lycaon. JON. *Fig. pict.* 4. *tab.* 17. *fig.* 1.

Le corps est de médiocre grandeur, brun, avec les côtés de l'abdomen fauves. Le dessus des ailes supérieures est d'un brun-obscur, tacheté de jaune & de blanc, avec un œil-noir à iris roux & sans prunelle. Le dessus des ailes inférieures est obscur à la base, avec une rangée de cinq taches jaunes; roux à l'extrémité, avec six taches noires, oculaires.

Le dessous des ailes de devant est jaune à la base, avec des taches obscures; brun à l'extrémité, avec une ligne jaune, terminale, précédée de trois taches blanches & de deux yeux noirs, ayant chacun un iris jaune, mais dont le postérieur sans prunelle, tandis que l'antérieur en a une blanche.

Le dessous des ailes de derrière est varié de jaune & de brun, avec une rangée de huit yeux noirs à iris jaune & à prunelle bleue.

Il habite. . . . .

(*Traduction de Fabricius.*)

77. SATYRE Hersé.

SATYRUS Herse.

Sat. alis dentatis, fusco-ferrugineis : anticis albo punctatis; posticis utrinquè ocellis septem cæcis. FAB.

Papilio S. *Herse.* FAB. *Ent. Syst. em. tom.* 3. *pars* 1. *p.* 229. *n°.* 718.

Papilio Herse. JON. *Fig. pict.* 4. *tab.* 7. *fig.* 2.

Le dessus de ses ailes supérieures est d'un ferrugineux-obscur, avec une bande de six taches blanches au-delà du milieu & quatre points de cette couleur au sommet. Leur dessous est un peu plus pâle.

Le dessus des ailes inférieures est aussi d'un ferrugineux-obscur, avec une rangée de sept yeux noirs, ayant tous un iris fauve, mais dont le second & le troisième seulement pourvus d'une prunelle blanche, les cinq autres sans prunelle. En dessous ces mêmes ailes sont plus pâles, & leurs sept yeux sont bleus, avec l'iris jaune & entouré d'un cercle noir.

Il habite. . . .

(*Traduction de Fabricius.*)

78. SATYRE Minerve.

SATYRUS Minerva.

Sat. alis dentatis, fulvis, apice nigris albo maculatis : posticis ocellis suprà quinque cæcis, subtùs septem pupillatis. FAB.

Papilio N. *Minerva.* FAB. *Ent. Syst. em. tom.* 3. *pars* 1. *p.* 95. *n°.* 295.

Les premières ailes sont entières, fauves en dessus, avec l'extrémité noire, & marquée de quatre ou cinq taches blanches. Il y a en outre un trait jaunâtre avant la partie noire. Les secondes ailes sont dentées, fauves en dessus, avec une raie marginale, & cinq yeux sans prunelle, d'un brun-obscur.

Le dessous des quatre ailes est cendré : celui des supérieures offre deux lignes ferrugineuses, avec le trait jaunâtre & les taches blanches du dessus; celui des inférieures a une rangée de sept yeux à prunelle blanchâtre.

De l'Amérique.

(*Traduction de Fabricius.*)

N. B. Ce lépidoptère est celui que Fabricius a rapporté avec doute à notre *Caumas* ou *Arcadia* de Cramer. (*Voyez* SATYRE n°. 7.)

79. SATYRE Proserpine.

SATYRUS Proserpina.

Sat. alis dentatis, fulvis : anticis apice atris, punctis flavis : posticis subtùs marmoratis, ocellis quatuor, intermediis cæcis. FAB.

Papilio S. *Proserpina.* FAB. *Ent. Syst. em. tom.* 3. *pars* 1. *p.* 228. *n°.* 713.

Papilio Proserpina. JON. *Fig. pict.* 5. *tab.* 24. *fig.* 1.

Il est grand, fauve en dessus. Ses premières ailes ont l'extrémité noire, avec trois taches jaunes. Les secondes ailes ont sur le bord postérieur une ligne noire, interrompue.

Le dessous des ailes supérieures est jaune à la base, avec des taches noires; d'un noir-brun vers le bout, avec des taches blanches.

Le dessous des ailes inférieures est marbré, & l'on y voit quatre yeux, dont le premier fauve & ayant l'iris noir, le second & le troisième sans prunelle, le quatrième à iris fauve & à prunelle blanche.

Il habite. . . . .

(*Traduction de Fabricius.*)

80. Satyre Mérope.

Satyrus Merope.

Sat. alis dentatis, suprà fulvis, ocello unico: anticis utrinquè dimidio apicali nigro maculis flavis: posticis subtùs fusco-cinereis, ocellis duobus alteroque minutissimis. (Fem.)

Papilio N. Merope, *alis dentatis, fulvis, apice nigris ocello unico: posticis subtùs cinereis, ocellis tribus minutissimis.* Fab. *Syst. Ent. p.* 495. *n°.* 228. — *Spec. Inf. tom.* 2. *p.* 40. *n°.* 408. — *Ent. Syst. em. tom.* 3. *pars* 1. *p.* 99. *n°.* 306.

Papilio Merope. Donow. *Gen. Illust. of Entom. part* 1. *an Epitome of the Inf. of New Holl. pl.* 28. *fig.* 2.

Nous décrivons cette espèce d'après des individus femelles, n'ayant pu parvenir à voir un seul mâle. Fabricius & Donowan n'ont aussi connu que la femelle de ce satyre.

Elle a un peu plus de deux pouces & demi d'envergure. Les premières ailes, dont le bord terminal est entier, ont environ la moitié antérieure fauve, avec la côte & le bord interne obscurs; l'autre moitié noire, avec trois taches plus ou moins jaunes, dont l'inférieure adhérant à la partie fauve, la supérieure externe plus petite, & surmontée d'un œil très-noir à prunelle bleue & à iris roux. Les secondes ailes sont dentées, fauves en dessus, avec le bord postérieur noirâtre, & un œil presqu'anal, pareil à celui dont nous venons de parler, & compris entre deux lignes noires, ondulées, qui se croisent un peu au-delà de l'angle extérieur & s'écartent ensuite de plus en plus sans atteindre le bord abdominal de l'aile.

Le dessous des ailes supérieures ressemble au dessus, mais le sommet est cendré jusqu'à l'œil.

Le dessous des ailes inférieures est cendré, lavé de brun sur le disque & sur la moitié postérieure du bord de ce nom. On y distingue trois yeux noirs, très-petits, dont deux groupés près du bord d'en haut, le troisième correspondant à celui de la surface opposée. Outre cela, la nervure qui ferme intérieurement la cellule du milieu est d'une teinte jaune. Le corps est fauve en dessus, d'un gris-sale en dessous. Les antennes sont brunes, annelées de blanchâtre, avec la massue noire & terminée de roux.

De la Nouvelle-Hollande.

81. Satyre Archémor.

Satyrus Archemor.

Sat. alis omnibus suprà anticisque subtùs fulvis, nigro variis, ocello unico: posticis subtùs cinereo-lutescentibus, strigis tribus fuscis, undulatis, ocellisque duobus & altero minutis. (Mas.)

Nous n'avons vu que des mâles de ce satyre.

Il est un peu moins grand que le *Mérope*, auquel il ressemble par le dessus des secondes ailes.

Les deux surfaces des premières ailes sont variées de fauve & de noir-obscur, & elles offrent, vis-à-vis du sommet qui est un peu plus pâle en dessous, un œil noir à prunelle bleue & à iris fauve.

Le dessous des secondes ailes est d'un jaune-cendré, avec trois lignes brunes, transverses, ondulées, interrompues, & trois petits yeux disposés comme dans le *Mérope*, mais plus distincts.

De la Nouvelle-Hollande.

Nota. Ne seroit-ce pas le mâle du *Mérope?*

82. Satyre Achanta.

Satyrus Achanta.

Sat. alis omnibus suprà, anticisque subtùs fulvis, nigro striatis, ocello unico: posticis subtùs fusco flavidoque variegatis, ocellis duobus dissitis.

Papilio Achanta, *alis dentatis, fulvis, fusco fasciatis: anticis ocello, posticis duobus, anteriore suprà minore.* Donow. *Gen. Illust. of Entom. part.* 1. *an Epitome of the Inf. of New Holl. pl.* 22. *fig.* 2.

Il est de la taille du *Mœra*. Ses premières ailes sont entières. Leur dessus est fauve, ainsi que leur dessous, & rayé obliquement de noirâtre depuis le milieu jusqu'au bord terminal qui est lui-même noirâtre. Il y a en outre, vis-à-vis du sommet, un œil noir à prunelle blanche.

Les secondes ailes sont dentelées, fauves en dessus, avec une ligne discoïdale, deux postérieures & le bord de ce nom noirâtres; sans compter un œil semblable à celui dont nous venons de parler, & placé près de l'angle de l'anus dans un cercle de la couleur des lignes.

Le dessous des mêmes ailes est d'un brun-obscur, avec un mélange alternatif de taches & de raies transverses d'un jaune plus ou moins foncé, indépendamment desquelles on voit deux yeux, dont un correspondant à celui de la surface opposée, l'autre appuyé sur le bord antérieur. Ces yeux sont noirs aussi, avec la prunelle blanche, l'iris jaune & bordé d'un cercle noirâtre.

De la Nouvelle-Hollande.

N. B. Il est des individus qui ont deux points blancs entre les taches oculaires du dessous des secondes ailes.

83. Satyre Sirius.

Satyrus Sirius.

Sat. alis integerrimis, obscurè rufis: suprà anticis ocellis duobus, posticis quatuor. Fab.

Papilio S. *Sirius.* Fab. *Syst. Entom. p.* 488. *n°.* 201. — *Spec. Inf. tom.* 2. *p.* 66. *n°.* 298. — *Mant. Inf. tom.* 2. *p.* 32. *n°.* 345. — *Entom. Syst. em. tom.* 3. *pars* 1. *p.* 220. *n°.* 688.

Papilio Sirius. Donow. *Gen. Illust. of Entom. part.* 1. *an Epitome of the Inf. of New Holl. pl.* 28. *fig.* 3.

Il est approchant de la taille de l'*Hypéranthus*. Le dessus des ailes supérieures est d'un roux-obscur, avec l'extrémité brunâtre & marquée de deux yeux ferrugineux ayant la prunelle blanche, l'iris brun & entouré d'un anneau très-noir. Le dessus des ailes inférieures est également d'un roux-obscur, avec le bord terminal brun, coupé par des lignes plus foncées, & précédé de quatre yeux dont les intermédiaires plus grands.

Le dessous des quatre ailes est d'un blanc-violâtre du côté de la base, avec deux arcs & une ligne transverse ferrugineux; plus obscur vers le bout, avec quatre yeux, dont les intermédiaires plus grands, aux ailes supérieures, & sept, dont l'anal très-petit, aux ailes inférieures.

De la Nouvelle-Hollande.

(*Traduction de Fabricius.*)

84. Satyre Terminus.

Satyrus Terminus.

Sat. alis integris, fuscis, areâ rufâ : suprà anticis ocello unico, posticis quatuor. Fab.

Papilio S. *Terminus*. Fab. *Syst. Entom. p.* 488. *n°.* 200. — *Spec. Ins. tom.* 2. *p.* 66. *n°.* 297. — *Mant. Ins. tom.* 2. *p.* 32. *n°.* 344. — *Ent. Syst. em. tom.* 3. *pars* 1. *p.* 220. *n°.* 687.

Papilio Terminus. Donow. *Gen. Illust. of Entom. part* 1. *an Epitome of the Ins. of New Holl. pl.* 28. *fig.* 4.

Il est à peu près de la taille de l'*Hypéranthus*. Ses quatre ailes sont entières. Leur dessus est d'un brun-obscur, avec un espace fauve, plus large & plus vif sur les supérieures. Celles-ci ont un œil noir à prunelle blanche. Les inférieures ont, dans un iris roussâtre, quatre yeux semblables, dont le quatrième peu prononcé.

Le dessous de chaque aile est brun vers son origine; plus clair vers le bout, avec une ligne noirâtre, marginale & ondulée, que précèdent intérieurement sur les ailes supérieures cinq yeux presqu'effacés, & sur les inférieures six yeux distincts, dont le deuxième, le troisième & le sixième plus grands. Les secondes ailes ont en outre, près de la base, une ligne transverse très-obscure.

De la Nouvelle-Hollande.

85. Satyre Rémulia.

Satyrus Remulia.

Sat. alis integris, suprà fuscis, disco fulvo : subtùs basi rufescentibus, apice griseis; posticis ocellis sex, 2°., 3°., 6°. *minutis.*

Papilio Remulia. Cram. *pl.* 237.

Il a près de deux pouces d'envergure. Ses ailes sont entières, & d'un brun-obscur en dessus. Les supérieures ont sur le milieu un espace fauve, grand, arrondi en dehors, couvrant tout le bord interne, excepté l'angle de ce nom, & offrant vers le milieu du bord terminal un œil noir à prunelle blanche. Les ailes inférieures ont, vis-à-vis du sommet, une bande fauve, courbe en arrière, avec laquelle s'alignent trois yeux, dont l'anal beaucoup plus petit. Ces yeux sont noirs, cerclés de fauve, & pourvus d'une prunelle blanche.

Le dessous des quatre ailes a la moitié antérieure d'un brun-roussâtre & formant un triangle dont le côté externe est oblique; l'autre moitié blanchâtre, avec des yeux semblables à ceux que nous venons de citer. Les premières en ont de deux à quatre, dont le postérieur beaucoup plus grand. Les secondes ailes en ont six, dont le deuxième, le troisième & le postérieur, très-petits. Il y a en outre, le long du bord postérieur de chaque aile, une double ligne ondulée d'un brun-noirâtre.

De l'île de Java.

Nota. Il est bien voisin du *Terminus*.

86. Satyre Mæra.

Satyrus Mæra.

Sat. alis denticulatis, suprà fuscis, fasciâ fulvâ : anticis utrinquè ocello bipupillato alteroque minuto : posticis subtùs griseis, strigis duabus fuscis, undatis, ocellisque sex iride duplici.

Papilio N. Mæra, *alis subdentatis, fuscis : utrinquè primoribus sesquiocello; posticis ocellis suprà tribus.* Linn. *Syst. Nat.* 2. *p.* 771. *n°.* 141. — *Faun. Suec. edit.* 2. *p.* 275. *n°.* 1049.

Papilio Satyrus. Linn. *Faun. Suec. edit.* 1. *p.* 238. *n°.* 785.

Papilio S. Mæra, *alis dentatis, fuscis : utrinquè anticis sesquiocello; posticis ocellis suprà tribus, subtùs sex.* Fab. *Syst. Entom. p.* 491. *n°.* 211. — *Spec. Ins. tom.* 2. *p.* 71. *n°.* 319. — *Mant. Ins. tom.* 2. *p.* 36. *n°.* 373. — *Ent. Syst. em. tom.* 3. *pars* 1. *p.* 227. *n°.* 711.

Papilio Hiera. Fab. *Gen. Ins. Mant. p.* 262. *n°.* 236-37.

Papilio Mæra. Esp. *Pap. part.* 1. *tab.* 6. *fig.* 2.

Papilio Mæræ. Var. Esp. *Pap. part.* 1. *tab.* 49. *Suppl.* 25. *fig.* 1.

Papilio Megæræ. Var. Esp. *Pap. part.* 1. *tab.* 68. *cont.* 18. *fig.* 1. 2.

Papilio Mæra. Fem. Esp. *Pap. part.* 1. *tab.* 68. *cont.* 18. *fig.* 3.

Papilio Megæra. Fem. Herbst, *Pap. tab.* 207. *fig.* 5. 6.

Papilio Mæra. Herbst, *Pap. tab.* 207. *fig.* 7. 8.

Papilio Mœra. HERBST, *Pap. tab.* 208. *fig.* 1. 2. (Var.)

NATURF. 8. *tab.* 3. *fig.* A. B.

NATURF. 10. *tab.* 2. *fig.* 8. 9.

Papilio Mœra. WIEN. *Verz. p.* 166. *fam.* F. *n°.* 4.

Papilio Mœra. ILLIG. *N. Aufg. Deff. tom.* 2. *p.* 176. *n°.* 4.

Papilio Mœra. ILLIG. *Magaz. tom.* 3. *p.* 198.

Papilio Hiera. ILLIG. *Magaz. tom.* 3. *p.* 195.

Papilio Mœra. SCHŒFF. *Icon. tab.* 58. *fig.* 2. 3.

KLEMANN, *Beytr. tab.* 45.

Papilio Mœra. BORKH. *Pap. Eur. part.* 1. *p.* 81, 82 & 239. *n°.* 20.

BORKH. *Rhein. Magaz. tom. p.* 237. 238.

Papilio Mœra. SCOP. *Ent. Carn. p.* 154. *n°.* 431.

ROSSI, *Mant. tom.* 2. *p.* 10. *n°.* 347.

SCHNEID. *Syft. Befchr. p.* 116. *n°.* 55.

FUESSL. *Suiff. Inf. p.* 29. *n°.* 558.

FUESSL. *N. Magaz. tom.* 3. *p.* 149. *n°s.* 61 & 72. *p.* 163. *n°.* 182.

MULLER, *Zool. Dan. p.* 114. *n°.* 1320.

LANG. *Verz.* 2. *p.* 18. *n°.* 101-103.

SCHWARZ, *Raup. Calend. p.* 616. 741.

Papilio Mœra. HUBN. *Pap. tab.* 39. *fig.* 174. 175.

Papilio Hiera. HUBN. *Pap. tab.* 39. *fig.* 176. (Var.)

Papilio Mœra. OCHSENH. *Pap. Eur. tom.* 1. *p.* 231. *n°.* 31.

Papilio Hiera. OCHSENH. *Pap. Eur. tom.* 4. *Suppl. p.* 135.

Papilio Adrafta. OCHSENH. *Pap. Eur. tom.* 4. *Suppl. p.* 137. *n°.* 32.

Man. Mœra. SCHRANK, *Faun. Boïc. tom.* 2. *p.* 172. *n°.* 1300.

Satyre. DE GEER, *Hift. Inf. tom.* 2. *part.* 2. *p.* 144. *tab.* 2. *fig.* 1. 2.

Le Satyre. GEOFF. *Hift. Inf. tom.* 2. *p.* 50. *n°.* 19.

Le Némufien. ENGRAM. *Pap. d'Europe, tom.* 1. *p.* 120. *pl.* 26. *fig.* 51. a. b.

L'Ariane. ENGRAM. *Pap. d'Europe, tom.* 1. *p.* 305. *pl.* 82. 2e. *Suppl. pl.* 3. *fig.* 50. a. b. c. *bis.*

Il a approchant deux pouces d'envergure. Ses quatre ailes font foiblement dentées, d'un brun-obfcur en deffus, avec les finus blanchâtres. Les premières ont, vers le bout, une bande fauve, tranfverfale, plus ou moins coupée par les nervures, finuée fur le côté interne, rétrécie à fa partie inférieure, & chargée à fa partie fupérieure de deux yeux noirs, dont l'extérieur très-petit, l'autre grand & pourvu le plus fouvent d'une double prunelle blanche. Le milieu de la furface de ces ailes eft en outre fauve, avec une raie noirâtre, large & oblique dans les mâles, étroite & en zigzag dans les femelles. Les fecondes ailes ont une bande fauve, courbe & maculaire, fur laquelle il y a de trois à quatre yeux, dont deux, le fecond & le troifième, à partir d'en haut, plus grands.

Le deffous des ailes fupérieures ne diffère du deffus que parce qu'il eft généralement plus pâle.

Le deffous des ailes inférieures eft gris, avec deux lignes brunes, tranfverfes, ondulées, parallèles & prefque difcoïdales; à la fuite defquelles vient une rangée courbe de fix yeux noirs, dont l'antérieur, le quatrième & le cinquième plus gros, l'anal double. Ces yeux ont tous une prunelle blanche & deux iris jaunâtres, entourés chacun d'un cercle noirâtre. Il y a en outre une ligne ondulée de cette couleur le long du bord terminal de chaque aile. Le corps eft brun en deffus, gris en deffous. Les antennes font annelées de blanc & de noir.

Ce fatyre eft très-commun en Europe. Les individus des parties chaudes de ce continent ont le fauve du difque des premières ailes moins prononcé ou prefque nul, & le gris du deffous des fecondes ailes d'un ton plus rembruni; ce qui a porté quelques auteurs à en faire une efpèce diftincte fous le nom d'*Hiera*.

Les individus des parties froides ont, au contraire, prefque tous le deffus des ailes rouffâtre, fans néanmoins différer en deffous. M. Ochfenheimer a fait de ces derniers une nouvelle efpèce fous le nom d'*Adrafta*; mais ce n'eft pour nous qu'une variété auffi bien que l'*Hiera*.

Efper donne une autre variété dans laquelle le noir des taches oculaires eft tellement oblitéré qu'on ne voit que des points blancs fur la bande fauve.

La chenille eft pubefcente ou légèrement velue, d'un vert-tendre, avec l'anus terminé en pointe bifide. Elle mange plufieurs fortes de *gramens*, entr'autres le *paturin annuel* (*poa annua*), la *fétuque flottante* (*feftuca fluitans*).

La chryfalide eft verdâtre ou noirâtre, fuivant l'âge, avec deux rangs parallèles de points blancs tuberculeux fur la partie poftérieure du dos, & une tache noire à la fommité du corfelet. Elle eft fufpendue par la queue. Le papillon paroît pour la première fois en mai, & pour la feconde en juillet & août. Il fe repofe fur les murs, fur les tas de pierres, &c.

87. SATYRE Mégère.

SATYRUS Megæra.

Sat. alis denticulatis, suprà fulvis, fusco striatis: anticis utrinquè sesquiocello: posticis subtùs cinereis, strigis duabus fuscis, undatis, flavescenti inductis, ocellisque sex iride duplici.

Papilio N. Megæra, *alis subdentatis, luteis, fusco fasciatis: utrinquè primoribus sesquiocello; posticis suprà quinis.* LINN. *Syst. Nat.* 2. *p.* 771. *n°.* 142.

Papilio N. Mægera, *alis dentatis, luteis, fusco fasciatis: anticis ocello; posticis suprà quinis, subtùs sex.* FAB. *Syst. Entom. p.* 492. *n°.* 213. — *Spec. Inf. tom.* 2. *p.* 73. *n°.* 324. — *Mant. Inf. tom.* 2. *p.* 36. *n°.* 380. — *Ent. Syst. em. tom.* 3. *pars* 1. *p.* 94. *n°.* 292.

Papilio Megæra. ESP. *Pap. part.* 1. *tab.* 6. *fig.* 3.

Papilio Megæra. ESP. *Pap. part.* 1. *tab.* 68. *cont.* 18. *fig.* 4. (Mas.)

ESP. *Pap. part.* 1. *tab.* 94. *cont.* 49. *fig.* 6-8. (La chenille & la chrysalide.)

Papilio Megæra. HERBST, *Pap. tab.* 207. *fig.* 3. 4.

Papilio Megæra. WIEN. *Verz. p.* 166. *fam.* F. *n°.* 3.

Papilio Megæra. ILLIG. *N. Ausg. Dess. tom.* 2. *p.* 175. *n°.* 3.

Papilio Megæra. ILLIG. *Magaz. tom.* 3. *p.* 198.

Papilio Megæra. SCHŒFF. *Icon. tab.* 148. *fig.* 3. 4.

Papilio Megæra. BORKH. *Pap. Eur. part.* 1. *p.* 79 & 237. *n°.* 18.

BORKH. *Rhein. Magaz. tom.* 1. *p.* 236. *n°.* 16.

Papilio Megæra. ROSSI, *Faun. Etr. tom.* 2. *p.* 146. *n°.* 1002.

SCHNEID. *Syst. Beschr. p.* 114. *n°.* 54.

FUESSL. *Suiss. Inf. p.* 29. *n°.* 559.

MULLER, *Zool. Dan. p.* 114. *n°.* 1321.

LANG. *Verz.* 2. *p.* 18. *n°.* 97-100.

SCHWARZ, *Raup. Calend. p.* 40. 342.

BERGSTR. *Nomencl. tab.* 72. *fig.* 1-6.

SEPP. *Nieder. Inf. part.* 2. *tab.* 2. 3.

LEWIN, *Inf. tab.* 21. *fig.* 1-5.

Papilio Megæra. HUBN. *Pap. tab.* 39. *fig.* 177. 178. (Mas.)

Papilio Megæra. OCHSENH. *Pap. Eur. tom.* 1. *p.* 235. *n°.* 32.

Man. Megæra. SCHRANK, *Faun. Boïc. tom.* 2. *p.* 171. *n°.* 1299.

Le Satyre. GEOFFR. *Hist. Inf. tom.* 2. *p.* 50. *n°.* 19.

Le Satyre. ENGRAM. *Pap. d'Europe, tom.* 1. *p.* 118. *pl.* 26. *fig.* 50. a. b. c. d. (e. f. Var.)

Le Satyre. ENGRAM. *Pap. d'Europe, tom.* 1. *p.* 261. *pl.* 65. *Suppl.* 11. *fig.* 50. g. h.

ENGRAM. *Pap. d'Europe, tom.* 1. *p.* 322. 3ᵉ. *Suppl. pl.* 4. *fig.* 50. l. (La chrysalide.)

Geoffroy l'a confondu avec le *Mæra*, dont il est en effet très-voisin.

Les quatre ailes sont foiblement dentées, fauves en dessus, avec les nervures, le bord terminal, & trois lignes ondulées, dont l'intérieure plus courte, noirâtres. Les premières ailes ont, vis-à-vis du sommet, un œil noir à prunelle blanche, lequel est précédé en dehors, notamment en dessous, d'un autre œil beaucoup plus petit & pupillé de même. Dans le mâle, les trois lignes transverses du milieu de ces ailes sont coupées obliquement par une bande noirâtre un peu sinuée. Les secondes ailes ont la base plus ou moins obscure, suivant le sexe, & leur extrémité offre une rangée courbe de trois à cinq yeux noirs, dont la prunelle est d'un blanc-bleuâtre.

Le dessous des ailes supérieures ressemble au dessus, mais il est plus pâle.

Le dessous des ailes inférieures est d'un gris piqué de noirâtre, avec deux lignes brunes, transverses, ondulées, parallèles, & ayant sur un de leurs côtés une petite éclaircie jaunâtre, caractère constant qui n'existe ni dans le *Mæra*, ni dans ses variétés. Entre ces lignes & le bord postérieur est une rangée courbe de six yeux noirs, dont le troisième, le quatrième & le cinquième un peu plus gros, l'anal double. Ces yeux ont une prunelle blanche, & deux iris jaunâtres, entourés chacun d'un cercle obscur. Le corps & les antennes sont comme dans le *Mæra*.

La chenille est pubescente, d'un vert-tendre, avec une ligne blanche le long de chaque côté. Son corps est terminé par une pointe bifide. Elle vit sur plusieurs *graminées* & se métamorphose vers la mi-avril.

La chrysalide, quoi qu'en dise Hubner, est comme celle du *Mæra*. On la trouve suspendue par la queue au pied des arbres & contre les murs des jardins. Le papillon en sort au commencement de mai. Il donne ensuite une seconde fois dans le cours de l'été. Ses mœurs sont les mêmes que celles du *Mæra*. Il est très-commun aux environs de Paris & dans beaucoup de parties de la France; mais il paroît qu'il est assez rare dans certaines contrées de l'Allemagne. Fabricius, qui en connoissoit la chenille, l'a rangé parmi les NYMPHALES, tandis qu'il a mis dans les SATYRES le *Mæra*.

dont il connoiſſoit auſſi la chenille. Il arrive ſouvent à cet auteur d'éloigner plus ou moins l'une de l'autre deux eſpèces preſque ſemblables, pour avoir moins de peine à faire ſes phraſes ſpécifiques.

88. Satyre Roxelane.

Satyrus Roxelana.

Sat. alis dentatis, ſuprà dilutè fuſcis : anticis utrinquè diſco fulvo, nervis diviſo : poſticis ſubtùs griſeis, ſtrigis quinque fuſcis ocelliſque ſeptem iride ſimplici.

Papilio S. Roxelana, *alis dentatis, fuſcis, ſuprà cœcis : poſticis ſubtùs undatis, ocellis ſeptem, interiori pupillâ geminâ.* Fab. *Spec. Inſ. tom.* 2. *p.* 72. *n°.* 320. — *Mant. Inſ. tom.* 2. *p.* 36. *n°.* 374. — *Ent. Syſt. entom. tom.* 3. *pars* 1. *p.* 227. *n°.* 712.

Papilio Roxelana. Cram. *pl.* 161. *fig.* C. D. (Le mâle.) *fig.* E. F. (La femelle.)

Papilio Roxelanus. Herbst, *Pap. tab.* 222. *fig.* 3. 4. (Le mâle.) *fig.* 5. 6. (La femelle.)

Papilio Roxelana. Ochsen. *Pap. Eur. tom.* 1. *p.* 217.

Il a le port du *Mœra;* mais il eſt d'environ un tiers plus grand. Le deſſus des quatre ailes eſt d'un brun foiblement obſcur, avec le milieu des ſupérieures fauve & diviſé par des nervures de la couleur du fond de l'aile. Dans les individus femelles, le ſommet offre en outre quatre taches jaunâtres, dont la plus intérieure en forme de bande tranſverſe, les trois autres orbiculaires, diſpoſées ſur une ligne courbe dont le milieu eſt marqué d'un gros point noirâtre. Les ailes inférieures ont, entre le milieu & le bout, une rangée de trois à cinq yeux noirs à iris rouſſâtre & à prunelle blanchâtre.

Le deſſous des premières ailes ne diffère du deſſus que parce que la côte eſt coupée tranſverſalement par trois ou quatre lignes obſcures en zig-zag, & parce que le gros point noirâtre placé ſur la ligne courbe de taches jaunâtres forme un œil bien caractériſé.

Le deſſous des ailes inférieures eſt d'un gris-obſcur dans le mâle, d'un gris plus clair dans la femelle, avec trois lignes brunes, très-flexueuſes, à la ſuite deſquelles vient une rangée de ſept yeux, dont le troiſième & le quatrième plus petits, l'anal pourvu d'une double prunelle. Ces yeux reſſemblent à ceux de la ſurface oppoſée, mais ils ſont plus vifs, & ſéparés du bord par une double ligne brune en feſton. Le corps eſt de la couleur des ailes. Les antennes ſont brunes, annelées de blanc, avec la maſſue noire & terminée de fauve.

On le trouve aux environs de Conſtantinople, dans les îles de l'Archipel, &c. M. de Durville, lieutenant de la marine royale, l'a pris communément près d'Athènes.

89. Satyre Égérie.

Satyrus Ægeria.

Sat. alis denticulatis, fuſcis : anticis utrinquè maculis plurimis ochreaceis aut fulvis ocelloque unico : poſticis ſubtùs vireſcenti-griſeis, ſtrigis duabus fuſcis, undatis, ſerieque punctorum ocellatorum.

Papilio N Ægeria, *alis dentatis, fuſcis, luteo maculatis : utrinquè primoribus ocello ; poſticis ſuprà tribus.* Linn. *Syſt. Nat.* 2. *p.* 771. *n°.* 143.

Papilio N. Ægeria, *alis dentatis, fuſcis, luteo maculatis : anticis utrinquè ocello ; poſticis ſuprà ocellis, ſubtùs punctis quatuor.* Fab. *Syſt. Entom. p.* 492. *n°.* 214. — *Spec. Inſ. tom.* 2. *p.* 73. *n°.* 325. — *Mant. inſ. tom.* 2. *p.* 37. *n°.* 381. — *Entom. Syſt. em. tom.* 3. *pars* 1. *p.* 94. *n°.* 293.

Papilio Ægeria. Esp. *Pap. part.* 1. *tab.* 7. *fig.* 1.

Papilio Meone. Esp. *Pap. part.* 1. *tab.* 95. *cont.* 50. *fig.* 1.

Papilio Ægeria. Herbst, *Pap. tab.* 217. *fig.* 3. 4.

Papilio Meone. Herbst, *Pap. tab.* 191. *fig.* 7. 8.

Papilio Ægeria. Hubn. *Pap. tab.* 40. *fig.* 181. 182.

Papilio Meone. Hubn. *Pap. tab.* 40. *fig.* 179. 180.

Papilio Ægeria. Illig. *N. Auſg. Deſſ. tom.* 2. *p.* 175. *n°.* 2.

Illig. *Magaz. tom.* 3. *p.* 184.

Papilio Meone. Illig. *Magaz. tom.* 1. *p.* 450. — *tom.* 3. *p.* 198. — *tom.* 4. *p.* 28.

Papilio Ægeria. Ochsenh. *Pap. Eur. tom.* 1. *p.* 238. *n°.* 33.

Papilio Meone. Ochsenh. *Pap. Eur. tom.* 1. *p.* 240. *n°.* 34.

Papilio Meone. Cram. *Pap. pl.* 314. *fig.* E. F.

Papilio Ægeria. Wien. *Verz. p.* 166. *fam.* F. *n°.* 2.

Papilio Ægeria. Scop. *Ent. Carn. p.* 156. *n°.* 432.

Rossi, *Faun. Etr. tom.* 2. *p.* 146. *n°.* 1003.

Panz. *Faun. Germ.* 28-21.

Schœff. *Icon. tab.* 75. *fig.* 1. 2.

Sepp. *Niederl. Inſ. tom.* 1. *tab.* 6. *fig.* 1-7.

Roes. *Inſ.* 4. *tab.* 33. *fig.* 3. 4.

Kleemann, *Beytr. tab.* 19. *fig.* A. B. (La chenille & la chryſalide.)

Papilio

Papilio Ægeria. Bergst. *Nomencl. tab.* 22. *fig.* 1-7.

Papilio Ægeria. Borkh. *Pap. Eur. part.* 1. *p.* 78 & 236. *n°.* 17.

Borkh. *Rhein. Magaz. tom.* 1. *p.* 236. *n°.* 15.

Schneid. *Syst. Beschr. p.* 118. *n°.* 57.

Fuessl. *Suiff. Inf. p.* 29. *n°.* 560.

Brahm. *Inf. Calend. p.* 215. *n°.* 111.

Lang. *Verz.* 2. *p.* 17. *n°.* 93-96.

Schwarz, *Raup. Calend. p.* 485. 616. 748.

Man. Ægeria. Schrank, *Faun. Boïc. tom.* 2. *p.* 171. *n°.* 1298.

Reaum. *Mem. Inf. tom.* 1. *tab.* 27. *fig.* 16. 17.

Tircis. Geoffr. *Hist. Inf. tom.* 2. *p.* 48. *n°.* 16.

Le Tircis. Engram. *Pap. d'Europe, tom.* 1. *p.* 117. *pl.* 25. *fig.* 49. a-d.

Le Tircis. Engram. *Pap. d'Europe, tom.* 1. *p.* 261. *pl.* 65. *Suppl.* 11. *fig.* 49. c.

Sous le nom d'*Égérie* nous réunissons l'*Ægeria* & le *Meone* des auteurs, parce qu'ils ne se distinguent l'un de l'autre que par plus ou moins d'intensité dans la couleur jaune des taches de leurs ailes.

Il a entre un pouce & demi & deux pouces d'envergure. Les quatre ailes sont dentées, notamment les inférieures, d'un brun-obscur en dessus, avec des taches d'un jaune d'ocre comme dans l'*Ægeria*, ou fauves comme dans le *Meone*. Les ailes supérieures en ont une douzaine, savoir : trois sur la côte, cinq sur le disque, une sur le milieu du bord terminal, &, vis-à-vis du sommet, trois, dont l'intermédiaire marquée d'un œil noir à prunelle blanche. Les ailes inférieures en ont deux, un peu échancrées intérieurement; l'une occupe le milieu du bord d'en haut, l'autre l'extrémité postérieure de la cellule discoïdale. Entre ces taches & le bord de derrière, on en voit quatre autres, contiguës, dont les trois inférieures chargées chacune d'un œil noir à prunelle blanche, & la supérieure d'un point noir très-petit.

Le dessous des premières ailes ressemble au dessus, seulement le fond & les taches sont un peu plus pâles.

Le dessous des secondes ailes est d'un gris-verdâtre, légèrement chatoyant, avec deux lignes brunes, transverses, ondulées, à la suite desquelles viennent deux taches jaunâtres, puis une rangée courbe de cinq à six points blanchâtres, entourés de brun, & correspondant aux taches oculaires du dessus. Le bord postérieur est d'une teinte violâtre luisante, & ses échancrures sont blanches, ainsi que celles du bord analogue des ailes de devant. Les deux surfaces du corps sont du même ton que celles des ailes. Les antennes sont annelées de noir & de blanc, avec l'extrémité de la massue fauve.

La chenille est d'un vert-mat, avec des lignes longitudinales, les unes d'un vert-foncé, les autres blanches, & de petits poils de cette dernière couleur. Elle vit sur le *triticum repens* (le *chiendent*) & sur plusieurs autres *graminées*.

La chrysalide est anguleuse, tantôt d'un vert-pâle, tantôt d'un vert-noirâtre. Elle passe l'hiver, & le papillon en sort vers la fin d'avril ou au commencement de mai. Il donne une seconde fois en juillet & en août. On le trouve communément dans les bois & dans les prairies. Les individus des contrées froides ou tempérées de l'Europe ont les taches d'un jaune d'ocre plus ou moins foncé; ceux des parties chaudes de ce continent & de la côte de Barbarie les ont fauves.

90. Satyre Xiphia.

Satyrus Xiphia.

Sat. alis denticulatis, fuscis : anticis utrinquè maculis plurimis fulvis ocelloque unico : posticis subtùs rufescenti-griseis, fasciâ costali albâ, transversâ, serieque punctorum ocellatorum.

Papilio N. Xiphia, *alis dentatis, fuscis, flavo maculatis : utrinquè anticis ocello, posticis suprà tribus, subtùs quatuor.* Fab. *Syst. Ent. p.* 492. *n°.* 215. — *Spec. Inf. tom.* 2. *p.* 74. *n°.* 326. — *Mant. Inf. tom.* 2. *p.* 37. *n°.* 382. — *Ent. Syst. em. tom.* 3. *pars* 1. *p.* 95. *n°.* 294.

Il ne diffère du précédent que parce que ses taches sont constamment fauves; que le dessous des secondes ailes est roussâtre, au lieu d'être verdâtre, & a sur le milieu du bord d'en haut une bande blanche, transverse, courte, étroite, un peu dilatée à son origine, & terminée par un petit crochet dont la pointe regarde le bord interne. Dans quelques individus, les deux taches fauves, qui correspondent à cette bande sur la surface opposée, sont liées entr'elles par un trait de leur couleur.

On le trouve dans les îles de Madère & de Ténériffe. Peut-être n'est-il qu'une variété de l'*Égérie*, plus modifiée encore par le climat que le *Meone*.

91. Satyre Galathée.

Satyrus Galathea.

Sat. alis denticulatis, flavescenti-albis, basi suprà apiceque nigris, albo maculatis : maculâ baseos subovatâ; posticis ocellis duobus tribusque nigris, suprà nullis aut obsoletis.

Papilio N. Galathea, *alis dentatis, albo nigroque variis : subtùs anterioribus ocello unico, posterioribus quinque obsoletis.* LINN. *Syst. Nat.* 2. *p.* 772. *n°.* 147.

Papilio S. Galathea, *alis dentatis, albo nigroque variis : subtùs anticis ocello unico, posticis quinque.* FAB. *Syst. Entom. p.* 496. *n°.* 230. — *Spec. Inf. tom.* 2. *p.* 79. *n°.* 349. — *Mant. Inf. tom.* 2. *p.* 43. *n°.* 420. — *Ent. Syst. em. tom.* 3. *pars* 1. *p.* 239. *n°.* 745.

Papilio Galathea. ESP. *Pap. part.* 1. *tab.* 7. *fig.* 3.

Papilio Galathea mas, var. ESP. *Pap. part.* 1. *tab.* III. *cont.* 66. *fig.* 4.

Papilio N. G. Galaxaera, *alis subdentatis, nigris, concoloribus, maculis pallidis ; inferioribus ocellis tribus binisque distantibus anguli externi.* ESP. *Pap. part.* 1. *p.* 97. *tab.* III. *cont.* 66. *fig.* 5. (Var.)

Papilio N. G. Leucomelas, *alis subdentatis, albo nigroque variis : inferioribus subtùs pallidè maculatis, absque ocellis.* ESP. *Pap. part.* 1. *p.* 141. *tab.* 81. *cont.* 31. *fig.* 1. 2. (Var.)

Papilio Galathea. HERBST, *Pap. tab.* 183. *fig.* 3. 4.

Papilio Procida. HERBST, *Pap. tab.* 183. *fig.* 5. 6. (Var.)

Papilio Galathea. WIEN. *Verz. p.* 166. *fam.* F. *n°.* 1.

Papilio Galathea. ILLIG. *N. Ausg. Dess. tom.* 2. *p.* 173. *n°.* 1.

ILLIG. *Magaz. tom.* 3. *p.* 194. — *tom.* 4. *p.* 26.

Papilio Procida. ILLIG. *Magaz. tom.* 1. *p.* 450. — *tom.* 4. *p.* 27. (Var.)

Papilio Leucomelas. ILLIG. *Magaz. tom.* 1. *p.* 450. — *tom.* 3. *p.* 197. — *tom.* 4. *p.* 26. 27. (Var.)

SCHŒFF. *Icon. tab.* 98. *fig.* 7-9.

ROES. *Inf.* 3. *tab.* 37. *fig.* 1. 2.

ROES. *Inf.* 3. *tab.* 79. *fig.* 6. (La chenille.)

Papilio Galathea. BORKH. *Pap. Eur. part.* 1. *p.* 105 & 245. *n°.* 48. — *part.* 2. *p.* 210.

Papilio Galathea. BORKH. *Rhein. Magaz. tom.* 1. *p.* 235. *n°.* 14.

Papilio Galathea. SCHNEID. *Syst. Beschr. p.* 84. *n°.* 27.

Papilio Leucomelas. SCHNEID. *Syst. Beschr. p.* 80. *n°.* 26. (Var.)

Papilio Galathea. HUFNAG. *Magaz. tom.* 2. *p.* 70. *n°.* 25.

BERGSTR. *Nomencl. tab.* 16. *fig.* 1. 2. — *tab.* 92. *fig.* 1-6.

PANZ. *Faun. Germ.* 28. 24.

LEWIN. *Inf. tab.* 28. *fig.* 1-4.

LANG. *Verz.* 2. *p.* 17. *n°.* 89-92.

SCHWARZ, *Raup. Calend. p.* 154.

Papilio Galathea. SCOP. *Ent. Carn. p.* 151. *n°.* 427.

ROSSI, *Faun. Etr. tom.* 2. *p.* 148. *n°.* 1009.

FUESSL. *Suiss. Inf. p.* 29. *n°.* 562.

FUESSL. *Alt. Magaz. tom.* 1. *p.* 250. *tab.* 2. *fig.* 3. (La chrysalide.)

NATURF. 14. *tab.* 2. *fig.* 7. (La chenille.) *fig.* 2. 3. (La chrysalide.)

Papilio Liriope. CYRILL. *Ent. Neap. Specim.* 1. *tab.* 12. *fig.* 8. (Var.)

Papilio Galathea. HUBN. *Pap. tab.* 41. *fig.* 183. 185.

Papilio Leucomelas. HUBN. *Pap. tab.* 102. *fig.* 517. 518. (Var.)

Papilio Galathea. OCHSENH. *Pap. Eur. tom.* 1. *p.* 242. *n°.* 35.

Man. Galathea. SCHRANK, *Faun. Boïc. tom.* 2. *p.* 170. *n°.* 1297.

Le Demi-Deuil. GEOFFR. *Hist. Inf. tom.* 2. *p.* 74. *n°.* 46. *pl.* 11. *fig.* 3. 4.

Le Demi-Deuil. ENGRAM. *Pap. d'Europe, tom.* 1. *p.* 134. *pl.* 30. *fig.* 60. a-d.

ENGRAM. *Pap. d'Europe, tom.* 1. *p.* 324. 3e. *Suppl. pl.* 5. *fig.* 60. g. (Var.)

Il a environ deux pouces d'envergure. Ses quatre ailes sont légèrement dentées. Leur dessus est varié de noir & de blanc-jaunâtre, de telle manière que ces deux couleurs y dominent à peu près autant l'une que l'autre. En effet la base est noire, avec une tache blanche, grande & presqu'ovale ; le milieu blanc, avec de fines nervures noirâtres ; l'extrémité noire, avec des taches marginales & la frange des échancrures blanches. Les taches marginales sont triangulaires sur les ailes inférieures, & en forme de points sur les supérieures. Celles-ci ont environ les trois quarts antérieurs de la côte jaunâtre, & leur sommet offre, entre les taches du milieu & celles du bord, quatre autres taches blanches, sur la plus longue desquelles est un œil noir sans prunelle. Les secondes ailes n'ont pas d'yeux vers le bout, ou bien elles en ont tantôt trois, tantôt cinq peu prononcés.

Le dessous des premières ailes diffère du dessus en ce que les taches du bout sont triangulaires & plus grandes ; en ce que dans la femelle elles sont lavées de jaune-sale, couleur qui s'étend sur toute la côte & autour du petit œil, lequel eſt marqué ici d'un point bleuâtre pupillaire.

Le deſſous des ſecondes ailes eſt blanc dans le mâle, avec les nervures noires. Entre la baſe & le diſque, eſt une bande obſcure, tranſverſe, irrégulière, fortement étranglée dans ſon milieu, atteignant la côte ainſi que le bord interne. Le long du bord terminal ſont deux lignes noires, dont l'intérieure en feſton, & précédée en dedans de cinq petits yeux noirs, dont l'anal double, les deux antérieurs ſéparés des autres & groupés contre le bord d'en haut. Ces yeux ont une prunelle bleuâtre, & un iris jaunâtre qu'entoure un cercle d'atomes noirâtres. Dans la femelle le deſſous des mêmes ailes préſente des caractères ſemblables; mais il eſt lavé de jaune-ſale, particulièrement ſur la bande tranſverſe & ſur les taches oculaires. Le corps eſt noir en deſſus, griſâtre en deſſous. Les antennes ſont annelées de blanc & de noir, avec la maſſue ferrugineuſe.

Eſper a figuré deux variétés priſes aux environs de Carlſtad en Croatie.

La première, *tab.* 111, *fig.* 4, a plus de noir que les individus ordinaires, attendu que les taches blanches marginales manquent aux quatre ailes en deſſus, & aux ſupérieures en deſſous.

La ſeconde, que cet auteur appelle *Galaxæra*, a la tache de la baſe de chaque aile plus petite; & le ſommet des inférieures nu; ce qui la rend plus noire en deſſus.

La variété, que pluſieurs entomologiſtes ont donnée ſous le nom de *Leucomelas*, a le deſſous des ſecondes ailes tout blanc. On y voit ſeulement une légère empreinte des parties noires de la ſurface oppoſée.

La chenille eſt verte ou jaunâtre, avec trois lignes longitudinales plus obſcures, ſavoir: une ſur le dos & une ſur chacun des côtés. Sa tête eſt d'un brun-rougeâtre, & ſon corps ſe termine par une pointe bifide, ſur laquelle ſont deux petites épines rouges. On la trouve en mai ſur le *phleum pratenſe* (*la fléole des prés*), gramen auquel les Anglais donnent le nom de *timothy*.

La chryſalide eſt ovoïde, jaunâtre, avec deux taches noires, oculaires, ſur chaque côté de la tête. Le papillon paroît en juillet & en août dans les bois des parties tempérées de l'Europe. Il eſt très-commun aux environs de Paris.

92. SATYRE Lacheſis.

SATYRUS Lacheſis.

Sat. alis denticulatis, albis, baſi ſuprà immaculatâ, apice nigro maculis albis; poſticis ocellis duobus tribuſque nigris, utrinquè conſpicuis.

Papilio Arge Nemauſiaca. ESP. *Pap. part.* 1. *tab.* 96. *cont.* 51. *fig.* 1. 2.

ILLIG. *Magaz. tom.* 3. *p.* 196. — *tom.* 4. *p.* 272.

Papilio Lacheſis. HERBST, *Pap. tab.* 183. *fig.* 2.

Papilio Lacheſis. HUBN. *Pap. tab.* 41. *fig.* 186. 187. (Le mâle.)

Papilio Lacheſis. HUBN. *Pap. tab.* 42. *fig.* 188. 189. (La femelle.)

Papilio Lacheſis. HUBN. *Beytr. tom.* 2. *taf.* 3. *fig.* P. 1. 2.

Papilio Lacheſis. OCHSENH. *Pap. Eur. tom.* 1. *p.* 247. *n°.* 36.

Le deſſous des deux ſexes eſt, à une légère nuance près, comme dans le *Galathée*.

Mais le deſſus, au lieu d'être noir à la baſe des ailes, avec une tache blanche ovale, eſt blanc, avec l'origine du bord interne un peu obſcure; & l'extrémité des ſecondes ailes offre conſtamment quatre à cinq yeux ſemblables à ceux du deſſous, ou pareil nombre de points bleuâtres.

De l'Eſpagne, du Portugal & du département des Pyrénées-Orientales. M. Duponchel l'a pris en juin dans les environs de Perpignan.

Nota. Engramelle n'a point connu cette eſpèce.

93. SATYRE Argé.

SATYRUS Arge.

Sat. alis denticulatis, flaveſcenti-albis, baſi ſuprà nigris maculâ albâ ſubovatâ: poſticis utrinquè ad apicem ocellis binis tribuſque lineâque angulatâ nigris.

Papilio S. Arge, *alis dentatis, albis, nigro ſtrigoſis: anticis ocello unico, poſticis quinque.* FAB. *Mant. Inſ. tom.* 2. *p.* 43. *n°.* 422. — *Ent. Syſt. em. tom.* 3. *pars* 1. *p.* 239. *n°.* 746.

Papilio Arge Ruſſiæ. ESP. *Pap. part.* 1. *tab.* 84. *cont.* 34. *fig.* 1. 2.

Papilio Japygia, *alis dentatis, albido-luteſcentibus, nigro maculatis, maculis ſuprà marginalibus rotundatis albido-luteſcentibus: ſuperioribus utrinquè ocello unico, inferioribus duobus tribuſque diſtantibus.* ESP. *Pap. part.* 1. *p.* 66. *tab.* 105. *cont.* 60. *fig.* 3. (Le mâle.)

Papilio Japygia. ESP. *Pap. part.* 1. *tab.* 111. *cont.* 66. *fig.* 3. (La femelle.)

Papilio Japygia. CYRILL. *Ent. Neap. Specim.* 1. *tab.* 3. *fig.* 5.

Papilio Arge Ruſſiæ. DE PRUNNER, *Lepid. pedem. p.* 70. *n°.* 136.

Papilio Arge Ruſſiæ. BORKH. *Pap. Eur. part.* 1. *p.* 107. *n°.* 51. — *part.* 2. *p.* 211.

Papilio Suwarovius. HERBST, *Pap. tab.* 182. *fig.* 5-7.

Papilio Clotho. HUBN. *Pap. tab.* 42. *fig.* 190. 191. (La femelle.)

Papilio Atropos. HUBN. *Pap. tab.* 43. *fig.* 192. 193. (Le mâle.)

Papilio Clotho. ILLIG. *Magaz. tom.* 3. *p.* 190.

Papilio Atropos. ILLIG. *Magaz. tom.* 3. *p.* 187.

Papilio Clotho. SCHNEID. *Syst. Beschr. p.* 86.

Papilio Clotho. OCHSENH. *Pap. Eur. tom.* 1. *p.* 248. *n°.* 37.

L'Eclair. ENGRAM. *Pap. d'Europe, tom.* 1. *p.* 325. *pl.* 5. 3e. *Suppl. fig.* 61. a. b. *bis*.

Il a près de deux pouces & demi d'envergure. Ses ailes supérieures se rapprochent infiniment des ailes correspondantes du *Galathée*, mais les inférieures offrent des différences assez notables. Les différences du dessus consistent en ce que la tache blanche de la base est accompagnée dans le *mâle* de deux taches extérieures plus petites, également blanches; en ce que l'extrémité est toujours de cette dernière couleur, avec cinq yeux bien distincts comme du côté opposé, puis deux lignes noires dont l'intérieure en feston. Les différences du dessous portent sur ce que la bande un peu obscure n'a pas le milieu étranglé, & sur ce que la couleur du fond est la même dans la femelle que dans le mâle, c'est-à-dire, d'un blanc légèrement jaunâtre.

Il habite le Piémont, la Calabre, la Hongrie & les parties les plus méridionales de la Russie.

94. SATYRE Amphitrite (1).

SATYRUS Amphitrite.

Sat. alis denticulatis, albis, basi suprà immaculatâ, apice nigro maculis albis; posticis ocellis duobus tribusque suprà nigris, subtùs rufis.

Papilio Arge. ESP. *Pap. part.* 1. *tab.* 27. *Suppl.* 3. *fig.* 1.

Papilio Arge. ESP. *Pap. part.* 1. *tab.* 70. *cont.* 20. *fig.* 1.

Papilio Arge, mas. ESP. *Pap. part.* 1. *tab.* 111. *cont.* 66. *fig.* 2.

Papilio Arge. HERBST, *Pap. tab.* 182. *fig.* 3. 4.

Papilio Arge. SULZ. *Inf. edit.* ROEM. *p.* 144. *tab.* 16. *fig.* 8. 9.

Papilio Arge. FUESSL. *Alt. Magaz. tom.* 1. *p.* 202.

(1) Hubner a donné la femelle de cette espèce sous le nom d'*Amphitrite*, & le mâle sous celui de *Thétis*. Mais nous avons adopté le nom de la femelle, parce qu'il y a déjà une NYMPHALE qui porte le nom de *Thétis*.

Papilio Arge. CYRILL. *Ent. Neap. Specim.* 1. *tab.* 4. *fig.* 6.

Papilio Arge. PETAGNA, *Specim. Inf. p.* 36. *tab. adjec. fig.* 25.

Papilio Arge. BERGSTR. *Nomencl. tab.* 92. *fig.* 8. 9.

Papilio Arge. SCHNEID. *Syst. Beschr. p.* 85. *n°.* 28.

Papilio Arge. OCHSENH. *Pap. Eur. tom.* 1. *p.* 251. *n°.* 38.

Papilio Arge sicula. BORKH. *Pap. Eur. part.* 1. *p.* 107 & 245. *n°.* 50.

Papilio Thetis. HUBN. *Pap. tab.* 43. *fig.* 196. 197. (Le mâle.)

Papilio Amphitrite. HUBN. *Pap. tab.* 43. *fig.* 194. 195. (La femelle.)

Papilio Amphitrite. ILLIG. *Magaz. tom.* 3. *p.* 205.

Le Demi-Deuil aux yeux bleus. ENGRAM. *Pap. d'Europe, tom.* 1. *p.* 136. *pl.* 30. *fig.* 61. a. b.

Il est de la taille du *Galathée*. Ses ailes sont blanches & légèrement dentées. Leur dessus, dont l'origine est seulement un peu obscure, a l'extrémité noire, avec des taches blanches comme dans les espèces précédentes, & en outre une ligne marginale également blanche, mais plus prononcée dans la femelle que dans le mâle. Avant les taches, les secondes ailes ont une bande interrompue de cinq yeux noirs à prunelle bleue. Les premières ailes ont deux yeux semblables vis-à-vis du sommet, & une tache ou raie noire oblique entre la naissance & le milieu de la côte.

En dessous, où les nervures sont noires, on retrouve tous les caractères que nous venons d'indiquer; mais les yeux sont d'un roux-vif, avec un iris jaunâtre qu'entoure un cercle noir, & les secondes ailes ont vers la base deux lignes noires, transversales, dont l'extérieure double, & sensible en dessous dans les mâles.

Il habite la Sicile, la Calabre, l'Espagne & le Portugal. — Engramelle se trompe en disant qu'il se trouve en Allemagne.

95. SATYRE Psyché.

SATYRUS Psyche.

Sat. alis denticulatis, albis, basi suprà immaculatâ, apice nigro maculis albis & ocellis nigris: posticis subtùs venis, ocellisque duobus & tribus, brunneis.

Papilio Syllius, *alis albis, apice nigro maculatis, ocellis obsoletis: subtùs ocellis quinque, venis fusco marginatis.* HERBST, *Pap. part.* 8. *p.* 15. *tab.* 182. *fig.* 8. 9.

Papilio Syllius. Ochsenh. *Pap. Eur. tom.* 1. *p.* 254. *n°.* 39.

Papilio Arge Occitanica, *alis dentatis, albo nigroque variis : inferioribus subtùs venis ocellisque rufo inductis.* Esp. *Pap. part.* 1. *p.* 17. *tab.* 96. *cont.* 51. *fig.* 3. 4.

Papilio Psyche. Hubn. *Pap. tab.* 44. *fig.* 198. 199. (La femelle.)

Papilio Psyche. Illig. *Magaz. tom.* 3. *p.* 202.

Engram. *Pap. d'Europe, tom.* 1. *p.* 135. *pl.* 30. *fig.* 60. e. f.

Il ne diffère essentiellement de l'*Amphitrite* que parce que tout le dessous des secondes ailes, & le dessous des premières au sommet, sont veinés de brun, & parce que le fond des yeux est aussi de cette couleur, au lieu d'être d'un roux-vif.

On le trouve dans le midi de la France, en Portugal, &c.; & non en Angleterre, comme l'a cru Engramelle.

96. Satyre Déjanire.

Satyrus Dejanira.

Sat. alis subdentatis, fuscis : anticis utrinquè ocellis quinque : posticis subtùs sex in fasciâ albâ repandâ, tertio minuto, anali bipupillato.

Papilio N. Dejanira, *alis dentatis, fuscis : primoribus utrinquè ocellis quinque : posticis subtùs sex fasciâque albâ repandâ.* Linn. *Syst. Nat.* 2. *p.* 774. *n°.* 154. — *Mus. Lud. Ulr. p.* 282. *n°.* 100.

Papilio S. *Dejanira.* Fab. *Syst. Entom. p.* 494. *n°.* 222. — *Spec. Ins. tom.* 2. *p.* 76. *n°.* 336. — *Mant. Ins. tom.* 2. *p.* 38. *n°.* 393. — *Entom. Syst. em. tom.* 3. *pars* 1. *p.* 230. *n°.* 719.

Papilio Dejanirus. Herbst, *Pap. tab.* 197. *fig.* 1. 2.

Roes. *Ins.* 4. *tab.* 33. *fig.* 1. 2.

Papilio Dejanira. Esp. *Pap. part.* 1. *tab.* 9. *fig.* 2.

Papilio Dejanira. Wien. *Verz. p.* 166. *fam.* F. *n°.* 5.

Illig. *N. Ausg. Dess. tom.* 2. *p.* 177. *n°.* 5.

Papilio Dejanira. Bergestr. *Nomencl. tab.* 37. *fig.* 6. 7.

Borkh. *Pap. Eur. part.* 1. *p.* 70 & 231. *n°.* 7. — *part.* 2. *p.* 200.

Borkh. *Rhein. Magaz. tom.* 1. *p.* 239. *n°.* 19.

Schneid. *Syst. Beschr. p.* 177. *n°.* 56.

Fuessl. *Suiss. Ins. p.* 29. *n°.* 566.

Lang. *Verz.* 2. *p.* 18. *n°s.* 104. 105.

Papilio Dejanira. Hubn. *Pap. tab.* 38. *fig.* 170. 171.

Papilio Dejanira. Ochsenh. *Pap. Eur. tom.* 1. *p.* 229. *n°.* 30.

Papilio Achine. Scop. *Ent. Carn. p.* 156. *n°.* 433.

La Bacchante. Geoffr. *Hist. Ins. tom.* 2. *p.* 47. *n°.* 15.

La Bacchante. Engram. *Pap. d'Europe, tom.* 1. *p.* 115. *pl.* 25. *fig.* 48. a. b.

Sa largeur ordinaire est d'environ deux pouces. Les quatre ailes sont légèrement dentées, d'un brun-obscur en dessus, avec une rangée courbe & transverse de cinq yeux noirs à iris jaunâtre vers le bout des supérieures, & trois à quatre yeux semblables, mais dont les deux postérieurs plus grands, vers le bout des ailes inférieures.

En dessous, où le fond est plus clair, ces yeux ont une prunelle blanche. Les cinq des premières ailes sont précédés intérieurement d'une bande jaunâtre, pâle, transverse & flexueuse, dont l'empreinte paroît plus ou moins sur la surface opposée. Ceux des secondes ailes sont placés sur une bande blanche, large, également flexueuse, & ils sont au nombre de six, dont le troisième très-petit, & quelquefois effacé; le sixième ou l'anal à prunelle double & moins grand que les deux qui le précèdent immédiatement. Il y a en outre, vers la base de chaque aile, un trait blanchâtre, transversal, &, le long du bord postérieur, une double ligne jaunâtre, un peu ondulée. Les petites échancrures de ce bord sont blanches de part & d'autre. Le corps est du même brun que les ailes. Les antennes sont noires & annelées de blanc en dessus, ferrugineuses en dessous.

Cette espèce paroît dans la première quinzaine de juin. Elle habite les bois. Son vol sautillant, ou plutôt par saccades, lui a fait donner le nom français de *Bacchante.* On la trouvoit assez communément au bois de Boulogne; mais elle ne s'y montre plus depuis une vingtaine d'années. Il faut aller la chercher à Saint-Germain & à Bondy. On la rencontre aussi à Meudon & à Vincennes du côté de Saint-Maur & de Fontenay-sous-Bois. — En Piémont, & même dans le département de la Charente-Inférieure, elle est plus plus grande & plus colorée. M. de Lavaux, actuellement professeur au Collége royal de Nîmes, a pris dans les environs de Saintes, lorsqu'il professoit l'Histoire naturelle à l'Ecole centrale de cette ville, des individus dont la taille surpassoit de près d'un demi-pouce celle des individus que l'on trouve autour de Paris.

La chenille, suivant Hubner, est verte, avec des lignes longitudinales plus foncées & des poils menus. Elle vit, disent les auteurs du *Catalogue systématique des Lépidoptères des environs de Vienne*, sur le *lollium temulentum* (l'*ivraie annuelle*).

97. SATYRE Minéus.

SATYRUS Mineus.

Sat. alis fuscis : subtùs strigâ mediâ lineisque quatuor apicalibus albis ; posticis ocellis septem, 1°., 3°., 4°., 5°. majoribus.

Papilio D. F. Mineus, *alis integerrimis, subfuscis : subtùs posticis ocellis septem, anticis duobus, suprà unico.* LINN. *Syst. Nat.* 2. *p.* 768. *n°.* 126?

Papilio D. F. Mineus, *alis integerrimis, fuscis : anticis suprà ocello unico : posticis subtùs septem fasciâque albâ.* FAB. *Syst. Ent. p.* 488. *n°.* 197. — *Spec. Inf. tom.* 2. *p.* 65. *n°.* 294. — *Mant. Inf. tom.* 2. *p.* 32. *n°.* 341.

Papilio N. *Mineus.* FAB. *Ent. Syst. em. tom.* 3. *pars* 1. *p.* 158. *n°.* 488.

Papilio N. Blasius, *alis integerrimis, fuscis, suprà immaculatis : subtùs anticis ocellis tribus, posticis septem.* FAB. *Ent. Syst. em. tom.* 5. *Suppl. p.* 426. *n°.* 488-9.

Papilio Justina. CRAM. *pl.* 326. *fig.* C.

Papilio Drusia. CRAM. *pl.* 84. *fig.* C. D. (Var. ?)

Papilio Justinus. HERBST, *Pap. tab.* 194. *fig.* 5.

Papilio Mineus. HERBST, *Pap. tab.* 196. *fig.* 1. 2. (Var.)

Le *Mineus* & le *Blasius* de Fabricius ne font qu'une seule espèce, dont le port, la taille & la couleur sont comme dans le *Polydecta*. (*Voyez n°.* 101.)

Le *Blasius* est sans taches en dessus. Le *Mineus* a sur chacune des quatre ailes, ou sur les supérieures seulement, un œil plus ou moins gros, suivant le sexe, noir, avec une prunelle blanche & un iris jaunâtre.

Le dessous de toutes les ailes, dans le *Blasius* comme dans le *Mineus*, est traversé obliquement par une ligne blanche, discoïdale, à la suite de laquelle viennent deux lignes également blanches, tortueuses, réunies par leurs extrémités, embrassant des yeux noirs qui ont une prunelle blanche & un iris jaune. Les yeux des secondes ailes forment une rangée de sept, dont l'antérieur, le troisième, le quatrième & le cinquième plus gros. Les yeux des premières ailes varient de deux à cinq, dont un, celui qui se reproduit en dessus, plus gros. Il y a en outre, le long du bord terminal de chaque aile, une ligne, double & ondulée, du même blanc que les précédentes.

De la Chine & du Bengale.

Nota. Linnæus ne dit pas si son papillon *Mineus* a des lignes blanches en dessous. Peut-être étoient-elles oblitérées dans l'individu qu'il a décrit, individu qui du reste ressemble parfaitement à la plupart de ceux que nous avons vus.

Quant au *Drusia* de Cramer, il offre les caractères que nous indiquons, mais il n'a que six yeux.

98. SATYRE Hésione.

SATYRUS Hesione.

Sat. alis fuscis, suprà immaculatis : subtùs strigâ communi albâ ocellisque singulatim annulo plumbeo cinctis, anticarum duobus, posticarum sesquitertiis.

Papilio N. Hesione, *alis integerrimis, fuscis : subtùs strigâ obliquâ albâ, anticis ocellis duobus, posticis sesquitertiis.* FAB. *Ent. Syst. em. tom.* 3. *pars* 1. *p.* 100. *n°.* 308.

Papilio D. F. Medus, *alis integerrimis, fuscis : subtùs strigâ niveâ ocellisque anticarum duobus, posticarum tribus.* FAB. *Syst. Ent. p.* 488. *n°.* 198. *Spec. Inf. tom.* 2. *p.* 66. *n°.* 295. — *Mant. Inf. tom.* 2. *p.* 32. *n°.* 342.

Papilio Hesione. CRAM. *Pap. pl.* 11. *fig.* C. D.

Papilio Hesione. CRAM. *Pap. pl.* 362. *fig.* C.

Papilio Hesione. HERBST, *Pap. tab.* 193. *fig.* 4. 5.

Nous réunissons l'*Hesione* & le *Medus* de Fabricius, parce que le second n'est bien certainement qu'une variété du premier.

Il a à peu près deux pouces d'envergure. Le dessus des ailes est d'un brun-obscur, avec une ligne blanchâtre, ondulée & terminale.

Le dessous est un peu plus foncé que le dessus, du moins dans beaucoup d'individus, & traversé obliquement au milieu par une raie blanche, entre laquelle & le bord les premières ailes ont deux yeux séparés, & les secondes trois dont l'antérieur plus petit & contigu au suivant. Ces yeux sont noirs, avec une prunelle blanche & un iris jaunâtre ; ils sont en outre renfermés chacun dans un cercle couleur de mine de plomb. Il y a indépendamment de cela une double ligne jaunâtre sur le bord postérieur de chaque aile, bord qui est un peu sinué aux inférieures. Le corps est brun ; les antennes sont annelées de blanc & de noir, avec le bout de la massue roussâtre.

Trouvé dans l'île de Java par M. Leschenault, & dans celle de King (mer du Sud) par MM. Péron & Lesueur. C'est donc sur de faux renseignemens que Fabricius le dit de Surinam.

Le *Medus* du même n'est point du Cap de Bonne-Espérance, mais de Java. Ce n'est, comme nous l'avons dit, qu'une variété de l'*Hesione*. Elle ne s'en diſtingue que parce que le cercle plombé qui entoure les yeux du deſſous des ailes eſt nul ou plutôt effacé.

99. Satyre Conſtantius.

Satyrus Conſtantius.

Sat. alis integerrimis, obſcurè cinereis, ſtrigâ marginali punctorum fuſcorum. Fab.

Papilio N. *Conſtantius.* Fab. *Ent. Syſt. em. tom.* 3. *pars* 1. *p.* 152. *n°.* 468.

Papilio Conſtantius. Jon. *Fig. pict.* 6. *tab.* 50. *fig.* 1.

Voici ce qu'en dit Fabricius : les quatre ailes ſont cendrées. Leur deſſus offre une rangée terminale de points noirâtres, entourés chacun d'une lunule blanche.

Leur deſſous eſt traverſé, au-delà du milieu, par une bande pâle, large, & ſur laquelle il y a une ſérie de points obſcurs.

Il habite.....

100. Satyre Nécys.

Satyrus Necys.

Sat. alis integerrimis, ſuprà nigricantibus, immaculatis : ſubtùs nebuloſo-cinereis, ſtrigis tribus fuſcis ſerieque punctorum ſex albidorum.

Il a environ un pouce & demi d'envergure. Ses ailes ſont d'un brun-noirâtre, & ſans taches en deſſus.

Leur deſſous eſt cendré, piqué de brun, avec trois lignes obſcures, tranſverſes & ondulées, dont deux entre la baſe & le milieu, la troiſième preſque marginale & précédée intérieurement à chaque aile d'une ſérie de ſix points blanchâtres. Le corps eſt de la couleur des ailes. Les antennes ſont brunâtres & annelées de gris en deſſus, ferrugineuſes en deſſous.

Du Bréſil.

101. Satyre Polydecta.

Satyrus Polydecta.

Sat. alis fuſcis : anticis ſuprà ocello unico vel ſeſquialtero : ſubtùs omnibus ſtrigis duabus nigricantibus ; poſticis ocellis ſeu punctis ocellaribus ſeptem.

Papilio N. Polydecta, *alis dentatis, fuſcis : anticis ocello ; poſticis ſuprà duobus, ſubtus ſeptem.* Fab. *Spec. Inſ. tom.* 2. *p.* 85. *n°.* 373. — *Mant. Inſ. tom.* 2. *p.* 46. *n°.* 450. — *Ent. Syſt. em. tom.* 3. *pars* 1. *p.* 107. *n°.* 329.

Papilio S. Perſeus, *alis integerrimis, fuſcis : ſubtùs punctis ocellaribus, anticis tribus, poſticis ſeptem.* Fab. *Syſt. Ent. p.* 488. *n°.* 199. — *Spec. Inſ. tom.* 2. *p.* 66. *n°.* 296.—*Mant. Inſ. tom.* 2. *p.* 32. *n°.* 343. — *Ent. Syſt. em. tom.* 3. *pars* 1. *p.* 219. *n°.* 685.

Papilio Polydecta. Cram. *Pap. pl.* 144. *fig.* E. F.

Papilio Otrea. Cram. *Pap. pl.* 314. *fig.* A. B.

Papilio Mamerta. Cram. *Pap. pl.* 326. *fig.* D.

Papilio Franciſca. Cram. *Pap. pl.* 326. *fig.* E. F.

Papilio Polydectus. Herbst, *Pap. tab.* 196. *fig.* 5. 6.

Papilio Otreus. Herbst, *Pap. tab.* 196. *fig.* 3. 4.

Papilio Mamertus. Herbst, *Pap. tab.* 194. *fig.* 6.

Papilio Franciſcus. Herbst, *Pap. tab.* 194. *fig.* 7. 8.

Papilio Perſeus. Donow. *Gen. Illuſt. of Entom. part.* 1. *an Epitome of the Inſ. of New Holl. pl.* 26. *fig.* 3.

Papilio Perſeus. Jon. *Fig. pict.* 6. *tab.* 49. *fig.* 1.

Le *Polydecta* & le *Perſeus* de Fabricius nous paroiſſent ne former qu'une ſeule eſpèce, dont les papillons *Otrea, Mamerta* & *Franciſca* de Cramer ſont des variétés.

Sa taille varie entre un pouce & demi & deux pouces. Les quatre ailes ſont d'un brun-obſcur en deſſus. Les ſupérieures, dont le bord terminal eſt entier, ont, entre ce même bord & le diſque, un grand ou un moyen œil noir à prunelle blanche & à iris jaunâtre, indépendamment duquel on en voit parfois un autre très-petit vis-à-vis du ſommet.

Les ailes inférieures ſont ſinuées. Leur deſſus eſt ordinairement ſans taches. Néanmoins, dans quelques individus de l'un & l'autre ſexe, il y a, vers le milieu du bord poſtérieur, deux petits yeux colorés comme celui des premières ailes. Cela a lieu, par exemple, pour les *Polydecta, Otrea* & *Franciſca* de Cramer.

Le deſſous des quatre ailes eſt tantôt beaucoup plus pâle que le deſſus, tantôt d'un brun-obſcur à reflet vineux, avec une ſuite d'yeux ou de points oculaires, le plus ſouvent au nombre de quatre ſur les premières ailes, & toujours au nombre de ſept ſur les ſecondes. Entre ces yeux & la baſe, ſont deux lignes noirâtres, tranſverſes, un peu ondulées, dont la poſtérieure ayant le côté interne plus ou moins éclairé de blanchâtre. Le long du bord terminal règne une double ligne obſcure en feſton, mais elle n'eſt bien diſtincte que dans le *Polydecta* proprement dit. Les points oculaires ſont noirs, avec le milieu blanc ; & lorſqu'ils ſont remplacés par des yeux, l'iris eſt griſâtre. Le corps

& les antennes font bruns. Celles-ci ont la maffue rouffâtre & le deffous blanchâtre.

De la Chine & du Bengale.

N. B. Suivant Fabricius & Donowan cette efpèce fe trouveroit auffi à la Nouvelle-Hollande. C'eft du moins la patrie qu'ils affignent à leur *Perfeus* qui, comme nous l'avons dit, nous paroît être le même que le *Polydecta*.

102. Satyre Martius (1).

Satyrus Martius.

Sat. alis integerrimis, nigris : fubtùs punctis ocellaribus, anticis quatuor, pofticis feptem. Fab.

Papilio S. *Martius.* Fab. *Ent. Syft. em. tom.* 3. *pars* 1. *n°.* 686.

Papilio Martius. Jon. *Fig. pict.* 6. *tab.* 49. *fig.* 1.

Fabricius le décrit ainfi : il a le port du *Perfeus* (*Polydecta var.*), auquel il reffemble. Mais il forme une efpèce diftincte. Le deffus des ailes eft noir & fans taches.

Leur deffous eft pareillement noir, avec le bord plus pâle & précédé aux ailes fupérieures de quatre yeux, dont le deuxième & le quatrième très-petits, & aux ailes inférieures de fept, dont le troifième plus grand.

Il habite. . . . .

103. Satyre Zachéus.

Satyrus Zachœus.

Sat. alis integris, fufcis, fuprà ocellis duobus : fubtùs anticis quatuor, pofticis fex. Fab.

Papilio S. *Zachœus.* Fab. *Ent. Syft. em. tom.* 3. *pars* 1. *p.* 217. *n°.* 679.

Papilio Zachœus. Jon. *Fig. pict.* 4. *tab.* 15. *fig.* 2.

Fabricius le décrit ainfi : il a le port du *Clérimon.* Le deffus de fes ailes eft d'un brun-obfcur, avec deux yeux à prunelle blanche fur chacune d'elles. Les inférieures en ont quelquefois un troifième, plus petit, près de l'anus.

Le deffous eft de la même couleur que le deffus, avec quatre yeux à prunelle blanche fur les ailes de devant, & fix femblables fur celles de derrière.

Il habite. . . . .

104. Satyre Tabitha.

Satyrus Tabitha.

Sat. alis dentatis, nigris : anticis ocello unico : fubtùs obfcuris, ftrigâ punctorum ocellatorum. Fab.

Papilio S. *Tabitha.* Fab. *Ent. Syft. em. tom.* 3. *pars* 1. *p.* 243. *n°.* 756.

Il a le port de l'*Eudora.* (*Voyez n°.* 164.) Ses ailes font dentées, noires en deffus, avec un petit œil plus foncé & à prunelle blanche au fommet des fupérieures.

En deffous le fond des quatre ailes eft obfcur, avec une rangée de points blancs, oculaires.

Des Indes orientales.

(*Traduction de Fabricius.*)

105. Satyre Clérimon.

Satyrus Clerimon.

Sat. alis fubrepandis, fufcis : anticis fuprà ocello atro : omnibus fubtùs quatuor minutis. Fab.

Papilio S. *Clerimon.* Fab. *Entom. Syft. em. tom.* 3. *pars* 1. *p* 217. *n°.* 678.

Papilio Clerimon. Jon. *Fig. pict.* 4. *tab.* 15. *fig.* 1.

Il eft de la taille de l'*Hypéranthus.* (*Voyez n°.* 162.) Ses ailes font légèrement finuées. Leur deffus eft d'un brun-obfcur, avec un grand œil noir à prunelle blanche & à iris jaune fur les fupérieures, & deux petits yeux à prunelle femblable fur les inférieures.

Le deffous de chaque aile a l'extrémité plus pâle, avec quatre petits yeux à prunelle blanche.

Il habite. . . . .

(*Traduction de Fabricius.*)

106. Satyre Florimel.

Satyrus Florimel.

Sat. alis integerrimis, fufcis : fubtùs anticis ocellis duobus, pofticis feptem. Fab.

Papilio S. *Florimel.* Fab. *Ent. Syft. em. tom.* 3. *pars* 1. *p.* 215. *n°.* 673.

Papilio Florimel. Jon. *Fig. pict.* 6. *tab.* 50. *fig.* 2.

Il eft de moyenne taille & d'un brun-obfcur en deffus. Les ailes fupérieures ont deux yeux dépourvus de prunelle. Les inférieures font fans taches.

En deffous le fond eft plus pâle, & traverfé au milieu par une large bande brunâtre, derrière laquelle les premières ailes ont deux yeux, dont le poftérieur plus grand, & les fecondes fept, dont le troifième, à partir du bas, auffi plus grand. Ces yeux font noirs, avec une prunelle blanche & un iris jaune.

Il habite. . . . .

(*Traduction de Fabricius.*)

(1) N'ayant pas vu ce fatyre, ni les trois fuivans, nous ne fommes pas fûrs qu'ils forment des efpèces diftinctes. Nous penchons même à croire qu'ils doivent fe rapporter au *Polydecte* ou au *Mineus*, lefquels font peut-être auffi variétés l'un de l'autre.

107. SATYRE Mergus.

SATYRUS Mergus.

Sat. alis integerrimis, concoloribus, fuscis : anticis ocellis quatuor, anteriore pupillâ geminâ ; posticis quinque. FAB.

Papilio N. *Mergus.* FAB. *Ent. Syst. em. tom.* 3. *pars* 1. *p.* 159. *n°.* 490.

Papilio Mergus. JON. *Fig. pict.* 4. *tab.* 41. *fig.* 2.

Ses ailes sont de part & d'autre d'un brun-obscur, avec quatre yeux noirs à prunelle blanche & à iris fauve sur les supérieures, & cinq sur les inférieures. L'œil antérieur des premières ailes est double.

De l'Afrique.

(*Traduction de Fabricius.*)

108. SATYRE Circé.

SATYRUS Circe.

Sat. alis dentatis, fusco-nigris, suprà fasciâ communi albâ : posticis subtùs sesquialterâ : anticarum utrinquè maculari ocello sæpiùs unico.

Papilio S. Circe, *alis dentatis, fuscis, fasciâ utrinquè albâ : anticarum ocello unico.* FAB. *Syst. Entom. p.* 495. *n°.* 226. — *Spec. Inf. tom.* 2. *p.* 77. *n°.* 342. — *Mant. Inf. tom.* 2. *p.* 39. *n°.* 403. — *Entom. Syst. em. tom.* 3. *pars* 1. *p.* 233. *n°.* 728.

Papilio Circe. SCHŒFF. *Icon. tab.* 82. *fig.* 1. 2.

Papilio Circe. ROSSI, *Faun. Etr. tom.* 2. *p.* 147. *n°.* 1006.

ROES. *Inf. part.* 1. *tab.* 27. *fig.* 3. 4.

Papilio Proserpina. HERBST, *Pap. tab.* 216. *fig.* 1. 4.

Papilio Proserpina. ESP. *Pap. part.* 1. *tab.* 39. *Suppl.* 15.

Papilio Proserpina. ESP. *Pap. part.* 1. *tab.* 42. *Suppl.* 18. *fig.* 3. — *tab.* 26. *Suppl.* 2. (La chenille.)

Papilio Proserpina. WIEN. *Verz. p.* 169. *fam.* F. *n°.* 23.

ILLIG. *N. Ausg. Dess. tom.* 2. *p.* 196. *n°.* 23.

ILLIG. *Magaz. tom.* 3. *p.* 202.

BERGSTR. *Nomencl. tab.* 95. *fig.* 1. 2. & *tab.* 126. *fig.* 1. 2.

Papilio Proserpina. BORKH. *Pap. Eur. part.* 1. *p.* 65. *n°.* 2. — *part.* 2. *p.* 199. *n°.* 2.

SCHNEID. *Syst. Beschr. p.* 92. *n°.* 34.

LANG. *Verz.* 2. *p.* 26. *n°.* 190-193.

Papilio Proserpina. SCHWARZ, *Raup. Calend. p.* 45. *n°.* 180.

Papilio Proserpina. SCHRANK, *Faun. Boïc. tom.* 2. *p.* 184. *n°.* 1319.

Papilio Proserpina. HUBN. *Pap. tab.* 26. *fig.* 119. (Mas.) *fig.* 120. 121. (Fem.)

Papilio Proserpina. OCHSENH. *Pap. Eur. tom.* 1. *p.* 167. *n°.* 1.

Papilio Hermione. FUESSL. *Suiss. Inf. p.* 29. *n°.* 564.

Papilio Velleda. NATURF. *p.* 17. *n°.* 3.

Le Silène. ENGRAM. *Pap. d'Europe, tom.* 1. *p.* 70. *pl.* 20. *fig.* 33. a. b.

Le Silène. ENGRAM. *Pap. d'Europe, tom.* 1. *p.* 302. *pl.* 81. 2e. *Suppl. pl.* 2. *fig.* c. (La chenille.) *fig.* d. e. (Variétés du pap.)

Il a près de trois pouces d'envergure. Les quatre ailes sont dentées, d'un noir-brun en dessus, avec une bande blanche, transverse, située vers le bord postérieur dont les échancrures sont également blanches. La bande des ailes inférieures est continue, un peu courbe en arrière & sinuée sur les côtés. Celle des ailes supérieures est composée de six taches dont l'antérieure oblongue & chargée dans son milieu d'un œil noir sans prunelle ; la suivante petite & pareillement oblongue; les quatre autres presque triangulaires.

Le dessous des premières ailes diffère du dessus en ce que l'œil de la bande a une prunelle d'un blanc-vif; en ce qu'il y a près du milieu de la côte deux taches blanches, parallèles & un peu orbiculaires; en ce que toute la côte & le sommet sont piqués de grisâtre.

Le dessous des secondes ailes est d'un brun piqué de gris, avec deux bandes blanches, transversales, dont l'intérieure courte, dilatée à son origine, très-étroite vers son extrémité; l'extérieure correspondante à celle du dessus, mais plus fortement sinuée en dedans, & précédée en dehors d'un point oculaire avoisinant l'angle anal. Le corps est de la couleur des ailes. Les antennes ont le bout de la masse fauve.

Engramelle a figuré deux variétés. L'une a un second œil plus petit, placé vers le milieu de la bande des ailes de devant.

L'autre a la bande extérieure du dessous des ailes de derrière roussâtre, au lieu de l'avoir blanche.

Cette espèce se trouve dans le midi de l'Allemagne, en Italie, & dans plusieurs contrées de la France. Elle donne en juillet & en août.

La chenille est, comme toutes celles du genre *Satyre*, terminée par une pointe bifide. Son corps est d'un brun-noirâtre, avec six raies longitudinales, dont deux grises sur le dos, une roussâtre sur chaque côté & une jaunâtre au dessus des pattes. Pendant le jour elle se tient cachée au pied de la plante, & ne sort pour manger qu'après le coucher du soleil. Sa démarche est lente. Elle vit sur la *flouve odorante* (*anthoxantum odoratum*), l'*ivraie* (*lollium*), le *brome des bois* (*bromus sylvaticus*). Au mois de juin, elle fait sa chrysalide dans une cavité qu'elle pratique en terre.

109. Satyre Briséis.

Satyrus Briseis.

Sat. alis dentatis, suprà fuscis, virescenti-micantibus, fasciâ communi albâ : anticarum maculari ocellis duobus dissitis.

Papilio N. Briseis, *alis dentatis, fuscis, viridi-micantibus, fasciâ albâ : anterioribus ocellis duobus, posterioribus cœcis.* Linn. *Syst. Nat.* 2. *p.* 770. *n°.* 139. — *Mus. Lud. Ulr. p.* 226.

Papilio S. *Briseis.* Fab. *Spec. Inf. tom.* 2. *p.* 76. *n°.* 339. — *Mant. Inf. tom.* 2. *p.* 38. *n°.* 396. — *Ent. Syst. em. tom.* 3. *pars* 1. *p.* 231. *n°.* 721.

Papilio Briseis. Herbst, *Pap. tab.* 216. *fig.* 5. 6. & *tab.* 217. *fig.* 1. 2.

Papilio Briseis. Naturf. 10. *tab.* 2. *fig.* 3. 4.

Papilio Briseis. Schœff. *Icon. tab.* 274. *fig.* 5. 6.

Papilio Briseis. Rhein. *Magaz. tom* 1. *p.* 246. *n°.* 34.

Papilio Briseis. Lang. *Verz.* 2. *p.* 25. *n°.* 179-182.

Papilio Briseis. Wien. *Verz. p.* 169. *fam.* F. *n°.* 20.

Papilio Briseis. Ochsenh. *Pap. Eur. tom.* 1. *p.* 170. *n°.* 3.

Papilio Anthe. Ochsenh. *Pap. Eur. tom.* 1. *p.* 169. *n°.* 2. (Var. fem. ?)

Illig. *N. Ausg. Dess. tom.* 2. *p.* 193. *n°.* 20.

Illig. *Magaz. tom.* 3. *p.* 188.

Illig. *Magaz. tom.* 5. *p.* 182. (Var. fem. ?)

Papilio Briseis. Schrank, *Faun. Boïc. tom.* 2. *p.* 182. *n°.* 1316.

Papilio Janthe. Schrank, *Faun. Boïc. tom.* 2. *p.* 183. *n°.* 1317.

Papilio Briseis. Borkh. *Pap. Eur. part.* 1. *p.* 69 & 230. *n°.* 5.

Papilio Janthe. Borkh. *Pap. Eur. part.* 1. *p.* 68 & 229. *n°.* 4.

Papilio Daedale. Borkh. *Pap. Eur. part.* 1. *p.* 67 & 229. *n°.* 3.

Papilio Briseis. Bergstr. *Nomencl. tab.* 96. *fig.* 1. 2.

Papilio Janthe. Bergstr. *Nomencl. tab.* 94. *fig.* 4. 5.

Papilio Daedale. Bergstr. *Nomencl. tab.* 94. *fig.* 1. 2.

Papilio Janthe major. Esp. *Pap. part.* 1. *tab.* 26. *Suppl.* 2. *fig.* 1.

Papilio Janthe minor. Esp. *Pap. part.* 1. *tab.* 26. *Suppl.* 2. *fig.* 2.

Papilio Pirata, *alis dentatis, fuscis : superioribus fasciâ rufescente in sex areolas divisâ maculisque duabus rotundatis nigris subtùs albo pupillatis ; posticis suprà fasciâ rufescente, subtùs albidis atomis grisescentibus numerosis.* Esp. *Pap. part.* 1. *tab.* 100. *cont.* 55. *fig.* 3. (Var. fem.)

Papilio Briseis. Hubn. *Pap. tab.* 28. *fig.* 130. 131.

Papilio Pirata. Hubn. *Pap. tab.* 118. *fig.* 604. 605. (Var. fem.)

Papilio Persephone. Hubn. *tab.* 115. *fig.* 589. 590. (Var. fem. ?)

Papilio Janthe. Schneid. *Syst. Beschr. p.* 95. *n°.* 36.

Papilio Janthe. Pallas, *Voy. p.* 17. *n°.* 58.

Papilio Pirata. De Prunner, *Lepid. Pedem. p.* 73. *n°.* 149.

L'Hermite. Engram. *Pap. d'Europe, tom.* 1. *p.* 73. *pl.* 21. *fig.* 36. a-d.

L'Hermite. Engram. *Pap. d'Europe, tom* 1. *p.* 254. *pl.* 63. *Suppl.* 9. *fig.* 36. a-f.

Il a d'ordinaire à peu près un pouce de moins que le *Circé*. Les ailes supérieures sont légèrement dentées; les inférieures le sont davantage, surtout dans la femelle. Le dessus des quatre est d'un brun-noirâtre à reflet verdâtre, avec une bande oblique d'un blanc-sale. La bande des secondes ailes est continue, un peu sinuée & dilatée dans son milieu. Celle des premières ailes est partagée en six ou sept taches longitudinales, dont l'antérieure & la quatrième chargées chacune d'un œil noir à prunelle blanche, mais moins prononcé dans le mâle que dans la femelle, surtout le postérieur. La côte de ces ailes est en outre blanchâtre jusqu'auprès du sommet.

Le dessous des mêmes ailes est moins foncé que le dessus; la bande blanche y est plus large, moins interrompue, teintée de roussâtre sur le côté externe; le sommet & le bord terminal y sont grisâtres; la partie antérieure de la surface est cendrée ou blanchâtre, avec une tache noire presqu'orbiculaire & appuyée sous le milieu de la côte.

Le dessous des secondes ailes est cendré à la base, avec deux taches noirâtres dans le mâle, sans taches dans la femelle; blanchâtre ou plus clair sur la partie qui correspond à la bande du dessus; puis d'un brun-obscur, avec deux ou trois points blancs, dont le postérieur ocellé; enfin, terminé par une bande blanchâtre ou cendrée qui a le côté interne sinué. Les deux surfaces du corps sont de la couleur des ailes. Les antennes sont brunâtres en dessus, pâles en dessous.

Le *Pirata* de quelques auteurs n'est qu'une variété femelle qui a la bande du dessus des quatre ailes roussâtre, au lieu de l'avoir blanche. On la trouve particulièrement dans le midi de la France.

Le *Perséphone* d'Hubner, ou *Anthe* de M. Ochsenheimer, ne paroît différer de cette variété qu'en ce que les yeux des ailes de devant sont sans prunelle de part & d'autre; en ce que les ailes de derrière ont un œil semblable près de l'angle de l'anus, & que leur dessous est partout du même brun, avec des marbrures grisâtres.

Le *Briséis* habite à peu près toute l'Europe. Il paroît en juillet & en août dans les endroits pierreux. Nous l'avons pris sur la côte d'Aunay près de Paris. — Dans le Midi les individus sont plus grands & plus colorés que dans le Nord.

110. SATYRE Hermione.

SATYRUS Hermione.

Sat. alis dentatis, fuscis, virescenti-micantibus, utrinquè fasciâ communi albidâ : anticarum ocellis duobus dissitis, posticarum unico.

Papilio N. Hermione, *alis dentatis, fuscis, fasciâ pallidâ : primoribus ocellis suprà duobus, subtùs unico.* LINN. *Syst. Nat.* 2. *p.* 773. *n°.* 149. — *Mus. Lud. Ulr. p.* 281. *n°.* 99.

Papilio S. *Hermione.* FAB. *Syst. Entom. p.* 495. *n°.* 225. — *Spec. Inf. tom.* 2. *p.* 77. *n°.* 341. — *Mant. Inf. tom.* 2. *p.* 39. *n°.* 402. — *Ent. Syst. em. tom.* 3. *pars* 1. *p.* 232. *n°.* 727.

Papilio Hermione. HERBST, *Pap. tab.* 215. *fig.* 1-6.

Papilio Hermione. WIEN. *Verz. p.* 169. *fam.* F. *n°.* 22.

Papilio Alcyone. WIEN. *Verz. p.* 169. *fam.* F. *n°.* 21.

ILLIG. *N. Ausg. Dess. tom.* 2. *p.* 194. *n°s.* 21 & 22.

ILLIG. *Magaz. tom.* 3. *p.* 184 & *p.* 194. — *tom.* 4. *p.* 36.

BERGSTR. *Nomenclat. tab.* 95. *fig.* 3. 4. — *tab.* 126. *fig.* 3-5. — *tab.* 127. *fig.* 1. 2. 3.

Papilio Hermione. BORKH. *Pap. Eur. part.* 1. *p.* 63 & 228. *n°.* 1. — *part.* 2. *p.* 199.

BORKH. *Rhein. Magaz. tom.* 1. *p.* 248. *n°.* 35.

Papilio Hermione. SCHNEID. *Syst. Beschr. p.* 91. *n°.* 33.

Papilio Alcyone. SCHNEID. *Syst. Beschr. p.* 89. *n°.* 32.

Papilio Hermione. LANG. *Verz.* 2. *p.* 26. *n°.* 183-186.

Papilio Alcyone. LANG. *Verz.* 2. *p.* 26. *n°.* 187-189.

Papilio Hermione minor. ESP. *Pap. part.* 1. *tab.* 8. *fig.* 2.

Papilio Hermione major. ESP. *Pap. part.* 1. *tab.* 8. *fig.* 3.

Papilio Hermione major. ESP. *Pap. part.* 1. *tab.* 70. *cont.* 20. *fig.* 4. (Mas. Var.)

ROES. *Inf. part.* 3. *tab.* 34. *fig.* 5. 6.

Papilio Hermione. HUBN. *Pap. tab.* 27. *fig.* 122. (Mas.) *fig.* 123. 124. (Fem.)

Papilio Alcyone. HUBN. *Pap. tab.* 27. *fig.* 125. 126.

Papilio Hermione. SCHRANK, *Faun. Boïc. tom.* 2. *p.* 183. *n°.* 1318.

Papilio Hermione. OCHSENH. *Pap. Eur. tom.* 1. *p.* 173. *n°.* 4.

Papilio Alcyone. OCHSENH. *Pap. Eur. tom.* 1. *p.* 176. *n°.* 5.

ROSSI, *Faun. Etr. tom.* 2. *p.* 147. *n°.* 1005.

Papilio Fagi. SCOP. *Ent. Carn. p.* 151. *n°.* 428.

Papilio Jurtina. HUFNAG. *Magaz. tom.* 2. *p.* 78. *n°.* 42.

NATURF. 6. *p.* 10. *n°.* 42.

La Silène. GEOFFR. *Hist. Inf. tom.* 2. *p.* 46. *n°.* 13.

Le Silvandre. ENGRAM. *Pap. d'Europe, tom.* 1. *p.* 71. *pl.* 20. *fig.* 34. a. b. c.

Le petit Silvandre. ENGRAM. *Pap. d'Europe, tom.* 1. *p.* 253. *pl.* 63. *Suppl.* 8. *fig.* 35. a. b. c.

Il est presqu'aussi grand que le *Circé*. Les quatre ailes sont dentées & bordées de blanc aux échancrures. Leur dessus est d'un brun-noirâtre, légèrement glacé de verdâtre, avec une bande postérieure d'un blanc plus ou moins sale. Cette bande, dont le côté interne est crénelé, est courbe aux secondes ailes & précédée en dehors, vers l'angle anal, d'un petit œil noir à prunelle blanche : aux premières ailes, elle est marquée de deux yeux semblables, & écartés, dont le supérieur un peu plus grand.

Le dessous de ces mêmes ailes ressemble au dessus, mais la côte & le sommet y sont piqués de gris; la bande y est plus claire & n'offre le plus souvent dans les mâles que l'œil antérieur; nous disons le plus souvent, parce que les deux yeux se retrouvent dans des mâles plus petits, & que plusieurs auteurs ont désignés sous le nom d'*Alcyone*.

Le dessous des ailes inférieures diffère du dessus, en ce que tout le fond est piqué de gris, & la bande de brun; en ce que celle-ci est bordée de noir sur les côtés, & en ce qu'il y a vers la base une ligne transverse & ondulée également noire. Le corps & les antennes sont du même ton que les ailes.

La chenille vit sur la *houque laineuse*, vulgairement appelée *foin blanc* ou *foin de mouton* (*holcus lanatus*). Elle est grisâtre, avec une ligne noire le long du dos.

Cette espèce se trouve dans toute l'Europe, au mois d'août. Elle fréquente les bois & les hauteurs. Elle est très-commune à Fontainebleau.

L'*Alcyone*, que nous avons cité tout-à-l'heure, n'est, comme l'ont pensé Linnæus & Fabricius, qu'une variété plus petite, ayant deux yeux de part & d'autre sur la bande des ailes supérieures du mâle. Cette variété se prend avec les individus ordinaires, mais elle paroît s'être multipliée dans les endroits où la plante qui sert de nourriture à la chenille acquiert moins de développement.

111. Satyre Sémélé.

Satyrus Semele.

Sat. alis dentatis, suprà fuscis, fasciâ lutescente, sinuatâ, interruptâ: anticarum utrinquè biocellati: posticis subtùs cinereo fuscoque marmoratis, fasciâ albidâ, angulatâ.

Papilio N. Semele, *alis dentatis, fuscis, fulvo fasciatis: posterioribus albo nigroque variis.* Linn. *Syst. Nat.* 2. *p.* 772. *n°.* 148. — *Faun. Suec. edit.* 2. *p.* 276. *n°.* 1051.

Papilio S. Semele, *alis dentatis, fasciâ maculari fulvâ ocellisque duobus: anticis subtùs disco baseos fulvo.* Fab. *Syst. Ent. p.* 494. *n°.* 224. — *Spec. Inf. tom.* 2. *p.* 76. *n°.* 341. — *Mant. Inf. tom.* 2. *p.* 39. *n°.* 400. — *Ent. Syst. em. tom.* 3. *pars* 1. *p.* 232. *n°.* 725.

Papilio Semele. Wien. *Verz. p.* 169. *fam.* F. *n°.* 17.

Illig. *N. Ausg. Dess. tom.* 2. *p.* 191. *n°.* 17.

Illig. *Magaz. tom.* 3. *p.* 204.

Schœff. *Icon. tab.* 207. *fig.* 3. 4.

Sulz. *Inf. tab.* 17. *fig.* 5. 6.

Bergstr. *Nomencl. tab.* 28. *fig.* 7. 8. — *tab.* 32. *fig.* 3.

Papilio Semele. Esp. *Pap. part.* 1. *tab.* 8. *fig.* 1.

Panz. *Faun. Germ.* 76. 23.

Papilio Semele. Herbst, *Pap. tab.* 211. *fig.* 5-8.

Papilio Semele. Borkh. *Pap. Eur. part.* 1. *p.* 69 & 230. *n°.* 6.

Borkh. *Rhein. Magaz. tom.* 1. *p.* 246. *n°.* 33.

Papilio Semele. Lewin. *Inf. tab.* 17. *fig.* 1-4.

Schneid. *Syst. Beschr. p.* 88. *n°.* 31.

Lang. *Verz.* 2. *p.* 25. *n°.* 175-178.

Muller, *Zool. Dan. p.* 115. *n°.* 1323.

Papilio Semele. Schrank, *Faun. Boïc. tom.* 2. *p.* 181. *n°.* 1314.

Fuessl. *Suiss. Inf. p.* 29. *n°.* 563.

Rossi, *Faun. Etr. tom.* 2. *p.* 147. *n°.* 1004.

Papilio Semele. Hubn. *Pap. tab.* 31. *fig.* 143. 144. (Mas.)

Papilio Semele. Ochsenh. *Pap. Eur. tom.* 1. *p.* 197. *n°.* 15.

Papilio Danae. Hufnag. *Magaz. tom.* 2. *p.* 82. *n°.* 50.

L'Agreste, Engram. *Pap. d'Europe, tom.* 1. *p.* 76. *pl.* 22. *fig.* 38. a. b. c.

Il a de deux pouces à deux pouces & un quart d'envergure. Les quatre ailes sont dentelées, notamment les inférieures, avec les échancrures ciliées de blanc. Leur dessus est d'un brun-obscur depuis la base jusqu'au-delà du milieu; ensuite noirâtre jusqu'au bout, avec une bande d'un jaune plus ou moins fauve, sinuée, interrompue, terminée aux ailes inférieures par un petit œil noir à prunelle blanche, offrant aux supérieures deux yeux semblables, mais plus grands, dont l'antérieur placé sur le milieu de la première tache à partir d'en haut, le postérieur sur le milieu de la quatrième.

En dessous, les ailes de devant ont le milieu fauve, avec la côte & le bord interne cendrés. Leur bande du dessus reparoît ici chargée de ses deux yeux, mais elle y est plus pâle, continue, & la portion du bord antérieur où elle prend son origine est marquetée de blanc.

Le dessous des ailes de derrière est cendré, piqué de brun, avec une bande blanchâtre, transverse, anguleuse, discoïdale, plus prononcée dans le mâle que dans la femelle, & un petit œil correspondant à celui de la surface opposée. Le corps est de la couleur des ailes. Les antennes sont brunâtres en dessus, grises en dessous.

Le mâle a la bande fauve du dessus des ailes moins prononcée que la femelle.

On trouve cette espèce, en juillet & en août, dans presque toutes les parties de l'Europe. Elle aime les bois secs, les lieux pierreux, & s'attache volontiers aux arbres qui suintent. — Les parcs de Saint-Cloud, de Boulogne, de Vincennes, sont les endroits des environs de Paris où on la prend le plus communément.

112. SATYRE Alcyone.

SATYRUS Alcyone.

Sat. alis dentatis, suprà fuscis, fasciâ luteâ nigro marginatâ : anticarum haud sinuatâ, utrinquè biocellatâ : posticis subtùs cinereo fuscoque marmoratis, fasciâ nullâ.

Papilio S. Alcyone, *alis dentatis, fuscis, flavo fasciatis : anticis utrinquè ocellis duobus : posticis subtùs marmoratis.* FAB. *Mant. Inf. tom.* 2. *p.* 38. *n°.* 399. — *Ent. Syst. em. tom.* 3. *pars* 1. *p.* 231. *n°.* 724.

Papilio Agave. ESP. *Pap. part.* 1. *tab.* 84. *cont.* 34. *fig.* 4.

Papilio Agave. BORKH. *Pap. Eur. part.* 1. *p.* 102. *n°.* 43. — *part.* 2. *p.* 210.

Papilio Agave. HUBN. *Pap. tab.* 30. *fig.* 139. 140. (Fem.)

Papilio Hippolyte. HERBST, *Pap. tab.* 211. *fig.* 3. 4.

Papilio Hippolyte. SCHNEID. *Syst. Beschr. p.* 87. *n°.* 30.

Papilio Hippolyte. OCHSENH. *Pap. Eur. tom.* 1. *p.* 206. *n°.* 20.

L'Hippolyte. ENGRAM. *Pap. d'Europe, tom.* 1. *p.* 332. *pl.* 8. 3e. *Suppl. fig.* 36. a. b.

Il a de très-grands rapports avec le *Sémélé.* Mais ce qui l'en distingue, c'est que la bande jaune du dessus des ailes est mieux détachée du fond & bordée de noir; qu'elle est droite & presque continue aux supérieures; qu'elle n'a aucune tache, du moins bien distincte, aux inférieures; que le dessous de celles-ci est dépourvu de bande blanche anguleuse; que le dessous de celles-là, à l'exception des bords qui sont bruns, est partout d'un jaune-pâle & en outre coupé transversalement par des lignes noires, ondulées.

Il habite les lieux très-élevés des parties les plus méridionales de la Russie.

N. B. On ne doit pas le confondre avec cet *Hermione* variété, dont quelques auteurs ont, comme nous l'avons dit, fait une espèce à part, sous le nom d'*Alcyone.*

113. SATYRE Aréthuse.

SATYRUS Arethusa.

Sat. alis dentatis, suprà fuscis, fasciâ maculari fulvâ ocello cæco : posticis subtùs cinereo fuscoque marmoratis, fasciâ albidâ recurvâ.

Papilio S. Arethusa, *alis dentatis, suprà fuscis fasciâ maculari rufâ : anterioribus utrinquè ocello unico.* FAB. *Mant. Inf. tom.* 2. *p.* 39. *n°.* 401. — *Ent. Syst. em. tom.* 3. *pars* 1. *p.* 232. *n°.* 726.

Papilio Arethusus. HERBST, *Pap. tab.* 206. *fig.* 3-6.

Papilio Arethusa. WIEN. *Verz. p.* 169. *fam.* F. *n°.* 16.

ILLIG. *N. Ausg. Dess. tom.* 2. *p.* 196. *n°.* 16.

ILLIG. *Magaz. tom.* 3. *p.* 186. — *tom.* 5. *p.* 182.

Papilio Arethusa. ESP. *Pap. part.* 1. *tab.* 69. *cont.* 19. *fig.* 3. 4.

Papilio Arethusa. BORKH. *Pap. Eur. part.* 1. *p.* 99 & 244. *n°.* 39. — *part.* 2. *p.* 208.

SCHNEID. *Syst. Beschr. p.* 87. *n°.* 29.

Papilio Arethusa. HUBN. *Pap. tab.* 34. *fig.* 154. 155.

Papilio Arethusa. OCHSENH. *Pap. Eur. tom.* 1. *p.* 208. *n°.* 21.

Le petit Agreste. ENGRAM. *Pap. d'Europe, tom.* 1. *p.* 77. *pl.* 22. *fig.* 39. a. b. c.

Le Mercure. ENGRAM. *Pap. d'Europe, tom.* 1. *p.* 258. *pl.* 64. *Suppl.* 10. *fig.* 38. a. b. *bis.*

Il est un peu plus petit que le *Sémélé.* Ses quatre ailes sont foiblement dentées, d'un brun-obscur en dessus, avec une bande fauve postérieure & maculaire, offrant vis-à-vis du sommet des supérieures & près de l'angle anal des inférieures un œil noir sans prunelle.

Le dessous des premières ailes est d'un roux plus ou moins vif, avec les bords obscurs & entrecoupés de noirâtre, surtout l'antérieur; plus un œil noir à prunelle blanche, correspondant à celui de la surface opposée.

Le dessous des secondes ailes est cendré, piqué de brun, avec une bande blanchâtre, transverse, discoïdale, courbe en arrière, un peu sinuée en avant, & précédée en dehors d'un petit œil noir à prunelle blanche. Les échancrures du bord postérieur sont blanchâtres, & le corps est de chaque côté de la même couleur que les ailes inférieures.

Il habite la Russie, la Hongrie, le midi de l'Allemagne & plusieurs contrées de la France. On le trouve communément, au mois d'août, dans les forêts de Senart, de Fontainebleau, & près de Versailles.

N. B. Les femelles ont quelquefois deux yeux sur chaque surface des premières ailes. On voit au contraire des mâles, comme le *Mercure* d'Engramelle, qui n'en ont pas aux secondes ailes.

114. SATYRE Autonoé.

SATYRUS Autonoe.

Sat. alis dentatis, suprà fuscis, fasciâ flavescente: anticarum utrinquè biocellata: posticis subtùs nebulosis, venis strigisque aliquot albidis.

Papilio S. Autonoe, *alis dentatis, fuscis, flavo subfasciatis ocellisque duobus pupillatis: anticis subtùs basi fuscis.* FAB. *Mant. Ins. tom.* 2. *p.* 38. *n°.* 398. — *Ent. Syst. em. tom.* 3. *pars* 1. *p.* 231. *n°.* 723.

Papilio Autonoe. ESP. *Pap. part.* 1. *tab.* 86. *cont.* 36. *fig.* 1. 2. 3.

Papilio Autonoe. HERBST, *Pap. tab.* 212. *fig.* 1-6.

Papilio Autonoe. BORKH. *Pap. Eur. part.* 1. *p.* 103. — *part.* 2. *p.* 210. *n°.* 45.

Papilio Autonoe. SCHNEID. *Syst. Beschr. p.* 94. *n°.* 35.

Papilio Autonoe. ILLIG. *Magaz. tom.* 3. *p.* 187.

Papilio Autonoe. HUBN. *Pap. tab.* 30. *fig.* 137. 138. (Fem.)

Papilio Autonoe. OCHSENH. *Pap. Eur. tom.* 1. *p.* 177. *n°.* 6.

JON. *Fig. pict.* 4. *tab.* 47. *fig.* 2.

L'Icare. ENGRAM. *Pap. d'Europe, tom.* 1. *p.* 333. *pl.* 8. 3°. *Suppl. fig.* 40. a. b. *bis.*

Il est approchant de la taille du *Sémélé.* Le dessus des ailes est d'un brun-obscur, avec une bande jaunâtre, postérieure & transverse. La bande des premières ailes est plus prononcée & chargée de deux yeux noirs à prunelle blanche, & assez éloignés l'un de l'autre. Celle des secondes ailes offre, près de l'angle de l'anus, un œil beacoup plus petit, qu'accompagnent quelquefois deux points blancs extérieurs.

Le dessous des premières ailes ressemble au dessus, excepté que le disque est roussâtre.

Le dessous des secondes ailes est cendré, piqué de brun, avec des veines blanchâtres, longitudinales, & trois raies transverses de cette couleur. On y retrouve en outre le petit œil de la surface opposée. Le bord de chaque aile est dentelé & cilié de blanc.

Des bords du Volga.

N. B. La phrase spécifique de Fabricius pourroit faire croire que le milieu des ailes supérieures est obscur, tandis qu'il est roussâtre.

115. SATYRE Aello.

SATYRUS Aello.

Sat. alis dentatis, suprà fuscescenti-luteis, fasciâ dilutiore: anticis utrinquè (fem.) *punctis duobus ocellatis, subtùs* (mas) *unico: posticarum paginâ inferiori fusco cinereoque marmoratâ, venis albidis.*

Papilio N. Ph. Aello, *alis fuscis, limbo lato fulvescente: superioribus vittâ longitudinali crenatâ nigricante, ocello apicis cœco altero ve minori anguli postici: inferioribus suprà ocellis duobus ad angulum ani, subtùs punctis strigisque numerosis, venis albis.* ESP. *Pap. part.* 1. *p.* 109. *tab.* 115. *cont.* 70. *fig.* 1.

Papilio Aello. ILLIG. *Magaz. tom.* 3. *p.* 184.

Papilio Aello. HUBN. *Pap. tab.* 51. *fig.* 141. 142. (Fem.)

Papilio Aello. HUBN. *Pap. tab.* 102. *fig.* 519. 520. (Mas.) *fig.* 521. (Var. fem.)

Papilio Aello. OCHSENH. *Pap. Eur. tom.* 1. *p.* 199. *n°.* 16.

Il est à peu près de la taille du précédent. Ses ailes sont dentelées, avec les échancrures d'un blanc-grisâtre. Leur dessus est d'un jaune plus ou moins obscur, suivant le sexe, avec une bande postérieure un peu plus claire, sur laquelle le mâle offre à chaque aile deux points blancs bordés de noirâtre, & la femelle deux points semblables aux ailes de devant, un seul à celles de derrière.

Le dessous des premières ailes est de la couleur du dessus, avec l'angle & le bord postérieur marbrés de brun & de gris, & un point oculaire dans le mâle, deux dans la femelle.

Le dessous des secondes ailes est cendré, aspergé de brun-obscur, avec les nervures blanchâtres, & un point oculaire près de l'angle de l'anus.

Des Alpes & du Tyrol.

116. SATYRE Norna.

SATYRUS Norna.

Sat. alis dentatis, suprà fuscescenti-luteis, fasciâ dilutiore: anticis utrinquè (mas) *punctis duobus ocellatis,* (fem.) *tribus: posticis subtùs albido cinereoque marmoratis, fasciâ fuscâ, sinuata, mediâ.*

Papilio Norna, *alis cinereo-flavescentibus: posticis subtùs fusco marmoratis.*

Var. α. *Alæ anticæ suprà punctis sesquitertiis, subtùs ocellis tribus minutis; posticæ suprà puncto, subtùs ocello unico.*

Var. β. *Alæ anticæ suprà punctis duobus, subtùs ocellis totidem; posticæ absque punctis & ocellis.* THUNBERG, *Dissert. Acad. tab.* 5. *fig.* 11.

Papilio Norna. OCHSENH. *Pap. Eur. tom.* 1. *p.* 201. *n°.* 17.

Papilio Celœno. HUBN. *Pap. tab.* 30. *fig.* 142. (Fem.)

Papilio Celœno. HUBN. *Pap. tab.* 34. *fig.* 152. 153. (Mas.)

Papilio Jutta. HUBN, *Pap. tab.* 120. *fig.* 614. 615.

Papilio Hilda. SCHNEID. *Ent. Magaz.* 4. *p.* 414. *n°.* 3.

Papilio Norna. SCHNEID. *Ent. Magaz.* 5. *p.* 586.

Il eſt abſolument de la taille & de la couleur de l'*Aello*. Mais il s'en diſtingue par le nombre des points oculaires & par le deſſous des ailes inférieures. Le mâle a de part & d'autre deux de ces points aux ailes ſupérieures, & la femelle trois, dont l'intermédiaire plus petit. Les ſecondes ailes des deux ſexes n'en offrent qu'un, encore manque-t-il quelquefois. Le deſſous de ces dernières n'a pas de veines blanchâtres, du moins bien prononcées, & le milieu de la ſurface eſt traverſé par une bande plus obſcure que le fond, & ſinuée ſur les côtés.

Telles ſont les différences que nous a fournies la comparaiſon de pluſieurs individus de l'un & de l'autre ſexe. Elles s'accordent bien avec ce que Thunberg dit de ce ſatyre dans ſes *Diſſertations académiques.*

Du nord de la Laponie.

117. SATYRE Fortunatus.

SATYRUS Fortunatus.

Sat. alis teneris, denticulatis, flaveſcenti-griſeis, margine poſtico extùs nigro punctato : poſticis ſubtùs atomis ſtrigiſque duabus undulatis fuſcis.

Papilio S. Fortunatus, *alis integris, fuſcis : poſticis ſubtùs albo nigroque marmoratis.* FAB. *Ent. Syſt. em. tom.* 3. *pars* 1. *p.* 214. *n°.* 670.

Papilio Bore, *alis rotundatis, pallidè ochreaceis, atomis fuſcis : inferioribus utrinquè faſciis nebuloſis nigricantibus.* ESP. *Pap. part.* 1. *tab.* 100. *cont.* 55. *fig.* 1.

Papilio Bore. ESP. *Pap. part.* 1. *tab.* 108. *cont.* 63. *fig.* 1.

Papilio Bore. HUBN. *Pap. tab.* 29. *fig.* 134. (Mas.) *fig.* 135. 136. (Fem.)

Papilio Bore. OCHSENH. *Pap. Eur. tom.* 1. *p.* 205. *n°.* 19.

ILLIG. *Magaz. tom.* 3. *p.* 188.

Papilio Norna, *alis dentatis, ſuprà griſeoteſtaceis, fuſco marginatis : poſticis ſubtùs faſciatis marmoratiſque.* SCHNEID. *Magaz.* 4. *p.* 415. *n°.* 4.

Il n'a guère que deux pouces d'envergure. Ses ailes ſont minces, légèrement dentées, d'un gris-jaunâtre en deſſus, avec les échancrures blanchâtres & ſéparées par de petits points noirâtres.

Le deſſous des ailes ſupérieures eſt à très-peu de choſe près ſemblable au deſſus.

Le deſſous des ailes inférieures eſt griſâtre, avec des atomes d'un brun-obſcur, épars ſur toute la ſurface, mais plus ſerrés à la baſe & formant ſur le milieu deux raies tranſverſes, parallèles, ondulées & un peu viſibles du côté oppoſé. Le corps eſt de la couleur des ailes. Les antennes ſont noirâtres, avec le bout de la maſſue jaunâtre.

Il ſe trouve en Laponie.

118. SATYRE Tarpéius.

SATYRUS Tarpeius.

Sat. alis integris, ſuprà fuſceſcenti-luteis : omnibus utrinquè ſerie punctorum 4-5 nigrorum : poſticis ſubtùs nebuloſis, faſciâ repandâ obſcuriore veniſque albidis.

Papilio S. Tarpeius, *alis integris, fulvis : omnibus ocellis quatuor cæcis.* FAB. *Mant. Inſ. tom.* 2. *p.* 32. *n°.* 338. — *Ent. Syſt. em. tom.* 3. *pars* 1. *p.* 214. *n°.* 669.

Papilio Tarpeia, *alis flaveſcenti-fuſcis, utrinquè ſerie punctorum nigrorum, ſubtùs ſubpupillatis ; inferioribus nebuloſis.* ESP. *Pap. part.* 1. *tab.* 83. *cont.* 33. *fig.* 1. 2.

Papilio Tarpeius. HERBST, *Pap. tab.* 213. *fig.* 5-8.

Papilio Tarpeia. BORKH. *Pap. Eur. part.* 1. *p.* 101. *n°.* 41. — *part.* 2. *p.* 209.

Papilio Tarpeia. OCHSENH. *Pap. Eur. tom.* 1. *p.* 203. *n°.* 18.

Papilio Celamene. CRAM. *Pap. pl.* 375. *fig.* E. F.

Il eſt de la taille du *Fortunatus*. Le deſſus des ailes eſt d'un fauve-obſcur, avec le bord terminal brun & précédé d'un rang de gros points noirs, au nombre de quatre ſur chaque aile, & quelquefois de cinq ſur les inférieures.

Le deſſous des premières ailes reſſemble au deſſus, mais le fond eſt plus pâle & le ſommet légèrement rayé de gris.

Le deſſous des ſecondes ailes eſt cendré, moucheté de brun, avec une bande plus obſcure, diſcoïdale, ſinuée, & des veines blanchâtres, longitudinales, qui ſe dilatent ſur les côtés de la bande ſuſdite. Les points de la ſurface oppoſée ſe reproduiſent ici, mais ils ſont moins noirs & preſque oculaires.

Il habite les bords du Volga.

119. SATYRE Phrynéus.

SATYRUS Phryneus.

Sat. alis teneris, integris, suprà lacteis, immaculatis : subtùs fuscis, venis argenteo-candidis fasciâque pallidâ ocellis 5-6.

Papilio S. Phryneus, *alis integerrimis, suprà albis : subtùs fuscis, albo venosis, ocellis quinque.* Fab. *Mant. Inf. tom.* 2. *p.* 33. *n°.* 354. — *Ent. Syst. em. tom.* 3. *pars* 1. *p.* 222. *n°.* 697.

Papilio Phryne. Pallas, *Voy. part.* 1. *p.* 572. *n°.* 60.

Papilio Phryne. Esp. *Pap. part.* 1. *tab.* 89. *fig.* 3. 4.

Papilio Phryne. Esp. *Pap. part.* 1. *tab.* 113. *cont.* 68. *fig.* 6.

Papilio Phryneus. Herbst, *Pap. tab.* 213. *fig.* 1-4.

Papilio Tircis. Herbst, *Pap. tab.* 183. *fig.* 7. 8.

Papilio Phryne. Borkh. *Pap. Eur. part.* 1. *p.* 108 & 246. *n°.* 52. — *part.* 2. *p.* 211.

Papilio Phryne. Hubn. *Pap. tab.* 44. *fig.* 200. 201.

Papilio Phryne. Ochsenh. *Pap. Eur. tom.* 1. *p.* . *n°.* .

Phryne. Engram. *Pap. d'Europe, tom.* 1 *p.* 333. 3e. *Suppl. fig.* 58. a. b. *bis.*

Il n'a guère que quinze lignes d'envergure. Ses ailes sont très-minces, entières, d'un blanc de lait & sans taches en dessus, avec une frange à peine cendrée.

Le dessous est d'un brun-obscur, avec un trait discoïdal & de larges veines d'un blanc-argenté. Indépendamment de cela, il y a vers l'extrémité une bande pâle, chargée d'yeux noirs à prunelle blanche, lesquels sont au nombre de cinq & un peu plus grands sur les ailes supérieures, au nombre de cinq ou de six, dont l'anal très-petit, sur les ailes inférieures. Le corps est blanc, avec la partie antérieure du corselet brunâtre.

Il se trouve en Russie, sur les bords du Volga. Pallas dit qu'il ne l'a rencontré qu'auprès de *Sysrane.*

120. Satyre Fidia.

Satyrus Fidia.

Sat. alis dentatis, fuscis, virescenti-micantibus : anticis ocellis duobus utrinquè pupillatis punctisque totidem albis intermediis : posticis subtùs fusco alboque variis, strigâ sesquialterâ nigrâ, flexuosâ.

Papilio N. Fidia, *alis dentatis, suprà fuscis, cœruleo micantibus : anterioribus ocellis duobus punctisque duobus albis.* Linn. *Syst. Nat.* 2. *p.* 770. *n°.* 138.

Papilio S. Fidia, *alis dentatis, suprà fuscis : anticis ocellis duobus punctisque duobus albis : posticis subtùs strigâ angulatâ atrâ.* Fab. *Syst. Entom. p.* 491. *n°.* 209. — *Spec. Inf. tom.* 2. *p.* 71. *n°.* 317. — *Mant. Inf. tom.* 2. *p.* 35. *n°.* 370. — *Entom. Syst. em. tom.* 3. *pars* 1. *p.* 225. *n°.* 706.

Papilio Fidia. Herbst, *Pap. tab.* 199. *fig.* 5. 6.

Papilio Fidia. Esp. *Pap. part.* 1. *tab.* 49. *Suppl.* 25. *fig.* 3.

Papilio Fidia. Devillers, *Ent. Linn. tom.* 2. *p.* 22. *n°.* 31. *tab.* 4. *fig.* 8.

Borkh. *Pap. Eur. part.* 1. *p.* 72 & 233. *n°.* 10. — *part.* 2. *pag.* 201.

Illig. *Magaz. tom.* 3. *p.* 193.

Schneid. *Syst. Beschr. p.* 98. *n°.* 39.

Rossi, *Mant. tom.* 2. *p.* 9. *n°.* 345.

Papilio Fidia. Hubn. *Pap. tab.* 52. *fig.* 147. (Mas.) 148. (Fem.)

Papilio Fidia. Ochsenh. *Pap. Eur. tom.* 1. *p.* 179. *n°.* 7.

Le Faune. Engram. *Pap. d'Europe, tom.* 1. *p.* 75. *pl.* 21. *fig.* 37. c. d.

Il a environ deux pouces & un quart d'envergure. Les quatre ailes sont dentelées, avec les échancrures des supérieures & le bord entier des inférieures ciliés de blanc de part & d'autre. Leur dessus est d'un brun-obscur, légèrement glacé de verdâtre. Celui des inférieures offre, vers le bout, deux yeux noirs à prunelle blanche, & séparés par deux points de cette dernière couleur. Le dessus des ailes inférieures a, non loin du bord terminal, une ligne arquée de quatre ou cinq points blanchâtres, dont le postérieur ocellé ou entouré de noir.

Le dessous des premières ailes diffère du dessus, en ce que le fond est plus pâle; en ce que les deux yeux ont un iris jaunâtre & qu'ils sont précédés intérieurement d'une bande blanche, transverse, étroite, anguleuse, bordée de noirâtre du côté de la base & un peu sensible en dessus; en ce qu'il y a sur le milieu du bord d'en haut deux traits noirâtres, transversaux, dont l'intérieur droit, l'extérieur presqu'en *S*.

Le dessous des secondes ailes est varié de brun-cendré & de blanc, & l'on voit sur son milieu deux lignes noires, transversales & flexueuses, dont l'intérieure beaucoup plus courte. Au point oculaire de la surface opposée correspond ici un point semblable. Le corps est de la couleur des ailes. Les antennes sont noirâtres en dessus, cendrées en dessous.

Il est très-commun, au mois de juillet, en Italie, en Portugal & dans le midi de la France.

121. Satyre Fauna.

Satyrus Fauna.

Sat. alis dentatis, fuſcis, vireſcenti-micantibus : anticis ocellis duobus ſuprà cœcis punctiſque totidem albis intermediis : poſticis ſubtùs cinereis, ſtrigâ ſeſquialterâ fuſcâ, flexuoſâ, faſciâque mediâ albicante.

Papilio S. Fauna, *alis dentatis, ſuprà fuſcis : anticis ocellis duobus punctiſque duobus albis : poſticis ſubtùs griſeis.* Fab. *Mant. Inſ. tom.* 2. *p.* 85. *n°.* 371. — *Ent. Syſt. em. tom.* 3. *pars* 1. *p.* 226. *n°.* 739.

Papilio N. Allionia, *alis dentatis, fuſcis : anticis ſubtùs ocellis duobus, poſteriori cœco.* Fab. *Spec. Inſ. tom.* 2. *p.* 83. *n°.* 366. — *Mant. Inſ. tom.* 2. *p.* 45. *n°.* 442. — *Ent. Syſt. em. tom.* 3. *pars* 1. *p.* 104. *n°.* 322.

Papilio Fauna. Sulz. *Inſ. tab.* 17. *fig.* 8. 9.

Papilio Fauna. Panz. *Faun. Germ.* 34. 23.

Papilio Fauna. Esp. *Pap. part.* 1. *tab.* 29. *Suppl.* 5.

Papilio Fauna. Esp. *Pap. part.* 1. *tab.* 63. *cont.* 13. *fig.* 7.

Papilio Fidia, var. Esp. *Pap. part.* 1. *tab.* 52. *fig.* 4.

Papilio Arachne. Esp. *Pap. part.* 1. *tab.* 95. *cont.* 50. *fig.* 2. 3.

Papilio Allionia. Esp. *Pap. part.* 1. *tab.* 105. *cont.* 60. *fig.* 4.

Papilio Arachne. Wien. *Verz. p.* 169. *fam.* F. *n°.* 18.

Papilio Fauna. Illig. *Magaz. tom.* 1. *p.* 450. — *tom.* 3. *p.* 193. — *tom.* 4. *p.* 30 & 34.

Illig. *N. Auſg. Deſſ. tom.* 2. *p.* 192. *n°.* 18.

Papilio Fauna. Borkh. *Pap. Eur. part.* 1. *p.* 72 & 233. *n°.* 11. — *part.* 2. *p.* 201.

Papilio Allionia. Borkh. *Pap. Eur. part.* 1. *p.* 84. *n°.* 22.

Papilio Arachne. Borkh. *Rhein. Magaz. tom.* 1. *p.* 250. *n°.* 37.

Papilio Fauna. Schneid. *Syſt. Beſchr. p.* 96. *n°.* 37.

Papilio Fauna. Rossi, *Mant. tom.* 2. *p.* 10. *n°.* 346.

Bergstr. *Nomencl. tab.* 132. *fig.* 3. 4.

Fuessl. *Magaz. tom.* 1. *part.* 2. *p.* 204.

Papilio Arachne. Lang. *Verz.* 2. *p.* 23. *n°s.* 161-164.

Papilio Fidia. De Prunn. *Lepid. Pedem. p.* 72. *n°.* 145.

Papilio Allionia. De Prunn. *Lepid. Pedem. p.* 72. *n°.* 146.

Papilio Actæa. De Villers, *Ent. Linn. tab.* 4. *fig.* 9.

Papilio Fauna. Hubn. *Pap. tab.* 32. *fig.* 145. 146.

Papilio Fauna. Hubn. *Pap.* 100. *fig.* 507-511.

Papilio Allioniæ. Cyrill. *Entom. Neap.* 1. *tab.* 2. *fig.* 13.

Papilio Fidia, mas. Herbst, *Pap. tab.* 200. *fig.* 1. 2.

Papilio Statilinus. Herbst, *Pap. tab.* 200. *fig.* 3-6.

Papilio Allionius. Herbst, *Pap. tab.* 201. *fig.* 5. 6.

Papilio Statilinus. Naturf. 6. *p.* 13. *n°.* 52.

Papilio Statilinus. Hunaf. *Magaz. tom.* 2. *p.* 84.

Papilio Allionia. Ochsenh. *Pap. Eur. tom.* 1. *p.* 181. *n°.* 8.

Papilio Statilinus. Ochsenh. *Pap. Eur. tom.* 1. *p.* 184. *n°.* 9.

Le Faune (& *par correctif* Coronis). Engram. *Pap. d'Europe, tom.* 1. *p.* 75. *pl.* 21. *fig.* 37. a. b.

Le Faune. Engram. *Pap. d'Europe, tom.* 1. *p.* 255. *pl.* 63. *Suppl.* 9. *fig.* 37. e. f.

L'Arachné. Engram. *Pap. d'Europe, tom.* 1. *p.* 257. *pl.* 63. *Suppl.* 9. *fig.* 37. a. b. c. *bis.*

Le ſatyre *Fauna* & la nymphale *Allionia* de Fabricius ne font qu'une ſeule eſpèce à laquelle ſe rapportent le *Coronis* & l'*Arachné* d'Engramelle.

Cette eſpèce reſſemble beaucoup au *Fidia*, mais elle eſt ordinairement plus petite ; les cils du bord terminal de ſes quatre ailes ſont gris & non d'un beau blanc ; les deux yeux du deſſus des premières ailes & l'œil poſtérieur de leur deſſous ſont ſans prunelle ; le deſſous des ſecondes ailes, au lieu d'être panaché de brun & de blanc, eſt cendré, finement piqué de brun-obſcur, & traverſé dans ſon milieu par une bande blanchâtre, que borde du côté de la baſe la plus longue des deux lignes noires flexueuſes. Cette bande eſt plus prononcée dans les individus du midi de l'Europe que dans ceux du nord, & c'eſt la ſeule différence réelle qu'il y ait entre le *Fauna* & l'*Allionia* de Fabricius, ou ſi l'on veut entre le *Coronis* & l'*Arachné* d'Engramelle.

Commune, au mois d'août, dans les environs de Paris, & particulièrement au bois de Boulogne. Elle aime les lieux arides.

122. Satyre Cordula.

Satyrus Cordula.

Sat. alis subdentatis, suprà fuscis, fasciâ rufâ, obsoletâ : anticarum utrinquè ocellis duobus pupillatis punctisque totidem albis intermediis : posticis subtùs cinereis fasciâ margineque postico albidis, punctis duobus atris ad angulum ani interpositis.

Papilio S. Cordula, *alis dentatis, fuscis : utrinquè anticis ocellis duobus punctisque duobus albis ; posticis punctis duobus atris.* Fab. *Ent. Syst. em. tom.* 3. *pars* 1. *p.* 226. *n°.* 708.

Papilio Cordula. Ochsenh. *Pap. Eur. tom.* 1. *p.* 190. *n°.* 12.

Papilio Cordula. Hubn. *Pap. tab.* 121. *fig.* 619. 620. (La femelle.)

Papilio Peas. Hubn. *Pap. tab.* 29. *fig.* 132. 133. (La femelle.)

Papilio Peas. Esp. *Pap. part.* 1. *tab.* 112. *cont.* 67. *fig.* 1.

Papilio Peas. De Prunner, *Lepid. Pedem. p.* 70. *n°.* 137.

Illig. *Magaz. tom.* 3. *p.* 200. — *tom.* 5. *p.* 180.

Papilio Cyrillus. Herbst, *Pap. tab.* 206. *fig.* 1. 2.

Papilio Proserpina. Cyrill. *Ent. Neap.* 1. *tab.* 2. *fig.* 11.

Il a le port & la taille du *Fidia.* Ses ailes sont légèrement dentées. Leur dessus est d'un brun-noirâtre, chatoyant, avec une bande rousse, postérieure, peu prononcée, offrant aux supérieures deux grands yeux noirs à prunelle blanche, entre lesquels sont deux points blancs ; &, vers l'angle anal des inférieures, un œil semblable à ceux dont nous venons de parler, mais très-petit.

Le dessous des premières ailes est d'un jaune-roussâtre, plus foncé dans le mâle que dans la femelle, avec la base & les bords obscurs. On y retrouve les deux yeux & les deux points de la surface opposée.

Le dessous des secondes ailes est cendré, avec deux bandes blanchâtres, dont l'extérieure marginale & séparée de la précédente par deux points noirs, peu distans du bord interne. Le corps est de part & d'autre de la même couleur que le fond des ailes. Les antennes sont brunâtres.

Il habite l'Italie, le Piémont & le midi de la France.

123. Satyre Bryce.

Satyrus Bryce.

Sat. alis integris, fuscis : anticis utrinquè ocellis duobus atris punctisque totidem albis intermediis : posticis subtùs fasciis duabus griseis, angustatis.

Papilio N. G. Actæa, *alis repandis, suprà fuscis : anticis ocellis duobus punctisque duobus albis : posticis subtùs marmoratis.* Fab. *Mant. Ins. tom.* 2. *p.* 35. *n°.* 369.

Papilio S. *Actæa.* Fab. *Ent. Syst. em. tom.* 3. *pars* 1. *p.* 225. *n°.* 705.

Papilio S. Ferula, *alis repandis, nigris : subtùs anticis ocellis duobus, posticis fasciâ cinereâ.* Fab. *Ent. Syst. em. tom.* 3. *pars* 1. *p.* 225. *n°.* 707. (An var. ?)

Papilio Actæa. Var. (Fem.) Esp. *Pap. part.* 1. *tab.* 85. *cont.* 35. *fig.* 4.

Illig. *Magaz. tom.* 3. *p.* 188.

Papilio Bryce. Hubn. *Pap. tab.* 33. *fig* 149. 150.

Papilio Bryce. Ochsenh. *Pap. Eur. tom.* 1. *p.* 188. *n°.* 11.

Papilio Hippolythus. Herbst, *Pap. tab.* 201. *fig.* 3. 4.

Il a le port & à peu près la taille du *Fidia.* Le mâle est d'un brun presque noir & jetant un petit reflet violet. La femelle est moins foncée, mais également chatoyante. Celle-ci a de part & d'autre aux premières ailes, & le mâle aussi le plus souvent, deux yeux très-noirs, dont l'antérieur plus gros, & entouré d'un iris jaunâtre mieux prononcé en dessous qu'en dessus. Ces yeux sont séparés par deux points blancs, & ils ont chacun une prunelle de cette couleur.

Le dessus des secondes ailes n'offre aucune tache. Leur dessous est cendré, piqué de noirâtre, & traversé entre le milieu & le bord terminal par deux bandes grisâtres, étroites, un peu sinuées, tantôt plus, tantôt moins distinctes.

Le dessous des premières ailes a sur la côte des lignes noires, transverses & flexueuses, dont les antérieures très-courtes, deux des postérieures descendant jusqu'au bord interne & embrassant les yeux.

Le corps & les antennes sont du même brun que les ailes.

On avoit cru jusqu'à présent que ce satyre étoit exclusivement propre à la Russie. Nous avons la certitude qu'il habite aussi la France ; car M. Duponchel, amateur que nous aurons souvent occasion de citer pour la justesse de ses observations, a pris dans la Lozère plusieurs sujets des deux sexes.

Nota. Le *Ferula* de Fabricius doit-il être cité comme une variété du *Bryce ?* Il n'en diffère que parce qu'il a un point ocellé à l'angle anal des secondes ailes.

124. Satyre Actæa.

Satyrus Actæa.

Sat. alis integris, fuscis : anticis utrinquè

(mas) *ocello unico*, (fem.) *duobus*, *interpositis totidem punctis albis & in mare tantummodò subtùs conspicuis : posticis subtùs fasciis duabus albis, crenatis, anteriore latiori, vividiore.*

Papilio N. G. Actæa, *alis subdentatis, fuscis, rufo micantibus : primoribus untrinquè ocello punctisque subtùs duobus albis : inferioribus subtùs nebulosis fasciisque duabus crenatis.* Esp. *Pap. part.* 1. *tab.* 57. *cont.* 7. *fig.* 1. a. (Mas.) *fig.* 1. b. (Fem.)

Papilio Actea. Hubn. *Pap. tab.* 33. *fig.* 151. 152. (Mas.)

Papilio Actœa. Hubn. *Pap. tab.* 119. *fig.* 610. 611. (Fem.)

Papilio Actœa. Borkh. *Pap. Eur. part.* 1. *tab.* 98. *n°.* 38. — *part.* 2. *p.* 208.

Papilio Actœa. Schneid. *Syst. Beschr. p.* 97. *n°.* 38.

Papilio Actœa. De Villiers, *Ent. Linn. tom.* 2. *p.* 36. *n°.* 54. *tab.* 4. *fig.* 9.

Papilio Actœa. Ochsenh. *Pap. Eur. tom.* 1. *p.* 193. *n°.* 13.

Papilio Actœus. Herbst, *Pap. tab.* 201. *fig.* 1. 2.

Bergstr. *Nomencl. tab.* 131. *fig.* 3-6.

L'Actéon. Engram. *Pap. d'Europe, tom.* 1. *p.* 256. *pl.* 63. *Suppl.* 9. *fig.* 37. g. h.

Engram. *Pap. d'Europe, tom.* 1. *p.* 303. *pl.* 81. 2ᵉ. *Suppl. pl.* 2. *fig.* 37. a-d. *bis.*

Il a de très-grands rapports avec le *Bryce*, mais il est un peu plus petit. Le mâle n'a de part & d'autre qu'un seul œil aux premières ailes, & cet œil n'est suivi de deux points blancs qu'en dessous. Dans l'un & dans l'autre sexe, les deux bandes du dessous des secondes ailes sont blanches, notamment l'antérieure, qui est en outre plus large & qui a le côté interne crénelé, au lieu de l'avoir un peu sinué comme dans le *Bryce*.

La femelle est toujours moins foncée que le mâle.

Il habite l'Italie & les parties méridionales de la France. M. Marchand l'a trouvé aux environs de Chartres, & M. l'abbé Dubois, dans la forêt d'Orléans. Il a été pris aussi près de Crécy (Seine & Marne).

125 Satyre Podarcé.

Satyrus Podarce.

Sat. alis integris, fuscis : anticis utrinquè (mas) ocello unico, (fem.) duobus, interpositis totidem punctis albis & in mare tantummodò subtùs conspicuis : posticis subtùs fasciis duabus transversis venisque albis.

Papilio Podarce, *alis subdentatis, fuscis : anticis utrinquè ocello punctisque subtùs duobus albis; posticis suprà immaculatis, subtùs albo fuscoque marmoratis fasciâ crenatâ concolore albo marginatâ venisque albis.* Ochsenh. *Pap. Eur. tom.* 1. *p.* 195. *n°.* 14.

Il diffère du *Bryce* par les mêmes caractères que l'*Actœa*, & en outre par les veines blanches, longitudinales, qu'il a sur la surface inférieure des secondes ailes.

Du Portugal.

126. Satyre Phædra (1).

Satyrus Phœdra.

Sat. alis dentatis, fuscis : anticis utrinquè ocellis duobus atris pupillâ violaceâ.

Papilio N. Phædra, *alis dentatis, fuscis, concoloribus : anterioribus ocellis duobus violaceis.* Linn. *Syst. Nat.* 2. *p.* 773. *n°.* 150.

Papilio S. *Phœdra.* Fab. *Syst. Ent. p.* 495. *n°.* 227. — *Spec. Ins. tom.* 2. *p.* 78. *n°.* 343. — *Mant. Ins. tom.* 2. *p.* 39. *n°.* 404. — *Ent. Syst. em. tom.* 3. *pars* 1. *p.* 233. *n°.* 729.

Papilio Phœdra. Sulz. *Ins. tab.* 17. *fig.* 10.

Papilio Phœdra. Schœff. *Icon. tab.* 210. *fig.* 1. 2.

Papilio Phœdra. Herbst, *Pap. tab.* 199. *fig.* 1-4.

Papilio Phœdra. Schrank, *Faun. Boïc. tom.* 2. *part.* 1. *p.* 181. *n°.* 1315.

Papilio Phœdra. Rossi, *Faun. Etr. tom.* 2. *p.* 148. *n°.* 1007.

Fuessl. *Suiss. Ins. p.* 29. *n°.* 565.

Papilio Phœdra. Wien. *Verz. p.* 169. *fam.* F. *n°.* 19.

Illig. *N. Ausg. Dess. tom.* 2. *p.* 193. *n°.* 19.

Illig. *Magaz. tom.* 3. *p.* 200.

Klem. *Beytr. tab.* 19. *fig.* 1. 2.

Bergstr. *Nomencl. tab.* 24. *fig.* 1. 4.

Bergstr. *Nomencl. tab.* 32. *fig.* 4. 5.

Lang. *Verz.* 2. *p.* 24. *n°.* 166-173.

Papilio Phœdra. Ochsenh. *Pap. Eur. tom.* 1. *p.* 186. *n°.* 10.

Papilio Phœdra. Hubn. *Pap. tab.* 28. *fig.* 127. (Mas.) 128. 129. (Fem.)

Papilio Phœdra. Borkh. *Rhein. Magaz. tom.* 1. *p.* 245. *n°.* 1.

(1) Cette espèce & les suivantes, jusqu'à l'*Hypéranthus* inclusivement, sont connues sous le nom de *nègres*.

Papilio Phædra. Borkh. *Pap. Eur. part.* 1. *p.* 71 & 231. *n°.* 9.

Papilio Athene. Borkh. *Pap. Eur. part.* 1. *p.* 71 & 231. *n°.* 8.

Papilio Briseis. Esp. *Pap. part.* 1. *tab.* 6. *fig.* 1.

Papilio Dryas. Esp. *Pap. part.* 1. *tab.* 40. *cont.* 16. *fig.* 1. 2.

Papilio Dryas. Scop. *Ent. Carn. pag.* 153. *n°.* 429.

Papilio Dryas. Schneid. *Syst. Beschr. p.* 100.

Le grand Nègre des bois. Engram. *Pap. d'Europe, tom.* 1. *p.* 79. *pl.* 23. *fig.* 40. a-e.

Le grand Nègre des bois. Engram. *Pap. d'Europe, tom.* 1. *p.* 258. *pl.* 64. *Suppl.* 10. *fig.* 40. g. h. (Var.)

Il a de deux pouces à deux pouces & demi d'envergure. Ses ailes supérieures sont foiblement dentées, les inférieures le sont davantage. Le dessus des unes & des autres est d'un brun plus ou moins noirâtre, suivant le sexe. Les premières, dont le dessous ressemble au dessus, ont, entre le milieu & le bord terminal, deux yeux écartés, d'un noir foncé, avec une prunelle bleuâtre & un iris très-pâle ou presque nul.

Les secondes ailes sont sans taches en dessus dans les femelles; mais dans les mâles, elles ont souvent un point oculaire près de l'angle de l'anus. Leur dessous varie beaucoup: tantôt il est absolument comme le dessus, & tantôt il est traversé au milieu par une bande blanchâtre, peu prononcée. Quelquefois la moitié postérieure est plus claire que l'antérieure; dans certains individus, le tout est de la même nuance de brun, avec une multitude d'atomes plus foncés. Le corps & les antennes sont de la couleur des ailes. Celles-ci ont le bout de la massue jaunâtre.

La chenille est d'un gris-cendré, avec deux rangs de taches noires, dorsales, alongées. Elle vit sur l'*avoine élevée* ou *fromental* (*avena elatior*).

L'insecte parfait paroît en juillet & en août dans les grands bois. Il se repose volontiers sur la *bruyère commune* (*erica vulgaris*).

N. B. La variété g. h, *pl.* 64, *Suppl.* 10, *fig.* 40, d'Engramelle, a la couleur du fond plus claire; les ailes supérieure & inférieure du côté gauche sont presqu'entièrement traversées, en dessus & en dessous, par une bande blanchâtre, large, & les taches oculaires de ce côté sont brunes, avec la prunelle blanche, tandis que sur les ailes de droite elles sont comme dans les individus ordinaires. Nous avons pris cette même variété dans les environs d'Auxerre, où l'espèce est assez commune.

127. Satyre Alopé.

Satyrus Alope.

Sat. alis integris, fusco-nigris: anticis utrinquè fasciâ ochreaceâ ocellis duobus dissitis; singulis subtùs undatis; posticis ocellis sex, quatuor obsoletis.

Papilio S. Alope, *alis dentatis, fuscis: anticis utrinquè fasciâ flavâ ocellis duobus; posticis ocello suprà unico, subtùs sex.* Fab. *Ent. Syst. em. tom.* 3. *pars* 1. *p.* 229. *n°.* 715.

Papilio Alope. Jon. *Fig. pict.* 4. *tab.* 12. *fig.* 1.

Il a un peu plus de deux pouces d'envergure. Le dessus de ses ailes est d'un noir-obscur. Leur dessous est plus pâle, & finement ondé de noir. Les premières ont de part & d'autre, parallèlement au bord terminal, une bande d'un jaune d'ocre, large, courbe en arrière, un peu sinuée en avant, n'atteignant ni la côte, ni le bord opposé. Cette bande offre, loin l'un de l'autre, deux yeux noirs à prunelle bleuâtre.

Le dessus des secondes ailes a parfois, vers l'angle de l'anus, un petit œil semblable aux deux dont il vient d'être question. Leur dessous a une rangée de six yeux, dont les quatre antérieurs, ou bien les deux extrêmes & les deux plus intermédiaires à peine distincts. Ces yeux sont tantôt sans iris, & tantôt ils en ont un jaunâtre. Le corps est de la couleur des ailes. Les antennes sont annelées de blanc & de noir.

De l'Amérique septentrionale, d'où il a été envoyé au Muséum d'histoire naturelle par M. le peintre Milbert.

Nota. Fabricius parle d'une ligne noire, placée transversalement sur la bande jaune des ailes supérieures, entre les deux taches oculaires & le bord terminal. L'individu qu'il a décrit étoit probablement une variété, car tous ceux que nous avons vus n'avoient pas cette ligne.

128. Satyre Pégala.

Satyrus Pegala.

Sat. alis dentatis, fuscis: anticis fasciâ rufâ ocelloque unico: posticis suprà ocello, subtùs sex. Fab.

Papilio N. G. *Pegala.* Fab. *Syst. Ent. p.* 494. — *Spec. Ins. tom.* 2. *p.* 76. *n°.* 338. — *Mant. Ins. tom.* 2. *p.* 38. *n°.* 395.

Papilio S. *Pegala.* Fab. *Ent. Syst. em. tom.* 3. *pars* 1. *p.* 230. *n°.* 720.

Voici ce qu'en dit Fabricius: le corps est brun. Les ailes supérieures sont d'un brun-obscur, avec une large bande rousse qui n'atteint point les bords. Elles ont en outre, de part & d'autre, un seul œil noir à prunelle blanche.

Le dessus des secondes ailes est d'un brun-obscur, avec un œil noir à prunelle blanche & à iris fauve. Leur dessous est panaché, & l'on y voit six yeux, dont trois réunis vers le bord interne, le cinquième très-grand. Ces yeux, que Fabricius dit varier quant au nombre & quant à la forme, sont d'un noir-foncé, avec la prunelle blanchâtre & l'iris ferrugineux.

De l'Amérique.

129. Satyre Zangis.

Satyrus Zangis.

Sat. alis integerrimis, suprà fusco-nigris: subtùs ferrugineis, strigis quatuor nigris; anticis ocello bipupillato, posticis duobus, anali cœco.

Papilio D. F. Zangis, *alis integerrimis, fuscis: omnibus subtùs ocello, anticarum bipupillato.* Fab. *Syst. Ent. p.* 486. *n°.* 193. — *Spec. Inf. tom.* 2. *p.* 65. *n°.* 290. — *Mant. Inf. tom.* 2. *p.* 31. *n°.* 336.

Papilio S. *Zangis.* Fab. *Ent. Syst. em. tom.* 3. *pars* 1. *p.* 218. *n°.* 682.

Papilio Agnes. Cram. *pl.* 325. *fig.* A. B.

Papilio Zangis. Herbst, *Pap. tab.* 203. *fig.* 3. 4.

Il a environ un pouce & demi d'envergure. Le dessus de ses ailes est d'un noir-brun-velouté, mais un peu plus pâle vers le bout, avec un petit œil très-noir à iris jaunâtre au bas de l'échancrure anale des inférieures. Cette échancrure est plus sensible que dans les espèces qui précèdent & qui suivent.

Le dessous des quatre ailes est d'un rouge-ferrugineux, avec quatre lignes noires, transverses & ondulées, dont deux entre la base & le milieu, les deux autres près du bord terminal. Indépendamment de ces lignes, les ailes supérieures ont, vis-à-vis du sommet, un grand œil très-noir à iris roussâtre & à double prunelle blanche; & les ailes inférieures deux yeux, dont l'anal comme en dessus, l'autre semblable à celui des premières ailes, mais un peu oblong, & surmonté de trois points blancs, plus distincts dans certains individus que dans d'autres. Le corps est de la couleur des ailes.

Des Antilles & de la Caroline.

130. Satyre Servatius.

Satyrus Servatius.

Sat. alis integerrimis, suprà cœrulescenti-nigris, immaculatis: subtùs ferrugineo-fuscis, strigis quatuor violaceis; anticis ocellis duobus, posticis septem, 5°. majore.

Papilio Evadne. Cram. *pl.* 222. *fig.* E. F.

Papilio Evadne. Herbst, *Pap tab.* 185. *fig.* 1. 2.

Il a un peu plus d'un pouce & demi d'envergure. Ses quatre ailes sont entières, d'un noir-violet-luisant & sans aucune tache en dessus.

Leur dessous est d'un brun tirant sur le ferrugineux, avec quatre lignes violâtres, pâles, transverses & sinuées, dont deux entre le milieu & la base, les deux autres rapprochées du bord terminal & renfermant des yeux très-noirs à prunelle d'un blanc-bleuâtre & à iris d'un jaune-roussâtre. Les yeux des premières ailes sont séparés, au nombre de deux, dont le postérieur plus grand. Les yeux des secondes ailes sont au nombre de sept, dont le cinquième double au moins de tous les autres. Le corps est de la couleur des ailes. Les antennes sont annelées de noir & de blanc, & leur massue est entièrement ferrugineuse.

Cramer le dit de Sierra-Léone, en Afrique; mais nous le soupçonnons de l'Amérique.

Nota. Le dessus des secondes ailes offre près de la base un bouquet de poils grisâtres, divergens.

131. Satyre Hysius.

Satyrus Hysius.

Sat. alis integerrimis, fuscis: posticis suprà, anticis utrinquè areolâ ferrugineâ subterminali: omnibus subtùs strigâ griseâ ocelloque unico, anticarum bipupillato.

Il est petit; d'un brun-obscur en dessus, avec un espace d'un rouge-ferrugineux vers le bord terminal de chaque aile.

En dessous, sa couleur est la même qu'en dessus, avec un œil noir à iris jaunâtre & à double prunelle bleuâtre au sommet des ailes supérieures; avec un œil semblable, mais à prunelle simple, à l'angle anal des inférieures. Celles-ci ont en sus trois points blancs, alignés entre l'œil & la côte. Les ailes supérieures ont l'espace rouge du dessus, & un autre plus grand près de la base. Outre cela, les quatre ailes offrent, sur le milieu, une ligne grisâtre, transverse, sinuée; &, vers le bout, qui est aussi grisâtre, une ligne noirâtre en feston.

Sa patrie nous est inconnue; mais nous le soupçonnons de l'Amérique septentrionale.

132. Satyre Clytus.

Satyrus Clytus.

Sat. alis integerrimis, fusco-nigris: anticis utrinquè fasciâ ochreaceâ, bifidâ ocellosque duos includente: posticis subtùs ocellis binis quinisque.

Papilio D. F. Clytus, *alis integerrimis fuscis: primoribus fasciâ flavâ ocelloque subtripupillato; posticis ocellis quinque.* Linn. *Syst. Nat.* 2. *p.* 768. *n°.* 124. — *Mus. Lud. Ulr. p.* 268.

Papilio S. *Clytus*. Fab. *Syst. Ent. p.* 485. *n°.* 188.—*Spec. Inf. tom.* 2. *p.* 63. *n°.* 283.—*Mant. Inf. tom.* 2. *p.* 30. *n°.* 327.—*Ent. Syst. em. tom.* 3. *pars* 1. *p.* 214. *n°.* 671.

Papilio Clytus. Esp. *Pap. tab.* 66. *cont.* 16. *fig.* 2. 3. 4.

Papilio Clytus. Herbst, *Pap. tab.* 213. *fig.* 9. 10.

Papilio Clytus. Wulfen, *Descrip. Cap. Inf. p.* 31. *n°.* 30.

Papilio S. Tisiphone, *alis dentatis, fuscis: anticis utrinquè ocellis duobus, posticis sex pupillâ violaceâ*. Fab. *Gen. Inf. Mant. p.* 263.—*Ent. Syst. em. tom.* 3. *pars* 1. *p.* 243. *n°.* 757.

Papilio Tisiphone. Naturf. *p.* 16, *n°.* 2. *tab.* 1. *fig.* 1. 2.

Papilio Tisiphone. Borkh. *Pap. Eur. part.* 1. *p.* 239. *n°.* 21.

Le Héros. Engram. *Pap. d'Europe*; *tom.* 1. *pl.* 46. a. b.

Fabricius a fait de ce satyre deux espèces différentes, dont l'une, exotique, sous le nom de *Clytus*; l'autre, indigène, sous celui de *Tisiphone*. Sa méprise vient de ce que le Naturfoscher (le naturaliste) a, sur la foi du Père Engramelle, décrit & figuré ce même satyre comme propre à l'Allemagne.

Il a environ deux pouces & un quart d'envergure. Ses ailes sont entières & d'un noir-brun. Les premières ont, vers le bout, une bande d'un jaune-d'ocre pâle, transverse, maculaire, courbe en dehors, atteignant en dessus la côte & le bord interne, mais ne descendant pas en dessous jusqu'au milieu de la surface. Cette bande a de part & d'autre, à sa partie antérieure, une fissure large & profonde dans laquelle sont deux yeux très-noirs à prunelle bleue.

Le dessus des secondes ailes offre, parallèlement au bord terminal, une rangée de cinq yeux semblables, mais dont l'anal plus petit, & pourvu, ainsi que chacun des quatre autres, d'un iris ferrugineux.

Le dessous des mêmes ailes est traversé, à partir de la base, par trois lignes noires, en zig-zag, & bordées de gris sur un de leurs côtés. Vient ensuite un cordon de sept yeux, dont deux groupés près du bord antérieur, les cinq autres placés plus bas. Ces yeux ressemblent à ceux du dessus; mais ils sont tous égaux, leur iris est plus pâle, environné d'un cercle gris, & le septième ou l'anal a une double prunelle. Les antennes sont ferrugineuses.

Le mâle ressemble à la femelle, mais il a la bande jaune du dessus des ailes supérieures plus foncée vers le bord interne.

Du Cap de Bonne-Espérance.

Nota. Il arrive quelquefois que les secondes ailes n'ont que six yeux en dessous : l'œil antérieur manque. C'est probablement un individu à six yeux, que le *Naturfoscher* a donné pour son *Tisiphone*.

133. Satyre Cassus.

Satyrus Cassus.

Sat. alis integerrimis, fusco-nigris: anticis utrinquè disco ferrugineo ocelloque apicis bipupillato; posticis suprà ocellis 4-5., *subtùs* 7 *obsoletis*.

Papilio D. F. Cassus, *alis integerrimis, fuscis: primoribus ocello didymo; posticis ocellis tribus*: Linn. *Syst. Nat.* 2. *p.* 768. *n°.* 125.—*Mus. Lud. Ulr. p.* 269.

Papilio Cassus. Cram. *pl.* 314. *fig.* C. D.

Papilio Cassus. Herbst, *Pap. tab.* 204. *fig.* 1. 2.

Il est de la taille & de la couleur du précédent, mais il a un reflet bleuâtre en dessus. Ses ailes supérieures ont de part & d'autre le milieu d'un rouge-ferrugineux, & le sommet précédé d'un grand œil noir à double prunelle blanche. En dessous, où le rouge s'étend moins vers l'extrémité, cet œil est renfermé entre deux lignes transverses, dont l'intérieure noire, l'extérieure d'un cendré-jaunâtre.

Le dessus des secondes ailes offre une rangée courbe & postérieure de quatre à cinq yeux noirs à prunelle blanche & à iris d'un rouge-ferrugineux.

Le dessous des mêmes ailes est traversé dans son milieu, d'un bord à l'autre, par deux lignes en zig-zag d'un cendré-jaunâtre, & bordées de noir, la première en avant, la seconde en arrière. Aux yeux de la surface opposée correspond une série de sept yeux, dont la prunelle & l'iris sont de la couleur des lignes transverses susdites.

Du Cap de Bonne-Espérance.

Nota. Nous avons vu deux sujets mâles dont le dessus des premières ailes n'offre point d'œil au sommet, mais dont le dessous est absolument comme dans le commun des individus.

134. Satyre Cassius.

Satyrus Cassius.

Sat. alis integerrimis, fuscis: anticis utrinquè disco ferrugineo ocelloque apicis bipupillato; posticis suprà ocellis duobus approximatis, subtùs tribus minutis.

Papilio D. F. *Hyperbius*. Fab. *Syst. Ent. p.* 485. *n°.* 188.—*Spec. Inf. tom.* 2. *p.* 63. *n°.* 284.—*Mant. Inf. tom.* 2. *p.* 31. *n°.* 328.

Papilio S. *Hyperbius*. Fab. *Ent. Syst. em. tom.* 3. *pars* 1. *p.* 215. *n°.* 672.

Papilio Hyperbius. Cram. *pl.* 168. *fig.* C. D. (Le mâle.) *fig.* E. F. (Var. fem.?)

Papilio Hippia. Cram. *pl.* 222. *fig.* C. D. (La femelle.)

Papilio Hyperbius. Herbst, *Pap. tab.* 203. *fig.* 5. 6. (Le mâle.) *fig.* 7. 8. (Var. fem.?)

Papilio Hippius. Herbst, *Pap. tab.* 204. *fig.* 5. 6. (La femelle.)

Fabricius l'a réuni au précédent sous le nom d'*Hyperbius*; mais il forme bien certainement une espèce distincte. D'abord il n'a guère qu'un pouce & demi d'envergure; le dessus de ses ailes inférieures n'a que deux yeux, placés près de l'angle de l'anus, & ils ont la prunelle bleue dans les deux sexes, & l'iris jaune dans la femelle; le dessous des mêmes ailes est d'un gris plus ou moins obscur, avec trois yeux très-petits, dont deux correspondant à ceux du dessus, le troisième avoisinant la côte ou bord antérieur.

Quelquefois les trois petits yeux dont il vient d'être question manquent dans le mâle.

Du Cap de Bonne-Espérance.

135. Satyre Hyperbius.

Satyrus Hyperbius.

Sat. alis integerrimis, fuscis, areâ rufâ: anticis ocello bipupillato: posticis subtùs septem punctatis. Linn.

Papilio D. F. *Hyperbius*. Linn. *Syst. Nat.* 2. *p.* 769. *n°.* 130. — *Mus. Lud. Ulr. p.* 257.

Papilio Hyperbius, *alis integerrimis nigris, areâ mediâ coffeaceo-rufâ: primoribus ocello bipupillato: posticis subtùs septem punctatis.* Wulfen, *Descrip. Cap. Ins. p.* 32. *n°.* 31.

N'ayant point vu ce satyre, nous le donnons d'après Linnæus & Wulfen.

Il est à peu près de la taille du précédent. Ses ailes sont entières, d'un noir-brun, avec un espace discoïdal ferrugineux. Les supérieures, dont le dessous ressemble au dessus, ont, vis-à-vis du sommet, un grand œil noir à double prunelle d'un blanc-bleuâtre.

Les ailes inférieures sont tantôt sans yeux en dessus, & tantôt elles en ont un très-petit près de l'angle de l'anus. Le dessous de ces mêmes ailes est noirâtre, saupoudré de gris à la base, traversé au milieu par une ligne arquée de sept points blanchâtres peu distincts, & marqué à l'angle anal d'un petit œil correspondant à celui de la surface opposée.

Du Cap de Bonne-Espérance.

136. Satyre Gorgé.

Satyrus Gorge.

Sat. alis integris, suprà fusco-nigris, fasciâ ferrugineâ: anticis utrinquè ocello didymo, posticis simplici: posticis subtùs cinereis, strigis tribus nigricantibus, undulatis.

Papilio Gorge, *alis subdentatis, nigro-fuscis, rufo fasciatis: anticis utrinquè ocellis duobus approximatis pupillâ albâ: posticis subtùs atro cinereoque marmoratis fasciatisque.* Ochsenh. *Pap. Eur. tom.* 1. *p.* 294. *n°.* 61.

Papilio Gorge. Esp. *Pap. part.* 1. *tab.* 119. *cont.* 74. *fig.* 4. (Le mâle.) *fig.* 5. (La femelle.)

Papilio Erynis. Esp. *Pap. part.* 1. *tab.* 121. *cont.* 76. *fig.* 3. (Var.)

Papilio Gorge. Illig. *Magaz. tom.* 3. *p.* 194. — *tom.* 5. *p.* 179.

Papilio Gorge. Hubn. *Pap. tab.* 99. *fig.* 502. 503. (Le mâle.) *fig.* 504. 505. (La femelle.)

Son envergure n'est guère que d'un pouce & demi. Ses ailes sont entières, d'un noir-brun en dessus, avec une bande ferrugineuse, postérieure, large (surtout dans la femelle), offrant au sommet des premières un double œil noir à prunelle blanche, & vers le sommet des secondes un œil simple, très-petit.

Le dessous des ailes supérieures est d'une couleur briquetée, mais plus claire à l'endroit de la bande, avec les bords obscurs & un double œil comme du côté opposé.

Le dessous des ailes inférieures est cendré, avec trois lignes noirâtres, flexueuses, dont une près du bord terminal, les deux autres sur le milieu de la surface. On y voit en outre un petit œil correspondant à celui du dessus.

La variété qu'Esper donne sous le nom d'*Erynis* est sans yeux de part & d'autre.

Du Tyrol, de la Suisse & des Pyrénées.

137. Satyre Manto.

Satyrus Manto.

Sat. alis suprà fusco-nigris: anticis utrinquè fasciâ ferrugineâ punctis quatuor atris: posticis subtùs griseis, strigis tribus nigricantibus; anterioribus undulatis, posteriore punctiformi.

Papilio S. Manto, *alis subdentatis, fuscis, punctis ocellaribus, anticarum quatuor posticarum tribus: posticis subtùs cinereis, fusco-undatis.* Fab. *Mant. Ins. tom.* 2. *p.* 38. *n°.* 397. — *Ent. Syst. em. to.* 3. *pars* 1. *p.* 231. *n°.* 722.

Papilio S. Erina, *alis dentatis, fuscis, fasciâ maculari fulvâ punctis ocellaribus nigris.* Fab. *Mant. Ins. tom.* 2. *p.* 41. *n°.* 414. — *Ent. Syst. em. tom.* 3. *pars* 1. *p.* 237. *n°.* 739.

Papilio Manto. WIEN. *Verz. p.* 169. *fam.* F. *n°.* 15.

Papilio Manto. ILLIG. *N. Ausg. Deff. tom.* 2. *p.* 190. *n°.* 15.

Papilio Manto. ILLIG. *Magaz. tom.* 3. *p.* 198.

Papilio Manto. HUBN. *Pap. tab.* 45. *fig.* 107. 108. (Fem.)

Papilio Manto. HUBN. *Pap. tab.* 101. *fig.* 512. 513. (Mas.) *fig.* 514. (Fem.)

Papilio Manto. OCHSENH. *Pap. Eur. tom.* 1. *p.* 296. *n°.* 62.

Papilio Manto. BORKH. *Pap. Eur. part.* 2. *p.* 209. *n°.* 40.

Papilio Zilia. BORKH. *Pap. Eur. part.* 2. *n^os^.* 40. 41.

Papilio Pandrose. BORKH. *Pap. Eur. part.* 1. *p.* 95. *n^os^.* 34.

Papilio Aglauros. BORKH. *Pap. Eur. part.* 1. *p.* 95. *n°.* 35. a.

Papilio Pandrosus. HERBST, *Pap. tab.* 202. *fig.* 7. 8.

Papilio Aglauros. HERBST, *Pap. tab.* 203. *fig.* 1. 2.

Papilio Castor. ESP. *Pap. part.* 1. *tab.* 67. *cont.* 17. *fig.* 2.

Papilio Pollux. ESP. *Pap. part.* 1. *tab.* 67. *cont.* 17. *fig.* 3.

Papilio Lappona. ESP. *Pap. part.* 1. *tab.* 108. *cont.* 63. *fig.* 3.

Papilio N. G. Lappona, *alis fuscis ; anticis fasciâ rufâ punctis quatuor nigris ; posticis suprà fuscis, subtùs griseis fasciâ dentatâ fuscâ.* THUNB. *Differt. Acad. vol.* 3. *p.* 51. *tab.* 5. *fig.* 6. 6.

Papilio Castor. SCHNEID. *Syst. Beschr. p.* 108. *n°.* 49.

Papilio Pollux. SCHNEID. *Syst. Beschr. p.* 109. *n°.* 50.

Papilio Lappona. SCHNEID. *Entom. Magaz. tom.* 1. *part.* 1. *p.* 426. *n°.* 9.

Papilio Castor. DE PRUNNER, *Lepid. Pedem. p.* 20. *n°.* 37.

Papilio Pollux. DE PRUNNER, *Lepid. Pedem. p.* 20. *n°.* 38.

Papilio Dubius. FUESSL. *Neues. Magaz. tom.* 2. *part.* 4. *p.* 331. *n°.* 128.

Pap. Baucis. SCHRANK, *Faun. Boïc. tom.* 2. *p.* 177. *n°.* 1307.

Le grand Nègre Bernois. ENGRAM. *Pap. d'Europe, tom.* 1. *p.* 260. *pl.* 65. *Suppl.* 11. *fig.* 42. a. b. *tert.*

Pollux. ENGRAM. *Pap. d'Europe, tom.* 1. *p.* 321. *pl.* 4. 3e. *Suppl. fig.* 42. a b. *quint.*

Il eſt un peu plus grand que le *Gorgé.* Ses ailes ſont entières, d'un noir-brun en deſſus, avec un léger reflet bleuâtre. Les ſupérieures ont, vers le bout, une bande ferrugineuſe, courbe & tranſverſale, diviſée dans le ſens de ſa longueur par une rangée de quatre points très-noirs. Les ſecondes ailes ont trois points ſemblables, entourés chacun d'un petit cercle ferrugineux, plus ou moins diſtinct.

Le deſſous des ailes de devant eſt rougeâtre, ſurtout dans les femelles, avec les bords obſcurs, & le même nombre de points noirs que du côté oppoſé.

Le deſſous des ailes de derrière eſt d'un gris-blanchâtre dans le mâle, d'un gris-cendré dans la femelle, avec trois lignes noirâtres, dont la poſtérieure formée de trois à quatre points, les deux antérieures ondulées, parallèles, & ſe prolongeant ſur les ailes ſupérieures.

On rencontre des individus qui n'ont que deux point noirs aux premières ailes. Il en eſt d'autres qui n'en ont également que deux aux ſecondes, & dont le deſſous de ces mêmes ailes n'eſt traverſé par aucune ligne noirâtre.

Il habite la Laponie, l'Autriche, la Stirie, la Suiſſe, le Piémont & les Pyrénées.

138. SATYRE Dromus.

SATYRUS Dromus.

Sat. alis integris, fuſco-nigris : anticis utrinquè ocellis duobus approximatis : poſticis ſubtùs nitenti-griſeis, ſtrigis duabus fuſcis, undulatis.

Papilio S. Dromus, *alis integerrimis, nigris : anticis utrinquè diſco rufo ocello gemino.* FAB. *Ent. Syſt. em. tom.* 3. *pars* 1. *p.* 22. *n°.* 701.

Papilio D. F. Tyndarus, *alis integris, rotundatis, fuſcis : ſuperioribus ocellis duobus approximatis : inferioribus ſubtùs ſtrigâ in medio fuſcâ, dentatâ.* ESP. *Pap. part.* 1. *p.* 97. *tab.* 67. *cont.* 17. *fig.* 1.

Papilio Caſſioides. ESP. *Pap. part.* 1. *tab.* 103. *cont.* 58. *fig.* 2. 3. (Var.)

Papilio Tyndarus. SCHNEID. *Syſt. Beſchr. p.* 108. *n°.* 48.

Papilio Tyndarus. OCHSENH. *Pap. Eur. tom.* 1. *p.* 299. *n°.* 63.

Papilio Tyndarellus. HERBST, *Pap. tab.* 202. *fig.* 5. 6.

Papilio Herſe. BORKH. *Pap. Eur. part.* 1. *p.* 94. *n°.* 33.

Papilio

Papilio Cleo. Hubn. *Pap. tab.* 46. *fig.* 209. 210. (Le mâle.) *fig.* 211. 212. (La femelle.)

Papilio Cleo. Illig. *Magaz. tom.* 3. *p.* 189.

Il n'a guère que quinze lignes d'envergure. Ses ailes font entières, d'un noir-brun en deffus, avec un léger reflet verdâtre. Les fupérieures ont, vers l'extrémité, une bande ferrugineufe, fur laquelle il y a deux petits yeux rapprochés, noirs, à prunelle blanche. Les ailes inférieures font tantôt fans taches, & tantôt elles ont une fuite de trois ou quatre yeux dont l'iris eft rougeâtre.

Le deffous des premières ailes eft ferrugineux, avec les bords grifâtres & deux petits yeux correfpondant à ceux de la furface oppofée.

Le deffous des fecondes ailes eft d'un gris plus ou moins luifant, avec deux lignes brunes, tranfverfes, ondulées, difcoïdales, fe prolongeant dans les femelles jufqu'à la côté des premières ailes. L'extrémité offre quelquefois une ligne femblable, mais beaucoup moins apparente.

Ce fatyre nous a préfenté deux variétés. La première eft tout-à-fait fans yeux aux ailes de devant.

La feconde, qu'Efper donne fous le nom de *Caffioides*, a tout le deffous des ailes de derrière d'un noir-brun & foiblement faupoudré de gris.

Il habite la Stirie, la Suiffe, l'Italie, &c.

139. Satyre Areté.

Satyrus Arete.

Sat. alis integris, fuprà fufco-nigris, fafciâ ferrugineâ : anticarum ocello didymo alterove remoto : pofticis fubtùs grifeo-virefcentibus, ftrigâ punctorum alborum.

Papilio S. Arete, *alis integris, fufcis fafciâ rufâ : pofticis utrinquè ftrigâ punctorum alborum.* Fab. *Mant. Inf. tom.* 2. *p.* 42. *n°.* 418. — *Ent. Syft. em. tom.* 3. *pars* 1. *p.* 238 *n°.* 743.

Papilio Arete. Illig. *Magaz. tom.* 3. *p.* 186.

Papilio Arete. Hubn. *Pap. tab.* 50. *fig.* 231. 232. (Fem.)

Papilio Arete. Ochsenh. *Pap. Eur. tom.* 1. *p.* 301. *n°.* 64.

Papilio Claudine. Borkh. *Pap. Eur. part.* 2. *p.* 204. *n°.* 16.

Nous ne connoiffons ce fatyre que par fa femelle.

Il eft de la taille du précédent. Ses ailes font entières, d'un noir-brun en deffus, avec une bande ferrugineufe. La bande des ailes fupérieures a, vis-à-vis du fommet, un double œil noir, pupillé de blanc, & quelquefois un autre fimple vers l'angle interne. La bande des ailes inférieures eft maculaire, & l'on y voit ordinairement quatre yeux.

Le deffous des ailes de devant reffemble au deffus, mais il a le difque d'un roux-foncé.

Le deffous des ailes de derrière eft d'un vert-grifâtre, avec une rangée de fept points blancs, correfpondante à la bande de la furface oppofée.

Des parties montagneufes de l'Autriche.

140. Satyre Arachné.

Satyrus Arachne.

Sat. alis integris, fufco-nigris, cœrulefcenti micantibus : anticis utrinquè fafciâ ferrugineâ ocellis duobus approximatis alterove remoto : pofticis fubtùs cinereis, fafciâ mediâ repandâ margineque poftico nigricantibus.

Papilio S. Arachne, *alis integris, atris : anticis utrinquè fafciâ rufâ ocellis duobus : pofticis fubtùs fafciâ dentatâ cinereâ.* Fab. *Mant. Inf. tom.* 2. *p.* 41. *n°.* 415. — *Ent. Syft. em. tom.* 3. *pars* 1. *p.* 237. *n°.* 740.

Papilio Arachne. Hubn. *Pap. tab.* 47. *fig.* 214. (Mas.) *fig.* 216. 217. (Fem.)

Papilio Pitho. Hubn. *Pap. tab.* 112. *fig.* 574. 575. (Mas.) *fig.* 576. 577. (Fem.)

Papilio Arachne. Borkh. *Pap. Eur. part.* 2. *p.* 203. *n°.* 16. c.

Papilio Pronoe. Borkh. *Pap. Eur. part.* 2. *p.* 98. *n°.* 37.

Papilio Pronoe. Herbst, *Pap. tab.* 210. *fig.* 1. 2.

Papilio Pronoe. Esp. *Pap. part.* 1. *tab.* 54. *cont.* 4. *fig.* 1.

Papilio Perfephone. Esp. *Pap. part.* 1. *tab.* 121. *cont.* 76. *fig.* 4. 5. 6.

Papilio Pronoe. Schneid. *Syft. Befchr. p.* 107. *n°.* 47.

Papilio Pronoe. Ochsenh. *Pap. Eur. tom.* 1. *p.* 290. *n°.* 59.

Il a près de deux pouces d'envergure. Ses ailes font entières, d'un noir-brun, & leur deffus jette un léger reflet violet. Les fupérieures ont une bande ferrugineufe, ordinairement plus prononcée en deffous qu'en deffus. Cette bande offre, vis-à-vis du fommet, deux yeux très-rapprochés, noirs, avec une prunelle blanche; &, plus bas, un autre œil moins gros, manquant même dans beaucoup de mâles.

Le deffus des ailes inférieures eft tantôt fans taches, tantôt coupé par une bande rougeâtre, courte & maculaire, fur laquelle on voit de deux à trois points ocellés. Le deffous des mêmes ailes eft d'un cendré-grifâtre dans le mâle, d'un cendré-jaunâtre dans la femelle, avec une bande difcoïdale, large, finuée, & le bord poftérieur, noirâtres.

Il habite la Hongrie, la Stirie, la Suiſſe, &c.

141. Satyre Goante.

Satyrus Goante.

Sat. alis integris, ſuprà fuſco-nigris, faſciâ ferrugineâ : anticis utrinquè ocello didymo alteroque minori remoto : poſticis ſubtùs nebuloſo-griſeis, faſciâ mediâ obſcuriore alboque marginatâ.

Papilio N. G. Goante, *alis ſuprà fuſcis, faſciâ fulvâ : ſuperioribus utrinquè ocello apicis didymo alterove minori ſolitario ; inferioribus ſuprà ocellis tribus, ſubtùs fuſco nigroque maculatis ſtriâ tranſverſâ crenis marginalibus veniſque albidis.* Esp. *Pap. part.* 1. *p.* 115. *tab.* 116. *cont.* 71. *fig.* 1.

Papilio Goante. Illig. *Magaz. tom.* 3. *p.* 203.

Papilio Goante. Ochsenh. *Pap. Eur. tom.* 1. *p.* 293. *n°.* 60.

Papilio Scœa. Hubn. *Pap. tab.* 50. *fig.* 233. 234.

Il eſt preſque de la taille du précédent. Ses ailes ſont entières, d'un noir-brun en deſſus, avec une bande ferrugineuſe, courbe, poſtérieure, offrant d'ordinaire aux ailes inférieures trois yeux également éloignés l'un de l'autre ; & aux ſupérieures trois auſſi, mais dont deux réunis en face du ſommet, le troiſième plus petit & placé iſolément vers l'angle interne. Ces yeux ſont très-noirs, avec la prunelle blanche.

Le deſſous des ailes ſupérieures a le milieu ferrugineux, & l'extrémité traverſée par une bande plus pâle, ſur laquelle il y a le même nombre d'yeux que du côté oppoſé.

Le deſſous des ſecondes ailes eſt gris, aſpergé de brun, avec une bande diſcoïdale & anguleuſe plus obſcure que le fond, & ayant les côtés bordés de blanc. Aux yeux du deſſus correſpond pareil nombre de taches noires à prunelle blanche.

Dans la femelle, les nervures du deſſous des ſecondes ailes ſont blanches.

Il habite la Suiſſe, le Piémont, la Savoie, &c.

Nota. Nous avons vu une variété femelle qui avoit de part & d'autre cinq yeux aux ſecondes ailes ; & une autre qui en avoit quatre ſur le deſſus des premières ailes.

142. Satyre Stirius.

Satyrus Stirius.

Sat. alis integris, ſuprà fuſco-nigris, faſciâ ferrugineâ : primariis utrinquè ocello didymo alteroque remoto, ſecundariis quatuor : ſecundariis ſubtùs cinereis, faſciâ poſticâ dilutiore. (Fem.)

Son envergure eſt d'environ deux pouces. Toutes ſes ailes ſont entières, d'un noir-brun en deſſus, avec une bande ferrugineuſe, ſur laquelle les ſupérieures ont deux yeux, dont l'antérieur double, l'autre ſolitaire ; & les inférieures quatre.

Le deſſous des premières ailes eſt ferrugineux, avec les bords cendrés, & des yeux comme du côté oppoſé.

Le deſſous des ſecondes ailes eſt entièrement cendré, mais il offre vers ſon extrémité une bande plus claire & ſinuée, ſur laquelle ſont quatre yeux correſpondant à ceux du deſſus.

Décrit d'après un individu femelle, pris aux environs de Clagenfurt, dans les alpes de Stirie, par M. le lieutenant-général baron Dejean.

143. Satyre Dalmata.

Satyrus Dalmata.

Sat. alis integris, fuſco-nigris ; ſtrigâ utrinquè ocellorum : anticis ocellulo apicis externo : poſticis ſubtùs ad extimum griſeo venoſis. (Fem.)

Son envergure eſt auſſi d'environ deux pouces. Toutes ſes ailes ſont entières, d'un noir-brun, avec une rangée poſtérieure d'yeux très-noirs à prunelle blanche & à iris ferrugineux. Les yeux des premières ſont au nombre de ſix, dont cinq contigus, le ſixième plus petit & placé extérieurement près du ſommet. Les yeux des ſecondes ailes ſont au nombre de ſix, tous placés à la ſuite l'un de l'autre.

En deſſous, les ailes ſupérieures ont le milieu rougeâtre, & leur extrémité n'offre que cinq yeux, par la raiſon que celui qui avoiſine l'angle interne manque.

Le deſſous des ailes inférieures eſt veiné de gris depuis le milieu juſqu'au bout, & l'on y compte ſept yeux à iris cendré.

Décrit ſur un individu unique & femelle, pris au bord de la mer, dans les environs de Sebennico en Dalmatie, par M. le lieutenant-général baron Dejean.

144. Satyre Afra.

Satyrus Afra.

Sat. alis integris, fuſco-nigris : anticis utrinquè, poſticis ſuprà faſciâ ferrugineâ maculari ocellis 5-6 : poſticis ſubtùs venis albidis ſtrigâque ocellorum 6-7.

Papilio S. Afra, *alis integris, fuſcis, ocellis ſex : poſticis cinereo venoſis.* Fab. *Mant. Inſ. tom.* 2. *p.* 41. *n°.* 413. — *Ent. Syſt. em. tom.* 3. *pars* 1. *p.* 236. *n°.* 738.

Papilio Afer, *alis rotundatis, integerrimis, rufeſcenti-fuſcis : ſuperioribus ocello connato, adjacente minori, ſerie ad marginem ocellorum nigrorum : inferioribus venis dilatatis albidis.* Esp. *Pap. part.* 1. *tab.* 83. *cont.* 33. *fig.* 4. 5.

Papilio Afer. HERBST, Pap. tab. 201. fig. 7. 8.

Papilio Afer. HERBST, Pap. tab. 202. fig. 1. 2.

Papilio Afer. SCHNEID. Syst. Beschr. p. 104. nº. 44.

Papilio Afer. OCHSENH. Pap. Eur. tom. 1. p. 275. nº. 51.

Papilio Phegea. BORKH. Pap. Eur. part. 1. p. 101. nº. 42. — part. 2. p. 210. nº. 42.

Papilio Phegea. HUBN. Pap. tab. 98. fig. 500. 501. (Le mâle.)

ILLIG. Magaz. tom. 3. p. 200.

Il a environ deux pouces d'envergure. Ses ailes sont entières, d'un noir-brun en dessus, avec une bande ferrugineuse, postérieure & maculaire, offrant à chaque aile de cinq à six yeux noirs à prunelle blanche. Parmi les yeux des ailes de devant, il y en a deux qui sont réunis en face du sommet.

Le dessous de ces ailes ressemble au dessus, mais le milieu est rougeâtre.

Le dessous des ailes inférieures est brun, avec des veines blanchâtres, longitudinales, assez larges, & une série de six à sept yeux dont l'iris est grisâtre.

Des parties désertes de la Russie méridionale.

145. SATYRE Griela.

SATYRUS Griela.

Sat. alis subdentatis, fusco-nigris : anticis utrinquè ocellis 4-5 subcæcis : posticis subtùs cinereis, fasciâ nigricante, mediâ, repandâ : alarum omnium sinubus griseis.

Papilio S. Griela, *alis subdentatis, atris : anticis utrinquè ocellis quatuor connatis.* FAB. Ent. Syst. em. tom. 3. pars 1. p. 236. nº. 737.

Papilio S. Ethus, *alis integerrimis, fuscis : anticis ocello bipupillato ; posticis suprà ocellis tribus, subtùs atris puncto medio albo.* FAB. Ent. Syst. em. tom. 3. pars 1. p. 217. nº. 680.

Papilio Griela. HUBN. Pap. tab. 49. fig. 228. 229. (Fem.)

Papilio Dioxippe. HUBN. Pap. tab. 105. fig. 538. 539. (Mas.)

Papilio Stheno. HUBN. Pap. tab. 109. fig. 561. 562. (Mas.)

Papilio Griela. ILLIG. Magaz. tom. 3. p. 194.

Papilio Stheno. ILLIG. Magaz. tom. 3. p. 204.

Papilio Gefion. ESP. Pap. part. 1. tab. 108. cont. 63. fig. 2.

Papilio Gefion. SCHNEID. Ent. Magaz. tom. 1. p. 412. nº. 2.

Papilio Embla. SCHNEID. Ent. Magaz. tom. 1. p. 411. nº. 1.

Papilio N. G. Disa, *alis fuscis : anticis fasciâ ferrugineâ, quadripunctata : posticis subtùs cinereis fasciâ latâ arcuque nigris!* THUNB. Dissert. Acad. vol. 3. p. 51.

Papilio N. G. Embla, *alis fuscis, suprà ocellis quatuor : subtùs anticis quadriocellatis, posticis quadripunctatis maculisque duabus albis.* THUNB. Dissert. Acad. vol. 3. p. 52. tab. 5. fig. 8. 8.

Papilio Embla. OCHSENH. Pap. Eur. tom. 1. p. 287. nº. 58.

Papilio Sophia. ACERBI, Voy. au Cap Nord, vol. 3. p. 175. pl. 16. nºs. 1. 2.

M. Ochsenheimer réunit le *Griela* & l'*Ethus* de Fabricius. Comme il a été plus à même que nous de constater l'identité, nous suivons son exemple, mais en conservant le premier des deux noms adoptés par l'entomologiste de Kiel.

La taille du *Griela* est la même que celle du précédent. Ses ailes sont d'un noir-brun un peu luisant, & légèrement dentées, avec les échancrures grisâtres. Les supérieures ont, de part & d'autre, tantôt immédiatement sur le fond de l'aile, tantôt sur une bande ferrugineuse oblitérée, cinq yeux très-noirs, avec une prunelle blanche, petite ou à peine distincte.

Le dessus des ailes inférieures est le plus souvent sans taches. Leur dessous est cendré, avec une bande noirâtre, transverse, discoïdale, large, sinueuse, moins foncée dans son milieu.

Il habite les plus hautes montagnes de la Laponie.

N. B. Dans quelques individus, tels que l'*Ethus* de Fabricius, les secondes ailes ont, de part & d'autre, trois à quatre petits yeux ou points oculaires, & leur dessous est marqué au milieu d'une ou de deux taches blanches.

146. SATYRE Æthiops (1).

SATYRUS Æthiops.

Sat. alis integris, fusco-nigris, suprà fasciâ ferrugineâ ocellis 3-4 : anticis concoloribus : posticis subtùs fasciâ repandâ nitenti-cinereâ punctis ocellaribus.

Papilio N. G. Blandina, *alis dentatis, fuscis, fasciâ rufâ, ocellatâ : posticis subtùs fuscis, fasciâ cinereâ.* FAB. Mant. Inf. tom. 2. p. 41. nº. 412.

Papilio S. Blandina. FAB. Ent. Syst. em. tom. 3. pars 1. p. 236. nº. 736.

(1) Nous avons pris le nom d'Esper, parce que Fabricius a deux papillons *Blandina*, dont l'un se rapporte à l'espèce ici mentionnée, l'autre à une BIBLIS que nous donnons dans le Supplément.

Papilio Æthiops. Esp. *Pap. part.* 1. *tab.* 25. *Suppl.* 1. *fig.* 3. (Le mâle.)

Papilio Æthiops. Esp. *Pap. part.* 1. *tab.* 63. *cont.* 13. *fig.* 1. (La femelle.)

Papilio Æthiops. Schneid. *Syst. Beschr. p.* 106. *n°.* 46.

Papilio Æthiops. Herbst, *Pap. tab.* 209. *fig.* 3. 4. (Le mâle.)

Papilio Medusa. Herbst, *Pap. tab.* 209. *fig.* 1. 2. (La femelle.)

Man. Medusa. Schrank, *Faun. Boïc. tom.* 2. *p.* 175. *n°.* 1304.

Papilio Medusa. Lang. *Verz.* 2. *p.* 21. *n°s.* 133-136.

Papilio Medusa. Borkh. *Pap. Eur. part.* 1. *p.* 75 & 235. *n°.* 15. — *part.* 2. *p.* 201.

Papilio Medea. Wien. *Verz. p.* 167. *fam.* F. *n°.* 7.

Papilio Medea. Hubn. *Pap. tab.* 48. *fig.* 220. (Le mâle.) *fig.* 221. 222. (La femelle.)

Papilio Medea. Illig. *N. Ausg. Dess. tom.* 2. *p.* 179. *n°.* 7.

Illig. *Magaz. tom.* 3. *p.* 198.

Papilio Medea. Ochsenh. *Pap. Eur. tom.* 1. *p.* 281. *n°.* 55.

Papilio Ligea. Var. 2. Scop. *Ent. Carn. p.* 158. *n°.* 436. ?

Naturf. 8. *p.* 115. *tab.* 3. *fig.* C.

Le grand Nègre à bandes fauves. Engram. *Pap. d'Europe, tom.* 1. *p.* 83. *pl.* 24. a. b. e. f. g.

Engram. *Pap. d'Europe, tom.* 1. *pl.* 65. *Suppl.* 11. *fig.* 43. h. i. (Var. femelle.)

Il a approchant deux pouces d'envergure. Ses quatre ailes sont entières ou à peine sinuées, & d'un noir-brun-chatoyant. Les supérieures, dont le dessous ressemble au dessus, ont, vers l'extrémité, une bande transverse, ferrugineuse ou d'un rouge-fauve, sur laquelle il y a tantôt trois, tantôt quatre yeux, dont les deux antérieurs réunis. Ces yeux sont noirs, avec la prunelle d'un blanc-bleuâtre.

Le dessus des secondes ailes offre, parallèlement au bord postérieur, une bande ferrugineuse, courbe, maculaire ou continue, avec trois yeux, comme ceux qui viennent d'être mentionnés. A ces yeux correspondent en dessous trois ou quatre petits points blancs oculaires, alignés sur une bande d'un cendré plus ou moins luisant, laquelle s'étend du bord antérieur à l'angle anal & a les côtés sinués. Dans les femelles, il y a une autre bande cendrée à la base.

Engramelle donne une variété femelle dont la bande ferrugineuse est très-pâle, & dont le dessous des secondes ailes est d'une teinte verdâtre.

Ce satyre habite les bois un peu élevés. On le trouve en Allemagne, dans les départemens de l'Est & du centre de la France, &c. Il paroît en juillet.

147. Satyre Ligéa.

Satyrus Ligea.

Sat. alis subdentatis, fusco-nigris, utrinquè fasciâ ferrugineâ ocellis 3-4 *: posticis subtùs strigâ albâ, faciei ferrugineæ intùs innatâ : alarum omnium sinubus albis.*

Papilio N. Ligea, *alis subdentatis, fuscis, fasciâ rufâ : utrinquè primoribus ocellis quatuor, posticis tribus.* Linn. *Syst. Nat.* 2. *pag.* 772. *n°.* 144. —*Faun. Suec. edit.* 2. *p.* 275. *n°.* 1050.

Papilio Alexis. Linn. *Faun. Suec. edit.* 1. *p.* 239. *n°.* 787.

Papilio N. G. Ligea, *alis dentatis, fuscis, fasciâ rufâ : utrinquè anticis ocellis quatuor; posticis tribus, subtùs albo maculatis.* Fab. *Syst. Ent. p.* 496. *n°.* 229. — *Spec. Ins. tom.* 2. *p.* 78. *n°.* 347. — *Mant. Ins. tom.* 2. *p.* 40. *n°.* 409.

Papilio S. *Ligea.* Fab. *Ent. Syst. em. tom.* 3. *pars* 1. *p.* 234. *n°.* 732.

Papilio Ligea. Wien. *Verz. p.* 167. *fam.* F. *n°.* 6.

Papilio Ligea. Illig. *N. Ausg. Dess. tom.* 2. *p.* 178. *n°.* 6.

Papilio Ligea. Illig. *Magaz. tom.* 3. *p.* 197.

Papilio Ligea. Herbst, *Pap. tab.* 208. *fig.* 5-8.

Papilio Ligea. Borkh. *Pap. Eur. part.* 1. *p.* 76 & 235. *n°.* 16. — *part.* 2. *p.* 202.

Papilio Ligea. Borkh. *Rhein. Magaz. tom.* 1. *p.* 240. *n°.* 21.

Papilio Ligea. Muller, *Zool. Dan. p.* 114. *n°.* 1322.

Papilio Ligea. Fuessl. *Suiss. Ins. p.* 29. *n°.* 561.

Papilio Ligea. Rossi, *Faun. Etr. tom.* 2. *p.* 148. *n°.* 1008.

Papilio Ligea. Ochsenh. *Pap. Eur. tom.* 1. *p.* 283. *n°.* 56.

Man. Ligea. Schrank, *Faun. Boïc. tom.* 2. *p.* 174. *n°.* 1303.

Papilio Ligea. Hubn. *tab.* 49. *fig.* 225-227.

Papilio Alexis. Esp. *Pap. part.* 1. *tab.* 44. *Suppl.* 20. *fig.* 1. 2.

Esp. *Pap. part.* 1. *tab.* 54. *cont.* 4. *fig.* 2. (Var.)

Papilio N. G. Philomela, *alis denticulatis, fuscis: superioribus fasciâ utrinquè rufâ ocello didymo alterove solitario; posticis suprà fasciâ rufâ immaculatâ, subtùs serie ocellorum minimorum quinque maculâque disci albidâ, obliteratâ.* Esp. *Pap. part.* 1. *p.* 118. *tab.* 16. *cont.* 71. *fig.* 4. (Var.)

Papilio Alexis. De Geer, *Mem. Inf. tom.* 2. *part.* 1. *p.* 210. *pl.* 2. *fig.* 7. 8.

Papilio Alexis. Schneid. *Syst. Beschr. p.* 103. n°. 43.

Papilio Alexis. Lang. *Verz.* 2. *p.* 20. *n°.* 125-130.

Le grand Nègre hongrois. Engram. *Pap. d'Europe, tom.* 1. *p.* 82. *pl.* 23. *fig.* 42. a. b.

α. Engram. *Pap. d'Europe, tom.* 1. *pl.* 24. *fig.* 43. c. d. (Var.)

Engram. *Pap. d'Europe, tom.* 1. *p.* 64. *Suppl.* 10. *fig.* 42. c.

Il a environ deux pouces d'envergure. Ses quatre ailes sont légèrement dentées, d'un noir-brun-chatoyant, avec les échancrures blanches. Parallèlement au bord postérieur, il y a une bande ferrugineuse, sur laquelle les premières ailes ont de part & d'autre trois ou quatre yeux très-noirs, dont les deux antérieurs réunis.

La bande des secondes ailes n'offre ordinairement que trois yeux, & en dessous, elle est plus pâle & bordée intérieurement par une ligne blanche, sinuée, plus ou moins longue, continue ou maculaire, & quelquefois par une seule tache placée près du milieu de la surface. Les yeux ont une prunelle bleuâtre, plus apparente dans certains individus que dans d'autres. Le corps est de la couleur des ailes. Les antennes sont noirâtres en dessus, blanchâtres en dessous.

Dans la femelle, le dessous des ailes supérieures a le milieu roussâtre.

La variété α, figurée dans l'ouvrage d'Engramelle, a quatre yeux de part & d'autre aux secondes ailes, & le dessous de ces mêmes ailes présente vers la base une liture d'un cendré-jaunâtre & presqu'en forme d'*S*.

Le *Philoméla* d'Esper, qui paroît devoir être rapporté ici comme variété, a la bande des ailes inférieures sans taches en dessus, & chargée en dessous de cinq points oculaires.

Ce satyre habite les prairies, & surtout les bois. On le trouve dans plusieurs contrées du nord & de l'est de l'Europe. Nous l'avons pris dans les forêts du Morvan, où il est assez commun au mois d'août.

148. Satyre Euryale.

Satyrus Euryale.

Sat. alis subdentatis, fusco-nigris: suprà fasciâ ferrugineâ ocellis 3-4: posticis subtùs fasciâ dentatâ albidâ seu flavescente, punctis ocellaribus: alarum omnium sinubus albis.

Papilio Euryale, *alis subdentatis, fuscis, fulvo fasciatis serie ocellorum nigrorum: posticis subtùs fasciâ dentatâ luteâ, nigro punctatâ.* Ochsenh. *Pap. Eur. tom.* 1. *p.* 286. *n°.* 57.

Papilio Euryale. Esp. *Pap. part.* 1. *tab.* 118. *cont.* 73. *fig.* 2. (Le mâle.) *fig.* 3. (La femelle.)

Papilio Philomela. Hubn. *Pap. tab.* 47. *fig.* 218. 219.

Le dessus des quatre ailes est comme dans le *Ligéa*, mais les yeux n'ont pas de prunelle.

Le dessous des ailes supérieures est aussi comme dans les deux sexes du *Ligéa*.

Le dessous des ailes inférieures est brun, avec une bande grisâtre ou jaunâtre, ayant au côté interne des dents très-inégales, & sur le côté externe de deux à cinq points noirs, oculaires. La femelle a en outre vers la base de ces ailes une ligne cendrée, transversale, plus ou moins distincte.

On le trouve dans les forêts montagneuses.

149. Satyre Mnestra.

Satyrus Mnestra.

Sat. alis integris, fusco-nigris, suprà fasciâ ferrugineâ: anticarum latâ punctis seu ocellis duobus: posticis subtùs apice cinerascentibus, immaculatis.

Papilio Mnestra, *alis rotundatis, nigro-fuscis: anticis suprà fasciâ latâ rufa punctis duobus nigris* (fem. *utrinquè ocellis*), *subtùs disco rufo absque punctis; posticis suprà fasciâ abbreviatâ rufâ* (fem. *ocellis tribus minutis*), *subtùs immaculatis fasciâ obliteratâ antè marginem exteriorem.* Ochsenh. *Pap. Eur. tom.* 1. *p.* 264. *n°.* 45.

Papilio Mnestra. Esp. *Pap. part.* 1. *tab.* 120. *cont.* 75. *fig.* 5. 6.

Papilio Mnestra. Hubn. *Pap. tab.* 106. *fig.* 540. 541. (Mas.) *fig.* 542. 543. (Fem.)

Papilio Mnestra. Illig. *Magaz. tom.* 3. *p.* 199. — *tom.* 5. *p.* 180.

Il a environ un pouce & demi d'envergure. Le dessus de ses ailes est d'un noir-brun, avec une bande postérieure ferrugineuse. La bande des première ailes est large & marquée vis-à-vis du sommet de deux points noirs dans le mâle, de deux yeux à prunelle blanche dans la femelle. La bande des secondes ailes est courte, sans taches dans le mâle, chargée de trois petits yeux dans la femelle.

Le dessous des ailes supérieures est d'un rouge-fauve dans les deux sexes, avec les bords bruns, & des points ou des yeux comme du côté opposé.

Le dessous des ailes inférieures est de la couleur du dessus, avec le bout légèrement cendré & sans taches.

De la Suisse.

150. Satyre Stygné.

Satyrus Stygne.

Sat. alis integris, fusco-nigris, suprà fasciâ ferrugineâ : anticis utrinquè ocello didymo alteroque minori remoto, posticis tribus.

Papilio Stygne, *alis integris, nigro-fuscis, ferrugineo fasciatis : anticis ocello didymo alteroque minori solitario : posticis subtùs fasciâ obliteratâ versùs marginem exteriorem, ocellis utrinquè tribus.* Ochsenh. *Pap. Eur. tom.* 1. *p.* 276. *n°.* 52.

Papilio Stygne. Hubn. *Pap. tab.* 125. *fig.* 639. 640. (Fem.)

Papilio Pirene. Hubn. *Pap. tab.* 48. *fig.* 233. 234. (Mas.)

Papilio Pirene. Illig. *Magaz. tom.* 3. *p.* 201. — *tom.* 5. *p.* 181.

Papilio N. G. Pyrene, *alis atris, fulvo fasciatis : superioribus utrinquè ocello didymo majori alterove minori solitario ; inferioribus ocellis quatuor ; subtùs minoribus fasciæ crenatæ griseæ insertis.* Esp. *Pap. part.* 1. *p.* 117. *tab.* 116. *cont.* 71. *fig.* 3.

Il est de la taille & de la couleur du *Mnestra*, & en outre un peu glacé de violet. Le dessus de ses ailes a, parallèlement au bord terminal, une bande ferrugineuse, courbe, & allant toujours en diminuant de largeur jusque vers l'angle interne. Sur cette bande les ailes supérieures ont trois yeux, dont deux réunis en face du sommet, le troisième plus petit & placé beaucoup plus bas. Les ailes inférieures ont aussi trois yeux, mais ils sont également éloignés l'un de l'autre. Ces yeux sont noirs, avec une prunelle blanche.

Le dessous des premières ailes ne diffère pas du dessus dans le mâle; dans la femelle il a, de plus, le disque d'un ferrugineux-foncé.

Le dessous des secondes ailes offre trois petits yeux, correspondans à ceux du dessus; mais dans la femelle ils reposent sur une apparence de bande cendrée dont le côté interne est denté, tandis que dans le mâle ils sont immédiatement sur le fond qui est partout d'un noir-brun.

Nous avons vu une variété mâle qui avoit quatre yeux aux premières ailes, mais seulement en dessus.

Des montagnes du Tyrol, de la Suisse & du Piémont.

151. Satyre Mélas.

Satyrus Melas.

Sat. alis integris, fusco-nigris : anticis utrinquè fasciâ ferrugineâ (maris obliteratâ) ocello didymo alterove minori remoto ; posticis tribus, sed suprà fasciâ nullâ.

Papilio Melas, *alis integris, atris, cæruleo micantibus, anticis apice ocello didymo ; posticis punctis occellaribus nigris pupillâ albâ.* Ochsenh. *Pap. Eur. tom.* 1. *p.* 277. *n°.* 53.

Papilio Melas. Herbst, *Pap. tab.* 210. *fig.* 4. 5. (Mas.) *fig.* 6. 7. (Fem.)

Papilio N. G. Maurus, *alis superioribus rotundatis, aterrimis, cæruleo micantibus, concoloribus, ocellis duobus approximatis ; inferioribus tribus marginalibus minutis.* Esp. *Pap. part.* 1. *p.* 75. *tab.* 107. *cont.* 62. *fig.* 3. 4. (Mas.) — *p.* 93. *tab.* 110. *cont.* 65. *fig.* 4. (Fem.)

Papilio Nelo. Hubn. *Pap. tab.* 45. *fig.* 105. 106. (Mas.)

Illig. *Magaz. tom.* 3. *p.* 199.

Il ressemble beaucoup au *Stygné*. Néanmoins il s'en distingue, en ce que le dessus de ses ailes inférieures n'offre point de bande, mais seulement trois yeux; en ce que la bande ferrugineuse des premières ailes est moins prononcée ou presque nulle dans les mâles; & en ce que le petit œil solitaire des mêmes ailes n'est pas constant comme dans le *Stygné*.

De la Hongrie.

152. Satyre Alecton.

Satyrus Alecto.

Sat. alis integris, fusco-nigris : anticis utrinquè fasciâ ferrugineâ, obliteratâ, in mare ocellis nullis aut duobus, in feminâ quatuor : posticis subtùs atris, cæcis.

Papilio Alecto, *alis integris, fusco-atris, cæruleo micantibus : anticis utrinquè fasciâ obliteratâ ferrugineâ ocellis duobus albo pupillatis : posticis subtùs aterrimis, immaculatis.* Ochsenh. *Pap. Eur. tom.* 1. *p.* 279. *n°.* 54.

Papilio Alecto. Hubn. *Pap. tab.* 101. *fig.* 515. 516. (Fem.)

Papilio Alecto. Hubn. *Pap. tab.* 104. *fig.* 528. 529. (Mas.)

Papilio D. F. Atratus, *alis integerrimis, fusco-atris : superioribus utrinquè fasciâ maculari obliteratâ fulvescente.* Esp. *Pap. part.* 1. *p.* 60. *tab.* 104. *cont.* 59. *fig.* 1.

Papilio N. G. Glacialis, *alis fusco-nigricantibus, viridi nitentibus immaculatis : omnibus fasciâ latâ obsoletâ rufâ : inferioribus subtùs saturatioribus fasciâ tenuiori griseâ.* Esp. *Pap. part.* 1. *p.* 116. *cont.* 71. *fig.* 2.

Papilio Pluto. Esp. *Pap. part.* 1. *tab.* 121. *cont.* 16. *fig.* 1. (Var.)

Papilio Tisiphone. Esp. *Pap. part.* 1. *tab.* 122. *cont.* 77. *fig.* 5.

Illig. *Magaz. tom.* 3. *p.* 185.

Il a le port, la taille, la couleur & le glacé des deux précédens. Ses premières ailes ont de part & d'autre une bande ferrugineuse, postérieure, large, plus ou moins apparente, sans taches ou avec un groupe de deux petits yeux noirs à prunelle blanche dans le mâle, avec quatre yeux semblables dans la femelle. Les secondes ailes du mâle sont absolument sans taches, mais leur dessous est d'un noir plus décidé que leur dessus. Les secondes ailes de la femelle ont en dessus une bande ferrugineuse, oblitérée, & en dessous une apparence de bande grisâtre, dépourvue d'yeux.

Du Tyrol & de la Suisse.

153. Satyre Machabée (1).

Satyrus Machabœus.

Sat. alis integris, fusco-nigris : anticis utrinquè fasciâ ferrugineâ punctis duobus atris approximatis : posticis subtùs maculis duabus baseos fasciâque posticâ lutescentibus.

Papilio S. Pyrrha, *alis integris, fuscis, fasciâ rubrâ : anticarum nigro punctatâ, posticarum maculari.* Fab. *Mant. ns. tom.* 2. *p.* 42. *n°.* 416. — *Ent. Syst. em. tom.* 3. *pars* 1. *p.* 237. *n°.* 741.

Papilio Pyrrha. Wien. *Verz. p.* 167. *fam.* F. *n°.* 9.

Papilio Pyrrha. Ochsenh. *Pap. Eur. tom.* 1. *p.* 267. *n°.* 46.

Papilio Pyrrha. Illig. *N. Ausg. Ess. tom.* 2. *p.* 183. *n°.* 9.

Papilio Pyrrha. Illig. *Magaz. tom.* 3. *p.* 203. — *tom.* 4. *p.* 28. *n°.* 34.

Papilio Cœcilia. Illig. *Magaz. tom.* 3. *p.* 188.

Papilio Pyrrha. Hubn. *Pap. tab.* 50. *fig.* 235. 236. (Mas.)

Papilio Pyrrha. Hubn. *Pap. tab.* 120. *fig.* 616. (Fem.)

Papilio Cœcilia. Hubn. *Pap. tab.* 46. *fig.* 213. 214. (Var.)

(1) Nous avons pris le nom adopté par Herbst, parce que le nom de *Pyrrha* est appliqué à une Piéride, & celui de *Pyrrhus*, à une Nymphale.

Papilio Pyrrha. Borkh. *Pap. Eur. part.* 2. *p.* 203. *n°.* 16.

Papilio Manto. Borkh. *Pap. Eur. part.* 1. *p.* 100 & 245. *n°.* 40.

Papilio Manto. Schneid. *Syst. Beschr. p.* 111. *n°.* 52.

Papilio Manto. Lang: *Verz.* 2. *p.* 21. *n°.* 141. 142.

Papilio Manto. Esp. *Pap. part.* 1. *tab.* 70. *cont.* 20. *fig.* 2. 3.

Papilio Manto, var. Esp. *Pap. part.* 1. *tab.* 119. *cont.* 74. *fig.* 6. (Var. fem.)

Papilio Œme. Esp. *Pap. part.* 1. *tab.* 120. *cont.* 75. *fig.* 1. ?

Papilio Manto. Herbst, *Pap. tab.* 210. *fig.* 8. 9. — *tab.* 211. *fig.* 1. 2.

Papilio Maccabœus. Herbst, *Pap. tab.* 209. *fig.* 5. 6. (Var.)

Le petit Nègre hongrois. Engram. *Pap. d'Europe, tom.* 1. *p.* 81. *pl.* 23. *fig.* 41. a-d.

Il a approchant un pouce & demi d'envergure. Ses ailes sont entières & d'un noir-brun. Celles de devant ont de part & d'autre une bande ferrugineuse, sur laquelle sont deux points noirs faisant face au sommet.

Les ailes de derrière ont en dessus, vers le bout de la côte, une rangée de trois ou quatre taches ferrugineuses ; &, en dessous, sur la partie qui correspond à ces taches, une bande maculaire jaunâtre, indépendamment de laquelle il y a près de la base, deux taches qui sont également jaunâtres dans la femelle, & d'un ferrugineux plus ou moins prononcé dans le mâle.

De la Hongrie, de l'Allemagne méridionale, de la Suisse.

154. Satyre Cassiope.

Satyrus Cassiope.

Sat. alis integris, fusco-nigris : anticis utrinquè fasciâ ferrugineâ punctis tribus atris : posticis suprà maculis 2-4 ferrugineis nigro pupillatis ; subtùs fuscis aut cinerascentibus, punctis solis.

Papilio S. Cassiope, *alis integris, fuscis fasciâ rufâ punctis tribus ocellaribus nigris : posticis subtùs punctis solis.* Fab. *Mant. Ins. tom.* 2. *p.* 42. *n°.* 147. — *Ent. Syst. em. tom.* 3. *pars* 1. *p.* 238. *n°.* 742.

Papilio Cassiope, *alis integris, fuscis fasciâ rufâ punctis tribus nigris ; posticis suprà maculis rufis nigro punctatis, subtùs feminæ cinerascentibus punctis solis.* Ochsenh. *Pap. tom.* 1. *p.* 261. *n°.* 44.

Papilio Cassiope. Hubn. *Pap. tab.* 123. *fig.* 626. 627. (Mas.) *fig.* 628. 629. (Fem.)

Papilio Melampus. Herbst, *Pap. tab.* 209. *fig.* 7. 8.

Papilio Melampus. Esp. *Pap. part.* 1. *tab.* 78. *cont.* 28. *fig.* 2.

Papilio Melampus. Schneid. *Syst. Beschr. p.* 110. *n°.* 51.

Papilio Alcyone. Borkh. *Pap. Eur. part.* 1, *p.* 96 & 244. *n°.* 35. b.

Papilio N. G. Æthiops minor, *obscurè fuscus, fasciâ fulvâ sæpius obliteratâ ocellis cæcis*. De Villers, *Ent.* Linn. *tom.* 2. *p.* 37. *n°.* 57.

Le petit Nègre à bandes fauves. Engram. *Pap. d'Europe, tom.* 1. *p.* 85. *pl.* 24. *fig.* 45. a. b.

Il n'a guère que quinze lignes d'envergure. Sa couleur est la même que celle des précédens. Les premières ailes ont de part & d'autre une bande ferrugineuse, postérieure, presque maculaire, sur laquelle sont trois points d'un noir-foncé.

Le dessus des secondes ailes offre, vers l'extrémité, un rang de deux à quatre taches ferrugineuses, chargées chacune d'un point noir. Leur dessous est brun dans le mâle, cendré dans la femelle, avec des points noirs seulement.

De la Stirie, de la Suisse, du Languedoc, &c.

N. B. La description qu'en donne Fabricius dans son Entomologie systématique, porte, en parlant de la bande ferrugineuse : *in posticis imprimis maculari, nigra & in hâc puncta tria rufa*. C'est une faute d'impression. Il faut transposer *rufa* à la place de *nigra* & réciproquement.

155. Satyre Mélampus.

Satyrus Melampus.

Sat. alis integris, concoloribus, fusco-nigris fasciâ ferrugineâ maculari : anticarum punctis duobus atris approximatis, posticarum tribus distitis.

Papilio Melampus, *alis rotundatis, fuscis fasciâ utrinquè ferrugineâ, posticarum maculari punctis minutissimis nigris*. Ochsenh. *Pap. Eur. tom.* 1. *p.* 260. *n°.* 43.

Papilio Melampus. Fuessl. *Suiss. Ins. p.* 31. *n°.* 604. *tab. adj. fig.* 6.

Papilio Melampus. Fuessl. *Alt. Magaz. tom.* 2. *p.* 282.

Papilio Melampus. Esp. *Pap. part.* 1. *tab.* 31. *Suppl.* 7. *fig.* 2.

Papilio Melampus, var. Esp. *Pap. part.* 1. *tab.* 103. *cont.* 58. *fig.* 1.

Papilio Melampus. Bergstr. *Nomencl. tab.* 50. *fig.* 7. 8.

Papilio Melampus. Bergstr. *Nomencl. tab.* 71. *fig.* 5. 6.

Bergstr. *Nomencl. tab.* 128. *fig.* 6. 7.

Bergstr. *Icon. Pap. diurn. dec.* 3. *tab.* 3. *fig.* 5. 6.

Papilio Alcyone. Borkh. *Pap. Eur. part.* 1. *p.* 96 & 244. *n°.* 35. c.

Papilio Janthe. Hubn. *Pap. tab.* 122. *fig.* 624. 625. (Mas.)

Le Montagnard. Engram. *Pap. d'Europe, tom.* 1. *p.* 304. *pl.* 81. 2e. *Suppl. pl.* 2. *fig.* 41. a. b. *bis*.

Il a le port, la taille & la couleur du précédent. Ses ailes ont, parallèlement au bord terminal, une bande ferrugineuse, maculaire, sur laquelle les supérieures offrent ordinairement de part & d'autre deux points noirs, rapprochés, en regard du sommet ; & les inférieures trois semblables, également distans l'un de l'autre.

Des montagnes de la Carinthie, du Tyrol & de la Suisse.

N. B. Les taches de la bande des premières ailes sont à peu près quadrangulaires & longitudinales, du moins le plus souvent ; celles de la bande des secondes ailes sont toujours arrondies & plus petites.

156. Satyre Pharté.

Satyrus Pharte.

Sat. alis integris, concoloribus, fusco-nigris, fasciâ ferrugineâ maculari punctis nullis.

Papilio Melampus, *alis integris, nigricantibus : anticis fasciâ, posticis serie macularum fulvarum : utrinquè absque ocellis*. Ochsenh. *Pap. Eur. tom.* 1. *p.* 259. *n°.* 42.

Papilio Pharte. Esp. *Pap. part.* 1. *tab.* 120. *cont.* 75. *fig.* 3. (Mas.) *fig.* 4. (Fem.)

Papilio Pharto. Hubn. *Pap. tab.* 97. *fig.* 491. 492. (Mas.) *fig.* 493. 494. (Fem.)

Papilio Pharte. Illig. *Magaz. tom.* 3. *p.* 200. — *tom.* 5. *p.* 186.

Il ressemble au *Mélampus*, mais la bande ferrugineuse de ses ailes est sans points noirs en dessus & en dessous.

Du Tyrol & du midi de la Suisse.

157. Satyre Epiphron.

Satyrus Epiphron.

Sat. alis integris, fusco-nigris, virescenti nitidis, fasciâ ferrugineâ maculari : anticarum utrinquè ocellis 2–4, posticarum subtùs 3–5.

Papilio S. Epiphron, *alis integris, nigris fasciâ*

ciâ rubrâ : anticis suprà ocellis duobus, subtùs tribus ; posticis suprà tribus , subtùs quinque. FAB. *Mant. Inf. tom.* 2. *p.* 40. *n°.* 411. — *Ent. Syst. em. tom.* 3. *pars* 1. *p.* 235. *n°.* 735.

Papilio Epiphron , *alis integris , fuscis , viridi nitentibus , fasciâ rufâ utrinquè ocellis nigris pro individuis numero diversis.* OCHSENH. *Pap. Eur. tom.* 1. *p.* 258. *n°.* 41.

Papilio Epiphron. KNOCH , *Beytr.* 3. *tab.* 6. *fig.* 7.

Papilio Epiphron. HERBST , *Pap. tab.* 210. *fig.* 3.

Papilio Janthe. HUBN. *Pap. tab.* 44. *fig.* 202.

Papilio Egea. BORKH. *Pap. Eur. part.* 1. *p.* 77 & *part.* 2. *p.* 202. *n°.* 16.

ILLIG. *Magaz. tom.* 3. *p.* 195.

Man. Egea? SCHRANK, *Faun. Boïc. tom.* 2. *p.* 176. *n°.* 1306.

Il a le port, la taille & la couleur des trois précédens; mais il est un peu glacé de verdâtre. Ses ailes ont une bande ferrugineuse , postérieure , plus ou moins longue & légèrement divisée aux premières ailes ; maculaire aux secondes. La bande des supérieures offre de part & d'autre de deux à quatre yeux noirs à prunelle blanche ; celle des inférieures en a ordinairement trois en dessus, de trois à cinq en dessous.

Des parties montagneuses de l'Allemagne.

158. SATYRE Œmé.

SATYRUS Œme.

Sat. alis integris , fusco-nigris : anticis utrinquè maculâ apicis ferrugineâ ocellis duobus minutis : posticis maculis ocellaribus ferrugineis , suprà 3 *, subtùs* 4-5.

Papilio Œme , *alis integris , nigris : anticis utrinquè maculâ apicis fulvâ punctis duobus ocellaribus : posticis fulvo maculatis punctatisque.* OCHSENH. *Pap. Eur. tom.* 1. *p.* 270. *n°.* 47.

Papilio Œme. HUBN. *Pap. tab.* 104. *fig.* 530. 531. (Mas.) *fig.* 532. 533. (Fem.)

ILLIG. *Magaz. tom.* 3. *p.* 199.

Papilio Œme. ESP. *Pap. part.* 1. *tab.* 120. *cont.* 75. *fig.* 2.

Papilio Cœcilia. ESP. *Pap. part.* 1. *tab.* 121. *cont.* 76. *fig.* 2.

Il a environ un pouce & demi d'envergure. Ses ailes sont entières & d'un noir-brun. Les supérieures ont de part & d'autre , vis-à-vis du sommet, une tache ferrugineuse , plus ou moins foncée, sur laquelle sont deux petits yeux noirs à prunelle blanche.

Les ailes inférieures ont en dessus trois taches ferrugineuses, chargées chacune d'un œil comme ceux dont il vient d'être question ; & en dessous quatre taches semblables dans le mâle , cinq dans la femelle.

De la Suisse & du Tyrol.

159. SATYRE Psodéa.

SATYRUS Psodea.

Sat. alis integris , concoloribus , fusco-nigris , fasciâ ferrugineâ maculari : anticarum ocello gemino aliisque minoribus; posticarum (mas) 4, (fem.) 6.

Papilio Psodea , *alis rotundatis , fuscis : anticis utrinquè fasciâ fulvâ ocello apicis gemino ; posticis fasciâ maculari fulvâ ocellisque nigris albo pupillatis.* OCHSENH. *Pap. Eur. tom.* 1. *p.* 271. *n°.* 48.

Papilio Psodea. HUBN. *Pap. tab.* 98. *fig.* 497. (Mas.) *fig.* 498. 499. (Fem.)

Papilio Psodea. ILLIG. *Magaz. tom.* 3. *p.* 202.

Il est de la taille & de la couleur du précédent. Ses ailes , dont le dessous ressemble au dessus , ont une bande ferrugineuse , tantôt plus , tantôt moins foncée. La bande des ailes supérieures est légèrement divisée , & elle présente , vis-à-vis du sommet , un double œil noir à prunelle blanche , à la suite duquel il y en a de un à trois autres plus petits.

La bande des ailes inférieures est maculaire & chargée de quatre yeux dans le mâle , de six dans la femelle.

De la Stirie & de la Hongrie.

160. SATYRE Céto.

SATYRUS Ceto.

Sat. alis integris , concoloribus , fusco-nigris , strigâ è maculis sex ferrugineis puncto ocellari fœtis.

Papilio Ceto , *alis integris , atro-fuscis , utrinquè serie macularum fulvarum punctis nigris albo pupillatis.* OCHSENH. *Pap. Eur. tom.* 1. *p.* 272. *n°.* 49.

Papilio Ceto. HUBN. *Pap. tab.* 112. *fig.* 578. 579. (Le mâle.)

Il est à peu près de la taille de l'*Œmé.* Ses ailes , dont le fond est d'un noir-brun & le bord postérieur entier, ont , parallèlement à ce même bord , en dessous , comme en dessus , une rangée de six taches ferrugineuses, chargées chacune d'un petit œil noir à prunelle blanchâtre.

Quelquefois l'œil de la première & de la sixième taches des ailes de devant est nul ou à peine distinct.

Du midi de la Suisse & du Piémont.

161. SATYRE Médufe.

SATYRUS Medufa.

Sat. alis integris aut fubdentatis, fufco-nigris, fafciâ maculari ferrugineâ feu lutefcente : anticarum utrinquè ocellis 3-5, pofticarum fubtùs 4-7.

Papilio S. Medufa, *alis fubdentatis, concoloribus, fufcis : omnium fafciâ maculari flavâ ocellis fubquatuor.* FAB. *Mant. Inf. tom.* 2. *p.* 40. *n°.* 410. — *Ent. Syft. em. tom.* 3. *pars* 1. *p.* 235. *n°.* 734.

Papilio Medufa. WIEN. *Verz. p.* 167. *fam.* F. *n°.* 10.

Papilio Medufa. ILLIG. *N. Aufg. Deff. tom.* 2. *p.* 184. *n°.* 10.

Papilio Medufa. ILLIG. *Magaz. tom.* 3. *p.* 198.

Papilio Medufa. HUBN. *Pap. tab.* 45. *fig.* 103. 104. (Mas.)

Papilio Medufa. SCHŒFF. *Icon. tab.* 183. *fig.* 2. 3.

Papilio Medufa. BRAHM. *Inf. Calend. p.* 458. *n°.* 322.

Papilio Medufa. OCHSENH. *Pap. Eur. tom.* 1. *p.* 273. *n°.* 50.

Papilio Medea. HERBST, *Pap. tab.* 208. *fig.* 3. 4.

Papilio Medea. BORKH. *Pap. Eur. part.* 1. *p.* 47 & 235. *n°.* 14. — *part.* 2. *p.* 201.

Papilio Medea. BORKH. *Rhein. Magaz. tom.* 1. *p.* 239. *n°.* 20.

Man. Medea. SCHRANK, *Faun. Boïc. tom.* 2. *p.* 173. *n°.* 1302.

Papilio Ligea. ESP. *Pap. part.* 1. *tab.* 7. *fig.* 2.

Papilio Ligea. SCHNEID. *Syft. Befchr. p.* 105. *n°.* 45.

Papilio Ligea. LANG. *Verz.* 2. *p.* 20. *n°.* 119-124.

Papilio Ligea, var. 4. SCOP. *Ent. Carn. p.* 158. *n°.* 436.

Le moyen Nègre à bandes fauves. ENGRAM. *Pap. d'Eur., tom.* 1. *p.* 85. *pl.* 24. *fig.* 44. a. b.

Le Franconien. ENGRAM. *Pap. d'Europe, tom.* 1. *p.* 114. *pl.* 25. *fig.* 47. a. b.

ENGRAM. *Pap. d'Europe, tom.* 1. *pl.* 65. *Suppl.* 11. *fig.* 44. c. d.

Il a près de deux pouces d'envergûre. Ses ailes font entières ou légèrement dentées, fuivant le fexe, d'un noir-brun, avec une bande poftérieure & maculaire d'un rouge-fauve dans le mâle, d'un jaune-rouffâtre dans la femelle. Sur cette bande font des yeux noirs à prunelle blanche, yeux dont le nombre varie. En effet, les premières ailes en ont de trois à cinq de part & d'autre ; les fecondes trois ou quatre en deffus, & de quatre à fept en deffous. Le corps & les antennes font auffi d'un noir-brun.

La chenille, d'après Hubner, eft pubefcente ou un peu velue, d'un vert-tendre, avec des raies longitudinales, les unes blanchâtres, les autres d'un vert-foncé. Elle vit, felon les auteurs du Catalogue fyftématique des lépidoptères des environs de Vienne, fur le *panic fanguin* (*panicum fanguinale*).

Le papillon eft commun en mai & en juin dans les bois élevés de plufieurs parties de l'Europe.

162. SATYRE Hypéranthus.

SATYRUS Hyperanthus.

Sat. alis integris, fuprà fufco-nigris : fubtùs dilutioribus ; pofticis ocellis duobus tribufque.

Papilio D. F. Hyperanthus, *alis integerrimis, fufcis : fubtùs primoribus ocellis tribus, pofticis duobus tribufque.* LINN. *Syft. Nat.* 2. *p.* 768. *n°.* 127. — *Fauna Suec. edit.* 2. *p.* 273. *n°.* 1043.

Papilio S. *Hyperanthus.* FAB. *Syft. Entom. p.* 486. *n°.* 192. — *Spec. Inf. tom.* 2. *p.* 64. *n°.* 289. — *Mant. Inf. tom.* 2. *p.* 31. *n°.* 334. — *Ent. Syft. em. tom.* 3. *pars* 1. *p.* 216. *n°.* 677.

Papilio media tota pulla, pronâ alarum parte ocellis aliquot è puncto albo, duplici circulo nigro & fordidè luteo cincto compofitis illuftrata. RAI, *Inf.* 129. *n°.* 7.

Papilio medius, omninò fufcus, plurimis ocellis nigris in circulis luteis fubtùs ornatus. PETIV. *Muf. p.* 34. *n°.* 313.

JAC. L'AMIR. *Inf. tab.* 30.

SEPP. *Niederl. Inf. tom.* 1. *tab.* 4. *fig.* 1-8.

Papilio Hyperanthus. WIEN. *Verz. p.* 168. *fam.* F. *n°.* 11.

ILLIG. *N. Aufg. Deff. tom.* 2. *p.* 185. *n°.* 11.

Papilio Hyperanthus. ESP. *Pap. part.* 1. *tab.* 5. *fig.* 1.

Papilio Hyperanthus. ESP. *Pap. part.* 1. *tab.* 57. *fig.* 2-4. (Var.)

Papilio Hyperanthus. HERBST, *Pap. tab.* 197. *fig.* 3-6. 7. 8.

Papilio Hyperanthus. HERBST, *Pap. tab.* 198. *fig.* 1. 2. (Var.)

Papilio Hyperanthus. FUESSL. *Suiff. Inf. p.* 29. *n°.* 556.

Papilio Hyperanthus. OCHSENH. *Pap. Eur. tom.* 1. *p.* 225. *n°.* 29.

Lang. *Verz.* 2. *p.* 21. *n°.* 137-140.

Schwarz, *Raup. Calend. p.* 345.

Naturf. 8. *tab.* 3. *fig.* D.

Papilio Hyperanthus. De Villers, *Ent. Linn. tom.* 2. *p.* 18. *n°.* 25. *tab.* 4. *fig.* 7.

Papilio Hyperanthus. Schneid. *Syſt. Beſchr. p.* 101. *n°.* 41.

Papilio Arete. Schneid. *Syſt. Beſchr. p.* 102. *n°.* 42.

Papilio Hyperanthus. Borkh. *Rhein. Magaz. tom.* 1. *p.* 245. *n°.* 30.

Papilio Arete. Borkh. *Rhein. Magaz. tom.* 1. *p.* 244. *n°.* 29.

Papilio Polymeda. Borkh. *Pap. Eur. part.* 1. *p.* 84 & 240. *n°.* 23.

Papilio Hyperanthus. Muller, *Zool. Dan. p.* 114. *n°.* 1318.

Papilio Arete. Muller, *Faun. Fried. p.* 36. *n°.* 330.

Papilio Vidua. Muller, *Faun. Fried. n°.* 331.

Papilio Hyperanthus. Bergstr. *Nomencl. tab.* 16. *fig.* 7. 8. & *tab.* 17. *fig.* 5-8.

Papilio Vidua. Bergstr. *Nomencl. tab.* 30. *fig.* 6. 7. & *tab.* 63. *fig.* 3. 4.

Papilio Polymeda. Hubn. *Pap. tab.* 38. *fig.* 172. 173. 173*.

Papilio Polymeda. Scop. *Ent. Carn. p.* 157. *n°.* 434.

Triſtan. De Geer. *Mem. Inſ. tom.* 2. *part.* 1. *p.* 150. *tab.* 2. *fig.* 9. 10.

Triſtan. Geoffr. *Hiſt. Inſ. tom.* 2. *p.* 47. *n°.* 14.

Le Triſtan. Engram. *Pap. d'Europe, tom.* 1. *p.* 122. *pl.* 27. *fig.* 52. a-f.

Il a un peu plus d'un pouce & demi d'envergure. Ses quatre ailes ſont entières, d'un noir-brun en deſſus, avec une petite frange blanchâtre au bord poſtérieur.

Le deſſous eſt plus clair que le deſſus, avec des yeux noirs à prunelle blanche & à iris jaunâtre. Les ſecondes ailes en ont conſtamment cinq, dont deux groupés tranſverſalement près du bord antérieur, les trois autres alignés dans le même ſens vers l'angle de l'anus. Les premières ailes en ont tantôt deux, tanôt trois, dont le troiſième ou le poſtérieur plus petit. Dans certains individus on voit en deſſus l'empreinte de quelques-uns de ces yeux. Les deux ſurfaces du corps ſont colorées comme celles des ailes. Les antennes ſont noires, annelées de gris, avec le deſſous de la maſſue ferrugineux.

Quelquefois les yeux du deſſous des ailes ſont remplacés par des points jaunâtres.

Très-commun, aux mois de juillet, d'août & de ſeptembre, dans les bois & dans les prairies de l'Europe.

La chenille eſt d'un gris-blanchâtre, avec une ligne noirâtre, dorſale. Elle vit ſolitairement ſur le *millet épars* (*milium effuſum*), le *paturin annuel* (*poa annua*).

La chryſalide eſt courte, preſque ronde, à peu près de la couleur de la chenille.

163. Satyre Janira.

Satyrus Janira.

Sat. alis dentatis, ſuprà fuſcis : anticis utrinquè ocello apicis unico : poſticis ſubtùs flaveſcenti-cinereis, faſciâ dilutiore punctis ocellaribus nigris 1-3.

Papilio N. Janira, *alis dentatis, fuſcis : primoribus ſubtùs luteis, ocello unico : poſterioribus ſubtùs punctis tribus vel duobus.* Linn. *Syſt. Nat.* 2. *p.* 774. *n°.* 156. — *Faun. Suec. edit.* 2. *p.* 276. *n°.* 1053. (Mas.)

Papilio N. Jurtina, *alis dentatis, fuſcis : primoribus ſuprà liturâ flavâ, ocello utrinquè unico ; poſterioribus cœcis.* Linn. *Syſt. Nat.* 2. *p.* 774. *n°.* 155. — *Faun. Suec. edit.* 2. *p.* 276. *n°.* 1052. (Fem.)

Papilio Coridon. Linn. *Faun. Suec. edit.* 1. *p.* 239. *n°.* 786. (Fem.)

Papilio N. Janira. Fab. *Syſt. Entom. p.* 497. *n°.* 235. — *Spec. Inſ. tom.* 2. *p.* 81. *n°.* 358.

Papilio N. Jurtina. Fab. *Syſt. Entom. p.* 498. *n°.* 236. — *Spec. Inſ. tom.* 2. *p.* 81. *n°.* 359.

Papilio Janira, β *Jurtina.* Fab. *Mant. Inſ. tom.* 2. *p.* 44. *n°.* 433. — *Ent. Syſt. em. tom.* 3. *pars* 1. *p.* 241. *n°.* 752.

Petiv. *Muſ.* 34. *n°.* 309.

Rai, *Inſ.* 124. *n°s.* 16. 17.

Albin. *Inſ. tab.* 53.

Jac. l'Amir. *Inſ. tab.* 29.

Reaum. *Inſ.* 1. *tab.* 11. *fig.* 1.

Roes. *Inſ. part.* 3. *tab.* 34. *fig.* 7. 8. *claſſ.* 1. *Pap. diurn.*

Schœff. *Icon. tab.* 242. *fig.* 1. 2.

Schœff. *Icon. tab.* 273. *fig.* 1. 2. 5. 6.

Schneid. *Syſt. Beſchr. p.* 121. *n°.* 60.

Fuessl. *Suiſſ. Inſ. p.* 29. *n°.* 567. 568.

Lang. *Verz.* 2. *p.* 19. *n°.* 106-111.

Rossi, *Faun. Etr. tom.* 2. *p.* 149. *n°s.* 1011. 1012.

Schwarz, *Raup. Calend. p.* 38. 39. 483. 625.

Bergstr. *Nomencl. tab.* 23. *fig.* 1-9. (Var.)

Bergstr. *Nomencl. tab.* 93. *fig.* 5. 6. (Var.)

Sepp. *Niederl. Inf. tom.* 1. *tab.* 5. *fig.* 1-6.

Lewin. *Inf. tab.* 18. *fig.* 1-5.

Scop. *Ent. Carn. p.* 157. 158. *n°.* 435.

Muller, *Zool. Dan. p.* 115. *n°.* 1324.

Muller, *Faun. Fried. p.* 34. *n^os^.* 316. 317.

Wien. *Verz. p.* 167. *fam.* F. *n°.* 8.

Papilio Janira. Ochsenh. *Pap. Eur. tom.* 1. *p.* 218. *n°.* 27.

Papilio Janira. Esp. *Pap. part.* 1. *tab.* 10. *fig.* 1. 2.

Papilio Janira. Esp. *Pap. part.* 1. *tab.* 82. *cont.* 32. *fig.* 5. (Aberratio.)

Papilio Hifpulla. Esp. *Pap. part.* 1. *tab.* 119. *cont.* 74. *fig.* 1. (Mas.) *fig.* 2. (Fem.)

Papilio Erymanthea. Esp. *Pap. part.* 1. *tab.* 90. *cont.* 40. *fig.* 4. (Var. ?)

Papilio Jurtina. Illig. *N. Aufg. Deff. tom.* 2. *p.* 181. *n°.* 8.

Papilio Hifpulla. Illig. *Magaz. tom.* 5. *pag.* 182.

Papilio Jurtina. Hubn. *Pap. tab.* 36. *fig.* 161. 162. (Fem.)

Papilio Janira. Hubn. *Larv. Lepid.* 1. *Pap.* 1. *Nymph.* F. a. *fig.* 2. a. b.

Papilio Hifpulla. Hubn. *Pap. tab.* 116. *fig.* 593. 594. (Mas.) *fig.* 595. 596. (Fem.)

Papilio Janirus. Herbst, *Pap. tab.* 206. *fig.* 7. 8.

Herbst, *tab.* 207. *fig.* 1. 2.

Papilio Erymanthea. Herbst, *Pap. tab.* 202. *fig.* 3. 4. (Var. ?)

Papilio Janira. Borkh. *Rhein. Mag. tom.* 1. *p.* 245. *n°.* 32.

Borkh. *Pap. Eur. part.* 1. *p.* 73 & 234. *n°.* 12.

Papilio Erymanthea. Borkh. *Pap. Eur. part.* 1. *p.* 104. *n°.* 46. (Var. ?)

Papilio Pamphilus. Hufnag. *Magaz. tom.* 2. *p.* 76. *n°.* 39. & *p.* 90.

Papilio Pamphilus. Naturf. 6. *p.* 9. *n°.* 39.

Maniola Lemur. Schrank, *Faun Boïc. tom.* 2. *p.* 175. *n°.* 1305.

Corydon. Geoffr. *Hift. Inf. tom.* 2. *p.* 49. *n°.* 17.

Myrtil. Geoffr. *Hift. Inf. tom.* 2. *p.* 50. *n°.* 18.

Le Mirtil. Engram. *Pap. d'Europe, tom.* 1. *p.* 125. *pl.* 28. *fig.* 54. a-h.

Le Mirtil. Engram. *Pap. d'Europe, tom.* 1. *p.* 263. *pl.* 66. *Suppl.* 12. *fig.* 54. l. m. i. k. (Var.)

Le Mirtil. Engram. *Pap. d'Europe, tom.* 1. *p.* 263. *pl.* 67. *Suppl.* 13. *fig.* 54. o. p. q. r.

Linnæus a donné le mâle de ce fatyre fous le nom de *Janira*, & la femelle primitivement fous celui de *Coridon*, puis fous celui de *Jurtina*. Plufieurs auteurs ont fait de même.

Il a entre un pouce & demi & deux pouces d'envergure. Le deffus des ailes eft d'un brun-noirâtre, légérement chatoyant. Les premières, dont le bord terminal eft entier, ont, vis-à-vis du fommet, un œil noir à prunelle blanche. Dans le mâle, cet œil eft petit & entouré d'un cercle rouffâtre; dans la femelle au contraire il eft grand & placé fur une bande fauve, tranfverfale, un peu bifide antérieurement, coupée dans toute fa longueur par des nervures du même brun que le fond, & adhérant par fon côté interne à un efpace difcoïdal également fauve. Les fecondes ailes font dentées. Leur deffus eft fans taches dans le mâle; mais dans la femelle on voit ordinairement un point fauve vers le milieu de la furface.

Le deffous des ailes fupérieures eft fauve, avec les bords cendrés, & un œil comme du côté oppofé.

Le deffous des ailes inférieures eft d'un cendré-jaunâtre, & traverfé obliquement au-delà du milieu par une bande plus claire, large, finuée intérieurement, fans taches ou avec un feul point noir ocellé dans la femelle, offrant dans le mâle deux points femblables, très-éloignés l'un de l'autre, & parfois un troifième plus petit & moins diftinct, fitué entre le poftérieur & l'angle de l'anus. Les deux furfaces du corps font de la couleur de celles des ailes. Les antennes font noirâtres en deffus; grifâtres en deffous, avec la maffue ferrugineufe.

Tel eft le *Janira* dans les régions feptentrionales & tempérées de l'Europe. A Ténériffe, en Efpagne, en Portugal, dans le midi de la France & même quelquefois aux environs de Paris, les femelles ont le deffus des ailes inférieures, traverfé en majeure partie par une bande fauve, finuée; & le deffous des mêmes ailes un peu glacé de violet, avec du jaune fur la bande pâle. Efper a fait de ces femelles une efpèce particulière fous le nom de *Hifpula*, quoique leurs mâles foient comme dans les contrées du nord de l'Europe.

Engramelle repréfente des mâles tout blancs en deffus, & une femelle dans laquelle le fauve eft remplacé de part & d'autre par une couleur blanchâtre.

L'individu figuré par Efper, *tab.* 82, eft blanc en deffus & en deffous, avec le difque des ailes fupérieures fauve.

La chenille a l'anus terminé par une pointe bifide. Son corps est vert, avec une ligne blanche, longitudinale, placée de chaque côté au dessus des pattes. Elle vit sur le *paturin des prés* (*poa pratensis*) & sur quelques autres graminées.

La chrysalide est verdâtre, rayée de brun sur l'enveloppe des ailes. Le papillon en sort en juillet. Il est très-commun partout, notamment dans les endroits où il y a des ronces en fleurs.

N. B. L'*Erymanthea* d'Esper & de quelques auteurs nous paroît en être une variété mâle, dont les ailes supérieures ont deux yeux en dessus & trois en dessous, & les ailes inférieures une suite de cinq points ocellés en dessous. Elle est de la Hongrie.

164. Satyre Eudora.

Satyrus Eudora.

Sat. alis dentatis, suprà fuscescentibus : anticis (mas) *puncto nigro*, (fem.) *duobus, subtùs ocellis totidem : posticis subtùs grisescenti-cinereis, fasciâ dilutiore immaculatâ.*

Papilio S. Eudora, *alis dentatis, fuscis : anticis utrinquè disco ferrugineo, ocello maris unico, fœminæ duobus.* Fab. *Mant. Inf. tom.* 2. *p.* 44. n°. 435. — *Ent. Syst. em. tom.* 3. *pars* 1. *p.* 243. n°. 755.

Papilio Eudorus. Herbst, *Pap. tab.* 205. *fig.* 5-8.

Papilio Eudora. Esp. *Pap. part.* 1. *tab.* 45. *Suppl.* 21. *fig.* 1.

Papilio Eudora. Esp. *Pap. part.* 1. *tab.* 69. *cont.* 19. *fig.* 1. 2.

Papilio N. Janirula, *alis dentatis, fuscis : primoribus suprà puncto obliterato nigro, subtùs ocello unico : posticis subtùs punctis ocellaribus nullis.* Esp. *Pap. part,* 1. *tab.* 113. *cont.* 68. *fig.* 1. (Mas.)

Papilio Eudora. Schœff. *Icon. tab.* 213. *fig.* 1. 2.

Papilio Eudora. Borkh. *Pap. Eur. part.* 1. *p.* 74 & 235. n°. 13. — *part* 2. *p.* 201.

Papilio Eudora. Borkh. *Rhein. Magaz. tom.* 1. *p.* 238. n°. 18.

Schneid. *Syst. Beschr. p.* 123. n°. 61.

Lang. *Verz.* 2. *p.* 19. n°. 112-114.

Illig. *Magaz. tom.* 3. *p.* 192.

Papilio Eudora. Bergstr. *Nomencl.* 1. *tab.* 89. *fig.* 2. 3.

Papilio Eudora. Hubn. *Pap. tab.* 36. *fig.* 160. 163. (Mas.) *fig.* 164. (Fem.)

Papilio Eudora. Ochsenh. *Pap. Eur. tom.* 1. *p.* 223. n°. 28.

Papilio Lycaon. Naturf. 3. *tab.* 2. *fig.* d. e. f.

Le Misis. Engram. *Pap. d'Europe, tom.* 1. *p.* 127. *pl.* 28. *fig.* 55. a. b.

Engram. *Pap. d'Europe, tom.* 1. *p.* 264. *pl.* 67. *Suppl.* 13. *fig.* 55. c. d. e. f.

Il a de très-grands rapports avec le *Janira*; mais il est constamment plus petit & d'un brun moins noirâtre; l'œil du dessus des ailes supérieures est remplacé dans le mâle par une tache noire, orbiculaire; la femelle a deux taches semblables sur le dessus des mêmes ailes, & deux yeux sur leur dessous; la surface inférieure des secondes ailes est d'un cendré moins jaunâtre, & la bande qui la traverse est sans points oculaires dans les deux sexes; cette bande est d'ailleurs moins large & moins apparente.

On le trouve en Saxe, en Autriche, dans le midi de la France. M. Duponchel l'a pris communément dans le département de la Lozère & aux environs de Perpignan.

N. B. Fabricius se trompe en disant que le milieu des premières ailes est fauve en dessus dans chaque sexe. Cela n'est vrai que pour la femelle. Le mâle, comme nous l'avons dit, ne diffère du mâle du *Janira*, que parce qu'il est un peu plus pâle, & parce que la tache noire du sommet de ses premières ailes n'a point de prunelle.

165. Satyre Clymène.

Satyrus Clymene.

Sat. alis dentatis, fuscis : anticis utrinquè disco rufo ocelloque apicis; posticis serie macularum ocellatarum suprà 3-4, *subtùs* 7.

Papilio S. Clymene, *alis dentatis, fuscis liturâ ferrugineâ : posticis ocellis suprà subtribus, subtùs subseptem.* Fab. *Mant. Inf. tom.* 2. *p.* 44. n°. 434.—*Ent. Syst. em. tom.* 3. *pars* 1. *p.* 242. n°. 753.

Papilio N. Clymene, *alis dentatis, fuscis : primoribus utrinquè liturâ disci fulvâ & ocello in apice : posticis suprà punctis tribus nigris, subtùs serie ocellorum septem cœcorum.* Esp. *Pap. part.* 1. *p.* 165. *tab.* 85. *cont.* 35. *fig.* 1. 2. (Mas.) *fig.* 3. (Fem.)

Papilio Climene. Borkh. *Pap. Eur. part.* 1. *p.* 102. — *part.* 2. *p.* 210. n°. 44.

Schneid. *Syst. Beschr. p.* 121. n°. 59.

Illig. *Magaz. tom.* 3. *p.* 190.

Papilio Climene. Hubn. *Pap. tab.* 37. *fig.* 165. 166. (Fem.)

Papilio Clymene. Ochsenh. *Pap. Eur. tom.* 1. *p.* 215. n°. 25.

Il est un peu plus grand que le *Janira*. Ses

ailes supérieures sont entières, d'un brun-obscur de part & d'autre, avec le milieu d'un roux plus ou moins foncé, & le sommet précédé d'un œil noir à iris fauve, sans prunelle en dessus, pupillé de blanc en dessous.

Les secondes ailes sont dentées. Leur dessus est d'un brun-obscur, avec une rangée postérieure de trois à quatre taches fauves, orbiculaires, dont deux au moins chargées chacune d'un point noir.

Le dessous des mêmes ailes est d'un cendré-jaunâtre dans le mâle, d'un cendré-grisâtre dans la femelle, avec une suite de sept taches noires, ocellées, dont la seconde & la troisième, à partir d'en haut, plus petites & parfois peu distinctes, les deux postérieures réunies.

Des parties boisées qui avoisinent le Volga.

166. SATYRE Tithonius.

SATYRUS Tithonius.

Sat. alis denticulatis, suprà fulvis, basi orisque fuscis : anticis utrinquè ocello bipupillato : posticis subtùs nebuloso-flavescentibus, fasciâ sesquialterâ dilutiore punctisque ocellaribus quinque.

Papilio P. R. Tithonius, *alis subdentatis, concoloribus, disco luteis : primoribus ocello bipupillato, posticis punctis duobus albis.* LINN. *Mant.* I. 537.

Papilio S. Pilosellæ, *alis dentatis, fuscis, disco fulvo : anticis utrinquè ocello nigro pupillâ geminâ : posticis subtùs punctis ocellaribus niveis.* FAB. *Syst. Entom. p.* 497. *n°.* 233. — *Spec. Ins. tom.* 2. *p.* 80. *n°.* 355. — *Mant. Ins. tom.* 2. *p.* 43. *n°.* 428. — *Entom. Syst. em. tom.* 3. *pars* 1. *p.* 240. *n°.* 748.

Papilio Tithonius. HERBST, *Pap. tab.* 189. *fig.* 5-8.

Papilio Tithonius. FUESSL. *Suiff. Inf. p.* 31. *n°.* 603.

Papilio Tithonius. BERGSTR. *Nomencl. tab.* 18. *fig.* 5-9.

Papilio Tithonius. LEWIN. *Inf. tab.* 22. *fig.* 1-5.

Papilio Tithonus. OCHSENH. *Pap. Eur. tom.* 1. *p.* 210. *n°.* 22.

SEPP. *Niederl. Inf. tom.* 1. *tab.* 3. *fig.* 1-8.

NATURF. 3. *tab.* 2. *fig.* a, b, c.

Papilio Pilosellæ. CYRILL. *Ent. Neap.* 1. *tab.* 3.

Papilio Phædra. ESP. *Pap. part.* 1. *tab.* 9. *fig.* 1.

Papilio Phædra. ESP. *Pap. part.* 1. *tab.* 28. *Suppl.* 4. *fig.* 3.

Papilio Phædra. SCHNEID. *Syst. Beschr. p.* 124. *n°.* 62.

Papilio Herse. WIEN. *Verz. p.* 320. *fam.* F. *n°s.* 8. 9.

ILLIG. *N. Ausg. Dess. tom.* 2. *p.* 182. *n°s.* 8. 9.

ILLIG. *Magaz. tom.* 3. *p.* 195.

Papilio Herse. LANG. *Verz.* 2. *p.* 19. *n°.* 115-118.

Papilio Herse. HUBN. *Pap. tab.* 35. *fig.* 156. 157. (Fem)

Papilio Herse. HUBN. *Pap. tab.* 119. *fig.* 612. (Mas.)

Papilio Herse. BORKH. *Rhein. Magaz. tom.* 1. *p.* 244. *n°.* 28.

Papilio Amaryllis. BORKH. *Pap. Eur. part.* 1. *p.* 80 & 238. *n°.* 19. — *part.* 2. *p.* 205.

Amaryllis. GEOFFR. *Hist. Inf. tom.* 2. *p.* 52. *n°.* 20.

L'Amarillis. ENGRAM. *Pap. d'Europe, tom.* 1. *p.* 123. *pl.* 27. *fig.* 53. a-e.

L'Amarillis. ENGRAM. *Pap. d'Europe, tom.* 1. *p.* 262. *pl.* 66. *Suppl.* 12. *fig.* 53. f. g. (Var.)

Il a environ un pouce & demi d'envergure. Les quatre ailes sont légèrement dentées, fauves en dessus, avec la base & le pourtour d'un brun-obscur. Les premières, dont le dessus ne diffère du dessous que parce qu'il est traversé au milieu dans les mâles par une bande brune un peu oblique, ont de part & d'autre, vis-à-vis du sommet, un œil noir à double prunelle blanche.

Le dessus des secondes ailes est sans taches dans les mâles. Dans les femelles, il offre à l'extrémité inférieure de la partie fauve deux yeux semblables à celui dont il vient d'être question, mais très-petits, surtout l'antérieur, & à prunelle simple.

Le dessous des mêmes ailes est d'un jaunâtre-obscur, avec deux bandes transverses plus claires, dont l'antérieure très-courte, appuyée sur le milieu du bord d'en haut & précédée en dehors de deux points blancs ocellés; la postérieure en zig-zag, atteignant les deux bords, & précédée aussi en dehors, mais vers l'angle anal, de trois points blancs ocellés. Ces points sont entourés de brun-ferrugineux, couleur qui domine sur le bord terminal de l'aile & que font encore ressortir les cils gris de ce même bord. Le corps est brun en dessus, jaunâtre en dessous. Les antennes sont noirâtres, annelées de gris, avec le bout de la massue ferrugineux.

Il est des femelles dont les deux surfaces des ailes supérieures ont un second œil très-petit, situé à égale distance du premier & de l'angle interne.

On rencontre quelquefois une variété dans laquelle le fauve est remplacé par du blanc-sale. Engramelle l'a figurée pl. 66, *Suppl.* 12. *fig.* 53. f. g.

La chenille est d'un vert plus ou moins foncé, avec une ligne rougeâtre, longitudinale, sur chacun des côtés. Sa tête est à peu près de cette dernière couleur. Elle vit sur le *paturin annuel* (*poa annua*), & se métamorphose à la fin de mai ou au commencement de juin.

La chrysalide est grisâtre, avec quelques taches noirâtres. Elle est suspendue par la queue. Le papillon en sort en juillet. Il fréquente les bois de l'Europe & se repose sur la bruyère commune. Très-abondant au bois de Boulogne.

167. Satyre Ida.

Satyrus Ida.

Sat. alis denticulatis, suprà fulvis, basi orisque fuscis : anticis utrinquè ocello bipupillato : posticis subtùs nebuloso-grisescentibus, fasciis duabus dilutioribus punctisque ocellaribus nullis.

Papilio S. Ida, *alis subdentatis, fuscis, disco fulvo : anticis utrinquè ocello nigro bipupillato : posticis subtùs griseo-variis.* Fab. *Mant. Inf. tom.* 2. *p.* 43. *n°.* 429. — *Ent. Syst. em. tom.* 3. *pars* 1. *p.* 240. *n°.* 749.

Papilio Ida. Esp. *Pap. part.* 1. *tab.* 92. *cont.* 42. *fig.* 2. (Fem.)

Papilio Ida. Esp. *Pap. part.* 1. *tab.* 102. *cont.* 57. *fig.* 3. (Mas.)

Papilio Ida. Herbst, *Pap. tab.* 190. *fig.* 1-4.

Papilio Ida. Borkh. *Pap. Eur. part.* 1. *p.* 105. *n°.* 47. — *part.* 2. *p.* 210.

Papilio Ida. Rossi, *Mant. tom.* 2. *p.* 10. *n°.* 348.

Illig. *Magaz. tom.* 3. *p.* 195.

Papilio Ida. Hubn. *Pap. tab.* 35. *fig.* 158. (Mas.) *fig.* 159. (Fem.)

Papilio Ida. Ochsenh. *Pap. Eur. tom.* 1. *p.* 212. *n°.* 23.

Papilio Actæa. Lang. *Verz.* 2. *p.* 23. *n°.* 165.

Engram. *Pap. d'Europe, tom.* 1. *p.* 524. 3ᵉ. *Suppl. pl.* 5. *fig.* 53. h.

Le mâle & la femelle de ce satyre ressemblent aux deux sexes du *Tithonius*, par le dessus des quatre ailes & par le dessous des supérieures.

Mais le dessous des inférieures offre des différences qui consistent en ce que le fond est d'un gris-obscur, au lieu d'être jaunâtre; en ce que les deux bandes plus claires sont blanchâtres & atteignent l'une & l'autre le bord d'en haut & le bord interne; en ce que la bande postérieure, qui est plus distincte, a la partie supérieure bifide; enfin, en ce qu'il n'y a aucun point ocellé sur le côté externe de ces bandes.

Il habite l'Italie, le Portugal, l'Espagne & le midi de la France. — Fabricius se trompe en disant qu'il se trouve en Allemagne.

N. B. Quelquefois le dessus des secondes ailes de la femelle est tout-à-fait dépourvu d'yeux.

168. Satyre Bathséba.

Satyrus Bathseba.

Sat. alis denticulatis, suprà fulvis basi orisque fuscis : anticis utrinquè ocello bipupillato : posticis subtùs nigricantibus, fasciâ flavescente, mediâ, extùs unidentatâ ocellisque quinis marginatâ.

Papilio S. Bathseba, *alis repandis, fuscis, disco ferrugineo : anticis utrinquè ocello bipupillato : posticis subtùs fuscis, fasciâ albâ.* Fab. *Entom. Syst. em. tom.* 3. *pars* 1. *p.* 235. *n°.* 733.

Papilio S. Salome, *alis anticis fuscis, fasciâ rufâ ocello unico : posticis tribus, subtùs strigâ dentatâ albâ ocellisque quinque.* Fab. *Entom. Syst. em. tom.* 3. *pars* 1. *p.* 238. *n°.* 744.

Papilio Pasiphae. Esp. *Pap. part.* 1. *tab.* 67. *cont.* 17. *fig.* 4.

Papilio Pasiphae. Esp. *Pap. part.* 1. *tab.* 97. *cont.* 52. *fig.* 1.

Papilio Pasiphae. Herbst, *Pap. tab.* 190. *fig.* 5.-8.

Papilio Pasiphae. Borkh. *Pap. Eur. part.* 1. *p.* 97. *n°.* 36. — *part.* 2. *p.* 208.

Schneid. *Syst. Beschr. p.* 113. *n°.* 53.

Illig. *Magaz. tom.* 3. *p.* 200.

Papilio Pasiphae. Hubn. *Pap. p.* 37. *fig.* 167. (Mas.) *fig.* 168. 169. (Fem.)

Papilio Pasiphae. Ochsenh. *Pap. Eur. tom.* 1. *p.* 214. *n.* 24.

Le Tityre. Engram. *Pap. d'Europe, tom.* 1. *p.* 262. *pl.* 67. *Suppl.* 12. *fig.* 53. a. b. *bis.*

Le *Salome* & le *Bathseba* de Fabricius ne sont qu'une seule espèce, dont le premier est le mâle & le second la femelle.

Elle a le port & à peu près la taille du *Tithonius*. Elle est aussi de la même couleur en dessus, mais le brun-obscur domine davantage à la base des ailes, surtout dans les mâles. Celles de devant, dont le dessous est fauve, avec les bords noirâtres, ont de part & d'autre, vis-à-vis du sommet, un œil noir à double prunelle blanche.

Le dessus des secondes ailes a une rangée courbe & postérieure de trois à quatre yeux plus petits & à prunelle simple. Le dessous des mêmes ailes est d'un brun-noirâtre-clair, avec une bande jaune, pâle, transverse & arquée, dont le côté externe est unidenté dans son milieu, & précédé dans toute sa longueur par une rangée de cinq yeux noirs à prunelle blanche & à iris roussâtre. Il arrive que quelques-uns de ces yeux sont effacés; c'est ce qui fait dire à Fabricius, en décrivant son *Bathseba*, qu'il y en a tantôt quatre, tantôt moins. Le corps est brun. Les antennes sont noirâtres, annelées de gris, avec le dessous de la massue ferrugineux.

Quelquefois la femelle a un point noirâtre vers le milieu du bord interne des ailes supérieures.

On trouve cette espèce dans le midi de la France, en Espagne, &c. M. le chevalier Desfontaines l'a rapportée de la Barbarie où elle est très-commune.

169. SATYRE Œdipe.

SATYRUS Œdipus.

Sat. alis integris, suprà fusco-nigris: subtùs fuscescenti-luteis; posticis ocellis sex serie digestis extùsque lineâ argenteâ marginatis, anteriori remoto.

Papilio S. Œdipus, *alis integerrimis, suprà nigris, immaculatis: subtùs fuscis; anticis ocellis subtribus, posticis quinque.* FAB. *Ent. Syst. em. tom.* 3. *pars* 1. *p.* 218. *n°.* 681. (Mas.)

Papilio S. Miris, *alis integerrimis, fuscis: posticis suprà ocellis duobus minutis, subtùs sex, exteriori remoto.* FAB. *Ent. Syst. em. tom.* 5. *Suppl. p.* 429. *n°.* 693. 4. (Fem.)

Papilio Œdipus. OCHSENH. *Pap. Eur. tom.* 1. *p.* 315. *n°.* 71.

Papilio Œdippe. BORKH. *Pap. Eur. part.* 2. *p.* 205. *n°s.* 23. 24.

Papilio Œdipus. HUBN. *Pap. tab.* 138. *fig.* 702. 703. (Fem.)

Papilio Pylarge. HUBN. *Pap. tab.* 52. *fig.* 245. 246.

Papilio Pylarge. ILLIG. *Magaz. tom.* 3. *p.* 202.

Papilio Geticus. ESP. *Pap. part.* 1. *tab.* 107. *cont.* 62. *fig.* 5. (Mas.)

Papilio Geticus. ESP. *Pap. part.* 1. *tab.* 102. *cont.* 57. *fig.* 2. (Fem.)

Papilio Iphigenus. HERBST, *Pap. tab.* 198. *fig.* 5.-8.

L'*Œdipus* & le *Miris* de Fabricius ne sont qu'une seule espèce, dont le premier est le mâle & le second la femelle.

Elle est un peu plus petite que l'*Hypéranthus*, auquel elle ressemble en dessus.

Le dessous de ses ailes est d'un jaune-roussâtre, mais un peu nébuleux dans le mâle, avec des yeux noirs à prunelle blanche & à iris d'un jaune-pâle. Les premières ailes en ont tantôt cinq, dont les deux extrêmes fort petits; tantôt trois; quelquefois un seul, & quelquefois pas du tout. Les secondes ailes en ont le plus souvent six, dont l'antérieur isolé, les cinq autres contigus & inégaux. Ces yeux sont précédés en dehors sur les quatre ailes d'une ligne argentée, courbe en arrière & parallèle au bord postérieur dont elle suit le contour.

Dans quelques individus femelles, les yeux des ailes inférieures sont précédés intérieurement par un trait blanchâtre, interrompu, & plus rarement par une bande argentée. Le corps est d'un brun-obscur. Les antennes sont annelées de blanc & de noir; elles ont le dessous de la massue ferrugineux.

On le trouve, dans le courant de juin, en Russie, en Hongrie & en Piémont.

N. B. Dans les femelles, ou du moins dans la plupart d'entr'elles, l'empreinte des yeux des secondes ailes est sensible en dessus.

170. SATYRE Héro.

SATYRUS Hero.

Sat. alis integris, suprà nigricanti-fuscis: subtùs pallidioribus; posticis ocellis sex serie digestis intùsque vittâ albâ angulatâ, extùs lineâ argenteâ, marginatis.

Papilio P. R. Hero, *alis integerrimis, fuscis: subtùs anterioribus ocello, posterioribus senis.* LINN. *Syst. Nat.* 2. *p.* 793. *n°.* 255. — *Faun. Suec. edit.* 2. *p.* 274. *n°.* 1047.

Papilio S. Sabæus, *alis integerrimis, fuscis: posticis suprà ocellis quatuor cœcis, subtùs sex pupillatis.* FAB. *Syst. Ent. p.* 530. *n°.* 371. — *Spec. Ins. tom.* 2. *p.* 67. *n°.* 302. — *Mant. Ins. tom.* 2. *p.* 33. *n°.* 351. — *Ent. Syst. em. tom.* 3. *pars* 1. *p.* 221. *n°.* 694.

Papilio Hero. ESP. *Pap. part.* 1. *tab.* 22. *fig.* 4.

Papilio Hero. HERBST, *Pap. tab.* 198. *fig.* 3. 4.

Papilio Hero. WIEN. *Verz. p.* 321. *n°.* 13.

ILLIG. *N. Ausg. Verz.* ... ILLIG. *N. Ausg. Dess. tom.* 2. *p.* 186. *n°.* 13.

ILLIG. *Magaz. tom.* 3. *p.* 195. — *tom.* 4. *p.* 31.

NATURF. 8. *tab.* 3. *fig.* E. F.

Papilio Hero. BORKH. *Pap. Eur. part.* 1. *p.* 89 & 243. *n°.* 26. — *part.* 2. *p.* 207.

BORKH. *Rhein. Magaz. tom.* 1. *p.* 240. *n°.* 22.

SCHNEID. *Syst. Beschr. p.* 128. *n°.* 65.

LANG. *Verz.* 2. *p.* 23. *n°.* 157-160.

Maniola Hero. SCHRANK, *Faun. Boïc. tom.* 2. *p.* 179. *n°.* 1310.

Papilio Hero. HUBN. *Pap. tab.* 53. *fig.* 252. 253.

Papilio

Papilio Hero. OCHSENH. *Pap. Eur. tom.* 1. *p*. 313. *n*°. 70.

Le Mœlibée. ENGRAM. *Pap. d'Europe, tom.* 1. *p*. 132. *pl*. 29. *fig*. 59. a. b.

Le satyre dont il est ici question est le véritable pap. *Hero* de Linnæus ou le *Sabœus* de Fabricius.

Il est petit. Ses quatre ailes sont entières, d'un brun-noirâtre en dessus, avec une frange blanchâtre. Les supérieures n'ont pas de taches dans le mâle, mais dans la femelle elles ont au sommet un œil noir, à iris fauve & sans prunelle. Les ailes inférieures ont, vers le bout, une rangée de quatre yeux semblables, dont les deux extrêmes constamment plus petits, & même manquant dans beaucoup de mâles; il y a en outre un arc fauve à l'extrémité du bord interne.

Le dessous des quatre ailes est un peu moins foncé que le dessus. Celui des inférieures a un cordon de six yeux, dont le quatrième & le cinquième, à partir d'en haut, plus grands: ces yeux, qui ont le fond noir, avec la prunelle d'un blanc-vif, & l'iris d'un fauve-rougeâtre, sont précédés en dehors par une ligne argentée, courbe en arrière, s'appuyant sur une ligne fauve, marginale, pareillement courbe, & en dedans par une bande blanche, étroite, dentée extérieurement. Le dessous des ailes supérieures a, vis-à-vis du sommet, un petit œil plus ou moins distinct, placé parfois sur une bande blanchâtre, interrompue, peu apparente, laquelle est séparée du bord terminal par une ligne argentée, presque toujours moins brillante que celle des ailes inférieures. Les deux surfaces du corps sont du même brun que celles des ailes. Les antennes sont annelées de noir & de blanc, avec le dessous de la massue légèrement roussâtre.

Il habite plusieurs contrées de l'Allemagne & les départemens septentrionaux de la France. On le prend, au mois de juin, dans la forêt de Bondi & dans celle de Meudon près de Paris.

N. B. Dans la femelle, le dernier œil du dessous des ailes inférieures est quelquefois double.

171. SATYRE Iphis.

SATYRUS Iphis.

Sat. alis integris: anticis utrinquè rufescentibus: posticis suprà fuscis, subtùs virescenti-cinereis, ocellis sex serie digestis intùsque fasciâ albâ interruptâ, extùs lineâ plumbeâ, marginatis.

Papilio S. Hero, *alis integerrimis, fulvis: subtùs anticis ocello, posticis senis*. FAB. *Syst. Ent. p*. 530. *n*°. 372. — *Spec. Ins. tom*. 2. *p*. 67. *n*°. 303. — *Mant. Ins. tom*. 2. *p*. 33. *n*°. 352. — *Entom. Syst. em. tom*. 3. *pars* 1. *p*. 222. *n*°. 695.

SCHÆFF. *Icon. tab*. 208. *fig*. 3. 4.

Papilio Iphis. WIEN. *Verz. p*. 321. *n*°. 25. (13-24.)

ILLIG. *N. Ausg. Dess. tom*. 2. *p*. 188. *n*^{os}. 13. 14.

ILLIG. *Magaz. tom*. 3. *p*. 196. — *tom*. 4. *p*. 31.

Papilio Iphis. HUBN. *Pap. tab*. 53. *fig*. 249. (Mas.) *fig*. 250. 251. (Fem.)

Papilio Iphis. OCHSENH. *Pap. Eur. tom*. 1. *p*. 310. *n*°. 69.

Papilio Tiphon, *alis integerrimis, suprà flavescentibus margine paullò saturatiore; inferioribus fuscis, subtùs griseis fasciâ sæpiùs interruptâ ocellisque senis minoribus obliteratis*. ESP. *Pap. part*. 1. *p*. 341. *tab*. 35. *Suppl*. 11. *fig*. 3. 4.

Papilio Tiphon. DE PRUNNER, *Lepid. Pedem. p*. 22. *n*°. 44.

Papilio Tiphon. HERBST, *Pap. tab*. 189. *fig*. 1-4.

BERGSTR. *Nomencl. tab*. 123. *fig*. 5. 6.

Papilio Tiphon. SCHNEID. *Syst. Beschr. p*. 126. *n*°. 63.

Papilio Tiphon. LANG. *Verz*. 2. *p*. 22. *n*^{os}. 147-150.

Papilio Tiphon. BORKH. *Rhein. Magaz. tom*. 1. *p*. 243. *n*°. 26.

Papilio Glycerion. BORKH. *Pap. Eur. part*. 1. *p*. 90 & 243. *n*°. 27. — *part*. 2. *p*. 207.

Papilio Amyntas. PODA, *Mus. Græc. p*. 79. *n*°. 52.

Maniola Manto. SCHRANK, *Faun. Boïc. tom*. 2. *p*. 180. *n*°. 1313.

ENGRAM. *Pap. d'Europe, tom*. 1. *pl*. 29. *fig*. 56. c. d.

ENGRAM. *Pap. d'Europe, tom*. 1. *p*. 265. *pl*. 68. *Suppl*. 14. *fig*. 56. e. f.

C'est le satyre que Fabricius a donné sous le nom de *Hero*, le prenant, mais à tort, pour l'espèce que Linnæus avoit nommée de la même manière.

Le dessus des premières ailes est d'un roussâtre plus ou moins nébuleux, suivant le sexe. Leur dessous est fauve, avec le bout verdâtre & marqué parfois au sommet d'un petit œil noir, à prunelle blanche & à iris jaunâtre. Cet œil, lorsqu'il existe, est précédé dans les femelles d'une petite bande blanchâtre, placée transversalement du côté de la base.

Le dessus des secondes ailes est d'un brun-obscur, avec une ligne fauve, terminale, plus ou moins distincte, tantôt seule, tantôt surmontée vers l'angle anal d'une à trois taches oculaires. Le dessous des mêmes ailes est d'un cendré-verdâtre, avec une suite de six petits yeux noirs à prunelle blanche & à iris jaunâtre, lesquels sont renfermés en dedans par une bande blanche, irrégulière, très-souvent interrompue dans son milieu, & en dehors par une ligne arquée couleur de mine de plomb & s'appuyant sur une ligne fauve correspondante à celle de la surface opposée. Le bord de chaque aile a une légère frange grisâtre. Le corps est brun. Les antennes sont annelées de blanc & de noir.

On le trouve, en juin & en juillet, dans les bois de plusieurs parties de l'Allemagne & des départemens de l'est de la France.

172. SATYRE Arcanius.

SATYRUS Arcanius.

Sat. alis integris: anticis utrinquè fulvis, extimo fusco: posticis suprà fuscis; subtùs cinereo-rufescentibus, fasciâ albâ angulatâ ocellis 5-6, *anteriori remoto, cœteris lineâ argenteâ extùs marginatis.*

Papilio P. R. Arcanius, *alis integerrimis, ferrugineis: subtùs primoribus ocello unico; posticis quinis, primo fasciâ remoto.* LINN. *Syst. Nat.* 2. *p.* 791. *n°.* 242.

Papilio Arcania. LINN. *Faun. Suec. edit.* 2. *p.* 273. *n°.* 1045.

Papilio S. *Arcanius.* FAB. *Syst. Ent. p.* 530. *n°.* 369. — *Spec. Inf. tom.* 2. *p.* 67. *n°.* 301. — *Mant. Inf. tom.* 2. *p.* 33. *n°.* 349. — *Ent. Syst. em. tom.* 3. *pars* 1. *p.* 22. *n°.* 692.

SCHÆFF. *Elem. tab.* 94. *fig.* 3.

SCHÆFF. *Icon. tab.* 127. *fig.* 4. 5.

Papilio Arcanius. WIEN. *Verz. p.* 168. *fam.* F. *n°.* 12.

ILLIG. *N. Ausg. Verz. tom.* 2. *p.* 186. *n°.* 12.

Papilio Arcanius. DE GEER, *Mem. Inf. tom.* 2. *part.* 1. *p.* 148. *tab.* 2. *fig.* 5. 6.

Papilio Arcanius. ESP. *Pap. part.* 1. *tab.* 21. *fig.* 4.

Papilio Arcanius. HERBST. *Pap. tab.* 188. *fig.* 1. 2.

Papilio Arcania. OCHSENH. *Pap. Eur. tom.* 1. *p.* 317. *n°.* 72.

Papilio Arcanius. BORKH. *Rhein. Magaz. tom.* 1. *p.* 242. *n°.* 25.

Papilio Arcania. BORKH. *Pap. Eur. part.* 1. *p.* 88 & 242. *n°.* 25. — *part.* 2. *p.* 206.

SCHNEID. *Syst. Beschr. p.* 130. *n°.* 67.

LANG. *Verz.* 2. *p.* 22. *n°.* 153-156.

FUESSL. *Suiss. Inf. p.* 31. *n°.* 602.

ROSSI, *Faun. Etr. tom.* 2. *p.* 146. *n°.* 1001.

Papilio Arcania. HUFNAG. *Magaz. tom.* 2. *p.* 72. *n°.* 31.

NATURF. 6. *p.* 7. *n°.* 31. — 8. *p.* 121.

Papilio Arcania. HUBN. *Pap. tab.* 51. *fig.* 240-242.

Papilio Amyntas. SCOP. *Ent. Carn. p.* 174. *n°.* 457.

Papilio Tullius. MULLER. *Faun. Fried. p.* 36. *n°.* 332.

Céphale. GEOFF. *Hist. Inf. tom.* 2. *p.* 53. *n°.* 22.

Le Céphale. ENGRAM. *Pap. d'Eur. tom.* 1. *p.* 129. *pl.* 29. *fig.* 57. a. b. c. d.

Il a environ un pouce & demi d'envergure. Ses ailes supérieures sont fauves de part & d'autre, avec le bord terminal d'un brun-noirâtre en dessus, moins foncé en dessous, où l'on voit souvent, vis-à-vis du sommet, un petit œil noir à prunelle blanche & à iris jaunâtre.

Le dessus des ailes inférieures est d'un brun-obscur, avec une petite tache jaunâtre, anale, surmontant un arc fauve. Leur dessous est roussâtre, avec la base d'une teinte cendrée-verdâtre, & le milieu traversé obliquement par une bande blanche, anguleuse, laquelle offre à l'origine de son côté interne un œil noir à prunelle d'un blanc vif, & sur son côté externe quatre ou cinq yeux semblables, dont les deux antérieurs, & l'anal, lorsqu'il existe, plus petits. Il y a en outre une ligne argentée, courbe, tout le long du bord postérieur, lequel est, ainsi que celui des ailes de devant, garni de cils grisâtres. Le corps est brunâtre. Les antennes sont annelées de blanc & de noir, avec le bout de la massue ferrugineux.

Dans quelques femelles, le dessus des ailes inférieures offre deux petits yeux sans prunelle.

Très-commun, en mai & en juillet, aux environs de Paris & dans les départemens voisins.

La chenille est verte avec des lignes dorsales plus foncées, & des lignes latérales jaunes. Elle vit sur la mélique ciliée (*melica ciliata*).

La chrysalide est obtuse, ramassée, noirâtre.

173. SATYRE Corinus (1).

SATYRUS Corinus.

Sat. alis integris, fulvis: anticis ocello, suprà cœco: posticis subtùs cinereo-rufescentibus, fasciâ albâ interruptâ ocellis quinque, anteriori remoto, cœteris lineâ argenteâ extùs marginatis.

Papilio Corinna. HUBN. *Pap. tab.* 105. *fig.* 536. 537.

Papilio Corinna. ILLIG. *Magaz. tom.* 3. *p.* 190.

(1) Nous n'avons pas pris le nom des auteurs, parce que nous avons une Vanesse appelée *Corinne*.

Papilio Corinna. Ochsenh. *Pap. Eur. tom.* 1. *p.* 223. *n°.* 75.

Il est un peu plus petit que l'*Arcanius.* Ses quatre ailes sont fauves en dessus, sans taches aux supérieures, avec un œil noir dépourvu de prunelle au sommet des supérieures.

Le dessous de ces dernières ailes est également fauve, avec un œil correspondant à celui de la surface opposée, mais ayant une prunelle blanche.

Le dessous des secondes ailes est roussâtre, avec la base cendrée; le milieu traversé par une bande blanche, interrompue, sur laquelle sont cinq yeux, dont l'antérieur isolé, les quatre autres précédés en dehors d'une ligne argentée, courbe. Ces yeux sont semblables à celui des premières ailes, lesquelles ont aussi une ligne argentée sur leur bord terminal.

De la Sicile.

174. Satyre Philéus.

Satyrus Phileus.

Sat. alis integris, suprà fuscis : anticis utrinquè disco fulvo : posticis subtùs virescenti-nebulosis, fasciâ albâ recurvâ ocellis sex, lineâ argenteâ extùs marginatis.

Papilio Philea. Hubn. *Pap. tab.* 53. *fig.* 254. 255. (Mas.)

Papilio Philea. Illig. *Magaz. tom.* 3. *p.* 201.

Papilio Satyrion. Esp. *Pap. part.* 1. *tab.* 122. *cont.* 77. *fig.* 2.

Papilio Satyrion, *alis integerrimis, ochreaceis, suprà immaculatis : subtùs posticis viridi-fuscis fasciâ albâ ocellisque senis albo pupillatis.* Ochsenh. *Pap. Eur. tom.* 1. *p.* 322. *n.* 74.

Il est un peu plus petit que l'*Arcanius.* Ses ailes sont entières, d'un brun-obscur en dessus, avec le milieu des premières, & une ligne courbe sur le limbe postérieur des secondes, fauves.

Le dessous des ailes supérieures ne diffère du dessus que parce que les bords sont d'un brun plus clair, & parce qu'il y a quelquefois au sommet un point noir oculaire.

Le dessous des ailes inférieures est d'un brun-verdâtre, avec une bande blanche, postérieure, courbe en dehors, sinuée en dedans, chargée sur son milieu d'un rang de six yeux contigus, noirs & à prunelle très-blanche. Derrière cette bande, il y a une ligne fauve, arquée, que divise dans le sens de sa longueur une ligne argentée, plus étroite. Le bord terminal de chaque aile est garni de part & d'autre d'une petite frange blanchâtre. Le corps est de la couleur des ailes. Les antennes sont annelées de blanc & de noir.

Des montagnes du Tyrol, de la Suisse & du Piémont.

N. B. On trouve des individus mâles qui n'ont pas ou presque pas de fauve aux ailes supérieures en dessus.

175. Satyre Dorus.

Satyrus Dorus.

Sat. alis integris : anticis suprà (mas) *fuscescentibus,* (fem.) *luteis ocello cœco : posticis luteis, subtùs fasciâ albidâ extùs argenteo marginatâ ocellis sex, anteriori remoto.*

Papilio P. R. *Dorus, alis integerrimis : superioribus fuscescentibus ocello unico* (sæpè 2-3); *inferioribus utrinquè flavis, ocellis suprà quatuor cœcis, subtùs senis pupillatis.* Esp. *Pap. part.* 1. *tab.* 78. *cont.* 28. *fig.* 1.

Papilio Dorus. Herbst, *Pap. tab.* 188. *fig.* 5-8.

Papilio Dorus. Schneid. *Syst. Beschr. p.* 129. *n°.* 66.

Papilio Dorus. De Prunner, *Lepid. Pedem. p.* 74. *n°.* 152.

Papilio Dorus. Ochsenh. *Pap. Eur. tom.* 1. *p.* 320. *n°.* 73.

Papilio Dorion. Hubn. *Pap. tab.* 52. *fig.* 247. 248. (Mas.)

Bergstr. *Nomencl. tab.* 122. *fig.* 3. 4.

Papilio Dorion. Illig. *Magaz. tom.* 3. *p.* 192.

Papilio Dorilis. Borkh. *Pap. Eur. part.* 1. *p.* 93. *n°.* 31.

Papilio Lizetta. Cram. *Pap. pl.* 323. *fig.* F. G.

Palémon. Engram. *Pap. d'Europe, tom.* 1. *p.* 267. *pl.* 68. *Suppl.* 14. *fig.* 57. a. b. *bis.*

Il est petit, & il a les ailes entières. Les supérieures ont le dessus d'un brun-jaunâtre dans le mâle, avec un petit œil noir à iris fauve vis-à-vis du sommet; elles sont d'un jaune-fauve dans la femelle, avec les bords obscurs & un gros point noir, suivi parfois de deux autres plus petits.

Le dessus des secondes ailes est d'un jaune-fauve dans les deux sexes, avec la base, la côte, le bord postérieur, obscurs, & une ligne arquée de trois à quatre points noirs. Le bord postérieur est en outre longé par une ligne fauve, & garni, ainsi que celui des premières ailes, de cils grisâtres.

Le dessous des quatre ailes est d'un jaune-fauve, dans le mâle comme dans la femelle, avec un œil noir à prunelle blanche au sommet des supérieures; avec une bande blanchâtre, large, sinuée, vers l'extrémité des inférieures. Cette bande, que borde en dehors une ligne argentée, courbe, offre six yeux, dont l'antérieur isolé, le suivant & l'anal plus petits que tous les autres.

Les ailes supérieures ont aussi une ligne marginale argentée, & l'œil de leur sommet est précédé du côté de la base par une ligne transverse plus pâle que le fond. Le corps est cendré. Les antennes sont annelées de blanc & de noir, & le bout de leur massue est ferrugineux.

Il se trouve, en juillet, dans le midi de la France, en Espagne & en Portugal.

176. SATYRE Léandre.

SATYRUS Leander.

Sat. alis integris : anticis fulvis, margine fusco ; posticis fuscis, fasciâ fulvâ suprà serie punctorum nigrorum, subtùs ocellorum lineâque argenteâ marginali.

Papilio S. Leander, *alis integerrimis, fuscescentibus : posticis subtùs cinereis, apice fulvis ocellis sex.* FAB. *Mant. Inf. tom.* 2. *p.* 33. *n°.* 350. — *Ent. Syst. em. tom.* 3. *pars* 1. *p.* 222. *n°.* 693.

Papilio Leander. ESP. *Pap. part.* 1. *tab.* 89. *cont.* 39. *fig.* 5. (Mas.)

Papilio Leander. OCHSENH. *Pap. Eur. tom.* 1. *p.* 309. *n°.* 68.

Papilio Leander. HERBST, *Pap. tab.* 187. *fig.* 7. 8.

Papilio Amaryllis. HERBST, *Pap. tab.* 186. *fig.* 1. 2.

Papilio Amaryllis. CRAM. *Pap. pl.* 391. *fig.* A. B.

Papilio Clite. HUBN. *Pap. tab.* 103. *fig.* 526. 527. (Fem.)

Papilio Clite. ILLIG. *Magaz. tom.* 3. *p.* 190.

Papilio Philadilis. BORKH. *Pap. Eur. part.* 1. *p.* 93. *n°.* 32. — *part.* 2. *p.* 208.

Il est de la taille de l'*Arcanius.* Les premières ailes sont brunes en dessus dans le mâle, avec le milieu fauve; elles sont fauves dans la femelle, avec le bord postérieur obscur & précédé d'un rang de deux à quatre points noirs. Le dessus des secondes ailes est d'un brun-obscur dans les deux sexes, avec une bande fauve, courbe, postérieure & maculaire, sur laquelle sont alignés de quatre à sept points noirs.

Le dessous des ailes supérieures est constamment fauve, avec un seul œil dans le mâle; avec deux ou quatre dans la femelle, suivant le nombre qu'il y a du côté opposé.

Le dessous des ailes inférieures est d'un cendré-obscur, avec six ou sept yeux noirs, à prunelle blanche & à iris jaunâtre, disposés sur le côté interne d'une bande fauve que borde en dehors une ligne argentée, courbe. Il y a aussi une ligne semblable, mais moins distincte, sur le bord terminal des ailes de devant.

De la Russie.

N. B. D'après Cramer, le dessus des ailes inférieures est fauve. Cet auteur a-t-il représenté une variété, ou sa figure est-elle inexacte ?

177. SATYRE Irius.

SATYRUS Irius.

Sat. alis integris, suprà fulvis, margine exteriori fusco : posticis subtùs cinerascentibus, fasciâ terminali lutescente ocellis duobus punctoque intermedio intùs lineâ ferrugineâ, extùs argenteâ, marginatis.

Papilio N. Irius, *alis integerrimis; disco fulvo : posticis suprà ocello, subtùs duobus.* FAB. *Syst. Ent. p.* 487. *n°.* 196. — *Spec. Inf. tom.* 2. *p.* 65. *n°.* 293. — *Mant. Inf. tom.* 2. *p.* 32. *n°.* 340. — *Ent. Syst. em. tom.* 3. *pars* 1. *p.* 158. *n°.* 487.

Papilio Irius. DONOW. *Gen. Illustr. of Entom. part.* 1. *an Epitome of the Inf. of New Holl. pl.* 28. *fig.* 1.

Il est petit, fauve en dessus, avec tout le contour extérieur d'un brun-obscur, & un œil noir à prunelle blanche près de l'angle anal des secondes ailes.

Le dessous des ailes supérieures est généralement plus pâle que le dessus.

Le dessous des inférieures est d'un cendré-clair, avec une bande jaunâtre, terminale, large, sur laquelle sont deux yeux noirs à prunelle blanche & à iris fauve, entourés chacun d'un large cercle argenté, & séparés l'un de l'autre par un gros point de cette dernière couleur. Il y a en outre sur le côté interne de la bande susdite une ligne ferrugineuse en zig-zag, & sur son côté externe une ligne argentée courbe. Le corps est noirâtre en dessus, grisâtre en-dessous. Les antennes sont annelées de blanc & de noir.

De la Nouvelle-Hollande.

Il y a, dans la collection du Jardin des Plantes, une variété qui se distingue du commun des individus, en ce que ses ailes supérieures sont entièrement brunes de part & d'autre, & avec un petit œil vis-à-vis du sommet en dessous; en ce que le dessus des inférieures est également brun, avec une bande jaunâtre, correspondante à celle du dessous, mais moins large & atteignant à peine l'œil de l'angle de l'anus.

De la Nouvelle-Hollande.

178. SATYRE Lyllus.

SATYRUS Lyllus.

Sat. alis integris, suprà dilutè fulvis, limbo posteriori fusco : subtùs anticis ocello unico & lineâ argenteâ subterminali, abbreviatâ ; pos-

ticis flavescenti-griseis fasciâ albidâ obliteratâ punctisque 3-4 niveis nigro cinctis.

Papilio Lyllus. Esp. *Pap. part.* 1. *tab.* 122. *cont.* 77. *fig.* 1. (Mas.)

Papilio Lyllus, *alis integris pallidè ochreaceis: anticis suprà ocello cœco, subtùs albo pupillato strigâque dimidiatâ ad marginem exteriorem argenteâ: posticis subtùs ocellis minutis albo pupillatis.* Ochsenh. *Pap. Eur. tom.* 1. *p.* 307. *n°.* 67.

Papilio Pamphila. Hubn. *Pap. tab.* 109. *fig.* 557. 558. (Fem.)

Papilio Pamphile. Illig. *Magaz. tom.* 3. *p.* 200.

Il ressemble extrêmement au *Pamphile* (*voyez* n°. 179, ci-après). Les seules différences qui l'en séparent consistent, en ce que le limbe postérieur du dessus des quatre ailes est plus largement & plus fortement obscur; en ce que le dessous des supérieures offre, du moins dans les femelles, une ligne argentée, presque terminale, n'atteignant ni le bord d'en haut, ni le bord opposé; en ce que les points blancs du dessous des ailes inférieures sont entourés de noir & non de brun-roussâtre, & en ce que la base des mêmes ailes est d'un gris-jaunâtre, au lieu d'être d'un cendré-verdâtre.

Il habite l'Espagne, le Portugal & le midi de la France. On nous a dit qu'il avoit été trouvé près de Paris. M. Dupouchel l'a pris, en juillet & en août, aux environs de Nîmes, où il n'a pas vu le *Pamphile*, qui paroît cependant à la même époque.

179. Satyre Pamphile.

Satyrus Pamphilus.

Sat. alis integris, suprà pallidè fulvis, limbo postico fuscescente: subtùs anticis ocello unico; posticis virescenti-griseis, fasciâ albidâ sinuatâ punctisque niveis 3-4 ferrugineo cinctis.

Papilio P. R. Pamphilus, *alis integerrimis, flavis: subtùs primoribus ocello; posticis cinereis fasciâ ocellisque quatuor obliteratis.* Linn. *Syst. Nat.* 2. *p.* 791. *n°.* 239. — *Faun. Suec. edit.* 2. *p.* 273. *n°.* 1044.

Papilio Tithyrus. Linn. *Faun. Suec. edit.* 1. *n°.* 789.

Papilio D. F. *Pamphilus.* Fab. *Spec. Ins. tom.* 2. *p.* 66.

Papilio S. *Pamphilus.* Fab. *Ent. Syst. em. tom.* 3. *pars* 1. *p.* 221. *n°.* 691.

Papilio Pamphilus. Esp. *Pap. part.* 1. *tab.* 21. *fig.* 3. — *tab.* 78. *cont.* 28. *fig.* 4. (Var.)

Papilio Pamphilus. Herbst, *Pap. tab.* 186. *fig.* 78. — *tab.* 187. *fig.* 1-4.

Papilio Pamphilus. Wien. *Verz. p.* 168. *fam.* F. *n°.* 14.

Papilio Pamphilus. Borkh. *Rhein. Magaz. tom.* 1. *p.* 243. *n°.* 27.

Papilio Pamphilus. Schneid. *Syst. Beschr. p.* 131. *n°.* 68.

Papilio Pamphilus. Petagna, *Inst. Entom. tom.* 2. *p.* 450. *n°.* 23.

Papilio Pamphilus. Ochsenh. *Pap. Eur. tom.* 1. *p.* 305. *n°.* 66.

Papilio Pamphilus. Fuessl. *Suiss. Ins. p.* 31. *n°.* 601.

Papilio Pamphilus. Rossi, *Faun. Etr. tom.* 2. *p.* 146. *n°.* 1000.

Papilio Pamphilus. Lang. *Verz.* 2. *p.* 22. *n°.* 143-146.

Papilio Pamphilus. Brahm. *Ins. Kalend. p.* 358. *n°.* 239.

Maniola Pamphilus. Schrank, *Faun. Boïc. tom.* 2. *part.* 1. *p.* 180. *n°.* 1312.

Papilio Pamphilus. Schwarz, *Raup. Kalend. p.* 42.

Papilio Pamphilus. Bergstr. *Nomencl. tab.* 88. *fig.* 3-6.

Papilio Pamphilus. Lewin, *Ins. tab.* 23. *fig.* 1-4.

Schæff. *Icon. tab.* 164. *fig.* 2. 3.

Roes. *Ins.* 3. *tab.* 34. *fig.* 7. 8.

De Geer. *Mem. Ins. tom.* 2. *part.* 1. *tab.* 2. *fig.* 3.

Papilio Nephele. Borkh. *Pap. Eur. part.* 1. *p.* 87 & 241. *n°.* 24. — *part.* 2. *p.* 206.

Papilio Nephele. Hufnag. *tab. imp. Berl. Magaz. tom.* 2. *p.* 78. *n°.* 43.

Papilio Nephele. Naturf. 4. *p.* 10. *n°.* 43.

Papilio Nephele. Illig. *N. Ausg. Dess. tom.* 2. *p.* 189. *n°.* 14.

Papilio Nephele. Hubn. *Pap. tab.* 51. *fig.* 237. (Mas.) *fig.* 238. 239. (Fem.)

Papilio Menalcas. Poda, *Mus. Græc. p.* 78. *n°.* 50.

Papilio Menalcas. Scop. *Ent. Carn. p.* 175. *n°.* 458.

Papillon Procris. Geoff. *Hist. Ins. tom.* 2. *p.* 53. *n°.* 21.

Le Procris. Engram. *Pap. d'Europe, tom.* 1. *p.* 128. *pl.* 29. *fig.* 56. a. b. — *pl.* 68. *Suppl.* 14. *fig.* 56. g. h. (Var.)

Linnæus avoit d'abord fait de ce Lépidoptère une *Danaïde bigarrée*, mais il l'a mis en dernier lieu parmi ses *Plébéiens ruraux*.

Il a de quatorze à quinze lignes d'envergure. Le dessus des quatre ailes est d'un fauve-pâle ou jaunâtre, avec le bord postérieur légèrement obscur & garni d'une frange blanchâtre.

Le dessous des premières ailes est de la même couleur que le dessus, avec un petit œil noir à prunelle blanche & à iris pâle. Cet œil fait face au sommet, & dans les femelles, il est pour l'ordinaire précédé intérieurement d'une ligne ferrugineuse transversale. On le voit quelquefois en dessus, mais il n'y forme qu'un simple point noirâtre.

Le dessous des secondes ailes est d'un cendré-verdâtre à la base; traversé au milieu par une bande blanchâtre, oblitérée, étroite, presqu'en forme d'accolade; ensuite grisâtre jusqu'au bout, avec une rangée de trois à quatre points très-blancs, cerclés de ferrugineux-pâle. Geoffroy & De Geer disent que ces ailes sont sans yeux. Il faut qu'ils ne les aient pas bien examinées, ou qu'ils n'aient vu que des sujets passés; car les points blancs dont nous venons de parler existent toujours. On en voit même quelquefois jusqu'à six. Les antennes sont brunes & annelées de blanchâtre. Le corps est grisâtre.

Le Pamphile est commun dans toute l'Europe. Il habite les bois, les prairies, les berges des chemins. On le trouve, pour la première fois, au mois de mai, & pour la seconde, vers la fin de juillet.

Sa chenille est rase, verte, avec le dos obscur, une ligne blanche le long de chaque côté, & l'anus fourchu. Elle vit sur la *crételle de prés* (*cynosurus cristatus*).

La chrysalide est anguleuse, verdâtre, & suspendue par la queue.

Nota. Geoffroy s'est trompé en prenant la chenille de l'Argynne *Cinxia* (page 281), pour celle de ce satyre.

180. SATYRE DAVUS.

SATYRUS Davus.

Sat. alis integris, fuscescentibus : anticis suprà punctis duobus aut unico nigris, subtùs ocellis totidem; posticarum paginâ inferiori virescenti-rufâ, fasciâ albâ interruptâ ocellisque sex nigris.

Papilio Tetrapus, alis rotundatis, fulvis : subtùs cinerascentibus, fasciâ albidâ ocellisque quinis. LINN. *Faun. Suec. edit.* 1. *p.* 240. *n°.* 790.

Papilio D. F. Davus, *alis integerrimis, fulvis : anticis ocello : subtùs albo fasciatis, posticis ocellis sex.* FAB. *Mant. Inf. tom.* 2. *p.* 33. *n°.* 347.

Papilio S. *Davus.* FAB. *Ent. Syst. em. tom.* 3. *pars* 1. *p.* 221. *n°.* 690.

Papilio Davus. OCHSENH. *Pap. Eur. tom.* 1. *p.* 302. *n°.* 65.

Papilio Davus. HERBST, *Pap. part.* 8. *p.* 36. *tab.* 186. *fig.* 3-6.

Papilio Laidion. HERBST, *Pap. part.* 8. *pag.* 36. *tab.* 187. *fig.* 5. 6.

Papilio Laidion, *alis integerrimis, fulvis : anticis subtùs ocello unico, posticis subtribus marginalibus maculisque duabus sublunaribus obsoletis, albis.* BORKH. *Rhein. Magaz. tom.* 1. *p.* 241. *n°.* 24. (Var.)

Papilio Iphis. BORKH. *Rhein. Magaz. tom.* 1. *n°.* 23. (Var.)

Papilio Philoxenus. ESP. *Pap. tab.* 54. *cont.* 4. *fig.* 3. — *tab.* 78. *cont.* 28. *fig.* 3.

Papilio Philoxenus. SCHNEID. *Syst. Beschr. p.* 172. *n°.* 64.

Papilio Philoxenus. LANG. *Verz.* 2. *p.* 22. *n°.* 151. 152.

Papilio Tiphon. NATURF. 6. *p.* 15. *n°.* 1.

Maniola Tiphon. SCHRANK, *Faun. Boïc. tom.* 2. *p.* 179. *n°.* 1311.

Papilio Tullia. ILLIG. *Magaz. tom.* 3. *p.* 205.

Papilio Tullia. HUBN. *Pap. tab.* 52. *fig.* 243. 244.

Papilio Tullia, *alis subdentatis, flavis : subtùs fasciâ dentatâ albâ margineque posteriorum ocellis septem.* MULLER, *Faun. Fridr. p.* 36. *n°.* 336.

Papilio Isis, *alis integris, ferrugineis, suprà immaculatis : subtùs anticis fasciâ albâ ocelloque solitario; posticis arcu albo ocelloque sesquialtero.* THUNBERG, *Dissert. Acad. vol.* 3. *p.* 45. (Var.)

Papillon Héro. DE GEER, *Mem. Inf. tom.* 2. *part.* 1. *p.* 147. *tab.* 2. *fig.* 4.

Le Daphnis, ENGRAM. *Pap. d'Europe, tom.* 1. *p.* 131. *pl.* 29. *fig.* 58. a. b.

Il a de quinze à dix-huit lignes d'envergure. Le dessus des ailes est d'un fauve-jaunâtre-obscur, un peu plus foncé dans le mâle que dans la femelle, avec un point noirâtre ocellé au sommet des supérieures.

Le dessous de ces dernières ailes ressemble au dessus, mais le sommet est plus pâle, & le point ocellé est remplacé par un œil noir à prunelle très-blanche. Cet œil est précédé intérieurement, dans la femelle, d'une liture blanchâtre, transversale.

Le dessous des ailes inférieures est verdâtre à la base; roux au milieu, avec une bande blanche, transverse, courbe, dentée, souvent interrompue; grisâtre à l'extrémité, avec une série de six (quelquefois de sept) petits yeux noirs à prunelle blanche & à iris d'un jaune-paille. Les antennes & le corps sont, à une légère nuance près, comme dans l'espèce précédente.

On rencontre des individus qui ont deux yeux au sommet des ailes supérieures.

Borkhausen a décrit, sous le nom de *Laidion*, une variété dont le dessous des ailes inférieures n'offroit que trois taches oculaires.

Thunberg a nommé *Isis* une autre variété qui n'avoit à la surface inférieure des secondes ailes que deux yeux, dont un moitié plus petit que l'autre.

De l'est & du nord de l'Europe.

181. Satyre Narcisse.

Satyrus Narcissus.

Sat. alis integris, suprà fuscis, areâ fulvâ; subtùs rufescentibus, undis brunneis : utrinquè anticis ocello unico, posticis duobus minutis.

Papilio S. Narcissus, *alis integerrimis, fuscis, areâ rufâ : anticis utrinquè ocello, posticis duobus minutis.* Fab. *Ent. Syst. em. tom.* 5. *Suppl. p.* 428. *n°.* 672-3.

Il a environ un pouce & demi d'envergure. Le dessus des ailes est d'un brun-noirâtre, avec un espace fauve, presque discoïdal. L'espace des premières ailes offre un œil noir à prunelle blanche, devant lequel il y a une liture brune, transversale. L'espace des secondes ailes est terminé en arrière par deux yeux semblables, mais plus petits.

Le dessous des quatre ailes est roussâtre & finement ondé de brun, avec la répétition des yeux du dessus. Les antennes sont brunes & annelées de blanchâtre depuis la base jusqu'à la massue. Le corps est de la couleur des ailes.

De l'Ile-de-France. — Selon Fabricius, il se trouveroit aussi au Cap de Bonne-Espérance.

182. Satyre Magus.

Satyrus Magus.

Sat. alis integerrimis, obscurè fulvis : anticis utrinquè ocello pupillâ geminâ; posticis suprà duobus, subtùs tribus. Fab.

Papilio. S. *Magus.* Fab. *Ent. Syst. em. tom.* 3. *pars* 1. *p.* 223. *n°.* 700.

Pap. Magus. Jon. *Fig. pict.* 4. *tab.* 33. *fig.* 1.

Le corps est petit, brun. Les premières ailes, dont les deux surfaces se ressemblent à peu près, sont fauves, avec le bord postérieur obscur & précédé d'un grand œil noir à double prunelle blanche. Les secondes ailes ont le dessus d'un fauve-obscur, avec deux petits yeux; le dessous panaché, avec trois.

Il habite.....

(*Traduction de Fabricius.*)

183. Satyre Aphnius.

Satyrus Aphnius.

Sat. alis integris, fuscis : anticis ocello maximo pupillâ geminâ : posticis suprà fasciâ fulvâ ocellis quatuor minutis; subtùs albo cinereoque undatis, punctis totidem ocellaribus.

Il a environ un pouce & demi d'envergure. Les premières ailes sont d'un brun-obscur de part & d'autre, avec un grand œil noir à iris fauve & à double prunelle d'un bleu-luisant.

Le dessus des secondes ailes est d'un brun-obscur, avec une bande fauve, large & postérieure, sur laquelle sont alignés quatre petits yeux noirs à simple prunelle bleuâtre. Le dessous est ondé de blanc & de cendré, & l'on y voit quatre points noirs oculaires, correspondant aux yeux de dessus.

De l'Ile-de-France.

184. Satyre Baldus.

Satyrus Baldus.

Sat. alis integris, suprà fuscis : anticis utrinquè ocello bipupillato : posticis subtùs ocellis sex geminatis.

Papilio D. F. Baldus, *alis integerrimis, fuscis : anticis utrinquè ocello pupillâ geminâ; posticis suprà ocellis quatuor, subtùs sex.* Fab. *Mant. Ins. tom.* 2. *p.* 34. *n°.* 356.

Papilio S. *Baldus.* Fab. *Ent. Syst. em. tom.* 3. *pars* 1. *p.* 323. *n°.* 699.

Papilio Lysandra. Cram. *Pap. pl.* 293. *fig.* G. H.

Il est de la taille du précédent. Le dessus des ailes est d'un brun-obscur, avec un œil noir à iris jaune & à double prunelle bleue aux supérieures, & trois ou quatre yeux semblables, mais plus petits & à prunelle simple, aux inférieures.

Le dessous diffère du dessus en ce qu'il est finement ondé de blanchâtre, & que les yeux des ailes inférieures sont au nombre de six & groupés deux à deux. Ces yeux sont plus apparens dans les femelles que dans les mâles.

Nous avons vu un mâle qui n'avoit qu'un seul œil sur le dessus des secondes ailes.

Des Indes orientales.

185. Satyre Arctoüs.

Satyrus Arctous.

Sat. alis integris, suprà fuscis, subtùs dilutioribus cinerascentique griseo undulatis : omnium utrinquè ocello unico, anticarum bipupillato majoreque.

Papilio D. F. Arctous, *alis integerrimis, fuscis : anticis utrinquè ocello bipupillato, posticis suprà subcœcis.* Fab. *Mant. Inf. tom.* 2. *p.* 33. *n°.* 353.

Papilio S. *Arctous.* Fab. *Ent. Syst. em. tom.* 3. *pars* 1. *p.* 222. *n°.* 696.

Papilio Arctous. Donow. *Gen. Illustr. of Entom. an Epitome of the Inf. of Asia, pl.* 24. *fig.* 2.

Il est de la taille des deux précédens. Ses ailes sont brunes en dessus, plus pâles & ondées de gris-cendré en dessous, & elles ont chacune de part & d'autre un œil noir à iris jaune & à prunelle bleue. L'œil des ailes supérieures est plus grand, & sa prunelle est double.

De la Nouvelle-Hollande.

Observation.

Observation. *Ici commence la division des Chenilles ovales ou en forme de cloportes, et dont les chrysalides sont courtes, contractées, obtuses aux deux bouts.*

L'insecte parfait a le dernier article des palpes inférieurs, ou le troisième, presque nu; les crochets des tarses très-petits, à peine saillans; la cellule discoïdale des secondes ailes ouverte en arrière et non rétrécie vers son milieu.

GENRE ÉRYCINE.

CARACTÈRES DU GENRE.

Les deux pattes antérieures notablement plus courtes et très-velues, au moins dans les mâles.

Ce genre comprend les genres ci-après de Fabricius (*Syst. Glossat.*) :

Genre Erycina. (Pap. *Lysippus*, *Melibœus*, etc., Fab.)

Genre Nymphidium. (Pap. *Caricœ*, *Phareus*, *Manthus*, *Telephus*, etc., Fab.)

Genre Emesis. (Pap. *Ovidius*, *Arminius*, Fab., ou *Fatima*, *Mandana*, Cram.)

Genre Helicopis. (Pap. *Gnidus*, *Cupido*, etc., Fab.)

Genre Danis. (Établi, d'après l'indication d'Illiger, sur des espèces nouvelles, qui nous sont inconnues.)

Nota. Nous avons senti la nécessité de former plusieurs genres de notre genre Érycine; mais il nous a été impossible d'y parvenir, parce que nous n'avions qu'un petit nombre d'espèces, souvent mal conservées, ou dont l'un des sexes nous manquoit. En attendant, nous nous en tenons aux divisions et subdivisions que fournissent les différentes formes des ailes.

ESPÈCES.

A. Bord postérieur des premières ailes convexe et entier. Bord analogue des secondes avec six queues linéaires, dont la troisième, à compter de celle de l'angle de l'anus, beaucoup plus large que les autres.

Nota. Dans cette division, les deux sexes ont les pattes antérieures plus courtes et velues.

1. Erycine Gnidus.

Ailes blanches, avec le limbe postérieur noir : dessous des supérieures avec une ligne blanchâtre ; dessous des inférieures avec des gouttes argentées à l'extrémité.

2. Erycine Cupidon.

Ailes blanches, avec le limbe postérieur noir : les deux surfaces des inférieures avec des gouttes à l'extrémité, le dessous des supérieures avec une ligne marginale, argentées.

B. Ailes supérieures triangulaires. Ailes inférieures alongées dans le sens de la longueur du corps, largement tronquées vers leur angle anal, et ayant l'angle extérieur de la troncature prolongé en une queue oblique, tantôt longue et plus ou moins aiguë, tantôt courte et obtuse.

α. Queue des ailes inférieures très-longue et aiguë.

ERYCINE. (Insecte.)

Nota. Les espèces de la subdivision α sont remarquables en ce que leurs ailes sont entièrement vitrées, ou en ce qu'elles ont des bandes un peu transparentes. Le *Licarsis*, placé en tête de cette subdivision, se distingue de ses congénères par la longueur extraordinaire de ses palpes inférieurs. Ce caractère nous auroit déterminés à former un genre particulier, s'il avoit été commun à d'autres espèces.

3. Erycine Licarsis.

Ailes semblables de part et d'autre, noires, avec deux bandes d'un blanc-bleuâtre : les supérieures avec un point basilaire, les inférieures avec une tache anale, d'un rouge-écarlate.

4. Erycine Dorillis.

Ailes semblables de part et d'autre, noires : milieu des supérieures avec une tache arrondie, milieu des inférieures avec une bande oblique, d'un blanc-transparent.

5. Erycine Curius.

Ailes en queue, semblables de part et d'autre, très-noires : supérieures avec deux bandes transparentes, inférieures avec une seule blanche. Fab.

6. Erycine Octavius.

Ailes transparentes, avec les nervures, une bande commune, et les bords, noirs : les inférieures ayant l'angle anal largement écarlate.

β. Queue des ailes inférieures courte et obtuse.

7. Erycine Iphinoé.

Dessous des ailes d'un brun-noirâtre, avec deux bandes blanches : supérieures avec une ligne à l'origine de la côte, inférieures avec trois taches à l'angle de l'anus, d'un rouge-écarlate.

8. Erycine Aulétès.

Ailes semblables de part et d'autre, noires, avec deux bandes fauves.

9. Erycine Mélibée.

Ailes d'un noir-brun, ayant en dessus deux lignes rouges, dont une plus courte; et en dessous deux bandes d'un bleu-luisant.

10. Erycine Aristote.

Ailes entières, presque semblables de part et d'autre, noires, avec deux bandes transverses, dont l'une orangée ou blanche, l'autre pâle.

11. Erycine Lysippe.

Ailes d'un noir-brun, avec une bande orangée sur chaque : leur dessous ponctué de fauve vers la base.

12. Erycine Echérius.

Ailes un peu dentées, couleur de terre d'ombre, avec une ligne plus foncée sur le milieu : dessous des inférieures avec trois et deux points noirs cerclés de blanc.

13. Erycine Allica.

Ailes dentelées, presque semblables de part et d'autre, couleur de terre d'ombre, avec des points noirs, nombreux et chargés chacun d'un point blanc.

14. Erycine Labdacus.

Ailes dentées, fauves en dessus, avec les bords noirs : leur dessous d'un blanc-bleuâtre, avec trois lignes transverses ferrugineuses sur les supérieures, et deux sur les inférieures.

15. Erycine Gémellus.

Ailes très-entières, d'un brun-obscur en dessus, avec le disque roux : leur dessous d'un blanc-satiné, avec une ligne commune d'un jaune-souci.

ERYCINE. (Insecte.)

16. Erycine Midas.

Ailes entières, d'un brun-obscur : leur dessous blanc ou plus pâle à la base, et offrant à l'extrémité deux lignes rousses, transversales, dont l'extérieure des inférieures ponctuée de noir.

C. Ailes supérieures triangulaires. Ailes inférieures plus ou moins alongées dans le sens de la longueur du corps.

17. Erycine Salimba.

Ailes entières, ayant le dessus d'un violet-luisant, avec le sommet d'un noir-brun : leur dessous plus pâle, avec une ligne ferrugineuse postérieure.

18. Erycine Euritéus.

Ailes entières, noires en dessus, avec une bande bleue luisante : leur dessous blanc au milieu, avec deux bandes ferrugineuses.

19. Erycine Gélon.

Ailes entières, d'un brun-obscur en dessus : leur dessous d'un jaune-pâle, avec trois lignes brunes à l'extrémité.

20. Erycine Sabinus.

Ailes entières, d'un brun-obscur en dessus, avec le bord antérieur des supérieures incarnat : dessous des quatre pâle, avec trois lignes blanches à l'extrémité.

21. Erycine Hyginius.

Ailes entières, d'un brun-obscur et sans taches en dessus : leur dessous d'un violet-pâle, avec deux lignes rousses aux supérieures, et des taches noires triangulaires aux inférieures.

22. Erycine Orfita.

Ailes entières, d'un brun-noirâtre à reflet violet : leur dessous avec deux raies ferrugineuses et une rangée postérieure de taches en fer de flèche.

23. Erycine Gélanor.

Ailes un peu dentées, ayant le dessus d'un brun-noirâtre à reflet violet : leur dessous orangé, avec une ligne ferrugineuse et une rangée marginale de points oculaires aux inférieures.

D. Ailes supérieures triangulaires. Ailes inférieures arrondies.

24. Erycine Arbas.

Ailes entières, d'un brun à reflet bleuâtre : leur dessous avec une ligne discoïdale et le bord postérieur fauves ; un point noir près du milieu de ce bord, aux inférieures.

25. Erycine Arças.

Ailes entières, d'un bleu-violet-luisant en dessus : supérieures avec quelques points blancs sur le milieu ; inférieures avec un espace noir sur la côte.

26. Erycine Priolas.

Ailes entières, noires et glacées de violet en dessus, avec des veines bronzées au sommet des supérieures : dessous des inférieures tacheté de blanc.

27. Erycine Préma.

Ailes entières, noires en dessus, avec des bandes maculaires d'un vert-doré : leur dessous d'un brun-clair, avec des bandes blanchâtres et une rangée terminale de points noirs.

28. Erycine Prétus.

Ailes entières, noires en dessus, avec des taches vertes : leur dessous d'un brun-tanné, avec des taches blanchâtres.

29. Erycine Pétrone.

Ailes entières, d'un bleu-luisant en dessus, avec des lignes transverses et le sommet noirs : leur dessous cendré et ponctué de brun.

ERYCINE. (Insecte.)

30. Erycine Hébrus.

Ailes entières, ayant le dessus noir et varié de bleu, avec le bord interne des inférieures blanc : dessous des quatre d'un bleu-pâle, avec des points noirs.

31. Erycine Méris.

Ailes un peu dentées, et parsemées de points noirs : leur dessus bronzé ; leur dessous panaché de brun et de gris.

32. Erycine Lucinde.

Ailes entières, couleur d'acier en dessus, rousses en dessous, ayant de part et d'autre cinq lignes ondulées et des points marginaux d'un brun-noirâtre.

33. Erycine Dyndima.

Ailes entières, couleur d'acier en dessus, d'un blanc-bleuâtre en dessous, ayant de part et d'autre cinq lignes ondulées et des points marginaux d'un brun-noirâtre.

34. Erycine Arminius.

Ailes entières, fauves, avec quatre lignes ondulées et des points marginaux, obscurs en dessus, ferrugineux en dessous.

35. Erycine Ovide.

Ailes entières, fauves en dessus, d'un jaune-pâle en dessous, ayant de part et d'autre des lignes ondées, noires dans la femelle, *sablées d'or dans le* mâle.

36. Erycine Zéanger.

Ailes entières, fauves en dessus, avec le sommet des supérieures noir et marqué de litures bleuâtres : dessous des quatre blanchâtre, avec une multitude de taches noires.

37. Erycine Eupolémie.

Ailes entières, rousses en dessus, d'un blanc-bleuâtre en dessous, ayant de part et d'autre des lignes transverses de points noirs.

38. Erycine Ptolémée.

Ailes entières, ferrugineuses en dessus, avec des taches noires, et l'extrémité des nervures mine de plomb : leur dessous violet dans le mâle, *roux dans la* femelle, *avec la base d'un bleu-pâle.*

39. Erycine Azora.

Ailes entières, fauves, ponctuées de noir de part et d'autre : leur bord antérieur obscur en dessus, leur bord postérieur avec deux lignes mine de plomb.

40. Erycine Gynéa.

Ailes entières, brunes en dessus, ferrugineuses en dessous, ayant de part et d'autre des lignes noires ponctuées, et deux lignes terminales mine de plomb.

41. Erycine Avius.

Ailes entières, semblables de part et d'autre, d'un brun-noirâtre, avec des lignes transverses plus foncées, et deux lignes terminales bleues.

42. Erycine Cléone.

Ailes entières, noires, ayant en dessus deux lignes marginales mine de plomb, et une seule en dessous.

43. Erycine Cléodora.

Ailes entières, noires, ayant en dessus deux lignes marginales mine de plomb, et en dessous des points noirs.

ERYCINE. (Insecte.)

44. Erycine Argiopé.

Ailes entières, noires, sablées de vert-doré en dessus : dessous des supérieures offrant à la base une tache d'un rouge cire d'Espagne.

45. Erycine Domitien.

Ailes entières, obscures : supérieures avec une tache, inférieures avec une raie transverse, vertes : leur dessous brun, avec des points et une ligne marginale argentés. Fab.

46. Erycine Géminus.

Ailes arrondies, bleues, ayant le limbe postérieur noir et longé par une ligne bleue : dessous des inférieures légèrement fascié de brun. Fab.

47. Erycine Stilbé.

Ailes entières, semblables de part et d'autre, fauves, avec des points noirs, et une ligne terminale argentée.

48. Erycine Hisbon.

Ailes entières, d'un noir-brun, ayant de part et d'autre trois bandes d'un jaune d'ocre : dessus des quatre avec une ligne terminale mine de plomb.

49. Erycine Ouranus.

Ailes entières, noires, ayant de part et d'autre une bande blanche avec les extrémités rousses : dessus des supérieures avec une ligne terminale mine de plomb.

50. Erycine Phillone.

Ailes entières, d'un brun-noirâtre, avec deux bandes blanches séparées par une ligne fauve : base des quatre annelée.

51. Erycine Lysimon.

Ailes sinuées, brunes, avec une bande blanche, commune, discoïdale : limbe postérieur des quatre avec une ligne fauve et des anneaux bleuâtres.

52 Erycine Lamis.

Ailes sinuées, d'un beau blanc, avec tout le pourtour extérieur brun et annelé de bleuâtre : limbe postérieur avec une bande fauve.

53. Erycine du figuier.

Ailes sinuées, d'un beau blanc, avec tout le pourtour extérieur brun et annelé de bleuâtre : limbe antérieur avec des taches, limbe postérieur avec une bande, fauves.

54. Erycine Pélops.

Ailes sinuées, d'une jaune-pâle, avec tout le pourtour extérieur brun et chargé d'une bande fauve sur laquelle il y a une série de points noirs.

55. Erycine Cachrys.

Ailes sinuées, d'un jaune-pâle, avec tout le pourtour extérieur noir : limbe postérieur avec une ligne bleuâtre, anguleuse.

56. Erycine Ménalcus.

Ailes entières, semblables de part et d'autre, d'un jaune-pâle, avec tout le pourtour extérieur noir : limbe postérieur cilié de roux.

57. Erycine Anapis.

Ailes entières, d'un brun-pâle, traversées de part et d'autre par une ligne obscure, discoïdale : limbe postérieur des inférieures longé en dessus par une ligne jaunâtre en feston.

58. Erycine Odités.

Ailes entières, presque semblables de part et d'autre, couleur de terre d'ombre, avec des anneaux à la base, une bande au milieu, une ligne transverse à l'extrémité, blancs.

ERYCINE. (Insecte.)

59. Erycine Tytius.

Ailes entières, ferrugineuses ou d'un brun-obscur en dessus, plus pâles en dessous, avec la base des quatre et le limbe postérieur des inférieures chargés de points noirs oculaires.

60. Erycine Tutana.

Ailes entières, semblables de part et d'autre, brunes, avec l'extrémité plus claire : inférieures avec une rangée marginale de points noirs oculaires.

61. Erycine Soronus.

Nous l'avons décrite comme Nymphale (page 426, n°. 241); *mais elle doit être rapportée ici.*

62. Erycine Phylacis.

Nous l'avons donnée comme Nymphale (page 426, n°. 242); *mais c'est ici qu'il faut la mettre.*

63. Erycine Epigia.

Nous l'avons mise parmi les Nymphales (page 426, n°. 243); *mais c'est ici qu'elle doit être.*

64. Erycine Emylius.

Ailes entières, brunes en dessus : supérieures avec une bande discoïdale d'un roux-blanchâtre, inférieures avec des points marginaux ocellés : dessous des quatre d'un jaune-pâle et ponctué de noir.

65. Erycine Manthus.

Ailes entières, noires, avec une bande discoïdale blanche, des annelets et des atomes marginaux d'un bleu-d'azur.

66. Erycine Damis.

Ailes entières, noires, avec un espace blanc commun et discoïdal : les deux surfaces des supérieures et le dessous des inférieures avec une bande marginale d'un bleu-azuré-luisant.

67. Erycine Bélise.

Ailes entières, noires, avec une bande commune, blanche, environnée de bleu en dessus, renfermée dans un cercle fauve en dessous.

68. Erycine Arthémon.

Ailes entières, blanches : supérieures avec le pourtour extérieur noir, tacheté de bleu et de blanc.

69. Erycine Icare.

Ailes entières, blanches en dessus, avec cinq lignes brunes, transversales : leur dessous brun, avec des bandes blanches, dont la postérieure ponctuée de noir.

70. Erycine Thasus.

Ailes entières, brunes, ayant de part et d'autre des lignes transverses plus pâles et le bord postérieur ponctué de blanc.

71. Erycine Actoris.

Ailes entières, brunes, ayant de part et d'autre une multitude de taches blanches ocellées.

72. Erycine Isala.

Ailes entières, brunes en dessus, blanches en dessous, ayant de part et d'autre des points noirs ocellés.

73. Erycine Thersandra.

Ailes entières, brunes, saupoudrées de bleu dans le mâle, *de gris dans la* femelle : *leurs deux surfaces avec des taches ferrugineuses ocellées.*

74. Erycine Cénéus.

Ailes entières, noires en dessus, avec des ondes bleues : leur dessous cendré, avec des taches blanches bordées de noir.

ERYCINE. (Insecte.)

75. Erycine Æmulius.

Ailes entières, cendrées, avec des taches brunes et des taches blanches : dessus des inférieures pâle : dessous des quatre ponctué de brun. Fab.

76. Erycine Epone.

Ailes entières, brunes, avec des points blancs et des points fauves : les deux surfaces des inférieures avec un espace blanc, discoïdal.

77. Erycine Tarquin.

Ailes entières, noires : supérieures avec une tache oblongue et sinuée à la base; inférieures avec l'angle anal jaune et tacheté de noir. Fab.

78. Erycine Penthée.

Ailes entières, ferrugineuses, avec des taches noires, simples en dessus, ocellées en dessous : inférieures (mâle) *ayant la moitié postérieure blanche.*

79. Erycine Ariste.

Ailes entières, brunes, annelées de bleu-pâle en dessus et en dessous : inférieures (mâle) *ayant la moitié postérieure blanche.*

80. Erycine Philoclès.

Ailes entières, d'un noir-bleu en dessus : supérieures ayant de part et d'autre un œil tripupillé sur le milieu; inférieures avec la moitié postérieure blanche et ondée de brun.

81. Erycine Crésus.

Ailes entières, semblables de part et d'autre, bleues, avec des lignes transverses et le bord postérieur noirs : supérieures avec un œil tripupillé sur le milieu.

82. Erycine Ephynès.

Ailes entières, bleues en dessus, jaunâtres en dessous, avec des bandes brunes : supérieures avec un œil tripupillé sur le milieu.

83. Erycine Euménus.

Ailes entières, moitié brunes et moitié bleues, avec des lignes transverses noires à l'extrémité : supérieures avec un œil tripupillé sur le milieu, inférieures avec un œil sans prunelle à la base.

84. Erycine Réné.

Ailes entières, d'un noir-brun, avec une bande blanche commune : milieu des supérieures offrant de part et d'autre un œil tripupillé; dessous des inférieures avec un œil sans prunelle à la base.

85. Erycine Osinia.

Ailes entières, semblables de part et d'autre, brunes, avec des ondes pâles à la base, puis une bande blanche commune : milieu des supérieures avec un œil tripupillé.

86. Erycine Hyphéus.

Ailes entières, semblables de part et d'autre, blanches, avec trois bandes et le bord terminal bruns : milieu des supérieures avec un œil tripupillé.

87. Erycine Tullius.

Ailes entières, d'un cendré-obscur : supérieures brunes au sommet, et ayant de part et d'autre sur leur milieu un œil tripupillé. Fab.

88. Erycine Odicé.

Ailes entières, d'un cendré-pâle, avec des lignes ondées et le sommet obscurs : milieu des supérieures avec un œil tripupillé.

ERYCINE. (Insecte.)

89. Erycine Rhodia.

Ailes entières, noirâtres en dessus, avec l'extrémité plus claire; cendrées en dessous, avec trois lignes brunes: milieu des supérieures avec un œil tripupillé.

90. Erycine Tisis.

Ailes entières, couleur d'acier en dessus: leur dessous brun, avec trois lignes terre d'ombre; celui des supérieures offrant sur le milieu un œil tripupillé.

91. Erycine Ulric.

Ailes entières, d'un bleu-luisant en dessus: leur dessous terre d'ombre, avec un œil tripupillé sur le milieu des supérieures.

92. Erycine Lysidice.

Ailes entières, bleues, ayant en dessus le limbe postérieur, et en dessous cinq bandes, noirs: troisième bande des inférieures marquée de trois points argentés.

93. Erycine Archimède.

Ailes entières, noires, avec le disque bleu: leur dessous brun et sans taches. Fab.

94. Erycine Virgile.

Ailes entières, noires, avec le bord interne bleu: leur dessous gris, avec trois lunules blanchâtres, chargées d'un point noir aux inférieures. Fab.

95. Erycine Hiria.

Ailes entières, d'un noir-bleu en dessus, cendrées et ponctuées de brun en dessous: les quatre ayant de part et d'autre trois taches blanches, transparentes.

96. Erycine Misène.

Ailes entières, brunes en dessus, avec un point blanc sur la côte des supérieures: leur dessous d'un bleu-pâle, avec des taches brunes.

97. Erycine Abaris.

Ailes entières, presque semblables de part et d'autre, brunes et ponctuées de noir, avec le limbe postérieur roux: supérieures avec trois taches jaunes.

98. Erycine Amésis.

Ailes entières, presque semblables de part et d'autre, brunes: extrémité des supérieures avec des rayons, extrémité des inférieures avec des anneaux, fauves.

99. Erycine Epulus.

Ailes entières, brunes, avec une multitude de taches, fauves en dessus, blanches en dessous.

100. Erycine Timandra.

Ailes entières, d'un jaune-fauve tacheté de noir en dessus, avec le sommet des supérieures brun et ponctué de blanc: dessous des quatre brun, avec des taches noires cerclées de blanc.

101. Erycine Zachéa.

Ailes entières, fauves, avec des taches noires: dessous des inférieures varié de brun et de blanc. Fab.

102. Erycine Polyménus.

Ailes entières, ponctuées de ferrugineux, de brun et de noir: leur dessous jaunâtre, avec des ondes brunes. Fab.

103. Erycine Acanthus.

Ailes entières, brunes et sans taches en dessus: leur dessous ferrugineux, avec des bandes bleues et tout le pourtour extérieur d'un jaune-fauve.

ERYCINE. (Insecte.)

104. ERYCINE Gyas.

Ailes entières, brunes et sans taches en dessus : leur dessous roux, avec des lignes transverses et interrompues d'un vert-doré.

105. ERYCINE Ampyx.

Ailes entières, brunes en dessus, avec deux taches jaunes aux supérieures : dessous des quatre jaune, avec des taches ferrugineuses à prunelle d'or.

106. ERYCINE Pyramis.

Ailes entières, brunes et glacées de violet, avec une tache fauve : dessous des inférieures gris. FAB.

107. ERYCINE Lucanus.

Ailes entières, noires, avec le disque jaune : dessous des inférieures rouge, avec des taches carrées brunes. FAB.

108. ERYCINE ? Alphonse.

Ailes entières, d'un noir-foncé : supérieures avec deux taches, inférieures avec une seule à la base, jaunes. FAB.

109. ERYCINE Procas.

Ailes entières, semblables de part et d'autre, d'un noir-foncé, avec le disque des quatre, et une tache au sommet des supérieures, jaunes. FAB.

110. ERYCINE Numitor.

Ailes entières, brunes : inférieures jaunes en dessus au milieu, entièrement jaunes et sans taches en dessous. FAB.

111. ERYCINE Ædon.

Ailes entières, brunes, avec plusieurs bandes de taches fauves. FAB.

112. ERYCINE Télèphe.

Ailes entières, noires en dessus, avec un espace d'un rouge-fauve : leur dessous d'un blanc-bleuâtre, avec des points noirs.

113. ERYCINE Lucien.

Ailes entières, ponctuées de noir, ayant le dessus roux, le dessous d'un blanc-cendré.

114. ERYCINE Pharéus.

Ailes entières, cramoisies, avec tout le pourtour extérieur noir : noir de la côte des supérieures formant des dents en dessus, très-large en dessous.

115. ERYCINE Tacite.

Ailes entières, semblables de part et d'autre, cramoisies, avec tout le pourtour extérieur noir : noir de la côte des supérieures très-large et tacheté de jaune.

116. ERYCINE Epalia.

Ailes entières, semblables de part et d'autre, d'un rouge-fauve, avec tout le pourtour extérieur noir.

117. ERYCINE Cingulus.

Ailes entières, semblables de part et d'autre, noires, avec une bande rouge, commune, discoïdale.

118. ERYCINE Talus.

Ailes entières, cendrées, fasciées de noir de part et d'autre : leur dessus avec une bande rouge, commune, courte.

119. ERYCINE Nicon.

Ailes entières, semblables de part et d'autre, noires, avec deux bandes courtes et des points marginaux jaunes.

ERYCINE. (Insecte.)

120. Erycine Régulus.

Ailes entières, semblables de part et d'autre, noires, avec deux bandes blanches ou jaunâtres : bande postérieure des supérieures interrompue.

121. Erycine ? Thucydide.

Ailes entières, noires, avec une tache jaune sur le disque : leur dessous cendré et ondé de roux.

122. Erycine Arius.

Ailes entières, semblables de part et d'autre, brunes et tachetées de noir : supérieures avec une ligne blanche, transverse, courte, discoïdale.

123. Erycine Sagaris.

Ailes entières, noires, ayant en dessus une bande fauve, courte : dessous des supérieures blanchâtre au bord interne.

E. Ailes un peu oblongues ou alongées dans le sens du diamètre du corps.

124. Erycine ? Hélius.

Ailes entières, brunes : inférieures fauves au bord d'en haut.

125. Erycine Probétor.

Ailes entières, d'un brun-noirâtre en dessus : extrémité des supérieures avec des veines cendrées ; bord antérieur des inférieures d'un rouge-sanguin.

126. Erycine Agyrtus.

Ailes entières, d'un noir-brun : supérieures ayant de part et d'autre une bande rousse, courte : dessous des quatre avec une bande jaune, commune.

127. Erycine Perditus.

Ailes entières, d'un noir-foncé à reflet bleu, ayant chacune de part et d'autre une bande souci, transverse, discoïdale.

128. Erycine Phéréclus.

Ailes entières, d'un noir-bleu : supérieures ayant de part et d'autre une bande fauve, atteignant les bords : dessous des inférieures sans taches au limbe postérieur.

129. Erycine Phéréphatte.

Ailes entières, d'un noir-bleu : supérieures ayant de part et d'autre une bande fauve, courte : dessous des inférieures (femelle) *avec une rangée marginale de points blancs.*

130. Erycine Electron.

Ailes entières, semblables de part et d'autre, d'un noir-foncé, avec un point rouge à la base : supérieures avec une bande courte, fauve ou blanche.

131. Erycine Ménéria.

Ailes entières, noires, avec une bande commune, et une petite ligne à la base des supérieures, d'un rouge-vermillon : disque des quatre ponctué de blanc en dessus.

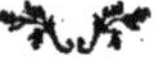

A. Bord postérieur des premières ailes convexe & entier. Bord analogue des secondes avec six queues linéaires, dont la troisième, à compter de celle de l'angle de l'anus, beaucoup plus longue que les autres.

Nota. Dans cette division, les deux sexes ont les pattes antérieures plus courtes & velues.

1. Erycine Gnidus.

Erycina Gnidus.

Eryc. alis albis, limbo nigro : subtùs anticis strigâ marginali albidâ, posticis guttis apicalibus argenteis.

Hesperia R. Gnidus, *alis sexdentato-caudatis, limbo atro : posticis subtùs maculis argenteis.* Fab. *Spec. Inf. append.* 504. — *Mant. Inf. tom.* 2. *p.* 64. *n°.* 607. — *Ent. Syst. em. tom.* 3. *pars* 1. *p.* 258. *n°.* 2.

Papilio Endymion. Cram. *pl.* 244. *fig.* C. D. (Le mâle.) *fig.* E. F. (La femelle.)

Stoll, *Suppl. à* Cram. *pl.* 4. *fig.* 5. A. (La chenille.) *fig.* 5. B. (La chrysalide.)

La Goutte argentée. (*Nom vulgaire.*)

Le mâle a environ un pouce trois quarts d'envergure. Ses ailes sont blanches de part & d'autre, avec la base fauve & l'extrémité noire. L'extrémité des inférieures offre en dessus une suite de petits traits blancs, dont les deux extrêmes doubles.

En dessous, les ailes supérieures ont sur le bord terminal une ligne blanchâtre qui ne monte pas jusqu'au sommet. Les ailes inférieures ont vers ce même bord vingt-une gouttes argentées, dont les trois de chaque bout alongées & placées sur un fond blanc, les autres rondes & se détachant sur un fond ferrugineux. Toutes ces gouttes sont bordées de noir.

La femelle, dont l'envergure est de deux pouces, présente les mêmes caractères que le mâle; mais le fauve de la base & le noir de l'extrémité des quatre ailes ont beaucoup plus d'étendue, & tous les traits blancs marginaux du dessus des inférieures sont simples.

Le corps est blanc, avec le corselet jaunâtre. Les antennes sont noires, & annelées de blanc depuis leur base jusqu'à leur massue.

La chenille, selon Stoll, est blanche, avec des poils latéraux de cette couleur. Sa tête est entièrement jaune, & son cou offre un bouquet de poils d'un rouge-incarnat. Elle vit sur la *grenadille* ou *fleur de la passion.*

La chrysalide est brune & couverte d'un duvet jaunâtre, avec une touffe de poils rouges à chaque extrémité. Elle est attachée par la queue & par le milieu du corps.

De Surinam.

2. Erycine Cupidon.

Erycina Cupido.

Eryc. alis albis, limbo nigro : posticis utrinquè guttis apicalibus, anticis subtùs strigâ marginali, argenteis.

Papilio P. R. Cupido, *alis posticis sexdentato-caudatis : subtùs albidis, maculis argenteis.* Linn. *Syst. Nat.* 2. *p.* 787. *n°.* 217. — *Mus. Lud. Ulr. p.* 313.

Papilio P. R. *Cupido.* Fab. *Syst. Ent. p.* 518. *n°.* 320. — *Mant. Inf. tom.* 2. *p.* 64. *n°.* 606.

Hesperia R. *Cupido.* Fab. *Ent. Syst. em. tom.* 3. *pars* 1. *p.* 258. *n°.* 1.

Petiv. *Gazoph. tab.* 10. *fig.* 9.

Merian, *Surin. Inf. tab.* 10.

Roes. *Inf.* 4. *tab.* 3. *fig.* 7.

Seba, *Mus.* 4. *tab.* 33. *fig.* 5-8.

Daubenton, *pl. enl.* 18. *fig.* 4. 5.

Papilio Cupido. Cram. *pl.* 164. *fig.* D. E. (Le mâle.) *fig.* F. G. (La femelle.)

Stoll, *Pap. Suppl. à* Cram. *pl.* 4. *fig.* 6. A. (La chenille.) *fig.* 6. B. (La chrysalide.)

La Goutte dorée. (*Nom vulgaire.*)

Ce qui distingue surtout cette espèce de la précédente, c'est qu'elle est constamment plus petite; qu'elle a des gouttes d'argent sur chaque surface des secondes ailes, mais moins en dessus qu'en dessous, & que ces gouttes ne sont pas bordées de noir. C'est qu'enfin le dessous des ailes supérieures a tout le bord terminal longé par une ligne argentée.

La chenille ressemble beaucoup à celle du *gnidus;* mais sa tête est rouge, avec les mandibules jaunes; & son corps, qui est entièrement garni de poils blancs, offre trois lignes bleuâtres longitudinales. Outre cela, l'anus est rouge. Elle se nourrit des feuilles du *citronier* & de celles du *cotonnier.*

La chrysalide est brune, avec de longs poils blancs, & une touffe rouge sur la tête seulement. Elle est aussi attachée par la queue & par le milieu du corps.

De Surinam. — Plus commune que le *Gnidus,* & se trouvant dans la saison des pluies.

B. Ailes supérieures triangulaires. Ailes inférieures alongées dans le sens de la longueur du corps, largement tronquées vers leur angle anal, & ayant l'angle extérieur de la troncature prolongé en une queue oblique, tantôt longue & plus ou moins aiguë, tantôt courte & obtuse.

α. Queue des ailes inférieures très-longue & aiguë.

Nota. Les espèces de la subdivision *α* sont remarquables en ce que leurs ailes sont entièrement vitrées, ou en ce qu'elles ont des bandes un peu transparentes. Le *Licarsis*, placé en tête de cette subdivision, se distingue de ses congénères par la longueur extraordinaire de ses palpes. Ce caractère nous auroit déterminés à former un genre particulier, s'il avoit été commun à d'autres espèces.

3. Erycine Licarsis.

Erycina Licarsis.

Eryc. alis concoloribus, nigris, fasciis duabus cœrulescenti-albis : anticis puncto baseos, posticis maculâ anguli ani, coccineis.

Papilio E. A. Licarsis, *alis caudatis, atris, fasciis duabus albis, angulo ani rubro bimaculato.* Fab. *Mant. Inf. tom.* 2. *p.* 9. *n*°. 73. — *Ent. Syst. em. tom.* 3. *pars* 1. *p.* 28. *n*°. 83.

Papilio Licarsis. Herbst, *Pap. tab.* 58. *fig.* 4.

Papilio Rhetus. Cram. *pl.* 63. *fig.* C.

Papilio Butes. Clerck, *Icon. tab.* 46. *fig.* 6.

Elle a environ un pouce & demi d'envergure. Toutes ses ailes sont noires de part & d'autre, avec deux bandes d'un blanc-bleuâtre, communes & un peu transparentes. L'origine de la côte des premières ailes offre un point écarlate; & il y a, avant l'angle anal des secondes, une tache rouge, glacée de bleu, & surmontant une liture blanche qui est maculaire ou continue. La queue de ces dernières ailes a le dessus d'un violet-luisant, le dessous noir, avec l'extrémité tout-à-fait blanche.

Dans la femelle, la tache rouge des secondes ailes est double.

De la Guyane & du Brésil.

4. Erycine Dorillis (1).

Erycina Dorillis.

Eryc. alis concoloribus, nigris : disco anticarum maculâ rotundâ, posticarum fasciâ obliquâ, hyalino-albis.

Papilio Dorilas. Cram. *pl.* 48. *fig.* C. (Le mâle.)

Papilio Dorilas. Herbst, *Pap. tab.* 60. *fig.* 3.

Elle n'a guère qu'un pouce d'envergure. Toutes ses ailes sont noires de part & d'autre, avec une bande blanche, oblique & un peu transparente, vers la base des inférieures; & une tache ronde, également blanche & un peu transparente, sur le milieu des supérieures. Ces dernières ailes ont un gros point rouge, s'alignant avec la bande blanche dont il vient d'être question.

Dans le mâle, cette bande est d'un ton jaunâtre.

De la Guyane & du Brésil.

5. Erycine Curius.

Erycina Curius.

Eryc. alis caudatis, concoloribus, atris : anticis fasciis duabus hyalinis, posticis unicâ albâ. Fab.

Papilio E. A. *Curius.* Fab. *Mant. Inf. tom.* 2. *p.* 9. *n*°. 71. — *Ent. Syst. em. tom.* 3. *pars* 1. *p.* 28. *n*°. 81.

Suivant Fabricius, que nous traduisons ici, ce lépidoptère seroit de Siam; mais il paroît se rapprocher trop de ceux de cette subdivision pour ne pas être aussi de l'Amérique méridionale.

Le corps est petit, brun en dessus, blanchâtre en dessous, avec des points noirs sur les côtés de l'abdomen. Les ailes supérieures sont noires de part & d'autre, avec deux bandes transparentes, dont la postérieure plus large & coupée par des nervures de la couleur du fond de l'aile.

Les ailes inférieures sont d'un noir foncé, avec une bande blanche, courte. Leur queue est très-longue, avec le côté externe & le bout blancs.

6. Erycine Octavius.

Erycina Octavius.

Eryc. alis hyalinis, nervis, strigâ communi margineque nigris : inferis utrinquè angulo ani latè coccineo.

Papilio E. A. Octavius, *alis caudatis, hyalinis, margine strigâque rubris (nigris).* Fab. *Mant. Inf. tom.* 2. *p.* 9. *n*°. 72. — *Ent. Syst. em. tom.* 3. *pars* 1. *p.* 28. *n*°. 82.

Papilio Faunus. Fab. *Spec. Inf. tom.* 2. *p.* 16. *n*°. 63.

Papilio Octavius. Herbst, *Pap. tab.* 60. *fig.* 2.

Papilio Chorineus. Cram. *pl.* 59. *fig.* A.

Elle a approchant un pouce & demi d'envergure. Les premières ailes & la moitié antérieure des secondes sont transparentes, avec les nervures, les bords & une bande très-étroite sur le milieu, noirs. La moitié postérieure des secondes ailes est opaque, avec un point blanc près de l'extrémité de la bande sus-mentionnée, puis une grande tache écarlate s'étendant de l'angle anal à l'origine de la queue. Celle-ci est noire, avec le côté externe & le bout blancs.

Le dessous des quatre ailes ressemble au dessus,

(1) Comme il y a un polyommate qui porte le nom de *Dorylas*, nous avons été obligés de changer le nom de Cramer.

mais la tache rouge des inférieures est marquée de deux points blancs.

Le mâle ne nous a pas paru différer de la femelle.

De Surinam.

Nota. Il y a une faute dans la phrase spécifique de Fabricius. Au lieu de *margine strigâque rubris*, il faut lire : *margine strigâque nigris*.

β. Queue des ailes inférieures courte & obtuse.

7. ERYCINE Iphinoé (1).

ERYCINA Iphinoe.

Eryc. alis subtùs fuscis, fasciis duabus albis: anticis lineâ costali, posticis maculis tribus analibus coccineis. (Mas *suprà cœruleo nitidus.*)

Papilio Periander. CRAM. *pl.* 188. *fig.* C. (La femelle.)

Elle a un peu plus d'un pouce & demi d'envergure.

Le dessus du mâle est noir, avec un reflet d'un bleu-violet-vif sur le milieu de toutes les ailes, & trois gros points écarlates près de l'angle anal des inférieures.

Le dessus de la femelle est d'un brun-noirâtre, avec deux bandes blanches, dont l'antérieure plus large, & trois points rouges correspondant à ceux du mâle. Il y a en outre une liture blanche à l'origine de la queue.

Le dessous des deux sexes est comme le dessus de la femelle; mais la moitié antérieure de la côte des premières ailes est rouge, & il y a trois petits points de cette couleur à la base des secondes ailes. On voit encore quelques points rouges sur le milieu du ventre.

De la Guyane & du Brésil.

8. ERYCINE Aulétès.

ERYCINA Auletes.

Eryc. alis concoloribus, nigris, fasciis duabus fulvis.

Papilio Aulestes. CRAM. *pl.* 128. *fig.* G.

Papilio Thedea. CRAM. *pl.* 102. *fig.* A. (Le mâle.)

Papilio Auletes. HERBST, *Pap. tab.* 60. *fig.* 1.

Papilio Tedea. HERBST, *Pap. tab.* 59. *fig.* 6. (Le mâle.)

Elle a environ un pouce & demi d'envergure. Ses ailes sont noires, avec deux bandes fauves, partant de la côte des supérieures, & formant chacune un coude vers l'extrémité des inférieures.

Le dessous ressemble au dessus, mais il est un peu plus pâle, & il a la bande extérieure plus prononcée.

Le papillon *Thedea* de Cramer est le mâle, ou du moins une variété mâle, car il ne diffère de la femelle que parce qu'il a les deux pattes antérieures plus courtes & parce qu'il est plus petit.

De Surinam.

9. ERYCINE Mélibée.

ERYCINA Melibœus.

Eryc. alis fusco-nigris, suprà strigâ sesquialterâ sanguineâ, subtùs fasciis duabus nitidè cyaneis.

Papilio E. A. Melibæus, *alis caudatis, fuscis: anticis strigâ, posticis duabus, sanguineis: subtùs cyaneo-nitidissimis.* FAB. *Mant. Ins. tom.* 2. *p.* 9. *n°.* 75. — *Ent. Syst. em. tom.* 3. *pars* 1. *p.* 29. *n°.* 84.

Papilio Melibœus. HERBST, *Pap. tab.* 59. *fig.* 4. 5.

Papilio Pyretus. CRAM. *pl.* 144. *fig.* A. B.

Elle a environ un pouce & demi d'envergure. Le dessus de ses ailes est d'un noir-brun, avec deux lignes communes, dont l'intérieure rouge & discoïdale, l'extérieure obscure, surtout aux premières ailes. Il y a en outre une liture rouge vers l'origine de la queue.

Le dessous des quatre ailes est du même noir que le dessus, avec deux bandes bleues, obliques & très-luisantes, dont l'intérieure terminée aux secondes ailes par un point blanc, au dessus duquel il y a un point écarlate.

De Surinam & du Brésil.

10. ERYCINE Aristote.

ERYCINA Aristoteles.

Eryc. alis integris, subconcoloribus, nigris, fasciis duabus transversis, alterâ aurantiacâ aut albâ, alterâ pallidâ.

Erycina Aristoteles, *antennis clavâ obovatâ, elongatâ; palpis brevissimis; alis quatuor trigonis; anticis integris; posticis elongatis, subsinuatis, ad apicem obtusis aut veluti truncatis; his & illis utrinquè nigris, fasciis duabus transversis, rectis; priori in medio positâ, aurantiaco-rufâ, continuâ; posteriori limbum posticum versùs suprà nervis valdè divisâ, suprà obsoletâ & dilutè fuscâ, infrà albicanti; alis posticis ex utrôque parte ad marginem posticum albo maculatis, angulumque analem suprà maculâ aurantiaco-rufâ, transversâ, emarginata notatis.* Recueil d'Observ. de zool. & d'anat. comp., par

---

(1) Nous n'avons pas adopté le nom de Cramer, 1°. parce que cet iconographe n'a connu que la femelle, 2°. parce qu'il y a une NYMPHALE qui porte le nom de *Periandre*.

Al. de Humboldt & A. Bonpland, *vol.* 1. *p.* 243. *pl.* 24. *fig.* 5. 6.

Erycina Pallas. *Antennis clavâ obovatâ, elongatâ ; palpis breviſſimis ; alis quatuor trigonis ; anticis integris ; poſticis elongatis, ſubſinuatis, ad apicem obtuſis aut veluti truncatis ; his & illis utrinquè nigricantibus, faſciis duabus tranſverſis, rectis ; priori in medio poſitâ, albâ, ad apices anguſtato-acuminatâ ; poſteriori limbum poſticum verſùs nervis valdè diviſâ, ſuprà minùs conſpicuâ & diluto-fuſcâ, infrà albidâ ; alis poſticis ex utrâque parte ad marginem poſticum albo maculatis, angulumque analem ſuprà maculâ aurantiaco-rufâ, bipartitâ, tranſverſâ, notatis.* Recueil d'Obſerv. de zool. ; &c. *vol.* 1. *p.* 244. *pl.* 24. *fig.* 7. 8.

Elle a près d'un pouce & demi d'envergure. Ses ailes ſont noires de part & d'autre & traverſées par deux bandes dont l'antérieure orangée, diſcoïdale & continue ; la poſtérieure d'un noirâtre-clair en deſſus, blanchâtre en deſſous, & très-diviſée par les nervures. Les ſecondes ailes offrent en outre, près de l'angle de l'anus, une tache fauve, bilobée, & leur bord poſtérieur eſt entrecoupé de blanc. Le corps eſt noir, avec une bande rouſſâtre le long de chaque côté du ventre.

L'Erycine *Pallas* a le fond des ailes plus clair, la bande antérieure d'un blanc-jaunâtre, & la tache anale partagée en deux. Du reſte, elle reſſemble parfaitement à l'Erycine *Ariſtote*, dont elle n'eſt qu'une variété.

Des bords de la rivière de la Madelaine, Amérique méridionale.

11. Erycine Lyſippe.

Erycina Lyſippus.

Eryc. alis fuſco-nigris, ſingularum utrinquè faſciâ aurantiacâ : ſubtùs ad baſin flavido punctatis.

Papilio P. R. Lyſippus, *alis ſubangulatis, utrinquè atris : omnibus faſciâ lineari rubrâ.* Linn. *Syſt. Nat.* 2. *p.* 793. *n°.* 250. — *Muſ. Lud. Ulr. p.* 332.

Papilio P. R. Lyſippus, *alis angulatis, fuſcis : omnibus ſtrigâ rubrâ : ſubtùs cinereo-punctatis.* Fab. *Syſt. Ent. p.* 529. *n°.* 365. — *Mant. Inſ. tom.* 2. *p.* 83. *n°.* 753.

Heſperia R. *Lyſippus.* Fab. *Ent. Syſt. em. tom.* 3. *pars* 1. *p.* 321. *n°.* 218.

Papilio Lyſippus. Clerck, *Icon. tab.* 22. *fig.* 3. 4.

Papilio Lyſippus. Drury, *Inſ. tom.* 1. *pl.* 2. *fig.* 2.

Papilio Lyſippus, Cram. *pl.* 380. *fig.* A.

Papilio Lyſippus. Herbst, *Pap. tab.* 284. *fig.* 7. 8.

Elle eſt de la même taille que les précédentes, mais ſes queues ſont plus courtes.

Le deſſus des ailes eſt noir, avec une bande orangée, plus ou moins étroite. La bande des premières ailes deſcend obliquement du milieu de la côte à l'angle interne, où elle forme un peu le coude. La bande des ſecondes ailes eſt arquée en dehors, & elle s'étend du ſommet à l'angle anal, angle près duquel il y a un point orangé.

Le deſſous diffère du deſſus, en ce qu'il eſt moins noir ; en ce que l'eſpace compris entre la baſe & la bande des quatre ailes offre une multitude de petits points d'un jaune-d'ocre-pâle ; enfin, en ce que l'origine de la côte des ailes ſupérieures & tout le bord interne des inférieures ſont longés par une ligne fauve.

Le corps eſt noir, avec une ligne rouſſâtre ſur le milieu du ventre. Les antennes ſont brunes, avec le deſſous annelé de blanchâtre.

De la Guyane & du Bréſil.

Nota. Nous n'avons pas vu la femelle.

12. Erycine Echérius.

Erycina Echerius.

Eryc. alis ſubdentatis, umbrinis, ſtrigâ mediâ ſaturatiore : poſticis ſubtùs punctis tribus duobuſque nigris albo cinctis.

Papilio Echerius. Stoll, *Pap. Suppl. à* Cram. *pl.* 31. *fig.* 1. A. B.

Son envergure eſt d'un pouce & demi. Le deſſus des ailes eſt couleur de terre d'ombre & traverſé au milieu par une ligne obſcure qui eſt légèrement ſinuée.

En deſſous, où le fond eſt chatoyant & un peu plus clair vers l'extrémité, cette ligne eſt bordée de blanchâtre en dehors, & les ſecondes ailes offrent parallèlement à leur bord poſtérieur cinq points noirs cerclés de blanc : il y en a trois près du ſommet, & deux près de l'angle de l'anus. Ces points ſont quelquefois viſibles en deſſus, notamment dans la femelle. Le corps eſt du même ton que les ailes. Les antennes ſont brunes, annelées de blanc, & terminées de rouſſâtre.

De la Chine.

Nota. On voit par cette eſpèce & par la ſuivante que les Erycines ne ſont pas excluſivement propres à l'Amérique.

13. Erycine Allica.

Erycina Allica.

Eryc. alis denticulatis, ſubconcoloribus, umbrinis, punctis nigris, numeroſis alboque foetis.

Papilio S. Allica, *alis dentatis, ſubconcoloribus, obſcurè fulvis, punctis numeroſis albo fœtis.* Fab. *Ent. Syſt. em. tom.* 3. *pars* 1. *p.* 244. *n°.* 761.

Papilio Flegyas. Cram. *pl.* 280. *fig.* E. F.

Elle a environ un pouce & demi d'envergure. Le deſſus de ſes aîles eſt couleur de terre d'ombre, avec une multitude de points noirs, chargés chacun d'un point blanc.

Le deſſous ne diffère du deſſus que parce qu'il eſt un peu plus clair. Les antennes ſont noires, annelées de blanc, avec le bout de la maſſue jaune ou rouſſâtre.

Chine, Bengale, île de Java.

14. Erycine Labdacus.

Erycina Labdacus.

Eryc. alis dentatis, suprà fulvis, oris nigris: ſubtùs cœruleſcenti-albis, anticarum ſtrigis tribus, poſticarum duabus, ferrugineis.

Papilio Labdacus. Cram. *pl.* 336. *fig.* G. H.

Nous n'avons vu que le mâle de cette eſpèce. Il a environ un pouce & demi d'envergure. Le deſſus de ſes ailes eſt d'un fauve-luiſant, avec tous les bords noirs.

Le deſſous eſt blanc, mais un peu bleuâtre vers les bords, avec deux lignes ferrugineuſes, communes & ſinuées. Il y a en outre quelques taches & une ligne plus obſcures à l'extrémité des premières ailes, & une ligne noire en zig-zag ſur le bord poſtérieur des ſecondes. Ce bord eſt denté & marqué d'un point ferrugineux à chaque échancrure. Le corps eſt fauve en deſſus, blanchâtre en deſſous. Les antennes ſont noirâtres.

De la Guyane & du Bréſil.

15. Erycine Gémellus.

Erycina Gemellus.

Eryc. alis integerrimis, ſuprà fuſcis, diſco rufo: ſubtùs holoſericeo-niveis, ſtrigâ communi calthaceâ.

Heſperia R. Gemellus, *alis integerrimis, flaveſcentibus, limbo fuſco: ſubtùs albis ſtrigâ mediâ lunuliſque marginalibus ſanguineis.* Fab. *Ent. Syſt. em. tom.* 3. *pars* 1. *p.* 319. *n°.* 208. (Le mâle.)

Papilio Gemellus. Jon. *Fig. pict.* 6. *tab.* 36. *fig.* 2.

Papilio Teleclus. Stoll, *Pap. Suppl. à* Cram. *pl.* 5. *fig.* 4 & 4 E. (La femelle.)

Fabricius a décrit le mâle de cette eſpèce ſous le nom de *Gemellus*, & Stoll a figuré la femelle ſous celui de *Teleclus*.

Son envergure eſt d'environ un pouce & demi. Le deſſus des quatre ailes eſt d'un brun-obſcur, avec une tache rouſſe, oblongue & diſcordale.

Le deſſous eſt d'un blanc-ſatiné, avec une bande d'un jaune-ſouci ſur le milieu de toutes les ailes, & un rang de petites lunules noires ſur le bord terminal des inférieures.

Dans la femelle, la bande ſouci eſt précédée en dehors d'une ligne cendrée, & le bout des premières ailes eſt également cendré.

De Surinam & de Cayenne.

Nota. Fabricius a probablement décrit le mâle d'après la figure de Jones; car s'il l'avoit vu en nature, il ne ſe ſeroit pas ſervi du mot *ſanguineus* pour déſigner la couleur de la bande du deſſous des ailes. Cette bande eſt toujours ſouci, & non d'un rouge de ſang.

16. Erycine Midas.

Erycina Midas.

Eryc. alis integris, fuſcis: ſubtùs baſi albis aut pallidioribus, apice ſtrigis duabus rufis, externâ poſticarum nigro punctatâ.

Papilio P. R. Midas, *alis ſubangulatis, fuſcis, maculâ albidâ: ſubtùs baſi albis ſtrigâque rufâ.* Fab. *Mant. Inſ. tom.* 2. *p.* 79. *n°.* 718. (Le mâle.)

Heſperia R. *Midas.* Fab. *Ent. Syſt. em. tom.* 3. *pars* 1. *p.* 306. *n°.* 162. (Le mâle.)

Papilio Crotopus. Cram. *pl.* 390. *fig.* G. H. (Le mâle.)

Papilio Crotopus. Cram. *pl.* 336. *fig.* E. F. (La femelle.)

Stoll, *Pap. Suppl. à* Cram. *pl.* 6. *fig.* 7. (La chenille.) *fig.* 7. F. (La chryſalide.)

Papilio Crotopus. Herbst, *Pap. tab.* 322. *fig.* 8-11.

Le *Midas* de Fabricius répond, ſelon nous, au mâle du papillon *Crotopus* de Cramer.

Il a un peu plus d'un pouce d'envergure. Le deſſus de ſes ailes eſt d'un brun-cendré, avec deux taches d'un blanc-ſale au milieu des ſupérieures, & une ſemblable près du ſommet des inférieures. — Le deſſous eſt blanc depuis la baſe juſqu'au-delà du milieu; enſuite brunâtre juſqu'au bout, avec deux lignes rouſſes, tranſverſes & arquées, dont la poſtérieure des ſecondes ailes chargée d'une ſuite de points noirs.

La femelle a le deſſus d'un brun-noirâtre, avec un eſpace rouſſâtre vis-à-vis du ſommet des ailes ſupérieures. En deſſous, elle reſſemble au mâle, mais la baſe des quatre ailes eſt d'un brun-clair & chatoyant, & les points noirs placés ſur la ligne poſtérieure des ſecondes ailes ſont bordés de blanchâtre en dehors. Ces dernières ailes ſont d'ailleurs plus alongées que dans le mâle.

Nous avons vu une variété femelle dont le deſſus des ſecondes ailes étoit fauve à la région du bord interne.

La chenille, ſuivant Soll, eſt pubeſcente, d'un

noir-brun, avec une rangée longitudinale de points blancs sur chaque côté du dos, & une petite frange blanchâtre aux bords du ventre. Elle a derrière la tête deux épines blanches, droites, longues, & garnies à leur base d'une touffe de poils rouges. On la trouve dans l'herbe.

La chrysalide est ovale, un peu velue, d'un fauve-verdâtre.

De la Guyane.

C. Ailes supérieures triangulaires. Ailes inférieures plus ou moins alongées dans le sens de la longueur du corps.

17. ERYCINE Salimba.

ERYCINA Salimba.

Eryc. alis integris, suprà violaceis, nitidis, apice fusco : subtùs pallidioribus, strigâ posticâ ferrugineâ.

Papilio Lisias. CRAM. *pl.* 152. *fig.* F. G.

Elle a environ un pouce & demi d'envergure. Le dessus des ailes est d'un violet-luisant, avec la côte des supérieures & le sommet des quatre d'un noir-brun.

Le dessous est plus pâle que le dessus, avec une ligne ferrugineuse avoisinant le bord postérieur dont la tranche est blanche.

Nous n'avons vu que le mâle.

De Surinam.

18. ERYCINE Euritéus.

ERYCINA Euriteus.

Eryc. alis integris, suprà nigris, fasciâ cœruleâ, nitidâ : subtùs medio albis, fasciis duabus ferrugineis.

Papilio P. R. Euriteus, *alis integris, atris, maculâ cœruleâ : subtùs medio rufis, fasciis albis.* FAB. *Mant. Inf. tom.* 2. *p.* 83. *n°.* 751.

Hesperia R. *Euriteus.* FAB. *Ent. Syst. em. tom.* 3. *pars* 1. *p.* 321. *n°.* 216.

Papilio Euriteus. CRAM. *pl.* 152. *fig.* D. E.

Papilio Euriteus. HERBST, *Pap. tab.* 321. *fig.* 3. 4.

Elle a approchant un pouce & demi d'envergure. Le dessus des ailes est noir, avec une bande bleue, luisante, partant de la base des supérieures, se courbant vers leur centre, & allant aboutir au milieu du bord terminal des inférieures.

Le dessous est jaune à la base & à l'extrémité; blanc au milieu, avec deux bandes ferrugineuses, communes. Le jaune de l'extrémité des secondes ailes offre une tache, partie noire, partie blanche.

De Surinam.

19. ERYCINE Gélon.

ERYCINA Gelon.

Eryc. alis integris, suprà fuscis : subtùs flavescentibus, apice strigis tribus brunneis.

Papilio Gelon. STOLL, *Suppl. à* CRAM. *pl.* 5. *fig.* 2 & 2 B.

Elle a un peu plus d'un pouce d'envergure. Le dessus de ses ailes est d'un brun-obscur, avec la région de l'angle anal des inférieures fauve.

Le dessous est d'un jaune-pâle, avec trois lignes brunes, postérieures & parallèles. Outre cela, le bord terminal des secondes ailes est fauve.

Nous n'avons vu qu'un seul individu, que nous croyons femelle.

De Surinam.

20. ERYCINE Sabinus.

ERYCINA Sabinus.

Eryc. alis integris, suprà fuscis, anticarum margine antico carneo : subtùs omnibus pallidis, strigis tribus apicalibus albis.

Papilio Sabinus. STOLL, *Suppl. à* CRAM. *pl.* 9. *fig.* 3 & 3 A.

Elle a environ un pouce & demi d'envergure. Le dessus de ses ailes est d'un brun-violet & chatoyant, avec le bord antérieur des premières incarnat.

Le dessous est d'un brun-pâle, avec trois lignes blanches, communes & postérieures. Outre cela, le bord terminal des secondes ailes prend une teinte fauve vers l'angle de l'anus.

Nous n'avons pu reconnoître le sexe de l'individu que nous décrivons.

De Surinam.

21. ERYCINE Hyginius.

ERYCINA Hyginius.

Eryc. alis integris, suprà fuscis, immaculatis : subtùs pallidè violaceis, anticis strigis duabus rufis, posticis maculis nigris trigonis.

Papilio Hyginius. STOLL, *Suppl. à* CRAM. *pl.* 9. *fig.* 2 & 2 A.

Elle a un peu plus d'un pouce d'envergure. Le dessus de ses ailes est d'un brun-obscur, sans taches.

Le dessous est d'un violet-pâle, avec deux lignes discoïdales, & la tranche du bord postérieur, roussâtres. Derrière la seconde ligne, les ailes inférieures ont une suite de cinq ou six taches noires, triangulaires & bordées de blanc.

De Surinam.

22. ERYCINE

22. Erycine Orsita.

Erycina Orsita.

Eryc. alis integris, fuscis, violaceo micantibus : subtùs strigis duabus ferrugineis serieque posticâ è maculis sagittatis.

Papilio Orsita. Cram. *pl.* 112. *fig.* D. E. F.

Elle a d'un pouce & demi à deux pouces d'envergure. Le dessus de ses ailes est d'un brun-noirâtre à reflet violet & sans taches.

Le dessous est plus pâle & moins chatoyant que le dessus, avec deux raies ferrugineuses, obliques & discoïdales, bordées de blanc en dehors dans la femelle, & de bleuâtre dans le mâle. Entre ces raies & le bord postérieur, il y a une rangée transverse de taches blanchâtres en fer de flèche, & parmi lesquelles on voit à chaque aile un œil bleuâtre.

Du Bengale, selon Cramer. — Est-ce bien là qu'elle se trouve?

23. Erycine Gélanor.

Erycina Gelanor.

Eryc. alis subdentatis, suprà fuscis, violaceo micantibus : subtùs aurantiis, posticis strigâ ferrugineâ serieque marginali è punctis ocellatis.

Papilio Gelanor. Cram. *pl.* 336. *fig.* C. D.

Papilio Gelanor. Herbst, *Pap. tab.* 323. *fig.* 1. 2.

Nous n'avons vu que le mâle. Il a environ un pouce & demi d'envergure. Le dessus de ses ailes est d'un brun-noirâtre, avec un reflet violet.

Le dessous est d'une couleur orangée chatoyante, sans taches aux ailes supérieures; avec une ligne ferrugineuse transverse, & une rangée marginale de points noirs oculaires, aux inférieures.

De la Guyane & du Brésil.

D. Ailes supérieures triangulaires. Ailes inférieures arrondies.

24. Erycine Arbas.

Erycina Arbas.

Eryc. alis integris, fuscis, cærulescenti nitidis : subtùs strigâ mediâ margineque fulvis, interjecto posticarum puncto nigro.

Papilio Arbas. Cram. *pl.* 379. *fig.* L. M.

Papilio Arbas. Herbst, *Pap. tab.* 326. *fig.* 9. 10.

Elle a environ un pouce & demi d'envergure. Le dessus de ses ailes est d'un brun-noirâtre à reflet violet & sans taches.

Le dessous est d'un brun-clair à reflet purpurin, avec une ligne discoïdale & le bord postérieur fauves. La ligne des secondes ailes forme un coude, derrière lequel il y a un gros point noir accompagné de petites veines jaunâtres.

Nous n'avons vu qu'un seul sujet, qui paroît être femelle.

De Surinam.

25. Erycine Arcas.

Erycina Arcas.

Eryc. alis integris, suprà violaceo-cæruleis, nitidis : anticis punctis aliquot albis mediis, posticis areâ nigrâ costali.

Papilio N. Arcas, *alis integerrimis, cæruleis : anticis albo maculatis, posticis maculâ atrâ albâque marginali.* Fab. *Ent. Syst. em. tom.* 3. *pars* 1. *p.* 157. *n*°. 483.

Papilio Arcas. Cram. *pl.* 179. *fig.* E. F.

Papilio Arcas. Herbst, *Pap. tab.* 301. *fig.* 9. 10.

Elle a environ deux pouces d'envergure. Le dessus des ailes est d'un bleu-violet-luisant, avec quatre à cinq points blancs vers le milieu des supérieures, & un espace noir au milieu du bord antérieur des inférieures.

Le dessous est d'un gris-de-perle, avec quelques points blancs sur le milieu des premières ailes, & quelques points obscurs sur le milieu des secondes.

De Surinam.

26. Erycine Priolas.

Erycina Priolas.

Eryc. alis integris, suprà nigris, violaceo micantibus : anticis apice æneo venosis : posticis subtùs albo maculatis.

Elle a près d'un pouce & demi d'envergure. Le dessus des ailes est noir, avec un reflet violet au bord postérieur des quatre, & des veines d'un vert-bronzé vis-à-vis du sommet des supérieures.

Le dessous des premières ailes est d'un brun-pâle, avec l'extrémité veinée de blanchâtre. Le dessous des secondes ailes est également d'un brun-pâle, avec des taches blanchâtres, dont les antérieures marquées d'un point obscur, & les postérieures d'un point noir. Le corps a le dessus noir, le dessous gris. Les antennes sont noirâtres, avec la massue blanche.

Nous n'avons vu que des mâles.

Du Brésil.

27. Erycine Préma.

Erycina Prema.

Eryc. alis integris, suprà nigris, fasciis macu-

laribus aurato-viridibus : subtùs fuscescentibus, fasciis albidis serieque terminali è punctis nigris.

Elle a environ un pouce & demi d'envergure. Le dessus des ailes est noir, avec trois bandes transverses & maculaires d'un vert-doré.

Le dessous est d'un brun-clair & chatoyant, avec trois bandes blanchâtres continues, & une rangée terminale de points noirs ocellés, dont le deuxième, à compter du bord antérieur, sablé de vert aux secondes ailes.

Décrite d'après un individu unique, dont la patrie nous est inconnue.

28. Erycine Prétus.

Erycina Pretus.

Eryc. alis integris, suprà nigris, viridi maculatis : subtùs corticinis, albido maculatis.

Papilio P. U. Pretus, *alis subcaudatis, atris, viridi maculatis : subtùs subferrugineis, flavo maculatis.* Fab. *Mant. Inf. tom.* 2. *p.* 86. *n°.* 783.

Hesperia U. *Pretus.* Fab. *Ent. Syst. em. tom.* 3. *pars* 1. *p.* 333. *n°.* 266.

Papilio Pretus. Cram. *pl.* 182. *fig.* C. D.

Fabricius place cette espèce parmi les *Plébéiens urbicoles*, & Cramer parmi les *Plébéiens ruraux*; mais, comme elle nous paroît avoir tous les caractères des Erycines, nous l'agrégeons provisoirement à ces dernières.

Elle a un pouce & demi d'envergure. Le dessus des ailes est noir, avec une multitude de taches vertes, formant cinq bandes transversales.

Le dessous est d'un brun-tanné, avec beaucoup de taches blanchâtres ou jaunâtres.

Du Cap de Bonne-Espérance, selon Fabricius & Cramer. Mais est-ce bien là qu'elle se trouve?

Nota. L'angle anal des secondes ailes est un peu prolongé.

29. Erycine Pétrone.

Erycina Petronius.

Eryc. alis integris, suprà nitidè cœruleis, strigis apiceque nigris : subtùs cinereis, fusco punctatis.

Hesperia R. Petronius, *alis integerrimis, cœruleis, nigro strigosis : subtùs fusco-cinereis, nigro punctatis.* Fab. *Ent. Syst. em. tom.* 3. *pars* 1. *p.* 324. *n°.* 227. (Le mâle.)

Papilio Menander. Cram. *pl.* 334. *fig.* C. D. (La femelle.)

Papilio Menander. Herbst, *tab.* 327. *fig.* 3. 4. (La femelle.)

Fabricius a décrit le mâle sous le nom de *Petronius*, & Cramer a figuré la femelle sous celui de *Menander.*

Son envergure est d'environ un pouce & demi. Le dessus des ailes est d'un bleu-luisant & changeant, avec des lignes flexueuses & le sommet noirs. Les lignes traversent entièrement les quatre ailes de la femelle, mais elles ne descendent pas jusqu'au milieu des ailes inférieures du mâle.

Le dessous des deux sexes est d'un gris-cendré, avec une multitude de points bruns, dont les postérieurs plus gros & séparés les uns des autres par une ligne ondulée, également brune. La frange des quatre ailes est noire & entrecoupée de blanc. Le corps est brun en dessus, gris en dessous.

De la Guyane & du Brésil.

30. Erycine Hébrus.

Erycina Hebrus.

Eryc. alis integris, suprà nigris cœruleoque variis, posticarum margine interiori albo : omnibus subtùs cœrulescentibus, nigro punctatis.

Papilio H. R. Hebrus, *alis integris, fuscis, cœruleo variis; posticis cœruleis, margine interiori albo.* Fab. *Mant. Inf. tom.* 2. *pag.* 77. *n°.* 700. — *Ent. Syst. em. tom.* 3. *pars* 1. *pag.* 301. *n°.* 141.

Papilio Hebrus. Cram. *Pap. pl.* 50. *fig.* E. F.

Elle a de quinze à dix-sept lignes d'envergure. Le dessus de ses ailes est noir, avec des atomes azurés, disposés par bandes transverses aux supérieures, très-denses au milieu & à l'angle anal des inférieures. Ces dernières ailes ont le bord interne largement blanc de part & d'autre, ou en dessus seulement.

Le dessous des quatre ailes est d'un bleu-pâle, avec des points noirs à la base & le long du bord postérieur.

De la Guyane & du Brésil.

31. Erycine Méris.

Erycina Meris.

Eryc. alis subdendatis, nigro multipunctatis, suprà æneis, subtùs brunneo griseoque variegatis.

Papilio Meris. Cram. *pl.* 366. *fig.* B. C.

Papilio Meris. Herbst, *Pap. tab.* 327. *fig.* 7. 8.

Erycina Agesilas. *Antennarum capitulo parvo, fusiformi; palpis mediocribus, parùm pilosis, articulo ultimo brevi, cylindrico-conico; alis trigonis, ad marginem posticum breviter angulatis, nigro aut fusco utrinquè confertissimè punctatis; posticis ecaudatis; his & illis suprà chalybeo-æneis, infrà brunneis griseo variegatis; marginis postici incisuris albo fimbriatis.* Rec. d'Observ. de zool. & d'anat. comp. par Al. de Humboldt & A. Bonpland, *vol.* 1. *pag.* 251. *pl.* 25. *fig.* 7. 8.

Elle a entre un pouce & un pouce & demi d'envergure. Le dessus des ailes est d'un bronzé-bleuâtre, mais qui varie selon les individus, avec une multitude de petites taches noires, inégales, & dont les postérieures presqu'ocellées.

Le dessous est d'un brun-chatoyant & plus ou moins panaché de grisâtre, avec des taches noires, semblables à celles du dessus. Le bord postérieur est en outre frangé de blanc aux échancrures. Le corps a le dessus d'un noir-bronzé, le dessous grisâtre. Les palpes & le contour de la tête sont blancs. Les antennes sont noires, avec des anneaux & la sommité de la massue blanchâtres.

De l'Amérique équinoxiale.

Nota. Cramer a représenté les antennes un peu crochues par le bout, ce qui pourroit faire croire que cette espèce est une *Hespérie*, tandis que c'est véritablement une *Erycine* par la conformation des pattes de devant.

32. ERYCINE Lucinde.

ERYCINA Lucinda.

Eryc. alis integris, suprà chalybdineis, subtùs rufis, utrinquè strigis quinque undulatis punctisque marginalibus fuscis.

Papilio D. F. Lucindus, *alis integerrimis, nigro fasciatis, suprà cœruleis, subtùs fulvis.* FAB. *Mant. Inf. tom.* 2. *p.* 39. *n°.* 319.

Papilio N. *Lucindus.* FAB. *Ent. Syst. em. tom.* 3. *pars* 1. *p.* 154. *n°.* 476.

Papilio Lucinda. CRAM. *pl.* 1. *fig.* E. F.

Papilio Lucinda. HERBST, *Pap. tab.* 324. *fig.* 1. 2.

SÉBA, *Muf.* 4. *tab.* 13. *fig.* 25. 26.

Elle a environ un pouce & demi d'envergure. Ses ailes sont couleur d'acier en dessus, d'un roux-foncé en dessous, & elles ont de part & d'autre cinq lignes ondulées & transverses, plus une rangée de points marginaux, d'un brun-noirâtre. La ligne qui précède les points est plus large que les quatre autres.

De la Guyane & du Brésil.

Nota. Dans beaucoup d'individus, il y a, vis-à-vis du sommet, un espace qui est de part & d'autre plus clair que le fond.

33. ERYCINE Dyndima.

ERYCINA Dyndima.

Eryc. alis integris, suprà chalybdineis, subtùs cœrulescenti-albis, utrinquè strigis quinque undulatis punctisque marginalibus fuscis.

Papilio Dyndima. CRAM. *pl.* 171. *fig.* E. F.

Nous avons placé ce lépidoptère parmi les Nymphales (*p.* 407, *n°.* 188); mais, comme nous l'avons revu depuis en meilleur état, nous le décrivons de nouveau en le rapportant au genre auquel il appartient.

Il ne diffère du précédent que parce qu'il a le dessous des quatre ailes d'un blanc-bleuâtre, au lieu de l'avoir d'un roux-foncé, & parce que l'espace qui précède le sommet des ailes supérieures est blanc en dessus.

Ne seroit-ce pas une variété de l'Erycine lucinde?

De Surinam.

34. ERYCINE Arminius.

ERYCINA Arminius.

Eryc. alis integris, fulvis, strigis quatuor undatis punctisque marginalibus, suprà fuscis, subtùs ferrugineis.

Papilio N. Arminius, *alis integris, concoloribus, fulvis, lunulis punctisque rufescentibus.* FAB. *Ent. Syst. em. tom.* 3. *pars* 1. *p.* 155. *n°.* 478.

Papilio Armi[illegible]us: JON. *Fig. pict.* 6. *tab.* 32. *fig.* 4.

Erycina Ops. *Antennis in capitulum gracile, parvum, cylindrico-obconicum, abruptè acuminatum desinentibus; palpis brevibus articulo ultimo minimo, conico: alis integris, trigonis, suprà saturato-ferrugineis, lineolis fuscis; infrà aurantio-luteis, lineolis punctisque in seriem ad limbum posticum ordinatis, rubido-rufis.* Recueil d'Obs. de zool. & d'anat. comp. par Al. de HUMBOLDT & A. BONPLAND, *vol.* 2. *p.* 89. *pl.* 27. *fig.* 3. 4. (Le mâle.)

Papilio Mandana. CRAM. *pl.* 271. *fig.* E. F. (Var. mâle.)

Elle a environ un pouce & demi d'envergure. Le dessus de toutes les ailes est d'un fauve-rougeâtre-obscur, avec quatre lignes brunes, transverses, ondulées, & une rangée marginale de points noirâtres, plus ou moins distincts.

Le dessous est d'un jaune-foncé-chatoyant dans le mâle, d'un jaune-fauve dans la femelle, avec des lignes ferrugineuses correspondant aux lignes brunes de dessus. Les points du bord postérieur sont tantôt noirâtres, tantôt roussâtres, & les ailes inférieures en ont deux ou trois plus gros que les autres.

Quelquefois le dessous des ailes du mâle est d'un jaune moins gai, comme dans la variété que Cramer a donnée sous le nom de *Mandana.*

Nous avons vu une autre variété mâle qui étoit d'un fauve-tanné en dessus & en dessous.

De l'Amérique méridionale.

35. ERYCINE Ovide.

ERYCINA Ovidius.

Eryc. alis integris, suprà fulvis, subtùs flavef-

centibus, utrinquè ſtrigis undatis, feminæ *nigris*, maris *auro pulverulentis*.

Heſperia R. Ovidius, *alis integerrimis, auro punctatis, ſuprà fulvis, ſubtùs flaveſcentibus*. FAB. *Ent. Syſt. em. tom.* 3. *pars* 1. *p.* 320. *n°.* 212. (Le mâle.)

Papilio Ovidius. JON. *Fig. pict.* 6. *tab.* 39. *fig.* 4.

Papilio Fatima. CRAM. *pl.* 271. *fig.* A. B. (Le mâle.) *fig.* C. D. (La femelle.)

Elle a d'un pouce & demi à deux pouces d'envergure. Ses ailes ſont fauves en deſſus, d'un jaune-pâle en deſſous, & elles ont de part & d'autre ſix lignes noires, tranſverſes, dont les cinq antérieures flexueuſes & interrompues, la ſixième marginale & formée par des points.

Dans le mâle, ces lignes ſont couvertes d'atomes dorés.

Des Indes occidentales.

36. ERYCINE Zéanger.

ERYCINA Zeanger.

Eryc. alis integris, ſuprà fulvis, anticarum apice nigro lituris cœruleſcentibus : ſubtùs omnibus albidis, nigro multimaculatis.

Papilio Zeanger. STOLL, *Suppl. à* CRAM. *pl.* 37. *fig.* 2 & 2 B.

Elle a environ un pouce & demi d'envergure. Le deſſus des ailes eſt fauve, avec un rang de points noirs ſur le limbe terminal des ſecondes, & quelques lignes tranſverſes de cette couleur à la baſe des premières. Celles-ci ont en outre le ſommet noir, avec deux litures bleuâtres.

Le deſſous des quatre ailes eſt d'un blanc-bleuâtre, avec des points & des traits noirs. Le corps eſt jaune de part & d'autre, avec la poitrine blanche. Les antennes ſont noires.

La femelle reſſemble au mâle, mais elle a le bord poſtérieur des ſecondes ailes noir en deſſus.

De Surinam.

37. ERYCINE Eupolémie.

ERYCINA Eupolemia.

Eryc. alis integris, ſuprà rufis, ſubtùs cœruleſcenti-albis, utrinquè ſtrigis nigris punctato-interruptis.

Nous ne connoiſſons ce lépidoptère que par un individu défectueux. Il n'a qu'un pouce d'envergure. Ses ailes ſont d'un roux-vif en deſſus, d'un blanc-bleuâtre en deſſous, & elles ont de part & d'autre ſix lignes tranſverſes de points noirs, dont les extérieurs arrondis, les autres plus ou moins alongés.

De l'Amérique.

38. ERYCINE Ptolomée.

ERYCINA Ptolomæus.

Eryc. alis integris, ſuprà ferrugineis, nigro maculatis, nervorum extimo plumbeo : ſubtùs (mas) *violaceis*, (fem.) *rufis, baſi cœruleſcente*.

Heſperia R. Ptolomæus, *alis integerrimis, ferrugineis, fuſco ſtrigoſis : ſubtùs cœruleis, baſi pallidioribus*. FAB. *Ent. Syſt. em. tom.* 3. *pars* 1. *p.* 319. *n°.* 209. (Le mâle.)

Papilio Ptolomæus. JON. *Fig. pict.* 6. *tab.* 36. *fig.* 3.

Heſperia R. Lucius, *alis integerrimis, ſubconcoloribus, fulvis, nigro undatis*. FAB. *Ent. Syſt. em. tom.* 3. *pars* 1. *p.* 320. *n°.* 211. (La femelle.)

Papilio Lucius. JON. *Fig. pict.* 6. *tab.* 39. *fig.* 1.

Fabricius a donné le mâle ſous le nom de *Ptolomæus*, & la femelle ſous celui de *Lucius*. Mais on aura ſouvent occaſion de remarquer qu'il ſépare preſque toujours les deux ſexes lorſqu'ils diffèrent l'un de l'autre.

Elle a environ un pouce & demi d'envergure. Le deſſus des ailes eſt d'un ferrugineux-pourpre dans le mâle, d'un ferrugineux-fauve dans la femelle, avec des taches noires, dont les poſtérieures marginales & en forme de points. Outre cela (ce que ne dit pas Fabricius), l'extrémité des nervures eſt couleur de mine de plomb.

Le deſſous du mâle eſt d'un violet-luiſant, le deſſous de la femelle ferrugineux, avec des taches noires comme en deſſus, & la baſe des quatre ailes d'un bleu-cendré-pâle.

Du Bréſil.

39. ERYCINE Azora.

ERYCINA Azora.

Eryc. alis integris, fulvis, utrinquè nigro punctatis : omnium ſuprà margine anteriori fuſco, poſteriori ſtrigis duabus plumbeis.

Nous n'avons vu que le mâle. Il eſt petit. Ses ailes ont le deſſus fauve, ponctué de noir, avec la côte d'un brun-obſcur & le bord poſtérieur longé par deux lignes mine de plomb. Le brun de la côte des premières ailes ſe courbe vis-à-vis du ſommet & deſcend en manière de bande juſqu'à l'angle interne.

Le deſſous des quatre ailes eſt d'un fauve à reflet purpurin, avec des points noirs correſpondant à ceux du deſſus, mais cependant peu prononcés à l'extrémité des ailes ſupérieures. Les antennes ſont brunes & annelées de blanc.

Du Bréſil.

40. ERYCINE Gynéa.

ERYCINA Gynæa.

Eryc. alis integris, suprà fuscis, subtùs ferrugineis : utriuquè strigis nigris, punctato interruptis, duabusque limbi postici plumbeis.

Nous n'avons vu que le mâle. Il est petit. Ses ailes sont brunes en dessus, ferrugineuses en dessous, & elles ont de part & d'autre quatre lignes transverses de points noirs, plus deux lignes marginales couleur de mine de plomb. La frange du bord postérieur est entrecoupée de gris, & ce bord est ferrugineux en dessus.

Du Brésil.

41. ERYCINE Avius.

ERYCINA Avius.

Eryc. alis integris, concoloribus, fuscis, strigis obscurioribus duabusque limbi posticis cœruleis.

Papilio P. R. Avius, *alis integris, concoloribus, fuscis, strigis duabus apicis cœruleis.* FAB. *Mant. Inf. tom.* 2. *p.* 77. *n°.* 701.

Hesperia R. *Avius.* FAB. *Ent. Syst. em. tom.* 3. *pars* 1. *p.* 301. *n°.* 142.

Papilio Avius. HERBST, *Pap. tab.* 317. *fig.* 9.

Papilio Anius. CRAM. *pl.* 92. *fig.* B.

Elle n'a guère qu'un pouce d'envergure. Le dessus de ses ailes est d'un brun-noirâtre, avec cinq lignes transverses plus foncées. Il y a en outre le long du bord postérieur deux lignes d'un bleu-verdâtre.

Le dessous ne diffère du dessus que parce qu'il a un reflet pourpré.

Nous n'avons pas vu la femelle.

Des Indes occidentales.

42. ERYCINE Cléone.

ERYCINA Cleonus.

Eryc. alis integris, nigris, suprà strigis duabus marginalibus, subtùs unicâ, plumbeis.

Papilio Cleonus. CRAM. *pl.* 380. *fig.* H. I.

Papilio Cleonus. HERBST, *Pap. tab.* 318. *fig.* 3.

Elle a approchant un pouce d'envergure. Le dessus de ses ailes est noir, avec deux lignes mine de plomb, parallèles au bord postérieur, & renfermant une bande brune sur laquelle il y a une série de points noirs. Outre cela, la frange est blanche, mais entrecoupée de noir vers le sommet des ailes supérieures.

Le dessous des quatre ailes est d'un noir à reflet bleu, & longé parallèlement au bord postérieur par une ligne mine de plomb, laquelle est beaucoup plus large aux premières ailes qu'aux secondes. Les antennes sont annelées de blanc & de noir.

Nous avons vu un individu un peu plus grand & que nous soupçonnons être la femelle ou une variété de la femelle. Il se distingue des mâles que nous venons de décrire en ce que la bande brune du dessus est plus claire vis-à-vis du sommet des ailes supérieures, & ensuite nulle jusqu'à l'angle anal des inférieures. Une autre différence que nous devons aussi mentionner, c'est que la ligne mine de plomb du dessous n'est pas plus large aux premières ailes qu'aux secondes.

De la Guyane & du Brésil.

43. ERYCINE Cléodora.

ERYCINA Cleodora.

Eryc. alis integris, nigris, suprà strigis duabus marginalibus plumbeis, subtùs nigro punctatis.

Elle a un demi-pouce de plus que l'Erycine *Cléone*, à laquelle elle ressemble en dessus.

Le dessous de ses ailes est glacé de bleu & ponctué de noir. Les points de l'extrémité sont presque oculaires.

La femelle nous est inconnue.

Du Brésil.

44. ERYCINE Argiopé.

ERYCINA Argiope.

Eryc. alis integris, nigris, suprà aurato-viridi pulverulentis : subtùs anticis maculâ baseos miniaceâ.

Son envergure n'est guère que d'un pouce. Le dessus des ailes est noir & parsemé d'atomes d'un vert-doré, derrière lesquels les premières ailes offrent parallèlement à leur bord postérieur une ligne mine de plomb.

Le dessous est d'un noir-brun, avec une tache longitudinale d'un rouge cire d'Espagne près de la base des premières ailes. Le corps est sablé de vert comme le dessus des ailes.

Nous n'avons vu que le mâle.

Du Brésil.

45. ERYCINE Domitien.

ERYCINA Domitianus.

Eryc. alis integris, fuscis : anticis maculâ, posticis strigâ, viridibus : subtùs brunneis, punctis strigâque marginali argenteis. FAB.

Hesperia R. *Domitianus.* FAB. *Ent. Syst. em. tom.* 3. *pars* 1. *p.* 315. *n°.* 193.

Elle est petite. Toutes ses ailes sont obscures, avec le bord postérieur un peu brun. Les ailes supérieures ont sur le milieu une grande tache d'un vert-luisant, avant le brun du bord une rangée de points noirs, & sur le bord même une ligne argentée. Les ailes inférieures ont avant le bord de derrière une ligne verte, & le long de ce bord une ligne argentée.

Le dessous des quatre ailes est brun, avec une multitude de points, & une ligne terminale, argentés.

De la Guadeloupe.

(*Traduction de Fabricius.*)

46. Erycine Géminus.

Erycina Geminus.

Eryc. alis rotundatis, cœruleis, limbo atro strigâ cœruleâ: posticis subtùs fusco subfasciatis. Fab.

Hesperia R. *Geminus.* Fab. *Ent. Syst. em. tom.* 3. *pars* 1. *p.* 322. *n°.* 220.

Papilio Geminis. Jon. *Fig. pict.* 6. *tab.* 35. *fig.* 2.

Elle est de moyenne taille. Toutes ses ailes sont arrondies, bleues, avec le limbe postérieur noir & longé par une ligne bleue. Outre cela, il y a au sommet des ailes supérieures une bande, & à la base des inférieures une tache, noires.

Le dessous des quatre ailes est bleu, avec une ligne sur les premières & leur extrémité, & plusieurs bandes sur les secondes, d'un brun-obscur.

De l'Amérique.

(*Traduction de Fabricius.*)

47. Erycine Stilbé.

Erycina Stilbe.

Eryc. alis integris, concoloribus, fulvis, nigro punctatis, strigâ terminali argenteâ.

Elle est petite. Ses ailes sont fauves de part & d'autre, avec une multitude de points noirs, & une ligne argentée presque terminale. Cette ligne est continue en dessus, maculaire en dessous.

Du Brésil.

48. Erycine Hisbon.

Erycina Hisbon.

Eryc. alis integris, fusco-nigris, utrinquè fasciis tribus ochreaceis: omnibus suprà lineâ terminali plumbeâ.

Papilio P. R. Hisbon, *alis integerrimis, atris, fasciis tribus flavescentibus: posticâ abbreviatâ.* Fab. *Mant. Inf. tom.* 2. *p.* 83. *n°.* 748.

Hesperia R. *Hisbon.* Fab. *Ent. Syst. em. tom.* 3. *pars* 1. *p.* 318. *n°.* 296.

Papilio Hisbon. Cram. *pl.* 83. *fig.* C.

Papilio Hisbon, Herbst, *Pap. tab.* 321. *fig.* 1.

Elle n'a guère qu'un pouce d'envergure. Ses ailes sont d'un noir-brun de part & d'autre, avec trois bandes communes d'un jaune d'ocre. Outre cela, le bord postérieur est longé en dessus par une ligne couleur de plomb.

Quelquefois les deux bandes extrêmes sont moins apparentes en dessus qu'en dessous, notamment dans les mâles.

Du Brésil.

49. Erycine Ouranus.

Erycina Ouranus.

Eryc. alis integerrimis, utrinquè fasciâ albâ apicibus rufis: posticis suprà lineâ terminali plumbeâ.

Hesperia R. Ouranus, *alis integerrimis, concoloribus, atris, fasciâ communi albâ, maculâ sanguineâ terminatâ.* Fab. *Ent. Syst. em. tom.* 3. *pars* 1. *p.* 317. *n°.* 200.

Papilio Ouranus. Cram. *pl.* 335. *fig.* C.

Papillio Ouranus. Herbst, *Pap. tab.* 319. *fig.* 10.

Papilio Ouranus. Jon. *Fig. pict.* 6. *tab.* 55. *fig.* 4.

Elle a près d'un pouce & demi d'envergure. Ses ailes sont noires de part & d'autre, & elles ont le milieu traversé par une bande blanche ou jaunâtre dont les extrémités sont fauves. Cette bande est coudée & dilatée aux premières ailes, tandis qu'elle est presque droite & linéaire aux secondes. Outre cela, le dessus des secondes ailes offre, avant la frange, une ligne couleur de mine de plomb.

De la Guyane & du Brésil.

50. Erycine Phillone.

Erycina Phillone.

Eryc. alis integris, fuscis, fasciis duabus albis strigâque intermediâ fulvâ: omnibus basi annulatis.

Papilio Philiasus. Cram. *pl.* 192. *fig.* A. B.

Clerck, *Icon. tab.* 41. *fig.* 5.

Elle a entre un pouce & demi & deux pouces d'envergure. Ses ailes sont d'un brun-noirâtre de part & d'autre, avec deux bandes blanches, communes, dont l'antérieure discoïdale, plus large, & séparée de la postérieure par une ligne fauve arquée. Le bord terminal, dont la frange est entrecoupée de blanc, offre une ligne blanche sinuée, & il y a près de la base de chaque aile quelques anneaux cendrés parmi lesquels on distingue quelques taches fauves.

Le dessous ressemble au dessus, mais la bande blanche de l'extrémité des secondes ailes se confond avec la ligne marginale ; & elle est chargée d'un rang de points noirs, dont le second & l'anal beaucoup plus gros.

De la Guyane & du Brésil.

51. ERYCINE Lysimon.

ERYCINA Lysimon.

Eryc. alis repandis, fuscis, fasciâ albâ, communi, mediâ : omnium limbo postico strigâ fulvâ annulisque cœrulescentibus.

Papilio Lisimon. STOLL, *Pap. Suppl. à* CRAM. *pl.* 39. *fig.* 1 & 1 A.

Elle n'a guère plus d'un pouce d'envergure. Ses ailes sont brunes, avec une bande blanche, discoïdale, étroite, se terminant en pointe vers le sommet des supérieures. Parallèlement à cette bande, le limbe postérieur de toutes les ailes offre une ligne fauve, puis un rang d'anneaux bleuâtres. Il y a aussi de pareils anneaux sur la côte des ailes de devant.

Le dessous ressemble au dessus, seulement la ligne fauve est plus pâle, & les anneaux du limbe renferment chacun un point noir.

Cette description, faite d'après plusieurs individus, prouve que le Lysimon a tous les caractères du *Lamis*, mais qu'il est toujours plus petit, & que le brun domine sur ses ailes de manière à n'y laisser qu'une bande blanche étroite.

De Surinam.

52. ERYCINE Lamis.

ERYCINA Lamis.

Eryc. alis repandis, niveis, margine omni exteriore fusco cœrulescentique annulato : postico fasciâ fulvâ.

Papilio P. R. Lamis, *alis integris, fuscis, fasciâ communi abbreviatâ albâ fulvâque.* FAB. *Mant. Inf. tom.* 2. *p.* 78. *n°.* 714.

Hesperia R. *Lamis.* FAB. *Ent. Syst. em. tom.* 3. *pars* 1. *p.* 305. *n°.* 157.

Papilio Lamis. CRAM. *pl.* 335. *fig.* F. G.

Papilio Lamis. HERBST, *Pap. tab.* 319. *fig.* 4. 5.

Elle a entre un pouce & demi & deux pouces d'envergure. Ses ailes sont très-blanches, avec la côte des premières & le limbe postérieur des quatre bruns & annelés de bleu-cendré. Le limbe postérieur offre en outre une bande fauve, placée avant les anneaux, & il a la frange entrecoupée de blanc.

Le dessous ressemble au dessus, mais les anneaux sont blancs, & ceux du limbe postérieur renferment chacun un point noir. L'abdomen est tout blanc dans le mâle, brun en dessus dans la femelle.

De la Guyane & du Brésil.

53. ERYCINE du Figuier.

ERYCINA Caricæ.

Eryc. alis repandis, niveis, margine omni exteriore fusco cœrulescentique annulato : antico maculis, postico fasciâ fulvis.

Papilio P. R. Caricæ, *alis integerrimis, fulvis, disco communi albo, limbo cinereo ocellato.* LINN. *Syst. Nat.* 2. *p.* 792. *n°.* 244. — *Mus. Lud. Ulr.* 324.

CLERCK, *Icon. tab.* 20. *fig.* 2.

MERIAN, *Surin. Inf. tab.* 40.

Papilio Caricæ. CRAM. *pl.* 170. *fig.* E.

Papilio Caricæ. HERBST, *Pap.* 319. *fig.* 1.

Papilio P. R. Caricæ, *alis integerrimis, fuscis, disco communi albo, limbo cinereo subocellato.* FAB. *Syst. Ent. p.* 526. *n°.* 352.—*Mant. Inf. tom.* 2. *p.* 78. *n°.* 712.

Hesperia R. *Caricæ.* FAB. *Ent. Syst. em. tom.* 3. *pars* 1. *p.* 305. *n°.* 155.

Elle a de très-grands rapports avec l'Erycine *Lamis*; mais elle est constamment plus petite, & la côte de ses premières ailes offre de part & d'autre un rang de quatre taches fauves.

On la trouve dans l'Amérique méridionale, sur le figuier.

54. ERYCINE Pélops.

ERYCINA Pelops.

Eryc. alis repandis, flavescentibus, margine omni exteriore fusco fasciâ fulvâ nigro punctatâ.

Papilio Pelops. CRAM. *pl.* 170. *fig.* F.

Papilio Pelops. HERBST, *Pap. tab.* 319. *fig.* 2.

Papilio P. R. Pelops, *alis integris albis, limbo communi fusco maculis strigâque posticâ fulvis.* FAB. *Mant. Inf. tom.* 2. *p.* 78. *n°.* 713.

Hesperia R. *Pelops.* FAB. *Ent. Syst. em. tom.* 3. *pars* 1. *p.* 305. *n°.* 156.

Elle a un peu plus d'un pouce d'envergure. Ses ailes sont d'un jaune-pâle, avec tout le contour extérieur brun, & chargé d'une bande fauve sur laquelle il y a une rangée de points noirs. La frange est outre cela entrecoupée de blanc.

Le dessous ne diffère du dessus que parce que la bande fauve du limbe est moins apparente. L'abdomen a le dessus blanc dans le mâle, brun dans la femelle.

De la Guyane.

55. ERYCINE Cachrys.

ERYCINA Cachrys.

Eryc. alis repandis, flavescentibus, margine

omni exteriore nigro : postico strigâ cœrulescente, angulatâ.

Papilio P. R. Cachrus, *alis integris, flavescentibus, limbo communi fusco, albo maculato.* Fab. *Mant. Inf. tom.* 2. *p.* 78. *n°.* 715.

Hesperia R. *Cachrys.* Fab. *Ent. Syst. em. tom.* 3. *pars* 1. *p.* 306. *n°.* 158.

Papilio Damon. Stoll, *Pap. Suppl. à* Cram. *pl.* 39. *fig.* 5 & 5 D.

L'Hespérie *Cachrys* de Fabricius se rapporte incontestablement au Papillon *Damon* de Stoll.

Elle a près d'un pouce & demi d'envergure. Ses ailes sont d'un jaune-pâle, avec la côte des premières, & le limbe postérieur des quatre, d'un noir-brun. Le limbe postérieur est entièrement divisé par deux lignes bleuâtres, dont l'intérieure en feston, l'extérieure arquée. Outre cela, la frange des premières ailes est entrecoupée de blanc.

Le dessous ressemble au dessus; mais le limbe postérieur de toutes les ailes offre trois taches blanches entre les deux lignes dont nous venons de parler, & il y a quelques anneaux blanchâtres sur la côte des ailes de devant.

Nous avons vu une variété qui n'avoit pas de noir au milieu de la côte des premières ailes, & dont le limbe terminal des quatre étoit tacheté de blanc en dessus comme en dessous.

De la Guyane & du Brésil.

56. Erycine Ménalcus.

Erycina Menalcus.

Eryc. alis integris, concoloribus, flavescentibus, margine omni exteriore nigro : postico fimbriâ rufa.

Papilio Menalcus. Cram. *pl.* 390. *fig.* K.

Papilio Menalcus. Herbst, *Pap. tab.* 319. *fig.* 3.

Elle a de grands rapports avec l'Erycine *Cachrys*; mais ses ailes sont très-entières, semblables de part & d'autre, & leur bord postérieur a une frange rousse.

De Surinam.

Nota. Il faudroit avoir vu plusieurs individus, & connoître la chenille, pour décider si c'est une espèce distincte ou bien simplement une variété de l'Erycine *Cachrys*.

57. Erycine Anapis.

Erycina Anapis.

Eryc. alis integris, fuscescentibus, utrinquè strigâ mediâ saturatiore : posticarum limbo postico suprà lineâ angulatâ flavidâ.

Elle a environ un pouce & demi d'envergure. Ses ailes sont d'un brun-pâle de part & d'autre, & traversées un peu au-delà de leur milieu par une ligne obscure, légèrement flexueuse. Outre cela, le bord postérieur des secondes ailes est précédé en dessus d'une ligne jaunâtre en feston. Le corps est de la couleur des ailes. Les antennes sont brunes & annelées de blanchâtre.

La femelle nous est inconnue.

Du Brésil.

58. Erycine Odités.

Erycina Odites.

Eryc. alis integris, subconcoloribus, umbrinis, annulis baseos, fasciâ mediâ strigâque posticâ albis.

Papilio Odites. Cram. *pl.* 11. *fig.* E. F.

Papilio Odites. Herbst, *Pap. tab.* 325. *fig.* 8. 9.

Elle a environ deux pouces d'envergure. Le dessus des ailes est couleur de terre d'ombre, avec une bande blanche, discoïdale, anguleuse, s'élargissant sur les inférieures, & suivie d'une ligne blanchâtre parallèle au bord postérieur, lequel a une frange entrecoupée de blanc-vif. Outre cela, la base des premières ailes a quelques anneaux blanchâtres.

Le dessous ne diffère du dessus que parce que la base des quatre ailes est d'un ton verdâtre.

Le mâle nous est inconnu, & nous n'avons vu qu'une seule femelle.

De Surinam.

59. Erycine Tytius.

Erycina Tytius.

Eryc. alis integris, suprà ferrugineis aut fuscis, subtùs pallidioribus, omnium basi posticarumque limbo punctis ocellaribus nigris.

Papilio F. Tytius, *alis integerrimis, fuscis, albo maculatis : anticis punctis ocellaribus atris.* Fab. *Spec. Inf. tom.* 2. *p.* 54. *n°.* 240. — *Mant. Inf. tom.* 2. *p.* 27. *n°.* 278. — *Ent. Syst. em. tom.* 3. *pars* 1. *p.* 48. *n°.* 147. (La femelle.)

Papilio Tytia. Cram. *Pl.* 121. *fig.* C. D.

Papilio Tytia. Herbst, *Pap.* 145. *fig.* 5. 6.

Nous avons, mais à tort, placé cette espèce parmi les Nymphales (*p.* 426, *n°.* 240); & comme la description que nous en avons donnée est inexacte, nous en offrons ici une nouvelle.

Son envergure est d'un peu plus d'un pouce & demi. Le dessus du mâle est ferrugineux, le dessus de la femelle d'un brun-obscur, avec des points noirs presqu'oculaires à la base des quatre ailes & le long du bord terminal des inférieures.

Le dessous des deux sexes est plus pâle que le dessus,

dessus, & les points oculaires dont nous venons de parler ont l'iris blanchâtre.

Dans les femelles, le dessus de toutes les ailes offre sur le milieu une bande blanchâtre, interrompue & plus ou moins apparente.

On voit des individus de l'un & de l'autre sexe qui ont, entre les points de la base & du bord postérieur des secondes ailes, une double ligne maculaire, tantôt brune, tantôt blanchâtre.

De Surinam.

60. Erycine Tutana.

Erycina Tutana.

Eryc. alis integris, concoloribus, fuscis, apice dilutiore : posticis strigâ marginali è punctis ocellaribus nigris.

Nous ne connoissons ce lépidoptère que par un individu femelle, appartenant à M. le duc de Rivoli.

Il a environ un pouce & demi d'envergure. Ses ailes ont la moitié antérieure d'un brun-obscur, la moitié postérieure plus claire, avec une rangée de points noirs ocellés le long du bord terminal des inférieures.

Le dessous est, à une légère nuance près, semblable au dessus.

Du Brésil.

61. Erycine Soronus.

Erycina Soronus.

Nous l'avons décrite comme Nymphale (*p.* 426, *n°.* 241); mais elle doit être rapportée ici.

62. Erycine Phylacis.

Erycina Phylacis.

Nous l'avons donnée comme Nymphale (*p.* 426, *n°.* 242); mais c'est ici qu'il faut la mettre.

63. Erycine Epigia.

Erycina Epigia.

Nous l'avons mise parmi les Nymphales (*p.* 426, *n°.* 243); mais c'est ici qu'elle doit être.

64. Erycine Emylius.

Erycina Emylius.

Eryc. alis integris, suprà fuscis : anticis fasciâ mediâ ex albido-rufâ, posticis punctis marginalibus ocellatis : subtùs omnibus flavescentibus, nigro punctatis.

Papilio P. R. Emylius, *alis integerrimis, nigris, albo punctatis : anticis fascia flavâ : omnibus subtùs variegatis.* Fab. *Mant. Inf. tom.* 2. *p.* 78. *n°.* 711.

Hesperia R. *Emylius.* Fab. *Ent. Syst. em. tom.* 3. *pars* 1. *p.* 305. *n°.* 154.

Papilio Emylius. Cram. *pl.* 66. *fig.* G. H.

Papilio Emylius. Herbst, *tab.* 318. *fig.* 9. 10.

Elle a un peu plus d'un pouce d'envergure. Le dessus des ailes est brun, avec deux taches fauves à la base, & une rangée de points noirs à iris cendré le long du bord postérieur. Le milieu des premières ailes offre en outre une bande oblique, d'un jaune-fauve dans le mâle, d'un blanc-roussâtre dans la femelle.

Le dessous des quatre ailes est d'un blanc-sale, avec des points noirs à la base & au bord postérieur. Les points de la base sont beaucoup plus petits que les autres, & le sommet des ailes de devant est brun.

De la Guyane & du Brésil.

65. Erycine Manthus.

Erycina Manthus.

Eryc. alis integris, nigris, fasciâ mediâ albâ, annulis atomisque marginalibus cyaneis.

Papilio P. R. Mantus, *alis oblongis, integerrimis, cæruleo fuscoque variis, fasciâ communi albâ.* Fab. *Mant. Inf. tom.* 2. *p.* 78. *n°.* 717.

Hesperia R. *Mantus.* Fab. *Ent. Syst. em. tom.* 3. *pars* 1. *p.* 306. *n°.* 161.

Papilio Manthus. Cram. *pl.* 47. *fig.* F. G.

Papilio Mantus. Herbst, *tab.* 317. *fig.* 1. 2.

Elle a environ un pouce & demi d'envergure. Le dessus des ailes est noir, avec des anneaux & des atomes d'un bleu-azuré-luisant sur tout le pourtour extérieur des premières & sur le bord terminal des secondes. Le milieu des quatre ailes est traversé par une bande blanche, derrière laquelle les inférieures ont deux points fauves avoisinant le bord interne.

Le dessous offre le même dessin que le dessus, mais le fond & toutes les parties bleues sont beaucoup plus pâles.

De la Guyane & du Brésil, & non de l'Afrique équinoxiale, comme le dit Fabricius.

66. Erycine Damis.

Erycina Damis.

Eryc. alis integris, nigris, disco communi albo : anticis utrinquè, posticis subtùs fasciâ marginali nitidè cyaneâ.

Papilio Danis. Cram. *pl.* 70. *fig.* E. F. (Le mâle.)

Papilio Damis. Herbst, *Pap. tab* 321. *fig.* 10. 11.

Séba, *Muf. tom.* 4. *tab.* 25. *fig.* 5. 6. 12. 13.

Séba, *Muf. tom.* 4. *tab.* 37. *fig.* 5. 6.

Nous ne connoiffons que le mâle. Il a un peu plus d'un pouce & demi d'envergure. Le deffus de toutes fes ailes eft noir, avec un efpace blanc, commun & difcoïdal. Outre cela, les premières ailes ont une bande bleue, luifante, fuivant tout le contour extérieur depuis la bafe jufqu'à l'angle interne.

Le deffous des premières ailes reffemble tout-à-fait au deffus.

Le deffous des fecondes ailes eft auffi femblable au deffus; mais on y voit deux bandes bleues, luifantes & tranfverfes, dont l'antérieure bafilaire, la poftérieure marginale, divifée par les nervures & chargée d'un rang de fix gros points noirs. La frange de chaque aile eft entrecoupée de blanc.

Pris dans l'île Rawak (terre des Papous), par MM. Quoy & Gaimard, médecins de l'expédition de M. le capitaine Freycinet.

Nota. Cramer avoit d'abord dit que ce papillon étoit des Indes occidentales; mais il ajoute enfuite par correction qu'il fe trouve dans l'île d'Amboine; ce qui eft très-probable, car il n'y a que cent lieues d'Amboine à l'île Rawak. Il réfulte de-là que l'Amérique n'eft pas, comme on le croyoit, la feule partie du Globe qui poffède des *Erycines*. La forme de la cellule difcoïdale des ailes inférieures & celle des deux pattes antérieures ne nous permettent pas du moins de douter que le Damis ne foit une *Erycine*.

67. Erycine Bélife.

Erycina Belife.

Eryc. alis integris, nigris, fafciâ communi albâ, fuprà cœruleo innatâ, fubtùs annulo fulvo cinctâ.

Papilio Belife. Cram. *pl.* 376. *fig.* E. F.

Elle a un peu plus d'un pouce & demi d'envergure. Le deffus des ailes eft noir, avec une bande blanche, largement environnée de bleu-pâle. Cette bande traverfe entièrement les fecondes ailes, & elle va en fe rétréciffant expirer au milieu des premières, non loin d'une liture blanche, plus ou moins prononcée.

Le deffous eft d'un brun-noirâtre, avec une bande femblable à celle du deffus, mais renfermée dans un anneau fauve que borde extérieurement une double ligne blanche, maculaire. Outre cela, la bafe des premières ailes offre deux lignes longitudinales, dont la fupérieure blanche, l'inférieure fauve. Le corps eft blanc, avec tout le corfelet & la bafe de l'abdomen noirs.

De la Guyane & du Bréfil.

68. Erycine Arthémon.

Erycina Arthemon.

Eryc. alis integris, albis: anticis margine exteriori nigro, cœruleo alboque maculato.

Papilio P. R. Arthemon, *alis integerrimis, fubfufcis, difco communi albo, fafciâ dimidiatâ fufcâ.* Linn. *Syft.* 2. *p.* 792. *n°.* 243. — *Muf. Lud. Ulr.* 323.

Papilio P. R. *Arthemon.* Fab. *Syft. Ent. p.* 528. *n°.* 362.—*Mant. Inf. tom.* 2. *p.* 83. *n°.* 747.

Hefperia R. *Arthemon.* Fab. *Ent. Syft. em. tom.* 3. *pars* 1. *p.* 318. *n°.* 204.

Papilio Arthemon. Clerck, *Icon. tab.* 37. *fig.* 2.

Papilio Arthemon, var. Clerck, *Icon. tab.* 46. *fig.* 3.

Séba, *Muf.* 4. *tab.* 27. *fig.* 25. 26.

Hefperia R. Coenus, *alis integerrimis, albis: anticis margine exteriori fufco, albo maculato.* Fab. *Ent. Syft. em. tom.* 3. *pars* 1. *p.* 308. *n°.* 169.

Papilio Coenus. Jon. *Fig. pict.* 6. *tab.* 55. *fig.* 2.

Le papillon *Coenus* de Fabricius & le papillon *Arthemon* de Linné ne forment qu'une feule efpèce, dont le premier eft le mâle, le fecond la femelle.

Elle a depuis un pouce jufqu'à un pouce & demi d'envergure. Ses ailes font blanches en deffus, avec tout le pourtour extérieur des premières d'un noir-brun, & marqué de trois taches blanches qu'accompagne une tache bleue-luifante, placée longitudinalement à l'origine de la côte. Dans la femelle, les fecondes ailes font en outre terminées par une bande noire, & l'on voit près de leur bafe une ligne oblique de cette couleur. Les fecondes ailes du mâle ont quelquefois un liferé noir, mais il ne defcend pas jufqu'à l'angle de l'anus.

Le deffous des deux fexes ne diffère du deffus que parce que la bordure noire eft variée de ferrugineux & de bleu-luifant, & parce qu'il y a une ligne ferrugineufe à la bafe des fecondes ailes. Cette ligne eft ordinairement double dans les femelles, attendu qu'elles ont en deffus une ligne noire oblique.

Du Bréfil.

69. Erycine Icare.

Erycina Icarus.

Eryc. alis integris, fuprà albis, ftrigis quinque fufcis: fubtùs fufcis, fafciis albis, pofticâ nigro punctatâ.

Papilio P. R. Icarus, *alis integris, fuprà albis, fafciis fufcis: fubtùs fafciis albis nigrifque alternis.* Fab. *Mant. Inf. tom.* 2. *p.* 77. *n°.* 705.

Hesperia R. *Icarus*. Fab. *Ent. Syst. em. tom.* 3. *pars* 1. *p.* 302. *n°.* 146.

Papilio Philemon. Cram. *pl.* 22. *fig.* G. H.

Papilio Philemon. Herbst, *Pap. tab.* 318. *fig.* 5. 6.

Elle a près d'un pouce & demi d'envergure. Le dessus de ses ailes est blanc, avec cinq lignes brunes, transverses, dont une tout-à-fait terminale.

Le dessous est brun, avec quatre bandes blanches communes, dont la postérieure adossée à un rang de points noirs. Entre la première & la deuxième bande, chaque aile a en outre un point noir, qui se reproduit quelquefois en dessus, surtout dans le mâle.

De la Guyane & du Brésil.

70. Erycine Thasus.

Erycina Thasus.

Eryc. alis integerrimis, fuscis, utrinquè strigis pallidioribus margineque postico albo punctato.

Papilio Thasus. Cram. *pl.* 333. *fig.* I.

Papilio Thasus. Herbst, *Pap. tab.* 322. *fig.* 7.

Elle a environ un pouce & demi d'envergure. Ses ailes ont le dessus d'un brun-noirâtre, avec six lignes transverses plus claires, & une rangée terminale de points blancs.

Le dessous est comme le dessus, excepté que les points blancs y sont plus petits.

De Surinam.

71. Erycine Actoris.

Erycina Actoris.

Eryc. alis integerrimis, fuscis, utrinquè maculis ocellaribus albis, numerosis.

Papilio P. R. Actoris, *alis integerrimis, concoloribus, fuscis, albo punctatis.* Fab. *Mant. Ins. tom.* 2. *p.* 82. *n°.* 742.

Hesperia R. *Actoris.* Fab. *Ent. Syst. em. tom.* 3. *pars* 1. *p.* 316. *n°.* 196.

Papilio Actoris. Cram. *pl.* 93. *fig.* D.

Papilio Actoris. Herbst, *Pap. tab.* 320. *fig.* 4.

Elle a environ un pouce & demi d'envergure. Ses ailes ont le dessus d'un brun-sombre, avec une multitude de petites taches blanches, bordées de noir.

Le dessous ressemble au dessus, mais le fond est plus clair, & les taches blanches sont plus grandes.

De Surinam.

72. Erycine Isala.

Erycina Isala.

Eryc. alis integris, suprà fuscis, subtùs albis, utrinquè punctis ocellaribus nigris.

Nous n'avons vu que le mâle. Il a approchant un pouce & demi d'envergure. Le dessus de ses ailes est brun, avec des points noirs, plus ou moins cerclés de ferrugineux, à la base & le long du bord postérieur. Le sommet des premières ailes est en outre ferrugineux.

Le dessous des quatre ailes est blanc, avec des points noirs correspondans à ceux du dessus & cerclés de bleuâtre. Les points de la base sont séparés de ceux du bord postérieur par deux lignes brunes, transverses & un peu flexueuses.

De l'Amérique méridionale.

73. Erycine Thersandra.

Erycina Thersandra.

Eryc. alis integris, fuscis, maris *cœruleo,* fœminæ *griseo pulverulentis: omnibus utrinquè maculis ocellaribus ferrugineis.*

Papilio Thersander. Cram. *pl.* 335. *fig.* A. B. (Le mâle.)

Papilio Thersander. Herbst, *Pap. tab.* 319. *fig.* 8. 9. (Le mâle.)

Cramer n'a connu que le mâle de cette espèce.

Elle a environ un pouce & demi d'envergure. Le dessus des ailes est brun, saupoudré de bleu dans le mâle, de gris dans la femelle, avec trois rangées transverses de taches ferrugineuses dont le milieu est noir. Les taches de la rangée postérieure sont en outre bordées de bleuâtre ou de blanchâtre à leur côté interne, & l'on voit quelques points blancs vis-à-vis du sommet des premières ailes.

Le dessous des deux sexes ressemble au dessus, mais il est plus pâle. Le corps est brun & les antennes sont annelées de blanc.

De la Guyane & du Brésil.

74. Erycine Cénéus.

Erycina Ceneus.

Eryc. alis integris, suprà nigris, undis cœruleis: subtùs cinereis, maculis albis nigro marginatis.

Papilio P. R. Ceneus, *alis integris, atris, cœruleo undatis, margine albo punctato.* Fab. *Mant. Ins. tom.* 2. *p.* 77. *n°.* 703.

Hesperia R. *Ceneus.* Fab. *Ent. Syst. em. tom.* 3. *pars* 1. *p.* 302. *n°.* 144.

Papilio Ceneus. Cram. *pl.* 156. *fig.* F.

Papilio Ceneus. Herbst, *Pap. tab.* 318. *fig.* 4.

Elle a un peu plus d'un pouce d'envergure. Le dessus de ses ailes est d'un noir-brun, avec des ondes d'un bleu-luisant. Il y a en outre quelques points blancs vis-à-vis du sommet des ailes supérieures.

Le dessous des quatre ailes est cendré, avec une multitude de taches blanches, bordées de noir. La frange est inégalement entrecoupée de blanc de part & d'autre.

De la Guyane & du Brésil.

75. ERYCINE Æmulius.

ERYCINA Æmulius.

Eryc. alis integerrimis, cinereis, fusco alboque maculatis : posticis suprà pallidis : subtùs omnibus fusco punctatis. FAB.

Hesperia R. *Æmulius.* FAB. *Ent. Syst. em. tom.* 3. *pars* 1. *p.* 322. *n°.* 19.

Papilio Æmulius. JON. *Fig. pict.* 6. *tab.* 40. *fig.* 4.

Elle est de moyenne taille. Les ailes supérieures ont le dessus cendré, avec quelques petites lignes blanches, transversales, & des taches brunes, oblongues. Leur dessous est plus obscur que le dessus, avec des taches brunes, dont quelques-unes entourées d'un anneau blanc.

Les ailes inférieures font pâles, avec la base cendrée, & des stries blanches. Leur dessous est très-blanc, avec plusieurs points bruns à la base, & deux semblables à l'extrémité.

Des Indes.

(*Traduction de Fabricius.*)

76. ERYCINE Epone.

ERYCINA Epone.

Eryc. alis integris, fuscis, albo fulvoque punctatis : posticis utrinquè areâ disci albâ.

Elle a approchant un pouce & demi d'envergure. Le dessus des ailes est d'un brun-noirâtre, avec une multitude de points blancs épars, & quelques points fauves postérieurs. Le milieu des secondes ailes offre en outre un espace blanc, en forme de bande transverse dans la femelle, mais descendant dans le mâle jusqu'à l'angle de l'anus où il y a trois points noirs visibles de part & d'autre.

Le dessous des deux sexes est d'un brun-pâle, tacheté de blanc & d'un peu de fauve.

Du Brésil.

77. ERYCINE Tarquin.

ERYCINA Tarquinius.

Eryc. alis integerrimis, nigris : anticis maculâ oblongâ baseos sinuatâ ; posticis angulo ani flavo, nigro maculato. FAB.

Hesperia R. *Tarquinius.* FAB. *Ent. Syst. em. tom.* 3. *pars* 1. *p.* 319. *n°.* 207.

Papilio Tarquinius. JON. *Fig. pict.* 6. *tab.* 45. *fig.* 4.

Ses ailes supérieures sont noires, & elles présentent à la base une tache jaune, oblongue, trilobée en arrière, divisée en avant par une ligne noire.

Les ailes inférieures sont noires, avec l'angle anal largement jaune & marqué de cinq points noirs.

Le dessous des quatre ailes est cendré, avec une multitude de taches roussâtres, cerclées de blanc. Outre cela, le disque des ailes supérieures est jaune & tacheté de noir.

Des Indes occidentales.

(*Traduction de Fabricius.*)

78. ERYCINE Penthée.

ERYCINA Pentheus.

Eryc. alis integris, ferrugineis, maculis nigris suprà simplicibus, subtùs ocellatis : posticis (mas) *dimidio apicali albo.*

Papilio P. R. Pentheus, *alis integris, fulvis, nigro maculatis : posticis apice albis nigro punctatis.* FAB. *Mant. Inf. tom.* 2. *p.* 82. *n°.* 734. (Le mâle.)

Hesperia R. *Pentheus.* FAB. *Ent. Syst. em. tom.* 3. *pars* 1. *p.* 314. *n°.* 186. (Le mâle.)

Papilio Penthea. CRAM. *pl.* 143. *fig.* E. (Le mâle.)

Papilio Penthea. HERBST, *tab.* 327. *fig.* 9. (Le mâle.)

Son envergure est d'environ un pouce & demi.

La femelle, que les auteurs n'ont point connue, est entièrement ferrugineuse en dessus, avec une multitude de petites taches noires vers la base des quatre ailes, & une suite d'anneaux d'un blanc-bleuâtre le long du bord postérieur. En dessous, l'on retrouve les mêmes caractères qu'en dessus, mais les taches noires y sont pour la plupart cerclées de blanchâtre, & tout le bord interne des secondes ailes est de cette dernière couleur.

Le mâle diffère de la femelle en ce qu'il a la moitié postérieure des secondes ailes blanche de part & d'autre, avec quelques points noirs marginaux. Son abdomen est d'ailleurs blanchâtre, tandis que celui de la femelle est ferrugineux.

De la Guyane & du Brésil.

79. ERYCINE Ariste.

ERYCINA Aristus.

Eryc. alis integris, fuscis, utrinquè cœrulescenti annulatis : posticis (mas) *dimidio apicali albo.*

Papilio Ariſtus. Stoll, *Pap. Suppl. à* Cram. *pl.* 39. *fig.* 4 & 4 C. (La femelle.)

Son envergure eſt à peu près d'un pouce & demi. Le mâle a les premières ailes & la moitié antérieure des ſecondes brunes, avec des taches noires, cerclées de violet en deſſus, de bleu-pâle en deſſous. La moitié poſtérieure de ſes ſecondes ailes eſt blanche de part & d'autre, avec cinq à ſix points marginaux. Son abdomen eſt blanc.

Dans la femelle, l'abdomen eſt brun, & la moitié poſtérieure des ſecondes ailes n'eſt blanche qu'en deſſous, encore eſt-elle traverſée par une bande brune qui précède les points marginaux.

De la Guyane & du Bréſil.

80. Erycine Philoclès.

Erycina Philocles.

Eryc. alis integris, ſuprà cœruleo-nigris: anticis utrinquè ocello diſci tripupillato, poſticis dimidio apicali albo undis fuſcis.

Papilio P. R. Philocles, *alis integerrimis, ſuprà fuſcis: ſubtùs primoribus ocello, poſticis lineis tranſverſis undatis.* Linn. *Syſt. Nat.* 2. *p.* 791. *n°.* 240. — *Muſ. Lud. Ulr. p.* 321.

Clerck, *Icon. tab.* 45. *fig.* 5. 6.

Papilio D. F. Philocles, *alis integerrimis, fuſcis: anticis ocello tripupillato, poſticis lineis tranſverſis undatis.* Fab. *Spec. Inſ. tom.* 2. *p.* 64. *n°.* 285. — *Mant. Inſ. tom.* 2. *p.* 31. *n°.* 329.

Papilio S. *Philocles.* Fab. *Ent. Syſt. em. tom.* 3. *pars* 1. *p.* 215. *n°.* 674.

Papilio Philocles. Cram. *pl.* 184. *fig.* D. E. F.

Papilio Philocles. Herbst, *Pap. tab.* 232. *fig.* 2. 3. 4.

Elle a environ un pouce & demi d'envergure. Le deſſus des premières ailes eſt d'un noir-bleu, avec un œil central à triple prunelle blanche, & ſéparé du ſommet par une bande tranſverſe d'un bleu-cendré.

Le deſſus des ſecondes ailes a la moitié antérieure d'un noir-bleu & ſans taches; la moitié poſtérieure blanche, avec des ondes & deux lignes marginales noires. Les deux lignes marginales ſont ordinairement plus prononcées dans la femelle que dans le mâle.

Le deſſous des deux ſexes eſt brun, avec des lignes blanchâtres, tranſverſes & ondulées. A l'œil du deſſus des premières ailes correſpond un œil tripupillé & l'on en voit un à prunelle ſimple vers la baſe des ſecondes ailes.

Quelquefois les ailes ſupérieures ont un autre œil plus petit, placé entre le premier & le bord interne.

De la Guyane & du Bréſil.

81. Erycine Créſus.

Erycina Crœſus.

Eryc. alis integris, concoloribus, cyaneis, ſtrigis margineque nigris: anticis ocello diſci tripupillato.

Papilio D. F. Cræſus, *alis integerrimis, cyaneis, ſtrigis atris, numeroſis: anticis ſuprà maculâ ocellari tripupillatâ.* Fab. *Gen. Inſ. Mant.* 259. — *Spec. Inſ. tom.* 2. *p.* 64. *n°.* 286. — *Mant. Inſ. tom.* 2. *p.* 31. *n°.* 331.

Papilio S. *Crœſus.* Fab. *Ent. Syſt. em. tom.* 3. *pars* 1. *p.* 216. *n°.* 676.

Papilio Capanea. Cram. *pl.* 236. *fig.* D.

Papilio Capanea. Herbst, *Pap. tab.* 233. *fig.* 3. 4.

Quoique Fabricius ne rapporte ce lépidoptère à aucune figure, il n'y a pas de doute que ce ne ſoit le même que le papillon *Capanea* de Cramer & de Herbſt.

Son envergure eſt d'environ deux pouces. Le deſſus des ailes ſupérieures eſt d'un bleu-chatoyant, avec la baſe, quelques lignes tranſverſes & le bord poſtérieur, noirs. Il y a en outre ſur leur milieu un grand œil noir à triple prunelle blanche ou bleuâtre.

Le deſſus des ſecondes ailes eſt d'un bleu-chatoyant, avec pluſieurs lignes tranſverſes & le bord poſtérieur noirs.

Le deſſous des quatre ailes eſt tantôt comme le deſſus, & tantôt ſans œil central aux ſupérieures.

De Surinam.

Nota. Nous n'avons vu que le mâle.

82. Erycine Ephynès.

Erycina Ephynes.

Eryc. alis integris, ſuprà cœruleis, ſubtùs flavidis, faſciis brunneis: anticis ocello diſci tripupillato.

Papilio S. Ephynes, *alis integerrimis, cœruleis, purpureo faſciatis: anticis utrinquè ocello, inferiori tripupillato.* Fab. *Spec. Inſ. tom.* 2. *p.* 68. *n°.* 308. — *Mant. Inſ. tom.* 2. *p.* 34. *n°.* 358. — *Ent. Syſt. em. tom.* 3. *pars* 1. *p.* 224. *n°.* 703.

Papilio Ephyne. Cram. *pl.* 39. *fig.* E. F.

Papilio Ephyne. Herbst, *Pap. tab.* 231. *fig.* 2. 3.

Nous ne connoiſſons que le mâle. Il n'a guère plus d'un pouce d'envergure. Le deſſus de ſes ailes eſt bleu, avec quatre lignes communes d'un brun-pourpre à l'extrémité.

Le deſſous eſt jaunâtre, avec une multitude de lignes couleur de terre d'ombre. Outre cela, le milieu des premières ailes offre de part & d'autre un grand œil noir ayant trois prunelles blanches, mais plus distinctes en dessous qu'en dessus.

De Surinam.

83. ERYCINE Euménus.

ERYCINA Eumenus.

Eryc. alis integris, dimidiato fuscis & cœruleis, apice strigis nigricantibus : anticis ocello disci tripupillato, posticis baseos cœco.

Papilio S. Eumenus, *alis integerrimis, dimidiato-fuscis : anticis utrinquè ocello tripupillato.* FAB. *Spec. Inf. tom.* 2. *p.* 68. *n°.* 307. — *Mant. Inf. tom.* 2. *p.* 34. *n°.* 357. — *Ent. Syst. em. tom.* 3. *pars* 1. *p.* 224. *n°.* 702. (Le mâle.)

Papilio Eumene. CRAM. *pl.* 92. *fig.* F. G.

Papilio Eumene. HERBST, *Pap. tab.* 231. *fig.* 4. 5.

Elle a environ un pouce & demi d'envergure. Le dessus des premières ailes est brun vers la côte, bleu au bord interne, avec un œil noir tripupillé de blanc sur le milieu, & quatre lignes noirâtres transversales à l'extrémité.

Le dessus des secondes ailes est brun à la base, avec un œil noir sans prunelle; ensuite bleu jusqu'au bout, avec des lignes noirâtres faisant suite à celles des premières ailes.

Le dessous des quatre ailes ressemble au dessus, excepté qu'il est un peu plus pâle, & que le bleu des ailes supérieures s'étend jusqu'au sommet.

La femelle nous est inconnue.

Des Indes occidentales.

84. ERYCINE Réné.

ERYCINA Renatus.

Eryc. alis integris, fusco-nigris, fasciâ communi albâ : anticis utrinquè ocello disci tripupillato, posticis subtùs baseos cœco.

Papilio S. Renatus, *alis integerrimis, concoloribus, nigris, fasciâ communi albâ : anticis ocello tripupillato.* FAB. *Mant. Inf. tom.* 2. *p.* 31. *n°.* 330. — *Ent. Syst. em. tom.* 3. *pars* 1. *p.* 216. *n°.* 675.

Papilio Rosina. CRAM. *pl.* 326. *fig.* B.

Papilio Rosina. HERBST, *Pap. tab.* 232. *fig.* 6.

Nous n'avons vu que le mâle. Il a au moins un pouce & demi d'envergure. Ses quatre ailes sont obscures à la base, noires à l'extrémité, & traversées un peu au-delà du milieu par une bande blanche commune. Entre cette bande & leur origine, les premières ailes ont un œil noir à triple prunelle blanche.

Le dessous ne diffère du dessus que parce que les secondes ailes ont près de la base un petit œil noir sans prunelle.

De Surinam.

85. ERYCINE Osinia.

ERYCINA Osinia.

Eryc. alis integris, concoloribus, fuscis, undis baseos pallidis, tunc fasciâ communi albâ : anticis ocello disci tripupillato.

Papilio Osinia. CRAM. *pl.* 115. *fig.* F.

Papilio Ossinia. HERBST, *Pap.* 232. *fig.* 1.

Papilio Thymetus. CRAM. *pl.* 184. *fig.* G. (Var.?)

Papilio Thymetus. HERBST, *Pap. tab.* 232. *fig.* 5. (Var.?)

Nous ne connoissons point la femelle de ce lépidoptère.

Le mâle a environ un pouce & demi d'envergure. Ses ailes sont d'un brun-obscur de part & d'autre, avec des ondes pâles à la base, & une bande blanche commune sur le milieu. Outre cela, le disque des ailes supérieures offre un œil noir à triple prunelle blanche & à iris jaunâtre.

De Surinam.

Nota. Le papillon *Thymetus* de Cramer n'en seroit-il pas une variété? Il ne s'en distingue que parce qu'il a la bande blanche plus large. On le trouve aussi à Surinam.

86. ERYCINE Hyphéus.

ERYCINA Hypheus.

Eryc. alis integris, concoloribus, albis, fasciis tribus margineque fuscis : anticis ocello disci tripupillato.

Papilio S. Hypheus, *alis integerrimis, concoloribus, albis, fusco fasciatis : anticis ocello atro, posticis cæcis.* FAB. *Spec. Inf. tom.* 2. *p.* 67. *n°.* 305. — *Mant. Inf. tom.* 2. *p.* 34. *n°.* 355. — *Ent. Syst. em. tom.* 3. *pars* 1. *p.* 223. *n°.* 698.

Papilio Hyphea. CRAM. *pl.* 92. *fig.* C.

Papilio Hyphea. HERBST, *Pap. tab.* 231. *fig.* 1.

Elle n'a guère qu'un pouce d'envergure. Toutes ses ailes sont blanches de part & d'autre, & elles ont entre le milieu & l'extrémité quatre bandes brunes, dont la dernière tout-à-fait terminale. Le centre des ailes supérieures offre en outre un œil noir à triple prunelle bleuâtre & à iris jaunâtre.

La femelle nous est inconnue.

Des Indes occidentales.

87. ERYCINE Tullius.

ERYCINA Tullius.

Eryc. alis integerrimis, obscurè-cineris : an-

ticis apice fuſcis, utrinquè ocello tripupillato. Fab.

Papilio D. F. *Tullius.* Fab. *Mant. Inſ. tom.* 2. *p.* 34. *n°.* 359.

Papilio S. *Tullius.* Fab. *Ent. Syſt. em. tom.* 3. *pars* 1. *p.* 224. *n°.* 704.

Elle eſt petite. Les premières ailes, dont le deſſous reſſemble au deſſus, ſont d'un cendré-obſcur, avec l'extrémité encore plus obſcure & ondée de jaunâtre. Leur milieu offre un grand œil noir à triple prunelle bleuâtre.

Les ſecondes ailes ſont obſcures, avec des litures d'un fauve-jaunâtre vers la baſe, & des lignes brunes tranſverſales vers le bord poſtérieur.

De Cayenne.

(*Traduction de Fabricius.*)

88. Erycine Odicé.

Erycina Odice.

Eryc. alis integris, cineraſcentibus, ſtrigis undatis apiceque fuſcis: anticis utrinquè ocello diſci tripupillato.

Elle a environ un pouce & demi d'envergure. Ses quatre ailes ſont cendrées en deſſus, avec une multitude de lignes brunes, tranſverſes & ondulées. Les premières ailes, dont le ſommet eſt largement obſcur, ont ſur le milieu un grand œil noir à triple prunelle blanche.

Le deſſous reſſemble au deſſus, mais le fond eſt plus clair, & il y a un gros point noir vers le milieu du bord poſtérieur de chaque aile.

Du Bréſil.

Nota. La femelle a le milieu du bord poſtérieur des ſecondes ailes un peu anguleux. Le mâle nous eſt inconnu.

89. Erycine Rhodia.

Erycina Rhodia.

Eryc. alis integris, ſuprà nigricantibus apice dilutiore, ſubtùs cineraſcentibus ſtrigis tribus fuſcis: anticis ocello diſci tripupillato.

Son envergure eſt d'environ un pouce & demi. Le deſſus des ailes eſt noirâtre, avec preſque la moitié poſtérieure des premières & le bord terminal des ſecondes plus clairs.

Le deſſous eſt d'un brun-cendré, avec trois lignes obſcures, dont les deux antérieures ondulées, la poſtérieure courbe & plus large. Outre cela, le bord poſtérieur des quatre ailes eſt longé par une ſérie de points noirâtres, & le milieu des premières offre un œil noir à triple prunelle blanche. Cet œil ſe voit auſſi en deſſus, mais il y eſt moins diſtinct, attendu l'intenſité du fond.

Du Bréſil.

Nota. Le milieu du bord poſtérieur des ſecondes ailes eſt un peu anguleux.

90. Erycine Tiſis (1).

Erycina Tiſis.

Eryc. alis integris, ſuprà chalybdineis: ſubtùs fuſcis, ſtrigis tribus umbrinis; anticis ocello diſci tripupillato.

Papilio Titea. Stoll, *Suppl. à* Cram. *pl.* 5. *fig.* 6 & 6 G.

Nous n'avons vu que le mâle. Il a environ un pouce & demi d'envergure. Le deſſus de ſes ailes eſt entièrement d'un bleu d'acier-foncé.

Leur deſſous eſt d'un brun-obſcur, avec trois lignes communes, couleur de terre d'ombre. Ces lignes ſont précédées aux premières ailes d'un œil central, noir & tripupillé de blanc.

De Surinam.

91. Erycine Ulric.

Erycina Ulricus.

Eryc. alis integris, ſuprà cœruleis, nitidis: ſubtùs umbrinis, diſco anticarum ocello tripupillato.

Papilio P. R. Ulricus, *alis integris, cœruleo nitidis: ſubtùs baſi brunneis; anticis ocello tripupillato.* Fab. *Mant. Inſ. tom.* 2. *p.* 82. *n°.* 735. (Le mâle.)

Heſperia R. *Ulricus.* Fab. *Ent. Syſt. em. tom.* 3. *pars* 1. *p.* 314. *n°.* 187. (Le mâle.)

Papilio Ulrica. Cram. *pl.* 100. *fig.* E. F. (Le mâle.)

Papilio Ulricella. Herbst, *Pap. tab.* 231. *fig.* 6. 7.

Nous ne connoiſſons que le mâle, dont l'envergure eſt approchant d'un pouce & demi. Le deſſus de ſes ailes eſt d'un bleu-chatoyant, ſans taches.

Le deſſous eſt couleur de terre d'ombre, avec l'extrémité plus pâle & traverſée par une bande du même ton que le reſte de la ſurface. Il y a en outre, au centre des ailes ſupérieures, un œil noir à triple prunelle blanche.

De Surinam.

92. Erycine Lyſidice.

Erycina Lyſidice.

Eryc. alis integris, cœruleis, ſuprà limbo, ſubtùs faſciis quinque atris: poſticarum faſciâ tertiâ punctis tribus argenteis.

Papilio N. Lyſidice, *alis integerrimis, cœruleis,*

(1) Nous n'avons point adopté le nom de Stoll, parce qu'il y a une piéride appelée *Titea*.

suprà limbo, subtùs fasciis atris. Fab. *Ent. Syst. em. tom.* 3. *pars* 1. *p.* 156 *n°.* 480. (Le mâle.)

Papilio Lysidice. Cram. *pl.* 169. *fig.* C. D.

Papilio Lysidice. Herbst, *Pap. tab.* 324. *fig.* 4. 5.

Nous ne connoissons que le mâle de cette espèce. Il a près de deux pouces d'envergure. Le dessus de ses ailes est d'un bleu-azuré, avec les nervures des supérieures & le bord terminal des quatre noirs.

Le dessous est à peu près du même bleu que le dessus, avec cinq bandes communes & le bord postérieur noirs. La troisième bande, à compter de la base, offre quatre points d'un blanc-argenté, savoir : un aux premières ailes, & trois aux secondes.

De Surinam.

93. Erycine Archimède.

Erycina Archimedes.

Eryc. alis integerrimis, nigris, disco cœruleo : subtùs fuscis, immaculatis. Fab.

Hesperia R. Archimedes. Fab. *Ent. Syst. em. tom.* 3. *pars* 1. *p.* 320. *n°.* 210.

Papilio Archimedes. Jon. *Fig. pict.* 6. *tab.* 36. *fig.* 4.

Elle a le port du *Ptolomée.* Le dessus de ses quatre ailes est noir, avec le milieu bleu. Leur dessous est d'un brun-obscur & sans taches.

Des Indes.

(*Traduction de Fabricius.*)

94. Erycine Virgile.

Erycina Virgilius.

Eryc. alis integerrimis, nigris, margine tenuiori cœruleo : subtùs griseis, posticis lunulis tribus albidis puncto atro. Fab.

Hesperia R. Virgilius. Fab. *Ent. Syst. em. tom.* 3. *pars* 1. *p.* 323. *n°.* 226.

Papilio Virgilius. Jon. *Fig. pict.* 6. *tab.* 37. *fig.* 3.

Elle est de moyenne taille. Le dessus de ses quatre ailes est d'un noir-brun, avec le bord interne bleu, & marqué d'une tache noire aux premières, de plusieurs points de cette couleur aux secondes.

Le dessous des ailes supérieures est gris, sans taches. Le dessous des ailes inférieures est également gris, avec trois points noirs, embrassés par une lunule blanche & situés vers le bord postérieur.

Des Indes occidentales.

(*Traduction de Fabricius.*)

95. Erycine Hiria.

Erycina Hiria.

Eryc. alis integris, suprà cœruleo-nigris, subtùs cinerascentibus fuscoque punctatis : omnibus utrinquè maculis tribus hyalino-albis.

Elle n'a guère qu'un pouce d'envergure. Ses ailes ont le dessus d'un noir-bleu-luisant, le dessous cendré & ponctué de noir, avec la frange entrecoupée de blanc. Il y a en outre vers le milieu de chaque aile trois taches blanches, inégales & transparentes. Les taches des ailes supérieures sont éparses, celles des ailes inférieures sont contiguës. Les antennes sont noires, & annelées de blanc depuis la base jusqu'à la massue.

Nous n'avons pas vû la femelle.

Du Brésil.

96. Erycine Misène.

Erycina Misenes.

Eryc. alis integris, suprà fuscis, anticarum puncto costali albo : subtùs cœrulescentibus, fusco maculatis.

Papilio Misenes. Cram. *pl.* 117. *fig.* D.

Papilio Misenes. Herbst, *Pap. tab.* 320. *fig.* 3.

Elle est petite. Le dessus des ailes est d'un brun-obscur, avec un point blanc près de la côte des supérieures. Le dessous est d'un bleu-pâle, avec des taches brunes.

De la Guyane.

97. Erycine Abaris.

Erycina Abaris.

Eryc. alis integris, subconcoloribus, fuscis nigro punctatis, limbo postico rufo : anticis maculis tribus flavis.

Papilio Abaris. Cram. *pl.* 93. *fig.* C.

Papilio Abaris. Herbst, *Pap. tab.* 320. *fig.* 5.

Elle n'a guère qu'un pouce d'envergure. Le dessus de ses ailes est brun & ponctué de noir, avec le limbe postérieur roux. Outre cela, les premières ailes ont trois petites taches jaunes, & les points postérieurs des secondes sont cerclés de jaunâtre.

Le dessous ressemble au dessus, mais il est plus clair.

De la Guyane.

98. Erycine Amésis.

Erycina Amesis.

Eryc. alis integris, subconcoloribus, fuscis : anticis apice fulvo radiatis, posticis subocellatis.

Papilio Amesis. Cram. *pl.* 104. *fig.* F.

Papilio Amesis. Herbst, *Pap. tab.* 327. *fig.* 6.

Elle

Elle a un peu plus d'un pouce d'envergure. Le dessus de ses ailes est d'un brun-noirâtre, avec des rayons fauves à l'extrémité des premières, & des anneaux de cette couleur à l'extrémité des secondes. Outre cela, la base des quatre ailes a quelques taches fauves transversales.

Le dessous diffère peu du dessus.

Nous n'avons vu que la femelle.

De la Guyane.

99. Erycine Epulus.

Erycina Epulus.

Eryc. alis integris, fuscis, maculis numerosis suprà fulvis, subtùs albis.

Papilio P. R. Epulus, *alis integerrimis, fuscis, fulvo maculatis : subtùs variegatis.* Fab. *Mant. Inf. tom.* 2. *p.* 71. *n°.* 680.

Hesperia R. *Epulus.* Fab. *Ent. Syst. em. tom.* 3. *pars* 1. *p.* 292. *n°.* 117.

Papilio Epulus. Cram. *pl.* 50. *fig.* C. D.

Papilio Epulus. Herbst, *Pap. tab.* 317. *fig.* 3. 4.

Elle a à peine un pouce d'envergure. Le dessus des ailes est d'un brun-noirâtre, avec beaucoup de taches fauves, dont les postérieures ocellées, & celles du disque ayant le milieu blanchâtre, surtout aux ailes supérieures.

Le dessous offre à peu près le même dessin que le dessus, mais presque toutes les taches sont blanches, & les ailes de devant ont la base roussâtre. La frange du bord postérieur est entrecoupée de blanchâtre.

De la Guyane & du Brésil.

Nota. La figure de Cramer est grossière & sensiblement trop grande.

100. Erycine Timandra.

Erycina Timandra.

Eryc. alis integris, suprà luteis, nigro maculatis, anticarum apice fusco albo punctato : subtùs omnibus fuscis, maculis nigris albo cinctis.

Elle n'a guère qu'un pouce d'envergure. Le dessus des ailes est d'un jaune-fauve, avec une multitude de taches noires. Indépendamment de cela, le sommet des ailes supérieures est brun, avec plusieurs points blancs épars.

Le dessous des quatre ailes est d'un brun-noirâtre, avec des points noirs cerclés de blanc. Le corps est jaune en dessus, d'un brun-grisâtre en dessous. Les antennes sont noires & annelées de blanc.

Nous n'avons vu que la femelle.

Du Brésil.

101. Erycine Zachéa (1).

Erycina Zachea.

Eryc. alis integerrimis, fulvis, nigro maculatis : posticis subtùs fusco alboque variis. Fab.

Hesperia R. *Zacheus.* Fab. *Ent. Syst. em. tom.* 5. *Suppl. p.* 431. *n°.* 231-2.

Elle est petite. Ses quatre ailes ont le dessus fauve, avec des taches noires.

Le dessous des ailes supérieures offre à la base une tache fauve, sur le milieu une bande flexueuse, & à l'extrémité des lunules, blanches. Le dessous des ailes inférieures est varié de blanc & de brun.

De Cayenne.

(*Traduction de Fabricius.*)

Nota. Ne seroit-ce pas le mâle de l'Erycine *Timandra?*

102. Erycine Polyménus.

Erycina Polymenus.

Eryc. alis integerrimis, ferrugineo-fuscis, nigro punctatis : subtùs flavescentibus, fusco undatis. Fab.

Papilio. F. *Polymenus.* Fab. *Ent. Syst. em. tom.* 3. *pars* 1. *p.* 54. *n°.* 166.

Papilio Polymenus. Jon. *Fig. pict.* 5. *tab.* 13. *fig.* 2.

Elle est petite. Le corps est obscur. Le dessus de toutes les ailes est d'un brun-ferrugineux, avec des points & des ondes noirs. Leur dessous est jaunâtre & ondé de fauve.

De Surinam.

(*Traduction de Fabricius.*)

103. Erycine Acanthus.

Erycina Acanthus.

Eryc. alis integris, suprà fuscis, immaculatis : subtùs ferrugineis, fasciis cœruleis limboque omni luteo.

Papilio P. R. Acanthus, *alis integerrimis, fuscis, immaculatis : subtùs brunneis, cœruleo fasciatis, limbo flavo.* Fab. *Mant. Inf. tom.* 2. *p.* 77. *n°.* 702.

Hesperia R. *Acanthus.* Fab. *Ent. Syst. em. tom.* 3. *pars* 1. *p.* 302. *n°.* 143.

Papilio Acanthus. Cram. *pl.* 380. *fig.* K. L.

Papilio Acanthus. Herbst, *Pap. tab.* 318. *fig.* 1. 2.

Elle est petite. Le dessus de ses ailes est d'un brun-noirâtre, sans taches. Leur dessous est ferrugineux, avec quatre bandes bleues, communes, dont les deux intermédiaires plus courtes, l'anté-

(1) Nous avons changé la terminaison du nom imposé par Fabricius, parce qu'il y a un Satyre qui s'appelle *Zacheus.*

rieure bifide & se réunissant à la postérieure en face du sommet. Outre cela, le pourtour extérieur des quatre ailes est d'un jaune-fauve. Les antennes sont brunes & annelées de blanc depuis leur base jusqu'à la massue. Le corps est de part & d'autre du même ton que les ailes.

De Surinam.

104. ERYCINE Gyas.

ERYCINA Gyas.

Eryc. alis integris, suprà fuscis, immaculatis: subtùs rufis, strigis aurato-viridibus, interruptis.

Papilio P. R. Gyas, *alis integerrimis, fuscis: subtùs fulvis, strigis punctatis aureis.* FAB. *Mant. Inf. tom.* 2. *p.* 83. *n°.* 758.

Hesperia R. *Gyas.* FAB. *Ent. Syst. em. tom.* 3. *pars* 1. *p.* 324. *n°.* 230.

Papilio Gyas. CRAM. *pl.* 28. *fig.* F. G.

Papilio Gyas. HERBST, *Pap. tab.* 321. *fig.* 8. 9.

Elle est très-petite, d'un brun-noirâtre & sans taches en dessus; d'un fauve-foncé en dessous, avec plusieurs lignes transverses d'un vert-doré.

De Surinam.

105. ERYCINE Ampyx.

ERYCINA Ampyx.

Eryc. alis subintegris, suprà fuscis, anticarum maculis duabus flavis: subtùs omnibus flavis, maculis ferrugineis auro pupillatis.

Papilio Ampyx. DRURY, *Inf. tom.* 3. *pl.* 9. *fig.* 2. 3.

Elle a un pouce & demi d'envergure. Le dessus de ses ailes est d'un brun-obscur, avec deux taches ovales sur le milieu des supérieures, & le bord antérieur des inférieurs, d'un jaune-paille.

Le dessous des quatre ailes est d'un jaune-paille, avec des taches ferrugineuses, dont le milieu est brillant & comme doré. L'empreinte de ces taches est un peu sensible en dessus.

Du Brésil.

106. ERYCINE Pyramis.

ERYCINA Pyramis.

Eryc. alis integerrimis, fuscis, cœruleo micantibus, maculâ fulvâ: posticis subtùs griseis. FAB.

Papilio P. R. *Pyramis.* FAB. *Mant. Inf. tom.* 2. *p.* 83. *n°.* 755.

Hesperia R. *Pyramis.* FAB. *Ent. Syst. em. tom.* 3. *pars* 1. *p.* 323. *n°.* 223.

Ses quatre ailes ont le dessus brun & glacé de violet, avec une grande tache fauve sur le milieu de chacune.

Le dessous des ailes supérieures ressemble au dessus. Le dessous des inférieures est gris, ou varié de brun & de cendré.

De Cayenne.

(*Traduction de Fabricius.*)

107. ERYCINE Lucanus.

ERYCINA Lucanus.

Eryc. alis integerrimis, nigris, disco flavo: posticis subtùs rubris, maculis quadratis fuscis. FAB.

Hesperia R. *Lucanus.* FAB. *Ent. Syst. em. tom.* 3. *pars* 1. *p.* 322. *n°.* 221.

Papilio Lucanus. JON. *Fig. pict.* 6. *tab.* 36. *fig.* 3.

Elle est petite. Le dessus des premières ailes est jaune, avec une tache sur le milieu des supérieures, & le disque des quatre, noirs.

Le dessous des premières ailes est jaunâtre, avec des taches carrées sur le milieu, & le bord postérieur, bruns. Le dessous des secondes ailes est rouge, avec des taches brunes, carrées, éparses.

Des Indes.

(*Traduction de Fabricius.*)

108. ERYCINE ? Alphonse.

ERYCINA Alphonsus.

Eryc. alis integerrimis, atris: anticis maculis duabus, posticis unicâ baseos flavis. FAB.

Hesperia R. *Alphonsus.* FAB. *Ent. Syst. em. tom.* 3. *pars* 1. *p.* 308. *n°.* 171.

Papilio Alphonsus. JON. *Fig. pict.* 6. *tab.* 55. *fig.* 3.

Toutes ses ailes sont d'un noir-foncé. Les premières ont en dessus une ligne basilaire & deux taches, en dessous une grande tache basilaire & une postérieure, jaunes. Les secondes ailes offrent à leur base une tache jaune, qui est dentée en dessus, plus grande en dessous.

De Surinam.

(*Traduction de Fabricius.*)

109. ERYCINE ? Procas.

ERYCINA Procas.

Eryc. alis integerrimis, concoloribus, atris, disco maculâque anticarum flavis. FAB.

Hesperia R. *Procas.* FAB. *Ent. Syst. em. tom.* 3. *pars* 1. *p.* 308. *n°.* 170.

Papilio Procas. JON. *Fig. pict.* 6. *tab.* 55. *fig.* 1.

Ses ailes, dont le dessous ressemble au dessus, sont noires, avec le disque jaune. Il y a en outre une tache dentée de cette couleur au sommet des premières.

De Surinam.

(*Traduction de Fabricius.*)

110. Erycine Numitor.

Erycina Numitor.

Eryc. alis integerrimis, fuscis : posticis suprà disco flavo, subtùs totis flavis, immaculatis. Fab.

Hesperia R. *Numitor.* Fab. *Ent. Syst. em. tom.* 3. *pars* 1. *p.* 324. *n°.* 228.

Papilio Numitor. Jon. *Fig. pict.* 6. *tab.* 40. *fig.* 2.

Elle est petite. Le dessus de ses ailes est d'un brun-obscur, sans aucune tache aux supérieures, avec un espace jaune au milieu des inférieures.

Le dessous des premières ailes est brun, avec le limbe jaune. Le dessous des secondes ailes est entièrement jaune & sans taches.

Des Indes occidentales.

(*Traduction de Fabricius.*)

111. Erycine Ædon.

Erycina Ædon.

Eryc. alis integerrimis, fuscis, fasciis plurimis macularibus fulvis. Fab.

Papilio P. R. *Ægon.* Fab. *Mant. Inf. tom.* 2. *p.* 83. *n°.* 759.

Hesperia R. *Ægon.* Fab. *Ent. Syst. em. tom.* 3. *pars* 1. *p.* 324. *n°.* 231.

Elle est très-petite, & elle a le dessus des quatre ailes d'un brun-obscur, avec plusieurs bandes fauves, maculaires & inégales. Le dessous de ses ailes inférieures tire sur le cendré.

De la Jamaïque.

(*Traduction de Fabricius.*)

112. Erycine Télèphe.

Erycina Telephus.

Eryc. alis integris, suprà nigris, areâ miniaceâ : subtùs cœrulescenti-albis, nigro punctatis.

Papilio P. R. Telephus, *alis integerrimis, nigris : anticis albo punctatis; posticis suprà basi rufis, subtùs cœruleis nigro variis.* Fab. *Mant. Inf. tom.* 2. *p.* 78. *n°.* 710.

Hesperia R. *Telephus.* Fab. *Ent. Syst. em. tom.* 3. *pars* 1. *p.* 304. *n°.* 153.

Papilio Telephus. Cram. *pl.* 66. *fig.* E. F.

Papilio Telephus. Herbst, *Pap. tab.* 318. *fig.* 7. 8.

Elle a un peu plus d'un pouce d'envergure. Le dessus de ses ailes supérieures est noir, avec un espace longitudinal d'un rouge-fauve au milieu du bord interne, & quelques petits points blancs au sommet.

Le dessus des ailes inférieures est d'un rouge-fauve, avec deux ou trois points & tout le pourtour noirs.

Le dessous des quatre ailes est d'un blanc-bleuâtre, avec une multitude de points & les bords obscurs. Le corps est fauve en dessus, blanc en dessous.

Nous n'avons pas vu la femelle.

De l'Amérique méridionale.

113. Erycine Lucien.

Erycina Lucianus.

Eryc. alis integris, nigro punctatis, suprà rufis, subtùs cinerascenti-albis.

Hesperia R. Lucianus, *alis integerrimis, nigro punctatis, suprà fulvis, subtùs cinereis.* Fab. *Ent. Syst. em. tom.* 3. *pars* 1. *p.* 313. *n°.* 185.

Papilio Crispus. Cram. *pl.* 118. *fig.* D. E. (La femelle.) *fig.* F. (Le mâle.)

Papilio Crispus. Herbst, *Pap. tab.* 322. *fig.* 1. 2. 3.

L'Hespérie *Lucianus* de Fabricius nous paroît bien se rapporter au mâle du papillon *Crispus* de Cramer.

Elle a approchant un pouce d'envergure. Le dessus des ailes est d'un roux-chatoyant, avec une multitude de petites taches noires, dont les postérieures en forme de points, les autres lunulées. Ces taches se retrouvent en dessous, où le fond des ailes supérieures est cendré, & le fond des inférieures d'un blanc-bleuâtre. Le corps est fauve en dessus, blanchâtre en dessous. Les antennes sont annelées de blanc & de noir, & elles ont la massue brune.

La femelle a le sommet des ailes supérieures plus obscur & marqué de quelques points blancs en dessus.

De la Guyane & des Antilles.

114. Erycine Pharéus.

Erycina Phareus.

Eryc. alis integris, chermesinis, limbo omni nigro : anticarum anteriori suprà dentes exserente, subtùs latissimo.

Papilio P. R. Phareus, *alis integerrimis, subconcoloribus, rubris, limbo nigro.* Fab. *Mant. Inf. tom.* 2. *p.* 79. *n°.* 722. (Le mâle.)

Hesperia R. *Phareus.* Fab. *Ent. Syst. em. tom.* 3. *pars* 1. *p.* 308. *n°.* 161.

Papilio Phareus. Cram. *pl.* 170. *fig.* C. (Le mâle.)

Papilio Bomilcar. Stoll, *Pap. Suppl. à* Cram. *pl.* 39. *fig.* 3. (La femelle.)

Elle n'a guere plus d'un pouce d'envergure. Ses ailes font d'un rouge-carmin-luifant, avec le limbe terminal des quatre, & la côte des fupérieures, noirs. Le noir de la côte des ailes fupérieures jette en deffus trois dents inégales, & il s'étend en deffous jufqu'au-delà du milieu de la furface. Les ailes inférieures ont fouvent à leur centre une petite lunule noire. Le corps eft rouge en deffus, jaunâtre en deffous. Les antennes font brunes & annelées de blanc.

La femelle ne diffère du mâle que parce que le noir domine davantage fur le deffus de fes premières ailes. Stoll l'a repréfentée fous le nom de *Bomilcar*. Quant au mâle, il eft bien *tétrapode*, & non *hexapode*, comme le dit Cramer.

De la Guyane & du Bréfil.

115. Erycine Tacite.

Erycina Tacitus.

Eryc. alis integris, concoloribus, chermefinis, limbo omni nigro : anticarum anteriori lato flavoque maculato.

Hefperia R. Tacitus, *alis integerrimis, fulvis : anticis margine exteriori atro, flavo maculato.* Fab. *Ent. Syft. tom.* 3. *pars* 1. *p.* 308. *n°.* 168.

Papilio Tacitus. Jon. *Fig. pict.* 6. *tab.* 46. *fig.* 3.

Papilio Menetes. Drury, *Inf. tom.* 3. *pl.* 8. *fig.* 3.

Papilio Menetes. Stoll, *Pap. Suppl. à* Cram. *pl.* 3. *fig.* 4.

Nous rapportons ici le papillon *Menetes* de Drury & de Stoll, parce qu'il nous paroît offrir abfolument les mêmes caractères que le *Tacitus* de Fabricius.

Son envergure n'eft guère que d'un pouce. Ses ailes fupérieures ont la moitié qui avoifine le bord interne d'un rouge-carmin, l'autre moitié noire & tachetée de jaune. Ses ailes inférieures font d'un rouge-carmin, avec le limbe terminal noir.

Le deffous eft à très-peu de chofe près comme le deffus.

De la Guyane & du Bréfil.

116. Erycine Epalia.

Erycina Epalia.

Eryc. alis integris, concoloribus, miniaceis, limbo omni nigro.

Papilio Epaphus. Cram. *pl.* 335. *fig.* D. E.

Papilio Epaphus. Herbst, *Pap. tab.* 319. *fig.* 6. 7.

Elle n'a qu'un pouce d'envergure. Ses ailes font d'un fauve-ponceau de part & d'autre, avec la côte des fupérieures, & le limbe terminal des quatre, légèrement noirs.

Cramer a figuré une variété femelle, dans laquelle le deffous des premières ailes a plus de noir au fommet, avec deux taches rougeâtres.

De la Guyane & du Bréfil.

117. Erycine Cingulus.

Erycina Cingulus.

Eryc. alis integerrimis, concoloribus, nigris, fafciâ rubrâ, communi, mediâ.

Papilio Cingulus. Stoll, *Pap. Suppl. à* Cram. *pl.* 13. *fig.* 4.

Elle n'a guère qu'un pouce d'envergure. Ses ailes font d'un noir-brun de part & d'autre, avec une bande rouge, difcoïdale, courbe, plus large aux fupérieures qu'aux inférieures.

De Surinam.

118. Erycine Talus.

Erycina Talus.

Eryc. alis integerrimis, cinereis, utrinquè nigro fafciatis : fuprà fafciâ fanguineâ, communi, abbreviatâ.

Papilio P. R. Talus, *alis integerrimis, fufco cœruleoque fafciatis : fubtùs* (fuprà) *fafciâ fanguineâ abbreviatâ.* Fab. *Mant. Inf. tom.* 2. *p.* 83. *n°.* 745.

Hefperia R. *Talus.* Fab. *Ent. Syft. em. tom.* 3. *pars.* 1. *p.* 318. *n°.* 202.

Papilio Pygmæa. Cram. *pl.* 7. *fig.* C. D.

Papilio Talus. Herbst, *tab.* 320. *fig.* 10. 11.

Elle n'a guère qu'un pouce d'envergure. Ses ailes font cendrées & fafciées de noir de part & d'autre. Leur deffus offre en outre une bande vermillon, commune, difcoïdale, n'atteignant ni la côte des fupérieures, ni l'angle anal des inférieures.

De Surinam.

Nota. Fabricius fe trompe en difant que la bande rouge eft en deffous.

119. Erycine Nicon.

Erycina Nicon.

Eryc. alis integerrimis, concoloribus, nigris, fafciis duabus abbreviatis punctifque marginalibus flavis.

Papilio Nicias. Stoll, *Pap. Suppl. à* Cram. *pl.* 13. *fig.* 3.

Elle a approchant un pouce d'envergure. Ses ailes font noires de part & d'autre, avec deux bandes tranfverfes, & une rangée de petits points marginaux, jaunes. Les deux bandes sont courtes, & l'antérieure est plus large que la postérieure.

De Surinam.

120. Erycine Régulus.

Erycina Regulus.

Eryc. alis integerrimis, concoloribus, nigris, fasciis duabus albis aut flavescentibus: posticâ anticarum interruptâ.

Hesperia R. Regulus, *alis integerrimis, nigris, fasciis duabus flavis: posticâ anticarum interruptâ.* Fab. *Ent. Syst. em. tom.* 3. *pars* 1. *pag.* 318. *n°.* 205.

Papilio Regulus. Jon. *Fig. pict.* 6. *tab.* 86. *fig.* 4.

Elle a environ un pouce & demi d'envergure. Toutes ses ailes sont noires, avec deux bandes communes, & la frange, blanches ou d'un jaune-pâle. La bande postérieure est moins large que l'autre, & outre cela fortement interrompue aux premières ailes.

Le dessous ne diffère du dessus que parce que les premières ailes ont l'origine de la côte blanche. Le corps est noir en dessus, blanchâtre en dessous. Les antennes sont noires & annelées de blanc.

Du Brésil.

121. Erycine Thucydide.

Erycina Thucydides.

Eryc. alis integerrimis, nigris, maculâ disci fulvâ: subtùs cinereis, rufo undatis. Fab.

Hesperia R. *Thucydides.* Fab. *Ent. Syst. em. tom.* 3. *pars* 1. *p.* 323. *n°.* 225.

Papilio Thucydides. Jon. *Fig. pict.* 6. *tab.* 6. *fig.* 4.

Elle est de moyenne taille. Le dessus de ses quatre ailes est noir, avec une grande tache jaune sur le milieu. Leur dessous est cendré, avec des ondes rousses.

Des Indes occidentales.

(*Traduction de Fabricius.*)

122. Erycine Arius.

Erycina Arius.

Eryc. alis integris, concoloribus, fuscis, nigro maculatis: anticis strigâ albâ, mediâ, abbreviatâ.

Papilio Arius. Cram. *pl.* 31. *fig.* E.

Papilio Arius. Herbst, *Pap. tab.* 322. *fig.* 4.

Elle est petite. Ses ailes sont d'un brun-cendré de part & d'autre, avec une multitude de taches noires, & la frange entrecoupée de blanc. Outre cela, les premières ailes ont sur le milieu une ligne blanche, transversale & n'atteignant pas les bords.

De Surinam.

123. Erycine Sagaris.

Erycina Sagaris.

Eryc. alis integris, nigris, suprà fasciâ fulvâ abbreviatâ: anticis subtùs margine tenuiori albido.

Papilio P. R. Sagaris, *alis integerrimis, atris, maculâ communi transversali fulvâ.* Fab. *Mant. Ins. tom.* 2. *p.* 83. *n°.* 750.

Hesperia R. *Sagaris.* Fab. *Ent. Syst. em. tom.* 3. *pars* 1. *p.* 321. *n°.* 215.

Papilio Sagaris. Cram. *pl.* 83. *fig.* D.

Papilio Sagaris. Herbst, *Pap. tab.* 321. *fig.* 2.

Séba, *Mus.* 4. *tab.* 42. *fig.* 23. 24.

Nous ne connoissons que le mâle. Il n'a guère plus d'un pouce d'envergure. Le dessus de ses ailes est d'un noir-foncé, avec une bande orangée, ne montant pas au-delà du disque des supérieures, mais traversant le milieu de l'abdomen.

Le dessous est moins noir que le dessus, sans taches, mais avec le bord interne des ailes supérieures blanchâtre.

De la Guyane & du Brésil.

E. Ailes un peu oblongues, ou alongées dans le sens du diamètre du corps.

124. Erycine ? Hélius.

Erycina Helius.

Eryc. alis integerrimis, fuscis: posticis margine anteriori fulvo.

Papilio P. U. Helius, *alis subdivaricatis, fuscis: posticis margine interiori (anteriori) fulvis.* Fab. *Mant. Ins. tom.* 2. *p.* 85. *n°.* 771.

Hesperia U. *Helius.* Fab. *Ent. Syst. em tom.* 3. *pars* 1. *p.* 329. *n°.* 248.

Papilio Helias. Cram. *pl.* 198 *fig.* B.

Fabricius met ce lépidoptère dans la division de ses *Hespéries urbicoles*; mais comme Cramer dit que c'est un *Tétrapode*, & comme il y a d'ailleurs des érycines qui ont le même port, nous la plaçons conditionnellement parmi ces dernières.

Son envergure est d'environ un pouce & demi. Ses ailes sont d'un brun-noirâtre de part & d'autre, avec le bord antérieur des secondes largement fauve.

La femelle n'est point figurée, du moins à notre connoissance.

Des Indes occidentales.

125. ERYCINE Probétor.

ERYCINA Probetor.

Eryc. alis integris, suprà fuscis : anticis apice cinereo venosis; posticis margine anteriori sanguineis.

Papilio Probetor. CRAM. *pl.* 390. *fig.* I.

Son envergure n'est guère que d'un pouce. Ses ailes ont le dessus d'un brun-noirâtre, avec l'extrémité des supérieures veinée de cendré, & le bord antérieur des secondes d'un rouge-sanguin.
Le dessous est entièrement d'un brun-rougeâtre.
De Surinam.

126. ERYCINE Agyrtus.

ERYCINA Agyrtus.

Eryc. alis integerrimis, fusco-nigris : anticis utrinquè fasciâ abbreviatâ rufâ : omnibus subtùs fasciâ communi flavâ.

Papilio Agyrtus. CRAM. *pl.* 183. *fig.* B. C.

Papilio Agyrtus. HERBST, *Pap. tab.* 321. *fig.* 6. 7.

Elle a près d'un pouce & demi d'envergure. Ses ailes sont d'un noir-brun, avec une bande fauve, courte & transversale, sur le milieu des supérieures. Cette bande se reproduit en dessous, & l'on y voit en outre une bande jaune, presque basilaire, & commune aux quatre ailes.
De Surinam.

127. ERYCINE Perditus.

ERYCINA Perditus.

Eryc. alis integerrimis, atris, cœruleo micantibus : singulis utrinquè fasciâ calthaceâ, transversali, mediâ.

Hesperia R. Perditus, *alis integerrimis, atris, concoloribus, fasciâ fulvâ.* FAB. *Ent. Syst. em. tom.* 3. *pars* 1. *p.* 323. *n°.* 222.

Papilio Jarbas. DRURY, *Inf. tom.* 3. *pl.* 8. *fig.* 2.

Elle a un peu plus d'un pouce & demi d'envergure. Ses ailes sont d'un noir-foncé, avec un reflet bleu, & une bande souci. La bande des supérieures se dirige obliquement du milieu de la côte vers l'angle interne. La bande des inférieures va du sommet au milieu du bord abdominal.
Le dessous ressemble au dessus, mais le reflet bleu y est plus sensible.
Nous n'avons pas vu la femelle.
De la Guyane & du Brésil.

128. ERYCINE Phéréclus.

ERYCINA Phereclus.

Eryc. alis integerrimis, cœruleo-atris : anticis utrinquè fasciâ fulvâ, margines attengente : posticis subtùs limbo immaculato.

Papilio P. R. Phereclus, *alis integerrimis, utrinquè atris : primoribus fasciâ lineari rubrâ.* LINN. *Syst. Nat.* 2. *p.* 792. *n°.* 248. — *Mus. Lud. Ulr.* 326.

Papilio P. R. Phereclus, *alis integerrimis, concoloribus, atris : anticis fasciâ lineari rubrâ.* FAB. *Syst. Ent. p.* 529. *n°.* 364. — *Mant. Inf. tom.* 2. *p.* 83. *n°.* 752.

Hesperia R. *Phereclus.* FAB. *Ent. Syst. em. tom.* 3. *pars* 1. *p.* 321. *n°.* 217.

CLERCK, *Icon. tab.* 45. *fig.* 4.

Papilio Phereclus. CRAM. *pl.* 178. *fig.* D.

Papilio Phereclus. HERBST, *Pap. tab.* 321. *fig.* 5.

Elle a environ un pouce & demi d'envergure. Le dessus des deux sexes est d'un noir-bleu-chatoyant, avec une bande fauve aux ailes supérieures. Cette bande descend obliquement du milieu de la côte à l'angle anal, où elle se termine par un petit crochet qui regarde le corps.
Le dessous ressemble au dessus; mais, dans le mâle, les quatre ailes ont des veines cendrées, & les ailes supérieures ont l'origine de la côte fauve & le bord du sommet blanc. Il est même des individus mâles qui offrent un point fauve à l'angle anal des secondes ailes.
Nous avons vu une femelle qui avoit à peine un pouce d'envergure.
De la Guyane & du Brésil.

129. ERYCINE Phéréphatte.

ERYCINA Pherephatte.

Eryc. alis integerrimis, cœruleo-atris : anticis utrinquè fasciâ fulvâ, abbreviatâ : posticis subtùs (fem.) serie marginali punctorum alborum.

Ce n'est peut-être qu'une variété du *Phéréclus.* Cependant elle a toujours la bande fauve des premières ailes plus courte; & dans la femelle, le dessous des secondes ailes offre une rangée terminale de taches blanches.
Du Brésil.

130. ERYCINE Electron.

ERYCINA Electron.

Eryc. alis integris, concoloribus, atris, puncto baseos sanguineo : anticis fasciâ abbreviatâ fulvâ aut albâ.

Hesperia R. Electron, *alis integerrimis, concoloribus, atris : fasciâ flavâ punctoque apicis (baseos) sanguineo.*

Papilio Melander. Cram. *pl.* 336. *fig.* A. B.

Papilio Melander. Herbst, *Pap. tab.* 323. *fig.* 3. 4.

Elle a un peu plus d'un pouce d'envergure. Les deux sexes sont d'un noir-foncé, avec un point d'un rouge-vermillon à la base de chaque aile. Les ailes supérieures ont une bande, tantôt fauve, tantôt blanche, se dirigeant obliquement du milieu de la côte à l'angle interne, mais n'atteignant pas les bords.

Le dessous ressemble au dessus, seulement les nervures sont d'un ton presque cendré.

Il est des individus, mâles ou femelles, qui ont le bord terminal des secondes ailes coloré comme la bande des ailes supérieures.

De la Guyane & du Brésil.

Nota. Dans la phrase spécifique de Fabricius, on lit : *punctoque apicis*, au lieu de *puncto baseos* qu'indique la description.

131. Erycine Méneria (1).

Erycina Meneria.

(1) Nous avons adopté le nom de Cramer, parce que le nom primitif de Fabricius & celui qu'il donne ensuite par correction sont appliqués l'un à une espèce de *Polyommate*, l'autre à un *Papillon* proprement dit.

Eryc. alis integris, nigris, fasciâ communi lineolâque anticarum baseos sanguineis : omnium disco suprà albo punctato.

Hesperia R. Mæcenas (Dimas), *alis oblongis, concoloribus, nigris, fasciâ communi lineolâque anticarum sanguineis.* Fab. *Ent. Syst. em. tom.* 3. *pars* 1. *p.* 306. *n°.* 160. (Var.)

Papilio Meneria. Cram. *pl.* 94. *fig.* D. E. (Le mâle.)

Papilio Micalia. Cram. *pl.* 94. *fig.* F. (Var. mâle.)

Papilio Meneria. Herbst, *Pap. tab.* 323. *fig.* 5. 6.

Papilio Micalia. Herbst, *Pap. tab.* 323. *fig.* 7.

Elle a approchant un pouce & demi d'envergure. Le dessus des ailes est noir, avec une bande postérieure & commune, plus une ligne longitudinale & interrompue à la base des supérieures, d'un rouge-vermillon. Il y a en outre sur le milieu de chaque aile des points blancs plus ou moins prononcés, & manquant même quelquefois comme dans la variété décrite par Fabricius.

Le dessous diffère du dessus, en ce qu'il jette un reflet violet & que l'on n'y voit pas de points blancs.

La femelle nous est inconnue.

De Surinam & de la Guadeloupe.

Toutes les pattes ambulatoires et de forme semblable dans les deux sexes.

GENRE MYRINE.

CARACTÈRES DU GENRE.

PALPES très-longs, leur second article dépassant notablement le chaperon. Antennes terminées insensiblement par une massue alongée.

Le genre MYRINA de Fabricius. (Pap. *Alcides*, Fab. Cram. — *Helius*, Fab. ou *Eurisus* Cram.

N. B. L'*Helius* n'est point pour nous une Myrine.

ESPÈCES.

A. Ailes supérieures entières. Ailes inférieures dentées, ayant deux queues linéaires et voisines, dont l'extérieure très-longue, l'inférieure beaucoup plus courte et placée à l'angle de l'anus.

1. MYRINE Jafra.

Dessus des ailes d'un brun-noirâtre : dessous blanc avec deux lignes ondulées, transverses et postérieures; cinq taches noires, saupoudrées de bleu-azuré-luisant, à l'angle anal des ailes inferieures.

B. Ailes supérieures entières. Ailes inférieures dentées, ayant une queue linéaire et assez longue, placée entre deux dents plus grandes que les autres.

2. MYRINE Lisias.

Dessus des ailes d'un brun-noirâtre, avec une tache fauve aux supérieures : dessous des inférieures blanc, avec plusieurs taches éparses.

3. MYRINE Evagoras.

Dessus des ailes d'une couleur argentée verdâtre, avec le pourtour extérieur noir : dessous d'un cendré-jaunâtre, avec des traits et une raie ondulée transverses d'un noir-brun : angle anal des ailes inférieures offrant de part et d'autre deux taches rouges.

C. Ailes entières. Les inférieures ayant à l'angle de l'anus une queue longue, oblique et linéaire.

4. MYRINE Alcide.

Dessus des ailes d'un brun-noirâtre, avec la base saupoudrée de bleu-violet-luisant : dessous d'une couleur tannée, avec une ligne jaunâtre, transverse et centrale.

5. MYRINE Atymnus.

Dessus des ailes d'un fauve-ponceau, avec l'extrémité noire : dessous d'un jaune d'ocre, avec une ligne brunâtre, transverse et commune.

A. Ailes supérieures entières. Ailes inférieures dentées, ayant deux queues linéaires & voisines, dont l'extérieure très-longue, l'intérieure beaucoup plus courte & placée à l'angle de l'anus.

1. MYRINE Jafra.

MYRINA Jafra.

Myr. alis suprà fuscis : subtùs albis strigâ duplici posticâ undatâ ; inferioribus maculis quinque analibus nigris nitidèque cyaneo pulverulentis.

Elle a entre un pouce & demi & deux pouces d'envergure. Le dessus des ailes est d'un brun-noirâtre, sans taches aux supérieures, avec quatre lunules blanches, dont trois consécutives à l'angle anal des inférieures. Ces dernières ailes ont en outre les queues & environ la moitié du bord postérieur frangées de blanc.

Le dessous des premières ailes est blanc, avec la côte, le limbe terminal, deux lignes transverses, postérieures & ondulées, roussâtres.

Le dessous des secondes ailes est entièrement blanc, avec deux lignes noires anguleuses, faisant suite aux lignes rousses des ailes de devant. Entre ces lignes & les queues, sont cinq taches noires saupoudrées de bleu-azuré-luisant, & dont la première longeant toute l'échancrure anale, l'avant-dernière sensiblement plus grosse que les trois autres.

La femelle nous est inconnue.

De l'île de Java.

Nota. Ce lépidoptère paroît avoir beaucoup de ressemblance avec l'Hespérie rurale *Freja* de Fabricius ; mais, si le texte de cet auteur est exact, la queue antérieure de son Hespérie est très-longue & la postérieure très-courte, tandis que c'est le contraire dans le *Jafra*. Fabricius parle d'ailleurs de lignes fauves marginales que nous n'avons point vues sur le dessous des ailes inférieures de notre Myrine.

B. Ailes supérieures entières. Ailes inférieures dentées, ayant une queue linéaire & assez longue, placée entre deux dents plus grandes que les autres.

2. MYRINE Lisias.

MYRINA Lisias.

Myr. alis suprà fuscis, anticarum maculâ fulvâ : posticis subtùs albis, maculis plurimis nigris sparsis.

Papilio P. R. Lisias, *alis tricaudatis : anticis fuscis maculâ fulvâ ; posticis subtùs albis nigro maculatis.* FAB. *Mant. Inf. tom.* 2. *p.* 65. *n°.* 615.

Hesperia R. *Lisias.* FAB. *Ent. Syst. em. tom.* 3. *pars* 1. *p.* 261. *n°.* 12.

Elle a environ un pouce & demi d'envergure. Le dessus de ses ailes est d'un brun-noirâtre, avec une grande tache fauve aux supérieures, & des taches marginales bleues aux inférieures. Les ailes inférieures ont un reflet bleu plus ou moins sensible, & leur queue est noire, avec les bords blancs.

Le dessous des premières ailes est d'un jaune-pâle, avec des lignes transverses fauves, & une ligne postérieure obscure. Le dessous des secondes ailes est blanc, avec plusieurs taches noires éparses.

De la presqu'île en deçà du Gange.

3. MYRINE Evagoras.

MYRINA Evagoras.

Myr. alis suprà virescenti-argenteis, margine exteriori nigro : subtùs flavescenti-cinereis, lineolis strigâque undulatâ atris : posticis utrinquè maculis duabus anguli ani rubris.

Papilio Evagoras, *alis bicaudatis, nigris, disco cyaneis nitidis : subtùs cinereis nigro fasciatis : posticis apice rubro bimaculatis.* DONOV. *Gen. Illust. of Entom. part.* 1. *an Epitome of the Inf. of New-Holl. pl.* 3. *fig.* 1. 2.

Elle est à peu près de la taille de la précédente. Le dessus de ses ailes est d'une couleur argentée luisante & verdâtre, avec tout le pourtour extérieur largement noir. Il y a en outre derrière la cellule discoïdale des premières ailes un point oblong, & derrière celle des secondes une ligne transverse flexueuse, noirs. Vers l'angle anal des secondes ailes sont deux taches d'un rouge-fauve, assez grandes & séparées par un groupe d'atomes d'un bleu-pâle.

Le dessous des quatre ailes est d'un cendré-jaunâtre, avec une raie noire ondulée, partant de la côte des supérieures & allant aboutir au milieu du bord interne des inférieures, après avoir décrit un W au dessus de deux taches rouges anales qui répondent à celles de la surface opposée. Entre cette raie & la base, les ailes supérieures ont trois taches noires, transverses & consécutives, & les inférieures trois points, puis une ligne inégalement coupée en deux, pareillement noirs. Le bord postérieur est noir, & précédé dans toute sa longueur d'une double ligne roussâtre. La queue est de la couleur de ce bord, avec le bout blanc. Les antennes sont noirâtres & annelées de gris. Le corps est cendré en dessus, jaunâtre en dessous.

La femelle est d'un bleu plus pâle.

De la Nouvelle-Hollande.

C. Ailes entières. Les inférieures ayant à l'angle de l'anus une queue longue, oblique & linéaire.

4. Myrine Alcide.

Myrina Alcides.

Myr. alis suprà fuscis, basi violaceo nitidè pulverulentis : subtùs corticinis, strigâ mediâ flavescente.

Papilio P. R. Alcides, *alis caudatis, nigris cœruleo nitidis : subtùs ferrugineis strigâ flavescente.* Fab. *Mant. Inf. tom.* 2. *p.* 70. *n°.* 661.

Hesperia R. *Alcides.* Fab. *Ent. Syst. em. tom.* 3. *pars* 1. *p.* 283. *n°.* 86.

Papilio P. U. Silenus, *alis caudatis, fuscis : subtùs brunneis, strigâ flavescente.* Fab. *Mant. Inf. tom.* 2. *p.* 85. *n°.* 773.

Hesperia U. *Silenus.* Fab. *Ent. Syst. em. tom.* 3. *pars* 1. *p.* 330. *n°.* 253.

Papilio Alcides. Cram. *pl.* 96. *fig.* D. E.

Papilio Corax. Cram. *pl.* 379. *fig.* D. E. (Varietas an femina ?)

Papilio Corax. Herbst, *Pap. tab.* 286. *fig.* 1. 2.

Fabricius a donné cette espèce comme Hespérie rurale sous le nom d'*Alcides*, puis comme Hespérie urbicole sous celui de *Silenus*.

Elle a environ un pouce trois quarts d'envergure. Le dessus des ailes est d'un brun-noirâtre, avec des atomes d'un bleu-violet-luisant à la base des quatre, des atomes d'un bleu-cendré sur le limbe terminal des inférieures & sur leur queue. Les ailes supérieures offrent en outre à l'extrémité une bande transverse roussâtre & peu prononcée.

Le dessous est d'une couleur tannée, avec une ligne jaunâtre, transverse, centrale, courte aux ailes supérieures, & se perdant aux inférieures dans une poussière grise qui couvre la majeure partie du bord interne.

Le corps est brun, avec des poils bleuâtres sur le corselet. Les antennes sont noirâtres & annelées de blanchâtre en dessous.

Le Papillon *Corax* de Cramer paroît être la femelle ou une variété de cette espèce, car il lui ressemble tout-à-fait en dessous, & il n'en diffère en dessus que par l'absence de la bande roussâtre de l'extrémité des premières ailes, & le manque d'atomes violets à la base des secondes.

De la côte de Guinée, selon Cramer & Fabricius.

5. Myrine Atymnus.

Myrina Atymnus.

Myr. alis suprà subpapaverinis, apice nigro : subtùs ochreaceis, strigâ communi fuscâ.

Papilio P. R. Atymnus, *alis caudatis, fulvis : anticis apice nigris.* Fab. *Mant. Inf. tom.* 2. *p.* 70. *n°.* 662.

Hesperia R. *Atymnus.* Fab. *Ent. Syst. em. tom.* 3. *pars* 1. *p.* 283. *n°.* 88.

Papilio Atymnus. Cram. *pl.* 331. *fig.* D. E.

Elle a environ un pouce & demi d'envergure. Le dessus des ailes est d'un fauve-ponceau, avec une bordure noire terminale, large & arquée aux supérieures, étroite aux inférieures (du moins chez les mâles). Les ailes inférieures ont à l'extrémité du bord interne un petit groupe d'atomes bleuâtres, & le bout de leur queue est blanc.

Le dessous des quatre ailes est d'un jaune d'ocre foncé, avec une ligne brunâtre, commune, postérieure, légèrement sinuée, moins distincte aux ailes supérieures qu'aux inférieures.

Nous n'avons pas vu la femelle.

Nota. Il paroît que l'individu figuré par Cramer avoit perdu ses palpes, car ils ne sont pas du tout représentés, quoique très-longs.

Toutes les pattes propres à la marche dans les deux sexes.

GENRE POLYOMMATE.

Plébéiens ruraux. LINN.

Hespéries rurales. FAB. *Ent. Syst.*

CARACTÈRES DU GENRE.

PALPES inférieurs de longueur moyenne ou courts.

Ce genre comprend les genres ci-après de Fabricius (*Syst. Glossat.*) :

Genre THECLA. (Pap. *Betulæ*, *Pruni*, *Lynceus*, etc.)

Genre HESPERIA. (Pap. *Boeticus*, *Telicanus*, *Amyntas*, etc.)

Genre LYCÆNA. (Pap. *Gordius*, *Phlæas*, *Virgaureæ*, *Alexis*, *Adonis*, *Corydon*, etc.)

ESPÈCES.

A. Ailes supérieures ayant la côte plus ou moins arquée vers son origine. Ailes inférieures avec trois queues plus ou moins longues. (1)

1. POLYOMMATE Faunus.

Dessus des ailes d'un violet-obscur, avec l'extrémité d'un noir-mat : dessous blanc, avec une ligne fauve transverse sur le milieu, et une ligne noirâtre parallèlement au bord postérieur.

2. POLYOMMATE Hésiode.

Ailes à trois queues, d'un noir-mat, avec le milieu bleu : leur dessous blanc, avec une ligne commune verdâtre, et deux points noirs argentés à l'angle de l'anus. FAB.

3. POLYOMMATE Hélius.

Dessus des ailes bleu, avec le sommet des supérieures très-largement noir : dessous cendré, avec trois lignes brunes, transverses et continues; celui des inférieures offrant vers l'angle anal deux yeux à iris roux. (Mâle.)

4. POLYOMMATE Moncus.

Ailes à trois queues, d'un brun-noirâtre : leur dessous très-blanc, presque fascié de noir; celui des inférieures avec deux yeux dorés. FAB.

5. POLYOMMATE Pythagore.

Ailes d'un noir-mat, avec le disque des quatre fauve ; leur dessous offrant trois bandes transverses, et une double ligne marginale, blanches ; celui des inférieures avec deux yeux argentés vers l'angle de l'anus.

6. POLYOMMATE Larydas.

Dessus des ailes d'un violet-obscur chez le mâle, d'un bleu-blanchâtre chez la femelle : dessous d'un brun-obscur, avec une multitude d'anneaux blancs ; celui des inférieures offrant vers l'angle interne deux yeux argentés.

(1) Le mode de divisions d'après la présence ou l'absence des queues n'est pas le plus naturel, mais c'est le plus commode pour la détermination, surtout quand les genres sont nombreux en espèces.

POLYOMMATE. (Insecte.)

7. Polyommate Hymen.

Ailes à trois queues, d'un brun-noirâtre : leur dessous tacheté de blanc : dessus des inférieures blanc. Fab.

8. Polyommate Amour.

Ailes à trois queues, d'un brun-noirâtre : leur dessous varié sur le milieu, et offrant à l'extrémité une ligne dorée. Fab.

9. Polyommate Agrippa.

Ailes à trois queues, bleues, avec le limbe noir : leur dessous cendré, avec une ligne blanche transverse, et deux taches anales rousses. Fab.

10. Polyommate Timon.

Ailes à trois queues, ayant la base verdâtre : leur dessous blanc ; celui des inférieures avec une bande courte d'un rouge-sanguin. Fab.

B. Ailes supérieures ayant la côte plus ou moins arquée vers son origine. Ailes inférieures avec deux queues, dont une ordinairement plus longue.

a. Bord postérieur des premières ailes un peu concave, surtout chez le mâle.

11. Polyommate Marsyas.

Dessus des ailes d'un bleu-verdâtre-luisant, avec le sommet noir : leur dessous lilas, avec des points oculaires noirs sur le disque ; celui des inférieures fascié de blanc et de bleu-verdâtre vers l'angle de l'anus.

12. Polyommate Ortygnus.

Dessus des ailes d'un bleu-verdâtre-luisant : leur dessous d'un incarnat-pâle, avec quelques points noirs sur le disque ; celui des inférieures offrant vers l'angle de l'anus une raie flexueuse et deux yeux d'un bleu-verdâtre. (Mâle ?)

13. Polyommate Rustan.

Dessus des ailes d'un bleu-pâle et luisant, avec l'extrémité d'un brun-noirâtre : leur dessous d'un incarnat-obscur, avec une double bande terminale olivâtre ; celui des inférieures avec deux points noirs à iris blanc à la base et deux à l'angle de l'anus. (Femelle.)

14. Polyommate Vénulius.

Dessus des ailes bleu : leur dessous d'un bleu-pâle, avec trois bandes noires postérieures ; celui des inférieures ayant à l'angle de l'anus un œil à iris fauve. (Mâle.)

15. Polyommate Liger.

Dessus des ailes blanc, avec le limbe postérieur noir : leur dessous d'un brun-noirâtre, avec des lignes ondulées et des croissans blancs ; celui des inférieures ayant une tache bleue sur le milieu et deux à l'angle de l'anus. (Femelle ?)

16. Polyommate Périclès.

Ailes à deux queues, noires : leur dessous d'un brun-noirâtre et ondé de blanc ; une double tache argentée à l'angle de l'anus. Fab.

17. Polyommate Endymion.

Dessus des ailes d'un bleu-verdâtre très-brillant, avec une bordure noire : dessous des inférieures avec une ligne médiaire noire et une bande ferrugineuse.

18. Polyommate Gabriel.

Dessus des ailes d'un bleu-verdâtre très-brillant, avec une bordure noire : dessous des inférieures ferrugineux vers l'extrémité, avec trois lignes transverses et une ligne marginale blanches.

POLYOMMATE. (Insecte.)

β. Milieu des ailes supérieures du mâle offrant une tache orbiculaire, plus ou moins cotonneuse, et parfois enfoncée.

19. Polyommate Ganymède.

Dessus des ailes d'un bleu-verdâtre-luisant, avec le bord noir : leur dessous moitié doré, moitié brun, avec deux lignes transverses d'un blanc-bleuâtre sur le milieu. (Mâle.)

20. Polyommate Vénus.

Dessus des ailes d'un bleu-barbeau-luisant, avec le sommet noir : leur dessous d'un vert-doré ; celui des inférieures aspergé de noir. (Mâle.)

21. Polyommate Emathéon.

Dessus des ailes d'un bleu-barbeau-luisant, avec le limbe noir : leur dessous noir et aspergé de bleu-pâle. (Mâle.)

22. Polyommate Arogéus.

Ailes d'un vert-luisant de part et d'autre : dessous des inférieures avec quatre lignes noires transversales, dont l'intérieure oblique et plus courte, la pénultième bordée de bleuâtre.

23. Polyommate Acmon.

Dessus des ailes d'un bleu-verdâtre-luisant : dessous des inférieures d'un brun-noirâtre, avec des lignes vertes transversales près de l'angle de l'anus.

24. Polyommate Polibetes.

Dessus des ailes d'un bleu-violet-luisant, avec le limbe postérieur noir : leur dessous d'un brun-incarnat ; celui des inférieures avec deux lignes ondulées bleuâtres et sept points noirs. (Mâle.)

25. Polyommate Hémon.

Ailes d'un brun-noirâtre : dessus des supérieures sans taches : dessous des quatre avec des bandes plus obscures à l'extrémité ; celui des inférieures avec quatre lignes ondulées verdâtres, dont l'antérieure plus longue et terminée près de la côte par un point oculaire.

26. Polyommate Lisus.

Dessus des ailes d'un bleu-verdâtre-luisant : leur dessous d'un vert-obscur, fascié de brun vers l'extrémité; celui des inférieures offrant sur le milieu une ligne de points d'un blanc-bleuâtre. (Mâle.)

27. Polyommate Sinnis.

Dessus des ailes d'un bleu-d'acier-luisant, avec le limbe noir : leur dessous d'un cendré-verdâtre, avec deux lignes blanches ondulées ; celui des inférieures offrant à l'angle de l'anus une bande courte d'un vert-doré et marquée d'une tache et d'une lunule jaunes. (Mâle.)

28. Polyommate Thalès.

Ailes d'un noir-brun de part et d'autre : leur dessous ondé de bleu; celui des supérieures grisâtre au sommet ; celui des inférieures offrant à l'angle anal une bande courte d'un vert-doré.

29. Polyommate Nautés.

Dessus des ailes d'un bleu-barbeau, avec les nervures et le limbe noirs : dessous des inférieures d'un noir-obscur, offrant sur son milieu une bandelette longitudinale jaune, et derrière cette bandelette beaucoup d'anneaux bleuâtres. (Mâle.)

30. Polyommate Elis.

Ailes d'un brun-verdâtre de part et d'autre : dessous des inférieures avec une bandelette longitudinale fauve, suivie de trois lignes transverses d'un vert-doré.

POLYOMMATE. (Insecte.)

31. Polyommate Polybe.

Dessus des ailes d'un vert-bleuâtre, avec l'extrémité d'un brun-noirâtre : leur dessous d'un jaune-verdâtre et veiné de noir, avec des taches rouges à la base.

32. Polyommate Halésus.

Ailes d'un bleu-verdâtre en dessus, avec une bordure noire ; d'un brun-noirâtre en dessous, avec l'origine de la côte rouge : angle anal des inférieures ayant des taches dorées de part et d'autre.

33. Polyommate Syncelle.

Dessus des ailes d'un bleu-violet-luisant, avec le limbe postérieur noir : leur dessous brun, celui des supérieures avec l'origine de la côte rouge, celui des inférieures avec deux lignes ondulées verdâtres et deux points anals noirs. (Mâle.)

34. Polyommate Narbal.

Dessus des ailes d'un bleu-barbeau-luisant, avec le sommet noir : leur dessous d'un brun-obscur, avec l'origine de la côte rouge ; celui des inférieures offrant une ligne blanche ondulée, et deux points noirs ocellés, dont l'un basilaire, l'autre anal. (Mâle.)

35. Polyommate Inachus.

Dessus des ailes bleu, avec le limbe noir : leur dessous d'un brun-noirâtre, avec l'origine de la côte rouge, et une ligne médiaire blanche, transversale ; ligne des secondes ailes terminée antérieurement par un point oculaire. (Mâle.)

36. Polyommate Pétus.

Ailes presqu'à trois queues, bleues, avec le limbe noir : leur dessous d'un brun-obscur, avec la base rousse et ponctuée de blanc. Fab.

37. Polyommate Céranus.

Ailes à queue, d'un bleu-pâle : leur dessous brun, avec des taches blanches à la base. Fab.

38. Polyommate Didymaon.

Ailes à trois queues, d'un brun-noirâtre : leur dessous rouge à la base, avec des points blancs ocellés. Fab.

39. Polyommate Éole.

Dessus des ailes d'un bleu-violet-luisant, avec une bordure noire : leur dessous d'un brun-noirâtre, avec trois bandes blanchâtres ; ailes supérieures avec l'origine de la côte, inférieures avec un point anal, d'un rouge-sanguin.

40. Polyommate Bathis.

Dessus du mâle *d'un bleu-luisant, dessus de la* femelle *blanc, avec l'extrémité d'un brun-noirâtre : dessous noir, avec des bandes blanches transverses ; ailes supérieures avec un point basilaire, ailes inférieures avec l'angle anal, fauves.*

41. Polyommate Phaléros.

Dessus du mâle *d'un bleu-violet-luisant, dessus de la* femelle *blanchâtre, avec l'extrémité d'un brun-noirâtre : dessous blanc, avec des bandes transverses et le bord noirs ; ailes inférieures avec deux points d'un bleu-argenté à l'angle de l'anus.*

42. Polyommate Moelibée.

Dessus des ailes d'un bleu-violet-pâle, avec l'extrémité d'un brun-noirâtre : leur dessous d'un jaune-pâle, avec cinq lignes noires transverses, dont l'intermédiaire double.

43. Polyommate Pélagon.

Dessus des ailes d'un bleu-ardoisé, avec le limbe obscur : dessous d'un brun-

POLYOMMATE. (Insecte.)

incarnat-pâle, avec quatre lignes ondées plus obscures, bordées de blanc, et le limbe postérieur jaunâtre.

44. Polyommate Anacréon.

Ailes à deux queues, d'un brun-noirâtre : leur dessous ondé de blanc, et offrant vers l'extrémité une ligne fauve maculaire. Fab.

45. Polyommate Méton.

Dessus des ailes d'un blanc-bleuâtre-luisant, avec le sommet d'un noir-brun · leur dessous varié de jaunâtre, de brun et de ferrugineux; celui des inférieures avec un double point noir à la base.

46. Polyommate Auguste.

Ailes à queue, blanches, avec le limbe d'un brun-noirâtre : leur dessous varié de ferrugineux et de jaune; celui des inférieures avec deux lignes cendrées transversales. Fab.

47. Polyommate Dolilus.

Dessus des ailes d'un bleu-violet-luisant, avec le sommet noir et la frange d'un jaune-fauve : leur dessous d'un roux-obscur, avec des bandes blanches transverses; bande antérieure des secondes ailes bifide.

48. Polyommate Lausus.

Dessus du mâle d'un bleu-barbeau-luisant; dessus de la femelle d'un brun-noirâtre, avec le bord interne d'un bleu-pâle : dessous d'un violet-pâle, avec trois lignes ondulées et l'angle interne de chaque aile blancs.

49. Polyommate Sophocle.

Ailes à deux queues, noires, avec le disque bleu : leur dessous blanc, avec des lignes ondulées jaunâtres; un point fauve à l'extrémité des inférieures. Fab.

50. Polyommate Ismarus.

Dessus des ailes d'un bleu-luisant, avec le limbe noir : leur dessous d'un brun-noirâtre; celui des inférieures avec quatre lignes blanches ondulées et deux taches rouges anales.

51. Polyommate Euripide.

Ailes à deux queues, d'un noir-brun, avec le disque bleu : leur dessous d'un brun-noirâtre; celui des inférieures avec des lignes blanches anguleuses et une tache rousse oculaire. Fab.

52. Polyommate Cupentus.

Dessus des ailes d'un bleu-barbeau-luisant, avec le sommet d'un brun-noirâtre : leur dessous d'un cendré-obscur; celui des inférieures avec trois lignes blanches ondulées et un œil anal à iris fauve, ligne antérieure ayant le milieu dilaté en un anneau. (Mâle.)

53. Polyommate Sychée.

Dessus des ailes d'un bleu-barbeau-luisant, avec le sommet d'un noir-brun : leur dessous d'un cendré-incarnat; celui des inférieures avec deux lignes blanches ondulées et deux taches anales rouges, ligne postérieure se dilatant en plusieurs anneaux. (Mâle.)

54. Polyommate Stréphon.

Dessus des ailes d'un bleu-ardoisé, avec le sommet d'un brun-noirâtre : leur dessous d'un cendré-obscur; celui des inférieures avec deux lignes flexueuses de lunules blanches, et deux taches anales rouges marquées d'un point noir en arrière.

55. Polyommate Strophius.

Ailes d'un brun-noirâtre : dessous des inférieures avec une ligne flexueuse de

POLYOMMATE. (Insecte.)

petits traits blancs, et deux taches anales rouges marquées d'un point noir en arrière.

56. Polyommate Sphinx.

Dessus du mâle *d'un bleu-violet-luisant; dessus de la* femelle *plus pâle, avec le sommet d'un brun-noirâtre : leur dessous d'un cendré-clair; celui des ailes inférieures avec deux lignes blanches ondulées, bordées de brun, et deux points oculaires roux à l'angle de l'anus.*

57. Polyommate Cithonius.

Dessus des ailes d'un bleu-argenté-luisant, avec le sommet d'un brun-noirâtre : leur dessous d'un cendré-violâtre; celui des inférieures avec des anneaux blancs sur le disque, et deux yeux à iris rouge près de l'angle de l'anus. (Mâle.)

58. Polyommate Falacer.

Ailes d'un brun-noirâtre : leur dessous avec deux traits discoïdaux et deux lignes postérieures ondulées d'un bleu-pâle : celui des inférieures ayant à l'angle interne trois lunules rousses.

59. Polyommate Isocrate.

Dessus des ailes d'un brun-noirâtre (un reflet bleu chez le mâle*) : dessous cendré, avec une double liture et une double ligne très-ondulée noirâtres et bordées de blanc de chaque côté; inférieures ayant à l'angle anal deux yeux noirs, dont l'extérieur à iris fauve.*

60. Polyommate Érylus.

Dessus des ailes d'un brun-noirâtre (un reflet violet-changeant chez le mâle*) : dessous d'un gris-satiné, avec une double liture et une ligne ondulée roussâtres et bordée de blanc de chaque côté; inférieures ayant à l'angle anal deux yeux noirs, dont l'extérieur à iris fauve.*

61. Polyommate Cléobis.

Dessus des ailes d'un bleu-azuré chez le mâle*, d'un bleu plus pâle chez la* femelle*, avec le sommet d'un noir-brun : dessous d'un gris-brunâtre, avec une ligne ondulée roussâtre et bordée de blanchâtre en arrière; inférieures ayant à l'angle anal deux yeux à iris fauve.*

62. Polyommate Cippus.

Ailes à deux queues, bleues, avec le limbe d'un brun-noirâtre : dessous cendré; celui des inférieures avec deux points noirs à l'angle interne. Fab.

63. Polyommate Lougin.

Dessus des ailes d'un bleu-barbeau-luisant chez le mâle, *d'un bleu plus pâle chez la* femelle, *avec le sommet d'un noir-brun : dessous d'un gris-satiné-blanchâtre, avec une ligne transverse et non bordée de lunules noires; inférieures ayant à l'angle anal deux yeux à iris fauve.*

64. Polyommate Nédymond.

Dessus des ailes d'un bleu-violet-luisant, avec le limbe d'un noir-brun : dessous d'un blanc-satiné, avec une double bande terminale obscure; inférieures ayant à l'angle anal deux yeux noirs, dont l'extérieur à iris fauve, l'intérieur à iris d'un bleu-argenté.

65. Polyommate Favonius.

Dessus des ailes d'un brun-noirâtre, avec des taches fauves sur le disque des supérieures et à l'extrémité des inférieures : dessous cendré, avec deux lignes blanches ondulées; inférieures ayant une bande rousse presque marginale et l'angle de l'anus bleu.

66. Polyommate Mars.

Dessus des ailes d'un brun-noirâtre : leur dessous plus pâle; celui des infé-

rieures

POLYOMMATE. (Insecte.)

rieures avec deux points basilaires, et une ligne bifide, blancs : la ligne bifide embrassant une tache rousse.

67. Polyommate Ergéus.

Dessus des ailes d'un brun-noirâtre : leur dessous cendré ; celui des inférieures ayant une ligne ondulée d'un rouge-sanguin et bordée de blanc en arrière, puis une bande anale briquetée très-dilatée dans son milieu et marquée postérieurement de trois points noirs.

68. Polyommate Nébis.

Dessus des ailes d'un brun-noirâtre : leur dessous cendré et offrant derrière le milieu deux lignes ondulées transversales, dont l'antérieure formée par des taches d'un rouge-brique ; la postérieure par des anneaux blancs ; deux yeux roux à l'angle interne des ailes inférieures. (La femelle.)

69. Polyommate Cléon.

Ailes à queues, d'un brun-noirâtre : leur dessous cendré, avec une ligne transverse aux supérieures, et une bande dentée aux inférieures, d'un rouge-sanguin; deux yeux roux à l'angle interne des ailes inférieures. Fab.

70. Polyommate Béon.

Dessus des ailes d'un brun-noirâtre, avec la base d'un bleu-pâle : leur dessous d'un cendré-luisant ; celui des inférieures avec une bande médiaire d'un rouge-sanguin et des lunules marginales noires : une ligne blanche anguleuse coupant la bande à sa partie inférieure.

71. Polyommate Cécrops.

Ailes à deux queues, noires : leur dessous avec une bande d'un rouge-sanguin. Fab.

72. Polyommate Tyrtée.

Ailes à deux queues, d'un brun-noirâtre : leur dessous avec une ligne blanche ondée, et des lunules marginales noires, dont les intermédiaires rousses. Fab.

73. Polyommate Échion.

Dessus des ailes d'un brun-noirâtre (bord interne d'un bleu-ardoisé-luisant chez le mâle) *: dessous blanchâtre, avec des points oculaires d'un rouge-brique sur le milieu, une ligne noirâtre ondulée et deux yeux roux à l'extrémité.*

74. Polyommate Columelle.

Dessus des ailes d'un brun-noirâtre, avec le bord interne d'un bleu-ardoisé-pâle : dessous brunâtre, avec une ligne flexueuse de points oculaires noirs, puis des lunules et des anneaux blancs ; angle anal des inférieures offrant deux yeux à iris roux.

75. Polyommate Mégaclès.

Dessus des ailes d'un brun-noirâtre, avec le bord interne d'un bleu-ardoisé : dessous des inférieures cendré à la base, blanchâtre à l'extrémité, avec trois bandes ondulées et un point central ferrugineux. (Mâle.)

76. Polyommate Mégarus.

Dessus des ailes d'un brun-noirâtre, avec le bord interne d'un bleu-pâle : dessous des inférieures blanchâtre, avec trois lignes flexueuses de taches brunâtres, et deux yeux à iris roux.

77. Polyommate Étolus.

Ailes à deux queues : supérieures noires : inférieures d'un bleu-pâle en dessus, blanchâtres en dessous avec un point basilaire et deux marginaux noirs. Fab.

POLYOMMATE. (Insecte.)

78. Polyommate Dindus.

Ailes à deux queues, d'un noir-brun, avec le bord interne bleu : dessous cendré, avec des taches blanches et une double tache anale rousse. Fab.

79. Polyommate Gabélus.

Dessus des ailes d'un bleu-obscur, avec le limbe d'un brun-noirâtre : dessous d'un blanc-grisâtre, avec deux lignes noires ondulées aux supérieures, et trois aux inférieures; un œil à iris roux près de l'angle interne des ailes inférieures. (Femelle.)

80. Polyommate Jébus.

Dessus des ailes d'un bleu-pâle, avec le limbe d'un brun-noirâtre : dessous brunâtre, avec le sommet des supérieures, et toute la surface des inférieures, panachés de blanchâtre; deux points noirs, dont l'intérieur oblong, à l'angle anal des ailes inférieures. (Femelle.)

81. Polyommate Mécène.

Ailes à deux queues, d'un noir-brun, avec le disque bleu : dessous nué de brun. Fab.

82. Polyommate Céthégus.

Dessus des ailes d'un bleu-luisant, avec le limbe d'un noir-brun : dessous cendré; celui des inférieures avec deux lignes ondées, et une série marginale de points, d'un brun-noirâtre; point de l'angle anal cerclé de fauve.

83. Polyommate Calus.

Dessus des ailes d'un bleu-argenté très-brillant, avec le limbe noir : dessous cendré; celui des supérieures avec une grande tache médiaire, celui des inférieures avec une ligne ondulée, d'un brun-noir.

84. Polyommate Hugon.

Dessus des ailes d'un brun-noirâtre, avec le disque fauve : dessous d'un brun-pâle, avec une ligne ondulée d'un rouge-brique et bordée de blanc en arrière; angle anal des inférieures offrant deux yeux à iris roux.

85. Polyommate Xénophon.

Ailes à deux queues, d'un brun-noirâtre, avec le disque jaune : leur dessous cendré, avec une ligne médiaire blanche, contiguë à une ligne obscure. Fab.

86. Polyommate Damastus.

Dessus des ailes d'un brun-noirâtre, avec le disque fauve : leur dessous vert; celui des inférieures avec trois lignes flexueuses, et trois yeux marginaux, noirs et bordés de blanc.

87. Polyommate Télème.

Dessus des ailes d'un bleu-barbeau-luisant : leur dessous vert; celui des inférieures avec une ligne noire marginale, dilatée près du sommet et très-anguleuse près du bord interne.

88. Polyommate Janias.

Dessus des ailes d'un bleu-verdâtre-luisant, avec le limbe noir : leur dessous vert; celui des inférieures avec une ligne ondulée et un point oculaire noirs.

89. Polyommate Hérodote.

Dessus des ailes d'un bleu-d'acier, avec le limbe noir : leur dessous vert; celui des inférieures avec une ligne transverse de points, noirs en avant, blancs en arrière.

90. Polyommate Ethémon.

Dessus des ailes noir, avec le milieu bleu : leur dessous fauve, avec une li-

POLYOMMATE. (Insecte.)

gne rouge transverse sur le milieu; celui des inférieures offrant vers l'extrémité un cordon de lunules, noires en avant, blanches en arrière. (Femelle ?)

91. POLYOMMATE Lycabas.

Dessus des ailes bleu, avec le bord noir : leur dessous d'un brun-noirâtre, avec l'extrémité plus pâle; angle interne des inférieures jaune et rayé de noir. (Le mâle.)

γ. Dessus des ailes supérieures du mâle n'offrant pas vers le milieu de tache orbiculaire distincte.

92. POLYOMMATE Aunus.

Dessus des ailes d'un bleu-barbeau-luisant, avec le limbe noir : leur dessous d'un brun-noirâtre, avec deux bandes blanchâtres; origine de la côte des supérieures et angle interne des inférieures sans taches. (Mâle.)

93. POLYOMMATE Hyacinthe.

Ailes d'un bleu-verdâtre-luisant, avec une bordure noire en dessus; avec trois bandes noires et une bande centrale blanche en dessous.

94. POLYOMMATE Cyanus.

Dessus des ailes d'un bleu-barbeau-luisant, avec le limbe noir : leur dessous d'un brun-noirâtre, avec le disque blanc à partir de la base; une rangée marginale de sept yeux d'un bleu-argenté aux inférieures. (Mâle.)

95. POLYOMMATE Pholéus.

Dessus des ailes d'un bleu-verdâtre-luisant : leur dessous noir, avec des bandes d'un vert-doré. (Mâle.)

96. POLYOMMATE Philanthe.

Ailes d'un brun-noirâtre : dessus des inférieures avec un point blanc au bord interne, leur dessous avec quatre bandes jaunâtres et deux lignes argentées transversales.

97. POLYOMMATE Simæthis.

Dessus des ailes d'un brun-noirâtre-chatoyant : leur dessous d'un vert-jaunâtre, avec une bandelette transverse argentée; extrémité des inférieures ferrugineuse, avec une série de points nacrés.

98. POLYOMMATE Chrysus.

Dessus des ailes d'un brun-noirâtre, avec des points blancs vers l'extrémité des supérieures : dessous ferrugineux, avec des taches et des bandes d'un vert-doré et bordées de noir.

99. POLYOMMATE Achæus.

Dessus des ailes d'un brun-noirâtre, avec des litures jaunes sur toutes les quatre : dessous jaune, avec une multitude de taches dorées, bordées de brun-purpurin.

100. POLYOMMATE Valens.

Dessus des ailes d'un brun-noirâtre-chatoyant : dessous d'un jaune-pâle, avec des taches rouges chargées de points d'or.

101. POLYOMMATE Vulcain.

Dessus des ailes d'un brun-noirâtre (*un reflet violet chez le* mâle), *avec des bandes fauves : dessous d'un rouge-foncé, avec des bandes jaunes bordées de noir, et des lignes intermédiaires de taches argentées.*

POLYOMMATE. (Insecte.)

102. Polyommate Orcas.

Dessus des ailes d'un bleu-verdâtre, avec le limbe noir : dessous d'un brun-ferrugineux, avec une multitude de taches argentées.

C. Bord antérieur des premières ailes plus ou moins arqué vers son origine. Bord postérieur des secondes ailes avec une seule queue extérieure, linéaire ou filiforme.

α. Bord postérieur des secondes ailes flexueux ou un peu dentelé, et ayant une queue linéaire.

103. Polyommate Périon.

Dessus des ailes d'un brun-noirâtre, avec des bandes fauves : dessous d'un ferrugineux-jaunâtre, avec une multitude de points oculaires dorés sur les quatre, et une ligne élevée, également dorée, sur le bord terminal des inférieures.

104. Polyommate Harpax.

Ailes à queue, fauves, tachetées de noir : leur dessous cendré, avec des points dorés. Fab.

105. Polyommate Lincus.

Ailes blanches, ayant l'extrémité d'un brun-noirâtre en dessus : leur dessous avec des bandes transverses d'un noir-brun, et le bord postérieur fauve; angle anal des inférieures noir, avec quatre points blancs.

106. Polyommate Philippe.

Ailes à queue, d'un brun-noirâtre : leur dessous blanc, avec deux lignes transverses fauves; deux points noirs presqu'oculaires à l'angle anal des inférieures. Fab.

107. Polyommate Phorbas.

Ailes à queue, d'un brun-noirâtre, avec le disque blanc : leur dessous blanc, avec des lignes cendrées transversales; deux points noirs à l'angle interne des inférieures. Fab.

108. Polyommate Jarbas.

Dessus des ailes fauve, avec le limbe d'un brun-noirâtre : dessous brunâtre, avec une double liture et une ligne ondulées blanches; angle anal des inférieures avec deux points noirs, dont l'extérieur surmonté d'une lunule fauve.

109. Polyommate Épiclès.

Dessus des ailes d'un brun-noirâtre (un reflet violet chez le mâle) : supérieures avec le disque, inférieures avec des taches marginales, fauves : dessous jaune, avec une bande terminale d'un rouge-sanguin et ayant le côté interne bordé par des lunules blanches.

110. Polyommate du Rouleau.

Dessus des ailes d'un brun-noirâtre : dessous d'un jaune-fauve, avec deux lignes blanches ondulées, dont une plus courte, et le bord postérieur roux.

111. Polyommate du Prunier.

Ailes d'un brun-noirâtre, avec une bande postérieure fauve, maculaire en dessus, ayant les côtés bordés en dessous par des points noirs.

112. Polyommate W blanc.

Ailes d'un brun-noirâtre : dessous des inférieures offrant sur le milieu une ligne blanche, terminée par un W, et sur le bord postérieur une bande flexueuse rousse, bordée de noir.

113. Polyommate Lyncée.

Ailes d'un brun-noirâtre : dessous des inférieures avec des lunules marginales rousses, précédées d'une ligne transverse de petits traits blancs; trait inférieur oblique.

POLYOMMATE. (Insecte.)

114. Polyommate du Marronnier.

Ailes d'un brun-noirâtre : dessous des inférieures avec des lunules marginales d'un roux-foncé ; petites et précédées d'une ligne transverse de traits blancs ; trait inférieur représentant un C renversé.

115. Polyommate de l'Acacia.

Dessus des ailes d'un brun-noirâtre : leur dessous d'un gris-cendré, avec une ligne blanche, transverse et interrompue ; celui des inférieures avec des lunules marginales rousses, rapprochées. (Anus de la femelle *terminé par un bourrelet de poils noirs.)*

116. Polyommate du Prunellier.

Dessus des ailes d'un brun-noirâtre : leur dessous cendré, avec une ligne blanche transverse et ondulée ; celui des inférieures avec des lunules fauves sur le bord postérieur, et une tache d'un bleu-argenté à l'angle de l'anus.

117. Polyommate du Chêne.

Dessus des ailes d'un brun-noirâtre, glacé de violet dans le mâle, *avec une tache bifide bleue à la base des ailes supérieures dans la* femelle *: dessous d'un gris-satiné, avec une ligne blanche, transverse et ondulée, puis deux taches fauves, anales.*

118. Polyommate Apidanus.

Dessus des ailes violet (une large bordure d'un brun-noirâtre dans la femelle) *: dessous d'un brun-noirâtre, varié de gris-de-perle, avec l'origine de la côte d'un rouge-sanguin ; des atomes d'un vert-doré à l'angle anal des inférieures.*

119. Polyommate Hélus.

Dessus des ailes d'un violet-velouté (une large bordure d'un brun-noirâtre dans la femelle) *: dessous d'un brun-noirâtre, réticulé de gris ; celui des supérieures avec quelques anneaux sur le disque, celui des inférieures avec des atomes à l'angle interne, d'un vert-doré.*

120. Polyommate Eumolphus.

Dessus des ailes d'un vert à reflet doré, avec une bordure noire, plus large aux inférieures : dessous d'un brun-noirâtre, avec quelques anneaux et des lignes ondées d'un cendré-pâle ; une petite bande d'un bleu-argentin à l'angle anal des inférieures.

121. Polyommate Théocrite.

Ailes à queue, d'un vert-pâle, avec la côte obscure : dessous noir, avec des lignes transverses de points jaunâtres. Fab.

β. Bord postérieur des secondes ailes entier et ayant une queue filiforme.

122. Polyommate Bœticus.

Dessus des ailes d'un violet-bleuâtre, avec le limbe d'un brun-noirâtre : leur dessous cendré, et ondé de blanc depuis la base jusqu'à l'extrémité ; celui des inférieures offrant une bande blanche continue, et deux yeux dorés à l'angle de l'anus.

123. Polyommate Élien.

Dessus des ailes d'un blanc de lait, avec le limbe postérieur d'un brun-noirâtre : leur dessous d'un brun-pâle, avec plusieurs lignes transverses et une bande bifide blanches ; angle anal des inférieures avec trois yeux argentés. (Mâle.)

124. Polyommate Célério.

Dessus des ailes d'un blanc de lait, avec le limbe postérieur d'un brun-noirâtre : leur dessous d'un cendré-pâle,

POLYOMMATE. (Insecte.)

avec plusieurs lignes blanches, transverses, continues, ondulées; angle anal des inférieures avec trois yeux argentés.

125. Polyommate Elpis.

Dessus des ailes d'un bleu-azuré-luisant : leur dessous d'un cendré-foncé, avec plusieurs lignes blanches, transverses, étroites, interrompues et ondulées ; angle anal des inférieures avec deux yeux argentés. (Mâle.)

126. Polyommate Hylaïs.

Dessus des ailes d'un bleu-azuré-luisant, avec le milieu blanc : leur dessous d'un brun-noirâtre, avec une large bande commune, et quelques ondes, blanches; bord terminal des inférieures avec une rangée de six yeux noirs, dont le pénultième ayant une double prunelle argentée. (Mâle ?)

127. Polyommate Platon.

Dessus des ailes d'un bleu-violet, à reflet argentin, avec le sommet des supérieures noir : leur dessous d'un brun-obscur, avec plusieurs lignes blanches, transverses et ondulées; angle anal des inférieures avec trois yeux argentés.

128. Polyommate Télicanus.

Dessus des ailes d'un violet légèrement bleuâtre, avec le limbe d'un brun-noirâtre : leur dessous cendré, et offrant des chaînettes blanches depuis la base jusqu'à l'extrémité; celui des inférieures avec une rangée transverse de lunules blanches, et deux yeux dorés à l'angle de l'anus.

129. Polyommate Lybas.

Dessus des ailes d'un violet légèrement bleuâtre (une bordure brune dans la femelle) : *leur dessous brun, avec des bandes bifides et une chaînette terminale blanches aux supérieures, avec des hiéroglyphes blancs entrelacés aux inférieures; angle anal de ces dernières ailes avec quatre yeux dorés.*

130. Polyommate Lingéus.

Dessus des ailes d'un violet légèrement bleuâtre (une bordure brune dans la femelle) : *leur dessous brun, avec des anneaux et des bandes sinuées blancs aux supérieures, avec des taches blanches difformes aux inférieures; angle anal de ces dernières ailes avec deux yeux dorés.*

131. Polyommate Éricus.

Ailes à queue, d'un bleu-pâle : leur dessous varié de blanc et de brun; angle anal des inférieures avec deux points (blancs et cerclés de noir). Fab.

132. Polyommate Démocrite.

Ailes à queue, d'un bleu très-luisant en dessus : leur dessous noir et tacheté de blanc. Fab.

133. Polyommate Émolus.

Dessus des ailes d'un violet-luisant : leur dessous d'un brun-pâle; celui des inférieures entièrement couvert de lignes blanchâtres, transverses, ondulées, interrompues, et offrant deux points oculaires noirs, dont un placé sur le bord interne, l'autre sur le bord postérieur. (Mâle.)

134. Polyommate Strabon.

Dessus des ailes d'un bleu-violet-pâle, avec le limbe brun : leur dessous cendré, ayant derrière le milieu des chaînettes blanchâtres, sur la côte des supérieures un point noir, et deux, sur celle des inférieures; angle anal de ces dernières ailes avec deux yeux dorés, dont un plus petit.

POLYOMMATE. (Insecte.)

135. Polyommate Cléjus.

Dessus des ailes d'un violet-bleuâtre, avec le limbe brun : leur dessous cendré, ayant derrière le milieu des chaînettes blanchâtres ; celui des inférieures offrant à la base quatre points noirs, et à l'angle de l'anus deux yeux dorés.

136. Polyommate Parrhasius.

Ailes à queue, bleues (brunes) : leur dessous cendré et strié de blanc ; celui des inférieures avec des (quatre) points marginaux dorés. Fab.

137. Polyommate Astéris.

Dessus des ailes d'un violet-argentin-luisant, avec le limbe brun : dessous des inférieures d'un cendré-obscur, avec six points noirs oculaires à la base, une bande blanche crénelée sur le milieu, et trois yeux argentés à l'angle de l'anus.

138. Polyommate Centaure.

Ailes à queue, d'un bleu-pâle, avec une bordure brune : leur dessous cendré, avec des taches oculaires à la base. Fab.

139. Polyommate Théophraste.

Dessus des ailes d'un violet légèrement bleuâtre, avec le limbe brun : leur dessous blanc, avec plusieurs lignes noires, transverses et maculaires ; bord postérieur des inférieures, avec cinq yeux dorés, dont l'anal double.

140. Polyommate Pline.

Ailes à queue, variées de blanc et de brun : dessous des inférieures avec un double point doré à l'angle de l'anus. Fab.

141. Polyommate Rosimon.

Ailes blanches de part et d'autre, avec des points épars et tout le pourtour noirs : dessus des quatre d'un bleu-argenté à la base ; dessous des inférieures avec trois points du même bleu près de l'angle de l'anus.

142. Polyommate Roxus.

Dessus des ailes d'un noir-brun, avec un espace commun blanc sur le milieu : dessous blanc, avec une bande oblique à la base, et deux bandes maculaires à l'extrémité, d'un noir-brun.

143. Polyommate Hippocrate.

Ailes à queue, d'un brun-noirâtre, avec l'extrémité blanche : leur dessous blanc, avec des points noirs. Fab.

144. Polyommate Gabinus.

Dessus des ailes d'un bleu-argenté : leur dessous blanc et ondé de brunâtre ; celui des inférieures avec deux points noirs à la base et deux à l'angle de l'anus : point anal extérieur surmonté d'une lunule fauve. (Mâle.)

145. Polyommate Micyclus.

Dessus des ailes d'un violet-bleuâtre (une bordure brune chez la femelle) : dessous d'un gris-bleuâtre, avec trois lignes roussâtres, transverses et ondulées, puis une série marginale de points noirs ; pénultième point des secondes ailes ayant une prunelle argentée.

146. Polyommate Amyntas.

Dessus des ailes d'un bleu-violet chez le mâle, *d'un brun-noirâtre chez la femelle : leur dessous d'un gris-bleuâtre et ocellé de noir ; celui des inférieures offrant à l'angle anal deux lunules fauves, chargées chacune d'un simple point noir.*

POLYOMMATE. (Insecte.)

147. Polyommate Comyntas.

Dessus des ailes d'un bleu-violet chez le mâle, d'un brun-noirâtre chez la femelle : leur dessous d'un gris-bleuâtre et ocellé de noir; celui des inférieures offrant à l'angle anal deux lunules fauves, chargées chacune d'un œil doré.

148. Polyommate Lacturnus.

Dessus des ailes d'un bleu-violet-pâle, avec le limbe brun : leur dessous d'un gris-bleuâtre; celui des inférieures ocellé de noir vers la base, de brun vers l'extrémité, et offrant à l'angle anal une bande rousse, sinuée et chargée de deux yeux dorés. (Mâle.)

149. Polyommate Phidias.

Ailes à queue, d'un bleu-pâle, avec le limbe brun : leur dessous cendré, avec un point noir à l'angle anal des quatre. Fab.

150. Polyommate Bochus.

Dessus des ailes bleu, avec une bordure noire : leur dessous d'un cendré-obscur; celui des supérieures sans taches, celui des inférieures ayant l'angle anal noir et marqué de croissans argentés.

D. Ailes dentées ou entières : les inférieures ayant l'angle interne plus ou moins prolongé dans les mâles.

151. Polyommate Polyclète.

Ailes dentées, d'un bleu-barbeau dans le mâle, d'un brun-noirâtre avec la base d'un bleu-verdâtre pâle dans la femelle : leur dessous d'un brun-obscur, avec des bandes d'un rouge-sanguin, bordées de noir et de vert-doré.

152. Polyommate Narcisse.

Ailes dentées, d'un brun-noirâtre, avec le disque d'un bleu-pâle : leur dessous avec des bandes et des taches d'un rouge-sanguin et bordées d'argent. Fab.

153. Polyommate Apelle.

Ailes dentées, fauves, avec le limbe d'un brun-noirâtre : dessous des inférieures avec des bandes rousses bordées d'argent. Fab.

154. Polyommate Théro.

Ailes dentées, d'un brun-noirâtre en dessus, avec des taches fauves : dessous des inférieures d'un cendré-obscur, avec des taches linéaires d'un blanc-argentin; tache du disque crochue à chaque bout.

155. Polyommate Alphée.

Ailes dentelées, d'un noir-brun en dessus, avec une bande commune d'un fauve-luisant : dessous des inférieures d'un gris de perle, avec une bande discoïdale sinuée, et le limbe postérieur, ferrugineux.

156. Polyommate Thyra.

Ailes d'un noir-brun en dessus, avec le disque fauve : leur dessous d'un ferrugineux-rougeâtre, avec une multitude de taches noires à prunelle argentée et élevée. (Mâle.)

157. Polyommate Thysbé.

Ailes dentelées, fauves en dessus, avec des taches noires (un reflet d'un bleu-argenté à la base) : dessous des inférieures ferrugineux, panaché et strié de jaunâtre, avec des taches dorées.

158. Polyommate Hiéré.

Ailes presqu'entières, ayant le dessus d'un brun-noirâtre, fouetté de fauve et tacheté de noir (un reflet violet très-vif dans le mâle) : dessous des inférieures cendré, ocellé de noir, avec la base bleuâtre et une bande marginale fauve.

POLYOMMATE. (Insecte.)

159. Polyommate Gordius.

Ailes presqu'entières, fauves en dessus (un reflet violet dans le mâle), avec des points et le limbe postérieur noirs : dessous des inférieures d'un cendré-jaunâtre, ocellé de noir, avec la base verdâtre et une bande marginale fauve.

160. Polyommate Thersamon.

Ailes presqu'entières, fauves, avec un léger reflet violet dans le mâle, avec des taches noires dans la femelle : *dessus des inférieures un peu obscur vers le milieu ; leur désous cendré, avec des points oculaires noirs et une bande marginale fauve.*

161. Polyommate Xanthé.

Ailes presqu'entières, d'un brun-chatoyant en dessus, avec des taches noires ; leur dessous d'un jaune-verdâtre-pâle, avec des points oculaires noirs : une bande marginale fauve sur les deux surfaces.

162. Polyommate Hellé.

Ailes presqu'entières, d'un brun-noirâtre en dessus, avec un reflet violet, et le disque des supérieures varié de fauve et de noir : dessous des inférieures d'un brun-tanné, avec des points oculaires noirs, une ligne anguleuse blanche et une bande marginale fauve.

163. Polyommate Chryséis.

Ailes presqu'entières, fauves en dessus, avec les bords glacés de violet et le disque biponctué dans le mâle, avec des taches noires dans la femelle : *dessous des inférieures d'un cendré-obscur, avec une multitude de points oculaires et une bande anale rousse.*

164. Polyommate Eurydice.

Dessus du mâle fauve, bordé de noir et sans taches sur le disque ; dessus de la femelle *d'un brun-noirâtre, avec des taches noires : dessous d'un cendré légèrement jaunâtre, avec une multitude de points oculaires et la base verdâtre.*

165. Polyommate Hippothoé.

Dessus des ailes fauve, avec une légère bordure et une lunule centrale noires aux quatre dans le mâle, *avec plusieurs taches aux supérieures dans la* femelle : *dessous cendré, avec la base bleuâtre, une multitude de points oculaires, et une bande marginale fauve.*

166. Polyommate de la Verge-d'or.

Dessus des ailes fauve; bordé de noir, sans taches dans le mâle, avec plusieurs taches dans la femelle : *dessous des inférieures d'un jaune-fauve-pâle, avec des points noirs foiblement ocellés et une ligne transverse de taches blanches.*

167. Polyommate Phlæas.

Ailes supérieures d'un fauve-cuivreux, avec des taches noires : dessus des inférieures d'un brun-noirâtre, avec une bande fauve crénelée ; leur dessous d'un cendré-brunâtre, avec des points noirâtres et une ligne flexueuse d'un rouge-brique.

168. Polyommate Hylla.

Ailes dentées, fauves, ponctuées de noir : base des inférieures d'un brun-noirâtre en dessus, blanchâtre en dessous. Fab.

169. Polyommate Saluste.

Ailes entières, fauves, variées de noir : dessous des supérieures ponctué de noir, dessous des inférieures cendré et tacheté de brun. Fab.

POLYOMMATE. (Insecte.)

170. Polyommate Évadrus.

Ailes dentelées, fauves en dessus, avec tous les bords d'un brun-noirâtre et la frange entre-coupée : dessous des inférieures d'un brun-tanné, avec des taches cendrées.

171. Polyommate Pétalus.

Ailes entières, fauves en dessus, avec des taches discoïdales et le limbe postérieur noirs : dessous des inférieures d'un gris-nébuleux, avec deux bandes transverses blanches.

172. Polyommate Orus.

Ailes entières, fauves en dessus (un léger reflet violet chez le mâle*), avec des points et le bord postérieur noirs : dessous des inférieures cendré, avec des taches oculaires peu prononcées et une rangée marginale de lunules brunâtres.*

173. Polyommate Zeuxo.

Ailes sans queue, entières, avec le disque fauve et tacheté de noir : dessous des supérieures avec des taches argentées. Linn.

174. Polyommate Ballus.

Ailes entières, d'un brun-noirâtre en dessus (un espace fauve chez la femelle*) : dessous des inférieures vert à la base, avec un œil central peu prononcé ; d'un cendré-incarnat à l'extrémité, avec une rangée de points rouges surmontés chacun d'un point blanc.*

175. Polyommate de la Ronce.

Ailes dentelées, d'un brun-noirâtre-luisant en dessus : leur dessous vert, avec un liseré ferrugineux et une rangée transversale de points blancs.

176. Polyommate Romulus.

Ailes entières, d'un brun-noirâtre : leur dessous vert ; celui des inférieures avec une tache rousse. Fab.

177. Polyommate Irus.

Ailes dentelées, d'un brun-noirâtre : dessous des inférieures ferrugineux à la base avec deux lignes ondulées plus obscures, saupoudré de gris à l'extrémité avec un point d'un brun-marron. (Mâle.)

178. Polyommate Philiasus.

Ailes un peu en queue, noires en dessus, tachetées en dessous : extrémité des inférieures offrant deux yeux en dessus et un seul en dessous. Linn.

179. Polyommate Lara.

Dessus des quatre ailes d'un brun un peu briqueté, avec un léger reflet bleuâtre à la base et deux yeux à l'angle de l'anus : leur dessous cendré, celui des supérieures avec deux yeux comme en dessus, celui des inférieures sans yeux.

180. Polyommate Symethus.

Ailes un peu dentées, d'un brun-noirâtre en dessus, avec une tache blanche sur le milieu des quatre : dessous des inférieures d'un blanc-sali, avec des hiéroglyphes noirâtres peu prononcés.

181. Polyommate Phædrus.

Ailes entières, fauves en dessus dans le mâle*, avec le pourtour extérieur noir ; d'un brun-noirâtre dans la* femelle*, avec le disque blanc : leur dessous d'un blanc-satiné, avec une rangée marginale de petits points noirs.*

POLYOMMATE. (Insecte.)

182. Polyommate Térambus.

Ailes entières, d'un bleu-violet en dessus, avec le pourtour extérieur noir : leur dessous d'un brun-tanné-clair, avec une raie commune ferrugineuse ; celui des inférieures ayant un œil blanc à l'angle de l'anus.

183. Polyommate Pétavius.

Ailes entières, noires en dessus : supérieures avec une bande fauve, oblique : dessous des quatre fauve, aspergé de noir, et ayant sur le disque des points oculaires d'un bleu-lilas.

184. Polyommate Évandras.

Ailes entières, d'un noir-brun, ayant de part et d'autre une bande postérieure fauve : leur dessous offrant sur le disque une tache d'un bleu-lilas.

E. Ailes inférieures sans queue extérieure et sans prolongement anal (dentées parfois chez la femelle).

a. Dessous des ailes avec plus ou moins de lignes transversales, maculaires ou continues, et souvent accompagnées de points ocellés.

185. Polyommate Hubner.

Ailes entières, ayant le dessus d'un brun-noirâtre à reflet violet changeant : supérieures avec une tache d'un jaune-fauve sur le disque : dessous des quatre d'un blanc-satiné, avec une série marginale de points noirs. (Mâle.)

186. Polyommate Duponchel.

Ailes entières, d'un brun-noirâtre en dessus, avec le disque des quatre blanc : leur dessous d'un blanc-satiné, avec un trait central, deux lignes ondulées et une simple série de points marginaux, d'un brun-noirâtre.

187. Polyommate Duménil.

Ailes entières, d'un beau blanc en dessus, avec le contour extérieur des supérieures largement brun : dessous d'un blanc-sale, offrant derrière le milieu deux lignes ondulées, et une ligne de points, brunâtres ; inférieures avec une tache marginale très-noire. (Mâle.)

188. Polyommate Héraldus.

Ailes entières, bleues en dessus, avec le limbe noir : leur dessous blanc, avec le bord postérieur ponctué de noir. Fab.

189. Polyommate Ladon.

Dessus des ailes d'un bleu-violet-pâle (extrémité des supérieures brune dans la femelle) *: dessous d'un gris-bleuâtre, offrant derrière le milieu une série flexueuse de taches noires, puis une ligne en feston et des points marginaux bruns.*

190. Polyommate Argiolus.

Ailes entières, d'un bleu-violet-pâle (extrémité des supérieures brune dans la femelle) *: dessous d'un blanc de lait, avec de simples points noirs.*

191. Polyommate Dion.

Dessus des ailes d'un violet-bleuâtre : dessous blanc, avec de simples points et des traits d'un brun-noirâtre ; angle anal des inférieures offrant deux yeux à prunelle bleue. (Mâle.)

192. Polyommate Cassius.

Dessus du mâle *d'un brun-violet-tendre, dessus de la* femelle *blanc et ayant le contour extérieur des ailes supérieures brun : dessous blanc, tacheté et fascié de noir ; angle anal des inférieures avec deux yeux argentés.*

POLYOMMATE. (Insecte.)

193. POLYOMMATE Clyton.

Ailes entières, variées de blanc et de noir en dessus, avec un reflet bleu à la base : leur dessous blanc, avec un très-grand nombre de taches noires ; pas d'yeux à l'angle anal des inférieures.

194. POLYOMMATE Isarchus.

Dessus des ailes d'un bleu-violet-pâle, avec une tache sur le milieu des supérieures, et une bande sur le milieu des inférieures, blanches : dessous blanc ; celui des inférieures avec deux bandes noires sinuées, et deux yeux argentés à l'angle de l'anus. (Mâle.)

195. POLYOMMATE Lagus.

Ailes entières, d'un violet-luisant en dessus, avec le sommet noir : leur dessous cendré, avec des veines noires. (Mâle.)

196. POLYOMMATE Érinus.

Ailes entières, d'un brun-noirâtre-chatoyant en dessus : leur dessous cendré ; celui des supérieures avec deux taches noires à l'angle interne, celui des inférieures avec des points oculaires peu prononcés à la base.

197. POLYOMMATE Labradus.

Ailes entières, d'un bleu-violet-pâle en dessus : leur dessous cendré ; celui des inférieures avec une multitude d'anneaux blancs et la base bleuâtre. (Mâle.)

198. POLYOMMATE Damoctès.

Ailes entières, d'un brun-noirâtre en dessus : leur dessous avec des ondes cendrées ; celui des inférieures ayant deux yeux dorés. FAB.

199. POLYOMMATE Damæus.

Ailes entières, d'un brun-noirâtre-chatoyant en dessus : leur dessous grisâtre, avec une multitude d'anneaux bruns cerclés de blanc ; angle anal des inférieures offrant deux yeux à iris fauve. (Femelle.)

200. POLYOMMATE Catilina.

Ailes entières, d'un brun-noirâtre à reflet bleu : leur dessous fascié de blanc ; celui des inférieures avec deux yeux bleus à l'angle de l'anus. FAB.

201. POLYOMMATE Céraunus.

Ailes entières, d'un brun-noirâtre à reflet bleu : leur dessous cendré ; celui des inférieures avec des points noirs oculaires à la base, un œil et un point à l'extrémité. FAB.

202. POLYOMMATE Minéréus.

Ailes entières, d'un brun-noirâtre : dessous des inférieures avec des points rouges oculaires, et un œil anal. FAB.

203. POLYOMMATE Bazoche.

Ailes entières, d'un brun noirâtre en dessus, avec le disque des inférieures bleu : dessous des supérieures ayant à l'extrémité une bande blanchâtre en forme de hachette, dessous des inférieures marbré. (Mâle.)

204. POLYOMMATE Ubaldus.

Dessus des ailes d'un bleu-violet chez le mâle, *d'un brun-noirâtre chez la* femelle *: dessous cendré ; celui des inférieures offrant trois points noirs oculaires à la base, puis des anneaux et des taches carrées blancs, et un œil anal doré.*

POLYOMMATE. (Insecte.)

205. Polyommate Messapus.

Dessus des ailes violet, avec le limbe brun : leur dessous cendré et offrant depuis le milieu jusqu'à l'extrémité des anneaux blancs séparés ; celui des inférieures avec deux points noirs sur la côte, et un œil surmonté d'une lunule fauve à l'angle de l'anus. (Mâle.)

206. Polyommate Pirithoüs.

Dessus des ailes d'un violet-bleuâtre (une large bordure brune dans la femelle) : leur dessous brun et offrant depuis la base jusqu'à l'extrémité des chaînettes blanches ; celui des inférieures avec une bande sinuée continue, et deux yeux violets à l'angle de l'anus.

207. Polyommate Thespis.

Dessus des ailes d'un bleu-violet, avec le limbe brun et la frange panachée : leur dessous brun, avec des taches blanches en échiquier; celui des inférieures offrant vers l'angle anal deux points dorés.

208. Polyommate Ochsenheimer.

Dessus des ailes d'un bleu-violet, avec le limbe brun : dessous des supérieures avec le disque fauve et réticulé; dessous des inférieures brun, avec des anneaux gris, puis une bande flexueuse très-blanche et trois yeux dorés.

209. Polyommate Parsimon.

Ailes entières, d'un brun-obscur en dessus : leur dessous cendré, avec un anneau central, une double ligne arquée et deux rangées de lunules marginales, blancs; celui des inférieures avec des points oculaires noirs à la base, et un œil argenté à l'angle de l'anus.

210. Polyommate Cisus.

Dessus des ailes d'un violet-bleuâtre, avec le limbe brun : leur dessous cendré et ocellé de noir ; celui des inférieures offrant à l'angle de l'anus une petite bande fauve marquée d'un œil doré.

211. Polyommate Évippus.

Dessus des ailes d'un brun-noirâtre, et glacé de violet à la base : leur dessous d'un gris-satiné, avec une série marginale de taches fauves triangulaires, chargées chacune en avant d'un point noir ocellé, et en arrière d'un trait d'un bleu-argentin.

β. Dessous des ailes avec des points ordinairement ocellés, et ayant vers l'extrémité une bande transverse blanche ou blanchâtre, suivie de taches marginales ou d'une bande fauves.

212. Polyommate Argus.

Ailes entières, d'un bleu-violet en dessus, avec une large bordure brune et une frange blanche : leur dessous d'un cendré-blanchâtre et ocellé de noir ; celui des inférieures avec une bande fauve, sinuée, et chargée d'un rang de points argentés. (Plus grand.)

213. Polyommate Ægon.

Ailes entières, d'un bleu-violet en dessus chez le mâle, avec une large bordure brune et une frange blanche ; d'un brun-noirâtre chez la femelle : leur dessous d'un cendré-obscur et ocellé de noir; celui des inférieures avec une bande fauve, sinuée, et chargée d'un rang de points argentés. (Plus petit.)

214. Polyommate Optilète.

Ailes entières, d'un violet-argentin en dessus, avec une bordure noire et une frange blanche : leur dessous d'un cendré-clair et ocellé de noir ; celui des inférieures avec deux lunules fauves et deux points argentés à l'angle de l'anus.

POLYOMMATE. (Insecte.)

215. Polyommate de l'Orpin.

Ailes entières, d'un brun-noirâtre en dessus, avec une frange panachée ; la base des quatre, et des annelets marginaux aux inférieurs, violets : dessous blanc, avec une multitude de points noirs non ocellés ; celui des inférieures offrant une bande fauve flexueuse.

216. Polyommate Hylas.

Ailes entières, d'un bleu-violet-pâle en dessus (sommet des quatre brun chez la femelle*), avec une lunule centrale noire et une frange panachée : dessous d'un cendré-blanchâtre, avec une multitude de points noirs ocellés ; celui des inférieures offrant une bande de cinq lunules fauves.*

217. Polyommate Orbitulus.

Ailes entières, ayant le dessus d'un cendré-argentin dans le mâle*, d'un brun-noirâtre dans la* femelle*, avec une frange blanche : leur dessous cendré, celui des supérieures avec une multitude de points ocellés, celui des inférieures avec une tache blanche en cœur sur le disque et deux lunules roussâtres à l'angle de l'anus.*

218. Polyommate Titus.

Ailes entières, d'un brun-noirâtre et sans taches en dessus : dessous des inférieures ocellé et offrant une série postérieure de taches fauves. Fab.

219. Polyommate Artaxercès.

Ailes entières, d'un brun-noirâtre : dessus des supérieures avec un point médiaire blanc : dessous des quatre avec des taches ainsi que le limbe postérieur blancs, et une série terminale de lunules rousses.

γ. Dessous des ailes avec des points ocellés ; celui des inférieures offrant au-delà du milieu une tache blanche longitudinale, suivie de taches marginales fauves.

220. Polyommate Agestis.

Ailes entières, d'un brun-noirâtre-luisant en dessus : leur dessous cendré, avec une multitude de points noirs ocellés : les quatre ailes ayant de part et d'autre une bande presque terminale de taches rouges et une frange panachée.

221. Polyommate Agestor.

Ailes entières, d'un brun-noirâtre-luisant en dessus : leur dessous d'un cendré-pâle, avec une multitude de points noirs ocellés ; yeux voisins de l'angle anal des inférieures argentés : les quatre ailes ayant de part et d'autre une bande presque terminale de taches fauves et une frange panachée. (Femelle.)

222. Polyommate Alexis.

Ailes entières, ayant le dessus d'un bleu-violet chez le mâle*, d'un brun-noirâtre chez la* femelle*, avec une frange blanche : leur dessous cendré, avec la base verdâtre, une multitude de points ocellés, et une bande marginale de taches fauves.*

223. Polyommate Adonis.

Ailes entières, ayant le dessus d'un bleu-azuré un peu violâtre chez le mâle*, d'un brun-noirâtre chez la* femelle*, avec une frange panachée : leur dessous brunâtre, avec la base verdâtre, une multitude de points ocellés, et une bande marginale de lunules fauves.*

224. Polyommate Dorylas.

Ailes entières, d'un bleu d'azur chez le mâle*, d'un brun-noirâtre chez la* femelle*, avec une frange blanche : leur dessous brunâtre, avec la base verdâtre, une multitude de points ocellés, une bande de taches fauves en fer de flèche, et le bord postérieur blanchâtre.*

POLYOMMATE. (Insecte.)

225. Polyommate Tithonus.

Ailes entières, ayant le dessus d'un bleu-argenté à reflet rougeâtre, avec une bordure noire crénelée et une frange blanche : leur dessous cendré, avec une multitude de points ocellés, et une bande marginale de lunules fauves. (Mâle.)

226. Polyommate Triton.

Ailes très-entières, d'un bleu-pâle en dessus : leur dessous cendré, avec une bande ferrugineuse et une multitude de points noirs. Fab.

227. Polyommate Corydon.

Ailes entières, ayant le dessus argenté et chatoyant en verdâtre, avec une bordure ocellée et une frange panachée : leur dessous cendré, avec une multitude de points oculaires; celui des inférieures verdâtre à la base, et offrant à l'extrémité une série de lunules fauves.

228. Polyommate Méléagre.

Ailes dentées; ayant le dessus d'un bleu-argenté à reflet rougeâtre, avec une bordure noire et une frange blanche : dessous du mâle *blanchâtre, dessous de la* femelle *brunâtre, avec des points noirs ocellés, et un double cordon marginal de lunules blanchâtres.*

δ. Dessous des ailes avec des points ocellés : celui des inférieures offrant des lunules marginales fauves, mais n'ayant pas de tache blanche longitudinale au-delà du milieu.

229. Polyommate Agathon.

Ailes un peu dentées, ayant le dessus d'un bleu-argenté à reflet verdâtre, avec une bordure noire et une frange blanche : leur dessous d'un cendré-pâle, avec des points ocellés; celui des inférieures verdâtre à la base, et marqué de quatre lunules fauves à l'angle de l'anus.

230. Polyommate Icarius.

Ailes entières, ayant le dessus d'un bleu-violet à reflet argentin, avec une bordure brune et une frange blanche : leur dessous cendré, avec une lunule centrale et une rangée de points ocellés; celui des inférieures offrant une bande fauve, maculaire, et suivie d'un cordon marginal de points noirs.

ε. Dessous des ailes avec des points ocellés : celui des inférieures ayant sur le milieu une bandelette longitudinale blanche ou blanchâtre.

231. Polyommate Damon.

Ailes entières, ayant le dessus d'un bleu-argenté chez le mâle, *d'un brun-noirâtre chez la* femelle : *leur dessous d'un cendré-rougeâtre, avec une rangée transverse de points ocellés; celui des inférieures divisé par une bandelette blanche allant de la base au bord postérieur.*

232. Polyommate Lefebvre.

Ailes entières : dessus du mâle *d'un bleu-argenté, avec la base des ailes supérieures garnie d'un duvet jaunâtre; dessus de la* femelle *d'un brun-noirâtre, avec le bord postérieur noir : dessous cendré ou brunâtre, avec une rangée transverse de points ocellés; celui des inférieures divisé par une bandelette longitudinale blanchâtre.*

233. Polyommate Eumédon.

Ailes entières, ayant le dessus d'un brun-noirâtre-luisant : leur dessous d'un cendré-obscur, avec des points noirs oculaires et des lunules marginales roussâtres; celui des inférieures verdâtre à la base, et offrant une bandelette blanche longitudinale en forme de marteau.

POLYOMMATE. (Insecte.)

234. Polyommate Admète.

Ailes entières, ayant le dessus d'un brun-noirâtre, avec une frange blanche (des lunules marginales fauves aux inférieures chez la femelle) : *leur dessous d'un cendré-jaunâtre, avec une rangée de points oculaires sur les quatre, et une lunule centrale noire sur les supérieures.*

ζ. Dessous des ailes n'offrant que des taches ocellées.

235. Polyommate Arion.

Dessus des ailes d'un bleu-argenté-obscur, avec des taches discoïdales très-noires sur les quatre, et des yeux à l'extrémité des inférieures : leur dessous cendré, avec une lunule centrale et quatre rangées de points oculaires ; celui des inférieures d'un vert-argentin à la base.

236. Polyommate Alcon.

Dessus des ailes d'un bleu-violet-obscur, avec une large bordure d'un brun-noirâtre : leur dessous cendré, avec une lunule centrale, et trois rangées de points oculaires, noires ; celui des inférieures d'un vert-argentin depuis la base jusqu'au milieu.

237. Polyommate Euphémus.

Dessus des ailes d'un bleu-violet-pâle, sans taches dans le mâle, *avec une large bordure brune et des points noirâtres sur le disque des supérieures dans la* femelle : *dessous cendré, avec une lunule centrale, et deux rangées de points oculaires, noires.*

238. Polyommate Érébus.

Dessus du mâle *d'un bleu-violâtre, avec une ligne transverse de taches et une bordure noires ; dessus de la* femelle *d'un brun-noirâtre : leur dessous brun, avec une ligne anguleuse de points oculaires noirs.*

239. Polyommate Iolas.

Dessus des ailes d'un bleu-violet-luisant, avec une frange blanche (une large bordure brune chez la femelle) : *leur dessous d'un cendré-incarnat, avec un arc central, et une rangée courbe de points oculaires, noirs ; trois lunules noires à l'angle anal des inférieures.*

240. Polyommate Lysimon.

Dessus des ailes d'un bleu-violet-luisant, avec une bordure d'un brun-noirâtre et une frange panachée : leur dessous cendré, avec des points noirs oculaires à la base ainsi que sur le milieu, et deux rangs de lunules obscures à l'extrémité.

241. Polyommate Hylax.

Ailes entières, d'un brun-noirâtre et sans taches en dessus : leur dessous cendré, avec des points noirs. Fab.

242. Polyommate Cajus.

Ailes entières, d'un brun-noirâtre, avec le disque d'un bleu-violet : leur dessous varié de blanc et de cendré, avec des points noirs oculaires. Fab.

243. Polyommate Phérétès.

Dessus du mâle *d'un bleu-violet, dessus de la* femelle *d'un brun-noirâtre, avec une frange blanche : leur dessous d'un cendré-verdâtre ; celui des ailes supérieures avec une lunule centrale et une ligne courbe de points noirs oculaires, celui des inférieures avec une double rangée de taches blanches.*

244. Polyommate

POLYOMMATE. (Insecte.)

244. Polyommate Cyllarus.

Dessus des ailes d'un bleu-violet, avec une bordure noire : leur dessous d'un cendré-clair, avec une ligne transverse de points noirs oculaires ; celui des inférieures d'un vert-argenté depuis la base jusqu'au-delà du milieu.

245. Polyommate Acis.

Dessus du mâle *d'un violet-bleuâtre, avec une bordure noire; dessus de la* femelle *d'un brun-noirâtre : leur dessous d'un cendré-obscur, avec une lunule centrale, et une rangée de points oculaires, noires.*

246. Polyommate Alsus.

Dessus des ailes d'un brun-noirâtre-luisant (saupoudré de bleu chez le mâle*) : leur dessous d'un cendré-bleuâtre, avec une lunule centrale, et une rangée de points oculaires, noires.*

A. Ailes supérieures ayant la côte plus ou moins arquée vers son origine. Ailes inférieures avec trois queues plus ou moins longues.

1. POLYOMMATE Faunus.

POLYOMMATUS Faunus.

Pol. alis suprà fuscescenti-violaceis, apice atro : subtùs albis, strigâ mediâ fulvâ lineâque marginali nigricante.

Papilio P. R. Faunus, *alis tricaudatis, fuscis : subtùs albis, strigis duabus fulvis.* FAB. *Mant. Inf. tom.* 2. *p.* 65. *n°.* 613.

Hesperia R. *Faunus.* FAB. *Ent. Syst. em. tom.* 3. *pars* 1. *p.* 261. *n°.* 11.

Papilio Faunus. CRAM. *Pap. pl.* 39. *fig.* B. C. (Le mâle.) *pl.* 96. *fig.* F. G. (La femelle.)

Papilio Faunus. DRURY, *Inf. tom.* 2. *pl.* 1. *fig.* 4. 5.

Son envergure est d'environ un pouce & demi. Le mâle a le dessus des ailes d'un violet-obscur, avec le sommet des supérieures d'un noir-mat, le bord terminal des inférieures garni d'une frange blanche & surmonté vers l'anus de cinq points blancs. Les queues de ces dernières ailes sont en outre totalement blanches.

Le dessous est blanc, avec deux lignes transverses, dont l'antérieure fauve, discoïdale, plus large & bordée de brun ; la postérieure noirâtre & située à peu de distance du bord. Ces lignes forment aux secondes ailes un coude, au-dessous duquel il y a deux taches anales noires & sablées de bleu-verdâtre.

La femelle diffère du mâle en ce que le dessus de ses quatre ailes est largement bordé de noir-mat, & en ce que la première tache anale du dessous des inférieures est bordée de rouge-sanguin en arrière.

De Sierra-Leone.

Nota. Dans les figures de Cramer, le bord postérieur des premières ailes est trop arrondi, & la queue anale des secondes n'a tout au plus que le tiers de sa longueur ; mais ce dernier défaut vient indubitablement de ce que les sujets qui ont servi de modèle étoient mutilés.

2. POLYOMMATE Hésiode.

POLYOMMATUS Hesiodus.

Pol. alis tricaudatis, atris, disco cœruleo : subtùs albis, strigâ communi virescente punctisque duobus anguli ani atro-argenteis. FAB.

Hesperia R. *Hesiodus.* FAB. *Ent. Syst. em. tom.* 3. *pars* 1. *p.* 260. *n°.* 8.

Papilio Hesiodus. JON. *Fig. pict.* 6. *tab.* 9. *fig.* 4.

Fabricius rapporte ce Polyommate à la femelle du *Faunus* de Cramer, mais il paroît appartenir à une autre espèce, à en juger du moins par la différence d'*habitat* & par la description que voici.

Le dessus des quatre ailes est d'un noir-mat, avec le disque largement bleu. Les ailes inférieures ont l'angle de l'anus marqué d'un point blanc, & le bord terminal garni d'une frange blanche. Leurs trois queues sont blanches & bordées de noir.

Le dessous est blanc, avec une ligne verdâtre, transverse, discoïdale, plus courte aux ailes inférieures, & s'y joignant à un arc qui va de l'angle externe au milieu du bord interne. L'angle anal des premières ailes offre deux points noirs & celui des secondes deux points argentés.

De l'Inde.

(*Traduction de Fabricius.*)

3. POLYOMMATE Hélius.

POLYOMMATUS Helius.

Pol. alis suprà cœruleis, anticarum apice latissimè nigro : subtùs cinereis, strigis tribus continuis fuscis ; posticis ocellis duobus anguli ani iride rufâ. (Mas.)

Papilio P. R. Helius, *alis tricaudatis : anticis nigris, posticis cœruleis : subtùs cinereis, strigis duabus brunneis ocellisque duobus anguli ani.* FAB. *Mant. Inf. tom.* 2. *p.* 65. *n°.* 608.

Hesperia R. *Helius.* FAB. *Ent. Syst. em. tom.* 3. *pars* 1. *p.* 259. *n°.* 4.

Papilio Helius. HERBST, *Pap. tab.* 303. *fig.* 3. 4.

Papilio Eurisus. CRAM. *pl.* 221. *fig.* D. E. (Le mâle.)

Il a approchant un pouce & demi d'envergure. Le dessus des ailes est d'un bleu-luisant, avec le sommet des supérieures très-largement noir. Les ailes inférieures ont les queues noires, avec le bout blanc.

Le dessous des quatre ailes est cendré, avec trois raies brunes, transverses & continues. Outre cela, on voit à l'angle anal des secondes ailes deux yeux noirs à iris roux. L'œil intérieur est bordé en arrière par un croissant d'atomes bleuâtres.

De la côte de Guinée.

N. B. Nous n'avons vu que le mâle, encore étoit-il défectueux.

4. POLYOMMATE Moncus.

POLYOMMATUS Moncus.

Pol. alis tricaudatis, fuscis : subtùs niveis,

nigro subfasciatis ; posticis ocellis duobus auratis. Fab.

Papilio P. R. *Moncus.* Fab. *Mant. Inf. tom.* 2. *pag.* 65. *n°.* 612.

Hesperia R. *Moncus.* Fab. *Ent. Syst. em. tom.* 3. *pars* 1. *pag.* 261. *n°.* 10.

Ne connoissant point ce lépidoptère, nous sommes obligés de le donner avec le nom qui lui a été imposé par Fabricius.

Il est petit. Le dessus de ses ailes est d'un brun-noirâtre, sans aucune tache aux supérieures, avec quelques lignes blanches sur le bord terminal des inférieures. Les trois queues de ces dernières ailes sont blanches & très-courtes.

Le dessous des quatre ailes est très-blanc. Celui des supérieures a une tache centrale transverse, une bande & l'extrémité, noires. Celui des inférieures a trois points à la base, une bande interrompue sur le milieu, une liture à l'extrémité, pareillement noirs. On voit en outre vers l'angle anal deux yeux noirs, saupoudrés d'or & entourés d'un iris fauve.

De l'Afrique équinoxiale.

(*Traduction de Fabricius.*)

5. Polyommate Pythagore.

Polyommatus Pythagoras.

Pol. alis atris, singularum suprà disco fulvo : subtùs fasciis tribus transversis lineâque geminâ marginali albis ; posticis ocellis duobus anguli ani argentatis.

Hesperia R. Pythagoras, *alis tricaudatis, atris, limbo flavo : subtùs nigris albo variis fasciâque mediâ albâ.* Fab. *Ent. Syst. em. tom.* 3. *pars* 1. *p.* 259. *n°.* 6.

Papilio Pythagoras. Jon. *Fig. pict.* 6. *tab.* 14. *fig.* 4.

Papilio Pythagoras. Donow. *of an Epitome of the Nat. Hist. Insects of India, cah.* 1. *pl.* 3. *fig.* 3.

Papilio P. R. Juba, *alis integerrimis, nigris, disco fulvo : subtùs fasciâ strigisque abbreviatis albis.* Fab. *Mant. Inf. tom.* 2. *pag.* 82. *n°.* 738.

Hesperia R. *Juba.* Fab. *Ent. Syst. em. tom.* 3. *pars* 1. *pag.* 314. *n°.* 190.

Les papillons *Pythagoras* & *Juba* de Fabricius, quoique placés à 184 numéros l'un de l'autre, appartiennent incontestablement à la même espèce. Le double emploi vient de ce que le *Pythagoras* a été figuré d'après un individu qui avoit ses queues, mais chez lequel les yeux du dessous des ailes inférieures étoient effacés, & de ce que le *Juba* au contraire avoit été antérieurement décrit, dans le cabinet du docteur Pflug, d'après un individu sans queue, mais qui avoit conservé les taches oculaires des secondes ailes.

Il a de treize à quatorze lignes d'envergure. Le dessous des ailes est d'un noir-brun, avec le milieu des supérieures & des inférieures fauve. Les ailes inférieures ont en outre quatre ou cinq petits anneaux fauves sur le bord terminal.

Le dessous est à peu près du même noir que le dessus, avec trois bandes transverses, & une double ligne marginale, blanches. La bande intermédiaire est beaucoup plus large que les deux autres. La bande postérieure est bifide aux premières ailes, & fortement interrompue aux secondes. Ces dernières ailes ont, vis-à-vis des queues, deux yeux très-noirs, sablés de bleu-argenté, & bordés antérieurement par un croissant fauve. L'œil anal est double. Les antennes sont noires, annelées de blanc & terminées de fauve.

De l'Afrique occidentale.

6. Polyommate Larydas.

Polyommatus Larydas.

Pol. alis suprà maris *obscurè violaceis*, *fœminæ albido-cœrulescentibus : subtùs fuscis, annulis numerosis albis ; posticis ocellis duobus anguli ani argenteis.*

Papilio Larydas. Cram. *pl.* 282. *fig.* H.

Papilio Larydas. Herbst, *Pap. tab.* 290. *fig.* 1.

Papilio Sylvanus. Drury, *Inf. exot. tom.* 2. *pl.* 3. *fig.* 2. 3. (Var.)

Il a environ un pouce & demi d'envergure. Le dessus du mâle est entièrement d'un violet-foncé. Le dessus de la femelle, selon Cramer, est d'un bleu très-pâle & tirant sur le blanchâtre.

Le dessous des deux sexes est d'un brun-obscur, avec une multitude d'anneaux blancs, dans l'intérieur de la plupart desquels le fond devient plus intense, ce qui forme en quelque sorte des taches oculaires. Outre cela, l'angle anal des ailes inférieures offre deux yeux noirs, saupoudrés de bleu ou de vert-argenté, & entourés d'un iris roux.

Nous avons vu un mâle qui n'avoit pas d'anneaux blancs à la partie antérieure du dessous des premières ailes. Il répond à la variété que Drury a figurée sous le nom de *Sylvanus*.

De la côte occidentale d'Afrique, & principalement de Sierra-Leone.

Nota. Cramer ne représente que deux queues, mais il y en a trois chez les individus bien conservés.

7. Polyommate Hymen.

Polyommatus Hymen.

Pol. alis tricaudatis, fuſcis : ſubtùs albo maculatis : poſticis ſuprà albis. Fab.

Papilio P. R. *Hymen.* Fab. *Mant. Inſ. tom.* 2. *p.* 65. *n°.* 616.

Heſperia R. *Hymen.* Fab. *Ent. Syſt. em. tom.* 3. *pars* 1. *p.* 262. *n°.* 13.

Les ailes ſupérieures ont le deſſus d'un brun-noirâtre, avec une tache blanchâtre, commune aux ailes inférieures. Leur deſſous eſt brun, avec diverſes petites lignes blanches, tranſverſales.

Les ailes inférieures ont trois queues. Leur deſſus eſt blanc, avec une tache brune qui s'étend ſur les ailes ſupérieures. Leur deſſous eſt obſcur, avec un grand nombre de petites lignes blanchâtres, le bord poſtérieur pâle & marqué d'une tache & d'une raie noires.

De Sierra-Leone.

(*Traduction de Fabricius.*)

8. Polyommate Amour.

Polyommatus Amor.

Pol. alis tricaudatis, fuſcis : ſubtùs diſco variegato ſtrigâ poſticâ aureâ. Fab.

Papilio P. R. *Amor.* Fab. *Mant. Inſ. tom.* 2. *p.* 65. *n°.* 610.

Heſperia R. *Amor.* Fab. *Ent. Syſt. em. tom.* 3. *pars* 1. *p.* 260. *n°.* 7.

Papilio Amor. Herbst, *Pap. tab.* 302. *fig.* 9. 10.

Papilio Amor. Jon. *Fig. pict.* 6. *tab.* 11. *fig.* 3.

Papilio Triopas. Cram. *pl.* 320. *fig.* G. H.

Les antennes ſont annelées de blanc & de noir, & elles ont le bout de la maſſue ferrugineux. Le corps eſt brun. Le deſſus des ailes eſt d'un brun-noirâtre, avec une tache blanche tranſverſale ſur le milieu des ſupérieures, & une bande rouſſe à l'extrémité des inférieures. Ces dernières ailes ont trois queues filiformes, dont l'intermédiaire plus longue.

Le deſſous des quatre ailes eſt jaune, varié de blanc & de noir, avec le limbe terminal brun, & chargé aux ſecondes ailes d'une ligne dorée.

Des Indes orientales.

(*Traduction de Fabricius.*)

9. Polyommate Agrippa.

Polyommatus Agrippa.

Pol. alis tricaudatis, cæruleis, limbo atro : ſubtùs cinereis, ſtrigâ albâ maculiſque duabus anguli ani. Fab.

Heſperia R. *Agrippa.* Fab. *Ent. Syſt. em. tom.* 3. *pars* 1. *p.* 259. *n°.* 3.

Papilio Agrippa. Jon. *Fig. pict.* 6. *tab.* 3. *fig.* 3.

Il eſt de moyenne taille. Le deſſus des ailes eſt d'un bleu-luiſant, avec une bordure noire, mais très-étroite aux inférieures.

Le deſſous eſt cendré, avec une ligne blanche, tranſverſale. Cette ligne eſt interrompue aux ſecondes ailes, leſquelles ont à l'angle de l'anus deux taches rouſſes à prunelle noire.

De l'Amérique.

(*Traduction de Fabricius.*)

Nota. Eſt-ce bien ici la place de ce lépidoptère? Ne devroit-il pas plutôt être mis dans la diviſion des eſpèces à deux queues, à côté du polyommate *Sphinx?* Il arrive quelquefois que Fabricius compte la palette anale pour une queue.

10. Polyommate Timon.

Polyommatus Timon.

Pol. alis tricaudatis, baſi vireſcentibus : ſubtùs albis; poſticis faſciâ abbreviatâ ſanguineâ. Fab.

Papilio P. R. *Timon.* Fab. *Mant. Inſ. tom.* 2. *p.* 65. *n°.* 611.

Heſperia R. *Timon.* Fab. *Ent. Syſt. em. tom.* 3. *pars* 1. *p.* 260. *n°.* 9.

Les ailes ſupérieures ont le deſſus d'un brun-noirâtre, avec la baſe verdâtre. Leur deſſous eſt blanc, avec l'extrémité plus obſcure.

Les ailes inférieures ſont verdâtres, avec l'extrémité obſcure & tachetée de blanc; elles ont trois queues, dont l'extérieure petite, obtuſe, noire & ciliée de blanc; l'intermédiaire plus longue, blanche, mais ayant du noir avant le bout; l'intérieure très-longue & toute blanche. Leur deſſous eſt blanc, avec une ligne brune, courte & tranſverſe à la région de l'anus, & une bande ſanguine ſur laquelle il y a deux taches d'un noir-mat.

De l'Amérique méridionale.

(*Traduction de Fabricius.*)

Nota. Ce lépidoptère devroit peut-être auſſi appartenir à la diviſion des eſpèces à deux queues. Les caractères du deſſous des ailes ſembleroient du moins l'indiquer.

B. Ailes ſupérieures ayant la côte plus ou moins arquée vers ſon origine. Ailes inférieures avec deux queues, dont une ordinairement plus longue.

a. Bord poſtérieur des premières ailes un peu concave, ſurtout chez le mâle.

11. Polyommate Marſyas.

Polyommatus Marſyas.

Pol. alis ſuprà vireſcenti-cœruleis, nitidis, apice nigro : ſubtùs pallidè violaceis, diſco punctis ocellaribus atris; poſticis ad angulum ani albo cœruleſcentique faſciatis.

Papilio P. R. Marſyas, *alis bicaudatis, ſuprà cœruleis : ſubtùs cœruleſcentibus, punctis nigris.* LINN. *Syſt. nat.* 2. *pag.* 788. *n°.* 223. — *Muſ. Lud. Ulr.* 315.

Papilio P. R. *Marſyas.* FAB. *Mant. Inſ. tom.* 2. *p.* 67. *n°.* 635.

Heſperia R. *Marſyas.* FAB. *Ent. Syſt. em. tom.* 3. *pars* 1. *pag.* 272. *n°.* 48.

CLERCK, *Icon. tab.* 41. *fig.* 1.

KLEMANN, *Inſ.* 1. *tab.* 5. *fig.* 1. 2.

EDW. *Av. tab.* 81.

SEBA, *Muſ.* 4. *tab.* 5. *fig.* 9. 10.

SEBA, *Muſ.* 4. *tab.* 34. *fig.* 15. 16.

Papilio Marſyas. HERBST, *Pap. tab.* 296. *fig.* 1. 2.

Papilio Marſyas. CRAM. *pl.* 332. *fig.* A. B. (Le mâle.)

Il a un peu plus de deux pouces d'envergure. Le deſſus des ailes eſt d'un bleu-verdâtre, changeant en violet, avec toute la côte & le ſommet des ſupérieures noirs.

Le deſſous eſt lilas ou d'un violet-pâle & luiſant, avec ſept ou huit points noirs cerclés de blanchâtre, & épars ſur le milieu de chaque aile. La région de l'angle anal des ſecondes ailes eſt en outre d'un bleu-verdâtre, avec deux bandes blanches, courtes & tranſverſes, derrière leſquelles ſont deux taches noires, dont l'extérieure plus ou moins ſenſible en deſſus. Les queues ſont noires, avec le bout blanc. Le corps a le deſſus bleu, le deſſous blanchâtre. Les antennes ſont noires & annelées de gris.

La femelle a le deſſus plus pâle, avec le ſommet des quatre ailes d'un noir-brun.

De la Guyane & du Bréſil.

Nota. Les premières ailes ont le bord poſtérieur un peu concave, ſurtout chez le mâle.

12. POLYOMMATE Ortygnus.

POLYOMMATUS Ortygnus.

Pol. alis ſuprà vireſcenti-cœruleis, nitidis : ſubtùs pallidè carneis, maculis aliquot diſci nigris ; poſticis ad angulum ani ſtrigâ flexuoſâ ocellisque duobus cœruleſcentibus. (Mas ?)

Papilio Ortygnus. CRAM. *pl.* 243. *fig.* B.

Papilio Ortygnus. HERBST, *Pap. tab.* 296. *fig.* 7.

Il a près d'un pouce d'envergure. Le deſſus des ailes eſt d'un bleu-verdâtre-luiſant.

Le deſſous eſt d'un incarnat-pâle, avec deux taches noires tranſverſes ſur le milieu des ailes ſupérieures ; avec trois points & une ligne ondulée noirs ſur les inférieures. Ces dernières ailes ont l'extrémité un peu jaunâtre, & elles offrent vers l'angle de l'anus une petite bande flexueuſe & deux yeux d'un bleu-verdâtre.

Décrit d'après un individu qui nous a paru être un mâle.

De Surinam.

13. POLYOMMATE Ruſtan.

POLYOMMATUS Ruſtan.

Pol. alis ſuprà cœruleſcentibus, nitidis, apice fuſco : ſubtùs ſordidè carneis, faſciâ geminâ marginali olivaceâ ; poſticis punctis duobus baſeos duobuſque anguli ani nigris albo cinctis. (Fem.)

Papilio Ruſtan. STOLL, *Suppl. à* CRAM. *pl.* 38. *fig.* 1 & 1 A.

Il a environ deux pouces d'envergure. Le deſſus des ailes eſt d'un bleu-violet, pâle & luiſant, avec une bordure brune, large, ſurtout chez la femelle.

Le deſſous eſt d'un incarnat-obſcur, avec une bande brune, tranſverſe, flexueuſe, interrompue, ſur le milieu de la ſurface, & une double bande olivâtre, continue, le long du bord poſtérieur. La bande du milieu eſt bordée de blanc en arrière, & plus large aux ailes ſupérieures qu'aux inférieures. Ces dernières ailes ont de plus quatre points noirs à iris blanc, ſavoir : un près de l'origine de la côte, un plus petit vers le milieu du bord interne, deux, ſéparés par un groupe d'atomes bleus, à l'angle de l'anus. Il y a en outre des atomes ſemblables ſur la partie la plus intérieure de la bande marginale olivâtre.

Décrit d'après un individu altéré & qui nous a paru être une femelle.

De la Chine, ſelon Stoll.

Mais ne ſeroit-il pas plutôt de l'Amérique ? Sa reſſemblance avec pluſieurs eſpèces de ce continent ſembleroit l'indiquer.

14. POLYOMMATE Vénulius.

POLYOMMATUS Venulius.

Pol. alis ſuprà cœruleis : ſubtùs cœruleſcentibus, apice faſciis tribus nigris tranſverſis ; poſticis ocello anguli ani iride fulvâ. (Mas.)

Papilio Venulius. CRAM. *pl.* 243. *fig.* G.

Papilio Venulius. HERBST, *pap. tab.* 296. *fig.* 8.

Il a environ un pouce & demi d'envergure. Le deſſus des ailes eſt d'un bleu-clair & ſans éclat.

Le deſſous eſt d'un bleu-pâle, avec trois bandes noires, tranſverſes, placées vers le bord terminal, lequel eſt lui-même liſéré de noir. Les deux bandes antérieures des ſecondes ailes forment par leur réunion un anneau alongé, & la postérieure est surmontée d'un œil noir à iris fauve & placé vis-à-vis des queues.

La femelle nous est inconnue.

De Surinam.

15. Polyommate Liger.

Polyommatus Liger.

Pol. alis suprà albis, limbo postico nigro : subtùs fuscis, strigis undulatis & lunulis albis; posticis maculâ disci duabusque anguli ani cœruleis. (Fem. ?)

Papilio P. R. Liger, *alis bicaudatis, albis, apice nigris : subtùs fuscis, strigis lunulisque albis.* Fab. *Spec. Inf. App. n°.* 504.

Papilio P. R. *Liger.* Fab. *Mant. Inf. tom.* 2. *p.* 67. *n°.* 641.

Hesperia R. *Liger.* Fab. *Ent. Syst. em. tom.* 3. *pars* 1. *p.* 274. *n°.* 58.

Papilio Liger. Cram. *pl.* 254. *fig.* E. F.

Papilio Liger. Herbst, *Pap. tab.* 302. *fig.* 1. 2.

L'individu d'après lequel nous donnons cette description nous a paru être une femelle.

Son envergure est à peu près d'un pouce & demi. Le dessus de ses ailes est blanc, avec le limbe postérieur largement noir.

Le dessous est d'un brun-noirâtre, avec une multitude de lignes ondulées & de croissans blancs. Les ailes inférieures offrent en sus trois groupes d'atomes bleus, savoir: un sur le disque, & deux près de l'angle de l'anus.

De Surinam, selon Cramer & Fabricius. Le premier de ces deux auteurs dit qu'on l'a trouvé aussi à Sierra-Leone en Afrique; il faut alors qu'il l'ait confondu avec une espèce voisine ou qu'il ait eu de faux renseignemens sur l'*habitat*.

16. Polyommate Périclès.

Polyommatus Pericles.

Pol. alis bicaudatis, nigris : subtùs fuscis, albo undatis; angulo ani maculâ duplici argenteâ. Fab.

Hesperia R. *Pericles.* Fab. *Ent. Syst. em. tom.* 3. *pars* 1. *pag.* 273. *n°.* 54.

Papilio Pericles. Jon. *Fig. pict.* 6. *tab.* 18. *fig.* 3.

Le dessus des quatre ailes est d'un noir-bleu, sans taches.

Le dessous est d'un brun-noirâtre, avec des lignes blanches ondées. Les ailes inférieures ont en outre quelques points marginaux, dont les deux plus intérieurs argentés, les autres noirs.

Des Indes.

(*Traduction de Fabricius.*)

17. Polyommate Endymion.

Polyommatus Endymion.

Pol. alis suprà virescenti-cœruleis, nitidissimis, margine atro : posticis subtùs strigâ mediâ nigrâ fasciâque ferrugineâ.

Papilio P. R. Endymion, *alis bicaudatis : subtùs viridibus auro rufoque irroratis, posticis strigâ atrâ fasciâque sanguineâ.* Fab. *Mant. Inf. tom.* 2. *p.* 67. *n°.* 629.

Hesperia R. *Endymion.* Fab. *Ent. Syst. em. tom.* 3. *pars* 1. *p.* 268. *n°.* 36.

Papilio Endymion. Herbst, *Pap. tab.* 298. *fig.* 1. 2.

Papilio regalis. Cram. *pl.* 72. *fig.* E. F. (La femelle.)

Il a environ deux pouces d'envergure. Le dessus des ailes est d'un bleu-verdâtre très-brillant, avec une bordure noire, large & sinuée dans la femelle, étroite dans le mâle. L'angle anal des secondes ailes offre en outre une tache d'un rouge-sanguin.

Le dessous des quatre ailes est sablé de vert-doré, & traversé au milieu par une ligne noire, qui est bordée de bleu-pâle en arrière. Cette ligne est anguleuse aux secondes ailes, & elle y est suivie d'une bande ferrugineuse, dont tout le côté externe est largement saupoudré de bleuâtre. Les queues sont noires, avec le bout blanc.

De Surinam.

18. Polyommate Gabriel.

Polyommatus Gabriel.

Pol. alis suprà virescenti-cœruleis, nitidissimis, margine atro : posticis subtùs apice ferrugineis, strigis tribus lineâque marginali albis.

Papilio P. R. Gabrielis, *alis subtricaudatis, cœruleis, nitidissimis : posticis subtùs antè apicem albo fasciatis.* Fab. *Mant. Inf. tom.* 2. *p.* 65. *n°.* 617. (Le mâle.)

Hesperia R. *Gabrielis.* Fab. *Ent. Syst. em. tom.* 3. *pars* 1. *p.* 262. *n°.* 14. (Le mâle.)

Papilio Gabrielis. Herbst, *Pap. tab.* 303. *fig.* 1. 2.

Papilio Gabriela. Cram. *pl.* 6. *fig.* C. D. (Le mâle.)

Il a environ deux pouces d'envergure. Le dessus de ses ailes est d'un bleu-verdâtre très-brillant, avec une bordure noire, large dans la femelle, très-étroite dans le mâle.

Le dessous des ailes supérieures est d'un bleu-pâle, sablé de vert-doré, avec deux petites raies ferrugineuses, bordées de blanchâtre &

disposées transversalement en face du sommet. Le dessous des ailes inférieures a la moitié antérieure d'un vert-obscur. L'autre moitié est ferrugineuse, avec quatre lignes blanches, transverses & sinuées, dont l'extérieure marginale & plus étroite. L'angle de l'anus est en outre saupoudré de vert-doré, & l'on y voit deux taches rouges orbiculaires. Les queues sont noires, avec le bout blanc.

De l'Amérique méridionale.

ß. Milieu des ailes supérieures du mâle offrant une tache orbiculaire, plus ou moins cotonneuse, & parfois enfoncée.

19. POLYOMMATE Ganymède.

POLYOMMATUS Ganymedes.

Pol. alis suprà virescenti-cœruleis, nitidis, margine atro : subtùs dimidiatìm auratis fuscisque, strigis duabus disci cœrulescenti-albis. (Mas.)

Papilio P. R. Ganymedes, *alis bicaudatis, cœrulescentibus, limbo fusco : subtùs basi virescentibus, punctis aureis.* FAB. *Mant. Ins. tom.* 2. *p.* 66. *n°.* 623. (Le mâle.)

Hesperia R. *Ganymedes.* FAB. *Ent. Syst. em. tom.* 3. *pars* 1. *p.* 264. *n°.* 23. (Le mâle.)

Papilio Ganymedes. CRAM. *pl.* 40. *fig.* C. D. (Le mâle.)

Papilio Ganymedes. HERBST, *Pap. tab.* 298. *n^os^.* 7. 8.

Nous n'avons vu que le mâle. Il n'a guère qu'un pouce & demi d'envergure. Le dessus de ses ailes est d'un bleu-verdâtre-luisant & changeant en violet, avec tout le pourtour extérieur & la tache centrale des supérieures, noirs.

Le dessous est d'un brun-noirâtre, avec la moitié antérieure sablée de vert-doré, & le milieu traversé par deux lignes d'un blanc-bleuâtre, entre lesquelles il y a une bande ferrugineuse. L'angle anal des secondes ailes offre en outre quelques points dorés.

Des Indes occidentales.

20. POLYOMMATE Vénus.

POLYOMMATUS Venus.

Pol. alis suprà cyaneis, nitidis, apice nigro : subtùs viridi-aureis, posticis nigro irroratis. (Mas.)

Papilio P. R. Venus, *alis bicaudatis : subtùs anticis viridibus auro irroratis ; posticis aureis, viridi auroque maculatis.* FAB. *Mant. Ins. tom.* 2. *p.* 67. *n°.* 630. (Le mâle.)

Papilio P. R. Actæon, *alis tricaudatis, cœrulescentibus, apice nigris : subtùs aureis, atomis nigris.* FAB. *Mant. Ins. tom.* 2. *p.* 65. *n°.* 614. (La femelle?)

Hesperia R. *Venus.* FAB. *Ent. Syst. em. tom.* 3. *pars* 1. *p.* 268. *n°.* 37.

Papilio Venus. HERBST, *Pap. tab.* 294. *fig.* 1. 2.

Papilio imperialis. CRAM. *pl.* 76. *fig.* E. F.

Il a à peu près un pouce & demi d'envergure. Le dessus des ailes est d'un bleu-barbeau-luisant, avec le sommet & les queues noirs, & deux points ferrugineux au centre des ailes supérieures du mâle.

Le dessous est d'un vert-doré, avec environ les trois quarts antérieurs des secondes ailes aspergés de noir-obscur.

Le papillon *Actæon* de la Mantissa de Fabricius pourroit être la femelle, car il ne semble différer de son papillon *Venus* que parce qu'il a le dessus des ailes d'un bleu plus pâle.

De Surinam.

21. POLYOMMATE Emathéon.

POLYOMMATUS Ematheon.

Pol. alis suprà cyaneis, nitidis, limbo nigro : subtùs nigris, cœrulescenti irroratis. (Mas.)

Papilio P. R. Ematheon, *alis bicaudatis, cœruleo nitidis : subtùs atris, cœruleo irroratis.* FAB. *Mant. Ins. tom.* 2. *p.* 66. *n°.* 626.

Hesperia R. *Ematheon.* FAB. *Ent. Syst. em. tom.* 3. *pars* 1. *p.* 266. *n°.* 26.

Papilio Ematheon. CRAM. *pl.* 63. *fig.* F. G.

Papilio Ematheon. HERBST, *Pap. tab.* 295. *fig.* 5. 6.

Il a un peu plus d'un pouce & demi d'envergure. Le dessus des ailes est d'un bleu-barbeau-luisant, avec le pourtour extérieur noir, mais plus largement aux supérieures qu'aux inférieures.

Le dessous est noir & aspergé de bleu-pâle.

Chez le mâle, le milieu des ailes supérieures offre une grande tache noire. La femelle nous est inconnue.

De Surinam.

22. POLYOMMATE Arogéus.

POLYOMMATUS Arogeus.

Pol. alis utrinquè viridibus, nitidis : posticis subtùs strigis quatuor nigris, anteriori obliquâ abbreviatâque, penultimâ subcœruleo marginatâ.

Papilio Arogeus. CRAM. *pl.* 333. *fig.* A. B.

Papilio Arogeus. HERBST, *Pap. tab.* 292. *fig.* 8. 9.

Il a de un pouce & demi à deux pouces d'envergure. Le deſſus des ailes eſt d'un vert-bleuâtre-luiſant, avec le ſommet des ſupérieures légèrement noirâtre. Ces ailes offrent dans le mâle un œil brun, placé vers le milieu de la côte.

Le deſſous eſt à peu près du même ton que le deſſus, & l'on voit ſur les ſecondes ailes quatre lignes noires, dont l'antérieure courte & oblique, la ſuivante ondulée, la pénultième bordée de bleuâtre, la poſtérieure plus large, & quelquefois moins prononcée que les autres. Les ailes ſupérieures ont aſſez ſouvent une ligne noire, tranſverſe & flexueuſe.

Nous avons vu une variété mâle qui avoit le deſſous des ailes d'un vert très-obſcur.

De la Guyane & du Bréſil.

23. Polyommate Acmon.

Polyommatus Acmon.

Pol. alis ſuprà viridi-cœruleis, nitidis : poſticis ſubtùs fuſcis, ad angulum ani ſtrigis viridibus.

Papilio P. R. Acmon, *alis caudatis, cœruleis : poſticis ſubtùs atris, apice ſtrigis viridiaureis.* Fab. *Mant. Inſ. tom.* 2. *p.* 70. *n°.* 665.

Heſperia R. *Acmon.* Fab. *Ent. Syſt. em. tom.* 3. *pars* 1. *p.* 284. *n°.* 93.

Papilio Acmon. Cram. *pl.* 51. *fig.* C. D.

Papilio Acmon. Herbst, *Pap. tab.* 293. *fig.* 3. 4.

Il a environ un pouce & demi d'envergure. Le mâle a le deſſus des ailes d'un bleu-ardoiſé-luiſant, avec la frange noire. Le deſſous de ſes premières ailes eſt noirâtre vers le bord antérieur, d'un bleu-verdâtre vers le bord interne. Le deſſous de ſes ſecondes ailes eſt d'un brun-noirâtre, avec quatre lignes vertes tranſverſales à la région de l'angle de l'anus, & une ligne arquée de points bleuâtres près de la baſe. Les queues ſont noires de part & d'autre, avec l'extrémité blanche.

La femelle a le deſſus des quatre ailes d'un bleu plus terne & largement bordé de brun-noirâtre. Le deſſous de ſes ailes ſupérieures eſt griſâtre près du bord interne.

Quelquefois le mâle a le ſommet des ailes ſupérieures noir en deſſus.

De Surinam.

24. Polyommate Polibetes.

Polyommatus Polibetes.

Pol. alis ſuprà violaceo-cœruleis, nitidis, limbo poſtico nigro : ſubtùs carneo-fuſcis ; poſticis ſtrigis duabus undulatis cœruleſcentibus punctiſque ſeptem nigris. (Mas.)

Papilio Polibetes. Cram. *pl.* 341. *fig.* B. C.

Papilio Polibetes. Herbst, *Pap. tab.* 287. *fig.* 3. 4.

Il a un pouce & demi d'envergure. Le deſſus des ailes eſt d'un bleu-violet-luiſant, avec le limbe poſtérieur des quatre, & un grand œil au milieu des ailes ſupérieures du mâle, noirs.

Le deſſous eſt d'un brun-incarnat, avec ſept points noirs & deux lignes flexueuſes d'un bleu-cendré aux ailes inférieures. Cinq de ces points ſont diſpoſés ſur le côté interne de la ligne antérieure, les deux autres ſont à la région de l'angle de l'anus, & il y a entr'eux un groupe d'atomes du même bleu que les deux lignes ſuſdites.

Le deſſous des ailes ſupérieures a une rangée centrale de points noirs.

La femelle nous eſt inconnue.

De la Guyane & du Bréſil.

25. Polyommate Hémon.

Polyommatus Hemon.

Pol alis fuſcis : anticis ſuprà immaculatis : ſubtùs omnibus apice obſcuriùs faſciatis ; poſticis ſtrigis quatuor vireſcentibus undulatis, anticâ longiore punctoque ocellari antrorſùm terminatâ.

Papilio P. R. Hemon, *alis bicaudatis, ſuprà fuſcis, immaculatis : poſticis ſubtùs angulo ani faſciis tribus cœruleis.* Fab. *Mant. Inſ. tom.* 2. *p.* 67. *n°.* 633.

Heſperia R. *Hemon.* Fab. *Ent. Syſt. em. tom.* 3. *pars* 1. *pag.* 270. *n°.* 42.

Papilio Hemon. Cram. *pl.* 20. *fig.* D. E.

Papilio Hemon. Herbst, *Pap. tab.* 294. *fig.* 8. 9.

Il a environ un pouce & demi d'envergure. Le deſſus des ailes eſt d'un brun-obſcur, ſans taches aux ſupérieures, avec une ligne noire, ſurmontée d'un croiſſant verdâtre, à l'angle anal des inférieures.

Le deſſous eſt un peu plus pâle que le deſſus, avec deux ou trois bandes noirâtres à l'extrémité des quatre ailes. Les ailes inférieures ont en outre quatre lignes verdâtres, ondulées, dont les trois poſtérieures courtes & placées près de l'angle de l'anus ſur les bandes ſuſdites, l'antérieure longue & terminée près de la côte par un gros point noir, qui eſt bordé de vert-blanchâtre intérieurement.

De la Guyane & du Bréſil.

26. Polyommate Liſus.

Polyommatus Liſus.

Pol. alis ſuprà viridi-cœruleis, nitidis : ſubtùs obſcurè viridibus, ad apicem fuſco faſciatis ; poſticis

posticis strigâ mediâ è punctis cœrulescenti-albis. (Mas.)

Papilio Lisus. Stoll, *Pap. Suppl. à* Cramer, *pl.* 38. *fig.* 2 & 2 B.

Il a près d'un pouce & demi d'envergure. Le dessus des ailes est d'un bleu-luisant, mais chatoyant en vert à la côte & au bord interne.

Le dessous est d'un vert-obscur, avec deux bandes postérieures & le bord terminal bruns. Le milieu des ailes inférieures est en outre traversé par une rangée de points d'un blanc-bleuâtre, derrière lesquels il y a un trait du même blanc.

Nous ne connoissons pas la femelle.

De Surinam.

27. Polyommate Sinnis.

Polyommatus Sinnis.

Pol. alis suprà chalybdineo-cœruleis, nitidis, limbo atro : subtùs virescenti-cinereis, strigis duabus undulatis albis; posticis ad angulum ani fasciâ abbreviatâ viridi-aureâ, puncto lunulâque luteis notatâ. (Mas.)

Il a près d'un pouce & demi d'envergure. Le dessus des ailes est d'un bleu-d'acier-luisant, avec le pourtour extérieur des premières & le limbe terminal des secondes d'un noir-mat.

Le dessous est d'un cendré-verdâtre, avec deux lignes transverses & ondulées d'un blanc-bleuâtre, & bordées de noir sur un de leurs côtés. Indépendamment de cela, les secondes ailes ont vers la base une petite tache de la couleur des lignes susdites, & à la région de l'angle de l'anus une bande d'un vert-doré, bande sur laquelle il y a un chevron & un point jaunes, bordés de noir en avant & en arrière.

Nous n'avons vu que le mâle.

Du Brésil.

Nota. Le préservatif ne nous a pas permis de distinguer si le dessous des ailes a du rouge à son origine.

28. Polyommate Thalès.

Polyommatus Thales.

Pol. alis utrinquè atris : subtùs cœruleo undatis; anticis apice grisescente, posticis ad angulum ani fasciâ abbreviatâ viridi-aureâ.

Hesperia R. Thales, *alis bicaudatis, atris : subtùs lunulis cœruleis; posticis fasciâ abbreviatâ submarginali aureâ.* Fab. *Ent. Syst. em. tom.* 3. *pars* 1. *p.* 268. *n°.* 35.

Papilio Thales. Jon. *Fig. pict.* 6. *tab.* 14. *fig.* 1.

Papilio Thales. Donow. *of an Epit. of the Nat. Hist. Ins. of India, cah.* 7. *pl.* 1. *fig.* 4.

Il a de quatorze à quinze lignes d'envergure. Le dessus des ailes est d'un noir-brun, avec une liture bleuâtre à l'angle interne des inférieures, & quelquefois aussi vers l'extrémité des supérieures.

Le dessous est du même noir que le dessus, avec des lignes bleues, ondulées & interrompues, depuis la base jusqu'au-delà du milieu. Outre cela, le sommet des ailes supérieures est grisâtre, & les inférieures ont à la région de l'angle de l'anus une bande courte d'un vert-doré. Les queues sont noires, avec le bout blanc.

La femelle ressemble au mâle.

Du Brésil.

Nota. Fabricius ne parle pas des atomes grisâtres qui sont au sommet des ailes supérieures en dessous. Peut-être a-t-il vu des exemplaires mal conservés, car du reste sa description se rapporte bien avec la nôtre.

29. Polyommate Nautès.

Polyommatus Nautes.

Pol. alis suprà cyaneis, nervis limboque nigris : posticis subtùs atris, disco vittâ longitudinali flavâ & ponè hanc annulis numerosis cœrulescentibus. (Mas.)

Papilio Nautes. Cram. *pl.* 233. *fig.* F. G.

Papilio Nautes. Herbst, *Pap. tab.* 296. *fig.* 3. 4.

Il a un peu plus d'un pouce & demi d'envergure. Le dessus des quatre ailes est d'un bleu-barbeau, avec l'extrémité des nervures & le limbe postérieur noirs.

Le dessous des ailes supérieures est noir, avec le disque d'un bleu-pâle.

Le dessous des ailes inférieures est d'un noir-obscur, avec une bandelette longitudinale jaune, surmontée d'une lunule bleue, & suivie d'une multitude d'anneaux bleuâtres.

Décrit d'après un individu que nous soupçonnons mâle, quoique privé de corps.

De Surinam.

30. Polyommate Elis.

Polyommatus Elis.

Pol. alis utrinquè viridi-fuscis : posticis subtùs vittâ longitudinali fulvâ & ponè hanc strigis tribus inaurato-viridibus.

Papilio Elis. Cram. *pl.* 233. *fig.* D.

Papilio Elis. Herbst, *Pap. tab.* 296. *fig.* 5.

Nous donnons ce Polyommate d'après Cramer. Il a près d'un pouce & demi d'envergure. Le dessus de ses ailes est d'un brun-verdâtre-chatoyant.

Le dessous est à peu près de la couleur du dessus,

avec un arc transversal de trois points bleus sur le milieu des ailes supérieures, & une bandelette longitudinale d'un fauve-obscur sur le milieu des inférieures. Cette bandelette est surmontée de deux points bleus, & suivie de trois lignes ondulées & transverses d'un vert-doré.

De Surinam.

Nota. Ne seroit-ce pas la femelle du *Nautès?*

31. POLYOMMATE Polybe.

POLYOMMATUS Polybe.

Pol. alis suprà cœruleo-viridibus, apice fusco: subtùs virescenti-ochreaceis, atro venosis, basi rubro maculatâ.

Papilio P. R. Polybe, *alis posticis dentatis, reliquis integerrimis, fusco-virescentibus: subtùs viridi-sericeis, venis atris.* LINN. *Syst. nat.* 2. *pag.* 787. *n°.* 218. — *Amœn. Acad.* 6. *p.* 404. *n°.* 58.

Hesperia R. Atys, *alis bicaudatis, fuscis, disco cœruleo: subtùs cinereis, fusco venosis, basi maculâ fulvâ punctisque albis.* FAB. *Ent. Syst. em. tom.* 3. *pars* 1. *p.* 267. *n°.* 30.

Papilio Atys. CRAM. *pl.* 259. *fig.* E. F. G. H.

Papilio Atys. HERBST, *Pap. tab.* 297. *fig.* 7-10.

Papilio Atys. JON. *Fig. pict.* 6. *tab.* 13. *fig.* 1.

Il a près de deux pouces d'envergure. Le dessus des ailes est d'un vert-bleuâtre-luisant, avec les nervures & environ le tiers postérieur de la surface d'un noir-velouté. Le mâle a vers le milieu de la côte des premières ailes une double tache oculaire brune.

Le dessous est d'un jaune-verdâtre, mais oblitéré au milieu des premières ailes, avec des veines d'un noir-mat, & trois taches basilaires d'un rouge-cinabre. Les secondes ailes ont la région anale coupée transversalement de noir & de vert-doré, & la palette du bord interne saupoudrée de bleu. Le corps est bleu en dessus; il est noir en dessous, avec le ventre orangé & la poitrine ponctuée de vert-doré.

De la Guyane & du Brésil,

Nota. Linné a décrit un individu dont les queues étoient en partie cassées & ne représentoient plus que des dents. Il paroît aussi que Fabricius n'a pas vu ce Polyommate frais, puisqu'il dit que le dessous des ailes est d'un cendré-obscur, avec les taches de la base fauves.

32. POLYOMMATE Halésus.

POLYOMMATUS Halesus.

Pol. alis suprà virescenti-cœruleis margine nigro, subtùs fuscis costâ baseos rubrâ: posticis utrinquè angulo ani auro maculatis.

Papilio P. R. Halesus, *alis bicaudatis, cæruleis margine nigro: posticis utrinquè auro maculatis.* FAB. *Mant. Inf. tom.* 2. *p.* 67. *n°.* 638.

Hesperia R. *Halesus.* FAB. *Ent. Syst. em. tom.* 3. *pars* 1. *p.* 273. *n°.* 52.

Papilio Halesus. CRAM. *pl.* 98. *fig.* B. C. (Le mâle.)

Papilio Halesus. HERBST, *Pap. tab.* 295. *fig.* 1. 2.

Il a entre un pouce & demi & deux pouces d'envergure. Le dessus des ailes est d'un bleu-verdâtre changeant en violet, avec une bordure noire, assez large dans le mâle, sinuée & occupant la moitié postérieure de la surface dans la femelle.

Le dessous des quatre ailes est d'un brun-noirâtre, avec l'origine de la côte rouge & accompagnée de quelques points bleuâtres. L'angle anal des ailes inférieures offre plusieurs groupes d'atomes d'un vert-doré, puis des points d'un bleu-violâtre. Le corps est bleu en dessus, brun en dessous, avec le ventre orangé.

Dans le mâle, la tache brune du milieu des premières ailes est marquée d'un petit croissant rougeâtre.

De l'Amérique septentrionale, selon Fabricius.

33. POLYOMMATE Syncelle.

POLYOMMATUS Syncellus.

Pol. alis suprà violaceo-cœruleis, nitidis, limbo communi nigro: subtùs fuscis; anticis costâ baseos rubrâ, posticis sesqui strigâ undulatâ virescente punctisque duobus analibus nigris. (Mas.)

Papilio Syncellus. CRAM. *pl.* 334. *fig.* A. B.

Papilio Syncellus. HERBST, *Pap. tab.* 287. *fig.* 1. 2.

Papilio Bitias. CRAM. *pl.* 104. *fig.* E. (Var.?)

Il a de treize à quatorze lignes d'envergure. Le dessus de ses ailes est d'un bleu-violet-luisant, avec le limbe postérieur des quatre, & un petit œil au milieu des supérieures, noirs.

Le dessous est d'un brun-noirâtre, avec l'origine de la côte des supérieures rouge, & deux lignes verdâtres, transverses, ondulées, dont la postérieure plus courte, aux ailes inférieures. Ces dernières ailes ont à la région de l'angle de l'anus deux points noirs séparés par un groupe d'atomes verdâtres.

Le dessous des premières ailes offre parfois une ligne semblable à celle des secondes ailes.

Le papillon *Bitias* de Cramer n'en est peut-être qu'une variété, car il paroît n'en différer que par l'absence des deux points à l'angle anal des ailes inférieures en dessous.

Nous ne connoiſſons point la femelle.
De Surinam.

34. POLYOMMATE Narbal.

POLYOMMATUS Narbal.

Pol. alis ſuprà cyaneis, nitidis, apice nigro : ſubtùs fuſcis ſingularum coſtâ baſeos rubrâ; poſticis ſtrigâ undulatâ albâ punctiſque duobus ocellaribus, altero baſilari, altero anali, nigris. (Mas.)

Papilio Narbal. STOLL, *Suppl. à* CRAM. *pl.* 38. *fig.* 6 & 6 F.

Il a près d'un pouce & demi d'envergure. Le deſſus des quatre ailes eſt d'un bleu-barbeau-luiſant, avec le ſommet noir. Les ailes ſupérieures du mâle ont vers le milieu de la côte une tache oculaire griſâtre.
Le deſſous eſt d'un brun-obſcur, avec l'origine de la côte de toutes les ailes rouge. Les premières ailes ſont ſans taches. Les ſecondes ont une ligne blanche, tranſverſe, ondulée, interrompue, & bordée de noir à ſon côté interne; on y voit en outre deux taches ocellées noires, dont l'une vers le milieu du bord antérieur, l'autre à l'échancrure anale. Le corps eſt de part & d'autre du même ton que les ailes.
La femelle nous eſt inconnue.
De la Guyane & du Bréſil.

35. POLYOMMATE Inachus.

POLYOMMATUS Inachus.

Pol. alis ſuprà cœruleis, limbo nigro : ſubtùs fuſcis, coſtâ baſeos rubrâ ſtrigâque mediâ albâ; ſtrigâ poſticarum puncto ocellari antrorsùm terminatâ. (Mas.)

Papilio Inachus. CRAM. *pl.* 36. *fig.* D. I.

Papilio Inachus. HERBST, *Pap. tab.* 299. *fig.* 1. 2.

Nous ne connoiſſons ce lépidoptère que par un individu mâle & unique.
Il a environ un pouce & demi d'envergure. Le deſſus des ailes eſt d'un bleu-changeant, avec le bord poſtérieur noir.
Le deſſous eſt d'un brun-obſcur, avec l'origine de la côte rouge, & le milieu coupé obliquement par une ligne blanche ondulée. La ligne des ſecondes ailes eſt ſurmontée d'un point oculaire noir, & ſuivie de deux ou trois traits verdâtres, diſpoſés tranſverſalement vers l'angle de l'anus. La poitrine eſt en outre ponctuée de blanc-bleuâtre.
Des Indes occidentales.

36. POLYOMMATE Pétus.

POLYOMMATUS Petus.

Pol. alis ſuprà cœruleis, nitidis, limbo atro : ſubtùs fuſcis, baſi rufis albo punctatis.

Heſperia R. *Petus, alis ſubtricaudatis, cœruleis, limbo atro : ſubtùs fuſcis, baſi rufis albo punctatis.* FAB. *Ent. Syſt. em. tom.* 3. *pars* 1. *p.* 264. *n°.* 21.

Papilio P. R. *Getus.* FAB. *Mant. Inſ. tom.* 2. *p.* 66. *n°.* 621.

Papilio Pelops. CRAM. *pl.* 341. *fig.* A.

Papilio Pelopus. HERBST, *Pap. tab.* 287. *fig.* 5. 6.

Nous ne connoiſſons ce Polyommate que par la deſcription de Fabricius & par la figure de Cramer.
Il a à peu près un pouce & demi d'envergure. Le deſſus de toutes ſes ailes eſt d'un bleu-violet-luiſant, avec le limbe poſtérieur noir.
Le deſſous eſt d'un brun-obſcur, avec la baſe rouſſe & ponctuée de blanc. L'extrémité des ailes inférieures eſt en outre coupée tranſverſalement par quelques lignes verdâtres ondulées.
De Surinam.

37. POLYOMMATE Céranus.

POLYOMMATUS Ceranus.

Pol. alis caudatis, cœruleſcentibus : ſubtùs brunneis, baſi albo maculatis. FAB.

Heſperia R. *Ceranus.* FAB. *Ent. Syſt. em. tom.* 3. *pars* 1. *p.* 276. *n°.* 66.

Papilio Ceranus. CRAM. *pl.* 332. *fig.* C. D.

Papilio Ceranus. HERBST, *Pap. tab.* 287. *fig.* 7. 8.

Papilio Ceranus. JON. *Fig. pict.* 6. *tab.* 3. *fig.* 4.

Voici ce qu'en dit Fabricius : Il eſt de moyenne taille. Le deſſus de toutes ſes ailes eſt d'un bleu-pâle, avec l'extrémité d'un brun-noirâtre.
Le deſſous eſt d'un brun-foncé, avec des points blancs à la baſe. Il y a en outre quelques traits bleuâtres à l'angle anal des ailes inférieures.
De Surinam.
N. B. Ne ſeroit-ce pas la femelle ou une variété du *Pétus ?*

38. POLYOMMATE Didymaon.

POLYOMMATUS Didymaon.

Pol. alis tricaudatis, fuſcis : ſubtùs baſi rubris punctis ocellaribus albis. FAB.

Papilio P. R. *Didymaon.* FAB. *Mant. Inſ. tom.* 2. *p.* 66. *n°.* 627.

Heſperia R. *Didymaon.* FAB. *Ent. Syſt. em. tom.* 3. *pars* 1. *p.* 266. *n°.* 27.

Papilio Didymaon. CRAM. *pl.* 134. *fig.* A.

Papilio Didymaon. HERBST, *Pap. tab.* 300. *fig.* 1. 2.

Le dessus des ailes est brun, avec un reflet bleu.
Le dessous est également brun, avec la base rouge & chargée de points blancs ocellés. On voit de plus à l'angle anal des secondes ailes une liture verdâtre, environnée de noir.

De Surinam.

N. B. Nous serions portés à croire, d'après l'inspection de la figure de Cramer, que c'est une variété femelle du *Pétus*, mais moins grande que les individus de son sexe.

39. POLYOMMATE Eole.

POLYOMMATUS Æolus.

Pol. alis suprà violaceo-cœruleis, nitidis, margine fusco : subtùs fuscis, albido trifasciatis ; anticis costâ baseos, posticis puncto anali sanguineis.

Papilio P. R. Æolus, *alis caudatis, cyaneis : anticis maculâ nigrâ : omnibus subtùs fasciâ albâ nigro striatâ*. FAB. *Mant. Inf. tom.* 2. *p.* 70. *n°.* 664. (Le mâle.)

Hesperia R. *Æolus*. FAB. *Ent. Syst. em. tom.* 3. *pars* 1. *p.* 284. *n°.* 90. (Le mâle.)

Papilio Thallus. CRAM. *pl.* 259. *fig.* C. D. (Le mâle.)

Papilio Thallus. HERBST, *Pap. tab.* 297. *fig.* 5. 6.

DAUBENTON, *Pl. enlum.* 18. *fig.* 6. 7.

Papilio P. R. Pelion, *alis subtricaudatis, cœruleis, auro punctatis, limbo fusco*. FAB. *Mant. Inf. tom.* 2. *p.* 66. *n°.* 618. (La femelle.)

Hesperia R. *Pelion*. FAB. *Ent. Syst. em. tom.* 3. *pars* 1. *p.* 263. *n°.* 17. (La femelle.)

Papilio Pelion. CRAM. *pl.* 6. *fig.* E. F. (La femelle.)

Papilio Pelion. HERBST, *Pap. tab.* 294. *fig.* 6. 7.

Les Hespéries rurales *Æolus* & *Pelion* de Fabricius ne font, suivant nous, qu'une seule espèce, dont l'*Æolus* est le mâle & le *Pelion* la femelle. Il nous semble même que Fabricius a décrit la femelle d'après la figure de Cramer.

Son envergure est d'environ un pouce & demi. Le dessus du mâle est d'un bleu-violet-luisant & changeant en verdâtre, avec une légère bordure aux quatre ailes, & un œil au milieu des supérieures, noirs.

Le dessous est d'un brun-noirâtre-chatoyant, avec une bande blanche, commune, discoïdale, & coupée par les nervures, qui font du même brun que le fond. La base est en outre blanchâtre, & il y a à l'extrémité une bande également blanchâtre, plus apparente dans certains individus que dans d'autres. L'origine de la côte des premières ailes est d'un beau rouge-sanguin, & les secondes ailes ont un point de cette couleur avant la plus courte des deux queues.

La femelle a le dessus des ailes d'un bleu plus pâle & largement bordé de brun-noirâtre. Son dessous offre les mêmes caractères que celui du mâle, mais le blanc est plus sensible à la base & à l'extrémité, du moins dans l'individu que nous avons vu.

De la Guyane.

40. POLYOMMATE Bathis.

POLYOMMATUS Bathis.

Pol. alis suprà maris nitidè-cœruleis, fœminæ albis, apice fusco : subtùs nigris, fasciis transversis albis ; anticis puncto baseos, posticis angulo ani fulvis.

Papilio P. R. Bathis, *alis bicaudatis, cœruleis, ocello atro : subtùs fuscis, albo fasciatis, angulo ani rufo*. FAB. *Mant. Inf. tom.* 2. *p.* 67. *n°.* 635. (Le mâle.)

Hesperia R. *Bathis*. FAB. *Ent. Syst. em. tom.* 3. *pars* 1. *p.* 272. *n°.* 49. (Le mâle.)

Papilio Bathis. JON. *Fig. pict.* 6. *tab.* 10. *fig.* 1.

Papilio Bathis. HERBST, *Pap. tab.* 291. *fig.* 9. 10.

Papilio Battus. CRAM. *pl.* 51. *fig.* F. G. (Le mâle.)

Il a un peu plus d'un pouce d'envergure. Le dessus du mâle est d'un bleu-violet-luisant, avec le bord postérieur des quatre ailes d'un brun-noirâtre, l'angle anal des inférieures fauve & marqué d'une ligne blanche.

Le dessous est noir, avec trois bandes blanches transverses aux ailes supérieures, & cinq aux inférieures. Ces dernières ailes ont l'angle de l'anus fauve comme en dessus, & il y a un point de cette couleur à la base des ailes de devant.

La femelle diffère du mâle en ce qu'elle a le dessus d'un blanc-bleuâtre, avec le sommet des premières ailes largement brun.

De Surinam.

41. POLYOMMATE Phaléros.

POLYOMMATUS Phaleros.

Pol. alis suprà maris violaceo-cœruleis, nitidis, fœminæ albidis, apice fusco : subtùs albis, fasciis transversis margineque nigris ; posticis punctis duobus anguli ani argenteo-cœrulescentibus.

Papilio P. U. Phaleros, *alis caudatis, suprà*

nigro-cœruleis, cicatrice orbiculari concavâ. Linn. *Syst. nat.* 2. *p.* 797. *n°.* 272.

Hesperia R. Chiton, *alis tricaudatis, cœruleis, limbo fusco : subtùs flavescenti-albis, nigro fasciatis.* Fab. *Ent. Syst. em. tom.* 3. *pars* 1. *p.* 262. *n°.* 16. (Le mâle.)

Papilio Chiton. Jon. *Fig. pict.* 6. *tab.* 2. *fig.* 1.

Papilio Chiton. Donow. *of an Epit. of the Nat. Hist. Insects of India, cah.* 1. *pl.* 3. *fig.* 1.

Papilio Silenus. Cram. *pl.* 282. *fig.* E. (La femelle.)

Papilio Agis. Drury, *Inf. tom.* 3. *pl.* 26. *fig.* 3. 4.

Ce lépidoptère eſt, ſelon nous, le Plébéien urbicole *Phaleros* de Linné.

Son envergure eſt à peu près d'un pouce & demi. Le mâle a le deſſus d'un bleu-violet-luiſant, avec le ſommet des quatre ailes d'un brun-noirâtre, & le milieu des ſupérieures marqué près de la côte d'un œil brun enfoncé & ayant un iris corné d'un gris de perle.

La femelle a le deſſus d'un blanc-bleuâtre-ſale, avec le ſommet obſcur.

Le deſſous des deux ſexes eſt blanc, avec trois bandes tranſverſes, & le bord poſtérieur, noirs. Les deux bandes intérieures des ſecondes ailes forment un coude avant l'angle de l'anus, & cet angle offre deux points d'un bleu-argentin, placés l'un au-deſſus de l'autre. Il y a en outre un peu de fauve près du bord poſtérieur de chaque aile.

L'individu mâle décrit par Linné avoit perdu une queue, c'eſt pourquoi la phraſe porte tout ſimplement *caudatis.*

De Surinam.

42. Polyommate Mœlibée.

Polyommatus Meliboeus.

Pol. alis ſuprà violaceo-cœruleſcentibus, apice fuſco : ſubtùs flaveſcentibus, ſtrigis quinque nigris, mediâ geminatâ.

Hesperia R. Meliboeus, *alis bicaudatis, cœruleſcentibus, limbo fuſco : ſubtùs flaveſcentibus, anticis fuſco, poſticis nigro ſtrigoſis ; angulo ani atro annulis cœruleis.* Fab. *Ent. Syst. em. tom.* 3. *pars* 1. *p.* 271. *n°.* 44.

Papilio Meliboeus. Jon. *Fig. pict.* 6. *tab.* 2. *fig.* 2.

Il a un peu plus d'un pouce d'envergure. Le deſſus des ailes eſt d'un bleu-violet-pâle, avec environ la moitié poſtérieure des premieres ailes & le bord terminal des ſecondes d'un brun-noirâtre. Le bord des ſecondes ailes eſt longé par une ligne bleuâtre ſinuée, & au-deſſus de laquelle l'angle de l'anus offre un point jaunâtre.

Le deſſous eſt d'un jaune-pâle, mais prenant un ton jaunâtre vers le bout, avec cinq raies noires, tranſverſes, dont la deuxième diſcoïdale, diviſée par un trait jaune aux premières ailes, & par une ligne blanche aux ſecondes. Ces dernières ailes ont près du bord interne des veines noires, dont les deux antérieures ſe croiſant en X & aboutiſſant, ainſi que les ſuivantes, à la région anale, qui eſt noire & marquée de deux anneaux bleus. La queue intérieure eſt noire & ſaupoudrée de bleuâtre; la queue extérieure eſt courte, noirâtre en deſſus, preſqu'entièrement rouſſe en deſſous.

La femelle reſſemble au mâle, mais elle eſt d'un bleu plus terne.

Du Bréſil.

43. Polyommate Pélagon.

Polyommatus Pelagon.

Pol. alis ſuprà ardoſiaceis, limbo fuſco : ſubtùs carneo-fuſceſcentibus : ſtrigis quatuor obſcurioribus undatis albo marginatis limboque poſtico flavido.

Papilio Pelagon. Cram. *pl.* 282. *fig.* C. D. (La femelle.)

Papilio Myrtillus. Cram. *pl.* 380. *fig.* B. C. (La femelle.)

Papilio Pelagon. Herbst, *Pap. tab.* 292. *fig.* 3. 4.

Papilio Myrtillus. Herbst, *Pap. tab.* 286. *fig.* 3. 4.

D'après Cramer, ſon *Pelagon* & ſon *Myrtillus* ſeroient deux eſpèces différentes, dont l'une ayant deux queues & ſe trouvant à Sierra-Leone en Afrique; l'autre, pourvue d'une ſeule queue & propre au territoire de Surinam. Mais ſi l'on examine bien ces deux lépidoptères, on reconnoîtra, malgré la groſſièreté de l'enluminure, que ce ſont deux femelles identiques, & que celle qui porte le nom de *Myrtillus* a perdu la plus petite de ſes deux queues. Herbſt a, ſelon ſa coutume, adopté l'opinion de Cramer.

Le Pelagon n'a tout au plus que quatorze lignes d'envergure. Le deſſus de ſes ailes eſt d'un bleu-ardoiſé-luiſant, avec le bord poſtérieur obſcur.

Le deſſous eſt d'un brun-incarnat-pâle, avec quatre raies plus obſcures, tranſverſes, ondulées, bordées de blanc, & le limbe poſtérieur jaunâtre. L'angle interne des ſecondes ailes eſt en outre noirâtre & parſemé d'atomes bleuâtres.

Le mâle a une tache centrale brune ſur le deſſus des premières ailes, & la bordure de ces mêmes ailes eſt très-large dans la femelle.

Il habite l'Amérique équinoxiale.

44. Polyommate Anacréon.

Polyommatus Anacreon.

Pol. alis bicaudatis; fuscis: subtùs albo undatis strigâque posticâ maculari fulvâ. Fab.

Hesperia R. *Anacreon.* Fab. *Ent. Syst. em. tom.* 3. *pars* 1. *p.* 268. *n°.* 34.

Papilio Anacreon. Jon. *Fig. pict.* 6. *tab.* 5. *fig.* 4.

Il est petit. Le dessus de ses ailes est d'un brun-noirâtre, sans taches.

Le dessous est un peu plus pâle que le dessus, avec plusieurs ondes blanches, & il offre vers le bord postérieur une ligne fauve, transversale, composée de cinq points aux ailes supérieures, & de trois taches rapprochées, dont l'intermédiaire pupillée de noir, aux ailes inférieures.

Des Indes.

(*Traduction de Fabricius.*)

45. Polyommate Méton.

Polyommatus Meton.

Pol. alis suprà cærulescenti-albis, nitidis, apice nigro: subtùs flavido, fusco ferrugineoque variegatis; posticis puncto gemino baseos nigro.

Papilio P. R. Meton, *alis bicaudatis, albis, limbo fusco: anticis maculâ ocellari aureâ.* Fab. *Mant. Ins. tom.* 2. *p.* 67. *n°.* 640.

Hesperia R. *Meton.* Fab. *Ent. Syst. em. tom.* 3. *pars* 1. *p.* 274. *n°.* 56.

Papilio Meton. Cram. *pl.* 201. *fig.* D. E.

Papilio Meton. Herbst, *Pap. tab.* 295. *fig.* 8. 9.

Il a approchant un pouce & demi d'envergure. Le dessus des ailes est d'un blanc-violâtre-luisant, avec le sommet d'un noir-brun. Chez le mâle, le milieu des ailes supérieures offre une tache oculaire d'un jaune-doré.

Le dessous des quatre ailes est varié de jaunâtre, de brun & de ferrugineux, & l'on voit près de la base des inférieures un double point noir.

De Surinam.

46. Polyommate Auguste.

Polyommatus Augustus.

Pol. alis caudatis, albis; limbo fusco: subtùs ferrugineo flavoque variis; posticis strigis duabus cinereis. Fab.

Hesperia R. *Augustus.* Fab. *Ent. Syst. em. tom.* 3. *pars* 1. *p.* 275. *n°.* 62.

Papilio Augustus. Jon. *Fig. pict.* 6. *tab.* 3. *fig.* 1.

Quoique d'après la description de Fabricius ce Polyommate semble n'avoir qu'une queue, nous le plaçons ici à cause de la grande affinité qu'il a avec le *Méton*.

Il est de moyenne taille. Le dessus de toutes ses ailes est blanc, avec le limbe brun, & un point anal d'un noir-mat.

Le dessous est varié de ferrugineux & de jaune. Outre cela, les ailes inférieures ont un point basilaire noir à iris jaune, & deux lignes cendrées courbes.

De l'Amérique.

(*Traduction de Fabricius.*)

47. Polyommate Dolilus.

Polyommatus Dolilus.

Pol. alis suprà violaceo-cæruleis, nitidis, apice nigro fimbriâque luteâ: subtùs fusco-rufescentibus, fasciis transversis albis; posticarum anteriore bifidâ.

Papilio Dolylas. Cram. *pl.* 111. *fig.* B. C. (Le mâle.)

Papilio Dolylas. Herbst, *Pap. tab.* 293. *fig.* 7. 8.

Il a de dix à douze lignes d'envergure. Le dessus des ailes est d'un bleu-violet-luisant, avec le sommet d'un noir-brun, & la frange du bord postérieur fauve.

Le dessous est d'un roux-obscur, avec des bandes blanches, transverses, sinuées. Les bandes des premières ailes sont au nombre de sept, dont la quatrième beaucoup plus courte que les autres. Les bandes des secondes ailes sont au nombre de deux, dont l'antérieure bifide près de la côte, la postérieure se dilatant près du sommet & prenant une teinte grisâtre vers l'angle de l'anus.

Le mâle a sur le milieu des premières ailes une grande tache brune oculaire. La femelle paroît avoir la seconde queue très-courte, à moins qu'elle n'ait été cassée dans l'exemplaire que nous avons vu.

Du Brésil & de Surinam.

48. Polyommate Lausus.

Polyommatus Lausus.

Pol. alis suprà maris *cyaneis, nitidis,* fœminæ *fuscis intùsque cærulescentibus: subtùs violaceo-fuscescentibus, singularum strigis tribus undatis anguloque ani albis.*

Papilio Lausus. Cram. *pl.* 233. *fig.* E. (Le mâle.)

Papilio Libanius. Cram. *pl.* 379. *fig.* H. I. (La femelle.)

Papilio Lausus. Herbst, *Pap. tab.* 296. *fig.* 6.

Papilio Libanius. Herbst, *Pap. tab.* 288. *fig.* 3. 4.

Il n'a guère qu'un pouce d'envergure. Le dessus

du mâle est d'un bleu-barbeau-luisant, avec une petite tache noire cotonneuse au milieu des ailes supérieures.

Le dessus de la femelle est d'un brun-noirâtre, avec le bord interne d'un bleu-pâle.

Le dessous des deux sexes est d'un brun-pâle & chatoyant en violet, avec trois lignes transverses, ondulées, & l'angle anal, blancs. Le blanc de l'angle anal des secondes ailes est marqué d'une tache noire.

De Surinam.

49. Polyommate Sophocle.

Polyommatus Sophocles.

Pol. alis bicaudatis, nigris, disco communi cœruleo : subtùs albis, strigis undatis flavescentibus ; posticis puncto apicis fulvo. Fab.

Hesperia R. *Sophocles.* Fab. *Ent. Syst. em. tom.* 3. *pars* 1. *p.* 267. *n°.* 31.

Papilio Sophocles. Jon. *Fig. pict.* 6. *tab.* 13. *fig.* 2.

Papilio Sophocles. Donow. *of an Epitome of the Nat. Hist. Insects of India, cah.* 7. *pl.* 1. *fig.* 2.

Il est de moyenne taille. Le dessus des quatre ailes est d'un brun-noirâtre, avec le milieu bleu.

Le dessous est blanc, avec quelques lignes jaunâtres transverses & très-ondulées. Outre cela, les ailes inférieures ont à l'extrémité un point roux dont le milieu est marqué d'un trait noir.

Des Indes.

(*Traduction de Fabricius.*)

50. Polyommate Ismarus.

Polyommatus Ismarus.

Pol. alis suprà cœruleis, nitidis, limbo nigro : subtùs fuscis ; posticis strigis quatuor undulatis albis maculisque duabus ad anguli ani rubris.

Papilio Ismarus. Cram. *pl.* 176. *fig.* F. (Le mâle.)

Papilio Ismarus. Herbst, *Pap. tab.* 295. *fig.* 7. (Le mâle.)

Papilio Phalanthus. Cram. *pl.* 333. *fig.* C. D. (La femelle ?)

Papilio Phalanthus. Herbst, *Pap. tab.* 293. *fig.* 12. (La femelle ?)

Il a un peu plus d'un pouce d'envergure. Le dessus du mâle est d'un bleu-foncé-luisant, avec le bord des quatre ailes, & une tache arrondie au milieu des supérieures, noirs.

Le dessous est d'un brun-noirâtre, avec deux lignes blanches, transverses, ondulées, aux ailes supérieures, & quatre aux ailes inférieures. La région anale de ces dernières ailes offre deux taches rouges, dont l'extérieure lunulée.

Le papillon *Phalanthus* de Cramer nous paroît être la femelle, car il n'en diffère que parce qu'il a le dessus plus pâle & plus largement bordé de noir, & le dessous marqué à l'angle anal des secondes ailes de trois taches rouges, dont l'intérieure plus grande.

De Surinam.

51. Polyommate Euripide.

Polyommatus Euripides.

Pol. alis bicaudatis, atris, disco cœruleo : subtùs fuscis ; posticis strigis angulatis albis maculâque ocellari rufâ. Fab.

Hesperia R. *Euripides.* Fab. *Ent. Syst. em. tom.* 3. *pars* 1. *p.* 267. *n°.* 32.

Papilio Euripides. Jon. *Fig. pict.* 6. *tab.* 13. *fig.* 4.

Il est de moyenne taille. Le dessus des quatre ailes est d'un noir-brun, avec le milieu bleu.

Le dessous est d'un brun-noirâtre, avec une ligne blanche, courte & transverse, aux ailes supérieures ; avec deux lignes blanches, anguleuses, & une grande tache rousse à prunelle noire aux ailes inférieures.

Il paroît bien voisin de l'*Ismarus* & du *Cupentus*.

Des Indes.

(*Traduction de Fabricius.*)

52. Polyommate Cupentus.

Polyommatus Cupentus.

Pol. alis suprà cyaneis, nitidis, apice fusco : subtùs obscurè cinereis ; posticis strigis tribus undulatis albis ocelloque anali iride fulvâ : strigâ anteriori in annulum medio dilatatâ. (Mas.)

Papilio Cupentus. Cram. *pl.* 337. *fig.* F. G.

Papilio Cupentus. Herbst, *Pap. tab.* 294. *fig.* 4. 5.

Il a près d'un pouce & demi d'envergure. Le dessus est d'un bleu-barbeau-luisant, avec le sommet de toutes les ailes d'un brun-noirâtre, & l'œil du milieu des supérieures d'un brun-jaunâtre.

Le dessous est d'un cendré-obscur, avec trois lignes blanches, transverses, presque droites aux premières ailes, ondulées aux secondes. La ligne antérieure des secondes ailes a le milieu dilaté en anneau, & il y a entre les queues de ces mêmes ailes une tache fauve, chargée d'une tache noire. L'échancrure anale est en outre bordée de fauve.

Nous n'avons pas vu la femelle.

De Surinam.

53. Polyommate Sichée.

Polyommatus Sichœus.

Pol. alis suprà cyaneis, nitidis, apice atro : subtùs carneo-cinereis ; posticis strigis duabus undulatis albis maculisque duabus anguli ani rubris, strigâ posteriori in annulos antrorsùm dilatatâ. (Mas.)

Papilio Sicheus. Cram. *pl.* 144. *fig.* C. D.

Papilio Sicheus. Herbst, *Pap. tab.* 290. *fig.* 2. 3.

Il a environ un pouce & demi d'envergure. Le dessus des ailes est d'un bleu-barbeau-luisant, avec la moitié postérieure des supérieures & le sommet des inférieures d'un noir-brun.

Le dessous des quatre ailes est d'un cendré-luisant & un peu violâtre, avec deux lignes blanches, transverses, ondulées, dont la postérieure moins distincte aux premières ailes. La ligne postérieure des secondes ailes se dilate antérieurement en anneaux chevronnés, & ces mêmes ailes ont à la région de l'anus deux taches d'un rouge-fauve, lesquelles sont quelquefois marquées d'un point noir en arrière. La tache intérieure se répète en dessus à l'échancrure du bord abdominal. Le corps est de la couleur des ailes, & les queues sont noires, avec le bout blanc.

Nous n'avons vu que des mâles. Cramer a probablement représenté la femelle, car, dans sa figure, le bleu du dessus des ailes est plus pâle & moins étendu que chez les sujets que nous avons décrits.

De Surinam & du Brésil.

54. Polyommate Stréphon.

Polyommatus Strephon.

Pol. alis ardosiaceis, apice fusco : subtùs obscurè cinereis; posticis strigis duabus flexuosis è lunulis albis, angulo ani maculis duabus testaceis puncto nigro retrorsùm fœtis.

Papilio P. R. Strephon, *alis caudatis, fuscis, disco cœrulescentibus : subtùs cinereis, fasciâ albâ anguloque ani ocello gemino rufo.* Fab. *Mant. Ins. tom.* 2. *p.* 69. *n°.* 659.

Hesperia R. *Strephon.* Fab. *Ent. Syst. em. tom.* 3. *pars* 1. *p.* 281. *n°.* 81.

Papilio Cyllarus. Cram. *pl.* 27. *fig.* C. D.

Papilio Cyllarissus. Herbst, *Pap. tab.* 291. *fig.* 3. 4.

Il a près de dix-huit lignes d'envergure. Le dessus des ailes est d'un bleu-ardoisé-luisant, avec le sommet & la côte d'un brun-noirâtre.

Le dessous est d'un cendré-foncé & un peu chatoyant, avec deux lignes transverses & flexueuses de petites lunules blanches bordées de noirâtre.

Les ailes inférieures ont à la région de l'anus deux taches rondes briquetées, marquées d'un point noir en arrière, & séparées l'une de l'autre par un groupe d'atomes bleuâtres. Ces taches sont plus grandes chez la femelle que chez le mâle.

Les lignes du dessous des premières ailes manquent quelquefois.

De Surinam & du Brésil. Fabricius le dit des Indes orientales, mais ne l'auroit-il pas confondu avec une espèce voisine ?

55. Polyommate Strophius.

Polyommatus Strophius.

Pol. alis fuscis : posticis subtùs strigâ flexuosâ è lineolis albis, angulo ani lunulis duabus sanguineis puncto nigro retrorsùm fœtis.

Il a près d'un pouce & demi d'envergure. Le dessus des ailes est d'un brun-noirâtre-luisant, sans taches.

Le dessous est un peu plus clair que le dessus, avec une ligne transverse & flexueuse de petits traits blancs bordés de brun-obscur. Les secondes ailes ont à l'angle de l'anus deux lunules d'un rouge-sanguin, marquées d'un point noir en arrière, séparées l'une de l'autre par des atomes cendrés, & s'alignant à un double cordon marginal de lunules blanchâtres.

Décrit d'après un individu sans corps.

Du Brésil.

56. Polyommate Sphinx.

Polyommatus Sphinx.

Pol. alis suprà maris *violaceo-cœruleis, nitidis,* fœminæ *pallidioribus, apice fusco : subtùs dilutè cinereis; posticis strigis duabus undulatis albis fusco marginatis, punctisque duobus anguli ani ocellaribus rufis.*

Papilio P. R. Sphinx, *alis bicaudatis, cœrulescentibus : subtùs cinereis, angulo ani maculâ geminâ atrâ.* Fab. *Mant. Ins. tom.* 2. *p.* 67. *n°.* 634. (La femelle.)

Hesperia R. *Sphinx.* Fab. *Ent. Syst. em. tom.* 3. *pars* 1. *p.* 270. *n°.* 43. (La femelle.)

Papilio Dindymus. Cram. *pl.* 46. *fig.* F. G. (Le mâle.)

Papilio Dindymus. Herbst, *Pap. tab.* 291. *fig.* 1. 2.

Il a approchant quinze lignes d'envergure. Le dessus du mâle est d'un bleu-violet-luisant, le dessus de la femelle d'un bleu plus pâle, avec le sommet de toutes les ailes, & surtout celui des supérieures, d'un brun-noirâtre.

Le dessous des deux sexes est d'un cendré-clair, avec deux lignes blanches, postérieures, ondulées,

lées,

lées, bordées de noirâtre, & ordinairement moins diſtinctes aux ailes ſupérieures qu'aux inférieures. Ces dernières ailes ont à la région de l'angle anal deux points oculaires roux à prunelle noire. Le point intérieur ſe répète quelquefois en deſſus chez la femelle.

De Surinam & du Bréſil, & non des Indes orientales, comme le dit Fabricius.

57. Polyommate Cithonius.

Polyommatus Cithonius.

Pol. alis ſuprà argenteo-cœruleis, nitidis, apice fuſco: ſubtùs violaceo-cinereis; poſticis annulis diſci albis ocelliſque duobus anguli ani iride rubrâ. (Mas.)

Il a approchant quinze lignes d'envergure. Le deſſus eſt d'un bleu-argenté-luiſant, avec le ſommet de toutes les ailes d'un brun-noirâtre, & un double œil d'un brun-marron au milieu des ailes ſupérieures.

Le deſſous eſt d'un cendré-violâtre, avec deux lignes blanches, courtes & tranſverſes ſur les premières ailes, avec des anneaux & une ligne flexueuſe de cette couleur ſur le diſque des ſecondes. La région anale de ces dernières ailes offre deux points oculaires rouges à prunelle noire.

Nous n'avons vu que le mâle.

De la Guyane.

58. Polyommate Falacer.

Polyommatus Falacer.

Pol. alis fuſcis: ſubtùs lineolâ geminâ diſci ſtrigiſque duabus apicis undulatis cœruleſcentibus; poſticis lunulis tribus anguli ani rufis.

Il a un peu plus d'un pouce d'envergure. Le deſſus des ailes eſt d'un brun-noirâtre, ſans taches dans la femelle, avec une tache blanchâtre cotonneuſe vers le milieu des ailes ſupérieures du mâle.

Le deſſous eſt à peu près de la couleur du deſſus, avec un double trait central, puis deux lignes tranſverſes & ondulées, d'un bleu-pâle & bordés de brun-foncé ſur un de leurs côtés. Les ſecondes ailes ont en outre près de l'angle de l'anus trois chevrons roux, dont l'intérieur ſéparé des deux autres par un large groupe d'atomes bleuâtres.

Des environs de Philadelphie, Amérique ſeptentrionale.

59. Polyommate Iſocrate.

Polyommatus Iſocrates.

Pol. alis ſuprà faſcis (maris *cœruleo micantibus*) *: ſubtùs cinereis, liturâ geminâ ſtrigâque duplici valdè undulatâ nigricantibus albo utrinquè marginatis; poſticis ocellis duobus anguli ani nigris, exteriori iride fulvâ.*

Heſperia R. Iſocrates, *alis bicaudatis, fuſcis: ſtrigis duabus approximatis undatis obſcurioribus anguloque ani maculâ geminâ atrâ.* Fab. *Ent. Syſt. em. tom.* 3. *pars* 1. *p.* 266. *n°.* 29. (Mâle & femelle.)

Heſperia R. Pann, *alis caudatis, fuſcis: anticis maculâ fulvâ, poſticis atrâ ſubmarginali: ſubtùs cinereis, ocellis duobus anguli ani.* Fab. *Ent. Syſt. em. tom.* 3. *pars* 1. *p.* 276. *n°.* 67. (La femelle.)

Papilio Pann. Herbst, *Pap. tab.* 288. *fig.* 9. 10.

Il a de quinze à dix-huit lignes d'envergure. Le deſſus du mâle eſt d'un brun-noirâtre à reflet d'un bleu-violet, tantôt ſans taches, tantôt avec une tache fauve au milieu des ailes ſupérieures, & un œil noir à iris fauve vers l'angle anal des inférieures. L'œil de ces dernières ailes eſt accompagné d'atomes d'un bleu-cendré.

Le deſſus de la femelle eſt comme chez le mâle, mais il n'a point de reflet.

Le deſſous des quatre ailes, dans les deux ſexes, eſt cendré, avec une double liture diſcoïdale, puis une double ligne tranſverſe très-ondulée, noirâtres & bordées de blanc de chaque côté. Les ſecondes ailes ont en outre des lunules marginales blanchâtres, en alignement deſquelles ſont deux yeux noirs & un groupe d'atomes argentés. L'œil extérieur eſt cerclé de fauve, & les queues ſont noires, avec le bout blanc.

Nous avons vu pluſieurs individus des deux ſexes, mais comme ils n'étoient pas frais, il ſeroit très-poſſible que notre deſcription laiſſât quelque choſe à deſirer.

Du Bengale.

60. Polyommate Erylus.

Polyommatus Erylus.

Pol. alis ſuprà fuſcis (maris *violaceo mutabili micantibus*) *: ſubtùs ſericeo-griſeis, liturâ geminâ ſtrigâque undulatâ rufeſcentibus albo utrinquè marginatis; poſticis ocellis duobus anguli ani nigris, exteriori iride fulvâ.*

Il a de ſeize à dix-huit lignes d'envergure. Le deſſus du mâle eſt d'un brun-noirâtre, avec un reflet violet qui change de place ſelon les aſpects. Ses ailes ſupérieures ont au milieu une tache d'un noir-obſcur, & les inférieures ſont longées à l'extrémité par une ligne blanche flexueuſe qui aboutit à un petit œil anal rouſſâtre.

Le deſſus de la femelle eſt d'un brun-noirâtre un peu chatoyant, ſans taches aux ailes ſupérieures, avec cinq yeux marginaux à iris blanc aux inférieures. Ces yeux ſont ſurmontés d'un rang de trois taches blanches.

Le dessous des quatre ailes, chez les deux sexes, est d'un gris-satiné, avec une double liture discoïdale, puis une seule ligne ondulée, roussâtres & bordées de blanc de chaque côté. Vient ensuite une ligne transverse obscure, laquelle est partagée aux ailes inférieures par une série de croissans blanchâtres & s'alignant à deux yeux noirs, dont l'extérieur cerclé de fauve. Ces deux yeux sont séparés l'un de l'autre par un groupe d'atomes argentés. Les queues sont noires & ciliées de blanc sur les bords.

De Java.

61. Polyommate Cléobis.

Polyommatus Cleobis.

Pol. alis suprà maris *azureis*, fæminæ *pallidioribus, apice atro : subtùs fuscescenti-griseis, strigâ undulatâ rufescente extùs albido marginatâ ; posticis ocellis duobus anguli ani iride fulvâ.*

Il a environ un pouce & demi d'envergure. Le dessus des ailes est d'un bleu-azuré chez le mâle, d'un bleu plus pâle chez la femelle, avec le sommet, & surtout celui des supérieures, d'un noir-brun.

Le dessous des deux sexes est d'un gris-brunâtre-luisant, avec une ligne roussâtre postérieure, ondulée, interrompue & bordée de blanchâtre en arrière. L'angle anal des secondes ailes offre deux yeux noirs à iris fauve, & séparés l'un de l'autre par un espace d'un gris-cendré qui s'étend même un peu au-delà de l'œil extérieur. Outre cela, il y a sur l'iris de l'œil intérieur un croissant d'atomes d'un bleu-violet.

Dans la femelle, le bord postérieur des secondes ailes est noirâtre en dessus & longé par une ligne blanche légèrement flexueuse.

Du Bengale.

62. Polyommate Cippus.

Polyommatus Cippus.

Pol. alis bicaudatis, cæruleis, limbo fusco : subtùs cinereis ; posticis punctis duobus apicis atris. Fab.

Hesperia R. *Cippus.* Fab. *Ent. Syst. em. tom.* 5. *Suppl. p.* 429. n°. 43-4.

Ce lépidoptère n'est peut-être qu'une variété mâle de notre *Cléobis* ; mais, comme nous ne l'avons pas vu, nous traduisons la description qu'en donne Fabricius.

Il a le port du polyommate *Sphinx*. Ses antennes sont noires. Ses ailes ont le dessus d'un bleu-barbeau-luisant, avec le limbe, & surtout celui des supérieures, d'un brun-noirâtre.

Le dessous est d'un cendré-luisant, avec une ligne postérieure plus obscure, & deux gros points noirs à l'angle interne des inférieures. Les deux queues sont sétacées, noires, avec le bout blanc.

Des Indes orientales.

63. Polyommate Longin.

Polyommatus Longinus.

Pol. alis suprà maris *nitidè cyaneis*, fæminæ *pallidioribus, apice atro : subtùs sericeo-canescentibus, strigâ immarginatâ è lunulis nigris ; posticis ocellis duobus anguli ani iride fulvâ.*

Hesperia R. Longinus, *alis caudatis, cyaneis, limbo atro : subtùs cinereis ; posticis strigâ lunulari punctisque duobus atris.* Fab. *Ent. Syst. em. tom.* 5. *Suppl. p.* 430. n°. 77-78.

Fabricius a décrit ce polyommate d'après un individu mâle qui avoit perdu une queue.

Il a approchant un pouce & demi d'envergure. Le dessus des ailes est d'un bleu-barbeau-luisant chez le mâle, d'un bleu-violet-pâle chez la femelle, avec le sommet des supérieures & le bord terminal des inférieures d'un noir-brun. Dans la femelle, le bord terminal des ailes inférieures est en outre surmonté d'une ligne maculaire noirâtre.

Le dessous des deux sexes est d'un gris-satiné-blanchâtre, avec une ligne ondulée postérieure de petits arcs noirs, mais moins apparente aux ailes supérieures qu'aux inférieures. Ces dernières ailes ont à l'angle de l'anus deux yeux noirs à iris fauve, & séparés l'un de l'autre par un groupe d'atomes d'un bleu-argenté. Il arrive cependant quelquefois que l'iris est nul ou peu distinct.

Du Bengale.

64. Polyommate Nédymond.

Polyommatus Nedymond.

Pol. alis suprà violaceo-cæruleis, nitidis, limbo atro : subtùs sericeo-albis, fasciâ geminâ terminali fuscâ ; posticis ad angulum ani ocellis duobus nigris, alterius iride rufâ, alterius argenteo-cæruleâ.

Papilio Nedymond. Cram. *pl.* 299. *fig.* E. F.

Papilio Nedymond. Herbst, *Pap. tab.* 299. *fig.* 5. 6.

Il a environ un pouce & demi d'envergure. Le dessus du mâle est d'un bleu-violet-luisant, avec le limbe postérieur des quatre ailes d'un noir-brun, & le milieu des supérieures marqué d'une tache orbiculaire d'un bleu-pâle.

Le dessus de la femelle est d'un noir-brun, avec des atomes d'un bleu-violet sur le disque des ailes supérieures, & vers l'extrémité des inférieures.

Le dessous des deux sexes est d'un blanc-satiné, avec une double bande terminale d'un brun-purpurin. Cette bande offre à la région anale des secondes ailes deux yeux noirs, dont l'extérieur à iris roux, l'intérieur à iris d'un bleu-argenté & séparé du précédent par un groupe d'atomes du même bleu. En avant de ces yeux sont trois traits noirs, dont l'intermédiaire en forme de V ou de chevron renversé. Les deux queues sont égales, noires, avec l'extrémité & les bords blancs.

Du Bengale.

Nota. La figure de Cramer est inexacte : 1°. en ce que la queue intérieure est trop large & beaucoup trop courte ; 2°. en ce que la région anale du dessous des secondes ailes est rousse, avec trois points bleus oculaires, au lieu d'être comme nous l'indiquons dans notre description.

65. Polyommate Favonius.

Polyommatus Favonius.

Pol. alis suprà fuscis, anticarum disco, posticarum apice maculis fulvis : subtùs cinereis, strigis duabus undulatis albis ; posticis fasciâ submarginali rufâ anguloque ani cœruleo.

Papilio P. Favonius, *alis subcaudatis, fuscis, fulvo maculatis : subtùs cinereis utrisque strigis duabus albis ; posticis fasciâ submarginali fulvâ angulo ani cœruleo.* Smith-Abbot, *The Nat. Hist. of the rarer insects of Georgia, vol.* 1. *p.* 27. *tab.* 14.

Il a environ un pouce & demi d'envergure. Le dessus des ailes est d'un brun-noirâtre, avec deux taches fauves orbiculaires sur le disque des supérieures, & de une à quatre à la région anale des inférieures.

Le dessous est cendré, & traversé aux quatre ailes par deux lignes blanches, ondulées, ayant un des côtés bordé de noirâtre. Outre cela, les ailes inférieures offrent avant leur bord terminal une bande fauve sinuée, & leur angle interne est bleu.

Chez la femelle, les taches anales du dessus des secondes ailes sont plus nombreuses que chez le mâle.

La chenille, selon Abbot, est cloporte, d'un vert-jaunâtre, avec une ligne dorsale & des traits latéraux obliques d'un vert plus foncé. Elle vit sur le *chêne écarlate* (*quercus rubra*).

La chrysalide est courte, obtuse, grisâtre, avec des points bruns sur le dos de l'abdomen.

Ce polyommate se trouve en Georgie dans le courant du mois de mai.

66. Polyommate Mars.

Polyommatus Mars.

Pol. alis suprà fuscis : subtùs pallidioribus ; posticis punctis duobus baseos strigâque bifidâ albis ; strigâ maculam rufam amplectente.

Papilio P. R. Mars, *alis bicaudatis fuscis : posticis maculâ rufâ, subtùs punctis duobus fasciâque obliquâ albis.* Fab. *Mant. Ins. tom.* 2. *p.* 66. *n°.* 624.

Hesperia R. *Mars.* Fab. *Ent. Syst. em. tom.* 3. *pars* 1. *p.* 265. *n°.* 24.

Papilio P. R. Ixion, *alis caudatis fuscis : subtùs strigâ obliquâ niveâ, posticis fasciâ submarginali rufâ.* Fab. *Mant. Ins. tom.* 2. *p.* 71. *n°.* 671. ?

Papilio Mars. Herbst, *Pap. tab.* 289. *fig.* 1. 2.

Papilio Acis. Cram. *pl.* 175. *fig.* C. D.

Papilio Acis. Drury, *Ins. tom.* 1. *tab.* 1. *fig.* 2. 2.

Il a de quinze à dix-sept lignes d'envergure. Le dessus des ailes est d'un brun-noirâtre, avec une tache un peu plus foncée vers le milieu de la côte des supérieures, & une lunule fauve vers le milieu du bord terminal des inférieures.

Le dessous est d'un brun-cendré, avec une raie blanche, oblique, bordée de noirâtre intérieurement, courte aux premières ailes, fortement bifide aux secondes, & embrassant dans sa fissure une grande tache rousse. Les secondes ailes ont en outre deux points blancs à la base, & un point rouge à l'angle de l'anus. La frange des quatre ailes est blanche.

La femelle nous est inconnue.

Des Antilles. Cramer le dit, mais à tort, du Cap de Bonne-Espérance.

Nota. Fabricius rapporte ici le papillon *Ixion* de sa *Mantissa* ; mais on ne peut guère constater l'identité au moyen de sa phrase spécifique.

67. Polyommate Ergéus.

Polyommatus Ergeus.

Pol. alis suprà fuscis : subtùs cinereis ; posticis strigâ undulatâ sanguineâ extùs albo marginatâ, fasciâque anguli ani testaceâ medio valdè dilatatâ & posticè nigro tripunctatâ.

Il a de douze à quinze lignes d'envergure. Le dessus des ailes est d'un brun-noirâtre, avec le milieu des supérieures un peu plus foncé, & l'extrémité des inférieures chargée d'une série de petits anneaux bleuâtres, parmi lesquels il y a une tache fauve triangulaire & surmontant un point noir. Outre cela, la frange de chaque aile est blanche.

Le dessous est d'un cendré plus ou moins foncé, avec deux lignes postérieures, transverses, ondulées & bordées de blanc en dehors. Les deux lignes des premières ailes sont noirâtres. La ligne antérieure des secondes ailes est d'un rouge-sanguin : leur ligne postérieure est noire, & elle s'appuie vers l'angle de l'anus sur une bande briquetée, flexueuse, très-dilatée dans son milieu, & marquée en arrière de trois points noirs, dont l'intermédiaire saupoudré de gris-bleuâtre. Les queues sont noires, avec le bout blanc.

Des Antilles.

68. Polyommate Nébis.

Polyommatus Nebis.

Pol. alis suprà fuscis: subtùs cinereis, ponè medium strigis duabus undatis, alterâ è maculis testaceis, alterâ ex annulis albis; posticis ocellis duobus anguli ani rufis. (Fæmina.)

Il a près d'un pouce & demi d'envergure. Le dessus des ailes est d'un brun-noirâtre, sans taches aux supérieures, avec quatre anneaux bleuâtres & un anneau intermédiaire roussâtre à l'extrémité des inférieures.

Le dessous est cendré, & il offre au-delà du milieu deux lignes ondulées transversales, dont l'antérieure formée par des taches d'un rouge-brique & bordées de blanc en arrière, la postérieure composée de petits anneaux blanchâtres & s'appuyant vers l'angle anal des secondes ailes sur deux yeux roux à prunelle noire. Les quatre taches supérieures de la ligne rouge des secondes ailes sont presque oculaires.

Décrit d'après un individu femelle rapporté du Brésil par feu Lalande.

69. Polyommate Cléon.

Polyommatus Cleon.

Pol. alis caudatis; fuscis: subtùs cinereis, anticis strigâ, posticis fasciâ sanguineis; angulo ani ocello gemino rufo. Fab.

Papilio P. R. *Cleon.* Fab. *Mant. Inf. tom.* 2. *p.* 69. *n°.* 660.

Hesperia R. *Cleon.* Fab. *Ent. Syst. em. tom.* 3. *pars* 1. *p.* 282. *n°.* 84.

Ce polyommate paroît tellement voisin du *Nébis* que, quoique Fabricius n'indique qu'une queue, nous avons cru devoir le placer ici.

Les antennes sont annelées de blanc & de noir, & elles ont la masse terminée par un point brun. Le dessus de toutes les ailes est d'un brun-obscur, avec un petit point rouge vers l'angle de l'anus.

Le dessous est cendré, avec des lunules marginales plus claires. Les ailes supérieures ont une ligne transverse d'un rouge-obscur. Les ailes inférieures sont traversées obliquement par une large bande dentée d'un rouge-sanguin, & elles ont près de l'angle de l'anus deux yeux roux à prunelle noire. Les jambes sont ponctuées de noir.

Du Brésil.

(*Traduction de Fabricius.*)

70. Polyommate Béon.

Polyommatus Beon.

Pol. alis suprà fuscis, basi cœrulescente: subtùs cinereis, nitidis; posticis fasciâ mediâ sanguineâ lunulisque marginalibus nigris: lineâ angulatâ albâ fasciam intùs secante.

Papilio Beon. Cram. *pl.* 319. *fig.* B. C.

Papilio Vesulus. Cram. *pl.* 340. *fig.* I. K.

Papilio Beon. Herbst, *Pap. tab.* 290. *fig.* 4. 5.

Papilio Vesulus. Herbst, *Pap. tab.* 292. *fig.* 1. 2.

Après avoir examiné attentivement un assez grand nombre d'individus, nous sommes restés persuadés que le *Beon* & le *Vesulus* de Cramer appartiennent à la même espèce, & que les figures qui les représentent sont très-grossièrement enluminées.

L'envergure de cette espèce est de onze à treize lignes. Le dessus des ailes est d'un brun-noirâtre, avec la base d'un bleu-pâle, qui s'étend même chez certains mâles jusqu'au bord postérieur des inférieures. Ce bord offre assez souvent un petit point rouge, placé à l'angle de l'anus.

Le dessous des quatre ailes est d'un cendré-luisant, avec un trait central plus ou moins distinct, puis une bande transverse & maculaire, d'un rouge-sanguin. La bande des premières ailes est courte, presque droite & bordée en arrière par une ligne blanche. La bande des secondes ailes est bordée de même à sa moitié supérieu e, mais sa moitié inférieure est coupée dans le sens de sa longueur par des chevrons blancs, dont le côté interne est doublé de noir. Outre cela, les secondes ailes ont avant le bord postérieur une série de lunules noires, dont les deux intermédiaires ainsi que l'anale plus grandes, plus colorées, & chargées chacune d'un chevron rouge, la pénultième surmontant un groupe d'atomes d'un gris-bleuâtre. Les premières ailes ont l'origine de la côte plus ou moins rougeâtre.

Quelquefois, comme dans le *Vesulus* de Cramer, la bande rouge des quatre ailes est plus étroite, tandis qu'au contraire les trois lunules rouges de l'extrémité des inférieures sont beaucoup plus larges & ne laissent qu'un point noir derrière elles. Il arrive même que ces ailes n'ont qu'une seule lunule rouge.

Il se trouve à Surinam, au Brésil & dans plusieurs îles adjacentes.

71. Polyommate Cécrops.

Polyommatus Cecrops.

Pol. alis bicaudatis, nigris: subtùs fasciâ sanguineâ. Fab.

Hesperia R. *Cecrops*. FAB. *Ent. Syst. em. tom.* 3. *pars* 1. *p.* 270. *n°.* 41.

Papilio Cecrops. JON. *Fig. pict.* 6. *tab.* 21. *fig.* 2.

Il est probable que ce polyommate est une variété femelle, & déjà un peu ancienne de notre *Béon*. Mais, dans le doute, nous aimons mieux nous exposer à le donner deux fois que d'encourir le reproche de l'avoir réuni sans l'avoir vu.

Il est de moyenne taille. Le dessus de ses ailes est noir & sans taches.

Le dessous est d'un brun enfumé, avec une tache centrale, puis une ligne courbe & transverse, d'un rouge-sanguin aux ailes supérieures. Les ailes inférieures ont une bande rouge, contiguë à une bande bleuâtre, & suivie de lunules noires, parmi lesquelles il y a une tache marginale fauve marquée d'un point noir.

Des Indes.

(*Traduction de Fabricius.*)

72 POLYOMMATE Tyrtée.

POLYOMMATUS Tyrtæus.

Pol. alis bicaudatis, fuscis : posticis subtùs strigâ undatâ albâ lunulisque marginalibus nigris, intermediis rufis. FAB.

Hesperia R. *Tyrtæus*. FAB. *Ent. Syst. em. tom.* 3. *pars* 1. *p.* 271. *n°.* 46.

Papilio Tyrtæus. JON. *Fig. pict.* 6. *tab.* 11. *fig.* 1.

Il est petit. Le dessus des ailes est d'un brun-obscur, sans aucune tache aux supérieures, avec une bandelette d'un bleu-pâle aux inférieures. Cette bandelette se divise postérieurement en deux branches qui sont terminées chacune par un point noir.

Le dessous est brun, avec une ligne postérieure blanche & une autre plus obscure aux premières ailes; avec une ligne blanche, postérieure, très-ondulée, & suivie de lunules noires aux secondes ailes. Les lunules embrassent un point de leur couleur, & les deux plus intermédiaires d'entr'elles sont lavées de roux.

De l'Inde.

(*Traduction de Fabricius.*)

Nota. Ne seroit-ce pas un *Béon* chez lequel la bande rouge auroit disparu ?

73. POLYOMMATE Echion.

POLYOMMATUS Echion.

Pol. alis suprà fuscis (*maris intùs ardosiaceis, nitidis*) : *posticis subtùs albidis, disco punctis ocellaribus testaceis, apice strigâ undulatâ nigricante ocellisque duobus rufis.*

Papilio P. R. Echion, *alis bicaudatis, suprà fuscis : subtùs pallescentibus, fasciâ rufâ ocelloque terminali rubro.* LINN. *Syst. Nat.* 2. *p.* 788. *n°.* 224. (La femelle.)

Papilio P. R. *Echion*. FAB. *Mant. Ins. tom.* 2. *p.* 67. *n°.* 631.

Hesperia R. *Echion*. FAB. *Ent. Syst. em. tom.* 3. *p.* 269. *n°.* 38.

KLEMANN, *Ins. Suppl. à* ROESEL, *tom.* 1. *tab.* 7. *fig.* 3. 4.

Papilio Echion. ESP. *Pap. tom.* 1. *tab.* 20. *fig.* 1.

Papillon Echion. ENGRAM. *Pap. Eur. tom.* 1. *tab.* 37. *fig.* 77.

Papilio Echion. DEVILLERS, *Ent. Linn. tom.* 2. *p.* 64. *n°.* 117.

Papilio Echion. HERBST, *Pap. tab.* 305. *fig.* 1. 2. (La femelle.)

Papilio Celmus. HERBST, *Pap. tab.* 289. *fig.* 8. 9. (Var. femelle ?)

Papilio Crolus. HERBST, *Pap. tab.* 290. *fig.* 8. 9. (Le mâle.)

Papilio Celmus. CRAM. *Pap. pl.* 55. *fig.* G. H. (Var. femelle ?)

Papilio Crolus. CRAM. *Pap. pl.* 333. *fig.* G. H. (Le mâle.)

La description que Linné donne de son *Echion* est tellement laconique qu'elle pourroit convenir à plusieurs autres espèces analogues; mais, comme il cite à l'appui l'excellente figure de Klemann (*voyez* la synonymie), nous ne doutons point que ce polyommate ne soit la femelle du *Crolus* de Cramer.

L'Echion a de douze à quinze lignes d'envergure. Le dessus du mâle est d'un brun-noirâtre, avec la région du bord interne des quatre ailes, & principalement des inférieures, d'un bleu-ardoisé-luisant.

Le dessus de la femelle est tout brun.

Le dessous des premières ailes est cendré chez les deux sexes, avec une bande postérieure d'un rouge-brique, plus ou moins éclairée de blanchâtre en arrière, & suivie d'une ligne flexueuse noirâtre.

Le dessous des secondes ailes du mâle & de la femelle est blanchâtre, mais cendré aux bords antérieur & postérieur, avec une douzaine de points oculaires d'un rouge-briqueté sur le disque, & une ligne ondulée noirâtre vers l'extrémité. A la suite de cette ligne, l'angle anal offre deux yeux roussâtres à prunelle noire, & dont l'extérieur souvent plus distinct que l'intérieur.

Il paroîtroit que Fabricius a connu le mâle, puisqu'il dit que le dessus des ailes a parfois un reflet bleu.

De Surinam & du Bréfil. — Plufieurs auteurs ont dit, d'après Fuefly, qu'il fe trouvoit en Suiffe; mais c'eft une erreur.

Nota. Le papillon *Celmus* de Cramer nous femble être une femelle plus petite, dont le deffous des ailes inférieures eft moins chargé de points difcoïdaux, comme dans les individus figurés par Efper & par Engramelle. Sa patrie eft la même que celle de l'*Echion*.

74. Polyommate Columelle.

Polyommatus Columella.

Pol. alis fuprà fufcis intùfque pallidè ardofiaceis : fubtùs fufcefcentibus, ftrigâ flexuofâ è punctis ocellaribus nigris & ponè hanc lunulis annulifque albis ; pofticis ocellis duobus anguli ani iride rufâ.

Hefperia R. Columella, *alis caudatis, fufcefcentibus : fubtùs cinereis, pofticis ftrigâ punctorum atrorum alborumque maculifque duabus fulvis.* Fab. *Ent. Syft. em. tom.* 3. *pars* 1. *p.* 282. *n°.* 83.

Papilio Bubaftus. Cram. *pl.* 332. *fig.* G. H.

Papilio Bubaftus. Herbst, *Pap. tab.* 324. *fig.* 6. 7.

Fabricius a décrit ce polyommate d'après une femelle altérée qui n'avoit qu'une queue, & Cramer l'a figuré d'après une autre femelle qui n'en avoit pas du tout; en forte que ce n'eft que par des recherches opiniâtres & par la comparaifon de plufieurs individus des deux fexes que nous fommes arrivés à nous convaincre que le *Columella* du profeffeur de Kiel & le *Bubaftus* de l'iconographe d'Amfterdam fe rapportoient à la même efpèce.

Cette efpèce n'a guère qu'un pouce d'envergure. Elle eft d'un brun-noirâtre en deffus, avec la région du bord interne des quatre ailes d'un bleu-ardoifé-pâle, & l'extrémité des inférieures marquée vers l'angle interne de deux à trois points noirs oculaires. Dans le mâle où le bleu eft plus apparent, il y a une tache obfcure près du milieu de la côte des ailes fupérieures & un petit arc noir fur le difque des inférieures.

Le deffous eft d'un brun-cendré chez les deux fexes, avec une rangée tranfverfe & flexueufe de points noirs bordés de blanc en arrière, & après laquelle on voit une férie de lunules, puis un cordon marginal d'anneaux, blancs. Les ailes inférieures ont en outre à la bafe deux points noirs cerclés de blanc, & à l'angle de l'anus deux yeux noirs à iris roux. L'œil extérieur eft plus gros que l'intérieur, & l'on remarque entre l'un & l'autre un petit point noir prefqu'entièrement couvert d'atomes bleuâtres.

Le deffous des quatre ailes offre quelquefois un petit arc central noirâtre avant la rangée de points ocu'aires; nous avons même vu un individu chez lequel ces points étoient fablés de ferrugineux.

Des îles de l'Amérique, & non du Cap de Bonne-Efpérance, comme le dit Cramer.

75. Polyommate Mégaclès.

Polyommatus Megacles.

Pol. alis fuprà fufcis intùfque ardofiaceis : pofticis fubtùs bafi cinereis, apice albidis, fafciis tribus undulatis punctoque centrali ferrugineis. (Mas.)

Papilio Megacles. Cram. *pl.* 333. *fig.* E. F.

Papilio Megacles. Herbst, *Pap. tab.* 290. *fig.* 6. 7.

Nous n'avons vu que le mâle. Il a approchant un pouce d'envergure. Le deffus des quatre ailes eft d'un brun-noirâtre, avec la région du bord interne d'un bleu-ardoifé-pâle.

Le deffous des premières ailes eft d'un cendré-luifant, avec l'origine de la côte, un point central, deux lignes tranfverfes & la frange, ferrugineux. L'efpace compris entre les deux lignes tranfverfes eft d'une teinte blanchâtre qui va en fe rétréciffant jufqu'à l'angle interne de l'aile.

Le deffous des fecondes ailes eft cendré vers la bafe, blanchâtre vers l'extrémité, & traverfé par trois bandes ondulées ferrugineufes, dont la poftérieure plus large & moins prononcée, les deux antérieures féparées par un point central également ferrugineux.. Outre cela, la frange eft légèrement entrecoupée de ferrugineux. Le corps eft bleuâtre, avec la tête rouffe.

De Surinam & du Bréfil.

76. Polyommate Mégarus.

Polyommatus Megarus.

Pol. alis fuprà fufcis intùfque cœrulefcentibus : pofticis fubtùs albidis, ftrigis tribus flexuofis è maculis fufcefcentibus ocellifque duobus anguli ani iride rufâ.

Il n'a guère qu'un pouce d'envergure. Le deffus des deux fexes eft d'un brun-noirâtre, avec la région du bord interne de toutes les ailes d'un bleu-violet-pâle, & marquée d'un point noir vis-à-vis des queues dès inférieures. Chez le mâle, le milieu des ailes fupérieures offre une tache d'un noir-obfcur.

Le deffous des premières ailes eft gris vers la bafe, blanchâtre vers l'extrémité, avec une tache centrale & deux bandes maculaires poftérieures d'un brun-noirâtre-pâle.

Le deffous des fecondes ailes eft entièrement blanchâtre, avec trois bandes maculaires flexueufes & une liture difcoïdale du même brun que les bandes des ailes de devant. Il y a en outre vers

l'angle de l'anus deux yeux noirs à iris roux.
Du Bréfil.

77. Polyommate Etolus.

Polyommatus Etolus.

Pol. alis bicaudatis : anticis nigris : poflicis cærulefcentibus, fubtùs albidis puncto bafeos duobufque apicis atris. Fab.

Papilio P. R. *Etolus.* Fab. *Mant. Inf. tom.* 2. *p.* 66. *n°.* 620.

Hefperia R. *Etolus.* Fab. *Ent. Syft. em. tom.* 3. *pars* 1. *p.* 264. *n°.* 20.

Les ailes fupérieures ont le deffus noir, avec le bord interne un peu bleuâtre. Les ailes inférieures font d'un bleu-pâle & luifant, avec un point noir à l'extrémité & deux longues queues blanches.

Le deffous des ailes fupérieures eft d'un briqueté-obfcur, avec deux lignes tranfverfes plus obfcures. Le deffous des ailes inférieures eft blanchâtre, avec un point noir diftinct à la bafe, deux lignes obfcures interrompues avant l'extrémité, & deux gros points noirs à l'angle de l'anus. Les queues font blanches comme du côté oppofé, mais elles ont le milieu divifé longitudinalement par une ligne noire. Les pattes font annelées de blanc & de noir.

Des Indes.

(*Traduction de Fabricius.*)

78. Polyommate Dindus.

Polyommatus Dindus.

Pol. alis bicaudatis, atris, margine tenuiori cæruleo : fubtùs cinereis, albo maculatis maculâque duplici rufâ anguli ani. Fab.

Hefperia R. *Dindus.* Fab. *Ent. Syft. em. tom.* 3. *pars* 1. *p.* 269. *n°.* 40.

Papilio Dindus. Jon. *Fig. pict.* 6. *tab.* 4. *fig.* 4.

Il eft de moyenne taille dans cette famille. Le deffus des ailes eft d'un noir-brun, avec le bord interne, & principalement celui des inférieures, largement bleu & luifant.

En deffous, le fond eft cendré, & les premières ailes offrent fur leur milieu deux traits obfcurs, puis une ligne tranfverfe de taches obfcures, bordées de blanc, & enfin une férie tranfverfe d'anneaux blancs. Les fecondes ailes font parfemées de taches blanches, & elles ont à l'angle de l'anus deux taches écarlates. (*Rouffes* fuivant la phrafe fpécifique.)

De l'Inde.

(*Traduction de Fabricius.*)

Nota. Dans la defcription de Fabricius, il faut lire *margine interiori*, au lieu de *margine anteriori*.

79. Polyommate Gabélus.

Polyommatus Gabelus.

Pol. alis fuprà obfcurè cæruleis, limbo fufco : fubtùs canis, ftrigis undulatis nigris, anticarum duabus, pofticarum tribus ; pofticis ad angulum ani ocello iride rufâ. (Fæmina.)

Il a près d'un pouce & demi d'envergure. Le deffus des ailes eft d'un brun-obfcur, avec une bordure brune, plus large aux fupérieures qu'aux inférieures.

Le deffous eft d'un blanc-grifâtre, avec deux lignes ondulées, entièrement noires, à l'extrémité des ailes fupérieures, & trois, dont une bafilaire, aux inférieures. Ces dernières ailes ont vers l'angle de l'anus deux points noirs, dont l'extérieur plus gros & entouré d'un iris roux.

Nous n'avons pas vu le mâle.

Du Bréfil.

80. Polyommate Jébus.

Polyommatus Jebus.

Pol. alis fuprà cærulefcentibus, limbo fufco : fubtùs fufcefcentibus, anticarum apice, pofticarum paginâ omni albido variegatis ; pofticis punctis duobus anguli ani nigris, interiori oblongo. (Fæmina.)

Il a approchant un pouce & demi d'envergure. Le deffus des ailes eft d'un bleu très-pâle, avec une bordure brune plus large aux fupérieures qu'aux inférieures.

Le deffous eft brunâtre, avec le fommet des ailes fupérieures & toute la furface des inférieures panachés de blanchâtre. L'angle anal des ailes inférieures offre deux points noirs, dont l'intérieur oblong & parfois bordé de fauve en arrière.

Décrit d'après des femelles.

Du Bréfil.

81. Polyommate Mécène.

Polyommatus Mæcenas.

Pol. alis bicaudatis, atris, difco cæruleo : fubtùs brunneo nebulofis. Fab.

Hefperia R. *Mæcenas.* Fab. *Ent. Syft. em. tom.* 3. *pars* 1. *p.* 271. *n°.* 45.

Papilio Mæcenas. Jon. *Fig. pict.* 6. *tab.* 3. *fig.* 2.

Le corps eft grand, noir. Le deffus des quatre ailes eft d'un noir-brun, avec le difque bleu.

Le deffous eft nué de brun, avec un trait blanc interrompu à la bafe des ailes fupérieures,

& un petit point noir à l'angle anal des inférieures.

De la Chine.

(*Traduction de Fabricius.*)

Nota. Ce chinois-là se trouve bien dépaysé parmi les américains à deux queues, malgré la grande affinité qu'il paroît avoir avec eux.

82. POLYOMMATE Céthégus.

POLYOMMATUS Cethegus.

Pol. alis suprà cæruleis, nitidis, limbo atro: subtùs cinereis; posticis strigis duabus undatis serieque punctorum marginali fuscis; puncto anali iride fulvâ cincto. (Fæmina.)

Papilio Cethegus. STOLL, *Supplém. à* CRAM. *pl.* 38. *fig.* 5 & 5 E.

Il n'a guère qu'un pouce d'envergure. Le dessus des ailes est d'un bleu-luisant, avec une large bordure d'un noir-brun.

Le dessous est cendré, avec deux lignes brunes, transverses & ondulées, à chaque aile. Les ailes inférieures ont en outre une série marginale de points bruns, dont le plus intérieur cerclé de fauve.

Nous n'avons vu que la femelle.

De Surinam.

83. POLYOMMATE Calus.

POLYOMMATUS Calus.

Pol. alis suprà argenteo-cœruleis, nitidissimis, limbo nigro: subtùs cinereis; anticis maculâ magnâ mediâ, posticis strigâ undulatâ fuscis.

Nous ne connoissons ce lépidoptère que par un individu très-ancien & mal conservé.

Il a un peu plus d'un pouce d'envergure. Le dessus des ailes est d'un bleu-argenté très-brillant, avec tout le pourtour extérieur des premières, & simplement la tranche du bord terminal des secondes, noirs.

Le dessous est cendré, avec une grande tache noire, transverse & de forme triangulaire, au milieu des premières ailes, avec une ligne noire, bordée de blanc en arrière & finissant par un W, sur le milieu des secondes. Ces dernières ailes ont l'angle anal largement noir & saupoudré de bleu-pâle. La vétusté de l'individu ne nous a pas permis de voir s'il y a d'autres caractères.

De l'Amérique.

84. POLYOMMATE Hugon.

POLYOMMATUS Hugon.

Pol. alis suprà fuscis, disco fulvo: subtùs fuscescentibus, strigâ undulatâ testaceâ extùs albo marginatâ; posticis ocellis duobus anguli ani iride rufâ. (Mas.)

Il est petit. Le dessus de toutes les ailes est d'un brun-noirâtre, avec le disque fauve.

Le dessous est d'un brun-pâle, avec une ligne briquetée, transverse, ondulée & bordée de blanc en arrière. Les secondes ailes ont en outre près de l'angle de l'anus deux yeux rouges à prunelle noire, & leur bord postérieur est longé par une ligne blanche très-fine.

Décrit d'après un mâle un peu altéré.

Il habite.....

85. POLYOMMATE Xénophon.

POLYOMMATUS Xenophon.

Pol. alis bicaudatis fuscis, disco flavo: subtùs cinereis, strigâ mediâ albâ fuscæ innatâ. FAB.

Hesperia R. *Xenophon.* FAB. *Ent. Syst. em. tom.* 3. *pars* 1. *p.* 272. *n°.* 47.

Papilio Xenophon. JON. *Fig. pict.* 6. *tab.* 15. *fig.* 4.

Fabricius le décrit ainsi: il paroît avoir de l'affinité avec le *Jarbas* (*voyez* n°. 108). Le corps est petit, brun. Le dessus des ailes est d'un brun-noirâtre, avec une grande tache jaune sur le disque.

Le dessous est cendré, avec une ligne blanche, discoïdale, ondulée, contiguë à une ligne obscure. Les ailes inférieures ont en outre une série marginale de points obscurs.

De l'Inde.

86. POLYOMMATE Damastus.

POLYOMMATUS Damastus.

Pol. alis suprà fuscis, disco fulvo: subtùs viridibus; posticis strigis tribus flexuosis ocellisque tribus anguli ani nigris albo-marginatis.

Papilio Damon. CRAM. *pl.* 390. *fig.* C. D.

Il n'a guère qu'un pouce d'envergure. Le dessus des quatre ailes est d'un brun-noirâtre, avec le disque fauve.

Le dessous est vert, avec deux lignes noires, courbes, & bordées de blanc à l'extrémité des ailes supérieures; avec trois lignes semblables, mais flexueuses, sur la surface des ailes inférieures. L'angle anal de ces dernières ailes offre en outre une suite de trois petits yeux noirs à iris blanc.

Décrit d'après un individu unique & un peu altéré.

De la Virginie.

Nota. Nous avons changé le nom de Cramer, parce qu'il y a un autre polyommate qui porte le nom de *Damon.*

87. POLYOMMATE Télème.

POLYOMMATUS Telemus.

Pol. alis suprà cyaneis, nitidis : subtùs viridibus; posticis strigâ marginali nigrâ, extùs dilatatâ, intùs valdè angulatâ.

Papilio P. R. Telemus, *alis bicaudatis, cœruleis, nitidis : posticis subtùs strigâ marginali angulatâ atrâ.* FAB. *Mant. Inf. tom.* 2. *p.* 67. *n°.* 632.

Hesperia R. *Telemus.* FAB. *Ent. Syst. em. tom.* 3. *pars* 1. *p.* 269. *n°.* 39.

Papilio Telemus. CRAM. *pl.* 4. *fig.* D. E.

Papilio Telemus. HERBST, *Pap. tab.* 299. *fig.* 7. 8.

Il a environ un pouce & demi d'envergure. Le dessus des ailes est d'un bleu-barbeau-luisant, & les supérieures offrent dans le mâle une tache brune oculaire.

Le dessous est vert, sans aucune tache aux ailes supérieures, avec une ligne noire à l'extrémité des inférieures. Cette ligne est très-anguleuse vers l'angle de l'anus, & dilatée vers l'angle du sommet.

La femelle nous est inconnue.

De l'Amérique équinoxiale.

Nota. Fabricius décrit cette espèce sans parler de la couleur du dessous des ailes, en sorte qu'on ne pourroit jamais la reconnoître s'il ne citoit pas la figure de Cramer.

88. POLYOMMATE Janias.

POLYOMMATUS Janias.

Pol. alis suprà virescenti-cœruleis, nitidis, limbo atro : subtùs viridibus; posticis strigâ undulatâ punctoque ocellari nigris.

Papilio P. R. Janias, *alis tricaudatis, cœruleis, limbo atro : subtùs viridibus.* FAB. *Mant. Inf. tom.* 2. *p.* 65. *n°.* 608.

Hesperia R. *Janias.* FAB. *Ent. Syst. em. tom.* 3. *pars* 1. *p.* 259. *n°.* 5.

Papilio Janias. CRAM. *pl.* 213. *fig.* D. E.

Papilio Hassan. STOLL, *Suppl. à* CRAM. *pl.* 38. *fig.* 4 & 4 D.

Papilio Janias. HERBST, *Pap. tab.* 302. *fig.* 3, 4.

Il a environ quinze lignes d'envergure. Le dessus des ailes est d'un bleu-chatoyant en vert, avec tout le pourtour extérieur noir.

Le dessous est vert, sans taches aux ailes supérieures, avec une ligne ondulée & un point noirs aux inférieures. Le point est cerclé de fauve, & placé derrière la ligne, vis-à-vis des queues.

De Surinam.

Nota. Le point ocellé est quelquefois flanqué de petits traits noirs. D'autres fois, au contraire, la ligne ondulée qui le surmonte est peu distincte.

89. POLYOMMATE Hérodote.

POLYOMMATUS Herodotus.

Pol. alis suprà chalybdineo-cœruleis, limbo nigro : subtùs viridibus; posticis strigâ è punctis intùs nigris, extùs albis.

Hesperia R. Herodotus, *alis caudatis, cœruleis : subtùs viridibus, strigâ punctorum nigro-alborum.* FAB. *Ent. Syst. em. tom.* 3. *pars* 1. *pag.* 286. *n°.* 100.

Papilio Herodotus. JON. *Fig. pict.* 6. *tab.* 18. *fig.* 1.

Papilio Herodotus. DONOW. *of. an. Epitome of the Nat. Hist. Insects of India, cah.* 1. *pl.* 3. *fig.* 2.

Papilio P. R. Eryx, *alis caudatis, nigris : subtùs viridibus; posticis margine subdentato maculatoque.* FAB. *Mant. Inf. tom.* 2. *p.* 70. *n°.* 663.

Hesperia R. *Eryx.* FAB. *Ent. Syst. em. tom.* 3. *pars* 1. *p.* 283. *n°.* 89.

Papilio Amyntor. CRAM. *pl.* 48. *fig.* E. (Le mâle.)

Papilio Menalcas. CRAM. *pl.* 259. *fig.* A. B. (La femelle.)

Papilio Amyntor. HERBST, *Pap. tab.* 300. *fig.* 5. 6.

Papilio Menalcas. HERBST, *Pap. tab.* 298. *fig.* 5. 6.

Il a environ quinze lignes d'envergure. Le dessus du mâle est d'un bleu d'acier luisant, avec le bord postérieur noir.

Le dessous est d'un vert-pré, sans aucune tache aux ailes supérieures, avec une ligne transverse de points oblongs, noirs en avant, blancs en arrière, aux inférieures. L'angle anal de ces dernières ailes est ferrugineux & précédé d'un ou de deux gros points de sa couleur. Le corps est d'un bleu d'acier, avec le front d'un vert-doré.

La femelle se distingue du mâle en ce qu'elle a le dessus d'un blanc beaucoup plus obscur & largement bordé de brun. Elle nous paroît bien répondre à l'*Eryx* de Fabricius, quoique cet auteur le dise de la Chine.

De Surinam.

90. POLYOMMATE Ethémon.

POLYOMMATUS Ethemon.

Pol. alis suprà nigris, discocœruleo : subtùs

fulvis, strigâ mediâ rubrâ ; posticis serie posticâ è lunulis intùs-nigris, extùs albis. (Fæmina?)

Papilio Ethemon. Cram. *pl.* 48. *fig.* D.

Papilio Ethemon. Herbst, *Pap. tab.* 300. *fig.* 7. 8.

Nous ne connoissons ce polyommate que par un individu sans corps, mais qui nous paroît cependant être une femelle.

Il a environ quinze lignes d'envergure. Le dessus des ailes est noir, avec le milieu d'un bleu-foncé-luisant.

Le dessous est d'un fauve-obscur, avec une ligne commune rouge sur le milieu. Les secondes ailes ont parallèlement au bord postérieur un cordon de petites lunules, noires en avant, blanches en arrière, & surmontées chacune d'une tache cunéiforme rougeâtre.

Des Indes occidentales.

91. Polyommate Lycabas.

Polyommatus Lycabas.

Pol. alis suprà cæruleis, margine nigro : subtùs fuscis, apice pallidioribus ; posticis angulo ani flavo nigroque strigoso. (Mas.)

Papilio Lycabas. Cram. *pl.* 117. *fig.* E.

Il a de quatorze à quinze lignes d'envergure. Le dessus des ailes est d'un bleu-violet, avec les bords noirs, & une tache orbiculaire luisante au milieu des supérieures.

Le dessous est d'un brun-noirâtre, avec l'extrémité plus pâle & rayée de brunâtre transversalement. Les secondes ailes ont la région anale jaune, avec quelques lignes noires disposées dans le même sens que les raies brunes.

Nous n'avons vu que le mâle, encore étoit-il en mauvais état.

De Surinam.

γ. Dessus des ailes supérieures du mâle n'offrant point vers le milieu de tache orbiculaire distincte.

92. Polyommate Aunus.

Polyommatus Aunus.

Pol. alis suprà cyaneis, nitidis, limbo nigro : subtùs fuscis, albido bifasciatis ; anticis costâ baseos, posticis angulo ani immaculatis. (Mas.)

Papilio P. R. Aunus, *alis subtricaudatis, cæruleis, limbo atro : subtùs nigris, albo fasciatis.* Fab. *Mant. Inf. tom.* 2. *p.* 66. *n°.* 619. (Le mâle.)

Hesperia R. *Aunus.* Fab. *Ent. Syst. em. tom.* 3. *pars* 1. *p.* 263. *n°.* 18. (Le mâle.)

Papilio Aunus. Cram. *pl.* 23. *fig.* E. F. (Le mâle.)

Papilio Aunus. Herbst, *Pap. tab.* 291. *fig.* 7. 8.

Il n'a guère qu'un pouce d'envergure. Le dessus des ailes est d'un bleu-barbeau-luisant, avec le limbe extérieur noir.

Le dessous est d'un brun-noirâtre, avec deux bandes blanchâtres, transverses, divisées dans le sens de leur longueur par quelques lignes noires.

La femelle nous est inconnue.

De Curaçao.

Nota. Ce polyommate se rapproche beaucoup de l'*Eole* n°. 39 ; mais il est plus petit, il n'a que deux bandes blanchâtres en dessous, la côte de ses premières ailes & l'angle anal des secondes sont sans taches. Outre cela, le milieu des ailes supérieures du mâle n'offre pas de tache cotonneuse comme dans l'*Eole*.

93. Polyommate Hyacinthe.

Polyommatus Hyacinthus.

Pol. alis viridi-cæruleis, nitidis, suprà margine nigro, subtùs fasciis tribus nigris mediâque albâ.

Papilio P. R. Hyacinthus, *alis bicaudatis, cæruleo-nitidis : posticis subtùs medio atro, fasciâ albâ.* Fab. *Mant. Inf. tom.* 2. *p.* 67. *n°.* 637.

Hesperia R. *Hyacinthus.* Fab. *Ent. Syst. em. tom.* 3. *pars* 1. *p.* 273. *n°.* 51.

Papilio Hyacinthus. Cram. *pl.* 36. *fig.* E.

Papilio Hyacinthus. Herbst, *Pap. tab.* 299. *fig.* 3. 4.

Il a un pouce & demi d'envergure. Le dessus des ailes est d'un bleu-verdâtre-luisant, avec une bordure noire, étroite chez le mâle, large & un peu moins foncée chez la femelle.

Le dessous est de la couleur du dessus, avec trois bandes noires transverses & une bande centrale blanche. Ces bandes ne montent pas jusqu'à la côte des ailes supérieures, & la bande blanche est encore plus courte que les autres.

Des Indes occidentales.

94. Polyommate Cyanus.

Polyommatus Cyanus.

Pol. alis suprà cyaneis, nitidis, limbo nigro : subtùs fuscis, disco baseos albo ; posticis ocellis septem marginalibus argenteo-cæruleis. (Mas.)

Papilio P. R. Cyanus, *alis bicaudatis, cæruleis, nitidis : subtùs disco albo.* Fab. *Mant. Inf. tom.* 2. *p.* 67. *n°.* 636.

Hesperia R. *Cyanus.* Fab. *Ent. Syst. em. tom.* 3. *pars* 1. *p.* 272. *n°.* 50.

Papilio Cyanus. Herbst, *Pap. tab.* 297. n°. 1. 2.

Papilio Cyanea. Cram. *pl.* 76. *fig.* C. D.

Il a approchant un pouce & demi d'envergure. Le dessus du mâle est d'un bleu-barbeau-clair & luisant, avec une légère bordure noire.

Le dessous est d'un brun-noirâtre, avec le disque à partir de la base, & une ligne marginale, blancs. La ligne marginale des premières ailes est double; celle des secondes est surmontée d'une série de sept yeux argentés à prunelle noire.

Nous n'avons point vu la femelle.

Des Indes occidentales.

95. Polyommate Pholéus.

Polyommatus Pholeus.

Pol. alis suprà virescenti-cœruleis, nitidis: subtùs nigris, inaurato-viridi fasciatis. (Mas.)

Papilio P. R. Pholeus, *alis bicaudatis, cœruleis: subtùs atris, viridi cœruleoque fasciatis.* Fab. *Mant. Inf. tom.* 2. *p.* 66. n°. 628.

Hesperia R. *Pholeus.* Fab. *Ent. Syst. em. tom.* 3. *pars* 1. *p.* 267. n°. 33.

Papilio Pholeus. Cram. *pl.* 163. *fig.* D. E.

Papilio Pholeus. Herbst, *Pap. tab.* 295. *fig.* 3. 4.

Il a environ quinze lignes d'envergure. Le dessus des ailes est d'un bleu-luisant & chatoyant en vert.

Le dessous est noir, avec des bandes d'un vert-doré. Les bandes des ailes supérieures sont pour la plupart longitudinales & interrompues. Celles des ailes inférieures sont transverses, & les deux plus intermédiaires sont séparées par quelques points de leur couleur.

Nous n'avons pas vu la femelle.

De Surinam.

96. Polyommate Philanthe.

Polyommatus Philanthe.

Pol. alis fuscis: posticis suprà puncto marginis tenuioris albo, subtùs fasciis quatuor flavescentibus transversis strigisque duabus argenteis.

Papilio Philanthus. Stoll, *Suppl. à* Cram. *pl.* 5. *fig.* 3 & 3 C.

Il n'a guère que quinze lignes d'envergure. Le dessus des ailes est d'un brun-noirâtre, avec un point blanc au milieu du bord interne des inférieures, & deux points bleuâtres près de leur angle anal.

Le dessous est presque du même brun que le dessus, avec deux bandes longitudinales jaunâtres aux inférieures. Ces dernières ailes ont en outre deux lignes argentées transversales, l'une entre la deuxième & la troisième bandes, l'autre près de l'angle de l'anus.

Décrit d'après un individu sans corps.

De Surinam.

97. Polyommate Simæthis.

Polyommatus Simœthis.

Pol. alis suprà fuscis, nitidis: subtùs flavo-viridibus, vittâ transversâ argenteâ; posticis apice ferrugineis strigâ è punctis margaritaceis.

Papilio P. R. Simæthis, *alis caudatis, fuscis: subtùs viridibus, strigâ argenteâ.* Fab. *Mant. Inf. tom.* 2. *p.* 70. n°. 668.

Hesperia R. *Simœthis.* Fab. *Ent. Syst. em. tom.* 3. *pars* 1. *p.* 286. n°. 97.

Papilio Simœthis. Drury, *Inf. exotic. pl.* 1. *fig.* 3. 3.

Papilio Simœthis. Herbst, *Pap. tab.* 289. *fig.* 3. 4.

Il n'a guère qu'un pouce d'envergure. Le dessus des ailes est d'un brun-noirâtre-chatoyant, avec la queue des inférieures ferrugineuse & terminée de blanc.

Le dessous est d'un vert-jaunâtre, avec une bande argentée, transverse, étroite, bordée de ferrugineux en avant, courbe aux premières ailes, sinuée en arrière aux secondes. Outre cela, les premières ailes ont l'angle interne ferrugineux, avec une ligne argentée courte & transversale. Les secondes ailes ont toute l'extrémité ferrugineuse, mais cependant moins foncée contre le bord interne, avec une série de points nacrés.

Nous ignorons de quel sexe est l'individu que nous décrivons, parce qu'il a un corps rapporté.

De Surinam & de l'île Saint-Christophe.

98. Polyommate Chrysus.

Polyommatus Chrysus.

Pol. alis suprà fuscis, anticarum apice albo punctato: subtùs ferrugineis, maculis fasciisque inaurato-viridibus nigro marginatis.

Papilio Chrysus. Cram. *pl.* 380. *fig.* D. E.

Papilio Chrysus. Herbst, *Pap. tab.* 301. *fig.* 1. 2.

Nous n'avons vu qu'un mauvais échantillon de ce polyommate.

Il a approchant un pouce & demi d'envergure. Le dessus des ailes est d'un brun-noirâtre, avec trois ou quatre points blancs vers l'extrémité des supérieures.

Le dessous est ferrugineux, avec des taches transversales, puis deux bandes postérieures, d'un vert-doré & bordées de noir. Les ailes supérieures ont des points blancs qui répondent à ceux du dessus, & l'on en voit deux ou trois semblables sur la côte des inférieures. Outre cela, les taches dorées sont entremêlées de quelques litures noires.

De Surinam.

99. Polyommate Achæus.

Polyommatus Achœus.

Pol. alis suprà fuscis, singularum lituris duabus flavis : subtùs flavis, maculis numerosis aureis purpurascenti marginatis.

Hesperia R. Achæus, *alis subbicaudatis, fuscis, maculis flavis : subtùs flavis auro maculatis.* Fab. *Ent. Syst. em. tom.* 3. *pars* 1. *p.* 273. *n°.* 53.

Papilio Achœus. Cram. *pl.* 352. *fig.* G. H.

Papilio Achœus. Herbst, *Pap. tab.* 297. *fig.* 3. 4.

Papilio Achœus. Jon. *Fig. pict.* 6. *tab.* 4. *fig.* 1.

Il a à peu près un pouce & demi d'envergure. Le dessus des ailes est d'un brun-noirâtre, avec deux taches jaunes sur le milieu des premières, & deux litures transversales de cette couleur sur les secondes.

Le dessous est jaune, avec une multitude de taches dorées, luisantes & bordées de brun-pourpre.

Nous n'avons vu qu'un seul échantillon, & il nous a été impossible d'en déterminer le sexe.

De Surinam.

100. Polyommate Valens.

Polyommatus Valens.

Pol. alis suprà fuscis, nitidis : subtùs flavescentibus, maculis sanguineis auro punctatis.

Papilio P. R. Valens, *alis caudatis, fuscis : subtùs flavescentibus, maculis rubris auro fœtis.* Fab. *Mant. Ins. tom.* 2. *p.* 67. *n°.* 644. (Le mâle.)

Hesperia R. *Valens.* Fab. *Ent. Syst. em. tom.* 3. *pars* 1. *p.* 274. *n°.* 60.

Papilio P. R. Formosus, *alis bicaudatis, fuscis : subtùs flavescentibus sanguineo auroque punctatis.* Fab. *Mant. Ins. tom.* 2. *p.* 67. *n°.* 639. (La femelle.)

Hesperia R. *Formosus.* Fab. *Ent. Syst. em. tom.* 3. *pars* 1. *p.* 273. *n°.* 55.

Papilio Formosus. Cram. *pl.* 118. *fig.* G.

Papilio Formosus. Herbst, *Pap. tab.* 293. *fig.* 6.

Le *Valens* & le *Formosus* de Fabricius forment une seule espèce, qui n'a guère qu'un pouce d'envergure.

Le dessus des ailes est d'un brun-noirâtre, légèrement chatoyant en bleu.

Le dessous est d'un jaune-pâle, avec de grandes taches d'un rouge-ferrugineux, & sur lesquelles il y a plusieurs points d'un vert-doré. Le bord terminal est en outre totalement longé par une ligne de la couleur de ces points.

Dans le mâle, ou le *Valens* proprement dit de Fabricius, le milieu des premières ailes offre une tache blanche, transparente & orbiculaire. La femelle, ou le *Formosus*, n'a probablement point cette tache, puisque Cramer n'en parle point.

De Surinam.

101. Polyommate Vulcain.

Polyommatus Vulcanus.

Pol. alis suprà fuscis (maris *violaceo micantibus*), *fulvo fasciatis : subtùs saturato-rufis, fasciis flavis nigro marginatis strigisque intermediis è maculis argenteis.*

Papilio P. R. Vulcanus, *alis bicaudatis, suprà fuscis, flavo maculatis : subtùs strigis flavis, fulvis argenteisque variegatis.* Fab. *Mant. Ins. tom.* 2. *p.* 66. *n°.* 622. (La femelle.)

Hesperia R. *Vulcanus.* Fab. *Ent. Syst. em. tom.* 3. *pars* 1. *p.* 264. *n°.* 22. (La femelle.)

Papilio Vulcanus. Herbst, *Pap. tab.* 301. *fig.* 5. 6.

Papilio Etolus. Cram. *pl.* 208. *fig.* E. F. (La femelle.)

Hesperia R. Pindarus, *alis subtricaudatis, cœruleis, limbo atro : subtùs fuscis, argenteo fulvoque maculatis.* Fab. *Ent. Syst. em. tom.* 3. *pars* 1. *p.* 262. *n°.* 15. (Variété mâle.)

Papilio Pindarus. Jon. *Fig. pict.* 6. *tab.* 4. *fig.* 4.

Il a un peu plus d'un pouce d'envergure. Le dessus des ailes est d'un brun-noirâtre, avec trois à quatre bandes fauves, courtes & transverses, vis-à-vis du sommet des supérieures, & une sur le bord terminal des inférieures. Ces dernières ailes ont près de l'angle de l'anus deux petits yeux noirs à iris argenté, & leurs queues sont noires, avec la base fauve & l'extrémité blanche.

Le dessous de toutes les ailes est d'un roux-foncé, avec six bandes communes jaunes, bordées de noir, & séparées les unes des autres par des lignes transverses de taches argentées. Aux deux petits yeux des secondes ailes répondent ici deux yeux parfaitement semblables. Les antennes sont noires, annelées de blanc & terminées de fauve. L'abdomen a le bord des anneaux blanchâtre.

Le mâle a un reflet violet. Il offre parfois une

variété sans bande fauve sur le dessus des premières ailes, & ayant le dessous des quatre ailes d'un brun-obscur au lieu de l'avoir d'un roux-foncé; c'est cette variété que Fabricius a décrite sous le nom de *Pindarus*.

Du Bengale & de Java.

102. POLYOMMATE Orcas.

POLYOMMATUS Orcas.

Pol. alis suprà virescenti-cœruleis, limbo nigro: subtùs ferrugineo-fuscis, maculis numerosis argenteis.

Papilio Orcas. DRURY, *Inf. exot. tom.* 3. *pl.* 34. *fig.* 2. 3.

Il a environ un pouce & demi d'envergure. Le dessus des ailes est d'un bleu-verdâtre, avec tout le pourtour extérieur noir. Le noir de la côte des premières ailes se dilate sur le bleu de manière à y former trois taches, dont les deux antérieures en forme de points, la postérieure lunulée & plus grande. Les secondes ailes ont à l'angle de l'anus un point rouge.

Le dessous est d'un brun-ferrugineux, avec des taches nacrées, éparses, inégales, au nombre de huit ou neuf sur les premières ailes, au nombre de onze à douze sur les secondes. Au point anal de ces dernières ailes répond ici un point semblable. Le corps est brun en dessous, avec les pattes & des lignes pectorales blanches.

Les deux individus que nous avons vus paroissoient être des mâles.

De Sierra-Leone, suivant Drury: mais est-ce bien là sa patrie?

C. Bord antérieur des premières ailes plus ou moins arqué vers son origine. Bord postérieur des secondes ailes avec une seule queue extérieure, linéaire ou filiforme.

α. Bord postérieur des secondes ailes flexueux ou un peu dentelé & ayant une queue linéaire.

103. POLYOMMATE Périon.

POLYOMMATUS Perion.

Pol. alis suprà fuscis, fulvo fasciatis: subtùs flavido ferrugineis, singularum punctis ocellaribus numerosissimis posticarumque lineâ marginali elevatâ aureis.

Papilio P. R. Perion, *alis caudatis, fulvis, suprà limbo fasciisque fuscis, subtùs auro punctatis.* FAB. *Mant. Inf. tom.* 2. *p.* 68. *n°.* 645.

Hesperia R. *Perion.* FAB. *Ent. Syst. em. tom.* 3. *pars* 1. *p.* 275. *n°.* 61.

Papilio Perion. CRAM. *pl.* 379. *fig.* B. C.

Papilio Perion. HERBST, *Pap. tab.* 286. *fig.* 5. 6.

Il a un peu plus d'un pouce d'envergure. Le dessus des ailes est d'un brun-noirâtre, avec des bandes transversales d'un fauve-luisant.

Le dessous est jaunâtre vers la base, ferrugineux vers l'extrémité, avec une multitude de points dorés & cerclés de noir. Les ailes inférieures ont en outre le long du bord terminal une ligne élevée de la couleur des points & bordée de noir en arrière.

L'individu que nous avons vu paroît être une femelle.

De Surinam.

104. POLYOMMATE Harpax.

POLYOMMATUS Harpax.

Pol. alis caudatis, fulvis, nigro maculatis: subtùs cinereis, punctis aureis. FAB.

Papilio P. R. *Harpax.* FAB. *Mant. Inf. tom.* 2. *p.* 67. *n°.* 643.

Hesperia R. *Harpax.* FAB. *Ent. Syst. em. tom.* 3. *pars* 1. *p.* 274. *n°.* 59.

Fabricius le décrit ainsi: il est de moyenne taille. Ses antennes sont en masse, noires, avec des points latéraux, & une bande plus large avant la masse, blancs. La masse a la sommité ferrugineuse. Le dessus des quatre ailes est fauve, avec des taches noires, éparses.

Le dessous est d'un cendré-obscur, avec plusieurs taches dorées, relevées en bosse. La queue est ferrugineuse, avec l'extrémité blanche.

De l'Amérique.

105. POLYOMMATE Lincus.

POLYOMMATUS Lincus.

Pol. alis albis, suprà apice fusco: subtùs fasciis transversis atris limboque fulvo; posticis angulo ani nigro punctis quatuor albis.

Hesperia R. Lincus, *alis caudatis, albis, apice fuscis: subtùs albo atroque fasciatis, angulo ani punctis tribus albis.* FAB. *Ent. Syst. em. tom.* 3, *pars* 1. *p.* 289. *n°.* 107.

Papilio Linus. ROEM. *Inf. tab.* 19. *fig.* 10. 11.

Papilio Ætolus. CRAM. *pl.* 340. *fig.* F. G. H.

Papilio Ætolus. HERBST, *Pap. tab.* 285. *fig.* 7. 8. 9.

Si ce polyommate avoit deux queues, il se placeroit naturellement à côté du *Bathis* (n°. 40) dont il se rapproche par le dessin & par les couleurs.

Il a environ quinze lignes d'envergure. Le dessus des ailes est blanc, avec l'extrémité d'un brun-noirâtre, & divisée aux inférieures par une double raie blanche. Les ailes supérieures ont un point central brun, lequel est suivi, mais chez le mâle seulement, d'une grande tache noire presque triangulaire & disposée longitudinalement.

Le dessous est d'un blanc-jaunâtre, avec cinq bandes transverses noires, & le limbe postérieur fauve. Les trois bandes intérieures des secondes ailes remontent le long du bord interne en embrassant une raie fauve, & elles forment vis-à-vis de l'angle anal un coude au-dessous duquel sont quatre points blancs. La queue est noire, avec l'extrémité blanche.

Fabricius n'a pas reconnu dans cette espèce le papillon *Ætolus* de Cramer.

De Surinam & du Brésil.

106. Polyommate Philippe.

Polyommatus Philippus.

Pol. alis caudatis, fuscis : subtùs strigis duabus fulvis punctisque duobus anguli ani atris subocellaribus. Fab.

Hesperia R. *Philippus.* Fab. *Ent. Syst. em. tom.* 3. *pars* 1. *p.* 283. *n°.* 87.

Papilio Philippus. Jon. *Fig. pict.* 6. *tab.* 20. *fig.* 1.

Il est de moyenne taille. Le dessus de toutes les ailes est d'un brun-noirâtre, avec une ligne blanche transverse & deux points noirs un peu ocellés à l'extrémité des inférieures.

Le dessous est blanc, avec deux lignes fauves transverses, qui sont anguleuses aux secondes ailes. Ces ailes ont à l'angle de l'anus deux points noirs à iris fauve.

De l'Inde.

(*Traduction de Fabricius.*)

107. Polyommate Phorbas.

Polyommatus Phorbas.

Pol. alis caudatis, fuscis, disco albo : subtùs albis, cinereo strigosis; punctis duobus anguli ani atris. Fab.

Hesperia R. *Phorbas.* Fab. *Ent. Syst. em. tom.* 3. *pars* 1. *p.* 277. *n°.* 68.

Papilio Phorbas. Jon. *Fig. pict.* 6. *tab.* 2. *fig.* 4.

Il est de moyenne taille. Le dessus des quatre ailes est d'un brun-noirâtre, avec le disque blanc, mais un peu sali aux inférieures, lesquelles ont en outre le bord postérieur blanc & tacheté de brun.

En dessous, le fond de toutes les ailes est blanc, avec une tache cendrée transversale sur le milieu, & des lignes cendrées également transversales vers l'extrémité. A l'angle de l'anus sont deux taches d'un noir-brun.

De l'Inde.

(*Traduction de Fabricius.*)

108. Polyommate Jarbas.

Polyommatus Jarbas.

Pol. alis suprà fulvis, limbo fusco : subtùs fuscescentibus lineolâ geminâ strigâque undulatâ albis; posticis punctis duobus nigris, exteriori lunulæ fulvæ subjecto.

Papilio P. R. Jarbas, *alis caudatis, fulvis, limbo fusco : subtùs cinereis, strigâ albâ; posticis punctis duobus atris.* Fab. *Mant. Inf. tom.* 2. *p.* 68. *n°.* 648.

Hesperia R. *Jarbas.* Fab. *Ent. Syst. em. tom.* 3. *pars* 1. *p.* 276. *n°.* 65.

Papilio Melampus. Cram. *pl.* 362. *fig.* G. H.

Papilio Melampus. Herbst, *Pap. tab.* 301. *fig.* 3. 4.

Papilio Jarbas. Donow. *of an Epitome of the Nat. Hist. Insects of India*, *cah.* 7. *pl.* 1. *fig.* 3.

Le papillon *Jarbas* de Fabricius nous paroît bien être le même que le *Melampus* de Cramer.

Il a près d'un pouce & demi d'envergure. Le dessus des ailes est d'un fauve-ponceau, avec une bordure extérieure brune, large aux ailes de devant, très-étroite à celles de derrière.

Le dessous est d'un brun-très-pâle, avec un double trait discoïdal & une ligne postérieure ondulée d'un blanc sale & bordés intérieurement de brun un peu plus intense que le fond. A l'angle interne des secondes ailes sont deux gros points noirs, dont l'extérieur immédiatement surmonté d'une lunule fauve, & séparé de l'intérieur par un groupe d'atomes bleuâtres. Le corps est brun, mais moins foncé en dessous. La queue est noire de part & d'autre, avec le bout blanc.

Nous n'avons vu que le mâle.

Du Bengale & de l'île de Java.

109. Polyommate Epiclès.

Polyommatus Epicles.

Pol. alis suprà fuscis (maris *violaceo micantibus*) : *anticis disco, posticis maculis marginalibus fulvis : subtùs omnibus flavis, fasciâ terminali sanguineâ lunulis albis intùs marginatâ.*

Il a un peu plus d'un pouce d'envergure. Le dessus des ailes est d'un brun-noirâtre, avec une tache orbiculaire sur le milieu des supérieures, & des lunules à l'extrémité des inférieures, d'un fauve-orangé. Le mâle a un reflet violet, & la femelle offre sur le disque des secondes ailes une petite liture roussâtre.

Le dessous des deux sexes est d'un beau jaune, avec une bande terminale d'un rouge-sanguin, laquelle est chargée à son côté interne d'une série de lunules blanches bordées de noir, & à son côté externe d'une ligne noire entrecoupée de blanc.

De Java.

110. POLYOMMATE du Bouleau.

POLYOMMATUS Betulæ.

Pol. alis suprà fuscis : subtùs luteis, sesquistrigâ undulatâ albâ limboque postico rufo.

Papilio P. R. *alis subcaudatis, fuscis, primoribus maculâ reniformi fulvâ : subtùs luteis, fasciâ fulvâ.* LINN. *Syst. Nat.* 2. *p.* 787. *n°.* 220. — *Faun. Suec. edit.* 2. *p.* 282. *n°.* 1070.

Papilio P. R. Betulæ, *alis subcaudatis, fuscis : subtùs luteis ; posticis strigis duabus albis.* FAB. *Spec. Inf. tom.* 2. *p.* 118. — *Mant. Inf. tom.* 2. *p.* 68. *n°.* 649.

Hesperia R. *Betulæ.* FAB. *Ent. Syst. em. tom.* 3. *pars* 1. *p.* 277. *n°.* 60.

Papilio Betulæ. ESP. *Pap. Eur. p.* 256. *tab.* 19. *fig.* 1.

Papilio Betulæ. WIEN. *Verz. p.* 186. *fam.* O. *n°.* 2.

Papilio Betulæ. ILLIG. N. *Ausg. Des. tom.* 2. *p.* 278. *n°.* 2.

ROES. *Inf. tab.* 6. *fig.* 1-4.

SCHÆFF. *Icon. tab.* 212. *fig.* 1. 2. (Fæm.) — *tab.* 275. *fig.* 1. 2. (Mas.)

Papilio Betulæ. HUFNAGEL, *Tabell. imp. Berl. Mag. tom.* 2. *p.* 68. *n°.* 23.

Papilio Betulæ. BERGSTR. *Nomencl. tab.* 36. *fig.* 1-4. — *tab.* 70. *fig.* 3. 4.

Papilio Betulæ. BORKH. *Eur. Schmett. part.* 1. *p.* 134 & 263. *n°.* 1.

Papilio Betulæ. BORKH. *Rhein. Magaz. tom.* 1. *p.* 297. *n°.* 107.

Papilio Betulæ. SCHNEID. *Syst. Beschr. p.* 217. *n°.* 127.

Papilio Betulæ. LANG. *Verz.* 2. *p.* 45. *n°.* 361-364.

Papilio Betulæ. FUESSL. *Suiss. Inf. p.* 31. *n°.* 591.

Papilio Betulæ. BRAHM. *Inf. Kalend. p.* 232. *n°.* 128.

Papilio Betulæ. SCHWARZ, *Raupenkal. p.* 32. *n°.* 177.

Papilio Betulæ. PANZER, *Faun. Germ.* 21. 20.

Papilio Betulæ. HERBST, *Pap. tab.* 307. *fig.* 13.

Papilio Betulæ. PETAGNA, *Inst. Ent. p.* 479. *n°.* 105.

Papilio Betulæ. OCHSENH. *Pap. Eur. tom.* 1.

Papilio Betulæ. HUBN. *Pap. tab.* 76. *fig.* 383-385.

Le Porte-queue fauve à deux bandes blanches. GEOFF. *Hist. Inf. tom.* 2. *p.* 58. *n°.* 27.

Le Porte-queue à bandes fauves. ENGRAM. *Pap. Eur. tom.* 1. *p.* 152. *pl.* 35. *fig.* 70. a-f.

Polyommate du Bouleau. LATREILLE, *nouv. Dict. d'Hist. nat.* 2ᵉ. *édit. tom.* 27. *p.* 483.

Polyommate du Bouleau. GODART, *Hist nat. des lépidoptères de France, tom.* 1. *p.* 181. *pl.* 9. *fig.* 1.

Polyommate du Bouleau. GODART, *Tableau méthodique des lépidoptères de France*, DIURNES, *p.* 46. *n°.* 128.

Il a près d'un pouce & demi d'envergure. Le dessus des deux sexes est d'un brun-noirâtre, avec une bande fauve réniforme sur le milieu des ailes supérieures de la femelle, & quelques taches roussâtres, plus ou moins prononcées, sur les ailes correspondantes du mâle. Les ailes inférieures ont l'angle anal & l'origine de la queue fauves.

Le dessous est d'un jaune-fauve, avec deux lignes blanches, transverses, légèrement ondulées, dont l'antérieure plus courte. Ces lignes sont bordées de noirâtre sur un de leurs côtés, & l'espace qui les sépare est d'un roux-vif ainsi que l'extrémité de chaque aile.

La chenille est verte, avec des lignes longitudinales & des traits obliques jaunes sur chaque côté du corps. Elle vit sur le *bouleau commun*, le *prunier domestique*, le *prunellier*, &c. Elle se métamorphose vers la mi-juin.

La chrysalide est lisse, brune, avec des raies un peu plus claires.

Cette espèce est commune dans les bois & dans les jardins de l'Europe, depuis la fin de juillet jusqu'à la mi-septembre.

111. POLYOMMATE du Prunier.

POLYOMMATUS Pruni.

Pol. alis fuscis, fasciâ posticâ fulvâ, suprà maculari, subtùs continuâ punctisque nigris intùs & extùs marginatâ.

Papilio P. R. Pruni, *alis subcaudatis, suprà fuscis : posticis subtùs fasciâ marginali fulvâ nigro punctatâ.* LINN. *Syst. Nat. tom.* 2. *p.* 788. *n°.* 221. — *Faun. Suec. édit.* 2. *p.* 283. *n°.* 1071.

Papilio P. R. *Pruni.* FAB. *Spec. Inf. tom.* 2. *p.* 118. — *Mant. Inf. tom.* 2. *p.* 68. *n°.* 650.

Hesperia R. *Pruni.* FAB. *Ent. Syst. em. tom.* 3. *pars* 1. *p.* 277. *n°.* 70.

Papilio Pruni. ESP. *Pap. Eur. part.* 1. *tab.* 19. *fig.* 3. — *tab.* 39. *Suppl.* 15. *fig.* 1.

Papilio Pruni. Wien. *Verz. p.* 186. *fam.* O. *n°.* 4.

Roes. *Inf. part.* 1. *tab.* 7. *fig.* 1. 5.

Naturf. 6. *p.* 6. *n°.* 24.

Schæff. *Element. tab.* 94. *fig.* 5.

Papilio Pruni. Illig. N. *Aufg. Defs. tom.* 2. *p.* 279. *n°.* 4.

Papilio Pruni. Bergstr. *Nomenkl. tab.* 36. *fig.* 5-9.

Papilio Pruni. Borkh. *Eur. Schmett. part.* 1. *p.* 135 & 264. *n°.* 2.

Papilio Pruni. Borkh. *Rhein. Magaz. tom.* 1. *p.* 297. *n°.* 106.

Papilio Pruni. Schneid. *Syft. Befchr. p.* 220. *n°.* 129.

Papilio Pruni. Lang. *Verz. tom.* 2. *p.* 46. *n°.* 365-368.

Papilio Pruni. Fuessl. *Suifs. Inf. p.* 31. *n°.* 592.

Papilio Pruni. Rossi, *Faun. Etr. tom.* 2. *p.* 154. *n°.* 1029.

Papilio Pruni. Brahm, *Inf. Kalend. p.* 234. *n°.* 129 & 533. *n°.* 391.

Schwarz, *Raupenkal. p.* 46 & 177.

Papilio Pruni. Hubn. *Pap. tab.* 76. *fig.* 386. 387.

Papilio Prorfa. Hufnag. *Tab. im. Berl. Mag. tom.* 2. *p.* 68. *n°.* 24.

Papilio Pruni. Herbst, *Pap. tab.* 307. *fig.* 4. 5.

Papilio Pruni. Petagna, *Inf. Ent. p.* 479. *n°.* 106.

Papilio Pruni. Ochsenh. *Pap. Eur. tom.* 1.

Le Porte-queue brun à lignes blanches. Engram. *Pap. Eur. tom.* 1. *p.* 157. *pl.* 35. *fig.* 72. c. d. & *pl.* 36. *fig.* 73. a-f.

Polyommate du Prunier. Latr. *nouv. Dict. d'Hift. nat.* 2e. *édit. tom.* 27. *p.* 484.

Polyommate du Prunier. God. *Hift. nat. des lépid. de France*, *tom.* 1. *p.* 184. *pl.* 9. *fig.* 2.

Polyommate du Prunier. God. *Tabl. méth. des lépid. de France*, Diurnes, *p.* 47. *n°.* 129.

Il a environ quinze lignes d'envergure. Le deffus des deux fexes eft d'un brun-noirâtre, avec une bande poftérieure de taches fauves. Cette bande manque affez fouvent aux ailes fupérieures du mâle.

Le deffous eft d'un brun-jaunâtre, avec une ligne blanche interrompue, placée tranfverfalement derrière le milieu, & fuivie d'une bande fauve continue, dont les deux côtés font bordés par des points noirs. Les points qui bordent le côté externe de cette bande font lunulés; ceux qui bordent fon côté interne font arrondis & furmontés chacun d'un petit arc blanc.

La chenille eft verte, rayée longitudinalement & obliquement de blanchâtre, avec la tête jaune & marquée de deux points noirâtres oculaires. Son dos offre des tubercles à fommité noire. Elle vit fur le prunier fauvage.

La chryfalide eft courte, renflée en arrière, brune, avec la partie antérieure tiquetée de blanchâtre.

Ce polyommate paroît au commencement de juin. On le trouve aux environs de Paris, & particulièrement dans la forêt de Bondy, près de la manufacture de poudrette.

112. Polyommate W-blanc.

Polyommatus W-album.

Pol. alis fufcis: pofticis fubtùs ftrigâ mediâ albâ in W definente, fafciâque marginali rufâ, flexuofâ, nigro marginatâ.

Papilio P. R. W-album, *alis bicaudatis, fuprà fufcis: pofticis fubtùs* W-*albo notatis, fafciâ arcuatâ aurantiâ faturatiore.* Knoch, *Beytr. part.* 2. *p.* 85. *tab.* 6. *fig.* 1. 2.

Bergstr. *Nomenkl. tab.* 71. *fig.* 1. 2.

Papilio W-album. Devill. *Ent. Linn. tom.* 2. *p.* 83. *n°.* 173. *tab.* 4. *fig.* 12.

Papilio W-album. Borkh. *Eur. Schmett. part.* 2. *p.* 216. *n°.* 5. 6.

Papilio W-album. Borkh. *Rhein. Magaz. tom.* 1. *p.* 296. *n°.* 105.

Papilio W-album. Brahm, *Inf. Kalend. p.* 372. *n°.* 249.

Papilio W-album. Fuessl. N. *Magaz. tom.* 1. *p.* 329.

Papilio W-album. Hubn. *Pap. tab.* 75. *fig.* 380. 381.

Papilio W-album. Ochs. *Pap. Eur. tom.* 1.

Papilio W-album. Herbst, *Pap. tab.* 308. *fig.* 1. 2.

Papilio W-latinum. Lang. *Verz.* 2. *p.* 46. *n°.* 373. 374.

Variété du Porte-queue brun à deux bandes de taches fauves. Geoff. *tom.* 2. *p.* 62. N. B.

Le Porte-queue brun à une ligne blanche. Engram. *Pap. Eur. tom.* 1. *p.* 306. *pl.* 82. — *Suppl.* 2. *pl.* 3. *fig.* 72. a. b. c. *bis.*

Polyommate W-blanc. Latr. *nouv. Diction. d'Hift. nat.* 2e. *édit. tom.* 27. *p.* 484.

Polyommate

Polyommâte W-blanc. God. *Hist. natur. des pap. de France, tom.* 1. *p.* 188. *pl.* 9. *fig.* 3. & *pl.* 9 *tert. fig.* 2.

Polyommate W-blanc. God. *Tabl. méthod. des lépid. de France*, Diurnes, *p.* 47. *n°.* 130.

Il a environ quinze lignes d'envergure. Le dessus des deux sexes est d'un brun-noirâtre-chatoyant, sans taches dans la femelle, avec un point grisâtre près du milieu de la côte des ailes supérieures dans le mâle.

Le dessous est de la couleur du dessus, avec une ligne blanche, transverse, légèrement interrompue, postérieure aux premières ailes, médiaire & finissant par un W aux secondes. Le bord terminal de ces dernières ailes est presqu'entièrement longé par une bande fauve, continue, flexueuse, ayant le côté interne bordé par une ligne noire en feston, & le côté externe par des taches noires triangulaires.

La chenille est verte, avec un double rang de petites pointes le long du dos, & trois taches d'un rouge-foncé à chacun des anneaux postérieurs du ventre. Elle vit sur l'*orme*, & elle se métamorphose sous l'écorce de cet arbre.

La chrysalide est pubescente, d'un brun-grisâtre, avec l'enveloppe des ailes plus foncée.

Ce polyommate habite l'Europe, & il se trouve le long des routes.

113. Polyommate Lyncée.

Polyommatus Lynceus.

Pol. alis fuscis : posticis subtùs lunulis marginalibus rufis, & antè has strigâ è lineolis albis; lineolâ inferiori obliquâ.

Papilio P. R. Lynceus, *alis caudatis, fuscis, immaculatis : posticis subtùs strigâ lunulatâ albâ rufâque.* Fab. *Mant. Ins. tom.* 2. *p.* 69. *n°.* 653.

Hesperia R. *Lynceus.* Fab. *Ent. Syst. em. tom.* 3. *pars* 1. *p.* 279. *n°.* 73.

Roes. *Ins. part.* 1. *tab.* 9. *fig.* 1-3.

Naturf. *part.* 6. *p.* 6. *n°.* 24. — *part.* 10. *p.* 89.

Papilio Ilicis (fem.). Esp. *Pap. Eur. part.* 1. *tab.* 39. *Suppl.* 15. *fig.* 1.

Papilio Ilicis. Borkh. *Pap. Eur. part.* 1. *p.* 138 & 267. *n°.* 5. — *part.* 2. *p.* 216.

Papilio Ilicis. Borkh. *Rhein. Magaz. tom.* 1. *p.* 296. *n°.* 104.

Papilio Ilicis. Schneid. *Syst. Beschr. p.* 218. *n°.* 128.

Papilio Ilicis. Brahm. *Ins. Kalend. p.* 374. *n°.* 250.

Papilio Ilicis. Schwarz, *Raupenkal. p.* 348.

Papilio Ilicis. Hubn. *Pap. tab.* 75. *fig.* 378. 379.

Papilio Cerasi. Herbst, *Pap. tab.* 307. *fig.* 8. 9.

Papilio Ilicis. Ochsen. *Pap. Eur. tom.* 1.

Le Porte-queue brun à deux bandes de taches fauves. Geoff. *Hist. Ins. tom.* 2. *p.* 60. *n°.* 28.

Le Porte-queue brun à taches fauves. Engram. *Pap. d'Eur. tom.* 1. *p.* 159. *pl.* 36. *fig.* 75. a. b.

Polyommate interrompu. Latr. *nouv. Dict. d'Hist. nat.* 2e. *édit. tom.* 27. *p.* 485.

Polyommate Lyncée. God. *Hist. nat. des lépid. de France, tom.* 1. *p.* 185. *pl.* 9. *tert. fig.* 1.

Polyommate Lyncée. God. *Tabl. méthodique des lépid. de France*, Diurnes, *p.* 47. *n°.* 131.

Il a environ quinze lignes d'envergure. Le dessus des deux sexes est d'un brun-noirâtre-chatoyant, avec une tache fauve orbiculaire sur les ailes supérieures de la femelle. Le mâle a aussi quelquefois une tache sur ces ailes, mais elle est plus petite & moins prononcée.

Le dessous est d'un brun un peu moins foncé que le dessus, avec un ligne blanche, postérieure, transverse, composée de petits traits dont l'inférieur oblique aux secondes ailes. Ces ailes ont en outre une rangée marginale de cinq à six lunules rousses, bordées de noir en avant, & suivies d'une ligne blanche continue qui va du sommet à l'angle de l'anus.

La chenille est pubescente, d'un vert-pâle, avec la tête & les pattes écailleuses noires, & trois lignes jaunes longitudinales, interrompues. Elle vit sur le *chêne* & sur l'*orme*.

La chrysalide est d'un brun-jaunâtre, avec trois rangées de points obscurs à la partie postérieure.

Bois de l'Europe, de la mi-juin à la mi-juillet.

114. Polyommate du Marronnier.

Polyommatus Æsculi.

Pol. alis fuscis : posticis subtùs lunulis marginalibus intensivè rufis, minutis, & antè has strigâ è lineolis albis; lineolâ inferiori C supinum referente.

Hesperia R. Cerasi, *alis caudatis, fuscis, immaculatis : subtùs strigâ albâ : posticis lunulis fulvis puncto nigro notatis.* Fab. *Ent. Syst. em. tom.* 3 *pars* 1. *p.* 299. *n°.* 74?

Papilio Æsculi. Hubn. *Pap. tab.* 109. *fig.* 559. 560.

Papilio Æsculi. Ochs. *Pap. Eur. tom.* 1.

Polyommate du Marronnier. God. *Hist. nat. des lépid. de France*, *tom.* 2. *p.* 162. *pl.* U. XXI. *fig.* 3. 4.

Polyommate du Marronnier. GOD. *Tab. méthod. des lépid. de France*, DIURNES, *p.* 48. *n°.* 132.

Il a de treize à quatorze lignes d'envergure. Le dessus des ailes est d'un brun-noirâtre-chatoyant, avec un point fauve à l'angle anal des inférieures.

Le dessous est d'un brun tirant sur le cendré, avec la base un peu bleuâtre, & l'extrémité traversée par une ligne flexueuse de petits traits blancs, dont l'inférieur représentant un C renversé aux secondes ailes. Ces mêmes ailes ont une rangée marginale de six petites taches d'un roux-foncé, bordées de noir antérieurement, & suivies d'une ligne blanche continue.

Nous n'avons pas vu la femelle.

Dans les départemens les plus méridionaux de la France, au printemps & en été.

Nota. Distinct du polyommate *Lyncée* : 1°. par sa taille qui est plus petite; 2°. par le ton un peu grisâtre du dessous de ses quatre ailes, la vivacité & l'exiguité des lunules fauves des inférieures; 3°. par le C qui termine inférieurement la ligne blanche de ces dernières ailes.

115. POLYOMMATE de l'Acacia.

POLYOMMATUS Acaciæ.

Pol. alis suprà fuscis : subtùs cinerascenti-griseis, strigâ interruptâ albâ; posticis lunulis marginalibus rufis approximatis. (Fæminæ *ano barbato nigro.*)

Papilio P. R. Acaciæ, *alis caudatis, fuscis : subtùs cinerascentibus; strigâ albâ lunulisque analibus fulvis.* FAB. *Mant. Inf. tom.* 2. *p.* 69. *n°.* 655.

Hesperia R. *Acaciæ.* FAB. *Ent. Syst. em. tom.* 3. *pars* 1. *p.* 299. *n°.* 75.

Papilio Acaciæ. HERBST, *Pap. tab.* 308. *fig.* 3. 4.

Papilio Acaciæ. OCHS. *Pap. Eur. tom.* 1.

Polyommate de l'Acacia. GOD. *Hist. nat. des lépid. de France, tom.* 2. *p.* 165. *pl.* U. XXI. *fig.* 5. 6. 7.

Polyommate de l'Acacia. GOD. *Tab. méthod. des lépid. de France*, DIURNES, *p.* 48. *n°.* 133.

Il a de treize à quatorze lignes d'envergure. Le dessus des ailes est d'un brun-noirâtre-chatoyant, avec des taches fauves à l'angle interne des inférieures, au nombre de deux chez le mâle, & de quatre chez la femelle.

Le dessous est d'un gris-cendré, avec la base un peu bleuâtre, & l'extrémité traversée par une ligne flexueuse de petits traits blancs. Les secondes ailes ont un cordon marginal de six taches fauves très-rapprochées & bordées de noir antérieurement. Les deux taches extérieures sont plus petites & moins prononcées que les autres, la quatrième en descendant s'appuie sur un point noir, la cinquième a le milieu noirâtre & saupoudré de blanchâtre, l'anale est presque quadrangulaire. Derrière ces taches, il y a une ligne blanche continue.

La femelle a l'anus terminé par une houppe de poils très-noirs.

Du midi de la Russie, de la Lozère, des Pyrénées orientales, &c.

116. POLYOMMATE du Prunellier.

POLYOMMATUS Spini.

Pol. alis suprà fuscis : subtùs cinereis, strigâ undulatâ albâ; posticis lunulis marginalibus fulvis maculâque anguli ani argenteo-cæruleâ.

Papilio P. R. Spini, *alis caudatis, fuscis : subtùs cinereis, lunulis marginalibus fulvis maculâque anali cærulescente.* FAB. *Mant. Inf. tom.* 2. *p.* 68. *n°.* 651.

Hesperia R. *Spini.* FAB. *Ent. Syst. em. tom.* 3. *p.* 278. *n°.* 71.

Papilio Spini. WIEN. *Verz. p.* 186. *fam.* O. *n°.* 5.

Papilio Spini. ILLIG. *N. Ausg. Dess. tom.* 2. *p.* 280. *n°.* 5.

SCHÆFF. *Icon. tab.* 14. *fig.* 1. 2.

Papilio Spini. ROSSI, *Faun. Etr. tom.* 2. *p.* 155. *n°.* 1030.

Papilio Spini. PETAGNA, *Instit. Ent. tom.* 1. *p.* 480. *n°.* 107.

Papilio Spini. HUBN. *Pap. tab.* 75. *fig.* 376. 377.

Papilio Spini. OCHSEN. *Pap. Eur. tom.* 1.

Papilio Spini. HERBST, *Pap. tab.* 307. *fig.* 6. 7.

Papilio Lynceus. ESP. *Pap. Eur. part.* 1. *tab.* 39. *Suppl.* 15. *fig.* 3.

Papilio Lynceus. BORKH. *Pap. Eur. part.* 1. *pag.* 140 & 260. *n°.* 8. — *part.* 2. *p.* 218.

Papilio Lynceus. SCHNEID. *Syst. Beschr. p.* 222. *n°.* 131.

NATURF. 6. *p.* 6. *n°.* 24.

Porte-queue brun à taches bleues. ENGRAM. *Pap. d'Eur. tom.* 1. *p.* 158. *pl.* 36. *fig.* 74. a. b.

Porte-queue gris-brun. ENGRAM. *Pap. d'Eur. tom.* 1. *p.* 307. *pl.* 82. *Sup.* 2. *pl.* 3. *fig.* 74. a-d. *bis.*

Polyommate du Prunellier. LATR. *nouv. Dict. d'Hist. nat. édit.* 2. *tom.* 27. *p.* 483.

Polyommate du Prunellier. GOD. *Hist. nat. des lépid. de France, tom.* 2. *p.* 167. *pl.* U. XXI. *fig.* 8. 9.

Polyommate du Prunellier. God. *Tab. méthod. des lépid. de France*, Diurnes, *p*. 48. *n*°. 134.

Il a près d'un pouce & demi d'envergure. Le dessus des deux sexes est d'un brun-noirâtre-chatoyant, tantôt sans taches, tantôt avec deux ou trois points fauves près de l'angle anal des ailes inférieures.

Le dessous est cendré, & traversé au-delà du milieu par une raie blanche, ondulée, interrompue par places, & formant un V très-évasé vers le bas du bord interne des secondes ailes. Ces ailes ont une rangée marginale de sept taches, dont la seconde, à partir de l'angle de l'anus, d'un bleu-argenté & presque quadrangulaire, les six autres fauves, lunulées, inégales, & bordées de noir. Après ces taches, il y a une ligne blanche, légèrement brisée vis-à-vis de la queue, & s'effaçant à mesure qu'elle approche du sommet de l'aile.

La chenille, selon Fabricius, est verte, avec la tête noire, & des lignes de taches jaunes le long du dos. Elle vit sur le *prunellier*.

La chrysalide a le dessus brun, le dessous cendré & duveteux.

On trouve ce polyommate en juillet & en août, dans plusieurs départemens du midi de la France, dans quelques contrées de l'Allemagne, &c.

117. Polyommate du Chêne.

Polyommatus Quercûs.

Pol. alis fuscis, maris *violaceo nitentibus*, fœminæ *maculâ bifidâ baseos anticarum cœruleâ : subtùs sericeo-griseis, strigâ undulatâ albâ maculisque duabus anguli ani fulvis.*

Papilio P. R. Quercûs, *alis subcaudatis, suprà cœruleis : subtùs cinereis, lineâ albâ, puncto ani gemino fulvo*. Linn. *Syst. Nat. tom*. 1. *part*. 2. *p*. 788. *n*°. 222. — *Faun. Suec. edit*. 2. *p*. 283. *n*°. 1072. — *Mus. Lud. Ulr. p*. 313. *n*°. 132.

Papilio P. R. Quercûs, *alis subcaudatis, cœrulescentibus : subtùs cinereis, strigâ albâ punctoque ani gemino fulvo*. Fab. *Spec. Inf. tom*. 2. *pag*. 118. — *Mant. Inf. tom*. 2. *p*. 69. *n*°. 652.

Hesperia R. *Quercûs*. Fab. *Ent. Syst. em. tom*. 3. *pars* 1. *p*. 278. *n*°. 72.

Roes. *Inf. part*. 1. *tab*. 9. *fig*. 4. 5.

Schæff. *Icon. tab*. 158. *fig*. 4. 5.

Naturf. 14. *p*. 50. *tab*. 2. *fig*. 5. 6.

Papilio Quercûs. Esp. *Pap. Eur. part*. 1. *tab*. 19. *fig*. 2. a. b. c.

Papilio Quercûs. Wien. *Verz. p*. 186. *fam*. O. *n*°. 3.

Papilio Quercûs. Devill. *Ent. Linn. tom*. 2. *p*. 63. *n*°. 116.

Papilio Quercûs. Illig. *N. Ausg. Dess. tom*. 2. *p*. 279. *n*°. 3.

Papilio Quercûs. Bergstr. *Nomenkl. tab*. 37. *fig*. 1-5.

Papilio Quercûs (mas). Panzer, *Faun. Germ*. 21. 21.

Papilio Quercûs. Borkh. *Pap. Eur. part*. 1. *p*. 136 & 265. *n*°. 3.

Papilio Quercûs. Borkh. *Rhein. Magaz. tom*. 1. *p*. 205. *n*°. 103.

Papilio Quercûs. Schneid. *Syst. Beschr. p*. 221. *n*°. 130.

Papilio Quercûs. Lang. *Verz*. 2. *p*. 47. *n*°. 375-379.

Papilio Quercûs. Brahm. *Inf. Kalend. part*. 1. *p*. 375. *n*°. 251.

Papilio Quercûs. Schwarz, *Raupenkal. p*. 47. 178. 344.

Papilio Quercûs. Rossi, *Faun. Etr. tom*. 2. *p*. 155. *n*°. 1031.

Papilio Quercûs. Fuessl. *Suiss. Inf. p*. 31. *n*°. 593.

Papilio Quercûs. Pétagna, *Inf. Ent. tom*. 1. *p*. 480. *n*°. 108.

Papilio Quercûs. Herbst, *Pap. tab*. 306. *fig*. 1-4.

Papilio Quercûs. Roem. *Gen. Inf. tab*. 18. *fig*. 10. (Fæmina.)

Papilio Quercûs. Hubn. *Pap. tab*. 73. *fig*. 368-370.

Papilio Quercûs. Ochsen. *Pap. Eur. tom*. 1.

Papilio Epeus. Sulz. *Inf. tab*. 18. *fig*. 10.

Le Porte-queue bleu à une bande blanche. Geoff. *Hist. Inf. tom*. 2. *p*. 57. *n*°. 26.

Engram. *Pap. Eur. tom*. 1. *p*. 154. *pl*. 35. *fig*. 71. a. b. c. — *pl*. 71. *Suppl*. 17. *fig*. 71. d. e. (La chenille & la chrys.) f. (Var.)

Polyommate du Chêne. Latr. *nouv. Dict. d'Hist. nat*. 2ᵉ. *édit. tom*. 27. *p*. 485.

Polyommate du Chêne. God. *Hist. nat. des lépid. de France*, *tom*. 1. *p*. 190. *pl*. 9. *secund. fig*. 1. & *pl*. 9. *tert. fig*. 3.

Polyommate du Chêne. God. *Tab. méthod. des lépid. de France*, Diurnes, *p*. 48. *n*°. 135.

Il a approchant un pouce & demi d'envergure. Le dessus du mâle est d'un brun-noirâtre, & glacé de violet changeant depuis la base jusqu'au limbe postérieur des quatre ailes.

Le dessus de la femelle est d'un brun-noirâtre,

avec une grande tache bleue, luisante & fortement bifide, à la base des ailes supérieures.

Le dessous des deux sexes est d'un gris-satiné, avec une ligne blanche ondulée, placée transversalement au-delà du milieu, & ayant le côté interne bordé de noirâtre. Derrière cette ligne, il y a à chaque aile une double série de petits arcs blanchâtres peu prononcés, & dont les deux inférieurs embrassant chacun une tache fauve. La tache fauve extérieure des secondes ailes a le milieu chargé d'un point noir.

Chez la femelle, la tache bleue du dessus des premières ailes est quelquefois accompagnée de deux ou trois points orangés.

La chenille est pubescente, grisâtre, avec une ligne de points dorsaux & les incisions jaunes, & la tête brune. Elle vit sur le *chêne*.

La chrysalide est brune, avec des taches plus claires.

On trouve ce polyommate dans les bois taillis, depuis la mi-juin jusqu'à la fin de juillet, & quelquefois plus tard, suivant les localités. Il est très-commun aux environs de Paris.

118. Polyommate Apidanus.

Polyommatus Apidanus.

Pol. alis suprà violaceis (fœminæ *limbo lato fusco*) : *subtùs fuscis, margaritaceo variis costâque baseos sanguineâ ; posticis ad angulum ani atomis inaurato-viridibus.*

Papilio P. R. Apidanus, *alis caudatis, cœruleis : posticis subtùs fuscis, cœruleo variis, angulo ani maculâ geminâ auratâ.* Fab. *Mant. Inf. tom.* 2. *p.* 69. *n°.* 658.

Hesperia R. *Apidanus.* Fab. *Ent. Syst. em. tom.* 3. *pars* 1. *p.* 280. *n°.* 78. (Le mâle.)

Papilio Apidanus. Cram. *pl.* 137. *fig.* F. G. (Le mâle.)

Papilio Apidanus. Herbst, *Pap. tab.* 285. *fig.* 1. 2.

Papilio Dorimond. Stoll, *Suppl. à* Cram. *pl.* 37. *fig.* 4 & 4 D. (La femelle.)

Il a près de deux pouces d'envergure. Le dessus du mâle est d'un violet-foncé & velouté, avec la gouttière des ailes inférieures d'un noir-brun.

Le dessous est d'un brun-noirâtre, avec l'origine de la côte d'un rouge-ferrugineux. Les premières ailes ont trois bandes transverses d'un gris-jaunâtre, mais la postérieure est glacée de violâtre en face du sommet. Les secondes ailes sont très-irrégulièrement variées de gris de perle, & leur région anale est parsemée d'atomes d'un vert-doré, parmi lesquels on remarque deux points noirs écartés l'un de l'autre. La queue est courte, linéaire, noire & terminée de blanc.

La femelle a le dessus d'un bleu-violet & largement bordé de brun-noirâtre.

De l'île de Java. D'après Cramer, le mâle est de Surinam ; & d'après Stoll, la femelle se trouve au Cap de Bonne-Espérance.

119. Polyommate Hélus.

Polyommatus Helus.

Pol. alis suprà holosericeo-violaceis (*fœminæ limbo lato fusco*) : *subtùs fuscis, griseo reticulatis ; anticis annulis aliquot disci, posticis atomis anguli ani inaurato-viridibus.*

Papilio Helius. Cram. *pl.* 40. *fig.* 201.

Papilio Helius. Herbst, *Pap. tab.* 303. *fig.* 3. 4.

Il a de deux pouces à deux pouces & un quart d'envergure. Le dessus du mâle est d'un violet-foncé & velouté, avec la gouttière des ailes inférieures noirâtre.

Le dessous est d'un brun-noirâtre, réticulé de gris, avec une suite de trois anneaux d'un vert-doré sur le milieu des ailes supérieures, & une petite bande d'atomes du même vert à l'angle anal des inférieures. Cette bande est terminée par un gros point noir, placé contre le bord interne de l'aile. La queue est noire, avec le bout blanc.

La femelle a le dessus des quatre ailes d'un bleu-violet-luisant, avec une large bordure d'un brun-noirâtre.

Nous avons vu un sujet qui n'avoit guère que quinze lignes d'envergure.

Décrit d'après des individus envoyés des Indes orientales par MM. Diard & Duvaucel, naturalistes voyageurs.

Nota. Cramer a figuré le mâle d'après un individu passé. Il s'est trompé en outre en disant que cette espèce se trouvoit à Surinam.

120. Polyommate Eumolphus.

Polyommatus Eumolphus.

Pol. alis suprà viridibus, auro micantibus, limbo atro, posticarum latiore : subtùs fuscis, annulis aliquot strigisque undatis cinerascentibus ; posticis fasciâ abbreviatâ anguli ani argenteo-cœruleâ.

Papilio Eumolphus. Cram. *pl.* 299. *fig.* G. H.

Papilio Eumolphus. Herbst, *Pap. tab.* 298. *fig.* 3. 4.

Il a près de deux pouces d'envergure. Le dessus des ailes est d'un vert à reflet doré, avec une bordure d'un noir-mat, moins large aux supérieures qu'aux inférieures.

Le dessous est d'un brun-obscur, avec quelques anneaux basilaires & des lignes postérieures ondulées d'un cendré-violâtre. Les secondes ailes ont à l'angle de l'anus une petite bande d'un bleu-argenté.

Ne seroit-ce pas une variété de l'Hélus ? Il en diffère à peine par le dessous des ailes.

Du Bengale.

121. Polyommate Théocrite.

Polyommatus Theocritus.

Pol. alis caudatis, virescentibus, costâ obscuriore ; subtùs nigris, flavo punctatis. Fab.

Hesperia R. *Theocritus.* Fab. *Ent. Syst. em. tom.* 3. *pars* 1. *p.* 289. *n°.* 106.

Papilio Theocritus. Jon. *Fig. pict.* 6. *tab.* 6. *fig.* 3.

Il est de moyenne taille. Le dessus des quatre ailes est d'un vert-pâle à reflet doré, avec la côte largement obscure. Le dessous est noir, avec quelques lignes transverses de petits points jaunâtres.

Des Indes.

(*Traduction de Fabricius.*)

β. Bord postérieur des secondes ailes entier & ayant une queue filiforme.

122. Polyommate Boeticus.

Polyommatus Boeticus.

Pol. alis suprà cœruleo-violaceis, limbo fusco : subtùs cinereis, à basi ad apicem albido undulatis ; posticis fasciâ integrâ albâ ocellisque duobus anguli ani auratis.

Papilio P. R. Boeticus, *alis caudatis, fusco-cœrulescentibus : subtùs cinerascentibus albido undulatis ; angulo ani ocellis duobus.* Linn. *Syst. Nat.* 2. *p.* 789. *n°.* 226. (La femelle.)

Papilio P. R. Boeticus, *alis caudatis, cœrulescentibus : subtùs cinereis, albo undatis ; angulo ani ocello gemino aurato.* Fab. *Mant. Ins. tom.* 2. *p.* 69. *n°.* 657. (Le mâle.)

Hesperia R. *Boetica.* Fab. *Ent. Syst. em. tom.* 3. *pars* 1. *p.* 280. *n°.* 77.

Papilio Boeticus. Esp. *Pap. tab.* 27. *Suppl.* 3. *fig.* 3. a. b. — *tab.* 91. *cent.* 41. *fig.* 3.

Papilio Boeticus. Hubn. *Pap. tab.* 74.

Papilio Boeticus. Herbst, *Pap. tab.* 305. *fig.* 3-6.

Papilio Boeticus. Borkh. *Pap. Eur. part.* 1. *p.* 139 & 268. *n°.* 7.

Papilio Boetieus. Schneid. *Syst. Beschr. p.* 223. *n°.* 132.

Papilio Boeticus. Lang. *Verz. tom.* 2. *p.* 47. *n°.* 380. 381.

Papilio Boeticus. Petagna, *Ins. Ent. tom.* 2. *p.* 481. *n°.* 110. *tab.* 7. *fig.* 7.

Papilio Boeticus. Ochsen. *Pap. Eur. tom.* 1.

Polyommate Boeticus. Godart, *Tableau méthodique des lépidoptères de France, tom.* 2. *p.* 49. *n°.* 137.

Papilio Colutheæ. Fuessl. *Suiss. Ins. p.* 31. *n°.* 594. *tab. fig.* 2. 2.

Papilio Colutheæ. Rossi, *Faun. Etr. tom.* 2. *p.* 155. *n°.* 1032.

Le Porte-queue bleu strié. Geoff. *Hist. Ins. tom.* 2. *p.* 57. *n°.* 25.

Le Porte-queue bleu strié. Engram. *Pap. Eur. tom.* 1. *pl.* 37. *fig.* 76. a. b. — *pl.* 71. *Suppl.* 17. *fig.* 76. c.

Polyommate strié. God. *Hist. nat. des lépid. ou pap. de France, tom.* 1. *p.* 192. *pl.* 10. *fig.* 2. & *pl.* 9 *tert. fig.* 4.

Il a de quinze à dix-sept lignes d'envergure. Le dessus du mâle est d'un violet-bleuâtre, avec le limbe postérieur des quatre ailes brun, & l'angle anal des inférieures marqué de deux points noirs oculaires.

Le dessus de la femelle est d'un bleu-violâtre-pâle, avec une large bordure brune, & deux points oculaires semblables à ceux du mâle, mais s'alignant avec trois petits cercles blanchâtres, dont les deux extérieurs toujours plus prononcés chez les individus d'Afrique que chez ceux d'Europe.

Le dessous des deux sexes est cendré, & ondé de blanchâtre depuis la base jusqu'à l'extrémité. Indépendamment de cela, les secondes ailes sont traversées au-delà du milieu par une bande blanche continue, & elles offrent à l'angle de l'anus deux yeux noirs à iris doré & bordé de fauve antérieurement. La queue de ces ailes a le bout & tout le bord externe blancs.

Le corps est de la couleur des ailes en dessus & en dessous. Les antennes sont noires, annelées de blanc & terminées par un point roux.

Ce polyommate se trouve en Barbarie, aux îles de France, de Sainte-Hélène, de Timor, dans le midi de l'Europe, aux environs de Paris, &c. Il paroît chez nous depuis la mi-août jusqu'à la fin de septembre. La femelle pond dans les fleurs du *bagnaudier commun* (*colutea arborescens*), &, selon toute apparence, dans celles de quelques légumineuses. Elle ne confie qu'un œuf à chaque fleur.

La chenille est d'un vert plus ou moins foncé, avec le dos jaspé de rouge. Elle vit dans la silique où elle est née. Lorsqu'elle en a mangé toute la substance, elle se loge dans une autre silique, & elle a soin de boucher le trou par lequel elle est entrée. A défaut de bagnaudier, on peut lui donner des pois verts. Elle ne reste que dix à douze jours dans l'état de nymphe.

La chrysalide est jaunâtre, avec cinq rangées de points noirâtres, tant sur le dos que sur le ventre.

123. POLYOMMATE Elien.

POLYOMMATUS Ælianus.

Pol. alis suprà lacteis, limbo postico fusco: subtùs fuscescentibus, strigis plurimis fasciâque bifidâ albis; posticis ocellis tribus anguli ani argentatis. (Mas.)

Hesperia R. Ælianus, *alis caudatis, albis: subtùs cinereis, albo strigosis; angulo ani ocello atro.* FAB. *Ent. Syst. em. tom.* 3. *pars* 1. *p.* 280. *n*º. 79.

Papilio Alexis. STOLL, *Suppl. à* CRAM. *pl.* 38. *fig.* 3 & 3 C.

Il a de quinze à dix-sept lignes d'envergure. Le dessus des ailes est d'un blanc de lait, avec le limbe des supérieures noirâtre, & l'extrémité des inférieures coupée par une série de points noirs plus ou moins prononcés.

Le dessous est d'un brun-pâle, avec des lignes transverses & une bande bifide blanches. Les lignes des ailes supérieures sont au nombre de cinq, celles des inférieures au nombre de sept. Les ailes inférieures ont en outre près de l'angle de l'anus trois yeux noirs, sablés de bleu-argenté. L'œil extérieur est plus grand que les deux autres, & il a, ainsi que l'intermédiaire, un iris roux.

Nous n'avons pas vu la femelle.

De Timor. Fabricius le dit des Indes occidentales, & Stoll de Surinam.

124. POLYOMMATE Célério.

POLYOMMATUS Celerio.

Pol. alis suprà lacteis, limbo postico fusco: subtùs cinerascentibus, strigis plurimis albis, continuis, undulatis; posticis ocellis duobus anguli ani argentatis.

Papilio P. R. Celerio, *alis bicaudatis, albis: subtùs fasciis fuscis albisque alternis, angulo ani ocello triplici rufo.* FAB. *Mant. Inf. tom.* 2. *p.* 66. *n*º. 625.

Hesperia R. *Celerio.* FAB. *Ent. Syst. em. tom.* 3. *pars* 1. *p.* 265. *n*º. 25. (Le mâle.)

Papilio Celeno. CRAM. *pl.* 31. *fig.* C. D. (Le mâle.)

Papilio Atratus. CRAM. *pl.* 365. *fig.* A. B. (La femelle.)

Papilio Celeno. HERBST, *Pap. tab.* 291. *fig.* 5. 6.

Papilio Atratus. HERBST, *Pap. tab.* 288. *fig.* 5. 6.

Il a de quinze à dix-sept lignes d'envergure. Le dessus des ailes est d'un blanc de lait, avec le limbe postérieur noirâtre, & surmonté aux inférieures d'une rangée simple ou double de points également noirâtres.

Le dessous est d'un cendré-pâle, avec des raies blanches, transverses, continues & ondulées, au nombre de sept, dont la seconde & la quatrième plus courtes, sur les ailes supérieures; au nombre de neuf, dont une quelquefois plus large, sur les inférieures. Ces dernières ailes ont près de l'angle de l'anus deux yeux roux à prunelle noire & sablée de bleu-argenté. L'œil intérieur est moitié plus petit que l'extérieur & accompagné d'un point noir qui touche le bord interne de l'aile.

Dans la femelle, le limbe des secondes ailes est précédé en dessus d'une double série de points noirs.

Des îles de Java, d'Amboine & de Timor. Cramer & Fabricius disent, mais d'après de faux renseignemens, qu'il est de Surinam.

125. POLYOMMATE Elpis.

POLYOMMATUS Elpis.

Pol. alis suprà azureis, nitidis: subtùs saturato-cinereis, strigis plurimis tenuioribus albis, interruptis, undulatis; posticis ocellis duobus anguli ani argentatis. (Mas.)

Il a de quinze à dix-sept lignes d'envergure. Le dessus des ailes est d'un bleu-azuré-luisant, avec la frange du bord postérieur noirâtre.

Le dessous est d'un cendré-foncé, avec des lignes blanches, transverses, étroites, interrompues & ondulées, au nombre de sept, dont la troisième & la quatrième plus courtes, sur les ailes supérieures; au nombre de neuf, dont l'antérieure moins longue, sur les inférieures. Ces dernières ailes ont près de l'angle de l'anus deux yeux roux à prunelle noire & tachetée de bleu-argenté. L'œil qui avoisine le bord interne est beaucoup plus petit que l'autre.

Nous n'avons point vu la femelle.

De l'île de Java.

126. POLYOMMATE Hylaïs.

POLYOMMATUS Hylais.

Pol. alis suprà azureis, nitidis, disco albo: subtùs fuscis, fasciâ latâ communi undisque aliquot albis; posticis serie marginali ex ocellis sex nigris, penultimo pupillâ geminâ argenteâ. (Mas?)

Papilio Hylas. CRAM. *pl.* 363. *fig.* E. F.

Il a environ un pouce & demi d'envergure. Le dessus des ailes est d'un bleu-azuré-luisant, avec une bande blanche discoïdale, traversant entièrement les inférieures, & ne montant pas au-delà du milieu des supérieures.

Le deſſous eſt d'un brun-noirâtre, avec une bande pareille à celle du deſſus, mais plus large & ſuivie de quelques ondes blanches. Outre cela, les premières ailes ont un double trait central blanc; & les ſecondes offrent une ſérie marginale de ſix yeux noirs à iris blanchâtres. Ces yeux ſont pour la plupart triangulai[illegible]ultième, ou ſi l'on veut, le cinquième à compter du ſommet, a une double prunelle d'un bleu-argenté.

Décrit d'après un individu unique & ayant un corps rapporté, mais qui nous paroît être un mâle.

D'Amboine.

127. Polyommate Platon.

Polyommatus Plato.

Pol. alis ſuprà violaceo-cœruleis, argenteo micantibus, anticarum apice atro: ſubtùs fuſcis, ſtrigis plurimis undulatis albis; poſticis ocellis tribus anguli ani argentatis.

Heſperia R. Plato, *alis caudatis, cœruleis, limbo fuſco: ſubtùs cinereis, albo undatis; poſticis ocello atro pupillâ geminâ.* Fab. *Ent. Syſt. em. tom.* 3. *pars* 1. *p.* 288. *n*°. 103.

Papilio Plato. Jon. *Fig. pict.* 6. *tab.* 14. *fig.* 3.

Papilio Plato. Donow. *of an Epit. of the Nat. Hiſt. Inſ. of India, cah.* 7. *pl.* 3. *fig.* 2.

Il n'a guère qu'un pouce d'envergure. Le deſſus des ailes eſt d'un bleu-violet-luiſant & chatoyant en vert-argenté, avec le ſommet des ſupérieures largement noir, & le bord terminal des inférieures marqué de quelques points noirâtres.

Le deſſous eſt brun, avec des lignes blanches, tranſverſes & ondulées, au nombre de ſept, dont l'antérieure & la quatrième plus courtes, ſur les ailes ſupérieures; au nombre de neuf ſur les inférieures. Ces dernières ailes ont près de l'angle de l'anus trois yeux noirs ſablés de bleu-argenté. L'œil poſtérieur eſt beaucoup plus grand que les deux autres, & il a, ainſi que l'intermédiaire, un iris rouſſâtre.

Décrit d'après un individu ſans corps.

De l'Inde, ſelon Fabricius.

128. Polyommate Télicanus.

Polyommatus Telicanus.

Pol. alis ſuprà cœruleſcenti-violaceis, limbo fuſco: ſubtùs cinereis, à baſi ad apicem catenulis albis; poſticis ſtrigâ lunularum albarum ocelliſque duobus anguli ani auratis.

Papilio Telicanus. Hubn. *Pap. tab.* 74. *fig.* 371. 372. Mas. — *tab.* 108. *fig.* 553. 554. Fæm.

Papilio Telicanus. Herbst, *Pap. tab.* 305. *fig.* 7-9.

Papilio Telicarius. Lang. *Verz. tom.* 2. *p.* 47. *n*°. 387-389.

Papilio Telicanus. Ochsen. *Pap. Eur. tom.* 1.

Papilio Boeticus. Esp. *Pap. tab.* 91. *cont.* 41. *fig.* 2.

Polyommate Telicanus. God. *Hiſt. natur. des lépid. de France, tom.* 2. *p.* 172. *pl.* V-XXII. *fig.* 3. 4.

Polyommate Telicanus. God. *Tableau méthod. des lépidoptères de France, p.* 49. *n*°. 138.

Il a de onze à treize lignes d'envergure. Le deſſus du mâle eſt d'un violet légèrement bleuâtre, avec le limbe poſtérieur d'un brun-noirâtre.

Le deſſus de la femelle eſt d'un brun-noirâtre, avec la baſe d'un bleu-violet, & le milieu plus ou moins marqueté de noir.

Le deſſous des deux ſexes eſt cendré, avec des chaînettes blanches depuis la baſe juſqu'à l'extrémité. Les ailes inférieures ont au-delà du milieu une rangée tranſverſe de lunules blanches, & à l'angle de l'anus deux yeux noirs qui ont l'iris d'un vert-doré & preſqu'entièrement bordé de roux. A ces yeux répondent en deſſus deux points noirâtres oculaires, mais plus prononcés chez la femelle que chez le mâle.

Le corps, les antennes & la queue des ſecondes ailes ſont comme dans le *Boeticus*.

Ce polyommate ſe trouve, en juillet & en août, dans nos départemens les plus méridionaux & dans toutes les contrées adjacentes à la Méditerranée.

129. Polyommate Lybas.

Polyommatus Lybas.

Pol. alis ſuprà cœruleſcenti-violaceis (*fæminæ limbo fuſco*)*: ſubtùs fuſcis, anticarum faſciis bifidis catenulâque terminali, poſticarum characteribus intricatis albis; poſticis ocellis quatuor anguli ani auratis.*

Il a environ un pouce d'envergure. Le deſſus du mâle eſt d'un violet-bleuâtre-pâle, avec la frange blanche & entrecoupée de brun.

Le deſſus de la femelle eſt d'un bleu-violet-changeant, avec les bords bruns, & le diſque tacheté de blanc.

Le deſſous des deux ſexes eſt brun, avec quatre bandes bifides, & une chaînette terminale, blanches aux premières ailes; avec des hiéroglyphes blancs, entrelacés, aux ſecondes. L'angle interne des ſecondes ailes offre en outre quatre yeux noirs à iris d'un vert-doré, & dont les deux intermédiaires entourés d'un cercle rouſſâtre, les deux extrêmes plus petits.

Chez la femelle, les bandes bifides du deſſous

des premières ailes sont plus larges, & les yeux des secondes se font sentir en dessus.

De Timor.

130. Polyommate Lingéus.

Polyommatus Lingeus.

Pol. alis suprà cærulescenti-violaceis (*fœminæ limbo fusco*) : *subtùs fuscis, anticarum annulis fasciisque repandis, posticarum maculis difformibus albis; posticis ocellis duobus anguli ani auratis.*

Papilio Lingeus. Cram. *pl.* 379. *fig.* F. G.

Papilio Lingeus. Herbst, *tab.* 288. *n°.* 1. 2.

Il a environ un pouce d'envergure. Le dessus du mâle est d'un violet-bleuâtre-pâle, avec la frange blanche & entrecoupée de brun.

Le dessus de la femelle est d'un bleu-violet-changeant, avec les bords bruns, & le disque des quatre ailes marqueté de blanc, surtout quand le bleu est oblitéré.

Le dessous des deux sexes est brun, avec plusieurs anneaux blancs, & deux bandes blanches, postérieures, sinuées, aux premières ailes; avec des taches blanches, difformes, aux secondes. Il y a en outre, à l'angle interne des secondes ailes, deux yeux noirs à iris d'un vert-doré & entourés d'un cercle roussâtre. Ces yeux sont sensibles en dessus dans la femelle.

Du Cap de Bonne-Espérance.

131. Polyommate Ericus.

Polyommatus Ericus.

Pol. alis caudatis, cærulescentibus : subtùs albo fuscoque variis; posticis punctis duobus anguli ani (*albis nigro cinctis*). Fab.

Hesperia R. *Ericus.* Fab. *Ent. Syst. em. tom.* 3. *pars* 1. *p.* 281. *n°.* 81.

Papilio Lingeus. Jon. *Fig. pict.* 6. *tab.* 18. *fig.* 4.

Fabricius rapporte ce polyommate au *Lingeus* de Cramer; mais, comme il le dit d'un autre pays, & qu'il paroît différer en dessous, du moins par le nombre & par la couleur des yeux de l'angle anal des secondes ailes, nous le donnons séparément, sauf à le retrancher s'il est en double emploi.

Le dessus des quatre ailes est d'un bleu-pâle & sans taches.

Le dessous est panaché de blanc & de brun, & il y a près de l'angle anal des secondes ailes deux points blancs entourés d'un cercle noir.

Il ne s'agit sans doute ici que du mâle?

De l'Inde.

(*Traduction de Fabricius.*)

132. Polyommate Démocrite.

Polyommatus Democritus.

Pol. alis caudatis, cæruleis, nitidissimis : subtùs nigris, albo maculatis. Fab.

Hesperia R. [d'un cendré] Fab. *Ent. Syst. em. tom.* 3. *pars* 1. *p.* 285. *n°.* 94.

Les antennes & tout le corps sont noirs. Le dessus des ailes est d'un bleu très-luisant, avec un liseré noir.

Le dessous est noir, avec des points, & des petites lignes transversales, blanchâtres. Les secondes ailes ont à l'angle de l'anus deux yeux noirs à iris d'un vert-doré, & leur queue est noire avec le bout blanc.

Des Indes orientales.

(*Traduction de Fabricius.*)

133. Polyommate Emolus.

Polyommatus Emolus.

Pol. alis suprà violaceis, nitidis : subtùs fuscescentibus; posticis paginâ omni strigis albidis, undulatis, interruptis, punctisque duobus ocellaribus nigris, altero marginis interni, altero postici. (Mas.)

Il n'a guère plus d'un pouce d'envergure. Le dessus du mâle est d'un violet-foncé & luisant, avec deux petites taches noirâtres près de l'angle anal des inférieures.

Le dessous est d'un brun-pâle, avec quatre lignes blanches, transverses & ondulées, dont les deux antérieures beaucoup plus courtes, à l'extrémité des premières ailes. Les secondes ailes ont des lignes semblables sur toute la surface, & elles offrent en outre deux points noirs, dont l'un cerclé de blanc & placé sur le milieu du bord interne, l'autre situé près du bord postérieur & immédiatement surmonté d'une lunule rousse.

La femelle nous est inconnue.

Du Bengale, par feu Macé.

134. Polyommate Strabon.

Polyommatus Strabo.

Pol. alis suprà violaceo-cærulescentibus, limbo fusco : subtùs cinereis, ponè medium catenulis albidis, punctisque costalibus anticarum unico posticarum duobus nigris; posticis sesqui ocello anguli ani aurato.

Hesperia R. Strabo, *alis caudatis, cæruleis : subtùs cinereis, albo undatis : posticis punctis duobus atris marginalibus duobusque anguli ani.* Fab. *Ent. Syst. em. tom.* 3. *pars* 1. *p.* 287. *n°.* 101.

Il a de douze à quatorze lignes d'envergure. Le dessus du mâle est d'un bleu-violet-pâle, avec le limbe

limbe postérieur finement liseré de brun, & marqué à l'angle interne des secondes ailes d'un simple point noir.

Le dessous est cendré, & il offre à partir du milieu un anneau oblong, puis trois rangées transverses de chaînettes blanchâtres. Les premières ailes ont un point noir vers le tiers postérieur de la côte. Les secondes ailes ont deux points semblables sur la moitié antérieure du bord d'en haut, & leur angle anal offre deux yeux noirs à iris doré & bordé de fauve en avant. L'œil extérieur est beaucoup plus gros que celui qui avoisine le bord abdominal.

La femelle a en dessus une bordure brune, médiocrement large, qui est coupée aux premières ailes par quelques traits blancs, & aux secondes par des annelets également blancs, dont le troisième ceignant un gros point noir. On remarque en outre quatre à cinq points bruns derrière le disque des secondes ailes. Le dessous est comme chez le mâle.

De l'Australasie.

135. Polyommate Cnéjus.

Polyommatus Cnejus.

Pol. alis suprà cœruleo-violaceis, limbo fusco : subtùs cinereis, ponè medium catenulis albidis ; posticis punctis quatuor baseos nigris ocellisque duobus anguli ani auratis.

Hesperia R. Cnejus, *alis caudatis, cærulescentibus, limbo fusco : subtùs cinereis, albo undatis ; posticis punctis plurimis baseos duobusque apicis atris.* Fab. *Ent. Syst. em. tom.* 3. *Suppl. p.* 430. *n*°. 100-101.

Il a de douze à quatorze lignes d'envergure. Le dessus du mâle est d'un violet-bleuâtre, avec le limbe postérieur brun, & précédé à l'angle anal des secondes ailes de deux points noirs qui sont souvent cerclés de fauve.

Le dessous est cendré, & il offre à partir du milieu un anneau oblong, puis trois rangées transversales de chaînettes, blanchâtres. Les secondes ailes ont en outre à la base quatre points noirs ocellés, & à l'angle de l'anus deux yeux noirs à iris d'un vert-doré & bordé de fauve antérieurement.

La femelle a le dessus d'un brun-noirâtre, avec le disque d'un bleu-violâtre, & les deux petits yeux de ses ailes inférieures s'alignent avec trois anneaux blanchâtres. Elle a le dessous comme le mâle.

Des Indes-orientales.

136. Polyommate Parrhasius.

Polyommatus Parrhasius.

Pol. alis caudatis, cœruleis (*fuscis*) : *subtùs cinereis, albo strigosis ; posticis punctis marginalibus aureis.* Fab.

Hesperia R. *Parrhasius.* Fab. *Ent. Syst. em. tom.* 3. *pars* 1. *p.* 289. *n*°. 108.

Papilio Parrhasius. Jon. *Fig. pict.* 6. *tab.* 16. *fig.* 2.

Papilio Parrhasius. Donow. *of an Epit. of the Nat. Hist. Insects of India, cah.* 7. *pl.* 3. *fig.* 5.

Voici ce qu'en dit Fabricius : il est petit. Le dessus de ses quatre ailes est bleu, avec une bordure brune, qui est précédée aux inférieures d'un rang de points noirs ocellés.

Le dessous est cendré, avec des ondes blanches derrière le milieu. Outre cela, les ailes inférieures ont à la base trois points noirs cerclés de blanc, & à l'extrémité quatre points dorés, dont le troisième marqué de noir.

De l'Inde.

Nota. Il résulte de cette description que le *Parrhasius* ne diffère de la femelle du *Cnéjus*, qu'en ce qu'il a quatre points dorés, au lieu de deux, à l'extrémité des ailes inférieures en dessous.

137. Polyommate Astéris.

Polyommatus Asteris.

Pol. alis suprà argenteo-violaceis, nitidis, limbo fusco : posticis subtùs obscurè cinereis, punctis sex baseos ocellaribus nigris, fasciâ disci crenatâ albâ ocellisque tribus anguli ani cœruleo-argenteis.

Il a un peu plus d'un pouce & demi d'envergure. Le dessus du mâle est d'un violet-argentin-luisant, avec le limbe postérieur brun & frangé de blanc. Les ailes supérieures ont vers le milieu une lunule noirâtre, & les inférieures offrent vers l'angle de l'anus un point noir surmonté d'une lunule fauve.

Le dessous des premières est d'un cendré-clair depuis la base jusqu'au-delà du milieu, avec un anneau central blanc ; ensuite d'un cendré-obscur jusqu'au bout, avec quatre lignes blanches, transverses & ondulées.

Le dessous des secondes ailes est entièrement d'un cendré-obscur, & il présente les caractères que voici : à la base sont six points noirs cerclés de blanc & suivis d'une ligne blanche très-flexueuse ; vient ensuite une bande blanche transverse, crénelée sur chaque côté, puis une série terminale d'annelets blancs, dont les trois plus intérieurs renfermant chacun un œil noir sablé de bleu-argenté. L'œil qui fait face à la queue est surmonté, comme en dessus, d'une lunule fauve.

La femelle a le dessus plus pâle, avec la bordure plus large & marquetée de blanchâtre. Son dessous est comme chez le mâle.

Pris au Cap de Bonne-Efpérance, près de la montagne de la Table, par M. Jules Verreaux, préparateur de zoologie au Muféum d'Hiftoire naturelle de Paris.

138. Polyommate Centaure.

Polyommatus Centaurus.

Pol. alis caudatis, cærulefcentibus, limbo fufco : fubtùs cinereis, maculis bafeos ocellaribus. Fab.

Papilio P. R. *Centaurus.* Fab. *Mant. Inf. tom.* 2. *p.* 68. *n°.* 646.

Hefperia R. *Centaurus.* Fab. *Ent. Syft. em. tom.* 3. *pars* 1. *pag.* 275. *n°.* 63.

Le deffus des ailes eft d'un bleu-pâle, avec la côte des premières, & le bord poftérieur des quatre, d'un brun-noirâtre.

Le deffous eft cendré, avec quatre ou cinq taches brunes cerclées de blanc aux ailes fupérieures, & fix à fept à la bafe des inférieures. Les taches des ailes fupérieures font fuivies d'une bande brune, bordée de blanc & ne defcendant pas jufqu'au bord interne de l'aile. Les ailes inférieures ont à l'extrémité des ondes peu prononcées.

De la Nouvelle-Hollande.

(*Traduction de Fabricius.*)

139. Polyommate Théophrafte.

Polyommatus Theophraftus.

Pol. alis fuprà cærulefcenti-violaceis, limbo fufco : fubtùs albis, ftrigis plurimis macularibus atris ; pofticis ocellis quinque marginalibus aureis, anali didymo.

Hefperia R. Theophraftus, *alis caudatis, fufcefcentibus : fubtùs albis, nigro maculatis ; pofticis punctis quinque marginalibus aureis.* Fab. *Ent. Syft. em. tom.* 3. *pars* 1. *p.* 281. *n°.* 82. (La femelle.)

Il a de dix à douze lignes d'envergure. Le deffus du mâle eft d'un violet légèrement bleuâtre, avec le limbe poftérieur brun, & trois points noirs, dont un près du milieu de la côte des ailes fupérieures, les deux autres à l'angle interne des inférieures.

Le deffus de la femelle eft marqueté de brun & de blanchâtre, & plus ou moins glacé de bleu-violet.

Le deffous des deux fexes eft blanc, avec plufieurs lignes noires, tranfverfes, & maculaires pour la plupart. Les fecondes ailes offrent en outre une rangée marginale de cinq yeux dorés à iris noir. L'œil anal eft double, & le fuivant repréfente une lunule placée fur un gros point noir.

Fabricius n'a point connu le mâle.

De la Barbarie. — Feu M. Olivier l'a auffi trouvé en Egypte.

140. Polyommate Pline.

Polyommatus Plinius.

Pol. alis caudatis, albo fufcoque variis : pofticis fubtùs puncto gemino aureo anguli ani. Fab.

Hefperia R. *Plinius.* Fab. *Ent. Syft. em. tom.* 3. *pars* 1. *p.* 284. *n°.* 92.

Papilio Plinius. Jon. *Fig. pict.* 6. *tab.* 48. *fig.* 1.

Papilio Plinius. Donow. *of an Epit. of the Nat. Hift. Inf. of India, pl.* 3. *fig.* 1.

Fabricius le décrit ainfi : il eft petit, varié de blanc & de noir. Les ailes fupérieures ont des taches brunes, carrées.

Le deffous des quatre ailes eft fafcié, & celui des inférieures offre à l'angle de l'anus un double point doré.

Des Indes.

Nota. Le lépidoptère dont il eft ici queftion doit être une femelle voifine de celle du *Théophrafte ;* auffi n'en parlons-nous que pour qu'on puiffe, s'il eft poffible, reconnoître l'efpèce à laquelle il appartient.

141. Polyommate Rofimon.

Polyommatus Rofimon.

Pol. alis utrinquè albis, punctis fparfis margineque omni nigris : omnibus fuprà bafi, pofticis fubtùs punctis tribus anguli ani cæruleo-argenteis.

Papilio P. R. Rofimon, *alis caudatis, albis, fuprà limbo punctifque difci nigris : fubtùs nigro punctatis ; angulo ani punctis tribus aureis.* Fab. *Mant. Inf. tom.* 2. *p.* 71. *n°.* 672.

Hefperia R. *Rofimon.* Fab. *Ent. Syft. em. tom* 3. *pars* 1. *p.* 288. *n°.* 104.

Papilio Rofimon. Herbst, *Pap. tab.* 287. *fig.* 5-7.

Papilio Coridon. Cram. *pl.* 340. *fig.* C. D. E.

Il a de douze à quatorze lignes d'envergure. Le deffus des ailes eft blanc, avec la bafe glacée de bleu-argenté, des points épars & tout le pourtour extérieur noirs. La bordure de l'extrémité des premières ailes eft fans taches, celle de l'extrémité des fecondes eft chargée d'une double férie de lunules blanches qui fe regardent par leur concavité.

Le deffous eft blanc, avec une multitude de points, & une liture bafilaire oblique, noirs. Les points du bord poftérieur forment deux rangées, & les trois intérieurs de la rangée externe des fecondes ailes font fablés de bleu-argenté. L'abdomen & les antennes font annelés de blanc & de noir.

La femelle reffemble au mâle, mais elle a le deffus des ailes plus largement bordé de noir.

De Timor.

142. Polyommate Roxus.

Polyommatus Roxus.

Pol. alis fuprà atris, difco communi albo: fubtùs albis, fafciâ obliquâ bafeos duabufque macularibus apicis atris.

Il a environ un pouce d'envergure. Le deffus des ailes eft d'un noir-brun, avec une bande blanche, commune, difcoïdale, finuée en dehors, n'atteignant pas la côte des fupérieures. La queue des inférieures eft noire, avec le bout blanc.

Le deffous eft d'un blanc-jaunâtre, avec une bande oblique à la bafe, deux bandes courbes & maculaires à l'extrémité, d'un noir-brun. Le corps eft noir, avec des anneaux blancs à l'abdomen.

Nous ne connoiffons pas la femelle.

De Java.

143. Polyommate Hippocrate.

Polyommatus Hippocrates.

Pol. alis caudatis, fufcis, apice albis: fubtùs albis, nigro punctatis. Fab.

Hefperia R. *Hippocrates.* Fab. *Ent. Syft. em. tom.* 3. *pars* 1. *p.* 288. *n°.* 105.

Papilio Hippocrates. Jon. *Fig. pict.* 6. *tab.* 17. *fig.* 1.

Papilio Hippocrates. Donow. *of an Epit. of the Nat. Hift. Infects of India, cah.* 7. *pl.* 3. *fig.* 3.

Il eft petit. Le deffus de fes ailes eft d'un brun-noirâtre, avec le fommet des fupérieures & le bord des inférieures blancs.

Le deffous eft blanchâtre, avec une rangée tranfverfe de points noirs aux ailes de devant, & des points noirs épars aux ailes de derrière.

De l'Inde.

(*Traduction de Fabricius.*)

144. Polyommate Gabinus.

Polyommatus Gabinus.

Pol. alis fuprà argenteo-cœruleis: fubtùs albis, fufcefcenti undatis; pofticis punctis duobus bafeos duobufque anguli ani nigris: puncto anali externo lunulæ fulvæ fubjecto. (Mas.)

Il n'a guère qu'un pouce d'envergure. Le deffus des ailes eft d'un bleu-argenté, avec le bord poftérieur liferé de noir & garni d'une frange entièrement blanche.

Le deffous eft blanc, avec des ondes brunâtres à l'extrémité des ailes fupérieures, & fur toute la furface des inférieures. Ces dernières ailes ont la bafe d'un vert-argenté-luifant, & elles offrent quatre points noirs, dont deux à la partie antérieure de la côte, & deux à la région anale. Le point extérieur de l'angle de l'anus eft furmonté d'une bande fauve.

Décrit d'après un mauvais individu mâle.

Du Bréfil?

145. Polyommate Micyclus.

Polyommatus Micyclus.

Pol. alis fuprà cœruleo-violaceis (fœminæ limbo fufco): fubtùs canis, ftrigis tribus undulatis rufefcentibus ferieque marginali è punctis nigris; pofticarum puncto penultimo pupillâ argenteâ.

Papilio Micyclus. Cram. *pl.* 282. *fig.* F. G. (La femelle.)

Il a un peu plus d'un pouce d'envergure. Le deffus du mâle eft d'un violet-bleuâtre, avec un liferé obfcur.

Le deffus de la femelle eft d'un bleu-violâtre-pâle & largement bordé de brun, avec une rangée d'anneaux blanchâtres à l'extrémité des ailes inférieures.

Le deffous des quatre ailes, chez les deux fexes, eft d'un gris-blanchâtre, avec un arc central, & deux lignes ondulées, rouffâtres, puis une férie marginale de points noirs. L'avant-dernier point des ailes inférieures eft fablé de bleu-argenté, & il y a près de la bafe de ces mêmes ailes trois autres points noirs.

Décrit d'après des individus fatigués.

De la côte occidentale d'Afrique.

146. Polyommate Amyntas.

Polyommatus Amyntas.

Pol. alis fuprà maris violaceo-cœruleis, fœminæ fufcis: fubtùs canis, nigro ocellatis; pofticis lunulis duabus anguli ani fulvis puncto fimplici fingulatim fœtis.

Papilio P. R. Amyntas, *alis caudatis, cyaneis, margine nigro: fubtùs cinereis, punctis nigris, pofticifque duobus ferrugineis anguli ani.* Fab. *Mant. Inf. tom.* 2. *p.* 70. *n°.* 666.

Hefperia R. *Amyntas.* Fab. *Ent. Syft. em. tom.* 3. *pars* 1. *p.* 285. *n°.* 95.

Papilio Amyntas. Wien. *Verz. p.* 185. *fam.* N. *n°.* 18.

Papilio Amyntas. Illig. *N. Aufg. Deff. tom.* 2. *p.* 274. *n°.* 18.

Papilio Amyntas. Herbst, *Pap. tab.* 306. *fig.* 5-7.

Papilio Amyntas. Rossi, *Mant. tom.* 2. *p.* 12. *n°.* 353.

Papilio Amyntas. Hubn. *Pap. tab.* 65. *fig.* 322-324.

Papilio Amyntas. Ochsen. *Pap. Eur. tom.* 1. *edit.* 1.

Papilio Tiresias. Esp. *Pap. Eur. part.* 1. *tab.* 34. *Suppl.* 10. *fig.* 1. 2.

Papilio Tiresias. Naturf. 6. *p.* 23. *n°.* 10.

Papilio Tiresias. Borkh. *Pap. Eur. part.* 1. *pag.* 166 & 280. *n°.* 19. — *part.* 2. *p.* 232.

Papilio Tiresias. Borkh. *Rhein. Magaz. tom.* 1. *p.* 292. *n°.* 100.

Papilio Tiresias. Schneid. *Syst. Beschr. p.* 260. *n°.* 160.

Papilio Tiresias. Devill. *Ent. Linn. tom.* 2. *p.* 75. *n°.* 138.

Le petit Porte-queue. Engram. *Pap. d'Europe, tom.* 1. *p.* 167. *pl.* 37. *fig.* 78. a-d.

β *Papilio Amyntas, alis caudatis,* maris *suprà cæruleis,* fæminæ *fusco-cæruleis : subtùs lacteo-canis, punctis ocellaribus nigris ; posticis maculis duabus anguli ani ferrugineis : antennis clavâ abbreviatâ, totâ nigrâ, anticè subcrenatâ.* Borkh. *Rhein. Magaz. tom.* 1. *p.* 292. *n°.* 101.

Papilio Tiresias, var. Esp. *Pap. Eur. part.* 1. *tab.* 49. *Suppl.* 25. *fig.* 2.

Papilio Tiresias. Brahm. *Inf. Kalend. p.* 386. *n°.* 264.

Papilio Tiresias. Herbst, *Pap. tab.* 306. *fig.* 8. 9. 10.

Papilio Tiresias. Hubn. *Pap. tab.* 65. *fig.* 319-321.

Le Myrmidon. Engram. *Pap. d'Europe, tom.* 1. *p.* 167. *pl.* 37. *fig.* 79. a. b. — *p.* 308. *pl.* 83. 2e. *Suppl. pl.* 4. *pl.* 79. a. b. c. d. *bis.*

Papilio Polysperchon. Bergstr. *Nomenkl. p.* 72. *tab.* 44. *fig.* 3-5.

Papilio Polysperchon. Ochsen. *tom.* 1. *edit.* 2.

Polyommate Amyntas. Latr. *nouv. Diction. d'Hist. nat. tom.* 27. *p.* 492.

Polyommate Amyntas. God. *Hist. nat. des lépid. de France, tom* 1. *p.* 194. *pl.* 9 *secund.* & *pl.* 9 *tert. fig.* 5.

Polyommate Amyntas. God. *Tabl. méthod. des lépid. de France,* Diurnes, *p.* 50. *n°.* 139.

Il a environ un pouce d'envergure. Le dessus du mâle est d'un bleu-violet, avec le bord postérieur noirâtre.

Le dessus de la femelle est d'un brun-noirâtre, avec une poussière bleuâtre à la base des premières ailes, & deux petits yeux fauves à prunelle noire près de l'angle interne des secondes.

Le dessous des deux sexes est d'un gris-bleuâtre, avec un arc central, puis une ligne arquée de points oculaires noirs, & deux séries marginales de petites taches brunâtres. Les secondes ailes ont en outre deux petits points basilaires noirs, & deux taches anales fauves, renfermées chacune entre deux lunules de la couleur des points.

Les antennes sont noires, annelées de blanc, & terminées de fauve.

On trouve une variété qui paroît répondre au *Tiresias* de Hubner, au *Polysperchon* de M. Ochsenheimer, & au *Myrmidon* d'Engramelle. Elle ne diffère des individus ordinaires qu'en ce ce qu'elle est plus petite. Suivant Borkhausen, elle n'auroit point de fauve à l'extrémité des antennes.

Dans les prairies & les clairières des bois de l'Europe, en juillet & en août. Il y a des années où il est assez commun aux environs de Paris.

147. Polyommate Comyntas.

Polyommatus Comyntas.

Pol. alis suprà maris *violaceo-cæruleis,* fæminæ *fuscis : subtùs canis, nigro ocellatis ; posticis lunulis duabus anguli ani fulvis ocello inaurato singulatim fœtis.*

Il ne diffère absolument de l'*Amyntas* que parce que les deux lunules fauves du dessous des secondes ailes sont chargées chacune d'un œil noir à iris doré, au lieu d'être chargées d'un simple point noir.

Il se trouve dans l'Amérique septentrionale.

Observation. Comment séparer actuellement de l'Amyntas le *Polysperchon* de M. Ochsenheimer? Prendra-t-on pour différence caractéristique le manque, probablement accidentel, du point fauve qui termine les antennes?

148. Polyommate Lacturnus.

Polyommatus Lacturnus.

Pol. alis suprà violaceo-cærulescentibus, limbo fusco : subtùs canis ; posticis ad basin nigro, ad apicem fusco ocellatis, fasciâ repandâ anguli ani rufâ ocellis duobus inauratis fœtâ. (Mas.)

Il n'a guère que dix lignes d'envergure. Le dessus des ailes est d'un bleu-violet-pâle, avec le limbe terminal des quatre brun, & l'angle interne des inférieures marqué de deux points noirs qui sont bordés de fauve antérieurement.

Le dessous est d'un gris-blanchâtre, avec des points bruns cerclés de blanc vers l'extrémité de toutes les ailes. Les ailes inférieures offrent en outre vers la base quatre points oculaires très-noirs, & à l'angle de l'anus une bande rousse, large, sinuée, & chargée de deux yeux noirs à iris doré.

Nous ne connoissons pas la femelle.

De Timor.

149. Polyommate Phidias.

Polyommatus Phidias.

Pol. alis caudatis, cœrulescentibus, limbo fusco: subtùs cinereis, omnibus puncto anguli ani atro. Fab.

Hesperia R. *Phidias.* Fab. *Ent. Syst. em. tom.* 3. *pars* 1. *p.* 286. *n°.* 99.

Papilio Phidias. Jon. *Fig. pict.* 6. *tab.* 15. *fig.* 2.

Fabricius le décrit ainsi: il est un peu plus grand que le polyommate de *la Ronce*. Le dessus des quatre ailes est d'un bleu-pâle, avec le bord brun & ondé de blanc, & un point noir vers l'angle interne. Le dessous est cendré, avec le bord ondé & un point pareillement noir.

De l'Inde.

Nota. Comme nous n'avons point vu ce lépidoptère, nous ne le plaçons ici qu'en tâtonnant.

150. Polyommate Bochus.

Polyommatus Bochus.

Pol. alis suprà cœruleis, limbo nigro: subtùs obscurè cinereis; anticis immaculatis, posticis angulo ani nigro lunulis argenteis.

Papilio Bochus. Cram. *pl.* 391. *fig.* C. D.

Il a approchant quinze lignes d'envergure. Le dessus des ailes est d'un bleu-violet-changeant, avec une bordure noire, plus large aux supérieures qu'aux inférieures.

Le dessous est d'un cendré-obscur, sans taches aux premières ailes, avec l'angle anal des secondes noir & marqué de quatre petits croissans d'un blanc-argenté.

Décrit d'après un mauvais individu.

De l'île de Ceylan, selon Cramer.

Nota. La queue des secondes ailes est plus courte que dans les autres espèces de cette subdivision.

D. Ailes dentées ou entières: les inférieures ayant l'angle interne plus ou moins prolongé dans les mâles.

151. Polyommate Polyclète.

Polyommatus Polycletus.

Pol. alis dentatis, maris suprà cyaneis, fœminæ fuscis disco baseos viridi-cœrulescente: subtùs fuscis, fasciis macularibus sanguineis nigro auroque marginatis.

Papilio P. U. *alis subcaudatis, viridi-fuscis: primoribus maculâ albâ: subtùs argenteo punctatis.* Linn. *Syst. Nat.* 2. *pag.* 795. *n°.* 265. — *Mus. Lud. Ulr. pag.* 336. (La femelle.)

Papilio P. U. Polycletus, *alis subcaudatis, viridi fuscis: anticis maculâ albâ: subtùs maculis fulvis argenteo marginatis.* Fab. *Mant. Inf. tom.* 2. *p.* 89. *n°.* 808. (La femelle.)

Hesperia U. *Polycletus.* Fab. *Ent. Syst. em. tom.* 3. *pars* 1. *p.* 344. *n°.* 308.

Papilio Polycletus. Clerck, *Icon. tab.* 17. *fig.* 3. 4.

Papilio Epopus. Cram. *pl.* 363. *fig.* G. H. (Le mâle.)

Papilio Polycletus. Cram. *pl.* 159. *fig.* F. G. (La femelle.)

Papilio Epopus. Herbst, *Pap. tab.* 285. *fig.* 3. 4.

Papilio Polycletus. Herbst, *Pap. tab.* 284. *fig.* 5. 6.

Linné n'a connu que la femelle de ce lépidoptère, & il l'a placée à tort dans sa division des *Plébéiens urbicoles* (nos Hespéries).

Le Polyclète a un pouce & demi d'envergure. Le dessus du mâle est d'un bleu-barbeau, avec le bord postérieur liseré de noir.

Le dessus de la femelle est d'un brun-noirâtre, avec la base d'un bleu-verdâtre-pâle qui s'étend sur le disque des premières ailes.

Le dessous des deux sexes est d'un brun-obscur, avec des bandes d'un rouge-sanguin, bordées de noir, puis de vert-doré. Les bandes des premières ailes sont au nombre de trois, dont l'antérieure longitudinale, sinuée, & allant de la base au-delà du milieu; la suivante transverse & formée de quatre taches; la troisième étroite, longeant tout le bord postérieur, & séparée de la précédente par une rangée transverse de six points qui sont noirs en avant, rouges en arrière. Les bandes des secondes ailes sont au nombre de six, dont les cinq antérieures maculaires & transverses, la postérieure linéaire & suivant les sinuosités du bord terminal de l'aile.

De l'île d'Amboine. — Selon Cramer, il se trouveroit aussi au Bengale.

152. Polyommate Narcisse.

Polyommatus Narcissus.

Pol. alis dentatis, fuscis, disco cœrulescente: subtùs fasciis maculisque sanguineis argenteo marginatis. Fab.

Papilio P. R. *Narcissus*. Fab. *Mant. Inf. tom.* 2. *p.* 71. *n°.* 675.

Hesperia R. *Narcissus*. Fab. *Ent. Syst. em. tom.* 3. *pars* 1. *p.* 290. *n°.* 110.

Papilio Narcissus. Donow. *Gen. Illust. of Entom. part.* 1. *an Epit. of the Insects of New Holl. pl.* 30. *fig.* 5. 6.

Ce lépidoptère paroît bien voisin de la femelle du *Polyclète* ; mais, comme nous ne pouvons pas bien saisir d'après une figure les différences qui l'en séparent, nous traduisons ici Fabricius.

Les antennes sont variées de blanc & de noir, & elles ont l'extrémité de la massue rousse. Les ailes supérieures sont d'un brun-noirâtre en dessus, avec une tache d'un bleu-luisant qui se communique aux inférieures. Leur dessous est brun, avec le bord extérieur jaunâtre, & deux lignes argentées allant de la base au milieu : derrière ces lignes, il y a un trait transversal, & trois points, argentés ; puis une grande tache rousse transverse, bordée d'argent ; enfin, cinq points argentés à prunelle noire.

Les ailes inférieures sont dentées, noires, avec le disque d'un bleu-luisant. Leur dessous est brun, avec deux taches basilaires, dont l'antérieure oblongue, la suivante grande & ovale, puis deux bandes médiaires, dont la postérieure interrompue, rouges toutes les quatre & bordées d'argent. Indépendamment de cela, le bord terminal des ailes est rouge & longé par une ligne argentée.

De la Nouvelle-Hollande.

153. Polyommate Apelle.

Polyommatus Apelles.

Pol. alis dentatis, fulvis, limbo fusco : posticis subtùs fasciis rufis argenteo marginatis. Fab.

Papilio P. R. *Apelles*. Fab. *Mant. Inf. tom.* 2. *p.* 71. *n°.* 676.

Hesperia R. *Apelles*. Fab. *Ent. Syst. em. tom.* 3. *pars* 1. *p.* 290. *n°.* 111.

Papilio Apelles. Donow. *Gen Illust. of Entom. part.* 1. *an. Epit. of the Insects of New Holl. pl.* 30. *fig.* 3. 4.

Fabricius le décrit ainsi : il a de l'affinité avec le *Narcisse*, dont il n'est peut-être qu'une variété de sexe. Les antennes sont annelées de blanc & elles ont le bout fauve. Les ailes supérieures sont fauves en dessus, avec l'extrémité d'un brun-noirâtre. Leur dessous est jaunâtre, avec trois lignes argentées, allant de la base au milieu, à l'exception de l'antérieure qui est plus courte : derrière ces lignes, il y a une petite tache rousse, transversale, & six points argentés, placés vers la côte. Outre cela, le bord postérieur est terminé par cinq points argentés à prunelle noire.

Les ailes inférieures ont le dessus fauve, avec le limbe d'un brun-noirâtre. Leur dessous est gris, avec quatre bandes rousses, un peu interrompues & bordées d'argent : la région anale offre trois taches noires, transverses, & le bord postérieur est terminé par une ligne argentée.

De la Nouvelle-Hollande.

154. Polyommate Théro.

Polyommatus Thero.

Pol. alis dentatis, suprà nigricanti-fuscis, fulvo-maculatis : posticis subtùs nebuloso-cinereis, maculis linearibus nitenti-albis ; maculâ disci apicibus uncinatâ.

Papilio P. R. Thero, *alis dentatis, subbicaudatis, nigricantibus, maculis fulvis : subtùs maculis argenteis.* Linn. *Syst. Nat.* 2. *p.* 787. *n°.* 219. — *Mus. Lud. Ulr. p.* 328. *n°.* 146.

Papilio N. P. Erosine, *alis dentatis, fuscis : anticis punctis septem, posticis tribus rubris : subtùs anticis punctis tribus argenteis.* Fab. *Mant. Inf. tom.* 2. *p.* 51. *n°.* 506.

Hesperia R. *Erosine*. Fab. *Ent. Syst. em. tom.* 3. *pars* 1. *p.* 266. *n°.* 28.

Papilio P. R. *Thero*. Fab. *Mant. Inf. tom.* 2. *p.* 67. *n°.* 642.

Hesperia R. *Thero*. Fab. *Ent. Syst. em. tom.* 3. *pars* 1. *p.* 274. *n°.* 57.

Papilio Erosine. Herbst, *Pap. tab.* 301. *fig.* 7. 8.

Papilio Salmoneus. Cram. *pl.* 341. *fig.* D. E.

Papilio Rumina. Drury, *Inf. tom.* 1. *pl.* 2. *fig.* 1.

Fabricius a donné ce polyommate sous deux noms différens, & cependant Cramer avoit déja dit que le papillon *Thero* de Linnæus répondoit à celui qu'il a figuré sous le nom de *Salmoneus*.

Il a approchant deux pouces d'envergure. Le dessus des ailes est d'un brun-noirâtre, avec huit à neuf taches fauves inégales sur le disque des supérieures, & une rangée de lunules pareillement fauves avant le bord terminal des inférieures. Ce bord est liseré de blanc aux petites échancrures des quatre ailes.

Le dessous des premières ailes est fauve, mais bordé de cendré-obscur, avec une dizaine de taches noires, dont quatre alignées sous la côte, & ayant une prunelle d'un blanc-luisant.

Le dessous des secondes ailes est cendré, avec une dizaine de taches d'un blanc-argentin, environnées de brun-obscur, & pour la plupart linéaires. La tache du disque est plus alongée que les autres & crochue à chaque bout, caractère qui empêchera toujours de confondre cette espèce avec ses analogues.

Chez la femelle, les lunules fauves du dessus des secondes ailes sont surmontées de deux ou trois taches de leur couleur.

Du Cap de Bonne-Espérance.

155. Polyommate Alphée.

Polyommatus Alphœus.

Pol. alis denticulatis, suprà atris, fasciâ communi fulvâ, nitidâ : posticis subtùs margaritaceis, fasciâ mediâ repandâ limboque postico ferrugineis.

Papilio P. U. Alphæus, *alis subcaudatis, atris, fasciâ sanguineâ : subtùs variegatis.* Fab. *Mant. Ins. tom.* 2. *p.* 86. *n°.* 782.

Hesperia U. *Alphœus.* Fab. *Ent. Syst. em. tom.* 3. *pars* 1. *p.* 333. *n°.* 265.

Papilio Alpheus. Cram. *pl.* 380. *fig.* F. G.

Fabricius a fort mal-à-propos placé cette espèce dans la division de ses *Plébéiens urbicoles*, division dont se compose en grande partie notre genre *Hespérie*.

Il a près de deux pouces d'envergure. Le dessus des ailes est d'un noir-brun, avec une bande transverse d'un fauve-ponceau-vif sur le milieu, & un petit liseré blanc aux échancrures du bord postérieur.

Le dessous des premières ailes est fauve, avec le pourtour extérieur cendré, le sommet d'un gris de perle & précédé de quelques lunules ferrugineuses avant lesquelles il y a deux taches noires & un espace blanc intermédiaire.

Le dessous des secondes ailes est d'un gris de perle, avec une bande sinuée sur le milieu, & deux lignes ondulées sur le bord postérieur, d'un ferrugineux-pourpré. La bande du milieu est un peu sablée de gris, ce qui la rend bifide à sa partie antérieure & comme moniliforme à sa partie postérieure. Le corps est noir en dessus, grisâtre en dessous. Les antennes sont noirâtres, annelées de blanc, avec la massue alongée & terminée de ferrugineux.

Nous n'avons vu que le mâle.

Du Cap de Bonne-Espérance.

156. Polyommate Thyra.

Polyommatus Thyra.

Pol. alis suprà atris, disco fulvo : subtùs testaceo-ferrugineis, maculis numerosis nigris pupillâ elevatâ argenteâ. (Mas.)

Papilio P. R. Thyra, *alis unidentatis, nigricantibus, disco fulvo : subtùs purpurascentibus, maculis argenteis.* Linn. *Syst. Nat.* 2. *p.* 789. *n°.* 227. — *Mus. Lud. Ulr. p.* 329. *n°.* 147.

Papilio P. R. Thyra, *alis integris, disco fulvo, nigro punctato : subtùs purpurascentibus, maculis argenteis.* Fab. *Mant. Ins. tom.* 2. *p.* 82. *n°.* 736.

Hesperia R. *Thyra.* Fab. *Ent. Syst. em. tom.* 3. *pars* 1. *p.* 314. *n°.* 188.

Il a un peu plus d'un pouce d'envergure. Le dessus des ailes est d'un noir-brun, avec le disque d'un fauve-briqueté. Le fauve des premières ailes est comme divisé en taches; le fauve des secondes a beaucoup plus de largeur, & il est quelquefois ponctué de noir.

Le dessous des quatre ailes est ferrugineux, mais plus ou moins lavé de fauve sur le disque des supérieures, avec une multitude de taches noires ayant une prunelle argentée & élevée. Indépendamment de cela, les ailes supérieures ont l'origine de la côte d'un jaune-verdâtre qui s'étend sur la poitrine & sur les palpes. Le dessus du corps est d'un rouge-ferrugineux.

Nous n'avons pas vu de femelles.

De la côte occidentale d'Afrique.

157. Polyommate Thysbé.

Polyommatus Thysbe.

Pol. alis denticulatis, suprà fulvis, nigro maculatis (basi argenteo micantibus) : posticis subtùs ferrugineis, flavido variegatis & striatis auroque maculatis.

Papilio P. R. Thysbe, *alis denticulatis, subunicaudatis, fulvis, nigro maculatis : posticis, imprimis subtùs ; striatis auroque maculatis.* Linn. *Syst. Nat.* 2. *p.* 789. *n°.* 228. — *Mus. Lud. Ulr. p.* 330. *n°.* 148.

Papilio P. R. Thysbe, *alis denticulatis, subcaudatis, fulvis, nigro maculatis : posticis subtùs striatis aureoque maculatis.* Fab. *Mant. Ins. tom.* 2. *p.* 71. *n°.* 677.

Papilio P. R. Nais, *alis dentato-subcaudatis, basi argenteis aureo striatis.* Fab. *Mant. Ins. tom.* 2. *p.* 71. *n°.* 678.

Hesperia R. *Thysbe.* Fab. *Ent. Syst. em. tom.* 3. *pars* 1. *p.* 292. *n°.* 114.

Hesperia R. *Nais.* Fab. *Ent. Syst. em. tom.* 3. *pars* 1. *p.* 292. *n°.* 115.

Papilio Nais. Cram. *pl.* 47. *fig.* D. E.

Papilio Palmus. Cram. *pl.* 341. *fig.* F. G.

Les papillons *Nais* & *Palmus* de Cramer se rapportent sans contredit au papillon *Thysbé* de Linnæus, mais l'état des corps, dans les individus que nous avons vus, ne nous permet pas de dire si ce sont les deux sexes, ou si le *Palmus* n'est qu'une simple variété du *Nais*.

L'envergure du Thysbé est de douze à quinze

lignes. Le dessus des ailes est d'un fauve-ponceau-luisant, avec six à sept taches discoïdales & une bordure postérieure noires. La bordure des premières ailes est crénelée; celle des secondes se compose de traits longitudinaux, plus prononcés vers le sommet que vers l'angle anal. Chez les individus auxquels Cramer donne le nom de *Naïs*, la base des quatre ailes est légèrement glacée de bleu-argenté; elle est au contraire un peu noirâtre & sans reflet chez ceux qu'il nomme *Palmus*.

Le dessous des premières ailes est fauve, avec une douzaine de points noirs épars depuis la base jusqu'au-delà du milieu, & des stries longitudinales d'un jaune-grisâtre à l'extrémité. Les quatre ou cinq points qui avoisinent la côte ont une prunelle argentée & un peu élevée.

Le dessous des secondes ailes est varié de ferrugineux & de jaunâtre, & il offre huit à neuf taches argentées, dont les antérieures linéaires, les autres plus larges, échancrées, & formant une bande arquée derrière le disque. Le bord postérieur est en outre strié de jaunâtre comme aux ailes de devant.

Le corps est noirâtre, avec des poils d'un roux-obscur sur le devant du corselet & vers l'extrémité de l'abdomen. Les palpes & les antennes sont aussi d'un roux-obscur.

Du Cap de Bonne-Espérance.

Nota. Fabricius a décrit son papillon *Naïs* d'après la figure de Cramer, qui représente mal-à-propos des lignes dorées à la base des ailes en dessus. Il paroît aussi qu'il donne le *Thysbé* de Linnæus sans l'avoir vu.

158. Polyommate Hiéré.

Polyommatus Hiere.

Pol. alis subintegris, suprà fuscis, fulvo virgulatis nigroque maculatis (maris *violaceo nitidissimis*): *posticis subtùs cinereis, nigro-ocellatis, basi cœrulescente fasciâque marginali fulvâ*.

Papilio P. R. *Hiere*; *alis fuscis, nigro punctatis: subtùs cinereis, punctis ocellaribus numerosis*. Fab. *Mant. Inf. tom.* 2. *p.* 80. *n°.* 726.

Hesperia R. *Hiere*. Fab. *Ent. Syst. em. tom.* 3. *pars* 1. *p.* 310. *n°.* 177.

Papilio Lampetie. Wien. *Verz. p.* 322. *fam.* M. *n°.* 8.

Papilio Lampetie. Illig. *N. Ausg. Dess. tom.* 2, *p.* 255. *n°.* 3.

Papilio Lampetie. Hubn. *tab.* 71. *fig.* 356-359.

Schæff. *Icon. tab.* 280. *fig.* 1-4.

Papilio Hipponoe. Ochsen. *Pap. Eur. tom.* 1. 1. *tab.* 31. *Suppl.* 7. *fig.* 3. (Fæm.) — *tab.* 35. *Suppl.* 11. *fig.* 5. (Mas.)

Papilio Hippothoe, *var.* Esp. *Pap. Eur. part.* 1. *tab.* 31. *Suppl.* 7. *fig.* 3. (Fæm.) — *tab.* 35, *Suppl.* 11. *fig.* 5. (Mas.)

Papilio Hipponoe. Esp. *Pap. Eur. part.* 1. *tab.* 62. *cont.* 12. *fig.* 2. (Mas.) — *tab.* 78. *cont.* 28. *fig.* 6. (Fæm.)

Papilio Hipponoe. Bergstr. *Nomenkl. tab.* 34. *fig.* 3. 4. (Mas.)

Papilio Lampetie. Lang. *Verz.* 2. *p.* 50. *n°.* 399-400.

Papilio Helle. Lang. *Verz.* 2. *n°.* 403-405.

Papilio Helle. Borkh. *Pap. Eur. part.* 1. *p.* 146 & 272. *n°.* 5. — *part.* 2. *p.* 221.

Papilio Hipponoe. Borkh. *Rhein. Magaz. tom.* 1. *p.* 276. *n°.* 77.

Papilio Lampetie. Borkh. *Rhein. Magaz. tom.* 1. *n°.* 78.

Papilio Hipponoe. Schneid. *Syst. Beschr. p.* 232. *n°.* 139.

Papilio Alciphron. Schneid. *Syst. Beschr. p.* 234. *n°.* 140.

Papilio Alciphron. Naturf. 6. *p.* 11.

Papilio Virgaureæ. Hufnag. *tab. im. Berl. Mag. tom.* 2. *p.* 80. *n°.* 45.

L'argus satiné. Engram. *Pap. d'Europe, tom.* 1. *pl.* 44. *fig.* 92. a. b. (Mâle.) — *pl.* 72. *Suppl.* 16. *fig.* 92. f. g. (Femelle.)

Polyommate Hière. Latr. *nouv. Dict. d'Hist. nat.* 2e. *édit. tom.* 27. *p.* 489.

Polyommate Hiéré. God. *Hist. nat. des lépid. de France, tom.* 2. *p.* 181. *pl.* W-XXIII. *fig.* 3. 4.

Polyommate Hiéré. God. *Tab. méthod. des lépid. de France*, Diurnes, *p.* 50. *n°.* 140.

Il a près d'un pouce & demi d'envergure. Le dessus du mâle est d'un brun-noirâtre, fouetté de fauve & ponctué de noir, avec un reflet violet très-vif, qui absorbe quelquefois presque toute la couleur du fond. On voit à l'extrémité des secondes ailes une bandelette fauve crénelée en arrière, & la frange est blanche à toutes les ailes.

Le dessus de la femelle est toujours sans reflet violet aux quatre ailes, & le plus souvent sans marques fauves au milieu des secondes; mais, en revanche, la bande crénelée de l'extrémité de ces dernières ailes est beaucoup plus apparente.

Le dessous des premières ailes est roussâtre, principalement chez la femelle, avec les bords cendrés, & beaucoup de points oculaires noirs, dont les extérieurs moins gros & distribués sur deux rangs le long du bord postérieur.

Le dessous des secondes ailes est d'un cendré-clair

clair chez les deux fexes, avec la bafe bleuâtre, & une multitude de points noirs ocellés, dont les poftérieurs formant deux féries marginales entre lefquelles il y a une bande de taches fauves.

Dans quelques femelles, la bande fauve du deffus des ailes inférieures eft furmontée d'un cordon de petites lunules bleues.

On rencontre au contraire des mâles qui n'ont qu'un ou deux points noirs fur le deffus des ailes fupérieures.

En Allemagne. Il a auffi été trouvé près de Phalsbourg par M. Pattier, pharmacien à l'hôpital militaire de cette ville, & aux environs de Dijon, par M. le docteur Lorey, ancien chirurgien-major des armées des France.

159. POLYOMMATE Gordius.

POLYOMMATUS Gordius.

Pol. alis fubintegris, fuprà fulvis (maris *violaceo nitidis*), *punctis limboque nigris : pofticis fubtùs luteo-cinereis, nigro ocellatis, bafi virefcente fafciâque marginali fulvâ.*

Papilio Gordius, *alis integerrimis, luteo-fulvis : omnibus utrinquè maculis ocellaribus nigris : pofterioribus fubtùs cinereis, fafciâ marginali luteâ.* SCHNEID. *Syft. Befchr. p.* 230. *n°.* 137.

Papilio Gordius. ROEM. *Gen. Inf. tab.* 18. *fig.* 7. 8.

FUESSL. *Magaz. tom.* 1. *p.* 206.

Papilio Gordius. ESP. *Pap. Eur. part.* 1. *tab.* 30. *Suppl.* 6. *fig.* 3. a. b. — *tab.* 77. *cont.* 27. *fig.* 4.

Papilio Gordius. BORKH. *Pap. Eur. part.* 1. *p.* 147 & 272. *n°.* 6.

Papilio Gordius. HUBN. *Pap. tab.* 69. *fig.* 343-345.

Papilio Gordius. OCHSEN. *Pap. Eur. tom.* 1.

Papilio Gordius. DEVILL. *Ent. Linn. tom.* 2. *p.* 73. *n°.* 129.

Le grand Argus bronzé. ENGRAM. *Pap. d'Europe, tom.* 1. *p.* 278. *pl.* 72. *Suppl.* 18. *fig.* 91. a. b. *bis.* — *p.* 281. *pl.* 73. *Suppl.* 19. *fig.* 91. c. d. *bis.*

Polyommate Gordius. LATR. *nouv. Dict. d'Hift. nat.* 2e. *édit. tom.* 27. *p.* 486.

Polyommate Gordius. GOD. *Hift nat. des lépid. de France, tom.* 2. *p.* 179. *pl.* W. XXIII. *fig.* 1. 2.

Polyommate Gordius. GOD. *Tab. méth. des lépid. de France,* DIURNES, *p.* 50. *n°.* 141.

Il a près d'un pouce & demi d'envergure. Le deffus des ailes eft d'un fauve-ponceau à reflet violet dans le mâle, d'un fauve-doré fans reflet dans la femelle, avec beaucoup de points difcoïdaux & le limbe poftérieur noirs. Les points des premières ailes font plus gros que ceux des fecondes.

Le deffous eft d'un fauve-pâle aux premières ailes, d'un cendré-jaunâtre aux fecondes, avec une multitude de points noirs oculaires. Les fecondes ailes ont la bafe verdâtre, & leur extrémité offre une bande fauve placée entre deux féries de points.

Il fe trouve au mois de juillet, dans les Pyrénées, dans les Alpes, dans les parties montagneufes du midi de la France, &c.

Nota. La figure de Roemer eft, comme il le dit lui-même, beaucoup trop grande. « *Magnitudine naturalem excedente depictus.* »

160. POLYOMMATE Therfamon.

POLYOMMATUS Therfamon.

Pol. alis fubintegris, fulvis, maris *violaceo nitidulis,* fœminæ *nigro maculatis : pofticis fuprà difco fufcefcente ; fubtùs cinereis nigro ocellatis, fafciâ marginali fulvâ.*

Hefperia R. Therfamon, *alis fubcaudatis, fulvis : fubtùs punctis ocellaribus numerofis ; anticis fulvis, pofticis cinereis.* FAB. *Ent. Syft. em. tom.* 3. *pars* 1. *p.* 313. *n°.* 184.

Papilio Therfamon. ESP. *Pap. Eur. part.* 1. *tab.* 89. *cont.* 39. *fig.* 6.

Papilio Therfamon. BORKH. *Pap. Eur. part.* 1. *p.* 150 & 274. *n°.* 10. — *part.* 2. *p.* 223. *n°.* 11.

Papilio Therfamon. DEVILL. *Ent. Linn. tom.* 2. *p.* 79. *n°.* 158.

Papilio Therfamon. OCHS. *Pap. Eur. tom.* 1.

Papilio Xanthe. HUBN. *Pap. tab.* 69. *fig.* 346-348.

Polyommate Therfamon. LATR. *nouv. Dict. d'Hift. nat.* 2e. *édit. tom.* 27. *p.* 487.

Polyommate Therfamon. GOD. *Hift. nat. des lépid. de France, tom.* 2. *p.* 177. *pl.* V. XXII. *fig.* 7. 8.

Polyommate Therfamon. GOD. *Tab. méth. des lépid. de France,* DIURNES, *p.* 50. *n°.* 142.

Il a approchant quinze lignes d'envergure. Le deffus du mâle eft d'un fauve-ponceau, légèrement glacé de violet, avec le bord poftérieur noir & frangé de blanc. Ses premières ailes ont huit à neuf points noirâtres, mais on ne les voit qu'à certains jours. Ses fecondes ailes ont le bord interne & l'extrémité obfcurs, avec une bande poftérieure fauve, chargée en arrière d'un rang de points noirs.

Le deffus de la femelle eft d'un fauve-doré aux premières ailes, avec des points noirs très-diftincts; il est d'un fauve-rembruni aux secondes ailes, avec des points noirâtres, & une bande postérieure d'un fauve-doré.

Le dessous des deux sexes est d'un jaune-fauve aux premières ailes, d'un gris-cendré aux secondes, avec une multitude de points noirs cerclés de blanchâtre. Les unes & les autres ont en outre à l'extrémité une bande rousse, transversale, & bordée par de simples points noirs.

Il habite les Alpes, l'Autriche, la Hongrie & les contrées les plus méridionales de la Russie.

Nota. Fabricius, qui a décrit ce polyommate d'après des individus de la Russie australe, dit que la femelle a une queue alongée. Cela paroît probable, car dans la femelle du *Phlœas*, la dent qui précède extérieurement l'angle anal des ailes inférieures est plus prononcée chez les individus de l'Asie mineure que chez ceux du nord de l'Europe.

161. POLYOMMATE Xanthé.

POLYOMMATUS Xanthe.

Pol. alis subintegris, suprà fuscis, nitidis, nigro maculatis; subtùs viridi-lutescentibus, nigro ocellatis: utrinquè strigâ marginali fulvâ.

Papilio P. R. Xanthe, *alis subintegris, fuscis, nigro punctatis, fasciâ marginali fulvâ: subtus lutescentibus, punctis numerosis*. FAB. *Mant. Ins. tom*. 2. *p*. 81. *n°*. 731.

Papilio P. R. Garbas, *alis fuscis, nigro punctatis, margine albo: subtùs virescentibus, punctis numerosis*. FAB. *Mant. Ins. tom*. 2. *p*. 81. *n°*. 732.

Hesperia R. *Xanthe*. FAB. *Ent. Syst. em. tom*. 3. *pars* 1. *p*. 312. *n°*. 182.

Hesperia R. *Garbas*. FAB. *Ent. Syst. em. tom*. 3. *pars* 1. *p*. 312. *n°*. 183.

Papilio Xanthe. WIEN. *Verz. p*. 181. *fam*. M. *n°*. 6.

Papilio Circe. WIEN. *Verz. p*. 181. *fam*. M. *n°*. 7.

Papilio Xanthe. ILLIG. *N. Ausg. Dess. tom*. 2. *p*. 257. *n°*. 6.

Papilio Circe. ILLIG. *N. Ausg. Dess. tom*. 2. *p*. 259. *n°*. 7.

Papilio Circe. HUBN. *Pap. tab*. 67. *fig*. 334-336.

Papilio Circe (mas). MULLER, *Faun. Silesiaca*.

Papilio Xanthe. BORKH. *Pap. Eur. part*. 1. *p*. 149 & 274. *n°*. 9. — *part*. 2. *p*. 223.

Papilio Circe. BORKH. *Pap. Eur. part*. 1. *p*. 148 & 273. *n°*. 8. — *part*. 2. *p*. 222.

Papilio Xanthe. BORKH. *Rhein. Magaz. tom*. 1. *p*. 280. *n°*. 2.

Papilio Circe. BORKH. *Rhein. Magaz. p*. 280. *n°*. 1.

Papilio Xanthe. BRAHM. *Ins. Kalend. p*. 504. *n°*. 365.

Papilio Circe. BRAHM. *Ins. Kalend. p*. 503. *n°*. 364.

Papilio Circe. LANG. *Verz*. 2. *p*. 51. *n°*. 410-413. — *n°*. 414-416. (Var.)

Papilio Circe. OCHSEN. *Pap. Eur. tom*. 1.

Papilio Xanthe. ROSSI, *Faun. Etr. tom*. 2. *p*. 157. *n°*. 1039.

Papilio Xanthe. PETAGNA, *Instit. Ent. tom*. 1. *p*. 491. *n°*. 137.

Papilio Garbas. PETAGNA, *Instit. Ent. tom*. 1. *p*. 492. *n°*. 138.

Papilio Alexis, var. 4. SCOPOLI, *Ent. Carn*. *p*. 180.

SCHÆFF. *Icon. tab*. 272. *fig*. 1. 2.

Papilio Dorilas. HUFNAG. *Tabel. im. Berl. Mag. tom*. 2. *p*. 68. *n°*. 21.

Papilio Dorilas. NATURF. 6. *p*. 6. *n°*. 21.

Papilio Phocas. NATURF. 6. *p*. 29. *n°*. 17.

Papilio Phocas. ESP. *Pap. Eur. part*. 1. *tab*. 35. *Suppl*. 11. *fig*. 1. 2. — *tab*. 63. *cont*. 13. *fig*. 6. (Var.)

L'Argus myope. GEOFF. *Hist. Ins. tom*. 2. *p*. 64. *n°*. 33.

L'Argus myope. ENGRAM. *Pap. d'Europe, tom*. 1. *p*. 183. *pl*. 43. *fig*. 89. a. b. c. d. — *p*. 312. *pl*. 84. 2e. *Suppl. fig*. 89. e. f.

Polyommate Circé. LATR. *nouv. Dict. d'Hist. nat*. 2e. *édit. tom*. 27. *p*. 490.

Polyommate Xanthé. GOD. *Hist. nat. des lépid. de France, p*. 196. *pl*. 9 *secund. fig*. 3. & *pl*. 10. *secund. fig*. 1.

Polyommate Xanthé. GOD. *Tabl. méthod. des lépid. de France*, DIURNES, *p*. 51. *n°*. 143.

Il a de treize à quatorze lignes d'envergure. Le mâle a le dessus des ailes d'un brun-noirâtre-chatoyant, avec des points noirs épars, une ligne marginale de taches fauves, & la frange blanche. Il a le dessous d'un jaune-verdâtre-pâle, avec une multitude de points noirs oculaires, & une série de taches fauves répondant à celle de la surface opposée.

La femelle diffère du mâle en ce qu'elle a le fond des ailes supérieures fauve de part & d'autre.

Il éclot en mai & en août. On le trouve dans plusieurs contrées de l'Europe, & il est très-commun aux environs de Paris.

162. POLYOMMATE Hellé.

POLYOMMATUS Helle.

Pol. alis subintegris, suprà fuscis, violaceo micantibus, disco anticarum fulvo nigroque vario : posticis subtùs corticinis, punctis ocellaribus nigris, strigâ angulatâ albâ fasciâque marginali rubrâ.

Hesperia R. Helle, *alis integris, obscuris, cœruleo micantibus : omnibus subtùs punctis ocellaribus numerosis.* FAB. *Mant. Ins. tom.* 2. *p.* 80. *n°.* 730.

Hesperia R. *Helle.* FAB. *Ent. Syst. em. tom.* 3. *pars* 1. *p.* 312. *n°.* 181.

Papilio Helle. WIEN. *Verz. p.* 181. *fam.* M. *n°.* 4

NATURF. 6. *p.* 114. *tab.* 5. *fig.* 2.

Papilio Helle. ILLIG. *N. Ausg. Deff. tom.* 2. *p.* 256. *n°.* 4.

Papilio Helle. HUBN. *Pap. tab.* 67. *fig.* 331-333.

Papilio Helle. PETAGNA, *Instit. Ent. tom.* 1. *p.* 491. *n°.* 136.

Papilio Helle. OCHSEN. *Pap. Eur. tom.* 1.

Papilio Amphidamas. ESP. *Pap. Eur. part.* 1. *tab.* 58. *cont.* 8. *fig.* 4. (Mas.) — *tab.* 63. *cont.* 13. *fig.* 5. (Fæm.)

Papilio Amphidamas. KNOCH, *Beytr. part.* 2. *p.* 90. *tab.* 6. *fig.* 4. 5. (Fem.)

BERGSTR. *Nomenkl. tab.* 122. *fig.* 5-7.

Papilio Amphidamas. BORKH. *Pap. Europ. part.* 1. *p.* 151 & 274. *n°.* 11. — *part.* 2. *p.* 223. *n°.* 10.

Papilio Amphidamas. BORKH. *Rhein. Magaz. tom.* 1. *p.* 279. *n°.* 79.

Papilio Amphidamas. SCHNEID. *Syst. Beschr. p.* 237. *n°.* 143.

Papilio Xanthe. LANG. *Verz.* 2. *p.* 52. *n°.* 417-420.

Argus myope violet. ENGRAM. *Pap. d'Europe, tom.* 1. *p.* 276. *pl.* 71. *Suppl.* 17. *fig.* 89. a. b. — *pl.* 6. *Suppl.* 3. *fig.* 89. d. e. *bis.* (Var. fem.)

Polyommate Hellé. LATR. *nouv. Dict. d'Hist. nat.* 2ᵉ. *édit. tom.* 27. *p.* 490.

Polyommate Hellé. GOD. *Hist. nat. des lépid. de France, tom.* 2. *p.* 184. *pl.* W. XXIII. *fig.* 5. 6.

Polyommate Hellé. GOD. *Tabl. méthod. des lépid. de France*, DIURNES, *p.* 51. *n°.* 144.

Il a de onze à douze lignes d'envergure. Le dessus du mâle est d'un brun-noirâtre, glacé de violet, avec le disque des premières ailes fauve & coupé transversalement par des points noirs. Ses secondes ailes ont avant le bord postérieur une bande fauve dont le côté externe est crénelé & longé par une ligne blanche interrompue.

Le dessus de la femelle est comme celui du mâle, mais, en place de reflet, il a des atomes bleus à la base des premières ailes, & une série de lunules de cette couleur, puis une bande fauve à l'extrémité de toutes les ailes.

Le dessous des deux sexes est d'un jaune-orangé aux premières ailes, avec de gros points noirs à iris grisâtre. Il est d'un brun-tanné aux secondes ailes, avec des points semblables, mais plus petits, & une bande terminale d'un rouge-fauve. Outre cela, l'extrémité des quatre ailes offre deux rangées transverses de lunules noires, dont les extérieures plus petites & appuyées sur un cordon de traits blanchâtres, les intérieures surmontées chacune d'un chevron blanc assez large. La frange des secondes ailes est entrecoupée de blanc & de brun, tandis que celle des premières ailes est toute blanche de part & d'autre.

On le trouve, aux mois de mai & d'août, en Allemagne & dans l'est de la France. Il se plaît dans les parties montagneuses.

163. POLYOMMATE Chryséis.

POLYOMMATUS Chryseis.

Pol. alis subintegris, suprà fulvis, maris disco bipunctato margineque violaceo micante, fœminæ nigro maculatis : posticis subtùs fusco-cinereis, punctis ocellaribus numerosis fasciâque anguli ani rufâ.

Papilio P. R. Chryseis, *alis aureis, margine cœrulescente : posticis subdentatis, subtùs obscurè griseis punctis ocellaribus numerosis.* FAB. *Mant. Ins. tom.* 2. *p.* 79. *n°.* 725.

Hesperia R. *Chryseis.* FAB. *Ent. Syst. em. tom.* 3. *pars* 1. *p.* 209. *n°.* 174.

Papilio Chryseis. WIEN. *Verz. p.* 181. *fam.* M. *n°.* 3.

Papilio Chryseis. ILLIG. *N. Ausg. Deff. tom.* 2. *p.* 253. *n°.* 3.

Papilio Chryseis. BERGSTR. *Nomenkl. p.* 43. *tab.* 68. *fig.* 4-5. (Mas.) *fig.* 6-8. (Fæm.).

Papilio Chryseis. PETAGNA, *Ins. Ent. tom.* 1. *p.* 490. *n°.* 133.

Papilio Chryseis. LANG. *Verz.* 2. *p.* 50. *n°.* 401. 402.

Papilio Chryseis. BORKH. *Pap. Eur. part.* 1. *p.* 144 & 271. *n°*. 4.

Papilio Euridice. BORKH. *Pap. Eur. part.* 1. *p.* 143 & 270. *n°*. 3. — *part.* 2. *p.* 220.

Papilio Euridice. BORKH. *Rhein. Magaz. tom.* 1. *p.* 275. *n°*. 76.

Papilio Euridice. SCHNEID. *Syst. Beschr. p.* 231. *n°*. 138.

Papilio Hippothoe. ESP. *Pap. Eur. part.* 1. *tab.* 22. *fig.* 3. (Mas.) — *tab.* 78. *cont.* 28. *fig.* 5. (Fœm.) — *tab.* 100. *cont.* 55. *fig.* 2. (Aberratio.)

Papilio Chryseis. HUBN. *Pap. tab.* 68. *fig.* 337. 338. — *tab.* 71. *fig.* 355.

Papilio Chryseis. OCHSENH. *Pap. Eur. tom.* 1.

Argus satiné changeant, première espèce. ENGRAM. *Pap. d'Europe, tom.* 1. *p.* 282. *pl.* 78. *Suppl.* 19. *fig.* 93. a-g. *bis*.

Polyommate Chryséis. LATR. *nouv. Diction. d'Hist. nat.* 2e. *édit. tom.* 27. *p.* 488.

Polyommate Chryséis. GOD. *Hist. natur. des lépid. de France, p.* 198. *pl.* 9 *secund. fig.* 4. & *pl.* 10 *secund. fig.* 2.

Polyommate Chryséis. GOD. *Tabl. méthod. des lépid. de France*, DIURNES, *p.* 51. *n°*. 145.

Il a de quatorze à quinze lignes d'envergure. Le dessus du mâle est d'un fauve-ponceau-vif, avec tout le pourtour noirâtre & glacé de bleu-violet. Le milieu de toutes les ailes est marqué d'un double point noir, & les inférieures ont sur le brun du bord terminal une ligne fauve carrément échancrée en arrière.

La femelle a le dessus des premières ailes d'un fauve-foncé, avec des points & les bords noirâtres. Le dessus de ses secondes ailes est noirâtre, avec une ligne fauve, postérieure, & semblable à celle que l'on voit sur les ailes correspondantes du mâle.

Le dessous des deux sexes est d'un cendré tirant sur le brun, avec des points noirs à iris gris. Outre cela, les premières ailes ont le milieu plus ou moins fauve, & les secondes sont traversées à leur extrémité par une bande également fauve.

Il se trouve dans les clairières des bois en juin & en août. On l'a pris plusieurs fois à quelques lieues de Paris.

164. POLYOMMATE Eurydice.

POLYOMMATUS Eurydice.

Pol. alis suprà maris *fulvis, disco immaculato margineque omni nigro;* fœminæ *fuscis, nigro maculatis: subtùs lutescenti-cinereis, punctis ocellaribus numerosis basique virescente.*

Papilio Euridice, *alis fulvis, nitentibus, margine antico limboque latiori nigro, disco immaculato: subtùs rufis, ocellis nigris albo annulatis*. ESP. *Pap. Eur. tab.* 116. *cont.* 71. *fig.* 6. 7.

Papilio Euridice. HUBN. *Pap. tab.* 68. *fig.* 339-342.

Papilio Eurybia. OCHSEN. *Pap. Eur. tom.* 1. 2e. *edit.*

Polyommate Eurydice. LATR. *nouv. Diction. d'Hist. nat.* 2e. *édit. tom.* 27. *p.* 488.

Polyommate Eurydice. GOD. *Hist. nat. des lépidop. de France, tom.* 2. *p.* 175. *pl.* V. XXII. *fig.* 5. 6.

Polyommate Eurydice. GOD. *Tabl. méth. des lépid. de France*, DIURNES, *p.* 51. *n°*. 146.

Il a de quinze à seize lignes d'envergure. Le dessus du mâle est d'un fauve-ponceau-vif, avec le contour extérieur des quatre ailes & le bord abdominal des secondes d'un brun-noirâtre. Le dessous est d'un cendré-jaunâtre, avec une multitude de points noirs à iris gris, une teinte roussâtre au milieu des premières ailes, & une teinte verdâtre à la base des secondes.

Le dessus de la femelle est d'un brun-noirâtre, avec une dizaine de points noirs sur le disque de chaque aile. Le dessous est, à une légère nuance près, comme dans le mâle. La frange des quatre ailes est blanche dans les deux sexes.

Se trouve dans les Alpes, en juillet & en août.

Nota. Fabricius rapporte ce polyommate au *Chryseis*; cependant il y a de la différence entre l'un & l'autre, car l'*Eurydice mâle* a la bordure du dessus moins large & sans reflet, & le disque sans points noirs. L'*Eurydice femelle* n'a point de fauve en dessus; les points oculaires du dessous des deux sexes sont constamment plus petits, quoique d'ailleurs aussi nombreux que chez le *Chryseis*.

165. POLYOMMATE Hippothoé.

POLYOMMATUS Hippothoe.

Pol. alis suprà fulvis, singularum maris *margine tenui lunulâque centrali, anticarum* fœminæ *maculis plurimis, nigris: subtùs cinereis, basi cœrulescente, punctis ocellaribus numerosis fasciâque marginali fulvâ.*

Papilio P. R. Hippothoe, *alis integerrimis, suprà fulvis, immaculatis: subtùs cinerascentibus, punctis ocellaribus numerosis*. LINN. *Syst. Nat.* 2. *p.* 793. *n°*. 254. — *Faun. Suec. edit.* 2. *p.* 274. *n°*. 1046.

Papilio P. R. Hippothoe, *alis integris, margine albo: subtùs cinereis, punctis ocellaribus numerosis*. FAB. *Spec. Inf. tom.* 2. *p.* 126. — *Mant. Inf. tom.* 2. *p.* 79. *n°*. 723.

Hesperia R. *Hippothoe*. FAB. *Ent. Syst. em. tom*. 3. *pars* 1. *p*. 309. *n*°. 172.

Papilio Hippothoe. WIEN. *Verz. p*. 181. *fam*. M. *n*°. 2.

Papilio Hippothoe. ILLIG. *N. Ausg. Dess. tom*. 2. *p*. 252. *n*°. 2.

ROES. *Inf. part*. 3. *tab*. 37. *fig*. 6. 7.

NATURF. 6. *p*. 11.

Papilio Hippothoe. BERGSTR. *Nomenkl. tab*. 68. *fig*. 1-3.

Papilio Hippothoe. BORKH. *Pap. Eur. part*. 1. *p*. 143 & 270. — *part*. 2. *p*. 220. *n*°. 2.

Papilio Hippothoe. SCHNEID. *Syst. Beschr. p*. 228. *n*°. 136.

Papilio Hippothoe. LANG. *Verz*. 2. *p*. 50. *n*°. 395-398.

Papilio Hippothoe. FUESSL. *Suiss. Inf. p*. 32. *n*°. 607.

Papilio Hippothoe, *var*. ESP. *Pap. Eur. part*. 1. *tab*. 38. *Suppl*. 15. *fig*. 1. a. b.

Papilio Hippothoe fœm., *var*. KNOCH, *Beytr. part*. 2. *tab*. 6. *fig*. 3.

Papilio Hippothoe. HUBN. *Pap. tab*. 70. *fig*. 352-354.

Papilio Hippothoe. OCHSEN. *Pap. Eur. tom*. 1.

L'Argus bronzé, var. ENGRAM. *Pap. d'Europe*, *tom*. 1. *pl*. 43. *fig*. 91. c. d.

L'Argus satiné à taches noires. ENGRAM. *Pap. d'Europe*, *tom*. 1. *pl*. 44. *fig*. 93. a. b. c.

Polyommate Hippothoé. LATR. *nouv. Diction. d'Hist. nat*. 2ᵉ. *édit. tom*. 27. *p*. 487.

Polyommate Hippothoé. GOD. *Hist. natur. des lépid. de France*, *tom*. 1. *p*. 200. *pl*. 9 *secund*. *fig*. 5. & *pl*. 10 *secund. fig*. 3.

Polyommate Hippothoé. GOD. *Tabl. méth. des lépid. de France*, DIURNES, *p*. 52. *n*°. 147.

Il a de quinze à dix-sept lignes d'envergure. Le dessus du mâle est d'un fauve-ponceau-vif, avec une petite bordure noire, entière aux premières ailes, crénelée intérieurement aux secondes. Il y a en outre une lunule noire au centre de chaque aile.

La femelle a le dessus des ailes supérieures d'un fauve-gai, avec plusieurs taches & les bords noirs. Elle a le dessus des ailes inférieures d'un brun-noirâtre, avec une bande fauve, placée avant le bord terminal & échancrée en arrière.

Le dessous des deux sexes est comme dans le *Chryseis*, mais les secondes ailes ont la base bleuâtre, & leur milieu offre un arc noir au lieu d'offrir deux points ocellés.

Se trouve en juin, dans les endroits marécageux.

166. POLYOMMATE de la Verge-d'or.

POLYOMMATUS *Virgaureæ*.

Pol. alis suprà fulvis, limbo nigro, maris *immaculatis*, fœminæ *multimaculatis : posticis subtùs pallidè luteis, punctis albis, subocellaribus nigris strigâque è maculis albis*.

Papilio P. R. Virgaureæ, *alis subangulatis, fulvis margine fusco, punctis atris sparsis*. LINN. *Syst. Nat*. 2. *p*. 793. *n*°. 253. — *Faun. Suec. edit*. 2. *p*. 285. *n*°. 1079.

Papilio P. R. Virgaureæ, *alis subangulatis, fulvis margine atro : subtùs punctis nigris albisque*. FAB. *Spec. Inf. tom*. 2. *p*. 126. — *Mant. Inf. tom*. 2. *p*. 79. *n*°. 724.

Hesperia R. *Virgaureæ*. FAB. *Ent. Syst. em. tom*. 3. *pars* 1. *p*. 309. *n*°. 173.

Papilio Virgaureæ. WIEN. *Verz. p*. 180. *fam*. M. *n*°. 1.

SCHÆFF. *Icon. tab*. 97. *fig*. 7.

NATURF. 6. *p*. 11.

Papilio Virgaureæ. SCOP. *Ent. Carn. p*. 180. *n*°. 462.

Papilio Virgaureæ. ROSSI, *Faun. Etr. tom*. 2. *p*. 157. *n*°. 1038.

Papilio Virgaureæ. PETAG. *Instit. Ent. tom*. 1. *p*. 490. *n*°. 132.

Papilio Virgaureæ. ESP. *Pap. Eur. part*. 1. *tab*. 22. *fig*. 2. a. b.

Papilio Virgaureæ. BERGSTR. *tab*. 65. *fig*. 1-4.

Papilio Virgaureæ. BORKH. *Pap. Eur. part*. 1. *p*. 141 & 269. — *part*. 2. *p*. 220. *n*°. 1.

Papilio Virgaureæ. BORKH. *Rhein. Magaz. tom*. 1. *p*. 274. *n*°. 75.

Papilio Virgaureæ. ILLIG. *N. Ausg. Dess. tom*. 2. *p*. 250. *n*°. 1.

Papilio Virgaureæ. SCHNEID. *Syst. Beschr. p*. 227. *n*°. 135.

Papilio Virgaureæ. LANG. *Verz*. 2. *p*. 49. *n*°. 393. 394.

Papilio Virgaureæ. SCHWARZ, *Raupenkal. p*. 345.

Papilio Virgaureæ. PANZ. *Faun. Germ*. 21. 22.

Papilio Virgaureæ. HUBN. *Pap. tab*. 70 *fig*. 349-351.

Papilio Virgaureæ. DEVILL. *Ent. Linn. tom*. 2. *p*. 71. *n*°. 126.

Papilio Virgaureæ. Ochsen. *Pap Eur. tom.* 1.

Papilio Phlæas. Fuessl. *Suiff. Inf. p.* 32. *n°*. 605.

L'Argus fatiné. Engram. *Pap. d'Europe, tom.* 1. *p.* 187. *pl.* 44. *fig.* 92. c. d. e.

Polyommate de la Verge-d'or. Latr. *nouv. Dict. d'Hift. nat.* 2e. *édit. tom.* 27. *p.* 487.

Polyommate de la Verge-d'or. God. *Hift. nat. des lépid. de France, tom.* 1. *p.* 202. *pl.* 9 *fecund. fig.* 6. & *pl.* 10 *fecund. fig.* 4.

Polyommate de la Verge-d'or. God. *Tabl. méthodique des lépidop. de France*, Diurnes, *p.* 52. *n°*. 148.

Il a de treize à quatorze lignes d'envergure. Le mâle a le deffus des ailes d'un fauve-doré-brillant, avec une petite bordure noire, entière aux fupérieures, crénelée intérieurement aux inférieures.

La femelle eft fauve & ponctuée de noir en deffus, mais le fond de fes ailes inférieures eft plus ou moins rembruni fur le milieu.

Le deffous des deux fexes eft d'un fauve-jaunâtre-pâle, avec une douzaine de points noirs légèrement ocellés. Les points des fecondes ailes font plus petits, & immédiatement fuivis d'une rangée tranfverfe de taches blanches.

La chenille eft pubefcente, d'un vert-foncé, avec une ligne jaune le long du dos, & des lignes d'un vert-pâle fur les côtés. Sa tête & fes pattes écailleufes font noires. Elle vit fur la *verge-d'or commune* & fur la *patience fauvage*.

La chryfalide eft d'un jaune-brunâtre, avec l'enveloppe des ailes plus foncée.

Il paroît au printemps & en été. On le trouve dans plufieurs parties de l'Europe, dans l'eft de la France, &c.

167. Polyommate Phlæas.

Polyommatus Phlæas.

Pol. alis anticis cupreo-fulvis, nigro maculatis: pofticis fuprà fufcis, fafciâ crenatâ fulvâ; fubtùs fufcefcenti-cinereis, punctis nigricantibus ftrigâque flexuofâ teftaceâ.

Papilio P. R Phlæas, *alis fubangulatis, fulvis, nigro punctatis: fubtùs albo marginatis; pofticis canefcentibus*. Linn. *Syft. Nat* 2. *p.* 793. *n°*. 252. — *Faun. Succ. edit.* 2. *p.* 285. *n°*. 1078.

Papilio P. R Phlæas, *alis fubintegris, fulvis, nigro punctatis: fubtùs canefcentibus*. Fab. *Spec. Inf. tom.* 2. *p.* 126. — *Mant. Inf. tom.* 2. *p.* 80. *n°*. 727.

Hefperia R. *Phlœas*. Fab. *Ent. Syft. em. tom.* 3. *pars* 1. *p.* 311. *n°*. 178.

Hefperia R. Eleus, *alis emarginatis, fufcis: anticis utrinquè difco fulvo, nigro punctato; pofticis fafciolâ fulvâ: fubtùs cinereis, nigro punctatis*. Fab. *Ent. Syft. Suppl. tom.* 5. *p.* 430. *n°*. 180-181. (Femelle.)

Papilio P. R. Timeus, *alis caudatis, fulvo fufcoque variis: anticis fubtùs punctis ocellaribus atris*. Fab. *Mant. Inf. tom.* 2. *p.* 70. *n°*. 667. (Variété femelle.)

Hefperia R. *Timeus*. Fab. *Ent. Syft. em. tom.* 3. *pars* 1. *p.* 285. *n°*. 96.

Papilio Timeus. Cram. *pl.* 186. *fig.* E. F. (Var. femelle.)

Papilio Phlœas. Wien. *Verz. p.* 181. *fam.* M. *n°*. 5.

Schæff. *Icon. tab.* 143. *fig.* 3. 4.

Roes. *Inf. part.* 3. *tab.* 45. *fig.* 5. 6.

Naturf. 6. *p.* 11. *tab.* 1. *fig.* 1.

Papilio Phlœas. Esp. *Pap. Eur. part.* 1. *tab.* 22. *fig.* 1. — *tab.* 62. *cont.* 12. *fig.* 5. — *tab.* 60. *cont.* 10. *fig.* 5.

Papilio Phlœas. Borkh. *Pap. Eur. part.* 1. *p.* 148 & 272. *n°*. 7. — *part.* 2. *p.* 222.

Papilio Phlœas. Borkh. *Rhein. Magaz. tom.* 1. *p* 279. *n°*. 80.

Papilio Phlœas. Illig. *N. Aufg. Deff. tom.* 2. *p.* 256. *n°*. 5.

Papilio Phlœas. Schneid. *Syft. Befchr. p.* 235. *n°*. 141.

Papilio Phlœas. Hufnag. *Tabell. im. Berl. Magaz. tom.* 2. *p.* 80. *n°*. 44.

Papilio Phlœas. Bergstr. *Nomenkl. tab.* 65. *fig.* 5. 6.

Papilio Phlœas. Lang. *Verz.* 2. *p.* 51. *n°*. 406-409.

Papilio Phlœas. Brahm. *Inf. Kalend. p.* 137. *n°*. 69.

Papilio Phlœas. Schwarz, *Raupenkal. p.* 179 & 344.

Papilio Phlœas. Rossi, *Faun. Etr. tom.* 2. *p.* 157. *n°*. 1040.

Papilio Phlœas. Petag. *Inftit. Ent. tom.* 1. *p.* 490. *n°*. 134.

Papilio Phlœas. Devill. *Ent. Linn. tom.* 2. *p.* 70. *n°*. 125.

Papilio Phlœas. Hubn. *Pap. tab.* 72. *fig.* 362. 363.

Papilio Phlœas. Ochsen. *Pap. Eur. tom.* 1.

Papilio Virgaureæ (fexus alter). Scop. *Ent. Carn. p.* 181.

Papilio Virgaureæ. Fuessl. *Suiss. Inf. p.* 32. *n°*. 606.

Le bronzé. Geoff. *Hist. Inf. tom.* 2. *p.* 65. *n°*. 35.

L'Argus bronzé. Engram. *Pap. d'Europe, tom.* 1. *p.* 186. *pl.* 43. *fig.* 91. a. b. — *pl.* 72. *Suppl.* 18. *fig.* 91. e. g. h.

Polyommate Phlæas. Latr. *nouv Dict. d'Hist. nat.* 2e. *édit. p.* 489.

Polyommate Phlæas. God. *Hist. nat. des lépid. de France, tom.* 1. *p.* 204. *pl.* 10. *fig.* 1.

Polyommate Phlæas. God. *Tab. méthod. des lépid. de France*, Diurnes, *p.* 52. *n°*. 149.

Les hespéries rurales *Phlæas*, *Eleus* & *Timeus* de Fabricius, ne font qu'une feule efpèce, dont l'envergure eft de douze à quatorze lignes.

Le deffus des premières ailes, chez les deux fexes, eft d'un fauve-cuivreux-luifant, avec huit gros points noirs, & la côte ainfi que le bord poftérieur d'un brun-noirâtre. Leur deffous eft d'un fauve-jaunâtre, avec une douzaine de points noirs à iris blanc, & l'extrémité cendrée.

Le deffus des fecondes ailes eft d'un brun-noirâtre, avec un arc central & quelques points plus foncés, puis une bande fauve poftérieure ayant les côtés crénelés. Leur deffous eft d'un cendré-brunâtre, avec une quinzaine de petits points noirâtres épars, & une ligne flexueufe briquetée répondant à la bande fauve de la furface oppofée.

Quelquefois la bande fauve du deffus des fecondes ailes eft furmontée de trois à quatre points bleuâtres comme dans le *Timeus* de Fabricius.

La chenille, fuivant quelques auteurs, eft d'un vert-clair, avec une ligne jaune le long du dos. Elle vit fur la *patience des prés*.

Ce polyommate fe trouve, au printemps & à la fin de l'été, en Europe, dans l'Afie mineure & dans l'Amérique feptentrionale. Il fe repofe principalement fur les fleurs de *renoncules*. Les individus du midi de l'Europe & même du centre de la France ont le deffus des ailes fupérieures plus rembruni; & chez leurs femelles (l'*Eleus* & le *Timeus* de Fabricius), l'échancrure du bord terminal des ailes inférieures eft très-prononcée, ce qui forme en quelque forte deux petites queues. Les individus de l'Amérique feptentrionale reffemblent parfaitement en deffus à ceux des environs de Paris, mais ils ont le deffous des fecondes ailes d'un cendré plus clair & qui fait reffortir davantage les points noirs.

Fabricius fe trompe probablement en difant que fon *Eleus* fe trouve à Surinam. L'individu figuré par Cramer a été pris aux environs de Smyrne.

168. Polyommate Hylla.

Polyommatus Hylla.

Pol. alis dentatis, fulvis, nigro punctatis: pofticis bafi suprà fufcis, fubtùs albidis. Fab.

Papilio N. P. *Hylla*. Fab. *Mant. Inf. tom.* 2. *p.* 59. *n°*. 572.

Papilio S. *Hylla*. Fab. *Ent. Syft. em. tom.* 3. *pars* 1. *p.* 253. *n°*. 784.

Papilio Hyllus. Cram. *pl.* 43. *fig.* B. C.

Fabricius a pris ce lépidoptère pour une de ces argynnes qu'on nomme vulgairement *Damiers*. Quoique nous ne l'ayons pas vu, nous en parlons ici pour fixer l'attention des entomologiftes & des amateurs.

Il fe rapproche extrêmement du *Phlæas*, mais il eft plus grand; fes ailes inférieures ont le deffous blanchâtre & beaucoup plus chargé de points noirs.

Des environs de Smyrne.

Nota. Ne feroit-ce pas la femelle d'une efpèce voifine du *Chryfeis* ou de l'Hippothoé?

169. Polyommate Saluste.

Polyommatus Saluftius.

Pol. alis integerrimis, fulvis, nigro variis: anticis fubtùs nigro punctatis, pofticis cinereis fufco maculatis. Fab.

Hefperia R. *Saluftius*. Fab. *Ent. Syft. em. tom.* 3. *pars* 1. *p.* 310. *n°*. 175.

Papilio Saluftius. Jon. *Fig. pict.* 6. *tab.* 59. *fig.* 1.

Il a tout-à-fait le port du *Phlæas*. Le deffus des ailes eft fauve, avec des points & plufieurs lignes tranfverfes noirs. Le deffous des ailes fupérieures eft fauve & ponctué de noir. Le deffous des inférieures eft cendré & tacheté de brun.

De l'Inde.

(*Traduction de Fabricius*.)

170. Polyommate Evadrus.

Polyommatus Evadrus.

Pol. alis denticulatis, suprà fulvis, margine omni fufco fimbriâque variegatâ: pofticis fubtùs corticinis, cinereo maculatis.

Hefperia U. Evadrus, *alis caudatis, fufcis, difco fulvo: anticis fubtùs punctis argenteis fubocellatis*. Fab. *Ent. Syft. em. tom.* 3. *pars* 1. *p.* 343. *n°*. 306.

Papilio Pierus. Cram. *pl.* 243. *fig.* E. F.

Papilio Nycetus. Cram. *pl.* 380. *fig.* F. G. (Var.)

Papilio Pierus. Herbst, *Pap. tab.* 323. *fig.* 10. 11.

M. Latreille a reconnu le premier que le papillon urbicole *Evadrus* de Fabricius étoit un polyommate.

Il a de quinze à dix-huit lignes d'envergure. Le deſſus du mâle eſt d'un fauve-gai, avec une bordure d'un noir-brun, partant de l'origine des ailes ſupérieures, ſe rétréciſſant entre le ſommet & l'angle interne des inférieures, & offrant un entrecoupé blanc ſur la frange du bord terminal des unes & des autres.

Le deſſus de la femelle eſt d'un fauve moins gai que celui du mâle, & entièrement bordé de brun-noirâtre.

Le deſſous des premières ailes eſt fauve dans les deux ſexes, avec le pourtour extérieur d'un brun-tanné, & une douzaine de points noirs à prunelle blanche.

Le deſſous des ſecondes ailes eſt d'un brun-tanné, plus foncé chez le mâle que chez la femelle, avec des taches cendrées, dont les intermédiaires formant parfois une forte d'X, les poſtérieures tantôt ſéparées, tantôt réunies en une bande flexueuſe. Le corps a le deſſus jaunâtre, & le deſſous d'un brun-tanné. Les antennes ſont entièrement noirâtres.

Cette eſpèce nous a offert pluſieurs variétés.

La première a en deſſous le ſommet des ailes ſupérieures & le fond des inférieures d'une couleur pourpre ou lie de vin ; du reſte elle reſſemble aux mâles ordinaires.

La ſeconde eſt, comme le mâle précédent, d'une couleur lie de vin en deſſous, mais ſes ailes inférieures offrent des litures blanches très-étroites, au lieu d'offrir des taches cendrées. Elle répond au papillon *Nycetus* de Cramer.

La troiſième, beaucoup plus extraordinaire que les deux autres, eſt une femelle. Elle a le fauve du deſſus des ſecondes ailes coupé tranſverſalement par une bande noirâtre. Le deſſous de les quatre ailes eſt parſemé de points & de chevrons d'un blanc-argenté, ſeulement les points de ſes ailes ſupérieures ſont un peu bordés de noir.

Du Cap de Bonne-Eſpérance.

171. Polyommate Pétalus.

Polyommatus Petalus.

Pol. alis integerrimis, ſuprà fulvis, maculis diſci limboque poſtico nigris : poſticis ſubtùs nebuloſo-griſeis, faſciis duabus tranſverſis albis.

Papilio Petalus. Cram. *pl.* 243. *fig.* C. D.

Papilio Petalus. Herbst, *Pap. tab.* 323. *fig.* 8. 9.

Il a environ un pouce & demi d'envergure. Le deſſus des ailes eſt d'un fauve-jaunâtre, avec quelques gros points diſcoïdaux, & une bordure aſſez large, d'un noir-brun.

Le deſſous des premières ailes eſt de la couleur du deſſus, mais il a le milieu plus tacheté de noir, & la bordure eſt remplacée par des atomes noirâtres.

Le deſſous des ſecondes ailes eſt d'un gris piqué de brun, avec deux bandes blanches, tranſverſes, dont l'antérieure diſcoïdale & fortement interrompue vers le bord interne.

Décrit d'après un individu qui nous a paru être une femelle.

Du Cap de Bonne-Eſpérance.

172. Polyommate Orus.

Polyommatus Orus.

Pol. alis integris, ſuprà fulvis (maris violaceo-nitidulis), punctis margineque nigris : poſticis ſubtùs cinereis, maculis ocellaribus obſoletis ſtrigâque poſticâ è lunulis fuſceſcentibus.

Papilio Orus. Cram. *pl.* 332. *fig.* E. F.

Papilio Orus. Herbst. *Pap. tab.* 324. *fig.* 8. 9.

Papilio P. R. Arcas, *alis integerrimis, fulvis, margine punctiſque nigris : poſticis ſubtùs griſeis, immaculatis.* Fab. *Mant. Inſ. tom.* 2. *pag.* 80. *n°.* 728.

Heſperia R. *Arcas.* Fab. *Ent. Syſt. em. tom.* 3. *pars* 1. *p.* 311. *n°* 179.

Fabricius a pris la femelle pour le mâle. Il a vu en outre des individus dont le deſſous des ailes inférieures étoit effacé, ce qui l'a probablement empêché de reconnoître l'*Orus* de Cramer, dont la figure n'eſt pas d'ailleurs très-exacte.

Il a de dix à douze lignes d'envergure. Le deſſus des ailes eſt d'un fauve-ponceau, avec deux taches centrales, une rangée poſtérieure de points & le bord terminal noirs. La rangée de points manque aux ſecondes ailes du mâle, mais il a un léger reflet violet.

Le deſſous des premières diffère du deſſus en ce que les bords ſont cendrés, & en ce que les points noirs ſont oculaires & qu'il y en a un de plus ſur le milieu.

Le deſſous des ſecondes ailes eſt cendré, avec des taches un peu plus claires, à prunelle noirâtre, & une férie marginale de lunules brunâtres.

Du Cap de Bonne-Eſpérance.

173. Polyommate Zeuxo.

Polyommatus Zeuxo.

Pol. alis caudatis, integris, diſco fulvo, nigro maculato : primoribus ſubtùs argenteo maculatis. Linn.

Papilio P. R. *Zeuxo.* Linn. *Syſt. Nat.* 2. *p.* 789. *n°.* 231. — *Muſ. Lud. Ulr. p.* 331. *n°.* 149.

Papilio P. R. *Zeuxo.* Fab. *Mant. Inſ. tom.* 2. *pag.* 82. *n°.* 737.

Heſperia

Hesperia R. *Zeuxo*. Fab. *Ent. Syst. em. tom.* 3. *pars* 1. *pag.* 314. *n°.* 189.

N'ayant pas vu ce polyommate, nous traduisons la description que Linné en donne dans son *Museum Ludovicæ Ulricæ.*

Sa taille est moitié plus petite que celle de l'*Argus* proprement dit, en sorte qu'on doit le mettre parmi les plus petits papillons. Ses premières ailes sont noires en dessus, avec le disque largement fauve; ou plutôt elles sont d'un fauve-luisant & largement bordées de noir tout autour, avec plusieurs taches noires (environ neuf), carrées & souvent adhérentes. Leur dessous est d'un cendré-pâle, mais un peu fauve sur le milieu, avec beaucoup de taches (au-delà de dix ou douze), noires, éparses, ayant, à l'exception de deux ou trois qui avoisinent le bord interne, une prunelle d'un bleu-argenté-luisant.

Le dessus des ailes inférieures est comme celui des supérieures. Leur dessous est d'un cendré-obscur & sans taches.

Du Cap de Bonne-Espérance.

174. Polyommate Ballus.

Polyommatus Ballus.

Pol. alis integris, suprà fuscis (fœminæ *areâ fulvâ*) : *posticis subtùs ad basin viridibus ocello centrali obsoleto, ad apicem carneo-cinereis strigâ è punctis rubris albo innatis.*

Papilio P. R. Ballus, *alis integris, fulvis*, (fœminæ *fuscis*), *margine fusco : subtùs anticis nigro punctatis, posticis viridibus margine fusco.* Fab. *Mant. Inf. tom.* 2. *pag.* 80. *n°.* 279.

Hesperia R. *Ballus.* Fab. *Ent. Syst. em. tom.* 3. *pars* 1. *p.* 311. *n°.* 180.

Papilio Ballus. Borkh. *Pap. Eur. part.* 2. *p.* 224. *n°.* 12.

Papilio Ballus. Hubn. *Pap. tab.* 107. *fig.* 550. (Mas.) — *tab.* 72. *fig.* 360. 361. (Fœm.)

Papilio Ballus. Petagna, *Instit. Entom. tom.* 1. *p.* 491. *n°.* 135.

Papilio Ballus. Oschen. *Pap. Eur. tom.* 1.

Polyommate Ballus. God. *Hist. nat. des lépid. de France, tom.* 2. *p.* 186. Observation.

Fabricius a connu les deux sexes de ce polyommate, mais il a pris le mâle pour la femelle, & réciproquement.

Il a environ quinze lignes d'envergure. Le dessus du mâle est d'un brun-noirâtre, avec la frange plus pâle, & deux petits points fauves à l'angle interne des ailes inférieures.

Le dessus de la femelle est du même brun que chez le mâle, avec un grand espace fauve sur le disque des ailes supérieures, & un espace semblable, mais moins large, à la région anale des inférieures.

Le dessous des premières ailes est d'un fauve plus foncé chez la femelle que chez le mâle, avec les bords bruns, la base verte, & une quinzaine de points noirs discoïdaux, ayant pour la plupart un iris blanc.

Le dessous des secondes ailes est vert, depuis la base jusqu'au-delà du milieu, avec une tache centrale obscure & en majeure partie cerclée de blanc; il est d'un cendré-incarnat vers l'extrémité, avec deux rangées courbes de points blancs, dont les antérieurs moins distincts, les postérieurs appuyés chacun sur un point rouge. Le corps est d'un brun-noirâtre, avec des poils verts sur le corselet & sur le ventre. Les antennes sont noirâtres, annelées de blanc, avec le dessus de la masse ferrugineux.

En Espagne & en Italie. M. Lefebure de Cérisy l'a pris en 1823 aux environs de Perpignan.

175. Polyommate de la Ronce.

Polyommatus Rubi.

Pol. alis denticulatis, suprà fuscis, nitidis : subtùs viridibus, margine tenui ferrugineo strigâque è punctis albis.

Papilio P. R. *alis dentato-subcaudatis, suprà fuscis, subtùs viridibus.* Linn. *Syst. Nat.* 2. *p.* 791. *n°.* 237. — *Faun. Suec. edit.* 2. *p.* 284. *n°.* 1077.

Papilio P. R. *Rubi.* Fab. *Spec. Inf. tom.* 2. *pag.* 121. — *Mant. Inf. tom.* 2. *p.* 71. *n°.* 670.

Hesperia R. *Rubi.* Fab. *Ent. Syst. em. tom.* 3. *pars* 1. *p.* 287. *n°.* 102.

Papilio Rubi. Wien. *Verz. pag.* 186. *fam.* O. *n°.* 1.

Schæff. *Icon. tab.* 29. *fig.* 5. 6.

Naturf. 6. *p.* 12. *n°.* 47.

Roem. *Gen. Inf. tab.* 18. *fig.* 11. 12.

Papilio Rubi. Esp. *Pap. Eur. part.* 1. *tab.* 21. *fig.* 2. — *tab.* 98. *cont.* 53. *fig.* 1-4. (La chenille & la chrysalide.)

Papilio Rubi. Hufnag. *Tab. im. Berl. Magaz. tom.* 2. *p.* 82. *n°.* 47.

Papilio Rubi. Bergstr. *Nomenkl. tab.* 22. *fig.* 8. 9. — *tab.* 31. *fig.* 4. — *tab.* 71. *fig.* 7.

Papilio Rubi. Herbst, *tab.* 308. *fig.* 5. 6.

Papilio Rubi. Borkh. *Pap. Eur. part.* 1. *pag.* 138 & 267. *n°.* 6. — *part.* 2. *p.* 218.

Papilio Rubi. Borkh. *Rhein. Magaz. tom.* 1. *p.* 294. *n°.* 102.

Papilio Rubi. Illig. *N. Ausg. Dess. tom.* 2. *p.* 277. *n°.* 1.

Papilio Rubi. SCHNEID. *Syst. Beschr. p.* 225. *n°.* 134.

Papilio Rubi. LANG. *Verz.* 2. *p.* 47. *n°.* 382-385.

Papilio Rubi. BRAHM. *Inf. Kalend. p.* 227. *n°.* 122.

Papilio Rubi. SCHWARZ, *Raupenkal. p.* 17 & 49.

Papilio Rubi. FUESSL. *Suiss. Inf. p.* 31. *n°.* 600.

Papilio Rubi. ROSSI, *Faun. Etr. tom.* 2. *p.* 156. *n°.* 1033.

Papilio Rubi. SCRIBA, *Beytr.* 3. *tab.* 15. *fig.* 8-10.

Papilio Rubi. SCOP. *Ent. Carn. pag.* 176. *n°.* 460.

Papilio Rubi. PETAG. *Instit. Ent. pag.* 482. *n°.* 113.

Papilio Rubi. HUBN. *Pap. tab.* 72. *fig.* 364-365.

Papilio Rubi. OCHSEN. *Pap. Eur. tom.* 1.

L'Argus vert *ou* l'Argus aveugle. GEOFF. *Hist. Inf. tom.* 2. *p.* 64. *n°.* 34.

Argus verd. ENGRAM. *Pap. d'Europe, tom.* 1. *p.* 185. *pl.* 43. *fig.* 90. a. b. — *pag.* 277. *pl.* 72. *Suppl.* 18. *fig.* 90. C.

Polyommate de la Ronce. LATR. *nouv. Dict. d'Hist. nat.* 2e. *édit. tom.* 27. *p.* 493.

Polyommate de la Ronce. GOD. *Hist. nat. des lépid. de France, tom.* 1. *p.* 206. *pl.* 10. *fig.* 3. & *pl.* 10 *secund. fig.* 5.

Polyommate de la Ronce. GOD. *Tabl. méthod. des lépid. de France;* DIURNES, *p.* 52. *n°.* 150.

Il a de quatorze à quinze lignes d'envergure. Le dessus des ailes est d'un brun-noirâtre-luisant, avec la frange blanchâtre.

Le dessous est vert & liseré de ferrugineux, avec une rangée transverse de points blancs derrière le milieu des quatre ailes ou des inférieures seulement. Ces points sont plus ou moins bordés de brun à leur côté interne, & il arrive quelquefois qu'ils manquent totalement chez des individus d'ailleurs très-frais.

Dans le mâle, le dessus des premières ailes offre vers le milieu de la côte une tache oblongue, cotonneuse, un peu enfoncée, tantôt plus colorée que le fond de l'aile, tantôt blanchâtre. Nous avions cru d'abord que ce caractère étoit propre à la femelle, mais un examen plus approfondi nous a fait reconnoître le contraire.

Le polyommate de la Ronce se trouve dans les bois de l'Europe depuis la mi-avril jusqu'à la mi-mai. Il repose sur les épines en fleurs.

La chenille est pubescente, verte, avec un rang de taches triangulaires jaunâtres sur chacun des côtés, & une ligne blanche au-dessus des pattes. Elle vit sur la *ronce*, l'*esparcette*, le *genêt*, les *cytises*, &c., & elle se transforme avant l'hiver. La chrysalide est brune, avec les stigmates plus clairs.

176. POLYOMMATE Romulus.

POLYOMMATUS Romulus.

Pol. alis integerrimis, fuscis : subtùs viridibus; posticis maculâ rufâ. FAB.

Hesperia R. Romulus. FAB. *Ent. Syst. em. tom.* 3. *pars* 1. *p.* 316. *n°.* 195.

Papilio Romulus. JON. *Fig. pict.* 6. *tab.* 61. *fig.* 4.

Papilio Romulus. DONOW. *of an Epit. of the Nat. Hist. Insects of India, cah.* 6. *pl.* 1. *fig.* 5.

Il est un peu plus grand que le papillon de la *Ronce.* Le dessus des quatre ailes est d'un brun-noirâtre sans taches.

Le dessous est vert, sans aucune tache aux ailes supérieures, avec une ligne transverse brune & une tache postérieure rousse aux inférieures.

Des Indes.

(*Traduction de Fabricius.*)

177. POLYOMMATE Irus.

POLYOMMATUS Irus.

Pol. alis denticulatis, fuscis : posticis subtùs basi ferrugineis, strigis duabus obscurioribus undulatis; apice cinereo pulverulentis puncto castaneo. (Mas.)

Il a environ quinze lignes d'envergure. Le dessus du mâle est d'un brun-noirâtre-chatoyant, avec une petite tache blanchâtre oblongue près du milieu de la côte des ailes supérieures.

Le dessous de ses premières ailes est presque de la couleur du dessus, avec deux petites lignes ferrugineuses, transverses & ondulées, sur le milieu de la surface.

Le dessous de ses secondes ailes est ferrugineux à la base, avec deux lignes flexueuses plus foncées; il est saupoudré de gris vers l'extrémité, avec un point d'un brun-marron placé vers l'angle de l'anus.

Nous n'avons pas vu la femelle.

De l'Amérique?

178. POLYOMMATE Philiasus.

POLYOMMATUS Philiasus.

Pol. alis subcaudatis, nigris, subtùs maculatis : posticis posticè suprà ocellis duobus, subtùs unico. LINN.

Papilio P. R. *Philiasus*. LINN. *Syst. Nat.* 2. *p.* 790. *n°*. 233.

Papilio, P. R. *Philiasus*. FAB. *Mant. Inf. tom.* 2. *p.* 83. *n°*. 757.

Hesperia R. *Philiasus*. FAB. *Ent. Syst. em. tom.* 3. *pars* 1. *p.* 324. *n°*. 229.

Nous n'avons pas vu ce lépidoptère, mais, à en juger par la description qu'en donne Linnæus, il paroît devoir être placé ici plutôt que dans la division suivante.

Il est plus petit que l'*Argus* (n°. 212). Le dessus des ailes est d'un brun-noirâtre. Le dessous est cendré, avec des taches noires & des taches blanchâtres. Les ailes inférieures sont un peu anguleuses vers l'angle de l'anus, & elles ont deux ou trois yeux noirs en dessus, & un seul à iris ferrugineux en dessous.

D'Alger.

179. POLYOMMATE Lara.

POLYOMMATUS Lara.

Pol. alis omnibus suprà subtestaceo-fuscis, basi cærulescenti nitidulis, angulo ani biocellatis: subtùs cinereis; anticis ocellis duobus ut suprà; posticis cæcis.

Papilio P. R. Lara, *alis integerrimis, subtestaceis: primoribus suprà uniocellatis, posticis suprà biocellatis.* LINN. *Syst. Nat.* 2. *p.* 791. *n°*. 238. — *Mus. Lud. Ulr. p.* 320. *n°*. 138.

Papilio P. R. *Lara*. FAB. *Mant. Inf. tom.* 2. *p.* 82. *n°*. 739.

Hesperia R. *Lara*. FAB. *Ent. Syst. em. tom.* 3. *pars* 1. *p.* 315. *n°*. 191.

Papilio Gorgias. STOLL, *Pap. Suppl. à* CRAM. *pl.* 33. *fig.* 5 & 5 d. (Le mâle.)

Papilio Jolaus. CRAM. *pl.* 270. *fig.* F. G. (La femelle.)

Le papillon *Gorgias* de Stoll, & le papillon *Jolaus* de Cramer sont bien certainement les deux sexes du *Lara* de Linné.

Il a un pouce d'envergure. Le dessus des deux sexes est d'un brun un peu briqueté, avec un léger reflet bleu à la base, & deux yeux noirs à iris blanc à l'angle anal de toutes les ailes. La frange est de plus entrecoupée de blanc.

Le dessous des premières ailes est cendré, avec deux yeux correspondans à ceux du dessus & précédés d'une ligne transverse de taches blanches qui ont le côté interne bordé de brun-noirâtre.

Le dessous des secondes ailes est d'un cendré-blanchâtre, avec deux lignes flexueuses brunâtres. L'on n'y voit point d'yeux.

Les yeux du dessus des secondes ailes sont parfois accompagnés de petits croissans blanchâtres.

Du Cap de Bonne-Espérance.

Nota. Les figures de Stoll & de Cramer sont trop grandes.

180. POLYOMMATE Syméthus.

POLYOMMATUS Symethus.

Pol. alis subdentatis, suprà fuscis, singularum maculâ disci albâ: posticis subtùs infuscato-albidis, caracteribus nigricantibus obsoletis.

Papilio P. R. Symethus, *alis subcaudatis, fuscis, maculâ disci albâ: anticis apice atris.* FAB. *Mant. Inf. tom.* 2. *p.* 69. *n°*. 656.

Hesperia R. *Symethus*. FAB. *Ent. Syst. em. tom.* 3. *pars* 1. *p.* 280. *n°*. 76.

Papilio Symethus. CRAM. *pl.* 149. *fig.* B. C. (Le mâle.)

Papilio Symethus. STOLL, *Pap. Suppl. à* CRAM. *pl.* 37. *fig.* 3 & 3 c.

Papilio Symethus. HERBST, *Pap. tab.* 284. *fig.* 3. 4.

Fabricius le dit petit, & cependant il a au moins un pouce & demi d'envergure.

Le dessus des premières ailes est d'un noir-brun, mais un peu plus clair à la base, avec une tache blanche discoïdale, ayant la partie supérieure arrondie, & l'extrémité postérieure terminée par une pointe légèrement bifide.

Le dessus des secondes ailes est noir vers la côte, cendré vers l'extrémité, & marqué au milieu d'une liture blanche longitudinale.

Le dessous des ailes supérieures est grisâtre, avec une tache blanche, correspondant à celle du dessus, & entourée de quelques hiéroglyphes noirâtres dont les bords sont blanchâtres. Outre cela, le bord postérieur de l'aile est d'un ferrugineux-pâle & longé par une série de points noirs.

Le dessous des ailes inférieures est d'un blanc très-sale, avec des hiéroglyphes peu prononcés, & une série de points marginaux, noirâtres.

Dans la femelle, la tache blanche du dessus des premières ailes est ordinairement moins grande que dans le mâle.

Il se trouve dans l'île de Java, comme le dit Stoll. Fabricius & Cramer ont cru à tort qu'il étoit de l'Amérique.

181. POLYOMMATE Phædrus.

POLYOMMATUS Phædrus.

Pol. alis integris, maris suprà fulvis, margine exteriori nigro; fæminæ fuscis, disco albo: subtùs sericeo-albis, strigâ marginali è punctis minutis nigris.

Papilio P. R. Phædrus, *alis integerrimis,*

fulvis, margine fusco : subtùs albis, immaculatis. FAB. *Mant. Inf. tom.* 2. *p.* 79. *n°.* 720. (Le mâle.)

Hesperia R. *Phœdrus.* FAB. *Ent. Syst. em. tom.* 3. *pars* 1. *p.* 307. *n°.* 165.

Papilio P. R. Æsopus, *alis integerrimis, suprà fuscis, maculâ albâ : subtùs albis, immaculatis.* FAB. *Mant. Inf. tom.* 2. *p.* 79. *n°.* 719. (La femelle.)

Hesperia R. *Æsopus.* FAB. *Ent. Syst. em. tom.* 3. *pars* 1. *p.* 307. *n°.* 164.

Papilio Æsopus. HERBST, *Pap. tab.* 325. *fig.* 3. 4.

Papilio Cinyra. CRAM. *pl.* 238. *fig.* C. (Le mâle.)

Papilio Thetis. CRAM. *pl.* 238. *fig.* D.

Papilio Thetys. DRURY, *Inf. tom.* 2. *pl.* 9. *fig.* 3. 4.

Les papillons *Phœdrus* & *Æsopus* de Fabricius ne font qu'une feule efpèce, dont le premier eft le mâle & le fecond la femelle.

Il a un pouce trois quarts d'envergure. Le deffus du mâle eft d'un fauve-ponceau, avec une bordure noire, partant de la côte des ailes fupérieures & fe rétréciffant fur le limbe terminal des inférieures.

Le deffus de la femelle eft d'un brun-noirâtre, avec le difque & la frange des quatre ailes blancs.

Le deffous de toutes les ailes eft d'un blanc-fatiné dans les deux fexes, avec une férie de points noirs, très-menus, le long du bord poftérieur. Ces points font quelquefois précédés d'une légère ligne noirâtre, tranfverfe & ondulée.

Le corps eft brun chez le mâle & chez la femelle, avec les deux premiers articles des palpes blancs. Les antennes font brunes, avec le bout de la maffue fauve.

Du Bengale, du Coromandel, &c.

182. POLYOMMATE Térambus.

POLYOMMATUS Terambus.

Pol. alis integris, suprà violaceo-cœruleis, limbo exteriori nigro : subtùs dilutè corticinis, strigâ communi ferrugineâ ; posticis ocello anali albo.

Il a un pouce & demi d'envergure, & il eft d'un bleu-violet en deffus, avec tout le contour extérieur des premières ailes & la côte des fecondes largement noirs. Les premières ailes font en outre un peu fablées de bleu vis-à-vis du fommet.

Le deffous des quatre ailes eft d'un brun-tanné-clair, avec une ligne ferrugineufe defcendant du fommet des fupérieures au milieu du bord interne des inférieures. Ces dernières ailes offrent à l'angle de l'anus un œil blanc à prunelle noire.

Décrit d'après deux individus femelles, dont l'un appartenant au Muféum de Paris, & l'autre à M. le capitaine de Villiers.

De Java.

183. POLYOMMATE Pétavius.

POLYOMMATUS Petavius.

Pol. alis integris, suprà nigris : anticis fasciâ obliquâ fulvâ : subtùs omnibus fulvis, nigro irroratis, punctis ocellaribus disci violaceo-cœrulescentibus.

Papilio Petavius. CRAM. *pl.* 365. *fig.* C. D.

Papilio Petavius. HERBST, *Pap. tab.* 326. *fig.* 5. 6.

Il a un peu plus d'un pouce d'envergure. Le deffus des ailes eft noir, avec une bande fauve, oblique, à l'extrémité des fupérieures.

Le deffous eft d'un jaune-fauve, afpergé de noir, avec le difque lavé de rougeâtre, & marqué de quelques petites taches oculaires d'un bleu-lilas.

Décrit d'après un individu unique.

De Java & d'Amboine.

184. POLYOMMATE Evandras.

POLYOMMATUS Evandras.

Pol. alis integerrimis, atris, utrinquè fasciâ apicali fulvâ : subtùs maculâ disci violaceo-cœrulescente.

Papilio Evander. CRAM. *pl.* 331. *fig.* F. G.

Papilio Evander. HERBST, *Pap. tab.* 322. *fig.* 5. 6.

Il a un peu plus d'un pouce d'envergure. Le deffus des ailes eft d'un noir-brun un peu chatoyant, avec une bande fauve, poftérieure, courbe, atteignant la côte & le bord interne. La bande des ailes fupérieures eft plus large & légèrement finuée en arrière.

Le deffous reffemble au deffus, mais on remarque une petite tache d'un blanc-bleuâtre au milieu de chaque aile.

Décrit d'après un individu fans corps.

Il fe trouve fur la côte occidentale d'Afrique.

E. Ailes inférieures fans queue extérieure & fans prolongement anal (dentées parfois chez la femelle).

α. Deffous des ailes avec plus ou moins de lignes tranfverfes, maculaires ou continues, & fouvent accompagnées de points ocellés.

185. POLYOMMATE Hubner.

POLYOMMATUS Hubnerii.

Pol. alis integerrimis, suprà fuscis, violaceo mutabili micantibus : anticis maculâ disci luteâ : subtùs omnibus sericeo-albis, strigâ marginali è punctis nigris. (Mas.)

Il a de treize à quatorze lignes d'envergure. Le dessus des ailes est d'un brun-noirâtre, jetant un reflet violet qui change selon les aspects, avec une tache orbiculaire d'un jaune-fauve sur le milieu des supérieures.

Le dessous est d'un blanc-satiné, avec une série de petits points noirs le long du bord postérieur. Il y a en outre, tantôt deux, tantôt trois points semblables, sur le disque des ailes inférieures. La frange des quatre ailes est blanche de part & d'autre. Les antennes sont noires, avec des anneaux & le bout blancs.

Décrit d'après des individus mâles, & dédié à M. Hubner qui a donné l'iconographie la plus complète que nous ayons jusqu'ici sur les lépidoptères d'Europe, & qui publie actuellement une belle iconographie des papillons exotiques.

Il habite l'île de Timor?

186. POLYOMMATE Duponchel.

POLYOMMATUS Duponchelii.

Pol. alis integerrimis, suprà fuscis, omnium disco albo : subtùs sericeo-albis, lineolâ centrali, strigis duabus undulatis punctisque marginalibus in simplici serie fuscis.

Il a un peu moins d'un pouce d'envergure. Le dessus des quatre ailes est d'un brun-noirâtre, avec le disque blanc.

Le dessous est d'un blanc-satiné, avec un trait central, puis deux lignes flexueuses & une série de points lunulés, d'un brun-noirâtre. Les ailes inférieures ont en outre deux points très-noirs, dont un vers le milieu de la côte, l'autre vers le milieu du bord interne. Les antennes sont noires, avec des annelets & le bout de la masse blancs.

Chez certains individus, qui paroissent être des femelles, le dessus des secondes ailes offre à l'extrémité un cordon de petits anneaux blancs.

Dédié à M. Duponchel père, très-bon observateur, qui rendra un grand service aux entomologistes en publiant son excellente monographie du genre *Erotyle*.

Il habite l'île de Timor?

187. POLYOMMATE Duménil.

POLYOMMATUS Dumenilii.

Pol. alis integris, suprà niveis, anticarum margine exteriori latè fusco : subtùs albidis, ponè medium strigis duabus undulatis punctiformique fuscescentibus ; posticis maculâ marginali nigerrimâ. (Mas.)

Il est petit, d'un beau blanc en dessus, avec tout le contour extérieur des premières ailes largement brun, & le bord terminal des secondes longé par une ligne noire. Les premières ailes ont vers leur milieu une grande tache noire, orbiculaire & un peu enfoncée.

Le dessous des quatre ailes est d'un blanc-sale, principalement vers la base, & il offre au-delà du milieu deux lignes brunâtres transverses, dont l'antérieure légèrement ondulée & précédée d'un arc discoïdal de sa couleur; la postérieure en feston, & embrassant une série de points marginaux également brunâtres, à l'exception toutefois de l'antépénultième des secondes ailes, lequel est très-noir & beaucoup plus gros que les autres. Ces dernières ailes offrent encore un petit point noir près du milieu de la côte.

Décrit d'après un individu mâle que nous a communiqué M. P. Duménil, peintre d'histoire naturelle, avantageusement connu par les figures de l'*Histoire des lépidoptères de France*, de l'*Histoire des coléoptères d'Europe*, &c.

Des Antilles?

188. POLYOMMATE Héraldus.

POLYOMMATUS Heraldus.

Pol. alis integerrimis, cæruleis, limbo atro : subtùs albis, margine atro punctato. FAB.

Papilio P. R. *Heraldus*. FAB. *Mant. Inf. tom.* 2. *p.* 82. *n°.* 744.

Hesperia R. *Heraldus*. FAB. *Ent. Syst. em. tom.* 3. *pars* 1. *p.* 317. *n°.* 201.

Il est de moyenne taille. Les antennes sont noires & annelées de blanc. Le dessus de toutes les ailes est d'un bleu-luisant, avec les bords d'un noir-brun, & l'origine de la côte des inférieures blanche.

Le dessous est blanc, & il offre vers le bord une rangée transverse de petites lunules noires, puis une rangée de lunules plus grandes surmontant chacune un gros point pareillement noir.

Des Indes orientales.

(*Traduction de Fabricius.*)

189. POLYOMMATE Ladon.

POLYOMMATUS Ladon.

Pol. alis suprà violaceo-cœrulescentibus (anticarum fæminæ *apice fusco) : subtùs canis, ponè medium strigâ flexuosâ è maculis nigris, tunc lineâ angulatâ punctisque marginalibus fuscis.*

Papilio Ladon. CRAM. *pl.* 270. *fig.* D. E.

Papilio Ladon. Herbst, *Pap. fig.* 10. 11. *pl.* 324.

Il a environ un pouce d'envergure. Le dessus du mâle est d'un bleu-violet-pâle, avec la frange des ailes supérieures entrecoupée de brun.

Le dessus de la femelle est du même bleu que chez le mâle, avec une bande brune assez large sur le bord postérieur des premières ailes, & une série de points bruns sur le bord correspondant des secondes. Les premières ailes offrent en outre un arc noir sur leur milieu.

Le dessous des deux sexes est d'un gris-bleuâtre, avec une série transverse & flexueuse de taches noires derrière le milieu, puis une ligne brune en feston, dans chacun des creux de laquelle il y a un point brun marginal. La série de taches est précédée à chaque aile d'un croissant obscur, & l'on voit à la base des ailes inférieures trois points oculaires très-noirs & des atomes bleus.

Du Cap de Bonne-Espérance.

190. Polyommate Argiolus.

Polyommatus Argiolus.

Pol. alis integerrimis, suprà violaceo-cœrulescentibus (anticarum fœminæ apice fusco): subtùs lacteo-canis, punctis simplicibus nigris.

Papilio P. R. Argiolus, *alis ecaudatis, suprà cœruleis, margine nigris : subtùs cœrulescentibus, punctis nigris dispersis.* Linn. *Syst. Nat.* 2. *p.* 790. *n°.* 234. — *Faun. Suec. edit.* 2. *p.* 284. *n°.* 1076.

Papilio P. R. Acis, *alis integris, cœruleis : subtùs lætè canis, punctis oblongis nigris simplicibus.* Fab. *Mant. Inf. tom.* 2. *p.* 73. *n°.* 687.

Hesperia R. *Acis.* Fab. *Ent. Syst. em. tom.* 3. *pars* 1. *p.* 295. *n°.* 124.

Papilio Argiolus. De Geer, *Mém. Inf. part.* 1. *tab.* 4. *fig.* 9-15.

Papilio Argiolus. Scop. *Ent. Carn. pag.* 177.

Papilio Argiolus. Wien. *Verz. p.* 184. *fam.* N. *n°.* 8.

Papilio Argiolus. Naturf. 6. *p.* 7. *n°.* 30.

Papilio Argiolus. Rossi, *Faun. Etr. tom.* 2. *p.* 156. *n°.* 1036.

Papilio Argiolus. Brahm. *Inf. Kalend. p.* 327. *n°.* 213.

Papilio Argiolus. Schwarz, *Raupenkal. p.* 178. 344. 492.

Papilio Argiolus. Herbst, *tab.* 310. *fig.* 4-6.

Papilio Argiolus. Lang. *Verz.* 2. *p.* 57. 490-494.

Papilio Argiolus. Borkh. *Pap. Eur. part.* 1. *p.* 173 & 282. *n°.* 8. — *part.* 2. *p.* 234.

Papilio Argiolus. Borkh. *Rhein. Magaz. tom.* 1. *p.* 285. *n°.* 91.

Papilio Argiolus. Hufnag. *Tabell. im. Berl. Mag. tom.* 2. *p.* 72. *n°.* 30.

Papilio Argiolus. Illig. *N. Ausg. Dess. tom.* 2. *p.* 266. *n°.* 8.

Papilio Argiolus. Oschen. *Pap. Eur. tom.* 1.

Papilio Cleobis. Esp. *Pap. Eur. part.* 1. *tab.* 40. *Suppl.* 16. *fig.* 3. — *tab.* 54. *cont.* 4. *fig.* 4. a. b.

Papilio Cleobis. Devill. *Ent. Linn. tom.* 2. *p.* 76. *n°.* 142.

Papilio Cleobis. Sulz. *Inf. tab.* 18. *fig.* 13. 14.

Papilio Cleobis. Fuessl. *Alt. Magaz. tom.* 1. *part.* 2. *p.* 209.

Papilio Cleobis. Schneid. *Syst. Beschr. p.* 268. *n°.* 167.

Papilio Argiolus. Bergstr. *Nomenkl. tab.* 45. *fig.* 5-8.

Papilio Argiolus, var. Bergstr. *Nomenkl. tab.* 54. *fig.* 5. 6. (La femelle.)

Papilio Thersanon. Bergstr. *Nomenkl. tab.* 49. *fig.* 5. 6.

Papilio Argyphontes. Bergstr. *Nomenkl. tab.* 58. *fig.* 5. 6.

Papilio Argalus. Bergstr. *Nomenkl. tab.* 60. *fig.* 4. 5.

Papilio Acis. Roem. *Gen. Inf. tab.* 18. *fig.* 13. 14.

Papilio Acis. Petagna, *Instit. Ent. tom.* 1. *p.* 485. *n°.* 110.

Papilio Acis. Hubn. *Pap. tab.* 57. *fig.* 272-274.

Argus bleu à bandes brunes. Engram. *Pap. d'Europe, tom.* 1. *pag.* 178. *pl.* 41. *fig.* 86. l. m. — *pl.* 38. *fig.* 80. i.

Polyommate Acis. Latr. *nouv. Diction. d'Hist. nat.* 2ᵉ. *édit. tom.* 27. *p.* 500.

Polyommate Argiolus. God. *Hist. nat. des lépid. de France, tom.* 1. *pag.* 225. *pl* 11 *secund. fig.* 8. & *pl.* 11 *quart. fig.* 5.

Polyommate Argiolus. God. *Tabl. méthod. des lépid. de France,* Diurnes, *p.* 59. *n°.* 172.

Ce polyommate est le véritable *Argiolus* de Linné. Il a près de quinze lignes d'envergure. Le dessus du mâle est d'un bleu-violet tendre, sans taches. Le dessus de la femelle est d'un bleu un peu plus pâle, avec une large bordure d'un brun-noirâtre aux premières ailes, & une série de points de cette couleur à l'extrémité des fecondes. La frange des premières ailes eft entrecoupée de brun dans les deux fexes.

Le deffous des quatre ailes eft conftamment d'un blanc-bleuâtre, avec un arc central, & une ligne tranfverfe de fimples points, noirs. Il y a encore d'autres points femblables à la bafe & à l'extrémité des fecondes ailes.

La chenille, d'après M. Ochfenheimer, eft pubefcente, d'un vert-jaunâtre, avec le dos plus foncé, la tête & les pattes noires. Elle vit fur le *nerprun-bourdainier.*

La chryfalide eft liffe, verdâtre antérieurement, brunâtre poftérieurement, avec une ligne dorfale noire.

Il habite l'Europe, & il paroît en mai & à la fin de juillet. On le trouve par-ci par-là dans les bois & dans les jardins, voltigeant toujours autour des arbres & des buiffons.

191. Polyommate Dion.

Polyommatus Dion.

Pol. alis fuprà cœrulefcenti-violaceis : fubtùs albis, punctis fimplicibus lineolifque fufcis; pofticis ocellis duobus anguli ani pupillâ cœruleâ. (Mas.)

Il a un peu plus d'un pouce d'envergure. Le deffus des ailes eft d'un violet-bleuâtre, avec une légère bordure brune & une frange blanche.

Le deffous eft blanc, avec de fimples points & quelques traits tranfverfaux d'un brun-noirâtre. L'angle interne des fecondes ailes offre en outre deux yeux noirs à prunelle bleue. L'œil extérieur eft bordé en avant par une lunule fauve.

Nous ne connoiffons point la femelle, & nous n'avons vu qu'un mâle en mauvais état.

De l'Auftralafie.

192. Polyommate Caffius.

Polyommatus Caffius.

Pol. alis fuprà maris *violaceo-cœrulefcentibus,* fœminæ *albis anticarum limbo exteriori fufco : fubtùs albis nigro maculatis fafciatifque; pofticis ocellis duobus anguli ani argenteis.*

Papilio P. R. Caffius, *alis integerrimis, fuprà albis : anticis limbo fufco, pofticis fimbriâ punctatâ.* Fab. *Mant. Inf. tom.* 2. *p.* 82. *n*°. 743. (La femelle.)

Hefperia R. *Caffius.* Fab. *Ent. Syft. em. tom.* 3. *pars* 1. *p.* 316. *n*°. 197. (La femelle.)

Papilio Caffius. Cram. *pl.* 23. *fig.* C. D. (La femelle.)

Papilio Caffius. Herbst, *Pap. tab.* 320. *fig.* 6. 7. (La femelle.)

Il eft petit. Le deffus du mâle eft d'un bleu-violet-pâle, avec la région du bord interne des fecondes ailes plus ou moins blanche.

Le deffus de la femelle eft blanc, avec la bafe des quatre ailes bleuâtre & tout le pourtour extérieur des fupérieures d'un brun-noirâtre-chatoyant. Ces ailes ont en outre quelques petites taches brunes fur le difque, & les ailes inférieures font bordées par une férie de points noirs, renfermée entre deux lignes flexueufes également noires.

Le deffous des deux fexes eft blanc, avec une multitude de taches & de petites bandes tranfverfes noires, à la fuite defquelles viennent une ligne en fefton, & une rangée de points marginaux de cette couleur. Les deux points de l'angle anal des fecondes ailes font plus noirs que les fuivans & couverts d'atomes argentés. Les premières ailes ont à la bafe un trait longitudinal.

De Surinam & du Bréfil.

Nota. Les auteurs n'ont connu que la femelle.

193. Polyommate Clyton.

Polyommatus Clyton.

Pol. alis integerrimis, fuprà albo nigroque variis, bafi cœruleo micante : fubtùs albis, maculis numerofiffimis; pofticis ocellis anguli ani nullis.

Papilio Clyton. Cram. *pl.* 67. *fig.* F. G.

Il a de très-grands rapports avec le *Rofimon*, n°. 141; mais il eft fans queue, & fes ailes n'ont point d'yeux en deffous.

Des Indes orientales.

194. Polyommate Ifarchus.

Polyommatus Ifarchus.

Pol. alis fuprà violaceo-cœrulefcentibus, difco anticarum maculâ, pofticarum fafciâ albis : fubtùs albis; pofticis fafciis duabus repandis nigris ocellifque duobus anguli ani argentatis. (Mas.)

Hefperia R. Ifarchus, *alis integerrimis, cœruleis : pofticis fafciâ albâ : fubtùs albo nigroque variis.* Fab. *Ent. Syft. em. tom.* 3. *pars* 1. *p.* 316. *n*°. 198.

Papilio Ifarchus. Jon. *Fig. pict.* 6. *tab.* 34. *fig.* 1.

Papilio Ifarchus. Herbst, *Pap. tab.* 320. *fig.* 8. 9.

Papilio Camillus. Cram. *pl.* 300. *fig.* A. B.

Papilio Ifis. Drury, *Inf. tom.* 2. *pl.* 3. *fig.* 4. 5.

Il a environ quinze lignes d'envergure. Le deffus des ailes eft d'un bleu-violet-pâle, avec une tache blanche fur le difque des fupérieures, & une bande transverse de cette couleur sur le disque des inférieures.

Le dessous des premières ailes est blanc, avec la côte, deux litures discoïdales, deux bandes postérieures sinuées, & des points marginaux, noirs. La liture antérieure est longitudinale; tandis que l'autre est disposée dans le même sens que les bandes.

Le dessous des secondes ailes est blanc, avec deux bandes noires transverses, dont l'antérieure basilaire & presqu'en forme de palme; la postérieure sinuée & suivie d'une série marginale de points noirs. Les deux points qui avoisinent l'angle de l'anus ont un iris d'un bleu-argenté.

Nous n'avons pas vu la femelle.

De Timor. Cramer le dit de Sierra-Leone, & Fabricius de l'Amérique.

195. Polyommate Lagus.

Polyommatus Lagus.

Pol. alis integris, suprà violaceis, nitidis, apice nigro: subtùs cinereis, nigro venosis. (Mas.)

Hesperia R. Lagus, *alis integerrimis, cæruleis: anticis maculâ geminâ albâ: subtùs cinereis nigro lineatis.* Fab. *Ent. Syst. em. tom.* 3. *pars* 1. *p.* 306. *n°.* 159.

Papilio Lagus. Cram. *pl.* 117. *fig.* F. G.

Papilio Lagus. Herbst, *Pap. tab.* 320. *fig.* 1. 2.

Il a environ un pouce & demi d'envergure. Le dessus des ailes est d'un violet-luisant, avec le sommet noir. Dans l'individu mâle que nous décrivons, les ailes supérieures ont vers le milieu du bord terminal une double tache d'un blanc-argentin, oblongue & un peu transparente.

Le dessous est cendré, avec des lignes longitudinales, & une raie transverse, noires.

Nous n'avons pas vu la femelle.

De Surinam.

196. Polyommate Erinus.

Polyommatus Erinus.

Pol. alis integerrimis, suprà fuscis, nitidis: subtùs cinereis; anticis angulo postico maculis duabus nigris, posticis basi punctis ocellaribus obsoletis.

Hesperia R. Erinus, *alis integerrimis, fuscis: subtùs cinereis; anticis angulo postico puncto gemino nigro.* Fab. *Ent. Syst. em. tom.* 3. *pars* 1. *p.* 302. *n°.* 145.

Papilio P. R. *Erinus.* Fab. *Mant. Inf. tom.* 2. *p.* 77. *n°.* 704.

Papilio Erinus. Donow. *Gen. Illust. of Entom. part.* 1. *an Epit. of the Insects of New Holl. pl.* 31. *fig.* 5. 6.

Il a de douze à quinze lignes d'envergure. Le dessus des ailes est d'un brun-noirâtre-chatoyant, & sans taches.

Le dessous est cendré, avec deux taches noires arrondies à l'angle interne des ailes supérieures, & des points oculaires brunâtres peu prononcés vers la base des inférieures. Les deux taches des premières ailes sont précédées d'une ligne obscure, transverse & interrompue, & l'on remarque avant le bord postérieur des secondes, du moins quelquefois, une série de points noirs très-petits.

De la Nouvelle-Hollande, environs de port Jackson.

197. Polyommate Labradus.

Polyommatus Labradus.

Pol. alis integerrimis, suprà violaceo-cærulescentibus: subtùs cinereis; posticis annulis numerosis albis basique cærulescente. (Mas.)

Il n'a guère que dix lignes d'envergure. Le dessus des ailes est d'un bleu-violet-pâle, avec le bord postérieur liseré de brun & cilié de blanc.

Le dessous est cendré, avec des anneaux blancs à l'extrémité des ailes supérieures & sur toute la surface des inférieures. Ces dernières ailes ont la base bleuâtre, mais du reste l'on n'y voit pas d'autres taches que les anneaux blancs dont nous venons de parler.

Décrit d'après un individu mâle qui n'étoit pas de la première fraîcheur.

De la Nouvelle-Hollande, environs de port Jackson.

198. Polyommate Damoetès.

Polyommatus Damoetes.

Pol. alis integerrimis, fuscis: subtùs cinereo undatis; posticis ocello gemino aurato. Fab.

Hesperia R. *Damoetes.* Fab. *Ent. Syst. em. tom.* 3. *pars* 1. *p.* 303. *n°.* 148.

Papilio P. R. *Damoetes.* Fab. *Mant. Inf. tom.* 2. *p.* 77. *n°.* 707.

Papilio Damoetes. Donow. *Gen. Illust. of Entom. part.* 1. *an Epit. of the Insects of New Holl. pl.* 31. *fig.* 3. 4.

Il est petit. Le dessus des quatre ailes est d'un brun-noirâtre, sans taches.

Le dessous est gris, avec des ondes cendrées, & il offre vers l'angle anal des secondes ailes deux yeux noirs dont l'iris est jaune en avant, doré en arrière. L'œil intérieur est moins grand que l'extérieur.

De la Nouvelle-Hollande.

(*Traduction de Fabricius.*)

199. Polyommate

199. POLYOMMATE Damæus.

POLYOMMATUS Damœus.

Pol. alis integerrimis, suprà fuscis, nitidis: subtùs grisescentibus, annulis numerosis fuscis albo cinctis; posticis ocellis duobus anguli ani iride fulvâ. (Fem.)

Il est petit. Le dessus des ailes est d'un brun-noirâtre-chatoyant, sans taches aux supérieures, avec une série de petits traits bleus le long du bord terminal des inférieures.

Le dessous des quatre ailes est grisâtre, avec une multitude d'anneaux bruns cerclés de blanc. Les deux anneaux qui avoisinent l'angle anal des secondes ailes renferment chacun un œil noir à iris fauve, mais l'œil intérieur est plus petit que l'extérieur.

Nous n'avons vu que des femelles.

De Timor.

200. POLYOMMATE Catilina.

POLYOMMATUS Catilina.

Pol. alis integerrimis, fuscis, cœruleo nitentibus: subtùs albo fasciatis ocellisque duobus cœruleis anguli ani. FAB.

Hesperia R. *Catilina.* FAB. *Ent. Syst. em. tom.* 3. *pars* 1. *p.* 304. *n°.* 150.

Papilio Archias. CRAM. *pl.* 181. *fig.* C?

Il est petit. Les antennes sont noires, avec des anneaux & le bout de la massue blancs. Le corps est bleuâtre. Le dessus des quatre ailes est d'un brun-noirâtre à reflet bleu.

Le dessous est plus pâle que le dessus, avec plusieurs bandes blanches. L'angle interne des secondes ailes offre deux yeux, moitié bleus, moitié noirs.

Des îles de l'Amérique méridionale.

(*Traduction de Fabricius.*)

Nota. Si ce polyommate n'est pas l'*Archias* de Cramer, il paroît du moins en être très-voisin. L'Archias a l'antépénultième bande du dessous des secondes ailes bifide & beaucoup plus large que les autres. Il se trouve à Surinam.

201. POLYOMMATE Céraunus.

POLYOMMATUS Ceraunus.

Pol. alis integerrimis, fuscis, cœruleo micantibus: subtùs cinereis; posticis basi punctis ocellaribus atris apice ocello punctoque. FAB.

Hesperia R. *Ceraunus.* FAB. *Ent. Syst. em. tom.* 3. *pars* 1. *p.* 303. *n°.* 149.

Fabricius le décrit ainsi: il est plus petit que le *Parsimon* (n°. 209), & il en diffère tout-à-fait. Le dessus des ailes est d'un brun-noirâtre à reflet bleu, avec des points noirs marginaux aux inférieures.

Le dessous est cendré, avec des ondes blanches à l'extrémité de toutes les ailes. Les ailes inférieures offrent en outre à la base des points noirs oculaires, & vers l'angle de l'anus deux autres points noirs, dont l'extérieur à iris fauve, l'intérieur se liant à une ligne marginale également noire.

Des îles de l'Amérique méridionale.

202. POLYOMMATE Minéréus.

POLYOMMATUS Minereus.

Pol. alis integerrimis, fuscis: posticis subtùs punctis ocellaribus rubris ocelloque anguli ani. FAB.

Hesperia R. *Minereus.* FAB. *Ent. Syst. em. tom.* 3. *pars* 1. *p.* 304. *n°.* 151.

Papilio P. R. *Minereus.* FAB. *Mant. Ins. tom.* 2. *p.* 77. *n°.* 708.

Il est petit. Les antennes sont brunes, annelées de blanc, avec la sommité de la massue rousse. Le dessus des quatre ailes est d'un brun-noirâtre, avec des taches oculaires noires sur le bord terminal des inférieures.

Le dessous est cendré, avec des taches à l'extrémité des ailes supérieures, & plusieurs points rouges à iris blanc sur les inférieures. Ces dernières ailes ont vers l'angle de l'anus un œil noir cerclé de fauve.

De l'Amérique méridionale.

(*Traduction de Fabricius.*)

Nota. Si ce polyommate avoit des queues, il se placeroit entre l'*Echion* & le *Columelle*, n°s. 73 & 74.

203. POLYOMMATE Bazoche.

POLYOMMATUS Bazochii.

Pol. alis integerrimis, fuscis, posticarum suprà disco cœruleo: subtùs anticis fasciâ apicis securiformi albidâ; posticis marmoratis. (Mas.)

Nous ne connoissons ce polyommate brésilien que par des individus mâles. Il a approchant un pouce d'envergure. Le dessus des ailes supérieures est d'un brun-noirâtre, avec une tache orbiculaire plus foncée vers le milieu de la surface. Le dessus des ailes inférieures est brun, avec la région du bord interne d'un bleu-violet & marquée de deux à trois points noirs près de l'angle de l'anus.

Le dessous des premières ailes est presque de la couleur du dessus, avec une bande terminale blanche, représentant à peu près une hachette. Le dessous des secondes ailes est blanchâtre, avec deux taches brunes, dont l'antérieure arrondie & placée sur le milieu de la côte, la postérieure beaucoup plus grande, avoisinant le sommet & se liant par son côté interne à deux bandes moniliformes jaunâtres qui aboutissent au bord abdominal. La frange du bord postérieur de ces ailes est blanche de part & d'autre, tandis que celle du bord correspondant des premières ailes est brune comme le fond.

Dédié à M. de Bazoche, de Falaise, savant philologue & habile naturaliste.

204. POLYOMMATE Ubaldus.

POLYOMMATUS Ubaldus.

Pol. alis suprà maris violaceo-cœruleis, fæminæ fuscis : subtùs cinereis; posticis basi punctis tribus ocellaribus nigris, tunc annulis maculisque quadratis albis, ocello anguli ani aurato.

Papilio Ubaldus. CRAM. *pl.* 390. *fig.* L. M.

Papilio Ubaldus. HERBST, *Pap. tab.* 312. *fig.* 3. 4.

Il n'a guère que dix lignes d'envergure. Le dessus du mâle est d'un bleu-violet, avec le limbe postérieur brun.

Le dessus de la femelle est brun, & saupoudré de bleu vers la base. Chez l'un & l'autre sexe, la frange est blanche.

Le dessous est cendré, avec des anneaux blancs, dont l'antérieur solitaire, vers l'extrémité des premières ailes. Les secondes ailes ont vers la base trois points noirs ocellés, dont le postérieur occupant le milieu de la côte. Viennent ensuite dix à douze anneaux blancs, parmi lesquels il y a une série de taches blanches quadrangulaires, & un grand œil marginal noir, entouré d'un iris fauve & sablé de vert-doré inférieurement.

Du Coromandel, selon Cramer.

Nota. Dans le texte de Cramer, ce polyommate porte le nom d'*Ubaldus*, & dans la table celui d'*Artémidas*; mais nous avons adopté de préférence la première de ces deux dénominations.

205. POLYOMMATE Messapus.

POLYOMMATUS Messapus.

Pol. alis suprà violaceis, limbo fusco : subtùs cinereis, à medio ad apicem annulis disjunctis albis; posticis punctis duobus costalibus nigris ocelloque anali lunulæ rufæ subjecto. (Mas.)

Il n'a guère que dix lignes d'envergure. Le dessus des ailes est violet, avec le limbe postérieur des quatre brun, & la région anale des inférieures marquée d'un point noir bordé de fauve en avant.

Le dessous est cendré, & il offre, à partir du milieu jusqu'au bout, des anneaux blancs, dont l'antérieur solitaire, les autres disposés sur trois rangs, & séparés les uns des autres. Outre cela, les secondes ailes ont trois points noirs, cerclés de blanc : il y en a deux sur la côte, l'autre n'est que la répétition de celui qu'on voit en dessus près de l'angle de l'anus.

Nous n'avons vu que le mâle.

Du Cap de Bonne-Espérance, par M. J. Verreaux.

206. POLYOMMATE Pirithoüs.

POLYOMMATUS Pirithous.

Pol. alis suprà cœruleo-violaceis (fæminæ limbo latè fusco) : subtùs fuscis, à basi ad apicem catenulis albis; posticis fasciâ continuâ repandâ ocellisque duobus anguli ani violaceis.

Papilio P. R. Pirithous, *alis ecaudatis, cærulescentibus : subtùs undiquè fusco maculatis; ocellis posticis duobus.* LINN. *Syst. Nat.* 2. *p.* 790. *n°.* 235.

Il n'a guère que dix lignes d'envergure. Le dessus des ailes est d'un violet-bleuâtre-luisant, sans taches dans le mâle, avec une large bordure brune dans la femelle.

Le dessous des deux sexes est d'un brun-obscur, avec des chaînettes blanches depuis la base jusqu'à l'extrémité. Avant la chaînette du bord postérieur, les secondes ailes ont une bande blanche, transverse, flexueuse, continue, & leur angle anal offre, très-près l'un de l'autre, deux grands yeux noirs sablés de violet & entourés d'un iris fauve.

De la Barbarie, par M. le professeur Desfontaines.

207. POLYOMMATE Thespis.

POLYOMMATUS Thespis.

Pol. alis suprà violaceo-cœruleis, limbo fusco fimbriâque variegatâ : subtùs fuscis, albo tessellatis; posticis punctis duobus anguli ani aureis.

Papilio P. R. Tespis, *alis ecaudatis cœruleis : subtùs undiquè albo maculatis*; LINN. *Syst. Nat.* 2. *p.* 791. *n°.* 236. — *Mus. Lud. Ulr. p.* 318. *n°.* 136.

Il a environ un pouce d'envergure. Le dessus du mâle est d'un bleu-violet, avec la frange du bord postérieur entrecoupée de brun & de blanc.

Le dessus de la femelle est d'un bleu-violet vers la base, brun & ponctué de blanc vers l'extrémité, avec la frange comme dans le mâle.

Le dessous des deux sexes est brun, avec une multitude de taches blanches, quadrangulaires, & disposées en échiquier. Outre cela, les secondes ailes ont près de l'angle de l'anus deux petits points d'un vert-doré.

Du Cap de Bonne-Espérance.

Nota. Linné n'a connu que le mâle.

208. Polyommate Ochsenheimer.

Polyommatus Ochsenheimerii.

Pol. alis suprà violaceo-cœruleis, limbo fusco: subtùs anticis disco fulvo reticulatoque; posticis fuscis, annulis griseis, tunc fasciâ flexuosâ niveâ ocellisque tribus auratis.

Il a un peu plus d'un pouce d'envergure. Le dessus des quatre ailes est d'un bleu-violet, avec le bord postérieur brun & entrecoupé de blanc à la frange.

Le dessous des premières ailes est fauve, avec le pourtour extérieur obscur, quelques anneaux d'un jaune-pâle sur le disque, une ligne tortueuse blanche vis-à-vis du sommet, & une série de points noirâtres le long du bord terminal.

Le dessous des secondes ailes est d'un brun-sale, avec des anneaux gris vers la base, une bande flexueuse très-blanche au-delà du milieu, & une rangée de cinq points noirs à l'extrémité. Les trois points qui avoisinent l'angle de l'anus sont sablés de vert-doré.

Nous avons vu trois individus, dont deux ayant la bordure brune du dessus un peu plus large; mais il nous est impossible de dire s'ils diffèrent du troisième par le sexe, attendu qu'ils paroissent tous avoir un corps rapporté.

Dédié à M. Ochsenheimer, entomologiste viennois qui a publié sur les lépidoptères d'Europe un ouvrage justement estimé.

Des Antilles?

209. Polyommate Parsimon.

Polyommatus Parsimon.

Pol. alis integris, suprà fuscis: subtùs cinereis, annulo centrali, strigâ geminâ arcuatâ lunulisque marginalibus in duplici serie albis; posticis basi punctis ocellaribus nigris, angulo ani ocello argenteo.

Hesperia R. Parsimon, *alis integris, fuscis: subtùs cinereis, albo undatis; posticis basi punctis ocellaribus nigris apiceque ocello.* Fab. *Ent. Syst. em. tom.* 3. *pars* 1. *p.* 303. *n°.* 147.

Papilio P. R. *Parsimon.* Fab. *Mant. Ins. tom.* 2. *p.* 77. *n°.* 706.

Papilio Celæus. Cram. *pl.* 379. *fig.* K. K.

Fabricius n'a pas reconnu cette espèce dans Cramer.

Elle a environ dix-huit lignes d'envergure. Le dessus des ailes est d'un brun-obscur, avec la tranche du bord postérieur noire & ciliée de blanc.

Le dessous est cendré, avec un anneau central, une double ligne arquée, puis une double série de chevrons marginaux, blancs. Les ailes inférieures ont en outre à la base quatre ou cinq points noirs cerclés de blanc, & à l'angle de l'anus une lunule fauve surmontant un œil noir à prunelle d'un bleu-argenté.

La femelle a le dessous comme le mâle, mais elle s'en distingue en dessus par une tache noire au milieu des ailes supérieures, & par une lunule fauve accompagnée d'anneaux blanchâtres à l'extrémité des inférieures.

De la côte de Guinée.

Nota. Si ce lépidoptère avoit une queue, il se placeroit à côté du polyommate *Astéris* n°. 137.

210. Polyommate Cissus.

Polyommatus Cissus.

Pol. alis suprà cœruleo-violaceis, limbo fusco: subtùs cinerascentibus, nigro ocellatis; posticis ad angulum ani fasciâ abbreviatâ fulvâ ocello aurato.

Ce polyommate paroîtroit devoir aller à côté du *Cnéjus* (n°. 135); mais comme les deux individus que nous avons vus n'ont aucun vestige de queue, nous le plaçons ici conditionnellement.

Il a environ quinze lignes d'envergure. Le dessus des ailes est d'un violet-bleuâtre, avec le pourtour extérieur des quatre brun, & l'angle anal des inférieures chargé de quatre taches fauves, dont une plus grande & s'appuyant sur un point noir.

Le dessous est d'un cendré-pâle, avec des points noirs ocellés, dont quelques-uns basilaires, les autres disposés au-delà du milieu en une ligne courbe & transverse, derrière laquelle sont deux séries marginales de lunules blanchâtres. La série extérieure est masquée vers l'angle de l'anus par une petite bande fauve, sinuée, & marquée en dehors d'un gros point noir sur lequel sont des atomes dorés, atomes qui, chez le mâle, longent presque tout le côté externe de cette bande.

La femelle a le dessus plus pâle & un peu plus largement bordé de brun.

Du Cap de Bonne-Espérance, par M. Jules Verreaux.

211. Polyommate Evippus.

Polyommatus Evippus.

Pol. alis suprà fuscis, basi violaceo micantibus: subtùs sericeo-griseis, strigâ marginali è maculis trigonis fulvis, intùs puncto ocellari nigro, extùs lineolâ cœruleâ fœtis.

Papilio P. R. Roboris, *alis caudatis (ecaudatis), nigro cœruleis: subtùs cinereis, serie marginali macularum ocelliformium, introrsùm albo, extrorsùm fulvo inductis.* Esp. *Pap. Eur. tab.* 103. *cont.* 58. *fig.* 5.

Papilio Roboris. Oschen. *Pap. Eur. tom.* 1.

Papilio Evippus. HUBN. *Pap. tab.* 73. *fig.* 366. 367.

Polyommate Evippus. LATR. *nouv. Dict. d'Hist. nat.* 2e *édit. tom.* 27. *pag.* 486.

Polyommate Evippus. GOD. *Hist. nat. des lépid. de France, tom.* 2. *pag.* 170. *pl.* V. XXII. *fig.* 1. 2.

Polyommate Evippus. GOD. *Tabl. méth. des lépid. de France*, DIURNES, *pag.* 49. *n°.* 136.

Il a environ un pouce & demi d'envergure. Le mâle a le dessus des ailes d'un brun-noirâtre, avec plus de la moitié antérieure des premières & la base des secondes glacées de violet-obscur. Les secondes ailes ont vers l'angle de l'anus une rangée de trois points d'un bleu-violet-luisant.

Le dessus de la femelle est comme dans le mâle, mais le violet de ses ailes supérieures est plus vif & moins prolongé sur le disque, & ses ailes inférieures offrent six points bleus marginaux au lieu de trois.

Le dessous des deux sexes est d'un gris-satiné, avec une série marginale de taches fauves triangulaires, chargées chacune en dehors d'un trait bleu, & en dedans d'un point noir qui est immédiatement surmonté d'un chevron blanc. Ces taches sont presque toujours plus prononcées aux secondes ailes qu'aux premières.

En Espagne, en Portugal, dans les départemens les plus méridionaux de la France. Il se repose sur les buissons.

β. Dessous des ailes avec des points ocellés, & ayant vers l'extrémité une bande transverse blanche ou blanchâtre, suivie de taches marginales ou d'une bande fauves.

212. POLYOMMATE Argus.

POLYOMMATUS Argus.

Pol. alis integris, suprà violaceo-cœruleis, margine lato fusco fimbriâ albâ: subtùs canescenti-cinereis, nigro ocellatis; posticis fasciâ sinuatâ fulvâ punctis argenteis notatâ. (Major.)

Papilio P. R. Argus, *alis ecaudatis, cœruleis: posticis subtùs limbo ferrugineo ocellis cœruleo-argenteis.* LINN. *Syst. Nat.* 2. *p.* 789. *n°.* 232. — *Faun. Suec. edit.* 2. *p.* 284. *n°.* 1075. (Mas.)

Papilio Idas. LINN. *Faun. Suec. edit.* 2. *p.* 284. *n°.* 1075. (Fœm.)

Papilio P. R. Argus, *alis integris: posticis subtùs limbo ferrugineo ocellisque cœruleo-argenteis.* FAB. *Spec. Ins. tom.* 2. *p.* 123. — *Mant. Ins. tom.* 2. *p.* 74. *n°.* 690. (Le mâle.)

Hesperia R. *Argus.* FAB. *Ent. Syst. em. tom.* 3. *pars* 1. *p.* 296. *n°.* 128. (Le mâle.)

Hesperia R. Amphion, *alis integerrimis, cœruleis, nigro marginatis: subtùs cinereis, nigro ocellatis; posticis lunulis rubris puncto nigro aureo notatis.* FAB. *Ent. Syst. em. tom.* 3. *pars* 1. *p.* 301. *n°.* 139. (Le mâle.)

Papilio P. R. Acreon, *alis integerrimis, fuscis: subtùs nigro ocellatis; posticis fasciâ albâ, rubrâ strigâque punctorum aureorum.* FAB. *Mant. Ins. tom.* 2. *p.* 76. *n°.* 699. (La femelle.)

Hesperia R. *Acreon.* FAB. *Ent. Syst. em. tom.* 3. *pars* 1. *p.* 301. *n°.* 139. (La femelle.)

Papilio Argus. WIEN. *Verz. p.* 184. *fam.* N. *n°.* 14.

SCHÆFF. *Icon. tab.* 29. *fig.* 3. 4. — *tab.* 255. *fig.* 4. 5.

Papilio Argus. ROSSI, *Faun. Etr. tom.* 2. *p.* 156. *n°.* 1035.

Papilio Argus. PETAG. *Instit. Ent. tom.* 1. *p.* 485. *n°.* 122.

Papilio Argus. HERBST, *tab.* 315. *fig.* 1—3.

Papilio Argus. ESP. *Pap. Eur. part.* 1. *tab.* 20. *fig.* 3. 4. (Le mâle.)

Papilio Leodorus. ESP. *Pap. Eur. part.* 1. *tab.* 80. *cont.* 30 *fig.* 1. 2. (La femelle.)

Papilio Argus. DEVILL. *Ent. Linn. tom.* 2. *p.* 66. *n°.* 120.

Papilio Ledorus. DEVILL. *Ent. Linn. tom.* 2. *p.* 78. *n°.* 154.

Papilio Argus. ILLIG. *N. Ausg. Dess. tom.* 2. *p.* 272. *n°.* 14.

Papilio Argus. HUBN. *Pap. tab.* 64. *fig.* 316-318.

Papilio Argus. OSCHEN. *Pap. Eur. tom.* 1.

Papilio Argus. SCRIBA, *Beytr. tab.* 15. *fig.* 6. 7. (La chenille & la chrysalide.)

Papilio Argus. BORKH. *Rhein. Magaz. tom.* 1. *p.* 288. *n°.* 96.

Papilio Argus. BORKH. *Pap. Eur. part.* 1. *p.* 152 & 274. *n°.* 1. — *part.* 2. *p.* 224.

Papilio Argyrognomon. BORKH. *Pap. Eur. part.* 1. *p.* 152. *n°.* 2.

Papilio Leodorus. BORKH. *Pap. Eur. part.* 1. *p.* 156. *n°.* 5.

Papilio Argus. SCHNEID. *Syst. Beschr. p.* 255. *n°.* 153.

Papilio Leodorus. SCHNEID. *Syst. Beschr. p.* 253. *n°.* 155.

Papilio Leodorus. LANG. *Verz.* 2. *pag.* 154. *n°.* 448-451.

Papilio Alsus. Lang. *Verz.* 2. *p.* 155. *n°.* 462-465.

Papilio Leodorus. Schwarz, *Raupenkal. pag.* 191 & 350.

Papilio Argus. Bergstr. *Nomenkl. tab.* 52. *fig.* 1-4.

Papilio Argyrognomon. Bergstr. *Nomenkl. tab.* 46. *fig.* 1. 2. — *tab.* 51. *fig.* 7. 8.

Papilio Argyrocapelus. Bergstr. *Nomenkl. tab.* 46. *fig.* 3. 4.

Papilio Argyroela. Bergstr. *Nomenkl. tab.* 46. *fig.* 5. 6.

Papilio Argyrocopus. Bergstr. *Nomenkl. tab.* 46. *fig.* 7. 8.

Papilio Argyrophylax. Bergstr. *Nomenkl. tab.* 56. *fig.* 3. 4.

Papilio Argyrobius. Bergstr. *Nomenkl. tab.* 58. *fig.* 7. 8.

Bergstr. *Nomenkl. tab.* 121. *fig.* 1-3.

Polyommate Argus. Latr. *nouv. Dict. d'Hist. nat.* 2e. *édit. tom.* 27. *p.* 497.

Polyommate Argus. God. *Hist. nat. des lépid. de France, tom.* 1. *p.* 215. *pl.* 11. *fig.* 1. & *pl.* 11. *tert. fig.* 4.

Polyommate Argus. God. *Tabl. méthod. des lépid. de France,* Diurnes, *p.* 56. *n°.* 161.

Fabricius a donné le mâle de ce polyommate sous les noms d'*Argus* & d'*Amphion*, & la femelle sous celui d'*Acreon*.

Il a de treize à quatorze lignes d'envergure. Le dessus du mâle est d'un bleu-violet, avec une bordure brune, assez large & garnie d'une frange blanche. La tranche de la côte est en outre blanchâtre.

Le dessus de la femelle est d'un brun-noirâtre, sablé de bleu jusque vers l'extrémité, avec une série marginale d'yeux fauves à prunelle noire, & la frange blanchâtre.

Le dessous des quatre ailes est d'un cendré-clair chez le mâle, d'un cendré un peu brunâtre chez la femelle, avec la base bleuâtre, & deux rangées transverses de points noirs oculaires, entre lesquels il y a une bande fauve, flexueuse & ayant le côté interne bordé par un cordon de lunules noires. Les points extérieurs des secondes ailes sont saupoudrés de bleu-argenté. Outre cela, le milieu de chaque aile offre un croissant noir, & celui des ailes inférieures est précédé de trois à quatre points basilaires.

La chenille, suivant M. Ochsenheimer, est pubescente, d'un vert-obscur, avec la tête ainsi que les pattes écailleuses noires, & plusieurs lignes ferrugineuses, dont une le long du dos, les autres obliques & bordées de blanc. Elle vit sur la fleur du *genêt* & du *sainfoin*.

La chrysalide est svelte, verdâtre, avec le bord externe de l'enveloppe des ailes & les dernières incisions de l'abdomen ferrugineux.

On le trouve vers la fin de juillet dans les bois & les prairies. Il est commun aux environs de Paris.

213. Polyommate Ægon.

Polyommatus Ægon.

Pol. alis integris, maris *suprà violaceo-cœruleis, margine lato fusco fimbriâ albâ;* fœminæ *fuscis : subtùs fusco-cinereis, nigro ocellatis; posticis fasciâ sinuatâ fulvâ, punctis argenteis notatâ.* (Minor.)

Papilio Ægon. Wien. *Verz. p.* 185. *fam.* N. *n°.* 15.

Papilio Ægon. Schneid. *Syst. Beschr. p.* 252. *n°.* 154.

Papilio Ægon. Illig. *N. Ausg. Dess. tom.* 2. *p.* 272. *n°.* 15.

Papilio Ægon. Hubn. *Pap. tab.* 64. *fig.* 313-315.

Papilio Ægon. Ochsen. *Pap. Eur. tom.* 1.

Papilio Ægon, *alis maris suprà cœruleis, fœminæ fuscis : subtùs cinereis, ocellis numerosis; posticis fasciâ albâ, limbo ferrugineo & ocellis cœruleo-argenteis.* Borkh. *Rhein. Magaz. tom.* 1. *p.* 289. *n°.* 97.

Papilio Ægon. Borkh. *Pap. Eur. part.* 1. *p.* 154 & 276. — *part.* 2. *p.* 225. *n°.* 3.

Papilio Philonomus. Borkh. *Pap. Eur. part.* 1. *p.* 166. *n°.* 18.

Papilio Ægon. Herbst, *tab.* 315. *fig.* b-c.

Papilio Philonomus. Herbst, *tab.* 316. *fig.* 11-13.

Papilio Ægon. Schwarz, *Raupenkal. p.* 187.

Papilio Alsus. Esp. *Pap. Eur. part.* 1. *tab.* 101. *cont.* 56. *fig.* 3. 4.

Papilio Philonomus & Philonome. Bergstr. *Nomenkl. tab.* 44. *fig.* 6-8.

Papilio Agyrotoxus. Bergstr. *Nomenkl. tab.* 47. *fig.* 3. 4.

Papilio Agyra. Bergstr. *Nomenkl. tab.* 47. *fig.* 5. 6.

Papilio Argyrophalara. Bergstr. *Nomenkl. tab.* 54. *fig.* 1. 2.

Polyommate Ægon. Latr. *nouv. Dict. d'Hist. nat.* 2e. *édit. tom.* 27. *p.* 497.

Polyommate Ægon. God. *Hist. nat. des lépid. de France, tom.* 1. *p.* 217. *pl.* 11. *secund. fig.* 4.

Polyommate Ægon. God. *Tabl. méthod. des lépid. de France*, Diurnes, *p.* 56. *n°.* 162.

Il ressemble extrêmement à l'*Argus*, mais il n'a guère que dix à onze lignes d'envergure; le dessus de la femelle n'est sablé de bleu qu'à la base & il a la frange d'un blanc très-sale; le dessous des deux sexes est d'un cendré plus brun, avec les points oculaires plus gros, surtout aux secondes ailes.

Il paroît trois semaines avant l'*Argus*, & il aime particulièrement les endroits secs.

214. Polyommate Optilète.

Polyommatus Optilete.

Pol. alis integris, suprà argenteo-violaceis, margine nigro fimbriâ albâ : subtùs cinerascentibus, nigro ocellatis; posticis lunulis duabus fulvis punctisque duobus anguli ani argenteis.

Papilio P. R. Optilète, *alis integerrimis, cœrulescentibus, margine nigricante : posticis subtùs cinereis, punctis ocellaribus atris lunulisque duabus fulvis.* Fab. *Mant. Inf. tom.* 2. *p.* 74. *n°.* 691.

Hesperia R. *Optilete.* Fab. *Ent. Syst. em. tom.* 3. *pars* 1. *p.* 297. *n°.* 131.

Papilio Optilete. Knoch, *Beytr.* 1. *p.* 76. *tab.* 5. *fig.* 5. 6.

Papilio Optilete. Borkh. *Pap. Eur. part.* 1. *p.* 155 & 277. *n°.* 4. — *part.* 2. *p.* 225.

Papilio Optilete. Esp. *Pap. Eur. part.* 1. *tab.* 79. *cont.* 29. *fig.* 4. 5.

Papilio Optilete. Petagna, *Instit. Entom. tom.* 1. *p.* 486. *n°.* 123.

Papilio Optilete. Devill. *Ent. Linn. tom.* 2. *p.* 78. *n°.* 153.

Papilio Optilete. Herbst, *tab.* 316. *fig.* 8-10.

Papilio Optilete. Schneid. *Syst. Beschr. p.* 259. *n°.* 159.

Papilio Optilete. Hubn. *Pap. tab.* 63. *fig.* 310-312.

Papilio Optilete. Ochsen. *Pap. Eur. tom.* 1.

L'Argus bleu-turquin. Engram. *Pap. d'Europe, tom.* 1. *pl.* 84. *Suppl.* 2. *pl.* 5. *fig.* 85. a-c. *tert.*

Polyommate Optilète. Latr. *nouv. Dict. d'Hist. nat.* 2e. *édit. tom.* 27. *p.* 498.

Polyommate Optilète. God. *Hist. nat. des lépid. de France, tom.* 2. *p.* 198. *pl.* Z-XXVI. *fig.* 3. 4.

Polyommate Optilète. God. *Tabl. méthod. des lépid. de France*, Diurnes, *p.* 57. *n°.* 163.

Il a environ un pouce d'envergure. Le dessus du mâle est d'un violet-argentin, avec une légère bordure noire & une frange blanche.

Le dessus de la femelle est d'un brun-noirâtre, avec la base d'un bleu-argentin & une frange blanchâtre. Ses ailes inférieures ont à l'angle interne une tache fauve, qui se voit aussi dans certains mâles.

Le dessous des deux sexes est d'un cendré-clair, avec un arc central, une rangée courbe de sept points, puis deux séries marginales de lunules, noirs & bordés de blanchâtre. Il y a en outre deux ou trois points noirs ocellés à la base des secondes ailes. La première, la troisième, & parfois la quatrième, lunules extérieures de ces ailes, à compter de l'angle de l'anus, sont saupoudrées de bleu-argenté & surmontées chacune d'une tache fauve.

Il habite les Alpes, les Pyrénées, le nord de l'Allemagne, la Suède, la Russie, & il se trouve à la fin de juillet & au commencement d'août.

215. Polyommate de l'Orpin.

Polyommatus Telephii.

Pol. alis integris, suprà fuscis, fimbriâ variegatâ singularumque basi & posticarum annulis marginalibus violaceis : subtùs albis, punctis simplicibus numerosis nigris; posticis fasciâ flexuosâ fulvâ.

Papilio Telephii, *alis integerrimis, atro cæruleis, limbo nigro : subtùs cinerascentibus, maculis plurimis quadratis nigris fasciâque in inferioribus fulvâ.* Esp. *Pap. Eur. part.* 1. *p.* 363. *tab.* 41. *Suppl.* 17. *fig.* 2. — *tab.* 94. *cont.* 49. *fig.* 5.

Papilio Telephii. Devill. *Ent. Linn. tom.* 2. *p.* 76. *n°.* 143.

Naturf. 9. *tab.* 1. *fig.* 4. 5.

Papilio Telephii. Bergstr. *Nomenkl. tab.* 56. *fig.* 5. 6. — *tab.* 60. *fig.* 1-3.

Papilio Telephii. Schwarz, *Raupenkal. p.* 349.

Papilio Telephii. Borkh. *Pap. Eur. part.* 1. *p.* 159 & 278. *n°.* 9. — *part.* 2. *p.* 227.

Papilio Telephii. Schneid. *Syst. Beschr. p.* 257. *n°.* 158.

Papilio P. R. Bathus, *alis integris, nigris, cœruleo nitidis : subtùs albidis, punctis atris numerosis; posticis fasciâ fulvâ continuâ.* Fab. *Mant. Inf. tom.* 2. *p.* 76. *n°.* 697.

Papilio R. Sedi, *alis caudatis* (*ecaudatis*), *cœruleis, margine albo maculato : subtùs albis, maculis quadratis nigris fasciâque rufâ.* Fab. *Mant. Inf. tom.* 2. *p.* 70. *n*°. 669.

Hesperia R. *Battus.* Fab. *Ent. Syst. em. tom.* 3. *pars* 1. *p.* 300. *n*°. 137.

Hesperia R. *Sedi.* Fab. *Ent. Syst. em. tom.* 3. *pars* 1. *p.* 286. *n*°. 98.

Papilio Bathus. Petag. *Instit. Entom. tom.* 1. *p.* 488. *n*°. 129.

Papilio Sedi. Petag. *Instit. Entom. tom.* 1. *p.* 482. *n*°. 112.

Papilio Battus. Lang. *Verz.* 2. *p.* 54. *n*°. 454-457.

Papilio Battus. Herbst, *tab.* 319. *fig.* 5-7.

Papilio Battus. V. Muller, *Fauna Silesiaca.*

Papilio Battus. Wien. *Verz. p.* 186. *fam.* N. *n*°. 17.

Papilio Battus. Illig. *N. Ausg. Dess. tom.* 2. *p.* 273. *n*°. 17.

Papilio Battus. Hubn. *Pap. tab.* 66. *fig.* 328-330.

Papilio Battus. Ochsen. *Pap. Eur. tom.* 1.

Papilio Argus. Scop. *Ent. Carn. p.* 177.

L'Argus brun. Engram. *Pap. d'Europe, tom.* 1. *p.* 310. *pl.* 84. *Suppl.* 2. *pl.* 5. *fig.* 85. a. b. c. *bis.*

Polyommate Battus. Latr. *nouv. Dict. d'Hist. nat.* 2e. *édit. tom.* 27. *p.* 498.

Polyommate de l'Orpin. God. *Hist. nat. des lépid. de France, tom.* 2. *p.* 195. *pl.* Y-XXV. *fig.* 7. 8.

Polyommate de l'Orpin. God. *Tabl. méthod. des lépid. de France,* Diurnes, *p.* 57. *n*°. 165.

Fabricius a fait de ce polyommate deux espèces distinctes, en les rapportant aux mêmes figures du Naturforscher (le naturaliste), & en décrivant la même chenille pour toutes les deux.

Il a un peu plus d'un pouce d'envergure. Le dessus des ailes est d'un brun-noirâtre-chatoyant, avec la base saupoudrée de blanc. Il y a en outre sur le limbe postérieur un cordon d'annelets bleuâtres, mais manquant assez souvent aux ailes supérieures du mâle.

Le dessous des deux sexes est blanc, avec cinq lignes transverses de gros points noirs, simples, en y comprenant ceux de la frange. Les ailes inférieures ont une lunule centrale noire, & leurs deux dernières rangées de points sont séparées par une bande fauve, dont le côté externe est crénelé. Les points du milieu des premières ailes sont sensibles en dessus.

La chenille, suivant M. Ochsenheimer, est pubescente, d'un vert de mer, avec une ligne violâtre le long du dos. Elle se trouve en juillet sur l'*orpin reprise* (*sedum telephium*).

La chrysalide est courte, obtuse, verdâtre & mouchetée de brun. Elle passe l'hiver, & le papillon n'en sort qu'au mois de juin de l'année suivante. Il se tient dans les bois fourrés & il voltige toujours sur les buissons.

Il habite le midi de la France, le Piémont, l'Allemagne, la Russie. M. J. W. Dalman dit, dans l'extrait des Mémoires de l'Académie de Stockholm pour l'année 1816, qu'on l'a trouvé dans une île voisine de la capitale de la Suède.

216. Polyommate Hylas.

Polyommatus Hylas.

Pol. alis integris, suprà violaceo-cœrulescentibus (singularum fœminæ apice fusco), lunulâ mediâ nigrâ fimbriâque variegatâ: subtùs albido-cinereis, punctis ocellaribus numerosis nigris; posticis fasciâ è maculis quinque fulvis.

Papilio P. R. *Hylus, alis integris, lunulâ mediâ punctisque marginalibus nigris: subtùs cinereis, punctis ocellaribus.* Fab. *Mant. Inf. tom.* 2. *p.* 75. *n*°. 696.

Hesperia R. *Hylas.* Fab. *Ent. Syst. em. tom.* 3. *pars* 1. *p.* 300. *n*°. 136.

Papilio Hylas. Wien. *Verz. p.* 185. *fam.* N. *n*°. 16.

Papilio Hylus. Petag. *Instit. Ent. tom.* 1. *p.* 488. *n*°. 128.

Papilio Hylas. Illig. *N. Ausg. Dess. tom.* 2. *p.* 273. *n*°. 16.

Papilio Hylas. Brahm. *Inf. Kalend. part.* 1. *p.* 242. *n*°. 137.

Papilio Hylas. Herbst, *tab.* 315. *fig.* 9-11.

Papilio Hylas. Hubn. *Pap. tab.* 66. *fig.* 325-327.

Papilio Hylas. Ochsen. *Pap. Eur. tom.* 1.

Papilio Amphion. Esp. *Pap. Eur. part.* 1. *tab.* 53. *cont.* 3. *fig.* 1. (Le mâle.)

Papilio Amphion. Devill. *Ent. Linn. tom.* 2. *p.* 77. *n*°. 148.

Papilio Hylactor. Bergstr. *Nomenkl. tab.* 47. *fig.* 7. 8.

Papilio Baton. Bergstr. *Nomenkl. tab.* 60. *fig.* 6-8.

Papilio Hylactor. Borkh. *Pap. Eur. part.* 1. *p.* 160 & 278. *n*°. 10.

Papilio Amphion. Borkh. *Pap. Eur. part.* 2. *p.* 227. *n*°. 11.

Papilio Amphion. Borkh. *Rhein. Magaz. tom.* 1. *p.* 289. *n*°. 98.

Papilio Amphion. SCHNEID. *Syst. Beschr. p.* 258. *n°*. 158.

Argus bleu-violet. ENGRAM. *Pap. d'Europe, tom.* 1. *p.* 176. *pl.* 40. *fig.* 85. e. f.

Polyommate Hylas. LATR. *nouv. Dict. d'Hist. nat.* 2e. *édit. tom.* 27. *p.* 497.

Polyommate Hylas. GOD. *Hist. nat. des lépid. de France, tom.* 1. *p.* 218. *pl.* 11 *secund. & pl.* 11. *tert. fig.* 5.

Polyommate Hylas. GOD. *Tabl. méth. des lépid. de France*, DIURNES, *p.* 57. *n°*. 164.

Il a environ un pouce d'envergure. Le dessus des ailes est d'un bleu-violet-pâle, avec une bordure brune, très-étroite dans le mâle, large dans la femelle, & entrecoupée de blanc à la frange. Le milieu de chaque aile est marqué d'un petit arc noir, & il y a à l'extrémité des inférieures une série de points noirs à iris blanchâtre. Cet iris est quelquefois roussâtre dans la femelle.

Le dessous des deux sexes est d'un cendré-blanchâtre, avec une multitude de points noirs oculaires, & la base légèrement bleuâtre. Les deux séries de points postérieures sont séparées aux secondes ailes par un cordon de cinq taches fauves presque quadrangulaires.

On le trouve, au mois d'août, dans les bois de l'Europe. Il est assez commun aux environs de Paris.

217. POLYOMMATE Orbitulus.

POLYOMMATUS Orbitulus.

Pol. alis integris, maris suprà argenteo-cinerascentibus, fœminæ fuscis, fimbriâ albâ : subtùs cinereis ; anticis punctis ocellaribus numerosis, posticis maculâ cordatâ disci albâ lunulisque duabus anguli ani rufescentibus.

Papilio Orbitulus, *alis cyaneo-cinerascentibus, puncto limboque nigro, fimbriâ albâ : subtùs cinereis, basi virescente ; superioribus maculis ocellaribus septem, inferioribus quatuor, maculâ mediâ albâ.* ESP. *Pap. Eur. tab.* 112. *cont.* 67. *fig.* 4.

Papilio Orbitulus. DE PRUNNER, *Lepid. Pedem. Suppl. p.* 75. *n°*. 158.

Papilio Orbitulus. OCHSEN. *Pap. Eur. tom.* 1.

Papilio Meleager. HUBN. *Pap. tab.* 103. *fig.* 522-525.

Le papillon Orbitule. LATR. *nouv. Diction. d'Hist. nat.* 2e. *édit. tom.* 27. *p.* 499.

Polyommate Orbitulus. GOD. *Hist. nat. des lépid. de France, tom.* 2. *p.* 200. *pl.* Y-XXV. *fig.* 3-4.

Polyommate Orbitulus. GOD. *Tabl. méth. des lépid. de France*, DIURNES, *p.* 57. *n°*. 166.

Il a près d'un pouce d'envergure. Le dessus des ailes est d'un cendré-argentin dans le mâle, avec le bord postérieur obscur ; il est d'un brun-noirâtre dans la femelle, avec la base légèrement saupoudrée de bleuâtre. La frange est blanche chez les deux sexes, & chez la femelle le milieu des quatre ailes est marqué d'un arc noir.

Le dessous des premières ailes, dans le mâle comme dans la femelle, est d'un cendré-clair, avec beaucoup de taches noires oculaires, dont deux sur le disque, cinq à sept rangées en arc au-delà du milieu, les autres moins foncées & formant deux séries le long du bord postérieur.

Le dessous des secondes ailes est d'un cendré-obscur, mais un peu lavé de verdâtre à la base, avec deux points noirs ocellés sur le milieu de la côte, une tache blanche en forme de cœur au centre de la surface, & une bande transverse pareillement blanche près du bord postérieur. La bande a le côté interne très-inégalement incisé, le côté externe bordé par une série de chevrons & par une série de petits points noirâtres. Le premier & le troisième chevrons, à compter de l'angle de l'anus, embrassent chacun une tache roussâtre.

On le trouve, au mois de juillet, dans les Alpes & dans les Pyrénées.

218. POLYOMMATE Titus.

POLYOMMATUS Titus.

Pol. alis integerrimis, fuscis, immaculatis : posticis subtùs ocellatis strigâque posticâ maculari fulvâ. FAB.

Hesperia R. *Titus.* FAB. *Ent. Syst. em. tom.* 3. *pars* 1. *p.* 297. *n°*. 130.

Papilio Titus. JON. *Fig. pict.* 6. *tab.* 44. *fig.* 2.

Fabricius le décrit ainsi : il a tout-à-fait le port de l'*Argus* & de l'*Artaxercès*. Le dessus de ses ailes est d'un brun-noirâtre sans taches. Le dessous est également brun, avec une rangée postérieure de petites lignes blanches & une de petites lignes noires aux ailes supérieures, avec un arc central & une rangée transverse de points noirs à iris blanc aux inférieures. L'extrémité offre en outre une série de taches rousses, chargées chacune d'un point noir.

De l'Écosse.

219. POLYOMMATE Artaxercès.

POLYOMMATUS Artaxerces.

Pol. alis integris, fuscis : anticis suprà puncto medio albo : subtùs omnibus maculis limboque albis strigâque marginali è lunulis rufis.

Hesperia R. Artaxerxes, *alis integerrimis, nigris : anticis puncto medio albo, posticis lunulis*

nulis rufis : subtùs margine albo ruso punctato. FAB. *Ent. Syst. em. tom.* 3. *pars* 1. *pag.* 297. *n°.* 129.

Papilio Artaxerxes. JON. *Fig. pict.* 6. *tab.* 63. *fig.* 2.

Il a près d'un pouce d'envergure. Le dessus des ailes est d'un brun-noirâtre, avec une série marginale de lunules fauves, & la frange blanchâtre. Les premières ailes ont un point blanc près du milieu de la côte, & leurs lunules fauves sont moins distinctes que celles des secondes ailes.

Le dessous est d'un brun-clair, avec des taches arrondies & une bande terminale blanches. La bande a le côté interne grossièrement denté, & elle est chargée d'un cordon de lunules fauves, bordées chacune en avant par un arc noir, & en arrière par un point également noir. Les taches blanches des premières ailes sont au nombre de six, dont l'antérieure placée solitairement au-delà du disque, les autres formant une rangée courbe près de la bande marginale. Les taches des secondes ailes sont au nombre de onze, savoir: quatre basilaires, une discoïdale ressemblant un peu à un marteau, six disposées en arc près de la bande terminale, mais de manière cependant que les deux supérieures sont isolées des inférieures.

Décrit d'après un individu femelle appartenant à M. Latreille.

Il est probable que Fabricius a vu le mâle, car le dessous de toutes les ailes est cendré dans l'individu qu'il décrit, tandis qu'il est d'un brun-clair dans le nôtre.

De l'Ecosse.

γ. Dessous des ailes avec des points ocellés. Celui des inférieures offrant au-delà du milieu une tache blanche longitudinale, suivie de taches marginales fauves.

220. POLYOMMATE Agestis.

POLYOMMATUS Agestis.

Pol. alis integris, suprà fuscis, nitidis : subtùs cinereis, nigro multiocellatis : omnibus utrinquè fasciâ subterminali è maculis rubris fimbriâque variegatâ.

Papilio Agestis. WIEN. *Verz. p.* 184. *fam.* N. *n°.* 13.

Papilio Agestis. ILLIG. *N. Ausg. Dess. tom.* 2. *p.* 271. *n°.* 13.

Papilio Agestis. HUBN. *Pap. tab.* 62. *fig.* 303-306.

Papilio Agestis. OSCHEN. *Pap. Eur. tom.* 1.

Papilio Alexis. SCOP. *Ent. Carn. p.* 179. *var.* 1.

Papilio Medon, *alis suprà fusco-nigricantibus, fasciis utrinquè macularibus fuscis ad marginem : subtùs punctis ocellaribus numerosis.* BORKH. *Rhein. Magaz. tom.* 1. *p.* 291. *n°.* 99.

Papilio Medon. BORKH. *Pap. Eur. part.* 1. *p.* 163. *n°.* 14. — *part.* 2. *p.* 230.

Papilio Medon. SCHNEID. *Syst. Beschr. p.* 247. *n°.* 149.

Papilio Medon. HERBST, *Pap. tab.* 213. *fig.* 4-7.

Papilio Medon. HUFNAG. *Tabell. im. Berl. Magaz. tom.* 2. *p.* 78. *n°.* 41.

Papilio Medon. ESP. *Pap. Eur. part.* 1. *tab.* 32. *Suppl.* 8. *fig.* 1. — *tab.* 55. *cont.* 5. *fig.* 7.

Papilio Medon. DEVILL. *Ent. Linn. tom.* 2. *pag.* 74. *n°.* 131.

Papilio Astarche. BERGSTR. *Nomenkl. tab.* 49. *fig.* 7. 8.

Papilio Alexis. NATURF. 6. *p.* 22. *n°.* 9.

Papilio Medon. NATURF. 6. *p.* 10. *n°.* 41.

L'Argus bleu. ENGRAM. *Pap. d'Europe, tom.* 1. *p.* 168. *pl.* 38. *fig.* 80. c. d. e. f.

Polyommate Agestis. LATR. *nouv. Dict. d'Hist. nat.* 2e. *édit. tom.* 27. *p.* 496.

Polyommate Agestis. GOD. *Hist. nat. des lépid. de France, tom.* 1. *p.* 213. *pl.* 10. *fig.* 4. *& pl.* 11. *tert. fig.* 3.

Polyommate Agestis. GOD. *Tabl. méth. des lépid. de France*, DIURNES, *p.* 53. *n°.* 151.

Il a environ un pouce d'envergure. Le dessus des deux sexes est d'un brun-noirâtre-luisant, avec une bande presque terminale de taches d'un roux-foncé, & la frange variée de blanc & de brun. Les taches rousses du dessus des secondes ailes s'appuient chacune sur un gros point noir.

Le dessous est d'un cendré légèrement brunâtre, avec une multitude de points noirs oculaires, & une bande de taches rousses répondant à celle du dessus. Les premières ailes n'ont aucun œil avant le point central. Les secondes ailes ont les deux points antérieurs de la série du milieu très-rapprochés & séparés des autres.

Ce polyommate se distingue de la femelle de l'*Alexis*, en ce que le dessus de ses ailes n'est point saupoudré de bleu à la base; en ce que la frange est variée de brun; enfin, en ce que les deux points antérieurs de la rangée du milieu de ses secondes ailes en dessous sont très-voisins l'un de l'autre.

Dans les bois & dans les prairies de l'Europe, au printemps & en été.

221. Polyommate Ageſtor.

Polyommatus Ageſtor.

Pol. alis integris, ſuprà fuſcis, nitidis: ſubtùs cineraſcentibus, nigro multiocellatis; poſticarum ocellis marginalibus ad angulum ani argentatis: omnibus utrinquè faſciâ ſubterminali è maculis fulvis fimbriâque variegatâ. (Fœmina.)

Sous le rapport de la couleur & du deſſin, la femelle de ce polyommate reſſemble à l'*Ageſtis*, mais elle eſt beaucoup plus grande; la bande fauve maculaire de l'extrémité de toutes ſes ailes eſt moins vive & moins large; enfin, les yeux noirs marginaux qui avoiſinent en deſſous l'angle anal de ſes ailes inférieures ſont ſablés de bleu-argenté.

Nous avons vu cinq femelles & pas un ſeul mâle.

Trouvé d'abord dans la Lozère par M. Duponchel père, puis dans les environs de Toulon par M. Alexandre Lefebvre.

222. Polyommate Alexis.

Polyommatus Alexis.

Pol. alis integris, ſuprà maris violaceo-cœruleis, fœminæ fuſcis, fimbriâ albâ: ſubtùs cinereis, baſi vireſcente, punctis ocellaribus numeroſis faſciâque marginali è maculis fulvis.

Papilio Alexis. Wien. *Verz. p.* 184. *fam.* N. *n°.* 12.

Papilio Alexis. Illig. *N. Auſg. Deſſ. tom.* 2. *p.* 271. *n°.* 12.

Papilio Alexis. Brahm. *Inſ. Kalend. p.* 462. *n°.* 325.

Papilio Alexis. Borkh. *Rhein. Magaz. tom.* 1. *p.* 287. *n°.* 94.

Papilio Icarus. Borkh. *Pap. Eur. part.* 1. *p.* 161 & 278. *n°.* 12. — *part.* 2. *p.* 227.

Papilio Icarus. Naturf. 6. *p.* 21. *n°.* 8.

Papilio Icarus. Schwarz, *Raupenkal. p.* 186. *n°.* 173. — *p.* 347. *n°.* 363.

Roes. *Inſ. part.* 3. *tab.* 37. *fig.* 3-5.

Schæff. *Icon. tab.* 158. *fig.* 6. 7. (Fæm.)

Papilio Alexis. Scop. *Ent. Carn. p.* 179. *var.* 2.

Papilio Alexis. Hubn. *Pap. tab.* 60. *fig.* 292-294.

Papilio Alexis. Ochsen. *Pap. Eur. tom.* 1.

Papilio Icarus. Herbst, *Pap. tab.* 312. *fig.* 10-12.

Papilio Alexis. Schneid. *Syſt. Beſchr. p.* 244. *n°.* 147.

Papilio Polyphemus. Schneid. *Syſt. Beſchr. p.* 250. *n°.* 156.

Papilio Thetis mas. Esp. *Pap. Eur. part.* 1. *tab.* 32. *Suppl.* 8. *fig.* 2. (Fæm.)

Papilio Icarus mas. Esp. *Pap. Eur. part.* 1. *tab.* 32. *Suppl.* 8. *fig.* 4.

Papilio Polyphemus. Esp. *Pap. Eur. part.* 1. *tab.* 50. *Suppl.* 26. *fig.* 2. 3. (Fæm.)

Papilio Polyphemus. Esp. *Pap. Eur. part.* 1. *tab.* 55. *cont.* 5. *fig.* 5. (Var. mas.)

Papilio Polyphemus. Esp. *Pap. Eur. part.* 1. *tab.* 79. *cont.* 29. *fig.* 2. (Var. fæm.)

Papilio Polyphemus. Esp. *Pap. Eur. part.* 1. *tab.* 92. *cont.* 42. *fig.* 3. (Larva.)

Papilio Thetis. Devill. *Ent. Linn. tom.* 2. *p.* 74. *n°.* 134.

Papilio Icarus. Devill. *Ent. Linn. tom.* 2. *p.* 74. *n°.* 133.

Papilio Polyphemus. Devill. *Ent. Linn. tom.* 2. *p.* 77. *n°.* 146.

Papilio Ageſtis. Lang. *Verz.* 2. *p.* 54. *n°.* 439-443.

Papilio Candybus. Bergstr. *Nomenkl. tab.* 48. *fig.* 1. 2. (Mas.)

Papilio Candaon. Bergstr. *Nomenkl. tab.* 49. *fig.* 3. 4. (Mas.)

Papilio Pampholyge. Bergstr. *Nomenkl. tab.* 47. *fig.* 1. 2. (Fæm.)

Papilio Candiope. Bergstr. *Nomenkl. tab.* 48. *fig.* 3. 4. (Fæm.)

L'Argus bleu. Geoff. *Hiſt. Inſ. tom.* 2. *p.* 61. *n°.* 30. (Le mâle.)

L'Argus brun. Geoff. *Hiſt. Inſ. tom.* 2. *p.* 63. *n°.* 32. (La femelle.)

Argus bleu. Engram. *Pap. d'Europe, tom.* 1. *pl.* 38. *fig.* 80. g. h. (Le mâle.)

Argus bleu-violet. Engram. *Pap. d'Europe, tom.* 1. *pl.* 40. *fig.* 85. a. b. (La femelle.)

Polyommate Alexis. Latr. *nouv. Dict. d'Hiſt. nat.* 2ᵉ. *édit. tom.* 27. *p.* 495.

Polyommate Alexis. God. *Hiſt. nat. des lépid. de France, tom.* 1. *p.* 212. *pl.* 11. *ſecund. fig.* 3.

Polyommate Alexis. God. *Tabl. méthod. des lépid de France,* Diurnes, *p.* 53. *n°.* 152.

Il a de quatorze à quinze lignes d'envergure. Le deſſus du mâle eſt d'un bleu-violet. Le deſſus de la femelle eſt d'un brun-noirâtre, avec la baſe ſaupoudrée de bleu, & l'extrémité longée par une série de taches fauves, qui s'appuient aux secondes ailes sur des points noirs oculaires. Dans l'un & dans l'autre sexe, la frange est entièrement blanche.

Le dessous des quatre ailes, chez les deux sexes, est cendré, avec la base verdâtre, une multitude de points noirs ocellés, & une bande marginale de taches fauves. Les deux points antérieurs de la rangée du milieu des secondes ailes sont notablement séparés l'un de l'autre.

La chenille est pubescente, verte, avec le dos plus foncé. Elle vit sur la *luzerne*, le *trèfle*, la *bugrane épineuse*, l'*astragale à feuilles de réglisse*, &c.

La chrysalide est d'un gris-brun, avec le bord postérieur de l'enveloppe des ailes plus obscur.

Commun dans presque toute l'Europe, au printemps & en été.

223. POLYOMMATE Adonis.

POLYOMMATUS Adonis.

Pol. alis integris, suprà maris rubescenti-azureis, fœminæ fuscis, fimbriâ variegatâ : subtùs fuscescentibus, basi virescente, punctis ocellaribus numerosis fasciâque marginali è lunulis fulvis.

Papilio P. R. Adonis, *alis integris, cœruleis, strigâ marginali atrâ : subtùs cinereis, punctis ocellaribus numerosis; posticis maculâ centrali albâ.* FAB. *Mant. Inf. tom.* 2. *p.* 75. *n°.* 694.

Hesperia R. *Adonis*. FAB. *Ent. Syst. em. tom.* 3. *pars* 1. *p.* 299. *n°.* 134.

Papilio Adonis. WIEN. *Verz. p.* 184. *fam.* N. *n°.* 11.

SCHÆFF. *Icon. tab.* 98. *fig.* 3. 4.

Papilio Adonis. LANG. *Verz.* 2. *p.* 53. *n°.* 425-429.

Papilio Adonis. ROSSI, *Faun. Etr. tom.* 2. *p.* 156. *n°.* 1033.

Papilio Adonis. PETAGNA, *Instit. Ent. tom.* 1. *p.* 487. *n°.* 126.

Papilio Adonis. ILLIG. *N. Ausg. Dess. tom.* 2. *p.* 270. *n°.* 11.

Papilio Adonis. OCHSEN. *Pap. Eur. tom.* 1.

Papilio Adonis. HUBN. *Pap. tab.* 61. *fig.* 298-300.

Papilio Ceronus. HUBN. *Pap. tab.* 61. *fig.* 295-297.

Papilio Adonis. HERBST, *Pap. tab.* 312. *fig.* 7-9.

Papilio Ceronus. HERBST, *Pap. tab.* 314. *fig.* 7-9.

Papilio Adonis. BORKH. *Rhein. Magaz. tom.* 1. *p.* 286. *n°.* 93.

Papilio Bellargus. BORKH. *Pap. Eur. part.* 1. *p.* 157 & 277. *n°.* 6. — *part.* 2. *p.* 226.

Papilio Thetis. BORKH. *Pap. Eur. part.* 1. *p.* 162 & 279. *n°.* 13. — *part.* 2. *p.* 228. *fig.* 6-8.

Papilio Thetis. SCHNEID. *Syst. Beschr. p.* 239. *n°.* 144.

Papilio Bellargus. SCHNEID. *Syst. Beschr. p.* 245. *n°.* 148.

Papilio Bellargus. SCHWARZ, *Raupenkal. p.* 347. *n°.* 364.

Papilio Bellargus. V. MULLER, *Faun. Silesiaca*.

Papilio Thetis. NATURF. 6. *p.* 24. *n°.* 11.

Papilio Bellargus. NATURF. 6. *p.* 25. *n°.* 12.

Papilio Oceanus. BERGSTR. *Nomenkl. tab.* 53. *fig.* 3. 4.

Papilio Bellargus. BERGSTR. *Nomenkl. tab.* 53. *fig.* 5. 6.

Papilio Salacia. BERGSTR. *Nomenkl. tab.* 50. *fig.* 1. 2.

Papilio Venilia. BERGSTR. *Nomenkl. tab.* 50. *fig.* 3. 4.

Papilio Bellargus. ESP. *Pap. Eur. part.* 1. *tab.* 32. *Suppl.* 8. *fig.* 3. — *tab.* 55. *cont.* 5. *fig.* 2. 3. 6. (Mas.) *fig.* 4. (Fæm.)

Papilio Ceronus. ESP. *Pap. Eur. part.* 1. *tab.* 90. *cont.* 40. *fig.* 2. — *tab.* 102. *cont.* 57. *fig.* 1.

Papilio Bellargus. DEVILL. *Ent. Linn. tom.* 2. *p.* 74. *n°.* 132.

Papilio Ceronus. DEVILL. *Ent. Linn. tom.* 2. *p.* 79. *n°.* 159.

Argus bleu-céleste. ENGRAM. *Pap. d'Europe, tom.* 1. *p.* 173. *pl.* 39. *fig.* a-f.

Polyommate Adonis. LATR. *nouv. Dict. d'Hist. nat.* 2ᵉ. *édit. p.* 495.

Polyommate Adonis. GOD. *Hist. nat. des lépid. de France, tom.* 1. *p.* 210. *pl.* 11 *secund.* & *pl.* 11 *tert. fig.* 2.

Polyommate Adonis. GOD. *Tabl. méthod. des lépid. de France*, DIURNES, *p.* 54. *n°.* 153.

Il a de quatorze à quinze lignes d'envergure. Le dessus du mâle est d'un bleu-d'azur tirant un peu sur le violet. Le dessus de la femelle est d'un brun-noirâtre, avec la base saupoudrée de bleu, & l'extrémité longée par une série de taches fauves qui s'appuient aux secondes ailes sur des points noirs oculaires. Dans l'un & l'autre sexe, la frange est entrecoupée de blanc & de noir.

Le dessous des deux sexes est brunâtre, mais plus foncé aux secondes ailes qu'aux premières, avec la base verdâtre, une multitude de points noirs ocellés, & une bande marginale de lunules fauves. Le deuxième point postérieur de la rangée du milieu des secondes ailes est beaucoup plus en avant que les autres, & les lunules fauves sont bordées de noir & de blanc à leur côté interne.

La femelle de l'*Adonis* ne se distingue en dessus de celle de l'*Alexis* que par l'entrecoupé de la frange.

La chenille est pubescente, verte ou brunâtre, avec une ligne dorsale plus foncée & comprise entre deux rangs de taches fauves triangulaires. Elle vit principalement sur le *genêt herbacé*, dont elle ne mange que la fleur.

La chrysalide est d'un gris-verdâtre.

Dans les prairies & les clairières des bois de l'Europe, au printemps & en été.

224. Polyommate Dorylas.

Polyommatus Dorylas.

Pol. alis integris, suprà maris *azureis*, fæminæ *fuscis*, *fimbriâ albâ : subtùs fuscescentibus, basi virescente, punctis ocellaribus numerosis, fasciâ è maculis sagittatis fulvis margineque postico albicante.*

Papilio P. R. Dorylas, *alis integris, cæruleis* (*fuscis*) : *subtùs cinereis; anticis puncto medio strigâque posticâ punctorum ocellatorum.* Fab. *Mant. Ins. tom.* 2. *p.* 75. *n°.* 695.

Hesperia R. *Dorylas.* Fab. *Ent. Syst. em. tom.* 3. *pars* 1. *p.* 299. *p.* 135.

Papilio Dorylas. Wien. *Verz. p.* 322. *fam.* N. *n°.* 19.

Papilio Dorylas. Rossi, *Faun. Etr. Mant. tom.* 2. *p.* 12. *n°.* 355.

Papilio Dorylas. Petag. *Instit. Entom. tom.* 1. *p.* 488. *n°.* 127.

Schæff. *Icon. tab.* 214. *fig.* 1. 2. (Mas.)

Papilio Dorylas. Illig. *N. Ausg. Dess. tom.* 2. *p.* 270. *n°.* 11. 12.

Papilio Dorylas. Ochsenh. *Pap. Eur. tom.* 1.

Papilio Dorylas. Hubn. *tab.* 60. *fig.* 289-291.

Papilio Dorylas. Herbst, *Pap. tab.* 314. *fig.* 1-3.

Papilio Dorylas. Borkh. *Rhein. Magaz. tom.* 1. *p.* 288. *n°.* 95.

Papilio Hylas. Borkh. *Pap. Eur. part.* 1. *p.* 157 & 277. *n°.* 7. — *part.* 2. *p.* 226.

Papilio Hylas. Schneid. *Syst. Beschr. p.* 241. *n°.* 145.

Papilio Hylas. Lang. *Verz.* 2. *p.* 53. *n°.* 430-433.

Papilio Argester. Bergstr. *Nomenkl. tab.* 58. *fig.* 3. 4. (Mas.)

Papilio Argester alter. Bergstr. *Nomenkl. tab.* 61. *fig.* 1. 2. (Mas.) *fig.* 3. 4. (Fæm.)

Papilio Hylas. Esp. *Pap. Eur. part.* 1. *tab.* 45. *Suppl.* 21. *fig.* 3. (Mas.)

Papilio Thetis. Esp. *Pap. Eur. part.* 1. *tab.* 32. *Suppl.* 9. *fig.* 3. (Fæm.) — *tab.* 55. *cont.* 5. *fig.* 1. (Fæm.)

Papilio Hylas. Devill. *Ent. Linn. tom.* 2. *p.* 76. *n°.* 145.

L'Azuré. Engram. *Pap. d'Europe, tom.* 1. *p.* 309. *pl.* 83. *Suppl.* 2. *pl.* 4. *fig.* 82. a. b. c. d. *bis.*

Polyommate Dorylas. Latr. *nouv. Diction. d'Hist. nat.* 2ᵉ. *édit. tom.* 27. *p.* 494.

Polyommate Dorylas. God. *Hist. nat. des lépid. de France*, *tom.* 2. *p.* 193 & 194. Observation.

Polyommate Dorylas. God. *Tab. méthod. des lépid. de France*, Diurnes, *p.* 54. *n°.* 154.

Il a de quatorze à quinze lignes d'envergure. Le dessus du mâle est d'un bleu-d'azur, sans mélangé de violet, avec le bord postérieur plus largement liseré de noir que chez l'*Adonis*. Le dessus de la femelle est d'un brun-noirâtre, avec la base saupoudrée de bleu, & l'extrémité longée par une série de lunules fauves. Dans l'un & l'autre sexe, la frange est toute blanche.

Le dessous du mâle comme de la femelle est brunâtre, avec la base verdâtre, une multitude de points noirs ocellés, une bande de taches fauves en fer de flèche, & le bord postérieur blanchâtre. Les premières ailes n'ont aucune tache, du moins ordinairement, entre la base & le point central. Le pénultième & l'antépénultième points de la rangée du milieu des secondes ailes sont plus en avant que les autres, & les taches fauves de ces mêmes ailes ne sont point bordées à leur côté interne.

En Allemagne, en Italie. — M. Alexandre Lefebvre l'a pris, au mois de juin, dans les environs de Barège.

225. Polyommate Tithonus.

Polyommatus Tithonus.

Pol. alis integris, suprà argenteo-cæruleis, rubido nitidulis; margine crenato nigro fimbriâ albâ : subtùs cinereis, punctis ocellaribus numerosis fasciâque marginali è lunulis fulvis. (Mas.)

Papilio Tithonus. Hubn. *Pap. tab.* 108. *fig.* 555. 556.

Papilio Eros. Ochsenh. *Pap. Eur. tom.* 1. *edit.* 2.

Polyommate Tithonus. Godart, *Hist. nat. des lépid. de France*, tom. 2. p. 193 & 194. Observation.

Polyommate Tithonus. God. *Tabl. méthod. des lépid. de France*, Diurnes, p. 54. n°. 155.

Il n'a guère qu'un pouce d'envergure. Le dessus des ailes est d'un bleu-argenté chatoyant en rougeâtre, avec une bordure crénelée, ainsi que l'extrémité des nervures, noires, & la frange toute blanche.

Le dessous est cendré, avec une multitude de points noirs oculaires, & une bande marginale de lunules fauves. La tache centrale des premières ailes est précédée de deux points noirs placés l'un au-dessus de l'autre. Les points de la rangée du milieu des secondes ailes sont tous disposés sur une ligne courbe.

La femelle nous est inconnue.

Dans les montagnes alpines, en juin.

226. Polyommate Triton.

Polyommatus Triton.

Pol. alis integerrimis, cœrulescentibus, subtùs strigâ ferrugineâ punctisque numerosis nigris. Fab.

Papilio P. R. *Triton.* Fab. *Mant. Inf.* tom. 2. p. 74. n°. 692.

Hesperia R. *Triton.* Fab. *Ent. Syst. em.* tom. 3. pars 1. p. 298 n°. 132.

N'ayant pas vu ce lépidoptère, nous le donnons d'après Fabricius, qui, selon toute apparence, n'a décrit que le mâle.

Il est de moyenne taille, d'un bleu-pâle en dessus, avec un petit liseré noir.

Le dessous de ses quatre ailes est cendré: celui des supérieures offre plusieurs points noirs foiblement ocellés, dont l'antérieur central, les autres finés à l'extrémité, & précédés d'un rang de taches ferrugineuses. Le dessous de ses ailes inférieures a une multitude de points noirs, & une bande postérieure ferrugineuse.

De la Russie méridionale.

Nota. Si par hasard ce polyommate n'avoit pas de tache blanche longitudinale sur le dessous des secondes ailes, il faudroit le mettre dans la subdivision suivante, à côté de l'*Icarius*.

227. Polyommate Corydon.

Polyommatus Corydon.

Pol. alis integris, suprà virescenti-argenteis, margine ocellato fimbriâque variegatâ: subtùs cinereis, punctis ocellaribus numerosis; posticis basi virescente serieque marginali è lunulis fulvis.

Papilio P. R. Corydon, *alis integris, cœruleo-argenteis, margine nigro: subtùs cinereis, punctis ocellaribus; posticis maculâ centrali albâ.* Fab. *Mant. Inf.* tom. 2. p. 74. n°. 693.

Hesperia R. *Corydon.* Fab. *Ent. Syst. em.* tom. 3. pars 1. p. 298. n°. 133.

Papilio Corydon. Wien. *Verz.* p. 184. *fam.* N. n°. 10.

Klemann, *Beytr. tab.* 14. *fig.* 3. 4.

Schæff. *Icon. tab.* 98. *fig.* 5. (Mas.) — *tab.* 276. *fig.* 1. 2. (Fæm.)

Naturf. 3. p. 19. n°. 11.

Papilio Corydon. Borkh. *Pap. Eur. part.* 1. p. 158. & 277. n°. 8. — *part.* 2. p. 227.

Papilio Corydon. Borkh. *Rhein. Magaz.* tom. 1. p. 286. n°. 92.

Papilio Corydon. Rossi, *Faun. Etr. Mant.* tom. 2. p. 12. n°. 354.

Papilio Corydon. Scop. *Ent. Carn.* p. 179.

Papilio Corydon. Petag. *Instit. Ent.* tom. 1. p. 487. n°. 125.

Papilio Corydon. Illig. *N. Ausg. Dess.* tom. 2. p. 269. n°. 10.

Papilio Corydon. Bergstr. *Nomenkl. tab.* 49. *fig.* 1. 2. (Mas.)

Papilio Corydonis. Bergstr. *Nomenkl. tab.* 59. *fig.* 5-8. (Fæm.)

Papilio Corydon. Hubn. *Pap. tab.* 59. *fig.* 286-288.

Papilio Corydon. Ochsen. *Pap. Eur.* tom. 1.

Papilio Corydon. Schneid. *Syst. Beschr.* p. 242. n°. 146.

Papilio Typhis. Schneid. *Syst. Beschr.* p. 251. n°. 157.

Papilio Corydon. Lang. *Verz.* 2. p. 53. n°. 434-438.

Papilio Corydon. Herbst, *tab.* 313. *fig.* 1-3.

Papilio Corydon. Esp. *Pap. Eur. part.* 1. *tab.* 33. *fig.* 4. (Mas.) — *tab.* 79. *cont.* 29. *fig.* 1. (Fæm.)

Papilio Tiphys. Esp. *Pap. Eur. part.* 1. *tab.* 51. *fig.* 4.

Papilio Corydon. Devill. *Ent. Linn.* tom. 2. p. 75. n°. 136.

L'Argus bleu, variété 1. Geoff. *Hist. Inf.* tom. 2. p. 62.

Argus bleu-nacré. Engram. *Pap. d'Europe*, tom. 1. p. 174. *pl.* 39. *fig.* 83. a-d. (Le mâle.)

Argus bleu-nacré. Engram. *Pap. d'Europe*,

tom. 1. *p.* 276. *pl.* 71. *Suppl.* 17. *fig.* 83. e. (La femelle.)

Polyommate Corydon. LATR. *nouv. Dict. d'Hist. nat.* 2e. *édit. tom.* 27. *p.* 494.

Polyommate Corydon. GOD. *Hist. nat. des lépid. de France*, *tom.* 1. *p.* 208. *pl.* 11 *secund.* & *pl.* 11 *tert. fig.* 1.

Polyommate Corydon. GOD. *Tabl. méth. des lépid. de France*, DIURNES, *p.* 54. *n°.* 156.

Il a de quinze à seize lignes d'envergure. Le dessus du mâle est d'un bleu-argenté chatoyant en verdâtre, avec une ligne noire marginale, immédiatement surmontée d'un rang de points noirâtres à iris blanchâtre.

Le dessus de la femelle est tantôt brun & plus ou moins saupoudré de bleu; tantôt comme chez le mâle, avec la bordure plus large & l'iris des points ocellés des secondes ailes lavé de fauve du côté qui regarde le corps. Dans l'un & dans l'autre sexe, la frange est entrecoupée de blanc & de noir.

Le dessous est cendré chez le mâle & chez la femelle, avec une multitude de points noirs oculaires, dont trois ou quatre alignés transversalement avant la tache centrale des premières ailes. Les secondes ailes ont la base verdâtre, & leur extrémité offre une série de sept à huit lunules fauves ayant le côté interne bordé par un chevron noir.

On le trouve dans les bois, les prairies & les jardins de l'Europe, à la fin de juillet & dans le courant d'août.

228. POLYOMMATE Méléagre.

POLYOMMATUS Meleager.

Pol. alis dentatis, suprà argenteo-cœruleis, rubido nitidulis, margine nigro fimbriâ albâ: subtùs maris albidis, feminæ fuscescentibus, punctis ocellaribus nigris lunulisque marginalibus in duplici serie albidis.

Papilio P. R. *Meleager*, *alis dentatis, cœruleis, limbo nigro: subtùs canis, punctis ocellaribus nigris.* FAB. *Mant. Ins. tom.* 2. *p.* 71. *n°.* 679.

Hesperia R. *Meleager.* FAB. *Ent. Syst. em. tom.* 3. *pars* 1. *p.* 292. *n°.* 116.

Papilio Meleager. ESP. *Pap. Eur. part.* 1. *tab.* 45. *Suppl.* 21. *fig.* 2. — *tab.* 62. *cont.* 12. *fig.* 1.

Papilio Meleager. PANZER, *Faun. Germ.* 1. 5.

Papilio Meleager. SCHNEID. *Syst. Beschr. p.* 265. *n°.* 164.

Papilio Meleager. HERBST, *tab.* 311. *fig.* 1-3.

Papilio Meleager. DEVILL. *Ent. Linn. tom.* 2. *p.* 76. *n°.* 144.

Papilio Meleager. BERGSTR. *Nomenkl. tab.* 55. *fig.* 3. 4.

Papilio Daphnis. BERGSTR. *Nomenkl. tab.* 58. *fig.* 1. 2.

Papilio Meleager. BORKH. *Pap. Eur. part.* 1. *p.* 171 & 282. *n°.* 5. — *part.* 2. *p.* 234.

Papilio Daphnis. BORKH. *Pap. Eur. part.* 1. *p.* 171 & 282. *n°.* 4. — *part.* 2. *p.* 234.

Papilio Endemyon. LANG. *Verz.* 2. *p.* 56. *n°.* 480-482.

Papilio Endymion. WIEN. *Verz. p.* 182. *fam.* N. *n°.* 1.

Papilio Daphnis. WIEN. *Verz. p.* 182. *fam.* N. *n°.* 2.

Papilio Endymion. ILLIG. *N. Ausg. Dess. tom.* 2. *p.* 262. *n°.* 1.

Papilio Daphnis. ILLIG. *N. Ausg. Dess. tom.* 2. *p.* 262. *n°.* 2.

Papilio Daphnis. HUBN. *Pap. tab.* 58. *fig.* 280-282.

Papilio Daphnis. OCHSEN. *Pap. Eur. tom.* 1.

Argus bleu découpé. ENGRAM. *Pap. d'Europe*, *tom.* 1. *p.* 172. *pl.* 38. *fig.* 81. a. b.

Argus bleu-pâle. ENGRAM. *Pap. d'Europe*, *tom.* 1. *p.* 175. *pl.* 40. *fig.* 84. a. b.

Polyommate Méléagre. LATR. *nouv. Dict. d'Hist. nat.* 2e. *édit. tom.* 27. *p.* 493.

Polyommate Méléagre. GOD. *Hist. nat. des lépid. de France*, *tom.* 2. *p.* 187. *pl.* X-XXIV. *fig.* 1-4.

Polyommate Méléagre. GOD. *Tabl. méthod. des lépid. de France*, DIURNES, *p.* 55. *n°.* 157.

Il a près d'un pouce & demi d'envergure. Le dessus du mâle est d'un bleu-argenté chatoyant en rougeâtre, avec le bord postérieur liseré de noir & garni d'une frange blanche. Le dessous est blanchâtre, avec une ligne courbe de points noirs ocellés, après laquelle il y a deux séries transverses de lunules obscures, dont les extérieures plus petites & moins distinctes. Le milieu des premières ailes est marqué d'un arc noir, & la base des secondes est bleuâtre, avec trois points ocellés précédant ceux dont nous avons parlé.

Le dessus de la femelle est plus brillant que celui du mâle, avec tout le pourtour extérieur ainsi que l'extrémité des nervures largement noirs, & la frange d'un blanc-sale. Le noir du bord est chargé de deux séries de chevrons blanchâtres, plus grossiers aux premières ailes qu'aux secondes, & il y a sur chacune des quatre ailes un trait noir vaguement entouré de blanc. Le dessous offre les mêmes caractères que chez le mâle, mais le fond est brunâtre, & les lunules obscures de l'extrémité sont surmontées de chevrons blanchâtres, dont l'anal embrassant une petite tache roussâtre aux ailes inférieures. Ces dernières ailes n'ont pas de bleu à la base, & l'on voit sur leur milieu deux taches blanches, dont l'une presqu'en forme de cœur, l'autre longitudinale & coupant la ligne de points oculaires.

Les mâles sont d'ordinaire plus grands que les femelles.

Il se trouve aux mois de juillet & d'août, dans la Lozère, les Cévennes, en Italie, en Allemagne, &c.

Nota. Le Méléagre n'appartient à cette subdivision que par la femelle, car le dessous des ailes inférieures du mâle n'offre pas de tache blanche longitudinale au-delà du milieu.

ð. Dessous des ailes avec des points ocellés : celui des inférieures offrant des lunules marginales fauves, mais n'ayant pas de tache blanche longitudinale au-delà du milieu.

229. Polyommate Agathon.

Polyommatus Agathon.

Pol. alis subdentatis, suprà argenteo-cœruleis, virescenti nitidulis, margine nigro fimbriâ albâ : subtùs cinerascentibus, punctis ocellaribus ; posticis basi virescente lunulisque quatuor analibus fulvis. (Mas.)

Polyommate Agathon. God. *Tabl. méthod. des lépid. de France*, Diurnes, p. 55. n°. 158.

Il a près d'un pouce & demi d'envergure. Le dessus des ailes est d'un bleu-argenté chatoyant en verdâtre, avec l'extrémité des nervures ainsi que le bord postérieur noirs, & la frange blanche.

Le dessous est d'un cendré-pâle, avec la base verdâtre, une lunule centrale, puis une rangée de points oculaires noirs aux premières ailes, trois rangées de points oculaires & un arc central aux secondes. La rangée de points des premières ailes est suivie d'un double cordon marginal de lunules obscures, dont les postérieures plus grandes & plus apparentes. Les points du bord terminal des secondes ailes sont surmontés d'une série de petits chevrons noirâtres, dont les quatre plus intérieurs embrassant chacun une lunule fauve.

Trouvé, au mois d'août, dans la vallée de Barège par M. Alexandre Lefebvre de Paris.

Nota. Si la femelle, que nous ne connoissons pas, avoit une tache blanche longitudinale sur le dessous des secondes ailes, il faudroit mettre ce polyommate dans la subdivision précédente, après le *Méléagre*.

230. Polyommate Icarius.

Polyommatus Icarius.

Pol. alis integris, suprà violaceo-cœruleis, argenteo nitidulis, margine fusco fimbriâ albâ : subtùs cinereis, lunulâ centrali strigâque punctorum ocellatorum ; posticis fasciâ maculari fulvâ & ponè hanc serie è punctis marginalibus nigris.

Papilio Icarius, *alis suprà azureis, margine nigro fimbriis albis : subtùs cinereis, utrisque puncto serieque arcuatâ ex ocellis quinque ; inferioribus maculis marginalibus fulvis.* Esp. *Pap. Eur. part.* 1. *p.* 35. *tab.* 99. *cont.* 54. *fig.* 4.

Papilio Icarius, *alis integris, argenteo-cœruleis, nigro marginatis : subtùs cinereis, serie arcuatâ punctorum ocellarium.* Ochsen. *Pap. Eur. edit.* 2. *tom.* 1. *part.* 2. *p.* 37. *n°.* 16.

Zephyrus Icarius. J. W. Dalman, *Ext. des Mém. de l'Acad. de Stockholm* (année 1816), *n°.* 19. *du genre* Zephyrus.

Papilio Amandus. Hubn. *Pap. tab.* 59. *fig.* 283-285.

Il a de quinze à seize lignes d'envergure. Le dessus du mâle est d'un bleu-violet-argentin, avec une bordure indéterminée d'un brun-noirâtre & une frange blanche.

Le dessus de la femelle est d'un brun-noirâtre, avec la base d'un bleu plus ou moins gai. Ses ailes inférieures ont une rangée marginale de points noirs, qui sont parfois cerclés de fauve.

Le dessous des deux sexes est cendré, avec une lunule centrale & une ligne courbe de cinq points noirs ocellés à toutes les ailes. Les secondes ailes ont une série marginale de sept autres points noirs ocellés, au-dessus de laquelle il y a une bande de lunules fauves ; dont les trois anales ordinairement plus prononcées.

Le mâle offre parfois une variété chez laquelle la bordure du dessus des secondes ailes est surmontée d'un cordon de points noirs. Cette variété est, suivant M. Dalman, le véritable *Icarius* de M. Ochsenheimer.

Il se trouve, en juillet, dans les prairies du nord de l'Europe.

Nota. La bande maculaire fauve du dessous des ailes inférieures n'est point, comme chez l'*Alexis*, & autres espèces analogues, précédée d'une tache longitudinale blanche.

ε. Dessous des ailes avec des points ocellés : celui des inférieures ayant sur son milieu une bandelette longitudinale blanche ou blanchâtre.

231. Polyommate Damon.

Polyommatus Damon.

Pol. alis integris, maris suprà argenteo-cæruleis, fœminæ fuscis : subtùs rubido-cinereis, strigâ punctorum ocellatorum ; posticis vittâ albâ à basi ad marginem posticum ductâ.

Papilio P. R. Damon, *alis integerrimis, cæruleis : subtùs fusco-cinereis, punctis numerosis ; posticis vittâ albâ.* Fab. *Mant. Inf. tom.* 2. *p.* 72. *n°.* 684.

Hesperia R. *Damon.* Fab. *Ent. Syst. em. tom.* 3. *pars* 1. *p.* 293. *n°.* 121.

Papilio Damon. Wien. *Verz. p.* 182. *fam.* N. *n°.* 6.

Papilio Damon. Illig. *N. Ausg. Dess. tom.* 2. *p.* 265. *n°.* 6.

Papilio Damon. Roem. *Gen. Inf. tab.* 18. *fig.* 9.

Papilio Damon. Bergstr. *Nomenkl. tab.* 55. *fig.* 7. 8. — *tab.* 56. *fig.* 1. 2. (Fœm.)

Naturf. 3. *p.* 20.

Scriba, *Beytr.* 3. *p.* 230. *tab.* 15. *fig.* 1-5. (La chenille & la chrysalide.)

Papilio Damon. Hubn. *Pap. tab.* 57. *fig.* 275-277.

Papilio Damon. Ochsen. *Pap. Eur. tom.* 1.

Papilio Damon. Petagna, *Instit. Entom. tom.* 1. *p.* 483. *n°.* 117.

Papilio Damon. Herbst, *tab.* 310. *fig.* 7-9.

Papilio Damon. Borkh. *Rhein. Magaz. tom.* 1. *p.* 283. *n°.* 87.

Papilio Biton. Borkh. *Pap. Eur. part.* 1. *p.* 172 & 282. *n°.* 6. — *part.* 2. *p.* 234.

Papilio Biton. Schneid. *Syst. Beschr. p.* 266. *n°.* 165.

Papilio Biton. Fuessl. *Alt. Magaz. tom.* 1. *part.* 2. *p.* 208.

Papilio Biton. Sulz. *Inf. p.* 146. *tab.* 18. *fig.* 9.

Papilio Biton. Esp. *Pap. Eur. part.* 1. *tab.* 33. *Suppl.* 9. *fig.* 5. (Mas.) — *tab.* 62. *cont.* 12. *fig.* 4. (Fœm.)

Papilio Biton. Devill. *Ent. Linn. tom.* 2. *p.* 75. *n°.* 137.

Argus bleu, à bandes brunes, lignes blanches. Engram. *Pap. d'Europe, tom.* 1. *p.* 180. *pl.* 42. *fig.* 87. a-d.

Polyommate Damon. Latr. *nouv. Dict. d'Hist. nat.* 2ᵉ. *édit. tom.* 27. *p.* 500.

Polyommate Damon. God. *Hist. nat. des lépid. de France, tom.* 2. *p.* 190. *pl.* X-XXIV. *fig.* 5. 6.

Polyommate Damon. God. *Tabl. méthod. des lépid. de France*, Diurnes, *p.* 55. *n°.* 159.

Il a de quinze à seize lignes d'envergure. Le dessus du mâle est d'un bleu-argenté, avec l'extrémité des nervures & une bordure d'un brun-noirâtre. La bordure va toujours en se rétrécissant depuis le sommet des premières ailes jusqu'à l'angle anal des secondes.

Le dessus de la femelle est d'un brun-noirâtre-luisant, avec la frange moins blanche que chez le mâle.

Le dessous est d'un cendré-rougeâtre, moins foncé dans le mâle que dans la femelle, avec une rangée courbe de points noirs à iris blanc, & beaucoup plus gros aux ailes supérieures qu'aux inférieures. Le milieu des ailes supérieures offre une lunule noire qui est bordée de blanc comme les points. Le milieu des ailes inférieures est divisé par une ligne blanche, qui va de la base au bord postérieur. Cette ligne manque quelquefois. Les antennes sont noires, annelées de blanc, avec le dessous de la massue ferrugineux.

La chenille, d'après M. Ochsenheimer, est pubescente, d'un vert-jaunâtre, avec une ligne d'un vert-foncé le long du dos, & une ligne du même ton, mais bordée de blanc, le long de chaque côté. Il y a en outre avant les pattes une ligne longitudinale très-fine, qui est rouge dans certains individus, d'un jaune-paille dans d'autres.

La chrysalide est très-obtuse & d'un jaune d'ocre.

Il se trouve, au mois de juillet, en Allemagne, dans la Lozère, les Cévennes, les Pyrénées, &c.

232. Polyommate Lefebvre.

Polyommatus Lefebvrii.

Pol. alis integris, maris suprà cæruleo-argenteis anticarum basi tomentosâ flavidâ, fœminæ fuscis limbo nigro : subtùs cinereis aut fuscescentibus, strigâ punctorum ocellatorum ; posticis vittâ longitudinali albicante.

Comme ce polyommate paroît être absolument nouveau, nous nous faisons un devoir de le dédier à l'amateur qui nous l'a communiqué le premier.

Il a le port & la taille du *Damon.* Le dessus du mâle est d'une couleur argentée-bleuâtre, avec le bord postérieur des quatre ailes uniformément liseré de noir & garni d'une frange blanchâtre. Ses premières ailes ont en outre à la base un duvet d'un jaune-sale, & vers le milieu un petit arc noir.

Le dessus de la femelle est d'un brun-noirâtre-luisant, avec un liseré & une frange comme dans le mâle. On remarque aussi une tache noire au milieu de ses ailes supérieures.

Le dessous de toutes les ailes est cendré chez le

le mâle, brunâtre chez la femelle, avec une rangée courbe de points noirs à iris blanc. Les points des premières ailes sont plus gros & précédés d'une lunule centrale de leur couleur. Les points des secondes ailes sont le plus souvent accompagnés d'une bandelette longitudinale blanchâtre, & celui qui avoisine le milieu du bord interne est double. Les antennes sont comme celles du *Damon*.

Trouvé récemment aux environs de Toulon par M. Alexandre Lefebvre de Paris, & dans les Bouches-du-Rhône par M. Boyer de Fons-Colombe, savant naturaliste de la ville d'Aix.

233. Polyommate Euméd on.

Polyommatus Eumedon.

Pol. alis integris, suprà fuscis, nitidis : subtùs obscurè cinereis, punctis ocellaribus nigris lunulisque limbi rufescentibus ; posticis basi virescente vittâque malleiformi albâ.

Papilio Eumedon, *alis ecaudatis, suprà fuscis fimbriâ albâ* (fœminæ *maculis marginalibus fulvis*) *: subtùs cinereis ; superioribus ocello medio majori fasciâque ocellari arcuatâ, inferioribus radio albo & fasciâ ocellari rectangulatâ.* Esp. *Pap. Eur. part.* 1. *p.* 16. *tab.* 52. *fig.* 2. 3. — *tab.* 80. *cont.* 30. *fig.* 3. (Var.)

Papilio Eumedon. Lang. *Verz.* 2. *p.* 54. *n°.* 444-447.

Bergstr. *Nomenkl. tab.* 125. *fig.* 5-7.

Papilio Eumedon. Devill. *Ent. Linn. tom.* 2. *p.* 77. *n°.* 147.

Papilio Eumedon. Hubn. *Pap. tab.* 62. *fig.* 301. 302.

Papilio Eumedon. Herbst, *Pap. tab.* 313. *fig.* 8. 9.

Papilio Eumedon. Ochsen. *Pap. Eur. tom.* 1.

Papilio Eumedon. Borkh. *Pap. Eur. part.* 1. *p.* 164 & 279. *n°.* 15. — *part.* 2. *p.* 231.

Papilio Chiron. Borkh. *Pap. Eur. part.* 1. *p.* 165 & 280. *n°.* 16.

Papilio Eumedon. Schneid. *Syst. Beschr. p.* 249. *n°.* 151.

Papilio Cleon. Schneid. *Syst. Beschr. p.* 249. *n°.* 152.

Papilio Chiron. Naturf. 6. *p.* 27. *n°.* 15.

Eumédon. Engram. *Pap. d'Europe, tom.* 1. *p.* 275. *pl.* 71. *Suppl.* 17. *fig.* 80. a. b. c. *bis.*

Polyommate Eumédon. Latr. *nouv. Diction. d'Hist. nat.* 2e. *édit. tom.* 27. *p.* 496.

Polyommate Eumédon. God. *Hist. nat. des lépid. de France, tom.* 2. *p.* 192. *pl.* Y-XXV. *fig.* 1. 2.

Polyommate Eumédon. God. *Tabl. méthod. des lépidop. de France*, Diurnes, *p.* 56. *n°.* 160.

Il a de quatorze à quinze lignes d'envergure. Le dessus des deux sexes est d'un brun-noirâtre-luisant, avec la frange blanchâtre. Le mâle est sans taches, mais la femelle a quelques lunules fauves près de l'angle interne des secondes ailes.

Le dessous est d'un cendré-obscur, avec une lunule centrale, & une ligne arquée de points oculaires, noirs. On remarque encore une série de points semblables le long du bord postérieur, mais elle est beaucoup moins apparente, surtout aux premières ailes, & celle des secondes ailes est surmontée d'un cordon de lunules roussâtres, bordées chacune antérieurement par un chevron obscur. Outre cela, les secondes ailes ont la base d'un vert-argentin, & elles offrent une raie blanche formant le marteau à son origine & descendant du disque au bord postérieur.

Il habite le Piémont, l'Allemagne, le midi de la France, &c., & il paroît au mois de juin.

234. Polyommate Admète.

Polyommatus Admetus.

Pol. alis integris, suprà fuscis fimbriâ albidâ (*posticarum* fœminæ *limbo lunulis fulvis*) *: subtùs flavido-cinereis, omnium strigâ è punctis ocellaribus anticarumque lunulâ centrali nigris.*

Papilio Admetus, *alis integris, fuscis nigro marginatis* (*posticis* fœminæ *maculis marginalibus rufis*) *: subtùs cinerascentibus, punctis ocellaribus nigris maculisque marginalibus obliteratis flavis.* Ochsen. *Pap. Eur. tom.* 1.

Papilio Admetus. Esp. *Pap. Eur. part.* 1. *p.* 148. *tab.* 82. *cont.* 32. *fig.* 2. 3.

Papilio Admetus. Borkh. *Pap. Eur. part.* 1. *p.* 167. *n°.* 20.

Papilio Admetus. Schneid. *Syst. Beschr. p.* 248. *n°.* 150.

Papilio Admetus. Devill. *Ent. Linn. tom.* 2. *p.* 79. *n°.* 155.

Papilio Admetus. Hubn. *Pap. tab.* 63. *fig.* 307-309.

L'Argus capucin. Engram. *Pap. Eur. tom.* 1. *p.* 327. *pl.* 6. *Suppl.* 3. *fig.* 80. a. d. *quart.*

Polyommate Admetus. Latr. *nouv. Diction. d'Hist. nat.* 2e. *édit. tom.* 27. *p.* 497.

Il a de quinze à seize lignes d'envergure. Le dessus des deux sexes est d'un brun-noirâtre-luisant, avec le bord postérieur noir & garni d'une frange blanchâtre. Le mâle est sans taches, mais la femelle a un point noir au milieu de chaque aile, & l'extrémité de ses ailes inférieures offre une série de lunules fauves plus ou moins apparentes.

Le dessous des quatre ailes est d'un cendré-jaunâtre, avec une rangée flexueuse de points noirs à iris blanchâtre, & des vestiges de taches marginales roussâtres. Les points des ailes supérieures sont beaucoup plus gros que ceux des inférieures, & précédés d'une lunule centrale noire, ayant aussi le contour blanchâtre.

Il habite la Hongrie. M. Alexandre Lefebvre l'a pris récemment aux environs de Toulon, & suivant Devillers, il se trouve aussi près de Lyon.

Nota. Ce polyommate doit être plutôt ici que dans la subdivision suivante, car, comme l'a remarqué Esper, on aperçoit à certains jours un sentiment de bandelette blanche sur le dessous des secondes ailes.

ζ. Dessous des ailes n'offrant que des taches ocellées.

235. Polyommate Arion.

Polyommatus Arion.

Pol. alis suprà obscurè argenteo-cœruleis, omnium disco maculis atris posticarumque limbo ocellato : subtùs cinereis, lunulâ centrali strigisque quatuor è punctis ocellatis; posticis basi argenteo-virescentibus.

Papilio P. R. Arion, *alis ecaudatis, suprà fuscis, disco cœruleo maculis atris : subtùs canis punctis ocellaribus.* Linn. *Syst. Nat.* 2. *p.* 789. *n°.* 230. — *Faun. Suec. edit.* 2. *p.* 283. *n°.* 1073.

Papilio P. R. *Arion.* Fab. *Spec. Inf. tom.* 2. *p.* 122. — *Mant. Inf. tom.* 2. *p.* 71. *n°.* 681.

Hesperia R. *Arion.* Fab. *Ent. Syst. em. tom.* 3. *pars* 1. *p.* 293. *n°.* 118.

Papilio Arion. Wien. *Verz. p.* 182. *fam.* N. *n°.* 3.

Roes. *Inf. part.* 3. *tab.* 45. *fig.* 3. 4.

Schæff. *Icon. tab.* 98. *fig.* 6.

Naturf. 6. *p.* 7. *n°.* 28.

Papilio Arion. Esp. *Pap. Eur. part.* 1. *tab.* 20. *fig.* 2. — *tab.* 59. *cont.* 9. *fig.* 2. (Var.)

Papilio Arion. Fuessl. *Suiss. Inf. pag.* 31. *n°.* 596.

Papilio Arion. Scop. *Ent. Carn. p.* 177.

Papilio Arion. Petag. *Instit. Ent. tom.* 1. *p.* 483. *n°.* 115.

Papilio Arion. Devill. *Ent. Linn. tom.* 2. *p.* 65. *n°.* 119.

Papilio Arion. Herbst, *tab.* 308. *fig.* 7. 8.

Papilio Arion. Lang. *Verz.* 2. *p.* 55. *n°.* 466-471.

Papilio Arion. Illig. *N. Ausg. Dess. tom.* 2. *p.* 263. *n°.* 3.

Papilio Arion. Schneid. *Syst. Beschr. p.* 261. *n°.* 161.

Papilio Arion. Hufnag. *Tabell. im. Berl. Magaz. tom.* 2. *p.* 70. *n°.* 28.

Papilio Arion. Borkh. *Pap. Eur. part.* 1. *p.* 167 & 280. *n°.* 1. — *part.* 2. *p.* 232.

Papilio Arion. Borkh. *Rhein. Magaz. tom.* 1. *p.* 281. *n°.* 83.

Papilio Arion. Bergstr. *Nomenkl. tab.* 24. *fig.* 5. 6. — *tab.* 51. *fig.* 5. 6.

Papilio Telejus. Bergstr. *Nomenkl. tab.* 43. *fig.* 4.

Papilio Telegonus. Bergstr. *Nomenkl. tab.* 44. *fig.* 2.

Papilio Arion. Hubn. *Pap. tab.* 54. *fig.* 254-256.

Papilio Arion. Oschen. *Pap. Eur. tom.* 1.

Suite de l'Argus bleu, à bandes brunes. Engram. *Pap. d'Europe, tom.* 1. *p.* 78. *pl.* 41. *fig.* 86. d-f.

Polyommate Arion. Latr. *nouv. Dict. d'Hist. nat.* 2e. *édit. tom.* 27. *p.* 499.

Polyommate Arion. God. *Hist. nat. des lépid. de France, tom.* 1. *p.* 219. *pl.* 11. *fig.* 2. & *pl.* 11 *quart. fig.* 1.

Polyommate Arion. God. *Tabl. méthod. des lépid. de France,* Diurnes, *p.* 58. *n°.* 168.

Il a près d'un pouce & demi d'envergure. Le dessus des deux sexes est d'un bleu-argenté-obscur, bordé de brun, avec des taches noires discoïdales aux ailes supérieures du mâle, & aux quatre ailes de la femelle. La bordure des ailes inférieures est en outre surmontée d'une série de points noirs à iris blanchâtre.

Le dessous est cendré, avec quatre rangées de points oculaires & une lunule centrale noires, & un entrecoupé brun sur la frange. La base des secondes ailes est d'un vert-argentin sur lequel on remarque un point noir, solitaire.

Chez la femelle, les taches noires discoïdales du dessus des premières ailes sont beaucoup plus grosses que chez le mâle.

Il se trouve, en juillet, dans beaucoup de contrées de l'Europe. Il aime les lieux secs & couverts de bruyères. Nous l'avons pris souvent aux environs de Paris, & particulièrement aux bois de Verrières & de Ville-d'Avray.

236. POLYOMMATE Alcon.

POLYOMMATUS Alcon.

Pol. alis suprà obscurè violaceo-cœruleis, limbo lato fusco : subtùs cinereis, lunulâ mediâ strigisque tribus è punctis ocellaribus nigris ; posticis à basi ad discum argenteo-virescentibus.

Papilio P. R. Alcon, mas, *alis integerrimis, cœruleis, margine fusco : subtùs fusco-cinereis, punctis numerosis ocellaribus.* FAB. *Mant. Inf. tom.* 2. *p.* 72. *n°.* 683.

Hesperia R. *Alcon*, mas. FAB. *Ent. Syst. em. tom.* 3. *pars* 1. *p.* 293. *n°.* 120.

Papilio Alcon. WIEN. *Verz. p.* 182. *fam.* N. *n°.* 4.

Papilio Alcon. ILLIG. *N. Ausg. Dess. tom.* 2. *p.* 263. *n°.* 4.

Papilio Alcon. LANG. *Verz.* 2. *p.* 55. *n°.* 472-475.

Papilio Alcon. PETAGN. *Instit. Entom. tom.* 1. *p.* 483. *n°.* 116.

Papilio Alcon. HERBST, *tab.* 311. *fig.* 6-8.

Papilio Alcon. HUBN. *Pap. tab.* 55. *fig.* 263-265.

Papilio Alcon. OCHSEN. *Pap. Eur. tom.* 1.

Zephyrus Alcon, div. 3. (Cyanires). *n°.* 4. J. W. DALMAN, *Extrait des Mémoires de l'Académie de Stockholm, année* 1816.

Papilio Alcon. BORKH. *Rhein. Magaz. tom.* 1. *p.* 282. *n°.* 84.

Papilio Diomedes. BORKH. *Pap. Eur. part.* 1. *p.* 169 & 281. *n°.* 3. — *part.* 2. *p.* 283.

Papilio Arcas. ESP. *Pap. Eur. part.* 1. *tab.* 34. *Suppl.* 10. *fig.* 4. 5.

Papilio Arcas. SCHNEID. *Syst. Beschr. p.* 262. *n°.* 162.

Papilio Arcas. DEVILL. *Ent. Linn. tom.* 2. *p.* 75. *n°.* 140.

Papilio Arcas. BERGSTR. *Nomenkl. tab.* 51. *fig.* 3. 4. — *tab.* 57. *fig.* 7. 8.

Papilio Telejus. BERGSTR. *Nomenkl. tab* 43. *fig.* 6.

Papilio Mamers. BERGSTR. *Nomenkl. tab.* 59. *fig.* 1. 2.

Suite de l'Argus bleu, à bandes brunes. ENGRAM. *Pap. d'Europe, tom.* 1. *pl.* 41. *fig.* 86. I. K.

Le Protée. ENGRAM. *Pap. d'Europe, pl.* 83. *Suppl.* 2. *pl.* 4. *fig.* 80. a. b. c. d. *tert.*

LATR. *nouv. Dict. d'Hist. nat.* 2e. *édit. tom.* 27. *p.* 500.

Polyommate Alcon. GOD. *Hist. nat. des lépid. de France, tom.* 2. *p.* 205. *pl.* Z-XXVI. *fig.* 1. 2.

Polyommate Alcon. GOD. *Tabl. méthod. des lépid. de France*, DIURNES, *p.* 58. *n°.* 169.

Il a presque dix-huit lignes d'envergure. Le dessus du mâle est d'un bleu-violet-obscur, avec une bordure brune assez large aux quatre ailes, & un arc noir au centre des supérieures.

Le dessus de la femelle est d'un brun-noirâtre, avec la base un peu bleuâtre. La frange est entrecoupée de blanc & de brun chez les deux sexes.

Le dessous de toutes les ailes, dans le mâle & dans la femelle, est cendré, avec une lunule centrale, puis trois rangées de points oculaires, noires. Les points de la rangée antérieure sont plus ronds & un peu plus gros que ceux des deux rangées postérieures. Indépendamment de cela, les ailes inférieures ont la base d'un blanc-verdâtre qui s'étend jusqu'au disque, & sur lequel sont trois autres points noirs ocellés.

Se trouve, au mois de juillet, aux environs de Lyon & en Allemagne.

237. POLYOMMATE Euphémus.

POLYOMMATUS Euphemus.

Pol. alis suprà violaceo-cœrulescentibus, maris immaculatis, fœminæ limbo lato fusco anticarumque disco punctis nigricantibus : subtùs cinereis, lunulâ mediâ strigisque duabus è punctis ocellaribus nigris.

Papilio P. R. Argiades, *alis integerrimis, cœruleis, margine nigricante : subtùs fusco-cinereis, lunulâ mediâ strigisque duabus punctorum ocellatorum.* FAB. *Mant. Inf. tom.* 2. *p.* 76. *n°.* 698.

Hesperia R. *Argiades.* FAB. *Ent. Syst. em. tom.* 3. *pars* 1. *p.* 300. *n°.* 138.

Hesperia R. Alcon, fœm. FAB. *Ent. Syst. em. tom.* 3. *pars* 1. *p.* 293. *n°.* 120.

Papilio P. R. *Argiades.* PETAG. *Instit. Entom. tom.* 1. *p.* 489. *n°.* 130.

Papilio Diomedes. NATURF. 6. *p.* 26. *n°.* 14.

Papilio Diomedes. BORKH. *Pap. Eur. part.* 1. *p.* 169 & 281. *n°.* 3. — *part.* 2. *p.* 233.

Papilio Arctophylax. BERGSTR. *Nomenkl. tab.* 51. *fig.* 1. 2.

Papilio Arctophonus. BERGSTR. *Nomenkl. tab.* 53. *fig.* 7. 8. *tab.* 59. *fig.* 3. 4.

Papilio Euphemus. HERBST, *tab.* 309. *fig.* 1-3.

Papilio Euphemus. HUBN. *Pap. tab.* 54. *fig.* 257-259.

Papilio Euphemus. OCHSEN. *Pap. Eur. tom.* 1.

Polyommate Euphémus. LATR. *nouv. Dict. d'Hist. nat.* 2e. *édit. tom.* 27. *p.* 499.

Polyommate Euphémus. GOD. *Hist. nat. des lépid. de France, tom.* 1. *p.* 221. *pl.* 11 *secund. fig.* 6. & *pl.* 11 *quart. fig.* 2.

Polyommate Euphémus. GOD. *Tabl. méthod. des lépid. de France,* DIURNES, *p.* 58. *n°.* 170.

Suivant nous, l'*Argiades* de Fabricius & son *Alcon* femelle doivent être rapportés à l'*Euphémus*, le premier comme mâle & le second comme femelle, attendu qu'ils en ont absolument tous les caractères.

L'Euphémus a de seize à dix-huit lignes d'envergure. Le dessus du mâle est d'un bleu-violet-pâle, avec le bord postérieur liseré de noirâtre & entièrement cilié de blanc.

Le dessus de la femelle est à peu près du même bleu que chez le mâle, avec une large bordure brune aux quatre ailes, & quelques points noirâtres sur le disque des supérieures.

Le dessous des deux sexes est cendré, avec une lunule centrale, & deux rangées courbes de points oculaires, noires. Les secondes ailes ont deux autres points & un tant soit peu de vert à la base.

Il habite les clairières un peu humides des bois. Nous l'avons trouvé aux environs de Paris, & particulièrement à Saint-Germain-en-Laye.

238. POLYOMMATE Erébus.

POLYOMMATUS Erebus.

Pol. alis maris *suprà violaceo-cœruleis strigâ maculari margineque nigris*, fœminæ *fuscis : subtùs fuscis, strigâ angulatâ è punctis ocellaribus nigris.*

Papilio Erebus, *alis integerrimis, suprà cœruleis* (fœminæ *fuscis*) *fimbriâ fasciâque arcuatâ è punctis cuneiformibus nigris : subtùs brunneis ordine oculorum septem angulari.* ESP. *Pap. Eur. part.* 1. *tab.* 101. *cont.* 56. *fig.* 1. 2.

Papilio Erebus, *alis integerrimis, fuscis : subtùs pallidoribus ; anticis ocellis sex, posticis septem ordine angulari dispositis.* KNOCH, *Beytr.* 2. *p.* 93. *tab.* 6. *fig.* 6. 7.

Papilio P. R. Erebus, *alis integerrimis, fuscis : omnibus subtùs strigâ punctorum ocellatorum.* FAB. *Mant. Ins. tom.* 2. *p.* 72. *n°.* 682.

Hesperia R. *Erebus.* FAB. *Ent. Syst. em. tom.* 3. *pars* 1. *p.* 293. *n°.* 119.

Papilio Erebus. SCHNEID. *Syst. Beschr. p.* 264. *n°.* 163.

Papilio Erebus. LANG. *Verz.* 2. *p.* 56. *n°.* 476-479.

Papilio Erebus. HUBN. *Pap. tab.* 55. *fig.* 260-262.

Papilio Erebus, *alis integris, fuscis* (*disco maris cœruleo*) *: subtùs fuscis strigâ punctorum ocellatorum.* OCHSEN. *Pap. Eur. tom.* 1.

Papilio Arcas. BORKH. *Pap. Eur. part.* 1. *p.* 169 & 281. — *part.* 2. *p.* 233.

Papilio Arcas. BORKH. *Rhein. Magaz. tom.* 1. *p.* 282. *n°.* 85.

Papilio Arcas. NATURF. 6. *p.* 25. *n°.* 13.

Papilio Nausithous. BERGSTR. *Nomenkl. tab.* 43. *fig.* 1-3.

Argus bleu à bandes brunes. ENGRAM. *Pap. d'Europe, tom.* 1. *p.* 177. *pl.* 40. *fig.* 86. a. b. c.

Polyommate Erèbe. LATR. *nouv. Dict. d'Hist. nat.* 2e. *édit. tom.* 27. *p.* 500.

Il a environ dix-huit lignes d'envergure. Le dessus du mâle est d'un bleu-violâtre, avec les nervures, une rangée transverse de taches triangulaires & une large bordure, noires.

Le dessus de la femelle est d'un brun-noirâtre, avec la frange un peu plus claire.

Le dessous des deux sexes est d'un brun moins foncé que le dessus de la femelle, avec une ligne anguleuse de points noirs foiblement ocellés.

Engramelle a pris la femelle pour le mâle, & celui-ci pour une variété de la femelle.

Il se trouve en Allemagne, & principalement aux environs de Leipsick, dans les mois de juillet & d'août.

239. POLYOMMATE Iolas.

POLYOMMATUS Iolas.

Pol. alis suprà violaceo-cœruleis, nitidis, fimbriâ albâ (fœminæ *margine lato fusco*) *: subtùs carneo-cinereis, arcu medio strigâque incurvâ è punctis ocellaribus ; posticis lunulis tribus anguli ani nigris.*

Lycœna Iolas, *alis integris, cœruleis*, mari *immaculatis*, fœminæ *fuscis disco cœruleo : subtùs cinereis, lunulâ mediâ strigâque punctorum nigrorum ocellarium.* OCHSEN. *Pap. Eur. tom.* 4. *p.* 144. *n°.* 3.

Ce polyommate est jusqu'ici le plus grand que nous ayons en Europe. Il a de vingt à vingt-deux lignes d'envergure. Le dessus des ailes est d'un bleu-violet-luisant, avec un simple liseré noir dans le mâle, avec toute la côte & l'extrémité largement bordées de brun-noirâtre dans la femelle. Les deux sexes ont la frange entièrement blanche, &, chez la femelle, la bordure des secondes ailes se termine à l'angle anal par trois taches noires un peu ocellées.

Le dessous des quatre ailes, dans l'un & dans l'autre sexe, est d'un cendré légèrement incarnat, avec un arc central, & une rangée courbe de points oculaires, noirs. Les secondes ailes ont en outre la base un peu verdâtre, avec deux points semblables à ceux dont il vient d'être question, & leur angle anal offre trois lunules noires bordées de blanchâtre & s'alignant avec d'autres lunules foiblement obscures qui se continuent sur le bord postérieur des premières ailes.

Le corps est bleuâtre en dessus, cendré en dessous. Les antennes sont noires, annelées de blanc, &, ce qui est assez remarquable, c'est qu'elles ont aussi l'extrémité blanche.

Découvert il y a quelques années près de Bude en Hongrie, & décrit d'après les deux sexes qui nous ont été envoyés par M. Franck, savant amateur de Strasbourg. M. Latreille possède un mâle pris en Dalmatie par M. le baron Dejean, & M. Duponchel a vu à Rome dans la collection de M. le pharmacien Rolli des individus trouvés aux environs de cette ville.

240. Polyommate Lysimon.

Polyommatus Lysimon.

Pol. alis suprà violaceo-cæruleis, nitidis, limbo fusco fimbriâque variegatâ : subtùs cinereis, basi & disco punctis ocellaribus nigris, apice lunulis fuscis in duplici serie.

Papilio Lysimon, *alis integerrimis, fuscis, disco* (maris) *cæruleo : subtùs cinereis, punctis ocellaribus numerosis.* Ochsen. *Pap. Eur. tom.* 1.

Papilio Lysimon. Hubn. *Pap. tab.* 105. *fig.* 334. 335. (Mas.)

Papilio Lysimon. Illig. *Magaz. tom.* 3. *p.* 197.

Papilio P. R. Oitis, *alis integerrimis, fuscis, basi cæruleis : subtùs cinereis ; anticis puncto medio strigâque, posticis punctis numerosis ocellatis.* Fab. *Mant. Inf. tom.* 2. *p.* 73. *n°.* 689. An fæmina ?

Hesperia R. *Oitis.* Fab. *Ent. Syst. em. tom.* 3. *pars* 1. *p.* 296. *n°.* 127. An fæmina ?

Il a environ dix pouces d'envergure. Le dessus du mâle est d'un bleu-violet-luisant, avec une bordure assez large d'un brun-noirâtre, & la frange variée de blanc & de brun.

Le dessus de la femelle est d'un brun-noirâtre, avec la base d'un bleu-violet-luisant, & la frange comme chez le mâle.

Le dessous des quatre ailes est cendré dans les deux sexes, avec des points noirs à la base ainsi qu'au-delà du milieu, & deux séries marginales de lunules obscures, bordées de blanc comme les points. Il y a en outre au centre de chaque aile une lunule semblable, qui se fait plus ou moins sentir en dessus. Les points basilaires sont au nombre de deux aux ailes supérieures, au nombre de quatre ou de cinq aux inférieures. Les points ultramédiaires forment une rangée courbe, mais dans la rangée des secondes ailes, les trois points antérieurs sont plus éloignés l'un de l'autre que les quatre suivans. Pour ne point donner prise aux *faiseurs d'espèces*, il est peut-être nécessaire de dire que les lunules de la série intérieure des quatre ailes sont plus chevronnées que celles de la série extérieure, & que dans cette dernière série les trois lunules anales des secondes ailes sont ordinairement plus colorées que les autres.

Il se trouve au Bengale, à l'Ile-de-France, en Egypte & dans la péninsule espagnole.

Nota. Le papillon *Oitis* de Fabricius ressemble en dessus à la femelle du *Lysimon*, mais il paroît en différer en dessous par l'absence des points basilaires & des lunules marginales des ailes supérieures. Ces caractères n'étoient-ils pas effacés dans l'individu chinois décrit par Fabricius ? Nous avons vu des *Lysimons* où ils étoient déjà presque nuls.

241. Polyommate Hylax.

Polyommatus Hylax.

Pol. alis integerrimis, suprà fuscis, immaculatis : subtùs cinereis nigro punctatis. Fab.

Papilio P. R. *Hylax.* Fab. *Mant. Inf. tom.* 2. *p.* 77. *n°.* 709.

Hesperia R. *Hylax.* Fab. *Ent. Syst. em. tom.* 3. *pars* 1. *p.* 304. *n°.* 152.

Papilio Hylax. Donow. *of an Epit. of the Nat. Hist. Inf. of India, cah.* 6. *pl.* 1. *fig.* 2.

Il est très-petit. Les antennes sont annelées de blanc & de brun. Les ailes sont arrondies, brunes & sans taches en dessus. Elles sont cendrées en dessous, avec des points noirs & des arcs postérieurs obscurs.

Des Indes orientales.

(*Traduction de Fabricius.*)

Nota. Ce polyommate n'est peut-être qu'une femelle plus petite du *Lysimon*, & chez laquelle le bleu de la base du dessus des ailes a disparu. Mais on est forcé de rester dans le doute d'après la description vague de Fabricius. Comment en effet savoir si les points du dessous sont ocellés ou simples, & si les lunules marginales forment deux rangs ou un seul ?

242. Polyommate Cajus.

Polyommatus Cajus.

Pol. alis integerrimis, fuscis, disco cærulescente : subtùs cinereo alboque variis, punctis ocellaribus fuscis. Fab.

Hesperia R. *Cajus.* Fab. *Ent. Syst. em. tom.* 3. *pars* 1. *p.* 296. *n°.* 126.

Papilio Lajus. Cram. *pl.* 319. *fig.* D. E.

Fabricius le décrit ainsi : il est petit. Le dessus des ailes est d'un brun-noirâtre, avec le disque des quatre d'un bleu-violet-pâle, & le limbe postérieur des inférieures chargé d'un rang de points noirs un peu ocellés.

Le dessous est cendré, varié de blanc, avec des points noirs oculaires, bien distincts.

Des Indes orientales.

Nota. A en juger par la figure de Cramer, à laquelle Fabricius renvoie, le dessous de ce polyommate diffère principalement du dessous de notre *Lysimon*, en ce que ses premières ailes sont sans points à la base; en ce que les deux points antérieurs de la rangée ultramédiaire des secondes sont adhérens, tandis que les deux qui viennent ensuite sont groupés en arrière des autres, sur un espace plus obscur que le reste de la surface.

243. POLYOMMATE Phérétès.

POLYOMMATUS Pheretes.

Pol. alis maris *suprà violaceo-cœruleis, fæminæ fuscis, fimbriâ albâ : subtùs virescenti-cinereis; anticis lunulâ centrali strigâque incurvâ è punctis ocellaribus nigris; posticis maculis albis in serie duplici.*

Papilio Pheretes. OCHSEN. *Pap. Eur. tom.* 1.

Papilio Atys. HUBN. *Pap. tab.* 97. *fig.* 495. 496. (Le mâle.) — *tab.* 107. *fig.* 548. 549. (La femelle.)

Polyommate Atys. LATR. *nouv. Dict. d'Hist. nat.* 2e. *édit. tom.* 27. *p.* 498.

Polyommate Phérétès. GOD. *Hist. nat. des lépid. de France, tom.* 2. *p.* 202. *pl.* Y-XXV. *fig.* 5. 6.

Polyommate Phérétès. GOD. *Tabl. méthod. des lépid. de France*, DIURNES, *p.* 58. *n°.* 167.

Il a approchant un pouce d'envergure. Le dessus du mâle est d'un bleu-violet, avec un liseré noir au bord postérieur.

Le dessus de la femelle est d'un brun-noirâtre, avec la base saupoudrée de bleu. Dans l'un & dans l'autre sexe, la frange est toute blanche.

Le dessous des premières ailes, chez le mâle comme chez la femelle, est d'un cendré-clair, lavé de verdâtre le long de la côte, avec une lunule centrale, puis une ligne courbe de points oculaires, noires. Les points manquent quelquefois en totalité ou en partie, même dans les individus les mieux conservés.

Le dessous des secondes ailes est d'un cendré un peu obscur, avec la base bleuâtre, & huit à neuf taches blanches orbiculaires & inégales. Ces taches forment deux séries transversales, dont l'antérieure sur le milieu de la surface, l'autre à égale distance de la précédente & du bord terminal.

Il se trouve dans les Alpes.

244. POLYOMMATE Cyllarus.

POLYOMMATUS Cyllarus.

Pol. alis suprà violaceo-cœruleis, margine nigro : subtùs dilutè cinereis; strigâ è punctis ocellaribus nigris; posticis à basi ultrà medium argenteo-virescentibus.

Papilio P. R. Cyllarus, *alis integris, cœruleis, margine nigro : subtùs fusco cinereis, strigâ punctorum ocellatorum; posticis basi cœruleis.* FAB. *Mant. Ins. tom.* 2. *p.* 72. *n°.* 685.

Hesperia R. Cyllarus. FAB. *Ent. Syst. em. tom.* 3. *pars* 1. *p.* 294. *n°.* 122.

Papilio Cyllarus. ESP. *Pap. Eur. part.* 1. *tab.* 33. *Suppl.* 9. *fig.* 1. 2.

Papilio Cyllarus. ROSSI, *Mant. tom.* 2. *p.* 12. *n°.* 356.

Papilio Cyllarus. PETAG. *Instit. Entom. tom.* 1. *p.* 484. *n°.* 118.

Papilio Cyllarus. DEVILL. *Ent. Linn. tom.* 2. *p.* 74. *n°.* 135.

Papilio Cyllarus. NATURF. 6. *p.* 20. *n°.* 7.

Papilio Cyllarus. SCHNEID. *Syst. Beschr. p.* 267. *n°.* 166.

Papilio Cyllarus. LANG. *Verz.* 2. *p.* 56. *n°.* 483-485.

Papilio Cyllarus. BRAHM. *Ins. Kalend. p.* 297. *n°.* 187.

Papilio Cyllarus. SCHWARZ, *Raupenkal. pag.* 628 & 747.

Papilio Cyllarus. BORKH. *Pap. Eur. part.* 1. *p.* 176 & 283. *n°.* 9. — *part.* 2. *p.* 234.

Papilio Dymus. BORKH. *Pap. Eur. part.* 1. *p.* 177. *n°.* 10.

Papilio Damoetas. BORKH. *Rhein. Magaz. tom.* 1. *p.* 283. *n°.* 88.

Papilio Dymus. BORKH. *Rhein. Magaz. tom.* 1. *p.* 284. *n°.* 89.

Papilio Cyllarus. HERBST, *tab.* 309. *fig.* 7-9.

Papilio Dymus. HERBST, *tab.* 309. *fig.* 10. 11.

Papilio Cyllarus. BERGSTR. *Nomenkl. tab.* 55. *fig.* 1. 2.

Papilio Bronte. BERGSTR. *Nomenkl. tab.* 56. *fig.* 7. 8.

Papilio Phobos. BERGSTR. *Nomenkl. tab.* 54. *fig.* 7. 8.

Papilio Dimus. BERGSTR. *Nomenkl. tab.* 43. *fig.* 7. 8.

Papilio Damoetas. WIEN. *Verz. p.* 183. *fam.* N. *n°.* 7.

Papilio Damoetas. Illig. *N. Ausg. Dess. tom.* 2. *p.* 265. *n°.* 7.

Papilio Damoetas. Hubn. *Pap. tab.* 56. *fig.* 266-268.

Papilio Damoetas. Ochsen. *Pap. Eur. tom.* 1.

Papilio Alexis. Poda, *Muf. Græc. pag.* 77. *n°.* 47.

Suite de l'Argus bleu. Engram. *Pap. d'Europe, tom.* 1. *p.* 178. *pl.* 41. *fig.* 86. *fig.* o.

Polyommate Cyllare. Latr. *nouv. Dict. d'Hist. nat.* 2e. *édit. tom.* 27. *p.* 501.

Polyommate Cyllarus. God. *Hist. natur. des lépid. de France, tom.* 1. *pag.* 222. *pl.* 11. & *pl.* 11 *quart. fig.* 3.

Polyommate Cyllarus. God. *Tabl. méthod. des lépid. de France*, Diurnes, *p.* 59. *n°.* 171.

Il a à peu près quinze lignes d'envergure. Le dessus des deux sexes est d'un bleu-violet, avec une bordure noire, très-étroite dans le mâle, avec le sommet des quatre ailes d'un brun-noirâtre dans la femelle.

Le dessous est d'un cendré-clair, avec une rangée courbe de points noirs ocellés. Les points des ailes supérieures sont plus gros & précédés d'un arc central noir. La base des ailes inférieures est d'un vert-argenté qui s'étend jusqu'au-delà du milieu, & elle offre un point noir placé près de la côte.

La chenille, selon M. Ochsenheimer, est pubescente, d'un vert-jaunâtre, avec une ligne rougeâtre le long du dos, & des traits obliques d'un vert-obscur sur chaque côté. Sa tête & les pattes écailleuses sont noires ; ses pattes membraneuses sont d'un vert plus foncé que le corps. Elle passe l'hiver, & elle vit sur plusieurs *astragales*, sur le *mélilot*, le *genêt herbacé*.

La chrysalide est brunâtre.

On trouve ce papillon, vers la fin de juin, dans les bois & les prairies de l'Europe. Il habite les environs de Paris.

245. Polyommate Acis.

Polyommatus Acis.

Pol. alis maris *suprà cœrulescenti-violaceis margine nigro,* fœminæ *fuscis: subtùs obscurè cinereis, lunulâ mediâ strigâque è punctis ocellaribus nigris.*

Papilio P. R. Argiolus, *alis ecaudatis (integris), suprà cæruleis, margine nigris: subtùs fusco-cinereis, strigâ punctorum ocellatorum.* Fab. *Mant. Inf. tom.* 2. *p.* 73. *n°.* 686.

Hesperia R. *Argiolus.* Fab. *Ent. Syst. em. tom.* 3. *pars* 1. *p.* 295. *n°.* 123.

Papilio Argiolus. Esp. *Pap. Eur. tab.* 21. *fig.* 1. a. b.

Papilio Argiolus. Devill. *Ent. Linn. tom.* 2. *p.* 67. *n°.* 12.

Papilio Argiolus. Petag. *Instit. Entom. tom.* 1. *p.* 484 *n°.* 119.

Papilio Argiolus. Fuessl. *Suiss. Inf. pag.* 31. *n°.* 598.

Roes. *Inf. part.* 3. *tab.* 37. *fig.* 4.

Schæff. *Icon. tab.* 185. *fig.* 1. 2.

Papilio Argiolus. Hubn. *Pap. tab.* 56. *fig.* 269-271.

Papilio Argiolus. Schneid. *Syst. Beschr. p.* 269. *n°.* 168.

Papilio Bizas. Bergstr. *Nomenkl. tab.* 48. *fig.* 5. 6. (Le mâle.)

Papilio Bize. Bergstr. *Nomenkl. tab.* 48. *fig.* 7. 8. (La femelle.)

Papilio Argopoeus. Bergstr. *Nomenkl. tab.* 52. *fig.* 7. 8.

Papilio Bizenus. Bergstr. *Nomenkl. tab.* 57. *fig.* 1. 2.

Papilio Bizene. Bergstr. *Nomenkl. tab.* 57. *fig.* 3. 4.

Papilio Damoetas. Bergstr. *Nomenkl. tab.* 57. *fig.* 5. 6.

Papilio Argopoei. Bergstr. *Nomenkl. tab.* 61. *fig.* 5. 6.

Papilio Acis. Lang. *Verz.* 2. *p.* 56. *n°.* 486-489.

Papilio Acis. Wien. *Verz. p.* 182. *fam.* N. *n°.* 5.

Papilio Acis. Illig. *N. Ausg. Dess. tom.* 2. *p.* 264. *n°.* 5.

Papilio Acis. Herbst, *tab.* 310. *fig.* 1-3.

Papilio Acis. Borkh. *Rhein. Magaz. tom.* 1. *p.* 283. *n°.* 86.

Papilio Acis. Ochsen. *Pap. Eur. tom.* 1.

Papilio Semiargus. Borkh. *Pap. Eur. part.* 1. *p.* 172 & 282. *n°.* 7. — *part.* 2. *p.* 234.

Papilio Semiargus. Naturf. 6. *p.* 20. *n°.* 6.

Le Demi-Argus. Geoff. *Hist. Inf. tom.* 2. *p.* 63. *n°.* 31.

Le Demi-Argus. Engram. *Pap. d'Europe, tom.* 1. *p.* 181. *pl.* 42. *fig.* 88. a-d.

Polyommate Demi-Argus. Latr. *nouv. Dict. d'Hist. nat.* 2e. *édit. tom.* 27. *p.* 501.

Polyommate Acis. God. *Hist. nat. des lépid. de France, tom.* 1. *p.* 224. *pl.* 11 *secund. fig.* 7. & *pl.* 11 *quart. fig.* 4.

Polyommate Acis. God. *Tabl. méthod. des lépid. de France*, Diurnes, *p.* 59. *n°.* 173.

Il a environ un pouce d'envergure. Le dessus du mâle est d'un violet-bleuâtre, avec une légère bordure noire & la frange blanche.

Le dessus de la femelle est d'un brun-noirâtre, avec la base foiblement saupoudrée de bleu & la frange grisâtre.

Le dessous des deux sexes est d'un cendré-obscur, avec une lunule centrale, & une rangée de points oculaires, noires. La base des secondes ailes est en outre un peu bleuâtre & marquée d'un point oculaire.

On le trouve en juillet & en août, dans les prairies & dans les bois de l'Europe. Il est très-commun aux environs de Paris.

246. Polyommate Alsus.

Polyommatus Alsus.

Pol. alis suprà fuscis, nitidis, (maris *cœruleo pulverulentis*) : *subtùs cœrulescenti cinereis, lunulâ mediâ strigâque è punctis ocellaribus nigris.*

Papilio P. R. Alsus, *alis integerrimis, fuscis, immaculatis : subtùs cinereis, strigâ punctorum ocellatorum.* Fab. *Mant. Inf. tom.* 2. *p.* 73. *n°.* 688.

Hesperia R. *Alsus.* Fab. *Ent. Syst. em. tom.* 3. *pars* 1. 295. *n°.* 125.

Papilio Alsus. Wien. *Verz. p.* 184. *fam.* N. *n°.* 9.

Papilio Alsus. Brahm. *Inf. Kalend. part.* 1. *p.* 310. *n°.* 196.

Papilio Alsus. Lang. *Verz.* 2. *p.* 58. *n°.* 495-498.

Papilio Alsus. Illig. *N. Ausg. Dess. tom.* 2. *p.* 268. *n°.* 9.

Papilio Alsus. Herbst, *Pap. tab.* 311. *fig.* 4. 5.

Schæff. *Icon. tab.* 165. *fig.* 1. 2.

Papilio Alsus. Petag. *Instit. Entom. tom.* 1. *p.* 485. *n°.* 121.

Papilio Alsus. Ochsen. *Pap. Eur. tom.* 1.

Papilio Alsus. Hubn. *Pap. tab.* 58. *fig.* 278. 279.

Papilio Minimus. Esp. *Pap. Eur. part.* 1. *Suppl.* 10. *fig.* 3.

Papilio Argus minutus. Esp. *tab.* 106. *cont.* 61. *fig.* 8.

Papilio Minimus. Devill. *Ent. Linn. tom.* 2. *p.* 75. *n°.* 139.

Papilio Minimus. Fuessl. *Suiss. Inf. p.* 31. *n°.* 599.

Papilio Minimus. Schneid. *Syst. Beschr. p.* 270. *n°.* 169.

Papilio Alsus. Borkh. *Rhein. Magaz. tom.* 1. *p.* 285. *n°.* 90.

Papilio Pseudolus. Borkh. *Pap. Eur. part.* 1. *p.* 177 & 284. — *part.* 2. *p.* 235. *n°.* 11.

Papilio Pseudolus. Bergstr. *Nomenkl. tab.* 50. *fig.* 5. 6.

Le Demi-Argus, var. Engram. *Pap. d'Europe, tom.* 1. *p.* 181. *pl.* 42. *fig.* 88. e. f.

Polyommate Alsus. Latr. *nouv. Dict. d'Hist. nat.* 2ᵉ. *édit. tom.* 27. *p.* 501.

Polyommate Alsus. God. *Hist. nat. des lépid. de France, tom.* 2. *p.* 208. *pl.* Z-XXVI. *fig.* 5. 6.

Polyommate Alsus. God. *Tabl. méthod. des lépid. de France*, Diurnes, *p.* 60. *n°.* 174.

C'est le plus petit des polyommates de l'Europe. Le dessus des ailes est d'un brun-noirâtre-chatoyant, sans taches dans la femelle, avec des atomes bleus très-clair-semés dans le mâle.

Le dessous est d'un cendré-bleuâtre, avec une lunule centrale, & une rangée de points oculaires, noires. Les secondes ailes offrent à la base deux autres points semblables, & l'on aperçoit quelquefois à leur extrémité des vestiges de taches obscures. La frange est divisée par une ligne brune parallèle à la tranche du bord de chaque aile.

L'*Argus minutus* d'Esper paroît n'en être qu'une variété.

En mai & en juillet, dans plusieurs parties de la France.

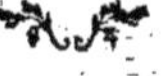

GENRE

GENRE BARBICORNE.

CARACTÈRES GÉNÉRIQUES.

Antennes sétacées, plumeuses. Palpes s'élevant à peine au-delà du chaperon. Ailes inférieures ayant la cellule discoïdale ouverte, le bord interne concave et replié.

Nota. Ce nouveau genre, distinct de tous les précédens, et rapproché des *Uranies* par ses antennes sétacées, fait le passage de la tribu des Papillonides à celle des Hespérides.

ESPÈCE.

Ailes supérieures alongées. Les inférieures terminées en dehors par une queue assez longue et légèrement en spatule.

1. Barbicorne Basilis.

Ailes entières, semblables de part et d'autre, noires : supérieures avec deux bandes, inférieures avec une seule et un point, fauves.

1. Barbicorne Basilis.

Barbicornis Basilis.

Barb. alis integris, concoloribus, nigris : anticis fasciis duabus, posticis unicâ punctoque fulvis.

Il a un peu plus d'un pouce & demi d'envergure. Ses ailes sont noires de part & d'autre, avec deux bandes fauves obliques aux premières, & une bande longitudinale de cette couleur près du bord interne des secondes. Ces dernières ailes ont en outre un point fauve à l'origine de la queue. Le corps & les antennes sont noirs.

Du Brésil.

TRIBU SECONDE (1).

HESPÉRIDES. *Hesperides.*

Six pieds ambulatoires dans tous. Côté interne des ailes inférieures toujours plissé. Jambes postérieures ayant deux paires d'ergots (ou d'épines), l'une, ou l'ordinaire, au bout, & l'autre près du milieu de leur côté interne; extrémité de la massue des antennes presque toujours très-crochue ou arquée. (Ailes inférieures souvent presque horizontales dans le repos, les supérieures seules élevées; cellule discoïdale des inférieures ouverte.)

Après avoir d'abord suivi Linné à l'égard de son genre *Papilio*, Fabricius se détermina, dans son *Entomologie systématique*, à en séparer, sous le nom générique d'*Hesperia*, les espèces de sa dernière division, les plébéiens, & de même que dans la méthode de son maître, ces hespéries furent partagées en ruricoles & en urbicoles. J'ai formé avec les premières les genres Erycine & Polyommate. Celui d'Hespérie n'a plus compris que les secondes ou les urbicoles. Outre que les chenilles des Hespéries diffèrent de celles des autres diurnes par leurs habitudes, ces lépidoptères sont les seuls qui, ainsi que les crépusculaires & les nocturnes, aient deux paires d'épines ou d'ergots à leurs jambes postérieures. Déjà encore, dans un certain nombre d'espèces, le port d'ailes n'est plus le même que celui des autres diurnes; les inférieures, dans le repos, sont presque horizontales, & forment avec les supérieures, qui sont relevées, sans être cependant tout-à-fait perpendiculaires, un angle plus ou moins ouvert.

Linnæus, faisant allusion à des espèces de bombyx, a quelquefois signalé ce port par les expressions d'*ailes reverses* ou *débordantes*, mais le plus souvent par celles d'*ailes divariquées* ou *divergentes*. Tels sont aussi les termes dont s'est servi Fabricius dans les mêmes circonstances. Geoffroy a distingué ces lépidoptères sous la dénomination d'*estropiés*; celle d'*ailes en chevron* ou *chevronnées* me paroîtroit plus convenable. Les supérieures au moins étant toujours élevées au-dessus du plan de position, & les inférieures n'ayant point, près de l'origine de leur bord extérieur, de frein ou de crochet, les hespéries ne peuvent être confondues avec les castnies, dont elles se rapprochent le plus, ni avec les sphinx & autres lépidoptères crépusculaires; mais les uranies de Fabricius leur ressemblent sous ce rapport, ainsi qu'à l'égard du nombre des ergots des jambes postérieures. Ces deux genres doivent donc être réunis dans une coupe particulière & faisant le passage des diurnes aux crépusculaires: c'est ma tribu des hespérides. La nature semble nous préparer à ces changemens, par la modification de formes qu'elle a fait subir aux chenilles & aux chrysalides des polyommates.

Les auteurs du Catalogue systématique des lépidoptères des environs de Vienne ont eu néanmoins une opinion bien opposée, quant au rapprochement de ces genres, puisqu'ils ouvrent la famille des lépidoptères diurnes par nos hespéries, nos parnassiens, les thaïs, &c., & qu'ils la terminent par nos polyommates & un genre de névroptères (ascalaphe) qui, d'après de fausses apparences, leur avoit paru appartenir à cet ordre d'insectes. Les uranies & les hespéries ayant six pieds ambulatoires & les ailes inférieures plissées à leur côté interne, ainsi que nos papillons proprement dits, il est certain qu'en prenant ces considérations pour fondement de la distribution des lépidoptères diurnes, ces trois genres devroient venir de file, & les caractères naturels exigeroient que l'on passât des papillons aux parnassiens, aux thaïs, aux piérides & aux coliades. Dès-lors, les polyommates devroient être reportés à l'autre extrémité des diurnes hexapodes. Les érycines, qui ont tant d'affinité avec les polyommates, lieroient ces hexapodes avec les tétrapodes, en commençant par les libythées, les satyres, les brassolides, les morpho, &c.; par la continuation de cette série de rapports, on arriveroit aux héliconies & aux danaïdes, qui deviendroient alors les premiers genres de la tribu des papillonides. Cet ordre ne contrarieroit nullement les rapports que l'on peut déduire de la comparaison des chenilles & des chrysalides; mais il n'en seroit pas ainsi de ceux que nous fournit l'examen de la cellule discoïdale des ailes inférieures, & dont M. Godart, par d'heureuses combinaisons, a si avantageusement profité dans la quatorzième livraison de son *Histoire naturelle des lépidoptères de France*. Notre distribution des genres de la famille des diurnes y est présentée avec les perfectionnemens que nous avons jugés nécessaires, & auxquels il a lui-même contribué par d'intéressantes observations. Mais, comme nous n'avons point la présomption de

(1) Afin d'accélérer la publication de ce demi-volume, je me suis chargé de la rédaction de cette tribu des lépidoptères diurnes; j'en excepte seulement le genre *Uranie* & les *Hespéries d'Europe*. Latreille.

croire que cette méthode soit absolument conforme à l'ordre naturel, nous en avons exposé ici une nouvelle, & uniquement établie sur l'étude de l'insecte parfait.

L'uranie *Leilus* est la seule espèce de ce genre dont on ait observé les métamorphoses; encore même, ce que mademoiselle Mérian nous en a appris, est-il très-incomplet. Mais celles de plusieurs hespéries, tant indigènes qu'exotiques (*voyez* Stoll, *Suppl. aux papillons exotiques* de Cramer, & l'*Histoire naturelle des lépidoptères de la Géorgie* par Smith, d'après les dessins & les notes d'Abbot), nous sont bien connues, & l'on ne peut douter que leurs chenilles ne soient des rouleuses ou plieuses de feuilles, habitude exclusivement propre à ce genre de lépidoptères diurnes. Aussi les auteurs du Catalogue systématique des lépidoptères des environs de Vienne en Autriche caractérisent-ils la division du genre Papillon, comprenant les hespéries, & qui, dans leur méthode, est la première, par les expressions suivantes: *larvæ torticiformes*, chenilles semblables à celles des pyrales, ou phalènes *tortrices* de Linné.

Fabricius, dans un nouveau travail sur les lépidoptères, a partagé son genre primitif d'hespérie en plusieurs autres, & celui qu'il désigne ainsi se compose de diverses espèces de polyommates (*Faunus*, *Vulcanus*, *Marsyas*, *Boeticus*, &c.). Ceux qu'il nomme *Thymele*, *Helias* & *Pamphila*, embrassent nos hespéries proprement dites. Malgré tous nos efforts pour améliorer cette coupe, nous n'avons pas encore trouvé le moyen d'en réduire l'étendue & de simplifier son étude, par l'adoption de ces genres & l'introduction de quelques autres. Il nous faut des caractères exacts, faciles & naturels, & malheureusement cet auteur, trop superficiel dans ses observations & trop systématique, ne peut être ici d'aucun secours pour nous. C'est aux naturalistes des contrées équatoriales de l'Amérique, ou à ceux qui y feront un long séjour, qu'il est peut-être exclusivement réservé de nous donner, par des recherches suivies sur les métamorphoses des hespéries, une classification naturelle & rigoureuse de cette division de lépidoptères.

Dans la méthode de M. Duméril, nos érycines & nos polyommates composent son genre *Hespérie*, & celui que nous appelons ainsi, répond à son genre *Hétéroptère*.

La tribu des hespérides est formée, comme nous l'avons dit plus haut, des genres Uranie & Hespérie.

Un lépidoptère qui m'a été envoyé du Brésil par M. Langsdorff, & offrant les antennes & les ailes inférieures des castnies, mais dont les palpes extérieurs sont tout-à-fait semblables à ceux des uranies, paroîtroit lier ces deux genres.

GENRE URANIE.

CARACTÈRES GÉNÉRIQUES.

Antennes d'abord filiformes, ensuite grêles et sétacées. Palpes inférieurs alongés, grêles, ayant le second article très-comprimé, le dernier beaucoup plus mince, presque cylindrique et nu.

G. Urania. Fab. (*Syst. Glossat.*) des Chevaliers grecs, des Nymphales et des Noctuelles. Fab. (*Ent. Syst.*)

ESPÈCES.

A. Bord postérieur des premières ailes presqu'entier. Bord analogue des secondes avec six dents, dont les trois intérieures en forme de queues.

1. Uranie Rhiphéus.

Ailes noires : supérieures offrant de part et d'autre des lignes transverses et une bande médiaire d'un vert-doré ; inférieures avec un espace anal d'un rouge-cuivreux glacé de violet et tacheté de noir.

B. bord postérieur des premières ailes entier. Bord analogue des secondes brièvement denté et ayant avant l'angle de l'anus une longue queue lancéolée.

2. Uranie Sloane.

Ailes noires : supérieures offrant de part et d'autre des lignes transverses et une bande d'une vert-doré : dessus des inférieures avec une bande en scie d'un rouge-cuivreux.

3. Uranie Léilus.

Ailes noires, semblables de part et d'autre, avec des lignes transverses et une bande d'un vert-soyeux : bande des inférieures en scie.

C. Bord postérieur des premières ailes entier. Bord analogue des secondes denté et ayant avant l'angle de l'anus une queue plus ou moins longue, arquée et obtuse.

4. Uranie Oronte.

Ailes d'un vert-noir : leur dessus avec deux bandes, leur dessous avec pareil nombre de bandes et la base, d'un vert-doré.

5 Uranie Patrocle.

Dessus des ailes d'un brun-chatoyant ; dessous gris et ondé de noirâtre : les deux surfaces offrant sur le milieu une bande blanche, commune.

D. Ailes supérieures entières. Ailes inférieures dentées et ayant avant l'angle de l'anus une large queue en spatule, sur laquelle il y a trois yeux.

6. Uranie Lunus.

Dessus des ailes brun, réticulé et ondé de fauve : dessous d'un jaune d'ocre pâle, avec deux bandes brunes.

7. Uranie Empédocle.

Ailes brunes, ayant le dessus réticulé et ondé de gris : les deux surfaces des quatre avec une bande médiaire et le bord postérieur blanchâtres.

A. Bord postérieur des premières ailes presque entier. Bord analogue des secondes avec six dents, dont les trois inférieures en forme de queues.

1. Uranie Rhiphéus.

Urania Rhipheus.

Uran. alis nigris : anticis utrinquè lineolis transversis fasciâque mediâ aureo-viridibus ; posticis areâ anali cupreâ violaceo micante nigroque maculatâ.

Papilio E. A. Rhipheus, *alis sex dentato-caudatis, nigris, viridi fasciatis : posticis subtùs maculâ aniferrugineâ nigro punctatâ.* Fab. *Mant. Ins. tom.* 2. *p.* 6. *n°.* 43. — *Ent. Syst. em. tom.* 3. *pars* 1. *p.* 21. *n°.* 62.

Papilio Rhipheus. Cram. *pl.* 385. *fig.* A. B.

Papilio Rhipheus. Drury, *Ins. tom.* 2. *pl.* 23. *fig.* 1. 2. (Sans queues.)

Papilio Rhipheus. Esp. *Pap. exot. tab.* 21. *fig.* 1. — *fig.* 2. (D'après Drury.)

Le Page de Chandernagor, *vulgairement.*

Uranie Prométhée. Drapiez, *Dict. class. d'Hist. nat.* 3e. *livraison, pl.* 8. *fig.* 1. 2.

Elle a de trois pouces & demi à quatre pouces d'envergure. Le dessus de ses ailes est noir, avec une multitude de petites lignes transverses & une large bande discoïdale d'un vert-doré-brillant aux supérieures ; avec une bande médiaire & une bande terminale du même vert aux inférieures. La bande des premières ailes est profondément bifide vers la côte, & les lignes qui la séparent de la base n'atteignent pas le milieu de la surface. Les deux bandes des secondes ailes sont sinuées, & elles se perdent vers l'angle de l'anus dans un espace d'un rouge-cuivreux qui jette un reflet violet vif, & sur lequel il y a quatre ou cinq taches noires.

Le dessous des ailes supérieures ressemble au dessus, mais les lignes vertes y sont plus larges.

Le dessous des ailes inférieures est d'un vert-doré à la base ainsi qu'à l'extrémité, avec des mouchetures noires ; il est traversé au milieu par une bande d'un rouge-cuivreux-chatoyant, bande qui offre une douzaine de taches noires orbiculaires, & qui se dilate à mesure qu'elle approche de la région de l'angle de l'anus. Les échancrures & les queues de ces ailes sont garnies de cils blancs de part & d'autre. Le corps est noir, avec des atomes d'un vert-doré sur l'abdomen, & des poils d'un jaune-fauve sur la poitrine ainsi que sur les cuisses. Les antennes sont entièrement noires.

Il est des individus qui ont une petite ligne verte dans la fissure de la bande des ailes supérieures. Il en est d'autres chez lesquels la branche extérieure de cette bande est séparée en dessus, tandis qu'elle est adhérente en dessous. Ces variations existent dans les deux sexes.

Cette espèce est de Madagascar & non du Bengale ; ainsi c'est d'après de faux renseignemens qu'on lui a donné le nom vulgaire de *Page de Chandernagor.* Selon M. Bory de Saint-Vincent, elle se trouveroit aussi à Sainte-Hélène.

B. Bord postérieur des premières ailes entier. Bord analogue des secondes brièvement denté & ayant avant l'angle de l'anus une longue queue lancéolée.

2. Uranie Sloane.

Urania Sloanus.

Uran. alis nigris : anticis utrinquè lineis transversis fasciâque aureo-viridibus : posticis suprà fasciâ serratâ cupreo-rubrâ.

Papilio Sloanus. Cram. *pl.* 85. *fig.* E. F.

Papilio Sloaneus. Herbst, *Pap. tab.* 51. *fig.* 3. 4.

Sloane, *Jamaic. Hist.* 2. *tab.* 239. *fig.* 11. 12.

Cette uranie porte le nom de Sloane, celèbre médecin anglais, connu des naturalistes par son *Histoire de la Jamaïque.*

Elle a entre deux pouces & demi & trois pouces d'envergure. Ses ailes sont noires. Les supérieures ont de part & d'autre six à sept lignes transverses d'un vert-doré-brillant, entre lesquelles il y a une bande bifide ou trifide du même vert.

Le dessus des ailes inférieures est traversé dans son milieu par une bande d'un rouge-cuivreux-luisant. Le dessous est d'un vert-doré, avec des mouchetures noires sur la côte & vers l'extrémité. Les queues sont noires, ce qui distingue encore cette espèce de l'uranie *Leilus.*

De la Jamaïque.

3. Uranie Léilus.

Urania Leilus.

Uran. alis nigris, concoloribus, lineis transversis fasciâque sericeo-viridibus : fasciâ posticarum serratâ.

Papilio E. A. Leilus, *alis caudatis, concoloribus, nigris, fasciâ lineisque viridibus, nitentibus, numerosis.* Linn. *Syst. Nat.* 2. *pag.* 750. *n°.* 31. — *Mus. Lud. Ulr.* 206.

Papilio E. A. *Leilus.* Fab. *Spec. Ins. tom.* 2. *p.* 12. *n°.* 48. — *Mant. Ins. tom.* 2. *p.* 7. *n°.* 54. — *Ent. Syst. em. tom.* 3. *pars* 1. *p.* 21. *n°.* 63.

Papilio Leilus. Clerck, *Icon. tab.* 27. *fig.* 1.

Papilio Leilus. Cram. *pl.* 85. *fig.* C. D.

Merian, *Surin. Ins. tab.* 29.

Kleman, *Beytr.* 1. *tab.* 2. *fig.* 1.

Knorr, *Delic. tab.* C. *fig.* 1.

Seba, *Muf.* 4. *tab.* 36. *fig.* 1. 2. 3. 4.

Papilio Leilus. Herbst, *Pap. tab.* 50. *fig.* 2. 3.

Papilio Leilus. Esp. *Pap. exot. tab.* 53. *fig.* 2.

Le Page de Cayenne. Daubenton, *pl. enlum.* 71. *fig.* 1.

Elle a de trois pouces & demi à quatre pouces d'envergure. Ses ailes font noires de part & d'autre, avec huit à neuf lignes tranfverfes & une bande d'un vert-foyeux. La bande des premières ailes eft trifide ou quadrifide à fon extrémité fupérieure. La bande des fecondes ailes a le côté externe denté en fcie, & le côté interne plus ou moins déchiqueté. Ces dernières ailes ont la frange du bord poftérieur & la queue blanches, mais la queue a le milieu longé par une ligne noire. Le corps eft rayé de vert, & beaucoup plus gros dans les femelles que dans les mâles.

De Cayenne & de Surinam.

C. Bord poftérieur des premières ailes entier. Bord analogue des fecondes denté & ayant avant l'angle de l'anus une queue plus ou moins longue, arquée & obtufe.

4. Uranie Oronte.

Urania Orontes.

Uran. alis atro-viridibus : fuprà fafciis duabus, fubtùs bafi fafciifque totidem inaurato-virefcentibus.

Papilio E. A. Orontes, *alis caudatis, nigris, albido-virefcente fafciatis : caudis albis diftantibus.* Linn. *Syft. Nat.* 2. *p.* 750. *n°.* 27. — *Amœn. acad. tom.* 6. *p.* 402. *n°.* 51.

Papilio E. A. *Orontes.* Fab. *Spec. Inf. tom.* 2. *p.* 20. *n°.* 80. — *Mant. Inf. tom.* 2. *p.* 10. *n°.* 91.

Papilio N. *Orontes.* Fab. *Ent. Syft. em. tom.* 3. *pars* 1. *p.* 69. *n°.* 214.

Papilio Orontes. Clerck, *Icon. tab.* 26 *fig.* 1.

Papilio Orontes. Cram. *pl.* 83. *fig.* A. B.

Papilio Orontes. Herbst, *Pap. tab.* 47. *fig.* 1. 2.

Seba, *Muf.* 4. *tab.* 16. *fig.* 1. 2. — *tab.* 47. *fig.* 7. 8.

Papilio Orontes. Esp. *Pap. exot. tab.* 30. *fig.* 1. 2.

Elle a de quatre pouces à quatre pouces & demi d'envergure. Le deffus des ailes eft d'un vert-bouteille foncé, avec deux bandes courbes & tranfverfes d'un vert-doré pâle. La bande poftérieure eft plus courte aux premières ailes, & maculaire aux fecondes. Ces dernières ailes ont les échancrures & la queue ciliées de blanc.

Le deffous diffère du deffus en ce que la moitié antérieure de la furface eft d'un vert-doré pâle, comme les deux bandes. Le corps eft d'un vert-obfcur en deffus, avec un collier blanc très-étroit. Il eft d'un vert-blanchâtre en deffous, avec une bande longitudinale orangée fur le milieu du ventre. Les antennes font noires.

Dans les femelles, l'abdomen eft très-gros, & l'on voit quelquefois des mâles qui ont la bande poftérieure du deffus des premières ailes prefque nulle.

Des îles de Java & d'Amboine.

5. Uranie Patrocle.

Urania Patroclus.

Uran. alis fuprà fufcis, nitidis ; fubtùs grifeis, fufco undatis : utrinquè fafciâ communi mediâ albâ.

Papilio E. A. Patroclus, *alis caudatis, concoloribus, fufcis, fafciâ lineari albâ apicibufque albis.* Linn. *Syft. Nat.* 2. *p.* 749. *n°.* 24. — *Muf. Ulr.* 204.

Papilio E. A. *Patroclus.* Fab. *Spec. Inf. tom.* 2. *p.* 13. *n°.* 53. — *Mant. Inf. tom.* 2. *p.* 7. *n°.* 59.

Noctua Patroclus. Fab. *Ent. Syft. em. tom.* 3. *pars* 2. *p.* 8. *n°.* 2.

Papilio Patroclus. Clerck, *Icon. tab.* 37. *fig.* 1.

Papilio Patroclus. Cram. *pl.* 109. *fig.* A. B. — *pl.* 198. *fig.* A.

Papilio Patroclus. Herbst, *Pap. tab.* 54. *fig.* 2. 3. — *tab.* 55. *fig.* 1.

Seba, *Muf.* 4. *tab.* 47. *fig.* 15. 16.

Papilio Patroclus. Drury, *Inf. tom.* 1. *tab.* 7. *fig.* 1. — *tab.* 8. *fig.* 1.

La Chauve-fouris. Daubenton, *pl. enlum.* 17.

Elle a de cinq à fix pouces d'envergure. Le deffus des ailes eft d'un brun-chatoyant, avec une bande blanche, tranfverfe, médiaire & prefque droite. Le premières ailes ont la côte entrecoupée de blanchâtre. Les fecondes, dont l'extrémité eft grifâtre & ondée de noirâtre, ont les dents du bord poftérieur & le bout de la queue blancs.

Le deffous des quatre ailes eft gris & finement ondé de noirâtre, avec une bande blanche, répondant à celle du deffus, & largement bordée de brun. Le corps eft brun en deffus, blanchâtre en deffous. Les antennes font obfcures.

Chez la femelle, la bande blanche des ailes eft moins étroite que chez le mâle. Celui-ci a la dent qui précède la queue plus longue que les autres.

Elle fe trouve en Chine, dans les îles de Java & d'Amboine.

D. Ailes supérieures entières. Ailes inférieures dentées & ayant avant l'angle de l'anus une large queue en spatule, sur laquelle il y a trois yeux.

6. Uranie Lunus.

Urania Lunus.

Uran. alis suprà fuscis, fulvo reticulatis & undatis : subtùs lutescentibus, fasciis duabus fuscis.

Phalæna Attacus Lunus, *seticornis, spirilinguis : alis caudatis, fusco luteoque undulatis, ocellis caudalibus subternis.* Linn. *Syst. Nat.* 2. *p.* 810. *n°.* 6. — *Mus. Lud. Ulr.* 371.

Ph. Lunus. Clerck, *Icon. tab.* 5. *fig.* 3. 4.

Papilio Lunus. Cram. *pl.* 200. *fig.* A. B. C.

Papilio Lunus. Herbst, *Pap. tab.* 53. *fig.* 1. 2. 3.

Papilio E. A. Ægisthus, *alis caudatis, fusco luteoque undulatis, ocellis caudalibus subternis.* Fab. *Spec. Inf. tom.* 2. *p.* 20. *n°.* 82. — *Mant. Inf. tom.* 2. *p.* 10. *n°.* 93.

Papilio N. *Ægislus.* Fab. *Ent. Syst. em. tom.* 3. *pars* 1. *p.* 69. *n°.* 215.

Elle a environ trois pouces & demi d'envergure. Le dessus des ailes est d'un brun-enfumé, avec une multitude de lignes fauves, ondulées & transversales. Les premières ailes ont en outre les nervures fauves depuis la base jusqu'au-delà du milieu, ce qui les fait paroître réticulées à leur moitié antérieure. Les secondes ailes ont l'angle anal rosé, & leurs yeux sont noirs, sablés de bleu & cerclés de fauve. L'œil antérieur est placé à la naissance du bord interne de la queue; le second sur le milieu de ce même bord, & le postérieur au milieu de la spatule. De l'œil intermédiaire part une ligne noire, courbe, qui passe au-dessous de l'œil postérieur sur un fond jaunâtre, & va se perdre sur le bord interne de la queue.

Le dessous des quatre ailes est d'un jaune d'ocre pâle, & traversé entre le milieu & l'extrémité par deux bandes brunes, sinuées, dont la postérieure plus large & couvrant presque toute la queue. Le corps a le dessus brun & rayé de fauve; il a le dessous entièrement jaune. Les antennes sont brunâtres.

La femelle ressemble au mâle, mais elle a le corps plus gros.

De Surinam & du Brésil.

7. Uranie Empédocle.

Urania Empedocles.

Uran. alis fuscis, suprà griseo reticulatis & undatis : omnibus utrinquè fasciâ mediâ transversâ margineque postico albidis.

Papilio Empedocles. Cram. *pl.* 99. *fig.* A. B.

Papilio Empedocles. Herbst, *Pap. tab.* 53. *fig.* 4. 5.

Elle a de grands rapports avec la précédente, néanmoins elle s'en distingue par plusieurs caractères. D'abord elle est brune de part & d'autre, avec deux bandes blanchâtres, dont l'antérieure médiaire, la postérieure terminale. En second lieu, les lignes ondulées du dessus de ses ailes sont grises, & celles qui séparent les deux bandes des inférieures ont une teinte rougeâtre; enfin, le bout de la queue est blanc au lieu d'être jaune.

De Surinam.

HESPÉRIE. *Hesperia.* Genre d'insectes de l'ordre des lépidoptères, famille des diurnes, tribu des hespérides, & distingué de celui d'uranie, autre & premier genre de la même tribu, par les caractères suivans : antennes terminées en masse. Palpes extérieurs (labiaux ou inférieurs) courts, larges & très-garnis d'écailles.

Ces lépidoptères ont généralement le corps court & gros; la tête large; les antennes écartées à leur insertion & terminées brusquement en une masse plus ou moins ovale ou oblongue, finissant en pointe, & tantôt arquée, tantôt subitement courbée ou crochue; les palpes extérieurs ou labiaux larges, très-fournis d'écailles, de trois articles, dont le dernier très-petit, comparativement au second; les ailes fortes, & dont les inférieures toujours plissées au côté interne & souvent parallèles au plan de position dans le repos; l'abdomen court, presque conique, ou conico-cylindrique; toutes les pattes propres à la locomotion; les jambes postérieures armées de quatre ergots & les tarses terminés par deux crochets petits, simples & très-arqués. Leurs couleurs sont généralement obscures ou peu éclatantes. Leur vol est sautillant.

Leurs chenilles ressemblent à celles de divers lépidoptères nocturnes. Elles sont alongées, plus grêles aux deux extrémités, ou du moins antérieurement, presque nues, peu variées en couleurs, avec la tête grosse & souvent marquée de deux taches arrondies, imitant des yeux. Elles vivent entre des feuilles qu'elles roulent & qu'elles fixent avec de la soie. C'est là qu'elles se métamorphosent en une chrysalide unie ou sans éminences angulaires, & dont l'extrémité antérieure est plus ou moins avancée en une pointe simple.

Si les figures de Stoll, relatives aux métamorphoses de quelques espèces de Surinam, sont exactes, leurs chrysalides seroient fixées à la manière de celles des papillonides hexapodes, c'est-à-dire, par la queue, & par un lien de soie passant au-dessus du corps & lui formant une ceinture. Quelques espèces donnent deux fois dans la même année. Ces insectes fréquentent plus généralement les bois & les lieux très-garnis de graminées; quelques-uns se plaisent dans ceux qui font humides ou aquatiques. L'Amérique équinoxiale en fournit le plus grand nombre d'espèces.

Dans l'article précédent, celui d'hespérides, nous avons exposé l'histoire de ce genre. Les proportions des deux derniers articles des palpes extérieurs, la forme de la massue des antennes & celle des ailes inférieures, ainsi que leur position, donnent le moyen de le diviser. (*Voyez* mon *Genera Crust. & Insect. tom.* 4, *p.* 208; l'article Hespérie du *nouv. Dict. d'Hist. nat.* 2e. *édit.*, & la 14e. livraison des *Papillons diurnes de France* de M. Godart.) Mais ces caractères se nuancent tellement, qu'il est bien difficile de fixer rigoureusement les limites de ces coupes. Il est certain que beaucoup d'espèces ont un port d'ailes particulier & que nous avons désigné (voyez *Hespérides*) par les mots d'*ailes en chevron* (les *estropiés* de Geoffroy); mais nous nous sommes assurés que beaucoup d'espèces exotiques ont, dans le repos, les quatre ailes élevées perpendiculairement, de même que les autres diurnes. Dans le premier cas, le bord extérieur des inférieures est proportionnellement plus dilaté & plus arqué à sa base. Il ne nous a pas encore été possible d'étudier, sous ce point de vue, chaque espèce. Il nous a donc fallu, dans un travail aussi général, renoncer à l'emploi de ce caractère. Celui que peut nous fournir la saillie plus ou moins avancée de l'angle anal des mêmes ailes, est, dans bien des circonstances, & surtout lorsque ces ailes n'ont pas été étendues avec beaucoup de soin, très-équivoque. Comme cependant l'on ne peut arriver à la détermination des espèces sans former dans ce genre des divisions & subdivisions nombreuses, nous en avons établi plusieurs. Toutefois nous ne garantirons point l'homogénéité, ni l'exactitude de ces groupes. Le peu de temps que nous avons eu pour rédiger cet article ne nous a point permis de donner la dernière main à notre travail. Mais si nous avons erré dans le placement de quelques espèces, on sera sûr de les trouver dans les divisions les plus voisines de celle à laquelle elles doivent appartenir. Nos caractères spécifiques sont même très-souvent indépendans de ceux des divisions, ou peuvent seuls suffire. Nous eussions desiré de pouvoir citer les figures d'Hubner, relatives aux hespéries exotiques. Son ouvrage sur les lépidoptères étrangers n'existant dans aucune bibliothèque de Paris, cela nous a été impossible. Nous avons cherché à y suppléer, soit avec l'ouvrage de Cramer, trop négligé par Fabricius, & par ceux de Donovan, qui, étant maintenant possesseur des dessins inédits de Jones, que le naturaliste précédent a très-souvent cités, en a reproduit plusieurs.

GENRE HESPÉRIE.

HESPERIA, Latr., Cuv., Lam., Walck., God. — *PAPILIO* (*Pleb. urbic.*), Linn., Geoff., Scop., Schæff., Den., Schiff., Esp., Borkh., Cram., Engram., Oliv., Vill., Ross., Panz., Prun., Hubn., Ochsenh. — *ERYNNIS*, Schr. — *THYMELE*, *HELIAS*, *PAMPHILA*, Fab. — *HETEROPTERUS*, Duméril.

CARACTÈRES GÉNÉRIQUES.

Antennes très-écartées à leur base, courtes, terminées brusquement en une massue arquée ou crochue.

Une trompe roulée en spirale.

Palpes inférieurs ou labiaux courts, de trois articles, dont le second grand, large, très-garni d'écailles, et dont le troisième très-petit.

Six pieds ambulatoires; les deux jambes postérieures ayant deux paires d'ergots, l'une ordinaire et terminale, l'autre située plus haut, au côté interne.

Ailes inférieures sans crochet à leur base, plissées au côté interne, horizontales dans plusieurs, lorsque l'insecte est en repos.

Chenille à seize pattes, ordinairement nue, alongée, presque fusiforme, à tête grosse, et vivant entre des feuilles qu'elle roule et fixe avec de la soie.

Chrysalide renfermée dans ce rouleau, unie, avec l'extrémité antérieure entière ou sans échancrure à sa pointe.

ESPÈCES.

I. *Angle anal des ailes inférieures prolongé en une queue presque linéaire.*

1. *Bord postérieur des ailes inférieures entier.*

A. *Une bande blanche ou jaunâtre aux ailes inférieures, soit interne, soit marginale.*

1. Hespérie Eudoxe.

Ailes d'un noirâtre-foncé; une bande transverse sur les supérieures et bord postérieur des inférieures, blancs; une bande jaunâtre sous celles-ci.

2. Hespérie Métophis.

Ailes noirâtres en dessus, d'un ferrugineux-obscur en dessous; limbe postérieur, bord interne et une raie sur le milieu des postérieures, gris: cinq taches transparentes formant une série sur les supérieures.

3. Hespérie Cœlus.

Ailes noires en dessus, noirâtres en dessous; des taches vitrées aux antérieures: une bande transverse d'un blanc de neige sur le milieu du dessous des secondes.

4. Hespérie Orion.

Ailes d'un noirâtre-foncé; les postérieures ayant leur limbe extérieur et la queue blancs.

HESPÉRIE. (Insecte.)

B. *Point de bande blanche ou jaunâtre, soit interne, soit marginale, aux ailes inférieures.*

5. HESPÉRIE Euryclès.

Ailes noirâtres; dessous des postérieures à trois bandes noires, celle de la base courte ou remplacée par une tache.

2. *Bord postérieur des ailes inférieures denté ou sinué.*

6. HESPÉRIE Catillus.

Noirâtre; une tache apicale sur le dessous des ailes antérieures et une bande maculaire et arquée sur les postérieures, d'un noirâtre-brun: espaces adjacens gris.

7. HESPÉRIE Protée.

Noirâtre; dessous des postérieures plus clair, avec trois bandes et une tache vers la base, noirâtres.

II. *Ailes inférieures, sans queue ou à angle anal prolongé au plus en manière de dent.*

1. *Ailes supérieures peu ou point arquées à la côte: leur sommet peu ou point prolongé, ne formant ni de crochet, ni de faulx.*

A. *Bord postérieur des ailes inférieures soit prolongé à l'angle anal ou plus extérieurement en manière de dent ou de très-petite queue, soit offrant avant cet angle un sinus ou une échancrure.*

a. *Ailes des deux sexes semblables ou sans différences notables.*

* *Une portion de la tête, l'anus ou l'angle anal (souvent aussi le collier) rouges ou orangés.*

† *Bord postérieur des ailes inférieures droit et très-entier.*

— *Antennes courbées brusquement à leur extrémité et terminées en une pointe fine, très-aiguë.*

8. HESPÉRIE Arinus.

Ailes très-noires; une tache sur le milieu des supérieures, le bord postérieur des inférieures d'un blanc de neige.

9. HESPÉRIE Cléanthe.

Très-noire, avec la tête et l'anus d'un rouge de sang; dessus des ailes d'un bleu tirant sur le noir-foncé; trois taches et un point vitré, sur le disque des supérieures; bord postérieur des inférieures blanc, avec l'extrémité interne sanguine.

10. HESPÉRIE Polybie.

Ailes d'un noir-foncé; une tache fauve aux antérieures; angle anal des secondes jaune.

11. HESPÉRIE Lycagus.

Ailes d'un bleu-verdâtre, sans taches.

— — *Antennes presque graduellement arquées à leur extrémité et terminées par une petite massue oblongue, insensiblement amincie vers sa pointe ou obtuse.*

12. HESPÉRIE Jupiter.

Ailes d'un noir-foncé tirant sur le vert, d'un verdâtre-doré en dessus, avec des veines et le bord postérieur noirs, sur leur dessous.

13. HESPÉRIE Zéleucus.

Ailes très-noires, sans taches, avec le bord postérieur blanc.

14. HESPÉRIE Mænade.

Ailes d'un noir-foncé tirant sur le bleu; bord postérieur et base des inférieures blancs.

15. HESPÉRIE Phidias.

Ailes d'un noir-foncé tirant sur le bleu; limbe postérieur des inférieures rouge ou jaunâtre, bordé de blanc en dehors.

HESPÉRIE. (Insecte.)

16. HESPÉRIE Amiatus.

Ailes très-noires, avec le bord postérieur jaune.

17. HESPÉRIE Xantippe.

Très-noire; des bandes jaunes sur les ailes.

† † *Bord postérieur des ailes inférieures sinueux, à frange entrecoupée et paroissant dentelée.*

18. HESPÉRIE versicolore.

Très-noire; des bandes bleues sur l'abdomen et sur les ailes, une bande rouge et deux taches jaunes sur les ailes supérieures.

19. HESPÉRIE Assaricus.

Ailes très-noires; les supérieures tachetées de jaune et de blanc, le disque des inférieures jaune, avec des points noirs.

** *Point simultanément de teinte rouge ou orangée à la tête et à l'anus, ou à la tête et à l'angle anal des ailes inférieures.*

† *Bord postérieur des ailes inférieures sensiblement denté ou anguleux.*

— *Ailes inférieures sans taches vitrées ou n'en ayant qu'une au plus et discoïdale.*

20. HESPÉRIE Iphinous.

Très-noire; ailes antérieures avec une bande et deux taches jaunes, dessous des postérieures et des lignes sur l'abdomen d'un blanc-bleuâtre.

21. HESPÉRIE Polyzone.

Très-noire, avec des bandes bleues et blanches; ailes antérieures ayant des taches vitrées et des bandes transverses à la base; extrémité des antennes arquée graduellement.

22. HESPÉRIE Gnetus.

Très-noire; extrémité des antennes brusquement arquée; ailes postérieures fasciées de bleu, les antérieures ayant des taches vitrées et des rayons bleus à leur base.

23. HESPÉRIE Salus.

Ailes fauves, avec des bandes noires; des taches sur les antérieures et centre des postérieures vitrés.

24. HESPÉRIE Saint-Hilaire.

Ailes fauves en dessus, noires en dessous; des taches vitrées, bordées de noir, sur les antérieures: les postérieures ayant à l'angle interne un prolongement tronqué, ponctuées de noir en dessus, et fasciées de jaunâtre en dessous.

25. HESPÉRIE Éacus.

Ailes d'un noirâtre tirant sur le jaune, avec des points obscurs; des taches d'un blanc-transparent sur les antérieures.

— — *Les quatre ailes parsemées de plusieurs taches vitrées.*

26. HESPÉRIE Momus.

Ailes noires; les antérieures presqu'entièrement striées de lignes transparentes.

27. HESPÉRIE Erythus.

Ailes mélangées de noir et de brun-noirâtre, avec des taches transparentes, les unes presque carrées, ou presque triangulaires, les autres en forme de points.

28. HESPÉRIE Cramer.

Ailes d'un ferrugineux-obscur, avec des taches vitrées, bordées de noir: une bande formée de taches bleuâtres et terminée postérieurement par une ligne noire, ondulée, sur leur dessous.

HESPÉRIE. (Insecte.)

†† *Bord postérieur des ailes inférieures entier.*

— *Dessus du corps et origine supérieure des ailes verts ou d'un vert-bleuâtre : dessus de ces ailes noir ou noirâtre, celui des inférieures sans taches.*

29. Hespérie Creteus.

Ailes noires et sans taches en dessus, noirâtres en dessous, avec deux bandes transverses plus obscures : limbe postérieur ordinairement plus clair.

30. Hespérie Parménide.

Noirâtre ; dessus des ailes sans taches : une grande tache blanche et interne sur le dessous des antérieures, celui des postérieures sans bandes.

31. Hespérie du Roucou.

Noirâtre, sans taches en dessus ; une bande blanche sur le dessous des ailes postérieures.

32. Hespérie Acastus.

Dessus des ailes d'un noir-bleu ; les supérieures ayant une bande d'un blanc-transparent, avec le sommet sans taches : dessous des inférieures d'un noirâtre-vert, avec le limbe postérieur cendré ou plus clair.

33. Hespérie Mercatus.

Dessus des ailes noir ; les supérieures ayant une bande et une ligne de points près du sommet d'un blanc-transparent, base du dessous des inférieures blanche.

34. Hespérie Ausone.

Ailes noirâtres ; les supérieures ayant une bande et une ligne de points, avant le sommet, d'un jaunâtre-transparent : dessus des inférieures, à l'exception du limbe, vert.

35. Hespérie Savigny.

Dessus des ailes antérieures noir, avec des taches et trois points blancs et transparens ; les ailes postérieures noirâtres en dessus, brunes en dessous, avec un point noir à la base, et trois bandes obscures, transverses.

— — *Dessus du corps et origine supérieure des ailes jaunâtres ; dessus des ailes noirâtre : des taches jaunâtres, transparentes et pour la plupart disposées en une ligne transverse, aux supérieures ; dessous des inférieures ayant soit des taches discoïdales d'un blanc-argenté (quelquefois effacées), soit une bande ou une raie (commune quelquefois aux deux surfaces) parcourant toute sa longueur ou toute sa largeur, tantôt de cette couleur, tantôt blanche ou jaunâtre : ces ailes ordinairement sans taches vitrées.*

φ. *Dent extérieure de la troncature oblique du prolongement anal des ailes inférieures très-saillante.*

36. Hespérie Schœnherr.

Ailes noirâtres ; limbe postérieur et supérieur des inférieures et dessous de leur angle anal noirs ; les supérieures ayant une bande vitrée et une tache blanche près du sommet : une bande d'un jaune-pâle, large et transverse, sur les deux faces des postérieures.

37. Hespérie Mercure.

Ailes postérieures ayant en dessous deux taches transverses d'un noirâtre très-foncé, avec l'espace intermédiaire d'un gris de perle luisant : limbe postérieur cendré en dehors, noirâtre intérieurement ; abdomen annelé de blanc.

38. Hespérie Tityre.

Dessous des ailes postérieures d'un brun-foncé, avec une tache angulaire ou une bande transverse d'un blanc-agenté, au milieu.

HESPÉRIE. (Insecte.)

Φ Φ. Dent extérieure de la troncature oblique du prolongement anal des ailes inférieures soit point ou très-peu saillante, soit obtuse ou arrondie.

39. HESPÉRIE Epitus.

Ailes noirâtres en dessus, d'un fauve-obscur en dessous; des taches d'un jaunâtre-transparent et dont les trois intérieures disposées en triangle, aux supérieures: une bande transverse argentée sur le dessous des inférieures.

40. HESPÉRIE Ericus.

Ailes noirâtres; trois petits points vitrés aux supérieures, une tache jaunâtre et postérieure sur le dessous des inférieures.

41. HESPÉRIE Chromus.

Noirâtre, plus pâle en dessous; une ligne blanche, transverse, et une tache anale et noirâtre sur le dessous des ailes inférieures.

— — — Dessus du corps et base supérieure des ailes point garnis d'un duvet soyeux vert ou d'un vert-bleuâtre; dessous des inférieures n'offrant point, du moins dans les espèces où ces parties sont jaunâtres, de taches discoïdales argentées, ni une bande longitudinale ou transverse, soit pareillement argentée, soit blanche ou jaunâtre.

Φ. Des taches vitrées et dont plusieurs bordées de noir ou de noirâtre, en forme de petits yeux, sur les quatre ailes.

42. HESPÉRIE Polygius.

D'un noirâtre-roussâtre; une bande vitrée et maculaire au milieu des ailes antérieures.

43. HESPÉRIE Salatis.

Dessus des ailes d'un roussâtre-obscur; toutes les taches vitrées en forme de points.

44. HESPÉRIE Ramusis.

Ailes d'un noirâtre-brun, avec des taches et des points d'un blanc-transparent.

Φ Φ. Des taches transparentes sur les quatre ailes, sans cercle brun ou noirâtre autour; dessus des ailes inférieures d'un brun ou d'un noir uniforme, soit avec un ou plusieurs points, soit avec de petites taches, transparens.

45. HESPÉRIE Chemnis.

Corps brun; ailes noirâtres, bordées postérieurement de jaune: les postérieures de la même couleur des deux côtés, avec trois taches carrées, transparentes.

46. HESPÉRIE Ethlius.

Ailes noirâtres en dessus, jaunâtres en dessous, à l'exception du disque des antérieures; quatre taches et trois points près du sommet, transparens, sur celles-ci: quatre taches jaunâtres, formant une série transverse, sur les inférieures.

47. HESPÉRIE Antonin.

Ailes antérieures et dessus des postérieures noirâtres; côte des premières jaunâtre en dessous; les secondes ayant deux points jaunâtres: leur dessous d'un brun-rouge, avec la base d'un gris-jaune.

48. HESPÉRIE Dalman.

Dessus des ailes noirâtre; une tache apicale, triangulaire, d'un noirâtre-foncé, bordée de jaune aux supérieures; les inférieures ayant en dessus une ligne transverse de quatre points jaunâtres: leur dessous noirâtre, avec une bande jaunâtre ponctuée de noirâtre et une tache d'un noir-foncé presqu'oculaire.

49. HESPÉRIE Basoches.

Dessus des ailes d'un noir-brun; leur dessous, le disque des premières excepté,

HESPÉRIE. (Insecte.)

d'un brun-cendré; trois taches d'un blanc-transparent sur le disque des quatre; une tache apicale d'un blanc de neige sur le dessus des premières : trois points noirs en dessous, près de leur sommet.

50. Hespérie Fischer.

Ailes noires; sept taches aux supérieures et trois aux inférieures, d'un blanc-transparent.

51. Hespérie Lesueur.

Ailes d'un noirâtre-foncé, avec des taches et des points d'un blanc-transparent; cinq points sur les inférieures, dont un discoïdal, et les quatre autres situés en dessous et formant une ligne transverse.

52. Hespérie Bonfils.

Ailes noirâtres en dessus, d'un fauve-noirâtre en dessous, avec le limbe postérieur plus clair; une bande sur les supérieures et des points disposés en une série transverse sur le milieu des inférieures, blancs et transparens : frange postérieure des quatre ailes entrecoupé de noir et de blanc.

φ φ φ. *Des taches ou des points transparens aux ailes supérieures au plus.*

53. Hespérie Thrax.

Ailes noirâtres, moins foncées en dessous; trois taches d'un jaunâtre-transparent, et disposées en triangle aux antérieures : l'inférieure des antérieures en carré-long.

54. Hespérie Ennius.

Ailes antérieures noirâtres, avec des taches d'un jaunâtre-transparent; dessus des secondes jaune, avec une bande marginale très-noire et arquée : leur dessous noirâtre, avec le disque blanc.

55. Hespérie Phocas.

D'un jaunâtre-foncé ou roussâtre; des taches d'un jaunâtre-transparent aux ailes supérieures : les trois antérieures plus grandes, échancrées postérieurement, cinq à six autres points près du sommet; ailes inférieures jaunâtres, avec des bandes ou des lignes de points jaunâtres et transverses; antennes terminées brusquement en crochet.

56. Hespérie Avitus.

D'un jaunâtre-obscur; des taches d'un jaunâtre-transparent aux ailes supérieures : les deux antérieures plus grandes, presque carrées : deux ou trois autres en forme de points, près du sommet; des points noirâtres, disposés en lignes transverses, sur les inférieures; massue des antennes arquée graduellement.

57. Hespérie Rhétus.

D'un fauve-jaunâtre, avec des ondes noirâtres sur les ailes; bord externe des supérieures très-replié : celui des inférieures d'un noir-bleu.

58. Hespérie Crinisus.

Ailes noirâtres, avec la base roussâtre en dessus et d'un jaunâtre gris en dessous; disque du dessous des inférieures roussâtre, avec des bandes noirâtres : le plus souvent de petites taches transparentes aux ailes supérieures.

59. Hespérie Lycidas.

Ailes antérieures et dessus des secondes d'un noirâtre-clair; des taches d'un jaunâtre-transparent sur le disque de celles-ci; les autres d'un noirâtre-nébuleux à leur base, blanchâtres extérieurement : frange de toutes entrecoupée de blanc et de noirâtre.

HESPÉRIE. (Insecte.)

60. Hespérie Lucas.

Ailes noirâtres; quatre à cinq taches d'un jaune-transparent sur le disque des premières, les secondes sans taches.

61. Hespérie Mathias.

Ailes noirâtres en dessus, d'un noirâtre-jaunâtre en dessous; des taches et des points d'un blanc-transparent aux supérieures: une ligne arquée de points blancs sur les inférieures ou du moins sur leur dessous.

62. Hespérie Gremius.

Ailes noirâtres en dessus, d'un cendré-obscur en dessous; des taches et des points d'un blanc-transparent aux supérieures, quatre à cinq points d'un noir-foncé et bordés de blanc sur le disque du dessous des inférieures.

63. Hespérie Néron.

D'un noirâtre-foncé, un peu luisant: une raie transverse de points blancs des deux côtés des ailes supérieures et sur le dessous des inférieures.

64. Hespérie Jacchus.

Ailes noirâtres; des taches jaunes et transparentes aux supérieures; les postérieures ayant en dessus une tache discoïdale et composée, jaune, et en dessous six points blancs.

65. Hespérie Flaccus.

Noirâtre; des points transparens aux ailes supérieures, un point et une bande blancs aux inférieures.

66. Hespérie Marc.

Dessus des ailes noir; des taches d'un blanc-transparent aux supérieures; les inférieures ayant au milieu de leur face supérieure une bande maculaire d'un blanc-bleuâtre: leur dessous d'un brun-clair, avec le côté extérieur et une bande longitudinale interne, d'un jaune-pâle.

67. Hespérie Lucrèce.

Ailes antérieures et dessus des secondes noirâtres; celles-ci ayant en dessus une série transverse de points jaunâtres: leur dessous gris, mélangé de noirâtre, avec une tache triangulaire et interne, et un point placé sur une tache blanche et de forme semblable, d'un noir-foncé.

68. Hespérie Lafrenaye.

Ailes noires en dessus, d'un fauve-obscur en dessous; des taches d'un blanc-transparent aux supérieures; les inférieures ayant sur leur disque supérieur une bande maculaire, et en dessous une grande tache triangulaire et marquée d'un point ferrugineux, blanches.

69. Hespérie Tibulle.

Ailes antérieures noires, avec des taches jaunes; les secondes jaunes, avec le limbe noir.

70. Hespérie Abébalus.

Ailes antérieures et dessus des secondes noirâtres; une ligne de points blancs transverse et arquée sur celles-là: celles-ci ayant en dessus et dans leur milieu une bande jaunâtre, transverse; leur dessous blanc, avec des veines rougeâtres, et trois taches d'un noirâtre-fauve, deux au milieu et l'autre anale.

71. Hespérie Pertinax.

Ailes entières et dessus des secondes d'un noirâtre-foncé; quatre petites taches et trois points d'un blanc-transparent sur celles-là: dessous de celles-ci blanc, plus foncé postérieurement, avec des veines et une rangée transverse de points, blanchâtres.

72. Hespérie Saturne.

Ailes noirâtres; des points sur les supérieures et des stries sur le dessous des inférieures, blancs.

HESPÉRIE. (Insecte.)

73. Hespérie Cæsar.

Ailes antérieures noirâtres, avec des taches vitrées; les postérieures d'un noir-foncé en dessus, avec une tache d'un blanc de neige au milieu : leur disque inférieur cendré, avec des points noirs.

74. Hespérie Virbius.

Corps et ailes noirs; deux petites taches et deux points d'un blanc-tranparent aux supérieures, extrémité postérieure des inférieures d'un blanc de neige.

75. Hespérie Curtius.

Ailes noires; quatre points blancs aux antérieures, les postérieures sans taches.

76. Hespérie Sénèque.

Dessus des ailes noirâtre; leur dessous, le disque des premières excepté, d'un brun-cendré, avec des taches d'un jaune-obscur : une bande transverse et un point d'un blanc-transparent aux supérieures; dessus des inférieures sans taches.

77. Hespérie Claudien.

Ailes d'un noir-foncé; deux bandes maculaires d'un blanc-transparent aux supérieures; les inférieures ayant en dessus une tache blanche, orbiculaire : leur dessous d'un brun-clair, avec la base grise, une bande transverse et des veines d'un noir-foncé.

78. Hespérie Minos.

Ailes d'un noir-foncé; deux taches médianes et une série de petits traits subapicale, d'un blanc-transparent, aux supérieures : disque des inférieures ayant une bande blanche et transverse, plus longue avec les extrémités jaunes, et en dessous.

79. Hespérie Hémès.

Ailes noires; des taches médianes et plusieurs points alignés aux supérieures, et les inférieures, à l'exception du limbe extérieur, blancs.

80. Hespérie Duméril.

Dessus des ailes noir; leur dessous, à l'exception du disque des antérieures, d'un jaunâtre-brun : celles-ci ayant des taches et des lignes à leur base supérieure, jaunes; deux bandes jaunâtres et transverses sur le dessus des postérieures.

81. Hespérie Talaus.

Ailes d'un noirâtre-foncé; une tache sanguine à la base des supérieures : une bande maculaire à leur milieu et une série de points près de leur extrémité, d'un blanc-transparent; disque des inférieures, blanc.

82. Hespérie Eumèle.

Ailes supérieures d'un noir-foncé, avec une tache à leur base et le bord interne fauves, deux bandes maculaires et un point intermédiaires, blancs; ailes postérieures fauves, avec des veines et le bord antérieur, noirs.

83. Hespérie Clonias.

Ailes supérieures obtuses à leur extrémité, avec une bande transverse d'un blanc-transparent : leur dessus, ainsi que celui des inférieures, noirs; dessous de toutes mélangé de brun, de gris et de noirâtre.

84. Hespérie Busiris.

Ailes oblongues, très-noires; des taches et deux points jaunes, aux supérieures; les inférieures fauves, avec une bordure d'un noir-foncé.

HESPÉRIE. (Insecte.)

85. Hespérie Pelée.

Ailes très-noires ; deux bandes transverses aux supérieures, l'une rouge sur leur milieu, l'autre près de leur extrémité et jaunâtre : une tache transparente dans l'entre-deux.

86. Hespérie Gentius.

Jaune ; limbe des ailes postérieures et extrémité inférieure des supérieures noirs ; deux bandes transverses et un point intermédiaire jaunes près de l'extrémité de celles-ci.

87. Hespérie Celsus.

Ailes noires en dessus, d'un noirâtre-brun en dessous ; une bande d'un jaunâtre-fauve des deux côtés des supérieures ; dessus des inférieures sans taches : leur dessous ayant une poussière cendrée, avec le bord extérieur et une raie transverse d'un noirâtre-brun.

88. Hespérie Brontès.

Ailes noires; une bande médiaire aux supérieures et bord externe des inférieures, tantôt blancs, tantôt jaunes.

89. Hespérie Justinien.

Ailes noirâtres ; des points transparens aux supérieures ; dessus des inférieures sans taches : milieu de leur dessous roussâtre, bordé postérieurement d'une rangée de taches cendrées, presqu'en forme d'yeux.

90. Hespérie Rémus.

Ailes noires ; les supérieures sans taches ; dessous des inférieures ayant une bande sinueuse blanche, avec un point noirâtre.

91. Hespérie Ménestriés.

Dessus des ailes noir ; celui des inférieures sans taches : deux lignes transverses, bleuâtres, sur leur dessous.

92. Hespérie Anaphus.

Ailes noirâtres ; extrémité postérieure des inférieures et des anneaux sur l'abdomen jaunes.

93. Hespérie Cebrenus.

Ailes d'un brun-clair ; une bande d'un blanchâtre-jaunâtre et demi-transparente aux supérieures.

94. Hespérie Hélius.

Ailes noirâtres ; côté extérieur des inférieures fauve.

95. Hespérie Pisistrate.

Ailes noirâtres ; les supérieures sans taches, avec un reflet jaune ; milieu du dessus des inférieures jaune : une bande d'un blanc de neige, ponctuée de noir, sur leur dessous.

b. *Ailes, ou du moins les supérieures, différant sensiblement par leurs couleurs ou leur disposition dans les deux sexes : une ligne ou une tache plus ou moins noire, en forme de cicatrice oblique, coupant les nervures, sur le milieu du dessus de ces ailes, dans la plupart des mâles.*

* *Dessus des ailes supérieures ayant au milieu un trait ou une tache d'un noir plus ou moins foncé, oblique, ou coupant les nervures.*

† *Des taches constamment vitrées aux ailes supérieures.*

— *Massue des antennes terminée brusquement par un crochet.*

96. Hespérie Phocion.

Dessus des ailes noirâtre ; quatre taches jaunes et transparentes aux supérieures : les trois postérieures disposées en une rangée transverse, l'autre située à la côte, échancrée ; dessus des ailes inférieures sans taches : des lignes et des taches d'un noirâtre-brun sur leur dessous.

HESPÉRIE. (Insecte.)

97. Hespérie Sinon.

Disque des ailes d'un noirâtre-brun; quatre taches d'un jaune-transparent aux supérieures : deux près de la côte, écartées, les autres rapprochées; un point jaune et discoïdal des deux côtés des ailes inférieures.

98. Hespérie Godart.

Dessus des ailes d'un noirâtre-brun; cinq taches d'un jaune-transparent aux supérieures; un point jaune sur le dessus des inférieures : leur dessous fauve, avec deux raies parallèles d'un jaune d'or pâle.

99. Hespérie Julien.

Ailes (mâle) *noirâtres; plusieurs points blancs et transparens au milieu des supérieures, deux antérieurs et rapprochés, les autres disposés en une ligne arquée; une raie de points blancs sur le milieu du dessous des inférieures.*

—— *Antennes terminées en une massue régulièrement arquée dès son origine et sans crochet brusque à son extrémité.*

100. Hespérie Péron.

Ailes (mâle) *noirâtres en dessus, d'un noirâtre-cendré en dessous; les supérieures ayant une petite ligne placée au-dessus d'une tache très-noire et quatre points près du sommet, d'un blanc-transparent; les inférieures sans taches.*

† † *Point de taches parfaitement et constamment vitrées aux ailes supérieures, quelques-unes au plus semi-diaphanes.*

101. Hespérie Nason.

Ailes noirâtres, le plus souvent sans taches, avec la frange postérieure roussâtre ou blanchâtre.

102. Hespérie Pélopidas.

Ailes (mâle) *cendrées; les supérieures et des points marginaux aux inférieures plus obscurs.*

103. Hespérie Silius.

Ailes (femelle) *d'un noirâtre-brun; une bande transverse fauve et courte des deux côtés du disque des supérieures.*

104. Hespérie Cornélius.

Ailes (mâle) *noirâtres, luisantes; une tache d'un noir-foncé, médiaire, ovoïde et deux points blancs, sur les supérieures : une ligne de points de la même couleur, sur le dessous de toutes.*

105. Hespérie Pompée.

Ailes (mâle) *supérieures et dessus des inférieures noirâtres; une tache très-noire avec deux points d'un brun-pâle et rapprochés au milieu du dessus des supérieures; dessous des inférieures d'un jaunâtre-obscur, avec des bandes noirâtres.*

106. Hespérie Mésogramme.

Ailes noirâtres; inférieures ayant en dessus un point presque central et en dessous une bande transverse, d'un jaune-pâle ou blanchâtre; une tache d'un noir-foncé, ovoïde, bordée de fauve, sur le dessus des ailes supérieures du mâle.

107. Hespérie Phinée.

Ailes noirâtres en dessus, d'un jaunâtre-fauve en dessous, le milieu des supérieures excepté; extrémité antérieure du bord externe et une bande maculaire sur le dessus de celles-ci, extrémité du bord postérieur et une bande continue sur le même côté, aux inférieures, d'un fauve-jaune.

HESPÉRIE. (Insecte.)

108. HESPÉRIE Coras.

Ailes noirâtres ; une bande maculaire, une tache striée à la base des supérieures et des taches à la base du dessous des inférieures, d'un jaunâtre-fauve.

109. HESPÉRIE Thaumas.

Ailes noirâtres ; les supérieures ayant tantôt (mâle) *le côté extérieur, depuis la base jusqu'au milieu, fauve, avec une petite ligne d'un noir-foncé, terminée par un point de cette couleur, et quelques points fauves près du sommet ; tantôt* (femelle) *n'offrant qu'une raie de points blancs et vitrés.*

110. HESPÉRIE Drury.

Ailes supérieures noirâtres, avec la côte, son extrémité exceptée, et une raie maculaire et transverse, roussâtres : un point très-noir sur leur disque, dans le mâle ; *les inférieures d'un noirâtre-roussâtre, avec une raie peu marquée de points plus pâles sur le milieu de leur dessous.*

111. HESPÉRIE Augias.

Ailes supérieures et dessous des inférieures d'un jaune-roux ; dessus de celles-ci noir, avec un point presque central et une bande postérieure dentée de chaque côté, d'un jaune-fauve ; dessus des premières ayant une ligne oblique et courbe et le limbe postérieur noirs.

112. HESPÉRIE Phylæus.

Ailes d'un jaune-fauve ; dessus des supérieures ayant soit (mâle) *une bande oblique et interrompue, soit* (femelle) *une tache arquée et le limbe postérieur noirâtres ; même côté des postérieures bordé extérieurement de noirâtre.*

113. HESPÉRIE Epictète.

Dessus des ailes noir ; deux lignes aux supérieures, dont l'une costale et l'autre interne, oblique, plus longue et recourbée postérieurement, un point intermédiaire et milieu du dessous des quatre ailes, d'un jaune-jauve.

114. HESPÉRIE Bandes-jaunes.

Ailes noires ; les supérieures ayant des deux côtés deux taches marginales, l'une à leur base, grande, triangulaire, l'autre près du sommet, et une bande postérieure, jaunes ; deux points et une bande transverse de cette couleur aux inférieures.

115. HESPÉRIE Thémistocle.

Ailes noirâtres ; une tache et une raie maculaire jaunes aux supérieures ; les postérieures sans taches, grises en dessous.

116. HESPÉRIE Comma.

Ailes d'un fauve-obscur, avec des taches d'un jaune-pâle en dessus et des taches blanches en dessous : taches du dessous des inférieures au nombre de neuf.

117. HESPÉRIE Sylvain.

Ailes d'un fauve-obscur et ayant de part et d'autre des taches d'un jaune-pâle : taches du dessous des inférieures au nombre de cinq.

118. HESPÉRIE Linéa.

Ailes d'un fauve-luisant, avec une bordure brune en dessus, et la région du sommet d'un cendré-verdâtre en dessous : les deux surfaces des quatre sans taches dans la femelle.

HESPÉRIE. (Insecte.)

119. Hespérie Linéola.

Ailes entières, divergentes, fauves, semblables de part et d'autre, sans taches dans la femelle, *avec un trait noir plus étroit dans le* mâle.

120. Hespérie Actéon.

Ailes d'un fauve-obscur, avec une bordure brune en dessus et la région du sommet d'un cendré-verdâtre en dessous : les supérieures ayant de part et d'autre un arc transverse de taches d'un jaune-pâle.

** *Milieu du dessus des ailes supérieures des mâles sans ligne ni tache noire ou noirâtre et oblique, caractérisant ce sexe.*

121. Hespérie ornée.

Ailes supérieures noirâtres, avec trois (mâle) *ou cinq* (femelle) *taches jaunâtres en dessus : taches et sommet de leur côté inférieur blanchâtres ; dessus des ailes inférieures noir, avec une bande safranée, transverse, et le bord postérieur entrecoupé de noir et de blanc : leur dessous blanchâtre, avec des rangées transverses de taches noires.*

122. Hespérie Peinte.

Dessus des ailes supérieures noirâtre, avec des taches jaunâtres et une série de points transparens près du sommet ; dessus des inférieures noir, avec une bande transverse et une rangée marginale de points, safranés : dessous de toutes, le disque des supérieures excepté, d'un fauve-brun ; des nervures longitudinales, une bande et une ligne transverses, blanchâtres, aux inférieures.

123. Hespérie Properce.

Dessus des ailes noir ; des lignes et des taches jaunes sur les supérieures ; une bande de cette couleur sur le dessus des inférieures : des bandes fauves et jaunes alternantes sur leur dessous.

124. Hespérie Galien.

Ailes noirâtres, avec des points et des taches jaunes ; une bande maculaire et transverse aux supérieures et une tache de cette couleur, grande, en forme de carré-long, s'étendant depuis le centre jusqu'au bord postérieur, aux inférieures.

125. Hespérie Nostradamus.

Ailes entières, brunes : milieu du dessus des supérieures noir dans le mâle, *traversé de part et d'autre dans la* femelle *par une ligne de taches jaunes : dessous des inférieures cendré.*

126. Hespérie Paniscus.

Ailes entières, d'un brun-noirâtre, chatoyant en rougeâtre, avec des taches fauves : les inférieures ayant dix taches en dessus et treize plus pâles en dessous.

127. Hespérie Sylvius.

Ailes entières ; les deux surfaces des supérieures d'un jaune-doré-luisant, avec des points noirs ; les inférieures brunâtres, avec onze taches d'un jaune-doré en dessus et douze en dessous.

128. Hespérie Aracynthus.

Ailes entières, d'un brun-noirâtre-luisant ; sommet des supérieures tacheté de jaune de part et d'autre ; dessous des inférieures d'un jaune-roussâtre, avec douze taches blanches orbiculaires et cerclées de noir.

129. Hespérie Métis.

Ailes supérieures et dessus des inférieures d'un noirâtre-foncé, avec des taches fauves et pour la plupart en forme de points ; dessous des inférieures d'un noirâtre-brun, sans taches.

130. Hespérie Plutargus.

Ailes noirâtres, parsemées d'or ; une

HESPÉRIE. (Insecte.)

tache à l'extrémité supérieure des premières et le dessous de leur bord extérieur roussâtres.

131. HESPÉRIE Numitor.

Dessus des ailes supérieures noirâtre, avec un reflet fauve; celui des inférieures d'un jaune-roussâtre, avec le limbe extérieur noirâtre : leur dessous jaunâtre.

132. HESPÉRIE Catulle.

Ailes d'un noir-foncé, ayant le plus souvent en dessus une ligne postérieure de points blancs.

133. HESPÉRIE hottentote.

Ailes supérieures d'un noirâtre-cendré : leur côté interne et les postérieures d'un jaunâtre-pâle.

134. HESPÉRIE Lepeletier.

Ailes noirâtres; deux lignes blanches, longitudinales, droites et dont l'interne courte, sur le dessous des inférieures.

135. HESPÉRIE l'Herminier.

Ailes sans taches, noirâtres en dessus, d'un noirâtre-cendré en dessous; antennes annelées de blanc.

B. *Ailes inférieures sans prolongement ni sinus à l'angle anal (généralement plus larges et plus arquées au bord postérieur que dans les divisions précédentes : le noir et le blanc, plus ou moins mélangés, dominant dans la plupart).*

a. *Ailes dentées.*

* *Dentelures des ailes assez fortes et très-sensibles.*

136. HESPÉRIE de la Lavatère.

Ailes supérieures jaunâtres, avec deux bandes plus pâles et des taches transparentes; dessus des inférieures d'un brun-olivâtre et ponctué de blanchâtre : leur dessous blanchâtre et presque sans taches.

137. HESPÉRIE de la Guimauve.

Ailes d'un brun-olivâtre en dessus; les supérieures ayant deux bandes transverses d'un gris-bleuâtre et des taches transparentes; les inférieures ponctuées de blanc de part et d'autre, et ayant le dessous d'un cendré-pâle.

138. HESPÉRIE de la Mauve.

Ailes d'un brun-olivâtre en dessus, avec trois bandes transverses d'un gris-rougeâtre; supérieures ayant des taches transparentes; dessous des inférieures d'un brun-pâle et ponctué de blanc.

** *Dentelures des ailes foibles ou à peine sensibles.*

139. HESPÉRIE Eucrate.

Ailes d'un brun-pâle, et ponctuées de blanc; dessous des inférieures d'un jaune-fauve, avec des taches blanchâtres.

140. HESPÉRIE Proto.

Ailes d'un brun-noirâtre, avec une bande maculaire et des points d'un jaune-pâle; dessous des inférieures brun, presque fascié et ponctué de blanchâtre.

b. *Ailes très-entières ou sans dentelures.*

141. HESPÉRIE Tagès.

Ailes d'un brun-noirâtre, offrant de part et d'autre une rangée marginale de petits points blancs; dessus des supérieures ayant deux bandes transverses d'un cendré-pâle.

142. HESPÉRIE du Sida.

Ailes d'un brun-noirâtre; les supérieu-

HESPÉRIE. (Insecte.)

res ayant une série flexueuse de taches blanches carrées, et une autre moins distincte avant le bord; dessous des inférieures blanc, avec une tache basilaire et deux bandes transverses d'un jaune-foncé.

143. Hespérie Orbifère.

Ailes d'un brun-violet-luisant en dessous; les supérieures ayant deux séries flexueuses de taches blanches; dessous des inférieures d'un brun-tanné-clair, avec plusieurs taches blanches, dont les médiaires arrondies: dernier entrecoupé blanc de la frange des ailes supérieures, à partir du sommet, plus large que les autres.

144. Hespérie Sao.

Ailes d'un brun-violet-luisant en dessus; les supérieures ayant deux series flexueuses de taches blanches; dessous des inférieures d'un rouge-brique, avec plusieurs taches blanches, dont les médiaires irrégulières: troisième entrecoupé blanc de la frange des ailes supérieures, à partir du sommet, plus large que les autres.

145. Hespérie Plain-chant.

Ailes d'un brun-noirâtre; les supérieures ayant une série flexueuse de taches blanches carrées, et une autre moins distincte avant le bord, dessous des inférieures d'un brun-verdâtre, avec des bandes de taches blanches: deuxième tache marginale, à partir du sommet, plus longue et ayant le bout intérieur en pointe bifide.

146. Hespérie Fritillaire.

Ailes d'un brun-noirâtre; les supérieures ayant un œil central et une série flexueuse de taches blanches, carrées; dessous des inférieures d'un brun-verdâtre, avec des bandes de taches blanches: deuxième tache marginale, à partir du sommet, plus courte et ayant le bout intérieur obtus.

147. Hespérie du Chardon.

Ailes d'un brun-noir; les supérieures ayant trois séries flexueuses de taches blanches; dessous des inférieures d'un brun-olivâtre, avec plusieurs taches blanches, dont une beaucoup plus grande sur le milieu du bord d'en haut.

148. Hespérie Vindex.

Ailes supérieures et dessus des inférieures noirs; des bandes d'un jaunâtre-obscur et blanches, alternantes, sur le dessous de celles-ci: une bande presque centrale, blanche, sur leur dessus; plusieurs taches éparses et une rangée postérieure de points de cette couleur aux supérieures.

149. Hespérie Calba.

Ailes noirâtres, plus claires en dessous; deux lignes postérieures de points sur toutes: plusieurs taches éparses aux antérieures et deux bandes aux postérieures, blanches.

150. Hespérie Syrichtus.

Dessus des ailes noir, avec un duvet, des taches en échiquier et des stries costales, blancs; dessous des supérieures presque semblable à leur dessus: celui des postérieures blanc, avec des raies noires; limbe postérieur de toutes ponctué de blanc des deux côtés.

151. Hespérie Tryxus.

Ailes supérieures et dessus des inférieures noirâtres, avec une bande transverse, composée de diverses taches anguleuses, d'un blanc-transparent; dessous des inférieures blanchâtre, avec une rangée terminale de points noirâtres.

HESPÉRIE. (Insecte.)

152. Hespérie Arsalte.

Ailes blanches, avec le bord postérieur strié de noir.

153. Hespérie Dioscoride.

Dessus des ailes noirâtre, avec deux lignes maculaires, jaunes; dessous des supérieures fauve, avec le disque noirâtre, tacheté de jaune; dessous des inférieures de cette couleur, avec des ondes noirâtres.

154. Hespérie Mavius.

Dessus des ailes noir, avec des lignes et une bande maculaire jaunâtres: leur dessous verdâtre, avec des stries et des taches blanches.

155. Hespérie Cicéron.

Ailes noirâtres; des taches aux supérieures et disque des inférieures d'un blanc presque transparent: tache discoïdale de celles-ci dentée, avec une tache noirâtre en dessous.

156. Hespérie Népos.

Ailes supérieures et dessus des inférieures d'un noirâtre-foncé, avec des taches et des points plus obscurs; des points blancs et transparens sur celles-ci: les mêmes blanches en dessous, à l'exception de leur côté extérieur, cendrées en dessus à l'angle anal, avec la frange postérieure blanche.

157. Hespérie Philémon.

Ailes sans taches, d'un noir-soyeux et luisant en dessus, d'un noirâtre-brun en dessous: bord interne des supérieures plus clair; antennes annelées de blanc.

158. Hespérie Jovien.

Ailes supérieures noires, avec une bande maculaire d'un blanc-transparent; les inférieures bleues, avec une bande blanche: les nervures et le limbe extérieur noirs.

159. Hespérie Salvien.

Dessus des ailes noirâtre, tacheté de vert; dessous des inférieures blanc, avec une ligne marginale de points noirâtres.

160. Hespérie Juvénal.

Ailes d'un noirâtre-clair, avec des lignes de points blanchâtres ou noirâtres, presqu'en forme d'yeux, sur le limbe postérieur; une rangée transverse de points transparens, bordés de noirâtre, aux ailes supérieures.

161. Hespérie Mimas.

Ailes noirâtres, avec le bord postérieur ferrugineux, et ayant en dessous une ligne de points noirs; trois points blancs et rapprochés aux supérieures.

162. Hespérie Néron.

Dessus des ailes supérieures noirâtre, avec des taches blanches et d'autres cendrées et marginales; celui des inférieures très-noir, sans taches; dessous de toutes jaunâtre, tacheté de blanc et de noir.

163. Hespérie Orcus.

Ailes supérieures et dessus des inférieures noirâtres; des points et une tache en croissant, vitrés, sur celles-là; celles-ci à bandes supérieures et dessous bleuâtres.

164. Hespérie Chlorocéphale.

Ailes d'un noirâtre-foncé, avec des bandes maculaires plus obscures; dessous des inférieures cendré au côté interne; palpes et dessus de la tête à écailles vertes et brillantes.

2. *Ailes supérieures ayant soit la côte très-arquée, soit l'angle du sommet avancé en manière de crochet ou de faulx.*

HESPÉRIE. (Insecte.)

A. *Bord postérieur des ailes supérieures presque droit ou sans courbure notable ni angle : le sommet point avancé brusquement en manière de dent ou de crochet.*

a. *Côté extérieur des ailes inférieures sans dents.*

165. Hespérie Mélandre.

Ailes blanches, avec des raies, des taches et plusieurs nervures noirâtres, obscurcissant souvent leur base et leur limbe postérieur ; quelques points transparens aux supérieures.

b. *Côté extérieur des ailes inférieures ayant une dent forte et aiguë.*

166. Hespérie Néarque.

Ailes noirâtres en dessus, brunes en dessous, avec des lignes plus foncées des deux côtés.

B. *Bord postérieur des ailes supérieures soit fortement arqué, soit anguleux, le sommet avancé ou terminé brusquement en manière de crochet ou de faulx. (Ailes inférieures comme tronquées postérieurement ou très-concaves à l'angle anal.)*

a. *Côté extérieur des ailes inférieures denté ou anguleux.*

167. Hespérie Westermann.

Ailes d'un noirâtre-cendré ou d'un brun-noirâtre en dessus, brunes en dessous, avec des lignes plus obscures et ondulées, des deux côtés ; des points vitrés et voisins de la côte aux supérieures ; un avancement bidenté au côté extérieur des inférieures.

168. Hespérie Sébaldus.

Ailes noirâtres avec des ondes d'un noir-foncé ; sommet des supérieures crochu ; limbe postérieur des inférieures jaunâtre en dessous, avec des points noirâtres.

b. *Côté extérieur des ailes inférieures sans angle ni dents.*

169. Hespérie Trasybule.

Dessus des ailes noir, avec des ondulations bleues ; dessous des inférieures cendré et ponctué de noirâtre à l'angle anal.

170. Hespérie Mithridate.

Ailes très-noires, avec une tache et une bande postérieure d'un rouge-pourpre et des taches lunulées plus pâles.

171. Hespérie Brebisson.

Ailes supérieures et dessus des inférieures d'un noirâtre-clair ; celles-ci ponctuées de noir : l'extrémité postérieure de leur dessus, leur dessous, le bord externe excepté, bleuâtres ; bord postérieur des supérieures anguleux.

1. *Angle anal des ailes inférieures prolongé en manière de queue (souvent plumeuse), longue, étroite ou presque linéaire.*

Observations. Espèces analogues, dans ce genre, aux papillons grecs à queue, toutes propres à l'Amérique, & spécialement à ses contrées équatoriales, à antennes terminées en massue courbée ou crochue; taille moyenne, envergure d'environ deux pouces.

1. *Bord postérieur des ailes inférieures entier ou sans dentelures sensibles; les uns ayant, pour la plupart, aux ailes supérieures, une ligne blanche & transparente, allant du milieu de la côte à l'angle interne: une bande blanche & transverse sur le dessous des inférieures dans les autres.*

A. *Une bande blanche ou jaunâtre aux ailes inférieures, soit interne, soit marginale.*

1. Hespérie Eudoxe.

Hesperia Eudoxus.

Hesperia alis nigro-fuscis; anticis fasciâ transversâ posticisque margine postico albis, his infrà fasciâ flavescente.

Hesperia U. Eudoxus, *alis caudatis, fuscis: anticis utrinquè, posticis subtùs fasciâ albâ.* Fab. *Ent. Syst. em. tom.* 3. *pars* 1. *p.* 331. *n°.* 255.

Papilio P. U. Eudoxus. *Mant. Inf. tom.* 2. *p.* 85. *n°.* 775.

Papilio Eudoxus. Cram. *Pap.* 31. *pl.* 366. G. H.

Le corps est d'un noirâtre-foncé, avec un duvet d'un vert-soyeux & luisant à l'origine des ailes. Les supérieures sont traversées dans leur milieu par une bande d'un blanc-transparent, n'atteignant pas les deux bords. Les ailes inférieures sont finement bordées de blanc au bord postérieur & offrent en dessous, à peu de distance de ce bord, une bande étroite & transverse jaunâtre; les queues, d'après la figure de Cramer, sont un peu plus courtes que dans les espèces suivantes & divergentes.

Cette espèce habite Surinam.

2. Hespérie Métophis.

Hesperia Metophis.

Hesperia alis suprà fuscis, infrà fusco-ferrugineis, anticarum limbo postico margineque interno, posticarum strigâ mediâ, griseis: anticis maculis quinque hyalinis transversìm seriatis.

Le dessus du corps est noirâtre, avec des poils verdâtres vers l'origine des ailes. Les supérieures ont des taches transparentes, d'inégale grandeur, dont cinq formant une ligne transverse, une sixième isolée, placée extérieurement près du milieu de cette ligne, & quatre autres près de la côte, avant le sommet, très-petites, surtout les deux postérieures, disposées aussi sur une ligne, mais très-courte & divisée obliquement dans un sens opposé à la précédente; le dessous des quatre ailes est d'un brun-ferrugineux; le bord interne des supérieures & leur limbe postérieur, à l'exception du bout, est grisâtre; une raie droite & oblique de la même couleur traverse le milieu des inférieures: mais cette teinte s'étend insensiblement sur le côté postérieur, de manière à former une sorte de bande bien terminée seulement au côté antérieur & par la raie; immédiatement au-dessous, l'aile est d'un ferrugineux plus clair, avec le bord postérieur grisâtre.

Elle se trouve au Brésil, d'où M. Langsdorff me l'a envoyée.

3. Hespérie Cœlus.

Hesperia Cœlus.

Hesperia alis suprà nigris, fuscis; anticis maculis fenestratis, posticis infrà fasciâ mediâ transversâ niveâ.

Papilio Cœlus. Cram. *Pap.* 29. *pl.* 343. G. D.

Le corps proprement dit est noir en dessus & d'un jaunâtre-obscur en dessous. Le dessus des ailes est noir, avec une teinte d'un vert-soyeux se terminant avec les bords. Les supérieures ont de petites taches d'un jaune-transparent, dont cinq sur une ligne transverse, une quatrième en dehors des précédentes, isolée, & deux très-petites, en forme de points très-rapprochés, situées à la côte, avant l'angle du sommet. Le dessous des ailes est noirâtre ou plus clair que le dessus. Les inférieures n'ont point de dentelures sensibles, & leur milieu offre une bande étroite d'un très-beau blanc, un peu sinuée sur ses bords, partant près du milieu du bord externe & se rendant au bord opposé. Les queues sont plumeuses.

Elle se trouve au Brésil, & m'a été envoyée par M. Langsdorff.

4. Hespérie Orion.

Hesperia Orion.

Hesperia nigro-fusca; alarum posticarum limbo externo caudisque albis.

Hesperia U. Orion, *alis caudatis fuscis: anticis maculis fenestratis, posticis caudis albis.* Fab. *Ent. Syst. em. tom.* 3. *pars* 1. *p.* 330. *n°.* 254.

Papilio P. U. Orion. *Mant. Inf. tom.* 2. *p.* 85. *n°.* 774. — *Spec. Inf. tom.* 2. *p.* 133. *n°.* 605.

Papilio P. U. Proteus, *var.* β. Linn. *Muf. Lud. Ulr. p.* 333.

Papilio Orion. Cram. 13. *pl.* 155. A. B.

Drury, *Inf. tom.* 3. *pl.* 17. *fig.* 3. 4.

Clerck, *Icon. tab.* 42. *fig.* 5. 6.

Les corps eſt d'un noirâtre-obſcur, avec une feinte d'un vert-ſoyeux à l'origine ſupérieure des ailes. La ligne blanche & tranſverſe des premières eſt compoſée de quatre à cinq taches contiguës ou ſimplement ſéparées par des nervures plus ou moins grandes, & ſe termine un peu avant l'angle interne. Les ſecondes ailes ont en outre quatre autres taches blanches & diaphanes, mais très-petites, dont une adjacente au bord poſtérieur de la raie, près de ſon milieu, & les trois autres en forme de petits points, diſpoſées en une petite ligne près de la côte, entre cette raie & le ſommet. Le limbe poſtérieur des ſecondes ailes, à l'exception de la partie ſupérieure voiſine de l'angle externe, & la queue, ſont blancs, ou d'un blanc-jaunâtre; en deſſous, cette bande blanche eſt entrecoupée au bord poſtérieur d'une rangée de petits traits preſqu'en forme de lunules & noirâtres.

Elle ſe trouve au Bréſil & à Surinam.

B. *Point de bande blanche ou jaunâtre, ſoit marginale, ſoit interne, aux ailes inférieures.*

5. Hespérie Euryclès.

Hesperia Eurycles.

Heſperia alis fuſcis; poſticis ſubtùs faſciis tribus nigris, baſilari abbreviatâ vel punctiformi.

Papilio P. U. Proteus, *var* δ. 1. Linn. *Muſ. Lud. Ulr. p.* 333?

Papilio Dorantes. Stoll, *Suppl. aux Pap. de* Cram. *pl.* 39. *fig.* 9. *var.* A.

Papilio Simplicius. Ibid. *fig.* 6. 6. E. *var.* B.

Le corps eſt noirâtre. Les ailes ſupérieures, dans pluſieurs individus, ont la raie blanche tranſverſe & le groupe de petits points ſitués près de la côte, que l'on obſerve dans l'eſpèce précédente; mais cette ligne eſt plus fine, ſans taches adjacentes à ſon bord poſtérieur; dans d'autres individus, elle eſt plus courte & moins foncée, & finit enfin par diſparoître, ainſi que les autres taches, comme cela a lieu dans l'individu repréſenté par Stoll, ſous le nom de *Simplicius*; le nombre des points tranſparens qui compoſent le petit trait ſitué près de la côte, avant le ſommet, eſt généralement de quatre. Le deſſous des inférieures préſente trois bandes noirâtres ou plus foncées que le fond, dont la ſupérieure beaucoup plus courte & ſouvent réduite à une ſimple tache arrondie; la ſeconde, ou l'intermédiaire, eſt quelquefois diviſée en deux, près du bord extérieur. Dans les individus qui, par l'étendue de la raie des ailes ſupérieures, ſe rapprochent le plus de l'*Orion*, le deſſous des ailes inférieures & ſes bandes ſont plus foncés; une ligne très-fine, jaunâtre, ſuit en deſſous le frangé du bord poſtérieur. Cette eſpèce, avec les variétés indiquées ci-deſſus, m'a été envoyée du Bréſil par M. Langſdorff.

Je n'ai point vu d'individu qui ſe rapportât parfaitement à la figure du *Dorantes* de Stoll. Mais comme cette heſpérie ne paroît différer de de notre *Euryclès*, qu'en ce que les ailes ſupérieures ont les taches plus iſolées & plus nombreuſes, & que le bord poſtérieur des ailes inférieures eſt repréſenté entier, je crois pouvoir la conſidérer comme une ſimple variété de cette eſpèce. Si ce bord avoit réellement des dentelures, cette heſpérie ne ſeroit qu'une variété du *Proteus*.

---

2. *Bord poſtérieur des ailes inférieures ſenſiblement denté ou ſinueux.*

Nota. Ailes noirâtres; des taches d'un jaunâtre-tranſparent ſur les ſupérieures de tous; quatre à cinq plus internes ſur une ligne tranſverſe, trois autres très-petites & très-rapprochées, à la côte, avant le ſommet, & une dernière, aſſez grande, iſolée dans l'eſpace intermédiaire.

6. Hespérie Catillus.

Hesperia Catillus.

Heſperia fuſca; alis anticis ſubtùs maculâ apicali poſticiſque faſciâ maculari arcuatâ brunneo fuſcis, ſpatiis adjectis griſeis.

Papilio Catillus. Cram. *Pap.* 21. *pl.* 260. F. G.

Nous penſons avec Cramer, & d'après l'obſervation de pluſieurs individus, que cette eſpèce eſt très-diſtincte de l'*H. Protée*. Le deſſous des ailes inférieures offre près de l'angle du ſommet une tache triangulaire d'un brun-foncé, placée ſur un fond gris. Dans les individus où les couleurs ſont le plus tranchées, le deſſous des inférieures préſente, à peu de diſtance de leur origine, trois à quatre taches pareillement d'un brun-foncé, & ſur un fond gris ou cendré, qui forme même une ligne ou bande oblique bifurquée, à ſon extrémité inférieure; au bord externe & au-deſſous des taches précédentes, on en voit une autre de la même couleur, & bordée auſſi de gris; le long du bord poſtérieur eſt une ligne de cette couleur, mais qui paroît peu dans d'autres individus.

Je l'ai reçue du Bréſil.

7. Hespérie Protée.

Hesperia Proteus.

Heſperia fuſca; alis poſticis ſubtùs dilutioribus, maculâ baſin verſus faſciiſque tribus nigricantibus.

Hesperia U. Proteus, *alis caudatis, fuscis, maculis fenestratis; antennis uncinatis.* Fab. *Ent. Syst. em. tom.* 3. *pars* 1. *p.* 331. *n°.* 256.

Papilio P. U. Proteus. *Mant. Inf. tom.* 1. *p.* 85. *n°.* 76. — *Spec. Inf. tom.* 2. *p.* 132. *n°.* 606. — *Syst. Ent. p.* 532. *n°.* 379.

Papilio P. U. *Proteus.* Linn. *Syst. Nat.* 2. *p.* 794. *n°.* 259. — *Muf. Lud. Ulr. p.* 333. *n°.* 151.

Papilio Proteus. Cram. *Pap.* 22. *pl.* 260. D. E.

Papilio Proteus. Smith-Abbot, *Lépid. Georg. tom.* 1. *p.* 39. *tab.* 18.

Clerck, *Icon. Inf. tab.* 42. *fig.* 1. 2.

Merian, *Surin. tab.* 63. *fig.* 2.

Les taches transparentes des ailes supérieures varient pour la grandeur; on voit souvent au-dessous des postérieures un espace plus clair; le bord postérieur, dans quelques individus, offre une rangée de points noirâtres. Le dessous des ailes inférieures est moins foncé que l'autre surface, avec une tache presqu'en forme de point près de la base, & trois bandes transverses, ondulées, dont la seconde ordinairement coupée près de la côte, & dont la dernière plus étroite ou ne formant qu'une ligne d'un noirâtre-foncé. On aperçoit çà & là de petits atomes grisâtres, dont quelques-uns réunis même quelquefois en manière de petits traits, bordant intérieurement la première bande. A l'origine supérieure des ailes est un duvet d'un vert-soyeux.

Je possède une variété où le dessous des ailes inférieures est presque cendré, avec trois bandes transverses noirâtres, & où cette couleur cendrée forme, sur le dessous de l'extrémité des ailes inférieures, une grande tache.

Linnée dit (*Muf. Lud. Ulr.*) que le papillon *Protée* varie presqu'à l'infini, & il en cite sept variétés principales; mais à moins qu'on ne veuille tout confondre & retomber dans le chaos, il est absolument nécessaire de distinguer spécifiquement plusieurs de ces variétés.

Ce lépidoptère est commun dans toutes les parties de l'Amérique situées entre les tropiques, remonte même au nord, jusqu'en Géorgie, mais où, suivant Abbot, il est rare. Fabricius dit que la chenille vit sur le dolichus; qu'elle est verte, avec le col noir & des raies longitudinales dont les latérales jaunes & celles du dos noires.

Abbot l'a trouvée sur le clitoria rouge. Elle est verte, avec des raies jaunâtres & l'anus roussâtre; la tête est forte, un peu concave en dessus & brune, ainsi que le col, avec les espaces oculaires plus pâles. De même que les autres chenilles des hespéries, elle plie les feuilles de cette plante, pour s'y mettre à l'abri. Celle qu'il éleva se fila une coque le 2 juillet, & ses métamorphoses se terminèrent le 18 août. On ne trouve ainsi ce lépidoptère qu'en automne. Il fut très-commun en 1782; mais depuis cette époque, l'auteur n'en vit plus. Cette chenille se nourrit aussi de diverses autres plantes légumineuses.

II. *Ailes inférieures sans queue ou n'ayant au plus qu'un prolongement fort court, en manière de dent, à l'angle anal.*

1. *Ailes supérieures peu ou point arquées à la côte: leur sommet peu ou point prolongé, ne formant ni crochet ni faulx.*

Nota. Dernier article des palpes extérieurs ordinairement très-petits, comparativement au précédent & peu velu.

A. *Bord postérieur des ailes inférieures soit prolongé à l'angle anal ou un peu plus extérieurement, en manière de dent ou de très-petite queue, soit offrant, avant cet angle, un sinus ou une échancrure.*

Nota. Les espèces de la division opposée ont le bord postérieur des ailes inférieures proportionnellement plus long, plus arqué & presqu'insensiblement réuni avec le bord latéral extérieur. Le plus souvent les quatre ailes sont variées de noir & de blanc, ou noirâtres, avec des lignes ou des bandes plus foncées ou d'une autre couleur, nombreuses & ondulées. Ces caractères secondaires peuvent suppléer à ceux que j'ai donnés, & qu'il n'est pas toujours facile de saisir, tant ces variétés de formes se nuancent imperceptiblement.

a. *Ailes des deux sexes presque semblables, ou sans différences notables; les supérieures des mâles n'offrant jamais en dessus, au milieu du disque, un trait noirâtre ou plus foncé que le fond, oblique & coupant les nervures: (Ailes inférieures dentées ou avec l'angle anal sensiblement prolongé, en manière de dent, dans plusieurs; fond du dessus des supérieures généralement peu varié, & ayant dans le plus grand nombre des taches transparentes.)*

* *Une portion de la tête, l'anus ou l'angle anal des ailes inférieures (souvent aussi le collier ou prothorax) rouges ou oranges.*

Nota. Espèces paroissant représenter dans cette tribu les papillons *Troyens* de Linnæus, propres aux contrées équatoriales, grandes ou moyennes, ayant les ailes noires ou d'un noir-verdâtre & les palpes extérieurs larges, très-velus & noirs à leur extrémité.

† *Bord postérieur des ailes inférieures droit & très-entier.*

— *Antennes courbées brusquement à leur extrémité & terminées en une pointe fine, très-aiguë.*

8. Hespérie Arinus.

Hesperia Arinus.

Hesperia alis atris; anticis maculâ mediâ, posticis margine postico, niveis.

Hesperia U. Arinus, *alis caudatis, concoloribus, atris: maculâ transversâ niveâ, ano sanguineo.* Fab. *Ent. Syst. em. tom.* 3. *pars* 1. *p.* 336. *n°.* 276.

Papilio P. U. Arinus. *Mant. Ins. tom.* 2. *p.* 87. *n°.* 792. — *Spec. Ins. tom.* 2. *p.* 134. *n°.* 617.

Papilio Arinas. Cram. *Pap.* 9. *pl.* 100. D.

Sa largeur, les ailes étendues, est d'environ deux pouces. Le corps est d'un noir-foncé, avec une teinte d'un bleu-chatoyant sur les ailes. Le devant de la tête & l'anus sont d'un rouge-sanguin. Les secondes ailes sont bordées de blanc au bord postérieur. Le milieu des supérieures offre une tache de cette couleur, ovale, transverse, d'un lustre argenté & tant soit peu transparente, selon Cramer.

Elle habite la colonie de Surinam.

9. Hespérie Cléanthe.

Hesperia Cleanthes.

Hesperia atra; capite anoque sanguineis; alis suprà atro-cœruleis; anticarum disco maculis tribus punctoque fenestratis, posticarum margine postico albo, intùs sanguineo.

Je dois à l'amitié de M. Langsdorff un individu mâle de cette espèce, qui se rapproche beaucoup de la précédente par la taille. Son corps est d'un noir-bleuâtre-foncé, avec la tête, le collier & l'anus, d'un rouge-sanguin-clair. Les hanches antérieures sont d'un rouge-foncé. Les ailes sont en dessus d'un bleu très-foncé, soyeux & luisant; leur dessous, à l'exception du centre des supérieures qui conserve la teinte supérieure, est d'un ferrugineux-obscur, avec la partie contiguë au limbe du bord postérieur, plus claire, & formant presqu'une bande transverse d'un gris d'agate. Le milieu des supérieures a sur les deux surfaces trois taches & un point au-dessus d'elles, transparens; ces taches sont disposées sur une ligne oblique & très-petites: celle du milieu est un peu plus grande, & presque lunulée. Les ailes inférieures sont terminées par une ligne blanche, jusque près de l'angle interne: cet angle est d'un rouge-sanguin. Le dessous du bouton des antennes est grisâtre.

Elle se trouve au Brésil.

10. Hespérie Polybe.

Hesperia Polybius.

Hesperia alis atris; anticis maculâ fulvâ, posticis angulo ani flavo.

Hesperia U. Polybius, *alis ecaudatis, atris: anticis maculâ fulvâ, posticis angulo ani flavo.* Fab. *Ent. Syst. em. tom.* 3. *pars* 1. *pag.* 337. *n°.* 281.

Hesperia P. U. Palemon. *Ibid. p.* 335. *n°.* 273. — *Papilio* P. U. Palemon. *Mant. Ins. tom.* 1. *p.* 87. *n°.* 789. — *Spec. Ins. tom.* 2. *pag.* 134. *n°.* 615.

Papilio P. U. *Polybius.* Donow. *of an Epitom. of the Nat. Hist. of the Ins. of India*, *n°.* 11. *pl.* 1. *fig.* 2.

Papilio Palemon. Cram. *Pap.* 11. *pl.* 131. F.

Son envergure est d'environ deux pouces. Le corps est d'un noir-foncé, avec les palpes inférieurs, le dernier article excepté, & le collier rouges. L'anus, dans cette espèce, est de la couleur du corps. Les ailes sont noires, un peu verdâtres, finement bordées de blanc au bord postérieur: la portion interne est roussâtre aux inférieures. La base des supérieures offre une teinte d'un vert-soyeux-luisant. Près du milieu de la côte est une petite tache oblongue, d'un rouge de sang, & coupée en deux parties très-inégales par une nervure.

On la trouve à Surinam & au Brésil.

11. Hespérie Lycagus.

Hesperia Lycagus.

Hesperia alis viridi-cœruleis, immaculatis.

Hesperia U. *alis rotundatis, integerrimis, viridi-cœruleis, immaculatis; ano sanguineo.* Fab. *Ent. Syst. em. tom.* 3. *pars* 1. *p.* 348. *n°.* 322.

Papilio P. U. Lycagus. *Mant. Ins. tom.* 2. *p.* 90. *n°.* 815. — *Spec. Ins. tom.* 2. *p.* 136. *n°.* 633.

Papilio Lycagus. Cram. *Pap.* 15. *pl.* 176. G.

Nous n'avons point vu cette espèce; mais à en juger d'après la description de Fabricius & la figure de Cramer, elle se rapproche beaucoup de la précédente, & ne s'en éloigne qu'en ce que ses ailes sont sans taches & ne sont point sensiblement bordées de blanc. La tête, ou du moins sa partie supérieure & le collier, ne seroient point de couleur rouge, ainsi que cela a lieu dans les espèces de cette division.

Elle se trouve à Surinam.

— — *Antennes presque graduellement arquées à leur extrémité & terminées par une petite massue oblongue, insensiblement amincie vers sa pointe ou obtuse.*

12. Hespérie Jupiter.

Hesperia Jupiter.

Hesperia alis suprà viridi-atris, infrà aureo-virescentibus, venis margineque postico nigris.

Hesperia U. Jupiter, *alis ecaudatis, atris, viridi-nitentibus, subtùs viridibus, venis margineque nigris, capite anoque sanguineis.* Fab. *Ent. Syst. em. tom.* 3. *pars* 1. *p.* 336. *n°.* 279.

Papilio P. U. Jupiter. *Mant. Inf. tom.* 2. *p.* 87. *n°.* 792.

Papilio Iphis. Drury, *Inf.* 2. *pl.* 15. *fig.* 3. 4.

Papilio Phidias. Cram. *Pap.* 21. *pl.* 244. A. B.

Cette espèce a environ trois pouces d'envergure, & doit être placée parmi les plus grandes de ce genre. Son corps est noir, avec les poils des deux premiers articles des palpes inférieurs, ceux de l'entre-deux des yeux, de la partie supérieure du prothorax ou du collier, le dessous du segment anal & le milieu du bord postérieur & inférieur du segment précédent d'un rouge-sanguin, mais qui tourne à l'orangé, dans les individus altérés par la vétusté. Les antennes sont entièrement noires & se terminent, un peu au-delà du milieu, en une masse presqu'en forme de fuseau, avec l'extrémité pointue & arquée. Le dernier article des palpes extérieurs est noir, beaucoup plus grêle que le précédent, proportionnellement plus alongé que dans les espèces voisines, cylindrique & arrondi ou obtus à son sommet. Le dessus des ailes est tantôt d'un noir-foncé un peu verdâtre, sans la moindre tache; tantôt généralement d'un verdâtre-bronzé, entrecoupé longitudinalement de noir, avec le sommet des ailes supérieures d'un roussâtre-pâle. Le dessous des quatre ailes est d'un vert-bronzé ou doré luisant, avec les nervures & le bord postérieur noirs; la couleur verte domine principalement sur les inférieures, & le noir des nervures y forme de grandes veines.

Selon Cramer, qui a représenté la variété dont les ailes supérieures sont roussâtres à leur sommet, elle se trouveroit à la Chine, au Bengale & sur les côtes d'Afrique voisines de l'équateur.

13. Hespérie Zéleucus.

Hesperia Zeleucus.

Hesperia alis atris, immaculatis, margine postico albo.

Hesperia U. Zeleucus, *alis integris, concoloribus, atris: posticis margine albo; capite caudâque sanguineis.* Fab. *Ent. Syst. em. tom.* 3. *pars* 1. *p.* 346. *n°.* 317.

Papilio Thasus. Cram. *Pap.* 32. *pl.* 380. M. N.

Papilio Zeleucus. Donow. *of an Epitom. of the Natur. Hist. of the Insects Ind.* 11. *pl.* 3. *fig.* 3.

Elle est une des plus grandes, après la précédente. Son corps est d'un noir-foncé, avec une teinte d'un vert-soyeux foncé & chatoyant sur les ailes. Toute la tête, le collier, les hanches antérieures & l'anus sont d'un rouge de sang; le dessous du corps offre aussi sur les côtés des taches de cette couleur. Les quatre ailes sont terminées postérieurement par un liseré blanc & très-fin.

Elle se trouve à Surinam & au Brésil, d'où elle m'a été envoyée par M. Langsdorff.

14. Hespérie Mænade.

Hesperia Mænas.

Hesperia alis cæruleo-atris, margine postico posticarumque basi albis.

Hesperia U. Mænas, *alis integris, viridi-atris, nitentibus, margine albis; posticis subtùs fasciâ albâ; ore anoque rubris.* Fab. *Ent. Syst. em. tom.* 3. *pars* 1. *p.* 347. *n°.* 318.

Papilio P. U. Phidias, *alis rotundatis atris, nitentibus, margine albis, ore anoque rubris.* Linn. *Syst. Nat.* 2. *p.* 795. *n°.* 263.— *Mus. Lud. Ulr. p.* 334. *n°.* 152.

Clerck, *Icon. tab.* 44. *fig.* 1. 2.

Papilio Bixæ. Cram. *Pap.* 17. *pl.* 199. C. D.

Cramer s'est mépris à l'égard du papillon *Phidias* de Linnée, & l'espèce qu'il nomme ainsi est l'*H. Jupiter* de Fabricius.

Son papillon *Bixæ* ou du Roucou est considéré par le naturaliste suédois (*Mus. Lud. Ulr. p.* 334), comme le mâle du *Phidias*, & son *P. Acastus* (*pl.* 199 E) en est, selon celui-ci, la femelle. Linnée prend aussi pour des variétés du *Phidias*, celle de l'*Acastus* de Cramer (*pl.* 41, C, D), & le *P. Amyclas* de cet auteur. Il rapporte encore à son *Phidias* un lépidoptère d'un genre très-différent, figuré par Petiver, &, à ce qu'il paroît, par Clerck (*tab.* 44. *fig.* 7 & 81), & par Cramer (*Phalæna lincea*, *Pap.* 19. *pl.* 228. B.) Fabricius a donné pour une espèce nouvelle (*Mænas*) l'hespérie que Linnée prend pour le mâle du *Phidias*. Dans sa seconde citation de Cramer, au lieu de répéter le nom d'*Acastus*, il écrit, mal-à-propos, *Phidias* (1); & à l'égard des autres synonymes, il copie, sans discernement, Linnée.

Cette hespérie a environ un pouce & demi de largeur, ses ailes étendues. Son corps est noir,

(1) Il n'avoit pas commis cette erreur dans son *Species Insectorum*.

avec la tête & l'anus d'un rouge de sang. Les ailes sont d'un noir-bleuâtre-foncé, glacé de vert-chatoyant. L'origine des ailes inférieures est en dessous d'un blanc-mat, y formant une bande transverse, s'étendant même, dans quelques individus, sur les deux ailes supérieures. Les unes & les autres sont terminées postérieurement par un liseré très-fin de la même couleur.

Cramer remarque que les mâles ont les ailes plus étroites & plus oblongues que les femelles. Cette observation s'applique aussi à d'autres espèces du même genre.

On trouve celle-ci à Surinam & à Cayenne.

15. Hespérie Phidias.

Hesperia Phidias.

Hesperia alis cœruleo-atris; posticarum limbo postico rubro vel flavescente, albo exteriùs marginato.

Hesperia U. Phidias, *alis integris, nitentibus, margine albis, ore anoque rubris.* Fab. *Ent. Syst. em. tom.* 3. *pars* 1. *p.* 347. *n°.* 319.

Papilio U. Phidias. *Mant. Inf. tom.* 2. *p.* 90. *n°.* 814. — *Spec. Inf. tom.* 2. *p.* 136. *n°.* 632. — *Syst. Ent. p.* 534. *n°.* 393.

Papilio P. U. Phidias, *alis rotundatis, atris, nitentibus, margine albis, ore anoque rubris.* Linn. *Syst. Nat.* 2. *p.* 795. *n°.* 293. — *Mus. Lud. Ulr. p.* 334. (Fæmina.)

Clerck, *Icon. pl.* 44. *fig.* 3. 4.

Papilio Acastus. Cram. *Pap.* 17. *pl.* 199. E. — 4. *pl.* 41. C. D. (Var.)

Je n'ai vu que des mâles de cette espèce, & qui tous se rapportent à la figure précitée de Cramer, ou à son papillon *Acastus*, très-différent de celui qu'il représente ailleurs sous le nom d'*Apastus* & qui est l'*Acastus* de Fabricius. La taille de ces individus égale presque celle des mâles de l'espèce précédente. Le corps est noir, avec les palpes extérieurs, leur extrémité exceptée, le collier, l'anus, la portion supérieure du bord extérieur & inférieur des secondes ailes, & des points sur les côtés de la poitrine & du ventre, d'un rouge-vermillon. Les ailes sont d'un noir-bleuâtre foncé, avec une teinte d'un vert-doré & luisant, depuis leur milieu environ jusqu'à leur naissance. Les secondes sont terminées postérieurement par une bordure blanche très-fine, moins prononcée vers l'angle extérieur; à la face inférieure, cette ligne blanche est un peu sale ou pointillée de noirâtre, du côté du même angle, & sur elle repose, immédiatement dans toute sa longueur, une bande jaunâtre, droite, rétrécie en pointe vers l'angle anal. Dans d'autres individus, les femelles, à ce qu'il paroît, tels que ceux figurés par Cramer, *pl.* 199 E, cette bande est rouge, & s'étend, en forme de ligne, tout le long du bord extérieur; ses ailes supérieures sont aussi terminées par un liseré blanc. Cramer dit que les parties du corps des femelles colorées en rouge, sont jaunes dans les mâles.

A Cayenne & à Surinam.

16. Hespérie Amiatus.

Hesperia Amiatus.

Hesperia alis atris, margine postico flavo.

Hesperia U. Amiatus, *alis integerrimis, atris: margine postico flavo; capite anoque sanguineis.* Fab. *Ent. Syst. em. tom.* 3. *pars* 1. *pag.* 347. *n°.* 320.

Clerck, *Icon. pl.* 44. *fig.* 5. 6.

Papilio Amyclas. Cram. *Pap.* 7. *pl.* 199. F.

Elle est très-voisine du mâle de l'espèce précédente; mais elle en diffère en ce que les quatre ailes sont terminées postérieurement, tant en dessus qu'en dessous, par une bande d'un jaune-souci, qui est plus étroite aux ailes supérieures.

Elle habite les mêmes contrées.

17. Hespérie Xanthippe.

Hesperia Xanthippe.

Hesperia atra, alis flavo fasciatis.

Elle est de la taille de la précédente, d'un noir-foncé & soyeux, avec la tête, l'anus & quelques taches sur les côtés du ventre, d'un rouge-sanguin, mais plus clair à la brosse anale. Le bord postérieur & supérieur des derniers anneaux, le terminal excepté, est dépourvu de poils, luisant & grisâtre, ce qui forme sur cette partie du corps de petites raies transverses de cette couleur. Les quatre ailes ont, des deux côtés & vers leur milieu, une bande transverse d'un jaune-d'ocre, coupé par les nervures : celle des inférieures est un peu plus étroite & plus divisée; les supérieures en ont une de plus, située au-dessous de la précédente, à égale distance d'elle & du bord postérieur, plus étroite, commençant vers la moitié de la largeur, gagnant ensuite le bord extérieur en se recourbant un peu, & divisée par les nervures en cinq petites taches. La poitrine offre de chaque côté, immédiatement au-dessous des ailes, une ligne jaune. Le bord externe des ailes inférieures est, vers sa naissance, de cette couleur; leur bord extrême & postérieur est blanc.

Cette espèce se trouve au Brésil, & m'a été donnée par M. Langsdorff, consul de l'empereur de Russie à Rio-Janeiro.

† † *Bord postérieur des ailes inférieures sinueux, à frange entrecoupée & paroissant dentelée.*

18. Hespérie versicolore.

Hesperia versicolor.

Hesperia atra, abdomine alisque cœruleo fasciatis; alis anticis fasciâ rubrâ maculisque duabus flavidis.

Cette belle espèce a évidemment de grands rapports avec l'hespérie *Gnetus* de Fabricius & quelques autres analogues. Son envergure est de près de deux pouces. Les antennes se terminent de la même manière que dans la division précédente. Le corps est noir, mais entrecoupé d'orangé & de bleuâtre, formant des lignes. Les palpes inférieurs, le dessous des hanches & des cuisses, les côtés de la poitrine & l'anus, sont orangés; telle est aussi la couleur de deux points que l'on voit à l'extrémité de l'écusson & de deux lignes qui s'étendent longitudinalement, une de chaque côté, sur le dessus du corselet, ou plutôt du mésothorax; sur l'espace intermédiaire sont deux autres lignes parallèles aux précédentes & d'un bleu-pâle, tirant sur le blanc ou sur le jaune. Les ailes inférieures sont traversées obliquement, en dessus & en dessous, par des raies ou bandes étroites de cette couleur, deux en dessus & trois sur le dessous; la seconde des inférieures est plus large, plus pâle, ou blanchâtre vers le haut; la postérieure est un peu entrecoupée; la base des ailes offre aussi une petite ligne transverse de la même teinte; leur frange postérieure est blanche & entrecoupée de petites taches noires. Les ailes supérieures ont, dans leur milieu & des deux côtés, une bande transverse, oblique, composée de trois taches réunies, d'un rouge-sanguin en dessus, de cette couleur près de la côte & ensuite d'un jaune-foncé en dessous : cette bande n'atteint point entièrement les deux bords; entr'elle & la côte, ou près de son bord antérieur, est une petite tache blanche; au-dessous de cette bande, en allant du milieu de la surface à l'angle du sommet, sont deux taches ovales, d'un jaune tirant sur le souci, & dont la plus voisine de la côte, un peu plus étroite & un peu plus longue; de cette tache à l'angle interne postérieur, s'étend une ligne bleuâtre un peu plus arquée, & qui n'est pas toujours bien prononcée dans toute sa longueur; on en voit une autre de cette couleur, & pareillement transverse, au-dessus de la bande rouge. L'origine de ces ailes, une portion de leur surface avoisinant le milieu de la côte, & le sommet de la tête, présentent aussi des espaces ou des taches bleuâtres; enfin, l'abdomen, à l'exception du milieu du dos, a des raies transversales de cette couleur.

Elle habite le Brésil, d'où elle m'a été envoyée par M. Langsdorff.

19. Hespérie Assaricus.

Hesperia Assaricus.

Hesperia alis atris; anticis albo flavoque maculatis; posticarum disco flavo, punctis nigris.

Hesperia U. Assarius, *alis dentatis, atris; anticis maculis flavis albisque : posticis disco flavo, punctis nigris.* Fab. *Ent. Syst. em. tom.* 3. *pars* 1. *p.* 343. *n*o. 303.

Papilio Assaricus. Cram. *Pap.* 22. *pl.* 261. F. G.

Elle est très-voisine des deux suivantes; mais à raison de la couleur de la brosse terminant l'abdomen, elle n'appartient point à leur division. Le corps est d'un noir-bleuâtre, avec des anneaux, les uns orangés & les autres blancs sur l'abdomen; la brosse anale est de la première de ces deux couleurs. Le corps est d'un noir-bleuâtre, un peu chatoyant sur les ailes; le corselet, la base des ailes supérieures & une grande portion des inférieures, sont garnis d'un duvet d'un brun-jaunâtre. Le milieu des ailes supérieures offre trois taches d'un jaunâtre-transparent, formant une bande transverse; entr'elle & le sommet, on en voit cinq à six autres très-petites, de la même couleur : quelques parties des mêmes ailes en présentent de bleuâtres. Le dessus des inférieures est traversé, vers son milieu, par une raie formée d'environ cinq taches d'un noir-bleuâtre; leur dessous offre, à quelque distance du bord postérieur, une rangée transverse de taches bleuâtres, & plus haut, deux autres formées de taches jaunâtres, & parcourant aussi la largeur de l'aile. Les antennes sont brusquement crochues à leur extrémité.

Elle se trouve au Brésil.

Nota. Le *Papilio Renaldus* (Renaud) de Stoll, *Suppl. aux Pap. exot.* de Cramer, *pl.* 13. *fig.* 1, nous semble devoir être placé dans cette division. Le corps est bleu en dessus & rouge en dessous. Les ailes supérieures sont noires en dessus, avec deux taches blanches & une grande partie du bord interne bleu; le dessus des inférieures est de cette couleur, avec le bord postérieur noir, un peu anguleux & terminé à l'angle anal en une petite queue. Le dessous des quatre ailes est d'un brun-obscur, avec des espaces plus foncés & deux petites raies jaunâtres sur les supérieures; on voit une tache de cette couleur sur les inférieures, à peu de distance de leur naissance. Les pattes sont rouges.

Cette espèce est de Surinam; nous n'en parlons que d'après Stoll.

** *Point simultanément de teinte rouge ou orangée à la tête & à l'anus, ou à la tête & à l'angle anal des ailes inférieures* (1).

† *Bord postérieur des ailes inférieures notablement denté ou anguleux.*

— *Ailes inférieures sans taches vitrées, ou n'en ayant qu'une au plus & discoïdale.*

20. Hespérie Iphinous.

Hesperia Iphinous.

Hesperia atra; alis anticis fasciâ maculisque duabus flavidis; posticis subtùs abdomineque lineis cæruleo-albis.

Si l'on compare cette espèce avec la précédente, l'on sera convaincu qu'elles se lient entr'elles. Les antennes se terminent de la même manière. Le corps est noir, avec le dessous des palpes, quelques taches sur la tête, des raies transverses sur le dessus de l'abdomen d'un blanc-bleuâtre. Le dessous des ailes inférieures offre des raies transverses & obliques de cette couleur, mais dont une seule, la supérieure, continue & bien terminée. La frange postérieure est blanche, avec une série de taches noires qui s'entrecoupent. Les ailes supérieures ont sur leurs deux surfaces trois taches d'un jaune-roussâtre, dont une vers le milieu, très-grande, en carré-long & oblique, en forme de bande transverse, mais n'atteignant pas les deux bords; & les deux autres, petites, ovales, & situées entre la première & l'angle du sommet; la dernière, ou la plus voisine de cet angle, est plus oblongue. Le dessus du corselet de mon individu a perdu son duvet; mais on y découvre des vestiges de taches blanchâtres, & peut-être est-il rayé longitudinalement, ainsi que celui de l'espèce précédente.

Elle m'a été envoyée du Brésil par M. Langsdorff.

21. Hespérie Polyzone.

Hesperia Polyzona.

Hesperia atra, albo cœruleoque fasciata; alis anticis, maculis fenestratis, ad basin transversè fasciatis; antennarum apice sensim arcuato.

Papilio Vulcanus. Cram. *Pap.* 21. *pl.* 245. C. D.

Seba, *Mus. tom.* 4. *pl.* 20. *fig.* 12 & 13.

La manière dont les antennes de cette espèce se terminent & les bandes qui traversent la base de ses ailes supérieures & se prolongent ensuite sur les inférieures, la distinguent de l'hespérie *Gnetus* de Fabricius, dont elle se rapproche infiniment.

La femelle a un peu plus de deux pouces d'envergure. Le corps est d'un noir-foncé, avec les palpes extérieurs, des taches sur la tête, & une grande partie des pieds, blanchâtres. Le corselet & l'abdomen sont rayés de gris-bleuâtre, celui-ci transversalement & l'autre longitudinalement. Huit bandes alternativement bleuâtres & noires composent le fond de la couleur des ailes; mais le noir s'étend beaucoup plus sur les supérieures, & les bandes de l'autre couleur sont peu ou moins distinctes; celles-ci ont en outre trois à quatre taches vitrées, dont une beaucoup plus grande, en forme de bande transverse, occupant le milieu de la surface, & les autres, & le plus souvent au nombre de deux, plus rapprochées du sommet. La couleur blanche étant plus étendue sur les ailes inférieures que sur les deux autres, les bandes formées par cette couleur & le noir y sont plus prononcées; le bleu des premières est plus pâle, & dans les individus mâles, la dernière de ces bandes bleues, ou la plus voisine du bord postérieur, est divisée longitudinalement par une ligne noire; le bleu empiète aussi sur la bande noire qui précède & y forme quelques traits. Les échancrures du bord postérieur sont blanches, avec les intervalles ou les dents, noirs; l'angle anal forme une queue très-courte & tronquée. Dans un grand individu femelle de la collection du Muséum d'histoire naturelle, les taches vitrées des ailes supérieures sont proportionnellement plus grandes; les bandes bleues des ailes inférieures sont d'un bleu un peu argenté; l'une des dents du bord postérieur y forme près de son milieu un angle très-saillant.

Dans un individu mâle que M. Langsdorff m'a envoyé du Brésil, les ailes supérieures ont quatre taches vitrées, & dont la première, ou la plus interne, est plus fortement divisée par les nervures; le bleu y occupant plus d'étendue que dans la plupart des autres individus, donne à cette variété une disposition de teintes plus agréable.

Cette espèce se trouve aussi à Surinam, & probablement à Cayenne.

22. Hespérie Gnetus.

Hesperia Gnetus.

Hesperia atra, alis posticis cœruleo fasciatis; anticis maculis fenestratis, ad basin cœruleo radiatis; antennarum apice abruptè uncinato.

Hesperia U. Gnetus, *alis dentatis, subconcoloribus, atris: anticis maculis tribus fenestratis, posticis cœruleo fasciatis.* Fab. *Ent. Syst. em. tom.* 3. *pars* 1. *p.* 342. *n°.* 302.

Papilio P. U. Gnetus. *Mant. Ins. tom.* 2. *p.* 89. *n°.* 803. — *Spec. Ins. tom.* 2. *p.* 135. *n°.* 624.

Aubent. *Miscell. pl.* 18. *fig.* 8. 9.

Papilio Pigmalion. Cram. *Pap.* 21. *pl.* 245. A. B.

(1) Anus roussâtre dans l'*H. Clonius* & palpes extérieurs roussâtres dans l'*H. Jovien.*

Cette espèce étant extrêmement voisine de celle que nous nommons *Polyzona*, & Fabricius n'ayant point donné une description complète de l'hespérie *Gnetus*, il nous est impossible de dire positivement quelle est celle des deux qu'il distingue ainsi. Mais comme il cite les planches de d'Aubenton, & que nous sommes sûrs que l'espèce dont il s'agit ici se rapporte très-bien aux figures précitées de cet auteur, il nous paroît très-probable que cette hespérie est bien celle qu'il appelle *Gnetus*. L'individu que nous avons sous les yeux, & qui vient de l'ancienne collection du Muséum d'histoire naturelle, pourroit bien être l'individu original, représenté sur ces planches. Cette espèce, ainsi que nous l'avons remarqué, ressemble beaucoup à notre H. polyzone, mais le noir y domine davantage, est un peu glacé de bleu, & les bandes ou raies formées par cette couleur sont plus vives & plus brillantes; sur le dessus des ailes supérieures, elle s'y divise en cinq raies, partant de leur origine, se dirigeant en manière de rayons longitudinaux, vers la base transparente du milieu; les intermédiaires sont plus courtes. Les taches vitrées sont proportionnellement plus petites que dans l'hespérie polyzone; le dessous des ailes inférieures est traversé obliquement par trois bandes étroites d'un bleu-verdâtre & luisant, & dont l'intermédiaire plus courte. En dessus ces raies sont moins vives; la première, ou la plus proche de la base, est même d'un gris-bleuâtre, & partagée en deux; l'intermédiaire est plus petite que sa correspondante inférieure. Le bord postérieur est un peu anguleux & très-finement bordé de blanc.

Elle se trouve à Cayenne & à Surinam. L'individu figuré par Cramer, que nous rapportons à cette espèce, se rapproche beaucoup plus que le nôtre de l'hespérie *Polyzone*, ou de son papillon *Vulcain*. L'individu qu'il représente est une femelle; nous n'en avons vu aucun de ce sexe, & le mâle que nous avons décrit est même unique dans la collection du Muséum d'histoire naturelle.

23. Hespérie Salus.

Hesperia Salus.

Hesperia alis fulvis, nigro-fasciatis; anticis maculis, posticis centro fenestratis.

Hesperia U. Salus, *alis dentatis fulvis, nigro fasciatis; anticis maculis, posticis centro fenestratis.* Fab. *Ent. Syst. em. tom.* 3. *pars* 1. *p.* 342. *n°.* 300.

Papilio P. U. Salus. *Mant. Inf. tom.* 2. *p.* 88. *n°.* 801. — *Spec. Inf. tom.* 2. *p.* 135. *n°.* 622.

Papilio Nobilis. Cram. *Pap.* 9. *pl.* 108. A. B.

L'envergure du mâle est d'environ un pouce & demi. Les antennes sont noires & se terminent en une petite massue, brusquement recourbée à son origine, mais peu prolongée à la pointe. Le corps & le dessous des ailes sont entièrement d'un jaune-d'ocre; en dessous, cette couleur est plus claire & tire sur le citron. L'abdomen, dans la plupart des individus, paroît être rayé transversalement de noir; mais je crois que cela provient de ce que le bord postérieur des anneaux a été accidentellement dépilé. Les ailes supérieures ont des taches transparentes & inégales; trois d'entr'elles, & dont deux, particulièrement celle du milieu, plus grandes, forment au milieu de l'aile une bande transverse, mais n'atteignant pas le bord interne; les autres, au nombre de six, sont situées entre les précédentes & le bord postérieur, & disposées en une ligne courbe, dont un des bouts s'appuie sur la côte, près de l'angle du sommet; deux ou trois de ces taches sont en forme de pointes; les unes & les autres sont bordées de noirâtre; mais cette teinte est plus prononcée sur la face supérieure, y suit les nervures terminales, le bord postérieur, & forme de petites stries obliques, le long de la côte. Les ailes inférieures offrent près du milieu une autre tache transparente, presque orbiculaire; elles sont traversées obliquement par quatre lignes noirâtres, dont la dernière plus étendue, surtout en dessus, & dont la précédente beaucoup plus courte, & ne dépassant pas le milieu de la largeur de l'aile, à partir du bord externe; le bord postérieur est de cette couleur & inégalement sinué & anguleux; la dent postérieure est la plus forte.

Dans un individu mâle qui m'a été envoyé du Brésil par M. Langsdorff, le dessous des ailes est simplement un peu plus pâle; les lignes noirâtres sont plus fines, & les taches transparentes des ailes supérieures ne sont point aussi grandes; celle du milieu de la bande n'est pas aussi alongée.

Cette espèce se trouve aussi à Surinam.

24. Hespérie Saint-Hilaire.

Hesperia Santhilarius.

Hesperia alis suprà ferrugineis, infrà nigris; anticis maculis fenestratis, nigro marginatis; posticis intùs truncato-productis, suprà nigro punctatis, infrà flavido fasciatis.

Cette belle & rare espèce, que je dédie, autant par estime que par gratitude, à l'un de nos plus savans botanistes, a de grands rapports avec les hespéries *Salus*, *Polyzone*, &c. Les antennes sont noires, courbées près du bout & terminées ensuite par une massue droite & obtuse. Tout le dessus du corps est d'un fauve-obscur, avec le bord postérieur des ailes & quelques portions de leurs nervures noirâtres. Le dessous des quatre ailes est noir. Les supérieures sont traversées dans leur milieu par une grande bande transparente d'un blanc-jaunâtre, divisée en trois taches, &

n'atteignant pas les deux bords; entre l'extrémité inférieure de cette bande & la côte est une rangée de sept petites taches, inégales, presqu'en forme de points, pareillement transparens, & bordés de noir, ainsi que les précédentes; en dessous, l'espace occupé par ces dernières présente quelques nébulosités d'un jaunâtre-pâle; la base de ces ailes est aussi de cette couleur. Les ailes inférieures sont très-dentées, avec un prolongement large, tronqué & très-anguleux vers l'angle anal; leur milieu a en dessus une rangée transverse de points noirs; leur dessous est traversé par deux bandes d'un jaunâtre-pâle, dont l'une occupant la base, l'autre le milieu & séparée de la précédente par une bande noire, offrant près du bord extérieur une petite tache noire & oblique; au-dessous de cette bande est une rangée de taches pareillement jaunâtres, mais peu prononcées; les échancrures du bord postérieur sont blanchâtres.

Elle se trouve au Brésil & m'a été donnée par M. Langsdorff.

25. Hespérie Eacus.

Hesperia Eacus.

Hesperia alis flavido-fuscis, fusco punctatis; anticis maculis albo-hyalinis.

Hesperia U. Dan, *alis ecaudatis, obscurè cinereis, fusco punctatis : anticis maculis fenestratis.* Fab. *Ent. Syst. Em. tom.* 3. *pars* 1. *p.* 341. *n°.* 297?

Papilio P. U. Dan. *Mant. Inf. tom.* 2. *p.* 38. *n°.* 798?

Elle est de petite taille, & ressemble beaucoup au papillon *Avitus* de Cramer, *pl.* 354. D. E. La massue des antennes se termine insensiblement en pointe, sans former de crochet. Ce caractère, qui domine plus généralement dans la division des hespéries à ailes inférieures arrondies & sans saillie à l'angle anal, me feroit présumer que cette espèce, nonobstant les dentelures des ailes, devroit être placée dans cette division, & près de l'*Hesperia Malvæ* & autres analogues. Les ailes sont noirâtres, mais avec une teinte d'un jaunâtre-obscur, formant près du limbe postérieur une raie transverse, entrecoupée & arquée. Le fond est ponctué de noirâtre, particulièrement sur les inférieures, où plusieurs de ces points sont disposés en raies transverses & arquées. Les ailes supérieures ont des taches transparentes : quatre au milieu, situées en une ligne transverse, & dont deux plus grandes, les autres en forme de petits points, au nombre de trois dans mon individu, & composant un petit arc près de l'angle du sommet. Sur le dessous des inférieures, la teinte jaunâtre est divisée en un grand nombre de petites taches, disposées en lignes transverses. La frange du bord postérieur des quatre ailes est grisâtre.

Cette espèce se trouve à Tranguebar selon Fabricius. L'individu que je possède vient de Java, & m'a été envoyé par M. le baron Dejean.

— — *Les quatre ailes parsemées de plusieurs taches vitrées.*

26. Hespérie Momus.

Hesperia Momus.

Hesperia alis nigris; anticis penitùs ferè hyalino striatis.

Hesperia U. Momus, *alis subcaudatis fuscis, basi hyalino striatis, apice maculatis.* Fab. *Ent. Syst. em. tom.* 3. *pars* 1. *p.* 334. *n°.* 268.

Papilio P. U. Momus. *Mant. Inf. tom.* 2. *p.* 86. *n°.* 785.

Papilio Momus. Jon. *Fig. pict.* 6. *tab.* 90. *fig.* 1.

Papilio Vitreus. Cram. *Pap.* 31. *pl.* 366. *fig.* D.

Sa taille est moyenne. Ses antennes se terminent en une massue insensiblement arquée & très-aiguë au bout. Le corps est recouvert en grande partie de poils d'un gris-jaunâtre, avec le dessous de l'abdomen rayé longitudinalement de noir. Les ailes sont noires, avec un duvet d'un gris-jaunâtre, particulièrement à la côte & au bord opposé; les taches vitrées sont si nombreuses, aux ailes supérieures surtout, que ces ailes sont en grande partie transparentes, d'où vient le nom de *Vitreus*, donné à cette espèce par Cramer, & que Fabricius auroit dû conserver; ces taches y sont disposées sur trois rangées transverses; les deux premières semblent se confondre sur les supérieures, & y sont composées de taches fort alongées, presqu'en manière de stries longitudinales; il en part trois de la base, & entre les extrémités inférieures de la seconde & de la troisième ligne, en commençant à compter au bord extérieur, est située une tache profondément bifide; l'extrémité postérieure de la troisième ligne est pareillement bifide; l'on voit près de l'angle du sommet cinq à six autres petites taches, composant la troisième rangée transverse. Les ailes inférieures ont près de leur base deux taches, dont l'extérieure beaucoup plus grande & anale; elles forment la première rangée; on en compte environ cinq à chacune des deux autres; le bord postérieur de ces ailes est entrecoupé de blanc; ses dentelures sont peu distinctes dans quelques individus : l'angle anal est assez saillant, & en forme de dent obtuse.

Cette hespérie habite la Guyane & le Brésil.

27. Hespérie Erythus.

Hesperia Erythus.

Hesperia alis fusco nigroque variis, maculis

hyalinis : his subquadratis vel trigonis, illis punctiformibus.

Papilio Erythus. Cram. *Pap.* 5. *pl.* 59. G.

Cette hespérie est assez grande, noirâtre, avec des espaces plus foncés sur les ailes, particulièrement aux inférieures. Elles sont parsemées de taches transparentes, mais en moindre nombre que dans l'espèce précédente, & dont les unes presque carrées ou triangulaires, & les autres plus petites & en forme de points; celles des ailes supérieures y sont disposées à peu près de la même manière que dans l'hespérie *Protée* & plusieurs autres espèces. Celles des ailes inférieures n'y composent qu'une rangée transverse; la base offre en outre une tache plus grande & correspondante aux deux de la base des ailes inférieures de l'hespérie *Momus*. Le bord postérieur des ailes inférieures & la portion interne du même bord aux ailes supérieures, sont entrecoupés de blanc; cette couleur occupe les échancrures.

Je n'ai point vu cette espèce, & je la rapporte à cette division, d'après la figure de Cramer. Elle conduit à la division suivante.

De Surinam.

28. Hespérie Cramer.

Hesperia Cramer.

Hesperia alis fusco-ferrugineis, maculis fenestratis nigro marginatis; infrà fasciâ maculari cærulescente, posteriùs lineâ nigrâ undulatâ terminatâ.

Papilio Sebaldus. Cram. *Pap.* 29. *pl.* 342. *fig.* A. B.

Fabricius, qui applique le nom de *Sebaldus* à une hespérie très-différente de celle-ci, rapporte celle que Cramer désigne de la sorte, ainsi que celles qu'il a figurées sous les dénominations de *Salus*, de *Ramusis*, au papillon *Thrax* de Linné. Mais cette dernière espèce est très-distincte des précédentes, & habite les Indes orientales, tandis que les autres ne se trouvent que dans l'Amérique méridionale. Les caractères distinctifs que Fabricius lui donne, conviennent à plusieurs espèces. Voulant conserver la dénomination de *Sebaldus* à l'hespérie qu'il appelle ainsi, l'espèce homonyme de Cramer recevra le nom de ce naturaliste, qui, par son bel ouvrage sur les lépidoptères exotiques, a rendu un service très-important à la science, & sans lequel peut-être il seroit bien difficile de reconnoître, avec l'entomologie seule de Fabricius, un grand nombre d'espèces.

L'hespérie *Cramer* est de taille moyenne & d'un brun-roussâtre un peu plus foncé sur le dessous des ailes; les taches transparentes, à l'exception de quatre à cinq & dont une située près de la base des ailes inférieures & les autres placées près de l'extrémité des ailes supérieures, sont généralement petites, en forme de points & bordées de noir. Ces taches, aux ailes inférieures, y sont disposées en deux bandes transverses, & dont la postérieure est appuyée inférieurement sur une autre bande, formée de taches bleuâtres & bordée de noir inférieurement; celle-ci est commune aux ailes supérieures. Il y a en outre, sur le dessous des inférieures, trois taches bleuâtres, entourées de noir, dont deux situées près du bord extérieur, & l'autre au bord interne.

Cette espèce, dont je ne parle que d'après Cramer, habite Surinam.

Voyez, pour quelques autres hespéries à ailes inférieures dentées, mais sans saillie anale, la division B.

---

†† *Bord postérieur des ailes inférieures entier.*

— *Dessus du corps & origine supérieure des ailes verts ou d'un vert-bleuâtre. Dessus des ailes noir ou noirâtre; celui des inférieures sans taches.*

Nota. Espèces généralement assez grandes, de l'Amérique méridionale; masse des antennes toujours crochue & terminée en pointe fine; angle anal des ailes inférieures prolongé en une dent pointue.

29. Hespérie Creteus.

Hesperia Creteus.

Hesperia alis suprà nigris, immaculatis, infrà fuscis, fasciis duabus transversis, obscurioribus; limbo postico sæpiùs dilutiore.

Papilio Creteus. Cram. *Pap.* 24. *pl.* 284. C. D.

Papilio Alardus. Stoll, *Suppl. aux Pap. exot. de* Cram. *pl.* 39. *fig.* 7. var. A

Les ailes sont noires en dessus, avec leur base garnie, ainsi que le dessus du corps, d'un duvet soyeux, d'un vert-bleu, un peu doré & luisant; leur dessous est noirâtre, avec deux bandes ou deux lignes transverses plus foncées, dont la dernière quelquefois bordée postérieurement de brun-jaunâtre. Le limbe postérieur est tantôt de la couleur du dessous, tantôt plus clair, quelquefois même, comme dans l'*Alardus* de Stoll, prenant une teinte grisâtre, plus étendue sur les ailes inférieures, & y formant une grande bande terminale; les bandes transverses & noirâtres sont plus ou moins prononcées & paroissent peu dans la variété précédente. Les quatre ailes n'ont aucune tache transparente.

Cette hespérie m'a été envoyée du Brésil par M. Langsdorff.

Nota. Le papillon *Celænus* de Cramer, *Pap.* 33. *pl.* 293, A B, paroît, dans un ordre naturel, devoir se placer près de l'espèce précédente. Le corps & les ailes sont d'un brun-foncé;

le dessous des ailes offre des bandes transverses plus claires, & de même que dans cette hespérie, les supérieures ont le long du bord interne, une grande tache arrondie plus pâle que le fond ou blanchâtre. L'individu que nous rapportons à cette espèce a aussi sur le dessous de chaque aile inférieure, deux petites taches presqu'en forme de points, de cette couleur, l'une un peu au-dessus du milieu, & l'autre au-dessus de l'angle anal. Elles n'existent point dans la figure donnée par cet auteur.

Cette espèce se trouve à Amboine.

Nous soupçonnons que l'*H. Cassandre* (*Cassander*) de Fabricius en est voisine. Selon lui, elle est plus grande que l'*H. Thrax*, noirâtre & sans aucunes taches.

Sa patrie est inconnue.

30. Hespérie Parménide.

Hesperia Parmenides.

Hesperia fusca, suprà immaculata; alis anticis infrà maculâ magnâ albâ, internâ: posticis ibidem fasciis nullis.

Papilio Parmenides. Cram. *Pap.* 31. *pl.* 364. E. F.

Elle n'est peut-être qu'une variété de la précédente. Les ailes sont d'un noirâtre-obscur, avec l'origine de leur surface supérieure & la partie externe de la base du dessous des premières, d'un vert-bleuâtre & luisant; on voit aussi des traces de cette couleur à la naissance des inférieures. Sur le bord interne des supérieures, est appuyée une grande tache blanche triangulaire, mais que l'on observe quelquefois dans l'espèce précédente; le dessous de ces ailes, ainsi que celui des inférieures, est entièrement noirâtre; on observe seulement sur chacune de celles-ci, une petite tache ou un trait jaunâtre. Le dessous du corps & de la massue des antennes sont d'un gris-jaunâtre; le ventre est rayé longitudinalement de noirâtre.

Elle se trouve au Brésil. Collection du Jardin du Roi.

31. Hespérie du Roucou.

Hesperia Bixæ.

Hesperia fusca, suprà immaculata; alis posticis subtùs fasciâ transversâ lacteâ.

Hesperia U. *alis rotundatis fuscis, basi virescentibus; posticis subtùs fasciâ luteâ.* Fab. *Ent. Syst. em. tom.* 3. *pars* 1. *p.* 344. *n°.* 307.

Papilio P. U. Bixæ. *Mant. Inf. tom.* 2. *p.* 89. *n°.* 807. — *Spec. Inf. tom.* 2. *p.* 135. *n°.* 626. — *Syst. Ent. p.* 534. *n°.* 390.

Papilio P. U. *Bixae.* Linn. *Syst. Nat.* 12. *tom.* 2. *p.* 795. *n°.* 264. — *Mus. Lud. Ulr. pag.* 335. *n°.* 153.

Clerck, *Icon. Inf. tab.* 42. *fig.* 7. 8.

A en juger d'après la citation d'une figure de Petiver, Linné rapporte à cette espèce, comme simple variété, notre *H. Tityre.* Fabricius, qui a copié sa phrase spécifique, ne s'est pas aperçu que dans son *Mantissa Insectorum* on avoit, par erreur, écrit *fasciâ luteâ* pour *fasciâ lacteâ.*

Les ailes sont noirâtres; leur base & presque tout le dessous des secondes sont d'un vert-bleuâtre soyeux & luisant, mais qui, à l'exception de la base extérieure, est moins vif & plus foible sur celles-ci. Le dessous de ces ailes inférieures offre, à quelque distance de leur origine, une tache d'un beau blanc, en forme de parallélogramme ou de bande courbe, oblique, partant du bord externe & se terminant vers le milieu de la largeur de l'aile. Dans l'individu figuré par Clerck, la bande est centrale. Une grande partie du limbe postérieur & inférieur des premières ailes est un peu verdâtre. Les palpes extérieurs sont d'un bleu entrecoupé de noir.

Cette espèce fait partie de la collection du Roi. Elle se trouve en Amérique.

32. Hespérie Acastus.

Hesperia Acastus.

Hesperia alis suprà cœruleo-nigris; anticis fasciâ utrinquè albo-hyalinâ, apice immaculato; posticis infrà viridi-fuscis, basi immaculatâ, limbo postico cinerascente vel dilutiore.

Hesperia A. U. Acastus, *alis subcaudatis, atris; posticis subtùs virescentibus, strigis abbreviatis flavis.* Fab. *Ent. Syst. em. tom.* 3. *pars* 1. *p.* 335. *n°.* 272.

Papilio P. U. Acastus. *Mant. Inf. tom.* 2. *p.* 87. *n°.* 788. — *Spec. Inf. tom.* 2. *pag.* 133. *n°.* 614.

Papilio Apastus. Cram. *Pap.* 10. *pl.* 111. *fig.* D. E. — *Ejusd.* P. Anlestes. *Ibid.* 24. *pl.* 283. E. F. G. *var.* A. — *Ejusd.* P. Hylaspes. *Ibid.* 31. *pl.* 364. G. H. *var.* B.

Cette espèce & les suivantes de la même division sont distinguées des précédentes par les taches blanches & transparentes des ailes supérieures. Ici & dans la suivante, elles forment une bande qui traverse obliquement le milieu de leur surface; elles sont au nombre de cinq, dont quatre sur une même ligne, & dont la cinquième située en dehors de la bande & dans l'entre-deux des deux taches du milieu; celles-ci sont les plus grandes de toutes. Le dessous des ailes inférieures est noirâtre ou d'un verdâtre-obscur, & offre, dans ce cas, quelques lignes plus claires mais peu marquées; le limbe postérieur est tantôt d'un noirâtre plus clair & tantôt, à l'exception de son extrémité extérieure, cendré ou bleuâtre. Le bord postérieur de ces ailes & l'extrémité interne de celui des supérieures sont entrecoupés de noir & de blanc.

Le papillon *Pertinax* de Stoll (*Suppl. aux Pap. de Cramer*, pl. 35, fig. 2) n'est peut-être qu'une variété de l'espèce précédente. Il est plus petit. La bande vitrée des ailes supérieures est moins grande & sans tache extérieure. Le dessus des ailes inférieures & tout le dessous du corps sont d'un brun-noirâtre.

Ces hespéries se trouvent au Brésil, à Surinam, &c.

Nota. C'est probablement près de cette espèce que se range l'hespérie *Scipion* de Fabricius. (*Ent. Syst. em. tom.* 3. *pars* 1. *p.* 338. *n°.* 284.) Son corps est grand, noir, avec les antennes crochues. Les quatre ailes sont noires en dessus, avec la base bleuâtre. Les antérieures ont une bande maculaire d'un blanc-transparent; leur dessous est vert & offre la même bande. Le bord interne des postérieures est plus obscur. Cet auteur avoit décrit cette espèce d'après les dessins de Jones (6. *tab.* 87. *fig.* 1.). Le *P. Narcosius* de Stoll (*Suppl. aux Pap. de Cramer*, pl. 39. fig. 8) ne me paroît pas en différer. L'*H. Scipion*, selon Fabricius, se trouve aux Indes.

33. Hespérie Mercatus.

Hesperia Mercatus.

Hesperia alis suprà nigris; anticis utrinquè fasciâ mediâ punctisque ante apicem albo-hyalinis, posticis infrà basi albis.

Hesperia U. Mercatus, *alis subcaudatis, atris: anticis maculis hyalinis, posticis subtùs fuscis, fasciâ baseos albâ.* Fab. *Ent. Syst. em. tom.* 3. *pars* 1. *p.* 332. *n°.* 260.

Papilio Mercatus. Jon. *Fig. pict.* 6. *tab.* 87. D.

Papilio Fulgerator. Cram. *Pap.* 24. *pl.* 284. A. B.

Fabricius cite pour synonyme de cette espèce le *P. Talus* de Cramer; mais il est évident que sa description ne peut convenir qu'au *Fulgerator* de celui ci.

Le dessus des ailes de l'*H. Mercatus* n'offre point ce reflet bleuâtre que l'on observe dans l'*Acastus*. Les supérieures ont en outre, avant l'angle du sommet & près de la côte, une petite ligne formée de trois points transparens; la bande blanche est terminée en dessous, au bord interne, par une tache blanche assez grande. Le dessous des inférieures est d'un bleu-obscur, avec une bande blanche, courte & transverse à sa base; le bord extérieur est jaunâtre à son origine, & séparé de la bande blanche par une petite ligne transverse, noirâtre. Le dessous du corps est jaunâtre, avec une partie des pattes & une ligne sur le milieu de l'abdomen, noirâtres.

Elle se trouve à Surinam & au Brésil.

34. Hespérie Ausone.

Hesperia Ausonius.

Hesperia alis fuscis; anticis fasciâ maculari punctorumque lineolâ ante apicem hyalino-flavidis; posticis suprà, limbo excepto, viridibus.

Papilio Talus. Cram. *Pap.* 15. *pl.* 176. D.

Tout le dessus du corps, celui des ailes inférieures, à l'exception du bord extérieur, leur origine inférieure & celle des supérieures, tant en dessus qu'en dessous, sont d'un vert-soyeux, mais point luisant; les autres parties sont d'un noirâtre-obscur. Les ailes supérieures ont une bande transverse oblique, formée de quatre taches d'un jaunâtre-pâle & transparentes; près du milieu de cette bande, est située en dehors une tache de la même couleur, & près du sommet est une petite ligne composée de trois points, pareillement jaunâtres & diaphanes. Le dessous des ailes inférieures présente au-dessus de l'angle anal une petite tache jaunâtre, en forme de chevron. Le bord postérieur des anneaux du ventre est grisâtre. L'angle anal se prolonge en une queue très-courte & pointue.

Cette espèce & la suivante paroissent conduire à l'hespérie *Protée* & aux autres de la même division.

Elle se trouve au Brésil & à Surinam.

35. Hespérie Savigny.

Hesperia Savigny.

Hesperia alis anticis suprà nigris, maculis punctisque tribus albo-hyalinis; posticis suprà fuscis, infrà brunneis, puncto nigro ad basin fasciisque tribus fuscis transversis.

Le nom de cette hespérie nous rappelle l'un des plus profonds naturalistes de ce siècle, M. Savigny, membre de l'Académie royale des sciences. Le vert-soyeux qui colore le dessus du corps & la base des ailes dans les autres espèces de cette division, est ici beaucoup moins étendu & plus foncé: il ne se montre bien qu'à la naissance des ailes supérieures. Le corps est noirâtre, mais un peu plus clair en dessous. Le dessus des ailes supérieures est noir, avec trois taches & un pareil nombre de points d'un blanc-transparent; deux de ces taches sont placées au milieu & rapprochées sur une ligne transverse; elles répondent à la bande maculaire des espèces précédentes; les trois points sont disposés sur une petite ligne oblique, près de la côte, un peu avant l'angle du sommet; la troisième tache est isolée au milieu de l'espace qui sépare les deux premières & la ligne de points; le dessous de ces ailes est d'un brun-vineux foncé, avec le disque noirâtre. Les ailes inférieures sont en dessus d'un noirâtre tirant sur le brun; leur dessous est d'un brun plus clair, un peu vineux ou rougeâtre, avec une teinte d'un gris de perle luisant. Près de leur base & vers le milieu de la largeur, est un point noir, mais qui n'est point constant; au-dessous sont trois bandes transverses, noirâtres, dont la plus basse occupe le limbe postérieur; la dent de l'angle anal est bien prononcée.

Cette espèce se trouve aux Antilles. Entr'elle & la précédente, me paroît devoir se ranger le *P. Pyramus* de Cramer, *Pap.* 21, *pl.* 245 E. Mais ici, le duvet qui garnit le dessus du corps & la base des ailes est, selon cet auteur, couleur de canelle. Je n'ai point vu en nature cette hespérie.

Près de ces espèces, l'on placera encore le *P. Phidon* de Cramer, *Pap.* 21, *pl.* 219, F G. Le dessous des ailes est plus varié que dans les autres de la même division. Le milieu de celui des inférieures est noirâtre, avec de petites taches jaunâtres; leur dessus offre près du milieu du disque un point de cette couleur; l'angle anal est peu saillant.

Cette espèce se rapproche aussi du *P. Sinon* de cet auteur, *Pap.* 29, *pl.* 343, D, E, & de quelques autres hespéries analogues.

Son *P. Cometes*, *ibid.* 19, *pl.* 227 F, paroît, sous quelques rapports, lier cette division avec la précédente, & par d'autres, devoir se placer avec les hespéries à tête & à anus rouges, ou du moins avec les espèces qui, dans notre méthode, viennent immédiatement après elles. N'ayant point vu cette espèce, il nous est impossible de fixer à cet égard notre opinion.

— — Dessus du corps & origine supérieure des ailes jaunâtres; dessus des ailes noirâtre; des taches jaunâtres, transparentes, & pour la plupart disposées en une ligne transverse, aux supérieures; dessous des inférieures ayant, soit des taches discoïdales d'un blanc-argenté (s'effaçant quelquefois), soit une bande ou une raie (quelquefois commune aux deux surfaces) parcourant toute sa longueur ou toute sa largeur, tantôt de cette couleur, tantôt blanche ou jaunâtre: ces ailes ordinairement sans taches vitrées.

φ. Dent extérieure de la troncature oblique du prolongement anal des ailes inférieures très-saillante.

36. Hespérie Schœnherr.

Hesperia Schœnherr.

Hesperia alis fuscis; posticarum limbo postico supero anguloque anali infrà nigris; anticis fasciâ fenestratâ maculâque subapicali albis; posticis utrinquè fasciâ transversâ, latâ, pallido-flavâ.

Nous devons à M. Schœnherr, naturaliste suédois, un excellent ouvrage sur la synonymie des coléoptères, & qui, à ce précieux avantage, joint celui de nous faire connoître un grand nombre d'espèces nouvelles, soit de sa collection, soit de celles de ses amis. Qu'il reçoive, par la dédicace de cette espèce, un témoignage bien sincère de notre profonde estime & de notre amitié!

L'hespérie *Schœnherr* est de grandeur moyenne. Les ailes sont d'un brun-noirâtre, avec la base, particulièrement en dessous, d'un brun-jaunâtre pâle ou verdâtre: ici cette teinte occupe presque toute la moitié antérieure de la surface. Les ailes supérieures ont dans leur milieu une bande transparente, composée de trois taches réunies, & accompagnée intérieurement & en dessus de jaune-pâle; de son bord intérieur part un petit trait de la même couleur, comme formé de points réunis, se rendant obliquement au bord interne, en se rapprochant de la base. Près de la côte, & à peu de distance de son origine, est en dessus une tache oblongue, longitudinale, pareillement d'un jaune-pâle; l'on voit, à l'autre extrémité, un peu avant le sommet, une petite tache transverse, oblongue, d'un blanc-transparent, & commune aux deux côtés. Le milieu des inférieures, en allant du bord extérieur à l'angle interne, est traversé par une large bande d'un jaune-pâle, tirant un peu sur le souci, qui se rétrécit légèrement vers le bas; en dessus, l'espace qui s'étend de cette bande à l'extrémité, ou le limbe postérieur, est d'un noirâtre plus foncé ou forme une bande terminale presque noire; en dessous, l'espace correspondant n'est plus foncé ou noir que vers le bord interne, ou à l'angle anal. En général, le dessous des quatre ailes est un peu plus clair que le dessus, ou d'un noirâtre tirant sur le brun. Les palpes extérieurs sont blanchâtres. Les antennes manquent.

Elle a été apportée de Java par M. Leschenault. Collection du Jardin du Roi.

37. Hespérie Mercure.

Hesperia Mercurius.

Hesperia alis posticis subtùs maculis duabus transversis atro-fuscis, spatio interjecto margaritaceo, nitido: limbo postico extùs cinerascente, intùs fusco; abdomine albo annulato.

Hesperia U. Mercurius, *alis subcaudatis, fuscis, basi flavis, anticis punctis hyalinis, posticis subtùs nigris, fasciâ cinereâ.* Fab. *Ent. Syst. em. tom.* 3. *pars* 1. *p.* 333. *n°.* 263.

Papilio P. U. Mercurius. *Mant. Inf. tom.* 2. *p.* 96. *n°.* 780.

Papilio Idas. Cram. *Pap.* 22. *pl.* 260. A. B.

Son envergure est d'un peu plus de deux pouces. Les ailes sont noirâtres & un peu plus foncées en dessous. Le duvet jaunâtre de leur base & du dessus du corps est plus clair & plus apparent que dans les autres espèces de la même division. La grandeur des taches transparentes des ailes supérieures varie. Les quatre inférieures sont disposées en une ligne transverse ou oblique; la cinquième, mais qui manque quelquefois, est située près de la troisième des précédentes; on en voit une ou deux autres, en forme de point, près de la côte, avant le sommet; en dessous, le limbe postérieur de ces ailes est, à l'exception du sommet, cendré. Le dessus des inférieures est sans taches; leur dessous est mélangé; la base est noirâtre, avec une tache plus foncée ou tirant sur le noir; immédiatement après est une bande transverse & arquée de cette couleur; au-delà du milieu de la longueur de l'aile, on voit intérieurement une grande tache presque noire, en forme de triangle alongé & transverse, dont la pointe est en dehors & repose sur une autre bande, mais plus claire, gagnant le bord antérieur & offrant, près de ce bord, deux petites taches plus obscures; l'intervalle compris entre les deux bandes est gris-blanchâtre & luisant; le bord interne, & surtout son extrémité inférieure, est d'un brun-noirâtre; à partir de-là, le limbe postérieur est cendré, & présente quelquefois une rangée de points noirâtres. Le bord postérieur des anneaux de l'abdomen est blanchâtre.

Dans quelques individus, le dessous des ailes inférieures est d'un brun couleur de suie & luisant, sans teinte grise dans l'entre-deux des bandes; le limbe postérieur est noirâtre.

Elle se trouve au Brésil, à Surinam, &c.

38. Hespérie Tityre.

Hesperia Tityrus.

Hesperia alis posticis subtùs fusco-brunneis, maculâ mediâ, angulatâ fasciâve transversâ argenteo-niveâ.

Hesperia U. Tityrus, *alis subcaudatis, fuscis: anticis utrinquè fasciâ flavâ, subtùs strigâ argenteâ.* Fab. *Ent. Syst. em. tom.* 3. *pars* 1. *p.* 331. *n°.* 258.

Papilio P. U. Tityrus. *Mant. Inf. tom.* 2. *p.* 85. *n°.* 777. — *Spec. Inf. tom.* 2. *p.* 132. *n°.* 607. — *Syst. Ent. p.* 532. *n°.* 282.

Papilio Tityrus. Smith-Abbot, *Lépid. de la Géorg. tom.* 1. *p.* 39. *tab.* 19.

Petiv. *Gazoph.* 51. *tab.* 32. *fig.* 5.

Papilio Clarus. Cram. *Pap.* 4. *pl.* 41. E. D. — *Ejusd.* P. Exadeus. 22. *pl.* 260. C. *var.* A.

Peu d'espèces varient autant que celle-ci pour le dessous des ailes, & particulièrement des inférieures. C'est ce dont nous nous sommes assurés en comparant un grand nombre d'individus, tant de l'Amérique septentrionale que du Brésil. Les ailes supérieures ont dans tous des taches jaunâtres & transparentes, disposées comme dans l'espèce précédente, l'hespérie *Protée* & autres espèces analogues; quatre de ces taches forment une bande transverse; trois à quatre autres très-petites, sous la forme de points, sont placées en une petite ligne, près de la côte, un peu avant son extrémité; la dernière tache est située entre les dernières & la bande. Le dessous des ailes inférieures est d'un brun plus ou moins foncé, d'un rougeâtre-obscur, avec le limbe postérieur, l'angle anal excepté, plus ou moins saupoudré de petits atomes d'un gris-cendré ou d'un gris de perle, qui, lorsqu'ils sont plus abondans & plus étendus dans le sens de la largeur, y forment une bande de cette couleur. Le limbe inférieur des ailes supérieures offre, dans plusieurs individus, les mêmes caractères; la bande y est interrompue avant l'angle du sommet, & s'y termine avant celui qui lui est opposé ou l'interne; quelquefois cependant la bande est continue.

Dans le papillon *Exadeus* de Cramer, qui se trouve au Brésil, à Surinam, &c., le disque du dessous des ailes inférieures présente près de son milieu une tache ovale d'un blanc-argenté, placée au-dessus d'une raie de la même couleur, anguleuse, transverse, oblique & interrompue; près du bord externe, au-dessus du point où elle se termine, sont deux petits traits situés transversalement & pareillement argentés. Dans d'autres individus des mêmes contrées, la tache centrale est convertie en une bande transverse, & le gris de perle du limbe postérieur paroît y dominer sur le brun.

Les individus de l'Amérique septentrionale, ceux qui paroissent avoir servi de type au *P. Clarus* de Cramer, sont un peu plus petits; la couleur jaunâtre des taches transparentes, & particulièrement de la bande, tire un peu sur le roussâtre; le dessous des ailes inférieures est presqu'entièrement rougeâtre; la tache argentée y forme une bande, mais brusquement rétrécie & interrompue vers son extrémité extérieure; cette tache manque dans quelques autres individus. M. Lherminier m'a envoyé cette variété de la Guadeloupe.

La chenille, d'après les observations d'Abbot, vit sur le *Robinia pseudo-acacia* & le *Caroubier* sauvage; elle est verte, ponctuée & rayée transversalement de noir, avec la tête rougeâtre, marquée en devant de deux taches oculaires, jaunes; elle fait sa coque en automne, & l'insecte parfait éclot au printemps suivant.

φ φ. Dent extérieure de la troncature oblique du prolongement anal des ailes inférieures soit point ou peu saillante, soit obtuse ou arrondie.

39. Hespérie Epitus.

Hesperia Epitus.

Hesperia alis suprà fuscis, infrà fusco-ferrugineis; anticis maculis vitreis, flavidis: tribus internis in triangulum dispositis; alis posticis infrà fasciâ transversâ, argenteâ.

Hesperia U. Epitus, *alis subcaudatis fuscis, flavo maculatis; posticis subtùs fasciâ argenteâ.* Fab. *Ent. Syst. em. tom.* 3. *pars* 1. *p.* 332. *n°.* 261.

Papilio P. U. Epitus *Mant. Inf. tom.* 2. *p.* 86. *n°.* 778.

Papilio Epitus. Cram. *Pap.* 29. *pl.* 343. E. F. — *P. Evadnes. Ibid.* G.

Elle est un peu plus petite que l'espèce précédente. Le dessous de la massue des antennes & les palpes extérieurs sont jaunâtres. Les ailes sont noirâtres en dessus & d'un brun-ferrugineux en dessous, avec le limbe postérieur souvent plus clair ou même cendré, du moins en partie, & spécialement sur les ailes inférieures, l'angle anal excepté; les taches transparentes & jaunâtres des ailes supérieures, qui dans les espèces précédentes forment une bande, sont ici au nombre de trois, & disposées en triangle, celle du milieu étant plus en dehors; les autres taches ressemblent, par leur situation & leur grandeur, à celle que l'extrémité postérieure des mêmes ailes nous offre dans ces espèces. Le milieu de la surface inférieure des secondes ailes est traversé par une bande argentée plus ou moins large, tantôt entière, tantôt échancrée, & ne formant quelquefois qu'une simple ligne transverse; le dessus de ces ailes offre aussi quelquefois un point jaune. (*Epitus*, Cram.)

Elle se trouve au Brésil & à la Guyane.

Il faut rapprocher de cette espèce: 1°. le *P. Comes* de Cramer, *Pap.* 33. *pl.* 391. N. O, voisin de l'*H. Pisistrate* de Fabricius; 2°. son *P. Brino, ibid.* 30. *pl.* 353. E. F. & 33. *pl.* 392. C. D. Le dessous des ailes est d'un rouge-foncé ou d'un brun-marron. Les inférieures ont deux bandes maculaires & transverses argentées; leur dessus offre aussi un point jaune, peu éloigné du bord postérieur.

M. Langsdorff m'a envoyé du Brésil une hespérie que je soupçonne n'être qu'une variété de cette espèce, & qui en diffère par les caractères suivans: les ailes supérieures ont près du sommet quelques taches transparentes que l'on n'observe point dans les figures de Cramer. Le dessus des inférieures présente près de la base une tache blanchâtre, & entre le milieu & le bord postérieur une bande courte, transverse, arquée, de cette couleur, mais en partie transparente: cette bande est plus étendue en dessous, & se prolonge en manière de dent, dirigée en avant, au milieu de sa courbure; son extrémité interne s'élargit & s'arrondit; à la place de la tache antérieure est une raie transverse, pareillement blanchâtre.

On rapprochera encore de cette espèce le *P. Dubius* de Cramer, *ibid. pl.* 354. B. C. Les taches transparentes des ailes supérieures sont toutes très-petites, en forme de points, & disposées en une ligne oblique. Le dessous des ailes inférieures est d'un rouge-noirâtre, avec une ligne jaune, traversant l'aile d'un bord à l'autre.

Viennent encore se placer ici son *P. Floreslan, ibid.* 33. *pl.* 391. E. F; son *P. Orchamus, ibid.* 13. *pl.* 155. E. F, & enfin son *P. Arculaus, ibid.* 33. *pl.* 391. I. K; mais je ne connois ces espèces que d'après leur figure; elles sont toutes de l'Amérique méridionale. Le *P. Ethlius* de cet auteur, que je décrirai plus bas, & quelques autres espèces, doivent, dans un ordre naturel, leur être associées.

40. Hespérie Ericus.

Hesperia Ericus.

Hesperia alis fuscis; alis anticis punctis tribus fenestratis, minutissimis; posticis subtùs maculâ posticâ flavescente.

Hesperia U. Ericus, *alis subcaudatis, fuscis: punctis anticis fenestratis minutis; posticis subtùs maculâ posticâ flavescente.* Fab. *Suppl. Ent. Syst. p.* 432.

Elle a entièrement le port de l'*H. Phocas.* Les antennes sont crochues. Les ailes sont noirâtres. Les antérieures sont plus pâles & en dessous, & ont près de leur extrémité trois points très-petits, transparens. Les inférieures sont presqu'en queue, & offrent postérieurement en dessous une tache jaunâtre; on n'en voit aucune sur l'autre face.

Je n'ai point vu cette espèce, & je ne la place ici que par présomption.

Elle se trouve aux Indes orientales.

41. Hespérie Chromus.

Hesperia Chromus.

Hesperia suprà fusca, subtùs dilutior; alis posticis infrà lineâ transversâ albâ, maculâ anali fuscâ.

Papilio Chromus. Cram. *Pap.* 24. *pl.* 284. E.

Elle est de moyenne taille, noirâtre en dessus, d'une teinte plus claire ou d'un brun-cendré en dessous. Le dessous de la massue des antennes est roussâtre. Le milieu des ailes supérieures offre, dans quelques individus, deux ou trois petites taches transparentes. Le dessous des inférieures est traversé de l'angle extérieur à l'angle anal, par une raie étroite, droite & blanchâtre. L'on voit sur l'angle anal une tache noirâtre, assez grande & alongée.

Elle se trouve, selon Cramer, à la côte de Coromandel.

L'hespérie

L'hefpérie *Alexis* de Fabricius paroît en être très-voifine; la bande du deffous des ailes inférieures eft bleuâtre.

— — — *Deffus du corps & bafe fupérieure des ailes point garnis de duvet foyeux vert ou d'un vert-bleuâtre; deffous des inférieures n'offrant point, du moins dans les efpèces où ces parties font jaunâtres, de taches difcoïdales argentées, ni une bande longitudinale ou tranfverfe, foit pareillement argentée, foit blanche ou jaunâtre.*

Nota. Prolongement poftérieur & interne des ailes inférieures ordinairement très-court, obtus ou arrondi; ces ailes font arrondies ou très-arquées vers l'angle extérieur, dans plufieurs.

φ. *Des taches vitrées, & dont plufieurs bordées de noir ou de noirâtre, en forme de petits yeux, fur les quatre ailes.*

Maffue des antennes entrecoupée de noirâtre & de blanc.

42. Hespérie Polygius.

Hesperia Polygius.

Hefperia rufo-fufca; alarum anticarum medio fafciâ maculari feneftratâ, tranfverfâ.

Elle eft très-voifine du papillon *Euribates* de Cramer (*Pap.* 33. *p.* 393. D), & peut-être même n'en eft-elle qu'une variété à taches jaunâtres & tranfparentes plus nombreufes. Cinq d'entr'elles forment fur le milieu des ailes fupérieures une bande tranfverfe; la feconde & la troifième, en commençant à compter du bord extérieur, font beaucoup plus grandes que les autres, prefque carrées, un peu échancrées aux deux bouts; les dents les plus internes font en forme de points & bordées de noirâtre; entre cette bande & l'angle du fommet font quatre autres taches, dont une plus grande, triangulaire, fituée près de l'entre-deux des deux grandes de cette bande, & les trois autres, en forme de points ovales, difpofées fur une petite ligne, près de la côte, vers le milieu de l'efpace compris entre la bande & l'angle du fommet. Les inférieures préfentent chacune trois petites taches tranfparentes, arrondies & bordées de noirâtre; l'une un peu plus grande, près du milieu, & les deux autres rapprochées fur une ligne tranfverfe, au-deffous de la précédente, vers les deux tiers de la longueur de l'aile.

J'ai reçu cette efpèce de M. Langfdorff.

43. Hespérie Salatis.

Hesperia Salatis.

Hefperia alis fuprà fufco rufefcentibus, maculis vitreis omnibus punctiformibus.

Papilio Salatis. Cram. *Pap.* 33. *pl.* 393. E.

Les antennes font finement annelées de noir & de blanc, avec la maffue noirâtre & marquée d'un anneau blanc. Le deffus du corps eft d'un brun-rouffâtre ou prefque de couleur de tabac d'Efpagne; le deffous, le limbe poftérieur des ailes & le bord extérieur des inférieures font plus foncés. Les quatre ailes offrent, depuis leur milieu jufqu'à leur extrémité poftérieure, quelques taches tranfparentes, petites, en forme de points jaunâtres & bordées de noir; leur nombre varie; l'une d'elles eft placée près du milieu, mais manque quelquefois aux ailes fupérieures; les autres font fituées un peu plus bas, fur une ligne tranfverfe & un peu arquée; fouvent on n'en diftingue bien que deux ou trois, celles des deux extrémités de la ligne étant très-petites.

Cette efpèce m'a été envoyée du Bréfil par M. Langfdorff.

Je foupçonne qu'elle eft la même que l'*H. Muretus* de Fabricius; mais la defcription qu'il en donne eft fi vague, que je n'ai point ofé le citer dans la fynonymie.

44. Hespérie Ramufis.

Hesperia Ramufis.

Hefperia alis brunneo-fufcis, maculis punctifque vitreis albis.

Papilio Ramufis. Cram. *Pap.* 29. *pl.* 242. G.

Cette efpèce, à la couleur du fond des ailes & des taches près, diffère peu de la précédente. Les taches du milieu des ailes fupérieures font plus grandes & plus rapprochées; celles des ailes inférieures font toutes en forme de points, difpofées fur deux lignes tranfverfes, arquées, & prefque toutes cerclées de noir.

Elle fe trouve au Bréfil.

Nota. Quelques efpèces de Fabricius, telles que fon *Phocas*, fon *Nicias*, fon *Rhetus*, le *P. Crinifus* de Cramer, &c., paroiffent fe lier avec les précédentes, & avoir auffi de l'affinité avec les hefpéries *Gnetus*, *Salus*, & autres efpèces analogues. La première, ou le *Phocas*, femble faire le paffage de celles-ci aux précédentes. L'abfence ou la préfence des taches vitrées eft un caractère très-artificiel, mais que nous fommes forcés d'employer pour arriver plus facilement à la détermination de certaines efpèces.

φ φ. *Des taches tranfparentes fur les quatre ailes, fans cercle brun ou noirâtre autour; deffus des ailes inférieures d'un brun ou d'un noir uniforme, foit avec un ou plufieurs points, foit avec de petites taches tranfparentes.*

45. Hespérie Chemnis.

Hesperia Chemnis.

Hesperia corpore brunneo; alis fuscis, margine postico flavo; posticis utrinquè concoloribus, maculis tribus quadratis hyalinis.

Hesperia U. Chemnis, *alis subcaudatis, fuscis, hyalino maculatis margineque postico flavo.* Fab. *Ent. Syst. em. tom.* 3. *pars* 1. *pag.* 331. *n°.* 257.

Papilio Chemnis. Donov. *of an Epit. of the Nat. Hist. of the Ins. Ind.* 6. *pl.* 3. *fig.* 1.

Sa grandeur est un peu au-dessus de la moyenne. Le dessus du corps, le milieu des ailes supérieures & la base des inférieures sont d'un brun-roussâtre; le bord postérieur des unes & des autres est jaune; toutes les autres parties du corps & des ailes sont brun-noirâtre, mais plus pâle sous les ailes inférieures. Les supérieures ont sept taches transparentes, jaunâtres: trois postérieures très-petites, en forme de points, disposées sur une ligne transverse & oblique, trois autres centrales, & la dernière ou septième entre celle-ci & les précédentes. On en voit trois ayant la même forme & une couleur semblable, mais un peu plus grandes, au milieu des inférieures & formant une ligne transverse.

Elle se trouve aux Indes.

46. Hespérie Ethlius.

Hesperia Ethlius.

Hesperia alis suprà fuscis, infrà, primorum disco excepto, flavidis; his maculis quatuor punctisque tribus ante apicem, fenestratis; alis posticis macularum quatuor flavidarum punctiformium serie transversâ.

Papilio Ethlius. Cram. *Pap.* 33. *pl.* 392. A. B.

Cette espèce est si voisine de l'*H. Chemnis* de Fabricius, qu'elle n'est peut-être qu'une variété un peu plus grande, d'un brun plus fauve & commun aux deux surfaces des ailes. Le milieu du dessous des supérieures est noirâtre; celui des inférieures présente une série transverse de quatre petites taches, presque carrées, d'un jaunâtre-transparent; on pourroit n'en compter que trois, l'extérieure étant simplement divisée en deux ou double; celles des ailes supérieures ont la même disposition que dans l'*H. Chemnis*. Les quatre ailes sont finement bordées postérieurement de jaunâtre, ainsi que dans cette espèce, & les inférieures ont la même forme que les siennes. La base supérieure des unes & des autres, & le dessus du corps, sont un peu jaunâtres.

Elle se trouve à Surinam & au Brésil.

47. Hespérie Antonin.

Hesperia Antoninus.

Hesperia alis anticis posticisque suprà fuscis; illarum costâ subtùs flavidâ; his punctis duobus flavidis, infrà rubro-fuscis, basi flavo-griseâ.

Je suis redevable à l'amitié de M. Langsdorff de plusieurs individus de cette espèce, qui, dans une méthode naturelle, se rapproche beaucoup de l'*H. Epitus*. Elle a encore plus de rapports avec l'*H. Ethlius*. L'angle anal des ailes inférieures est moins prolongé & leur dessous est autrement coloré. Sa taille varie; celle des plus grands individus est un peu au-dessus de la moyenne. La massue des antennes est jaunâtre & se termine brusquement en manière de crochet acéré. Le dessus du corps & des ailes est noirâtre. Les supérieures ont depuis leur milieu jusque près du sommet six à sept taches jaunâtres, transparentes, dont une près du milieu de la côte, deux ou trois autres en forme de petits points & alignées, près du sommet, & les autres inférieures & disposées en une ligne oblique; en dessous, le disque de ces ailes est plus foncé ou noirâtre, & la côte, depuis la base jusque près du milieu, est d'un gris-jaunâtre. Sur le milieu des ailes inférieures est une rangée transverse de deux petites taches, tantôt presque carrées, tantôt punctiformes, jaunâtres & vitrées. L'une d'elles, quelquefois même les deux, & quelques-unes des ailes supérieures s'oblitèrent. Le dessous de ces ailes est d'un grisâtre ou jaunâtre, depuis la base jusque près du milieu; ensuite, d'un brun-rougeâtre, avec la portion du limbe contiguë à l'angle extérieur plus pâle ou cendrée. Cette espèce ressemble beaucoup, à cet égard, au *P. Phidon* de Cramer.

C'est près de l'*H. Antonin* ou de l'*H. Ethlius*, que paroît devoir se placer le *P. Salius* de cet auteur. (*Pap.* 6. *pl.* 68. K.) Il n'a représenté que sa face supérieure. Le dessous, selon lui, ne diffère du dessus qu'en ce que les ailes inférieures ont leur base d'un gris-cendré obscur.

J'ai reçu de M. Langsdorff quelques individus d'une hespérie fort analogue. Le dessus de ces ailes offre tantôt deux petites taches, dont une transparente, tantôt de foibles vestiges d'une bande maculaire d'un jaunâtre-pâle. Le dessous est généralement d'un cendré un peu jaunâtre, avec deux bandes transverses, brunes, & une tache de cette couleur, en forme de point & située au-dessus d'elle, près du bord extérieur, à peu de distance de la base. Dans une variété, le dessous de ces ailes est d'un brun-ferrugineux, avec la base & une raie transverse jaunâtres. J'ai donné à cette espèce le nom de *Nyctelius*.

Toutes ces hespéries se trouvent au Brésil & à Surinam.

48. Hespérie Dalman.

Hesperia Dalman.

Hesperia alis suprà fuscis; anticis maculâ apicali trigonâ, nigro-fuscâ, flavido marginatâ; posticis suprà punctorum quatuor flavescentium serie transversâ : infrà fuscis, fasciâ flavidâ, fusco punctatâ maculâque atrâ subocellatâ.

Je donnerai à cette espèce le nom de l'un de nos plus célèbres entomologistes vivans, M. Dalman, directeur du cabinet d'histoire naturelle de Stockholm, regrettant seulement qu'il m'ait prévenu à l'égard de ces témoignages d'estime réciproque.

L'*H. Dalman* est très-voisine du *P. Arcalaus* de Cramer, *Pap.* 33. *pl.* 391. I. K. La grandeur, les couleurs du dessous du corps & des ailes, les taches supérieures, sont presque semblables. Les taches transparentes des ailes supérieures sont au nombre de sept, & ont la même forme & la même disposition que celles de l'espèce précédente, de l'*H. Ethlius* & de plusieurs autres. Le bord interne de ces ailes est garni en dessus, depuis la base jusqu'au milieu de sa longueur, d'un duvet d'un jaunâtre-pâle ou grisâtre, & formant une raie longitudinale. Le milieu de la face supérieure des secondes ailes présente une rangée transverse de petites taches de cette couleur, & dont les deux du milieu transparentes. Le dessous des ailes antérieures est d'un brun-noirâtre-foncé, avec la portion supérieure de la côte & un espace près de l'angle du sommet, d'un jaunâtre-pâle; cet espace renferme une tache triangulaire, de la couleur du fond, dont la base est formée par le bord extérieur, & offre à son milieu une petite tache d'un jaunâtre-pâle; les petits points transparens & ordinaires bordent le côté interne de la tache. Le dessous des ailes inférieures est aussi d'un brun-noirâtre-foncé, avec la partie basilaire du bord extérieur, une bande transverse, située immédiatement au-dessus des taches du milieu, & l'extrémité du côté extérieur, d'un gris-jaunâtre; sur cette bande sont intérieurement deux points noirâtres; au-dessous de celui qui est le plus interne, est une tache plus foncée, & à laquelle la petite tache jaune interne de la rangée du dessus de ces ailes forme une bordure en manière d'iris; le point transparent qui vient ensuite, ou l'interne des deux, est surmonté d'une petite tache d'un noirâtre-foncé & presque contiguë à la précédente; plus loin, en tirant vers le bord extérieur & au-dessus de la première tache de la série du milieu, est un point noirâtre; une partie du limbe postérieur est d'un brun plus clair, de manière que cette couleur se détache davantage au-dessous de la bande jaunâtre, & semble former elle-même une autre bande. La massue des antennes est noirâtre en dessus, blanchâtre en dessous & terminée par un petit crochet. Le dessous du corps, & particulièrement les palpes extérieurs, sont grisâtres.

Cette espèce fait partie de la collection du Muséum d'histoire naturelle du Jardin du Roi, & lui est venue du Brésil.

49. Hespérie Basoches.

Hesperia Basoches.

Hesperia alis suprà fusco-nigris, infrà, primorum disco excepto, cinereo-brunneis; omnium disco maculis tribus albido-hyalinis; primoribus suprà maculâ apicali niveâ, subtùs, ante apicem, nigro tripunctatis.

Parmi les savans qui m'honorent de leur amitié, & dont la correspondance m'a été des plus utile, je distinguerai spécialement M. de Basoches, habitant de Falaise, département du Calvados. La reconnoissance & l'amitié me font donc un devoir de lui consacrer cette espèce, qu'aucun naturaliste n'a fait connoître. Elle se rapproche beaucoup du *P. Phidon* de Cramer, dont nous avons parlé en décrivant l'*H. Antonin.* Mais elle en diffère néanmoins par plusieurs caractères exprimés dans notre phrase spécifique. Elle est de grandeur moyenne. Les antennes sont noires, avec des anneaux blancs, mais dont un beaucoup plus étendu & en forme de bande, sur la massue, avant son crochet. Le corps est noirâtre. Les ailes sont presque noires en dessus, d'un brun-violet-pâle & un peu cendré en dessous, mais le disque des supérieures est noirâtre. Les inférieures offrent aussi un espace plus foncé, en forme de tache alongée ou de bande, allant obliquement du milieu de leur disque au bord extérieur. Sur le milieu de chaque aile sont trois taches transparentes & blanchâtres; celles des supérieures sont plus grandes & disposées en triangle; celles des inférieures sont très-petites, contiguës, en manière de tache centrale & transverse; l'intérieure est en forme de petit point; entr'elle & le bord interne est un point noirâtre; on en voit trois autres, formant un triangle, sur le dessous des supérieures, un peu avant le sommet; l'extérieur de ce sommet ou de l'angle apical est blanc en dessus.

M. Langsdorff m'a fait don de cette espèce, qu'il a recueillie au Brésil.

50. Hespérie Fischer.

Hesperia Fischer.

Hesperia alis nigris; anticis maculis septem, posticis tribus, albo-hyalinis.

Je dédie cette espèce au savant auteur de l'*Entomographie de la Russie*, M. Fischer, vice-chancelier de l'Université de Moscow. Elle est de taille moyenne, noire, avec quelques points sur le dessus de la tête, les palpes extérieurs, la poitrine & la majeure partie des pattes gris; le dessous des ailes inférieures & une grande partie de la portion extérieure de celui des supérieures ont une teinte d'un cendré-verdâtre & luisant. Le milieu de ces dernières ailes offre trois taches transparentes, dont la postérieure plus grande, presque carrée; les quatre autres sont situées entr'elle & l'angle apical; les deux les plus voisines de la côte sont très-petites, en forme de points & très-rapprochées; celle qui est la plus en arrière est aussi très-petite. Entre le milieu & le bord postérieur de chaque aile inférieure sont trois autres taches transparentes, presque cendrées, sur une rangée transverse, un peu arquée; les deux internes ne sont séparées l'une de l'autre que par une nervure. Les antennes sont entièrement noires.

Elle se trouve au Brésil, & je l'ai reçue de M. Langsdorff.

51. Hespérie Lesueur.

Hesperia Lesueur.

Hesperia alis nigro-fuscis, maculis punctisve albo-hyalinis; alis posticis puncto discoïdali alterisque quatuor inferis per seriem transversam dispositis.

Elle est un peu plus grande que l'*H. Ethlius*, d'un noirâtre plus foncé, avec les taches ordinaires des ailes supérieures & celles en forme de points des inférieures d'un blanc-transparent; celle des quatre taches antérieures des premières ailes, qui est la plus voisine de la côte, est échancrée à chaque bout; celles des ailes inférieures sont en forme de points, dont un isolé, presque central, & les quatre autres au-dessous, en une rangée transverse; l'avant-dernier est un peu plus grand; au-dessus de l'extrémité extérieure de cette série, est un cinquième point, très-petit & moins apparent. Les ailes sont finement bordées de blanc.

Cette espèce a été envoyée des États-Unis au Muséum d'histoire naturelle, par l'un de ses plus zélés correspondans, l'ami & le compagnon de feu Peron, M. Lesueur, & auquel j'ai consacré cette espèce.

52. Hespérie Bonfils.

Hesperia Bonfilius.

Hesperia alis suprà fuscis, infrà fusco-ferrugineis, limbo postico dilutiori; anticis fasciâ, posticis punctis in seriem transversam mediamque dispositis, albo-hyalinis; omnium fimbriâ posticâ albâ, nigro intersectâ.

M. Bonfils de Bordeaux cultive depuis longtemps l'étude des insectes, en possède une belle collection, & s'empresse de mettre à profit toutes les occasions qui lui permettent d'être utile à tous les naturalistes. Ceux qui, comme moi & M. le général Dejean, ont éprouvé les témoignages de sa bienveillance, partageront, j'espère, ce tribut de ma gratitude.

Cette hespérie est large (les ailes étendues) d'environ un pouce & demi. Le milieu des ailes supérieures est traversé obliquement par une bande d'un blanc-transparent, n'atteignant pas les deux bords, & formée de deux taches réunies; entr'elle & la base, près du bord interne, est un point de la même couleur; on en voit quatre autres, entre la bande & le bord postérieur, dont les trois supérieurs rapprochés en une ligne; le dessous de ces ailes est d'un fauve-obscur, avec le limbe postérieur d'un brun-clair; chaque extrémité de la bande est appuyée sur une tache grisâtre & marginale. Le disque des inférieures présente une série transverse de trois points transparens, dont l'intérieur, beaucoup plus grand, est formé de petites taches arrondies; en dessous, ces ailes sont d'un fauve-obscur au milieu, d'un brun-clair au côté interne & sur le limbe postérieur, mais pâle ici, & même grisâtre à l'angle extérieur; un peu au-dessus du centre est un point solitaire blanchâtre; au-dessous des points transparens est une bande d'un fauve-obscur, divisée en petites taches, presqu'en forme de points, & recourbée tout autour du disque; deux de ces points bordent extérieurement la tache transparente: le plus élevé est accolé intérieurement à une petite tache solitaire. L'angle anal est ainsi que dans beaucoup d'espèces voisines, comme tronqué obliquement & terminé par une dent.

Elle se trouve au Brésil & m'a été envoyée par M. Langsdorff.

φ φ φ. Des taches ou des points transparens aux ailes supérieures au plus.

53. Hespérie Thrax.

Hesperia Thrax.

Hesperia alis fuscis, infrà dilutioribus; anticis maculis tribus flavido-hyalinis, in triangulum dispositis; anteriorum inferâ magnâ, elongato-quadratâ.

Hesperia P. U. Thrax, *alis ecaudatis, fuscis: maculis aliquot fenestratis, antenis uncinatis.* Fab. *Ent. Syst. em. tom.* 3. *pars* 1. *p.* 337. *n°.* 282.

Papilio U. Thrax. *Mant. Inf. tom.* 2. *p.* 87. *n°.* 795. — *Spec. Inf. tom.* 2. *p.* 134. *n°.* 620. — *Syst. Ent. p.* 533. *n°.* 338.

Papilio U. Thrax, *alis ecaudatis, fuscis, maculis tribus fenestratis; antennis subuncinatis.* Linn. *Syst. Nat. edit.* 12. *tom.* 2. *p.* 794. *n°.* 260.

Papilio P. U. *Thrax.* Donov. *of an Epit. of the Nat. Hist. of the Inf. of Ind.* 6. *pl.* 2. *fig.* 2.

Fabricius n'ayant point connu le *P. Thrax* de Linné, y rapporte, comme synonymes, plusieurs espèces essentiellement différentes. Peut-être cette confusion provient-elle de la citation qu'a faite celui-ci d'une figure de Clerck, qui ne s'accorde point avec la description de cet insecte. Il n'en est pas ainsi de celle qu'en a donnée M. Donovan; elle nous rappelle en tout point la description du naturaliste suédois. Nous sommes d'autant plus sûrs de l'identité, que M. Westermann nous a envoyé une hespérie de Java (patrie, selon Linné, du *P. Thrax*), parfaitement semblable à celle que le naturaliste anglais a représentée. Elle est assez grande, d'un brun-noirâtre, plus clair en dessous, ainsi qu'au bord extérieur des premières ailes. Celles-ci ont trois taches transparentes & jaunâtres, dont les deux antérieures plus grandes, l'inférieure surtout; la supérieure est échancrée postérieurement; en dessous, le disque de ces ailes est plus foncé; celui des inférieures présente l'apparence d'une ligne noirâtre en forme d'ovale. La massue des antennes est crochue, aiguë à son extrémité, noirâtre, avec un anneau blanc, près de son origine.

Dans la figure de Clerck (*Icon. Inf. tab.* 42. *fig.* 2 & 3.), les ailes supérieures y sont représentées avec des taches plus nombreuses & plus petites; les ailes inférieures ont sur leurs deux surfaces un point jaunâtre central; l'échancrure du bord postérieur voisine de l'angle anal y est peu sentie. D'après ces caractères & quelques autres, nous pensons que cette figure se rapporte plutôt à quelque variété de l'hespérie *Chemnis* ou des papillons *Phidon*, *Ethlius* de Cramer.

Nous ne connoissons point l'*H. Flesus* de Fabricius. (*Ent. Syst. em. tom.* 3. *pars* 1. *p.* 338. *n°.* 286.) Cette espèce est, selon lui, voisine de l'*H. Thrax*. Ses antennes sont noires & crochues. Les ailes sont noirâtres; les antérieures ont des taches vitrées; le disque inférieur des secondes est blanc, avec des points noirs. Elle habite l'Afrique équinoxiale.

L'hespérie *Vespasien* du même (*Ent. Syst. em. tom.* 3. *pars* 1. *p.* 334. *n°.* 269.) doit être voisine de notre *H. Thrax*, ou de quelqu'autre espèce analogue. Le corps est grand, fauve. Les ailes sont d'un noirâtre-fauve sur leurs deux surfaces; les supérieures ont, avant leur sommet, quelques taches vitrées. Les postérieures sont presqu'en queue & sans taches.

Elle habite les Indes.

Le *P. Ladon* de Cramer (*Pap.* 24. *pl.* 284 G) paroît encore se ranger près des espèces précédentes. Il habite la côte de Coromandel.

Je suis redevable à l'amitié de M. le baron Dejean d'une grande hespérie de Java, que je considère comme une variété de cette espèce. Ses ailes supérieures ont dans leur milieu trois taches blanches & transparentes, & près du sommet, cinq à six autres de la même couleur, mais en forme de points & composant une ligne courbe.

Les ailes inférieures sont blanches, avec une large bordure noire au bord extérieur; en dessous, cette bordure est largement interrompue & elle ne se montre que sur une portion du côté extérieur & à l'angle anal.

54. Hespérie Ennius.

Hesperia Ennius.

Hesperia alis anticis fuscis, maculis flavo-hyalinis; posticis suprà flavis, fasciâ submarginali, atrâ, arcuatâ: subtùs fuscis, disco albo.

Hesperia V. Ennius, *alis fuscis; anticis hyalino maculatis; posticis suprà atris, disco flavo: subtùs fuscis, disco albo.* Fab. *Ent. Syst. em. tom.* 3. *pars* 1. *p.* 337. *n°.* 283.

Papilio Ennius. Jon. *Fig. pict. tab.* 89. *fig.* 1.

Papilio P. U. *Ennius.* Donov. *of an Epit. of the Hist. of the Nat. Inf. of Ind.* 11. *pl.* 3. *fig.* 1.

Elle est grande & noirâtre. Les ailes supérieures, d'après la figure de Donovan, ont sept taches jaunâtres, dont une près du milieu de la côte, trois petites ou en forme de points & groupées près de son extrémité, & les trois autres situées en une ligne oblique, au-dessous de la première. Le dessus des ailes inférieures est jaune, avec une bande noire & arquée près des bords extérieurs; leur dessous, suivant Fabricius, est noirâtre, tacheté de noir, avec le disque blanc. L'abdomen, dans la figure de Donovan, est roussâtre.

Elle habite les Indes.

55. Hespérie Phocas.

Hesperia Phocas.

Hesperia fusco-flavida aut rufescens; alis anticis maculis flavido-hyalinis: tribus anticis majoribus, posticè emarginatis, quinque aut sex minutis, subapicalibus; alis posticis flavescentibus, fasciis punctorumve lineis transversis, fuscis; antennis abruptè uncinatis.

Hesperia U. Phocas, *alis subcaudatis fuscis, fenestrato maculatis; posticis subtùs puncto baseos atro.* Fab. *Ent. Syst. em. tom.* 3. *pars* 1. *p.* 334. *n°.* 267.

Papilio Phocus. Cram. 14. *pl.* 162. F. — *Ejusd.* P. Morpheus. 33. *pl.* 392. G. H. Variété.

Son envergure est d'environ deux pouces. L'extrémité supérieure des antennes est brusquement courbée & se termine en une pointe aiguë. Le corps & les ailes sont d'un noirâtre tirant sur le jaune, ou même presqu'entièrement jaunâtres dans quelques individus; cette teinte domine sur les inférieures, & elle est coupée transversalement par une ou deux raies obliques & noirâtres, mais qui, dans quelques individus, s'effacent & se réduisent à une série de points; le bord postérieur est noirâtre. Le milieu des supérieures offre un groupe de quatre taches d'un jaunâtre-transparent, dont trois beaucoup plus grandes & échancrées à leur extrémité postérieure; près du sommet est un autre groupe de taches semblables pour la couleur & la transparence, au nombre de six, petites & presqu'en forme de points; une portion de la côte est séparée en dessus de la première nervure, par un sillon étroit, profond & linéaire. Le fond de la couleur des ailes est quelquefois roussâtre, & quelques-uns de ces individus ont même sur le dessous des inférieures de petites taches jaunâtres.

Je soupçonne que cette variété est l'*H. Nicias* de Fabricius (*Ent. Syst. em. tom.* 3. *pars* 1. *p.* 332. *n°.* 262), & qu'il dit être de Cayenne. Son corps, selon lui, est grand, fauve, avec les antennes noires & crochues. Les ailes antérieures ont la base fauve, marquée d'un point noir, & l'extrémité noirâtre, avec une grande tache sinuée, d'un jaune transparent. Les postérieures sont fauves, avec des points noirâtres; le dessous est de la couleur du dessus.

Cette espèce habite la Guyane & le Brésil.

56. Hespérie Avitus.

Hesperia Avitus.

Hesperia fusco-flavescens; alis anticis maculis flavido-hyalinis; duabus anticis majoribus, subquadratis; duabus tribusve punctiformibus, subapicalibus; alis posticis punctis fuscis, per series transversas dispositis; antennarum clavâ sensìm arcuatâ.

Papilio Avitus. Cram. *Pap.* 30. *pl.* 354. D. E.

Elle est presque de moitié plus petite que l'*H. Phocas,* & lui ressemble beaucoup. La masse des antennes est simplement arquée, noire, avec un anneau blanc. Les ailes sont d'un jaunâtre-obscur, ou mélangées de noirâtre & de jaunâtre. La côte des supérieures n'est point réfléchie en dessus; leurs taches transparentes sont plus petites & moins nombreuses que dans l'espèce précédente; on n'en voit que deux ou trois près de leur extrémité, & les antérieures, ou celles du milieu, ne sont qu'au nombre de trois, au lieu de quatre, l'inférieure de celles qui composent la rangée transverse manquant; ces taches, à l'exception de l'extérieure, ne sont point échancrées postérieurement. Les ailes inférieures ont une rangée transverse de points noirâtres; on en voit aussi quelques-uns près de la base.

Cette espèce se trouve au Brésil & à Surinam. Je l'ai reçue de M. Langsdorff.

57. Hespérie Rhetus.

Hesperia Rhetus.

Hesperia flavo-ferruginea; alis fusco undatis; anticarum margine externo valdè reflexo, posticarum cæruleo-atro.

Hesperia U. Rhetus, *alis subcaudatis fulvis: posticis margine exteriori cæruleo-atro.* Fab. *Ent. Syst. em. tom* 3. *pars* 1. *p.* 334. *n°.* 270.

Papilio P. U. Rhetus. *Mant. Inf. tom.* 2. *p.* 86. *n°.* 786. — *Spec. Inf. tom.* 2. *p.* 133. *n°.* 612.

Papilio Midas. Cram. *Pap.* 6. *pl.* 63. G.

Le corps des plus grands individus a, les ailes étendues, un peu plus de deux pouces de largeur; il est, en majeure partie, couleur de souci. Les antennes sont noires, avec le sommet courbé & très-pointu. Les ailes supérieures & le dessus des inférieures présentent dans les individus les plus colorés, deux raies ondées noirâtres transverses, dont la dernière terminale, & une tache de la même couleur, en forme de gros point, en avant de la première, près du milieu de la longueur; celle des supérieures est située près de la côte; une portion de cette côte est fortement réfléchie en dessus, ou forme une espèce de pli, contigu, dans sa plus grande largeur, à la première nervure; on observe le même caractère dans le *P. Salatis* de Cramer, & dans quelques autres espèces. Le bord extérieur des ailes inférieures est d'un noir-foncé, tirant sur le bleuâtre; leur dessous est noirâtre, avec des bandes transverses roussâtres, ou du moins mélangé de ces deux teintes.

Cette espèce se trouve à Surinam & au Brésil. C'est probablement auprès d'elle ou dans son voisinage, que se trouve l'*H. Silvius* de Fabricius. (*Ent. Syst. em. tom.* 3. *pars* 1. *p.* 342. *n°.* 299.) Elle est grande & du Cap de Bonne-Espérance. Le dessus de ses ailes est noirâtre, avec le disque jaunâtre & tacheté de noirâtre. Le dessous des postérieures est cendré, avec des raies noirâtres & ondées.

58. Hespérie Crinisus.

Hesperia Crinisus.

Hesperia alis fuscis, ad basin suprà rufescentibus, infrà griseo-flavidis; posticarum disco inferò rufescenti, fusco fasciato; anticis sæpiùs maculis hyalinis, minutis.

Papilio Crinisus. Cram. *Pap.* 25. *pl.* 300. G. H.

Elle est de taille moyenne. La masse des antennes est graduellement arquée. Tout le corps est d'un gris-jaunâtre, plus pâle à la tête; les ailes sont noirâtres, avec la moitié antérieure de leur surface supérieure roussâtre ou couleur de tabac d'Espagne; l'autre moitié est saupoudrée de la même couleur, & offre ordinairement un assez grand nombre de petites taches transparentes, dont les antérieures & les dernières sont rapprochées trois par trois; l'espace intermédiaire en a trois autres. En dessus, l'origine des quatre ailes est de la couleur du corps. Le milieu des inférieures est roussâtre, avec une bande transverse, noirâtre, paroissant un peu en dessus, divisant la teinte roussâtre en deux parties inégales, & dont la postérieure forme une raie; l'angle anal est sensiblement prolongé en une dent assez pointue.

Cette espèce m'a été envoyée du Brésil par M. Langsdorff. Elle se trouve aussi à Surinam. Elle varie, à ce qu'il me paroît, par l'absence totale de taches transparentes, puisque les individus qui sont dans ce cas, ne diffèrent qu'en cela du précédent.

59. Hespérie Lycidas.

Hesperia Lycidas.

Hesperia alis anticis posticisque suprà diluto-fuscis; his maculis disci hyalino-flavescentibus; illis subtùs ad basin fusco-nebulosis, extùs albidis; omnium fimbriâ posticâ fusco alboque intersectâ.

Papilio U. Lycidus, *alis subcaudtis fuscis nigro dentatis; primoribus utrinquè fasciâ flavâ; posticis subtùs basi fusco-nebulosis, extùs albis.* Smith-Abbot, *Lepid. Georg. tom.* 1. *p.* 39. *pl.* 20.

Elle est de moyenne taille, d'un noirâtre-cendré & un peu jaunâtre en dessus, ainsi que sur le dessous des ailes supérieures. Les antennes sont crochues. Le disque des supérieures présente un groupe de taches d'un jaunâtre-pâle & transparent, formant une bande, & dont trois beaucoup plus grandes; entre cette bande & le bord postérieur, sont deux ou trois points de la même couleur. Le dessous des ailes inférieures est depuis la base jusqu'au milieu, noirâtre, avec quelques taches plus claires; l'autre portion de l'aile est blanchâtre, avec de petits traits & l'angle anal noirâtres. La frange postérieure, tant en dessus qu'en dessous, est entrecoupée de noirâtre & de blanc. Les ailes inférieures étant plus arrondies que dans les autres espèces de cette division, peut-être faudroit-il la placer près des *H. Cicéron, Nepos* & autres analogues.

La chenille est couleur de chair, avec une ligne noirâtre le long du milieu du dos, & deux taches sur le premier segment & les stigmates de cette couleur. La tête est pareillement noirâtre, mais avec l'extrémité antérieure plus claire. Elle vit sur l'*hedysarum paniculatum* de Linné. Les individus qu'Abbot avoit élevés se transformèrent en chrysalides le 10 juillet, & parvinrent à leur dernier état le 23 du même mois.

Cette espèce continue de se reproduire.

60. Hespérie Lucas.

Hesperia Lucas.

Hesperia alis fuscis; anticarum disco maculis 4-5 flavo hyalinis; posticis immaculatis.

Hesperia U. Lucas, *alis ecaudatis, fuscis: anticis utrinquè maculis flavo-hyalinis.* Fab. *Ent. Syst. em. tom.* 2. *pars* 1. *p.* 339. *n°.* 290.

J'ai vu dans la collection du Jardin du Roi, une hespérie très-voisine de l'*Ethlius*, mais plus petite, d'un brun-noirâtre, un peu luisant & un peu plus clair sur le dessous des ailes, ayant, comme dans cette hespérie, des taches jaunâtres & transparentes aux ailes supérieures, mais en moindre nombre & plus petites, & sur le dessous des inférieures seulement une rangée de quatre à cinq petits points jaunâtres. Ces points, d'après la comparaison de plusieurs individus de diverses espèces analogues, pouvant s'oblitérer & disparoître, il seroit possible que l'hespérie *Lucas* ne fût qu'une variété de la précédente. Selon Fabricius, elle est une fois plus petite que l'hespérie *Thrax*. Ses antennes sont noires & crochues. Ses autres caractères sont exposés dans sa phrase spécifique.

Elle se trouve aux Antilles.

61. Hespérie Mathias.

Hesperia Mathias.

Hesperia alis suprà fuscis, infrà flavido-fuscis; anticis maculis punctisque albo-hyalinis; posticis utrinquè aut infrà punctorum alborum serie transversâ.

Hesperia U. Mathias, *alis ecaudatis, fuscis: anticis utrinquè hyalino maculatis, posticis subtùs punctis albis.* Fab. *Suppl. Ent. Syst. p.* 433.

Elle est de taille moyenne, d'un noirâtre-clair ou un peu cendré, mais qui sur le dessus des ailes de plusieurs individus tire un peu sur le jaunâtre. Les antennes sont noires, avec la massue crochue & roussâtre en dessous. Les palpes extérieurs sont gris. Les ailes supérieures ont sur leurs deux surfaces de petites taches d'un blanc-transparent, au nombre de huit à neuf, dans les individus où il y en a le plus, disposées comme à l'ordinaire & dont les trois les plus voisines du sommet, en forme aussi de petits points: telle est aussi quelquefois la forme de toutes les taches. Sur le dessous des ailes inférieures, un peu au-dessus du milieu est une rangée, plus ou moins prononcée, de cinq points blanchâtres, dont les extérieurs plus rapprochés de la base; on en voit un sixième ou solitaire, un peu plus haut. Plusieurs de ces points sont quelquefois communs aux deux côtés de l'aile.

Elle habite le Bengale, d'où elle avoit été envoyée au Muséum d'histoire naturelle par feu Macé.

62. Hespérie Gremius.

Hesperia Gremius.

Hesperia alis suprà fuscis, subtùs fusco-cinereis; anticis maculis punctisque albo-hyalinis; posticis infrà punctis quatuor aut quinque discoidalibus, atris, albo marginatis.

Hesperia U. Gremius, *alis ecaudatis, fuscis: anticis hyalino-maculatis maculâque flavâ; posticis subtùs cinereis, atro-punctatis.* Fab. *Suppl. Ent. Syst. em. p.* 433.

Elle ne diffère de l'*H. Mathias* qu'en ce que le dessous des ailes est d'un noirâtre-cendré, & que celui des inférieures offre dans son milieu quatre à cinq points très-noirs, bordés de blanc, ou en forme de petits yeux, & disposés en arc, du côté du bord extérieur.

Elle habite les mêmes contrées.

J'ai reçu du Brésil une hespérie (*tripunctata*) ne différant de la précédente qu'en ce que les ailes supérieures sont presque sans taches, & que le dessous des inférieures n'offre que trois points noirs & rapprochés presqu'en manière de triangle.

63. Hespérie Néron.

Hesperia Nero.

Hesperia nigro-fusca, submicans; alis anticis utrinquè, posticis subtùs, punctorum alborum strigâ transversâ.

Hesperio U. Nero, *alis ecaudais, fuscis; anticis hyalino maculatis; posticis subtùs strigâ interruptâ albâ.* Fab. *Suppl. Ent. Syst. p.* 443.

Papilio P. U. *Accius.* Smith-Abbot, *Hist. nat. des Lépid. de la Géorg. tom.* 1. *p.* 45. *tab.* 23?

Elle est très-voisine de l'*H. Mathias*, mais, à ce qu'il m'a paru, d'un noirâtre plus foncé, du moins en dessus, & avec un reflet d'un vert-chatoyant. Le dessous est plus clair, quelquefois d'un brun-ferrugineux, plus pâle à l'extrémité postérieure des inférieures. Les taches transparentes des ailes supérieures sont moins nombreuses que dans l'*H. Mathias*, & ne forment qu'une série transverse & arquée. Leur nombre & leur grandeur varient; elles disparoissent même en tout ou en partie dans quelques individus; mais le plus ordinairement elles sont petites & en forme de points; souvent un ou deux de ces points forment une sorte de centre à l'arc composé par les autres.

Elle se trouve au Brésil & aux Antilles.

Le papillon *Accius* de Smith (*Hist. nat. des lépid. de Géorgie*, publiée d'après les dessins & les notes d'Abbot) a de grands rapports avec cette espèce, s'il n'en est pas une variété. Sa chenille vit sur le blé indien, *zea mays.* Elle est blanchâtre, avec des raies verdâtres; la tête a une ligne rouge dans son milieu & des espaces ou de petites raies noires sur les côtés. Sa chrysalide est remarquable par le prolongement de sa pointe antérieure. Elle est appliquée contre les tiges de cette plante & enveloppée dans les feuilles. Elle éclot vers le solstice d'été.

Il paroît que les points blancs des ailes supérieures sont plus nombreux & plus grands dans les femelles.

Le papillon *Adrastus* de Cramer, 27, *pl.* 319, F, G, est encore très-rapproché de cette espèce: car, dans quelques variétés de celle-ci, quelques-uns des points du dessous des ailes inférieures forment des taches. Il nous semble enfin que son *P. Eligius*, 30, *pl.* 354, H, vient auprès des précédens. Ici, les ailes supérieures ont des taches blanches, disposées en une bande transverse, mais le fond des ailes inférieures est essentiellement le même. J'ai reçu de M. Langsdorff une hespérie qui ne diffère de la précédente qu'en ce que les taches des ailes supérieures sont moins nombreuses & ne composent point de bande.

L'éducation des chenilles peut seule déterminer les limites de ces variations & nous fixer à l'égard des dimensions spécifiques. Il faudroit d'ailleurs voir beaucoup d'individus & bien conservés, ce qui nous manque souvent.

64. Hespérie Jacchus.

Hesperia Jacchus.

Hesperia alis fuscis; anticis maculis flavo-fenestratis; posticis suprà maculâ mediâ, flavâ, compositâ, subtùs punctis sex niveis.

Hesperia U. Jacchus, *alis ecaudatis, flavo maculatis: posticis punctis sex niveis.* Fab. *Ent. Syst. em. tom.* 3. *pars* 1. *p.* 342. *n°.* 301.

Papilio P. U. Jacchus, *Mant. Inf. tom.* 2. *pag.* 88. *n°.* 802. — *Spec. Inf. tom.* 2. *pag.* 135. *n°.* 623. — *Syst. Ent. pag.* 533. *n°.* 389.

Papilio P. U. *Jacchus.* Donov. *an Epit. of the Nat. Hist. of the Inf. New Holl. Lep. pl.* 20. *fig.* 1.

Cette hespérie est de moyenne grandeur. Les antennes sont crochues & annelées de blanc & de noir. Les ailes supérieures sont noirâtres, selon Fabricius, mais d'un brun-fauve dans les figures de Donovan, avec environ huit taches d'un jaune-transparent, dont trois petites, situées près du sommet, trois autres disposées en une bande transverse, & les deux autres entre celles-ci & la côte. Les ailes inférieures sont de la couleur des supérieures (plus foncées en dessus dans les figures de Donovan), avec une grande tache jaune, formant une bande courte, transverse & divisée en trois; le dessous offre des points d'un blanc de neige, au nombre de six, suivant Fabricius;

Fabricius; on en compte sept dans la figure de Donovan; dont trois supérieurs, plus petits, écartés, & quatre inférieurs, contigus, sur une ligne transverse; ils sont bordés de noir.

Elle se trouve à la Nouvelle-Hollande.

65. Hespérie Flaccus.

Hesperia Flaccus.

Hesperia fusca; alis anticis hyalino-punctatis; posticis puncto fasciâque albis.

Hesperia U. Flaccus, *alis integerrimis, reversis, fuscis: anticis hyalino-punctatis; posticis puncto fasciâque albis.* Fab. *Suppl. Ent. Syst. pag.* 434.

Son corps est petit, noirâtre en dessus, blanc en dessous. Les ailes sont noirâtres, avec le dessous plus clair. Les premières ont quelques points transparens; les secondes ont un point & une bande blancs: cette bande occupe le milieu & n'atteint pas les deux bords.

Elle se trouve aux Indes orientales.

On peut placer près de cette espèce le *P. Hylaspes* de Cramer, *Pap.* 31. *pl.* 365. I. K. Ses ailes sont noires; les supérieures ont des taches blanches, dont les postérieures en forme de petits points alignés en manière de raies; en dessous cette raie est jaunâtre. Les inférieures ont une bande longitudinale & étroite de cette couleur, fort courte sur la face supérieure, de toute la longueur de l'aile, coupée & roussâtre en haut, sur l'autre face. Sa patrie est inconnue.

66. Hespérie Marc.

Hesperia Marcus.

Hesperia alis suprà nigris; anticis maculis albo-hyalinis; posticis suprà fasciâ maculari, mediâ, transversâ, cœrulescenti-albidâ: infrà diluto-fuscis, latere externo vittâque longitudinali internâ pallido-flavis.

Hesperia U. Marcus, *alis ecaudatis fuscis hyalino-maculatis; posticis subtùs vittis duabus flavescentibus, margine tenuiori fulvo.* Fab. *Ent. Syst. em. tom.* 3. *pars* 1. *pag.* 338. *n°.* 285.

Papilio Phyllus. Cram. *Pap.* 15. *pl.* 176. B. C.

Elle est petite, noire en dessus, avec des points blancs sur la tête. Les antennes sont noires, arquées à leur extrémité, terminées en pointe, avec une portion inférieure de leur massue blanchâtre. Les ailes supérieures sont noires, avec six taches transparentes, d'un blanc un peu bleuâtre; une petite, au bord interne, peu éloignée de la base; trois au milieu, dont l'inférieure la plus grande de toutes; & les deux autres en forme de petits points & rapprochées près du sommet. En dessous les ailes sont d'un noir moins foncé, avec la côte jaunâtre & l'extrémité d'un brun-clair, lavé de jaunâtre. Le dessus des ailes inférieures est noir, avec une bande transverse au milieu, composée de quatre à cinq taches oblongues d'un blanc-bleuâtre, un peu transparentes; cette bande commence à quelque distance du bord extérieur; le dessous est d'un brun-clair, avec le côté extérieur, une bande longitudinale interne, commençant à la base & se terminant avant le bord postérieur, d'un jaune-pâle; une portion du bord interne & de ses côtés, près l'origine de l'aile, est roussâtre. Les palpes extérieurs & le dessous du corps sont blancs.

Elle m'a été envoyée du Brésil par M. Langsdorff. Elle se trouve aussi dans la Guyane hollandaise. Le Papillon *Jolus* de Cramer, 33, *pl.* 392, I, K, qui vient de ce dernier pays, se rapproche de cette espèce & de son *P. Hylaspes*, dont nous avons parlé à la suite de la description de l'*H. Flaccus*, trois espèces que nous n'avons point vues en nature.

67. Hespérie Lucrèce.

Hesperia Lucretius.

Hesperia alis anticis posticisque suprà fuscis; his suprà punctorum flavescentium serie transversâ, infrà griseis, fusco-nebulosis, maculâ trigonâ internâ punctoque infero maculæ albidæ trigonæque imposito, atris.

Les ailes antérieures de cette petite espèce & le dessus des inférieures sont d'un noirâtre-luisant; vers le milieu des premières sont des deux côtés deux ou trois petites taches, presqu'en forme de points, d'un brun-jaunâtre & un peu transparent; en dessous, le limbe postérieur est plus clair, avec une tache grisâtre ou cendrée au sommet. Les ailes inférieures sont très-arquées extérieurement; le milieu de leur face supérieure offre quatre ou cinq petites taches ou points jaunâtres, disposés en une ligne transverse. En dessous ces ailes sont grisâtres, avec le bord interne, le disque & une portion du bord postérieur, noirâtres; entre le centre & le bord interne, est une tache triangulaire, d'un noir-foncé, bordée de bleuâtre intérieurement, & située immédiatement au-dessus d'une autre tache blanchâtre, & formant, avec la précédente, un triangle isocèle; l'on voit près du milieu du bord interne de celle-ci un gros point d'un noir-foncé. Le dessous du corps est cendré.

Elle se trouve au Brésil.

68. Hespérie Lafrenaye.

Hesperia Lafrenaye.

Hesperia alis suprà nigris, infrà fusco-ferrugineis; anticis maculis albo-hyalinis; posticarum disco suprà fasciâ maculari transversâ, maculâque infrâ magnâ, trigonâ; puncto ferrugineo notatâ, albis.

M. le baron Dejean (*Catal. des Coléop.*) avoit déjà donné à une espèce de carabique le nom d'un ami commun & qui l'avoit découverte dans les Pyrénées, M. de Lafrenaye. Je me plais à offrir l'hommage particulier de mon estime & de ma reconnoissance à ce naturaliste du département du Calvados, qui, formé à l'école de M. de Basoches, son beau-père, cité bien souvent dans mes écrits, a recueilli plusieurs observations importantes sur divers insectes, & dont le zèle pour leur étude est au-dessus de nos éloges.

Cramer a représenté sous la dénomination de *Nitocris* (*Pap.* 33, *pl.* 393; F. G.) une hespérie très-voisine de celle-ci. Mais ici les ailes sont concolores, & le dessus des inférieures est sans taches. L'*H. Lafrenaye* est petite. Les antennes sont noires, avec des anneaux blancs & un peu crochues à leur extrémité. Le corps est noir en dessus, avec l'abdomen annelé de blanc & garni à sa base d'un duvet d'un blanc-bleuâtre. Les palpes extérieurs, le duvet de la poitrine & des cuisses sont blanchâtres. Le dessus des ailes est noir. Les antérieures ont environ six taches blanches & transparentes, dont trois contiguës & sur une ligne transverse au milieu, & les autres placées entre les précédentes & le sommet, & plus petites; le bord interne offre une ligne courbe d'un blanc-bleuâtre, formée par des poils; le dessus de chaque aile inférieure présente, près du même bord, deux lignes semblables, & dont la plus intérieure, beaucoup plus longue, s'étendant depuis la base jusqu'au-delà du milieu; on voit, sur le milieu, une bande courte, transverse, d'un blanc un peu transparent & composée de trois taches contiguës. Le dessous des quatre ailes est d'un brun-fauve, mais plus foncé sur le disque des supérieures : le sommet de celles-ci est comme saupoudré, en manière de taches, de blanchâtre. Les deux taches discoïdales & blanches du dessous des inférieures, indiquées dans notre phrase spécifique, forment réunies un grand triangle presqu'isocèle, dont les côtés sont parfaitement rectilignes, & dont la base est ondulée & bordée inférieurement de gris; sur chaque tache est une petite ligne d'un brun-fauve, flexueuse, entrecoupée & terminée vers le bord interne par une petite tache arrondie, en forme de gros point & de la même couleur; les taches se prolongent un peu inférieurement, au bord interne; la tranche du bord postérieur est en partie blanche.

Cette espèce m'a été envoyée du Brésil par M. Langsdorff.

69. Hespérie Tibulle.

Hesperia Tibullus.

Hesperia alis anticis nigris, flavo maculatis; posticis flavis, limbo nigro.

Hesperia U. Tibullus, *alis integerrimis: anticis nigris, flavo maculatis; posticis flavis, limbo nigro.* Fab. *Ent. Syst. em. tom.* 3. *pars* 1. *p.* 336. *n°.* 325.

Papilio Tibullus. Jon. *Fig. pict.* 6. *tab.* 76. *fig.* 1.

Papilio Tibullus. Donov. *of an Epit. of the Nat. Hist. of the Inf. of Ind.* 4. *fig.* 3.

Les ailes antérieures sont noires, avec une dizaine de petites taches jaunes, dont deux antérieures & opposées, & les autres disposées en une rangée transverse & arquée; la côte est un peu roussâtre en dessous. Les ailes postérieures sont jaunes & entièrement bordées de noir; cette couleur est interrompue au bord postérieur; le dessous de ces ailes est mélangé.

Elle se trouve aux Indes.

70. Hespérie Abebalus.

Hesperia Abebalus.

Hesperia alis anticis utrinquè posticisque suprà fuscis; illis punctorum alborum serie transversâ arcuatâ; his suprà fasciâ flavescente, transversâ, mediâ : subtùs albis, venis ferrugineis, maculis duabus mediis alterâque anali ferrugineo-fuscis.

Papilio Abebalus. Cram. *Pap.* 31. *pl.* 363. G. H. *P.* Fantasos. *Ibid.* 25. *pl.* 300. E. F.

Si l'on compare les figures précitées de Cramer, l'on n'hésitera pas à les considérer comme essentiellement identiques. L'erreur vient probablement de ce qu'il a été trompé sur l'habitation de son papillon *Abebalus.* Il le dit du Cap de Bonne-Espérance & de Guinée, tandis que son *P. Fantasos* habite Surinam.

Le corps de cette petite espèce est noirâtre en dessus & blanchâtre en dessous. Les antennes sont noires & terminées par un petit crochet. Les ailes supérieures sont noirâtres, mais un peu plus claires ou d'un brun-foncé en dessous; elles ont six petites taches arrondies, blanches, dont les trois dernières ou les plus voisines du sommet, en forme de très-petits points, contigus, & sur une ligne, forment un angle avec la ligne transverse & oblique, composée par les trois autres taches; en dessous, les trois points placés près du sommet, forment avec une tache d'un roussâtre-pâle, une sorte d'arc. Le dessus des ailes inférieures est noirâtre, avec une petite bande transverse, d'un jaunâtre pâle ou roussâtre, formée de petites taches réunies, placée au milieu du disque, & ne gagnant pas les deux bords. Le dessous de ces ailes est blanc, avec des veines roussâtres & trois taches de cette couleur, mais plus foncées ou même noirâtres, dont une supérieure, la seoonde au-dessous du milieu, & se réunissant, en manière de bande arquée, avec la troisième, qui est sinuée à l'a[illegible] anal : l'espace compris entre la supérieure & les deux autres présente ainsi l'apparence d'une bande transverse.

Cette espèce m'a été envoyée du Brésil par M. Langsdorff.

71. Hespérie Pertinax.

Hesperia Pertinax.

Hesperia alis anticis utrinquè, posticis suprà nigro-fuscis; illis maculis quatuor parvis punctisque tribus hyalino-albis; his subtùs albidis, posteriùs obscurioribus, venis punctorumque serie transversâ, albidis.

Papilio Pertinax. Cram. *Pap.* 30. *pl.* 354. F. G. — *P. Æcas.* 29. *pl.* 343. A. B. var.

Le dessus du corps & des ailes de cette petite espèce est d'un noirâtre-foncé. L'une des quatre taches blanches des ailes supérieures est placée près du milieu de la côte; les trois autres forment une ligne oblique; près du sommet sont trois petits points blancs, disposés en série; en dessous, le sommet des mêmes ailes est blanchâtre. Le milieu du dessus des inférieures présente quelquefois une série de taches blanches, en forme de bande renversée. Le dessous de ces ailes est blanchâtre, mais plus obscur ou d'un brun-clair, depuis le milieu jusqu'au bord postérieur; on y voit une série arquée de points blanchâtres; la couleur de l'extrémité postérieure des veines longitudinales semble même se dilater un peu au dépens de cette série de points, & former une seconde rangée, mais très-foible, de taches blanchâtres. Dans quelques individus, comme dans l'*Æcas* de Cramer, ces points blanchâtres manquent.

Cette espèce se trouve au Brésil & à Surinam.

72. Hespérie Saturne.

Hesperia Saturnus.

Hesperia alis fuscis : anticis albo-punctatis, posticis subtùs albo striatis.

Hesperia U. Saturnus, *alis divaricatis, fuscis, posticis subtùs striatis.* Fab. *Ent. Syst. em. tom.* 3. *pars* 1. *pag.* 328. *n°.* 244.

D'après Fabricius, elle est plus petite que l'*H. Comma*; les deux surfaces de ses ailes antérieures & le dessus des deux autres sont noirâtres : celles-là ont quelques points blancs; celles-ci sont sans taches en dessus & leur dessous offre des stries blanches, formées par les nervures. Elle se trouve à Cayenne. Nous en avons reçu du Brésil une variété où le limbe postérieur des ailes supérieures est de plus strié de blanc, & où les ailes inférieures ont, au milieu & des deux côtés, une rangée transverse de petites taches blanchâtres. Les premières ailes ont quatre petites taches blanchâtres ou d'un blanc-jaunâtre, outre les trois petits points de cette couleur, situés près du sommet, & que l'on retrouve dans plusieurs autres espèces. Celle-ci se rapproche évidemment de l'*H. Pertinax.*

73. Hespérie Cæsar.

Hesperia Cæsar.

Hesperia alis anticis fuscis, fenestrato maculatis; posticis suprà atris, maculâ mediâ niveâ, subtùs disco cinereo, nigro punctato.

Hesperia U. Cæsar, *alis integerrimis; anticis fuscis, fenestrato maculatis; posticis atris, maculâ mediâ niveâ.* Fab. *Ent. Syst. em. tom.* 3. *pars* 1. *pag.* 340. *n°.* 294.

Papilio Cæsar. Jon. *Fig. pict.* 6. *tab.* 79. *fig.* 4.

Elle est petite. Les ailes antérieures sont presque concolores, noirâtres, avec des taches vitrées. Le dessus des postérieures est d'un noir-foncé, avec une grande tache d'un blanc de neige & dentée au milieu; en dessous, leur disque est cendré, avec des points noirs.

Elle habite les Indes.

Près de cette espèce & de la précédente peuvent être rangées quelques hespéries de Surinam, figurées par Cramer, ayant toutes les ailes supérieures noires ou noirâtres, avec des taches blanches vitrées, & les ailes inférieures, en grande partie de cette couleur, tant en dessus qu'en dessous & bordées de noir, du moins au côté extérieur ou au bord postérieur. Tels sont, 1°. le P. Ebusus, *Pap.* 25, *pl.* 300, C. D.; 2°. le P. Psecas, *ibid.* 29, *pl.* 342. F. G. & le P. Alemon, *ibid.* 22, *pl.* 261, D. E., espèces très-rapprochées; & 3°. le P. Artemides, *ibid.* 33. *pl.* 391. L. M., espèce très-voisine de l'*H. Virbius.*

74. Hespérie Virbius.

Hesperia Virbius.

Hesperia corpore alisque nigris; anticis maculis duabus minutis punctisque totidem albo-hyalinis; posticis apice niveis.

Hesperia U. Virbius, *alis integerrimis nigris : anticis punctis tribus, posticis apice albis.* Fab. *Ent. Syst. em. tom.* 3. *pars* 1. *p.* 353. *n°.* 343.

Papilio P. U. Virbius. *Mantiss. Insect. tom.* 2. *pag.* 92. *n°.* 829. — *Spec. Ins. tom.* 2. *pag.* 138. *n°.* 641.

Papilio Virbius. Cram. *Pap.* 12. *pl.* 143. F.

Le corps & les ailes de cette petite espèce sont noirs, mais un peu bruns sur le dessous de ces parties; l'extrémité postérieure de l'abdomen offre en dessous deux petites taches blanches. Les antennes sont noires, brusquement crochues, avec un anneau blanchâtre avant la maſſue. Les ailes ſupérieures ont quatre petites taches d'un blanc tranſparent, deux ſupérieures en forme de petits points & très-écartées, & deux inférieures un peu plus grandes & étroites. Les ailes inférieures ſont terminées vers l'angle interne par une grande tache d'un beau blanc, en forme d'ovale tranſverſe & rétrécie à l'angle anal.

Elle ſe trouve à Surinam & au Bréſil, d'où elle m'a été envoyée par M. Langſdorff.

75. Hespérie Curtius.

Hesperia Curtius.

Heſperia alis nigris; anticis punctis quatuor albis, poſticis immaculatis.

Heſperia U. Curtius, *alis integerrimis, concoloribus, nigris : anticis punctis quatuor albis, poſticis immaculatis.* Fab. *Ent. Syſt. em. tom.* 3. *pars* 1. *pag.* 354. *n°.* 344.

Jon. *Fig. pict.* 6. *tab.* 70. *fig.* 1.

Elle ne diffère de l'*H. Virbius* que par ſes ailes inférieures entièrement noires. Ce n'eſt peut-être qu'une variété.

76. Hespérie Sénèque.

Hesperia Seneca.

Heſperia alis ſuprà fuſcis, infrà, anticarum diſco excepto, cinereo-brunneis, maculis fuſco-ferrugineis; anticis faſciâ tranſverſâ punctoque albo-hyalinis; poſticis ſuprà immaculatis.

Elle a le port des *H. Marcus, Lafrenaye, Virbius*, &c., mais elle eſt un peu plus grande. Toutes les parties ſupérieures du corps ſont noirâtres. Le deſſous des antennes, ou du moins de leur maſſue, eſt rouſſâtre. Le milieu des ailes ſupérieures eſt traverſé obliquement par une bande blanche, tranſparente, compoſée de trois taches; entre la ſeconde & le bord poſtérieur eſt un petit trait ou point alongé de la même couleur. En deſſous, le milieu de ces ailes eſt noirâtre, mais les autres eſpaces de cette ſurface, ainſi que la correſpondante des antérieures, ſont d'un brun-clair ou tirant ſur le cendré, avec des taches d'un brun-fauve, ſavoir : une à la côte des ailes ſupérieures, en dehors de la bande blanche, & cinq ſur chaque aile inférieure; les deux ſupérieures ſont réunies extérieurement en manière de bande oblique, un peu arquée & ſéparées au côté oppoſé par une petite ligne oblique, griſâtre; les deux autres ſont placées, l'une au-deſſus de l'autre, vers le bord interne; la baſe de ces ailes eſt d'un brun plus clair.

Elle ſe trouve au Bréſil.

77. Hespérie Claudien.

Hesperia Claudianus.

Heſperia alis atris; anticis faſciis duabus, macularibus, niveo-hyalinis; poſticis ſuprà maculâ orbiculatâ niveâ, infrà diluto-fuſcis, baſi griſeâ, faſciâ tranſverſâ veniſque atris.

Elle eſt de moyenne grandeur, noire, avec des points ſur la tête, un anneau à la maſſue des antennes & le deſſous du ventre, blancs; une ligne noire diviſe le blanc de cette dernière partie du corps en deux bandes longitudinales. L'antérienre des ailes ſupérieures & qui occupe leur milieu eſt compoſée de trois taches; il y en a cinq, & toutes contiguës, & tranſverſes, à leur bande poſtérieure, ou celle qui précède le ſommet; l'on voit un petit trait d'un blanc-tranſparent dans l'intervalle de ces bandes. La tache orbiculaire du deſſus des ailes inférieures eſt grande & placée entre le centre & le bord poſtérieur; leur ſurface inférieure eſt d'un noirâtre-pâle, avec la baſe griſâtre & une bande tranſverſe près du milieu, d'un noir-foncé; les nervures étant de cette dernière couleur paroiſſent y former des ſtries ou des veines longitudinales.

Elle habite le Bréſil, d'où elle m'a été envoyée par M. Langſdorff.

78. Hespérie Minos.

Hesperia Minos.

Heſperia alis atris; anticis maculis duabus mediis lineolarumque ſerie ſubapicali, niveis, hyalinis : poſticarum diſco faſciâ tranſverſâ, niveâ, infrà longiori, apicibus flavidis.

Son corps eſt de grandeur moyenne, noir, avec le deſſous de l'abdomen rayé de blanc. Les ailes paroiſſent être proportionnellement plus alongées que dans les eſpèces voiſines, & l'angle anal des inférieures forme une ſaillie arrondie; elles ſont d'un noir-foncé, un peu chatoyant en deſſous. Les antérieures ont des taches blanches & tranſparentes; une plus grande, centrale & diviſée en deux portions inégales par une nervure; une ſeconde, petite, preſque triangulaire, un peu en deçà de la précédente; & quatre autres en forme de petites lignes tranſverſes, diſpoſées en une ſérie près de la côte, avant le ſommet; l'extrémité poſtérieure de ces ailes eſt moins foncée en deſſous, & offre quelques raies ou ſtries longitudinales blanchâtres. Le milieu du deſſus des ailes inférieures eſt traverſé par une bande blanche, n'atteignant point les deux bords; mais en deſſous, elle eſt plus longue, l'une de ſes extrémités étant prolongée juſqu'au bord interne; elle prend à chaque bout une teinte jaunâtre. La tranche du bord poſtérieur des quatre ailes eſt en partie blanche.

Elle ſe trouve au Bréſil.

79. Hespérie Hémès.

Hesperia Hemes.

Hesperia alis nigris; anticis maculis mediis punctisque plurimis, seriatis, ante apicem, posticis, limbo externo excepto, albis.

Hesperia U. Hemes, *alis rotundatis integerrimis atris : anticis maculâ, posticis fasciâ albâ.* Fab. *Ent. Syst. em. tom.* 3. *pars* 1. *p.* 345. *n°.* 312.

Papilio Hemes. *Mant. Inf. tom.* 2. *p.* 89. *n°.* 810. — *Spec. Inf. tom.* 2. *p.* 136. *n°.* 629.

Hesperia P. U. Clito, *alis integris concoloribus, nigris : anticis punctis, posticis fasciâ albis.* Ejusd. *Ent. Syst. em. tom.* 3. *pars* 1. *p.* 353. *n°.* 342.

Papilio P. R. Neleus, *alis integerrimis concoloribus, nigris : primoribus punctis decem albis; posticis disco toto albis.* Linn. *Syst. Nat.* 12. *tom.* 2. *p.* 792. *n°.* 246? — *Muf. Ludov. Ulr. p.* 260. *n°.* 79?

Clerck, *Icon. Inf. tab.* 45. *fig.* 2. 4?

Papilio Hemes. Cram. *Pap.* 9. *pl.* 103. *fig.* F. Mâle.

Papilio Phoreus. Ibid. 13. *pl.* 156. D. Fem. *var.* ?

Sa grandeur varie; mais, en général, les plus grands individus font de taille moyenne. Les antennes font infenfiblement arquées à leur extrémité. Le corps eft noir en deffus & blanchâtre en deffous. Les ailes font noires, avec une teinte d'un brun-luifant fur une partie de leur contour extérieur & de leurs furfaces inférieures; leur deffus offre même, dans quelques individus, une nuance de cette couleur, avec quelques taches plus foncées, mais peu diftinctes, près du bord poftérieur. Les antérieures ont une dizaine de taches ou de points blancs & un peu tranfparens; quatre de ces taches, & dont deux plus grandes, font placées au milieu; les autres, toutes en forme de petits points, font difpofées en une ligne courbe & tranfverfe, près du fommet. Les ailes inférieures font blanches, avec une large bordure extérieure noire.

Les caractères que Fabricius affigne à fon *H. Clito*, ne me paroiffent pas la diftinguer fpécifiquement de fon *H. Hemes.* Je foupçonne auffi que le *P. Neleus* de Linné n'eft qu'une variété plus grande & fort analogue au *P. Phoreus* de Cramer.

Elle habite le Bréfil & la Guyane.

80. Hespérie Duméril.

Hesperia Dumeril.

Hesperia alis fuprà nigris, infrà, anticarum difco excepto, brunneo-flavidis; anticis maculis flavo-hyalinis; pofticis ibidem fafciis duabus tranfverfis, flavidis.

Le nom du favant auquel je confacre cette efpèce eft trop connu, pour qu'il foit néceffaire de motiver cette dédicace. Mais elle eft fondée fur d'autres fentimens que ceux d'une eftime univerfelle, ceux de l'amitié.

Cette efpèce eft de la grandeur de l'*H. Talaus.* Les antennes font noires, avec de petits anneaux blancs, & fe terminent par une maffue arquée, rouffâtre en deffous. La majeure partie du corps eft garnie d'un duvet jaunâtre, formant des anneaux fur l'abdomen. Les ailes font noires en deffus, & généralement d'un jaunâtre un peu brun, avec un reflet opalin, en deffous. Le deffus des antérieures offre, à partir de leur origine, deux ou trois lignes jaunâtres, longitudinales & courtes; enfuite cinq taches d'un jaunâtre-tranfparent, formant, la plus interne non comprife, un carré, & près du fommet deux ou trois points de la même couleur; le milieu du deffous de ces ailes eft noirâtre. Le deffus des fecondes préfente deux bandes jaunâtres, partant du bord interne, tranfverfes, & n'atteignant pas le bord extérieur; l'antérieure eft plus large & interrompue à fon extrémité extérieure; le bord interne eft de cette couleur; ces deux bandes fe voient auffi fur la face inférieure, mais l'antérieure s'y préfente fous la forme d'une grande tache blanchâtre; l'angle anal eft noirâtre; on remarque auffi une ou deux petites taches de cette couleur, au-deffus de la bande antérieure.

J'ignore quelle eft la patrie de cette efpèce. Elle fait partie de la belle collection du Jardin du Roi.

81. Hespérie Talaus.

Hesperia Talaus.

Hesperia alis nigro-fufcis; anticis maculâ bafilari fanguineâ, fafciâ maculari mediâ punctorumque ferie fubapicali, hyalino-albis; alis pofticis difco albo.

Hesperia U. Talaus, *alis integerrimis, concoloribus, fufcis : anticis punctis albis bafique fanguineis, pofticis difco albo.* Fab. *Ent. Syst. em. tom.* 3. *pars* 1. *p.* 349. *n°.* 328.

Papilio P. U. Talaus. *Mant. Inf. tom.* 2. *p.* 90. *n°.* 818.

Papilio P. R. Talaus, *alis integerrimis, concoloribus, fufcis : primoribus punctis albis bafique fanguineis, pofticis difco albo.* Linn. *Syst. Nat.* 12. *tom.* 2. *p.* 792. *n°.* 247. — *Amœn. Acad. tom.* 6. *p.* 407. *n°.* 70.

Papilio Talaus. Cram. *Pap.* 33. *pl.* 393. C.

Clerck, *Icon. Inf. tab.* 45. *fig.* 1.

Seba, *Muf. tom.* 4. *tab.* 57. *fig.* 18.

Elle eft petite, d'un noirâtre-foncé, avec le deffous du corps gris. La maffue des antennes eft arquée. Les ailes supérieures ont à leur base une tache médiane, alongée, d'un rouge de sang; elles présentent ensuite des taches d'un blanc-transparent, au nombre de onze, dont six en forme de points, composant une ligne transverse, près du sommet; trois disposées en une bande transverse, vers le milieu, & les deux autres isolées, l'une près du bord interne, en dedans de cette bande, & l'autre entr'elle & la ligne de points. Le disque des inférieures a une grande tache d'un blanc un peu jaunâtre & un peu transparente, vue à la lumière.

Elle se trouve à la Guyane & au Brésil.

Nota. La variété B du *papilio Pherecl*us de Linné, dont il fait mention dans son *Museum Ludovicæ Ulricæ, p.* 326, paroît appartenir à quelque hespérie voisine de la précédente & des suivantes.

82. Hespérie Eumèle.

Hesperia Eumelus.

Hesperia alis anticis atris, maculâ ad basin margineque interno fulvis, fasciis duabus macularibus punctoque interjecto albis; alis posticis fulvis, venis margineque externo atris.

Hesperia U. Eumelus, *alis rotundatis, integerrimis atris: anticis albo maculatis, posticis fulvis, nigro venosis.* Fab. *Ent. Syst. em. tom.* 3. *pars* 1. *p.* 345. *n°.* 313.

Papilio P. U. Eumelus. *Mant. Inf. tom.* 2. *p.* 89. *n°.* 811. — *Spec. Inf. tom.* 2. *p.* 136. *n°.* 630.

Papilio Eumelus. Cram. *Pap.* 13. *pl.* 156. E.

Elle est très-voisine de l'*H. Tulaus;* mais elle en est très-distincte par les couleurs des ailes inférieures. La patrie est la même.

83. Hespérie Clonias.

Hesperia Clonias.

Hesperia alis anticis ad apicem obtusis, fasciâ transversâ albo-hyalinâ; omnibus suprà nigris, infrà brunneo, griseo fuscoque variis.

Hesperia U. Clonias, *alis subcaudatis atris; anticis fasciâ niveâ, posticis subtùs cærulescentibus, ano sanguineo.* Fab. *Ent. Syst. em. tom.* 3. *pars* 1. *p.* 334. *n°.* 271.

Papilio P. U. Clonias. *Mant. Inf. tom.* 2. *p.* 87. *n°.* 787. — *Spec. Inf. tom.* 2. *p.* 133. *n°.* 613.

Papilio Clonius. Cram. *Pap.* 7. *pl.* 80. C. D.

Cette petite espèce est remarquable par la forme de ses ailes supérieures, qui sont comme tronquées à leur sommet. Leur dessus, ainsi que celui des inférieures, est noir. Les premières offrent vers leur milieu une bande transverse, d'un blanc-transparent, & près de la côte, un peu avant l'angle du sommet, un trait formé de petits points très-rapprochés, de la même couleur & pareillement diaphanes. Le dessous des quatre ailes est d'un brun-grisâtre ou cendré; il est coupé sur les inférieures par diverses taches d'un brun-ferrugineux, bordées en partie de gris; le sommet des premières est aussi de cette couleur, du moins dans quelques individus. L'anus seul est rougeâtre.

Elle se trouve au Brésil, d'où elle m'a été envoyée par M. Langsdorff.

84. Hespérie Busiris.

Hesperia Busiris.

Hesperia alis oblongis, atris: anticis maculis punctisque duobus flavis; posticis fulvis, atro marginatis.

Hesperia U. Busiris, *alis oblongis, integerrimis, atris: anticis maculis punctisque duobus flavis, posticis disco fulvo.* Fab. *Ent. Syst. em. tom.* 3. *pars* 1. *p.* 345. *n°.* 410.

Papilio Busiris. Jon. *Fig. pict.* 6. *tab.* 23. *fig.* 1.

Papilio Busiris. Donov. *of an Epit. of the Nat. Insect. of Ind.* 11. *pl.* 4. *fig.* 2.

Son corps est noir, avec des points sur le thorax & des anneaux sur l'abdomen, blancs. Les ailes supérieures sont d'un noir-foncé, avec deux taches alongées & transverses, & deux points intermédiaires, jaunes; le sommet de ces ailes est cendré. Les postérieures sont fauves & bordées de noir-foncé postérieurement. Le dessous des quatre ailes ressemble au dessus.

Cette jolie espèce a les ailes oblongues, ce qui lui donne le port d'un héliconien. Les hespéries *Gentius, Pelée, Brontès,* s'en rapprochent à cet égard, leurs ailes étant proportionnellement plus oblongues que dans les autres espèces de ce genre.

L'*H. Busiris* se trouve aux Indes.

85. Hespérie Pelée.

Hesperia Peleus.

Hesperia alis atris; anticis fasciis duabus, transversis, alterâ mediâ rubrâ, alterâ subapicali, flavidâ: maculâ flavido-hyalinâ, trigonâ, interjectâ.

Papilio P. R. Peleus, *alis integerrimis utrinquè atris; primoribus fasciâ lineari rubrâ: exteriùs luteo maculatis.* Linn. *Syst. Nat.* 12. *tom.* 2. *p.* 792. *n°.* 249. — *Mus. Ludov. Ulr. p.* 327.

Papilio Peleus. Cram. *Pap.* 24. *pl.* 284. F.

Clerck, *Icon. Inf. tab.* 45. *fig.* 5.

Le corps, les antennes & les ailes sont noirs.

Les supérieures sont traversées, du milieu de la côte à l'angle interne, par une bande d'un rouge-orangé, de la même largeur partout; près de l'extrémité est une tache alongée, en forme de bande oblique, rétrécie inférieurement, d'un jaune-foncé, transparente & coupée par les nervures; entre ces deux bandes est une tache du même jaune, en forme de triangle, placée obliquement, s'avançant à l'angle interne, sur la bande rouge, & libre à l'angle opposé. La massue des antennes est simplement arquée.

Elle se trouve au Brésil & à Surinam.

86. Hespérie Gentius.

Hesperia Gentius.

Hesperia flava; alarum posticarum limbo anticisque posteriùs nigris; harum apice fasciis duabus transversis maculâque interjectâ flavis.

Hesperia U. Gentius, *alis integris, concoloribus, flavis: limbo atro, anticarum fasciis flavis.* Fab. *Ent. Syst. em. tom.* 3. *pars* 1. *p.* 350. *n*°. 330.

Papilio P. U. Gentius. *Mant. Ins. tom.* 2. *p.* 90. *n*°. 820. — *Spec. Ins. tom.* 2. *p.* 137. *n*°. 637.

Papilio Gentius. Cram. *Pap.* 15. *pl.* 179. C.

Nous n'avons presque rien à ajouter aux caractères spécifiques. Les ailes supérieures ont, de même que celles de l'*H. Pelée*, deux bandes transverses & une tache triangulaire, dans leur entredeux; mais la première de ces bandes est jaune, & la tache est plus petite & entièrement libre; elle manque quelquefois. Le corps est jaune, avec une ligne noire au milieu du dos de l'abdomen; quelquefois aussi le jaune offre une foible teinte fauve sur les ailes inférieures, la base des supérieures & sur une partie de leur bande antérieure.

Dans le *P. Procas* de Cramer, représenté sur la même planche, *fig.* D, le jaune domine davantage sur les ailes supérieures; leur extrémité n'offre qu'une bande, & le contour entier de ces ailes est noir.

Elle habite le Brésil & la Guyane.

87. Hespérie Celsus.

Hesperia Celsus.

Hesperia alis suprà nigris, subtùs brunneofuscis; anticis utrinquè fasciâ transversâ rufo-flavidâ; posticis suprà immaculatis, infrà cinereo-pulverulentis, margine externo strigâque transversâ brunneo-fuscis.

Hesperia U. Celsus, *alis integerrimis, concoloribus, atris; anticis fasciâ flavâ.* Fab. *Ent. Syst. em. tom.* 3. *pars* 1. *p.* 346. *n*°. 316.

Papilio Celsus. Jon. *Fig. pict.* 6. *tab.* 71. *fig.* 1.

Papilio Celsus. Donov. *of an Epit. of the Nat. Hist. of the Ins. of Ind.* 11. *pl.* 4. *fig.* 3.

Papilio Hiarbas. Cram. *Pap.* 11. *pl.* 18. F.

Elle est de moyenne grandeur, & a, au premier coup d'œil, une grande ressemblance avec le papillon *Phereclus* de Linné. Les antennes sont noires en dessus, presqu'entièrement grisâtres en dessous, avec la massue entrecoupée de ces deux couleurs & crochue. Le corps est noir, avec les palpes extérieurs d'un cendré-obscur, & le milieu du dessous du ventre jaunâtre, du moins dans quelques individus. Les ailes sont noires en dessus, d'un noirâtre-brun-foncé en dessous, mais finement saupoudré de cendré, au limbe postérieur des supérieures & sur la majeure partie des inférieures. Les premières ont dans leur milieu & des deux côtés, une large bande transverse, couleur de souci-pâle, un peu transparente, commençant au milieu de la côte & se terminant vers l'angle postérieur, mais sans gagner tout-à-fait le bord interne; sa largeur varie un peu; en dessous, la côte offre, au point où elle commence, une tache jaunâtre. Les ailes inférieures, par la forme très-arquée de la portion antérieure de leur bord antérieur, doivent être convexes ou débordantes; en dessous, le limbe de ce bord, & la marge du bord postérieur n'étant pas saupoudrés de cendré, tranchent avec le fond de l'aile; un peu au-dessous du milieu, le fond est traversé par une raie noirâtre & formée de la même manière, on remarque sur la bordure latérale une tache arrondie d'un brun plus clair. Quelquefois cependant le dessous de ces ailes est d'une teinte uniforme; quelquefois aussi leur bord extérieur est en partie un peu blanchâtre, & c'est ce que l'on voit dans la figure précitée de Cramer (1). Tantôt les bords de la bande des ailes supérieures sont entiers; tantôt ils offrent quelques échancrures, particulièrement au bord interne.

J'ai reçu du Brésil plusieurs individus de cette espèce, & envoyés pas M. Langsdorff. Dans aucun d'eux je n'ai vu à l'extrémité des ailes antérieures les trois petites pointes jaunes que Fabricius a observées dans l'*H. Thyrsis*, à laquelle il rapporte, mais avec doute, le *H. Hiarbas* de Cramer; d'ailleurs ces ailes ont la bande jaune de l'*H. Celsus*. Leur dessus, ainsi que celui des inférieures, est noirâtre; la surface inférieure des quatre est pourprée & parsemée d'une infinité de petits atomes jaunâtres. Cette espèce se trouve dans les îles de l'Amérique.

88. Hespérie Brontès.

Hesperia Brontes.

Hesperia alis nigris; anticis fasciâ mediâ, pos-

(1) *Voyez* aussi l'*H. Brontès.*

ticis margine externo, modò albis, modò flavis.

Hesperia U. *alis subcaudatis, concoloribus fuscis: anticis fasciâ, posticis margine niveis.* Fab. *Ent. Syst. em. tom.* 3. *pars* 1. *pag.* 335. *n°.* 235.

Elle est de la taille de l'*H. Celsus*, & lui ressemble au premier coup d'œil par les couleurs; mais elle en est bien distincte par les ailes inférieures plus oblongues & presqu'ovales. Le corps & les antennes sont noirs; le dessous de leur massue est tantôt roussâtre, tantôt annelé de blanchâtre. Les pieds, dans quelques individus, sont roussâtres. Les ailes sont noires; mais le dessous des inférieures est quelquefois un peu plus clair, avec deux bandes transversales plus foncées & la base d'un cendré obscur; ces bandes sont çà & là un peu bordées de gris; l'antérieure est un peu entrecoupée: on voit aussi au-dessus d'elle, près du bord extérieur, un point plus foncé. Les ailes antérieures sont traversées de part & d'autre par une bande soit continue, soit formée de trois taches, blanche ou jaunâtre & transparente. Les ailes inférieures sont, à l'exception de leur partie supérieure, bordées extérieurement de l'une ou l'autre de ces couleurs. Le dessous du ventre de quelques individus est jaunâtre, avec une ligne noire & longitudinale au milieu.

M. Langsdorff m'a envoyé du Brésil plusieurs individus de cette espèce.

89. Hespérie Justinien.

Hesperia Justinianus.

Hesperia alis fuscis; anticis punctis albo-hyalinis; posticis suprà immaculatis, infrà disco rufescente, macularum cinerascentium subocellatarum serie posteriùs marginato.

Les antennes de cette petite espèce sont noirâtres, avec un anneau blanc près de la massue. Les ailes supérieures ont cinq à six points blancs & transparens, dont trois, l'intermédiaire surtout, plus grands, disposés en une rangée oblique, & les deux ou trois autres près de la côte, avant l'angle du sommet. Dans quelques individus, le dessous de ces ailes présente cinq taches d'un cendré-bleuâtre à la place où ces derniers points sont situés, avec une rangée de points noirâtres entre les précédens & le bord postérieur. Le milieu du dessous des ailes inférieures est occupé par une tache ou bande, courte, roussâtre, placée immédiatement au-dessus d'une rangée de taches ovales d'un gris-cendré plus ou moins vif, quelquefois opalin, bordées de noirâtre, & appuyées intérieurement sur une rangée de points de cette couleur; les extrémités antérieures de ces taches traversant le disque, font paroître le bord postérieur de la bande ondulé. Dans les individus dont les teintes sont les plus vives & les plus variées, cette bande offre en devant un point noirâtre, & l'origine de l'aile, sur la même surface, est en grande partie cendrée.

Elle habite le Brésil, d'où elle m'a été envoyée par M. Langsdorff.

90. Hespérie Rémus.

Hesperia Remus.

Hesperia alis nigris; anticis immaculatis; posticis subtùs fasciâ repandâ albâ, puncto fusco.

Hesperia U. Remus, *alis intergerrimis, subreversis, nigris: posticis fasciâ repandâ, albâ, puncto fusco.* Fab. *Suppl. Ent. Syst. p.* 434.

Elle est petite, noire, &, à l'exception du dessous des ailes inférieures, où l'on voit une bande blanche, sinueuse & marquée d'un point noirâtre, elle ne présente aucune tache; ses antennes sont crochues. Elle avoit été apportée de Cayenne par feu Richard, l'un de nos plus profonds botanistes.

91. Hespérie Ménestriés.

Hesperia Menestries.

Hesperia alis suprà fuscis; posticis infrà cœrulescentibus lineis duabus transversis fuscis, suprà immaculatis.

Le nom de cette espèce rappelle celui d'un jeune naturaliste français qui seconde, avec beaucoup de zèle & d'instruction, M. Langsdorff dans ses recherches sur l'histoire naturelle du Brésil, & qui m'a donné des preuves de son attachement par un envoi d'insectes de cette riche contrée. J'ajouterai aux caractères spécifiques, que cette hespérie est de petite taille, & que ses ailes supérieures, tantôt sans taches transparentes, tantôt en offrant trois, placées vers le milieu, ont en dessous, près du sommet, une teinte d'un bleuâtre-foncé & luisant. Cette couleur forme le fond de la surface inférieure des secondes ailes; elle est traversée dans son milieu par deux lignes noirâtres, droites, parallèles, partant du bord latéral, mais se terminant avant le bord interne.

Elle se trouve au Brésil.

92. Hespérie Anaphus.

Hesperia Anaphus.

Hesperia alis fuscis; posticarum apice abdominisque annulis flavis.

Hesperia U. Anaphus, *alis integris, concoloribus, fuscis: posticis apice flavis.* Fab. *Ent. Syst. em. tom.* 3. *pars* 1. *pag.* 343. *n°.* 304.

Papilio P. U. Anaphus. *Mant. Inf. t.* 2. *p.* 89. *n°.* 804. — *Spec. Inf. tom.* 2. *p.* 135. *n°.* 625.

Papilio

Papilio Anaphus. CRAM. *Pap.* 15. *pl.* 178. F.

Elle est assez grande, noirâtre, avec quelques bandes transverses, plus foncées sur les ailes; l'extrémité postérieure & interne des inférieures est jaune, & cette couleur y forme une grande tache arrondie en devant. Les bords des anneaux de l'abdomen sont encore jaunes. Les antennes sont noires & crochues.

Elle se trouve à Surinam.

93. HESPÉRIE Cebrenus.

HESPERIA Cebrenus.

Hesperia alis diluto-brunneis; anticis fasciâ flavo-albidâ, semidiaphanâ.

Papilio Cebrenus. CRAM. *Pap.* 15. *pl.* 178. G.

Elle se rapproche de l'*H. Anaphus* par la taille & la forme. Les ailes sont d'un brun-clair, avec la base jaunâtre & le bord postérieur terminé par une ligne blanche. Dans l'individu figuré par Cramer, les antérieures sont traversées par une bande jaunâtre interrompue au milieu, & ont près du sommet trois petits points de cette couleur. Dans un individu de la collection du Jardin du Roi, les points manquent, & la bande est continue & plus large.

L'*H. Helirius* de Fabricius, *Ent. Syst. em. tom.* 3. *pars* 1. *p.* 328. *n°.* 243, paroît avoir de grands rapports avec cette espèce. Selon cet auteur, les ailes sont très-entières, divergentes ou en chevron, noirâtres, avec le bord noir; les antennes ont un point central jaune. Cramer l'a figurée, *Pap. exot.* 5. *pl.* 60. D.

Elle se trouve, ainsi que la précédente, à Surinam.

94. HESPÉRIE Hélius.

HESPERIA Helius.

Hesperia alis fuscis; posticis latere externo fulvo.

Hesperia U. Helius, *alis subdivaricatis, fuscis: posticis margine interiori fulvis.* FAB. *Ent. Syst. em. tom.* 3. *pars* 1. *p.* 329. *n°.* 248.

Papilio P. U. Helius. *Mant. Ins. tom.* 2. *p.* 85. *n°.* 771. — *Spec. Ins. tom.* 2. *p.* 132. *n°.* 602.

Papilio Helius. CRAM. *Pap.* 17. *pl.* 198. B.

Selon Fabricius, elle est de la grandeur de l'*H. Comma.* Ses ailes inférieures ont au bord interne (mais l'opposé, d'après la figure de Cramer), une grande tache ovale, fauve.

Elle se trouve à Surinam.

95. HESPÉRIE Pisistrate.

HESPERIA Pisistratus.

Hesperia alis fuscis; anticis flavo-nitentibus, immaculatis; posticis suprà disco flavo, subtùs fasciâ niveâ, nigro punctatâ.

Hesperia U. Pisistratus, *alis integerrimis fuscis; posticis suprà disco flavo, subtùs fasciâ niveâ, nigro punctatâ.* FAB. *Ent. Syst. em. tom.* 3. *pars* 1. *p.* 345. *n°.* 311.

Papilio Pisistrates. JON. *Fig. pict.* 6. *tab.* 26. *fig.* 1.

Nous ne parlons de cette espèce que d'après Fabricius: elle a, selon lui, le port de l'*H. du Rocou* (*bixæ*). Ses antennes sont noires & crochues; les ailes inférieures sont presqu'en queue; les autres caractères sont indiqués dans la phrase spécifique.

Elle habite l'Amérique.

Nota. On peut terminer cette subdivision par des espèces sans taches ni bandes vitrées, & dont les teintes sont foncées, uniformes ou peu mélangées; comme, 1°. le *P. Corbulo* de Cramer (30. *pl.* 354. A), dont tout le corps est d'un noirâtre-foncé, avec un anneau blanc aux antennes, & deux points de la même couleur, mais manquant quelquefois, près du sommet des ailes supérieures; 2°. une nouvelle espèce, à laquelle nous donnerons le nom d'un naturaliste voyageur, trop tôt enlevé aux sciences, *de Lalande.* Tout son corps est d'un brun-ferrugineux-foncé, avec deux lignes transverses, plus obscures, & dont l'extérieure plus distincte est flexueuse; les ailes inférieures ont à l'angle anal une dent bien apparente. Sous ce rapport, cette espèce se rapprocheroit des premières de la division.

Nous possédons aussi quelques autres espèces inédites, qui viennent à la suite des précédentes, mais dont il seroit difficile de donner une connoissance exacte sans le concours de bonnes figures. Elles nous ont été envoyées du Brésil par M. Langsdorff.

---

b. *Ailes, ou du moins les supérieures, différant sensiblement par leurs couleurs ou leur disposition, dans les deux sexes; une ligne ou une tache noire ou noirâtre, en forme de cicatrice, oblique, coupant les nervures, au milieu de la face supérieure de ces ailes, dans la plupart des mâles. (Ailes inférieures, jamais dentées, & sans prolongement notable à l'angle anal; point ou rarement de taches vitrées; l'une des faces au moins, soit des quatre ailes, soit de deux d'entre elles, mais le plus souvent la supérieure des premières, très-variée de noirâtre & de fauve ou de jaunâtre.)*

* *Dessus des ailes supérieures ayant au milieu un trait ou une tache d'un noir plus ou moins foncé, oblique & coupant les nervures.*

† *Des taches constamment vitrées aux ailes supérieures.*

— Massue des antennes, terminée brusquement par un crochet.

96. Hespérie Phocion.

Hesperia Phocion.

Hesperia alis suprà fuscis; anticis maculis quatuor flavo-hyalinis, tribus posticis transversè seriatis, alterâ costali, emarginatâ; alis posticis suprà immaculatis, subtùs cinereo-brunneis, lineis maculisque brunneo-fuscis.

Hesperia U. Phocion, *alis subcaudatis fuscis: anticis flavo maculatis, posticis subtùs fusco glaucoque variis.*

Papilio P. U. Coridon. *Mant. Inf. tom.* 2. *p.* 87. *n°.* 270. — *Spec. Inf. tom.* 2. *p.* 134. *n°.* 616. — *Syst. Ent. p.* 533. *n°.* 385.

Elle est de moyenne grandeur, & aux caractères sexuels près, qui distinguent cette division, elle a, ainsi que les deux suivantes, de grands rapports avec les *H. Antonin, Ethlius, Thrax*, &c. Les antennes sont noirâtres, avec une portion de la massue roussâtre. Tout le dessus du corps, ainsi que le dessous des ailes supérieures, est noirâtre; mais le dessous des inférieures est d'un brun-cendré tirant sur le gris-de-perle, avec des lignes & des taches d'un brun-foncé, & dont une beaucoup plus grande, de forme triangulaire, s'étend du milieu du disque au bord intérieur; une partie du limbe postérieur est de cette couleur; ce bord, ainsi que celui des ailes supérieures, est entrecoupé, du moins dans quelques individus, de petites taches blanches: ces dernières ailes offrent des deux côtés quatre taches jaunes & transparentes, dont les trois postérieures placées en diagonale, & dont la quatrième, ordinairement plus grande & composée, repose, par l'une de ses extrémités, sur le milieu de la côte. Ces quatre taches sont rapprochées de manière que la plus reculée est encore assez éloignée du sommet de l'aile; en dessous, ce sommet présente quelques taches d'un brun-cendré. Les palpes extérieurs sont grisâtres, & les pattes sont en partie d'un brun-rougeâtre.

Elle se trouve au Brésil, à Cuba & à la Jamaïque, selon Fabricius. Cet auteur a donné le même nom de *Phocion* à trois espèces.

97. Hespérie Sinon.

Hesperia Sinon.

Hesperia alis suprà brunneo-fuscis; anticis maculis quatuor flavo-hyalinis: duabus subcostalibus, dissitis, aliis approximatis; alis posticis utrinquè puncto discoidali flavo.

Papilio Sergestus. Cram. *Pap.* 7. *pl.* 74. C. Le mâle.

P. *Sinon.* Ibid. 29. *pl.* 342. D. E.

Cette espèce est de la taille de la précédente, & d'un noirâtre moins foncé; il tire davantage sur le brun, particulièrement sur la tête, le dessous du corps & à la côte des ailes supérieures; le limbe postérieur & le bord interne du dessous de ces ailes, ainsi que celui des inférieures en entier, sont d'un brun plus clair. Des quatre taches jaunes & transparentes des ailes supérieures, celle qui est la plus voisine du sommet est divisée en trois par des nervures. Dans la figure du *P. Sinon* de Cramer, il y a une tache de plus, & qui est placée au bord interne; le dessus des ailes inférieures présente, un peu au-dessous du centre, un point jaune, qui paroît aussi de l'autre côté, mais plus foiblement: il y est placé sur une tache ou sur une bande d'un brun-rougeâtre; au-dessus sont quelques autres taches de la même couleur.

Elle m'a été envoyée du Brésil par M. Langsdorff.

98. Hespérie Godart (1).

Hesperia Godart.

Hesperia alis suprà brunneo-fuscis; anticis maculis quinque flavo-hyalinis; posticis suprà puncto flavo, infrà ferrugineis, strigis duabus parallelis, pallido-aureis.

Par le dessus des ailes, cette espèce est presque semblable à l'*H. Sinon*; les supérieures ont

(1) Sans vouloir déprécier les travaux d'Illiger & d'Ochsenheimer, toujours, selon nous, est-il incontestable qu'avant celui de M. Godart, la plupart des caractères spécifiques des lépidoptères diurnes étoient insignifians; que plusieurs de leurs descriptions, celles surtout des espèces exotiques, étoient incomplètes & nullement comparatives; qu'on n'avoit point ou presque pas donné d'attention aux différences sexuelles, & que la synonymie de ces dernières espèces étoit singulièrement embrouillée.

M. Godart, en surmontant ces difficultés & en faisant disparoître autant que possible tous ces défauts, a donc rendu un service éminent à la science, & je ne puis m'empêcher d'admirer le zèle & la persévérance avec laquelle il a rempli sa tâche. Je n'ai d'autre part à son travail que celle de lui avoir fourni des moyens d'exécution & de l'avoir aidé de mes conseils. Lorsque je l'ai choisi pour mon collaborateur, à l'égard de cette partie de l'*Encyclopédie*, j'avois déjà classé la collection publique des insectes du Muséum. Les lépidoptères y étoient distribués d'après ma méthode & tous nommés; la détermination de quelques espèces avoit cependant besoin d'être revue, & ne pouvant alors m'en occuper, M. Godart a bien voulu s'en charger. Il a encore eu le soin de nommer, en rédigeant cette partie de l'*Encyclopédie*, les lépidoptères diurnes de la collection particulière du même établissement. Un fait important pour moi & que l'on ignore, c'est que Fabricius avoit composé son *Système des Glossates* d'après une revue générale des lépidoptères qui faisoient alors partie des mêmes collections, & d'après la communication du catalogue que j'en avois fait; les espèces qu'il avoit, dans ses premiers ouvrages, éloignées de leur place naturelle, y étoient remises, & toutes les coupes principales étoient établies.

une tache de plus & placée sur le bord interne, comme dans l'individu femelle représenté par Cramer : la tache située au-dessus est la plus grande de toutes ; mais le dessous des ailes inférieures est très-différent, il est entièrement foncé, ou d'un rouge-brun, avec deux raies d'une couleur d'or pâle, luisantes, droites, parallèles, traversant obliquement toute la largeur de l'aile, du bord extérieur au bord interne. Je n'ai vu que le mâle.

Il m'a été envoyé du Brésil par M. Langsdorff.

99. Hespérie Julien.

Hesperia Julianus.

Hesperia (mas) *alis fuscis ; anticarum medio punctis plurimis albo-hyalinis : duobus anticis, approximatis, aliis transversè arcuato-seriatis ; alis posticis subtùs punctorum alborum strigâ mediâ.*

Elle a environ quinze lignes de largeur, les ailes étendues ; leur couleur est d'un noirâtre-clair, un peu plus pâle ou un peu cendré en dessous. Les supérieures offrent au milieu sept à huit points blancs & transparens, deux plus rapprochés de la base, & les autres disposés en une ligne arquée, & dont les deux inférieurs oblongs. Le milieu du dessous des inférieures a quatre points blanchâtres, formant une ligne transverse comprise entre le centre & le côté extérieur. Les quatre ailes vues en dessus sont terminées postérieurement par une frange de cette couleur ; le dessus des supérieures présente une petite fente oblique, caractère distinctif du mâle, mais sans être environnée aussi sensiblement de noir que dans les mâles des espèces voisines. Les palpes extérieurs & le dessous de l'extrémité inférieure de la massue des antennes sont blanchâtres ; leur crochet terminal est proportionnellement plus court que dans les autres hespéries de cette division.

Elle se trouve à Java & paroît avoir des rapports avec l'*H. Nero* & quelques autres espèces analogues.

—— *Antennes terminées en une massue régulièrement arquée dès son origine, & sans crochet brusque à son extrémité.*

100. Hespérie Péron.

Hesperia Peron.

Hesperia (mas) *alis suprà fuscis, infrà cinereo-fuscis ; anticis lineolâ, maculæ atræ superpositâ punctisque quatuor, ante apicem, albo-vitreis ; posticis immaculatis.*

Je ne connois que le mâle de cette espèce, dont la taille égale presque celle de l'*H. Comma.* Ses antennes sont annelées de noirâtre & de blanc, avec la massue roussâtre ; les ailes sont noirâtres, mais plus claires en dessous & tirant sur le cendré ; le trait noir du milieu des ailes supérieures caractérisant les individus de ce sexe, est enfoncé & forme une sorte de cicatrice ou d'impression : au-dessus est une petite ligne vitrée & oblongue ; près de l'extrémité postérieure de la ligne noire est un point blanc, transparent ; on en voit ensuite trois autres, mais plus petits, & rapprochés en une petite ligne près de la côte, avant l'angle du sommet. Les ailes inférieures sont sans taches.

Le nom du naturaliste auquel je la dédie est trop connu pour qu'il soit nécessaire de parler de lui ; il avoit recueilli cette espèce à la Nouvelle-Hollande.

---

†† *Point de taches parfaitement & constamment vitrées aux ailes supérieures : quelques-unes au plus semi-diaphanes.*

Nota. Massue des antennes généralement courte, presqu'ovoïde & à crochet terminal très-petit.

Toutes nos espèces d'Europe appartiennent à cette division & aux deux suivantes.

101. Hespérie Nason.

Hesperia Naso.

Hesperia alis fuscis, sæpiùs immaculatis : fimbriâ posticâ rufescente aut albidâ.

Hesperia U. Naso, *alis integerrinis, divaricatis, suprà fuscis, subtùs brunneis : margine postico tenuissimè fulvo.* Fab. *Suppl. Ent. p.* 431.

Le Muséum d'histoire naturelle possède plusieurs individus de cette espèce, les uns recueillis au Bengale par feu Macé, les autres venant de l'Ile-de-France ; leur taille égale presque celle de l'*H. Comma.* Les antennes sont noires, avec des anneaux blancs, & l'extrémité inférieure de la massue roussâtre. Le corps & les ailes sont noirâtres. Dans les individus du Bengale, le dessous des ailes, à l'exception du côté interne des supérieures, est d'un brun-jaunâtre-foncé ; une partie du duvet supérieur est de la même teinte. Le milieu des supérieures offre quelquefois deux points rapprochés, oblongs, blanchâtres & transparens ; la frange postérieure des uns & des autres est blanchâtre ou roussâtre. Dans les individus de l'Ile-de-France, les yeux sont quelquefois rougeâtres ; les écailles des palpes extérieurs sont grisâtres, mais un peu roussâtres dans d'autres. Peut-être faudroit-il distinguer spécifiquement les derniers individus.

Seroit-ce une variété entièrement noirâtre, & venant du Bengale, que Fabricius auroit décrite sous le nom de *Pygmæus* (*Ent. Syst. em. tom.* 3. *pars* 1. *p.* 354. *n°.* 349), ou quelqu'autre espèce analogue ? C'est sur quoi, vu le laconisme de la description & l'indication trop vague du lieu d'habitation, il m'est impossible de prononcer.

102. Hespérie Pélopidas.

Hesperia Pelopidas.

Hesperia (mas) *alis cineris, anticis posticarumque punctis marginalibus obscurioribus.*

Hesperia U. Pelopidas, *alis integerrimis : anticis obscurè cinereis, lineolâ mediâ fuscâ ; posticis cinereis.* Fab. *Ent. Syst. em. tom.* 3. *pars* 1. *p.* 350. *n°.* 331.

Papilio Pelopidas. Jon. *Fig. pict.* 6. *tab.* 27. *fig.* 2.

La ligne noirâtre que, suivant Fabricius, l'on observe au milieu des ailes supérieures, paroît nous indiquer qu'il a décrit un individu mâle. Son corps est de grandeur moyenne; les antennes sont noires & crochues; les ailes sont entièrement cendrées; les supérieures, & des points marginaux aux inférieures sont plus foncés.

On la trouve aux Indes.

103. Hespérie Silius.

Hesperia Silius.

Hesperia (fæmina) *alis brunneo-fuscis ; anticarum disco utrinquè fasciâ abbreviatâ, transversâ, rufâ.*

Je ne connois que la femelle de cette espèce, & ce n'est que par analogie que je la place dans cette division. Ses ailes étendues ont un peu plus d'un pouce d'envergure. Les antennes & le corps sont noirâtres, avec les pieds d'un roussâtre obscur. Les ailes sont d'un brun-noirâtre-foncé; le milieu des supérieures offre une bande courte, transverse, oblique, rétrécie en pointe au côté qui regarde le sommet, roussâtre, & divisée par les nervures; leur base, ou du moins la partie supérieure de leur côte, une partie du duvet qui revêt les inférieures & leur frange postérieure, ont une teinte semblable.

Elle m'a été envoyée du Brésil par M. Langsdorff.

104. Hespérie Cornélius.

Hesperia Cornelius.

Hesperia (mas) *alis fuscis, nitidis ; anticis suprà maculâ mediâ atrâ, ovatâ, punctisque duobus albidis ; omnibus infrà punctorum alborum strigâ.*

Cette espèce, dont l'envergure est d'environ quinze lignes, est presqu'entièrement d'un noirâtre-luisant. Les antennes sont noires, avec le dessous de la masse grisâtre. Les écailles des palpes extérieurs & les poils de la poitrine sont aussi de cette couleur. Sur la tache noire & médiane du dessus des supérieures est la cicatrice ou impression d'un noirâtre-mat, qui caractérise le mâle; elle est formée de deux taches réunies longitudinalement; les écailles des bords extérieurs paroissent, vues à un certain jour, d'un cuivreux mêlé de vert & très-brillant. Près du sommet sont deux points blanchâtres, écartés & posés transversalement l'un sur l'autre : en dessous, on en voit deux autres, & situés dans l'espace intermédiaire, un peu en dehors, de manière que les quatre forment une ligne courbe. Le dessous de chaque aile inférieure en présente trois autres, disposés transversalement, un peu au-dessous du milieu.

Cette espèce vient de l'île de Cuba. J'ai eu aussi de cette île, ainsi que du Brésil, une hespérie femelle, presqu'entièrement semblable, à l'absence près des points blancs, ou du moins de ceux des ailes inférieures, & de la tache noire des ailes supérieures. Il seroit possible que ces différences fussent purement sexuelles.

L'*H. Cassandre* de Fabricius paroît être très-voisine de cette espèce. Il l'a décrite d'après la collection de Drury, qui a figuré une espèce pareillement très-analogue, mais qui nous semble devoir se rapporter à son *H. Philémon.*

Nous avons cité, à l'occasion de l'*H. Néron* de cet auteur, le papillon *Accius*, figuré dans l'*Histoire naturelle des lépidoptères de la Georgie.* En examinant depuis, avec plus d'attention, un individu mâle, nous avons découvert aux ailes supérieures, la marque distinctive, formant le caractère de cette division, de sorte que cette espèce doit y être rangée. L'éditeur de cet ouvrage la signale ainsi : *alis ecaudatis, fuscis, primoribus punctis fenestratis, albis; subtùs omnibus apice purpureo-pallescentibus.* On observe à l'origine de la masse des antennes une tache blanche. Les ailes supérieures ont trois petits points blancs, près de la côte, & un quatrième, isolé, en dessous. Les ailes inférieures nous ont paru avoir sur leur dessous quelques taches, situées près de la base, & une bande transverse, plus foncée.

Tout auprès doit encore venir le *P. Bethyllus* du même ouvrage (*tom.* 1. *p.* 43. *tab.* 22.). Voici les caractères spécifiques qui lui sont assignés : *alis ecaudatis, fuscis : primoribus maculis fenestratis, quadratis, albis; posticis subtùs undato nebulosis.* Les points ou petites taches blancs & transparens des ailes supérieures sont nombreux & y forment presque deux lignes convergentes inférieurement. Le dessous des ailes inférieures offre deux bandes au moins de taches plus foncées. La chenille vit sur le *glycine reticulata* de Swartz. Elle est verdâtre, avec deux lignes jaunâtres & longitudinales de chaque côté; la tête est entièrement noire; le segment suivant est d'un beau rouge, avec une tache noire en devant. La transformation se fait au mois de juillet. Cette espèce se trouve aussi en Virginie. Elle nous semble se rapprocher beaucoup, du moins par le dessin, du *P. Daunus* de Cramer, *p.* 15. *pl.* 126. F.

105. Hespérie Pompée.

Hesperia Pompeius.

Hesperia (mas) *alis anticis posticisque suprà fuscis; anticarum medio suprà maculâ atrâ punctisque duobus approximatis pallido-brunneis; posticis infrà fusco-flavidis, fasciis fuscis.*

L'envergure de cette espèce est d'environ un pouce. Son corps est noir en dessus & d'un grisâtre-foncé en dessous. Les antennes sont noires, avec des anneaux & une partie du dessous de la masse grisâtres. Immédiatement au-dessous de la tache discoïdale & noire du dessus des ailes supérieures, est un petit trait oblique, d'un brun-pâle ou roussâtre, formé de deux ou trois points très-rapprochés; le dessous des ailes inférieures est d'un jaunâtre-obscur, avec la base, une bande transverse près du milieu, & une autre plus étroite & maculaire au-dessous, d'un brun-noirâtre. Une partie du côté interne & de l'extrémité postérieure de la surface inférieure des premières ailes, ainsi qu'une rangée transverse & oblique de cinq à six taches, située près du limbe postérieur, sont de la même couleur que le fond du dessous des ailes inférieures.

Cette espèce m'a été envoyée du Brésil par M. Langsdorff. Feu Delalande fils avoit apporté de ce pays une hespérie femelle, dont les ailes inférieures sont des deux côtés d'un noirâtre uniforme, mais dont les supérieures ressemblent assez à celles de l'espèce précédente. Leur milieu offre trois petites taches blanchâtres, plus apparentes en dessous, & rapprochées en une ligne diagonale. Seroit-ce une variété de sa femelle?

106. Hespérie Mésogramme.

Hesperia Mesogramma.

Hesperia alis fuscis; posticis puncto subcentrali fasciâque inferâ transversâ, suprà rufescentibus, infrà pallido-flavis albidisve; alis anticis maris suprà maculâ atrâ, ovatâ, fulvo cinctâ.

Cette espèce ressemble beaucoup, d'une part, au papillon *Phineus* de Cramer, & dont elle n'est peut-être qu'une variété, & de l'autre à l'*H. Comma*. Mais elle diffère notamment de celle-ci par les ailes inférieures, & de l'autre, en ce que dans le mâle, le trait noir forme, avec l'espace adjacent, une grande tache ovale, sur un fond fauve, & non une bande oblique. Dans l'*H. Mésogramme*, celle du dessus des ailes inférieures est plus étroite, moins continue, tandis qu'en dessous elle est plus distincte, à raison de la teinte différente du fond. Les taches fauves des ailes supérieures qui, dans l'*H. Comma*, forment une raie transverse & arquée, sont souvent dans l'*H. Mésogramme*, en majeure partie diaphanes & blanchâtres; peut-être perdent-elles, avec l'âge, leurs écailles: car on trouve des individus, où elles sont toutes roussâtres; au-dessus de la seconde, en commençant au bord interne, est un point soit roussâtre, soit hyalin. La bande transverse du milieu des inférieures est composée de taches contiguës, ou qui ne sont séparées que par des nervures: on n'observe au-dessus d'elle, près du centre, qu'une seule tache & en forme de petit point; elle est roussâtre en dessus & blanchâtre en dessous. Dans une variété femelle du Brésil, elle est remplacée en dessous par un point noir, & les taches de la bande, vues du même côté, sont un peu bordées de noir aux deux extrémités; le fond de la couleur du dessous de ces ailes varie: il est tantôt noirâtre, tantôt d'un cendré-verdâtre; la frange du bord postérieur est jaunâtre & n'offre point cette suite de points noirs que l'on remarque dans l'*H. Comma*, ou du moins dans sa femelle. Si l'on en excepte la bande maculaire, le dessus des ailes supérieures des individus de ce sexe est presqu'entièrement noirâtre.

107. Hespérie Phinée.

Hesperia Phineus.

Hesperia alis suprà fuscis, infrà anticarum medio excepto, rufo-flavidis; his suprà margine externo antico fasciâque maculari, posticis ibidem fasciâ continuâ extimoque margine postico flavo-rufis.

Hesperia U. Phineus, *alis subangulatis, divaricatis, fuscis: fasciâ flavâ anticarum interruptâ.* Fab. *Ent. Syst. em. tom.* 3. *pars* 1. *p.* 329. *n°.* 247.

Papilio P. U. Phineus. *Mant. Inf. tom.* 2. *p* 85. *n°.* 770. — *Spec. Inf. tom.* 2. *p.* 132. *n°.* 601.

Papilio Phineus. Cram. *Pap.* 15. *pl.* 176. E. Femelle.

Nous n'avons vu que le mâle de cette espèce, & qui a été apporté du Brésil par M. de Saint-Hilaire. Elle a de grands rapports avec la précédente, mais elle s'en éloigne par plusieurs caractères. La couleur fauve, & tirant sur le souci, domine moins sur le dessus des ailes supérieures; la côte, depuis la base jusqu'un peu au-delà du milieu, & la bande transverse & maculaire, sont seules de cette couleur: le mâle a en outre, près de l'extrémité postérieure du trait noirâtre qui distingue ce sexe, une tache de la même teinte; le trait noirâtre, ou la cicatricule, est divisé en deux ou trois taches. Les ailes inférieures n'offrent pas le point central que l'on observe dans l'*H. Mésogramme*. Le milieu du dessous des supérieures, en tirant vers le bord interne, est noirâtre, mais les autres parties de cette surface, ainsi que la correspondance des inférieures, sont d'un jaunâtre-roussâtre; la bande fauve & transverse du dessus paroît cependant un peu. Dans la figure de Cramer, l'abdomen offre des anneaux jaunes;

l'individu qu'il a repréfenté avoit été trouvé à Surinam.

108. HESPÉRIE Coras.

HESPERIA Coras.

Hefperia alis fufcis, fufciâ maculari, bafis anticarum maculâ ftriatâ, pofticarum bafis infernæ maculis, rufo-flavidis.

Papilio Coras. CRAM. *Pap.* 3. *pl.* 31. Femelle.

Papilio P. U. Otho, *alis divaricatis, bafi fulvis : difco utrinquè maculis fubquadratis flavis.* SMITH-ABBOT, *Hift. natur. des Lépid. de la Georg. tom.* 1. *p.* 31. *tab.* 16. Var. ?

Hefperia U. Æfculapius, *alis integerrimis, nigris, fulvo maculatis : margine flavo punctato.* FAB. *Ent. Syft. tom.* 3. *pars* 1. *p.* 347. *n°.* 321. ?

Elle eft petite, noirâtre, mais avec le corps & même l'origine des ailes couverts de poils jaunâtre. Les antennes font rouffâtres en deffus, blanchâtres ou plus pâles en deffous, avec des anneaux noirs. Les ailes font traverfées entre leur milieu & le bord poftérieur, & de part & d'autre, par une bande d'un jaune-rouffâtre, formée d'une fuite des taches; les deux avant-dernières & intérieures de la bande des ailes inférieures s'alongent poftérieurement; le deffus de ces ailes offre près du centre un point de cette couleur; leur deffous a une bande de plus, fituée près de fa bafe, & compofée auffi de taches, & difpofée en arc. Dans le mâle, la bafe des ailes fupérieures jufqu'à la ligne oblique & particulière propre aux individus de ce fexe, eft d'un jaune-rouffâtre, couleur qui fe divife en manière de ftries en fe terminant; la ligne noirâtre, & en forme de cicatrice, eft bordée extérieurement par un trait d'un noir-foncé. Dans la femelle, cette partie des mêmes ailes eft noirâtre, avec une tache d'un jaune-rouffâtre, en forme de coin renverfé & alongé, & coupée dans fon milieu par une ligne noirâtre. Sur le deffous des quatre ailes, les taches font plus pâles & tirent davantage fur le jaune. On aperçoit le long du bord poftérieur une rangée de petites taches arrondies de cette couleur, mais peu prononcées.

Nous foupçonnons que le *P. Othon* de M. Smith, & l'*H. Efculape* de Fabricius, font des variétés de cette efpèce. Le premier de ces naturaliftes cite, avec doute, l'*H. Thaumas* de celui-ci; mais dans cette efpèce, les ailes inférieures n'ont point de taches, caractère qui exclut évidemment ce fynonyme.

La chenille du *P. Othon* vit fur la bermudienne, mais plus communément fur le *panicum fanguinale*. Elle eft d'un vert-pâle, avec des lignes longitudinales plus foncées, & des points noirs fur les ftigmates; la tête eft brunâtre. Abbot dit que le 19 août elle attacha, avec des fils de foie, plufieurs feuilles enfemble, & que l'infecte parfait parut le 30 du même mois.

M. Milbert, correfpondant du Muféum d'hiftoire naturelle, a envoyé de Philadelphie plufieurs individus de cette efpèce.

109. HESPÉRIE Thaumas.

HESPERIA Thaumas.

Hefperia alis fufcis; anticis modò (mas) *fuprà à bafi ad medium exteriùs fulvis, lineolâ atrâ, puncto concolore internè terminatâ punctifque aliquot rufis ante apicem; modò* (fæmina) *punctorum alborum vitreorumque ftrigâ folummodò notatis.*

Hefperia P. Thaumas (mas), *alis divaricatis, fufcis; liturâ bafeos fulvâ lineolâque mediâ atrâ.* FAB. *Ent. Syft. em. tom.* 3. *pars* 1. *pag.* 327. *n°.* 238.

Hefperia Origenes, *alis divaricatis, concoloribus, fufcis; ftrigâ punctorum alborum, anticis bafi teftaceis.* Ibid. *p.* 328. *n°.* 245. Fæmina ?

Papilio Origenes. JON. *Fig. pict.* 6. *tab.* 74. *fig.* 2. Fæmina ?

Papilio Origenes. DONOV. *of an Epitom. of the Nat. Hift. of the Inf. of Ind. cah.* 5. *pl.* 4. *fig.* 2. ?

Dans un envoi d'hiftoire naturelle, adreffé de Philadelphie au Muféum d'hiftoire naturelle, j'ai trouvé trois individus de cette efpèce, dont un mâle me paroît offrir tous les caractères de l'*H. Thaumas* de Fabricius, & dont les deux autres appartenant à l'autre fexe. L'un de ceux-ci n'a de points blancs que fur les ailes fupérieures; mais dans le fecond, outre que les points de ces ailes font plus grands & plus nombreux, le deffus des inférieures offre, en outre, entre le milieu & le bord poftérieur, une férie tranfverfe de petites taches blanchâtres : c'eft peut-être une variété analogue que Fabricius a décrite fous le nom d'*Origène*. Quoi qu'il en foit, fon *H. Thaumas* eft petite, d'un noirâtre-clair ou un peu brun. La moitié antérieure des ailes fupérieures, à l'exception du côté interne, eft fauve. La ligne noire du milieu, propre aux individus mâles, eft furmontée, à fon extrémité intérieure, d'un point de la même couleur, & comme diftinguée brufquement à fon bord poftérieur de la portion adjacente de la furface, par l'apparence d'une fente ou d'une incifion linéaire, fuivie d'une dépreffion : entre cette dépreffion & la côte, & prefque dans une même ligne tranfverfe, font quatre petits points fauves, dont l'inférieur un peu plus grand & ifolé, & dont les autres rapprochés fur une petite ligne. Dans la femelle, on voit en cette place des points blancs & tranfparens; leur nombre varie de six à huit, mais les trois supérieurs, & représentant ceux dont nous venons de parler, sont constans. Dans la variété à ailes inférieures tachetées, les taches sont au nombre de cinq, & paroissent aussi un peu en dessous, mais sous une teinte d'un brun-jaunâtre; la base du dessous des mêmes ailes offre aussi quelques espaces plus clairs. La frange postérieure des quatre ailes est blanche.

110. Hespérie Drury.

Hesperia Drury.

Hesperia alis anticis fuscis, costâ, apice excepto, strigâque maculari, transversâ, rufescentibus: disco maris puncto oblongo atro; posticis rufescenti-fuscis, subtùs punctorum pallidiorum strigâ transversâ mediâque obsoletâ.

Cette espèce est très-voisine de l'*H. Thaumas*, & habite les mêmes contrées. Les ailes antérieures sont noirâtres, avec la côte jusque près du bout, souvent aussi une portion du bord interne; & une rangée transverse de petites taches, pour la plupart en forme de petits points, d'un fauve-roussâtre ou couleur de tabac d'Espagne. Le mâle n'en offre que deux, & dont l'intérieure divisée en deux parties inégales; la ligne noire & distinctive du sexe ne forme qu'un point oblong; il est terminé postérieurement par la plus inférieure des taches précédentes. Immédiatement au-dessous l'on observe entre les nervures deux espaces dont les écailles sont relevées en forme de petites brosses finement striées. Le fond des ailes inférieures est d'un brun-roussâtre luisant; leur dessous est plus terne, traversé dans son milieu par une raie de petites taches d'un jaunâtre-pâle, mais qui s'effacent presque dans quelques individus.

Cette espèce se rapproche beaucoup de celle qui est figurée sous le nom de *Vitellius* dans l'*Histoire naturelle des lépidoptères de la Georgie*, *tom.* 1. *tab.* 17. Je soupçonne aussi qu'elle s'éloigne peu, si ce n'est pas la même, de l'hespérie *Bion* de Fabricius. *Suppl. Ent. Syst. p.* 432.

Les caractères qu'il assigne à l'*H. Phocion* de ce supplément, *pag.* 431, la troisième espèce de ce nom, semblent convenir à une variété de la femelle de notre espèce, dont les ailes inférieures seroient plus foncées.

Une autre hespérie analogue aux précédentes, ainsi qu'à l'*H. Thaumas*, est celle qu'il nomme *Exclamationis*. (*Ent. Syst. em. tom.* 3. *pars* 1. *p.* 326. *n°.* 232.) Ses ailes, ainsi que le corps, sont noirâtres; les supérieures ont une tache linéaire jaunâtre, avec un point de la même couleur au-dessous.

111. Hespérie Augias.

Hesperia Augias.

Hesperia alis anticis posticisque infià rufo-flavis; his suprà nigris, puncto subcentrali fasciâque posticâ utrinquè dentatâ rufo-flavis; anticis suprà lineâ obliquâ incurvâ limboque postico nigris.

Hesperia U. Augias, *alis divaricatis, fulvis: fasciâ obliquâ margineque postico nigris.* Fab. *Ent. Syst. em. tom.* 3. *pars* 1. *p.* 327. *n°.* 239.

Papilio P. U. Augias. *Mant. Inf. tom.* 2. *p.* 84. *n°.* 765. — *Spec. Inf. tom.* 2. *p.* 131. *n°.* 597. — *Syst. Ent. p.* 531. *n°.* 375.

Papilio P. U. Augias, *alis divaricatis, fulvis: fasciâ obliquâ margineque postico nigris.* Linn. *Syst. Nat.* 12. *tom.* 2. *p.* 794. *n°.* 257. — *Amœn. Acad. tom.* 4. *p.* 410. *n°.* 80.

Papilio Augias. Donov. *of an Epitom. of the Natur. Hist. of the Inf. of Ind.* 5. *pl.* 4. *fig.* 1.

Elle est un peu plus petite que l'*H. Comma*. Son corps est noir, mais garni en majeure partie d'un duvet d'un jaune-fauve. Les ailes supérieures & le dessous des inférieures sont de cette dernière couleur: le dessus des premières offre au milieu une bande oblique & un peu courbe à son extrémité postérieure, noire & continue. Son milieu offre, dans le mâle, une ligne d'un cendré-obscur, composée de trois à quatre taches contiguës. Le limbe postérieur est noir en manière de bande terminale & obtusément dentée ou crénelée au bord interne; plusieurs nervures rapprochées forment près de la côte des stries fines & noires: au-dessous, la bande noire du milieu forme une tache noire & triangulaire; l'angle interne est aussi de cette couleur, & la bande terminale paroît un peu, mais sous une teinte plus pâle. Les traces du point subcentral & de la bande transverse du dessus des ailes inférieures se montrent aussi sur l'autre surface, mais plus foibl.ment, selon que cette surface est presqu'entièrement d'un jaune-fauve, ou que son contour est plus foncé & présente les vestiges de la bordure noire supérieure. J'ai vu une variété de la femelle dans laquelle la bande noire des ailes supérieures est plus grande & offre une tache d'un jaune-fauve.

Elle se trouve aux Indes orientales, dans l'île de Java, d'où elle a été envoyée au Muséum d'histoire naturelle par MM. Diard & de Vaucelle: telle est aussi la patrie que Linnæus donne à cette espèce.

112. Hespérie Phylæus.

Hesperia Phylæus.

Hesperia alis rufo-flavis; anticis suprà fasciâ obliquâ interruptâ (mas) *maculâve arcuatâ* (fœmina) *limboque posticoque fuscis; posticis ibidem extùs fusco marginatis.*

Hesperia Colon (maris var.) *alis divaricatis*

fulvis, maculâ mediâ margineque striato fuscis. Fab. *Ent. Syst. em. tom.* 3. *pars* 1. *p.* 327. *n°.* 241.

Papilio P. U. Colon. *Mant. Inf. tom.* 2. *p.* 84. *n°.* 766. — *Spec. Inf. tom.* 2. *p.* 131. *n°.* 598. — *Syst. Ent. p.* 531. *n°.* 376.

Hesperia Vitellius (fœmina), *alis divaricatis, fulvis : anticis maculâ mediâ margineque posticis limbo fuscis*. Ejusd. *Ent. Syst. em. tom.* 3. *pars* 1. *p.* 327. *n°.* 240.

Papilio Phylœus. Drury. *Inf. tom.* 1. *pl.* 13. *fig.* 4. 5. Mâle.

Etant certain que cette espèce est bien celle dont Drury a figuré le mâle, sous le nom de *Phylœus*, j'adopterai cette dénomination de préférence à celle de *Colon* ou de *Vitellius* de Fabricius, que je rapporte à cette hespérie, mais avec moins d'assurance; elle est voisine de l'*H. Augias*; mais outre qu'elle est propre à l'Amérique méridionale, elle s'en éloigne par plusieurs caractères. Sa couleur fauve, du moins dans les mâles, est moins vive, & tire davantage sur le jaune. La bande noire & oblique du disque des ailes supérieures de ces individus est presque toujours partagée en deux taches; la ligne cendrée, qui coupe longitudinalement le milieu de cette bande, ne paroît presque pas, ou n'y forme qu'un trait continu. Le limbe postérieur & supérieur des mêmes ailes, & quelquefois aussi des inférieures, offre une rangée de taches triangulaires; souvent elles sont communes à la surface inférieure, mais elles y sont beaucoup plus petites; bien souvent encore le dessous est ponctué çà & là de noirâtre. Les ailes inférieures sont bordées extérieurement & quelquefois entièrement de cette couleur; mais elle s'étend davantage à la base extérieure & y forme une grande tache oblongue & marginale. Les femelles, ou les individus présumés tels, ont, près de leur base, une tache noirâtre, plus prononcée en dessous; leur dessus, un peu au-delà du milieu, en présente une autre, de la même couleur, un peu arquée ou en forme de C; & elles se terminent par une bande continue. Le dessous des quatre ailes, si on en excepte la tache de la base des premières & quelquefois une seconde, placée à leur angle interne, est d'un fauve-jaunâtre uniforme. Le Muséum possède cependant une variété où les quatre ailes sont bordées de noirâtre sur les deux surfaces, où la couleur fauve est divisée sur le disque par des nervures noires, & où le dessous des inférieures est d'un fauve-obscur. Cette espèce se trouve aux Antilles & au Brésil.

113. Hespérie Epictète.

Hesperia Epictetus.

Hesperia alis suprà nigris; anticis vittis duabus, aliâ costali, alterâ internâ, obliquâ, longiore, posterius recurvâ, puncto intermedio, posticarumque disco, omnibus infrà, rufo-flavis.

Hesperia U. Epictetus, *alis integerrimis, nigris, disco flavo; anticis maculâ fuscâ, lunulâ flavâ; posticis subtùs flavis, immaculatis*. Fab. *Ent. Syst. em. tom.* 3. *pars* 1. *p.* 330. *n°.* 252.

Papilio Epictetus. Jon. *Fig. pict.* 6. *tab.* 75. *fig.* 3.

Papilio Epictetus. Donov. *of an Epit. of the Nat. Hist. of the Inf. of Ind.* 5. *pl.* 4. *fig.* 4.

Ses ailes étendues n'ont guère plus de neuf à dix lignes de largeur. Leur dessus est d'un noirâtre-foncé & varié de jaune-fauve. Le dessus des supérieures offre deux bandes & un point de cette couleur; l'une occupe la côte depuis la base jusque près du milieu; l'autre s'étend obliquement depuis le bord interne, jusque près du sommet, où elle se recourbe en manière de crochet; quelquefois cette extrémité forme une tache isolée; le point est situé entre les deux bandes, un peu avant l'extrémité postérieure de la première; quelquefois il y en a un autre plus petit. Le disque supérieur des secondes ailes est d'un jaune-fauve; tantôt il n'y forme qu'une bande, tantôt il occupe presque toute la surface, à l'exception des bords. Le dessous des quatre ailes est un peu plus jaunâtre. La base des supérieures & leur angle interne ont quelquefois une tache noirâtre.

Cette espèce se trouve au Brésil, d'où elle m'a été envoyée par M. Langsdorff. N'ayant pu remarquer distinctement sur les ailes supérieures le caractère qui distingue les mâles de cette division, je ne la place ici, de même que la suivante, que provisoirement & par analogie.

114. Hespérie Bandes-jaunes.

Hesperia flavo-vittata.

Hesperia alis fuscis; anticis utrinquè maculis duabus marginalibus, aliâ basilari, magnâ, trigonâ, alterâ subapicali, parvâ, fasciâ posticâ, transversâ, alisque posticis punctis duobus fasciâque transversâ flavis.

Hesperia U. Maro, *alis integerrimis, divaricatis flavis, apice fuscis flavo maculatis; posticis subtùs fusco-punctatis*. Fab. *Suppl. Ent. Syst. p.* 432?

Cette espèce est de la taille de l'*H. Epictète* & s'en rapproche beaucoup. Les ailes sont noirâtres, mais d'une teinte un peu plus claire en dessous. Leur dessin est le même de part & d'autre. Aux caractères de la phrase spécifique, j'ajouterai les suivans : le bord interne des ailes supérieures est jaunâtre à sa base, & entre lui & la grande tache triangulaire de la côte, l'on voit encore une petite ligne de cette couleur; la tache située près de la côte, avant le sommet, est presque carrée ou arrondie, & se réunit quelquefois avec la bande qui traverse postérieurement ces ailes. L'un des deux points

points jaunes des ailes supérieures est placé au milieu, près de leur base, & l'autre au-dessus de l'extrémité extérieure de la bande transversale, & qui est située à peu de distance du bord postérieur. Les bandes jaunes ne forment quelquefois que des lignes, & celle de l'extrémité postérieure des premières ailes est partagée en deux.

Ces ailes ont leurs deux surfaces coloriées de même, tandis que dans l'*H. Maron* de Fabricius, leur dessous est jaune, avec des points noirs. J'ai quelque doute sur l'identité spécifique. Mon ami M. Macleay, secrétaire de la Société linnéenne, m'a envoyé plusieurs individus de cette espèce, & qu'il avoit reçus de la Nouvelle-Hollande.

Selon Fabricius, l'*H. Maron* habite les Indes orientales.

115. HESPÉRIE Thémistocle.

HESPERIA Themistocles.

Hesperia alis fuscis; anticis maculâ strigâque maculari fulvis; posticis immaculatis, subtùs griseis.

Hesperia U. Phocion, *alis divaricatis, fuscis; anticis maculâ strigâque maculari fulvis; posticis immaculatis.* FAB. *Suppl. Ent. p.* 431.

Elle a entièrement le port de l'*H. Comma*. Les antennes sont noires, avec la massue obscure. Les ailes supérieures sont noirâtres, avec une tache oblongue, presque marginale, & une raie au-delà du milieu, fauves. Les inférieures sont sans taches & grises en dessous.

Elle habite l'Amérique méridionale. Ne l'ayant point vue, nous ne la plaçons ici qu'avec doute.

116. HESPÉRIE Comma.

HESPERIA Comma.

Hesp. alis obscurè fulvis, suprà flavescenti, subtùs albo maculatis : posticis subtùs maculis novem.

Papilio P. U. Comma, *alis integerrimis, divaricatis, fulvis, punctis albis lineolâque nigris.* LINN. *Syst. Nat.* 2. *pag.* 793. *n°.* 256. — *Faun. Suec. edit.* 2. *p.* 285. *n°.* 1080.

Papilio P. U. Comma, *alis integerrimis, divaricatis, fulvis, lineolâ nigrâ : subtùs punctis albis.* FAB. *Mant. Inf. tom.* 2. *p.* 84. *n°.* 761.

Hesperia U. *Comma.* FAB. *Entom. Syst. em. tom.* 3. *pars* 1. *p.* 325. *n°.* 233.

Papilio Comma. WIEN. *Verz. p.* 160. *fam.* A. *n°.* 4.

Papilio Comma. SCHÆFF. *Icon. tab.* 260. *fig.* 1. 2. (Mas.) — *tab.* 274. *fig.* 1. 2. (Fœm.)

NATURF. 6. *p.* 8. *n°.* 32.

DE GEER, *Mem. Inf. tom.* 2. *p.* 132. *tab.* 1. *fig.* 4. 5.

Papilio Comma. HUFNAG. *Tabell. im. Berl. Magaz. tom.* 2. *p.* 74. *n°.* 32.

Papilio Comma. MULLER, *Zool. Dan. p.* 115. *n°.* 1332.

Papilio Comma. MULLER, *Faun. Fridr. p.* 37. *n°.* 339.

Papilio Comma. ESP. *Pap. Eur. part.* 1. *p.* 300. *tab.* 23. *fig.* 1. a. b.

Papilio Comma. LEWIN, *Inf. tab.* 45. *fig.* 1. 2.

Papilio Comma. BORKH. *Pap. Eur. part.* 1. *p.* 179 & 284. *n°.* 1.

Papilio Comma. BORKH. *Rhein. Magaz. tom.* 1. *p.* 299. *n°.* 113.

Papilio Comma. SCHNEID. *Syst. Beschr. p.* 272. *n°.* 170.

Papilio Comma. LANG. *Verz.* 2. *pag.* 59. *n°.* 499-502.

Papilio Comma. SCHWARZ, *Raupenkal. p.* 180.

Papilio Comma. FUESSL. *Suiss. Inf. pag.* 32. *n°.* 608.

ROSSI, *Faun. Etr. tom.* 2. *pag.* 158. *n°.* 1041.

ROSSI, *edit.* ILLIG. *p.* 251. *n°.* 1041.

Papilio Comma. PETAGNA, *Instit. Ent. tom.* 1. *p.* 492. *n°.* 139.

Papilio Comma. DEVILL. *Ent. Linn. tom.* 2. *p.* 79. *n°.* 160.

Papilio Comma. HUBN. *Pap. tab.* 95. *fig.* 479. (Mas.) 480. 481. (Fœm.)

HUBN. *Larv. lepid.* I. *Pap.* 2. *Gens* E. *fig.* 3. a.

Erynnis Comma. SCHRANK, *Faun. Boic. tom.* 2. *p.* 159. *n°.* 1280.

Papilio Comma. OCHSEN. *Pap. Eur. tom.* 1.

Hespérie Comma. LATR. *nouv. Diction. d'Hist. nat. édit.* 2. *tom.* 14.

Hespérie Comma. GOD. *Hist. natur. des lépid. de France, tom.* 1. *p.* 237. *pl.* 12 *tert. fig.* 4.

Hespérie Comma. GOD. *Tab. méth. des lépid. de France*, DIORNES, *p.* 62. *n°.* 181.

Elle ressemble beaucoup en dessus à l'hespérie *Sylvain*; mais elle a le dessous d'un ton plus verdâtre & tacheté de blanc. Les taches du dessous de ses ailes inférieures sont au nombre de neuf, dont trois vers la base, les six autres formant une rangée courbe derrière le milieu. La frange de toutes ses ailes est d'ailleurs blanche de part & d'autre, & mouchetée de noirâtre en dessous. Ses antennes offrent aussi une différence, laquelle confiste en ce que la massue est terminée en dessous par un gros point ferrugineux.

Commune dans les clairières des bois de l'Europe, à la fin de juillet & dans le courant d'août.

La chenille, selon Hubner, est d'un vert-sale, mélangé de ferrugineux, avec la tête noire & trois rangées longitudinales de points de cette dernière couleur. Elle a un collier blanc, bordé de noirâtre. Les auteurs du Catalogue systématique des lépidoptères des environs de Vienne disent qu'elle vit principalement sur la *coronille bigarrée* (*coronilla varia*). La chrysalide n'est ni figurée, ni décrite, du moins à notre connoissance.

117. Hespérie Sylvain.

Hesperia Sylvanus.

Hesp. alis obscurè fulvis, utrinquè flavescenti maculatis: posticis subtùs maculis quinque.

Papilio P. U. Sylvanus, *alis divaricatis, fuscis, maculis quadratis suprà flavis, subtùs albis.* Fab. *Mant. Inf. tom.* 2. *p.* 84. *n°.* 763.

Hesperia U. *Sylvanus.* Fab. *Entom. Syst. em. tom.* 3. *pars* 1. *p.* 326. *n°.* 237.

Papilio Sylvanus. Esp. *Pap. Eur. part.* 1. *p.* 343. *tab.* 36. *Suppl.* 12. *fig.* 1. (Fœm.)

Papilio Sylvanus. Illig. *Magaz. tom.* 3. *pag.* 204.

Papilio Sylvanus. Lang. *Verz.* 2. *pag.* 59. *n°.* 503-506.

Papilio Sylvanus. Lewin, *Inf. tab.* 46. *fig.* 1-3.

Papilio Sylvanus. Schneid. *Syst. Beschr. pag.* 273. *n°.* 171.

Rossi, *Faun. Etr. tom.* 2. *p.* 158. *n°.* 1042.

Rossi, *Faun. Etr. edit.* Illig. *p.* 251. *n°.* 1042.

Papilio Sylvanus. Devill. *Ent. Linn. tom.* 2. *p.* 82. *n°.* 164.

Papilio Sylvanus. Hubn. *Pap. tab.* 95. *fig.* 482. (Mas.) *fig.* 483. 484. (Fœm.)

Papilio Sylvanus. Ochsen. *Pap. Eur. tom.* 1.

Papilio Sylvanus. Bergstr. *Nomenkl. p.* 37. *tab.* 89. *fig.* 4. 5.

Papilio Melicerta. Bergstr. *Nomenkl. p.* 38. *tab.* 90. *fig.* 1-4.

Papilio Sylvanus. Borkh. *Rhein. Mag. tom.* 1. *p.* 300. *n°.* 114.

Papilio Sylvanus. Borkh. *Pap. Eur. part.* 1. *p.* 180 & 285. *n°.* 2. — *part.* 2. *p.* 236.

Papilio Melicerta. Borkh. *Pap. Eur. part.* 1. *p.* 180 & 285. *n°.* 3.

La Bande-noire. Engram. *Pap. d'Eur. tom.* 1. *p.* 192. *pl.* 45. *fig.* 95. a. b. c. d. g. h.

Variété de la Bande-noire. Geoff. *Hist. Inf. tom.* 2. *p.* 67.

Hespérie Sylvain. Latr. *nouv. Diction. d'Hist. nat. édit.* 2. *tom.* 14.

Hespérie Sylvain. God. *Hist. nat. des lépid. de France, tom.* 1. *p.* 235. *pl.* 12 *secund. fig.* 2, & *pl.* 12 *tert. fig.* 3.

Hespérie Sylvain. God. *Tabl. méthod. des lépid. de France,* Diurnes, *p.* 61. *n°.* 180.

Elle a de quinze à dix-sept lignes d'envergure. Le dessus des ailes est fauve, avec des taches jaunâtres, dont une située vers la base, les autres formant derrière le milieu une rangée transverse & flexueuse. Ces taches sont plus apparentes chez la femelle, parce qu'elle est d'un fauve plus obscur que le mâle : celui-ci a au milieu des ailes supérieures un trait noir, large & oblique.

Le dessous des deux sexes est d'un fauve-verdâtre, mais plus gai au milieu des ailes supérieures & à l'angle interne des inférieures, avec des taches jaunâtres, pâles, & répondant à celles du dessus. Les taches des secondes ailes sont au nombre de cinq. Le corps a le dessus à peu près du même ton que les ailes, & le dessous blanchâtre. Les antennes sont noirâtres, annelées de blanchâtre, avec la massue terminée par un crochet noir, & marquée en dessous d'un trait longitudinal ferrugineux.

Commune dans les clairières des bois de l'Europe, en mai & en juin.

118. Hespérie Linéa.

Hesperia Linea.

Hesp. alis fulvis, nitidis, suprà margine fusco, subtùs apice virescenti-cinereo: omnibus fœminæ *utrinquè immaculatis.*

Papilio Linea, *alis divaricatis, fulvis,* fœminæ *immaculatis, maris lineolâ nigrâ crassiore: posticis subtùs griseis.* Ochsen. *Pap. Eur. tom.* 1. *p.* 228. *n°.* 18.

Papilio P. U. Linea, *alis integerrimis, divaricatis, fulvis, margine nigro.* Fab. *Mant. Inf. tom.* 2. *p.* 84. *n°.* 762.

Hesperia U. *Linea.* Fab. *Ent. Syst. em. tom.* 3. *pars* 1. *p.* 326. *n°.* 236.

Papilio Linea. Wien. *Verz. fam.* A. *n°.* 5.

Papilio Linea. Illig. *N. Ausg. Dess. tom.* 2. *p.* 146. *n°.* 5.

Papilio Linea. Illig. *Magaz. tom.* 3. *p.* 197. — *tom.* 4. *p.* 25.

Papilio Linea. Schæff. *Icon. tab.* 234. *fig.* 5. 6. (Fœm.)

Papilio Linea. Bergstr. *Nomenkl. tab.* 90. *fig.* 5-8.

Papilio Linea. Hubn. *Pap. tab.* 96. *fig.* 485-487.

Hubn. *Larv. lepid.* 1. *Pap.* 2. *Gens* E. *fig.* 2. a. b. c.

Papilio Linea. Lang. *Verz.* 2. *p.* 59. *n°.* 507-510.

Papilio Linea. Petag. *Inſtit. Ent. tom.* 1. *p.* 492. *n°.* 140.

Erynnis Linea. Schrank, *Faun. Boic. tom.* 2. *p.* 159. *n°.* 1281.

Papilio Linea. Borkh. *Rhein. Magaz. tom.* 1. *p.* 300. *n°.* 115.

Papilio Thaumas. Borkh. *Pap. Eur. part.* 1. *p.* 181 & 285. *n°.* 4. — *part.* 2. *p.* 236.

Papilio Thaumas, *alis integerrimis, divaricatis; fulvis, immaculatis, lineâ tenuiori nigrâ alis ſuperioribus; quâ fœmina caret.* Esp. *Pap. Eur. part.* 1. *p.* 344. *tab.* 36. *Suppl.* 12. *fig.* 2. 3. (mâle & fem.) — *tab.* 98. *cont.* 53. *fig.* 5-10. (chen. & chryſ.)

Naturf. 6. *p.* 4. *n°.* 10. — 20. *p.* 133. *tab.* 2. *fig.* A. B.

Papilio Thaumas. Hufn. *Tab. im. Berl. Mag. tom.* 2. *p.* 62. *n°.* 10.

Papilio Thaumas. Lewin, *Inſ. tab.* 45. *fig.* 5-7.

Papilio Thaumas. Schneid. *Syſt. Beſchr. p.* 273. *n°.* 172.

Papilio Thaumas. Schwarz. *Raupenkalend. p.* 193.

Papilio Thaumas. Devill. *Ent. Linn. p.* 82. *n°.* 165.

Papilio Flavus. Muller, *Zool. Dan. p.* 115. *n°.* 1333. (Fæm.)

La Bande-noire. Geoff. *Hiſt. Inſ. tom.* 2. *p.* 66. *n°.* 37.

Variété de la Bande-noire. Engram. *Pap. d'Europe, tom.* 1. *p.* 192. *pl.* 45. *fig.* 95. e. f.

Heſpérie Bande-noire. Latr. *nouv. Diction. d'Hiſt. nat.* 2e. *édit. tom.* 14.

Heſpérie Bande-noire. God. *Hiſt. nat. des lépid. de France, tom.* 1. *p.* 233. *pl.* 12. *fig.* 3, & *pl.* 11 *tert. fig.* 2.

Heſpérie Linéa. God. *Tabl. méthod. des lépid. de France,* Diurnes, *p.* 61. *n°.* 178.

Elle a de douze à treize lignes d'envergure. Le deſſus des deux ſexes eſt d'un fauve-luiſant, avec les bords & l'extrémité des nervures d'un brun-noirâtre. La femelle eſt ſans taches, mais le mâle a au milieu des premières ailes un trait noir, oblique & aſſez large.

Le deſſous des ailes ſupérieures eſt du même fauve que le deſſus, avec l'origine du bord interne noirâtre, & le ſommet d'un cendré-verdâtre.

Le deſſous des ailes inférieures eſt d'un cendré-verdâtre, avec la région de l'angle interne d'un fauve-gai. Le corps a le deſſus d'un fauve-obſcur, & le deſſous d'un gris-jaunâtre. Les antennes ſont noires, annelées de jaune-pâle, avec le deſſous de la maſſue ferrugineux vers le haut.

Commune dans les bois & dans les jardins de l'Europe, vers la fin de juillet.

La chenille, ſelon Hubner, eſt d'un vert-foncé, avec une ligne dorſale obſcure, & deux lignes latérales blanchâtres dont les bords ſont noirs. Elle vit ſur la *canche de montagne* (*aira montana*), & ſur quelques autres *graminées.*

La chryſalide, d'après le même auteur, eſt jaunâtre, avec l'étui de la trompe brun, & une petite pointe près de la tête.

119. Hespérie Linéola.

Hesperia Lineola.

Heſp. alis integerrimis, divaricatis, fulvis, concoloribus, fæminæ *immaculatis*, maris *lineolâ nigrâ tenuiore.* Ochsen.

Papilio Lineola. Oschen. *Pap. Eur. tom.* 1. *p.* 230. *n°.* 19. — *tom.* 4. *p.* 161. *n°.* 20.

Papilio Virgula. Hubn. *Pap. tab.* 130. *fig.* 660. 661. (Mas.) *fig.* 662. 663. (Fæm.)

Ce lépidoptère, dit M. Ochſenheimer, a peut-être été trop ſouvent confondu avec l'heſpérie *Linéa;* auſſi me ſuis-je décidé, d'après l'avis unanime des entomologiſtes que j'ai conſultés à cet égard, à en faire une eſpèce ſéparée.

Il a le port & la taille du *P. Linéa.* Ses ailes ſupérieures ſont cependant plus larges, plus obtuſes, d'un fauve plus clair, & le trait noir qu'elles offrent chez le mâle eſt plus grêle & tout droit. La maſſue de ſes antennes eſt noire en deſſous, tandis qu'elle eſt ferrugineuſe dans le *Linéa.* Le deſſous des ailes ſupérieures eſt d'un fauve uniforme. Le deſſous des ailes inférieures eſt d'un jaune-blanchâtre, avec la région de l'angle interne d'un jaune-clair.

Il ſe trouve en même temps que le *P. Linéa* dans pluſieurs contrées de l'Allemagne.

Nota. L'auteur que nous traduiſons ici ajoute que le *P. Venula* de Hubner, *tab.* 131, *fig.* 666-669, ne diffère du *P. Linéa,* autant qu'il a pu en juger par des figures, qu'en ce que le mâle n'a pas de trait noir ſur le milieu des ailes ſupérieures.

120. Hespérie Actéon.

Hesperia Actœon.

Hesp. alis obscurè fulvis, suprà margine fusco, subtùs apice virescenti-cinereo : anticis utrinquè maculis flavescentibus in arcum digestis.

Papilio Actæon, *alis integerrimis, divaricatis, fulvis : anticis lineolâ nigrâ maculisque luteis; posticis immaculatis.* Ochsen. *Pap. Eur. edit.* 2. *tom.* 1. *p.* 231. *n°.* 20.

Papilio P. U. Actæon, *alis integerrimis, divaricatis, fulvis : superioribus suprà maculâ in medio fuscâ, subtùs pluribus pallidis.* Esp. *Pap. Eur. part.* 1. *p.* 345. *tab.* 36. *Suppl.* 12. *fig.* 4.

Naturf. 6. *p.* 30. *n°.* 18.

Papilio Actœon. Borkh. *Pap. Eur. part.* 1. *p.* 182 & 286. *n°.* 5.

Papilio Actœon. Schneid. *Syst. Beschr. p.* 274. *n°.* 173.

Papilio Actœon. Bergstr. *Nomenkl. tab.* 89. *fig.* 6. 7.

Papilio Actœon. Illig. *Magaz. tom.* 3. *p.* 183.

Papilio Actœon. Devill. *Ent. Linn. tom.* 2. *p.* 82. *n°.* 166.

Papilio Actœon. Hubn. *Pap. tab.* 96. *fig.* 488. 489. (Mas.) *fig.* 490. (Fæm.)

Hespérie Actéon. God. *Hist. nat. des lépidop. de France, tom.* 2. *p.* 217. *pl.* A. 2. XXVII. *fig.* 3. 4.

Hespérie Actéon. God. *Tabl. méth. des lépid. de France*; Diurnes, *p.* 61. *n°.* 179.

Elle est un peu plus petite que l'hespérie *Linéa.* Le dessus de ses ailes est d'un fauve-obscur, bordé de brun-noirâtre, avec un double trait longitudinal & un arc transverse de petites taches d'un jaune-pâle vers la côte des supérieures chez les deux sexes. Dans le mâle, le dessus des ailes inférieures est sans taches, mais il offre dans la femelle un arc presque semblable à celui des ailes supérieures.

Le dessous des premières ailes est fauve dans les deux sexes, avec le sommet d'un gris-verdâtre, & précédé d'un arc de petites taches plus pâles qui ne sont que la répétition de celles qu'on voit sur la face opposée.

Le dessous des secondes ailes est d'un gris-verdâtre, avec l'angle interne largement fauve. Les antennes sont noirâtres & annelées de jaune, avec le bout de la massue ferrugineux.

Le trait noir du dessus des ailes supérieures du mâle est oblique & assez large.

Elle habite l'Allemagne, le Portugal, la France, &c. M. Cotty de Brécourt l'a prise, à la fin de juin & au commencement d'août, aux environs de Dieppe & de la Rochelle, dans des lieux en pente & exposés au midi.

** *Milieu du dessus des ailes supérieures des mâles sans ligne ou tache noire ou noirâtre, & oblique, caractérisant le sexe.*

121. Hespérie ornée.

Hesperia ornata.

Hesperia alis anticis fuscis, suprà maculis tribus (mas) *vel quinque* (fæmina) *flavescentibus, subtùs maculis apiceque albidis; posticis suprà nigris, fasciâ transversâ croceâ, margine postico albido nigroque intersecto; subtùs albidis, maculis nigris, transversè ordinatis.*

Hesperia ornata. Léach, *the Zool. Miscell. vol.* 1. *tab.* 55. *fig.* 1. 2. 3.

Cette jolie espèce & propre à la Nouvelle-Hollande, a environ seize lignes de largeur, les ailes étendues. Le dessous du corps est en grande partie d'un blanc un peu jaunâtre; son dessus est noirâtre, mais avec des taches & des anneaux sur l'abdomen de la couleur précédente. Telle est aussi celle du dessous des ailes inférieures, des taches & du bord postérieur des supérieures, vues du même côté; le bord offre une rangée de points; la tache du sommet en a une de plus, outre deux autres points supérieurs, ou le commencement d'une autre série. Dans un individu que j'ai reçu de M. Macleay, les taches du dessus des ailes supérieures sont presque toutes blanchâtres.

La bande jaune-safran des ailes inférieures est large & sinuée, ou un peu dentée sur les bords. Le dessous des inférieures offre un grand nombre de petites taches noires, dont une isolée à la base, & les autres formant trois lignes transverses; les deux internes de la première sont annulaires.

122. Hespérie Peinte.

Hesperia Picta.

Hesperia alis anticis suprà fuscis, maculis flavidis punctorumque hyalinorum serie subapicali, posticis suprà nigris, fasciâ transversâ punctorumque serie marginali, croceis; omnibus infrà, anticarum disco excepto, brunneo-rufis; posticis nervis longitudinalibus, fasciâ, lineâque transversis; albidis.

Hesperia picta. Léach, *the Zool. Miscell. vol.* 1. *tab.* 55. *fig.* 4. 5.

Elle est très-voisine de l'*H. Ornée*, de la même taille & du même pays, mais elle en diffère par la couleur du dessous des ailes, & particulièrement sous le rapport du dessin des inférieures. Les supérieures ont quelques taches jaunâtres & trois petits points transparens, rapprochés en une petite ligne, à la côte ; & près du sommet, mais en dessous, l'on voit entr'eux & le bord inférieur une ligne blanchâtre ; le milieu de ces ailes est noirâtre ; le bord postérieur du dessous des quatre ailes offre une raie blanchâtre, plus large, terminale & entrecoupée de points noirs, formant une rangée, sur les inférieures.

123. HESPÉRIE Properce.

HESPERIA Propertius.

Hesperia alis suprà nigris ; anticis suprà lineis maculisque flavis ; posticis ibidem fasciâ flavâ, subtùs fasciis rufis flavisque alternis.

Hesperia U. Propertius, *alis divaricatis nigris, flavo maculatis; posticis subtùs fasciis rufis flavisque alternis.* FAB. *Ent. Syst. em. tom.* 3. *pars* I. *p.* 325. *n°.* 234.

Papilio Propertius. JON. *Fig. pict.* 6. *tab.* 73. *fig.* 1.

Papilio Propertius DONOV. *of an Epit. of the Nat. Hist. of the Ins. of Ind. cah.* 4. *pl.* 4. *fig.* 2.

Elle est petite. Les ailes sont noires en dessus. Les antennes ont deux lignes marginales & situées à la base & des taches jaunes ; leur dessous est mélangé de noir-foncé, de fauve & de jaune. Les postérieures ont en dessus une bande jaune ; leur dessous est de cette couleur, mais coupé transversalement au milieu par une bande fauve, couleur qui borde presqu'entièrement son contour marginal.

Elle se trouve aux Indes.

124. HESPÉRIE Galenus.

HESPERIA Galenus.

Hesperia alis utrinquè fuscis, punctis maculisque flavis ; anticis fasciâ maculari, transversâ; posticis maculâ magnâ, elongato-quadratâ, à centro ad marginem posticum extensa flavis.

Hesperia U. Galenus, *alis integerrimis, concoloribus, fuscis, flavo maculatis.* FAB. *Ent. Syst. em. tom.* 3. *pars* I. *p.* 350. *n°.* 332.

Papilio Galenus. DONOV. *of an Epit. of the Nat. Hist. of the Ins. of Ind. cah.* 5. *pl.* 1. *fig.* 3.

Nous avons suppléé, dans nos caractères spécifiques, ceux de Fabricius, au moyen de la figure de Donovan, car il se borne à ajouter que cette espèce a entièrement le port de l'*H. Mimas*, & que ses antennes sont crochues. Il répète sans détail que ses ailes sont noirâtres & tachetées de jaune.

Elle se trouve aux Indes.

125. HESPÉRIE Nostradamus.

HESPERIA Nostradamus.

Hesp. alis integris fuscis : anticis maris *suprà disco nigro*, fœminæ *utrinquè strigâ maculari flavâ : posticis subtùs cinereis.*

Hesperia U. Nostradamus, *alis divaricatis, fuscis : anticis suprà fasciâ maculari albidâ : posticis subtùs cinereis.* FAB. *Entom. Syst. em. tom.* 3. *pars* I. *p.* 328. *n°.* 246. (La femelle.)

Hesperia Nostradamus. COQUEBERT, *Illust. Icon. Ins. Dec.* 2. *p.* 70. *tab.* 17. *fig.* 2. (La femelle.)

Papilio Pumilio, *alis integris, divaricatis, fuscis nigro nebulosis* (fœminæ *luteo maculatis*), *concoloribus.* OCHSEN. *Pap. Eur. edit.* 2. *tom.* 1. *p.* 216. *n°.* 12.

Papilio Pumilio. HUBN. *Pap. tab.* 91. *fig.* 459. (Mas.) *fig.* 459. 460. (Fæm.)

Papilio Pygmæus. CYRILL. *Ent. Neap. tab.* 5. *fig.* 5.

Papilio Pygmæus. ESP. *Pap. Eur. part.* 1. *p.* 34. *tab.* 99. *cont.* 54. *fig.* 3.

Papilio Pygmæus. ILLIG. *Magaz. tom.* 3. *pag.* 202.

A en juger par les noms de Cyrille & de Hubner, cette espèce devroit être un pygmée parmi les HESPÉRIES ; cependant elle a, comme le dit Fabricius, la taille de l'hesp. *Comma*. Les ailes supérieures sont d'un brun-foncé, avec le milieu noir en dessus dans le mâle, & traversé de part & d'autre dans la femelle par une ligne flexueuse de taches jaunes. Les ailes inférieures ont le dessus brun & sans taches, le dessous cendré. Les deux surfaces du corps sont de la même couleur que celles des secondes ailes, & les antennes ont la massue terminée de ferrugineux.

Trouvée en Barbarie par M. Desfontaines, professeur de botanique au Jardin du Roi. Elle habite aussi la Calabre.

Nota. Dans l'individu femelle décrit par Fabricius & figuré par Coquebert, les taches des ailes supérieures avoient passé du jaune au blanc-sale.

126. HESPÉRIE Paniscus.

HESPERIA Paniscus.

Hesp. alis integris, fuscis, rubescenti nitidis, fulvo maculatis : posticis suprà maculis 10, *subtùs* 13 *pallidioribus.*

Papilio P. U. Paniscus, *alis integerrimis, divaricatis : posticis utrinquè fuscis, fulvo maculatis.* FAB. *Mant. Ins. tom.* 2. *p.* 85. *n°.* 767.

Hesperia U. *Paniscus.* FAB. *Entom. Syst. em. tom.* 3. *pars* 1. *p.* 328. *n°.* 243.

Papilio Paniſcus, *alis integerrimis, divaricatis, fuſcis, fulvo maculatis : poſticis ſubtùs fulvis, maculis flaveſcentibus.* Ochsen. *Pap. Eur. tom.* 1. *p.* 219. *n°.* 14.

Papilio Paniſcus. Esp. *Pap. Eur. part.* 1. *pag.* 322. *tab.* 26. *Suppl.* 4. *fig.* 2. — *tab.* 115. *cont.* 50. *fig.* 5. (Var.)

Papilio Paniſcus. Sulz. *Inſ. tab.* 19. *fig.* 8. 9.

Papilio Paniſcus. Bergstr. *Nomenkl. tab.* 91. *fig.* 7. 8.

Papilio Paniſcus. Naturf. 12. *tab.* 2. *fig.* 11. 12.

Papilio Paniſcus. Borkh. *Pap. Eur. part.* 1. *p.* 183 & 286. *n°.* 7. — *part.* 2. *p.* 236.

Papilio Paniſcus. Borkh. *Rhein. Mag. tom.* 1. *p.* 300. *n°.* 116.

Papilio Paniſcus. Schneid. *Syſt. Beſchr. pag.* 280. *n°.* 180.

Papilio Paniſcus. Rossi, *Faun. Etr. Mantis. tom.* 2. *p.* 13. *n°.* 357.

Papilio Paniſcus. Brahm. *Inſ. Kalend. pag.* 239. *n°.* 135.

Papilio Paniſcus. Petag. *Inſtit. Ent. tom.* 1. *p.* 493. *n°.* 141.

Papilio Paniſcus. Devill. *Ent. Linn. tom.* 2. *p.* 82. *n°.* 163. *tab.* 4. *fig.* 14.

Papilio Brontes. Wien. *Verz. p.* 160. *fam.* A. *n°.* 6.

Papilio Brontes. Illig. *N. Auſg. Deſſ. tom.* 2. *p.* 147. *n°.* 6.

Papilio Brontes. Illig. *Magaz. tom.* 3. *p.* 188. — *tom.* 4. *p.* 25.

Papilio Brontes. Lang. *Verz.* 2. *p.* 59. *n°.* 511-514.

Papilio Brontes. Hubn. *Pap. tab.* 94. *fig.* 475. 476. (Mas.)

Hubn. *Larv. lepid.* 1. *Pap.* 2. *Gens* E. c. *fig.* 1. a.

Papilio Palæmon. Pallas, *Voy. tom.* 1. *App. n°.* 63.

L'Echiquier. Engram. *Pap. d'Europe, tom.* 1. *pag.* 194. *pl.* 45. *fig.* 96. a. b. — *fig.* 96. c. d. (Var.)

Heſpérie Echiquier. Latr. *nouv. Dict. d'Hiſt. nat.* 2ᵉ. *édit. tom.* 14.

Heſpérie Echiquier. God. *Hiſt. nat. des lépid. de France, tom.* 1. *p.* 231. *pl.* 12. *fig.* 1. 2.

Heſpérie Paniſcus. God. *Tabl. méthod. des lépid. de France,* Diurnes, *p.* 60. *n°.* 176.

Elle a de douze à treize lignes d'envergure. Le deſſus des ailes eſt d'un brun-noirâtre à reflet vineux, avec des taches fauves, dont les intérieures plus grandes & éparſes, les poſtérieures formant une ſérie parallèle au bord terminal. Les taches des ſecondes ailes ſont au nombre de dix, & l'antérieure d'entr'elles eſt baſilaire & arrondie.

Le deſſous des ailes ſupérieures eſt fauve, avec quelques taches, & l'extrémité des nervures, noires.

Le deſſous des ailes inférieures eſt d'un brun-jaunâtre, avec treize taches blanchâtres, inégales, bordées de noirâtre, & rangées tranſverſalement, à partir de la baſe, ainſi qu'il ſuit : 1, 2, 3, 7. Le corps eſt brun en deſſus, avec des poils verdâtres ſur le corſelet ; il eſt d'un jaune-d'ocre pâle en deſſous, avec quatre lignes longitudinales noirâtres ſur l'abdomen. Les antennes ſont noires, annelées de jaune, avec la moitié antérieure de la maſſue orangée.

La femelle offre les mêmes caractères que le mâle, mais elle a les taches du deſſus d'un fauve moins gai.

Cette eſpèce habite les avenues & les clairières des bois un peu humides, & paroît dans les commencemens de mai. Elle eſt aſſez commune aux environs de Paris.

127. Hespérie Sylvius.

Hesperia Sylvius.

Heſp. alis integris : anticis utrinquè aureo-flavis, nitidis, nigro punctatis : poſticis fuſceſcentibus, maculis aureo-flavis, ſuprà 11, *ſubtùs* 12.

Papilio Sylvius, *alis integerrimis, divaricatis : anticis flavis nigro maculatis, poſticis fuſcis flavo maculatis.* Ochsen. *Pap. Eur. tom.* 1. *pag.* 221. *n°.* 4.

Papilio P. U. Sylvius, *alis divaricatis, fulvis : omnibus ſuprà maculis ſparſis, fuſcis : inferioribus ſubtùs maculis pallidis ovatis nigro inductis.* Esp. *Pap. Eur. part.* 1. *pag.* 140. *tab.* 80. *cont.* 30. *fig.* 5. 6.

Papilio Sylvius. Knoch, *Beytr. part.* 1. *tab.* 5. *fig.* 1. 2.

Papilio Sylvius. Schneid. *Syſt. Beſchr. p.* 281. *n°.* 181.

Papilio Sylvius. Devill. *Ent. Linn. tom.* 2. *p.* 83. *n°.* 170.

Papilio Sylvius. Hubn. *Pap. tab.* 94. *fig.* 477. 478. (Mas.) — *tab.* 126. *fig.* 641. 642. (Mas.) 643. 644. (Fæm.)

Papilio Sylvius. Borkh. *Pap. Eur. part.* 1. *p.* 184 & 286. *n°.* 8. — *part.* 2. *p.* 236.

Papilio Sylvius. Borkh. *Rhein. Mag. tom.* 1. *p.* 301. *n°.* 117.

Papilio P. U. *Paniſcus.* (Var.) Fab. *Mant. Inſ. tom.* 2. *p.* 85. *n°.* 767. β.

Heſperia U. *Paniſcus.* (Var.) Fab. *Ent. Syſt. em. tom.* 3. *pars* 1. *p.* 328. *n°.* 242. β.

Papilio Palæmon. (Var.) Pallas, *Voy. tom.* 1. *App. n°.* 63. β.

Papilio Paniſcus. (Var.) Petag. *Inſtit. Ent. tom.* 1. *p.* 493. *n°.* 142. β.

Engram. *Pap. d'Europe, tom.* 1. *pag.* 285. *pl.* 74. *Suppl.* 20. *fig.* 96. e. f.

Heſpérie Sylvius. God. *Hiſt. nat. des lépid. de France, tom.* 2. *pag.* 214. *pl.* A. a. XXVII. *fig.* 1. 2.

Heſpérie Sylvius. God. *Tab. méthod. des lépidop. de France*, Diurnes, *p.* 61. *n°.* 177.

Elle ſe rapproche beaucoup de l'heſpérie *Paniſcus*; mais le deſſus de ſes premières ailes eſt toujours d'un jaune-doré-luiſant; les ſecondes ont une tache de plus ſur la face ſupérieure, &, au contraire, une de moins ſur la face inférieure. Ces taches ſont d'ailleurs plus grandes en deſſus & plus jaunes en deſſous. Deux caractères qu'il eſt encore bon de remarquer, c'eſt que la maſſue de ſes antennes eſt entièrement jaune, & que la tache baſilaire du deſſus de ſes ailes inférieures eſt alongée & ovale.

La femelle eſt un peu moins gaie en deſſus que le mâle, & elle a les points de l'extrémité des premières ailes moins détachés du bord.

Se trouve en mai, aux environs de Brunſwick, & dans quelques cantons des bords du Rhin.

128. Hespérie Aracynthus.

Hesperia Aracynthus.

Heſp. alis integris, nigro-fuſcis, nitidis: anticis utrinquè apice flavo maculatis: poſticis ſubtùs luteſcentibus, maculis 12 *rotundatis albis nigro cinctis.*

Papilio P. U. Aracinthus, *alis rotundatis, integerrimis, fuſcis: poſticis ſubtùs griſeis, maculis ocellaribus albis.* Fab. *Mant. Inſ. tom.* 2. *p.* 89. *n°.* 809.

Heſperia U. *Aracinthus.* Fab. *Ent. Syſt. em. tom.* 3. *pars* 1. *p.* 344. *n°.* 309.

Papilio P. U. *Aracinthus.* Panz. *Faun. Germ.* 9. 16.

Papilio P. U. *Aracynthus.* Petag. *Inſtit. Ent. tom.* 1. *p.* 493. *n°.* 142.

Papilio Steropes. Wien. *Verz. p.* 160. *fam.* A. *n°.* 7.

Papilio Steropes. Esp. *Pap. Eur. part.* 1. *p.* 361. *tab.* 41. *Suppl.* 17. *fig.* 1. — *tab.* 80. *cont.* 30. *fig.* 4.

Papilio Steropes. Illig. *N. Auſg. Deſſ. tom.* 2. *p.* 148. *n°.* 7.

Papilio Steropes. Illig. *Magaz. tom.* 3. *p.* 204.

Papilio Steropes. Bergstr. *Nomenkl. tab.* 96. *fig.* 3. 4.

Papilio Steropes. Ochsenh. *Pap. Eur. tom.* 1. *p.* 213. *n°.* 13.

Papilio Steropes. Borkh. *Pap. Eur. part.* 1. *p.* 182 & 286. *n°.* 6. — *part.* 2. *p.* 236.

Papilio Steropes. Schneid. *Syſt. Beſchr. p.* 281. *n°.* 182.

Papilio Steropes. Lang. *Verz.* 2. *p.* 60. *n°.* 515-517.

Papilio Steropes. Devill. *Ent. Linn. tom.* 2. *p.* 82. *n°.* 167.

Papilio Steropes. Hubn. *Pap. tab.* 94. *fig.* 473. 474. (Mas.)

Papilio U. *Morpheus.* Pallas, *Voy. tom.* 1. *p.* 471. *n°.* 64.

Erynnis Speculum. Schrank, *Faun. Boic. tom.* 2. *p.* 160. *n°.* 1282.

Le Miroir. Geoff. *Hiſt. Inſ. tom.* 2. *p.* 66. *n°.* 36.

Le Miroir. Engram. *Pap. d'Europe, tom.* 1. *p.* 191. *pl.* 64. *fig.* 94. a. b. — *pl.* 74. *Suppl.* 20. *fig.* 94. c. d.

Heſpérie Miroir. Latr. *nouv. Dict. d'Hiſt. nat.* 2ᵉ. *édit. tom.* 14.

Heſpérie Miroir. God. *Hiſt. nat. des lépid. de France, tom.* 1. *p.* 229. *pl.* 12 *ſecund.* & *pl.* 12 *tert. fig.* 1.

Heſpérie Aracynthus. God. *Tabl. méth. des lépid. de France*, Diurnes, *p.* 60. *n°.* 175.

Geoffroy a mis cette eſpèce parmi les Argus ou Polyommates, & il lui a donné le nom de *Miroir*, parce qu'elle a le deſſous des ailes inférieures chargé de taches blanches encadrées de brun.

Elle a de ſeize à dix-ſept lignes d'envergure. Le deſſus des ailes eſt d'un brun-noirâtre-luiſant, avec quelques taches jaunes vis-à-vis du ſommet des ſupérieures.

Le deſſous des ailes ſupérieures reſſemble au deſſus; mais le bord terminal eſt longé en majeure partie par une ligne jaune crénelée intérieurement, & la frange eſt entrecoupée de blanc.

Le deſſous des ailes inférieures eſt d'un jaune-rouſſâtre, avec douze taches blanches, orbiculaires, bordées de noir, & rangées tranſverſalement, à partir de la base, ainsi qu'il suit : 2, 4, 6. Le corps a le dessus entièrement noirâtre ; il a le dessous blanchâtre, avec trois lignes noires longitudinales. Les antennes sont noires, annelées de blanchâtre, & elles ont la moitié supérieure de la massue d'un jaune-orangé.

La femelle diffère du mâle en ce qu'elle a quatre taches jaunes, dont une discoïdale, sur le dessus des ailes inférieures, & quelquefois une de plus sur le dessus des supérieures.

Elle habite les bois marécageux, & elle paroît à la Saint-Jean ou au solstice d'été. Il faut frapper les buissons pour en faire sortir les femelles. Les forêts de Bondy & de Senart sont, aux environs de Paris, des localités où l'on est presque toujours sûr de rencontrer cette espèce. M. Durville, lieutenant de la marine royale, a rapporté, des bords de la Mer-Noire, des individus parfaitement semblables à ceux qu'on trouve dans les différentes contrées de l'Europe.

129. Hespérie Métis.

Hesperia Metis.

Hesperia alis anticis utrinquè posticisque suprà nigro-fuscis, maculis fulvis, plurisque punctiformibus ; alis posticis subtùs brunneo-fuscis, immaculatis.

Hesperia U. Metis, *alis integerrimis, fuscis, maculis fulvis sparsis ; posticis subtùs immaculatis.* Fab. *Ent. Syst. em. tom.* 3. *pars* 1. *p.* 329. *n°.* 249.

Papilio P. U. *Metis.* Fab. *Mant. Inf. tom.* 2. *p.* 85. *n°.* 772. — *Spec. Inf. tom.* 2. *p.* 132. *n°.* 603. — *Syst. Ent. p.* 528. *n°.* 360.

Papilio P. R. Metis, *alis integerrimis, ferrugineo-fuscis ; maculis fulvis sparsis ; posticis subtùs immaculatis.* Linn. *Syst. Nat. edit.* 12. *tom.* 2. *p.* 792. *n°.* 245. — *Mus. Ludov. Ulr. pag.* 325. *n°.* 143.

Drury, *Inf. tom.* 2. *pl.* 16. *fig.* 3. 4.

Papilio Metis. Cram. *Pap.* 14. *pl.* 162. G.

Elle a environ un pouce d'envergure. Son corps est noirâtre, avec la majeure partie des antennes, les palpes extérieurs & les poils de l'anus, fauves. Les ailes supérieures en entier, & le dessus des inférieures sont presque noires avec des taches d'un fauve-orangé, & pour la plupart arrondies, ou en forme de points ; on en compte environ cinq sur les supérieures, dont deux près de la côte, & dont l'antérieure double, & les trois autres situées transversalement à l'extrémité postérieure ; l'intermédiaire est encore double. Celles du dessus des ailes inférieures y sont disposées sur deux rangées transverses, trois & six ; l'interne de la rangée intérieure, & les deux de chaque extrémité de l'inférieure sont très-petites, punctiformes. Le dessous de ces ailes est d'un brun-noirâtre & sans taches. Cette description a été faite sur un individu mâle. D'autres individus présentent quelques différences dans le nombre des taches. Les taches supérieures des secondes ailes se montrent quelquefois en dessous ; quelquefois il n'y a que la rangée antérieure, & le dessous présente une ou deux taches blanches.

Elle se trouve au Cap de Bonne-Espérance.

On peut placer près de cette espèce le papillon *Menès* de Cramer, 33. *pl.* 393. H. Z. Il est noirâtre, avec de petites lignes jaunes, en forme de stries, à l'extrémité des ailes supérieures, & une rangée de points de la même couleur, sous les inférieures, le long de leur bord postérieur. Cet auteur dit qu'elle se trouve à Surinam, au Coromandel & au Cap de Bonne-Espérance. Cela n'est point croyable, & il y a ici quelque confusion. Stoll a représenté, *pl.* 7, *fig.* 6, de son Supplément à l'ouvrage précédent, la chenille & la chrysalide de cette espèce. Le corps de la chenille est d'un vert-pâle, avec une raie brune sur le dos, les stigmates d'un rouge-brun, la tête noire & marquée de deux taches vertes. On la trouve, dit-il, dans l'herbe. La chrysalide est longue, mince, couleur de paille obscure, & ne demeure en cet état que cinq à six jours. Il a aussi figuré un individu femelle de l'insecte parfait.

130. Hespérie Plutargue.

Hesperia Plutargus.

Hesperia alis fuscis, auro irroratis ; anticis suprà maculâ apicis, subtùs margine exteriori testaceis.

Hesperia U. Plutargus, *alis integerrimis, fuscis, auro irroratis : anticis suprà maculâ apicis, subtùs margine exteriori testaceis.* Fab. *Ent. Syst. em. tom.* 3. *pars* 1. *p.* 329. *n°.* 251.

Papilio Plutargus. Jon. *Fig. pict.* 6. *tab.* 75. *fig.* 1.

Papilio Plutargus. Donov. *of an Epitom. of the Nat. Hist. of the Inf. of Ind. cah.* 5. *pl.* 4. *fig.* 3.

Elle est de la taille de l'*H. Metis.* Tout le dessus est noirâtre, avec un grand nombre de petits points ou d'atomes dorés ; les ailes supérieures ont une tache à leur sommet. Le dessous des quatre ailes est plus pâle : le bord extérieur des supérieures est d'un fauve-jaunâtre ; les inférieures ont un point & une raie plus foncés.

Elle se trouve aux Indes orientales.

131. Hespérie Numitor.

Hesperia Numitor.

Hesperia alis anticis suprà fuscis, fulvo nitentibus ; posticis ibidem rufo-flavis, limbo externo fusco, infrà flavescentibus.

Hesperia

Hesperia R. Numitor, *alis integerrimis, fuscis; posticis suprà disco flavo, subtùs totis flavis, immaculatis.* Fab. *Ent. Syst. em. tom.* 3. *pars* 1. *p.* n°. 228.

Papilio Numitor. Jon. *Fig. pict.* 6. *tab.* 40. 324. *fig.* 2.

Papilio Numitor. Donov. *of an Epit. of the Nat. Hist. of the Insect. of Ind.* 10. *pl.* 2. *fig.* 3.

Cette espèce, l'une des plus petites du genre, & qui a le port de l'*H. Aracynthus* & de quelques autres analogues, m'a été envoyée de Philadelphie par mon ami M. Lesueur. Les antennes sont noires, avec des anneaux blancs, & elles se terminent en une pointe très-petite. Le corps est noir en dessus & blanc en dessous. Le dessus des ailes supérieures est noirâtre, mais glacé, en grande partie, d'un fauve-luisant; leur dessous est noirâtre, avec le bord extérieur & le sommet jaunâtres : telle est aussi la couleur de la surface inférieure des secondes ailes; leur dessous est fauve, avec le limbe extérieur noirâtre.

132. Hespérie Catullus.

Hesperia Catulus.

Hesperia alis atris, suprà sæpiùs punctorum alborum strigâ posticâ.

Hesperia U. Catullus, *alis rotundatis, integerrimis, atris : anticis albo punctatis, posticis strigâ punctorum alborum.* Fab. *Ent. Syst. em. tom.* 3. *pars* 1. *p.* 348. n°. 323.

Papilio Catullus. Jon. *Fig. pict.* 6. *tab.* 80. *fig.* 2.

Papilio Catullus. Donov. *of an Epit. of the Nat. Hist. of the Ins. of Ind. cah.* 5. *pl.* 1. *fig.* 4.

Papilio P. U. *Catullus.* Smith-Abbot, *Hist. nat. des lépid. de la Georg. tom.* 1. *p.* 47. *tab.* 24.

Elle est petite. Le corps est noir, avec la tête blanche. Les ailes sont d'un noir-foncé, avec une ligne transverse de points blancs sur leur surface supérieure, à peu de distance du bord postérieur : les premières ont, en outre, d'autres petits points de cette couleur; ils sont en moindre nombre sur leur dessous & celui des secondes. J'ai reçu de l'Amérique septentrionale une variété où ces ailes sont même sans taches en dessus, & où les postérieures n'ont qu'un seul point blanc en avant de la raie formée par les autres; cette raie est commune aux deux surfaces. Dans un autre individu, ces points manquent entièrement, ou l'on n'en voit que quelques-uns & près du sommet des supérieures.

La chenille vit sur le *monarda punctata.* Elle est d'un vert-obscur, avec deux taches noires sur le premier segment; la tête est noire, avec deux points oculaires blancs.

133. Hespérie Hottentote.

Hesperia Hottentota.

Hesperia alis anticis cinereo-fuscis, illarum latere interno posticisque pallido-flavidis.

Cette nouvelle espèce a été recueillie dans la colonie du Cap de Bonne-Espérance par feu de Lalande, naturaliste du Gouvernement. Elle est de la taille de l'*H. Métis.* Son corps est noirâtre, avec les palpes extérieurs gris & le dessous de la massue des antennes roussâtre. Les ailes supérieures sont d'un noirâtre-clair ou presque cendré, avec une grande tache occupant la majeure partie du côté interne d'un jaunâtre très-pâle; ce côté, en dessous, est presque blanchâtre. Les ailes inférieures sont presqu'entièrement d'un jaunâtre-pâle. Les couleurs de l'individu que j'ai décrit étoient un peu altérées.

134. Hespérie Lepeletier.

Hesperia Lepeletier.

Hesperia alis fuscis; posticis subtùs lineis duabus albis, longitudinalibus, rectis : internâ abbreviatâ.

M. Amédée Lepeletier de Saint-Fargeau, bien connu des savans par des Mémoires d'entomologie, & surtout par son intéressante Monographie des insectes de la famille des tenthrédines, & qui, secondé par son ami M. de Serville, a bien voulu se charger de terminer cette partie de l'Encyclopédie, ne doit pas être oublié dans cette liste de naturalistes auxquels j'ai donné ici des témoignages de mon estime particulière.

Cette espèce a environ un pouce de largeur, les ailes étendues. Son corps & ses ailes sont noirâtres; les antennes sont annelées de blanc. Les ailes supérieures & le dessus des inférieures sont sans taches; mais le dessous de celles-ci est remarquable par deux lignes d'un beau blanc, dont l'extérieure part de la base, se termine au bord postérieur, entre son milieu & l'angle externe, & dont l'interne commence vers le milieu de la longueur de l'aile, & finit aussi au bord postérieur; l'une & l'autre sont parfaitement droites, fines, & de la même largeur partout.

Elle a été apportée de la colonie du Cap de Bonne-Espérance par feu de Lalande, naturaliste-voyageur du Gouvernement.

135. Hespérie l'Herminier.

Hesperia l'Herminier.

Hesperia alis immaculatis, suprà fuscis, subtùs cinereo-fuscis; antennis albo annulatis.

M. l'Herminier, correspondant du Muséum d'histoire naturelle, & qui, par ses intéressantes communications, ainsi que par divers envois, a beaucoup contribué aux progrès de cette science, a envoyé cette espèce de la Caroline. Elle n'a guère plus de neuf lignes d'envergure. Ses antennes sont noires, avec des anneaux & une partie du dessous de la masse blanchâtres; le crochet terminal est d'un brun-clair. Les ailes sont noirâtres, mais plus pâles en dessous, ou tirant sur le cendré, & sans aucune tache. Nous avons vu que la description de l'*H. Pygmée* de Fabricius pouvoit convenir à une variété de son *H. Naso*; elle s'applique encore à celle-ci.

B. *Ailes inférieures sans prolongement ni sinus à l'angle anal (généralement plus larges & plus arquées au bord postérieur que dans les divisions précédentes; le noir & le blanc plus ou moins mélangés, dominant dans la plupart).*

Nota. On pourroit mettre en tête de cette subdivision des espèces ayant les quatre ailes ou les inférieures au moins *vitrées;* telles que l'*H. Atticus* de Fabricius & le *P. Julettus* de Stoll, *pl.* 9, *fig.* 1.

a. *Ailes dentées.*

* *Dentelures des ailes assez fortes ou très-sensibles.*

136. Hespérie de la Lavatère.

Hesperia Lavateræ.

Hesp. alis anticis flavidis, fasciis duabus pallidioribus maculisque fenestratis: posticis suprà olivaceo-fuscis, albido punctatis; subtùs albidis, ferè immaculatis.

Papilio P. U. Alceæ, *alis divaricatis, fusco cinereoque variis: anticis punctis fenestratis; posticis subtùs cinereis, immaculatis.* Fab. *Mant. Inf. tom.* 2. *p.* 90. *n°.* 822.

Hesperia U. *Alceæ.* Fab. *Ent. Syst. em. tom.* 3. *pars* 1. *p.* 351. *n°.* 334.

Papilio Alceæ. Roem. *Gen. Inf. tab.* 19. *fig.* 6. 7.

Papilio Alceæ. Petag. *Instit. Ent. tom.* 1. *p.* 494. *n°.* 144.

Papilio P. U. Lavatheræ, *alis denticulatis, divaricatis, suprà pallidis, maculis majoribus albis fuscisque: subtùs albidis.* Esp. *Pap. Eur. part.* 1. *p.* 148. *tab.* 82. *cont.* 32. *fig.* 4.

Papilio Lavatheræ. Borkh. *Pap. Eur. part.* 1. *p.* 189 & 288. *n°.* 15.

Papilio Lavatheræ. Schneid. *Syst. Beschr. p.* 279. *n°.* 179.

Papilio Lavatheræ. Illig. *Magaz. tom.* 3. *p.* 197.

Papilio Lavatheræ. Brahm. *Inf. Kalend. pag.* 490.

Papilio Lavateræ. Devill. *Ent. Linn. tom.* 2. *p.* 83. *n°.* 171.

Papilio Lavateræ. Hubn. *Pap. tab.* 90. *fig.* 454. 455. (Fæm.)

Papilio Lavateræ. Ochsen. *Pap. Eur. tom.* 1.

Engram. *Pap. d'Europe, tom.* 1. *p.* 288. *pl.* 75. *Suppl.* 21. *fig.* 98. d. e.

Hespérie de la Lavatère. Latr. *nouv. Dict. d'Hist. nat. édit.* 2. *tom.* 14.

Hespérie de la Lavatère. God. *Hist. nat. des lépid. de France, tom.* 2. *p.* 232. *pl.* B b. XXVIII. *fig.* 7. 8.

Hespérie de la Lavatère. God. *Tabl. méthod. des lépid. de France*, Diurnes, *p.* 64. *n°.* 190.

Elle ressemble beaucoup à l'hespérie de la *Guimauve;* mais le dessus de ses ailes supérieures est toujours jaunâtre, avec les deux bandes plus pâles. Le dessous de ses ailes inférieures est d'un ton blanchâtre qui rend les taches presque nulles, surtout chez le mâle.

Se trouve en mai & en juillet, dans le midi de la France, en Suisse, en Styrie, dans le sud de la Russie, &c.

Nota. Fabricius y a rapporté à tort la figure 3 de la planche 51 d'Esper. Cette figure représente exactement notre hespérie de la *Mauve*.

137. Hespérie de la Guimauve.

Hesperia Altheæ.

Hesp. alis suprà olivaceo-fuscis: anticis fasciis duabus transversis cœrulescenti-griseis maculisque fenestratis: posticis utrinquè albo punctatis, subtùsque cinerascentibus.

Papilio Altheæ. Hubn. *Pap. tab.* 90. *fig.* 452. 453. (Fæm.)

Hespérie de la Guimauve. God. *Hist. nat. des lépid. de France, tom.* 2. *p.* 230. *pl.* B b. XXVIII. *fig.* 5. 6.

Hespérie de la Guimauve. God. *Tab. méthod. des lépid. de France*, Diurnes, *p.* 64. *n°.* 189.

Illiger & Ochsenheimer ont pris cette espèce pour une variété de l'hespérie de la *Mauve*.

Elle a de seize à dix-sept lignes d'envergure. Le dessus des ailes est d'un brun-olivâtre, avec deux bandes transverses d'un gris-bleuâtre aux supérieures; avec une dixaine de points blancs, dont l'antérieur basilaire est isolé, aux inférieures. Les premières ailes ont sept taches transparentes, savoir: trois échancrées & une linéaire sur la bande postérieure qui est en même temps discoïdale, & trois quadrangulaires alignées obliquement vis-à-vis du sommet. Il y a en outre un trait blanc à chaque échancrure du bord postérieur de toutes les ailes, & les traits de la troisième & de la sixième échancrures sont doubles & plus longs que tous les autres.

Le dessous ne diffère du dessus que parce que le fond des ailes est d'un cendré-brunâtre, & parce qu'il y a deux points blancs au lieu d'un à la base des inférieures. Les deux surfaces du corps sont à peu près du même ton que celles des ailes. Les antennes ont le dessus noirâtre & légèrement annelé de gris; elles ont le dessous blanchâtre, avec la moitié antérieure de la massue très-noire & terminée de ferrugineux.

Les deux sexes sont semblables.

Elle se trouve en mai & en juillet. M. Cotty de Brécourt & M. le capitaine Devilliers l'ont prise abondamment dans les fossés de la Rochelle.

138. HESPÉRIE de la Mauve.

HESPERIA Malvæ.

Hesp. alis suprà olivaceo-fuscis, fasciis tribus transversis rubido-griseis : anticis maculis fenestratis : posticis subtùs fuscescentibus, albido punctatis.

Papilio P. U. Malvæ, *alis dentatis, divaricatis, fuscis, cinereo undatis : anticis punctis fenestratis : posticis subtùs punctis albis.* FAB. *Mant. Inf. tom.* 2. *p.* 90. *n°.* 821.

Hesperia U. *Malvæ.* FAB. *Ent. Syst. em. tom.* 3. *pars* 1. *p.* 350. *n°.* 333.

Papilio Malvæ. WIEN. *Verz. p.* 159. *fam.* A. *n°.* 1.

ROES. *Inf. part.* 1. *class.* 2. *Pap. diur. tab.* 10. *fig.* 1-6.

Papilio Malvæ. BORKH. *Pap. Eur. part.* 1. *p.* 185 & 287. *n°.* 10.

Papilio Malvæ, BORKH. *Rhein. Magaz. tom.* 1. *p.* 297. *n°.* 108.

Papilio Malvæ. BERGSTR. *Nomenkl. tab.* 40. *fig.* 6. 7. — *tab.* 91. *fig.* 1. 2.

Papilio Malvæ. HUFNAG. *Tabell. im. Berl. Magaz. tom.* 2. *p.* 66. *n°.* 20.

Papilio Malvæ. ILLIG. *N. Ausg. Dess. tom.* 2. *p.* 142. *n°.* 1.

Papilio Malvæ. SCHWARZ, *Raupenkal. p.* 40 & 180.

Papilio Malvæ. FUESSL. *Alt. Magaz. tom.* 1. *p.* 262.

Papilio Malvæ. ROSSI, *Faun. Etr. tom.* 2. *p.* 185. *n°.* 1043.

Papilio Malvæ. ROSSI, *edit.* ILLIG. *p.* 252.

Papilio Malvæ. HUBN. *Pap. tab.* 90. *fig.* 450. 451.

Erynnis Malvæ. SCHRANK, *Faun. Boic. tom.* 2. *p.* 157. *n°.* 1277.

Papilio Malvæ. OCHSEN. *Pap. Eur. edit.* 1. *p.* 448.

Papilio Malvarum. OCHSEN. *Pap. Eur. edit.* 2. *p.* 195. *n°.* 1.

Papilio P. U. Alceæ, *alis denticulatis, fuscis, nigro maculatis : superioribus maculis pellucidis in apice tribus, in disco quatuor sparsis.* ESP. *Pap. Eur. part.* 1. *p.* 4. *tab.* 51. *cont.* 1. *fig.* 3.

Papilio Alceæ. SCHÆFF. *Icon. tab.* 162. *fig.* 7. 8.

Papilio Alceæ. DEVILL. *Ent. Linn. tom.* 2. *p.* 83. *n°.* 168.

Papilio Alceæ. SCHNEID. *Syst. Beschr. p.* 276. *n°.* 175.

Papilio Alceæ: BRAHM. *Inf. Kalend. p.* 488. *n°.* 350.

Le Papillon Grisette. ENGRAM. *Pap. d'Europe, tom.* 1. *p.* 198. *pl.* 46. *fig.* 98. a. b. c.

Hespérie de la Mauve. LATR. *nouv. Diction. d'Hist. nat. édit.* 2. *tom.* 14.

Hespérie de la Mauve. GOD. *Hist. natur. des lépid. de France, tom.* 1. *p.* 243. *pl.* 12. *secund. fig.* 5.

Hespérie de la Mauve. GOD. *Tabl. méthod. des lépid. de France,* DIURNES, *p.* 64. *n°.* 188.

Elle a de quinze à seize lignes d'envergure. Le dessus des ailes est d'un brun-olivâtre, avec trois bandes transverses d'un gris-rougeâtre, & les échancrures du bord postérieur blanchâtres. Les premières ailes ont en outre six petites taches transparentes, savoir : trois, linéaires & dont une flexueuse, éparses sur le disque; trois, quadrangulaires & à peu près égales, alignées obliquement vis-à-vis du sommet.

Le dessous des quatre ailes est un peu plus pâle que le dessus, & celui des inférieures offre des points blancs, dont l'antérieur solitaire, les autres formant deux rangées courbes & transversales. Le corps est approchant du même ton que les ailes. Les antennes sont noirâtres en dessus, blanchâtres en dessous, avec l'extrémité de la massue ferrugineuse.

La chenille est pubescente, d'un gris-cendré, avec la tête noire, & quatre points jaunes sur le premier anneau. Elle vit sur la *mauve sauvage*, la *passe-rose* ou *rose-trémière* (*alcea rosea*), &c. Lorsqu'elle n'a point subi sa métamorphose avant l'hiver, elle s'enferme dans la tige de la *bardane* ou de quelques *chardons*, & elle y reste engourdie jusqu'au printemps. Geoffroy l'a prise pour la chenille de l'hespérie *Plain-chant*.

La chrysalide est d'un cendré-bleuâtre.

En mai & en juillet, dans les bois, dans les jardins, &c. Elle se trouve aux environs de Paris & dans toute la France.

** *Dentelures des ailes foibles ou à peine sensibles.*

139. Hespérie Eucrate.

Hesperia Eucrate.

Hesp. alis fuscescentibus, albo punctatis : posticis subtùs luteis, albido maculatis. Ochsen.

Papilio Eucrate. Ochsen. *Pap. Eur. tom.* 1. *p.* 213. *n°.* 10.

Papilio Eucrate. Esp. *Pap. part.* 1. *tab.* 124. *cont.* 79. *fig.* 6.

N'ayant point vu cette hespérie, nous ne pouvons en parler que d'après M. Ochsenheimer, qui la compare pour la taille aux plus petits exemplaires du *Polysperchon.* (*Voyez* Polyommate *Amyntas*, n°. 146.)

Le dessus des ailes est d'un brun-noirâtre, avec la frange d'un gris-obscur & entrecoupée de brun. Les supérieures ont plusieurs points blancs épars, entre lesquels il y a une petite lunule également blanche : les inférieures sont foiblement dentées, & elles ont quatre ou cinq points blancs, dont un basilaire, les autres disposés en une ligne transverse au milieu de la surface. Il y a en outre une série de points moins distincts avant le bord postérieur de toutes les ailes.

Le dessous des premières ailes est d'un brun-verdâtre, mais plus clair aux bords antérieur & postérieur, avec le même dessin qu'en dessus.

Le dessous des secondes ailes est d'un jaune-brunâtre, avec des atomes plus foncés, quelques taches blanchâtres à la base, une bande irrégulière de cette couleur au milieu, & des points pareillement blanchâtres vers le bord postérieur.

Du Portugal.

Nota. M. Ochsenheimer ne fait pas assez sentir les différences qui séparent cette hespérie de ses analogues; il avoit cependant des termes de comparaison dans le *Sao*, & dans l'*Alveolus* ou hespérie du chardon.

140. Hespérie Proto.

Hesperia Proto.

Hesp. alis fuscis, fasciâ maculari punctisque flavescentibus : posticis subtus brunneis, albido subfasciatis punctatisque. Ochsen.

Papilio Proto. Ochsen. *Pap. Eur. edit.* 2. *tom.* 1. *p.* 210. *n°.* 8.

Papilio Proto. Esp. *Pap. Eur. part.* 1. *tab.* 123. *cont.* 78. *fig.* 5. (Mas.) *fig.* 6. (Fæm.)

Nous ne connoissons point cette hespérie; mais d'après la description de M. Ochsenheimer, elle est presqu'aussi grande que le *P. Tessalum* (le Plain-chant), & elle en diffère principalement en ce que les taches du dessus de ses quatre ailes sont d'un jaune-pâle au lieu d'être blanches; en ce que le dessous de ses ailes inférieures est d'un brun-jaunâtre & non verdâtre, & qu'il a le bord interne d'un jaune-clair.

Le mâle a en outre le dessus des ailes saupoudré de jaunâtre.

Du Portugal.

---

b. *Ailes très-entières ou sans dentelures.*

141. Hespérie Tagès.

Hesperia Tages.

Hesp. alis fuscis, utrinquè strigâ marginali è punctis minutis albis : anticis suprà fasciis duabus transversis cinerascentibus.

Papilio P. U. Tages, *alis denticulatis, divaricatis, fuscis, obsoletè albido punctatis.* Linn. *Syst. Nat.* 2. *p.* 795. *n°.* 268. — *Faun. Suec. edit.* 2. *p.* 286. *n°.* 1082.

Papilio P. U. *Tages.* Fab. *Mant. Ins. tom.* 2. *p.* 92. *n°.* 831.

Hesperia U. *Tages.* Fab. *Ent. Syst. em. tom.* 3. *pars* 1. *p.* 354. *n°.* 346.

Papilio Tages. Wien. *Verz. p.* 159. *fam.* A. *n°.* 2.

Papilio Tages. Esp. *Pap. Eur. part.* 1. *p.* 306. *tab.* 23. *fig.* 3.

Papilio Tages. Illig. *N. Ausg. Dess. tom.* 2. *p.* 143. *n°.* 2.

Papilio Tages. Illig. *Magaz. tom.* 3. *p.* 204.

Papilio Tages. Schæff. *Icon. tab.* 162. *fig.* 3. 4.

Papilio Tages. Bergstr. *Nomenkl. tab.* 91. *fig.* 3. 4.

Papilio Tages. Lewin, *Ins. tab.* 45. *fig.* 3. 4.

Papilio Tages. Borkh. *Pap. Eur. part.* 1. *p.* 188. *n°.* 14.

Papilio Tages. Borkh. *Rhein. Magaz. tom.* 1. *p.* 299. *n°.* 112.

Papilio Tages. Schneid. *Syst. Beschr. p.* 278. *n°.* 178.

Papilio Tages. Lang. *Verz.* 2. *p.* 60. *n°.* 523-526.

Papilio Tages. Brahm. *Ins. Kalend. p.* 360. *n°.* 240.

Papilio Tages. Rossi, *Faun. Etr. tom.* 2. *p.* 159. *n°.* 1045.

Papilio Tages. Rossi, *edit.* Illig. *p.* 253. *n°.* 1045.

Papilio Tages. Fuessl. *Suiſſ. Inſ. p.* 32. *n°.* 610.

Papilio Tages. Cyrill. *Ent. Neap. tab.* 12. *fig.* 5.

Papilio Tages. Petagna, *Inſtit. Ent. tom.* 1. *p.* 495. *n°.* 148.

Papilio Tages. Devill. *Ent. Linn. tom.* 2. *p.* 81. *n°.* 162.

Papilio Tages. Hubn. *Pap. tab.* 91. *fig.* 456. 457. (Mas.)

Hubn. *Larv. lepid.* 1. *p.* 2. *Gens* E. *fig.* 1. a. b.

Papilio Tages. Ochsen. *Pap. Eur. tom.* 1.

Erynnis Tages. Schrank, *Faun. Boic. tom.* 2. *p.* 158. *n°.* 1279.

Papilio Geryon. Naturf. 6. *p.* 31. *n°.* 19.

Papilio Morio, var. 1. Scop. *Ent. Carn. p.* 181. *n°.* 464. (Il fait une fauſſe citation de Roëſel.)

Le Papillon Griſette. Geoff. *Hiſt. Inſ. tom.* 2. *p.* 68. *n°.* 39.

Le Point d'Hongrie. Engram. *Pap. d'Eur. tom.* 1. *p.* 286. *pl.* 75. *Suppl.* 21. *fig.* 97. a. b. *bis.*

Heſpérie Griſette. Latr. *nouv. Dict. d'Hiſt. nat. édit.* 2. *tom.* 14.

Heſpérie Griſette. God. *Hiſt. nat. des lépid. de France, tom.* 1. *p.* 241. *pl.* 12 *ſecund. fig.* 4.

Heſpérie Tagès. God. *Tabl. méth. des lépid. de France*, Diurnes, *p.* 63. *n°.* 187.

Elle a environ quatorze lignes d'envergure. Le deſſus des ailes eſt d'un brun-noirâtre, avec une ſérie courbe & marginale de points blancs très-petits. Entre ces points & le milieu de la ſurface, les ailes ſupérieures ont deux bandes tranſverſes d'un cendré-pâle, & les inférieures une ligne flexueuſe de points blanchâtres peu prononcés. L'extrémité de la frange eſt griſâtre, principalement aux ſecondes ailes.

Le deſſous diffère du deſſus en ce qu'il eſt plus clair, & en ce que les ailes inférieures n'ont pas de bandes cendrées, du moins apparentes. Le corps eſt de la couleur des ailes. Les antennes ont le deſſus noir & annelé de blanc, le deſſous entièrement blanchâtre, avec la ſommité de la maſſue ferrugineuſe de part & d'autre.

Elle ſe trouve communément dans toute l'Europe, en avril, en juillet & en août.

La chenille, d'après les auteurs du Catalogue ſyſtématique des lépidoptères de Vienne, vit ſur le *chardon-rolland* (*eryngium campeſtre*) & ſur le *lotier corniculé* ou *trèfle jaune* (*lotus corniculatus*). Elle eſt d'un vert-tendre, avec la tête brune, & des lignes longitudinales jaunes, ponctuées de noir.

La chryſalide eſt rougeâtre, avec l'enveloppe des ailes d'un vert-obſcur.

142. Hespérie du Sida.

Hesperia *Sidæ*.

Heſp. alis fuſcis: anticis ſtrigâ flexuoſâ è maculis quadratis albis, alterâque ante marginem obſoletâ: poſticis ſubtùs albis, maculâ baſeos faſciiſque duabus tranſverſis luteis.

Papilio P. U. Sidæ, *alis integris, divaricatis, nigris, albo punctatis: poſticis ſubtùs cinereis, faſciis duabus flavis.* Fab. *Mant. Inſ. tom.* 2. *p.* 91. *n°.* 823.

Heſperia U. *Sidæ*. Fab. *Ent. Syſt. em. tom.* 3. *pars* 1. *p.* 351. *n°.* 335.

Papilio P. U. Sidæ, *alis denticulatis, divaricatis, fuſco-vireſcentibus, albo-maculatis: inferioribus ſubtùs faſciâ tranſverſâ fulvâ.* Esp. *Pap. Eur. part.* 1. *pag.* 178. *tab.* 90. *cont.* 40. *fig.* 3.

Papilio Sidæ. Borkh. *Pap. Eur. part.* 1. *pag.* 189. *n°.* 16. — *part.* 2. *p.* 237.

Papilio Sidæ. Illig. *Magaz. tom.* 3. *p.* 204.

Papilio Sidæ. Petagna, *Inſtit. Ent. tom.* 1. *p.* 494. *n°.* 145.

Papilio Sidæ. Devill. *Ent. Linn. tom.* 2. *pag.* 83. *n°.* 172.

Papilio Sidæ. Hubn. *Pap. tab.* 93. *fig.* 468. (Mas.)

Papilio Sidæ. Ochsen. *Pap. Eur. tom.* 1.

Le Chamarré. Engram. *Pap. d'Eur. tom.* 1. *p.* 330. *pl.* 7. *Suppl.* 3. *fig.* 97. a. b. *quart.*

Heſpérie du Sida. God. *Hiſt. nat. des lépid. de France, tom.* 2. *p.* 219. *pl.* A a. XXVII. *fig.* 5. 6.

Heſpérie du Sida. God. *Tabl. méthod. des lépid. de France*, Diurnes, *p.* 62. *n°.* 182.

Elle eſt à peu près de la taille de notre heſpérie *Plain-chant*, & elle lui reſſemble par le deſſus des quatre ailes, ainſi que par le deſſous des ſupérieures.

Le deſſous de ſes ailes inférieures eſt blanc, avec une tache baſilaire, & deux bandes tranſverſes, d'un jaune-fauve. Les bandes ſont bordées de noir & diviſées par des nervures brunes. Il y a en outre quelques mouchetures noirâtres avant le bord poſtérieur.

Quelquefois les taches blanches du dessus des ailes inférieures sont peu distinctes.

Elle se trouve aux environs de Toulon, en Italie, en Hongrie, dans les contrées les plus méridionales de la Russie, &c.

143. Hespérie Orbifère.

Hesperia Orbifera.

Hesp. alis suprà violaceo-fuscis, nitidis : anticis strigis duabus flexuosis è maculis albis : posticis subtùs dilutè corticinis, maculis plurimis albis, mediis orbicularibus : fimbriæ alarum anticarum interstitio albo ab apice ultimo latiore.

M. Franck de Strasbourg nous a envoyé cette hespérie comme espèce nouvelle & comme n'étant pas encore figurée.

Elle ressemble beaucoup à l'hespérie *Sao;* mais elle a le dernier, & non le troisième, entrecoupé blanc de la frange des ailes supérieures plus large que tous les autres. Le dessous de ses ailes inférieures, au lieu d'être d'un rouge-brique, est d'un brun-tanné-clair, & il a les taches de la rangée du milieu orbiculaires, ce qui a probablement fait imposer à cette espèce le nom sous lequel nous la donnons ici. Indépendamment de cela, le collier & l'anus sont verdâtres, tandis qu'ils sont d'un rouge-briqueté chez l'hespérie *Sao*.

De la Hongrie.

144. Hespérie Sao.

Hesperia Sao.

Hesp. alis suprà violaceo-fuscis, nitidis : anticis strigis duabus flexuosis è maculis albis : posticis subtùs testaceis, maculis plurimis albis, mediis irregularibus : fimbriæ alarum anticarum interstitio albo ab apice tertio latiore.

Papilio Sao. Hubn. *Pap. tab.* 95. *fig.* 471. 472. (Fæm.)

Papilio Sertorius. Hubn. *Text. p.* 71. *n°.* 8.

Papilio Sao. Illig. *Mag. tom.* 3. *p.* 203.

Papilio Sao. Ochsen. *Pap. Eur. edit.* 1. *p.* 459.

Papilio Sertorius, *alis subdentatis, divaricatis, fuscis, lunulâ mediâ maculisque albis : posticis subtùs testaceis, albo maculatis faciatisque.* Ochsen. *Pap. Eur. edit.* 2. *tom.* 1. *p.* 211. *n°.* 9.

Papilio Fritillum. Schæff. *Icon. Nomenkl.* Panz. *p.* 149. *tab.* 162. *fig.* 1. 2.

Le Tacheté. Engram. *Pap. d'Europe, tom.* 1. *pl.* 7. *Suppl.* 3. *fig.* 97. c. d. *tert.*

Hespérie Sao. Latr. *nouv. Dict. d'Hist. nat. édit.* 2. *tom.* 14.

Hespérie Sao. God. *Hist. nat. des lépidop. de France, tom.* 2. *pag.* 227. *pl.* B b. XXVIII. *fig.* 3. 4.

Hespérie Sao. God. *Tabl. méthod. des lépid. de France,* Diurnes, *p.* 63. *n°.* 186.

Elle a de dix à onze lignes d'envergure. Le dessus des ailes est d'un brun-violet-luisant, avec deux séries transverses de taches blanches, & la frange entrecoupée de blanc & de brun. La série antérieure des premières ailes est flexueuse & précédée de trois taches blanches, dont deux lunulées & se regardant par leur concavité, sur le disque; la troisième, en forme de point, vers le milieu du bord interne. La série antérieure des secondes ailes ne se compose le plus souvent que d'une petite ligne transversale & d'un point placé au-dessous de cette ligne, ce qui représente en quelque sorte un ! ou un point d'exclamation.

Le dessous des ailes supérieures est noirâtre, avec la côte jaunâtre, & des taches blanches répondant à celles du dessus.

Le dessous des ailes inférieures est d'un rouge-brique, plus ou moins foncé, avec des taches blanches, dont deux plus grandes sur la moitié postérieure du bord d'en haut. Ces taches forment trois rangées, & celles de la rangée du milieu sont irrégulières. Le corps est brun, avec un collier & l'anus d'un rouge-briqueté. Les antennes ont le dessus noirâtre & annelé de gris; le dessous blanc, avec la massue toute noire.

Le principal caractère distinctif de cette hespérie, c'est d'avoir le troisième entrecoupé blanc de la frange des ailes supérieures plus large que tous les autres.

Elle se trouve au printemps & en été dans l'Autriche, la Suisse, le midi & le centre de la France, &c. Elle habite aussi les environs de Paris, mais elle y est rare.

145. Hespérie Plain-chant.

Hesperia Tesselum (1).

Hesp. alis fuscis : anticis strigâ flexuosâ è maculis quadratis albis alteràque ante marginem obsoletâ : posticis subtùs virescenti-fuscis, fasciis macularibus albis; maculâ marginali ab apice secundâ longiore intùsque acuto-bifidâ.

Papilio Tesselum. Ochsen. *Pap. Eur. edit.* 2. *tom.* 1. *p.* 205. *n°.* 4.

Hesperia Tesselum, *alis subdentatis, divaricatis, fuscis, maculis quadratis punctisque albis : posticis suprà puncto baseos fasciisque duabus macularum albarum; subtùs virescentibus, puncto*

(1) Les noms de *Tesselum*, *Fritillum*, *Alveus* & *Alveolus*, imposés par les auteurs à des espèces de cette division, ne peuvent guère se rendre en français que par les mots *damier* & *échiquier*, mots déjà employés pour désigner d'autres diurnes; c'est pourquoi nous les avons rendus par des équivalens.

baseos, fasciâ mediâ maculisque marginalibus albidis. Ochsen. *Pap. Eur. edit.* 2. *tom.* 4. *pag.* 157. *n°.* 3.

Papilio Tesselum. Hubn. *Pap. tab.* 93. *fig.* 469. 470. (Mas.)

Papilio Carthami. Hubn. *Pap. tab.* 143. *fig.* 726-723.

Papilio P. U. *Fritillum.* (Var. major.) Fab. *Mant. Inf. tom.* 2. *p.* 91. *n°.* 824.

Hesperia U. *Fritillum.* (Var. major.) Fab. *Ent. Syst. em. tom.* 3. *pars* 1. *p.* 351. *n°.* 336.

Le Plain-chant. Geoff. *Hist. Inf. tom.* 2. *p.* 67. *n°.* 38.

Le Bigarré. Engram. *Pap. d'Europe, tom.* 1. *p.* 330. *pl.* 7. *Suppl.* 3. *fig.* 97. *quint.*

Hespérie Plain-chant. God. *Hist.-nat. des lépid. de France, tom.* 2 (par correction), *pag.* 221. *pl.* 12. *fig.* 4. 5. (Le mâle.)

Hespérie Plain-chant. God. *Tabl. méthod. des lépid. de France,* Diurnes, *p.* 62. *n°.* 183.

Cette hespérie répond, suivant nous, au véritable *Plain-chant* de Geoffroy & au *Fritillum var. major* de Fabricius.

Elle a de quatorze à quinze lignes d'envergure. Le dessus des ailes est d'un brun-noirâtre, avec deux séries transverses de taches blanches. La série antérieure des premières ailes est flexueuse, plus apparente, composée de taches carrées, & précédée intérieurement de deux autres taches blanches, dont une en forme d'*i* sur le disque, une ronde & souvent moins apparente vers le milieu du bord interne. Outre cela, la frange de toutes les ailes est entrecoupée de blanc & de brun, & il y a sur la côte des supérieures quatre petits traits blancs consécutifs.

Le dessous des ailes supérieures est d'un gris-noirâtre, avec des taches blanches comme en dessus, mais plus rapprochées, notamment celles du bord.

Le dessous des ailes inférieures est d'un brun-verdâtre, avec trois bandes blanches, transverses & maculaires, dont l'intermédiaire très-inégale; la postérieure marginale, mouchetée de noirâtre, excepté sur la seconde tache à partir de l'angle externe : cette tache est plus longue que toutes celles de l'extrémité, & elle a le sommet ou le bout intérieur aigu & bifide. Les antennes sont noires & annelées de blanc; leur massue a le dessous d'un ferrugineux-foncé, caractère qui sert encore à distinguer cette espèce de l'hespérie *Fritillaire.*

Dans les prés & dans les jardins, au printemps & en été. Elle est commune aux environs de Paris.

Nota. Quoique nous n'ayons point vu le *P. Carthami* de Hubner, nous l'avons rapporté ici, parce que M. Ochsenheimer assure que c'est le même que son *Tesselum.*

146. Hespérie Fritillaire.

Hesperia Fritillum.

Hesp. alis fuscis : anticis ocello centrali strigâque flexuosâ è maculis quadratis albis : posticis subtùs virescenti-fuscis, fasciis macularibus albis; maculâ marginali ab apice secundâ breviori intùsque obtusâ.

Papilio P. U. Malvæ, *alis denticulatis, divaricatis, nigris, albo maculatis.* Linn. *Syst. Nat. edit.* 12. *tom.* 2. *p.* 795. *n°.* 267.

Papilio P. R. Malvæ, *alis denticulatis, divaricatis, nigris, albo punctatis.* Linn. *Faun. Suec. edit.* 2. *p.* 285. *n°.* 1081. — *Faun. Suec. edit.* 1. *p.* 241. *n°.* 794.

Roes. *Inf. part.* 1. *class.* 2. *Pap. diurn. tab.* 10. *fig.* 7.

Papilio Malvæ. Esp. *Pap. Eur. part.* 1. *tab.* 23. *fig.* 2. a.

Papilio Malvæ. Devill. *Ent. Linn. tom.* 2. *p.* 80. *n°.* 161.

Papilio P. U. Fritillum, *alis integris, divaricatis, nigris, albo punctatis.* Fab. *Mant. Inf. tom.* 2. *p.* 91. *n°.* 824.

Hesperia U. *Fritillum.* Fab. *Ent. Syst. em. tom.* 3. *pars* 1. *p.* 351. *n°.* 336.

Papilio Fritillum, *alis integris, divaricatis, fuscis : anticis maculis quadratis; posticis suprà albido, subtùs virescenti alboque variis.* Ochsen. *Pap. Eur. edit.* 2. *tom.* 1. *p.* 207. *n°.* 6.

Hesperia Fritillum, *alis fuscis, punctis albis anticis fasciâ sinuatâ è maculis quadratis albis : subtùs griseo-olivaceis, albo variegatis, fasciâ mediâ irregulari albâ distinctiori.* (Major.) J. W. Dalman, *Extr. des Mém. de l'Acad. de Stockholm* (année 1816), *n°.* 7 *du genre* Hesperia.

Papilio Alveus. Hubn. *Pap. tab.* 92. *fig.* 461. (Mas.) *fig.* 462. 463. (Fœm.)

Le Plain-chant. Engram. *Pap. d'Eur. tom.* 1. *pl.* 46. *fig.* 97. c. d.

Hespérie Plain-chant. Latr. *nouv. Dict. d'Hist. nat. édit.* 2. *tom.* 14.

Hespérie Fritillaire. God. *Hist. nat. des lépid. de France, tom.* 2. *p.* 223. *pl.* Bb. XXVIII. *fig.* 1. 2.

Hespérie Fritillaire. God. *Tabl. méthod. des lépid. de France,* Diurnes, *p.* 62. *n°.* 184.

C'est à cette hespérie que se rapportent, selon nous, le *Papilio Malvæ* de Linnæus, & le *Fritillum* proprement dit de Fabricius.

Elle a de douze à treize lignes d'envergure. Le dessus des ailes est d'un brun-noirâtre, avec une série transverse de taches blanches carrées aux supérieures, avec deux séries moins distinctes aux inférieures. La série des ailes supérieures est flexeuse, & précédée intérieurement de quatre taches blanches, dont trois formant une sorte d'œil sur le disque, la quatrième avoisinant le milieu du bord interne. Outre cela, la frange de toutes les ailes est entrecoupée de blanc & de brun, & il y a sur la côté des supérieures quatre petits traits blancs consécutifs.

Le dessous des ailes supérieures est d'un gris-noirâtre, avec une série de taches blanches & un petit œil comme en dessus.

Le dessous des ailes inférieures est d'un brun plus ou moins verdâtre, avec trois bandes blanches, maculaires & transverses, dont l'intermédiaire très-inégale; la postérieure marginale, mouchetée de noirâtre, excepté cependant sur la seconde tache à partir de l'angle externe. Cette tache est moins longue que celles avec lesquelles elle s'aligne, & elle a le sommet, ou si l'on veut le bout intérieur, obtus. Les antennes sont noires & annelées de blanc en dessus; elles sont blanchâtres en dessous, avec la massue d'un ferrugineux-jaunâtre.

Se trouve en juin & en août dans les lieux secs & incultes. Elle habite presque toute l'Europe, & elle est commune aux environs de Paris.

147. Hespérie du Chardon.

Hesperia Cardui.

Hesp. alis suprà nigro-fuscis : anticis strigis tribus flexuosis è maculis albis : posticis subtùs olivaceo-fuscis, maculis plurimis albis, mediâ costali multò majore.

Papilio Alveolus, *alis integris, divaricatis, nigris, albo maculatis punctatisque : posticis subtùs virescentibus, maculis punctisque albis.* Ochsen, *Pap. Eur. edit.* 2. *tom.* 1. *p.* 208. *n°.* 7.

Papilio Alveolus. Hubn. *Pap. tab.* 90. *fig.* 466. 467.

Papilio Fritillum. Hubn. *Pap. tab.* 464. 465. (Var. fæm.)

Papilio Alveolus. Hubn. *Pap. tab.* 116. *fig.* 597. (Var.)

Papilio Alveolus. Illig. *Mag. tom.* 3. *p.* 185.

Papilio Malvæ minor. Esp. *Pap. Eur. part.* 1. *p.* 345. *tab.* 36. *Suppl.* 12. *fig.* 5.

Papilio Malvæ, var. Esp. *Pap. Eur. part.* 1. *tab.* 51. *fig.* 2.

Hesperia Malvæ, *alis nigris, punctis maculisque quadratis albis, numerosis : posticis subtùs griseo-olivaceis, albo punctatis maculatisque, maculâque marginis anterioris majore.* (Minor.) J. W. Dalman, *Extrait des Mém. de l'Acad. de Stockholm* (année 1816), *n°.* 6 *du genre* Hesperia.

Papilio Altheæ. Borkh. *Pap. Eur.* (Var.)

Papilio Taras. Bergstr. *tab.* 91. *fig.* 5. 6. (Var.)

Papilio P. U. Lavateræ, *alis integris, fuscis : anticis albo maculatis, posticis punctatis : omnibus lunulâ mediâ niveâ.* Fab. *Mant. Ins. tom.* 2. *p.* 91. *n°.* 825. (Var.)

Hesperia U. *Lavateræ.* Fab. *Entom. Syst. em. tom.* 3. *pars* 1. *p.* 353. *n°.* 339. (Var.)

Papilio P. U. *Lavateræ.* Petag. *Instit. Ent. tom.* 1. *p.* 494. *n°.* 147. (Var.)

Le Tacheté. Engram. *Pap. d'Europe, tom.* 1. *pl.* 7. *Suppl.* 3. *fig.* 97. a. b. *tert.*

Le Plain-chant, var. Engram. *Pap. d'Europe, tom.* 1. *pl.* 46. *fig.* 97. g. h. (Var.)

Hespérie du Chardon. God. *Hist. nat. des lépid. de France, tom.* 2 (par correction), *pag.* 229. *pl.* 12. *secund. fig.* 4.

God. *Hist. nat. des lépid. de France, tom.* 2. *p.* 233. Observation. (Var.)

Hespérie du Chardon (*Alveolus*). God. *Tabl. méthod. des lépid. de France*, Diurnes, *p.* 63. *n°.* 185.

Ce lépidoptère est pour M. Dalman le véritable *Papilio Malvæ* de Linnæus, attendu, selon lui, qu'il n'y a en Suède aucune autre espèce voisine avec laquelle on puisse le confondre. Nous n'adoptons pas provisoirement l'opinion de M. Dalman, parce qu'il nous semble bien étonnant que l'hespérie *Fritillaire* ou *Fritillum*, à laquelle nous avons rapporté ce même papillon *Malvæ*, n'habite pas la Suède, tandis qu'elle se trouve dans le nord de l'Allemagne & en Laponie; parce que d'ailleurs Linnæus, en citant les figures de Roësel & de Schæffer, & en assignant à son papillon *Malvæ* la même taille qu'à l'*Argus* proprement dit, nous paroît avoir eu en vue une espèce plus grande que celle dont il est ici question.

L'hespérie du *Chardon* a de dix à onze lignes d'envergure. Le dessus de ses ailes est d'un brun-noir, avec trois séries transverses de taches blanches aux supérieures, avec deux, dont l'antérieure plus courte aux inférieures. Les deux séries antérieures des premières ailes sont flexueuses, plus distinctes, composées de taches quadrangulaires, & séparées l'une de l'autre par une lunule centrale blanche. Indépendamment de cela, la frange de toutes les ailes est entrecoupée de blanc & de brun.

Le dessous des ailes supérieures est d'un brun-noirâtre, avec des taches blanches répondant à celles du dessus, mais un peu plus grandes.

Le

Le dessous des ailes inférieures est d'un brun plus ou moins olivâtre, avec des taches blanches formant trois rangées transversales. La tache qui occupe le milieu du bord d'en haut est irrégulière & beaucoup plus grande que les autres. Le corps est d'un brun-noirâtre. Les antennes sont noires & annelées de blanc en dessus; elles sont blanches en dessous, avec la masse ferrugineuse.

Quelquefois le dessous des secondes ailes offre moins de taches blanches à la rangée du milieu, comme dans la variété femelle que Hubner a figurée sous le nom de *Fritillum*.

On rencontre assez souvent une autre variété chez laquelle les taches du milieu des premières ailes sont réunies de manière à former une large bande blanche sur laquelle il y a un espace noir marqué d'un croissant blanc. Cette seconde variété est, sans contredit, le *papilio Lavateræ* de Fabricius. Elle répond : au *P. Malvæ*, *var.* d'Esper, au *P. Altheæ* de Borkhausen, au *P. Taras* de Bergstrasser, au *P. Alveolus* de Hubner, *tab.* 116, *fig.* 597, & au *Plain-chant*, *var.* d'Engramelle, *pl.* 46. *fig.* 97. g. h.

Dans les bois & dans les lieux arides, au printemps & en été. On la trouve communément aux environs de Paris. Elle se repose de préférence sur le *chardon à bonnetier*.

148. Hespérie Vindex.

Hesperia Vindex.

Hesperia alis anticis utrinquè posticisque suprà nigris; his subtùs fasciis fusco-lutescentibus albidisque alternis, suprà fasciâ subcentrali albâ; illis maculis plurimis sparsis punctorumque serie posticâ albis.

Papilio Vindex. Cram. *Pap.* 30. *pl.* 253. G. H.

Son envergure n'est guère que de dix lignes. Le dessus du corps est noir; son dessous & les antennes sont blanchâtres. Le dessus des ailes supérieures est noir, avec quelques petits traits à la côte, sept à huit petites taches éparses sur toute sa surface, dont les unes oblongues & les autres arrondies & même punctiformes, & une rangée de points près du bord postérieur, blancs; le dessous offre le même dessin, mais la côte & le sommet sont d'un cendré-jaunâtre-pâle, & le noir du fond est moins foncé. Le dessus des ailes inférieures est noir, avec une petite bande oblique, maculaire ou divisée intérieurement, & la frange postérieure, blanches; entre elle & la bande, l'on voit aussi des taches de cette couleur, tantôt rares & peu apparentes, tantôt nombreuses & disposées en une série. Le dessous de ces ailes est blanchâtre & même tout-à-fait blanc au bord interne; mais cette couleur est divisée alternativement & transversalement, en manière de bandes, par une teinte d'un jaunâtre-obscur, formant trois bandes, & dont les deux de la base convergent & se réunissent intérieurement; le limbe postérieur, ou la dernière bande, est d'un gris-jaunâtre.

Elle se trouve au Cap de Bonne-Espérance.

149. Hespérie Galba.

Hesperia Galba.

Hesperia alis fuscis, subtùs dilutioribus; omnibus punctorum serie duplici posticâ, anticis maculis plurimis sparsis, posticis fasciis duabus, albis.

Hesperia U. Galba, *alis integris, divaricatis, nigris, albo punctatis: posticis subtùs griseis, fasciis duabus albis.* Fab. *Ent. Syst. em. tom.* 3. *pars* 1. *p.* 352. *n*°. 337.

C'est, de toutes les espèces que je connois, la plus petite de ce genre. Le corps est varié de noirâtre & de blanc. Les ailes sont noirâtres, luisantes, d'une teinte plus claire en dessous, particulièrement sous les inférieures & au bord extérieur des supérieures, & entièrement tachetées ou ponctuées de blanc, sur les deux surfaces; leur limbe postérieur offre deux séries transverses de points, dont la dernière entrecoupe la frange. Sur les ailes inférieures, les taches qui précèdent forment deux bandes transverses, dont la seconde, placée près du milieu, est plus grande & même continue en dessous. Parmi les taches des ailes supérieures, trois d'entr'elles sont rangées, à partir de la base, en une série longitudinale; quatre autres très-petites & contiguës forment une petite ligne transverse, près de cette côte, à la suite des précédentes.

Cette espèce pourroit bien être le *P. Spio* de Linnæus. (*Voyez* les remarques sur des espèces douteuses ou inconnues, terminant ce genre.) On la trouve à Tranguebar & au Bengale.

150. Hespérie Syrichtus.

Hesperia Syrichtus.

Hesperia alis suprà nigris, pube, maculis tessellatìm dispositis striisque costalibus albis; anticis subtùs ferè concoloribus; posticis ibidem albis, strigis undatis nigris; omnium limbo postico utrinquè albo punctato.

Hesperia U. Syrichtus, *alis rotundatis, integris, nigro alboque variis; posticis subtùs cinereis, strigis undatis nigris.* Fab. *Ent. Syst. tom.* 3. *pars* 1. *p.* 349. *n*°. 326.

Papilio P. U. Syrichtus, *Mant. Inf. tom.* 2. *p.* 90. *n*°. 816. — *Spec. Inf. tom.* 2. *p.* 137. *n*°. 634. — *Syst. Ent. p* 534. *n*°. 395.

Papilio Orcus. Cram. *Pap.* 28. *pl.* 334. I-L.

Linnæus, dans son *Systema Naturæ* (tom. 2. p. 795.) avoit décrit sous le nom spécifique d'*Ci-*

leus, une espèce de polyommate trouvée à Alger. Cramer l'a faussement citée pour synonyme de son papillon *Orcus*, & Fabricius, à partir de son *Mantissa*, a continué de reproduire cette erreur.

Cette hespérie a environ un pouce d'envergure. Les antennes sont noires, avec des anneaux blancs, & se terminent par une massue arquée & peu pointue. Le corps est varié de noir & de blanc. Le dessus des ailes est d'un noir plus ou moins foncé, mais tout coupé par une infinité de petites taches, formant pour la plupart, & notamment sur les inférieures, des séries transverses; le bord postérieur est noir, avec une ligne transverse de points blancs; sa frange est entrecoupée alternativement des mêmes couleurs; les deux bords de la côte des ailes antérieures sont blancs & forment ainsi deux raies longitudinales; au bout sont aussi des stries de cette couleur, mais très-courtes & obliques. Le dessous de ces ailes diffère peu du dessus; mais celui des inférieures est en majeure partie blanc ou blanchâtre & coupé transversalement par des lignes noires, très-flexueuses, & qui généralement rapprochées deux par deux, y forment des bandes transverses. Leur bord postérieur, ainsi que celui des supérieures, vu du même côté, n'offre qu'une ligne noire, très fine, au-dessus de laquelle est la rangée dont nous avons parlé.

Elle se trouve au Brésil, à Cayenne & à Surinam.

151. Hespérie Tryxus.

Hesperia Tryxus.

Hesperia alis anticis posticisque suprà fuscis, fasciâ transversâ è maculis variis, angulosis, compositâ; posticis subtùs albidis, punctorum fuscorum serie terminali.

Papilio Tryxus. Cram. *Pap.* 28. *pl.* 334. G. H.

Elle avoisine évidemment les *H.-Syrichtus*, *Arsalte*, & plus spécialement encore le *P. Asychis* de Cramer. Les ailes supérieures & le dessus des inférieures sont noirâtres; leur milieu offre une bande commune & transverse, d'un blanc-transparent, & formée de taches de grandeur & de forme diverses, & la plupart anguleuses: celles des ailes inférieures semblent y être divisées en en deux séries; deux des supérieures, celle du milieu surtout, sont plus grandes. Les premières ailes ont de plus une ligne de points transparens, située, comme à l'ordinaire, près de la côte, avant le sommet; près de leur base est encore un autre point transparent, mais isolé; dans quelques individus, les ailes inférieures offrent son correspondant. En dessous, ces ailes sont blanchâtres, avec une rangée de petites taches noirâtres, triangulaires ou presque lunulées, près du bord postérieur. Celui des ailes supérieures présente aussi, sur la même surface, les vestiges de taches semblables & disposées de même; le côté interne est blanchâtre.

Elle se trouve au Brésil & à Surinam.

152. Hespérie Arsalte.

Hesperia Arsalte.

Hesperia alis albis, margine postico nigro striato.

Hesperia U. Menalcas, *alis integerrimis concoloribus, albis: margine nigro.* Fab. *Ent. Syst. em. tom.* 3. *pars* 1. *p.* 353. *n°.* 340.

Papilio P. U. Menalcas. *Mant. Inf. tom.* 2. *pag.* 91. *n°.* 826. — *Spec. Inf. tom.* 2. *pag.* 138. *n°.* 639. — *Syst. Ent. p.* 535. *n°.* 397.

Papilio P. D. Arsalte, *alis integerrimis, rotundatis, albis: striis marginalibus nigris; anticis basi flavescentibus.* Linn. *Systam. Nat. ed.* 12. *tom.* 2. *p.* 762. *n°.* 91. — *Mus. Lud. Ulr. p.* 246. *n°.* 265.

Papilio Arsalte. Clerck, *Icon. Inf. tab.* 23.

Papilio Niveus. Cram. *Pap.* 2. *pl.* 22. C.

Je rends à cette espèce le nom que Linnæus lui avoit imposé, & que Cramer & Fabricius auroient aisément reconnue si, sans avoir égard à la division où il l'avoit placée, ils avoient lu la description qu'il en donne, & consulté la figure de Clerck, à laquelle il renvoie.

L'envergure des ailes de cette espèce est de près d'un pouce & demi. Les antennes sont noires & terminées en une massue simplement arquée. Le corps est noir, mais couvert en majeure partie de poils ou d'écailles blancs. Les ailes sont d'un blanc-chatoyant, avec une ligne fine le long du bord postérieur, & d'autres lignes qui la coupent presque perpendiculairement en manière de stries, & formées par les extrémités postérieures de nervures, noires ou noirâtres; cette couleur s'étend davantage au sommet des ailes supérieures, en sorte que cet espace, & même la portion avoisinant la côte, présente alternativement des raies noires & des raies blanches, & le plus souvent aussi une rangée de points blancs au-dessus de la ligne noire du bord postérieur. On voit encore quelquefois une rangée semblable de points près du bord postérieur des inférieures; sur le dessous de ces ailes, plusieurs des nervures longitudinales, particulièrement la plus extérieure, sont noires dans presque toute leur étendue. La côte des ailes supérieures est quelquefois noirâtre antérieurement; en dessous, elle est toujours roussâtre à son origine.

Elle se trouve au Brésil & dans toute la Guyane.

N. B. Fabricius rapporte avec doute à son *H. Maimon*, la figure précitée de Cramer; mais il est bien évident que ce sont deux espèces très-distinctes. Celle de Fabricius se rapprocheroit davantage des papillons *Asychis* & *Tryxus* de ce dernier, *Pap.* 28, *pl.* 334, E-H; mais il nous est impossible, dans ce moment, de prononcer à cet égard : il en sera de même de son *H. Menippus*. Ne pouvant, d'après les seules descriptions, faire ressortir, par opposition, les caractères de cette espèce, nous sommes forcés de les exclure du tableau.

153. Hespérie Dioscoride.

Hesperia Dioscorides.

Hesperia alis suprà fuscis, strigis duabus, macularibus, flavis; anticis infrà fulvis, disco fusco flavo maculato; posticis subtùs flavis, fusco undatis.

Hesperia U. Dioscorides, *alis integerrimis, flavo maculatis; posticis subtùs flavis, fusco undatis.* Fab. *Ent. Syst. em. tom.* 3. *pars* 1. *p.* 329. *n°.* 250.

Elle est une fois plus petite que l'*H. Métis*. Son corps & le dessus des ailes sont noirâtres. Cette surface offre sur les unes & les autres deux raies jaunes; le milieu des supérieures a, en outre, un point de cette couleur; leur dessous est fauve, avec le disque noirâtre, tacheté de jaune. Le dessous des inférieures est de cette couleur, avec plusieurs ondulations noirâtres.

Elle se trouve à Tranguebar.

Il nous paroît que cette espèce a de grands rapports avec le *P. Edipus* de Cramer, *Pap.* 31, *pl.* 166, E, F, & qu'il dit être du Cap de Bonne-Espérance.

154. Hespérie Mævius.

Hesperia Mævius.

Hesperia alis suprà nigris, lineis fasciâque maculari flavescentibus : subtùs virescentibus, striis maculisque albis.

Hesperia U. Mævius, *alis integris, suprà nigris, subtùs virescentibus, utrinquè lineis maculisque albidis.* Fab. *Ent. Syst. em. tom.* 3. *pars* 1. *p.* 352. *n°.* 338.

Suivant Fabricius, elle a le port & la grandeur de l'*H. Galba*. Ses antennes sont noires, avec des anneaux blancs. Le dessus des ailes est noir, & celui des supérieures offre à sa base deux ou trois lignes jaunâtres, & postérieurement une bande maculaire de cette couleur. Le dessus des inférieures ne diffère du précédent qu'en ce que sa base n'a qu'une seule ligne. Le dessous des quatre ailes est verdâtre, avec des stries & des taches blanches.

Elle habite les Indes orientales.

155. Hespérie Cicéron.

Hesperia Cicero.

Hesperia alis fuscis; anticis maculis, posticisque disco subhyalino-albis; harum maculâ discoïdali dentatâ, subtùs maculâ fuscâ notatâ.

Hesperia U. Cicero, *alis rotundatis, fuscis : anticis maculis, posticis disco albo-hyalinis.* Fab. *Ent. Syst. em. tom.* 3. *pars* 1. *p.* 338. *n°.* 287.

Papilio Folus. Cram. *Pap.* 7. *pl.* 74. F. ?

Cette espèce, de grandeur moyenne, a le corps noirâtre en dessus & blanc en dessous. Les ailes sont noirâtres, un peu plus claires en dessous, & même un peu brunes, du moins dans quelques individus, au côté externe, & tachetées de blanc; ces taches sont demi-transparentes; il y en a cinq sur les supérieures, deux au milieu, & dont l'inférieure, plus grande & échancrée au côté interne, & les trois autres petites, disposées en triangle entre les précédentes & le sommet. La plus voisine de la côte est partagée en trois par des nervures. Les inférieures n'ont qu'une seule tache blanche, elle occupe tout le milieu de leur surface, & ses bords sont dentés; en dessous elle est plus anguleuse, semble se prolonger vers la base, & offre vers le côté interne une tache noirâtre, arrondie, ayant extérieurement un petit prolongement en manière de queue. Sur le limbe noirâtre, du côté extérieur, est un point blanc; le côté opposé est grisâtre, & cette couleur s'étend même au-dessous de la tache discoïdale, & gagne l'autre bord. Le bord postérieur des quatre ailes est entrecoupé de petites taches blanches.

Elle se trouve à Java. Le *P. Folus* de Cramer, vu en dessus, ressemble parfaitement à cette espèce; mais il le dit de Surinam.

156. Hespérie Népos.

Hesperia Nepos.

Hesperia alis anticis utrinquè posticisque suprà fusco-nigris, maculis punctisve atris; illis albo-hyalino punctatis; his, latere externo excepto, subtùs albis, suprà ad angulum ani cinerascentibus, fimbriâ posticâ albâ.

Hesperia U. Nepos, *alis rotundatis nigris : anticis albo punctatis, posticis suprà angulo ani, subtùs disco albis.* Fab. *Ent. Syst. em. tom.* 3. *pars* 1. *p.* 340. *n°.* 292.

Papilio Nepos. Jon. *Fig. pict.* 6. *tab.* 79. *fig.* 2.

Papilio Japetus. Cram. *Pap.* 31. *pl.* 365. E. F. Drur. *Inf. tom.* 3. *pl.* 17. *fig.* 1. 2.

Elle est de la taille de l'*H. Cicéron*. Le corps est noirâtre en dessus & blanc en dessous. Les antennes sont noires, avec la massue grêle, alongée, arquée & en partie brune. Les ailes supérieures & le dessus des inférieures sont d'un noirâtre-foncé, avec des taches & des points noirs, qui paroissent davantage sur celles-ci. Les supérieures ont de petites taches, la plupart en forme de points blancs & transparens; il y en a trois au milieu, dont la supérieure, la plus grande de toutes, est échancrée de chaque côté; les autres, toutes punctiformes, sont au nombre de quatre, & forment une petite ligne transverse & arquée près de la côte, avant le sommet; l'espace situé au dessous de ces taches est un peu plus clair. En dessus, les ailes inférieures sont plus foncées ou noires au côté extérieur; leur disque offre trois petites taches arrondies, de cette couleur, & disposées transversalement en arc de cercle; le limbe postérieur, vers l'angle anal, est cendré; la frange postérieure est blanche; le dessous est de cette couleur, mais avec une teinte bleuâtre : le côté extérieur est noirâtre & plus foncé vers sa jonction avec le bord postérieur; près de ce bord est une ligne noirâtre interrompue, ou divisée en trois ou quatre points noirs; on voit aussi près du côté extérieur trois autres points de cette couleur, mais plus grands, l'intermédiaire surtout, plus ronds, & disposés en une série longitudinale.

Elle se trouve à Java, à l'île d'Amboine, &c., & m'a été envoyée par M. Roger, de Bordeaux, & par M. Westermann, naturaliste anglais qui a enrichi ma collection d'un grand nombre d'espèces des Indes orientales.

157. Hespérie Philémon.

Hesperia Philemon.

Hesperia alis immaculatis, suprà holosericeo-atris, nitidis, subtùs brunneo-fuscis, anticarum margine interno dilutiore; antennis albo-annulatis.

Hesperia U. Philemon, *alis rotundatis, integris, atris, immaculatis, antennis uncinatis.* Fab. *Ent. Syst. em. tom.* 3. *pars* 1. *p.* 346. *n°.* 314.

Papilio P. U. Philemon. *Mant. Inf. tom.* 1. *p.* 89. *n°.* 812. — *Spec. Inf. tom.* 2. *p.* 136. *n°.* 631. — *Syst. Ent. p.* 534. *n°.* 392.

Papilio Flyas. Cram. *Pap.* 28. *pl.* 328. E.

Drur. *Inf. tom.* 1. *pl.* 19. *fig.* 5. 6.

Elle est de taille moyenne, entièrement noire, à l'exception de la surface inférieure des ailes qui est d'un noirâtre-brun & plus clair au côté interne des ailes supérieures. Les antennes sont finement annelées de blanc.

Elle se trouve au Brésil & aux Antilles.

Dans le *P. Corbulo* de Cramer, *Pap.* 30, *pl.* 354 A, espèce très-voisine, le limbe postérieur & supérieur des ailes est plus clair & un peu bleuâtre; le dessous des ailes inférieures est d'un brun-pâle.

Une autre espèce de Cramer, venant près de celles-ci, est son *P. Otreus, Pap.* 28. *pl.* 328. F. Ses ailes sont d'un brun-noirâtre, avec des bandes plus foncées, transverses & ondulées.

L'île de Java fournit une autre espèce semblable (*nigrita*) à la précédente, mais d'une teinte entièrement uniforme.

158. Hespérie Jovien.

Hesperia Jovianus.

Hesperia alis anticis nigris, fasciâ maculari, albo-hyalinâ; posticis cæruleis, fasciâ albâ, venis limboque externo nigris.

Hesperia U. Jovianus, *alis concoloribus, atris: posticis cæruleo alboque radiatis.* Fab. *Entom. Syst. em. tom.* 3. *pars* 1. *p.* 348. *n°.* 324.

Papilio Jovianus. Jon. *Fig. pict.* 6. *tab.* 93. *fig.* 2.

Papilio Jovianus. Donov. *of an Epit. of the Nat. Hist. of the Inf. of Ind.* 5. *pl.* 1. *fig.* 1.

L'envergure de cette espèce est d'environ seize lignes. Son corps est varié de noir, de bleuâtre & de blanc. Dans les individus mâles, les palpes extérieurs sont presque safranés, tandis que ceux des femelles ou du moins de quelques autres individus sont blancs. Les ailes supérieures présentent aussi des différences. Leur milieu offre constamment une bande courte, transverse, oblongue, blanche & transparente, composée de trois à quatre taches, dont une très-petite, occupant la bifurcation d'une nervure transverse, & située vers le milieu du bord postérieur de cette bande; mais quelques individus (les femelles, à ce qu'il me paroît) ont, en outre, avant le sommet, une ligne transverse de quatre points blancs & transparens. Le limbe postérieur a sur les deux surfaces une rangée plus ou moins prononcée de taches linéaires ou de petites stries parallèles, bleues; on en voit d'autres, en forme de rayons, à la base de ces ailes, dans les individus mâles, ou ceux où les points blancs du bout manquent. Le disque des ailes inférieures présente, entre leur base & le centre, une bande transverse de taches blanches, longues, étroites; dans les individus mâles, il n'y a qu'une seule tache blanche, & en forme de bande longitudinale, oblique & elliptique; elle est assez rapprochée du bord extérieur, part de la base & se termine au limbe postérieur.

Cette jolie espèce m'a été envoyée du Brésil par M. Langsdorff.

159. Hespérie Salvien.

Hesperia Salvianus.

Hesperia alis suprà fuscis, viridi maculatis; posticis subtùs albis, punctorum fuscorum strigâ marginali.

Hesperia U. Salvianus, *alis integerrimis, fuscis, viridi maculatis; posticis subtùs albis, strigâ marginali punctorum fuscorum.* Fab. *Ent. Syst. em. tom.* 3. *pars* 1. *p.* 348. *n°.* 325.

Papilio Salvianus. Jon. *Fig. pict.* 6. *tab.* 94. *fig.* 4.

Papilio Salvianus. Donov. *of an Epit. of the Nat. Hist. of the Inf. of Ind.* 5. *pl.* 1. *fig.* 2.

Cette espèce est de moyenne grandeur & a le dessus du corps & des ailes noirâtre; près de leur bord postérieur est une rangée de points plus foncés. Le dessus des ailes inférieures présente deux bandes maculaires vertes, mais dont la postérieure plus étroite & en forme de raie; le milieu du dessus des supérieures est traversé d'une bande de la même couleur, & offre en outre, près de la base & du sommet, des taches pareillement vertes. Sur le dessous de ces ailes est une large bande blanche; celui des inférieures est de la même couleur, avec une rangée de points noirâtres.

On la trouve aux Indes.

160. Hespérie Juvénal.

Hesperia Juvenalis.

Hesperia alis diluto-fuscis : limbo postico punctorum albidorum fuscorumve subocellatorum strigis ; alis anticis punctorum hyalinorum, fusco marginatorum serie transversâ.

Hesperia U. Juvenalis, *alis ecaudatis, fuscis : anticis atro maculatis alboque punctatis.* Fab. *Ent. Syst. em. tom.* 3. *pars* 1. *p.* 335. *n°.* 291.

Papilio Juvenalis. Jon. *Fig. pict.* 6. *tab.* 78. *fig.* 1.

Papilio Juvenalis. Smith-Abbot, *Hist. Nat. des lépid. de la Georg. tom.* 1. *p.* 41. *tab.* 21.

Elle a quelqu'analogie avec notre *H. Tages,* & plus encore avec le *P. Bromius* de Stoll, *Suppl. pl.* 8. *fig.* 1. Son envergure est d'environ un pouce & demi. Le fond de la couleur des ailes est d'un noirâtre-brun, tantôt plus clair, tantôt plus foncé; leur limbe postérieur offre deux ou trois lignes transverses de petites taches arrondies, blanchâtres, bordées de noirâtre; lorsque le fond est plus clair, plusieurs de ces taches, & particulièrement celles de la rangée antérieure des ailes inférieures, deviennent oculaires; cette rangée est courbe ou sinuée; elle est remplacée sur les ailes supérieures par des points transparens, au nombre de cinq à sept, variant en grandeur, & dont la série est interrompue au milieu; en avant & près du milieu de la côte est un autre point transparent. La massue des antennes est insensiblement arquée & roussâtre.

La chenille est verdâtre, avec le dessus de la tête bifide ou bicornue. Elle vit sur la *glycine elliptica* & quelques autres plantes. Cette hespérie paroît donner deux fois.

Elle se trouve en Georgie & dans d'autres contrées de l'Amérique septentrionale; elle vient souvent près des maisons, & fréquente les lieux humides ou les bords des courans d'eau.

161. Hespérie Mimas.

Hesperia Mimas.

Hesperia alis fuscis, margine postico ferrugineo, subtùs punctorum nigrorum, strigâ ; anticis punctis tribus approximatis albis.

Hesperia U. Mimas, *alis integerrimis, fuscis, margine ferrugineis, strigâ punctorum nigrorum.* Fab. *Ent. Syst. em. tom.* 3. *pars* 1. *p.* 349. *n°.* 329.

Papilio P. U. Mimas. *Mant. Inf. tom.* 2. *pag.* 90. *n°.* 819. — *Spec. Inf. tom.* 2. *p.* 137. *n°.* 636.

Papilio Mimas. Cram. *Pap.* 5. *pl.* 52. E. F.

Cette petite espèce est très-voisine du *P. Bromius* de Stoll, de l'*H. Juvénal,* &c. Les ailes sont noirâtres, avec des taches ou des lignes transverses plus foncées, & le bord postérieur d'un brun-fauve; en dessous, cette couleur s'étend davantage, & l'on y observe une raie transverse de points noirâtres. Les ailes supérieures ont près du sommet trois points blanchâtres rapprochés en triangle.

Elle se trouve à Surinam & au Brésil.

162. Hespérie Nerva.

Hesperia Nerva.

Hesperia alis anticis suprà fuscis, maculis albis aliisque marginalibus cinereis ; posticis itidem atris, immaculatis ; omnibus subtùs flavescentibus, maculis albis nigrisque.

Hesperia U. Nerva, *alis integerrimis ; anticis fuscis, albo maculatis, posticis suprà nigris, immaculatis.* Fab. *Ent. Syst. em. tom.* 3. *pars* 1. *p.* 340. *n°.* 293.

Papilio Nerva. Jon. *Fig. pict.* 6. *tab.* 79. *fig.* 3.

Je n'ai point vu cette espèce. Selon Fabricius, son corps est petit & noirâtre. Notre phrase spécifique comprend les autres détails descriptifs. Elle me paroît avoir beaucoup de rapports avec le *P. Paulinus* de Cramer, *Pap.* 33. *pl.* 391. G. H.

Elle se trouve aux Indes.

163. Hespérie Orcus.

Hesperia Orcus.

Hesperia alis anticis posticisque suprà fuscis ; illis punctis maculâque lunatâ vitreis ; his fuscis superis infràque cærulescentibus.

Hesperia U. *alis rotundatis fuscis : anticis flavo maculatis, posticis subtùs cærulescentibus.* Fab. *Ent. Syst. em. tom.* 3. *pars* 1. *p.* 341. *n°.* 296.

Papilio Orcus. Jon. *Fig. pict.* 6. *tab.* 91. *fig.* 4.

Papilio Orcus. Donov. *of an Epit. of the Nat. Hist. of the Inf. of Ind.* 11. *pl.* 4. *fig.* 1.

Papilio Cerialis. Cram. *Pap.* 33. *pl.* 392. N. O.

Stoll, *Suppl. aux Pap. de* Cram. *pl.* 10. *fig.* 1.

Le deffus du corps de cette hefpérie eft noir, avec des taches & des raies blanches; fon deffous eft blanchâtre. Les ailes fupérieures font d'un noirâtre-foncé, avec de petites taches & des points vitrés, entre le milieu & le fommet; la plus antérieure de ces taches eft plus grande, prefqu'en forme de fer-à-cheval, dont l'échancrure regardant le bord poftérieur, & furmontée d'un point; on diftingue près ce bord les traces d'une raie bleuâtre; en deffous la côte eft auffi, à fa bafe, de cette couleur. Le deffus des ailes inférieures eft noirâtre, avec trois bandes pareillement bleuâtres, dont l'antérieure plus large, & offre fouvent, dans fon milieu, un point noirâtre; le deffous de ces ailes eft d'un bleu plus vif, avec le limbe extérieur noirâtre, & traverfé au bord poftérieur par une ligne bleue.

Sa chenille, fuivant Stoll, vit fur une efpèce de poivrier. Elle eft d'un vert-fale, avec la tête brune, une tache fur chaque côté de fes anneaux, & deux lignes le long du ventre blanches.

Elle ne refte qu'environ fept jours en chryfalyde.

Près de cette efpèce doivent être placés le *P. Jovianus* de Cramer, *ibid.* pl. 392 L. M., dont les ailes inférieures font prefqu'entièrement bleues des deux côtés, fon *Herennius*, E. F. de la même planche, ainfi que le *P. Ophion* de Stoll, *pl.* 26, *fig.* 4. Nous penfons auffi que l'hefpérie *Tertulien* de Fabricius (*Ent. Syft. tom.* 3. *pars* 1. *p.* 341. *n°.* 295) ne doit pas en être éloignée. Le deffus de fes ailes eft d'un blanchâtre-foncé, avec des points plus obfcurs; les fupérieures ont quelques points tranfparens.

Ces efpèces habitent l'Amérique méridionale.

164. Hespérie Chlorocéphale.

Hesperia Chlorocephala.

Hesperia alis nigro-fufcis, fafciis macularibus atris; pofticis infrà intùs cinerafcentibus; palpis capitifque vertice fquamis viridibus, micantibus.

M. Langfdorff, qui m'a envoyé cette efpèce découverte par lui au Bréfil & dans les environs de fon habitation, avoit remarqué qu'elle différoit des autres par les écailles ou poils d'un vert doré & brillant de l'extrémité de fes palpes extérieurs & du fommet de la tête. Elle eft petite. Ses ailes offrent en deffus quelques zônes cendrées, peu prononcées & formées de petits atomes. Leur deffous eft un peu plus clair; celui des inférieures a, vers le bord interne & jufqu'à l'angle anal, une teinte cendrée ou d'un brun-jaunâtre, avec des taches ou des points plus foncés.

Cette efpèce eft très-voifine du papillon *Herennius* de Cramer, 33, *pl.* 392, E, F, dont j'ai parlé à la fuite de la defcription de l'efpèce précédente.

---

2. *Ailes fupérieures ayant foit la côte très-arquée, foit l'angle du fommet avancé en manière de crochet ou de faulx.*

Nota. Palpes extérieurs proportionnellement moins épais, plus cylindriques, plus avancés, avec le dernier article plus grand que dans les autres divifions, quelques efpèces de la précédente cependant exceptées. Souvent les ailes inférieures paroiffent comme tronquées, ou ayant le bord poftérieur très-dilaté, préfentent vers l'angle anal une concavité remarquable. Dans d'autres, leur côté extérieur eft anguleux ou denté, & elles reffemblent alors à celles de quelques phalènes.

Ces efpèces, toutes propres au Bréfil & à la Guyane, repréfentent, dans cette tribu, les *Pyrales* ou les *Phalènes rouleufes* (*tortrices*) de Linnæus.

A. *Bord poftérieur des ailes fupérieures prefque droit ou fans courbure notable ni angle: le fommet point avancé brufquement en manière de dent ou de crochet.*

Nota. Les deux efpèces qui compofent cette divifion, faifant le paffage de la précédente à la fuivante, font par-là même ambiguës. Dans la feconde efpèce, la côte des ailes fupérieures eft peu arquée; mais, par la forme des inférieures, elle fe rapproche des dernières efpèces.

a. *Côté extérieur des ailes inférieures fans dents.*

165. Hespérie Mélandre.

Hesperia Melander.

Hefperia alis albidis, ftrigis, maculis nervifque plurimis fufcis, limbum pofticum bafinque fæpiùs obfcurantibus; anticis punctis aliquot hyalinis.

Papilio Melander. Cram. *Pap.* 23. *pl.* 270. H.

Cette efpèce a beaucoup d'affinité, tant par la forme des antennes que par les couleurs, avec les *H. Syrichtus*, *Arfalte* & autres analogues, & paroît appartenir, à raifon de la courbure de la côte des ailes antérieures, aux efpèces de notre dernière divifion; leur fommet cependant ne fe termine point en manière de crochet ou de dent, comme dans l'*H. Sebaldus*, &c.

Les ailes font d'un blanchâtre-luifant, particulièrement en deffous & au milieu de la furface supérieure ; cette couleur est coupée transversalement par des lignes ondulées, des taches ou des points disposés en séries transverses, & par des nervures d'un noirâtre tirant sur le brun : cette couleur domine quelquefois sur les ailes supérieures. Près de leur sommet est une série transverse de quatre points transparens, mais qui, dans des individus plus clairs, sont moins tranchés ou peu apparens. Le limbe postérieur est tantôt d'un brun-noirâtre, avec des rangées de taches blanchâtres ou d'un brun-pâle, tantôt presque blanchâtres, avec des lignes de taches noirâtres.

Elle se trouve au Brésil & à Surinam.

---

b. *Côté extérieur des ailes inférieures ayant une dent forte & aiguë.*

166. Hespérie Néarque.

Hesperia Nœarchus.

Hesperia alis suprà fuscis, subtùs pullis, utrinquè lineis saturatioribus.

Hesperia Nearchus. Latr. *Rec. d'observat. de Zool. & d'Anat. comp.* de MM. de Humboldt & Bonpl. *part.* 2. *p.* 135. *pl.* 43. *fig.* 3. 4.

Son envergure est d'environ deux pouces ; le crochet de leurs antennes est fortement replié en dehors. Le corps & le dessus des ailes sont d'un brun-noirâtre très-foncé, avec des lignes noires, nombreuses & ondulées ; le dessous est d'un brun plus clair, & offre aussi des lignes & des traits transverses plus foncés que le fond. Le côté extérieur des ailes inférieures présente une saillie en manière de dent forte & aiguë.

Cette espèce a été apportée de l'Amérique méridionale par MM. de Humboldt & Aimé Bonpland. Elle se trouve aussi au Brésil.

B. *Bord postérieur des ailes supérieures soit fortement arqué, soit anguleux ; le sommet avancé ou terminé brusquement en manière de crochet ou de faulx. (Ailes inférieures comme tronquées postérieurement, ou très-concaves à l'angle anal.)*

a. *Côté extérieur des ailes inférieures, denté ou anguleux.*

167. Hespérie Westermann.

Hesperia Westermann.

Hesperia alis suprà cinereo-fuscis, vel fusco-brunneis, infrà brunneis, utrinquè lineis undulatis, transversis, obscurioribus; anticis punctis subcostalibus vitreis : posticis processu externo bidentato.

J'ai déjà cité M. Westermann pour quelques espèces qu'il a eu l'amitié de me communiquer : je lui dédie maintenant celle-ci, & avec d'autant plus de raison, qu'il vient de nous faire connoître plusieurs insectes curieux, soit des Indes orientales, soit du Cap de Bonne-Espérance.

La taille de cette espèce égale celle de l'*H. Mithridate.* La couleur du dessus des ailes varie un peu du noirâtre-cendré au brun-foncé ; mais leur dessous est constamment d'un brun plus clair, tirant même sur le maron. Les deux surfaces sont traversées de lignes ou de bandes très-ondulées, nombreuses & noirâtres ; le bord postérieur présente quelquefois une série de lunules de cette couleur. Les ailes supérieures ont près du sommet deux ou trois points transparens & très-rapprochés, mais qui sont quelquefois peu apparens ; dans d'autres individus, on en voit encore quelques autres vers le milieu de leur disque. Le bord latéral externe des ailes inférieures se prolonge à sa jonction avec le bord postérieur en une saillie obtusément bidentée.

Elle se trouve au Brésil, & m'a été envoyée par M. Langsdorff.

168. Hespérie Sébaldus.

Hesperia Sebaldus.

Hesperia alis fuscis, atro transversim undatis ; anticis apice uncinatis ; posticis subtùs limbo postico flavido, fusco punctato.

Hesperia U. Sebaldus, *alis ecaudatis fusco atroque variis : posticis subtùs angulo ani flavo.* Fab. *Ent. Syst. em. tom.* 3. *pars* 1. *pag.* 343. *n°.* 305.

Papilio P. U. Sebaldus. *Mant. Ins. tom.* 2. *p.* 89. *n°.* 80.

Papilio Busirus. Cram. *Pap.* 22. *pl.* 261. A. B. C.

Elle a un peu plus de deux pouces d'envergure. La masse des antennes est longue, grêle & arquée. Le corps & les ailes sont d'un noirâtre plus ou moins foncé, & quelquefois presque noirs ; ces ailes sont traversées par diverses taches ou bandes plus foncées ou noires. Les ailes inférieures ont extérieurement un angle avancé ou une forte dent ; en dessous, leur limbe postérieur est jaunâtre, avec une ou deux rangées de points noirâtres : la couleur jaune y forme une large bande. Vers l'angle interne, ces ailes sont fortement concaves, & celui du sommet des ailes supérieures a la forme d'une dent brusque ou d'un petit crochet.

Elle se trouve au Brésil & à Surinam.

J'ai reçu du Brésil une hespérie très-analogue à la précédente par la forme générale & la couleur des ailes ; mais les inférieures n'ont point de dent au bord extérieur, & ses palpes labiaux sont plus longs & plus avancés que dans ses congenères. Je la nommerai *H. Palpalis.*

---

b. *Côté extérieur des ailes inférieures sans angles ni dents.*

169. HESPÉRIE Thrasybule.

HESPERIA Thrasybulus.

Hesperia alis suprà nigris, cœruleo undulatis; posticis subtùs angulo ani cinereo, fusco punctato.

Hesperia U. Thrasybulus, *alis integerrimis, atris, lunulis cœruleis; posticis subtùs angulo ani cinereo, fusco punctato.* FAB. *Ent. Syst. em. tom.* 3. *pars* 1. *pag.* 346. *n°.* 315.

Papilio Thrasybulus. JON. *Fig. pict.* 6. *tab.* 28. *fig.* 1.

Papilio Thrasybulus. DONOV. *of an Epit. of the Nat. Hist. of the Ins. of Ind.* 6. *pl.* 3. *fig.* 4.

Elle a de grands rapports avec la précédente, mais elle est beaucoup plus petite. Les ailes inférieures n'ont point de dents au côté extérieur, & le sommet des supérieures ne forme pas un angle aussi brusque. Le dessus des quatre est noir ou noirâtre, avec des lignes ondulées d'un bleu très-foncé; leur dessous est plus clair, tirant sur le brun, & même un peu jaunâtre ou cendré sur l'extrémité postérieure & interne des inférieures, avec des taches & des points plus foncés.

Elle se trouve au Brésil.

170. HESPÉRIE Mithridate.

HESPERIA Mithridates.

Hesperia alis atris, maculâ fasciâque posticâ purpureis, lunulis pallidioribus.

Hesperia P. U. Mithridates, *alis rotundatis atris: maculâ fasciâque posticâ purpureis; lunulis pallidioribus.* FAB. *Ent. Syst. em. tom.* 3. *pars* 1. *p.* 336. *n°.* 277.

Papilio Mithridates. DONOV. *of an Epit. Nat. Hist. Ins.* 6. *pl.* 3. *fig.* 3.

Papilio Mithridates. JON. *Fig. pict.* 5. *tab.* 25. *fig.* 1.

Elle est grande, d'un noir-foncé, avec des taches d'un rouge-pourpre sur le corps & les ailes. Le dessus de ces ailes a postérieurement une bande de cette couleur, avec des lunules plus pâles. Leur dessous est noir, avec deux bandes pareillement purpurines & formées par des taches.

Selon Fabricius, elle se trouve aux Indes; mais d'après l'analogie, elle doit être propre à l'Amérique méridionale. J'ai reçu du Brésil une hespérie ne différant de la précédente qu'en ce que les taches & la bande postérieures des ailes sont d'un brun-cendré au lieu d'être rouges.

171. HESPÉRIE Brébisson.

HESPERIA Brébisson.

Hesperia alis anticis utrinquè posticisque suprà dilutè fuscis; his nigro punctatis, ibidem posteriùs infràque, margine externo excepto, cœrulescentibus; anticarum margine postico angulato.

M. de Brébisson, de Falaise, a fait de nombreuses recherches sur les insectes des environs de cette ville, & particulièrement sur divers hyménoptères négligés ou peu observés jusqu'à ce jour, à raison de leur extrême petitesse.

L'espèce à laquelle je donne son nom est une des plus remarquables de ce genre. Le milieu du bord postérieur de ses premières ailes forme un angle: elles sont, ainsi que la surface supérieure des secondes, d'un noirâtre-clair; en dessus, leur milieu présente une grande tache noire, sur laquelle on remarque quelques points vitrés, jaunâtres, luisans, & dont un, beaucoup plus grand, a une teinte dorée; l'angle interne a une tache noire, triangulaire, entourée de bleu-cendré; en dessous, la base de ces ailes & une portion du bord interne sont de cette couleur. Telle est aussi la teinte du limbe postérieur & supérieur des ailes inférieures & de leur dessous, à l'exception du bord extérieur, qui est noirâtre. Ces ailes paroissent comme fortement tronquées; leur angle extérieur est noir en dessus & bordé de bleuâtre intérieurement; leur dessous est tacheté & ponctué de noir.

Elle se trouve au Brésil.

N. B. Quelques hespéries *Urbicoles* de Fabricius, telles que l'*Alphœus*, le *Pretus*, le *Silenus*, le *Polycletus*, doivent être placées avec nos polyommates.

Il en est d'autres que, faute de données suffisantes, nous avons été forcés d'omettre. En voici l'énumération:

1°. *H. Atticus*, *n°.* 288. Elle rentreroit dans la division des H. à ailes inférieures arrondies & entièrement vitrées. Stoll, dans son Supplément aux papillons de Cramer, a représenté une espèce analogue, *P. Julettus*, *pl.* 9, *fig.* 1.

2°. *H. Clericus*, *n°.* 289. Elle paroît se rapprocher du *P. Bromius* de Stoll, ou de quelque autre espèce de sa division, l'avant-dernière de notre méthode.

3°. *H. Nathus.* Les ailes, à l'exception du dessous des inférieures, sont noirâtres; les supérieures ont de petites taches vitrées; le dessous des inférieures est blanc, avec trois points argentés tirant sur le bleu, entourés d'un anneau noirâtre, & six autres semblables sur le bord postérieur:

rieur : ce bord est noirâtre ; le dessous du corps est blanc. Cette espèce est d'Amérique.

Le *P. Ophion* de Stoll, *Suppl. aux Pap. exot.* de Cramer, *pl.* 26, *fig.* 4, s'en rapproche un peu. Il le dit de Sierra-Leone en Afrique, ce qui me paroît douteux.

4°. Les *H. Niso*, *n°.* 347, & *Spio*, 348. Fabricius dit que la première se trouve à Cayenne ; mais Linnæus, qui la compare, ainsi que la seconde, à son *P. Tages*, leur donne le Cap de Bonne-Espérance pour patrie. M. Donovan a figuré dans le cinquième fascicule de son Epitome de l'histoire naturelle des insectes de l'Inde, une hespérie sous le nom de *Spio*, mais simplement en dessus. A en juger d'après son dessin, cette espèce se rapprocheroit beaucoup de l'*H. Galba* de Fabricius. Dans celle-ci, le dessous des ailes est presque semblable au dessus ; la couleur du fond est seulement plus claire : or, c'est ce que dit formellement Linnæus à l'égard du *P. Spio*, & ce qui ne convient nullement à l'*H. Vindex*. Quant à son *P. Niso*, n'ayant point vu un assez grand nombre d'hespéries du Cap de Bonne-Espérance, il nous est impossible de nous former sur ce sujet une opinion.

5°. L'hespérie *Phocion* de Fabricius, n°. 345, & qu'il ne faut pas confondre avec celle du n°. 274, que nous avons décrite, paroîtroit se rapprocher de l'*H. Aracinthus*, en ce que deux de ses ailes seroient jaunes en dessous, avec des taches blanches en forme d'yeux ; mais comme les caractères spécifiques qu'il donne au *Phocion* du n°. 345 ne s'accordent pas avec sa description, & qu'il doit y avoir quelqu'erreur, nous n'avons pas cru devoir mentioner autrement cette espèce.

6°. Le *Papilio* P. U. *Protumnus* de Linnæus nous est encore inconnu ; nous présumons qu'il se rapproche de l'*H. Mævius* de Fabricius, ou de quelqu'autre espèce de son voisinage. Si nous eussions eu à notre disposition un plus grand nombre de matériaux & si nous n'eussions pas été pressés par le temps, notre travail eût été moins imparfait : nous espérons néanmoins qu'il offrira quelqu'intérêt, surtout à ceux qui, ayant des collections considérables de lépidoptères exotiques, compareront l'état où Fabricius a laissé cette partie de la science, avec ce que nous avons fait pour elle, soit en éclaircissant la synonymie, soit en caractérisant les espèces & en les rapprochant par petits groupes naturels.

Nous aurions pu, en en décrivant plusieurs autres, donner plus d'étendue à cet article ; mais comme la plupart de ces espèces inédites ont généralement des teintes sombres, & qu'il est bien difficile de les reconnoître sans le secours de bonnes figures, nous avons cru devoir les omettre.

FAMILLE SECONDE.

CRÉPUSCULAIRES. *Crepuscularia.*

Les quatre ailes horizontales, ou en toit, dans le repos. Un crin à l'origine du bord antérieur des inférieures pour retenir les supérieures.

TRIBU PREMIÈRE.

HESPÉRIES-SPHINX. *Hesperio-Sphinges.*

GENRE CASTNIE. *Castnia.* Fab.

CARACTÈRES GÉNÉRIQUES.

Palpes distinctement triarticulés, non contigus, et brièvement garnis d'écailles.

Observation. Depuis l'impression de la première partie de ce volume, l'examen d'objets nouveaux nous a déterminés à former une tribu particulière, tenant le milieu entre les Hespérides et les Sphingides, & à laquelle pour cette raison nous avons donné le nom de tribu des Hespéries-Sphinx. Elle a pour caractères : *antennes toujours sans dents, en massue fusiforme, crochue et sans houppe d'écailles à son extrémité*, et elle se compose des genres *Castnie* et *Agariste*, genres chez lesquels la cellule discoïdale des secondes ailes est ouverte. Quelques Castnies avoient été mises par Fabricius dans le genre *Papillon*, tel que Linné l'a formé.

ESPÈCES.

Nota. Les Castnies ont les écailles plus grandes que la plupart des autres lépidoptères connus.

1. Castnie Cyparissias.

Ailes entières, d'un noir-brun chatoyant, avec deux bandes blanches de part et d'autre : bandes es supérieures sinuées, bandes des inférieures maculaires.

2. Castnie Pylade.

Ailes entières, d'un noir-brun chatoyant : supérieures avec deux bandes sinuées, d'un blanc-sale en dessus, roussâtres en dessous ; inférieures ayant de part et d'autre une bande marginale fauve, tachetée de noir.

3. Castnie Licas.

Ailes entières, ayant le dessus d'un noir-brun chatoyant : supérieures avec deux bandes blanches, dont une plus courte ; inférieures avec une rangée marginale de taches rouges : dessous des inférieures cendré.

4. Castnie Évalthé.

Ailes entières, d'un noir chatoyant : supérieures avec deux bandes jaunes de part et d'autre, inférieures avec une seule : dessus des inférieures avec une série de taches marginales, leur dessous avec toute la surface, rouges.

CASTNIE. (Insecte.)

5. Castnie Icare.

Ailes entières, presque semblables de part et d'autre : supérieures d'un brun-noirâtre chatoyant, avec trois bandes blanches; inférieures rouges, avec deux lignes ondulées transversales, et le limbe, noirs.

6. Castnie Amycus.

Ailes entières, d'un noir chatoyant : supérieures ayant de part et d'autre une bande et un point blancs; dessus des inférieures avec deux bandes, leur dessous avec toute la surface, rouges.

7. Castnie Brécourt.

Ailes entières, d'un noir-brun chatoyant : supérieures avec une bande difforme blanchâtre; inférieures avec deux bandes transverses blanches et une bande intermédiaire d'un rouge-minium.

8. Castnie Cochrus.

Ailes entières, semblables de part et d'autre, d'un noir-brun chatoyant, avec une bande blanche courte sur le milieu des quatre : anneaux postérieurs de l'abdomen rouges et bordés de blanc.

9. Castnie Latreille.

Ailes entières, d'un noir-brun chatoyant : supérieures avec une bande blanchâtre, oblique et bifide; inférieures avec une bandelette longitudinale, et un arc maculaire, d'un bleu-tendre.

10. Castnie Sautoir.

Ailes entières, d'un vert-brun chatoyant : supérieures avec deux bandes blanches, en sautoir; inférieures avec une seule, maculaire.

11. Castnie Phalaris.

Ailes entières, d'un gris-brun chatoyant, avec deux bandes blanchâtres : bandes des supérieures peu prononcées en dessus, bifides en dessous; bandes des inférieures maculaires de part et d'autre.

12. Castnie Palatinus.

Ailes entières : supérieures d'un ferrugineux-chatoyant, avec un point oculaire noir; inférieures noires, avec une bande médiaire, et une ligne postérieure maculaire, d'un jaune-blanchâtre.

13. Castnie Fonscolombe.

Ailes entières : dessus des supérieures d'un ferrugineux-chatoyant, avec cinq points d'un jaune-transparent sur le milieu; dessus des inférieures d'un rouge-brique, avec une série postérieure de taches noires.

14. Castnie Thalaïre.

Ailes entières : dessus des supérieures d'un vert-brun chatoyant, avec la base et deux bandes d'un gris-incarnat; inférieures rouges de part et d'autre, avec deux bandes et le bord noirs.

15. Castnie Fabricius.

Ailes entières : dessus des supérieures d'un gris-incarnat chatoyant, avec deux lignes transverses, et une tache intermédiaire, ferrugineuses; inférieures d'un rouge-brique, avec deux bandes maculaires, et une bordure crénelée, noires.

16. Castnie Marcel-Serres.

Ailes entières, d'un brun-chatoyant en dessus, avec des bandes peu prononcées d'un gris-incarnat : bandes des supérieures continues et au nombre de trois, bandes des inférieures maculaires et au nombre de deux.

CASTNIE. (Insecte.)

17. Castnie Cronis.

Ailes entières, semblables de part et d'autre : supérieures noires, avec le disque et des taches marginales d'un beau blanc; inférieures d'un jaune-pâle, avec une bordure noire, crénelée.

18. Castnie Pélasgus.

Ailes très-entières, semblables de part et d'autre : supérieures verdâtres, avec une bande fauve; inférieures noires, et sans taches. Fab.

1. Castnie Cyparissias.

Castnia Cyparissias.

Cast. alis integris, atris, nitidis: utrinquè fasciis duabus albis, anticarum repandis, posticarum macularibus.

Papilio D. F. Cyparissias, *alis integerrimis, nigris, fasciis duabus albis: anticarum obliquis, posticarum punctatis.* Fab. *Spec. Inf. tom.* 2. *p.* 52. *n°.* 226. — *Mant. Inf. tom.* 2. *pag.* 25. *n°.* 259. — *Ent. Syst. em. tom.* 3. *pars* 1. *p.* 39. *n°.* 415.

Papilio Cyparissias. Herbst, *Pap. tab.* 138. *fig.* 1. 2.

Papilio Dedalus. Cram. *pl.* 1. *fig.* A. B.

Elle a de sept pouces à sept pouces & demi d'envergure. Le dessus des ailes est d'un brun-noirâtre, chatoyant en vert ou en violet selon les aspects, avec deux bandes blanches. Les bandes des premières ailes sont obliques, continues, sinuées, inégales, & suivies d'une rangée transverse de quatre à sept taches blanches. Les bandes des secondes ailes sont maculaires, un peu courbes & disposées transversalement entre le milieu & le bord postérieur.

Le dessous ressemble au dessus, mais l'extrémité des premières ailes & toute la surface des secondes sont d'un brun beaucoup plus pâle que du côté opposé.

Se trouve à Surinam, dans les bois.

2. Castnie Pylade.

Castnia Pylades.

Cast. alis integris, atris, nitidis: anticis fasciis duabus repandis, suprà albidis, subtùs rufescentibus; posticis fasciâ marginali utrinquè fulvâ nigroque maculatâ.

Papilio Pylades. Cram. *pl.* 387. *fig.* A. B.

Papilio Pylades. Herbst, *Pap. tab.* 135. *fig.* 1. 2.

Elle a environ cinq pouces & demi d'envergure, & elle est d'un brun-noir, chatoyant en vert ou en violet, selon les aspects. Ses premières ailes ont derrière le milieu deux bandes transverses & sinuées, qui sont d'un blanc-sale en dessus, roussâtres en dessous. Ses secondes ailes offrent parallèlement au bord postérieur une bande fauve, divisée dans le sens de sa longueur par une série de taches noires orbiculaires.

Des Indes occidentales.

3. Castnie Licas.

Castnia Licas.

Cast. alis integris, suprà atris, nitidis: anticis sesquifasciâ albâ, posticis serie marginali è maculis rubris: posticarum paginâ inferiori cinereâ.

Papilio D. F. Licas, *alis integerrimis, fuscis: anticis fasciis duabus, posticis unicâ albis maculisque rubris: subtùs cinereis, albo fasciatis.* Fab. *Mant. Inf. tom.* 2. *p.* 26. *n°.* 273. — *Ent. Syst. em. tom.* 3. *pars* 1. *p.* 45. *n°.* 137.

Papilio Licus. Cram. *pl.* 223. *fig.* A. B.

Papillo Lycus. Herbst, *Pap. tab.* 134. *fig.* 3. 4.

Papilio Licus. Drury, *Inf.* 1. *pl.* 16. *fig.* 1. 2.

Merian, *Surin. Inf tab.* 36.

Seba, *Muf.* 4. *tab.* 19. *fig.* 11. 12. — *tab.* 21. *fig.* 10.

Jon. *Fig. pict.* 3. *tab.* 73. *fig.* 2.

β. *Papilio* D. F. Syphax, *alis integerrimis, atris: anticis fasciâ albâ, posticis rubrâ marginali.* Fab. *Mant. Inf. tom.* 2. *pag.* 26. *n°.* 271. — *Ent. Syst. em. tom.* 3. *pars* 1. *p.* 45. *n°.* 135.

Papilio Syphax. Herbst, *Pap. tab.* 134. *fig.* 1. 2.

Papilio Harmodius. Cram. *pl.* 223. *fig.* C. D.

Elle a environ quatre pouces d'envergure. Le dessus des ailes est d'un noir-brun, jetant un reflet vert ou violet selon les aspects, avec deux bandes blanches aux supérieures, & une seule aux inférieures. La bande antérieure des premières ailes est continue, & elle descend du milieu de la côte à l'angle interne. Leur bande postérieure est plus courte, maculaire, flexueuse & située vis-à-vis du sommet. La bande des secondes ailes est oblique, médiaire, & suivie d'une rangée marginale de taches orbiculaires rouges.

Le dessous diffère du dessus, en ce que les premières ailes ont des taches blanches ou rougeâtres sur le milieu du bord postérieur, en ce que les secondes ailes sont cendrées & qu'elles ont les taches rouges de l'extrémité ordinairement peu prononcées.

La bande blanche des ailes inférieures est quelquefois oblitérée. Il arrive même qu'elle manque totalement, comme dans la variété que les auteurs ont donnée sous le nom de *Syphax.* On voit aussi des mâles chez lesquels la bande postérieure du dessus des premières ailes est à peine sensible.

4. Castnie Evalthé.

Castnia Evalthe.

Cast. alis integris, nigris, nitidis: utrinquè anticis fasciis duabus, posticis unicâ flavis: posticis suprà serie è maculis marginalibus, subtùs paginâ omni rubris.

Papilio D. F. Evalthe, *alis integerrimis, ni-*

gris : anticis fasciis duabus, posticis unicâ flavis maculisque rubris, subtùs rubris fasciâ maculari flavâ. Fab. *Syst. Ent. p.* 480. *n°.* 166. — *Spec. Ins. tom.* 2. *p.* 53. *n°.* 235. — *Mant. Ins. tom.* 2. *p.* 26. *n°.* 272. — *Ent. Syst. em. tom.* 3. *pars* 1. *p.* 45. *n°.* 136.

Papilio Evalthus. Herbst, *Pap. tab.* 137. *fig.* 1. 2.

Papilio Dardanus. Cram. *pl.* 17. *fig.* E. F.

Elle a environ trois pouces d'envergure. Le dessus des ailes est noir, & chatoyant en vert ou en violet selon les aspects, avec trois bandes jaunes, dont deux obliques & continues aux supérieures, & une maculaire aux inférieures. Ces dernières ailes offrent parallèlement à leur bord terminal une rangée de taches rouges, arrondies.

Le dessous des premières ailes ne diffère du dessus que parce que la côte & le sommet sont lavés de rougeâtre. Le dessous des secondes ailes est tout rouge, avec une bande maculaire jaune, répondant à celle de la surface opposée.

Dans quelques individus, les taches rouges du dessus des secondes ailes s'étendent jusqu'à la bande jaune; dans d'autres, cette bande est remplacée par une grande tache sémi-lunaire de sa couleur.

De Surinam & du Brésil, dans les bois.

5. Castnie Icare.

Castnia Icarus.

Cast. alis integris, subconcoloribus : anticis fuscis, nitidis, fasciis tribus albis ; posticis rubris, strigis duabus undulatis limboque nigris.

Papilio Icarus. Cram. *pl.* 18. *fig.* A. B.

Elle a de trois pouces & demi à quatre pouces d'envergure. Le dessus des premières ailes est d'un brun-noirâtre, chatoyant en vert ou en violet selon les aspects, avec trois bandes blanches continues, dont les deux antérieures obliques & parallèles, la postérieure transverse, plus courte & faisant face au sommet.

Le dessus des secondes ailes est rouge, avec deux lignes postérieures ondulées, & le limbe terminal, noirs. Avant les lignes, il y a deux ou trois points blanchâtres, surmontés d'une lunule centrale noire.

Le dessous ne diffère du dessus que parce que la base des ailes supérieures est rouge, & parce que les points blancs des inférieures sont accompagnés d'une double tache également blanche. Le corps est grisâtre, avec les côtés de l'abdomen & l'anus orangés. Les antennes sont noires & terminées de blanchâtre.

De Surinam.

6. Castnie Amycus.

Castnia Amycus.

Cast. alis integris, nigris, nitidis : anticis utrinquè fasciâ punctoque albis ; posticis suprà fasciis duabus, subtùs paginâ omni rubris.

Papilio Amycus. Cram. *pl.* 227. *fig.* D. E.

Elle a un peu plus de deux pouces d'envergure. Le dessus des ailes est d'un noir-chatoyant, avec deux petites taches & une bande blanches aux supérieures; avec deux bandes rouges, dont la postérieure maculaire, aux inférieures. La bande des premières ailes est placée entre les deux taches, & elle descend de la côte à l'angle interne.

Le dessous des premières ailes diffère du dessus en ce que la base est rouge, & en ce que la tache blanche antérieure manque.

Le dessous des secondes ailes est rouge, avec une série transverse de points blancs cerclés de noir.

De Surinam.

7. Castnie Brécourt.

Castnia Brecourt.

Cast. alis integris, atris, nitidis : anticis fasciâ deformi albidâ, posticis duabus transversis albis intermediâque miniaceâ.

Elle a un peu plus de trois pouces d'envergure. Le dessus de ses ailes est d'un noir-brun, chatoyant en vert ou en violet selon les aspects, avec une bande très-difforme d'un blanc-sale aux supérieures; avec deux bandes transverses blanches & une bande intermédiaire d'un rouge-minium aux inférieures. La bande antérieure des secondes ailes est discoïdale, large, continue, tandis que la postérieure est très-étroite & maculaire.

Le dessous diffère du dessus en ce que les premières ailes ont l'origine de la côte rouge, & le bord postérieur chargé d'une série transverse de taches blanches. Le corps est d'un noir-brun, avec les genoux & l'anus d'un rouge-minium. Les antennes sont noires.

Dédiée à M. Cotty de Brécourt, entomologiste-observateur, & décrite d'après un individu de la collection de M. Latreille.

Du Brésil.

8. Castnie Cochrus.

Castnia Cochrus.

Cast. alis integris, concoloribus, atris, nitidis, omnium disco fasciâ abbreviatâ albâ : abdomine posticè cingulis sanguineis albo marginatis.

Papilio D. F. Cochrus, *alis integerrimis, concoloribus, atris, fasciâ maculari albâ : abdomine sanguineo cingulis atris.* Fab. *Mant. Ins. tom.* 2. *p.* 25. *n°.* 263. — *Ent. Syst. em. tom.* 3. *pars* 1. *p.* 42. *n°.* 125

Elle a près de quatre pouces & demi d'envergure. Ses ailes sont d'un noir-brun, chatoyant en vert ou en violet selon les aspects, avec une bande blanche, discoïdale, oblique, courte & divisée par les nervures. La bande des secondes ailes est plus courte & plus large, & ces mêmes ailes ont vers le sommet deux à trois points blancs. Le corps est noir, avec les quatre anneaux postérieurs de l'abdomen rouges & bordés de blanc. Le devant du corselet, la poitrine, la base du ventre sont tachetés de rouge, & les genoux sont de cette couleur. Les antennes sont entièrement noires.

Quelquefois la bande des ailes supérieures est moins blanche en dessus qu'en dessous.

Du Brésil.

9. Castnie Latreille.

Castnia Latreille.

Cast. alis integris, atris, nitidis : anticis fasciâ albidâ, obliquâ, bifidâ ; posticis vittâ longitudinali arcuque maculari cæsiis.

J'éprouve un véritable plaisir à dédier cette nouvelle espèce à mon maître, savant académicien que les naturalistes de l'Europe ont, d'une voix unanime, proclamé le *prince des entomologistes* de notre siècle.

Elle a près de cinq pouces d'envergure. Les premières ailes sont d'un brun-enfumé & très-chatoyant, avec le milieu coupé obliquement par une bande bifide, qui est d'un blanc-obscur en dessus, d'un blanc-violâtre en dessous.

Le dessus des secondes ailes est noir, avec une bandelette lilas, partant du disque où elle se dilate en manière de hachette, & allant aboutir à un arc marginal de trois taches également lilas. Le dessous est moins foncé que le dessus, & il offre vers l'extrémité une ligne courbe & transverse de points bleuâtres. Le corps est entièrement d'un brun-noirâtre, & les antennes sont ferrugineuses.

Du Brésil; collection de M. Latreille.

10. Castnie Sautoir.

Castnia Decussata.

Cast. alis integris, fusco-viridibus, nitidis : anticis fasciis duabus albis decussatis, posticis unicâ maculari.

Elle a environ deux pouces & demi d'envergure. Le dessus des ailes est d'un vert-brun, chatoyant, avec trois bandes blanches, dont deux en sautoir aux supérieures, & une maculaire aux inférieures. La bande antérieure des premières ailes jette en outre un rameau qui se rabat sur l'origine du bord interne.

Le dessous diffère du dessus en ce que le rameau de la bande antérieure des premières ailes manque, & en ce que le fond des secondes est d'un brun-jaunâtre-pâle.

Décrite d'après un individu unique.

Du Brésil.

11. Castnie Phalaris.

Castnia Phalaris.

Cast. alis integris, fusco-griseis, nitidis, fasciis duabus albidis : anticarum suprà obsoletis, subtùs bifidis, posticarum utrinquè macularibus.

Papilio F. Phalaris, *alis integerrimis, fuscis : posticis strigis duabus macularibus albis.* Fab. *Ent. Syst. em. tom.* 3. *pars* 1. *p.* 45. *n°.* 138.

Papilio Phalaris. Jon. *Fig. pict.* 3. *tab.* 75. *fig.* 2.

Elle a environ trois pouces d'envergure. Le dessus des ailes est d'un gris-obscur, chatoyant en vert ou en violet suivant les aspects, avec deux bandes blanchâtres. Les bandes des premières ailes sont obliques, peu prononcées, & bifides à leur extrémité supérieure. Les bandes des secondes ailes sont maculaires, transversales & placées derrière le milieu sur un fond noirâtre.

Le dessous ne diffère du dessus que parce que les bandes des premières ailes sont beaucoup plus distinctes & qu'elles ont une tache blanche dans la fissure. Le corps est entièrement de la couleur des ailes.

Du Brésil.

12. Castnie Palatinus.

Castnia Palatinus.

Cast. alis integris : anticis ferrugineis, nitidis, puncto ocellari nigro ; posticis nigris, fasciâ mediâ strigâque apicis maculari albido-flavescentibus.

Papilio Palatinus. Cram. *pl.* 159. *fig.* B. C.

Elle a environ trois pouces d'envergure. Le dessus des premières ailes est d'un ferrugineux-chatoyant, avec un petit œil noir à prunelle blanche vis-à-vis du sommet.

Le dessus des secondes ailes est noir, avec une large bande d'un jaune-blanchâtre sur le milieu, & une série de taches du même jaune sur le bord postérieur. La bande prend une teinte rousse vers la côte.

Le dessous des quatre ailes diffère du dessus en ce qu'il est généralement plus pâle, & en ce que le milieu des supérieures offre quatre taches noires dont une annulaire.

De Surinam.

13. Castnie Fonscolombe.

Castnia Fonscolombe.

Cast. alis integris : anticis suprà ferrugineis, nitidis, disco punctis quinque hyalino-flaves-

centibus ; posticis testaceis, serie posticâ è maculis nigris.

Elle a plus de quatre pouces & demi d'envergure. Le dessus des premières ailes est d'un ferrugineux-chatoyant, avec cinq points jaunes, dont l'antérieur plus gros & presque discoïdal, les autres un peu diaphanes & alignés transversalement sur une bande plus intense que le fond de l'aile. Le dessus des secondes ailes est d'un rouge-brique, avec la base obscure, & l'extrémité chargée d'une série courbe de taches noires orbiculaires.

Le dessous des premières ailes ressemble au dessus, quant au dessin, mais il est d'un rouge-brique au lieu d'être ferrugineux. Le dessous des secondes ailes est d'un jaune-d'ocre, avec trois lignes transverses, dont les deux antérieures rougeâtres & ondulées, la postérieure noirâtre & maculaire. Le corps a le dessus ferrugineux, avec la moitié postérieure de l'abdomen d'un jaune-rougeâtre. Les antennes sont de la couleur du corselet.

Dédiée à M. Boyer de Fonscolombe, savant naturaliste de la ville d'Aix en Provence.

Du Brésil ; collection de M. Latreille.

14. Castnie Thalaïre.

Castnia Thalaira.

Cast. alis integris : anticis suprà fusco-viridibus, nitidis, basi fasciisque duabus carneo-griseis ; posticis utrinquè rubris, fasciis duabus margineque nigris.

Papilio Thais. Drury, *Ins. tom.* 3. *pl.* 16. *fig.* 4.

Elle a de trois pouces à trois pouces & demi d'envergure. Le dessus des premières ailes est d'un vert-brun, chatoyant, avec la base & deux bandes obliques d'un gris-incarnat. La bande intérieure est plus longue & plus large que l'extérieure.

Le dessus des secondes ailes est rouge, avec deux bandes postérieures, & le bord terminal, noirs.

Le dessous des premières ailes est noir, avec la base rouge, & trois bandes orangées, dont deux répondant aux bandes incarnates du dessus, la troisième maculaire & longeant le bord postérieur.

Le dessous des secondes ailes ressemble au dessus, mais il est généralement plus pâle, & il offre trois ou quatre petites taches blanches sur la bande qui avoisine le disque.

Quelquefois le rouge de l'extrémité des secondes ailes est remplacé par du jaune-orangé, comme dans l'individu figuré par Drury.

Cette Castnie a le bord postérieur des premières ailes beaucoup plus arqué en dehors que l'*Icare*.

Du Brésil.

15. Castnie Fabricius.

Castnia Fabricii.

Cast. alis integris : anticis suprà carneo-grisescentibus, nitidis, strigis duabus maculâque intermediâ ferrugineis ; posticis testaceis, fasciis duabus macularibus margineque crenato nigris.

Castnia Fabricii. Swainson, *Zoological illust. or origin. fig. an descrip.* &c. *cah.* 30. *pl.* 149.

Ce lépidoptère paroît être l'un des sexes de celui que M. Swainson a figuré sous le nom de *castnia Fabricii.*

Il n'a guère que deux pouces d'envergure. Le dessus des premières ailes est d'un gris-incarnat chatoyant, avec deux lignes transverses, & une tache intermédiaire, ferrugineuses. Le bord postérieur est en outre ferrugineux, principalement vers le sommet. Le dessus des secondes ailes est d'un rouge-brique, avec deux bandes maculaires, & une bordure crénelée, noires. Les deux bandes sont courbes & placées transversalement entre le milieu & l'extrémité de la surface.

Le dessous des quatre ailes est d'un rouge-briqueté-pâle, avec des lignes noirâtres qui ne sont que la répétition des caractères du dessus, & sur le milieu de l'antérieure desquelles on voit aux secondes ailes un double point blanc ocellé.

Du Brésil ; collection de M. Latreille.

16. Castnie Marcel-Serres.

Castnia Marcel-Serres.

Cast. alis integris, suprà fuscis, nitidis, fasciis obsoletis carneo-grisescentibus : anticarum tribus continuis, posticarum duabus macularibus.

Elle a près de deux pouces & demi d'envergure. Le dessus des ailes est d'un brun-enfumé, chatoyant en vert ou en violet selon les aspects, avec des bandes transverses & peu prononcées d'un gris-incarnat. Les bandes des premières ailes sont au nombre de trois, dont l'intermédiaire sinuée, la postérieure terminale, mais ne couvrant pas le sommet. Les bandes des secondes ailes sont au nombre de deux, & formées l'une par des taches presque quadrangulaires, l'autre par des lunules renversées. La frange de ces dernières ailes est en outre blanchâtre.

Le dessous des premières ailes est d'un gris-chatoyant, avec l'extrémité traversée par une bande bifide de taches blanchâtres. Le dessous des secondes ailes est d'un gris-rougeâtre, avec trois lignes brunâtres, transverses & ondulées, dont l'antérieure discoïdale & marquée d'un double point blanc. Le corps & les antennes sont de la couleur des ailes.

Dédiée à M. Marcel de Serres, connu par plusieurs écrits, professeur de géologie & de minéralogie à la Faculté des Sciences de Montpellier, &c.

Du Brésil ; collection de M. Latreille.

17. Castnie

17. Castnie Cronis.

Castnia Cronis.

Cast. alis integris, concoloribus : anticis nigris, disco maculisque marginalibus niveis ; posticis flavescentibus, margine crenato nigro.

Papilio Cronis, fem. Cram. *pl.* 178. *fig.* A.

L'individu que Cramer a pris pour la femelle de son papillon *Cronis* nous paroît être une castnie, tant par la forme des antennes, que par celle de la cellule discoïdale des secondes ailes.

Il a près de trois pouces d'envergure. Le dessus des premières ailes est noir, avec une vingtaine de taches blanches, savoir : une très-grande sur le disque ; une médiocrement grande sur le milieu de la côte, les autres en forme de points ovales & disposées sur deux rangs le long du bord postérieur.

Le dessus des secondes ailes est d'un jaune-d'ocre pâle, avec une bordure noire, étroite & ayant le côté interne crénelé.

Le dessous des quatre ailes diffère très-peu du dessus. Le corselet est noir, avec deux points rouges. L'abdomen est du même ton que les secondes ailes, & les antennes sont noires.

De Surinam.

18. Castnie Pélasgus.

Castnia Pelasgus.

Cast. alis integerrimis, concoloribus : anticis virescentibus, fasciâ fulvâ ; posticis nigris, immaculatis. Fab.

Papilio D. F. *Pelasgus.* Fab. *Mant. Inf. tom.* 2. *p.* 26. *n°.* 274. — *Ent. Syst. em. tom.* 3. *pars* 1. *p.* 46. *n°.* 139.

Papilio Pelasgus. Cram. *pl.* 202. *fig.* D.

Papilio Pelasgus. Herbst, *Pap. tab.* 136. *fig.* 6.

Nous ne connoissons cette espèce que par la figure de Cramer.

Elle a à peu près deux pouces & demi d'envergure. Les premières ailes sont d'un vert-brun & chatoyant de part & d'autre, avec une bande fauve, transverse, médiaire, courbe, atteignant à peine les deux bords.

Les secondes ailes ont le dessus ainsi que le dessous d'un noir-chatoyant, & sans aucune tache.

De Surinam.

GENRE AGARISTE. *Agarista.* Leach.

CARACTÈRES GÉNÉRIQUES.

Palpes inférieurs longs, ayant le deuxième article comprimé et barbu, le troisième subcylindrique et nu. (*Voyez* l'Observation ci-dessus, page 794.)

ESPÈCES.

A. Bord postérieur des premières ailes entier. Bord analogue des secondes ayant le milieu prolongé en une queue obtuse.

1. Agariste Leach.

Ailes semblables de part et d'autre, d'un brun-chatoyant : supérieures avec une bande transverse, inférieures avec le bord du sommet, blancs.

B. Bord postérieur des quatre ailes arrondi et entier.

2. Agariste Peinte.

Ailes presque semblables de part et d'autre, noires : supérieures tachetées de jaune-pâle, de jaune-orangé et de bleu-tendre; inférieures avec deux bandes transverses, dont l'antérieure d'un bleu-pâle, la postérieure écarlate.

3. Agariste Huit-taches.

Ailes entières, semblables de part et d'autre, noires, avec deux taches arrondies sur le disque de chacune : taches des supérieures d'un jaune-soufre pâle, taches des inférieures d'un blanc de neige.

A. Bord postérieur des premières ailes entier. Bord analogue des secondes ayant le milieu prolongé en une queue obtuse.

1. Agariste Leach.

Agarista Leach.

Agar. alis concoloribus, fuscis, nitidis: anticis fasciâ transversâ, posticis margine apicali, albis.

Elle a un peu plus de deux pouces d'envergure. Ses ailes sont de part & d'autre d'un brun-noirâtre chatoyant, avec une bande transverse aux supérieures, & le bord du sommet aux inférieures, blancs. La bande des ailes supérieures est courbe, ultrà-médiaire, & moins blanche en dessus qu'en dessous. Le corps & les antennes sont approchant du même ton que les ailes.

Dédiée à M. William Elford Leach, très-savant naturaliste anglais, & décrite d'après un seul individu, envoyé du Brésil à M. Latreille par M. de Langsdorff.

B. Bord postérieur des quatre ailes arrondi & entier.

2. Agariste Peinte.

Agarista Picta.

Agar. alis subconcoloribus, nigris: anticis flavescente, aurantio cœsioque maculatis; posticis fasciis duabus transversis, alterâ cœsiâ, alterâ coccineâ.

Agarista Picta, *atra, ano fulvo: alis anticis strigâ baseos flavâ maculisque fulvis; posticis fasciis duabus transversis, posticâ coccineâ.* Leach, *the Zoological miscellany, vol.* 1. *tab.* 15.

Papilio Agricola, *alis nigris: anticis flavo aurantioque maculatis; posticis cyaneo sanguineoque fasciatis.* Donow. *Gen. Illust. of Ent. part.* 1. *an Epit. of the Ins. of Asia, pl. fig.*

Elle a entre deux pouces & demi & trois pouces d'envergure. Ses ailes sont noires. Les supérieures ont à la base une bande longitudinale d'un jaune-verdâtre; sur le milieu deux bandes obliques de taches orangées; & vis-à-vis du sommet deux lignes maculaires, également obliques, dont l'antérieure bleuâtre, la postérieure à peu près du même jaune que la bande de la base. Il y a en outre sur le bord interne deux litures bleues, puis une tache jaunâtre. Les secondes ailes ont deux bandes transverses, dont l'antérieure d'un bleu-tendre, la postérieure écarlate & plus large. La frange de ces dernières ailes est entièrement blanche, tandis que celle des ailes de devant ne l'est qu'au sommet & à l'angle inférieur. Le corps est noir, avec le corselet d'un jaune-pâle, la poitrine écarlate, l'anus garni d'un bouquet de poils orangés. Les antennes sont noires.

Le mâle se distingue de la femelle en ce qu'il a la bande basilaire du dessus des premières ailes plus étroite, & le dessous des secondes tacheté de jaune-bleuâtre à son origine.

De la Nouvelle-Hollande.

3. Agariste Huit-taches.

Agarista octomaculata.

Agar. alis integris, concoloribus, nigris, disco singularum maculis duabus rotundatis: anticarum pallidè sulphureis, posticarum niveis.

Sesia 8maculata, *alis atris: maculis duabus anticarum flavis, posticarum albis.* Fab. *Ent. Syst. em. tom.* 3. *pars* 1. *pag.* 381. *n°.* 8.

Elle a environ quinze lignes d'envergure. Ses ailes sont noires en dessus & en dessous, avec deux taches orbiculaires sur le milieu de chacune. Les taches des ailes supérieures sont d'un jaune-soufre pâle, les taches des inférieures d'un blanc de neige. Le corps est noir, avec les épaulettes, un point frontal, le premier article des palpes & la base du troisième, d'un jaune-soufre. Les deux jambes antérieures sont garnies de poils orangés, & les antennes sont toutes noires.

Recueillie dans l'Amérique septentrionale par M. Milbert, voyageur du Gouvernement.

SUPPLÉMENT.

Avis. Sous le titre de RECTIFICATIONS, nous signalons : 1°. les espèces à supprimer comme ne formant qu'un seul sexe ; 2°. celles dont nous avons reconnu postérieurement la synonymie ou le véritable *habitat* ; 3°. les fautes typographiques qui nous avoient d'abord échappé.

RECTIFICATIONS.

GENRE PAPILLON.

Cellule discoïdale des secondes ailes fermée postérieurement.

Page 25. n°. 2. Pap. PANTHOÜS. — Femelle du PRIAM, page *ibidem*, n°. 1.

Page 38. n°. 39. Pap. TÉRÉAS. — Piéride.

Page 39. β. *Pap. Lycidas.* Cram. — Femelle du BÉLUS, pag. 38. n°. 42.

Page 41. n°. 49. Pap. ANDROGÉE. — Femelle du POLYCAON, page *ibidem*, n°. 48.

Page 42. n°. 51. Pap. EPHESTION. — Nymphale. (*Voyez* Nymph. URSULE, page 380. n°. 101.)

Page 51. n°. 75. Pap. NIAMUS. — *Pap. Nomius.* Esp. *Pap. exot. tab.* 52. *fig.* 3.

Page 62. n°. 101. Pap. PANDROSUS. — *Pap. Torquatinus.* Esp. *Pap. exot. tab.* 51. *fig.* 2.

Page 63. n°. 104. Pap. TÉMÈNE. — *Pap. Ariſtodemus.* Esp. *Pap. exot. tab.* 59. *fig.* 2.

Page 63. n°. 105. Pap. LYCORÆUS. — *Pap. Machaonides.* Esp. *Pap. exot. tab.* 45. *fig.* 2.

Page 67. n°. 114. Pap. PHORCAS. — *Pap.* N. *Doreus.* Fab. *Ent. Syſt. tom.* 3. *pars* 1. *pag.* 68. *n*°. 212.

Page 73. n°. 136. Pap. LYSITHOÜS. — *Pap. Hectorides.* Esp. *Pap. exot. tab.* 40. C. *fig.* 1.

GENRE PARNASSIEN.

Cellule discoïdale des secondes ailes fermée postérieurement.

GENRE THAÏS.

Cellule discoïdale des secondes ailes fermée postérieurement. (Chrysalide attachée par les deux bouts, et terminée antérieurement par deux petites pointes garnies de crochets.)

GENRE COLIADE.

Cellule discoïdale des secondes ailes fermée postérieurement.

Page 89. col. 1. lig. 23, ont le bord interne anguleux ; *liſez*, ont le bord poſtérieur anguleux.

Page 91. n°. 6. Coliade CIPRIS. — La femelle eſt plus pâle, & le deſſus de ſes ailes ſupérieures offre ſouvent un gros point noir vers le milieu de la ſurface.

Page 91. n°. 7. Col. LEACH. — Fond des ailes d'un jaune-verdâtre chez le mâle, d'un blanc-verdâtre chez la femelle. Antennes roſées & non noires.

Page 92. n°. 12. — Col. EUBULE. — Femelle de la MARCELLINA, page *ibidem*, n°. 9.

Page 93. n°. 14. Col. CNIDIA. — Femelle de l'ARGANTE, page 92. n°. 11.

Page 94. { n°. 15. Col. LOLLIA. / n°. 16. Col. ARICIE. / n°. 17. Col. LARRA. } — Femelles & variétés femelles de la PHILÉA, page 91. n°. 18.

Page 95. n°. 20. Col. CATILLA. — Femelle de l'HILARIA, page 97. n°. 25. Points difcoïdaux du deffous des ailes inférieures, bien argentés & entourés de deux cercles, dont l'extérieur non fermé. Antennes d'un rofe-grifâtre, avec le bout de la maffue ferrugiueux.

Page 96. n°. 21. Col. JUGURTHINA. (*Jugurtha* & *Crocale*. Cram.) — Femélle de notre ALCMÉONÉ, page 97. n°. 27. Deffous du mâle d'un jaune-foufre & fans taches. Deffous de la femelle d'un jaune-d'ocre, ordinairement très-pâle, avec un point blanc bordé d'un fimple cercle rougeâtre aux ailes fupérieures, & deux points femblables aux inférieures. Ces points manquent quelquefois. Dernier article des palpes très-court; antennes d'un brun-grifâtre, avec le bout de la maffue ferrugineux.

Page 96. n°. 21. Col. JUGURTHINA. (*Statira*. Cramer.) — Femelle de notre TITANIA, page 97. n°. 26. Habite le Bréfil, & non le Coromandel, comme nous l'avions cru d'après Cramer. Deffous de fes ailes d'un gris-jaunâtre luifant, avec des points difcoïdaux d'un blanc-vif, non bordés, ou feulement bordés en arrière par des atomes noirâtres. Dernier article des palpes alongé; antennes d'un brun-rougeâtre & ayant le tiers antérieur de la maffue jaunâtre. Le *Papilio* D. C. *Titania* de Fabricius paroît plutôt répondre à l'HILARIA qu'à notre TITANIA.

Page 98. n°. 28. Col. EVADNÉ (*Alcmeone*. Cram.) paroît être une variété mâle, & fans taches en deffous, de notre TITANIA.

GENRE PIÉRIDE.

Cellule discoïdale des secondes ailes fermée postérieurement.

Page 119. n°. 3. Piér. CALLIRRHOÉ. —Variété femelle de la Piér. GLAUCIPPE, page *ibidem*, n°. 2.

Page 122. n°. 12. Piér. OMPHALE. — Femelle de l'EVIPPE, page *ibidem*, n°. 10.

Page 122. n°. 13. Piér. ACHINÉ. — Variété femelle de l'EVIPPE, page *ibidem*, n°. 10.

Page 123. n°. 14. Piér. AMYTIS. (*Arethufa*. Cram.) — Variété femelle de l'EVIPPE, fans taches fauve au fommet des ailes fupérieures en deffus.

Page 131. n°. 39. Piér. AMATE. — Coliade.

Page 134. n°. 50. Piér. CANDIDE. — Coliade.

Page 134. n°. 51. Piér. HÉCABÉ. — Coliade.

Page 135. n°. 52. Piér. AGAVÉ. — Coliade.

Page 135. n°. 53. Piér. BRIGITTE. — Coliade.

Page 135. n°. 54. Piér. NÉDA. — Coliade. Répond au P. D. *Libythea*. Fab. *Suppl. pag.* 427. *n°*. 598—9.

Page 136. n°. 56. Piér. SMILAX. — Coliade.

Page 136. n°. 58. Piér. ELATHÉE. — Coliade.

Page 137. n°. 59. Piér. DAIRA. — Coliade, variété de l'ELATHÉE, n°. 58.

Page 137. n°. 61. Piér. PHIALÉ. — Coliade.

Page 138. n°. 66. Piér. SINOÉ. — Coliade.

Page 142. n°. 85. Piér. CAENIS. — Nymphale. (*Voy*. Nymph. AMPHICÉDA, page 384. n°. 113.)

Page 145. n°. 96. Piér. HIRLANDA. — Chez le mâle, la bordure noire eft moins large que chez la femelle que nous avons décrite.

Page 147. n°. 101. Piér. THYRIA. — Pap. N. *Nero*. Fab. *Ent. Syft. em. tom.* 3. *pars* 1. *p.* 153. *n°*. 471. — DONOV. *of an Epit. Inf. of India*, *cah.* 9. *pl.* 3. *fig.* 1.

Page 147. n°. 102. Piér. PANDA. — Coliade.

Page 150. n°. 113. Piér. PHILYRE. — *Pap.* D. *Caeneus*. Linn. *Syft. Nat.* 2. *p.* 766. *n°*. 111. — *Muf. Lud. Ulr.* 271.

Page 155. n°. 128. Piér. PYRRHA. — Nous avons vu, en double exemplaire, une variété mâle, dont le deffus des ailes eft jaune au lieu d'être blanc.

Page 156. n°. 130. Piér. PAMÉLA. — Femelle de la Piér. PYRRHA, page 155. n°. 128.

Page 157. n°. 133. Piér. DÉMOPHILE. — Femelle de l'AMATHONTE, page *ibidem*, n°. 132.

Page 162. n°. 146. Piér. de la BRYONE. — Nous avons actuellement la certitude que ce n'est qu'une variété femelle, & propre aux montagnes alpines, de la Piér. du NAVET, page 161. n°. 145.

Page 165. n°. 155. Piér. MÉLITE. — La femelle est d'un jaune beaucoup plus pâle & tirant sur le verdâtre. La base de ses ailes inférieures est marquée en dessous de deux points d'un jaune-orangé. Chez les deux sexes, le dessus des ailes supérieures offre le plus souvent au sommet une ligne oblique de trois points du même jaune que le fond.

Page 168. n°. 165. Piér. GENUTIA. — Libythée.

GENRE LIBYTHÉE.

Cellule discoïdale des secondes ailes ouverte postérieurement.

GENRE DANAÏDE.

Cellule discoïdale des secondes ailes fermée postérieurement.

Page 175. n°. 32 du tableau. Dan. CLÉOBULE; *lisez* CLÉOPHILE.

Page 188. n°. 40. Dan. MISIPPE. — Nymphale. (*Voyez* Nymph. MISIPPE, page 394. n°. 153.)

GENRE IDÉA.

Cellule discoïdale des secondes ailes fermée postérieurement.

GENRE HÉLICONIE.

Cellule discoïdale des secondes ailes fermée postérieurement.

Page 209. n°. 18. Hél. LANSDORF; *lisez* LANGSDORFF.

Page 211. n°. 23. Hél. THALLO. — Nocturne, que Linné a pris pour un diurne.

GENRE ACRÉE.

Cellule discoïdale des secondes ailes fermée postérieurement.

Page 231. n°. 3. Acr. ENTORIA. — *Pap.* P. *Andromacha.* Fab. *Ent. Syst. em. tom.* 3. *pars* 1. *pag.* 182. *n°.* 564.

Page 234. n°. 13. Acr. CYNTHIA. — *Lisez* CYNTHOA, & de même à la page 228. n°. 13 du tableau.

Page 236. n°. 20. Acr. OMBRE. — Paroît être une nymphale, du moins par la cellule discoïdale des secondes ailes.

GENRE CÉTHOSIE.

Cellule discoïdale des secondes ailes ouverte postérieurement.

Page 245. n°. 6. Céth. VIBILIE. — Acrée.

Page 246. n°. 7. Céth. ALIPHÉRA. — Acrée.

GENRE ARGYNNE.

Cellule discoïdale des secondes ailes ouverte postérieurement.

Page 262. n°. 18. Arg. TEPHNIE. — Mâle de l'argynne NIPHÉ, page 261. n°. 17.

Page 268. n°. 27. Arg. MYRINA. — *Lisez* MYRISSA, & de même à la page 235. n°. 27 du tableau; placez-la entre l'EUPHROSYNE & la SÉLÉNÉ.

Page 278. col. 2. lig. 35, de l'Allemagne & de la Ruſſie; *liſez*, de l'Allemagne, de la Ruſſie & de la France.

GENRE VANESSE.

Cellule discoïdale des secondes ailes ouverte postérieurement.

Page 299. nº. 8. Van. AGLATONICE. — *Pap.* D. *Anacardii.* Linn. *Syſt. Nat.* 2. *p.* 758. *nº.* 74. — *Muſ. Lud. Ulr.* 236.

Pap. Anacardii. Clerck, *Icon. tab.* 28. *fig.* 1.

Pap. P. *Anacardii.* Fab. *Mant. Inſ. tom.* 2. *pag.* 17. *nº.* 177. — *Ent. Syſt. em. tom.* 3. *pars* 1. *pag.* 183. *nº.* 567.

Pap. Parhaſſus. Drury, *Inſ. tom.* 3. *pl.* 4. *fig.* 1. 2.

Pap. Æthiopa. Paliſſot-Beauvoir, *Inſ. liv.* 1. *pl.* 3. *fig.* 1. 2. a. b.

Pap. Opale. Paliſſot-Beauvoir (*texte*), *pag.* 22. *livr. ibidem.*

Sans la figure de Clerck, on ne ſe douteroit jamais que ce lépidoptère fût le même que celui auquel Linnæus donne le nom d'*Anacardii.* Il ſe trouve ſur la côte occidentale d'Afrique, & principalement vers le golfe de Guinée. Linnæus & Fabricius l'ont probablement confondu avec un ſatyre d'Amérique, voiſin du philoctète, page 680.

Pag. 300. nº. 11. Van. CORINNE. — Nymphale. (*Voyez* Nymph. CORINNE, page 360. nº. 35.)

Page 300. nº. 12. Van. DIONÉ. — Nymphale. (*Voyez* Nymph. DIONÉ, page 360. nº. 34.)

Page 301. nº. 14. Van. DEMONICA. — *Pap.* N. *Eurocilia.* Fab. *Ent. Syſt. em. tom.* 3. *pars* 1. *pag.* 79. *nº.* 247.

Pap. Delius. Drury, *Inſ. tom.* 3. *pl.* 14. *fig.* 5. 6.

Elle ſe trouve à Sierra-Léone en Afrique, ſelon Drury.

Page 302. nº. 16. Van. F-Blanche. — N'eſt qu'une variété du C-BLANC, page *ibidem*, nº. 17.

Page 315. nº. 43. Van. EMMA. — *Pap.* N. *Zingha.* Fab. *Ent. Syſt. em. tom.* 3. *pars* 1. *p.* 117. *nº.* 358.

Pap. Ameſtris. Drury, *Inſ. tom.* 3. *pl.* 20. *fig.* 3.

Elle ſe trouve à Sierra-Léone en Afrique.

Page 315. nº. 44. Van. MICALIA. — Nymphale. (*Voyez* Nymph. MICALIA, pag. 415. nº. 205.)

Page 317. nº. 48. Van. ORITHYE. — *Voyez* le Supplément ci-après, nº. 48 *duplicata.*

Page 317. nº. 49. Van. CALYBÉ. — *Pap.* N. *Vellida.* Fab. *Entom. Syſt. em. tom.* 3. *pars* 1. *pag.* 91. *nº.* 283.

Pap. Velleda. Donov.

Page 319. nº. 54. Van. ATALANTE. — Se trouve auſſi dans l'Amérique ſeptentrionale, comme le dit Fabricius.

Page 324. nº. 64. Van. CALLITHÉA. — Argynne.

GENRE BIBLIS.

Nervure ſupérieure ou ſous-costale des premières ailes très-renflée à ſon origine; cellule discoïdale des secondes ailes ouverte postérieurement.

Page 326. col. 1. lig. 26, au bord d'en haut; *liſez*, ou bord d'en haut.

Page 327. nº. 7. Bib. ILLITHYE. — Vaneſſe.

GENRE MORPHO.

La deuxième diviſion de ce genre forme actuellement le genre PAVONIE, *Pavonia*, lequel ſe diſtingue des morphos proprement dites en ce qu'il a les palpes moins barbus, la nervure inférieure du dessus des premières ailes courbée en S à son origine, & la cellule discoïdale des secondes ailes fermée postérieurement. (Les mâles de quelques espèces de ce nouveau genre ont, à la région du bord interne des ailes inférieures, une fente longitudinale couverte de poils.)

GENRE SATYRE.

Page 491. n°. 46. Sat. PAGYRIS. — *Satyrus argenteus.* Swainson, *Zoological illustrations, or original figures and descriptions*, &c., *cah.* 1. *pl.* 5.

Page 520. colon. 2. lig. 27, celui des inférieures; *lisez*, celui des supérieures.

Page 528. colon. 2. lig. 38, *pag.* 22. *n°.* 701; *lisez*, *pag.* 224. *n°.* 701.

Page 547. colon. 1. lig. 4, sans taches aux supérieures; *lisez*, sans taches aux inférieures.

GENRE ÉRYCINE.

Page 587. n°. 111. Eryc. ÆDON. (P. R. *Ægon.* Fab.) — Répond à notre argynne PYGMÆA, page 290. n°. 63. C'est une véritable argynne.

GENRE HESPÉRIE.

Page 714. n°. 10 du tableau. Hesp. POLYBIE; — *lisez* POLYBE.

Page 727. n°. 162 du tableau. Hesp. NÉRON; — *lisez* Hesp. NERVA.

Nota. Le défaut de conservation, ou le manque d'objets, ne nous a pas permis de pousser plus loin nos rectifications.

ESPÈCES

ESPÈCES ADDITIONNELLES.

GENRE PAPILLON.

Nota. Pour indiquer la place que chaque espèce supplémentaire doit occuper dans le genre dont elle fait partie, nous employons, suivant l'usage, deux chiffres séparés par un trait : ainsi, par exemple, le signe 10—11, qui précède le papillon *Floridor*, signifie que ce lépidoptère doit être mis entre le n°. 10 & le n°. 11 du genre PAPILLON.

10—11. PAPILLON Floridor.

PAPILIO Floridor.

Pap. alis dentatis, nigris : anticis utrinquè albido radiatis : posticis subtùs maculis baseos annulisque marginalibus sanguineis.

Il a de cinq à six pouces d'envergure. Le mâle est noir, avec des raies blanchâtres à l'extrémité des ailes supérieures de part & d'autre, & seulement à l'extrémité des inférieures en dessus. Les ailes inférieures ont à l'angle de l'anus un cercle rouge surmonté d'un groupe d'atomes bleus. Leur dessous offre à la base cinq taches triangulaires, & le long du bord terminal six anneaux d'un rouge-vermillon. Il y a encore deux anneaux semblables, mais dont l'un plus alongé, sur le bord interne de ces mêmes ailes. Les trois anneaux extérieurs du bord terminal sont ouverts, tandis que les trois autres, & au moins l'un des deux du bord interne, sont fermés. Le dessous des ailes supérieures est marqué à la base d'une tache longitudinale rouge.

La femelle se distingue du mâle, en ce que la tache rouge de la base de ses premières ailes se reproduit en dessus; en ce que ses secondes ailes n'ont pas de raies blanchâtres, & que leur milieu est blanc sur chaque face. Deux autres caractères qu'il est bon de ne pas omettre, c'est que ces dernières ailes ont en dessus deux taches rouges, indépendamment du cercle anal, & que les anneaux de leur dessous sont tous ouverts, à l'exception cependant de celui qui occupe le haut du bord interne.

Des Philippines.

12—13. PAPILLON Mémercus.

PAPILIO Memercus.

Pap. alis subdentatis, concoloribus, fusco-nigris : anticis apice grisescenti radiatis, posticis immaculatis. (Mas.)

Papilio Nox? SWAINSON, *Zoological Illustrations, or original figures and descriptions,* &c. *cah.* 21. *pl.* 102.

Il est large d'environ quatre pouces, & d'un noir-brun de part & d'autre. Ses ailes supérieures sont entières, & elles ont l'extrémité rayée longitudinalement de grisâtre. Ses ailes inférieures sont foiblement dentées & sans aucune tache. Le corps est de la couleur des ailes, avec les côtés de la poitrine, le dessous des palpes & le bout de l'anus d'un rouge-cramoisi. Les antennes sont entièrement noires.

Décrit d'après un individu mâle de la collection de M. Marchand, amateur à Chartres.

Il se trouve dans l'île de Java.

Nota. Le papillon *Nox* de M. Swainson paroît n'en différer que par l'absence des raies grisâtres du bout des ailes supérieures.

46—47. PAPILLON Serville.

PAPILIO Serville.

Pap. alis caudatis, dimidiatim flavescentibus nigrisque : anticis suprà apice fasciis duabus abbreviatis albidis ; posticis lunulâ anali sanguineá punctisque marginalibus niveis.

Il est un peu plus grand que le *Dolicaon*, auquel il ressemble beaucoup. Le dessus de ses ailes est d'un jaune-d'ocre pâle depuis la base jusque vers le milieu, ensuite noir jusqu'au bout. Sur la partie noire, les ailes de devant ont deux bandes blanchâtres, transverses & triangulaires, dont l'intérieure interrompue par une nervure bifurquée, l'extérieure plus courte & plus étroite. Les secondes ailes, qui ont trois dents inégales, avec une queue noire, linéaire, très-longue & terminée par du jaune-fauve; les secondes ailes, dis-je, offrent parallèlement au bord postérieur une série de points blancs, & leur échancrure anale est jaune & accompagnée d'une lunule écarlate.

Le dessous des quatre ailes diffère du dessus, en ce qu'il a un léger reflet violâtre; en ce que la bande extérieure du bout des premières ailes est remplacée par une bande bifide à son origine & descendant jusqu'à l'angle interne, où elle finit en pointe; en ce que les points blancs marginaux des secondes ailes sont surmontés d'un rang de taches jaunâtres, luisantes, grandes & presqu'en forme de coin; enfin, en ce que la lunule rouge de l'angle de l'anus s'appuie sur deux arcs d'atomes blancs. Le corps & les antennes sont comme chez le *Dolicaon*.

Décrit d'après un individu unique appartenant à M. de Serville, l'un des auteurs de la *Faune française*, & possesseur d'une des plus riches collections entomologiques de la capitale.

Il habite l'Amérique méridionale.

47—48. PAPILLON Devilliers.

PAPILIO Devilliers.

Pap. alis caudatis, atro-viridibus, nitidis, suprà lunularum cœrulescentium serie posticâ: inferioribus subtùs maculis argenteis, interpositis lunulis sanguineis.

Papillon Devilliers. GODART, *Mém. de la Société Linnéenne de Paris, tom.* 2. *pl.* 1 *des lépid. fig.* 3. 4.

Nous ne connoissons ce lépidoptère que par un individu mâle & unique, recueilli dans l'île de Cuba.

Il a environ trois pouces & demi d'envergure. Ses ailes ont le dessus d'un vert-bronzé-luisant, & liseré de blanc aux échancrures, avec une rangée postérieure de lunules bleuâtres, beaucoup plus grandes aux inférieures qu'aux supérieures.

Le dessous des premières ailes ressemble au dessus, mais la couleur du fond varie selon les incidences de lumière; les lunules & le liseré des échancrures sont plus larges, & il y a un arc de points blancs à l'extrémité de la cellule discoïdale.

Le dessous des secondes ailes est vert, avec l'origine de la côte & tout le bord postérieur d'un blanc-mat, le milieu d'un brun-pourpre & chargé de huit à neuf taches argentées, dont trois plus grandes & enveloppées extérieurement par les autres. Sur le blanc du bord postérieur règne un cordon de taches argentées, bordées chacune en dehors par un chevron noir, & en dedans par une lunule d'un rouge-ferrugineux. On voit en outre une tache rouge au-dessus de l'angle de l'anus. La queue de ces ailes est médiocrement longue & un peu en spatule. Le corps est vert en dessus, avec des points blanchâtres sur la tête; il est noir en dessous, avec une rangée de taches jaunâtres sur chaque côté de l'abdomen. Les antennes sont noires.

Dédié à M. le capitaine Devilliers, chevalier de St.-Ferdinand d'Espagne, amateur non moins recommandable par ses connoissances & par son zèle, que par son extrême obligeance à communiquer les espèces inédites de son intéressante collection.

61—62. PAPILLON Jason.

PAPILIO Jason.

Pap. alis subcaudatis, suprà fuscis, fasciâ posticisque maculis sex viridibus. LINN.

Papilio E. A. *Jason.* LINN. *Syst. Nat.* 2. *p.* 752. *n°.* 38. — *Mus. Lud. Ulr. p.* 210.

Papilio Jason? ESP. *Pap. exot. tab.* 58. *fig.* 5.

D'après la figure susmentionnée d'Esper, ce papillon paroît bien être le même que l'*Eurypile* (*pag.* 45. *n°.* 61); mais, d'après Linnæus, il en diffère par l'absence des taches & de la ligne rouges du dessous des ailes inférieures. Ces caractères manquent-ils constamment, ou étoient-ils effacés dans l'individu décrit par Linnæus? C'est ce qu'il nous est impossible de décider pour le moment; notre but est seulement d'appeler l'attention du lecteur sur ce point.

Des Indes orientales.

68—69. PAPILLON Empedocle.

PAPILIO Empedocles.

Pap. alis caudatis, fuscis: anticis utrinquè fasciâ maculari viridi, transversâ, mediâ: posticis subtùs ad angulum ani lunulis duabus nigris.

Papilio N. Empedocles, *alis caudatis, fuscis: anticis fasciâ abbreviatâ, maculari, viridi: posticis subtùs maculis duabus anguli ani.* FAB. *Mant. Ins. tom.* 2. *p.* 10. *n°.* 94. — *Ent. Syst. em. tom.* 3. *pars* 1. *p.* 70. *n°.* 217.

Papilio Empedocles. DONOV. *of an Epitom. of the Nat. Hist. Ins. of Ind. cah.* 14. *pl.* 2. *fig.* 1

Fabricius met à tort ce lépidoptère parmi les *Nymphales*.

Il est grand. Ses ailes supérieures sont sinuées, d'un brun-obscur de part & d'autre, avec une bande verte, transverse, médiaire, & formée de cinq à six taches, dont les antérieures plus petites. Les ailes inférieures ont le dessus d'un brun-obscur, avec la base plus pâle. La queue qui les termine est large, médiocrement longue, arrondie & blanchâtre à son extrémité.

Le dessous de ces dernières ailes est à peu près de la couleur du dessus, avec deux lunules anales noires, surmontées chacune d'un croissant roux, & des atomes blanchâtres avant le bord postérieur. Le corps est brun, avec des poils blancs sur l'abdomen. Les antennes sont noires.

Des Indes orientales.

73—74. PAPILLON Corésilas.

PAPILIO Coresilaus.

Pap. alis caudatis, subhyalino flavescentibus, utrinquè fasciis tribus nigris: posticarum fasciâ mediâ subtùs lineâ sanguineâ longitudinaliter divisâ.

Il se distingue du *Protésilas* par les caractères ci-après: 1°. ses ailes ne sont pas blanches, mais d'un jaune-pâle, & sans teinte verdâtre à la base; 2°. les premières n'ont que trois bandes noires, dont l'antérieure discoïdale, & ne descendant pas au-delà du milieu de la surface; la suivante fourchue ou en Y, & se réunissant près de l'angle interne à la postérieure qui est tout-à-fait marginale. 3°. Les trois bandes des secondes ailes sont visibles de part & d'autre, & l'intermédiaire d'entre elles est entièrement divisée en dessous par une ligne rouge, au lieu d'y être bordée par une ligne de cette couleur. 4°. Les lunules jaunâtres de l'extrémité des mêmes ailes ne forment qu'une seule rangée, & les croissans bleuâtres qui les accompagnent sont au nombre de cinq au lieu d'être au nombre de trois.

Le mâle ressemble à la femelle.

Recueilli au Brésil par M. le chevalier de Langsdorff.

105—106. Papillon Homère.

Papilio Homerus.

Pap. alis caudatis, atris: anticis fasciâ mediâ maculisque flavis: posticis flavescentibus, serie marginali è maculis septem nigris extùs lunulâ ferrugineâ marginatis.

Papilio E. A. Homerus, *alis caudatis, nigris, fasciâ flavâ: posticis subtùs flavescentibus, maculis ocellaribus septem.* Fab. *Ent. Syst. em. tom.* 3. *pars* 1. *pag.* 29. *n°.* 85.

Papilio Homerus. Jon. *Fig. pict.* 1. *tab.* 8.

Papilio Homerus. Esp. *Pap. exot. tab.* 46. *fig.* 1.

Il est grand. Son port est le même que celui du *Lycorœus;* c'est-à-dire qu'il a aussi une queue assez longue en spatule, plus une dent anale prolongée & aiguë. Le dessus de ses ailes est d'un noir-brun: celui des supérieures a deux bandes jaunes, transverses, dont l'extérieure formée de six taches; l'intérieure continue, un peu courbe en arrière, précédée en avant d'une tache oblique également jaune & voisine de la côte. Les ailes inférieures ont le milieu traversé d'un bord à l'autre par une bande jaune, large, dentée en dehors. Leur queue est toute noire & surmontée de deux lunules rouges, convexes en dehors.

Le dessous des premières ailes ne diffère du dessus que parce que la bande du bout se réduit à quatre taches, dont l'antérieure seule bien prononcée.

Le dessous des secondes ailes est jaunâtre, avec une bande blanchâtre, discoïdale, transverse, & une rangée postérieure de sept taches noires, orbiculaires, séparées de la bande du milieu par des groupes d'atomes bleuâtres, & bordées chacune extérieurement par une lunule ferrugineuse ou d'un rouge-fauve. Le corps est noir en dessus, jaunâtre en dessous.

De l'Amérique.

121—122. Papillon De Lalande.

Papilio De Lalande.

Pap. alis caudatis, concoloribus, nigris, fasciâ mediâ transversâ ochreaceâ: fasciâ anticarum bifidâ, posticarum extùs dentatâ.

Papillon De Lalande. Godart, *Mém. de la Société Linnéenne de Paris, tom.* 2. *pl.* 1 *des lépid. fig.* 1. 2.

Il a près de quatre pouces d'envergure. Le dessus des ailes est noir, avec une bande transverse & médiaire d'un jaune-d'ocre pâle. La bande des ailes supérieures forme à son origine deux branches, dont l'intérieure plus large & d'un gris-verdâtre. La bande des ailes inférieures offre à son côté externe six dents très-aiguës, & elle aboutit à l'angle anal, angle au-dessus duquel on voit une petite tache roussâtre que surmonte un arc d'atomes bleus. Outre cela, le bord postérieur des premières ailes est précédé dans toute sa longueur d'une série de neuf points jaunes, & il y a sur chaque échancrure, ainsi qu'au bout de la queue, une lunule également jaune. La queue est assez longue & en spatule.

Le dessous des quatre ailes ressemble au dessus, mais il est plus pâle, excepté sur le côté externe de la bande & le long du bord postérieur. Le corps est noir en dessus; il est brun en dessous, avec la poitrine & les palpes jaunes. Les antennes sont entièrement noires.

Recueilli en Cafrerie, sur les bords de *Groot-Fisch Rivier*, par feu De Lalande, chevalier de la légion d'honneur & aide-naturaliste au Jardin du Roi.

129—130. Papillon Polygius.

Papilio Polygius.

Pap. alis caudatis, nigris, virescenti-nitidis: anticis utrinquè ad apicem grisescenti radiatis: posticis subtùs maculis novem chermesinis.

Il a environ trois pouces & demi d'envergure. Ses ailes sont d'un noir-foncé, chatoyant en verdâtre. Les premières ont de part & d'autre, vers l'extrémité, des raies longitudinales grisâtres. Le dessus des secondes ailes offre à l'angle de l'anus une tache rouge, plus ou moins obscure, & accompagnée parfois d'une autre plus petite.

Le dessous de ces dernières ailes a neuf lunules d'un rouge-carmin tendre; savoir: six alignées le long du bord postérieur, les trois autres groupées entre le milieu du bord interne & la cellule discoïdale. Le corps est noir, avec les palpes, les côtés de la poitrine, les anneaux du ventre & l'anus d'un rouge-écarlate. Les antennes, la trompe & les pattes sont noires.

La femelle ressemble au mâle, mais les raies

grifes de fes premières ailes font moins apparentes.

Des Philippines.

133—134. Papillon ? Palamède.

Papilio Palamedes.

Pap. alis caudatis, nigris, lunulis marginalibus flavis : anticis fasciâ flavâ, posticis maculâ rufâ. Fab.

Papilio N. *Palamedes.* Fab. *Syst. Ent. p.* 454. *n°.* 45. — *Spec. Inf. tom.* 2. *p.* 18. *n°.* 73. — *Mant. Inf. tom.* 2. *p.* 10. *n°.* 84. — *Ent. Syst. em. tom.* 3. *pars* 1. *p.* 68. *n°.* 213.

Quoique nous n'ayons point vu ce lépidoptère, nous foupçonnons qu'il appartient plutôt au genre *Papillon* qu'aux *Nymphales* parmi lefquelles Fabricius l'a placé.

Le corps eft grand, noir en deffus, jaune en deffous, avec quatre points blancs fur la tête. Les antennes font renflées en dehors. Les ailes fupérieures font concaves, noires, avec une bande arquée & des taches marginales jaunes vers la bafe. Les ailes inférieures ont une bande de lunules rouffes, puis une bande de lunules bleues peu prononcées, & enfuite une férie terminale de lunules jaunes. Leur angle anal offre une lunule rouffe, & leur queue eft obtufe & tout-à-fait noire.

Le deffous reffemble au deffus, mais les lunules rouffes & les lunules bleues des ailes inférieures font plus diftinctes.

De l'Amérique.

(*Traduction de Fabricius.*)

137—138. Papillon Afcalus.

Papilio Afcalus.

Pap. alis caudatis, concoloribus, virefcenti-nigris, strigâ communi mediâ albâ : posticis maculis marginalibus chermefinis, geminatis.

Il a environ trois pouces & demi d'envergure. Le deffus de fes ailes eft d'un noir-verdâtre, avec une bandelette ou raie blanche, commençant en pointe vers le bout de la côte des fupérieures, & finiffant prefque carrément vers le milieu du bord interne des inférieures. Ces dernières ailes font dentées, liferées de blanc à chaque échancrure, & terminées par une queue de moyenne longueur, un peu en fpatule. Sur leur bord poftérieur eft une fuite de taches très-noires, grandes, longitudinales, cunéiformes, chargées chacune de deux taches d'un rouge-carmin, lefquelles font triangulaires & unies par un de leurs angles.

Le deffous des quatre ailes reffemble au deffus, mais le fond eft un peu plus pâle, & les taches rouges des inférieures font plus claires, du moins dans l'individu que nous décrivons. Le corps eft noir, avec des points d'un rouge-carmin fur la poitrine & fur les côtés du ventre.

Du Bréfil.

138—139. Papillon Harris.

Papilio Harrifianus.

Pap. alis caudatis, nigris, fasciâ communi mediâ albâ : anticis suprà maculâ bafeos fanguineâ ; posticis utrinquè maculis marginalibus chermefinis, emarginatis.

Papilio Harrifianus. Swainson, *Zoological Illustrations, or original figures and defcriptions, &c. cah.* 22. *pl.* 109.

Ce papillon a été dédié par M. Swainfon à M. Mofes Harris, artifte anglais très-diftingué.

Il a environ trois pouces d'envergure. Le deffus des ailes eft noir, avec une bande blanche, commune, médiaire, n'atteignant ni la côte des fupérieures, ni le bord interne des inférieures. Les ailes fupérieures ont à la bafe une tache d'un rouge-vermillon. Les inférieures font dentées, & terminées par une queue affez longue, un peu en fpatule. Leur extrémité offre une férie de fept taches échancrées d'un rouge-carmin.

Le deffous diffère du deffus en ce que la bafe des quatre ailes a plufieurs taches vermillon, & en ce que les inférieures font marquées au bord interne d'une veine très-rouge qui aboutit aux taches bafilaires, mais ne touche pas la tache anale. Le corps eft noir & fans taches.

Il eft des individus chez lefquels la bande des premières ailes monte à peine jufqu'au difque ; il en eft d'autres qui font fans bande aux ailes inférieures, & qui n'ont qu'une tache blanche tranfverfale au bord interne des inférieures. Le deffus de ces dernières ailes n'offre parfois que quatre taches rouges à fon extrémité ; celles qui avoifinent le fommet manquent.

Du Bréfil.

GENRE THAÏS.

1—2. Thaïs Cérify.

Thais Cerify.

Th. alis fubcaudatis, flavefcentibus : anticis utrinquè fafciis feptem tranfverfis nigris ; posticis strigâ posticâ è lunulis fex coccineis.

Thaïs Cerify. Godart, *Mém. de la Société Linn. de Paris, tom.* 2. *pl.* 2 *des lépid.*

Nous ne connoiffons cette nouvelle Thaïs que d'après un feul individu, qui nous a été généreufement offert par M. Lefebure de Cérify, ingénieur de la marine à Toulon.

Elle a approchant deux pouces & demi d'envergure. Le deffus de fes ailes eft d'un jaune très-pâle, avec la bafe noire & garnie de poils blanchâtres. Les ailes supérieures offrent sept bandes noires transversales, dont les trois antérieures courtes & appuyées obliquement sur la côte, les trois suivantes maculaires & plus longues, la septième terminale & crénelée. Les ailes inférieures ont six taches écarlates, dont la supérieure isolée vers le milieu du bord d'en haut, les cinq autres alignées parallèlement au bord d'en bas. Ces taches sont suivies d'autant de lunules noires sur lesquelles il y a une poussière bleuâtre, & le bord postérieur est longé par une ligne noire anguleuse & interrompue. On remarque en outre quatre à cinq points noirs derrière la cellule discoïdale.

Le dessous des premières ailes ressemble au dessus, mais il est luisant, & les deux bandes noires de son extrémité sont moins apparentes.

Le dessous des secondes ailes présente des différences qui consistent : 1°. en ce que le bord antérieur, le milieu de la surface & celui de chaque échancrure sont lavés de blanc-argenté; 2°. en ce que la cellule du disque renferme trois taches longitudinales d'atomes noirâtres. Le corps est velu, jaunâtre, avec le dos noir, & sept lignes transversales orangées sur chaque côté de l'abdomen. Les antennes, la trompe & les pattes sont noires.

Prise au mois de février, sur les montagnes élevées & arides d'Ourlac (archipel de la Méditerranée).

Nota. Cette espèce se distingue de ses congénères en ce qu'elle a la deuxième dent après l'angle de l'anus prolongée en manière de queue.

GENRE LIBYTHÉE.

2. LIBYTHÉE Téréna. (*Duplicata.*)

LIBYTHEA Terena.

Libyt. alis angulato-dentatis : anticis utrinquè maculis quatuor albis; posticis suprà disco albido seu rufescente.

La description que nous avons donnée de cette espèce (*pag.* 170), ayant été faite sur un individu mâle, n'est point exacte; c'est pourquoi nous en donnons ici une nouvelle d'après plusieurs exemplaires des deux sexes.

Son envergure est d'environ deux pouces. Ses ailes supérieures sont d'un brun-noirâtre de part & d'autre, avec quatre taches blanches, dont une en forme de point vis-à-vis du sommet, les deux suivantes disposées en une bande oblique; la quatrième longitudinale, très-grande, & prenant une teinte fauve près de l'origine de l'aile.

Le dessus des ailes inférieures est roussâtre dans le mâle, blanchâtre dans la femelle, avec tout le pourtour extérieur d'un brun-noirâtre & sinué à son côté interne. Le dessous est d'un gris-rosé, piqué de noirâtre, avec deux taches près du milieu du bord d'en haut, & le bord postérieur moins son angle externe, d'un brun-obscur. Le corps est brun en dessus, gris en dessous. Les antennes sont noirâtres & finement annelées de blanc.

Dans la variété mâle dont nous avons parlé à la page 170, la tache longitudinale de la base des premières ailes est tout-à-fait fauve.

Des Antilles, & principalement de l'île de Cuba.

5—6. LIBYTHÉE Geoffroy.

LIBYTHEA Geoffroy.

Libyt. alis angulato-dentatis, suprà fuscis, violaceo nitidis : anticis apice punctis tribus albidis, posticis disco maculâ rufescente.

Libythée Geoffroy. GOD. *Mém. de la Société Linn. de Paris, tom.* 2. *pl.* 2 *des lépid.*

Nous n'avons vu que le mâle de cette libythée.

Il a un peu plus de deux pouces d'envergure. Le dessus de ses ailes est d'un brun-noirâtre, avec presque toute la surface des supérieures, & la base des inférieures, glacées de violet-argentin. Les ailes supérieures ont vis-à-vis du sommet trois points blanchâtres, plus ou moins distincts & formant un arc oblique. Les ailes inférieures offrent vers leur milieu une tache roussâtre qui est coupée par une nervure.

Le dessous des premières ailes est d'un brun-clair, avec une tache longitudinale fauve à la base, plusieurs points blancs groupés deux à deux sur le milieu, & des atomes d'un gris-violet au sommet.

Le dessous des secondes ailes est d'un brun piqué de violâtre, avec trois bandes blanchâtres, transverses, dont les deux postérieures se réunissant à l'angle externe de l'aile. Le corps a le dessus brun, le dessous gris. Les antennes sont noirâtres, avec la base annelée de blanc en dessous, la massue grêle & terminée de fauve.

Dédiée à M. le chevalier Geoffroy-Saint-Hilaire, membre de l'Académie des Sciences, professeur au Muséum d'histoire naturelle, à la Faculté des Sciences de Paris, &c. &c.

De l'île de Java.

GENRE COLIADE.

1—2. COLIADE Clorinde.

COLIAS Clorinde.

Col. alis angulatis, virescenti-albidis (Maris *pallidioribus*), *disco singularum puncto ocellari aurantio : anticis suprà medium costæ versùs maculâ citrinâ.*

Elle a de trois pouces & demi à quatre pouces d'envergure. Le dessus de toutes les ailes est d'un blanc-verdâtre, avec un point central orangé à prunelle noire. Les ailes supérieures offrent en outre vers le milieu de la côte une grande tache d'un jaune-citron.

Le dessous est verdâtre & légèrement réticulé, avec un point central incarnat répondant au point oculaire de la surface opposée. Le corps est de la couleur des ailes, & les antennes sont d'un gris-rosé qui s'étend sur la tête.

Les femelles, ou du moins les deux que nous avons vues, sont un peu plus verdâtres que les mâles; mais elles ont la tache jaune du dessus des ailes supérieures moins prononcée.

Du Brésil.

GENRE PIÉRIDE.

56—57. Piéride Thymétus.

Pieris Thymetus.

Pier. alis integerrimis, flavis, limbo communi fusco. Fab.

Papilio F. Thymetus. Fab. *Mant. Inf. tom.* 2. *p.* 30. *n°.* 320. — *Ent. Syst. em. tom.* 3. *pars* 1. *pag.* 56. *n°.* 173.

Ce lépidoptère paroît avoir tant de rapport avec la piéride (*par correction* la coliade) *smilax* que nous le plaçons immédiatement après elle.

Fabricius le décrit ainsi : il est petit. Les antennes sont noires, annelées de blanc, avec la sommité de la masse fauve. Le corps est jaunâtre, avec le corselet noirâtre. Le dessus des ailes est jaune, avec tout le limbe postérieur noir. Leur dessous est d'un jaune-pâle, avec des ondes fauves.

Il habite.....

87—88. Piéride Cronissa.

Pieris Cronissa.

Pier. alis integris, concoloribus : anticis nigris, disco maculisque marginalibus albis ; posticis albis immaculatis.

Papilio Cronis. (Mas.) Cram. *pl.* 60. *fig.* C.

Cramer a pris cette piéride pour le mâle de la castnie *Cronis.* (*Voyez ci-dessus* genre Castnie, page 801, n°. 17.)

Elle a environ deux pouces & demi d'envergure. Ses premières ailes sont noires de part & d'autre, avec des taches blanches, dont une très-grande occupant le disque & se terminant en pointe à la base de l'aile, quatre ou cinq linéaires & longitudinales sur la côte, les autres en forme de points & alignées le long du bord postérieur. Les secondes ailes sont blanches, & sans taches en dessus comme en dessous. Le corselet est noir, avec une tache rouge à l'origine de chaque épaulette.

Des Indes occidentales.

102—103. Piéride Placidia.

Pieris Placidia.

Pier. alis suboblongis, integerrimis, immaculatis, suprà nigro-fuscis, subtùs glaucis.

Papilio Placidia. Stoll, *Pap. Suppl. à* Cram. *pl.* 28. *fig.* 4 & 4 C.

Elle a approchant trois pouces d'envergure. Ses quatre ailes sont d'un brun-noirâtre en dessus, d'un vert-blanchâtre en dessous, & sans taches de part & d'autre.

Décrite d'après un individu sans corps.

De l'île d'Amboine.

103—104. Piéride Libérius.

Pieris Liberius.

Pier. alis suboblongis, integerrimis, immaculatis, suprà plumbeis : subtùs anticis virescentibus ; posticis lutescentibus.

Papilio F. Liberius, alis integerrimis, plumbeis : subtùs anticis viridibus, posticis fulvis. Fab. *Spec. Inf. tom.* 2. *p.* 52. *n°.* 229. — *Mant. Inf. tom.* 2. *p.* 25. *n°.* 264. — *Entom. Syst. em. tom.* 3. *pars* 1. *p.* 42. *n°.* 126.

Papilio Liberia. Cram. *pl.* 210. *fig.* G. H.

Elle a un peu plus de deux pouces & demi d'envergure. Le dessus de ses quatre ailes est couleur de mine de plomb. Le dessous des supérieures est verdâtre, le dessous des inférieures d'un jaune-fauve. Les unes & les autres sont sans taches de part & d'autre, seulement leur bord terminal est légèrement noir.

De l'île d'Amboine.

155—156. Piéride Mélia.

Pieris Melia.

Pier. alis oblongis, integerrimis : anticis nigris, lineâ longitudinali maculisque duabus transversis flavis : posticis suprà flavis, liturâ limboque nigris ; subtùs puncto baseos coccineo.

Elle a le port & la taille de la piéride *Mélite* (*pag.* 165). Le dessus des premières ailes est noir, avec une raie longitudinale à la base, puis deux taches transverses, jaunes. La tache antérieure est large, tandis que la postérieure est petite & trifide.

Le dessus des secondes ailes est jaune, avec le limbe postérieur, l'extrémité des nervures, & une liture arquée vers le bord interne, noirs.

Le dessous des premières ailes ressemble au dessus, excepté qu'il est plus pâle & que la tache jaune de l'extrémité est plus grande.

Le dessous des secondes ailes est d'un brun-noirâtre-pâle, avec des taches jaunes tout le long des bords & sur le disque. Il offre en outre à la base un gros point d'un rouge-écarlate. Le corps est noir en dessus, jaune en dessous. Les antennes sont noires.

Décrite d'après un individu mâle, appartenant à M. Florent Prévost.

Du Brésil.

GENRE DANAÏDE.

Observ. Les Danaïdes forment trois divisions distinctes; savoir :

1°. Mâles ayant le bord interne des premières ailes fortement arqué.

2°. Mâles ayant vers le milieu du bord interne des premières ailes une petite bande ou raie longitudinale, formée par des écailles plus claires & disposées autrement que sur le reste de la surface.

3°. Mâles ayant une petite poche au-dessous de la cellule discoïdale des secondes ailes.

Nous avons déjà signalé la première & la troisième divisions dans la note des pages 177 & 184 de ce volume.

2. DANAÏDE Eunice.

DANAIS Eunice. (*Voyez* page 177.)

Danaïde Eunice. *Voy. du cap.* DE FREYCINET, *pl.* 83. *fig.* 1.

Les individus recueillis dans l'île Guam (une des Mariannes), par MM. les docteurs Quoy & Gaimard, ont constamment la tache du milieu des ailes supérieures plus grande que ceux qui se trouvent à Java.

12—13. DANAÏDE Dufresne.

DANAIS Dufresne.

Dan. alis integris, suprà nigris, violaceo mutabili nitidissimis : anticis utrinquè fasciâ apicis abbreviatâ albâ.

Elle a environ trois pouces d'envergure. Le dessus de ses ailes est noir, avec un reflet d'un bleu-violet très-vif & changeant de place selon les aspects. Les premières ont vis-à-vis du sommet une bande blanche, oblique, courte, maculaire, & le long du bord postérieur une série de points d'un blanc-bleuâtre. Les secondes ailes sont sans taches dans le mâle, mais elles ont chez la femelle une rangée marginale de petits points blanchâtres, plus trois taches blanches orbiculaires alignées transversalement en face du sommet.

Le dessous diffère du dessus, en ce que le fond est brun; en ce qu'il y a des points bleuâtres sur le milieu des ailes supérieures des deux sexes, & à l'extrémité des ailes inférieures du mâle. Un caractère qu'il est encore bon d'indiquer, c'est que chaque aile a un petit liseré blanc interrompu. Le corps est noir, avec des points blancs sur la poitrine ainsi que sur le corselet, & une série de taches d'un gris-bleuâtre le long du ventre. Les antennes sont noires.

Dédiée à M. Dufresne, chef des travaux zoologiques au Jardin du Roi.

Des Philippines; collection de M. Cotty de Brécourt.

16—17. DANAÏDE Swainson.

DANAIS Swainson.

Dan. alis integris, fuscis : anticis utrinquè fasciâ apicis abbreviatâ, posticis punctis marginalibus in serie duplici, albis.

Elle a environ trois pouces d'envergure. Le dessus des quatre ailes est d'un brun-noirâtre, avec une double série de points blancs le long du bord postérieur. Il y a en outre, vis-à-vis du sommet des premières ailes, une bande blanche, oblique, courte & maculaire.

Le dessous ressemble au dessus, mais le fond est un peu plus clair; le disque des ailes supérieures offre trois ou quatre taches blanches inégales, & le disque des inférieures deux ou trois points blanchâtres. Le corps est brun, avec des points blancs sur la poitrine ainsi que sur le corselet, & un rang de taches grises le long du ventre. Les antennes sont noires.

La femelle ne diffère du mâle que parce qu'elle a le bord interne des premières ailes un peu concave, & sans raie longitudinale luisante.

Dédiée à M. William Swainson, qui publie en ce moment, avec figures, un très-bel ouvrage anglais sur la zoologie.

Des Indes orientales; collection de M. Cotty de Brécourt.

17—18. DANAÏDE Eleutho.

DANAIS Eleutho.

Dan. alis repandis, fuscis, fasciâ maculari punctisque marginalibus albis.

Danaïde Eleutho. *Voy. du cap.* DE FREYCINET, *pl.* 83. *fig.* 2.

Cette danaïde se distingue de celles de sa division par la concavité du bord postérieur des premières ailes & par les sinus du bord analogue des secondes.

Elle a environ trois pouces d'envergure. Le dessus de ses ailes est d'un brun-noirâtre, avec une bande maculaire postérieure, & des points marginaux, blancs. La bande des premières ailes n'atteint pas la côte. La bande des secondes est échancrée sur les côtés dans son milieu.

Le dessous ressemble au dessus; mais le fond est plus pâle, la bande des ailes supérieures est plus longue, & le disque des inférieures offre quatre à cinq petits points violâtres. Le corps est brun, avec des points blancs sur la poitrine.

Nous n'avons vu que des mâles. Ils ont aux ailes supérieures une raie longitudinale plus claire que le fond.

De Guam, îles Mariannes.

GENRE HÉLICONIE.

22—23. Héliconie Assarica.

Heliconia Assarica.

Hel. alis oblongis, integerrimis, nigris : anticis suprà maculis duabus, posticis fasciâ dentatâ disci, albis.

Papilio Assarica. Cram. *pl.* 363. *fig.* A. B.

Papilio Assarica. Herbst, *Pap. tab.* 79. *fig.* 5. 6.

Elle a environ deux pouces d'envergure. Ses ailes sont noires, avec deux taches blanches irrégulières vers le milieu des supérieures, & une large bande dentée, également blanche, sur le milieu des inférieures.

Le dessous diffère du dessus en ce que la côte & le bord postérieur des quatre ailes sont chargés d'une série de points blancs.

Cramer la dit de l'île d'Amboine; mais ne seroit-elle pas plutôt du nouveau continent ?

GENRE CÉTHOSIE.

9—10. Céthosie Leschenault.

Cethosia Leschenault.

Ceth. alis dentatis, suprà violaceo-nigris, holosericeis; subtùs ferrugineis, nigro virescentique variegatis : omnibus utrinquè fasciâ terminali ochreaceâ.

Par le dessus des ailes, cette espèce a quelques rapports avec le *Morio* ou vanesse *Antiope*. (*Voyez* page 308. n°. 28.)

Son envergure est de trois pouces & demi. Ses ailes sont à peu près rondes, & dentées. Leur dessus est d'un noir-velouté à reflet violâtre, avec une bande d'un jaune-d'ocre, terminale, large, se répétant en dessous, & formée par des taches très-voisines, qui sont en forme de coin. En avant de cette bande, & non loin de la côte, le dessus des premières ailes offre deux taches du même jaune.

Le dessous de chaque aile est ferrugineux, & dessiné ainsi qu'il suit : entre la base & le milieu sont trois bandes transverses d'un vert-grisâtre, coupées dans le sens de leur longueur par des lignes noires; vient ensuite, parallèlement à la bande terminale, une série de petites taches plus ou moins noires, réniformes, entourées de jaunâtre aux ailes de devant, de cendré à celles de derrière.

Recueillie dans l'île de Java par M. le chevalier Leschenault, voyageur du Gouvernement.

GENRE ARGYNNE.

14—15. Argynne Clagia.

Argynnis Clagia.

Arg. alis subdentatis, fulvis, suprà limbo postico aut strigis tribus undulatis nigris : subtùs margaritaceo nitidis, strigâ ocellorum.

Elle a environ deux pouces d'envergure. Le dessus du mâle est d'un fauve-jaune, avec une large bande terminale d'un noir-violet, & bordée à son côté interne par des points très-noirs. Il y a en outre aux secondes ailes une ligne noire qui se dirige obliquement du disque à l'angle de l'anus. Le dessous a la moitié antérieure fauve & glacée de gris de perle; la moitié postérieure ferrugineuse, avec trois lignes nacrées, transverses & flexueuses, dont les deux antérieures séparées par une série d'yeux roux à prunelle noire. Le corps est verdâtre en dessus, grisâtre en dessous.

La femelle a le dessus d'un fauve-obscur, avec trois lignes ondulées transversales, & un cordon de points, noirs; sans compter une tache nacrée occupant le milieu de la côte. Son dessous ressemble à celui du mâle, mais il est généralement plus terne.

De l'île de Java; collection de MM. Marchand & Devilliers aîné.

15—16. Argynne Egestine.

Argynnis Egestina.

Arg. alis subcaudatis, basi suprà fulvis, apice nigris : posticis subtùs nitidè glaucis, strigâ ocellorum.

Argynne Egestine. *Voyage du capitaine* de Freycinet, *pl.* 83. *fig.* 4.

Elle a le port & à peu près la taille de l'*Egista*. Le dessus des quatre ailes est fauve depuis la base jusqu'au milieu, ensuite noir jusqu'au bout.

Le dessous des ailes supérieures est jaunâtre & sans taches vers le bord interne; il est brun vers la côte, avec la base verdâtre & coupée transversalement par quatre lignes noires, le milieu marqué d'une bande blanche luisante, derrière laquelle il y a une bande verdâtre peu prononcée.

Le dessous des ailes inférieures est d'un vert-blanchâtre-luisant, avec une rangée transverse de cinq yeux noirs à iris roux sur le milieu, & un double cordon de lunules nacrées le long du bord postérieur. Le corps est noirâtre en dessus, jaunâtre en dessous. Les antennes sont ferrugineuses.

Recueillie à l'île de Guam (une des Mariannes) par

par MM. Quoy & Gaimard, médecins de l'expédition de M. le capitaine de Freycinet.

24—25. Argynne Elifa.

Argynnis Elifa.

Arg. alis fubdentatis, fulvis, nigro maculatis: pofticis fubtùs lætè ochreaceis, coftâ bafeos, maculis parvis numerofiffimis pupillâque ocellorum aliquot fufcefcentium argenteis.

Argynne Elifa. God. *Tab. méth. des lépid. de France*, Diurnes, *p.* 64. *n°.* 86. 87.

Chez les argynnes *Aglaé, Adippé, Niobé* (pag. 264, 265, 266), les taches noires du milieu des ailes forment une ligne tranfverfe en zig-zag, & les chevrons qui précèdent le bord poftérieur fe touchent. Dans l'argynne *Elifa*, au contraire, toutes les taches noires font ifolées & moins grandes. Le deffous des fecondes ailes diffère d'ailleurs en ce qu'il eft d'un jaune plus gai, qu'il a les taches nacrées plus petites, plus nombreufes, environnées de brunâtre, & en ce que celles de l'extrémité font prefque réniformes, au lieu d'être triangulaires comme dans l'*Adippé* & la *Niobé*. Indépendamment de cela, les nervures du deffus des ailes fupérieures du mâle ne font point dilatées dans leur milieu.

Communiquée par M. Lefebure de Cérify.

Elle habite la Corfe & la Sardaigne.

58—59. Argynne Acefte.

Argynnis Acefte.

Arg. alis fubintegris, luteis, anticarum dimidio apicali nigro fuprà fafciâ flavâ: fubtùs omnibus fufco fafciatis.

Papilio N. Acefte, *alis fubdentatis: primoribus nigris, bafi fafciâque flavis; pofticis flavis, fubtùs fafciis fufcis.* Linn. *Syft. Nat.* 2. *p.* 782. *n°.* 191. — *Muf. Lud. Ulr. p.* 298.

Papilio N. *Acefte.* Fab. *Syft. Ent. pag.* 511. *n°.* 287. — *Spec. Inf. tom.* 2. *p.* 100. *n°.* 442. — *Mant. Inf. tom.* 2. *p.* 54. *n°.* 537.

Papilio S. *Acefte.* Fab. *Ent. Syft. em. tom.* 3. *pars* 1. *p.* 245. *n°.* 764.

Papilio Acefta. Clerck, *Icon. tab.* 43. *fig.* 5. 6.

Papilio Acefte. Herbst, *Pap. tab.* 145. *fig.* 3. 4.

Papilio Acefte. Cram. *pl.* 121. *fig.* E. F.

Stoll, *Suppl. à* Cram. *pl.* 6. *fig.* 6. (la chenille.) *fig.* 6. E. (la chryfalide.)

Fabricius a placé cette efpèce parmi les *Nymphales*, puis parmi les *Satyres*; mais par fa chenille, elle nous paroît appartenir aux *Argynnes*.

Son envergure eft d'environ deux pouces. Les premières ailes ont la moitié antérieure d'un jaune-fauve; l'autre moitié noire, avec une bande oblique, jaune ou blanchâtre, puis un arc tranfverfal de trois points blancs. Le deffus des fecondes ailes eft d'un jaune-fauve, avec une double rangée marginale de taches noires, dont les intérieures lunulées. Le deffous des premières ailes diffère du deffus, en ce qu'il y a à la bafe quelques lignes noires tranfverfes, & au fommet quatre raies blanchâtres, également tranfverfes. Le deffous des fecondes ailes eft d'un gris-violâtre, rayé tranfverfalement de brun, & marqué avant le bord poftérieur d'une fuite de lunules bleues. L'empreinte des lignes brunes des quatre ailes fe fait fentir en deffus.

La chenille vit fur le *cacaoyer*. Stoll la repréfente d'un vert-fale, avec une ligne jaunâtre le long de chaque côté, des épines noires & légèrement branchues fur le dos. La tête, qui eft pareillement noire, offre deux épines femblables, mais un peu plus longues.

La chryfalide eft brune, rayée de jaune & parfemée de points argentés. Elle a fur le dos quatre pointes noires, & fa partie antérieure eft profondément bifide.

De Surinam.

64. Argynne Télétufe.

Argynnis Teletufa.

Arg. alis oblongis, denticulatis, fuprà nigro-fufcis, anticarum maculis, pofticarum fafciâ, fulvis: fubtùs anticis ocello unico, pofticis quinque, cœcis.

Elle a environ un pouce & demi d'envergure. Ses quatre ailes font foiblement dentées, d'un brun-noirâtre en deffus, avec quatre taches inégales fur les fupérieures, une bande, puis une ligne ondulée fur les inférieures, fauves. Les échancrures du bord terminal font en outre ciliées de blanchâtre ou de jaune-fale.

Le deffous des premières ailes eft fauve vers la bafe, avec un point plus pâle, noirâtre au milieu, avec deux taches d'un jaune-d'ocre; brunâtre à l'extrémité, avec un œil & une ligne flexueufe obfcurs, plus une liture blanche devant le fommet.

Le deffous des fecondes ailes eft d'un brun plus ou moins jaunâtre, avec des taches à la bafe, une bande peu prononcée au milieu, une rangée de lunules avant le bord poftérieur, d'un blanc-violâtre-luifant. Entre la bande & les lunules font cinq taches noirâtres, un tant foit peu cerclées de jaunâtre. Le corps & les antennes font comme dans le *Janthé*.

Quelquefois la bande du deffus des fecondes ailes & les trois taches antérieures du deffus des premières font d'un jaune-d'ocre; il n'y a de fauve que la tache poftérieure des ailes de devant.

Du Bréfil.

65. Argynne Janthé.

Argynnis Janthe.

Arg. alis oblongis, dentatis, suprà nigro-fuscis, anticarum maculis, posticarum fasciâ, albis : subtùs anticis ocellis duobus pupillatis, posticis sex cœcis.

Papilio N. Janthe, *alis dentatis, suprà fuscis, albo subfasciatis : posticis subtùs ocellis quinque cœcis.* Fab. *Ent. Syst. em. tom.* 3. *pars* 1. *p.* 102. *n°.* 315.

Papilio Hera. Cram. *pl.* 253. *fig.* F. G.

Papilio Hera. Herbst, *Pap. tab.* 239. *fig.* 1. 2.

Par sa forme, cette espèce sembleroit appartenir à la division des *Nymphales* à ailes oblongues; mais il suffit de voir ses palpes & ses antennes pour être convaincu que c'est une *argynne.*

Elle a entre un pouce & demi & deux pouces d'envergure. Les quatre ailes sont dentées, d'un brun-noirâtre en dessus, avec plusieurs taches éparses sur le milieu des supérieures, & une bande transverse & étroite sur le milieu des inférieures, blanches. Les échancrures du bord terminal sont en outre garnies de cils blancs.

Le dessous des premières ailes est d'un jaune-fauve depuis la base jusqu'au milieu, avec deux points blancs cerclés de noir; brun du milieu à l'extrémité, avec des taches & une ligne ondulée blanches, plus deux yeux à prunelle & à iris de cette couleur.

Le dessous des secondes ailes est d'un brun-jaunâtre-pâle, avec des taches à la base, une bande transverse sur le milieu, une série de lunules avant le bord postérieur, blanches. Entre ces lunules & la bande il y a une rangée transverse de six gros points noirs bordés de blanc. Le corps est noirâtre en dessus, blanchâtre en dessous. Les antennes sont brunes, annelées de blanc, avec la sommité de la massue fauve.

La femelle se distingue du mâle en ce que les lunules de l'extrémité de ses ailes inférieures se répètent en dessus, du moins dans les individus que nous avons vus.

De la Guyane & du Brésil, & non de la Guinée comme le dit Cramer.

66. Argynne Flavia.

Argynnis Flavia.

Arg. alis oblongis, integris, dilutè fulvis, suprà omnium limbo postico anticarumque liturâ obliquâ nigris : posticis subtùs undis ferrugineis strigâque punctorum fuscorum.

Elle a de quinze à dix-sept lignes d'envergure. Le dessus de ses quatre ailes est blond ou d'un fauve-clair, avec une bordure terminale noire. La bordure des secondes ailes est surmontée d'une ligne en feston de sa couleur. Les premières ailes ont à la base quelques *sigmas* noirâtres, & derrière le milieu une liture noire, oblique, souvent interrompue.

Le dessous des ailes supérieures ressemble au dessus, mais il est plus pâle, tant sous le rapport du fond que sous celui du dessin. Le dessous des secondes ailes est légèrement ondé de ferrugineux, & il offre avant les deux lignes de l'extrémité une rangée transverse de points noirâtres. Ces points se répètent quelquefois en dessus, principalement chez la femelle.

Du Brésil.

GENRE VANESSE.

5 (*duplicata*). Vanesse Hyppocla.

Vanessa Hyppocla.

Van. alis subcaudatis, suprà nigris, fasciis communibus fulvis aut albis : subtùs lutescentibus, brunneo reticulatis ; posticis strigâ è maculis margaritaceis.

Nous n'avons décrit dans le temps que le mâle de cette espèce (*voy.* page 298). La femelle en diffère en ce que les bandes du dessus de ses ailes sont blanches au lieu d'être fauves; en ce qu'elle a le dessous plus pâle, l'abdomen blanchâtre & annelé de brun.

De Java, d'Amboine & de la Chine.

5—6. Vanesse Hypsélis.

Vanessa Hypselis.

Van. alis subcaudatis, suprà nigris, fasciis communibus fulvis : subtùs albis, nigro multimaculatis; posticis strigâ ex ocellis viridimontanis. (Mas.)

Nous avions pris d'abord ce lépidoptère pour une variété de l'*Hyppocla;* mais il forme une espèce distincte, dont la femelle nous est encore inconnue.

Il ressemble en dessus à l'*Hyppocla* (page 268). En dessous, il est blanc vers la base, d'un jaune-orangé pâle à l'extrémité, avec une multitude de taches noires, parmi lesquelles les premières ailes offrent une tache ferrugineuse, réniforme & longitudinale. Les secondes ailes ont, avant le bord postérieur, une rangée transverse de cinq taches d'un vert de montagne, placées sur un fond noir & encadrées de jaune. La troisième & la quatrième, à compter du sommet, sont cunéiformes, tandis que les autres sont lunulées & plus petites.

De Java.

13—14. Vanesse Léthé.

Vanessa Lethe.

Van. alis subcaudatis, suprà fulvis : anticis apice latè nigro fasciâ maculisque fulvis ; posti-

cis lineis marginalibus nigris, anteriore abbreviatâ dilatatâque.

Papilio N. Lethe, *alis dentato-caudatis, fulvis: anticis apice nigris fasciâ maculisque flavis.* Fab. *Ent. Syst. em. tom.* 3. *pars* 1. *pag.* 80. *n°.* 250.

Papilio Lethe. Jon. *Fig. pict.* 5. *tab.* 18. *fig.* 2.

Papilio Lethe. Donov. *of an Epit. of the Nat. Hist. Ins. of India, cah.* 3. *pl.* 2. *fig.* 1.

Elle a environ deux pouces d'envergure. Le dessus des premières ailes est d'un fauve-foncé à la base; ensuite noir jusqu'au bout, avec une bande oblique sur le milieu, & cinq taches vis-à-vis du sommet, fauves ou jaunes. Les taches forment deux lignes, dont l'antérieure oblique & surmontant un point blanc, la postérieure transverse & courbée en arrière.

Le dessus des secondes ailes est d'un fauve-foncé, avec trois lignes marginales; dont l'antérieure très-dilatée vers la côte & ne descendant pas au-delà du niveau du disque. Il y a en outre, entre le bord interne & l'origine de la petite queue, une suite de trois croissans plus ou moins blanchâtres.

Le dessous des premières ailes est d'un jaune-pâle, réticulé de ferrugineux, avec deux ou trois points, puis une double liture, d'un blanc-violâtre vers l'extrémité.

Le dessous des secondes ailes ressemble au dessous des premières, près du bord d'en haut; mais il est ensuite d'une couleur feuille-morte plus ou moins obscure, avec une rangée de trois plus deux points oculaires à prunelle violâtre, & une série marginale de lunules lilas-clair. Les trois lunules placées entre le bord interne & la petite queue sont surmontées d'atomes verdâtres, & il y a entre la base & le disque trois à quatre *sigmas* bleuâtres, consécutifs.

Du Brésil.

14—15. Vanesse Paullus.

Vanessa Paullus.

Van. alis bicaudatis, suprà fulvis: anticis apice nigro maculis fulvis; posticis angulo ani cœrulescente.

Papilio N. Paullus, *alis dentato-bicaudatis, fulvis apice nigris: posticis subtùs variegatis, maculâ baseos albâ.* Fab. *Ent. Syst. em. tom.* 3. *pars* 1. *pag.* 63. *n°.* 199.

Papilio Paullus. Jon. *Fig. pict. tab.* 78. *fig.* 2.

Elle a environ deux pouces & demi d'envergure. Le dessus de ses ailes est fauve. Les premières ont au sommet un large espace noir, avec trois taches fauves, inégales, & un seul point blanc. Il y a en outre sur leur milieu une ligne noire, transversale & presqu'en S. Les secondes ailes offrent avant le bord postérieur trois lignes noires, tortueuses, indépendamment desquelles on voit à l'angle de l'anus une tache noire saupoudrée de bleu.

Le dessous des quatre ailes est jaunâtre, avec deux lignes ferrugineuses, transverses, bordées de bleuâtre sur un de leurs côtés, & séparées de la base par quelques taches blanches. Vis-à-vis du sommet des premières ailes, est une ligne arquée de quatre points dont les deux antérieurs & le postérieur ocellés, l'autre plus gros & tout blanc. Le bord terminal des secondes ailes est longé par un cordon de lunules violâtres.

Chez la femelle, le dessus des premières ailes est moins noir au sommet que chez le mâle.

Des Antilles.

15 (*duplicata*). Vanesse Point d'interrogation.

Vanessa P. *interrogationis.*

Van. alis angulatis, suprà fulvis nigro maculatis, margine postico cœsio: posticis subtùs ? argenteo notatis.

Ainsi que nous l'avons dit à la page 302, Fabricius a confondu le C-*Aureum* de Linnæus avec cette espèce américaine.

Elle a deux pouces à deux pouces & demi d'envergure. Le dessus des ailes est fauve, avec huit ou neuf taches noires inégales aux supérieures, & trois aux inférieures. Son extrémité qui est d'un ferrugineux plus ou moins intense, avec une série transverse de taches jaunâtres, est bordée extérieurement de bleu-cendré.

Le dessous est d'un brun-noirâtre ou feuille-morte, plus ou moins nuancé de gris-violet, avec une tache argentée en forme de point d'interrogation ou de C interrompu sur le disque des ailes inférieures. On remarque en outre vers le bout des quatre ailes une rangée transversale de points noirs, en partie sablés de bleuâtre.

La femelle, ordinairement plus grande que le mâle, a l'origine de la côte jaune & réticulée de ferrugineux en dessous. Le prolongement de ses secondes ailes est en outre plus prononcé, & le dessus de ses premières ailes offre neuf taches noires.

Voyez pour la synonymie & pour la description de la chenille, les pages 301 & 302 de ce volume.

De l'Amérique septentrionale.

19 (*duplicata*). Vanesse Progné.

Vanessa Progne.

Van. alis angulatis, suprà fulvis, maculis anticarum octo posticarumque apice lato nigris: posticis subtùs angulo albo notatis.

Elle ressemble beaucoup à L-*Blanche* (p. 303); mais, outre qu'elle est d'un fauve plus foncé en dessus, elle a le limbe terminal des premières ailes, & presque la moitié postérieure des secondes, noirs. Les ondes grises du dessous de ses ailes occupent d'ailleurs plus d'espace.

Nous avions vu d'abord, comme Cramer & Fabricius, un individu chez lequel l'angle blanc du dessous des ailes inférieures étoit effacé, c'est ce qui nous a fait dire que cette espèce n'avoit pas de tache sur le disque; mais nous sommes actuellement convaincus du contraire. D'après cela, il faut regarder comme non-avenu le dernier alinéa du n°. 18, page 304, puisque le lépidoptère que nous y signalons est le même que la *Progné*.

De l'Amérique septentrionale & de la Jamaïque.

24 (*duplicata*). VANESSE Xanthomélas.

VANESSA Xanthomelas.

Van. alis suprà fulvis, limbo latè nigro lunulis violaceo-cœrulæis : anticis maculis quatuor disci nigris lunulâque apicis albâ : posticis subtùs strigâ mediâ nigricante, antrorsùm biangulatâ.

Vanessa Xanthomelas. GOD. *Tab. méth. des lépid. de France*, DIURNES, *page* 41. *n°.* 113.

Comme nous n'avons donné cette vanesse que d'après les auteurs, il est nécessaire que nous en parlions actuellement *ex visu.*

Elle se distingue de la *Polychlore* (page 304) par les caractères que voici : 1°. les deux taches supérieures du disque de ses premières ailes sont oblongues & lunulées, & celle de l'angle de l'anus est ronde, tandis que le contraire a lieu chez la *Polychlore* ; 2°. la lunule du sommet des mêmes ailes est toujours blanche, & le jaune est à peine sensible entre les taches noires de leur bord antérieur; 3°. la bordure terminale des quatre ailes est plus large, & celle des ailes inférieures n'est ni dentée, ni liserée de jaunâtre à son côté interne; 4°. la ligne noirâtre qui traverse en dessous le milieu de ces dernières ailes forme deux angles, au lieu d'un, à sa partie antérieure. On pourroit encore ajouter que les lunules marginales bleues du dessus tirent davantage sur le violet.

On la trouve en Allemagne & en Alsace, sur la rive du Rhin.

38—39. VANESSE Pélasgis.

VANESSA Pelasgis.

Van. alis dentatis : anticis falcatis, posticis intùs subcaudatis : omnibus fuscis, fasciâ suprà rufescente, subtùs albâ ; anticarum bifidâ.

Nous ne connoissons cette espèce que par un individu unique, pris au pays des Hottentots par feu M. De Lalande.

Il a environ deux pouces & un quart d'envergure. Le dessus des ailes est d'un brun-noirâtre, & entièrement traversé au milieu par une bande roussâtre, sur laquelle sont alignés des points noirs à prunelle bleuâtre. Les premières ailes ont à la base deux raies fauves, courtes, transversales, & leur bande offre près de la côte une fissure profonde qui renferme deux points blancs.

Le dessous ressemble au dessus, mais la bande est blanche, au lieu d'être roussâtre, & il n'y a pas de raies fauves près de l'origine des ailes supérieures. Ainsi, ce lépidoptère ne peut être confondu avec le *Laodora*, puisqu'il n'a aucune tache sur le bord postérieur des ailes, & que les points de la bande sont ocellés de part & d'autre.

39—40. VANESSE ? Prosopé.

VANESSA ? Prosope.

Van. alis dentatis, fuscis, fasciâ communi fulvâ : anticarum punctis duobus nigris. FAB.

Papilio N. *Prosope.* FAB. *Syst. Ent. p.* 504. *n°.* 260. — *Spec. Ins. tom.* 2. *p.* 91. *n°.* 400. — *Mant. Ins. tom.* 2. *p.* 49. *n°.* 483. — *Ent. Syst. em. tom.* 3. *pars* 1. *p.* 120. *n°.* 367.

Papilio Prosope. DONOV. *Gen. Illustr. of Ent. part.* 1. *an Epit. of the Nat. Hist. Ins. of New Holl. pl.* 27. *fig.* 2.

Elle a environ deux pouces & demi d'envergure. Le dessus des ailes est d'un brun-obscur, particulièrement à l'extrémité, avec une bande fauve, commune, large, discoïdale. Cette bande est sans taches aux secondes ailes ; mais elle offre deux points aux premières, lesquelles ont en outre au sommet deux taches fauves.

Le dessous de toutes les ailes est plus pâle que le dessus, avec une rangée postérieure de points noirs. Les points des ailes de devant sont simples. Ceux des ailes de derrière ont un iris ferrugineux peu distinct, & ils sont précédés d'une ligne blanche & ondulée.

Décrite d'après Fabricius & Donovan.

De la Nouvelle-Hollande.

42—43. VANESSE ? Pythia.

VANESSA ? Pythia.

Van. alis angulato-dentatis, fuscis : anticis maculâ albidâ : subtùs griseis, posticis strigâ punctorum nigrorum. FAB.

Papilio N. *Pythia.* FAB. *Ent. Syst. em. tom.* 3. *pars* 1. *p.* 116. *n°.* 357.

Comme Fabricius place ce lépidoptère immédiatement à côté de son *Zingha* (notre Emma), il est très-probable que c'est une vanesse.

Il est de moyenne taille, & il a les ailes très-anguleuses. Leur dessus est d'un brun-obscur, avec une grande tache blanchâtre vis-à-vis du sommet des supérieures. Le dessous des quatre ailes est gris, avec une rangée transverse de six points blancs, appuyés chacun sur un point noir.

De la Guinée.

(*Traduction de Fabricius.*)

48 (*duplicata*). VANESSE Orithye.

VANESSA Orithya.

Van. alis denticulatis, suprà nigris, singularum ocellis duobus unipupillatis : anticis subfalcatis, costâ baseos albâ ; posticis rotundatis, fasciâ cyaneâ.

Papilio N. Orithya, *alis dentatis, fuscis : omnibus suprà ocellis duobus, anticis subtùs unico.* LINN. *Syst. Nat.* 2. *p.* 770. *n°.* 137. — *Mus. Lud. Ulr. p.* 278.

Papilio N. *Orithya.* FAB. *Syst. Ent. pag.* 490. *n°.* 208. — *Spec. Ins. tom.* 2. *p.* 70. *n°.* 315. — *Mant. Ins. tom.* 2. *p.* 35. *n°.* 367. — *Ent. Syst. em. tom.* 3. *pars* 1. *p.* 91. *n°.* 248.

SULZ. *Ins. tab.* 17. *fig.* 1. 2.

ROES. *Ins.* 4. *tab.* 6. *fig.* 2.

Papilio Orithya. CRAM. *pl.* 19. *fig.* C. D. (La femelle.)

Papilio Orithya. CRAM. *pl.* 32. *fig.* E. F. (Le mâle.)

Papilio Orithya. CRAM. *pl.* 290. *fig.* A. B. (Le mâle.) *fig.* C. D. (La femelle.)

Nous avons donné pour la femelle de l'*Orithye* un lépidoptère qui en est très-voisin, mais qui forme une espèce distincte. Il devient donc nécessaire que nous décrivions de nouveau cette vanesse, afin qu'on ne la confonde pas avec celle qui y avoit été réunie.

L'orithye a le plus ordinairement deux pouces & un quart d'envergure. Le dessus de chaque aile est d'un noir-foncé & velouté dans le mâle, d'un noir-brun dans la femelle, avec deux yeux noirs à prunelle d'un bleu-violet & à iris d'un fauve-rougeâtre. Les premières ailes, dont la côte est blanchâtre depuis sa naissance jusqu'au milieu, ont vers la base quatre petites lignes obliques, alternativement fauves & bleuâtres ; & vers le bout trois raies blanches, dont l'intérieure plus large, plus courte & comprimée au côté interne, l'intermédiaire interrompue par l'œil supérieur & descendant jusqu'à l'œil inférieur ; la troisième maculaire & longeant tout le bord terminal, bord dont les échancrures sont blanches. Les secondes ailes ont le long du même bord une double ligne blanche sinuée, & surmontée d'une bande bleue, qui, dans le mâle, se replie vers la côte pour gagner la base, tandis que dans la femelle, au contraire, elle couvre l'angle interne des ailes supérieures. Le dessous de ces dernières ailes est fauve depuis son origine jusqu'au milieu, avec trois bandes blanchâtres, transverses, sinuées, bordées de noir ; ensuite grisâtre jusqu'à l'extrémité, avec un ou deux yeux assez semblables à ceux de la surface opposée. Le dessous des ailes inférieures est tantôt blanchâtre, tantôt d'un gris-brun, avec des lignes roussâtres, flexueuses & transverses vers la base ; quatre yeux, dont les deux intermédiaires beaucoup plus petits vers l'extrémité. Ces yeux sont remplacés quelquefois par des points à peine distincts, notamment dans les femelles. Le corps est noir en dessus, grisâtre en dessous. Les antennes sont blanchâtres, avec la massue noire.

Bengale, Chine, Java.

48—49. VANESSE Orthosie.

VANESSA Orthosia.

Van. alis denticulatis, suprà nigricantibus : anticis subfalcatis, costâ baseos fuscâ : posticis rotundatis, ocellis sesquitertiis, anteriori tripupillato.

Papilio Orithya. CRAM. *pl.* 281. *fig.* E.-F.

Nous l'avions prise pour la femelle de l'*Orithye* ; mais elle en diffère en ce que l'origine de la côte des premières ailes est brune au lieu d'être blanchâtre ; en ce que l'œil de leur angle interne est beaucoup plus grand, moins rond, & accompagné de part & d'autre de deux points noirs renfermés dans le même iris que lui ; en ce que le dessus des secondes ailes est sans bande bleue, & qu'il a trois yeux lilas, dont l'antérieur plus grand & pourvu de trois prunelles blanches, l'intermédiaire très-petit & adhérant au postérieur ; enfin, en ce que le dessous de ces dernières ailes a cinq taches oculaires, dont la seconde & la cinquième plus grosses.

De l'île d'Amboine.

Nota. On voit par la synonymie que Cramer la rapporte à l'orithye.

55—56. VANESSE Dejean.

VANESSA Dejeanii.

Van. alis subdentatis, suprà fuscis : anticis dimidio apicali nigro fasciâ flavescente mediâ repandâ ; posticis ocellis quatuor marginalibus rufis.

Elle est à peu près de la taille de l'*Atalante*, à laquelle elle ressemble beaucoup en dessous.

Le dessus des ailes supérieures est brun à la base & tout le long du bord interne, ensuite très-noir jusqu'au bout, avec une bande d'un jaune-sale, transverse, centrale, courbe, sinuée, & suivie de cinq taches blanches inégales, dont l'intérieure appuyée obliquement sur la côte, les quatre autres en forme de points & disposées en arc vis-à-vis du sommet. Le dessus des secondes ailes est brun, avec une rangée terminale de quatre yeux roux à prunelle noire, & surmontés chacun d'un point immédiat de cette couleur : outre cela, il y a à l'angle de l'anus deux petits groupes d'atomes violâtres.

Le dessous des premières ailes offre les mêmes caractères que le dessus; mais l'origine du bord antérieur est entrecoupée de jaunâtre, la bande adhère par son côté interne à un V ferrugineux; il y a entr'elle & la tache blanche intérieure un anneau bleu, & le sommet est brun, avec une ligne violâtre transversale.

Le dessous des secondes ailes est brun, avec la base finement réticulée de blanc, le milieu de la côte marqué d'une tache d'un gris-lilas, & le bord postérieur longé par une ligne bleue, ligne avant laquelle il y a une série de cinq yeux presqu'effacés. Ce bord est, ainsi que celui des premières ailes, liseré de blanc aux échancrures. Le corps est brun en dessus, jaunâtre en dessous. Les antennes sont noires, annelées de blanc, avec la sommité de la massue rousse.

Les deux sexes sont semblables.

Dédiée à M. le baron Dejean, savant entomologiste, à qui nous en devons la connoissance.

Elle habite l'île de Java.

56—57. VANESSE Chrysitès.

VANESSA Chrysites.

Van. alis denticulatis : anticis subtruncatis utrinquè violaceo-nigris, fasciis calthaceis : posticis rotundatis, subtùs maculâ costali stramineâ, emarginato-trigonâ.

Nymphalis Chrysites. Recueil d'observations de zool. & d'anat. comp., par Alex. DE HUMBOLDT & A. BONPLAND, vol. I. *p.* 245. *fig.* 1. 2. (La femelle.)

Puisque le renflement brusque de la massue des antennes est le caractère qui distingue principalement les VANESSES des NYMPHALES, l'espèce dont il s'agit ici doit appartenir au premier de ces deux genres.

Elle a de deux pouces & un quart à deux pouces & demi d'envergure. Le dessus des premières ailes est d'un noir à reflet violet dans les deux sexes, avec trois bandes transverses d'un jaune-souci chatoyant, & dont la postérieure maculaire plus courte, marquée d'un point blanc ou blanchâtre. Le mâle a le dessus des secondes ailes d'un noir-brun, avec un espace discoïdal d'un bleu-violet-luisant, grand & arrondi en dehors. La femelle a le dessus des mêmes ailes d'un brun-noirâtre, & entièrement traversé dans son milieu par une bande-souci un peu glacée de violet, large, coupée parallèlement au bord postérieur par une ligne noirâtre en feston, & que surmonte près de l'angle anal un point également noirâtre. Le dessous des ailes de devant, dans le mâle comme dans la femelle, diffère du dessus en ce que l'espace qui sépare les deux bandes antérieures offre un gros point bleu; en ce que le sommet est bai-brun, avec une rangée courbe & transverse de quatre yeux, dont les deux antérieurs très-petits, noirâtres, à prunelle & à iris violâtres; le troisième plus grand, blanchâtre, entouré de deux cercles dont l'interne roussâtre, l'externe jaunâtre; le quatrième de la grosseur du précédent, noir, avec la prunelle bleuâtre, l'iris jaunâtre. Ces yeux sont suivis d'un cordon transversal de lunules violâtres. Le dessous des ailes de derrière est bai-brun, teinté de bleuâtre vers la base, marqué au milieu de la côte d'une tache triangulaire & échancrée d'un jaune-paille-luisant, traversé au-delà du milieu par une rangée de quatre yeux entourés d'un cercle jaunâtre, & ayant, à l'exception de l'avant-dernier, une prunelle noire sablée de bleuâtre. Le corps est à peu près du même ton que le fond des ailes. Les antennes sont brunes, annelées & terminées de blanchâtre.

Du Pérou & du Brésil.

57—58. VANESSE? Drusius.

VANESSA? Drusius.

Van. alis integerrimis, fulvis, apice nigris : posticis subtùs punctis albis ocellisque duabus. FAB.

Papilio N. *Drusius.* FAB. *Ent. Syst. em. tom.* 3. *pars* 1. *p.* 56. *n°.* 172.

Papilio Drusius. DONOV. *Gen. Illust. of Ent. part.* 1. *an Epit. of the Nat. Hist. Ins. of Asia, pl.* 26. *fig.* 2.

Elle a le port & la taille de la vanesse du *Chardon* (la belle-dame). Ses antennes sont en massue. Les premières ailes sont fauves, avec l'extrémité noire & chargée d'une bande & d'un point fauve. Les secondes ailes sont fauves, avec le bord terminal noir & précédé de deux points oculaires de sa couleur. Le dessous des quatre ailes est nuancé de ferrugineux : celui des supérieurs offre au milieu une tache blanche flexueuse & une raie noire transversale, à l'extrémité des points blancs & deux yeux à prunelle noire & blanche, sans compter deux autres yeux peu distincts & disposés sur la même ligne. Le dessous des secondes ailes a des points blancs & deux yeux.

De l'île de Rotterdam.

(*Décrite d'après Fabricius.*)

58—59. VANESSE Cælina.

VANESSA Cœlina.

Van. alis dentatis, fusco-nigris : anticis subtruncatis, disco suprà nitidè cœruleo : posticis rotundatis, subtùs marmoratis, ocellis octo obsoletis.

Nous n'avons vu que des mâles de ce lépidoptère. Ils ont environ deux pouces & demi d'envergure. Le deſſus des ailes ſupérieures eſt d'un bleu-violet-luiſant, avec l'extrémité d'un noir-brun & coupée par une ligne oblique de trois points blancs. Le deſſus des ſecondes ailes eſt d'un noir-brun, ſans aucune tache. Le deſſous des ailes ſupérieures eſt noirâtre, avec une bande blanchâtre, oblique, peu prononcée; puis trois points blancs correſpondant à ceux du deſſus: derrière ces points, ſont trois petites taches verdâtres, rangées obliquement ſur un fond gris qui s'étend juſqu'au bord du ſommet. Le deſſous des ailes inférieures eſt marbré de brun, de noirâtre & de blanchâtre, & préſente au-delà du milieu une rangée tranſverſale de huit yeux peu prononcés, à prunelle verdâtre & à iris brun. Les échancrures des quatre ailes ſont blanches. Le corps eſt de la couleur des ailes. Les antennes ſont brunes, avec le deſſous de la maſſue jaunâtre.

Du Bréſil.

58—59 *a*. Vanesse Sophronie.

Vanessa Sophronia.

Van. alis dentatis, ſuprà cyaneo-vireſcentibus: anticis ſubtruncatis, utrinquè faſciâ punctiſque albis; poſticis rotundatis, ſubtùs marmoratis, ocellis quinque obſoletis.

Nous n'avons vu que des femelles de cette eſpèce. Elles ont près de deux pouces & demi d'envergure. Le deſſus des ailes eſt d'un vert-bleuâtre un peu luiſant, avec le ſommet des ſupérieures & le pourtour des inférieures noirs. Les ſupérieures ont, au-delà du milieu, une bande blanche, oblique, ſinuée, preſque maculaire, & ſuivie d'une rangée oblique de trois points blancs, dont l'inférieur moins diſtinct. Les ſecondes ailes ſont ſans taches. Le deſſous des ailes de devant eſt noirâtre, avec la baſe & le ſommet griſâtres: on y voit, outre la bande & les points de la ſurface oppoſée, un trait d'un blanc-bleuâtre, peu éloigné de la baſe & appuyé obliquement ſous la côte. Le deſſus des ailes de derrière eſt marbré de blanc, de gris-cendré & de violâtre, avec une ligne d'un brun-foncé, tranſverſe & flexueuſe, ſur le milieu; puis une rangée également tranſverſe de cinq yeux noirâtres, ayant la prunelle bleuâtre, l'iris plus ou moins blanchâtre & peu prononcé. Les échancrures du bord poſtérieur ſont blanches. Le corps eſt bleuâtre en deſſus, gris en deſſous. Les antennes ſont ferrugineuſes, avec la maſſue noirâtre.

Du Bréſil.

59—60. Vanesse Amycla.

Vanessa Amycla.

Van. alis denticulatis, fuſcis: anticis ſubtruncatis, apice cœruleſcenti-nigro alboque maculato: poſticis rotundatis, ſubtùs ocellis quinque obſoletis.

Nous ne connoiſſons cette eſpèce que par des individus femelles. Leur envergure eſt de près de deux pouces. Le deſſus des ailes eſt d'un brun-obſcur, avec le ſommet des ſupérieures d'un noir-bleuâtre & marqué de quatre taches blanches, le bord terminal des inférieures longé par une ligne noirâtre en feſton. Le deſſous des ailes de devant eſt gris à la baſe, avec du rouſſâtre; noirâtre au-delà du milieu, avec des taches blanches comme deſſus, mais ſéparées par des points bleuâtres; gris au ſommet, avec une ligne violâtre en forme de 3. Le deſſous des ailes de derrière a environ la moitié antérieure violâtre & bordée par une ligne ferrugineuſe très-ſinuée; l'autre moitié d'un brun-rouſſâtre, avec cinq yeux peu prononcés, ferrugineux, à prunelle & à iris d'un gris-violâtre, & entourés de violet-obſcur. Le bord poſtérieur des quatre ailes eſt ferrugineux & irrégulièrement entrecoupé de blanc. Le corps eſt à peu près du même ton que les ailes. Les antennes ſont brunes en deſſus, ferrugineuſes en deſſous.

Du Bréſil.

60—61. Vanesse Sophie.

Vanessa Sophia.

Van. alis denticulaits, anticis ſubfalcatis, poſticis rotundatis: omnibus ſuprà ruſo, nigro flavidoque variis, limbo fuſco, nigro punctato.

Papilio S. Sophia, *alis dentatis, flavo fulvo nigroque variis, margine fuſco, nigro punctato lunuliſque poſticarum albis.* Fab. *Ent. Syſt. em. tom.* 3. *pars* 1. *p.* 248. *n°.* 771.

Papilio Sophia. Jon. *Fig. pict.* 4. *tab.* 91. *fig.* 2.

Papilio Sophia. Donov. *of an Epitom. of the Nat. Hiſt. Inſ. of Ind. cah.* 2. *pl.* 2. *fig.* 3.

Fabricius place cette eſpèce dans ſon magaſin des *Satyres.*

Elle a de dix-huit à vingt lignes d'envergure. Le deſſus des premières ailes eſt roux à la baſe, avec quatre lignes noires, courtes & tranſverſales; jaunâtre au milieu, avec les nervures noirâtres; obſcur à l'extrémité, avec une petite bande jaunâtre, courbe, tranſverſe, & ſéparée de l'angle interne par une ſuite de quelques points noirs. Le deſſus des ſecondes ailes eſt obſcur, avec deux petites taches rouſſes à la baſe, une bande jaunâtre ſur le milieu, deux rangs de points noirs & une double ligne blanchâtre ſur le limbe poſtérieur. Le deſſous des quatre ailes ne diffère du deſſus que parce que tout le jaunâtre eſt remplacé par du blanc-luiſant, & le brun-obſcur par du jaune-pâle.

De la côte occidentale d'Afrique. Fabricius dit qu'elle se trouve dans les Indes.

63—64. Vanesse? Sophonisbe.

Vanessa? Sophonisba.

Van. alis rotundatis, subintegris, utrinquè cyaneo-virescentibus, nigro maculatis: anticis fasciâ albâ.

Papilio Sophonisba. Cram. *pl.* 295. *fig.* A. B.

Si la figure de Cramer est exacte, ce lépidoptère a bien du rapport avec la vanesse *Sophronie;* mais ses ailes supérieures sont arrondies, & non tronquées; la bande blanche de leur dessus n'est ni sinuée ni suivie de points blancs; le dessous de ces mêmes ailes est verdâtre à la base, ainsi qu'à l'extrémité, avec des taches noires; les deux surfaces des secondes ailes sont d'un vert-bleuâtre, avec des taches noires, dont cinq ocellées, & formant une rangée transverse au-delà du milieu.

De Surinam.

GENRE BIBLIS.

5—6. Biblis Antholia.

Biblis Antholia.

Bib. alis dentatis, suprà nigris, violaceo micantibus: anticis truncatis, utrinquè albo maculatis: posticis rotundatis, subtùs strigâ mediâ punctorum fuscorum.

Nous n'avons vu de cette espèce que deux individus, & ils étoient sans abdomen; leur envergure est d'environ trois pouces. Le dessus des ailes est noir, avec un reflet violet assez vif. Les supérieures, dont le sommet est prolongé & largement tronqué, ont vers le bout une bande blanche, transverse, interrompue dans son milieu, & précédée en dehors de deux gros points de sa couleur. Les ailes inférieures sont arrondies, dentées & sans taches en dessus. Le dessous des premières ailes est d'un brun-noirâtre, avec tout l'angle externe, & une bande correspondante à celle du dessus, d'un blanc-violâtre. Le dessous des ailes de derrière est d'un brun-grisâtre, teinté de violâtre, avec deux raies ou bandes plus claires, discoïdales, transverses & sinuées, dont la postérieure offrant sur son côté interne une série de cinq à six points noirâtres.

Des Antilles, & particulièrement de la Martinique.

5—6 *a*. Biblis Hiarba.

Biblis Hiarba.

Bib. alis dentatis, fuscis, fasciâ utrinquè communi albâ: posticarum latiore, bipunctatâ.

Papilio N. Hiarba, *alis dentatis, nigris, fasciâ communi albâ: anticarum abbreviatâ.* Fab. *Ent. Syst. em. tom.* 3. *pars* 1. *p.* 128. *n°.* 391.

Papilio Hiarba. Jon. *Fig. pict.* 5. *tab.* 79. *fig.* 2.

Papilio Hiarba. Donov. *of an Epit. of the Nat. Hist. Ins. of Ind. cah.* 9. *pl.* 3. *fig.* 3.

Papilio Hiarba. Drury, *Ins. tom.* 3. *pl.* 14. *fig.* 1. 2.

Elle est de la taille de la précédente. Le dessus des ailes est d'un brun-noirâtre, avec une bande blanche commune, plus étroite & sans taches aux supérieures, marquée aux inférieures de deux petits points obscurs: il y a en outre le long du bord terminal des unes & des autres, une ligne flexueuse d'un gris-cendré. Le dessous diffère du dessus en ce que le fond est plus pâle; en ce que la base des quatre ailes est finement ondée de blanc, & leur milieu traversé avant la bande par une raie ferrugineuse, sinuée & peu distincte. Le corps & les antennes sont de la couleur des ailes.

Prise dans les grands bois au pays des Hottentots, par M. De Lalande. On la trouve aussi à Sierra-Léone, mais non dans les Indes comme le dit Fabricius.

5—6 *b*. Biblis Dryope.

Biblis Dryope.

Bib. alis dentatis, fuscis, fasciâ communi, suprà fulvâ & immaculatâ, subtùs albidâ: posticarum latiore subtùsque septem punctatâ.

Papilio S. Driope, *alis dentatis, fuscis, rufo maculatis, apice fulvis: subtùs maculis rufis albo cinctis.* Fab. *Spec. Ins. tom.* 2. *pag.* 107. *n°.* 469. — *Mant. Ins. tom.* 2. *p.* 61. *n°.* 582. — *Ent. Syst. em. tom.* 3. *pars* 1. *pag.* 156. *n°.* 793.

Papilio Driope. Cram. *pl.* 78. *fig.* E. F.

Papilio Dryope. Herbst, *tab.* 168. *fig.* 5. 6.

Elle a environ deux pouces d'envergure. Le dessus des ailes est d'un brun-obscur, foiblement tacheté de roux près de la base, & traversé vers l'extrémité par une bande fauve, commune & sans taches. La bande des premières ailes n'atteint pas la côte, du moins ordinairement; celle des secondes ailes est plus large & précédée en dehors d'une ligne flexueuse de sa couleur. Le dessous de toutes les ailes a environ la moitié antérieure d'une teinte verdâtre, avec des taches ferrugineuses encadrées de blanc, & le bord postérieur d'un brun-pâle, avec une ligne blanche en feston: à la bande du dessus correspond une bande blanchâtre, sur laquelle les secondes ailes ont une rangée courbe de sept points obscurs.

De la côte de Guinée.

GENRE

GENRE NYMPHALE.

11—12. NYMPHALE Schreiber.

NYMPHALIS Schreiber.

Nym. alis bicaudatis, suprà nigris : subtùs margaritaceo olivaceoque variis, fasciâ mediâ hyalino-albâ.

Elle a un peu plus de trois pouces d'envergure. Le dessus des ailes est d'un noir-verdâtre à la base, d'un noir-violet à l'extrémité, avec une bande blanche, commune, oblique, discoïdale, un peu transparente, terminée en pointe à chaque bout & presqu'entièrement bordée de bleu-pâle à son côté externe. Entre cette bande & le sommet, les premières ailes ont deux points blancs, disposés longitudinalement. Les secondes ailes ont avant le bord postérieur une rangée de sept lunules blanches, & sur ce bord même une rangée de sept lunules fauves, mais dont l'anale moins foncée. Leurs deux queues sont extérieures, linéaires, bleues de part & d'autre, avec les bords noirs.

Le dessous des quatre ailes est d'un gris de perle à la base & vers l'extrémité, d'un vert-olive pâle avant le milieu & le long du bord postérieur. A la bande blanche du dessus correspond ici une bande semblable, mais bordée intérieurement par une ligne noire, & extérieurement par une série de petits croissans blanchâtres, lesquels s'appuient aux secondes ailes sur un cordon de lunules ferrugineuses. Ces dernières ailes sont en outre terminées par sept lunules jaunâtres. Les ailes supérieures ont près de l'origine de la côte deux petits points, & près de l'angle interne une grande tache, noirs. Le corps est verdâtre en dessus, grisâtre en dessous, avec quatre points blancs sur la tête. Les antennes sont noires, avec la sommité ferrugineuse.

Décrite d'après un individu unique appartenant à M. Marchand de Chartres, & dédié au savant M. Schreiber, directeur du cabinet impérial de Vienne.

De l'île de Java.

45—46. NYMPHALE Franck.

NYMPHALIS Franck.

Nym. alis subcaudatis, suprà nigris : anticis fasciâ obliquâ albâ azureo marginatâ : posticis subtùs basi fusco inscriptis, apice virescenti pulverulentis.

Nymphale Franck. *Mém. de la Soc. Linn. de Paris, tom. 2. pl.*

Nous ne connoissons ce beau lépidoptère que par un individu mâle & unique, recueilli dans l'île de Java.

Il a environ deux pouces & demi d'envergure. Le dessus des ailes est d'un noir-violet, avec la base verdâtre. Les ailes supérieures ont une bande blanche, anguleuse, largement bordée de bleu d'azur, descendant obliquement du milieu de la côte à l'angle postérieur, & offrant vers l'origine de son côté interne un *sigma* transversal d'un noir-foncé. Il y a en outre près du sommet trois gros points blancs, rangés en arc. Le sommet des ailes inférieures est chargé de deux points semblables, mais bordés de violâtre intérieurement.

Le dessous des premières ailes est d'une couleur nankin, avec une multitude d'hiéroglyphes d'un noir-brun, & parmi lesquels se répètent la bande ainsi que les trois points blancs de la surface opposée.

Le dessous des secondes ailes est nankin vers la base, avec des hiéroglyphes du même noir que ceux des ailes de devant; puis d'un brun-noir jusqu'au bout, avec des lignes nankin, transverses, flexueuses, séparées l'une de l'autre par un large semis d'un vert-grisâtre luisant, semis qui remonte jusqu'au milieu du bord abdominal. A l'angle de l'anus est une lunule ferrugineuse, derrière laquelle sont placées successivement deux taches d'un vert-jaune. Le corps est brun, avec le dessus de l'abdomen jaunâtre. Les antennes sont ferrugineuses.

Dédié à M. Franck de Strasbourg, amateur très-instruit & possédant en lépidoptères d'Europe la collection la plus complète que l'on ait formée jusqu'ici.

222—223. NYMPHALE Livius.

NYMPHALIS Livius.

Nym. alis integerrimis, atris, maculâ disci cæruleâ : posticis subtùs cinereis, fasciis rufis argenteo marginatis. FAB.

Hesperia R. *Livius.* FAB. *Ent. Syst. em. tom.* 3. *pars* 1. *p.* 315. *n°.* 194.

Papilio Livius. JON. *Fig. pict.* 6. *tab.* 38. *fig.* 1.

Elle est de moyenne taille. Toutes ses ailes sont noires en dessus, avec une grande tache bleue sur le disque.

Le dessous des premières ailes est cendré vers la base, avec une grande tache jaune, oblongue & bordée d'argent; il est jaunâtre vers l'extrémité, avec une bande brune, large, & pareillement bordée d'argent.

Le dessous des secondes ailes est cendré, avec trois bandes rousses bordées d'argent, & dont la troisième interrompue : il a en outre le bord postérieur jaune, avec une bande argentée.

Des Indes.

(*Traduction de Fabricius.*)

234—235. NYMPHALE Héraclite.

NYMPHALIS Heraclitus.

Nym. alis dentatis, atris : anticis maculâ fulvâ; posticis cœruleâ : subtùs posticis strigis flavis punctisque cœruleis. FAB.

Hesperia R. *Heraclitus.* FAB. *Ent. Syst. em. tom.* 3. *pars* 1. *p.* 291. *n°.* 112.

Papilio Heraclitus. JON. *Fig. pict.* 6. *tab.* 37. *fig.* 2.

Ses ailes sont très-noires. Les supérieures ont en dessus une grande tache fauve, transversale. Leur dessous offre un point & une tache fauves, plus deux lignes jaunes, dont une à la base, l'autre à l'extrémité. Le dessus des ailes inférieures a une grande tache bleue sur le disque. Le dessous a cinq lignes noires, transversales, dont l'antérieure commune aux ailes de devant, la seconde & la troisième se réunissant en arrière, la quatrième courte, la cinquième arquée : entre la troisième & la quatrième il y a quatre points bleus, sans compter trois points semblables placés vers l'angle de l'anus.

De l'Amérique méridionale.

(*Traduction de Fabricius.*)

235—236. NYMPHALE Ischaris.

NYMPHALIS Ischaris.

Nym. alis integris, suprà fusco-nigris : anticis maculâ disci niveâ apiceque chermesino : omnibus subtùs chermesinis, maculis argenteo-cœruleis nigrisque.

Elle a un peu plus d'un pouce & demi d'envergure. Le dessus de ses ailes est d'un noir-brun chatoyant, avec toute l'extrémité des supérieures, & une liture marginale au sommet des inférieures, d'un rouge-carmin.

Le dessous est d'un rouge-carmin, avec une multitude de taches d'un bleu-argenté, entremêlées de taches noires, & éparses depuis la base jusqu'au-delà du disque. Les ailes supérieures offrent en face du sommet un grand espace fauve, absolument nu. Les inférieures ont l'extrémité noire, avec trois lignes arquées, dont l'antérieure d'un bleu-argenté, l'intermédiaire d'un jaune-d'ocre, la postérieure rouge vers l'angle externe, & jaune vers l'angle interne : outre cela, les taches qui précèdent la ligne antérieure sont bordées en arrière de jaune-orangé. Le corps est brun en dessus, jaunâtre en dessous.

Décrite d'après un individu recueilli dans les Indes orientales par MM. Diard & Duvaucel, voyageurs du Gouvernement.

GENRE EUMÉNIE. *Eumenia.*

CARACTÈRES GÉNÉRIQUES.

Palpes inférieurs alongés, simplement garnis d'écailles, ayant le premier et le troisième articles, mais surtout le premier, sensiblement plus courts que le deuxième. Cellule discoïdale des secondes ailes fermée en arrière comme dans le genre EURYBIE.

Nota. Ce nouveau genre doit être placé entre les pages 459 & 460 de ce volume.

1. EUMÉNIE Toxéa.

EUMENIA Toxea.

Eum. alis rotundatis, integris, suprà ardosiaceis, limbo nigro : subtùs fuscis; anticis immaculatis, posticis apice strigis tribus è punctis inaurato-viridibus maculâque marginis interni aurantiâ.

Elle a de deux pouces à deux pouces & un quart d'envergure. Le dessus des ailes est d'un bleu-ardoisé-chatoyant, avec le limbe postérieur noir, & chargé aux inférieures d'une série de points d'un vert-doré. La frange est en outre totalement blanche.

Le dessous est d'un brun-noirâtre, sans aucune tache aux ailes supérieures, avec trois rangées transverses de points d'un vert-doré à l'extrémité des inférieures. Ces points sont placés sur un fond plus intense que tout le reste de la surface, & il y a vers le milieu du bord interne une tache orangée. Le corps est ardoisé en dessus; d'un brun-noirâtre en dessous, avec les trois quarts postérieurs du ventre orangés. Les antennes manquoient aux trois individus d'après lesquels nous faisons la présente description.

Chez la femelle, le bleu du dessus des ailes a moins d'étendue, principalement aux inférieures.

De l'intérieur de l'Amérique méridionale.

GENRE SATYRE.

109—110. SATYRE Anthé.

SATYRUS Anthe.

Sat. alis dentatis, suprà fuscis, nitidis, fasciâ albâ : anticarum maculari ocellis duobus haud pupillatis; posticis ocello utrinquè cœco.

Hipparchia Anthe, *alis dentatis, fuscis, fasciâ albâ, anticarum interruptâ ocellis duobus cæcis : posticis subtùs cinereo fuscoque marmoratis, ocello utrinquè unico.* OSCHSEN. *Pap. Eur. edit.* 2. *tom.* 4. *p.* 131. *n°.* 4.

Papilio Perſephone. Hubn. *Pap. tab.* 140. *fig.* 710. 711. (Mas.) — *tab.* 115. *fig.* 589. 590. (Fæm.)

Ainſi que nous l'avons dit à la page 515, ce ſatyre ſe rapproche extrêmement de la femelle du *Briſéis ;* mais les yeux de ſes ailes ſupérieures ſont toujours ſans prunelle, & ſes ailes inférieures ont de part & d'autre un œil également dépourvu de prunelle : outre cela, il offre en deſſous des différences qui conſiſtent en ce que le double ſigne noir du milieu de la côte des premières ailes & les trois bandes blanchâtres des ſecondes ailes ſont beaucoup plus étroits. La femelle ne diffère d'ailleurs eſſentiellement du mâle que par la grandeur.

Il habite la Ruſſie orientale.

111—112. Satyre Néomiris.

Satyrus Neomiris.

Sat. alis ſubdentatis, ſuprà fuſcis, faſciâ fulvâ : anticarum maculari ocello unico ſeu duobus : poſticis ſubtùs fuſco cinereoque marmoratis, faſciâ albâ intùs emarginatâ. (Mas.)

Satyre Néomiris. God. *Hiſt. nat. des lépid. de France, tom.* 2. *p.* 88. *pl. XI. fig.* 1. 2.

Satyre Néomiris. God. *Tab. méthod. des lépid. de France*, Diurnes, *p.* 19. *n°.* 32.

Nous n'avons vu que le mâle de ce ſatyre. Il a de vingt à vingt-deux lignes d'envergure. Le deſſus des ailes eſt d'un brun-noirâtre, avec une bande fauve, parallèle au bord poſtérieur. La bande des premières ailes eſt maculaire, oblitérée antérieurement, & marquée vis-à-vis du ſommet d'un petit œil noir à prunelle blanche. La bande des ſecondes ailes eſt courbe, large, & elle a le côté interne carrément échancré dans ſon milieu.

Le deſſous des premières ailes diffère du deſſus en ce que la bande fauve eſt continue & tiquetée de blanc à ſon extrémité ſupérieure.

Le deſſous des ſecondes ailes eſt marbré de brun & de cendré, & traverſé dans ſon milieu par une bande blanche, ayant le côté interne échancré, le côté externe ſuivi d'une rangée de points blanchâtres, derrière laquelle il y a une ligne noire anguleuſe. Les antennes ſont brunes en deſſus, pâles en deſſous, & terminées par une maſſue en cuilleron.

Quelquefois la bande du deſſus des ailes ſupérieures offre un ſecond œil, & l'on en voit auſſi un près de l'angle anal des inférieures.

De la Corſe ; communiqué par M. Leſebure de Cériſy.

GENRE ÉRYCINE.

5 (*duplicata*). Erycine Curius.

Erycina Curius.

Eryc. alis ſubconcoloribus, nigris, faſciâ communi glaucâ : anticis antè apicem hyalinis.

Papilio E. A. Curius, *alis caudatis, concoloribus, atris : anticis faſciis duabus hyalinis, poſticis unicâ albâ.* Fab. *Mant. Inſ. tom.* 2. *p.* 9. *n°.* 71. — *Ent. Syſt. em. tom.* 3. *pars* 1. *p.* 28. *n°.* 81.

Papilio Curius. Donov. *Gen. Illuſt. of Entom. an Epit. of the Nat. Hiſt. Inſ. of Ind. cah.* 4. *pl.* 4. *fig.* 4.

Par la forme de la tête, cette eſpèce ſembleroit appartenir au genre Papillon (*Equites*, Linn.) ; mais, d'après la ſtructure de la cellule diſcoïdale de ſes ailes inférieures, elle doit être miſe dans la diviſion des *Chenilles cloportes*, où elle conſtituera probablement un genre, lorſqu'on aura acquis des notions ſur ſes deux premiers états. En attendant, nous la laiſſons parmi les *Erycines ;* mais nous la décrivons de nouveau ici, attendu que nous ne l'avions fait connoître que par la traduction du texte de Fabricius.

Elle a de dix-huit à vingt lignes d'envergure. Le deſſus des ailes eſt noir, avec une bande d'un vert-blanchâtre, deſcendant de la côte des ſupérieures au diſque des inférieures, où elle ſe termine en pointe. Les premières ailes ont entre le milieu & le bord terminal un eſpace diaphane, grand, en forme de triangle curviligne & coupé par des nervures noires. Les ſecondes ailes ſont brièvement dentées, liſerées de blanc à leur bord poſtérieur ainſi qu'au côté interne de la queue, laquelle eſt entièrement ſaupoudrée de gris.

Le deſſous reſſemble au deſſus, excepté que les ailes inférieures ont vers le bas du bord abdominal trois chevrons blanchâtres, tranſverſes & ſucceſſifs. — Le corps eſt noir en deſſus, blanchâtre en deſſous, avec une double rangée latérale de points noirâtres. Les antennes ſont noires, avec le deſſous de la maſſue rouſſâtre.

Nous n'avons vu que des individus femelles.

De l'île de Java & du royaume de Siam.

10—11. Erycine ? Amyntor.

Erycina ? Amyntor.

Eryc. alis dentato-caudatis, atris, baſi maculâ fulvâ, apice faſciâ flavâ. Fab.

Papilio Cœcilia. Cram. *pl.* 159. *fig.* D. E.

Elle a environ un pouce & demi d'envergure. Les quatre ailes ſont d'un noir-foncé, avec une grande tache fauve à la baſe, & une bande jaune tranſverſe à l'extrémité. La bande des premières ailes eſt plus large que celle des ſecondes.

Le deſſous reſſemble au deſſus, mais le bord poſtérieur des ſecondes ailes offre derrière la bande jaune une férie de petites taches blanches, lunulées.

De l'Inde, selon Fabricius; du Bengale, selon Cramer.

Nota. Le papillon *Dorinne*, pl. 376, fig. G, H., de Cramer, n'en seroit-il pas la femelle ou une variété? Il n'en diffère en dessus que par l'absence de la bande jaune des ailes inférieures. On le trouve à Surinam.

11—12. ERYCINE? Coriolan.

ERYCINA? Coriolanus.

Eryc. alis dentatis, caudatis, obscurè cinereis, strigâ communi ferrugineâ. FAB.

Hesperia R. *Coriolanus.* FAB. *Ent. Syst. em. tom.* 3. *pars* 1. *p.* 284. *n°.* 91.

Papilio Coriolanus. JON. *Fig. pict.* 6. *tab.* 48. *fig.* 1.

Elle est grande. Les ailes sont grises, avec une ligne commune sur le milieu des quatre, & une liture à l'extrémité des inférieures, ferrugineuses. Le dessous ressemble au dessus, mais les ailes inférieures ont quatre points noirs, marqués de blanc.

Des Indes.

(*Traduction de Fabricius.*)

13—14. ERYCINE? Plaute.

ERYCINA? Plautus.

Eryc. alis dentatis, fuscis, suprà immaculatis: subtùs lineolis atris albisque. FAB.

Hesperia R. *Plautus.* FAB. *Entom. Syst. em. tom.* 3. *pars* 1. *pag.* 291. *n°.* 113.

Hesperia Plautus. JON. *Fig. pict.* 6. *tab.* 44. *fig.* 1.

Elle est de moyenne taille. Le dessus de ses ailes est d'un brun-noirâtre, sans taches. Leur dessous est obscur : celui des supérieures offre à la base deux traits noirs, sur le milieu & vers l'extrémité une ligne maculaire noire & blanche, & à l'extrémité même des lignes blanches. Le dessous des secondes ailes a six lignes noires, transverses & interrompues, dont la seconde & la quatrième bordées de blanc sur un de leurs côtés. Ces dernières ailes ont des dents aiguës.

Des Indes.

(*Traduction de Fabricius.*)

GENRE MYRINE.

6. MYRINE? Phocides.

MYRINA? Phocides.

Myr. alis caudatis, suprà fuscis: posticis albis, punctis duobus nigris. FAB.

Hesperia R. *Phocides.* FAB. *Entom. Syst. em. tom.* 3. *pars* 1. *p.* 282. *n°.* 85.

Papilio Phocides. JON. *Fig. pict.* 6. *tab.* 12. *fig.* 2.

Elle est de la taille de l'*Atymnus.* Le dessus des ailes est d'un brun-obscur, avec l'extrémité des inférieures blanche & marquée de deux points noirs opposés. La queue de ces dernières ailes est longue, ciliée, blanche.

Le dessous des ailes supérieures est alternativement fascié de blanc & de rouge-brique. Le dessous des ailes inférieures est blanc, avec des points & des lignes d'un brun-obscur, & deux taches anales noires.

De Sierra-Léone en Afrique.

(*Traduction de Fabricius.*)

FIN DU TOME NEUVIÈME.

www.ingramcontent.com/pod-product-compliance
Ingram Content Group UK Ltd.
Pitfield, Milton Keynes, MK11 3LW, UK
UKHW020258200726
13857UKWH00001B/25

9 782012 88936